2023 완벽대비

www.inup.co.kr

영상제공 핵심정리집

핵심정리 및 기출문제 무료강의 제공

산업안전기사 4주완성 필기

지준석 · 조태연 공저

23년간 기출문제 분석

1

INUP 365/24

전용 홈페이지를 통한 365일 학습관리
학습질문은 24시간 이내 답변

제1권

2023 CBT시험 최고의 적중률!

- 1과목 산업안전관리론
- 2과목 산업심리 및 교육
- 3과목 인간공학 및 시스템 안전
- 4과목 건설안전기술

한솔아카데미 HANSOL ACADEMY

전용 홈페이지를 통한 365일 학습관리
학습질문은 24시간 이내 답변

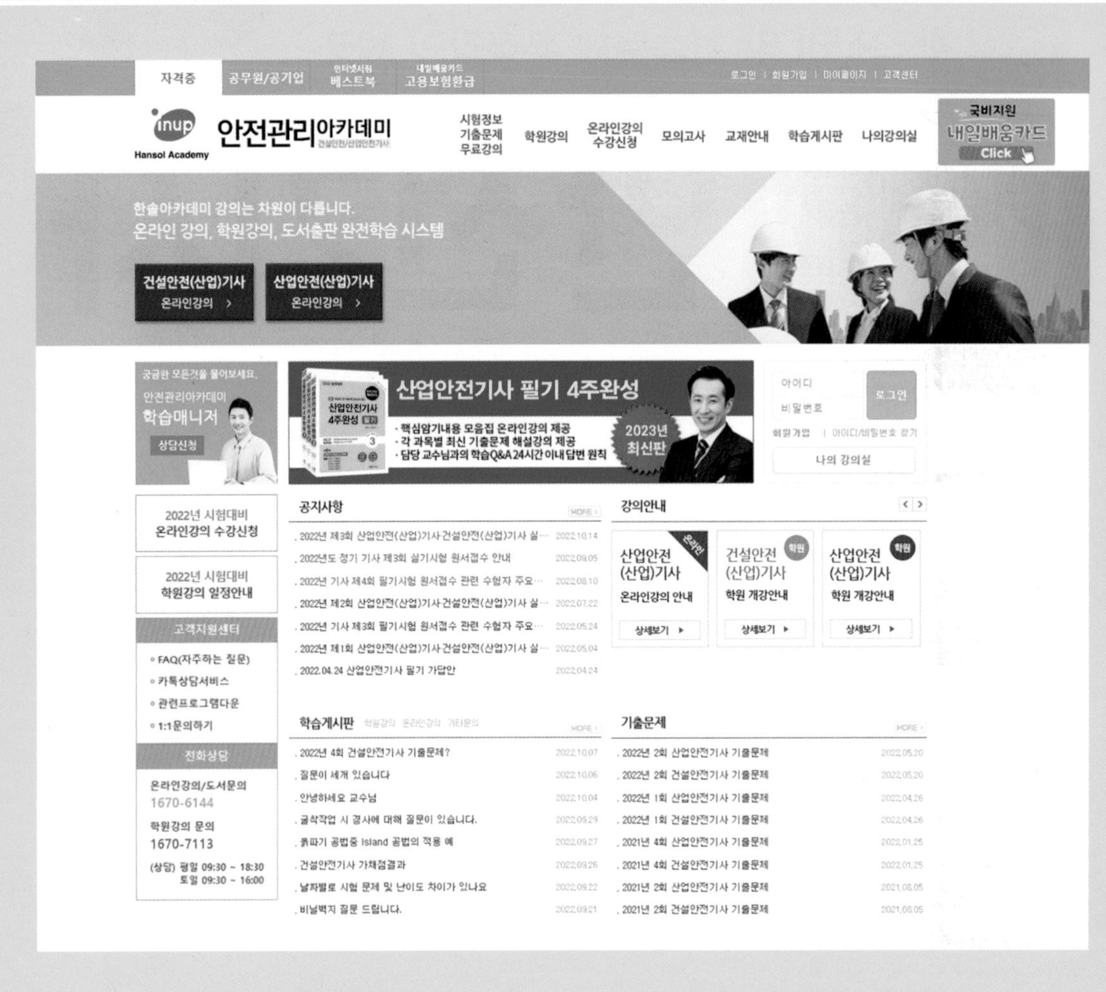

홈페이지 주요메뉴

http://www.inup.co.kr

❶ **시험정보** · 시험일정 · 기출문제 · 무료강의	❷ **학원강의** · 강의일정 · 학원강의 특징 · 교수진	❸ **온라인강의** · 건설안전(산업)기사 · 산업안전(산업)기사	❹ **모의고사** · 데일리모의고사 · 실전모의고사
❺ **교재안내**	❻ **학습게시판** · 학습 Q&A · 공지사항	❼ **나의 강의실**	

본 도서를 구매하신 분께 드리는 혜택

본 도서를 구매하신 후 홈페이지에 회원등록을 하시면 아래와 같은 학습 관리시스템을 이용하실 수 있습니다.

01 24시간 이내 질의응답

- 본 도서 학습시 궁금한 사항은 전용홈페이지를 통해 질문하시면 담당 교수님으로부터 24시간 이내에 답변을 받아 볼 수 있습니다.

전용홈페이지(www.inup.co.kr) – 산업안전기사 학습게시판

02 무료 동영상 강좌 ❶

- 1단계, 교재구매 회원께는 핵심정리 모음집 무료수강을 제공합니다.

① 전과목 핵심정리 동영상강좌 무료수강 제공
② 각 과목별 가장 중요한 전과목 핵심정리 모음집 시험전에 활용

03 무료 동영상 강좌 ❷

- 2단계, 교재구매 회원께는 아래의 동영상강좌 무료수강을 제공합니다.

① 각 과목별 최신 출제경향분석을 통한 학습방향 무료수강
② 각 과목별 최근(2018~2022) 기출문제 해설 무료수강

04 CBT대비 실전 테스트

- 교재구매 회원께는 CBT대비 온라인 실전 테스트를 제공합니다.

① 큐넷(Q-net)홈페이지 실제 컴퓨터 환경과 동일한 시험
② 자가학습진단 모의고사를 통한 실력 향상
③ 장소, 시간에 관계없이 언제든 모바일 접속 이용 가능

| 등록 절차 |

도서구매 후 본권③ 뒤표지 회원등록 인증번호 확인

인터넷 홈페이지(www.inup.co.kr)에 인증번호 등록

교재 인증번호 등록을 통한 학습관리 시스템

❶ 24시간 이내 질의응답
❷ 핵심정리 모음집 무료수강
❸ 기출문제 해설 무료수강
❹ CBT대비 실전 테스트

01 사이트 접속

인터넷 주소창에 **https://www.inup.co.kr** 을 입력하여 한솔아카데미 홈페이지에 접속합니다.

02 회원가입 로그인

홈페이지 우측 상단에 있는 **회원가입** 또는 아이디로 **로그인**을 한 후, **[산업안전]** 사이트로 접속을 합니다.

03 나의 강의실

나의강의실로 접속하여 왼쪽 메뉴에 있는 **[쿠폰/포인트관리]-[쿠폰등록/내역]**을 클릭합니다.

04 쿠폰 등록

도서에 기입된 **인증번호 12자리** 입력(-표시 제외)이 완료되면 **[나의강의실]**에서 학습가이드 관련 응시가 가능합니다.

■ 모바일 동영상 수강방법 안내

❶ QR코드 이미지를 모바일로 촬영합니다.
❷ 회원가입 및 로그인 후, 쿠폰 인증번호를 입력합니다.
❸ 인증번호 입력이 완료되면 [나의강의실]에서 강의 수강이 가능합니다.

※ 인증번호는 ③권 표지 뒷면에서 확인하시길 바랍니다.
※ QR코드를 찍을 수 있는 어플을 다운받으신 후 진행하시길 바랍니다.

머리말

현대사회의 산업은 기계설비의 대형화, 생산단위의 대형화, 에너지 소비량의 증대, 그리고 다양한 생산환경 등으로 인해 산업현장에서의 재해 역시 시간이 갈수록 대형화, 다양화하는 추세에 있습니다.

산업재해는 인적, 물적 피해가 막대하여 개인과 기업뿐만 아니라 막대한 국가적 손실을 초래합니다. 이러한 산업현장에서의 재해를 감소시키고 안전사고를 예방하기 위해서는 그 무엇보다 안전관리전문가가 필요합니다. 정부에서는 안전관리에 대한 대책과 규제를 시간이 갈수록 강화하고 있으며 이에 따라 안전관리자의 수요는 계속해서 증가하고 있습니다.

산업안전기사 자격은 국기기술자격으로 안전관리자의 선임자격일 뿐 아니라 기업 내에서 다양한 활용이 가능한 매우 유용한 자격증입니다.

본 교재는 이러한 산업안전기사 시험을 대비하여 출제기준과 출제성향을 분석하여 새롭게 개정된 내용으로 출간하게 되었습니다.

이 책의 특징

1. 최근 출제기준에 따라 체계적으로 구성하였습니다.
2. 제·개정된 법령을 바탕으로 이론·문제를 구성하였습니다.
3. 최근 출제문제의 정확한 분석과 해설을 수록하였습니다.
4. 교재의 좌·우측에 본문 내용을 쉽게 파악할 수 있도록 부가적인 설명을 하였습니다.
5. 각 과목별로 앞부분에 핵심암기내용을 별도로 정리하여 시험에 가장 많이 출제된 내용을 확인할 수 있도록 하였습니다.

본 교재의 지면 여건상 수많은 모든 내용을 수록하지 못한 점은 아쉽게 생각하고 있으며, 앞으로도 수험생의 입장에서 노력하여 부족한 내용이 있다면 지속적으로 보완하겠다는 점을 약속드리도록 하겠습니다.

본 교재를 출간하기 위해 노력해 주신 한솔아카데미 대표님과 임직원의 노력에 진심으로 감사드리며 본 교재를 통해 열심히 공부하신 수험생들께 반드시 자격취득의 영광이 있으시기를 진심으로 기원합니다.

저자 드림

책의 구성

01 핵심암기 모음집

- 각 과목별로 가장 중요한 핵심암기내용을 모아서 시험 전에 활용하도록 하였습니다.
- QR코드를 통해 무료 모바일 강좌를 들을 수 있도록 하였습니다.

02 전체과목의 단원분류

- 필기 시험 교과목을 안전관리론(5개), 산업심리 및 교육(3개), 인간공학 및 시스템안전(7개), 기계위험방지기술(6개), 전기위험방지기술(5개), 화학설비위험방지기술(5개), 건설안전기술(7개)로 중,세분화하여 분류하였습니다.

03 핵심요약·관련법령

- 각 단원별로 본문의 이해에 도움이 되는 용어의 정리, 관련법령, 학습에 필요한 팁 등을 표기하여 내용을 보충하였습니다.

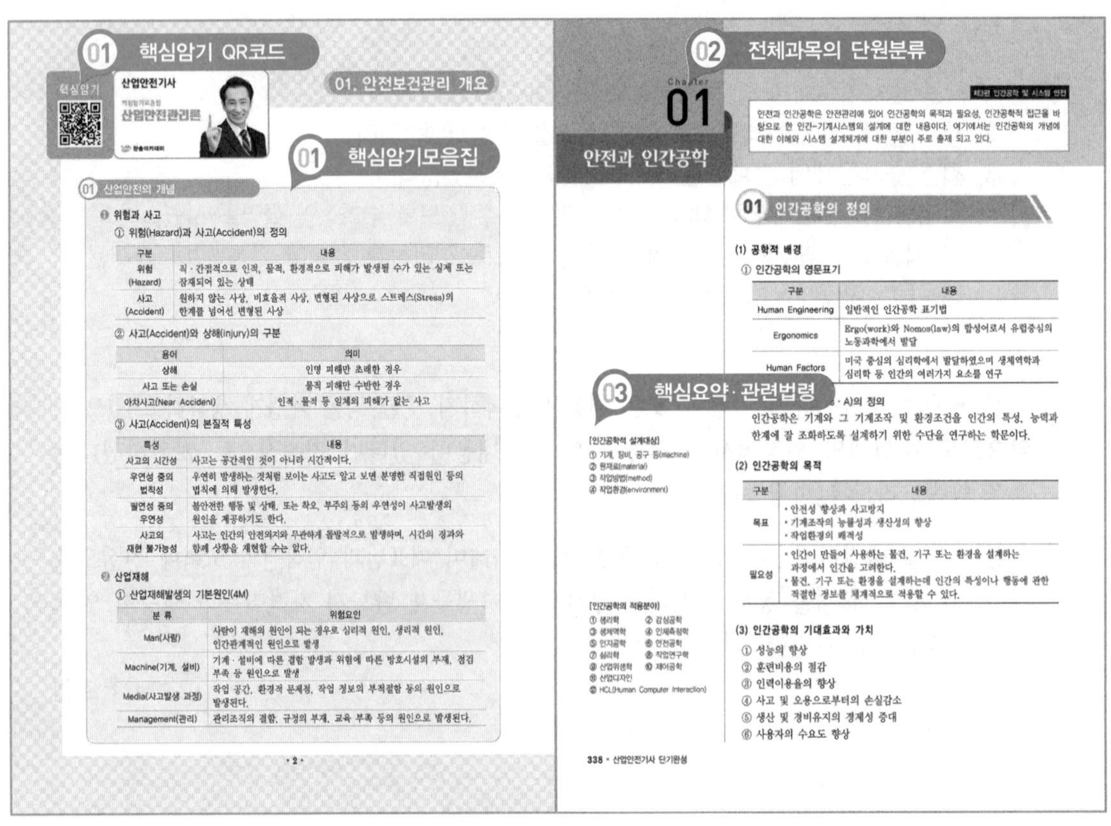

01 핵심암기 QR코드

핵심암기

산업안전기사

핵심암기모음집

산업안전관리론

01. 안전보건관리 개요

01 핵심암기모음집

01 산업안전의 개념

❶ 위험과 사고

① 위험(Hazard)과 사고(Accident)의 정의

구분	내용
위험(Hazard)	직·간접적으로 인적, 물적, 환경적으로 피해가 발생될 수가 있는 실제 또는 잠재되어 있는 상태
사고(Accident)	원하지 않는 사상, 비효율적 사상, 변형된 사상으로 스트레스(Stress)의 한계를 넘어선 변형된 사상

② 사고(Accident)와 상해(injury)의 구분

용어	의미
상해	인명 피해만 초래한 경우
사고 또는 손실	물적 피해만 수반한 경우
아차사고(Near Accident)	인적·물적 등 일체의 피해가 없는 사고

③ 사고(Accident)의 본질적 특성

특성	내용
사고의 시간성	사고는 공간적인 것이 아니라 시간적이다.
우연성 중의 법칙성	우연히 발생하는 것처럼 보이는 사고도 알고 보면 분명한 직접원인 등의 법칙에 의해 발생한다.
필연성 중의 우연성	불안전한 행동 및 상태, 또는 착오, 부주의 등의 우연성이 사고발생의 원인을 제공하기도 한다.
사고의 재현 불가능성	사고는 인간의 안전의지와 무관하게 돌발적으로 발생하며, 시간의 경과와 함께 상황을 재현할 수는 없다.

❷ 산업재해

① 산업재해발생의 기본원인(4M)

분 류	위험요인
Man(사람)	사람이 재해의 원인이 되는 경우로 심리적 원인, 생리적 원인, 인간관계적인 원인으로 발생
Machine(기계, 설비)	기계·설비에 따른 결함 발생과 위험에 따른 방호시설의 부재, 점검 부족 등 원인으로 발생
Media(사고발생 과정)	작업 공간, 환경적 문제점, 작업 정보의 부적절함 등의 원인으로 발생된다.
Management(관리)	관리조직의 결함, 규정의 부재, 교육 부족 등의 원인으로 발생된다.

• 2 •

02 전체과목의 단원분류

Chapter 01

안전과 인간공학

제3편 인간공학 및 시스템 안전

안전과 인간공학은 안전관리에 있어 인간공학의 목적과 필요성, 인간공학적 접근을 바탕으로 한 인간-기계시스템의 설계에 대한 내용이다. 여기에서는 인간공학의 개념에 대한 이해와 시스템 설계체계에 대한 부분이 주로 출제 되고 있다.

01 인간공학의 정의

(1) 공학적 배경

① 인간공학의 영문표기

구분	내용
Human Engineering	일반적인 인간공학 표기법
Ergonomics	Ergo(work)와 Nomos(law)의 합성어로서 유럽중심의 노동과학에서 발달
Human Factors	미국 중심의 심리학에서 발달하였으며 생체역학과 심리학 등 인간의 여러가지 요소를 연구

03 핵심요약·관련법령

s·A)의 정의

인간공학은 기계와 그 기계조작 및 환경조건을 인간의 특성, 능력과 한계에 잘 조화하도록 설계하기 위한 수단을 연구하는 학문이다.

[인간공학적 설계대상]
① 기계, 장비, 공구 등(machine)
② 원재료(material)
③ 작업방법(method)
④ 작업환경(environment)

(2) 인간공학의 목적

구분	내용
목표	• 안전성 향상과 사고방지 • 기계조작의 능률성과 생산성의 향상 • 작업환경의 쾌적성
필요성	• 인간이 만들어 사용하는 물건, 기구 또는 환경을 설계하는 과정에서 인간을 고려한다. • 물건, 기구 또는 환경을 설계하는데 인간의 특성이나 행동에 관한 적절한 정보를 체계적으로 적용할 수 있다.

[인간공학의 적용분야]
① 생리학 ② 감성공학
③ 생체역학 ④ 인체측정학
⑤ 인지공학 ⑥ 안전공학
⑦ 심리학 ⑧ 작업연구학
⑨ 산업위생학 ⑩ 제어공학
⑪ 산업디자인
⑫ HCL(Human Computer Interaction)

(3) 인간공학의 기대효과와 가치
① 성능의 향상
② 훈련비용의 절감
③ 인력이용율의 향상
④ 사고 및 오용으로부터의 손실감소
⑤ 생산 및 경비유지의 경제성 증대
⑥ 사용자의 수요도 향상

338 • 산업안전기사 단기완성

04 소단원별 핵심문제

• 과목의 단원을 다시한번 소단원별로 세분화하여 본문에서 학습한 내용을 즉시 문제를 풀어 확인 할 수 있도록 하였습니다.

05

• 학습자가 문제의 중요도를 파악할 수 있도록 출제연도를 표기하였으며 틀린문제를 표기하여 다시 풀어볼 수 있도록 빈칸을 제공하였습니다.

06

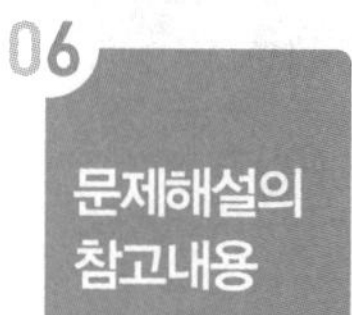

• 과년도 출제문제를 통해 학습정리를 쉽게 하도록 문제해설란에 본문의 핵심내용을 정리하여 추가로 표기하였습니다.

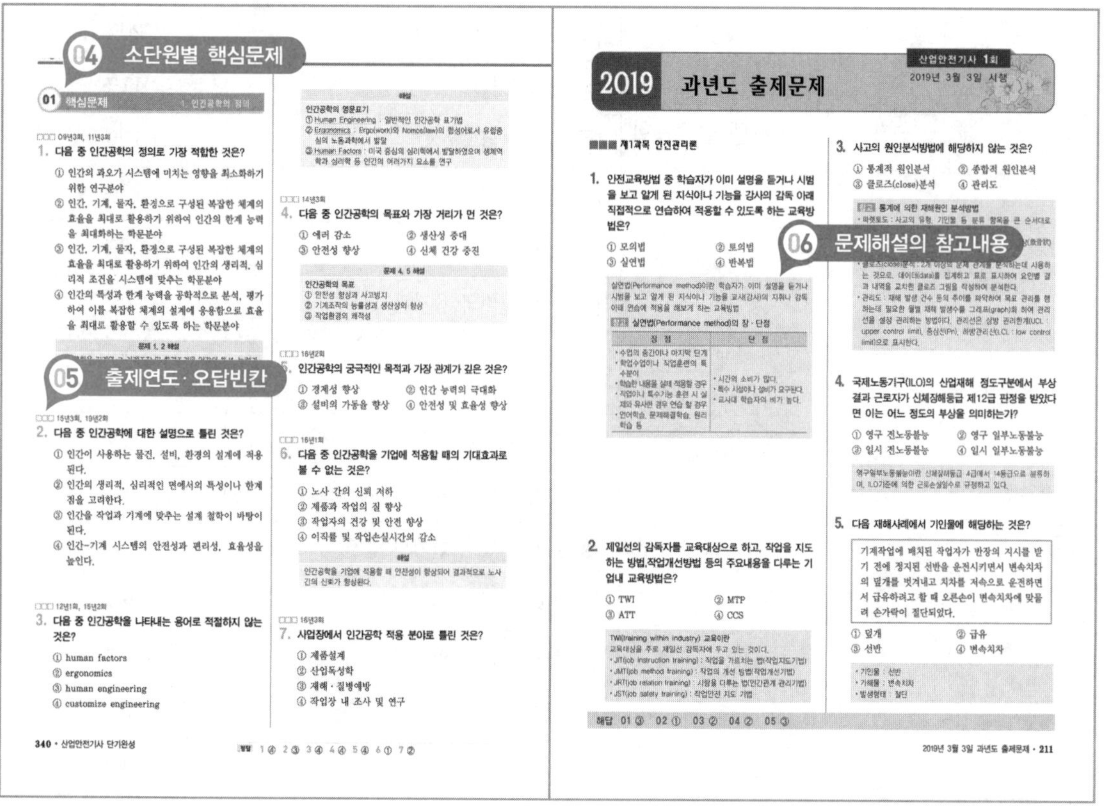

산업안전기사

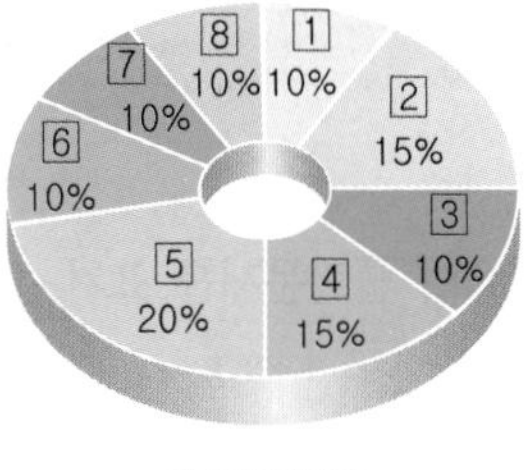

과 목		단원명	빈 도
안전관리론	1. 안전관리론	1 안전관리 개요	10%
		2 재해 및 안전점검	20%
		3 무재해 운동 및 보호구	19%
		4 산업안전심리	5%
		5 인간의 행동과학	15%
		6 안전교육의 개념	10%
		7 교육의 내용 및 방법	17%
		8 산업안전 관계법규	4%
	계		100%
인간공학 및 시스템 안전공학	2. 인간공학 및 시스템 안전공학	1 안전과 인간공학	9%
		2 정보입력표시	15%
		3 인간계측 및 작업공간	20%
		4 작업환경관리	11%
		5 시스템 위험분석	10%
		6 결함수분석법	15%
		7 위험성평가	13%
		8 각종 설비의 유지관리	7%
	계		100%
기계위험방지기술	3. 기계위험 방지기술	1 기계안전의 개념	17%
		2 공작기계의 안전	18%
		3 프레스 및 전단기의 안전	14%
		4 기타 산업용 기계기구	28%
		5 운반기계 및 양중기	16%
		6 설비진단	7%
	계		100%

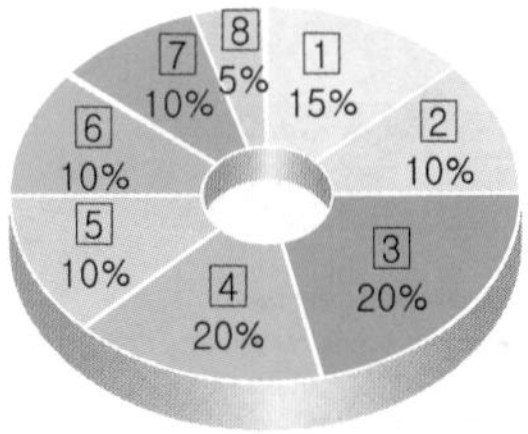

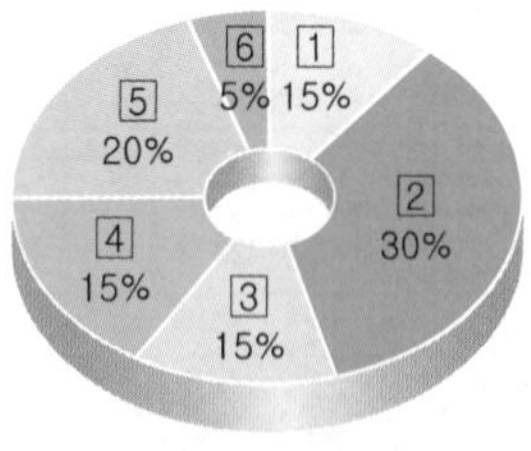

15개년(08~22년) 출제경향분석

과 목		단원명	빈 도
전기위험방지기술	4. 전기위험 방지기술	1 전기안전일반	27%
		2 감전재해 및 방지대책	17%
		3 전기화재 및 예방대책	22%
		4 정전기의 재해방지대책	17%
		5 전기설비의 방폭	17%
	계		100%

과 목		단원명	빈 도
화학설비위험방지기술	5. 화학설비위험 방지기술	1 위험물 및 유해화학물질 안전	18%
		2 공정안전	6%
		3 폭발 방지 및 안전대책	19%
		4 화학설비안전	25%
		5 화재예방 및 소화방법	32%
	계		100%

과 목		단원명	빈 도
건설안전기술	6. 건설안전기술	1 건설공사 안전개요	17%
		2 건설공구 및 장비	8%
		3 양중기 및 해체용 기구의 안전	12%
		4 건설재해 및 대책	21%
		5 건설 가시설물 설치기준	25%
		6 건설 구조물 공사 안전	10%
		7 운반, 하역작업	7%
	계		100%

산업안전기사

직무분야	안전관리	중직무분야	안전관리	자격종목	산업안전기사	적용기간	2022. 1. 1. ~ 2023. 12. 31.

○ 직무내용 : 제조 및 서비스업 등 각 산업현장에 배속되어 산업재해 예방계획의 수립에 관한 사항을 수행 하며, 작업환경의 점검 및 개선에 관한 사항, 유해 및 위험방지에 관한 사항, 사고사례 분석 및 개선에 관한 사항, 근로자의 안전교육 및 훈련에 관한 업무 수행

필기검정방법	객관식	문제수	120	시험시간	3시간

시험과목	주 요 항 목	세 부 항 목	
안전관리론	1. 안전보건관리 개요	1. 안전과 생산	2. 안전보건관리 체제 및 운용
	2. 재해 및 안전점검	1. 재해조사 3. 안전점검·검사·인증 및 진단	2. 산재분류 및 통계분석
	3. 무재해 운동 및 보호구	1. 무재해 운동 등 안전활동 기법	2. 보호구 및 안전보건표지
	4. 산업안전심리	1. 산업심리와 심리검사 3. 인간의 특성과 안전과의 관계	2. 직업적성과 배치
	5. 인간의 행동과학	1. 조직과 인간행동 3. 집단관리와 리더십	2. 재해 빈발성 및 행동과학 4. 생체리듬과 피로
	6. 안전보건교육의 개념	1. 교육의 필요성과 목적 3. 안전보건교육계획 수립 및 실시	2. 교육심리학
	7. 교육의 내용 및 방법	1. 교육내용 3. 교육실시 방법	2. 교육방법
	8. 산업안전 관계법규	1. 산업안전보건법 3. 산업안전보건법 시행규칙	2. 산업안전보건법 시행령 4. 관련 기준 및 지침
인간공학 및 시스템안전공학	1. 안전과 인간공학	1. 인간공학의 정의 3. 체계설계와 인간요소	2. 인간-기계체계
	2. 정보입력표시	1. 시각적 표시장치 3. 촉각 및 후각적 표시장치	2. 청각적 표시장치 4. 인간요소와 휴먼에러
	3. 인간계측 및 작업공간	1. 인체계측 및 인간의 체계제어 3. 작업공간 및 작업자세	2. 신체활동의 생리학적 측정법 4. 인간의 특성과 안전
	4. 작업환경관리	1. 작업조건과 환경조건	2. 작업환경과 인간공학
	5. 시스템위험분석	1. 시스템 위험분석 및 관리	2. 시스템 위험 분석 기법
	6. 결함수 분석법	1. 결함수 분석	2. 정성적, 정량적 분석
	7. 위험성평가	1. 위험성 평가의 개요	2. 신뢰도 계산
	8. 각종 설비의 유지 관리	1. 설비관리의 개요 3. 보전성 공학	2. 설비의 운전 및 유지관리
기계위험방지기술	1. 기계안전의 개념	1. 기계의 위험 및 안전조건 3. 구조적 안전	2. 기계의 방호 4. 기능적 안전
	2. 공작기계의 안전	1. 절삭가공기계의 종류 및 방호장치	2. 소성가공 및 방호장치

출제기준표

시험과목	주 요 항 목	세 부 항 목	
기계위험 방지기술	3. 프레스 및 전단기의 안전	1. 프레스 재해방지의 근본적인 대책	2. 금형의 안전화
	4. 기타 산업용 기계기구	1. 롤러기 3. 아세틸렌 용접장치 및 가스집합 용접장치 5. 산업용 로봇 7. 고속회전체	2. 원심기 4. 보일러 및 압력용기 6. 목재 가공용 기계 8. 사출성형기
	5. 운반기계 및 양중기	1. 지게차 3. 크레인 등 양중기(건설용은 제외)	2. 컨베이어 4. 구내 운반 기계
	6. 설비진단	1. 비파괴검사의 종류 및 특징 3. 소음방지 기술	2. 진동방지 기술
전기위험 방지기술	1. 전기안전일반	1. 전기의 위험성 3. 전기작업안전	2. 전기설비 및 기기
	2. 감전재해 및 방지 대책	1. 감전재해 예방 및 조치 3. 누전차단기 감전예방 5. 절연용 안전장구	2. 감전재해의 요인 4. 아크 용접장치
	3. 전기화재 및 예방 대책	1. 전기화재의 원인 3. 피뢰설비 5. 화재대책	2. 접지공사 4. 화재경보기
	4. 정전기의 재해방지대책	1. 정전기의 발생 및 영향	2. 정전기재해의 방지대책
	5. 전기설비의 방폭	1. 방폭구조의 종류 3. 방폭설비의 공사 및 보수	2. 전기설비의 방폭 및 대책
화학설비 위험방지 기술	1. 위험물 및 유해화학물질 안전	1. 위험물, 유해화학물질의 종류	2. 위험물, 유해화학물질의 취급 및 안전 수칙
	2. 공정안전	1. 공정안전 일반	2. 공정안전 보고서 작성 심사·확인
	3. 폭발방지 및 안전대책	1. 폭발의 원리 및 특성	2. 폭발방지대책
	4. 화학설비안전	1. 화학설비의 종류 및 안전기준 3. 공정 안전기술	2. 건조설비의 종류 및 재해형태
	5. 화재 예방 및 소화	1. 연소	2. 소화
건설안전 기술	1. 건설공사 안전개요	1. 공정계획 및 안전성심사 3. 건설업 산업안전보건관리비	2. 지반의 안정성 4. 사전안전성검토(유해위험방지 계획서)
	2. 건설공구 및 장비	1. 건설공구 3. 안전수칙	2. 건설장비
	3. 양중 및 해체공사의 안전	1. 해체용 기구의 종류 및 취급안전	2. 양중기의 종류 및 안전 수칙
	4. 건설재해 및 대책	1. 떨어짐(추락)재해 및 대책 3. 떨어짐(낙하), 날아옴(비래)재해대책	2. 무너짐(붕괴)재해 및 대책
	5. 건설 가시설물 설치 기준	1. 비계 3. 거푸집 및 동바리	2. 작업통로 및 발판 4. 흙막이
	6. 건설 구조물공사 안전	1. 콘크리트 구조물공사 안전 3. PC(Precast Concrete) 공사 안전	2. 철골 공사 안전
	7. 운반, 하역작업	1. 운반작업	2. 하역공사

Contents

제1편 산업안전관리론

Contents

제2편 산업심리 및 교육

제3편 인간공학 및 시스템 안전

Contents

Contents

제4편 건설안전기술

Contents

Ⅱ

제5편 기계위험방지기술

Contents

제6편 전기위험방지기술

Contents

제7편 화학설비위험방지기술

Contents

제8편 과년도 출제문제

CBT대비 4회 실전테스트

홈페이지(www.inup.co.kr)에서 필기시험 문제를 CBT 모의 TEST로 체험하실 수 있습니다.

- CBT 필기시험문제 제1회(2022년 제1회 과년도)
- CBT 필기시험문제 제2회(2022년 제2회 과년도)
- CBT 필기시험문제 제3회(2022년 제3회 과년도)
- CBT 필기시험문제 제4회(실전모의고사)

PART

01

산업안전관리론

샘플강좌

산업안전기사

핵심암기모음집

산업안전관리론

한솔아카데미

01. 안전보건관리 개요

01 산업안전의 개념

❶ 위험과 사고

① 위험(Hazard)과 사고(Accident)의 정의

구분	내용
위험 (Hazard)	직·간접적으로 인적, 물적, 환경적으로 피해가 발생될 수가 있는 실제 또는 잠재되어 있는 상태
사고 (Accident)	원하지 않는 사상, 비효율적 사상, 변형된 사상으로 스트레스(Stress)의 한계를 넘어선 사상

② 사고(Accident)와 상해(injury)의 구분

용어	의미
상해	인명 피해만 초래한 경우
손실	물적 피해만 수반한 경우
아차사고(Near Accident)	인적·물적 등 일체의 피해가 없는 사고

③ 사고(Accident)의 본질적 특성

특성	내용
사고의 시간성	사고는 공간적인 것이 아니라 시간적이다.
우연성 중의 법칙성	우연히 발생하는 것처럼 보이는 사고도 알고 보면 분명한 직접원인 등의 법칙에 의해 발생한다.
필연성 중의 우연성	불안전한 행동 및 상태, 또는 착오, 부주의 등의 우연성이 사고발생의 원인을 제공하기도 한다.
사고의 재현 불가능성	사고는 인간의 안전의지와 무관하게 돌발적으로 발생하며, 시간의 경과와 함께 상황을 재현할 수는 없다.

❷ 산업재해

① 산업재해발생의 기본원인(4M)

분 류	위험요인
Man(사람)	사람이 재해의 원인이 되는 경우로 심리적 원인, 생리적 원인, 인간관계적인 원인으로 발생
Machine(기계, 설비)	기계·설비에 따른 결함 발생과 위험에 따른 방호시설의 부재, 점검 부족 등 원인으로 발생
Media(사고발생 과정)	작업 공간, 환경적 문제점, 작업 정보의 부적절함 등의 원인으로 발생된다.
Management(관리)	관리조직의 결함, 규정의 부재, 교육 부족 등의 원인으로 발생된다.

② 안전대책의 3요소, 하베이(Harvey)의 3E

3요소	세부 대책
교육적(Education) 대책	안전지식교육 실시, 안전훈련 실시 등
기술적(Engineeing) 대책	안전 설계, 작업행정의 개선, 환경설비의 개선, 점검 보존의 확립, 안전기준의 설정 등
관리적(Enforcement) 대책	안전조직의 정비 및 적정인원의 배치, 기준과 수칙의 준수, 작업공정의 개선 등

02 안전관리 이론

❶ 사고연쇄(도미노) 이론

학설자	단계의 분류
1. 하인리히(H.W. Heinrich)의 도미노이론	1단계 : 사회적 환경과 유전적인 요소(선천적 결함)
	2단계 : 개인적 결함(성격결함, 개성결함)
	3단계 : 불안전한 행동과 불안전한 상태 → 핵심 단계
	4단계 : 사고
	5단계 : 상해(재해)
2. 버드(Frank Bird)의 신 Domino 이론	**1단계 : 통제(관리, 경영)부족 → 핵심단계**
	2단계 : 기본원인(기원, 원이론)
	3단계 : 직접원인(징후)
	4단계 : 사고(접촉)
	5단계 : 상해(손해, 손실)
3. 아담스(Adams)의 연쇄이론	1단계 : 관리구조
	2단계 : 작전적(전략적) 에러
	3단계 : 전술적(불안전한 행동 또는 조작) 에러
	4단계 : 사고(물적 사고)
	5단계 : 상해 또는 손실
4. 웨버(Weaver)의 연쇄성 이론	1단계 : 유전과 환경
	2단계 : 인간의 결함
	3단계 : 불안전 행동과 불안전 상태
	4단계 : 사고
	5단계 : 상해

❷ 재해의 구성 비율

① 하인리히(H.W. Heinrich)의 1 : 29 : 300 원칙	② 버드(Frank Bird)의 1 : 10 : 30 : 600 원칙
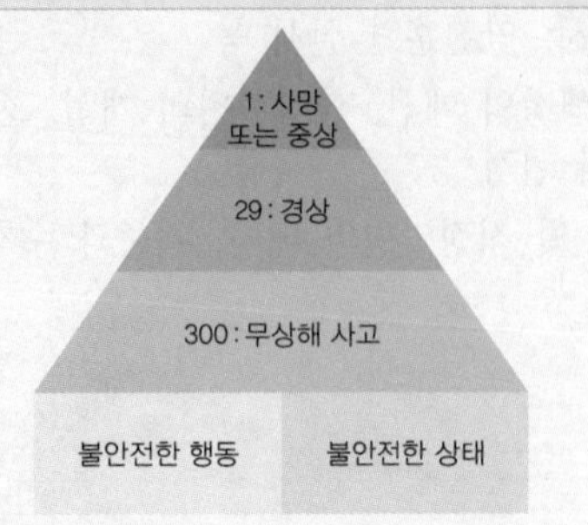	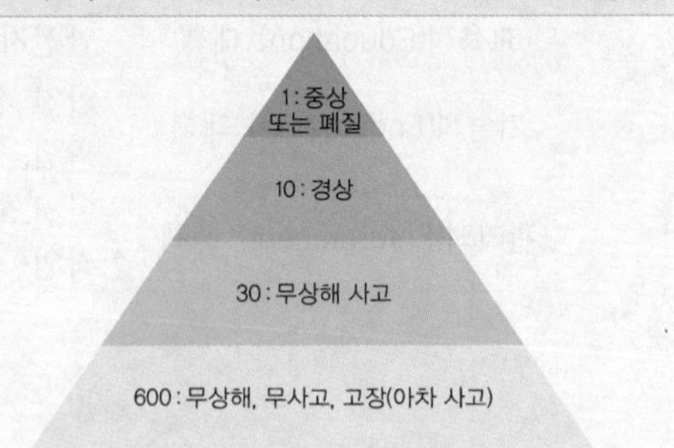

❸ 사고예방 이론

① 재해예방의 4원칙

4원칙	내용
손실 우연의 원칙	재해 손실은 사고발생 시 사고 대상의 조건에 따라 달라지므로 한 사고의 결과로서 생긴 재해 손실은 우연성에 의하여 결정된다.
원인 계기(연계)의 원칙	재해 발생은 반드시 원인이 있다. 즉 사고와 손실과의 관계는 우연적이지만 사고와 원인관계는 필연적이다.
예방 가능의 원칙	재해는 원칙적으로 원인만 제거되면 예방이 가능하다.
대책 선정의 원칙	재해 예방을 위해 가능한 안전 대책은 반드시 존재한다.

② 하인리히(H.W. Heinrich)의 사고예방 기본원리 5단계

단계	구분
1단계	안전조직
2단계	사실의 발견
3단계	분석
4단계	시정방법의 선정
5단계	시정책의 적용

03 안전보건관리 체제

❶ 안전보건관리조직

	장 점	단 점
Line형	• 명령과 보고가 상하관계뿐이므로 간단명료하다. • 신속 · 정확한 조직 • 안전지시나 개선조치가 철저하고 신속하다.	• 생산업무와 같이 안전대책이 실시되므로 불충분하다. • 안전 Staff이 없어 내용이 빈약하다. • Line에 과중한 책임 부여된다.
Staff형	• 안전 지식 및 기술축적 가능 • 사업장에 적합한 기술개발 또는 개선안을 마련할 수 있다. • 안전정보수집이 신속하다. • 경영자의 조언 또는 자문역할을 할 수 있다.	• 안전과 생산을 별개로 취급한다. • 통제 수속이 복잡해지며, 시간과 노력이 소모된다. • 안전지시나 명령과 보고가 신속 · 정확하지 못하다. • 생산은 안전에 대한 책임과 권한이 없다.
Line-Staff형	• 조직원 전원이 자율적으로 안전활동에 참여할 수 있다. • 각 Line의 안전 활동은 유기적으로 조정가능하다. • 충분한 동기부여가 생긴다. • Line의 관리 · 감독자에게도 책임과 권한이 부여된다.	• 명령 계통과 조언 권고적 참여가 혼동되기 쉽다. • 스탭의 월권행위가 발생할 수 있다. • 라인의 스탭에 의존 또는 활용치 않는 경우가 발생한다.

❷ 산업안전보건위원회

① 산업안전보건위원회 위원 구성

사용자 위원	근로자 위원
• 해당 사업의 대표자 • 안전관리자 1명 • 보건관리자 1명 • 산업보건의(선임되어 있는 경우) • 대표자가 지명하는 9명 이내의 사업장 부서의 장	• 근로자대표 • 근로자대표가 지명하는 1명 이상의 명예산업안전감독관 • 근로자대표가 지명하는 9명 이내의 당해 사업장의 근로자

② 산업안전보건위원회 심의 · 의결사항

㉠ 산업재해 예방계획의 수립에 관한 사항

㉡ 안전보건관리규정의 작성 및 변경에 관한 사항

㉢ 근로자의 안전 · 보건교육에 관한 사항

㉣ 작업환경측정 등 작업환경의 점검 및 개선에 관한 사항

㉤ 근로자의 건강진단 등 건강관리에 관한 사항

㉥ 중대재해의 원인 조사 및 재발 방지대책 수립에 관한 사항

㉦ 산업재해에 관한 통계의 기록 및 유지에 관한 사항

㉧ 유해하거나 위험한 기계 · 기구와 그 밖의 설비를 도입한 경우 안전 · 보건조치에 관한사항

㉨ 그 밖에 해당 사업장 근로자의 안전 및 보건을 유지 · 증진시키기 위하여 필요한 사항

③ 회의 방법

구분	내용
회의	• 정기회의 : 분기마다 • 임시회의 : 필요시 위원장이 소집
회의록 작성	• 개최 일시 및 장소 • 출석위원 • 심의 내용 및 의결 · 결정 사항 • 그 밖의 토의사항

❸ 안전보건관리규정

① 안전보건관리규정 작성항목

㉠ 안전 및 보건에 관한 관리조직과 그 직무에 관한 사항

㉡ 안전보건교육에 관한 사항

㉢ 작업장의 안전 및 보건 관리에 관한 사항

㉣ 사고 조사 및 대책 수립에 관한 사항

㉤ 그 밖에 안전 및 보건에 관한 사항

② 안전보건관리규정의 세부 내용

㉠ 총칙

㉡ 안전보건관리조직과 그 직무

㉢ 안전보건교육

㉣ 작업장 안전관리

㉤ 작업장 보건관리

㉥ 사고조사 및 대책수립

㉦ 위험성 평가에 관한 사항

㉧ 보칙

❹ 안전보건개선계획

① 안전보건개선계획 대상 사업장

㉠ 산업재해율이 같은 업종의 규모별 평균 산업재해율보다 높은 사업

㉡ 사업주가 필요한 안전조치 또는 보건조치를 이행하지 아니하여 중대재해가 발생한 사업장

㉢ 대통령령으로 정하는 수 이상의 직업성 질병자가 발생한 사업장

㉣ 유해인자의 노출기준을 초과한 사업장

② 안전보건개선계획 내용

구분	내 용
포함 내용	• 시설 • 안전 · 보건관리체제 • 안전 · 보건교육 • 산업재해예방 및 작업환경의 개선을 위하여 필요한 사항
공통개선 항목	안전보건관리조직, 안전표지부착, 보호구착용, 건강진단실시, 참고사항
중점개선 항목	시설, 원료 및 재료, 기계장치, 작업방법, 작업환경, 기타

02. 재해 및 안전점검

01 재해의 발생과 조사

❶ 산업재해의 기록

① 산업재해 보고

구분	내용
보고대상재해	사망자 또는 3일 이상의 휴업을 요하는 부상을 입거나 질병에 걸린 자가 발생한 때
보고방법	재해가 발생한 날부터 1개월 이내에 산업재해조사표를 작성하여 지방고용노동관서의 장에게 제출
기록 보존해야 할 사항	• 사업장의 개요 및 근로자의 인적사항 • 재해발생의 일시 및 장소 • 재해발생의 원인 및 과정 • 재해 재발방지 계획

② 중대재해 발생 시 보고

구분	내용
중대재해의 정의	• 사망자가 1명 이상 발생한 재해 • 3개월 이상의 요양이 필요한 부상자가 동시에 2명 이상 발생한 재해 • 부상자 또는 직업성 질병자가 동시에 10명 이상 발생한 재해
보고방법	중대재해발생사실을 알게 된 때에는 지체없이 관할지방 노동관서의 장에게 전화 · 팩스, 또는 그밖에 적절한 방법에 의하여 보고
보고내용	• 발생개요 및 피해 상황 • 조치 및 전망 • 그 밖의 중요한 사항

❷ 재해사례의 연구순서

구분	내용
전제조건	재해상황의 파악
1단계	사실의 확인
2단계	문제점의 발견
3단계	근본적 문제점 결정
4단계	대책의 수립

02 재해통계

❶ 재해통계 방법

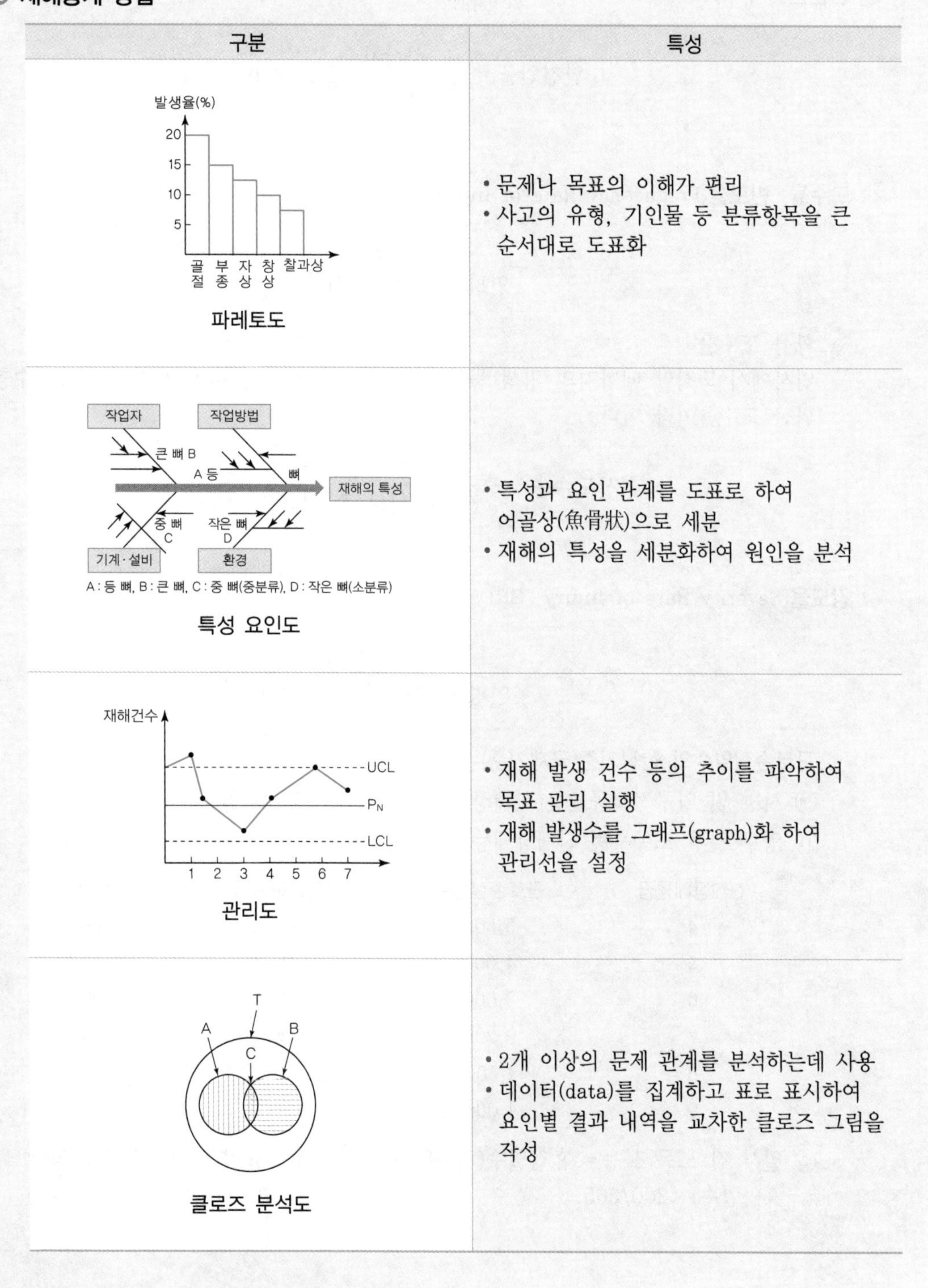

구분	특성
파레토도	• 문제나 목표의 이해가 편리 • 사고의 유형, 기인물 등 분류항목을 큰 순서대로 도표화
특성 요인도	• 특성과 요인 관계를 도표로 하여 어골상(魚骨狀)으로 세분 • 재해의 특성을 세분화하여 원인을 분석
관리도	• 재해 발생 건수 등의 추이를 파악하여 목표 관리 실행 • 재해 발생수를 그래프(graph)화 하여 관리선을 설정
클로즈 분석도	• 2개 이상의 문제 관계를 분석하는데 사용 • 데이터(data)를 집계하고 표로 표시하여 요인별 결과 내역을 교차한 클로즈 그림을 작성

03 산업재해율

❶ 연천인율(年千人率)

$$연천인율 = \frac{사상자수}{연평균\ 근로자수} \times 10^3$$

❷ 도수율, 빈도율(Fregueency Rate of Injury : FR)

$$도수율 = \frac{재해\ 발생건수}{연평균\ 근로\ 총\ 시간수} \times 10^6$$

※ 환산 도수율

입사에서 퇴직할 때까지의 평생 동안(40년)의 근로시간인 10만 시간당 재해건수를 환산 도수율이라 한다.

$$환산도수율 = \frac{재해\ 발생건수}{연평균\ 근로\ 총\ 시간수} \times 10^5$$

❸ 강도율(Severity Rate of lnjury : SR)

$$강도율 = \frac{근로\ 손실일수}{연평균\ 근로\ 총\ 시간수} \times 10^3$$

① 근로손실일수의 산정기준(국제기준)

㉠ 사망 및 영구전노동불능(신체장애등급 1-3급) : 7,500일

㉡ 영구 일부 노동불능(신체장애등급 4-14급)

신체장해등급	근로손실일수	신체장해등급	근로손실일수
4	5,500	10	600
5	4,000	11	400
6	3,000	12	200
7	2,200	13	100
8	1,500	14	50
9	1,000		

㉢ 일시 전 노동 불능= 휴업일수(입원일수, 통원치료, 요양, 의사 진단에 의한 휴업일수)×300/365

※ 환산 강도율

입사에서 퇴직할 때까지의 평생 동안(40년)의 근로시간인 10만 시간당 근로손실일수를 환산 강도율이라 한다.

$$환산강도율 = \frac{근로\ 손실일수}{연평균\ 근로\ 총\ 시간수} \times 10^5$$

❹ **종합재해지수(도수강도치 :** F.S.I)

$$도수강도치(F.S.I) = \sqrt{도수율(F) \times 강도율(S)}$$

04 재해손실비의 계산

❶ H.W. Heinrich**의** 1 : 4**원칙**

총 Cost = 1(직접비) : 4(간접비) 원칙

구분	내용
직접비	휴업급여, 요양비, 장애보상비, 유족보상비, 장의비, 일시보상비
간접비	인적손실, 물적손실, 생산손실, 특수손실, 기타손실

❷ **시몬즈**(R.H.simonds) **방식**

총 cost = 보험 cost + 비보험 cost

구분	내용
보험 cost	• 보험금의 총액 • 보험회사에 관련된 여러 경비와 이익금
비보험 cost	• 휴업 상해 건수 × A • 통원상해 건수 × B • 응급조치 건수 × C • 무상해 사고 건수 × D 여기서 A, B, C, D는 장애 정도별 비보험 Cost의 평균치이다.

❸ 콤패스 방식

총재해 비용 = 공동비용 + 개별비용

① 공동비용 : 보험료, 안전보건부서의 유지비용 등
② 개별비용 : 작업손실비, 개선비, 수리비 등

❹ 버드의 방식

보험비 1 : 비보험 5~50　　재산비용 1 : 기타 재산비용 3

05 안전점검과 진단

❶ 효율적인 관리의 4 cycle(P-D-C-A)

① Plan(계획) : 목표를 설정하고 달성하는 방법을 계획한다.
② Do(실시) : 교육, 훈련을 하고 실행에 옮긴다.
③ Cheak(검토) : 결과를 검토한다.
④ Action(조치) : 검토한 결과에 의해 조치한다.

❷ 안전점검의 종류

구분	내 용
점검주기별 안전점검	수시점검(일상점검), 정기점검, 특별점검, 임시점검
안전점검 방법	육안점검, 기능점검, 기기점검, 정밀점검

❸ 안전진단

구분	내용
자율(자기)진단	외부 전문가를 위촉하여 사업장 자체에서 스스로 실시하는 진단
명령에 의한 진단 대상 사업장	• 중대재해(안전 · 보건조치의무를 불이행하여 발생한 중대재해만 해당)발생 사업장 ※ 그 사업장의 연간 산업재해율이 같은 업종의 규모별 평균 산업재해율을 2년간 초과하지 아니한 사업장은 제외 • 안전보건개선계획 수립 · 시행명령을 받은 사업장 • 추락 · 폭발 · 붕괴 등 재해발생 위험이 현저히 높은 사업장으로서 지방노동관서의 장이 안전 · 보건진단이 필요하다고 인정하는 사업장

03. 무재해운동 및 안전보건표지

01 무재해운동 이론

❶ 무재해에 해당하는 경우(사고 미 산정 사항)

① 업무수행 중의 사고 중 천재지변 또는 돌발적인 사고로 인한 구조행위 또는 긴급피난 중 발생한 사고

② 출·퇴근 도중에 발생한 재해

③ 운동경기 등 각종 행사 중 발생한 재해

④ 사고 중 천재지변 또는 돌발적인 사고 우려가 많은 장소에서 사회통념상 인정되는 업무수행 중 발생한 사고

⑤ 제3자의 행위에 의한 업무상 재해

⑥ 업무상 질병에 대한 구체적인 인정기준 중 뇌혈관질환 또는 심장질환에 의한 재해

⑦ 업무시간외에 발생한 재해(사업주가 제공한 사업장내의 시설물에서 발생한 재해 또는 작업개시 전의 작업준비 및 작업종료 후의 정리정돈과정에서 발생한 재해는 제외)

⑧ 도로에서 발생한 사업장 밖의 교통사고, 소속 사업장을 벗어난 출장 및 외부기관으로 위탁교육 중 발생한 사고, 회식중의 사고, 전염병 등 사업주의 법 위반으로 인한 것이 아니라고 인정되는 재해

❷ 무재해운동 이론

구분	내용
무재해운동 이념의 3원칙	• 무의 원칙 • 참가의 원칙 • 선취해결의 원칙
무재해운동 추진 3요소(3기둥)	• 최고경영자의 경영자세 • 관리감독자에 의한 라인화 철저 • 직장소집단 자주활동의 활발

02 무재해 운동의 실천

❶ 위험예지훈련의 4R(라운드)와 8단계

문제해결 4단계(4R)	문제해결의 8단계
1R – 현상파악	1단계 – 문제제기 2단계 – 현상파악
2R – 본질추구	3단계 – 문제점 발견 4단계 – 중요 문제 결정
3R – 대책수립	5단계 – 해결책 구상 6단계 – 구체적 대책 수립
4R – 행동목표 설정	7단계 – 중점사항 결정 8단계 – 실시계획 책정

❷ 브레인 스토밍 4원칙

구분	내용
자유분방	마음대로 편안히 발언한다.
비평(비판)금지	좋다, 나쁘다고 비평하지 않는다.
대량발언	무엇이건 좋으니 많이 발언하게 한다.
수정발언	타인의 아이디어에 수정하거나 덧붙여 말하여도 좋다.

03 안전보건표지

❶ 안전보건표지의 색채 및 색도기준

색체	색도기준	용도	사용례
빨간색	7.5R 4/14	금지	정지신호, 소화설비 및 장소, 유해행위의 금지
		경고	화학물질 취급장소에서의 유해·위험 경고
노란색	5Y 8.5/12	경고	화학물질 취급장소에서의 유해·위험 경고 이외의 위험경고, 주의표지 또는 기계 방호물
파란색	2.5PB 4/10	지시	특정행위의 지시, 사실의 고지
녹 색	2.5G 4/10	안내	비상구 및 피난소, 사람 또는 차량의 통행표지
흰 색	N9.5		파란색 또는 녹색에 대한 보조색
검은색	N0.5		문자 및 빨간색 또는 노란색에 대한 보조색

<table>
<tr><th colspan="10">안전보건표지의 종류와 형태</th></tr>
<tr><td>1. 금지 표지</td><td>101
출입금지</td><td>102
보행금지</td><td>103
차량통행 금지</td><td>104
사용금지</td><td>105
탑승금지</td><td>106
금연</td><td>107
화기금지</td><td>108
물체이동 금지</td><td></td></tr>
<tr><td rowspan="2">2. 경고 표지</td><td>201
인화성물질 경고</td><td>202
산화성물질 경고</td><td>203
폭발성물질 경고</td><td>204
급성독성 물질경고</td><td>205
부식성물질 경고</td><td>206
방사성물질 경고</td><td>207
고압전기 경고</td><td>208
매달린물체 경고</td><td>209
낙하물 경고</td></tr>
<tr><td>210
고온 경고</td><td>211
저온 경고</td><td>212
몸균형상실 경고</td><td>213
레이저광선 경고</td><td colspan="2">214
발암성 · 변이원성 · 생식독성 · 전신독성 · 호흡기 과민성 물질 경고</td><td>215
위험장소 경고</td><td></td><td></td></tr>
<tr><td>3. 지시 표지</td><td>301
보안경착용</td><td>302
방독마스크 착용</td><td>303
방진마스크 착용</td><td>304
보안면착용</td><td>305
안전모착용</td><td>306
귀마개착용</td><td>307
안전화착용</td><td>308
안전장갑 착용</td><td>309
안전복착용</td></tr>
<tr><td>4. 안내 표지</td><td>401
녹십자표지</td><td>402
응급구호 표지</td><td>403
들 것</td><td>404
세안장치</td><td>405
비상용기구
비상용 기구</td><td>406
비상구</td><td>407
좌측비상구</td><td>408
우측비상구</td><td></td></tr>
<tr><td>5. 관계자 외 출입 금지</td><td colspan="3">501
허가대상물질 작업장

관계자외
출입금지
(허가물질 명칭)
제조/사용/보관 중

보호구/보호복 착용
흡연 및 음식물
섭취 금지</td><td colspan="3">502
석면취급/해체 작업장

관계자외
출입금지
석면 취급/해체 중

보호구/보호복 착용
흡연 및 음식물
섭취 금지</td><td colspan="3">503
금지대상물질의 취급 실험실 등

관계자외
출입금지
발암물질 취급 중

보호구/보호복 착용
흡연 및 음식물
섭취 금지</td></tr>
<tr><td>6. 문자 추가 시 예시문</td><td colspan="2">$\frac{1}{10}$d
휘발유화기엄금
d
$\frac{1}{4}$d 이상</td><td colspan="7">· 내 자신의 건강과 복지를 위하여 안전을 늘 생각한다.
· 내가정의 행복과 화목을 위하여 안전을 늘 생각한다.
· 내 자신의 실수로써 동료를 해치지 않도록 하기 위하여 안전을 늘 생각한다.
· 내 자신의 방심과 불안전한 행동이 조국의 번영에 장애가 되지 않도록 하기 위하여 안전을 늘 생각한다.</td></tr>
</table>

04. 보호구

01 보호구의 개요

❶ 안전인증 및 자율안전 확인대상 보호구 구분

안전 인증 대상	자율 안전 확인 대상
• 추락 및 감전 위험방지용 안전모 • 안전화 • 안전장갑 • 방진마스크 • 방독마스크 • 송기마스크 • 전동식 호흡보호구 • 보호복 • 안전대 • 차광 및 비산물 위험방지용 보안경 • 용접용 보안면 • 방음용 귀마개 또는 귀덮개	• 안전모(안전 인증대상 기계 · 기구에 해당되는 사항 제외) • 보안경(안전 인증대상 기계 · 기구에 해당되는 사항 제외) • 보안면(안전 인증대상 기계 · 기구에 해당되는 사항 제외)

02 방진마스크

❶ 방진마스크의 등급

등급	사용장소
특급	• 베릴륨 등과 같이 독성이 강한 물질들을 함유한 분진 등 발생장소 • 석면 취급장소
1급	• 특급마스크 착용장소를 제외한 분진 등 발생장소 • 금속흄 등과 같이 열적으로 생기는 분진 등 발생장소 • 기계적으로 생기는 분진 등 발생장소 (규소등과 같이 2급 방진마스크를 착용하여도 무방한 경우는 제외한다.)
2급	특급 및 1급 마스크 착용장소를 제외한 분진 등 발생장소

※ 배기밸브가 없는 안면부여과식 마스크는 특급 및 1급 장소에 사용해서는 안 된다.

❷ 방진마스크의 여과재 분진 등 포집효율 시험

염화나트륨(NaCl) 및 파라핀 오일(Paraffin oil) 시험(%)

구분	특급	1급	2급
분리식	99.95 이상	94 이상	80 이상
안면부 여과식	99 이상	94 이상	80 이상

03 방독마스크

❶ 방독마스크의 종류

종류	시험가스
유기화합물용	시클로헥산(C_6H_{12})
	디메틸에테르(CH_3OCH_3)
	이소부탄(C_4H_{10})
할로겐용	염소가스 또는 증기(Cl_2)
황화수소용	황화수소가스(H_2S)
시안화수소용	시안화수소가스(HCN)
아황산용	아황산가스(SO_2)
암모니아용	암모니아가스(NH_3)

❷ 방독마스크의 등급 및 사용장소

등급	사용장소
고농도	가스 또는 증기의 농도가 100분의 2(암모니아에 있어서는 100분의 3) 이하의 대기 중에서 사용하는 것
중농도	가스 또는 증기의 농도가 100분의 1(암모니아에 있어서는 100분의 1.5) 이하의 대기 중에서 사용하는 것
저농도 및 최저농도	가스 또는 증기의 농도가 100분의 0.1 이하의 대기 중에서 사용하는 것으로서 긴급용이 아닌 것

■ 비고 : 방독마스크는 산소농도가 18% 이상인 장소에서 사용하여야 하고, 고농도와 중농도에서 사용하는 방독마스크는 전면형(격리식, 직결식)을 사용해야 한다.

❸ 안전인증 외의 추가표시 사항

① 파과곡선도

② 사용시간 기록카드

③ 정화통의 외부측면의 표시 색

④ 사용상의 주의사항

04 안전모

❶ 안전모의 종류

종류(기호)	사용구분	비고
AB	물체의 낙하 또는 비래 및 추락에 의한 위험을 방지 또는 경감시키기 위한 것	
AE	물체의 낙하 또는 비래에 의한 위험을 방지 또는 경감하고, 머리부위 감전에 의한 위험을 방지하기 위한 것	내전압성
ABE	물체의 낙하 또는 비래 및 추락에 의한 위험을 방지 또는 경감하고, 머리부위 감전에 의한 위험을 방지 하기 위한 것	내전압성

❷ 안전모의 시험성능 기준

항목	시험 성능기준
내관통성	AE, ABE종 안전모는 관통거리가 9.5mm 이하이고, AB종 안전모는 관통거리가 11.1mm 이하이어야 한다.
충격흡수성	최고전달충격력이 4,450N을 초과해서는 안되며, 모체와 착장체의 기능이 상실되지 않아야 한다.
내전압성	AE, ABE종 안전모는 교류 20kV에서 1분간 절연파괴 없이 견뎌야 하고, 이때 누설되는 충전전류는 10mA 이하이어야 한다.
내 수 성	AE, ABE종 안전모는 질량증가율이 1% 미만이어야 한다.
난 연 성	모체가 불꽃을 내며 5초 이상 연소되지 않아야 한다.
턱끈풀림	150N 이상 250N 이하에서 턱끈이 풀려야 한다.

❸ 안전모의 내수성 시험(AE, ABE종)

시험 안전모의 모체를(20~25)℃의 수중에 24시간 담가놓은 후, 대기 중에 꺼내어 마른천 등으로 표면의 수분을 닦아내고 다음 산식으로 질량증가율(%)을 산출한다.

$$\text{질량 증가율(\%)} = \frac{\text{담근 후의 질량} - \text{담그기 전의 질량}}{\text{담그기 전의 질량}} \times 100$$

※ AE, ABE종 안전모의 판정기준은 질량증가율 1% 미만

05 안전화

❶ 안전화의 종류

① 시험성능기준

구분	낙하높이	압축하중
중작업용	1,000mm	15.0±0.1 kN
보통작업용	500mm	10.0±0.1 kN
경작업용	250mm	4.4 ±0.1 kN

② 등급에 따른 종류

등급	사용장소
중작업용	광업, 건설업 및 철광업 등에서 원료취급, 가공, 강재취급 및 강재 운반, 건설업 등에서 중량물 운반작업, 가공대상물의 중량이 큰 물체를 취급하는 작업장으로서 날카로운 물체에 의해 찔릴 우려가 있는 장소
보통 작업용	기계공업, 금속가공업, 운반, 건축업 등 공구 가공품을 손으로 취급하는 작업 및 차량 사업장, 기계 등을 운전조작하는 일반 작업장으로서 날카로운 물체에 의해 찔릴 우려가 있는 장소
경작업용	금속 선별, 전기제품 조립, 화학제품 선별, 반응장치 운전, 식품 가공업 등 비교적 경량의 물체를 취급하는 작업장으로서 날카로운 물체에 의해 찔릴 우려가 있는 장소

③ 고무제 안전화의 성능기준

등급	사용장소
일반용	일반작업장
내유용	탄화수소류의 윤활유 등을 취급하는 작업장
내산용	무기산을 취급하는 작업장
내알카리용	알카리를 취급하는 작업장
내산, 알카리 겸용	무기산 및 알카리를 취급하는 작업장

06 안전대

❶ 안전대의 종류

종류	사용구분	내용
벨트식 (B식)	1개 걸이용	죔줄의 한쪽 끝을 D링에 고정시키고 훅 또는 카라비너를 구조물 또는 구명줄에 고정시키는 걸이 방법
	U자 걸이용	안전대의 죔줄을 구조물 등에 U자모양으로 돌린 뒤 훅 또는 카라비너를 D링에, 신축조절기를 각링 등에 연결하는 걸이 방법
안전그네식 (H식)	추락방지대	추락을 방지하기 위해 자동잠김 장치를 갖추고 죔줄과 수직구명줄에 연결된 금속장치
	안전블록	안전그네와 연결하여 추락발생시 추락을 억제할 수 있는 자동잠김장치가 갖추어져 있고 죔줄이 자동적으로 수축되는 장치

07 차광보안경

❶ 보안경의 종류

사용구분에 따른 차광보안경의 종류

종류	사용구분
자외선용	자외선이 발생하는 장소
적외선용	적외선이 발생하는 장소
복합용	자외선 및 적외선이 발생하는 장소
용접용	산소용접작업등과 같이 자외선, 적외선 및 강렬한 가시광선이 발생하는 장소

08 내전압용 절연장갑, 안전장갑

❶ 절연장갑의 등급

등 급	최대사용전압		색상
	교류(V, 실효값)	직류(V)	
00	500	750	갈색
0	1,000	1,500	빨간색
1	7,500	11,250	흰색
2	17,000	25,500	노란색
3	26,500	39,750	녹색
4	36,000	54,000	등색

09 방음용 귀마개, 귀덮개

❶ 음압수준

"음압수준"이란 음압을 아래식에 따라 데시벨(㏈)로 나타낸 것을 말하며 KS C 1505(적분평균소음계) 또는 KS C 1502(소음계)에 규정하는 소음계의 "C" 특성을 기준으로 한다.

$$\text{음압수준} = 20\log\frac{P}{P_0}$$

P : 측정음압으로서 파스칼(Pa) 단위를 사용

P_0 : 기준음압으로서 20μPa사용

❷ 귀마개, 귀덮개의 종류

종류	등급	기호	성능
귀마개	1종	EP-1	저음부터 고음까지 차음하는 것
	2종	EP-2	주로 고음을 차음하고 저음(회화음영역)은 차음하지 않는 것
귀덮개	–	EM	

05. 산업안전 관계법규

01 산업안전보건법의 이해

❶ 산업안전보건법의 주요 정의

용어	내용
산업재해	노무를 제공하는 자가 업무에 관계되는 건설물 · 설비 · 원재료 · 가스 · 증기 · 분진 등에 의하거나 작업 또는 그 밖의 업무로 인하여 사망 또는 부상하거나 질병에 걸리는 것
중대재해	• 사망자가 1명 이상 발생한 재해 • 3개월 이상의 요양이 필요한 부상자가 동시에 2명 이상 발생한 재해 • 부상자 또는 직업성질병자가 동시에 10명 이상 발생한 재해
근로자	직업의 종류와 관계없이 임금을 목적으로 사업이나 사업장에서 근로를 제공하는 자
사업주	근로자를 사용하여 사업을 하는 자

02 안전보건관리 체제

❶ 안전보건관리책임자의 업무

① 사업장의 산업재해 예방계획의 수립에 관한 사항
② 안전보건관리규정의 작성 및 변경에 관한 사항
③ 안전보건교육에 관한 사항
④ 작업환경측정 등 작업환경의 점검 및 개선에 관한 사항
⑤ 근로자의 건강진단 등 건강관리에 관한 사항
⑥ 산업재해의 원인 조사 및 재발 방지대책 수립에 관한 사항
⑦ 산업재해에 관한 통계의 기록 및 유지에 관한 사항
⑧ 안전장치 및 보호구 구입 시 적격품 여부 확인에 관한 사항
⑨ 그 밖에 근로자의 유해 · 위험 방지조치에 관한 사항으로서 고용노동부령으로 정하는 사항

❷ 안전관리자의 업무

① 산업안전보건위원회 또는 안전 · 보건에 관한 노사협의체에서 심의 · 의결한 업무와 해당 사업장의 안전보건관리규정 및 취업규칙에서 정한 업무
② 안전인증대상 기계 · 기구등과 자율안전확인대상 기계 · 기구등 구입 시 적격품의 선정에 관한 보좌 및 조언 · 지도
③ 위험성평가에 관한 보좌 및 조언 · 지도
④ 해당 사업장 안전교육계획의 수립 및 안전교육 실시에 관한 보좌 및 조언 · 지도
⑤ 사업장 순회점검 · 지도 및 조치의 건의
⑥ 산업재해 발생의 원인 조사 · 분석 및 재발 방지를 위한 기술적 보좌 및 조언 · 지도
⑦ 산업재해에 관한 통계의 유지 · 관리 · 분석을 위한 보좌 및 조언 · 지도
⑧ 법 또는 법에 따른 명령으로 정한 안전에 관한 사항의 이행에 관한 보좌 및 조언 · 지도
⑨ 업무수행 내용의 기록 · 유지
⑩ 그 밖에 안전에 관한 사항으로서 고용노동부장관이 정하는 사항

❸ 안전관리자의 선임방법과 증원 · 교체

구분	내용
선임방법	안전관리자를 선임하거나 위탁한 날부터 14일 이내에 고용노동부장관에게 서류를 제출
전담안전관리자 선임대상사업장	상시 근로자 300명 이상을 사용하는 사업장(건설업의 건축공사금액 120억원, 토목공사 150억원 이상인 공사)
안전관리자 등의 증원 · 교체 명령	1. 해당 사업장의 연간재해율이 같은 업종의 평균재해율의 2배 이상인 경우 2. 중대재해가 연간 2건 이상 발생한 경우(다만, 해당 사업장의 전년도 사망만인율이 같은 업종의 평균 사망만인율 이하인 경우는 제외한다.) 3. 관리자가 질병이나 그 밖의 사유로 3개월 이상 직무를 수행할 수 없게 된 경우 4. 화학적 인자로 인한 직업성 질병자가 연간 3명 이상 발생한 경우

03 유해 · 위험 방지 조치

❶ 유해위험방지계획서 제출대상

① 유해위험방지계획서 제출 대상 사업장

사업의 종류		기준
• 금속가공제품(기계 및 가구는 제외) 제조업 • 비금속 광물제품 제조업 • 자동차 및 트레일러 제조업 • 고무제품 및 플라스틱 제조업 • 기타제품 제조업 • 가구 제조업 • 반도체 제조업	• 기타 기계 및 장비 제조업 • 식료품 제조업 • 목재 및 나무제품 제조업 • 1차 금속산업 • 화학물질 및 화학제품 제조업 • 전자부품 제조업	전기 계약용량 300kW 이상인 사업

② 유해위험방지계획서 제출 대상 기계 · 기구 및 설비

다음의 기계 · 기구 및 설비 등 일체를 설치 · 이전하거나 그 주요 구조부분을 변경하려는 경우

㉠ 금속이나 그 밖의 광물의 용해로

㉡ 화학설비

㉢ 건조설비

㉣ 가스집합 용접장치

㉤ 제조 등 금지물질 또는 허가대상물질 관련 설비

㉥ 분진작업 관련 설비

③ 유해위험방지계획서 제출 대상 건설공사

㉠ 지상높이가 31미터 이상인 건축물 또는 인공구조물, 연면적 3만제곱미터 이상인 건축물 또는 연면적 5천제곱미터 이상의 문화 및 집회시설(전시장 및 동물원 · 식물원은 제외한다), 판매시설, 운수시설(고속철도의 역사 및 집배송시설은 제외한다), 종교시설, 의료시설 중 종합병원, 숙박시설 중 관광숙박시설, 지하도상가, 냉동 · 냉장창고시설

㉡ 연면적 5천제곱미터 이상의 냉동 · 냉장창고시설의 설비공사 및 단열공사

㉢ 최대 지간길이가 50미터 이상인 교량 건설등 공사

㉣ 터널 건설등의 공사

㉤ 다목적댐, 발전용댐 및 저수용량 2천만톤 이상의 용수 전용 댐, 지방상수도 전용 댐 건설 등의 공사

㉥ 깊이 10미터 이상인 굴착공사

❷ 유해위험방지계획서 제출서류와 심사

① 유해위험방지계획서 제출 서류

구분	제출서류
제조업	(1) 건축물 각 층의 평면도 (2) 기계 · 설비의 개요를 나타내는 서류 (3) 기계 · 설비의 배치도면 (4) 원재료 및 제품의 취급, 제조 등의 작업방법의 개요 (5) 그 밖에 고용노동부장관이 정하는 도면 및 서류
기계 · 기구 및 설비 등의 설치 · 이전 · 주요 구조부분 변경	(1) 설치장소의 개요를 나타내는 서류 (2) 설비의 도면 (3) 그 밖에 고용노동부장관이 정하는 도면 및 서류
건설공사	(1) 공사 개요 및 안전보건관리계획 • 공사 개요서 • 공사현장의 주변 현황 및 주변과의 관계를 나타내는 도면(매설물 현황을 포함) • 건설물, 사용 기계설비 등의 배치를 나타내는 도면 • 전체 공정표 • 산업안전보건관리비 사용계획 • 안전관리 조직표 • 재해 발생 위험 시 연락 및 대피방법 (2) 작업 공사 종류별 유해 · 위험방지계획

② 유해위험방지계획서의 심사

결과	내용
적정	근로자의 안전과 보건을 위하여 필요한 조치가 구체적으로 확보되었다고 인정되는 경우
조건부 적정	근로자의 안전과 보건을 확보하기 위하여 일부 개선이 필요하다고 인정되는 경우
부적정	기계 · 설비 또는 건설물이 심사기준에 위반되어 공사착공 시 중대한 위험발생의 우려가 있거나 계획에 근본적 결함이 있다고 인정되는 경우

04 도급사업의 안전관리

❶ 유해한 작업의 도급금지 대상

① 도금작업
② 수은, 납 또는 카드뮴을 제련, 주입, 가공 및 가열하는 작업
③ 허가대상물질을 제조하거나 사용하는 작업

❷ 안전보건총괄책임자

구분	내용
안전보건총괄책임자 지정 대상사업	• 수급인에게 고용된 근로자를 포함한 상시 근로자가 100명 이상인 사업 • 선박 및 보트 건조업, 1차 금속 제조업 및 토사석 광업의 경우에는 50명 이상인 사업 • 수급인의 공사금액을 포함한 해당 공사의 총공사금액이 20억원 이상인 건설업
안전보건총괄책임자의 직무	• 위험성평가의 실시에 관한 사항 • 작업의 중지 • 도급 시 산업재해 예방조치 • 산업안전보건관리비의 관계수급인 간의 사용에 관한 협의 · 조정 및 그 집행의 감독 • 안전인증대상기계등과 자율안전확인대상기계등의 사용 여부 확인

❸ 안전 · 보건 협의체의 구성 및 운영

구분	내용
협의체의 구성	도급인 및 그의 수급인 전원
협의 사항	• 작업의 시작시간 • 작업장 간의 연락방법 • 재해발생 위험시의 대피방법 등 • 작업장에서의 위험성평가의 실시에 관한 사항 • 사업주와 수급인 또는 수급인 상호 간의 연락 방법 및 작업공정의 조정
협의체 회의	월 1회 이상 정기적으로 회의를 개최하고 그 결과를 기록 · 보존

05 안전인증 및 안전검사

❶ 안전인증 심사의 종류 및 방법

종류		방법	심사 기간
예비심사		기계·기구 및 방호장치·보호가 안전인증 대상기계·기구 등인지를 확인하는 심사(안전인증을 신청한 경우만 해당)	7일
서면심사		안전인증 대상기계·기구 등의 종류별 또는 형식별로 설계도면 등 안전인증 대상기계·기구 등의 제품 기술과 관련된 문서가 안전인증기준에 적합한지 여부에 대한 심사	15일 (외국에서 제조한 경우 30일)
기술능력 및 생산체계 심사		안전인증 대상기계·기구 등의 안전성능을 지속적으로 유지·보증하기 위하여 사업장에서 갖추어야 할 기술능력과 생산체계가 안전인증기준에 적합한지에 대한 심사	30일 (외국에서 제조한 경우 45일)
제품심사	개별 제품 심사	서면심사결과가 안전인증기준에 적합할 경우에 하는 안전인증 대상기계·기구 등 모두에 대하여 하는 심사	15일
	형식별 제품 심사	서면심사와 기술능력 및 생산체계 심사결과가 안전인증기준에 적합할 경우에 하는 안전인증 대상기계·기구 등의 형식별로 표본을 추출하여 하는 심사	30일

❷ 안전인증의 표시

① 안전인증 표시

구분	내용
안전인증대상 기계·기구 등의 안전인증 및 자율안전 확인의 표시	KCs
안전인증대상 기계·기구 등이 아닌 유해·위험한 기계·기구 등의 안전인증 표시	S

② 안전인증 및 자율안전 확인대상 제품의 표시사항

안전 인증 대상	자율 안전 확인 대상
• 형식 또는 모델명 • 규격 또는 등급 등 • 제조자명 • 제조번호 및 제조년월 • 안전인증번호	• 형식 또는 모델명 • 규격 또는 등급 등 • 제조자명 • 제조번호 및 제조년월 • 자율확인번호

❸ 안전검사의 신청과 주기

주기	내용
사업장에 설치가 끝난 날부터 3년 이내에 최초, 그 이후부터 2년마다	크레인(이동식 크레인은 제외한다), 리프트(이삿짐운반용 리프트는 제외한다) 및 곤돌라 (건설현장에서 사용하는 것은 최초로 설치한 날부터 6개월마다)
	프레스, 전단기, 압력용기, 국소 배기장치, 원심기, 화학설비 및 그 부속설비, 건조설비 및 그 부속설비, 롤러기, 사출성형기, 컨베이어 및 산업용 로봇 (공정안전보고서를 제출하여 확인을 받은 압력용기는 4년마다)
「자동차관리법」에 따른 신규등록 이후 3년 이내에 최초, 그 이후부터 2년마다	이동식 크레인, 이삿짐운반용 리프트 및 고소작업대

❹ 안전 인증 대상 및 자율 안전 확인 대상 기계 · 기구의 구분

구분	안전 인증 대상	자율 안전 확인 대상	안전검사대상 유해 · 위험기계
기계 · 기구 및 설비	• 프레스 • 전단기 및 절곡기 • 크레인 • 리프트 • 압력용기 • 롤러기 • 사출성형기 • 고소작업대 • 곤돌라	• 연삭기 또는 연마기 (휴대형 제외) • 산업용 로봇 • 혼합기 • 파쇄기 또는 분쇄기 • 식품가공용 기계 (파쇄 · 절단 · 혼합 · 제면기만 해당) • 컨베이어 • 자동차정비용 리프트 • 공작기계(선반, 드릴기, 평삭 · 형삭기, 밀링만 해당) • 고정형 목재가공용기계 (둥근톱, 대패, 루타기, 띠톱, 모떼기 기계만 해당) • 인쇄기	• 프레스 • 전단기 • 크레인(정격하중 2톤 미만인 것은 제외한다.) • 리프트 • 압력용기 • 곤돌라 • 국소배기장치 (이동식은 제외) • 원심기(산업용만 해당) • 롤러기(밀폐형 구조는 제외한다.) • 사출성형기 [형체결력 294(KN) 미만은 제외한다.] • 고소작업대(화물자동차, 특수자동차에 탑재된 고소작업 대로 한정) • 컨베이어 • 산업용 로봇
방호 장치	• 프레스 및 전단기 방호장치 • 양중기용 과부하방지장치 • 보일러 압력방출용 안전밸브 • 압력용기 압력방출용 안전밸브 • 압력용기 압력 방출용 파열판 • 절연용방호구 및 활선작업용 기구 • 방폭구조 전기기계 · 기구 및 부품 • 추락 · 낙하 및 붕괴 등의 위험 방호에 필요한 가설기자재로서 고용노동부장관이 정하여 고시 하는 것 • 충돌 · 협착 등의 위험방지에 필요한 산업용 로봇방호장치로서 고용노동부 장관이 정하여 고시하는 것	• 아세틸렌 용접장치용 또는 가스집합 용접장치용 안전기 • 교류아크 용접기용 자동전격방지기 • 롤러기 급정지장치 • 연삭기 덮개 • 목재가공용 둥근톱 반발예방장치와 날 접촉 예방장치 • 동력식 수동대패용 칼날 접촉방지장치 • 추락 · 낙하 및 붕괴 등의 위험방호에 필요한 가설기자재로서 고용노동부 장관이 정하여 고시하는 것	

06 건강관리

❶ 근로자의 건강진단 종류

① 일반 건강진단
※ 진단시기 : 사무직에 종사하는 근로자 : 2년에 1회 이상 실시,
그 밖의 근로자 : 1년에 1회 이상 실시

② 특수건강진단

③ 배치 전 건강진단

④ 수시 건강진단

⑤ 임시 건강진단

❷ 건강진단 결과 보존

5년간 보존(발암성 확인물질을 취급하는 근로자에 대한 건강진단 결과의 서류 또는 전산입력 자료는 30년간 보존)

❸ 유해 · 위험작업의 근로시간의 제한

구분	내용
근로시간 연장의 제한	유해하거나 위험한 작업으로서 (높은 기압에서 하는 작업 등) 대통령령으로 정하는 작업에 종사하는 근로자에게는 1일 6시간, 1주 34시간을 초과하여 근로하게 해서는 안된다.
작업의 종류	• 갱(坑) 내에서 하는 작업 • 다량의 고열물체를 취급하는 작업과 현저히 덥고 뜨거운 장소에서 하는 작업 • 다량의 저온물체를 취급하는 작업과 현저히 춥고 차가운 장소에서 하는 작업 • 라듐방사선이나 엑스선, 그 밖의 유해 방사선을 취급하는 작업 • 유리 · 흙 · 돌 · 광물의 먼지가 심하게 날리는 장소에서 하는 작업 • 강렬한 소음이 발생하는 장소에서 하는 작업 • 착암기 등에 의하여 신체에 강렬한 진동을 주는 작업 • 인력으로 중량물을 취급하는 작업 • 납 · 수은 · 크롬 · 망간 · 카드뮴 등의 중금속 또는 이황화탄소 · 유기용제, 그 밖에 고용노동부령으로 정하는 특정 화학물질의 먼지 · 증기 또는 가스가 많이 발생하는 장소에서 하는 작업 • 잠함 또는 잠수작업 등 높은 기압에서 하는 작업

07 기타 산업안전 관련법규

❶ 안전관리계획 수립대상 건설공사

① 「시설물의 안전 및 유지관리에 관한 특별법」에 따른 1종시설물 및 2종시설물의 건설공사

② 지하 10미터 이상을 굴착하는 건설공사

③ 폭발물을 사용하는 건설공사로서 20미터 안에 시설물이 있거나 100미터 안에 사육하는 가축이 있어 해당 건설공사로 인한 영향을 받을 것이 예상되는 건설공사

④ 10층 이상 16층 미만인 건축물의 건설공사

⑤ 다음 각 목의 리모델링 또는 해체공사
  가. 10층 이상인 건축물의 리모델링 또는 해체공사
  나. 수직증축형 리모델링

⑥ 다음 각 목의 어느 하나에 해당하는 건설기계가 사용되는 건설공사
  가. 천공기(높이가 10미터 이상인 것만 해당한다)
  나. 항타 및 항발기
  다. 타워크레인

⑦ 다음의 가설구조물을 사용하는 건설공사
  가. 높이가 31미터 이상인 비계
  나. 브라켓(bracket) 비계
  다. 작업발판 일체형 거푸집 또는 높이가 5미터 이상인 거푸집 및 동바리
  라. 터널의 지보공(支保工) 또는 높이가 2미터 이상인 흙막이 지보공
  마. 동력을 이용하여 움직이는 가설구조물
  바. 높이 10m 이상에서 외부작업을 하기 위하여 작업발판 및 안전시설물을 일체화하여 설치하는 가설구조물
  사. 공사현장에서 제작하여 조립 · 설치하는 복합형 가설구조물
  아. 그 밖에 발주자 또는 인 · 허가기관의 장이 필요하다고 인정하는 가설구조물

❷ 안전점검, 정밀안전진단 및 성능평가의 실시시기

안전 등급	정기안전점검	정밀안전점검		정밀안전진단	성능평가
		건축물	건축물 외 시설물		
A등급	반기에 1회 이상	4년에 1회 이상	3년에 1회 이상	6년에 1회 이상	5년에 1회 이상
B · C 등급		3년에 1회 이상	2년에 1회 이상	5년에 1회 이상	
D · E 등급	1년에 3회 이상	2년에 1회 이상	1년에 1회 이상	4년에 1회 이상	

Chapter 01

안전보건관리 개요

안전보건관리 개요는 기업경영과 안전의 개념에 대한 내용, 재해의 형태와 재해원인의 분류, 안전관리이론, 안전조직의 형태 등으로 구성된다. 여기에서는 주로 안전관리이론과 안전조직의 형태와 특징에 대해 출제된다.

01 산업안전의 개념

[산업안전의 목표]
(1) 인명존중
(2) 경영경제
(3) 사회적 신뢰

(1) 안전관리(Safety Management)

구분	내용
정의	• 생산성의 향상과 재해로부터의 손실을 최소화하는 행위 • 비능률적 요소인 재해가 발생하지 않는 상태를 유지하기 위한 활동 • 재해로부터 인간의 생명과 재산을 보호하기 위한 체계적인 활동
목적	• 인간존중(안전제일이념) • 사회복지(경제성 향상) • 생산성의 향상 및 품질향상(안전태도의 개선과 안전동기 부여) • 기업의 경제적 손실예방(재해로 인한 재산 및 인적 손실예방)

(2) 안전론의 학설자

학설자	내용
하인리히 (H. W. Heinrich)	안전은 사고의 예방으로 사고예방은 물리적 환경과 인간 및 기계의 관계를 통제하는 과학적인 기술
버크호프 (H. O. Berckhoff)	사고의 시간성 및 에너지의 사고 관련성을 규명할 때 인간 에너지 시스템에서 인간 자신의 예측을 뒤엎고, 돌발적으로 발생하는 사건을 인간 형태학적 측면에서 과학적으로 통제하는 것

(3) 생산과 안전

① 경영의 3요소(3M)
㉠ 자본(Money)
㉡ 물자(Material)
㉢ 사람(Man)

② 생산관리의 합리화 원칙(3S 원칙)

구분	내용
표준화(Standardization)	제품의 규격, 품질, 형태 등의 측정기준을 규격화
전문화(Specialization)	작업, 공장, 기계, 공구등 특정 부문에 집중하여 생산력을 향상
단순화(Simplification)	제품의 품목을 제한하여 부품, 재료, 설비 등의 낭비를 제거

[3S와 4S]

(1) 3S
- 표준화(Standardization)
- 전문화(Specification)
- 단순화(Simplification)

(2) 4S
3S + 총합화(Synthesization)

③ 안전제일 이념의 유래

인도주의가 바탕이 된 인간존중을 기본으로 Gary회장은 1900년대 미국의 US Steel 회사의 회장으로서 "안전제일"이란 구호를 내걸고 사고예방활동을 전개 후 안전의 투자가 결국 경영상 유리한 결과를 가져온다는 사실을 알게 하는데 공헌하였다.

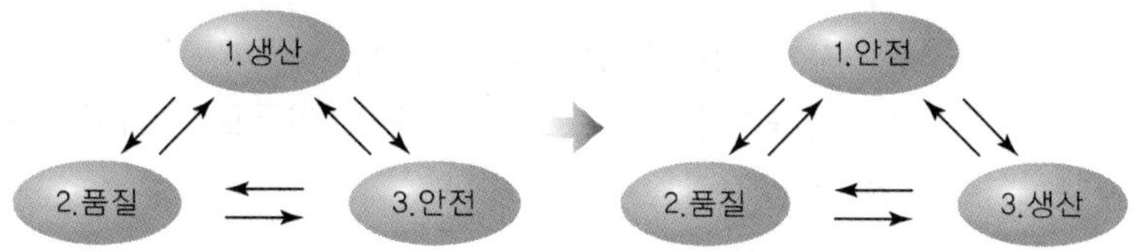

[안전제일 마크]

(4) 위험과 사고

① 위험(Hazard)과 사고(Accident)의 정의

구분	내용
위험 (Hazard)	직 · 간접적으로 인적, 물적, 환경적 피해가 발생될 수가 있는 실제 또는 잠재되어 있는 상태
사고 (Accident)	• 사고는 원하지 않는 사상(事象) • 사고는 비효율적 사상(事象) • 사고는 스트레스(Stress)의 한계를 넘어선 변형된 사상

② 상해와 손실

용어	의미
상해	인명 피해만 초래한 경우
손실	물적 피해만 수반한 경우
아차사고 (Near Accident)	인적 · 물적 등 일체의 피해가 없는 사고

Tip
산업재해의 정의에서는 개정된 법률에 따라 "근로자"라는 표현을 "노무를 제공하는 자"로 변경하였다.

③ 사고(Accident)의 본질적 특성

특성	내용
사고의 시간성	사고는 공간적인 것이 아니라 시간적이다.
우연성 중의 법칙성	우연히 발생하는 것처럼 보이는 사고도 알고 보면 분명한 직접원인 등의 법칙에 의해 발생한다.
필연성 중의 우연성	인간의 시스템은 복잡하여 필연적인 규칙과 법칙이 있다 하더라도 불안전한 행동 및 상태, 또는 착오, 부주의 등의 우연성이 사고발생의 원인을 제공하기도 한다.
사고의 재현 불가능성	사고는 인간의 안전의지와 무관하게 돌발적으로 발생하며, 시간의 경과와 함께 상황을 재현할 수는 없다.

(5) 산업재해

[관련법령]
산업안전보건법 제2조【정의】

① 산업재해의 정의

노무를 제공하는 자가 업무에 관계되는 건설물 · 설비 · 원재료 · 가스 · 증기 · 분진 등에 의하거나 작업 또는 그 밖의 업무로 인하여 사망 또는 부상하거나 질병에 걸리는 것

② 산업재해발생의 기본원인(4M)

[안전작업의 5대요소]
(1) 인간(man)
(2) 도구(기계, 장비, 공구 등(machine))
(3) 원재료(material)
(4) 작업방법(method)
(5) 작업환경(environment)

분 류	위험요인
Man (사람)	사람이 재해의 원인이 되는 경우로 걱정, 착오 등의 심리적 원인과 피로 등 생리적 원인, 인관관계, 의사소통과 같은 동료적인 원인으로 발생한다.
Machine (기계기구, 설비)	기계 · 설비에 따른 결함 발생과 위험에 따른 방호시설의 부재, 점검 부족 등 원인으로 발생된다.
Media (사고발생 과정)	작업 공간, 환경적 문제점, 작업 정보의 부적절함 등의 원인으로 발생된다.
Management (관리)	관리조직의 결함, 규정의 부재, 교육 부족 등의 원인으로 발생된다.

③ 안전대책의 3요소, 하베이(Harvey)의 3E

3요소	세부 대책
교육적(Education) 대책	안전지식교육 실시, 안전훈련 실시 등
기술적(Engineeing) 대책	안전 설계, 작업행정의 개선, 환경설비의 개선, 점검 보존의 확립, 안전기준의 설정 등
관리적(Enforcement) 대책	안전조직의 정비 및 적정인원의 배치, 기준과 수칙의 준수, 작업공정의 개선 등

01 핵심문제 1. 산업안전의 개념

□□□ 09년2회

1. 위험을 제어(control)하는 방법 중 가장 우선적으로 고려되어야 하는 사항은?

① 개인용 보호장비를 지급하여 사용하게 한다.
② 근본적 위험요소의 제거를 위하여 노력한다.
③ 안전교육을 실시하고, 주의사항과 위험표지를 부착한다.
④ 위험을 줄이기 위하여 보다 개선된 기술과 방법을 도입한다.

해설

위험을 제어(control)하는 방법 중 가장 우선적으로 고려되어야 하는 사항은 근본적 위험요소를 제거하는 것이다.

□□□ 14년3회

2. 안전관리를 "안전은 (①)을(를) 제어하는 기술"이라 정의할 때 다음 중 ①에 들어갈 용어로 예방 관리적 차원과 가장 가까운 용어는?

① 위험 ② 사고
③ 재해 ④ 상해

해설

"안전은 위험(Risk)을(를) 제어하는 기술"이라 정의할 수 있다.

□□□ 09년3회, 12년3회

3. 다음 중 "Near Accident"에 대한 내용으로 가장 적절한 것은?

① 사고가 일어난 인접지역
② 사망사고가 발생한 중대재해
③ 사고가 일어난 지점에 계속 사고가 발생하는 지역
④ 사고가 일어나더라도 손실을 전혀 수반하지 않는 재해

해설

Near Accident란 사고가 일어나더라도 인명이나 물적 등 일체의 피해가 없는 재해이다.

□□□ 15년2회

4. 다음 중 재해예방을 위한 시정책인 "3E"에 해당하지 않는 것은?

① Education ② Energy
③ Engineering ④ Enforcement

해설

재해예방을 위한 시정책인 "3E"
1. Engineering(기술적 대책)
2. Education(교육적 대책)
3. Enforcement(관리적 대책)

□□□ 16년2회

5. 안전에 관한 기본 방침을 명확하게 해야 할 임무는 누구에게 있는가?

① 안전관리자 ② 관리감독자
③ 근로자 ④ 사업주

해설

사업주는 경영방침에 안전정책을 반영하고 산업안전보건위원회 등을 통하여 실행지침과 세부기준을 규정한다.

□□□ 09년2회, 15년3회

6. 다음 중 재해의 기본원인 4M에 해당하지 않는 것은?

① Machine ② Media
③ Management ④ Method

해설

재해의 기본원인 4M
(1) Man : 사람
(2) Machine : 도구(기계, 장비)
(3) Media : 사고 발생 과정
(4) Management : 관리

정답 1 ② 2 ① 3 ④ 4 ② 5 ④ 6 ④

[불안전 행동과 불안전상해에 따른 재해 원인 분포]

(1) 불안전한 행동 : 88%
(2) 불안전한 상해 : 10%
(3) 환경적 원인 : 2%

Tip

불안전 행동(인적원인)과 불안전 상해(물적원인)은 재해원인 분류 시 직접원인이 된다는 점을 잊지 말자.

02 안전관리 이론

(1) 사고발생 도미노 이론

단계별 각 요소는 상호 밀접한 관련을 가지고 일렬로 나란히 서기 때문에 도미노처럼 한쪽에서 쓰러지면 연속적으로 모두 쓰러진다. 이와 같이 사고 발생은 선행 요인에 의해 연쇄적으로 생긴다는 이론이다.

① 하인리히(H.W. Heinrich)의 도미노이론 5단계

단계	내용
1단계	사회적 환경과 유전적인 요소(선천적 결함)
2단계	개인적 결함(성격결함, 개성결함)
3단계	불안전한 행동과 불안전한 상태(핵심 단계)
4단계	사고
5단계	상해(재해)

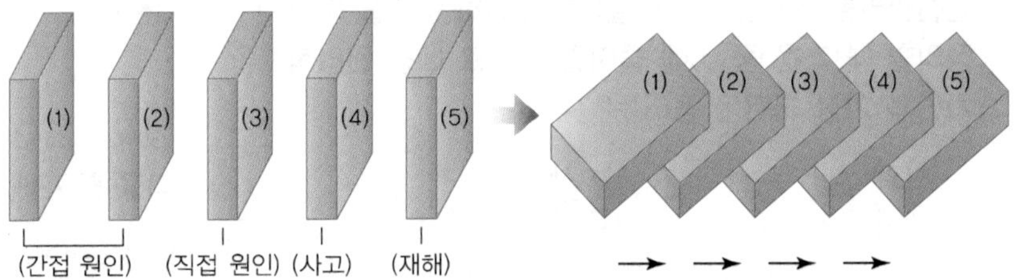

사고 발생의 연쇄 과정

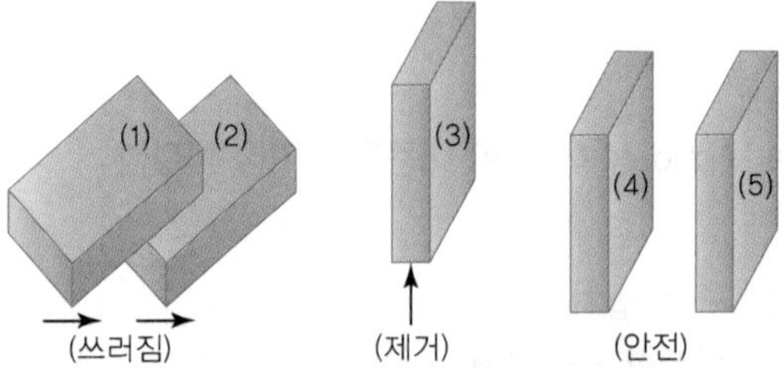

불안전한 행동 및 상태의 제거

하인리히는 제3의 요인인 불안전 행동(Unsafe Ace)과 불안전 상태(Unsafe Condition)의 배제에 중점을 두어야 한다는 것을 강조하고 있다.

② 버드(Frank Bird)의 신 Domino 이론

단계	내용
1단계	통제(관리, 경영)부족 → 핵심단계
2단계	기본원인(기원, 원이론) → 작업자와 환경의 결함
3단계	직접원인(징후)
4단계	사고(접촉)
5단계	상해(손해, 손실)

③ 아담스(Adams)의 연쇄이론

단계	내용
1단계	관리구조
2단계	전략적(작전적) 에러 → 관리자의 실수
3단계	전술적(불안전한 행동 또는 조작) 에러 → 작업자의 실수
4단계	사고(물적 사고)
5단계	상해 또는 손실

④ 웨버(Weaver)의 연쇄성 이론

단계	내용
1단계	유전과 환경
2단계	인간의 결함
3단계	불안전 행동과 불안전 상태
4단계	사고
5단계	상해

⑤ 자베타키스(Zebetakis)의 연쇄성 이론

단계	내용
1단계	개인과 환경(안전정책과 결정)
2단계	불안전한 행동과 불안전한 상태
3단계	물질에너지의 기준 이탈
4단계	사고
5단계	구호

Tip

하인리히의 도미노 이론에서는 3단계 : 불안전 행동과 불안전 상해가 핵심단계이지만 버드의 도미노 이론에서는 1단계 : 통제의 부족이 핵심단계이다.

Tip

버드의 도미노 이론에서는
2단계 : 기본원인 → 기원
3단계 : 직접원인 → 징후로
정의한다. 용어를 기억해 두자.

(2) 재해발생 원인

[기인물과 가해물]

(1) 기인물 : 재해를 유발하거나 영향을 끼친 물체나 환경
(2) 가해물 : 사람에게 직접적으로 상해를 입힌 물체나 환경

① 재해발생과정

물체(환경 포함)
사고의 형
관리상의 결함
불안전한 상태
기인물
가해물
재해
직접원인
접촉
불안전한 행동
사람

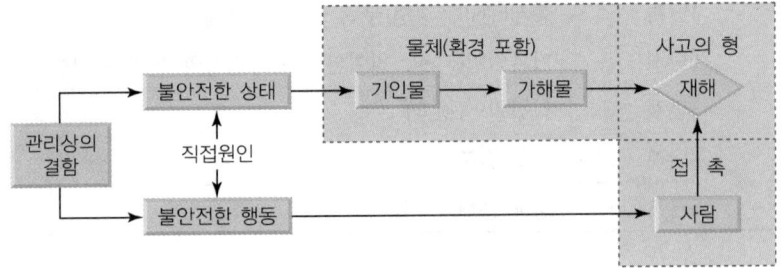

재해발생의 기본적 모델

② 재해원인의 연쇄관계

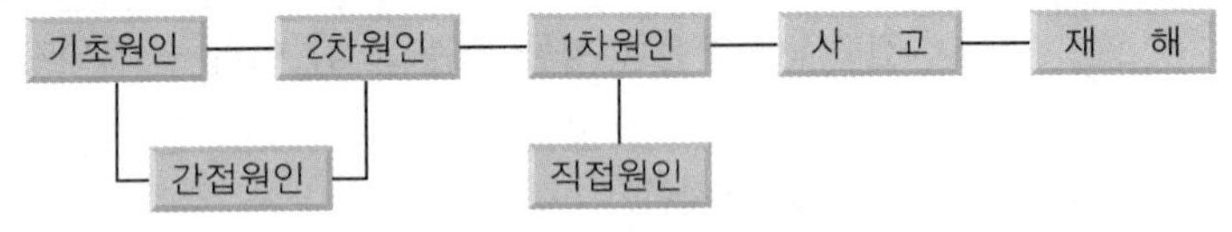

재해원인의 연쇄관계

[직접원인(불안전 행동, 불안전 상태)의 제거]

(1) 적극적 대책
① 위험공정의 배제
② 위험물질의 격리 및 대체
③ 위험성평가를 통한 작업환경 개선

(2) 소극적 대책
① 보호구의 사용
② 방호장치의 사용
③ 경보장치의 채용

③ 직접원인(불안전 행동, 불안전 상태)

1. 불안전한 행동	2. 불안전한 상태
• 위험장소 접근 • 안전장치의 기능 제거 • 복장 보호구의 잘못사용 • 기계 기구 잘못 사용 • 운전 중인 기계장치의 손질 • 불안전한 속도 조작 • 위험물 취급 부주의 • 불안전한 상태 방치 • 불안전한 자세 동작 • 감독 및 연락 불충분	• 물 자체 결함 • 안전 방호장치 결함 • 복장 보호구 결함 • 물의 배치 및 작업 장소 결함 • 작업환경의 결함 • 생산 공정의 결함 • 경계표시, 설비의 결함

④ 간접원인

항 목		세부항목
2차 원인	(1) 정신적 원인	태만, 불만, 초조, 긴장, 공포, 반항 기타
	(2) 신체적 원인	스트레스, 피로, 수면부족, 질병 등
	(3) 기술적 원인	• 건물, 기계장치 설계 불량 • 구조, 재료의 부적합 • 생산 공정의 부적당 • 점검, 정비보존의 불량
	(4) 교육적 원인	• 안전의식의 부족 • 안전수칙의 오해 • 경험훈련의 미숙 • 작업방법의 교육 불충분 • 유해위험 작업의 교육 불충분
기초 원인	(5) 관리적 원인	• 안전관리 조직 결함 • 안전수칙 미제정 • 작업준비 불충분 • 인원배치 부적당 • 작업지시 부적당
	(6) 학교 교육적 원인	

간접원인은 재해의 발생에 있어 직접원인(불안전행동, 불안전상태)을 발생시키는 요인으로 잠재된 위험의 상태이다.

재해의 발생 = 물적 불안전상태 + 인적 불안전행동 +α
= 설비적결함 + 관리적결함 +α

여기서 α : 재해의 잠재위험의 상태

(3) 재해발생 메커니즘(mechanism)

① 단순자극형(집중형)

상호자극에 의하여 순간적으로 재해가 발생하는 유형

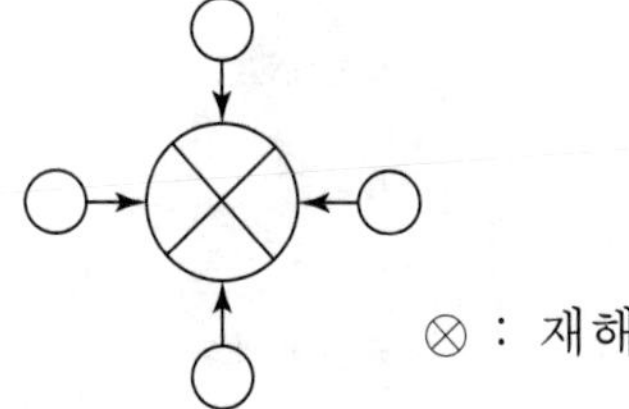

> **Tip**
> 간접원인에서는 2차 원인과 기초 원인 항목을 묻는 문제가 자주 출제되므로 반드시 분류할 수 있도록 한다.

[사고예방을 위한 본질적 안전설계]

(1) Fail safe
인간이나 기계 등에 과오나 동작상의 실수가 있더라도 사고나 재해를 발생시키지 않도록 철저하게 2중, 3중으로 통제를 가하는 것

(2) Fool proof
근로자가 기계 등의 취급을 잘못해도 바로 사고나 재해와 연결되는 일이 없도록 하는 확고한 안전기구로 인간의 실수(Human error)를 방지하기 위한 것

(3) Temper proof
fail safe의 설계를 바탕으로 안전장치를 설치하였으나 작업자가 고의로 안전장치를 제거해도 재해를 예방할 수 있도록 설계하는 방식

② 연쇄형

하나의 사고요인이 다른 요인을 발생시키면서 재해를 발생하는 유형

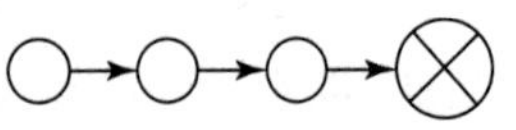

단순 연쇄형

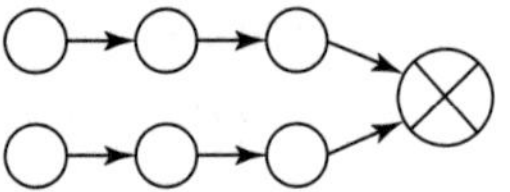

복합 연쇄형

③ 복합형

연쇄형과 단순자극형의 복합적인 발생유형

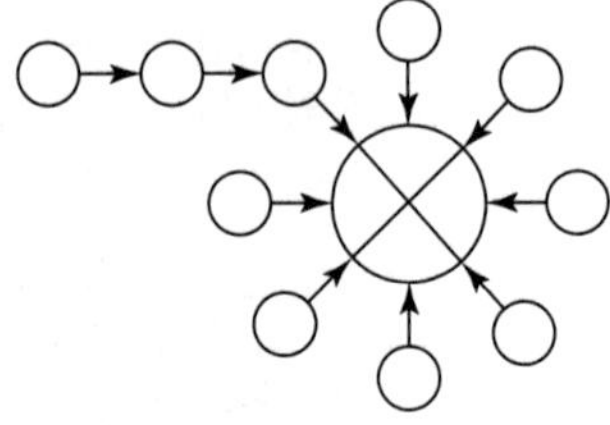

(4) 재해의 구성 비율

[사고발생비율]

1931년 허버트 윌리엄 하인리히((Herbert William Heinrich)가 펴낸 「산업재해 예방 : 과학적 접근」에 소개된 내용으로 수많은 사고 통계를 집계하여 큰 재해와 작은 재해의 사고 발생 비율을 발견하였다.

① H.W. Heinrich의 1 : 29 : 300 원칙

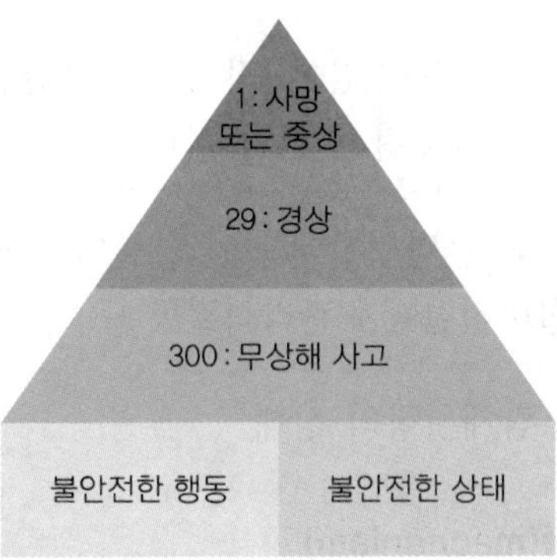

② 버드(Frank Bird)의 1 : 10 : 30 : 600 원칙

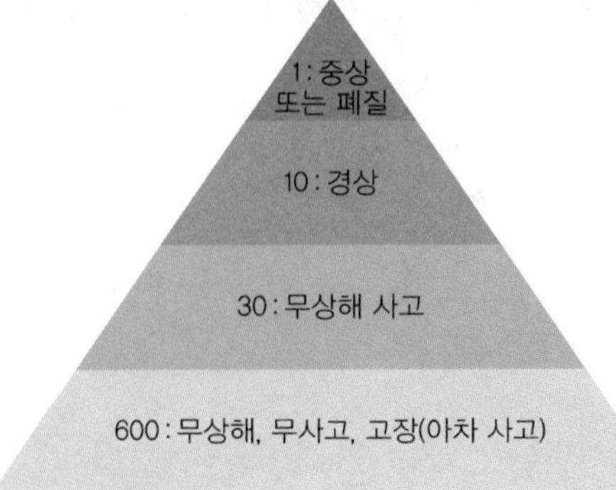

(5) 사고예방 이론

① 재해예방의 4원칙

4원칙	내용
손실 우연의 원칙	재해 손실은 사고 발생시 사고 대상의 조건에 따라 달라지므로 한 사고의 결과로서 생긴 재해 손실은 우연성에 의하여 결정된다.
원인 계기(연계)의 원칙	재해 발생은 반드시 원인이 있다. 즉 사고와 손실과의 관계는 우연적이지만 사고와 원인관계는 필연적이다.
예방 가능의 원칙	재해는 원칙적으로 원인만 제거되면 예방이 가능하다.
대책 선정의 원칙	재해 예방을 위한 가능한 안전 대책은 반드시 존재한다.

> **Tip**
> 재해예방의 4원칙은 필기 · 실기 시험에 모두 출제되는 내용이다.

② 하인리히(H.W. Heinrich)의 사고예방 기본원리 5단계

단계	구분	내용
1단계	안전조직	• 경영층의 참여 • 안전관리자의 임명 • 안전의 라인(line) 및 참모조직 • 안전활동 방침 및 계획수립 • 조직을 통한 안전활동
2단계	사실의 발견	• 사고 및 활동기록의 검토 • 작업분석 • 안전점검 • 사고조사 • 각종 안전회의 및 토의회 • 종업원의 건의 및 여론조사
3단계	분석	• 사고보고서 및 현장조사 • 사고기록 • 인적 물적 조건 • 작업공정 • 교육 및 훈련 관계 • 안전수칙 및 기타
4단계	시정방법의 선정	• 기술의 개선 • 인사조정 • 교육 및 훈련 개선 • 안전기술의 개선 • 규정 및 수칙의 개선 • 이행의 감독체제 강화
5단계	시정책의 적용	• 교육(Education) • 기술(Engineering) • 독려(Enforcement) • 목표설정 실시 • 재평가 • 시정(후속 조치)

> **Tip**
> **하인리히의 사고예방 기본원리**
> 5단계에서 [2단계 : 사실의 발견]과 재해사례 연구 순서에서 [1단계 : 사실의 확인]을 구분해서 쓸 수 있도록 하자!
>
> **[참고] 재해사례 연구순서**
> 전제조건 : 재해상황의 파악
> 1단계 : 사실의 확인
> 2단계 : 문제점의 발견
> 3단계 : 근본적인 문제점 결정
> 4단계 : 대책의 수립

> **Tip**
> 하인리히의 사고예방 기본원리 5단계에서 5단계 시정책의 적용에서는 3E(교육, 기술, 독려)를 적용해서 시정책을 실행한다.

02 핵심문제 2. 안전관리 이론

□□□ 11년2회

1. 다음 중 재해발생에 관련된 하인리히의 도미노 이론을 올바르게 나열한 것은?

① 개인적 결함→사회적 환경 및 유전적 요소→불안전한 행동 및 불안전한 상태→사고→재해
② 사회적 환경 및 유전적 요소→개인적 결함→불안전한 행동 및 불안전한 상태→사고→재해
③ 사회적 환경 및 유전적 요소→불안전한 행동 및 불안전한 상태→개인적 결함→재해→사고
④ 개인적 결함→사회적 환경 및 유전적 요소→불안전한 행동 및 불안전한 상태→재해→사고

해설

하인리히의 도미노이론 5단계
1단계 : 사회적 환경과 유전적인 요소(선천적 결함)
2단계 : 개인적 결함(성격결함, 개성결함)
3단계 : 불안전한 행동과 불안전한 상태(핵심 단계)
4단계 : 사고
5단계 : 상해(재해)

□□□ 15년3회

2. 하인리히의 재해발생과 관련한 도미노 이론으로 설명되는 안전관리의 핵심단계에 해당되는 요소는?

① 외부 환경
② 개인적 성향
③ 재해 및 상해
④ 불안전한 상태 및 행동

해설

하인리히는 사고 예방의 중심 문제로서 제3의 요인인 불안전 행동(UnsafeAce)과 불안전 상태(Unsafe Condition)의 중추적 요인의 배제에 중점을 두어야 한다는 것을 강조하고 있다.

□□□ 08년2회, 18년3회

3. 다음 중 버드(Frank Bird)의 도미노이론에서 재해발생의 근원적 원인에 해당하는 것은?

① 상해 발생　② 징후 발생
③ 접촉 발생　④ 관리 소홀

문제 3~6 해설

버드(Frank Bird)의 신 Domino 이론

단계	내용
1단계	통제(관리, 경영)부족 → 핵심단계
2단계	기본원인(기원, 원이론) → 작업자와 환경의 결합
3단계	직접원인(징후)
4단계	사고(접촉)
5단계	상해(손해, 손실)

□□□ 13년3회

4. 다음 중 버드(Bird)의 재해발생에 관한 이론에서 1단계에 해당하는 재해발생의 시작이 되는 원인은?

① 기본원인
② 관리의 부족
③ 사회적 환경과 유전적 요소
④ 불안전한 행동과 상태

□□□ 09년1회, 17년1회

5. 버드(Bird)의 재해발생에 관한 연쇄이론 중 직접적인 원인은 제 몇 단계에 해당되는가?

① 1단계　② 2단계
③ 3단계　④ 4단계

□□□ 13년1회

6. 다음 중 버드(Bird)의 사고 발생 도미노 이론에서 직접원인은 무엇이라고 하는가?

① 통제　② 징후
③ 손실　④ 추락

□□□ 10년2회

7. 아담스(Edward Adams)의 사고연쇄반응이론 5단계에서 불안전행동 및 불안전상태는 어느 단계에 해당되는가?

① 제1단계 : 관리구조
② 제2단계 : 작전적 에러
③ 제3단계 : 전술적 에러
④ 제4단계 : 사고

정답 1 ② 2 ④ 3 ④ 4 ② 5 ③ 6 ② 7 ③

문제 7, 8 해설

아담스(Adams)의 연쇄이론

단계	내용
1단계	관리구조
2단계	전략적(작전적) 에러 → 관리자의 실수
3단계	전술적(불안전한 행동 또는 조작) 에러→ 작업자의 실수
4단계	사고(물적 사고)
5단계	상해 또는 손실

□□□ 14년2회, 17년2회

8. 아담스(Edward Adams)의 사고연쇄 반응이론 중 관리자가 의사결정을 잘못하거나 감독자가 관리적 잘못을 하였을 때의 단계에 해당하는 것은?

① 사고 ② 작전적 에러
③ 관리구조 ④ 전술적 에러

□□□ 18년2회

9. 재해발생의 직접원인 중 불안전한 상태가 아닌 것은?

① 불안전한 인양
② 부적절한 보호구
③ 결함 있는 기계설비
④ 불안전한 방호장치

해설

①항, 불안전한 인양은 인양방법에 관련한 것으로 물적원인 보다는 인적인 원인(불안전 행동)에 해당된다.

□□□ 13년2회

10. 다음 중 불안전한 행동에 포함되지 않는 것은?

① 안전장치 기능 제거
② 부적절한 도구 사용
③ 방호장치 미설치
④ 보호구 미착용

해설

③항, 방호장치가 설치되지 않은 것은 불안전한 상태이다.

□□□ 19년2회

11. 불안전 상태와 불안전 행동을 제거하는 안전관리의 시책에는 적극적인 대책과 소극적인 대책이 있다. 다음 중 소극적인 대책에 해당하는 것은?

① 보호구의 사용
② 위험공정의 배제
③ 위험물질의 격리 및 대체
④ 위험성평가를 통한 작업환경 개선

해설

직접원인(불안전 행동, 불안전상태)의 제거
(1) 적극적 대책
① 위험공적의 배제
② 위험물질의 격리 및 대체
③ 위험성평가를 통한 작업환경 개선
(2) 소극적 대책
① 보호구의 사용
② 방호장치의 사용
③ 경보장치의 채용

□□□ 10년3회, 17년3회, 20년3회

12. 하인리히의 재해 발생 이론은 다음과 같이 표현할 수 있다. 이때 α가 의미하는 것으로 가장 적절한 것은?

재해의 발생 = 물적불안전상태 + 인적불안전행동 $+\alpha$
= 설비적결함 + 관리적결함 $+\alpha$

① 노출된 위험의 상태 ② 재해의 직접원인
③ 재해의 간접원인 ④ 잠재된 위험의 상태

해설

재해의 발생 = 물적불안전상태 + 인적불안전행동 $+\alpha$
= 설비적결함 + 관리적결함 $+\alpha$

여기서 α: 재해의 잠재위험의 상태

□□□ 12년1회, 14년2회, 20년3회

13. 다음 중 산업재해의 원인으로 간접적 원인에 해당되지 않는 것은?

① 기술적 원인 ② 물적 원인
③ 관리적 원인 ④ 교육적 원인

해설

물적원인은 직접원인(불안전한 상태)에 해당한다.

정답 8 ② 9 ① 10 ③ 11 ① 12 ④ 13 ②

□□□ 11년3회

14. 다음 중 재해의 발생 원인에 있어 관리적 원인에 해당하지 않는 것은?

① 안전수칙의 미제정 ② 작업량 과다
③ 정리정돈 미실시 ④ 사용설비의 설계불량

해설

간접원인 중 관리적 원인의 종류
① 안전관리 조직 결함
② 안전수칙 미제정
③ 작업준비 불충분
④ 인원배치 부적당
⑤ 작업지시 부적당

□□□ 16년2회

15. 산업재해의 원인 중 기술적 원인에 해당하는 것은?

① 작업준비의 불충분 ② 안전장치의 기능 제거
③ 안전교육의 부족 ④ 구조재료의 부적당

해설

간접원인 중 기술적 원인의 종류
① 건물, 기계장치 설계 불량
② 구조, 재료의 부적합
③ 생산 공정의 부적당
④ 점검, 정비보존의 불량

□□□ 09년1회, 18년1회

16. 하인리히(Heinrich)의 재해구성비율에서 58건의 경상이 발생했을 때 무상해사고는 몇 건이 발생하겠는가?

① 58건 ② 116건
③ 600건 ④ 900건

해설

하인리히(Heinrich)의 재해구성비율

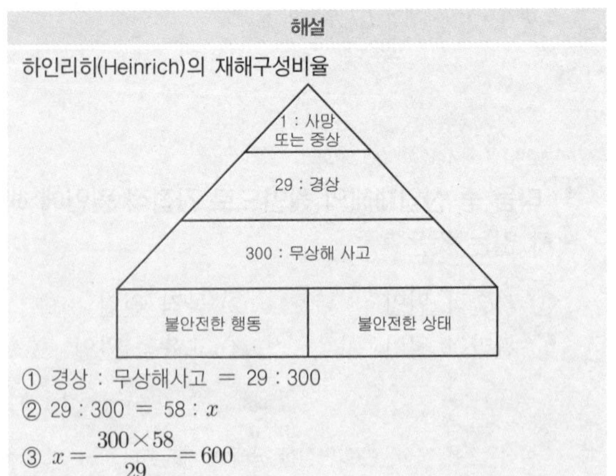

① 경상 : 무상해사고 = 29 : 300
② 29 : 300 = 58 : x
③ $x = \dfrac{300 \times 58}{29} = 600$

□□□ 08년3회, 16년3회

17. 어느 사업장에서 당해연도에 총 660명의 재해자가 발생하였다. 하인리히(Heinrich)의 재해구성비율에 의하면 경상의 재해자는 몇 명으로 추정되겠는가?

① 58명 ② 64명
③ 600명 ④ 631명

해설

① 전체 재해자수 : 1+29+300 = 330명
② $660 \times \dfrac{29(\text{경상자 수})}{330(\text{전체재해자 수})} = 58$

□□□ 11년1회

18. A 사업장에서 58건의 경상해가 발생하였다면 하인리히의 재해구성비율을 적용할 때 이 사업장의 재해구성비율을 올바르게 나열한 것은?(단, 구성은 중상해 : 경상해 : 무상해 순서이다.)

① 2 : 58 : 600 ② 3 : 58 : 660
③ 6 : 58 : 330 ④ 10 : 58 : 600

해설

1(중상) : 29(경상) : 300(무상해)에서
① 1 : 29 = 중상 : 58이므로,
중상 $= \dfrac{58}{29} = 2$
② 29 : 300 = 58 : 무상해이므로,
무상해 $= \dfrac{300 \times 58}{29} = 600$
따라서 2: 58 : 600 이다.

□□□ 12년1회

19. A 사업장에서 사망이 2건 발생하였다면 이 사업장에서 경상 재해는 몇 건이 발생하겠는가? (단, 하인리히의 재해구성비율을 따른다.)

① 30건 ② 58건
③ 60건 ④ 600건

해설

1(사망) : 29(경상) : 300(무상해)에서
1 : 29 = 2 : 경상해이므로,
경상해 = 29 × 2 = 58이다.

정답 14 ④ 15 ④ 16 ③ 17 ① 18 ① 19 ②

□□□ 12년2회, 21년1회

20. 다음 중 하인리히의 재해구성비율 "1 : 29 : 300"에서 "29"에 해당되는 사고발생비율로 옳은 것은?

① 8.8% ② 9.8%
③ 10.8% ④ 11.8%

해설

$\alpha = \frac{29}{1+29+300} = 0.088$

$0.088 \times 100 = 8.8\%$

□□□ 14년1회

21. 다음 중 하인리히가 제시한 1 : 29 : 300의 재해구성비율에 관한 설명으로 틀린 것은?

① 총 사고발생건수는 300건이다.
② 중상 또는 사망은 1회 발생된다.
③ 고장이 포함되는 무상해사고는 300건 발생된다.
④ 인적, 물적 손실이 수반되는 경상이 29건 발생된다.

해설

①항, 전체 사고발생 건수 : 1+29+300 = 330건

□□□ 09년3회, 15년1회, 17년2회, 22년2회

22. 버드(Bird)의 재해분포에 따르면 20건의 경상(물적, 인적상해)사고가 발생했을 때 무상해, 무사고(위험순간) 고장은 몇 건이 발생하겠는가?

① 600 ② 800
③ 1200 ④ 1600

해설

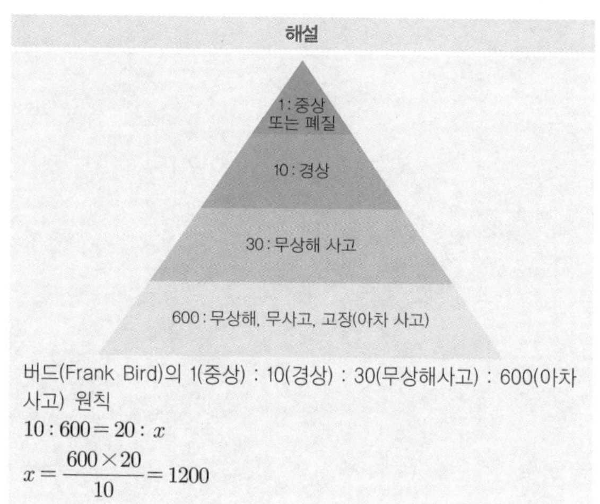

버드(Frank Bird)의 1(중상) : 10(경상) : 30(무상해사고) : 600(아차사고) 원칙

$10 : 600 = 20 : x$

$x = \frac{600 \times 20}{10} = 1200$

□□□ 08년2회

23. 다음 중 하인리히의 사고예방대책 5단계에서 각 단계별 과정이 틀린 것은?

① 1단계 : 조직
② 2단계 : 사실의 발견
③ 3단계 : 관리
④ 4단계 : 시정책의 선정

문제 23~26 해설

하인리히의 사고예방대책 기본원리 5단계

단계	구분
1단계	안전조직
2단계	사실의 발견
3단계	분석
4단계	시정방법의 선정
5단계	시정책의 적용

□□□ 19년1회

24. 사고예방대책의 기본원리 5단계 중 틀린 것은?

① 1단계 : 안전관리계획
② 2단계 : 현상파악
③ 3단계 : 분석평가
④ 4단계 : 대책의 선정

□□□ 10년1회

25. 하인리히의 사고예방대책 기본원리 5단계에서 제1단계에서 실시하는 내용과 가장 거리가 먼 것은?

① 안전관리규정의 작성 ② 문제점의 발견
③ 책임과 권한의 부여 ④ 안전관리조직의 편성

□□□ 17년2회

26. 하인리히 사고예방대책의 기본원리 5단계로 옳은 것은?

① 조직 → 사실의 발견 → 분석 → 시정방법의 선정 → 시정책의 적용
② 조직 → 분석 → 사실의 발견 → 시정방법의 선정 → 시정책의 적용
③ 사실의 발견 → 조직 → 분석 → 시정방법의 선정 → 시정책의 적용
④ 사실의 발견 → 분석 → 조직 → 시정방법의 선정 → 시정책의 적용

정답 20 ① 21 ① 22 ③ 23 ③ 24 ① 25 ② 26 ①

□□□ 17년1회, 20년1회, 20년3회, 22년1회

27. 재해예방의 4원칙이 아닌 것은?

① 손실우연의 원칙 ② 사실확인의 원칙
③ 원인계기의 원칙 ④ 대책선정의 원칙

문제 27, 28 해설

재해예방의 4원칙

4원칙	내용
손실 우연의 원칙	재해 손실은 사고 발생시 사고 대상의 조건에 따라 달라지므로 한 사고의 결과로서 생긴 재해 손실은 우연성에 의하여 결정된다.
원인 계기(연계)의 원칙	재해 발생은 반드시 원인이 있다. 즉 사고와 손실과의 관계는 우연적이지만 사고와 원인 관계는 필연적이다.
예방 가능의 원칙	재해는 원칙적으로 원인만 제거되면 예방이 가능하다.
대책 선정의 원칙	재해 예방을 위한 가능한 안전 대책은 반드시 존재한다.

□□□ 10년3회, 14년3회, 15년3회, 19년1회

28. 다음 중 재해예방의 4원칙에 관한 설명으로 틀린 것은?

① 재해의 발생에는 반드시 원인이 존재한다.
② 재해의 발생과 손실의 발생은 우연적이다.
③ 재해예방을 위한 가능한 안전대책은 반드시 존재한다.
④ 재해는 원인 제거가 불가능하므로 예방만이 최우선이다.

정답 27 ② 28 ④

03 안전보건관리체제

(1) 안전보건관리조직의 특징

① 안전보건관리조직의 목적

㉠ 기업의 손실을 방지하기 위한 모든 위험의 제거

㉡ 조직적인 사고예방활동

㉢ 위험 제거 기술의 수준 향상

㉣ 재해 예방률의 향상, 단위당 예방비용 절감

㉤ 조직간 종적, 횡적으로 신속한 안전정보 처리와 유대강화

② 안전보건관리조직의 구비조건

㉠ 회사의 특성과 규모에 부합하는 조직

㉡ 조직의 기능이 충분히 발휘될 수 있는 제도적 체계

㉢ 조직을 구성하는 관리자의 책임과 권한

㉣ 생산 라인과 밀착된 조직

(2) 안전보건관리조직의 종류

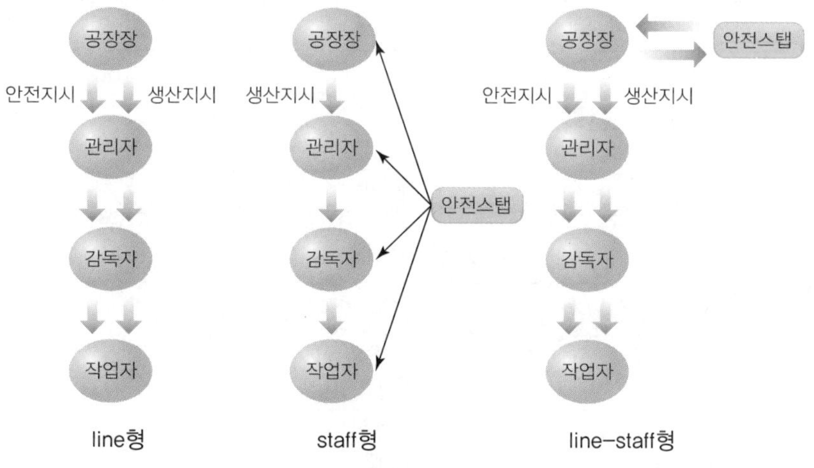

안전관리조직의 유형

① 직계식(Line) 조직

100인 미만의 소규모 사업장에 적용

장 점	단 점
• 명령과 보고가 상하관계뿐이므로 간단명료하다. • 신속 · 정확한 조직 • 안전지시나 개선조치가 철저하고 신속하다.	• 생산업무와 같이 안전대책이 실시되므로 불충분하다. • 안전 Staff이 없어 내용이 빈약하다. • Line에 과중한 책임 부여

[안전관리 조직의 의의]

사업주가 안전에 대한 책임을 완수하기 위해서 재해예방 대책에 대한 기획 · 검토 및 실시를 분담하는 조직을 만든 것이 안전관리 조직이다.

[법령 상의 안전보건관리 조직]

(1) 안전보건관리 책임자
(2) 안전관리자
(3) 보건관리자
(4) 산업보건의
(5) 관리감독자
(6) 안전보건총괄책임자
(7) 산업안전보건위원회

[프로젝트 조직]

조직의 새로운 목적과 과제를 달성하기 위해 각 부서로부터 전문가를 차출하여 프로젝트를 진행하고 프로젝트가 마무리되면 원래 부서로 돌아가는 형태로 효율적인 조직으로 활용된다.

Tip
안전관리조직의 3가지 형태(직계식, 참모식, 직계-참모식)는 실기에서 출제되는 중요한 사항이므로 단순한 암기보다는 그 특징을 확실하게 이해해야 한다.

② 참모식(Staff) 조직

100인 ~ 1,000인의 중규모 사업장에 적용

장 점	단 점
• 안전 지식 및 기술축적 가능하다. • 사업장에 적합한 기술개발 또는 개선안을 마련할 수 있다. • 안전정보수집이 신속하다. • 경영자의 조언 또는 자문역할을 할 수 있다.	• 안전과 생산을 별개로 취급한다. • 통제 수속이 복잡해지며, 시간과 노력이 소모된다. • 안전지시나 명령과 보고가 신속 · 정확하지 못하다. • 생산은 안전에 대한 책임과 권한이 없다.

③ 직계 참모식(Line-Staff) 조직

1,000인 이상의 대규모 사업장에 적용

장 점	단 점
• 조직원 전원이 자율적으로 안전활동에 참여할 수 있다. • 각 Line의 안전 활동은 유기적으로 조정가능하다. • 충분한 동기부여 가능 • Line의 관리 · 감독자에게도 책임과 권한이 부여된다.	• 명령 계통과 조언 권고적 참여가 혼동되기 쉽다. • 스탭의 월권행위의 경우가 있다. • 라인의 스탭에 의존 또는 활용치 않는 경우가 발생될 수 있다.

[관련법령]
산업안전보건법 제24조【산업안전보건위원회】

(3) 산업안전보건위원회

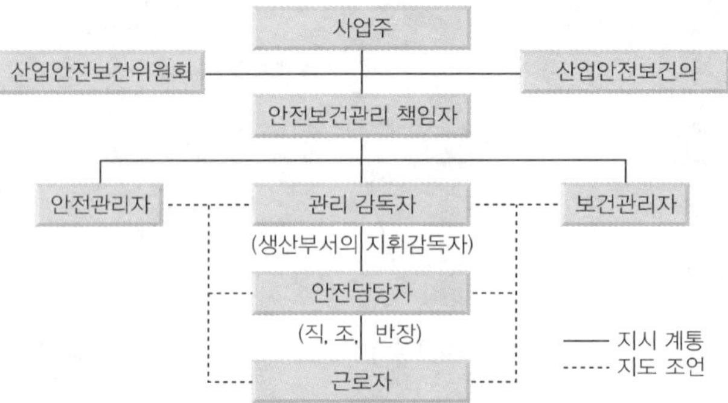

사업주는 사업장의 안전 및 보건에 관한 중요 사항을 심의 · 의결하기 위하여 사업장에 근로자위원과 사용자위원이 같은 수로 구성되는 산업안전보건위원회를 구성 · 운영하여야 한다.

① 산업안전보건위원회 위원 구성

사용자 위원	근로자 위원
• 해당 사업의 대표자 • 안전관리자 1명 • 보건관리자 1명 • 산업보건의(선임되어 있는 경우) • 대표자가 지명하는 9명 이내의 사업장 부서의 장 (상시근로자 100명 미만 사업장은 제외 할 수 있다.)	• 근로자대표 • 근로자대표가 지명하는 1명 이상의 명예산업안전감독관 • 근로자대표가 지명하는 9명 이내의 당해 사업장의 근로자 (명예산업안전 감독관이 근로자 위원으로 지명되어 있는 경우 그 수를 제외)

[위원장의 선출]

산업안전보건위원회의 위원장은 위원 중에서 호선(互選)한다. 이 경우 근로자위원과 사용자위원 중 각 1명을 공동위원장으로 선출할 수 있다.

② 산업안전보건위원회 심의 · 의결사항

㉠ 산업재해 예방계획의 수립에 관한 사항
㉡ 안전보건관리규정의 작성 및 변경에 관한 사항
㉢ 근로자의 안전 · 보건교육에 관한 사항
㉣ 작업환경측정 등 작업환경의 점검 및 개선에 관한 사항
㉤ 근로자의 건강진단 등 건강관리에 관한 사항
㉥ 중대재해의 원인 조사 및 재발 방지대책 수립에 관한 사항
㉦ 산업재해에 관한 통계의 기록 및 유지에 관한 사항
㉧ 유해하거나 위험한 기계 · 기구와 그 밖의 설비를 도입한 경우 안전 · 보건조치에 관한사항
㉨ 그 밖에 해당 사업장 근로자의 안전 및 보건을 유지 · 증진시키기 위하여 필요한 사항

Tip

산업안전보건위원회의 심의 · 의결사항 내용은 안전관리책임자의 업무내용과 동일한 부분이 많다. 암기할 때 참고하자.

③ 회의 방법

산업안전보건위원회는 대통령령으로 정하는 바에 따라 회의를 개최하고 그 결과를 회의록으로 작성하여 보존하여야 한다.

[관련법령]

산업안전보건법 시행령 제37조【회의 등】

구분	내용
회의	• 정기회의 : 분기마다 • 임시회의 : 필요시 위원장이 소집
의결	• 근로자위원 및 사용자위원 각 과반수 출석 • 출석위원 과반수 찬성으로 의결
직무 대리	근로자대표, 명예감독관, 사업의 대표자, 안전관리자, 보건관리자가 회의에 출석하지 못할 경우 해당 사업에 종사하는 사람 중에서 1명을 지정하여 위원의 직무를 대리 할 수 있다.
회의록 작성	• 개최 일시 및 장소 • 출석위원 • 심의 내용 및 의결 · 결정 사항 • 그 밖의 토의사항

[관련법령]

산업안전보건법 시행령 별표 9【산업안전보건위원회를 구성해야 할 사업의 종류 및 사업장의 상시근로자 수】

④ 산업안전보건위원회의 설치 대상

사업의 종류	규모
1. 토사석 광업 2. 목재 및 나무제품 제조업 : 가구 제외 3. 화학물질 및 화학제품 제조업 : 의약품 제외(세제, 화장품 및 광택제 제조업과 화학섬유 제조업은 제외) 4. 비금속 광물제품 제조업 5. 1차 금속 제조업 6. 금속가공제품 제조업 : 기계 및 가구 제외 7. 자동차 및 트레일러 제조업 8. 기타 기계 및 장비 제조업(사무용 기계 및 장비 제조업은 제외) 9. 기타 운송장비 제조업(전투용 차량 제조업은 제외)	상시 근로자 50명 이상
10. 농업 11. 어업 12. 소프트웨어 개발 및 공급업 13. 컴퓨터 프로그래밍, 시스템 통합 및 관리업 14. 정보서비스업 15. 금융 및 보험업 16. 임대업 : 부동산 제외 17. 전문, 과학 및 기술 서비스업(연구개발업은 제외) 18. 사업지원 서비스업 19. 사회복지 서비스업	상시 근로자 300명 이상
20. 건설업	공사금액 120억원 이상(토목 공사업의 경우 150억원 이상)
21. 제1호부터 제20호까지의 사업을 제외한 사업	상시 근로자 100명 이상

[관련법령]

산업안전보건법 제25조【안전보건관리규정의 작성】

(4) 안전보건관리규정

① 안전보건관리규정 작성항목

㉠ 안전 및 보건에 관한 관리조직과 그 직무에 관한 사항

㉡ 안전보건교육에 관한 사항

㉢ 작업장의 안전 및 보건 관리에 관한 사항

㉣ 사고 조사 및 대책 수립에 관한 사항

㉤ 그 밖에 안전 및 보건에 관한 사항

② 안전보건관리규정 작성대상 사업

사업의 종류	규모
1. 농업 2. 어업 3. 소프트웨어 개발 및 공급업 4. 컴퓨터 프로그래밍, 시스템 통합 및 관리업 5. 정보서비스업 6. 금융 및 보험업 7. 임대업 : 부동산 제외 8. 전문, 과학 및 기술 서비스업(연구개발업은 제외) 9. 사업지원 서비스업 10. 사회복지 서비스업	상시 근로자 300명 이상을 사용하는 사업장
11. 제1호부터 제10호까지의 사업을 제외한 사업	상시 근로자 100명 이상을 사용하는 사업장

※ 안전보건관리규정을 작성하여야 할 사유가 발생한 날부터 30일 이내에 안전보건관리규정을 작성하여야 한다.

③ 안전보건관리규정의 세부 내용

종류	내용
총칙	• 안전보건관리규정 작성의 목적 및 적용 범위에 관한 사항 • 사업주 및 근로자의 재해 예방 책임 및 의무 등에 관한 사항 • 하도급 사업장에 대한 안전 · 보건관리에 관한 사항
안전 · 보건 관리조직과 그 직무	• 안전 · 보건 관리조직의 구성방법, 소속, 업무 분장 등에 관한 사항 • 안전보건관리책임자(안전보건총괄책임자), 안전관리자, 보건관리자, 관리감독자의 직무 및 선임에 관한 사항 • 산업안전보건위원회의 설치 · 운영에 관한 사항 • 명예산업안전감독관의 직무 및 활동에 관한 사항 • 작업지휘자 배치 등에 관한 사항
안전보건교육	• 근로자 및 관리감독자의 안전 · 보건교육에 관한 사항 • 교육계획의 수립 및 기록 등에 관한 사항
작업장 안전관리	• 안전 · 보건관리에 관한 계획의 수립 및 시행에 관한 사항 • 기계 · 기구 및 설비의 방호조치에 관한 사항 • 유해 · 위험기계 등에 대한 자율검사프로그램에 의한 검사 또는 안전검사에 관한 사항 • 근로자의 안전수칙 준수에 관한 사항 • 위험물질의 보관 및 출입 제한에 관한 사항 • 중대재해 및 중대산업사고 발생, 급박한 산업재해 발생의 위험이 있는 경우 작업중지에 관한 사항 • 안전표지 · 안전수칙의 종류 및 게시에 관한 사항과 그 밖에 안전관리에 관한 사항

[안전규정의 통합]

안전보건관리규정을 작성할 때에는 소방 · 가스 · 전기 · 교통 분야 등의 다른 법령에서 정하는 안전관리에 관한 규정과 통합하여 작성할 수 있다.

Tip

안전보건관리규정의 세부내용을 모두 암기하기는 어렵지만 세부내용의 종류는 반드시 기억해두자.

[안전보건관리규정의 세부내용]

(1) 총칙
(2) 안전 · 보건 관리조직과 그 직무
(3) 안전보건교육
(4) 작업장 안전관리
(5) 작업장 보건관리
(6) 사고 조사 및 대책 수립
(7) 위험성 평가
(8) 보칙

[관련법령]

산업안전보건법 시행규칙

- 별표 2【안전보건관리규정을 작성해야 할 사업의 종류 및 상시근로자 수】
- 별표 3【안전보건관리규정의 세부내용】

종류	내용
작업장 보건관리	• 근로자 건강진단, 작업환경측정의 실시 및 조치절차 등에 관한 사항 • 유해물질의 취급에 관한 사항 • 보호구의 지급 등에 관한 사항 • 질병자의 근로 금지 및 취업 제한 등에 관한 사항 • 보건표지 · 보건수칙의 종류 및 게시에 한 사항과 그 밖에 보건관리에 관한 사항
사고 조사 및 대책 수립	• 산업재해 및 중대산업사고의 발생 시 처리 절차 및 긴급조치에 관한 사항 • 산업재해 및 중대산업사고의 발생원인에 대한 조사 및 분석, 대책 수립에 관한 사항 • 산업재해 및 중대산업사고 발생의 기록 · 관리 등에 관한 사항
위험성 평가	• 위험성 평가의 실시 시기 및 방법, 절차에 관한 사항 • 위험성 감소대책 수립 및 시행에 관한 사항
보칙	• 무재해운동 참여, 안전 · 보건 관련 제안 및 포상 · 징계 등 산업재해 예방을 위하여 필요하다고 판단하는 사항 • 안전 · 보건 관련 문서의 보존에 관한 사항 • 그 밖의 사항

[관련법령]

산업안전보건법 제49조【안전보건개선계획의 수립 · 시행 명령】

Tip

안전보건개선계획 대상 사업장에서 대통령령으로 정하는 수 이상의 직업성질병자 – 직업병에 걸린 사람이 연간 2명 이상(상시근로자 1천명 이상 사업장의 경우 3명 이상)

(5) 안전보건개선계획

① 안전보건개선계획 대상 사업장

㉠ 산업재해율이 같은 업종의 규모별 평균 산업재해율보다 높은 사업

㉡ 사업주가 필요한 안전조치 또는 보건조치를 이행하지 아니하여 중대재해가 발생한 사업장

㉢ 대통령령으로 정하는 수 이상의 직업성 질병자가 발생한 사업장

㉣ 유해인자의 노출기준을 초과한 사업장

② 안전 · 보건 진단을 받아 안전보건개선계획 수립 · 제출 대상 사업장

㉠ 중대재해(사업주가 안전 · 보건조치의무를 이행하지 아니하여 발생한 중대재해만 해당한다) 발생 사업장

㉡ 산업재해율이 같은 업종 평균 산업재해율의 2배 이상인 사업장

㉢ 직업병에 걸린 사람이 연간 2명 이상(상시 근로자 1천명 이상 사업장의 경우 3명 이상) 발생한 사업장

㉣ 그 밖에 작업환경 불량, 화재, 폭발 또는 누출사고 등으로 사업장 주변까지 피해가 확산된 사업장으로서 고용노동부령으로 정하는 사업장

[관련법령]

산업안전보건법 시행령 제49조【안전보건진단을 받아 안전보건개선계획을 수립할 대상】

③ 안전보건개선계획서 제출

안전보건개선계획서를 작성하여 그 명령을 받은 날부터 60일 이내에 관할 지방고용노동관서의 장에게 제출하여야 한다.

[관련법령]

산업안전보건법 시행규칙 제61조【안전보건개선계획의 제출 등】

④ 안전보건개선계획 내용

구분	내용
포함 내용	• 시설 • 안전 · 보건관리체제 • 안전 · 보건교육 • 산업재해예방 및 작업환경의 개선을 위하여 필요한 사항
공통개선 항목	안전보건관리조직, 안전표지부착, 보호구착용, 건강진단실시, 참고사항
중점개선 항목	시설, 원료 및 재료, 기계장치, 작업방법, 작업환경, 기타

(6) 안전보건경영

[KOSHA 18001]

안전보건경영시스템이란 안전보건경영을 하기위해 필요한 요건들로 구성된 일정한 경영체제로서 KOSHA 18001은 산업안전보건법에 의해 안전공단에서 개발한 안전보건경영시스템의 명칭을 말한다.

① 안전경영 전략 5단계

제1단계 안전의 위상정립 → 제2단계 기반 조성 → 제3단계 종합적인 추진 → 제4단계 위험의 통제 → 제5단계 무재해 달성

② 안전경영 시스템의 적용

㉠ 사업주가 경영방침에 안전정책 반영

㉡ 실행지침과 세부 기준 규정

㉢ 실행결과의 자체평가 및 개선대책

㉣ 재해예방 및 손실감소의 효과기대

③ 안전경영 시스템의 결정과정

사업장 실태 분석 → 방침수립 목표설정 → 계획수립 실행 → 성과측정 자체검사 → 경영자 검토

④ 안전보건관리 계획의 수립

㉠ 실현가능성이 있도록 사업장의 실태에 맞게 독자적으로 수립할 것

㉡ 직장 단위로 구체적 계획 작성한다.

㉢ 계획상의 재해 감소 목표는 점진적으로 수준을 높일 것

㉣ 현재의 문제점을 검토하기 위해 자료를 조사 수집하여야 한다.

㉤ 계획에서 실시까지의 미비점을 피드백 할 수 있는 조정기능을 가진다.

㉥ 적극적인 선취 안전을 위하여 새로운 착상과 정보를 활용하여야 한다.

㉦ 계획이 효과적으로 실시되도록 라인 · 스텝 관계자를 충분히 납득시켜야 한다.

[안전보건관리계획 평가척도]

(1) 절대척도 : 재해건수 등을 수치로 나타낸 실적
(2) 상대척도 : 도수율, 강도율 등 지수로 표현
(3) 평정척도 : 양, 보통, 불가 등 단계적으로 평정하는 기법
(4) 도수척도 : 중앙값, % 등 확률적 분포로 표현되는 방법

03 핵심문제 3. 안전보건관리체제

□□□ 13년1회

1. 다음 중 안전관리조직의 목적으로 가장 거리가 먼 것을 고르시오.

① 조직적인 사고예방활동
② 위험제거기술의 수준 향상
③ 재해손실의 산정 및 작업통제
④ 조직간, 종적 · 횡적 신속한 정보처리와 유대강화

해설

안전보건관리조직의 목적
1) 기업의 손실을 방지하기 위한 모든 위험의 제거
2) 조직적인 사고예방활동
3) 위험 제거 기술의 수준 향상
4) 재해 예방률의 향상, 단위당 예방비용 절감
5) 조직간 종적, 횡적으로 신속한 안전정보 처리와 유대강화

□□□ 10년1회

2. 다음 중 안전관리 조직의 종류와 설명이 올바르게 연결된 것은?

① Line형 : 명령과 보고관계가 간단, 명료하다.
② Line형 : 경영자의 조언과 자문역할을 하는 부서가 있다.
③ Staff형 : 명령계통과 조언 권고적 참여가 혼동되기 쉽다.
④ Line & Staff형 : 생산부분은 안전에 대한 책임과 권한이 없다.

해설

②항, 경영자의 조언과 자문역할을 하는 부서가 있다.-Staff형
③항, 명령계통과 조언 권고적 참여가 혼동되기 쉽다.-Line & Staff형
④항, 생산부분은 안전에 대한 책임과 권한이 없다.-Staff형

□□□ 10년3회

3. 다음 중 Line형 안전관리 조직의 특징으로 옳은 것은?

① 경영자의 자문역할을 한다.
② 안전에 관한 기술의 축적이 용이하다.
③ 안전에 관한 지시나 조치가 신속하고, 철저하다.
④ 안전에 관한 응급조치, 통제수단이 복잡하다.

해설

①, ②, ④항은 staff유형의 특징이다.

□□□ 17년1회, 20년4회

4. 라인(Line)형 안전관리 조직의 특징으로 옳은 것은?

① 안전에 관한 기술의 축적이 용이하다.
② 안전에 관한 지시나 조치가 신속하다.
③ 조직원 전원을 자율적으로 안전활동에 참여시킬 수 있다.
④ 권한 다툼이나 조정 때문에 통제수속이 복잡해지며, 시간과 노력이 소모된다.

문제 4, 5 해설

직계식(Line) 조직
100인 미만의 소규모 사업장에 적용

장 점	단 점
1) 명령과 보고가 상하관계뿐이므로 간단명료하다. 2) 신속 · 정확한 조직 3) 안전지시나 개선조치가 철저하고 신속하다.	1) 생산업무와 같이 안전대책이 실시되므로 불충분하다. 2) 안전 Staff이 없어 내용이 빈약하다. 3) Line에 과중한 책임 부여

□□□ 12년1회

5. 안전보건관리의 조직형태 중 경영자의 지휘와 명령이 위에서 아래로 하나의 계통이 되어 신속히 전달되며 100명 이하의 소규모 기업에 적합한 유형은?

① staff 조직 ② line 조직
③ line-staff 조직 ④ round 조직

정답 1 ③ 2 ① 3 ③ 4 ② 5 ②

□□□ 10년2회, 17년3회

6. 다음 그림과 같은 안전관리 조직의 특징으로 잘못된 것은?

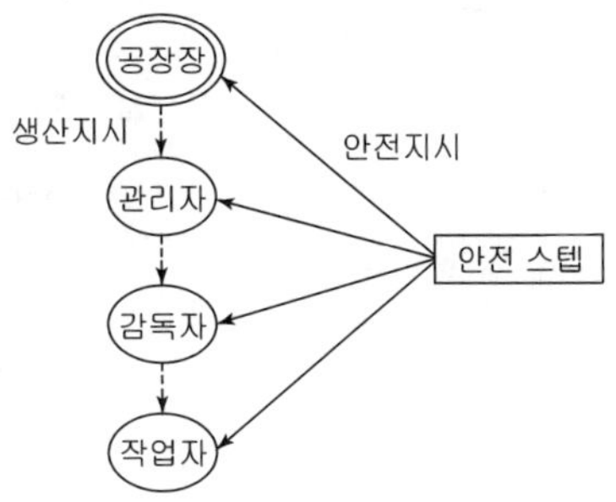

① 1,000명 이상의 대규모 사업장에 적합하다.
② 생산부분은 안전에 대한 책임과 권한이 없다.
③ 사업장의 특수성에 적합한 기술연구를 전문적으로 할 수 있다.
④ 권한다툼이나 조정 때문에 통제수속이 복잡해지며, 시간과 노력이 소모된다.

해설

그림의 안전관리 조직은 스탭형으로, 1000명 이하의 중규모 사업장에 적용하며 1000명 이상의 대규모 사업장은 라인-스탭형 조직이 적합하다.

□□□ 12년2회, 16년1회

7. 스탭형 안전조직에 있어서 스탭의 주된 역할이 아닌 것은?

① 실시계획의 추진
② 안전관리 계획안의 작성
③ 정보수집과 주지, 활용
④ 기업의 제도적 기본방침 시달

문제 7, 8 해설

참모식(Staff) 조직
100인 ~ 1,000인의 중규모 사업장에 적용

장 점	단 점
1) 안전 지식 및 기술축적 가능 2) 사업장에 적합한 기술개발 또는 개선안을 마련할 수 있다. 3) 안전정보수집이 신속하다. 4) 경영자의 조언 또는 자문역할을 할 수 있다.	1) 안전과 생산을 별개로 취급한다. 2) 통제 수속이 복잡해지며, 시간과 노력이 소모된다. 3) 안전지시나 명령과 보고가 신속·정확하지 못하다. 4) 생산은 안전에 대한 책임과 권한이 없다.

□□□ 15년1회, 19년1회

8. 다음 중 안전관리조직의 참모식(staff형) 장점이 아닌 것은?

① 경영자의 조언과 자문역할을 한다.
② 안전정보 수집이 용이하고 빠르다.
③ 안전에 관한 명령과 지시는 생산라인을 통해 신속하게 전달한다.
④ 안전전문가가 안전계획을 세워 문제해결 방안을 모색하고 조치한다.

□□□ 18년1회

9. 안전보건관리조직의 유형 중 스탭형(Staff) 조직의 특징이 아닌 것은?

① 생산부문은 안전에 대한 책임과 권한이 없다.
② 권한 다툼이나 조정 때문에 통제수속이 복잡해지며 시간과 노력이 소모된다.
③ 생산부분에 협력하여 안전명령을 전달, 실시하므로 안전지시가 용이하지 않으며 안전과 생산을 별개로 취급하기 쉽다.
④ 명령 계통과 조언 권고적 참여가 혼동되기 쉽다.

해설

④항은 line-staff형 조직의 특징으로 line의 유기적 안전활동과 함께 staff의 전문적인 안전활동이 함께 이루어 지므로 명령과 조언, 권고적 참여에 대한 혼동이 쉬운 안전조직형태이다.

□□□ 11년1회

10. 안전 조직 중 직계 - 참모(line&staff)형 조직에 관한 설명으로 옳은 것은?

① 안전스탭은 안전에 관한 기획·입안·조사·검토 및 연구를 행한다.
② 500인 미만의 중규모 사업장에 적합하다.
③ 명령과 보고가 상하관계뿐이므로 간단명료하다.
④ 생산부문은 안전에 대한 책임과 권한이 없다.

해설

②항은 500인 미만의 중규모 사업장에 적합한 것은 staff형 조직의 특징이다.
③항은 line형 조직의 특징이다.
④항은 staff형의 특징이다.

정답 6 ① 7 ④ 8 ③ 9 ④ 10 ①

□□□ 18년2회

11. Line-Staff형 안전보건관리조직에 관한 특징이 아닌 것은?

① 조직원 전원을 자율적으로 안전활동에 참여시킬 수 있다.
② 스탭의 월권행위의 경우가 있으며 라인이 스탭에 의존 또는 활용치 않는 경우가 있다.
③ 생산부문은 안전에 대한 책임과 권한이 없다.
④ 명령계통과 조언 권고적 참여가 혼동되기 쉽다.

해설

생산은 안전에 대한 책임과 권한이 없는 것은 staff형 안전조직의 특징이다.

□□□ 11년2회, 20년4회

12. 안전보건관리조직 중 라인－스탭(Line－Staff) 조직에 관한 설명으로 틀린 것은?

① 조직원 전원을 자율적으로 안전 활동에 참여시킬 수 있다.
② 라인의 관리, 감독자에게도 안전에 관한 책임과 권한이 부여된다.
③ 중규모 사업장(100명 이상～500명 미만)에 적합하다.
④ 안전 활동과 생산업무가 유리될 우려가 없기 때문에 균형을 유지할 수 있어 이상적인 조직형태이다.

해설

③항, 대규모 사업장(1,000명 이상)에 적합하다

□□□ 14년3회

13. 다음 중 line-staff형 안전조직에 관한 설명으로 가장 옳은 것은?

① 생산부분의 책임이 막중하다.
② 명령계통과 조언 권고적 참여가 혼동되기 쉽다.
③ 안전지시나 조치가 철저하고, 실시가 빠르다.
④ 생산부문에는 안전에 대한 책임과 권한이 없다.

문제 13~15 해설

직계 참모식(Line-Staff) 조직
1,000인이상의 대규모 사업장에 적용

장 점	단 점
1) 조직원 전원이 자율적으로 안전활동에 참여 2) 각 Line의 안전 활동은 유기적으로 조정가능하다. 3) 충분한 동기부여 가능 4) Line의 관리 · 감독자에게도 책임과 권한 부여	1) 명령 계통과 조언 권고적 참여가 혼동되기 쉽다. 2) 스탭의 월권행위의 경우 3) 라인의 스탭에 의존 또는 활용치 않는 경우

□□□ 16년2회

14. 직계 － 참모식 조직의 특징에 대한 설명으로 옳은 것은?

① 소규모 사업장에 적합하다.
② 생산조직과는 별도의 조직과 기능을 갖고 활동한다.
③ 안전계획, 평가 및 조사는 스탭에서, 생산기술의 안전대책은 라인에서 실시한다.
④ 안전업무가 표준화되어 직장에 정착하기 쉽다.

□□□ 19년2회

15. 안전조직 중에서 라인-스탭(Line-Staff)조직의 특징으로 옳지 않은 것은?

① 라인형과 스탭형의 장점을 취한 절충식 조직형태이다.
② 중규모 사업장(100명 이상 ～ 500명 미만)에 적합하다.
③ 라인의 관리, 감독자에게도 안전에 관한 책임과 권한이 부여된다.
④ 안전 활동과 생산업무가 분리될 가능성이 낮기 때문에 균형을 유지할 수 있다.

□□□ 09년2회, 14년2회, 15년2회, 19년2회, 20년1·2회

16. 산업안전보건법상 산업안전보건위원회의 사용자위원에 해당되지 않는 사람은?

① 안전관리자
② 당해 사업장 부서의 장
③ 산업보건의
④ 명예산업안전감독관

정답 11 ③ 12 ③ 13 ② 14 ③ 15 ② 16 ④

해설	
산업안전 · 보건위원회 위원	
사용자측 위원	근로자측 위원
① 사업주 1명 ② 안전 관리자 1명 ③ 산업 보건의(선임되어 있는 경우) ④ 보건 관리자 1명 ⑤ 당해 사업주가 지명하는 9명 이내의 부서의 장(현장감독자 9명 이내)	① 근로자 대표 1명 ② 근로자 대표가 지명하는 1명 이상의 명예 산업안전 감독관 ③ 근로자 대표가 지명하는 9명 이내의 당해 사업장 근로자(현장 근로자 9명 이내)

□□□ 09년3회

17. 다음 중 산업안전보건위원회에 관한 설명으로 틀린 것은?

① 안전관리자, 보건관리자는 사용자위원에 해당한다.
② 상시 근로자 100인 이상을 사용하는 사업장에 설치, 운영한다.
③ 회의는 정기회의와 임시회의로 구분하되, 정기회의는 6월마다 위원장이 소집한다.
④ 위원장은 근로자위원과 사용자위원 중 각 1인을 공동위원장으로 선출할 수 있다.

해설

산업안전보건위원회의 회의는 정기회의와 임시회의로 구분하되, 정기회의는 분기마다 위원장이 소집하며, 임시회의는 위원장이 필요하다고 인정할 때에 소집한다.

□□□ 11년3회

18. 다음 중 안전보건관리규정에 포함될 사항과 가장 거리가 먼 것은?

① 안전 · 보건교육에 관한사항
② 작업장 안전 · 보건 관리에 관한 사항
③ 재해사례 분석 및 연구 · 토의에 관한 사항
④ 안전 · 보건관리 조직과 그 직무에 관한 사항

문제 18~20 해설

안전보건관리규정 포함 내용
1. 안전 및 보건에 관한 관리조직과 그 직무에 관한 사항
2. 안전보건교육에 관한 사항
3. 작업장의 안전 및 보건 관리에 관한 사항
4. 사고 조사 및 대책 수립에 관한 사항
5. 그 밖에 안전 및 보건에 관한 사항

□□□ 13년3회

19. 다음 중 안전보건관리규정에 포함되어야 할 주요 내용과 가장 거리가 먼 것을 고르시오.

① 안전 · 보건 관리조직과 그 직무에 관한 사항
② 작업장 생산관리에 관한 사항
③ 사고 조사 및 대책 수립에 관한 사항
④ 안전 · 보건교육에 관한 사항

□□□ 13년2회

20. 다음 중 안전보건관리규정에 반드시 포함되어야 할 사항으로 틀린 것은?

① 작업장 보건관리
② 재해코스트 분석방법
③ 안전 · 보건관리조직과 그 직무
④ 사고 조사 및 대책수립

□□□ 18년3회

21. 산업안전보건법령에 따른 안전보건관리규정에 포함되어야 할 세부 내용이 아닌 것은?

① 위험성 감소대책 수립 및 시행에 관한 사항
② 하도급 사업장에 대한 안전, 보건관리에 관한 사항
③ 질병자의 근로 금지 및 취업 제한 등에 관한 사항
④ 물질안전보건자료에 관한 사항

해설

안전보건관리규정의 세부 내용(문제 보기 포함사항)
1. 총칙
   다. 하도급 사업장에 대한 안전 · 보건관리에 관한 사항
2. 안전 · 보건 관리조직과 그 직무
3. 안전 · 보건교육
4. 작업장 안전관리
5. 작업장 보건관리
   라. 질병자의 근로 금지 및 취업 제한 등에 관한 사항
6. 사고 조사 및 대책 수립
7. 위험성평가에 관한 사항
   나. 위험성 감소대책 수립 및 시행에 관한 사항
8. 보칙

정답 17 ③ 18 ③ 19 ② 20 ② 21 ④

□□□ 12년3회, 16년3회

22. 산업안전보건법에 따라 안전보건개선계획의 수립 · 시행 명령을 받은 사업주는 고용노동부장관이 정하는 바에 따라 안전보건개선계획서를 작성하여 그 명령을 받은 날부터 며칠 이내에 관할 지방고용노동관서의 장에게 제출하여야 하는가?

① 15일　② 30일
③ 45일　④ 60일

해설

안전보건개선계획의 수립 · 시행명령을 받은 사업주는 고용노동부장관이 정하는 바에 따라 안전보건개선계획서를 작성하여 그 명령을 받은 날부터 60일 이내에 관할 지방고용노동관서의 장에게 제출하여야 한다.

[참고] 산업안전보건법 시행규칙 제61조【안전보건개선계획의 제출 등】

□□□ 15년3회

23. 산업안전보건법령상 안전보건개선계획서에 개선을 위하여 포함되어야 하는 중점개선 항목에 해당되지 않는 것은?

① 시설　② 기계장치
③ 작업방법　④ 보호구 착용

해설

안전개선계획 항목

1. 공통항목 : 안전보건관리조직, 안전표지부착, 보호구착용, 건강진단실시, 참고사항
2. 중점 개선 항목 : 시설, 원료 및 재료, 기계장치, 작업방법, 작업환경, 기타

정답 22 ④ 23 ④

Chapter 02

재해 및 안전점검

재해 및 안전점검은 재해조사의 방법, 재해원인, 재해통계, 재해율의 계산, 재해손실비의 계산, 안전점검 등으로 구성된다. 여기에서는 주로 재해원인의 분류와 재해율의 계산 등이 주로 출제된다.

01 재해의 발생과 조사

(1) 재해발생 시 조치

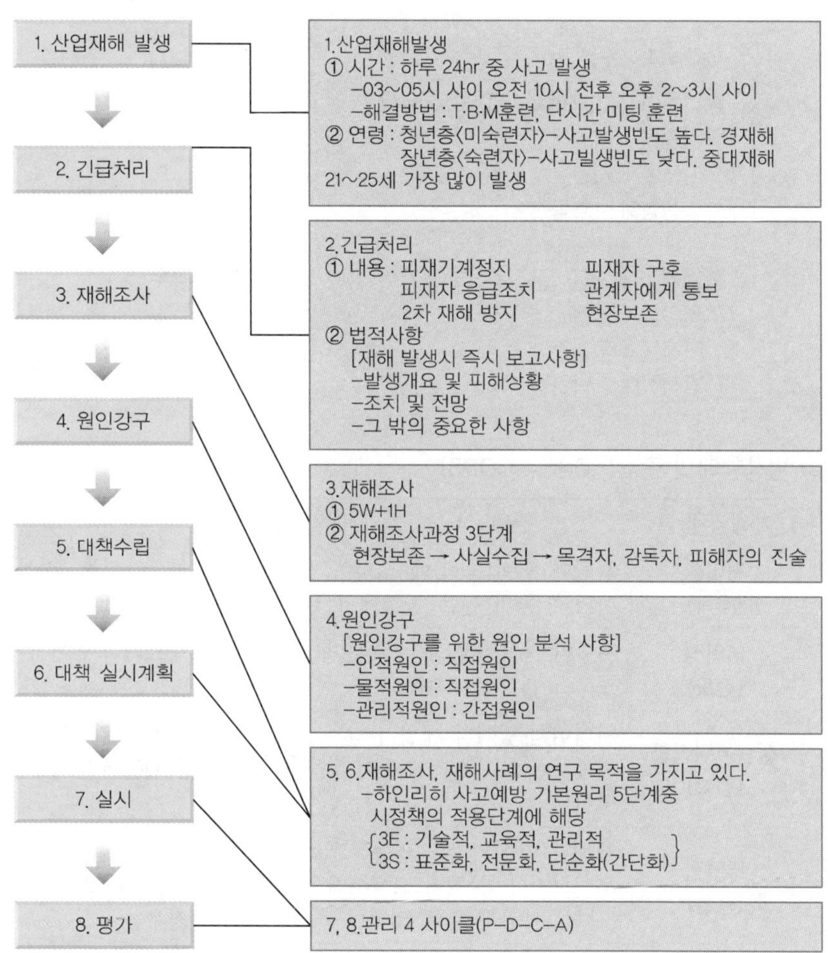

1. 산업재해 발생
2. 긴급처리
3. 재해조사
4. 원인강구
5. 대책수립
6. 대책 실시계획
7. 실시
8. 평가
1.산업재해발생
① 시간 : 하루 24hr 중 사고 발생
–03~05시 사이 오전 10시 전후 오후 2~3시 사이
–해결방법 : T·B·M훈련, 단시간 미팅 훈련
② 연령 : 청년층〈미숙련자〉–사고발생빈도 높다. 경재해
장년층〈숙련자〉–사고빌생빈도 낮다. 중대재해
21~25세 가장 많이 발생
2.긴급처리
① 내용 : 피재기계정지 피재자 구호
피재자 응급조치 관계자에게 통보
2차 재해 방지 현장보존
② 법적사항
[재해 발생시 즉시 보고사항]
–발생개요 및 피해상황
–조치 및 전망
–그 밖의 중요한 사항
3.재해조사
① 5W+1H
② 재해조사과정 3단계
현장보존 → 사실수집 → 목격자, 감독자, 피해자의 진술
4.원인강구
[원인강구를 위한 원인 분석 사항]
–인적원인 : 직접원인
–물적원인 : 직접원인
–관리적원인 : 간접원인
5, 6.재해조사, 재해사례의 연구 목적을 가지고 있다.
–하인리히 사고예방 기본원리 5단계중
시정책의 적용단계에 해당
3E : 기술적, 교육적, 관리적
3S : 표준화, 전문화, 단순화(간단화)
7, 8.관리 4 사이클(P–D–C–A)

[사고발생시 보고내용]

(1) 사고개요 : 발생일시, 장소, 직업상황, 피해내용
(2) 사고종류 : 떨어짐, 끼임, 감전 등
(3) 발생장소 : 구체적으로(주소 또는 설비명)
(4) 재해자 정보
(5) 기인물 등 주요사고 원인

(2) 재해발생 형태

① 용어의 정의

용어	내용
발생형태	재해 및 질병이 발생된 형태 또는 근로자(사람)에게 상해를 입힌 기인물과 상관된 현상
기인물	직접적으로 재해를 유발하거나 영향을 끼친 에너지원(운동, 위치, 열, 전기 등)을 지닌 기계 · 장치, 구조물, 물체 · 물질 또는 환경 등
가해물	근로자(사람)에게 직접적으로 상해를 입힌 기계, 장치, 구조물, 물체 · 물질 또는 환경 등

Tip
2종 이상의 기인물이 있을 때 그 중요도와 발단이 된 것에 따라 결정한다. 가해물과 기인물과 같은 물체인 경우도 있으니 주의하자

재해형태의 구분

(1) 종업원이 작업대에서 지면으로 추락한 경우
① 기인물 : 작업대
② 가해물 : 지면
③ 발생형태 : 추락

(2) 종업원이 물건을 운반 중 그 물건이 발에 떨어져 다친 경우
① 기인물 : 물건
② 가해물 : 물건
③ 발생형태 : 낙하

② 발생형태의 종류(KOSHA CODE)

Tip
재해 발생형태의 분류는 인적 · 물적 측면이 모두 포함된 형태로서, 상태종류에 의한 분류(골절, 동상, 찰과상 등)와는 구분할 수 있어야 한다.

재해의 종류	재해의 정의
떨어짐 (추락)	사람이 인력(중력)에 의하여 건축물, 구조물, 가설물, 수목, 사다리 등의 높은 장소에서 떨어지는 것
넘어짐 (전도)	사람이 거의 평면 또는 경사면, 층계 등에서 구르거나 넘어지는 경우
깔림 · 뒤집힘 (전복)	기대어져 있거나 세워져 있는 물체 등이 쓰러져 깔린 경우 및 지게차 등의 건설기계 등이 운행 또는 작업 중 뒤집어진 경우를 말한다.
부딪힘 (충돌)	재해자 자신의 움직임동작으로 인하여 기인물에 접촉 또는 부딪히거나, 물체가 고정부에서 이탈하지 않은 상태로 움직임(규칙, 불규칙)등에 의하여 접촉 · 충돌한 경우
맞음 (낙하 · 비래)	구조물, 기계 등에 고정되어 있던 물체가 중력, 원심력, 관성력 등에 의하여 고정부에서 이탈하거나 또는 설비 등으로부터 물질이 분출되어 사람을 가해하는 경우
끼임 (협착)	두 물체 사이의 움직임에 의하여 일어난 것으로 직선 운동하는 물체 사이의 협착, 회전부와 고정체 사이의 끼임, 롤러 등 회전체 사이에 물리거나 또는 회전체돌기부 등에 감긴 경우

재해의 종류	재해의 정의
무너짐 (붕괴 · 도괴)	토사, 적재물, 구조물, 건축물, 가설물 등이 전체적으로 허물어져 내리거나 주요 부분이 꺾어져 무너지는 경우
압박 · 진동	재해자가 물체의 취급과정에서 신체특정부위에 과도한 힘이 편중 · 집중 눌려진 경우나 마찰접촉 또는 진동 등으로 신체에 부담을 주는 경우
신체 반작용	물체의 취급과 관련없이 일시적이고 급격한 행위동작, 균형 상실에 따른 반사적 행위 또는 놀람, 정신적 충격, 스트레스 등.
부자연스런 자세	물체의 취급과 관련 없이 작업환경 또는 설비의 부적절한 설계 또는 배치로 작업자가 특정한 자세동작을 장시간 취하여 신체의 일부에 부담을 주는 경우
과도한 힘 · 동작	물체의 취급과 관련하여 근육의 힘을 많이 사용하는 경우로서 밀기, 당기기, 지탱하기, 들어올리기, 돌리기, 잡기, 운반하기 등과 같은 행위동작
반복적 동작	물체의 취급과 관련하여 근육의 힘을 많이 사용하지 않는 경우로서 지속적 또는 반복적인 업무수행으로 신체의 일부에 부담을 주는 행위동작
이상온도 노출 · 접촉	고 · 저온 환경 또는 물체에 노출 · 접촉된 경우
이상기압 노출	고 · 저기압 등의 환경에 노출된 경우
유해 · 위험 물질에 노출 · 접촉	유해 · 위험물질에 노출 · 접촉 또는 흡입하였거나 독성동물에 쏘이거나 물린 경우
소음 노출	폭발음을 제외한 일시적장기적인 소음에 노출된 경우
유해광선 노출	전리 또는 비전리 방사선에 노출된 경우
산소 결핍 · 질식	유해물질과 관련 없이 산소가 부족한 상태환경에 노출되었거나 이물질 등에 의하여 기도가 막혀 호흡기능이 불충분한 경우
화재	가연물에 점화원이 가해져 비의도적으로 불이 일어난 경우를 말하며, 방화는 의도적이기는 하나 관리할 수 없으므로 화재에 포함시킨다.
폭발	건축물, 용기내 또는 대기중에서 물질의 화학적, 물리적 변화가 급격히 진행되어 열, 폭음, 폭발압이 동반하여 발생 하는 경우
감전	전기설비의 충전부 등에 신체의 일부가 직접 접촉하거나 유도전류의 통전으로 근육의 수축, 호흡곤란, 심실세동 등이 발생한 경우 또는 특별고압 등에 접근함에 따라 발생한 섬락 접촉, 합선 · 혼촉 등으로 인하여 발생한 아아크에 접촉된 경우
폭력 행위	의도적인 또는 의도가 불분명한 위험행위(마약, 정신질환 등)로 자신 또는 타인에게 상해를 입힌 폭력폭행을 말하며, 협박언어성폭력 및 동물에 의한 상해 등도 포함한다.

[상해의 종류]

(1) 골절
(2) 동상
(3) 부종
(4) 찔림(자상)
(5) 타박상(좌상)
(6) 절단
(7) 중독 · 질식
(8) 찰과상
(9) 베임(창상)
(10) 화상
(11) 뇌진탕
(12) 익사
(13) 피부병
(14) 청력장해
(15) 시력장해

[KOSHA CODE]

선진국의 기술기준 및 국제표준을 참고하여 우리 실정에 맞게 제정하여 사업장에서 자율적으로 활용할 수 있도록 제정한 산업안전보건 지침

[관련법령]
산업재해 기록 · 분류에 관한 지침

 참고

(1) 폭력행위, 폭발, 화재, 전류접촉, 유해·위험물질접촉 순으로 특정 사고를 우선하여 분류
(2) 두 가지 이상의 발생형태가 연쇄적으로 발생된 재해의 경우는 상해결과 또는 피해를 크게 유발한 형태로 분류한다.
① 재해자가 「넘어짐」으로 인하여 기계의 동력전달부위 등에 끼이는 사고가 발생하여 신체부위가 「절단」된 경우에는 「끼임」으로 분류
② 재해자가 구조물 상부에서 「넘어짐」으로 인하여 두개골 골절이 발생한 경우에는 「떨어짐」으로 분류
③ 재해자가 「넘어짐」 또는 「떨어짐」으로 물에 빠져 익사한 경우에는 「유해·위험물질 노출 · 접촉」으로 분류한다.
④ 재해자가 전주에서 작업 중 「전류접촉」으로 떨어진 경우 상해결과가 골절인 경우에는 「떨어짐」으로 분류하고, 상해결과가 전기쇼크인 경우에는 「전류접촉」으로 분류한다.
(3) 「떨어짐」과 「넘어짐」 재해 분류
사고 당시 바닥면과 신체가 떨어진 상태로 더 낮은 위치로 떨어진 경우에는 「떨어짐」으로, 바닥면과 신체가 접해있는 상태에서 더 낮은 위치로 떨어진 경우에는 「넘어짐」으로 분류한다.

(3) 산업재해의 기록

[관련법령]
산업안전보건법 시행규칙
- 제67조【중대재해 발생 시 보고】
- 제72조【산업재해 기록 등】
- 제73조【산업재해 발생 보고 등】

① 산업재해 보고

구분	내용
보고대상재해	사망자 또는 3일 이상의 휴업을 요하는 부상을 입거나 질병에 걸린 자가 발생한 때
보고방법	재해가 발생한 날부터 1개월 이내에 산업재해조사표를 작성하여 지방고용노동관서의 장에게 제출
기록 보존해야 할 사항	• 사업장의 개요 및 근로자의 인적사항 • 재해발생의 일시 및 장소 • 재해발생의 원인 및 과정 • 재해 재발방지 계획

② 중대재해 발생 시 보고

구분	내용
중대재해의 정의	• 사망자가 1명 이상 발생한 재해 • 3개월 이상의 요양이 필요한 부상자가 동시에 2명 이상 발생한 재해 • 부상자 또는 직업성 질병자가 동시에 10명 이상 발생한 재해
보고방법	중대재해발생사실을 알게 된 때에는 지체없이 관할지방 노동관서의 장에게 전화 · 팩스, 또는 그 밖에 기타 적절한 방법에 의하여 보고
보고내용	• 발생개요 및 피해 상황 • 조치 및 전망 • 그 밖의 중요한 사항

(4) 재해조사

① 재해조사의 목적

㉠ 동종재해 및 유사 재해의 발생을 막기 위한 예방 대책

㉡ 재해발생의 원인과 결함 내용의 규명

㉢ 재해사례와 예방자료의 수집

② 재해조사 시 유의사항

㉠ 사실을 수집한다.

㉡ 목격자 등이 증언하는 사실 이외의 추측의 말은 참고만 한다.

㉢ 조사는 신속하게 행하고 긴급 조치하여, 2차 재해의 방지한다.

㉣ 사람, 기계 설비 양면의 재해 요인을 모두 도출한다.

㉤ 객관적인 입장에서 공정하게 조사하며, 조사는 2인 이상이 한다.

㉥ 책임 추궁보다 재발 방지를 우선하는 기본 태도를 갖는다.

㉦ 피해자에 대한 구급 조치를 우선한다.

㉧ 2차 재해의 예방과 위험성에 대한 보호구를 착용한다.

③ 재해조사 과정의 3단계

1단계	2단계	3단계
현장보존	사실수집	목격자, 감독자, 피해자의 진술

④ 재해조사 6하원칙(5W1H)

■ 재해조사 6하원칙

① 누가(Who) ② 언제(When)
③ 어디서(Where) ④ 무엇을 하였는가(What)
⑤ 왜(Why) ⑥ 어떻게 하여(How)

(5) 재해사례의 연구

① 재해사례 연구목적

㉠ 재해요인을 체계적으로 규명해서 대책을 수립하기 위함.

㉡ 재해 방지의 원칙을 습득하여 안전 보건활동에 적용한다.

㉢ 참가자의 안전보건 활동에 관한 생각과 태도를 바꾸게 한다.

[재해사례 연구법]

실제로 있었던 재해사례를 체계적으로 파악하는 교육환경 속에서 집단 토의 · 연구를 하는 것으로 수강자의 입장에서 재해분석을 한 다음에 재해예방대책을 세우기 위한 방법

Tip

재해사례 연구 순서와 사고예방 · 기본원리 5단계를 혼동하지 않도록 주의하자

[참고] 사고예방 기본원리 5단계

1단계 : 안전조직
2단계 : 사실의 발견
3단계 : 분석
4단계 : 시정방법의 선정
5단계 : 시정방법의 적용

② 재해사례 연구의 진행단계

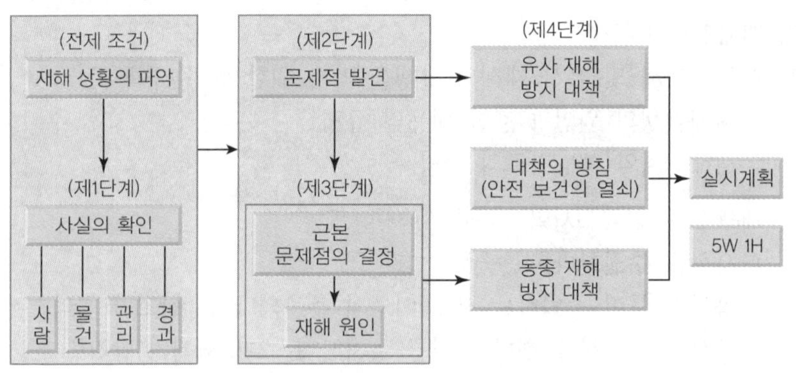

구분	내용
전제조건 : 재해상황의 파악	• 재해 발생일시, 장소 • 업종, 규모 • 상해의 상황(상해의 부위, 정도, 성질) • 물적 피해 상황(물적 손상 상황, 생산 정지 일수, 손해액, 기타) • 피해 근로자의 특성(성명, 연령, 소속, 근속 년수, 자격, 기타) • 사고의 형태 • 기인물 • 가해물 • 조직 계통도 • 재해 현장 도면(평면도, 측면도)
1단계 : 사실의 확인	재해요인을 객관적으로 확인
2단계 : 문제점의 발견	인적, 물적, 관리적인 면에서 분석 검토. 연구기준으로는 법규, 사내규정, 작업표준 설비규정, 작업명령 계획 등
3단계 : 근본적 문제점 결정	연구 기준으로는 법규, 사내규정, 작업표준, 설비규정, 작업명령, 계획 등 근본적 문제점 결정, 재해의 중심이 되는 문제점 결정
4단계 : 대책의 수립	동종 대책과 유사대책 수립

01 핵심문제 1. 재해의 발생과 조사

□□□ 17년2회, 20년4회

1. 재해조사의 목적에 해당되지 않는 것은?

① 재해발생 원인 및 결함 규명
② 재해관련 책임자 문책
③ 재해예방 자료수집
④ 동종 및 유사재해 재발방지

해설

재해조사의 목적
1) 동종재해 및 유사 재해의 발생을 막기 위한 예방 대책
2) 재해발생의 원인과 결함 내용의 규명
3) 재해사례와 예방자료의 수집

□□□ 10년2회

2. 다음 중 재해조사 시 유의사항에 관한 설명으로 틀린 것은?

① 사실을 있는 그대로 수집한다.
② 조사는 2인 이상이 실시한다.
③ 기계설비에 관한 재해요인만 직접요인으로 도출한다.
④ 목격자의 증언 등 사실 이외의 추측의 말은 참고만 한다.

해설

재해조사 시 유의사항
1. 사실을 수집한다.
2. 목격자 등이 증언하는 사실 이외의 추측의 말은 참고한다.
3. 조사는 신속하게 행하고 긴급 조치하여, 2차 재해의 방지를 도모한다.
4. 사람, 기계 설비 양면의 재해 요인을 모두 도출한다.
5. 객관적인 입장에서 공정하게 조하며, 조사는 2인 이상이 한다.
6. 책임 추궁보다 재발 방지를 우선하는 기본 태도를 갖는다.
7. 피해자에 대한 구급 조치를 우선한다.
8. 2차 재해의 예방과 위험성에 대한 보호구를 착용한다.

□□□ 16년1회

3. 재해통계를 포함하여 산업재해조사 보고서를 작성하는 과정 중 유의해야 할 사항으로 가장 적절하지 않은 것은?

① 설비상의 결함 요인을 개선, 시정하는데 활용한다.
② 관리상 책임 소재를 명시하여 담당자의 평가 자료로 활용한다.
③ 재해의 구성요소와 분포상태를 알고 대책을 수립할 수 있도록 한다.
④ 근로자 행동결함을 발견하여 안전교육 훈련 자료로 활용한다.

해설

산업재해조사는 책임소재를 파악하여 추궁하는 것 보다 동종재해의 재발방지를 목적으로 한다.

□□□ 12년3회, 17년1회, 22년1회

4. 산업현장에서 재해 발생 시 조치 순서로 옳은 것은?

① 긴급처리 → 재해조사 → 원인분석 → 대책수립 → 실시계획 → 실시 → 평가
② 긴급처리 → 원인분석 → 재해조사 → 대책수립 → 실시 → 평가
③ 긴급처리 → 재해조사 → 원인분석 → 실시계획 → 실시 → 대책수립 → 평가
④ 긴급처리 → 실시계획 → 재해조사 → 대책수립 → 평가 → 실시

문제 4, 5 해설

재해발생시 조치순서
산업재해발생 → 긴급처리 → 재해조사 → 원인분석 → 대책수립 → 실시계획 → 실시 → 평가

□□□ 11년2회

5. 다음 중 재해발생 시 조치사항에 있어 가장 우선적으로 실시해야 하는 것은?

① 재해자의 응급조치 ② 재해조사
③ 원인강구 ④ 대책수립

□□□ 11년1회, 17년3회

6. 재해발생 시의 조치순서 중 재해조사 단계에서 실시하는 내용으로 옳은 것은?

① 현장보존 ② 관계자에게 통보
③ 잠재위험요인의 색출 ④ 피재자의 응급조치

해설

재해발생 시의 조치순서 중 재해조사 단계에서 실시하는 내용으로는 잠재위험요인을 도출하고 조사과정으로는 현장보존 → 사실의 수집 → 목격자 · 감독자 · 피해자의 진술을 듣는다.

정답 1 ② 2 ③ 3 ② 4 ① 5 ① 6 ③

□□□ 10년3회

7. 다음 중 재해발생 시 긴급처리의 조치순서로 가장 적절한 것은?

① 기계정지 – 현장보존 – 피해자 구조 – 관계자통보
② 현장보존 – 관계자통보 – 기계정지 – 피해자 구조
③ 피해자 구조 – 현장보존 – 기계정지 – 관계자통보
④ 기계정지 – 피해자 구조 – 관계자통보 – 현장보존

해설

재해발생 시 긴급처리 순서
1. 피재기계의 정지 및 피해확산 방지
2. 피해자의 구조 및 응급조치
3. 관계자에게 통보
4. 2차 재해방지
5. 현장보존

□□□ 15년2회

8. 다음 중 산업재해조사표를 작성할 때 기입하는 상해의 종류에 해당하는 것은?

① 낙하 · 비래　② 유해광선 노출
③ 중독 · 질식　④ 이상온도 노출 · 접촉

해설

③항, 중독 · 질식은 상해의 종류에 해당하며, ①,②,④항은 재해의 발생형태에 해당한다.

□□□ 08년2회

9. 다음 중 재해의 발생형태에 해당하지 않는 것은?

① 낙하 · 비래　② 협착
③ 이상온도노출　④ 골절

해설

④항, 골절은 뼈가 부러진 상해로서 상해의 종류로 분류한다

□□□ 13년1회, 16년3회

10. 산업재해의 발생 형태 중 사람이 평면상으로 넘어졌을 때의 사고 유형은 무엇이라 하는가?

① 비래　② 전도
③ 도괴　④ 추락

해설

넘어짐(전도)
사람이 거의 평면 또는 경사면, 층계 등에서 구르거나 넘어지는 경우

□□□ 13년2회

11. 다음과 같은 경우 산업재해기록 · 분류 기준에 따라 분류한 재해의 발생 형태로 맞은 것은?

재해자가 전도로 인하여 기계의 동력전달부위 등에 협착 되어 신체의 일부가 절단되었다.

① 전도　② 협착
③ 절단　④ 충돌

문제 11, 12 해설

두 가지 이상의 발생형태가 연쇄적으로 발생된 재해의 분류는 상해결과 또는 피해를 크게 유발한 형태로 분류한다.
① 재해자가 넘어짐(전도)로 인하여 기계의 동력전달부위 등에 끼임(협착)되어 신체부위가 「절단」된 경우에는 끼임(협착)으로 분류한다.
② 재해자가 구조물 상부에서넘어짐(전도)로 인하여 떨어짐(추락)되어 두개골 골절이 발생한 경우에는 떨어짐(추락)으로 분류한다.
③ 재해자가넘어짐(전도)또는 떨어짐(추락)으로 물에 빠져 익사한 경우에는 「유해 · 위험물질 노출 · 접촉」으로 분류한다.
④ 재해자가 전주에서 작업 중 「전류접촉」으로 떨어짐(추락)한 경우 상해결과가 골절인 경우에는 떨어짐(추락)으로 분류하고, 상해결과가 전기쇼크인 경우에는 「전류접촉」으로 분류한다.

□□□ 18년3회

12. 산업재해 기록 · 분류 기준에 관한 지침에 따른 분류 기준 중 다음의 (　)안에 알맞은 것은?

재해자가 넘어짐으로 인하여 기계의 동력전달부위 등에 끼이는 사고가 발생하여 신체부위가 절단된 경우은 (　)으로 분류한다.

① 넘어짐　② 끼임
③ 깔림　④ 절단

정답 7 ④ 8 ③ 9 ④ 10 ② 11 ② 12 ②

□□□ 15년1회, 19년1회

13. 다음의 재해사례에서 기인물에 해당하는 것은?

> 기계작업에 배치된 작업자가 반장의 지시를 받기 전에 정지된 선반을 운전시키면서 변속치차의 덮개를 벗겨내고 치차를 저속으로 운전하면서 급유하려고 할 때 오른손이 변속치차에 맞물려 손가락이 절단되었다.

① 덮개 ② 급유
③ 변속치차 ④ 선반

해설

1. 기인물 : 선반
2. 가해물 : 변속치차
3. 발생형태 : 절단

□□□ 10년1회, 14년1회, 18년3회

14. 다음 중 재해사례연구의 순서를 올바르게 나열한 것은?

① 재해상황 파악 → 문제점 발견 → 사실 확인 → 근본 문제점 결정 → 대책 수립
② 문제점 발견 → 재해상황 파악 → 사실 확인 → 근본 문제점 결정 → 대책 수립
③ 재해상황 파악 → 사실 확인 → 문제점 발견 → 근본 문제점 결정 → 대책 수립
④ 문제점 발견 → 재해상황 파악 → 대책 수립 → 근본 문제점 결정 → 사실 확인

문제 14, 15 해설

재해사례연구의 진행단계
1. 전제조건 : 재해상황(현상)의 파악
2. 1단계 : 사실의 확인
3. 2단계 : 문제점 발견
4. 3단계 : 근본적 문제점 결정
5. 4단계 : 대책의 수립

□□□ 18년1회, 21년3회

15. 재해사례연구의 진행단계 중 다음 ( ) 안에 알맞은 것은?

> 재해 상황의 파악 → (㉠) → (㉡) → 근본적 문제점의 결정 → (㉢)

① ㉠ 사실의 확인, ㉡ 문제점의 발견, ㉢ 대책수립
② ㉠ 문제점의 발견, ㉡ 사실의 확인, ㉢ 대책수립
③ ㉠ 사실의 확인, ㉡ 대책수립, ㉢ 문제점의 발견
④ ㉠ 문제점의 발견, ㉡ 대책수립, ㉢ 사실의 확인

정답 13 ④ 14 ③ 15 ①

02 재해통계

(1) 산업재해의 정도에 따른 분류

① 근로 손실 일수에 의한 분류

사망	근무 중 순직을 하는 경우로서 7,500일 근로손실일수가 발생
중상해	부상의 결과로 8일 이상 근로손실을 초래한 경우
경상해	부상으로 1일 이상 7일 미만의 근로손실을 초래한 경우
경미상해	8시간 이하의 휴무 또는 작업에 종사하면서 치료를 받는 상해

[용어의 이해]

(1) 휴업 : 부상 또는 질병으로 인하여 출근을 하지 못한 경우(전직, 퇴직 포함)를 말한다.

(2) 비휴업 : 출근을 하였으나 부상 또는 질병의 치료 등에 의한 작업시간 단축, 작업량 감소, 작업전환 등 작업제한을 야기한 경우를 말한다.

② 상해 정도별 분류(ILO기준)

분류	정 의(ILO기준을 따른다.)
사망	안전사고로 사망하거나 부상의 결과로 사망하는 것
영구 전 노동 불능	부상 결과 근로기능을 완전히 잃는 부상(1급~3급)
영구 부분(일부) 노동 불능	신체의 일부가 영구히 노동기능을 상실한 부상(4급~14급)
일시 전 노동 불능	의사의 진단으로 일정 기간 동안 정규 노동에 종사할 수가 없는 상해
일시 부분(일부) 노동 불능	일시적 시간 중에 업무를 떠나서 치료를 받는 상해
응급(구급처치) 상해	의료 조치를 받고 정상작업을 할 수 있는 정도의 상해

③ 상해 종류에 의한 분류

분 류 항 목	세 부 항 목
1. 골절	뼈가 부러진 상해
2. 동상	저온물 접촉으로 생긴 동상 상해
3. 부종	국부의 혈액순환에 이상으로 몸이 퉁퉁 부어오르는 상해
4. 찔림(자상)	칼날 등 날카로운 물건에 찔린 상해
5. 타박상(좌상)	타박, 충돌, 추락 등으로 피부표면보다는 피하조직 또는 근육부를 다친 상해(삔 것 포함)
6. 절단	신체부위가 절단된 상해
7. 중독, 질식	음식, 약물, 가스 등에 의한 중독이나 질식된 상해
8. 찰과상	스치거나 문질러서 벗겨진 상해
9. 베임(창상)	창, 칼 등에 베인 상해
10. 화상	화재 또는 고온물 접촉으로 인한 상해
11. 뇌진탕	머리를 세게 맞았을 때 장해로 일어난 상해
12. 익사	물속에 추락해서 익사한 상해
13. 피부염	작업과 연관되어 발생 또는 악화되는 모든 질환
14. 청력장해	청력이 감퇴 또는 난청이 된 상해
15. 시력장해	시력이 감퇴 또는 실명된 상해
16. 기타	1-15 항목으로 분류 불능시

Tip

최근에는 많이 쓰이지 않는 용어지만 4. 찔림(자상), 5. 타박상(좌상), 9. 베임(창상)의 항목은 시험에 자주 출제되므로 반드시 구분해 두자.

(2) 통계적 원인 분석

① 원인분석 방법의 적용

구분	내용
개별적 원인분석	• 개개의 재해를 하나하나 분석하는 것으로 상세하게 그 원인을 규명 • 특수 재해나 중대 재해 및 재해 건수가 적은 사업장 또는 개별 재해 특유의 조사 항목을 사용할 필요성이 있을 때 사용
통계적 원인분석	각 요인의 상호 관계와 분포 상태 등을 거시적으로 분석하는 방법

② 파레토도(Pareto diagram)

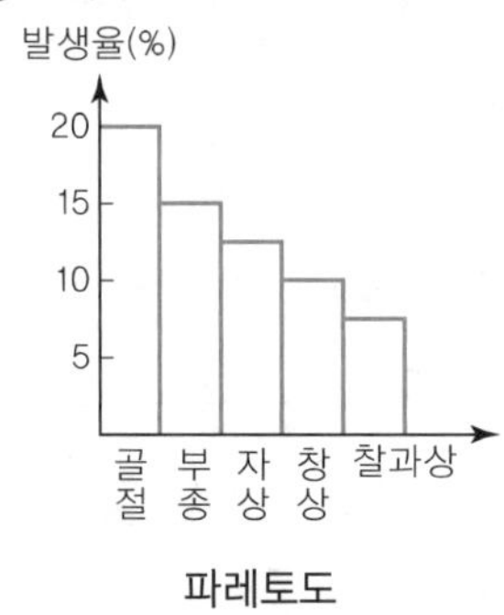

파레토도

㉠ 문제나 목표의 이해가 편리

㉡ 사고의 유형, 기인물 등 분류 항목을 큰 순서대로 도표화 한다.

③ 특성요인도

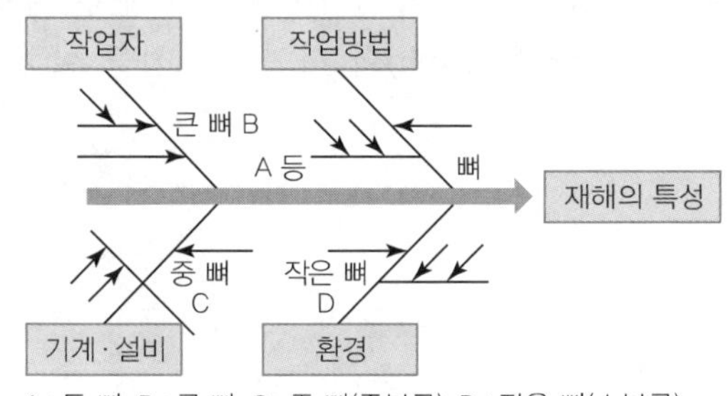

A : 등 뼈, B : 큰 뼈, C : 중 뼈(중분류), D : 작은 뼈(소분류)

특성 요인도

용어	내용
특성	다른 것과는 다른 특유의 성질을 말하며, 재해요인분석에 있어서 「특성」이란 작업의 결과 나타나는 안전보건의 상황 가운데 재해요인을 포함한 문제점이라는 뜻이며, 사고의 형이나 재해의 현상
요인	재해를 일으키게 된 직접원인 및 간접원인을 총칭하는 재해요인

㉠ 특성과 요인 관계를 도표로 하여 어골상(魚骨狀)으로 표현

㉡ 재해의 특성을 세분화하여 원인을 분석

[품질관리 7가지도구(QC7도구)]

(1) 특성요인도
(2) 파레토도
(3) 체크시트
(4) 산점도
(5) 히스토그램
(6) 층별
(7) 그래프(관리도)

[특성요인도 작성순서]

① 문제가 되는 특성(재해결과)을 결정
② 등뼈는 특성을 오른쪽에 쓰고 화살표를 좌측에서 우측으로 기입한다.
③ 특성에 영향을 주는 원인을 찾는다.(브레인 스토밍의 활용)
④ 큰뼈에 특성이 일어나는 큰 분류를 기입한다.
⑤ 중뼈는 큰뼈의 요인마다 세부 원인을 결정하여 기입한다

④ 클로즈 분석도

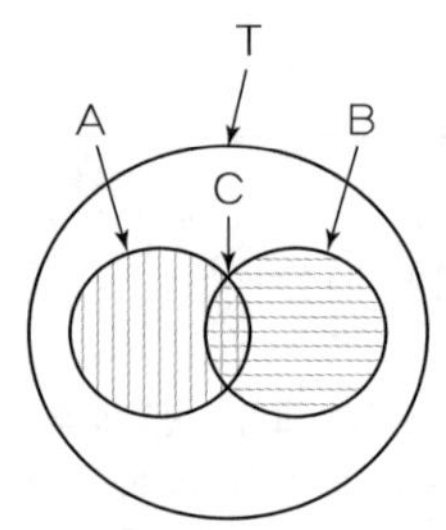

클로즈 분석도

㉠ 2개 이상의 문제 관계를 분석하는데 사용
㉡ 데이터(data)를 집계하고 표로 표시하여 요인별 결과 내역을 교차한 클로즈 그림을 작성

[관리도의 관리선 구분]
(1) 상방관리한계 (UCL : upper control limit)
(2) 중심선(Pn)
(3) 하방관리선(LCL : low control limit)

⑤ 관리도

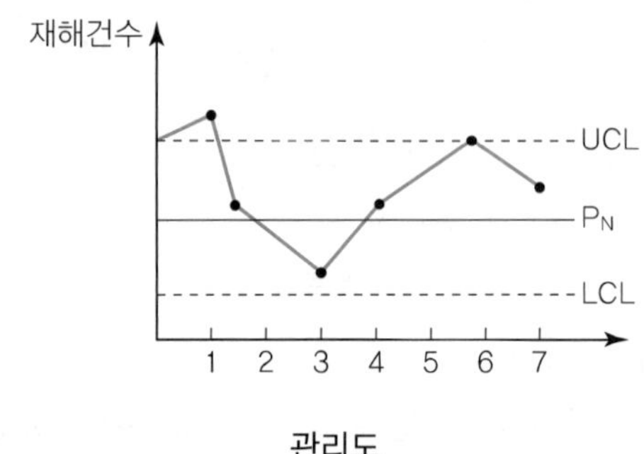

관리도

㉠ 재해 발생 건수 등의 추이를 파악하여 목표 관리 실행
㉡ 재해 발생수를 그래프(graph)화 하여 관리선을 설정

02 핵심문제 2. 재해통계

□□□ 14년2회

1. 다음 중 산업재해 통계에 있어서 고려해야 될 사항으로 틀린 것은?

① 산업재해 통계는 안전 활동을 추진하기 위한 정밀 자료이며 중요한 안전 활동 수단이다.
② 산업재해 통계를 기반으로 안전조건이나, 상태를 추측해서는 안 된다.
③ 산업재해 통계 그 자체보다는 재해 통계에 나타난 경향과 성질의 활용을 중요시해야 된다.
④ 이용 및 활용가치가 없는 산업재해 통계는 그 작성에 따른 시간과 경비의 낭비임을 인지하여야 한다.

문제 1~3 해설

산업재해 통계는 안전활동의 추진 등 세부적 내용보다는 재해발생 빈도의 상태를 비교하는 기준, 재해방지의 대책을 수립할 때 원인별로 재해경향을 파악, 대책의 중점을 결정하기 위해 사용된다.

□□□ 14년3회

2. 다음 중 산업재해 통계의 활용 용도로 가장 적절하지 않은 것은?

① 제도의 개선 및 시정 ② 재해의 경향파악
③ 관리자 수준 향상 ④ 동종업종과의 비교

□□□ 16년3회

3. 재해통계를 작성하는 필요성에 대한 설명으로 틀린 것은?

① 설비상의 결함 요인을 개선 및 시정 시키는데 활용한다.
② 재해의 구성요소를 알고 분포상태를 알아 대책을 세우기 위함이다.
③ 근로자의 행동 결함을 발견하여 안전 재교육 훈련 자료로 활용한다.
④ 관리책임 소재를 밝혀 관리자의 인책 자료로 삼는다.

□□□ 11년1회

4. 다음 중 통계에 의한 재해원인 분석방법으로 볼 수 없는 것은?

① 파레토도 ② 위험분포도
③ 특성요인도 ④ 크로스분석

문제 4~8 해설

통계에 의한 재해원인 분석방법
1. 파렛토도 : 사고의 유형, 기인물 등 분류 항목을 큰 순서대로 도표화 한다.
2. 특성 요인도 : 특성과 요인 관계를 도표로 하여 어골상(魚骨狀)으로 세분한다.
3. 클로즈(close)분석 : 2개 이상의 문제 관계를 분석하는데 사용하는 것으로, 데이터(data)를 집계하고 표로 표시하여 요인별 결과 내역을 교차한 클로즈 그림을 작성하여 분석한다.
4. 관리도 : 재해 발생 건수 등의 추이를 파악하여 목표 관리를 행하는데 필요한 월별 재해 발생수를 그래프(graph)화 하여 관리선을 설정 관리하는 방법이다. 관리선은 상방 관리한계(UCL : upper control limit), 중심선(Pn), 하방관리선(LCL : low control limit)으로 표시한다.

□□□ 19년1회

5. 사고의 원인분석방법에 해당하지 않는 것은?

① 통계적 원인분석 ② 종합적 원인분석
③ 클로즈(close)분석 ④ 관리도

□□□ 08년1회, 13년2회, 17년1회, 22년2회

6. 산업 재해의 분석 및 평가를 위하여 재해발생 건수 등의 추이에 대해 한계선을 설정하여 목표 관리를 수행하는 재해통계 분석기법은?

① 폴리건(polygon)
② 관리도(control chart)
③ 파레토도(pareto diagram)
④ 특성요인도(cause & effect diagram)

□□□ 17년3회, 20년4회

7. 재해원인 분석방법의 통계적 원인분석 중 사고의 유형, 기인물 등 분류항목을 큰 순서대로 도표화한 것은?

① 파레토도 ② 특성요인도
③ 크로스도 ④ 관리도

정답 1 ① 2 ③ 3 ④ 4 ② 5 ② 6 ② 7 ①

□□□ 10년2회, 20년3회

8. 재해분석도구 가운데 재해발생의 유형을 어골상(魚骨像)으로 분류하여 분석하는 것은?

① 파레토도 ② 특성요인도
③ 관리도 ④ 클로즈분석

□□□ 11년3회, 21년2회

9. 다음 중 재해원인 분석기법의 하나인 특성요인도의 작성방법으로 잘못 설명된 것은?

① 특성의 결정은 무엇에 대한 특성요인도를 작성할 것인가를 결정하고 기입한다.
② 등뼈는 원칙적으로 우측에서 좌측으로 향하여 가는 화살표를 기입한다.
③ 큰뼈는 특성이 일어나는 요인이라고 생각되는 것을 크게 분류하여 기입한다.
④ 중뼈는 특성이 일어나는 큰뼈의 요인마다 다시 미세하게 원인을 결정하여 기입한다.

해설

특성요인도 작성순서
① 문제가 되는 특성(재해결과)을 결정
② 등뼈는 특성을 오른쪽에 쓰고 화살표를 좌측에서 우측으로 기입한다.
③ 특성에 영향을 주는 원인을 찾는다.(브레인 스토밍의 활용)
④ 큰뼈에 특성이 일어나는 큰 분류를 기입한다.
⑤ 중뼈는 큰뼈의 요인마다 세부 원인을 결정하여 기입한다

정답 8 ② 9 ②

03 산업 재해율

(1) 연천인율(年千人率)

근로자 1,000인당 1년간 발생하는 사상자수

$$연천인율 = \frac{사상자수}{연평균\ 근로자수} \times 10^3$$

예제

년간 평균 500명의 상시 근로자를 두고 있는 기업체에서 연간 25명의 사상자가 발생하였다. 연천인율을 구하시오.(단, 결근율은 3%이다.)

$$\frac{25}{500 \times 0.97} \times 10^3 = 51.546$$

예제

천인율이 40이라함은 평균근로자수가 100명이 되는 사업장에서 1년 동안에 몇 명의 상해자가 발생 되었다는 뜻인가?

$$사상자수 = \frac{연천인율 \times 연평균 근로자수}{10^3} = \frac{40 \times 100}{1000} = 4$$

(2) 도수율, 빈도율(Fregueency Rate of Injury : FR)

산업재해의 발생빈도를 나타내는 것으로, 연 근로시간 합계 100만 시간당의 재해 발생건수

$$도수율 = \frac{재해\ 발생건수}{연평균\ 근로\ 총\ 시간수} \times 10^6$$

예제

근로자수 1200명이 있는 어느 사업장에서 일주에 54시간씩 년 50주 근무하였으나 그 중 5.5%가 결근하였다. 이 기간 중 77건의 재해가 발생하였다면 도수율은?

$$\frac{77}{(1,200 \times 54 \times 50) \times 0.945} \times 10^6 = 25.148$$

[연천인율과 도수율]

(1) 연천인율 = 도수율 × 2.4

(2) $도수율 = \frac{연천인율}{2.4}$

[평생근로가능시간 계산]

(1) 평생 근로시간

구분	근무시간
1일	8시간
1개월	25일
근로연수	40년

(2) 평생 잔업시간 : 4,000시간

(3) (8×25×40)+4,000=100,000시간

[도수율과 환산도수율]

환산도수율 = 도수율÷10

도수율 = 환산도수율×10

[근로손실일수]

근로손실일수 = 장애별 근로손실 일수 + 비장애 항목별 근로손실일수

[사망시 근로손실일수의 산정]

재해사고 사망자의 평균연령을 30세로 보고 근로가능연령을 55세로 보면 근로손실연수는 55－30＝25(년)으로 산정되며, 근로일수는 월 25일, 연간 12달 또는 300일로 산정한다.

∴ 근로손실일수=300일×25년=7,500일이 된다.

※ 환산 도수율

입사에서 퇴직할 때까지의 평생 동안(40년)의 근로시간인 10만 시간당 재해건수를 환산 도수율이라 한다.

$$환산도수율 = \frac{재해\ 발생건수}{연평균\ 근로\ 총\ 시간수} \times 10^5$$

 예제

연 평균 600명의 근로자가 작업하는 사업장에서 연간 45명의 재해자가 발생하였다. 만약 이 사업장에서 한 작업자가 평생동안 작업을 한다면 약 몇 건의 재해를 당하겠는가?

$$\frac{45}{600명 \times 2400시간} \times 10^5 = 3.125 \qquad \therefore\ 4건$$

(3) 강도율(Severity Rate of Injury : SR)

① 재해의 경중, 즉 강도를 나타내는 척도로서 연 근로시간 1,000시간당 재해에 의해서 잃어버린 일수

$$강도율 = \frac{근로\ 손실일수}{연평균\ 근로\ 총\ 시간수} \times 10^3$$

② 근로손실일수의 산정기준(국제기준)

㉠ 사망 및 영구전노동불능(신체장해등급 1－3급) : 7,500일

㉡ 영구 일부 노동불능(신체장해등급 4－14급)

신체장해등급	근로손실일수	신체장해등급	근로손실일수
4	5,500	10	600
5	4,000	11	400
6	3,000	12	200
7	2,200	13	100
8	1,500	14	50
9	1,000		

㉢ 일시 전 노동 불능= 휴업일수(입원일수, 통원치료, 요양, 의사 진단에 의한 휴업일수)×300/365

 예제

근로자 280명의 사업장에서 1년 동안 사고로 인한 근로 손실일수가 190일, 휴업일수가 28일이었다. 이 사업장의 강도율은 약 얼마인가?

$$강도율 = \frac{190 + \left(28 \times \frac{300}{365}\right)}{280 \times 2400} \times 1000 = 0.3169$$

[환산강도율과 강도율]
환산강도율 = 강도율×100

※ 환산 강도율

입사에서 퇴직할 때까지의 평생 동안(40년)의 근로시간인 10만 시간당 근로 손실일수를 환산 강도율이라 한다.

$$환산강도율 = \frac{근로\ 손실일수}{연평균\ 근로\ 총\ 시간수} \times 10^5$$

※ 평균 강도율

1,000시간 재해발생 빈도율에 대한 강도

$$평균강도율 = \frac{강도율}{도수율} \times 10^3$$

(4) 종합재해지수(도수강도치 : F.S.I)

$$도수강도치(F.S.I) = \sqrt{도수율(F) \times 강도율(S)}$$

[미국의 FSI]
$\sqrt{\frac{도수율 \times 강도율}{1,000}}$

 예제

㈜한솔회사의 강도율이 2.5이고, 연간 재해발생건수가 12건, 연간총근로시간수가 120만 시간일 때 이 사업장의 종합재해지수는 약 얼마인가?

$$도수율 = \frac{재해발생건수}{연평균근로총시간수} \times 10^6 = \frac{12}{1,200,000} \times 10^6 = 10$$

$$\therefore FSI = \sqrt{도수율 \times 강도율} = \sqrt{10 \times 2.5} = 5$$

(5) 세이프티 스코어(Safe – T – Score)

① 과거와 현재의 안전 성적을 비교 평가하는 방법

$$\text{세이프티 스코어} = \frac{\text{빈도율(현재)} - \text{빈도율(과거)}}{\sqrt{\frac{\text{빈도율(과거)}}{\text{근로 총 시간수(현재)}} \times 10^6}}$$

② 판정기준

구분	판정기준
+2.0 이상	과거보다 심각하게 나빠짐
+2.0∼−2.0	심각한 차이 없음
−2.0 이하	과거보다 좋아짐

 **예제**

어떤 사업장의 x부서와 y부서의 지난해와 올해 재해율은 아래 표와 같다. x, y부서의 Safe−T−Score를 계산하고 안전관리 측면에서의 심각성 여부에 관해 간단히 서술하시오.

년도	구분	x부서	y부서
지난해	사고	10건	1,000건
	근로 총 시간수	10,000인시	1,000,000인시
	빈도율	1,000	1,000
올해	사고	15건	1,100건
	근로 총 시간수	10,000인시	1,000,000인시
	빈도율	1,500	1,100

① x부서의 Safe−T−Score

$$\text{x부서} = \frac{1{,}500 - 1{,}000}{\sqrt{\frac{1{,}000}{10{,}000} \times 10^6}} = 1.58$$

y부서의 Safe−T−Score

$$\text{y부서} = \frac{1{,}100 - 1{,}000}{\sqrt{\frac{1{,}000}{1{,}000{,}000} \times 10^6}} = 3.162$$

② 판정

x부서 : +1.58 이므로 과거와 별 차이가 없음

y부서 : +3.16 이므로 과거보다 현재가 아주 심각한 상태이다.

(6) 사망만인율

재해로 인한 사망자의 비율로서 전체 노동자 1만명당 산업재해 사망자 수의 비율

$$\text{사망만인율} = \frac{\text{사망재해자 수}}{\text{상시근로자 수}} \times 10{,}000$$

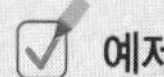
예제

우리나라 총 근로자수 10,571,279명 중 업무상 사고 사망자수는 1,378명, 업무상질병 사망자수는 1,227명으로 나타났다. 사망만인율을 계산하면 얼마인가?

$$\text{사망만인율} = \frac{\text{사망재해자 수}}{\text{상시근로자 수}} \times 10{,}000$$

$$= \frac{1{,}378+1{,}227}{10{,}571{,}279} \times 10{,}000 = 2.46$$

(7) 안전 활동율

$$\text{안전 활동율} = \frac{\text{안전 활동건수}}{\text{근로시간수} \times \text{평균근로자수}} \times 10^6$$

안전 활동 건수 = 실시한 안전개선 권고수
+ 안전 조치한 불안전 작업수
+ 불안전 행동 적발수
+ 불안전 물리적 지적건수
+ 안전회의 건수
+ 안전 홍보 건수의 합

[안전활동율]
블레이크(R.P.Blake)는 기업 안전관리 활동의 결과를 정량적으로 판단하였다.

예제

1,000명의 작업자가 전년도 사고가 3건, 5개월에 걸쳐 불안전 행동 조치건수가 20건이다. 안전활동 제제 건수가 8건이고, 홍보 건수 10건, 안전 회의 건수가 7건일 때 안전 활동율을 구하시오. (안전 활동 시간 8×25일이다.)

$$\therefore \text{안전 활동율} = \frac{20+8+10+7}{(8 \times 25\text{일} \times 5\text{개월}) \times 1{,}000\text{명}} \times 10^6 = 45$$

(8) 건설업 환산 재해율

$$\text{환산 재해율} = \frac{\text{환산재해자수}}{\text{상시근로자수}} \times 100$$

$$\text{상시근로자수} = \frac{\text{연간 국내 공사 실적액} \times \text{노무비율}}{\text{건설업 월 평균임금} \times 12}$$

[환산재해자수]

대상연도의 1월 1일부터 12월 31일까지의 기간 동안 해당업체가 시공하는 국내의 건설현장에서 산업재해를 입은 근로자 수를 합산하여 산출(사망자에 대한 가중치는 부상재해자의 5배)

Tip

건설업체 산업재해 발생률은

사고 사망만인율(‱)

$$= \frac{\text{사고사망자 수}}{\text{상시근로자 수}} \times 10,000$$

로 계산한다. 환산 재해율은 참고자료로 활용하자

예제

㈜한솔회사의 상시근로자 50명이 근무하는 작업장에서 환산재해자수가 5명이 발생하고 이로 인한 근로손실일수가 300일이 발생되었다. 환산재해율을 계산하시오.(단, 1일의 노동시간은 8시간 년간 300일 근무)

$$\text{환산 재해율} = \frac{\text{환산재해자수}}{\text{상시근로자수}} \times 100 = \frac{5}{50} \times 100 = 10$$

 **예제**

한 해의 어느 건설회사의 년간 국내공사 실적액이 300억원이고, 이 해의 노무비율은 0.28이며 이 회사의 1일 평균임금은 70,000원으로 평가 되었다. 이 회사의 환산재해율을 산정하기 위한 상시근로자수는 얼마인가?(단, 월 평균 근로일수는 25일로 한다.)

$$\text{상시근로자수} = \frac{\text{연간 국내 공사 실적액} \times \text{노무비율}}{\text{건설업 월 평균임금} \times 12}$$

$$= \frac{30,000,000,000 \times 0.28}{70,000 \times 25 \times 12} = 400\text{명}$$

03 핵심문제 3. 산업 재해율

□□□ 08년1회

1. 다음 중 재해율에 관한 설명으로 틀린 것은?

① 연천인율, 강도율, 도수율 등이 있다.
② 재해율의 단위는 %이다.
③ 근로자 1000명당 1년간에 발생하는 재해발생자수의 비율을 연천인율이라 한다.
④ 강도율이란 연간 총 근로시간 1000시간당 재해발생으로 인한 근로손실일수를 말한다.

해설

재해율은 빈도율(건)과 강도율(일)등 여러 가지 단위로 나타낼 수 있다.

□□□ 08년1회, 20년1·2회

2. 도수율이 11.65인 사업장의 연천인율은 약 얼마인가?

① 23.96 ② 25.76
③ 27.96 ④ 30.36

해설

연천인율 = 도수율 ×2.4 = 11.65 × 2.4 =27.96

□□□ 08년3회, 16년2회

3. A사업장의 연천인율이 10.8이었다면 이 사업장의 도수율은 약 얼마인가?

① 5.4 ② 4.5
③ 3.7 ④ 1.8

해설

$$도수율 = \frac{연천인율}{2.4} = \frac{10.8}{2.4} = 4.5$$

□□□ 12년2회

4. 1일 8시간씩 연간 300일을 근무하는 사업장의 연천인율이 7이었다면 도수율은 약 얼마인가?

① 2.41 ② 2.92
③ 3.42 ④ 4.53

해설

$$도수율 = \frac{연천인율}{2.4} = \frac{7}{2.4} = 2.916$$

□□□ 08년1회

5. 도수율이 24.5이고, 강도율이 2.15의 사업장이 있다. 이 사업장에 한 근로자가 입사하여 퇴직할 때까지의 몇 일간의 근로손실일수가 발생하겠는가?

① 2.45일 ② 215일
③ 2150일 ④ 2450일

해설

환산강도율 = 강도율 ×100 = 2.15 × 100=215일

□□□ 08년2회

6. K사업장의 근로자가 90명이고, 3건의 재해가 발생하여 5명의 사상자가 발생하였다면 이 사업장의 도수율은 약 얼마인가? (단, 1인 1일 9시간씩 년간 300일을 근무하였다.)

① 12.35 ② 13.89
③ 20.58 ④ 55.56

해설

$$도수율 = \frac{재해건수}{연평균근로총시간수} \times 10^6 = \frac{3}{90 \times 9 \times 300} \times 10^6 = 12.345$$

□□□ 11년1회

7. 1000명의 근로자가 근무하는 금속제품 제조업체에서 연간 100건의 재해가 발생하였다. 이 가운데 근로자들이 질병, 기타 사유로 인하여 총근로시간 중 3%가 결근하였다면 이 업체의 도수율은 약 얼마인가? (단, 근로자는 주당 48시간, 연간 50주를 근무하였다.)

① 31.67 ② 32.96
③ 41.67 ④ 42.96

해설

$$도수율 = \frac{100}{1000 \times 48 \times 50 \times 0.97} \times 10^6 = 42.96$$

정답 1 ② 2 ③ 3 ② 4 ② 5 ② 6 ① 7 ④

□□□ 10년3회

8. A사업장에서는 450명 근로자가 1주일에 40시간씩, 연간 50주를 작업하는 동안에 18건의 재해가 발생하여 20명의 재해자가 발생하였다. 이 근로시간 중에 근로자의 6%가 결근하였다면 이 사업장의 도수율은 약 얼마인가?

① 20.00　② 21.28
③ 23.64　④ 44.44

해설

$$도수율 = \frac{18}{450 \times 40 \times 50 \times 0.94} \times 10^6 = 21.276$$

□□□ 15년2회

9. 베어링을 생산하는 사업장에 300명의 근로자가 근무하고 있다. 1년에 21건의 재해가 발생 하였다면 이 사업장에서 근로자 1명이 평생 작업 시 약 몇 건의 재해를 당할 수 있겠는가?(단, 1일 8시간씩 1년에 300일을 근무하며, 평생근로시간은 10만 시간으로 가정한다.)

① 1건　② 3건
③ 5건　④ 6건

해설

$$환산도수율 = \frac{재해발생건수}{연평균근로총시간수} \times 10^5 = \frac{21}{300 \times 8 \times 300} \times 10^5 = 2.92$$

□□□ 09년2회

10. 연평균 500명의 근로자가 근무하는 사업장에서 지난 한 해 동안 20명의 재해자가 발생하였다. 만약 이 사업장에서 한 작업자가 평생 동안 작업을 한다면 약 몇 건의 재해를 당할 수 있겠는가?(단, 1인당 평생근로시간은 120,000시간으로 한다.)

① 1건　② 2건
③ 4건　④ 6건

해설

$$환산도수율 = \frac{재해발생건수}{연평균근로총시간수} \times 120,000 = \frac{20}{500 \times 2400} \times 120,000 = 2$$

□□□ 09년3회, 17년2회

11. 도수율이 12.5인 사업장에서 근로자 1명에게 평생 동안 약 몇 건의 재해가 발생하겠는가? (단, 평생근로년수는 40년, 평생근로시간은 잔업시간 4,000시간을 포함하여 80,000시간으로 가정한다.)

① 1　② 2
③ 4　④ 12

해설

① 환산도수율$= \frac{도수율}{10} = \frac{12.5}{10} = 1.25$이다.

② 환산도수율은 100,000시간당 재해건수를 의미하므로 평생근로시간이 80,000시간일 때 비례식으로 정리한다.

$100,000 : 1.25 = 80,000 : X$,　$X = \frac{1.25 \times 80,000}{100,000} = 1$

□□□ 08년3회

12. 상시근로자를 400명 채용하고 있는 사업장에서 주당 40시간씩 1년간 50주를 작업하는 동안 재해가 180건 발생하였고, 이에 따른 근로손실일수가 780일이었다. 이 사업장의 강도율은 약 얼마인가?

① 0.45　② 0.75
③ 0.98　④ 1.95

해설

$$강도율 = \frac{근로손실일수}{연평균근로총시간수} \times 10^3 = \frac{780}{400 \times 40 \times 50} \times 10^3 = 0.975$$

□□□ 17년1회

13. 근로자수 300명, 총 근로 시간 수 48시간×50주이고, 연재해건수는 200건일 때 이 사업장의 강도율은?(단, 연 근로 손실일수는 800일로 한다.)

① 1.11　② 0.90
③ 0.16　④ 0.84

해설

$$강도율 = \frac{800}{300 \times 48 \times 50} \times 10^3 = 1.11$$

정답 8 ② 9 ② 10 ② 11 ① 12 ③ 13 ①

□□□ 09년1회

14. 중대재해로 인하여 사망사고가 발생 시 근로손실일수는 얼마로 산정하는가? (단, ILO의 산정기준을 따른다.)

① 3,000일 ② 4,000일
③ 5,500일 ④ 7,500일

문제 15, 16 해설

재해사고 사망자의 평균연령을 30세로 보고 근로가능연령을 55세로 보면 근로손실연수는 55－30＝25(년)으로 산정되며, 근로일수는 월=25일, 연간=12달 또는 300일이 된다.
∴근로손실일수=300일×25년=7,500일이 된다.

□□□ 16년3회

15. 근로손실일수 산출에 있어서 사망으로 인한 근로손실연수는 보통 몇 년을 기준으로 산정하는가?

① 30 ② 25
③ 15 ④ 10

□□□ 15년1회, 18년1회, 20년3회

16. 다음 중 강도율에 관한 설명으로 틀린 것은?

① 사망 및 영구전노동불능(신체장해등급 1~3급)은 손실일수 7500일로 환산한다.
② 신체장해 등급 제14급은 손실일수 50일로 환산한다.
③ 영구일부노동불능은 신체장해등급에 따른 손실일수에 300/365을 곱하여 환산한다.
④ 일시전노동불능은 휴업일수에 300/365을 곱하여 손실일수를 환산한다.

해설

영구일부노동불능이란 신체장해등급 4급에서 14등급으로 분류하며, ILO기준에 의한 근로손실일수로 규정하고 있다.

등급	4	5	6	7	8	9
손실일수	5,500	4,000	3,000	2,200	1,500	1,000

등급	10	11	12	13	14	
손실일수	600	400	200	100	50	

□□□ 09년1회

17. 근로자 280명의 사업장에서 1년 동안 사고로 인한 근로 손실일수가 190일, 휴업일수가 28일이었다. 이 사업장의 강도율은 약 얼마인가?

① 0.28 ② 0.32
③ 0.38 ④ 0.43

해설

$$강도율 = \frac{근로손실일수}{연평균근로총시간수} \times 1000$$

$$강도율 = \frac{190 + \left(28\frac{300}{365}\right)}{280 \times 2400} \times 1000 = 0.3169$$

□□□ 18년2회

18. 어떤 사업장의 상시근로자 1000명이 작업 중 2명의 사망자와 의사진단에 의한 휴업일수 90일 손실을 가져온 경우의 강도율은?(단, 1일 8시간, 연 300일 근무)

① 7.32 ② 6.28
③ 8.12 ④ 5.92

해설

$$강도율 = \frac{근로손실일수}{연평균근로총시간수} \times 1000$$

$$강도율 = \frac{(7500 \times 2) + \left(90 \times \frac{300}{365}\right)}{1000 \times 8 \times 300} \times 1000 = 6.28$$

□□□ 10년1회

19. 종업원 1,000명이 근무하는 S사업장의 강도율이 0.40이었다. 이 사업장에서 연간 재해발생으로 인한 근로손실일수는 총 몇 일인가?

① 480 ② 720
③ 960 ④ 1,440

해설

$$강도율 = \frac{근로손실일수}{연평균근로총시간수} \times 1000$$

$$근로손실일수 = \frac{강도율 \times 연평균근로총시간수}{1000} = \frac{0.40 \times (1000 \times 2400)}{1000} = 960$$

연평균근로총시간수=근로자수×2400
※ 1인당 연평균 근로시간수 = 1일8시간×1개월25일×12개월=2400

정답 14 ④ 15 ② 16 ③ 17 ② 18 ② 19 ③

□□□ 10년2회, 18년3회

20. 연간근로자수가 1,000명인 A공장의 도수율이 10 이었다면 이 공장에서 연간 발생한 재해건수는 몇 건인가?

① 20건　　② 22건
③ 24건　　④ 26건

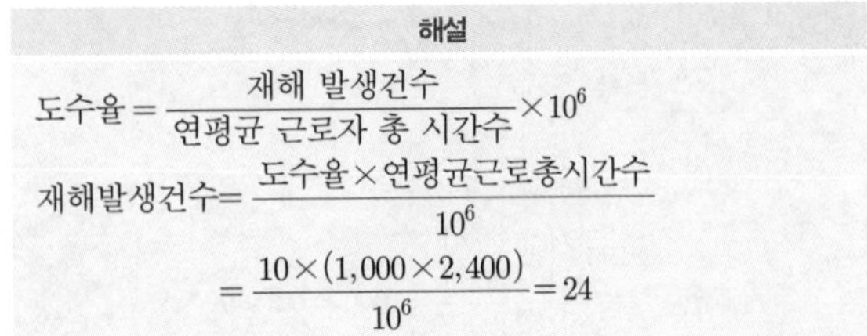

해설

$$\text{도수율} = \frac{\text{재해 발생건수}}{\text{연평균 근로자 총 시간수}} \times 10^6$$

$$\text{재해발생건수} = \frac{\text{도수율} \times \text{연평균근로총시간수}}{10^6} = \frac{10 \times (1{,}000 \times 2{,}400)}{10^6} = 24$$

□□□ 11년2회

21. 강도율 5인 사업장에서 한 작업자가 평생 동안 작업을 한다면 산업재해로 인하여 근로손실을 당하는 일수는 며칠로 추정되겠는가? (단, 한 작업자의 평생근로시간은 100,000 시간으로 가정한다.)

① 450　　② 500
③ 550　　④ 600

해설

$$\text{강도율} = \frac{\text{근로 손실일수}}{\text{연평균 근로자 총 시간수}} \times 10^3$$

$$\text{근로손실일수} = \frac{5 \times 100{,}000}{1{,}000} = 500$$

또는 환산강도율=강도율×100=5×100=500 이므로 평생 근로손실일수는 500일이다.

□□□ 11년3회

22. 200명이 근무하는 사업장에서 근로자는 하루 9시간씩 연간 270일을 근무하였다. 이 사업장에서 연간 15건의 재해로 인하여 120일의 근로손실과, 73일의 휴업일수가 발생하였다면 이 사업장의 총근로손실일수는 며칠인가?

① 120일　　② 174일
③ 180일　　④ 193일

해설

$$120 + \left(\frac{73 \times 270}{365}\right) = 174$$

□□□ 12년1회, 18년2회, 19년2회

23. 다음 중 재해통계에 있어 강도율이 2.0인 경우에 대한 설명으로 옳은 것은?

① 한 건의 재해로 인해 전체 작업비용의 2.0%에 해당하는 손실이 발생하였다.
② 근로자 1,000명당 2.0건의 재해가 발생하였다.
③ 근로시간 1,000시간당 2.0건의 재해가 발생하였다.
④ 근로시간 1,000시간당 2.0일의 근로손실이 발생하였다.

해설

$$\text{강도율} = \frac{\text{근로손실일수}}{\text{연평균근로총시간수}} \times 10^3$$

강도율이 2.0인 경우는 근로시간 1,000시간당 2.0일의 근로손실이 발생하였다.

□□□ 13년2회

24. 1일 근무시간이 9시간이고, 2013년 한 해 동안의 근무일이 300일인 J사업장의 재해건수는 24건, 의사진단에 의한 총휴업일수는 3,650일 이었다. 해당 사업장의 도수율과 강도율은 얼마인가?(단, 사업장의 평균근로자수는 450명이다.)

① 도수율 : 20.43, 강도율 : 2.55
② 도수율 : 0.19, 강도율 : 0.25
③ 도수율 : 19.75, 강도율 : 2.47
④ 도수율 : 0.02, 강도율 : 2.55

해설

1. $$\text{도수율} = \frac{\text{재해 발생 건수}}{\text{연평균근로 총시간수}} \times 10^6 = \frac{24}{450 \times 9 \times 300} \times 10^6 = 19.75$$

2. $$\text{강도율} = \frac{\text{근로손실일수}}{\text{연평균근로총시간수}} \times 10^3 = \frac{3{,}650 \times \frac{300}{365}}{450 \times 9 \times 300} \times 10^3 = 2.47$$

정답 20 ③ 21 ② 22 ② 23 ④ 24 ③

□□□ 13년3회, 14년2회, 21년2회

25. 어떤 사업장에서 도수율 24.5 이고, 강도율이 1.15 인 사업장이 있다. 사업장에서 한 근로자가 입사하여 퇴사할 때까지 몇 일간의 근로손실일수가 발생하겠는가?

① 215일 ② 115일
③ 2.45일 ④ 245일

해설

환산강도율(S)
환산강도율 = 강도율×100 = 1.15×100 = 115(일)

[참고] 환산도수율 $= \dfrac{\text{도수율}}{10}$

□□□ 16년1회

26. 500명의 근로자가 근무하는 사업장에서 연간 30건의 재해가 발생하여 35명의 재해자로 인해 250일의 근로손실이 발생한 경우 이 사업장의 재해 통계에 관한 설명으로 틀린 것은?

① 이 사업장의 도수율은 약 29.2이다.
② 이 사업장의 강도율은 약 0.21이다.
③ 이 사업장의 연천인율은 70이다.
④ 근로시간이 명시되지 않을 경우에는 연간 1인당 2400시간을 적용한다.

해설

1. 도수율 $= \dfrac{\text{재해발생건수}}{\text{연평균근로총시간수}} \times 10^6 = \dfrac{30}{500 \times 2400} \times 10^6 = 25$

2. 강도율 $= \dfrac{\text{근로손실일수}}{\text{연평균근로총시간수}} \times 10^3 = \dfrac{250}{500 \times 2400} \times 10^3 = 0.21$

3. 연천인율 $= \dfrac{\text{사상자수}}{\text{연평균근로자수}} \times 10^3 = \dfrac{35}{500} \times 10^3 = 70$

□□□ 14년1회, 20년4회

27. 재해의 빈도와 상해의 강약도를 혼합하여 집계하는 지표를 무엇이라 하는가?

① 강도율 ② 안전활동율
③ safe-score ④ 종합재해지수

해설

종합재해지수란 재해의 빈도와 상해의 강도를 혼합해서 집계하는 지표를 말한다.
종합재해지수$(F.S.I) = \sqrt{\text{도수율}(F) \times \text{강도율}(S)}$

□□□ 12년3회, 17년3회

28. A 사업장의 강도율이 2.5이고, 연간 재해발생 건수가 12건, 연간 총 근로 시간수가 120만 시간 일 때 이 사업장의 종합재해지수는 약 얼마인가?

① 1.6 ② 5.0
③ 27.6 ④ 230

해설

도수율$= \dfrac{12}{1,200,000} \times 10^6 = 10$

$FSI = \sqrt{\text{도수율} \times \text{강도율}}$

$FSI = \sqrt{10 \times 2.5} = 5$

□□□ 13년1회

29. 상시근로자수가 100인 사업장에서 1일 8시간씩 연간 280일을 근무하였을 때, 1명의 사망사고와 4건의 재해로 인하여 180일의 휴업일수가 발생하였다. 이 사업장의 종합재해지수는 약 얼마인가?

① 22.32 ② 27.59
③ 34.14 ④ 56.42

해설

도수강도치$(F.S.I) = \sqrt{\text{도수율}(F) \times \text{강도율}(S)} = \sqrt{22.32 \times 34.14} = 27.59$

① 도수율$(FR) = \dfrac{\text{재해 발생 건수}}{\text{연평균 근로 총시간수}} \times 10^6 = \dfrac{5}{100 \times 8 \times 280} \times 10^6 = 22.32$

② 강도율 $= \dfrac{\text{근로손실일수}}{\text{연평균근로총시간수}} \times 10^3 = \dfrac{7500 + \left(180 \times \dfrac{280}{365}\right)}{100 \times 8 \times 280} \times 10^3 = 10$

정답 25 ② 26 ① 27 ④ 28 ② 29 ②

04 재해손실비의 계산

[업종별 직접손실비와 간접손실비의 비용]
(1) 운수업=1 : 8
(2) 건설업=1 : 11
(3) 석유시추업=1 : 11
(4) 낙농업=1 : 36

[산업재해보상보험법의 보험급여 종류]
(1) 요양급여
(2) 휴업급여
(3) 장해급여
(4) 간병급여
(5) 유족급여
(6) 상병보상연금
(7) 장례비
(8) 직업재활급여

(1) H.W. Heinrich의 1 : 4원칙

총 Cost = 1(직접비) : 4(간접비) 원칙

① 직접비

보험회사에서 피해자에게 지급되는 보상금의 총액

구분	내용
휴업급여	평균임금의 70%
요양비	치료비 전액
장해 보상비	등급표(ILO)에 따라 분류 (영구 전노동 불능 1~3급, 영구 일부 노동 불능 4~14급)
유족 보상비	평균임금의 1,300일
장의비	평균임금의 120일
일시 보상비	통상임금의 1,340일

② 간접비

직접비를 제외한 모든 비용을 간접비라고 한다.

구분	내용
인적손실	본인 및 제3자에 관한 것을 포함한 시간손실
물적손실	기계 · 기구, 공구, 재료, 시설의 복구에 소비된 시간손실 및 재산손실
생산손실	생산감소, 생산중단, 판매감소, 등에 의한 손실
특수손실	근로자의 신규채용, 교육 훈련비, 섭외비 등에 의한 손실
기타손실	병상 위문금, 여비 및 통신비, 입원 중의 잡비, 장의비용 등

예제

산재 사고로 인한 직접 손실액이 1,860억원이라고 한다. 간접 손실액은 얼마인가?(단, 하인리히 이론 적용)

① 하인리히의 1 : 4의 원칙, 간접 손실액=1,860억원×4=7,440억원

② 총 cost 비용 = 직접비+간접비
= 1,860억원 + (1,860억원 × 4)= 9,300억원

(2) 시몬즈(R.H.simonds) 방식

총 cost = 보험 cost + 비보험 cost

구분	내용
보험 cost	• 보험금의 총액 • 보험회사에 관련된 여러 경비와 이익금
비보험 cost	• 휴업 상해 건수 × A • 통원상해 건수 × B • 응급조치 건수 × C • 무상해 사고 건수 × D 여기서 A, B, C, D는 장애 정도별에 의한 비보험 Cost의 평균치이다.

예제

어느 회사의 재해건수가 380건이고, 산재 보험료 지불 비용의 총합이 50억원이고 피재자에게 지급된 보험금이 4,000만원, 휴업상해건수 20건 통원 상해 건수 10건, 구급조치 건수 20건, 무상해 사고건수 50건이고, 각각의 보상금액이 2,000만원, 1,000만원, 500만원, 100만원 일 때 총재해 cost 비용을 R.H.simonds 식을 이용하여 구하시오.

① 총재해 cost = 보험 cost + 비보험 cost
= 4,000만원 + 6억 5천만 원
= 6억 9천만 원

② 보험 cost = 4,000만 원

③ 비보험 cost
= (A×휴업상해 건수) + (B×통원 상해건수)
+(C×구급조치 건수) + (D×무상해 사고건수)
= (20×2,000만원) + (10×1,000만원)
+(20×500만원) + (50×100만원)
= 6억 5천만 원

(3) 콤패스 방식

총재해 비용 = 공동비용 + 개별비용

① 공동비용 : 보험료, 안전보건부서의 유지비용 등
② 개별비용 : 작업손실비, 개선비, 수리비 등

(4) 버드의 방식

보험비 (1) : 비보험 (5~50)
재산비용 (1) : 기타 재산비용 (3)

Tip

상해정도에 따른 시몬즈 방식의 구분에 주의 !

비보험 cost에는 사망, 영구 전 노동 불능 상해는 포함되지 않음을 주의하자

[시몬즈 방식의 재해분류]

(1) 휴업상해 – 영구 일부 노동불능, 일시 전 노동불능
(2) 통원상해 – 일시 일부 노동불능, 의사의 조치를 요하는 통원상해
(3) 응급처치 – 20달러 미만의 손실 또는 8시간 미만의 휴업손실
(4) 무상해사고 – 의료조치를 필요로 하지 않는 경미한 상해, 20달러 이상의 재산손실 또는 8시간 이상의 손실사고

04 핵심문제 4. 재해손실비의 계산

□□□ 09년2회, 15년3회, 19년1회

1. 하인리히의 재해 코스트 평가방식 중 직접비에 해당하지 않는 것은?

① 산재보상비 ② 치료비
③ 간호비 ④ 생산손실

문제 1~5 해설

직접비

구분	내용
휴업급여	평균임금의 70%
요양비	치료비 전액
장해 보상비	등급표(ILO)에 따라 분류(영구 전노동 불능 1~3급, 영구 일부 노동 불능 4~14급)
유족 보상비	평균임금의 1,300일
장의비	평균임금의 120일
일시 보상비	통상임금의 1,340일

간접비

구분	내용
인적손실	본인 및 제3자에 관한 것을 포함한 시간손실
물적손실	기계 · 기구, 공구, 재료, 시설의 복구에 소비된 시간손실 및 재산손실
생산손실	생산감소, 생산중단, 판매감소, 등에 의한 손실
특수손실	근로자의 신규채용, 교육 훈련비, 섭외비 등에 의한 손실
기타손실	병상 위문금, 여비 및 통신비, 입원 중의 잡비, 장의비용 등

□□□ 12년3회

2. 다음 중 재해코스트 산출에 있어 직접비에 해당되지 않는 것은?

① 장례비
② 요양비
③ 장해 보상비
④ 설비의 수리비 및 손실비

□□□ 13년3회, 21년1회

3. 다음 중 재해손실비용에 있어 직접손실비용에 해당되지 않는 것은?

① 채용급여 ② 간병급여
③ 유족급여 ④ 장해급여

□□□ 10년3회

4. 다음 중 하인리히의 재해손실비 계산에 있어 간접손실비 항목에 속하지 않는 것은?

① 부상자의 시간 손실
② 기계, 공구, 재료 그 밖의 재산 손실
③ 근로자의 제3자에게 신체적 상해를 입혔을 때의 손실
④ 관리감독자가 재해의 원인조사를 하는데 따른 시간 손실

□□□ 15년2회

5. 다음 중 하인리히 방식의 재해코스트 산정에 있어 직접비에 해당되지 않은 것은?

① 간병급여 ② 신규채용비용
③ 직업재활급여 ④ 상병(傷病)보상연금

□□□ 13년1회

6. 다음 중 하인리히의 재해 손실비용 산정에 있어서 1:4의 비율은 각각 무엇을 의미하는가?

① 치료비와 보상비의 비율
② 급료와 손해보상의 비율
③ 직접손실비와 간접손실비의 비율
④ 보험지급비와 비보험손실비의 비율

해설

하인리히의 재해 손실비용 산정에 있어서 1:4의 비율은 직접손실비와 간접손실비의 비율을 뜻한다.

□□□ 14년1회

7. 재해로 인한 직접비용으로 8,000만 원이 산재보상비로 지급되었다면 하인리히 방식에 따를 때 총 손실비용은 얼마인가?

① 16,000만 원 ② 24,000만 원
③ 32,000만 원 ④ 40,000만 원

해설

총 손실비용 = 직접비(1) : 간접비(4) 이므로,
직접비 8,000 + (8,000×4) = 40,000만 원

정답 1 ④ 2 ④ 3 ① 4 ③ 5 ② 6 ③ 7 ④

□□□ 08년2회, 12년2회, 15년1회, 20년1·2회

8. 재해 코스트 산정에 있어 시몬즈(R.H. Simonds) 방식에 의한 재해코스트 총액을 올바르게 나타낸 것은?

① 직접비 + 간접비
② 직접비 + 비보험코스트
③ 보험코스트 + 비보험코스트
④ 보험코스트 + 사업부보상금 지급액

해설

시몬즈(R.H. Simonds) 방식
총 cost = 보험 cost + 비보험 cost

□□□ 11년2회, 16년1회

9. 시몬즈(Simonds) 방식의 재해손실비 산정에 있어 비보험 코스트에 해당되지 않는 것은?

① 소송관계 비용
② 신규작업자에 대한 교육훈련비
③ 부상자의 직장 복귀 후 생산 감소로 인한 임금비용
④ 산업재해보상보험법에 의해 보상된 금액

문제 9, 10 해설

시몬즈(R.H.simonds) 방식

구분	내용
보험 cost	• 보험금의 총액 • 보험회사에 관련된 여러 경비와 이익금
비보험 cost	• 휴업 상해 건수 × A • 통원상해 건수 × B • 응급조치 건수 × C • 무상해 사고 건수 × D 여기서 A, B, C, D는 장애 정도별에 의한 비보험 Cost의 평균치이다.

□□□ 16년2회

10. 시몬즈(Simonds)의 재해코스트 산출방식에서 A, B, C, D는 무엇을 뜻하는가?

총재해 코스트
= 보험코스트 + (A × 휴업 상해건수)
+ (B × 통원상해건수) + (C × 응급조치건수)
+ (D × 무상해 사고건수)

① 직접손실비
② 간접손실비
③ 보험 코스트
④ 비보험 코스트 평균치

□□□ 12년1회, 17년2회

11. 다음 중 시몬즈(Simonds)의 재해손실비용 산정 방식에 있어 비보험코스트에 포함되지 않는 것은?

① 영구 전 노동불능 상해
② 영구 부분 노동불능 상해
③ 일시 전 노동불능 상해
④ 일시 부분 노동불능 상해

해설

시몬즈(Simonds)의 재해손실비용 산정 방식에 있어 비보험코스트에 포함되지 않는 항목은 사망, 영구 전 노동불능 상해가 있다.

정답 8 ③ 9 ④ 10 ④ 11 ①

05 안전점검과 진단

(1) 효율적인 관리의 4 cycle

[관리의 3 cycle]
P-D-See(검토+조치)

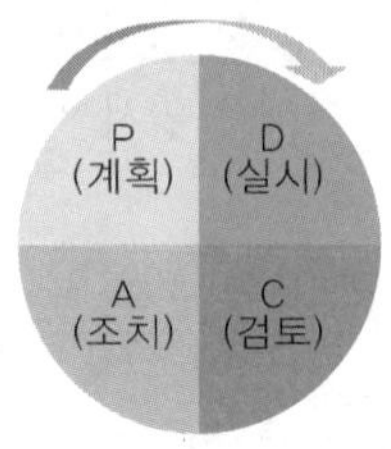

- Plan(계획) : 목표를 설정하고 달성하는 방법을 계획한다.
- Do(실시) : 교육, 훈련을 하고 실행에 옮긴다.
- Cheak(검토) : 결과를 검토한다.
- Action(조치) : 검토한 결과에 의해 조치한다.

[안전점검의 주요요소]
(1) 인간
(2) 도구
(3) 재료
(4) 환경
(5) 작업방법

(2) 안전점검의 정의

설비의 불안전한 상태나 인간의 불안전한 행동에서 발생하는 결함을 발견하여 안전 상태를 확인하는 행위 또는 수단

(3) 안전점검의 목적

① 설비의 안전 확보
② 설비의 안전상태 유지 및 본래성능 유지
③ 인적 안전행동 유지
④ 합리적인 생산관리

(4) 안전점검보고서의 주요 내용

① 작업현장의 현재 상태와 문제점
② 안전교육 실시 현황 및 추진 방향
③ 안전방침과 중점개선 계획

(5) 안전점검의 종류

Tip
점검주기별 안전점검종류(수시, 정기, 특별, 일시)와 점검방법 종류(육안, 기능, 기기, 정밀)을 혼동하여 사용하지 않도록 주의

① 점검주기별 안전점검

종 류	내용
수시점검 (일상점검)	작업 전 · 중 · 후에 실시하는 점검
정기점검	일정기간마다 정기적으로 실시하는 점검
특별점검	• 기계 · 기구 · 설비의 신설시 · 변경내지 고장 수리시 실시 • 천재지변 발생 후 실시 • 안전강조 기간 내에 실시
임시점검	이상 발견시 임시로 실시하는 점검, 정기점검과 정기점검사이에 실시하는 점검

② 안전점검의 방법

종 류	내용
육안점검	시각, 촉각 등으로 검사
기능점검	간단한 조작에 의해 판단
기기점검	안전 장치, 누전차단장치 등을 정해진 순서로 작동하여 양, 부를 판단
정밀점검	규정에 의해 측정, 검사 등 설비의 종합적인 점검

(6) 체크리스트의 작성

① 체크리스트 작성 시 포함사항(작성 항목)

구분	내용
점검대상	점검기계 · 기구 등의 대상
점검부분	점검개소
점검항목	점검내용(마모, 균열, 부식, 파손, 변형 등)
점검주기 또는 기간	점검시기
점검방법	육안점검, 기능점검, 기기점검, 정밀점검
판정기준	자체검사기준, 법령에 의한 기준, KS기준 등
조치사항	점검결과에 따른 결함의 시정사항

Tip

안전점검 체크리스트에는 점검 판정과 그에 따른 조치사항이 포함되지만 "점검결과" 항목은 포함되지 않는다.

② 체크리스트 작성 시 유의사항

㉠ 사업장에 적합한 독자적인 내용일 것
㉡ 중점도가 높은 것부터 순서대로 작성할 것(위험성이 높은 순이나 긴급을 요하는 순으로 작성)
㉢ 정기적으로 검토하여 재해방지에 실효성 있게 개조된 내용일 것
㉣ 일정양식을 정하여 점검대상을 정할 것
㉤ 점검표의 내용은 이해하기 쉽도록 표현하고 구체적일 것

※ 안전관찰과정(STOP:Safety Training Observation Program)
감독자를 대상으로 하고 안전 관찰 훈련 과정으로 사고 발생을 미연에 방지하기 위함.

실시법 : 결심 – 정지 – 관찰 – 조치 – 보고

[STOP기법]

미국의 종합화학회사인 듀폰사에 의해 개발된 기법으로 각 계층의 관리감독자들이 숙련된 안전관찰을 행할 수 있도록 훈련을 실시함으로써 사고의 발생을 미연에 방지하여 안전을 확보하는 안전관찰훈련기법이다.

(7) 안전보건진단

"안전보건진단"이란 산업재해를 예방하기 위하여 잠재적 위험성을 발견하고 그 개선대책을 수립할 목적으로 조사 · 평가하는 것을 말한다.

구분	내용
자율(자기)진단	외부 전문가를 위촉하여 사업장 자체에서 스스로 실시하는 진단
명령에 의한 진단 대상 사업장 (노동부 장관이 지정한 진단기관에서 실시)	• 중대재해(안전 · 보건조치의무를 불이행하여 발생한 중대재해만 해당)발생 사업장 ※ 그 사업장의 연간 산업재해율이 같은 업종의 규모별 평균 산업재해율을 2년간 초과하지 아니한 사업장은 제외 • 안전보건개선계획 수립 · 시행명령을 받은 사업장 • 추락 · 폭발 · 붕괴 등 재해발생 위험이 현저히 높은 사업장으로서 지방노동관서의 장이 안전 · 보건진단이 필요하다고 인정하는 사업장

05 핵심문제 5. 안전점검과 진단

□□□ 11년1회

1. 다음 중 안전점검의 목적으로 볼 수 없는 것은?

① 사고원인을 찾아 재해를 미연에 방지하기 위함이다.
② 작업자의 잘못된 부분을 점검하여 책임을 부여하기 위함이다.
③ 재해의 재발을 방지하여 사전대책을 세우기 위함이다.
④ 현장의 불안전 요인을 찾아 계획에 적절히 반영시키기 위함이다.

해설

안전점검의 목적
1. 설비의 안전 확보
2. 설비의 안전상태 유지 및 본래성능 유지
3. 인적 안전행동 유지
4. 합리적인 생산관리

□□□ 13년1회

2. 다음 중 안전점검을 실시할 때 유의 사항으로 옳지 않은 것은?

① 안전점검은 안전수준의 향상을 위한 본래의 취지에 어긋나지 않아야 한다.
② 점검자의 능력을 판단하고 그 능력에 상응하는 내용의 점검을 시키도록 한다.
③ 안전점검이 끝나고 강평을 할 때는 결함만을 지적하여 시정 조치토록 한다.
④ 과거에 재해가 발생한 곳은 그 요인이 없어졌는가를 확인한다.

해설

③항, 안전점검이 끝나고 강평을 할 때는 결함만을 지적하는 것이 아니라 발생가능한 위험요소를 찾도록 한다.

□□□ 10년3회, 18년2회, 20년3회

3. 기계나 기구 또는 설비를 신설 및 변경하거나 고장에 의한 수리 등을 할 경우에 행하는 부정기적 점검을 말하며, 일정 규모 이상의 강풍 · 폭우 · 지진 등의 기상이변이 있는 후에도 실시하는 점검을 무엇이라 하는가?

① 일상점검 ② 정기점검
③ 특별점검 ④ 수시점검

문제 3~6 해설

점검주기별 안전점검

종 류	내 용
1. 수시점검 (일상점검)	작업전 · 중 · 후에 실시하는 점검
2. 정기점검	일정기간마다 정기적으로 실시하는 점검
3. 특별점검	• 기계 · 기구 · 설비의 신설시 · 변경내지 고장 수리시 실시 • 천재지변 발생 후 실시 • 안전강조 기간 내에 실시
4. 임시점검	이상 발견시 임시로 실시하는 점검, 정기점검과 정기점검사이에 실시하는 점검

□□□ 14년1회

4. 다음 중 안전점검 종류에 있어 점검주기에 의한 구분에 해당하는 것은?

① 육안점검 ② 수시점검
③ 형식점검 ④ 기능점검

□□□ 15년2회

5. 다음 중 점검시기에 따른 안전점검의 종류로 볼 수 없는 것은?

① 수시점검 ② 개인점검
③ 정기점검 ④ 일상점검

□□□ 14년2회

6. 다음 중 정기점검에 관한 설명으로 가장 적합한 것은?

① 안전강조 기간, 방화점검 기간에 실시하는 점검
② 사고 발생 이후 곧바로 외부 전문가에 의하여 실시하는 점검
③ 작업자에 의해 매일 작업 전, 중, 후에 해당 작업설비에 대하여 수시로 실시하는 점검
④ 기계, 기구, 시설 등에 대하여 주, 월, 또는 분기 등 지정된 날짜에 실시하는 점검

정답 1 ② 2 ③ 3 ③ 4 ② 5 ② 6 ④

□□□ 13년3회

7. 일상점검 중 작업 전에 수행되는 내용과 가장 거리가 먼 것은?

① 주변의 정리 · 정돈 ② 생산품질의 이상 유무
③ 설비의 방호장치 점검 ④ 주변의 청소 상태

해설

생산품질의 이상 유무는 안전점검과 관련한 사항이 아니다.

[참고] 일상점검 중 작업 전에 수행되는 내용
1. 주변의 정리 · 정돈
2. 주변의 청소 상태
3. 설비의 방호장치 점검

□□□ 14년3회

8. 다음 중 안전점검 방법에서 육안점검과 가장 관련이 깊은 것은?

① 테스트 해머 점검 ② 부식 · 마모 점검
③ 가스검지기 점검 ④ 온도계 점검

해설

육안점검(또는 외관점검)은 기기의 적정한 배치, 설치상태, 변형, 균열, 손상, 부식, 볼트의 여유 등의 유무를 외관에서 시각이나 촉감 등에 의해 조사하고 점검기준에 의해 양부를 확인하는 것.

□□□ 12년3회, 15년1회, 17년3회

9. 안전점검 보고서 작성내용 중 주요사항에 해당되지 않는 것은?

① 작업현장의 현 배치 상태와 문제점
② 재해다발요인과 유형분석 및 비교 데이터 제시
③ 안전관리 스텝의 인적사항
④ 보호구, 방호장치 작업환경 실태와 개선제시

해설

안전점검보고서에 수록될 주요 내용
1. 작업현장의 현 배치 상태와 문제점
2. 안전교육 실시 현황 및 추진 방향
3. 안전방침과 중점개선 계획

□□□ 16년2회

10. 안전점검 체크리스트에 포함되어야 할 사항이 아닌 것은?

① 점검 대상 ② 점검 부분
③ 점검 방법 ④ 점검 목적

문제 10, 11 해설

체크리스트 작성 시 포함사항(작성 항목)

구분	내용
점검대상	점검기계 · 기구 등의 대상
점검부분	점검개소
점검항목	점검내용 : 마모, 균열, 부식, 파손, 변형 등
점검주기 또는 기간	점검시기
점검방법	육안점검, 기능점검, 기기점검, 정밀점검
판정기준	자체검사기준, 법령에 의한 기준, KS기준 등
조치사항	점검결과에 따른 결함의 시정사항

□□□ 17년2회

11. 안전점검표(check list)에 포함되어야 할 사항이 아닌 것은?

① 점검대상 ② 판정기준
③ 점검방법 ④ 조치결과

해설

④항, 조치결과가 아니라 점검결과에 따른 조치사항이 포함되어야 한다.

□□□ 11년3회

12. 다음 중 안전점검 및 안전진단에 관한 설명으로 적절하지 않은 것은?

① 안전점검의 종류에는 일상, 정기, 특별점검 등이 있다.
② 안전점검표는 가능한 한 일정한 양식으로 작성한다.
③ 안전진단은 사업장의 안전성적이 동종의 업종보다 우수할 때 실시한다.
④ 안전진단 시 근로자대표가 요구할 때에는 근로자대표를 입회시켜야 한다.

해설

안전진단은 자율진단과 명령에 의한 진단으로 구분되며 자율(자기)진단은 외부 전문가를 위촉하여 사업장 자체에서 스스로 실시하는 진단이고, 명령에 의한 진단은 중대재해가 발생된 사업장 또는 안전보건개선계획 수립 · 시행명령을 받은 사업장, 추락 · 폭발 · 붕괴 등 재해발생 위험이 현저히 높은 사업장으로서 지방노동관서의 장이 안전 · 보건진단이 필요하다고 인정하는 사업장으로 분류된다.

정답 7 ② 8 ② 9 ③ 10 ④ 11 ④ 12 ③

Chapter 03 무재해운동 및 안전보건표지

무재해운동 및 안전보건표지에서는 무재해운동의 정의와 이론, 안전보건표지의 종류와 기준으로 구성된다. 무재해의 산정기준, 위험예지훈련의 방법, 안전보건표지의 종류와 색채의 기준 등이 주로 출제된다.

01 무재해운동 이론

(1) 무재해운동(Zero accident) 용어의 정의

용어	내용
무재해	무재해운동 시행사업장에서 근로자가 업무에 기인하여 사망 또는 4일 이상의 요양을 요하는 부상 또는 질병에 이환되지 않는 것
요양	부상 등의 치료를 말하며 재가, 통원 및 입원의 경우를 모두 포함한다.
재개시	무재해운동 추진 중 재해가 발생한 경우로서 업무상 사고는 재해가 발생한 다음날부터, 업무상 질병은 근로복지공단의 최초 요양 승인일의 다음날부터 다시 개시한 것으로 간주하는 것
재설정	특정 목표배수를 달성하고 다음 배수를 달성하기 위해 상시근로자 수, 업종, 공사금액 등을 확인하여 목표 일수(시간)를 다시 설정하는 것
사후관리	무재해 인증 또는 특정기간의 무재해 달성여부 확인을 받은 사업장에 대해 무재해 인증 및 확인의 취소 사실에 해당하는지 여부를 확인하는 것을 말한다.

[무재해운동표지]

(2) 무재해에 해당하는 경우(사고 미 산정 사항)

① 업무수행 중의 사고 중 천재지변 또는 돌발적인 사고로 인한 구조행위 또는 긴급피난 중 발생한 사고

② 출·퇴근 도중에 발생한 재해

③ 운동경기 등 각종 행사 중 발생한 재해

④ 사고 중 천재지변 또는 돌발적인 사고 우려가 많은 장소에서 사회통념상 인정되는 업무수행 중 발생한 사고

⑤ 제3자의 행위에 의한 업무상 재해

⑥ 업무상 질병에 대한 구체적인 인정기준 중 뇌혈관질환 또는 심장질환에 의한 재해

⑦ 업무시간외에 발생한 재해(사업주가 제공한 사업장내의 시설물에서 발생한 재해 또는 작업개시전의 작업준비 및 작업종료후의 정리정돈과정에서 발생한 재해는 제외)

⑧ 도로에서 발생한 사업장 밖의 교통사고, 소속 사업장을 벗어난 출장 및 외부기관으로 위탁교육 중 발생한 사고, 회식중의 사고, 전염병 등 사업주의 법 위반으로 인한 것이 아니라고 인정되는 재해

Tip
무재해운동 이론에서 이념의 3대 원칙, 추진의 3요소, 실천의 3원칙의 내용이 문제에 섞여 나오는 경우가 많으므로 정확하게 구분할 수 있어야 한다.

(3) 무재해운동 이론

① 무재해운동 이념 3원칙

구분	내용
무의 원칙	단순히 사망 재해, 휴업재해만 없으면 된다는 소극적인 사고(思考)가 아니라 불휴 재해는 물론 일체의 잠재위험요인을 사전에 발견, 파악, 해결함으로서 근원적으로 산업재해를 없애는 것
참가의 원칙	참가는 작업에 따르는 잠재적인 위험요인을 발견, 해결하기 위하여 전원이 일일이 협력하여 각각의 처지에서 의욕적으로 문제해결 등을 실천하는 것
선취 해결의 원칙	선취란 궁극의 목표로서의 무재해, 무질병의 직장을 실현하기 위하여 일체의 위험요인을 행동하기 전에 발견, 파악, 해결하여 재해를 예방하는 것

[무재해 소집단]
사업장 전체의 안전보건추진의 중요한 일환으로서 직장단위의 자주활동에 의하여 라인관리를 보완하고 중지를 모아 직장의 위험을 해결하고 전원참가로 안전보건을 선취하려는 팀

② 무재해운동 추진 3요소(3기둥)

구분	내용
최고경영자의 경영자세	안전보건은 최고경영자의 무재해, 무질병에 대한 확고한 경영자세로 시작한다.
관리감독자에 의한 안전보건의 추진(라인화 철저)	안전보건을 추진하는 데는 관리감독자(라인)들이 생산활동 속에 안전보건을 포함하여 실천하는 것이 중요하다.
직장 소집단의 자주활동의 활발화	일하는 한 사람 한 사람이 안전보건을 자신의 문제이며, 동시에 같은 동료의 문제로서 진지하게 받아들여 직장의 팀 멤버와의 협동 노력하여 자주적으로 추진해가는 것이 필요하다.

[브레인스토밍의 4원칙]
(1) 비판금지
(2) 자유분방
(3) 대량 발언
(4) 수정 발언

[문제해결 4단계]
1R : 현상파악
2R : 본질추구
3R : 대책수립
4R : 행동목표 설정

③ 무재해운동 실천의 3원칙(무재해 소집단 활동)

구분	내용
팀 미팅 기법	대화하는 방법으로 브레인스토밍(Brain storming : BS) 원칙을 적용한다.
선취기법	위험예지활동, 잠재재해 적출활동, 동종 및 유사재해 예방활동 등에 의하여 직장의 잠재위험을 발견, 파악, 해결한다.
문제해결 기법	무재해운동은 문제해결행동이다. 4라운드 8단계법 또는 현장에서 활용할 수 있는 짧은 시간의 문제해결기법을 활용한다.

01 핵심문제 1. 무재해운동 이론

□□□ 13년1회

1. 다음 중 무재해운동에 관한 설명으로 틀린 것은?

① 제3자의 행위에 의한 업무상 재해는 무재해로 본다.
② "요양"이란 부상 등의 치료를 말하며 입원은 포함되나 재가, 통원은 제외한다.
③ "무재해"란 무재해운동 시행사업장에서 근로자가 업무에 기인하여 사망 또는 4일 이상의 요양을 요하는 부상 또는 질병에 이환되지 않는 것을 말한다.
④ 업무수행 중의 사고 중 천재지변 또는 돌발적인 사고로 인한 구조행위 또는 긴급피난 중 발생한 사고는 무재해로 본다.

해설

"요양"이란 부상 등의 치료를 말하며 재가, 통원 및 입원의 경우를 모두 포함한다.

□□□ 11년3회, 13년3회

2. 다음 중 무재해운동 추진에 있어 무재해로 보는 경우가 아닌 것은?

① 출·퇴근 도중에 발생한 재해
② 운동경기 등 각종 행사 중 발생한 재해
③ 제3자의 행위에 의한 업무상 재해
④ 사업주가 제공한 사업장내의 시설물에서 작업개시전의 작업준비 및 작업종료후의 정리정돈과정에서 발생한 재해

해설

무재해에 해당하는 경우

1. 작업 시간중 천재지변 또는 돌발적인 사고로 인한 구조행위 또는 긴급피난중 발생한 사고
2. 작업 시간외에 천재지변 또는 돌발적인 사고우려가 많은 장소에서 사회통념상 인정되는 업무수행중 발생한 사고
3. 출·퇴근 도중에 발생한 재해
4. 운동경기 등 각종 행사중 발생한 사고
5. 제3자의 행위에 의한 업무상 재해
6. 업무상재해인정기준중 뇌혈관질환 또는 심장질환에 의한 재해
7. 업무시간 외에 발생한 재해. 다만, 사업주가 제공한 사업장내의 시설물에서 발생한 재해 또는 작업개시전의 작업준비 및 작업종료후의 정리정돈 과정에서 발생한 재해는 제외한다.

□□□ 17년1회

3. 무재해운동에 관한 설명으로 틀린 것은?

① 제3자의 행위에 의한 업무상 재해는 무재해로 본다.
② 작업 시간 중 천재지변 또는 돌발적인 사고로 인한 구조행위 또는 긴급피난 중 발생한 사고는 무재해로 본다.
③ 무재해란 무재해운동 시행사업장에서 근로자가 업무에 기인하여 사망 또는 2일 이상의 요양을 요하는 부상 또는 질병에 이환되지 않는 것을 말한다.
④ 작업 시간 외에 천재지변 또는 돌발적인 사고 우려가 많은 장소에서 사회통념상 인정 되는 업무수행 중 발생한 사고는 무재해로 본다.

해설

무재해 운동의 정의
"무재해"란 무재해운동 시행사업장에서 근로자가 업무에 기인하여 사망 또는 4일 이상의 요양을 요하는 부상 또는 질병에 이환되지 않는 것을 말한다

□□□ 08년1회

4. 다음 중 무재해운동 추진의 3기둥에 해당되지 않는 것은?

① 직장 소집단 자주활동의 활발화
② 관리 감독자에 의한 안전보건의 추진
③ 최고 경영자의 경영자세
④ 근로자의 적극적 참여

문제 4~6 해설

무재해운동 추진의 3기둥

1. 최고 경영자의 경영자세
2. 관리 감독자에 의한 안전보건의 추진
3. 직장 소집단 자주활동의 활발화

□□□ 09년3회

5. 다음 중 무재해 운동 추진의 3요소가 아닌 것은?

① 잠재 위험요인 발굴
② 안전 활동의 라인화
③ 최고 경영자의 자세
④ 직장 자주 활동의 활성화

정답 1 ② 2 ④ 3 ③ 4 ④ 5 ①

□□□ 12년2회, 16년3회, 20년4회

6. 무재해 운동을 추진하기 위한 조직의 3기둥으로 볼 수 없는 것은?

① 최고 경영자의 경영자세
② 소집단 자주활동의 활성화
③ 전 종업원의 안전요원화
④ 라인 관리자에 의한 안전보건의 추진

□□□ 11년1회, 13년2회, 16년1회, 21년2회

7. 다음 중 무재해운동 추진의 3요소에 관한 설명과 가장 거리가 먼 것은?

① 모든 재해는 잠재요인을 사전에 발견 · 파악 · 해결함으로써 근원적으로 산업재해를 없애야 한다.
② 안전보건은 최고경영자의 무재해 및 무질병에 대한 확고한 경영자세로 시작된다.
③ 안전보건을 추진하는 데에는 관리감독자들의 생산활동 속에 안전보건을 실천하는 것이 중요하다.
④ 안전보건은 각자 자신의 문제이며, 동시에 동료의 문제로서 직장의 팀 멤버와 협동 노력하여 자주적으로 추진하는 것이 필요하다.

해설

①항은 무의 원칙으로 무재해운동 기본 이념의 3원칙에 해당한다.

□□□ 08년2회, 10년1회, 15년2회, 19년2회, 21년3회

8. 다음 중 무재해운동의 이념에서 "선취의 원칙"을 가장 적절하게 설명한 것은?

① 사고의 잠재요인을 사후에 파악하는 것
② 근로자 전원이 일체감을 조성하여 참여하는 것
③ 위험요소를 사전에 발견, 파악하여 재해를 예방하거나 방지하는 것
④ 관리감독자 또는 경영측에서의 자발적 참여로 안전활동을 촉진하는 것

문제 8~14 해설

무재해운동 이념 3원칙

- 무의 원칙 : 무재해란 단순히 사망 재해, 휴업재해만 없으면 된다는 소극적인 사고(思考)가 아니라 불휴 재해는 물론 일체의 잠재위험 요인을 사전에 발견, 파악, 해결함으로서 근원적으로 산업재해를 없애는 것이다.
- 참가의 원칙 : 참가란 작업에 따르는 잠재적인 위험요인을 발견, 해결하기 위하여 전원이 일일이 협력하여 각각의 처지에서 할 생각(의욕)으로 문제해결 등을 실천하는 것을 뜻한다.
- 선취 해결의 원칙 : 선취란 궁극의 목표로서의 무재해, 무질병의 직장을 실현하기 위하여 일체의 직장의 위험요인을 행동하기 전에 발견, 파악, 해결하여 재해를 예방하거나 방지하는 것을 말한다.

□□□ 10년2회

9. 다음 중 무재해(Zero accident)운동의 기본 이념을 설명한 내용으로 적절하지 않은 것은?

① 무의 원칙으로 불휴재해는 물론 사업장 내의 잠재위험요인을 사전에 파악하여 뿌리에서부터 재해를 없앤다는 것이다.
② 무결점의 원칙은 작업장내의 결점이나 결함이 하나도 없는 완전한 상태로 만들자는 것이다.
③ 참가의 원칙은 위험을 제거하기 위해 전원이 참가, 협력하여 의욕적으로 문제해결을 실천하는 것이다.
④ 선취의 원칙은 위험요인을 행동하기 전에 예지하여 발견, 예방하는 것이다.

□□□ 14년2회

10. 다음 중 무재해운동의 기본이념 3원칙에 해당되지 않는 것은?

① 모든 재해에는 손실이 발생함으로 사업주는 근로자의 안전을 보장하여야 한다는 것을 전제로 한다.
② 위험을 발견, 제거하기 위하여 전원이 참가, 협력하여 각자의 위치에서 의욕적으로 문제해결을 실천하는 것을 뜻한다.
③ 직장 내의 모든 잠재위험요인을 적극적으로 사전에 발견, 파악, 해결함으로써 뿌리에서 부터 산업재해를 제거하는 것을 말한다.
④ 무재해, 무질병의 직장을 실현하기 위하여 직장의 위험요인을 행동하기 전에 예지하여 발견, 파악, 해결함으로써 재해발생을 예방하거나 방지하는 것을 말한다.

정답 6 ③ 7 ① 8 ③ 9 ② 10 ①

□□□ 12년1회

11. 다음 중 무재해운동의 이념에 있어 모든 잠재위험요인을 사전에 발견 · 파악 · 해결함으로써 근원적으로 산업재해를 없앤다는 원칙에 해당하는 것은?

① 참가의 원칙 ② 인간존중의 원칙
③ 무의 원칙 ④ 선취의 원칙

□□□ 16년2회, 21년1회

12. 무재해 운동의 3원칙에 해당되지 않는 것은?

① 무의 원칙 ② 참가의 원칙
③ 대책선정의 원칙 ④ 선취의 원칙

□□□ 17년2회, 20년1·2회

13. 무재해운동의 기본이념 3원칙 중 다음에서 설명하는 것은?

직장 내의 모든 잠재위험요인을 적극적으로 사전에 발견, 파악, 해결함으로서 뿌리에서 부터 산업재해를 제거하는 것

① 무의 원칙 ② 선취의 원칙
③ 참가의 원칙 ④ 확인의 원칙

□□□ 12년3회

14. 다음 중 무재해운동 기본이념(3원칙)에 해당하지 않는 것은?

① 무의 원칙
② 선취의 원칙
③ 참가의 원칙
④ 최고경영자의 경영 원칙

□□□ 09년1회

15. 다음 중 무재해운동의 이념 3원칙에 대한 설명이 아닌 것은?

① 직장의 위험요인을 행동하기 전에 발견 · 파악 · 해결하여 재해를 예방한다.
② 안전보건은 최고경영자의 무재해 및 무질병에 대한 확고한 경영자세로 시작된다.
③ 모든 잠재위험요인을 사전에 발견 · 파악 · 해결함으로써 근원적으로 산업재해를 없앤다.
④ 작업에 따르는 잠재적인 위험요인을 발견 · 해결하기 위하여 전원이 협력하여 문제해결 운동을 실천한다.

해설

최고경영자의 경영 원칙은 무재해 추진 3기둥에 해당된다.

정답 11 ③ 12 ③ 13 ① 14 ④ 15 ②

02 무재해운동의 실천

(1) 위험예지훈련의 정의

[위험예지 훈련]

① 위험예지훈련의 정의

직장의 팀웍으로 안전을 「전원이, 빨리, 올바르게」 선취하는 훈련으로, 위험에 대한 개별훈련인 동시에 팀워크 훈련

② 위험예지훈련을 통한 안전선취

구분	내용
감수성 훈련	인간의 오조작, 오작업 등의 휴먼에러(human error)로 인한 사고를 방지하기 위해 한 사람 한 사람의 위험에 대한 감수성을 날카롭게 하여 작업의 요소마다 집중력을 높이는 훈련이다.
단시간 위험예지 훈련	작업현장에서 감독자가 작업을 지시할 때 미리 위험의 포인트를 파악한 후 적절한 작업지시를 하며, 단시간(1~5분)동안 작업자들과 함께 의논을 통해 위험을 파악한다.
문제해결 훈련	감수성 훈련과 단시간 미팅을 통해 위험요소를 발견하고 이에 대한 해결책을 마련하여 적극적으로 실행에 옮기는 활동이다.

③ 위험예지훈련의 진행방법

〈위험에 대한 개별 훈련〉

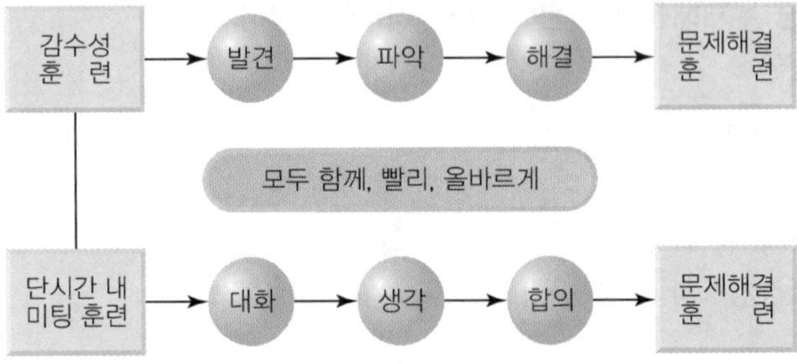

위험예지 훈련의 진행방법

(2) 위험예지훈련의 4R(라운드)와 8단계

문제해결 4단계(4R)	문제해결의 8단계
1R – 현상파악	1단계 – 문제제기 2단계 – 현상파악
2R – 본질추구	3단계 – 문제점 발견 4단계 – 중요 문제 결정
3R – 대책수립	5단계 – 해결책 구상 6단계 – 구체적 대책 수립
4R – 행동목표 설정	7단계 – 중점사항 결정 8단계 – 실시계획 결정

(3) 브레인 스토밍 4원칙

개방적 분위기와 자유로운 토론을 통해 다량의 아이디어를 얻는 집단사고기법

구분	내용
자유분방	마음대로 편안히 발언한다.
비평(비판)금지	좋다, 나쁘다고 비평하지 않는다.
대량발언	무엇이건 좋으니 많이 발언하게 한다.
수정발언	타인의 아이디어에 수정하거나 덧붙여 말하여도 좋다.

Tip

브레인 스토밍의 4원칙은 필기, 실기 모두 매우 자주 출제되는 내용이다. 완벽하게 이해할 수 있어야 한다.

(4) 위험예지 훈련 응용기법

기법	내용
TBM 역할연기훈련	하나의 팀이 TBM에서 위험예지 활동에 대하여 역할을 연기하는 것을 다른 팀이 관찰하여 연기 종료 후 전원이 강평하는 식으로 서로 교대하여 TBM 위험예지를 체험 학습하는 훈련
One point 위험예지훈련	위험예지훈련 4R 중 2R, 3R, 4R을 모두 One point 로 요약하여 실시하는 TBM 위험예지훈련
삼각 위험예지훈련	위험예지훈련을 보다 빠르게, 보다 간편하게, 전원의 참여로, 말하거나 쓰는 것이 미숙한 작업자를 위한 방법이다. 적은 인원이 기호와 메모로 팀의 목표를 합의한다.
1인 위험예지훈련	삼각 및 원포인트 위험예지 훈련을 통합한 것으로 1인이 위험예지훈련을 하는 것이다. 한사람 한사람이 동시에 4라운드 위험예지 훈련을 단시간에 한 뒤 그 결과를 리더의 사회에 따라 발표하고 상호 강평하여 위험 감수성을 향상한다.
자문자답카드 위험예지훈련	특히 비정상적인 작업에 있어서 안전을 확보하기 위한 훈련으로 한사람 한사람이 자문자답카드의 체크항목을 자문자답하면서 위험요인을 발견, 파악하여 단시간에 행동목표를 정하여 지적한다

기법	내용
시나리오 역할연기훈련	작업 전 5분간 미팅의 시나리오를 작성하고 그 시나리오를 멤버가 역할연기(Role-Playing)를 하여 체험하는 방식으로 직장의 실정에 맞도록 독자적으로 작성하여 실시할 수 있다.

(5) TBM(Tool box meeting) 위험예지훈련

현장에서 그 때의 상황에 적응하여 실시하는 위험예지활동으로 즉시 즉흥법이라고 한다.

[안전확인 5가지 확인]

- 모지 : 마음
- 시지 : 복장
- 중지 : 규정
- 약지 : 정비
- 작은 손가락 : 확인

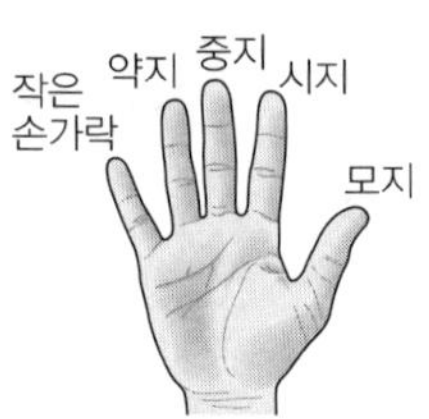

① T.B.M 훈련 방법

작업 시작 전 5~15분, 작업 후 3~5분 정도의 시간으로 팀장을 주축으로 인원은 5~6명 정도가 회사의 현장 주변에서 작은 원을 만들어 짧은 시간에 회합을 갖는 훈련

② TBM 5단계(단시간 미팅 즉시즉응훈련 5단계)

단계	내용
1단계	도입
2단계	점검정비
3단계	작업지시
4단계	위험예지(one point 위험예지훈련)
5단계	확인(one point 지적 확인 연습, touch and call 실시)

[touch and call 모양]

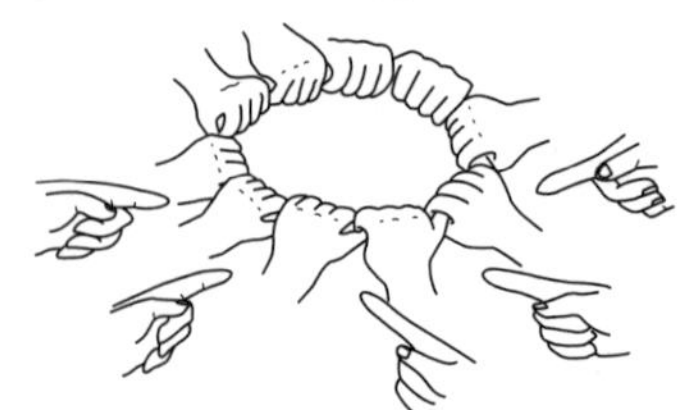

③ 안전확보 기법

구분	내용
지적확인	인간의 실수를 없애기 위하여 오관의 감각기관을 이용하여 작업시작 전에 뇌를 자극시켜 안전을 확보하기 위한 기법
touch and call	회사의 현장에서 팀 전원(5~6명 정도)이 각자의 왼손을 맞잡아 원을 만들어 팀 행동목표를 확인하는 것으로 팀의 일체감, 연대감을 조성하며 대뇌 구피질에 이미지를 불어넣어 안전행동을 하게 한다.

④ 안전행동 실천운동(5C 운동)

㉠ 복장단정(Correctness)

㉡ 정리정돈(Clearance)

㉢ 청소청결(Cleaning)

㉣ 점검 · 확인(Checking)

㉤ 전심전력(Concentrating)

02 핵심문제 2. 무재해운동의 실천

□□□ 10년3회, 17년2회

1. 작업현장에서 그 때 그 장소의 상황에 즉시 즉응하여 실시하는 위험예지활동을 무엇이라고 하는가?

① 시나리오 역할연기훈련
② 자문자답 위험예지훈련
③ TBM 위험예지훈련
④ 1인 위험예지훈련

문제 1, 2 해설

TBM(Tool box meeting) 위험예지훈련
① 현장에서 그 때의 상황에 적응하여 실시하는 위험예지활동으로 즉시 즉흥법이라고 한다.
② 직장, 현장, 공구상자 등의 근처에서 인원 5~6명 정도가 작업개시 전에 5~15분 정도, 작업중 5~10분 작업완료 시에 3~5분 정도의 시간을 들여 행하는 위험예지활동

□□□ 13년3회

2. 다음 설명에 해당하는 위험예지훈련법은 어느 것인가?

- 현장에서 그때 그 장소의 상황에 즉응하여 실시한다.
- 10명 이하의 소수가 적합하며, 시간은 10분 정도가 바람직하다.
- 사전에 주제를 정하고 자료 등을 준비한다.
- 결론은 가급적 서두르지 않는다.

① 원포인트 위험예지훈련
② 시나리오 역할연기훈련
③ Tool Box Meeting
④ 삼각 위험예지훈련

□□□ 14년1회

3. 각자가 위험에 대한 감수성 향상을 도모하기 위하여 삼각 및 원포인트 위험예지훈련을 실시하는 것은?

① 1인 위험예지훈련
② 자문자답 위험예지훈련
③ TBM 위험예지훈련
④ 시나리오 역할연기훈련

문제 3, 4 해설

1안 위험예지훈련
삼각 및 원포인트 위험예지 훈련을 통합한 것으로 1인이 위험예지훈련을 하는 것이다.
한사람 한사람이 동시에 4라운드 위험예지 훈련을 단시간에 한 뒤 그 결과를 리더의 사회에 따라 발표하고 상호 강평하여 위험 감수성을 향상한다.

□□□ 19년1회

4. 한 사람, 한 사람의 위험에 대한 감수성 향상을 도모하기 위하여 삼각 및 원 포인트 위험예지훈련을 통합한 활용기법은?

① 1인 위험예지훈련
② TBM 위험예지훈련
③ 자문자답 위험예지훈련
④ 시나리오 역할연기훈련

□□□ 08년3회, 16년1회, 20년1·2회

5. 다음 중 위험예지훈련 4R(라운드) 기법의 진행방법에서 3R(라운드)에 해당하는 것은?

① 목표설정 ② 대책수립
③ 본질추구 ④ 현상파악

문제 5~9 해설

위험예지훈련 4R(라운드) 기법
1. 1R(1단계) – 현상파악 : 사실(위험요인)을 파악하는 단계
2. 2R(2단계) – 본질추구 : 위험요인 중 위험의 포인트를 결정하는 단계(지적확인)
3. 3R(3단계) – 대책수립 : 대책을 세우는 단계
4. 4R(4단계) – 목표설정 : 행동계획(중점 실시항목)를 정하는 단계

□□□ 09년3회, 11년2회, 16년2회, 19년3회, 22년1회

6. 다음 중 위험예지훈련의 문제해결 4라운드에 속하지 않는 것은?

① 현상파악 ② 본질추구
③ 대책수립 ④ 원인결정

□□□ 17년3회

7. 무재해운동 추진기법 중 위험예지훈련 4라운드 기법에 해당하지 않는 것은?

① 현상파악 ② 행동 목표설정
③ 대책수립 ④ 안전평가

정답 1 ③ 2 ③ 3 ① 4 ① 5 ② 6 ④ 7 ④

□□□ 12년2회, 15년3회

8. 무재해운동의 추진기법에 있어 위험예지훈련 4단계(4라운드) 중 제2단계에 해당하는 것은?

① 본질추구　② 현상파악
③ 목표설정　④ 대책수립

□□□ 09년1회, 15년1회, 21년3회

9. 다음 중 위험예지훈련 4라운드의 진행순서로 옳은 것은?

① 목표설정 → 현상파악 → 대책수립 → 본질추구
② 목표설정 → 현상파악 → 본질추구 → 대책수립
③ 현상파악 → 본질추구 → 대책수립 → 목표설정
④ 현상파악 → 본질추구 → 목표설정 → 대책수립

□□□ 18년2회

10. 6~12명의 구성원으로 타인의 비판 없이 자유로운 토론을 통하여 다량의 독창적인 아이디어를 이끌어 내고 대안적 해결안을 찾기 위한 집단적 사고기법은?

① Role playing　② Brain storming
③ Action playing　④ Fish Bowl playing

문제 10~19 해설

브레인스토밍(Brain storming)의 4원칙
1. 자유 분방 : 편안하게 발언한다.
2. 대량 발언 : 무엇이건 많이 발언하게 한다.
3. 수정 발언 : 남의 의견을 덧붙여 발언해도 좋다.
4. 비판 금지 : 남의 의견을 비판하지 않는다.

□□□ 19년2회

11. 다음 중 브레인스토밍(Brain Storming)의 4원칙을 올바르게 나열한 것은?

① 자유분방, 비판금지, 대량발언, 수정발언
② 비판자유, 소량발언, 자유분방, 수정발언
③ 대량발언, 비판자유, 자유분방, 수정발언
④ 소량발언, 자유분방, 비판금지, 수정발언

□□□ 08년1회, 20년3회

12. 다음 중 브레인스토밍(Brain storming)의 4원칙과 거리가 먼 것은?

① 필수적 사전학습　② 자유분방한 발언
③ 대량적인 발언　④ 타인 의견의 수정 발언

□□□ 08년2회, 10년1회

13. 다음 중 브레인스토밍(Brain-storming) 기법에 관한 설명으로 틀린 것은?

① 무엇이든지 좋으니 많이 발언한다.
② 타인의 의견을 수정하여 발언한다.
③ 누구든 자유롭게 발언하도록 한다.
④ 제시된 의견에 대하여 문제점을 제시한다.

□□□ 09년1회, 12년3회, 18년3회

14. 브레인스토밍(Brain-storming) 기법의 4원칙에 대한 설명으로 옳은 것은?

① 주제와 관련이 없는 내용은 발표할 수 없다.
② 동료의 의견에 대하여 좋고 나쁨을 평가한다.
③ 발표순서를 정하고, 동일한 발표기회를 부여하였다.
④ 타인의 의견에 대하여는 수정하여 발표할 수 있다.

□□□ 10년2회, 13년1회

15. 위험예지훈련을 실시할 때 현상 파악이나 대책수립 단계에서 시행하는 BS(Brainstorming) 원칙에 어긋나는 것은?

① 자유롭게 본인의 아이디어를 제시한다.
② 타인의 아이디어에 대하여 평가하지 않는다.
③ 사소한 아이디어라도 가능한 한 많이 제시하도록 한다.
④ 기존 또는 타인의 아이디어를 변형하여 제시하지 않는다.

□□□ 11년1회, 16년3회

16. 다음 중 위험예지훈련에 있어 브레인스토밍법의 원칙으로 적절하지 않은 것은?

① 무엇이든 좋으니 많이 발언한다.
② 지정된 사람에 한하여 발언의 기회가 부여된다.
③ 타인의 의견을 수정하거나 덧붙여서 말하여도 좋다.
④ 타인의 의견에 대하여 좋고 나쁨을 비평하지 않는다.

정답 8 ① 9 ③ 10 ② 11 ① 12 ① 13 ④ 14 ④ 15 ④ 16 ②

□□□ 11년3회, 14년2회, 21년1회

17. 다음 중 브레인스토밍(Brainstorming)기법에 관한 설명으로 옳은 것은?

① 지정된 표현방식을 벗어나 자유롭게 의견을 제시한다.
② 주제와 내용이 다르거나 잘못된 의견은 지적하여 조정한다.
③ 참여자에게는 동일한 회수의 의견제시 기회가 부여된다.
④ 타인의 의견을 수정하거나 동의하여 다시 제시하지 않는다.

□□□ 14년3회

18. 다음 중 브레인스토밍(brain-storming) 기법에 관한 설명으로 옳은 것은?

① 타인의 의견에 대하여 장, 단점을 표현할 수 있다.
② 발언은 순서대로 하거나, 균등한 기회를 부여한다.
③ 주제와 관련이 없는 사항이라도 발언을 할 수 있다.
④ 이미 제시된 의견과 유사한 사항은 피하여 발언한다.

□□□ 13년2회, 17년3회

19. 다음 중 브레인스토밍(Brain-storming)기법의 4원칙에 관한 설명으로 옳지 않는 것은?

① 타인의 의견을 수정하여 발언할 수 있다.
② 한 사람이 많은 의견을 제시할 수 있다.
③ 타인의 의견에 대하여 비판, 비평하지 않는다.
④ 의견을 발언할 때에는 주어진 요건에 맞추어 발언한다.

정답 17 ① 18 ③ 19 ④

[산업안전 표지의 종류]
(1) 금지표지
(2) 경고표지
(3) 지시표지
(4) 안내표지

[관련법령]
산업안전보건법 시행규칙
- 제38조【안전보건표지의 종류 · 형태 · 색채 및 용도 등】
- 제39조【안전보건표지의 설치 등】
- 제40조【안전보건표지의 제작】

03 안전보건표지

(1) 산업안전보건표지의 적용기준

① 주위에 표시사항을 글자로 덧붙여 적을 수 있고, 글자는 흰색 바탕에 검은색 한글고딕체로 표기하여야 한다.
② 설치 시에 근로자가 쉽게 알아볼 수 있는 장소 · 시설 또는 물체에 설치하거나 부착하여야 한다.
③ 설치하거나 부착할 때에는 흔들리거나 쉽게 파손되지 아니하도록 견고하게 설치하거나 부착하여야 한다.
④ 성질상 설치하거나 부착하는 것이 곤란한 경우에는 해당 물체에 직접 도색할 수 있다.
⑤ 안전보건표지 속의 그림 또는 부호의 크기는 안전보건표지의 크기와 비례하여야 하며, 안전보건표지 전체 규격의 30퍼센트 이상이 되어야 한다.
⑥ 안전보건표지는 쉽게 파손되거나 변형되지 않는 재료로 제작해야 한다.
⑦ 야간에 필요한 안전보건표지는 야광물질을 사용하는 등 쉽게 알아볼 수 있도록 제작해야 한다.

(2) 금지표지

① 금지표지의 색채

구분	내용
바탕	흰색
기본모형	빨간색
관련부호 및 그림	검은색

② 금지표지의 종류

종류	용도 및 사용장소	사용장소 예시
출입금지	출입을 통제하여야 할 장소	조립해체 작업장 입구
보행금지	사람이 걸어다녀서는 안 될 장소	중장비 운전 작업장
차량통행금지	제반운반기기 및 차량의 통행을 금지시켜야할 장소	집단보행 장소

종류	용도 및 사용장소	사용장소 예시
사용금지	수리 또는 고장 등으로 만지거나 작동을 금하여야 할 기계·기구 및 설비	고장난 기계
탑승금지	엘리베이터 등에 타는 것이나 어떤 장소에 올라가는 것을 금지	고장난 엘리베이터
금연	담배를 피워서는 안 될 장소	
화기금지	화재발생의 염려가 있는 장소로서 화기취급을 금하는 장소	화학물질 취급 장소
물체이동금지	정리정돈 상태의 물체나 움직여서는 안될 물체를 보존하기 위하여 필요한 장소	절전 스위치 옆

(3) 경고표지

① 경고표지의 색채

구분	내용
바탕	흰색, 노란색
기본모형	빨간색, 검은색
관련부호 및 그림	검은색

[경고표지의 색채]
인화성물질경고 · 산화성물질경고 · 폭발성물질경고 · 급성독성물질경고 · 부식성물질경고 및 발암성 · 변이 원성 · 생식독성 · 전신독성 · 호흡기 과민성 물질의 경우 색채
(1) 바탕 : 무색
(2) 기본모형 : 빨간색(검은색)
(3) 관련부호 및 그림 : 검은색

② 경고표지의 종류

종류	용도 및 사용장소	사용장소 예시
인화성물질경고	휘발유나 그 저장소등 화기의 취급을 극히 주의하여야 하는 물질이 있는 장소	휘발유 저장탱크
산화성물질경고	가열 · 압축하거나 강산, 알카리 등이 첨가됨으로써 강한 산화성을 나타내는 물질이 있는 장소	질산 저장탱크

종류	용도 및 사용장소	사용장소 예시
폭발성물질 경고	폭발성의 물질이 있는 장소	폭발물 저장실
급성독성물질경고	독극물이 있는 장소	농약제조 · 보관소
부식성물질경고	신체나 물체에 떨어짐으로써 그 신체나 물체를 부식시키는 물질이 있는 장소	황산저장실
방사성물질경고	방사능 물질이 있는 장소	방사성동위원소 사용실
고압전기경고	발전소나 고압이 흐르는 장소	감전염려 지역입구
매달린물체경고	머리위에 크레인 등과 같은 달려있는 물체가 있는 장소	크레인이 있는 작업장 입구
낙하물경고	돌 및 블록 등 떨어질 염려가 있는 물체가 있는 장소	비계설치 장소 입구
고온경고	고도의 열을 발하는 물체 또는 온도가 아주 높은 장소	주물작업장 입구
저온경고	아주 차가운 물체 또는 온도가 아주 낮은 장소	냉동작업장 입구
몸균형상실경고	미끄러운 장소 등 넘어지기 쉬운 장소	경사진통로 입구

Tip

방사성물질, 고압전기, 매달린 물체 낙하물, 고온, 저온, 몸균형 상실, 레이저 광선, 위험장소 경고의 표지는 삼각형의 모형을 사용하며 바탕은 노란색, 기본모형은 검정색 단면부호 검정색으로 표기한다, 경고표지는 두가지가 있다는 것을 주의하자

종류	용도 및 사용장소	사용장소 예시
레이저광선경고	레이저 광선에 노출될 우려가 있는 장소	레이저 실험실입구
발암성 · 변이원성 · 생식독성 · 전신독성 · 호흡기 과민성 물질 경고	기타 인체에 해로운 물체가 있는 장소 또는 당해 물체	납분진발생 장소
위험장소경고	기타 위험한 물체가 있는 장소 또는 당해 물체	맨홀 앞

(4) 지시표지

① 지시표지의 색채

구분	내용
바탕	파란색
관련부호 및 그림	흰색

> **Tip**
> 지시표지는 보호구의 착용지시를 나타낸다.

② 지시표지의 종류

종류	용도 및 사용장소	사용장소 예시
보안경착용	보안경을 착용하여야만 작업 또는 출입을 할 수 있는 장소	그라인더 작업장 입구
방독마스크착용	방독마스크를 착용하여야만 작업 또는 출입을 할 수 있는 장소	유해물질 작업장 입구
방진마스크착용	방진마스크를 착용하여야만 작업 또는 출입을 할 수 있는 장소	분진이 많은 곳
보안면착용	보안면을 착용하여야만 작업 또는 출입을 할 수 있는 장소	용접실 입구

종류	용도 및 사용장소	사용장소 예시
안전모착용	헬멧 등 안전모를 착용하여야만 작업 또는 출입을 할 수 있는 장소	판금작업장 입구
귀마개착용	소음장소 등 귀마개를 착용하여야만 작업 또는 출입을 할 수 있는 장소	방사성동위원소 사용실
안전화착용	안전화를 착용하여야만 작업 또는 출입을 할 수 있는 장소	채탄작업장 입구
안전장갑착용	안전장갑을 착용하여야만 작업 또는 출입을 할 수 있는 장소	고온 및 저온 취급작업장 입구
안전복착용	방열복 및 방한복 등의 안전복을 착용하여야만 작업 또는 출입을 할 수 있는 장소	단조작업장 입구

(5) 안내표지

① 안내표지의 색채

구분	내용
바탕	흰색
기본모형 및 관련그림	녹색 또는 바탕은 녹색 관련부호 및 그림은 흰색

> Tip
> 안내표지는 장소와 시설에 대해 나타낸다.

② 안내표지의 종류

종류	용도 및 사용장소	사용장소 예시
녹십자표지	안전의식을 고취시키기 위하여 필요한 장소	공사장 및 사람들이 볼 수 있는 장소
응급구호표지	응급구호설비가 있는 장소	위생구호실 앞
들 것	구호를 위한 들것이 있는 장소	위생구호실 앞

종류	용도 및 사용장소	사용장소 예시
세안장치	세안장치가 있는 장소	위생구호실 앞
비상용기구 (비상용 기구)	비상용기구가 있는 장소	비상용기구 설치장소 앞
비상구	비상출입구	위생구호실 앞
좌측비상구	비상구가 좌측에 있음을 알려야 하는 장소	위생구호실 앞
우측비상구	비상구가 우측에 있음을 알려야 하는 장소	위생구호실 앞

Tip
안내표지에서는 "출입구"라는 용어를 쓰지 않고, "비상구"라는 용어를 사용한다. 주의할 것!

(6) 관계자 외 출입금지 표지

① 색채

구분	내용
글자	흰색 바탕에 흑색
적색 글자	– ○○○제조/사용/ 보관 중 – 석면취급/해체 중 – 발암물질 취급 중

② 관계자 외 출입금지 표지의 종류

종류	용도 및 사용장소	사용장소 예시
허가대상물질 작업장 관계자외 출입금지 (허가물질 명칭) 제조/사용/보관 중 보호구/보호복 착용 흡연 및 음식물 섭취 금지	허가대상유해물질 제조, 사용 작업장	

종류	용도 및 사용장소	사용장소 예시
석면취급/해체 작업장 관계자외 출입금지 석면 취급/해체 중 보호구/보호복 착용 흡연 및 음식물 섭취 금지	석면 제조, 사용, 해체·제거 작업장	출입구 (단, 실외 또는 출입구가 없을 시 근로자가 보기 쉬운 장소)
금지대상물질의 취급 실험실 등 관계자외 출입금지 발암물질 취급 중 보호구/보호복 착용 흡연 및 음식물 섭취 금지	금지유해물질 제조·사용 설비가 설치된 장소	

(7) 안전보건표지의 색채 및 모형

[한국산업표준(KS)의 색채 3속성]

(1) 색상(Hue) : 감각에 따라 구별되는 색의 종별
(2) 명도(Value) : 색의 밝기의 척도(반사율의 높고 낮음)
(3) 채도(Chroma) : 색의 순수성을 가늠하는 혼합의 정도(순수하거나 탁함)

① 색채 및 색도기준

색채	색도기준	용도	사용례
빨간색	7.5R 4/14	금지	정지신호, 소화설비 및 장소, 유해행위의 금지
		경고	화학물질 취급장소에서의 유해·위험 경고
노란색	5Y 8.5/12	경고	화학물질 취급장소에서의 유해·위험 경고 이외의 위험경고, 주의표지 또는 기계 방호물
파란색	2.5PB 4/10	지시	특정행위의 지시, 사실의 고지
녹 색	2.5G 4/10	안내	비상구 및 피난소, 사람 또는 차량의 통행표지
흰 색	N9.5		파란색 또는 녹색에 대한 보조색
검은색	N0.5		문자 및 빨간색 또는 노란색에 대한 보조색

※ (1) 허용 오차 범위 H=±2, V=±0.3, C=±1
(H는 색상, V는 명도, C는 채도를 말한다.)
(2) 위의 색도기준은 한국산업규격(KS)에 따른 색의 3속성에 의한 표시방법(KSA 0062 기술표준원 고시 제2008-0759)에 따른다.

② 안전보건표지의 기본모형

번호	기 본 모 형	규 격 비 율	표시사항
1	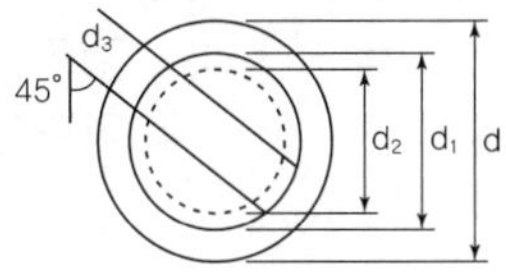	$d \geqq 0.025L$ $d_1 = 0.8d$ $0.7 < d_2 < 0.8d$ $d_3 = 0.1d$	금 지
2	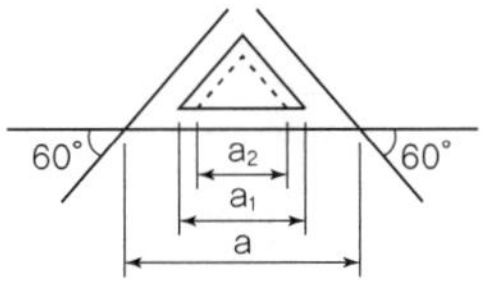	$a \geqq 0.034L$ $a_1 = 0.8a$ $0.7\,a < a_2 < 0.8a$	경 고
	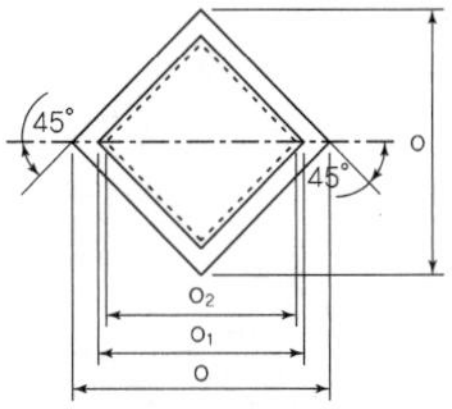	$a \geqq 0.025L$ $a_1 = 0.8a$ $0.7\,a < a_2 < 0.8a$	경 고
3	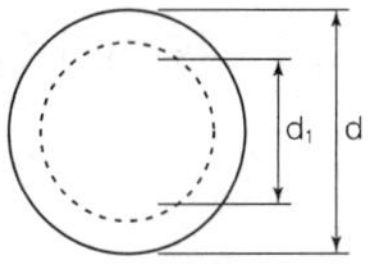	$d \geqq 0.025L$ $d_1 = 0.8d$	지 시
4	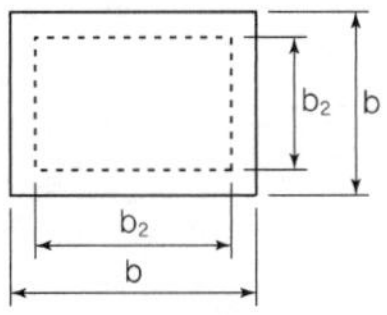	$b \geqq 0.0224L$ $b_2 = 0.8b$	안 내

※ L=안전 · 보건표지를 인식할 수 있거나 인식해야할 안전거리를 말한다.

[관련법령]

산업안전보건법 시행규칙 별표 9【안전 · 보건표지의 기본모형】

03 핵심문제 3. 안전보건표지

□□□ 08년3회, 19년3회

1. 산업안전보건법에 따른 안전 · 보건표지의 제작에 있어 안전 · 보건표지의 크기와 비례하여야 하며, 안전 · 보건표지 전체 규격의 몇 % 이상이 되어야 하는가?

① 20% ② 30%
③ 40% ④ 50%

해설

산업안전보건법상 안전 · 보건표지 전체 규격의 30% 이상이 되어야 한다.

□□□ 16년2회

2. 안전표지의 종류와 분류가 올바르게 연결된 것은?

① 금연 – 금지표지
② 낙하물 경고 – 지시표지
③ 안전모 착용 – 안내표지
④ 세안장치 – 경고표지

해설

②항, 낙하물 경고 – 경고표지
③항, 안전모 착용 – 지시표지
④항, 세안장치 – 안내표지

□□□ 10년1회, 16년3회

3. 다음 중 산업안전보건법상 금지표지의 종류에 해당하지 않는 것은?

① 금연 ② 출입금지
③ 차량통행금지 ④ 적재금지

문제 3~6 해설

금지표지의 종류

101 출입금지	102 보행금지	103 차량통행금지	104 사용금지
105 탑승금지	106 금연	107 화기금지	108 물체이동 금지

□□□ 11년3회, 14년1회

4. 다음 중 산업안전보건법상 안전 · 보건표지에 있어 금지표지의 종류가 아닌 것은?

① 금연 ② 접촉금지
③ 물체이동금지 ④ 차량통행금지

□□□ 13년1회

5. 다음 중 산업안전보건법령상 안전보건 · 표지의 종류에 있어 금지표지에 해당하지 않는 것은?

① 금연 ② 사용금지
③ 물체이동금지 ④ 유해물질접촉금지

□□□ 12년2회, 18년2회

6. 다음 [그림]에 해당하는 산업안전보건법상 안전 · 보건표지의 명칭은?

① 화물적재금지
② 사용금지
③ 물체이동금지
④ 화물출입금지

정답 1 ② 2 ① 3 ④ 4 ② 5 ④ 6 ③

□□□ 10년2회, 14년2회, 18년1회, 21년2회

7. 산업안전보건법상 안전 · 보건표지에 있어 경고표지의 종류 중 기본모형이 다른 것은?

① 매달린물체경고 ② 폭발성물질경고
③ 고압전기경고 ④ 방사성물질경고

문제 7~10 해설

[참고] 금지 중 경고표지 및 경고표지의 종류

201 인화성물질경고	202 산화성물질경고	203 폭발성물질경고
204 급성독성물질경고	**205 부식성물질경고**	**214 발암성 · 변이원성 · 생식독성 · 전신독성 · 호흡기과민성 물질 경고**
206 방사성물질경고	**207 고압전기경고**	**208 매달린물체경고**
209 낙하물경고	**210 고온경고**	**211 저온경고**
212 몸균형상실경고	**213 레이저광선경고**	**215 위험장소경고**

□□□ 15년3회

8. 산업안전보건법령상 안전 · 보건표지의 종류 중 기본모형(형태)이 다른 것은?

① 방사성물질경고 ② 폭발성물질경고
③ 인화성물질경고 ④ 급성독성물질경고

□□□ 16년1회, 20년1·2회

9. 산업안전보건법령상 안전 · 보건표지의 종류 중 경고표지에 해당하지 않는 것은?

① 레이저광선 경고 ② 급성독성물질 경고
③ 매달린 물체 경고 ④ 차량통행 경고

□□□ 13년2회

10. 다음 중 산업안전보건법령상 [그림]에 해당하는 안전 · 보건표지의 명칭으로 맞은 것은?

① 양중기운행경고
② 물체이동경고
③ 낙하위험경고
④ 매달린물체경고

□□□ 14년3회, 17년3회

11. 다음 중 산업안전보건법령상 안전 · 보건표지의 종류에 있어 안내표지에 해당하지 않는 것은?

① 들것 ② 비상용기구
③ 출입구 ④ 세안장치

해설

안내표지의 종류

401 녹십자표지	402 응급구호 표지	403 들 것	404 세안장치
405 비상용기구	**406 비상구**	**407 좌측비상구**	**408 우측비상구**
비상용 기구			

□□□ 17년2회, 21년1회

12. 산업안전보건법상 안전 · 보건표지의 종류 중 보안경 착용이 표시된 안전보건표지는?

① 안내표지 ② 금지표지
③ 경고표지 ④ 지시표지

정답 7 ② 8 ① 9 ④ 10 ④ 11 ③ 12 ④

해설	
표지분류	종류
금지 표지	출입금지, 보행금지, 차량통행금지, 사용금지, 탑승금지, 금연, 화기금지, 물체이동 금지
경고 표지	인화성 물질, 산화성 물질, 폭발물 경고, 독극물 경고, 부식성 물질 경고, 방사성 물질 경고, 고압 전기 경고, 매달린 물체 경고, 낙하물체 경고, 고온경고, 저온 경고, 몸균형 상실 경고, 레이저 광선 경고, 유해물질 경고, 위험장소
지시 표지	보안경 착용, 방독마스크 착용, 방진마스크 착용, 보안면 착용, 안전모 착용, 귀마개 착용, 안전화 착용, 안전장갑 착용, 안전복 착용
안내 표지	녹십자 표지, 응급구호 표지, 들것, 세안장치, 비상구, 좌측 비상구, 우측 비상구

□□□ 12년1회, 19년1회

13. 산업안전보건법상 안전 · 보건표지의 종류 중 관계자외 출입금지표지에 해당하는 것은?

① 안전모 착용
② 석면취급 및 해체 · 제거
③ 폭발성물질 경고
④ 방사성물질 경고

해설

관계자외 출입금지표지의 종류
1. 제조/사용/보관 중
2. 석면 취급/해체 중
3. 발암물질 취급 중

□□□ 08년2회

14. 안전 · 보건표지의 종류 중 바탕은 파란색, 관련 그림은 흰색을 사용하는 표지는?

① 금지표지 ② 경고표지
③ 지시표지 ④ 안내표지

해설

안전표지 색채의 종류
① 금지표지 : 바탕은 흰색, 기본 모형은 빨간색, 관련 부호 및 그림은 검정색
② 경고표지 : 바탕은 노란색, 기본모형 · 관련부호 및 그림은 검정색. 다만, 인화성물질경고 · 산화성물질경고 · 폭발성물질경고 · 급성독성물질경고 · 부식성물질경고 및 발암성 · 변이원성 · 생식독성 · 전신독성 · 호흡기과민성물질경고의 경우 바탕은 무색, 기본모형은 적색(흑색도 가능)
③ 지시표지 : 바탕은 파란색, 관련 그림은 흰색
④ 안내표지 : 바탕은 흰색, 기본모형 및 관련 부호 및 그림은 녹색 또는 바탕은 녹색, 관련부호 및 그림은 흰색

□□□ 12년3회

15. 산업안전보건법상 안전 · 보건표지의 종류 중 바탕은 파란색, 관련 그림은 흰색을 사용하는 표지는?

① 사용금지 ② 세안장치
③ 몸균형상실경고 ④ 안전복착용

해설

①항, 사용금지 : 금지표지로 바탕은 흰색, 기본 모형은 빨간색, 관련 부호 및 그림은 검은색
②항, 세안장치 : 안내표지로 바탕은 흰색, 기본모형 및 관련 부호는 녹색 또는 바탕은 녹색, 관련부호 및 그림은 흰색
③항, 몸균형상실경고 : 경로표지로 바탕은 흰색, 기본 모형은 빨간색, 관련 부호 및 그림은 검은색
④항, 안전복착용 : 지시표지로서 바탕은 파란색, 관련 그림은 흰색

□□□ 09년3회

16. 다음 중 산업안전보건법상 '화학물질 취급장소에서의 유해 · 위험 경고'에 사용되는 안전 · 보건표지의 색도 기준으로 옳은 것은?

① 7.5R 4/14 ② 2.5Y 8/12
③ 2.5PB 4/10 ④ 5G 5.5/6

문제 16~19 해설

[참고] 안전 · 보건표지의 색채 및 색도기준 및 용도

색 채	색도기준	용 도	사 용 례
빨간색	7.5R 4/14	금지	정지신호, 소화설비 및 그 장소, 유해행위의 금지
		경고	화학물질 취급장소에서의 유해 · 위험 경고
노란색	5Y 8.5/12	경고	화학물질 취급장소에서의 유해 · 위험 경고 이외의 위험경고, 주의표지 또는 기계 방호물
파란색	2.5PB 4/10	지시	특정행위의 지시, 사실의 고지
녹 색	2.5G 4/10	안내	비상구 및 피난소, 사람 또는 차량의 통행표지
흰 색	N9.5		파란색 또는 녹색에 대한 보조색
검은색	N0.5		문자 및 빨간색 또는 노란색에 대한 보조색

정답 13 ② 14 ③ 15 ④ 16 ①

□□□ 11년1회, 15년2회, 18년1회

17. 다음 중 산업안전보건법상 안전 · 보건표지의 색채와 색도기준이 잘못 연결된 것은?(단, 색도기준은 KS에 따른 색의 3속성에 의한 표시방법에 따른다.)

① 빨간색 – 7.5R 4/14
② 노란색 – 5Y 8.5/12
③ 파란색 – 2.5PB 4/10
④ 흰색 – NO.5

□□□ 13년3회, 17년1회, 20년3회

18. 다음 중 산업안전보건법령상 안전 · 보건표지의 색채와 사용사례가 잘못 연결된 것을 고르시오.

① 노란색 – 정지신호, 소화설비 및 그 장소
② 파란색 – 특정 행위의 지시 및 사실의 고지
③ 녹색 – 비상구 및 피난소, 사람 또는 차량의 통행표지
④ 빨간색 – 화학물질 취급 장소에서의 유해 · 위험경고

□□□ 18년3회, 21년2회

19. 산업안전보건법령에 따른 특정행위의 지시 및 사실의 고지에 사용되는 안전 · 보건표지의 색도기준으로 옳은 것은?

① 2.5G 4/10 ② 2.5PB 4/10
③ 5Y 8.5/12 ④ 7.5R 4/14

정답 17 ④ 18 ① 19 ②

Chapter 04

보호구

보호구에서는 방진, 방독, 송기마스크, 안전모, 안전화 등 산업안전보건법상 보호구의 종류와 구조기준, 특징 등으로 구성되며 특히 방진 · 방독마스크, 안전모의 특징과 구조, 성능시험방법 등이 주로 출제된다.

01 보호구의 개요

(1) 보호구의 선택

보호구 선택시 유의사항	개인보호구의 구비조건
• 사용목적에 적합할 것 • 보호구 검정에 합격하고 보호성능이 보장될 것 • 작업 행동에 방해되지 않을 것 • 착용이 용이하고 크기 등이 사용자에게 편리할 것	• 착용시 작업이 용이할 것 • 유해 위험물에 대하여 방호가 완전할 것 • 재료의 품질이 우수할 것 • 구조 및 표면 가공성이 좋을 것 • 외관이 미려할 것

(2) 보호구의 구분

안전 보호구	위생 보호구
• 머리에 대한 보호구 : 안전모 • 추락 방지에 대한 보호구 : 안전대 • 발에 대한 보호구 : 안전화 • 손에 대한 보호구 : 안전장갑 • 얼굴에 대한 보호구 : 보안면	• 유해 화학물질의 흡입방지를 위한 보호구 : 방진, 방독, 송기 마스크 • 눈의 보호에 대한 보호구 : 보안경 • 소음의 차단에 대한 보호구 : 귀마개, 귀덮개

[안전인증 및 자율안전 확인대상 제품의 표시사항]

(1) 안전인증 대상
- 형식 또는 모델명
- 규격 또는 등급 등
- 제조자명
- 제조번호 및 제조년월
- 안전인증번호

(2) 자율안전확인 대상
- 형식 또는 모델명
- 규격 또는 등급 등
- 제조자명
- 제조번호 및 제조년월
- 자율확인번호

(3) 안전인증 및 자율안전 확인대상 보호구

안전 인증 대상	자율 안전 확인 대상
• 추락 및 감전 위험방지용 안전모 • 안전화 • 안전장갑 • 방진마스크 • 방독마스크 • 송기마스크 • 전동식 호흡보호구 • 보호복 • 안전대 • 차광 및 비산물 위험방지용 보안경 • 용접용 보안면 • 방음용 귀마개 또는 귀덮개	• 안전모 (안전 인증대상 기계 · 기구에 해당되는 사항 제외) • 보안경 (안전 인증대상 기계 · 기구에 해당되는 사항 제외) • 보안면 (안전 인증대상 기계 · 기구에 해당되는 사항 제외)

02 방진마스크

(1) 방진마스크의 등급

등급	사용장소
특급	• 베릴륨 등과 같이 독성이 강한 물질들을 함유한 분진 등 발생장소 • 석면 취급장소
1급	• 특급마스크 착용장소를 제외한 분진 등 발생장소 • 금속흄 등과 같이 열적으로 생기는 분진 등 발생장소 • 기계적으로 생기는 분진 등 발생장소 (규소등과 같이 2급 방진마스크를 착용하여도 무방한 경우는 제외한다.)
2급	특급 및 1급 마스크 착용장소를 제외한 분진 등 발생장소

※ 배기밸브가 없는 안면부여과식 마스크는 특급 및 1급 장소에 사용해서는 안 된다.

[방진마스크(직결식)]

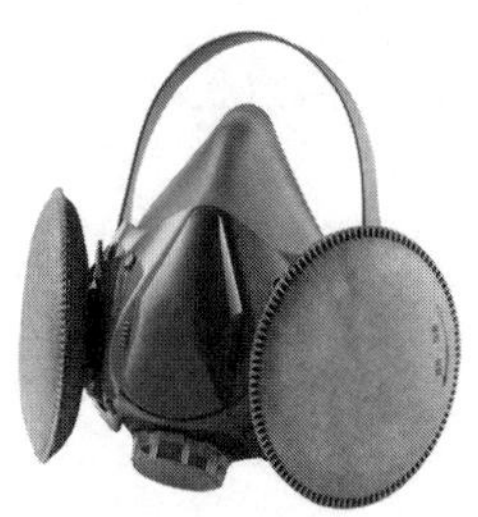

(2) 방진마스크 형태

종류	분리식		안면부여과식
	격리식	직결식	
형태	전면형	전면형	
	반면형	반면형	
사용조건	산소농도 18% 이상인 장소에서 사용하여야 한다.		

[방진마스크(안면부여과식)]

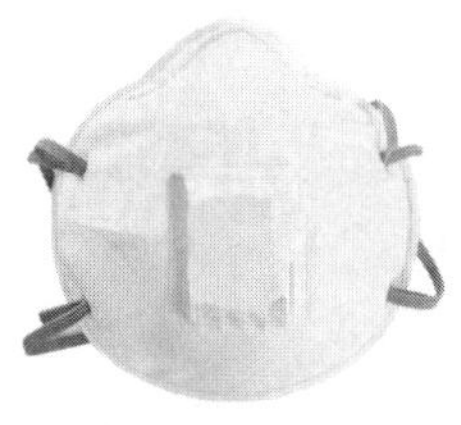

(3) 방진마스크의 구조

<table>
<tr><th>구분</th><th colspan="2">내용</th></tr>
<tr><td>선정기준
(구비조건)</td><td colspan="2">• 분진 포집효율(여과효율)이 좋을 것
• 흡 · 배기 저항이 낮을 것
• 사용적(유효공간)이 적을 것
• 중량이 가벼울 것
• 시야가 넓을 것
• 안면 밀착성이 좋을 것
• 피부 접촉 부위의 고무질이 좋을 것</td></tr>
<tr><td>일반구조</td><td colspan="2">• 착용 시 이상한 압박감이나 고통을 주지 않을 것
• 전면형은 호흡 시에 투시부가 흐려지지 않을 것
• 분리식 마스크는 여과재, 흡기밸브, 배기밸브 및 머리끈을 쉽게 교환할 수 있고 착용자 자신이 안면과 분리식 마스크의 안면부와의 밀착성 여부를 수시로 확인할 수 있을 것
• 안면부여과식 마스크는 여과재로 된 안면부가 사용기간 중 심하게 변형되지 않을 것
• 안면부여과식 마스크는 여과재를 안면에 밀착시킬 수 있을 것</td></tr>
<tr><td rowspan="5">각 부의
구조</td><td>안면부</td><td>착용하였을 때 안면부가 안면에 밀착되어 공기가 새지 않을 것</td></tr>
<tr><td>흡기밸브</td><td>미약한 호흡에 대하여 확실하고 예민하게 작동 할 것</td></tr>
<tr><td>배기밸브</td><td>• 방진마스크의 내부와 외부의 압력이 같을 경우 항상 닫혀 있도록 할 것.
• 약한 호흡 시에도 확실하고 예민하게 작동해야 한다.
• 외부의 힘에 의하여 손상되지 않도록 덮개 등으로 보호되어 있을 것</td></tr>
<tr><td>연결관
(격리식)</td><td>• 신축성이 좋아야 하고 여러 모양의 구부러진 상태에서도 통기에 지장이 없을 것
• 턱이나 팔의 압박이 있는 경우에도 통기에 지장이 없어야 한다.
• 목의 운동에 지장을 주지 않을 정도의 길이를 가질 것</td></tr>
<tr><td>머리끈</td><td>적당한 길이 및 탄력성을 갖고 길이를 쉽게 조절할 수 있을 것</td></tr>
</table>

(4) 방진마스크의 재료 기준

부품	기준
면에 밀착하는 부분	피부에 장해를 주지 않을 것
여과재	여과성능이 우수하고 인체에 장해를 주지 않을 것
금속부품	내식성, 부식방지를 위한 조치가 되어 있을 것
충격을 받을 수 있는 부품	충격 시에 마찰 스파크를 발생되어 가연성의 가스혼합물을 점화시킬 수 있는 알루미늄, 마그네슘, 티타늄 또는 이의 합금을 사용시 • 전면형 : 사용금지 • 반면형 : 최소한 사용

(5) 방진마스크의 시험성능 기준

① 안면부 흡기저항

형태 및 등급		유량(ℓ /min)	차압(Pa)
분리식	전면형	160	250 이하
		30	50 이하
		95	150 이하
	반면형	160	200 이하
		30	50 이하
		95	130 이하
안면부 여과식	특급	30	100 이하
	1급		70 이하
	2급		60 이하
	특급	95	300 이하
	1급		240 이하
	2급		210 이하

② 여과재 분진 등 포집효율

염화나트륨(NaCl) 및 파라핀 오일(Paraffin oil) 시험(%)

구분	특급	1급	2급
분리식	99.95 이상	94 이상	80 이상
안면부 여과식	99 이상	94 이상	80 이상

[여과재의 분진 포집효율]

$$P(\%) = \frac{C_1 - C_2}{C_1} \times 100$$

P : 여과재의 분진 등 포집효율(%)
C_1 : 여과재의 통과 전 농도(mg/m^3)
C_2 : 여과재의 통과 후 농도(mg/m^3)

Tip

방진마스크의 여과재 분진 등의 포집효율 시험은 염화나트륨과 파라핀오일 시험을 한다는 점 기억해 두자.

③ 안면부 배기저항

형태	유량(ℓ/min)	차압(Pa)
분리식	160	300 이하
안면부 여과식	160	300 이하

④ 안면부 누설율

형태 및 등급		누설률(%)
분리식	전면형	0.05 이하
	반면형	5 이하
안면부 여과식	특 급	5 이하
	1 급	11 이하
	2 급	25 이하

⑤ 시야

형태		시야(%)	
		유효시야	겹침시야
전면형	1 안식	70 이상	80 이상
	2 안식	70 이상	20 이상

[방진마스크의 여과재]

⑥ 여과재 질량

형태		질량(g)
분리식	전면형	500 이하
	반면형	300 이하

⑦ 여과재 호흡저항

형태 및 등급		유량(ℓ/min)	차압(Pa)
분리식	특급	30	120 이하
		95	420 이하
	1급	30	70 이하
		95	240 이하
	2급	30	60 이하
		95	210 이하

⑧ 안면부 내부의 이산화탄소 농도시험

안면부 내부의 이산화탄소 농도가 부피분율 1% 이하일 것

03 방독마스크

[방독마스크]

(1) 방독마스크 용어의 정의

용어	정의
전면형 방독마스크	유해물질 등으로부터 안면부 전체(입, 코, 눈)를 덮을 수 있는 구조의 방독마스크를 말한다.
반면형 방독마스크	유해물질 등으로부터 안면부의 입과 코를 덮을 수 있는 구조의 방독마스크를 말한다.
복합용 방독마스크	2종류 이상의 유해물질 등에 대한 제독능력이 있는 방독마스크를 말한다.
겸용 방독마스크	방독마스크(복합용 포함)의 성능에 방진마스크의 성능이 포함된 방독마스크를 말한다.
파과	대응하는 가스에 대하여 정화통 내부의 흡착제가 포화상태가 되어 흡착능력을 상실한 상태
파과시간	일정농도의 유해물질 등을 포함한 공기를 일정 유량으로 정화통에 통과하기 시작부터 파과가 보일 때까지의 시간
파과곡선	파과시간과 유해물질 등에 대한 농도와의 관계를 나타낸 곡선

(2) 방독마스크의 종류

종류	시험가스
유기화합물용	시클로헥산(C_6H_{12})
	디메틸에테르(CH_3OCH_3)
	이소부탄(C_4H_{10})
할로겐용	염소가스 또는 증기(Cl_2)
황화수소용	황화수소가스(H_2S)
시안화수소용	시안화수소가스(HCN)
아황산용	아황산가스(SO_2)
암모니아용	암모니아가스(NH_3)

(3) 방독마스크의 등급 및 사용장소

등급	사용장소
고농도	가스 또는 증기의 농도가 100분의 2(암모니아에 있어서는 100분의 3) 이하의 대기 중에서 사용하는 것
중농도	가스 또는 증기의 농도가 100분의 1(암모니아에 있어서는 100분의 1.5) 이하의 대기 중에서 사용하는 것
저농도 및 최저농도	가스 또는 증기의 농도가 100분의 0.1 이하의 대기 중에서 사용하는 것으로서 긴급용이 아닌 것

■ 비고 : 방독마스크는 산소농도가 18% 이상인 장소에서 사용하여야 하고, 고농도와 중농도에서 사용하는 방독마스크는 전면형(격리식, 직결식)을 사용해야 한다.

(4) 방독마스크의 형태 및 구조

형태			구조
격리식	전면형		정화통, 연결관, 흡기밸브, 안면부, 배기밸브 및 머리끈으로 구성되고, 정화통에 의해 가스 또는 증기를 여과한 청정공기를 연결관을 통하여 흡입하고 배기는 배기밸브를 통하여 외기중으로 배출하는 것으로 안면부 전체를 덮는 구조
격리식	반면형		정화통에 의해 가스 또는 증기를 여과한 청정공기를 연결관을 통하여 흡입하고 배기는 배기밸브를 통하여 외기중으로 배출하는 것으로 코 및 입부분을 덮는 구조
직결식	전면형	구획(격장), 안경, 흡기밸브, 머리끈, 배기밸브 1안식 2안식	정화통에 의해 가스 또는 증기를 여과한 청정공기를 흡기밸브를 통하여 흡입하고 배기는 배기밸브를 통하여 외기중으로 배출하는 것으로 정화통이 직접 연결된 상태로 안면부 전체를 덮는 구조
직결식	반면형		정화통에 의해 가스 또는 증기를 여과한 청정공기를 흡기밸브를 통하여 흡입하고 배기는 배기밸브를 통하여 외기중으로 배출하는 것으로 안면부와 정화통이 직접 연결된 상태로 코 및 입부분을 덮는 구조

(5) 방독마스크의 구조

<table>
<tr><th colspan="2">구분</th><th>내용</th></tr>
<tr><td colspan="2">일반구조</td><td>• 착용 시 이상한 압박감이나 고통을 주지 않을 것
• 착용자의 얼굴과 방독마스크의 내면사이의 공간이 너무 크지 않을 것
• 전면형은 호흡 시에 투시부가 흐려지지 않을 것
• 격리식 및 직결식 방독마스크에 있어서는 정화통 · 흡기밸브 · 배기밸브 및 머리끈을 쉽게 교환할 수 있고, 착용자 자신이 스스로 안면과 방독마스크 안면부와의 밀착성 여부를 수시로 확인할 수 있을 것</td></tr>
<tr><td rowspan="6">각 부의 구조</td><td>안면부</td><td>쉽게 착용할 수 있고, 착용하였을 때 안면부가 안면에 밀착되어 공기가 새지 않을 것</td></tr>
<tr><td>흡착제</td><td>정화통 내부의 흡착제는 견고하게 충진되고 충격에 의해 외부로 노출되지 않을 것</td></tr>
<tr><td>흡기밸브</td><td>미약한 호흡에 대하여 확실하고 예민하게 작동 할 것</td></tr>
<tr><td>배기밸브</td><td>• 방독마스크의 내부와 외부의 압력이 같을 경우 항상 닫혀 있도록 할 것.
• 약한 호흡 시에도 확실하고 예민하게 작동해야 한다.
• 외부의 힘에 의하여 손상되지 않도록 덮개 등으로 보호되어 있을 것</td></tr>
<tr><td>연결관
(격리식)</td><td>• 신축성이 좋아야 하고 여러 모양의 구부러진 상태에서도 통기에 지장이 없을 것
• 턱이나 팔의 압박이 있는 경우에도 통기에 지장이 없어야 한다.
• 목의 운동에 지장을 주지 않을 정도의 길이를 가질 것</td></tr>
<tr><td>머리끈</td><td>적당한 길이 및 탄력성을 갖고 길이를 쉽게 조절할 수 있을 것</td></tr>
</table>

Tip

방독마스크의 구조에 관한 내용은 방진마스크의 구조 기준과 크게 다르지 않다. 방진마스크의 기준을 그대로 적용하면 된다.

(6) 방진마스크의 재료 기준

부품	기준
면에 밀착하는 부분	피부에 장해를 주지 않을 것
흡착제	흡착성능이 우수하고 인체에 장해를 주지 않을 것
금속부품	내식성, 부식방지를 위한 조치가 되어 있을 것
충격을 받을 수 있는 부품	충격 시에 마찰 스파크를 발생되어 가연성의 가스혼합물을 점화시킬 수 있는 알루미늄, 마그네슘, 티타늄 또는 이의 합금으로 만들지 말 것.

(7) 방독마스크의 성능기준

① 안면부 흡기저항

형태		유량(ℓ/min)	차압(Pa)
격리식 및 직결식	전면형	160	250 이하
		30	50 이하
		95	150 이하
	반면형	160	200 이하
		30	50 이하
		95	130 이하

[방독마스크 정화통]

② 정화통 제독능력

종류 및 등급		시험가스의 조건		파과농도 (ppm, ±20%)	파과시간 (분)	분진포집효율 (%)
		시험가스	농도(%) (±10%)			
유기화합물용	고농도	시클로헥산	0.8	10.0	65 이상	** 특급 : 99.95 1급 : 94.0 2급 : 80.0
	중농도	〃	0.5		35 이상	
	저농도	〃	0.1		70 이상	
	최저농도	〃	0.1		20 이상	
할로겐용	고농도	염소가스	1.0	0.5	30 이상	
	중농도	〃	0.5		20 이상	
	저농도	〃	0.1		20 이상	
황화수소용	고농도	황화수소가스	1.0	10.0	60 이상	
	중농도	〃	0.5		40 이상	
	저농도	〃	0.1		40 이상	
시안화수소용	고농도	시안화수소가스	1.0	10.0*	35 이상	
	중농도	〃	0.5		25 이상	
	저농도	〃	0.1		25 이상	
아황산용	고농도	아황산가스	1.0	5.0	30 이상	
	중농도	〃	0.5		20 이상	
	저농도	〃	0.1		20 이상	
암모니아용	고농도	암모니아가스	1.0	25.0	60 이상	
	중농도	〃	0.5		40 이상	
	저농도	〃	0.1		50 이상	

* 시안화수소가스에 의한 제독능력시험 시 시아노겐(C2N2)은 시험가스에 포함될 수 있다. (C2N2+HCN)를 포함한 파과농도는 10ppm을 초과할 수 없다.

** 겸용의 경우 정화통과 여과재가 장착된 상태에서 분진포집효율시험을 하였을 때 등급에 따른 기준치 이상일 것

③ 안면부 배기저항

형태	유량(ℓ/min)	차압(Pa)
격리식 및 직결식	160	300 이하

④ 안면부 누설율

형태		누설률(%)
격리식 및 직결식	전면형	0.05 이하
	반면형	5 이하

⑤ 시야

형태		시야(%)	
		유효시야	겹침시야
전면형	1안식	70 이상	80 이상
	2안식	70 이상	20 이상

⑥ 정화통 질량 (여과재가 있는 경우 포함)

형태		질량(g)
격리식 및 직결식	전면형	500 이하
	반면형	300 이하

⑦ 안면부 내부의 이산화탄소 농도
안면부 내부의 이산화탄소(CO_2)농도가 부피분율 1% 이하일 것

⑧ 추가표시
안전인증 방독마스크에 안전인증의 표시에 따른 표시 외에 추가로 표시할 사항
㉠ 파과곡선도
㉡ 사용시간 기록카드
㉢ 정화통의 외부측면의 표시 색
㉣ 사용상의 주의사항

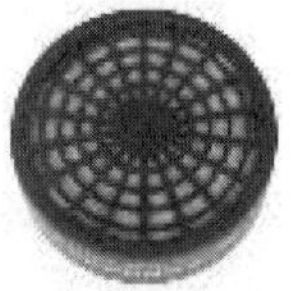
정화통

[안전인증표시 사항]
(1) 형식 또는 모델명
(2) 규격 또는 등급 등
(3) 제조자 명
(4) 제조번호 및 제조연월
(5) 안전인증 번호

정화통 외부 측면의 표시 색

종 류	표시 색
유기화합물용 정화통	갈 색
할로겐용 정화통	회 색
황화수소용 정화통	
시안화수소용 정화통	
아황산용 정화통	노랑색
암모니아용 정화통	녹 색
복합용 및 겸용의 정화통	• 복합용의 경우 : 해당가스 모두 표시(2층 분리) • 겸용의 경우 : 백색과 해당가스 모두 표시(2층 분리)

※ 증기밀도가 낮은 유기화합물 정화통의 경우 색상표시 및 화학물질명 또는 화학기호를 표기

⑨ 정화통의 유효시간

$$유효시간 = \frac{표준유효시간 \times 시험가스농도}{사용하는\ 작업장\ 공기중\ 유해가스농도}$$

예제

공기 중 사염화탄소의 농도가 0.2%인 작업장에서 근로자가 착용할 방독마스크 정화통의 유효시간은 얼마인가?(단, 정화통의 유효시간은 0.5%에 대하여 100분이다.)

$$유효시간 = \frac{표준유효시간 \times 시험가스농도}{사용하는\ 작업장\ 공기중\ 유해가스농도} = \frac{100 \times 0.5}{0.2} = 250분$$

04 송기마스크, 전동식 호흡보호구

(1) 송기마스크의 종류

① 호스마스크
② 에어라인 마스크
③ 복합식 에어라인 마스크

(2) 송기마스크 구조 및 재료의 조건

<table>
<tr><th>구분</th><th colspan="2">내용</th></tr>
<tr><td>일반구조 조건</td><td colspan="2">• 튼튼하고 가벼워야 하며, 장시간 사용하여도 고장이 없을 것
• 공기공급호스는 그 결합이 확실하고 누설의 우려가 없을 것
• 취급시의 충격에 대한 내성을 보유할 것
• 각 부분의 취급이 간단하고 쉽게 파손되지 않아야 하며 착용시 압박을 주지 않을 것</td></tr>
<tr><td rowspan="4">재료의 조건</td><td>강도 · 탄력성</td><td>각 부위별 용도에 따라 적합할 것</td></tr>
<tr><td>피부에 접촉하는 부분</td><td>자극 또는 변화를 주지 않아야 하며, 소독이 가능한 것일 것</td></tr>
<tr><td>금속재료</td><td>내부식성이 있는 것이거나 내부식 처리를 할 것</td></tr>
<tr><td>호스 및 중압호스</td><td>균일하고 유연성이 있어야 하며, 흠 · 기포 · 균열 등의 결점이 없고 유해가스 등에 의하여 침식되지 않을 것</td></tr>
</table>

(3) 송기마스크 성능기준

① 안면부 누설율 시험

<table>
<tr><th>종류</th><th colspan="2">등급</th><th>구분</th></tr>
<tr><td rowspan="3">호스 마스크</td><td colspan="2">폐력흡인형</td><td>0.05 이하</td></tr>
<tr><td rowspan="2">송풍기형</td><td>전동</td><td>2 이하</td></tr>
<tr><td>수동</td><td>2 이하</td></tr>
<tr><td rowspan="3">에어라인마스크</td><td colspan="2">일정유량형</td><td rowspan="5">0.05 이하</td></tr>
<tr><td colspan="2">디맨드형</td></tr>
<tr><td colspan="2">압력디맨드형</td></tr>
<tr><td rowspan="2">복합식 에어라인마스크</td><td colspan="2">디맨드형</td></tr>
<tr><td colspan="2">압력디맨드형</td></tr>
<tr><td>페이스실드 또는 후드</td><td colspan="3">5 이하</td></tr>
</table>

[송기마스크]

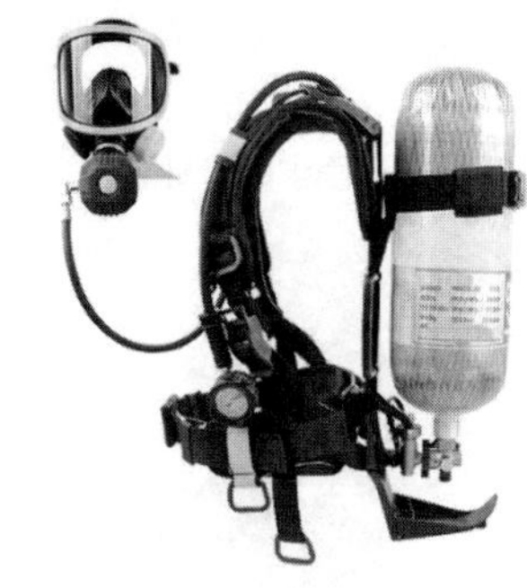

[송기마스크의 종류]

(1) 호스마스크
① 폐력흡인형 : 착용자의 폐력으로 호스 끝에 고정된 신선한 공기를 호스 안면부를 통해 흡입하는 구조
② 송풍기형 : 송풍기로 신선한 공기를 안면부로 보내는 구조

(2) 에어라인마스크
① 일정유량형 : 압축공기를 중압호스 등을 통해 안면부로 보내는 구조
② 디맨드형 및 압력디맨드형 : 일정유량형과 같은 구조로 공급밸브를 갖추고 착용자의 호흡량에 따라 송기

(3) 복합식 에어라인마스크
보통때는 디맨드형 또는 압력디맨드형을 사용하다가 급기 중단 등 긴급한 경우 고압용기에서 공기를 받아 공기호흡기로 사용하는 구조

② 송풍기형 호스 마스크의 분진 포집효율시험

등 급	효 율(%)
전 동	99.8 이상
수 동	95.0 이상

(4) 전동식 호흡보호구

[전동식 마스크]

① 용어 정의

용어	내용
전동식 보호구	사용자의 몸에 전동기를 착용한 상태에서 전동기 작동에 의해 여과된 공기가 호흡호스를 통하여 안면부에 공급하는 형태의 전동식보호구
겸용	방독마스크(복합용 포함) 및 방진마스크의 성능이 포함된 전동식보호구
복합용	2종류 이상의 유해물질에 대한 제독능력이 있는 전동식보호구
전동식 후드	안면부 전체를 덮는 형태로 머리 · 안면부 · 목 · 어깨부분까지 보호할 수 있는 구조의 전동식 후드
전동식 보안면	안면부를 덮는 형태로 머리 및 안면부를 보호할 수 있는 구조의 전동식 보안면
착용부품	전동식보호구 각각의 부품을 결합하여 어깨 또는 허리에 전동식보호구와 조립하여 사용하는 부품
호흡호스	상압에 가까운 압력으로 공기가 들어가도록 안면부에 연결된 주름진 유연한 호스(hose)
호흡저항	흡기 및 배기 중 공기흐름에 따른 전동식보호구 안면부 내부의 호흡저항

② 전동식 호흡보호구 추가표시사항

㉠ 전동기 등이 본질안전 방폭구조로 설계된 경우 해당내용 표시

㉡ 사용범위, 사용상주의사항, 파과곡선도(정화통에 부착)

㉢ 정화통의 외부측면의 표시 색(방독 마스크와 동일)

③ 전동식 방진마스크의 시험 성능기준

㉠ 여과재 분진의 포집효율

형태 및 등급		염화나트륨(NaCl) 및 파라핀 오일(Paraffin oil) 시험(%)
전동식 전면형 및 전동식 반면형	전동식 특급	99.95 이상
	전동식 1급	99.5 이상
	전동식 2급	95.0 이상

㉡ 질량

형태	질량
전동식 방진 마스크 총 질량	총 질량이 5kg 이하이어야 하고 머리부분은 1.5kg 이하일 것
전동식 전면형	전동식 방진마스크의 모든 부착물을 포함한 상태에서 500g 이하일 것
전동식 반면형	전동식 방진마스크의 모든 부착물을 포함한 상태에서 300g 이하일 것

㉢ 호흡호스의 연결강도

등급	연결강도(N)
전동식 특급	250
전동식 1급	100
전동식 2급	50

㉣ 안면부 내부의 이산화탄소 농도

상태	농도(%)
전원을 켠 상태	안면부 내부의 이산화탄소(CO_2)농도가 부피분율 1.0% 이하일 것
전원을 끈 상태	안면부 내부의 이산화탄소(CO_2)농도가 부피분율 2.0% 이하일 것

㉤ 소음 : 전동기 작동시 안면부 내부의 소음은 75dB(A)이하 일 것

④ 전동식 후드 및 전동식 보안면

㉠ 호흡저항

형태	상태	차압(Pa)
전동식 후드 및 전동식 보안면	상온상압에서 시료를 인두 또는 인체모형에 장착	500 이하

㉡ 여과재의 분진 포집효율

형태 및 등급		염화나트륨(NaCl)및 파라핀 오일(Paraffin oil) 시험(%)
전동식 후드 및 전동식 보안면	전동식 특급	99.8 이상
	전동식 1급	98.0 이상
	전동식 2급	90.0 이상

[전동식 후드]

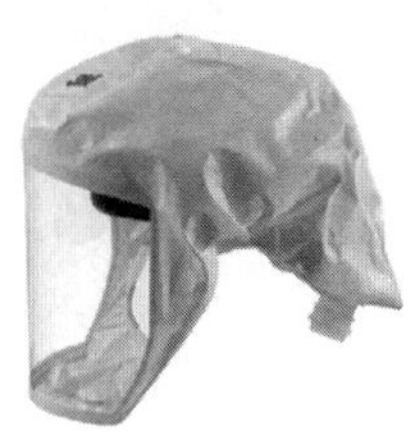

㉢ 안면부 누설률

형태 및 등급		안면부누설률(%)
전원을 켠 상태	전동식 특급	0.2 이하
	전동식 1급	2.0 이하
	전동식 2급	10.0 이하

㉣ 질량 : 총 질량이 5kg 이하이어야 하고, 머리부분은 1.5kg 이하
㉤ 전동기 용량 : 최소 사용시간이 240분 이상 일 것
㉥ 호흡호스의 변형 : 규정하중으로 눌렀을 때 설계된 유량을 기준으로 공기유량의 감소가 5% 이하이어야 하며, 규정하중을 제거하고 5분경과후 호흡호스에 변형이 없어야 한다.

05 안전모

(1) 안전모의 종류

종류(기호)	사용구분	비고
AB	물체의 낙하 또는 비래 및 추락에 의한 위험을 방지 또는 경감시키기 위한 것	–
AE	물체의 낙하 또는 비래에 의한 위험을 방지 또는 경감하고, 머리부위 감전에 의한 위험을 방지하기 위한 것	내전압성
ABE	물체의 낙하 또는 비래 및 추락에 의한 위험을 방지 또는 경감하고, 머리부위 감전에 의한 위험을 방지 하기 위한 것	내전압성

[내전압성]

내전압성이란 7,000V 이하의 전압에 견디는 것을 말한다.

(2) 안전모의 구조

① 안전모 각부의 명칭

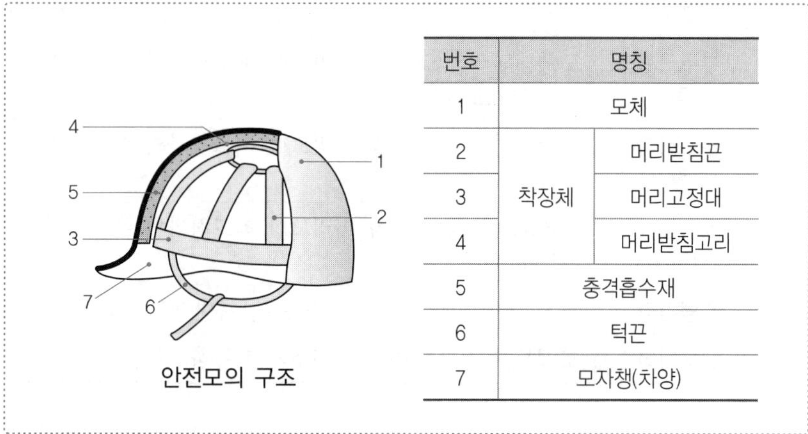

안전모의 구조

번호	명칭	
1	모체	
2	착장체	머리받침끈
3		머리고정대
4		머리받침고리
5	충격흡수재	
6	턱끈	
7	모자챙(차양)	

[ABE형 안전모]

Tip

안전모 각부의 명칭은 실기에서도 출제되는 내용으로 그림에 따라 각 명칭은 충분히 숙지해야 한다.

구분	내용
모체	착용자의 머리부위를 덮는 주된 물체로서 단단하고 매끄럽게 마감된 재료
착장제	머리받침끈, 머리고정대 및 머리받침고리로 구성되어 안전모 머리부위에 고정시켜주며, 안전모에 충격이 가해졌을 때 착용자의 머리부위에 전해지는 충격을 완화시켜주는 기능을 갖는 부품
충격흡수제	안전모에 충격이 가해졌을 때, 착용자의 머리부위에 전해지는 충격을 완화하기 위하여 모체의 내면에 붙이는 부품

구분	내용
턱끈	모체가 착용자의 머리부위에서 탈락하는 것을 방지하기 위한 부품
통기구멍	통풍의 목적으로 모체에 있는 구멍
챙	빛 등을 가리기 위한 목적으로 착용자의 이마 앞으로 돌출된 모체의 일부

② 안전모의 거리 및 간격

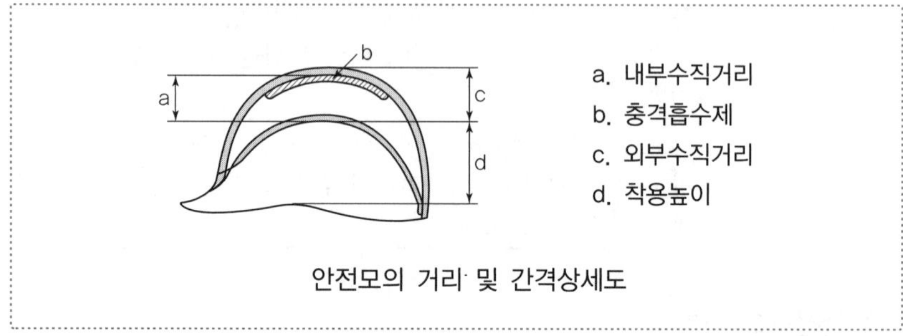

안전모의 거리 및 간격상세도

구분	내용
내부수직거리 (그림 a)	모체내면의 최고점과 머리모형 최고점과의 수직거리 (25~50mm 미만)
외부수직거리 (그림 c)	모체외면의 최고점과 머리모형 최고점과의 수직거리 (80mm 미만)
착용높이 (그림 d)	머리고정대의 하부와 머리모형 최고점과의 수직거리 (85mm 이상)
수평간격	모체 내면과 머리모형 전면 또는 측면간의 거리(5mm 이상)
관통거리	모체두께를 포함하여 철제추가 관통한 거리

(3) 안전모의 일반구조 조건

① 안전모는 모체, 착장체 및 턱끈을 가질 것
② 머리고정대 : 착용자의 머리부위에 적합하도록 조절할 수 있을 것
③ 착장체의 구조 : 착용자의 머리에 균등한 힘이 분배되도록 할 것
④ 모체, 착장체 등 안전모의 부품 : 착용자에게 상해를 줄 수 있는 날카로운 모서리 등이 없을 것
⑤ 모체에 구멍이 없을 것(착장체 및 턱끈의 설치 또는 안전등, 보안면 등을 붙이기 위한 구멍은 제외)
⑥ 턱끈 : 사용 중 탈락되지 않도록 확실히 고정되는 구조일 것
⑦ 머리받침끈 : 폭은 15mm 이상, 교차되는 끈 폭의 합은 72mm 이상
⑧ 턱끈의 폭 : 10mm 이상일 것

⑨ 모체, 착장체 및 충격흡수재를 포함한 질량 : 440g 이하

⑩ AB종 안전모 : 충격흡수재를 가져야 하며, 리벳(rivet)등 기타 돌출부가 모체의 표면에서 5mm 이상 돌출되지 않아야 한다.

⑪ AE종 안전모 : 금속제의 부품을 사용하지 않고, 착장체는 모체의 내외면을 관통하는 구멍을 뚫지 않고 붙일 수 있는 구조로서 모체의 내외면을 관통하는 구멍 핀홀 등이 없어야 한다.

Tip

시험성능 항목 주의 !

AE, ABE종 안전모에만 해당하는 시험성능 항목은 내관통성, 내전압성, 내수성 시험이 있다는 부분을 주의하자.

(4) 안전모의 시험성능 기준

항목	시험 성능기준
내관통성	AE, ABE종 안전모는 관통거리가 9.5mm 이하이고, AB종 안전모는 관통거리가 11.1mm 이하이어야 한다.
충격흡수성	최고전달충격력이 4,450N을 초과해서는 안되며, 모체와 착장체의 기능이 상실되지 않아야 한다.
내전압성	AE, ABE종 안전모는 교류 20kV에서 1분간 절연파괴 없이 견뎌야 하고, 이때 누설되는 충전전류는 10mA 이하이어야 한다.
내 수 성	AE, ABE종 안전모는 질량증가율이 1% 미만이어야 한다.
난 연 성	모체가 불꽃을 내며 5초 이상 연소되지 않아야 한다.
턱끈풀림	150N 이상 250N 이하에서 턱끈이 풀려야 한다.

[내관통성 및 충격흡수성 시험장치]

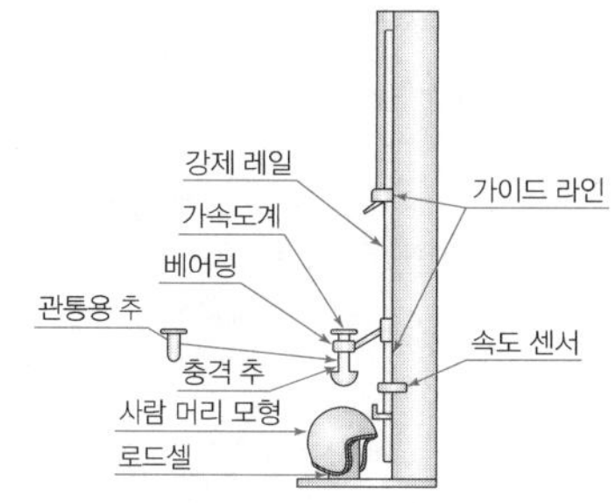

[안전모의 착용높이 측정]

안전모 머리 고정대를 머리모형에 장착하여 측정하며 50N의 수직하중을 가한 상태에서 측정한다. 머리받침고리는 가장 높은 위치로 조절하여 측정한다.

(5) 안전모의 시험방법

① 안전모의 전처리 시험

구분	성능 기준
저온전처리는 (−10±2)℃	4시간 이상 유지
고온전처리는 (50±2)℃	
침지전처리는 (20±2)℃	

② 충격흡수성 및 내관통성 시험

충격흡수성 시험	내관통성 시험
질량 3,600g의 충격추를 높이 1.5m에서 자유 낙하시켜 전달충격력을 측정 (충격이 가해진 안전모에 다시 충격을 가하지 않도록 한다.)	질량 450g 철체추를 높이 3m에서 자유 낙하시켜 관통거리를 측정

※ 안전모를 머리모형에 장착하고 전처리한 후 1분 이내에 실시한다.

③ 내전압성 시험(AE, ABE종)

모체의 내부 수면에서 최소연면거리(30mm)까지 모체 내외의 수중에 전극을 담그고, 60Hz, 20kV의 전압을 가하고 충전전류를 측정

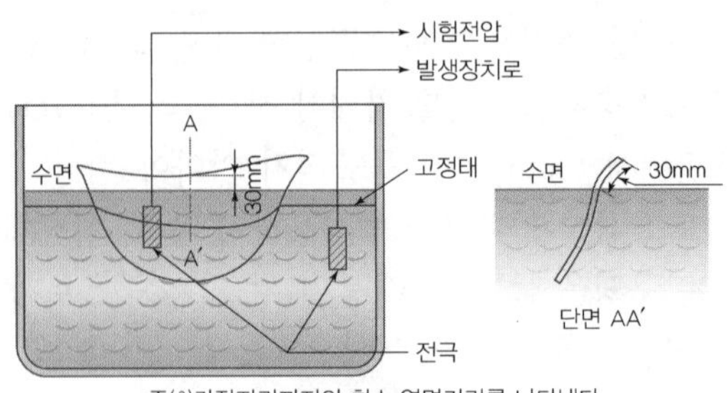

내전압시험장치

[난연성 시험장치]

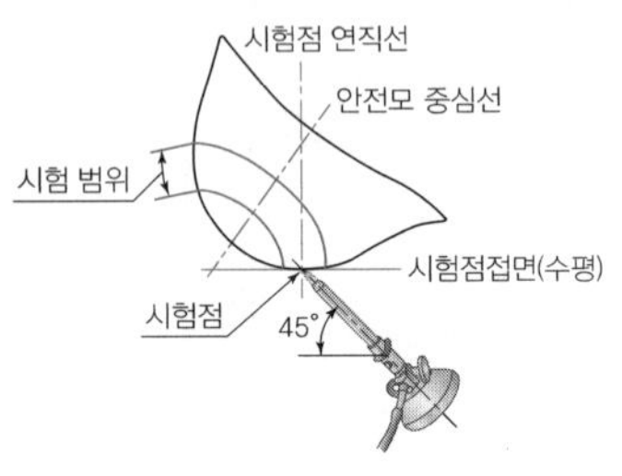

[턱끈풀림 시험장치]

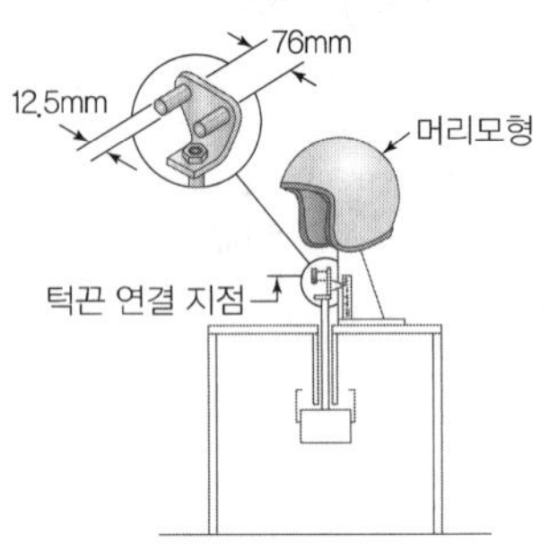

④ 안전모의 내수성 시험(AE, ABE종)

시험 안전모의 모체를(20~25)℃의 수중에 24시간 담가놓은 후, 대기 중에 꺼내어 마른천 등으로 표면의 수분을 닦아내고 다음 산식으로 질량증가율(%)을 산출한다.

$$\text{질량 증가율(\%)} = \frac{\text{담근 후의 질량} - \text{담그기 전의 질량}}{\text{담그기 전의 질량}} \times 100$$

※ AE, ABE종 안전모의 판정기준은 질량증가율 1% 미만

예제

종류 AE, ABE 안전모의 질량 증가율을 구하고 판정을 내리시오. (단, 담그기 전 무게가 440g이고 담근 후의 무게가 445g이었다.)

$$\text{질량 증가율(\%)} = \frac{445(g)-440(g)}{440(g)} \times 100 = 1.1363 \fallingdotseq 1.14$$

판정 : 1.14(%), 판정기준 1% 이상이므로 불합격

⑤ 난연성 시험

모체 상부로부터 (50~100)mm 사이로 불꽃 접촉면이 수평이 된 상태에서 버너를 수직방향에서 45° 기울여서 10초간 연소시킨 후 불꽃을 제거한 후 모체가 불꽃을 내고 계속 연소되는 시간을 측정

※ 모체가 불꽃을 내며 5초 이상 연소되지 않아야 한다.

⑥ 턱끈풀림 시험

안전모를 머리모형에 장착하고 직경이 (12.5±0.5)mm이고 양단간의 거리가(75±2)mm인 원형롤러에 턱끈을 고정시킨 후 초기 150N의 하중을 원형 롤러부에 가하고 이후 턱끈이 풀어질 때까지 분당(20±2)N의 힘을 가하여 최대하중을 측정하고 턱끈 풀림여부를 확인

※ 150N 이상 250N 이하에서 턱끈이 풀려야 한다.

06 안전화

(1) 안전화의 종류

① 시험성능에 따른 종류

구분	낙하높이	압축하중
중작업용	1,000mm	15.0±0.1 kN
보통작업용	500mm	10.0±0.1 kN
경작업용	250mm	4.4 ±0.1 kN

② 등급에 따른 종류

등급	사용장소
중작업용	광업, 건설업 및 철광업 등에서 원료취급, 가공, 강재취급 및 강재 운반, 건설업 등에서 중량물 운반작업, 가공대상물의 중량이 큰 물체를 취급하는 작업장으로서 날카로운 물체에 의해 찔릴 우려가 있는 장소
보통 작업용	기계공업, 금속가공업, 운반, 건축업 등 공구 가공품을 손으로 취급하는 작업 및 차량 사업장, 기계 등을 운전조작하는 일반 작업장으로서 날카로운 물체에 의해 찔릴 우려가 있는 장소
경작업용	금속 선별, 전기제품 조립, 화학제품 선별, 반응장치 운전, 식품 가공업 등 비교적 경량의 물체를 취급하는 작업장으로서 날카로운 물체에 의해 찔릴 우려가 있는 장소

③ 용도에 따른 종류

종 류	성능구분
가죽제 안전화	물체의 낙하, 충격 또는 날카로운 물체에 의한 찔림 위험으로부터 발을 보호하기 위한 것
고무제 안전화	물체의 낙하, 충격 또는 날카로운 물체에 의한 찔림 위험으로부터 발을 보호하고 내수성 또는 내화학성을 겸한 것
정전기 안전화	물체의 낙하, 충격 또는 날카로운 물체에 의한 찔림 위험으로부터 발을 보호하고 정전기의 인체대전을 방지하기 위한 것

종 류	성능구분
발등 안전화	물체의 낙하, 충격 또는 날카로운 물체에 의한 찔림 위험으로부터 발 및 발등을 보호하기 위한 것
절연화	물체의 낙하, 충격 또는 날카로운 물체에 의한 찔림 위험으로부터 발을 보호하고 저압의 전기에 의한 감전을 방지하기 위한 것
절연장화	고압에 의한 감전을 방지 및 방수를 겸한 것

④ 고무제 안전화의 종류

등급	사용장소
일반용	일반작업장
내유용	탄화수소류의 윤활유 등을 취급하는 작업장
내산용	무기산을 취급하는 작업장
내알카리용	알카리를 취급하는 작업장
내산, 알카리 겸용	무기산 및 알카리를 취급하는 작업장

[안전화의 선심]

발가락 등을 보호할 수 있도록 안전화의 앞부분에 쇠, 플라스틱 등을 내부에 갖춘 것

(2) 안전화의 성능기준

① 절연화의 성능기준

구분		내전압성능
신울 등이 가죽제 및 고무제인 것	선심 있는 것	14,000V, 60Hz에서 1분간 견디고 충전전류가 5mA 이하일 것
	선심 없는 것	

② 절연장화의 시험성능기준

항목	시험성능기준
내전압성시험	20,000V에 1분간 견디고 이때의 충전전류가 20mA 이하일 것

③ 부가성능기준

미끄럼방지 시험성능기준

미끄럼방지 등급	1등급	2등급
성 능	마찰계수 0.36 초과	마찰계수 0.25~0.35

④ 안전화의 몸통높이

(단화 : 113mm 미만)

(중단화 : 113mm 이상)

(장화 : 178mm 이상)

07 안전대

(1) 안전대의 종류

종류	사용구분	내용
벨트식(B식) 신체지지의 목적으로 허리에 착용하는 띠모양의 부품	1개 걸이용	죔줄의 한쪽 끝을 D링에 고정시키고 훅 또는 카라비너를 구조물 또는 구명줄에 고정시키는 걸이 방법
	U자 걸이용	안전대의 죔줄을 구조물 등에 U자모양으로 돌린 뒤 훅 또는 카라비너를 D링에, 신축조절기를 각링 등에 연결하는 걸이 방법
안전그네식(H식) 신체지지의 목적으로 전신에 착용하는 띠 모양의 것 (상체 등 신체 일부분만 지지하는 것은 제외)	추락방지대	추락을 방지하기 위해 자동잠김 장치를 갖추고 죔줄과 수직구명줄에 연결된 금속장치
	안전블록	안전그네와 연결하여 추락발생시 추락을 억제할 수 있는 자동잠김장치가 갖추어져 있고 죔줄이 자동적으로 수축되는 장치

Tip

안전대 구분 주의 !

추락방지대 및 안전블록은 안전그네식에만 적용한다.

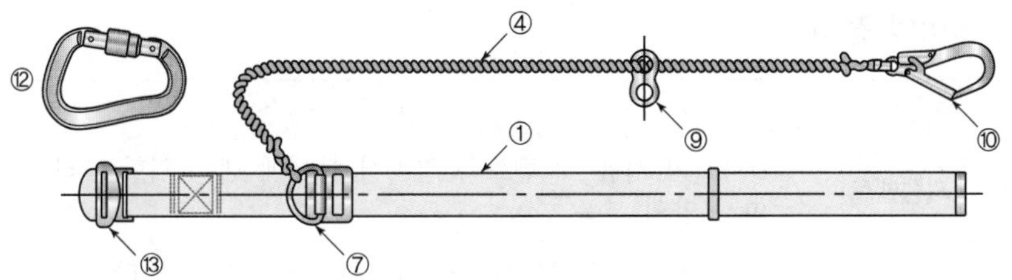

(a) 1개 걸이 전용 안전대

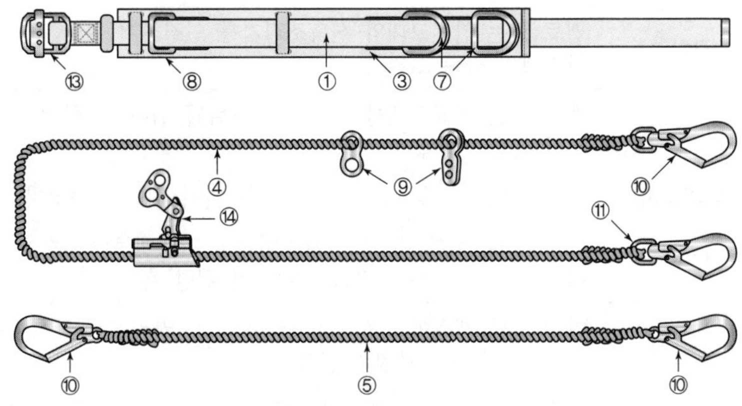

(b) U자 걸이 사용 안전대

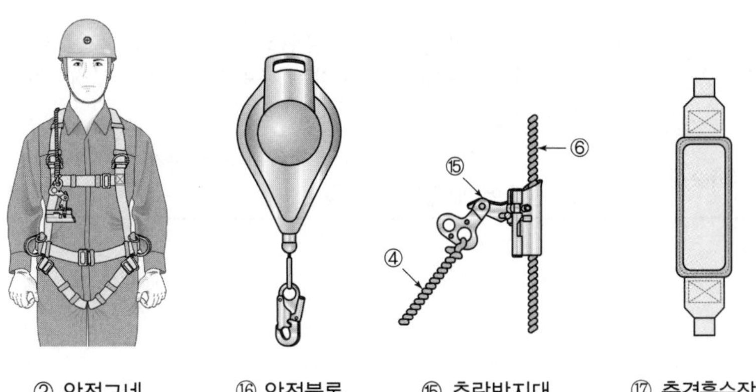

② 안전그네 ⑯ 안전블록 ⑮ 추락방지대 ⑰ 충격흡수장치

① 벨트	② 안전그네	③ 지탱벨트	④ 죔 줄	⑤ 보조죔 줄
⑥ 수직구명줄	⑦ D링	⑧ 각링	⑨ 8자형링	⑩ 훅
⑪ 보조훅	⑫ 카라비나	⑬ 버클	⑭ 신축조절기	⑮ 추락방지대
⑯ 안전블록	⑰ 충격흡수장치			

(2) 용어의 정의

용어	내용
지탱벨트	U자걸이 사용 시 벨트와 겹쳐서 몸체에 대는 역할을 하는 띠 모양의 부품
죔줄	벨트 또는 안전그네를 구명줄 또는 구조물 등 기타 걸이설비와 연결하기 위한 줄모양의 부품
D링	벨트 또는 안전그네와 죔줄을 연결하기 위한 D자형의 금속 고리
각링	벨트 또는 안전그네와 신축조절기를 연결하기 위한 사각형의 금속 고리
버클	벨트 또는 안전그네를 신체에 착용하기 위해 그 끝에 부착한 금속장치
훅 및 카리비너	줄과 걸이설비 등 또는 D링과 연결하기 위한 금속장치
보조훅	U자걸이를 위해 훅 또는 카라비너를 지탱벨트의 D링에 걸거나 떼어낼 때 추락을 방지하기 위한 훅
8자형 링	안전대를 1개걸이로 사용할 때 훅 또는 카라비너를 죔줄에 연결하기 위한 8자형의 금속고리
보조죔줄	U자걸이로 사용할 때 U자걸이를 위해 훅 또는 카라비너를 지탱벨트의 D링에 걸거나 떼어낼 때 잘못하여 추락하는 것을 방지하기 위한 링과 걸이설비연결에 사용하는 훅 또는 카라비너를 갖춘 줄모양의 부품
수직구명줄	로프 또는 레일 등과 같은 유연하거나 단단한 고정줄로서 추락발생시 추락을 저지시키는 추락방지대를 지탱해 주는 줄모양의 부품
충격흡수장치	추락 시 신체에 가해지는 충격하중을 완화시키는 기능을 갖는 죔줄에 연결되는 부품

[낙하거리의 용어]

(1) 억제거리 : 감속거리를 포함한 거리로서 추락을 억제하기 위하여 요구되는 총 거리

(2) 감속거리 : 추락하는 동안 전달충격력이 생기는 지점에서의 착용자의 D링 등 체결지점과 완전히 정지에 도달하였을 때의 D링 등 체결지점과의 수직거리

(3) 최대전달충격력 : 동하중시험 시 시험몸통 또는 시험추가 추락하였을 때 로드셀에 의해 측정된 최고 하중

(3) 안전대의 구조 조건

구조 조건	내용
일반구조 조건	• 벨트 또는 지탱벨트 및 죔줄, 수직구명줄 또는 보조죔줄에 씸블(thimble)등의 마모방지장치가 되어있을 것 • 죔줄의 모든 금속 구성품은 내식성을 갖거나 부식방지 처리를 할 것 • 벨트의 조임 및 조절 부품은 저절로 풀리거나 열리지 않을 것 • 안전그네는 골반 부분과 어깨에 위치하는 띠를 가져야 하고, 사용자에게 잘 맞게 조절할 수 있을 것 • 안전대에 사용하는 죔줄은 충격흡수장치가 부착될 것 다만 U자걸이, 추락방지대 및 안전블록에는 해당하지 않는다.
U자걸이를 사용할 수 있는 안전대의 구조	• 지탱벨트, 각링, 신축조절기가 있을 것 (안전그네를 착용할 경우 지탱벨트를 사용하지 않아도 된다.) • U자걸이 사용 시 D링, 각 링은 안전대 착용자의 몸통 양 측면에 고정되도록 지탱벨트 또는 안전그네에 부착할 것 • 신축조절기는 죔줄로부터 이탈하지 않도록 할 것 • U자걸이 사용상태에서 신체의 추락을 방지하기 위하여 보조 죔줄을 사용할 것 • 보조훅 부착 안전대는 신축조절기의 역방향으로 낙하저지 기능을 갖출 것 다만 죔줄에 스토퍼가 부착될 경우에는 이에 해당 하지 않는다. • 보조훅이 없는 U자걸이 안전대는 1개걸이로 사용할 수 없도록 훅이 열리는 너비가 죔줄의 직경보다 작고 8자형링 및 이음형 고리를 갖추지 않을 것
안전블록이 부착된 안전대의 구조	• 안전블록을 부착하여 사용하는 안전대는 신체지지의 방법으로 안전그네만을 사용할 것 • 안전블록은 정격 사용 길이가 명시 될 것 • 안전블록의 줄은 합성섬유로프, 웨빙(webbing), 와이어로프 이어야 하며, 와이어로프인 경우 최소지름이 4mm 이상일 것
추락방지대가 부착된 안전대의 구조	• 추락방지대를 부착하여 사용하는 안전대는 신체지지의 방법으로 안전그네만을 사용하여야 하며 수직구명줄이 포함될 것 • 수직구명줄에서 걸이설비와의 연결부위는 훅 또는 카라비너 등이 장착되어 걸이설비와 확실히 연결될 것 • 유연한 수직구명줄은 합성섬유로프 또는 와이어로프 등이어야 하며 구명줄이 고정되지 않아 흔들림에 의한 추락방지대의 오작동을 막기 위하여 적절한 긴장수단을 이용, 팽팽히 당겨질 것 • 죔줄은 합성섬유로프, 웨빙, 와이어로프 등일 것 • 고정된 추락방지대의 수직구명줄은 와이어로프 등으로 하며 최소지름이 8mm 이상일 것 • 고정 와이어로프에는 하단부에 무게추가 부착되어 있을 것

(4) 시험성능기준

구분	명칭	시험하중	시험성능기준
완성품	벨 트 식	15kN(1,530kgf)	• 파단되지 않을 것 • 신축조절기의 기능이 상실되지 않을 것
	안전그네식	15kN(1,530kgf)	시험몸통으로부터 빠지지 말 것
부품	벨트, 지탱벨트	15kN(1,530kgf)	
	죔줄, 수직구명줄	22kN(2,245kgf)	재료가 합성섬유인 경우
		15kN(1,530kgf)	재료가 금속인 경우
	보조죔줄	18kN(1,835kgf)	
	죔줄, 수직구명줄의 D링 또는 훅 등의 연결부	11.28kN(1,150kgf)	
	링류(D링, 각링, 8자링)	15kN(1,530kgf)	
	버클	7.84kN(800kgf)	
	신축조절기	11.28kN(1,150kgf)	미끄러진 길이가 30mm 이하일 것
	추락방지대	11.28kN(1,150kgf)	미끄러진 길이가 30mm 이하일 것
	훅, 보조훅 및 카라비너	15kN(1,530kgf)	
	훅의 코부위 또는 카라비너의 입구(gate)	1kN(100kgf)	• 수직압축하중 • 코부위 또는 몸체로부터 3mm 이상의 이격이 없을 것
		1.55kN(160kgf)	• 측면압축하중 • 코부위 또는 몸체로부터 3mm 이상의 이격이 없을 것
	신축조절기의 각링 연결부위	1.55kN(160kgf)	• 측면압축하중 • 코부위 또는 몸체로부터 3mm 이상의 이격이 없을 것
	안전블록	15kN(1,530kgf)	안전블록의 줄
		11.28kN(1,150kgf)	안전블록의 몸체
		6N(0.6kgf)~112N(11.4kgf)	• 줄의 수축하중 • 완전 수축 후 잔여길이는 600 mm 이내일 것
	충격흡수장치	15kN(1,530kgf)	완전 전개한 후 시험하여 파단하지 않을 것
		2kN(200kgf)	50mm 이상의 늘어남이 없을 것

08 차광보안경

(1) 보안경의 종류

사용구분에 따른 차광보안경의 종류

종류	사용구분
자외선용	자외선이 발생하는 장소
적외선용	적외선이 발생하는 장소
복합용	자외선 및 적외선이 발생하는 장소
용접용	산소용접작업등과 같이 자외선, 적외선 및 강렬한 가시광선이 발생하는 장소

[사용구분에 따른 보안경의 종류(자율안전확인]

(1) 유리보안경
(2) 프라스틱보안경
(3) 도수렌즈보안경

[차광 보안경]

(2) 용접용 보안면

① 용접용 보안면의 종류

분류		구조
필터에 의한 분류		자동용접 필터형
		일반용접 필터형
형태에 의한 분류	헬멧형	안전모나 착용자의 머리에 지지대나 헤드밴드 등을 이용하여 적정위치에 고정, 사용하는 형태(자동용접 필터형, 일반용접필터형)
	핸드 실드형	손에 들고 이용하는 보안면으로 적절한 필터를 장착하여 눈 및 안면을 보호하는 형태

[용접용 보안면(헬멧형)]

[용접용 보안면(핸드실드형)]

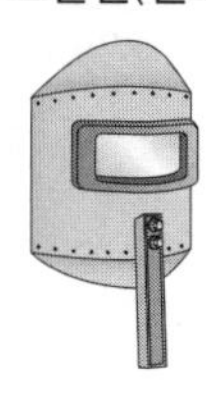

② 용접용 보안면의 일반구조 조건

구분	내용
보안면	돌출 부분, 날카로운 모서리 혹은 사용 도중 불편하거나 상해를 줄 수 있는 결함이 없어야 한다.
접촉면	착용자와 접촉하는 보안면의 모든 부분에는 피부 자극을 유발하지 않는 재질을 사용해야 한다.
머리띠	머리띠를 착용하는 경우, 착용자의 머리와 접촉하는 모든 부분의 폭이 최소한 10mm 이상 되어야 하며, 머리띠는 조절이 가능해야 한다.
형식 및 치수 (핸드실드형)	길이 : 310mm 이상, 폭 : 210mm 이상, 깊이 120mm 이상
절연시험	누출 전류 1.2mA 미만이어야 한다.

③ 투과율

커버플레이트	89% 이상
자동용접필터	낮은 수준의 최소시감투과율 0.16% 이상

09 내전압용 절연장갑, 안전장갑

(1) 내전압용 절연장갑 용어의 정의

[절연장갑의 모양]

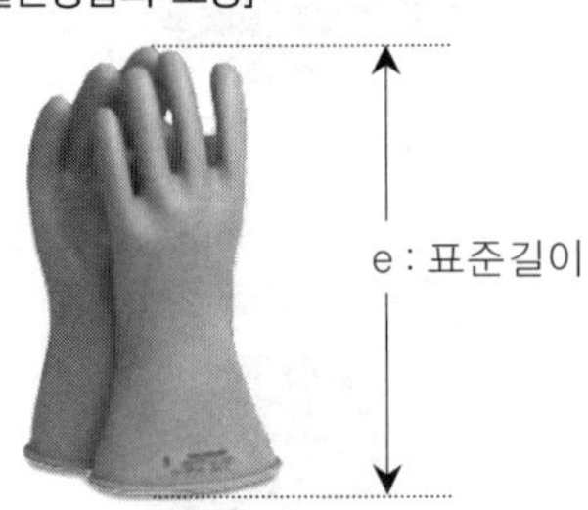

용어	내용
손바닥(palm)부분	내전압용 절연장갑의 손바닥 안쪽 중심면을 덮는 부분
손목(wrist)부분	연장갑의 소매 위 좁은 부분
컨투어 장갑 (contour glove)	소매 끝단을 팔의 구부림을 편리하게 한 절연장갑
아귀(fork)	절연장갑의 두 손가락 사이 또는 엄지와 손가락 사이 부분
합성 장갑 (composite glove)	다양한 색상 또는 형태의 고무를 여러 개 붙이거나 층층으로 포개어 합성한 장갑
미트(mitt)	4개 이하의 손가락 덮개를 가진 절연장갑
소매(cuff)	절연장갑의 손목에서 개구부까지의 부분
소매 롤(cuff roll)	소매 끝단을 말거나 보강한 부분
색 스플래시 (colour splash)	균질한 성분으로써 절연장갑 내부 또는 외부를 돋보이게 하기 위하여 칠 또는 줄무늬 등을 함침 공법에 의하여 착색시켜 경화시킨 것
펑크(puncture)	고형 절연물을 관통하는 절연 파괴
정격전압 (nominal voltage)	설계 또는 규정된 계통에 적용되는 적정한 값의 전압
고무 (elastomer)	천연이나 합성 또는 이들의 혼합물이나 화합물로 될 수 있는 천연 고무, 유액 및 합성 고무 등을 포함

(2) 성능기준 및 시험방법

① 절연장갑의 등급

등 급	최대사용전압	
	교류(V, 실효값)	직류(V)
00	500	750
0	1,000	1,500
1	7,500	11,250
2	17,000	25,500
3	26,500	39,750
4	36,000	54,000

② 각 등급별 표준길이(절연장갑의 치수)

등 급	표준길이(mm)	비 고
00 0 1, 2, 3 4	270 및 360 270, 360, 410 및 460 360, 410 및 460 410 및 460	오차범위 ±15mm

③ 절연장갑의 최대 두께, 절연내력시험(실효치) 및 색상

등 급	두께(mm)	시험전압(kv)	색상
00	0.50 이하	5	갈색
0	1.00 이하	10	빨간색
1	1.50 이하	20	흰색
2	2.30 이하	30	노란색
3	2.90 이하	30	녹색
4	3.60 이하	40	등색

(3) 유기화합물용 안전장갑

구분	내용
일반구조 및 재료	• 사용되는 재료와 부품은 착용자에게 해로운 영향을 주지 않아야 한다. • 착용 및 조작이 용이하고, 착용상태에서 작업을 행하는데 지장이 없어야 한다. • 육안을 통해 확인한 결과 찢어진 곳, 터진 곳, 구멍난 곳이 없어야 한다.
추가표시 사항	• 안전장갑의 치수 • 보관·사용 및 세척상의 주의사항 • 안전장갑을 표시하는 화학물질 보호성능표시

[화학물질 보호성능 표시]

10 방음용 귀마개, 귀덮개

[소음계의 C 특성]

85phon의 고음역대 신호보정회로를 이용하여 소음등급평가에 적절하며 A특성과 C특성의 차이가 크면 저주파음, 차가 작으면 고주파음으로 추정한다.

(1) 음압수준

"음압수준"이란 음압을 아래식에 따라 데시벨(dB)로 나타낸 것을 말하며 KS C 1505(적분평균소음계) 또는 KS C 1502(소음계)에 규정하는 소음계의 "C" 특성을 기준으로 한다.

$$\text{음압수준} = 20\log\frac{P}{P_0}$$

P : 측정음압으로서 파스칼(Pa) 단위를 사용

P_0 : 기준음압으로서 20μPa사용

[귀마개와 귀덮개]

(1) 방음용 귀마개(ear-plugs) : 외이도에 삽입 또는 외이 내부 · 외이도 입구에 반 삽입함으로서 차음효과를 나타내는 일회용 또는 재사용 가능한 방음용 귀마개를 말한다.

(2) 방음용 귀덮개(ear-muff) : 양쪽 귀 전체를 덮을 수 있는 컵(머리띠 또는 안전모에 부착된 부품을 사용하여 머리에 압착될 수 있는 것)을 말한다.

(2) 귀마개, 귀덮개의 종류

종류	등급	기호	성능
귀마개	1종	EP-1	저음부터 고음까지 차음하는 것
	2종	EP-2	주로 고음을 차음하고 저음(회화음영역)은 차음하지 않는 것
귀덮개	-	EM	

(3) 귀마개와 귀덮개의 일반구조기준

구분	내용
귀마개	• 귀마개는 사용수명 동안 피부자극, 피부질환, 알레르기 반응 혹은 그 밖에 다른 건강상의 부작용을 일으키지 않을 것 • 귀마개 사용 중 재료에 변형이 생기지 않을 것 • 귀마개를 착용할 때 귀마개의 모든 부분이 착용자에게 물리적인 손상을 유발시키지 않을 것 • 귀마개를 착용할 때 밖으로 돌출되는 부분이 외부의 접촉에 의하여 귀에 손상이 발생하지 않을 것 • 귀(외이도)에 잘 맞을 것 • 사용 중 심한 불쾌함이 없을 것 • 사용 중에 쉽게 빠지지 않을 것
귀덮개	• 인체에 접촉되는 부분에 사용하는 재료는 해로운 영향을 주지 않을 것 • 귀덮개 사용중 재료에 변형이 생기지 않을 것 • 제조자가 지정한 방법으로 세척 및 소독을 한 후 육안 상 손상이 없을 것 • 금속으로 된 재료는 부식방지 처리가 된 것으로 할 것 • 귀덮개의 모든 부분은 날카로운 부분이 없도록 처리할 것 • 제조자는 귀덮개의 쿠션 및 라이너를 전용 도구로 사용하지 않고 착용자가 교체할 수 있을 것

구분	내용
	• 귀덮개는 귀전체를 덮을 수 있는 크기로 하고, 발포 플라스틱 등의 흡음재료로 감쌀 것 • 귀 주위를 덮는 덮개의 안쪽 부위는 발포 플라스틱 공기 혹은 액체를 봉입한 플라스틱 튜브 등에 의해 귀주위에 완전하게 밀착되는 구조일 것 • 길이조절을 할 수 있는 금속재질의 머리띠 또는 걸고리 등은 적당한 탄성을 가져 착용자에게 압박감 또는 불쾌함을 주지 않을 것

[귀마개]

[귀덮개]

(4) 귀마개 또는 귀덮개의 차음성능기준

	중심주파수(Hz)	차음치(dB)		
		EP-1	EP-2	EM
차음성능	125	10 이상	10 미만	5 이상
	250	15 이상	10 미만	10 이상
	500	15 이상	10 미만	20 이상
	1,000	20 이상	20 미만	25 이상
	2,000	25 이상	20 이상	30 이상
	4,000	25 이상	25 이상	35 이상
	8,000	20 이상	20 이상	20 이상

[방열복]

11 방열복

(1) 방열복의 종류 및 구조, 질량

종류	착용부위	질량(kg)
방열상의	상 체	3.0
방열하의	하 체	2.0
방열일체복	몸체(상 · 하체)	4.3
방열장갑	손	0.5
방열두건	머 리	2.0

(2) 방열두건의 사용구분

차광도 번호	사용구분
#2 ~ #3	고로강판가열로, 조괴(造塊) 등의 작업
#3 ~ #5	전로 또는 평로 등의 작업
#6 ~ #8	전기로의 작업

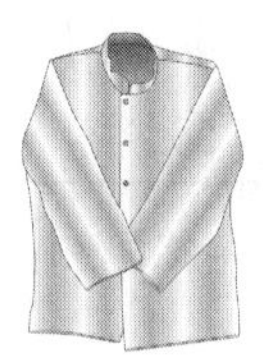
방열상의

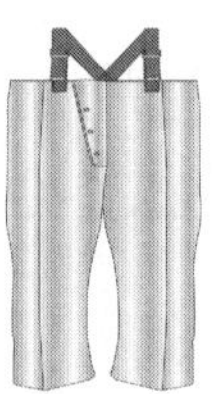
방열하의

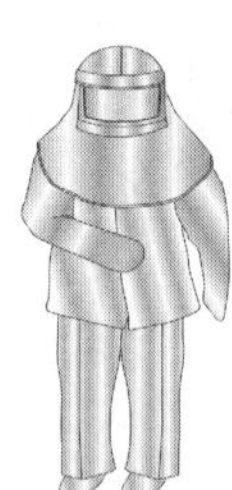
방열일체복

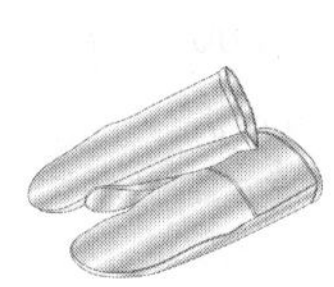
방열장갑

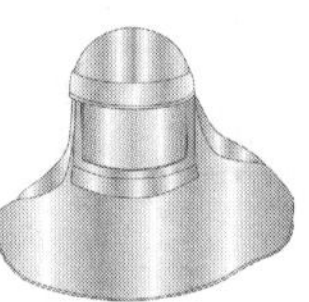
방열두건

Ch.04 보호구 핵심문제

□□□ 10년1회

1. 다음 중 보호구에 있어 자율안전확인 제품에 표시하여야 하는 사항이 아닌 것은?

① 제조자명
② 자율안전확인의 표시
③ 사용기한
④ 제조번호 및 제조연월

해설

자율안전확인 제품에 표시하여야 하는 사항
1. 형식 또는 모델명
2. 규격 또는 등급 등
3. 제조자명
4. 제조번호 및 제조년월
5. 자율안전확인 번호

□□□ 10년3회, 18년1회

2. 사용장소에 따른 방진마스크의 등급을 구분할 때 석면 취급장소에 가장 적합한 등급은?

① 특급　② 1급
③ 2급　④ 3급

해설

방진마스크의 등급

등급	사용장소
특급	• 베릴륨 등과 같이 독성이 강한 물질들을 함유한 분진 등 발생장소 • 석면 취급장소
1급	• 특급마스크 착용장소를 제외한 분진 등 발생장소 • 금속흄 등과 같이 열적으로 생기는 분진 등 발생장소 • 기계적으로 생기는 분진 등 발생장소 (규소등과 같이 2급 방진마스크를 착용하여도 무방한 경우는 제외한다.)
2급	특급 및 1급 마스크 착용장소를 제외한 분진 등 발생장소

□□□ 15년2회

3. 다음 중 방진마스크의 구비 조건으로 적절하지 않는 것은?

① 흡기밸브는 미약한 호흡에 대하여 확실하고 예민하게 작동하도록 할 것
② 쉽게 착용되어야 하고 착용하였을 때 안면부가 안면에 밀착되어 공기가 새지 않을 것
③ 여과재는 여과성능이 우수하고 인체에 장해를 주지 않을 것
④ 흡·배기밸브는 외부의 힘에 의하여 손상되지 않도록 흡·배기 저항이 높을 것

해설

1. 흡기밸브는 미약한 호흡에 대하여 확실하고 예민하게 작동하도록 할 것
2. 배기밸브는 방진마스크의 내부와 외부의 압력이 같을 경우 항상 닫혀 있도록 할 것. 또한, 약한 호흡 시에도 확실하고 예민하게 작동하여야 하며 외부의 힘에 의하여 손상되지 않도록 덮개 등으로 보호되어 있을 것

□□□ 08년1회, 16년1회

4. 방진마스크의 선정기준으로 적합하지 않은 것은?

① 배기저항이 낮을 것　② 흡기저항이 낮을 것
③ 사용적이 클 것　④ 시야가 넓을 것

해설

[참고] 방진 마스크의 선정기준
1. 분진 포집효율(여과효율)이 좋을 것
2. 흡·배기 저항이 낮을 것
3. 사용적(유효공간)이 적을 것
4. 중량이 가벼울 것
5. 시야가 넓을 것
6. 안면 밀착성이 좋을 것
7. 피부 접촉 부위의 고무질이 좋을 것

□□□ 09년3회, 20년1·2회

5. 방진마스크의 사용 조건 중 산소농도의 최소기준으로 옳은 것은?

① 16%　② 18%
③ 21%　④ 23.5%

해설

방진마스크, 방독마스크는 산소결핍공간(산소농도 18%미만)에서는 사용할 수 없다.

정답 1 ③ 2 ① 3 ④ 4 ③ 5 ②

□□□ 16년3회

6. 방진마스크의 형태에 따른 분류 중 그림에서 나타내는 것은 무엇인가?

① 격리식 전면형
② 직결식 전면형
③ 격리식 반면형
④ 직결식 반면형

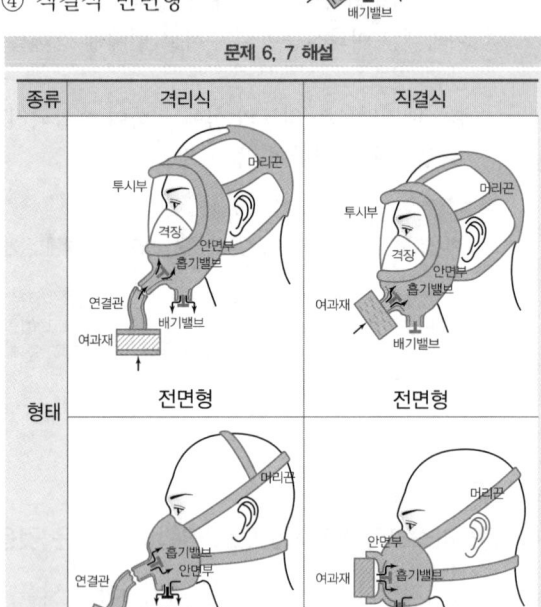

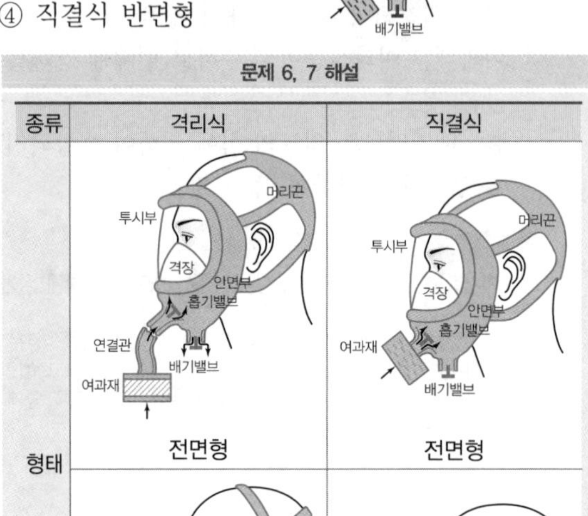

문제 6, 7 해설

종류	격리식	직결식
형태	전면형	전면형
	반면형	반면형

□□□ 18년1회

7. 다음의 방진마스크 형태로 옳은 것은?

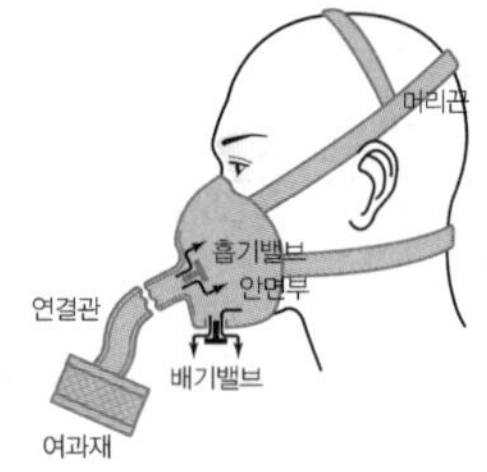

① 직결식 전면형
② 직결식 반면형
③ 격리식 전면형
④ 격리식 반면형

□□□ 19년1회

8. 보호구 안전인증 고시에 따른 분리식 방진마스크의 성능기준에서 포집효율이 특급인 경우, 염화나트륨(NaCl) 및 파라핀 오일(Paraffin oil)시험에서의 포집효율은?

① 99.95% 이상
② 99.9% 이상
③ 99.5% 이상
④ 99.0% 이상

해설

여과재 분진 등 포집효율
염화나트륨(NaCl) 및 파라핀 오일(Paraffin oil) 시험(%)

구분	특급	1급	2급
분리식	99.95 이상	94 이상	80 이상
안면부 여과식	99 이상	94 이상	80 이상

□□□ 11년2회

9. 안전인증 대상 보호구인 방독마스크에서 유기화합물용 정화통 외부 측면의 표시 색으로 옳은 것은?

① 갈색
② 노란색
③ 녹색
④ 백색과 녹색

해설

[참고] 정화통 외부 측면의 색

종 류	표시 색
유기화합물용 정화통	갈 색
할로겐용 정화통	회 색
황화수소용 정화통	
시안화수소용 정화통	
아황산용 정화통	노랑색
암모니아용 정화통	녹 색

□□□ 17년2회

10. 산업안전보건법상 방독마스크 사용이 가능한 공기 중 최소 산소농도 기준은 몇 % 이상 인가?

① 14%
② 16%
③ 18%
④ 20%

해설

방독마스크는 산소농도가 18% 이상인 장소에서 사용하여야 하고, 고농도와 중농도에서 사용하는 방독마스크는 전면형(격리식, 직결식)을 사용해야 한다.

정답 6 ② 7 ④ 8 ① 9 ① 10 ③

□□□ 12년2회

11. 다음 중 방독마스크의 종류와 시험가스가 잘못 연결된 것은?

① 할로겐용 : 수소가스(H_2)
② 암모니아용 : 암모니아가스(NH_3)
③ 유기화합물용 : 시클로헥산(C_6H_{12})
④ 시안화수소용 : 시안화수소가스(HCN)

문제 11, 12 해설

[참고] 방독마스크의 종류 및 시험가스

종 류	시험가스
유기화합물용	시클로헥산(C_6H_{12}) 디메틸에테르(CH_3OCH_3) 이소부탄(C_4H_{10})
할로겐용	염소가스 또는 증기(Cl_2)
황화수소용	황화수소가스(H_2S)
시안화수소용	시안화수소가스(HCN)
아황산용	아황산가스(SO_2)
암모니아용	암모니아가스(NH_3)

□□□ 18년2회, 18년3회, 19년2회

12. 유기화합물용 방독마스크 시험가스의 종류가 아닌 것은?

① 염소가스 또는 증기(CI_2)
② 시클로헥산(C_6H_{12})
③ 디메틸에테르(CH_3OCH_3)
④ 이소부탄(C_4H_{10})

□□□ 14년3회

13. 다음 중 방독마스크의 성능기준에 있어 사용 장소에 따른 등급의 설명으로 틀린 것은?

① 고농도는 가스 또는 증기의 농도가 100분의 2 이하의 대기 중에서 사용하는 것을 말한다.
② 중농도는 가스 또는 증기의 농도가 100분의 1 이하의 대기 중에서 사용하는 것을 말한다.
③ 저농도는 가스 또는 증기의 농도가 100분의 0.5 이하의 대기 중에서 사용하는 것으로서 긴급용이 아닌 것을 말한다.
④ 고농도와 중농도에서 사용하는 방독마스크는 전면형(격리식, 직결식)을 사용해야 한다.

해설

등급	사용장소
고농도	가스 또는 증기의 농도가 100분의 2(암모니아에 있어서는 100분의 3) 이하의 대기 중에서 사용하는 것
중농도	가스 또는 증기의 농도가 100분의 1(암모니아에 있어서는 100분의 1.5) 이하의 대기 중에서 사용하는 것
저농도 및 최저농도	가스 또는 증기의 농도가 100분의 0.1 이하의 대기 중에서 사용하는 것으로서 긴급용이 아닌 것

□□□ 09년2회, 13년3회

14. 공기 중 산소농도가 부족하고, 공기 중에 미립자상 물질이 부유하는 장소에서 사용하기에 가장 적절한 보호구는?

① 면마스크
② 방독마스크
③ 송기마스크
④ 방진마스크

해설

공기 중 산소농도가 부족하고, 공기 중에 미립자상 물질이 부유하는 장소에서 사용하기에 가장 적절한 보호구는 송기마스크이다.

□□□ 08년3회, 09년1회

15. 안전모의 종류 중 안전인증 대상이 아닌 것은?

① A형
② AB형
③ AE형
④ ABE형

문제 16~18 해설

안전모의 종류

종류(기호)	사용구분	비고
AB	물체의 낙하 또는 비래 및 추락에 의한 위험을 방지 또는 경감시키기 위한 것	
AE	물체의 낙하 또는 비래에 의한 위험을 방지 또는 경감하고, 머리부위 감전에 의한 위험을 방지하기 위한 것	내전압성
ABE	물체의 낙하 또는 비래 및 추락에 의한 위험을 방지 또는 경감하고, 머리부위 감전에 의한 위험을 방지하기 위한 것	내전압성

□□□ 11년3회

16. 다음 중 작업현장에서 낙하의 위험과 상부에 전선이 있어 감전위험이 있을 때 사용하여야 하는 안전모의 종류는?

① A형 안전모
② B형 안전모
③ AB형 안전모
④ AE형 안전모

정답 11 ① 12 ① 13 ③ 14 ③ 15 ① 16 ④

□□□ 12년1회

17. 다음 중 근로자가 물체의 낙하 또는 비래 및 추락에 의한 위험을 방지 또는 경감하고, 머리부위 감전에 의한 위험을 방지하고자 할 때 사용하여야 하는 안전모의 종류로 가장 적합한 것은?

① A형 ② AB형
③ ABE형 ④ AE형

□□□ 11년1회, 18년2회

18. AE형 또는 ABE형 안전모에 있어 내전압성이란 얼마 이하의 전압에 견디는 것을 말하는가?

① 750V ② 1000V
③ 3000V ④ 7000V

해설

내전압성이란 7,000V 이하의 전압에 견디는 것을 말한다.

□□□ 12년3회

19. 안전인증대상 보호구 중 안전모의 시험성능기준 항목이 아닌 것은?

① 내수성 ② 턱끈풀림
③ 가연성 ④ 충격흡수성

문제 20~23 해설

안전모의 시험성능 기준

항목	시험 성능기준
내관통성	AE, ABE종 안전모는 관통거리가 9.5mm 이하이고, AB종 안전모는 관통거리가 11.1mm 이하이어야 한다.
충격흡수성	최고전달충격력이 4,450N을 초과해서는 안되며, 모체와 착장체의 기능이 상실되지 않아야 한다.
내전압성	AE, ABE종 안전모는 교류 20kV에서 1분간 절연파괴 없이 견뎌야 하고, 이때 누설되는 충전전류는 10mA 이하이어야 한다.
내 수 성	AE, ABE종 안전모는 질량증가율이 1% 미만이어야 한다.
난 연 성	모체가 불꽃을 내며 5초 이상 연소되지 않아야 한다.
턱끈풀림	150N 이상 250N 이하에서 턱끈이 풀려야 한다.

□□□ 14년2회, 19년2회

20. 다음 중 안전인증대상 안전모의 성능기준 항목이 아닌 것은?

① 내열성 ② 턱끈풀림
③ 내관통성 ④ 충격흡수성

□□□ 14년1회, 20년3회

21. 다음 중 안전모의 성능시험에 있어서 AE, ABE종에만 한하여 실시하는 시험은?

① 내관통성시험, 충격흡수성시험
② 난연성시험, 내수성시험
③ 내관통성시험, 내전압성시험
④ 내전압성시험, 내수성시험

□□□ 10년2회, 15년3회

22. 안전인증 대상 보호구 중 AE, ABE종 안전모의 질량 증가율은 몇 % 미만이어야 하는가?

① 1% ② 2%
③ 3% ④ 5%

□□□ 09년2회, 17년1회

23. ABE종 안전모에 대하여 내수성 시험을 할 때 물에 담그기 전의 질량이 400g이고, 물에 담근 후의 질량이 410g이었다면 질량증가율과 합격여부로 옳은 것은?

① 질량증가율 : 2.5%, 합격여부 : 불합격
② 질량증가율 : 2.5%, 합격여부 : 합격
③ 질량증가율 : 102.5%, 합격여부 : 불합격
④ 질량증가율 : 102.5%, 합격여부 : 합격

해설

• 질량 증가율(%) $= \frac{\text{담근 후의 질량} - \text{담그기 전의 질량}}{\text{담그기 전의 질량}} \times 100$
• 내수성 : AE, ABE종 안전모는 질량증가율이 1% 미만이어야 한다.
질량증가율 $= \frac{410-400}{400} \times 100 = 2.5$, 1% 이상이므로 불합격

□□□ 08년1회

24. 추락을 방지하기 위해서 사용하는 안전대는 사용방법에 따라서 밸트식(B식)과 안전그네식(H식)으로 나누어지며 사용구분에 따라 정해진다. 종류에 따라 (H식)에 해당되는 안전대는 어느 것인가?

① U자걸이 전용 ② 1개걸이 전용
③ 안전블럭 ④ U자 · 1개걸이 공용

해설

1. 벨트식(B식) : 1개걸이 전용, U자 걸이용
2. 안전그네식(H식) : 추락방지대, 안전블록

정답 17 ③ 18 ④ 19 ③ 20 ① 21 ④ 22 ① 23 ① 24 ③

□□□ 13년1회

25. 다음 중 보호구에 관한 설명으로 옳은 것은?

① 차광용보안경이 사용구분에 따른 종류에는 자외선용, 적외선용, 복합용, 용접용이 있다.
② 귀마개는 처음에는 저음만을 차단하는 제품부터 사용하며, 일정 기간이 지난 후 고음까지를 모두 차단할 수 있는 제품을 사용한다.
③ 유해물질이 발생하는 산소결핍지역에서는 필히 방독 마스크를 착용하여야 한다.
④ 선반작업과 같이 손에 재해가 많이 발생하는 작업장에서는 장갑 착용을 의무화한다.

해설

참고 사용구분에 따른 차광보안경의 종류

종류	사용구분
자외선용	자외선이 발생하는 장소
적외선용	적외선이 발생하는 장소
복합용	자외선 및 적외선이 발생하는 장소
용접용	산소용접작업등과 같이 자외선, 적외선 및 강렬한 가시광선이 발생하는 장소

②항, 귀마개는 작업현장의 상황에 알맞은 제품을 선택하여 사용한다.
③항, 산소결핍지역에서는 송기마스크, 공기호흡기등을 사용하여야 한다.(방독마스크 사용금지)
④항, 선반작업에서는 장갑이 말려들어갈 위험이 있어 장갑을 착용하지 않는다.

□□□ 13년2회

26. 산업안전보건법령상 안전인증 절연장갑에 안전인증 표시 외에 추가로 표시하여야 하는 내용 중 등급별 색상의 연결이 옳은 것은?

① 00등급 : 갈색 ② 1등급 : 노란색
③ 0등급 : 흰색 ④ 2등급 : 빨간색

해설

안전인증 절연장갑에 안전인증 표시 외에 추가로 표시

등 급	색상
00	갈색
0	빨강색
1	흰색
2	노랑색
3	녹색
4	등색

□□□ 18년3회

27. 최대사용전압이 교류(실효값)500V 또는 직류 750V인 내전압용 절연장갑의 등급은?

① 00 ② 0
③ 1 ④ 2

해설

절연장갑의 등급

등 급	최대사용전압	
	교류(V, 실효값)	직류(V)
00	500	750
0	1,000	1,500
1	7,500	11,250
2	17,000	25,500
3	26,500	39,750
4	36,000	54,000

□□□ 15년1회

28. 안전인증대상 방음용 귀마개의 일반구조에 관한 설명으로 틀린 것은?

① 귀의 구조상 내이도에 잘 맞을 것
② 귀마개를 착용할 때 귀마개의 모든 부분이 착용자에게 물리적인 손상을 유발시키지 않을 것
③ 사용 중에 쉽게 빠지지 않을 것
④ 귀마개는 사용수명 동안 피부자극, 피부질환, 알레르기 반응 혹은 그 밖에 다른 건강상의 부작용을 일으키지 않을 것

해설

귀의 내이도가 아니라 외이도에 잘 맞을 것

참고 안전인증대상 방음용 귀마개의 일반구조

1. 귀마개는 사용수명 동안 피부자극, 피부질환, 알레르기 반응 혹은 그밖에 다른 건강상의 부작용을 일으키지 않을 것
2. 귀마개 사용 중 재료에 변형이 생기지 않을 것
3. 귀마개를 착용할 때 귀마개의 모든 부분이 착용자에게 물리적인 손상을 유발시키지 않을 것
4. 귀마개를 착용할 때 밖으로 돌출되는 부분이 외부의 접촉에 의하여 귀에 손상이 발생 하지 않을 것
5. 귀(외이도)에 잘 맞을 것
6. 사용 중 심한 불쾌함이 없을 것
7. 사용 중에 쉽게 빠지지 않을 것

정답 25 ① 26 ① 27 ① 28 ①

□□□ 09년2회

29. 방음용 귀마개 또는 귀덮개에서 사용하는 음압수준은 데시벨(dB)로 나타내는데 이는 소음계의 어떠한 특성을 기준으로 하는가?

① A특성　② B특성
③ C특성　④ D특성

문제 29, 30 해설

"음압수준"이란 음압을 아래식에 따라 데시벨(dB)로 나타낸 것을 말하며 KS C 1505(적분평균소음계) 또는 KS C 1502(소음계)에 규정하는 소음계의 "C" 특성을 기준으로 한다.

음압수준=$20\log\frac{P}{P_0}$

P : 측정음압으로서 파스칼(Pa) 단위를 사용
P_0 : 기준음압으로서 20μPa사용

□□□ 17년3회

30. 보호구 안전인증 고시에 따른 방음용 귀마개 또는 귀덮개와 관련된 용어의 정의 중 다음 (　) 안에 알맞은 것은?

> 음압수준이란 음압을 다음 식에 따라 데시벨(dB)로 나타낸 것을 말하며 적분평균소음계(KS C 1505) 또는 소음계(KS C 1502)에 규정하는 소음계의 (　　)특성을 기준으로 한다.

① A　② B
③ C　④ D

□□□ 08년2회, 19년3회

31. 다음 중 고음만을 차음하는 방음보호구의 기호는?

① NRR　② EM
③ EP-1　④ EP-2

해설

방음보호구의 종류

종 류	등 급	기 호	성 능
귀마개	1종	EP-1	저음부터 고음까지 차음하는 것
	2종	EP-2	주로 고음을 차음하여 회화음 영역인 저음은 차음하지 않는 것
귀덮개	–	EM	

□□□ 16년2회

32. 고무제 안전화의 구비조건이 아닌 것은?

① 유해한 흠, 균열, 기포, 이물질 등이 없어야 한다.
② 바닥, 발등, 발뒤꿈치 등의 접착부분에 물이 들어오지 않아야 한다.
③ 에나멜 도포는 벗겨져야 하며, 건조가 완전하여야 한다.
④ 완성품의 성능은 압박감, 충격 등의 성능시험에 합격하여야 한다.

해설

[참고] 고무제 안전화의 일반구조(보호구안전인증 고시)

1. 안전화는 방수 또는 내화학성의 재료(고무, 합성수지 등)를 사용하여 견고하게 제조되고 가벼우며 또한 착용하기에 편안하고, 활동하기 쉬워야 한다.
2. 안전화는 물, 산 또는 알카리 등이 안전화 내부로 쉽게 들어가지 않도록 되어 있어야 하며, 또한 겉창, 뒷굽, 테이프 기타 부분의 접착이 양호하여 물 등이 새어 들지 않도록 해야 한다.
3. 안전화 내부에 부착하는 안감 · 안창포 및 심지포(이하 "안감 및 기타포" 이라 한다)에 사용되는 메리야스, 융 등은 사용목적에 따라 적합한 조직의 재료를 사용하고 견고하게 제조하여 모양이 균일해야 한다. 다만, 분진발생 및 고온작업장소에서 사용되는 안전화는 안감 및 기타를 부착하지 아니할 수 있다.
4. 겉창(굽 포함), 몸통, 신울 기타 접합부분 또는 부착부분은 밀착이 양호하며, 물이 새지 않고 고무 및 포에 부착된 박리고무의 부풀음 등 흠이 없도록 해야 한다.
5. 선심의 안쪽은 포, 고무 또는 합성수지 등으로 붙이고 특히, 선심 뒷부분의 안쪽은 보강되도록 해야 한다.
6. 안쪽과 골씌움이 완전하도록 해야 한다.
7. 부속품의 접착은 견고하도록 해야 한다.
8. 에나멜을 칠한 것은 에나멜이 벗겨지지 않아야 하고 건조가 충분하여야 하며, 몸통과 신울에 칠한 면이 대체로 평활하고, 칠한 면을 겉으로 하여 180° 각도로 구부렸을 때, 에나멜을 칠한 면에 균열이 생기지 않도록 해야 한다.
9. 사용할 때 위험한 흠, 균열, 기공, 기포, 이물 혼입, 기타 유사한 결함이 없도록 해야 한다.

정답 29 ③ 30 ③ 31 ④ 32 ③

Chapter 05

산업안전 관계법규

안전관계법규는 산업안전보건법의 주요 내용과 기타산업안전관련 법규로 구성된다. 여기서는 안전관리자의 선임기준, 안전보건위원회, 안전보건개선계획과 관련한 내용이 주로 출제된다.

01 산업안전보건법의 이해

(1) 산업안전보건법의 목적

산업안전보건법은 산업 안전 및 보건에 관한 기준을 확립하고 그 책임의 소재를 명확하게 하여 산업재해를 예방하고 쾌적한 작업환경을 조성함으로써 노무를 제공하는 자의 안전 및 보건을 유지·증진함을 목적으로 한다.

(2) 법령체계

<table>
<tr><th colspan="4">제·개정권자</th><th>법적성격</th></tr>
<tr><th>국민투표</th><th colspan="3">기본법 [헌법]</th><td rowspan="5">법령
[형사처벌 및 경제력 제재 병행]</td></tr>
<tr><td>국회
[환노위→법사위→본회의]</td><td colspan="3">산업안전보건법
[법률]</td></tr>
<tr><td>대통령
[입법예고→규제심사→법제처심사→차관회의→국무회의]</td><td colspan="3">산업안전보건법 시행령
[대통령령]</td></tr>
<tr><td rowspan="3">고용노동부장관
[입법예고→규제심사→법제처심사]</td><td colspan="3">고용노동부령
[3개]</td></tr>
<tr><td>산업안전보건법 시행규칙</td><td>산업안전보건 기준에 관한 규칙</td><td>유해·위험작업의 취업제한에 관한 규칙</td></tr>
<tr><td colspan="3">기술상의 지침 및 작업환경의 표준 고시, 예규, 훈령</td><td>행정규칙</td></tr>
</table>

(3) 산업안전보건법의 주요 정의

용어	내용
산업재해	노무를 제공하는 자가 업무에 관계되는 건설물·설비·원재료·가스·증기·분진 등에 의하거나 작업 또는 그 밖의 업무로 인하여 사망 또는 부상하거나 질병에 걸리는 것
중대재해	산업재해 중 사망 등 재해정도가 심한 것으로서 고용노동부령으로 정하는 재해 • 사망자가 1명 이상 발생한 재해 • 3개월 이상의 요양이 필요한 부상자가 동시에 2명 이상 발생한 재해 • 부상자 또는 직업성질병자가 동시에 10명 이상 발생한 재해

Tip

개정법률에 따라 산업재해 정의에서 "근로자"라는 용어가 "노무를 제공하는 자"로 변경되었다.

[관련 법령]
산업안전보건법
• 제2조【정의】
• 제4조【정부의 책무】
• 제5조【사업주의 책무】

용어	내용
근로자	직업의 종류와 관계없이 임금을 목적으로 사업이나 사업장에서 근로를 제공하는 자
사업주	근로자를 사용하여 사업을 하는 자
근로자대표	근로자의 과반수로 조직된 노동조합이 있는 경우에는 그 노동조합을, 근로자의 과반수로 조직된 노동조합이 없는 경우에는 근로자의 과반수를 대표하는 자
도급	명칭에 관계없이 물건의 제조 · 건설 · 수리 또는 서비스의 제공, 그 밖의 업무를 타인에게 맡기는 계약
도급인	물건의 제조 · 건설 · 수리 또는 서비스의 제공, 그 밖의 업무를 도급하는 사업주를 말한다. (다만, 건설공사발주자는 제외)
수급인	도급인으로부터 물건의 제조 · 건설 · 수리 또는 서비스의 제공, 그 밖의 업무를 도급받은 사업주
관계수급인	도급이 여러 단계에 걸쳐 체결된 경우에 각 단계별로 도급받은 사업주 전부
안전 · 보건진단	산업재해를 예방하기 위하여 잠재적 위험성을 발견하고 그 개선대책을 수립할 목적으로 고용노동부장관이 지정 하는 자가 하는 조사 · 평가
작업환경측정	작업환경 실태를 파악하기 위하여 해당 근로자 또는 작업장에 대하여 사업주가 측정계획을 수립한 후 시료(試料)를 채취하고 분석 · 평가하는 것

(4) 주체별 의무

① 정부의 책무
- ㉠ 산업 안전 및 보건 정책의 수립 및 집행
- ㉡ 산업재해 예방 지원 및 지도
- ㉢ 직장 내 괴롭힘 예방을 위한 조치기준 마련, 지도 및 지원
- ㉣ 사업주의 자율적인 산업 안전 및 보건 경영체제 확립을 위한 지원
- ㉤ 산업 안전 및 보건에 관한 의식을 북돋우기 위한 홍보 · 교육 등 안전문화 확산 추진
- ㉥ 산업 안전 및 보건에 관한 기술의 연구 · 개발 및 시설의 설치 · 운영
- ㉦ 산업재해에 관한 조사 및 통계의 유지 · 관리
- ㉧ 산업 안전 및 보건 관련 단체 등에 대한 지원 및 지도 · 감독
- ㉨ 그 밖에 노무를 제공하는 자의 안전 및 건강의 보호 · 증진

② 사업주 등의 의무
- ㉠ 이 법과 이 법에 따른 명령으로 정하는 산업재해 예방을 위한 기준
- ㉡ 근로자의 신체적 피로와 정신적 스트레스 등을 줄일 수 있는 쾌적한 작업환경의 조성 및 근로조건 개선

㉢ 해당 사업장의 안전 및 보건에 관한 정보를 근로자에게 제공

다음에 해당하는 자는 발주 · 설계 · 제조 · 수입 또는 건설을 할 때 법과 이 법에 따른 명령으로 정하는 기준을 지켜야 하고, 발주 · 설계 · 제조 · 수입 또는 건설에 사용되는 물건으로 인하여 발생하는 산업재해를 방지하기 위하여 필요한 조치를 하여야 한다.
1. 기계 · 기구와 그 밖의 설비를 설계 · 제조 또는 수입하는 자
2. 원재료 등을 제조 · 수입하는 자
3. 건설물을 발주 · 설계 · 건설하는 자

③ 근로자의 의무

㉠ 법에 따른 명령으로 정하는 산업재해 예방을 위한 기준을 준수한다.

㉡ 사업주 또는 근로감독관, 공단 등 관계인이 실시하는 산업재해 예방에 관한 조치에 따라야 한다.

(5) 산업재해 발생건수 등의 공표

고용노동부장관은 산업재해를 예방하기 위하여 대통령령으로 정하는 사업장의 산업재해 발생건수, 재해율 또는 그 순위 등을 공표하여야 한다.

공표대상 사업장
• 산업재해로 인한 사망자가 연간 2명 이상 발생한 사업장 • 사망만인율이 규모별 같은 업종의 평균 사망만인율 이상인 사업장 • 산업재해 발생 사실을 은폐한 사업장 • 산업재해의 발생에 관한 보고를 최근 3년 이내 2회 이상 하지 않은 사업장 • 중대산업사고가 발생한 사업장

[관련법령]

산업안전보건법 시행령 제10조 【공표대상 사업장】

[사망만인율]

사망재해자 수를 연간 상시근로자 1만명당 발생하는 사망재해자 수로 환산한 것

[중대산업사고]

사업장에 유해하거나 위험한 설비가 있는 경우 그 설비로부터의 위험물질 누출, 화재 및 폭발 등으로 인하여 사업장 내의 근로자에게 즉시 피해를 주거나 사업장 인근 지역에 피해를 줄 수 있는 사고

02 안전보건관리 체제

(1) 이사회 보고 및 승인

① 회사의 대표이사는 매년 회사의 안전 및 보건에 관한 계획을 수립하여 이사회에 보고하고 승인을 받아야 한다.

② 대표이사는 안전 및 보건에 관한 계획을 성실하게 이행하여야 한다.

③ 안전 및 보건에 관한 계획 포함사항

㉠ 안전 및 보건에 관한 비용

㉡ 시설

㉢ 인원

> **Tip**
> 2019. 1. 15. 산업안전보건법 전부 개정 시 추가 사항 !
> 산업안전보건법 제14조(이사회 보고 및 승인 등)
> [시행일 2021 1. 1.].

(2) 안전보건관리책임자의 업무

① 사업장의 산업재해 예방계획의 수립에 관한 사항

② 안전보건관리규정의 작성 및 변경에 관한 사항

③ 안전보건교육에 관한 사항

④ 작업환경측정 등 작업환경의 점검 및 개선에 관한 사항

⑤ 근로자의 건강진단 등 건강관리에 관한 사항

⑥ 산업재해의 원인 조사 및 재발 방지대책 수립에 관한 사항

⑦ 산업재해에 관한 통계의 기록 및 유지에 관한 사항

⑧ 안전장치 및 보호구 구입 시 적격품 여부 확인에 관한 사항

⑨ 그 밖에 근로자의 유해·위험 방지조치에 관한 사항으로서 고용노동부령으로 정하는 사항

※관리책임자를 두어야 할 사업의 종류 및 규모	
사업의 종류	규모
1. 토사석 광업 2. 식료품 제조업, 음료 제조업 3. 목재 및 나무제품 제조업;가구 제외 4. 펄프, 종이 및 종이제품 제조업 5. 코크스, 연탄 및 석유정제품 제조업 6. 화학물질 및 화학제품 제조업;의약품 제외 7. 의료용 물질 및 의약품 제조업 8. 고무 및 플라스틱제품 제조업 9. 비금속 광물제품 제조업 10. 1차 금속 제조업 11. 금속가공제품 제조업;기계 및 가구 제외 12. 전자부품, 컴퓨터, 영상, 음향 및 통신장비 제조업 13. 의료, 정밀, 광학기기 및 시계 제조업 14. 전기장비 제조업 15. 기타 기계 및 장비 제조업	상시 근로자 50명 이상

[안전보건관리책임자]
사업장을 실질적으로 총괄하여 관리하는 사람으로 안전관리자와 보건관리자를 지휘·감독한다.

[관련법령]
산업안전보건법 제15조【안전보건관리 책임자】

> **Tip**
> 안전보건관리책임자의 업무는
> ⑥ 산업재해의 원인조사 및 재발 방지대책 수립에 관한 사항,
> ⑧ 안전장치 및 보호구 구입 시 적격품 여부 확인에 관한 사항
> 이 두 가지를 제외하고 나머지는 산업안전보건위원회 심의·의결 사항과 동일하다. 참고하자.

※관리책임자를 두어야 할 사업의 종류 및 규모	
사업의 종류	규모
16. 자동차 및 트레일러 제조업 17. 기타 운송장비 제조업 18. 가구 제조업 19. 기타 제품 제조업 20. 서적, 잡지 및 기타 인쇄물 출판업 21. 해체, 선별 및 원료 재생업 22. 자동차 종합 수리업, 자동차 전문 수리업	
23. 농업 24. 어업 25. 소프트웨어 개발 및 공급업 26. 컴퓨터 프로그래밍, 시스템 통합 및 관리업 27. 정보서비스업 28. 금융 및 보험업 29. 임대업;부동산 제외 30. 전문, 과학 및 기술 서비스업(연구개발업은 제외한다) 31. 사업지원 서비스업 32. 사회복지 서비스업	상시 근로자 300명 이상
33. 건설업	공사금액 20억원 이상
34. 제1호부터 제33호까지의 사업을 제외한 사업	상시 근로자 100명 이상

[관리감독자]
사업장의 생산과 관련되는 업무와 그 소속 직원을 직접 지휘 · 감독하는 직위에 있는 사람

[관련법령]
산업안전보건법 시행령 제15조【관리감독자의 업무 등】

(3) 관리감독자의 업무

① 사업장 내 관리감독자가 지휘 · 감독하는 작업과 관련된 기계 · 기구 또는 설비의 안전 · 보건 점검 및 이상 유무의 확인
② 관리감독자에게 소속된 근로자의 작업복 · 보호구 및 방호장치의 점검과 그 착용 · 사용에 관한 교육 · 지도
③ 해당 작업에서 발생한 산업재해에 관한 보고 및 이에 대한 응급조치
④ 해당 작업의 작업장 정리 · 정돈 및 통로확보에 대한 확인 · 감독
⑤ 해당 사업장의 다음에 해당하는 사람의 지도 · 조언에 대한 협조
  ㉠ 안전관리자
  ㉡ 보건관리자
  ㉢ 안전보건관리담당자
  ㉣ 산업보건의
⑥ 위험성평가에 관한 다음 각 목의 업무
  ㉠ 유해 · 위험요인의 파악에 대한 참여
  ㉡ 개선조치의 시행에 대한 참여
⑦ 그 밖에 해당 작업의 안전 · 보건에 관한 사항으로서 고용노동부령으로 정하는 사항

[안전관리자]
사업장의 안전에 관한 기술적인 사항에 관하여 사업주 또는 안전보건관리책임자를 보좌하고 관리감독자에게 지도 · 조언하는 업무를 수행하는 사람

Tip
필수 암기 사항 !
안전관리자의 업무는 필기, 실기 시험 모두에서 자주 출제되는 내용이다. 반드시 전체를 암기하도록 한다.

[관련법령]
산업안전보건법 시행령 제18조【안전관리자의 업무 등】

(4) 안전관리자의 업무

① 산업안전보건위원회 또는 안전 · 보건에 관한 노사협의체에서 심의 · 의결한 업무와 해당 사업장의 안전보건관리규정 및 취업규칙에서 정한 업무
② 위험성평가에 관한 보좌 및 조언 · 지도
③ 안전인증대상 기계 · 기구등과 자율안전확인대상 기계 · 기구등 구입 시 적격품의 선정에 관한 보좌 및 조언 · 지도
④ 해당 사업장 안전교육계획의 수립 및 안전교육 실시에 관한 보좌 및 조언 · 지도
⑤ 사업장 순회점검 · 지도 및 조치의 건의
⑥ 산업재해 발생의 원인 조사 · 분석 및 재발 방지를 위한 기술적 보좌 및 조언 · 지도
⑦ 산업재해에 관한 통계의 유지 · 관리 · 분석을 위한 보좌 및 조언 · 지도
⑧ 법 또는 법에 따른 명령으로 정한 안전에 관한 사항의 이행에 관한 보좌 및 조언 · 지도
⑨ 업무수행 내용의 기록 · 유지
⑩ 그 밖에 안전에 관한 사항으로서 고용노동부장관이 정하는 사항

[보건관리자]
사업장의 보건에 관한 기술적인 사항에 관하여 사업주 또는 안전보건관리책임자를 보좌하고 관리감독자에게 지도 · 조언하는 업무를 수행하는 사람

[관련법령]
산업안전보건법 시행령 제22조【보건관리자의 업무 등】

(5) 보건관리자의 업무

① 산업안전보건위원회에서 심의 · 의결한 업무와 안전보건관리규정 및 취업규칙에서 정한 업무
② 안전인증대상 기계 · 기구등과 자율안전확인대상 기계 · 기구등 중 보건과 관련된 보호구(保護具) 구입 시 적격품 선정에 관한 보좌 및 조언 · 지도
③ 위험성평가에 관한 보좌 및 조언 · 지도
④ 물질안전보건자료의 게시 또는 비치에 관한 보좌 및 조언 · 지도
⑤ 산업보건의의 직무(보건관리자가 의사인 경우)
⑥ 해당 사업장 보건교육계획의 수립 및 보건교육 실시에 관한 보좌 및 조언 · 지도
⑦ 해당 사업장의 근로자를 보호하기 위한 다음에 해당하는 의료행위(보건관리자가 의사, 간호사에 해당하는 경우로 한정한다)
  ㉠ 외상 등 흔히 볼 수 있는 환자의 치료
  ㉡ 응급처치가 필요한 사람에 대한 처치
  ㉢ 부상 · 질병의 악화를 방지하기 위한 처치
  ㉣ 건강진단 결과 발견된 질병자의 요양 지도 및 관리
  ㉤ ㉠부터 ㉤까지의 의료행위에 따르는 의약품의 투여
⑧ 작업장 내에서 사용되는 전체 환기장치 및 국소 배기장치 등에 관한 설비의 점검과 작업방법의 공학적 개선에 관한 보좌 및 조언 · 지도
⑨ 사업장 순회점검 · 지도 및 조치의 건의

⑩ 산업재해 발생의 원인 조사 · 분석 및 재발 방지를 위한 기술적 보좌 및 조언 · 지도
⑪ 산업재해에 관한 통계의 유지 · 관리 · 분석을 위한 보좌 및 조언 · 지도
⑫ 법 또는 법에 따른 명령으로 정한 보건에 관한 사항의 이행에 관한 보좌 및 조언 · 지도
⑬ 업무수행 내용의 기록 · 유지
⑭ 그 밖에 작업관리 및 작업환경관리에 관한 사항

(6) 안전관리자의 선임

[관련법령]

산업안전보건법 시행령 별표3【안전관리자를 두어야 할 사업의 종류, 규모, 안전관리자의 수 및 선임방법】

① 안전관리자의 선임대상 사업장과 수

사업의 종류	사업장의 상시근로자 수	안전관리자의 수
1. 토사석 광업 2. 식료품 제조업, 음료 제조업 3. 목재 및 나무제품 제조; 가구제외 4. 펄프, 종이 및 종이제품 제조업 5. 코크스, 연탄 및 석유정제품 제조업	상시근로자 50명 이상 500명 미만	1명 이상
6. 화학물질 및 화학제품 제조업; 의약품 제외 7. 의료용 물질 및 의약품 제조업 8. 고무 및 플라스틱제품 제조업 9. 비금속 광물제품 제조업 10. 1차 금속 제조업 11. 금속가공제품 제조업; 기계 및 가구 제외 12. 전자부품, 컴퓨터, 영상, 음향 및 통신장비 제조업 13. 의료, 정밀, 광학기기 및 시계 제조업 14. 전기장비 제조업 15. 기타 기계 및 장비제조업 16. 자동차 및 트레일러 제조업 17. 기타 운송장비 제조업 18. 가구 제조업 19. 기타 제품 제조업 20. 서적, 잡지 및 기타 인쇄물 출판업 21. 해체, 선별 및 원료 재생업 22. 자동차 종합 수리업, 자동차 전문 수리업 23. 발전업	상시근로자 500명 이상	2명 이상

사업의 종류	사업장의 상시근로자 수	안전관리자의 수
24. 농업, 임업 및 어업 25. 제2호부터 제19호까지의 사업을 제외한 제조업 26. 전기, 가스, 증기 및 공기조절 공급업(발전업은 제외한다) 27. 수도, 하수 및 폐기물 처리, 원료 재생업(제21호에 해당하는 사업은 제외한다) 28. 운수 및 창고업 29. 도매 및 소매업 30. 숙박 및 음식점업 31. 영상 · 오디오 기록물 제작 및 배급업 32. 방송업 33. 우편 및 통신업 34. 부동산업 35. 임대업; 부동산 제외 36. 연구개발업 37. 사진처리업 38. 사업시설 관리 및 조경 서비스업 39. 청소년 수련시설 운영업 40. 보건업 41. 예술, 스포츠 및 여가관련 서비스업 42. 개인 및 소비용품수리업(제22호에 해당하는 사업은 제외한다) 43. 기타 개인 서비스업 44. 공공행정(청소, 시설관리, 조리 등 현업업무에 종사하는 사람으로서 고용노동부장관이 정하여 고시하는 사람으로 한정한다) 45. 교육서비스업 중 초등 · 중등 · 고등 교육기관, 특수학교 · 외국인학교 및 대안학교(청소, 시설관리, 조리 등 현업업무에 종사하는 사람으로서 고용노동부장관이 정하여 고시하는 사람으로 한정한다)	상시근로자 50명 이상 1천명 미만. 다만, 제34호의 부동산업(부동산 관리업은 제외한다)과 제37호의 사진처리업의 경우에는 상시근로자 100명 이상 1천명 미만으로 한다.	1명 이상
	상시근로자 1천명 이상	2명 이상

② 건설업 안전관리자의 수 및 선임방법

공사금액	안전관리자의 수
공사금액 50억원 이상(토목공사업의 경우에는 150억원 이상) 800억원 미만	1명 이상
800억원 이상 1,500억원 미만	2명이상
1,500억원 이상 2,200억원 미만	3명이상
2,200억원 이상 3,000억원 미만	4명이상
3,000억원 이상 3,900억원 미만	5명이상
3,900억원 이상 4,900억원 미만	6명 이상
4,900억원 이상 6,000억원 미만	7명 이상
6,000억원 이상 7,200억원 미만	8명 이상
7,200억원 이상 8,500억원 미만	9명 이상
8,500억원 이상 1조원 미만	10명 이상
1조원 이상	11명 이상[매 2천억원(2조원이상부터는 매 3천억원)마다 1명씩 추가한다].

Tip

건설업 안전관리자 선임에 관한 내용은 건설안전기술에서도 출제되므로 확실하게 적용할 수 있도록 한다.

③ 안전관리자의 선임방법과 증원 · 교체

구분	내용
선임방법	안전관리자를 선임하거나 위탁한 날부터 14일 이내에 고용노동부장관에게 서류를 제출
전담안전관리자 선임대상사업장	상시 근로자 300명 이상을 사용하는 사업장[건설업의 건축공사금액 120억원 토목공사 150억원 이상인 공사]
공동안전관리자 선임 사업장	같은 사업주가 경영하는 둘 이상의 사업장에 1명의 안전관리자를 공동으로 둘 수 있다. 이 경우 해당 사업장의 상시 근로자 수의 합계는 300명 이내이어야 한다. • 같은 시 · 군 · 구 지역에 소재하는 경우 • 사업장 간의 경계를 기준으로 15킬로미터 이내에 소재하는 경우
안전관리자 등의 증원 · 교체 명령	• 해당 사업장의 연간재해율이 같은 업종의 평균재해율의 2배 이상인 경우 • 중대재해가 연간 2건 이상 발생한 경우(다만, 해당 사업장의 전년도 사망만인율이 같은 업종의 평균 사망만인율 이하인 경우는 제외한다.) • 관리자가 질병이나 그 밖의 사유로 3개월 이상 직무를 수행할 수 없게 된 경우 • 화학적 인자로 인한 직업성질병자가 연간 3명 이상 발생한 경우

[관련법령]

- 산업안전보건법 시행령 제16조【안전관리자의 선임 등】
- 산업안전보건법 시행규칙 제12조【안전관리자 등의 증원 · 교체임명 명령】

03 유해 · 위험 방지 조치

(1) 안전보건 자료의 게시

구분	내용
법령 요지 등의 게시	사업주는 법에 따른 명령의 요지 및 안전보건관리규정을 각 사업장의 근로자가 쉽게 볼 수 있는 장소에 게시하거나 갖추어 두어 근로자에게 널리 알려야 한다.
근로자대표의 요청	근로자대표는 사업주에게 다음 각 호의 사항을 통지하여 줄 것을 요청할 수 있고, 사업주는 이에 성실히 따라야 한다. • 산업안전보건위원회(노사협의체를 구성 · 운영하는 경우에는 노사협의체를 말한다)가 의결한 사항 • 안전보건진단 결과에 관한 사항 • 안전보건개선계획의 수립 · 시행에 관한 사항 • 도급인의 이행 사항 • 물질안전보건자료에 관한 사항 • 작업환경측정에 관한 사항 • 그 밖에 고용노동부령으로 정하는 안전 및 보건에 관한 사항

(2) 위험성평가의 실시

> **Tip**
> 산업안전보건법상 위험성 평가의 정의 법 개정 !
> 유해 · 위험요인을 찾아내어 부상 및 질병으로 이어질 수 있는 위험성의 크기가 허용 가능한 범위인지를 평가하는 것.

① 사업주는 건설물, 기계 · 기구 · 설비, 원재료, 가스, 증기, 분진, 근로자의 작업행동 또는 그 밖의 업무로 인한 유해 · 위험 요인을 찾아내어 부상 및 질병으로 이어질 수 있는 위험성의 크기가 허용 가능한 범위인지를 평가하여야 한다.
② 위험성 평가 시 해당 작업장의 근로자를 참여시켜야 한다.
③ 위험성평가의 결과와 조치사항을 기록하여 보존하여야 한다.

(3) 사업주의 안전 · 보건 상의 조치사항

구분	내용
안전 조치	(1) 다음의 위험으로 인한 산업재해를 예방조치 • 기계 · 기구, 그 밖의 설비에 의한 위험 • 폭발성, 발화성 및 인화성 물질 등에 의한 위험 • 전기, 열, 그 밖의 에너지에 의한 위험 (2) 굴착, 채석, 하역, 벌목, 운송, 조작, 운반, 해체, 중량물 취급, 그 밖의 작업을 할 때 불량한 작업방법 등에 의한 위험으로 인한 산업재해를 예방하기 위하여 필요한 조치 (3) 근로자가 다음 각 호의 어느 하나에 해당하는 장소에서 작업을 할 때 발생할 수 있는 산업재해를 예방하기 위하여 필요한 조치를 하여야 한다. • 근로자가 추락할 위험이 있는 장소 • 토사 · 구축물 등이 붕괴할 우려가 있는 장소

구분	내용
	• 물체가 떨어지거나 날아올 위험이 있는 장소 • 천재지변으로 인한 위험이 발생할 우려가 있는 장소
보건 조치	다음 각 호의 어느 하나에 해당하는 건강장해를 예방하기 위하여 필요한 조치 • 원재료 · 가스 · 증기 · 분진 · 흄(fume) · 미스트(mist) · 산소결핍 · 병원체 등에 의한 건강장해 • 방사선 · 유해광선 · 고온 · 저온 · 초음파 · 소음 · 진동 · 이상기압 등에 의한 건강장해 • 사업장에서 배출되는 기체 · 액체 또는 찌꺼기 등에 의한 건강장해 • 계측감시(計測監視), 컴퓨터 단말기 조작, 정밀공작(精密工作) 등의 작업에 의한 건강장해 • 단순반복작업 또는 인체에 과도한 부담을 주는 작업에 의한 건강장해 • 환기 · 채광 · 조명 · 보온 · 방습 · 청결 등의 적정기준을 유지하지 아니하여 발생하는 건강장해

[흄(fume)]
열이나 화학반응에 의하여 형성된 고체증기가 응축되어 생긴 미세입자

[미스트(mist)]
공기 중에 떠다니는 작은 액체방울

(4) 유해위험방지계획서 제출대상

① 유해위험방지계획서 제출 대상 사업장

사업의 종류	기준
• 금속가공제품(기계 및 가구는 제외) 제조업 • 비금속 광물제품 제조업 • 기타 기계 및 장비 제조업 • 자동차 및 트레일러 제조업 • 식료품 제조업 • 고무제품 및 플라스틱 제조업 • 목재 및 나무제품 제조업 • 기타제품 제조업 • 1차 금속산업 • 가구 제조업 • 화학물질 및 화학제품 제조업 • 반도체 제조업 • 전자부품 제조업	전기 계약용량 300kW 이상인 사업

[유해위험방지계획서]
산업안전보건법 또는 법에 따른 명령에서 정하는 유해 · 위험 방지에 관한 사항을 적은 계획서

[관련법령]
산업안전보건법 시행령 제42조【유해위험방지계획서 제출 대상】

② 유해위험방지계획서 제출 대상 기계 · 기구 및 설비

다음의 기계 · 기구 및 설비 등 일체를 설치 · 이전하거나 그 주요 구조부분을 변경하려는 경우

㉠ 금속이나 그 밖의 광물의 용해로
㉡ 화학설비
㉢ 건조설비
㉣ 가스집합 용접장치
㉤ 제조 등 금지물질 또는 허가대상물질 관련 설비
㉥ 분진작업 관련 설비

> **Tip**
> 유해위험방지계획서 제출 대상은 안전관리론, 건설안전기술 등에 최근 지속적으로 출제되는 내용으로 매우 중요하다.

③ 유해위험방지계획서 제출대상 건설공사

㉠ 다음 각 목의 어느 하나에 해당하는 건축물 또는 시설 등의 건설·개조 또는 해체공사

가. 지상높이가 31미터 이상인 건축물 또는 인공구조물

나. 연면적 3만제곱미터 이상인 건축물

다. 연면적 5천제곱미터 이상인 시설로서 다음의 어느 하나에 해당하는 시설

1) 문화 및 집회시설(전시장 및 동물원·식물원은 제외한다)
2) 판매시설, 운수시설(고속철도의 역사 및 집배송시설은 제외한다)
3) 종교시설
4) 의료시설 중 종합병원
5) 숙박시설 중 관광숙박시설
6) 지하도상가
7) 냉동·냉장 창고시설

㉡ 연면적 5천제곱미터 이상인 냉동·냉장 창고시설의 설비공사 및 단열공사

㉢ 최대 지간(支間)길이(다리의 기둥과 기둥의 중심사이의 거리)가 50미터 이상인 다리의 건설등 공사

㉣ 터널의 건설등 공사

㉤ 다목적댐, 발전용댐, 저수용량 2천만톤 이상의 용수 전용 댐 및 지방상수도 전용 댐의 건설등 공사

㉥ 깊이 10미터 이상인 굴착공사

(5) 유해위험방지계획서 제출서류와 심사

> **Tip**
> 유해위험방지계획서 제출서류는 반드시 제조업과 건설업을 구분할 수 있도록 한다.

① 유해위험방지계획서 제출 서류

구분	제출서류
제조업	(1) 건축물 각 층의 평면도 (2) 기계·설비의 개요를 나타내는 서류 (3) 기계·설비의 배치도면 (4) 원재료 및 제품의 취급, 제조 등의 작업방법의 개요 (5) 그 밖에 고용노동부장관이 정하는 도면 및 서류
기계·기구 및 설비 등의 설치·이전·주요 구조부분 변경	(1) 설치장소의 개요를 나타내는 서류 (2) 설비의 도면 (3) 그 밖에 고용노동부장관이 정하는 도면 및 서류

[유해위험방지계획서 제출시기]

산업안전공단에 2부를 다음시기에 제출
① 제조업 : 해당 작업 시작 15일전까지
② 건설공사 : 해당 공사의 착공 전날까지

[관련법령]

산업안전보건법 시행규칙 제42조【제출서류 등】

구분	제출서류
건설공사	(1) 공사 개요 및 안전보건관리계획 • 공사 개요서 • 공사현장의 주변 현황 및 주변과의 관계를 나타내는 도면(매설물 현황을 포함한다) • 건설물, 사용 기계설비 등의 배치를 나타내는 도면 • 전체 공정표 • 산업안전보건관리비 사용계획 • 안전관리 조직표 • 재해 발생 위험 시 연락 및 대피방법 (2) 작업 공사 종류별 유해 · 위험방지계획

② 유해위험방지계획서의 심사

결과	내용
적정	근로자의 안전과 보건을 위하여 필요한 조치가 구체적으로 확보되었다고 인정되는 경우
조건부 적정	근로자의 안전과 보건을 확보하기 위하여 일부 개선이 필요하다고 인정되는 경우
부적정	기계 · 설비 또는 건설물이 심사기준에 위반되어 공사착공 시 중대한 위험발생의 우려가 있거나 계획에 근본적 결함이 있다고 인정되는 경우

[유해 · 위험방지 계획서 공단 확인사항]
(1) 유해 · 위험방지계획서의 내용과 실제 공사 내용이 부합하는지 여부
(2) 유해 · 위험방지계획서 변경내용의 적정성
(3) 추가적인 유해 · 위험요인의 존재 여부

(6) 작업의 중지

구분	내용
사업주의 작업중지	사업주는 산업재해가 발생할 급박한 위험이 있을 때에는 즉시 작업을 중지시키고 근로자를 작업장소에서 대피시키는 등 안전 및 보건에 관하여 필요한 조치를 하여야 한다.
근로자의 작업중지	(1) 근로자는 산업재해가 발생할 급박한 위험이 있는 경우에는 작업을 중지하고 대피할 수 있다. (2) 작업을 중지하고 대피한 근로자는 지체 없이 그 사실을 관리감독자 또는 그 밖에 부서의 장에게 보고하여야 한다. (3) 관리감독자등은 (2)에 따른 보고를 받으면 안전 및 보건에 관하여 필요한 조치를 하여야 한다. (4) 사업주는 산업재해가 발생할 급박한 위험이 있다고 근로자가 믿을 만한 합리적인 이유가 있을 때에는 작업을 중지하고 대피한 근로자에 대하여 해고나 그 밖의 불리한 처우를 해서는 아니 된다.

[관련법령]
산업안전보건법
• 제51조【사업주의 작업중지】
• 제52조【근로자의 작업중지】

04 도급사업의 안전관리

(1) 유해한 작업의 도급금지

구분	내용
도급금지 대상 작업	• 도금작업 • 수은, 납 또는 카드뮴을 제련, 주입, 가공 및 가열하는 작업 • 허가대상물질을 제조하거나 사용하는 작업
금지대상 중 도급가능한 경우	사업주는 도급금지 대상 작업임에도 불구하고 다음에 해당하는 경우에는 작업을 도급하여 자신의 사업장에서 수급인의 근로자가 그 작업을 하도록 할 수 있다. • 일시 · 간헐적으로 하는 작업을 도급하는 경우 • 수급인이 보유한 기술이 전문적이고 사업주의 사업 운영에 필수 불가결한 경우로서 고용노동부장관의 승인을 받은 경우

(2) 안전보건총괄책임자

① 안전보건총괄책임자 지정 대상사업

㉠ 수급인에게 고용된 근로자를 포함한 상시 근로자가 100명 이상인 사업

㉡ 선박 및 보트 건조업, 1차 금속 제조업 및 토사석 광업의 경우에는 50명 이상인 사업

㉢ 수급인의 공사금액을 포함한 해당 공사의 총공사금액이 20억원 이상인 건설업

② 안전보건총괄책임자의 직무

㉠ 위험성평가의 실시에 관한 사항

㉡ 작업의 중지

㉢ 도급 시 산업재해 예방조치

㉣ 산업안전보건관리비의 관계수급인 간의 사용에 관한 협의 · 조정 및 그 집행의 감독

㉤ 안전인증대상기계등과 자율안전확인대상기계등의 사용 여부 확인

[도급사업]
같은 장소에서 행하여지는 사업의 일부를 도급을 주어야 하는 사업으로서 대통령령으로 정하는 사업

[허가 대상 유해물질]
1. 디클로로벤지딘과 그 염
2. 알파-나프틸아민과 그 염
3. 크롬산 아연
4. 오로토-톨리딘과 그 염
5. 디아니시딘과 그 염
6. 베릴륨
7. 비소 및 그 무기화합물
8. 크롬광(열을 가하여 소성 처리하는 경우만 해당한다)
9. 휘발성 콜타르피치
10. 황화니켈
11. 염화비닐
12. 벤조트리클로리드
13. 제1호부터 제11호까지의 어느 하나에 해당하는 물질을 함유한 제제(함유된 중량의 비율이 1퍼센트 이하인 것은 제외한다)
14. 제12호의 물질을 함유한 제제(함유된 중량의 비율이 0.5퍼센트 이하인 것은 제외한다)
15. 그 밖에 보건상 해로운 물질로서 고용노동부장관이 산업재해보상보험 및 예방심의위원회의 심의를 거쳐 정하는 유해물질

[안전보건총괄책임자]
도급 사업장의 도급인의 근로자와 관계수급인 근로자의 산업재해를 예방하기 위한 업무를 총괄하여 관리하는 사람

[관련법령]
산업안전보건법 시행령 제52조【안전보건총괄책임자 지정 대상사업】
제53조【안전보건총괄책임자의 직무 등】

(3) 도급에 따른 산업재해 예방조치

① 안전 · 보건 협의체의 구성 및 운영

구분	내용
협의체의 구성	도급인인 사업주 및 그의 수급인인 사업주 전원
협의 사항	• 작업의 시작시간 • 작업장 간의 연락방법 • 재해발생 위험시의 대피방법 등 • 작업장에서의 위험성평가의 실시에 관한 사항 • 사업주와 수급인 또는 수급인 상호 간의 연락 방법 및 작업공정의 조정
협의체 회의	월 1회 이상 정기적으로 회의를 개최하고 그 결과를 기록 · 보존

[관련법령]

산업안전보건법 시행규칙 제79조【협의체의 구성 및 운영】

② 작업장 순회점검

사업의 종류	주기
1) 건설업 2) 제조업 3) 토사석 광업 4) 서적, 잡지 및 기타 인쇄물 출판업 5) 음악 및 기타 오디오물 출판업 6) 금속 및 비금속 원료 재생업	2일에 1회 이상
위의 사업을 제외한 사업	1주일에 1회 이상

[관련법령]

산업안전보건법 시행규칙 제80조【도급사업사의 안전 · 보건 조치 등】

③ 관계수급인이 근로자에게 하는 안전보건교육을 위한 장소 및 자료의 제공 등 지원

④ 관계수급인이 근로자에게 하는 안전보건교육의 실시 확인

⑤ 경보체계 운영과 대피방법 등 훈련

㉠ 작업 장소에서 발파작업을 하는 경우

㉡ 작업 장소에서 화재 · 폭발, 토사 · 구축물 등의 붕괴 또는 지진 등이 발생한 경우

⑥ 위생시설 등 고용노동부령으로 정하는 시설의 설치 등을 위하여 필요한 장소의 제공 또는 도급인이 설치한 위생시설 이용의 협조

⑦ 도급인은 자신의 근로자 및 관계수급인 근로자와 함께 정기적으로 또는 수시로 작업장의 안전 및 보건에 관한 점검을 하여야 한다.

(4) 도급인의 안전 및 보건에 관한 정보 제공

다음의 해당 작업 시작 전에 수급인에게 안전 및 보건에 관한 정보를 문서로 제공하여야 한다.

① 폭발성 · 발화성 · 인화성 · 독성 등의 유해성 · 위험성이 있는 화학물질 중 고용노동부령으로 정하는 화학물질 또는 그 화학물질을 함유한 혼합물을 제조 · 사용 · 운반 또는 저장하는 반응기 · 증류탑 · 배관 또는 저장탱크로서 고용노동부령으로 정하는 설비를 개조 · 분해 · 해체 또는 철거하는 작업

② 설비의 내부에서 이루어지는 작업

③ 질식 또는 붕괴의 위험이 있는 작업

[관련법령]
산업안전보건법 시행령 제64조【노사협의체의 구성】
제65조【노사협의체의 운영 등】

(5) 노사협의체

공사금액이 120억원(토목공사업은 150억원) 이상인 건설공사의 건설공사도급인은 해당 건설공사 현장에 근로자위원과 사용자위원이 같은 수로 구성되는 안전 및 보건에 관한 협의체를 구성 · 운영할 수 있다.

① 노사협의체 구성위원

구분	구성위원
근로자위원	① 도급 또는 하도급 사업을 포함한 전체 사업의 근로자대표 ② 근로자대표가 지명하는 명예산업안전감독관 1명. 다만, 명예산업안전감독관이 위촉되어 있지 않은 경우에는 근로자대표가 지명하는 해당 사업장 근로자 1명 ③ 공사금액이 20억원 이상인 공사의 관계수급인의 각 근로자대표
사용자위원	① 도급 또는 하도급 사업을 포함한 전체 사업의 대표자 ② 안전관리자 1명 ③ 보건관리자 1명(별표 5 제44호에 따른 보건관리자 선임대상 건설업으로 한정한다) ④ 공사금액이 20억원 이상인 공사의 관계수급인의 각 대표자

② 노사협의체의 회의

정기회의와 임시회의로 구분하여 개최하되, 정기회의는 2개월마다 노사협의체의 위원장이 소집하며, 임시회의는 위원장이 필요하다고 인정할 때에 소집한다.

05 안전인증 및 안전검사

(1) 안전인증 대상

유해 · 위험기계등 중 근로자의 안전 및 보건에 위해(危害)를 미칠 수 있는 안전인증대상기계등을 제조하거나 수입하는 자는 안전인증기준에 맞는지에 대하여 고용노동부장관이 실시하는 안전인증을 받아야 한다.

[안전인증의 정의]
유해하거나 위험한 기계, 기구, 설비 등의 제품 성능과 물질관리시스템을 동시에 심사하여 양질의 제품을 지속적으로 생산하도록 안전성을 평가하는 제도

[관련법령]
산업안전보건법 제84조【안전인증】

(2) 안전인증의 전부 또는 일부 면제 대상

① 연구 · 개발을 목적으로 제조 · 수입하거나 수출을 목적으로 제조하는 경우
② 고용노동부장관이 정하여 고시하는 외국의 안전인증기관에서 인증을 받은 경우
③ 다른 법령에 따라 안전성에 관한 검사나 인증을 받은 경우로서 고용노동부령으로 정하는 경우

(3) 안전인증대상 기계 · 기구

[관련법령]
산업안전보건법 시행규칙 제107조【안전인증대상 기계 등】

구분	기계 · 기구
설치 · 이전하는 경우 안전인증을 받아야 하는 기계 · 기구	• 크레인 • 리프트 • 곤돌라
주요 구조 부분을 변경하는 경우 안전인증을 받아야 하는 기계 · 기구	• 프레스 • 전단기 및 절곡기(折曲機) • 크레인 • 리프트 • 압력용기 • 롤러기 • 사출성형기(射出成形機) • 고소(高所)작업대 • 곤돌라

[관련법령]

산업안전보건법 시행규칙 제110조【안전인증 심사의 종류 및 방법】

(4) 안전인증 심사의 종류 및 방법

종류		방법	심사 기간
예비심사		기계·기구 및 방호장치·보호구가 안전인증 대상기계·기구 등인지를 확인하는 심사(안전인증을 신청한 경우만 해당)	7일
서면심사		안전인증 대상기계·기구 등의 종류별 또는 형식별로 설계도면 등 안전인증 대상기계·기구 등의 제품 기술과 관련된 문서가 안전인증기준에 적합한지 여부에 대한 심사	15일 (외국에서 제조한 경우 30일)
기술능력 및 생산체계 심사		안전인증 대상기계·기구 등의 안전성능을 지속적으로 유지·보증하기 위하여 사업장에서 갖추어야 할 기술능력과 생산체계가 안전인증기준에 적합한지에 대한 심사. 다만, 수입자가 안전인증을 받거나 제품심사에서의 개별 제품 심사를 하는 경우에는 기술능력 및 생산체계 심사를 생략	30일 (외국에서 제조한 경우 45일)
제품심사	개별 제품 심사	서면심사결과가 안전인증기준에 적합할 경우에 하는 안전 인증 대상기계·기구 등 모두에 대하여 하는 심사(서면심사와 개별 제품심사를 동시에 할 것을 요청하는 경우 병행하여 할 수 있다.)	15일
	형식별 제품 심사	서면심사와 기술능력 및 생산체계 심사결과가 안전인증기준에 적합할 경우에 하는 안전인증 대상기계·기구 등의 형식별로 표본을 추출하여 하는 심사(서면심사, 기술능력 및 생산체계 심사와 형식별 제품심사를 동시에 할 것을 요청하는 경우 병행하여 할 수 있다.)	30일 (방폭구조 전기 기계기구 및 부품과 일부 보호구는 60일)

[안전인증표시의 색상]

(1) 테와 문자 : 청색

(2) 기타 부분 : 백색

[관련법령]

산업안전보건법 시행규칙 별표14【안전인증 및 자율안전확인의 표시 및 표시방법

(5) 안전인증의 표시

① 안전인증 표시

구분	내용
안전인증대상 기계·기구 등의 안전인증 및 자율안전 확인의 표시	
안전인증대상 기계·기구 등이 아닌 유해·위험한 기계·기구 등의 안전인증 표시	

② 안전인증 및 자율안전 확인대상 제품의 표시사항

안전 인증 대상	자율 안전 확인 대상
• 형식 또는 모델명 • 규격 또는 등급 등 • 제조자명 • 제조번호 및 제조년월 • 안전인증번호	• 형식 또는 모델명 • 규격 또는 등급 등 • 제조자명 • 제조번호 및 제조년월 • 자율확인번호

(6) 안전인증의 취소 및 사용금지 또는 개선 대상

① 거짓이나 그 밖의 부정한 방법으로 지정을 받은 경우
② 안전인증을 받은 유해 · 위험한 기계 · 기구 · 설비 등의 안전에 관한 성능 등이 안전 인증기준에 맞지 아니하게 된 경우
③ 정당한 사유 없이 확인을 거부, 기피 또는 방해하는 경우

[안전인증의 개선 명령]
안전인증을 취소하거나 6개월 이내의 기간을 정하여 안전인증표시의 사용을 금지하거나 안전인증 기준에 맞게 개선하도록 명할 수 있다.

[안전인증의 취소공고]
안전인증을 취소한 날로부터 30일 이내에 취소 공고를 하여야 한다.

[관련법령]
산업안전보건법 제86조【안전인증의 취소 등】

(7) 안전인증기관 지정취소 및 확인방법 등

구분	내용
안전인증기관의 지정취소 등의 사유	• 안전인증 · 확인의 방법 및 절차를 위반한 경우 • 고용노동부장관의 지도 · 감독을 거부 · 방해 · 기피한 경우 • 정당한 사유 없이 안전인증 업무를 거부한 경우 • 안전인증 업무를 게을리 하거나 차질을 일으킨 경우
안전인증의 취소 공고 등 (안전인증을 취소한 날부터 30일 이내)	• 안전인증대상 기계 · 기구 등의 명칭 및 형식번호 • 안전인증번호 • 제조자(수입자) 및 대표자 • 사업장 소재지 • 취소일자 및 취소사유

(8) 자율안전확인의 신고

자율안전확인의 신고의 면제	• 연구 · 개발을 목적으로 제조 · 수입하거나 수출을 목적으로 제조하는 경우 • 안전인증을 받은 경우(안전인증이 취소되거나 안전인증 표시의 사용 금지 명령을 받은 경우는 제외한다.) • 고용노동부령으로 정하는 다른 법령에서 안전성에 관한 검사나 인증을 받은 경우
자율안전확인의 취소 표시	• 자율안전확인대상 기계 · 기구 등의 명칭 및 형식번호 • 자율안전확인번호 • 제조자(수입자) • 사업장 소재지 • 사용금지 기간 및 사용금지 사유

(9) 안전검사의 신청과 주기

<table>
<tr><th>구분</th><th colspan="2">내용</th></tr>
<tr><td>안전검사의 신청 등</td><td colspan="2">• 안전검사를 받아야 하는 자는 안전검사 신청서를 검사 주기 만료일 30일 전에 제출하여야 한다.
• 안전검사 신청을 받은 안전검사기관은 30일 이내에 해당 기계·기구 및 설비별로 안전검사를 하여야 한다.</td></tr>
<tr><td rowspan="3">안전검사의 주기</td><td rowspan="2">사업장에 설치가 끝난 날부터 3년 이내에 최초, 그 이후부터 2년마다</td><td>크레인(이동식 크레인은 제외한다), 리프트(이삿짐운반용 리프트는 제외한다) 및 곤돌라 (건설현장에서 사용하는 것은 최초로 설치한 날부터 6개월마다)</td></tr>
<tr><td>프레스, 전단기, 압력용기, 국소 배기장치, 원심기, 화학설비 및 그 부속설비, 건조설비 및 그 부속설비, 롤러기, 사출성형기, 컨베이어 및 산업용 로봇 (공정안전보고서를 제출하여 확인을 받은 압력용기는 4년마다)</td></tr>
<tr><td>「자동차관리법」에 따른 신규등록 이후 3년 이내에 최초, 그 이후부터 2년마다</td><td>이동식 크레인, 이삿짐운반용 리프트 및 고소작업대</td></tr>
</table>

[안전검사 합격표시]

① 유해 · 위험기계명
② 신청인
③ 형식번(기)호(설치방법)
④ 합격번호
⑤ 검사유효기간
⑥ 검사기관(실시기관)

[관련법령]

산업안전보건법 시행규칙 제126조【안전검사의 주기와 합격표시 및 표시방법】

(10) 자율검사프로그램에 따른 안전검사

구분	내용
자율검사프로그램의 인정	안전검사를 받아야 하는 사업주가 근로자대표와 협의하여 검사기준, 검사 주기 등을 충족하는 자율검사프로그램을 정하고 고용노동부장관의 인정을 받아 안전검사대상기계등에 대하여 안전에 관한 성능검사를 받으면 안전검사를 받은 것으로 본다.
자율검사프로그램 인정의 취소	• 거짓이나 그 밖의 부정한 방법으로 자율검사 프로그램을 인정받은 경우 • 자율검사프로그램을 인정받고도 검사를 하지 아니한 경우 • 인정받은 자율검사프로그램의 내용에 따라 검사를 하지 아니한 경우 • 자격을 가진 사람 또는 자율안전검사기관이 검사를 하지 아니한 경우

[자율검사프로그램 포함내용]

(1) 안전검사대상기계 등의 보유현황
(2) 검사원의 보유현황과 검사를 할 수 있는 장비 및 장비 관리방법
(3) 안전검사대상기계 등의 검사주기 및 검사기준
(4) 향후 2년간 안전검사대상기계 등의 검사수행계획
(5) 과거 2년간 자율검사프로그램 수행실적

(11) 안전 인증 대상 및 자율 안전 확인 대상 기계 · 기구의 구분

구분	안전 인증 대상	자율 안전 확인 대상	안전검사대상 유해 · 위험기계
기계 · 기구 및 설비	• 프레스 • 전단기 및 절곡기 • 크레인 • 리프트 • 압력용기 • 롤러기 • 사출성형기 • 고소작업대 • 곤돌라	• 연삭기 또는 연마기 (휴대형 제외) • 산업용 로봇 • 혼합기 • 파쇄기 또는 분쇄기 • 식품가공용 기계 (파쇄 · 절단 · 혼합 · 제면기만 해당) • 컨베이어 • 자동차정비용 리프트 • 공작기계(선반, 드릴기, 평삭 · 형삭기, 밀링만 해당) • 고정형 목재가공용기계 (둥근톱, 대패, 루타기, 띠톱, 모떼기 기계만 해당) • 인쇄기	• 프레스 • 전단기 • 크레인(정격하중 2톤 미만인 것은 제외한다.) • 리프트 • 압력용기 • 곤돌라 • 국소배기장치 (이동식은 제외) • 원심기(산업용에 한정한다.) • 롤러기(밀폐형 구조는 제외한다.) • 사출성형기 [형체결력 294(KN) 미만은 제외한다.] • 고소작업대 (화물자동차, 특수자동차에 탑재된 고소작업대로 한정) • 컨베이어 • 산업용 로봇
방호장치	• 프레스 및 전단기 방호장치 • 양중기용 과부하방지장치 • 보일러 압력방출용 안전밸브 • 압력용기 압력방출용 안전밸브 • 압력용기 압력 방출용 파열판 • 절연용방호구 및 활선작업용 기구 • 방폭구조 전기기계 · 기구 및 부품 • 추락 · 낙하 및 붕괴 등의 위험 방호에 필요한 가설기자재로서 고용노동부장관이 정하여 고시 하는 것 • 충돌 · 협착 등에 위험 방지에 필요한 산업용 로봇방호장치로서 고용노동부 장관이 정하여 고시하는 것	• 아세틸렌 용접장치용 또는 가스집합 용접장치용 안전기 • 교류아크 용접기용 자동전격방지기 • 롤러기 급정지장치 • 연삭기 덮개 • 목재가공용 둥근톱 반발예방장치와 날 접촉 예방장치 • 동력식 수동대패용 칼날 접촉방지장치 • 추락 · 낙하 및 붕괴 등의 위험방호에 필요한 가설기자재 (안전 인증대상 기계 · 기구에 해당되는 사항제외)로서 고용노동부 장관이 정하여 고시하는 것	

Tip

안전인증대상 기계 · 기구는 안전관리론, 기계위험방지기술 등에서 꾸준하게 출제되는 문제이다. 시간을 두고 지속적으로 보면서 구분할 수 있도록 한다.

06 석면조사, 건강관리, 서류의 보존

[관련법령]

산업안전보건법 시행령 제89조【기관석면조사 대상】

(1) 석면조사

구분	내용
석면조사 (생략 대상)	• 해당 건축물이나 설비에 석면이 함유되어 있는지 여부 • 건축물이나 설비에 함유된 석면의 종류 및 함유량 • 석면이 함유된 제품의 위치 및 면적
석면조사 대상	(1) 건축물의 연면적 합계가 50제곱미터 이상이면서, 그 건축물의 철거·해체하려는 부분의 면적 합계가 50제곱미터 이상인 경우 (2) 주택(「건축법 시행령」에 따른 부속건축물을 포함한다.)의 연면적 합계가 200제곱미터 이상이면서, 그 주택의 철거·해체하려는 부분의 면적 합계가 200제곱미터 이상인 경우 설비의 철거·해체하려는 부분에 자재를 사용한 면적의 합이 15제곱미터 이상 또는 그 부피의 합이 1세제곱미터 이상인 경우 • 단열재 • 보온재 • 분무재 • 내화피복재 • 개스킷(Gasket) • 패킹(Packing)재 • 실링(Sealing)재 (3) 파이프 길이의 합이 80미터 이상이면서, 그 파이프의 철거·해체하려는 부분의 보온재로 사용된 길이의 합이 80미터 이상인 경우
석면해체·제거업자를 통한 석면해체·제거 대상	• 철거·해체하려는 벽체재료, 바닥재, 천장재 및 지붕재 등의 자재에 석면이 1퍼센트(무게 퍼센트)를 초과하여 함유 되어 있고 그 자재의 면적의 합이 50제곱미터 이상인 경우 • 석면이 1퍼센트(무게 퍼센트)를 초과하여 함유된 분무재 또는 내화피복재를 사용한 경우 • 석면이 1퍼센트(무게 퍼센트)를 초과하여 함유된 어느 하나에 해당하는 자재의 면적의 합이 15제곱미터 이상 또는 그 부피의 합이 1세제곱미터 이상인 경우 • 파이프에 사용된 보온재에서 석면이 1퍼센트(무게 퍼센트)를 초과하여 함유되어 있고, 그 보온재 길이의 합이 80미터 이상인 경우
석면해체·제거 작업 완료 후의 석면농도기준	세제곱센티미터 당 0.01개

(2) 근로자의 건강진단

종류	내용
일반 건강진단	• 상시 근로자를 위하여 주기적으로 실시하는 건강진단 • 사무직에 종사하는 근로자 : 2년에 1회 이상 실시 그 밖의 근로자 : 1년에 1회 이상 실시
특수 건강진단	• 특수건강진단 대상 유해인자에 노출되는 업무에 종사하는 근로자 • 근로자건강진단 실시 결과 직업병 유소견자로 판정받은 후 작업전환을 하거나 작업장소를 변경하고, 직업병 유소견 판정의 원인이 된 유해인자에 대한 건강진단이 필요하다는 의사의 소견이 있는 근로자
배치 전 건강진단	특수건강진단대상업무에 종사할 근로자에 대하여 배치 예정업무에 대한 적합성 평가를 위하여 사업주가 실시하는 건강진단
수시 건강진단	특수건강진단대상업무로 인하여 해당 유해인자에 의한 직업성 천식, 직업성 피부염, 그 밖에 건강장해를 의심하게 하는 증상을 보이거나 의학적 소견이 있는 근로자에 대하여 실시하는 건강진단
임시 건강진단	특수건강진단 대상 유해인자 또는 그 밖의 유해인자에 의한 중독 여부, 질병에 걸렸는지 여부 또는 질병의 발생원인 등을 확인하기 위하여 지방고용노동관서의 장의 명령에 따라 실시하는 건강진단 • 같은 부서에 근무하는 근로자 또는 같은 유해인자에 노출되는 근로자에게 유사한 질병의 자각 · 타각증상이 발생한 경우 • 직업병 유소견자가 발생하거나 여러 명이 발생할 우려가 있는 경우 • 그 밖에 지방고용노동관서의 장이 필요하다고 판단하는 경우
건강진단 결과 보존	5년간 보존(발암성 확인물질을 취급하는 근로자에 대한 건강진단 결과의 서류 또는 전산입력 자료는 30년간 보존)

[관련법령]
산업안전보건법 제2절 건강진단 및 건강관리

[관련법령]
- 산업안전보건법 제139조【유해 · 위험작업에 대한 근로시간 제한 등】
- 산업안전보건법 시행령 제99조【유해 · 위험작업에 대한 근로시간 제한 등】

(3) 유해 · 위험작업의 근로시간의 제한

구분	내용
근로시간 연장의 제한	유해하거나 위험한 작업으로서 (높은 기압에서 하는 작업 등) 대통령령으로 정하는 작업에 종사하는 근로자에게는 1일 6시간, 1주 34시간을 초과하여 근로하게 해서는 안된다.
작업의 종류	• 갱(坑) 내에서 하는 작업 • 다량의 고열물체를 취급하는 작업과 현저히 덥고 뜨거운 장소에서 하는 작업 • 다량의 저온물체를 취급하는 작업과 현저히 춥고 차가운 장소에서 하는 작업 • 라듐방사선이나 엑스선, 그 밖의 유해 방사선을 취급하는 작업 • 유리 · 흙 · 돌 · 광물의 먼지가 심하게 날리는 장소에서 하는 작업 • 강렬한 소음이 발생하는 장소에서 하는 작업 • 착암기 등에 의하여 신체에 강렬한 진동을 주는 작업 • 인력으로 중량물을 취급하는 작업 • 납 · 수은 · 크롬 · 망간 · 카드뮴 등의 중금속 또는 이황화탄소 · 유기용제, 그 밖에 고용노동부령으로 정하는 특정 화학물질의 먼지 · 증기 또는 가스가 많이 발생하는 장소에서 하는 작업 • 잠함 또는 잠수작업 등 높은 기압에서 하는 작업

[관련법령]
산업안전보건법 제164조【서류의 보존】

(4) 서류의 보존

서류의 종류	보존기간
관리책임자 · 안전관리자 · 보건관리자 및 산업보건의의 선임에 관한 서류, 석면조사 결과에 관한 서류, 화학물질의 유해성 · 위험성 조사에 관한 서류, 작업환경측정에 관한 서류 및 건강진단에 관한 서류	3년간 보존
회의록, 자율안전기준에 맞는 것임을 증명하는 서류 자율검사프로그램에 따라 실시하는 검사 결과를 기록한 서류	2년간 보존
작업환경측정에 관한 사항을 기재한 서류 • 측정 대상 사업장의 명칭 및 소재지 • 측정 연월일 • 측정을 한 사람의 성명 • 측정방법 및 측정 결과 • 기기를 사용하여 분석한 경우에는 분석자 · 분석방법 및 분석자료 등 분석과 관련된 사항	3년간 보존 (작업환경측정을 기록한 서류는 5년, 발암성 확인 물질에 대한 기록서류는 30년 보존)
지도사의 그 업무에 관한 사항으로서 고용노동부령으로 정하는 사항을 기재한 서류	5년간 보존
석면해체 · 제거업자는 석면해체 · 제거업무에 관하여 고용 노동부령으로 정하는 서류	30년간 보존

07 기타 산업안전 관련법규

(1) 건설기술진흥법

[관련법령]

건설기술진흥법 시행령 제106조【건설사고조사위원회의 구성 · 운영 등】

① 건설사고조사위원회의 구성 · 운영

구분	내용
위원회의 구성	위원장 1명을 포함한 12명 이내의 위원
위원의 임명	• 건설공사 업무와 관련된 공무원 • 건설공사 업무와 관련된 단체 및 연구기관 등의 임직원 • 건설공사 업무에 관한 학식과 경험이 풍부한 사람 ※ 국토교통부장관 또는 발주청 등이 임명하거나 위촉

[관련법령]

건설기술진흥법 시행령 제98조【안전관리계획의 수립】

② 안전관리계획 수립대상 건설공사

㉠ 「시설물의 안전 및 유지관리에 관한 특별법」에 따른 1종시설물 및 2종시설물의 건설공사

㉡ 지하 10미터 이상을 굴착하는 건설공사. (이 경우 굴착 깊이 산정 시 집수정(集水井), 엘리베이터 피트 및 정화조 등의 굴착 부분은 제외)

㉢ 폭발물을 사용하는 건설공사로서 20미터 안에 시설물이 있거나 100미터 안에 사육하는 가축이 있어 해당 건설공사로 인한 영향을 받을 것이 예상되는 건설공사

㉣ 10층 이상 16층 미만인 건축물의 건설공사

㉤ 다음의 리모델링 또는 해체공사
- 10층 이상인 건축물의 리모델링 또는 해체공사
- 수직증축형 리모델링

㉥ 다음에 해당하는 건설기계가 사용되는 건설공사
- 천공기(높이가 10미터 이상인 것만 해당한다)
- 항타 및 항발기
- 타워크레인

㉦ 다음의 가설구조물을 사용하는 건설공사
- 높이가 31미터 이상인 비계
- 브라켓(bracket) 비계
- 작업발판 일체형 거푸집 또는 높이가 5미터 이상인 거푸집 및 동바리
- 터널의 지보공(支保工) 또는 높이가 2미터 이상인 흙막이 지보공
- 동력을 이용하여 움직이는 가설구조물
- 높이 10미터 이상에서 외부작업을 하기 위하여 작업발판 및 안전시설물을 일체화하여 설치하는 가설구조물
- 공사현장에서 제작하여 조립 · 설치하는 복합형 가설 구조물
- 그 밖에 발주자 또는 인 · 허가기관의 장이 필요하다고 인정하는 가설구조물

[관련법령]
시설물의 안전 및 유지관리에 관한 특별법 제7조【시설물의 종류】

(2) 시설물의 안전 및 유지관리에 관한 특별법

① 용어의 정의

용어	내용
시설물	건설공사를 통하여 만들어진 구조물과 그 부대시설로서 제1종시설물, 제2종시설물 및 제3종시설물
제1종 시설물	도로 · 철도 · 항만 · 댐 · 교량 · 터널 · 건축물 등 공중의 이용편의와 안전을 도모하기 위하여 특별히 관리할 필요가 있거나 구조상 유지관리에 고도의 기술이 필요하다고 인정하여 대통령령으로 정하는 시설물
제2종 시설물	제1종시설물 외에 사회기반시설 등 재난이 발생할 위험이 높거나 재난을 예방하기 위하여 계속적으로 관리할 필요가 있는 시설물로서 대통령령으로 정하는 시설물
제3종 시설물	제1종시설물 및 제2종시설물 외에 안전관리가 필요한 소규모 시설물로서 제8조에 따라 지정 · 고시된 시설물
관리주체	관계 법령에 따라 해당 시설물의 관리자로 규정된 자나 해당 시설물의 소유자를 말한다. 이 경우 해당 시설물의 소유자와의 관리계약 등에 따라 시설물의 관리책임을 진 자는 관리주체로 보며, 관리주체는 공공관리주체(公共管理 主體)와 민간관리주체(民間管理主體)로 구분한다.
공공관리주체	• 국가 · 지방자치단체 • 「공공기관의 운영에 관한 법률」 따른 공공기관 • 「지방공기업법」에 따른 지방공기업
민간관리주체	공공관리주체 외의 관리주체
안전점검	경험과 기술을 갖춘 자가 육안이나 점검기구 등으로 검사 하여 시설물에 내재(內在)되어 있는 위험요인을 조사하는 행위
정밀안전진단	시설물의 물리적 · 기능적 결함을 발견하고 그에 대한 신속하고 적절한 조치를 하기 위하여 구조적 안전성과 결함의 원인 등을 조사 · 측정 · 평가하여 보수 · 보강 등의 방법을 제시하는 행위

[시설물 안전관리 특별법상 안전점검의 종류]
(1) 정기점검
(2) 긴급점검
(3) 정밀점검

② 시설물의 안전 및 유지관리 기본계획의 수립

구분	내용
계획의 수립	5년마다 기본계획을 수립 · 시행하여야 한다.
기본 계획 포함 내용	• 시설물의 안전 및 유지관리에 관한 기본목표 및 추진방향에 관한 사항 • 시설물의 안전 및 유지관리체계의 개발, 구축 및 운영에 관한 사항 • 시설물의 안전 및 유지관리에 관한 정보체계의 구축 · 운영에 관한 사항 • 시설물의 안전 및 유지관리에 필요한 기술의 연구 · 개발에 관한 사항 • 시설물의 안전 및 유지관리에 필요한 인력의 양성에 관한 사항 • 그 밖에 시설물의 안전 및 유지관리에 관하여 대통령령으로 정하는 사항

Tip
산업안전보건법의 안전점검은 [수시, 정기, 특별, 임시 점검]이 있다. 시설물안전법 상의 안전점검과 구분할 수 있도록 하자.

③ 안전점검의 실시 주기

안전등급	정기안전점검	정밀안전점검		정밀안전진단	성능평가
		건축물	건축물 외 시설물		
A등급	반기에 1회 이상	4년에 1회 이상	3년에 1회 이상	6년에 1회 이상	5년에 1회 이상
B · C등급		3년에 1회 이상	2년에 1회 이상	5년에 1회 이상	
D · E등급	1년에 3회 이상	2년에 1회 이상	1년에 1회 이상	4년에 1회 이상	

[관련법령]

시설물의 안전 및 유지관리에 관한 특별법 시행령 별표3【안전점검, 정밀안전진단 및 성능평가의 실시시기】

④ 안전등급 기준

안전등급	시설물의 상태
A(우수)	문제점이 없는 최상의 상태
B(양호)	보조부재에 경미한 결함이 발생하였으나 기능 발휘에는 지장이 없으며 내구성 증진을 위하여 일부의 보수가 필요한 상태
C(보통)	주요부재에 경미한 결함 또는 보조부재에 광범위한 결함이 발생하였으나 전체적인 시설물의 안전에는 지장이 없으며, 주요부재에 내구성, 기능성 저하 방지를 위한 보수가 필요하거나 보조부재에 간단한 보강이 필요한 상태
D(미흡)	주요부재에 결함이 발생하여 긴급한 보수 · 보강이 필요하며 사용제한 여부를 결정하여야 하는 상태
E(불량)	주요부재에 발생한 심각한 결함으로 인하여 시설물의 안전에 위험이 있어 즉각 사용을 금지하고 보강 또는 개축을 하여야 하는 상태

(3) 제조물 책임법(PL법)

① 제조물 책임법의 특징

제품의 생산, 유통, 판매 등 일련의 과정에 관여한 자가 그 상품의 결함에 의하여 야기된 생명, 신체, 재산 및 기타 권리의 손해에 대해서 최종 소비자나 사용자 또는 제3자에 대해 배상할 의무를 부담하는 것으로서 제조자책임 또는 공급자책임이라 하기도 한다.

[품질보증]

문제가 있는 제품에 대하여 교환 또는 수리만을 이행

[경고표시의 신호문자 분류]
위험, 경고, 주의

[경고표시의 4가지 색상]
적색, 청색, 황색, 녹색

② 제조물 책임의 분류

구분	내용
결함	• 제조상의 결함 • 설계상의 결함 • 표시상의 결함, 상표사용상의 위험 및 그 위험을 최소한으로 억제하는 방법에 대하여 충분히 경고하지 않은 경우
보증책임	• 명시보증 위반 : 설명서, 광고 등의 의사 전달 수단에 명시된 사항을 위반 • 묵시보증 위반 : 상품으로 기능을 발휘하지 못하는 경우, 사용적합성이 없는 경우
불법행위상의 엄격책임	• 결함상품의 판매 • 손해의 발생 • 결함상품의 위해 원인의 존재 • 결함상품의 손해로 법적 관련성을 갖는 것

③ 경고표시의 표시내용

㉠ 위험을 회피하는 방법 등을 명시
㉡ 위험의 정도(위험, 경고, 주의)를 명시
㉢ 경고 라벨은 가능한 위험장소에 가깝고, 눈에 잘 띄는 곳에 부착
㉣ 경고문의 문자크기는 안전한 거리에서 확실하게 읽을 수 있도록 제작
㉤ 경고 라벨은 제품수명과 동등한 내구성을 가진 재질로 제작하여 견고하게 부착
㉥ 위험의 종류(고전압, 인화물질 등)와 경고를 무시할 경우 초래되는 결과(감전, 사망 등)를 명시

④ 제조물 책임의 대책

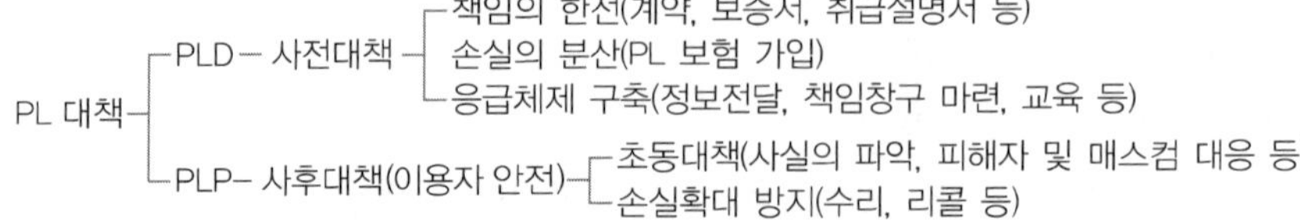

Ch.05 산업안전 관계법규 핵심문제

□□□ 16년1회

1. 산업안전보건법상 안전보건관리책임자의 업무에 해당되지 않는 것은?(단, 기타 근로자의 유해 · 위험 예방조치에 관한 사항으로서 고용노동부령으로 정하는 사항은 제외한다.)

① 근로자의 안전 · 보건교육에 관한 사항
② 사업장 순회점검 · 지도 및 조치에 관한 사항
③ 안전보건관리규정의 작성 및 변경에 관한 사항
④ 산업재해의 원인 조사 및 재발 방지대책 수립에 관한 사항

해설

안전보건관리책임자의 업무
① 사업장의 산업재해 예방계획의 수립에 관한 사항
② 안전보건관리규정의 작성 및 변경에 관한 사항
③ 안전보건교육에 관한 사항
④ 작업환경측정 등 작업환경의 점검 및 개선에 관한 사항
⑤ 근로자의 건강진단 등 건강관리에 관한 사항
⑥ 산업재해의 원인 조사 및 재발 방지대책 수립에 관한 사항
⑦ 산업재해에 관한 통계의 기록 및 유지에 관한 사항
⑧ 안전장치 및 보호구 구입 시 적격품 여부 확인에 관한 사항
⑨ 그 밖에 근로자의 유해 · 위험 방지조치에 관한 사항으로서 고용노동부령으로 정하는 사항

[참고] 산업안전보건법 제15조【안전보건관리책임자】

□□□ 12년2회

2. 산업안전보건법상 안전보건총괄책임자의 직무에 해당되는 것은?

① 업무수행 내용의 기록 · 유지
② 근로자를 보호하기 위한 의료행위
③ 직업성 질환 발생의 원인 조사 및 대책 수립
④ 안전인증대상 기계 · 기구등과 자율안전확인대상 기계 · 기구 등의 사용 여부 확인

해설

①, ②, ③항은 보건관리자의 직무사항이다.

안전보건총괄책임자의 직무
① 위험성평가의 실시에 관한 사항
② 작업의 중지
③ 도급 시 산업재해 예방조치
④ 산업안전보건관리비의 관계수급인 간의 사용에 관한 협의 · 조정 및 그 집행의 감독
⑤ 안전인증대상기계등과 자율안전확인대상기계등의 사용 여부 확인

[참고] 산업안전보건법 시행령 제53조【안전보건총괄책임자의 직무 등】

□□□ 08년3회

3. 산업안전보건법상 안전관리자의 직무에 해당하는 것은?

① 직업성질환 발생의 원인조사 및 대책수립
② 해당 사업장 안전 교육 계획의 수립 및 실시
③ 근로자의 건강장해의 원인조사와 재발방지를 위한 의학적 조치
④ 해당 작업에서 발생한 산업재해에 관한 보고 및 이에 대한 응급조치

문제 3~8 해설

안전관리자의 업무
① 산업안전보건위원회 또는 안전 · 보건에 관한 노사협의체에서 심의 · 의결한 업무와 해당 사업장의 안전보건관리규정 및 취업규칙에서 정한 업무
② 안전인증대상 기계 · 기구등과 자율안전확인대상 기계 · 기구등 구입 시 적격품의 선정에 관한 보좌 및 조언 · 지도
③ 위험성평가에 관한 보좌 및 조언 · 지도
④ 해당 사업장 안전교육계획의 수립 및 안전교육 실시에 관한 보좌 및 조언 · 지도
⑤ 사업장 순회점검 · 지도 및 조치의 건의
⑥ 산업재해 발생의 원인 조사 · 분석 및 재발 방지를 위한 기술적 보좌 및 조언 · 지도
⑦ 산업재해에 관한 통계의 유지 · 관리 · 분석을 위한 보좌 및 조언 · 지도
⑧ 법 또는 법에 따른 명령으로 정한 안전에 관한 사항의 이행에 관한 보좌 및 조언 · 지도
⑨ 업무수행 내용의 기록 · 유지
⑩ 그 밖에 안전에 관한 사항으로서 고용노동부장관이 정하는 사항

[참고] 산업안전보건법 시행령 제18조【안전관리자의 업무 등】

□□□ 09년1회

4. 산업안전보건법상 안전관리자의 직무에 해당하지 않는 것은?

① 안전보건관리규정의 작성 및 변경
② 해당 사업장의 안전교육계획 수립 및 실시
③ 안전에 관한 사항을 위반한 근로자에 대한 조치의 건의
④ 안전분야의 산업재해에 관한 통계의 유지 · 관리를 위한 지도 · 조언

정답 1 ② 2 ④ 3 ② 4 ①

□□□ 10년2회, 13년3회

5. 다음 중 산업안전보건법상 안전관리자의 직무가 아닌 것은?

① 사업장 순회점검 · 지도 및 조치의 건의
② 해당 사업장 안전교육계획의 수립 및 실시
③ 산업재해 발생의 원인 조사 및 재발 방지를 위한 기술적 지도 · 조언
④ 해당 작업의 작업장 정리 · 정돈 및 통로 확보에 대한 확인 · 감독

□□□ 14년1회

6. 다음 중 산업안전보건법령상 안전관리자의 직무에 해당되지 않는 것은?(단, 그 밖의 안전에 관한 사항으로서 고용노동부장관이 정하는 사항은 제외한다.)

① 업무수행 내용의 기록 · 유지
② 근로자의 건강관리, 보건교육 및 건강증진 지도
③ 안전분야에 한정된 산업재해에 관한 통계의 유지 · 관리를 위한 지도 · 조언
④ 법 또는 법에 따른 명령이나 안전보건관리규정 중 안전에 관한 사항을 위반한 근로자에 대한 조치의 건의

□□□ 17년1회

7. 산업안전보건법상 안전관리자가 수행해야 할 업무가 아닌 것은?

① 사업장 순회점검 · 지도 및 조치의 건의
② 산업재해에 관한 통계의 유지 · 관리 · 분석을 위한 보좌 및 조언 · 지도
③ 작업장 내에서 사용되는 전체 환기장치 및 국소 배기장치 등에 관한 설비의 점검
④ 해당 사업장 안전교육계획의 수립 및 안전교육 실시에 대한 보좌 및 조언 · 지도

□□□ 17년2회, 22년2회

8. 산업안전보건법상 안전관리자의 업무에 해당되지 않는 것은?

① 업무수행 내용의 기록 · 유지
② 산업재해에 관한 통계의 유지 · 관리 · 분석을 위한 보좌 및 조언 · 지도
③ 법 또는 법에 따른 명령으로 정한 안전에 관한 사항의 이행에 관한 보좌 및 조언 · 지도
④ 작업장 내에서 사용되는 전체 환기장치 및 국소 배기장치 등에 관한 설비의 점검과 작업방법의 공학적 개선에 관한 보좌 및 조언 · 지도

□□□ 08년1회

9. 산업안전보건법에서 규정한 안전관리자의 교체임명 사유에 해당하지 않는 것은?

① 중대재해가 연간 3건 이상 발생할 때
② 발생한 사고로 인해 1억원 이상 경제적 손실이 있을 때
③ 관리자가 질병 기타 사유로 3월 이상 직무를 수행할 수 없게 될 때
④ 해당 사업장의 연간 재해율이 같은 업종 평균재해율의 2배 이상일 때

문제 9~11 해설

안전관리자 등의 증원 · 교체 명령
① 해당 사업장의 연간재해율이 같은 업종의 평균재해율의 2배 이상인 경우
② 중대재해가 연간 2건 이상 발생한 경우
③ 관리자가 질병이나 그 밖의 사유로 3개월 이상 직무를 수행할 수 없게 된 경우
④ 화학적 인자로 인한 직업성질병자가 연간 3명 이상 발생한 경우

[참고] 산업안전보건법 시행규칙 제12조【안전관리자 등의 증원 · 교체임명 명령】

□□□ 11년1회

10. 산업안전보건법에 따라 안전관리자를 정수 이상으로 증원하거나 교체하여 임명할 것을 명할 수 있는 경우가 아닌 것은?

① 중대재해가 연간 5건 발생한 경우
② 안전관리자가 질병으로 인하여 3개월 동안 직무를 수행할 수 없게 된 경우
③ 안전관리자가 질병 외의 사유로 인하여 6개월 동안 직무를 수행할 수 없게 된 경우
④ 해당 사업장의 연간재해율이 전체 평균재해율 이상인 경우

정답 5 ④ 6 ② 7 ③ 8 ④ 9 ② 10 ④

□□□ 18년1회

11. 산업안전보건법령상 지방고용노동관서의 장이 사업주에게 안전관리자 · 보건관리자 또는 안전보건관리담당자를 정수 이상으로 증원하게 하거나 교체하여(임명할 것을 명할 수 있는 경우의 기준 중 다음 ( ) 안에 알맞은 것은?

> ○ 중대재해가 연간 (㉠)건 이상 발생한 경우
> ○ 해당 사업장의 연간재해율이 같은 업종의 평균재해율의 (㉡)배 이상인 경우

① ㉠ 3, ㉡ 2　② ㉠ 2, ㉡ 3
③ ㉠ 2, ㉡ 2　④ ㉠ 3, ㉡ 3

□□□ 15년3회

12. 산업안전보건법령상 관리감독자의 업무내용에 해당되는 것은?(단, 그밖에 해당 작업의 안전 · 보건에 관한 사항으로서 고용노동부령으로 정하는 사항은 제외한다.)

① 사업장 순회점검 · 지도 및 조치의 건의
② 물질안전보건자료의 게시 또는 비치에 관한 보좌 및 조언 · 지도
③ 해당 작업의 작업장 정리 · 정돈 및 통로확보에 대한 확인 · 감독
④ 근로자의 건강장해의 원인 조사와 재발 방지를 위한 의학적 조치

해설

관리감독자의 업무
① 사업장 내 관리감독자가 지휘 · 감독하는 작업과 관련된 기계 · 기구 또는 설비의 안전 · 보건 점검 및 이상 유무의 확인
② 관리감독자에게 소속된 근로자의 작업복 · 보호구 및 방호장치의 점검과 그 착용 · 사용에 관한 교육 · 지도
③ 해당 작업에서 발생한 산업재해에 관한 보고 및 이에 대한 응급조치
④ 해당 작업의 작업장 정리 · 정돈 및 통로확보에 대한 확인 · 감독
⑤ 해당 사업장의 다음에 해당하는 사람의 지도 · 조언에 대한 협조
　㉠ 안전관리자
　㉡ 보건관리자
　㉢ 안전보건관리담당자
　㉣ 산업보건의
⑥ 위험성평가에 관한 다음 각 목의 업무
　㉠ 유해 · 위험요인의 파악에 대한 참여
　㉡ 개선조치의 시행에 대한 참여
⑦ 그 밖에 해당 작업의 안전 · 보건에 관한 사항으로서 고용노동부령으로 정하는 사항

[참고] 산업안전보건법 시행령 제15조 【관리감독자의 업무 등】

□□□ 15년2회

13. 산업안전보건법령상 같은 장소에서 행하여지는 사업으로서 사업의 일부를 분리하여 도급을 주어하는 사업의 경우 산업재해를 예방하기 위한 조치로 구성 · 운영하는 안전 · 보건에 관한 협의체의 회의 주기로 옳은 것은?

① 매월 1회 이상　② 2개월 간격의 1회 이상
③ 3개월 내의 1회 이상　④ 6개월 내의 1회 이상

해설

안전 · 보건 협의체의 구성 및 운영

구분	내용
협의체의 구성	도급인인 사업주 및 그의 수급인인 사업주 전원
협의 사항	1) 작업의 시작시간 2) 작업장 간의 연락방법 3) 재해발생 위험시의 대피방법 4) 작업장에서의 위험성평가의 실시에 관한 사항 5) 사업주와 수급인 또는 수급인 상호 간의 연락방법 및 작업공정의 조정
협의체 회의	월 1회 이상 정기적으로 회의를 개최하고 그 결과를 기록 · 보존

[참고] 산업안전보건법 시행규칙 제79조 【협의체 구성 및 운영】

□□□ 10년3회

14. 산업안전보건법상 사업장에서 보존하는 서류 중 2년간 보존해야 하는 서류에 해당하는 것은?(단, 고용노동부장관이 필요하다고 인정하는 경우는 제외한다.)

① 건강진단에 관한 서류
② 노사협의체의 회의록
③ 작업환경측정에 관한 서류
④ 안전관리자, 보건관리자의 선임에 관한 서류

해설

서류의 보존기간
①항, 건강진단에 관한 서류 : 3년간 보존
②항, 회의록 : 2년간 보존
③항, 작업환경측정에 관한 서류 : 3년간 보존.
④항, 관리책임자, 안전관리자, 보건관리자, 산업보건의 선임에 관한 서류, 안전관리대행기관 또는 보건관리대행기관의 서류 : 3년간 보존

[참고] 산업안전보건법 제164조 【서류의 보존】

정답 11 ③ 12 ③ 13 ① 14 ②

□□□ 13년2회, 22년1회

15. 산업안전보건법령상 잠함(潛艦) 또는 잠수작업 등 높은 기압에서 하는 직업에 종사하는 근로자의 근로제한시간으로 맞는 것은?

① 1일 6시간, 1주 34시간 초과금지
② 1일 8시간, 1주 40시간 초과금지
③ 1일 6시간, 1주 36시간 초과금지
④ 1일 8시간, 1주 44시간 초과금지

문제 15, 16 해설

사업주는 유해하거나 위험한 작업으로서 높은 기압에서 하는 작업 등 대통령령으로 정하는 작업에 종사하는 근로자에게는 1일 6시간, 1주 34시간을 초과하여 근로하게 해서는 아니 된다.

[참고] 산업안전보건법 제139조 【유해 · 위험작업에 대한 근로시간 제한 등】

□□□ 17년3회

16. 산업안전보건법상 근로시간 연장 제한에 관한 기준에서 아래의 ( ) 안에 알맞은 것은?

> 사업주는 유해하거나 위험한 작업으로서 대통령령으로 정하는 작업에 종사하는 근로자에게는 1일 (㉠) 시간, 1주 (㉡) 시간을 초과하여 근로하게 하여서는 아니 된다.

① ㉠ 6, ㉡ 34
② ㉠ 7, ㉡ 36
③ ㉠ 8, ㉡ 40
④ ㉠ 8, ㉡ 44

정답 15 ① 16 ①

PART

02 산업심리 및 교육

0 핵심암기모음집

1 산업심리이론

2 인간의 특성과 안전

3 안전보건교육

01. 산업심리이론

01 산업심리의 개념

❶ 산업 심리 요소

종 류	내 용
심리의 5요소	습관, 동기, 기질, 감정, 습성
습관의 4요소	동기, 기질, 감정, 습성

❷ 심리 검사의 구비조건

구분	내용
표준화 (Standardization)	검사관리를 위한 조건과 검사 절차의 일관성과 통일성을 표준화한다.
객관성 (Objectivity)	검사결과의 채점에 관한 것으로, 채점하는 과정에서 채점자의 편견이나 주관성이 배제되어야 하며 어떤 사람이 채점하여도 동일한 결과를 얻어야 한다.
규준 (norms)	검사의 결과를 해석하기 위해서는 비교할 수 있는 참조 또는 비교의 틀
신뢰성 (reliability)	검사응답의 일관성, 즉 반복성을 말하는 것이다.
타당성 (validity)	측정하고자 하는 것을 실제로 측정하는 것 • 내용 타당도 • 전이 타당도 • 조직내 타당도 • 조직간 타당도
실용성 (practicability)	검사 채점의 용이성, 결과해석의 간편성, 저비용

❸ 직업적성의 기본요소

구분	내용
지능(intelligence)	새로운 문제를 효과적으로 처리해가는 능력
흥미(interest)	직무의 선택, 직업의 성공, 만족 등 직무적 행동의 동기를 조성
개성, 인간성(personality)	개인의 인간성은 직장의 적응에 중요한 역할을 한다.

02 인간관계와 집단행동

❶ 인간관계 메커니즘(mechanism)

구분	내용
동일화 (identification)	다른 사람의 행동 양식이나 태도를 투입시키거나, 다른 사람 가운데서 자기와 비슷한 것을 발견하는 것
투사 (投射 : projection)	자기 속의 억압된 것을 다른 사람의 것으로 생각하는 것
커뮤니케이션 (communication)	갖가지 행동 양식이나 기호를 매개로 하여 어떤 사람으로부터 다른 사람에게 전달되는 과정
모방 (imitation)	남의 행동이나 판단을 표본으로 하여 그것과 같거나 또는 그것에 가까운 행동 또는 판단을 취하려는 것
암시 (suggestion)	다른 사람으로부터의 판단이나 행동을 무비판적으로 논리적, 사실적 근거 없이 받아들이는 것

03 인간의 일반적인 행동특성

❶ 인간변용의 4단계(인간변용의 메커니즘)

단계	내용
1단계	지식의 변용
2단계	태도의 변용
3단계	행동의 변용
4단계	집단 또는 조직에 대한 성과 변용

❷ 사회행동의 기본형태

내용	구분
협력	조력, 분업
대립	공격, 경쟁
도피	고립, 정신병, 자살
융합	강제, 타협, 통합

❸ 적응기제(adjustment mechanism)

① 방어적 기제(defence mechanism)

② 도피적 기제(escape mechanism)

③ 공격적 기제(aggressive mechanism)

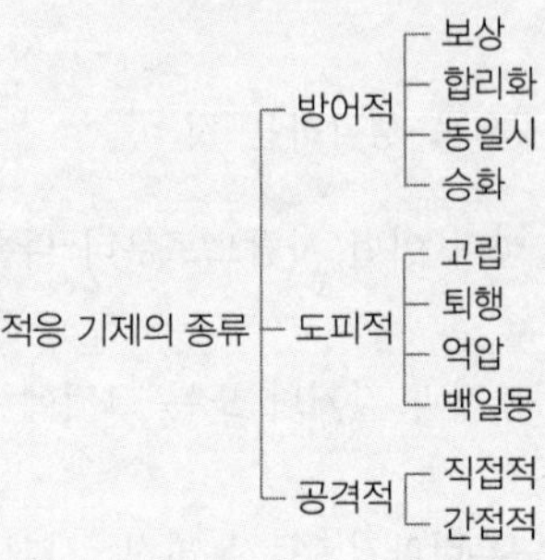

04 동기부여(motivation)

❶ 안전 동기의 유발 방법

① 안전의 근본이념을 인식시킬 것

② 안전 목표를 명확히 설정할 것

③ 결과를 알려줄 것(K.R법 : knowlege results)

④ 상과 벌을 줄 것

⑤ 경쟁과 협동을 유도할 것

⑥ 동기유발 수준을 유지할 것

❷ Lewin. K의 법칙

$$\therefore\ B = f(P \cdot E)$$

여기서, B : behavior(인간의 행동)

f : function(함수관계)

P : person(개체 : 연령, 경험, 심신상태, 성격, 지능 등)

E : environment(심리적 환경 : 인간관계, 작업환경 등)

❸ Davis의 동기부여 이론

경영의 성과 = 인간의 성과 × 물적 성과

① 인간성과=능력×동기유발
② 능력=지식×기능
③ 동기유발=상황×태도

❹ 욕구단계 이론

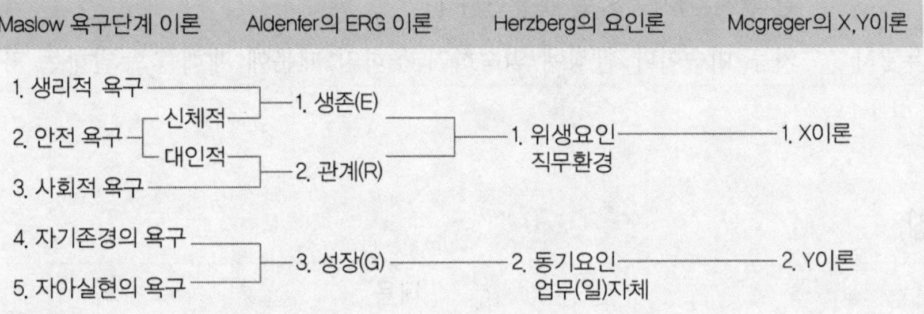

02. 인간의 특성과 안전

01 재해 빈발성과 부주의

❶ 사고경향성자(재해 누발자, 재해 다발자)의 유형

구분	내용
상황성 누발자	작업의 어려움, 기계설비의 결함, 환경상 주의력의 집중 혼란, 심신의 근심 등 때문에 재해를 누발하는 자
습관성 누발자	재해의 경험으로 겁쟁이가 되거나 신경과민이 되어 재해를 누발하는 자와 일종의 슬럼프(slump)상태에 빠져서 재해를 누발하는 자
소질성 누발자	재해의 소질적 요인을 가지고 있는 재해자(사고요인은 지능, 성격, 감각(시각)기능으로 분류한다.)
미숙성 누발자	기능 미숙이나 환경에 익숙하지 못하기 때문에 재해를 누발하는 자

❷ 주의의 특징

구분	내용
선택성	여러 종류의 자극을 자각할 때 소수의 특정한 것에 한하여 선택하는 기능
방향성	주시점만 인지하는 기능
변동성	주의에는 주기적으로 부주의의 리듬이 존재

❸ 의식 레벨의 단계분류

단계	의식의 상태	주의 작용	생리적 상태	신뢰성
0	무의식, 실신	없음	수면, 뇌발작	0
I	정상 이하, 의식 몽롱함	부주의	피로, 단조, 졸음, 술취함	0.99 이하
II	정상, 이완상태	수동적 마음이 안쪽으로 향함	안정기거, 휴식시 정례작업시	0.99~0.99999 이하
III	정상, 상쾌한 상태	능동적 앞으로 향하는 주의(시야도 넓다.)	적극 활동시	0.999999 이상
IV	초긴장, 과긴장상태	일점 집중, 판단 정지	긴급 방위반응, 당황해서 panic	0.9 이하

④ **억측판단**

자기 멋대로 주관적(主觀的) 판단이나 희망적(希望的)인 관찰에 근거를 두고 확인하지 않고 행동으로 옮기는 판단

02 착오와 착상심리

❶ 착오의 요인

① 위치의 착오
② 순서의 착오
③ 패턴의 착오
④ 형태의 착오
⑤ 기억의 틀림(오류)

❷ 착오의 분류

구분	내용
인지과정 착오	• 생리, 심리적 능력의 한계 • 정보량 저장 능력의 한계 • 감각 차단현상 : 단조로운 업무, 반복 작업 • 정서 불안정 : 공포, 불안, 불만
판단과정 착오	• 능력부족 • 정보부족 • 자기합리화 • 환경조건의 불비
조치과정 착오	• 피로 • 작업 경험부족 • 작업자의 기능미숙(지식, 기술부족)

❸ 착각현상

구분	내용
자동운동	암실 내에서 정지된 소 광점을 응시하고 있을 때 그 광점의 움직임을 볼 수 있는 경우
유도운동	실제로는 움직이지 않는 것이 어느 기준의 이동에 유도되어 움직이는 것처럼 느껴지는 현상
가현운동 (β 운동)	정지하고 있는 대상물이 급속히 나타나고 소멸하는 상황에서 대상물이 운동하는 것처럼 인식되는 현상(영화 영상의 방법)

03 리더십

❶ 리더십의 특성

Leader의 제 특성	리더의 구비요건
• 대인적 숙련 • 혁신적 능력 • 기술적 능력 • 협상적 능력 • 표현 능력 • 교육 훈련 능력	• 화합성 • 통찰력 • 판단력 • 정서적 안전성 및 활발성

❷ 리더십과 헤드쉽

개인과 상황변수	헤드쉽	리더십
권한행사	임명된 헤드	선출된 리더
권한부여	위에서 임명	밑으로 부터 동의
권한근거	법적 또는 공식적	개인적
권한귀속	공식화된 규정에 의함	집단목표에 기여한 공로
상관과 부하의 관계	지배적	개인적인 영향
책임귀속	상사	상사와 부하
부하와의 사회적 간격	넓음	좁음
지휘형태	권위주의적	민주주의적

❸ 관리 그리드(Managerial grid)

구분	내용
1.1형 (무관심형)	• 생산, 사람에 대한 관심도가 모두 낮음 • 리더 자신의 직분 유지에 필요한 노력만 함
1.9형 (인기형)	• 생산, 사람에 대한 관심도가 매우 높음 • 구성원간의 친밀감에 중점을 둠
9.1형 (과업형)	• 생산에 대한 관심도 매우 높음, 사람에 대한 관심도 낮음 • 업무상 능력을 중시 함
5.5형 (타협형)	• 사람과 업무의 절충형 • 적당한 수준성과를 지향 함
9.9형 (이상형)	• 구성원과의 공동목표, 상호 의존관계를 중요시 함 • 상호신뢰, 상호존경, 구성원을 통한 과업 달성 함

04 사기조사(morale survey)와 집단역학

❶ 적응과 역할(Super.D.E의 역할이론)

구분	내용
역할연기 (role playing)	현실의 장면을 설정하고 각자 맡은 역을 연기하여 실제를 대비한 대처방법을 습득한다. 자아탐색(self-exploration)인 동시에 자아실현(self- realization)의 수단이다.
역할기대 (role expectation)	집단이나 개인이 역할을 어떻게 수행해 줄 지 기대하는 것
역할조성 (role shaping)	개인에게 여러 개의 역할 기대가 있을 경우 그 중의 어떤 역할 기대는 불응, 거부하는 수도 있으며, 혹은 다른 역할을 해내기 위해 다른 일을 구 할 때도 있다.
역할갈등 (role confict)	작업 중에는 상반된 역할이 기대되는 경우 생기는 갈등

❷ 사기조사(모랄 서베이)의 주요 방법

구분	내용
통계에 의한 방법	사고 상해율, 생산고, 결근, 지각, 조퇴, 이직 등을 분석하여 파악하는 방법
사례연구법	경영관리상의 여러가지 제도에 나타나는 사례에 대해 케이스 스터디(case study)로서 현상을 파악하는 방법
관찰법	종업원의 근무 실태를 계속 관찰함으로써 문제점을 찾아내는 방법
실험연구법	실험 그룹(group)과 통제 그룹(control group)으로 나누고, 정황, 자극을 주어 태도변화 여부를 조사하는 방법
태도조사법 (의견 조사)	질문지법, 면접법, 집단토의법, 투사법(projective technique) 등에 의해 의견을 조사하는 방법

❸ 카운슬링(Counseling)의 순서

장면 구성 → 내담자 대화 → 의견의 재분석 → 감정의 표현 → 감정의 명확화

05 피로와 생체리듬

❶ 피로(fatigue)의 특징

① 피로의 종류

구분	내용
주관적 피로	스스로 느끼는 자각증상으로 권태감, 단조감, 피로감이 뒤따른다.
객관적 피로	생산된 제품의 양과 질의 저하를 지표로 한다.
생리적(기능적) 피로	인체의 생리 상태를 검사함으로 생체의 각 기능이나 물질의 변화 등에 의해 피로를 알 수 있다.

② 피로의 회복대책

㉠ 휴식과 수면을 취할 것(가장 좋은 방법)

㉡ 충분한 영양(음식)을 섭취할 것

㉢ 산책 및 가벼운 체조를 할 것

㉣ 음악감상, 오락 등에 의해 기분을 전환시킬 것

㉤ 목욕, 마사지 등 물리적 요법을 행할 것

㉥ 작업부하를 작게 한다.

❷ 생체리듬과 신체의 변화

① 혈액의 수분, 염분량 → 주간은 감소하고 야간에는 증가한다.

② 체온, 혈압, 맥박수 → 주간은 상승하고 야간에는 저하한다.

③ 야간에는 소화분비액 불량, 체중이 감소한다.

④ 야간에는 말초운동기능 저하, 피로의 자각증상이 증대된다.

03. 안전보건교육

01 교육심리

❶ S-R 학습이론

① 손다이크(Thorndike)의 시행착오설 학습법칙

구분	내용
연습의 법칙 (law of exercise)	모든 학습과정은 많은 연습과 반복을 통해서 바람직한 행동의 변화를 가져오게 된다는 법칙으로 빈도의 법칙(law of frequency)이라고도 한다.
효과의 법칙 (law of frequency)	학습의 결과가 학습자에게 쾌감을 주면 줄수록 반응은 강화되고 반대로 고통이나 불쾌감을 주면 약화된다는 법칙
준비성의 법칙 (law of readiness)	특정한 학습을 행하는데 필요한 기초적인 능력을 충분히 갖춘 뒤에 학습을 행함으로서 효과적인 학습을 이룩할 수 있다는 법칙이다.

② 파블로프(Pavlov)의 조건반사설

구분	내용
강도의 원리	자극의 강도가 일정하거나 먼저 제시한 자극보다 더 강한 것일수록 효과가 크다는 것
일관성의 원리	자극이 질적으로 일관될 때 조건반응형성이 더 잘 이루어진다.
시간의 원리	조건자극은 무조건 자극보다 시간적으로 앞서거나 거의 동시에 주어야 한다.
계속성의 원리	자극과 반응간에 반복되는 횟수가 많을수록 효과적이다.

02 학습효과

❶ 파지와 망각

① 기억의 단계

기명 → 파지 → 재생 → 재인

② 용어의 정의

단계	내용
기억	과거의 경험이 어떠한 형태로 미래의 행동에 영향을 주는 작용이라 할 수 있다.
망각	경험한 내용이나 학습된 행동을 적용하지 않고 방치하여 내용이나 인상이 약해지거나 소멸되는 현상
기명	사물의 인상을 마음속에 간직하는 것을 말한다.
파지	간직, 인상이 보존되는 것을 말한다.
재생	보존된 인상을 다시 의식으로 떠오르는 것을 말한다.
재인	과거에 경험했던 것과 같은 비슷한 상태에 부딪쳤을 때 떠오르는 것을 말한다.

❷ 전습과 분습

전습법의 이점	분습법의 이점
학습재료를 하나의 전체로 묶어서 학습하는 방법 • 망각이 적다. • 학습에 필요한 반복이 적다. • 연합이 생긴다. • 시간과 노력이 적다.	학습재료를 작게 나누어서 조금씩 학습하는 방법(순수분습법, 점진적 분습법, 반복적 분습법 등) • 어린이는 분습법을 좋아한다. • 학습효과가 빨리 나타난다. • 주의와 집중력의 범위를 좁히는데 적합하다. • 길고 복잡한 학습에 적당하다.

❸ 학습의 전이

어떤 내용을 학습한 결과가 다른 학습이나 반응에 영향을 주는 현상을 의미하는 것으로 학습효과를 전이라고도 한다.

03 교육지도 기법

❶ 교육의 목적과 기본요소

① 교육의 3요소

구분	내용
교육의 주체	교도자, 강사
교육의 객체	학생, 수강자
교육의 매개체	교육내용(교재)

② 학습목적

구분	내용
학습목적의 3요소	• 목표(goal) • 주제(subject) • 학습정도(level of learning)
학습정도 (level of learning)의 4요소	• 인지(to aguaint) : ~을 인지하여야 한다. • 지각(to know) : ~을 알아야 한다. • 이해(to understand) : ~을 이해하여야 한다. • 적용(to apply) : ~을~에 적용할 줄 알아야 한다.

❷ 교육의 지도의 원칙

① 피 교육자 중심 교육(상대방 입장에서 교육)
② 동기부여(motivation)
③ 쉬운 부분에서 어려운 부분으로 진행
④ 반복(repeat)
⑤ 한번에 하나씩 교육
⑥ 인상의 강화(오래기억)
⑦ 5관의 활용
⑧ 기능적 이해

04 교육의 실시방법

❶ 강의법(Lecture method)

강의식 교육방법은 교육 자료와 순서에 의하여 진행하며 단시간에 많은 내용을 교육하는 경우에 꼭 필요한 방법(최적인원 40~50명)

❷ 토의법(Discussion method)

구분	내용
case study (case method)	먼저 사례를 제시하고 문제적 사실들과 그의 상호관계에 대해서 검토하고 대책을 토의한다.
포럼 (forum)	새로운 자료나 교재를 제시하고 문제점을 피교육자로 하여금 제기하게 하거나 의견을 여러가지 방법으로 발표하게 하고 다시 깊이 파고들어 토의를 행하는 방법
심포지움 (symposium)	몇 사람의 전문가에 의하여 과제에 관한 견해를 발표한 뒤 참가자로 하여금 의견이나 질문을 하게 하여 토의하는 방법
패널 디스커션 (panel discussion)	패널멤버(교육 과제에 정통한 전문가 4~5명)가 피교육자 앞에서 자유로이 토의를 하고 뒤에 피교육자 전원이 참가하여 사회자의 사회에 따라 토의하는 방법
버즈 세션 (buzz session)	6-6회의라고도 하며, 먼저 사회자와 기록계를 선출한 후 나머지 사람은 6명씩의 소집단으로 구분하고, 소집단별로 각각 사회자를 선발하여 6분간씩 자유토의를 행하여 의견을 종합하는 방법

❸ 기타 교육 실시방법

구분	내용
프로그램학습법 (Programmed selfinstrucion method)	수업 프로그램이 학습의 원리에 의하여 만들어지고 학생이 자기학습 속도에 따른 학습이 허용되어 있는 상태에서 학습자가 프로그램 자료를 가지고 단독으로 학습토록 교육하는 방법
모의법 (Simulation method)	실제의 장면이나 상태와 극히 유사한 사태를 인위적으로 만들어 그 속에서 학습토록 하는 교육방법
시청각교육법 (audiovisual education)	시청각적 교육매체를 교육과정에 통합시켜 적절하게 활용함으로써 교수·학습활동에서 최대의 효과를 얻고자 하는 교육
사례연구법	특정 개체를 대상으로하여 그 대상의 특성이나 문제를 종합적이며 심층적으로 기술, 분석하는 연구로서 분석력, 판단력, 의사결정능력, 협상력 등의 문제해결능력이나 직무수행능력을 체험적으로 함양시키는 교육
실연법 (Performance method)	학습자가 이미 설명을 듣거나 시범을 보고 알게 된 지식이나 기능을 교사의 지휘나 감독아래 연습에 적용을 해보게 하는 교육방법
구안법 (project method)	학생이 마음속에 생각하고 있는 것을 외부에 구체적으로 실현하고 형상화하기 위해서 자기 스스로가 계획을 세워 수행하는 학습 활동
역할연기법 (Role playing)	참가자에게 일정한 역할을 주어 실제적으로 연기를 시켜봄으로써 자기의 역할을 보다 확실히 인식하도록 체험하는 교육방법

05 교육대상별 교육방법

❶ 현장 교육의 실시

O · J · T	Off · J · T
• 개개인에게 적합한 지도훈련이 가능하다. • 직장의 실정에 맞는 실체적 훈련이 가능하다. • 훈련에 필요한 업무의 계속성 유지된다. • 즉시 업무에 연결되는 관계로 신체와 관련이 있다. • 효과가 곧 업무에 나타나며 훈련의 좋고 나쁨에 따라 개선이 용이하다. • 교육을 통한 훈련 효과에 의해 상호 신뢰 이해도가 높아진다.	• 다수의 근로자에게 조직적 훈련이 가능하다. • 훈련에만 전념하게 된다. • 특별 설비 기구를 이용할 수 있다. • 전문가를 강사로 초청할 수 있다. • 각 직장의 근로자가 많은 지식이나 경험을 교류할 수 있다. • 교육 훈련 목표에 대해서 집단적 노력이 흐트러질 수도 있다.

❷ 관리감독자 TWI(training within industry) 교육

구분	내용
JIT(job instruction training)	작업을 가르치는 법
JMT(job method training)	작업의 개선 방법
JRT(job relation training)	사람을 다루는 법
JST(job safety training)	작업안전 지도 기법

06 안전보건교육의 실시

❶ 안전보건교육 계획

안전교육 계획에 포함하여야 할 사항	준비계획에 포함하여야 할 사항	준비계획의 실시계획 내용
• 교육목표(첫째 과제) • 교육의 종류 및 교육대상 • 교육의 과목 및 교육내용 • 교육기간 및 시간 • 교육장소 • 교육방법 • 교육담당자 및 강사	• 교육목표 설정 • 교육 대상자범위 결정 • 교육과정의 결정 • 교육방법 및 형태 결정 • 교육 보조재료 및 강사, 조교의 편성 • 교육진행사항 • 필요 예산의 산정	• 필요인원 • 교육장소 • 기자재 • 견학 계획 • 시범 및 실습계획 • 협조부서 및 협동 • 토의진행계획 • 소요예산책정 • 평가계획 • 일정표

❷ 안전교육의 단계

① 1단계 : 지식교육

구분	내용
목표	안전의식제고, 안전기능 지식의 주입 및 감수성 향상
교육내용	• 안전의식 향상 • 안전규정의 숙지 • 태도, 기능의 기초지식 주입 • 안전에 대한 책임감 주입 • 재해발생원리의 이해

② 2단계 : 기술(기능)교육

구분	내용
목표	안전작업기능, 표준작업기능 및 기계 · 기구의 위험요소에 대한 이해, 작업에 대한 전반적인 사항 습득
진행방법 4단계	단계 / 내용 1단계 : 준비 단계(preparation) 2단계 : 일을 하여 보이는 단계(presentation) 3단계 : 일을 시켜보이는 단계(performance) 4단계 : 보습 지도의 단계(follow-up)
하버드 학파의 5단계 교수법	1단계 : 준비(preparation) 2단계 : 교시(presentation) 3단계 : 연합(association) 4단계 : 총괄(generalization) 5단계 : 응용(application)
듀이의 사고과정의 5단계	1단계 : 시사를 받는다.(suggestion) 2단계 : 머리로 생각한다.(intellectualization) 3단계 : 가설을 설정한다.(hypothesis) 4단계 : 추론한다.(reasoning) 5단계 : 행동에 의하여 가설을 검토한다.

③ 3단계 : 태도교육

구분	내용
목표	가치관의 형성, 작업동작의 정확화, 사용설비 공구 보호구 등에 대한 안전화 도모, 점검태도 방법
태도교육의 원칙	• 청취한다.(hearing) • 이해하고 납득한다.(understand) • 항상 모범을 보여준다.(example) • 권장한다.(exhortation) • 상과 벌을 준다. • 좋은 지도자를 얻도록 힘쓴다. • 적정 배치한다. • 평가한다.(evaluation)

07 산업안전보건교육의 내용

❶ 근로자 안전보건교육 시간

① 근로자 안전보건교육

<table>
<tr><th>교육과정</th><th colspan="2">교육대상</th><th>교육시간</th></tr>
<tr><td rowspan="4">1. 정기교육</td><td colspan="2">사무직 종사 근로자</td><td>매분기 3시간 이상</td></tr>
<tr><td rowspan="2">사무직 종사 근로자 외의 근로자</td><td>판매업무에 직접 종사하는 근로자</td><td>매분기 3시간 이상</td></tr>
<tr><td>판매업무에 직접 종사하는 근로자 외의 근로자</td><td>매분기 6시간 이상</td></tr>
<tr><td colspan="2">관리감독자의 지위에 있는 사람</td><td>연간 16시간 이상</td></tr>
<tr><td rowspan="2">2. 채용 시의 교육</td><td colspan="2">일용근로자</td><td>1시간 이상</td></tr>
<tr><td colspan="2">일용근로자를 제외한 근로자</td><td>8시간 이상</td></tr>
<tr><td rowspan="2">3. 작업내용 변경 시의 교육</td><td colspan="2">일용근로자</td><td>1시간 이상</td></tr>
<tr><td colspan="2">일용근로자를 제외한 근로자</td><td>2시간 이상</td></tr>
<tr><td rowspan="3">4. 특별교육</td><td colspan="2">특별안전 보건교육 대상 작업에 종사하는 일용근로자</td><td>2시간 이상</td></tr>
<tr><td colspan="2">타워크레인 신호작업에 종사하는 일용근로자</td><td>8시간 이상</td></tr>
<tr><td colspan="2">특별안전 보건교육 대상 작업에 종사하는 일용근로자를 제외한 근로자</td><td>• 16시간 이상
• 단기간 작업 또는 간헐적 작업인 경우 에는 2시간 이상</td></tr>
<tr><td>5. 건설업기초 안전보건교육</td><td colspan="2">건설일용근로자</td><td>4시간</td></tr>
</table>

② 안전보건관리책임자 등에 대한 교육

<table>
<tr><th rowspan="2">교육대상</th><th colspan="2">교육시간</th></tr>
<tr><th>신규</th><th>보수</th></tr>
<tr><td>1. 안전보건관리책임자</td><td>6시간 이상</td><td>6시간 이상</td></tr>
<tr><td>2. 안전관리자, 안전관리전문기관 종사자</td><td>34시간 이상</td><td>24시간 이상</td></tr>
<tr><td>3. 보건관리자, 보건관리전문기관 종사자</td><td>34시간 이상</td><td>24시간 이상</td></tr>
<tr><td>4. 재해예방 전문지도기관 종사자</td><td>34시간 이상</td><td>24시간 이상</td></tr>
<tr><td>5. 석면조사기관의 종사자</td><td>34시간 이상</td><td>24시간 이상</td></tr>
<tr><td>6. 안전보건관리담당자</td><td>–</td><td>8시간 이상</td></tr>
</table>

❷ 근로자 안전보건교육 내용

종 류	내 용
근로자 정기교육	• 산업안전 및 사고 예방에 관한 사항 • 산업보건 및 직업병 예방에 관한 사항 • 건강증진 및 질병 예방에 관한 사항 • 유해위험 작업환경 관리에 관한 사항 • 「산업안전보건법」 및 일반관리에 관한 사항 • 직무스트레스 예방 및 관리에 관한 사항 • 산업재해보상보험 제도에 관한 사항
관리감독자 정기교육	• 작업공정의 유해 · 위험과 재해 예방대책에 관한 사항 • 표준안전작업방법 및 지도 요령에 관한 사항 • 관리감독자의 역할과 임무에 관한 사항 • 산업보건 및 직업병 예방에 관한 사항 • 유해위험 작업환경 관리에 관한 사항 • 「산업안전보건법」 및 일반관리에 관한 사항 • 직무스트레스 예방 및 관리에 관한 사항 • 산재보상보험제도에 관한 사항 • 안전보건교육 능력 배양에 관한 사항 – 현장근로자와의 의사소통능력 향상, 강의능력 향상, 기타 안전보건교육 능력 배양 등에 관한 사항
채용시 및 작업내용 변경시 교육	• 기계기구의 위험성과 작업의 순서 및 동선에 관한 사항 • 작업 개시 전 점검에 관한 사항 • 정리정돈 및 청소에 관한 사항 • 사고 발생 시 긴급조치에 관한 사항 • 산업보건 및 직업병 예방에 관한 사항 • 물질안전보건자료에 관한 사항 • 직무스트레스 예방 및 관리에 관한 사항 • 「산업안전보건법」 및 일반관리에 관한 사항

❸ 특별안전보건교육 대상 작업별 교육내용

종 류	내 용
2. 아세틸렌 용접장치 또는 가스집합 용접장치를 사용하는 금속의 용접 · 용단 또는 가열작업(발생기 · 도관 등에 의하여 구성되는 용접장치만 해당한다)	• 용접 흄, 분진 및 유해광선 등의 유해성에 관한 사항 • 가스용접기, 압력조정기, 호스 및 취관두 등의 기기점검에 관한 사항 • 작업방법 · 순서 및 응급처치에 관한 사항 • 안전기 및 보호구 취급에 관한 사항 • 화재예방 및 초기대응에 관한사항 • 그 밖에 안전 · 보건관리에 필요한 사항
3. 밀폐된 장소(탱크 내 또는 환기가 극히 불량한 좁은 장소를 말한다)에서 하는 용접작업 또는 습한 장소에서 하는 전기용접 작업	• 작업순서, 안전작업방법 및 수칙에 관한 사항 • 환기설비에 관한 사항 • 전격 방지 및 보호구 착용에 관한 사항 • 질식 시 응급조치에 관한 사항 • 작업환경 점검에 관한 사항 • 그 밖에 안전 · 보건관리에 필요한 사항
33. 방사선 업무에 관계되는 작업(의료 및 실험용은 제외한다)	• 방사선의 유해 · 위험 및 인체에 미치는 영향 • 방사선의 측정기기 기능의 점검에 관한 사항 • 방호거리 · 방호벽 및 방사선물질의 취급 요령에 관한 사항 • 응급처치 및 보호구 착용에 관한 사항 • 그 밖에 안전 · 보건관리에 필요한 사항

Chapter 01

산업심리이론

산업심리이론에서는 심리의 구성요인, 검사의 방법, 직업적성, 인사관리, 동기부여 등으로 구성된다. 여기에서는 심리의 구성요인과, 인간의 일반적인 행동특성, 동기부여의 요인과 방법에 대해 출제된다.

01 산업심리의 개념

(1) 산업 심리 요소

종 류	내용
심리의 5요소	습관, 동기, 기질, 감정, 습성
습관의 4요소	동기, 기질, 감정, 습성

[산업심리의 정의]
산업심리학의 방법과 식견을 가지고 인간이 산업에 있어서의 행동을 연구하는 실천과학이며 응용심리학의 한 분야이다.

(2) 심리 검사의 구비조건

구분	내용
표준화 (Standardization)	검사관리를 위한 조건과 검사 절차의 일관성과 통일성을 표준화한다.
객관성 (Objectivity)	검사결과의 채점에 관한 것으로, 채점하는 과정에서 채점자의 편견이나 주관성이 배제되어야 하며 어떤 사람이 채점하여도 동일한 결과를 얻어야 한다.
규준 (norms)	검사의 결과를 해석하기 위해서는 비교할 수 있는 참조 또는 비교의 틀
신뢰성 (reliability)	검사응답의 일관성, 즉 반복성을 말하는 것이다.
타당성 (validity)	측정하고자 하는 것을 실제로 측정하는 것 • 내용 타당도 • 전이 타당도 • 조직내 타당도 • 조직간 타당도
실용성 (practicability)	검사채점의 용이성, 결과해석의 간편성, 저비용

[심리검사의 내용(목적)별 분류]
(1) 지능검사
(2) 적성검사
(3) 성취검사
(4) 성격검사

[타당도의 구분]
(1) 내용타당도
(2) 준거관련타당도
(예언타당도, 공인타당도)
(3) 구인타당도

(3) 심리와 사고

① 심리적 요소

구분	내용	
정신적 요소	• 방심 및 공상 • 판단력의 부족 또는 잘못된 판단 • 주의력의 부족 • 안전의식의 부족 • 정신력에 영향을 주는 생리적 현상	
개성적 요소	• 과도한 자존심과 자만심 • 도전적 성격 및 다혈질 • 고집 및 과도한 집착력 • 나약한 마음(심약) • 경솔성(성급함)	• 사치와 허영심 • 인내력 부족 • 감정의 자기 지속성 • 태만(나태) • 배타성과 이기성
생리적 현상	• 시력 및 청각의 이상 • 육체적 능력의 초과 • 극도의 피로	• 신경계통의 이상 • 근육운동의 부적합

Tip
심리적요소의 구분에서 정신적요소와 개성적요소의 내용을 묻는 문제가 자주 출제된다.

Tip
안전심리에서는 개성과 사고력을 가장 중요하게 고려한다.

② 스트레스의 자극 요인

1. 내적 자극요인 (마음속에서 일어난다.)	2. 외적 자극요인 (외부로부터 오는 요인)
• 자존심의 손상과 공격방어 심리 • 업무상의 죄책감 • 출세욕의 좌절감과 자만심의 상충 • 지나친 경쟁심과 재물에 대한 욕심 • 지나친 과거에의 집착과 허탈 • 가족간의 대화단절 및 의견의 불일치 • 남에게 의지하고자 하는 심리	• 경제적인 어려움 • 가정에서의 가족관계의 갈등 • 가족의 죽음이나 질병 • 직장에서 대인관계상의 갈등과 대립 • 자신의 건강 문제

(4) 성격검사

① Y-G(Gulford) 성격검사

구분	내용
A형(평균형)	조화적, 적응적
B형(우편형)	정서불안정, 활동적, 외향적(불안정, 부적응, 적극형)
C형(좌편형)	안정, 소극형(온순, 소극적, 비활동, 내향적)
D형(우하형)	안정, 적응, 적극형(정서안정, 사회적응, 활동적, 대인관계 양호)
E형(좌하형)	불안정, 부적응, 수동형(D형과 반대)

[Y-G 성격검사]
평정, 질문지법으로 억압, 변덕, 협동, 공격성 등 특징을 점수로 환산한 숫자들로 성격을 판단.

② Y-K(Yutaka-Kohota) 성격검사

성격유형	작업성격인자	적성 직종의 일반적 경향
C,C'형 (進功性型)	• 운동, 결단, 기민, 빠름 • 적응이 빠름 • 세심하지 않음 • 내구(耐久), 집념부족 • 담력(進功), 자신감 강함	• 대인적 직업 • 창조적, 관리자적 직업 • 변화있는 기술적 가공작업 • 변화있는 물품을 대상으로 하는 불연속 작업
M,M'형 (신경질형)	• 운동성은 느리나 지속성 풍부 • 적응이 느림 • 세심, 억제, 정확함 • 내구성, 집념, 지속성 • 담력, 자신감 강함	• 연속적, 집중적, 인내적 작업 • 연구 개발적, 과학적 작업 • 정밀, 복잡성 작업
S,S'형 다혈질 (운동성형)	• 운동, 결단, 기민, 빠름 • 적응이 빠름 • 세심하지 않음 • 내구(耐久), 집념부족 • 담력, 자신감 약함	• 변화하는 불연속작업 • 사람 상대 상업적 작업 • 기민한 동작을 요하는 작업
P,P'형 점액질 (평범 수동성형)	• 운동성은 느리나 지속성 풍부 • 적응이 느림 • 세심, 억제, 정확함 • 내구성, 집념, 지속성 • 담력, 자신감 약함	• 경리사무, 흐름작업 • 계기관리, 연속작업 • 지속적 단순작업
Am형 (異常質)	• 극도로 나쁨 • 극도로 느림 • 극도로 혼란 • 극도로 결핍 • 극도로 강하거나 약함	• 위험을 수반하지 않은 단순한 기술적 작업

[지능지수]

$$\text{지능지수(IQ)} = \frac{\text{지능연령}}{\text{생활연령}} \times 100$$

※ Chiseli brown은 지능이 너무 높거나 낮을수록 개성, 사고발생률이 높다고 보았다.

(5) 직업적성

① 적성의 기본요소

구분	내용
지능(intelligence)	새로운 문제를 효과적으로 처리해가는 능력
흥미(interest)	직무의 선택, 직업의 성공, 만족 등 직무적 행동의 동기를 조성
인간성(personality)	개인의 인간성은 직장의 적응에 중요한 역할을 한다.

② 기계적 직업 적성

기계작업에서의 성공에 관계되는 특성

구분	내용
손과 팔의 솜씨	빨리 그리고 정확히 잔일이나 큰일을 해내는 능력
공간 시각화	형상이나 크기의 관계를 확실히 판단하여 각 부분을 뜯어서 다시 맞추어 통일된 형태가 되도록 손으로 조작하는 과정
기계적 이해	공간 시각화, 지각 속도, 추리, 기술적 지식, 기술적 경험 등의 복합적 인자가 합쳐져서 만들어진 적성

③ 적성의 발견 방법

구분	내용
자기이해	인간의 제각기 뛰어난 면, 즉 적성을 가지고 있으며, 그것을 자신이 자기의 것으로 이해하고 인지
계발적 경험	직장경험, 교육활동이나 단체 활동의 경험, 여가 활동의 경험 등 자기의 경험을 통하여 잠재적인 능력을 탐색
적성검사	• 특수직업 적성검사 : 어느 특정의 직무에서 요구되는 능력을 가졌는가의 여부를 검사 • 일반기업 적성검사 : 어느 직업 분야에서 발전할 수 있겠는가 하는 가능성을 알기 위한 검사

④ 적성검사의 종류

구분	세부 검사 내용
시각적 판단검사	• 언어의 판단검사(vocabulary) • 형태 비교 검사(form matching) • 평면도 판단검사(two dimension space) • 입체도 판단검사(three dimension space) • 공구 판단검사(tool matching) • 명칭 판단검사(name comparison)
정확도 및 기민성 검사 (정밀성 검사)	• 교환검사(place) • 회전검사(turn) • 조립검사(assemble) • 분해검사(disassemble)
계산에 의한 검사	• 계산검사(computation) • 수학 응용검사(arithmetic reason) • 기록검사(기호 또는 선의 기입)

[적성배치의 효과]

(1) 근로자의 자아실현 기회 부여
(2) 근로의욕 고취
(3) 재해사고 예방
(4) 생산성 향상

[적성검사의 정의]

개인의 개성 · 소질 · 재능을 일정한 방식을 통해 어떤 분야에 적합한가를 객관적으로 확인하는 인간능력의 측정 행위

[직업적성검사]

(1) 신체검사
(2) 생리기능검사
(3) 심리적 검사

[적성검사 능력측정]

(1) 기초인간 능력
(2) 시각 기능
(3) 정신운동 능력
(4) 기계적 능력
(5) 직무 특유 능력

구분	세부 검사 내용
운동 능력 검사	• 추적(tracing) : 아주 작은 통로에 선을 그리는 것 • 두드리기(tapping) : 가능한 빨리 점을 찍는 것 • 점찍기(dotting) : 원 속에 점을 빨리 찍는 것 • 복사(copying) : 간단한 모양을 베끼는 것 • 위치(lacation) : 일정한 점들을 이어 크거나 작게 변형 • 블록(blocks) : 그림의 블록 개수 세기 • 추적(pursuit) : 미로 속의 선을 따라가기
직무적성도 판단검사	설문지법, 색채법, 설문지에 의한 컴퓨터 방식
속도 검사	타점 속도검사(speed test)

01 핵심문제 1. 산업심리의 개념

□□□ 08년3회

1. 근로자의 직무적성을 결정하는 심리검사의 특징에 대한 설명으로 틀린 것은?

① 특정한 시기에 모든 근로자들을 검사하고, 그 검사 점수와 근로자의 직무평정척도를 상호 연관시키는 예언적 타당성을 갖추어야 한다.
② 검사의 관리를 위한 조건, 절차의 일관성과 통일성에 대한 심리검사의 표준화가 마련되어야 한다.
③ 한 집단에 대한 검사응답의 일관성을 말하는 객관성을 갖추어야 한다.
④ 심리검사의 결과를 해석하기 위해서는 개인의 성적을 다른 사람들의 성적과 비교할 수 있는 참조 또는 비교의 기준이 있어야 한다.

해설

③항, 한 집단에 대한 검사응답의 일관성을 말하는 것은 신뢰성이다.
[참고] 객관성이란 심리검사의 한 특징으로서 원칙적으로 채점에 관한 것으로 채점자의 편견이나 주관성이 배제되어야 한다.

□□□ 13년3회, 17년2회

2. 다음 중 직무적성검사의 특성으로 가장 거리가 먼 것을 고르시오?

① 표준화(Standardization)
② 객관성(Objectivity)
③ 타당성(Validity)
④ 재현성(Reproducibility)

해설

직무적성검사의 특성
1. 표준화(Standardization)
2. 객관성(Objectivity)
3. 규준(norms)
4. 신뢰성(reliability)
5. 타당성(validity)
6. 실용성(practicability)

□□□ 09년2회

3. 다음 중 심리학적 검사 분류에 포함되지 않는 것은?

① 직업적성 검사　② 지능 검사
③ 성격 검사　④ 시각기능 검사

해설

④항, 시각기능 검사는 신체 생리적 검사이다.

□□□ 08년1회, 19년2회

4. 다음 중 산업안전심리의 5대 요소에 해당하지 않는 것은?

① 습관　② 동기
③ 감정　④ 지능

해설

산업 심리 요소

종 류	내 용
심리의 5요소	습관, 동기, 기질, 감정, 습성
습관의 4요소	동기, 기질, 감정, 습성

□□□ 09년1회

5. 작업자의 안전심리에서 고려되는 가장 중요한 요소는?

① 개성과 사고력　② 지식 정도
③ 안전 규칙　④ 신체적 조건과 기능

해설

작업자의 안전심리에서 고려되는 가장 중요한 요소로는 개성과 사고력이다.

□□□ 16년3회, 19년3회

6. 스트레스의 주요요인 중 환경이나 기타 외부에서 일어나는 자극요인이 아닌 것은?

① 자존심의 손상　② 대인관계 갈등
③ 죽음, 질병　④ 경제적 어려움

해설

스트레스의 영향요소

1. 내적 자극요인 (마음속에서 일어난다.)	2. 외적 자극요인 (외부로부터 오는 요인)
(1) 자존심의 손상과 공격방어 심리 (2) 업무상의 죄책감 (3) 출세욕의 좌절감과 자만심의 상충 (4) 지나친 경쟁심과 재물에 대한 욕심 (5) 지나친 과거에의 집착과 허탈 (6) 가족간의 대화단절 및 의견의 불일치 (7) 남에게 의지하고자 하는 심리	(1) 경제적인 어려움 (2) 가정에서의 가족관계의 갈등 (3) 가족의 죽음이나 질병 (4) 직장에서 대인관계상의 갈등과 대립 (5) 자신의 건강 문제

정답 1 ③ 2 ④ 3 ④ 4 ④ 5 ① 6 ①

□□□ 13년2회, 20년1·2회

7. 다음 중 Y · G 성격검사에서 "안전, 적응, 적극형"에 해당하는 형의 종류로 맞는 것은?

① A형 ② B형
③ C형 ④ D형

해설

Y-G(Gulford) 성격검사

A형(평균형)	조화적, 적응적
B형(우편형)	정서불안정, 활동적, 외향적(불안정, 부적응, 적극형)
C형(좌편형)	안정, 소극형(온순, 소극적, 비활동, 내향적)
D형(우하형)	안정, 적응, 적극형(정서안정, 사회적응, 활동적, 대인관계 양호)
E형(좌하형)	불안정, 부적응, 수동형(D형과 반대)

□□□ 11년3회

8. 다음 중 적성의 기본요소라 할 수 있는 것은?

① 지능 ② 교육수준
③ 환경조건 ④ 가족관계

문제 8, 9 해설

적성의 기본요소

구분	내용
지능 (intelligence)	새로운 문제를 효과적으로 처리해가는 능력
흥미 (interest)	직무의 선택, 직업의 성공, 만족 등 직무적 행동의 동기를 조성한다.
인간성 (personality)	개인의 인간성은 직장의 적응에 중요한 역할을 한다.

□□□ 18년1회

9. 작업자 적성의 요인이 아닌 것은?

① 성격(인간성) ② 지능
③ 인간의 연령 ④ 흥미

□□□ 15년2회

10. 다음 중 인간의 적성과 안전과의 관계를 가장 올바르게 설명한 것은?

① 사고를 일으키는 것은 그 작업에 적성이 맞지 않는 사람이 그 일을 수행한 이유이므로, 반드시 적성검사를 실시하여 그 결과에 따라 작업자를 배치하여야 한다.
② 인간의 감각기별 반응시간은 시각, 청각, 통각 순으로 빠르므로 비상시 비상등을 먼저 켜야 한다.
③ 사생활에 중대한 변화가 있는 사람이 사고를 유발할 가능성이 높으므로 그러한 사람들에게는 특별한 배려가 필요하다.
④ 일반적으로 집단의 심적 태도를 교정하는 것보다 개인의 심적 태도를 교정하는 것이 더 용이하다.

해설

①항, 사고를 유발하는 요인은 적성이외에 개인의 심리적인 요소도 작용한다.
②항, 인간의 감각기관의 반응순서는 청각-촉각-시각-미각-통각 순이다. 비상 시는 사이렌을 먼저 울린다.
④항, 인간의 변용은 개인의 변화(지식, 태도, 행동)를 거쳐 집단의 태도가 변화한다.

정답 7 ④ 8 ① 9 ③ 10 ③

02 인간관계와 집단행동

(1) 인간관계(human relations)

① 인간관계의 정의

사람대 사람의 상호작용 및 행위의 양식을 말한다. 구체적 생활환경에 있어서 사람과 사람과의 사이에 생기는 심리작용으로 언어의 작용을 기본적 조건으로 하는 의사소통 등을 말한다.

② 인간관계 메커니즘(mechanism)

구분	내용
동일화 (identification)	다른 사람의 행동 양식이나 태도를 투입시키거나, 다른 사람 가운데서 자기와 비슷한 것을 발견하는 것
투사 (投射 : projection)	자기 속의 억압된 것을 다른 사람의 것으로 생각하는 것
커뮤니케이션 (communication)	갖가지 행동 양식이나 기호를 매개로 하여 어떤 사람으로부터 다른 사람에게 전달되는 과정
모방 (imitation)	남의 행동이나 판단을 표본으로 하여 그것과 같거나 또는 그것에 가까운 행동 또는 판단을 취하려는 것
암시 (suggestion)	다른 사람으로부터의 판단이나 행동을 무비판적으로 논리적, 사실적 근거 없이 받아들이는 것

(2) 인간관계 관리기법

집단 또는 조직 구성원의 행동을 개인적 욕구, 동기, 태도에 이르는 심층적인 면까지 이해하고, 조직에서의 사회관계를 합리적으로 조정하는 것

① 호손(Hawthone) 실험

메이오(G.E. Mayo)에 의한 실험으로 작업자의 작업능률(생산성 향상)은 물리적인 작업조건보다 사람의 심리적 태도, 감정을 규제하고 있는 인간관계에 의해 결정됨을 밝혔다.

실험 결과	• 작업자의 작업능률을 좌우하는 것은 임금, 노동시간, 작업환경 등 물리적 조건보다 종업원의 심리적 태도 및 감정이 중요하다. • 종업원의 태도 및 감정을 좌우하는 것은 비공식 집단(informal group)의 힘이라는 것을 발견하였다.

[인관관계 관리방식]

(1) 전제적 방식 : 권력이나 폭력에 의해 생산성을 높이는 방식
(2) 온정적 방식 : 은혜를 바탕으로 한 가족주의적 사고방식
(3) 과학적 사고방식 : 생산능률을 향상시키기 위해 능률의 논리를 경영관리의 방법으로 체계화한 관리방식

[조하리의 창(Johari's window)]

의사소통의 심리구조를 개인의 자기공개와 피드백의 특성을 보여주는 네 개의 영역으로 구분하였다.

구분	자신이 아는 부분	자신이 모르는 부분
타인이 아는 부분	열린창, 개방영역 (Open area)	보이지 않는 창, 맹목영역 (Blind area)
타인이 모르는 부분	숨겨진창, 은폐영역 (Hidden area)	미지의 창, 미지영역 (Unknown area)

[호손실험]

메이요와 레슬리스버거가 미국의 전화기 공장인 호손에서 실험한 내용으로 환경에 따른 인간의 작업능률 실험이다.

(1) 1차 : 조명실험
(2) 2차 : 휴식실험
(3) 3차 : 면접실험
(4) 4차 : 자생조직 실험

[J. 모레노의 소시오메트리]

집단 성원(成員) 사이에 끊임없이 변화하는 견인(牽引 : attraction)과 반발(repulsion)의 역학적 긴장 체계이며, 이는 개인의 자발성의 성질과 문화적 역할에 대한 학습 정도에 따라 상대적으로 안정된 구조를 만들어낸다. 이 관점에 입각하여, 자발성이나 역할연기(役割演技)의 진단과 훈련으로 안정된 인간관계를 창조하려고 집단기법으로 5가지를 제안했다.

1. 면식(面識) 테스트(acquaintance test)
2. 소시오메트릭 테스트(sociomatric test)
3. 자발성 테스트(spontaneity test)
4. 상황 테스트(situational test)
5. 역할연기 테스트(role-playing test)

[소시오그램의 선호신분 지수]

$$선호신분지수 = \frac{선호총계}{구성원수} - 1$$

[응집성 지수]

집단응집성의 정도는 성원 간의 상호작용의 수와 관계가 있기 때문에 횟수에 따라 집단의 사기를 나타내는 지수가 된다.

$$응집성지수 = \frac{실제\ 상호작용의\ 수}{가능한\ 상호작용의\ 수}$$

② 커뮤니케이션의 개선기법

구분	내용
제안제도	경영층의 참가의식을 높임, 인간관계 유지, 작업자가 보람을 느끼고 근로의욕을 높임
사기조사	감정조사, 종업원의 근로의욕을 높이고, 조직이나 개인의 목표에 영향을 미침
인사상담제도	종업원의 사기와 건전한 상태를 유지 및 개발에 사용하는 방법으로 지시적 방법과 비지시적 방법이 있다.
문호개방정책 (open door policy)	비효율적 방법으로 소규모 기업에만 적용된다.
고충처리 제도	근로조건이나 직장환경, 대우 등에 관하여 갖고 있는 개별 근로자의 불평불만에 대한 고충을 해소하는 것

③ 심리적 · 사회적 기법

구분	내용
감수성훈련 (sensitivity training)	T그룹 훈련
그리드 훈련 (grid training)	도구를 이용한 실험실 훈련
소시오메트리분석 (sociometry)	기업의 특성이나 성원의 위치를 분석

(3) 소시오메트리(sociometry)

① 구성원 상호간에 선호도를 기초로 집단내부의 동태적 상호관계를 분석하는 기법(구성원의 감정을 관찰, 검사, 면접 등)

② 자료들을 소시오그램(sociogram) 도표, 소시오매트릭스(sociomatrix) 등으로 분석(구성원의 상호관계, 유형과 집결유형, 선호인물)을 도출

③ 구분

구분	내용
테크니컬 스킬즈 (Technical skills)	사물을 인간의 목적에 유익하도록 처리하는 능력
소시얼 스킬즈 (Social skills)	사람과 사람사이의 커뮤니케이션을 양호하게 하고, 사람들의 욕구를 충족 하고 모랄을 앙양시키는 능력

(4) 집단(group)행동

① 집단의 분류

분 류	세부 내용
공식집단	규정과 룰이 존재, 규모가 크다.(예 : 회사, 단체, 학회 등)
비공식집단	규모과 작다, 룰 대신 관습이 존재(예 : 가정, 혈연 등)
집단효과	• 동조효과(응집력) : 내부로부터 생기는 힘 • Synergy효과 : (system+energy)+α의 상승작용 • 견물(見物)효과 : 자랑스럽게 생각한다.
인간관계 관리방식	• 전제적 방식 • 온정적 방식 • 과학적 방식
집단의 기능	• 응집력 • 행동의 규범 • 집단목표

② 집단 행동의 분류

㉠ 통제있는 집단행동

구분	내용
관습	풍습(folksways), mores(풍습에 도덕적인 제재가 추가된 사회적인 관습), 예의(ritual), 금기(taboo : 금지적 기능을 가지는 관습) 등으로 나누어진다.
제도적 행동	합리적으로 성원의 행동을 통제하고 표준화함으로써 집단의 안정을 유지하려는 것
유행	공통적인 행동양식이나 태도 등을 말한다.

㉡ 비통제적 집단행동

구분	내용
군중(crowd)	• 성원 사이에 지위나 역할의 분화가 없다. • 성원 각자는 책임감을 가지지 않는다. • 비판력도 가지지 않는다.
모브(mob)	• 폭동과 같은 것을 말한다. • 군중보다 한층 합의성이 없다. • 감정만에 의해서 행동
패닉(panic)	이상적(理常的)인 상황에서도 모브가 공격적인데 대하여 패닉은 방어적인 것이 특징
심리적 전염 (mental epidemic)	• 유행과 비슷하면서 행동양식이 이상적(異常的)이다. • 비합리성이 강하다. • 어떤 사상이 상당한 기간을 걸쳐 광범위하게 논리적, 사고적 근거 없이 무비판하게 받아들여진다.

[집단역학(group dynamics)]

역학적 조건하에서의 집단 구성원 상호간에 상호작용을 분석하여 단결성과 생산성을 향상시키기 위한 연구

[집단간의 갈등요인]

(1) 상호의존성(자원의 사용)
(2) 목표의 차이
(3) 지각(인식)의 차이
(4) 행동의 차이

02 핵심문제 2. 인간관계와 집단행동

□□□ 12년3회, 16년1회

1. 다음 중 인간관계 관리기법에 있어 구성원 상호간의 선호도를 기초로 집단 내부의 동태적 상호관계를 분석하는 가장 적절한 것은?

① 소시오메트리(sociometry)
② 그리드 훈련(grid training)
③ 집단역학(group dynamic)
④ 감수성 훈련(sensitivity training)

해설

소시오메트리(sociometry)
구성원 상호간에 선호도를 기초로 집단내부의 동태적 상호관계를 분석하는 기법(구성원의 감정을 관찰, 검사, 면접 등)

□□□ 12년1회, 18년3회

2. 다음 중 집단에서의 인간관계 메커니즘과 가장 거리가 먼 것은?

① 동일화, 일체화　　② 커뮤니케이션, 공감
③ 모방, 암시　　④ 분열, 강박

문제 2~3 해설

인간관계 메커니즘(mechanism)

구분	내용
동일화	다른 사람의 행동 양식이나 태도를 투입시키거나, 다른 사람 가운데서 자기와 비슷한 것을 발견하는 것
투사	자기 속의 억압된 것을 다른 사람의 것으로 생각하는 것을 투사(또는 투출)
커뮤니케이션	갖가지 행동 양식이나 기호를 매개로 하여 어떤 사람으로부터 다른 사람에게 전달되는 과정
모방	남의 행동이나 판단을 표본으로 하여 그것과 같거나 또는 그것에 가까운 행동 또는 판단을 취하려는 것
암시	다른 사람으로부터의 판단이나 행동을 무비판적으로 논리적, 사실적 근거 없이 받아들이는 것

□□□ 18년2회, 21년2회

3. 인간관계의 매커니즘 중 다른 사람의 행동양식이나 태도를 투입시키거나 다른 사람 가운데서 자기와 비슷한 것을 발견하는 것은?

① 동일화　　② 일체화
③ 투사　　④ 공감

□□□ 10년3회, 16년1회

4. 다음 중 집단의 기능에 관한 설명으로 틀린 것은?

① 집단의 규범은 변화하기 어려운 것으로 불변적이다.
② 집단 내에 머물도록 하는 내부의 힘을 응집력이라 한다.
③ 규범은 집단을 유지하고 집단의 목표를 달성하기 위해 만들어진 것이다.
④ 집단이 하나의 집단으로서의 역할을 다하기 위해서는 집단 목표가 있어야 한다.

해설

집단 규범의 특징
① 집단의 규범은 집단을 유지할 수가 있도록 구성되어야 하고, 집단의 기능은 응집력, 행동의 규범, 집단목표가 있어야 한다.
② 집단의 규범은 집단구성원들간의 의사결정을 통해 이루어진 것으로 집단의 목표와 유대의 설정을 위해 변화되기도 한다.

정답 1 ① 2 ④ 3 ① 4 ①

03 인간의 일반적인 행동특성

(1) 인간변용의 4단계(인간변용의 메커니즘)

단계	내용
1단계	지식의 변용
2단계	태도의 변용
3단계	행동의 변용
4단계	집단 또는 조직에 대한 성과 변용

[인간 변용에 소요되는 시간]
지식 < 태도 < 개인행동 < 집단행동

[조직구성원 태도(attitude)의 구성요소]
(1) 인지적 요소 : 어떤 대상에 대한 개인의 주관적 지식·신념
(2) 감정적(정서적) 요소 : 대상에 대한 긍정적, 부정적 느낌
(3) 행동경향적 요소 : 대상에 대한 행동성향

※ 행동변용의 전개과정

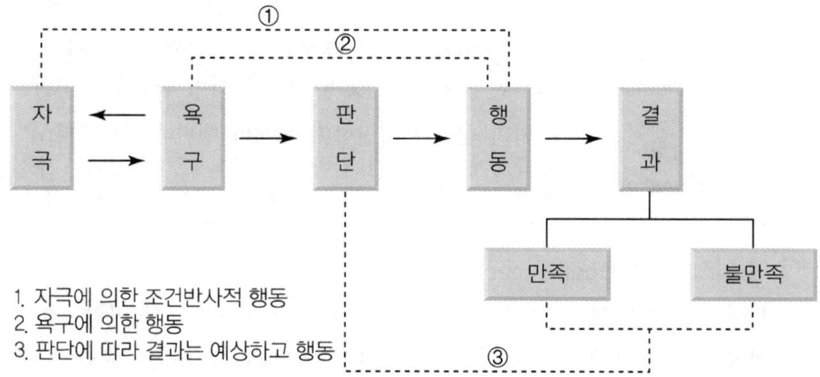

(2) 사회행동의 기초

① 요구(need)

구분	내용
1차적 요구 (primary need)	기아, 갈증, 성, 호흡, 배설 등의 물리적 요구와 유해 또는 불쾌 자극을 회피, 또는 배제하려는 위급요구로 구성된다.
2차적 요구 (secondary need)	경험적으로 획득된 것으로서 대개 지위, 명예, 금전 같은 사회적 요구들을 말한다.

② 퍼스낼리티(personality)

넓은 의미로 개성에 해당되고 크게 나누어 인간의 성격, 능력, 기질의 3가지 요인이 결합되어서 이루어진 것이다.

③ 사회행동의 기본형태

구분	내용	구분	내용
조력, 분업	협력	고립, 정신병, 자살	도피
공격, 경쟁	대립	강제, 타협, 통합	융합

[적응기제의 분류]

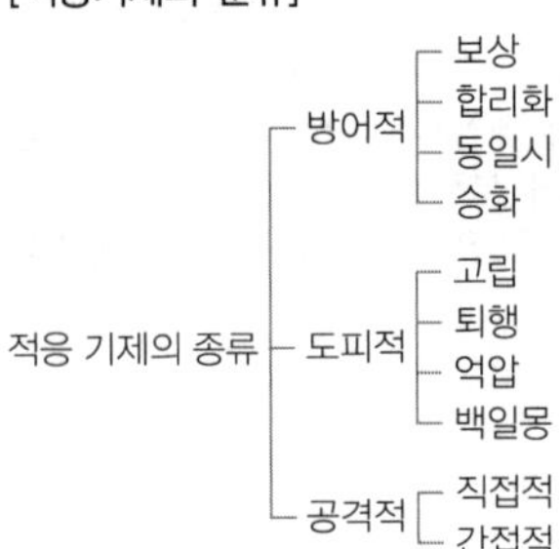

(3) 적응기제(adjustment mechanism)

욕구불만, 긴장, 이완, 갈등을 비합리적인 방법으로 해결하여 욕구만족을 취해가는 것을 적응기제라 한다.

① 방어적 기제(defence mechanism)

자신의 약점이나 무능력, 열등감을 위장하여 유리하게 보호함으로써 안정감을 찾으려는 기제

구분	내용
보상 (compensation)	자신의 결함과 무능에 의하여 생긴 열등감이나 긴장을 해소시키기 위해 장점 같은 것으로 그 결함을 보충하려는 행동으로 대상(代償)이라고 함
합리화 (rationalization)	자기의 실패나 약점을 그럴듯한 이유를 들어 남의 비난을 받지 않도록 하며 또한 자위도 하는 행동기제
동일시 (identification)	사실은 자기의 것이 못되고 또 아님에도 불구하고 자기의 것이나 된 듯이 행동을 하여 승인을 얻고자 함
승화 (sublimation)	자기의 행동이 정당하며 실제의 행위나 상태보다도 훌륭하게 평가되기 위하여 사회적으로 인정되는 구실을 통해 증명하고자 하는 행위로서 욕구를 충족하는 적응기제

② 도피적 기제(escape mechanism)

욕구불만에 의한 긴장이나 압박으로부터 벗어나기 위해 비합리적인 행동으로 공상에 도피하고, 현실에서 벗어나 안정을 얻으려는 기제

구분	내용
고립 (isolation)	자신이 없을 때 현실에서 피함으로써 곤란한 상황의 접촉을 벗어나 자기 내부로 도피하려는 행동
퇴행 (regression)	현실의 곤란한 장면에서 이겨내지 못하고 옛날 어린시절로 되돌아가려는 행동이다. 즉 발전단계를 역행함으로써 욕구를 충족하려는 행동
억압 (repression)	불쾌감이나 욕구불만 등의 갈등으로 생긴 욕구를 의식 밖으로 배제함으로써 얻은 행동이다. 즉 현실적인 필요(욕망, 감정)를 묵살함으로써 오히려 자신의 안정을 유지 하려는 행동
백일몽 (day-dream)	현실적으로는 도저히 만족시킬 수 없는 욕구나 소원을 공상의 세계에서 꾀하려는 도피의 한 형식

③ 공격적 기제(aggressive mechanism)

공격적 기제는 적극적이며 능동적인 입장에서 어떤 욕구불만에 대한 반항으로 자기를 괴롭히는 대상에 대해서 적대시하는 감정이나 태도를 취하는 것을 말한다.

구분	내용
직접적 공격기제	힘에 의존해서 폭행, 싸움, 기물파손 등
간접적 공격기제	조소, 비난, 중상모략, 폭언, 욕설 등

03 핵심문제 3. 인간의 일반적인 행동특성

□□□ 12년3회

1. 불안전한 행동을 예방하기 위하여 수정해야 할 조건 중 시간의 소요가 짧은 것부터 장시간 소요되는 순서대로 올바르게 연결된 것은?

① 집단행위–개인행위–지식–태도
② 지식–태도–개인행위–집단행위
③ 태도–지식–집단행위–개인행위
④ 개인행위–태도–지식–집단행위

해설

[인간 변용에 소요되는 시간]
지식 < 태도 < 개인행동 < 집단행동

□□□ 13년3회, 22년1회

2. 다음 중 사회행동의 기본 행태에 해당하지 않는 것은?

① 모방 ② 도피
③ 대립 ④ 협력

해설

사회행동의 기본형태

내용	구분
협력	조력, 분업
대립	공격, 경쟁
도피	고립, 정신병, 자살
융합	강제, 타협, 통합

□□□ 18년2회

3. 인간관계의 매커니즘 중 다른 사람의 행동양식이나 태도를 투입시키거나 다른 사람 가운데서 자기와 비슷한 것을 발견하는 것은?

① 동일화 ② 일체화
③ 투사 ④ 공감

해설

인간관계 메커니즘(mechanism)

구분	내용
동일화	다른 사람의 행동 양식이나 태도를 투입시키거나, 다른 사람 가운데서 자기와 비슷한 것을 발견하는 것
투사	자기 속의 억압된 것을 다른 사람의 것으로 생각하는 것을 투사(또는 투출)
커뮤니케이션	갖가지 행동 양식이나 기호를 매개로 하여 어떤 사람으로부터 다른 사람에게 전달되는 과정
모방	남의 행동이나 판단을 표본으로 하여 그것과 같거나 또는 그것에 가까운 행동 또는 판단을 취하려는 것
암시	다른 사람으로부터의 판단이나 행동을 무비판적으로 논리적, 사실적 근거 없이 받아들이는 것

□□□ 08년1회, 10년1회, 14년2회, 18년1회, 19년1회

4. 적응기제(適應機制, Adjustment Mechanism)의 종류 중 도피적 기제(행동)에 속하지 않는 것은?

① 고립 ② 퇴행
③ 억압 ④ 합리화

문제 4, 5 해설

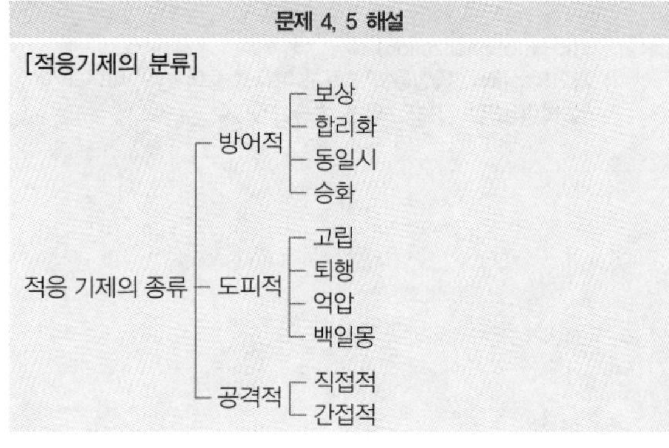

□□□ 08년2회, 12년2회, 17년1회, 19년3회

5. 적응기제(適應機制)의 형태 중 방어적 기제에 해당하지 않는 것은?

① 고립 ② 보상
③ 승화 ④ 합리화

정답 1 ② 2 ① 3 ① 4 ④ 5 ①

□□□ 09년1회

6. 다음 중 억압당한 욕구가 사회적 · 문화적으로 가치 있는 목적으로 향하여 노력함으로써 욕구를 충족하는 적응기제(Adjustment Mechanism)를 무엇이라 하는가?

① 보상 ② 합리화
③ 투사 ④ 승화

해설

승화란 자기의 행동이 정당하며 실제의 행위나 상태보다도 훌륭하게 평가되기 위하여 사회적으로 인정되는 구실을 통해 증명하고자 하는 행위로서 욕구를 충족하는 적응기제이다.

□□□ 09년2회

7. 적응기제(Adjustment Mechanism) 중 자신의 난처한 입장이나 실패의 결점을 이유나 변명으로 일관하는 것을 무엇이라 하는가?

① 투사(projection)
② 동일화(identification)
③ 승화(sublimation)
④ 합리화(rationalization)

해설

합리화(rationalization)
자기의 실패나 약점을 그럴듯한 이유를 들어 남의 비난을 받지 않도록 하며 또한 자위도 하는 행동기제이다.

정답 6 ④ 7 ④

04 동기부여(motivation)

(1) 동기의 정의

구분	정의
동기 (motive)	개체로 하여금 행동을 일으키게 하는 어떤 조건(외부적 자극) 및 내적요인(스스로 유발해 내는 것)
동기유발 (motivation)	동기유발 또는 동기조성이라고도 하며 동기를 불러일으키게 하고, 일어난 행동을 유지시키고 이것을 일정한 목표로 이끌어 나가게 하는 과정

(2) 동기유발요인의 구분

구분	내용	
내적요인 (동기, 기분, 의지, 욕구)	• 자율행동 반사 • 본능과 신체적 행동 • 감정 • 적절한 암시와 명상	• 습관 • 식욕 • 놀이와 운동경기 • 자기표현욕구
외적요인 (유인, 강화)	• 성숙과 동기의 조정 • 상과 벌 • 참여적 활동 • 성적 충동	• 학습결과와 진전 정도의 확인 • 경쟁과 협동 • 금지와 장려
구체적 유발요인	• 기회(Opportunity) • 참여(Participation) • 권력(Power) • 경제(Economic) • 독자성(Independence)	• 인정(Recognition) • 안정(Security) • 성과(Accomplishment) • 의사소통(Communication) • 적응도(Conformity)

(3) 안전 동기의 유발 방법

① 안전의 근본이념을 인식시킬 것
② 안전 목표를 명확히 설정할 것
③ 결과를 알려줄 것(K.R법 : knowlege results)
④ 상과 벌을 줄 것
⑤ 경쟁과 협동을 유도할 것
⑥ 동기유발 수준을 유지할 것

[동기부여에 의한 업무성과]
조직 구성원의 직무성과는 각자의 직무수행능력과 동기부여에 의해 결정된다.

$$P = f(A \times M)$$

여기서, P(performance) : 업무성과
A(Ability) : 능력
M(Motivation) : 동기부여

[인간의 행동에 영향을 주는 요인]
(1) 자세(Attitude)
(2) 동기(Motive)
(3) 대망(Aspiration)

(4) Lewin. K의 법칙

① Lewin은 인간의 행동(B)은 그 사람이 가진 자질 즉, 개체(P)와 심리학적 환경(E)과의 상호 함수관계에 있다고 하였다.

$$\therefore\ B = f(P \cdot E)$$

여기서, B : behavior(인간의 행동)
f : function(함수관계)
P : person(개체 : 연령, 경험, 심신상태, 성격, 지능 등)
E : environment(심리적 환경 : 인간관계, 작업환경 등)

② P와 E에 의해 성립되는 심리학적 상태 S를 심리학적 생활공간(psy-chological life space : LSP)또는 간단히 생활공간(Life space)라고 한다.

$$\therefore\ B = f(L \cdot S \cdot P)$$

(5) Davis의 동기부여 이론

경영의 성과 = 인간의 성과 × 물적 성과

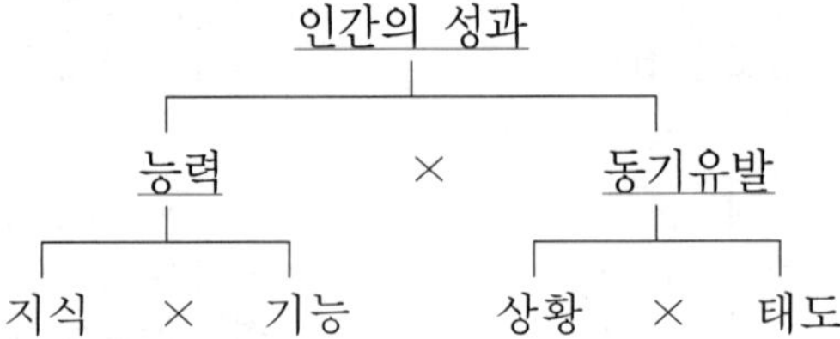

① 인간성과=능력×동기유발
② 능력=지식×기능
③ 동기유발=상황×태도

(6) Vroom의 기대이론

의사결정을 하는 인지적 요소와 사람이 의사결정을 위해 이 요소들을 처리해 가는 방법들을 나타내주는 것

동기적인 힘(motivational force) = 유인가 × 기대

① 힘 : 동기와 같은 의미로 쓰이며 행동을 결정하는 역할을 한다.
② 유인가(Valence) : 여러 행동 대안의 결과에 대해서 개인이 갖고 있는 매력의 강도를 의미한다.
③ 기대(expectancy) : 어떤 행동적인 대안을 선택했을 때 성공할 확률이 얼마인가를 예측하는 것을 말한다.

(7) 욕구단계 이론

① Maslow의 욕구단계이론

분 류	내용
1단계 (생리적 욕구)	기아, 갈증, 호흡, 배설, 성욕 등 인간의 가장 기본적인 욕구(종족 보존)
2단계 (안전욕구)	안전을 구하려는 욕구(기술적 능력)
3단계 (사회적 욕구)	애정, 소속에 대한 욕구(애정적, 친화적 욕구)
4단계 (인정을 받으려는 욕구)	자기 존경의 욕구로 자존심, 명예, 성취, 지위에 대한 욕구(포괄적 능력, 승인의 욕구)
5단계 (자아실현의 욕구)	잠재적인 능력을 실현하고자 하는 욕구(종합적능력, 성취욕구)

[맥클랜드(McClelland)의 성취동기 이론]

성취, 권력, 친화에 대한 세가지 욕구(동기)가 매우 중요한 역할을 한다. 고차원적 욕구 및 학습이론에 의거하여 성취동기의 육성이 가능하다는 이론

② Alderfer의 ERG이론

분 류	내용
생존(Existence)욕구	신체적인 차원에서의 생존과 유지에 관련된 욕구
관계(Relatedness)욕구	타인과의 상호작용을 통해 만족되는 대인 욕구
성장(Growth)욕구	개인적인 발전과 증진에 관한 욕구

③ McGregor의 X, Y 이론

X 이 론	Y 이 론
• 인간 불신감 • 성악설 • 인간은 원래 게으르고 태만하여 남의 지배 받기를 즐긴다. • 물질 욕구(저차적 욕구) • 명령 통제에 의한 관리 • 저 개발국 형	• 상호 신뢰감 • 성선설 • 인간은 부지런하고 근면, 적극적이며, 자주적이다. • 정신 욕구(고차적 욕구) • 목표통합과 자기 통제에 의한 자율 관리 • 선진국 형

[X, Y이론의 관리처방]

(1) X이론 관리
- 경제적 보상체제 강화
- 권위주의적 리더십 확립
- 면밀한 감독과 엄격한 통제
- 상부책임제도의 강화

(2) Y이론 관리(종합의 원리)
- 민주적 리더십 확립
- 분권화와 권한의 위임
- 목표에 의한 관리
- 직무확장
- 비공식적 조직의 활용

④ Herzberg의 동기-위생 이론

분 류	종 류
위생요인(유지욕구)	직무환경, 정책, 관리·감독, 작업조건, 대인관계, 금전, 지휘, 등
동기요인(만족욕구)	업무(일)자체, 성취감, 성취에 대한 인정, 도전적이고 보람있는 일, 책임감, 성장과 발달 등

※ 허츠버그(Herzberg)의 일을 통한 동기부여 원칙
• 규제를 제거하여 일에 대한 개인적 책임감이나 책무를 증가시킨다. • 완전하고 자연스러운 작업단위를 제공한다.(한 단위의 요소만을 만들게 하지 말고 단위의 전체를 생산하도록 한다.) • 직무에 부가되는 자유와 권한을 주어야 한다. • 직접 상품생산에 대한 보고를 정기적으로 하게 한다. • 더욱 새롭고 어려운 임무를 수행하도록 격려한다. • 특정한 직무에 대해 전문가가 될 수 있도록 전문화된 임무를 배당한다. • 교육을 통한 직접적 정보를 제공한다.

⑤ 동기 요소간의 상호관계

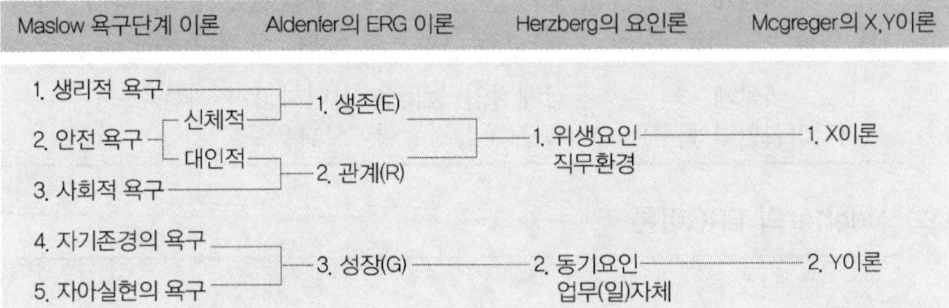

04 핵심문제 4. 동기부여(motivation)

□□□ 13년1회

1. 다음 중 구체적인 동기유발요인에 속하지 않는 것은?

① 기회 ② 자세
③ 인정 ④ 참여

문제 1, 2 해설

구체적인 동기유발요인
1. 기회(Opportunity)
2. 인정(Recognition)
3. 참여(Participation)
4. 안정(Security)
5. 권력(Power)
6. 성과(Accomplishment)
7. 경제(Economic)
8. 의사소통(Communication)
9. 독자성(Independence)
10. 적응도(Conformity)

□□□ 15년2회

2. 다음 중 구체적인 동기유발요인과 가장 거리가 먼 것은?

① 작업 ② 성과
③ 권력 ④ 독자성

□□□ 09년2회, 11년1회

3. 인간의 행동에 관한 레윈(Lewin)의 식, $B=f(P \cdot E)$ 에 대한 설명으로 옳은 것은?

① 인간의 개성(P)에는 연령과 지능이 포함되지 않는다.
② 인간의 행동(B)은 개인의 능력과 관련이 있으며, 환경과는 무관하다.
③ 인간의 행동(B)은 개인의 자질과 심리학적 환경과의 상호 함수관계에 있다.
④ B는 행동, P는 개성, E는 기술을 의미하며 행동은 능력을 기반으로 하는 개성에 따라 나타나는 함수관계이다.

문제 3~9 해설

[참고] Lewin. K의 법칙

1. Lewin은 인간의 행동(B)은 그 사람이 가진 자질 즉, 개체(P)와 심리학적 환경(E)과의 상호 함수관계에 있다고 하였다.

$$\therefore B=f(P \cdot E)$$

여기서,
B: behavior(인간의 행동)
f : function(함수관계)
P: person(개체 : 연령, 경험, 심신상태, 성격, 지능 등)
E: environment(심리적 환경 : 인간관계, 작업환경 등)

2. 개체(P)와 심리학적 환경(E)과의 통합체를 심리학적 사태(S)라고 하여 인간의 행동은 심리학적 사태에 긴밀히 의존하고 또 규정 받는다고 한다.
3. P와 E에 의해 성립되는 심리학적 사태 S를 심리학적 생활공간(psychological life space : LSP)또는 간단히 생활공간(Life space)라고 한다.

$$\therefore B=f(L \cdot S \cdot P)$$

Lewin에 의하면 인간의 행동은 어떤 순간에 있어서 어떤 행동, 어떤 심리학적 장(field)을 일으키느냐, 안 일으키느냐는 심리학적 생활공간이 구조에 따라 결정된다는 것이다.

□□□ 10년2회, 15년2회, 21년3회

4. 다음 중 레윈(Lewin.K)에 의하여 제시된 인간의 행동에 관한 식을 올바르게 표현한 것은? (단, B 는 인간의 행동, P 는 개체, E 는 환경, f 는 함수관계를 의미한다.)

① $B = f(P \cdot E)$ ② $B = f(P+1)^B$
③ $P = E \cdot f(B)$ ④ $E = f(B+1)^P$

□□□ 11년2회, 18년1회, 22년2회

5. 다음 중 레빈의 법칙 "B = f(P · E)"에서 "B"에 해당되는 것은?

① 인간관계 ② 행동
③ 환경 ④ 함수

□□□ 11년3회, 14년2회, 17년2회, 20년3회

6. 레윈(Lewin)은 인간의 행동 특성을 다음과 같이 표현하였다. 변수 "E"가 의미하는 것으로 옳은 것은?

$$B=f(P \cdot E)$$

① 연령 ② 성격
③ 작업환경 ④ 지능

정답 1 ② 2 ① 3 ③ 4 ① 5 ② 6 ③

□□□ 17년3회

7. 인간의 행동특성과 관련한 레빈의 법칙(Lewin) 중 P가 의미하는 것은?

$$B=f(P \cdot E)$$

① 사람의 경험, 성격 등
② 인간의 행동
③ 심리에 영향을 주는 인간관계
④ 심리에 영향을 미치는 작업환경

□□□ 15년1회

8. 동기부여와 관련하여 다음과 같은 레윈(Lewin.K)의 법칙에서 "P"가 의미하는 것은?

$$B=f(P \cdot E)$$

① 개체 ② 인간의 행동
③ 심리적 환경 ④ 인간관계

□□□ 14년3회

9. 다음 중 인간의 행동특성에 관한 레빈(Lewin)의 법칙 "$B=f(P \cdot E)$"에서 P에 해당되는 것은?

① 행동 ② 소질
③ 환경 ④ 함수

□□□ 08년2회

10. 알더퍼(Alderfer)의 ERG 이론 중 다른 사람과의 상호작용을 통하여 만족을 추구하는 대인욕구와 관련이 가장 깊은 것은?

① 성장욕구 ② 관계욕구
③ 존재욕구 ④ 위생욕구

문제 10, 11 해설

Alderfer의 ERG이론

분 류	내 용
생존욕구 (Existence)	신체적인 차원에서의 생존과 유지에 관련된 욕구
관계욕구 (Relatedness)	타인과의 상호작용을 통해 만족되는 대인 욕구
성장욕구 (Growth)	개인적인 발전과 증진에 관한 욕구

□□□ 12년1회

11. 다음 중 알더퍼(Alderfer)의 ERG 이론에서 제시한 인간의 3가지 욕구에 해당하는 것은?

① Growth 욕구 ② Rational ization
③ Economy ④ Environment

□□□ 08년2회

12. 다음 중 인간의 동기부여에 관한 맥그리거(McGregor)의 X이론에 해당하지 않는 것은?

① 인간은 스스로 자기 통제를 한다.
② 인간은 본래 게으르고 태만하다.
③ 동기는 생리적 수준 및 안전의 수준에서 나타난다.
④ 인간은 명령받는 것을 좋아하며 책임을 회피하려 한다.

문제 12, 13 해설

[참고] McGregor의 X, Y 이론

X 이 론	Y 이 론
1. 인간 불신감 2. 성악설 3. 인간은 원래 게으르고 태만하여 남의 지배 받기를 즐긴다. 4. 물질 욕구(저차적 욕구) 5. 명령 통제에 의한 관리 6. 저개발국 형	1. 상호 신뢰감 2. 성선설 3. 인간은 부지런하고 근면, 적극적이며, 자주적이다. 4. 정신 욕구(고차적 욕구) 5. 목표통합과 자기 통제에 의한 자율관리 6. 선진국 형

□□□ 08년3회, 17년1회

13. 다음 중 맥그리거(McGregor)의 Y이론과 관계가 없는 것은?

① 직무확장 ② 인간관계 관리방식
③ 권위주의적 리더십 ④ 책임과 창조력

□□□ 13년3회

14. 맥그리거(Mcgregor)의 X, Y이론에서 X이론에 대한 관리처방으로 볼 수 없는 것은?

① 직무의 확장
② 권위주의적 리더십의 확립
③ 경제적 보상 체제의 강화
④ 면밀한 감독과 엄격한 통제

정답 7 ① 8 ① 9 ② 10 ② 11 ① 12 ① 13 ③ 14 ①

해설

X, Y이론의 관리처방
(1) X이론 관리
- 경제적 보상체제 강화
- 권위주의적 리더십 확립
- 면밀한 감독과 엄격한 통제
- 상부책임제도의 강화

(2) Y이론 관리(종합의 원리)
- 민주적 리더십 확립
- 분권화와 권한의 위임
- 목표에 의한 관리
- 직무확장
- 비공식적 조직의 활용

□□□ 10년3회, 15년1회

15. 다음 중 맥그리거(McGregor)의 인간해석에 있어 X이론적 관리 처방으로 가장 적합한 것은?

① 분권화와 권한의 위임
② 직무의 확장
③ 민주적 리더십의 확립
④ 경제적 보상체제의 강화

□□□ 11년2회, 16년1회

16. 다음 중 맥그리거(Douglas McGregor)의 X이론과 Y이론에 관한 관리 처방으로 가장 적절한 것은?

① 목표에 의한 관리는 Y이론의 관리 처방에 해당된다.
② 직무의 확장은 X이론의 관리 처방에 해당된다.
③ 상부책임제도의 강화는 Y이론 관리 처방에 해당된다.
④ 분권화 및 권한의 위임은 X이론의 관리 처방에 해당된다.

□□□ 09년1회

17. 매슬로우의 욕구이론 5단계에서 제2단계 욕구에 해당되는 것은?

① 생리적 욕구　② 안전 욕구
③ 사회적 욕구　④ 존경의 욕구

문제 17~22 해설

[참고] Maslow의 욕구단계이론

분 류	내 용
1단계 (생리적 욕구)	기아, 갈증, 호흡, 배설, 성욕 등 인간의 가장 기본적인 욕구(종족 보존)
2단계 (안전욕구)	안전을 구하려는 욕구(기술적 능력)
3단계 (사회적 욕구)	애정, 소속에 대한 욕구(애정적, 친화적 욕구)
4단계 (인정을 받으려는 욕구)	자기 존경의 욕구로 자존심, 명예, 성취, 지위에 대한 욕구(포괄적 능력, 승인의 욕구)
5단계 (자아실현의 욕구)	잠재적인 능력을 실현하고자 하는 욕구(종합적능력, 성취욕구)

□□□ 17년1회, 18년1회, 20년3회

18. 매슬로우(Maslow)의 욕구단계 이론 중 2단계에 해당되는 것은?

① 생리적 욕구
② 안전에 대한 욕구
③ 자아실현의 욕구
④ 존경과 긍지에 대한 욕구

□□□ 13년1회, 16년2회

19. 매슬로우의 욕구단계이론에서 편견없이 받아들이는 성향, 타인과의 거리를 유지하며 사생활을 즐기거나 창의적 성격으로 봉사, 특별히 좋아하는 사람과 긴밀한 관계를 유지하려는 인간의 욕구에 해당하는 것은?

① 생리적 욕구　② 사회적 욕구
③ 자아실현의 욕구　④ 안전에 대한 욕구

□□□ 19년2회

20. 매슬로우의 욕구단계이론 중 자기의 잠재력을 최대한 살리고 자기가 하고 싶었던 일을 실현하려는 인간의 욕구에 해당하는 것은?

① 생리적 욕구　② 사회적 욕구
③ 자아실현의 욕구　④ 안전에 대한 욕구

□□□ 14년1회

21. 다음 중 매슬로우(Maslow)의 욕구 5단계 이론에 해당되지 않는 것은?

① 생리적 욕구　② 안전 욕구
③ 감성적 욕구　④ 존경의 욕구

정답 15 ④ 16 ① 17 ② 18 ② 19 ③ 20 ③ 21 ③

□□□ 16년3회, 21년3회

22. 매슬로우(Maslow)의 욕구 5단계 이론 중 자기보존에 관한 안전욕구는 몇 단계에 해당 하는가?

① 제1단계　② 제2단계
③ 제3단계　④ 제4단계

□□□ 09년2회, 19년2회

23. 다음 중 허츠버그(Herzberg)의 일을 통한 동기부여 원칙으로 잘못된 것은?

① 새롭고 어려운 업무의 부여
② 교육을 통한 간접적 정보제공
③ 개인적 책임이나 책무의 증가
④ 직무에 따른 책임과 권한 부여

해설

[참고] 허츠버그(Herzberg)의 일을 통한 동기부여 원칙

1. 규제를 제거하여 일에 대한 개인적 책임감이나 책무를 증가시킨다.
2. 완전하고 자연스러운 작업단위를 제공한다.(한 단위의 요소만을 만들게 하지 말고 단위의 전체를 생산하도록 한다.)
3. 직무에 부가되는 자유와 권한을 주어야 한다.
4. 직접 상품생산에 대한 보고를 정기적으로 하게 한다.
5. 더욱 새롭고 어려운 임무를 수행하도록 격려한다.
6. 특정한 직무에 대해 전문가가 될 수 있도록 전문화된 임무를 배당한다.
7. 교육을 통한 직접적 정보를 제공한다.

□□□ 10년1회

24. 다음 중 허츠버그(F.Herzberg)의 위생 - 동기요인에 관한 설명으로 틀린 것은?

① 위생요인은 매슬로우(Maslow)의 욕구 5단계이론에서 생리적 · 안전 · 사회적 욕구와 비슷하다.
② 동기요인은 맥그리거(McGreger)의 X이론과 비슷하다.
③ 위생요인은 생존, 환경 등의 인간의 동물적인 욕구를 반영하는 것이다.
④ 동기요인은 성취, 인정 등의 자아실현을 하려는 인간의 독특한 경향을 반영하는 것이다.

해설

②항, 동기요인은 맥그리거(McGreger)의 Y이론과 비슷하다.

동기 요소간의 상호관계

Maslow 욕구단계 이론	Aldenfer의 ERG 이론	Herzberg의 요인론	Mcgreger의 X,Y이론
1. 생리적 욕구 2. 안전 욕구 – 신체적	1. 생존(E)	1. 위생요인 직무환경	1. X이론
2. 안전 욕구 – 대인적 3. 사회적 욕구	2. 관계(R)		
4. 자기존경의 욕구 5. 자아실현의 욕구	3. 성장(G)	2. 동기요인 업무(일)자체	2. Y이론

□□□ 14년2회, 14년3회, 18년1회

25. 동기부여이론 중 데이비스(K.Davis)의 이론은 동기유발을 식으로 표현하였다. 옳은 것은?

① 지식(knowledge) × 기능(skill)
② 능력(ability) × 태도(attitude)
③ 상황(situation) × 태도(attitude)
④ 능력(ability) × 동기유발(motivation)

문제 25, 26 해설

Davis의 동기부여 이론

경영의 성과 = 인간의 성과 × 물적 성과

1. 인간성과 = 능력 × 동기유발
2. 능력 = 지식 × 기능
3. 동기유발 = 상황 × 태도

□□□ 16년2회

26. 데이비드(K.Davis)의 동기부여이론 등식으로 옳은 것은?

① 지식 × 기능 = 태도
② 지식 × 상황 = 동기유발
③ 능력 × 상황 = 인간의 성과
④ 능력 × 동기유발 = 인간의 성과

정답 22 ② 23 ② 24 ② 25 ③ 26 ④

Chapter 02

인간의 특성과 안전

인간의 특성과 안전은 동작특성, 피로, 생체리듬, 리더십, 사기와 집단역학, 착시와 착각, 주의와 부주의 등으로 구성된다. 여기에서는 인간의 동작특성의 요인들과 주의와 부주의의 이론에 관한 부분이 주로 출제된다.

01 재해 빈발성과 부주의

(1) 동작특성의 분류

구분	내용
내적조건	• 생리적조건 : 피로, 긴장 등 • 경험 : 근무경력 • 개인차 : 적성, 개성
외적조건	• 동적조건 : 대상물의 동적 성질에 따른 최대요인 • 정적조건 : 높이, 길이, 폭, 크기 등의 조건 • 환경조건 : 기온, 습도, 조명, 분진, 소음 등

[동작실패의 원인이 되는 조건]
(1) 자세의 불균형
(2) 피로도
(3) 작업강도
(4) 기상조건
(5) 환경조건

(2) 사고경향성자(재해 누발자, 재해 다발자)의 유형

구분	내용
상황성 누발자	작업의 어려움, 기계설비의 결함, 환경상 주의력의 집중 혼란, 심신의 근심 등 때문에 재해를 누발하는 자
습관성 누발자	재해의 경험으로 겁쟁이가 되거나 신경과민이 되어 재해를 누발하는 자와 일종의 슬럼프(slump)상태에 빠져서 재해를 누발하는 자
소질성 누발자	재해의 소질적 요인을 가지고 있는 재해자(사고요인은 지능, 성격, 감각(시각)기능으로 분류한다.)
미숙성 누발자	기능 미숙이나 환경에 익숙하지 못하기 때문에 재해를 누발하는 자

[소질성 누발자의 유형]
(1) 주의력의 산만, 주의력의 지속불능
(2) 주의력 범위의 협소, 편중
(3) 저 지능
(4) 불규칙, 흐리멍텅함
(5) 정직하지 못함
(6) 흥분성(침착성의 결여)
(7) 비협조성
(8) 도덕성의 결여
(9) 소심한 성격
(10) 감각운동 부적합
(11) 경시, 경솔성

(3) 사고 재해 빈발설

구분	내용
암시설	재해의 경험으로 겁쟁이가 되거나 신경과민이 되어 그 사람이 갖는 대응능력이 열화되기 때문에 재해가 빈발하게 된다는 설
재해빈발 경향자설	소질적인 결함을 가지고 있기 때문에 재해가 빈발하게 된다는 설
기회설	개인의 영향 때문에 아니라 작업에 위험성이 많고, 위험한 작업을 담당하고 있기 때문에 재해가 빈발한다는 설이다. (대책 : 작업환경개선, 교육훈련실시)

(4) 소질적인 사고요인

구분	내용
지능 (intelligence)	• 지능과 사고의 관계는 비례적 관계에 있지 않으며 그보다 높거나 낮으면 부적응을 초래한다. • Chiselli Brown은 지능 단계가 낮을수록 또는 높을수록 이직률 및 사고 발생률이 높다고 지적하였다.
성격 (personality)	사람은 그 성격이 작업에 적응되지 못할 경우 안전사고를 발생 시킨다.
감각기능	감각기능의 반응 정확도에 따라 재해발생과 관계가 있다.

[주의의 범위]

(1) 주의의 범위 : 감시 대상이 많아지면 주의 범위는 넓어지고 감시대상이 적어질수록 주의 넓이는 좁아지고 깊이는 깊어짐

(2) 주의의 외향 : 감각 신경의 작용으로 사물을 관찰하면서 주의력을 쏟을 때

(3) 주의의 내향 : 사고의 상태, 감각 신경계가 활동하지 않는 공상이나 잡념을 가지고 있는 상태

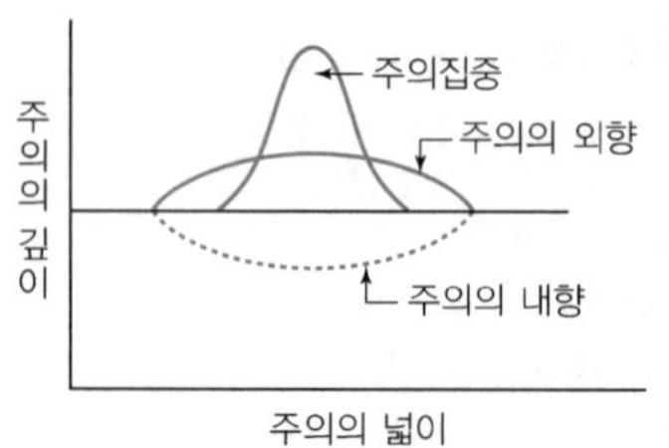

(5) 주의의 특징

구분	내용
선택성	여러 종류의 자극을 자각할 때 소수의 특정한 것에 한하여 선택하는 기능
방향성	주시점만 인지하는 기능
변동성	주의에는 주기적으로 부주의의 리듬이 존재

(6) 부주의 현상

① 의식의 단절, 감각의 차단(의식수준 : phase 0 상태)

지속적인 의식의 흐름에 단절이 생기고 공백의 상태가 나타나는 것으로서 특수한 질병이 있는 경우에 나타난다.

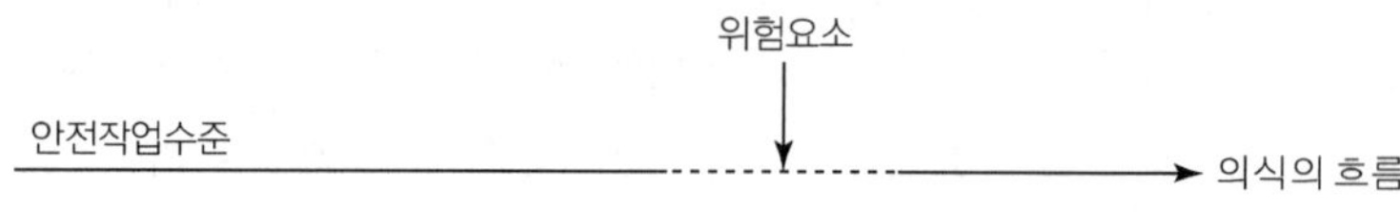

의식의 단절상태도

② 의식의 우회(의식수준 : phase 0 상태)

의식의 흐름이 옆으로 빗나가 발생하는 경우로서 작업도중의 걱정, 고뇌, 욕구 불만 등에 의해 다른 것이 주의하는 것이 이에 속한다.(카운슬링에 의한 부주의 방지가 가능하다.)

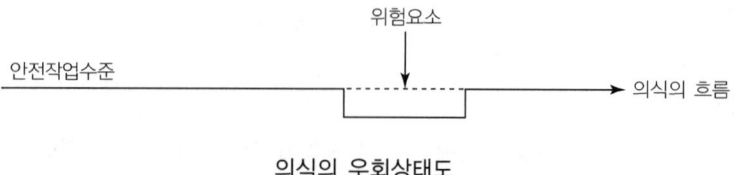

위험요소

안전작업수준

의식의 흐름

의식의 우회상태도

③ 의식수준의 저하(의식수준 : phase Ⅰ 이하 상태)
혼미한 정신상태에서 심신이 피로할 경우나 단조로운 작업 등의 경우에 일어나기 쉽다.

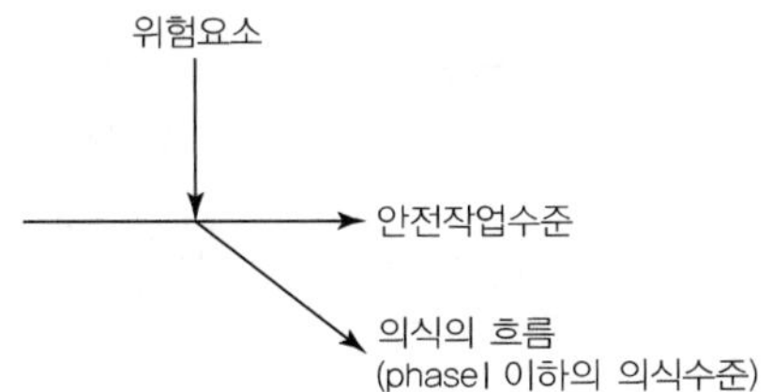

의식수준의 저하상태도

④ 의식의 혼란(의식수준 : phase Ⅰ 이하 상태)
외부 자극이 너무 약하거나 너무 강할 때 또는 외적 자극에 문제가 있을 때, 의식이 혼란스럽고 외적 자극 의식이 분산되어 작업이 잠재되어 있는 위험요인에 대응할 수 없는 상태

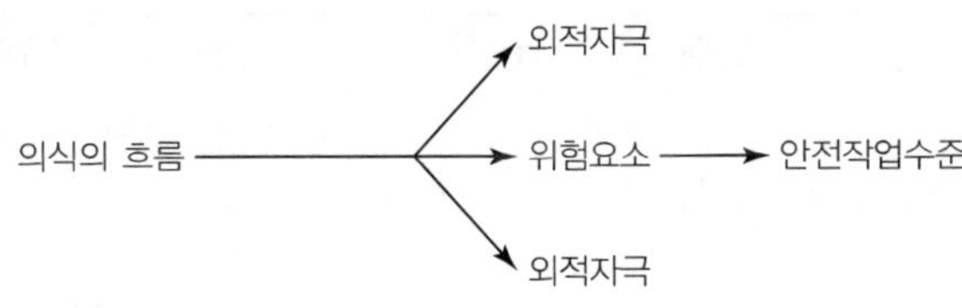

의식의 혼란상태도

⑤ 의식의 과잉(의식수준 : phase Ⅳ 상태, 주의의 일점 집중현상)
지나친 의욕에 의해서 생기는 부주의 현상으로서 돌발사태 및 긴급이상 사태시 순간적으로 긴장되고 의식이 한 방향으로만 쏠리는 경우

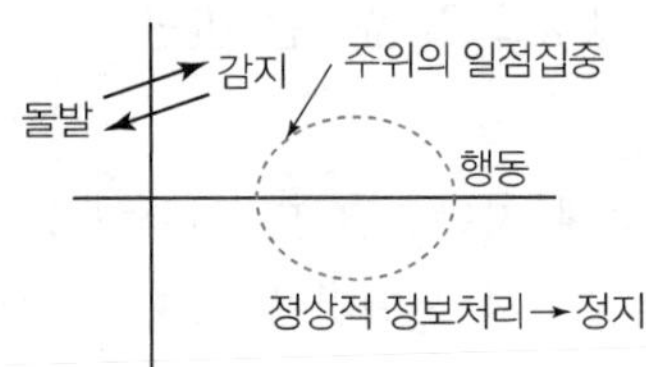

의식의 과잉상태도

[인간의 vigilance(주의하는 상태, 긴장상태, 경계상태)현상에 영향을 끼치는 조건]

(1) 검출능력은 작업시간 후 빠른 속도로 저하된다.(30~40분 후 검출 능력은 50%로 저하).
(2) 발생빈도가 높은 신호일수록 검출률이 높다.
(3) 규칙적인 신호에 대한 검출률이 높다.

(7) 의식 레벨의 단계분류

단계	의식의 상태	주의 작용	생리적 상태	신뢰성
0	무의식, 실신	없음	수면, 뇌발작	0
Ⅰ	정상 이하, 의식 몽롱함	부주의	피로, 단조, 졸음, 술취함	0.99 이하
Ⅱ	정상, 이완상태	수동적, 마음이 안쪽으로 향함	안정기거, 휴식시 정례작업시	0.99~0.99999 이하
Ⅲ	정상, 상쾌한 상태	능동적, 앞으로 향하는 주의, 시야도 넓다.	적극 활동시	0.999999 이상
Ⅳ	초긴장, 과긴장상태	일점 집중, 판단 정지	긴급 방위반응, 당황해서 panic	0.9 이하

[부주의에 대한 기타 대책]

(1) 설비 및 환경적 측면에 대한 원인과 대책
- 설비 및 작업환경의 안전화
- 표준작업제도 도입
- 긴급 시의 안전대책

(2) 기능 및 작업적 측면에 대한 대책
- 적성배치
- 안전작업방법 습득
- 표준동작의 습관화
- 적응력 향상과 작업조건의 개선

(3) 정신적 측면에 대한 대책
- 안전의식 및 작업의욕 고취
- 주의력 집중 훈련
- 카운슬링(상담)

(8) 부주의 발생원인 및 대책

외적 원인 및 대책	내적 원인 및 대책
• 작업, 환경조건 불량 : 환경정비 • 작업순서의 부적당 : 작업순서의 정비	• 소질적(작업) 조건 : 적성배치 • 의식의 우회 : 상담(counseling) • 경험, 미경험 : 교육 • 작업순서의 부자연성 : 인간공학적 접근

[억측판단의 주요원인]

(1) 희망적 관측
(2) 정보나 지식의 불확실
(3) 선입관
(4) 초조한 심리상태

(9) 억측판단(risk taking)

① 정의

자기 멋대로 주관적(主觀的) 판단이나 희망적(希望的)인 관찰에 근거를 두고 확인하지 않고 행동으로 옮기는 판단

② 안전행동을 위한 확인

㉠ 작업정보는 정확하게 전달되고 또 정확하게 입수한다.
㉡ 과거 경험에 사로잡혀서 선입감을 가지고 판단하지 않는다.
㉢ 자신의 사정에 좋도록 희망적인 관측을 하지 않는다.
㉣ 항상 올바른 작업을 하도록 노력한다.

01 핵심문제 1. 재해 빈발성과 부주의

□□□ 09년3회

1. 재해누발자의 유형 중 상황성 누발자와 관련이 없는 것은?

① 작업이 어렵기 때문에
② 기능이 미숙하기 때문에
③ 심신에 근심이 있기 때문에
④ 기계설비에 결함이 있기 때문에

문제 1~3 해설

재해 누발자의 유형
1. 미숙성 누발자 : 환경에 익숙치 못하거나 기능 미숙으로 인한 재해누발자를 말한다.
2. 소질성 누발자 : 지능 · 성격 · 감각운동에 의한 소질적 요소에 의해 결정된다.
3. 상황성 누발자 : 작업의 어려움, 기계설비의 결함, 환경상 주의집중의 혼란, 심신의 근심 등에 의한 것이다.
4. 습관성 누발자 : 재해의 경험으로 신경과민이 되거나 슬럼프(slump)에 빠지기 때문이다.

□□□ 12년2회, 19년2회, 21년1회, 21년3회

2. 다음 중 상황성 누발자의 재해 유발원인과 가장 거리가 먼 것은?

① 작업이 어렵기 때문이다.
② 기계설비의 결함이 있기 때문에
③ 심신에 근심이 있기 때문에
④ 도덕성이 결여되어 있기 때문에

□□□ 12년3회

3. 다음 중 상황성 누발자의 재해유발원인에 해당하는 것은?

① 주의력 산만 ② 저지능
③ 설비의 결함 ④ 도덕성 결여

□□□ 15년3회

4. 다음 중 재해를 한번 경험한 사람은 신경과민 등 심리적인 압박을 받게 되어 대처능력이 떨어져 재해가 빈번하게 발생된다는 설(設)은?

① 기회설 ② 암시설
③ 경향설 ④ 미숙설

해설

암시설이란 재해의 경험으로 겁쟁이가 되거나 신경과민이 되어 그 사람이 갖는 대응능력이 열화되기 때문에 재해가 빈발하게 된다는 설이다.

□□□ 08년3회, 18년3회

5. 다음 중 주의의 특징으로 볼 수 없는 것은?

① 선택성 ② 방향성
③ 변동성 ④ 전진성

문제 5~7 해설

주의의 특징

구분	내용
선택성	여러 종류의 자극을 자각할 때 소수의 특정한 것에 한하여 선택하는 기능
방향성	주시점만 인지하는 기능
변동성	주의에는 주기적으로 부주의의 리듬이 존재

□□□ 09년3회

6. 다음 중 주의의 특성이 아닌 것은?

① 일반성 ② 방향성
③ 변동성 ④ 선택성

□□□ 10년2회

7. 다음 중 주의의 특성에 관한 설명으로 적절하지 않은 것은?

① 한 지점에 주의를 집중하면 다른 곳에의 주의는 약해진다.
② 장시간 주의를 집중하려 해도 주기적으로 부주의의 리듬이 존재한다.
③ 의식이 과잉상태인 경우 최고의 주의집중이 가능해진다.
④ 여러 자극을 지각할 때 소수의 현란한 자극에 선택적 주의를 기울이는 경향이 있다.

정답 1 ② 2 ④ 3 ③ 4 ② 5 ④ 6 ① 7 ③

□□□ 09년2회

8. 다음 중 부주의에 대한 설명으로 틀린 것은?

① 부주의는 착각이나 의식의 우회에 기인한다.
② 부주의는 적성 등의 소질적 문제와는 관계가 없다.
③ 부주의는 불안전한 행위와 불안전한 상태에서도 발생된다.
④ 불안전한 행동에 기인된 사고의 대부분은 부주의가 차지하고 있다.

문제 8, 9 해설

부주의 발생원인 및 대책

외적 원인 및 대책	내적 원인 및 대책
1. 작업, 환경조건 불량 : 환경정비 2. 작업순서의 부적당 : 작업순서의 정비	1. 소질적(작업) 조건 : 적성배치 2. 의식의 우회 : 상담(counseling) 3. 경험, 미경험 : 교육 4. 작업순서의 부자연성 : 인간공학적 접근방법

□□□ 11년3회, 17년3회

9. 다음 중 부주의의 발생 원인별 대책방법이 맞게 짝지어진 것은?

① 의식의 우회-작업환경 개선
② 경험, 미경험-적성배치
③ 소질적 문제-안전교육
④ 작업순서의 부적합-인간공학적 접근

□□□ 11년1회, 17년3회

10. 다음 중 부주의 현상으로 볼 수 없는 것은?

① 의식의 단절 ② 의식수준 지속
③ 의식의 과잉 ④ 의식의 우회

해설

부주의 현상의 종류
- 의식의 단절
- 의식의 우회
- 의식수준의 저하
- 의식의 과잉
- 의식의 혼란

□□□ 12년2회

11. 단조로운 업무가 장시간 지속될 때 작업자의 감각기능 및 판단능력이 둔화 또는 마비되는 현상은 무엇이라 하는가?

① 의식의 과잉 ② 망각현상
③ 감각차단현상 ④ 피로현상

해설

의식의 단절, 감각의 차단(의식수준 : phase 0 상태)
지속적인 의식의 흐름에 단절이 생기고 공백의 상태가 나타나는 것으로서 특수한 질병이 있는 경우에도 나타난다.

□□□ 13년2회, 20년1·2회

12. 다음 중 작업을 하고 있을 때 긴급 이상상태 또는 돌발사태가 되면 순간적으로 긴장하게 되어 판단능력의 둔화 또는 정지상태를 무엇이라고 하는가?

① 의식의 우회 ② 의식의 과잉
③ 의식의 수준저하 ④ 의식의 단절

해설

의식의 과잉(의식수준 : phase Ⅳ 상태, 주의의 일점 집중현상)
지나친 의욕에 의해서 생기는 부주의 현상으로서 돌발사태 및 긴급이상 사태시 순간적으로 긴장되고 의식이 한 방향으로만 쏠리는 경우

□□□ 15년2회

13. 다음 중 부주의의 발생 현상으로 혼미한 정신 상태에서 심신의 피로나 단조로운 반복작업 시 일어나는 현상은?

① 의식의 과잉 ② 의식의 집중
③ 의식의 우회 ④ 의식 수준의 저하

해설

의식수준의 저하(의식수준 : phase Ⅰ 이하 상태)
혼미한 정신상태에서 심신이 피로할 경우나 단조로운 작업 등의 경우에 일어나기 쉽다.

□□□ 08년1회, 10년3회, 18년2회, 19년1회

14. 다음 중 주의의 수준이 Phase 0인 상태에서의 의식 상태로 옳은 것은?

① 무의식상태 ② 의식의 이완상태
③ 명료한 상태 ④ 과긴장상태

정답 8 ② 9 ④ 10 ② 11 ③ 12 ② 13 ④ 14 ①

문제 14, 15 해설

의식 레벨의 단계분류

단계	의식의 상태	주의 작용	생리적 상태	신뢰성
0	무의식, 실신	없음	수면, 뇌발작	0
Ⅰ	정상 이하, 의식 몽롱함	부주의	피로, 단조, 졸음, 술취함	0.99 이하
Ⅱ	정상, 이완상태	수동적 마음이 안쪽으로 향함	안정기거, 휴식시 정례작업시	0.99~0.99999 이하
Ⅲ	정상, 상쾌한 상태	능동적 앞으로 향하는 의시야도 넓다.	적극 활동시	0.999999 이상
Ⅳ	초긴장, 과긴장상태	일점 집중, 판단 정지	긴급 방위반응, 당황해서 panic	0.9 이하

□□□ 08년3회, 09년3회

15. 인간의 의식 수준에 있어서 신뢰도가 가장 높은 상태는?

① Phase Ⅰ ② Phase Ⅱ
③ Phase Ⅲ ④ Phase Ⅳ

□□□ 14년2회

16. 경보기가 울려도 기차가 오기까지 아직 시간이 있다고 판단하여 건널목을 건너다가 사고를 당했다. 다음 중 이 재해자의 행동성향으로 옳은 것은?

① 착오 · 착각 ② 무의식행동
③ 억측판단 ④ 지름길반응

문제 16, 17해설

억측판단
1. 자기 멋대로 주관적(主觀的) 판단이나 희망적(希望的)인 관찰에 근거를 두고 다분히 이래도 될 것이라는 것을 확인하지 않고 행동으로 옮기는 판단이다.
2. 안전행동에 의한 확인
 1) 작업정보는 정확하게 전달되고 또 정확하게 입수한다.
 2) 과거 경험에 사로잡혀서 선입감을 가지고 판단하지 않는다.
 3) 자신의 사정에 좋도록 희망적인 관측을 하지 않는다.
 4) 항상 올바른 작업을 하도록 노력한다.

□□□ 08년1회, 22년2회

17. 다음 중 억측판단이 발생하는 배경으로 볼 수 없는 것은?

① 정보가 불확실할 때
② 희망적인 관측이 있을 때
③ 타인의 의견에 동조할 때
④ 과거의 성공한 경험이 있을 때

□□□ 10년1회, 16년3회

18. 인간의 심리 중에는 안전수단이 생략되어 불안전 행위가 나타나는데 다음 중 안전수단이 생략되는 경우와 가장 거리가 먼 것은?

① 의식과잉이 있는 경우
② 작업규율이 엄한 경우
③ 피로하거나 과로한 경우
④ 조명, 소음 등 주변 환경의 영향이 있는 경우

해설

인간의 심리 중 안전수단이 생략되면 부주의 현상을 통해 불안전행위가 발생되며 작업규율이 엄한 경우와는 관계가 없다.

□□□ 18년3회

19. 부주의에 대한 사고방지대책 중 기능 및 작업측면의 대책이 아닌 것은?

① 표준작업의 습관화 ② 적성배치
③ 안전의식의 제고 ④ 작업조건의 개선

해설

①, ②, ④항은 외적인 부주의 요소에 대한 대책이며
③항, 안전의식의 제고는 내적인 부주의 요소로서 교육적 측면의 대책에 해당한다

정답 15 ③ 16 ③ 17 ③ 18 ② 19 ③

02 착오와 착상심리

(1) 착오의 요인

① 위치의 착오
② 순서의 착오
③ 패턴의 착오
④ 형태의 착오
⑤ 기억의 틀림(오류)

(2) 착오의 분류

구분	내용
인지과정 착오	• 생리, 심리적 능력의 한계 • 정보량 저장 능력의 한계 • 감각 차단현상 : 단조로운 업무, 반복 작업 • 정서 불안정 : 공포, 불안, 불만
판단과정 착오	• 능력부족 • 정보부족 • 자기합리화 • 환경조건의 불비
조치과정 착오	• 피로 • 작업 경험부족 • 작업자의 기능미숙(지식, 기술부족)

(3) 간결성의 원리

① 정의

심리 활동에 있어서 최소의 에너지에 의해 어느 목적에 달성하도록 하려는 경향을 간결성의 원리라 한다. 간결성의 원리에 기인하여 착각, 착오, 생략, 단락 등의 사고에 관계되는 심리적 요인을 만들어 내게 된다.

② 군화의 법칙(물건의 정리)

구분	의미	그림
근접의 요인	근접된 물건의 정리	○ ○ ○ ○
동류의 요인	매우 비슷한 물건끼리 정리	● ○ ● ○
폐합의 요인	밀폐형을 가지런히 정리	
연속의 요인	연속을 가지런히 정리	직선과 곡선의 교차 변형된 2개의 조합
좋은 형태의 요인	좋은 형태(규칙성, 상징성, 단순성)로 정리	

[군화의 법칙(게슈탈트의 법칙)]
사물을 볼 때 관련성이 있는 요소들끼리 무리지어 보는 심리로 심리학자 베르트하이머가 처음 제기한 원리이다.

(4) ECR(Error Cause Removal)의 과오원인 제거

① 정의

사업장에서 직접 작업을 하는 작업자 스스로가 자기의 부주의 또는 제반오류의 원인을 생각함으로써 작업의 개선을 하도록 하는 제안이다.

② ECR의 실수 및 과오의 요인

과오의 요인	세부 내용
능력 부족	적성, 지식, 기술, 인간관계
주의 부족	개성, 감정의 불안정, 습관성
환경조건 부적당	표준 및 규칙 불충분, 의사소통불량, 작업조건 불량

[자동운동이 생기기 쉬운 조건]
(1) 광점이 작을 것
(2) 시야의 다른 부분이 어두울 것
(3) 광의 강도가 약할 것
(4) 대상이 단순할 것

(5) 착각현상

구분	내용
자동운동	암실 내에서 정지된 소 광점을 응시하고 있을 때 그 광점의 움직임을 볼 수 있는 경우
유도운동	실제로는 움직이지 않는 것이 어느 기준의 이동에 유도되어 움직이는 것처럼 느껴지는 현상
가현운동 (β 운동)	정지하고 있는 대상물이 급속히 나타나고 소멸하는 상황에서 대상물이 운동하는 것처럼 인식되는 현상(영화 영상의 방법)

(6) 착시

착시(optical illusion)현상이란 정상적인 시력을 가지고도 물체를 정확하게 볼 수가 없는 현상으로 예를 들면 주위의 풍경, 고속도로 주행 시의 노면 등이 있다.

학설자	그 림	현 상
Muler-Lyer의 착시	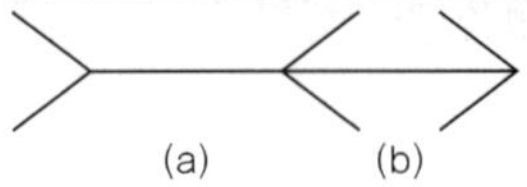 (a) (b)	a가 b보다 길게 보인다. 실제는 a=b이다.
Helmholz의 착시	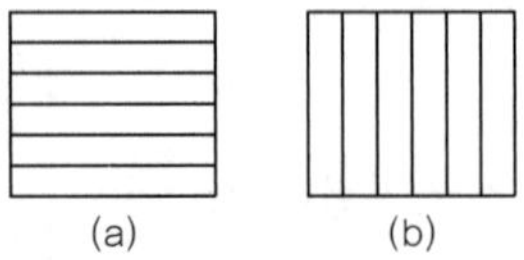 (a) (b)	a는 세로로 길어 보이고, b는 가로로 길어 보인다.
Herling의 착시	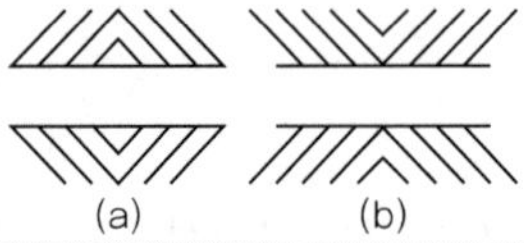 (a) (b)	a는 양단이 벌어져 보이고, b는 중앙이 벌어져 보인다.
Kohler의 착시	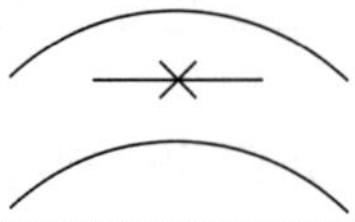	우선 평형의 호를 본 후 즉시 직선을 본 경우에 직선은 호의 반대방향으로 굽어 보인다.
Poggendorf의 착시	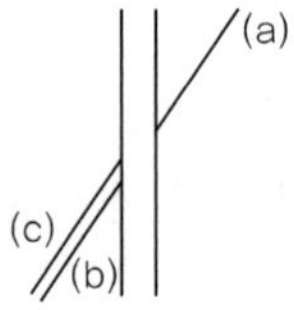 (a) (c) (b)	a와 c가 일직선으로 보인다. 실제는 a와 b가 일직선이다.
Zoller의 착시	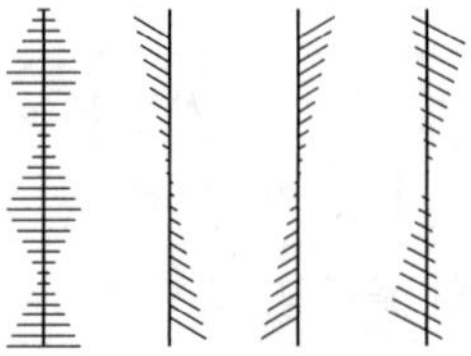	세로의 선이 굽어 보인다.
Hering의 착시	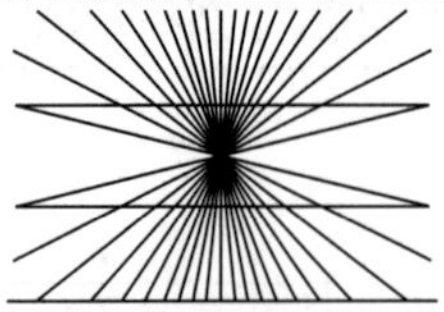	가운데 두 직선이 곡선으로 보인다.
Orbigon의 착시	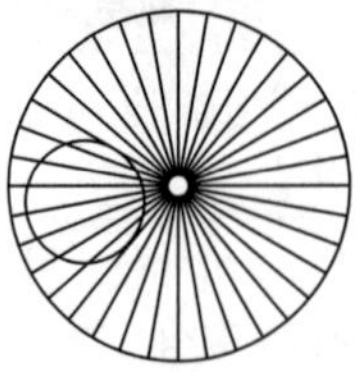	안쪽 원이 찌그러져 보인다.
Sander의 착시	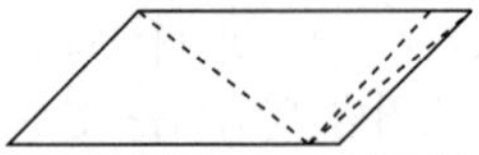	두 점선의 길이가 다르게 보인다.
Ponzo의 착시	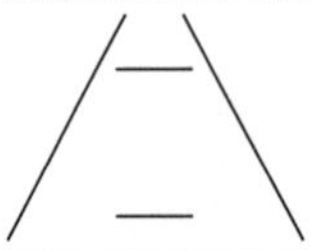	두 수평선부의 길이가 다르게 보인다.

02 핵심문제 2. 착오와 착상심리

□□□ 09년1회, 17년3회

1. 다음 중 위치, 순서, 패턴, 형상, 기억오류 등 외부적 요인에 의해 나타나는 것은?

① 메트로놈 ② 리스크테이킹
③ 부주의 ④ 착오

해설

착오의 요인
1. 위치의 착오
2. 순서의 착오
3. 패턴의 착오
4. 형태의 착오
5. 기억의 틀림(오류)

□□□ 11년1회

2. 다음 중 착오 요인과 관계가 먼 것은?

① 동기부여의 부족 ② 정보 부족
③ 정서적 불안정 ④ 자기합리화

문제 2~4 해설

인간의 동작특성 중 착오요인의 분류

인지과정 착오	• 생리, 심리적 능력의 한계 • 정보량 저장 능력의 한계 • 감각 차단현상 : 단조로운 업무, 반복 작업 • 정서 불안정 : 공포, 불안, 불만
판단과정 착오	• 능력부족 • 정보부족 • 자기합리화 • 환경조건의 불비
조치과정 착오	• 피로 • 작업 경험부족 • 작업자의 기능미숙(지식, 기술부족)

□□□ 12년1회, 16년2회, 20년3회

3. 인간의 동작특성 중 판단과정의 착오요인이 아닌 것은?

① 합리화 ② 정서불안정
③ 작업조건불량 ④ 정보부족

□□□ 18년2회

4. 대뇌의 human error로 인한 착오요인이 아닌 것은?

① 인지과정 착오 ② 조치과정 착오
③ 판단과정 착오 ④ 행동과정 착오

□□□ 08년2회

5. 하행선 기차역에 정지하고 있는 열차 안의 승객이 반대편 상행선 열차의 출발로 인하여 하행선 열차가 움직이는 것 같은 착각을 일으키는 현상을 무엇이라 하는가?

① 유도운동 ② 자동운동
③ 가현운동 ④ 브라운운동

문제 5, 6 해설

유도운동이란 실제로는 움직이지 않는 것이 어느 기준의 이동에 유도되어 움직이는 것처럼 느껴지는 현상을 말한다.

□□□ 14년3회

6. 다음 중 인간의 착각현상에서 움직이지 않는 것이 움직이는 것처럼 느껴지는 현상을 무엇이라 하는가?

① 유도운동 ② 잔상운동
③ 자동운동 ④ 유선운동

□□□ 08년3회

7. 운동지각 현상 가운데 자동운동(autokinetic movement)이 발생하기 쉬운 조건이 아닌 것은?

① 광점이 작은 것
② 대상이 복잡한 것
③ 빛의 강도가 작은 것
④ 시야의 다른 부분이 어두운 것

문제 7, 8 해설

자동운동이 생기기 쉬운 조건
1. 광점이 작을 것
2. 대상이 단순할 것
3. 시야의 다른 부분이 어두울 것
4. 광의 강도가 작을 것

□□□ 09년3회, 15년3회, 22년1회

8. 암실에서 정지된 소광점을 응시하면 광점이 움직이는 것 같이 보이는 현상을 운동의 착각현상 중 '자동운동'이라 한다. 다음 중 자동운동이 생기기 쉬운 조건에 해당되지 않는 것은?

① 광점이 작은 것
② 대상이 단순한 것
③ 광의 강도가 클 것
④ 시야의 다른 부분이 어두운 것

정답 1 ④ 2 ① 3 ② 4 ④ 5 ① 6 ① 7 ② 8 ③

□□□ 08년3회

9. 다음 중 헤링(Hering)의 착시현상에 해당하는 것은?

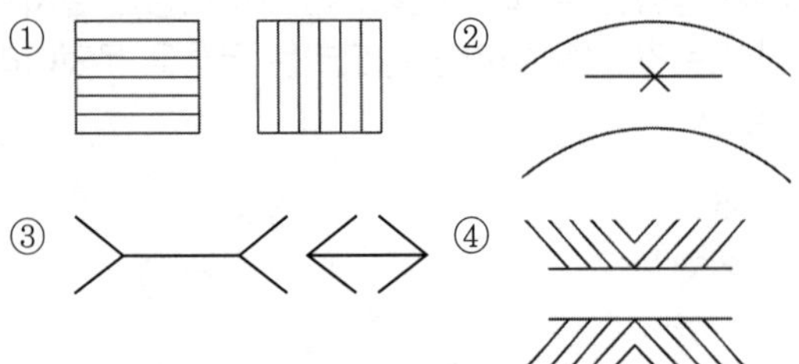

해설

①항, Helmholz의 착시
②항, Kohler의 착시
③항, Muler-Lyer의 착시

정답 9 ④

03 리더십

(1) 리더십의 특징

① 리더십의 정의

집단의 공통된 목표를 이끌어나가는 지도자의 역량. 그 단체가 지니고 있는 힘을 맘껏 발휘하고 구성원의 화합과 단결을 이끌어낼 수 있는, 지도자의 자질을 말한다.

② Leader의 제 특성 및 리더의 구비요건

Leader의 제 특성	리더의 구비요건
• 대인적 숙련 • 혁신적 능력 • 기술적 능력 • 협상적 능력 • 표현 능력 • 교육 훈련 능력	• 화합성 • 통찰력 • 판단력 • 정서적 안전성 및 활발성

③ 리더의 권한

㉠ 조직이 지도자에게 부여한 권한

구분	내용
보상적 권한	지도자가 부하들에게 보상할 수 있는 능력으로 인해 부하직원들을 통제할 수 있으며 부하들의 행동에 대해 영향을 끼칠 수 있는 권한
강압적 권한	부하직원들을 처벌할 수 있는 권한
합법적 권한	조직의 규정에 의해 지도자의 권한이 공식화된 것

㉡ 지도자 자신이 자신에게 부여한 권한

구분	내용
전문성의 권한	부하직원들이 지도자의 성격이나 능력을 인정하고 지도자를 존경하며 자진해서 따르는 것
위임된 권한	집단의 목표를 성취하기 위해 부하직원들이 지도자가 정한 목표를 자진해서 자신의 것으로 받아들여 지도자와 함께 일하는 것

[리더십의 기능]

(1) 환경판단의 기능
(2) 통일유지의 기능
(3) 집단목표달성의 기능

[리더십의 **권력**(power)]

구성원의 행동에 영향을 줄 수 있는 잠재 능력으로 부하를 순종하도록 할 수가 있는 영향력

[리더십의 **권한**(authority)]

부하로부터 순종을 강요할 수 있는 공식적 통제권리

[리더십의 변화요인]

(1) 조직의 유형
(2) 집단의 유효성
(3) 해결해야 하는 문제의 성질
(4) 시간의 긴급성

④ 지휘형태에 따른 리더십 유형

유형 유효성의 변수	민주적 스타일	전제(권위)적 스타일	자유방임적 스타일
행동방식	집단의 토론, 회의 등에 의해 정책을 결정한다.	지도자가 집단의 모든 권한 행사를 단독적으로 처리	명목상의 리더가 구성원에게 완전한 자유를 주는 경우
리더와 집단과의 관계	호의적	수동적, 주의환기요함	리더에 무관심
집단행위 특성	응집력 크다. 안정적	노동이동 많음, 공격적	냉담, 초조
리더 부재시 구성원 태도	계속작업유지	좌절감을 가짐	불변, 불만족
성과(생산성)	장기적 효과	단기적 효과	혼란과 갈등

⑤ 직무적 리더십의 구분

구분	내용
직무중심적 리더십	• 생산과업, 생산방법 및 세부절차를 중요시 한다. • 공식화된 권력에 의존, 부하들을 치밀하게 감독한다.
부하중심적 리더십	• 부하와의 관계를 중시, 부하의 욕구충족과 발전 등 개인적인 문제를 중요시 한다. • 권한의 위임, 부하에게 자유재량을 부여한다.
구조 주도적 리더십	• 부하의 과업환경을 구조화하는 리더 행동 • 부하의 과업 설정 및 분배, 의사소통 및 절차를 분명히 하고 성과도 구체화하여 정확히 평가한다.
고려적 리더십	• 부하와의 관계를 중요시 한다. • 부하와 리더사이의 신뢰성, 온정, 친밀감, 상호존중, 협조 등 조성에 주력한다.

(2) 특성이론(특질접근법)

구분	내용
정의	특성이론이란 지도자가 될 수 있는 자는 남다른 특성을 선천적으로 지니고 있다는 리더십 이론이다.
성공적 리더의 속성	• 업무 수행 능력 및 판단능력 • 강력한 조직 능력 및 강한 출세욕구 • 자신에 대한 긍정적 태도 • 상사에 대한 긍정적 태도 • 조직의 목표에 대한 충성심 • 실패에 대한 두려움 • 원만한 사교성 • 매우 활동적이며 공격적인 도전 • 자신의 건강과 체력 단련 • 부모로 부터 정서적 독립

[부하의 행동에 영향을 주는 요소]
(1) 모범
(2) 제언
(3) 설득
(4) 강요

(3) 경로-목표이론(R. House)

① 리더행동의 4가지 범주

구분	내용
주도적 리더	부하에게 작업계획의 지휘, 작업지시를 하며 절차를 따르도록 요구
후원적 리더	부하들의 욕구, 온정, 안정 등 친밀한 집단분위기의 조성
참여적 리더	부하와 정보의 공유 등 부하의 의견을 존중하여 의사결정에 반영
성취지향적 리더	부하와 도전적 목표설정, 높은 수준의 작업수행을 강조, 목표에 대한 자신감을 갖도록 하는 리더

② 부하의 행동에 대한 욕구

구분	내용
주도적 리더	생리적, 안정욕구가 강한 부하
후원적 리더	존경욕구가 강한 리더
참여적 리더	성취욕구, 자율적 독립성이 강한 부하

(4) 리더의 상황적 합성이론(F. Fiedler)

① 리더의 행동 스타일 분류

㉠ LPC(The least Preferred Co-worker)점수 사용

㉡ LPC점수 : 리더에게 "함께 일하기에 가장 싫은 동료에 대하여 어떻게 평가 하느냐" 질문

[리더십의 3가지 기술]
(1) 인간기술
(2) 전문기술
(3) 경영기술

② 리더십의 상황 분류

구분	내용
과업구조	과업의 복잡성과 단순성
리더와 부하와의 관계	친밀감, 신뢰성, 존경 등
리더의 지휘권력	합법적, 공식적, 강압적 등

③ 과업환경

구분	내용
부하의 과업	• 과업이 모호하다 – 후원적, 참여적 리더 • 과업의 명확화 – 주도적 리더
집단의 성격	• 초기형성 – 주도적 리더 • 집단의 안정 또는 정확하다 – 후원적, 참여적 리더
조직체의 요소	비상상황 또는 심각한 상황 – 주도적 리더

④ 행동유형의 구분

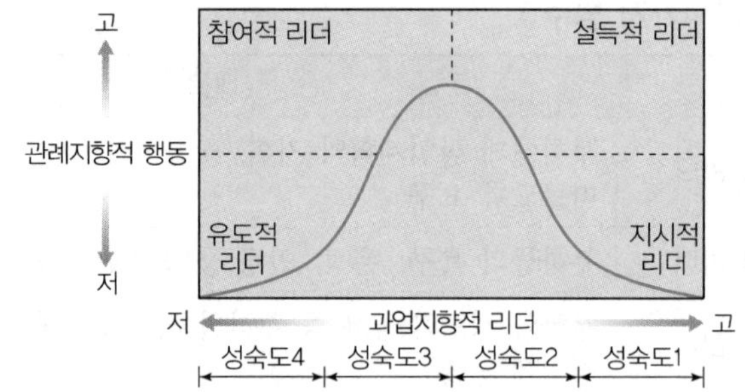

리더의 행동 유형

리더의 구분	과업	관계	리더	기타
지시적 리더	고	저	주도적	일방적, 리더 중심의 의사결정
설득적 리더	고	고	후원적	리더와 부하간의 쌍방적 의사결정
참여적 리더	저	고	부하와 원만한 관계, 부하 의사를 결정에 반영	
유도적 리더	저	저	부하자신이 자율행동, 자기통제에 의존하는 리더	

(5) 기타 리더십 이론

이론	내용
행동 이론	인간의 행동을 대상으로 실증적인 이론구축을 추구한다는 것으로 실용주의적 견지에 입각한 경험적 연구법이며 그 목적은 행동예측과 행동제어에 있다.
상황적합성 이론	피들러의 효과적인 리더십은 리더의 스타일과 리더가 직면하는 상황의 상호작용에 의해 결정된다고 보았다. **상황 변수**: • 리더-성원 관계(Leader-Member Relationship) • 직위 권력(Position Power) • 과업 구조(Task Structure)
Haire.M의 방법론 기법	• 지식의 부여 • 관대한 분위기 • 일관된 규율 • 향상의 기회 • 참가의 기회 • 호소하는 권리
카리스마적 (변화지향적) 리더십이론	• 부하에게 사명감과 전망, 매력적 이미지를 보여줌 • 부하에게 도전적인 기대감을 심어줌 • 부하와의 존경과 확신을 줌 • 부하에게 보다 향상되고 미래의 비전을 제시함

(6) 리더십과 헤드쉽

① 선출(임명) 방식

구분	내용
헤드쉽 (headship)	집단 구성원이 아닌 외부에 의해 선출(임명)된 지도자로 명목상의 리더십
리더십 (leadership)	집단 구성원에 의해 내부적으로 선출된 지도자로 사실상의 리더십

② 리더십과 헤드쉽의 특징

개인과 상황변수	헤드쉽	리더십
권한행사	임명된 헤드	선출된 리더
권한부여	위에서 임명	밑으로 부터 동의
권한근거	법적 또는 공식적	개인적
권한귀속	공식화된 규정에 의함	집단목표에 기여한 공로
상관과 부하의 관계	지배적	개인적인 영향
책임귀속	상사	상사와 부하
부하와의 사회적 간격	넓음	좁음
지휘형태	권위적	민주적

[관리 그리드(Managerial grid)이론]
미국의 행동과학자 R.블레이크와 J.모턴이 고안한 관리태도에 대한 유형론

(7) 관리 그리드(Managerial grid)

리더의 행동을 생산에 대한 관심(production concern)과 인간에 대한 관심(people concern)으로 나누고 그리드로 개량화하여 분류하였다.

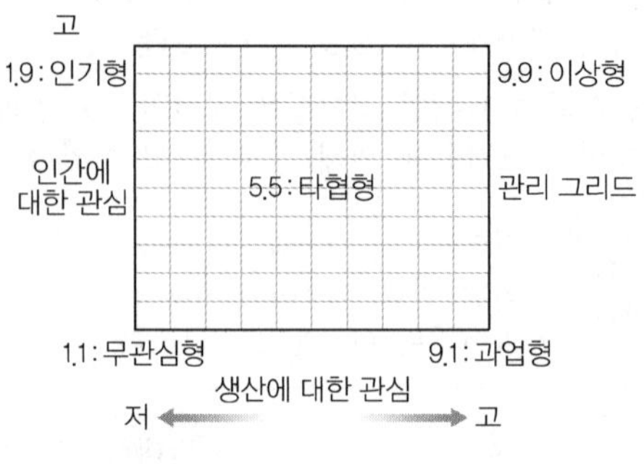

관리 그리드

구분	내용
1.1형 (무관심형)	• 생산, 사람에 대한 관심도가 모두 낮음 • 리더 자신의 직분 유지에 필요한 노력만 함
1.9형 (인기형)	• 생산, 사람에 대한 관심도가 매우 높음 • 구성원간의 친밀감에 중점을 둠
9.1형 (과업형)	• 생산에 대한 관심도 매우 높음, 사람에 대한 관심도 낮음 • 업무상 능력을 중시 함
5.5형 (타협형)	• 사람과 업무의 절충형 • 적당한 수준성과를 지향함
9.9형 (이상형)	• 구성원과의 공동목표, 상호 의존관계를 중요시 함 • 상호신뢰, 상호존경, 구성원을 통한 과업 달성함

03 핵심문제 3. 리더십

□□□ 10년2회

1. 다음 중 리더십의 유형 분류로 볼 수 없는 것은?

① 권위형 ② 민주형
③ 자유방임형 ④ 갈등해소형

문제 1, 2 해설

리더십의 유형
① 권위형 : 지도자가 집단의 모든 권한 행사를 단독적으로 처리한다.(단기적 효과)
② 민주형 : 집단의 토론, 회의 등에 의해 정책을 결정한다.(장기적 효과)
③ 자유방임형 : 집단에 대하여 전혀 리더십을 발휘하지 않고 명목상의 리더 자리만을 지키는 유형으로 지도자가 집단 구성원에게 완전히 자유를 주는 경우이다.(혼란 갈등)

□□□ 16년2회

2. 리더십의 유형에 해당되지 않는 것은?

① 권위형 ② 민주형
③ 자유방임형 ④ 혼합형

□□□ 11년3회

3. 다음 중 직원들과 원만한 관계를 유지하며 그들의 의견을 존중하여 의사결정에 반영하는 리더십은?

① 변혁적 리더십 ② 참여적 리더십
③ 지시적 리더십 ④ 설득적 리더십

해설

②항, 참여적 리더십이란 업무활동에 대해서 조직 구성원(부하)과 상의하고 의사결정에 조직 구성원을 참여시키고자 하는 리더십 유형이다.
①항, 변혁적 리더십
③항, 지시적 리더십
④항, 설득적 리더십

□□□ 14년3회

4. 다음 중 리더의 행동스타일 리더십을 연결시킨 것으로 잘못 연결된 것은?

① 부하 중심적 리더십 – 치밀한 감독
② 직무 중심적 리더십 – 생산과업 중시
③ 부하 중심적 리더십 – 부하와의 관계 중시
④ 직무 중심적 리더십 – 공식권한과 권력에 의존

해설

부하 중심적 리더십 – 부하와의 관계를 중시한다.

□□□ 15년3회

5. 다음 중 리더십(Leadership)에 관한 설명으로 틀린 것은?

① 각자의 목표를 위해 스스로 노력하도록 사람에게 영향력을 행사하는 활동
② 어떤 특정한 목표달성을 지향하고 있는 상황하에서 행사되는 대인간의 영향력
③ 공통된 목표달성을 지향하도록 사람에게 영향을 미치는 것
④ 주어진 상황 속에서 목표 달성을 위해 개인 또는 집단의 활동에 영향을 미치는 과정

해설

리더십이란 집단의 공통된 목표를 이끌어나가는 지도자의 역량. 그 단체가 지니고 있는 힘을 맘껏 발휘하고 구성원의 화합과 단결을 이끌어낼 수 있는, 지도자의 자질을 말한다.

□□□ 12년1회

6. 다음 중 리더십 이론에서 성공적인 리더는 어떤 특성을 가지고 있는가를 연구하는 이론은?

① 특성이론 ② 행동이론
③ 상황적합성이론 ④ 수명주기이론

해설

특성이론이란 지도자가 될 수 있는 자는 남다른 특성을 선천적으로 지니고 있다는 리더십 이론이다.

□□□ 10년1회, 16년1회, 22년2회

7. 다음 중 헤드십(headship)의 특성에 관한 설명으로 틀린 것은?

① 상사와 부하의 사회적 간격은 넓다.
② 지휘형태는 권위주의적이다.
③ 상사와 부하의 관계는 지배적이다.
④ 상사의 권한 근거는 비공식적이다.

정답 1 ④ 2 ④ 3 ② 4 ① 5 ① 6 ① 7 ④

문제 7~9 해설		
헤드십과 리더십의 특징		
개인과 상황변수	헤드십	리더십
권한행사	임명된 헤드	선출된 리더
권한부여	위에서 임명	밑으로 부터 동의
권한근거	법적 또는 공식적	개인적
권한귀속	공식화된 규정에 의함	집단목표에 기여한 공로
상관과 부하의 관계	지배적	개인적인 영향
책임귀속	상사	상사와 부하
부하와의 사회적 간격	넓음	좁음
지휘형태	권위주의적	민주적

□□□ 13년2회, 16년3회, 21년2회

8. 다음 중 헤드십(head-ship)의 특성이 아닌 것은?

① 지휘형태는 권위주의적이다.
② 부하와의 사회적 간격은 넓다.
③ 권한행사는 임명된 헤드이다.
④ 상관과 부하와의 관계는 개인적인 영향이다.

□□□ 15년2회

9. 다음 중 헤드십(head-ship)의 특성으로 옳지 않은 것은?

① 권한의 근거는 공식적이다.
② 지휘의 형태는 권위주의적이다.
③ 상사와 부하와의 사회적 간격은 좁다.
④ 상사와 부하와의 관계는 지배적이다.

□□□ 09년1회, 15년1회

10. 리더십의 행동이론 중 관리그리드(managerial grid) 이론에서 리더의 행동유형과 경향을 올바르게 연결한 것은?

① (1.1형) – 무관심형　　② (1.9형) – 과업형
③ (9.1형) – 인기형　　④ (5.5형) – 이상형

문제 10~12 해설	
리더십 관리 그리드(Managerial grid)	
1.1형 : 무관심형	• 생산, 사람에 대한 관심도가 모두 낮음 • 리더 자신의 직분 유지에 필요한 노력만 함
1.9형 : 인기형	• 생산, 사람에 대한 관심도가 매우 높음 • 구성원간의 친밀감에 중점을 둠
9.1형 : 과업형	• 생산에 대한 관심도 매우 높음, 사람에 대한 관심도 낮음 • 업무상 능력을 중시 함
5.5형 : 타협형	• 사람과 업무의 절충형 • 적당한 수준성과를 지향 함
9.9형 : 이상형	• 구성원과의 공동목표, 상호 의존관계를 중요시함 • 상호신뢰, 상호존경, 구성원을 통한 과업 달성함

□□□ 09년3회, 14년2회, 18년3회

11. 관리그리드 이론에서 인간관계 유지에는 낮은 관심을 보이지만 과업에 대해서는 높은 관심을 가지는 리더십의 유형에 해당하는 것은?

① (1, 1)형　　② (1, 9)형
③ (9, 1)형　　④ (9, 9)형

□□□ 12년2회

12. 리더십의 이론 중 관리 그리드 이론에 있어 대표적인 유형의 설명이 잘못 연결된 것은?

① (1.1) : 무관심형　　② (3.3) : 타협형
③ (9.1) : 과업형　　④ (1.9) : 인기형

정답 8 ④ 9 ③ 10 ① 11 ③ 12 ②

04 사기조사(morale survey)와 집단역학

(1) 집단관리의 목적

① 인사관리의 목적

종업원을 적재적소에 배치하여 능률을 극대화하고, 종업원의 만족을 추구하는 것이 그 목표이다, 즉, 생산과 만족을 동시에 얻고자 하는 것이다.

② 적성배치를 위한 고려사항

㉠ 적성 검사를 실시하여 개인의 능력을 파악한다.
㉡ 직무 평가를 통하여 자격수준을 정한다.
㉢ 인사권자의 객관적인 평가요소에 따른다.
㉣ 인사관리의 기준 원칙을 준수한다.

③ 직장에서의 적응과 부적응

종업원의 소질(disposition)이 그 환경에 얼마나 조화(match)되고 있느냐로 설명할 수 있으며, 작업 능률과 생산성이 관계된다.

[인사관리의 주요기능]

(1) 조직과 리더십
(2) 선발(적성검사 및 시험)
(3) 배치(적정배치)
(4) 안전작업분석과 업무평가
(5) 상사 및 노사 간의 이해

(2) 집단관리 적응이론

① 적응과 역할(Super.D.E의 역할이론)

구분	내용
역할연기 (role playing)	현실의 장면을 설정하고 각자 맡은 역을 연기하여 실제를 대비한 대처방법을 습득한다. 자아탐색(self-exploration)인 동시에 자아실현(self-realization)의 수단이다.
역할기대 (role expectation)	집단이나 개인이 역할을 어떻게 수행해 줄 지 기대하는 것
역할조성 (role shaping)	개인에게 여러 개의 역할 기대가 있을 경우 그 중의 어떤 역할 기대는 불응, 거부하는 수도 있으며, 혹은 다른 역할을 해내기 위해 다른 일을 구할 때도 있다.
역할갈등 (role confict)	작업 중에는 상반된 역할이 기대되는 경우에 생기는 갈등

② 역할연기(role playing) 장단점

장점	단점
• 의견발표에 자신이 생긴다. • 자기반성과 창조성이 개발된다. • 하나의 문제에 대해 관찰능력을 높인다. • 문제에 적극적으로 참여하며, 타인의 장점과 단점이 잘 나타난다.	• 높은 의지결정의 훈련으로는 기대할 수 없다. • 목적이 명확하지 않고 다른 방법과 병행하지 않으면 의미가 없다. • 훈련장소의 확보가 어렵다.

[역할과부하]

역할과부하는 주어진 시간, 능력 그리고 상황적 조건에 비해 너무 많은 책임과 업무가 주어지는 것을 의미한다. 역할과부하는 크게 양적과부하(quantitative overload)와 질적과부하(qualitative overload)로 구분이 된다.

[역할 갈등의 주요원인]

(1) 전달자의 내적 갈등
(2) 전달자간의 갈등
(3) 역할간 갈등(부적합)
(4) 역할 과중
(5) 개인과 역할간의 갈등(마찰)
(6) 역할 모호성

[모랄 서베이(morale survey)]
종업원의 근로의욕, 태도 등을 조사하는 것.

Tip
사기조사에 있어서 태도조사(의견 조사)방법 4가지를 기억해 두자.
1. 질문지법
2. 면접법
3. 집단토의법
4. 투사법

(3) 사기조사(모랄 서베이)의 주요 방법

구분	내용
통계에 의한 방법	사고 상해율, 생산고, 결근, 지각, 조퇴, 이직 등을 분석하여 파악하는 방법
사례연구법	경영관리상의 여러가지 제도에 나타나는 사례에 대해 케이스 스터디(case study)로서 현상을 파악하는 방법
관찰법	종업원의 근무 실태를 계속 관찰함으로써 문제점을 찾아내는 방법
실험연구법	실험 그룹(group)과 통제 그룹(control group)으로 나누고, 정황, 자극을 주어 태도변화 여부를 조사하는 방법
태도조사법 (의견 조사)	질문지법, 면접법, 집단토의법, 투사법(projective technique) 등에 의해 의견을 조사하는 방법

(4) 카운슬링(Counseling)

① 카운슬링의 순서

장면 구성 → 내담자 대화 → 의견의 재분석 → 감정의 표현 → 감정의 명확화

② 개인적인 카운슬링 방법

㉠ 직접 충고(안전수칙 불이행 시에 적합)
㉡ 설득적 방법
㉢ 설명적 방법

③ 카운슬링의 효과

㉠ 정신적 스트레스 해소
㉡ 안전태도 형성
㉢ 동기부여

(5) 집단역학(group dynamics)

역학적 조건하에서의 집단 구성원 상호간에 상호작용을 분석하여 단결성과 생산성을 향상시키기 위한 연구

① 직무분석

직무의 내용과 성격에 관련된 모든 중요한 정보를 수집하고, 이들 정보를 관리목적에 적합하게 정리하는 체계적 과정으로 일의 내용 또는 요건을 정리·분석하는 과정

구분	내용
직무분석 방법	실제담당자에 의한 자기기입(自己記入), 분석자에 의한 관찰, 면접청취, 통계, 측정, 검사 등
직무분석 항목	1. 직무내용(목적·개요·방법·순서), 노동부담(노동의 강도·밀도) 2. 노동환경(온도·환기·분진·소음·습도·오염) 3. 위험재해(감전·폭발·화재·고소·재해율·직업병) 4. 직무조건(체력·지식·경험·자격·개성) 5. 결과책임(직무를 수행하지 않았을 경우의 인적·물적 손해의 정도) 6. 지도책임(후임자 지도의 책임) 7. 감독책임 8. 권한

② 직무평가(job evaluation) 방법

구분	내용
1. 서열법	각 직무의 중요도·곤란도·책임도 등을 종합적으로 판단하여 일정한 순서로 늘어놓는다.
2. 분류법	직무의 가치를 단계적으로 구분하는 등급표를 만들고 평가직무를 이에 맞는 등급으로 분류한다.
3. 요인비교법	급여율이 가장 적정하다고 생각되는 직무를 기준직무로 하고 그에 비교해 지식·숙련도 등 제반 요인별로 서열을 정한 다음, 평가직무를 비교함으로써 평가직무가 차지할 위치를 정한다.
4. 점수법	책임·숙련·피로·작업환경 등 4항목을 중심으로 각 항목별로, 각 평가 점수를 매겨 점수의 합계로써 가치를 정한다.

③ 직무확충(job enrichment)

구분	내용
직무확대	전문화에서 오는 단조로움을 완화하기 위하여 한 개인이 담당하는 직무내용을 몇 가지 다른 내용의 활동으로 구성하는 것으로 수평적 확대라고도 한다.
직무충실	단지 신체적 활동의 내용을 다양화할 뿐만 아니라 여기에 다시 판단적·의사결정적 내용을 곁들인 것으로 수직적 확대라고도 한다.
직무교체	각종의 직무를 일정 기간에 차례차례 계획적으로 담당하게 하여 여러 가지 직무를 통해서 넓은 시야와 경험을 터득하게 한다.

④ 직무만족(job satisfaction)

근로자가 자신의 업무에 대해 만족하는 정도를 말하는 것으로써 총체적(global) 접근법과 단면(facets) 접근법이 있다.

[후광효과]

후광효과란 어떤 대상이나 사람에 대한 일반적인 견해가 그 대상이나 사람의 구체적인 특성을 평가하는 데 영향을 미치는 현상으로, 미국의 심리학자 손다이크(Edward Lee Thorndike)는 어떤 대상에 대해 일반적으로 좋거나 나쁘다고 생각하고 그 대상의 구체적인 행위들을 일반적인 생각에 근거하여 평가하는 경향이라고 설명하였다.

⑤ 직무기술서와 명세서 포함내용

직무기술서	직무명세서
1. 직무의 분류 2. 직무의 직종 3. 수행되는 과업 4. 직무수행 방법	1. 교육수준 2. 기능 · 기술수준 3. 지식 4. 정신적 특성(창의력 · 판단력 등) 5. 육체적 능력 6. 작업경험 7. 책임 정도

⑥ 직무에 관한 정보 및 자료수집방법

구분	내용
면접법	1. 직무수행자에게 직접 면접을 실시하는 방법 2. 정신적, 육체적작업 모두 실시 가능하며 작업내용을 요약할 수 있다. 3. 면접자와 수행자의 관계에 따라 정보가 달라질 수 있다.
관찰법	1. 직무수행자를 직접 관찰하는 방법 2. 정신적 직무보다 생산직 직무에 적절하며 실시가 간편하다. 3. 장시간이 소요되는 직무에 적용하기 곤란하며 직무수행자의 작업에 해가 될 수 있다.
질문지법	1. 표준화된 질문지를 사용하는 방법 2. 많은 정보를 짧은 시간에 확보할 수 있다. 3. 질문지의 설계가 어렵고 정보가 왜곡될 수 있다.
업무보고서	직무수행자가 매일 작성하는 일지 등을 통해 정보를 수집
중요사건법	직무수행과정에서 특별한 내용을 기록하여 분석하는 방법 행동과 성과에 대한 관계를 파악할 수 있으나 시간과 노력이 많이 소모됨.

04 핵심문제 4. 사기조사와 집단역학

□□□ 13년1회

1. 다음 중 인사관리의 목적을 가장 올바르게 나타낸 것은?

① 사람과 일과의 관계 ② 사람과 기계와의 관계
③ 기계와 적성과의 관계 ④ 사람과 시간과의 관계

해설

인사관리의 목적은 종업원을 적재적소에 배치하여 능률을 극대화하고, 종업원의 만족을 추구하는 것이 그 목표이다. 즉, 사람과 일과의 관계에서 만족을 얻고자 하는 것이다.

□□□ 10년2회

2. 다음 중 적성 배치에 있어서 고려되어야 할 기본 사항에 해당되지 않는 것은?

① 적성 검사를 실시하여 개인의 능력을 파악한다.
② 직무 평가를 통하여 자격수준을 정한다.
③ 인사권자의 주관적인 감정요소에 따른다.
④ 인사관리의 기준 원칙을 준수한다.

해설

적성 배치에 있어서 고려되어야 할 기본 사항
1. 적성 검사를 실시하여 개인의 능력을 파악한다.
2. 직무 평가를 통하여 자격수준을 정한다.
3. 인사권자의 객관적인 평가요소에 따른다.
4. 인사관리의 기준 원칙을 준수한다.

□□□ 08년1회, 13년3회, 15년3회

3. 모랄서베이(Morale Survey)의 주요방법 중 태도조사법에 해당하지 않는 것은?

① 질문지법 ② 면접법
③ 관찰법 ④ 집단토의법

해설

태도조사법(의견 조사)
질문지법, 면접법, 집단토의법, 투사법(projective technique) 등에 의해 의견을 조사하는 방법이다.

[참고] 관찰법 : 종업원의 근무 실태를 계속 관찰함으로써 문제점을 찾아내는 방법이다.

정답 1 ① 2 ③ 3 ③

05 피로와 생체리듬

[급성피로와 만성피로]

(1) **급성피로** : 보통의 휴식에 의해서 회복되는 것으로서 '정상피로' 또는 '건강피로'라 한다.

(2) **만성피로** : 오랜 기간에 걸쳐 축적되어 일어나는 피로로서 휴식에 의해 회복되지 않으며 '축적피로'라고도 한다.

[피로의 회복대책]

(1) 휴식과 수면을 취할 것(가장 좋은 방법)
(2) 충분한 영양(음식)을 섭취할 것
(3) 산책 및 가벼운 체조를 할 것
(4) 음악감상, 오락 등에 의해 기분을 전환시킬 것
(5) 목욕, 마사지 등 물리적 요법을 행할 것
(6) 작업부하를 작게 한다.

(1) 피로(fatigue)의 특징

① 피로의 정의

어느 정도 일정한 시간, 작업 활동을 계속하면 객관적으로 작업능률의 감퇴 및 저하, 착오의 증가, 주관적으로는 주의력의 감소, 흥미의 상실, 권태 등으로 일종의 복잡한 심리적 불쾌감을 일으키는 현상

② 피로 증상의 구분

구분	내용
육체적 증상 (생리적 현상)	감각기능, 순환기능, 반사기능, 대사기능, 대사물의 질량 등의 변화
정신적 증상 (심리적 현상)	작업태도, 작업자세, 작업동작경로, 사고활동, 정서 등의 변화

③ 피로의 종류

구분	내용
주관적 피로	스스로 느끼는 자각증상으로 권태감, 단조감, 피로감이 뒤따른다.
객관적 피로	생산된 제품의 양과 질의 저하를 지표로 한다.
생리적(기능적) 피로	인체의 생리 상태를 검사함으로 생체의 각 기능이나 물질의 변화 등에 의해 피로를 알 수 있다.

④ 피로의 단계

단계	구분	현상
1단계	잠재기	외관상 능률의 저하가 나타나는 시기로 거의 지각하지 못하는 단계
2단계	현재기	확실한 능률 저하의 시기로 피로의 증상을 지각하고 자율신경의 불안상태가 나타난다. 이상발한, 두통, 관절통, 근육통을 수반하여 신체를 움직이는 것이 귀찮아 진다.
3단계	진행기	2단계의 현상이후 충분한 휴식없이 활동을 계속하는 경우 회복이 곤란한 상태에 이른다. 활동을 중지하고 수일 간의 휴양이 필요하다.
4단계	축적피로기	무리한 활동을 계속하여 만성적 피로가 축적되어 질병이 된다. 수개월에서 수년까지 요양이 필요한 단계,

(2) 피로와 작업환경

① 피로가 작업에 미치는 영향

㉠ 실동률의 저하
㉡ 작업속도의 저하
㉢ 작업의 정확도의 저하
㉣ 작업 횟수의 증대
㉤ 재해의 발생

② 피로와 작업

구분	내용
작업시간과 작업강도	log(계속적인 작업 한계 시간) = α log(RMR) + d
작업환경조건	작업강도에 직접 관련된 육체, 정신으로 부하를 높인다. 육체적 부하도(TGE계수) = 평균기온(t) × 평균 복사열(G) × 평균에너지 대사율(E)
작업속도	작업의 강도와 지속시간과의 관계에 따라 결정된다.
작업시각과 작업시간	주야작업의 교대로 인한 피로율은 커진다.
작업태도	• 작업자의 흥미, 자세 등과 관련이 있으며 작업의 의욕이 높을 때에는 주관적 피로감이 적고 작업능률이 높다. • 작업태도의 형성조건으로 작업환경조건과 생활조건이 밀접한 관련을 가지고 있다. • 임금, 경영방침, 조직내에서의 위치, 친분관계, 주거환경 및 가정문제가 있다.

(3) 피로의 측정

구분	검사 항목
생리학적 방법	• 근전도(Electromyogram ; EMG) : 근육활동 전위차의 기록 • 뇌전도((Electroneurogram ; ENG) : 신경활동 전위차의 기록 • 심전도(Electrocardiogram ; ECG) : 심근활동 전위차의 기록 • 안전도((Electrooculogram ; EOG) : 안구 운동 전위차의 기록 • 산소 소비량 및 에너지 대사율(Relative Metabolic Rate ; RMR) • 피부전기반사(Galvanic Skin Reflex; GSR) • 프릿가값(융합점멸주파수) : 정신적 부담이 대뇌피질의 피로수준에 미치고 있는 영향을 측정
생화학적 방법	• 혈색소 농도 • 혈액수준 • 혈단백 • 응혈시간 • 요전해질 • 요단백 • 요교질배설량 • 혈액
심리학적 방법	• 피부전위 저장 • 동작분석 • 연속반응시간 • 행동기록 • 정신작업 • 전신자각 증상 • 집중유지기능

[플리커법(Flicker test)의 피로 측정]

광원앞에 사이가 벌어진 원판을 놓고 그것을 회전함으로서 눈에 들어오는 빛을 단속시킨다. 원판의 회전 속도를 바꾸면 빛의 주기가 변하는데 회전 속도가 적으면 빛이 아른 거리다가 빨라지면 융합(Fusion)되어 하나의 광점으로 보인다. 이 단속과 융합의 경계에서 빛의 단속 주기를 Flicker치라고 하는데 이것이 피로도 검사에 이용된다.

[과업에서 에너지 소비량에 영향을 미치는 인자]

(1) 작업방법
(2) 작업자세
(3) 작업속도
(4) 도구설계

(4) 작업강도에 따른 휴식시간

① 소비에너지

구분	내용
1일 보통사람의 소비에너지 (기초대사, 여가에 필요한 에너지+작업 시의 소비 에너지)	약 4,300kcal/day
기초대사와 여가(lesure)에 필요한 에너지	2,000kcal/day
작업 시의 소비 에너지	2,300kcal
분당 작업 에너지량	2,000kcal ÷ 480분(8시간) = 약 4kcal/분 (기초 대사를 포함한 상한은 약 5kcal/분)

Tip

휴식시간 산출 시 작업에 대한 평균에너지 값이 4kcal/분으로 반드시 정해져 있지는 않다. 문제에 따라 다를 수 있으므로 주의하자.

② 휴식시간산출

작업에 대한 평균에너지 값을 4kcal/분이라 할 때 어떤 활동이 이 한계를 넘는다면 휴식시간을 삽입하여 초과분을 보상해 주어야 한다.

$$R = \frac{60(E-4)}{E-1.5}$$

여기서, R : 휴식시간(분)

E : 실제 작업 시 평균 에너지소비량(kcal/분)

총 작업시간 : 60(분)

휴식시간 중의 에너지 소비량 : 1.5(kcal/분)

 **예제**

A작업에 대한 평균에너지 값이 4.5kcal/분일 경우 1시간의 총작업시간 내에 포함시켜야만 하는 휴식시간은?(단, 작업에 대한 평균에너지값의 상한은 4kcal/분이다.)

$$\text{휴식시간 } R = \frac{60(E-4)}{E-1.5} = \frac{60(4.5-4)}{4.5-1.5} = 10\text{분}$$

(5) 생체리듬(biorhythm)

① 생체리듬의 종류

종류	육체적 리듬 (physical cycle)	지성적 리듬 (intellectual cycle)	감성적 리듬 (sensitivity cycle)
표기	P(청색)	I(녹색)	S(적색)
반복 주기	23일	33일	28일
	육체적 활동기간: 11.5일 휴식기간: 11.5일	사고능력 발휘기간: 16.5일 그렇지 못한 기간: 16.5일	감성이 예민한 기간: 14일 그렇지 못한 둔한 기간: 14일
특징	신체적 컨디션의 율동적인 발현, 즉 식욕, 소화력, 스태미너 및 지구력과 밀접한 관계를 갖는다.	상상력, 사고력, 기억력 또는 의지, 판단 및 비판력 등과 깊은 관련성을 갖는다.	신경조직의 모든 기능을 통하여 발현되는 감정, 즉 정서적 희로애락, 주의력, 창조력, 예감 및 통찰력 등을 좌우한다.

② 위험일(critical day)

P.S.I 3개의 서로 다른 리듬은 안정기(positive phase(+))와 불안정기(negative phase(−))를 교대하면서 반복하여 사인(sine) 곡선을 그려 나가는데 (+)리듬에서 (−)며, 이런 위험일은 한 달에 6일 정도 일어난다.

③ 생체리듬과 신체의 변화

㉠ 혈액의 수분, 염분량 → 주간은 감소하고 야간에는 증가한다.

㉡ 체온, 혈압, 맥박수 → 주간은 상승하고 야간에는 저하한다.

㉢ 야간에는 소화분비액 불량, 체중이 감소한다.

㉣ 야간에는 말초운동기능 저하, 피로의 자각증상이 증대된다.

05 핵심문제 5. 피로와 생체리듬

□□□ 13년1회

1. 다음 중 일반적으로 피로의 회복대책에 가장 효과적인 방법으로 맞는 것은?

① 휴식과 수면을 취한다.
② 충분한 영양(음식)을 섭취한다.
③ 땀을 낼 수 있는 근력운동을 한다.
④ 모임 참여, 동료와의 대화 등을 통하여 기분을 전환한다.

해설

일반적으로 피로의 회복대책에 가장 효과적인 방법으로는 휴식과 수면을 취한다.

[참고] 피로의 회복 대책

1. 휴식과 수면을 취할 것(가장 좋은 방법)
2. 충분한 영양(음식)을 섭취할 것
3. 산책 및 가벼운 체조를 할 것
4. 음악감상, 오락 등에 의해 기분을 전환시킬 것
5. 목욕, 마사지 등 물리적 요법을 행할 것

□□□ 11년2회

2. 피로(fatigue)의 측정 방법 중 생리적 방법의 검사항목에 포함되지 않는 것은?

① 근력, 근활동 ② 대뇌피질 활동
③ 전신자각 증상 ④ 호흡 순환기능

문제 2, 3 해설

[참고] 피로의 측정방법

검사방법	검사항목	
생리적 측정 방법	근력, 근활동 반사 역치 대뇌피질 활동	호흡 순환 기능 인지 역치 혈색소 농도
생화학적 측정 방법	혈액 수분, 혈단백 응혈시간 혈액, 뇨전해질	요단백, 요교질 배설량 부신피질 기능 변별 역치
심리학적 측정 방법	피부(전위)저항 동작 분석 행동 기록 연속 반응 시간	정신작업 집중 유지 기능 전신 자각 증상

□□□ 12년3회

3. 다음 중 피로검사 방법에 있어 심리학적 방법의 검사항목에 해당하는 것은?

① 호흡순환기능 ② 대뇌피질 활동
③ 연속반응시간 ④ 혈색소 농도

□□□ 09년2회, 17년1회, 20년3회

4. 다음 중 플리커 검사(flicker test)의 목적으로 가장 적절한 것은?

① 혈중 알콜농도 측정 ② 체내 산소량 측정
③ 작업강도 측정 ④ 피로의 정도 측정

해설

플리커 검사(flicker test)법은 피로의 정도를 측정하는 방법이다.

[참고] 피로의 측정법(플리커법(Flicker test))이란

광원 앞에 사이가 벌어진 원판을 놓고 그것을 회전함으로서 눈에 들어오는 빛을 단속 시킨다. 원판의 회전 속도를 바꾸면 빛의 주기가 변하는데 회전 속도가 적으면 빛이 아른거리다가 빨라지면 융합(Fusion)되어 하나의 광점으로 보인다. 이 단속과 융합의 경계에서 빛의 단속 주기를 Flicker치라고 하는데 이것을 피로도 검사에 이용된다.

□□□ 09년3회

5. 작업에 대한 평균 에너지 값이 4kcal/min이고, 휴식시간 중의 에너지 소비량을 1.5kcal/min으로 가정할 때, 프레스 작업의 에너지가 6kcal/min이라고 하면 60분간의 총 작업시간 내에 포함되어야 하는 휴식시간은 약 얼마인가?

① 17.14분 ② 26.67분
③ 33.33분 ④ 42.86분

해설

$$R = \frac{60(E-4)}{E-1.5} = \frac{60(6-4)}{6-1.5} = 26.67$$

□□□ 19년1회

6. 특정과업에서 에너지 소비수준에 영향을 미치는 인자가 아닌 것은?

① 작업방법 ② 작업속도
③ 작업관리 ④ 도구

해설

에너지 소비량에 영향을 미치는 인자

1. 작업방법
2. 작업자세
3. 작업속도
4. 도구설계

정답 1 ① 2 ③ 3 ③ 4 ④ 5 ② 6 ③

□□□ 10년3회, 18년1회

7. **생체 리듬(Bio Rhythm)중 일반적으로 33일을 주기로 반복되며, 상상력, 사고력, 기억력 또는 의지, 판단 및 비판력 등과 깊은 관련성을 갖는 리듬은?**

① 육체적 리듬　　② 지성적 리듬
③ 감성적 리듬　　④ 생활 리듬

문제 8, 9 해설

1. 육체적 리듬(physical cycle)
육체적으로 건전한 활동기(11.5일)와 그렇지 못한 휴식기(11.5일)가 23일을 주기로 하여 반복된다. 육체적 리듬(P)은 신체적 컨디션의 율동적인 발현, 즉 식욕, 소화력, 스태미너 및 지구력과 밀접한 관계를 갖는다. 색상은 청색으로 표시한다.

2. 지성적 리듬(intellectual cycle)
지성적 사고능력이 재빨리 발휘되는 날(16.5일)과 그렇지 못한 날(16.5일)이 33일을 주기로 반복된다. 지성적 리듬(I)은 상상력, 사고력, 기억력 또는 의지, 판단 및 비판력 등과 깊은 관련성을 갖는다. 색상은 녹색으로 표시한다.

3. 감성적 리듬(sensitivity cycle)
감성적으로 예민한 기간(14일)과 그렇지 못한 둔한 기간(14일)이 28일을 주기로 반복된다. 감성적 리듬(S)은 신경조직의 모든 기능을 통하여 발현되는 감정, 즉 정서적 희로애락, 주의력, 창조력, 예감 및 통찰력 등을 좌우한다. 색상은 적색으로 표시한다.

4. 위험일(critical day)
P.S.I 3개의 서로 다른 리듬은 안정기(positive phase(+))와 불안정기(negative phase(−))를 교대하면서 반복하여 사인(sine) 곡선을 그려 나가는데 (+)리듬에서 (−)며, 이런 위험일은 한 달에 6일 정도 일어난다.

□□□ 11년1회, 22년1회

8. **다음 중 바이오 리듬(생체리듬)에 관한 설명으로 틀린 것은?**

① 안정기(+)와 불안정기(−)의 교차점을 위험일이라 한다.
② 육체적 리듬은 신체적 컨디션의 율동적 발현, 즉 식욕, 활동력 등과 밀접한 관계를 갖는다.
③ 지성적 리듬은 "I"로 표시하며 사고력과 관련이 있다.
④ 감성적 리듬은 33일을 주기로 반복하며, 주의력, 예감 등과 관련되어 있다.

□□□ 14년1회, 17년3회

9. **다음 중 일반적으로 시간의 변화에 따라 야간에 상승하는 생체리듬은?**

① 맥박수　　② 염분량
③ 혈압　　④ 체중

문제 10, 11 해설

생체리듬과 신체의 변화
1. 혈액의 수분, 염분량 → 주간은 감소하고 야간에는 증가한다.
2. 체온, 혈압, 맥박수 → 주간은 상승하고 야간에는 저하한다.
3. 야간에는 소화분비액 불량, 체중이 감소한다.
4. 야간에는 말초운동기능 저하, 피로의 자각증상이 증대된다.

□□□ 18년2회

10. **생체리듬의 변화에 대한 설명으로 틀린 것은?**

① 야간에는 체중이 감소한다.
② 야간에는 말초운동 기능이 저하된다.
③ 체온, 혈압, 맥박 수는 주간에 상승하고 야간에 감소한다.
④ 혈액의 수분과 염분량은 주간에 증가하고 야간에 감소한다.

정답 7 ② 8 ④ 9 ② 10 ④

Chapter 03

안전보건교육

안전보건교육에서는 교육심리학, 교육의 목적과 조건, 교육훈련기법, 실시방법, 교육대상별 교육방법과 안전보건교육의 실시로 구성된다. 교육심리의 이론, 교육의 실시방법, 안전보건교육 실시 법령 등이 주로 출제된다.

01 교육심리

[교육심리학]

교육에 관련된 여러 가지 문제를 심리학적으로 연구함에 있어서 교육적인 방향을 목표로 하는 경험과학이며 기술이다.

(1) 교육심리학의 연구방법

구분	내용
관찰법	• 자연적 관찰법 : 어떤 행동이나 현상의 자연적 모습 그대로를 관찰하는 것 • 실험적 관찰법 : 의도적으로 실험조건을 구비하여 관찰하는 것 종류 : 시간표본법(時間標本法), 질문지법(質問紙法), 사례연구법(事例硏究法), 면접, 항목조사법(項目調査法)등
실험법	관찰하려는 장면이나 조건을 연구 목적에 따라 인위적으로 조작하여 만들어진 실험조건 아래서 발생하는 사실과 현상을 연구
투사법	인간의 내면에 일어나고 있는 심리적 사태를 사물에 투사시켜 인간의 성격을 알아보는 방법

[성장 발달의 규제 요인]

(1) 유전
(2) 환경
(3) 자아

(2) 성장과 발달이론

① 행동의 방정식(행동 발달의 원리이론)

학설자	이론	내용
Thorndike, Pavlov	S-R	유기체에 자극을 주면 반응함으로써 새로운 행동이 발달된다.
Skinner, Huil	S-O-R	유기체 스스로가 능동적으로 발산해 보이려는데 자극을 줌으로써 강화되어 새로운 행동으로 발달한다.
Lewin	B=f(P.E)	행동의 발달이란 유기체와 환경과의 상호작용의 결과이다.

② 성장과 발달에 관한 제이론

학설	내용
생득설	성장발달의 원동력이 개체 내에 있다는 설로서 사람의 능력은 태어날 때부터 타고난다는 입장이다.(유전론에 의해 설명)
경험설	성장의 원동력이 개체밖에 있다는 설.(환경론)
폭주설	성장발달은 내적 성실과 외적 사정의 폭주에 의하여 발생하는 것으로 생득설과 경험설의 결합인 절충설
체제설	발달이란 유전과 환경사이에 발달하려는 자아와의 역동적 관계에서 이루어진다는 설이다.

(3) S-R 학습이론

학습을 자극(stimulus)에 의한 반응(response)으로 보는 이론

① 손다이크(Thorndike)의 시행착오설

자극반응에 대하여 유기체가 시행착오로 반응을 반복하는 가운데 효과의 법칙에 따라 실패적인 또는 무효의 반응은 약화되고 성공적인 반응은 강화되어서 학습이 성립된다고 생각하였다.

※ 시행착오에 있어서의 학습법칙

구분	내용
연습의 법칙 (law of exercise)	모든 학습과정은 많은 연습과 반복을 통해서 바람직한 행동의 변화를 가져오게 된다는 법칙으로 빈도의 법칙(law of frequency)이라고도 한다.
효과의 법칙 (law of frequency)	학습의 결과가 학습자에게 쾌감을 주면 줄수록 반응은 강화되고 반대로 고통이나 불쾌감을 주면 약화된다는 법칙
준비성의 법칙 (law of readiness)	특정한 학습을 행하는데 필요한 기초적인 능력을 충분히 갖춘 뒤에 학습을 행함으로서 효과적인 학습을 이룩할 수 있다는 법칙이다.

② 파블로프(Pavlov)의 조건반사설(학습이론의 원리)

구분	내용
강도의 원리	자극의 강도가 일정하거나 먼저 제시한 자극보다 더 강한 것일수록 효과가 크다는 것
일관성의 원리	자극이 질적으로 일관될 때 조건반응형성이 더 잘 이루어진다.
시간의 원리	조건자극은 무조건 자극보다 시간적으로 앞서거나 거의 동시에 주어야 한다.
계속성의 원리	자극과 반응간에 반복되는 횟수가 많을수록 효과적이다.

Tip

학습이론

S-R학습이론과 인지주의 학습이론의 종류를 구분할 것

③ 스키너(Skinner)의 조작적(작동적) 조건화설
조작적 조건화는 반응의 결과에 의해 좌우되는 것으로 외부의 직접적인 자극 없이도 일어나는 자발적 행위로, 자발적 행동의 경향성은 그 행동의 결과에 의해 강화되거나 약화된다.

[조작적 조건화설 실험]
skinner의 상자 속에서 흰 쥐가 지렛대를 누르거나 비둘기가 단추를 쪼면 먹이가 나오도록 조건을 구성

(4) 인지주의 학습이론

① 퀄러(Kohler)의 통찰설
통찰학습(insight)이란 문제 상황에서 문제의 요소들을 재구성함으로써 갑작스럽게 문제해결이 이루어지는 현상으로 형태주의 심리학에 근거한 인지주의 학습이론이다. 학습자는 문제해결에 대한 모든 요소를 생각해 보고 문제를 해결될 때 까지 여러 가지 방법으로 생각하게 한다. 이 과정에서 학습자는 문제해결에 대한 통찰력을 얻는다.

[퀄러의 통찰학습 실험]
원숭이가 들어 있는 우리속의 천장에 바나나를 매달아 놓고 몇 개의 상자, 작은 막대기, 긴 막대기 등으로 실험

② 레윈(Lewin)의 장설(Field Theory)
학습과정의 첫 단계에서의 인지는 분석적으로 이루어지는 것이 아니고 전체적 장(field)의 관계로 이루어진다는 것으로, 여기서 장은 한사람의 전체적인 생활공간을 뜻하는 것으로 인간은 목적 지향적으로 행동하고, 목표달성 방법에 대해 인지구조를 통찰하여 재구성한다는 이론이다.

[레윈의 인간행동 공식]

B=f(P · E)

B : behavior(인간의 행동)
f : function(함수관계)
P : person(개체 : 연령, 경험, 심신상태, 성격, 지능 등)
E : environment(심리적 환경 : 인간관계, 작업환경 등)

③ 톨만(Tolman)의 기호형태설
학습자의 머리속에 인지적 지도 같은 인지구조를 바탕으로 학습하려는 것으로 인지, 각성, 기대를 중요시 하는 이론이다. 기호학습은 한 자극이 나타나면 다음에 어떤 자극이 뒤따를 것이라는 기대를 얻는 것으로 학습자는 의미자체를 학습한다.

[톨만의 기호형태 실험]
톨만은 쥐를 이용하여 여러 개의 통로가 있는 미로 실험을 한다.
(1) 처음은 가장 긴 통로만 가게하고 짧은 통로는 막음.
(2) 훈련이 끝난 후 짧은 통로를 열면 쥐는 긴 통로대신 짧은 통로를 이용
(3) 쥐는 미로 전체에 대한 인지도를 얻음.

(5) 강화이론

① 강화요인은 강화(positive reinforcement) · 회피(avoidance) · 소거(extinction) · 처벌(punishment)의 네 가지 범주로 구분되며, 쾌감을 받았던 행동은 반복·강화된다.

② 부정적 강화(negative reinforcement)는 보상이나 불쾌감을 받았던 행동은 억제·약화되는 경향이 있다는 학습원리에 관한 이론의 하나이다.

③ 인간행동의 원인은 선행적 자극과 행동의 외적 결과의 변수
㉠ 행동에 선행하는 환경적 자극
㉡ 환경적 자극에 반응하는 행동
㉢ 행동에 결부되는 결과로서의 강화요인

(6) 학습이론의 적용

① 학습지도의 원리

구분	내용
자기활동의 원리 (자발성의 원리)	학습자가 자발적으로 학습에 참여 하는데 중점을 둔다.
개별화의 원리	학습자가 지니고 있는 각자의 요구와 능력 등에 알맞은 학습활동의 기회를 마련해 주어야 한다.
목적의 원리	학습자는 학습목표가 분명하게 인식되었을 때 자발적이고 적극적인 학습활동을 한다.
사회화의 원리	학습내용을 현실 사회의 사상과 문제를 기반으로 하여 학교에서 경험한 것과 사회에서 경험한 것을 교류 시키고 공동학습을 통해서 협력적이고 우호적인 학습을 진행한다.
통합의 원리	학습을 총합적인 전체로서 지도하자는 원리로, 동시학습(comcomitant learining)원리와 같다.
직관의 원리 (직접경험의 원리)	구체적인 사물을 직접 제시하거나 경험시킴으로써 큰 효과를 볼 수 있다

② 학습경험선정의 원리

구분	내용
기회의 원리	특정한 교육목표를 달성하기 위해서는 그 목표가 시사하고 있는 행동을 학습자 스스로 해볼 수 있는 기회를 가지도록 한다.
만족의 원리 (동기유발의 원리)	교육목표가 시사하는 행동을 해 보는 과정에서 학습자가 만족감을 느낄 수 있어야 한다.
가능성의 원리	학습자들에게 요구되는 행동이 그들의 현재 능력, 성취, 발달 수준에 맞아야 한다.
다활동의 원리	하나의 교육목표를 달성하는 데도 활동은 여러 가지가 있을 수 있다.
다목적 달성의 원리 (다성과의 원리)	학습자들이 하게 될 행동을 선택할 때 여러 가지 교육목표를 동시에 달성하는 데 도움을 주는 행동을 선택해야 한다.
협동의 원리	학습자들이 함께 활동할 수 있는 기회를 주는 것이 좋다.

[성인학습의 원리]
(1) 자발적인 학습참여의 원리
(2) 자기주도성의 원리
(3) 현실성과 실제지향성의 원리
(4) 상호학습의 원리
(5) 정형성의 원리
(6) 다양성과 이질성의 원리
(7) 과정중심의 원리
(8) 참여와 공존의 원리
(9) 경험중심의 원리
(10) 유희의 원리

[학습경험 조직의 원리]
(1) 계속성의 원리
(2) 계열성의 원리
(3) 통합성의 원리
(4) 균형성의 원리
(5) 다양성의 원리
(6) 보편성의 원리

01 핵심문제 1. 교육심리

□□□ 09년1회, 09년2회, 18년3회, 21년3회

1. 안전교육의 개념에서 학습경험선정의 원리와 가장 거리가 먼 것은?

① 가능성의 원리 ② 동기유발의 원리
③ 계속성의 원리 ④ 다목적 달성의 원리

문제 1, 2 해설

학습경험선정의 원리
1. 기회의 원리
2. 만족(동기유발)의 원리
3. 가능성의 원리
4. 다활동의 원리
5. 다목적 달성의 원리(다성과의 원리)
6. 협동의 원리

□□□ 10년2회

2. 다음 중 학습경험선정의 원리에 해당하는 것은?

① 계속성의 원리 ② 통합성의 원리
③ 다양성의 원리 ④ 동기유발의 원리

□□□ 17년3회

3. 성인학습의 원리에 해당되지 않는 것은?

① 간접경험의 원리 ② 자발학습의 원리
③ 상호학습의 원리 ④ 참여교육의 원리

해설

성인학습의 원리
1. 자발적인 학습참여의 원리
2. 자기주도성의 원리
3. 현실성과 실제지향성의 원리
4. 상호학습의 원리
5. 정형성의 원리
6. 다양성과 이질성의 원리
7. 과정중심의 원리
8. 참여와 공존의 원리
9. 경험중심의 원리
10. 유희의 원리

□□□ 12년1회, 18년2회

4. 교육심리학의 기본이론 중 학습지도의 원리에 속하지 않는 것은?

① 직관의 원리 ② 개별화의 원리
③ 사회화의 원리 ④ 계속성의 원리

해설

학습지도의 원리
1. 자기활동의 원리(자발성의 원리)
2. 개별화의 원리
3. 목적의 원리
4. 사회화의 원리
5. 통합의 원리
6. 직관의 원리(직접경험의 원리)

□□□ 13년2회, 20년4회

5. 학습지도의 원리에 있어 다음 설명으로 알맞는 것은?

학습자가 지니고 있는 각자의 요구와 능력 등에 알맞은 학습활동의 기회를 마련해 주어야 한다는 원리

① 직관의 원리 ② 사회화의 원리
③ 개별화의 원리 ④ 자기활동의 원리

해설

학습지도의 원리 중 개별화의 원리
학습자를 존중하고, 학습자 개개인의 능력, 소질, 성향 등 모든 발달 가능성을 신장시키려는 원리로 개개인에 알맞은 학습활동 기회가 마련되는 것이 중요하다.

□□□ 08년1회, 21년1회

6. Thorndike의 시행착오설에 의한 학습의 법칙이 아닌 것은?

① 연습의 법칙 ② 효과의 법칙
③ 동일성의 법칙 ④ 준비성의 법칙

해설

시행착오에 있어서의 학습법칙

구분	내용
연습의 법칙	모든 학습과정은 많은 연습과 반복을 통해서 바람직한 행동의 변화를 가져오게 된다는 법칙으로 빈도의 법칙 (law of frequency)이라고도 한다.
효과의 법칙	학습의 결과가 학습자에게 쾌감을 주면 줄수록 반응은 강화되고 반대로 고통이나 불쾌감을 주면 약화된다는 법칙으로 효과의 법칙이라고도 한다.
준비성의 법칙	특정한 학습을 행하는데 필요한 기초적인 능력을 충분히 갖춘 뒤에 학습을 행함으로서 효과적인 학습을 이룩할 수 있다는 법칙이다.

정답 1 ③ 2 ④ 3 ① 4 ④ 5 ③ 6 ③

□□□ 11년2회, 20년3회

7. 파블로프(Pavlov)의 조건반사설에 의한 학습이론의 원리가 아닌 것은?

① 준비성의 원리 ② 일관성의 원리
③ 계속성의 원리 ④ 강도의 원리

해설

파블로프(Pavlov)의 조건반사설에 의한 학습이론의 원리
1. 일관성의 원리
2. 계속성의 원리
3. 강도의 원리
4. 시간의 원리

□□□ 08년3회, 15년2회, 18년1회

8. 교육심리학의 학습이론에 관한 설명으로 옳은 것은?

① 파블로프(Pavlov)의 조건반사설은 맹목적 시행을 반복하는 가운데 자극과 반응이 결합하여 행동하는 것이다.
② 레윈(Lewin)의 장설은 후천적으로 얻게 되는 반사작용으로 행동을 발생시킨다는 것이다.
③ 톨만(Tolman)의 기호형태설은 학습자의 머리 속에 인지적 지도 같은 인지구조를 바탕으로 학습하려는 것이다.
④ 손다이크(Thorndike)의 시행착오설은 내적, 외적의 전체구조를 새로운 시점에서 파악하여 행동하는 것이다.

해설

①항. 파블로프(Pavlov)의 조건반사설은 자극에 대한 반응으로 보는 이론으로 종류로는 시간의 원리, 강도의 원리, 일관성의 원리, 계속성의 원리가 있다.
②항. 레윈(Lewin) 장설(Field Theory)은 인간은 어느 시점에서 특정의 목표를 추구하려는 내적 긴장에 의해서 행동 인간이 특정한 목표를 가질 때에는 그 목표를 달성할 수 있는 방법에 대해 나름대로의 신념을 가지게 된다. 이와 같은 관계에 대한 개인의 지각을 그 사람의 생활공간(life space)의 한 부분이라고 한다.
③항. 톨만(Tolman)의 기호형태설은 학습자의 머리 속에 인지적 지도 같은 인지구조를 바탕으로 학습하려는 것으로 인자, 각성, 기대를 중요시하는 이론이다.
④항. 손다이크(Thorndike)는 자극반응에 대하여 유기체가 시행착오로 반응을 반복하는 가운데 효과의 법칙에 따라 실패적인 또는 무효의 반응은 약화되고 성공적인 반응은 강화되어서 학습이 성립된다고 생각하였다. 먼저 경험한 요소와 새로 경험한 요소 사이에 서로 연합 또는 연결의 현상을 일으키게 되는 데서 학습이 이루어진다고 보았는데 이것은 연결설, 연합설, 효과설이라고도 한다.

□□□ 10년3회, 16년2회

9. 학습이론 중 자극과 반응의 이론이라 볼 수 없는 것은?

① Kohler의 통찰설(Insight Theory)
② Thorndike의 시행착오설(Trial and Error Theory)
③ Pavlov의 조건반사설(Classical Conditioning Theory)
④ Skinner의 조작적 조건화설(Operant Conditioning Theory)

해설

퀄러(Kohler)의 통찰설
W. Kohler가 주장한 학습이론으로 형태주의 심리학에 근거한 인지주의 학습이론이다. 형태주의 심리학자에 의하면 학습은 시행착오가 아닌 인지현상으로, 즉 상황을 구성하는 요소간의 관계를 파악하는 것이라 하였다. 따라서 학습이란 학습자의 통찰과정을 통한 인지구조의 변화라고 볼 수 있다.

□□□ 11년3회, 21년2회

10. 다음 중 학습을 자극(Stimulus)에 의한 반응(Response)으로 보는 이론에 해당하는 것은?

① 장설(Field Theory)
② 통찰설(Insight Theory)
③ 기호형태설(Sign-gestalt Theory)
④ 시행착오설(Trial and Error Theory)

해설

학습을 자극(stimulus)에 의한 반응(response)으로 보는 대표적 S-R 이론
1. Thorndike의 시행착오설
2. Pavlov의 조건반사설
3. Skinner의 조작적(도구적) 조건화설

정답 7 ① 8 ③ 9 ① 10 ④

02 학습효과

(1) 준비성(readiness)

어떤 학습이 효과적으로 이루어질 수 있기 위한 학습자의 준비 상태 또는 정도를 말한다. 즉 어떤 학습에서 성공하기 위한 조건으로서의 학습자의 성숙의 정도를 의미한다.

준비성(도)의 의미	준비도를 결정하는 요인
• 정신발달의 정도 • 정서적 반응 • 사회적 발달 • 생리적 조건 • 학습의 습관	• 성숙 • 생활연령 • 정신연령 • 경험 • 개인차

(2) 파지와 망각

[기억과 망각에 영향을 주는 조건]

(1) 학습자의 지능, 태도, 준비성, 신체적 상태, 정신적 상태 등
(2) 학습교재, 학습환경, 학습방법, 학습의 정도 등

① 용어의 정의

단계	내용
기억	과거의 경험이 어떠한 형태로 미래의 행동에 영향을 주는 작용이라 할 수 있다.
망각	경험한 내용이나 학습된 행동을 적용하지 않고 방치하여 내용이나 인상이 약해지거나 소멸되는 현상
기명	사물의 인상을 마음속에 간직하는 것을 말한다.
파지	간직한 인상이 보존되는 것을 말한다.
재생	보존된 인상을 다시 의식으로 떠오르는 것을 말한다.
재인	과거에 경험했던 것과 같은 비슷한 상태에 부딪쳤을 때 떠오르는 것을 말한다.

② 기억의 단계

기명 → 파지 → 재생 → 재인

③ 망각곡선(curve of orgetting)

㉠ 에빙하우스(H.Ebbinghaus)에 의한 망각곡선에 의하면 학습 직후의 파지율이 가장 높다

㉡ 1시간 경과후의 파지율이 44.2%이고, 1일(24시간) 후에는 전체의 1/3에 해당되는 33.7%이다.

㉢ 6일(144시간)이 경과한 뒤에는 망각이 완만해 지며 파지량이 전체의 1/4 정도인 25.4%가 된다는 것을 알 수 있게 된다.

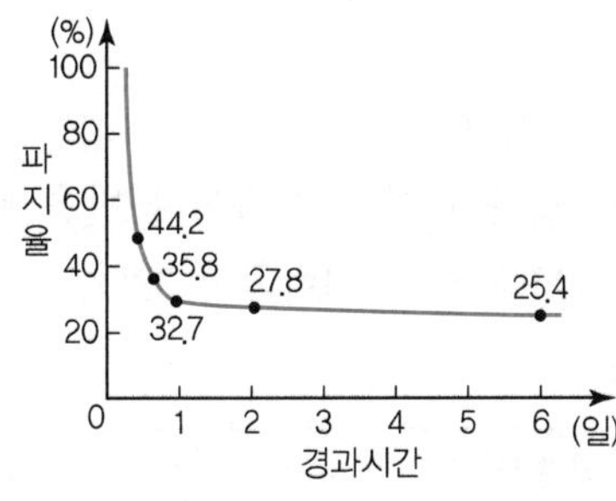

망각곡선

파지율과 망각율

경과시간	파지율	망각율
0.33	58.2%	41.8%
1	44.2	55.8
8.8	35.8	64.2
24(1일)	33.7	66.3
48(2일)	27.8	72.2
6×24	25.4	74.6
31×24	21.1	78.9

(3) 전습과 분습

전습법의 이점	분습법의 이점
학습재료를 하나의 전체로 묶어서 학습하는 방법 • 망각이 적다. • 학습에 필요한 반복이 적다. • 연합이 생긴다. • 시간과 노력이 적다.	학습재료를 작게 나누어서 조금씩 학습하는 방법(순수분습법, 점진적 분습법, 반복적 분습법 등) • 어린이는 분습법을 좋아한다. • 학습효과가 빨리 나타난다. • 주의와 집중력의 범위를 좁히는데 적합하다. • 길고 복잡한 학습에 적당하다.

[망각의 방지(파지의 유지)]

(1) 적절한 지도계획을 수립하여 연습
(2) 연습은 학습한 직후에 하는 것이 효과가 있다.
(3) 학습자가 학습자료의 의미를 알도록 질서있게 학습시킨다.

[전이 효과]

(1) 적극적 전이효과 : 선행학습이 다음의 학습을 추진하고 진취적인 효과를 주는 것

(2) 소극적 전이효과 : 선행학습이 제2의 학습에 방해가 되거나 학습능률을 감퇴시키는 것

(4) 학습의 전이

① 전이(transference)의 의미

어떤 내용을 학습한 결과가 다른 학습이나 반응에 영향을 주는 현상을 의미하는 것으로 학습효과를 전이라고도 한다.

② 전이와 관련한 이론

이론	학설자	내용
동일요소설	손다이크 (E.L.Thorndike)	선행 학습경험과 새로운 학습경험 사이에 같은 요소가 있을 때에는 서로의 사이에 연합 또는 연결의 현상이 일어난다.
일반화설	주드(C.H.Judd)	학습자가 하나의 경험을 하면 그것으로 다른 비슷한 상황에서 같은 방법이나 태도로 대하려는 경향이 있어서 이 효과로 전이가 이루어진다.
형태이조설	코프카(Koffka)	형태심리학자들이 입증한 학설로 이것은 경험할 때의 심리학적 상태가 대체로 비슷한 경우라면 먼저 학습할 때에 머릿속에 형성되었던 구조가 그대로 옮겨가기 때문에 전이가 이루어진다.

③ 학습 전이에 영향을 미치는 조건

㉠ 선행학습정도

㉡ 학습자료의 유사성

㉢ 선행학습과 학습 후의 시간적 간격

㉣ 학습자의 태도

㉤ 학습자의 지능

02 핵심문제 2. 학습효과

□□□ 11년1회

1. 다음 중 일반적인 기억의 과정을 올바르게 나타낸 것은?

① 기명 → 파지 → 재생 → 재인
② 파지 → 기명 → 재생 → 재인
③ 재인 → 재생 → 기명 → 파지
④ 재인 → 기명 → 재생 → 파지

해설

기억의 과정은 기명 → 파지 → 재생 → 재인 순이다.

□□□ 08년3회, 10년1회, 14년1회

2. 경험한 내용이나 학습된 행동을 다시 생각하여 작업에 적용하지 아니하고 방치함으로서 경험의 내용이나 인상이 약해지거나 소멸되는 현상을 무엇이라 하는가?

① 착각 ② 훼손
③ 망각 ④ 단절

해설

용어의 정의

단계	내용
기억	과거의 경험이 어떠한 형태로 미래의 행동에 영향을 주는 작용이라 할 수 있다.
망각	경험한 내용이나 학습된 행동을 적용하지 않고 방치하여 내용이나 인상이 약해지거나 소멸되는 현상
기명	사물의 인상을 마음속에 간직하는 것을 말한다.
파지	간직, 인상이 보존되는 것을 말한다.
재생	보존된 인상을 다시 의식으로 떠오르는 것
재인	과거에 경험했던 것과 같은 비슷한 상태에 부딪쳤을 때 떠오르는 것을 말한다.

□□□ 09년3회

3. 다음 중 망각을 방지하고 파지를 유지하기 위한 방법으로 적절하지 않은 것은?

① 적절한 지도계획 수립과 연습을 한다.
② 학습하고 장시간 경과 후 연습을 하는 것이 효과적이다.
③ 학습한 내용은 일정한 간격을 두고 때때로 연습시키는 것도 효과가 있다.
④ 학습 자료는 학습자에게 의미를 알도록 질서 있게 학습시키는 것이 좋다.

해설

망각의 방지(파지의 유지)
(1) 적절한 지도계획을 수립하여 연습
(2) 연습은 학습한 직후에 하는 것이 효과가 있다.
(3) 학습자가 학습자료의 의미를 알도록 질서있게 학습시킨다.

□□□ 12년2회

4. 다음 중 한번 학습한 결과가 다른 학습이나 반응에 영향을 주는 것으로 특히 학습효과를 설명할 때 많이 쓰이는 용어는?

① 학습의 연습 ② 학습곡선
③ 학습의 전이 ④ 망각곡선

해설

전이(transference)란 어떤 내용을 학습한 결과가 다른 학습이나 반응에 영향을 주는 현상을 의미하는 것으로 학습효과를 전이 라고도 한다.

□□□ 10년1회

5. 연습의 방법 중 전습법(whole method)의 장점에 해당되지 않는 것은?

① 망각이 적다.
② 연합이 생긴다.
③ 길고 복잡한 학습에 적당하다.
④ 학습에 필요한 반복이 적다.

해설

③항, 길고 복잡한 학습에 적당하다.-분습법의 장점이다.

[참고]

전습법의 장점	분습법의 장점
1. 망각이 적다. 2. 학습에 필요한 반복이 적다. 3. 연합이 생긴다. 4. 시간과 노력이 적다.	1. 어린이는 분습법을 좋아한다. 2. 학습효과가 빨리 나타난다. 3. 주의와 집중력의 범위를 좁히는데 적합하고 유리하다. 4. 길고 복잡한 학습에 적당하다.

정답 1 ① 2 ③ 3 ② 4 ③ 5 ③

□□□ 13년3회

6. 다음 중 학습 전이의 조건으로 틀린 것은?

① 학습자의 태도 요인
② 학습 자료의 유사성의 요인
③ 학습자의 지능 요인
④ 선행학습과 후행학습의 공간적 요인

해설

학습전이의 조건
1. 선행학습정도
2. 학습자료의 유사성
3. 선행학습과 학습 후의 시간적 간격
4. 학습자의 태도
5. 학습자의 지능

정답 6 ④

03 교육지도 기법

(1) 교육의 목적과 기본요소

① 교육의 목적

교육의 목적	안전보건교육의 목적
• 교육목적의 구체성 • 교육목적의 포괄성 • 교육목적의 철학적 일관성 • 교육목적의 실현 가능성 • 교육목적의 가변성 • 교육목적의 주체에 대한 내면성	• 작업환경의 안전화 • 행동(동작)의 안전화 • 의식(정신)의 안전화 • 작업방법의 안전화 • 기계 · 기구 및 설비의 안전화

② 교육의 3요소

구분	내용
교육의 주체	교도자, 강사
교육의 객체	학생, 수강자
교육의 매개체	교육내용(교재)

③ 학습목적

구분	내용
학습목적의 3요소	• 목표(goal) • 주제(subject) • 학습정도(level of learning)
학습정도 (level of learning)의 4요소	• 인지(to aguaint) : ~을 인지하여야 한다. • 지각(to know) : ~을 알아야 한다. • 이해(to understand) : ~을 이해하여야 한다. • 적용(to apply) : ~을~에 적용할 줄 알아야 한다.

(2) 교육의 지도

① 교육지도의 원칙

㉠ 피 교육자 중심 교육(상대방 입장에서 교육)

㉡ 동기부여(motivation)

㉢ 쉬운 부분에서 어려운 부분으로 진행

㉣ 반복(repeat)

㉤ 한번에 하나씩 교육

㉥ 인상의 강화(오래기억)

㉦ 5관의 활용

㉧ 기능적 이해

[교육지도의 5단계]

(1) 1단계 : 원리의 제시
(2) 2단계 : 관계된 개념의 분석
(3) 3단계 : 가설의 설정
(4) 4단계 : 자료 평가
(5) 5단계 : 결론

[5관의 효과치]

(1) 시각효과 60%(미국 75%)
(2) 청각효과 20%(미국 13%)
(3) 촉각효과 15%(미국 6%)
(4) 미각효과 3%(미국 3%)
(5) 후각효과 2%(미국 3%)

[5관의 이해도 효과]

(1) 귀 : 20%
(2) 눈 : 40%
(3) 귀+눈 : 60%
(4) 입 : 80%
(5) 머리+손 · 발 : 90%

[학습내용의 전개과정]

(1) 미리 알려진 것에서 점차 미지의 것으로 배열.
(2) 과거에서 현재, 미래의 순으로 실시
(3) 주제를 많이 사용하는 것에서 적게 사용하는 순으로 실시.
(4) 주제를 간단한 것에서 복잡한 것으로 실시

[강의식, 토의식 교육 시간배분(1시간 기준)]

교육법의 4단계	강의식	토의식
1단계-도입	5분	5분
2단계-제시	40분	10분
3단계-적용	10분	40분
4단계-확인	5분	5분

[교육프로그램의 타당도 평가항목]

1. 내용 타당도
2. 전이 타당도
3. 조직 내 타당도
4. 조직 간 타당도

② 교육지도기법의 단계

단계	내용
1단계 : 도입(준비)	• 마음을 안정시킨다. • 무슨 작업을 할 것인가를 말해준다. • 작업에 대해 알고 있는 정도를 확인한다. • 작업을 배우고 싶은 의욕을 갖게 한다. • 정확한 위치에 자리 잡게 한다.
2단계 : 제시(설명)	• 주요단계를 하나하나씩 나누어 설명해주고 이해시켜 보인다. • 급소를 강조한다. • 확실하게, 빠짐없이, 끈기 있게 지도한다. • 이해할 수 있는 능력이상으로 강요하지 않는다.
3단계 : 적용(응용)	이해시킨 내용을 구체적인 문제 또는 실제문제로 활용시키거나 응용시킨다. 이때 작업습관의 확립과 토론을 통한 공감을 가지도록 한다.
4단계 : 확인(총괄)	교육내용을 정확하게 이해하고 있는가를 시험, 과제 등으로 확인한다. 결과에 따라 교육방법을 개선한다.

(3) 교육평가방법

① 교육훈련 평가의 4단계

단계	내용
제1단계 : 반응단계	훈련을 어떻게 생각하고 있는가?
제2단계 : 학습단계	어떠한 원칙과 사실 및 기술 등을 배웠는가?
제3단계 : 행동단계	교육훈련을 통하여 직무수행 상 어떠한 행동의 변화를 가져왔는가?
제4단계 : 결과단계	교육훈련을 통하여 코스트절감, 품질개선, 안전관리, 생산증대 등에 어떠한 결과를 가져왔는가?

② 평가방법 및 기준

구분	내용
평가방법	• 관찰법 • 평정법 • 면접법 • 실험비교법 • 테스트법 • 상호평가법 • 자료분석법
평가기준	• 타당도 • 신뢰도 • 경제성 • 객관도 • 실용도

③ 교육과목에 따른 학습평가방법

	관찰	면접	노트	질문	평가시험	테스트
지식교육	△	△	×	△	○	○
지능교육	△	×	○	×	×	○
태도교육	○	○	×	△	△	×

(주) ○ : 적합, △ : 보통, × : 부적합

03 핵심문제 3. 교육지도 기법

□□□ 17년1회

1. 안전교육의 3요소에 해당되지 않는 것은?

① 강사 ② 교육방법
③ 수강자 ④ 교재

해설

안전교육의 3요소
- 교육의 주체 : 교도자, 강사
- 교육의 객체 : 학생, 수강자
- 교육의 매개체 : 교육내용(교재)

□□□ 11년1회, 16년2회, 22년2회

2. 다음 중 학습정도(Level of learning)의 4단계를 순서대로 옳게 나열한 것은?

① 이해 – 적용 – 인지 – 지각
② 인지 – 지각 – 적용 – 이해
③ 지각 – 인지 – 적용 – 이해
④ 적용 – 인지 – 지각 – 이해

해설

학습정도(Level of learning)의 4단계
1단계 : 인지(to aguaint) : ~을 인지하여야 한다.
2단계 : 지각(to know) : ~을 알아야 한다.
3단계 : 이해(to understand) : ~을 이해하여야 한다.
4단계 : 적용(to apply) : ~을 ~에 적용할 줄 알아야 한다.

□□□ 12년3회

3. 다음 중 학습의 전개단계에서 주제를 논리적으로 체계화함에 있어 적용하는 방법으로 적절하지 않은 것은?

① 적게 사용하는 것에서 많이 사용하는 것으로
② 미리 알려져 있는 것에서 미지의 것으로
③ 전체적인 것에서 부분적인 것으로
④ 간단한 것에서 복잡한 것으로

해설

①항, 많이 사용하는 것에서 적게 사용하는 것으로 전개해 나가야 한다.

□□□ 08년2회, 16년3회, 21년3회

4. 안전교육 방법중 강의식 교육을 1시간 하려고 할 경우 가장 시간이 많이 소비되는 단계는?

① 도입 ② 제시
③ 적용 ④ 확인

해설

강의식 및 토의식 교육시간 배분

교육법의 4단계	강의식	토의식
1단계–도입	5분	5분
2단계–제시	40분	10분
3단계–적용	10분	40분
4단계–확인	5분	5분

□□□ 08년3회, 10년3회, 11년2회, 17년2회, 18년3회

5. 다음 중 교육훈련의 4단계를 올바르게 나열한 것은?

① 도입 – 적용 – 제시 – 확인
② 도입 – 확인 – 제시 – 적용
③ 적용 – 제시 – 도입 – 확인
④ 도입 – 제시 – 적용 – 확인

문제 5~11 해설

교육지도기법의 단계

단계	내용
1단계 : 도입(준비)	1) 마음을 안정시킨다. 2) 무슨 작업을 할 것인가를 말해준다. 3) 작업에 대해 알고있는 정도를 확인한다. 4) 작업을 배우고 싶은 의욕을 갖게 한다. 5) 정확한 위치에 자리잡게 한다.
2단계 : 제시(설명)	1) 주요단계를 하나하나씩 나누어 설명해주고 이해시켜 보인다. 2) 급소를 강조한다. 3) 확실하게, 빠짐없이, 끈기있게 지도한다. 4) 이해할 수 있는 능력이상으로 강요하지 않는다.
3단계 : 적용(응용)	이해시킨 내용을 구체적인 문제 또는 실제문제로 활용시키거나 응용시킨다. 이때 작업습관의 확립과 토론을 통한 공감을 가지도록 한다.
4단계 : 확인(총괄)	교육내용을 정확하게 이해하고 있는가를 시험, 과제 등으로 확인한다. 결과에 따라 교육방법을 개선한다.

□□□ 14년3회

6. 다음 중 안전교육 지도안의 4단계에 해당되지 않는 것은?

① 도입 ② 적용
③ 제시 ④ 보상

정답 1 ② 2 ② 3 ① 4 ② 5 ④ 6 ④

□□□ 17년1회

7. 안전교육훈련의 진행 제 3단계에 해당하는 것은?

① 적용　② 제시
③ 도입　④ 확인

□□□ 09년3회

8. 안전교육방법의 4단계 중 1단계에 해당되는 것은?

① 실제로 시켜본다.
② 작업의 내용을 설명한다.
③ 작업의 중요점을 강조한다.
④ 작업에 대한 흥미를 갖게 한다.

□□□ 13년3회

9. 다음 중 강의안 구성 4단계 가운데 "제시(전개)"에 해당되는 설명으로 맞은 것은?

① 관심과 흥미를 가지고 심신의 여유를 주는 단계
② 교육내용을 정확하게 이해하였는가를 테스트하는 단계
③ 과제를 주어 문제해결을 시키거나 습득시키는 단계
④ 상대의 능력에 따라 교육하고 내용을 확실하게 이해시키고 납득시키는 설명 단계

□□□ 15년1회

10. 다음 중 교육 실시 원칙상 한 번에 하나하나씩 나누어 확실하게 이해시켜야 하는 단계는?

① 도입 단계　② 제시 단계
③ 적용 단계　④ 확인 단계

□□□ 16년1회

11. 바람직한 안전교육을 진행시키기 위한 4단계 가운데 피교육자로 하여금 작업습관의 확립과 토론을 통한 공감을 가지도록 하는 단계는?

① 도입　② 제시
③ 적용　④ 확인

□□□ 13년1회

12. 다음 중 안전교육의 원칙과 가장 거리가 먼 것은?

① 피교육자 입장에서 교육한다.
② 동기부여를 위주로 한 교육을 실시한다.
③ 오감을 통한 기능적인 이해를 돕도록 한다.
④ 어려운 것부터 쉬운 것을 중심으로 실시하여 이해를 돕는다.

문제 12, 13 해설

교육지도의 원칙
1. 피 교육자 중심 교육(상대방 입장에서 교육)
2. 동기부여(motivation)
3. 쉬운 부분에서 어려운 부분으로 진행
4. 반복(repeat)
5. 한 번에 하나씩 교육
6. 인상의 강화(오래기억)
7. 5관의 활용
8. 기능적 이해

□□□ 16년3회

13. 안전보건교육의 교육지도 원칙에 해당되지 않은 것은?

① 피교육자 중심의 교육을 실시한다.
② 동기부여를 한다.
③ 5관을 활용한다.
④ 어려운 것부터 쉬운 것으로 시작한다.

정답 7 ① 8 ④ 9 ④ 10 ② 11 ③ 12 ④ 13 ④

04 교육의 실시방법

(1) 강의법(Lecture method)

강의식 교육방법은 교육 자료와 순서에 의하여 진행하며 단시간에 많은 내용을 교육하는 경우에 필요한 방법(최적인원 40~50명)

강의법의 장 · 단점

장 점	단 점
• 수업의 도입, 초기단계 적용 • 여러 가지 수업 매체를 동시에 활용가능 • 시간의 부족 또는 내용이 많은 경우 또는 강사가 임의로 시간조절, 중요도 강조 가능 • 학생의 다소에 제한을 받지 않는다. • 학습자의 태도, 정서 등의 감화를 위한 학습에 효과적이다.	• 학생의 참여가 제한됨 • 학생의 주의 집중도나 흥미정도가 낮음 • 학습정도를 측정하기가 곤란함 • 한정된 학습과제에만 가능하다. • 개인의 학습속도에 맞추기 어렵다. • 대부분 일반 통행적인 지식의 배합 형식이다.

[강의단 작성의 원칙]
(1) 구체성
(2) 논리적
(3) 명확성
(4) 독창적
(5) 실용적

(2) 토의법(Discussion method)

쌍방적 의사전달에 의한 교육방식이다(최적인원 10~20명)

토의법의 장 · 단점

장 점	단 점
• 수업의 중간이나 마지막 단계 • 학교 수업이나 직업훈련 등 특정분야 • 팀워크 필요시 • 어떤 자료를 보다 명료한 생각을 갖도록 하는 경우	• 시간의 소비가 많다 • 인원의 제한을 받음 • 주제에 관한 충분한 여건을 갖추어야 됨

① 문제법(problem method)

단계	내용
1단계	문제의 인식
2단계	해결방법의 연구계획
3단계	자료의 수집
4단계	해결방법의 실시
5단계	정리와 결과의 검토

[문제법]
질문과 대답에 의해 학습활동이 전개되는 형식으로 흥미와 동기를 유발하여 활기차고 적극적인 학습활동이 조성되지만 사고영역이 한정되며 학습속도가 지연될 수 있다.

② case study(case method)

먼저 사례를 제시하고 문제적 사실들과 그의 상호관계에 대해서 검토하고 대책을 토의한다.

장점	단점
• 흥미가 있고 학습동기를 유발할 수 있다. • 현실적인 문제의 학습이 가능하다. • 관찰, 분석력을 높이고 판단력, 응용력 향상이 가능하다. • 토의과정에서 각자의 자기의 사고방향에 대하여 태도의 변형이 생긴다.	• 적절한 사례의 확보가 곤란하다. • 원칙과 규정(rule)의 체계적 습득이 곤란하다. • 학습의 진보를 측정하기 곤란하다.

Tip
포럼, 심포지움, 패널디스커션, 버즈세션에 관한 사항은 심리 및 교육 과정에서 가장 많이 출제되었던 내용 중의 하나이다.
각 방법을 확실히 구분하도록 하자.

③ **포럼(forum)**

새로운 자료나 교재를 제시하고 문제점을 피교육자로 하여금 제기하게 하거나 의견을 여러 가지 방법으로 발표하게 하고 다시 깊이 파고들어 토의를 행하는 방법

④ **심포지움(symposium)**

몇 사람의 전문가에 의하여 과제에 관한 견해를 발표한 뒤 참가자로 하여금 의견이나 질문을 하게 하여 토의하는 방법

⑤ **패널 디스커션(panel discussion)**

패널멤버(교육 과제에 정통한 전문가 4~5명)가 피교육자 앞에서 자유로이 토의를 하고 뒤에 피교육자 전원이 참가하여 사회자의 사회에 따라 토의하는 방법

⑥ **버즈 세션(buzz session)**

6-6회의라고도 하며, 먼저 사회자와 기록계를 선출한 후 나머지 사람은 6명씩의 소집단으로 구분하고, 소집단별로 각각 사회자를 선발하여 6분간씩 자유토의를 행하여 의견을 종합하는 방법

(3) 기타 교육 실시방법

① **프로그램학습법(Programmed self-instrucion method)**

수업 프로그램이 학습의 원리에 의하여 만들어지고 학생이 자기학습 속도에 따른 학습이 허용되어 있는 상태에서 학습자가 프로그램 자료를 가지고 단독으로 학습토록 교육하는 방법

프로그램학습법의 장 · 단점

장 점	단 점
• 수업의 모든 단계에 적용 가능 • 학교수업, 방송수업, 직업훈련의 경우에 적절한 방식 • 학생간의 개인차를 최대로 조절할 경우 유리 • 수강생들이 허용된 어느 시간 내에 학습할 경우 • 보충 수업의 경우	• 한번 개발된 프로그램 자료의 개조가 어렵다. • 개발비가 많이 든다. • 수강생의 사회성이 결여될 우려가 있다.

② 모의법(Simulation method)

실제의 장면이나 상태와 극히 유사한 사태를 인위적으로 만들어 그 속에서 학습토록 하는 교육방법

모의법의 장 · 단점

장 점	단 점
• 수업의 모든 단계에 사용 • 학교수업, 직업훈련의 경우 • 실제 사태와 위험성이 따를 경우 • 직접 조작을 중요시 하는 경우	• 단위당 교육비가 비싸고 시간 소모가 높다. • 시설의 유지비가 높다. • 교사 대 학생 비율이 높다.

③ 시청각교육법(audiovisual education)

시청각적 교육매체를 교육과정에 통합시켜 적절하게 활용함으로써 교수 · 학습활동에서 최대의 효과를 얻고자 하는 교육이다.

[시청각 교육법의 장점]
(1) 학습지도의 효율화
(2) 교육내용이 구체화 및 간략화
(3) 시간의 경제성 및 집단지도
(4) 과학적 사고방식의 함양

교육의 장점 및 필요성	교육의 기능
• 교수의 효율성을 높여 줄 수 있다. • 지식 팽창에 따른 교재의 구조화를 기할 수 있다. • 인구 증가에 따른 대량 수업체제가 확립될 수 있다. • 교수의 개인차에서 오는 교수의 평준화를 기할 수 있다. • 피교육자가 어떤 사물에 대하여 완전히 이해하려면 현실적이고 구체적인 지각 경험을 기초로 해야 한다. • 사물의 정확한 이해는 건전한 사고력을 유발하고 태도에 영향을 주어 바람직한 인격 형성을 시킬 수 있다.	• 구체적인 경험을 충분히 줌으로써 상징화, 일반화의 과정을 도와주며 의미나 원리를 파악하는 능력을 길러준다. • 학습동기를 유발시켜 자발적인 학습활동이 되게 자극한다.(학습 효과의 지속성을 기할 수 없다.) • 학습자에게 공통경험을 형성시켜 줄 수 있다. • 학습의 다양성과 능률화를 기할 수 있다. • 개별 진로 수업을 가능케 한다.

④ 사례연구법

사례연구법이란 특정 개체를 대상으로 하여 그 대상의 특성이나 문제를 종합적이며 심층적으로 기술, 분석하는 연구로서 분석력, 판단력, 의사결정능력, 협상력 등의 문제해결능력이나 직무수행능력을 체험적으로 함양시키는 교육이다.

장점	단점
• 흥미가 있고 학습동기를 유발한다. • 현실적인 문제의 학습이 가능하다. • 생각하는 학습교류가 가능하다.	• 적절한 사례확보가 곤란하다. • 원칙과 법칙의 체계적 습득이 곤란 • 학습진도 측정이 곤란하다.

⑤ 실연법(Performance method)

학습자가 이미 설명을 듣거나 시범을 보고 알게 된 지식이나 기능을 교사의 지휘나 감독아래 연습에 적용을 해보게 하는 교육방법

실연법의 장 · 단점

장 점	단 점
• 수업의 중간이나 마지막 단계 • 학업수업이나 직업훈련의 특수분야 • 학습한 내용을 실제 적용할 경우 • 직업이나 특수기능 훈련 시 실제와 유사한 연습이 필요한 경우 • 언어학습, 문제해결학습, 원리학습 등	• 시간의 소비가 많다. • 특수 시설이나 설비가 요구된다. • 교사 대 학습자의 비가 높다.

[구안법의 4단계]

(1) 목적의 결정
(2) 계획의 수립
(3) 수행(활동)
(4) 평가

⑥ 구안법(project method)

학생이 마음속에 생각하고 있는 것을 외부에 구체적으로 실현하고 형상화하기 위해서 자기 스스로가 계획을 세워 수행하는 학습 활동으로 이루어지는 형태이다.

⑦ 역할연기법(Role playing)

㉠ 참가자에게 일정한 역할을 주어 실제적으로 연기를 시켜봄으로써 자기의 역할을 보다 확실히 인식하도록 체험하는 교육방법

㉡ 인간관계 등에 관한 사례를 몇 명의 피훈련자가 나머지 피훈련자들 앞에서 실제의 행동으로 연기하고, 사회자가 청중들에게 그 연기 내용을 비평 · 토론하도록 한 후 결론적인 설명을 하는 교육훈련 방법으로서 역할연기 방법은 주로 대인관계, 즉 인간관계 훈련에 이용된다.

04 핵심문제 4. 교육의 실시방법

□□□ 12년3회, 22년2회

1. 학습지도의 형태 중 참가자에게 일정한 역할을 주어 실제적으로 연기를 시켜봄으로써 자기의 역할을 보다 확실히 인식시키는 방법은?

① 포럼(forum)
② 심포지엄(symposium)
③ 롤 플레잉(role playing)
④ 케이스 메소드(case method)

문제 1, 2 해설

역할연기법(Role playing)
1) 참가자에게 일정한 역할을 주어 실제적으로 연기를 시켜봄으로써 자기의 역할을 보다 확실히 인식하도록 체험하는 교육방법
2) 인간관계 등에 관한 사례를 몇 명의 피훈련자가 나머지 피훈련자들 앞에서 실제의 행동으로 연기하고, 사회자가 청중들에게 그 연기 내용을 비평 · 토론하도록 한 후 결론적인 설명을 하는 교육 훈련 방법으로서 역할연기 방법은 주로 대인관계, 즉 인간관계 훈련에 이용된다.

□□□ 14년1회, 17년1회, 21년1회

2. 다음 중 참가자에 일정한 역할을 주어 실제적으로 연기를 시켜봄으로써 자기의 역할을 보다 확실히 인식할 수 있도록 체험학습을 시키는 교육방법은?

① Role playing ② Brain storming
③ Action playing ④ fish Bowl playing

□□□ 17년3회, 20년4회

3. 안전교육방법 중 구안법(Project method)의 4단계 순서로 옳은 것은?

① 목적결정 → 계획수립 → 활동 → 평가
② 계획수립 → 목적결정 → 활동 → 평가
③ 활동 → 계획수립 → 목적결정 → 평가
④ 평가 → 계획수립 → 목적결정 → 활동

해설

학생이 마음속에 생각하고 있는 것을 외부에 구체적으로 실현하고 형상화하기 위해서 자기 스스로가 계획을 세워 수행하는 학습 활동으로 이루어지는 형태로 목적, 계획, 수행, 평가의 4단계를 거친다.

□□□ 10년2회

4. 다음 중 강의식 교육방법의 장점으로 볼 수 없는 것은?

① 집단으로서의 결속력, 팀워크의 기반이 생긴다.
② 타 교육에 비하여 교육시간의 조절이 용이하다.
③ 다수의 인원을 대상으로 단시간 동안 교육이 가능하다.
④ 새로운 것을 체계적으로 교육할 수 있다.

해설

①항, 토의식 장점이다.

□□□ 12년2회

5. 다음 중 강의법에 대한 설명으로 틀린 것은?

① 많은 내용을 체계적으로 전달할 수 있다.
② 다수를 대상으로 동시에 교육할 수 있다.
③ 전체적인 전망을 제시하는데 유리하다.
④ 수강자 개개인의 학습진도를 조절할 수 있다.

해설

④항, 프로그램학습법에 대한 설명이다.

□□□ 16년2회

6. 학습지도의 형태 중 토의법에 해당하지 않는 것은?

① 패널 디스커션(panel discussion)
② 포럼(forum)
③ 구안법(project method)
④ 버즈 세션(buzz session)

해설

구안법(project method)
교수자가 과제를 주어 학생의 자주적 학습을 유도하는 학습방법으로 학생이 마음속에 생각하고 있는 것을 외부에 구체적으로 실현하고 형상화하기 위해서 자기 스스로가 계획을 세워 수행하는 학습 활동

[참고] 토의법(group discussion method)의 종류
1. 문제법(problem method)
2. case study(case method)
3. 포럼(forum)
4. 심포지움(symposium)
5. 패널 디스커션(panel discussion)
6. 버즈 세션(buzz session)

정답 1 ③ 2 ① 3 ① 4 ① 5 ④ 6 ③

□□□ 08년1회, 09년1회, 11년2회, 15년2회, 15년3회, 20년1·2회, 22년1회

7. 다음 중 몇 사람의 전문가에 의하여 과제에 관한 견해를 발표한 뒤에 참가자로 하여금 의견이나 질문을 하게 하여 토의하는 방법을 무엇이라 하는가?

① 심포지움(Symposium)
② 패널 디스커션(Panel Discussion)
③ 버즈 세션(Buzz Session)
④ 포럼(Forum)

문제 7, 8 해설

심포지움(symposium)
몇 사람의 전문가에 의하여 과제에 관한 견해를 발표한 뒤 참가자로 하여금 의견이나 질문을 하게 하여 토의하는 방법이다.

□□□ 10년1회, 13년3회, 18년1회

8. 다음 중 학습지도의 형태에서 몇 사람의 전문가에 의해 과정에 관한 견해를 발표하고 참가자로 하여금 의견이나 질문을 하게 하는 토의방식은?

① 포럼(Forum)
② 심포지엄(Symposium)
③ 버즈세션(Buzz session)
④ 자유토의법(Free Discussion Method)

□□□ 10년3회, 15년1회

9. 토의식 교육방법 중 새로운 교재를 제시하고 거기에서의 문제점을 피교육자로 하여금 제기하게 하거나, 의견을 여러 가지 방법으로 발표하게 하고, 다시 깊이 파고들어서 토의하는 방법은?

① 포럼(Forum)
② 심포지엄(Symposium)
③ 패널 디스커션(Panel discussion)
④ 버즈세션(Buzz session)

문제 9~11 해설

포럼(forum)
새로운 자료나 교재를 제시하고 거기서의 문제점을 피교육자로 하여금 제기하게 하거나 의견을 여러 가지 방법으로 발표하게 하고 다시 깊이 파고들어 토의를 행하는 방법이다.

□□□ 09년3회, 13년2회, 17년2회

10. 토의법의 유형 중 다음에서 설명하는 것은?

새로운 자료나 교재를 제시하고, 문제점을 피교육자로 하여금 제기하도록 하거나 피교육자의 의견을 여러 가지 방법으로 발표하게 하고 청중과 토론자간 활발한 의견개진 과정을 통하여 합의를 도출해 내는 방법이다.

① 포럼 ② 심포지엄
③ 자유토의 ④ 패널 디스커션

□□□ 11년1회, 16년1회

11. 참가자가 다수인 경우에 전원을 토의에 참가시키기 위한 방법으로 소집단을 구성하여 회의를 진행 시키는데 일명 6 - 6 회의라고도 하는 것은?

① Symposium ② Buzz session
③ Forum ④ Panel discussion

문제 11, 12 해설

버즈 세션(buzz session)
6-6회의라고도 하며, 먼저 사회자와 기록계를 선출한 후 나머지 사람은 6명씩의 소집단으로 구분하고, 소집단별로 각각 사회자를 선발하여 6분간씩 자유토의를 행하여 의견을 종합하는 방법이다.

□□□ 17년3회, 20년3회

12. 학습지도 형태 중 다음 토의법 유형에 대한 설명으로 옳은 것은?

6-6 회의라고도 하며, 6명씩 소집단으로 구분하고, 집단별로 각각의 사회자를 선발하여 6분간씩 자유토의를 행하여 의견을 종합하는 방법

① 버즈세션(Buzz session)
② 포럼(Forum)
③ 심포지엄(Symposium)
④ 패널 디스커션(Panel discussion)

정답 7 ① 8 ② 9 ① 10 ① 11 ② 12 ①

□□□ 09년2회, 19년1회

13. **안전교육방법 중 학습자가 이미 설명을 듣거나 시범을 보고 알게 된 지식이나 기능을 강사의 감독 아래 직접적으로 연습하여 적용할 수 있도록 하는 교육방법은?**

① 모의법 ② 토의법
③ 실연법 ④ 프로그램 학습법

해설

실연법(Performance method)
학습자가 이미 설명을 듣거나 시범을 보고 알게 된 지식이나 기능을 교사(강사)의 지휘나 감독아래 연습에 적용을 해보게 하는 교육방법

□□□ 08년1회

14. **교육방법 중 실제의 장면이나 상태와 극히 유사한 상황을 인위적으로 만들어 그 속에서 학습하도록 하는 교육방법을 무엇이라 하는가?**

① 실연법 ② 프로그램 학습법
③ 시범 ④ 모의법

해설

모의법(Simulation method)
실제의 장면이나 상태와 극히 유사한 사태를 인위적으로 만들어 그 속에서 학습토록 하는 교육방법으로 아래와 같은 장 · 단점이 있다.

□□□ 19년2회

15. **수업매체별 장 · 단점 중 '컴퓨터 수업(computer assisted instruction)'의 장점으로 옳지 않은 것은?**

① 개인차를 최대한 고려할 수 있다.
② 학습자가 능동적으로 참여하고, 실패율이 낮다.
③ 교사와 학습자가 시간을 효과적으로 이용할 수 없다.
④ 학생의 학습과 과정의 평가를 과학적으로 할 수 있다.

해설

컴퓨터 수업은 교사와 학습자가 수업시간은 개인에 맞게 효과적으로 이용할 수 있다.

□□□ 11년3회, 13년1회, 21년2회

16. **안전교육방법 중 학습자가 자신의 학습속도에 적합하도록 프로그램 자료를 가지고 단독으로 학습하도록 하는 교육방법은?**

① 실연법 ② 모의법
③ 토의법 ④ 프로그램 학습법

문제 16, 17 해설

프로그램학습법(Programmed self-instrucion method)
수업 프로그램이 학습의 원리에 의하여 만들어지고 학생이 자기학습 속도에 따른 학습이 허용되어 있는 상태에서 학습자가 프로그램 자료를 가지고 단독으로 학습토록 교육하는 방법

장 점	단 점
• 수업의 전단계 • 학교수업, 방송수업, 직훈의 경우 • 학생간의 개인차를 최대로 조절할 경우 • 수강생들이 허용된 어느 시간 내에 학습할 경우 • 보충 수업의 경우	• 한번 개발된 프로그램 자료의 개조가 어렵다. • 개발비가 많이 든다. • 수강생의 사회성이 결여될 우려가 있다.

□□□ 12년1회, 14년2회, 18년3회

17. **안전교육 중 프로그램 학습법의 장점으로 볼 수 없는 것은?**

① 학습자의 학습 과정을 쉽게 알 수 있다.
② 지능, 학습속도 등 개인차를 충분히 고려할 수 있다.
③ 매 반응마다 피드백이 주어지기 때문에 학습자가 흥미를 가질 수 있다.
④ 여러 가지 수업 매체를 동시에 다양하게 활용할 수 있다.

정답 13 ③ 14 ④ 15 ③ 16 ④ 17 ④

05 교육대상별 교육방법

(1) 듀이(Dewey)의 교육형태 분류

분류기준	내용	
교육형식	형식적 교육	학교교육으로서 명확하게 문서화되며 체계적인 제도와 조직을 갖춘 형태
	비형식 교육	특정한 형식이나 제도 밖에서 행하여지는 것으로 가정교육, 부모교육, 사회안전교육 등
교육내용	일반교육 교양교육 특수교육	
교육목적	실업교육 직업교육 고등교육	

[교육지원 활동]
개인 또는 그룹의 자율성에 기반을 둔 것이고, 자기계발 또는 상호계발의 방법으로 추진한다. 통신교육, 강습회, 초빙강사 활용 등이 해당된다.

(2) 현장 교육의 실시

① O · J · T(on the Job training)

직속 상사가 현장에서 업무상의 개별교육이나 지도훈련을 하는 교육 형태이다.(작업자의 현장 교육)

② OFF · J · T(off the Job training)

계층별 또는 직능별등과 같이 공통된 교육대상자를 현장외의 한 장소에 모아 집체 교육 훈련을 실시하는 교육 형태이다.

③ 현장교육의 특징

O · J · T	Off · J · T
• 개개인에게 적합한 지도훈련이 가능하다. • 직장의 실정에 맞는 실체적 훈련이 가능하다. • 훈련에 필요한 업무의 계속성 유지된다. • 즉시 업무에 연결되는 관계로 신체와 관련이 있다. • 효과가 곧 업무에 나타나며 훈련의 좋고 나쁨에 따라 개선이 용이하다. • 교육을 통한 훈련 효과에 의해 상호 신뢰 이해도가 높아진다.	• 다수의 근로자에게 조직적 훈련이 가능하다. • 훈련에만 전념하게 된다. • 특별 설비 기구를 이용할 수 있다. • 전문가를 강사로 초청할 수 있다. • 각 직장의 근로자가 많은 지식이나 경험을 교류할 수 있다. • 교육 훈련 목표에 대해서 집단적 노력이 흐트러질 수도 있다.

(3) 교육대상별 교육방법

① 관리감독자 TWI(training within industry) 교육

종 류	내용
관리감독자의 구비요건	• 직무의 지식 • 직책의 지식 • 작업을 가르치는 능력 • 작업방법을 개선하는 기능 • 사람을 다루는 기량
교육내용	• JIT(job instruction training) : 작업을 가르치는 법 (작업지도기법) • JMT(job method training) : 작업의 개선 방법 (작업개선기법) • JRT(job relation training) : 사람을 다루는 법 (인간관계 관리기법) • JST(job safety training) : 작업안전 지도 기법
교육시간	10시간으로 1일 2시간씩 5일에 걸쳐 행하며 한 클라스는 10명 정도, 교육방법은 토의법을 의식적으로 취한다.

② 작업지도기법의 4단계

단계	내용
1단계	학습할 준비를 시킨다. • 마음을 안정시킨다. • 무슨 작업을 할 것인가를 말해준다. • 작업에 대해 알고 있는 정도를 확인한다. • 작업을 배우고 싶은 의욕을 갖게 한다. • 정확한 위치에 자리 잡게 한다.
2단계	작업을 설명한다. • 주요단계를 하나씩 설명해주고 시범해 보이고 그려 보인다. • 급소를 강조한다. • 확실하게, 빠짐없이, 끈기 있게 지도한다. • 이해할 수 있는 능력 이상으로 강요하지 않는다.
3단계	작업을 시켜본다.
4단계	가르친 뒤를 살펴본다.

[사업내 훈련(TWI)]

관리감독자는 인력에 대한 책임을 지고 있거나 업무를 지시하는 사람으로, TWI는 감독자의 스킬개발을 위해 사용되는 기법이다.

Tip

TWI의 교육내용은 영문으로 문제 출제되는 경우가 많으니 영문내용까지 확실히 익혀두자.

③ MTP(Management Training Program), FEAF(Far East Air Forces)

구분	내용
대상	TWI보다 약간 높은 계층
교육방법	TWI와는 달리 관리문제에 보다 더 치중하며 한 클라스는 10~15명, 2시간씩 20회에 걸쳐 40시간 훈련
교육내용	관리의 기능, 조직원 원칙, 조직의 운영, 시간관리, 학습의 원칙과 부하지도법, 훈련의 관리, 신인을 맞이하는 방법과 대행자를 육성하는 요령, 회의의 주관, 직업의 개선, 안전한 작업, 과업관리, 사기 양양

④ ATT(American Telephone & Telegram Co)

구분	내용
대상	대상 계층이 한정되어 있지 않고 한번 훈련을 받은 관리자는 그 부하인 감독자에 대해 지도원이 될 수 있다.
교육방법	1차 훈련(1일 8시간씩 2주간), 2차 과정에서는 문제가 발생할 때마다 하도록 되어 있으며, 진행방법은 통상 토의식에 의하여 지도자의 유도로 과제에 대한 의견을 제시하게 하여 결론을 내려가는 방식
교육내용	계획적 감독, 작업의 계획 및 인원배치, 작업의 감독, 공구 및 자료 보고 및 기록, 개인 작업의 개선, 종업원의 향상, 인사관계, 훈련, 고객관계, 안전부대 군인의 복무조정 등 12가지로 되어 있다.

⑤ CCS(Civil Communication Section) 또는 ATP(Administration Training Program)

구분	내용
대상	당초에는 일부 회사의 톱 매니지먼트에 대해서만 행하여졌던 것이 널리 보급된 것이라고 한다.
교육방법	주로 강의법에 토의법이 가미된 것으로 매주 4일, 4시간씩으로 8주간(합계 128시간)에 걸쳐 실시
교육내용	정책의 수립, 조직(경영부분, 조직형태, 구조 등), 통제(조직통제의 적용, 품질관리, 원가통제의 적용 등) 및 운영(운영조직, 협조에 의한 회사 운영) 등

05 핵심문제 5. 교육대상별 교육방법

□□□ 14년1회

1. 다음 중 교육형태의 분류에 있어 가장 적절하지 않은 것은?

① 교육의도에 따라 형식적교육, 비형식적교육
② 교육의도에 따라 일반교육, 교양교육, 특수교육
③ 교육의도에 따라 가정교육, 학교교육, 사회교육
④ 교육의도에 따라 실업교육, 직업교육, 고등교육

문제 1, 2 해설

듀이(Dewey)의 교육형태 분류

분류기준	내용	
교육형식	형식적 교육	학교교육으로서 명확하게 문서화되며 체계적인 제도와 조직을 갖춘 형태
	비형식 교육	특정한 형식이나 제도 밖에서 행하여지는 것으로 가정교육, 부모교육, 사회안전교육 등
교육내용	일반교육, 교양교육, 특수교육	
교육목적	실업교육, 직업교육, 고등교육	

□□□ 16년1회

2. 교육의 형태에 있어 존 듀이(Dewey)가 주장하는 대표적인 형식적 교육에 해당하는 것은?

① 가정안전교육 ② 사회안전교육
③ 학교안전교육 ④ 부모안전교육

□□□ 08년2회, 12년2회, 18년3회

3. 다음 중 O.J.T(On the Job Training)의 특징에 대한 설명으로 옳은 것은?

① 직장의 실정에 맞는 구체적이고 실제적인 지도 교육이 가능하다.
② 타 직장의 근로자와 지식이나 경험을 교류할 수 있다.
③ 외부의 전문가를 위촉하여 전문교육을 실시할 수 있다.
④ 다수의 근로자에게 조직적 훈련이 가능하다.

문제 3~12 해설

O.J.T와 off.J.T의 특징

O.J.T	off.J.T
1. 개개인에게 적합한 지도훈련을 할 수 있다. 2. 직장의 실정에 맞는 실체적 훈련을 할 수 있다. 3. 훈련에 필요한 업무의 계속성이 끊어지지 않는다. 4. 즉시 업무에 연결되는 관계로 신체와 관련이 있다. 5. 효과가 곧 업무에 나타나며 훈련의 좋고 나쁨에 따라 개선이 용이하다. 6. 교육을 통한 훈련 효과에 의해 상호 신뢰도 및 이해도가 높아진다.	1. 다수의 근로자에게 조직적 훈련이 가능하다. 2. 훈련에만 전념하게 된다. 3. 특별 설비 기구를 이용할 수 있다. 4. 전문가를 강사로 초청할 수 있다. 5. 각 직장의 근로자가 많은 지식이나 경험을 교류할 수 있다. 6. 교육 훈련 목표에 대해서 집단적 노력이 흐트러질 수 있다.

□□□ 08년3회, 21년1회

4. 교육훈련기법 중 off.J.T(Off the Training)의 장점으로 볼 수 없는 것은?

① 외부의 전문가를 활용할 수 있다.
② 다수의 대상자에게 조직적 훈련이 가능하다.
③ 특별교재, 교구, 시설을 유효하게 사용할 수 있다.
④ 훈련에 필요한 업무의 계속성이 끊어지지 않는다.

□□□ 11년2회, 17년1회

5. 교육훈련기법 중 off.J.T(off the Job Training)의 장점에 해당되지 않는 것은?

① 우수한 전문가를 강사로 활용할 수 있다.
② 특별교재, 교구, 시설을 유효하게 활용할 수 있다.
③ 다수의 근로자에게 조직적 훈련이 가능하다.
④ 직장의 실정에 맞는 구체적이고, 실제적인 교육이 가능하다.

□□□ 10년2회

6. 다음 중 Off Job Training에 관한 설명으로 옳은 것은?

① 개개인에게 적절한 지도훈련이 가능하다.
② 훈련에 필요한 업무의 계속성이 끊어지지 않는다.
③ 각 직장의 근로자가 지식이나 경험을 교류할 수 있다.
④ 직장의 실정에 맞게 실제적 훈련이 가능하다.

정답 1 ③ 2 ③ 3 ① 4 ④ 5 ④ 6 ③

□□□ 11년3회, 16년3회

7. 다음 중 Off.J.T(Off Job Training) 교육방법의 장점으로 옳은 것은?

① 개개인에게 적절한 지도훈련이 가능하다.
② 훈련에 필요한 업무의 계속성이 끊어지지 않는다.
③ 다수의 대상자를 일괄적, 조직적으로 교육할 수 있다.
④ 효과가 곧 업무에 나타나며, 훈련의 좋고 나쁨에 따라 개선이 용이하다.

□□□ 13년2회, 18년2회

8. 다음 중 Off.J.T(Off the Job Training)의 특징으로 맞는 것은?

① 훈련에만 집중할 수 있다.
② 직장의 실정에 맞게 실제적 훈련이 가능하다.
③ 개개인에게 적절한 지도훈련이 가능하다.
④ 상호 신뢰 및 이해도가 높아진다.

□□□ 14년1회

9. 안전교육 방법 중 O.J.T(On the Job Training) 특징과 거리가 먼 것은?

① 상호 신뢰 및 이해도가 높아진다.
② 개개인의 적절한 지도훈련이 가능하다.
③ 사업장의 실정에 맞게 실제적 훈련이 가능하다.
④ 관련 분야의 외부 전문가를 강사로 초빙하는 것이 가능하다.

□□□ 14년2회, 20년3회

10. 안전교육의 형태 중 O.J.T(On the Job of Training) 교육과 관련이 가장 먼 것은?

① 다수의 근로자에게 조직적 훈련이 가능하다.
② 직장의 실정에 맞게 실제적인 훈련이 가능하다.
③ 훈련에 필요한 업무의 지속성이 유지된다.
④ 직장의 직속상사에 의한 교육이 가능하다.

□□□ 15년1회, 19년2회

11. 다음 중 교육훈련 방법에 있어 O.J.T(On the Job Training)의 특징은 아닌 것은?

① 다수의 근로자들에게 조직적 훈련이 가능하다.
② 개개인에게 적절한 지도 훈련이 가능하다.
③ 훈련 효과에 의해 상호 신뢰이해도가 높아진다.
④ 직장의 실정에 맞게 실제적 훈련이 가능하다.

□□□ 17년2회

12. Off.J.T 교육의 특징에 해당되는 것은?

① 많은 지식, 경험을 교류할 수 있다.
② 교육 효과가 업무에 신속히 반영된다.
③ 현장의 관리 감독자가 강사가 되어 교육을 한다.
④ 다수의 대상자를 일괄적으로 교육하기 어려운 점이 있다.

□□□ 11년1회, 16년1회, 22년1회

13. 주로 관리감독자를 교육대상자로 하며 직무에 관한 지식, 작업을 가르치는 능력, 작업방법을 개선하는 기능 등을 교육 내용으로 하는 기업 내 정형교육의 종류는?

① TWI(Training Within Industry)
② MTP(Management Training Program)
③ ATT(American Telephone Telegram)
④ ATP(Administration Training Program)

문제 13, 14 해설

TWI(training within industry) 교육이란
교육대상을 주로 제일선 감독자에 두고 있는 것으로 감독자는 다음의 5가지 요건을 구비해야 하며, 직무의 지식, 직책의 지식, 작업을 가르치는 능력, 작업방법을 개선하는 기능, 사람을 다루는 기량 등이 있다

□□□ 13년3회, 19년1회

14. 제일선의 감독자를 교육대상으로 하고, 작업을 지도하는 방법, 작업개선방법 등의 주요 내용을 다루는 기업내 교육방법으로 맞는 것은?

① TWI ② ATT
③ MTP ④ CCS

□□□ 09년2회, 13년1회, 20년1·2회

15. 다음 중 관리감독자를 대상으로 교육하는 TWI의 교육 내용이 아닌 것은?

① 문제해결훈련 ② 작업지도훈련
③ 인간관계훈련 ④ 작업방법훈련

문제 15~17 해설

TWI의 교육내용
1. JIT(job instruction training) : 작업을 가르치는 법(작업지도기법)
2. JMT(job method training) : 작업의 개선 방법(작업개선기법)
3. JRT(job relation training) : 사람을 다루는 법(인간관계 관리기법)
4. JST(job safety training) : 작업안전 지도 기법

정답 7 ③ 8 ① 9 ④ 10 ① 11 ① 12 ① 13 ① 14 ① 15 ①

□□□ 12년3회, 15년3회, 18년1회, 22년2회

16. 기업 내 정형교육 중 TWI(Training Within Industry)의 교육 내용과 가장 거리가 먼 것은?

① Job Standardization Training
② Job Instruction Training
③ Job Method Training
④ Job Relation Training

□□□ 14년3회

17. 기업 내 정형교육 중 TWI(Training Within Industry)의 교육 내용에 있어 직장 내 부하 직원에 대하여 가르치는 기술과 관련이 가장 깊은 기법은?

① JIT(Job Instruction Training)
② JMT(Job Method Training)
③ JRT(Job Relation Training)
④ JST(Job Safety Training)

정답 16 ① 17 ①

06 안전보건교육의 실시

[안전보건교육의 목적]
(1) 의식의 안전화
(2) 행동의 안전화
(3) 작업환경의 안전화
(4) 물적 요인의 안전화

[교육훈련 프로그램 개발모형]
1단계 : 요구분석
2단계 : 설계
3단계 : 개발
4단계 : 실행
5단계 : 평가

[집단교육의 4단계]
1단계 : 지식교육
2단계 : 태도교육
3단계 : 개인행동
4단계 : 집단행동

(1) 안전보건교육의 기본방향

① 사고 사례 중심의 안전교육
② 안전작업(표준 작업)을 위한 안전교육
③ 안전의식 향상을 위한 안전교육

(2) 안전보건교육 계획

① 안전교육 계획수립 시의 고려할 사항
㉠ 필요한 정보를 수집한다.
㉡ 현장의 의견을 충분히 반영한다.
㉢ 안전교육시행 체계와 관련을 고려한다.
㉣ 법 규정에 의한 교육에만 그치지 않는다.

② 안전교육 계획에 포함하여야 할 사항

안전교육 계획에 포함하여야 할 사항	준비계획에 포함하여야 할 사항	준비계획의 실시계획 내용
• 교육목표(첫째 과제) • 교육의 종류 및 교육대상 • 교육의 과목 및 교육내용 • 교육기간 및 시간 • 교육장소 • 교육방법 • 교육담당자 및 강사	• 교육목표 설정 • 교육 대상자범위 결정 • 교육과정의 결정 • 교육방법 및 형태 결정 • 교육 보조재료 및 강사, 조교의 편성 • 교육진행사항 • 필요 예산의 산정	• 필요인원 • 교육장소 • 기자재 • 견학 계획 • 시범 및 실습계획 • 협조부서 및 협동 • 토의진행계획 • 소요예산책정 • 평가계획 • 일정표

(3) 안전교육의 단계

단계	구분	주요형식
1단계	지식 형성(knowledge building)	제시 방식
2단계	기능 숙련(skill training)	실습 방식
3단계	태도 개발(attitude development)	참가 방식

① 1단계 : 지식교육

구분	내용
목표	안전의식제고, 안전기능 지식의 주입 및 감수성 향상
교육내용	• 안전의식 향상 • 안전규정의 숙지 • 태도, 기능의 기초지식 주입 • 안전에 대한 책임감 주입 • 재해발생 원리의 이해
진행방법	• 목적을 올바르게 전달한다. • 부하에게 자기의 생각을 먼저 말하게 한다. • 특수한 사상 가운데서 일반화를 도모한다. • 부하가 깨닫지 못하는 부분을 지적한다.

② 2단계 : 기술(기능)교육

<table>
<tr><th>구분</th><th colspan="2">내용</th></tr>
<tr><td>목표</td><td colspan="2">안전작업 기능, 표준작업 기능 및 기계 · 기구의 위험요소에 대한 이해, 작업에 대한 전반적인 사항 습득</td></tr>
<tr><td>교육내용</td><td colspan="2">• 안전장치의 사용 방법
• 전문적인 기술기능
• 방호장치의 방호방법
• 점검 등 사용방법에 대한 기능</td></tr>
<tr><td rowspan="5">진행방법
4단계</td><td>단계</td><td>내용</td></tr>
<tr><td>1단계</td><td>준비 단계(preparation)</td></tr>
<tr><td>2단계</td><td>일을 하여 보이는 단계(presentation)</td></tr>
<tr><td>3단계</td><td>일을 시켜 보이는 단계(performance)</td></tr>
<tr><td>4단계</td><td>보습 지도의 단계(follow-up)</td></tr>
<tr><td>하버드 학파의
5단계 교수법</td><td colspan="2">1단계 : 준비(preparation)
2단계 : 교시(presentation)
3단계 : 연합(association)
4단계 : 총괄(generalization)
5단계 : 응용(application)</td></tr>
<tr><td>듀이의
사고과정의
5단계</td><td colspan="2">1단계 : 시사를 받는다.(suggestion)
2단계 : 머리로 생각한다.(intellectualization)
3단계 : 가설을 설정한다.(hypothesis)
4단계 : 추론한다.(reasoning)
5단계 : 행동에 의하여 가설을 검토한다.</td></tr>
</table>

Tip

하버드 학파의 교수법과 듀이의 사고과정 5단계는 문제 풀이시 자주 인용되므로 서로 혼동되지 않도록 주의하자.

③ 3단계 : 태도교육

구분	내용
목표	가치관의 형성, 작업동작의 정확화, 사용설비, 공구, 보호구 등에 대한 안전화 도모, 점검태도 방법
교육내용	• 작업방법의 습관화 • 공구 및 보호구의 취급 관리 • 안전작업의 습관화 및 정확화 • 작업 전, 중, 후의 정확한 습관화
태도교육의 원칙	• 청취한다.(hearing) • 이해하고 납득한다.(understand) • 항상 모범을 보여준다.(example) • 권장한다.(exhortation) • 상과 벌을 준다. • 적정 배치한다. • 평가한다.(evaluation)

06 핵심문제 6. 안전보건교육의 실시

□□□ 12년3회, 20년3회

1. 다음 중 안전교육의 기본방향으로 가장 적합하지 않은 것은?

① 안전작업을 위한 교육
② 사고사례중심의 안전교육
③ 생산활동 개선을 위한 교육
④ 안전의식 향상을 위한 교육

해설

안전교육의 기본방향
1. 안전작업을 위한 교육
2. 사고사례중심의 안전교육
3. 안전의식 향상을 위한 교육

□□□ 08년2회, 14년2회, 19년3회

2. 다음 중 안전보건교육의 단계별 종류에 해당하지 않는 것은?

① 지식교육 ② 기능교육
③ 태도교육 ④ 기초교육

문제 2~9 해설

안전교육의 종류

단계	목표	교육내용
1단계 : 지식교육	안전의식제고, 안전기능 지식의 주입 및 감수성 향상	1. 안전의식 향상 2. 안전규정의 숙지 3. 태도, 기능의 기초지식 주입 4. 안전에 대한 책임감 주입 5. 재해발생원리의 이해
2단계 : 기능교육	안전작업기능, 표준작업기능 및 기계·기구의 위험요소에 대한 이해, 작업에 대한 전반적인 사항 습득	1. 안전장치의 사용 방법 2. 전문적인 기술기능 3. 방호장치의 방호방법 4. 점검 등 사용방법에 대한 기능
3단계 : 태도교육	가치관의 형성, 작업동작의 정확화, 사용설비 공구 보호구 등에 대한 안전화 도모, 점검태도 방법	1. 작업방법의 습관화 2. 공구 및 보호구의 취급 관리 3. 안전작업의 습관화 및 정확화 4. 작업 전, 중, 후의 정확한 습관화

□□□ 10년2회, 19년2회

3. 다음 중 안전 · 보건교육의 단계를 순서대로 나타낸 것은?

① 안전 태도교육 → 안전 지식교육 → 안전 기능교육
② 안전 지식교육 → 안전 기능교육 → 안전 태도교육
③ 안전 기능교육 → 안전 지식교육 → 안전 태도교육
④ 안전 자세교육 → 안전 지식교육 → 안전 기능교육

□□□ 08년3회, 14년1회

4. 안전 · 보건교육의 단계별 교육과정 중 근로자가 지켜야 할 규정의 숙지를 위한 교육에 해당하는 것은?

① 지식교육 ② 태도교육
③ 문제해결교육 ④ 기능교육

□□□ 10년3회, 16년3회

5. 안전교육 중 제2단계로 시행되며 같은 것을 반복해서 개인의 시행착오에 의해서만 점차 그 사람에게 형성되는 교육은?

① 안전기술교육 ② 안전지식교육
③ 안전기능교육 ④ 안전훈련교육

□□□ 14년3회

6. 안전교육의 내용에 있어 다음 설명과 가장 관계가 깊은 것은?

- 교육대상자가 그것을 스스로 행함으로 얻어진다.
- 개인의 반복적 시행착오에 의해서만 얻어진다.

① 안전지식의 교육 ② 안전기능의 교육
③ 문제해결의 교육 ④ 안전태도의 교육

□□□ 09년1회, 17년3회, 20년4회

7. 안전교육의 단계에 있어 교육대상자가 스스로 행함으로서 습득하게 하는 교육은?

① 의식교육 ② 기능교육
③ 지식교육 ④ 태도교육

정답 1 ③ 2 ④ 3 ② 4 ① 5 ③ 6 ② 7 ②

□□□ 13년2회

8. 다음의 교육내용과 관련 있는 교육으로 맞는 것은?

• 작업동작 및 표준작업방법의 습관화 • 공구 · 보호구 등의 관리 및 취급태도의 확립 • 작업 전후의 점검, 검사요령의 정확화 및 습관화

① 기능교육 ② 지식교육
③ 태도교육 ④ 문제해결교육

□□□ 11년3회

9. 다음 중 안전교육의 단계에 있어 올바른 행동의 습관화 및 가치관을 형성하도록 하는 교육은?

① 안전의식 교육 ② 안전태도 교육
③ 안전지식 교육 ④ 안전기능 교육

□□□ 12년2회, 15년3회

10. 다음 태도교육을 통한 안전태도 형성요령과 가장 거리가 먼 것은?

① 청취한다. ② 이해한다.
③ 칭찬한다. ④ 금전적보상을 한다.

해설

태도교육의 원칙
1. 청취한다.(hearing)
2. 이해하고 납득한다.(understand)
3. 항상 모범을 보여준다.(example)
4. 권장한다.(exhortation)
5. 상과 벌을 준다.
6. 좋은 지도자를 얻도록 힘쓴다.
7. 적정 배치한다.
8. 평가한다.(evaluation)

□□□ 10년1회

11. 안전 · 보건교육계획을 수립할 때 계획에 포함하여야 할 사항과 가장 거리가 먼 것은?

① 교육장소와 방법 ② 교육의 과목 및 교육내용
③ 교육담당자 및 강사 ④ 교육기자재 및 평가

문제 11~13 해설

안전 · 보건교육 계획 수립 시 포함하여야 할 사항
1. 교육목표(첫째 과제)
2. 교육의 종류 및 교육대상
3. 교육의 과목 및 교육내용
4. 교육기간 및 시간
5. 교육장소
6. 교육방법
7. 교육담당자 및 강사

□□□ 18년2회, 20년1·2회

12. 안전 · 보건교육계획에 포함하여야 할 사항이 아닌 것은?

① 교육의 종류 및 대상 ② 교육의 과목 및 내용
③ 교육장소 및 방법 ④ 교육지도안

□□□ 12년1회

13. 다음 중 안전교육계획 수립 시 포함하여야 할 사항과 가장 거리가 먼 것은?

① 교재의 준비
② 교육기간 및 시간
③ 교육의 종류 및 교육대상
④ 교육담당자 및 강사

□□□ 15년2회, 19년1회

14. 다음 중 안전 · 보건교육계획의 수립 시 고려할 사항으로 가장 거리가 먼 것은?

① 현장의 의견을 충분히 반영한다.
② 대상자의 필요한 정보를 수집한다.
③ 안전교육시행체계와의 연관성을 고려한다.
④ 정부 규정에 의한 교육에 한정하여 실시한다.

해설

안전 · 보건교육계획 수립 시 고려할 사항
1. 필요한 정보를 수집한다.
2. 현장의 의견을 충분히 반영한다.
3. 안전교육시행 체계와 관련을 고려한다.
4. 법 규정에 의한 교육에만 그치지 않는다.

□□□ 13년1회

15. 다음 중 준비, 교시, 연합, 총괄, 응용시키는 사고과정의 기술교육 진행방법에 해당하는 것으로 맞는 것은?

① 듀이의 사고과정
② 태도 교육 단계이론
③ 하버드학파의 교수법
④ MTP(Management Training Program)

해설

하버드학파의 5단계 교수법
1단계 : 준비시킨다.(preparation)
2단계 : 교시한다.(presentation)
3단계 : 연합한다.(association)
4단계 : 총괄시킨다.(generalization)
5단계 : 응용시킨다.(application)

정답 8 ③ 9 ② 10 ④ 11 ④ 12 ④ 13 ① 14 ④ 15 ③

□□□ 14년3회, 19년2회

16. 기술교육의 형태 중 존 듀이(J.Dewey)의 사고과정 5단계에 해당하지 않는 것은?

① 추론한다. ② 시사를 받는다.
③ 가설을 설정한다. ④ 가슴으로 생각한다.

해설

존 듀이(J.Dewey)의 사고과정의 5단계
1. 시사를 받는다.
2. 머리로 생각한다.
3. 가설을 설정한다.
4. 추론한다.
5. 행동에 의하여 가설을 검토한다.

정답 16 ④

07 산업안전보건교육의 내용

(1) 안전보건교육 시간

[관련법령]

산업안전보건법 시행규칙 별표4【안전보건교육 교육과정별 교육시간】

① 근로자 안전보건교육

<table>
<tr><th>교 육 과 정</th><th colspan="2">교 육 대 상</th><th>교 육 시 간</th></tr>
<tr><td rowspan="4">1. 정기교육</td><td colspan="2">사무직 종사 근로자</td><td>매분기 3시간 이상</td></tr>
<tr><td rowspan="2">사무직 종사 근로자 외의 근로자</td><td>판매업무에 직접 종사하는 근로자</td><td>매분기 3시간 이상</td></tr>
<tr><td>판매업무에 직접 종사하는 근로자 외의 근로자</td><td>매분기 6시간 이상</td></tr>
<tr><td colspan="2">관리감독자의 지위에 있는 사람</td><td>연간 16시간 이상</td></tr>
<tr><td rowspan="2">2. 채용 시의 교육</td><td colspan="2">일용근로자</td><td>1시간 이상</td></tr>
<tr><td colspan="2">일용근로자를 제외한 근로자</td><td>8시간 이상</td></tr>
<tr><td rowspan="2">3. 작업내용 변경 시의 교육</td><td colspan="2">일용근로자</td><td>1시간 이상</td></tr>
<tr><td colspan="2">일용근로자를 제외한 근로자</td><td>2시간 이상</td></tr>
<tr><td rowspan="3">4. 특별교육</td><td colspan="2">특별안전 보건교육 대상 작업에 종사하는 일용근로자</td><td>2시간 이상</td></tr>
<tr><td colspan="2">타워크레인 신호작업에 종사하는 일용근로자</td><td>8시간 이상</td></tr>
<tr><td colspan="2">특별안전 보건교육 대상 작업에 종사하는 일용근로자를 제외한 근로자</td><td>• 16시간 이상
• 단기간 작업 또는 간헐적 작업인 경우에는 2시간 이상</td></tr>
<tr><td>5. 건설업기초 안전보건교육</td><td colspan="2">건설일용근로자</td><td>4시간</td></tr>
</table>

[단기간 작업]

2개월 이내에 종료되는 1회성 작업

[간헐적 작업]

연간 총 작업일수가 60일을 초과하지 않는 작업

② 안전보건관리책임자 등에 대한 교육

<table>
<tr><th rowspan="2">교 육 대 상</th><th colspan="2">교 육 시 간</th></tr>
<tr><th>신 규</th><th>보 수</th></tr>
<tr><td>• 안전보건관리책임자
• 안전관리자, 안전관리전문기관 종사자
• 보건관리자, 보건관리전문기관 종사자
• 재해예방 전문지도기관 종사자
• 석면조사기관의 종사자
• 안전보건관리담당자</td><td>6시간 이상
34시간 이상
34시간 이상
34시간 이상
34시간 이상
–</td><td>6시간 이상
24시간 이상
24시간 이상
24시간 이상
24시간 이상
8시간 이상</td></tr>
</table>

③ 검사원 성능검사 교육

교 육 과 정	교 육 대 상	교 육 시 간
성능검사 교육	-	28시간 이상

(2) 근로자 안전보건교육 내용

종 류	내용
근로자 정기교육	• 산업안전 및 사고 예방에 관한 사항 • 산업보건 및 직업병 예방에 관한 사항 • 건강증진 및 질병 예방에 관한 사항 • 유해 · 위험 작업환경 관리에 관한 사항 • 산업안전보건법령 및 산업재해보상보험 제도에 관한 사항 • 직무스트레스 예방 및 관리에 관한 사항 • 직장 내 괴롭힘, 고객의 폭언 등으로 인한 건강장해 예방 및 관리에 관한 사항
관리감독자 정기교육	• 산업안전 및 사고 예방에 관한 사항 • 산업보건 및 직업병 예방에 관한 사항 • 유해 · 위험 작업환경 관리에 관한 사항 • 산업안전보건법령 및 산업재해보상보험 제도에 관한 사항 • 직무스트레스 예방 및 관리에 관한 사항 • 직장 내 괴롭힘, 고객의 폭언 등으로 인한 건강장해 예방 및 관리에 관한 사항 • 작업공정의 유해 · 위험과 재해 예방대책에 관한 사항 • 표준안전 작업방법 및 지도 요령에 관한 사항 • 관리감독자의 역할과 임무에 관한 사항 • 안전보건교육 능력 배양에 관한 사항 – 현장근로자와의 의사소통능력 향상, 강의능력 향상 및 그 밖에 안전보건교육 능력 배양 등에 관한 사항. 이 경우 안전보건교육 능력 배양 교육은 별표 4에 따라 관리감독자가 받아야 하는 전체 교육시간의 3분의 1 범위에서 할 수 있다.
채용시 및 작업내용 변경시 교육	• 산업안전 및 사고 예방에 관한 사항 • 산업보건 및 직업병 예방에 관한 사항 • 산업안전보건법령 및 산업재해보상보험 제도에 관한 사항 • 직무스트레스 예방 및 관리에 관한 사항 • 직장 내 괴롭힘, 고객의 폭언 등으로 인한 건강장해 예방 및 관리에 관한 사항 • 기계 · 기구의 위험성과 작업의 순서 및 동선에 관한 사항 • 작업 개시 전 점검에 관한 사항 • 정리정돈 및 청소에 관한 사항 • 사고 발생 시 긴급조치에 관한 사항 • 물질안전보건자료에 관한 사항

[관련법령]

산업안전보건법 시행규칙 별표5【교육대상별 교육내용】

Tip

안전교육 내용 중에서는 근로자 안전보건교육 내용의 출제빈도가 매우 높다.
관리감독자 정기교육과 채용시 교육에 각각 해당하는 내용을 반드시 구분할 수 있어야 한다.

[물질안전보건자료에 대한 교육 내용]

① 대상화학물질의 명칭
② 물리적 위험성 및 건강 유해성
③ 취급상 주의사항
④ 적절한 보호구
⑤ 응급조치요령 및 사고시 대처방법
⑥ 물질안전보건자료 및 경고표지를 이해하는 방법

Tip

특별안전보건교육내용은 40여 가지로 구분되어 있어 모든 내용을 암기하기 어렵다.
밑줄로 표기되어 있는 내용을 중심으로 학습하자.

(3) 특별안전보건교육 대상 작업별 교육내용

종 류	내용
1. 고압실 내 작업(잠함공법이나 그 밖의 압기공법으로 대기압을 넘는 기압인 작업실 또는 수갱 내부에서 하는 작업만 해당한다)	• 고기압 장해의 인체에 미치는 영향에 관한 사항 • 작업의 시간 · 작업 방법 및 절차에 관한 사항 • 압기공법에 관한 기초지식 및 보호구 착용에 관한 사항 • 이상 발생 시 응급조치에 관한 사항 • 그 밖에 안전 · 보건관리에 필요한 사항
2. 아세틸렌 용접장치 또는 가스집합 용접장치를 사용하는 금속의 용접 · 용단 또는 가열작업(발생기 · 도관 등에 의하여 구성되는 용접장치만 해당한다)	• 용접 흄, 분진 및 유해광선 등의 유해성에 관한 사항 • 가스용접기, 압력조정기, 호스 및 취관두 등의 기기점검에 관한 사항 • 작업방법 · 순서 및 응급처치에 관한 사항 • 안전기 및 보호구 취급에 관한 사항 • 화재예방 및 초기대응에 관한사항 • 그 밖에 안전 · 보건관리에 필요한 사항
3. 밀폐된 장소(탱크 내 또는 환기가 극히 불량한 좁은 장소를 말한다) 에서 하는 용접작업 또는 습한 장소에서 하는 전기용접 작업	• 작업순서, 안전작업방법 및 수칙에 관한 사항 • 환기설비에 관한 사항 • 전격 방지 및 보호구 착용에 관한 사항 • 질식 시 응급조치에 관한 사항 • 작업환경 점검에 관한 사항 • 그 밖에 안전 · 보건관리에 필요한 사항
4. 폭발성 · 물반응성 · 자기반응성 · 자기발열성 물질,자연발화성 액체 · 고체 및 인화성 액체의 제조 또는 취급작업(시험연구를 위한 취급작업은 제외한다)	• 폭발성 · 물반응성 · 자기반응성 · 자기발열성 물질, 자연발화성 액체 · 고체 및 인화성 액체의 성질이나 상태에 관한 사항 • 폭발 한계점, 발화점 및 인화점 등에 관한 사항 • 취급방법 및 안전수칙에 관한 사항 • 이상 발견 시의 응급처치 및 대피 요령에 관한 사항 • 화기 · 정전기 · 충격 및 자연발화 등의 위험방지에 관한 사항 • 작업순서, 취급주의사항 및 방호거리 등에 관한 사항 • 그 밖에 안전 · 보건관리에 필요한 사항
5. 액화석유가스 · 수소가스 등 인화성 가스 또는 폭발성 물질 중 가스의 발생장치 취급 작업	• 취급가스의 상태 및 성질에 관한 사항 • 발생장치 등의 위험 방지에 관한 사항 • 고압가스 저장설비 및 안전취급방법에 관한 사항 • 설비 및 기구의 점검 요령 • 그 밖에 안전 · 보건관리에 필요한 사항
6. 화학설비 중 반응기, 교반기 · 추출기의 사용 및 세척 작업	• 각 계측장치의 취급 및 주의에 관한 사항 • 투시창 · 수위 및 유량계 등의 점검 및 밸브의 조작주의에 관한 사항 • 세척액의 유해성 및 인체에 미치는 영향에 관한 사항 • 작업 절차에 관한 사항 • 그 밖에 안전 · 보건관리에 필요한 사항

종 류	내용
7. 화학설비의 탱크 내 작업	• 차단장치 · 정지장치 및 밸브 개폐장치의 점검에 관한 사항 • 탱크 내의 산소농도 측정 및 작업환경에 관한 사항 • 안전보호구 및 이상 발생 시 응급조치에 관한 사항 • 작업절차 · 방법 및 유해 · 위험에 관한 사항 • 그 밖에 안전 · 보건관리에 필요한 사항
8. 분말 · 원재료 등을 담은 호퍼 · 저장창고 등 저장탱크의 내부작업	• 분말 · 원재료의 인체에 미치는 영향에 관한 사항 • 저장탱크 내부작업 및 복장보호구 착용에 관한 사항 • 작업의 지정 · 방법 · 순서 및 작업환경 점검에 관한 사항 • 팬 · 풍기(風旗) 조작 및 취급에 관한 사항 • 분진 폭발에 관한 사항 • 그 밖에 안전 · 보건관리에 필요한 사항
11. 동력에 의하여 작동되는 프레스기계를 5대 이상 보유한 사업장에서 해당 기계로 하는 작업	• 프레스의 특성과 위험성에 관한 사항 • 방호장치 종류와 취급에 관한 사항 • 안전작업방법에 관한 사항 • 프레스 안전기준에 관한 사항 • 그 밖에 안전 · 보건관리에 필요한 사항
13. 운반용 등 하역기계를 5대 이상 보유한 사업장에서의 해당 기계로 하는 작업	• 운반하역기계 및 부속설비의 점검에 관한 사항 • 작업순서와 방법에 관한 사항 • 안전운전방법에 관한 사항 • 화물의 취급 및 작업신호에 관한 사항 • 그 밖에 안전 · 보건관리에 필요한 사항
14. 1톤 이상의 크레인을 사용하는 작업 또는 1톤 미만의 크레인 또는 호이스트를 5대 이상 보유한 사업장에서 해당 기계로 하는 작업 (제40호의 작업은 제외한다)	• 방호장치의 종류, 기능 및 취급에 관한 사항 • 걸고리 · 와이어로프 및 비상정지장치 등의 기계 · 기구 점검에 관한 사항 • 화물의 취급 및 안전작업방법에 관한 사항 • 신호방법 및 공동작업에 관한 사항 • 인양 물건의 위험성 및 낙하 · 비래(飛來) · 충돌재해 예방에 관한 사항 • 인양물이 적재될 지반의 조건, 인양하중, 풍압 등이 인양물과 타워크레인에 미치는 영향 • 그 밖에 안전 · 보건관리에 필요한 사항
15. 건설용 리프트 · 곤돌라를 이용한 작업	• 방호장치의 기능 및 사용에 관한 사항 • 기계, 기구, 달기체인 및 와이어 등의 점검에 관한 사항 • 화물의 권상 · 권하 작업방법 및 안전작업 지도에 관한 사항 • 기계 · 기구에 특성 및 동작원리에 관한 사항 • 신호방법 및 공동작업에 관한 사항 • 그 밖에 안전 · 보건관리에 필요한 사항

종 류	내용
16. 주물 및 단조작업	• 고열물의 재료 및 작업환경에 관한 사항 • 출탕 · 주조 및 고열물의 취급과 안전작업방법에 관한 사항 • 고열작업의 유해 · 위험 및 보호구 착용에 관한 사항 • 안전기준 및 중량물 취급에 관한 사항 • 그 밖에 안전 · 보건관리에 필요한 사항
17. 전압이 75볼트 이상인 정전 및 활선작업	• 전기의 위험성 및 전격 방지에 관한 사항 • 해당 설비의 보수 및 점검에 관한 사항 • 정전작업 · 활선작업 시의 안전작업방법 및 순서에 관한 사항 • 절연용 보호구, 절연용 보호구 및 활선작업용 기구 등의 사용에 관한 사항 • 그 밖에 안전 · 보건관리에 필요한 사항
18. 콘크리트 파쇄기를 사용하여 하는 파쇄작업(2미터 이상인 구축물의 파쇄작업만 해당한다)	• 콘크리트 해체 요령과 방호거리에 관한 사항 • 작업안전조치 및 안전기준에 관한 사항 • 파쇄기의 조작 및 공통작업 신호에 관한 사항 • 보호구 및 방호장비 등에 관한 사항 • 그 밖에 안전 · 보건관리에 필요한 사항
19. 굴착면의 높이가 2미터 이상이 되는 지반굴착(터널 및 수직갱 외의 갱 굴착은 제외한다) 작업	• 지반의 형태 · 구조 및 굴착 요령에 관한 사항 • 지반의 붕괴재해 예방에 관한 사항 • 붕괴 방지용 구조물 설치 및 작업방법에 관한 사항 • 보호구의 종류 및 사용에 관한 사항 • 그 밖에 안전 · 보건관리에 필요한 사항
20. 흙막이 지보공의 보강 또는 동바리를 설치하거나 해체하는 작업	• 작업안전 점검 요령과 방법에 관한 사항 • 동바리의 운반 · 취급 및 설치 시 안전작업에 관한 사항 • 해체작업 순서와 안전기준에 관한 사항 • 보호구 취급 및 사용에 관한 사항 • 그 밖에 안전 · 보건관리에 필요한 사항
21. 터널 안에서의 굴착작업(굴착용 기계를 사용하여 하는 굴착작업 중 근로자가 칼날 밑에 접근하지 않고 하는 작업은 제외한다) 또는 같은 작업에서의 터널 거푸집 지보공의 조립 또는 콘크리트 작업	• 작업환경의 점검 요령과 방법에 관한 사항 • 붕괴 방지용 구조물 설치 및 안전작업 방법에 관한 사항 • 재료의 운반 및 취급 · 설치의 안전기준에 관한 사항 • 보호구의 종류 및 사용에 관한 사항 • 소화설비의 설치장소 및 사용방법에 관한 사항 • 그 밖에 안전 · 보건관리에 필요한 사항
22. 굴착면의 높이가 2미터 이상이 되는 암석의 굴착작업	• 폭발물 취급 요령과 대피 요령에 관한 사항 • 안전거리 및 안전기준에 관한 사항 • 방호물의 설치 및 기준에 관한 사항 • 보호구 및 신호방법 등에 관한 사항 • 그 밖에 안전 · 보건관리에 필요한 사항

종 류	내용
24. 선박에 짐을 쌓거나 부리거나 이동시키는 작업	• 하역 기계 · 기구의 운전방법에 관한 사항 • 운반 · 이송경로의 안전작업방법 및 기준에 관한 사항 • 중량물 취급 요령과 신호 요령에 관한 사항 • 작업안전 점검과 보호구 취급에 관한 사항 • 그 밖에 안전 · 보건관리에 필요한 사항
25. 거푸집 동바리의 조립 또는 해체작업	• 동바리의 조립방법 및 작업 절차에 관한 사항 • 조립재료의 취급방법 및 설치기준에 관한 사항 • 조립 해체 시의 사고 예방에 관한 사항 • 보호구 착용 및 점검에 관한 사항 • 그 밖에 안전 · 보건관리에 필요한 사항
26. 비계의 조립 · 해체 또는 변경작업	• 비계의 조립순서 및 방법에 관한 사항 • 비계작업의 재료 취급 및 설치에 관한 사항 • 추락재해 방지에 관한 사항 • 보호구 착용에 관한 사항 • 비계상부 작업 시 최대 적재하중에 관한 사항 • 그 밖에 안전 · 보건관리에 필요한 사항
29. 콘크리트 인공구조물(그 높이가 2미터 이상인 것만 해당한다)의 해체 또는 파괴작업	• 콘크리트 해체기계의 점점에 관한 사항 • 파괴 시의 안전거리 및 대피 요령에 관한 사항 • 작업방법 · 순서 및 신호 방법 등에 관한 사항 • 해체 · 파괴 시의 작업안전기준 및 보호구에 관한 사항 • 그 밖에 안전 · 보건관리에 필요한 사항
30. 타워크레인을 설치(상승작업을 포함한다) · 해체하는 작업	• 붕괴 · 추락 및 재해 방지에 관한 사항 • 설치 · 해체 순서 및 안전작업방법에 관한 사항 • 부재의 구조 · 재질 및 특성에 관한 사항 • 신호방법 및 요령에 관한 사항 • 이상 발생 시 응급조치에 관한 사항 • 그 밖에 안전 · 보건관리에 필요한 사항
32. 게이지 압력을 제곱센티미터당 1킬로그램 이상으로 사용하는 압력용기의 설치 및 취급작업	• 안전시설 및 안전기준에 관한 사항 • 압력용기의 위험성에 관한 사항 • 용기 취급 및 설치기준에 관한 사항 • 작업안전 점검 방법 및 요령에 관한 사항 • 그 밖에 안전 · 보건관리에 필요한 사항
33. 방사선 업무에 관계되는 작업(의료 및 실험용은 제외한다)	• 방사선의 유해 · 위험 및 인체에 미치는 영향 • 방사선의 측정기기 기능의 점검에 관한 사항 • 방호거리 · 방호벽 및 방사선물질의 취급 요령에 관한 사항 • 응급처치 및 보호구 착용에 관한 사항 • 그 밖에 안전 · 보건관리에 필요한 사항

종 류	내용
34. 맨홀작업	• 장비 · 설비 및 시설 등의 안전점검에 관한 사항 • 산소농도 측정 및 작업환경에 관한 사항 • 작업내용 · 안전작업방법 및 절차에 관한 사항 • 보호구 착용 및 보호 장비 사용에 관한 사항 • 그 밖에 안전 · 보건관리에 필요한 사항
35. 밀폐공간에서의 작업	• 산소농도 측정 및 작업환경에 관한 사항 • 사고 시의 응급처치 및 비상 시 구출에 관한 사항 • 보호구 착용 및 사용방법에 관한 사항 • 밀폐공간작업의 안전작업방법에 관한 사항 • 그 밖에 안전 · 보건관리에 필요한 사항
36. 허가 및 관리 대상 유해물질의 제조 또는 취급작업	• 취급물질의 성질 및 상태에 관한 사항 • 유해물질이 인체에 미치는 영향 • 국소배기장치 및 안전설비에 관한 사항 • 안전작업방법 및 보호구 사용에 관한 사항 • 그 밖에 안전 · 보건관리에 필요한 사항
37. 로봇작업	• 로봇의 기본원리 · 구조 및 작업방법에 관한 사항 • 이상 발생 시 응급조치에 관한 사항 • 안전시설 및 안전기준에 관한 사항 • 조작방법 및 작업순서에 관한 사항
38. 석면해체 · 제거작업	• 석면의 특성과 위험성 • 석면해체 · 제거의 작업방법에 관한 사항 • 장비 및 보호구 사용에 관한 사항 • 그 밖에 안전 · 보건관리에 필요한 사항
40. 타워크레인을 사용하는 작업시 신호업무를 하는 작업	• 타워크레인의 기계적 특성 및 방호장치 등에 관한 사항 • 화물의 취급 및 안전작업방법에 관한 사항 • 신호방법 및 요령에 관한 사항 • 인양 물건의 위험성 및 낙하 · 비래 · 충돌재해 예방에 관한 사항 • 인양물이 적재될 지반의 조건, 인양하중, 풍압 등이 인양물과 타워크레인에 미치는 영향 • 그 밖에 안전 · 보건관리에 필요한 사항

(4) 건설업 기초안전보건교육 내용

구분	교 육 내용	시간
공통	산업안전보건법 주요 내용(건설 일용근로자 관련부분)	1시간
	안전의식 제고에 관한 사항	
교육 대상별	작업별 위험요인과 안전작업 방법(재해사례 및 예방대책)	2시간
	건설 직종별 건강장해 위험요인과 건강관리	1시간

07 핵심문제 7. 산업안전보건교육의 내용

□□□ 12년2회

1. 산업안전보건법상 사업내 산업안전 · 보건 관련 교육과정별 교육시간이 잘못 연결된 것은?

① 일용근로자의 채용 시의 교육 : 2시간 이상
② 일용근로자의 작업내용 변경 시의 교육 : 1시간 이상
③ 사무직 종사 근로자의 정기교육 : 매분기 3시간 이상
④ 관리감독자의 지위에 있는 사람의 정기교육 : 연간 16시간 이상

문제 1~5 해설

1. 근로자 안전보건교육

구분	교 육 대 상		교 육 시 간
정기교육	사무직 종사 근로자		매분기 3시간 이상
	사무직 종사외의 근로자	판매업무에 직접 종사하는 근로자	매분기 3시간 이상
		판매업무에 직접 종사하는 근로자 외의 근로자	매분기 6시간 이상
	관리감독자의 지위에 있는 사람		연간 16시간 이상
채용 시의 교육	일용근로자		1시간 이상
	일용근로자를 제외한 근로자		8시간 이상
작업내용 변경 시의 교육	일용근로자		1시간 이상
	일용근로자를 제외한 근로자		2시간 이상

2. 안전보건관리책임자 등에 대한 교육

교 육 대 상	교 육 시 간	
	신 규	보 수
1. 안전보건관리책임자	6시간 이상	6시간 이상
2. 안전관리자	34시간 이상	24시간 이상
3. 보건관리자	34시간 이상	24시간 이상
4. 재해예방 전문지도기관종사자	34시간 이상	24시간 이상
5. 석면조사기관의 종사자	34시간 이상	24시간 이상
6. 안전보건관리담당자	-	8시간 이상

□□□ 14년2회, 21년1회

2. 산업안전보건법령상 사업내 안전 · 보건교육의 교육시간에 관한 설명으로 옳은 것은?

① 사무직에 종사하는 근로자의 정기교육은 매분기 3시간 이상이다.
② 관리감독자의 지위에 있는 사람의 정기교육은 연간 8시간 이상이다.
③ 일용근로자의 작업내용 변경 시의 교육은 2시간 이상이다.
④ 일용근로자를 제외한 근로자의 채용 시의 교육은 4시간 이상이다.

□□□ 16년3회, 19년2회

3. 작업내용 변경 시 일용근로자를 제외한 근로자의 사업 내 안전 · 보건 교육시간 기준으로 옳은 것은?

① 1시간 이상 ② 2시간 이상
③ 4시간 이상 ④ 6시간 이상

□□□ 08년1회

4. 산업안전보건법에서 정한 사업내 안전보건교육 중 안전보건관리책임자의 신규교육시간으로 옳은 것은?

① 6시간 이상 ② 24시간 이상
③ 34시간 이상 ④ 8시간 이상

□□□ 13년1회, 17년2회, 20년3회

5. 다음 중 산업안전보건법령상 안전보건관리책임자 등이 안전보건교육시간 기준으로 틀린 것은?

① 보건관리자의 보수교육 : 24시간
② 안전관리자의 신규교육 : 34시간
③ 안전보건관리책임자의 보수교육 : 6시간 이상
④ 재해예방전문지도기관 종사자의 신규교육 : 24시간 이상

□□□ 09년3회, 11년1회, 14년1회, 18년3회

6. 산업안전보건법상 사업내 안전 · 보건교육에서 근로자 정기 안전 · 보건교육의 교육내용에 해당하지 않는 것은? (단, 그 밖에 안전 · 보건관리에 필요한 사항은 제외한다.)

① 산업안전 및 사고예방에 관한 사항
② 산업보건 및 직업병예방에 관한 사항
③ 유해 · 위험 작업환경관리에 관한 사항
④ 작업공정의 유해 · 위험과 재해예방대책에 관한 사항

정답 1 ① 2 ① 3 ② 4 ① 5 ④ 6 ④

문제 6~7 해설

근로자 정기교육 내용
1. 산업안전 및 사고 예방에 관한 사항
2. 산업보건 및 직업병 예방에 관한 사항
3. 건강증진 및 질병 예방에 관한 사항
4. 유해 · 위험 작업환경 관리에 관한 사항
5. 산업안전보건법령 및 산업재해보상보험 제도에 관한 사항
6. 직무스트레스 예방 및 관리에 관한 사항
7. 직장 내 괴롭힘, 고객의 폭언 등으로 인한 건강장해 예방 및 관리에 관한 사항

□□□ 10년1회, 12년3회

7. 다음 중 산업안전보건법상 사업내 안전 · 보건교육에 있어 근로자 정기안전 · 보건교육의 내용이 아닌 것은? (단, 산업안전보건법 및 일반관리에 관한 사항은 제외한다.)

① 산업보건 및 직업병 예방에 관한 사항
② 건강증진 및 질병 예방에 관한 사항
③ 유해 · 위험 작업환경 관리에 관한 사항
④ 표준안전작업방법 및 지도 요령에 관한 사항

□□□ 10년2회, 14년3회, 17년3회

8. 다음 중 산업안전보건법상 사업 내 안전 · 보건교육에 있어 관리감독자 정기안전 · 보건교육의 교육내용이 아닌 것은?

① 작업 개시 전 점검에 관한 사항
② 유해 · 위험 작업환경 관리에 관한 사항
③ 표준안전작업방법 및 지도 요령에 관한 사항
④ 작업공정의 유해 · 위험과 재해 예방대책에 관한 사항

문제 8~14 해설

관리감독자 정기안전 · 보건교육
1. 산업안전 및 사고 예방에 관한 사항
2. 산업보건 및 직업병 예방에 관한 사항
3. 유해 · 위험 작업환경 관리에 관한 사항
4. 산업안전보건법령 및 산업재해보상보험 제도에 관한 사항
5. 직무스트레스 예방 및 관리에 관한 사항
6. 직장 내 괴롭힘, 고객의 폭언 등으로 인한 건강장해 예방 및 관리에 관한 사항
7. 작업공정의 유해 · 위험과 재해 예방대책에 관한 사항
8. 표준안전 작업방법 및 지도 요령에 관한 사항
9. 관리감독자의 역할과 임무에 관한 사항
10. 안전보건교육 능력 배양에 관한 사항
- 현장근로자와의 의사소통능력 향상, 강의능력 향상 및 그 밖에 안전보건교육 능력 배양 등에 관한 사항. 이 경우 안전보건교육 능력 배양 교육은 별표 4에 따라 관리감독자가 받아야 하는 전체 교육시간의 3분의 1 범위에서 할 수 있다.

□□□ 10년3회, 15년3회

9. 산업안전보건법령상 사업 내 안전 · 보건 교육의 교육대상별 교육내용에 있어 관리 감독자 정기안전 · 보건교육에 해당하는 것은?(단, 산업안전보건법 및 일반관리에 관한 사항은 제외한다.)

① 산업보건 및 직업병 예방에 관한 사항
② 건강증진 및 질병 예방에 관한 사항
③ 작업 개시 전 점검에 관한 사항
④ 사고 발생 시 긴급조치에 관한 사항

□□□ 11년2회, 13년1회, 13년2회, 21년2회

10. 다음 중 산업안전보건법령상 사업내 안전보건 · 교육에 있어 관리감독자의 정기 안전보건 · 교육내용에 해당하지 않는 것은? (단, 산업안전보건법 및 일반관리에 관한 사항은 제외한다.)

① 정리정돈 및 청소에 관한 사항
② 산업보건 및 직업병 예방에 관한 사항
③ 유해 · 위험 작업환경 관리에 관한 사항
④ 표준안전작업방법 및 지도 요령에 관한 사항

□□□ 15년1회

11. 산업안전보건법령상 사업 내 안전 · 보건교육 중 관리 감독자 정기안전 · 보건교육 내용으로 틀린 것은?

① 작업공정의 유해 · 위험과 재해예방대책에 관한 사항
② 표준안전작업방법 및 지도요령에 관한 사항
③ 유해 · 위험 작업환경 관리에 관한 사항
④ 건강증진 및 질병예방에 관한 사항

□□□ 15년2회

12. 다음 중 산업안전보건법령상 사업내 안전 · 보건교육에 있어 관리감독자의 정기안전보건교육 내용에 해당하는 것은?(단, 그밖에 산업안전보건법 및 일반관리에 관한 사항은 제외한다.)

① 작업 개시 전 점검에 관한 사항
② 정리정돈 및 청소에 관한 사항
③ 작업공정의 유해 · 위험과 재해 예방대책에 관한 사항
④ 기계 · 기구의 위험성과 작업의 순서 및 동선에 관한 사항

정답 7 ④ 8 ① 9 ① 10 ① 11 ④ 12 ③

□□□ 17년2회

13. **산업안전보건법상 사업 내 안전 · 보건교육 중 관리감독자 정기안전 · 보건교육의 교육내용이 아닌 것은?**

① 유해 · 위험 작업환경 관리에 관한 사항
② 표준안전작업방법 및 지도 요령에 관한 사항
③ 작업공정의 유해 · 위험과 재해 예방대책에 관한 사항
④ 기계 · 기구의 위험성과 작업의 순서 및 동선에 관한 사항

□□□ 13년3회, 17년1회

14. **산업안전보건법령상 사업내 안전 · 보건 교육에 있어 채용 시의 교육 및 작업내용 변경 시의 교육 내용에 해당되지 않는 것은?(단, 산업안전보건법 및 일반관리에 관한 사항은 제외한다)**

① 기계 · 기구의 위험성과 작업의 순서 및 동선에 관한 사항
② 작업 개시 전 점검에 관한 사항
③ 유해, 위험 작업환경 관리에 관한 사항
④ 물질안전보건자료에 관한 사항

문제 14~16 해설

채용 시의 교육 및 작업내용 변경 시의 교육 내용
1. 산업안전 및 사고 예방에 관한 사항
2. 산업보건 및 직업병 예방에 관한 사항
3. 산업안전보건법령 및 산업재해보상보험 제도에 관한 사항
4. 직무스트레스 예방 및 관리에 관한 사항
5. 직장 내 괴롭힘, 고객의 폭언 등으로 인한 건강장해 예방 및 관리에 관한 사항
6. 기계 · 기구의 위험성과 작업의 순서 및 동선에 관한 사항
7. 작업 개시 전 점검에 관한 사항
8. 정리정돈 및 청소에 관한 사항
9. 사고 발생 시 긴급조치에 관한 사항
10. 물질안전보건자료에 관한 사항

□□□ 16년1회

15. **산업안전보건법령상 사업 내 안전 · 보건 교육 중 채용 시의 교육 내용에 해당되지 않는 것은?(단, 기타 산업안전보건법 및 일반관리에 관한 사항은 제외한다.)**

① 사고 발생 시 긴급조치에 관한 사항
② 산업보건 및 직업병 예방에 관한 사항
③ 기계 · 기구의 위험성과 작업의 순서 및 동선에 관한 사항
④ 작업공정의 유해 · 위험과 재해 예방대책에 관한 사항

□□□ 16년2회

16. **산업안전보건법상 사업 내 안전 · 보건교육 중 채용 시 교육 및 작업내용 변경 시의 교육 내용이 아닌 것은?**

① 기계 · 기구의 위험성과 작업의 순서 및 동선에 관한 사항
② 정리정돈 및 청소에 관한 사항
③ 물질안전보건자료에 관한 사항
④ 표준안전작업방법에 관한 사항

□□□ 11년3회, 19년2회, 20년1·2회

17. **다음 중 산업안전보건법에 따라 환기가 극히 불량한 좁은 밀폐된 장소에서 용접작업을 하는 근로자를 대상으로 한 특별안전 · 보건교육내용에 해당하지 않는 것은?(단, 일반적인 안전 · 보건에 필요한 사항은 제외한다.)**

① 환기설비에 관한 사항
② 질식 시 응급조치에 관한 사항
③ 작업순서, 안전작업방법 및 수칙에 관한 사항
④ 폭발 한계점, 발화점, 및 인화점 등에 관한 사항

문제 17~18 해설

밀폐된 장소에서 하는 용접작업 또는 습한 장소에서 하는 전기용접 작업시 특별교육 내용
1. 작업순서, 안전작업방법 및 수칙에 관한 사항
2. 환기설비에 관한 사항
3. 전격 방지 및 보호구 착용에 관한 사항
4. 질식 시 응급조치에 관한 사항
5. 작업환경 점검에 관한 사항
6. 그 밖에 안전 · 보건관리에 필요한 사항

정답 13 ④ 14 ③ 15 ④ 16 ④ 17 ④

□□□ 12년1회

18. 다음 중 산업안전보건법상 사업 내의 안전 · 보건교육에 있어 탱크 내 또는 환기가 극히 불량한 좁은 밀폐된 장소에서 용접작업을 하는 근로자에게 실시하여야 하는 특별안전 · 보건교육의 내용에 해당하지 않는 것은? (단, 기타 안전 · 보건관리에 필요한 사항은 제외 한다.)

① 환기설비에 관한 사항
② 작업환경 점검에 관한 사항
③ 질식 시 응급조치에 관한 사항
④ 안전기 및 보호구 취급에 관한 사항

□□□ 19년1회

19. 산업안전보건법상 특별안전보건교육에서 방사선 업무에 관계되는 작업을 할 때 교육내용으로 거리가 먼 것은?

① 방사선의 유해 · 위험 및 인체에 미치는 영향
② 방사선 측정기기 기능의 점검에 관한 사항
③ 비상 시 응급처리 및 보호구 착용에 관한 사항
④ 산소농도측정 및 작업환경에 관한 사항

해설

방사선 업무에 관계되는 작업(의료 및 실험용은 제외한다)시 특별안전보건 교육내용

1. 방사선의 유해 · 위험 및 인체에 미치는 영향
2. 방사선의 측정기기 기능의 점검에 관한 사항
3. 방호거리 · 방호벽 및 방사선물질의 취급 요령에 관한 사항
4. 응급처치 및 보호구 착용에 관한 사항
5. 그 밖에 안전 · 보건관리에 필요한 사항

정답 18 ④ 19 ④

PART

03

인간공학 및 시스템 안전

샘플강좌

산업안전기사

핵심암기모음집

인간공학 및 시스템 안전

01. 안전과 인간공학

01 인간공학의 정의

❶ 인간공학의 표기

① Human Engineering

② Ergonomics

③ Human Factors

❷ 인간공학의 목적

구분	내용
목표	• 안전성 향상과 사고방지 • 기계조작의 능률성과 생산성의 향상 • 작업환경의 쾌적성
필요성	• 인간이 만들어 사용하는 물건, 기구 또는 환경을 설계하는 과정에서 인간을 고려한다. • 물건, 기구 또는 환경을 설계하는데 인간의 특성이나 행동에 관한 적절한 정보를 체계적으로 적용할 수 있다.

❸ 인간공학의 기대효과와 가치

① 성능의 향상

② 훈련비용의 절감

③ 인력이용율의 향상

④ 사고 및 오용으로부터의 손실감소

⑤ 생산 및 경비유지의 경제성 증대

⑥ 사용자의 수요도 향상

02 인간-기계 시스템

❶ 인간-기계 시스템의 기본기능

① 감지 (sensing)

② 정보저장(information storage)

③ 정보처리 및 결심(information processing and decision)

④ 행동기능(acting function)

❷ 인간-기계시스템의 구분

① 수동체계(manual system)

수동체계는 수공구나 기타 보조물로 이루어지며 인간의 신체적인 힘을 동력원으로 사용하여 작업을 통제한다.

② 기계화체계(mechanical system)

반자동(semiautomatic)체계라고도 하며, 이 체계는 변화가 별로 없는 기능들을 수행하도록 설계되어 있으며 동력은 전형적으로 기계가 제공하고, 운전자는 조정장치를 사용하여 통제한다.

③ 자동화체계(automatic system)

기계 자체가 감지, 정보 처리 및 의사결정, 행동을 수행한다. 신뢰성이 완전한 자동체계란 불가능하므로 인간은 주로 감시(monitor), 프로그램 입력, 정비 유지(maintenance) 등의 기능을 수행한다.

❸ 체계의 설계

1단계 : 시스템 목표와 성능 명세 결정

2단계 : 시스템의 정의

3단계 : 기본설계

4단계 : 인터페이스 설계

5단계 : 보조물 설계

6단계 : 시험 및 평가

02. 정보입력표시

01 시각과정

❶ 최소분간시력(Minimum separable acuity)

가장 많이 사용하는 시력의 척도로 눈이 식별할 수 있는 과녁(target)의 최소 특징이나 과녁부분들 간의 최소공간

❷ 시각(시계, Visual angle)

$$\text{시각(분)} = \frac{(57.3)(60)L}{D}$$

L : 시선과 직각으로 측정한 물체의 크기

D : 물체와 눈 사이의 거리(단, 시각은 600′ 이하일 때이며 radian (라디안)단위를 분으로 환산하기 위한 상수값은 57.3과 60을 적용)

❸ 시각의 순응

새로운 광도 수준에 대한 적응을 순응(adaptation)이라 하며 갑자기 어두운 곳으로 가거나 밝은 곳으로 왔을 때에 처음에 아무것도 보이지 않고 시간이 지나면서 사물을 파악하는 것을 말한다.

구분	시간
시각의 완전 암조응 시간	30~40분
시각의 완전 역조응 시간	1~2분

02 시각적 표시장치

❶ 정량적 표시장치

종류	형태
정목 동침(moving pointer)형	눈금이 고정되고 지침이 움직이는 형
정침 동목(moving scale)형	지침이 고정되고 눈금이 움직이는 형
계수(digital)형	전력계나 택시요금 계기와 같이 기계, 전자적으로 숫자가 표시되는 형

❷ 정성적 표시장치

온도, 압력, 속도와 같이 연속적으로 변하는 변수의 대략적인 값이나, 변화추세, 비율 등을 알고자 할 때 주로 사용하는 표시장치

❸ 시각적 부호

종류	내용
묘사적 부호	사물의 행동을 단순하고 정확하게 묘사한 것 (예 : 위험표지판의 해골과 뼈, 도보 표지판의 걷는 사람)
추상적 부호	전언(傳言)의 기본요소를 도식적으로 압축한 부호로 원 개념과는 약간의 유사성이 있을 뿐이다.
임의적 부호	부호가 이미 고안되어 있으므로 이를 배워야 하는 부호(예 : 교통 표지판의 삼각형－주의, 원형－규제, 사각형－안내표시)

03 청각과정과 음의 특성

❶ 귀의 구조

명칭	기능
귀바퀴 (auricle, concha, pinna)	음성을 레이더같이 음성 에너지를 수집하여 초점을 맞추고 증폭의 역할을 담당
외이도 (auditory canal, meabrane)	귀바퀴에서 고막까지의 부분으로 음파를 연결하는 통로의 역할을 담당
고막 (ear drum, tympanic membrane)	외이(outer ear, external ear)와 중이(middle ear)의 경계에 자리잡고 있다. 두께 0.1mm의 얇고 투명한 막으로 소리자극에 의해서 진동하여 귓속뼈(이소골)를 통해서 속귀의 달팽이관까지 소리진동을 전달하는 역할을 한다.

❷ 거리에 따른 음의 강도 변화 산출

$$P_2 = P_1\left(\frac{d_1}{d_2}\right) \qquad dB_2 = dB_1 - 20\log\left(\frac{d_2}{d_1}\right)$$

❸ 음량(sone)과 음량 수준(phon)의 관계

$$sone\text{치} = 2^{\frac{(phon-40)}{10}}$$

※ 음량 수준이 10phon 증가하면 음량(sone)은 2배가 된다.

04 청각 및 촉각적 표시장치

❶ 경계 및 경보신호 설계

① 200~5,000Hz의 진동수를 사용한다.(귀는 중음역에 민감하므로 500~3,000Hz가 가장 좋다.)

② 장거리용(300m 이상)신호에서는 1,000Hz 이하의 진동수를 사용한다.
(높은 진동수의 음은 멀리가지 못한다.)

③ 장애물이나 칸막이를 넘어가야 하는 신호는 500Hz 이하의 진동수를 갖는 신호를 사용한다.

④ 주의를 끄는 목적으로 신호를 사용할 때는 변조신호를 사용한다.

⑤ 배경 소음과 다른 진동수를 갖는 신호를 사용한다.

⑥ 경계 신호는 상황에 따라 다른 것을 사용하며, 서로 식별이 가능해야 한다.

❷ 시각적 표시장치와 청각적 표시장치의 비교

시각적 장치 사용	청각적 장치 사용
• 전언이 복잡하고 길 때 • 전언이 후에 재참조 될 경우 • 전언이 공간적 위치를 다룰 때 • 수신자의 청각 계통이 과부하 상태일 경우 • 수신 장소가 너무 시끄러울 경우 • 즉각적인 행동을 요구하지 않을 때 • 직무상 한 곳에 머무르는 경우	• 전언이 간단하고 짧다. • 전언이 후에 재참조 되지 않는다. • 즉각적 행동을 요구한다. • 수신자가 즉각적인 사상(event)을 요구한다. • 수신자의 시각계통이 과부하 상태 일 때 • 수신 장소가 역조응 또는 암조응 유지가 필요할 때 • 수신자가 자주 움직이는 경우

05 휴먼에러

❶ 인간-기계 시스템 에러

① 시스템 성능(system performance)과 인간과오(human error)관계

$$S.P = f(H.E) = K(H.E)$$

여기서, $S.P$: 시스템 성능(system performance)
$H.E$: 인간 과오(human error), f : 함수, K : 상수

- $K \fallingdotseq 1$: $H.E$가 $S.P$에 중대한 영향을 끼친다.
- $K < 1$: $H.E$가 $S.P$에 리스크(risk)를 준다.
- $K \fallingdotseq 0$: $H.E$가 $S.P$에 아무런 영향을 주지 않는다.

② 인간 과오의 배후요인 4요소(4M)

요소	내용
맨(Man)	본인 이외의 사람
머신(Machine)	장치나 기기 등의 물적 요인
메디아(Media)	인간과 기계를 잇는 매체란 뜻으로 작업의 방법이나 순서, 작업정보의 실태나 환경과의 관계, 정리정돈 등
매너지먼트(Management)	안전법규의 준수방법, 단속, 점검 관리 외에 지휘감독, 교육훈련 등

❷ 인간실수의 분류

① 독립행동(결과)에 의한 분류

분류	내용
생략 오류 (omission error)	필요한 작업을 수행하지 않은 것
실행 오류 (commission error)	잘못된 행위의 실행에 관한 것
순서 오류 (sequence error)	잘못된 순서로 어떤 과업을 실행 하거나 과업에 들어갔을 때 생기는 것
시간 오류 (timing error)	할당된 시간 안에 동작을 실행하지 못하거나 너무 빠르거나 또는 너무 느리게 실행했을 때 생기는 것
과잉행동 오류 (Extraneous Error)	불필요한 작업을 수행함으로 인하여 발생한 오류

② 원인의 수준(level)에 따른 분류

분류	내용
1차(primary error) 에러	작업자 자신으로부터 발생한 Error
2차(secondary error) 에러	작업형태나 작업조건 중에서 다른 문제가 생겨 그 때문에 필요한 사항을 실행할 수 없는 과오나 어떤 결함으로부터 파생하여 발생하는 Error
컴맨드(command error) 에러	요구된 것을 실행하고자 하여도 필요한 물건, 정보, 에너지 등의 공급이 없는 것처럼 작업자가 움직이려 해도 움직일 수 없으므로 발생하는 Error

03. 인간계측 및 작업 공간

01 인체계측

❶ 인체계측(Anthropometry)

① 인체계측 방법

종 류	내 용
정적 인체계측 (구조적 인체치수)	정지 상태에서 신체치수를 측정한 것으로 골격치수, 외곽치수 등 여러 가지 부위를 측정한다
동적 인체계측 (기능적 인체치수)	활동 중인 신체의 자세를 측정하는 것으로 실제의 작업, 혹은 생활조건에서의 치수를 측정한다.

② 인체계측 자료의 응용원칙

종 류	내 용
최대치수와 최소치수	• 최대 치수 또는 최소치수를 기준으로 하여 설계 • 최대치수 응용 예시 : 문의 높이, 비상 탈출구의 크기, 그네, 사다리 등의 지지 강도 • 최소치수 응용 예시 : 조작자와 제어 버튼 사이의 거리, 선반의 높이, 조작에 필요한 힘 등
조절범위 (조절식)	• 체격이 다른 여러 사람에 맞도록 만드는 것 (보통 집단 특성치의 5%치~95%치까지의 90% 조절범위를 대상) • 응용 예시 : 자동차의 좌석, 사무실 의자, 책상 등
평균치를 기준으로 한 설계	• 최대치수나 최소치수, 조절식으로 하기가 곤란할 때 평균치를 기준으로 하여 설계 • 평균치 설계 예시 : 슈퍼마켓의 계산대, 은행의 창구

❷ 작업공간(work space)

① 공간의 범위

종류	내용
작업공간 포락면 (包絡面 : envelope)	한 장소에 앉아서 수행하는 작업 활동에서, 사람이 작업하는데 사용하는 공간
파악한계 (grasping reach)	앉은 작업자가 특정한 수작업 기능을 편히 수행할 수 있는 공간의 외곽 한계
특수작업 역(域)	특정한 작업별 작업공간

② 작업영역

종류	내용
정상작업역	상완(上腕)을 자연스럽게 수직으로 늘어뜨린 체, 전완(前腕) 만으로 편하게 뻗어 파악할 수 있는 구역(34~45cm)
최대작업역	전완(前腕)과 상완(上腕)을 곧게 펴서 파악할 수 있는 구역(55~65cm)

02 제어장치

❶ 양립성(compatibility)

정보입력 및 처리와 관련한 양립성이란 인간의 기대와 모순되지 않는 자극, 반응들 간의 조합의 관계를 말한다.

구분	내용
공간적 양립성	표시, 조종장치의 물리적 형태나 공간적인 배치의 양립성
운동적 양립성	표시, 조종장치, 체계반응의 운동 방향의 양립성
개념적 양립성	사람들이 가지고 있는 개념적 연상의 양립성(예, 청색-정상)

❷ 통제 표시 비율(Control Display Ratio)

① 통제표시비(C/D비)

통제기기(조종장치)와 표시장치의 이동비율을 나타낸 것으로 통제기기의 움직이는 거리(또는 회전수)와 표시장치상의 지침, 활자(滑子) 등과 같은 이동요소의 움직이는 거리(또는 각도)의 비를 통제표시비라 한다.

$$\therefore \frac{C}{D} = \frac{X}{Y}$$

여기서, X : 통제기기의 변위량
Y : 표시장치의 변위량

② 조종구(Ball Control)에서의 C/D비

조종구와 같이 회전운동을 하는 선형조종장치가 표시장치를 움직일 때의 통제비

$$\therefore \frac{C}{D}\text{비} = \frac{(a/360) \times 2\pi L}{\text{표시장치의 이동거리}}$$

여기서, a : 조종장치가 움직인 각도
L : 반경(지레의 길이)

03 신체반응의 측정

❶ 신체역학의 측정

구분	내용
근전도 (EMG : electromyogram)	근육활동의 전위차를 기록한 것으로 근육의 피로도를 측정
피부전기반사 (GSR : galvanic skin reflex)	작업 부하의 정신적 부담도가 피로와 함께 증대하는 양상을 수장(手掌) 내측의 전기저항의 변화에서 측정하는 것으로, 피부전기저항 또는 정신전류현상이라고도 한다.
심전도 (ECG : electrocardiogram)	수축파의 전파에 따른 심장근 수축으로 전기적 변화 발생을 피부에 부착된 전극들로 전기적 신호를 검출, 증폭, 기록한 것
신경전도 ENG(electroneurogram)	신경활동의 전위차를 나타낸 것으로 신경전도검사법이라고 한다.
플리커 값(CFF)	정신적 부담이 대뇌피질의 활동수준에 미치고 있는 영향을 측정한 값이다

❷ 산소소비량

흡기량×79%=배기량×N_2 %이므로

$$\therefore \text{흡기량} = \text{배기량} \times \frac{(100 - CO_2\% - O_2\%)}{79}$$

$$\therefore O_2 \text{ 소비량} = \text{흡기량} \times 21\% - \text{배기량} \times O_2\%$$

또한 작업의 에너지값은 다음의 관계를 이용하여 환산한다.

$$\therefore 1l\ O_2 \text{소비} = 5\text{kcal}$$

❸ 에너지 대사

① 에너지 대사율(RMR; relative metabolic rate)

작업을 수행하기 위해 소비되는 산소소모량이 기초대사량의 몇 배에 해당하는 가를 나타내는 지수

$$\text{RMR} = \frac{\text{활동시 산소소비량} - \text{안정시 산소소비량}}{\text{기초대사량}} = \frac{\text{활동대사량}}{\text{기초대사량}}$$

② 에너지대사율에 따른 작업강도구분

작업강도 구분	에너지 대사율
경작업(輕작업)	0~2RMR
중작업(中작업)	2~4RMR
중작업(重작업)	4~7RMR
초중작업(超重작업)	7RMR 이상

❹ 작업효율과 에너지 소비

① Murrel의 휴식시간 산출 식

$$R(\min) = \frac{T(W-S)}{W-1.5}$$

R : 필요한 휴식시간(min)

T : 총 작업시간(min)

W : 작업 중 평균에너지 소비량(kcal/min)

S : 권장 평균에너지 소비량(kcal/min)

04 동작속도와 신체동작의 유형

❶ 동작속도

① 단순반응시간 : 0.15~0.2초
② 가끔 발생 되거나 예상치 못했을 때 : 단순반응시간 + 0.1초
③ 동작시간 : 0.3초

총 반응시간 = 단순반응시간 + 동작시간 = 0.2 + 0.3 = 0.5초

❷ Fitts의 법칙

$$\text{Fitts 법칙 } MT = a + b\log_2\frac{2D}{W}$$

여기서, MT : 동작 시간
a, b : 관련동작 유형 실험상수
D : 동작 시발점에서 과녁 중심까지의 거리
W : 과녁의 폭

05 작업공간 및 작업자세

❶ 동작경제의 3원칙

① 신체의 사용에 관한 원칙
② 작업장의 배치에 관한 원칙
③ 공구 및 설비의 설계에 관한 원칙

❷ 부품배치의 4원칙

① 부품의 중요성과 사용빈도에 따라서 부품의 일반적인 위치 결정
② 기능 및 사용순서에 따라서 부품의 배치(일반적인 위치 내에서의)를 결정

구분	내용
중요성의 원칙	부품을 작동하는 성능이 체계의 목표달성에 긴요한 정도에 따라 우선순위를 설정한다.
사용빈도의 원칙	부품을 사용하는 빈도에 따라 우선순위를 설정한다.
기능별 배치의 원칙	기능적으로 관련된 부품들(표시장치, 조정장치, 등)을 모아서 배치한다.
사용순서의 원칙	사용되는 순서에 따라 장치들을 가까이에 배치한다.

❸ 의자의 설계의 원칙

① 요부 전만을 유지한다.
② 디스크가 받는 압력을 줄인다.
③ 등근육의 정적 부하를 줄인다.
④ 자세고정을 줄인다.
⑤ 조정이 용이해야 한다.

06 인간성능과 신뢰도

❶ 인간오류확률(HEP;Human Error Probability)

$$\text{인간 과오의 확률(HEP)} = \frac{\text{실제 과오의 수}}{\text{과오발생의 전체 기회수}}$$

$$\text{인간 신뢰도(R)} = (1-\text{HEP})$$

❷ 인간오류확률의 추정 기법

① 위급 사건 기법(CIT ; Critical Incident Technique)
② 인간 실수 자료 은행(HERB ; Human Error Rate Bank)
③ 직무 위급도 분석법(Task Criticality Rating Analysis Method)
④ 인간 실수율 예측기법(THERP ; Technique for Human Error Rate Prediction)
⑤ 조작자 행동 나무(OTA ; Operator Action Tree)
⑥ 결함 나무 분석(FTA ; Fault Tree Analysis)
⑦ Human Error Simulator
⑧ 성공가능지수 평가(SLIM ; Success Likelihood Index Method)

❸ 인간-기계체계의 신뢰도(r_1 **: 인간,** r_2 **: 기계**)

① 직렬(series system)

$$R_s(\text{신뢰도}) = r_1 \times r_2 [r_1 < r_2 \text{ 로 보면 } R_s \le r_1]$$

② 병렬(parallel system)

$$R_p(\text{신뢰도}) = r_1 + r_2(1-r_1)[r_1 < r_2 \text{로 보면 } R_p \ge r_2] = 1-(1-r_1)(1-r_2)$$

07 인간의 정보처리

❶ 정보량

① 여러 대안의 확률이 동일하고 이러한 대안의 수가 N이라면 정보량 H[bit]

$$H = \log_2 N$$

② 대안의 출현 가능성이 동일하지 않을 때 한 사건이 가진 정보량

$$h_i = \log_2 \frac{1}{p_i}$$

h_i= 사건 i에 관계되는 정보량[bit]

p_i= 사건의 출현 확률

③ 확률이 다른 일련의 사건이 가지는 평균 정보량 H_{av}

$$H_{av} = \sum_{i=1}^{N} p_i \log_2 \frac{1}{p_i}$$

❷ 정보의 전달

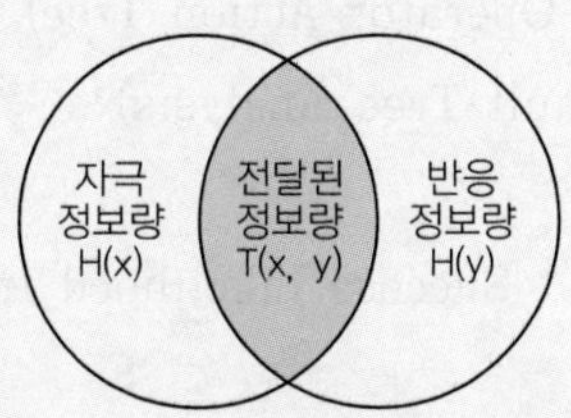

전달된 정보량

① 전달된 정보량 : H(x∩y)=H(x)+H(y)−H(x∪y)
② 손실정보량 : $H(x\cap\overline{y})$=H(x)−H(x∩y)
③ 소음정보량 : $H(\overline{x}\cap y)$=H(y)−H(x∩y)

❸ Weber의 법칙

감각의 강도와 자극의 강도에 대한 것으로 자극에 대한 변화감지역은 사용되는 표준자극에 비례한다는 이론이다.

$$\frac{\Delta L}{I}=\text{const(일정)}$$

(ΔL) : 특정감관의 변화감지역

(I) : 표준자극

04. 작업환경관리

01 조명과 작업환경

❶ **조도**(illuminance)

① 단위면적에 투사된 광속의 양(장소의 밝기)

② 거리가 증가할 때 조도는 역자승의 법칙에 따라 감소한다.(점광원에 대해서만 적용)

$$조도 = \frac{광도}{거리^2}$$

❷ **반사율**(reflectance)

$$반사율(\%) = \frac{광속발산도(fL)}{조명(fc)} \times 100$$

구분	최적 반사율
천정	80~90%
벽, 창문 발(blind)	40~60%
가구, 사무용기기, 책상	25~45%
바닥	20~40%

❸ **대비**(luminance Contrast)

표적(과녁)의 휘도와 배경의 휘도와의 차이

$$대비 = \frac{Lb - Lt}{Lb} \times 100$$

Lb : 배경의 광속발산도

Lt : 표적의 광속발산도

- 표적이 배경보다 어두울 경우 : 대비는 +100% ~ 0 사이
- 표적이 배경보다 밝을 경우 : 대비는 0 ~ $-\infty$ 사이

❹ 조명수준

적절한 조명수준을 찾기 위해 표준작업에 필요한 소요조명을 구한다.

$$\text{소요조명}(fc) = \frac{\text{소요휘도}(fL)}{\text{반사율}(\%)}$$

❺ 작업별 조도기준

구분	내용
초정밀작업	750Lux 이상
정밀작업	300Lux 이상
일반작업	150Lux 이상
기타작업	75Lux 이상

02 소음과 작업환경

❶ 소음 노출 한계

① 소음작업 : 1일 8시간 작업 기준으로 85dB 이상의 소음 발생 작업

② 강렬한 소음작업

1일 노출시간(h)	소음강도[dB(A)]
8	90
4	95
2	100
1	105
1/2	110
1/4	115

- 연속음 또는 간헐음에 115dB(A) 이상 폭로되지 말 것

③ 충격소음

120dBA 이상인 소음이 1초 이상의 간격으로 발생하는 것

충격소음(impulsive or impact noise)에 대한 허용기준

1일 노출횟수	충격소음레벨, dBA
100	140
1,000	130
10,000	120

- 최대 음압수준이 140dBA를 초과하는 충격소음에 노출돼서는 안됨

❷ 음향 경보 장치의 설정

① 300m 이상 장거리를 사용할 경우는 1000Hz 이하의 진동수를 사용한다.

② 장애물 또는 건물의 칸막이를 통과시에는 500Hz 이하의 낮은 진동수를 사용한다.

❸ 소음 대책

구분	방법
적극적 대책	소음원의 통제 : 기계의 적절한 설계, 적절한 정비 및 주유, 기계에 고무 받침대(mounting)부착, 차량에는 소음기(muffler) 사용
	소음의 격리 : 씌우개(enclosure), 방, 장벽을 사용(집의 창문을 닫으면 약 10dB 감음됨)
	차폐장치(baffle) 및 흡음재료 사용
	음향처리제(acoustical treatment) 사용
	적절한 배치(layout)
소극적 대책	방음보호구 사용 : 귀마개(2,000Hz에서 20dB, 4,000Hz에서 25dB 차음 효과)
	BGM(back ground music) : 배경음악(60±3dB), 긴장 완화와 안정감, 작업 종류에 따른 리듬의 일치가 중요(정신노동-연주곡)

03 열교환과 작업환경

❶ 열교환

$$\triangle S(\text{열축적}) = M(\text{대사열}) - E(\text{증발}) \pm R(\text{복사}) \pm C(\text{대류}) - W(\text{한일})$$

△S는 열 이득 및 열손실량이며 열평형 상태에서는 0이 된다.

❷ 온도지수

① 실효온도(Effective Temperature)

- 온도, 습도 및 공기유동이 인체에 미치는 열 효과를 하나의 수치로 통합한 경험적 감각지수
- 상대습도 100%일 때의 건구온도에서 느끼는 것과 동일한 온감
  (예 : 습도 50%에서 21℃의 실효 온도는 19℃)

② Oxford 지수

- WD(습건)지수라고도 하며, 습구, 건구 온도의 가중(加重) 평균치

WD=0.85W(습구 온도)+0.15D(건구 온도)

③ 습구 흑구 온도지수(WBGT)

옥외(빛이 내리쬐는 장소)	옥내 또는 옥외 (빛이 내리쬐지 않는 장소)
WBGT(℃) = 0.7 × 습구온도(wb) + 0.2 × 흑구온도(GT) + 0.1 × 건구온도(Db)	WBGT(℃) = 0.7 × 습구온도(wb) + 0.3 × 흑구온도(GT)

❸ 이상환경 노출에 따른 영향

① 적온 → 고온 환경으로 변화 시 신체작용

- 많은 양의 혈액이 피부를 경유하게 되며 온도가 올라간다.
- 직장(直腸) 온도가 내려간다.
- 발한(發汗)이 시작된다.
- 열 중독증(Heat illness)의 강도

열발진(heat rash) 〈 열경련(heat cramp)
〈 열소모(heat exhaustion) 〈 열사병(heat stroke)

② 적온 → 한냉 환경으로 변화 시 신체작용

- 피부 온도가 내려간다.
- 혈액은 피부를 경유하는 순환량이 감소하고, 많은 양의 혈액이 몸의 중심부를 순환한다.
- 직장(直腸) 온도가 약간 올라간다.
- 소름이 돋고 몸이 떨린다.

04 기압과 진동

❶ 기압과 산소공급

■ 이상적인 기압

구분	내용
고압작업실의 공기체적	근로자 1인당 $4m^3$이상
이상기압	압력이 매 m^2당 1kg 이상인 기압
공기조 안의 공기압력	최고 잠수심도 압력의 1.5배 이상

❷ 진동과 인간성능

구분	내용
시성능에 영향	진폭에 비례하여 시력을 손상하며 10~25Hz의 경우 가장 심하다.
운동 성능에 영향	진폭에 비례하여 추적능력을 손상하며 5Hz 이하의 낮은 진동수에서 가장 심하다.
신경계에 영향	반응시간, 감시, 형태식별등 주로 중앙 신경 처리에 달린 임무는 진동의 영향을 덜 받는다.

※ 진전(tremor)의 감소 : 정적자세를 유지할 때 손이 심장 높이에 있을 때에 진전현상이 가장 감소된다.

05. 시스템 위험분석

01 시스템 위험 관리

❶ 시스템 안전관리

① 재해 심각도의 분류

범주	상태	내용
Ⅰ	파국적(Catastrophic)	인원의 사망 또는 중상, 또는 시스템의 손상을 일으킨다.
Ⅱ	위험(Critical)	인원의 상해 또는 주요 시스템의 손해가 생겨, 생존을 위해 즉시 시정조치를 필요로 한다.
Ⅲ	한계적(mariginal)	인원의 상해 또는 주요 시스템의 손해가 생기는 일 없이 배제 또는 제어할 수 있다.
Ⅳ	무시(negligible)	인원의 손상 또는 시스템의 손상에는 이르지 않는다.

② 시스템 안전관리 범위(주요 업무)

㉠ 시스템 안전에 필요한 사항의 동일성의 식별(identification)
㉡ 안전활동의 계획, 조직과 관리
㉢ 다른 시스템 프로그램 영역과 조정
㉣ 시스템 안전에 대한 목표를 유효하게 적시에 실현시키기 위한 프로그램의 해석, 검토 및 평가 등의 시스템 안전업무

③ 시스템 안전 프로그램의 작성계획 포함내용

㉠ 계획의 개요
㉡ 안전조직
㉢ 계약조건
㉣ 관련부문과의 조정
㉤ 안전기준
㉥ 안전해석
㉦ 안전성의 평가
㉧ 안전데이타의 수집 및 분석
㉨ 경과 및 결과의 분석

❷ 시스템의 수명주기 5단계

단계	내용
1단계	구상단계(Concept)
2단계	정의단계(Definition)
3단계	개발단계(Development)
4단계	생산단계(Production)
5단계	운전단계(Deployment)

02 시스템 위험분석 기법

❶ PHA(**예비사고위험분석** : Preliminary Hazards Analysis)

① 특징

㉠ 대부분 시스템안전 프로그램에 있어서 최초단계의 분석

㉡ 시스템 내의 위험 상태 요소에 대해 정성적 · 귀납적으로 평가

② 식별된 사고의 범주(category)별 분류

Category	상태	내용
Ⅰ	파국적(Catastrophic)	인원의 사망 또는 중상, 또는 시스템의 손상을 일으킨다.
Ⅱ	중대(Critical)	인원의 상해 또는 주요 시스템의 손해가 생겨, 또는 인원이나 시스템 생존을 위해 즉시 시정조치를 필요로 한다.
Ⅲ	한계적(mariginal)	인원의 상해 또는 주요 시스템의 손해가 생기는 일 없이 배제 또는 제어할 수 있다.
Ⅳ	무시가능(negligible)	인원의 손상 또는 시스템의 손상에는 이르지 않는다.

❷ FHA(**결함사고(위험)분석** : fault hazard analysis)

① 특징

㉠ 서브시스템 해석 등에 사용되는 해석법으로 복잡한 시스템에서 몇 개의 공동 계약자가 각각의 서브시스템(sub system)을 분담하고 통합계약업자가 그것을 통합하므로 각 서브시스템 해석에 사용된다.

㉡ 시스템 내의 위험 상태 요소에 대해 정량적 · 연역적으로 평가

❸ FMEA(**고장의 형과 영향 분석** : failue modes and effects analysis)

① 특징

㉠ 시스템에 영향을 미치는 전체요소의 고장을 형별로 분석하여 그 영향을 검토

㉡ 각 요소의 1형식 고장이 시스템의 1영향에 대응하는 방식

㉢ 시스템 내의 위험 상태 요소에 대해 정성적 · 귀납적으로 평가

② 고장의 영향

영 향	발생확률(β)
실제의 손실	$\beta = 1.00$
예상되는 손실	$0.10 \le \beta < 1.00$
가능한 손실	$0 < \beta < 0.10$
영향 없음	$\beta = 0$

③ FMEA의 표준적 실시 절차

실시절차	세부내용
1단계 : 대상 시스템의 분석	• 기기, 시스템의 구성 및 기능의 전반적 파악 • FMEA 실시를 위한 기본방침의 결정 • 기능 Block과 신뢰성 Block도의 작성
2단계 : 고장형과 그 영향의 분석(FMEA)	• 고장 mode의 예측과 설정 • 고장 원인의 상정 • 상위 item의 고장 영향의 검토 • 고장 검지법의 검토 • 고장에 대한 보상법이나 대응법의 검토 • FMEA work sheet에의 기입 • 고장 등급의 평가
3단계 : 치명도 해석과 개선책의 검토	• 치명도 해석 • 해석결과의 정리와 설계 개선으로의 제언

④ FMEA 고장 평점

$$C_r = C_1 \cdot C_2 \cdot C_3 \cdot C_4 \cdot C_5$$

• 고장 등급의 평가(평점)요소
C_1 : 고장영향의 중대도
C_2 : 고장의 발생빈도
C_3 : 고장 검출의 곤란도
C_4 : 고장 방지의 곤란도
C_5 : 시정시간의 여유도

❹ ETA(**사건수 분석** : event tree analysis)

① 특징

㉠ 사상(事象)의 안전도를 사용한 시스템의 안전도를 나타내는 시스템 모델

㉡ 디시젼 트리를 이용해 재해의 확대요인을 분석하는데 적합한 방법

㉢ 시스템 내의 위험 상태 요소에 대해 정량적 · 귀납적으로 평가

decision tree의 확률 계산

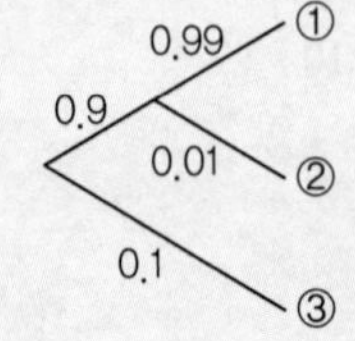

① 0.9×0.99=0.891
② 0.9×0.01=0.009
③ 0.1
합계는 1이 된다.

❺ CA(**위험도 분석** : criticality analysis)

① 특징

- 고장이 직접 시스템의 손실과 사상에 연결되는 높은 위험도를 가진 요소나 고장의 형태에 따른 정량적 분석법
- 시스템 내의 위험 상태 요소에 대해 정량적 · 귀납적으로 평가

❻ THERP(**인간과오율 예측법**:technique of human error rate prediction)

① 특징

- 인간 과오의 분류 시스템과 그 확률을 계산하여 제품의 결함을 감소
- 사고의 원인 가운데 인간의 과오에 기인한 근원에 대한 분석 및 인간공학적 대책 수립
- 인간의 과오(human error)를 정량적으로 평가하는 기법

❼ MORT(managment oversight and risk tree)

① MORT 프로그램은 tree를 중심으로 FTA와 같은 논리기법을 이용하여 관리, 설계, 생산, 보존 등의 광범위하게 안전을 도모하는 것

② 고도의 안전 달성을 목적으로 한 것으로 미국 에너지 연구 개발청(ER DA)의 Johnson에 의해 개발된 안전 프로그램(원자력산업에 이용)

❽ OSHA(operating support hazard analysis : **운용 지원 위험 분석**)

① OSHA

지정된 시스템의 모든 사용단계에서[생산, 보전, 시험, 운반, 저장, 운전, 비상탈출, 구조, 훈련 및 폐기]등에 사용되는 [인원, 순서, 설비]에 관하여 위험을 동정하고 제어하며 그것들의 안전 요건을 결정하기 위해 실시하는 분석법

❾ HAZOP(hazard and operability study : **위험과 운전분석**)

① 공정에 존재하는 위험요인과 공정의 효율을 떨어뜨릴 수 있는 운전상의 문제점을 찾아내어 그 원인을 제거하는 방법

② 각각의 장비에 대해 잠재된 위험이나 기능저하, 운전 잘못 등과 전체로서의 시설에 결과적으로 미칠 수 있는 영향 등을 평가하기 위해서 공정이나 설계도등에 체계적이고 비판적인 검토를 행하는 것

③ 유인어(guide words)의 종류

유인어	내용
없음(No, Not)	설계의도의 완전한 부정
증가(More)	양(압력, 반응, flow rate, 온도 등)의 증가
감소(Less)	양의 감소
부가(As well as)	성질상의 증가(설계의도와 운전조건이 어떤 부가적인 행위)와 함께 일어남
부분(Part of)	일부변경, 성질상의 감소(어떤 의도는 성취되나 어떤 의도는 성취되지 않음)
반대(Reverse)	설계의도의 논리적인 역
기타(Other than)	설계의도가 완전히 바뀜(통상 운전과 다르게 되는 상태)

06. 결함수(FTA)분석법

01 결함수 분석법의 특징

❶ FTA(fault tree analysis)의 정의

① 특징

- 고장이나 재해요인의 정성적 분석뿐만 아니라 개개의 요인이 발생하는 확률을 얻을 수가 있어 정량적 예측이 가능하다.
- 재해발생 후의 원인 규명보다 재해발생 이전의 예측기법으로서의 활용 가치가 높은 유효한 방법
- 정상사상(頂上事像)인 재해현상으로부터 기본사상(基本事像)인 재해원인을 향해 연역적인 분석(Top Down)을 행하므로 재해현상과 재해원인의 상호관련을 정확하게 해석하여 안전 대책을 검토할 수 있다.

② 결함수 분석법(FTA)의 활용 및 기대효과

- 사고원인 규명의 간편화
- 사고원인 분석의 일반화
- 사고원인 분석의 정량화
- 노력시간의 절감
- 시스템의 결함 진단
- 안전점검표 작성시 기초자료

③ FTA에 의한 재해사례 연구순서 4단계

단계	내용
1단계	TOP 사상의 선정
2단계	사상의 재해 원인 규명
3단계	FT도 작성
4단계	개선 계획의 작성

❷ FT도 논리기호

① 논리기호

명칭	기호	해설
1. 결함 사상	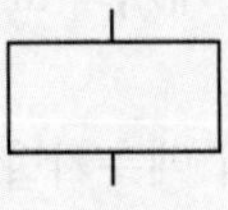	결함이 재해로 연결되는 현상 또는 사실 상황 등을 나타내며 논리 gate의 입력, 출력이 된다. FT도표의 정상에 선정되는 사상인 정상 사상(top 사상)과 중간 사상에 사용한다.
2. 기본 사상	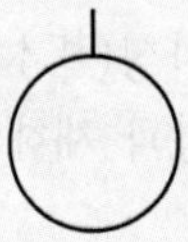	더 이상 해석을 할 필요가 없는 기본적인 기계의 결함 또는 작업자의 오동작을 나타낸다(말단 사상). 항상 논리 gate의 입력이며 출력은 되지 않는다.
3. 이하 생략의 결함 사상 (추적 불가능한 최후 사상)	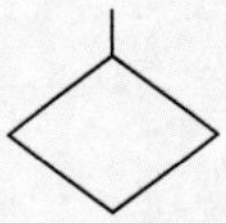	사상과 원인과의 관계를 충분히 알 수 없거나 또는 필요한 정보를 얻을 수 없기 때문에 이것 이상 전개할 수 없는 최후적 사상을 나타낼 때 사용한다(말단 사상).
4. 통상 사상 (家形事像)	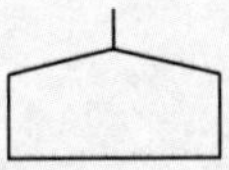	통상의 작업이나 기계의 상태에 재해의 발생 원인이 되는 요소가 있는 것을 나타낸다. 즉, 결함 사상이 아닌 발생이 예상되는 사상을 나타낸다(말단 사상).
5. 전이 기호 (이행 기호)	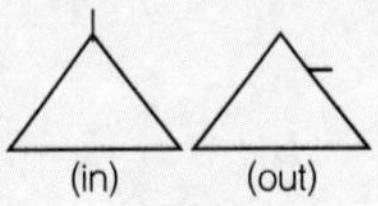 (in) (out)	FT도상에서 다른 부분에의 이행 또는 연결을 나타내는 기호로 사용한다. 좌측은 전입, 우측은 전출을 뜻한다.
6. AND gate	 출력 입력	출력 X의 사상이 일어나기 위해서는 모든 입력 A, B, C의 사상이 일어나지 않으면 안된다는 논리 조작을 나타낸다. 즉, 모든 입력 사상이 공존할 때만이 출력 사상이 발생한다.
7. OR gate	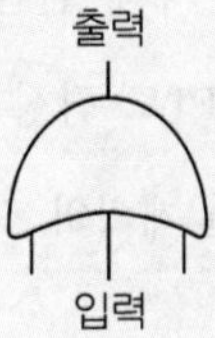 출력 입력	입력사상 A, B, C 중 어느 하나가 일어나도 출력 X의 사상이 일어난다고 하는 논리 조작을 나타낸다. 즉, 입력 사상 중 어느 것이나 하나가 존재할 때 출력 사상이 발생한다.
8. 수정 기호	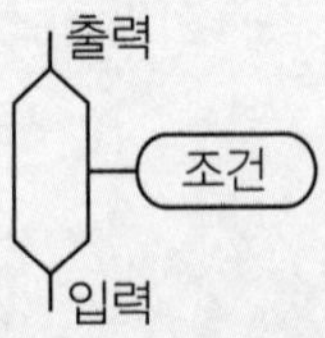 출력 조건 입력	제약 gate 또는 제지 gate라고도 하며, 입력 사상이 생김과 동시에 어떤 조건을 나타내는 사상이 발생할 때만이 출력 사상이 생기는 것을 나타낸다. 또한 AND gate와 OR gate에 여러 가지 조건부 gate를 나타낼 경우 이 수정 기호를 사용 한다.

② 수정기호

기호	해설
ai,aj,ak 순으로 ai aj ak 우선적 AND gate	입력사상 가운데 어느 사상이 다른 사상보다 먼저 일어났을 때에 출력사상이 생긴다. 예를 들면 「A는 B보다 먼저」와 같이 기입한다.
언젠가 2개 a b c 짜맞춤(조합) AND gate	3개 이상의 입력사상 가운데 어느 것이던 2개가 일어 나면 출력 사상이 생긴다. 예를 들면 「어느 것이든 2개」라고 기입한다.
위험지속 시간 a c 위험지속 기호	입력사상이 생기어 어느 일정시간 지속하였을 때에 출력사상이 생긴다. 예를 들면 「위험지속시간」과 같이 기입한다.
동시 발생 안됨 a b c 배타적 O.R gate	OR Gate로 2개 이상의 입력이 동시에 존재한 때에는 출력사상이 생기지 않는다. 예를 들면 「동시에 발생하지 않는다.」라고 기입한다.
억제gate	수정 gate의 일종으로 억제 모디화이어(Inhibit Modifier) 라고도 하며 입력현상이 일어나 조건을 만족하면 출력이 생기고, 조건이 만족되지 않으면 출력이 생기지 않는다.
A 부정 gate	부정 모디화이어라고도 하며 입력현상의 반대인 출력이 된다.

02 FTA의 정량적 분석

❶ 확률사상의 계산

① 논리(곱)

논리게이트가 AND일 때 확률사상 계산식

$$\therefore\ T(A\cdot B\cdot C\cdots N) = q_A\cdot q_B\cdot q_C\cdots q_N$$

A와 B가 동시에 발생하지 않으면 T는 발생하지 않는다.(A AND B)

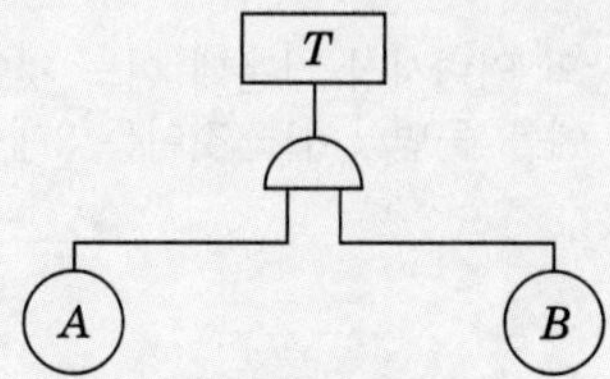

AND 기호(논리곱의 경우)

② 논리(합)

논리게이트가 OR일 때 확률사상 계산식

$$\therefore\ T(A+B+C+\cdots+N) = 1-(1-q_A)(1-q_B)(1-q_C)\cdots(1-q_N)$$

A와 B의 어느 것이 발생하더라도 T는 발생한다.(A OR B)

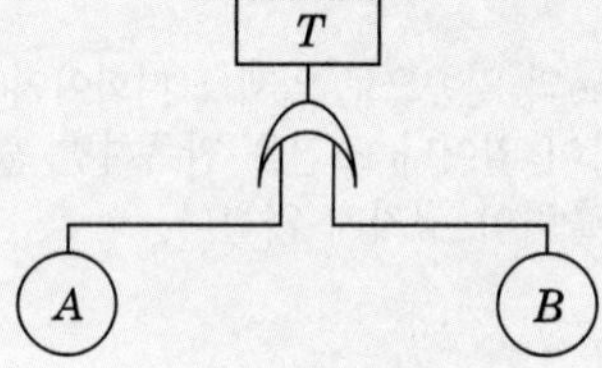

OR 기호(논리합의 경우)

❷ Cut Set & Minimal Cut Set

구분	정의
컷셋 (cut set)	포함되어 있는 모든 기본사상(여기서는 통상사상, 생략 결함 사상 등을 포함한 기본사상)이 일어났을 때 정상사상을 일으키는 기본사상의 집합
미니멀 컷셋 (minimal cut set)	• 어떤 고장이나 실수가 생기면 재해가 일어나는 것으로 시스템의 위험성을 표시 • 컷 중 그 부분집합만으로 정상사상이 일어나지 않는 것으로 정상사상을 일으키기 위해 필요한 최소의 컷

❸ Path Set & Minimal Path Set

구분	정의
패스셋 (path set)	포함되어 있는 모든 기본사상이 모두 일어나지 않을 때 정상사상이 발생하지 않는 집합
미니멀 패스셋 (minimal path set)	• 어떤 고장이나 실수를 일으키지 않으면 재해는 잃어나지 않는다고 하는 것으로 시스템의 신뢰성을 나타낸다. • 최소 패스셋을 구하기는 최소 컷셋과 최소 패스셋의 쌍대성을 이용한다.

07. 위험성평가 및 설비 유지관리

01 위험성 평가(제조업)

❶ 안전성 평가의 단계

① 1단계 : 관계자료의 작성준비

② 2단계 : 정성적 평가

1. 설계 관계	2. 운전 관계
• 입지 조건 • 공장내 배치 • 건조물 • 소방설비	• 원재료, 중간체, 제품 • 공정 • 수송, 저장 등 • 공정기기

③ 3단계 : 정량적 평가

1. 분류 항목	2. 등급 분류
• 당해 화학설비의 취급물질 • 용량 • 온도 • 압력 • 조작	• A(10점) • B(5점) • C(2점) • D(0점)

④ 4단계 : 안전 대책

⑤ 5단계 : 재해정보에 의한 재평가

⑥ 6단계 : FTA에 의한 재평가

❷ 유해 위험방지계획서

① 제출대상 사업

사업의 종류	기준
(1) 금속가공제품(기계 및 가구는 제외) 제조업 (2) 비금속 광물제품 제조업 (3) 기타 기계 및 장비 제조업 (4) 자동차 및 트레일러 제조업 (5) 식료품 제조업 (6) 고무제품 및 플라스틱 제조업 (7) 목재 및 나무제품 제조업 (8) 기타제품 제조업 (9) 1차 금속산업 (10) 가구 제조업 (11) 화학물질 및 화학제품 제조업 (12) 반도체 제조업 (13) 전자부품 제조업	전기 계약용량 300kW 이상인 사업

② 제출대상 사업의 첨부서류

㉠ 건축물 각 층의 평면도

㉡ 기계 · 설비의 개요를 나타내는 서류

㉢ 기계 · 설비의 배치도면

㉣ 원재료 및 제품의 취급, 제조 등의 작업방법의 개요

㉤ 그 밖에 고용노동부장관이 정하는 도면 및 서류

③ 유해하거나 위험한 작업 또는 장소에서 사용하는 기계 · 기구 및 설비를 설치 · 이전하거나 그 주요 구조부분을 변경하려는 경우

㉠ 금속이나 그 밖의 광물의 용해로

㉡ 화학설비

㉢ 건조설비

㉣ 가스집합 용접장치

㉤ 허가대상 · 관리대상 유해물질 및 분진작업 관련 설비

02 설비 유지관리

❶ 고장률 (욕조곡선)

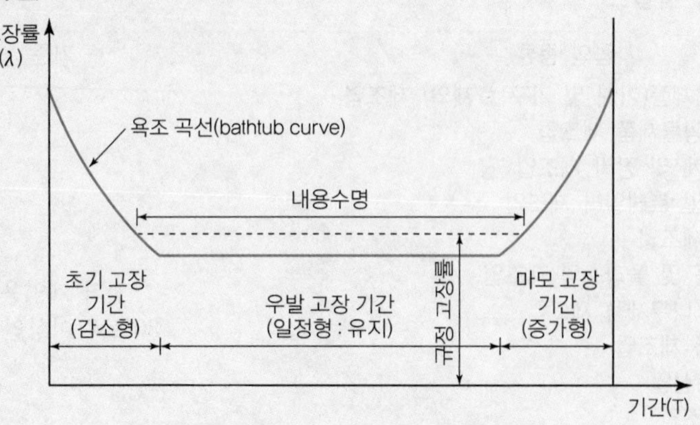

고장의 발생

구분	내용
초기고장	점검작업이나 시운전 등으로 사전에 방지할 수 있는 고장으로 초기고장은 결함을 찾아내 고장률을 안정시키는 기간이라 하여 디버깅(debugging) 기간이라고도 한다.
우발고장	예측할 수 없을 때에 생기는 고장으로 시운전이나 점검작업으로는 방지 할 수 없다.
마모고장	장치의 일부가 수명을 다해서 생기는 고장으로서, 안전진단 및 적당한 보수에 의해서 방지할 수 있는 고장이다.

❷ 우발고장 신뢰도

$$\text{신뢰도 } R(t) = e^{-\frac{t}{t_0}}$$

$$\text{신뢰도 } R(t) = e^{-\lambda t}$$

$$\text{불신뢰도 } F(t) = 1 - e^{-\lambda t}$$

t : 작동시간

t_0 : 평균수명

λ : 고장률

❸ 평균고장률

① MTBF(mean time between failures)
고장사이의 작동시간 평균치, 즉 평균고장 간격을 말한다.(수리가능)

② MTTF(mean time to failures)
고장이 일어나기까지의 동작시간 평균치를 말한다.(수리불가능)

$$MTBF, MTTF = \frac{\text{총 작동시간}}{\text{고장개수}} = \frac{T}{r}$$

③ MTTR(mean time to repair)
총 수리시간을 그 기간의 수리 횟수로 나눈 시간으로 사후보존에 필요한 평균치로서 평균 수리시간은 지수분포를 따른다.

$$\text{MTTR} = \frac{1}{\mu}$$

④ 고장율(λ)

① 고장률(λ)$= \dfrac{\text{고장건수}(r)}{\text{가동시간}(T)}$

② MTBF(mean time between failures)$= \dfrac{1}{\lambda}\left(= \dfrac{T}{r}\right)$

❹ 계의 수명

① 직렬계

$$\text{계의 수명} = \frac{MTTF}{n}$$

② 병렬계

$$\text{계의 수명} = MTTF\left(1 + \frac{1}{2} + \cdots + \frac{1}{n}\right)$$

여기서, $MTTF$: 평균고장시간
n : 직렬 및 병렬계의 구성요소

Chapter 01

안전과 인간공학

안전과 인간공학은 안전관리에 있어 인간공학의 목적과 필요성, 인간공학적 접근을 바탕으로 한 인간–기계시스템의 설계에 대한 내용이다. 여기에서는 인간공학의 개념에 대한 이해와 시스템 설계체계에 대한 부분이 주로 출제 되고 있다.

01 인간공학의 정의

(1) 공학적 배경

① 인간공학의 영문표기

구분	내용
Human Engineering	일반적인 인간공학 표기법
Ergonomics	Ergo(work)와 Nomos(law)의 합성어로서 유럽중심의 노동과학에서 발달
Human Factors	미국 중심의 심리학에서 발달하였으며 생체역학과 심리학 등 인간의 여러가지 요소를 연구

② 차파니스(Chapanis · A)의 정의

인간공학은 기계와 그 기계조작 및 환경조건을 인간의 특성, 능력과 한계에 잘 조화하도록 설계하기 위한 수단을 연구하는 학문이다.

[인간공학적 설계대상]
① 기계, 장비, 공구 등(machine)
② 원재료(material)
③ 작업방법(method)
④ 작업환경(environment)

(2) 인간공학의 목적

구분	내용
목표	• 안전성 향상과 사고방지 • 기계조작의 능률성과 생산성의 향상 • 작업환경의 쾌적성
필요성	• 인간이 만들어 사용하는 물건, 기구 또는 환경을 설계하는 과정에서 인간을 고려한다. • 물건, 기구 또는 환경을 설계하는데 인간의 특성이나 행동에 관한 적절한 정보를 체계적으로 적용할 수 있다.

[인간공학의 적용분야]
① 생리학 ② 감성공학
③ 생체역학 ④ 인체측정학
⑤ 인지공학 ⑥ 안전공학
⑦ 심리학 ⑧ 작업연구학
⑨ 산업위생학 ⑩ 제어공학
⑪ 산업디자인
⑫ HCI(Human Computer Interaction)

(3) 인간공학의 기대효과와 가치

① 성능의 향상
② 훈련비용의 절감
③ 인력이용율의 향상
④ 사고 및 오용으로부터의 손실감소
⑤ 생산 및 경비유지의 경제성 증대
⑥ 사용자의 수요도 향상

(4) 인간공학 연구방법

① 주요 분석방법

① 순간조작 분석	② 지각운동 정보 분석
③ 연속 콘트롤(control)부담 분석	④ 사용빈도 분석
⑤ 전(全)작업 부담 분석	⑥ 기계의 사고 연관성 분석

② 인간공학의 연구환경

구분	장점	단점
실험실 환경에서의 연구	많은 변수조절가능, 통제의 용이성, 정확한 자료수집, 반복 실험 가능, 피실험자의 안전 확보	사실성이나 현장감 부족
현장 환경에서의 연구	관련 변수 및 환경조건의 사실성, 피실험자의 특성 일반화 가능	변수 통제가 어려움, 시간과 비용의 증가, 안전상의 문제점 발생
모의실험 환경	일정 정도 사실성 확보, 변수 통제 용이, 안전확보	고비용, 프로그램 개발의 어려움

[인간공학의 연구방법]

1. 조사연구 : 집단의 일반적 특성연구
2. 실험연구 : 특정현상의 이해와 관련한 연구
3. 평가연구 : 실제의 제품이나 시스템에 대한 영향 연구

[“일반화”의 의미]

특정한 대상에 관한 사고나 연구의 결과를 그것과 유사한 대상에 적용하는 것으로 본래의 대상과 적용의 대상은 본질적으로 같은 특징을 가지고 있다는 전제 혹은 가설적 상정을 기초로 한다.

(5) 인간공학 연구 기준요건

기준요건	내용
표준화	검사를 위한 조건과 검사 절차의 일관성과 통일성을 표준화한다.
객관성	검사결과를 채점하는 과정에서 채점자의 편견이나 주관성이 배제되어 어떤 사람이 채점하여도 동일한 결과를 얻어야 한다.
규준	검사의 결과를 해석하기 위해서 비교할 수 있는 참조 또는 비교의 틀을 제공하는 것이다.
신뢰성	검사응답의 일관성, 즉 반복성을 말하는 것이다.
타당성	측정하고자하는 것을 실제로 측정하는 것을 타당성이라 한다.
민감도	피실험자 사이에서 볼 수 있는 예상 차이점에 비례하는 단위로 측정해야 하는 것
검출성	정보를 암호화한 자극은 주어진 상황하의 감지 장치나 사람이 감지할 수 있어야 한다.
적절성	연구방법, 수단의 적합도
변별성	다른 암호표시와 구별되어야 한다.
무오염성	측정하고자 하는 변수 외의 다른 변수들의 영향을 받아서는 안된다.

01 핵심문제 1. 인간공학의 정의

□□□ 09년3회, 11년3회

1. 다음 중 인간공학의 정의로 가장 적합한 것은?

① 인간의 과오가 시스템에 미치는 영향을 최소화하기 위한 연구분야
② 인간, 기계, 물자, 환경으로 구성된 복잡한 체계의 효율을 최대로 활용하기 위하여 인간의 한계 능력을 최대화하는 학문분야
③ 인간, 기계, 물자, 환경으로 구성된 복잡한 체계의 효율을 최대로 활용하기 위하여 인간의 생리적, 심리적 조건을 시스템에 맞추는 학문분야
④ 인간의 특성과 한계 능력을 공학적으로 분석, 평가하여 이를 복잡한 체계의 설계에 응용함으로 효율을 최대로 활용할 수 있도록 하는 학문분야

문제 1, 2 해설

인간공학은 기계와 그 기계조작 및 환경조건을 인간의 특성, 능력과 한계에 잘 조화하도록 설계하기 위한 수단을 연구하는 학문이다.

□□□ 15년3회, 19년2회, 22년2회

2. 다음 중 인간공학에 대한 설명으로 틀린 것은?

① 인간이 사용하는 물건, 설비, 환경의 설계에 적용된다.
② 인간의 생리적, 심리적인 면에서의 특성이나 한계점을 고려한다.
③ 인간을 작업과 기계에 맞추는 설계 철학이 바탕이 된다.
④ 인간-기계 시스템의 안전성과 편리성, 효율성을 높인다.

□□□ 12년1회, 15년2회

3. 다음 중 인간공학을 나타내는 용어로 적절하지 않는 것은?

① human factors
② ergonomics
③ human engineering
④ customize engineering

해설

인간공학의 영문표기
① Human Engineering : 일반적인 인간공학 표기법
② Ergonomics : Ergo(work)와 Nomos(law)의 합성어로서 유럽중심의 노동과학에서 발달
③ Human Factors : 미국 중심의 심리학에서 발달하였으며 생체역학과 심리학 등 인간의 여러가지 요소를 연구

□□□ 14년3회, 22년1회

4. 다음 중 인간공학의 목표와 가장 거리가 먼 것은?

① 에러 감소 ② 생산성 증대
③ 안전성 향상 ④ 신체 건강 증진

문제 4, 5 해설

인간공학의 목표
① 안전성 향상과 사고방지
② 기계조작의 능률성과 생산성의 향상
③ 작업환경의 쾌적성

□□□ 16년2회, 21년3회

5. 인간공학의 궁극적인 목적과 가장 관계가 깊은 것은?

① 경제성 향상 ② 인간 능력의 극대화
③ 설비의 가동율 향상 ④ 안전성 및 효율성 향상

□□□ 16년1회, 20년3회

6. 다음 중 인간공학을 기업에 적용할 때의 기대효과로 볼 수 없는 것은?

① 노사 간의 신뢰 저하
② 제품과 작업의 질 향상
③ 작업자의 건강 및 안전 향상
④ 이직률 및 작업손실시간의 감소

해설

인간공학을 기업에 적용할 때 안전성이 향상되어 결과적으로 노사 간의 신뢰가 향상된다.

□□□ 16년3회

7. 사업장에서 인간공학 적용 분야로 틀린 것은?

① 제품설계
② 산업독성학
③ 재해 · 질병예방
④ 작업장 내 조사 및 연구

정답 1 ④ 2 ③ 3 ④ 4 ④ 5 ④ 6 ① 7 ②

해설

인간공학의 주요 적용분야

1. 생리학	2. 감성공학
3. 생체역학	4. 인체측정학
5. 인지공학	6. 안전공학
7. 심리학	8. 작업연구학
9. 산업위생학	10. 제어공학
11. 산업디자인	12. HCI(Human Computer Interaction)

□□□ 18년2회

8. 사업장에서 인간 공학의 적용분야로 가장 거리가 먼 것은?

① 제품설계
② 설비의 고장률
③ 재해 · 질병 예방
④ 장비 · 공구 · 설비의 배치

해설

인간공학 적용의 목적은 인간이 만들어 사용하는 물건, 기구 또는 환경을 설계하는 과정에서 인간을 고려하는데 있으며 설비의 고장률이나 내구성의 향상등과는 거리가 멀다.

□□□ 11년1회, 15년1회

9. 다음 중 인간공학적 설계 대상에 해당되지 않는 것은?

① 물건(Objects) ② 기계(Machinery)
③ 환경(Environment) ④ 보전(Maintenance)

해설

보전(Maintenance)
인간공학적 설계 이후 운용상의 관리 방법에 해당한다.

□□□ 10년1회

10. 시스템 분석 및 설계에 있어서 인간공학의 가치와 거리가 먼 것은?

① 성능의 향상
② 사용자의 수용도 향상
③ 작업 숙련도의 감소
④ 사고 및 오용으로부터의 손실 감소

문제 10, 11 해설

체계설계과정에서의 인간공학의 기여도
1. 성능의 향상
2. 훈련비용의 절감
3. 인력이용율의 향상
4. 사고 및 오용으로부터의 손실감소
5. 생산 및 경비유지의 경제성 증대
6. 사용자의 수요도 향상

□□□ 13년3회, 17년1회

11. 다음 중 시스템 분석 및 설계에 있어서 인간공학의 가치와 가장 거리가 먼 것은?

① 사고 및 오용으로부터의 손실 감소
② 인력 이용률의 향상
③ 생산 및 보건의 경제성 감소
④ 훈련 비용의 절감

□□□ 14년2회

12. 조사연구자가 특정한 연구를 수행하기 위해서는 어떤 상황에서 실시할 것인가를 선택하여야 한다. 즉, 실험실환경에서도 가능하고, 실제 현장 연구도 가능한데 다음 중 현장 연구를 수행했을 경우 장점으로 가장 적절한 것은?

① 비용 절감
② 정확한 자료수집 가능
③ 일반화가 가능
④ 실험조건의 조절 용이

문제 12, 13 해설

인간공학의 연구환경

구분	장점	단점
실험실 환경에서의 연구	많은 변수조절가능, 통제의 용이성, 정확한 자료수집, 반복 실험 가능, 피실험자의 안전 확보	사실성이나 현장감 부족
현장 환경에서의 연구	관련 변수 및 환경조건의 사실성, 피실험자의 특성 일반화 가능	변수 통제가 어려움, 시간과 비용의 증가, 안전상의 문제점 발생
모의실험 환경	일정 정도 사실성 확보, 변수 통제 용이, 안전확보	고비용, 프로그램 개발의 어려움

□□□ 16년2회

13. 실험실 환경에서 수행하는 인간공학 연구의 장 · 단점에 대한 설명으로 맞는 것은?

① 변수의 통제가 용이하다.
② 주위 환경의 간섭에 영향 받기 쉽다.
③ 실험 참가자의 안전을 확보하기가 어렵다.
④ 피실험자의 자연스러운 반응을 기대할 수 있다.

정답 8 ② 9 ④ 10 ③ 11 ③ 12 ③ 13 ①

□□□ 08년1회, 10년3회, 13년2회, 17년3회

14. 다음 중 인간공학 연구조사에 사용되는 기준의 구비 조건으로 볼 수 없는 것은?

① 적절성 ② 무오염성
③ 부호성 ④ 기준 척도의 신뢰성

문제 14~17 해설

인간공학 연구 기준요건

기준요건	내용
표준화	검사를 위한 조건과 검사 절차의 일관성과 통일성을 표준화한다.
객관성	검사결과를 채점하는 과정에서 채점자의 편견이나 주관성이 배제되어 어떤 사람이 채점하여도 동일한 결과를 얻어야 한다.
규준	검사의 결과를 해석하기 위해서 비교할 수 있는 참조 또는 비교의 틀을 제공하는 것이다.
신뢰성	검사응답의 일관성, 즉 반복성을 말하는 것이다.
타당성	측정하고자하는 것을 실제로 측정하는 것을 타당성이라 한다.
민감도	피실험자 사이에서 볼 수 있는 예상 차이점에 비례하는 단위로 측정해야 하는 것.
검출성	정보를 암호화한 자극은 주어진 상황하의 감지 장치나 사람이 감지할 수 있어야 한다.
적절성	연구방법, 수단의 적합도
변별성	다른 암호표시와 구별되어야 한다.
무오염성	측정하고자 하는 변수 외의 다른 변수들의 영향을 받아서는 안된다.

□□□ 09년1회, 14년1회, 20년4회

15. 다음 중 연구 기준의 요건에 대한 설명으로 옳은 것은?

① 적절성 : 반복 실험 시 재현성이 있어야 한다.
② 신뢰성 : 측정하고자 하는 변수 이외의 다른 변수의 영향을 받아서는 안된다.
③ 무오염성 : 의도된 목적에 부합하여야 한다.
④ 민감도 : 피실험자 사이에서 볼 수 있는 예상 차이점에 비례하는 단위로 측정해야 한다.

□□□ 09년2회, 11년1회

16. 인간공학 실험에서 측정변수가 다른 외적 변수에 영향을 받지 않도록 하는 요건을 의미하는 특성은?

① 적절성 ② 무오염성
③ 민감도 ④ 신뢰성

□□□ 10년1회

17. 인간공학의 연구에서 기준 척도의 신뢰성(Reliability of criterion measure)이란 무엇을 의미하는가?

① 반복성 ② 적절성
③ 적응성 ④ 보편성

정답 14 ③ 15 ④ 16 ② 17 ①

02 인간-기계 시스템

(1) 인간-기계 시스템의 정의

① 인간이 기계를 사용하여 작업할 때 인간과 기계를 하나의 시스템으로 보는 것을 인간-기계 시스템(Man-Machine System)이라 한다.

② 인간공학적 인간-기계 시스템의 기능을 위한 가정
㉠ 시스템에서의 효율적 인간기능 역할 수행
㉡ 작업에 대한 동기부여
㉢ 인간의 수용능력과 정신적 제약을 고려한 설계

[system과 sub system]
복잡한 체계에서는 시스템 내에 또 다른 시스템을 두고 이들은 각각의 내부에 하부시스템(sub system) 또는 부품(component) 그 차체로 하나의 체계를 이룬다.

(2) 인간-기계 시스템의 기본기능

인간 - 기계 기능 체계에서는 감지 → 정보처리 및 의사결정 → 행동기능으로 분류하며, 정보보관기능은 아래의 기능 내용과 상호보안 작용을 한다.

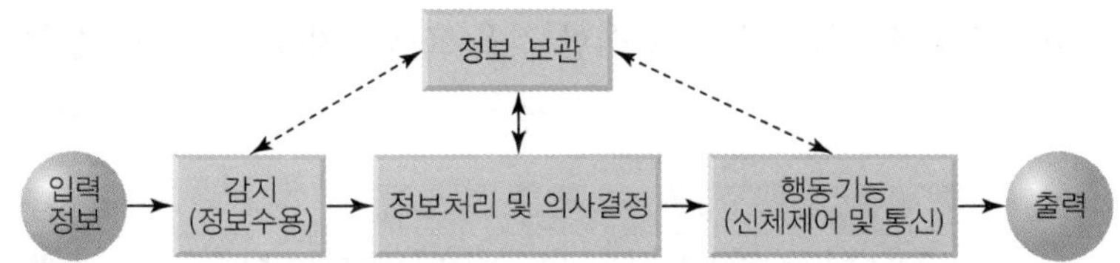

인간-기계 통합 체계의 인간 또는 기계에 의해 수행되는 기본 기능의 유형

기본기능	내용
감지 (sensing)	• 인체의 감지기능 : 시각, 청각, 촉각과 같은 감각기관 • 기계의 감지장치 : 전자, 사진등의 기계적 장치
정보저장 (information storage)	• 인간의 정보보관 : 기억된 학습 내용 • 기계적 정보보관 : 펀치 카드(punch card), 자기 테이프, 형판(template), 기록, 자료표 등과 같은 물리적 방법으로 보관
정보처리 및 결심 (information processing and decision)	감지한 정보를 가지고 수행하는 여러 종류의 조작과 행동의 결정
행동기능 (acting function)	내려진 의사결정의 결과로 발생하는 조작행위 물리적 조종행위나 과정, 통신행위(음성, 신호, 기록등)

[Lock system의 구분]

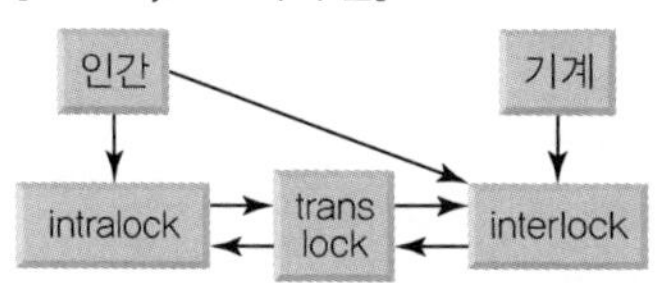

• interlock : 인간과 기계 사이에 두는 안전장치 또는 기계에 두는 안전장치
• intralock : 인간의 내면에 존재하는 통제장치
• translock : interlock과 intralock 사이에 두는 안전장치

[체계에 따른 동력원 분류]

체계	동력원
수동체계	사람
반자동체계	기계
자동체계	기계

(3) 인간-기계시스템의 구분

① 수동체계(manual system)

수동체계는 수공구나 기타 보조물로 이루어지며 인간의 신체적인 힘을 동력원으로 사용하여 작업을 통제한다.

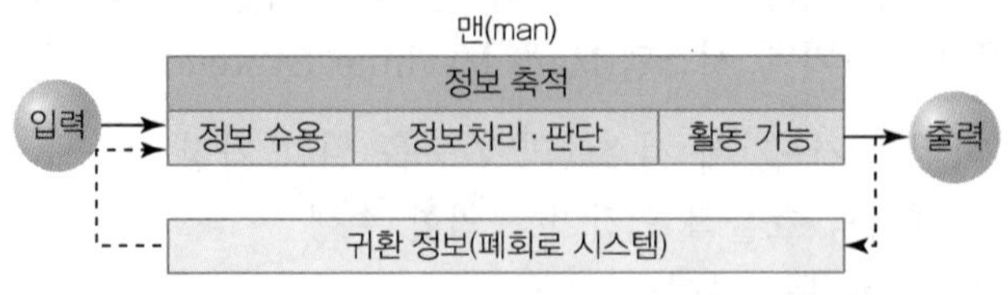

수동시스템

② 반자동, 기계화 체계(mechanical system)

㉠ 반자동(semiautomatic)체계라고도 하며, 이 체계는 변화가 별로 없는 기능들을 수행하도록 설계되어 있으며 동력은 전형적으로 기계가 제공하고, 운전자는 조정장치를 사용하여 통제한다.

㉡ 인간은 표시장치를 통하여 체계의 상태에 대한 정보를 받고, 정보처리 및 의사결정기능을 통해 결심한 것을 조종창치를 사용하여 실행한다.

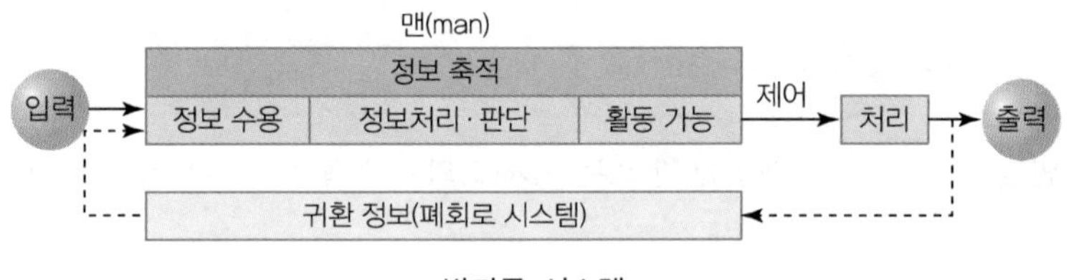

반자동 시스템

③ 자동화체계(automatic system)

기계 자체가 감지, 정보 처리 및 의사결정, 행동을 수행한다. 신뢰성이 완전한 자동체계란 불가능하므로 인간은 주로 감시(monitor), 프로그램 입력, 정비 유지(maintenance) 등의 기능을 수행한다.

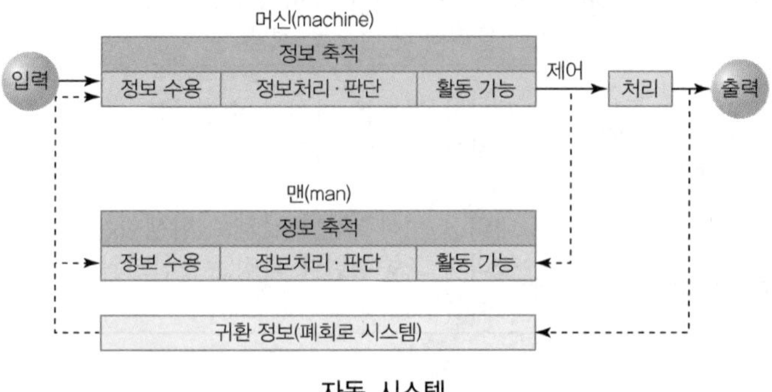

자동 시스템

(4) 사람과 기계의 기능 비교

구분	내용
기계가 인간보다 우수한 기능	• 인간의 감지범위 밖의 자극(X선, 레이다파, 초음파 등)을 감지 • 사전에 명시된 사상(event), 드물게 발생하는 사상을 감지 • 암호화(code)된 정보를 신속하게 대량으로 보관 • 구체적인 지시에 따라 암호화된 정보를 신속하고 정확하게 회수 • 연역적으로 추리하는 기능 • 입력신호에 대해 신속하고 일관성 있는 반응 • 명시된 프로그램에 따라 정량적인 정보처리 • 큰 물리적인 힘을 규율 있게 발휘 • 장기간에 걸쳐 작업수행 • 반복적인 작업을 신뢰성 있게 수행 • 여러 개의 프로그램 된 활동을 동시에 수행 • 과부하시에도 효율적으로 작동 • 물리적인 양을 계수(計數)하거나 측정 • 주의가 소란하여도 효율적으로 작동
인간이 기계보다 우수한 기능	• 낮은 수준의 시각, 청각, 촉각, 후각, 미각 등의 자극을 감지 • 배경잡음이 심한 경우에도 자극(신호)을 인지 • 복잡 다양한 자극(상황에 따라 변화하는 자극 등)의 형태를 식별 • 예기치 못한 사건들을 감지 (예감, 느낌) • 다량의 정보를 오랜 기간동안 보관(기억)하는 기능(방대한 양의 상세정보 보다는 원칙이나 전략을 더 잘 기억함) • 보관되어 있는 적절한 정보를 회수(상기)하며, 흔히 관련 있는 수많은 정보항목들을 회수(회수의 신뢰도는 낮음) • 다양한 경험을 토대로 의사결정을 하고, 상황적 요구에 따라 적응적인 결정을 하며, 비상사태에 대처하여 임기응변할 수 있는 기능(모든 상황에 대한 사전 프로그래밍이 필요하지 않음) • 어떤 운용방법(mode of operation)이 실패한 경우 다른 방법을 선택하는 기능(융통성) • 원칙을 적용하여 다양한 문제해결 • 관찰을 통해서 일반화하여 귀납적으로 추리 • 주관적으로 추산하고 평가 • 문제에 있어서 독창력을 발휘 • 과부하(overload)상황에서 불가피한 경우에는 중요한 일에만 전념 • 무리없는 한도 내에서 다양한 운용 요건에 맞추어 신체적인 반응을 적응시키는 기능

[인간과 기계 기능의 요약]

인간은 융통성이 있으나 일관성 있는 작업수행을 기대할 수 없으며, 기계는 일관성 있는 작업수행을 기대할 수 있으나 융통성이 전혀 없다.

[양립성]

자극과 반응, 그리고 인간의 예상과의 관계를 말하는 것으로, 인간공학적 설계의 중심이 되는 개념이다.
(1) 개념적 양립성
(2) 공간적 양립성
(3) 운동 양립성
(4) 양식 양립성

(5) 체계의 설계

① 인간-기계 시스템의 설계 원칙

㉠ 양립성을 고려한 설계를 한다.

㉡ 배열을 고려한 설계를 한다.(계기반이나 제어장치의 중요성, 사용빈도, 사용순서, 기능에 따라 배치)

㉢ 인체 특성에 적합한 설계를 한다.

② 인간-기계 시스템의 설계 단계

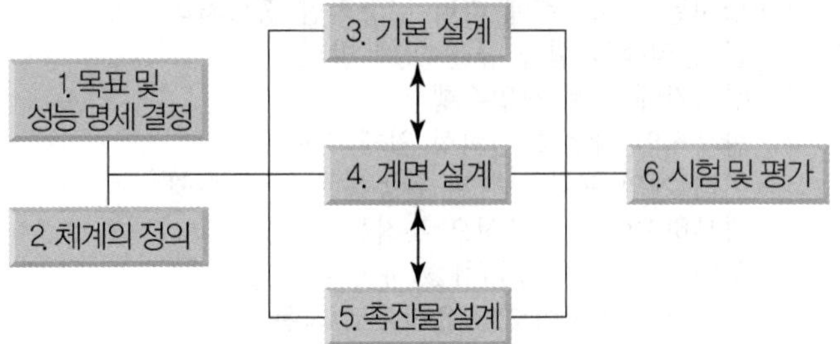

인간-기계 시스템 설계의 체계도

단계	구분	내용
1	시스템 목표와 성능 명세 결정	(1) 시스템의 설계를 시작하기 전 시스템의 목표, 시스템의 명세를 결정 (2) 전체적인 운용상 특성들, 특정 세부 목표를 기술 (3) 시스템의 요구사항은 사용자의 요구, 인터뷰, 설문, 방문, 작업연구 등을 통해 얻어짐
2	시스템의 정의	(1) 결정된 시스템의 목표와 성능에 맞추어 실행해야할 기능을 정의 (2) 개별과업과 행동이 세부적으로 구분되는 단계
3	기본설계	(1) 시스템의 개발 단계 중 시스템의 형태를 갖추기 시작하는 단계 (2) 설계 시 인간공학적 활동 • 인간, 하드웨어, 소프트웨어에 대한 기능 할당(function allocation) • 인간 성능 요건 명세(human performance requirements) : 정확성, 속도, 시간, 사용자 만족 • 직무분석(task analysis) • 작업설계(designing work modules)

단계	구분	내용
4	인터페이스 설계	(1) 최적의 입력과 출력장치를 선택하고 인터페이스 언어, 화면 설계 등을 통해 인간의 능력과 한계에 부합하도록 한다. (2) 계면설계의 종류 • 작업 공간 • 표시장치 • 조종장치 • 제어장치 • 컴퓨터의 대화 (3) 계면설계의 조화성 고려 • 신체적 조화성 • 지적 조화성 • 감성적 조화성
5	보조물 설계	(1) 인간 성능을 증진시킬 보조물에 대하여 계획 (2) 보조물의 종류 • 지시 수첩(instruction manual) • 성능 보조자료 • 훈련 도구와 계획
6	시험 및 평가	(1) 완성된 서브 시스템(subsystem)을 평가하고 모든 구성이 준비되면 전체 시스템이 하나의 단위로 평가 (2) 평가의 초점 : 인간성능이 수용 가능한 수준이 되도록 시스템을 개선

(6) 감성 공학

① 인간이 가지고 있는 이미지나 감성을 구체적인 제품설계로 실현하는 공학적 접근 방법

② 감성의 정성적, 정량적 측정을 통하여 제품이나 환경의 설계에 반영한다.

③ 감성공학은 인간의 쾌적성을 평가하기 위한 기초자료로서 인간의 시각, 청각, 후각, 미각, 촉각 등의 감각기능을 측정하고 인간의 어떤 조건하에서 고급스러움, 친밀함, 참신감 등을 느끼게 하는가를 측정하는 학문이다.

02 핵심문제 2. 인간-기계 시스템

□□□ 11년2회, 18년3회

1. 다음 중 인간공학에 있어 기본적인 가정에 관한 설명으로 틀린 것은?

① 인간에게 적절한 동기부여가 된다면 좀 더 나은 성과를 얻게 된다.
② 인간 기능의 효율은 인간 - 기계 시스템의 효율과 연계 된다.
③ 개인이 시스템에서 효과적으로 기능을 하지 못하여도 시스템의 수행은 변함없다.
④ 장비, 물건, 환경 특성이 인간의 수행도와 인간 - 기계 시스템의 성과에 영향을 준다.

해설

인간공학적 인간-기계 시스템의 기능을 위한 가정
1) 시스템에서의 효율적 인간기능 역할 수행
2) 작업에 대한 동기부여
3) 인간의 수용능력과 정신적 제약을 고려한 설계

□□□ 12년3회, 19년1회

2. 다음 중 인간-기계 체제(Man-machine system)의 연구 목적으로 가장 적절한 것은?

① 정보 저장의 극대화
② 운전 시 피로의 극소화
③ 시스템의 신뢰성 극대화
④ 안전을 극대화시키고 생산능률을 향상

해설

인간-기계 체제(Man-machine system)의 가장 중요한 연구 목적은 안전을 극대화시키고 생산능률을 향상하는 것이다.

□□□ 08년2회, 10년3회

3. 다음 중 인간-기계 통합체계의 유형에서 수동체계에 해당하는 것은?

① 자동차 ② 컴퓨터
③ 공작기계 ④ 장인과 공구

문제 3, 4 해설

수동체계(manual system)
수공구나 기타 보조물로 이루어지며 자신의 신체적인 힘을 동력원으로 사용하여 작업을 통제하는 인간 사용자와 결합하는 것을 뜻한다.

□□□ 08년3회, 14년2회, 15년3회

4. 인간-기계 시스템에 관한 설명으로 틀린 것은?

① 수동시스템에서 기계는 동력원을 제공하고 인간의 통제하에서 제품을 생산한다.
② 기계 시스템에서는 고도로 통합된 부품들로 구성되어 있으며, 일반적으로 변화가 거의 없는 기능들을 수행한다.
③ 자동 시스템에서 인간의 감시, 정비, 보전 등의 기능을 수행한다.
④ 자동 시스템에서 인간요소를 고려하여야 한다.

□□□ 15년1회

5. 다음 중 인간공학에 있어서 일반적인 인간-기계 체계(Man-Machine System)의 구분으로 가장 적합한 것은?

① 인간 체계, 기계 체계, 전기 체계
② 전기 체계, 유압 체계, 내연기관 체계
③ 수동 체계, 반기계 체계, 반자동 체계
④ 자동화 체계, 기계화 체계, 수동 체계

해설

인간-기계 체계(Man-Machine System)의 분류
1. 수동 체계 2. 기계화 체계 3. 자동화 체계

□□□ 13년1회, 17년1회

6. 자동화시스템에서 인간의 기능으로 적절하지 않은 것은?

① 설비보전
② 작업계획 수립
③ 조정 장치로 기계를 통제
④ 모니터로 작업 상황 감시

해설

자동화체계(automatic system)
기계 자체가 감지, 정보 처리 및 의사결정, 행동을 수행한다. 신뢰성이 완전한 자동체계란 불가능하므로 인간은 주로 감시(monitor), 프로그램 입력, 정비 유지(maintenance) 등의 기능을 수행한다.

정답 1 ③ 2 ④ 3 ④ 4 ① 5 ④ 6 ③

□□□ 08년2회

7. 다음 중 인간이 기계보다 우수한 능력이 아닌 것은?

① 문제 해결에 독창성 발휘
② 경험을 활용한 행동방향 개선
③ 단시간에 많은 양의 정보기억과 재생
④ 상황에 따라 변화하는 복잡한 자극의 형태 식별

해설

③항, 단시간에 많은 양의 정보기억과 재생은 기계가 우수한 기능이다.

□□□ 09년1회

8. 다음 중 인간이 기계보다 우수한 측면이 아닌 것은?

① 완전히 새로운 해결책을 찾을 수 있다.
② 주위의 예기치 못한 상황을 감지할 수 있다.
③ 반복적인 작업을 신뢰성 있게 수행할 수 있다.
④ 관찰을 통해서 일반화하여 귀납적으로 추리할 수 있다.

해설

③항, 반복적인 작업을 신뢰성 있게 수행하는 것은 기계가 우수한 기능이다.

□□□ 09년2회, 18년2회

9. 다음 중 기계와 비교하여 인간이 정보처리 및 결정의 측면에서 상대적으로 우수한 것은?

① 연역적 추리　② 관찰을 통한 일반화
③ 정량적 정보처리　④ 정보의 신속한 보관

해설

①항, ③항, ④항은 기계가 우수한 기능이다.

□□□ 09년3회

10. 다음 중 인간이 기계보다 우수한 기능이라 할 수 있는 것은?

① 귀납적 추리
② 신뢰성 있는 반복작업
③ 신속하고 일관성 있는 반응
④ 대량의 암호화된(coded) 정보의 신속한 보관

문제 10, 11 해설

인간은 관찰을 통해서 일반화하여 귀납적으로 추리하는 기능이 있다.

□□□ 10년1회

11. 다음 중 인간이 현존하는 기계를 능가하는 기능이 아닌 것은?

① 원칙을 적용하여 다양한 문제를 해결한다.
② 관찰을 통해서 일반화하고 연역적으로 추리한다.
③ 주위의 이상하거나 예기치 못한 사건들을 감지한다.
④ 어떤 운용방법이 실패한 경우 다른 방법을 선택한다.

□□□ 11년3회, 20년1·2회

12. 인간-기계 시스템을 설계할 때에는 특정기능을 기계에 할당하거나 인간에게 할당하게 된다. 이러한 기능할당과 관련된 사항으로 바람직하지 않은 것은?

① 일반적으로 인간은 주위가 이상하거나 예기치 못한 사건을 감지하여 대처하는 업무를 수행한다.
② 일반적으로 기계는 장시간 일관성이 있는 작업을 수행한다.
③ 인간은 소음, 이상온도 등의 환경에서 수행하고, 기계는 주관적인 추산과 평가 작업을 수행한다.
④ 인간은 원칙을 적용하여 다양한 문제를 해결하는 능력이 기계에 비해 우월하다.

해설

③항, 인간은 소음, 이상온도 등의 환경에서 수행능력이 떨어지며, 기계는 주관적인 추산과 평가 작업을 수행할 수가 없다.

□□□ 12년1회, 18년3회

13. 일반적으로 기계가 인간보다 우월한 기능에 해당되는 것은? (단, 인공지능은 제외한다.)

① 귀납적으로 추리한다.
② 원칙을 적용하여 다양한 문제를 해결한다.
③ 다양한 경험을 토대로 하여 의사 결정을 한다.
④ 명시된 절차에 따라 신속하고, 정량적인 정보처리를 한다.

해설

①, ②, ③항은 인간이 기계보다 우수한 기능이며
④항, 명시된 프로그램에 따라 정량적인 정보처리를 하는 기능은 기계가 인간보다 우수한 기능이다.

정답 7 ③ 8 ③ 9 ② 10 ① 11 ② 12 ③ 13 ④

□□□ 09년2회, 16년3회

14. 다음 중 인간-기계시스템의 설계 원칙으로 볼 수 없는 것은?

① 배열을 고려한 설계
② 양립성에 맞게 설계
③ 인체특성에 적합한 설계
④ 기계적 성능에 적합한 설계

해설

인간 - 기계시스템의 설계 원칙
1. 배열을 고려한 설계
2. 양립성에 맞게 설계
3. 인체 특성에 적합한 설계

□□□ 10년2회, 17년3회

15. 다음 중 인간-기계 통합 체계의 인간 또는 기계에 의해서 수행되는 기본기능의 유형에 해당하지 않는 것은?

① 감지　　② 환경
③ 행동　　④ 정보보관

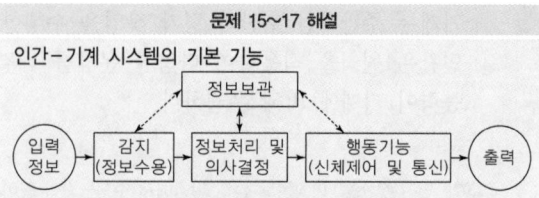

문제 15~17 해설

인간-기계 시스템의 기본 기능

정보보관
입력정보 → 감지(정보수용) → 정보처리 및 의사결정 → 행동기능(신체제어 및 통신) → 출력

기본기능	내용
감지	① 인체의 감지기능 : 시각, 청각, 촉각과 같은 감각기관 ② 기계의 감지장치 : 전자, 사진등의 기계적 장치
정보저장	① 인간의 정보보관 : 기억된 학습 내용 ② 기계적 정보보관 : 펀치 카드(punch card), 자기테이프, 형판(template), 기록, 자료표 등과 같은 물리적 방법으로 보관
정보처리 및 결심	감지한 정보를 가지고 수행하는 여러 종류의 조작과 행동의 결정
행동기능	내려진 의사결정의 결과로 발생하는 조작행위 물리적 조종행위나 과정, 통신행위(음성, 신호, 기록등)

□□□ 11년2회

16. 다음 중 인간-기계 시스템에서 기계의 표시장치와 인간의 눈은 어느 요소에 해당하는가?

① 감지　　② 정보저장
③ 정보처리　　④ 행동기능

□□□ 09년1회

17. 인간과 기계의 기본 기능은 감지, 정보저장, 정보처리 및 의사결정, 행동으로 구분할 수 있는데 다음 중 행동기능에 속하는 것은?

① 음파탐지기　　② 추론
③ 결심　　④ 음성

□□□ 13년3회

18. 다음 중 인간-기계시스템의 설계 시 시스템의 기능을 정의하는 단계는?

① 제1단계 : 시스템의 목표와 성능명세 결정
② 제2단계 : 시스템의 정의
③ 제3단계 : 기본설계
④ 제4단계 : 인터페이스 설계

문제 18, 19 해설

인간-기계시스템의 설계
1. 제1단계 : 시스템의 목표와 성능명세 결정
2. 제2단계 : 시스템의 정의
3. 제3단계 : 기본설계
4. 제4단계 : 인터페이스 설계
5. 제5단계 : 촉진물 설계
6. 제6단계 : 시험 및 평가

□□□ 14년3회, 19년1회

19. 인간-기계시스템의 설계를 6단계로 구분할 때 다음 중 첫 번째 단계에서 시행하는 것은?

① 기본설계
② 시스템의 정의
③ 인터페이스 설계
④ 시스템의 목표와 성능명세 결정

□□□ 14년1회

20. 인간-기계시스템 설계의 주요 단계 중 기본설계 단계에서 인간의 성능 특성(human performance requirements)과 거리가 먼 것은?

① 속도　　② 정확성
③ 보조물 설계　　④ 사용자 만족

정답 14 ④ 15 ② 16 ① 17 ④ 18 ② 19 ④ 20 ③

문제 20~22 해설

3단계 기본설계
① 시스템의 개발 단계 중 시스템의 형태를 갖추기 시작하는 단계
② 설계 시 인간공학적 활동
1) 인간, 하드웨어, 소프트웨어에 대한 기능 할당(function allocation)
2) 인간 성능 요건 명세(human performance requirements) : 정확성, 속도, 시간, 사용자 만족
3) 직무분석(task analysis)
4) 작업설계(designing work modules)

□□□ 09년3회, 16년1회, 20년4회

21. 인간 - 기계 시스템에서 시스템의 설계를 다음과 같이 구분할 때 제3단계인 기본설계에 해당되지 않는 것은?

1단계 : 시스템의 목표와 성능 명세 결정
2단계 : 시스템의 정의
3단계 : 기본설계
4단계 : 인터페이스설계
5단계 : 보조물 설계
6단계 : 시험 및 평가

① 작업 설계 ② 화면 설계
③ 직무 분석 ④ 기능 할당

□□□ 12년1회

22. 체계 설계 과정의 주요 단계가 다음과 같을 때 인간·하드웨어·소프트웨어의 기능 할당, 인간성능 요건 명세, 직무분석, 작업설계 등의 활동을 하는 단계는?

- 목표 및 성능 명세 결정
- 체계의 정의
- 기본 설계
- 계면 설계
- 촉진물 설계
- 시험 및 평가

① 체계의 정의 ② 기본 설계
③ 계면 설계 ④ 촉진물 설계

□□□ 17년2회

23. 인간 - 기계시스템에 관한 내용으로 틀린 것은?

① 인간 성능의 고려는 개발의 첫 단계에서부터 시작되어야 한다.
② 기능 할당 시에 인간 기능에 대한 초기의 주의가 필요하다.
③ 평가 초점은 인간 성능의 수용가능한 수준이 되도록 시스템을 개선하는 것이다.
④ 인간 - 컴퓨터 인터페이스 설계는 인간보다 기계의 효율이 우선적으로 고려되어야 한다.

해설

인터페이스는 인간의 편의를 기준으로 설계되어야 하며 사용자에게 불편을 주게 되면 시스템의 성능을 저하 시킬 수 있다. 인터페이스 설계의 종류로는 작업 공간, 표시장치, 조종장치, 제어장치, 컴퓨터의 대화 등이 있다.

정답 21 ② 22 ② 23 ④

Chapter 02

정보입력표시

정보입력표시에서는 시각적 표시장치, 청각적 표시장치의 특징과 효과적인 표시장치에 대한 구분에 대한 내용과 인간요소적 특징과 휴먼에러의 특징과 분류에 대한 내용으로 이루어져 있다. 이장에서는 각 표시장치의 특징과 휴먼에러의 분류 부분이 주로 출제 되고 있다.

01 시각과정

(1) 눈의 구조

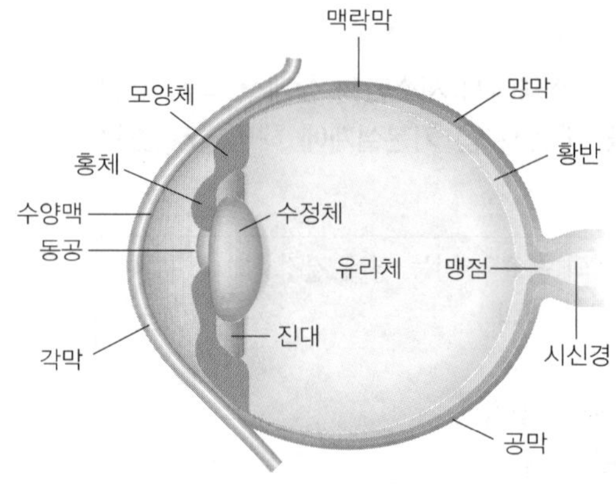

[맥락막의 구조와 기능]

두께가 0.2~0.5mm로, 혈관막 중에서도 혈관이 가장 잘 분포하고 있어 망막의 색소층이나 시세포층에 영양을 공급한다. 멜라닌세포가 많이 분포하여 암흑갈색을 띠며, 이는 암실 역할을 하여 외부에서 들어온 빛을 흡수하여 공막 쪽으로 분산되지 않도록 막는다. 맥락막의 바깥면은 공막의 안쪽면과 느슨하게 결합되어 있고, 안쪽면은 망막의 색소층과 밀착되어 있다. 안구 뒤쪽의 시신경이 나오는 부분에는 맥락막이 분포하지 않는다.

명칭	기능
각막 (cornea)	눈의 앞쪽 창문에 해당되며 광선을 질서정연한 모양으로 굴절시킨다.
동공 (pupil)	원형으로 홍채(iris) 근육을 이용해 크기가 변하여, 시야가 어두우면 크기가 커지고 밝으면 작아져 빛의 분배를 조절 한다.
수정체 (lens)	동공을 통하여 들어온 빛은 수정체를 통하여 초점이 맞추어진다.
망막 (retina)	초점이 맞추어진 빛은 감광 부위인 망막에 상이 맺히게 되고 상을 두뇌로 전달한다.
맥락막 (choroid)	0.2~0.5mm의 두께가 얇은 암흑갈색의 막으로 색소세포가 있어 암실처럼 빛을 차단하면서 망막 내면을 덮고 있다.

(2) 시력(visual acuity)

① 정의

㉠ 세부적인 내용을 시각적으로 식별할 수 있는 능력으로 망막 위에 초점을 맞추는 수정체의 두께를 조절하는 눈의 조절능력(Accommodation)에 따라 정해진다.

㉡ 인간이 멀리 있는 물체를 볼 때에는 수정체가 얇아지고 가까이 있는 물체를 볼 때는 수정체가 두꺼워진다.

② **최소분간시력(Minimum separable acuity), 최소가분시력**
가장 많이 사용하는 시력의 척도로 눈이 식별할 수 있는 과녁(target)의 최소 특징이나 과녁부분들 간의 최소공간

③ **시력의 종류**

명칭	기능
배열시력	둘 혹은 그 이상의 물체들을 평면에 배열하여 놓고 그것이 일렬로 서 있는지의 여부를 판별하는 능력
동적시력	움직이는 물체를 정확하게 분간하는 능력
입체시력	거리가 있는 하나의 물체에 대해 두 눈의 망막에서 수용할 때 상이나 그림의 차이를 분간하는 능력
최소지각시력	배경으로부터 한 점을 분간하는 능력

④ **시력의 기본척도**
시각 1분의 역수를 표준 단위로 사용 $\left(시력 = \frac{1}{시각}\right)$

최소 시각(Visual angle)에 대한 시력

최소각	시력
2분(')	0.5
1분(')	1
30초(")	2
15초(")	4

[근시와 원시]
(1) 근시 : 수정체가 두꺼워진 상태로 있어 먼 물체의 초점을 정확히 맞출 수 없음.
(2) 원시 : 수정체가 얇은 상태로 남아 있어 가까운 물체를 보기 어려움.

(3) 시각(시계, Visual angle)

① 정확히 식별할 수 있는 최소의 세부 사항을 볼 때 생기는 것으로 사물을 보는 물체에 의한 눈에서의 대각
② 일반적으로 호의 분이나 초단위로 나타낸다. ($1° = 60' = 3600''$)

$$시각(분) = \frac{(57.3)(60)L}{D}$$

L : 시선과 직각으로 측정한 물체의 크기
D : 물체와 눈 사이의 거리(단, 시각은 $600'$ 이하일 때이며 radian(라디안)단위를 분으로 환산하기 위한 상수값은 57.3과 60을 적용)

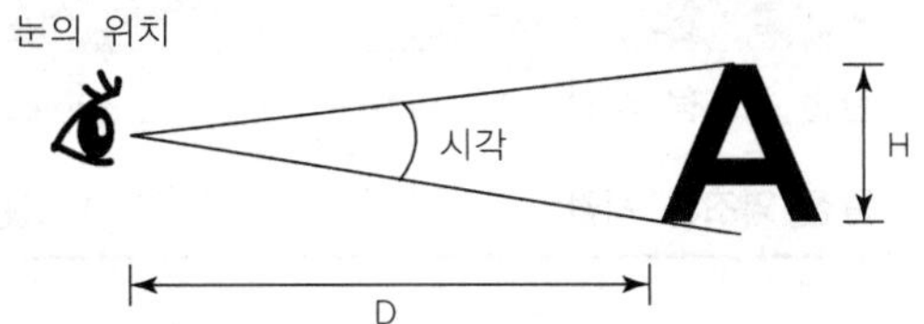

[radian]
원의 중심에서 인접한 두 반지름에 의해 생성된 호(arc)의 길이가 반지름의 길이와 같은 경우 각의 크기(1rad : 57.3°)

[시각의 범위]
① 정상적인 인간의 시계범위 : 200°
② 색체식별의 시계범위 : 70°

 예제

눈의 위치로부터 물체가 71cm이고 물체의 크기가 1cm 일 때 시각(visual angle)은 얼마인가?

시각(분)$=\frac{(57.3)(60)L}{D}=\frac{57.3\times60\times1}{71}=48.42$(분)

[작업에 적절한 시각]

	수평작업	수직작업
최적조건	좌우 15°	0~30°
제한조건	좌우 95°	75~85°

※ 보통작업자의 정상적 시선: 수평선 기준 아래쪽 15°

③ 렌즈의 굴절률

디옵터(diopter)를 일반적으로 사용하며, 식은 다음과 같다.

$$D=\frac{1}{m\ \text{단위의 초점거리}}(\infty\rightarrow X_m)$$

 예제

원시가 25cm에 책을 읽기 위해서 필요한 안경은 2D이다. 안경이 없을 때에는 어느 정도의 거리를 두고 책을 읽어야 하는가?

① 필요한 안경 디옵터$=\frac{1}{0.25}$=4D,

② 실제시력은 4D−2D=2D

③ 2D를 거리로 환산하면, $2D=\frac{1}{x}$이므로 0.5m가 된다.

[가시광선]

인간의 눈이 느낄 수 있는 빛의 파장이며 380~780nm의 범위에 있다. 이 보다 긴 적외선, 짧은 χ선, γ선이 가시범위 밖에 있다.

(4) 시감각

① 색채의 인식

시각적 색채의 인식은 물체의 반사광과 빛의 속성에 따라 수용된다.

구분	내용
반사광의 특성	• 주파장(dominant wavelength) • 포화도(saturation) • 휘도(luminance)
빛의 속성	• 색상(hue) • 채도(saturation) • 명도(lightness)

[경쾌하고 가벼운 느낌에서 느리고 둔한 색의 순서]

백색 → 황색 → 녹색 → 등색 → 자색 → 적색 → 청색 → 흑색

② 시각의 순응

새로운 광도 수준에 대한 적응을 순응(adaptation)이라 하며 갑자기 어두운 곳으로 가거나 밝은 곳으로 왔을 때에 처음에 아무것도 보이지 않고 시간이 지나면서 사물을 파악하는 것을 말한다.

구분	시간
시각의 완전 암조응 시간	30~40분
시각의 완전 역조응 시간	1~2분

③ 시식별에 영향을 주는 주요 인자

구분	내용
1) 조도	어떤 물체나 표면에 도달하는 광의 밀도(fc, lux)
2) 대비	과녁의 휘도와 배경의 휘도 차이
3) 노출시간	조도가 큰 조건에서 노출시간이 클수록 식별력이 커진다.
4) 휘도비	시야 내의 주시영역과 주변영역 사이의 휘도의 비
5) 과녁의 이동	과녁이나 관측자가 움직일 경우 시력이 감소한다.
6) 휘광	눈이 적응된 휘도보다 밝은 광원이나 반사광으로 인해 생기며 가시도(visibility)와 시성능(visual performance)을 저하시킨다.
7) 연령과 훈련	나이가 들면 시력과 대비감도가 나빠진다.

[조도의 단위]

(1) foot-candle(fc)
(2) lux(=meter candle)
(3) lambert(L)
(4) foot-lambert(fL)

01 핵심문제 1. 시각과정

□□□ 09년1회

1. 눈의 구조에서 0.2~0.5mm의 두께가 얇은 암흑갈색의 막으로 색소세포가 있어 암실처럼 빛을 차단하면서 망막내면을 덮고 있는 것은?

① 각막 ② 맥락막
③ 중심와 ④ 공막

해설

맥락막의 구조와 기능
두께가 0.2~0.5mm로, 혈관막 중에서도 혈관이 가장 잘 분포하고 있어 망막의 색소층이나 시세포층에 영양을 공급한다. 멜라닌세포가 많이 분포하여 암흑갈색을 띠며, 이는 암실 역할을 하여 외부에서 들어온 빛을 흡수하여 공막 쪽으로 분산되지 않도록 막는다. 맥락막의 바깥면은 공막의 안쪽면과 느슨하게 결합되어 있고, 안쪽 면은 망막의 색소층과 밀착되어 있다. 안구 뒤쪽의 시신경이 나오는 부분에는 맥락막이 분포하지 않는다.

□□□ 09년1회

2. 25cm 거리에서 글자를 식별하기 위하여 2디옵터(Diopter) 안경이 필요하였다. 동일한 사람이 1m의 거리에서 글자를 식별하기 위해서는 몇 디옵터의 안경이 필요하겠는가?

① 3 ② 4
③ 5 ④ 6

해설

① 거리에 따른 필요굴절률 = 명시거리(25cm)의 굴절률 - 1m 거리의 굴절률 이므로
$\frac{1}{0.25}-\frac{1}{1}=3$
② 명시거리에서의 안경 디옵터 + 거리에 따른 필요굴절률
= 2 + 3 = 5D

□□□ 17년3회

3. 4m 또는 그보다 먼 물체만을 잘 볼 수 있는 원시 안경은 몇 D인가? (단, 명시거리는 25cm로 한다.)

① $1.75D$ ② $2.75D$
③ $3.75D$ ④ $4.75D$

해설

$D=\frac{1}{\text{m 단위의 초점거리}}$

명시거리 $D=\frac{1}{0.25}$ 이고 4m의 $D=\frac{1}{4}$ 이므로

$\frac{1}{0.25}-\frac{1}{4}=3.75D$이다.

□□□ 09년2회

4. 다음 중 가장 보편적으로 사용되는 시력의 척도는?

① 동시력 ② 최소인식시력
③ 입체시력 ④ 최소가분시력

해설

최소분간시력(Minimum separable acuity)
가장 많이 사용하는 시력의 척도로 눈이 식별할 수 있는 과녁(target)의 최소 특징이나 과녁부분들 간의 최소공간으로 최소가분시력이라고도 한다.

□□□ 13년1회, 15년3회

5. 다음 중 일반적으로 인간의 눈이 완전암조응에 걸리는데 소요되는 시간을 가장 잘 나타낸 것은?

① 3~5분 ② 10~15분
③ 30~40분 ④ 60~90분

해설

시각의 순응

구분	시간
시각의 완전 암조응 시간	30~40분
시각의 완전 역조응 시간	1~2분

□□□ 14년3회

6. 란돌트(Landolt) 고리에 있는 1.5mm의 틈을 5m의 거리에서 겨우 구분할 수 있는 사람의 최소분간시력은 약 얼마인가?

① 0.1 ② 0.3
③ 0.7 ④ 1.0

해설

① 시각(분)$=\frac{(57.3)(60)L}{D}=\frac{57.3\times60\times1.5}{5000}=1.0314$

② 최소분간시력 $=\frac{1}{\text{시각}}=\frac{1}{1.0314}\fallingdotseq1.0$

정답 1 ② 2 ③ 3 ③ 4 ④ 5 ③ 6 ④

□□□ 18년3회

7. 시력에 대한 설명으로 맞는 것은?

① 배열시력(vernier acuity) – 배경과 구별하여 탐지할 수 있는 최소의 점
② 동적시력(dynamic visual acuity) – 비슷한 두 물체가 다른 거리에 있다고 느껴지는 시차각의 최소차로 측정되는 시력
③ 입체시력(stereoscopic acuity) – 거리가 있는 한 물체에 대한 약간 다른 상이 두 눈의 망막에 맺힐 때 이것을 구별하는 능력
④ 최소지각시력(minimum perceptible acuity) – 하나의 수직선이 중간에서 끊겨 아래 부분이 옆으로 옮겨진 경우에 탐지할 수 있는 최소 측변방위

해설

① 배열시력 : 둘 혹은 그 이상의 물체들을 평면에 배열하여 놓고 그것이 일렬로 서 있는지의 여부를 판별하는 능력
② 동적시력 : 움직이는 물체를 정확하게 분간하는 능력
③ 입체시력 : 거리가 있는 하나의 물체에 대해 두 눈의 망막에서 수용할 때 상이나 그림의 차이를 분간하는 능력
④ 최소지각시력 : 배경으로부터 한 점을 분간하는 능력

□□□ 09년1회

8. 다음 중 경쾌하고 가벼운 느낌에서 느리고 둔한 색의 순서로 바르게 나열된 것은?

① 백색 – 황색 – 녹색 – 자색
② 녹색 – 황색 – 적색 – 흑색
③ 청색 – 자색 – 적색 – 흑색
④ 황색 – 자색 – 녹색 – 청색

해설

경쾌하고 가벼운 느낌에서 느리고 둔한 색의 순서
백색 → 황색 → 녹색 → 등색 → 자색 → 적색 → 청색 → 흑색

□□□ 08년2회

9. 인간의 시(視)식별 기능에 영향을 주는 외적 요인으로 볼 수 없는 것은?

① 사람의 개인차
② 색채의 사용과 조명
③ 물체와 배경 간의 대비
④ 표적물체나 관측자의 이동

해설

①항, 인간의 (視)식별 기능에 영향을 주는 내적 요인이다.

시식별에 영향을 주는 주요 인자

1. 조도
2. 대비
3. 노출시간
4. 휘도비
5. 과녁의 이동
6. 휘광
7. 연령과 훈련

정답 7 ③ 8 ① 9 ①

02 시각적 표시장치

(1) 시각적 표시장치의 구분

① 정적(static) 표시장치

안전표지판, 간판, 도표, 그래프, 인쇄물, 필기물 처럼 시간에 따라 변하지 않는 것

② 동적(dynamic) 표시장치

㉠ 어떤 변수나 상황을 나타내는 표시장치 : 기압계, 온도계, 속도계, 고도계 등

㉡ 음극선관(CRT) 표시장치 : 레이다, sonar(음파탐지기)등

㉢ 전파용 정보를 제시하는 표시장치 : TV, 영화, 전축 등

㉣ 어떤 변수를 조정하거나 맞추는 것을 돕기 위한 것 : 전기 프라이팬의 온도조절기 등

(2) 정량적 표시장치

온도나 속도 같은 동적으로 변화하는 변수나, 자로 재는 길이 같은 정적변수의 계량치에 관한 정보를 제공하는데 사용되는 표시장치

[정목 동침형]

① 정량적 표시장치의 기본 형태

종류	형태
정목 동침(moving pointer)형	눈금이 고정되고 지침이 움직이는 형
정침 동목(moving scale)형	지침이 고정되고 눈금이 움직이는 형
계수(digital)형	전력계나 택시요금 계기와 같이 기계, 전자적으로 숫자가 표시되는 형

[정침 동목형]

② 정량적 표시장치의 용어

구분	내용
눈금단위(scale unit)	금을 읽는 최소 단위
눈금범위(scale range)	눈금의 최소치와 최저치의 차
수치간격(numbered interval)	눈금에 나타낸 인접 수치 사이의 차
눈금간격(graduation interval)	최소 눈금선사이의 값 차

[계수형]

23780

③ 정량적 표시장치의 식별요인

구분	내용
눈금 단위의 길이	판독하고자 하는 최소 측정단위의 값을 나타내는 눈금상의 길이(inch, mm, 호의° 등)
눈금 크기	눈금마다의 표시를 하여 판독을 용이하게 한다.
눈금의 수열	고유수열로 수치표시를 하여 판독을 한다. (소수점을 사용하면 읽기가 힘들어진다.)
지침의 설계	• 선각(先角)이 약 20° 정도 되는 뾰족한 지침을 사용 • 지침의 끝은 작은 눈금과 맞닿되 겹치지 않게 한다. • 원형 눈금의 경우 지침의 색은 선단에서 눈금의 중심까지 칠한다. • 시차(視差)를 없애기 위해 지침은 눈금면과 최대한 가깝게 한다.
시거리	먼거리에서 표시장치를 보는 경우 세부 형태를 확대하여 동일한 시각을 유지해야 한다. 눈금표시의 특성은 71cm(28in)에서 정상 시거리를 가정한다. x m에서의 치수 = 71cm에서의 치수 $\times \left(\frac{x}{0.71}\right)$

[상태표시기]

정성적 정보는 시스템이나 부품의 상태가 정상 상태인가를 판정하기 위해 사용하며 각각 독립된 상태를 나타낸다.

예) On-off 신호, 교통 신호등의 주행-멈춤, 신호등의 적, 황, 녹색

(3) 정성적 표시장치

온도, 압력, 속도와 같이 연속적으로 변하는 변수의 대략적인 값이나, 변화 추세, 비율 등을 알고자 할 때 주로 사용하는 표시장치

[정량적 자료를 기초로 정성적 판독을 하는 경우]

내용	예
미리 정해놓은 몇 개의 한계범위에 기초한 변수의 상태나 조건을 판단할 경우	자동차 온도계의 고온, 정상, 저온
목표로 하는 어떤 범위의 값을 유지 할 경우	자동차의 속도 (60~70km)유지
변화의 경향이나 변화율을 조사할 경우	비행기 고도의 변화율

① 특정 범위가 중요한 경우 각 수준별로 색을 이용하여 표시

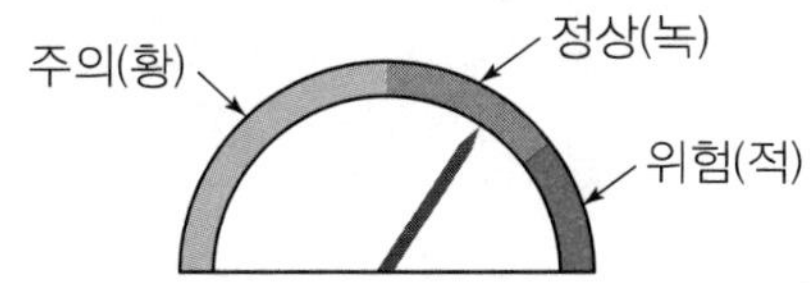

② 색채 적용이 부적합할 경우 각 구간별 형상 코드화

[절대역치(absolute threshold)]
자극이 존재한다는 것을 아는데 필요한 최소한의 자극강도

[점멸융합 주파수]
자극들이 점멸하는 것 같이 보이지 않고 연속적으로 느껴지는 주파수로 정신활동의 부담척도로 사용된다.

(4) 신호 및 경고등

① 신호 및 경보등의 검출성에 영향을 미치는 인자

구분	내용
크기, 휘도, 노출시간	빛의 점별을 검출할 수 있는 절대역치는 광원의 크기, 휘도, 노출시간에 따라 다르며 광원이 크고 노출시간이 길수록 필요한 휘도는 감소한다.
등의 색	신호와 배경의 명도대비가 낮을 경우 반응시간의 순서 : 적색-녹색-황색-백색
점멸 속도	점멸속도가 너무 크면 불빛이 켜져 있는 것처럼 보이므로 점멸-융합 주파수보다 훨씬 적어야 한다. • 주의를 끌기위한 점멸 속도 : 3~10회/초 • 점멸의 최소 지속시간 : 0.05초 이상
배경의 불빛	배경의 불빛이 신호등과 비슷한 때에는 신호광의 식별이 어려워진다.(신호등이 네온사인이 있는 지역에 설치된 경우 식별이 어렵다.)

② 경고등의 설계 지침

㉠ 경고등은 1초당 4회 정도의 점멸이 적당하다.
㉡ 경고등은 황색 또는 붉은색을 사용한다.
㉢ 밝기는 배경보다 2배 이상의 밝기를 사용한다.
㉣ 경고등은 작업자의 시야 범위에 있어야 한다.
㉤ 경고등은 색으로 표시를 하여야 한다.
(빨간색 : 위험, 녹색 : 안전, 황색 : 주의)

(5) 묘사적 표시장치

① 실제 사물을 재현하는 장치로서 회화적으로서 텔레비전의 화면이나 항공 사진 등에 사물을 재현시키는 표시
② 지도나 비행 자세의 표시장치 같이 도해 및 상징적인 표시
③ 비행자세를 표시하는 두 가지 기본 이동 관계

종류	형태
항공기의 이동형(외견형)	지면이 고정 항공기가 경사각의 변화에 따라 움직임
지평선 이동형(내견형)	항공기는 고정되고 지평선이 움직이는 형태
빈도 분리형	외견형과 내견형의 혼합형

[항공기 이동형(외견형)]

[지평선 이동형(내견형)]

(6) 문자-숫자 표시장치

① 문자-숫자 표시에서 인간공학적 판단기준

구분	내용
식별성 (legibility discriminability)	글자를 구별할 수 있는 속성
검출성(visibility) 또는 가시성(detectability)	배경과 분리되는 글자나 상징의 성질
판독성 (readability : 읽기 용이성)	문자-숫자로 나타낸 정보를 인식할 수 있는 질

② 문자-숫자의 모양, 크기, 배열

구분	내용
획폭비	문자나 숫자의 높이에 대한 획 굵기의 비 광삼(발광)현상 때문에 검은 바탕에 흰 글자의 획폭은 흰 바탕에 검은 글자보다 가늘어야 한다.
종횡비	1 : 1의 비가 적당하며 3 : 5까지는 독해성에 영향이 없고, 숫자의 경우는 3 : 5를 표준으로 한다.
문자-숫자의 크기	글자의 크기는 포인트(point, pt)로 나타내며 1/72(0.35mm)을 1pt로 한다.

[광삼(irradiation)현상]
흰 모양이 주위의 검은 배경으로 번지어 보이는 현상

(7) 시각적 암호

① 시각적 코드의 구분

구분	내용
단일 차원 코드	과업이나 상황에 따라 목적에 맞는 코드를 선택한다. 단일 코드는 문자 · 숫자, 색, 형상, 크기, 빛의 명도 및 점멸속도 등이 있다.
색 코드	보통의 사람은 9가지의 면색을 구분할 수 있고 훈련을 통해 더 많은 색상을 구별한다.(색 코드는 식별가능한 색의 수를 줄이는 것이 좋다.)
다차원 코드	두 가지 차원 이상의 조합을 통해 표시되는 것(다차원 코드가 반드시 단일 차원 코드보다 효과적이지는 않다.)
상징적 코드	도로표지판의 형상 등을 말하며 여러 상황에서 판독과 구별이 가능하고 표준화하는 것이 좋다.

[다차원 암호의 사용]
2가지 이상의 암호차원을 조합할 때 가장 우수한 암호는 숫자와 색의 조합이다.

② 암호체계 사용상의 일반적인 지침

구분	내용
암호의 검출성	검출이 가능해야 한다.
암호의 변별성	다른 암호표시와 구별되어야 한다.
부호의 양립성	양립성이란 자극들간, 반응들 간, 자극-반응 조합에서의 관계에서 인간의 기대와 모순되지 않는다.
부호의 의미	사용자가 그 뜻을 분명히 알아야 한다.
암호의 표준화	암호를 표준화 하여야 한다.
다차원 암호의 사용	2가지 이상의 암호차원을 조합해서 사용하면 정보전달이 촉진된다.

[묘사적 부호]

[추상적 부호]

[임의적 부호]

③ 부호 및 기호

종류	내용
묘사적 부호	사물의 행동을 단순하고 정확하게 묘사한 것 (예 : 위험표지판의 해골과 뼈, 도보 표지판의 걷는 사람)
추상적 부호	傳言의 기본요소를 도식적으로 압축한 부호로 원 개념과는 약간의 유사성이 있을 뿐이다.
임의적 부호	부호가 이미 고안되어 있으므로 이를 배워야 하는 부호(예 : 교통 표지판의 삼각형－주의, 원형－규제, 사각형－안내표시)

02 핵심문제 2. 시각적 표시장치

□□□ 12년3회

1. 다음 중 표시장치에 나타나는 값들이 계속적으로 변하는 경우에는 부적합하며 인접한 눈금에 대한 지침의 위치를 파악할 필요가 없는 경우의 표시장치 형태로 가장 적합한 것은?

① 정목 동침형 ② 정침 동목형
③ 동목 동침형 ④ 계수형

해설

계수(digital)형이란 전력계나 택시요금 계기와 같이 기계, 전자적으로 숫자가 표시되는 형태로 지침의 위치를 파악할 필요가 없다.

□□□ 09년2회

2. 다음 중 정적(static) 표시장치의 예로서 가장 적합한 것은?

① 속도계 ② 습도계
③ 안전표지판 ④ 교차로의 신호등

해설

정적(static) 표시장치란 안전표지판, 간판, 도표, 그래프, 인쇄물, 필기물 같은 시간에 따라 변하지 않는 것

□□□ 13년2회, 18년1회

3. 다음 중 정량적 표시장치에 관한 설명으로 옳은 것을 고르시오.

① 정확한 값을 읽어야 하는 경우 일반적으로 디지털보다 아날로그 표시장치가 유리하다.
② 연속적으로 변화하는 양을 나타내는 데에는 일반적으로 아날로그보다 디지털 표시장치가 유리하다.
③ 동침(moving pointer)형 아날로그 표시장치는 바늘의 진행 방향과 증감 속도에 대한 인식적인 암시 신호를 얻는 것이 불가능한 단점이 있다.
④ 동목(moving scale)형 아날로그 표시장치는 표시장치의 면적을 최소화할 수 있는 장점이 있다.

해설

① 일반적으로 정확한 수치를 필요로 하는 경우나, 오랫동안 표시값을 유지하여 충분히 읽을 수 있도록 해야하는 경우 아날로그 표시장치보다는 디지털 표시장치가 우수하다. 그러나 수치가 자주 또는 계속적으로 변하는 경우나 표시값의 변화 방향이나 변화 속도를 읽고자 할 경우는 아날로그 표시장치를 사용하는 것이 좋다.
② 계수형의 경우 수치를 정확히 읽어야 할 경우에 좋다.
③ 동침형은 정량적인 눈금이 정성적으로도 사용될 수가 있으며, 대략적인 편차나 고도를 읽을 때 그 변화 방향과 변화율 등을 알 수가 있다.
④ 동목형의 경우 나타내고자 하는 값의 범위가 클 때, 비교적 작은 눈금판에 모두 나타낼 수가 없다.

□□□ 14년1회

4. 다음 중 아날로그 표시장치를 선택하는 일반적인 요구사항으로 틀린 것은?

① 일반적으로 동침형보다 동목형을 선호한다.
② 일반적으로 동침과 동목은 혼용하여 사용하지 않는다.
③ 움직이는 요소에 대한 수동 조절을 설계할 때는 바늘(pointer)을 조정하는 것이 눈금을 조정하는 것보다 좋다.
④ 중요한 미세한 움직임이나 변화에 대한 정보를 표시할 때는 동침형을 사용한다.

해설

일반적으로 아날로그 표시장치를 선택하는 일반적인 요구사항은 동목형보다 동침형을 선호한다.

□□□ 16년3회

5. 정량적 표시 장치의 용어에 대한 설명 중 틀린 것은?

① 눈금단위(scale unit): 눈금을 읽는 최소 단위
② 눈금범위(scale range): 눈금의 최소치와 최저치의 차
③ 수치간격(numbered interval): 눈금에 나타낸 인접 수치 사이의 차
④ 눈금간격(graduation interval): 최대 눈금선 사이의 값 차

해설

정량적 표시장치의 용어

구분	내용
눈금단위	금을 읽는 최소 단위
눈금범위	눈금의 최소치와 최저치의 차
수치간격	눈금에 나타낸 인접 수치 사이의 차
눈금간격	최소 눈금선사이의 값 차

정답 1 ④ 2 ③ 3 ④ 4 ① 5 ④

□□□ 12년1회

6. 다음 중 정량적 자료를 정성적 판독의 근거로 사용하는 경우로 볼 수 없는 것은?

① 미리 정해 놓은 몇 개의 한계범위에 기초하여 변수의 상태나 조건을 판정할 때
② 목표로 하는 어떤 범위의 값을 유지 할 때
③ 변화 경향이나 변화율을 조사하고자 할 때
④ 세부 형태를 확대하여 동일한 시각을 유지해 주어야 할 때

해설

④항, 세부 형태를 확대하여 동일한 시각을 유지해 주는 것은 정량적 표시장치의 식별요인이다.

□□□ 15년1회, 19년2회

7. 다음 중 정성적 표시장치를 설명한 것으로 적절하지 않은 것은?

① 연속적으로 변하는 변수의 대략적인 값이나 변화추세, 변화율 등을 알고자 할 때 사용된다.
② 정성적 표시장치의 근본 자료 자체는 정량적인 것이다.
③ 색채 부호가 부적합한 경우에는 계기판 표시 구간을 형상 부호화하여 나타낸다.
④ 전력계에서와 같이 기계적 혹은 전자적으로 숫자가 표시된다.

해설

④항, 정량적 표시장치중 계수형에 해당된다.

□□□ 11년1회

8. 다음 중 경고등의 설계 지침으로 가장 적절한 것은?

① 1초에 한 번씩 점멸시킨다.
② 일반 시야 범위 밖에 설치한다.
③ 배경보다 2배 이상의 밝기를 사용한다.
④ 일반적으로 2개 이상의 경고등을 사용한다.

해설

경고등의 설계 지침
1. 경고등은 1초당 4회 정도의 점멸이 적당하다.
2. 경고등은 황색 또는 붉은색을 사용한다.
3. 밝기는 배경보다 2배 이상의 밝기를 사용한다.
4. 경고등은 작업자의 시야 범위에 있어야 한다.
5. 경고등은 색으로 표시를 하여야 한다.(빨간색 : 위험, 녹색 : 안전, 황색 : 주의)

□□□ 11년3회

9. 다음 중 경고등의 점멸 속도로 가장 적합한 것은?

① 3~10회/초 ② 20~40회/초
③ 40~60회/초 ④ 60~90회/초

해설

경고등의 점멸속도는 점멸－융합주파수보다 훨씬 적어야 한다. 주의를 끌기 위해서는 초당 3~10회, 지속시간 0.05초 이상이 적당하다.

□□□ 18년2회

10. 음향기기 부품 생산공장에서 안전업무를 담당하는 ○○○ 대리는 공장 내부에 경보 등을 설치하는 과정에서 도움이 될 만한 몇 가지 지식을 적용하고자 한다. 적용 지식 중 맞는 것은?

① 신호 대 배경의 휘도대비가 작을 때는 백색신호가 효과적이다.
② 광원의 노출 시간이 1초보다 작으면 광속발산도는 작아야 한다.
③ 표적의 크기가 커짐에 따라 광도의 역치가 안정되는 노출시간은 증가한다,
④ 배경광 중 점멸 잡음광의 비율이 10% 이상이면 점멸등은 사용하지 않는 것이 좋다.

해설

①항, 신호 대 배경의 대비가 낮을 경우에는 적색신호가 가장 효과적이다.
②항, 광원의 노출시간이 작은 경우는 광속발산도를 높여야 식별이 원활하게 된다.
③항, 표적의 크기가 커질수록 광도의 역치가 안정되는 시간은 짧아진다.

□□□ 09년3회, 19년3회

11. 다음 중 암호체계의 사용상에 있어 일반적인 지침으로 적절하지 않은 것은?

① 다 차원의 암호보다 단일 차원화된 암호가 정보 전달이 촉진된다.
② 정보를 암호화한 자극은 검출이 가능하여야 한다.
③ 암호를 사용할 때는 사용자가 그 뜻을 분명히 알 수 있어야 한다.
④ 모든 암호 표시는 감지장치에 의해 검출될 수 있고, 다른 암호 표시와 구별될 수 있어야 한다.

정답 6 ④ 7 ④ 8 ③ 9 ① 10 ④ 11 ①

문제 11~13 해설

암호체계 사용상의 일반적인 지침

구분	내용
암호의 검출성	검출이 가능해야 한다.
암호의 변별성	다른 암호표시와 구별되어야 한다.
부호의 양립성	양립성이란 자극들간, 반응들 간, 자극-반응 조합에서의 관계에서 인간의 기대와 모순되지 않는다.
부호의 의미	사용자가 그 뜻을 분명히 알아야 한다.
암호의 표준화	암호를 표준화 하여야 한다.
다차원 암호의 사용	2가지 이상의 암호차원을 조합해서 사용하면 정보전달이 촉진된다.

□□□ 10년3회

12. 다음 중 암호체계의 사용상 일반적 지침과 가장 거리가 먼 것은?

① 검출성(detectability)
② 식별성(discriminability)
③ 안전성(safety)
④ 양립성(compatibility)

□□□ 12년2회, 16년2회

13. 다음 중 특정한 목적을 위해 시각적 암호, 부호 및 기호를 의도적으로 사용할 때에 반드시 고려하여야 할 사항과 가장 거리가 먼 것은?

① 검출성　② 판별성
③ 심각성　④ 양립성

□□□ 14년2회

14. 다음 중 일반적으로 대부분의 임무에서 시각적 암호의 효능에 대한 결과에서 가장 성능이 우수한 암호는?

① 구성 암호　② 영자와 형상 암호
③ 숫자 및 색 암호　④ 영자 및 구성 암호

해설

일반적으로 대부분의 임무에서 시각적 암호의 효능에 대한 결과에서 가장 성능이 우수한 암호로 숫자 및 색 암호이다.

□□□ 08년1회

15. 다음 중 시각적 부호의 3가지 유형과 관계없는 것은?

① 임의적 부호　② 묘사적 부호
③ 사실적 부호　④ 추상적 부호

문제 15, 16 해설

시각적 암호 · 부호 또는 기호
1. 묘사적 부호 : 사물의 행동을 단순하고 정확하게 묘사한 것(예 : 위험표지판의 해골과 뼈, 도보 표지판의 걷는 사람)
2. 추상적 부호 : 傳言의 기본요소를 도식적으로 압축한 부호로 원 개념과는 약간의 유사성이 있을 뿐이다.
3. 임의적 부호 : 부호가 이미 고안되어 있으므로 이를 배워야 하는 부호(예 : 교통 표지판의 삼각형-주의, 원형-규제, 사각형-안내표시)

□□□ 10년2회, 16년1회

16. 안전 · 보건표지에서 경고표지는 삼각형, 안내표지는 사각형, 지시표지는 원형 등으로 부호가 고안되어 있다. 이처럼 부호가 이미 고안되어 이를 사용자가 배워야 하는 부호를 무엇이라 하는가?

① 묘사적 부호　② 추상적 부호
③ 임의적 부호　④ 사실적 부호

□□□ 17년2회

17. 시각적 부호의 유형과 내용으로 틀린 것은?

① 임의적 부호 - 주의를 나타내는 삼각형
② 명시적 부호 - 위험표지판의 해골과 뼈
③ 묘사적 부호 - 보도 표지판의 걷는 사람
④ 추상적 부호 - 별자리를 나타내는 12 궁도

해설

①항 : 임의적 부호
②, ③, ④항 : 묘사적 부호

□□□ 13년3회

18. 다음 중 어떤 의미를 전달하기 위한 시각적 부호 가운데 성격이 다른 것을 고르시오?

① 교통표지판의 삼각형
② 도로표지판의 걷는 사람
③ 위험표지판의 해골과 뼈
④ 소방안전표지판의 소화기

해설

①항 : 임의적 부호
②, ③, ④항 : 묘사적 부호

정답 12 ③ 13 ③ 14 ③ 15 ③ 16 ③ 17 ② 18 ①

□□□ 11년2회

19. 일반적인 조건에서 정량적 표시장치의 두 눈금 사이의 간격은 0.13cm를 추천하고 있다. 다음 중 142cm의 시야거리에서 가장 적당한 눈금 사이의 간격은 얼마인가?

① 0.065cm ② 0.13cm
③ 0.26cm ④ 0.39cm

해설

거리 Xcm에서의 거리
=거리 71cm에서의 치수 $\times \frac{x}{71} = 0.13 \times \frac{142}{71} = 0.26$

정답 19 ③

03 청각과정과 음의 특성

(1) 청각과정(Hearing process)

① 귀의 구조

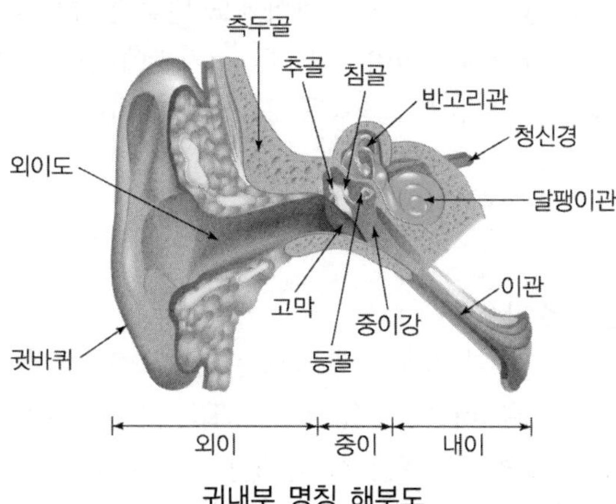

귀내부 명칭 해부도

② 외이(outer ear, external ear)

명칭	기능
귀바퀴 (auricle, concha, pinna)	음성을 레이더같이 음성 에너지를 수집하여 초점을 맞추고 증폭의 역할을 담당
외이도 (auditory canal, meabrane)	귀바퀴에서 고막까지의 부분으로 음파를 연결하는 통로의 역할을 담당
고막 (ear drum, tympanic membrane)	외이(outer ear, external ear)와 중이(middle ear)의 경계에 자리잡고 있다. 두께 0.1mm의 얇고 투명한 막으로 소리자극에 의해서 진동하여 귓속뼈(이소골)를 통해서 속귀의 달팽이관까지 소리진동을 전달하는 역할을 한다.

③ 중이(middle ear)

㉠ 외이와 중이는 고막을 경계 지점으로 분리된다.

㉡ 중이는 3개의 작은 뼈들(등골(stapes), 침골(incus), 추골(malleus))로 연결되어 있어서 고막의 진동을 내이의 난원창(oval)에 전달하게 된다.

㉢ 등골은 난원창의 바깥쪽에 있는 내이액의 음압 변화를 전달하게 되고 이 전달 과정에서 고막에 가해지는 미세한 압력 변화는 22배로 증폭이 되어 나타난다.

④ 내이(inner ear, internal ear, innerear)

㉠ 내이의 달팽이관(cochlea)은 달팽이 모양의 나선형으로 생긴 관으로 림프액으로 차 있다.

㉡ 중이소골(등골)이 음압 변화에 반응하여 움직이면 그 움직임이 전달되어 그 액이 진동하여 얇은 기저막(basilar membrane)이 진동하고 이 기저막의 진동은 작은 압력변화에도 민감한 유모세포(hair cell)와 말초신경(nerve ending)이 있는 Corti기관에 전달하게 된다.

㉢ 말초 신경에서 포착된 신경충동(neural impulse : 전기신호)은 청신경을 통하여 뇌로 전달한다.

(2) 음의 특성

[음계와 진동수]

음계(musical scale)에서 중앙의 C(도)음은 256Hz이며, 음이 한 옥타브(octave) 높아질 때마다 진동수는 2배씩 높아진다.

① 음파의 진동수(주파수)

㉠ 공기의 압력이 증가 감소하여 만드는 파형으로 1초당 사이클 수를 음의 진동수(주파수)라 하고 Hz(hertz)또는 CPS(cycle/s)로 표시한다.

㉡ 물리적 음의 진동수는 인간이 감지하는 음의 높낮이와 관련된다.

㉢ 보통 인간의 귀는 약 20~20,000Hz의 진동수를 감지한다.

② 음의 강도(진폭)

㉠ 단위면적당의 동력(Watt/m^2)으로 정의되며 음에 대한 값의 범위는 매우 넓어 log를 사용한다.

㉡ Bell(B; 두 음의 강도 비의 로그값)을 기본 으로 하여 dB(decibel)을 사용한다.(1dB=0.1B)

㉢ 음압수준(sound-pressure level : SPL)의 정의

$$SPL(dB) = 20\log_{10}\left(\frac{p_1}{p_0}\right)$$

여기서, P_0 : 기준음압(2×10^{-5}N/m^2: 1,000Hz 에서의 최소 가청치)
P_1 : 측정하려는 음압

㉣ dB은 상대적 단위로서, P_1과 P_2의 음압을 갖는 두 음의 강도차는 다음과 같다.

$$SPL_2 - SPL_1 = 20\log\left(\frac{p_2}{p_0}\right) - 20\log\left(\frac{p_1}{p_0}\right) = 20\log\left(\frac{p_2}{p_1}\right)$$

㉤ 거리에 따른 음의 강도 변화 산출

$$P_2 = P_1\left(\frac{d_1}{d_2}\right) \qquad dB_2 = dB_1 - 20\log\left(\frac{d_2}{d_1}\right)$$

 예제

소음이 심한 기계로부터의 2m 떨어진 곳의 음압수준이 100dB이라면 이 기계로부터 4.5m 떨어진 곳의 음압수준은 약 몇 dB인가?

$$dB_2 = dB_1 - 20\log\left(\frac{d_2}{d_1}\right) = 100 - 20\log\left(\frac{4.5}{2}\right) = 92.956\ \text{dB}$$

(3) 음량(sound volume)

① Phon

음의 크기에 대한 정량적 평가를 위한 척도로 임의의 음에 대한 음의 크기와 평균적으로 같은 크기를 1,000Hz 순음의 음압 수준(dB)을 의미한다.

20dB의 1,000Hz = 20phon

② Sone

㉠ 음의 상대적인 크기에 대한 음량척도로 기준음에 비해 몇 배의 크기를 갖는가에 따라 sone치가 결정된다.

■ **참고**

1000Hz = 40dB = 40phon = 1sone과 동일한 음이다.

㉡ 음량(sone)과 음량 수준(phon)의 관계

$$sone\text{치} = 2^{\frac{(phon-40)}{10}}$$

※ 음량 수준이 10phon 증가하면 음량(sone)은 2배가 된다.

 예제

50Phon의 기준음을 들려준 후 70Phon의 소리를 듣는다면 작업자는 주관적으로 몇 배의 소리로 인식하는가?

① 50Phon의 sone치 : $2^{\frac{(phon-40)}{10}} = 2$

② 70Phon의 sone치 : $2^{\frac{(phon-40)}{10}} = 8$

∴ 4배

③ PNdB

인식 소음 수준의 척도로 PNdB(perceived noise level)은 같은 소음 수준으로 들리는 910~1,090Hz대의 소음 음압 수준이다.

Tip

음량의 속성에 따라 phon, sonee, dB을 비교하기 위해서는 등음량곡선에서 phon치를 구하고 sone치를 구하는 공식에 따라 계산하여 비교한다. 출제문제에서는 phon치가 주어지므로 등음량곡선을 생략한다.

[PLdB]

PNdB외에 3,150Hz에 중심을 둔 1/3 옥타브대 음을 기준으로 사용하는 PLdB (perceived level of noise)라는 인식 소음 수준의 척도가 있다.

03 핵심문제 3. 청각과정과 음의 특성

□□□ 12년1회, 18년3회

1. 다음 중 인간의 귀에 대한 구조를 설명한 것으로 틀린 것은?

① 외이(external ear)는 귓바퀴와 외이도로 구성된다.
② 중이(middle)에는 인두와 교통하여 고실 내압을 조절하는 유스타키오관이 존재한다.
③ 내이(inner ear)는 신체의 평형감각수용기인 반규관과 청각을 담당하는 전정기관 및 와우로 구성되어 있다.
④ 고막은 중이와 내이의 경계부위에 위치해 있으며 음파를 진동으로 바꾼다.

해설

고막(ear drum, tympanic membrane)은 외이(outer ear, external ear)와 중이(middle ear)의 경계에 자리잡고 있으며, 두께 0.1mm의 얇고 투명한 막으로 소리자극에 의해서 진동하여 귓속뼈(이소골)를 통해서 속귀의 달팽이관까지 소리진동을 전달하는 역할을 한다.

□□□ 14년2회

2. 중이소골(ossicle)이 고막의 진동을 내이의 난원창(oval window)에 전달하는 과정에서 음파의 압력은 어느 정도 증폭되는가?

① 2배 ② 12배
③ 22배 ④ 220배

해설

고막의 진동을 내이의 난원창에 전달하는 과정에서 에서 고막에 가해지는 미세한 압력변화는 22배 증폭되어 내이로 전달된다.

□□□ 17년3회

3. 청각에 관한 설명으로 틀린 것은?

① 인간에게 음의 높고 낮은 감각을 주는 것은 음의 진폭이다.
② 1000H_z 순음의 가청최소음압을 음의 강도 표준치로 사용한다.
③ 일반적으로 음이 한 옥타브 높아지면 진동수는 2배 높아진다.
④ 복합음은 여러 주파수대의 강도를 표현한 주파수별 분포를 사용하여 나타낸다.

해설

인간이 감지하는 음의 높낮이는 음의 진동수(주파수)와 관련되며 음의 진폭(강도)은 음의 압력파와 관계한다.

□□□ 12년2회

4. 경보사이렌으로부터 10m 떨어진 곳에서 음압수준이 140dB이면 100m 떨어진 곳에서 음의 강도는 얼마인가?

① 100dB ② 110dB
③ 120dB ④ 140dB

해설

$$dB_2 = dB_1 - 20\log\left(\frac{d_2}{d_1}\right) = 140 - 20\log\left(\frac{100}{10}\right) = 120\text{dB}$$

□□□ 16년3회

5. 소리의 크고 작은 느낌은 주로 강도의 함수이지만 진동수에 의해서도 일부 영향을 받는다. 음량을 나타내는 척도인 phon 의 기준 순음 주파수는?

① 1000 HZ ② 2000 HZ
③ 3000 HZ ④ 4000 HZ

해설

1000Hz = 40dB = 40phon = 1sone과 동일한 음이다.

□□□ 15년3회, 19년2회, 21년2회

6. 다음 중 음량수준을 평가하는 척도와 관계없는 것은?

① phon ② HSI
③ PLdB ④ sone

해설

HSI(heat stress index)는 열압박 지수로서 생리적 영향에 따른 실효온도와 체온과의 관계, 피로지수, 저온증 등에 대한 지수이다.

□□□ 19년1회

7. 음량수준을 측정할 수 있는 3가지 척도에 해당되지 않는 것은?

① sone ② 럭스
③ phon ④ 인식소음 수준

정답 1 ④ 2 ③ 3 ① 4 ③ 5 ① 6 ② 7 ②

해설

럭스 (lux) : 1촉광의 점광원으로부터 1m 떨어진 곡면에 비추는 광의 밀도(1 lumen/m²)로 조도의 단위이다.

□□□ 19년1회

8. 음압수준이 70dB인 경우, 1000Hz에서 순음의 phon 치는?

① 50phon ② 70phon
③ 90phon ④ 100phon

해설

동일한 음의 수준
1000Hz = 40dB = 40phon = 1sone

□□□ 18년2회, 20년4회

9. 어떤 소리가 1000Hz, 60dB인 음과 같은 높이임에도 4배 더 크게 들린다면, 이 소리의 음압수준은 얼마인가?

① 70dB ② 80dB
③ 90dB ④ 100dB

해설

① 기준음의 sone치 $= 2^{\frac{(60-40)}{10}} = 4$
② 기준음의 4배 : 4×4=16sone 이므로
③ 4배의 sone치 : $16 = 2^{\frac{(\chi-40)}{10}}$ 으로 정리할 수 있다.
④ $\log_2 16 = \frac{x-40}{10}$ 으로 다시 정리하면

$x = 10(\log_2 16) + 40$
$= 80$

정답 8 ② 9 ②

[암시신호(cue)]

음원의 방향을 결정하는 주된 암시신호(cue)는 소리가 발생했을 때, 그 음원의 방향을 알 수 있는 것은 양 귀에 도달하는 동일한 소리에 대한 강도차와 위상차에 의한 것이므로 양 쪽 귀가 모두 들릴 때 소리가 나는 방향을 알 수 있다.

[여파기(filter)의 사용]

음의 주 진동수가 신호와 다른 경우에 잡음의 일부를 여파해 버리고, 신호와 나머지 잡음을 증폭함으로써 신호대 잡음 비를 높일 수 있고 신호를 좀 더 쉽게 알아들을 수 있다.

04 청각 및 촉각적 표시장치

(1) 청각적 신호

① 인간의 청각적 신호 수신 기능

상대 및 절대식별은 강도, 진동수, 지속시간, 방향, 빈도 등 여러 자극 차원에서 이루어진다.

기능	내용
검출 (detection)	신호의 존재여부를 결정
상대식별 (relative discrimination)	두 가지 이상의 신호가 근접하여 제시되었을 때 이를 구별
절대식별 (absolute identification)	특정한 신호가 단독으로 제시되었을 때 이를 식별
위치판별 (localization)	신호의 방향을 판별

② 신호검출이론(signal detection theory : SDT)

㉠ 잡음(noise)에 실린 신호분포는 잡음 분포와 뚜렷이 구분되어야 한다.

㉡ 잡음과 중첩이 불가피한 경우에는(허위경보와 신호를 검출하지 못하는 과오 중) 어떤 과오를 좀더 묵인할 수 있는가를 결정하여 관측자의 판정기준설정에 도움을 주어야 한다.

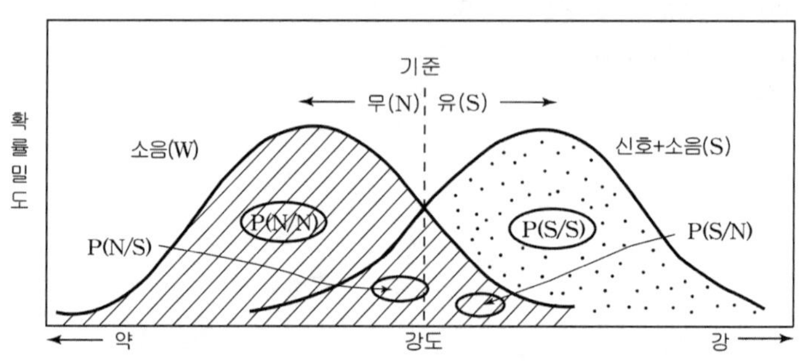

소리강도를 매개변수로 사용한 신호검출 이론(SDT)의 개념

㉢ 신호의 유무 판정

신호의 적중률에 대한 판별기준의 위치에 관계되는 것으로 beta값이 있는데 위 그림의 기준점에서 두 곡선의 높이의 비(신호/잡음)이다. <u>이 두 분포 곡선이 교차하는 위치에 기준점이 있는 경우 beta=1 이 된다.</u>

판정	내용
신호의 정확한 판정(Hit)	신호가 나타났을 때 신호라고 판정, P(S/S)
허위경보(False Alarm)	잡음만 있을 때 신호로 판정, P(S/N)
신호검출 실패(Miss)	신호가 나타났는데도 잡음으로 판정, P(N/S)
잡음을 제대로 판정 (Correct Noise)	잡음만 있을 때 잡음이라고 판정, P(N/N)

③ 소음분포

각 시점에서 신호+소음의 분포는 소음자체의 분포와 겹치지 않아야 한다.

[역치(threshold)]
반응을 일으키는데 필요한 최소한의 세기

④ 검출성

검출성은 신호의 진동수와 지속시간에 따라 약간 달라진다.

구분	내용
주위가 조용한 경우	40~50dB의 정도면 검출되기에 충분하다.
순음의 경우 음의 감지시간	0.2~0.3초
순음의 소실	0.14초

⑤ 적절한 신호 크기

110dB과 소음에 은폐된 신호의 가청 역치의 중간정도가 적당하다.

(2) 신호의 상대식별

① JND(just noticeable difference)

㉠ 인간이 신호의 50%를 검출할 수 있는 자극차원(강도, 진동수)의 차이를 의미한다.

㉡ JND의 크기는 피검자가 얼마나 큰 크기의 변화가 있어야 검출할 수 있는가를 뜻한다. (JND가 작을수록 차원의 변화를 쉽게 검출한다.)

② 진동수 변화에 대한 식별

㉠ 진동수가 약 1,000Hz이하(음의 강도가 높을 때)에 대한 순음들에 대한 JND는 작으나, 이 이상의 진동수로 증가하면 JND는 급격히 커진다.

㉡ 신호를 구별할 때에는 낮은 진동수의 신호를 사용하는 것이 좋으나 주변소음(보통 낮은 진동수)이 있는 경우 은폐효과가 있어 500~ 1,000Hz 범위의 신호를 사용하는 것이 좋다.

(3) 신호의 절대식별

① 개별적인 자극이 제시되는 경우 이에 대한 절대적 식별이 필요하다.

② 다차원 코드화

㉠ 청각적 코드로 전달할 정보량이 많을 때 여러 신호를 절대 식별하기 위해 다차원 코드를 사용한다.

㉡ 다차원 코드 시스템을 적용할 경우 일반적으로 차원의 수가 적고 수준의 수가 많을 때보다 차원의 수가 많고 수준의 수가 적을 때가 더 낫다.(인간은 차원이 다른 음을 쉽게 식별할 수 있다.)

(4) 청각적 표시의 원리

① 일반원리

구분	내용
양립성	가능한 한 사용자가 알고 있거나 자연스러운 신호 차원과 코드 선택
근사성	복잡한 정보를 나타낼 때 다음 2단계의 신호를 고려한다. • 주의신호 : 주의를 끌어서 정보의 일반적 부류 식별 • 지정신호 : 주의신호로 식별된 신호에 정확한 정보를 지정
분리성	기존 입력과 쉽게 식별되는 것을 사용하는 것으로 두가지 이상이 채널이 있는 경우 각 채널의 주파수는 분리되어야 한다.
검약성	조작자에 대한 입력 신호는 필요한 정보만 제공
불변성	동일한 신호는 항상 동일한 정보를 지정

② 표현의 원리

㉠ 극한적 차원은 피한다.

㉡ 주변 소음수준에 상대적인 강도를 설정한다.

㉢ 간헐적이거나 변동신호를 사용한다.

㉣ 청각 채널이 과부하 되지않게 한다.

③ 표시장치 설치의 원리

㉠ 사용할 신호를 시험한다.

㉡ 기존 신호와 상충되지 않도록 한다.

㉢ 기존 신호의 전환이 쉽도록 한다.

(5) 경계 및 경보신호 설계

① 200~5,000Hz의 진동수를 사용한다.(귀는 중음역에 민감하므로 500~3,000Hz가 가장 좋다.)

② 장거리용(300m 이상)신호에서는 1,000Hz 이하의 진동수를 사용한다.(높은 진동수의 음은 멀리가지 못한다.)

③ 장애물이나 칸막이를 넘어가야 하는 신호는 500Hz이하의 진동수를 갖는 신호를 사용한다.
④ 주의를 끄는 목적으로 신호를 사용할 때는 변조신호를 사용한다.
⑤ 배경 소음과 다른 진동수를 갖는 신호를 사용한다.
⑥ 경계 신호는 상황에 따라 다른 것을 사용하며, 서로 식별이 가능해야 한다.

(6) 음성통신

① 통화 이해도
㉠ 음성 메시지를 수화자가 얼마나 정확하게 인지할 수 있는가 여부
㉡ 통화 이해도의 척도

구분	내용
통화이해도 (speech intelligibility) 시험	실제로 말을 들려주고 이를 물어보는 시험
명료도 지수 (AI, articulation index)	각 옥타브(octave)대의 음성과 잡음의 dB 값에 가중치를 주어 그 합계를 구하는 것
이해도 점수 (intelligibility score)	수화자가 통화내용을 얼마나 알아들었는가의 비율(%)
통화간섭 수준 (SIL, speech interference level)	잡음이 통화이해도에 미치는 영향을 추정하는 지수로 500, 1000, 2000Hz에 중심을 둔 3옥타브대의 소음 dB수준의 평균치이다.
소음기준 (NC, noise criteria) 곡선	사무실, 회의실, 공장 등에서의 통화를 평가할 때 사용하는 소음기준으로 음의 크기 레벨과 회화 방해 레벨의 2요소를 조합한 실내 소음의 기준 곡선이다.

(7) 시각적 표시장치와 청각적 표시장치의 비교

시각적 장치 사용	청각적 장치 사용
• 전언이 복잡하고 길 때 • 전언이 후에 재참조 될 경우 • 전언이 공간적 위치를 다룰 때 • 수신자의 청각 계통이 과부하 상태일 경우 • 수신 장소가 너무 시끄러울 경우 • 즉각적인 행동을 요구하지 않을 때 • 직무상 한 곳에 머무르는 경우	• 전언이 간단하고 짧다. • 전언이 후에 재참조 되지 않는다. • 즉각적 행동을 요구한다. • 수신자가 즉각적인 사상(event)을 요구한다. • 수신자의 시각계통이 과부하 상태 일 때 • 수신 장소가 역조응 또는 암조응 유지가 필요할 때 • 수신자가 자주 움직이는 경우

Tip
시각적 표시장치와 청각적 표시장치의 비교는 두 장치가 상대적으로 사용하기 좋은 상황을 비교하는 내용이다. 쉬운 내용이지만 출제빈도가 높으니 유의하자.

(8) 촉각 및 후각적 표시장치

① 피부감각

일상생활에서 사람은 생각보다 많이 피부감각(皮膚感覺, Cutaneous sense)에 의존한다. 그러나 피부감각이 얼마나 많은지를 묻는다면 감각기준의 분류 때문에 혼돈이 일어난다. Geldard(1972)의 지적에 의하면 피부감각을 다음과 같이 분류한다.

종류	내용
정성적(qualitative)감각	관찰 유사성(발생된 감각)에 기초한 분류, 자극형태(열, 기계, 화학, 전기 에너지등)에 따라 분류
해부학적(anatomically)감각	관여하는 감각기관(sense organ)이나 조직(tissue)의 성질에 따른 분류

감각순서가 빠른 순으로 청각(0.17초) → 촉각(0.18초) → 시각(0.20초) → 미각(0.27초) → 통각(0.7초) 순이다.

[피부감각의 종류]
(1) 만짐(touch)
(2) 접촉(contact)
(3) 간지름(tickle)
(4) 누름(pressure)

[피부감각의 민감도 순서]
(1) 통각
(2) 압각
(3) 촉각
(4) 냉각
(5) 온각

[2점 문턱값(two-point threshold)]
(1) 두 점을 눌렀을 때 따로 따로 지각할 수 있는 두 점 사이의 최소거리
(2) 손가락 끝, 손가락, 손바닥에서 2점 문턱값 중앙치(median)를 손바닥에서 손가락 끝으로 갈수록 감도는 증가(2점 문턱값은 감소)

② 조종장치의 촉각적 코드화

구분	내용
1) 형상의 코드화	조종장치의 용도를 만져서 식별하는 이외에 손잡이 등이 그 용도를 연상시키는 형상을 할 때 사용 용도를 감지하기 편하다.
2) 표면 촉감의 코드화	표면의 촉감을 다르게 하여 식별이 용이하도록 한다.
3) 크기를 이용한 코드화	크기의 코드화는 식별효과가 적지만 직경 1.3cm, 두께 0.95cm의 차이만 있으면 정확하게 구별할 수 있다.

③ 촉각적 표시장치의 자극유형

종류	내용
기계적 진동 (mechanical vibraion)	진동 장치의 위치, 주파수, 세기, 지속시간과 같은 물리적 매개변수
전기적 임펄스 (electric impulse)	전극위치, 펄스속도, 지속시간, 강도, 전극의 종류, 크기 등에 좌우된다.

④ 후각적 표시장치

후각적 표시장치는 사람마다 냄새에 대한 감도가 크게 다르다.
그러나 경보 장치로서 유용하게 응용되고 있는데 예를 들어 가스회사에서 가스 누출탐지를 위해 냄새를 추가하는 경우가 있다.

04 핵심문제 4. 청각 및 촉각적 표시장치

□□□ 11년2회, 16년3회

1. 다음 중 신호검출이론(SDT)에서 두 정규분포 곡선이 교차하는 부분에 판별기준이 놓였을 경우 Beta 값으로 옳은 것은?

① Beta = 0 ② Beta < 1
③ Beta = 1 ④ Beta > 1

해설

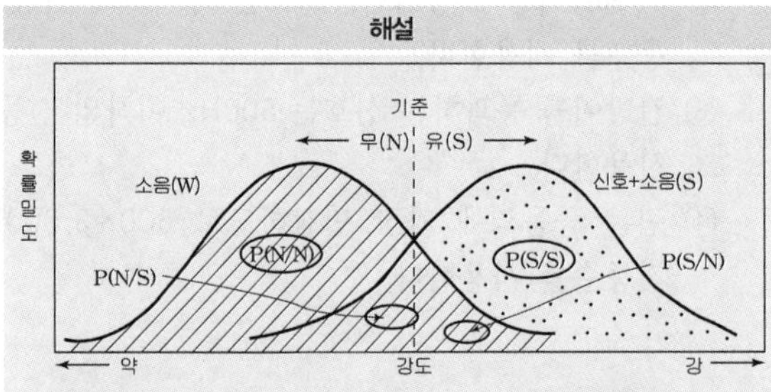

소리강도를 매개변수로 사용한 신호검출 이론(SDT)의 개념 설명

신호의 적중률에 대한 판별기준의 위치에 관계되는 것으로 beta값이 있는데 위 그림의 기준점에서 두 곡선의 높이의 비(신호/잡음)이다. 이 두 분포 곡선이 교차하는 위치에 기준점이 있는 경우 beta=1이 된다.

□□□ 11년2회

2. 다음 중 청각적 표시장치에 관한 설명으로 적절하지 않은 것은?

① 귀 위치에서의 신호의 강도는 110dB과 은폐가청 역치의 중간정도가 적당하다.
② 귀는 순음에 대하여 즉각적으로 반응하므로 순음의 청각적 신호는 0.2초 이내로 지속하면 된다.
③ JND(Just Noticeable Difference)가 작을수록 차원의 변화를 쉽게 검출할 수 있다.
④ 다차원암호시스템을 사용할 경우 일반적으로 차원의 수가 적고 수준의 수가 많을 때보다 차원의 수가 많고 수준의 수가 적을 때 식별이 수월하다.

해설

귀는 음에 대해서 즉시 반응하지 않으므로 순음의 경우 음이 확정될 때까지 0.2~0.3초가 걸리고, 감쇄하는데 0.14초 걸리며, 광역대 소음의 경우에는 감쇄가 빠르다. 이런 지연 때문에 청각적 신호 특히 소음의 경우 최소한 0.3초 지속해야 하며, 이보다 짧아질 경우에는 가청성의 감소를 보상하기 위해서 강도를 증가시켜주어야 한다.

□□□ 11년3회, 17년1회

3. 다음 중 통화이해도를 측정하는 지표로서, 각 옥타브(octave)대의 음성과 잡음의 데시벨(dB)값에 가중치를 곱하여 합계를 구하는 것을 무엇이라 하는가?

① 이해도 점수 ② 통화 간섭 수준
③ 소음 기준 곡선 ④ 명료도 지수

해설

명료도 지수란 통화이해도를 측정하는 지표로서, 각 옥타브(octave)대의 음성과 잡음의 데시벨(dB)값에 가중치를 곱하여 합계를 구하는 것이다.

[참고]
①항, 이해도 점수란 단순히 통화내용 중 알아들은 비율(%)이다.
②항, 통화 간섭 수준이란 통화 이해도(speech intelligibility)에 끼치는 소음의 영향을 추정하는 지수로 주어진 상황에서의 통화 간섭 수준은 500, 1000, 2000㎐에 중심을 둔 3옥타브 대의 소음 dB수준의 평균치이다.
③항, 소음 기준 곡선이란 음의 크기 레벨과 회화 방해 레벨의 2개의 요소를 조합한 실내 소음의 기준 곡선을 말한다.

□□□ 15년2회, 21년3회

4. 말소리의 질에 대한 객관적 측정 방법으로 명료도 지수를 사용하고 있다. 그림에서와 같은 경우 명료도 지수는 약 얼마인가?

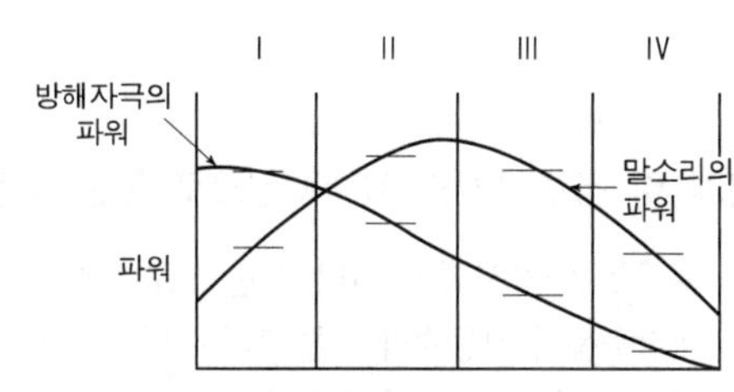

말소리(S)/방해자극(N)	1/2	3/2	4/1	5/1
Log(S/N)	−0.7	0.18	0.6	0.7
말소리 중요도 가중치	1	1	2	1

① 0.38 ② 0.68
③ 1.38 ④ 5.68

해설

명료도 지수란 통화이해도를 측정하는 지표로서, 각 옥타브(octave)대의 음성과 잡음의 데시벨(dB)값에 가중치를 곱하여 합계를 구하는 것이다.
명료도지수=(0.7×1)+(0.18×1)+(0.6×2)+(0.7×1)=1.38

정답 1 ③ 2 ② 3 ④ 4 ③

□□□ 14년3회

5. 다음 중 변화감지역(JND : Just noticeable difference)이 가장 작은 음은?

① 낮은 주파수와 작은 강도를 가진 음
② 낮은 주파수와 큰 강도를 가진 음
③ 높은 주파수와 작은 강도를 가진 음
④ 높은 주파수와 큰 강도를 가진 음

해설

진동수가 약 1,000Hz이하(음의 강도가 높을 때)에 대한 순음들에 대한 JND는 작으나, 이 이상의 진동수로 증가하면 JND는 급격히 커진다.

□□□ 14년1회, 18년2회

6. 다음 중 음성통신에 있어 소음환경과 관련하여 성격이 다른 지수는?

① AI(Articulation Index)
② MAMA(Minimum Audible Movement Angle)
③ PNC(Preferred Noise Criteria Curves)
④ PSIL(Preferred – Octave Speech Interference Level)

해설

MAMA(Minimum Audible Movement Angle)
최소 가청 움직임 음원 궤도 함수로서의 각도이다.
AI(명료도지수), PSIL(음성간섭수준), PNC(선호소음판단 기준곡선) 등은 수화자의 청각신호 인지도를 확인하는 통화이해도에 대한 척도이다.

□□□ 18년1회, 22년2회

7. 경계 및 경보신호의 설계지침으로 틀린 것은?

① 주의를 환기시키기 위하여 변조된 신호를 사용한다.
② 배경소음의 진동수와 다른 진동수의 신호를 사용한다.
③ 귀는 중음역에 민감하므로 500 ~ 3000Hz의 진동수를 사용한다.
④ 300m 이상의 장거리용으로는 1000Hz를 초과하는 진동수를 사용한다.

문제 7~9 해설

경계 및 경보신호 설계
① 200~5,000Hz의 진동수를 사용한다.(귀는 중음역에 민감하므로 500~3,000Hz가 가장 좋다.)
② 장거리용(300m 이상)신호에서는 1,000Hz 이하의 진동수를 사용한다.(높은 진동수의 음은 멀리가지 못한다.)
③ 장애물이나 칸막이를 넘어가야 하는 신호는 500Hz이하의 진동수를 갖는 신호를 사용한다.
④ 주의를 끄는 목적으로 신호를 사용할 때는 변조신호를 사용한다.
⑤ 배경 소음과 다른 진동수를 갖는 신호를 사용한다.
⑥ 경계 신호는 상황에 따라 다른 것을 사용하며, 서로 식별이 가능해야 한다.

□□□ 09년3회

8. 다음 중 청각 표시장치에서 경계 및 경보 신호를 선택, 설계할 때의 지침으로 틀린 것은?

① 배경소음과 다른 진동수를 갖는 신호를 사용한다.
② 300m 이상의 장거리용으로는 1,000Hz 이상의 진동수를 사용한다.
③ 칸막이를 통과하는 신호는 500Hz 이하의 진동수를 사용한다.
④ 귀는 중음역에 가장 민감하므로 500~3,000Hz의 진동수를 사용한다.

□□□ 15년2회

9. 다음 중 청각적 표시장치의 설계에 관한 설명으로 가장 거리가 먼 것은?

① 신호를 멀리 보내고자 할 때에는 낮은 주파수를 사용하는 것이 바람직하다.
② 배경 소음의 주파수와 다른 주파수의 신호를 사용하는 것이 바람직하다.
③ 신호가 장애물을 돌아가야 할 때에는 높은 주파수를 사용하는 것이 바람직하다.
④ 경보는 청취자에게 위급 상황에 대한 정보를 제공하는 것이 바람직하다.

□□□ 10년3회, 21년3회

10. 청각적 표시장치의 설계 시 적용하는 일반 원리의 설명으로 틀린 것은?

① 양립성이란 긴급용 신호일 때는 낮은 주파수를 사용하는 것을 의미한다.
② 근사성이란 복잡한 정보를 나타내고자 할 때 2단계의 신호를 고려하는 것을 말한다.
③ 분리성이란 두 가지 이상의 채널을 듣고 있다면 각 채널의 주파수가 분리되어 있어야 한다는 의미이다.
④ 검약성이란 조작자에 대한 입력신호는 꼭 필요한 정보만을 제공하는 것이다.

정답 5 ② 6 ② 7 ④ 8 ② 9 ③ 10 ①

해설

긴급용 신호가 낮은 주파수를 사용하는 것은 신호를 먼 곳까지 보내기 위함이다.

참고 청각적 표시장치의 일반원리

구분	내용
양립성	가능한 한 사용자가 알고 있거나 자연스러운 신호 차원과 코드 선택
근사성	복잡한 정보를 나타낼 때 다음 2단계의 신호를 고려한다. 1) 주의신호 : 주의를 끌어서 정보의 일반적 부류 식별 2) 지정신호 : 주의신호로 식별된 신호에 정확한 정보를 지정
분리성	기존 입력과 쉽게 식별되는 것을 사용하는 것으로 두가지 이상이 채널이 있는 경우 각 채널의 주파수는 분리되어야 한다.
검약성	조작자에 대한 입력 신호는 필요한 정보만 제공
불변성	동일한 신호는 항상 동일한 정보를 지정

□□□ 13년2회

11. 다음 중 사람이 음원의 방향을 결정하는 주된 암시신호(cue)로 가장 적합하게 조합된 것으로 알맞은 것은?

① 음원의 거리차와 시간차
② 소리의 진동수차와 위상차
③ 소리의 강도차와 진동수차
④ 소리의 강도차와 위상차

해설

음원의 방향을 결정하는 주된 암시신호(cue)는 소리가 발생했을 때, 그 음원의 방향을 알 수 있는 것은 양 귀에 도달하는 동일한 소리에 대한 강도차와 위상차에 의한 것이므로 양 쪽 귀가 모두 들릴 때 소리가 나는 방향을 알 수 있다.

□□□ 08년3회, 13년1회, 16년1회

12. 인간-기계 시스템에서 인간이 기계로부터 정보를 받을 때 청각적 장치보다 시각적 장치를 이용하는 것이 더 유리한 경우는?

① 정보가 간단하고 짧은 경우
② 정보가 후에 재참조 되지 않는 경우
③ 정보가 즉각적인 행동을 요구하지 않는 경우
④ 수신자가 직무상 여러 곳으로 움직여야 하는 경우

문제 12~15 해설

참고 표시장치의 선택

청각장치의 사용	시각장치의 사용
1. 전언이 간단하고 짧다. 2. 전언이 후에 재참조 되지 않는다. 3. 전언이 시간적인 사상(event)을 다룬다. 4. 전언이 즉각적인 행동을 요구한다. 5. 수신자의 시각계통이 과부하 상태일 때 6. 수신 장소가 너무 밝거나 암조응 유지가 필요할 때 7. 직무상 수신자가 자주 움직이는 경우	1. 전언이 복잡하고 길다. 2. 전언이 후에 재참조 된다. 3. 전언이 공간적인 위치를 다룬다. 4. 전언이 즉각적인 행동을 요구하지 않는다. 5. 수신자의 청각계통이 과부하 상태일 때 6. 수신장소가 너무 시끄러울 때 7. 직무상 수신자가 한 곳에 머무르는 경우

□□□ 14년2회

13. 다음 중 정보를 전송하기 위해 청각적 표시장치보다 시각적 표시장치를 사용하는 것이 더 효과적인 경우는?

① 정보의 내용이 간단한 경우
② 정보가 후에 재참조 되는 경우
③ 정보가 즉각적인 행동을 요구하는 경우
④ 정보의 내용이 시간적인 사건을 다루는 경우

□□□ 10년1회, 10년2회, 19년3회

14. 다음 중 시각적 표시장치보다 청각적 표시장치를 사용하여야 할 경우는?

① 메시지가 복잡한 경우
② 메시지의 내용이 긴 경우
③ 직무상 수신자가 한 곳에 머무르는 경우
④ 메시지가 즉각적인 행동이 요구되는 경우

□□□ 15년1회

15. 다음 중 정보전달에 있어서 시각적 표시장치보다 청각적 표시장치를 사용하는 것이 바람직한 경우는?

① 정보의 내용이 긴 경우
② 정보의 내용이 복잡한 경우
③ 정보의 내용이 후에 재참조되지 않는 경우
④ 정보의 내용이 즉각적인 행동을 요구하지 않는 경우

정답 11 ④ 12 ③ 13 ② 14 ④ 15 ③

□□□ 12년3회, 16년3회, 20년4회

16. 다음 중 촉감의 일반적인 척도의 하나인 2점문턱값(twopoint threshold)이 감소하는 순서대로 나열된 것은?

① 손바닥 → 손가락 → 손가락 끝
② 손가락 → 손바닥 → 손가락 끝
③ 손가락 끝 → 손가락 → 손바닥
④ 손가락 끝 → 손바닥 → 손가락

해설

2점 문턱값(two－point threshold)은 두 점을 눌렀을 때 따로 따로 지각할 수 있는 두 점 사이의 최소거리를 말한다. 손가락 끝, 손가락, 손바닥에서 2점 문턱값 중앙치(medion)를 손바닥에서 손가락 끝으로 갈수록 감도는 증가를 하게 된다. 즉 2점 문턱값은 감소하게 된다.

□□□ 13년2회

17. 다음 중 인체의 피부감각에 있어 민감한 순서대로 나열된 것으로 알맞은 것은?

① 통각 － 압각 － 냉각 － 온각
② 냉각 － 통각 － 온각 － 압각
③ 온각 － 냉각 － 통각 － 압각
④ 압각 － 온각 － 냉각 － 통각

해설

인체의 피부감각에 있어 민감한 순서대로 나열하면
통각 - 압각 - 촉각 - 냉각 - 온각

□□□ 13년3회, 16년2회

18. 다음 중 정보의 촉각적 암호화 방법으로 구성된 것은?

① 점자, 진동, 온도
② 초인종, 점멸등, 점자
③ 연기, 온도, 모스(Morse)부호
④ 신호등, 경보음, 점멸등

해설

촉각적 표시 장치의 자극유형은 기계적 진동(mechanical vibraion)이나 전기적 임펄스(electric impulse)이다.

정답 16 ① 17 ① 18 ①

05 휴먼에러

(1) 인간-기계 시스템 에러

① 시스템 성능(system performance)과 인간과오(human error)관계

$$S.P = f(H.E) = K(H.E)$$

여기서, $S.P$: 시스템 성능(system performance)
$H.E$: 인간 과오(human error), f : 함수, K : 상수

㉠ $K \fallingdotseq 1$: $H.E$가 $S.P$에 중대한 영향을 끼친다.
㉡ $K < 1$: $H.E$가 $S.P$에 리스크(risk)를 준다.
㉢ $K \fallingdotseq 0$: $H.E$가 $S.P$에 아무런 영향을 주지 않는다.

② 행동 과정에 따른 에러

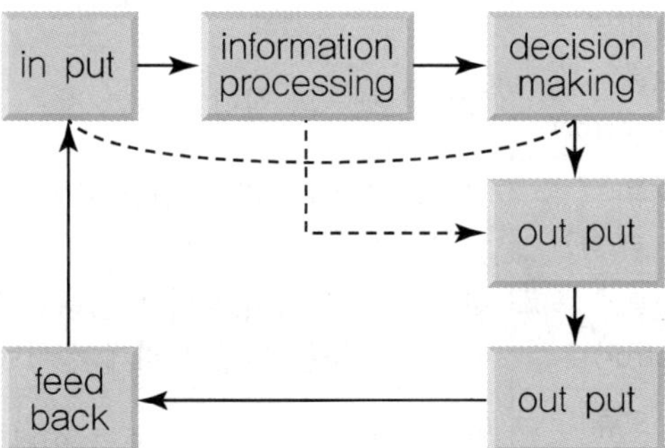

분류	내용
In put Error	감지 결함
Information processing Error	정보처리 절차과오(착각)
Decison making Error	의사결정과오
Out put Error	출력과오
Feed back Error	제어과오

③ 대뇌정보처리 에러

분류	내용
인지 착오	확인 Miss
판단 착오	의지결정의 Miss나 기억에 관한 실패
동작 착오	동작 또는 조작 Miss

④ 인간 과오의 배후요인 4요소(4M)

요소	내용
맨(Man)	본인 이외의 사람
머신(Machine)	장치나 기기 등의 물적 요인
메디아(Media)	인간과 기계를 잇는 매체란 뜻으로 작업의 방법이나 순서, 작업정보의 실태나 환경과의 관계, 정리정돈 등
매너지먼트 (Management)	안전법규의 준수방법, 단속, 점검 관리 외에 지휘감독, 교육훈련 등

(2) 인간실수의 분류

[독립행동에 의한 분류]

개별적 독립 행동(discrete action)에 관한 가장 간단한 분류법의 하나는 Swain과 Guttman이 사용한 방법이다.

Tip

인간실수의 분류에서 독립행동에 의한 분류와 원인의 수준에 따른 분류를 구분하는 문제가 매우 자주 출제된다. 반드시 구분할 수 있도록 하자.

① 독립행동(결과)에 의한 분류

분류	내용
생략 오류 (omission error)	필요한 작업을 수행하지 않은 것
실행 오류 (commission error)	잘못된 행위의 실행에 관한 것
순서 오류 (sequence error)	잘못된 순서로 어떤 과업을 실행 하거나 과업에 들어갔을 때 생기는 것
시간 오류 (timing error)	할당된 시간 안에 동작을 실행하지 못하거나 너무 빠르거나 또는 너무 느리게 실행했을 때 생기는 것
과잉행동 오류 (Extraneous Error)	불필요한 작업을 수행함으로 인하여 발생한 오류

② 원인의 수준(level)에 따른 분류

분류	내용
1차 에러 (primary error)	작업자 자신으로부터 발생한 Error
2차 에러 (secondary error)	작업형태나 작업조건 중에서 다른 문제가 생겨 그 때문에 필요한 사항을 실행할 수 없는 과오나 어떤 결함으로부터 파생하여 발생하는 Error
컴맨드 에러 (command error)	요구된 것을 실행하고자 하여도 필요한 물건, 정보, 에너지 등의 공급이 없는 것처럼 작업자가 움직이려 해도 움직일 수 없으므로 발생하는 Error

③ 정보처리과정에 의한 분류

㉠ Rasmussen의 인간오류 분류기법

구분	내용
기능에 기초한 행동 (skill-based behavior)	무의식적인 행동관례와 저장된 행동 양상에 의해 제어되는데, 관례적 상황에서 숙련된 운전자에게 적절하다. 이러한 행동에서의 오류는 주로 실행 오류이다.
규칙에 기초한 행동 (rule-based behavior)	균형적 행동 서브루틴(subroutin)에 관한 저장된 법칙을 적용할 수 있는 친숙한 상황에 적용된다. 이러한 행동에서의 오류는 상황에 대한 현저한 특징의 인식, 올바른 규칙의 기억과 적용에 관한 것이다.
지식에 기초한 행동 (knoledge-based behavior)	목표와 관련하여 작동을 계획해야 하는 특수하고 친숙하지 않은 상황에서 발생하는데, 부적절한 분석이나 의사결정에서 오류가 생긴다.

[Rasmussen의 인간오류 분류]

Sanders와 McCormick은 인간오류를 분류하는 방법으로 Rasmussen의 제안을 소개하였다. 결정순서도(decision flow diagram)에서 13종의 오류를 분류하였으며 이 오류는 기능, 법칙 및 지식에 기초한 행동등과 관련되는 행동의 종류 또는 수준에 따른 것이다.

㉡ 실패, 실수, 위반의 정의

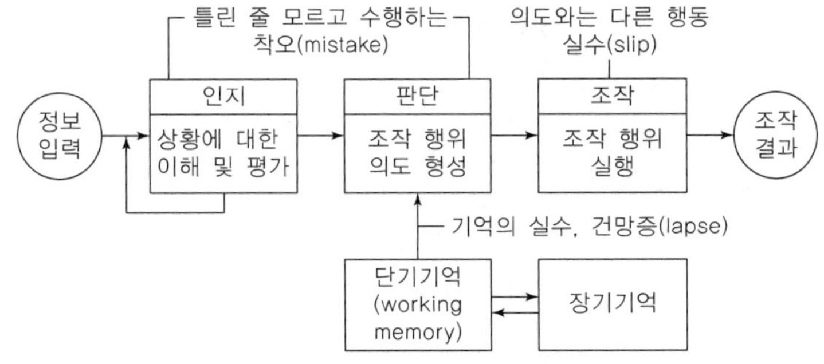

구분	내용
실패 (Mistakes)	부적당한 계획결과로 인해 원래의 목적 수행 실패
실수 (Slips)	부주의(carelessness)라고 하며 익숙한 환경에서 잘 훈련된 작업자에게 나타나는 특징이다. 계획된 목적과 의도와 다르게 실행에 오류가 발생
건망증 (Lapse)	기억장애의 하나로 잘 기억하지 못하거나 잊어버리는 정도
위반 (violations)	작업자가 올바른 동작과 결정을 알고 있음에도 불구하고 절차서에서 지시한 것을 고의로 따르지 않고 다른 방법을 선택 • 통상 위반: 개개인이 통상 규칙이나 절차를 따르지 않음 • 예외적 위반: 예상치 못한 돌발적 행동

Tip
작업 상황적 오류는 작업자의 외적 요인이고 심리적 측면의 오류는 내적인 요인이다. 구분할 때 유의하자.

(3) 작업심리와 인간오류

① 작업 상황과 심리적 오류 원인

구분	내용
작업 상황적 인간오류	• 불충분한 작업공간 및 배치(layout) • 불량한 환경조건 • 부적합한 설계 • 불충분한 훈련 • 불량한 관리 · 감독
심리적 측면의 인간오류	• 급하거나 서두름 • 정보나 지식의 부족 • 과거의 경험 때문에 • 희망적 관측 때문에

② 인간오류의 발생원인별 분류

분류	원인
작업자의 특성	• 불충분한 경험 및 능력, 훈련 • 부적합한 신체조건 • 부족한 동기 • 낮은 사기 • 성격, 습관, 기호
교육 · 훈련상 문제	• 훈련부족 • 잘못된 지도 • 매뉴얼, 체크리스트 부족 • 상호주의와 정보, 의견 교환 부족
직장 성격상 문제	• 부자연스런 작업시간제도 • 낮은 연대의식 • 부족한 작업계획 • 유효하지 않는 법 또는 작업기준 • 무관심한 직장분위기 • 무관심한 관리체제
작업특성 및 환경적 문제	• 과중한 업무 • 제어하기 어려운 기계 · 기구 사용 • 판단 및 행동에 복잡한 작업 • 필요한 속도와 정확성에 불균형이 있는 작업 • 결과를 확인하기 어려운 작업 • 긴장과 주의력이 지속되는 작업
인간-기계 시스템의 인간공학적 설계상의 문제	• 의미를 알기 어려운 신호형태 • 변화와 상태를 식별하기 어려운 표시수단과 조작구 • 불충분하거나 필요없는 정보를 수반하는 표시기 • 공간적으로 여유가 없는 배치 • 인체의 무리하거나 부자연스러운 지시 • 힘을 무리하게 증폭하는 기구

③ 인간오류가 발생하기 쉬운 상황

작업	종류
공동작업	• 2명 이상의 조작자와 작업스텝 사이 • 고속작업 • 분리배정되어 있는 조작의 수동작업
속도와 정확도	• 고속인 작업 • 분산배치 시 정확한 타이밍을 요하는 작업 • 의지부정을 위한 시간이 촉박한 작업
식별	• 두 개 이상 표시의 빠르기 변화의 비교 • 여러 인력원에 의한 의지부정 • 장시간 감시작업
부적당한 표시	• 공통특성의 표시를 분류 시 • 빠른 변화의 표시를 관찰 시 • 변화된 모양과 타이밍의 한쪽을 예측할 수 없을 때

05 핵심문제 5. 휴먼에러

□□□ 15년2회

1. Rasmussen은 행동을 세 가지로 분류하였는데, 그 분류에 해당하지 않는 것은?

① 숙련 기반 행동(skill-based behavior)
② 지식 기반 행동(knowledge-based behavior)
③ 경험 기반 행동(experience-based behavior)
④ 규칙 기반 행동(rule-based behavior)

문제 1~3 해설

Rasmussen의 인간오류 분류기법

구분	내용
기능에 기초한 행동(skill-based behavior)	무의식적인 행동관례와 저장된 행동 양상에 의해 제어되는데, 관례적 상황에서 숙련된 운전자에게 적절하다. 이러한 행동에서의 오류는 주로 실행 오류이다.
규칙에 기초한 행동(rule-based behavior)	균형적 행동 서브루틴(subroutin)에 관한 저장된 법칙을 적용할 수 있는 친숙한 상황에 적용된다. 이러한 행동에서의 오류는 상황에 대한 현저한 특징의 인식, 올바른 규칙의 기억과 적용에 관한 것이다.
지식에 기초한 행동(knoledge-based behavior)	목표와 관련하여 작동을 계획해야 하는 특수하고 친숙하지 않은 상황에서 발생하는데, 부적절한 분석이나 의사결정에서 오류가 생긴다.

□□□ 16년2회

2. 인지 및 인식의 오류를 예방하기 위해 목표와 관련하여 작동을 계획해야 하는데 특수하고 친숙하지 않은 상황에서 발생하며, 부적절한 분석이나 의사결정을 잘못하여 발생하는 오류는?

① 기능에 기초한 행동(Skill-based-Behavior)
② 규칙에 기초한 행동(Rule-based-Behavior)
③ 사고에 기초한 행동(Accident-based-Behavior)
④ 지식에 기초한 행동(Knowledge-based-Behavior)

□□□ 18년3회

3. 정보처리과정에 부적절한 분석이나 의사결정의 오류에 의하여 발생하는 행동은?

① 규칙에 기초한 행동(rule-bases behavior)
② 기능에 기초한 행동(skill-based behavior)
③ 지식에 기초한 행동(knowledge-based behavior)
④ 무의식에 기초한 행동(unconsciousness-bases behavior)

□□□ 09년2회, 19년1회, 21년2회

4. 의도는 올바른 것이었지만, 행동이 의도한 것과는 다르게 나타나는 오류는 무엇이라 하는가?

① Lapse　　② Slip
③ Violation　　④ Mistake

문제 4~6 해설

구분	내용
실패(Mistakes)	부적당한 계획결과로 인해 원래의 목적 수행 실패
실수(Slips)	부주의(carelessness)라고 하며 익숙한 환경에서 잘 훈련된 작업자에게 나타나는 특징이다. 계획된 목적과 의도와 다르게 실행에 오류가 발생
건망증(Lapse)	기억장애의 하나로 잘 기억하지 못하거나 잊어버리는 정도
위반(violations)	작업자가 올바른 동작과 결정을 알고 있음에도 불구하고 절차서에서 지시한 것을 고의로 따르지 않고 다른 방법을 선택 • 통상 위반: 개개인이 통상 규칙이나 절차를 따르지 않음 • 예외적 위반: 예상치 못한 돌발적 행동

□□□ 10년2회, 11년3회, 22년2회

5. 다음 설명에 해당하는 인간의 오류모형은?

> "상황이나 목표의 해석은 정확하나 의도와는 다른 행동을 한 경우"

① 착오(Mistake)　　② 실수(Slip)
③ 건망증(Lapse)　　④ 위반(Violation)

정답 1 ③ 2 ④ 3 ③ 4 ② 5 ②

□□□ 19년2회

6. 인간의 오류모형에서 "알고있음에도 의도적으로 따르지 않거나 무시한 경우"를 무엇이라 하는가?

① 실수(Slip) ② 착오(Mistake)
③ 건망증(Lapse) ④ 위반(Violation)

□□□ 13년2회

7. Swain과 Guttman에 의해 분류된 휴먼에러 중 독립행동에 관한 분류에 해당하지 않는 것은?

① omission error ② extraneous error
③ commission error ④ command error

문제 7~10 해설

독립행동(결과)에 의한 분류

분류	내용
생략 오류 (omission error)	필요한 작업을 수행하지 않은 것
실행 오류 (commission error)	잘못된 행위의 실행에 관한 것
순서 오류 (sequence error)	잘못된 순서로 어떤 과업을 실행 하거나 과업에 들어갔을 때 생기는 것
시간 오류 (timing error)	할당된 시간 안에 동작을 실행하지 못하거나 너무 빠르거나 또는 너무 느리게 실행했을 때 생기는 것
과잉행동 오류 (Extraneous Error)	불필요한 작업을 수행함으로 인하여 발생한 오류

□□□ 15년1회, 20년3회

8. 다음 중 인간 에러(human error)에 관한 설명으로 틀린 것은?

① omission error : 필요한 작업 또는 절차를 수행하지 않는데 기인한 에러
② commission error : 필요한 작업 또는 절차의 수행 지연으로 인한 에러
③ extraneous error : 불필요한 작업 또는 절차를 수행함으로써 기인한 에러
④ sequential error : 필요한 작업 또는 절차의 순서 착오로 인한 에러

□□□ 17년3회

9. 인간의 에러 중 불필요한 작업 또는 절차를 수행함으로써 기인한 에러를 무엇이라 하는가?

① Omission error ② Sequential error
③ Extraneous error ④ Commission error

□□□ 10년1회

10. 프레스 작업 중에 금형 내에 손이 오랫동안 남아 있어 발생한 재해의 경우 다음의 휴먼 에러 중 어느 것에 해당하는가?

① 시간 오류(timing error)
② 작위 오류(commission error)
③ 순서 오류(sequential error)
④ 생략 오류(omission error)

□□□ 13년3회, 18년2회

11. 안전교육을 받지 못한 신입직원이 작업 중 전극을 반대로 끼우려고 시도했으나 플러그의 모양이 반대로는 끼울 수 없도록 설계되어 있어서 사고를 예방할 수 있었다. 다음 중 작업자가 범한 에러와 이와 같은 사고 예방을 위해 적용된 안전설계 원칙으로 가장 적합한 것은?

① 누락(omission)오류, fail safe 설계원칙
② 누락(omission)오류, fool proof 설계원칙
③ 작위(commission)오류, fool proof 설계원칙
④ 작위(commission)오류, fail safe 설계원칙

해설

작위 오류(作僞 誤謬, commission)란 잘못된 행위의 실행에 관한 것으로 방지대책으로는 fool proof 설계원칙을 적용한다.

정답 6 ④ 7 ④ 8 ② 9 ③ 10 ① 11 ③

□□□ 12년3회

12. 다음 설명에 해당하는 용어를 올바르게 나타낸 것은?

㉠ 요구된 기능을 실행하고자 하여도 필요한 물건, 정보, 에너지 등의 공급이 없기 때문에 작업자가 움직이려고 해도 움직일 수 없으므로 발생하는 과오
㉡ 작업자 자신으로부터 발생한 과오

① ㉠ : Secondary Error, ㉡ : Command Error
② ㉠ : Command Error, ㉡ : Primary Error
③ ㉠ : Primary Error, ㉡ : Secondary Error
④ ㉠ : Command Error, ㉡ : Secondary Error

해설

원인의 수준(level)에 따른 분류

분류	내용
1차 에러 (primary error)	작업자 자신으로부터 발생한 Error
2차 에러 (secondary error)	작업형태나 작업조건 중에서 다른 문제가 생겨 그 때문에 필요한 사항을 실행할 수 없는 과오나 어떤 결함으로부터 파생하여 발생하는 Error
컴맨드 에러 (command error)	요구된 것을 실행하고자 하여도 필요한 물건, 정보, 에너지 등의 공급이 없는 것처럼 작업자가 움직이려 해도 움직일 수 없으므로 발생하는 Error

□□□ 10년3회

13. 인간 - 기계 시스템(Man - Machine system)에서 인간공학적 설계상의 문제로 발생하는 인간 실수의 원인이 아닌 것은?

① 서로 식별하기 어려운 표시장치와 조종장치
② 인체에 무리하거나 부자연스러운 지시
③ 의미를 알기 어려운 신호형태
④ 작업의 흐름에 따른 배치

해설

인간-기계 시스템의 인간공학적 설계상의 문제로 인한 인간실수
- 의미를 알기 어려운 신호형태
- 변화와 상태를 식별하기 어려운 표시수단과 조작구
- 불충분하거나 필요없는 정보를 수반하는 표시기
- 공간적으로 여유가 없는 배치
- 인체의 무리하거나 부자연스러운 지시
- 힘을 무리하게 증폭하는 기구

□□□ 12년1회, 20년1·2회

14. 다음 중 휴먼에러(Human Error)의 심리적 요인으로 옳은 것은?

① 일이 너무 복잡한 경우
② 일의 생산성이 너무 강조될 경우
③ 동일 현상의 것이 나란히 있을 경우
④ 서두르거나 절박한 상황에 놓여 있을 경우

해설

작업 상황과 심리적 오류 원인

구분	내용
작업 상황적 인간오류	1) 불충분한 작업공간 및 배치(layout) 2) 불량한 환경조건 3) 부적합한 설계 4) 불충분한 훈련 5) 불량한 관리 · 감독
심리적 측면의 인간오류	1) 급하거나 서두름 2) 정보나 지식의 부족 3) 과거의 경험 때문에 4) 희망적 관측 때문에

□□□ 11년1회

15. 다음 중 인간이 과오를 범하기 쉬운 성격의 상황과 가장 거리가 먼 것은?

① 단독작업　　② 공동작업
③ 장시간 감시　　④ 다경로 의사결정

해설

인간오류가 발생하기 쉬운 상황

작업	종류
공동작업	• 2명 이상의 조작자와 작업스텝 사이 • 고속작업 • 분리배정되어 있는 조작의 수동작업
속도와 정확도	• 고속인 작업 • 분산배치 시 정확한 타이밍을 요하는 작업 • 의지부정을 위한 시간이 촉박한 작업
식별	• 두 개 이상 표시의 빠르기 변화의 비교 • 여러 인력원에 의한 의지부정 • 장시간 감시작업
부적당한 표시	• 공통특성의 표시를 분류 시 • 빠른 변화의 표시를 관찰 시 • 변화된 모양과 타이밍의 한쪽을 예측할 수 없을 때

정답 12 ② 13 ④ 14 ④ 15 ①

□□□ 12년2회

16. 불안전한 행동을 유발하는 요인 중 인간의 생리적 요인이 아닌 것은?

① 근력 ② 반응시간
③ 감지능력 ④ 주의력

해설

④항, 주의력은 인간의 심리적 요인이다.

□□□ 18년1회

17. 휴먼 에러 예방 대책 중 인적 요인에 대한 대책이 아닌 것은?

① 설비 및 환경 개선
② 소집단 활동의 활성화
③ 작업에 대한 교육 및 훈련
④ 전문인력의 적재적소 배치

해설

설비 및 환경개선은 물적(설비 환경적 요인)에 대한 예방대책이다.

정답 16 ④ 17 ①

Chapter 03

인간계측 및 작업 공간

인간계측 및 작업공간은 인체계측의 방법과 작업공간의 설계원칙, 제어장치의 종류와 특징, 신체활동 시의 특징, 인간체계의 신뢰성에 대한 내용이다. 여기에서는 제어장치별 특징과 인간성능과 신뢰도에 대한 부분이 주로 출제 되고 있다.

01 인체계측

(1) 인체계측(Anthropometry)

① 인체계측 방법

종 류	내용
정적 인체계측 (구조적 인체치수)	정지 상태에서 신체치수를 측정한 것으로 골격치수, 외곽치수 등 여러 가지 부위를 측정한다.
동적 인체계측 (기능적 인체치수)	활동 중인 신체의 자세를 측정하는 것으로 실제의 작업, 혹은 생활조건에서의 치수를 측정한다.

[신체의 안정성]
(1) 모멘트의 균형을 고려한다.
(2) 몸의 무게 중심을 낮춘다.
(3) 몸의 무게 중심을 기저내에 들게 한다.

② 인체계측 자료의 응용원칙

종 류	내용
최대치수와 최소치수	• 최대 치수 또는 최소치수를 기준으로 하여 설계 • 최대치수 응용 예시 : 문의 높이, 비상 탈출구의 크기, 그네, 사다리 등의 지지 강도 • 최소치수 응용 예시 : 조작자와 제어 버튼 사이의 거리, 선반의 높이, 조작에 필요한 힘 등
조절범위 (조절식)	• 체격이 다른 여러 사람에 맞도록 만드는 것(보통 집단 특성치의 5%치~95%치까지의 90% 조절범위를 대상) • 응용 예시 : 자동차의 좌석, 사무실 의자, 책상 등
평균치를 기준으로 한 설계	• 최대치수나 최소치수, 조절식으로 하기가 곤란할 때 평균치를 기준으로 하여 설계 • 평균치 설계 예시 : 슈퍼마켓의 계산대, 은행의 창구

(2) 작업공간(work space)

① 공간의 범위

종류	내용
작업공간 포락면 (包絡面 : envelope)	한 장소에 앉아서 수행하는 작업 활동에서, 사람이 작업하는데 사용하는 공간
파악한계 (grasping reach)	앉은 작업자가 특정한 수작업 기능을 편히 수행할 수 있는 공간의 외곽 한계
특수작업 역(域)	특정한 작업별 작업공간

② 작업영역

종류	내용
정상작업역	상완(上腕)을 자연스럽게 수직으로 늘어뜨린 체, 전완(前腕)만으로 편하게 뻗어 파악할 수 있는 구역(34～45cm)
최대작업역	전완(前腕)과 상완(上腕)을 곧게 펴서 파악할 수 있는 구역(55～65cm)

[정상작업역과 최대작업역]

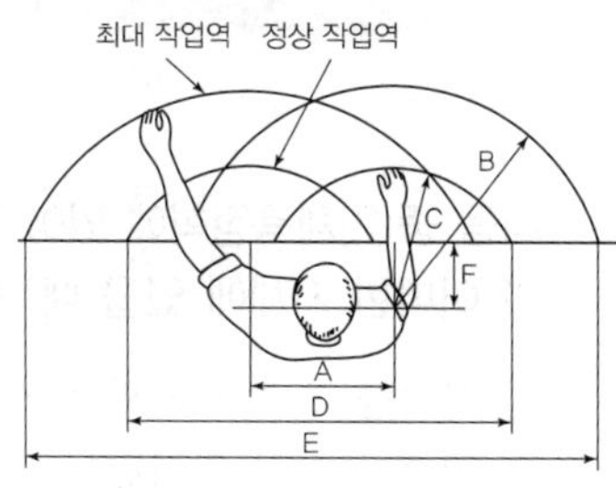

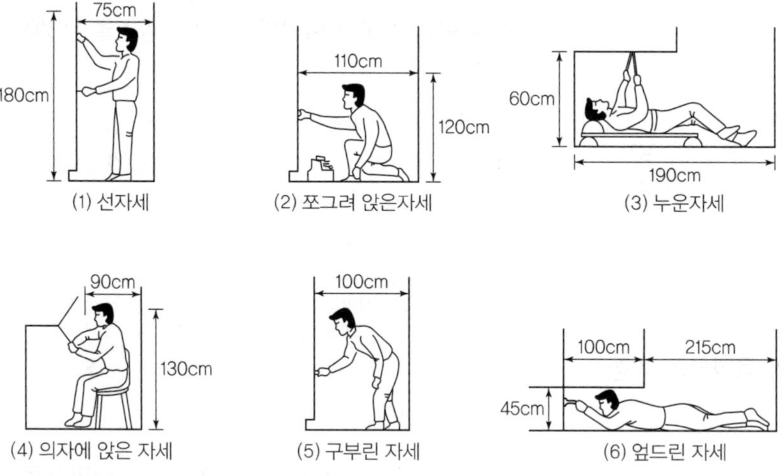

(3) 작업대(work surface)

① 수평작업대 : 책상, 탁자, 조리대, 세공대(細工臺) 등과 같은 수평면상에서 수행하는 작업대

② 어깨 중심선과 작업대 간격 : 19cm

③ 작업대 높이

종류	내용
앉아서 하는 작업	착석식 작업대 높이는 의자높이, 작업대 두께, 대퇴여유(thigh clearance) 등과 밀접한 관계가 있다. 의자높이, 작업대높이, 발걸이 등은 조절할 수 있도록 하는 것이 좋다.
서서하는 작업	• 섬세한 작업일수록 팔꿈치보다 높아야 한다. • 중작업 : 팔꿈치 높이보다 15~20cm 정도 낮게 한다. • 경작업 : 팔꿈치 높이보다 5~10cm 정도 낮게 한다. • 정밀작업 : 팔꿈치 높이보다 약간 높게 한다.

Tip
작업대의 높이를 결정하는 기준은 팔꿈치를 기준점으로 한다.

01 핵심문제 1. 인체계측

□□□ 11년3회

1. 다음 중 인체측정학에 있어 구조적 인체 치수는 신체가 어떠한 자세에 있을 때 측정한 치수를 말하는가?

① 양손을 벌리고 서있는 자세
② 고개를 들고 앉아있는 자세
③ 움직이지 않고 고정된 자세
④ 누워서 편안히 쉬고 있는 자세

해설

정적 인체계측(구조적 인체치수)이란 체위를 일정하게 규제한 정지 상태에서의 기본자세(선자세, 앉은자세 등)에 관한 신체각부를 계측하는 것이다.

□□□ 14년3회

2. 다음 중 인간공학에 있어 인체측정의 목적으로 가장 올바른 것은?

① 안전관리를 위한 자료
② 인간공학적 설계를 위한 자료
③ 생산성 향상을 위한 자료
④ 사고 예방을 위한 자료

해설

인간공학에 있어 인체측정의 목적으로는 인간공학적 설계를 위한 자료로 활용한다.

□□□ 12년1회

3. 다음 중 인체 측정과 작업공간의 설계에 관한 설명으로 옳은 것은?

① 구조적 인체 치수는 움직이는 몸의 자세로부터 측정한 것이다.
② 선반의 높이, 조작에 필요한 힘 등을 정할 때에는 인체 측정치의 최대집단치를 적용한다.
③ 수평 작업대에서의 정상작업영역은 상완을 자연스럽게 늘어뜨린 상태에서 전완을 뻗어 파악할 수 있는 영역을 말한다.
④ 수평 작업대에서의 최대작업영역은 다리를 고정시킨 후 최대한으로 파악할 수 있는 영역을 말한다.

해설

①항, 구조적 인체 치수란 작업자의 정지 상태에서의 기본자세에 따른 차수를 측정한 것이다.
②항, 선반의 높이는 최소집단을 기준으로 설계를 한다.
④항, 최대작업역이란 전완(前腕)과 상완(上腕)을 곧게 펴서 파악할 수 있는 구역이다.

□□□ 10년2회

4. 상완을 자연스럽게 수직으로 늘어뜨린 상태에서 전완만을 편하게 뻗어 파악할 수 있는 영역을 무엇이라 하는가?

① 정상작업파악한계 ② 정상작업역
③ 최대작업역 ④ 작업공간포락면

해설

정상작업역이란 상완(上腕)을 자연스럽게 수직으로 늘어뜨린 체, 전완(前腕)만으로 편하게 뻗어 파악할 수 있는 구역으로 34~45cm 정도가 되고, 최대작업역이란 전완(前腕)과 상완(上腕)을 곧게 펴서 파악할 수 있는 구역으로 55~65cm 정도가 된다.

□□□ 18년2회

5. 작업 공간의 포락면(包絡而)에 대한 설명으로 맞는 것은?

① 개인이 그 안에서 일하는 일차원 공간이다.
② 작업복 등은 포락면에 영향을 미치지 않는다.
③ 가장 작은 포락면은 몸통을 움직이는 공간이다.
④ 작업의 성질에 따라 포락면의 경계가 달라진다.

해설

작업공간 포락면(包絡面 ; envelope)이란 한 장소에 앉아서 수행하는 작업활동에서, 사람이 작업하는데 사용하는 공간을 말한다. 따라서 작업의 성격에 따라 포락면의 범위가 달라질 수 있다.

□□□ 15년2회

6. 인체 계측 중 운전 또는 워드 작업과 같이 인체의 각 부분이 서로 조화를 이루며 움직이는 자세에서의 인체치수를 측정하는 것을 무엇이라 하는가?

① 구조적 치수 ② 정적 치수
③ 외곽 치수 ④ 기능적 치수

해설

기능적(동적) 치수란 상지나 하지의 운동이나 체위의 움직임으로써, 실제의 작업 또는 생활조건 등을 들 수가 있다.

정답 1 ③ 2 ② 3 ③ 4 ② 5 ④ 6 ④

□□□ 08년3회

7. 다음 중 인체 측정치의 하위 백분위수(percentile)를 기준으로 설계하는 사례는?

① 선반의 높이　② 출입문의 높이
③ 탈출구의 크기　④ 그네의 지지하중

해설
①항, 선반의 높이는 하위 백분위수(percentile)를 기준으로 설계하여야 한다.

□□□ 08년3회, 21년1회

8. 인체측정 자료를 장비, 설비 등의 설계에 적용하기 위한 응용원칙에 해당하지 않는 것은?

① 조절식 설계
② 극단치를 이용한 설계
③ 구조적 치수 기준의 설계
④ 평균치를 기준으로 한 설계

해설
인체측정 응용 3원칙으로 최대치수와 최소치수, 조절범위, 평균치를 기준으로 한 설계가 있다.

□□□ 09년2회

9. 다음 중 인체측정자료의 응용원칙에 있어 조절식 설계를 적용하기에 가장 적절한 것은?

① 그네줄의 인장강도
② 자동차 운전석 의자의 위치
③ 전동차의 손잡이 높이
④ 은행의 창구 높이

해설
자동차 운전석 의자의 위치는 조절식 설계를 적용하는 것이 가장 적절한 방법이다.
①항, 그네줄의 인장강도 – 최대치 설계
③항, 전동차의 손잡이 높이 – 평균치 설계
④항, 은행의 창구 높이 – 평균치 설계

□□□ 09년3회

10. 다음 중 인체 측정 자료를 이용하여 설계하고자 할 때 적용기준이 잘못 연결된 것은?

① 의자의 높이 – 조절식 설계기준
② 안내 데스크 – 평균치를 기준으로 한 설계기준
③ 선반 높이 – 최대 집단치를 기준으로 한 설계기준
④ 출입문 – 최대 집단치를 기준으로 한 설계기준

해설
③항, 선반 높이 – 최소치를 기준으로 한 설계기준이다.

□□□ 14년1회

11. 다음 중 은행 창구나 슈퍼마켓의 계산대에 적용하기에 가장 적합한 인체 측정 자료의 응용원칙은?

① 평균치 설계　② 최대 집단치 설계
③ 극단치 설계　④ 최소 집단치 설계

해설
은행 창구나 슈퍼마켓의 계산대는 평균치를 기준으로 설계한다.

□□□ 11년1회, 16년1회

12. 다음 중 중작업의 경우 작업대의 높이로 가장 적절한 것은?

① 허리 높이보다 0~10cm 정도 낮게
② 팔꿈치 높이보다 10~20cm 정도 낮게
③ 팔꿈치 높이보다 15~25cm 정도 낮게
④ 어깨 높이보다 30~40cm 정도 높게

문제 12, 13 해설
작업대의 높이는 팔꿈치를 기준으로 한다.
섬세한 작업일수록 팔꿈치보다 높아야 하고 거친(coarse) 작업에서는 약간(5~10cm) 낮은 편이 좋다. 중(重)작업에서는 15~20cm 정도 낮은 편이 좋다.

□□□ 12년1회

13. 다음 중 서서하는 작업에서 정밀한 작업, 경작업, 중작업 등을 위한 작업대의 높이에 기준이 되는 신체 부위는?

① 어깨　② 팔꿈치
③ 손목　④ 허리

정답 7 ① 8 ③ 9 ② 10 ③ 11 ① 12 ③ 13 ②

□□□ 17년3회

14. 인체측정치의 응용원리에 해당하지 않는 것은?

① 조절식 설계 ② 극단치 설계
③ 평균치 설계 ④ 다차원식 설계

해설

인체계측 자료의 응용원칙

종 류	내 용
최대치수와 최소치수	최대 치수 또는 최소치수를 기준으로 하여 설계
조절범위(조절식)	체격이 다른 여러 사람에 맞도록 만드는 것 (보통 집단 특성치의 5%치~95%치까지의 90%조절범위를 대상)
평균치를 기준으로 한 설계	최대치수나 최소치수, 조절식으로 하기가 곤란할 때 평균치를 기준으로 하여 설계

□□□ 15년3회

15. 위험구역의 울타리 설계 시 인체 측정자료 중 적용해야 할 인체치수로 가장 적절한 것은?

① 인체측정 최대치 ② 인체측정 평균치
③ 인체측정 최소치 ④ 구조적 인체 측정치

해설

위험구역의 울타리 설계 시는 모든 사람을 수용하여야 하므로 최대치로 설계한다.

□□□ 13년1회, 19년1회

16. 다음 중 인체계측자료의 응용원칙에 있어 조절 범위에서 수용하는 통상의 범위는 몇 %tile 정도인가?

① 5~95%tile ② 20~80%tile
③ 30~70%tile ④ 40~60%tile

해설

위험구역의 울타리 설계 시는 모든 사람을 수용하여야 하므로 최대치로 설계한다.

□□□ 15년1회

17. 다음 설명은 어떤 설계 응용 원칙을 적용한 사례인가?

> 제어 버튼의 설계에서 조작자와의 거리를 여성의 5백분위수를 이용하는 설계하였다.

① 극단적 설계원칙 ② 가변적 설계원칙
③ 평균적 설계원칙 ④ 양립적 설계원칙

해설

제어 버튼과의 거리는 최소치를 응용한 설계로 극단적 설계원칙을 적용한 것이다.

□□□ 19년2회

18. 착석식 작업대의 높이 설계를 할 경우 고려해야 할 사항과 가장 관계가 먼 것은?

① 의자의 높이 ② 대퇴 여유
③ 작업의 성격 ④ 작업대의 형태

해설

착석식 작업대 높이는 의자높이, 작업대 두께, 대퇴여유(thigh clearance) 등과 밀접한 관계가 있다. 의자높이, 작업대높이, 발걸이 등은 조절할 수 있도록 하는 것이 좋다.

정답 14 ④ 15 ① 16 ① 17 ① 18 ④

02 제어장치

(1) 제어장치의 기능

제어장치란 인간의 출력을 기계의 입력으로 전환하는 장치로서 사람과 기계 사이에 중간역할을 담당하게 하며 인간은 제어장치를 통하여 기계에 의사전달을 한다.

(2) 조종기기의 조건

① 조종기기의 조건

구분	내용
접근성 (Accessibility)	인체계측자료를 적용하여 손과 발의 파악한계 및 작동범위를 고려한다.(표시장치는 원거리가 가능하다)
인식성, 식별성 (Identifiability)	타 조종장치와의 식별, 기능과 상태의 인식(on, off, 형태, 색상, 부호화, 표식(Label))
사용성 (Usability)	조종장치의 사용에 요구되는 힘(power, precision)
조정의 용이성 (fine adjustment)	조종 반응비율(조종장치의 움직임에 따른 표시장치의 움직임의 비)을 통한 용이성
정보의 환류 (feed back)	움직임에 따른 반응(click, 촉감, 상태(Lever의 위치))

② 양립성(compatibility)

정보입력 및 처리와 관련한 양립성이란 인간의 기대와 모순되지 않는 자극, 반응들 간의 조합의 관계를 말한다.

구분	내용
공간적 양립성	표시, 조종장치의 물리적 형태나 공간적인 배치의 양립성
운동적 양립성	표시, 조종장치, 체계반응의 운동 방향의 양립성
개념적 양립성	사람들이 가지고 있는 개념적 연상의 양립성(예 청색-정상)
양식 양립성	직무 등에 대해 알맞은 자극과 응답에 대한 일정 양식이 존재한다. (예 음성과업-청각적자극제시-음성응답)

[표시와 제어장치 사이에 양립성 관계]

(1) 학습이 빠르다.
(2) 반응시간이 줄어든다.
(3) 오류가 적어진다.
(4) 사용자의 만족도가 좋아진다.

[조종기기의 종류]

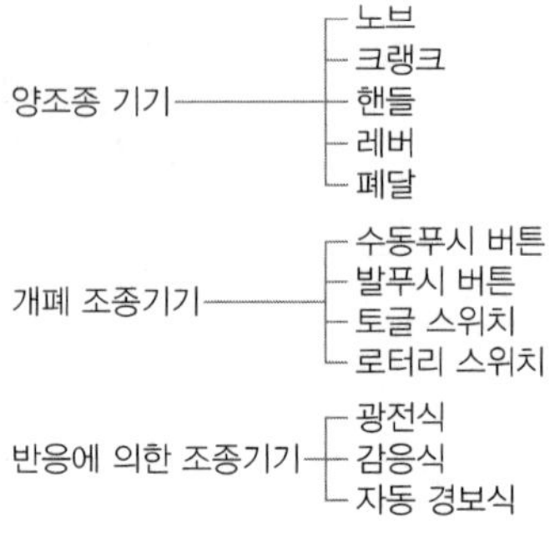

[노브(Knob)와 페달(pedal)의 사용]

(1) 노브(Knob) → 힘이 작을 때 사용

(2) 페달(pedal) → 힘이 크게 소요되는 기기에 사용

(3) 조종기기의 종류

① 양의 조절에 의한 조종

투입되는 연료량, 전기량(저항, 전류, 전압), 음량, 회전량 등의 양을 조절하는 장치 → 연속적인 정보전달 장치

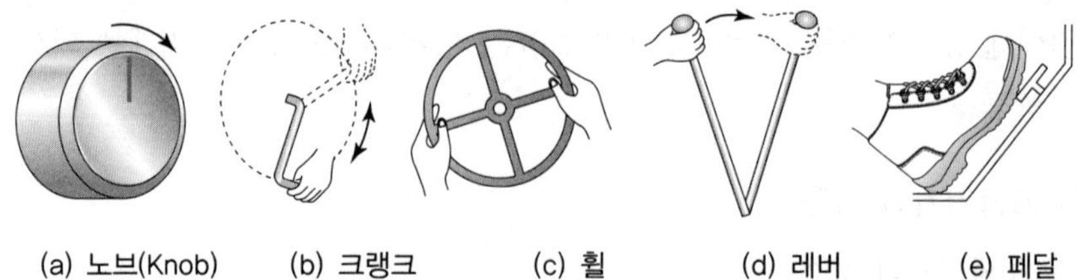

(a) 노브(Knob) (b) 크랭크 (c) 휠 (d) 레버 (e) 페달

② 개폐에 의한 조종(불연속적인 조절)

on－off로 동작 자체를 개시하거나 중단하도록 조종하는 장치
→ 이산적 정보전달 장치(푸시버튼, 토글S/W, 로터리S/W)

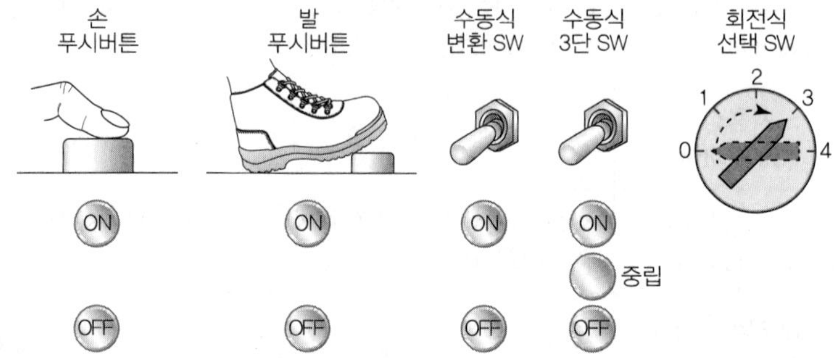

③ 반응에 의한 조종(Cursor positioning 정보제공장치)

계기, 신호 또는 감각에 의하여 행하는 조종 장치

㉠ 광전식 안전장치

㉡ 감응식 안전장치

㉢ 자동경보 시스템

(4) 조종기기의 선택

① 계기 지침의 일치성 (운동의 양립성)

계기 지침이 움직이는 방향과 계기 대상물의 움직이는 방향 일치여부

② 멀티로테이션 컨트롤 기기 사용

조종 기기가 복잡하고 정밀한 조절이 필요한 경우

③ 조종 기기의 선택 시 조작력과 세팅 범위가 중요한 경우 검토사항

㉠ 특정 목적에 사용되는 통제기기는 단일보다 여러개를 조합하여 사용하는 것이 효과적

㉡ 식별이 용이한 조종기기를 선택

④ 조종 기기의 안전장치 설치

조종 장치의 안전을 부가해 주는 장치로서 인간의 착오가 사고를 일으키지 않도록 하기 위하여 설치하는 장치

㉠ locking의 설치

㉡ 푸시버튼의 오목 면 이용

㉢ 토글스위치 커버 설치

(5) 통제 표시 비율(Control Display Ratio)

① 통제표시비(C/D비)

통제기기(조종장치)와 표시장치의 이동비율을 나타낸 것으로 통제기기의 움직이는 거리(또는 회전수)와 표시장치상의 지침, 활자(滑子) 등과 같은 이동요소의 움직이는 거리(또는 각도)의 비를 통제표시비라 한다.

$$\therefore \frac{C}{D} = \frac{X}{Y}$$

여기서, X : 통제기기의 변위량
Y : 표시장치의 변위량

② 조종구(Ball Control)에서의 C/D비

조종구와 같이 회전운동을 하는 선형조종장치가 표시장치를 움직일 때의 통제비

$$\therefore \frac{C}{D}\text{비} = \frac{(a/360) \times 2\pi L}{\text{표시장치의 이동거리}}$$

여기서, a : 조종장치가 움직인 각도
L : 반경(지레의 길이)

③ 최적 C/d비

통제 표시비와 조작시간과의 관계를 Jenkins와 Connor의 실험으로 C/d비가 감소함에 따라 이동시간은 급격히 감소하다가 안정된다.

조정시간은 반대의 형태를 갖는다. 최적치는 두곡선의 교점사이(1.18~2.42) 값이 된다.

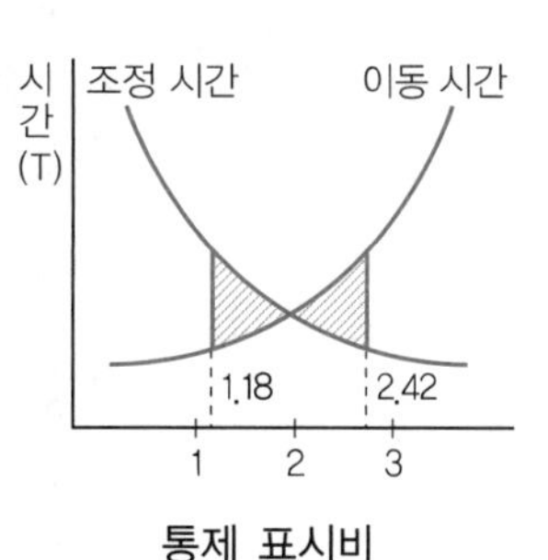

[제어장치의 식별(코드화)]

(1) 위치 (2) 라벨 (3) 색깔 (4) 형상
(5) 크기 (6) 촉감 (7) 조작방법

[통제표시비 설계 시 고려사항]

(1) 계기의 크기
(2) 공차
(3) 방향성
(4) 조작시간
(5) 목측거리

[서보기구]
물체의 위치, 방위, 자세 등을 제어량으로 하여 목표값의 변화에 항상 추종하도록 구성된 제어계로서 자동제어, 자동평형계기 등이 있다.

(6) 특수제어장치

① 음성제어장치(음성인식 시스템)

㉠ 음성인식 시스템의 종류

종류	내용
화자종속적 시스템 (speaker-dependent)	가장 일반적으로 한정된 어휘를 사용하여 특정인의 발음을 인식하는 것
화자독립적 시스템 (speaker-independent)	어느 누가 말하여도 인식하는 것

㉡ 인간공학적 문제 : 어휘가 많아지면 인식의 정도가 낮아지고 처리속도는 늦어진다.

㉢ 음성인식 시스템의 성능 : 실제 작업에서는 키보드 작업보다 음성인식 시스템이 오류율이 더 높다.

② 원격제어장치(teleoperators)

여러 기계의 제어기를 한곳에 집중하여 거리를 두고 제어 조작하는 방식

③ 눈과 머리 동작 제어장치

인체의 시각, 방향감각을 통해 제어 조작하는 방식

[수공구 설계의 적용]

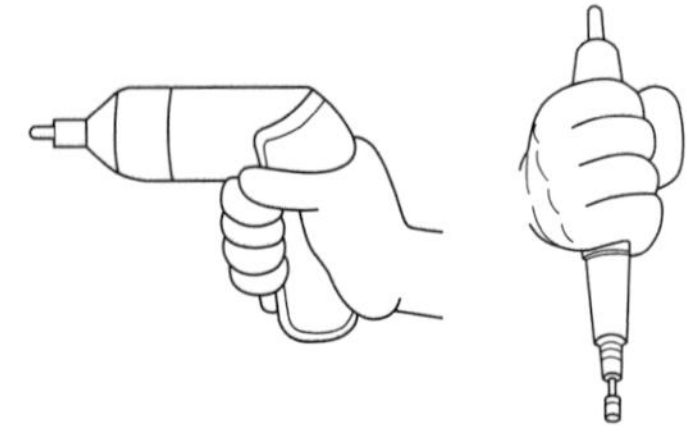

(7) 수공구

① 수공구 설계의 기본원리

구분	내용
손잡이의 길이	95%의 남성의 손 폭을 기준 (최소 11cm 이상, 장갑사용시 최소 12.5cm 이상)
손잡이의 형태	손바닥 부위에 압박을 주는 형태를 피한다. (단면이 원형을 이루어야 한다.)
손잡이의 직경	• 힘을 요하는 작업일 경우 : 2.5~4cm • 정밀을 요하는 작업일 경우 : 0.75~1.5cm
손잡이의 재질	미끄러지지 않고, 비전도성, 열과 땀에 강한 소재로 선택해야 한다.
플라이어(pliers) 형태의 손잡이	스프링 장치 등을 이용하여 자동으로 손잡이가 열리도록 설계해야 한다.
기타	양손잡이를 모두 고려한 설계를 해야 한다.
	손목을 꺾지 말고 손잡이를 꺾어야 한다.
	가능한 수동공구가 아닌 동력공구를 사용해야 한다.
	동력공구의 손잡이는 한 손가락이 아닌 최소 두 손가락 이상으로 작동하도록 설계해야 한다.
	최대한 공구의 무게를 줄이고 사용시 무게의 균형(counter balancing)이 유지되도록 설계해야 한다.

② 적절한 수공구 설계방법

- 손목을 곧게 유지할 것
- 조직 압박을 피할 것
- 손가락 동작의 반복 동작을 피할 것
- 안전한 방법으로 조작 할 것
- 여성과 왼손잡이를 고려할 것

02 핵심문제 2. 제어장치

□□□ 17년1회

1. 조종 장치의 우발작동을 방지하는 방법 중 틀린 것은?

① 오목한 곳에 둔다.
② 조종 장치를 덮거나 방호해서는 안 된다.
③ 작동을 위해서 힘이 요구되는 조종 장치에는 저항을 제공한다.
④ 순서적 작동이 요구되는 작업일 때 순서를 지나치지 않도록 잠김 장치를 설치한다.

해설

조종 장치는 실수에 의한 우발작동을 방지하기 위하여 locking의 설치, 푸시버튼의 오목 면 이용, 토글스위치 커버나 덮개등의 안전장치를 설치하는 것이 좋다.

□□□ 17년1회

2. 작업자가 용이하게 기계 · 기구를 식별하도록 암호화(Coding)를 한다. 암호화 방법이 아닌 것은?

① 강도 ② 형상
③ 크기 ④ 색채

해설

제어장치의 코드화의 방법에는 형상, 촉감, 크기, 위치, 조작법, 색깔, 라벨 등이 있다.

□□□ 08년1회, 13년2회

3. 다음 중 통제표시비에 대한 설명으로 틀린 것은?

① "X"가 통제기기의 변위량, "Y"가 표시장치의 변위량일 때 $\frac{X}{Y}$로 표현된다.
② Knob의 통제표시비는 손잡이 1회전 시 움직이는 표시장치 이동거리의 역수로 나타낸다.
③ 통제표시비가 클수록 민감한 제어장치이다.
④ 최적의 통제표시비는 제어장치의 종류나 표시장치의 크기, 허용오차 등에 의해 달라진다.

해설

③항, 통제비가 작을수록 민감한 제어장치이다.

통제표시비(Control Display Ratio)
통제표시비(C/D비)란 통제기기(조종장치)와 표시장치의 이동비율을 나타낸 것으로 통제기기의 움직이는 거리(또는 회전수)와 표시장치상의 지침, 활자(滑子) 등과 같은 이동요소의 움직이는 거리(또는 각도)의 비를 통제표시비라 한다.

$$\frac{C}{D} = \frac{X}{Y}$$

X: 통제기기의 변위량, Y: 표시장치의 변위량

□□□ 09년1회

4. C/D비(Control-Display ratio)가 크다는 것의 의미로 옳은 것은?

① 미세한 조종은 쉽지만 수행시간은 상대적으로 길다.
② 미세한 조종이 쉽고 수행시간도 상대적으로 짧다.
③ 미세한 조종이 어렵고 수행시간도 상대적으로 길다.
④ 미세한 조종은 어렵지만 수행시간은 상대적으로 짧다.

해설

C/D비(Control-Display ratio)가 크다는 것은 미세한 조종은 쉽지만 수행시간은 상대적으로 길다는 것을 의미한다.

[참고] 최적 C/D비
통제 표시비와 조작시간과의 관계를 Jenkins와 Connor의 실험으로 C/D비가 감소함에 따라 이동시간은 급격히 감소하다가 안정되며, 조정시간은 반대의 형태를 갖는다. 최적치는 두곡선의 교점사이(1.18~2.42)값이 된다.

□□□ 08년3회

5. 조종구(ball control)와 같이 상당한 회전운동을 하는 선형조종장치의 조종 - 반응 비율(C/R비)을 올바르게 나타낸 것은? (단, 지레의 길이를 L, 조종장치가 움직인 각도를 θ라 한다.)

① $\dfrac{(\theta/360)\times 2\pi L}{\text{표시장치의 이동거리}}$

② $\dfrac{(\theta/360)\times \pi r^2}{\text{표시장치의 이동거리}}$

③ $\dfrac{\text{표시장치의 이동거리}}{(180/\theta)\times 2\pi L}$

④ $\dfrac{\text{표시장치의 이동거리}}{(360/\theta)\times 2\pi L}$

정답 1 ② 2 ① 3 ③ 4 ① 5 ①

해설

조종구(Ball Control)에서의 C/D비 : 조종구와 같이 상당한 회전운동을 하는 선형조종장치가 표시장치를 움직일 때의 통제비는

$$\frac{C}{D}\text{비} = \frac{(a/360)\times 2\pi L}{\text{표시장치의 이동거리}}$$

□□□ 08년2회

6. **반경 10cm의 조종구(ball control)를 30° 움직였을 때 표시장치는 1cm 이동하였다. 이때의 통제표시비(C/D)는 약 얼마인가?**

① 2.56 ② 3.12
③ 4.05 ④ 5.24

해설

$$\frac{C}{D}\text{비} = \frac{(a/360)\times 2\pi L}{\text{표시장치의 이동거리}} = \frac{(30°/360)\times 2\times\pi\times 10\text{cm}}{1\text{cm}} = 5.24$$

□□□ 08년2회, 19년3회

7. **다음 중 양립성의 종류에 속하지 않는 것은?**

① 공간 양립성 ② 형태 양립성
③ 개념 양립성 ④ 운동 양립성

문제 7, 8 해설

양립성(compatibility)이란 정보입력 및 처리와 관련한 양립성은 인간의 기대와 모순되지 않는 자극들간의, 반응들 간의 또는 자극반응 조합의 관계를 말하는 것

1. 공간적 양립성이란 표시장치가 조종장치에서 물리적 형태나 공간적인 배치의 양립성
2. 운동 양립성이란 표시 및 조종장치, 체계반응의 운동 방향의 양립성
3. 개념적 양립성이란 사람들이 가지고 있는 개념적 연상(어떤 암호체계에서 청색이 정상을 나타내듯이)의 양립성

□□□ 17년2회

8. **자극 – 반응 조합의 관계에서 인간의 기대와 모순되지 않는 성질을 무엇이라 하는가?**

① 양립성 ② 적응성
③ 변별성 ④ 신뢰성

□□□ 18년3회

9. **양립성(compatibility)에 대한 설명 중 틀린 것은?**

① 개념양립성, 운동양립성, 공간양립성 등이 있다.
② 인간의 기대에 맞는 자극과 반응의 관계를 의미한다.
③ 양립성의 효과가 크면 클수록, 코딩의 시간이나 반응의 시간은 길어진다.
④ 양립성이란 제어장치와 표시장치의 연관성이 인간의 예상과 어느 정도 일치하는 것을 의미한다.

해설

양립성의 효과가 클수록 코딩의 시간이나 반응의 시간이 짧아져 효율적으로 작동한다.

□□□ 08년3회

10. **다음 중 인간의 양립성에서 개념 양립성에 해당하는 것은?**

① 조종장치를 오른쪽으로 돌리면 표시장치의 지침이 오른쪽으로 이동한다.
② 동력스위치에서 스위치를 위로 올리면 전원이 들어오고, 아래로 내리면 전원이 꺼진다.
③ 가스버너에서 오른쪽 조리대는 오른쪽 조절장치로, 왼쪽 조리대는 왼쪽 조절장치로 조정한다.
④ 냉온수기에서 빨간색은 온수, 파란색은 냉수가 나온다.

해설

개념적 양립성이란 사람들이 가지고 있는 개념적 연상으로 어떤 암호체계에서 청색이 정상 빨강색이면 위험을 나타내는 양립성을 의미한다.

□□□ 09년2회, 17년3회

11. **"표시장치와 이에 대응하는 조종장치간의 위치 또는 배열이 인간의 기대와 모순되지 않아야 한다."는 인간공학적 설계원리와 가장 관계가 깊은 것은?**

① 개념양립성 ② 공간양립성
③ 운동양립성 ④ 문화양립성

해설

공간적 양립성이란 인간의 기대와 모순되지 않는 성질로서 표시 및 조종장치, 체계반응의 운동 방향의 양립성이다.

정답 6 ④ 7 ② 8 ① 9 ③ 10 ④ 11 ②

□□□ 13년1회

12. **어떠한 신호가 전달하려는 내용과 연관성이 있어야 하는 것으로 정의되며, 예로써 위험신호는 빨간색, 주의신호는 노란색, 안전신호는 파란색으로 표시하는 것은 다음 중 어떠한 양립성(compatibility)에 해당하는가?**

① 공간양립성　② 개념양립성
③ 동작양립성　④ 형식양립성

해설

개념양립성이란 사람들이 가지고 있는 개념적 연상의 양립성으로 위험신호는 빨간색, 주의신호는 노란색, 안전신호는 파란색으로 표시하는 것

□□□ 18년2회

13. **A 회사에서는 새로운 기계를 설계하면서 레버를 위로 올리면 압력이 올라가도록 하고, 오른쪽 스위치를 눌렀을 때 오른쪽 전등이 켜지도록 하였다면, 이것은 각각 어떤 유형의 양립성을 고려한 것인가?**

① 레버 - 공간양립성, 스위치 - 개념양립성
② 레버 - 운동양립성, 스위치 - 개념양립성
③ 레버 - 개념양립성, 스위치 - 운동양립성
④ 레버 - 운동양립성, 스위치 - 공간양립성

해설

1. 레버 : 위로 올릴 경우 압력도 올라가는 형태로 동일한 운동 방향의 양립성
2. 스위치 : 오른쪽 스위치와 오른쪽 전등처럼 동일 공간을 이용한 공간의 양립성

□□□ 12년2회

14. **다음 중 수공구 설계의 기본원리로 가장 적절하지 않은 것은?**

① 손잡이의 단면이 원형을 이루어야 한다.
② 정밀작업을 요하는 손잡이의 직경은 2.5~4cm로 한다.
③ 일반적으로 손잡이의 길이는 95% tile 남성의 손폭을 기준으로 한다.
④ 동력공구의 손잡이는 두 손가락 이상으로 작동하도록 한다.

해설

손잡이의 직경은 사용용도에 따라서 다음과 같다.
1. 힘을 요하는 작업 도구일 경우 : 2.5~4cm
2. 정밀을 요하는 작업일 경우 : 0.75~1.5cm

정답 12 ② 13 ④ 14 ②

03 신체반응의 측정

(1) 스트레스

① 정의

구분	내용
스트레스(stress)	개인에게 작용하는 바람직하지 못한 상태나 상황 및 과업 등의 인자로 과중한 노동, 정적자세, 더위와 추위, 소음, 정보의 과부하, 권태감, 경제적인 문제 등이 있다.
스트레인(strain)	개인에 대한 스트레스의 영향으로 발생하는 육체적, 정신적, 인지적 변화

② 측정방법

혈액의 화학적 변화, 산소소비량, 근육이나 뇌의 전기적 활동, 심박수, 체온 등의 변화를 통한 측정

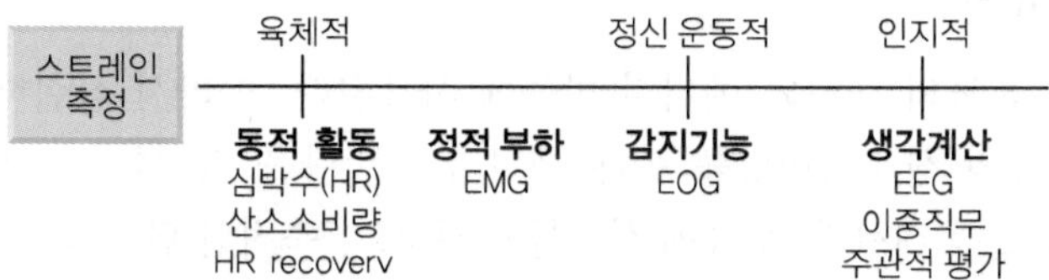

인간활동에 따른 스트레인 측정 구분

③ 스트레인의 척도

심리적 긴장		생리적 긴장		
활동	태도	화학적	전기적	신체적
• 작업속도 • 실수 • 눈의 깜박임	• 권태 • 태도 기타요소	• 혈액성분 • 요 성분 • 산소 소비량 • 산소 결손 • 산소 회복 곡선 • 열량	• 뇌전도(EEG) • 심전도(ECG) • 근전도(EMG) • 안전도(EOG) • 전기 피부 반응(GSR)	• 혈압 • 심박수 • 부정맥 • 박동량 • 박동 결손 • 신체온도 • 호흡수

(2) 신체역학의 측정

구분	내용
근전도 (EMG : electromyogram)	근육활동의 전위차를 기록한 것으로 근육의 피로도를 측정
피부전기반사 (GSR : galvanic skin reflex)	작업 부하의 정신적 부담도가 피로와 함께 증대하는 양상을 수장(手掌) 내측의 전기저항의 변화에서 측정하는 것으로, 피부전기저항 또는 정신전류현상이라고도 한다.
심전도 (ECG : electrocardiogram)	수축파의 전파에 따른 심장근 수축으로 전기적 변화 발생을 피부에 부착된 전극들로 전기적 신호를 검출, 증폭, 기록한 것
신경전도 (ENG : electroneurogram)	신경활동의 전위차를 나타낸 것으로 신경전도검사법이라고 한다.
플리커 값 (CFF)	정신적 부담이 대뇌피질의 활동수준에 미치고 있는 영향을 측정한 값이다

(3) 산소소비량

산소는 음식물의 대사와 에너지 방출에 사용된다. 따라서 섭취하는 음식량과 작업 중의 산소소비량을 통해 에너지 소비량을 측정할 수 있다.

① 폐세포를 통해서 혈액 중에 산소를 공급하고, 축적된 탄산가스를 배출하는 과정에서 산소소비량을 알 수 있으며 에너지를 간접적으로 알 수 있다.

② 1회의 호흡으로 폐를 통과하는 공기는 성인인 경우 300~1,500cm^3 (평균 500cm^3)이며, 호흡수는 매분 4~24회(평균 16회)이다.

③ 산소소비량의 측정

㉠ 더글라스 백(douglas bag)을 사용하여 배기를 수집한다.

㉡ 낭(bag)에서 배기의 표본을 취하여 가스분석장치로 성분을 분석한 후 가스메터를 통과시켜 배기량을 측정한다.

㉢ 흡기량과 산소소비량을 체내에서 대사되지 않는 질소의 부피비율변화로부터 구한다.

흡기량×79%=배기량×N_2%이므로

$$\therefore \text{ 흡기량} = \text{배기량} \times \frac{(100 - CO_2\% - O_2\%)}{79}$$

$$\therefore O_2 \text{ 소비량} = (\text{흡기량} \times 21\%) - (\text{배기량} \times O_2\%)$$

또한 작업의 에너지값은 다음의 관계를 이용하여 환산한다.

$\therefore$ 1l O_2 소비=5kcal

[산소부채]

작업이나 운동이 격렬해져서 근육이 생성되는 젖산의 제거속도가 생성속도에 미치지 못하면, 활동이 끝난 후에도 남아 있는 젖산을 제거하기 위하여 산소가 더 필요하게 되는 현상이다.

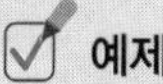

예제

어떤 작업자의 배기량을 더글라스 백을 사용하여 6분간 수집한 후 가스메터에 의하여 측정한 배기량은 108ℓ 이었고, 표본을 취하여 가스분석기로 성분을 조사하니 O_2 : 16%, CO_2 : 4%이었다. 분당 산소소비량과 에너지는 얼마인가?

① 분당 배기량 $= \frac{108}{6} = 18(\ell/\text{분})$

② 흡기량 $= 18 \times \frac{(100-16-4)}{79} = 18.23(\ell/\text{분})$

③ O_2 소비량 $= (18.23 \times 21\%) - (18 \times 16\%) = 0.948(\ell/\text{분})$

④ 에너지 $= 0.948 \times 5 = 4.74(\text{kcal}/\text{분})$

(4) 에너지 대사

① 에너지 대사율(RMR; relative metabolic rate)

작업을 수행하기 위해 소비되는 산소소모량이 기초대사량의 몇 배에 해당하는 가를 나타내는 지수

$$RMR = \frac{\text{활동시 산소소비량} - \text{안정시 산소소비량}}{\text{기초대사량}} = \frac{\text{활동대사량}}{\text{기초대사량}}$$

② 에너지대사율에 따른 작업강도구분

작업강도 구분	에너지 대사율
경작업(輕작업)	0~2RMR
중작업(中작업)	2~4RMR
중작업(重작업)	4~7RMR
초중작업(超重작업)	7RMR 이상

③ 에너지 소비량에 영향을 미치는 인자

㉠ 작업 속도

㉡ 작업 자세

㉢ 작업 방법

㉣ 설계 도구

[기초대사율]

기초대사율(BMR; basal metabolic rate)은 신체가 육체적 일을 하지 않고 있을 때도 필요한 생명 유지에 필요한 단위 시간당 에너지량으로 개인차가 심하며 신체가 큰 남성의 BMR이 대체적으로 크다.

[기초대사량의 산출]

① 기초대사량 $= A \times X$

A : 체표면적(cm^2)

X : 체표면적당 시간당 소비에너지

② $A = H^{0.725} \times W^{0.425} \times 72.46$

H : 신장(cm)

W : 체중(kg)

[에너지 소비가 가장 적은 속도]

(1) 보행속도 : 70m/min

(2) 운반물 속도 : 60~80m/min

(5) 작업효율과 에너지 소비

① 인체의 에너지 효율

$$E(\%) = \frac{W}{I} \times 100 = \frac{W}{M} \times 100$$

E : 에너지 효율(작업 효율)
W : 수행한 작업(작업량)
I : 소비 에너지(에너지 소비량)
M : 대사 에너지(에너지 대사량)

② Murrel의 휴식시간 산출 식

$$R(\text{min}) = \frac{T(W-S)}{W-1.5}$$

R : 필요한 휴식시간(min)
T : 총 작업시간(min)
W : 작업 중 평균에너지 소비량(kcal/min)
S : 권장 평균에너지 소비량(kcal/min),
남성: 5(kcal/min), 여성: 4(kcal/min)
휴식 중 에너지 소비량(kcal/min)은 1.5

> **Tip**
> Murrel의 휴식시간 산출식에서 권장 에너지 소비량이 남성 5, 여성은 4kcal/min으로 표기했는데 이는 항상 일정한 값이 아니다.
> 문제에서 주어진 값을 사용하여야 하며 주어진 값이 없을때 남성의 평균 소비량 5kcal/min을 대입한다.

예제

어느 특정작업에서 남성 작업자가 8시간 작업 시 산소소비량 1.5ℓ /min이었다. 이 작업자가 8시간 작업 시 휴식시간을 구하시오.(단, Murrel 식을 이용한다.)

① 평균 에너지 소비량(kcal/min)=1.5×5=7.5

② 휴식시간 $R(\text{min}) = \frac{480\times(7.5-5)}{7.5-1.5} = 200$

③ Hertig의 휴식시간 산출 식

$$T_{rest}(\%) = \frac{100(E_{\max} - E_{task})}{(E_{rest} - E_{task})}$$

$E_{\max}$: 1일 8시간 작업을 위한 에너지 소비량으로 육체적 작업능력(PWC)의 1/3값(남성 : 16kcal/min, 여성 : 12kcal/min)
E_{task} : 당해 작업의 에너지 소비량
E_{rest} : 휴식 중 에너지 소비량

 예제

육체적 작업능력(PWC)이 16(kcal/min)인 작업자가 에너지 소비량이 7(kcal/min)인 인력운반 작업 시 휴식시간은? (단, 휴식 중 에너지 소비량은 1.5(kcal/min)이다.)

① $E_{\max} = \frac{16}{3} = 5.33$

② $T_{rest}(\%) = \frac{100 \times (5.33 - 7)}{(1.5 - 7)} = 30.36$

03 핵심문제 3. 신체반응의 측정

□□□ 08년1회

1. 다음 중 전기적 생리신호 측정방법 중 근육의 활동도를 측정하는 방법은?

① ECG ② EMG
③ EEG ④ EOG

문제 1~3 해설

신체역학의 측정

구분	내용
근전도(EMG : electromyogram)	근육활동의 전위차를 기록한 것으로 근육의 피로도를 측정
피부전기반사 (GSR : galvanic skin reflex)	작업 부하의 정신적 부담도가 피로와 함께 증대하는 양상을 수장(手掌) 내측의 전기저항의 변화에서 측정하는 것으로, 피부전기저항 또는 정신전류현상이라고도 한다.
심전도(ECG : electrocardiogram)	수축파의 전파에 따른 심장근 수축으로 전기적 변화 발생을 피부에 부착된 전극들로 전기적 신호를 검출, 증폭, 기록한 것
신경전도(ENG: electroneurogram)	신경활동의 전위차를 나타낸 것으로 신경전도검사법이라고 한다.
플리커 값(CFF)	정신적 부담이 대뇌피질의 활동수준에 미치고 있는 영향을 측정한 값이다

□□□ 16년1회

2. 인간의 생리적 부담 척도 중 국소적 근육 활동의 척도로 가장 적합한 것은?

① 혈압 ② 맥박수
③ 근전도 ④ 점멸융합 주파수

□□□ 14년2회

3. 다음 중 간헐적으로 페달을 조작할 때 다리에 걸리는 부하를 평가하기에 가장 적당한 측정 변수는?

① 근전도 ② 산소소비량
③ 심장박동수 ④ 에너지소비량

□□□ 14년1회

4. 인간공학의 연구를 위한 수집자료 중 동공확장 등과 같은 것은 어느 유형으로 분류되는 자료라 할 수 있는가?

① 생리 지표 ② 주관적 자료
③ 강도 척도 ④ 성능 자료

해설

동공확장 등과 같은 것은 신체 생리적 작용에 의한 것이므로 생리학적 지표이다.

□□□ 10년3회, 21년3회

5. 인체에 작용한 스트레스의 영향으로 발생된 신체 반응의 결과인 스트레인(strain)을 측정하는 척도가 잘못 연결된 것은?

① 인지적 활동 : EEG
② 정신 운동적 활동 : EOG
③ 국부적 근육 활동 : EMG
④ 육체적 동적 활동 : GSR

해설

GSR은 피부전기반사 측정으로 작업부하의 정신적 부담도와 피로를 측정한다.

□□□ 17년1회

6. 육체작업의 생리학적 부하측정 척도가 아닌 것은?

① 맥박수 ② 산소소비량
③ 근전도 ④ 점멸융합주파수

해설

점멸융합주파수는 부하측정의 척도가 아니라 부하측정의 정도인 프릿가 값(CFF)을 측정하기 위한 방법이다.

□□□ 17년3회

7. 격렬한 육체적 작업의 작업부담 평가 시 활용되는 주요 생리적 척도로만 이루어진 것은?

① 부정맥, 작업량
② 맥박수, 산소 소비량
③ 점멸융합주파수, 폐활량
④ 점멸융합주파수, 근전도

해설

육체적 작업부담은 맥박수와 산소소비량을 통해 작업시 필요한 에너지를 평가하여 측정한다.

정답 1 ② 2 ③ 3 ① 4 ① 5 ④ 6 ④ 7 ②

□□□ 19년1회, 22년1회

8. 정신적 작업 부하에 관한 생리적 척도에 해당하지 않는 것은?

① 부정맥 지수 ② 근전도
③ 점멸융합주파수 ④ 뇌파도

해설

근전도(EMG : electromyogram)
근육활동의 전위차를 기록한 것으로, 심장근의 근전도를 특히 심전도(ECG : electrocardio-gram)라 하며, 신경활동전위차의 기록은 ENG(electro-neurogram)라 한다.

□□□ 10년1회

9. 작업이나 운동이 격렬해져서 근육이 생성되는 젖산의 제거속도가 생성속도에 미치지 못하면, 활동이 끝난 후에도 남아 있는 젖산을 제거하기 위하여 산소가 더 필요하게 되는데 이를 무엇이라 하는가?

① 호기산소 ② 혐기산소
③ 산소잉여 ④ 산소부채

해설

산소부채란 작업이나 운동이 격렬해져서 근육이 생성되는 젖산의 제거속도가 생성속도에 미치지 못하면, 활동이 끝난 후에도 남아 있는 젖산을 제거하기 위하여 산소가 더 필요하게 되는 현상이다.

□□□ 13년1회

10. 중량물 들기 작업을 수행하는데, 5분간의 산소소비량을 측정한 결과, 90L의 배기량 중에 산소가 16%, 이산화탄소가 4%로 분석되었다. 해당 작업에 대한 분당 산소 소비량은 약 얼마인가? (단, 공기 중 질소는 79vol%, 산소는 21vol%이다.)

① 0.948 ② 1.948
③ 4.74 ④ 5.74

해설

1. 분당배기량(V_2)$=\dfrac{90L}{5\text{분}}=18[l/\text{분}]$

2. 분당 흡기량(V_1)$=\left(\dfrac{(100-CO_2-O_2)}{(100-\text{산소})}\right)\times V_2$
$=\left(\dfrac{(100-4-16)}{(100-21)}\right)\times 18$
$=18.227=18.23[l/\text{분}]$

3. 분당 산소소비량 $=(V_2\times 21\%)-(V_1\times 16\%)$
$=(18.23\times 0.21)-(18-0.16)$
$=0.948[l/\text{분}]$

□□□ 18년1회

11. 에너지 대사율(RMR)에 대한 설명으로 틀린 것은?

① $R=\dfrac{\text{운동대사량}}{\text{기초대사량}}$
② 보통 작업시 RMR은 4~7임
③ 가벼운 작업시 RMR은 0~2임
④ $R=\dfrac{\text{운동시 산소소모량}-\text{안정시 산소소모량}}{\text{기초대사량(산소소비량)}}$

해설

1. $\text{RMR}=\dfrac{\text{활동시산소소모량}-\text{안정시산소소모량}}{\text{기초대사량}}$
$=\dfrac{\text{활동대사량}}{\text{기초대사량}}$

2. 보통작업(中작업) : 2~4 RMR

□□□ 19년1회

12. 생명유지에 필요한 단위시간당 에너지량을 무엇이라 하는가?

① 기초 대사량 ② 산소 소비율
③ 작업 대사량 ④ 에너지 소비율

해설

기초대사(basal metabolism)
생체의 생명 유지에 필요한 최소한의 에너지 대사로 정신적으로나 육체적으로 에너지 소비가 없는 상태에서 일정시간에 소비하는 에너지

□□□ 15년3회

13. 어떤 작업을 수행하는 작업자의 배기량을 5분간 측정하였더니 100L이었다. 가스미터를 이용하여 배기성분을 조사한 결과 산소가 20%, 이산화탄소가 3%이었다. 이 때 작업자의 분당 산소소비량(A)과 분당 에너지소비량(B)은 약 얼마인가?(단, 흡기 공기 중 산소는 21vol%, 질소는 79vol%를 차지하고 있다.)

① A : 0.038L/min, B : 0.77kcal/min
② A : 0.058L/min, B : 0.57kcal/min
③ A : 0.073L/min, B : 0.36kcal/min
④ A : 0.093L/min, B : 0.46kcal/min

해설

분당배기량 $=\dfrac{100}{5}=20(l/\text{min})$

흡기량 $=20\times\dfrac{(100-20-3)}{79}=19.49(l/\text{min})$

A. 산소소비량 $=(19.49\times 0.21)-(20\times 0.2)=0.0929(1/\text{min})$
B. 에너지소비량 $=0.0929\times 5=0.4645(\text{kcal/min})$

정답 8 ② 9 ④ 10 ① 11 ② 12 ① 13 ④

□□□ 15년2회

14. 휴식 중 에너지소비량은 1.5kcal/min이고, 어떤 작업의 평균 에너지소비량이 6kcal/min이라 할 때 60분간 총 작업시간 내에 포함되어야 하는 휴식시간은 약 몇 분인가?(단, 기초대사를 포함한 작업에 대한 평균 에너지 소비량의 상한은 5kcal/min이다.)

① 10.3 ② 11.3
③ 12.3 ④ 13.3

해설

$R=\frac{T(W-S)}{W-1.5}=\frac{60(6-5)}{6-1.5}=13.3$

□□□ 16년2회

15. 전신육체적 작업에 대한 개략적 휴식시간의 산출공식으로 맞는 것은? (단, R은 휴식시간(분), E는 작업의 에너지소비율(kcal/분)이다.)

① $R=E\times\frac{60-4}{E-2}$

② $R=60\times\frac{E-4}{E-1.5}$

③ $R=60\times(E-4)\times(E-2)$

④ $R=E\times(60-4)\times(E-1.5)$

해설

$R=\frac{60(E-4)}{E-1.5}$

여기서, R : 휴식시간(분)
E : 작업시 평균 에너지소비량(kcal/분)
총 작업시간 : 60(분)
휴식시간 중의 에너지 소비량 : 1.5(kcal/분)
권장 평균에너지 소비량 : 남성: 5(kcal/min), 여성: 4(kcal/min)

정답 14 ④ 15 ②

04 동작속도와 신체동작의 유형

(1) 동작속도

① 상황에 따라서 환경(시각적 표시, 청각신호, 사건)에서 받는 자극에 기초하여 육체적 응답을 하는 것으로서 총 응답시간은 반응시간과 동작 시간으로 나눌 수가 있다.

② 반응시간

구분	내용
반응시간	반응해야 할 신호의 발생에서부터 응답을 시작하기까지의 시간으로 동작을 개시하기 전까지의 총시간을 말한다.
동작시간	응답을 육체적으로 하는데 필요한 시간으로 동작을 시작할 때부터 끝낼 때 까지 걸리는 시간은 약 0.3초(조종 활동에서의 최소치)이다.
단순반응시간	하나의 특정한 자극이 발생할 때 반응에 걸리는 시간으로 자극을 예상하고 있을 때 반응시간(0.15~0.2초 정도로 특정감관, 강도, 지속시간 등의 자극의 특성, 연령, 개인차에 따라 차이가 있다.)이다.
예상치 못한 상황의 반응시간	자극이 가끔 일어나거나 예상하고 있지 않을 때는 단순반응시간보다 약 0.1초가 증가된다.

① 단순반응시간 : 0.15~0.2초
② 가끔 발생 되거나 예상치 못했을 때 : 단순반응시간 + 0.1초
③ 동작시간 : 0.3초

총 반응시간=단순반응 시간+동작시간=0.2+0.3=0.5초

③ 동작시간의 영향요소

동작 거리와 동작의 대상인 과녁의 크기에 따라 요구되는 정밀도가 동작시간에 영향을 미치게 된다. 거리가 멀고 과녁이 작을수록 동작에 걸리는 시간이 길어진다.

④ Fitts의 법칙

㉠ 이동거리가 멀고 과녁이 작을수록 동작에 걸리는 시간이 길어진다. 반면 반응시간은 이동거리에 관계없이 일정하다.

㉡ 동작 시간은 과녁이 일정할 때 거리의 로그 함수이고, 거리가 일정할 때는 동작거리의 로그 함수이다.

[Fitts의 법칙에 관련된 변수]

1. 과녁의 크기
2. 과녁까지의 거리
3. 동작의 난이도(동작방향)

[사정효과(rang effect)]

눈으로 보지 않고 손을 수평면상에서 움직이는 경우에 짧은 거리는 지나치고 긴 거리는 못 미치는 경향으로 조작자가 작은 오차에는 과잉반응을 큰 오차에는 과소반응을 하는 것

[경첩관절(hinge joint)]

볼록한 면이 오목한 면과 마주하는 경첩과 같은 모양으로 하나의 축을 중심으로 회전운동 하는 관절이다. 굴곡(Flexion)과 신전(Extension) 등 한종류의 회전운동만 가능하며, 팔꿈치(주관절)와 무릎관절(슬관절), 손가락의 지절간관절이 해당된다.

$$\text{Fitts 법칙 } MT = a + b\log_2 \frac{2D}{W}$$

여기서, MT : 동작 시간

$a,\ b$: 관련동작 유형 실험상수

D : 동작 시발점에서 과녁 중심까지의 거리

W : 과녁의 폭

(2) 신체 동작의 유형

구분	내용
굴곡(fiexion)	관절에서의 각도가 감소하는 신체 부분 동작 예) 팔꿈치를 구부리는 동작
신전(extention)	팔꿈치를 펼 때처럼 관절에서의 각도가 증가하는 동작 예) 팔꿈치를 펴는 동작
외전(abduction)	신체 중심선에서 멀어지는 측면에서의 신체 부위의 동작 예) 팔을 옆으로 들 때
내전(adduction)	중심선을 향한 동작 예) 팔을 수평으로 편 위치에서 수직으로 내릴 때 동작
회전(rotation)	신체의 중심선을 향하여 안쪽으로 회전하는 동작 예) 신체자체의 길이방향 축 둘레에서의 동작
회선(circumduction)	전후면과 좌우면 동작의 혼합

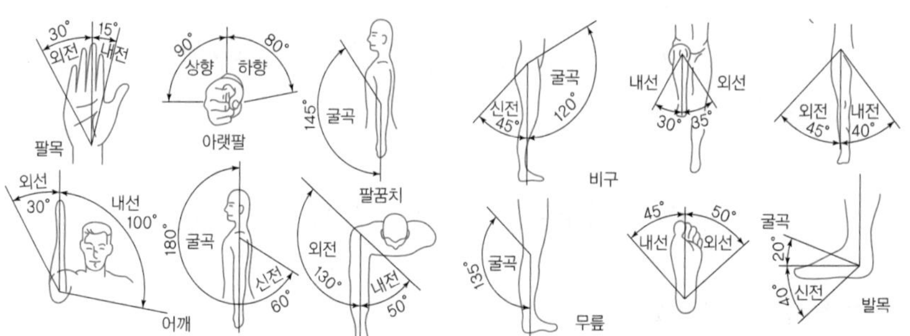

신체동작의 유형

(3) 근골격의 구조와 특징

① 골격계

골격은 인체의 기본구조를 이루는 것으로, 총 206개의 뼈로 구성되어 있다. 골격은 신체의 중요기관을 보호하고 인체가 활동하게 하는 기능을 수행한다.

② 뼈의 주요 기능

㉠ 인체의 지주

㉡ 지렛대 역할(근육을 부착하여 근육 수축에 의한 힘을 전달한다.)

㉢ 내부 장기의 보호

㉣ 골수의 조혈기능

③ 근육의 구조

㉠ 인체에는 600개 이상의 근육이 있으며, 하나의 근육은 수십만 개의 근섬유(muscle fiber)로 이루어져 있다. 그 길이는 대개 1~50mm, 직경은 10~100㎛이며, 여러 개의 근원섬유로 이루어져 있다.

㉡ 근섬유와 근원섬유에는 가로 무늬의 띠가 존재한다. 그림에서처럼 Z선, I대, H대와 끊어진 A대, I대, Z선 순으로 반복된 형태로 구성되어 있다.

㉢ 근원섬유는 여러 개의 액틴과 마이오신이라는 필라멘트로 구성되어 있다.

[근육의 구조]

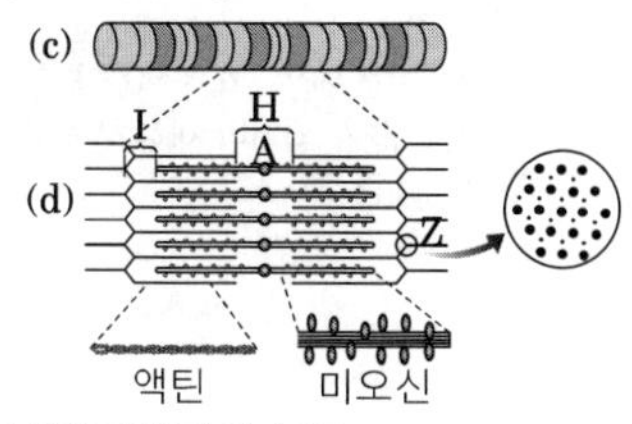

근육(골격근)의 구조

④ 근육의 수축

근섬유의 수축단위(contractile unit)는 근원섬유인데 이것은 두가지 기본형의 단백질 필라멘트인 미오신(myofibril)과 액틴(actin)으로 되어 있다. 이것이 밴드처럼 배열되어 있어 근육이 수축하면 액틴필라멘트가 미오신 필라멘트 사이로 미끄러져 들어간다. 이러한 복합작용에 의해 근섬의 길이가 반 정도로 수축한다.

[근육수축의 분석]

근육이 수축하기 위해서는 에너지가 필요하다. 근육 수축작용에 대한 전기적 신호데이터는 근육 활동 에너지를 통해 피로도와 활성도를 분석할 수 있다.

⑤ 지구력

㉠ 지구력(endurance)은 근력을 사용하여 특정 힘을 유지할 수 있는 능력이다.

㉡ 인간은 단시간 동안만 유지할 수 있다. 정적근력은 최대근력의 20%만을 발휘하여 유지할 수 있으며, 오래 유지할 수 있는 힘은 근력의 15%이하이다.

04 핵심문제 4. 동작속도와 신체동작의 유형

□□□ 13년3회

1. 단순반응시간(simple reaction time)이란 하나의 특정한 자극만이 발생할 수 있을 때 반응에 걸리는 시간으로서 흔히 실험에서와 같이 자극을 예상하고 있을 때이다. 자극을 예상하지 못할 경우 일반적으로 반응시간은 얼마정도 증가되는가?

① 0.1초 ② 1.5초
③ 0.5초 ④ 2.0초

해설

반응시간
① 단순반응시간 : 0.15~0.2초
② 가끔 발생 되거나 예상치 못했을 때 : 단순반응시간+0.1초
③ 동작시간 : 0.3초

□□□ 10년2회, 11년2회, 20년1·2회

2. 다음 중 인체에서 뼈의 주요 기능으로 볼 수 없는 것은?

① 인체의 지주 ② 장기의 보호
③ 골수의 조혈기능 ④ 영양소의 대사작용

해설

뼈의 주요 기능
① 인체의 지주
② 지렛대 역할
③ 내부 장기의 보호
④ 골수의 조혈기능

□□□ 16년3회

3. 인간이 낼 수 있는 최대의 힘을 최대근력이라고 하며 일반적으로 인간은 자기의 최대근력을 잠시 동안만 낼 수 있다. 이에 근거할 때 인간이 상당히 오래 유지할 수 있는 힘은 근력의 몇 % 이하인가?

① 15% ② 20%
③ 25% ④ 30%

해설

인간은 단시간 동안만 유지할 수 있다. 정적근력은 최대근력의 20% 만을 발휘하여 유지할 수 있으며, 오래 유지할 수 있는 힘은 근력의 15%이하 이다.

□□□ 19년2회

4. 아령을 사용하여 30 분간 훈련한 후, 이두근의 근육 수축작용에 대한 전기적인 신호 데이터를 모았다. 이 데이터들을 이용하여 분석할 수 있는 것은 무엇인가?

① 근육의 질량과 밀도
② 근육의 활성도와 밀도
③ 근육의 피로도와 크기
④ 근육의 피로도와 활성도

해설

근육이 수축하기 위해서는 에너지가 필요하므로 근육 수축작용에 대한 전기적 신호 데이터는 근육 활동 에너지를 통해 피로도와 활성도를 분석할 수 있다.

□□□ 11년1회, 16년1회

5. 다음 중 fitts의 법칙에 관한 설명으로 옳은 것은?

① 표적이 크고 이동거리가 길수록 이동시간이 증가한다.
② 표적이 작고 이동거리가 길수록 이동시간이 증가한다.
③ 표적이 크고 이동거리가 작을수록 이동시간이 증가한다.
④ 표적이 작고 이동거리가 작을수록 이동시간이 증가한다.

해설

Fitts의 법칙에 따르면 동작 시간은 과녁이 일정할 때 거리의 로그 함수이고, 거리가 일정할 때는 동작거리의 로그 함수이다.
동작 거리와 동작 대상인 과녁의 크기에 따라 요구되는 정밀도가 동작 시간에 영향을 미칠 것임을 직관적으로 알 수 있다. 거리가 멀고 과녁이 작을수록 동작에 걸리는 시간이 길어진다.

□□□ 15년1회

6. 다음의 인간의 제어 및 조정능력을 나타내는 법칙인 Fitts' law와 관련된 변수가 아닌 것은?

① 표적의 너비
② 표적의 색상
③ 시작점에서 표적까지의 거리
④ 작업의 난이도(Index of Difficulty)

정답 1 ① 2 ④ 3 ① 4 ④ 5 ② 6 ②

해설

Fitts' law와 관련된 변수
1. 표적의 너비
2. 시작점에서 표적까지의 거리
3. 작업의 난이도(Index of Difficulty)

□□□ 08년3회, 19년2회

7. 다음 중 신체 부위의 운동에 대한 설명으로 틀린 것은?

① 굴곡(flexion)은 부위간의 각도가 증가하는 신체의 움직임을 말한다.
② 내전(adduction)은 신체의 외부에서 중심선으로 이동하는 신체의 움직임을 말한다.
③ 외전(abduction)은 신체 중심선으로부터 이동하는 신체의 움직임을 말한다.
④ 외선(lateral rotation)은 신체의 중심선으로부터 회전하는 신체의 움직임을 말한다.

해설

굴곡(flexion)은 관절에서의 각도가 감소하는 신체 부분 동작을 말한다.

□□□ 12년2회

8. 다음 중 신체 동작의 유형에 관한 설명으로 틀린 것은?

① 내선(medial rotation) : 몸의 중심선으로의 회전
② 외전(abduction) : 몸의 중심선으로의 이동
③ 굴곡(flexion) : 신체 부위 간의 각도의 감소
④ 신전(extension) : 신체 부위 간의 각도의 증가

해설

외전(abduction)이란 신체 중심선에서 멀어지는 측면에서의 신체 부위의 동작
예 팔을 옆으로 들 때

□□□ 14년3회

9. 다음 중 몸의 중심선으로부터 밖으로 이동하는 신체 부위의 동작을 무엇이라 하는가?

① 외전 ② 외선
③ 내전 ④ 내선

해설

외전이란 몸의 중심선으로부터 밖으로 이동하는 신체 부위의 동작

□□□ 18년3회

10. 다음 내용의 (　　)안에 들어갈 내용을 순서대로 정리한 것은?

근섬유의 수축단위는 (A)(이)라 하는데, 이것은 두 가지 기본형의 단백질 필라멘트로 구성되어 있으며, (B)이(가) (C) 사이로 미끄러져 들어가는 현상으로 근육의 수축을 설명하기도 한다.

① A : 근막, B : 마이오신, C : 액틴
② A : 근막, B : 액틴, C : 마이오신
③ A : 근원섬유, B : 근막, C : 근섬유
④ A : 근원섬유, B : 액틴, C : 마이오신

해설

자극을 통한 근육수축으로 근육의 길이가 단축된다.
근섬유의 수축단위(contractile unit)는 근원섬유(myofibril)로 두 가지 기본형의 단백질 필라멘트인 마이오신(myosin)과 액틴(actin)으로 되어 있다. 이것이 밴드처럼 배열되어 있어 근육이 수축하면 액틴필라멘트가 마이오신 필라멘트 사이로 미끄러져 들어간다. 이러한 복합작용에 의해 근섬유의 길이가 반 정도로 수축한다.

정답 7 ① 8 ② 9 ① 10 ④

05 작업공간 및 작업자세

(1) 동작경제의 3원칙

생산에서의 한 요소인 인간의 능력을 효율적으로 개선하기 위한 기본 원칙

원칙	내용
신체의 사용에 관한 원칙	• 두 손의 동작은 같이 시작하고 같이 끝나도록 한다. • 휴식시간을 제외하고는 양손이 동시에 쉬지 않도록 한다. • 두 팔의 동작은 동시에 서로 반대방향으로 대칭적으로 움직이도록 한다. • 신체의 동작은 작업을 처리할 수 있는 범위 내에서 가장 쉬운 동작을 사용하도록 한다. • 가능한 관성을 이용하여 작업을 하도록 한다. • 손의 동작은 부드럽고 연속적인 동작이 되도록 하며 방향이 갑작스럽게 바뀌는 직선운동은 피한다. • 가능하면 쉽고 자연스러운 리듬이 작업동작에 생기도록 작업을 배치한다.
작업장의 배치에 관한 원칙	• 모든 공구나 재료는 지정된 위치에 있도록 한다. • 공구, 재료 및 제어장치는 사용위치에 가까이 두도록 한다. • 가능하면 낙하식 운반방법을 사용한다. • 공구나 재료는 작업동작이 원활하게 수행되도록 그 위치를 정해준다. • 작업자가 잘 보면서 작업을 할 수 있도록 적절한 조명을 비추도록 한다.
공구 및 설비의 설계에 관한 원칙	• 손가락과 발을 사용한 장치를 활용하여 양손이 다른 일을 할 수 있도록 한다. • 공구의 기능을 결합하여 사용하도록 한다. • 공구와 자세는 가능한 한 사용하기 쉽도록 미리 위치를 잡아준다. • 레버, 핸들 등의 제어장치는 작업자가 몸의 자세를 크게 바꾸지 않아도 조작하기 쉽도록 배열한다.

[개선의 ECRS의 원칙]

(1) 제거(Eliminate)
(2) 결합(Combine)
(3) 재조정(Rearrange)
(4) 단순화(Simplify)

(2) 개별작업공간 설계지침

순위	내용
제1순위	1차적 시각 과업
제2순위	1차적 시각 과업과 상호작용하는 1차적 제어장치
제3순위	제어장치-표시장치 관계
제4순위	순차적으로 사용할 요소의 배열
제5순위	자주 사용할 요소의 편리한 위치
제6순위	시스템 중의 다른 배치와의 일관성

(3) 부품배치의 4원칙

① 부품의 중요성과 사용빈도에 따라서 부품의 일반적인 위치 결정
② 기능 및 사용순서에 따라서 부품의 배치(일반적인 위치 내에서의)를 결정

구분	내용
중요성의 원칙	부품을 작동하는 성능이 체계의 목표달성에 긴요한 정도에 따라 우선순위를 설정한다.
사용빈도의 원칙	부품을 사용하는 빈도에 따라 우선순위를 설정한다.
기능별 배치의 원칙	기능적으로 관련된 부품들(표시장치, 조정장치, 등)을 모아서 배치한다.
사용순서의 원칙	사용되는 순서에 따라 장치들을 가까이에 배치한다.

(4) 활동 분석

[작업개선 단계]
(1) 작업분해
(2) 세부내용 검토
(3) 작업분석
(4) 개선책 적용

① 작업공간에서 구성요소를 배치할 때 이용되는 관련자료
㉠ 인간에 대한 자료
㉡ 작업활동 자료
㉢ 작업환경에 대한 자료

② 작업자의 작업행동을 분석하는 방법
㉠ 표준동작의 설정
㉡ 모션 마인드의 체질화
㉢ 동작 개열의 개선

③ 링크(link)
사람과 사람간, 사람과 구성요소 사이의 상관관계

통신링크	제어링크	동작링크
• 시각 • 청각(음성, 비음성) • 촉각	• 제어	• 눈동작 • 손, 발동작 • 신체동작

(5) 계단의 설계

① 한 단의 높이 : 10~18cm(4~7in) 이상
② 한 단의 깊이 : 28cm(11in) 이상
③ 손잡이를 적절한 장소에 설치한다.
④ 수평면은 미끄러지지 않게 조치한다.
⑤ 옆의 가장자리를 밝게 하여 계단이 있음을 환기시켜야 한다.

(6) 의자의 설계

① 의자설계 원칙

㉠ 요부 전만을 유지한다.
㉡ 디스크가 받는 압력을 줄인다.
㉢ 등근육의 정적 부하를 줄인다.
㉣ 자세고정을 줄인다.
㉤ 조정이 용이해야 한다.

[작업대 및 의자]

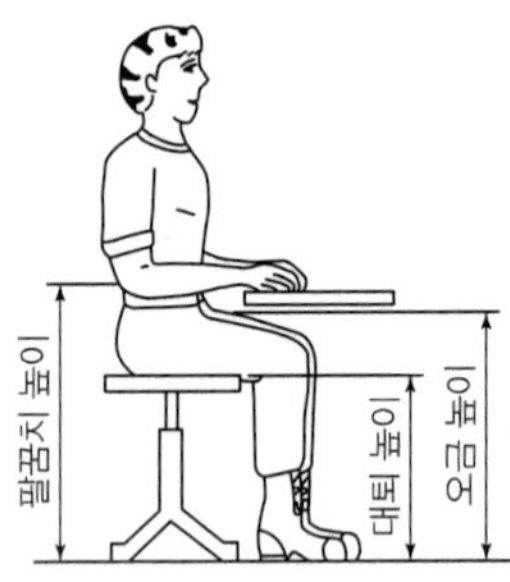

② 의자 설계를 위한 권장사항

구분	내용
의자의 높이와 경사	• 좌판 앞부분은 대퇴를 압박하지 않도록 오금 높이보다 낮아야 한다. • 치수 : 5%치 이상(43~46cm로 설계) 되는 모든 사람을 수용할 수 있게 선택하고, 신발의 뒤꿈치가 수 cm를 더한다는 점을 고려한다.
의자 깊이와 폭	• 폭 : 큰 사람에게 맞도록 한다. • 깊이 : 작은 사람에게 맞도록 해야 한다. 장딴지 여유를 주고 대퇴를 압박하지 않도록 한다.(의자깊이 : 43cm 이내, 폭 : 40cm 이상)
체중분포와 쿠션	사람이 의자에 앉았을 때 체중이 주로 좌골결절(ischial tuberosity)에 실려 체중이 전체에 분배되도록 해야 한다.
등받이	• 의자의 좌판 각도 : 3° • 좌판 등판간의 각도 : 90°~105° • 등판의 높이 : 50cm • 등판의 폭 : 30.5cm

05 핵심문제 5. 작업공간 및 작업자세

□□□ 12년2회

1. 다음 중 개선의 ECRS의 원칙에 해당하지 않는 것은?

① 제거(Eliminate) ② 결합(Combine)
③ 재조정(Rearrange) ④ 안전(Safety)

해설

개선의 ECRS의 원칙
1. 제거(Eliminate)
2. 결합(Combine)
3. 재조정(Rearrange)
4. 단순화(Simplify)

□□□ 08년1회, 10년2회

2. 다음 중 동작경제의 원칙과 가장 거리가 먼 것은?

① 두 팔의 동작은 동시에 같은 방향으로 움직일 것
② 두 손의 동작은 같이 시작하고 같이 끝나도록 할 것
③ 급작스런 방향의 전환은 피하도록 할 것
④ 가능한 한 관성을 이용하여 작업하도록 할 것

해설

두 팔의 동작은 동시에 서로 반대 방향으로 대칭적으로 움직이도록 한다.

□□□ 09년3회, 12년3회

3. 다음 중 동작경제의 원칙으로 틀린 것은?

① 가능한 한 관성을 이용하여 작업을 한다.
② 공구의 기능을 결합하여 사용하도록 한다.
③ 휴식시간을 제외하고는 양손이 같이 쉬도록 한다.
④ 작업자가 작업 중에 자세를 변경할 수 있도록 한다.

해설

휴식시간을 제외하고는 양손이 동시에 쉬지 않도록 한다.

□□□ 18년1회, 21년1회

4. 동작경제의 원칙에 해당하지 않는 것은?

① 공구의 기능을 각각 분리하여 사용하도록 한다.
② 두 팔의 동작은 동시에 서로 반대방향으로 대칭적으로 움직이도록 한다.
③ 공구나 재료는 작업동작이 원활하게 수행되도록 그 위치를 정해준다.
④ 가능하다면 쉽고도 자연스러운 리듬이 작업동작에 생기도록 작업을 배치한다.

해설

공구의 기능을 결합하여 사용하도록 한다.

□□□ 10년1회, 19년1회

5. 다음 중 동작 경제 원칙의 구성이 아닌 것은?

① 신체사용에 관한 원칙
② 작업장 배치에 관한 원칙
③ 사용자 요구 조건에 관한 원칙
④ 공구 및 설비 디자인에 관한 원칙

문제 5, 6 해설

동작경제의 3원칙
1. 신체의 사용에 관한 원칙
2. 작업장의 배치에 관한 원칙
3. 공구 및 설비의 설계에 관한 원칙

□□□ 14년2회

6. 다음 중 동작의 효율을 높이기 위한 동작경제의 원칙으로 볼 수 없는 것은?

① 신체 사용에 관한 원칙
② 작업장의 배치에 관한 원칙
③ 복수 작업자 활용에 관한 원칙
④ 공구 및 설비 디자인에 관한 원칙

정답 1 ④ 2 ① 3 ③ 4 ① 5 ③ 6 ③

□□□ 11년2회, 15년2회

7. 다음 중 동작경제의 원칙에 있어 신체사용에 관한 원칙이 아닌 것은?

① 두 손의 동작은 같이 시작해서 같이 끝나야 한다.
② 손의 동작은 유연하고 연속적인 동작이어야 한다.
③ 공구, 재료 및 제어장치는 사용하기 가까운 곳에 배치해야 한다.
④ 동작이 급작스럽게 크게 바뀌는 직선 동작은 피해야 한다.

해설

③항, 공구, 재료 및 제어장치는 사용하기 가까운 곳에 배치하는 것은 「작업장의 배치에 관한 원칙」에 해당한다.

□□□ 18년1회

8. 동작의 합리화를 위한 물리적 조건으로 적절하지 않은 것은?

① 고유 진동을 이용한다.
② 접촉 면적을 크게 한다.
③ 대체로 마찰력을 감소시킨다.
④ 인체표면에 가해지는 힘을 적게 한다.

해설

동작의 합리화를 위해서는 마찰력등을 감소시키기 위해 접촉면적을 가급적 작게하는 것이 좋다.

□□□ 12년2회

9. 동작경제의 원칙 중 작업장 배치에 관한 원칙에 해당하는 것은?

① 공구의 기능을 결합하여 사용하도록 한다.
② 두 팔의 동작은 동시에 서로 반대방향으로 대칭적으로 움직이도록 한다.
③ 가능하다면 쉽고도 자연스러운 리듬이 작업동작에 생기도록 작업을 배치한다.
④ 공구나 재료는 작업동작이 원활하게 수행되도록 그 위치를 정해준다.

해설

①, ②, ③항은 신체의 사용에 관한 원칙
④항은 작업장의 배치에 관한 원칙

□□□ 08년3회

10. 다음 중 부품배치의 원칙에 해당하지 않는 것은?

① 희소성의 원칙 ② 사용 빈도의 원칙
③ 기능별 배치의 원칙 ④ 사용 순서의 원칙

문제 10~12 해설

부품배치의 4원칙
1. 사용순서의 원칙
2. 사용 빈도의 원칙
3. 기능별 배치의 원칙
4. 중요성의 원칙

□□□ 18년1회

11. 일반적으로 작업장에서 구성요소를 배치할 때, 공간의 배치 원칙에 속하지 않는 것은?

① 사용빈도의 원칙 ② 중요도의 원칙
③ 공정개선의 원칙 ④ 기능성의 원칙

□□□ 11년3회, 21년1회

12. 다음 중 작업공간의 배치에 있어 구성요소 배치의 원칙에 해당하지 않는 것은?

① 기능성의 원칙 ② 사용빈도의 원칙
③ 사용순서의 원칙 ④ 사용방법의 원칙

□□□ 09년1회

13. 부품 배치의 원칙 중 부품의 일반적 위치 내에서의 구체적인 배치를 결정하기 위한 기준이 되는 것은?

① 중요성의 원칙과 사용빈도의 원칙
② 사용빈도의 원칙과 기능별 배치의 원칙
③ 기능별 배치의 원칙과 사용 순서의 원칙
④ 사용빈도의 원칙과 사용 순서의 원칙

해설

부품배치의 4원칙
① 부품의 중요성과 사용빈도에 따라서 부품의 일반적인 위치 결정
② 기능 및 사용순서에 따라서 부품의 배치(일반적인 위치 내에서의 배치)를 결정

정답 7 ③ 8 ② 9 ④ 10 ① 11 ③ 12 ④ 13 ③

□□□ 11년1회, 18년2회

14. 다음 중 작업장 배치 시 유의사항으로 적절하지 않은 것은?

① 작업의 흐름에 따라 기계를 배치한다.
② 비상시에 쉽게 대비할 수 있는 통로를 마련하고 사고진압을 위한 활동통로가 반드시 마련되어야 한다.
③ 공장내외는 안전한 통로를 두어야 하며, 통로는 선을 그어 작업장과 명확히 구별하도록 한다.
④ 기계설비의 주위에 작업을 원활히 하기 위해 재료나 반제품을 충분히 놓아둔다.

해설

④항, 기계설비의 주위에 작업을 원활히 하기 위해 재료나 반제품은 저장장소에 보관하여야 한다.

□□□ 13년3회, 17년3회

15. 다음 중 작업공간 설계에 있어 "접근제한요건"에 대한 설명으로 가장 적절한 것은?

① 비상벨의 위치를 작업자의 신체조건에 맞추어 설계한다.
② 조절식 의자와 같이 누구나 사용할 수 있도록 설계한다.
③ 트럭운전이나 수리작업을 위한 공간을 확보하여 설계한다.
④ 박물관의 미술품 전시와 같이, 장애물 뒤의 타겟과의 거리를 확보하여 설계한다.

해설

작업공간 설계에 있어 "접근제한요건" 이란 박물관의 미술품 전시와 같이, 장애물 뒤의 타겟과의 거리를 확보하여 설계한다.

□□□ 13년2회, 16년3회

16. 다음 중 의자 설계의 일반적인 원리로 가장 적절하지 않은 것은?

① 등근육의 정적 부하를 줄인다.
② 요부전만(腰部前彎)을 유지한다.
③ 디스크가 받는 압력을 줄인다.
④ 일정한 자세를 계속 유지하도록 한다.

문제 16~20 해설

의자설계 원칙
1) 요부 전만을 유지한다.
2) 디스크가 받는 압력을 줄인다.
3) 등근육의 정적 부하를 줄인다.
4) 자세고정을 줄인다.
5) 조정이 용이해야 한다.

□□□ 14년3회, 17년2회

17. 다음 중 의자 설계의 일반원리로 옳지 않은 것은?

① 추간판의 압력을 줄인다.
② 등근육의 정적 부하를 줄인다.
③ 쉽게 조절할 수 있도록 한다.
④ 고정된 자세로 장시간 유지되도록 한다.

□□□ 14년1회, 18년3회

18. 다음 중 의자 설계의 일반 원리로 가장 적합하지 않은 것은?

① 디스크 압력을 줄인다.
② 등근육의 정적 부하를 줄인다.
③ 자세고정을 줄인다.
④ 요부측만을 촉진한다.

□□□ 15년1회

19. 다음 중 의자를 설계하는데 있어 적용할 수 있는 일반적인 인간공학적 원칙으로 가장 적절하지 않은 것은?

① 조절을 용이하게 한다.
② 요부 전만을 유지할 수 있도록 한다.
③ 등근육의 정적 부하를 높이도록 한다.
④ 추간판에 가해지는 압력을 줄일 수 있도록 한다.

□□□ 15년3회, 20년1·2회, 20년3회

20. 다음 중 의자 설계 시 고려하여야 할 원리로 가장 적합하지 않은 것은?

① 자세고정을 줄인다.
② 조정이 용이해야 한다.
③ 디스크가 받는 압력을 줄인다.
④ 요추 부위의 후만곡선을 유지한다.

정답 14 ④ 15 ④ 16 ④ 17 ④ 18 ④ 19 ③ 20 ④

□□□ 16년2회, 21년3회

21. 여러 사람이 사용하는 의자의 좌면높이는 어떤 기준으로 설계하는 것이 가장 적절한가?

① 5% 오금높이　　② 50% 오금높이
③ 75% 오금높이　　④ 95% 오금높이

해설

의자 좌면의 높이
좌판 앞부분은 대퇴를 압박하지 않도록 오금 높이보다 높지 않아야 한다. 이 때 치수는 5%치 이상되는 모든 사람을 수용할 수 있게 선택하고, 신발의 뒤꿈치가 수 cm를 더한다는 점을 고려해야 한다.

□□□ 16년3회

22. 강의용 책걸상을 설계할 때 고려해야 할 변수와 적용할 인체 측정자료 응용원칙이 적절하게 연결된 것은?

① 의자 높이 – 최대 집단치 설계
② 의자 깊이 – 최대 집단치 설계
③ 의자 너비 – 최대 집단치 설계
④ 책상 높이 – 최대 집단치 설계

해설

의자 너비는 최대 집단치로 하고 깊이는 최소 집단치로 설계한다.

□□□ 17년1회

23. 의자 설계에 대한 조건 중 틀린 것은?

① 좌판의 깊이는 작업자의 등이 등받이에 닿을 수 있도록 설계한다.
② 좌판은 엉덩이가 앞으로 미끄러지지 않는 재질과 구조로 설계한다.
③ 좌판의 넓이는 작은 사람에게 적합하도록, 깊이는 큰 사람에게 접합하도록 설계한다.
④ 등받이는 충분한 넓이를 가지고 요추부위부터 어깨부위까지 편안하게 지지하도록 설계한다.

해설

의자설계의 원칙
의자 좌판의 깊이와 폭 : 일반적으로 폭이 큰 사람에게 맞도록 하고, 깊이는 장딴지 여유를 주고 대퇴를 압박하지 않도록 작은 사람에게 맞도록 해야 한다.(의자깊이 : 43cm 이내, 폭 : 40cm 이상)

정답 21 ① 22 ③ 23 ③

06 인간성능과 신뢰도

(1) 인간오류확률(HEP ; Human Error Probability)

인간오류확률은 시스템에서 인간에게 주어진 작업이 수행되는 발생하는 오류의 확률이다.

$$\text{인간 과오의 확률(HEP)} = \frac{\text{실제 과오의 수}}{\text{과오발생의 전체 기회수}}$$

인간 신뢰도(R)=(1−HEP)=(1−P)

> **Tip**
> 기출문제에서 과오의 확률을 묻는지 아니면 신뢰도를 묻는지를 정확하게 확인하여 문제를 풀도록 하자.

예제

불량품 검사를 하는 작업자가 전체 5,000개의 부품을 조사하여 이 중에서 400개를 불량으로 찾아내었다. 하지만 실제 불량품은 1,000개로 확인 되었다. 이 검사 작업자의 인간 신뢰도는 얼마인가?

① 찾아내지 못한 불량 부품은 600개 이므로 $HEP = \frac{600}{5,000} = 0.12$

② 신뢰도 $R = 1 - 0.12 = 0.88$

(2) 인간오류확률의 추정 기법

① 위급 사건 기법(CIT ; Critical Incident Technique)

㉠ 일반적으로 위험할 수 있지만 실제 사고의 원인으로 돌려지지 않은 조건들에 의해 발생될 수 있는 사고를 위급사건이라 한다.

㉡ 인간-기계요소간의 관계 규명 및 중대 작업 필요조건을 확인하여 시스템을 개선한다.

② 인간 실수 자료 은행(HERB ; Human Error Rate Bank)

인간에 대한 실험적 직무자료와 판단적 직무자료 등을 수집하여 개발한 것으로 자료은행의 데이터를 이용하여 오류확률을 추정한다.

③ 직무 위급도 분석법(Task Criticality Rating Analysis Method)

인간오류의 빈도와 심각성을 고려하여 위급도 평점(criticality rating)을 유도하여 높은 위급도에 해당하는 부분부터 개선한다.

[직무위급도 분석의 심각성 구분]
(1) 안전
(2) 경미
(3) 중대
(4) 파국적

④ 인간 실수율 예측기법(THERP ; Technique for Human Error Rate Prediction)

인간 조작자의 HEP를 예측하기 위한 기법으로 초기 사건을 이원적 의사결정(성공 또는 실패) 가지들로 모형화 하고 전체 사건들의 확률을 나무형태(인간 신뢰도 분석 사건나무)로 표시하여 계산한다.

⑤ 조작자 행동 나무(OTA ; Operator Action Tree)
조작자의 의사결정 단계(감지-반응-진단)에서 조작의 선택에 따른 성공과 실패의 경로로 가지가 나누어 지는데 위급 직무의 순서에 맞춰 조작자 행동 나무를 구성하여 사건의 위급 경로에서의 조작자의 역할을 분석하는 기법이다.

⑥ 결함 나무 분석(FTA ; Fault Tree Analysis)
복잡한 체계분석을 할 때 고장의 결함을 상부에서 하부로 검토하여 순차적으로 분석하는 기법

⑦ Human Error Simulator
컴퓨터 모의실험을 통하여 직무에서 인간 신뢰도를 예측하는 기법

⑧ 성공가능지수 평가(SLIM ; Success Likelihood Index Method)
인간오류에 영향을 미치는 수행 특성인자의 영향력을 고려하여 오류 확률을 평가하는 방법이다. 수행특성인자의 평가를 통해 해당 직무의 성공가능지수(Success Likelihood Index, SLI)를 구한 다음 이를 바탕으로 오류 확률을 계산한다.

[몬테카를로 기법]

(1) 시스템의 복잡성에 따라 확률의 불확실성이 커진다. 몬테카를로 기법은 난수 발생기를 사용하여 각 입력변수들에 부여된 확률분포로부터 입력변수 값을 택하여 입력변수와 출력변수의 관계식을 따라 묘사하는 방법이다.
(2) 몬테카를로 기법은 불확실성의 전체적인 전파(Propagation)를 찾기에 적합한 장점을 갖고 있지만 컴퓨터의 수행시간이나 비용이 과다하다는 문제점을 가지고 있다.
(3) 단점 보안을 위해서 적은 양의 계산으로 확률론적 추론을 할 수 있는 방법인 LHS(Hatin Hypercube Sampling)가 도입 사용되고 있다.

(3) 인간성능

① 인간 성능의 체계기준(system criteria)
체계의 성능이나 산출물(output)에 관련되는 기준이다. 체계가 원래 의도한 바를 얼마나 달성하는가를 반영하는 기준이다.(예 : 체계의 예상수명, 운용 및 사용의 용이도, 정비유지도, 신뢰도, 운용비, 인력소요 등)

② 인간기술의 분류
㉠ 전신적(gross bodily) 기술
㉡ 조작적(manipulative) 기술
㉢ 인식적(perceptual) 기술
㉣ 언어적(language) 기술

③ 인간기준(human criteria)

유형	내용
인간 성능 척도	감각활동, 정신활동, 근육활동 등에 의해서 판단
생리학적 지표	혈압, 맥박수, 분당호흡수, 뇌파, 혈당량, 혈액의 성분, 피부온도, 전기피부반응(galvanic skin response)등
주관적인 반응	개인성능의 평점(rating), 체계설계면의 대안들의 평점, 여러 다른 유형의 정보에 의한 중요도 평점
사고 빈도	특정한 목적에 따라 사고 발생빈도를 기준으로 판단

(4) 성능 신뢰도

① 인간의 신뢰성 요인

요인	내용
주의력	인간의 주의력에는 넓이와 깊이가 있고 또한 내향성과 외향성이 있다.
긴장수준	인체 에너지(energy)의 대사율, 체내 수분의 손실량 또는 흡기량의 억제도, 뇌파계 등으로 측정한다.
의식수준	경험연수, 지식수준, 기술수준으로 정도를 평가한다.

[기계의 신뢰성 요인]
(1) 재질
(2) 기능
(3) 작동방법

※ 의식수준의 구분

종류	내용
경험연수	해당분야의 근무경력연수
지식수준	안전에 대한 교육 및 훈련을 포함한 안전에 대한 지식수준
기술수준	생산 및 안전 기술의 정도

② 인간-기계체계의 신뢰도(r_1 : 인간, r_2 : 기계)

㉠ 직렬(series system)

$$R_s(\text{신뢰도}) = r_1 \times r_2 [r_1 < r_2 \text{ 로 보면 } R_s \le r_1]$$

㉡ 병렬(parallel system)

$$R_p(\text{신뢰도}) = r_1 + r_2(1-r_1)[r_1 < r_2 \text{ 로 보면 } R_p \ge r_2]$$
$$= 1-(1-r_1)(1-r_2)$$

③ 설비의 신뢰도

㉠ 직렬연결

———O———O———O · · · O———
R_1　R_2　$R_3 \cdots R_n$

$$R_s = R_1 \cdot R_2 \cdot R_3 \cdots\cdots R_n = \prod_{i=1}^{n} R_i$$

㉡ 병렬연결

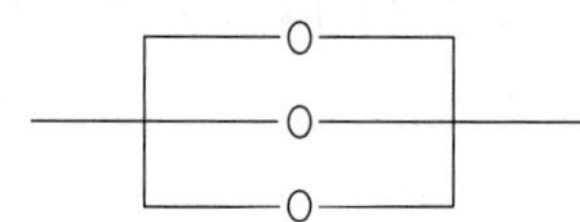

$$R_p = 1-(1-R_1)(1-R_2)\cdots\cdots(1-R_n)$$
$$= 1-\prod_{i=1}^{n}(1-R_i)$$

06 핵심문제 6. 인간성능과 신뢰도

□□□ 08년1회

1. 다음 중 인간실수확률에 대한 추정기법으로 가장 적절하지 않은 것은?

① 위급 사건 기법 ② THERP
③ 직무 위급도 분석 ④ MORT

해설

MORT는 시스템 안전 분석기법으로 FTA와 동일의 논리 방법을 사용하여 관리, 설계, 생산, 보전 등에 대한 넓은 범위에 걸쳐 안전성을 확보하기 위해 시도된 기법이다.

[참고] 인간실수확률 추정기법

① 위급 사건 기법(CIT;Critical Incident Technique)
② 인간 실수 자료 은행(HERB;Human Error Rate Bank)
③ 직무 위급도 분석법(Task Criticality Rating Analysis Method)
④ 인간 실수율 예측기법(THERP;Technique for Human Error Rate Prediction)
⑤ 조작자 행동 나무(OTA;Operator Action Tree)
⑥ 결함 나무 분석(FTA;Fault Tree Analysis)
⑦ Human Error Simulator
⑧ 성공가능지수 평가(SLIM ; Success Likelihood Index Method)

□□□ 16년1회

2. 다음 중 인간 신뢰도(Human Reliability)의 평가 방법으로 가장 적합하지 않은 것은?

① HCR ② THERP
③ SLIM ④ FMECA

해설

FMECA는 고장의 형과 영향분석(FMEA)과 위험도분석(CA)가 병용된 것으로 시스템안전 분석기법으로 사용된다.

□□□ 18년2회

3. 인간실수확률에 대한 추정기법으로 가장 적절하지 않은 것은?

① CIT(Critical Incident Technique) : 위급사건 기법
② FMEA(Failure Mode and Effect Analysis) : 고장형태 영향분석
③ TCRAM(Task Criticality Rating Analysis Method) : 직무위급도 분석법
④ THERP(Technique for Human Error Rate Prediction) : 인간 실수율 예측기법

해설

FMEA(고장형과 영향분석)은 시스템 위험분석 기법의 하나이다.

□□□ 13년3회

4. 작업자가 계기판의 수치를 읽고 판단하여 밸브를 잠그는 작업을 수행한다고 할 때 다음 중 이 작업자의 실수 확률을 예측하는 데 가장 적합한 기법은?

① THERP ② OSHA
③ FMEA ④ MORT

해설

인간 실수율 예측기법(THERP)
인간 조작자의 HEP를 예측하기 위한 기법으로 초기 사건을 이원적 의사결정(성공 또는 실패) 가지들로 모형화 하고 전체 사건들의 확률을 나무형태(인간 신뢰도 분석 사건나무)로 표시하여 계산한다.

□□□ 09년3회

5. 시스템이 복잡해지면, 확률론적인 분석기법만으로는 분석이 곤란하여 computer simulation을 이용한다. 다음 중 이러한 기법에 근거를 두고 있는 것은?

① 미분방정식 기법 ② 적분방정식 기법
③ 차분방정식 기법 ④ 몬테카를로 기법

해설

몬테카를로 기법은 난수 발생기를 사용하여 각 입력변수들에 부여된 확률분포로부터 입력변수 값을 택하여 입력변수와 출력변수의 관계식을 따라 묘사하는 방법이다. 몬테카를로 기법은 불확실성의 전체적인 전파(Propagation)를 찾기에 적합한 장점을 갖고 있지만 컴퓨터의 수행시간이나 비용이 과다하다는 문제점을 가지고 있다. 즉 이러한 단점 보안을 위해서 적은 양의 계산으로 확률론적 추론을 할 수 있는 방법인 LHS(Hatin Hypercube Sampling)가 도입 사용되고 있다.

□□□ 13년3회

6. 다음 중 직무의 내용이 시간에 따라 전개되지 않고 명확한 시작과 끝을 가지고 미리 잘 정의되어 있는 경우 인간 신뢰도의 기본 단위를 나타내는 것은?

① bit ② HEP
③ $\alpha(t)$ ④ $\lambda(t)$

해설

인간 신뢰도의 기본 단위는 HEP로 나타낸다.

$$\text{인간 과오의 확률(HEP)} = \frac{\text{실제 과오의 수}}{\text{과오발생의 전체 기회수}}$$

정답 1 ④ 2 ④ 3 ② 4 ① 5 ④ 6 ②

□□□ 16년2회

7. 첨단 경보시스템의 고장율은 0이다. 경제의 효과로 조작자 오류율은 0.01t/hr이며, 인간의 실수율은 균질(homogenous)한 것으로 가정한다. 또한, 이 시스템의 스위치 조작자는 1시간마다 스위치를 작동해야 하는데 인간오류확률(HEP : Human Error Probability)이 0.001인 경우에 2시간에서 6시간 사이에 인간 - 기계 시스템의 신뢰도는 약 얼마인가?

① 0.938　　② 0.948
③ 0.957　　④ 0.967

해설

인간-기계 시스템의 신뢰도
① $R_1 = (1-HEP)^n = (1-0.01)^4 = 0.9606$
② $R_2 = (1-HEP)^n = (1-0.001)^4 = 0.9960$
③ $R = R_1$(경제의 효과 오류, 기계신뢰도)$\cdot R_2$(인간의 실수율)
$= 0.9606 \times 0.9960 = 0.9567$

□□□ 14년1회

8. 인간 신뢰도 분석기법 중 조작자 행동 나무(Operator Action Tree) 접근 방법이 환경적 사건에 대한 인간의 반응을 위해 인정하는 활동 3가지가 아닌 것은?

① 감지　　② 추정
③ 진단　　④ 반응

해설

인간 신뢰도 분석기법 중 조작자 행동 나무(Operator Action Tree) 접근 방법이 환경적 사건에 대한 인간의 반응을 위해 인정하는 활동 3가지로는 감지, 반응, 진단이 있다.

□□□ 16년3회, 18년3회, 19년3회

9. 인간과 기계의 신뢰도가 인간 0.40, 기계 0.95 인 경우, 병렬작업 시 전체 신뢰도는?

① 0.89　　② 0.92
③ 0.95　　④ 0.97

해설

$R = 1-(1-0.4)\times(1-0.95) = 0.97$

□□□ 14년3회

10. 날개가 2개인 비행기의 양 날개에 엔진이 각각 2개씩 있다. 이 비행기는 양 날개에서 각각 최소한 1개의 엔진은 작동을 해야 추락하지 않고 비행할 수 있다. 각 엔진의 신뢰도가 각각 0.9이며, 각 엔진은 독립적으로 작동한다고 할 때, 이 비행기가 정상적으로 비행할 신뢰도는 약 얼마인가?

① 0.89　　② 0.91
③ 0.94　　④ 0.98

해설

$R_{ps} = [1-(1-0.9)^2]^2 = 0.9801$

□□□ 12년1회

11. 각 부품의 신뢰도가 R 인 다음과 같은 시스템의 전체 신뢰도는?

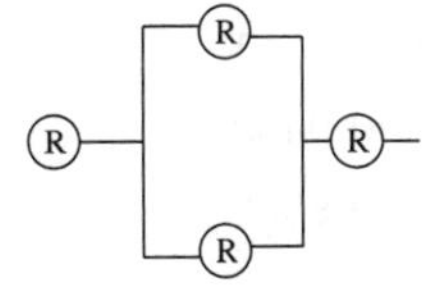

① R^4
② $2R - R^2$
③ $2R^2 - R^3$
④ $2R^3 - R^4$

해설

$R_s = R\times[1-(1-R)(1-R)]\times R$이므로, $2R^2 - R^4$가 된다.

□□□ 18년2회

12. 다음 그림과 같은 직 · 병렬 시스템의 신뢰도는?(단, 병렬 각 구성요소의 신뢰도는 R이고, 직렬 구성요소의 신뢰도는 M이다.)

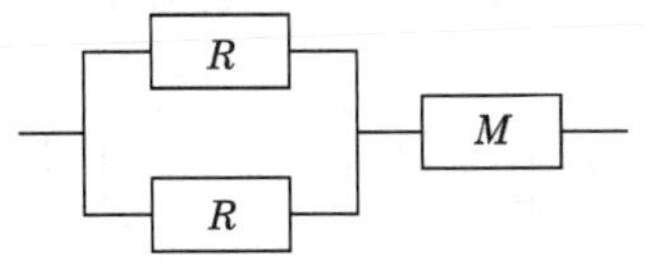

① MR^3　　② $R^2(1-MR)$
③ $M(R^2+R)-1$　　④ $M(2R-R^2)$

해설

$R = M\times[1-(1-R)\times(1-R)]$
$= M\times(2R-R^2)$

정답 7 ③ 8 ② 9 ④ 10 ④ 11 ④ 12 ④

□□□ 09년1회

13. 다음 그림과 같이 3개의 부품이 병렬로 이루어진 시스템의 전체 신뢰도는 약 얼마인가? (단, 원 안의 값은 각 부품의 신뢰도이다.)

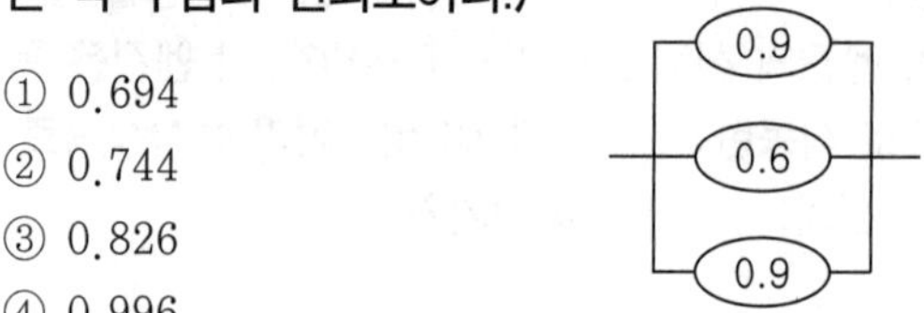

① 0.694
② 0.744
③ 0.826
④ 0.996

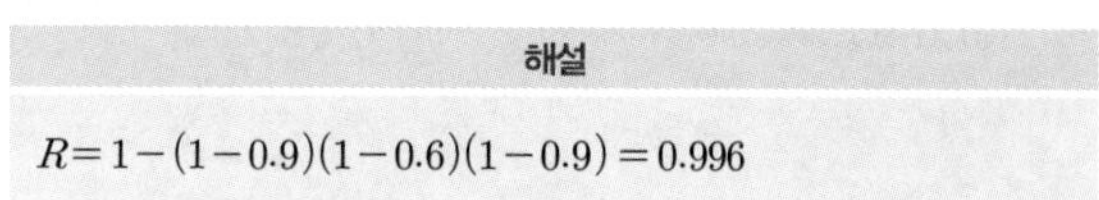

해설

$R = 1-(1-0.9)(1-0.6)(1-0.9) = 0.996$

□□□ 10년2회, 20년1·2회

14. 각 부품의 신뢰도가 다음과 같을 때 시스템의 전체 신뢰도는 약 얼마인가?

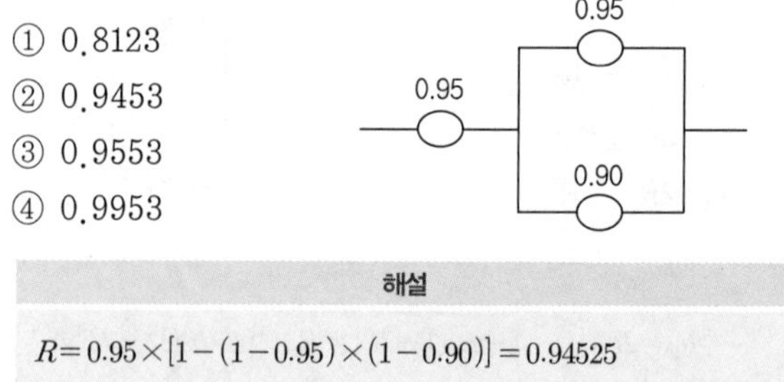

① 0.8123
② 0.9453
③ 0.9553
④ 0.9953

해설

$R = 0.95 \times [1-(1-0.95)\times(1-0.90)] = 0.94525$

□□□ 18년1회

15. 다음 시스템의 신뢰도는 얼마인가? (단, 각 요소의 신뢰도는 a, b가 각 0.8, c, d가 각 0.6이다.)

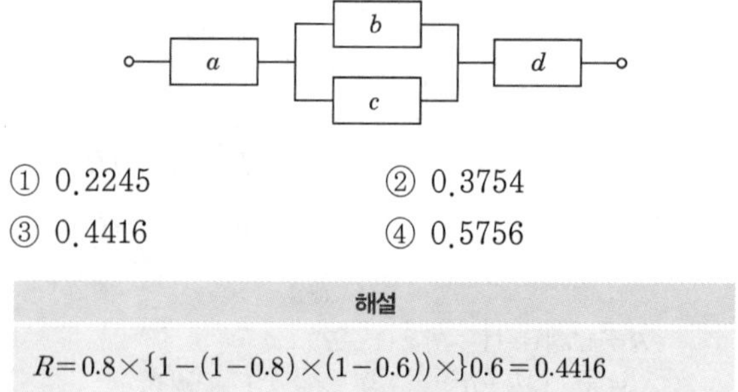

① 0.2245 ② 0.3754
③ 0.4416 ④ 0.5756

해설

$R = 0.8 \times \{1-(1-0.8)\times(1-0.6))\times\}0.6 = 0.4416$

□□□ 09년2회

16. 다음 그림에서 전체 시스템의 신뢰도는 약 얼마인가? (단, 모형 안의 수치는 각 부품의 신뢰도이다.)

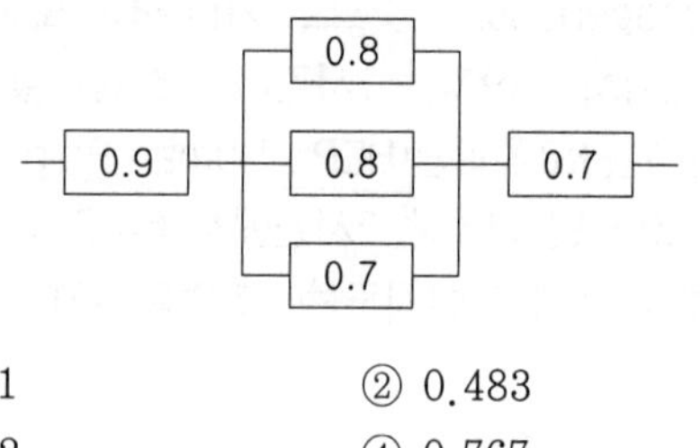

① 0.221 ② 0.483
③ 0.622 ④ 0.767

해설

$R_{pS} = 0.9 \times [1-(1-0.8)(1-0.8)(1-0.7)] \times 0.7 = 0.622$

□□□ 08년2회, 13년1회, 17년2회, 17년3회

17. 그림과 같은 시스템의 전체 신뢰도는 약 얼마인가? (단, 네모 안의 수치는 각 구성요소의 신뢰도이다.)

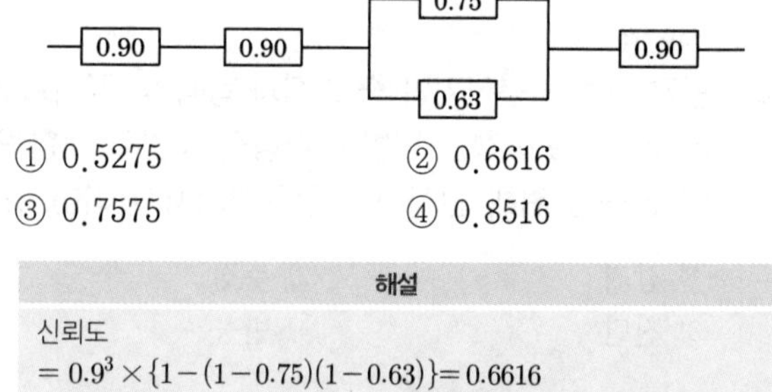

① 0.5275 ② 0.6616
③ 0.7575 ④ 0.8516

해설

신뢰도
$= 0.9^3 \times \{1-(1-0.75)(1-0.63)\} = 0.6616$

□□□ 08년3회

18. 그림과 같은 시스템의 신뢰도는 약 얼마인가? (단, 원안은 수치는 각 요소의 신뢰도이다.)

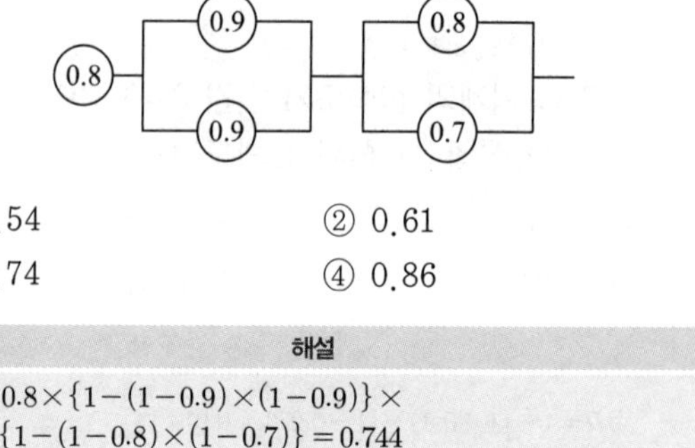

① 0.54 ② 0.61
③ 0.74 ④ 0.86

해설

$R = 0.8 \times \{1-(1-0.9)\times(1-0.9)\} \times \{1-(1-0.8)\times(1-0.7)\} = 0.744$

정답 13 ④ 14 ② 15 ③ 16 ③ 17 ② 18 ③

□□□ 16년2회, 19년2회

19. 다음 그림과 같이 7개의 기기로 구성된 시스템의 신뢰도는 약 얼마인가?

[다음]

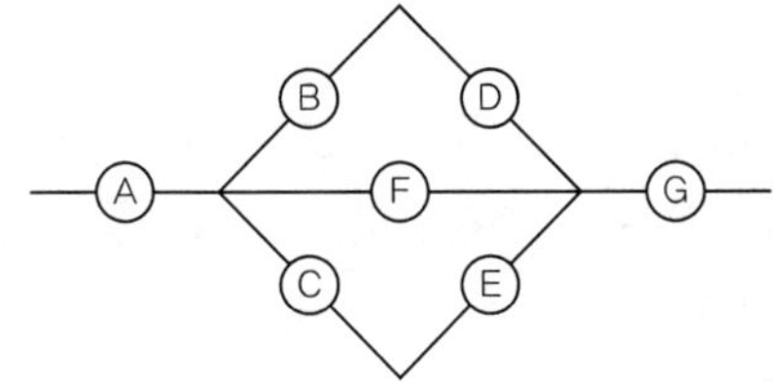

[신뢰도]

A = G : 0.75

B = C = D = E : 0.8

F : 0.9

① 0.5427 ② 0.623

③ 0.5552 ④ 0.9740

해설

$A \times \{1-(1-B \cdot D)(1-F)(1-C \cdot E)\} \times G$

$= 0.75 \times \{1-(1-0.8^2)(1-0.9)(1-0.8^2)\} \times 0.75$

$= 0.75^2 \times \{1-(1-0.8^2)^2(1-0.9)\}$

$= 0.5552$

정답 19 ③

07 인간의 정보처리

(1) 정보처리

① 정보의 개념

정보란 불확실성의 감소(reduction of uncertainty)라 정의할 수 있다. 정보이론에서는 정보를 bit 단위로 측정한다, 1bit란 동일하게 가능한 두 대안 사이에서 결정에 필요한 정보의 양이다.

② 정보량

여러 대안의 확률이 동일하고 이러한 대안의 수가 N이라면 정보량 H[bit]는 다음과 같다.

$$H = \log_2 N$$

정보량 예시

① 정보에 대한 대안이 2가지뿐이면, 정보량 : 1.0bit($\log_2 2=1$)
② 네가지가 동일한 대안의 정보량 : 2bit($\log_2 4=2$)
③ 0~9의 수의 집합에서 무작위로 선택한 숫자가 전달하는 정보량 : 3.322bit($\log_2 10=3.322$)
④ A~Z까지의 문자 집합에서 무작위로 선택한 문자의 정보량 : 4.7bit($\log_2 26=4.7$)

③ 대안의 출현 가능성이 동일하지 않을 때 한 사건이 가진 정보량

$$h_i = \log_2 \frac{1}{p_i}$$

h_i= 사건 i에 관계되는 정보량[bit]
p_i= 사건의 출현 확률

④ 확률이 다른 일련의 사건이 가지는 평균 정보량 H_{av}

$$H_{av} = \sum_{i=1}^{N} p_i \log_2 \frac{1}{p_i}$$

(2) 정보의 전달

① channel(경로용량) capacity

절대식별에 근거하여 자극에 대해서 우리에게 줄 수 있는 최대 정보량

② 전달된 정보량

자극의 불확실성과 반응의 불확실성의 중복부분을 나타낸다.

[인간기억의 정보량]

(1) 단위시간당 영구 보관(기억)할 수 있는 정보량 : 0.7bit/sec
(2) 인간의 기억 속에 보관할 수 있는 총 용량 : 약 1억(10^8 : 100mega)~1,000조(10^{15})bit
(3) 신체 반응의 정보량 : 신체적 반응을 통하여 전송할 수 있는 정보량은 그 상한치가 약 10bit/sec 정도이다.

[Miller의 식별범위]

Miler는 인간이 단일 차원에서 절대적으로 식별할 수 있는 범위를 7±2 (5~9)로 보고 이 수를 신비의 수(magic number)라고 하였다.

③ 전달 정보량의 계산

결합 정보량 $H(x, y)$은 자극과 반응정보량의 합집합을 나타낸다.

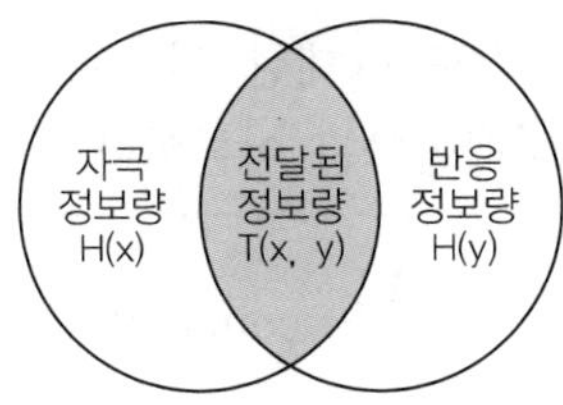

전달된 정보량

① 전달된 정보량 : $H(x \cap y) = H(x) + H(y) - H(x \cup y)$

② 손실정보량 : $H(x \cap \overline{y}) = H(x) - H(x \cap y)$

③ 소음정보량 : $H(\overline{x} \cap y) = H(y) - H(x \cap y)$

예제

2개의 계기에 자극 A가 나타날 경우 1로 반응하고 자극 B가 나타날 경우 2로 반응한 결과 값이다.

		반응		x
		1	2	
자극	A	50	0	50
	B	10	40	50
y		60	40	

입력정보량 H(x), 출력정보량 H(y), 입출력 조합정보량 H(x∪y), 전달된 정보량 H(x∩y), 손실정보량 $H(x \cap \overline{y})$, 소음정보량 $H(\overline{x} \cap y)$을 구하시오.

① 입력정보량 H(x) = $\sum_{i=1}^{N} p_i \log_2 \frac{1}{p_i} = \left(0.5 \times \log_2 \frac{1}{0.5}\right) + \left(0.5 \times \log_2 \frac{1}{0.5}\right)$ = 1 bit

② 출력정보량 H(y) = $\left(0.6 \times \log_2 \frac{1}{0.6}\right) + \left(0.4 \times \log_2 \frac{1}{0.4}\right)$ = 0.97 bit

③ 입출력 조합정보량 H(x∪y)

$= \left(0.5 \times \log_2 \frac{1}{0.5}\right) + \left(0.1 \times \log_2 \frac{1}{0.1}\right) + \left(0.4 \times \log_2 \frac{1}{0.4}\right)$=1.36 bit

④ 전달된 정보량 H(x∩y) = H(x)+H(y)−H(x∪y) = 1+0.97−1.36 =0.61 bit

⑤ 손실정보량 $H(x \cap \overline{y})$ = H(x)−H(x∩y) = 1−0.61 = 0.39 bit

⑥ 소음정보량 $H(\overline{x} \cap y)$ = H(y)−H(x∩y) = 0.97−0.61 = 0.36 bit

[Fechner의 법칙]

한정 범위 내에서 동일한 양의 인식(감각)의 증가를 얻기 위해서 자극은 지수적으로 증가해야 한다는 법칙

(3) 자극과 반응 이론

① Weber의 법칙

감각의 강도와 자극의 강도에 대한 것으로 자극에 대한 변화감지역은 사용되는 표준자극에 비례한다는 이론이다.

$$\frac{\Delta L}{I}=\text{const}(\text{일정})$$

(ΔL) : 특정감관의 변화감지역

(I) : 표준자극

② 힉-하이만(Hick-Hyman) 법칙

㉠ Hick은 선택 반응 직무에서 발생확률이 같은 자극의 수가 변화할 때 반응 시간은 정보(bit)로 측정된 자극의 수에 선형적인 관계를 갖음을 발견했다.

㉡ 하이만(Hyman)은 자극의 수가 일정할 때 자극들의 발생 확률을 변화시켜서, 반응시간이 정보(bit)에 선형함수 관계를 가짐을 증명했다.

㉢ 선택 반응 시간은 자극 정보의 선형 함수(linear function)관계에 있다. 이를 힉-하이만 법칙이라 한다.

$$RT=a+bT(S,R),\ \text{이때}\ T(S,R)=H(S)+H(R)-H(S,R)$$

RT : 반응시간

T(S,R) : 전달된 정보

H(S) : 자극의 정보

H(R) : 반응의 정보

H(S,R) : 자극, 반응을 결합한 정보

07 핵심문제 7. 인간의 정보처리

□□□ 09년3회, 10년1회

1. 인간이 절대 식별할 수 있는 대안의 최대 범위는 대략 7이라고 한다. 이를 정보량의 단위인 bit로 표시하면 약 몇 bit가 되는가?

① 3.2 ② 3.0
③ 2.8 ④ 2.6

해설

$H = \log_2 N = \log_2 7 = 2.8$

□□□ 16년1회

2. 매직넘버라고도 하며, 인간이 절대식별 시 작업 기억 중에 유지할 수 있는 항목의 최대수를 나타낸 것은?

① 3±1 ② 7±2
③ 10±1 ④ 20±2

해설

Miller의 식별범위는 대략 7±2(5~9사이)이며 신비의 수(magic number)라고 한다.

□□□ 13년2회, 18년2회

3. 다음 중 4지선다형 문제의 정보량을 계산하면 얼마가 되겠는가?

① 1 bit ② 2 bit
③ 3 bit ④ 4 bit

해설

$H = \log_2 4$ = 2[bit]

□□□ 08년3회, 21년3회

4. 발생 확률이 동일한 64가지의 대안이 있을 때 얻을 수 있는 총 정보량은 몇 bit인가?

① 6 ② 16
③ 32 ④ 64

해설

$H = \log_2 H = \log_2 64 = 6$

□□□ 11년3회, 19년2회

5. 빨강, 노랑, 파랑의 3가지 색으로 구성된 교통 신호등이 있다. 신호등은 항상 3가지 색 중 하나가 켜지도록 되어 있다. 1시간 동안 조사한 결과, 파란 등은 총 30분 동안, 빨간 등과 노란 등은 각각 총 15분 동안 켜진 것으로 나타났다. 이 신호등의 총 정보량은 몇 bit인가?

① 0.5 ② 0.75
③ 1.0 ④ 1.5

해설

① 파란등의 확률 : 50%
② 빨간등의 점등확률 : 25%
③ 노란등의 점등확률 : 25%

$H = \sum_{i=1}^{N} p_i \log_2 \frac{1}{p_i}$

$H = \left(0.5 \times \log_2 \frac{1}{0.5}\right) + \left(0.25 \times \log_2 \frac{1}{0.25}\right) + \left(0.25 \times \log_2 \frac{1}{0.25}\right) = 1.5$

□□□ 12년1회

6. 인간의 반응시간을 조사하는 실험에서 0.1, 0.2, 0.3, 0.4의 점등확률을 갖는 4개의 전등이 있다. 이 자극 전등이 전달하는 정보량은 약 얼마인가?

① 2.42bit ② 2.16bit
③ 1.85bit ④ 1.53bit

해설

$H = \left(0.1 \times \log_2 \frac{1}{0.1}\right) + \left(0.2 \times \log_2 \frac{1}{0.2}\right) + \left(0.3 \times \log_2 \frac{1}{0.3}\right) + \left(0.4 \times \log_2 \frac{1}{0.4}\right) = 1.846$

□□□ 17년2회

7. 자극과 반응의 실험에서 자극 A가 나타날 경우 1로 반응하고 자극 B가 나타날 경우 2로 반응하는 것으로 하고, 100회 반복하여 표와 같은 결과를 얻었다. 제대로 전달된 정보량을 계산하면 약 얼마인가?

반응 \ 자극	1	2
A	50	–
B	10	40

① 0.610 ② 0.871
③ 1.000 ④ 1.361

정답 1 ③ 2 ② 3 ② 4 ① 5 ④ 6 ③ 7 ①

해설

	1	2	합
A	50	0	50
B	10	40	50
합	60	40	

① 입력정보량

$$H(x)=\sum_{i=1}^{N} p_i \log_2 \frac{1}{p_i}=\left(0.5\times\log_2\frac{1}{0.5}\right)+\left(0.5\times\log_2\frac{1}{0.5}\right)$$

=1 bit

② 출력정보량

$$H(y)=\left(0.6\times\log_2\frac{1}{0.6}\right)+\left(0.4\times\log_2\frac{1}{0.4}\right)=0.97\text{ bit}$$

③ 입출력 조합정보량

$$H(x\cup y)=\left(0.5\times\log_2\frac{1}{0.5}\right)+\left(0.1\times\log_2\frac{1}{0.1}\right)+\left(0.4\times\log_2\frac{1}{0.4}\right)$$

=1.36 bit

④ 전달된 정보량

$H(x\cap y)=H(x)+H(y)-H(x\cup y)=1+0.97-1.36=0.61$ bit

□□□ 08년2회

8. 다음 중 Webber의 법칙에서 Weber비를 구하는 식으로 옳은 것은? (단, $\triangle I$는 특정 감관의 변화감지역, I는 사용되는 표준자극을 의미한다.)

① $\dfrac{\triangle I}{I}$　② $\dfrac{\triangle I^2}{I}$

③ $\dfrac{\triangle I}{I^2}$　④ $\left(\dfrac{\triangle I}{I}\right)^2$

해설

Weber 법칙

$\dfrac{\Delta L}{I}$=const(일정)

(ΔL) : 특정감관의 변화감지역

(I) : 표준자극

□□□ 15년2회

9. 주어진 자극에 대해 인간이 갖는 변화감지역을 표현하는 데에는 웨버(Weber)의 법칙을 이용한다. 이때 웨버(Weber)비의 관계식으로 옳은 것은?(단, 변화감지역을 $\triangle I$, 표준자극을 I 라 한다.)

① 웨버(Weber) 비 = $\dfrac{\triangle I}{I}$

② 웨버(Weber) 비 = $\dfrac{I}{\triangle I}$

③ 웨버(Weber) 비 = $\triangle I\times I$

④ 웨버(Weber) 비 = $\dfrac{\triangle I-I}{\triangle I}$

해설

특정감관의 변화감지역(ΔL)은 사용되는 표준자극(I)에 비례($\Delta I/I$ =상수)한다는 관계를 Weber 법칙이라 한다.

□□□ 12년3회

10. 자동생산시스템에서 3가지 고장 유형에 따라 각기 다른 색의 신호등에 불이 들어오고 운전원은 색에 따른 다른 조종 장치를 조작하려고 한다. 이 때 운전원이 신호를 보고 어떤 장치를 조작해야 할지를 결정하기까지 걸리는 시간을 예측하기 위해서 사용할 수 있는 이론은?

① 웨버(Weber) 법칙
② 피츠(Fitts) 법칙
③ 힉-하이만(Hick-Hyman) 법칙
④ 학습효과(learning effect) 법칙

해설

선택 반응 시간은 자극 정보의 선형 함수(linear function)관계에 있다. 이를 힉-하이만 법칙이라 하며 조작결정을 위한 시간을 예측할 수 있다.

정답 8 ① 9 ① 10 ③

08 근골격계 질환

(1) 근골격계 질환의 특징

구분	내용
정의	• 반복적인 동작, 부적절한 작업자세, 무리한 힘의 사용, 날카로운 면과의 신체접촉, 진동 및 온도 등의 요인에 의하여 발생하는 건강장해 • 목, 어깨, 허리, 상 · 하지의 신경 · 근육 및 그 주변 신체조직 등에 나타나는 질환
특성	• 미세한 근육이나 조직의 손상으로 시작된다. • 초기에 치료하지 않을 시 완치가 어렵다. • 신체의 기능 장해를 유발한다. • 집단 발병의 우려가 있다. • 완전히 제거가 어렵고 발생의 최소화를 하는 것이 중요하다.

[관계법령]
- 산업안전보건기준에 관한 규칙 제656조【정의】
- 고용노동부 고시【근골격계 부담작업의 범위】

(2) 근골격계 부담작업의 종류(단기간작업 또는 간헐적인 작업은 제외한다.)

① 하루에 4시간 이상 집중적으로 자료입력 등을 위해 키보드 또는 마우스를 조작하는 작업
② 하루에 총 2시간 이상 목, 어깨, 팔꿈치, 손목 또는 손을 사용하여 같은 동작을 반복하는 작업
③ 하루에 총 2시간 이상 머리 위에 손이 있거나, 팔꿈치가 어깨위에 있거나, 팔꿈치를 몸통으로부터 들거나, 팔꿈치를 몸통뒤쪽에 위치하도록 하는 상태에서 이루어지는 작업
④ 지지되지 않은 상태이거나 임의로 자세를 바꿀 수 없는 조건에서, 하루에 총 2시간 이상 목이나 허리를 구부리거나 트는 상태에서 이루어지는 작업
⑤ 하루에 총 2시간 이상 쪼그리고 앉거나 무릎을 굽힌 자세에서 이루어지는 작업
⑥ 하루에 총 2시간 이상 지지되지 않은 상태에서 1kg 이상의 물건을 한손의 손가락으로 집어 옮기거나, 2kg 이상에 상응하는 힘을 가하여 한손의 손가락으로 물건을 쥐는 작업
⑦ 하루에 총 2시간 이상 지지되지 않은 상태에서 4.5kg 이상의 물건을 한 손으로 들거나 동일한 힘으로 쥐는 작업
⑧ 하루에 10회 이상 25kg 이상의 물체를 드는 작업
⑨ 하루에 25회 이상 10kg 이상의 물체를 무릎 아래에서 들거나, 어깨 위에서 들거나, 팔을 뻗은 상태에서 드는 작업
⑩ 하루에 총 2시간 이상, 분당 2회 이상 4.5kg 이상의 물체를 드는 작업
⑪ 하루에 총 2시간 이상 시간당 10회 이상 손 또는 무릎을 사용하여 반복적으로 충격을 가하는 작업

[단기간 작업]
2개월 이내에 종료되는 1회성 작업

[간헐적 작업]
연간 총 작업일수가 60일을 초과하지 않는 작업

(3) CTDs(Cumulative Trauma Disorders)

① 외부 스트레스에 의해 오랜 시간을 두고 반복 발생하는 질환들의 집합

② CTDs 질환으로는 손가락, 손목, 팔, 어깨 등에서 발생하며 대부분의 경우 노화에 따른 자연발생적 질환이기보다 직업특성과 밀접한 관련이 있다.

③ CTDs의 발생 종류

구분	내용
인대에 발생	건염, 건초염, 주관절 외상과염, 결절증이 있는데 발생 부위는 손가락에서 어깨까지 매우 다양하다.
신경혈관계통에 발생	목과 어깨 사이의 혈관과 신경이 눌리는 흉곽출구 증후군과 오랜 시간동안 추운 작업환경하에서 진동에 노출될 때 발생하는 백색수지증 등이 있다.
신경계통	수근관 증후근, 질환으로는 손목뼈들과 손목인대 사이의 터널모양의 공간사이로 지나가는 손가락을 움직이게 하는 건(힘줄)들이 정중신경을 누름으로써 생기는 질환이다.

④ CTDs의 발생 요인과 대책

구분	내용
CTDs 발생요인(원인)	• 반복성 • 부자연스런 또는 취하기 어려운 자세 • 과도한 힘 • 접촉 스트레스 • 진동 • 온도, 조명 등 기타 요인
CTDs 예방대책	• 손목의 자연스러운 상태 유지 • 물건을 잡을 때에 손가락 전체를 사용 • 손의 사용을 줄인다. • 작업속도와 작업강도를 적절히 한다. • 작업의 최적화 • 손과 팔의 활동범위를 최적화 • 손의 피로를 줄인다.

[관련법령]

산업안전보건기준에 관한 규칙 제657조 【유해요인 조사】

(4) 근골격계 부담작업 유해요인 조사

구분	내용
조사 대상	근로자가 근골격계부담작업을 하는 경우에 3년마다 유해요인조사를 하여야 한다. 다만, 신설되는 사업장의 경우에는 신설일부터 1년 이내에 최초의 유해요인 조사를 하여야 한다.
조사 내용	• 설비 · 작업공정 · 작업량 · 작업속도 등 작업장 상황 • 작업시간 · 작업자세 · 작업방법 등 작업조건 • 작업과 관련된 근골격계질환 징후와 증상 유무 등

(5) 신체적 작업부하 평가 기법

① NIOSH의 들기작업 지침(lifting guideline)

㉠ 미국의 국립산업안전보건원(National Insititue for Occupational Safety and Health;NIOSH)에서 주어진 작업조건에서 들기작업 시 안전하게 작업할 수 있는 작업물의 중량을 계산하기 위한 지침

㉡ 권장무게한계(Recommendded Weight Limit;RWL)산출 평가 요소

평가요소	내용
무게	들기 작업 물체의 무게
수평거리	두 발목의 중점에서 손까지의 거리
수직거리	바닥에서 손까지의 거리
수직이동거리	들기작업에서 수직으로 이동한 거리
비대칭 각도	작업자의 정시상면으로부터 물체가 어느 정도 떨어져 있는가를 나타내는 각도
들기빈도	15분 동안의 평균적인 분당 들어 올리는 횟수(회/분)
커플링 분류	드는 물체와 손과의 연결상태, 혹은 물체를 들 때에 미끄러지거나 떨어뜨리지 않도록 하는 손잡이 등의 상태

② OWAS(Ovako Working posture Analysis System)기법

㉠ 핀란드의 철강회사인 Ovako사와 FIOH(Finnish Institute of Occupational Health)는 근력을 발휘하기 부적절한 작업자세를 구별해 낼 목적으로 작업자세 분류방법을 개발하였다.

㉡ 특별한 기구 없이 관찰만을 통해 작업자세를 평가하므로 현장에 적용하기 쉬우나 몸통과 팔의 자세 분류가 부정확하고 팔목 등에 대한 정보는 반영되지 않는다.

㉢ 평가요소 : 허리/몸통, 팔, 목, 머리, 다리

③ RULA(Rapid Upper Limb Assessment)기법

㉠ 영국의 노팅햄 대학(Univ. of Nottingham)에서 개발한 기법으로 어깨, 팔목, 손목, 목 등의 상지에 촛점을 두고 작업자세로 인한 작업부하를 쉽고 빠르게 평가한다.

㉡ 근육피로, 정적 또는 반복적인 작업, 작업에 필요한 힘의 크기 등에 관한 부하 평가 및 나쁜 작업자세의 비율을 쉽고 빠르게 파악한다.

[NLE 평가기법]

NIOSH 들기작업 지침을 적용한 권장무게한계를 쉽게 산출하도록 작업의 위험성을 예측하고 인간공학적인 작업방법의 개선을 통해 작업자의 직업성 요통을 사전에 예방하기 위하여 만든 프로그램

[권장무게한계(RWL)]

작업자가 중량물을 취급할 때 최대 8시간을 계속 작업해도 요통의 발생위험이 증대되지 않는 한계값

[자세분석 평가도구]

(1) RULA(Rapid Upper Limb Assessment)
(2) REBA(Rapid Entire Body Assessment)
(3) JSI(Job Strain Index)
(4) OWAS(Ovako Working Posture Analysis System)

[중량물 취급 작업분석 평가도구]

(1) Snook Tables(Revised Tables of Maximum Acceptable Weights and Forces)
(2) NIOSH Lifting Equation

08 핵심문제 8. 근골격계 질환

□□□ 10년3회

1. 근골격계질환의 유해요인 조사방법 중 인간공학적 평가기법이 아닌 것은?

① OWAS ② NASA-TLX
③ NLE ④ RULA

해설

NASA-TLX 는 NASA에서 개발한 정신적 작업부하 평가기법으로 근골격계 유해요인 조사 기법으로 보기에 어렵다.

□□□ 12년2회, 20년3회

2. 다음 중 NIOSH lifting guideline에서 권장무게한계(RWL)산출에 사용되는 평가 요소가 아닌 것은?

① 수평거리 ② 수직거리
③ 휴식시간 ④ 비대칭각도

문제 2, 3 해설

NIOSH lifting guideline에서 권장무게한계(RWL)산출에 사용되는 평가 요소

1. 무게 : 들기 작업 물체의 무게
2. 수평위치 : 두 발목의 중점에서 손까지의 거리
3. 수직위치 : 바닥에서 손까지의 거리
4. 수직이동거리 : 들기작업에서 수직으로 이동한 거리
5. 비대칭 각도 : 작업자의 정시상면으로부터 물체가 어느 정도 떨어져 있는가를 나타내는 각도
6. 들기빈도 : 15분 동안의 평균적인 분당 들어 올리는 횟수(회/분)이다.
7. 커플링 분류 : 드는 물체와 손과의 연결상태, 혹은 물체를 들 때에 미끄러지거나 떨어뜨리지 않도록 하는 손잡이 등의 상태

□□□ 18년1회

3. 들기 작업 시 요통재해예방을 위하여 고려할 요소와 가장 거리가 먼 것은?

① 들기 빈도 ② 작업자 신장
③ 손잡이 형상 ④ 허리 비대칭 각도

□□□ 09년1회

4. 다음 중 근골격계질환 예방을 위한 유해요인평가 방법인 OWAS의 평가요소와 가장 거리가 먼 것은?

① 목 ② 손목
③ 다리 ④ 허리/몸통

해설

OWAS는 몸통/허리, 팔, 목과 머리, 다리의 유해요인을 평가하는 방법이다.

□□□ 15년3회

5. 다음 중 작업관련 근골격계 질환 관련 유해요인조사에 대한 설명으로 옳은 것은?

① 사업장 내에서 근골격계 부담작업 근로자가 5인 미만인 경우에는 유해요인조사를 실시 하지 않아도 된다.
② 유해요인조사는 근골격계 질환자가 발생할 경우에 3년마다 정기적으로 실시해야 한다.
③ 유해요인 조사는 사업장내 근골격계부담작업 중 50%를 샘플링으로 선정하여 조사한다.
④ 근골격계부담작업 유해요인조사에는 유해요인기본조사와 근골격계질환 증상조사가 포함된다.

해설

사업주는 근로자가 근골격계부담작업을 하는 경우에 3년마다 다음 각 호의 사항에 대한 유해요인조사를 하여야 한다. 다만, 신설되는 사업장의 경우에는 신설일부터 1년 이내에 최초의 유해요인 조사를 하여야 한다.

1. 설비 · 작업공정 · 작업량 · 작업속도 등 작업장 상황
2. 작업시간 · 작업자세 · 작업방법 등 작업조건
3. 작업과 관련된 근골격계질환 징후와 증상 유무 등

□□□ 17년1회, 20년1·2회

6. 손이나 특정 신체부위에 발생하는 누적손상장애 (CTD_s)의 발생인자와 가장 거리가 먼 것은?

① 무리한 힘 ② 다습한 환경
③ 장시간의 진동 ④ 반복도가 높은 작업

해설

CTDs 발생요인(원인)

- 반복성
- 부자연스런 또는 취하기 어려운 자세
- 과도한 힘
- 접촉 스트레스
- 진동
- 온도, 조명 등 기타 요인

정답 1 ② 2 ③ 3 ② 4 ② 5 ④ 6 ②

□□□ 13년1회

7. 다음 중 근골격계부담작업에 속하지 않는 것은?

① 하루에 10회 이상 25kg 이상의 물체를 드는 작업
② 하루에 총 2시간 이상 목, 어깨, 팔꿈치, 손목 또는 손을 사용하여 같은 동작을 반복하는 작업
③ 하루에 총 2시간 이상 쪼그리고 앉거나 무릎을 굽힌 자세에서 이루어지는 작업
④ 하루에 총 2시간 이상 시간당 5회 이상 손 또는 무릎을 사용하여 반복적으로 충격을 가하는 작업

문제 7~8 해설

근골격계부담작업(단, 단기간작업 또는 간헐적인 작업은 제외한다.)

1. 4시간 이상 집중적으로 자료입력 등을 위해 키보드 또는 마우스를 조작하는 작업
2. 총 2시간 이상 목, 어깨, 팔꿈치, 손목 또는 손을 사용하여 같은 동작을 반복하는 작업
3. 총 2시간 이상 머리 위에 손이 있거나, 팔꿈치가 어깨위에 있거나, 팔꿈치를 몸통으로부터 들거나, 팔꿈치를 몸통뒤쪽에 위치하도록 하는 상태에서 이루어지는 작업
4. 지지되지 않은 상태이거나 임의로 자세를 바꿀 수 없는 조건에서, 하루에 총 2시간 이상 목이나 허리를 구부리거나 트는 상태에서 이루어지는 작업
5. 하루에 총 2시간 이상 쪼그리고 앉거나 무릎을 굽힌 자세에서 이루어지는 작업
6. 총 2시간 이상 지지되지 않은 상태에서 1kg 이상의 물건을 한손의 손가락으로 집어 옮기거나, 2kg 이상에 상응하는 힘을 가하여 한손의 손가락으로 물건을 쥐는 작업
7. 총 2시간 이상 지지되지 않은 상태에서 4.5kg 이상의 물건을 한 손으로 들거나 동일한 힘으로 쥐는 작업
8. 10회 이상 25kg 이상의 물체를 드는 작업
9. 25회 이상 10kg 이상의 물체를 무릎 아래에서 들거나, 어깨 위에서 들거나, 팔을 뻗은 상태에서 드는 작업
10. 총 2시간 이상, 분당 2회 이상 4.5kg 이상의 물체를 드는 작업
11. 총 2시간 이상 시간당 10회 이상 손 또는 무릎을 사용하여 반복적으로 충격을 가하는 작업

□□□ 18년3회

8. 고용노동부 고시의 근골격계부담작업의 범위에서 근골격계부담작업에 대한 설명으로 틀린 것은?

① 하루에 10회 이상 25kg 이상의 물체를 드는 작업
② 하루에 총 2시간 이상 쪼그리고 앉거나 무릎을 굽힌 자세에서 이루어지는 작업
③ 하루에 총 2시간 이상 집중적으로 자료입력 등을 위해 키보드 또는 마우스를 조작하는 작업
④ 하루에 총 2시간 이상 지지되지 않은 상태에서 4.5kg이상의 물건을 한 손으로 들거나 동일한 힘으로 쥐는 작업

정답 7 ④ 8 ③

Chapter 04

작업환경관리

작업환경관리는 조명환경, 소음환경, 온도환경과 기타 작업환경에 관한 내용이다. 여기에서는 조명환경에서 조도와 관련한 부분과 소음환경에서 음압과 관련된 부분이 주로 출제 되고 있다.

01 조명과 작업환경

[인간이 잘 볼 수 있는 조건]
(1) 조도가 적합할 것
(2) 조도색이 적당할 것
(3) 광원의 방향이 적절하여 눈이 부시지 않을 것
(4) 볼 수 있는 시간과 작업속도가 적당해야함.

(1) 조명의 측정요소

① 광도(luminous intensity)

㉠ 빛의 진행방향에 수직한 단위면적을 단위시간에 통과하는 빛의 양

㉡ 단위는 칸델라(candela : cd)로 표시한다.

㉢ 1촉광이 발하는 광량 : 4π (≒12.57)lumen

② 조도(illuminance)

㉠ 단위면적에 투사된 광속의 양(장소의 밝기)

㉡ 조도의 단위

단위	내용
foot-candle(fc)	1촉광의 점광원으로부터 1foot 떨어진 곡면에 비추는 광의 밀도(1 lumen/ft^2)
lux(meter-candle)	1촉광의 점광원으로부터 1m 떨어진 곡면에 비추는 광의 밀도(1 lumen/m^2)

㉢ 거리가 증가할 때 조도는 역자승의 법칙에 따라 감소한다.(점광원에 대해서만 적용)

$$조도 = \frac{광도}{거리^2}$$

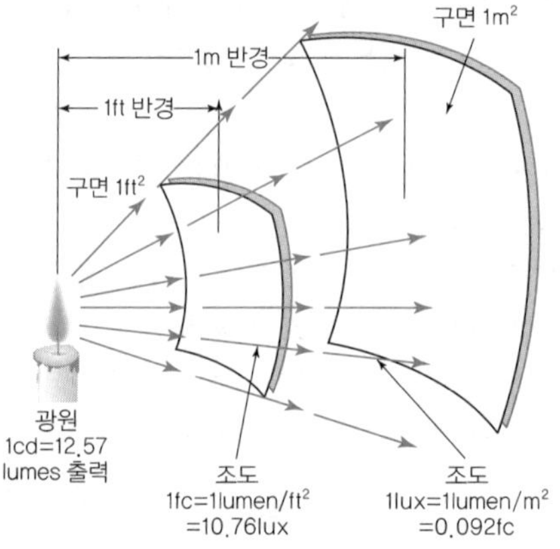

거리와 조도와의 관계

③ 휘도(luminance)

㉠ 단위면적 표면에 반사 또는 방출되는 빛의 양

㉡ 휘도의 단위

단위	내용
lambert(L)	완전 발산 및 반사하는 표면에 표준 촛불로 1cm 거리에서 조명될 때 조도와 같은 광도
foot-lambert(fL)	완전 발산 및 반사하는 표면에 1fc로 조명될 때 조도와 같은 광도

④ 반사율(reflectance)

㉠ 반사능(反射能)이라고도 한다. 빛이나 기타 복사(輻射)가 물체의 표면에서 반사하는 정도(표면의 빛을 흡수하지 않고 광택이 없는 표면에서 완전히 반사시키는 반사율은 100%이다.)

$$반사율(\%) = \frac{광속발산도(fL)}{조명(fc)} \times 100$$

㉡ 옥내 최적 반사율

구분	최적 반사율
천정	80～90%
벽, 창문 발(blind)	40～60%
가구, 사무용기기, 책상	25～45%
바닥	20～40%

⑤ 대비(luminance Contrast)

표적(과녁)의 휘도와 배경의 휘도와의 차이

$$대비 = \frac{Lb - Lt}{Lb} \times 100$$

Lb : 배경의 광속발산도

Lt : 표적의 광속발산도

㉠ 표적이 배경보다 어두울 경우 : 대비는 +100% ~ 0 사이

㉡ 표적이 배경보다 밝을 경우 : 대비는 0 ~ $-\infty$ 사이

(2) 적정 조명수준

① 조명수준의 판단기준

기준	내용
가시도(visibility)	특정 물체를 보고 식별할 수 있는 최대 거리(대상을 인식하는 정도)
시성능(visual performance)	실제 상황에서 언제 어디에 과녁이 나타날지 모르는 경우의 인식 수준

② 추천 조명수준

적절한 조명수준을 찾기 위해 표준작업에 필요한 소요조명을 구한다.

$$소요조명(fc) = \frac{소요휘도(fL)}{반사율(\%)}$$

작업조건	소요조명(fc)	작업내용
높은 정확도를 요구하는 세밀한 작업	1000	수술, 아주 세밀한 조립작업
	500	아주 힘든 검사작업
	300	세밀한 조립작업
오랜 시간 계속하는 세밀한 작업	200	힘든 검사작업, 제밀한 제도, 의과작업, 세밀한 기계작업
	150	초벌제도, 사무기기 조작
	100	보통 기계작업, 편지고르기
오랜 시간 계속 천천히 하는 작업	70	공부, 바느질, 독서, 타자, 철판에 쓴 글씨 읽기
	50	스케치, 상품포장
정상작업	30	드릴, 리벳, 줄질 및 화장실
	20	초벌 기계작업, 계단, 복도
	10	출하, 입하작업, 강당
자세히 보지 않아도 되는 작업	5	창고, 극장 복도

[관련법령]
산업안전보건기준에 관한 규칙 제8조【조도】

③ 작업별 조도기준

구분	내용
초정밀작업	750 Lux 이상
정밀작업	300 Lux 이상
일반작업	150 Lux 이상
기타작업	75 Lux 이상

(3) 조명기구

① 빛의 특성

㉠ 빛은 복사에너지의 가시부분으로서 망막을 자극하여 사물을 분별하며, 가시 스펙트럼의 범위는 380~780nm이다.

㉡ 색은 파장의 변동에 따라 보라, 파랑, 주황, 빨강 등의 배합의 색으로 이루어진다.

② 조명기구 선택시 고려사항

㉠ 배광(配光, light distri-bution) 패턴

㉡ 눈부심(glare)

㉢ 과업 조명(task illumination)

㉣ 그림자(shadowing)

㉤ 에너지 효율

③ 조명방식의 분류

분류	구분	내용
조명의 배치	전반조명	실내 전체를 고르게 조명하는 것으로 조도를 동일하게 하기위해 조명기구의 높이, 간격이 일정하게 배치된다.
	국부조명	실제로 조명이 필요한 부분에만 집중적으로 조명을 하는 방식으로 다른 부분과 밝기 차이가 있어 눈이 쉽게 피로해 질 수 있다.
조명의 배광	직접조명	광원으로부터의 빛을 대부분 직접 실내에 방출하는 것으로 조명효율이 가장 좋지만 눈의 피로도가 큰 단점이 있다.
	간접조명	광원을 천장이나 벽에 반사시켜 실내에 확산시키는 방법으로 은은한 조명감을 얻을 수 있고 눈의 피로도는 적다. 광도가 약해지기 때문에 조도를 유지하기 위해 많은 에너지가 소모된다.

[조명방식]

직접조명

반간접조명

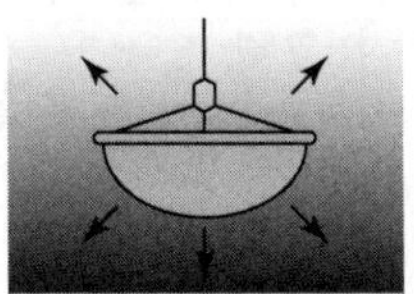

간접조명

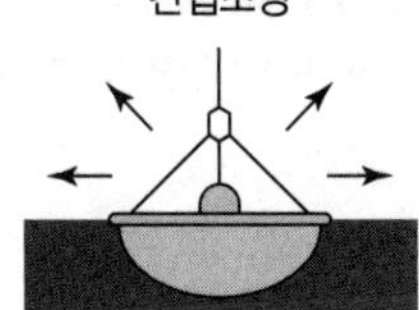

④ 휘광(glare)의 처리

㉠ 휘광은 눈부심으로 눈이 적응된 휘도(輝度)보다 훨씬 밝은 광원(직사휘광) 혹은 반사광(반사휘광)이 시계 내에 있음으로써 생긴다.

㉡ 휘광은 성가신 느낌과 불편감을 주고 가시도(visibility)와 시성능(visual performance)을 저하시킨다.

구분	내용
광원으로부터의 직사휘광 처리	• 광원의 휘도를 줄이고 수를 증가시킨다. • 광원을 시선에서 멀리 위치시킨다. • 휘광원 주위를 밝게 하여 광속 발산비(휘도)를 줄인다. • 가리개(shield), 갓(hood) 혹은 차양(visor)을 사용한다.
창문으로부터 직사 휘광 처리	• 창문을 높이 설치한다. • 창위(실외)에 드리우개(overhang)를 설치한다. • 창문(안쪽)에 수직 날개(fin)들을 달아 직사선을 제한한다. • 차양(shade) 혹은 발(blind)을 사용한다.
반사 휘광의 처리	• 발광체의 휘도를 줄인다. • 일반(간접)조명 수준을 높인다. • 산란광, 간접광, 조절판(baffle), 창문에 차양(shade) 등을 사양한다. • 반사광이 눈에 비치지 않게 광원을 위치시킨다. • 무광택 도료, 빛을 산란시키는 표면색을 한 사무용기기, 윤을 없앤 종이 등을 사용한다.

[컴퓨터 단말기 조작업무]

(1) 실내는 명암의 차이가 심하지 않도록 하고 직사광선이 들어오지 않는 구조로 할 것
(2) 저휘도형(低輝度型)의 조명기구를 사용하고 창 · 벽면 등은 반사되지 않는 재질을 사용할 것
(3) 컴퓨터 단말기와 키보드를 설치하는 책상과 의자는 작업에 종사하는 근로자에 따라 그 높낮이를 조절할 수 있는 구조로 할 것
(4) 연속적으로 컴퓨터 단말기 작업에 종사하는 근로자에 대하여 작업시간 중에 적절한 휴식시간을 부여할 것

(4) 영상표시단말기(VDT) 취급작업 환경의 조명과 채광

① 작업실내의 창 · 벽면 등을 반사되지 않는 재질로 하여야 하며, 조명은 화면과 명암의 대조가 심하지 않도록 하여야 한다.

② 영상표시단말기를 취급하는 작업장 주변환경의 조도를 화면의 바탕색상이 검정색 계통일 때 300~500Lux, 화면의 바탕색상이 흰색 계통일 때 500~700Lux를 유지하도록 하여야 한다.

③ 화면을 바라보는 시간이 많은 작업일수록 화면 밝기와 작업 대 주변 밝기의 차를 줄이도록 하고, 작업중 시야에 들어오는 화면 · 키보드 · 서류 등의 주요 표면 밝기를 가능한 한 같도록 유지하여야 한다.

④ 창문에는 차광망 또는 커텐 등을 설치하여 직사광선이 화면 · 서류 등에 비치는 것을 방지하고 필요에 따라 언제든지 그 밝기를 조절 할 수 있도록 하여야 한다.

⑤ 작업대 주변에 영상표시단말기작업 전용의 조명등을 설치할 경우에는 영상표시단말기 취급근로자의 한쪽 또는 양쪽면에서 화면 · 서류 면 · 키보드 등에 균등한 밝기가 되도록 설치하여야 한다.

01 핵심문제 1. 조명과 작업환경

□□□ 15년1회

1. 다음 중 광원의 밝기에 비례하고, 거리의 제곱에 반비례하며, 반사체의 반사율과는 상관없이 일정한 값을 갖는 것은?

① 광도 ② 휘도
③ 조도 ④ 휘광

해설

$조도 = \frac{광도}{거리^2}$

□□□ 19년1회

2. 점광원으로부터 0.3m 떨어진 구면에 비추는 광량이 5Lumen일 때, 조도는 약 몇 럭스 인가?

① 0.06 ② 16.7
③ 55.6 ④ 83.4

해설

$조도 = \frac{광도}{거리^2} = \frac{5}{0.3^2} = 55.555$

□□□ 08년3회

3. 1촉광의 점광원으로부터 1m 떨어진 곡면에 비추는 광의 조도는 1촉광의 점광원으로부터 2m 떨어진 곡면에 비추는 광의 조도는 몇 배인가?

① $\frac{1}{4}$ ② $\frac{1}{2}$
③ 2 ④ 4

해설

$조도 = \frac{광도}{거리^2}$ 이므로

$1m의 조도 = \frac{1}{1^2} = 1,\ \ 2m의 조도 = \frac{1}{2^2} = 0.25$ 이다.

$\frac{1m의 조도}{2m의 조도} = \frac{1}{0.25} = 4$

따라서 1m 떨어진 곳의 조도는 2m 떨어진 곳의 조도에 4배가 된다.

□□□ 17년1회, 22년1회

4. 반사경 없이 모든 방향으로 빛을 발하는 점광원에서 5m 떨어진 곳의 조도가 120 lux 라면 2m 떨어진 곳의 조도는?

① 150lux ② 192.2lux
③ 750lux ④ 3000lux

해설

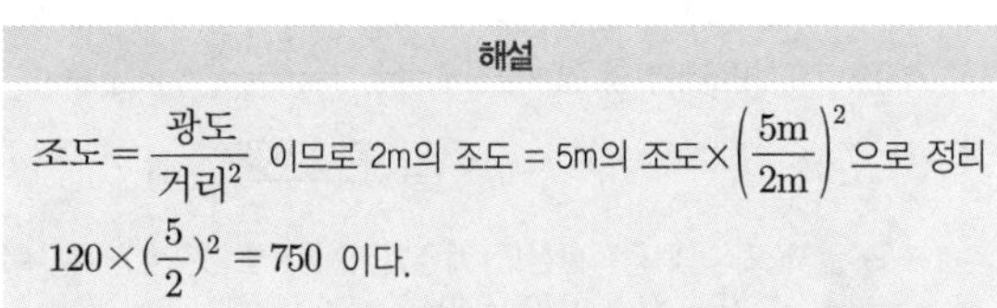

$조도 = \frac{광도}{거리^2}$ 이므로 2m의 조도 = 5m의 조도 $\times \left(\frac{5m}{2m}\right)^2$ 으로 정리

$120 \times (\frac{5}{2})^2 = 750$ 이다.

□□□ 10년2회, 19년2회

5. 다음과 같은 실내 표면에서 일반적으로 추천반사율의 크기를 올바르게 나열한 것은?

ⓐ 바닥	ⓑ 천정
ⓒ 가구	ⓓ 벽

① ⓐ < ⓒ < ⓓ < ⓑ
② ⓐ < ⓓ < ⓒ < ⓑ
③ ⓓ < ⓐ < ⓑ < ⓒ
④ ⓓ < ⓑ < ⓐ < ⓒ

해설

추천 반사율
1. 바닥 : 20~40% 2. 가구 : 25~45%
3. 벽 : 40~60 4. 천정 : 80~90%

□□□ 10년3회

6. 종이의 반사율이 70%이고, 인쇄된 글자의 반사율이 10%이라면 대비(luminance contrast)는 약 얼마인가?

① 85.7% ② 89.5%
③ 95.3% ④ 99.1%

해설

$대비 = \frac{L_b - L_t}{L_b} \times 100 = \frac{70-10}{70} \times 100 = 85.71$

정답 1 ③ 2 ③ 3 ④ 4 ③ 5 ① 6 ①

□□□ 08년2회, 17년2회, 20년1·2회

7. 반사율이 85%, 글자의 밝기가 400cd/m²인 VDT화면에 350lx의 조명이 있다면 대비는 약 얼마인가?

① −2.8　② −4.2
③ −5.0　④ −6.0

해설

① VDT화면(배경)의 광속발산도$=\dfrac{\text{조명}\times\text{반사율}}{\pi}$

$=\dfrac{350\times0.85}{\pi}=94.7$

② 글자(표적)의 광속발산도=배경밝기+글자밝기=94.7+400=494.7

③ 대비$=\dfrac{Lb-Lt}{Lb}=\dfrac{94.7-494.7}{94.7}=-4.22$

□□□ 11년2회, 18년1회

8. 반사율이 60%인 작업 대상물에 대하여 근로자가 검사 작업을 수행할 때 휘도(luminance)가 90fL 이라면 이 작업에서의 소요조명(fc)은 얼마인가?

① 75　② 150
③ 200　④ 300

해설

소요조명$=\dfrac{\text{광속발산도(휘도)}}{\text{반사율}}=\dfrac{90}{0.6}=150$

□□□ 15년1회, 21년1회

9. 다음 중 일반적으로 보통 기계작업이나 편지 고르기에 가장 적합한 조명수준은?

① 30fc　② 100fc
③ 300fc　④ 500fc

해설

작업조건	소요조명(fc)	작업내용
오랜 시간 계속하는 세밀한 작업	200	힘든 검사작업, 제밀한 제도, 의과작업, 세밀한 기계작업
	150	초벌제도, 사무기기 조작
	100	보통 기계작업, 편지고르기

□□□ 17년3회

10. 산업안전보건기준에 관한 규칙상 작업장의 작업면에 따른 적정 조명 수준은 초정밀 작업에서 (㉠) lux 이상이고, 보통작업에서는 (㉡) lux 이상이다. (　)안에 들어갈 내용은?

① ㉠ : 650, ㉡ : 150　② ㉠ : 650, ㉡ : 250
③ ㉠ : 750, ㉡ : 150　④ ㉠ : 750, ㉡ : 250

해설

작업별 조도기준
- 초정밀작업 : 750Lux 이상
- 정밀작업 : 300Lux 이상
- 일반작업 : 150Lux 이상
- 기타작업 : 75Lux 이상

□□□ 13년1회

11. 다음 중 강한 조명 때문에 근로자의 눈 피로도가 큰 조명방법은?

① 간접조명　② 반간접조명
③ 직접조명　④ 전반조명

해설

직접조명이란 반사갓을 사용하여 광원의 빛을 모아 비추는 방식으로 조명의 효율도 좋고 경제적이지만 작업자의 눈부심이 일어나기 쉽고 균등한 조도 분포를 얻기 힘들며 강한 그림자가 생긴다는 단점이 있다.

□□□ 15년3회

12. 다음 중 작업면상의 필요한 장소만 높은 조도를 취하는 조명 방법은?

① 국소조명　② 완화조명
③ 전반조명　④ 투명조명

해설

국소조명(국부조명)
필요한 일부분의 조도를 높이는 방식이다.

정답　7 ②　8 ②　9 ②　10 ③　11 ③　12 ①

□□□ 10년1회

13. **광원 혹은 반사광이 시계 내에 있으면 성가신 느낌과 불편감을 주어 시성능을 저하시킨다. 이러한 광원으로부터의 직사휘광을 처리하는 방법으로 틀린 것은?**

① 광원을 시선에서 멀리 위치시킨다.
② 차양(visor) 혹은 갓(hood) 등을 사용한다.
③ 광원의 휘도를 줄이고 광원의 수를 늘린다.
④ 휘광원의 주위를 밝게 하여 광속발산(휘도)비를 늘린다.

해설

④항, 휘광원의 주위를 밝게 하여 광속발산(휘도)비를 줄인다.

[참고] 휘광처리

1. 광원으로부터의 직사휘광 처리
   (1) 광원의 휘도를 줄이고 수를 증가시킨다.
   (2) 광원을 시선에서 멀리 위치시킨다.
   (3) 휘광원 주위를 밝게 하여 광속 발산비(휘도)를 줄인다.
   (4) 가리개(shield), 갓(hood) 혹은 차양(visor)을 사용한다.
2. 창문으로부터 직사 휘광 처리
   (1) 창문을 높이 설치한다.
   (2) 창위(실외)에 드리우개(overhang)를 설치한다.
   (3) 창문(안쪽)에 수직 날개(fin)들을 달아 직시선을 제한한다.
   (4) 차양(shade) 혹은 발(blind)을 사용한다.
3. 반사 휘광의 처리
   (1) 발광체의 휘도를 줄인다.
   (2) 일반(간접)조명 수준을 높인다.
   (3) 산란광, 간접광, 조절판(baffle), 창문에 차양(shade)등을 사양한다.
   (4) 반사광이 눈에 비치지 않게 광원을 위치시킨다.
   (5) 무광택 도료, 빛을 산란시키는 표면색을 한 사무용기기, 윤을 없앤 종이 등을 사용한다.

□□□ 09년2회

14. **영상표시단말기(VDT) 취급 근로자를 위한 조명과 채광에 대한 설명으로 옳은 것은?**

① 화면을 바라보는 시간이 많은 작업일수록 화면 밝기와 작업대 주변 밝기의 차를 줄이도록 한다.
② 작업장 주변 환경의 조도를 화면의 바탕 색상이 흰색 계통일 때에는 300Lux 이하로 유지하도록 한다.
③ 작업장 주변 환경의 조도를 화면의 바탕 색상이 검정색 계통일 때에는 500Lux 이상을 유지하도록 한다.
④ 작업실 내의 창 · 벽면 등은 반사되는 재질로 하여야 하며, 조명은 화면과 명암의 대조가 심하지 않도록 하여야 한다.

문제 14, 15 해설

영상표시단말기(VDT) 취급 작업환경 조명과 채광

1. 작업실내의 창 · 벽면 등을 반사되지 않는 재질로 하여야 하며, 조명은 화면과 명암의 대조가 심하지 않도록 하여야 한다.
2. 영상표시단말기를 취급하는 작업장 주변환경의 조도를 화면의 바탕색상이 검정색 계통일 때 300~500Lux, 화면의 바탕색상이 흰색 계통일 때 500~700Lux를 유지하도록 하여야 한다.
3. 화면을 바라보는 시간이 많은 작업일수록 화면 밝기와 작업 대 주변 밝기의 차를 줄이도록 하고, 작업중 시야에 들어오는 화면 · 키보드 · 서류 등의 주요 표면 밝기를 가능한 한 같도록 유지하여야 한다.
4. 창문에는 차광망 또는 커텐 등을 설치하여 직사광선이 화면 · 서류 등에 비치는 것을 방지하고 필요에 따라 언제든지 그 밝기를 조절 할 수 있도록 하여야 한다.
5. 작업대 주변에 영상표시단말기작업 전용의 조명등을 설치할 경우에는 영상표시단말기 취급근로자의 한쪽 또는 양쪽면에서 화면 · 서류 면 · 키보드 등에 균등한 밝기가 되도록 설치하여야 한다.

□□□ 08년3회

15. **영상표시단말기(VDT)의 취급 시 화면의 바탕 색상이 검정색 계통일 때 주변 환경의 조도(Lux)로 가장 적절한 경우는?**

① 100 ② 200
③ 400 ④ 600

정답 13 ④ 14 ① 15 ③

[음의 기본요소]

(1) 2요소 : 음의 강도(크기), 진동수(음조)
(2) 3요소 : 음의 고저, 강약, 음조

[음의 특성에 따른 측정단위]

(1) 주파수(frequency)
(2) 진폭(amplitude)
(3) 음압(sound pressure)
(4) 파장(wavelength)

02 소음과 작업환경

(1) 소음의 정의

① 소리(sound)

일종의 에너지 형태로 물체의 진동을 통하여 생긴 공기의 압력 변화로 발생된다.

② 소음(noise)

사람이 들을 수 있는 소리로 흔히 원하지 않는 소리를 칭한다.

③ 소음의 종류

종류	내용
연속 소음	기계 소음과 같이 일정한 음압을 유지하며 반복적으로 발생하는 소음(일반 사업장)
간헐 소음	불규칙적으로 발생하는 소음
충격 소음	최대 음압 수준 120db 이상인 소음으로 1초 이상 간격으로 발생되는 소음
광대역 소음	소음 에너지가 저주파수에서 고주파수까지 광범위하게 분포되어 있는 소음
협대역 소음	좁은 주파수 범위 내에 한정되어 있는 소음

(2) 소음의 수준

① dBA(sound level : 소음수준)

소음수준측정기에 사람의 청감과 비슷한 보정회로 (전기적)를 장치하여 소음을 평가하는데, 처음에는 3가지 보정회로(A〈B〈C)를 이용하였으나 현재에는 A회로가 가장 소음 평가에 간편하고 적합하다는 것이 알려졌기 때문에 소음수준의 단위로서 dBA를 사용하게 되었다.

② 음압과 dB과의 변화 관계

음압의 변화	db값의 변화
2배 증가	6db 증가
3배 증가	10db 증가
4배 증가	12db 증가
10배 증가	20db 증가

$$db \text{ 수준}(spl) = 20 \times \log_{10}\left(\frac{p_1}{p_0}\right)$$

P_0 : 기준음압(2×10^{-5}N/m^2: 1,000Hz 에서의 최소 가청치)
P_1 : 측정하려는 음압

③ 은폐와 복합소음

구분	내용
masking(은폐)현상	dB이 높은 음과 낮은 음이 공존할 때 낮은 음이 강한 음에 가로막혀 숨겨져 들리지 않게 되는 현상
복합소음	소음을 발생하는 기계가 10dB 이내에 동시 공존할 경우 3dB 증가한다.(소음수준이 같은 2대의 기계)

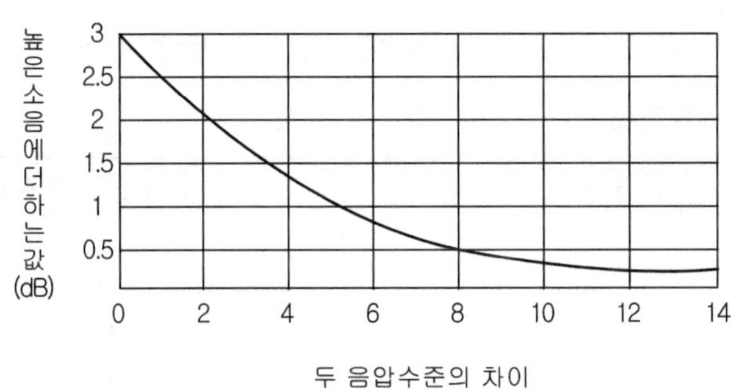

두 음압수준의 차이

[합성소음의 적용]
여러 대의 설비 소음의 차이가 10dB 이내인 경우

$$SPL = 10\log\left(10^{\frac{5pl_1}{10}} + 10^{\frac{5pl_2}{10}} + \cdots + 10^{\frac{5pl_n}{10}}\right)$$

[NRN(noise rating number)]
ISO에서 도입하여 장려한 소음평가방법으로 소음평가 지수를 의미한다.

(3) 소음의 일반적 영향과 청력 손실

① 소음의 일반적 영향

㉠ 인간은 일정강도 및 진동수 이상의 소음에 계속적으로 노출되면 점차적으로 청각 기능을 상실하게 된다.

㉡ 소음은 불쾌감을 주거나 대화, 마음의 집중, 수면, 휴식을 방해하며 피로를 가중시키며 에너지를 소모시킨다.

② 청력 손실

㉠ 청력손실은 진동수가 높아짐에 따라 증가

㉡ 청력손실은 나이를 먹는 것과, 현대 문명의 정신적인 압박(stress)과 소음으로부터의 영향을 받는 것 2가지로 확인된다.

③ 연속 소음 노출로 인한 청력 손실

㉠ 청력손실의 정도는 노출소음수준에 따라 증가한다.

㉡ 청력손실은 4,000Hz에서 크게 나타난다.

㉢ 강한 소음에 대해서는 노출기간에 따라 청력손실이 증가하지만 약한 소음의 경우에는 관계가 없다.

④ 소음 노출 지수

구분	내용
가청주파수	20~20,000Hz(CPS)
가청한계	2×10^{-4}dyne/cm^2(OdB)~10^3dyne/cm^2(134dB)
심리적 불쾌감	40dB 이상
생리적 영향	60dB 이상 (안락한계 : 45~65dB, 불쾌한계 : 65~120dB)
난청(C5dip)	90dB(8시간)
유해주파수(공장소음)	4,000Hz(난청현상이 오는 주파수)

[관련법령]
산업안전보건기준에 관한 규칙 제512조【정의】

(4) 소음 노출 한계

① 소음작업

1일 8시간 작업 기준으로 85dB 이상의 소음 발생 작업

② 강렬한 소음작업

1일 노출시간(h)	소음강도[dB(A)]
8	90
4	95
2	100
1	105
1/2	110
1/4	115

• 연속음 또는 간헐음에 115dB(A) 이상 폭로되지 말 것

③ 충격소음

㉠ 120dBA 이상인 소음이 1초 이상의 간격으로 발생하는 것

충격소음(impulsive or impact noise)에 대한 허용기준

1일 노출횟수	충격소음레벨, dBA
100	140
1,000	130
10,000	120

㉡ 최대 음압수준이 140dBA를 초과하는 충격소음에 노출돼서는 안 됨

(5) 음향 경보 장치의 설정

① 300m 이상 장거리를 사용할 경우는 1000Hz 이하의 진동수를 사용한다.

② 장애물 또는 건물의 칸막이를 통과시에는 500Hz 이하의 낮은 진동수를 사용한다.

(6) 소음 대책

구분	방법
적극적 대책	소음원의 통제 : 기계의 적절한 설계, 적절한 정비 및 주유, 기계에 고무 받침대(mounting)부착, 차량에는 소음기(muffler) 사용
	소음의 격리 : 씌우개(enclosure), 방, 장벽을 사용(집의 창문을 닫으면 약 10dB 감음됨)
	차폐장치(baffle) 및 흡음재료 사용
	음향처리제(acoustical treatment) 사용
	적절한 배치(layout)
소극적 대책	방음보호구 사용 : 귀마개(2,000Hz에서 20dB, 4,000Hz에서 25dB 차음 효과)
	BGM(back ground music) : 배경음악(60±3dB), 긴장 완화와 안정감. 작업 종류에 따른 리듬의 일치가 중요(정신노동-연주곡)

02 핵심문제 2. 소음과 작업환경

□□□ 11년1회

1. 소음원으로부터의 거리와 음압수준은 역비례한다. 동일한 소음원에서 거리가 2배 증가하면 음압수준은 몇 dB 정도 감소하는가?

① 2dB ② 3dB
③ 6dB ④ 9dB

해설

음압과 db과의 변화 관계

음압의 변화	db값의 변화
2배 증가	6db 증가
3배 증가	10db 증가
4배 증가	12db 증가
10배 증가	20db 증가

$db\ 수준(spl) = 20\log_{10}\left(\frac{p_1}{p_0}\right)$

P_0 : 기준음압($2\times10^{-5}\mathrm{N/m^2}$: 1,000Hz에서의 최소 가청치)
P_1 : 측정하려는 음압

□□□ 11년3회, 12년3회

2. 다음 중 소음에 의한 청력손실이 가장 크게 나타나는 주파수대는?

① 2,000Hz ② 4,000Hz
③ 10,000Hz ④ 20,000Hz

해설

소음에 의한 청력손실이 가장 크게 나타나는 주파수대는 4000Hz로서 유해주파수라고 한다.

□□□ 12년1회

3. 국내 규정상 최대 음압수준이 몇 dB(A)를 초과하는 충격소음에 노출되어서는 아니 되는가?

① 110 ② 120
③ 130 ④ 140

해설

국내 규정상 최대 음압수준이 140dB(A)를 초과하는 충격소음에 노출되어서는 아니 된다.

□□□ 13년1회

4. 다음 중 소음의 1일 노출시간과 소음강도의 기준이 잘못 연결된 것은?

① 8hr – 90dB(A) ② 2hr – 100dB(A)
③ 1/2hr – 110dB(A) ④ 1/4hr – 120dB(A)

해설

1일 노출시간(hr)	소음강도[db(A)]
8	90
4	95
2	100
1	105
1/2	110
1/4	115

□□□ 16년2회

5. 국내 규정상 1일 노출횟수가 100일 때 최대 음압수준이 몇 dB(A)를 초과하는 충격소음에 노출되어서는 아니 되는가?

① 110 ② 120
③ 130 ④ 140

해설

충격소음(impulsive or impact noise)에 대한 허용기준

1일 노출횟수	충격소음레벨, dBA
100	140
1,000	130
10,000	120

□□□ 14년1회, 18년3회

6. 3개 공정의 소음수준 측정 결과 1공정은 100dB에서 1시간, 2공정은 95dB에서 1시간, 3공정은 90dB에서 1시간이 소요될 때 총 소음량(TND)과 소음설계의 적합성을 올바르게 나열한 것은? (단, 90dB에 8시간 노출될 때를 허용기준으로 하며, 5dB 증가할 때 허용시간은 1/2로 감소되는 법칙을 적용한다.)

① TND = 0.78, 적합 ② TND = 0.88, 적합
③ TND = 0.98, 적합 ④ TND = 1.08, 부적합

정답 1 ③ 2 ② 3 ④ 4 ④ 5 ④ 6 ②

해설

① 노출기준정리
90dB → 8시간
95dB → 4시간
100dB → 2시간
② 총소음량(TND)
각각 1시간씩 소요되므로
$$TND=\frac{1}{8}+\frac{1}{4}+\frac{1}{2}=\frac{7}{8}=0.875$$
③ 총소음량(TND)이 1을 넘지 않으므로 적합판정

□□□ 18년2회

7. 제한된 실내 공간에서 소음문제의 음원에 관한 대책이 아닌 것은?

① 저소음 기계로 대체한다.
② 소음 발생원을 밀폐한다.
③ 방음 보호구를 착용한다.
④ 소음 발생원을 제거한다.

문제 7~9 해설

소음에 대한 대책

적극적 대책 (음원에 대한 대책)	소음원의 통제, 소음의 격리, 차폐장치(baffle) 및 흡음재료 사용, 음향처리제(acoustical treatment) 사용, 적절한 배치(layout)
소극적 대책	방음보호구 사용, BGM(back ground music)

□□□ 09년3회, 16년1회

8. 다음 중 소음에 대한 대책으로 가장 거리가 먼 것은?

① 소음원의 통제 ② 소음의 격리
③ 소음의 분배 ④ 적절한 배치

□□□ 14년2회, 18년3회

9. 소음 발생에 있어 음원에 대한 대책으로 볼 수 없는 것은?

① 설비의 격리 ② 적절한 재배치
③ 저소음 설비 사용 ④ 귀마개 및 귀덮개 사용

□□□ 19년2회

10. 소음방지 대책에 있어 가장 효과적인 방법은?

① 음원에 대한 대책
② 수음자에 대한 대책
③ 전파경로에 대한 대책
④ 거리감소와 지향성에 대한 대책

해설

소음방지는 적극적 대책을 사용하는 것이 효과적이므로 음원에 대한 대책을 수립한다.

정답 7 ③ 8 ③ 9 ④ 10 ①

03 열교환과 작업환경

(1) 열교환

① 인간과 주위환경의 열교환

$$\triangle S(\text{열축적}) = M(\text{대사열}) - E(\text{증발}) \pm R(\text{복사}) \pm C(\text{대류}) - W(\text{한일})$$

△S는 열 이득 및 열손실량이며 열평형 상태에서는 0이 된다.

구분	내용
대사열	인체는 대사활동의 결과로 계속 열을 발생한다.(성인남자 휴식 상태 : 1kcal/분≒70watt, 앉아서 하는 활동 : 1.5~2kcal/분, 보통 신체활동 5kcal/분≒350watt, 중노동 : 10~20kcal/분)
대류	고온의 액체나 기체가 고온대에서 저온대로 직접 이동하여 일어나는 열전달이다.
복사	광속으로 공간을 퍼져나가는 전자에너지이다.
증발	37℃의 물 1g을 증발시키는데 필요한 증발열(에너지)은 2,410joule/g(575.7cal/g)이며, 매 g의 물이 증발할 때마다 이만한 에너지가 제거된다.

[공기 온열조건 4요소]
(1) 전도
(2) 대류
(3) 복사
(4) 증발

② 열전도율

$$\text{전도율} = \frac{A \cdot \Delta T}{L}$$

여기서, A : 단면적, L : 두께, ΔT : 단위 시간당 열량

③ 보온율

$$\text{Clo단위 유동율} = \frac{A \cdot \Delta T}{\text{clo}}$$

여기서, A : 단면적, L : 두께, clo : 보온율(의류, 신발 등)

[보온율(clo 단위)]

$$\text{Clo단위} = \frac{0.18℃}{\text{kcal/m}^2\text{/hour}} = \frac{F^{\circ}}{\text{Btu/ft}^2\text{/hour}}$$

(2) 온도지수

① 실효온도(Effective Temperature)

㉠ 온도, 습도 및 공기유동이 인체에 미치는 열 효과를 하나의 수치로 통합한 경험적 감각지수

㉡ 상대습도 100%일 때의 건구온도에서 느끼는 것과 동일한 온감 (예 : 습도 50%에서 21℃의 실효 온도는 19℃)

② Oxford 지수

- WD(습건)지수라고도 하며, 습구, 건구 온도의 가중(加重) 평균치

WD=0.85W(습구 온도)+0.15D(건구 온도)

③ 습구 흑구 온도지수(WBGT)

옥외(빛이 내리쬐는 장소)	옥내 또는 옥외(빛이 내리쬐지 않는 장소)
WBGT(℃) = 0.7 × 습구온도(wb) + 0.2 × 흑구온도(GT) + 0.1 × 건구온도(Db)	WBGT(℃) = 0.7 × 습구온도(wb) + 0.3 × 흑구온도(GT)

④ 불쾌지수 식

㉠ 섭씨 = (건구온도 + 습구온도) × 0.72 + 40.6

㉡ 화씨 = (건구온도 + 습구온도) × 0.4 + 15

[불쾌지수의 감각]

(1) 70 이상이면 불쾌를 느끼기 시작한다.
(2) 70 이하이면 모든 사람이 불쾌를 느끼지 않는다.
(3) 80 이상이면 모든 사람이 불쾌를 느낀다.

(3) 열압박(Heat stress)

① 실효온도와 체온간의 관계

㉠ 피부온도의 상승 : 실효온도가 증가함에 따라 열방산을 높이기 위해서 혈액순환이 피부 가까이에서 일어남

㉡ 체심온도(core) : 작업부하가 커질수록 낮은 점에서부터 갑자기 상승하기 시작한다. 체심온도는 가장 우수한 피로지수로서 38.8℃만 되면 기진하게 된다.

② 저온증(hypothermia)

체심 온도를 증가시키는 환경조건과 작업수준의 조합이 오래 계속되면 저온증을 유발하여 정상적인 열방산을 어렵게 한다.

③ 열압박과 성능

구분	내용
육체작업	실효온도가 증가할수록 육체작업의 기능은 저하한다.
정신활동	열압박은 정신활동에도 악영향을 미친다. 열압박이 정신활동성능에 끼치는 영향은 실효온도 등의 환경조건이나 작업기간과도 관계가 있다.
추적(tracking) 및 경계 임무	두 종류의 임무에서는 체심온도만이 성능저하와 상관이 있다.

④ 열압박 지수(HSI ; Heat Stress Index)

신체의 열평형을 유지하기 위해 증발해야 하는 발한량

$$HSI = \frac{E(\text{요구되는 증발량})}{E_{max}(\text{최대증발량})} \times 100$$

[열손실율]

열손실율은 물의 증발에너지를 증발시간으로 나눈값으로 알 수 있다.

$$R = \frac{Q}{T}$$

R : 열 손실율
Q : 증발에너지
T : 증발시간(sec)

37℃ 물 1g 증발시 필요에너지 : 2,410J/g(575.5cal/g)

(4) 이상환경 노출에 따른 영향

① 적온 → 고온 환경으로 변화 시 신체작용

㉠ 많은 양의 혈액이 피부를 경유하게 되며 온도가 올라간다.

㉡ 직장(直腸) 온도가 내려간다.

㉢ 발한(發汗)이 시작된다.

㉣ 열 중독증(Heat illness)의 강도

> 열발진(heat rash) 〈 열경련(heat cramp) 〈 열소모(heat exhaustion) 〈 열사병(heat stroke)

② 적온 → 한냉 환경으로 변화 시 신체작용

㉠ 피부 온도가 내려간다.

㉡ 혈액은 피부를 경유하는 순환량이 감소하고, 많은 양의 혈액이 몸의 중심부를 순환한다.

㉢ 직장(直腸) 온도가 약간 올라간다.

㉣ 소름이 돋고 몸이 떨린다.

[환기]

(1) 갱내 CO_2 허용한계 : 1.5%

(2) 작업장의 이상적인 습도 : 25~50% 까지

③ 저온환경(추위)작업 시 생리적 영향

㉠ 혈관의 수축

㉡ 떨림

㉢ 저온환경작업 시 스트레스

④ 적절한 온도 환경

구분	온도
안전활동에 알맞은 최적 온도	18~21℃
갱내 작업장의 기온 유지	37℃ 이하
체온의 안전한계온도	38℃
체온의 최고한계온도	41℃
손가락에 영향을 주는 환경온도	13~15.5℃

03 핵심문제 3. 열교환과 작업환경

□□□ 12년2회

1. 다음 중 신체의 열교환과정을 나타내는 공식으로 올바른 것은? (단, ΔS는 신체열함량변화, M은 대사열발생량, W는 수행한 일, R는 복사열교환량, C는 대류열교환량, E는 증발열발산량을 의미한다.)

① $\Delta S = (M - W) \pm R \pm C - E$
② $\Delta S = (M + W) \pm R \pm C + E$
③ $\Delta S = (M - W) + R + C \pm E$
④ $\Delta S = (M - W) - R - C \pm E$

문제 1~3 해설

$\Delta S = (M - W) \pm R \pm C - E$
단, ΔS: 신체열함량변화 M: 대사열발생량
W: 수행한 일 R: 복사열교환량
C: 대류열교환량 E: 증발열발산량

□□□ 09년2회

2. 다음 중 인간과 주위의 열교환 과정을 나타내는 열균형 방정식에 적용되는 요소가 아닌 것은?

① 대류 ② 복사
③ 증발 ④ 반사

□□□ 11년2회

3. 다음 중 인체와 환경 사이에서 발생하는 열교환 작용의 교환경로와 가장 거리가 먼 것은?

① 대류 ② 복사
③ 증발 ④ 분자량

□□□ 13년3회

4. A사업장에서 1시간동안 480 Btu의 일을 하는 근로자의 대사량은 900 Btu이고, 증발 열손실이 2250 Btu, 복사 및 대류로부터 열이득이 각각 1900 Btu 및 80 Btu라 할 때 열 축적은 얼마인가?

① 100 ② 150
③ 200 ④ 250

해설

S(열축적) = M(대사열) − E(증발) ± R(복사) ± C(대류) − W(한일)
S는 열 이득 및 열손실량이며 열평형 상태에서는 0이 된다.
S(열축적)=900[Btu]−2,250[Btu]+1900[Btu]+80[Btu]−480[Btu]=150

□□□ 13년3회

5. 다음 중 공기의 온열조건의 4요소에 포함되지 않는 것은?

① 전도 ② 대류
③ 반사 ④ 복사

해설

공기의 온열조건의 4요소
1. 전도
2. 대류
3. 복사
4. 증발

□□□ 12년3회

6. 남성 작업자가 티셔츠(0.09 clo), 속옷(0.05 clo), 가벼운 바지(0.26 clo), 양말(0.04 clo), 신발(0.04 clo)을 착용하고 있을 때 총보온율(clo)값은 얼마인가?

① 0.260 ② 0.480
③ 1.184 ④ 1.280

해설

보온율=티셔츠(0.09 clo)+속옷(0.05 clo)+가벼운 바지(0.26 clo)+양말(0.04 clo)+ 신발(0.04 clo)=0.48

□□□ 09년1회, 12년1회, 15년2회

7. 다음 중 실효온도(Effective Temperature)에 대한 설명으로 틀린 것은?

① 체온계로 입안의 온도를 측정하여 기준으로 한다.
② 실제로 감각되는 온도로서 실감온도라고 한다.
③ 온도, 습도 및 공기 유동이 인체에 미치는 열효과를 나타낸 것이다.
④ 상대습도 100%일 때의 건구온도에서 느끼는 것과 동일한 온감이다.

문제 7~9 해설

실효온도(effective temperature)란 온도, 습도 및 공기유동이 인체에 미치는 열 효과를 하나의 수치로 통합한 경험적 감각지수로 상대습도 100%일 때의 건구온도에서 느끼는 것과 동일한 온감이다.

정답 1 ① 2 ④ 3 ④ 4 ② 5 ③ 6 ② 7 ①

□□□ 11년1회

8. 열압박 지수 중 실효 온도(effective temperature)지수 개발 시 고려한 인체에 미치는 열효과의 조건에 해당하지 않는 것은?

① 온도　　② 습도
③ 공기 유동　　④ 복사열

□□□ 15년3회, 19년3회

9. 다음 설명에 해당하는 온열조건의 용어는?

온도와 습도 및 공기 유동이 인체에 미치는 열효과를 하나의 수치로 통합한 경험적 감각지수로 상대습도 100%일 때의 건구온도에서 느끼는 것과 동일한 온감

① Oxford 지수　　② 발한율
③ 실효온도　　④ 열압박지수

□□□ 10년3회

10. 다음 중 습구온도와 건구온도의 단순가중치를 나타내는 것은?

① 실효온도(ET)
② Oxford 지수
③ WBGT 지수
④ 열압박지수(heat stress index)

해설

Oxford 지수란 WD(습건)지수라고도 하며, 습구, 건구 온도의 가중(加重) 평균치로서 다음과 같이 나타낸다.
WD = 0.85W(습구 온도)+0.15d(건구 온도)

□□□ 16년2회

11. 실내에서 사용하는 습구흑구온도(WBGT : Wet Bulb Globe Temperature) 지수는? (단, NWB는 자연습구, GT는 흑구온도, DB는 건구온도이다.)

① WBGT = 0.6NWB + 0.4GT
② WBGT = 0.7NWB + 0.3GT
③ WBGT = 0.6NWB + 0.3GT + 0.1DB
④ WBGT = 0.7NWB + 0.2GT + 0.1DB

해설

습구 흑구 온도지수(WBGT)
1. 옥외(빛이 내리쬐는 장소)
WBGT(℃) = 0.7 × 습구온도(wb)+ 0.2 × 흑구온도(GT) + 0.1 × 건구온도(Db)
2. 옥내 또는 옥외(빛이 내리쬐지 않는 장소)
WBGT(℃) = 0.7 × 습구온도(wb)+ 0.3 × 흑구온도(GT)

□□□ 10년2회, 12년2회, 17년1회

12. 건습구온도계에서 건구온도가 24℃이고, 습구온도가 20℃일 때 Oxford 지수는 얼마인가?

① 20.6℃　　② 21.0℃
③ 23.0℃　　④ 23.4℃

해설

WD지수 $= 0.85 \times 20 + 0.15 \times 24 = 20.6$

□□□ 14년1회, 20년4회

13. 다음 중 열중독증(heat illness)의 강도를 올바르게 나열한 것은?

ⓐ 열소모(heat exhaustion) ⓑ 열발진(heat rash) ⓒ 열경련(heat cramp) ⓓ 열사병(heat stroke)

① ⓒ 〈 ⓑ 〈 ⓐ 〈 ⓓ
② ⓒ 〈 ⓑ 〈 ⓓ 〈 ⓐ
③ ⓑ 〈 ⓒ 〈 ⓐ 〈 ⓓ
④ ⓑ 〈 ⓓ 〈 ⓐ 〈 ⓒ

해설

열발진(heat rash) 〈 열경련(heat cramp) 〈 열소모(heat exhaustion) 〈 열사병(heat stroke)

□□□ 14년3회, 19년1회

14. 다음 중 적정온도에서 추운 환경으로 바뀔 때의 현상으로 틀린 것은?

① 직장의 온도가 내려간다.
② 피부의 온도가 내려간다.
③ 몸이 떨리고 소름이 돋는다.
④ 피부를 경유하는 혈액 순환량이 감소한다.

정답 8 ④ 9 ③ 10 ② 11 ② 12 ① 13 ③ 14 ①

문제 14, 15 해설

적온에서 한냉 환경으로 변할 때의 신체의 조절작용
- 피부 온도가 내려간다.
- 혈액은 피부를 경유하는 순환량이 감소하고, 많은 양의 혈액이 몸의 중심부를 순환한다.
- 직장(直腸) 온도가 약간 올라간다.
- 소름이 돋고 몸이 떨린다.

□□□ 17년2회, 20년1·2회

15. 적절한 온도의 작업환경에서 추운 환경으로 변할 때, 우리의 신체가 수행하는 조절작용이 아닌 것은?

① 발한(發汗)이 시작된다.
② 피부의 온도가 내려간다.
③ 직장온도가 약간 올라간다.
④ 혈액의 많은 양이 몸의 중심부를 순환한다.

정답 15 ①

04 기압과 진동

(1) 기압과 산소공급

① 기관 내의 산소분압

기관 내의 흡기는 체내수준이 증발한 37℃ 수증기로 포화된 상태로 (증기압 47mmHg) 산소분압은 아래식과 같이 나타낸다.

$$\text{기관 } O_2 \text{ 분압} = 0.21(P_n - 47)$$

② 정상상황에서 혈액은 적혈구 산소용량의 95%까지 운반하지만 기압 저하 시 혈액이 흡수하는 산소량은 감소된다.

③ 잠수병(감압병)

구분	내용
외부기압의 감소로 질소기포 형성	• 호흡곤란 • 가슴통증 • 피부가려움 등의 증상 • 심하면 혼수상태 및 사망
잠수병 예방대책	• 공기 중 질소를 불활성기체인 헬륨으로 대치 • 급상승을 피하고 서서히 감압

④ 이상적인 기압

구분	내용
고압작업실의 공기체적	근로자 1인당 $4m^3$ 이상
이상기압	압력이 매 m^2당 1kg 이상인 기압
공기조 안의 공기압력	최고 잠수심도 압력의 1.5배 이상

⑤ 가압의 작업방법 및 조치

구분	내용
가압의 속도	1분에 매 제곱센티미터당 0.8킬로그램 이하의 속도
감압시 조치사항	• 기압조절실의 바닥면의 조도를 20럭스 이상이 되도록 할 것 • 기압조절실내의 온도가 섭씨 10도 이하로 될 때에는 고압작업자에게 모포 등 적절한 보온용구를 사용하도록 할 것 • 감압에 필요한 시간이 1시간을 초과하는 경우에는 고압작업자에게 의자 그 밖의 필요한 휴식용구를 지급하여 사용하도록 할 것

[저산소증]

(1) 저산소증의 영향은 2.4km(8,000ft)까지는 적으나, 3km(10,000ft)부터 심하게 나타난다.

(2) 가압은 저산소증을 극복하는 가장 이상적인 방법이다.

(2) 진동

① 진동의 요소

㉠ 진폭(振幅, amplitude) in,m

㉡ 변위(變位, displacement) in,m

㉢ 속도(速度, velocity) in/s, m/s

㉣ 가속도(加速度, acceleration) in/s^2, m/s^2

② 진동의 종류

종류	내용
사인파 진동(sinusoidal vibration)	규칙적 간격마다 파형이 진동
불규칙 진동(randon vibratio)	불규칙적이고 예상을 할 수가 없는 진동

③ 진동과 인간성능

구분	내용
시성능에 영향	진폭에 비례하여 시력을 손상하며 10~25Hz의 경우 가장 심하다.
운동 성능에 영향	진폭에 비례하여 추적능력을 손상하며 5Hz 이하의 낮은 진동수에서 가장 심하다.
신경계에 영향	반응시간, 감시, 형태식별등 주로 중앙 신경 처리에 달린 임무는 진동의 영향을 덜 받는다.

④ 진전(tremor)의 감소

정적자세를 유지할 때 손이 심장 높이에 있을 때에 진전(tremor)현상이 가장 감소된다.

⑤ 손-팔 진동증후군(HAVS) 예방법

㉠ 진동이 적은 공구의 사용

㉡ 공구의 적절한 사용

㉢ 방진보호구(장갑) 사용

㉣ 진동공구의 사용시간의 제한

㉤ 적절한 휴식

㉥ 진동이 필요치 않은 작업으로 대체

㉦ 공구를 잡거나 조절하는데 필요한 악력을 감소

⑥ 진동작업 종사자에게 알려야할 사항

㉠ 인체에 미치는 영향과 증상

㉡ 보호구의 선정과 착용방법

㉢ 진동 기계 · 기구 관리방법

㉣ 진동 장해 예방방법

[법령상 진동작업]

산업안전보건기준에 관한 규칙 제512조 [정의]

(1) 착암기

(2) 동력을 이용한 해머

(3) 체인톱

(4) 엔진커터(engine cutter)

(5) 동력을 이용한 연삭기

(6) 임팩트 렌치(impact wrench)

[레이노씨 병(Raynaud's phenomenon)]

압축공기를 이용한 진동공구를 사용하는 근로자의 손가락에 흔히 발생되는 증상으로 손가락에 있는 말초혈관운동의 장애로 인하여 혈액순환이 저해되어 손가락이 창백해지고 동통을 느끼게 된다.

04 핵심문제 4. 기압과 진동

□□□ 14년3회

1. A자동차에서 근무하는 K씨는 지게차로 철강판을 하역하는 업무를 한다. 지게차 운전으로 K씨에게 노출된 직업성 질환의 위험 요인과 동일한 위험 요인에 노출된 작업자는?

① 연마기 운전자
② 착암기 운전자
③ 대형운송차량 운전자
④ 목재용 치퍼(Chippers) 운전자

해설

①, ②, ④항은 진동과 관련한 위험요인이 있으며
③항, 지게차와 대형운송차량은 하역운반시 위험요인에 노출되어 있는 경우이다.

□□□ 08년1회, 16년1회

2. 다음 중 진동의 영향을 가장 많이 받는 인간성능은?

① 감시(monitoring)작업
② 반응시간(reaction time)
③ 추적(tracking)능력
④ 형태식별(pattern recognition)

해설

추적 능력은 진동에 영향을 가장 많이 받으며 5Hz 이하 낮은 진동수에 가장 심한 손상을 받는다.

□□□ 08년2회

3. 다음 중 정적자세를 유지할 때 진전(tremor)을 가장 감소시키는 손의 위치로 옳은 것은?

① 손이 머리 위에 있을 때
② 손이 심장 높이에 있을 때
③ 손이 배꼽 높이에 있을 때
④ 손이 무릎 높이에 있을 때

해설

손이 심장 높이에 있을 때에 진전(tremor)현상이 가장 감소된다.

□□□ 13년2회

4. 다음 중 가속도에 관한 설명으로 옳지 않는 것은?

① 1G는 자유낙하하는 물체의 가속도인 9.8m/s^{2}에 해당한다.
② 가속도란 물체의 운동 변화율이다.
③ 선형가속도는 운동속도가 일정한 물체의 방향변화율이다.
④ 운동방향이 전후방인 선형가속의 영향은 수직방향보다 덜하다.

해설

선형가속도란 진공속에서 자유낙하 하는 물체는 질량, 밀도, 혹은 모양에 상관없이 항상 일정한 중력가속도 g를 받으며, 속도는 일정한 비율로 증가 한다.

정답 1 ③ 2 ③ 3 ② 4 ③

Chapter 05

시스템 위험분석

시스템 위험분석은 시스템을 통한 위험관리의 정의와 시스템 안전에 사용되는 기법 등에 관한 내용으로 여기에서는 각 시스템 안전관리방법의 특징에 대해 출제된다.

01 시스템 위험 관리

(1) 시스템 안전공학의 배경

① 시스템(System)의 정의

㉠ 여러 요소의 집합체로서 각 요소의 기능을 수행하면서 상호 유기적인 관계를 통해 공동의 목표를 위해 활동하는 것.

㉡ 시스템은 여러 개의 서브시스템으로 구성되며 각 서브시스템은 또 다른 서브시스템으로 구성되어 결구 세부적인 구성요소의 집합으로 볼 수 있다.

② 시스템 안전공학의 배경

㉠ 과학적, 공학적 원리를 적용해서 시스템 내의 위험성을 적시에 식별하고 그 예방 또는 제어에 필요한 조치를 도모하기 위한 시스템공학의 한 분야로 최초에는 국방과 우주항공분야의 필요성에서 제기 되었다.

㉡ 시스템의 안전성을 명시, 예측 또는 평가하기 위한 공학적 설계, 안전해석의 원리 및 수법을 기초로 하며, 수학, 물리학 및 관련 과학분야의 전문적 지식과 특수기술을 기초로 하여 성립

[산업시스템의 구성]
(1) 시스템 구성요소와 재료
(2) 부품
(3) 기계
(4) 설비
(5) 일하는 사람

[안전성 평가기법]
(1) 체크리스트에 의한 방법(check list)
(2) 위험예측 평가(layout의 검토)
(3) 고장과 영향분석(FMEA법)
(4) FTA법(결함수 분석법)

(2) MIL-STD-882

① 시스템 안전 프로그램의 개발

미국방성의 시스템안전 프로그램으로 1969년에 최초 발표되었으며 시스템의 위험도를 확인하여 실수를 줄이고, 필요한 설계조건, 경영관리 등에 있어 안전한 수준을 확보하는 것이다.

② MIL-STD-882의 위험성평가 매트릭스(Matrix) 분류

수준	분류
A	자주발생(Frequent)
B	보통발생(probable)
C	가끔발생(Occasionl)
D	거의 발생하지 않음(Remote)
E	극히 발생하지 않음(Improbable)
F	제거됨(Eliminated)

[Kletz의 FAFR]

화학공업에서의 FAFR이 약 3.5이므로 화학공업의 노동자 1명당 단일 위험성에 대한 FAFR이 모든 FAFR의 10%, 즉 0.35~0.4를 넘지 않도록 할 것을 권고

[Gibson의 FAFR]

시스템에서의 모든 위험이 동정(同定)되어 있는 경우에는 2FAFR을, 그 이외의 경우에는 어떤 단일 위험에 대해서도 0.4FAFR을 위험성의 수준으로 정할 것을 권장

[본질적 안전의 설정]

(1) 페일세이프(Fail-safe)
인간 또는 기계에 과오나 동작상의 실수가 있어도 사고가 발생하지 않도록 2중, 3중으로 통제를 기하는 체계

(2) 풀 프루프(Fool-proof)
사용자가 조작 실수를 하더라도 피해로 연결되지 않도록 하는 설계 개념

(3) 템퍼 프루프(Temper proof)
고의로 안전장치를 제거하는 데 대비한 예방 설계

[페일세이프 구조의 기능적 분류]

(1) Fail passive : 일반적인 산업기계방식의 구조이며, 성분의 고장 시 기계는 정지

(2) Fail active : 성분의 고장 시 경보를 나타내며 단시간동안 운전가능

(3) Fail operational : 병렬 여분계의 성분을 구성한 경우이며, 성분의 고장이 있어도 다음 정기점검 시까지 정상기능을 유지

③ 재해 심각도의 분류

범주	상태	내용
Ⅰ	파국적 (Catastrophic)	인원의 사망 또는 중상, 또는 시스템의 손상을 일으킨다.
Ⅱ	위험 (Critical)	인원의 상해 또는 주요 시스템의 손해가 생겨, 생존을 위해 즉시 시정조치를 필요로 한다.
Ⅲ	한계적 (mariginal)	인원의 상해 또는 주요 시스템의 손해가 생기는 일 없이 배제 또는 제어할 수 있다.
Ⅳ	무시 (negligible)	인원의 손상 또는 시스템의 손상에는 이르지 않는다.

④ FAFR(fatal accdient frequency rate)

㉠ 위험도를 표시하는 단위로서 10^8근로시간당 사망자를 나타낸다.

㉡ 인간의 1년 근로시간을 2,500시간으로 하여 일생동안 40년간 작업하는 것으로 했을 때 1,000명 당 1명 사망하는 비율

(3) 시스템 안전관리의 실시

① 시스템 안전의 적용

시스템 안전을 달성하기 위해서는 시스템의 계획, 설계, 제조, 운용 등의 전 단계를 통해 시스템 안전관리와 시스템 안전공학을 정확히 적용시켜야 한다.

② 시스템 안전관리 범위(주요 업무)

㉠ 시스템 안전에 필요한 사항의 동일성의 식별(identification)

㉡ 안전활동의 계획, 조직과 관리

㉢ 다른 시스템 프로그램 영역과 조정

㉣ 시스템 안전에 대한 목표를 유효하게 적시에 실현시키기 위한 프로그램의 해석, 검토 및 평가 등의 시스템 안전업무

③ 시스템의 안전설계 원칙

중요순서(단계)	내용
1	위험상태 존재의 최소화(페일 세이프 설계)
2	안전장치의 재용
3	경보장치의 채용
4	특수한 수단 개발

④ 시스템의 안전 달성을 위한 수단

구분	내용
재해의 예방	• 위험의 소멸 • 위험 레벨의 제한 • 잠금, 조임, 인터록 • 페일세이프 설계 • 고장의 최소화 • 중지 및 회복
피해의 최소화 및 억제	• 격리 • 개인설비 보호구 • 적은 손실의 용인 • 탈출 및 생존 • 구조

⑤ 시스템 안전 프로그램의 작성계획 포함내용

㉠ 계획의 개요
㉡ 안전조직
㉢ 계약조건
㉣ 관련부문과의 조정
㉤ 안전기준
㉥ 안전해석
㉦ 안전성의 평가
㉧ 안전데이타의 수집 및 분석
㉨ 경과 및 결과의 분석

(4) 위험의 조정

① 위험(risk)의 크기

위험(Risk)의 개념을 정량적으로 나타내는 방법

> 사고발생빈도 × 파급효과

② 위험(risk)의 기본요소

> 사고시나리오 = 사고 발생 확률 × 파급효과 또는 손실

③ 위험(risk)의 처리기술

> • 회피(avoidance) • 경감 · 감축(reduction)
> • 보유, 보류(retention) • 전가(transfer)

[시스템 안전과 산업 안전과의 관계]

(1) 시스템 안전을 위한 산업 안전의 협력
(2) 시스템 안전기법의 산업안전으로의 도입 전환
(3) 시스템 안전 프로그램을 산업안전프로그램으로 적응
(4) 시스템 안전을 위한 시스템 안전 프로그램의 개발

(5) 시스템의 개발과 운용

① 시스템의 수명주기 5단계

단계	내용
1단계	구상단계(Concept)
2단계	정의단계(Definition)
3단계	개발단계(Development)
4단계	생산단계(Production)
5단계	운전단계(Deployment)

② 구상단계

구분	내용
시스템 안전 계획 (SSPP : system safety Program plan)의 작성	• 안전성 관리 조직 및 다른 프로그램 기능과의 관계 • 시스템에 발생하는 모든 사고의 식별 및 평가를 위한 분석법의 양식 • 허용수준까지 최소화 또는 제거되어야 할 사고의 종류 • 작성되고 보존되어야 할 기록의 종류
예비위험분석 (PHA : preliminary hazard analysis)의 작성	• 시스템 내의 위험요소와 상태를 정성적으로 평가
안전성에 관한 정보 및 문서 파일의 작성	• 시스템 안전부분에서 이루어지는 모든 분석과 조치의 정확한 설명이 반드시 포함되어야 한다.
구상 단계 정식화 회의에의 참가	• 포함되는 사고가 방침 결정과정에서 고려되기 위해 구상 정식화 회의에 참가

③ 설계단계

㉠ 구상 단계에서 작성된 시스템 안전 프로그램계획을 실시

㉡ 설계에 반영할 안전성 설계 기준을 결정하여 발표

㉢ 예비위험분석(PHA)을 시스템 안전 위험분석(SSHA : system safety hazard analysis)으로 바꾸어 완료

㉣ 하청업자나 대리점에 대한 사양서중에 시스템 안전성 필요사항을 정의하여 포함

㉤ 시스템 안전성이 손상방지를 위한해 설계 트레이드 오프 회의 참가

㉥ 안전성 부분의 모든 결정 사항을 문서로 하여 현행의 정확한 시스템 안전에 관한 파일로 하여 보존

④ 제조, 조립 및 시험단계

㉠ 사고의 제어를 위해 시스템 안전성 사고 분석(SSHA)에서 지정된 전 조치의 실시를 보증하는 계통적인 감시, 확인 프로그램을 실시

㉡ 운영 안전성 분석(OSA : operational safety analysis)을 실시

㉢ 요소 및 서브시스템 설계의 안전성이 손상방지를 위해 제조, 조립 및 시험방법과 과정을 검토하고 평가

㉣ 제품의 안전설계 손상방지를 위한 제조 환경과 산업안전성과 협력

㉤ 위험한 상태의 결함에 대해서 정보의 피드백 시스템을 확립

㉥ 품질보증요원이 이용할 수 있는 안전성의 검사 및 확인에 관한 시험법을 정할 것

㉦ 안전성을 보증하기 위하여 일어날 수 있는 변화를 예측하고 그것에 수반되는 재설계나 변경을 개시

⑤ 운용단계(실증과 감시 단계)

㉠ 모든 운용, 보전 및 위급시의 절차를 평가하여 설계 시에 고려된 바와 같은 타당성 여부를 식별

㉡ 안전성이 손상되는 일이 없도록 조작장치, 사용설명서의 변경과 수정을 평가

㉢ 제조, 조립 및 시험단계에서 확립된 고장의 정보 피드백 시스템을 유지할 것

㉣ 바람직한 운용 안전성 레벨의 유지를 보증하기 위하여 안전성 검사를 할 것

㉤ 사고와 그 유발 사고를 조사하고 분석할 것

㉥ 위험상태의 재발방지를 위해 적절한 개량조치를 강구할 것

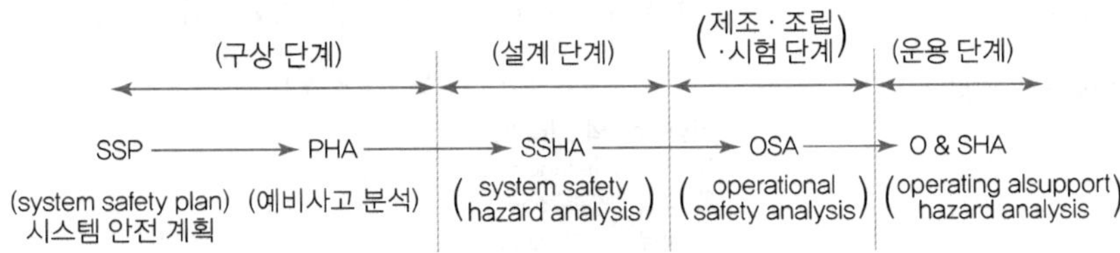

시스템 위험 관리의 개발과 운용

01 핵심문제 1. 시스템 위험 관리

□□□ 13년2회

1. 다음 중 시스템 안전(system safety)에 대한 설명으로 가장 적절하지 않은 것은?

① 주로 시행착오에 의해 위험을 파악한다.
② 수명주기 전반에 걸쳐 안전을 보장하는 것을 목표로 한다.
③ 위험을 파악, 분석, 통제하는 접근방법이다.
④ 처음에는 국방과 우주항공분야에서 필요성이 제기되었다.

해설

주로 시행착오에 의해 위험을 파악하는 것이 아니라 사전에 기계의 고장이나 작업자의 에러에 의한 위험을 파악하고 재해를 예측하며, 그들의 상호간의 관련성을 해결한다.

□□□ 08년1회, 15년3회

2. 다음 중 시스템 안전 프로그램 계획에 포함되지 않아도 될 사항은?

① 안전조직 ② 안전기준
③ 안전종류 ④ 안전성 평가

문제 2~4 해설

시스템 안전 프로그램의 작성계획 포함내용
1) 계획의 개요 2) 안전조직
3) 계약조건 4) 관련부문과의 조정
5) 안전기준 6) 안전해석
7) 안전성의 평가 8) 안전데이타의 수집 및 분석
9) 경과 및 결과의 분석

□□□ 10년1회

3. 다음 중 시스템 안전 프로그램 계획(SSPP)에 포함되어야 할 사항으로 적절하지 않은 것은?

① 안전자료의 수집과 갱신
② 시스템 안전의 기준 및 해석
③ 위험요인에 대한 구체적인 개선 대책
④ 경과와 결과의 보고

□□□ 15년2회

4. 다음 중 시스템 안전계획(SSPP, System Safety Program Plan)에 포함되어야 할 사항으로 가장 거리가 먼 것은?

① 안전조직
② 안전성의 평가
③ 안전자료의 수집과 갱신
④ 시스템의 신뢰성 분석비용

□□□ 12년1회

5. 다음 중 시스템 안전관리의 주요 업무와 가장 거리가 먼 것은?

① 시스템 안전에 필요한 사항의 식별
② 안전활동의 계획, 조직 및 관리
③ 시스템 안전활동 결과의 평가
④ 생산시스템의 비용과 효과 분석

해설

시스템 안전관리 범위(주요 업무)
• 시스템 안전에 필요한 사항의 동일성의 식별(identification)
• 안전활동의 계획, 조직과 관리
• 다른 시스템 프로그램 영역과 조정
• 시스템 안전에 대한 목표를 유효하게 적시에 실현시키기 위한 프로그램의 해석, 검토 및 평가 등의 시스템 안전업무

□□□ 12년2회

6. 다음 중 위험관리에 있어 위험조정기술로 가장 적절하지 않은 것은?

① 책임(responsibility) ② 위험 감축(reduction)
③ 보류(retention) ④ 위험회피(avoidance)

문제 6~8 해설

위험(risk)의 처리기술
1) 회피(avoidance)
2) 경감 · 감축(reduction)
3) 보유, 보류(retention)
4) 전가(transfer)

□□□ 14년1회

7. 다음 중 위험 조정을 위해 필요한 방법(위험조정기술)과 가장 거리가 먼 것은?

① 위험 회피(avoidance)
② 위험 감축(reduction)
③ 보류(retention)
④ 위험확인(confirmation)

정답 1 ① 2 ③ 3 ③ 4 ④ 5 ④ 6 ① 7 ④

□□□ 18년3회

8. 섬유유연제 생산 공정이 복잡하게 연결되어 있어 작업자의 불안정한 행동을 유발하는 상황이 발생하고 있다. 이것을 해결하기 위한 위험처리 기술에 해당하지 않는 것은?

① Transfer(위험전가)
② Retention(위험보류)
③ Reduction(위험감축)
④ Rerange(작업순서의 변경 및 재배열)

□□□ 17년1회

9. 일반적으로 위험(Risk)은 3가지 기본요소로 표현되며 3요소(Triplets)로 정의된다. 3요소에 해당되지 않는 것은?

① 사고 시나리오(S_i)
② 사고 발생 확률(P_i)
③ 시스템 불이용도(Q_i)
④ 파급효과 또는 손실(X_i)

해설

risk, 사고시나리오 = 사고 발생 확률 × 파급효과 또는 손실

□□□ 19년1회

10. 시스템 수명주기 단계 중 마지막 단계인 것은?

① 구상단계 ② 개발단계
③ 운전단계 ④ 생산단계

해설

시스템의 수명주기
1. 구상단계
2. 정의단계
3. 설계단계
4. 제조, 조립 및 시험단계(생산단계)
5. 운용단계(운전단계)

□□□ 12년3회

11. 시스템 안전 프로그램에 대하여 안전 점검 기준에 따른 평가를 내리는 시점은 시스템의 수명 주기 중 어느 단계인가?

① 구상단계 ② 설계단계
③ 생산단계 ④ 운전단계

해설

운전단계에서는 안전성이 손상되는 일이 없도록 조작장치, 사용설명서의 변경과 수정을 평가한다.

□□□ 13년1회

12. 시스템 안전 프로그램에 있어 시스템의 수명 주기를 일반적으로 5단계로 구분할 수 있는데 다음 중 시스템 수명주기의 단계에 해당하지 않는 것은?

① 구상단계 ② 생산단계
③ 운전단계 ④ 분석단계

해설

시스템의 수명주기를 5단계로 구분하는 경우
1. 구상단계
2. 설계단계
3. 제조, 조립 및 시험단계(생산단계)
4. 운용단계(운전단계)
5. 폐기단계

□□□ 17년3회

13. 시스템의 운용단계에서 이루어져야 할 주요한 시스템 안전 부문의 작업이 아닌 것은?

① 생산시스템 분석 및 효율성 검토
② 안전성 손상 없이 사용설명서의 변경과 수정을 평가
③ 운용, 안전성 수준유지를 보증하기 위한 안전성 검사
④ 운용, 보전 및 위급 시 절차를 평가하여 설계시 고려사항과 같은 타당성 여부 식별

해설

①항은 안전부문의 작업이 아니라 생산관리 부문의 작업이다.

정답 8 ④ 9 ③ 10 ③ 11 ④ 12 ④ 13 ①

02 시스템 위험분석 기법

[시스템 분석의 적용 기법]

(1) 프로그램 단계에 의한 분류
① 예비사고 분석
② 서브시스템 사고 분석
③ 시스템 사고 분석
④ 운용사고 분석

(2) 해석의 수리적 방법에 의한 분류
① 정성적 분석
② 정량적 분석

(3) 논리적 견지에 의한 분류
① 귀납적 분석
② 연역적 분석

(1) PHA(예비사고위험분석 : Preliminary Hazards Analysis)

① 특징

㉠ 대부분 시스템안전 프로그램에 있어서 최초단계의 분석

㉡ 시스템 내의 위험 상태 요소에 대해 정성적 · 귀납적으로 평가

② PHA의 주요 분석방법

㉠ 시스템에 대한 모든 주요한 사고를 식별하고 대충의 말로 표시 (사고 발생 확률은 식별 초기에는 고려되지 않음)

㉡ 사고를 유발하는 요인을 식별

㉢ 사고가 발생의 가정 하에 시스템에 생기는 결과를 식별하고 평가

㉣ 식별된 사고의 범주(category)별 분류

Category (범주)	상태	내용
I	파국적 (Catastrophic)	인원의 사망 또는 중상, 또는 시스템의 손상을 일으킨다.
II	중대 (Critical)	인원의 상해 또는 주요 시스템의 손해가 생겨, 또는 인원이나 시스템 생존을 위해 즉시 시정조치를 필요로 한다.
III	한계적 (mariginal)	인원의 상해 또는 주요 시스템의 손해가 생기는 일 없이 배제 또는 제어할 수 있다.
IV	무시가능 (negligible)	인원의 손상 또는 시스템의 손상에는 이르지 않는다.

③ PHA의 실시시기

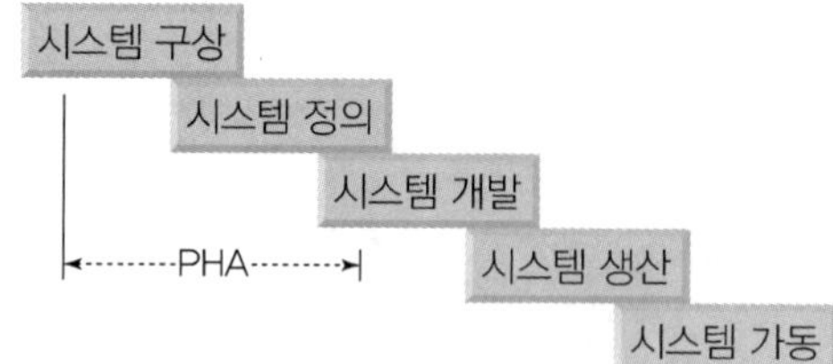

(2) FHA(결함사고(위험)분석 : fault hazard analysis)

① 특징

㉠ 서브시스템 해석 등에 사용되는 해석법 : 복잡한 시스템에서 몇 개의 공동 계약자가 각각의 서브시스템(sub system)을 분담하고 통합계약 업자가 그것을 통합하므로 각 서브시스템 해석에 사용된다.

㉡ 시스템 내의 위험 상태 요소에 대해 정량적 · 연역적으로 평가

② FHA의 실시시기

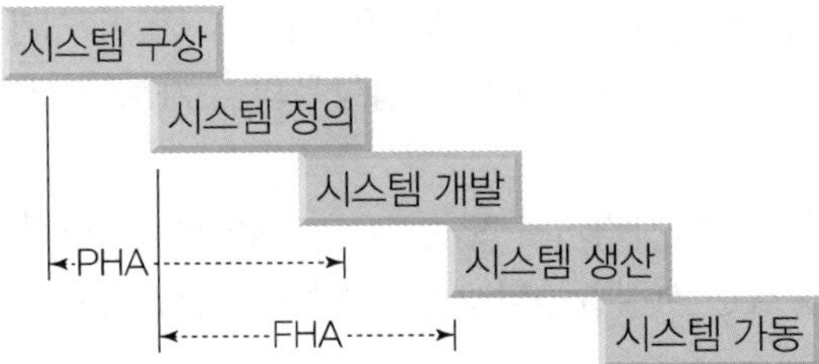

> **Tip**
> 여러가지 시스템 분석 기법을 분류할 때 주로 사용되는 수리적 방법(정성적, 정량적 분석과 논리적 견지(귀납적, 연역적 분석)를 확실하게 구분하여야 한다. 기출문제에서 주로 묻는 내용이다.

③ FHA 분석 차트

#1 구성 요소 명칭	#2 구성 요소 위험 방식	#3 시스템 작동 방식	#4 서브 시스템에서 위험 영향	#5 서브시스템, 대표적 시스템 위험 영향	#6 환경적 요인	#7 위험 영향을 받을 수 있는 2차 요인	#8 위험 수준	#9 위험 관리

(3) FMEA(고장의 형과 영향 분석 : failue modes and effects analysis)

① 특징

㉠ 시스템에 영향을 미치는 전체요소의 고장을 형별로 분석하여 그 영향을 검토

㉡ 각 요소의 1형식 고장이 시스템의 1영향에 대응하는 방식

㉢ 시스템 내의 위험 상태 요소에 대해 정성적 · 귀납적으로 평가

② FMEA 기법의 장단점

장점	서식이 간단하고 비교적 적은노력으로 특별한 훈련 없이 분석가능
단점	• 논리성이 부족하고 특히 각 요소간의 영향을 분석하기 어렵기 때문에 동시에 두 가지 이상의 요소가 고장 날 경우 분석이 곤란 • 요소가 물체로 한정되어 있어 인적원인을 분석하는데 곤란

③ 고장의 영향 분석내용

㉠ 해석되는 요소 또는 성분의 명칭, 약도 중의 요소를 동정(同定)하기 위해 사용되는 참고 명, 계약자의 도면번호, 블록 다이어그램 중에서 그 항목을 동정하는데 사용되는 코드 명

㉡ 수행되는 기능의 간소한 표현

㉢ 특유한 고장 형식 기술

㉣ 고장 발생에서 최종 고장의 영향까지의 예상시간

㉤ 위험한 고장이 일어날 우려가 있는 운용 또는 작업의 단계

ⓑ 고장이 조립품, 작업명, 그리고 인원에 미치는 영향에 관한 짧은 기술

ⓢ 고장형식을 발견할 수 있는 방법의 기술, 고장이 쉽게 발견되지 않는 경우는 어떤 시험방법, 또는 시험항목의 추가로 고장발견이 가능한가를 지적

ⓞ 고장형식을 소멸시키거나 또는 그 영향을 최소화하기 위해 채택할 수 있는 권장되는 시정활동의 기술, 가능한 미리 계획된 운용의 교체 방식 기술

④ 고장의 영향

영 향	발생확률(β)
실제의 손실	$\beta = 1.00$
예상되는 손실	$0.10 \leq \beta < 1.00$
가능한 손실	$0 < \beta < 0.10$
영향 없음	$\beta = 0$

⑤ 위험성 분류의 표시

Category(범주)	상태
1	생명 또는 가옥의 상실
2	작업수행의 실패
3	활동의 지연
4	영향 없음

Tip

FMEA 실시절차에서는 각 단계별 세부내용을 구분하는 형식의 문제가 가장 많이 출제된다.

⑥ FMEA의 표준적 실시 절차

실시절차	세부내용
1단계 : 대상 시스템의 분석	• 기기, 시스템의 구성 및 기능의 전반적 파악 • FMEA 실시를 위한 기본방침의 결정 • 기능 Block과 신뢰성 Block도의 작성
2단계 : 고장형과 그 영향의 분석(FMEA)	• 고장 mode의 예측과 설정 • 고장 원인의 상정 • 상위 item의 고장 영향의 검토 • 고장 검지법의 검토 • 고장에 대한 보상법이나 대응법의 검토 • FMEA work sheet에의 기입 • 고장 등급의 평가
3단계 : 치명도 해석과 개선책의 검토	• 치명도 해석 • 해석결과의 정리와 설계 개선으로의 제언

⑦ FMEA 고장 평점

$$C_r = C_1 \cdot C_2 \cdot C_3 \cdot C_4 \cdot C_5$$

- 고장 등급의 평가(평점)요소

C_1 : 고장영향의 중대도　　C_4 : 고장방지의 곤란도
C_2 : 고장의 발생빈도　　C_5 : 시정시간의 여유도
C_3 : 고장검출의 곤란도

(4) ETA(사건수 분석 : event tree analysis)

① 특징

㉠ 사상(事象)의 안전도를 사용한 시스템의 안전도를 나타내는 시스템 모델
㉡ 디시젼 트리를 이용해 재해의 확대요인을 분석하는데 적합한 방법
㉢ 시스템 내의 위험 상태 요소에 대해 정량적 · 귀납적으로 평가

② 디시젼 트리(decision tree) 분석
요소의 신뢰도를 이용하여 시스템의 신뢰도를 나타내는 시스템 모델의 하나로서 귀납적이고 정량적인 분석방법

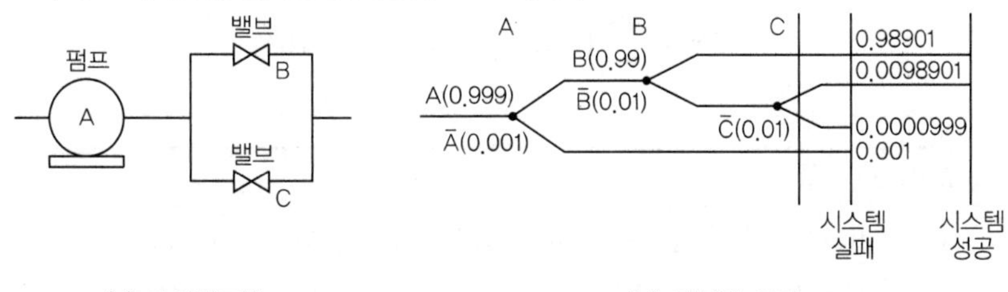

(a) 다이어그램　　(b) 디시젼 트리

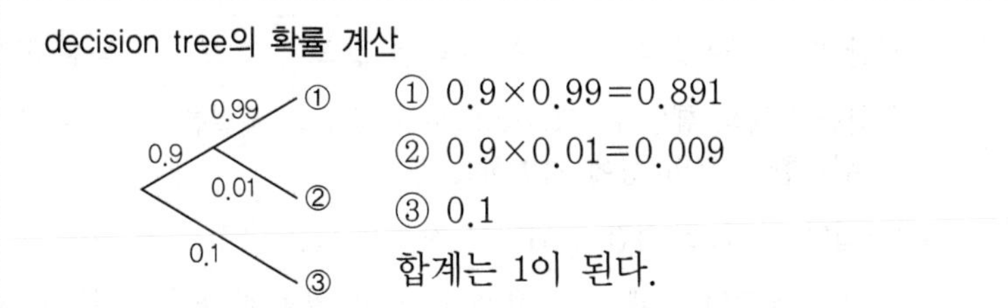

① 0.9×0.99=0.891
② 0.9×0.01=0.009
③ 0.1
합계는 1이 된다.

(5) CA(위험도 분석 : criticality analysis)

① 특징

㉠ 고장이 직접 시스템의 손실과 사상에 연결되는 높은 위험도를 가진 요소나 고장의 형태에 따른 정량적 분석법
㉡ 시스템 내의 위험 상태 요소에 대해 정량적 · 귀납적으로 평가

[ETA 7단계]
(1) 설계
(2) 심사
(3) 제작
(4) 검사
(5) 보전
(6) 운전
(7) 안전대책

Tip
CA(위험도 분석)에서 고장 위험도의 분류는 FMEA의 위험도 분류와 내용은 비슷하지만 용어의 표기가 약간씩 다르다. 주의하자.

② 고장형 위험도의 분류(SEA : 미국자동차협회)

Category(범주)	상태
Ⅰ	생명의 상실로 이어질 염려가 있는 고장
Ⅱ	작업의 실패로 이어질 염려가 있는 고장
Ⅲ	운용의 지연 또는 손실로 이어질 고장
Ⅳ	극단적인 계획 외의 관리로 이어질 고장

③ β 값의 조건부 확률

고장의 영향	β의 값
대단히 자주 일어나는 손실 보통 일어날 수 있는 손실 적지만 일어날 수 있는 손실 영향 없음	$\beta=1.00$ $0.1 < \beta < 1.00$ $0 < \beta < 0.10$ $\beta=0$

④ FMECA(failure modes effects and criticality analysis)

㉠ FMEA와 CA가 병용된 것

㉡ 위험도 평가를 위한 위험도(Cr : criticality number)계산

$$Cr = \sum_{n=1}^{j}(\beta\,\alpha\,K_e\;K_A\;\lambda_G\;t\times 10^6)$$

표기	내용
Cr	100만회당 손실수로 나타낸 크리티칼리티 넘버(criticality number)
n	특정손해사항에 대응하는 시스템 요소의 위험과 고장의 형
j	손해사항에 상당하는 시스템 요소의 위험한 고장형 중에서 j번째 것
β	위험한 고장의 형이 일어났다고 할 때 그 영향이 일어날 조건부 확률
λ_G	시간 또는 사이클당 고장수를 나타낸 것으로 그 요소의 통상 고장율
α	위험한 고장의 훼일류 모드(failure mode)율, 훼일류 모드율과 λ_G 중 그 위험한 고장의 형에 기인하는 부분
t	1작업당 그 요소 시간 단위의 운전시간 또는 운전사이클 수
K_A	λ_G가 측정되었을 때와 그 요소가 사용되었을 때와의 운전강도 차를 조정하기 위한 운전계수
K_E	λ_G가 측정되었을 때와 그 요소가 사용되었을 때와의 환경강도 차를 조정하기 위한 환경계수

(6) THERP(인간과오율 예측법:technique of human error rate prediction)

① 특징

㉠ 인간 과오의 분류 시스템과 그 확률을 계산하여 제품의 결함을 감소

㉡ 사고의 원인 가운데 인간의 과오에 기인한 근원에 대한 분석 및 인간공학적 대책 수립

㉢ 인간의 과오(human error)를 정량적으로 평가하는 기법

② 분석방법

㉠ System에 있어서 인간의 과오를 정량적으로 평가

㉡ ETA의 변형으로 고리(loop) 바이패스를 가질 것

㉢ Man-Machine System의 국부적인 상세한 분석에 적합

㉣ 인간의 동작이 System에 미치는 영향을 그래프적 방법으로 나타냄

[의존도 수준 5스텝]

(1) 무의존도(Zero Dependence)
(2) 저의존도(Low Dependence)
(3) 중간의존도(Medium Dependence)
(4) 고의존도(High Dependence)
(5) 완전의존도(Complete Dependence)

(7) MORT(managment oversight and risk tree)

① MORT 프로그램은 tree를 중심으로 FTA와 같은 논리기법을 이용하여 관리, 설계, 생산, 보존 등의 광범위하게 안전을 도모하는 것

② 고도의 안전 달성을 목적으로 한 것으로 미국 에너지 연구 개발청(ERDA)의 Johnson에 의해 개발된 안전 프로그램(원자력산업에 이용)

(8) OSHA(operating support hazard analysis : 운용 지원 위험 분석)

① OSHA

지정된 시스템의 모든 사용단계에서[생산, 보전, 시험, 운반, 저장, 운전, 비상탈출, 구조, 훈련 및 폐기]등에 사용되는 [인원, 순서, 설비]에 관하여 위험을 동정하고 제어하며 그것들의 안전 요건을 결정하기 위해 실시하는 분석법

② OSHA 분석 결과의 사용

㉠ 위험성의 염려가 있는 시기와 그 기간 중의 위험을 최소화하기 위해 필요한 행동의 同定

㉡ 위험을 배제하고 제어하기 위한 설계의 변경

㉢ 안전설비, 안전장치에 대한 필요요건과 그들의 고장을 검출하기 위해 필요한 보전순서의 결정

㉣ 운전 및 보전을 위한 경보, 주의, 특별한 순서 및 비상용 순서 결정

㉤ 취급, 저장, 운반, 보전 및 개수(改修)를 위한 특정순서 결정

(9) HAZOP(hazard and operability study : 위험과 운전분석)

① 공정에 존재하는 위험요인과 공정의 효율을 떨어뜨릴 수 있는 운전상의 문제점을 찾아내어 그 원인을 제거하는 방법

② 각각의 장비에 대해 잠재된 위험이나 기능저하, 운전 잘못 등과 전체로서의 시설에 결과적으로 미칠 수 있는 영향 등을 평가하기 위해서 공정이나 설계도등에 체계적이고 비판적인 검토를 행하는 것

③ 용어의 정의

용어	내용
위험요인(Hazard)	인적 · 물적손실 및 환경피해를 일으키는 요인 또는 이들 요인이 혼재된 잠재적 위험요인으로 사고로 전환되기 위해서는 자극이 필요하며 이러한 자극으로는 기계적 고장, 시스템의 상태, 작업자의 실수 등 물리 · 화학적, 생물학적, 심리적, 행동적 원인이 있음을 말한다.
운전성(Operability)	운전자가 공장을 안전하게 운전할 수 있는 상태
운전단계 (Operating step)	회분식 공정에서 운전절차에 따라 운전자가 수행하는 별개의 독립된 단계
설계의도 (Design intent)	공정 설계나 운전 시 요구하는 정상적인 설계조건이나 운전조건
가이드워드 (Guide words)	공정변수의 질, 양 또는 상황을 표현하는 간단한 용어
이탈(Deviation)	가이드워드와 공정변수가 조합되어, 유체흐름의 정지 또는 과잉상태와 같이 설계의도로부터 벗어난 상태
원인(Cause)	이탈을 발생시킨 요인을 말한다.
결과(Consequence)	이탈이 일어남으로써 야기되는 상태를 말한다.
위험도(Risk)	특정한 위험요인이 위험한 상태로 노출되어 특정한 사건으로 이어질 수 있는 사고의 빈도(가능성)와 사고의 강도(중대성) 조합으로서 위험의 크기 또는 위험의 정도

[유인어(guide words)]
이상을 발견하고 의도를 한정하기 위해 간단한 용어를 사용한다.

④ 유인어(guide words)의 종류

유인어	내용
없음(No, Not)	설계의도의 완전한 부정
증가(More)	양(압력, 반응, flow rate, 온도 등)의 증가
감소(Less)	양의 감소
부가(As well as)	성질상의 증가(설계의도와 운전조건이 어떤 부가적인 행위)와 함께 일어남
부분(Part of)	일부변경, 성질상의 감소(어떤 의도는 성취되나 어떤 의도는 성취되지 않음)
반대(Reverse)	설계의도의 논리적인 역
기타(Other than)	설계의도가 완전히 바뀜(통상 운전과 다르게 되는 상태)

Tip

HAZOP의 유인어(guide words)는 실기시험에 출제되는 내용이다. 반드시 의미를 확실하게 이해할 수 있도록 하자

02 핵심문제 2. 시스템 위험분석 기법

□□□ 09년2회

1. 다음 중 시스템안전위험분석(SSHA)을 수행하기 위한 최초의 작업으로서 구상단계나 설계 및 발주의 극히 초기에 실시되는 것은?

① 예비위험분석(PHA) ② 결함위험분석(FHA)
③ 디시젼트리(DT) ④ 결함수분석(FTA)

문제 1~3 해설

PHA(예비사고위험분석)
① 대부분 시스템안전 프로그램에 있어서 최초단계의 분석
② 시스템 내의 위험 상태 요소에 대해 정성적 · 귀납적으로 평가

□□□ 13년2회

2. 다음 중 시스템 내에 존재하는 위험을 파악하기 위한 목적으로 시스템 설계 초기 단계에 수행되는 위험분석기법으로 맞는 것은?

① MORT ② FMEA
③ PHA ④ SHA

□□□ 15년1회, 16년3회

3. 다음 중 모든 시스템 안전 프로그램에서의 최초단계 해석으로 시스템내의 위험요소가 어떤 위험 상태에 있는가를 정성적으로 평가하는 분석 방법은?

① PHA ② FHA
③ FMEA ④ FTA

□□□ 11년1회

4. 다음 중 예비위험분석(PHA)의 목적으로 가장 적절한 것은?

① 시스템의 구상단계에서 시스템 고유의 위험상태를 식별하여 예상되는 위험수준을 결정하기 위한 것이다.
② 시스템에서 사고위험성이 정해진 수준이하에 있는 것을 확인하기 위한 것이다.
③ 시스템내의 사고의 발생을 허용레벨까지 줄이고 어떠한 안전상에 필요사항을 결정하기 위한 것이다.
④ 시스템의 모든 사용단계에서 모든 작업에 사용되는 인원 및 설비 등에 관한 위험을 분석하기 위한 것이다.

문제 4, 5 해설

예비위험분석(PHA)의 목적이란 시스템의 구상단계에서 시스템 고유의 위험상태를 식별하여 예상되는 위험수준을 정성적, 귀납적으로 결정하기 위한 것이다.

□□□ 12년3회, 15년2회

5. 다음 중 복잡한 시스템을 설계, 가동하기 전의 구상단계에서 시스템의 근본적인 위험성을 평가하는 가장 기초적인 위험도 분석 기법은?

① 예비위험분석(PHA)
② 결함수분석법(FTA)
③ 고장형태와 영향분석(FMEA)
④ 운용안전성분석(OSA)

□□□ 10년1회, 18년3회

6. 다음 그림에서 시스템 위험분석 기법 중 PHA가 실행되는 사이클의 영역으로 옳은 것은?

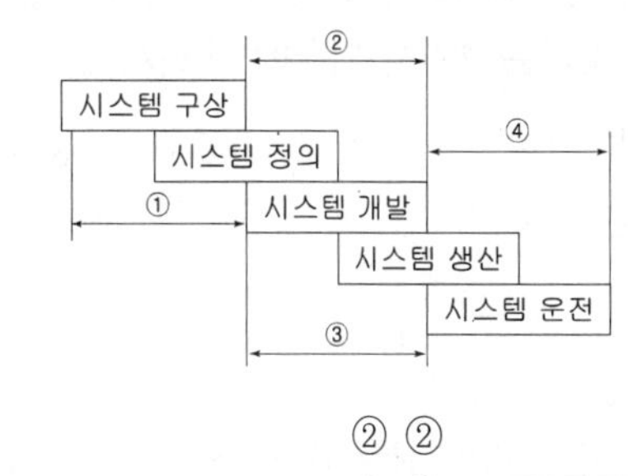

① ① ② ②
③ ③ ④ ④

해설

시스템 위험분석 기법 중 PHA가 실행되는 사이클의 영역은 시스템의 구상 단계이다.

[참고] 시스템 수명주기의 PHA

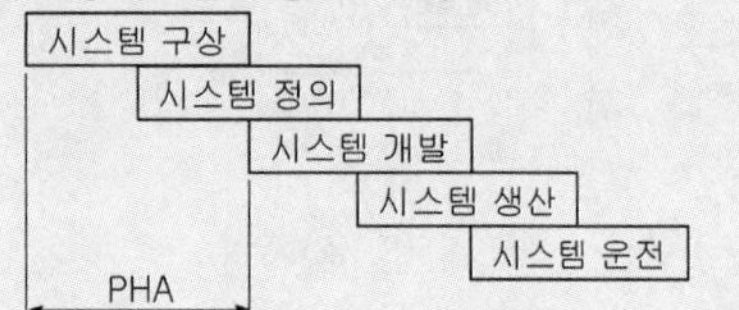

정답 1 ① 2 ③ 3 ① 4 ① 5 ① 6 ①

□□□ 14년2회

7. 다음 설명 중 ㉠과 ㉡에 해당하는 내용이 올바르게 연결된 것은?

> "예비위험분석(PHA)의 식별된 4가지 사고 카테고리 중 작업자의 부상 및 시스템의 중대한 손해를 초래하거나 작업자의 생존 및 시스템의 유지를 위하여 즉시 수정 조치를 필요로 하는 상태를 (㉠), 작업자의 부상 및 시스템의 중대한 손해를 초래하지 않고 대처 또는 제어할 수 있는 상태를 (㉡)(이)라 한다."

① ㉠-파국적, ㉡-중대 ② ㉠-중대, ㉡-파국적
③ ㉠-한계적, ㉡-중대 ④ ㉠-중대, ㉡-한계적

문제 7, 8 해설

예비위험분석(PHA)의 식별된 4가지 사고 카테고리
1. Category(범주) - Ⅰ : 파국적(Catastrophic)
   인원의 사망 또는 중상, 또는 시스템의 손상을 일으킨다.
2. Category(범주) - Ⅱ : 위험(Critical)
   인원의 상해 또는 주요 시스템의 손해가 생겨, 또는 인원이나 시스템 생존을 위해 즉시 시정조치를 필요로 한다.
3. Category(범주) - Ⅲ : 한계적(mariginal)
   인원의 상해 또는 주요 시스템의 손해가 생기는 일 없이 배제 또는 제어할 수 있다.
4. Category(범주) - Ⅳ : 무시(negligible)
   인원의 손상 또는 시스템의 손상에는 이르지 않는다.

□□□ 16년2회, 20년4회

8. 시스템 안전분석 방법 중 예비위험분석(PHA) 단계에서 식별하는 4가지 범주에 속하지 않는 것은?

① 위기상태 ② 무시가능상태
③ 파국적상태 ④ 예비조처상태

□□□ 12년1회, 22년1회

9. 다음 중 결함위험분석(FHA)의 적용 단계로 가장 적절한 것은?

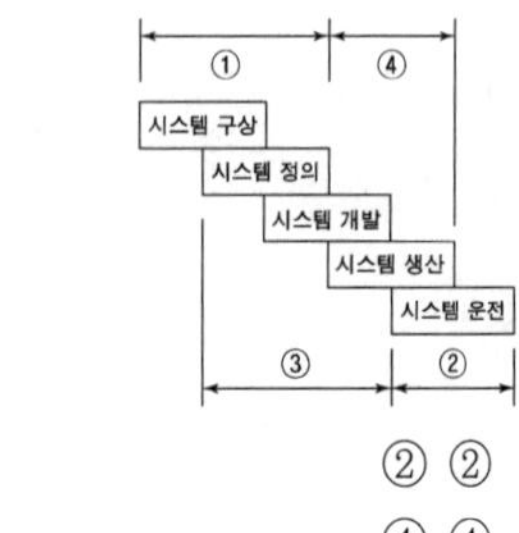

① ① ② ②
③ ③ ④ ④

해설

시스템 수명주기

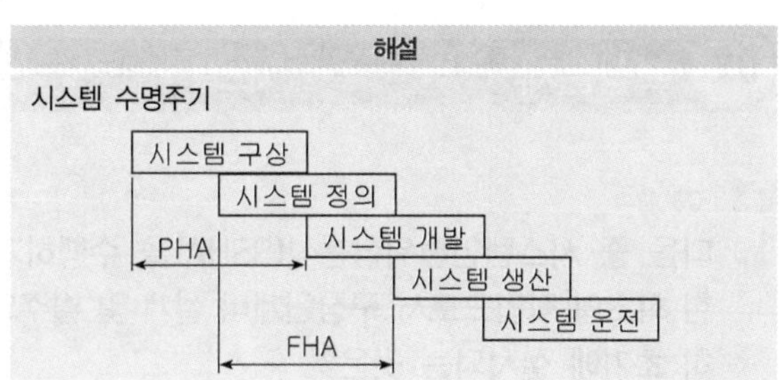

□□□ 09년3회

10. 다음 중 [그림]과 같은 특정위험을 분석하기 위한 차트를 활용하는 위험분석기법은?

프로그램 : 시스템 :

#1 구성 요소 명칭	#2 구성 요소 위험 방식	#3 시스템 작동 방식	#4 서브 시스템에서 위험 영향	#5 서브 시스템, 대표적 시스템 위험 영향	#6 환경적 요인	#7 위험 영향을 받을 수 있는 2차 요인	#8 위험 수준	#9 위험 관리

① 예비위험분석(PHA)
② 결함위험분석(FHA)
③ 사건수분석(ETA)
④ 고장형태와 영향분석(FMEA)

해설

결함위험분석은 시스템에 영향을 미치는 전체요소의 고장을 형별로 분석하여 그 영향을 검토하여 각 요소의 1형식 고장이 시스템의 1영향에 대응하는 방식으로 특정한 위험을 분석할 수 있다.

□□□ 08년1회

11. FMEA의 위험성 분류 중 카테고리-3과 가장 관계가 깊은 것은?

① 영향 없음 ② 활동의 지연
③ 작업수행의 실패 ④ 생명 또는 가옥의 상실

해설

위험성 분류의 표시
1. category(범주)1 : 생명 또는 가옥의 상실
2. category(범주)2 : 작업수행의 실패
3. category(범주)3 : 활동의 지연
4. category(범주)4 : 영향 없음

정답 7 ④ 8 ④ 9 ③ 10 ② 11 ②

□□□ 08년3회, 10년3회

12. FMEA에서 고장의 발생확률을 β라 하고, β의 값이 $0 < \beta < 0.10$일 때 고장의 영향은 어떻게 분류되는가?

① 영향 없음 ② 가능한 손실
③ 예상되는 손실 ④ 실제의 손실

문제 12, 13 해설

FMEA에서 고장의 발생확률

영 향	발생확률(β)
실제의 손실	$\beta = 1.00$
예상되는 손실	$0.10 \leq \beta < 1.00$
가능한 손실	$0 < \beta < 0.10$
영향 없음	$\beta = 0$

□□□ 09년2회, 16년1회

13. FMEA에서 고장의 발생확률 β가 다음 값의 범위일 경우 고장의 영향으로 옳은 것은?

$[0.10 \leqq \beta < 1.00]$

① 손실의 영향이 없음
② 실제 손실이 발생됨
③ 손실 발생의 가능성이 있음
④ 실제 손실이 예상됨

□□□ 09년1회, 10년2회

14. FMEA의 표준적인 실시절차를 다음과 같이 나눌 때 2단계의 내용과 관계가 없는 것은?

- 1단계 : 대상 시스템의 분석
- 2단계 : 고장의 유형과 그 영향의 해석
- 3단계 : 치명도 해석과 개선책의 검토

① 고장 등급의 평가
② 고장형의 예측과 설정
③ 상위 아이템의 고장영향의 검토
④ 기능 블록도와 신뢰성 블록도의 작성

문제 14, 15 해설

FMEA의 표준적 실시 절차

1단계 : 대상 시스템의 분석
(1) 기기, 시스템의 구성 및 기능의 전반적 파악
(2) FMEA 실시를 위한 기본방침의 결정
(3) 기능 Block과 신뢰성 Block도의 작성

2단계 : 고장형과 그 영향의 분석(FMEA)
(1) 고장 mode의 예측과 설정
(2) 고장 원인의 상정
(3) 상위 item에의 고장 영향의 검토
(4) 고장 검지법의 검토
(5) 고장에 대한 보상법이나 대응법의 검토
(6) FMEA work sheet에의 기입
(7) 고장 등급의 평가

3단계 : 치명도 해석과 개선책의 검토
(1) 치명도 해석
(2) 해석결과의 정리와 설계 개선으로의 제언

□□□ 12년2회

15. 다음 중 시스템이나 기기의 개발 설계단계에서 FMEA의 표준적인 실시 절차에 해당되지 않는 것은?

① 비용 효과 절충 분석
② 시스템 구성의 기본적 파악
③ 상위 체계에의 고장 영향 분석
④ 신뢰도 블록 다이어그램 작성

□□□ 09년1회, 15년3회

16. 시스템 위험분석 기법 중 고장형태 및 영향분석(FMEA)에서 고장등급의 평가요소에 해당되지 않는 것은?

① 기능적 고장 영향의 중요도
② 영향을 미치는 시스템의 범위
③ 고장발생의 빈도
④ 고장의 영향 크기

문제 16~18 해설

FMEA 고장 평점

$$C_r = C_1 \cdot C_2 \cdot C_3 \cdot C_4 \cdot C_5$$

- 고장 등급의 평가(평점)요소

C_1 : 고장영향의 중대도
C_2 : 고장의 발생빈도
C_3 : 고장검출의 곤란도
C_4 : 고장방지의 곤란도
C_5 : 시정시간의 여유도

정답 12 ② 13 ④ 14 ④ 15 ① 16 ④

□□□ 18년2회

17. **FMEA에서 고장 평점을 결정하는 5가지 평가 요소에 해당하지 않는 것은?**

① 생산능력의 범위
② 고장발생의 빈도
③ 고장방지의 가능성
④ 영향을 미치는 시스템의 범위

해설

FMEA는 고장발생 형식을 소멸시키거나 그 영향을 최소화하기 위해 필요하다고 추정되는 시정활동의 기술, 가능한 미리 계획된 운용의 교체방식을 기술한다.

□□□ 19년2회

18. **고장형태와 영향분석(FMEA)에서 평가요소로 틀린 것은?**

① 고장발생의 빈도
② 고장의 영향 크기
③ 고장방지의 가능성
④ 기능적 고장 영향의 중요도

□□□ 12년1회

19. **다음 중 고장형태와 영향분석(FMEA)에 관한 설명으로 틀린 것은?**

① 각 요소가 영향의 해석이 가능하기 때문에 동시에 2가지 이상의 요소가 고장 나는 경우에 적합하다.
② 해석영역이 물체에 한정되기 때문에 인적원인 해석이 곤란하다.
③ 양식이 간단하여 특별한 훈련 없이 해석이 가능 하다.
④ 시스템 해석의 기법은 정성적, 귀납적 분석법 등에 사용한다.

해설

①항, 각 요소간의 영향을 분석하기 어렵기 때문에 동시에 2가지 이상의 요소가 고장날 경우 분석이 곤란하다.

□□□ 13년1회

20. **다음 중 FMEA(Failure Mode and Effect Analysis)가 가장 유효한 경우는?**

① 일정 고장률을 달성하고자 하는 경우
② 고장 발생을 최소로 하고자 하는 경우
③ 마멸 고장만 발생하도록 하고 싶은 경우
④ 시험 시간을 단축하고자 하는 경우

□□□ 19년1회

21. **FMEA의 장점이라 할 수 있는 것은?**

① 분석방법에 대한 논리적 배경이 강하다
② 물적, 인적요소 모두가 분석대상이 된다.
③ 서식이 간단하고 비교적 적은 노력으로 분석이 가능하다.
④ 두 가지 이상의 요소가 동시에 고장 나는 경우에도 분석이 용이하다.

해설

FMEA 기법의 장단점

구분	내용
장점	서식이 간단하고 비교적 적은노력으로 특별한 훈련 없이 분석가능
단점	• 논리성이 부족하고 특히 각 요소간의 영향을 분석하기 어렵기 때문에 동시에 두 가지 이상의 요소가 고장 날 경우 분석이 곤란 • 요소가 물체로 한정되어 있어 인적원인을 분석하는데 곤란

□□□ 18년1회

22. **FMEA의 특징에 대한 설명으로 틀린 것은?**

① 서브시스템 분석 시 FTA보다 효과적이다.
② 시스템 해석기법은 정성적 · 귀납적 분석법 등에 사용된다.
③ 각 요소간 영향 해석이 어려워 2가지 이상 동시 고장은 해석이 곤란하다.
④ 양식이 비교적 간단하고 적은 노력으로 특별한 훈련 없이 해석이 가능하다.

해설

FMEA 기법은 각 논리성이 부족하고 특히 각 요소간의 영향을 분석하기 어렵기 때문에 서브시스템의 분석에는 어려움이 있다.

□□□ 10년2회

23. **디시전 트리(Decision Tree)를 재해사고의 분석에 이용한 경우의 분석법이며, 설비의 설계 단계에서부터 사용 단계까지의 각 단계에서 위험을 분석하는 귀납적, 정량적 분석 기법은?**

① ETA ② FMEA
③ THERP ④ CA

정답 17 ① 18 ② 19 ① 20 ② 21 ③ 22 ① 23 ①

해설

디시전 트리(Decision Tree)를 재해사고의 분석에 이용한 경우의 분석법이며, 설비의 설계 단계에서부터 사용 단계까지의 각 단계에서 위험을 분석하는 귀납적, 정량적 분석 방법을 ETA(event tree analysis)분석법이다.

□□□ 10년1회

24. 다음은 사건수 분석(Event Tree Analysis, ETA)의 작성 사례이다. A, B, C에 들어갈 확률값들이 올바르게 나열된 것은?

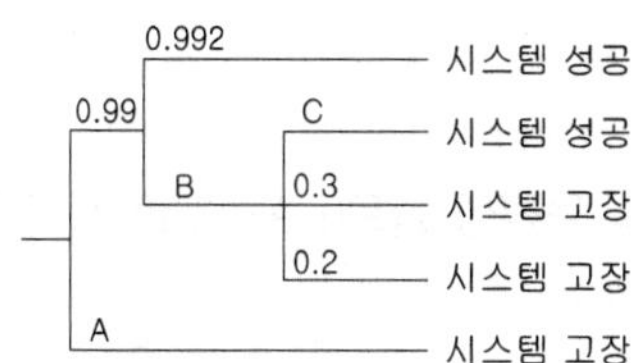

① A : 0.01, B : 0.008 C : 0.03
② A : 0.008, B : 0.01, C : 0.2
③ A : 0.01, B : 0.008, C : 0.5
④ A : 0.3, B : 0.01, C : 0.008

해설

A : 1−0.99=0.01
B : 1−0.992=0.008
C : 1−(0.3+0.2)=0.5

□□□ 09년3회

25. 위험분석기법 중 높은 고장 등급을 갖고 고장모드가 기기 전체의 고장에 어느 정도 영향을 주는가를 정량적으로 평가하는 해석 기법은?

① FTA ② CA
③ ETA ④ FHA

해설

CA(위험도 분석)는 고장이 직접 시스템의 손실로 연결되는 요소와 형태에 대해 정량적·귀납적으로 평가하는 해석기법이다.

□□□ 08년2회

26. 위험도분석(CA, Criticality Analysis)에서 설비고장에 따른 위험도를 4가지로 분류하고 있다. 이 중 생명의 상실로 이어질 염려가 있는 고장의 분류에 해당하는 것은?

① category Ⅰ ② category Ⅱ
③ category Ⅲ ④ category Ⅳ

해설

위험도분석(CA, Criticality Analysis)

category Ⅰ	생명의 상실로 이어질 염려가 있는 고장
category Ⅱ	작업의 실패로 이어질 염려가 있는 고장
category Ⅲ	운용의 지연 또는 손실로 이어질 고장
category Ⅳ	극단적인 계획 외의 관리로 이어질 고장

□□□ 11년2회

27. 다음 중 사고원인 가운데 인간의 과오에 기인된 원인 분석, 확률을 계산함으로써 제품의 결함을 감소시키고, 인간공학적 대책을 수립하는데 사용되는 분석 기법은?

① CA ② FMEA
③ THERP ④ MORT

문제 27, 28 해설

THERP 분석기법이란 사고원인 가운데 인간의 과오에 기인된 원인, 확률을 계산함으로써 정량적으로 평가하고 분석하며 인간공학적 대책을 수립하는데 사용되는 것이다.

□□□ 14년1회

28. 다음 중 인간의 과오(Human error)를 정량적으로 평가하고 분석하는데 사용하는 기법으로 가장 적절한 것은?

① THERP ② FMEA
③ CA ④ FMECA

□□□ 10년3회, 19년3회

29. 원자력 산업과 같이 상당한 안전이 확보되어 있는 장소에서 추가적인 고도의 안전 달성을 목적으로 하고 있으며, 관리, 설계, 생산, 보전 등 광범위한 안전을 도모하기 위하여 개발된 분석기법은?

① MORT(Management Oversight And Risk Tree)
② DT(Decision Tree)
③ ETA(Event Tree Analysis)
④ FTA(Fault Tree Analysis)

해설

MORT(management oversight and risk tree) 프로그램은 tree를 중심으로 FTA와 같은 논리기법을 이용하여 관리, 설계, 생산, 보존 등의 광범위하게 안전을 도모하는 것으로서 고도의 안전을 달성하는 것을 목적으로 한 것이다.(원자력산업에 이용)

정답 24 ③ 25 ② 26 ① 27 ③ 28 ① 29 ①

□□□ 17년2회

30. 다음 설명 중 ( )안에 알맞은 용어가 올바르게 짝지어진 것은?

> [다음]
> (㉠) : FTA 와 동일의 논리적 방법을 사용하여 관리, 설계, 생산, 보전 등에 대한 넓은 범위에 걸쳐 안전성을 확보하려는 시스템안전 프로그램
> (㉡) : 사고 시나리오에서 연속된 사건들의 발생경로를 파악하고 평가하기 위한 귀납적이고 정량적인 시스템안전 프로그램

① ㉠ : PHA, ㉡ : ETA
② ㉠ : ETA, ㉡ : MORT
③ ㉠ : MORT, ㉡ : ETA
④ ㉠ : MORT, ㉡ : PHA

해설

- MORT(managment oversight and risk tree) : MORT 프로그램은 tree를 중심으로 FTA와 같은 논리기법을 이용하여 관리, 설계, 생산, 보존 등의 광범위하게 안전을 도모하는 것으로서 고도의 안전을 달성하는 것을 목적으로 한 것으로 미국 에너지 연구 개발청(ER DA)의 Johonson에 의해 개발된 안전 프로그램이다. (원자력 산업에 이용)
- ETA 분석 : 사상(事象)의 안전도를 사용한 시스템의 안전도를 나타내는 시스템 모델의 하나로서 귀납적이고 정량적인 분석방법으로 재해의 확대요인을 분석하는데 적합한 방법이다. 디시젼 트리를 재해사고의 분석에 이용할 경우의 분석법을 ETA라 한다. ETA 7단계로 설계, 심사, 제작, 검사, 보전, 운전, 안전대책이 있다.

□□□ 17년1회

31. 시스템이 저장되어 이동되고 실행됨에 따라 발생하는 작동시스템의 기능이나 과업, 활동으로부터 발생되는 위험에 초점을 맞춘 위험분석 차트는?

① 결함수분석(FTA : Fault Tree Analysis)
② 사상수분석(ETA : Event Tree Analysis)
③ 결함위험분석(FHA : Fault Hazard Analysis)
④ 운용위험분석(OHA : Operating Hazard Analysis)

문제 31, 32 해설

OSHA(operating support hazard analysis : 운용 지원 위험 분석) 지정된 시스템의 모든 사용단계에서 생산, 보전, 시험, 운반, 저장, 운전, 비상탈출, 구조, 훈련 및 폐기 등에 사용되는 인원, 순서, 설비에 관하여 위험을 동정하고 제어하며 그것들의 안전 요건을 결정하기 위해 실시하는 분석법을 말한다.

□□□ 09년1회

32. 생산, 보전, 시험, 운반, 저장, 비상탈출 등에 사용되는 인원, 설비에 관하여 위험을 동정(同定)하고 제어하며, 그들의 안전요건을 결정하기 위하여 실시하는 분석기법은?

① 운용 및 지원 위험분석(O&SHA)
② 사상수 분석(ETA)
③ 결함사고 분석(FHA)
④ 고장형태 및 영향분석(FMEA)

□□□ 14년3회

33. 위험 및 운전성 검토(HAZOP)에서의 전제조건으로 틀린 것은?

① 두 개 이상의 기기고장이나 사고는 일어나지 않는다.
② 조작자는 위험상황이 일어났을 때 그것을 인식할 수 있다.
③ 안전장치는 필요할 때 정상 동작하지 않는 것으로 간주한다.
④ 장치 자체는 설계 및 제작사양에 맞게 제작된 것으로 간주한다.

해설

③항 안전장치는 필요할 때 정상 동작하는 것으로 간주한다.

□□□ 08년2회, 16년2회

34. 다음 중 위험 및 운전성 검토(HAZOP)에서 "성질상의 감소"를 나타내는 가이드 워드는?

① MORE LESS ② OTHER THAN
③ AS WELL AS ④ PART OF

문제 34, 35 해설

유인어(guide words)의 종류

유인어	내용
없음(No, Not)	설계의도의 완전한 부정
증가(More)	양(압력, 반응, flow rate, 온도 등)의 증가
감소(Less)	양의 감소
부가(As well as)	성질상의 증가(설계의도와 운전조건이 어떤 부가적인 행위)와 함께 일어남
부분(Part of)	일부변경, 성질상의 감소(어떤 의도는 성취되나 어떤 의도는 성취되지 않음)
반대(Reverse)	설계의도의 논리적인 역
기타(Other than)	설계의도가 완전히 바뀜(통상 운전과 다르게 되는 상태)

정답 30 ③ 31 ④ 32 ① 33 ③ 34 ④

□□□ 11년3회, 15년1회, 18년1회, 20년3회

35. 다음 중 HAZOP기법에서 사용하는 가이드워드와 그 의미가 잘못 연결된 것은?

① Part of : 성질상의 감소
② More/Less : 정량적인 증가 또는 감소
③ No/Not : 설계 의도의 안전한 부정
④ Other than : 기타 환경적인 요인

□□□ 22년1회

36. HAZOP 분석기법의 장점이 아닌 것은?

① 학습 및 적용이 쉽다.
② 기법 적용에 큰 전문성을 요구하지 않는다.
③ 짧은 시간에 저렴한 비용으로 분석이 가능하다.
④ 다양한 관점을 가진 팀 단위 수행이 가능하다.

해설

HAZOP은 위험성과 운전성을 정해진 규칙과 설계도면에 의해 체계적으로 분석하는 방법으로 기본규칙을 통해 기법의 적용은 간단하지만 평가요소를 모두 포함하기 위해서는 전문인력이 투입되어 시간과 인력의 소모가 많이 발생된다.

정답 35 ④ 36 ③

Chapter

06 결함수(FTA) 분석법

결함수(FTA)분석법은 시스템 안전기법 중 가장 많이 사용되는 방법으로 여기에서는 결함수 분석의 정의와 작성방법, 논리기호, 컷셋, 패스셋을 구하는 방법에 대해 출제된다.

01 결함수 분석법의 특징

(1) FTA(fault tree analysis)의 정의

① FTA(fault tree analysis)의 정의

㉠ 결함수법, 결함 관련수법, 고장의 목(木) 분석법 등의 뜻을 나타낸다.

㉡ 기계 설비, 또는 인간－기계 시스템(man－machin system)의 고장이나 재해의 발생요인을 FT도표에 의하여 분석하는 방법

㉢ 1962년 미국의 벨 전화 연구소의 Waston에 의해 군용으로 고안

② 특징

㉠ 고장이나 재해요인의 정성적 분석뿐만 아니라 개개의 요인이 발생하는 확률을 얻을 수가 있어 정량적 예측이 가능하다.

㉡ 재해발생 후의 원인 규명보다 재해발생 이전의 예측기법으로서의 활용 가치가 높은 유효한 방법

㉢ 정상사상(頂上事像)인 재해현상으로부터 기본사상(基本事像)인 재해원인을 향해 연역적인 분석(Top Down)을 행하므로 재해현상과 재해원인의 상호관련을 정확하게 해석하여 안전 대책을 검토할 수 있다.

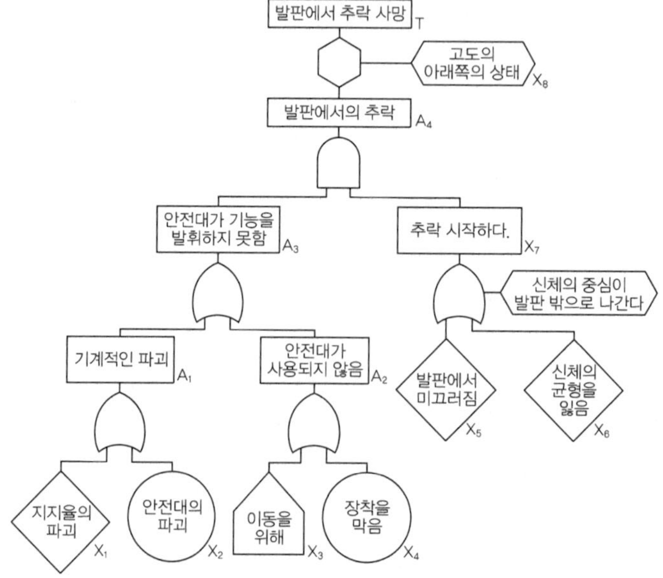

발판에서의 추락 재해 FT

③ 결함수 분석법(FTA)의 활용 및 기대효과

㉠ 사고원인 규명의 간편화 ㉡ 사고원인 분석의 일반화
㉢ 사고원인 분석의 정량화 ㉣ 노력시간의 절감
㉤ 시스템의 결함 진단 ㉥ 안전점검표 작성시 기초자료

④ FTA에 의한 재해사례 연구순서 4단계

단계	내용
1단계	TOP 사상의 선정
2단계	사상의 재해 원인 규명
3단계	FT도 작성
4단계	개선 계획의 작성

[정상사상]
TOP사상이라고 하며 여러재해 현상 중에 가장 중요한 재해를 선정하여 FTA 사례연구를 실시하게 된다.

(2) FT도 논리기호

① 논리기호

명칭	기호	해설
1. 결함 사상		결함이 재해로 연결되는 현상 또는 사실 상황 등을 나타내며 논리 gate의 입력, 출력이 된다. FT도표의 정상에 선정되는 사상인 정상 사상(top 사상)과 중간 사상에 사용한다.
2. 기본 사상		더 이상 해석을 할 필요가 없는 기본적인 기계의 결함 또는 작업자의 오동작을 나타낸다(말단 사상). 항상 논리 gate의 입력이며 출력은 되지 않는다.
3. 이하 생략의 결함 사상 (추적 불가능한 최후 사상)		사상과 원인과의 관계를 충분히 알 수 없거나 또는 필요한 정보를 얻을 수 없기 때문에 이것 이상 전개할 수 없는 최후적 사상을 나타낼 때 사용한다(말단 사상).
4. 통상 사상 (家形事像)		통상의 작업이나 기계의 상태에 재해의 발생 원인이 되는 요소가 있는 것을 나타낸다. 즉, 결함 사상이 아닌 발생이 예상되는 사상을 나타낸다(말단 사상).
5. 전이 기호 (이행 기호)	(in) (out)	FT도상에서 다른 부분에의 이행 또는 연결을 나타내는 기호로 사용한다. 좌측은 전입, 우측은 전출을 뜻한다.
6. AND gate	출력 입력	출력 X의 사상이 일어나기 위해서는 모든 입력 A, B, C의 사상이 일어나지 않으면 안된다는 논리 조작을 나타낸다. 즉, 모든 입력 사상이 공존할 때 만이 출력 사상이 발생한다.

[말단사상]
더 이상 해석을 할 수 없는 FTA의 마지막에 오는 것으로 기본사상, 이하 생략 결함사상, 통상사상이 있다.

명칭	기호	해설
7. OR gate	출력 / 입력	입력사상 A, B, C 중 어느 하나가 일어나도 출력 X의 사상이 일어난다고 하는 논리 조작을 나타낸다. 즉, 입력사상 중 어느 것이나 하나가 존재할 때 출력 사상이 발생한다.
8. 수정 기호	출력 / 조건 / 입력	제약 gate 또는 제지 gate라고도 하며, 입력 사상이 생김과 동시에 어떤 조건을 나타내는 사상이 발생할 때만이 출력 사상이 생기는 것을 나타낸다. 또한 AND gate와 OR gate에 여러 가지 조건부 gate를 나타낼 경우 이 수정기호를 사용 한다.

Tip

FT도를 직접작성하는 문제는 출제되지 않으나 논리기호의 명칭을 묻는 문제는 필기·실기 모두 출제된다.

② 수정기호

기호	해설
ai,aj,ak 순으로 / ai aj ak / 우선적 AND gate	입력사상 가운데 어느 사상이 다른 사상보다 먼저 일어났을 때에 출력사상이 생긴다. 예를 들면 「A는 B보다 먼저」와 같이 기입한다.
언젠가 2개 / a b c / 짜맞춤(조합) AND gate	3개 이상의 입력사상 가운데 어느 것이던 2개가 일어 나면 출력 사상이 생긴다. 예를 들면 「어느 것이던 2개」라고 기입한다.
위험지속 시간 / a c / 위험지속 기호	입력사상이 생기어 어느 일정시간 지속하였을 때에 출력사상이 생긴다. 예를 들면 「위험지속시간」과 같이 기입한다.
동시 발생 안됨 / a b c / 배타적 O.R gate	OR Gate로 2개 이상의 입력이 동시에 존재한 때에는 출력사상이 생기지 않는다. 예를 들면 「동시에 발생하지 않는다.」라고 기입한다.
억제gate	수정 gate의 일종으로 억제 모디화이어(Inhibit Modifier)라고도 하며 입력현상이 일어나 조건을 만족하면 출력이 생기고, 조건이 만족되지 않으면 출력이 생기지 않는다.
A / 부정 gate	부정 모디화이어라고도 하며 입력현상의 반대인 출력이 된다.

(3) FTA의 작성

① FTA의 작성방법

㉠ 분석 대상이 되는 System의 범위 결정

㉡ 대상 System에 관계되는 자료의 정비

㉢ 상상하고 결정하는 사고의 명제(tree의 정상사상이 되는 것)를 결정

㉣ 원인추구의 전제조건을 미리 생각하여 둔다.

㉤ 정상사상에서 시작하여 순차적으로 생각되는 원인의 사상(중간사상과 말단사상)을 논리기호로 이어간다.

㉥ 먼저 골격이 될 수 있는 대충의 Tree를 만든다. Tree에 나타난 사상의 중요성에 따라 보다 세밀한 부분의 Tree로 전개한다.

㉦ 각각 사상에 번호를 붙이면 정리하기 쉽다.

② FT도의 작성순서

㉠ 재해의 위험도를 검토 후 해석할 재해를 결정(필요시 예비위험 분석, PHA)실시

㉡ 재해의 위험도를 고려하여 재해 발생의 목표치 결정

㉢ 재해에 관계되는 기계설비의 불량상태, 작업자의 에러에 대해 원인과 영향을 상세하게 조사한다. (필요한 경우 PHA나 FMEA를 실시)

㉣ FT(Fault tree)를 작성한다.

㉤ Cut Set, Minimal Cut Set를 구한다.

㉥ Path Set, Minimal Path Set를 구한다.

㉦ 작성한 FT를 수식화하여 수학적 처리에 의해 간소화 한다.

㉧ 재해의 원인이 되는 기계 등의 불량 상태나 작업자의 에러의 발생확률을 조사나 자료에 의해 정하고 FT에 표시한다.

㉨ 해석하는 재해의 발생확률을 계산한다.

㉩ 재해 확률 결과를 과거의 재해 또는 재해에 가까운 중간 사고의 발생률과 비교한다.

㉪ FT를 해석하여 재해의 발생 확률이 예상치를 넘는 경우에는 더욱 유리한 안전수단을 검토한다.

㉫ Cost나 기술 등의 제 조건을 고려해서 가장 유효한 재해 방지 대책을 세운다.

㉬ 결함수 분석법의 규모가 커지면 컴퓨터를 사용을 위해 Data를 정리

01 핵심문제 1. 결함수 분석법의 특징

□□□ 08년1회

1. 다음 중 결함수분석법(FTA)의 특징이 아닌 것은?

① Bottom up 형식
② Top Down 형식
③ 특정사상에 대한 해석
④ 논리기호를 사용한 해석

문제 1, 2 해설

결함수분석법(FTA)은 연역적인 분석(Top Down)방법으로 진행된다.

□□□ 11년3회, 15년1회, 19년3회

2. 다음 중 결함수분석(FTA)에 관한 설명과 가장 거리가 먼 것은?

① 연역적 방법이다.
② 버텀-업(Bottom-Up) 방식이다.
③ 기능적 결함의 원인을 분석하는데 용이하다.
④ 계량적 데이터가 축적되면 정량적 분석이 가능하다.

□□□ 10년2회, 16년1회

3. 다음 중 FTA(Fault Tree Analysis)에 관한 설명으로 가장 적절한 것은?

① 복잡하고, 대형화된 시스템의 신뢰성 분석에는 적절하지 않다.
② 시스템 각 구성요소의 기능을 정상인가 또는 고장인가로 점진적으로 구분 짓는다.
③ "그것이 발생하기 위해서는 무엇이 필요한가?"라는 것은 연역적이다.
④ 사건들을 일련의 이분(binary) 의사 결정 분기들로 모형화 한다.

문제 3, 4 해설

FTA는 정상사상(頂上事像)인 재해현상으로부터 기본사상(基本事像)인 재해원인을 향해 연역적인 분석을 행하므로 재해현상과 재해원인의 상호관련을 정확하게 해석하여 안전 대책을 검토할 수 있다. 또한 정량적 해석이 가능 하므로 정량적 예측을 할 수도 있다.

□□□ 13년3회

4. 다음 중 톱다운(top-down) 접근방법으로 일반적 원리로부터 논리의 절차를 밟아서 각각의 사실이나 명제를 이끌어내는 연역적 평가방법은?

① FTA ② HAZOP
③ FMEA ④ ETA

□□□ 15년2회, 19년2회

5. 다음 중 결함수분석의 기대효과와 가장 관계가 먼 것은?

① 사고원인 규명의 간편화
② 시간에 따른 원인 분석
③ 사고원인 분석의 정량화
④ 시스템의 결함 진단

해설

결함수 분석법(FTA)의 활용 및 기대효과

1. 사고원인 규명의 간편화	2. 사고원인 분석의 일반화
3. 사고원인 분석의 정량화	4. 노력시간의 절감
5. 시스템의 결함 진단	6. 안전점검표 작성

□□□ 17년3회, 21년3회

6. FTA에 대한 설명으로 틀린 것은?

① 정성적 분석만 가능하다.
② 하향식(top-down) 방법이다.
③ 짧은 시간에 점검할 수 있다.
④ 비전문가라도 쉽게 할 수 있다.

문제 6, 7 해설

FTA는 고장이나 재해요인의 정성적 분석뿐만 아니라 개개의 요인이 발생하는 확률을 얻을 수가 있어 정량적 예측이 가능하다.

□□□ 18년2회

7. 결함수분석법(FTA)의 특징으로 볼 수 없는 것은?

① Top Down 형식
② 특정사상에 대한 해석
③ 정성적 해석의 불가능
④ 논리기호를 사용한 해석

정답 1 ① 2 ② 3 ③ 4 ① 5 ② 6 ① 7 ③

□□□ 08년1회, 12년2회

8. 다음 FTA에서 사용하는 논리기호 중 주어진 시스템의 기본사상을 나타내는 것은?

①

② 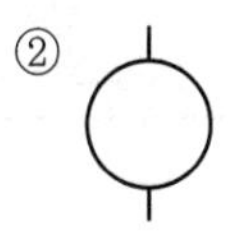

③

④ 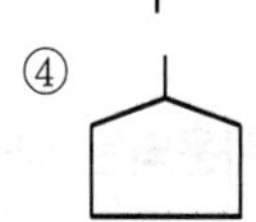

문제 8~14 해설

명칭	기호
1. 결함 사상	
2. 기본 사상	
3. 이하 생략의 결함 사상 (추적 불가능한 최후 사상)	
4. 통상 사상 (家形事像)	

□□□ 13년2회

9. FT도에 사용되는 기호 중 더 이상의 세부적인 분류가 필요 없는 사상을 의미하는 기호로 알맞은 것은?

①

② 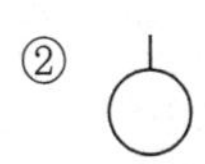

③

④

□□□ 11년2회, 18년1회

10. 다음 중 FTA(Fault Tree Analysis)에 사용되는 논리기호와 명칭이 올바르게 연결된 것은?

① : 전이기호

② 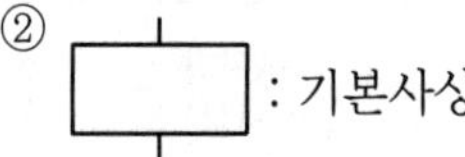

③ : 통상사상

④ 

□□□ 08년2회, 08년3회, 16년3회

11. FTA 도표에 사용되는 기호 중 "통상 사상"을 나타내는 기호는?

①

② 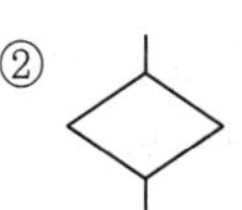

③

④ 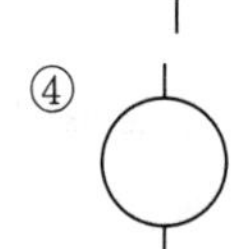

□□□ 17년3회

12. FTA(Fault tree analysis)의 기호 중 다음의 사상기호에 적합한 각각의 명칭은?

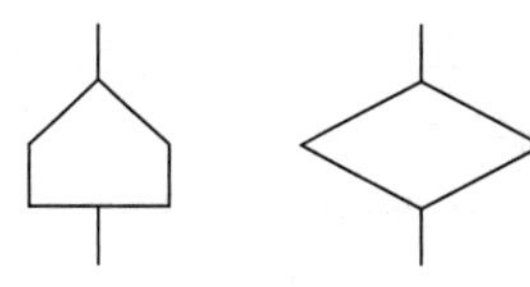

① 전이기호와 통상사상
② 통상사상과 생략사상
③ 통상사상과 전이기호
④ 생략사상과 전이기호

□□□ 14년2회

13. FT도 작성에 사용되는 사상 중 시스템의 정상적인 가동상태에서 일어날 것이 기대되는 사상은?

① 통상사상 ② 기본사상
③ 생략사상 ④ 결함사상

□□□ 16년3회, 21년2회

14. 두 가지 상태 중 하나가 고장 또는 결함으로 나타나는 비정상적인 사건은?

① 톱사상 ② 정상적인 사상
③ 결함사상 ④ 기본적인 사상

정답 8 ② 9 ② 10 ③ 11 ③ 12 ② 13 ① 14 ③

□□□ 08년3회, 18년3회, 22년1회

15. **FTA에서 사용되는 논리게이트 중 입력현상의 반대현상이 출력되는 것은?**

① 우선적 AND 게이트 ② 부정 게이트
③ 억제 게이트 ④ 배타적 OR 게이트

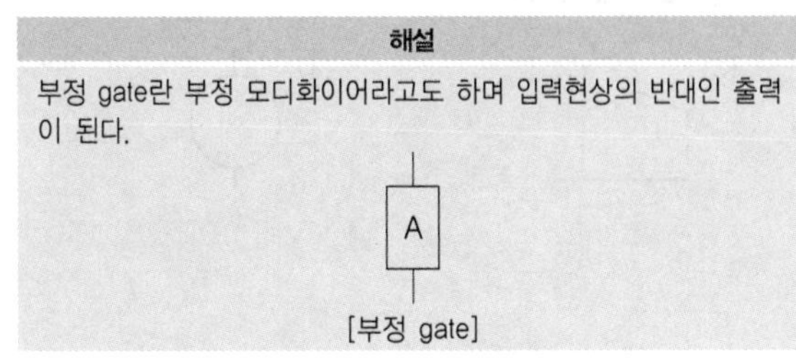

해설

부정 gate란 부정 모디화이어라고도 하며 입력현상의 반대인 출력이 된다.

[부정 gate]

□□□ 09년1회, 11년1회

16. **FT도에 사용되는 다음 게이트의 명칭은?**

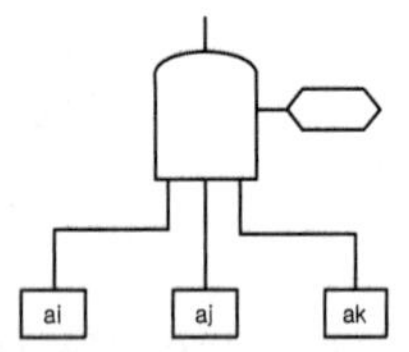

① 억제 게이트
② 부정 게이트
③ 배타적 OR 게이트
④ 우선적 AND 게이트

문제 16, 17 해설

우선적 AND gate	입력사상 가운데 어느 사상이 다른 사상보다 먼저 일어났을 때에 출력사상이 생긴다. 예를 들면 「A는 B보다 먼저」와 같이 기입한다.

□□□ 13년3회

17. **FTA에 사용되는 논리 게이트 중 여러 개의 입력 사상이 정해진 순서에 따라 순차적으로 발생해야만 결과가 출력되는 것을 무엇이라 하는가?**

① 조합 AND 게이트 ② 배타적 OR 게이트
③ 억제 게이트 ④ 우선적 AND 게이트

□□□ 12년1회

18. **FT도에 사용되는 다음 기호의 명칭으로 옳은 것은?**

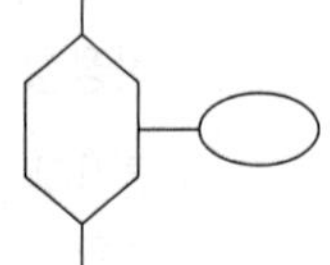

① 억제 게이트
② 부정 게이트
③ 생략 사상
④ 전이기호

문제 18~20 해설

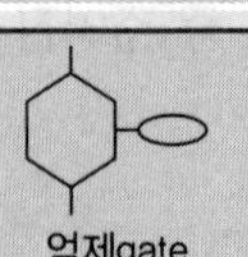 억제gate	수정 gate의 일종으로 억제 모디화이어(Inhibit Modifier) 라고도 하며 입력현상이 일어나 조건을 만족하면 출력이 생기고, 조건이 만족되지 않으면 출력이 생기지 않는다.

□□□ 19년1회

19. **FT도에 사용되는 다음 게이트의 명칭은?**

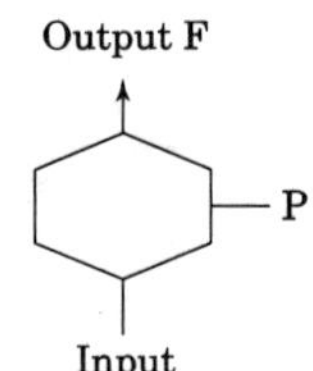

① 부정 게이트
② 억제 게이트
③ 배타적 OR 게이트
④ 우선적 AND 게이트

□□□ 15년3회

20. **FTA에 사용되는 논리게이트 중 조건부 사건이 발생하는 상황 하에서 입력현상이 발생할 때 출력현상이 발생하는 것은?**

① 억제 게이트 ② AND 게이트
③ 배타적 OR 게이트 ④ 우선적 AND 게이트

□□□ 14년3회, 17년2회, 21년2회

21. **FTA에서 사용하는 다음 사상기호에 대한 설명으로 옳은 것은?**

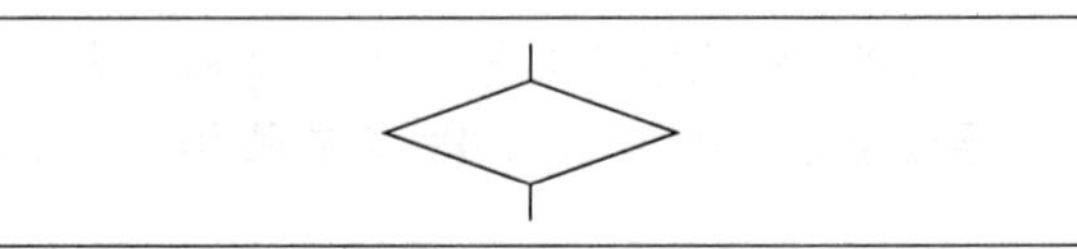

① 시스템 분석에서 좀 더 발전시켜야 하는 사상
② 시스템의 정상적인 가동상태에서 일어날 것이 기대되는 사상
③ 불충분한 자료로 결론을 내릴 수 없어 더 이상 전개할 수 없는 사상
④ 주어진 시스템의 기본사상으로 고장원인이 분석되었기 때문에 더 이상 분석할 필요가 없는 사상

해설

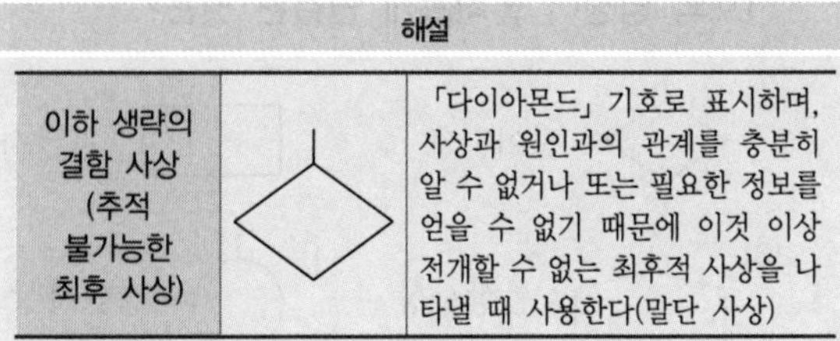

이하 생략의 결함 사상 (추적 불가능한 최후 사상)		「다이아몬드」 기호로 표시하며, 사상과 원인과의 관계를 충분히 알 수 없거나 또는 필요한 정보를 얻을 수 없기 때문에 이것 이상 전개할 수 없는 최후적 사상을 나타낼 때 사용한다(말단 사상)

정답 15 ② 16 ④ 17 ④ 18 ① 19 ② 20 ① 21 ③

□□□ 15년1회

22. FT도에 사용되는 다음 기호의 명칭으로 옳은 것은?

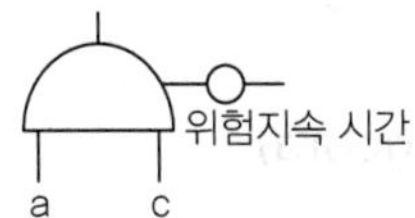

① 부정게이트
② 수정기호
③ 위험지속기호
④ 배타적 OR 게이트

해설

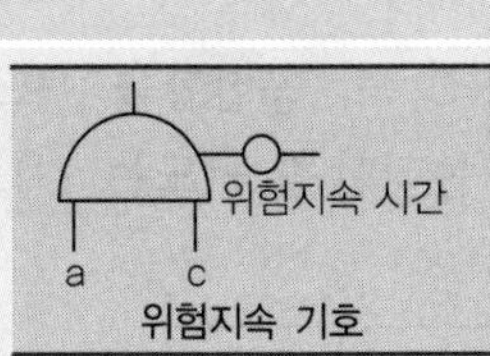 위험지속 기호	입력사상이 생기어 어느 일정시간 지속하였을 때에 출력사상이 생긴다. 예를 들면 「위험지속시간」과 같이 기입한다.

□□□ 17년1회

23. FT도에 사용되는 다음 기호의 명칭으로 옳은 것은?

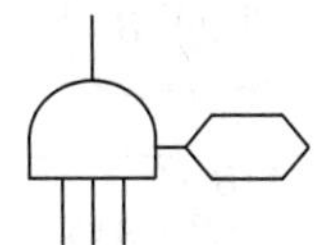

① 억제게이트
② 조합AND게이트
③ 부정게이트
④ 배타적OR게이트

해설

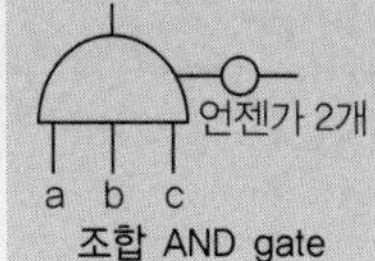 조합 AND gate	3개 이상의 입력사상 가운데 어느 것이던 2개가 일어나면 출력 사상이 생긴다. 예를 들면 「어느 것이던 2개」 라고 기입한다.

□□□ 08년3회, 11년1회, 19년1회

24. 다음 보기의 각 단계를 결함수분석법(FTA)에 의한 재해 사례의 연구 순서대로 올바르게 나열한 것은?

① 정상사상의 선정	② FT도 작성 및 분석
③ 개선 계획의 작성	④ 각 사상의 재해원인 규명

① ①→② →③→④　　② ①→④→②→③
③ ①→③→②→④　　④ ①→④→③→②

문제 24, 25 해설

FTA에 의한 재해사례 연구순서 4단계
1. 1단계 : TOP 사상의 선정
2. 2단계 : 사상의 재해 원인 규명
3. 3단계 : FT도 작성
4. 4단계 : 개선 계획의 작성

□□□ 09년2회, 15년3회

25. FTA에 의한 재해사례 연구순서 중 제1단계는?

① FT도의 작성
② 개선 계획의 작성
③ 톱(TOP) 사상의 선정
④ 사상의 재해 원인의 규명

□□□ 14년1회

26. 다음 중 FT의 작성방법에 관한 설명으로 틀린 것은?

① 정성 · 정량적으로 해석 · 평가하기 전에는 FT를 간소화해야 한다.
② 정상(Top)사상과 기본사상과의 관계는 논리게이트를 이용해 도해한다.
③ FT를 작성하려면 먼저 분석대상 시스템을 완전히 이해하여야 한다.
④ FT 작성을 쉽게 하기 위해서는 정상(Top)사상을 최대한 광범위하게 정의한다.

해설

FT 작성 시 결정하는 사고의 명제를 결정하여 하나의 Top 사상을 결정하여야 한다.

□□□ 09년3회, 13년2회

27. 다음 중 결함수분석(FTA) 절차에서 가장 먼저 수행해야 하는 것은?

① FT(fault tree)도를 작성한다.
② cut set을 구한다.
③ minimal cut set을 구한다.
④ Top 사상을 정의한다.

해설

결함수 분석법(FTA)의 절차에서 최우선으로 결정할 사항은 정상(top)사상, 즉 해석할 재해를 결정하는 것이다.

정답 22 ③ 23 ② 24 ② 25 ③ 26 ④ 27 ④

02 FTA의 정량적 분석

(1) 불 대수(Boolean Algebra)

FT를 수식으로 표시하거나 간소화하기 위해서는 통상 불 대수가 사용된다.

① 벤 다이어그램을 통한 표현

1을 전체집합으로 하여 그 부분집합을 A, B, C …, 공집합을 0으로 할 때 2개의 부분집합의 논리곱을 ·(또는 ∩), 논리합을 +(또는 ∪)로 표현하면 다음과 같다.

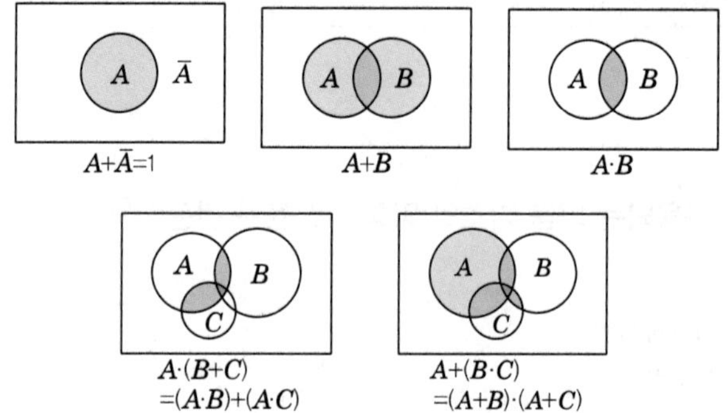

② 불 대수의 관계식

구분	내용
교환법칙	$A+B=B+A$ $A\cdot B=B\cdot A$
결합법칙	$A+(B+C)=(A+B)+C$ $A\cdot(B\cdot C)=(A\cdot B)\cdot C$
분배법칙	$A\cdot(B+C)=A\cdot B+A\cdot C$ $A+(B\cdot C)=(A+B)\cdot(A+C)$
멱등법칙	$A+A=A$ $A\cdot A=A$
보수법칙	$A+\overline{A}=1$ $A\cdot\overline{A}=0$
항등법칙	$A+0=A$ $A+1=1$ $A\cdot 0=0$ $A\cdot 1=A$
흡수법칙	$A+(A\cdot B)=A$ $A\cdot(A+B)=A$
드모르간의 법칙	$\overline{A}+\overline{B}=\overline{A\cdot B}$ $\overline{A}\cdot\overline{B}=\overline{A+B}$

(2) 확률사상의 계산

① 논리(곱)

논리게이트가 AND일 때 확률사상 계산식

$$\therefore \ T(A \cdot B \cdot C \cdots N) = q_A \cdot q_B \cdot q_C \cdots q_N$$

A와 B가 동시에 발생하지 않으면 T는 발생하지 않는다.(A AND B)

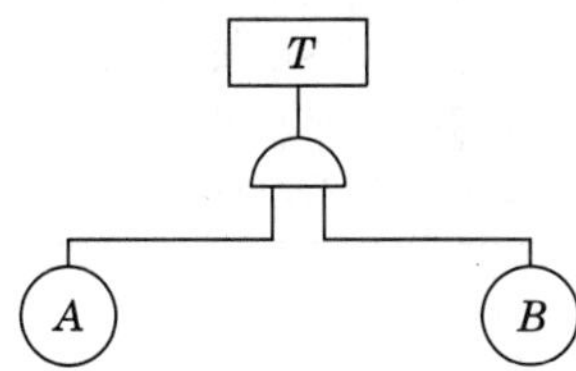

AND 기호(논리곱의 경우)

② 논리(합)

논리게이트가 OR일 때 확률사상 계산식

$$\therefore \ T(A + B + C + \cdots + N) = 1 - (1 - q_A)(1 - q_B)(1 - q_C) \cdots (1 - q_N)$$

A와 B의 어느 것이 발생하더라도 T는 발생한다.(A OR B)

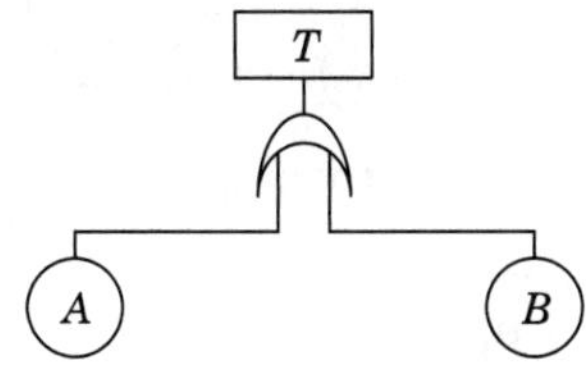

OR 기호(논리합의 경우)

③ 기본논리 조작에 대한 불신뢰도와 신뢰도

구분	AND gate	OR gate
논리기호	E, X_1, X_2 ···· X_n	E, X_1, X_2 ···· X_n
불신뢰도 F_E	$F_E = F_{X1} \cdot F_{X2} ... F_{XN}$	$F_E = 1 - (1 - F_{X1})$ $(1 - F_{X2}) ... (1 - F_{XY})$
신뢰도 R_E	$R_E = 1 - (1 - R_{X1})$ $\cdot (1 - R_{X2}) ... (1 - R_{XY})$	$R_E = R_{x1} \cdot R_{X2} ... R_{xn}$

Tip

FT도의 확률사상은 정상사상이 발생될 확률을 구하는 것이다. FT(fault tree)라는 표현처럼 실패할 확률, 즉 불 신뢰도를 구하는 경우를 말한다. 기존 시스템도의 확률사상과 구분하도록 하자.

Tip

Cut Set, M-Cat Set을 구할 때 Fussell의 방법을 가장 많이 활용한다. 익숙해지도록 반복 연습하자

(3) Cut Set & Minimal Cut Set

① 용어의 정의

구분	정의
컷셋 (cut set)	포함되어 있는 모든 기본사상(여기서는 통상사상, 생략결함 사상 등을 포함한 기본사상)이 일어났을 때 정상사상을 일으키는 기본사상의 집합
미니멀 컷셋 (minimal cut set)	• 어떤 고장이나 실수가 생기면 재해가 일어나는 것으로 시스템의 위험성을 표시 • 컷 중 그 부분집합만으로 정상사상이 일어나지 않는 것으로 정상사상을 일으키기 위해 필요한 최소의 컷

② 최소 컷셋 구하기

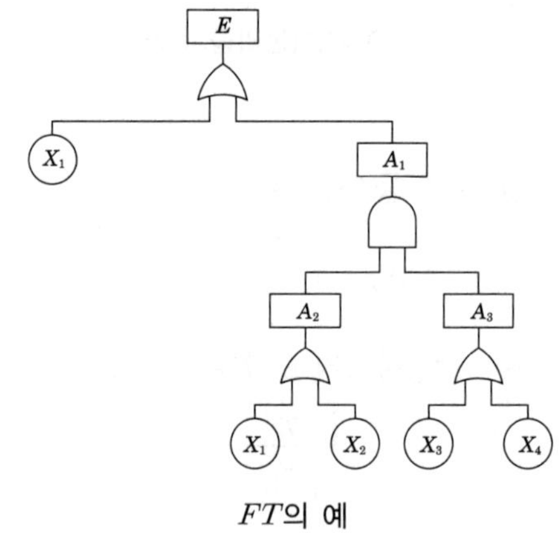

FT의 예

㉠ 부울 대수의 의한 방법

$$
\begin{aligned}
E &= X_1 + A_1 \\
&= X_1 + A_2 \cdot A_3 \\
&= X_1 + (X_1 + X_2) \cdot (X_3 + X_4) \\
&= X_1 + X_2 \cdot (X_3 + X_4) \\
&= X_1 + X_2 \cdot X_3 + X_2 \cdot X_4
\end{aligned}
$$

최소 컷셋은 (X_1), $(X_2, X_3), (X_2, X_4)$ 와 같이 된다.

㉡ Fussell의 방법

- 각 중간사상(gate)에 A_1, A_2 …와 같이 번호를 붙인다.
- 기본사상에 $X_1,\ X_2$…와 같이 번호를 붙인다.
- FT의 최상부로부터 번호가 부여된 기호를 기록해 한다. 이때 OR gate인 경우에는 입력사상을 세로 방향으로, AND gate인 경우에는 가로방향으로 기록해 간다.

FT의 OR gate의 신뢰성 Block → 직렬(세로배열)
FT의 AND gate의 신뢰성 Block → 병렬(가로배열)

$$E \rightarrow \begin{bmatrix} X_1 \\ A_1 \end{bmatrix} \rightarrow \begin{bmatrix} X_1 & \\ A_2, & A_3 \end{bmatrix} \rightarrow \begin{bmatrix} X_1 \\ X_1, A_3 \\ X_2, A_3 \end{bmatrix}$$

$$\rightarrow \begin{bmatrix} X_1 \\ X_1, X_3 \\ X_1, X_4 \\ X_2, X_3 \\ X_2, X_4 \end{bmatrix} \quad \begin{bmatrix} X_1 \\ X_2, X_3 \\ X_2, X_4 \end{bmatrix}$$

따라서 다음과 같이 되며, 변형해 가면 최소 컷셋은 (X_1), $(X_2,\ X_3)$, $(X_2,\ X_4)$의 3가지가 되는 것을 알 수 있다.

(4) Path Set & Minimal Path Set

① 용어의 정의

구분	정의
패스셋 (path set)	포함되어 있는 모든 기본사상이 모두 일어나지 않을 때 정상사상이 발생하지 않는 집합
미니멀 패스셋 (minimal path set)	• 어떤 고장이나 실수를 일으키지 않으면 재해는 잃어나지 않는다고 하는 것으로 시스템의 신뢰성을 나타낸다. • 최소 패스셋을 구하기는 최소 컷셋과 최소 패스셋의 쌍대성을 이용한다.

② 최소 패스셋 구하기

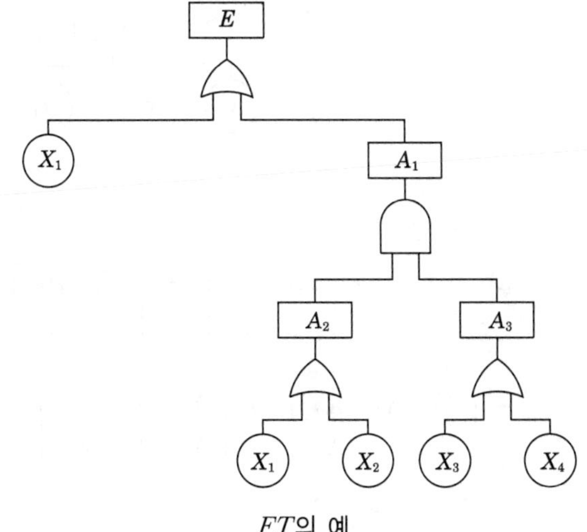

FT의 예

㉠ 부울 대수에 의한 방법

Pass Set는 정상사상이 일어나지 않는 사상을 생각하기 때문에 E 대신에 E의 부족 E를 사용하면 된다.

$$\begin{aligned}\overline{E} &= \overline{X_1} \cdot \overline{A_1} \\ &= \overline{X_1} \cdot (\overline{A_2} + \overline{A_3}) \\ &= \overline{X_1} \cdot ((\overline{X_1} \cdot \overline{X_2}) + (\overline{X_3} \cdot \overline{X_4})) \\ &= \overline{X_1} \cdot \overline{X_2} + \overline{X_1} \cdot \overline{X_3} \cdot \overline{X_4}\end{aligned}$$

여기에 따라 최소 패스셋은 (X_1, X_2)와 (X_1, X_3, X_4)와 같이 된다.

㉡ Fussell의 방법

최소 패스셋을 구하는 데는 최소 컷셋과 최소 패스셋의 쌍대성을 이용하는 것이 좋다. 즉 대상으로 하는 함수와 쌍대의 함수(Dual Fault Tree)를 구한다. 쌍대함수는 원래의 함수의 논리적은 논리화로, 논리화는 논리적으로 바꾸고 모든 현상은 그것들이 일어나지 않는 경우로 생각한 FT이다.

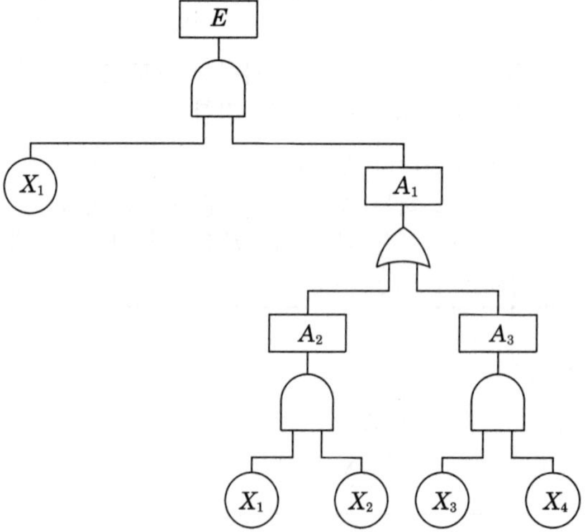

$$E \rightarrow [X_1,\ A_1] \rightarrow \begin{bmatrix} X_1,\ A_2 \\ \quad\ A_3 \end{bmatrix} \rightarrow \begin{bmatrix} X_1,\ A_2 \\ X_1,\ A_3 \end{bmatrix}$$

$$\rightarrow \begin{bmatrix} X_1,\ X_1,\ X_2 \\ X_1,\ X_3,\ X_4 \end{bmatrix} \rightarrow \begin{bmatrix} X_1,\ X_2 \\ X_1,\ X_3,\ X_4 \end{bmatrix}$$

02 핵심문제 2. FTA의 정량적 분석

□□□ 09년1회

1. 부분집합 A, B, C가 "A+(B · C)"의 관계를 갖는다고 할 때 이와 동일한 것은?

① (A+B) · (A+C) ② A · B+A · C
③ A · (B · C) ④ A+(B−C)

해설

$A+(B\cdot C)=(A+B)\cdot(A+C)$

[참고] 불 대수의 관계식

구분	내용
교환법칙	$A+B=B+A$ $A\cdot B=B\cdot A$
결합법칙	$A+(B+C)=(A+B)+C$ $A\cdot(B\cdot C)=(A\cdot B)\cdot C$
분배법칙	$A\cdot(B+C)=A\cdot B+A\cdot C$ $A+B\cdot C=(A+B)\cdot(A+C)$
멱등법칙	$A+A=A,\ \ A\cdot A=A$
보수법칙	$A+\overline{A}=1,\ \ A\cdot\overline{A}=0$
항등법칙	$A+0=A,\ \ A+1=1$ $A\cdot 0=0,\ \ A\cdot 1=A$
흡수법칙	$A+(A\cdot B)=A$ $A\cdot(A+B)=A$
드모르간의 법칙	$\overline{A}+\overline{B}=\overline{A\cdot B}$ $\overline{A}\cdot\overline{B}=\overline{A+B}$

□□□ 09년2회

2. 불대수식 $(A+B)\cdot(\overline{A}+B)$를 가장 간단하게 표현한 것은?

① $A\cdot B$ ② $\overline{A}\cdot B+A\cdot\overline{B}$
③ A ④ B

해설

$$\begin{aligned}(A+B)\cdot(\overline{A}+B)&=(A+B)\cdot B\\&=A\cdot B+B\cdot B\\&=A\cdot B+B\\&=B\end{aligned}$$

□□□ 10년1회

3. 다음 중 불(Bool) 대수의 정리를 나타낸 관계식으로 틀린 것은?

① $A+1=A$ ② $A+\overline{A}=1$
③ $A+AB=A$ ④ $A+A=A$

해설

$A+1=1$

□□□ 12년3회, 22년1회

4. 다음 중 불대수 관계식으로 틀린 것은?

① $A+AB=A$ ② $A(A+B)=A+B$
③ $A+\overline{A}B=A+B$ ④ $A+\overline{A}=1$

해설

$$\begin{aligned}A\cdot(A+B)&=A\cdot A+A\cdot B\\&=A+A\cdot B\\&=A\end{aligned}$$

□□□ 14년2회, 22년2회

5. 다음 중 불(Bool) 대수의 정리를 나타낸 관계식으로 틀린 것은?

① $A\cdot O=O$ ② $A+1=1$
③ $A\cdot\overline{A}=1$ ④ $A(A+B)=A$

해설

$A\cdot\overline{A}=O$

□□□ 08년2회, 11년2회

6. FTA에서 시스템의 기능을 살리는데 필요한 최소 요인의 집합을 무엇이라 하는가?

① critical set
② minimal gate
③ minimal path
④ Boolean, indicated cut set

해설

minimal path이란 시스템 기능(신뢰성)을 살리는데 필요한 최소 요인의 집합이다.

정답 1 ① 2 ④ 3 ① 4 ② 5 ③ 6 ③

□□□ 08년3회, 10년2회, 14년1회

7. 다음 중 FTA에서 사용되는 minimal cut set에 대한 설명으로 틀린 것은?

① 사고에 대한 시스템의 약점을 표현한다.
② 정상사상(Top 사상)을 일으키는 최소한의 집합이다.
③ 시스템이 고장나지 않도록 하는 사상의 집합이다.
④ 일반적으로 Fussell Algorithm을 이용한다.

해설

③항, 시스템이 고장이 일어나게 하는 사상의 집합을 나타내는 것으로 minimal cut이란 계의 위험성을 뜻한다.

□□□ 11년1회, 15년2회

8. 다음 중 최소 컷셋(Minimal cut sets)에 관한 설명으로 옳은 것은?

① 컷셋 중에 타 컷셋을 포함하고 있는 것을 배제하고 남은 컷셋들을 의미한다.
② 어느 고장이나 에러를 일으키지 않으면 재해가 일어나지 않는 시스템의 신뢰성이다.
③ 기본사상이 일어났을 때 정상사상(Top event)을 일으키는 기본사상의 집합이다.
④ 기본사상이 일어나지 않을 때 정상사상(Top event)이 일어나지 않는 기본사상의 집합이다.

문제 8, 9 해설

최소 컷셋(Minimal cut sets)
① 어떤 고장이나 실수가 생기면 재해가 일어나는 것으로 시스템의 위험성을 표시
② 컷 중 그 부분집합만으로 정상사상이 일어나지 않는 것으로 정상사상을 일으키기 위해 필요한 최소의 컷

□□□ 12년3회

9. 중복사상이 있는 FT(Fault Tree)에서 모든 컷셋(cut set)을 구한 경우에 최소 컷셋(minimal cut set)으로 옳은 것은?

① 모든 컷셋이 바로 최소 컷셋이다.
② 모든 컷셋에서 중복되는 컷셋만이 최소 컷셋이다.
③ 최소 컷셋은 시스템의 고장을 방지하는 기본 고장들의 집합이다.
④ 중복되는 사상의 컷셋 중 다른 컷셋에 포함되는 컷셋을 제거한 컷셋과 중복되지 않는 사상의 컷셋을 합한 것이 최소 컷셋이다.

□□□ 14년2회, 17년2회

10. 다음 중 결함수분석법(FTA)에서의 미니멀 컷셋과 미니멀 패스셋에 관한 설명으로 옳은 것은?

① 미니멀 컷셋은 정상사상(top event)을 일으키기 위한 최소한의 컷셋이다.
② 미니멀 컷셋은 시스템의 신뢰성을 표시하는 것이다.
③ 미니멀 패스셋은 시스템의 위험성을 표시하는 것이다.
④ 미니멀 패스셋은 시스템의 고장을 발생시키는 최소의 패스셋이다.

해설

1. 최소컷셋(minimal cut set)은 어떤 고장이나 실수를 일으키면 재해가 일어날까 하는 식으로 결국은 시스템의 위험성(반대로 말하면 안전성)을 표시하는 것
2. 최소 패스셋(minimal path set)은 어떤 고장이나 실수를 일으키지 않으면 재해는 잃어나지 않는다고 하는 것, 즉 시스템의 신뢰성을 나타낸다.

□□□ 08년1회

11. FMEA의 위험성 분류 중 카테고리-3과 가장 관계가 깊은 것은?

① 영향 없음　② 활동의 지연
③ 작업수행의 실패　④ 생명 또는 가옥의 상실

해설

위험성 분류의 표시
1. category(범주)1 : 생명 또는 가옥의 상실
2. category(범주)2 : 작업수행의 실패
3. category(범주)3 : 활동의 지연
4. category(범주)4 : 영향 없음

□□□ 08년3회, 10년3회

12. FMEA에서 고장의 발생확률을 β라 하고, β의 값이 $0 < \beta < 0.10$일 때 고장의 영향은 어떻게 분류되는가?

① 영향 없음　② 가능한 손실
③ 예상되는 손실　④ 실제의 손실

해설

FMEA에서 고장의 발생확률

영 향	발생확률(β)
실제의 손실	$\beta = 1.00$
예상되는 손실	$0.10 \le \beta < 1.00$
가능한 손실	$0 < \beta < 0.10$
영향 없음	$\beta = 0$

정답 7 ③ 8 ① 9 ④ 10 ① 11 ② 12 ②

□□□ 12년2회

13. 다음 FT도에서 정상사상(Top event)이 발생하는 최소 컷셋의 P(T)는 약 얼마인가?(단, 원 안의 수치는 각 사상의 발생확률이다.)

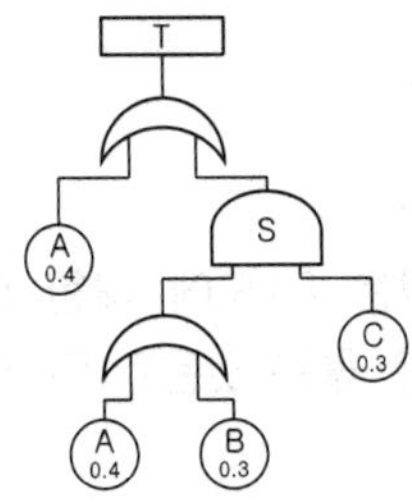

① 0.311　② 0.504
③ 0.204　④ 0.928

해설

① $T=1-(1-A)(1-S)$ 이므로
$T=1-(1-0.4)(1-0.174)=0.5044$
② $S=\{1-(1-A)(1-B)\}\times C$
$=\{1-(1-0.4)(1-0.3)\}\times 0.3=0.174$

□□□ 18년3회

14. 다음 그림의 결함수에서 최소 패스셋(minmal path sets)과 그 신뢰도 R(t)는? (단, 각각의 부품 신뢰도는 0.90이다.)

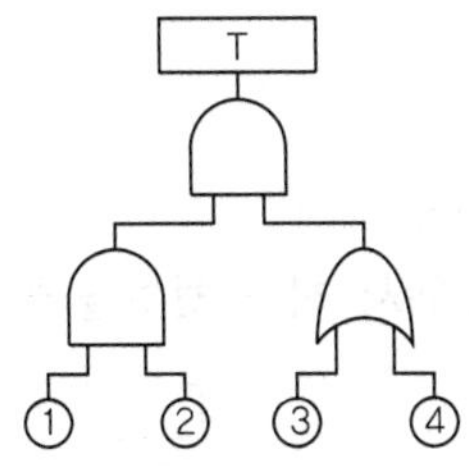

① 최소 패스셋 : {1}, {2}, {3,4}
R(t) = 0.9081
② 최소 패스셋 : {1}, {2}, {3,4}
R(t) = 0.9981
③ 최소 패스셋 : {1, 2, 3}, {1, 2, 4}
R(t) = 0.9081
④ 최소 패스셋 : {1, 2, 3}, {1, 2, 4}
R(t) = 0.9981

해설

$R=1-(1-A)\times(1-B)$
$=1-(1-0.99)\times(1-0.81)=0.9981$
※ $A=1-(1-①)\times(1-②)=1-(1-0.9)^2=0.99$
$B=③\times④=0.81$

□□□ 12년2회, 16년1회, 19년2회, 22년1회

15. 어떤 결함수를 분석하여 minimal cut set을 구한 결과 다음과 같았다. 각 기본사상의 발생확률을 qi, i=1, 2, 3라 할 때 정상사상의 발생확률함수로 옳은 것은?

"$K_1=[1,2]$, $K_2=[1,3]$, $K_3=[2,3]$"

① $q_1q_2+q_1q_2-q_2q_3$
② $q_1q_2+q_1q_3-q_2q_3$
③ $q_1q_2+q_1q_3+q_2q_3-q_1q_2q_3$
④ $q_1q_2+q_1q_3+q_2q_3-2q_1q_2q_3$

해설

최소 컷셋이 주어진 경우 정상사상의 발생확률은 병렬로 표시 할 수 있다.
$T=1-(1-K_1)(1-K_2)(1-K_3)$
$=1-(1-q_1q_2)(1-q_1q_3)(1-q_2q_3)$
$=(1-q_1q_3-q_1q_2+q_1q_2q_3)(1-q_2q_3)$
$=1-q_2q_3-q_1q_3+q_1q_2q_3-q_1q_2+q_1q_2q_3+q_1q_2q_3-q_1q_2q_3$
$=1-q_2q_3-q_1q_3-q_1q_2+2(q_1q_2q_3)$
$=1-1+q_2q_3+q_1q_3+{}_1q_2-2(q_1q_2q_3)$
$=q_2q_3+q_1q_3+q_1q_2-2(q_1q_2q_3)$

□□□ 12년3회, 20년3회

16. [그림]과 같이 FTA로 분석된 시스템에서 현재 모든 기본사상에 대한 부품이 고장난 상태이다. 부품 X1부터 부품 X5까지 순서대로 복구한다면 어느 부품을 수리 완료하는 순간부터 시스템은 정상가동이 되겠는가?

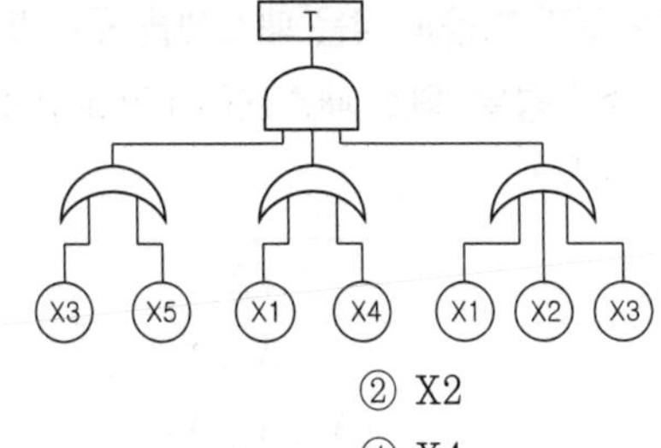

① X1　② X2
③ X3　④ X4

해설

정상사상 T는 고장을 의미한다. AND게이트로 연결된 3개의 그룹이 모두 고장이 나야 T는 고장이 될 수 있다.
따라서 3개의 그룹 중 1개만 정상작동이 되어도 T의 고장은 성립하지 않는다. X3까지 수리했을 때 마지막 1개의 그룹이 정상작동된다. 결국 정상사상 T(고장)가 발생하지 않으며 이는 정상가동이 된다는 것을 의미한다.

정답 13 ② 14 ② 15 ④ 16 ③

□□□ 10년2회, 18년1회

17. 다음 시스템에 대하여 톱사상(Top Event)에 도달할 수 있는 최소 컷셋(Minimal Cut Sets)을 구할 때 다음 중 올바른 집합은? (단, ①, ②, ③, ④는 각 부품의 고장확률을 의미하며 집합 {1, 2}는 ①번 부품과 ②번 부품이 동시에 고장나는 경우를 의미한다.)

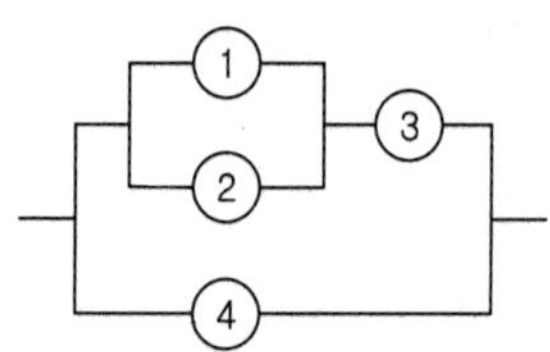

① {1,2}, {3,4}　　② {1,3}, {2,4}
③ {1,3,4}, {2,3,4}　　④ {1,2,4}, {3,4}

해설

위의 신뢰성 블록도를 FT도로 나타내면 다음과 같다.

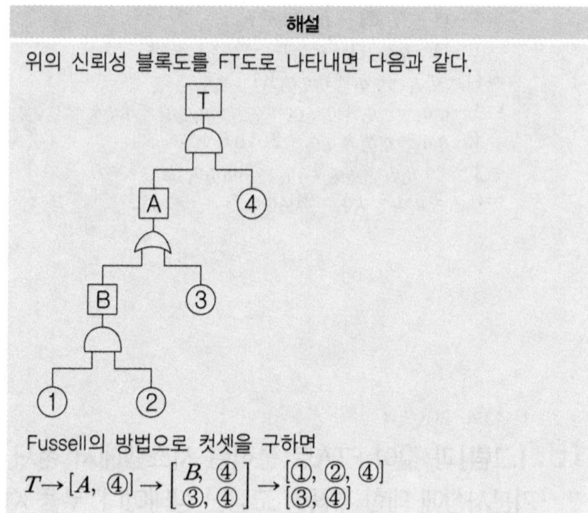

Fussell의 방법으로 컷셋을 구하면

$T \rightarrow [A, ④] \rightarrow \begin{bmatrix} B, ④ \\ ③, ④ \end{bmatrix} \rightarrow \begin{matrix} [①, ②, ④] \\ [③, ④] \end{matrix}$

□□□ 17년3회

18. FTA 결과 다음과 같은 패스셋을 구하였다. X_4가 중복사상인 경우, 최소 패스셋(minimal path sets)으로 맞는 것은?

[다음]

$\{X_2, X_3, X_4\}$

$\{X_1, X_3, X_4\}$

$\{X_3, X_4\}$

① $\{X_3, X_4\}$
② $\{X_1, X_3, X_4\}$
③ $\{X_2, X_3, X_4\}$
④ $\{X_2, X_3, X_4\}$와 $\{X_3, X_4\}$

해설

최소 패스셋(minimal path sets)
포함되어 있는 모든 기본사상이 모두 일어나지 않을 때 정상사상이 발생하지 않는 최소한의 집합으로 3개의 패스셋에서 중복되는 부분은 $\{X_3, X_4\}$이다.

□□□ 11년3회, 14년3회, 22년2회

19. [그림]과 같은 FT도에 대한 미니멀 컷셋(minimal cut sets)으로 옳은 것은? (단, Fussell의 알고리즘을 따른다.)

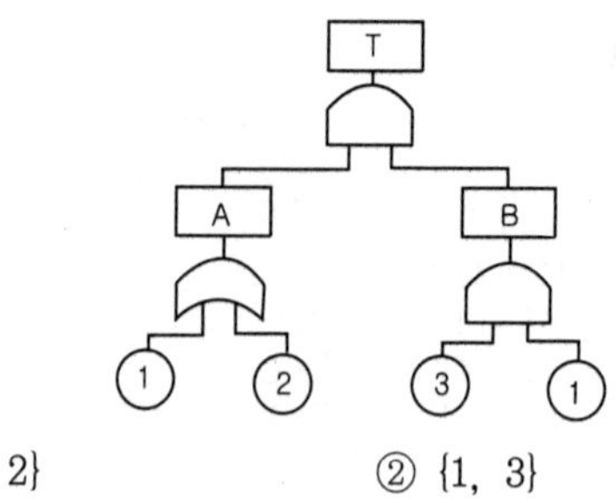

① {1, 2}　　② {1, 3}
③ {2, 3}　　④ {1, 2, 3}

해설

$T \rightarrow [A, B] \rightarrow \begin{bmatrix} ①, B \\ ②, B \end{bmatrix} \rightarrow \begin{bmatrix} ①, ③, ① \\ ②, ③, ① \end{bmatrix}$

미니멀 컷셋 [①, ③]

□□□ 17년1회, 21년3회

20. 다음 FT도에서 최소 컷셋을 올바르게 구한 것은?

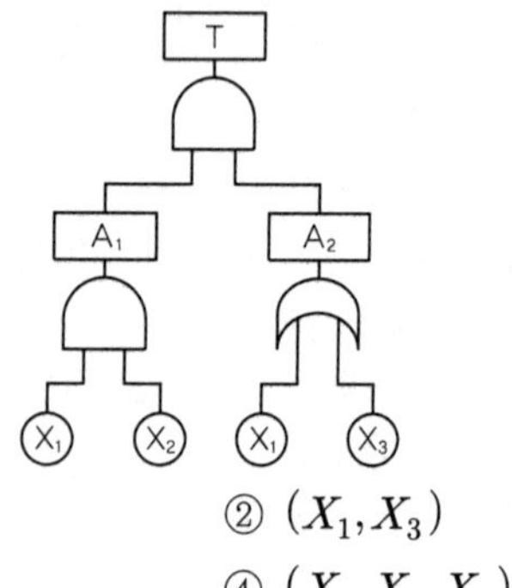

① (X_1, X_2)　　② (X_1, X_3)
③ (X_2, X_3)　　④ (X_1, X_2, X_3)

해설

$T \rightarrow [A_1, A_2] \rightarrow [X_1, X_2, A_2] \rightarrow \begin{bmatrix} X_1, X_2, X_1 \\ X_1, X_2, X_3 \end{bmatrix}$

미니멀 컷셋 $[X_1, X_2]$

정답 17 ④ 18 ① 19 ② 20 ①

□□□ 13년2회, 16년3회, 19년3회

21. 다음 중 FT도에서 Minimal cut set 으로만 올바르게 나열한 것은?

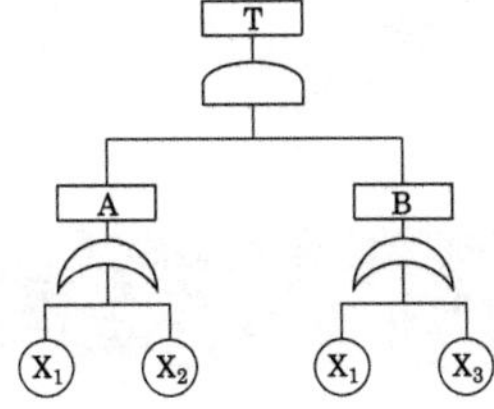

① $[X_1, X_2]$, $[X_1, X_3]$

② $[X_1]$, $[X_2]$

③ $[X_1]$, $[X_2, X_3]$

④ $[X_1, X_2, X_3]$

해설

$$T \rightarrow [A, B] \rightarrow \begin{bmatrix} X_1, B \\ X_2, B \end{bmatrix} \rightarrow \begin{bmatrix} X_1 & X_1 \\ X_1 & X_3 \\ X_2 & X_1 \\ X_2 & X_3 \end{bmatrix} \rightarrow \begin{bmatrix} X_1 & \\ X_1 & X_3 \\ X_1 & X_2 \\ X_2 & X_3 \end{bmatrix}$$

미니멀 컷셋 $[X_1][X_2, X_3]$

정답 21 ③

Chapter 07

위험성평가 및 설비 유지관리

위험성평가 및 설비 유지관리에서는 위험성평가의 방법 및 단계, 설비의 유지관리, 고장률에 대한 내용으로 여기에서는 위험성평가의 각 단계와 신뢰도에 관한 문제가 주로 출제된다.

01 위험성 평가(제조업)

(1) 정의

화합물질을 제조, 저장, 취급하는 화학설비(건조설비 포함)를 신설, 변경, 이전하는 경우, 설계단계에서 화학설비의 안전성 확보를 위한 사전평가 방법을 제시하여 위험을 근원적으로 예방한다.

[관련법령]

산업안전보건법 제36조【위험성평가의 실시】

사업주는 건설물, 기계 · 기구 · 설비, 원재료, 가스, 증기, 분진, 근로자의 작업행동 또는 그 밖의 업무로 인한 유해 · 위험 요인을 찾아내어 부상 및 질병으로 이어질 수 있는 위험성의 크기가 허용 가능한 범위인지를 평가하여야 하고, 그 결과에 따라 이 법과 이 법에 따른 명령에 따른 조치를 하여야 하며, 근로자에 대한 위험 또는 건강장해를 방지하기 위하여 필요한 경우에는 추가적인 조치를 하여야 한다.

(2) 안전성 평가의 단계

단계	내용	단계	내용
1단계	관계자료의 작성준비	4단계	안전대책
2단계	정성적 평가	5단계	재해정보에 의한 재평가
3단계	정량적 평가	6단계	FTA에 의한 재평가

(3) 안전성 평가의 진행

① 제1단계 : 관계자료의 작성준비

관계자료의 조사항목
• 입지조건과 관련된 지질도와 풍배도(風配圖) 등의 입지에 관한 도표 • 화학설비 배치도 (설비내의 기기, 건조물, 기타 시설의 배치도) • 건조물의 평면도, 입면도 및 단면도 • 기계실 및 전기실의 평면도, 단면도 및 입면도 • 원재료, 중간체, 제품 등의 물리적, 화학적 성질 및 인체에 미치는 영향 • 제조공정의 개요(Process flow sheet에 따라 제조공정의 개요를 정리) • 제조공정상 일어나는 화학반응(운전조건에서 정상 반응, 이상반응의 가능성, 폭주반응 또는 불안전한 물질에 의한 폭발, 화재 등의 발생에 관해서 검토하고 자료를 정리) • 공정계통도 • 공정기기목록 • 배관, 계장계통도 • 안전설비의 종류와 설치장소 • 운전요령, 요원배치계획, 안전보건교육 훈련계획

② 제2단계 : 정성적 평가

주요 진단항목

1. 설계 관계	2. 운전 관계
• 입지 조건 • 공장내 배치 • 건 조 물 • 소방설비	• 원재료, 중간체, 제품 • 공 정 • 수송, 저장 등 • 공정기기

③ 3단계 : 정량적 평가

주요 진단항목

1. 분류 항목	2. 등급 분류
• 당해 화학설비의 취급물질 • 용량 • 온도 • 압력 • 조작	• A(10점) • B(5점) • C(2점) • D(0점)

위험도 등급

등 급	점 수	내용
등 급 Ⅰ 등 급 Ⅱ 등 급 Ⅲ	16점 이상 11~15점 이하 10점 이하	위험도가 높다. 주위상황, 다른 설비와 관련해서 평가 위험도가 낮다.

예제

다음 [표]는 불꽃놀이용 화학물질취급설비에 대한 정량적 평가이다. 각 항목에 대한 위험등급은 어떻게 되는가?

항목	A (10점)	B (5점)	C (2점)	D (0점)
취급물질	○	○	○	
조작		○		○
화학설비의 용량	○		○	
온도	○	○		
압력		○	○	○

① 취급물질 : 17점, Ⅰ등급
② 조작 : 5점, Ⅲ등급
③ 화학설비의 용량 : 12점, Ⅱ등급
④ 온도 : 15점 Ⅱ등급
⑤ 압력 : 7점, Ⅲ등급

[안전성 평가의 정밀진단기술]

(1) 고장해석기술 : 강제열화시험, 파괴시험, 파단면해석, 화학분석
(2) 고장검출기술 : 회전기계, 전동기, 정지기계, 배관류의 진단기술

[교육훈련 관리대책]

(1) 이론(학과)내용
- 위험물 및 화학반응에 관한 지식
- 화학설비 등의 구조 및 취급방법
- 화학설비 등의 운전 및 보전의 방법
- 작업규정
- 재해사례
- 관계법령

(2) 실습 내용
- 운전
- 경보 및 보전의 방법
- 긴급시의 조작방법

④ 4단계 : 안전 대책

설비 대책	관리적 대책
안전장치 및 방재장치에 관한 대책	인원 배치, 교육훈련 및 보건 대책

적정 인원 배치

구분	위험등급 Ⅰ	위험등급 Ⅱ	위험등급 Ⅲ
인원	긴급시, 동시 다른 장소에서 작업이 가능한 충분한 인원 배치	긴급시, 동시 다른 장소에서 작업이 가능한 인원 배치	긴급시 주작업을 하고 지원이 확보될 수 있는 인원의 배치
자격	법정자격자를 복수로 배치, 관리밀도가 높은 인원 배치	법정자격자가 복수로 배치되어 있는 인원 배치	법정자격자를 충분히 배치

⑤ 제5단계 : 재평가

제4단계에서 안전대책을 강구한 후 그 설계내용에 동종설비 또는 동종장치의 재해정보를 적용하여 안전대책의 재평가

(4) 유해 위험방지계획서

① 유해 위험방지계획서의 제출대상 사업

㉠ 다음의 제출대상 사업으로 해당 제품의 생산 공정과 직접적으로 관련된 건설물 · 기계 · 기구 및 설비 등 일체를 설치 · 이전하거나 그 주요 구조부분을 변경하려는 경우

사업의 종류	기준
(1) 금속가공제품(기계 및 가구는 제외) 제조업 (2) 비금속 광물제품 제조업 (3) 기타 기계 및 장비 제조업 (4) 자동차 및 트레일러 제조업 (5) 식료품 제조업 (6) 고무제품 및 플라스틱 제조업 (7) 목재 및 나무제품 제조업 (8) 기타제품 제조업 (9) 1차 금속산업 (10) 가구 제조업 (11) 화학물질 및 화학제품 제조업 (12) 반도체 제조업 (13) 전자부품 제조업	전기 계약용량 300kW 이상인 사업

㉡ 첨부서류
- 건축물 각 층의 평면도
- 기계 · 설비의 개요를 나타내는 서류
- 기계 · 설비의 배치도면
- 원재료 및 제품의 취급, 제조 등의 작업방법의 개요
- 그 밖에 고용노동부장관이 정하는 도면 및 서류

제조업의 유해위험방지계획서 첨부서류는 건설업의 내용과 차이가 있으므로 주의하자

② 유해 · 위험방지계획서의 제출대상 기계 · 기구 및 설비

㉠ 다음의 유해하거나 위험한 작업 또는 장소에서 사용하거나 건강장해를 방지하기 위하여 사용하는 기계 · 기구 및 설비를 설치 · 이전하거나 그 주요 구조부분을 변경하려는 경우
- 금속이나 그 밖의 광물의 용해로
- 화학설비
- 건조설비
- 가스집합 용접장치
- 제조 등 금지물질 또는 허가대상물질 관련 설비
- 분진작업 관련 설비

㉡ 첨부서류
- 설치장소의 개요를 나타내는 서류
- 설비의 도면
- 그 밖에 고용노동부장관이 정하는 도면 및 서류

③ 유해 위험방지계획서의 심사

해당작업 시작 전 15일 전까지 공단에 2부 제출하여 심사

결과	내용
적정	근로자의 안전과 보건을 위하여 필요한 조치가 구체적으로 확보되었다고 인정되는 경우
조건부 적정	근로자의 안전과 보건을 확보하기 위하여 일부 개선이 필요하다고 인정되는 경우
부적정	기계 · 설비 또는 건설물이 심사기준에 위반되어 공사착공 시 중대한 위험발생의 우려가 있거나 계획에 근본적 결함이 있다고 인정되는 경우

[유해 · 위험방지 계획서 공단 확인사항]

(1) 유해 · 위험방지계획서의 내용과 실제 공사 내용이 부합하는지 여부
(2) 유해 · 위험방지계획서 변경내용의 적정성
(3) 추가적인 유해 · 위험요인의 존재 여부

01 핵심문제 1. 위험성 평가(제조업)

□□□ 10년1회

1. 안전성 평가의 단계를 6단계로 구분하였을 때 이에 해당되지 않는 것은?

① 안전대책 ② 경제성 평가
③ 관계 자료의 정비 ④ FTA에 의한 재평가

문제 1~5 해설

안전성 평가의 6단계
1단계 : 관계자료의 정비검토 2단계 : 정성적 평가
3단계 : 정량적 평가 4단계 : 안전대책
5단계 : 재해정보에 의한 재평가 6단계 : FTA에 의한 재평가

□□□ 10년2회, 13년1회, 18년3회

2. 다음 중 안전성 평가의 기본원칙 6단계에 해당되지 않는 것은?

① 관계 자료의 정비검토 ② 정성적 평가
③ 작업 조건의 평가 ④ 안전대책

□□□ 12년2회, 19년3회

3. 금속세정작업장에서 실시하는 안정성 평가단계를 다음과 같이 5가지로 구분할 때 다음 중 4단계에 해당하는 것은?

• 재평가 • 안전대책
• 정량적 평가 • 정성적 평가
• 관계자료의 작성준비

① 안전대책 ② 정성적 평가
③ 정량적 평가 ④ 재평가

□□□ 14년2회

4. [보기]는 화학설비의 안전성 평가 단계를 간략히 나열한 것이다. 다음 중 평가 단계 순서를 올바르게 나타낸 것은?

[보기]
㉠ 관계 자료의 작성준비 ㉡ 정량적 평가
㉢ 정성적 평가 ㉣ 안전대책

① ㉠ → ㉢ → ㉡ → ㉣ ② ㉠ → ㉡ → ㉣ → ㉢
③ ㉠ → ㉢ → ㉣ → ㉡ ④ ㉠ → ㉡ → ㉢ → ㉣

□□□ 17년1회

5. 화학설비의 안전성 평가의 5단계 중 제2단계에 속하는 것은?

① 작성준비 ② 정량적평가
③ 안전대책 ④ 정성적평가

□□□ 12년1회

6. 화학설비의 안전성 평가단계 중 "관계 자료의 작성준비"에 있어 관계자료의 조사항목과 가장 관계가 먼 것은?

① 입지에 관한 도표 ② 온도, 압력
③ 공정기기목록 ④ 화학설비 배치도

해설

[참고] 관계자료의 조사항목
1. 입지조건
2. 화학설비 배치도
3. 건조물의 평면도, 입면도 및 단면도
4. 기계실 및 전기실의 평면도, 단면도, 및 입면도
5. 원재료, 중간체, 제품 등의 물리적, 화학적 성질 및 인체에 미치는 영향
6. 제조공정의 개요
7. 제조공정상 일어나는 화학반응
8. 공정 계통도
9. 공정기기 목록
10. 배관, 계장계통도
11. 안전설비의 종류와 설치장소
12. 운전요령, 요원배치계획, 안전보건교육 훈련계획
13. 기타 관계자료

□□□ 13년2회, 16년2회

7. 화학설비에 대한 안전성 평가방법 중 공장의 입지조건이나 공장 내 배치에 관한 사항은 제 몇 단계에서 하는가?

① 제1단계 : 관계자료의 작성 준비
② 제2단계 : 정성적 평가
③ 제3단계 : 정량적 평가
④ 제4단계 : 안전대책

문제 7~11 해설

[참고] 정성적 평가항목

1. 설계 관계	2. 운전 관계
(1) 입지 조건 (2) 공장내 배치 (3) 건 조 물 (4) 소방설비	(1) 원재료, 중간체 제품 (2) 공 정 (3) 수송, 저장 등 (4) 공정기기

정답 1 ② 2 ③ 3 ① 4 ① 5 ④ 6 ② 7 ②

□□□ 16년3회

8. 안전성 평가 항목에 해당하지 않은 것은?

① 작업자에 대한 평가 ② 기계설비에 대한 평가
③ 작업공정에 대한 평가 ④ 레이아웃에 대한 평가

해설

②항, 취급물질은 정량적 평가항목이다.

□□□ 11년3회

9. 다음 중 안정성 평가의 제2단계인 정성적 평가 시 진단항목으로 가장 적절한 것은?

① 교육훈련 계획
② 공정기기 목록
③ 적정한 인원 배치 계획
④ 공정 작업을 위한 작업규정 유무

□□□ 15년2회, 19년1회

10. 염산을 취급하는 A 업체에서는 신설 설비에 관한 안전성 평가를 실시해야 한다. 다음 중 정성적 평가단계에 있어 설계와 관련된 주요 진단 항목에 해당하는 것은?

① 공장 내의 배치
② 제조공정의 개요
③ 재평가 방법 및 계획
④ 안전 · 보건교육 훈련계획

□□□ 14년3회, 18년1회, 22년1회

11. A사의 안전관리자는 자사 화학 설비의 안전성 평가를 위해 제2단계인 정성적 평가를 진행하기 위하여 평가 항목 대상을 분류하였다. 다음 주요 평가 항목 중에서 성격이 다른 것은?

① 건조물 ② 공장내 배치
③ 입지조건 ④ 원재료, 중간제품

□□□ 17년3회, 21년1회

12. 화학설비에 대한 안전성 평가에서 정성적 평가 항목이 아닌 것은?

① 건조물 ② 취급물질
③ 공장내의 배치 ④ 입지조건

□□□ 08년1회, 16년1회, 20년1·2회

13. 화학설비에 대한 안전성 평가에서 정량적 평가항목에 해당되지 않는 것은?

① 취급물질 ② 화학설비용량
③ 공정 ④ 압력

문제 13~16 해설

정량적 평가 항목
1. 당해 화학설비의 취급물질
2. 용량
3. 온도
4. 압력
5. 조작

□□□ 08년2회, 10년3회

14. 화학설비에 대한 안전성 평가에서 정량적 평가 항목에 해당하지 않는 것은?

① 보전 ② 조작
③ 취급물질 ④ 화학설비용량

□□□ 14년1회, 20년3회

15. 다음 중 화학설비의 안정성 평가에서 정량적 평가의 항목에 해당되지 않는 것은?

① 조작 ② 취급물질
③ 훈련 ④ 설비용량

□□□ 19년2회

16. 화학설비에 대한 안전성 평가(safety assessment)에서 정량적 평가 항목이 아닌 것은?

① 습도 ② 온도
③ 압력 ④ 용량

정답 8 ① 9 ④ 10 ① 11 ④ 12 ② 13 ③ 14 ① 15 ③ 16 ①

□□□ 15년3회

17. 다음 중 기계 설비의 안전성 평가 시 정밀진단기술과 가장 관계가 먼 것은?

① 파단면 해석　② 강제열화 테스트
③ 파괴 테스트　④ 인화점 평가 기술

해설

정밀진단기술
1. 고장해석기술 : 강제열화시험, 파괴시험, 파단면해석, 화학분석
2. 고장검출기술 : 회전기계, 전동기, 정지기계, 배관류의 진단기술

□□□ 11년1회, 13년2회, 16년3회

18. 다음 중 산업안전보건법상 유해 · 위험방지계획서를 제출하여야 기계 · 기구 및 설비에 해당하지 않는 것은?

① 공기압축기　② 건조설비
③ 화학설비　④ 가스집합 용접장치

문제 18, 19 해설

산업안전보건법상 유해 · 위험방지계획서를 제출하여야 하는 기계 · 기구 및 설비
1. 금속이나 그 밖의 광물의 용해로
2. 화학설비
3. 건조설비
4. 가스집합 용접장치
5. 허가대상 · 관리대상 유해물질 및 분진작업 관련 설비

□□□ 18년1회

19. 산업안전보건법령상 유해하거나 위험한 장소에서 사용하는 기계 · 기구 및 설비를 설치 · 이전하는 경우 유해 · 위험방지계획서를 작성, 제출하여야 하는 대상이 아닌 것은?

① 화학설비　② 금속 용해로
③ 건조설비　④ 전기용접장치

□□□ 11년2회, 12년3회, 13년3회, 16년2회, 17년1회, 19년2회

20. 산업안전보건법에 따라 유해위험방지계획서의 제출 대상사업은 해당 사업으로서 전기 계약용량이 얼마 이상인 사업을 말하는가?

① 150kW　② 200kW
③ 300kW　④ 500kW

해설

유해 · 위험방지계획서 제출 대상 사업장은 "대통령령으로 정하는 업종 및 규모에 해당하는 사업"이란 다음 아래에 해당하는 사업으로서 전기사용설비의 정격용량의 합이 300킬로와트 이상인 사업을 말한다.

□□□ 13년1회, 15년1회, 19년1회

21. 다음 중 제조업의 유해 · 위험방지계획서 제출 대상 사업장에서 제출하여야 하는 유해 · 위험방지계획서의 첨부서류와 가장 거리가 먼 것은?

① 공사개요서
② 건축물 각 층의 평면도
③ 기계 · 설비의 배치 도면
④ 원재료 및 제품의 취급, 제조 등의 작업방법의 개요

해설

공사개요서는 건설업 유해 · 위험방지계획서의 첨부서류에 해당된다.

첨부서류
- 건축물 각 층의 평면도
- 기계 · 설비의 개요를 나타내는 서류
- 기계 · 설비의 배치도면
- 원재료 및 제품의 취급, 제조 등의 작업방법의 개요
- 그 밖에 고용노동부장관이 정하는 도면 및 서류

□□□ 12년2회, 14년3회, 15년2회, 20년1·2회, 20년3회

22. 다음은 유해 · 위험방지계획서의 제출에 관한 설명이다. (　) 안의 내용으로 옳은 것은?

> 산업안전보건법령상 제출대상 사업으로 제조업의 경우 유해 · 위험방지계획서를 제출하려면 관련 서류를 첨부하여 해당 작업 시작 (㉠) 까지, 건설업의 경우 해당 공사의 착공 (㉡) 까지 관련 기관에 제출하여야 한다.

① ㉠ : 15일 전, ㉡ : 전날
② ㉠ : 15일 전, ㉡ : 7일 전
③ ㉠ : 7일 전, ㉡ : 전날
④ ㉠ : 7일 전, ㉡ : 3일 전

문제 22, 23 해설

산업안전보건법 시행규칙 제42조(제출서류 등)
유해 · 위험방지계획서는 해당 작업 시작 15일 전까지 공단에 2부를 제출하여야 한다.

정답 17 ④ 18 ① 19 ④ 20 ③ 21 ① 22 ①

□□□ 16년1회

23. 다음 중 산업안전보건법 시행규칙상 유해 · 위험방지 계획서의 제출 기관으로 옳은 것은?

① 대한산업안전협회 ② 안전관리대행기관
③ 한국건설기술인협회 ④ 한국산업안전보건공단

□□□ 14년1회, 15년3회, 17년3회

24. 산업안전보건법령상 유해 · 위험방지계획서의 심사 결과에 따른 구분 · 판정에 해당하지 않는 것은?

① 적정 ② 일부적정
③ 부적정 ④ 조건부적정

해설

심사 결과의 구분
1. 적정 : 근로자의 안전과 보건을 위하여 필요한 조치가 구체적으로 확보되었다고 인정되는 경우
2. 조건부 적정 : 근로자의 안전과 보건을 확보하기 위하여 일부 개선이 필요하다고 인정되는 경우
3. 부적정 : 기계 · 설비 또는 건설물이 심사기준에 위반되어 공사착공 시 중대한 위험발생의 우려가 있거나 계획에 근본적 결함이 있다고 인정되는 경우

□□□ 14년2회

25. 다음 중 산업안전보건법에 따라 제조업의 유해 · 위험 방지계획서를 작성하고자 할 때 관련 규정에 따라 1명 이상 포함시켜야 하는 사람의 자격으로 적합하지 않은 것은?

① 안전관리분야 기술사 자격을 취득한 사람
② 기계안전 · 전기안전 · 화공안전분야의 산업안전지도사 자격을 취득한 사람
③ 기사 자격을 취득한 사람으로서 해당 분야에서 5년 근무한 경력이 있는 사람
④ 한국산업안전보건공단이 실시하는 관련 교육을 8시간 이수한 사람

해설

사업주는 계획서를 작성할 때에 다음 각 호의 어느 하나에 해당하는 자격을 갖춘 사람 또는 공단이 실시하는 관련교육을 20시간 이상 이수한 사람 중 1명 이상을 포함시켜야 한다.
1. 기계, 재료, 화학, 전기 · 전자, 안전관리 또는 환경분야 기술사 자격을 취득한 사람
2. 기계안전 · 전기안전 · 화공안전분야의 산업안전지도사 또는 산업보건지도사 자격을 취득한 사람
3. 제1호 관련분야 기사 자격을 취득한 사람으로서 해당 분야에서 3년 이상 근무한 경력이 있는 사람
4. 제1호 관련분야 산업기사 자격을 취득한 사람으로서 해당 분야에서 5년 이상 근무한 경력이 있는 사람
5. 「고등교육법」에 따른 대학 및 산업대학(이공계 학과에 한정한다)을 졸업한 후 해당 분야에서 5년 이상 근무한 경력이 있는 사람 또는 「고등교육법」에 따른 전문대학(이공계 학과에 한정한다)을 졸업한 후 해당 분야에서 7년 이상 근무한 경력이 있는 사람
6. 「초 · 중등교육법」에 따른 전문계 고등학교 또는 이와 같은 수준 이상의 학교를 졸업하고 해당 분야에서 9년 이상 근무한 경력이 있는 사람

□□□ 15년1회

26. 다음 중 일반적인 화학설비에 대한 안전성 평가(safety assessment) 절차에 있어 안전대책 단계에 해당되지 않는 것은?

① 보전 ② 설비 대책
③ 위험도 평가 ④ 관리적 대책

해설

화학설비에 대한 안전성 평가(safety assessment) 절차에 있어 안전대책 단계에 설비 대책, 관리적 대책, 보전이 있다.

□□□ 19년2회

27. 공정안전관리(process safety management : PSM)의 적용대상 사업장이 아닌 것은?

① 복합비료 제조업
② 농약 원제 제조업
③ 차량 등의 운송설비업
④ 합성수지 및 기타 플라스틱물질 제조업

해설

공정안전보고서의 제출 대상
1. 원유 정제처리업
2. 기타 석유정제물 재처리업
3. 석유화학계 기초화학물질 제조업 또는 합성수지 및 기타 플라스틱물질 제조업. 다만, 합성수지 및 기타 플라스틱물질 제조업은 별표 10의 제1호 또는 제2호에 해당하는 경우로 한정한다.
4. 질소 화합물, 질소 · 인산 및 칼리질 화학비료 제조업 중 질소질 화학비료 제조업
5. 복합비료 및 기타 화학비료 제조업 중 복합비료 제조업(단순혼합 또는 배합에 의한 경우는 제외한다)
6. 화학 살균 · 살충제 및 농업용 약제 제조업(농약 원제 제조만 해당한다)
7. 화약 및 불꽃제품 제조업

[참고] 산업안전보건법 시행령 제43조 【공정안전보고서의 제출 대상】

정답 23 ④ 24 ② 25 ④ 26 ③ 27 ③

02 설비 유지관리

(1) 설비의 유지관리

① 설비의 구분

구분	내용
일반설비	범용설비(汎用設備)라고도 하며 주로 기능의 전반적 가공을 할 수 있도록 설계되어 있다.
특수기계설비	단일목적의 특수가공을 할 수 있도록 설계되어 특정작업에서는 높은 능률로 작업을 수행할 수 있는 전용설비이다.

② 설비관리 용어의 정의

용어	내용
열화손실비	보전비를 들여 상태를 유지시키는 경우 기회 손실비(opportunity cost) 즉, 열화 손실비는 감소
보전비용	시간 또는 설비 처리량은 경과할수록 단위기간 당 열화 손실비는 증가하게 되고, 단위시간 당 보전비는 시간이 길수록 감소한다.
설비의 최적 수리주기	열화 손실비와 단위시간 당 보전비용의 합계가 최소가 되는 시점
보수자재관리	결함을 시정하여 항상 올바른 능력과 상태를 유지시키는데 노력하도록 감시, 정비, 관리하도록 하는 것
윤활	기계의 마찰은 동력 손실과 마모에 의해 기계의 고장원인과 재해원인이 되므로 이 마찰을 감소시키기 위해 실시되는 것
윤활관리	공정 전반의 기계 윤활 주기에서 적정한 윤활유를 적정량 주유(注油)하도록 계획하고 실시하기 위한 관리를 윤활관리라고 한다.

[청소 및 청결(5S운동)]

(1) 정리(seiri) : 필요한 것과 불필요한 것을 구분하여 불필요한 것을 없애는 것
(2) 정돈(seiton) : 필요한 것을 언제든지 필요한 때 끄집어내어 쓸 수 있는 상태로 하는 것
(3) 청소(seisoh) : 쓰레기와 더러움이 없는 상태로 만드는 것
(4) 청결(seiketsu) : 정리 · 정돈 · 청소의 상태를 유지하는 것
(5) 습관화(shitsuke) : 정해진 일을 올바르게 지키는 습관을 생활화하는 것

[적정윤활의 원칙]

(1) 설비에 적합한 윤활유의 선정
(2) 적정량의 규정
(3) 올바른 윤활법의 채용
(4) 윤활기간의 올바른 준수

(2) 예방보전대상

구분	내용
고장예측 가능성	일반적으로 고장시간의 분포가 평균 고장시간 근처에 집중되어 있는 기계를 예방보전 대상으로 한다.
보전시간의 길이	예방보전에 소요되는 시간이 수리보전시간보다 작은 경우에 실시
고장으로 인한 손실	예방보전 관계비용(예방보전 비용과 PM 기간 중의 고장 수리비용)이 고장평균 손실액보다 작은 경우에 실시

(3) 고장률 (욕조곡선)

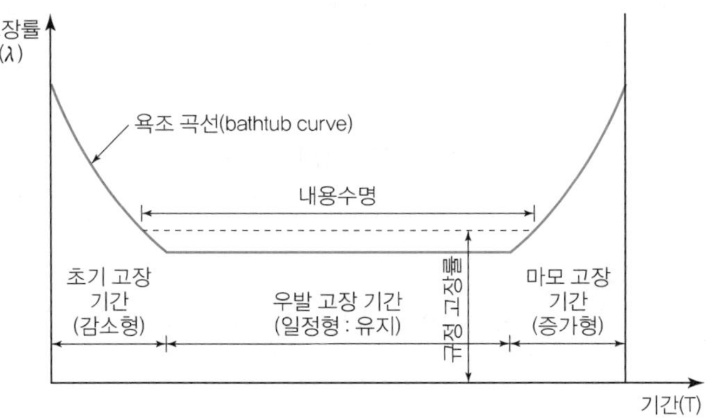

고장의 발생

구분	내용
초기고장	• 불량제조나 생산과정에서의 품질관리의 미비로부터 생기는 고장으로서 점검작업이나 시운전 등으로 사전에 방지할 수 있는 고장이다. • 초기고장은 결함을 찾아내 고장률을 안정시키는 기간이라 하여 디버깅(debugging) 기간이라고도 한다.
우발고장	• 예측할 수 없을 때에 생기는 고장으로 시운전이나 점검작업으로는 방지 할 수 없다. • 각 요소의 우발고장에 있어서는 평균고장시간과 비율을 알고 있으면 제어계의 신뢰도를 구할 수 있다.
마모고장	• 장치의 일부가 수명을 다해서 생기는 고장으로서, 안전진단 및 적당한 보수에 의해서 방지할 수 있는 고장이다.

[Screening]

예측되는 결함을 사전에 제거하기 위해 비파괴적 선별을 하여 신뢰성을 증가시키는 시험으로 초기고장단계에 사용된다.

[푸아송 분포]

단위 시간 안에 어떤 사건이 몇 번 발생할 것인지를 표현하는 이산확률분포

(4) 우발고장 신뢰도

① 평균고장 시간 신뢰도

$$신뢰도\ R(t) = e^{-\frac{t}{t_0}}$$

(평균고장시간 t_0인 요소가 t 시간동안 고장을 일으키지 않을 확률)

② 지수분포 신뢰도

㉠ 포아송 분포에서 $k=0$으로 가정하면 시간 t 까지 0번의 고장 발생확률이 구해진다.

㉡ 이 분포는 부품의 고장률이 시간에 따라 변하지 않고 일정할 때 많이 사용되는 분포이다.

$$\text{신뢰도 } R(t) = e^{-\lambda t}$$

↓

$$\text{불신뢰도 } F(t) = 1 - e^{-\lambda t}$$

↓

$$\text{밀도함수 } P(t) = \frac{dF(t)}{dt} = \lambda e^{-\lambda t}$$

(5) 평균고장률

① MTBF(mean time between failures)
고장사이의 작동시간 평균치, 즉 평균고장 간격을 말한다.(수리가능)

② MTTF(mean time to failures)
고장이 일어나기까지의 동작시간 평균치를 말한다.(수리불가능)

$$MTBF, MTTF = \frac{\text{총 작동시간}}{\text{고장개수}} = \frac{T}{r}$$

③ MTTR(mean time to repair)
총 수리시간을 그 기간의 수리 횟수로 나눈 시간으로 사후보존에 필요한 평균치로서 평균 수리시간은 지수분포를 따른다.

$$\text{MTTR} = \frac{\text{총 작동시간}}{\text{수리횟수}}$$

④ 고장율(λ)

① $\text{고장률}(\lambda) = \dfrac{\text{고장건수}(r)}{\text{가동시간}(T)}$

② $\text{MTBF(mean time between failures)} = \dfrac{1}{\lambda}\left(= \dfrac{T}{r}\right)$

(6) 계의 수명

① 직렬계

$$\text{계의 수명} = \frac{MTTF}{n}$$

② 병렬계

$$계의\ 수명 = MTTF\left(1 + \frac{1}{2} + \cdots + \frac{1}{n}\right)$$

여기서, $MTTF$: 평균고장시간
n : 직렬 및 병렬계의 구성요소

(7) 가용도(Availability)

일정기간 동안 시스템이 고장없이 가동될 확률이다.

$$가용도 = \frac{작동시간}{작동시간 + 고장시간}$$

① $가용도(A) = \dfrac{MTTF}{MTTF + MTTR} = \dfrac{MTBF}{MTBF + MTTR}$

② $가용도(A) = \dfrac{\mu}{\lambda + \mu}$

λ : 평균고장률
μ : 평균수리율

(8) 보전성 공학

① 보전 방식

구분	내용
일상보전	설비의 열화를 방지하고 진행을 지연시켜 수명을 연장하기 위한 점검, 청소, 주유 및 교체 등의 활동하는 보전 방식
예방보전 (PM)	설비계획 및 설치시부터 고장이 없는 설비, 초기수리 보전 가능한 설비를 선택하는 보전 방식
사후보전 (BM)	설비 장치 · 기기가 기능의 저하, 또는 기능(고장) 정지된 뒤에 보수, 교체를 실시하는 것이며, 예방보전 보다 사후보전하는 편이 경제적인 기기에 대해서 계획적으로 보전을 하는 방법
보전예방 (MP)	설비의 계획 · 설계하는 단계에서 보전정보나 새로운 기술을 채용해서 신뢰성, 보전성, 경제성, 조작성, 안전성 등을 고려하여 보전비나 열화손실을 적게 하는 활동
개량보전 (CM)	설비의 신뢰성, 보전성, 안전성, 조작성 등의 향상을 목적으로 설비의 재질이나 형상의 개량을 하는 보전방법이다. 사후보전방식이다.

[보전성 설계 기준]

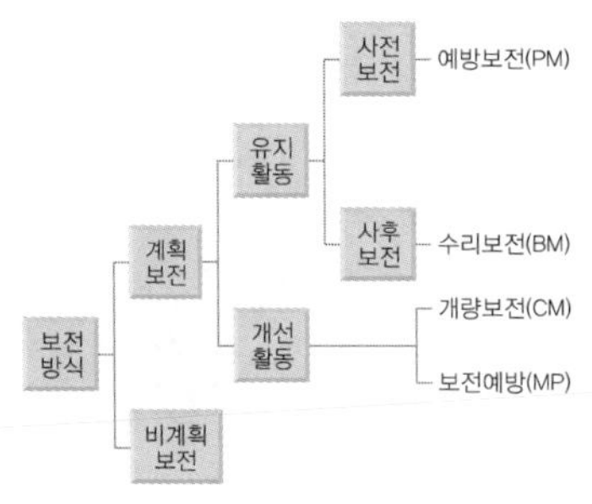

② TPM(Total Productive Maintenance)

구분	내용
정의	종합적 설비보전활동으로 사내 전 부분에 걸쳐서 최고경영자부터 현장 작업원에 이르기까지 전원이 참가하여 loss zero를 달성하려는 동기부여 관리에 의하여 생산보전을 추진해 나가는 것.
자주보전활동	운전자가 주체가 되는 보전활동으로 소집단 활동을 기초로 한 전원참가의 보전활동이다.

③ **집중보전**(Central Maintenance)

모든 보전작업 및 보전원을 한 관리자 밑에 두며, 보전현장도 한 곳에 집중된다. 또한 설계나 공사관리, 예방보전관리 등이 한 곳에서 집중적으로 이루어진다.

[보전기록자료]

신뢰성과 보전성 개선을 목적으로 한 효과적인 자료로 설비이력카드, MTBF분석표, 고장원인대책표 등이 있다.

④ **보전효과의 평가요소**

① 설비의 고장 도수율 $= \dfrac{\text{설비가동건수}}{\text{설비고장시간}}$

② 제품단위당 보전비 $= \dfrac{\text{총 보전비}}{\text{제품수량}}$

③ 운전 1시간당 보전비 $= \dfrac{\text{총 보전비}}{\text{설비운전시간}}$

④ 계획공사율 $= \dfrac{\text{계획공사공수}}{\text{전공수}}$

⑤ **설비효율의 평가**

① 설비종합효율 = 시간가동률 × 성능가동률 × 양품율
② 성능가동률 = 속도가동률 × 정미가동률
③ 시간가동률 = (부하시간 - 정지시간)/부하시간
④ 양품률 = 가공수량-불량수량/가공수량
⑤ 불량수량 = 시가동 불량수량+공정불량수+재가공수
⑥ 부하시간 = 조업시간-(생상계획 휴지시간+보전휴지시간
+일상관리상 휴지시간)
⑦ 정미가동율(일시정지에 따른 로스를 산출)
= 생산량 / 부하시간-정지시간

02 핵심문제 2. 설비 유지관리

□□□ 08년1회, 13년3회, 14년1회, 21년2회

1. 어떤 설비의 시간당 고장률이 일정하다고 하면 이 설비의 고장간격은 다음 중 어떠한 확률분포를 따르는가?

① t분포 ② Eyring 분포
③ 와이블분포 ④ 지수분포

해설

설비의 시간당 고장률이 일정하다고 한다면, 이 설비의 고장간격은 지수분포를 따른다.

[참고] 지수분포
포아송 분포에서 $k=0$으로 가정하면 시간 t 까지 0번의 고장 발생 확률이 구해진다. 즉, $R(t)=e^{-\lambda t}$ 이다.
그러므로 비신뢰도, $F(t)$는 $F(t)=1-e^{-\lambda t}$ 이고
밀도함수는 $P(t)=\dfrac{dF(t)}{dt}=\lambda e^{-\lambda t}$ 이다.

□□□ 12년2회, 20년3회

2. 다음 중 설비의 고장과 같이 특정시간 또는 구간에 어떤 사건의 발생확률이 적은 경우 그 사건의 발생횟수를 측정하는데 가장 적합한 확률분포는?

① 와이블 분포(Weibull distribution)
② 포아송 분포(Poisson distribution)
③ 지수 분포(exponential Distribution)
④ 이항 분포(binomial distribution)

해설

포아송 분포(Poisson distribution)란 단위 시간 안에 어떤 사건이 몇 번 발생할 것인지를 표현하는 이산 확률 분포이다.
①항, 와이블 분포(Weibull distribution)란 연속확률분포이다.
③항, 지수 분포(exponential Distribution)란 고장률이 아이템의 사용기간에 영향을 받지 않는 일정한 수명 분포이다.
④항, 이항 분포(binomial distribution)란 정규분포(正規分布)와 마찬가지로 모집단이 가지는 이상적인 분포형으로 정규분포가 연속변량인 데 대하여 이항분포는 이산변량이다.

□□□ 09년2회

3. 다음 중 시스템의 수명곡선에서 고장형태가 감소형에 해당하는 것은?

① 초기고장기간 ② 우발고장기간
③ 마모고장기간 ④ 피로고장기간

문제 3~5 해설

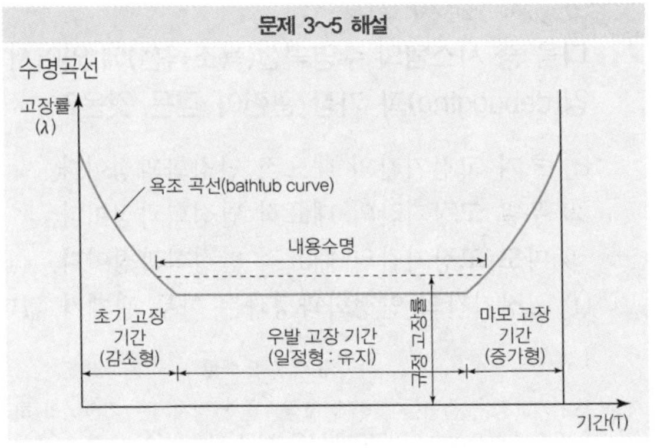

□□□ 16년1회, 21년2회

4. 다음 중 욕조곡선에서의 고장 형태에서 일정한 형태의 고장율이 나타나는 구간은?

① 초기 고장구간 ② 마모 고장구간
③ 피로 고장구간 ④ 우발 고장구간

□□□ 08년2회

5. 다음 중 시스템의 수명곡선(욕조곡선)에서 마모고장 기간의 고장형태로 옳은 것은?

① 감소형 ② 증가형
③ 일정형 ④ 지그재그형

□□□ 18년3회

6. 욕조곡선의 설명으로 맞는 것은?

① 마모고장 기간의 고장 형태는 감소형이다.
② 디버깅(Dedugging) 기간은 마모고장에 나타난다.
③ 부식 또는 산화로 인하여 초기고장이 일어난다.
④ 우발고장기간은 고장률이 비교적 낮고 일정한 현상이 나타난다.

해설

[참고] 고장의 유형
1. 초기고장 : 설계상, 구조상의 결함 또는 불량제조 · 생산과정 등의 품질관리 미비로 생기는 고장이나 점검작업, 시운전 시의고장으로 사전에 방지가 가능한 고장이다.
2. 우발고장 : 무리한 사용, 사용자의 과오 등으로 디버깅 기간 중에 발견되지 않는 고장이다.
3. 마모고장 : 기기의 수명이 다하여 생기는 고장으로 기계적인 요소나 부품의 마모, 부식이나 산화 등에 의해서 생기는 고장이다.

정답 1 ④ 2 ② 3 ① 4 ④ 5 ② 6 ④

□□□ 08년2회, 22년2회

7. 다음 중 시스템의 수명곡선(욕조곡선)에 있어서 디버깅(debugging)과 가장 관련이 깊은 것은?

① 초기 고장기간의 대표적 안정화과정이다.
② 우발 고장기간의 대표적 안정화과정이다.
③ 마모 고장기간의 대표적 안정화과정이다.
④ 고장기간의 안정화과정과는 아무 관계가 없다.

문제 7, 8 해설

초기고장은 결함을 찾아내 고장률을 안정시키는 기간이라 하여 디버깅(debugging) 기간이라고도 한다.

□□□ 18년1회

8. 기계설비 고장 유형 중 기계의 초기결함을 찾아내 고장률을 안정시키는 기간은?

① 마모고장 기간
② 우발고장 기간
③ 에이징(aging) 기간
④ 디버깅(debugging) 기간

□□□ 09년1회

9. 어떤 전자기기의 수명은 지수분포를 따르며, 그 평균수명은 10,000시간이라고 한다. 이 기기를 연속적으로 사용할 경우 10,000시간동안 고장 없이 작동할 확률은?

① $1-e^{-1}$ ② e^{-1}
③ $\frac{1}{2}$ ④ 1

해설

신뢰도 $R(t)=e^{-\frac{t}{t_0}}=e^{-\frac{10,000}{10,000}}=e^{-1}$

□□□ 09년3회

10. 지수분포를 따르는 A제품의 평균수명은 5,000시간이다. 이 제품을 연속적으로 6,000시간동안 사용할 경우 고장 없이 작동할 확률은?

① 0.3011 ② 0.4346
③ 0.5654 ④ 0.6989

해설

신뢰도 $R(t)=e^{-\frac{t}{t_0}}=e^{-\frac{6,000}{5,000}}=0.3011$

□□□ 10년3회, 15년1회, 17년1회

11. 프레스에 설치된 안전장치의 수명은 지수분포를 따르며 평균수명은 100시간이다. 새로 구입한 안전장치가 50시간 동안 고장 없이 작동할 확률(A)과 이미 100시간을 사용한 안전장치가 앞으로 100시간 이상 견딜 확률(B)은 약 얼마인가?

① A : 0.606, B : 0.368 ② A : 0.606, B : 0.606
③ A : 0.368, B : 0.606 ④ A : 0.368, B : 0.368

해설

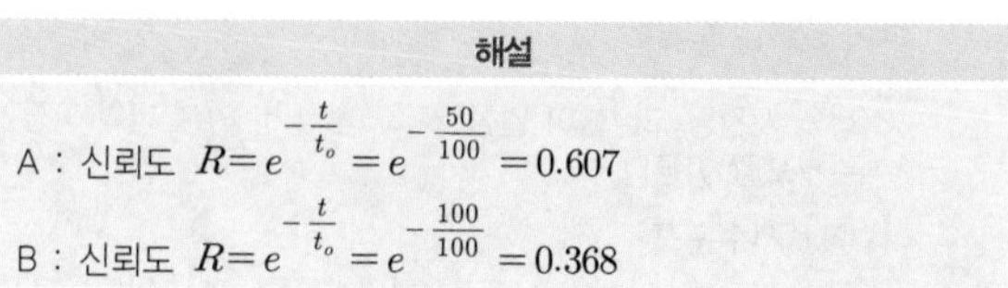

A : 신뢰도 $R=e^{-\frac{t}{t_o}}=e^{-\frac{50}{100}}=0.607$

B : 신뢰도 $R=e^{-\frac{t}{t_o}}=e^{-\frac{100}{100}}=0.368$

□□□ 13년3회

12. 어떤 전자회로에는 4개의 트랜지스터와 20개의 저항이 직렬로 연결되어 있다. 이러한 부품들이 정상운용 상태에서 다음과 같은 고장률을 가질 때 이 회로의 신뢰도는 얼마인가?

- 트랜지스터 : 0.00001/시간
- 저항 : 0.000001/시간

① $e^{-0.0006t}$ ② $e^{-0.000001t}$
③ $e^{-0.00006t}$ ④ $e^{-0.00004t}$

해설

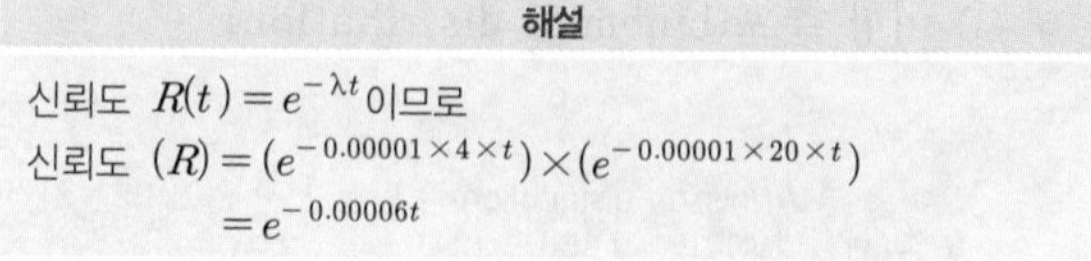

신뢰도 $R(t)=e^{-\lambda t}$이므로

신뢰도 $(R)=(e^{-0.00001\times4\times t})\times(e^{-0.00001\times20\times t})$
$=e^{-0.00006t}$

□□□ 11년3회

13. 일정한 고장률을 가진 어떤 기계의 고장률이 시간당 0.0004 일 때 10시간 이내에 고장을 일으킬 확률은?

① $1+e^{0.04}$ ② $1-e^{-0.004}$
③ $1-e^{0.04}$ ④ $1-e^{-0.00004}$

해설

$F(t=10)=1-R(t=10)$
$=1-e^{-\lambda t}=1-e^{-0.0004\times10}$
$=1-e^{-0.004}$

정답 7 ① 8 ④ 9 ② 10 ① 11 ① 12 ③ 13 ②

□□□ 12년3회, 18년2회, 21년1회

14. 시스템의 수명 및 신뢰성에 관한 설명으로 틀린 것은?

① 병렬설계 및 디레이팅 기술로 시스템의 신뢰성을 증가 시킬 수 있다.
② 직렬시스템에서는 부품들 중 최소 수명을 갖는 부품에 의해 시스템 수명이 정해진다.
③ 수리가 가능한 시스템의 평균 수명(MTBF)은 평균 고장률(λ)과 정비례 관계가 성립한다.
④ 수리가 불가능한 구성요소로 병렬구조를 갖는 설비는 중복도가 늘어날수록 시스템 수명이 길어진다.

해설

③항, 평균수명(MTBF)은 고장율(λ)과 반비례 관계가 성립한다.

$MTBF=\frac{1}{\lambda}$, 고장률$(\lambda)=\frac{고장건수(r)}{총가동시간(t)}$

□□□ 08년2회, 20년4회

15. 어느 부품 10000개를 10000시간 동안 가동 중에 5개의 불량품이 발생하였을 때 평균동작시간(MTTF)은?

① 1×10^6시간　② 2×10^7시간
③ 1×10^8시간　④ 2×10^9시간

해설

$MTTF=\frac{T(총작동시간)}{r(고장개수)}$
$=\frac{10,000\times10,000}{5}=2\times10^7$시간

□□□ 11년1회, 13년2회

16. 한 화학공장에는 24개의 공정제어회로가 있으며, 4000시간의 공정 가동 중 이 회로에는 14번의 고장이 발생하였고, 고장이 발생하였을 때마다 회로는 즉시 교체 되었다. 이 회로의 평균고장시간(MTTF)은 약 얼마인가?

① 6857시간　② 7571시간
③ 8240시간　④ 9800시간

해설

$MTTF=\frac{24\times4,000}{14}=6857.14$

□□□ 14년2회

17. 다음 중 어느 부품 1,000개를 100,000시간 동안 가동 중에 5개의 불량품이 발생하였을 때의 평균동작시간(MTTF)은 얼마인가?

① 1×10^6 시간　② 2×10^7 시간
③ 1×10^8 시간　④ 2×10^9 시간

해설

$MTTF=\frac{1,000\times100,000}{5}=2\times10^7$

□□□ 14년1회, 15년1회

18. 한 대의 기계를 120시간 동안 연속 사용한 경우 9회의 고장이 발생하였고, 이때의 총고장수리시간이 18시간이었다. 이 기계의 MTBF(Mean time between failure)는 약 몇 시간인가?

① 10.22　② 11.33
③ 14.27　④ 18.54

해설

$MTTF=\frac{T(총작동시간)}{r(고장개수)}$
$=\frac{120-18}{9}=11.33$

□□□ 10년2회

19. 다음 중 고장률이 λ인 n개의 구성부품이 병렬로 연결된 시스템의 평균수명($MTBFs$)을 구하는 식으로 옳은 것은? (단, 각 부품의 고장밀도함수는 지수분포를 따른다.)

① $MTBFs=\lambda^n$
② $MTBFs=n\lambda$
③ $MTBFs=\frac{1}{\lambda}+\frac{1}{2\lambda}+\cdots+\frac{1}{n\lambda}$
④ $MTBFs=\frac{1}{\lambda}\times\frac{1}{2\lambda}\times\cdots\times\frac{1}{n\lambda}$

해설

MTBF(mean time between failures)$=\frac{1}{\lambda}\left(=\frac{T}{r}\right)$이므로

병렬일 때 $MTBFs=\frac{1}{\lambda}+\frac{1}{2\lambda}+\cdots+\frac{1}{n\lambda}$로 표현할 수 있다.

정답 14 ③ 15 ② 16 ① 17 ② 18 ② 19 ③

□□□ 13년2회

20. 평균고장시간이 4×10^8 시간인 요소 4개가 직렬체계를 이루고 있을 때 이 체계의 수명은 몇 시간인가?

① 1×10^8　② 4×10^8
③ 8×10^8　④ 16×10^8

해설

직렬계의 수명
$=\frac{MTTF}{n}$ 이므로, $\frac{4\times10^8}{4}=1\times10^8$

□□□ 17년1회, 21년3회

21. 설비보전에서 평균수리시간의 의미로 맞는 것은?

① MTTR　② MTBF
③ MTTF　④ MTBP

해설

MTTR(mean time to repair)
총 수리시간을 그 기간의 수리 횟수로 나눈 시간으로 사후보존에 필요한 평균치로서 평균 수리시간은 지수분포를 따른다.

□□□ 16년1회

22. 한 대의 기계를 10시간 가동하는 동안 4회의 고장이 발생하였고, 이때의 고장수리시간이 다음 표와 같을 때 MTTR (Mean Time To Repair)은 얼마인가?

가동시간(hour)	수리시간(hour)
$T_1=2.7$	$T_a=0.1$
$T_2=1.8$	$T_b=0.2$
$T_3=1.5$	$T_c=0.3$
$T_4=2.3$	$T_d=0.3$

① 0.225시간/회　② 0.325시간/회
③ 0.425시간/회　④ 0.525시간/회

해설

MTTR(mean time to repair)$=\frac{\text{총 수리시간}}{\text{수리횟수}}$

MTTR$=\frac{0.1+0.2+0.3+0.3}{4}=0.225$

□□□ 10년1회, 19년2회, 22년2회

23. n개의 요소를 가진 병렬 시스템에 있어 요소의 수명($MTTF$)이 지수 분포를 따를 경우 이 시스템의 수명을 구하는 식으로 옳은 것은?

① $MTTF\times n$
② $MTTF\times\frac{1}{n}$
③ $MTTF\left(1+\frac{1}{2}+\ldots+\frac{1}{n}\right)$
④ $MTTF\left(1\times\frac{1}{2}\times\ldots\times\frac{1}{n}\right)$

해설

- 직렬계의 수명$=\frac{MTTF}{n}$
- 병렬계의 수명$=MTTF\left(1+\frac{1}{2}+\cdots+\frac{1}{n}\right)$

여기서, $MTTF$: 평균고장시간
n : 직렬 및 병렬계의 구성요소

□□□ 09년2회, 13년2회

24. 평균고장시간이 4×10^8 시간인 요소 4개가 직렬체계를 이루고 있을 때 이 체계의 수명은 몇 시간인가?

① 1×10^8　② 4×10^8
③ 8×10^8　④ 16×10^8

해설

계의 수명$=\frac{MTTF}{n}$ 이므로, $\frac{4\times10^8}{4}=1\times10^8$

□□□ 08년1회

25. 각각 1.2×10^4 시간의 수명을 가진 요소 4개가 병렬계를 이룰 때 이 계의 수명은 얼마인가?

① 3×10^3 시간　② 1.2×10^4 시간
③ 2.5×10^4 시간　④ 4.8×10^4 시간

해설

계의 수명 $=MTTF(1+\frac{1}{2}+\cdots+\frac{1}{n})$
$1.2\times10^4(1+\frac{1}{2}+\frac{1}{3}+\frac{1}{4})=2.5\times10^4$

정답 20 ① 21 ① 22 ① 23 ③ 24 ① 25 ③

□□□ 08년3회, 11년1회

26. A공장의 한 설비는 평균수리율이 0.5/시간이고, 평균 고장율은 0.001/시간이다. 이 설비의 가동성은 얼마인가? (단, 평균수리율과 평균고장율은 지수분포를 따른다.)

① 0.689 ② 0.789
③ 0.898 ④ 0.998

해설

가용도(A)$=\dfrac{\mu}{\lambda+\mu}=\dfrac{0.5}{0.001+0.5}=0.998$

λ : 평균고장률
μ : 평균수리율

□□□ 19년1회

27. 수리가 가능한 어떤 기계의 가용도(availability)는 0.9이고, 평균수리시간(MTTR)이 2시간일 때, 이 기계의 평균수명(MTBF)은?

① 15시간 ② 16시간
③ 17시간 ④ 18시간

해설

가용도(A)$=\dfrac{MTTF}{MTTF+MTTR}=\dfrac{MTBF}{MTBF+MTTR}$

가용도$=\dfrac{MTBF}{MTBF+MTTR}$, $0.9=\dfrac{MTBF}{MTBF+2}$이므로
$MTBF=18$

□□□ 10년3회

28. 다음 중 설비의 열화를 방지하고 그 진행을 지연시켜 수명을 연장하기 위한 설비의 점검, 청소, 주유 및 교체 등의 활동을 뜻하는 보전은?

① 예방보전 ② 일상보전
③ 개량보전 ④ 사후보전

해설

일상보존이란 설비의 열화를 방지하고 그 진행속도를 지연시켜 수명을 연장하기 위한 설비의 점검, 청소, 주유 및 교체 등의 활동을 뜻하는 보존이다.

□□□ 12년1회, 17년2회, 19년3회

29. 다음 설명에 해당하는 설비보전방식의 유형은?

"설비보전 정보와 신기술을 기초로 신뢰성, 조작성, 보전성, 안전성, 경계성 등이 우수한 설비의 선정, 조달 또는 설계를 통하여 궁극적으로 설비의 설계, 제작 단계에서 보전활동이 불필요한 체제를 목표로 한 설비보전 방법을 말한다."

① 개량 보전 ② 사후 보전
③ 일상 보전 ④ 보전 예방

문제 29, 30 해설

보전예방 : 설비의 계획 · 설계하는 단계에서 보전정보나 새로운 기술을 채용해서 신뢰성, 보전성, 경제성, 조작성, 안전성 등을 고려하여 보전비나 열화손실을 적게 하는 활동

□□□ 16년3회

30. 설계단계에서부터 보전이 불필요한 설비를 설계하는 것의 보전 방식은?

① 보전예방 ② 생산보전
③ 일상보전 ④ 개량보전

□□□ 13년1회, 15년3회

31. 설비관리 책임자 A는 동종 업종의 TPM 추진사례를 벤치마킹하여 설비관리 효율화를 꾀하고자 한다. 그 중 작업자 본인이 직접 운전하는 설비의 마모율 저하를 위하여 설비의 윤활관리를 일상에서 직접 행하는 활동과 가장 관계가 깊은 TPM 추진단계는?

① 개별개선활동단계 ② 자주보전활동단계
③ 계획보전활동단계 ④ 개량보전활동단계

해설

TPM(Total Productive Maintenance)

구분	내용
정의	종합적 설비보전활동으로 사내 전 부분에 걸쳐서 최고경영자부터 현장 작업원에 이르기까지 전원이 참가하여 loss zero를 달성하려는 동기부여 관리리에 의하여 생산보전을 추진해 나가는 것.
자주보전활동	운전자가 주체가 되는 보전활동으로 소집단 활동을 기초로 한 전원참가의 보전활동이다.

정답 26 ④ 27 ④ 28 ② 29 ④ 30 ① 31 ②

□□□ 11년3회, 18년1회

32. 다음 중 신뢰성과 보전성 개선을 목적으로 한 효과적인 보전기록자료에 해당하는 것은?

① 자재관리표 ② MTBF분석표
③ 주유지시서 ④ 검사주기표

문제 32, 33 해설

신뢰성과 보전성 개선을 목적으로 한 효과적인 보전기록자료로는 설비이력카드, MTBF분석표, 고장원인대책표 등이 있다.

□□□ 09년1회

33. 다음 중 신뢰성과 보전성 개선을 목적으로 한 효과적인 보전기록자료로 볼 수 없는 것은?

① 설비이력카드 ② 자재관리표
③ MTBF분석표 ④ 고장원인대책표

□□□ 14년3회

34. 다음 중 설비보전의 조직 형태에서 집중보전(Central Maintenance)의 장점이 아닌 것은?

① 보전요원은 각 현장에 배치되어 있어 재빠르게 작업할 수 있다.
② 전 공장에 대한 판단으로 중점보전이 수행될 수 있다.
③ 분업/전문화가 진행되어 전문직으로서 고도의 기술을 갖게 된다.
④ 직종 간의 연락이 좋고, 공사 관리가 쉽다.

해설

집중보전
모든 보전작업 및 보전원을 한 관리자 밑에 두며, 보전현장도 한 곳에 집중된다. 또한 설계나 공사관리, 예방보전관리 등이 한 곳에서 집중적으로 이루어진다.

□□□ 16년2회

35. 기계설비가 설계 사양대로 성능을 발휘하기 위한 적정 윤활의 원칙이 아닌 것은?

① 적량의 규정
② 주유방법의 통일화
③ 올바른 윤활법의 채용
④ 윤활기간의 올바른 준수

해설

기계설비가 설계 사양대로 성능을 발휘하기 위한 적정 윤활의 원칙
1. 적량의 규정
2. 올바른 윤활법의 채용
3. 윤활기간의 올바른 준수

□□□ 11년2회

36. 다음 중 기업에서 보전효과 측정을 위해 일반적으로 사용되는 평가요소를 잘못 나타낸 것은?

① $\text{설비고장도수율} = \dfrac{\text{설비가동시간}}{\text{설비고장건수}}$

② $\text{제품단위당보전비} = \dfrac{\text{총보전비}}{\text{제품수량}}$

③ $\text{운전1시간당보전비} = \dfrac{\text{총보전비}}{\text{설비운전시간}}$

④ $\text{계획공사율} = \dfrac{\text{계획공사공수(工數)}}{\text{전공수(全工數)}}$

해설

$\text{설비고장도수율} = \dfrac{\text{설비가동건수}}{\text{설비고장시간}}$

□□□ 15년2회

37. 다음 중 보전효과의 평가로 설비종합효율을 계산하는 식으로 옳은 것은?

① 설비종합효율=속도가동률×정미가동률
② 설비종합효율=시간가동률×성능가동률×양품률
③ 설비종합효율=(부하시간－정지시간)/부하시간
④ 설비종합효율=정미가동률×시간가동률×양품률

해설

설비종합효율=시간가동률×성능가동률×양품률

□□□ 13년3회, 17년3회

38. 다음 중 설비보전을 평가하기 위한 식으로 틀린 것은?

① 시간가동률 = (부하시간 － 정지시간)/부하시간
② 성능가동률 = 속도가동률 × 정미가동률
③ 설비종합효율 = 시간가동률 × 성능가동률 × 양품율
④ 정미가동률 = (생산량 × 기준 주기시간)/가동시간

해설

정미가동율(일시정지에 따른 로스를 산출)
= 생산량 / 부하시간-정지시간

정답 32 ② 33 ② 34 ① 35 ② 36 ① 37 ② 38 ④

PART

04 건설안전기술

샘플강좌

01. 건설안전 개요

01 건설공사의 안전관리

❶ 유해위험방지계획서를 제출해야 될 건설공사

① 지상높이가 31m 이상인 건축물 또는 인공구조물

② 연면적 30,000㎡ 이상인 건축물

③ 연면적 5,000㎡ 이상의 대상 시설

㉠ 문화 및 집회시설(전시장 및 동물원 · 식물원은 제외)

㉡ 판매시설, 운수시설(고속철도의 역사 및 집배송시설은 제외)

㉢ 종교시설, 의료시설 중 종합병원, 숙박시설 중 관광숙박시설, 지하도상가 또는 냉동 · 냉장창고시설의 건설 · 개조 또는 해체

㉣ 냉동 · 냉장창고시설의 설비공사 및 단열공사

④ 최대지간길이가 50m 이상인 교량건설 등 공사

⑤ 터널건설 등의 공사

⑥ 다목적댐 · 발전용댐 및 저수용량 2천만톤 이상의 용수전용댐 · 지방상수도 전용댐 건설 등의 공사

⑦ 깊이 10m 이상인 굴착공사

❷ 유해위험방지계획서의 확인 사항

① 유해 · 위험방지계획서의 내용과 실제공사 내용이 부합하는지 여부

② 유해 · 위험방지계획서 변경내용의 적정성

③ 추가적인 유해 · 위험요인의 존재 여부

※ 건설공사 중 6개월 이내마다 공단의 확인을 받아야 한다.

❸ 유해위험방지계획서의 첨부서류

① 공사개요 및 안전보건관리계획

㉠ 공사 개요서

㉡ 공사현장의 주변 현황 및 주변과의 관계를 나타내는 도면(매설물 현황을 포함한다)

㉢ 건설물, 사용 기계설비 등의 배치를 나타내는 도면

㉣ 전체 공정표

㉤ 산업안전보건관리비 사용계획

㉥ 안전관리 조직표

㉦ 재해 발생 위험 시 연락 및 대피방법

② 작업 공사 종류별 유해위험방지계획

02 지반의 안정성

❶ 현장의 토질시험방법

구분	내용
표준관입 시험	63.5kg의 추를 70~80cm(보통 75cm) 정도의 높이에서 자유 낙하시켜 sampler를 30cm 관입시킬 때의 타격회수(N)을 측정 하여 흙의 경 · 연 정도를 판정한다.
베인시험	연한 점토질 시험에 주로 쓰이는 방법으로 4개의 날개가 달린 베인테스터를 지반에 때려박고 회전시켜 저항 모멘트를 측정, 전단강도를 산출한다.
평판재하 시험	지반의 지지력을 알아보기 위한 방법으로 기초저면의 위치까지 굴착하고, 지반면에 평판을 놓고 직접 하중을 가하여 하중과 침하를 측정한다.

❷ 지반의 이상현상

① 보일링(Boiling)

구분	내용
현상	• 저면에 액상화현상(Quick Sand)이 일어난다. • 굴착면과 배면토의 수두차에 의한 침투압이 발생한다.
대책	• 주변수위를 저하시킨다. • 흙막이벽 근입도를 증가하여 동수구배를 저하시킨다. • 굴착토를 즉시 원상 매립한다. • 작업을 중지시킨다.

② 히빙(Heaving)

구분	내용
현상	• 지보공 파괴 • 배면 토사붕괴 • 굴착저면의 솟아오름
대책	• 굴착주변의 상재하중을 제거한다. • 시트 파일(Sheet Pile) 등의 근입심도를 검토한다. • 1.3m 이하 굴착시에는 버팀대(Strut)를 설치한다. • 버팀대, 브라켓, 흙막이를 점검한다. • 굴착주변을 웰 포인트(Well Point) 공법과 병행한다. • 굴착방식을 개선(Island Cut 공법 등)한다.

03 산업안전보건관리비

❶ 안전관리비 대상액

구분	내용
대상액	직접재료비+간접재료비+직접노무비 ※ 발주자가 재료를 제공할 경우, 해당 재료비 포함
대상액이 구분되어 있지 않은 공사	도급계약 또는 자체사업계획 상의 총공사금액의 70%를 대상액으로 하여 안전관리비를 계상
발주자가 재료를 제공하거나 물품이 완제품의 형태로 제작 또는 납품되어 설치되는 경우	해당 재료비 또는 완제품 가액이 미포함된 대상액으로 계상한 안전관리비의 1.2배를 초과할 수 없다.

❷ 산업안전보건관리비의 계상기준표

대상액 공사종류	5억원 미만	5억원 이상 50억원 미만		50억원 이상	보건관리자 선임대상 공사
		비율	기초액		
일반건설공사(갑)	2.93(%)	1.86%	5,349,000원	1.97(%)	2.15(%)
일반건설공사(을)	3.09(%)	1.99%	5,499,000원	2.10(%)	2.29(%)
중 건 설 공 사	3.43(%)	2.35%	5,400,000원	2.44(%)	2.66(%)
철도·궤도신설공사	2.45(%)	1.57%	4,411,000원	1.66(%)	1.81(%)
특수및기타건설공사	1.85(%)	1.20%	3,250,000원	1.27(%)	1.38(%)

❸ 산업안전보건관리비의 사용기준

① 안전관리자 등의 인건비 및 각종 업무 수당 등
② 안전시설비 등
③ 개인보호구 및 안전장구 구입비 등
④ 사업장의 안전진단비
⑤ 안전보건교육비 및 행사비 등
⑥ 근로자의 건강관리비 등
⑦ 기술지도비
⑧ 본사 사용비

02. 건설 장비

01 굴삭 장비 등

❶ 주요 굴삭장비

종류	내용
드레그라인 (drag line)	작업범위가 광범위하고 수중굴착 및 연약한 지반의 굴착에 적합하고 기계가 위치한 면보다 낮은 곳 굴착에 가능하다.
클램쉘 (clamshell)	버킷의 유압호스를 클램셀장치의 실린더에 연결하여 작동시키며 수중굴착, 건축구조물의 기초 등 정해진 범위의 깊은 굴착 및 호퍼작업에 적합하다.
파워쇼벨 (Power shovel)	중기가 위치한 지면보다 높은 장소의 땅을 굴착하는데 적합하며, 산지에서의 토공사, 암반으로부터 점토질까지 굴착할 수 있다.
드레그쇼벨 (back hoe)	중기가 위치한 지면보다 낮은 곳의 땅을 파는데 적합하며, 수중굴착도 가능하다.

02 차량계 건설기계의 안전

❶ 차량계 건설기계의 안전조치

① 전조등의 설치(작업을 안전하게 수행하기 위하여 필요한 조명이 있는 장소에서 사용하는 경우 제외)

② 헤드가드의 설치

암석이 떨어질 우려가 있는 등 장소는 헤드가드를 설치한다.

③ 작업 시 승차석이 아닌 위치에 근로자를 탑승시켜서는 안된다.

④ 붐 · 암 등의 작업시 안전조치

구분	내용
수리 · 점검작업 작업시	안전지주 또는 안전블록 등을 사용
건설기계가 넘어지거나 붕괴될 위험 또는 붐 · 암의 파괴 위험방지	기계의 구조 및 사용상 안전도 및 최대사용하중을 준수

❷ 차량계 건설기계와 하역운반기계의 전도방지 조치

차량계 건설기계	차량계 하역운반기계
• 유도자 배치 • 지반의 부동침하 방지 • 갓길의 붕괴 방지 • 도로 폭의 유지	• 유도자 배치 • 지반의 부동침하 방지 • 갓길 붕괴 방지

❸ 차량계 건설기계의 사전조사 및 작업계획서 내용

구분	내용
사전조사 내용	해당 기계의 전락(轉落), 지반의 붕괴 등으로 인한 근로자의 위험을 방지하기 위한 해당 작업장소의 지형 및 지반상태
작업계획서 내용	• 사용하는 차량계 건설기계의 종류 및 능력 • 차량계 건설기계의 운행경로 • 차량계 건설기계에 의한 작업방법

03 차량계 하역운반기계의 안전

❶ 차량계 하역운반 기계의 안전수칙

① 운전위치 이탈 시의 조치

㉠ 포크, 버킷, 디퍼 등의 장치를 가장 낮은 위치 또는 지면에 내려 둘 것

㉡ 원동기를 정지시키고 브레이크를 확실히 거는 등 갑작스러운 주행이나 이탈을 방지하기 위한 조치를 할 것

㉢ 운전석을 이탈하는 경우에는 시동키를 운전대에서 분리시킬 것. 다만, 운전석에 잠금장치를 하는 등 운전자가 아닌 사람이 운전하지 못하도록 조치한 경우에는 그러하지 아니하다.

② 차량계 하역운반기계등에 단위화물의 무게가 100㎏ 이상인 화물을 싣는 작업(로프 걸이 작업 및 덮개 덮기 작업을 포함) 또는 내리는 작업(로프 풀기 작업 또는 덮개 벗기기 작업을 포함)을 하는 경우, 해당 작업의 지휘자의 준수사항

㉠ 작업순서 및 그 순서마다의 작업방법을 정하고 작업을 지휘할 것

㉡ 기구와 공구를 점검하고 불량품을 제거할 것

㉢ 해당 작업을 장소에 관계 근로자가 아닌 사람의 출입을 금지시킬 것

㉣ 로프 풀기 작업 또는 덮개 벗기기 작업은 적재함의 화물이 떨어질 위험이 없음을 확인한 후에 하도록 할 것

❷ **구내운반차**

① 주행을 제동하거나 정지상태를 유지하기 위한 제동장치를 갖출 것

② 경음기를 갖출 것

③ 핸들의 중심에서 차체 바깥 측까지의 거리가 65cm 이상일 것

④ 운전석이 차 실내에 있는 것은 좌우에 한개씩 방향지시기를 갖출 것

⑤ 전조등과 후미등을 갖출 것(작업을 안전하게 하기 위하여 필요한 조명이 있는 장소에서 사용하는 경우 제외)

⑥ 구내운반차에 피견인차를 연결하는 경우에는 적합한 연결장치를 사용

03. 양중 및 해체공사의 안전

01 양중기의 종류 및 안전수칙

❶ 양중기의 종류와 방호장치

양중기의 종류	세부종류	방호장치
크레인	[호이스트(hoist) 포함]	과부하방지장치, 비상정지장치 및 제동장치, 그 밖의 방호장치[파이널 리미트 스위치, 속도조절기(조속기), 출입문인터록]
이동식 크레인	–	
리프트 (이삿짐운반용 리프트의 경우 적재하중이 0.1톤 이상인 것으로 한정한다.)	• 건설작업용 리프트 • 자동차 정비용 리프트 • 이삿짐운반용 리프트	
곤돌라	–	
승강기	• 승객용 엘리베이터 • 승객화물용 엘리베이터 • 화물용 엘리베이터 • 소형화물용 엘리베이터	

❷ 양중기의 안전 수칙

① 양중기(승강기는 제외한다.) 및 달기구를 사용하여 작업하는 운전자 또는 작업자가 보기 쉬운 곳에 해당 기계의 정격하중, 운전속도, 경고표시 등을 부착하여야 한다.

② 작업별 풍속에 따른 조치

기기의 종류	조 치
크레인, 양중기	• 순간풍속이 30m/s 초과 시 주행크레인의 이탈방지장치 작동
타워크레인	• 순간풍속 10m/s 초과 타워크레인의 설치, 수리, 점검, 해체작업 중지 • 순간풍속 15m/s 초과하는 경우에는 타워크레인 운전 작업 중지
리프트	• 순간풍속이 35m/s 초과 시 받침수의 증가(붕괴방지)
승강기	• 순간풍속이 35m/s 초과 시 옥외에 설치된 승강기에 대하여 도괴방지 조치

③ 크레인의 작업시작 전 점검사항

구분	내용
크레인	• 권과방지장치 · 브레이크 · 클러치 및 운전장치의 기능 • 주행로의 상측 및 트롤리(trolley)가 횡행하는 레일의 상태 • 와이어로프가 통하고 있는 곳의 상태
이동식 크레인	• 권과방지장치나 그 밖의 경보장치의 기능 • 브레이크 · 클러치 및 조정장치의 기능 • 와이어로프가 통하고 있는 곳 및 작업장소의 지반상태

❸ 양중기 와이어로프 등

① 와이어로프의 안전계수

㉠ 근로자가 탑승하는 운반구를 지지하는 달기와이어로프 또는 달기체인의 경우 : 10 이상

㉡ 화물의 하중을 직접 지지하는 달기와이어로프 또는 달기체인의 경우 : 5 이상

㉢ 훅, 샤클, 클램프, 리프팅 빔의 경우 : 3 이상

㉣ 그 밖의 경우 : 4 이상

② 와이어로프, 달기체인의 사용금지

구분	내용
이음매가 있는 와이어로프 등의 사용 금지	• 이음매가 있는 것 • 와이어로프의 한 꼬임에서 끊어진 소선(素線)의 수가 10퍼센트 이상(비자전로프의 경우에는 끊어진 소선의 수가 와이어로프 호칭지름의 6배 길이 이내에서 4개 이상이거나 호칭지름 30배 길이 이내에서 8개 이상)인 것 • 지름의 감소가 공칭지름의 7퍼센트를 초과하는 것 • 꼬인 것 • 심하게 변형되거나 부식된 것 • 열과 전기충격에 의해 손상된 것
늘어난 달기체인의 사용 금지	• 달기 체인의 길이가 달기 체인이 제조된 때의 길이의 5퍼센트를 초과한 것 • 링의 단면지름이 달기 체인이 제조된 때의 해당 링의 지름의 10퍼센트를 초과하여 감소한 것 • 균열이 있거나 심하게 변형된 것

02 해체 작업의 안전

❶ 건물 해체공사의 사전조사 및 작업계획서

구분	내용
사전조사	해체건물 등의 구조, 주변 상황 등
작업계획서	• 해체의 방법 및 해체 순서도면 • 가설설비 · 방호설비 · 환기설비 및 살수 · 방화설비 등의 방법 • 사업장 내 연락방법 • 해체물의 처분계획 • 해체작업용 기계 · 기구 등의 작업계획서 • 해체작업용 화약류 등의 사용계획서 • 그 밖에 안전 · 보건에 관련된 사항

04. 건설재해 및 대책

01 추락 및 낙하 · 비래 재해예방

❶ 추락방호망의 설치 기준

① 추락방호망의 설치위치는 가능하면 작업 면으로부터 가까운 지점에 설치하여야 하며, 작업 면으로부터 망의 설치지점까지의 수직거리는 10m를 초과하지 아니할 것

② 추락방호망은 수평으로 설치하고, 망의 처짐은 짧은 변 길이의 12% 이상이 되도록 할 것

③ 건축물 등의 바깥쪽으로 설치하는 경우 망의 내민 길이는 벽면으로부터 3m 이상 되도록 할 것. 다만, 그물코가 20mm 이하인 추락방호망을 사용한 경우에는 낙하물방지망을 설치한 것으로 본다.

■ 낙하물 방지망의 설치기준

① 설치높이는 10m 이내마다 설치하고, 내민길이는 벽면으로부터 2m 이상으로 할 것
② 수평면과의 각도는 20도 내지 30도를 유지할 것
③ 방지망의 겹침길이는 30cm 이상으로 하고 방지망과 방지망 사이에는 틈이 없도록 한다.

❷ 안전방망의 강도

방망사의 신품에 대한 인장강도

그물코의 크기 (단위 cm)	방망의 종류(단위:kg)	
	매듭없는 방망	매듭있는 방망
10	240	200
5		110

방망의 폐기시 인장 강도의 기준

그물코의 크기 (단위 : cm)	방망의 종류(단위:kg)	
	매듭없는 방망	매듭있는 방망
10	150	135
5		60

❸ 개구부 등의 방호조치

① 작업발판 및 통로의 끝이나 개구부로서 근로자가 추락할 위험이 있는 장소에는 안전난간, 울타리, 수직형 추락방망 또는 덮개 등의 방호 조치를 충분한 강도를 가진 구조로 튼튼하게 설치하여야 한다.

② 덮개를 설치하는 경우에는 뒤집히거나 떨어지지 않도록 설치하고 어두운 장소에서도 알아볼 수 있도록 개구부임을 표시하여야 한다.

③ 안전난간을 설치하기 곤란하거나 난간을 해체하는 경우 안전방망을 치거나 근로자에게 안전대를 착용하도록 하여야 한다.

❹ 낙하 · 비래 재해의 예방대책

① 낙하물에 의한 위험의 방지

㉠ 낙하물 방지망, 수직보호망, 방호선반 설치

㉡ 출입금지구역의 설정

㉢ 보호구의 착용 등

② 투하설비

㉠ 높이가 3m 이상에서 물체를 투하하는 경우 투하설비를 설치

㉡ 감시인의 배치 등 필요한 조치를 하여야 한다.

02 붕괴재해의 예방

❶ 토석붕괴의 원인

구분	내용
외적 원인	• 사면, 법면의 경사 및 기울기의 증가 • 절토 및 성토 높이의 증가 • 공사에 의한 진동 및 반복 하중의 증가 • 지표수 및 지하수의 침투에 의한 토사 중량의 증가 • 지진, 차량, 구조물의 하중작용 • 토사 및 암석의 혼합층두께
내적 원인	• 절토 사면의 토질 · 암질 • 성토 사면의 토질구성 및 분포 • 토석의 강도 저하

❷ 굴착면의 기울기 기준

구분	지반의 종류	기울기	구분	지반의 종류	기울기
보통 흙	습지 건지	1 : 1 ~ 1 : 1.5 1 : 0.5 ~ 1 : 1	암반	풍화암 연암 경암	1 : 1.0 1 : 1.0 1 : 0.5

❸ 굴착작업의 사전조사와 작업계획서

구분	내용
사전조사	• 형상 · 지질 및 지층의 상태 • 균열 · 함수(含水) · 용수 및 동결의 유무 또는 상태 • 매설물 등의 유무 또는 상태 • 지반의 지하수위 상태
작업계획서	• 굴착방법 및 순서, 토사 반출 방법 • 필요한 인원 및 장비 사용계획 • 매설물 등에 대한 이설 · 보호대책 • 사업장 내 연락방법 및 신호방법 • 흙막이 지보공 설치방법 및 계측계획 • 작업지휘자의 배치계획 • 그 밖에 안전 · 보건에 관련된 사항

❹ 터널굴착

① 터널굴착 작업 시 자동경보장치의 작업 시작 전 점검 사항

㉠ 계기의 이상 유무

㉡ 검지부의 이상 유무

㉢ 경보장치의 작동 상태

② 낙반 등에 의한 위험의 방지 조치

㉠ 터널 지보공 및 록볼트의 설치

㉡ 부석(浮石)의 제거

③ 출입구 부근 등의 지반 붕괴에 의한 위험의 방지

㉠ 흙막이 지보공 설치

㉡ 방호망을 설치

05. 건설 가시설물 설치기준

01 비계

❶ 비계의 벽이음 조립간격

비계의 종류	조립간격(단위 : m)	
	수직방향	수평방향
단관비계	5	5
틀비계	6	8
통나무 비계	5.5	7.5

❷ 통나무 비계

구 분	설치 기준 및 준수사항
비계기둥의 이음	• 겹침 이음 : 이음 부분에서 1m 이상을 서로 겹쳐서 두 군데 이상을 묶는다. • 맞댄이음 : 비계 기둥을 쌍기둥틀로 하거나 1.8m 이상의 덧댐목으로 네 군데 이상을 묶을 것
작업발판	작업발판의 폭은 40cm 이상으로 할 것
침하방지	비계기둥의 하단부를 묻고, 밑둥잡이를 설치하거나 깔판을 사용하는 등의 조치를 할 것
비계 설치	지상높이 4층 이하 또는 12m 이하인 건축물·공작물 등의 건조·해체 및 조립 등의 작업

❸ 강관 비계

구 분	설치 기준 및 준수사항
비계기둥 간격	띠장 방향에서 1.85m 이하, 장선(長線)방향에서 1.5m 이하
띠장 간격	2m 이하(다만, 작업의 성질상 이를 준수하기 곤란하여 쌍기둥틀 등에 의하여 해당 부분을 보강한 경우 제외)
비계기둥 보강	제일 윗부분으로부터 31미터되는 지점 밑부분의 비계기둥은 2개의 강관으로 묶어 세울 것
비계기둥 간의 적재하중	400kg을 초과하지 않도록 할 것

❹ 작업발판의 최대적재하중

분 류	안전 계수
달기 와이어로프 및 달기 강선의 안전계수	10이상
달기 체인 및 달기 훅의 안전계수	5이상
달기 강대와 달비계의 하부 및 상부 지점의 안전계수	• 강재 : 2.5 이상 • 목재 : 5 이상

02 작업통로

❶ 계단참의 설치 간격

① 수직갱에 가설된 통로 : 길이가 15m 이상인 경우 10m 이내마다

② 건설공사에 사용하는 비계다리 : 높이 8m 이상인 경우 7m 이내마다

③ 경사로 : 높이 7m 이내마다

④ 사다리식 통로 : 길이가 10m 이상인 경우 5m 이내마다

⑤ 계단 : 높이 3m를 초과 시 3m이내마다(너비 1.2m)

❷ 작업통로의 설치기준

① 근로자가 안전하게 통행할 수 있도록 통로에 75럭스 이상의 채광 또는 조명시설을 하여야 한다.

② 안전한 통로를 설치하고 항상 사용할 수 있는 상태로 유지해야 한다.

③ 통로의 주요 부분에는 통로표시를 한다.

④ 통로면으로부터 높이 2m 이내에는 장애물이 없도록 하여야 한다.

❸ 경사로 설치, 사용시 준수 사항

① 시공하중 또는 폭풍, 진동 등 외력에 대하여 안전하도록 설계해야 한다.
② 경사로의 폭은 최소 90cm 이상이어야 한다.
③ 높이 7m 이내마다 계단참을 설치하여야 한다.
④ 추락방지용 안전난간을 설치하여야 한다.
⑤ 목재는 미송, 육송 또는 그 이상의 재질을 가진 것이어야 한다.
⑥ 경사로 지지기둥은 3m 이내마다 설치하여야 한다.
⑦ 발판은 폭 40cm 이상으로 하고, 틈은 3cm 이내로 설치하여야 한다.
⑧ 발판은 이탈하거나 한쪽 끝을 밟으면 다른쪽이 들리지 않게 장선에 결속
⑨ 결속용 못이나 철선이 발에 걸리지 않아야 한다.
⑩ 비탈면의 경사각은 30° 이내로 한다.

❹ 안전난간

① 안전난간의 구성
상부 난간대, 중간 난간대, 발끝막이판 및 난간기둥

② 난간의 설치 기준
㉠ 상부 난간대는 바닥면 · 발판 또는 경사로의 바닥면으로부터 90센티미터 이상 지점에 설치한다.
㉡ 상부 난간대를 120센티미터 이하에 설치하는 경우 : 중간 난간대는 상부 난간대와 바닥면등의 중간에 설치
㉢ 상부 난간대를 120센티미터 이상 지점에 설치하는 경우 : 중간 난간대를 2단 이상으로 균등하게 설치하고 난간의 상하 간격은 60센티미터 이하가 되도록 할 것
㉣ 계단의 개방된 측면에 설치된 난간 기둥 사이가 25cm 이하인 경우에는 중간 난간대를 설치하지 아니할 수 있다.
㉤ 상부 난간대와 중간 난간대는 난간 길이 전체에 걸쳐 바닥면등과 평행을 유지할 것
㉥ 난간대는 지름 2.7cm 이상의 금속제 파이프나 그 이상의 강도가 있는 재료일 것
㉦ 안전난간은 구조적으로 가장 취약한 지점에서 가장 취약한 방향으로 작용하는 100kg 이상의 하중에 견딜 수 있는 튼튼한 구조일 것

03 거푸집 및 동바리

❶ 거푸집동바리등의 안전조치 사항

① 침하의 방지 : 깔목의 사용, 콘크리트 타설, 말뚝박기 등

② 개구부 상부에 동바리를 설치하는 경우에는 상부하중을 견딜 수 있는 견고한 받침대를 설치할 것

③ 동바리의 상하 고정 및 미끄러짐 방지 조치를 하고, 하중의 지지상태를 유지할 것

④ 동바리의 이음은 맞댄이음이나 장부이음으로 하고 같은 품질의 재료를 사용할 것

⑤ 강재와 강재의 접속부 및 교차부는 볼트·클램프 등 전용철물을 사용하여 단단히 연결할 것

⑥ 거푸집이 곡면인 경우에는 버팀대의 부착 등 그 거푸집의 부상(浮上)을 방지하기 위한 조치를 할 것

⑦ 동바리로 사용하는 강관 [파이프 서포트(pipe support) 제외한다]

㉠ 높이 2m 이내마다 수평연결재를 2개 방향으로 만들고 수평연결재의 변위를 방지할 것

㉡ 멍에 등을 상단에 올릴 경우에는 해당 상단에 강재의 단판을 붙여 멍에 등을 고정시킬 것

⑧ 동바리로 사용하는 파이프 서포트

㉠ 파이프 서포트를 3개 이상이어서 사용하지 않도록 할 것

㉡ 파이프 서포트를 이어서 사용하는 경우에는 4개 이상의 볼트 또는 전용철물을 사용하여 이을 것

㉢ 높이가 3.5m를 초과하는 경우에는 높이 2m 이내마다 수평연결재를 2개 방향으로 만들고 수평연결재의 변위를 방지할 것

⑨ 동바리로 사용하는 강관틀

㉠ 강관틀과 강관틀 사이에 교차가새를 설치할 것

㉡ 최상층 및 5층 이내마다 거푸집 동바리의 측면과 틀면의 방향 및 교차가새의 방향에서 5개 이내마다 수평연결재를 설치하고 수평연결재의 변위를 방지할 것

㉢ 최상층 및 5층 이내마다 거푸집동바리의 틀면의 방향에서 양단 및 5개틀 이내마다 교차가새의 방향으로 띠장틀을 설치할 것

㉣ 멍에 등을 상단에 올릴 경우에는 해당 상단에 강재의 단판을 붙여 멍에 등을 고정시킬 것

06. 건설 구조물공사 안전

01 콘크리트 구조물공사의 안전

❶ 콘크리트의 타설작업 시 준수사항

① 당일 작업을 시작하기 전에 해당 작업에 관한 거푸집동바리등의 변형 · 변위 및 지반의 침하 유무 등을 점검하고 이상이 있으면 보수할 것

② 작업 중에는 거푸집동바리등의 변형 · 변위 및 침하 유무 등을 감시할 수 있는 감시자를 배치하여 이상이 있으면 작업을 중지하고 근로자를 대피시킬 것

③ 콘크리트 타설작업 시 거푸집 붕괴의 위험이 발생할 우려가 있으면 충분한 보강조치를 할 것

④ 설계상의 콘크리트 양생기간을 준수하여 거푸집동바리등을 해체할 것

⑤ 콘크리트를 타설하는 경우에는 편심이 발생하지 않도록 골고루 분산하여 타설할 것

❷ 측압이 커지는 조건

① 기온이 낮을수록(대기중의 습도가 낮을수록) 크다.

② 치어 붓기 속도가 클수록 크다.

③ 묽은 콘크리트 일수록(물 · 시멘트비가 클수록, 슬럼프 값이 클수록, 시멘트 · 물비가 적을수록) 크다.

④ 콘크리트의 비중이 클수록 크다.

⑤ 콘크리트의 다지기가 강할수록 크다.

⑥ 철근양이 작을수록 크다.

⑦ 거푸집의 수밀성이 높을수록 크다.

⑧ 거푸집의 수평단면이 클수록(벽 두께가 클수록) 크다.

⑨ 거푸집의 강성이 클수록 크다.

⑩ 거푸집의 표면이 매끄러울수록 크다.

⑪ 생콘크리트의 높이가 높을수록 커진다.

⑫ 응결이 빠른 시멘트를 사용할 경우 크다.

02 철골 공사의 안전

❶ 구조안전의 위험이 큰 철골구조물로 건립 중 강풍에 의한 풍압등 외압에 대한 내력이 설계에 고려되었는지 확인 사항

① 높이 20m 이상의 구조물
② 구조물의 폭과 높이의 비가 1 : 4 이상인 구조물
③ 단면구조에 현저한 차이가 있는 구조물
④ 연면적당 철골량이 50kg/㎡ 이하인 구조물
⑤ 기둥이 타이플레이트(tie plate)형인 구조물
⑥ 이음부가 현장용접인 구조물

❷ 철골작업 시 위험방지

구분	내용
조립 시의 위험방지	철골을 조립하는 경우에 철골의 접합부가 충분히 지지되도록 볼트를 체결하거나 이와 같은 수준 이상의 견고한 구조가 되기 전에는 들어 올린 철골을 걸이로프 등으로부터 분리해서는 아니 된다.
승강로의 설치	근로자가 수직방향으로 이동하는 철골부재(鐵骨部材)에는 답단(踏段) 간격이 30센티미터 이내인 고정된 승강로를 설치하여야 하며, 수평방향 철골과 수직방향 철골이 연결되는 부분에는 연결작업을 위하여 작업발판 등을 설치하여야 한다.
가설통로의 설치	철골작업을 하는 경우에 근로자의 주요 이동통로에 고정된 가설통로를 설치하여야 한다. (다만, 안전대의 부착설비 등을 갖춘 경우에는 그러하지 아니하다.)
철골작업의 제한	• 풍속이 초당 10m 이상인 경우 • 강우량이 시간당 1mm 이상인 경우 • 강설량이 시간당 1cm 이상인 경우

07. 운반 및 하역작업

01 추락 및 낙하 · 비래 재해예방

❶ 취급운반의 원칙

구분	내용
3원칙	• 운반거리를 단축시킬 것 • 운반을 기계화 할 것 • 손이 닿지 않는 운반방식으로 할 것
5원칙	• 직선운반을 할 것 • 연속운반을 할 것 • 운반 작업을 집중화시킬 것 • 생산을 최고로 하는 운반을 생각할 것 • 최대한 시간과 경비를 절약할 수 있는 운반방법을 고려할 것

❷ 인력으로 철근을 운반할 때의 준수사항

① 1인당 무게는 25kg 정도가 적절하며, 무리한 운반을 삼가 한다.

② 2인 이상이 1조가 되어 어깨메기로 하여 운반한다.

③ 긴 철근을 부득이 한 사람이 운반할 때에는 한쪽을 어깨에 메고 한쪽 끝을 끌면서 운반하여야 한다.

④ 운반할 때에는 양끝을 묶어 운반하여야 한다.

⑤ 내려놓을 때는 천천히 내려놓고 던지지 않아야 한다.

⑥ 공동 작업을 할 때에는 신호에 따라 작업을 하여야 한다.

02 하역작업의 안전

❶ 하역작업 시 안전

① 섬유로프 등의 꼬임이 끊어진 것이나 심하게 손상 또는 부식된 것을 사용하지 않는다.

② 바닥으로부터의 높이가 2m 이상 되는 하적단은 인접 하적단의 간격을 하적단의 밑부분에서 10cm 이상으로 하여야 한다.

③ 바닥으로부터 높이가 2m 이상인 하적단 위에서 작업을 하는 때에는 추락 등에 의한 근로자의 위험을 방지하기 위하여 해당 작업에 종사하는 근로자로 하여금 안전모 등의 보호구를 착용하도록 하여야 한다.

❷ 항만하역작업

① 통행설비의 설치 등

갑판의 윗면에서 선창(船倉) 밑바닥까지의 깊이가 1.5미터를 초과하는 선창의 내부에서 화물취급작업을 하는 경우에 그 작업에 종사하는 근로자가 안전하게 통행할 수 있는 설비를 설치하여야 한다.(안전하게 통행할 수 있는 설비가 선박에 설치되어 있는 경우제외)

② 선박승강설비의 설치

㉠ 300톤급 이상의 선박에서 하역작업을 하는 경우에 근로자들이 안전하게 오르내릴 수 있는 현문(舷門) 사다리를 설치하여야 하며, 이 사다리 밑에 안전망을 설치하여야 한다.

㉡ 현문 사다리는 견고한 재료로 제작된 것으로 너비는 55센티미터 이상이어야 하고, 양측에 82센티미터 이상의 높이로 방책을 설치하여야 하며, 바닥은 미끄러지지 않도록 적합한 재질로 처리되어야 한다.

㉢ 현문 사다리는 근로자의 통행에만 사용하여야 하며, 화물용 발판 또는 화물용 보판으로 사용하도록 해서는 아니 된다.

MEMO

Chapter 01 건설안전 개요

이 장은 건설공사의 일반적 안전관리와 유해위험방지계획서의 작성, 토공계획 및 지반의 이상현상과 대책, 건설업산업안전보건관리비의 사용 등으로 구성되며 유해위험방지계획서의 작성기준과 지반의 특성 등에 대해 주로 출제된다.

01 건설공사의 안전관리

[건설공사관리의 5요소]

(1) 공정관리
(2) 품질관리
(3) 원가관리
(4) 환경관리
(5) 안전관리

(1) 건설공사 재해분석

① 건설재해의 발생 유형 비교

작업형태	재해유형의 발생 비율
전체 건설현장의 재해	추락 〉 감김 〉 끼임 〉 충돌
비계 · 구조물 해체공사	낙하 〉 비래 〉 전도 〉 추락
지붕판금 · 건축물 설치공사	낙하 〉 비래 〉 작업관련 질병 〉 전도

[관련법령]

산업안전보건법 시행규칙 별표1【건설업체 산업재해발생률 및 산업재해 발생 보고의무 위반건수의 산정기준과 방법】

② 건설업의 산업재해발생률

건설업의 산업재해발생률은 사고사망만인율로 산출한다.

$$사고사망만인율(‱) = \frac{사고사망자수}{상시근로자수} \times 10,000$$

① 사고사망자 수의 산정

1) 산정 대상 연도의 1월 1일부터 12월 31일까지의 기간 동안 해당 업체가 시공하는 국내의 건설 현장(자체사업의 건설 현장은 포함한다. 이하 같다)에서 사고사망재해를 입은 근로자 수를 합산하여 산출한다.
2) 산업재해조사표를 제출하지 않아 고용노동부장관이 산업재해 발생연도 이후에 산업재해가 발생한 사실을 알게 된 경우에는 그 알게 된 연도의 사고사망자 수로 산정한다.

② 상시 근로자수의 산정

$$상시근로자수 = \frac{연간국내공사실적액 \times 노무비율}{건설업\ 월평균임금 \times 12}$$

③ 건설업의 위험도 산정

구분	내용
위험도 산정	위험도＝사고 발생빈도×사고 발생강도
건설업 위험도 산정방법	• 발생빈도 $= \frac{\text{해당공종재해자수}}{\text{당해연도전체재해자수}} \times 100\%$ • 발생강도 $= \frac{\text{요양일수환산지수합계}}{\text{해당공종재해자수}} \times 100\%$
신 위험도 산정방법	위험도 $= \frac{\text{해당공종재해자수}}{\text{해당공종별총근로자수}} \times \frac{\text{해당공종총요양일수}}{\text{해당공종재해자수}}$ $= \frac{\text{해당공정총요양일수}}{\text{해당공종별근로자수}}$

(2) 건설재해의 일반적 예방대책

① 안전을 고려한 설계를 할 것
② 무리하지 않는 공정계획으로 할 것
③ 안전관리 체제를 확립할 것
④ 작업지시 단계에서 안전사항을 철저히 할 것
⑤ 작업자의 안전의식을 강화할 것
⑥ 관리 · 감독자를 지정할 것
⑦ 악천후 시 작업을 중지할 것
⑧ 작업자 외의 자의 출입을 금지할 것
⑨ 고소작업 시 방호조치를 할 것
⑩ 건설기계의 충돌 · 협착 방지할 것
⑪ 거푸집 동바리 및 비계 등 가설 구조물의 붕괴 · 도괴를 방지할 것
⑫ 낙하 · 비래에 의한 위험방지 조치를 할 것
⑬ 전기기계 · 기구에 의한 감전예방 조치를 할 것
⑭ 상 · 하부의 동시작업을 금지할 것

(3) 안전관리계획

건설업자와 주택건설등록업자는 안전점검 및 안전관리조직 등 건설공사의 안전관리계획을 수립하고, 착공 전에 이를 발주자에게 제출하여 승인을 받아야 한다. (발주청이 아닌 발주자는 미리 안전관리계획의 사본을 인 · 허가기관의 장에게 제출하여 승인을 받아야 한다.)

① 안전관리계획 수립 대상 건설공사

㉠ 1종시설물 및 2종시설물의 건설공사
㉡ 지하 10미터 이상을 굴착하는 건설공사
㉢ 폭발물을 사용하는 건설공사로서 20미터 안에 시설물이 있거나 100미터 안에 사육하는 가축이 있어 해당 건설공사로 인한 영향을 받을 것이 예상되는 건설공사

[건설공사 안전관리(安全管理)순서]

계획(Plan) → 실시(Do) → 검토(Check) → 조치(Action)

[관련법령]

건설기술 진흥법 제62조【건설공사의 안전관리】

[시설물의 정의]

시설물의 안전 및 유지관리에 관한 특별법상 시설물의 정의

구분	내용
1종 시설물	도로 · 철도 · 항만 · 댐 · 교량 · 터널 · 건축물 등 공중의 이용편의와 안전을 도모하기 위하여 특별히 관리할 필요가 있거나 구조상 유지관리에 고도의 기술이 필요하다고 인정하여 대통령령으로 정하는 시설물
2종 시설물	1종시설물 외의 시설물로서 대통령령으로 정하는 시설물

㉣ 10층 이상 16층 미만인 건축물의 건설공사
㉤ 10층 이상인 건축물의 리모델링 또는 해체공사
㉥ 수직증축형 리모델링
㉦ 다음에 해당하는 건설기계가 사용되는 건설공사
- 천공기(높이가 10미터 이상인 것만 해당한다)
- 항타 및 항발기
- 타워크레인

㉧ 다음의 가설구조물을 사용하는 건설공사
- 높이가 31미터 이상인 비계
- 작업발판 일체형 거푸집 또는 높이가 5미터 이상인 거푸집 및 동바리
- 터널의 지보공(支保工) 또는 높이가 2미터 이상인 흙막이 지보공
- 동력을 이용하여 움직이는 가설구조물
- 그 밖에 발주자 또는 인·허가기관의 장이 필요하다고 인정하는 가설구조물

㉨ 발주자가 안전관리가 특히 필요하다고 인정하는 건설공사
㉩ 해당 지방자치단체의 조례로 정하는 건설공사 중에서 인·허가기관의 장이 안전관리가 특히 필요하다고 인정하는 건설공사

[관련법령]
건설기술 진흥법 시행령 제99조【안전관리계획의 수립 기준】

② 안전관리계획 수립 기준
㉠ 건설공사의 개요 및 안전관리조직
㉡ 공정별 안전점검계획(계측장비 및 폐쇄회로 텔레비전 등 안전 모니터링 장비의 설치 및 운용계획이 포함되어야 한다)
㉢ 공사장 주변의 안전관리대책(건설공사 중 발파·진동·소음이나 지하수 차단 등으로 인한 주변지역의 피해방지대책과 굴착공사로 인한 위험징후 감지를 위한 계측계획을 포함한다)
㉣ 통행안전시설의 설치 및 교통 소통에 관한 계획
㉤ 안전관리비 집행계획
㉥ 안전교육 및 비상시 긴급조치계획
㉦ 공종별 안전관리계획(대상 시설물별 건설공법 및 시공절차를 포함한다)

[건설 공사의 안전성(安全性)검토]
근로자의 안전을 확보하기 위하여 유해·위험 방지 계획서에 의하여 안전에 관한 사전 검토를 실시하는 것

[유해·위험방지 계획의 제출]
사업주는 공사의 착공전일까지 유해·위험방지 계획서를 한국산업안전보건공단 관할 지역본부 및 지도원에 2부를 제출하여야 한다.

(4) 유해위험방지계획서

① 유해위험방지계획서를 제출해야 될 건설공사
㉠ 지상높이가 31m 이상인 건축물 또는 인공구조물
㉡ 연면적 30,000m² 이상인 건축물
㉢ 연면적 5,000m² 이상의 대상 시설
- 문화 및 집회시설(전시장 및 동물원·식물원은 제외)
- 판매시설, 운수시설(고속철도의 역사 및 집배송시설은 제외)
- 종교시설, 의료시설 중 종합병원, 숙박시설 중 관광숙박시설, 지하도상가 또는 냉동·냉장창고시설의 건설·개조 또는 해체
- 냉동·냉장창고시설의 설비공사 및 단열공사

㉣ 최대지간길이가 50m 이상인 교량건설 등 공사
㉤ 터널건설 등의 공사
㉥ 다목적댐 · 발전용댐 및 저수용량 2천만톤 이상의 용수전용댐 · 지방상수도 전용댐 건설 등의 공사
㉦ 깊이 10m 이상인 굴착공사

② 유해위험방지계획서의 확인 사항
㉠ 유해 · 위험방지계획서의 내용과 실제공사 내용이 부합하는지 여부
㉡ 유해 · 위험방지계획서 변경내용의 적정성
㉢ 추가적인 유해 · 위험요인의 존재 여부
※ 건설공사 중 6개월 이내마다 공단의 확인을 받아야 한다.

③ 유해 위험방지계획서의 첨부서류
㉠ 공사개요 및 안전보건관리계획
- 공사 개요서
- 공사현장의 주변 현황 및 주변과의 관계를 나타내는 도면(매설물 현황을 포함한다)
- 건설물, 사용 기계설비 등의 배치를 나타내는 도면
- 전체 공정표
- 산업안전보건관리비 사용계획
- 안전관리 조직표
- 재해 발생 위험 시 연락 및 대피방법

㉡ 작업 공사 종류별 유해위험방지계획

대상공사	작업 공사 종류	대상공사	작업 공사 종류
1. 건축물, 인공구조물 건설 등의 공사	• 가설공사 • 구조물공사 • 마감공사 • 기계설비공사 • 해체공사 등	4. 터널건설 등의 공사	• 가설공사 • 굴착 및 발파공사 • 구조물공사
2. 냉동 · 냉장 창고 시설의 설비공사 및 단열공사	• 가설공사 • 단열공사 • 기계설비공사	5. 댐 건설 등의 공사	• 가설공사 • 굴착 및 발파공사 • 댐 축조공사
3. 교량 건설 등의 공사	• 가설공사 • 하부공공사 • 상부공공사	6. 굴착공사	• 가설공사 • 굴착 및 발파공사 • 흙막이 지보공 공사

[관련법령]
- 산업안전보건법 시행령 제42조【유해위험방지계획서 제출 대상】
- 산업안전보건법 시행규칙 제46조【확인】
- 산업안전보건법 시행규칙 별표10【유해위험방지계획서 첨부서류】

01 핵심문제 1. 건설공사의 안전관리

□□□ 15년3회

1. 안전관리계획서의 작성내용과 거리가 먼 것은?

① 건설공사의 안전관리 조직
② 산업안전보건관리비 집행방법
③ 공사장 및 주변 안전관리 계획
④ 통행안전시설 설치 및 교통소통계획

해설

②항, 산업안전보건관리비 집행방법이 아니라 잡행계획이다.

건설기술진흥법 시행령 제99조(안전관리계획의 수립 기준)

1. 법 제62조제3항에 따른 안전관리계획의 수립 기준에는 다음 각 호의 사항이 포함되어야 한다.
(1) 건설공사의 개요 및 안전관리조직
(2) 공정별 안전점검계획
(3) 공사장 주변의 안전관리대책(건설공사 중 발파 · 진동 · 소음이나 지하수 차단 등으로 인한 주변지역의 피해방지대책을 포함한다)
(4) 통행안전시설의 설치 및 교통 소통에 관한 계획
(5) 안전관리비 집행계획
(6) 안전교육 및 비상시 긴급조치계획
(7) 공종별 안전관리계획(대상 시설물별 건설공법 및 시공절차를 포함한다)

□□□ 11년3회

2. 다음 중 건설공사 안전관리(安全管理)순서로 옳은 것은?

① 계획(Plan) → 실시(Do) → 검토(Check) → 조치(Action)
② 실시(Do) → 조치(Action) → 검토(Check) → 계획(Plan)
③ 계획(Plan) → 실시(Do) → 조치(Action) → 검토(Check)
④ 검토(Check) → 계획(Plan) → 조치(Action) → 실시(Do)

해설

건설공사 안전관리(安全管理)순서로는 계획(Plan) → 실시(Do) → 검토(Check) → 조치(Action)이다.

□□□ 17년1회

3. 건설공사 시공단계에 있어서 안전관리의 문제점에 해당되는 것은?

① 발주자의 조사, 설계 발주능력 미흡
② 용역자의 조사, 설계능력 부실
③ 발주자의 감독 소홀
④ 사용자의 시설 운영관리 능력 부족

해설

①항, 계획단계
②항, 설계단계
③항, 시공단계에서는 발주자의 감리, 안전관리 감독 소홀로 인하여 재해가 발생될 수 있다.
④항, 운영단계

□□□ 10년3회, 13년1회

4. 다음 중 유해 · 위험방지계획서의 첨부서류에서 안전보건관리계획에 해당되지 않은 항목은?

① 산업안전보건관리비 사용계획
② 안전보건교육계획
③ 재해발생 위험 시 연락 및 대피방법
④ 근로자 건강진단 실시계획

문제 4~7 해설

유해 위험방지계획서의 첨부서류

1) 공사개요 및 안전보건관리계획
- 공사 개요서
- 공사현장의 주변 현황 및 주변과의 관계를 나타내는 도면(매설물 현황을 포함한다)
- 건설물, 사용 기계설비 등의 배치를 나타내는 도면
- 전체 공정표
- 산업안전보건관리비 사용계획
- 안전관리 조직표
- 재해 발생 위험 시 연락 및 대피방법

□□□ 15년2회

5. 건설업 유해위험방지계획서 제출 시 첨부서류에 해당되지 않는 것은?

① 공사개요서
② 산업안전보건관리비 사용계획
③ 재해발생 위험 시 연락 및 대피방법
④ 특수공사계획

□□□ 16년1회

6. 유해 · 위험방지 계획서 제출 시 첨부서류에 해당하지 않는 것은?

① 교통처리계획
② 안전관리 조직표
③ 공사개요서
④ 공사현장의 주변현황 및 주변과의 관계를 나타내는 도면

정답 1 ② 2 ① 3 ③ 4 ④ 5 ④ 6 ①

□□□ 17년1회, 20년4회

7. 유해위험방지 계획서를 제출하려고 할 때 그 첨부서류와 가장 거리가 먼 것은?

① 공사개요서
② 산업안전보건관리비 작성요령
③ 전체공정표
④ 재해 발생 위험 시 연락 및 대피방법

□□□ 12년3회, 17년3회, 19년3회, 21년3회

8. 유해위험방지계획서를 제출해야 될 건설공사 대상 사업장 기준으로 옳지 않은 것은?

① 최대 지간길이가 40m 이상인 교량건설 등의 공사
② 지상높이가 31m 이상인 건축물
③ 터널 건설 등의 공사
④ 깊이 10m 이상인 굴착공사

문제 8~10 해설

위험방지계획서를 제출해야 될 건설공사

1. 지상높이가 31미터 이상인 건축물 또는 인공구조물, 연면적 3만 제곱미터 이상인 건축물 또는 연면적 5천 제곱미터 이상의 문화 및 집회시설(전시장 및 동물원·식물원은 제외한다), 판매시설, 운수시설(고속철도의 역사 및 집배송시설은 제외한다), 종교시설, 의료시설 중 종합병원, 숙박시설 중 관광숙박시설, 지하도상가 또는 냉동·냉장창고시설의 건설·개조 또는 해체(이하 "건설등"이라 한다)
2. 연면적 5천제곱미터 이상의 냉동·냉장창고시설의 설비공사 및 단열공사
3. 최대지간길이가 50m 이상인 교량건설 등 공사
4. 터널건설 등의 공사
5. 다목적댐·발전용댐 및 저수용량 2천만 톤 이상의 용수전용댐·지방상수도 전용댐 건설 등의 공사
6. 깊이 10미터 이상인 굴착공사

□□□ 11년3회, 18년3회

9. 다음 중 건설공사 유해·위험방지계획서 제출대상 공사가 아닌 것은?

① 지상높이가 50m인 건축물 또는 인공구조물 건설공사
② 연면적이 3,000m^2인 냉동·냉장창고시설의 설비공사
③ 최대지간길이가 60m인 교량건설공사
④ 터널건설공사

□□□ 13년3회, 19년1회, 21년2회

10. 건설업 중 교량건설 공사의 경우 유해위험방지계획서를 제출하여야 하는 기준으로 옳은 것은?

① 최대 지간길이가 70m 이상인 교량건설 공사
② 최대 지간길이가 50m 이상인 교량건설 공사
③ 최대 지간길이가 60m 이상인 교량건설 공사
④ 최대 지간길이가 40m 이상인 교량건설 공사

□□□ 14년3회, 20년1·2회

11. 사업주가 유해·위험방지 계획서 제출 후 건설공사 중 6개월 이내마다 안전보건공단의 확인사항을 받아야 할 내용이 아닌 것은?

① 유해·위험방지 계획서의 내용과 실제공사 내용이 부합하는지 여부
② 유해·위험방지 계획서 변경 내용의 적정성
③ 자율안전관리 업체 유해·위험방지 계획서 제출·심사 면제
④ 추가적인 유해·위험요인의 존재 여부

해설

사업주가 유해·위험방지 계획서 제출 후 건설공사 중 6개월 이내마다 안전보건공단의 확인사항을 받아야 할 내용

1. 유해·위험방지 계획서의 내용과 실제공사 내용이 부합하는지 여부
2. 유해·위험방지 계획서 변경 내용의 적정성
3. 추가적인 유해·위험요인의 존재 여부

[참고] 산업안전보건법 시행규칙 제124조 【확인】

정답 7 ② 8 ① 9 ② 10 ② 11 ③

02 지반의 안정성

[토공사]

(1) 토공사의 진행

구분	내용
시공계획	공사계획을 파악하고 지형, 지질, 기상, 주변환경 등의 현지조사
시공작업	조건에 적합한 시공법, 적절한 공정을 설정하고 경제적인 작업
시공법	가설계획, 사용장비, 장비의 종류, 작업계획 등을 검토, 선정

(2) 흙의 특성

[아터버그 한계]
토양의 수분함량에 따라 외력과 변형에 대한 저항성이 달라진다. 이 때 형태변화를 수분함량을 기준으로 액성한계, 소성한계 등으로 구분하는 것을 Albert Atterberg의 이름을 따서 아터버그 한계라고 한다.

① 흙의 간극비, 함수비, 포화도의 관계식

- $\text{간극비} = \dfrac{\text{간극(공기와 물)의 체적}}{\text{토립자(흙)의 체적}}$
- $\text{함수비} = \dfrac{\text{물의 중량}}{\text{토립자(흙)의 중량}}, \left(\dfrac{\text{흙의 습윤단위중량}}{\text{흙의 건조단위중량}} - 1\right) \times 100$
- $\text{함수율} = \dfrac{\text{물의 중량}}{\text{토립자+물의중량}} \times 100\%$
- $\text{포화도} = \dfrac{\text{물의 체적}}{\text{토립자(흙)의 체적}}$
- $\text{예민비} = \dfrac{\text{자연시료의 강도}}{\text{이긴시료의 강도}}$

[흙의 휴식각]

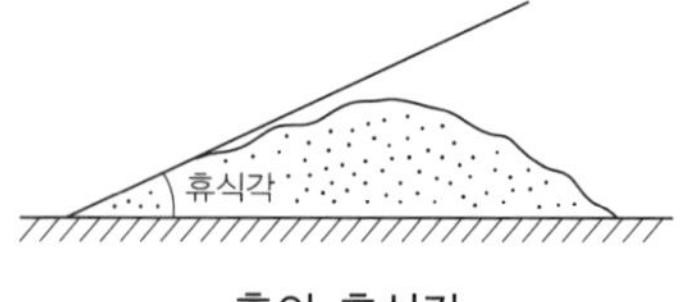

흙의 휴식각

② 흙의 休息角(Angle of repose) 안식각, 자연경사각

흙 입자간의 응집력, 부착력을 무시한때 즉, 마찰력만으로써 중력에 의하여 정지되는 흙의 사면각도(터파기 경사각은 휴식각의 2배로 한다.)

토 질	휴식각	파기경사각
모 래	30~45°	60°
보통흙	25~45°	50°
자 갈	30~38°	60°
진 흙	35°	70°
암 반	–	–

(3) 지반의 조사

기초의 설계 및 기초 시공하는데 필요한 지하수위, 토질 등의 자료를 얻기 위하여 조사를 실시한다.

① 지반의 조사방법

구분	내용
터파보기	비교적 가벼운 건물 또는 지층이 매우 단단한 지반을 지름 60~90cm, 깊이 2~3m 정도로 우물을 파듯이 파보아 지층 및 용수량 등을 조사한다.
짚어보기 (철봉에 의한 검사)	소규모 건축물의 조사 방법으로 끝이 뾰족한 지름 9mm 정도의 철봉을 인력으로 꽂아 내리고 그 때의 손의 촉감으로 지반의 경 · 연질 상태, 지내력 등을 측정한다.
시추조사(Boring)	굴착용 기계를 이용하여 지반에 구멍을 뚫고 지층 각 부분의 흙을 채취, 흙의 성질 및 지층상태를 판단

② 시추조사(Boring)방법의 종류

종류	내용
충격식 보링 (Percussion boring)	와이어로프 끝에 비트(Bit)를 달아 60~70cm, 정도로 움직여 구멍 밑에 낙하충격을 주어 파쇄된 토사를 베일러 (Bailer)로 퍼내어 지층상태를 판단한다.
수세식 보링 (Wash boring)	30m 정도의 연질층에 사용되는 방법으로 외관 50~65mm, 내관 25mm 정도인 관을 땅속에 때려박고 내관 끝의 압축기를 구동, 물을 뿜게 함으로써 내관 밑의 토사를 씻어 올려 지상의 침전통에 침전시켜 지층상태를 판단 한다.
회전식 보링 (Rotary boring)	비트(Bit)를 약 40~150rpm의 속도로 회전시켜, 흙을 펌프를 이용하여 지상으로 퍼내 지층상태를 판단하는 가장 정확한 방법이다.
오우거 보링 (Auger boring)	작업현장에서 인력으로 간단하게 실시할 수 있는 방법으로 사질토의 경우에는 3~4m, 보통 지층에서는 10m 정도의 깊이로 토사를 채취한다.

[입자에 따른 흙의 분류]

(1) 조립토
① 자갈 : 2.0mm 이상
② 굵은 모래 : 0.25~2.0mm
③ 잔모래 : 0.5~0.25mm

(2) 세립토
① 실트 : 0.001~0.075mm
② 점토 : 0.001~0.005mm
③ 콜로이드 : 0.001mm 이하

[쿨롱의 방정식]

$\tau = C + \sigma \tan\phi$

τ : 흙의 전단강도(kg/cm^2)
C : 흙의 점착력(kg/cm^2)
σ : 유효 수직응력(kg/cm^2)
ϕ : 흙의 내부 마찰각(전단 저항각)
※ 점토 $\tau = C$
사질토 $\tau = \sigma \tan\phi$

[흙의 전단응력을 증대시키는 원인]

① 인공 또는 자연력에 의한 지하공동의 형성
② 사면의 구배가 자연구배보다 급경사일 때
③ 지진, 폭파, 기계 등에 의한 진동 및 충격
④ 함수량의 증가에 따른 흙의 단위체적 중량의 증가

[전단시험의 종류]

(1) 직접전단시험
① 일면전단시험
② 베인테스트시험
(2) 간접전단시험
① 일축압축시험
② 삼축압축시험

[표준관입시험]

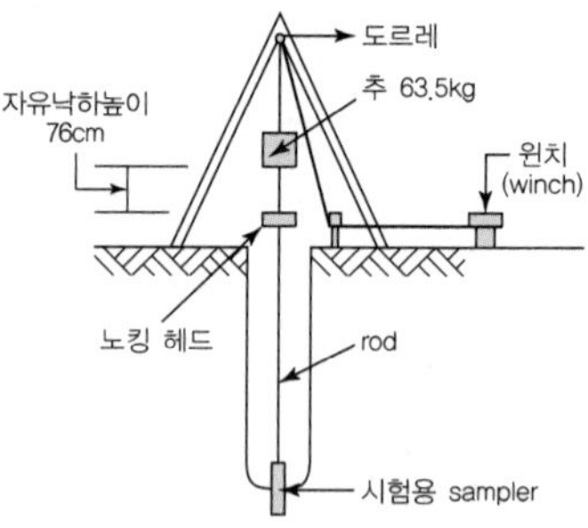

[베인테스트]

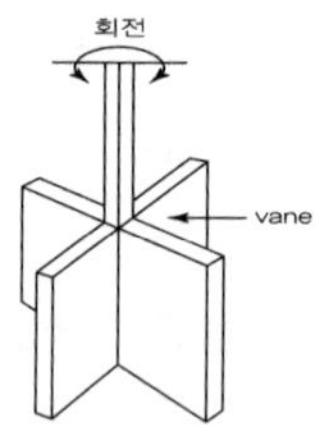

[표준관입시험 표기방법]

(1) 타입횟수(회) / 관입깊이(cm)
(2) 예) 3/30
 – 3회 타입으로 30cm 관입

(4) 토질시험방법

채취한 흙시료로 토질시험을 실시하여 그 시험조사를 기초로 비탈면의 안정해석으로 토압을 산정하여 설계, 시공에 직접 필요한 흙의 성질을 구하기 위한 것이 토질시험이다.

① 토질시험의 분류

구분	내용
밀도시험	입도, 밀도, 함수비, 진비중, 액성 및 소성한계, 현장함수당량, 원심함수당량시험등
화학시험	함유수분의 시험 등을 필요에 따라 화학분석으로 행한다.
역학시험	표준관입시험, 전단시험, 압밀시험, 투수시험, 다짐시험, 단순압축시험, 지반의 지지력시험등
기타 시험	물리적 지하탐사시험, 전기적 지하탐사시험등

② 현장의 토질시험방법

구분	내용
표준관입 시험	63.5kg의 추를 70~80cm(보통 75cm) 정도의 높이에서 자유낙하시켜 sampler를 30cm 관입시킬 때의 타격회수(N)을 측정하여 흙의 경 · 연 정도를 판정한다.
베인시험	연한 점토질 시험에 주로 쓰이는 방법으로 4개의 날개가 달린 베인테스터를 지반에 때려박고 회전시켜 저항 모멘트를 측정, 전단강도를 산출한다.
평판재하 시험	지반의 지지력을 알아보기 위한 방법으로 기초저면의 위치까지 굴착하고, 지반면에 평판을 놓고 직접 하중을 가하여 하중과 침하를 측정한다.

표준 관입 시험의 N값과 상대밀도

모래 지반의 N값	점토질 지반의 N값	상대 밀도(g/cm^2)
0~4	0~2	매우 느슨하다.
4~10	2~4	느슨하다.
10~30	4~8	보통이다.
30~50	8~15	단단하다
50 이상	15~30	매우 다진 상태이다.
~	30 이상	경질(hard)

■ **평판 재하 시험방법**

① 시험은 예정기초의 저면에서 행한다.
② 시험용 재하판은 정방형 또는 원형의 면적 0.2m² 의 것을 표준으로 한다.
③ 매회 재하는 1t 이하 또는 예정파괴하중의 1/5 이하로 하고 침하가 멎을 때까지의 그 침하량을 측정한다.
④ 침하의 증가가 2시간에 0.1mm의 비율 이하일 때는 침하가 정지된 것으로 본다.
⑤ 단기하중에 대한 허용내력은 총침하량이 2cm에 도달했을때 또는 침하량이 2cm 이하라도 침하곡선이 항복상태를 보일 때로 한다.
⑥ 장기하중에 대한 허용내력은 단기하중이 1/2이다.

[언더 피닝 공법]
기존 구조물에 근접하여 시공할 때 기존 구조물을 보호하기 위한 공법으로 기초 하부를 보강하는 공법

(5) 연약지반 개량공법

구분	내용
점성토 지반개량공법	• 치환공법 : 폭파치환, 굴착공법 • 압밀공법(재하공법) : 프리로딩, 압성토, 사면선단 재하공법 • 탈수공법 : 페이퍼드레인, 샌드드레인, 팩드레인, 모래말뚝공법 • 배수공법 : Deep Well, Well Point • 고결공법 : 생석회 말뚝, 동결, 소결공법
사질토 지반개량공법	• Vibro Floatation(진동다짐공법) • 폭파다짐공법 • 동(압밀)다짐공법 • 약액주입공법 • 전기충격공법 • 다짐모래말뚝공법

[보일링(Boiling)]

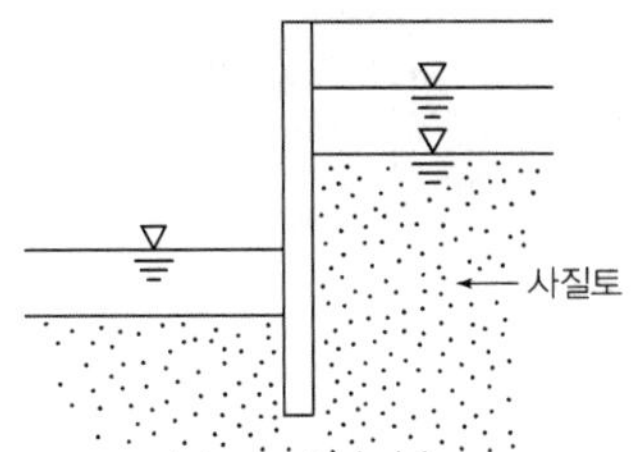

(6) 지반의 이상현상

① 보일링(Boiling)

사질토 지반을 굴착시, 굴착부와 지하수위차가 있을 경우, 수두차에 의하여 침투압이 생겨 흙막이벽 근입부분을 침식하는 동시에, 모래가 액상화되어 솟아오르며 흙막이벽의 근입부가 지지력을 상실하여 흙막이공의 붕괴를 초래하는 현상

구분	내용
현상	• 저면에 액상화현상(Quick Sand)이 일어난다. • 굴착면과 배면토의 수두차에 의한 침투압이 발생한다.
대책	• 주변수위를 저하시킨다. • 흙막이벽 근입도를 증가하여 동수구배를 저하시킨다. • 굴착토를 즉시 원상 매립한다. • 작업을 중지시킨다.

[히빙(Heaving)]

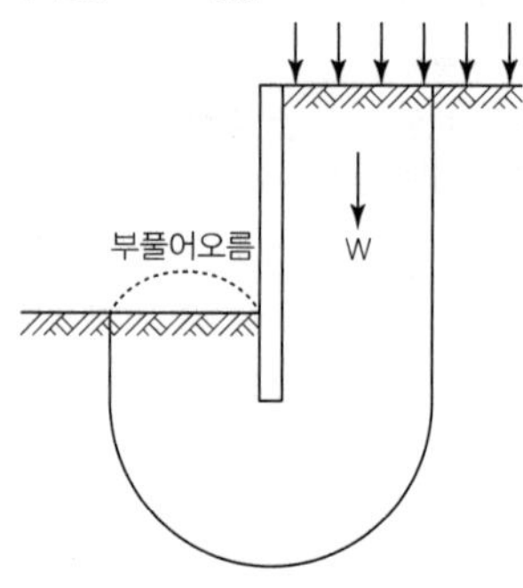

② 히빙(Heaving)

연약성 점토지반 굴착시 흙막이 벽 뒤쪽 흙의 중량이 굴착부 바닥의 지지력 이상이 되면서 흙막이벽 근입(根入) 부분의 지반 이동이 발생하여 굴착부 저면이 솟아오르는 현상

구분	내용
현상	• 지보공 파괴 • 배면 토사붕괴 • 굴착저면의 솟아오름
대책	• 굴착주변의 상재하중을 제거한다. • 시트 파일(Sheet Pile) 등의 근입심도를 검토한다. • 1.3m 이하 굴착시에는 버팀대(Strut)를 설치한다. • 버팀대, 브라켓, 흙막이를 점검한다. • 굴착주변을 웰 포인트(Well Point) 공법과 병행한다. • 굴착방식을 개선(Island Cut 공법 등)한다.

[파이핑]

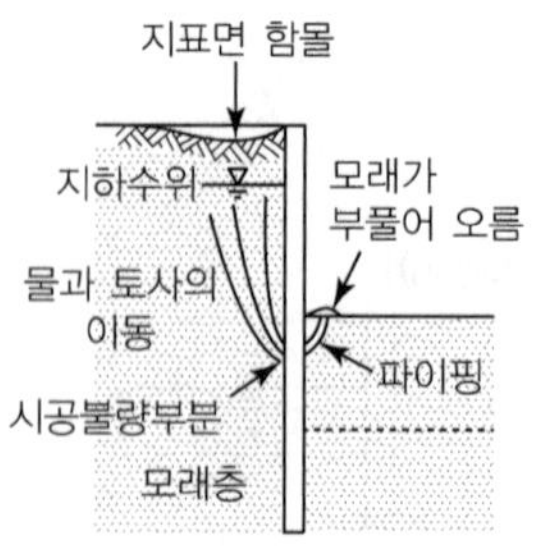

③ 파이핑(piping)

㉠ 흙막이 벽이 수밀성이 부족하여 흙막이 벽에 파이프 모양으로 물의 통로가 생겨 매면의 흙이 물과 함께 유실되는 현상

㉡ 방지 대책

- 치수성 높은 흙막이 설치
- 지하수위 저하

[동상현상]

기온이 영하로 내려가면 흙속의 빈틈에 있는 물이 동결하여 흙속에 빙층이 형성되기 때문에 지표면이 떠오르는 현상

02 핵심문제 2. 지반의 안정성

□□□ 18년2회

1. 흙의 간극비를 나타낸 식으로 옳은 것은?

① $\dfrac{\text{공기}+\text{물의 체적}}{\text{흙}+\text{물의 체적}}$

② $\dfrac{\text{공기}+\text{물의 체적}}{\text{흙의 체적}}$

③ $\dfrac{\text{물의 체적}}{\text{물}+\text{흙의 체적}}$

④ $\dfrac{\text{공기}+\text{물의 체적}}{\text{공기}+\text{흙}+\text{물의 체적}}$

해설

흙은 토립자 간극으로 구성되고 간극은 물과 공기로 구성되어 있으며, 간극비란 흙 입자의 용적에 대한 간극용적의 비를 말한다.

$\text{간극비} = \dfrac{\text{간극(공기와 물)의 체적}}{\text{토립자(흙)의 체적}}$

□□□ 12년3회

2. 표준관입시험에서 30cm 관입에 필요한 타격회수(N)가 50 이상일 때 모래의 상대밀도는 어떤 상태인가?

① 몹시 느슨하다. ② 느슨하다.
③ 보통이다. ④ 대단히 조밀하다.

해설

표준관입시험의 N값와 상대밀도표

모래 지반의 N값	상대 밀도(g/cm^2)
0~4 4~10 10~30 30~50 50 이상 ~	매우 느슨하다. 느슨하다. 보통이다. 단단하다 매우 다진상태이다. 경질(hard)

□□□ 14년1회

3. 표준관입시험에 대한 내용으로 옳지 않은 것은?

① N치(N-value)는 지반을 30cm 굴진하는데 필요한 타격횟수를 의미한다.
② 50/3의 표기에서 50은 굴진수치, 3은 타격횟수를 의미한다.
③ 63.5kg 무게의 추를 76cm 높이에서 자유낙하 하여 타격하는 시험이다.
④ 사질지반에 적용하며, 점토지반에서는 편차가 커서 신뢰성이 떨어진다.

해설

50/3의 표기에서 50은 타격횟수, 3은 굴진수치(관입깊이)를 의미한다.

□□□ 13년2회

4. 지반조건에 따른 지반개량공법 중 점성토 개량공법에 해당되지 않는 것은?

① 바이브로 플로테이션공법
② 치환공법
③ 생석회 말뚝 공법
④ 압밀공법

문제 4~6 해설

연약지반 개량공법

점성토 지반개량 공법	1. 치환공법 : 폭파치환, 굴착공법 2. 압밀공법(재하공법) : 프리로딩, 압성토, 사면선단 재하공법 3. 탈수공법 : 페이퍼드레인, 센드드레인, 팩드레인, 모래말뚝공법 4. 배수공법 : Deep Well, Well Point 5. 고결공법 : 생석회 말뚝, 동결, 소결공법
사질토 지반개량 공법	1. Vibro Floatation(진동다짐공법) 2. 동(압밀)다짐공법 3. 폭파다짐공법 4. 전기충격공법 5. 약액주입공법 6. 다짐모래말뚝공법

□□□ 09년2회, 15년1회

5. 연약한 점토지반의 개량 공법으로 적절하지 않은 것은?

① 샌드드레인(Sand drain) 공법
② 생석회 말뚝(Chemico pile) 공법
③ 페이퍼드레인(Paper drain) 공법
④ 바이브로 플로테이션(Vibro flotation) 공법

□□□ 13년3회, 16년1회

6. 점토질 지반의 침하 및 압밀 재해를 막기 위하여 실시하는 지반개량 탈수공법으로 적당하지 않은 것은?

① 샌드드레인 공법 ② 생석회 공법
③ 진동 공법 ④ 페이퍼드레인 공법

정답 1 ② 2 ④ 3 ② 4 ① 5 ④ 6 ③

□□□ 14년3회

7. 다음 중 지하수위를 저하시키는 공법은?

① 동결 공법 ② 웰포인트 공법
③ 뉴매틱케이슨 공법 ④ 치환 공법

해설

Well Point 공법
관을 부설(敷設)할 때 지하 수위 저하 공법의 하나로, 지하 수면하의 사질토 굴삭 시 선단에 스트레이너를 붙인 웰 포인트라 부르는 흡수관을 굴삭홈에 따라 약 1~2m 정도의 간격으로 압력수를 분사시키면서 박고, 지상에서 관을 헤더에 연결한 다음 이 헤더를 통해 진공 펌프를 움직이면서 지하수를 퍼올려 지하 수위를 저하시키는 공법이다.

□□□ 12년1회, 20년3회

8. 토질시험 중 연약한 점토 지반의 점착력을 판별하기 위하여 실시하는 현장시험은?

① 베인테스트 ② 표준관입시험
③ 하중재하시험 ④ 삼축압축시험

해설

베인시험(Vane test)시험
연한 점토질 시험에 주로 쓰이는 방법으로 4개의 날개가 달린 베인 테스터를 지반에 때려박고 회전시켜 저항 모멘트를 측정, 전단강도를 산출한다.

□□□ 18년2회

9. 지반에서 나타나는 보일링(boiling) 현상의 직접적인 원인으로 볼 수 있는 것은?

① 굴착부와 배면부의 지하수위의 수두차
② 굴착부와 배면부의 흙의 중량차
③ 굴착부와 배면부의 흙의 함수비차
④ 굴착부와 배면부의 흙의 토압차

문제 9~13 해설

보일링(boilong)현상
사질토 지반을 굴착시, 굴착부와 지하수위차가 있을 경우, 수두차에 의하여 침투압이 생겨 흙막이벽 근입부분을 침식하는 동시에, 모래가 액상화되어 솟아오르며 흙막이벽의 근입부가 지지력을 상실하여 흙막이공의 붕괴를 초래하는 현상

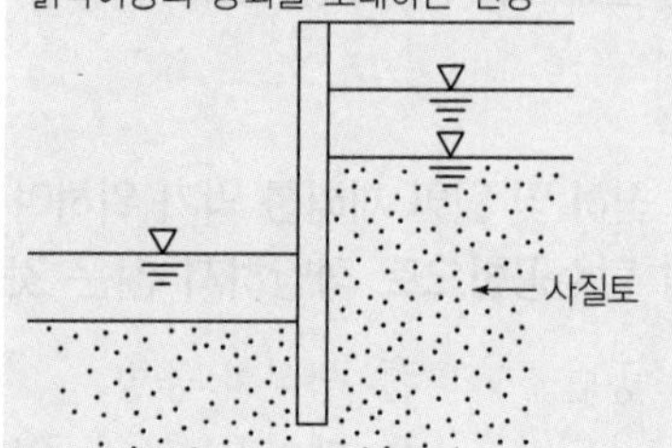

□□□ 19년1회

10. 사질지반 굴착 시, 굴착부와 지하수위차가 있을 때 수두차에 의하여 삼투압이 생겨 흙막이벽 근입부분을 침식하는 동시에 모래가 액상화되어 솟아오르는 현상은?

① 동상현상 ② 연화현상
③ 보일링현상 ④ 히빙현상

□□□ 08년1회, 13년3회, 15년1회

11. 흙막이공의 파괴 원인 중 보일링(boiling) 현상이 주된 원인이 되는 경우가 있다. 보일링 현상에 관한 설명으로 틀린 것은?

① 지하수위가 높은 지반을 굴착할 때 주로 발생한다.
② 연약 사질토 지반에서 주로 발생한다.
③ 시트파일(sheet pile) 등의 저면에 분사현상이 발생한다.
④ 연약 점토지반에서 굴착면의 융기로 발생한다.

해설

④항, 히빙(Heaving)현상에 관한 사항이다.

□□□ 13년2회

12. 흙막이 붕괴원인 중 보일링(boiling) 현상이 발생하는 원인에 관한 설명으로 틀린 것은?

① 지반을 굴착 시, 굴착부와 지하수위 차가 있을 때 주로 발생한다.
② 굴착저면에서 액상화 현상에 기인하여 발생한다.
③ 연약 사질토 지반의 경우 주로 발생한다.
④ 연약 점토질 지반에서 배면토의 중량이 굴착부 바닥의 지지력 이상이 되었을 때 주로 발생한다.

해설

④항, 히빙(Heaving)현상에 관한 사항이다.

정답 7 ② 8 ① 9 ① 10 ③ 11 ④ 12 ④

□□□ 17년3회

13. 보일링(Boiling)현상에 관한 설명으로 옳지 않은 것은?

① 지하수위가 높은 모래 지반을 굴착할 때 발생하는 현상이다.

② 보일링 현상에 대한 대책의 일환으로 공사기간 중 지하수위를 일정하게 유지시켜야 한다.

③ 보일링 현상이 발생하는 경우 흙막이 보는 지지력이 저하된다.

④ 아랫부분의 토사가 수압을 받아 굴착한 곳으로 밀려나와 굴착부분을 다시 메우는 현상이다.

해설

보일링 현상의 대책으로 지하수위를 저하시켜야 한다.

□□□ 09년2회, 13년1회

14. 점토지반의 토공사에서 흙막이 밖에 있는 흙이 안으로 밀려 들어와 내측흙이 부풀어 오르는 현상은?

① 보일링(boiling) ② 히빙(heaving)
③ 파이핑(piping) ④ 액상화

해설

히빙(Heaving)이란 굴착이 진행됨에 따라 흙막이 벽 뒤쪽 흙의 중량이 굴착부 바닥의 지지력 이상이 되면 흙막이벽 근입(根入) 부분의 지반 이동이 발생하여 굴착부 저면이 솟아오르는 현상이다.

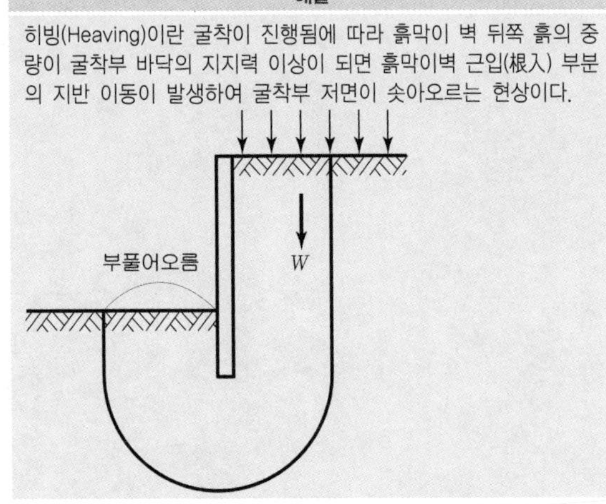

□□□ 10년2회, 15년3회

15. 히빙(heaving)현상에 대한 안전대책이 아닌 것은?

① 굴착배면의 상재하중 등 토압을 경감시킨다.

② 시트파일(sheet pile) 등의 근입심도를 검토한다.

③ 굴착저면에 토사 등 인공중력을 감소시킨다.

④ 굴착주변을 웰 포인트(well point)공법과 병행한다.

문제 15~17 해설

히빙(heaving)현상의 안전대책
1. 굴착주변의 상재하중을 제거한다.
2. 시트 파일(Sheet Pile) 등의 근입심도를 검토한다.
3. 1.3m 이하 굴착 시에는 버팀대(Strut)를 설치한다.
4. 버팀대, 브라켓, 흙막이를 점검한다.
5. 굴착주변을 웰 포인트(Well Point) 공법과 병행한다.
6. 굴착방식을 개선(Island Cut 공법 등)한다.

□□□ 14년2회

16. 흙막이 벽을 설치하여 기초 굴착작업 중 굴착부 바닥이 솟아올랐다. 이에 대한 대책으로 옳지 않은 것은?

① 굴착주변의 상재하중을 증가시킨다.

② 흙막이 벽의 근입깊이를 깊게 한다.

③ 토류벽의 배면토압을 경감시킨다.

④ 지하수 유입을 막는다.

□□□ 12년3회, 15년1회

17. 히빙(Heaving) 현상 방지대책으로 옳지 않은 것은?

① 흙막이 벽체의 근입깊이를 깊게 한다.

② 흙막이 벽체 배면의 지반을 개량하여 흙의 전단강도를 높인다.

③ 부풀어 솟아오르는 바닥면의 토사를 제거한다.

④ 소단을 두면서 굴착한다.

□□□ 16년1회, 22년1회

18. 흙막이벽의 근입깊이를 깊게 하고, 전면의 굴착부분을 남겨두어 흙의 중량으로 대항하게 하거나, 굴착예정부분의 일부를 미리 굴착하여 기초콘크리트를 타설하는 등의 대책과 가장 관계 깊은 것은?

① 히빙현상이 있을 때 ② 파이핑현상이 있을 때
③ 지하수위가 높을 때 ④ 굴착깊이가 깊을 때

해설

히빙현상은 토류판의 앞과 뒤의 지압차로 굴착저면이 부풀어 오르는 현상으로 지압차를 줄이기 위해 토류판의 뒷면을 굴착하여 압력을 줄이거나 굴착저면에 흙을 쌓아 상대적인 힘을 늘리거나, 토류판을 깊게 박아서 영향을 줄이는 방법 등의 대책이 있다.

정답 13 ② 14 ② 15 ③ 16 ① 17 ③ 18 ①

□□□ 11년3회, 14년1회

19. **연약지반의 이상현상 중 하나인 히빙(heaving)현상에 대한 안전대책이 아닌 것은?**

① 흙막이벽의 관압깊이를 깊게 한다.
② 굴착 저면에 토사 등으로 하중을 가한다.
③ 흙막이 배면의 표토를 제거하여 토압을 경감시킨다.
④ 주변 수위를 높인다.

해설

④항, 주변의 수위는 낮춰야 한다.

□□□ 11년2회

20. **연약지반에서 발생하는 히빙(Heaving)현상에 관한 설명 중 옳지 않은 것은?**

① 배면의 토사가 붕괴된다.
② 지보공이 파괴된다.
③ 굴착저면이 솟아오른다.
④ 저면이 액상화된다.

해설

④항, 저면이 액상화되는 것은 보일링(Boiling)현상이다.

정답 19 ④ 20 ④

03 산업안전보건관리비

(1) 안전관리비의 적용

① 안전관리비 대상액

구분	내용
대상액	직접재료비+간접재료비+직접노무비 ※ 발주자가 재료를 제공할 경우, 해당 재료비 포함
대상액이 구분되어 있지 않은 공사	도급계약 또는 자체사업계획 상의 총공사금액의 70%를 대상액으로 하여 안전관리비를 계상
발주자가 재료를 제공하거나 물품이 완제품의 형태로 제작 또는 납품되어 설치되는 경우	해당 재료비 또는 완제품 가액이 미포함된 대상액으로 계상한 안전관리비의 1.2배를 초과할 수 없다.

② 안전관리비 적용범위

㉠ 총공사금액 2,000만원 이상인 공사에 적용

㉡ 단가계약에 의해 행하는 공사로 총계약금액 기준적용대상

- 전기공사업법에 따른 전기공사로서 고압 또는 특별고압 작업으로 이루어지는 공사
- 정보통신공사업법에 따른 정보통신공사로서 지하맨홀, 관로 또는 통신주에서 작업이 이루어지는 정보통신 설비공사

[건설공사의 종류]

(1) 일반건설공사(갑)
- 건축물 등의 건설공사
- 도로신설공사
- 기타 건설공사

(2) 일반건설공사(을)
각종의 기계 · 기구장치 등의 설치 공사

(3) 중 건설공사
고제방(댐), 수력발전시설, 터널 등을 신설하는 공사

(4) 철도 · 궤도신설공사

(5) 특수 및 기타 건설공사
- 건설산업기본법에 의한 준설공사, 조경공사, 택지조성공사(경지정리공사 포함), 포장공사
- 전기공사업법에 의한 전기공사
- 정보통신공사업법에 의한 정보통신공사

(2) 산업안전보건관리비의 계상 및 사용

① 공사종류 및 규모별 안전관리비 계상기준표

대상액 공사종류	5억원 미만	5억원 이상 50억원 미만		50억원 이상	보건관리자 선임대상 공사
		비율	기초액		
일반건설공사(갑)	2.93(%)	1.86%	5,349,000원	1.97(%)	2.15(%)
일반건설공사(을)	3.09(%)	1.99%	5,499,000원	2.10(%)	2.29(%)
중건설공사	3.43(%)	2.35%	5,400,000원	2.44(%)	2.66(%)
철도 · 궤도신설공사	2.45(%)	1.57%	4,411,000원	1.66(%)	1.81(%)
특수및기타건설공사	1.85(%)	1.20%	3,250,000원	1.27(%)	1.38(%)

[산업안전보건관리비 사용명세서]

산업안전보건관리비를 사용하는 건설공사의 금액이 4천만원 이상일 때는 매월 사용명세서를 작성하고 건설공사 종료 후 1년 동안 보존해야 한다.

② 공사진척에 따른 안전관리비 사용기준

공정율	50% 이상 70% 미만	70% 이상 90% 미만	90% 이상
사용기준	50% 이상	70% 이상	90% 이상

[보건관리자 선임대상 건설공사]

(1) 공사금액 800억원(토목공사업 1천억이상) 이상 또는 상시근로자 600명이상

(2) 1,400억원 증가할 때마다 또는 상시근로자 600명이 추가될 때마다 1명씩 추가

[산업안전보건관리비의 효율적인 사용을 위해 고용노동부 장관이 정하는 사항]

(1) 사업의 규모별 · 종류별 계상 기준
(2) 건설공사의 진척 정도에 따른 사용비율 등 기준
(3) 그 밖에 산업안전보건관리비의 사용에 필요한 사항

산업안전보건법 제72조【건설공사 등의 산업안전보건관립 계상 등】

(3) 산업안전보건관리비의 사용기준

① 안전관리자 등의 인건비 및 각종 업무 수당 등

㉠ 전담 안전 · 보건관리자의 인건비, 업무수행 출장비

㉡ 건설용리프트의 운전자 인건비

㉢ 공사장 내의 양중기 · 건설기계 등의 움직임으로부터 주변 작업자를 보호하기 위한 유도자 또는 신호자의 인건비

㉣ 비계 설치 또는 해체, 고소작업대 작업 시 낙하물 위험예방을 위한 하부통제 등 공사현장의 특성에 따라 근로자 보호만을 목적으로 배치된 유도자 및 신호자의 인건비

㉤ 작업을 직접 지휘 · 감독하는 관리감독자가 안전보건업무를 수행하는 경우에 지급하는 업무수당(월 급여액의 10% 이내)

■ **관리 · 감독자 안전보건업무 수행 시 수당지급 작업**

- 건설용 리프트 · 곤돌라를 이용한 작업
- 콘크리트 파쇄기를 사용하는 파쇄작업 (2m 이상인 구축물 파쇄에 한정)
- 굴착 깊이가 2m 이상인 지반의 굴착작업
- 흙막이지보공의 보강, 동바리 설치 또는 해체작업
- 터널 안에서의 굴착작업, 터널거푸집의 조립 또는 콘크리트 작업
- 굴착면의 깊이가 2m 이상인 암석 굴착 작업
- 거푸집지보공의 조립 또는 해체작업
- 비계의 조립, 해체 또는 변경작업
- 건축물의 골조, 교량의 상부구조 또는 탑의 금속제의 부재에 의하여 구성되는 것(5m 이상에 한정)의 조립, 해체 또는 변경작업
- 콘크리트 공작물(높이 2m 이상에 한정)의 해체 또는 파괴 작업
- 전압이 75V 이상인 정전 및 활선작업
- 맨홀작업, 산소결핍장소에서의 작업
- 도로에 인접하여 관로, 케이블 등을 매설하거나 철거하는 작업
- 전주 또는 통신주에서의 케이블 공중가설작업
- 위험방지가 특히 필요한 작업

② 안전시설비 등

각종 안전표지 · 경보 및 유도시설, 감시 시설, 방호장치, 안전 · 보건시설 및 그 설치비용(시설의 설치 · 보수 · 해체 시 발생하는 인건비 등 경비를 포함)

③ 개인보호구 및 안전장구 구입비 등

㉠ 각종 개인 보호장구의 구입 · 수리 · 관리 등에 소요되는 비용

㉡ 안전보건 관계자 식별용 의복 및 안전 · 보건관리자 및 안전보건보조원 전용 업무용 기기에 소요되는 비용(근로자가 작업에 필요한 안전화 · 안전대 · 안전모를 직접 구입 · 사용하는 경우 지급하는 보상금을 포함한다.)

④ 사업장의 안전진단비
㉠ 자율적으로 외부전문가 또는 전문기관을 활용하여 실시하는 각종 진단, 검사, 심사, 시험, 자문, 작업환경측정, 유해 · 위험방지계획서의 작성 · 심사 · 확인에 소요되는 비용
㉡ 자체적으로 실시하기 위한 작업환경 측정장비 등의 구입 · 수리 · 관리 등에 소요되는 비용
㉢ 전담 안전 · 보건관리자용 안전순찰차량의 유류비 · 수리비 · 보험료 등의 비용

⑤ 안전보건교육비 및 행사비 등
㉠ 안전보건교육에 소요되는 비용(현장내 교육장 설치비용을 포함)
㉡ 안전보건관계자의 교육비, 자료 수집비 및 안전기원제 · 안전보건행사에 소요되는 비용(기초안전보건교육에 소요되는 교육비 · 출장비 · 수당을 포함 단, 수당은 교육에 소요되는 시간의 임금을 초과할 수 없다.)

⑥ 근로자의 건강관리비 등
㉠ 근로자의 건강관리에 소요되는 비용
㉡ 작업의 특성에 따라 근로자 건강보호를 위해 소요되는 비용

⑦ 기술지도비
재해예방전문지도기관에 지급하는 기술지도 비용

■ **기술지도의 횟수**

기술지도는 공사기간 중 월 2회 이상 실시하여야 하고, 건설재해예방 기술지도비가 계상된 안전관리비 총액의 20%를 초과하는 경우에는 그 이내에서 기술지도 횟수를 조정할 수 있다.

⑧ 본사 사용비
㉠ 안전만을 전담으로 하는 별도 조직을 갖춘 건설업체의 본사에서 사용하는 사용항목
㉡ 본사 안전전담부서의 안전전담직원 인건비 · 업무수행 출장비(계상된 안전관리비의 5%를 초과할 수 없다.)

■ **안전전담부서**

안전관리자의 자격을 갖춘 사람 1명 이상을 포함하여 3명 이상의 안전전담직원으로 구성된 안전만을 전담하는 과 또는 팀 이상의 별도조직

■ **본사 사용비 총액**

본사에서 안전관리비를 사용하는 경우 1년간(1.1～12.31) 본사 안전관리비 실행예산과 사용금액은 전년도 미사용금액을 합하여 5억원을 초과할 수 없다.

[안전보건관리비 사용내역 확인]

수급인 또는 자기공사자는 안전보건관리비 사용내역에 대하여 공사 시작 후 6개월마다 1회 이상 발주자 또는 감리원의 확인을 받아야 한다. 다만 6개월 이내에 공사가 종료되는 경우에는 종료 시 확인을 받아야 한다.

(4) 산업안전보건관리비의 사용불가

① 공사 도급내역서 상에 반영되어 있는 경우
② 다른 법령에서 의무사항으로 규정하고 있는 경우
③ 작업방법 변경, 시설 설치 등이 근로자의 안전 · 보건을 일부 향상시킬 수 있는 경우라도 시공이나 작업을 용이하게 하기 위한 목적이 포함된 경우
④ 환경관리, 민원 또는 수방대비 등 다른 목적이 포함된 경우
⑤ 근로자의 근무여건 개선, 복리 · 후생 증진, 사기진작 등의 목적이 포함된 경우

(5) 안전관리비의 항목별 사용 불가내역

1. 안전관리자 등의 인건비 및 각종 업무 수당 등
(1) 안전 · 보건관리자의 인건비 등 • 안전 · 보건관리자의 업무를 전담하지 않는 경우(유해 · 위험방지계획서 제출 대상 건설공사에 배치하는 안전관리자가 다른 업무와 겸직하는 경우의 인건비는 제외) • 지방고용노동관서에 선임 신고하지 아니한 경우 • 안전관리자의 자격을 갖추지 아니한 경우 ※ 선임의무가 없는 경우에도 실제 선임 · 신고한 경우에는 사용할 수 있음
(2) 유도자 또는 신호자의 인건비 • 시공, 민원, 교통, 환경관리 등 다른 목적을 포함하는 등의 인건비 – 공사 도급내역서에 유도자 또는 신호자 인건비가 반영된 경우 – 타워크레인 등 양중기를 사용할 경우 자재운반을 위한 유도 또는 신호 – 원활한 공사수행을 위하여 사업장 주변 교통정리, 민원 및 환경 관리 등의 목적이 포함되어 있는 경우 ※ 도로 확 · 포장 공사 등에서 차량의 원활한 흐름을 위한 유도자 또는 신호자, 공사현장 진 · 출입로 등에서 차량의 원활한 흐름 또는 교통 통제를 위한 교통정리 신호수 등
(3) 안전 · 보건보조원의 인건비 • 전담 안전 · 보건관리자가 선임되지 아니한 현장의 경우 • 보조원이 안전 · 보건관리업무 외의 업무를 겸임하는 경우 • 경비원, 청소원, 폐자재 처리원 등 산업안전 · 보건과 무관하거나 사무보조원(안전보건관리자의 사무를 보조하는 경우를 포함한다)의 인건비

2. 안전시설비 등

원활한 공사수행을 위해 공사현장에 설치하는 시설물, 장치, 자재, 안내 · 주의 · 경고 표지 등과 공사 수행 도구 · 시설이 안전장치와 일체형인 경우 등에 해당하는 경우 그에 소요되는 구입 · 수리 및 설치 · 해체 비용 등

(1) 원활한 공사수행을 위한 가설시설, 장치, 도구, 자재 등
- 외부인 출입금지, 공사장 경계표시를 위한 가설울타리
- 각종 비계, 작업발판, 가설계단 · 통로, 사다리 등
  ※ 안전발판, 안전통로, 안전계단 등과 같이 명칭에 관계없이 공사 수행에 필요한 가시설들은 사용 불가, (비계 · 통로 · 계단에 추가 설치하는 추락방지용 안전난간, 사다리 전도방지장치, 틀비계에 별도로 설치하는 안전난간 · 사다리, 통로의 낙하물방호선반 등은 사용 가능)
- 절토부 및 성토부 등의 토사유실 방지를 위한 설비
- 작업장 간 상호 연락, 작업 상황 파악 등 통신수단으로 활용되는 통신시설 · 설비
- 공사 목적물의 품질 확보 또는 건설장비 자체의 운행 감시, 공사 진척상황 확인, 방법 등의 목적을 가진 CCTV 등 감시용 장비

(2) 소음 · 환경관련 민원예방, 교통통제 등을 위한 각종 시설물, 표지
- 건설현장 소음방지를 위한 방음시설, 분진망 등 먼지 · 분진 비산 방지시설
- 도로 확 · 포장공사, 관로공사, 도심지 공사 등에서 공사차량 외의 차량유도, 안내 · 주의 · 경고 등을 목적으로 하는 교통안전시설물
  ※ 공사안내 · 경고 표지판, 차량유도등 · 점멸등, 라바콘, 현장경계휀스, PE드럼 등
- 기계 · 기구 등과 일체형 안전장치의 구입비용
  ※ 기성제품에 부착된 안전장치 고장 시 수리 및 교체비용은 사용 가능.
  ※ 기성제품에 부착된 안전장치 : 톱날과 일체식으로 제작된 목재가공용 둥근톱의 톱날접촉예방장치, 플러그와 접지 시설이 일체식으로 제작된 접지형플러그 등
- 공사수행용 시설과 일체형인 안전시설

(3) 동일 시공업체 소속의 타 현장에서 사용한 안전시설물을 전용하여 사용할 때의 자재비(운반비는 안전관리비로 사용할 수 있다)

3. 개인보호구 및 안전장구 구입비 등

근로자 재해나 건강장해 예방 목적이 아닌 근로자 식별, 복리 · 후생적 근무여건 개선 · 향상, 사기 진작, 원활한 공사수행을 목적으로 하는 장구의 구입 · 수리 · 관리 등에 소요되는 비용

(1) 안전 · 보건관리자가 선임되지 않은 현장에서 안전 · 보건업무를 담당하는 현장관계자용 무전기, 카메라, 컴퓨터, 프린터 등 업무용 기기

(2) 근로자 보호 목적으로 보기 어려운 피복, 장구, 용품 등
- 작업복, 방한복, 면장갑, 코팅장갑 등
- 근로자에게 일률적으로 지급하는 보냉 · 보온장구(핫팩, 장갑, 아이스조끼, 아이스팩 등을 말한다) 구입비
  ※ 다만, 혹한 · 혹서에 장기간 노출로 인해 건강장해를 일으킬 우려가 있는 경우 특정 근로자에게 지급하는 기능성 보호 장구는 사용 가능함
- 감리원이나 외부에서 방문하는 인사에게 지급하는 보호구

4. 사업장의 안전진단비

다른 법 적용사항이거나 건축물 등의 구조안전, 품질관리 등을 목적으로 하는 점검 등에 소요되는 비용

- 「건설기술진흥법」, 「건설기계관리법」 등 다른 법령에 따른 가설구조물 등의 구조검토, 안전점검 및 검사, 차량계 건설기계의 신규등록 · 정기 · 구조변경 · 수시 · 확인검사 등
- 「전기사업법」에 따른 전기안전대행 등
- 「환경법」에 따른 외부 환경 소음 및 분진 측정 등
- 민원 처리 목적의 소음 및 분진 측정 등 소요비용
- 매설물 탐지, 계측, 지하수 개발, 지질조사, 구조안전검토 비용 등 공사 수행 또는 건축물 등의 안전 등을 주된 목적으로 하는 경우
- 공사도급내역서에 포함된 진단비용
- 안전순찰차량(자전거, 오토바이를 포함한다) 구입 · 임차 비용
  ※ 안전 · 보건관리자를 선임 · 신고하지 않은 사업장에서 사용하는 안전순찰차량의 유류비, 수리비, 보험료 또한 사용할 수 없음

5. 안전보건교육비 및 행사비 등

산업안전보건법령에 따른 안전보건교육, 안전의식 고취를 위한 행사와 무관한 항목에 소요되는 비용

(1) 해당 현장과 별개 지역의 장소에 설치하는 교육장의 설치 · 해체 · 운영비용
  ※ 다만, 교육장소 부족, 교육환경 열악 등의 부득이한 사유로 해당 현장 내에 교육장 설치 등이 곤란하여 현장 인근지역의 교육장 설치 등에 소요되는 비용은 사용 가능

(2) 교육장 대지 구입비용

(3) 교육장 운영과 관련이 없는 태극기, 회사기, 전화기, 냉장고 등 비품 구입비

(4) 안전관리 활동 기여도와 관계없이 지급하는 다음과 같은 포상금(품)
- 일정 인원에 대한 할당 또는 순번제 방식으로 지급하는 경우
- 단순히 근로자가 일정기간 사고를 당하지 아니하였다는 이유로 지급하는 경우
- 무재해 달성만을 이유로 전 근로자에게 일률적으로 지급하는 경우
- 안전관리 활동 기여도와 무관하게 관리사원 등 특정 근로자, 직원에게만 지급하는 경우

(5) 근로자 재해예방 등과 직접 관련이 없는 안전정보 교류 및 자료수집 등에 소요되는 비용
- 신문 구독 비용
  ※ 다만, 안전보건 등 산업재해 예방에 관한 전문적, 기술적 정보를 60% 이상 제공하는 간행물 구독에 소요되는 비용은 사용 가능
- 안전관리 활동을 홍보하기 위한 광고비용
- 정보교류를 위한 모임의 참가회비가 적립의 성격을 가지는 경우

(6) 사회통념에 맞지 않는 안전보건 행사비, 안전기원제 행사비
- 현장 외부에서 진행하는 안전기원제
- 사회통념상 과도하게 지급되는 의식 행사비(기도비용 등을 말한다)
- 준공식 등 무재해 기원과 관계없는 행사
- 산업안전보건의식 고취와 무관한 회식비

(7) 「산업안전보건법」에 따른 안전보건교육 강사 자격을 갖추지 않은 자가 실시한 산업안전보건 교육비용

6. 근로자의 건강관리비 등

근무여건 개선, 복리·후생 증진 등의 목적을 가지는 항목에 소요되는 비용

(1) 복리후생 등 목적의 시설·기구·약품 등
- 간식·중식 등 휴식 시간에 사용하는 휴게시설, 탈의실, 이동식 화장실, 세면·샤워시설
  ※ 분진·유해물질사용·석면해체제거 작업장에 설치하는 탈의실, 세면·샤워시설 설치비용은 사용 가능
- 근로자를 위한 급수시설, 정수기·제빙기, 자외선차단용품(로션, 토시 등)
  ※ 작업장 방역 및 소독비, 방충비 및 근로자 탈수방지를 위한 소금정제 비용은 사용 가능
- 혹서·혹한기에 근로자 건강 증진을 위한 보양식·보약 구입비용
  ※ 작업 중 혹한·혹서 등으로부터 근로자를 보호하기 위한 간이 휴게시설 설치·해체·유지비용은 사용 가능
- 체력단련을 위한 시설 및 운동 기구 등
- 병·의원 등에 지불하는 진료비, 암 검사비, 국민건강보험 제공비용 등
  ※ 다만, 해열제, 소화제 등 구급약품 및 구급용구 등의 구입비용은 가능

(2) 파상풍, 독감 등 예방을 위한 접종 및 약품(신종플루 예방접종 비용을 포함)

(3) 기숙사 또는 현장사무실 내의 휴게시설 설치·해체·유지비, 기숙사 방역 및 소독·방충비용

(4) 다른 법에 따라 의무적으로 실시해야하는 건강검진 비용 등

7. 건설재해예방기술지도비

–

8. 본사 사용비

- 본사에 안전보건관리만을 전담하는 부서가 조직되어 있지 않은 경우
- 전담부서에 소속된 직원이 안전보건관리 외의 다른 업무를 병행하는 경우

03 핵심문제 3. 산업안전보건관리비

□□□ 10년1회, 13년2회, 16년3회, 17년3회, 19년1회, 20년3회

1. 산업안전 보건관리비계상 기준으로 일반건설공사(갑) "5억원 이상~50억원 미만"의 비율 및 기초액으로 옳은 것은?

① 비율 : 1.86%, 기초액 : 5,349,000원
② 비율 : 1.95%, 기초액 : 5,499,000원
③ 비율 : 2.15%, 기초액 : 5,148,000원
④ 비율 : 1.49%, 기초액 : 4,211,000원

해설

공사 종류 및 규모별 안전관리비 계상기준표

공사종류 \ 대상액	5억원 이상 50억원 미만	
	비율(X)	기초액(C)
일반건설공사(갑)	1.86(%)	5,349천원
일반건설공사(을)	1.99(%)	5,499천원
중 건 설 공 사	2.35(%)	5,400천원
철도 · 궤도신설공사	1.57(%)	4,411천원
특수및기타건설공사	1.20(%)	3,250천원

□□□ 17년1회

2. 산업안전보건관리비 계상 및 사용기준에 따른 공사 종류별 계상기준으로 옳은 것은? (단, 철도 · 궤도신설공사이고, 대상액이 5억원 미만인 경우)

① 1.85% ② 2.45%
③ 3.09% ④ 3.43%

해설

공사 종류 및 규모별 안전관리비 계상기준표

공사종류 \ 대상액	5억원 미만
일반건설공사(갑)	2.93(%)
일반건설공사(을)	3.09(%)
중 건 설 공 사	3.43(%)
철도 · 궤도신설공사	2.45(%)
특수및기타건설공사	1.85(%)

□□□ 11년2회, 20년4회

3. 건설공사의 산업안전보건관리비 계상 시 대상액이 구분되어 있지 않은 공사는 도급계약 또는 자체사업 계획상의 총공사금액 중 얼마를 대상액으로 하는가?

① 50% ② 60%
③ 70% ④ 80%

해설

안전관리비 대상액

구분	내용
대상액	직접재료비+간접재료비+직접노무비 ※ 발주자가 재료를 제공할 경우, 해당 재료비 포함
대상액이 구분되어 있지 않은 공사	도급계약 또는 자체사업계획 상의 총공사금액의 70%를 대상액으로 하여 안전관리비를 계상
발주자가 재료를 제공하거나 물품이 완제품의 형태로 제작 또는 납품되어 설치되는 경우	해당 재료비 또는 완제품 가액이 미포함된 대상액으로 계상한 안전관리비의 1.2배를 초과할 수 없다.

□□□ 16년1회

4. 사급자재비가 30억, 직접노무비가 35억, 관급자재비가 20억인 빌딩신축공사를 할 경우 계상해야 할 산업안전보건관리비는 얼마인가? (단, 공사종류는 일반건설공사(갑)임)

① 122,000,000원 ② 153,660,000원
③ 153,850,000원 ④ 159,800,000원

해설

① 대상액 : 직접재료비+간접재료비+직접노무비
= 사급자재비 30억 + 직접노무비 35억
② 일반건설공사(갑)의 50억이상 요율 : 1.97%
③ 발주자가 재료를 제공하거나 물품이 완제품의 형태로 제작 또는 납품되어 설치되는 경우 해당 재료비 또는 완제품 가액이 미포함된 대상액으로 계상한 안전관리비의 1.2배를 초과할 수 없다.
④ (30억+35억)×0.0197×1.2=153,660,000원

□□□ 16년2회

5. 산업안전보건관리비의 효율적인 집행을 위하여 고용노동부장관이 정할 수 있는 기준에 해당되지 않는 것은?

① 안전 · 보건에 관한 협의체 구성 및 운영
② 공사의 진척 정도에 따른 사용기준
③ 사업의 규모별 사용방법 및 구체적인 내용
④ 사업의 종류별 사용방법 및 구체적인 내용

정답 1 ① 2 ② 3 ③ 4 ② 5 ①

해설

산업안전보건관리비의 효율적인 사용을 위해 고용노동부 장관이 정하는 사항
(1) 사업의 규모별 · 종류별 계상 기준
(2) 건설공사의 진척 정도에 따른 사용비율 등 기준
(3) 그 밖에 산업안전보건관리비의 사용에 필요한 사항

[참고] 산업안전보건법 제72조 [건설공사 등의 산업안전보건관리 계상 등]

□□□ 13년1회

6. 공사진척에 따른 안전관리비 사용기준은 얼마 이상인가? (단, 공정율이 70% 이상~90% 미만일 경우)

① 50% ② 60%
③ 70% ④ 90%

문제 6, 7 해설

공사진척에 따른 안전관리비 사용기준

공정율	50퍼센트 이상 70퍼센트 미만	70퍼센트 이상 90퍼센트 미만	90퍼센트 이상
사용기준	50퍼센트 이상	70퍼센트 이상	90퍼센트 이상

□□□ 13년3회, 17년2회, 20년1·2회

7. 공정율이 65%인 건설현장의 경우 공사 진척에 따른 산업안전보건관리비의 최소 사용기준은 얼마 이상인가?

① 60% ② 50%
③ 40% ④ 70%

□□□ 08년2회, 16년3회

8. 건설업 산업안전보건관리비로 사용할 수 없는 것은?

① 안전관리자의 인건비
② 교통통제를 위한 교통정리 · 신호수의 인건비
③ 기성제품에 부착된 안전장치 고장 시 교체 비용
④ 근로자의 안전보건 증진을 위한 교육, 세미나 등에 소요되는 비용

해설

산업안전보건관리비 중 사용불가 항목
유도자 또는 신호자의 인건비
– 시공, 민원, 교통, 환경관리 등 다른 목적을 포함하는 등 아래 항목의 인건비
1. 공사 도급내역서에 유도자 또는 신호자 인건비가 반영된 경우
2. 타워크레인 등 양중기를 사용할 경우 자재운반을 위한 유도 또는 신호의 경우
3. 원활한 공사수행을 위하여 사업장 주변 교통정리, 민원 및 환경 관리 등의 목적이 포함되어 있는 경우
※ 도로 확 · 포장 공사 등에서 차량의 원활한 흐름을 위한 유도자 또는 신호자, 공사현장 진 · 출입로 등에서 차량의 원활한 흐름 또는 교통 통제를 위한 교통정리 신호수 등

□□□ 14년3회, 17년2회

9. 건설업의 산업안전보건관리비 사용항목에 해당되지 않는 것은?

① 안전시설비 ② 근로자 건강관리비
③ 운반기계 수리비 ④ 안전진단비

해설

운반기계 수리비는 공사비에 포한된다.

건설업 산업안전보건관리비 사용항목
- 안전관리자 등의 인건비 및 각종 업무 수당 등
- 안전시설비 등
- 개인보호구 및 안전장구 구입비 등
- 사업장의 안전진단비
- 안전보건교육비 및 행사비 등
- 근로자의 건강관리비 등
- 기술지도비
- 본사 사용비

□□□ 15년1회, 18년3회

10. 건설업 산업안전보건 관리비 중 계상비용에 해당되지 않는 것은?

① 외부비계, 작업발판 등의 가설구조물 설치 소요비
② 근로자 건강관리비
③ 건설재해예방 기술지도비
④ 개인보호구 및 안전장구 구입비

문제 10, 11 해설

안전시설비로 사용할 수 없는 항목과 사용가능한 항목
1. 사용불가능 항목 : 안전발판, 안전통로, 안전계단 등과 같이 명칭에 관계없이 공사 수행에 필요한 가시설물
2. 사용가능한 항목 : 비계 · 통로 · 계단에 추가 설치하는 추락방지용 안전난간, 사다리 전도방지장치, 틀비계에 별도로 설치하는 안전난간 · 사다리, 통로의 낙하물방호선반 등은 사용 가능함

정답 6 ③ 7 ② 8 ② 9 ③ 10 ①

□□□ 15년2회, 18년1회

11. 건설업 산업안전보건관리비 중 안전시설비로 사용할 수 없는 것은?

① 안전통로
② 비계에 추가 설치하는 추락방지용 안전난간
③ 사다리 전도방지장치
④ 통로의 낙하물 방호선반

□□□ 18년2회, 22년1회

12. 건설업 산업안전보건관리비 계상 및 사용기준에 따른 안전관리비의 개인보호구 및 안전장구 구입비 항목에서 안전관리비로 사용이 가능한 경우는?

① 안전 · 보건관리자가 선임되지 않은 현장에서 안전 · 보건업무를 담당하는 현장관계자용 무전기, 카메라, 컴퓨터, 프린터 등 업무용 기기
② 혹한 · 혹서에 장기간 노출로 인해 건강장해를 일으킬 우려가 있는 경우 특정 근로자에게 지급되는 기능성 보호 장구
③ 근로자에게 일률적으로 지급하는 보냉 · 보온장구
④ 감리원이나 외부에서 방문하는 인사에게 지급하는 보호구

해설

안전관리비의 항목별 사용 불가내역

3. 개인보호구 및 안전장구 구입비 등
근로자 재해나 건강장해 예방 목적이 아닌 근로자 식별, 복리 · 후생적 근무여건 개선 · 향상, 사기 진작, 원활한 공사수행을 목적으로 하는 장구의 구입 · 수리 · 관리 등에 소요되는 비용 • 안전 · 보건관리자가 선임되지 않은 현장에서 안전 · 보건업무를 담당하는 현장관계자용 무전기, 카메라, 컴퓨터, 프린터 등 업무용 기기 • 근로자 보호 목적으로 보기 어려운 피복, 장구, 용품 등 – 작업복, 방한복, 면장갑, 코팅장갑 등 – 근로자에게 일률적으로 지급하는 보냉 · 보온장구(핫팩, 장갑, 아이스조끼, 아이스팩 등을 말한다) 구입비 ※ 다만, 혹한 · 혹서에 장기간 노출로 인해 건강장해는 일으킬 우려가 있는 경우 특정 근로자에게 지급하는 기능성 보호 장구는 사용 가능함 – 감리원이나 외부에서 방문하는 인사에게 지급하는 보호구

□□□ 19년2회

13. 건설업 산업안전 보건관리비의 사용내역에 대하여 수급인 또는 자기공사자는 공사 시작 후 몇 개월 마다 1회 이상 발주자 또는 감리원의 확인을 받아야 하는가?

① 3개월 ② 4개월
③ 5개월 ④ 6개월

해설

수급인 또는 자기공사자는 안전관리비 사용내역에 대하여 공사 시작 후 6개월마다 1회 이상 발주자 또는 감리원의 확인을 받아야 한다. 다만, 6개월 이내에 공사가 종료되는 경우에는 종료시 확인을 받아야 한다.

[참고] 건설업 산업안전보건관리비 계상 및 사용기준 고시 제 9조 【확인】

정답 11 ① 12 ② 13 ④

Chapter 02

건설 장비

건설장비는 굴삭장비, 다짐장비(롤러), 차량계 건설기계, 차량계 하역운반기계로 구성되며 굴삭장비의 종류와 특징, 차량계 건설기계와 하역운반기계의 작업안전수칙에 관한 사항이 주로 출제된다.

01 굴삭 장비 등

(1) 주요 굴착장비

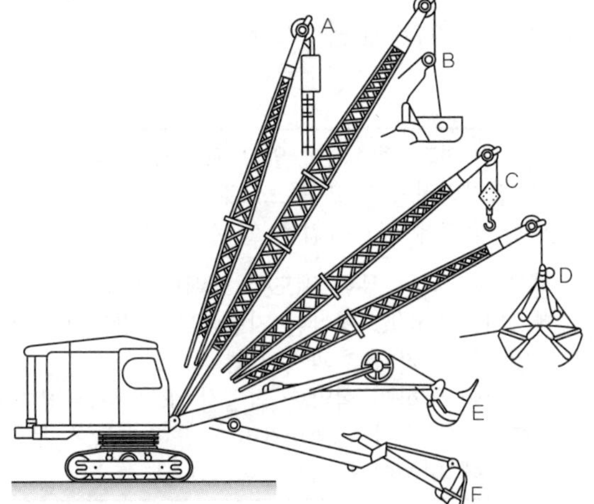

굴착기의 앞부속장치

[클램쉘]

종류	내용
드레그라인 (drag line)	작업범위가 광범위하고 수중굴착 및 연약한 지반의 굴착에 적합하고 기계가 위치한 면보다 낮은 곳 굴착에 가능하다. [그림 B]
클램쉘 (clamshell)	버킷의 유압호스를 클램셸장치의 실린더에 연결하여 작동시키며 수중굴착, 건축구조물의 기초 등 정해진 범위의 깊은 굴착 및 호퍼작업에 적합하다.[그림 D]
파워쇼벨 (Power shovel)	중기가 위치한 지면보다 높은 장소의 땅을 굴착하는데 적합하며, 산지에서의 토공사, 암반으로부터 점토질까지 굴착할 수 있다. [그림 E]
드레그쇼벨 (back hoe)	중기가 위치한 지면보다 낮은 곳의 땅을 파는데 적합하며, 수중굴착도 가능하다. [그림 F]

(2) 트랙터

① 작업 조종장치를 설치하지 않고 기관의 동력을 견인력으로 전환하는 견인차

② 농업기계나 건설 공사용 기계와 조합해서 사용하는 외에 작업 장치를 장착하여 각종 건설 공사에 사용하고 있다.

③ 단독적인 작업을 할 수 없고 각종 장비를 부착하여서 사용되며, 앞면에 블레이드(Blade : 배토판, 토공판)를 붙인 것을 불도저라 하며, 견인장치와 운반기를 부착한 것을 스크레이퍼라고 한다.

(3) 도저

작업조건과 작업능력에 따라 트랙터에 브레이드를 장착하여 송토(送土), 절토(切土), 성토(盛土), 메움 작업을 할 수 있다.

① 형태에 의한 분류

[앵글도저]

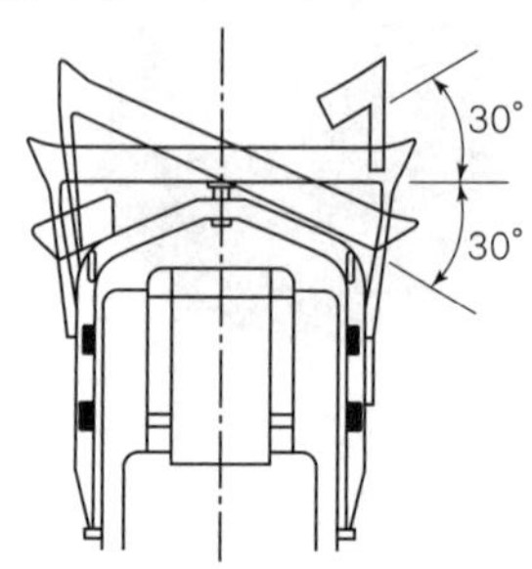

무한 궤도식 (크롤러)	트랙이 지면과 접촉되어 있고 트랙터의 길이와 무게는 넓은 접지면적을 갖고 있으므로 접지압이 낮은 비교적 연약한 땅위에서도 작업을 할 수 있다.
휠식(차륜식, 타이어식, Wheel type)	• 휠식 트랙터는 무한 궤도식 트랙터에 비해 속도가 빠르며(50km/h) 평탄한 지면이나 포장된 도로에서 작업하는데 가장 효과적이다. • 견인력이 약하여 험악한 작업장 또는 무른 땅에서는 적합하지 않으나, 운행 거리가 먼 작업장은 무한궤도식 트랙터에 비하여 작업능률이 좋다.

[틸트도저]

② 작업 형태(블레이드)에 의한 분류

스트레이트 도저	블레이드가 수평이고 불도저의 진행방향에 직각으로 브레이드면을 부착한 것으로 중 굴착작업에 사용된다.
앵글도저	블레이드면의 방향이 진행방향의 중심선에 대하여 20~30°의 경사 각도로 회전시켜 이것으로 사면굴착, 정지, 흙메우기 등 작업이 가능하다.
틸트도저	블레이드 좌우의 높이를 변경할 수 있는 것으로서 단단한 흙의 도랑파기 절삭(切削)에 적당하다.

[스크레이퍼]

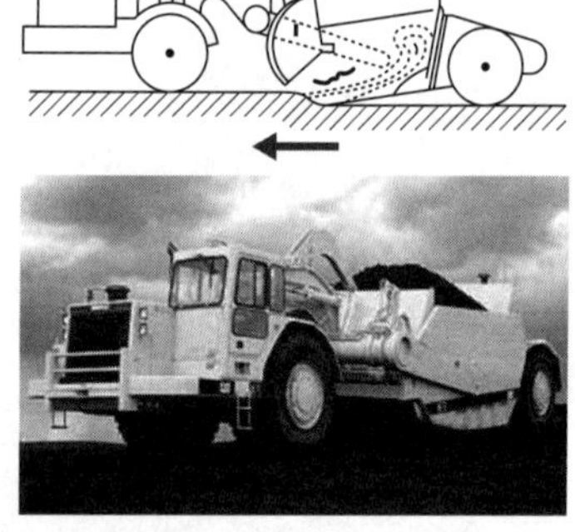

(4) 스크레이퍼

① 스크레이퍼는 굴착, 싣기, 운반, 하역 등의 일관작업을 하나의 기계로서 연속적으로 행할 수 있으므로 굴착기와 운반기를 조합한 토공 만능기라 불린다.

② 특히 비행장이나 도로의 신설 등과 같은 대규모 정지작업에 적합하며, 또 얇게 깎으면서 흙을 싣고 주어진 거리에서 높은 속도비로 하중의 중량물을 운반하거나 일정한 두께로 얇게 깔기도 한다.

(5) 모터 그레이더(Motor grader)

① 토공 기계의 대패라고 하며, 지면을 절삭하여 평활하게 다듬는 것이 목적이다.

② 노면의 성형, 정지용 기계이므로 굴착이나 흙을 운반하는 것이 주된 작업이지만 하수구 파기, 경사면 다듬기, 제방작업, 제설작업, 아스팔트 포장재료 배합 등의 작업을 할 수도 있다.

[모터그레이더]

(6) 롤러(roller)

① 롤러의 특징

롤러는 2개 이상의 매끈한 드럼 롤러를 바퀴로 하는 다짐기계로 전압기계(轉壓機械)라고도 하는데, 주로 도로, 제방, 활주로 등의 노면에 전압을 가하기 위하여 사용된다. 다짐력을 가하는 방법에 따라 전압식, 진동식, 충격식 등이 있다.

② 롤러의 종류

종류	특징
머캐덤 롤러 (macadam roller)	• 3개의 롤러를 자동 3륜차처럼 배치한 롤러로써 6ton에서 16ton 정도로 분류되고 가장 많이 사용되는 것은 자중이 8~12ton이다. • 주 용도로는 하중 로반전압용 이지만 최근에는 아스팔트 포장의 전압에도 사용된다.
탠덤 롤러 (tandem roller)	• 차륜의 배열이 전후, 즉 탠덤에 배열된 것으로 2륜인 것을 단순히 탠덤롤러, 3축을 3축탠덤롤러라 한다. 탠덤은 메캐덤롤러보다 중량이나 선압이 작고 자중은 2~10ton 정도이다. • 주 용도는 머캐덤 작업후 끝손질 작업을 하거나 노면의 평탄성을 높이기 위한 작업을 한다.
탬핑 롤러 (tamping roller)	• 롤러의 표면에 돌기를 만들어 부착한 것으로 전압층에 매입됨에 의해 풍화암을 파쇄함에 사용되며 흙속의 간극수압을 소산하게 된다. • 큰 점질토의 다짐에 적당하고 다짐깊이가 대단히 크다.
타이어 롤러 (tire roller)	• 공기가 들어 있는 타이어의 특성을 이용한 다짐작업을 하는 기계 • 아스팔트 포장의 끝마무리 전압을 주로한 대부분의 작업과 성토의 전압 등에 사용된다.
진동 롤러 (vibrating roller)	편심축을 회전하여 발진되는 기진기에 의해 다짐차륜을 진동시켜 토입자 간의 마찰저항을 감소시켜 진동과 자중을 다지기에 이용한다.

3륜 롤러(머캐덤 롤러)

탠덤 롤러

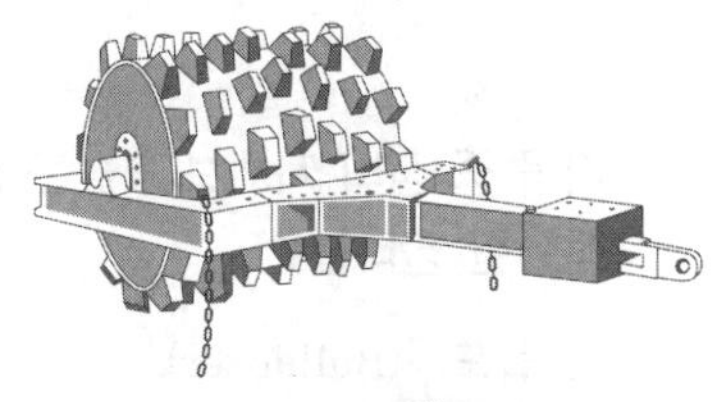

탬핑 롤러

진동롤러

01 핵심문제 1. 굴삭 장비 등

□□□ 16년1회

1. 다음 토공기계 중 굴착기계와 가장 관계있는 것은?

① Clam shell ② Road Roller
③ Shovel loader ④ Belt conveyer

해설

②항, 다짐용 기계
③항, 상차용 및 운반용 기계
④항 운반용 기계

□□□ 10년2회

2. 다음 중 건설용 굴착기계가 아닌 것은?

① 드래그라인 ② 파워셔블
③ 클렘쉘 ④ 소일콤팩터

해설

소일콤팩터란 다짐용 기계로 구분된다.

□□□ 09년3회, 14년2회, 20년3회

3. 다음 중 장비 자체보다 높은 장소의 땅을 굴착하는데 적합한 장비는?

① 불도저(Bulldozer)
② 파워쇼벨(Power Shovel)
③ 드래그라인(Drag line)
④ 그램쉘(Clam Shell)

문제 3, 4 해설

파워쇼벨(Power shovel)은 쇼벨계 굴착기계로서 중기가 위치한 지면보다 높은 장소의 땅을 굴착하는데 적합하며, 산지에서의 토공사, 암반으로부터 점토질까지 굴착할 수 있다.

□□□ 16년2회

4. 기계가 위치한 지면보다 높은 장소의 땅을 굴착하는데 적합하며 산지에서의 토공사 및 암반으로부터의 점토질까지 굴착할 수 있는 건설장비의 명칭은?

① 파워쇼벨 ② 불도저
③ 파일드라이버 ④ 크레인

□□□ 15년1회, 18년3회, 20년1·2회, 21년2회

5. 장비가 위치한 지면보다 낮은 장소를 굴착하는데 적합한 장비는?

① 백호우 ② 파워쇼벨
③ 트럭크레인 ④ 진폴

문제 5, 6 해설

백호우(back hoe)는 기계가 위치한 지면보다 낮은 장소를 굴착하는데 적합하고 비교적 굳은 지반의 토질에서도 사용 가능한 장비이다.

□□□ 12년2회

6. 건설용 시공기계에 관한 기술 중 옳지 않은 것은?

① 타워크레인(tower crane)은 고층건물의 건설용으로 많이 쓰인다.
② 백호우(back hoe)는 기계가 위치한 지면보다 높은 곳의 땅을 파는데 적합하다.
③ 가이데릭(guy derrick)은 철골세우기 공사에 사용된다.
④ 진동 롤러(vibrating roller)는 아스팔트콘크리트 등의 다지기에 효과적으로 사용된다.

□□□ 12년3회

7. 다음 중 수중굴착 공사에 가장 적합한 건설기계는?

① 파워쇼벨 ② 스크레이퍼
③ 불도저 ④ 클램쉘

문제 7~9 해설

클램쉘(Clam shell)의 용도로는 버킷의 유압호스를 클램셀장치의 실린더에 연결하여 작동시키며 수중굴착, 건축구조물의 기초 등 정해진 범위의 깊은 굴착 및 호퍼작업에 적합하며, 작업속도가 느리며 암반굴착이 어렵다.

□□□ 14년1회, 19년3회

8. 클램쉘(Clam shell)의 용도로 옳지 않은 것은?

① 잠함안의 굴착에 사용된다.
② 수면아래의 자갈, 모래를 굴착하고 준설선에 많이 사용된다.
③ 건축구조물의 기초 등 정해진 범위의 깊은 굴착에 적합하다.
④ 단단한 지반의 작업도 가능하며 작업속도가 빠르고 특히 암반굴착에 적합하다

정답 1 ① 2 ④ 3 ② 4 ① 5 ① 6 ② 7 ④ 8 ④

□□□ 15년2회

9. 토공기계 중 클램쉘(clam shell)의 용도에 대해 가장 잘 설명한 것은?

① 단단한 지반에 작업하기 쉽고 작업속도가 빠르며 특히 암반굴착에 적합하다.
② 수면하의 자갈, 실트 혹은 모래를 굴착하고 준설선에 많이 사용된다.
③ 상당히 넓고 얕은 범위의 점토질 지반 굴착에 적합하다.
④ 기계위치보다 높은 곳의 굴착, 비탈면 절취에 적합하다.

□□□ 11년2회

10. 쇼벨계 굴착기의 작업안전대책으로 옳지 않은 것은?

① 항상 뒤쪽의 카운터웨이트의 회전반경을 측정한 후 작업에 임한다.
② 작업 시에는 항상 사람의 접근에 특별히 주의한다.
③ 유압계통 분리 시에는 붐을 지면에 놓고 엔진을 정지시킨 후 유압을 제거한다.
④ 장비의 주차 시는 굴착작업장에 주차하고 버킷은 지면에서 띄워놓도록 한다.

해설

④항, 장비의 정지했을 때에 버킷은 지면에 내려두어야 한다.

□□□ 12년3회

11. 다음 중 쇼벨로우더의 운영방법으로 옳은 것은?

① 점검 시 버킷은 가장 상위의 위치에 올려놓는다.
② 시동 시에는 사이드 브레이크를 풀고서 시동을 건다.
③ 경사면을 오를 때에는 전진으로 주행하고 내려올 때는 후진으로 주행한다.
④ 운전자가 운전석에서 나올 때는 버킷을 올려 놓은 상태로 이탈한다.

해설

①항, 버킷은 반드시 작업지면에 내려놓고 점검하여야 하며 점검 시에 버킷을 올릴 필요가 있을 때에는 레바 블록을 걸어 놓음과 동시에 받침대 위에 올려 놓아 버킷 낙하를 방지하여야 한다.
②항, 사이드 브레이크를 걸어놓은 상태에서 시동을 건다.
④항, 정지했을 때에는 적재여부를 불구하고 버킷은 지면에 내려두어야 한다.

□□□ 12년2회, 16년1회, 19년3회

12. 굴착기계의 운행 시 안전대책으로 옳지 않은 것은?

① 버킷에 사람의 탑승을 허용해서는 안된다.
② 운전반경 내에 사람이 있을 때 회전은 10rpm 이하의 느린 속도로 하여야 한다.
③ 장비의 주차 시 경사지나 굴착작업장으로부터 충분히 이격시켜 주차한다.
④ 전선이나 구조물 등에 인접하여 붐을 선회해야 될 작업에는 사전에 회전반경, 높이제한 등 방호조치를 강구한다.

해설

운전반경 내에 사람이 있을 때에는 버킷을 회전하여서는 아니되며, 작업반경 내에 근로자가 출입하지 않도록 방호설비를 하거나 감시인을 배치하여야 한다

□□□ 11년1회, 13년2회

13. 백호우(Backhoe)의 운행방법에 대한 설명에 해당되지 않는 것은?

① 경사로나 연약지반에서는 무한궤도식보다는 타이어식이 안전하다.
② 작업계획서를 작성하고 계획에 따라 작업을 실시하여야 한다.
③ 작업 중 승차석 외의 위치에 근로자를 탑승시켜서는 안된다.
④ 작업장소의 지형 및 지반상태 등에 적합한 제한속도를 정하고 운전자로 하여금 이를 준수하도록 하여야 한다.

해설

경사로나 연약지반에서는 무한궤도이 안전하고, 타이어식은 기동력을 목적으로 사용한다.

정답 9 ② 10 ④ 11 ③ 12 ② 13 ①

□□□ 11년3회, 17년1회, 20년1·2회, 21년2회

14. 굴착과 싣기를 동시에 할 수 있는 토공기계가 아닌 것은?

① 트랙터 셔블(tractor shovel)
② 백호(back hoe)
③ 파워 셔블(power shovel)
④ 모터 그레이더(motor grader)

해설

모터 그레이더(Motor grader)는 토공 기계의 대패라고 하며, 지면을 절삭하여 평활하게 다듬는 것이 목적이다. 이 장비는 노면의 성형, 정지용 기계이므로 굴착이나 흙을 운반하는 것이 주된 작업이지만 하수구 파기, 경사면 다듬기, 제방작업, 제설작업, 아스팔트 포장재료 배합 등의 작업을 할 수도 있다.

□□□ 13년1회

15. 굴착, 싣기, 운반, 흙깔기 등의 작업을 하나의 기계로서 연속적으로 행할 수 있으며 비행장과 같이 대규모 정지 작업에 적합하고 피견인식과 자주식으로 구분할 수 있는 차량계 건설 기계는?

① 크램쉘(clamshell)　② 로우더(loader)
③ 불도저(buldozer)　④ 스크레이퍼(scraper)

해설

스크레이퍼는 굴착, 싣기, 운반, 하역 등의 일관작업을 하나의 기계로서 연속적으로 행할 수 있으므로 굴착기와 운반기를 조합한 토공 만능기라 할 수 있는 기계이다. 특히 비행장이나 도로의 신설 등과 같은 대규모 정지작업에 적합하며, 또 얇게 깎으면서 흙을 싣고 주어진 거리에서 높은 속도비로 하중의 중량물을 운반하거나 일정한 두께로 얇게 깔기도 한다.

□□□ 08년1회, 08년2회, 13년3회, 15년2회

16. 철륜 표면에 다수의 돌기를 붙여 접지면적을 작게 하여 접지압을 증가시킨 롤러로서 고함수비의 점성토의 지반의 다짐작업에 적합한 롤러는?

① 탠덤롤러　② 로드롤러
③ 타이어롤러　④ 탬핑롤러

문제 16, 17 해설

탬핑 롤러(tamping roller)
롤러의 표면에 돌기를 만들어 부착한 것으로 전압층에 매입됨에 의해 풍화암을 파쇄함에 사용되며 흙속의 간극수압을 소산하게 된다. 또한, 큰 점질토의 다짐에 적당하고 다짐깊이가 대단히 크다.

탬핑 롤러

□□□ 09년1회, 11년2회

17. 롤러의 표면에 돌기를 만들어 부착한 것으로 돌기가 전압층에 매입되어 풍화암을 파쇄하고 흙 속의 간극수압을 제거하는 롤러는?

① 머캐덤롤러　② 탠덤롤러
③ 탬핑롤러　④ 진동롤러

정답 14 ④ 15 ④ 16 ④ 17 ③

02 차량계 건설기계의 안전

(1) 차량계 건설기계의 종류

① 도저형 건설기계(불도저, 스트레이트도저, 틸트도저, 앵글도저, 버킷도저 등)
② 모터그레이더
③ 로더(포크 등 부착물 종류에 따른 용도 변경 형식을 포함)
④ 스크레이퍼
⑤ 크레인형 굴착기계(크램쉘, 드래그라인 등)
⑥ 굴삭기(브레이커, 크러셔, 드릴 등 부착물 종류에 따른 용도 변경 형식을 포함)
⑦ 항타기 및 항발기
⑧ 천공용 건설기계(어스드릴, 어스오거, 크롤러드릴, 점보드릴 등)
⑨ 지반 압밀침하용 건설기계(샌드드레인머신, 페이퍼드레인머신, 팩드레인머신 등)
⑩ 지반 다짐용 건설기계(타이어롤러, 매커덤롤러, 탠덤롤러 등)
⑪ 준설용 건설기계(버킷준설선, 그래브준설선, 펌프준설선 등)
⑫ 콘크리트 펌프카
⑬ 덤프트럭
⑭ 콘크리트 믹서 트럭
⑮ 도로포장용 건설기계(아스팔트 살포기, 콘크리트 살포기, 아스팔트 피니셔, 콘크리트 피니셔 등)

[관련법령]
산업안전보건기준에 관한 규칙 제196조 관련【차량계 건설기계】

(2) 차량계 건설기계의 안전조치

① 전조등의 설치(작업을 안전하게 수행하기 위하여 필요한 조명이 있는 장소에서 사용하는 경우 제외)

② 헤드가드의 설치
암석이 떨어질 우려가 있는 등 장소는 헤드가드를 설치한다.

■ **헤드가드 설치대상**
불도저, 트랙터, 쇼벨(shovel), 로더(loader), 파우더 쇼벨(powder shovel), 드래그 쇼벨(drag shovel)

③ 작업 시 승차석이 아닌 위치에 근로자를 탑승시켜서는 안된다.

[차량계 건설기계의 제한속도]
차량계 하역운반기계, 차량계 건설기계(최대제한속도가 시속 10킬로미터 이하인 것은 제외한다)를 사용하여 작업을 하는 경우 미리 작업장소의 지형 및 지반 상태 등에 적합한 제한속도를 정하고, 운전자로 하여금 준수하도록 하여야 한다.

산업안전보건기준에 관한 규칙 제98조【제한속도의 지정 등】

④ 붐 · 암 등의 작업시 안전조치

구분	내용
수리 · 점검작업 작업시	안전지주 또는 안전블록 등을 사용
건설기계가 넘어지거나 붕괴될 위험 또는 붐 · 암의 파괴 위험방지	기계의 구조 및 사용상 안전도 및 최대사용하중을 준수

(3) 차량계 건설기계와 하역운반기계의 안전조치

Tip
전도의 방지 방법에서 '도로폭의 유지'는 차량계 건설기계에만 해당된다. 주의하자.

① 전도의 방지

차량계 건설기계	차량계 하역운반기계
• 유도자 배치 • 지반의 부동침하 방지 • 갓길의 붕괴 방지 • 도로 폭의 유지	• 유도자 배치 • 지반의 부동침하와 방지 • 갓길 붕괴 방지

[관련법령]
산업안전보건기준에 관한 규칙 제10절 【차량계 하역운반기계등】

② 접촉의 방지

㉠ 기계에 접촉되어 근로자가 부딪칠 위험이 있는 장소는 근로자의 출입을 금지한다.(유도자를 배치하고 유도하는 경우 제외)

㉡ 기계의 운전자는 작업지휘자 또는 유도자의 유도를 따라야 한다.

③ 기계의 이송

차량계 건설기계 및 하역운반기계를 이송하기 위하여 자주 또는 견인에 의하여 화물자동차 등에 싣거나 내리는 작업을 할 때에 발판 · 성토 등을 사용하는 경우 기계의 전도 또는 전락 방지를 위한 준수사항

차량계 건설기계	차량계 하역운반기계
• 마대 · 가설대 등을 사용하는 경우에는 충분한 폭 및 강도와 적당한 경사를 확보할 것	• 가설대 등을 사용하는 경우에는 충분한 폭 및 강도와 적당한 경사를 확보할 것 • 지정운전자의 성명 · 연락처 등을 보기 쉬운 곳에 표시하고 지정운전자 외에는 운전하지 않도록 할 것
• 싣거나 내리는 작업은 평탄하고 견고한 장소에서 할 것 • 발판을 사용하는 경우에는 충분한 길이 · 폭 및 강도를 가진 것을 사용하고 적당한 경사를 유지하기 위하여 견고하게 설치할 것	

[공기압축기를 가동하는 때의 작업시작 전 점검사항]
① 공기저장 압력용기의 외관 상태
② 드레인밸브(drain valve)의 조작 및 배수
③ 압력방출장치의 기능
④ 언로드밸브(unloading valve)의 기능
⑤ 윤활유의 상태
⑥ 회전부의 덮개 또는 울
⑦ 그 밖의 연결 부위의 이상 유무

④ 차량계 건설기계 및 하역운반기계의 주된 용도에만 사용하여야 한다. 다만, 근로자가 위험해질 우려가 없는 경우에는 그러하지 아니하다.

⑤ 차량계 건설기계 및 하역운반기계의 수리나 부속장치의 장착 및 제거작업을 하는 경우 그 작업의 지휘자를 지정한다.

■ **작업지휘자의 업무**

① 작업순서를 결정하고 작업을 지휘할 것
② 안전지주 또는 안전블록 등의 사용상황 등을 점검할 것

(4) 차량계 건설기계의 사전조사 및 작업계획서 내용

구분	내용
사전조사 내용	해당 기계의 전락(轉落), 지반의 붕괴 등으로 인한 근로자의 위험을 방지하기 위한 해당 작업장소의 지형 및 지반상태
작업계획서 내용	• 사용하는 차량계 건설기계의 종류 및 능력 • 차량계 건설기계의 운행경로 • 차량계 건설기계에 의한 작업방법

02 핵심문제 2. 차량계 건설기계의 안전

□□□ 09년2회

1. 산업안전기준에 관한 규칙에서 규정하고 있는 차량계 건설기계에 해당되지 않는 것은?

① 불도저 ② 어스드릴
③ 크레인 ④ 굴삭기

문제 1, 2 해설

"차량계 건설기계"란 동력원을 사용하여 특정되지 아니한 장소로 스스로 이동할 수 있는 건설기계를 말한다.
③항, 크레인은 양중기에 해당된다.

[참고] 산업안전보건기준에 관한 규칙 제196조【차량계 건설기계의 정의】

□□□ 17년1회

2. 다음 중 차량계 건설기계에 속하지 않는 것은?

① 불도저 ② 스크레이퍼
③ 타워크레인 ④ 항타기

□□□ 15년3회

3. 차량계 건설기계에 해당되지 않는 것은?

① 불도저 ② 콘크리트 펌프카
③ 드래그 셔블 ④ 가이데릭

해설

가이데릭은 철골세우기용 건립기계로 양중기의 한 종류이다.

□□□ 10년1회, 18년2회

4. 차량계 건설기계를 사용하여 작업할 때에 기계가 넘어지거나 굴러떨어짐으로써 근로자가 위험해질 우려가 있는 경우에 조치하여야 할 사항과 거리가 먼 것은?

① 갓길의 붕괴 방지 ② 작업반경 유지
③ 지반의 부동침하 방지 ④ 도로 폭의 유지

문제 4~6 해설

사업주는 차량계 건설기계를 사용하는 작업을 함에 있어서 그 기계가 넘어지거나 굴러 떨어짐으로써 근로자에게 위험을 미칠 우려가 있는 때에는 <u>유도하는 자를 배치하고 지반의 부동침하방지, 갓길의 붕괴방지 및 도로의 폭의 유지</u> 등 필요한 조치를 하여야 한다.

[참고] 산업안전보건기준에 관한 규칙 제199조【전도 등의 방지】

□□□ 11년1회, 13년3회

5. 차량계 건설기계를 사용하여 작업 시 기계의 전도, 전락 등에 의한 근로자의 위험을 방지하기 위하여 유의하여야 할 사항이 아닌 것은?

① 노견의 붕괴방지 ② 작업반경 유지
③ 지반의 침하방지 ④ 노폭의 유지

□□□ 19년2회

6. 차량계 하역운반기계를 사용하는 작업을 할 때 그 기계가 넘어지거나 굴러떨어짐으로써 근로자에게 위험을 미칠 우려가 있는 경우에 우선적으로 조치하여야 할 사항과 가장 거리가 먼 것은?

① 해당 기계에 대한 유도자 배치
② 지반의 부동침하 방지 조치
③ 갓길 붕괴 방지 조치
④ 경보 장치 설치

□□□ 08년1회, 09년3회, 16년2회, 21년3회

7. 차량계 건설기계를 사용하여 작업하고자 할 때 작업계획서 내용에 포함되어야 할 사항으로 적합하지 않은 것은?

① 사용하는 차량계 건설기계의 종류
② 차량계 건설기계의 운행경로
③ 차량계 건설기계에 의한 작업방법
④ 차량계 건설기계의 유지보수방법

문제 7, 8 해설

1. 차량계 건설기계의 사전조사 내용
   해당 기계의 전락(轉落), 지반의 붕괴 등으로 인한 근로자의 위험을 방지하기 위한 해당 작업장소의 지형 및 지반상태
2. 차량계 건설기계의 작업계획서 내용
   1) 사용하는 차량계 건설기계의 종류 및 능력
   2) 차량계 건설기계의 운행경로
   3) 차량계 건설기계에 의한 작업방법

[참고] 산업안전보건기준에 관한 별표 4【사전조사 및 작업계획서 내용】

□□□ 12년2회, 16년3회, 21년1회

8. 차량계 건설기계를 사용하여 작업을 하는 때에 작업계획에 포함되지 않아도 되는 사항은?

① 사용하는 차량계 건설기계의 종류 및 성능
② 차량계 건설기계의 운행경로
③ 차량계 건설기계에 의한 작업방법
④ 차량계 건설기계 사용 시 유도자 배치 위치

정답 1 ③ 2 ③ 3 ④ 4 ② 5 ② 6 ④ 7 ④ 8 ④

□□□ 14년3회, 17년3회, 18년1회, 21년1회

9. 미리 작업장소의 지형 및 지반상태 등에 적합한 제한 속도를 정하지 않아도 되는 차량계 건설기계의 속도 기준은?

① 최대 제한 속도가 10km/h 이하
② 최대 제한 속도가 20km/h 이하
③ 최대 제한 속도가 30km/h 이하
④ 최대 제한 속도가 40km/h 이하

해설

차량계 하역운반기계, 차량계 건설기계(최대제한속도가 시속 10킬로미터 이하인 것은 제외한다)를 사용하여 작업을 하는 경우 미리 작업장소의 지형 및 지반 상태 등에 적합한 제한속도를 정하고, 운전자로 하여금 준수하도록 하여야 한다.

[참고] 산업안전보건기준에 관한 규칙 제98조 【제한속도의 지정 등】

정답 9 ①

03 차량계 하역운반기계의 안전

(1) 차량계 하역운반 기계의 종류

① 지게차
② 구내운반차
③ 고소작업대
④ 화물자동차

(2) 차량계 하역운반 기계의 안전수칙

① 화물적재 시의 준수사항
㉠ 하중이 한쪽으로 치우치지 않도록 적재할 것
㉡ 구내운반차 또는 화물자동차의 경우 화물의 붕괴 또는 낙하에 의한 위험을 방지하기 위하여 화물에 로프를 거는 등 필요한 조치를 할 것
㉢ 운전자의 시야를 가리지 않도록 화물을 적재할 것
㉣ 화물을 적재하는 경우에는 최대적재량을 초과해서는 아니 된다.

[팔레트(pallet), 스키드(skid)의 사용]
(1) 적재하는 화물의 중량에 따른 충분한 강도를 가질 것
(2) 심한 손상 · 변형 또는 부식이 없을 것

② 운전위치 이탈 시의 조치
㉠ 포크, 버킷, 디퍼 등의 장치를 가장 낮은 위치 또는 지면에 내려 둘 것
㉡ 원동기를 정지시키고 브레이크를 확실히 거는 등 갑작스러운 주행이나 이탈을 방지하기 위한 조치를 할 것
㉢ 운전석을 이탈하는 경우에는 시동키를 운전대에서 분리시킬 것. 다만, 운전석에 잠금장치를 하는 등 운전자가 아닌 사람이 운전하지 못하도록 조치한 경우에는 그러하지 아니하다.

③ 전도의 방지

차량계 건설기계	차량계 하역운반기계
• 유도자 배치 • 지반의 부동침하 방지 • 갓길의 붕괴 방지 • 도로 폭의 유지	• 유도자 배치 • 지반의 부동침하와 방지 • 갓길 붕괴 방지

④ 차량계 하역운반기계등에 단위화물의 무게가 100kg 이상인 화물을 싣는 작업(로프 걸이 작업 및 덮개 덮기 작업을 포함) 또는 내리는 작업(로프 풀기 작업 또는 덮개 벗기기 작업을 포함)을 하는 경우, 해당 작업의 지휘자의 준수사항
㉠ 작업순서 및 그 순서마다의 작업방법을 정하고 작업을 지휘할 것
㉡ 기구와 공구를 점검하고 불량품을 제거할 것
㉢ 해당 작업 장소에 관계 근로자가 아닌 사람의 출입을 금지시킬 것

㉣ 로프 풀기 작업 또는 덮개 벗기기 작업은 적재함의 화물이 떨어질 위험이 없음을 확인한 후에 하도록 할 것

⑤ 지게차의 허용하중을 초과하여 사용해서는 아니 되며, 안전한 운행을 위한 유지 · 관리 및 그 밖의 사항에 대하여 해당 지게차를 제조한 자가 제공하는 제품설명서에서 정한 기준을 준수하여야 한다.

> ■ **지게차의 허용하중**
> 지게차의 구조, 재료 및 포크 · 램 등 화물을 적재하는 장치에 적재하는 화물의 중심위치에 따라 실을 수 있는 최대하중을 말한다.

⑥ 구내운반차, 화물자동차를 사용할 때에는 그 최대적재량을 초과해서는 아니 된다.

[지게차의 안정조건]

$W \times a \leq G \times b$

W : 화물 중심에서 화물의 중량
G : 지게차 중심에서 지게차 중량
a : 앞바퀴에서 화물 중심까지의 거리
b : 앞바퀴에서 지게차 중심까지의 거리

[지게차의 안정도]

(1) 하역작업 시 전후안정도 : 4%
(2) 주행 시 전후안정도 : 18%
(3) 하역작업 시 좌우안정도 : 6%
(4) 주행 시 좌우안정도 : $(15+1.1V)$%
V는 최고속도(km/h)

(3) 구내운반차

① 주행을 제동하거나 정지상태를 유지하기 위한 제동장치를 갖출 것
② 경음기를 갖출 것
③ 핸들의 중심에서 차체 바깥 측까지의 거리가 65cm 이상일 것
④ 운전석이 차 실내에 있는 것은 좌우에 한개씩 방향지시기를 갖출 것
⑤ 전조등과 후미등을 갖출 것(작업을 안전하게 하기 위하여 필요한 조명이 있는 장소에서 사용하는 경우 제외)
⑥ 구내운반차에 피견인차를 연결하는 경우에는 적합한 연결장치를 사용

(4) 고소작업대

[고소작업대]

① 작업대를 와이어로프 또는 체인으로 올리거나 내릴 경우에는 끊어져 작업대가 떨어지지 아니하는 구조여야 한다.
※ 와이어로프 또는 체인의 안전율은 5 이상일 것
② 작업대를 유압에 의해 올리거나 내릴 경우에는 일정한 위치에 유지할 수 있는 장치를 갖추고 압력의 이상저하를 방지할 수 있는 구조일 것
③ 권과방지장치를 갖추거나 압력의 이상상승을 방지할 수 있는 구조일 것
④ 붐의 최대 지면경사각을 초과 운전하여 전도되지 않도록 할 것
⑤ 작업대에 정격하중(안전율 5 이상)을 표시할 것
⑥ 작업대에 끼임 · 충돌 등 재해를 예방하기 위한 가드 또는 과상승방지장치를 설치할 것
⑦ 조작반의 스위치는 눈으로 확인할 수 있도록 명칭 및 방향표시를 유지

⑧ **고소작업대 설치 시 준수사항**

㉠ 바닥과 고소작업대는 가능하면 수평을 유지하도록 할 것
㉡ 갑작스러운 이동을 방지하기 위하여 아웃트리거 또는 브레이크 등을 확실히 사용할 것

⑨ 고소작업대의 이동 시 준수사항
- ㉠ 작업대를 가장 낮게 내릴 것
- ㉡ 작업대를 올린 상태에서 작업자를 태우고 이동하지 말 것. (이동 중 전도 등의 위험예방을 위하여 유도자를 배치하고 짧은 구간을 이동하는 경우 제외)
- ㉢ 이동통로의 요철상태 또는 장애물의 유무 등을 확인할 것

⑩ 고소작업대의 사용 시 준수사항
- ㉠ 작업자가 안전모 · 안전대 등의 보호구를 착용하도록 할 것
- ㉡ 관계자가 아닌 사람이 작업구역에 들어오는 것을 방지하기 위하여 필요한 조치를 할 것
- ㉢ 안전한 작업을 위하여 적정수준의 조도를 유지할 것
- ㉣ 전로(電路)에 근접하여 작업을 하는 경우에는 작업감시자를 배치하는 등 감전사고를 방지하기 위하여 필요한 조치를 할 것
- ㉤ 작업대를 정기적으로 점검하고 붐 · 작업대 등 각 부위의 이상 유무를 확인할 것
- ㉥ 전환스위치는 다른 물체를 이용하여 고정하지 말 것
- ㉦ 작업대는 정격하중을 초과하여 물건을 싣거나 탑승하지 말 것
- ㉧ 작업대의 붐대를 상승시킨 상태에서 탑승자는 작업대를 벗어나지 말 것(작업대에 안전대 부착설비를 설치하고 안전대를 연결한 경우 제외)

(5) 화물자동차

① 바닥으로부터 짐 윗면까지의 높이가 2m 이상인 화물자동차에 짐을 싣는 작업 또는 내리는 작업을 하는 경우에는 해당 작업에 종사하는 근로자가 바닥과 적재함의 짐 윗면 간을 안전하게 오르내리기 위한 설비를 설치하여야 한다.

② 화물자동차의 짐걸이로 사용하는 섬유로프의 사용금지
- ㉠ 꼬임이 끊어진 것
- ㉡ 심하게 손상되거나 부식된 것

③ 섬유로프 등을 화물자동차의 짐걸이에 사용하는 경우에는 해당 작업을 시작하기 전 준수사항
- ㉠ 작업순서와 순서별 작업방법을 결정하고 작업을 직접 지휘하는 일
- ㉡ 기구와 공구를 점검하고 불량품을 제거하는 일
- ㉢ 해당 작업을 하는 장소에 관계 근로자 외 출입을 금지하는 일
- ㉣ 로프 풀기 작업 및 덮개 벗기기 작업을 하는 경우에는 적재함의 화물에 낙하 위험이 없음을 확인한 후에 해당 작업의 착수를 지시

④ 섬유로프 등에 대하여 이상 유무를 점검하고 이상 발견 시 교체한다.

⑤ 화물자동차에서 화물을 내리는 작업을 하는 경우에는 그 작업을 하는 근로자에게 쌓여있는 화물의 중간에서 화물을 빼내도록 해서는 아니 된다.

03 핵심문제 3. 차량계 하역운반기계의 안전

□□□ 08년3회, 12년1회

1. 차량계 하역운반기계의 안전조치 사항 중 옳지 않은 것은?

① 최대제한속도가 시속 10km를 초과하는 차량계 건설기계를 사용하여 작업을 하는 경우 미리 작업장소의 지형 및 지반상태 등에 적합한 제한속도를 정하고, 운전자로 하여금 준수하도록 할 것
② 차량계 건설기계의 운전자가 운전위치를 이탈하는 경우 해당 운전자로 하여금 포크 및 버킷 등의 하역장치를 가장 높은 위치에 둘 것
③ 차량계 하역운반기계 등에 화물을 적재하는 경우 하중이 한쪽으로 치우치지 않도록 적재할 것
④ 차량계 건설기계를 사용하여 작업을 하는 경우 승차석이 아닌 위치에 근로자를 탑승시키지 말 것

해설

사업주는 차량계 하역운반기계등, 차량계 건설기계의 운전자가 운전위치를 이탈하는 경우 해당 운전자에게 다음 각 호의 사항을 준수하도록 하여야 한다.
1. 포크, 버킷, 디퍼 등의 장치를 가장 낮은 위치 또는 지면에 내려둘 것
2. 원동기를 정지시키고 브레이크를 확실히 거는 등 갑작스러운 주행이나 이탈을 방지하기 위한 조치를 할 것
3. 운전석을 이탈하는 경우에는 시동키를 운전대에서 분리시킬 것. 다만, 운전석에 잠금장치를 하는 등 운전자가 아닌 사람이 운전하지 못하도록 조치한 경우에는 그러하지 아니하다.

(참고) 산업안전보건기준에 관한 규칙 제99조 【운전위치 이탈 시의 조치】

□□□ 13년3회

2. 차량계 하역운반기계를 사용하여 작업을 할 때 기계의 전도, 전락에 의해 근로자가 위해를 입을 우려가 있을 때 사업주가 조치하여야 할 사항 중 틀린 것은?

① 근로자의 출입금지 조치
② 하역운반기계를 유도하는 사람 배치
③ 갓길의 붕괴를 방지하기 위한 조치
④ 지반의 부동침하방지 조치

문제 2, 3 해설

차량계 하역운반기계 등을 사용하는 작업을 할 때에 그 기계가 넘어지거나 굴러떨어짐으로써 근로자에게 위험을 미칠 우려가 있는 경우에는 그 기계를 유도하는 사람을 배치하고 지반의 부동침하의 방지 및 갓길 붕괴를 방지하기 위한 조치를 하여야 한다.

(참고) 산업안전보건기준에 관한 규칙 제171조 【전도 등의 방지】

□□□ 16년1회

3. 차량계 하역운반기계를 사용하는 작업에 있어 고려되어야 할 사항과 가장 거리가 먼 것은?

① 작업지휘자의 배치
② 유도자의 배치
③ 갓길 붕괴 방지 조치
④ 안전관리자의 선임

□□□ 19년2회

4. 차량계 하역운반기계등에 화물을 적재하는 경우에 준수하여야 할 사항으로 옳지 않은 것은?

① 하중이 한쪽으로 치우쳐서 효율적으로 적재되도록 할 것
② 구내운반차 또는 화물자동차의 경우 화물의 붕괴 또는 낙하에 의한 위험을 방지하기 위하여 화물에 로프를 거는 등 필요한 조치를 할 것
④ 운전자의 시야를 가리지 않도록 화물을 적재할 것
⑤ 최대적재량을 초과하지 않도록 할 것

문제 4~7 해설

차량계 하역운반기계등에 화물을 적재하는 경우 준수사항
1. 하중이 한쪽으로 치우치지 않도록 적재할 것
2. 구내운반차 또는 화물자동차의 경우 화물의 붕괴 또는 낙하에 의한 위험을 방지하기 위하여 화물에 로프를 거는 등 필요한 조치를 할 것
3. 운전자의 시야를 가리지 않도록 화물을 적재할 것
4. 화물을 적재하는 경우에는 최대적재량을 초과해서는 아니 된다.

(참고) 산업안전보건기준에 관한 규칙 제173조 【화물적재 시의 조치】

정답 1 ② 2 ① 3 ④ 4 ①

□□□ 17년2회

5. 차량계 하역운반기계등에 화물을 적재하는 경우에 준수해야 할 사항으로 옳지 않은 것은?

① 하중이 한쪽으로 치우치도록 하여 공간상 효율적으로 적재할 것
② 구내운반차 또는 화물자동차의 경우 화물의 붕괴 또는 낙하에 의한 위험을 방지하기 위하여 화물에 로프를 거는 등 필요한 조치를 할 것
③ 운전자의 시야를 가리지 않도록 화물을 적재할 것
④ 화물을 적재하는 경우 최대적재량을 초과하지 않을 것

□□□ 13년1회, 17년3회

6. 차량계 하역운반기계에 화물을 적재하는 때의 준수사항으로 옳지 않은 것은?

① 하중이 한쪽으로 치우치지 않도록 적재할 것
② 구내운반차 또는 화물자동차의 경우 화물의 붕괴 또는 낙하에 의한 위험을 방지하기 위하여 화물에 로프를 거는 등 필요한 조치를 할 것
③ 운전자의 시야를 가리지 않도록 화물을 적재할 것
④ 차륜의 이상 유무를 점검할 것

□□□ 15년3회

7. 화물을 차량계 하역운반기계에 싣는 작업 또는 내리는 작업을 할 때 해당 작업의 지휘자에게 준수하도록 하여야 하는 사항과 거리가 먼 것은?

① 하중이 한쪽으로 치우쳐서 효율적으로 적재되도록 할 것
② 작업순서 및 그 순서마다의 작업방법을 정하고 작업을 지휘할 것
③ 기구와 공구를 점검하고 불량품을 제거할 것
④ 해당작업을 하는 장소에 관계 근로자가 아닌 사람이 출입하는 것을 금지할 것

정답 5 ① 6 ④ 7 ①

Chapter 03

양중 및 해체공사의 안전

양중 및 해체공사의 안전에서는 양중기의 종류 및 안전수칙, 해체용 공법 및 장비의 취급안전으로 구성되며 양중기의 종류와 방호장치에 관한 내용이 주로 출제된다.

01 양중기의 종류 및 안전수칙

(1) 양중기의 종류와 방호장치

양중기의 종류	세부종류	방호장치
크레인	[호이스트(hoist) 포함]	과부하방지장치, 비상정지장치 및 제동장치, 그 밖의 방호장치[파이널 리미트 스위치, 속도조절기(조속기), 출입문인터록]
이동식 크레인	–	
리프트 (이삿짐운반용 리프트의 경우 적재하중이 0.1톤 이상인 것으로 한정한다.)	• 건설작업용 리프트 • 자동차 정비용 리프트 • 이삿짐운반용 리프트	
곤돌라	–	
승강기	• 승객용 엘리베이터 • 승객화물용 엘리베이터 • 화물용 엘리베이터 (적재용량 300kg 미만 제외) • 소형화물용 엘리베이터 • 에스컬레이터	

■ **주요 방호장치**

① 권과(捲過)방지장치 : 와이어로프를 감아서 물건을 들어올리는 기계장치(엘리베이터, 호이스트, 리프트, 크레인 등)에서 로프가 너무 많이 감기거나 풀리는 것을 방지하는 장치

② 과부하방지장치 : 양중기에 있어서 정격하중 이상의 하중이 부하되었을 경우 자동적으로 상승이 정지되면서 경보음 또는 경보등을 발생하는 장치

③ 비상정지장치 : 돌발적인 상태가 발생되었을 경우 안전을 유지하기 위하여 모든 전원을 차단하는 장치

④ 해지장치 : 와이어 로프의 이탈을 방지하기 위한 방호장치로 후크 부위에 와이어 로프를 걸었을 때 벗겨지지 않도록 후크 안쪽으로 스프링을 이용하여 설치하는 장치

[해지장치]

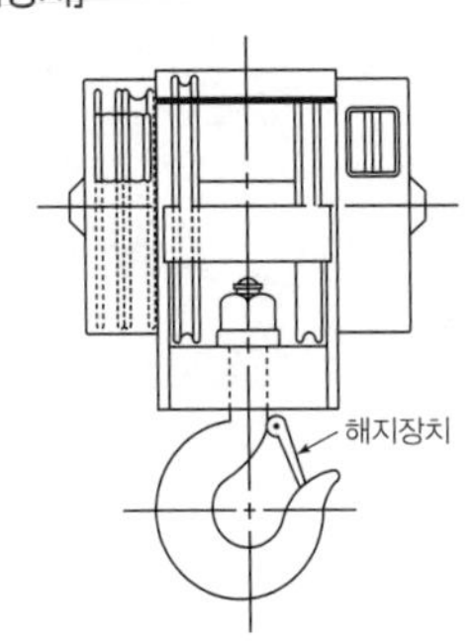

(2) 양중기의 안전 수칙

① 양중기(승강기는 제외한다.) 및 달기구를 사용하여 작업하는 운전자 또는 작업자가 보기 쉬운 곳에 해당 기계의 정격하중, 운전속도, 경고표시 등을 부착하여야 한다.

■ 용어의 정의

① 정격하중 : 들어올리는 하중에서 크레인, 리프트, 곤돌라의 경우에는 후크, 권상용와이어로프, 권상부속품 및 운반구, 달기발판 등 달기기구의 중량을 공제한 하중
② 적재하중 : 리프트의 구조나 재료에 따라 운반구에 하물을 적재하고 상승할 수 있는 최대하중
③ 정격속도 : 운반구에 적재하중으로 상승할 때의 최고속도
④ 임계하중 : 크레인 붐에 물건을 달고 크레인이 전복될 순간까지의 하중
⑤ 작업하중 : 하물을 들어올려 안전하게 작업 할 수 있는 하중을 말한다.

[폭풍등으로 인한 이상유무 점검]
순간풍속이 매초당 30미터를 초과하는 바람이 불어온 후에 옥외에 설치되어 있는 크레인을 사용하여 작업을 하는 때 또는 중진 이상의 진도의 지진 후에 크레인을 사용하여 작업을 하는 때에는 미리 그 크레인의 각 부위의 이상유무를 점검하여야 한다.

② 작업별 풍속에 따른 조치

기기의 종류	조 치
크레인, 양중기	순간풍속이 30m/s 초과 시 주행크레인의 이탈방지장치 작동
타워크레인	• 순간풍속 10m/s 초과 타워크레인의 설치, 수리, 점검, 해체작업 중지 • 순간풍속 15m/s 초과하는 경우에는 타워크레인 운전 작업 중지
리프트	순간풍속이 35m/s 초과 시 받침수의 증가(붕괴방지)
승강기	순간풍속이 35m/s 초과 시 옥외에 설치된 승강기에 대하여 도괴방지 조치

③ 조립 등 작업

구분	내용
승강기, 리프트의 설치 · 조립 · 수리 · 점검 또는 해체작업 시 조치사항	• 작업을 지휘하는 사람을 선임하여 그 사람의 지휘하에 작업을 실시할 것 • 작업을 할 구역에 관계 근로자가 아닌 사람의 출입을 금지하고 그 취지를 보기 쉬운 장소에 표시할 것 • 비, 눈, 그 밖에 기상상태의 불안정으로 날씨가 몹시 나쁜 경우에는 그 작업을 중지시킬 것
승강기, 리프트의 설치 · 조립 · 수리 · 점검 또는 해체작업시 작업지휘자의 직무사항	• 작업방법과 근로자의 배치를 결정하고 해당 작업을 지휘하는 일 • 재료의 결함 유무 또는 기구 및 공구의 기능을 점검하고 불량품을 제거하는 일 • 작업 중 안전대 등 보호구의 착용 상황을 감시

(3) 크레인의 선정

① 타워크레인 선정 시 검토사항

㉠ 입지조건

㉡ 건립기계의 소음영향

㉢ 건물형태

㉣ 인양능력(하중)

㉤ 작업반경

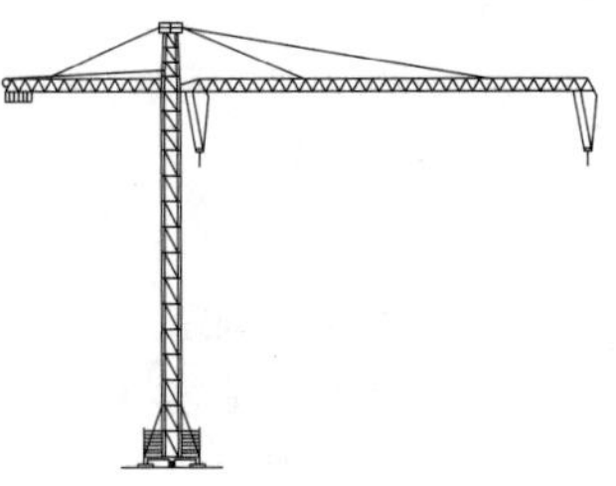
타워 크레인(수평형)

② 크레인의 종류

종류	특징
타워 크레인	타워 크레인은 초고층 작업이 용이하고 360° 회전이 가능하고 가장 안전성이 높고, 능률이 좋은 기계이다.
크롤러 크레인	트럭크레인이 타이어 대신 크롤러를 장착한 것으로 작업장치를 갖고 있지 않아 트럭크레인 보다 약간의 흔들림이 크며 하중인양시 안전성이 약하다. 크롤러식 타워 크레인의 자체는 크롤러 크레인과 같지만 직립 고정된 붐 끝에 기복이 가능한 보조 붐을 가지고 있다.
트럭 크레인	장거리 기동성이 있고 붐을 현장에서 조립하여 소정의 길이를 얻을 수 있다. 붐의 신축과 기복을 유압에 의하여 조작하는 유압식이 있고, 한 장소에서 360° 선회작업이 가능하며 기계종류도 소형에서 대형까지 다양하다.

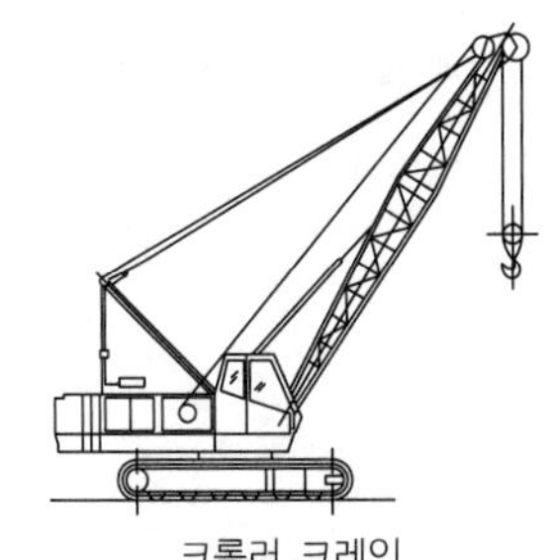
크롤러 크레인

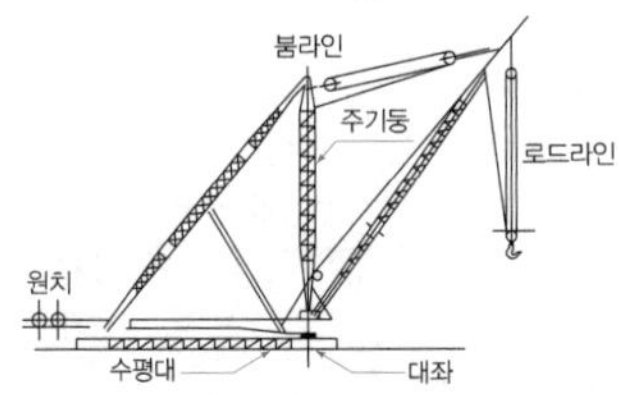

삼각 데릭

③ 데릭의 종류

종류	특징
삼각 데릭	가이 데릭과 비슷하나 주기둥을 지탱하는 지선 대신에 2본의 다리에 의해 고정된 것으로 작업회전 반경이 약 270° 정도로 가이데릭과 성능은 거의 동일하다. 이것은 비교적 높이가 낮고 넓은 면적의 건물에 유리하다. 초고층 철골 위에 설치하여 타워크레인 해체 후 사용하거나 또 증축공사인 경우 기존건물 옥상 등에 설치하여 사용되고 있다.
가이 데릭	주기둥과 붐으로 구성되어 있고 6~8본의 지선으로 주기둥이 지탱되며 주각부에 붐을 설치하면 360° 선회가 가능하다. 인양하중이 크고 경우에 따라 쌓아 올림도 가능하지만 타워크레인에 비하여 선회성이 떨어지므로 인양하중량이 특히 클 때 필요하다.
진폴 데릭	통나무, 철 파이프 또는 철골 등으로 기둥을 세우고 난 뒤 3본 이상 지선을 매어 기둥을 경사지게 세워 기둥 끝에 활차를 달고 원치에 연결시켜 권상시키는 장치이다. 간단하게 설치 할 수 있으며 경미한 건물의 철골건립에 주로 사용된다.

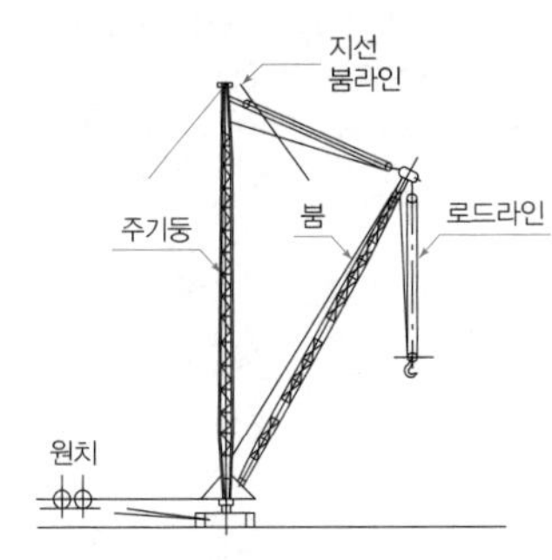

가이 데릭

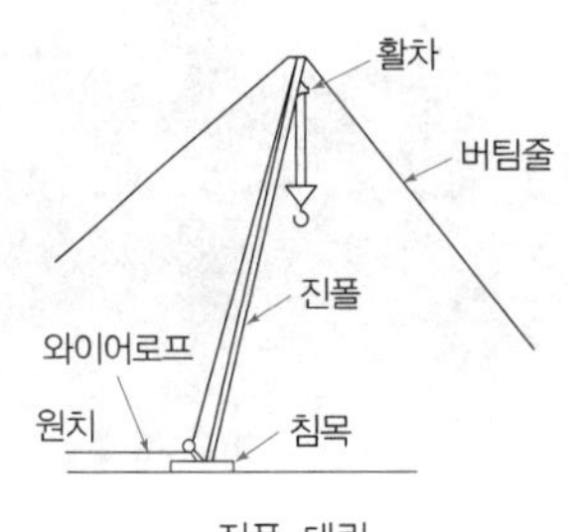

진폴 데릭

[관련법령]
산업안전보건기준에 관한 규칙 제142조 【타워크레인의 지지】

[크레인의 작업계획서 내용]
(1) 타워크레인의 종류 및 형식
(2) 설치·조립 및 해체순서
(3) 작업도구·장비·가설설비 및 방호설비
(4) 작업인원의 구성 및 작업근로자의 역할범위
(5) 타워크레인의 지지규정에 의한 지지방법

(4) 크레인의 안전수칙

① 타워크레인을 와이어로프로 지지하는 경우 준수사항
㉠ 와이어로프를 고정하기 위한 전용 지지프레임을 사용할 것
㉡ 와이어로프 설치각도는 수평면에서 60도 이내로 하되, 지지점은 4개소 이상으로 하고, 같은 각도로 설치할 것
㉢ 와이어로프와 그 고정부위는 충분한 강도와 장력을 갖도록 설치하고, 와이어로프를 클립 · 샤클(shackle) 등의 고정기구를 사용하여 견고하게 고정시켜 풀리지 아니하도록 하며, 사용 중에는 충분한 강도와 장력을 유지하도록 할 것
㉣ 와이어로프가 가공전선(架空電線)에 근접하지 않도록 할 것

② 건설물 등과의 사이의 통로
㉠ 주행 크레인 또는 선회 크레인과 건설물 또는 설비와의 사이에 통로를 설치하는 경우 그 폭을 0.6m 이상으로 하여야 한다.(다만, 그 통로 중 건설물의 기둥에 접촉하는 부분에 대해서는 0.4m 이상으로 할 수 있다.)
㉡ 건설물 등의 벽체와 통로의 간격을 0.3미터 이하로 유지하여야 한다.

③ 해지장치의 구비
와이어로프 등이 훅으로부터 벗겨지는 것을 방지하기 위한 해지장치를 구비한 크레인을 사용하여야 한다.

④ 크레인의 작업시작 전 점검사항

Tip
크레인의 작업시작 전 점검사항을 크레인, 이동식 크레인에 있어 차이가 있다. 주의하자.

구분	내용
크레인	• 권과방지장치 · 브레이크 · 클러치 및 운전장치의 기능 • 주행로의 상측 및 트롤리(trolley)가 횡행하는 레일의 상태 • 와이어로프가 통하고 있는 곳의 상태
이동식 크레인	• 권과방지장치나 그 밖의 경보장치의 기능 • 브레이크 · 클러치 및 조정장치의 기능 • 와이어로프가 통하고 있는 곳 및 작업장소의 지반상태

[항타기]

(5) 항타기 및 항발기의 안전

① 항타기 또는 항발기를 조립하는 경우 점검사항
㉠ 본체 연결부의 풀림 또는 손상의 유무
㉡ 권상용 와이어로프 · 드럼 및 도르래의 부착상태의 이상 유무
㉢ 권상장치의 브레이크 및 쐐기장치 기능의 이상 유무
㉣ 권상기의 설치상태의 이상 유무
㉤ 버팀의 방법 및 고정상태의 이상 유무

② 무너짐의 방지

㉠ 연약한 지반에 설치하는 경우에는 각부(脚部)나 가대(架臺)의 침하를 방지하기 위하여 깔판 · 깔목 등을 사용할 것

㉡ 시설 또는 가설물 등에 설치하는 경우에는 그 내력을 확인하고 내력이 부족하면 그 내력을 보강할 것

㉢ 각부나 가대가 미끄러질 우려가 있는 경우에는 말뚝 또는 쐐기 등을 사용하여 각부나 가대를 고정시킬 것

㉣ 궤도 또는 차로 이동하는 항타기 또는 항발기에 대해서는 불시에 이동하는 것을 방지하기 위하여 레일 클램프(rail clamp) 및 쐐기 등으로 고정시킬 것

㉤ 버팀대만으로 상단부분을 안정시키는 경우에는 버팀대는 3개 이상으로 하고 그 하단 부분은 견고한 버팀 · 말뚝 또는 철골 등으로 고정시킬 것

㉥ 버팀줄만으로 상단 부분을 안정시키는 경우에는 버팀줄을 3개 이상으로 하고 같은 간격으로 배치할 것

㉦ 평형추를 사용하여 안정시키는 경우에는 평형추의 이동을 방지하기 위하여 가대에 견고하게 부착시킬 것

[관련법령]
산업안전보건기준에 관한 규칙 제209조【무너짐의 방지】

[항타기의 종류]
(1) 드롭해머
(2) 공기해머
(3) 디젤해머
(4) 진동식 항타기

③ 항타기, 항발기의 안전계수

구분	내용
안전계수	권상용 와이어로프의 안전계수는 5 이상
권상용 와이어로프의 길이	• 권상용 와이어로프는 추 또는 해머가 최저의 위치에 있을 때 또는 널말뚝을 빼내기 시작할 때를 기준으로 권상장치의 드럼에 적어도 2회 감기고 남을 수 있는 충분한 길이일 것 • 권상용 와이어로프는 권상장치의 드럼에 클램프 · 클립 등을 사용하여 견고하게 고정할 것 • 항타기의 권상용 와이어로프에서 추 · 해머 등과의 연결은 클램프 · 클립 등을 사용하여 견고하게 할 것

④ 도르래의 부착

㉠ 항타기나 항발기에 도르래나 도르래 뭉치를 부착하는 경우에는 부착부가 받는 하중에 의하여 파괴될 우려가 없는 브라켓 · 섀클 및 와이어로프 등으로 견고하게 부착하여야 한다.

㉡ 항타기 또는 항발기의 권상장치의 드럼축과 권상장치로부터 첫 번째 도르래의 축 간의 거리를 권상장치 드럼폭의 15배 이상으로 하여야 한다.

㉢ 도르래는 권상장치의 드럼 중심을 지나야 하며 축과 수직면상에 있어야 한다.

[도르래의 부착]

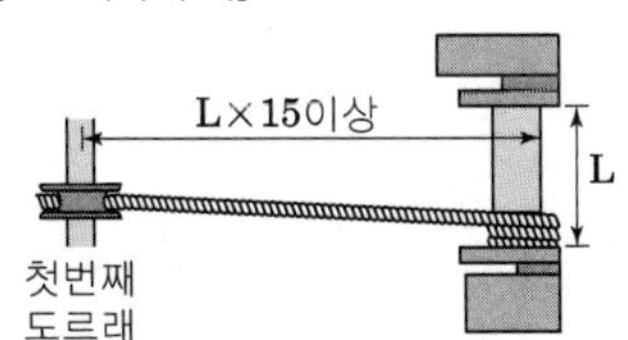

[용어의 정의]

(1) 소선 : 스트랜드를 구성하는 강선
(2) 스트랜드 : 여러 개의 소선을 꼬아놓은 로프의 구성요소

(6) 양중기 와이어로프 등

① 와이어로프의 안전계수

구분	내용
와이어로프 안전계수 식	$안전계수 = \frac{절단하중}{최대하중}$
와이어로프 안전계수 기준	• 근로자가 탑승하는 운반구를 지지하는 달기와이어로프 또는 달기체인의 경우 : 10 이상 • 화물의 하중을 직접 지지하는 달기와이어로프 또는 달기체인의 경우 : 5 이상 • 훅, 샤클, 클램프, 리프팅 빔의 경우 : 3 이상 • 그 밖의 경우 : 4 이상

[와이어로프의 사용금지]

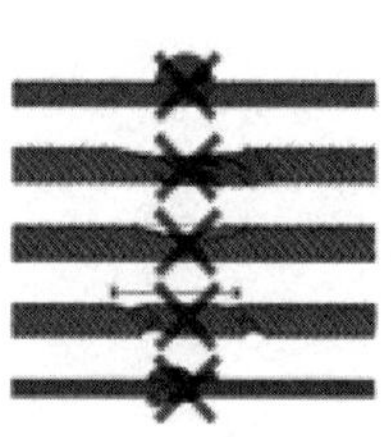

② 와이어로프, 달기체인의 사용금지

구분	내용
이음매가 있는 와이어로프 등의 사용 금지	• 이음매가 있는 것 • 와이어로프의 한 꼬임에서 끊어진 소선(素線)의 수가 10퍼센트 이상(비자전 로프의 경우에는 끊어진 소선의 수가 와이어로프 호칭지름의 6배 길이 이내에서 4개 이상이거나 호칭지름 30배 길이 이내에서 8개 이상)인 것 • 지름의 감소가 공칭지름의 7퍼센트를 초과하는 것 • 꼬인 것 • 심하게 변형되거나 부식된 것 • 열과 전기충격에 의해 손상된 것
늘어난 달기체인의 사용 금지	• 달기 체인의 길이가 달기 체인이 제조된 때의 길이의 5퍼센트를 초과한 것 • 링의 단면지름이 달기 체인이 제조된 때의 해당 링의 지름의 10퍼센트를 초과하여 감소한 것 • 균열이 있거나 심하게 변형된 것

(7) 와이어로프에 걸리는 하중

① 크레인 작업 시 와이어로프에 걸리는 총 하중

$$총하중(W) = 정하중(W_1) + 동하중(W_2)$$

$$W_2(동하중) = \frac{W_1}{g}a$$

여기서, g : 중력가속도(9.8m/s²)
a : 가속도(m/s²)

② 와이어로프 한줄에 걸리는 하중

와이어 로프 한줄에 걸리는 하중 $W_1 = \dfrac{\frac{W}{2}}{\cos\left(\frac{\theta}{2}\right)}$

여기서 W_1 : 한줄에 걸리는 하중
W : 로프에 걸리는 하중

01 핵심문제 1. 양중기의 종류 및 안전수칙

□□□ 12년3회, 15년1회

1. 다음 중 양중기에 해당되지 않는 것은?

① 어스드릴 ② 크레인
③ 리프트 ④ 곤돌라

문제 1~3 해설

양중기의 종류
1. 크레인
2. 이동식 크레인
3. 리프트
4. 곤돌라
5. 승강기(단, 최대하중이 0.25톤 이상인 것에 한한다.)

[참고] 산업안전보건기준에 관한 규칙 제132조【양중기】

□□□ 09년1회, 16년3회, 19년2회

2. 크레인 또는 데릭에서 붐각도 및 작업반경별로 작용시킬 수 있는 최대하중에서 후크(Hook), 와이어로프 등 달기구의 중량을 공제한 하중은?

① 작업하중 ② 정격하중
③ 이동하중 ④ 적재하중

문제 2, 3 해설

정격하중이란 들어올리는 하중에서 크레인, 리프트, 곤돌라의 경우에는 후크, 권상용와이어로프, 권상부속품 및 운반구, 달기발판 등 달기기구의 중량을 공제한 하중이다.

□□□ 11년1회, 13년2회

3. 중량물 운반 시 크레인에 매달아 올릴 수 있는 최대 하중으로부터 달아올리기 기구의 중량에 상당하는 하중을 제외한 하중은?

① 정격 하중 ② 적재 하중
③ 임계 하중 ④ 작업 하중

□□□ 10년3회

4. 다음 중 고정식 크레인이 아닌 것은?

① 천장 크레인 ② 크롤러 크레인
③ 지브 크레인 ④ 타워 크레인

해설

②항, 크롤러 크레인은 이동식 크레인으로 주로 습지나 사지작업에 사용한다.

□□□ 11년2회, 13년3회, 22년2회

5. 건설작업용 타워크레인의 안전장치에 해당되지 않는 것은?

① 브레이크 장치 ② 과부하 방지장치
③ 권과 방지장치 ④ 호이스트 스위치

문제 5, 6 해설

크레인의 방호장치
과부하방지장치, 권과방지장치(捲過防止裝置), 비상정지장치 및 제동장치, 그 밖의 방호장치

□□□ 16년2회, 22년1회

6. 재해사고를 방지하기 위하여 크레인에 설치된 방호장치와 거리가 먼 것은?

① 공기정화장치 ② 비상정지장치
③ 제동장치 ④ 권과방지장치

□□□ 10년2회, 19년1회

7. 승강기 강선의 과다감기를 방지하는 장치는?

① 비상정지장치 ② 권과방지장치
③ 해지장치 ④ 과부하방지장치

해설

권과(捲過)방지장치란 와이어로프를 감아서 물건을 들어올리는 기계장치(엘리베이터, 호이스트, 리프트, 크레인 등)에서 로프가 너무 많이 감기거나 풀리는 것을 방지하는 장치를 말한다.

□□□ 09년2회

8. 다음 중 승강기에 부착시키는 방호장치에 해당되지 않는 것은?

① 과부하방지장치 ② 비상정지장치
③ 조속기 ④ 급정지장치

해설

승강기의 방호장치
과부하방지장치, 비상정지장치 및 제동장치, 그 밖의 방호장치[파이널 리미트 스위치, 속도조절기(조속기), 출입문인터록]

정답 1 ① 2 ② 3 ① 4 ② 5 ④ 6 ① 7 ② 8 ④

□□□ 15년2회, 18년3회

9. 훅걸이용 와이어로프 등이 훅으로부터 벗겨지는 것을 방지하기 위한 장치는?

① 해지장치 ② 권과방지장치
③ 과부하방지장치 ④ 턴버클

해설

해지장치란 와이어로프의 이탈을 방지하기 위한 방호장치로 후크 부위에 와이어로프를 걸었을 때 벗겨지지 않도록 후크 안쪽으로 스프링을 이용하여 설치한 것

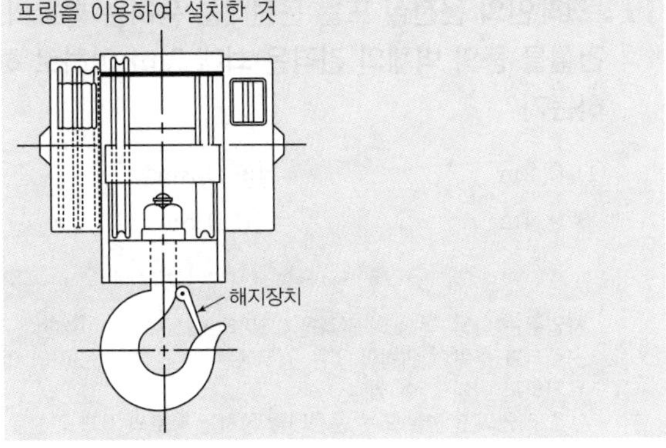

□□□ 19년1회

10. 타워 크레인(Tower Crane)을 선정하기 위한 사전 검토사항으로서 가장 거리가 먼 것은?

① 붐의 모양 ② 인양 능력
③ 작업반경 ④ 붐의 높이

해설

타워크레인 선정 시 검토사항
- 입지 조건
- 건립기계의 소음영향
- 건물 형태
- 인양하중(능력)
- 작업반경

□□□ 09년3회, 18년1회

11. 이동식 크레인을 사용하여 작업을 할 때 작업시작 전 점검사항이 아닌 것은?

① 트롤리가 횡행하는 레일의 상태
② 권과방지장치 그 밖의 경보장치의 기능
③ 브레이크 · 클러치 및 조정장치의 기능
④ 와이어로프가 통하고 있는 곳 및 작업장소의 지반상태

해설

이동식크레인 작업시작 전 점검사항
1. 권과방지장치 그 밖의 경보장치의 기능
2. 브레이크 · 클러치 및 조정장치의 기능
3. 와이어로프가 통하고 있는 곳 및 작업장소의 지반상태

□□□ 09년1회, 12년1회, 16년1회, 17년1회

12. 크레인을 사용하는 작업을 할 때 작업시작 전 점검사항이 아닌 것은?

① 권과방지장치 · 브레이크 · 클러치 및 운전장치의 기능
② 방호장치의 이상유무
③ 와이어로프가 통하고 있는 곳의 상태
④ 주행로 상측 트롤리가 횡행하는 레일의 상태

해설

크레인 작업시작 전 점검사항
1. 권과방지장치 · 브레이크 · 클러치 및 운전장치의 기능
2. 와이어로프가 통하고 있는 곳의 상태
3. 주행로 상측 트롤리가 횡행하는 레일의 상태

□□□ 16년3회

13. 크롤라 크레인 사용시 준수사항으로 옳지 않은 것은?

① 운반에는 수송차가 필요하다.
② 붐의 조립, 해체장소를 고려해야 한다.
③ 경사지 작업시 아웃트리거를 사용한다.
④ 크롤라의 폭을 넓게 할 수 있는 형을 사용할 경우에는 최대 폭을 고려하여 계획한다.

해설

휠 크레인의 경우에 아웃트리거를 사용하여야 하며, 크롤라 크레인의 경우 아웃트리거가 설치되어 있는 경우에 경사지에서 전도의 위험이 있다.

정답 9 ① 10 ① 11 ① 12 ② 13 ③

□□□ 10년2회, 18년1회

14. 타워크레인을 와이어로프로 지지하는 경우에 준수해야 할 사항으로 옳지 않은 것은?

① 와이어로프를 고정하기 위한 전용 지지프레임을 사용할 것
② 와이어로프 설치각도는 수평면에서 60° 이상으로 할 것
③ 와이어로프의 고정부위는 충분한 강도와 장력을 갖도록 설치할 것
④ 와이어로프가 가공전선에 접근하지 아니하도록 할 것

문제 17~19 해설

타워크레인을 와이어로프로 지지하는 경우 준수사항
1) 와이어로프를 고정하기 위한 전용 지지프레임을 사용할 것
2) 와이어로프 설치각도는 수평면에서 60도 이내로 하되, 지지점은 4개소 이상으로 하고, 같은 각도로 설치할 것
3) 와이어로프와 그 고정부위는 충분한 강도와 장력을 갖도록 설치하고, 와이어로프를 클립 · 샤클(shackle) 등의 고정기구를 사용하여 견고하게 고정시켜 풀리지 아니하도록 하며, 사용 중에는 충분한 강도와 장력을 유지하도록 할 것
4) 와이어로프가 가공전선(架空電線)에 근접하지 않도록 할 것

□□□ 15년2회

15. 다음은 타워크레인을 와이어로프로 지지하는 경우의 준수해야 할 기준이다. 빈칸에 들어갈 알맞은 내용을 순서대로 옳게 나타낸 것은?

> 와이어로프 설치각도는 수평면에서 (　　)도 이내로 하되, 지지점은 (　　)개소 이상으로 하고, 같은 각도로 설치할 것

① 45, 4 ② 45, 5
③ 60, 4 ④ 60, 5

□□□ 17년2회, 20년3회

16. 타워크레인을 자립고(自立高) 이상의 높이로 설치할 때 지지벽체가 없어 와이어로프로 지지하는 경우의 준수사항으로 옳지 않은 것은?

① 와이어로프를 고정하기 위한 전용 지지프레임을 사용할 것
② 와이어로프 설치각도는 수평면에서 60° 이내로 하되, 지지점은 4개소 이상으로 하고, 같은 각도로 설치할 것
③ 와이어로프와 그 고정부위는 충분한 강도와 장력을 갖도록 설치하되, 와이어로프를 클립 · 샤클(shackle) 등의 기구를 사용하여 고정하지 않도록 유의할 것
④ 와이어로프가 가공전선(架空電線)에 근접하지 않도록 할 것

□□□ 17년1회, 20년1·2회

17. 크레인의 운전실 또는 운전대를 통하는 통로의 끝과 건설물 등의 벽체의 간격은 최대 얼마 이하로 하여야 하는가?

① 0.2m ② 0.3m
③ 0.4m ④ 0.5m

해설

사업주는 다음 각 호의 간격을 0.3미터 이하로 하여야 한다. 다만, 근로자가 추락할 위험이 없는 경우에는 그 간격을 0.3미터 이하로 유지하지 아니할 수 있다.
1. 크레인의 운전실 또는 운전대를 통하는 통로의 끝과 건설물 등의 벽체의 간격
2. 크레인 거더(girder)의 통로 끝과 크레인 거더의 간격
3. 크레인 거더의 통로로 통하는 통로의 끝과 건설물 등의 벽체의 간격

[참고] 산업안전보건기준에 관한 규칙 제145조【건설물 등의 벽체와 통로의 간격 등】

□□□ 09년2회, 10년1회, 14년1회, 14년3회, 17년3회

18. 옥외에 설치되어 있는 주행크레인에 이탈을 방지하기 위한 조치를 취해야 하는 것은 순간 풍속이 매초당 몇 m를 초과할 경우인가?

① 30m ② 35m
③ 40m ④ 45m

문제 21, 22 해설

작업별 풍속에 따른 조치

종류	조 치
양중기, 크레인	순간풍속이 30m/s 초과 시 주행크레인의 이탈방지장치 작동
타워 크레인	• 순간풍속 10m/s 초과 타워크레인의 설치, 수리, 점검, 해체작업 중지 • 순간풍속 15m/s 초과하는 경우에는 타워크레인 운전 작업 중지
리프트	순간풍속이 35m/s 초과 시 받침수의 증가
승강기	순간풍속이 35m/s 초과 시 옥외에 설치된 승강기에 대하여 도괴방지 조치

정답 14 ② 15 ③ 16 ③ 17 ② 18 ①

□□□ 10년1회, 11년3회, 12년2회, 14년1회, 15년1회, 18년2회

19. 강풍 시 타워크레인의 작업제한과 관련된 사항으로 타워크레인의 운전작업을 중지해야 하는 순간풍속기준으로 옳은 것은?

① 순간풍속이 매초 당 10미터 초과
② 순간풍속이 매초 당 15미터 초과
③ 순간풍속이 매초 당 30미터 초과
④ 순간풍속이 매초 당 40미터 초과

□□□ 10년3회

20. 다음 ( )안에 가장 적합한 것은?

사업주는 순간풍속이 매초당 ( )m를 초과하는 바람이 불어온 후에 옥외에 설치되어 있는 양중기를 사용하여 작업을 하는 때에는 미리 그 크레인의 각 부위의 이상유무를 점검하여야 한다.

① 14　② 20
③ 24　④ 30

해설

사업주는 순간풍속이 매초당 30미터를 초과하는 바람이 불어온 후에 옥외에 설치되어 있는 크레인을 사용하여 작업을 하는 때 또는 중진이상의 진도의 지진 후에 크레인을 사용하여 작업을 하는 때에는 미리 그 크레인의 각 부위의 이상유무를 점검하여야 한다.

[참고] 산업안전보건기준에 관한 규칙 제143조【폭풍등으로 인한 이상유무점검】

□□□ 08년1회, 12년1회, 14년3회, 18년3회

21. 항타기 또는 항발기의 권상장치의 드럼축과 권상장치로부터 첫 번째 도르래의 축과의 거리는 권상장치의 드럼폭의 최소 몇 배 이상으로 하여야 하는가?

① 5배　② 10배
③ 15배　④ 20배

해설

사업주는 항타기 또는 항발기의 권상장치의 드럼축과 권상장치로부터 첫 번째 도르래의 축과의 거리를 권상장치의 드럼폭의 15배 이상으로 하여야 한다.

[참고] 산업안전보건기준에 관한 규칙 제216조【도르래의 위치】

□□□ 08년3회, 16년2회

22. 항타기 또는 항발기에 사용되는 권상용 와이어로프의 안전 계수는 최소 얼마 이상이어야 하는가?

① 3　② 4
③ 5　④ 6

문제 25, 26 해설

항타기 또는 항발기에 사용되는 권상용 와이어로프의 안전 계수는 5이상 이어야 한다.

[참고] 산업안전보건기준에 관한 규칙 제211조【권상용 와이어로프의 안전계수】

□□□ 08년2회, 17년1회

23. 항타기 및 항발기에 대한 설명으로 잘못된 것은?

① 도괴방지를 위해 시설 또는 가설물 등에 설치하는 때에는 그 내력을 확인하고 내력이 부족한 때에는 그 내력을 보강해야 한다.
② 와이어로프의 한 꼬임에서 끊어진 소선(필러선을 제외한다)의 수가 10% 이상인 것은 권상용 와이어로프로 사용을 금한다.
③ 지름 감소가 호칭 지름의 7%를 초과하는 것은 권상용 와이어로프로 사용을 금한다.
④ 권상용 와이어로프의 안전계수가 4이상이 아니면 이를 사용하여서는 안된다.

□□□ 10년1회, 17년3회

24. 항타기 또는 항발기의 권상용 와이어로프의 절단하중이 100ton일 때 와이어로프에 걸리는 최대하중을 얼마까지 할 수 있는가?

① 20ton　② 33.3ton
③ 40ton　④ 50ton

해설

$$\text{최대하중} = \frac{\text{절단하중}}{\text{안전계수}} = \frac{100}{5} = 20$$

여기서 안전계수는 5이다.

정답 19 ② 20 ④ 21 ③ 22 ③ 23 ④ 24 ①

□□□ 14년3회, 20년3회

25. 동력을 사용하는 항타기 또는 항발기의 도괴를 방지하기 위한 준수사항으로 틀린 것은?

① 연약한 지반에 설치할 경우에는 각부나 가대의 침하를 방지하기 위하여 깔판 · 깔목 등을 사용한다.
② 평형추를 사용하여 안정시키는 경우에는 평형추의 이동을 방지하기 위하여 가대에 견고하게 부착시킨다.
③ 버팀대만으로 상단부분을 안정시키는 경우에는 버팀대는 3개 이상으로 한다.
④ 버팀줄만으로 상단부분을 안정시키는 경우에는 버팀줄을 2개 이상으로 한다.

해설

버팀줄만으로 상단부분을 안정시키는 경우에는 버팀줄을 3개 이상으로 하고 같은 간격으로 배치할 것

[참고] 산업안전보건기준에 관한 규칙 제209조 【무너짐의 방지】

□□□ 08년3회

26. 산업안전기준에 관한 규칙에서 정하는 근로자가 탑승하는 운반구를 지지하는 승강기 와이어로프의 안전계수는 최소 얼마 이상인가?

① 4　② 5
③ 8　④ 10

문제 29, 30 해설

와이어로프의 안전계수 기준
1. 근로자가 탑승하는 운반구를 지지하는 달기와이어로프 또는 달기체인의 경우 : 10 이상
2. 화물의 하중을 직접 지지하는 달기와이어로프 또는 달기체인의 경우 : 5 이상
3. 훅, 샤클, 클램프, 리프팅 빔의 경우 : 3 이상
4. 그 밖의 경우 : 4 이상

□□□ 16년3회, 17년2회

27. 양중기에 사용하는 와이어로프에서 화물의 하중을 직접 지지하는 달기와이어로프 또는 달기체인의 안전계수 기준은?

① 3 이상　② 4 이상
③ 5 이상　④ 10 이상

□□□ 16년3회

28. 다음 와이어로프 중 양중기에 사용 가능한 범위 안에 있다고 볼 수 있는 것은?

① 와이어로프의 한 꼬임(스트랜드)에서 끊어진 소선의 수가 8%인 것
② 지름의 감소가 공칭지름의 8%인 것
③ 심하게 부식 된 것
④ 이음매가 있는 것

문제 30, 31 해설

와이어로프의 사용제한
1. 이음매가 있는 것
2. 와이어로프의 한 꼬임에서 끊어진 소선(素線)의 수가 10퍼센트 이상(비자전 로프의 경우에는 끊어진 소선의 수가 와이어로프 호칭지름의 6배 길이 이내에서 4개 이상이거나 호칭지름 30배 길이 이내에서 8개 이상)인 것
3. 지름의 감소가 공칭지름의 7퍼센트를 초과하는 것
4. 꼬인 것
5. 심하게 변형되거나 부식된 것
6. 열과 전기충격에 의해 손상된 것

[참고] 산업안전보건기준에 관한 규칙 제166조 【이음매가 있는 와이어로프 등의 사용 금지】

□□□ 10년2회, 17년2회

29. 항타기 또는 항발기의 권상용 와이어로프의 사용금지기준에 해당하지 않는 것은?

① 이음매가 없는 것
② 지름의 감소가 공칭지름의 7%를 초과하는 것
③ 꼬인 것
④ 열과 전기충격에 의해 손상된 것

정답 25 ④ 26 ④ 27 ③ 28 ① 29 ①

02 해체 작업의 안전

(1) 해체용 기구의 종류

공 법		원 리	특 징	단 점
압쇄 공법	자주식 현수식	유압압쇄날에 의한 해체	취급과 조작이 용이하고 철근, 철골절단이 가능하며, 저소음이다.	20m 이상은 불가능, 분진비산을 막기 위해 살수설비가 필요하다.
대형 브레이커 공법	압축 공기식	압축공기에 의한 타격 파쇄	능률이 높으며 높은 곳 사용이 가능하다. 보, 기둥, 슬래브, 벽체 파쇄에 유리	소음과 진동이 크며, 분진발생에 주의하여야 한다.
	유압식	유압에 의한 타격 파쇄		
핸드 브레이커 공법		–	광범위한 작업이 가능하고 좁은 장소나 작은 구조물 파쇄에 유리, 진동은 작다.	방진 마스크, 보안경 등 보호구 필요, 소음이 크고 소음 발생에 주의를 요한다.
전도 공법		부재를 절단하여 쓰러뜨린다.	원칙적으로 한층씩 해체하고 전도축과 전도방향에 주의해야 한다.	전도에 의한 진동과 매설물에 대한 배려가 필요
철 해머에 의한 공법		무거운 철재 해머로 타격	능률이 좋으나 지하매설 콘크리트 해체에는 효율이 낮다. 기둥, 보, 슬래브 벽파쇄에 유리	소음과 진동이 크고, 파편이 많이 비산된다.
화약발파공법		발파충격과 가스 압력으로 파쇄	파괴력이 크고 공기를 단축할 수 있으며, 노동력 절감에 기여	발파 전문자격자가 필요, 비산물 방호장치설치, 폭음과 진동이 있으며 지하매설물에 영향 초래, 슬래브, 벽 파쇄에 불리
팽창압공법		가스압력과 팽창압력에 의거 파쇄	보관 취급이 간단, 책임자 불필요, 무근콘크리트에 유효, 공해가 거의 없다.	천공 때 소음과 분진발생, 슬래브와 벽 등에는 불리

[브레이커 공법]

공 법	원 리	특 징	단 점
절단공법	회전톱에 의한 절단	질서정연한 해체나 무진동이 요구될 때에 유리하고 최대 절단 길이는 30cm	절단기, 냉각수가 필요하며, 해체물 운반크레인이 필요
재키공법	유압식재키로 들어 올려 파쇄	소음진동이 없다.	기둥과 기초에는 사용불가, 슬래브와 보 해체 시 재키를 받쳐줄 발판 필요
쐐기타입공법	구멍에 쐐기를 밀어 넣어 파쇄	균열이 직선적이므로 계획적으로 해체할 수 있다. 무근콘크리트에 유리	1회 파괴량이 적다. 코어보링시 물을 필요로 한다. 천공시 소음과 분진에 주의
화염공법	연소시켜서 용해하여 파쇄	강제 절단이 용이, 거의 실용화되어 있지 못하다.	방열복 등 개인보호구가 필요하며 용융물, 불꽃처리 대책 필요
통전공법	구조체에 전기쇼트를 이용 파쇄한다.	거의 실용화되어 있지 못하다.	

(2) 해체용 기구의 취급안전

[압쇄기]

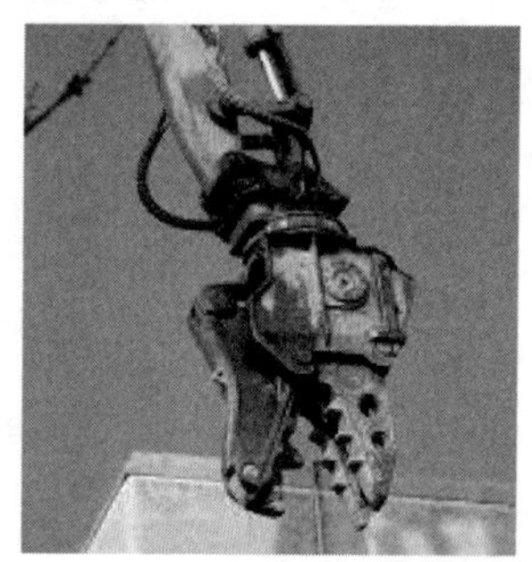

① 압쇄기

압쇄기는 쇼벨에 설치하며 유압조작에 의해 콘크리트등에 강력한 압축력을 가해 파쇄하는 것

㉠ 차체 지지력을 초과하는 중량의 압쇄기부착을 금지하여야 한다.
㉡ 압쇄기 부착과 해체는 경험이 많은 사람으로서 선임된 자가 실시
㉢ 압쇄기 연결구조부는 보수점검을 수시로 하여야 한다.
㉣ 배관 접속부의 핀, 볼트 등 연결구조의 안전 여부를 점검 한다.
㉤ 절단날은 마모가 심하므로 교환대체품목을 항상 비치하여 교환한다.

■ **압쇄기에 의한 건물 해체 순서**

슬래브 → 보 → 벽체 → 기둥

② 브레이커

대형 브레이커는 통상 쇼벨에 설치하여 사용한다.

㉠ 차체 지지력을 초과하는 중량의 브레이커부착을 금지하여야 한다.

㉡ 대형 브레이커의 부착과 해체에는 경험이 많은 사람으로서 선임된 자에 한하여 실시한다.
㉢ 유압작동구조, 연결구조 등의 주요구조는 보수점검을 수시로 한다.
㉣ 수시로 유압호스가 새거나 막힌 곳이 없는가를 점검하여야 한다.

③ 철제햄머

햄머를 크레인 등에 부착하여 구조물에 충격을 주어 파쇄하는 것

㉠ 햄머는 중량과 작압반경을 고려하여 차체의 붐, 후레임 및 차체 지지력을 초과하지 않도록 설치하여야 한다.
㉡ 햄머와 와이어로프의 결속은 경험이 많은 사람으로서 선임된 자에 한하여 실시하도록 하여야 한다.
㉢ 킹크, 소선절단, 단면이 감소된 와이어로프는 즉시 교체하여야 하며 결속부는 사용 전 후 항상 점검하여야 한다.

[철제햄머 해체]

④ 화약류에 의한 발파파쇄

㉠ 사전에 시험발파에 의한 폭력, 폭속, 진동치속도 등에 파쇄능력과 진동, 소음의 영향력을 검토하여야 한다.
㉡ 소음, 분진, 진동으로 인한 공해대책, 파편에 대한 예방대책을 수립하여야 한다.
㉢ 화약류 취급에 대하여는 법, 총포도검화약류단속법 등 관계법에서 규정하는 바에 의하여 취급하여야 하며 화약저장소 설치기준을 준수하여야 한다.
㉣ 시공순서는 화약취급절차에 의한다.

⑤ 핸드브레이커

압축공기, 유압의 급속한 충격력에 의거 콘크리트 등을 해체할 때 사용하는 것

㉠ 끌의 부러짐을 방지하기 위하여 작업자세는 하향 수직방향으로 유지하도록 하여야 한다.
㉡ 기계는 항상 점검하고, 호스의 꼬임 · 교차 및 손상여부를 점검하여야 한다.

⑥ 팽창제

광물의 수화반응에 의한 팽창압을 이용하여 파쇄하는 공법

㉠ 팽창제와 물과의 시방 혼합비율을 확인하여야 한다.
㉡ 천공직경 : 30~50mm 정도를 유지
㉢ 천공간격 : 콘크리트 강도에 의하여 결정되나 30~70cm 정도를 유지
㉣ 팽창제의 저장 : 건조한 장소에 보관하고 직접 바닥에 두지말고 습기를 피하여야 한다.
㉤ 개봉된 팽창제는 사용하지 말아야 하며 쓰다 남은 팽창제 처리에 유의하여야 한다.

⑦ 절단톱

회전날 끝에 다이아몬드 입자를 혼합 경화하여 제조된 절단톱으로 기둥, 보, 바닥, 벽체를 적당한 크기로 절단하여 해체하는 공법

㉠ 절단기에 사용되는 전기시설과 급수, 배수설비를 수시로 정비 점검한다.
㉡ 회전날에는 접촉방지 커버를 부착토록 하여야 한다.
㉢ 회전날의 조임상태는 안전한지 작업 전에 점검하여야 한다.
㉣ 절단 중 회전날을 냉각시키는 냉각수는 충분한지 점검하고 불꽃이 많이 비산되거나 수증기 등이 발생되면 과열된 것이므로 일시중단 한 후 작업을 실시하여야 한다.
㉤ 절단방향을 직선을 기준하여 절단하고 부재중에 철근 등이 있어 절단이 안될 경우에는 최소단면으로 절단하여야 한다.
㉥ 절단기는 매일 점검하고 정비해 두어야 하며 회전 구조부에는 윤활유를 주유해 두어야 한다.

⑧ 재키

구조물의 부재 사이에 재키를 설치한 후 국소부에 압력을 가해 해체하는 공법

㉠ 설치하거나 해체할 때는 경험이 많은 사람으로서 선임된 자가 실시
㉡ 유압호스 부분에서 기름이 새거나, 접속부에 이상을 확인한다.
㉢ 장시간 작업 시 호스의 커플링과 고무가 연결된 곳에 균열이 발생될 우려가 있으므로 마모율과 균열에 따라 적정한 시기에 교환한다.
㉣ 정기, 특별, 수시점검을 실시하고 결함 사항은 즉시 개선, 보수, 교체하여야 한다.

⑨ 쐐기타입기

직경 30~40mm 정도의 구멍속에 쐐기를 박아 넣어 구멍을 확대하여 해체하는 것

㉠ 구멍에 굴곡이 있으면 타입기 자체에 큰 응력이 발생하여 쐐기가 휠 우려가 있으므로 굴곡이 없도록 천공하여야 한다.
㉡ 천공구멍은 타입기 삽입부분의 직경과 거의 같도록 하여야 한다.
㉢ 쐐기가 절단 및 변형된 경우는 즉시 교체하여야 한다.
㉣ 보수점검은 수시로 하여야 한다.

⑩ 화염방사기

구조체를 고온으로 용융시키면서 해체하는 것

㉠ 고온의 용융물이 비산하고 연기가 많이 발생되므로 화재발생에 주의
㉡ 소화기를 준비하여 불꽃비산에 의한 발화에 대비 한다.
㉢ 작업자는 방열복, 마스크, 장갑 등의 보호구를 착용하여야 한다.
㉣ 산소용기가 넘어지지 않도록 밑받침 등으로 고정시키고 빈용기와 채워진 용기의 저장을 분리하여야 한다.

ⓜ 용기내 압력은 온도에 의해 상승하기 때문에 항상 섭씨 40도 이하로 보존하여야 한다.
ⓑ 호스는 결속물로 확실하게 결속하고, 균열되었거나 노후된 것은 사용하지 말아야 한다.
ⓢ 게이지의 작동을 확인하고 고장 및 작동불량품은 교체하여야 한다.

⑪ **절단줄톱**

와이어에 다이아몬드 절삭날을 부착하여, 고속회전시켜 절단 해체하는 공법

㉠ 절단작업 중 줄톱이 끊어지거나, 수명이 다할 경우에는 줄톱의 교체가 어려우므로 작업 전에 충분히 와이어를 점검하여야 한다.
㉡ 절단대상물의 절단면적을 고려하여 줄톱의 크기와 규격을 결정하여야 한다.
㉢ 절단면에 고온이 발생하므로 냉각수 공급을 적절히 하여야 한다.
㉣ 구동축에는 접촉방지 커버를 부착하도록 하여야 한다.

(3) 건물 해체공사의 사전조사 및 작업계획서

구분	내용
사전조사	해체건물 등의 구조, 주변 상황 등
작업계획서	• 해체의 방법 및 해체 순서도면 • 가설설비 · 방호설비 · 환기설비 및 살수 · 방화설비 등의 방법 • 사업장 내 연락방법 • 해체물의 처분계획 • 해체작업용 기계 · 기구 등의 작업계획서 • 해체작업용 화약류 등의 사용계획서 • 그 밖에 안전 · 보건에 관련된 사항

02 핵심문제 2. 해체작업의 안전

□□□ 11년1회, 13년2회, 16년3회

1. 다음 중 건물 해체용 기구가 아닌 것은?

① 압쇄기 ② 스크레이퍼
③ 잭 ④ 철해머

해설

스크레이퍼란 굴착, 싣기, 운반, 하역 등의 일관작업을 하나의 기계로서 연속적으로 행할 수 있으므로 굴착기와 운반기를 조합한 토공 만능기라 할 수 있는 기계이다.

□□□ 14년1회

2. 철근콘크리트 구조물의 해체를 위한 장비가 아닌 것은?

① 램머(Rammer)
② 압쇄기
③ 철제 해머
④ 핸드 브레이커(Hand Breaker)

해설

램머는 다짐용 기기이다.

□□□ 16년2회

3. 구조물 해체작업으로 사용되는 공법이 아닌 것은?

① 압쇄공법 ② 잭공법
③ 절단공법 ④ 진공공법

해설

구조물 해체는 진공이 아닌 팽창압공법이 사용된다.

□□□ 09년3회, 14년2회, 18년2회

4. 다음 중 압쇄기를 사용하여 건물해체 시 그 순서로 옳은 것은?

[보기]
A : 보, B : 기둥, C : 슬래브, D : 벽체

① A − B − C − D ② A − C − B − D
③ C − A − D − B ④ D − C − B − A

해설

압쇄기는 쇼벨에 설치하며 유압조작에 의해 콘크리트 등에 강력한 압축력을 가해 파쇄하는 것으로 파쇄순서는 슬래브, 보, 벽체, 기둥 순으로 해체한다.

□□□ 13년1회

5. 해체용 장비로서 작은 부재의 파쇄에 유리하고 소음, 진동 및 분진이 발생되므로 작업원은 보호구를 착용하여야 하고 특히 작업원의 작업시간을 제한하여야 하는 장비는?

① 천공기 ② 쇄석기
③ 철재해머 ④ 핸드 브레이커

해설

핸드 브레이커 작업은 신체에 강렬한 진동을 주는 작업이므로 작업시간을 제한하여야 한다.

[참고] 유해 · 위험작업에 대한 근로시간 제한 등

1. 갱(坑) 내에서 하는 작업
2. 다량의 고열물체를 취급하는 작업과 현저히 덥고 뜨거운 장소에서 하는 작업
3. 다량의 저온물체를 취급하는 작업과 현저히 춥고 차가운 장소에서 하는 작업
4. 라듐방사선이나 엑스선, 그 밖의 유해 방사선을 취급하는 작업
5. 유리 · 흙 · 돌 · 광물의 먼지가 심하게 날리는 장소에서 하는 작업
6. 강렬한 소음이 발생하는 장소에서 하는 작업
7. 착암기 등에 의하여 신체에 강렬한 진동을 주는 작업
8. 인력으로 중량물을 취급하는 작업
9. 납 · 수은 · 크롬 · 망간 · 카드뮴 등의 중금속 또는 이황화탄소 · 유기용제, 그 밖에 고용노동부령으로 정하는 특정 화학물질의 먼지 · 증기 또는 가스가 많이 발생하는 장소에서 하는 작업

□□□ 15년1회

6. 건축물의 해체공사에 대한 설명으로 틀린 것은?

① 압쇄기와 대형 브레이커(Breaker)는 파워쇼벨 등에 설치하여 사용한다.
② 철제 햄머(Hammer)는 크레인 등에 설치하여 사용한다.
③ 핸드 브레이커(Hand breaker) 사용 시 수직보다는 경사를 주어 파쇄하는 것이 좋다.
④ 절단톱의 회전날에는 접촉방지 커버를 설치하여야 한다.

해설

핸드 브레이커(Hand breaker) 사용 시 작업자세는 수직방향을 유지하여야 한다.

정답 1 ② 2 ① 3 ④ 4 ③ 5 ④ 6 ③

□□□ 15년3회

7. 구조물의 해체 작업 시 해체 작업계획서에 포함하여야 할 사항으로 틀린 것은?

① 해체의 방법 및 해체순서 도면
② 해체물의 처분계획
③ 주변 민원 처리계획
④ 현장 안전 조치 계획

해설

건물등 해체작업의 작업계획서
1. 해체의 방법 및 해체 순서도면
2. 가설설비 · 방호설비 · 환기설비 및 살수 · 방화설비 등의 방법
3. 사업장내 연락방법
4. 해체물의 처분계획
5. 해체작업용 기계 · 기구 등의 작업계획서
6. 해체작업용 화약류 등의 사용계획서
7. 기타 안전 · 보건에 관련된 사항

□□□ 19년3회

8. 해체공사 시 작업용 기계기구의 취급 안전기준에 관한 설명으로 옳지 않은 것은?

① 철제햄머와 와이어로프의 결속은 경험이 많은 사람으로서 선임된 자에 한하여 실시하도록 하여야 한다.
② 팽창제 천공간격은 콘크리트 강도에 의하여 결정되나 70~120cm 정도를 유지하도록 한다.
③ 쐐기타입으로 해체 시 천공구멍은 타입기 삽입부분의 직경과 거의 같아야 한다.
④ 화염방사기로 해체작업 시 용기 내 압력은 온도에 의해 상승하기 때문에 항상 40℃ 이하로 보존해야 한다.

해설

팽창제의 천공간격은 콘크리트 강도에 의하여 결정되나 30~70cm 정도를 유지한다.

정답 7 ③ 8 ②

Chapter 04

건설재해 및 대책

건설재해 및 대책은 추락재해 및 대책, 낙하·비래재해 및 대책, 붕괴재해 및 대책으로 구성되며 추락재해 대책을 위한 법적 시설기준과 붕괴재해를 위한 시설의 구조 등이 주로 출제되고 있다.

01 추락 및 낙하·비래 재해예방

[추락방지를 위한 작업발판의 폭]

(1) 일반작업 : 40cm 이상
(2) 슬레이트 지붕 등 : 30cm 이상
(3) 비계의 연결·해체작업 : 20cm 이상

(1) 추락재해의 특징 발생형태

구분	내용
발생형태	• 고소 작업에서의 추락 • 개구부 및 작업대 끝에서의 추락 • 비계로부터의 추락 • 사다리 및 작업대에서의 추락 • 철골 등의 조립작업시 추락 • 해체작업 중의 추락 등
방지대책	• 작업발판의 설치 • 안전방망의 설치 • 안전대의 착용

[추락방호망]

(2) 추락방호망의 설치 기준

① 추락방호망의 설치위치는 가능하면 작업 면으로부터 가까운 지점에 설치하여야 하며, 작업 면으로부터 망의 설치지점까지의 수직거리는 10m를 초과하지 아니할 것

② 추락방호망은 수평으로 설치하고, 망의 처짐은 짧은 변 길이의 12% 이상이 되도록 할 것

③ 건축물 등의 바깥쪽으로 설치하는 경우 망의 내민 길이는 벽면으로부터 3m 이상 되도록 할 것. 다만, 그물코가 20mm 이하인 망을 사용한 경우에는 낙하물방지망을 설치한 것으로 본다.

■ 낙하물 방지망의 안전기준

① 설치높이는 10m 이내마다 설치하고, 내민길이는 벽면으로부터 2m 이상으로 할 것
② 수평면과의 각도는 20도 내지 30도를 유지할 것
③ 방지망의 겹침길이는 30cm 이상으로 하고 방지망과 방지망 사이에는 틈이 없도록 한다.

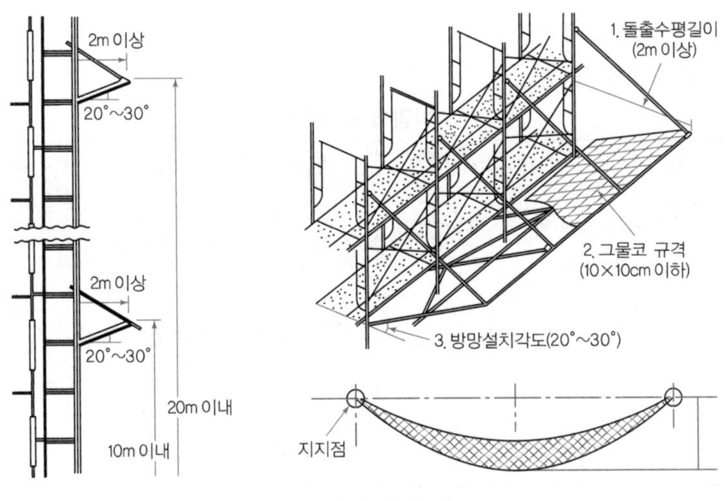

외부방망 설치 예

■ 안전방망의 표시사항

① 제조자 명
② 제조년월
③ 제봉치수
④ 그물코
⑤ 신품인 때의 방망의 강도

(3) 추락방호망의 강도

① 테두리로프 및 달기로프의 강도

㉠ 방망에 사용되는 로프와 동일한 시험편의 양단을 인장 시험기로 체크

㉡ 인장속도가 매분 20cm 이상 30cm 이하의 등속인장시험을 행한 경우 인장강도가 1,500kg 이상이어야 한다.

[테두리로프 시험편의 유효길이]

로프 직경의 30배 이상으로 시험편수는 5개 이상으로 하고, 산술평균하여 로프의 인장강도를 산출한다.

② 방망사의 강도

방망사의 신품에 대한 인장강도

그물코의 크기 (단위 : cm)	방망의 종류(단위 : kg)	
	매듭없는 방망	매듭있는 방망
10	240	200
5		110

방망의 폐기시 인장 강도의 기준

그물코의 크기 (단위 : cm)	방망의 종류(단위 : kg)	
	매듭없는 방망	매듭있는 방망
10	150	135
5		60

[방망의 그물코]

그물코는 사각 또는 마름모 형상으로 하고 그물코 한 변의 길이는 10cm 이하로 한다.

③ 허용낙하 높이

작업발판과 방망 부착위치의 수직거리(낙하높이)

방망의 허용 낙하높이

높이	낙하높이(H_1)		방망과 바닥면 높이(H_2)		방망의 처짐길이 (S)
종류 조건	단일방망	복합방망	10cm 그물코	5cm 그물코	
$L < A$	$\frac{1}{4}(L+2A)$	$\frac{1}{5}(L+2A)$	$\frac{0.85}{4}(L+3A)$	$\frac{0.95}{4}(L+3A)$	$\frac{1}{4}(L+2A) \times \frac{1}{3}$
$L \geq A$	$\frac{3}{4}L$	$\frac{3}{5}L$	$0.85L$	$0.95L$	$\frac{3}{4}L \times \frac{1}{3}$

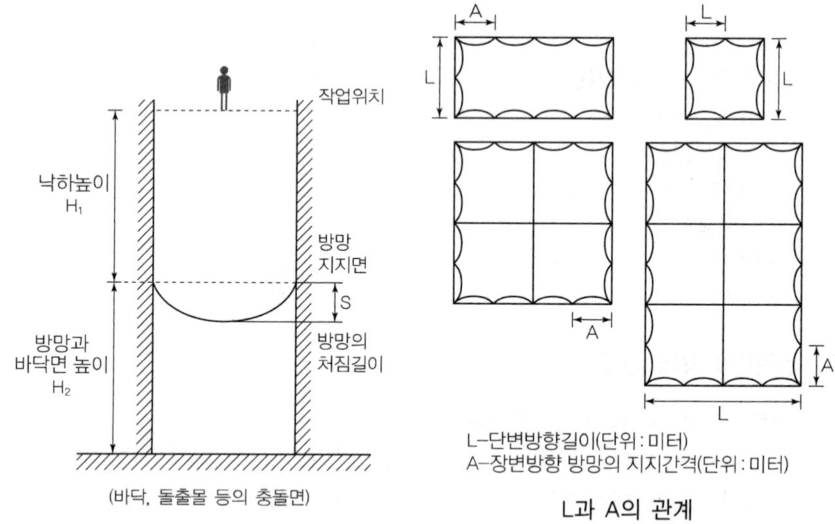

L과 A의 관계

④ 방망의 지지점의 강도

㉠ 방망 지지점은 600킬로그램의 외력에 견딜 수 있는 강도를 보유하여야 한다.

㉡ 연속적인 구조물이 방망 지지점인 경우

$$F = 200B$$

F : 외력(단위 : 킬로그램)

B : 지지점간격(단위 : 미터)

(4) 안전대의 착용

① 안전대 부착설비

㉠ 추락할 위험이 있는 높이 2m 이상의 장소에서 근로자에게 안전대를 착용시킨 경우 안전대를 안전하게 걸어 사용할 수 있는 설비 등을 설치하여야 한다.

㉡ 안전대 부착설비로 지지로프 등을 설치하는 경우에는 처지거나 풀리는 것을 방지하기 위하여 필요한 조치를 하여야 한다.

㉢ 안전대 및 부속설비의 이상 유무를 작업을 시작 전에 점검하여야 한다.

② 안전대 준수사항(1개 걸이용)

㉠ 로프 길이가 2.5m 이상인 안전대는 반드시 2.5m 이내의 범위에서 사용하도록 하여야 한다.

㉡ 추락시에 로프를 지지한 위치에서 신체의 최하사점까지의 거리

$$h = \text{rope길이} + (\text{rope길이} \times \text{신율}) + \left(\frac{\text{신장}}{2}\right)$$

로프를 지지한 위치에서 바닥면까지의 거리를 H라 하면 H〉h가 되어야만 한다.

[관련법령]

산업안전보건기준에 관한 규칙

- 제43조【개구부 등의 방호조치】
- 제44조【안전대의 부착설비 등】

(5) 개구부 등의 방호조치

① 작업발판 및 통로의 끝이나 개구부로서 근로자가 추락할 위험이 있는 장소에는 안전난간, 울타리, 수직형 추락방망 또는 덮개 등의 방호 조치를 충분한 강도를 가진 구조로 튼튼하게 설치하여야 한다.

② 덮개를 설치하는 경우에는 뒤집히거나 떨어지지 않도록 설치하고 어두운 장소에서도 알아볼 수 있도록 개구부임을 표시하여야 한다.

③ 안전난간을 설치하기 곤란하거나 난간을 해체하는 경우 추락방호망을 치거나 근로자에게 안전대를 착용하도록 하여야 한다.

[개구부 덮개]

(6) 낙하 · 비래 재해의 발생원인

① 안전모를 착용하지 않았다.

② 작업 중 작업원이 재료, 공구 등을 떨어뜨렸다.

③ 안전망 등의 유지관리가 나빴다.

④ 높은 위치에 놓아둔 물건의 정리정돈이 나빴다.

⑤ 물건을 버릴 때 투하설비를 하지 않았다.

⑥ 위험개소의 출입금지와 감시인의 배치 등의 조치를 하지 않았다.

⑦ 작업바닥의 폭, 간격 등 구조가 나빴다.

[관련법령]
산업안전보건기준에 관한 규칙 제14조
【낙하물에 의한 위험의 방지】

[방호선반]
작업 중 재료나 공구 등의 낙하로 인한 피해를 방지하기 위하여 강판 등의 재료를 사용하여 비계 내측 및 외측 그리고 낙하물의 위험이 있는 장소에 설치하는 가시설물

(7) 낙하 · 비래 재해의 예방대책

① 낙하 · 비래 재해 예방설비

구 분	용도, 사용장소, 조건	방호설비
1. 상부에서 낙하해오는 것으로부터 보호	철골건립 및 볼트 체결, 기타 상하작업	방호철망, 방호울타리, 가설앵커설비
2. 제3자의 위험행동 으로 인한 보호	볼트, 큰크리트 제품, 형틀재, 일반자재, 먼지 등 낙하비산 할 우려가 있는 작업	방호철망, 방호시트, 울타리, 방호선반, 안전망
3. 불꽃의 비산방지	용접, 용단을 수반하는 작업	석면포

② 낙하물에 의한 위험의 방지

㉠ 낙하물 방지망, 수직보호망, 방호선반 설치
㉡ 출입금지구역의 설정
㉢ 보호구의 착용 등

③ 투하설비

㉠ 높이가 3m 이상에서 물체를 투하하는 경우 투하설비를 설치
㉡ 감시인의 배치 등 필요한 조치를 하여야 한다.

01 핵심문제 1. 추락 및 낙하 · 비래 재해예방

□□□ 16년1회

1. 가설구조물에서 많이 발생하는 중대 재해의 유형으로 가장 거리가 먼 것은?

① 도괴재해
② 낙하물에 의한 재해
③ 굴착기계와의 접촉에 의한 재해
④ 추락재해

해설

굴착기계와의 접촉재해는 굴착작업에 의한 재해로 분류하며, 가설구조물에서 발생되는 중대재해는 추락재해, 낙하물에 의한 재해, 도괴재해 등으로 구분할 수 있다.

□□□ 08년3회, 12년2회

2. 다음 중 추락재해를 방지하기 위한 고소작업 감소대책으로 옳은 것은?

① 방망(안전망) 설치
② 철골기둥과 빔을 일체 구조화
③ 안전대 사용
④ 비계 등에 의한 작업대 설치

해설

이 문제는 고소작업 감소대책을 묻는 것이다. 철골기둥과 빔을 일체화하는 경우 상부에서 철골용접 등의 작업이 불필요하게 되므로 근본적 고소작업 감소대책이 된다.

□□□ 18년2회

3. 철골기둥, 빔 및 트러스 등의 철골구조물을 일체화 또는 지상에서 조립하는 이유로 가장 타당한 것은?

① 고소작업의 감소 ② 화기사용의 감소
③ 구조체 강성 증가 ④ 운반물량의 감소

문제 3, 4 해설

①항, 철골구조물을 일체화하거나 지상에서 조립하는 경우 철골 접합시 용접작업등의 고소작업이 감소된다.

□□□ 18년3회

4. 추락재해에 대한 예방차원에서 고소작업의 감소를 위한 근본적인 대책으로 옳은 것은?

① 방망설치
② 지붕트러스의 일체화 또는 지상에서 조립
③ 안전대 사용
④ 비계 등에 의한 작업대 설치

□□□ 08년1회, 18년2회

5. 추락의 위험이 있는 개구부에 대한 방호조치로서 적합하지 않은 것은?

① 안전난간 · 울 및 손잡이 등으로 방호조치를 한다.
② 충분한 강도를 가진 구조의 덮개를 뒤집히거나 떨어지지 아니하도록 설치한다.
③ 어두운 장소에서도 식별이 가능한 개구부 주의 표지를 부착한다.
④ 폭 30cm 이상의 발판을 설치한다.

문제 5~7 해설

추락의 위험이 있는 개구부에 대한 방호조치

1. 사업주는 작업발판의 끝이나 개구부로서 추락에 의하여 근로자에게 위험 장소에는 안전난간 · 울타리, 수직형추락방망 또는 덮개 등(이하 "난간등"이라 한다)으로 방호조치를 하거나 충분한 강도를 가진 구조의 덮개를 뒤집히거나 떨어지지 아니하도록 설치하고, 어두운 장소에서도 식별이 가능하도록 개구부임을 표시하여야 한다.
2. 사업주는 제1항의 규정에 의한 난간 등을 설치하는 것이 심히 곤란하거나 작업의 필요상 임시로 난간 등을 해체하여야 하는 때에는 추락방호망을 치거나 근로자에게 안전대를 착용하도록 하는 등 추락에 의한 위험을 방지하기 위하여 필요한 조치를 하여야 한다.

[참고] 산업안전보건기준에 관한 규칙 제43조【개구부 등의 방호조치】

□□□ 10년3회

6. 다음 중 높이 2m 이상인 높은 작업장소의 개구부에서 추락을 방지하기 위한 것이 아닌 것은?

① 보호난간 ② 안전대
③ 방호선반 ④ 방망

정답 1 ③ 2 ② 3 ① 4 ② 5 ④ 6 ③

□□□ 11년1회, 17년1회, 20년4회

7. 작업발판 및 통로의 끝이나 개구부로서 근로자가 추락할 위험이 있는 장소에서 난간등의 설치가 매우 곤란하거나 작업의 필요상 임시로 난간등을 해체하여야 하는 경우에 설치하여야 하는 것은?

① 구명구　② 수직보호망
③ 추락방호망　④ 석면포

□□□ 15년3회

8. 추락방지망의 그물코 크기의 기준으로 옳은 것은?

① 5cm 이하　② 10cm 이하
③ 20cm 이하　④ 30cm 이하

문제 8, 9 해설

추락방지망의 그물코 크기의 기준은 10cm×10cm 이하 이다.

□□□ 15년2회

9. 추락재해 방지를 위한 방망의 그물코 규격기준으로 옳은 것은?

① 사각 또는 마름모로서 크기가 5센티미터 이하
② 사각 또는 마름모로서 크기가 10센티미터 이하
③ 사각 또는 마름모로서 크기가 15센티미터 이하
④ 사각 또는 마름모로서 크기가 20센티미터 이하

□□□ 08년2회, 11년1회, 12년1회, 13년2회, 14년1회, 16년2회, 16년3회, 19년1회, 20년3회

10. 추락방지용 방망의 그물코가 10cm인 신제품 매듭방망사의 인장강도는 몇 킬로그램 이상이어야 하는가?

① 80　② 110
③ 150　④ 200

문제 10~12 해설

방망사의 신품에 대한 인장강도

그물코의 크기 (단위 : cm)	방망의 종류(단위 : kg)	
	매듭 없는 방망	매듭 방망
10 5	240	200 110

□□□ 15년1회, 18년3회, 19년3회

11. 추락방지용 방망 중 그물코의 크기가 5cm인 매듭방망 신품의 인장강도는 최소 몇 kg 이상이어야 하는가?

① 60　② 110
③ 150　④ 200

□□□ 11년3회, 17년1회

12. 그물코의 크기가 10cm인 매듭없는 방망사 신품의 인장강도는 최소 얼마 이상이어야 하는가?

① 240kg　② 320kg
③ 400kg　④ 500kg

□□□ 09년3회, 12년2회, 19년2회

13. 다음 중 그물코의 크기가 5cm인 매듭방망의 폐기기준 인장강도는?

① 200kg　② 100kg
③ 60kg　④ 30kg

문제 13, 14 해설

방망사의 폐기기준

그물코의 크기 (단위 : cm)	방망의 종류(단위 : kg)	
	매듭 없는 방망	매듭 방망
10 5	150	135 60

□□□ 10년3회, 20년1·2회

14. 다음 중 방망사의 폐기 시 인장강도에 해당하는 것은? (단, 그물코의 크기는 10cm이며 매듭없는 방망)

① 50kg　② 100kg
③ 150kg　④ 200kg

□□□ 08년2회

15. 추락재해를 방지하기 위하여 사용하는 방망의 지지점이 연속적인 구조물이고 지지점의 간격이 1.0m일 때, 외력에 견딜 수 있어야 하는 강도는 최소 얼마 이상이어야 하는가?

① 200kg　② 400kg
③ 600kg　④ 800kg

해설

F=200B　F=200×1=200
F=외력(단위 : 킬로그램)
B=지지점간격(단위 : 미터)

정답 7 ③ 8 ② 9 ② 10 ④ 11 ② 12 ① 13 ③ 14 ③ 15 ①

□□□ 09년1회, 10년3회

16. 10cm 그물코인 방망을 설치한 경우에 망 밑부분에 충돌 위험이 있는 바닥면 또는 기계설비와의 수직거리는 얼마 이상이어야 하는가? (단, L(1개의 방망일 때 단변방향길이)=12m, A(장변방향 방망의 지지간격)=6m)

① 10.2m ② 12.2m
③ 14.2m ④ 16.2m

해설

[참고] 방망의 허용 낙하높이

높이	낙하높이(H_1)		방망과 바닥면 높이(H_2)		방망의 처짐길이 (S)
종류 조건	단일방망	복합방망	10cm 그물코	5cm 그물코	
$L < A$	$\frac{1}{4} \times (L+2A)$	$\frac{1}{5} \times (L+2A)$	$\frac{0.85}{4} \times (L+3A)$	$\frac{0.95}{4} \times (L+3A)$	
$L \geq A$	$\frac{3}{4}L$	$\frac{3}{5}L$	$0.85L$	$0.95L$	$L \times \frac{3}{4} \times \frac{1}{3}$

$L \geq A$의 경우 $0.85L$이므로 $0.85 \times 12 = 10.2$

□□□ 11년3회, 13년1회

17. 추락에 의한 위험 방지를 위하여 설치하는 안전방망의 경우 작업면으로부터 망의 설치지점까지의 수직거리가 최대 몇 미터를 초과하지 않도록 설치하는가?

① 5m ② 7m
③ 8m ④ 10m

해설

추락방호망의 설치위치는 가능하면 작업면으로부터 가까운 지점에 설치하여야 하며, 작업면으로부터 망의 설치지점까지의 수직거리는 10m를 초과하지 아니할 것

[참고] 산업안전보건기준에 관한 규칙 제42조(추락의 방지)

□□□ 12년1회, 13년1회

18. 높이 또는 깊이 2m 이상의 추락할 위험이 있는 장소에서의 작업에 필수적으로 지급되어야 하는 보호구는?

① 안전대 ② 보안경
③ 보안면 ④ 방열복

해설

높이 또는 깊이 2미터 이상의 추락할 위험이 있는 장소에서 하는 작업에는 안전대(安全帶)를 착용하여야 한다.

[참고] 산업안전보건기준에 관한 규칙 제32조 【보호구의 지급 등】

□□□ 18년2회

19. 로프길이 2m의 안전대를 착용한 근로자가 추락으로 인한 부상을 당하지 않기 위한 지면으로부터 안전대 고정점까지의 높이(H)의 기준으로 옳은 것은? (단, 로프의 신율 30%, 근로자의 신장 180cm)

① H 〉 1.5m ② H 〉 2.5m
③ H 〉 3.5m ④ H 〉 4.5m

해설

추락시에 로프를 지지한 위치에서 신체의 최하사점까지의 거리

$h = \text{rope길이} + (\text{rope길이} \times \text{신율}) + \left(\frac{\text{신장}}{2}\right)$

$2\text{m} + (2\text{m} \times 0.3) + \left(\frac{1.8}{2}\right) = 3.5\text{m}$

□□□ 10년1회, 12년2회, 14년1회, 16년1회

20. 물체가 떨어지거나 날아올 위험을 방지하기 위한 낙하물방지망 또는 방호선반을 설치 할 때 수평면과의 적정한 각도는?

① 10° ~ 20° ② 20° ~ 30°
③ 30° ~ 40° ④ 40° ~ 50°

해설

건물외부에 낙하물 방지망 설치할 경우 수평면과는 20° ~ 30°를 유지하여야 한다.

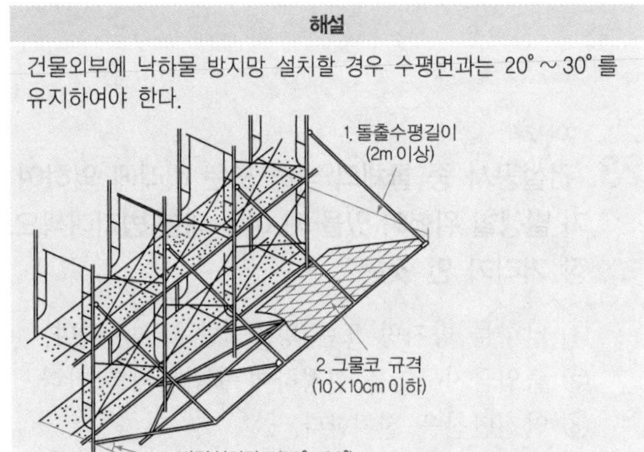

정답 16 ① 17 ④ 18 ① 19 ③ 20 ②

□□□ 11년3회, 16년3회

21. 다음은 낙하물 방지망 또는 방호선반을 설치하는 경우의 준수해야 할 사항이다. (　) 안에 알맞은 숫자는?

높이 (ⓐ) 이내마다 설치하고, 내민 길이는 벽면으로부터 (ⓑ)미터 이상으로 할 것

① ⓐ : 10 ⓑ : 2　　② ⓐ : 8 ⓑ : 2
③ ⓐ : 10 ⓑ : 3　　④ ⓐ : 8 ⓑ : 3

해설

낙하물 방지망 또는 방호선반을 설치하는 경우에는 높이 10m 이내마다 설치하고, 내민 길이는 벽면으로부터 2m 이상으로 할 것

□□□ 09년3회, 15년3회

22. 낙하물에 의한 위험방지 조치의 기준으로서 옳은 것은?

① 높이가 최소 2m 이상인 곳에서 물체를 투하하는 때에는 적당한 투하설비를 갖춰야 한다.
② 낙하물방지망은 높이 12m 이내마다 설치한다.
③ 방호선반 설치 시 내민 길이는 벽면으로부터 2m 이상으로 한다.
④ 낙하물방지망의 설치각도는 수평면과 30~40°를 유지한다.

해설

낙하물방지망 또는 방호선반을 설치 시 준수사항
1. 높이 10m 이내마다 설치하고, 내민 길이는 벽면으로부터 2m 이상으로 할 것
2. 수평면과의 각도는 20° 이상 30° 이하를 유지할 것
3. 높이가 3m 이상인 장소로부터 물체를 투하하는 경우 적당한 투하설비를 설치하거나 감시인을 배치하는 등 위험을 방지하기 위하여 필요한 조치를 하여야 한다.

□□□ 10년2회

23. 건설공사 중 물체의 낙하 또는 비래에 의하여 재해가 발생할 위험이 있을 때 이에 대한 방지대책으로 가장 거리가 먼 것은?

① 낙하물 방지망 또는 방호선반을 설치한다.
② 출입금지구역을 설정하여 출입통제를 한다.
③ 안전난간을 설치한다.
④ 보호구를 착용하고 작업하도록 한다.

문제 23~27 해설

[참고] 산업안전보건기준에 관한 규칙 제14조【낙하물에 의한 위험의 방지】

사업주는 작업으로 인하여 물체가 떨어지거나 날아올 위험이 있는 때에는 낙하물방지망 · 수직보호망 또는 방호선반의 설치, 출입금지구역의 설정, 보호구의 착용 등 위험방지를 위하여 필요한 조치를 하여야 한다.

□□□ 11년3회

24. 물체가 떨어지거나 날아올 위험이 있는 때 위험방지를 위해 준수해야 할 조치사항으로 가장 거리가 먼 것은?

① 낙하물방지망 설치　　② 출입금지구역 설정
③ 보호구 착용　　④ 작업지휘자 선정

□□□ 17년3회, 21년2회

25. 건설현장에서 작업 중 물체가 떨어지거나 날아올 우려가 있는 경우에 대한 안전조치에 해당하지 않는 것은?

① 수직보호망 설치　　② 방호선반 설치
③ 울타리설치　　④ 낙하물 방지망 설치

□□□ 10년1회, 13년2회

26. 물체가 떨어지거나 날아올 위험이 있을 때의 재해예방 대책과 거리가 먼 것은?

① 낙하물방지망 설치　　② 출입금지구역 설정
③ 안전대 착용　　④ 안전모 착용

□□□ 18년1회

27. 작업중이던 미장공이 상부에서 떨어지는 공구에 의해 상해를 입었다면 어느 부분에 대한 결함이 있었겠는가?

① 작업대 설치　　② 작업방법
③ 낙하물 방지시설 설치　　④ 비계설치

정답 21 ① 22 ③ 23 ③ 24 ④ 25 ③ 26 ③ 27 ③

□□□ 13년2회

28. **투하설비 설치와 관련된 아래 표의 (　　)에 적합한 것은?**

사업주는 높이가 (　　)미터 이상인 장소로부터 물체를 투하하는 때에는 적당한 투하설비를 설치하거나 감시인을 배치하는 등 위험방지를 위하여 필요한 조치를 하여야 한다.

① 1　　② 2

③ 3　　④ 4

해설

사업주는 높이가 3m 이상인 장소로부터 물체를 투하하는 경우 적당한 투하설비를 설치하거나 감시인을 배치하는 등 위험을 방지하기 위하여 필요한 조치를 하여야 한다.

[참고] 산업안전보건기준에 관한 규칙 제15조 【투하설비 등】

정답 28 ③

02 붕괴재해의 예방

[사면의 붕괴형태]
(1) 사면선 파괴
(2) 사면내 파괴
(3) 바닥면 파괴

[사면의 안정을 지배하는 요인]
(1) 사면의 구배
(2) 흙의 단위 중량
(3) 흙의 내부 마찰각
(4) 흙의 점착력
(5) 성토 및 점토 높이

(1) 토석붕괴의 원인

구분	내용
외적 원인	• 사면, 법면의 경사 및 기울기의 증가 • 절토 및 성토 높이의 증가 • 공사에 의한 진동 및 반복 하중의 증가 • 지표수 및 지하수의 침투에 의한 토사 중량의 증가 • 지진, 차량, 구조물의 하중작용 • 토사 및 암석의 혼합층두께
내적 원인	• 절토 사면의 토질 · 암질 • 성토 사면의 토질구성 및 분포 • 토석의 강도 저하

[관련법령]
산업안전보건기준에 관한 규칙 별표11
【굴착면의 기울기 기준】

(2) 토석붕괴의 예방 조치사항

① 굴착면의 기울기 기준

구분	지반의 종류	기울기	구분	지반의 종류	기울기
보통 흙	습지 건지	1 : 1 ~ 1 : 1.5 1 : 0.5 ~ 1 : 1	암반	풍화암 연암 경암	1 : 1.0 1 : 1.0 1 : 0.5

② 사질의 지반(점토질을 포함하지 않은 것)은 굴착면의 기울기를 1:1.5 이상으로 하고 높이는 5m 미만으로 하여야 한다.

③ 발파 등에 의해서 붕괴하기 쉬운 상태의 지반 및 매립하거나 반출시켜야 할 지반의 굴착면의 기울기는 1:1 이하 또는 높이는 2m 미만으로 하여야 한다.

(3) 토사붕괴의 예방 조치사항

① 흙막이지보공의 점검

구분	내용
설치 시 점검사항	• 부재의 손상 · 변형 · 부식 · 변위 및 탈락의 유무와 상태 • 버팀대의 긴압의 정도 • 부재의 접속부 · 부착부 및 교차부의 상태 • 침하의 정도
조립도 명시사항	흙막이판 · 말뚝 · 버팀대 및 띠장등 부재의 배치 · 치수 · 재질 및 설치방법과 순서

② 주요작업 시 조치사항

구분	내용
동시작업의 금지	붕괴토석의 최대 도달거리 범위내에서 굴착공사, 배수관의 매설, 콘크리트 타설작업 등을 할 경우에는 적절한 보강대책을 강구하여야 한다.
대피공간의 확보 등	붕괴의 속도는 높이에 비례하므로 수평방향의 활동에 대비하여 작업장 좌우에 피난통로 등을 확보하여야 한다.
2차재해의 방지	작은규모의 붕괴가 발생되어 인명구출 등 구조작업 도중에 대형붕괴의 재차 발생을 방지하기 위하여 붕괴면의 주변상황을 충분히 확인하고 2중 안전조치를 강구한 후 복구작업에 임하여야 한다.

(4) 붕괴 예방 조치사항과 점검사항

구분	내용
붕괴예방 조치사항	• 적절한 경사면의 기울기를 계획하여야 한다. • 경사면의 기울기가 당초 계획과 차이가 발생되면 즉시 재검토하여 계획을 변경시켜야 한다. • 활동할 가능성이 있는 토석은 제거하여야 한다. • 경사면의 하단부에 압성토 등 보강공법으로 활동에 대한 저항대책을 강구하여야 한다. • 말뚝(강관, H형강, 철근 콘크리트)을 타입하여 지반을 강화시킨다.
붕괴예방 점검사항	• 전 지표면의 답사 • 경사면의 지층 변화부 상황 확인 • 부석의 상황 변화의 확인 • 용수의 발생 유 · 무 또는 용수량의 변화 확인 • 결빙과 해빙에 대한 상황의 확인 • 각종 경사면 보호공의 변위, 탈락 유 · 무

■ **붕괴 예방 점검시기**

① 작업 전 · 중 · 후
② 비온 후
③ 인접 작업구역에서 발파한 경우

(5) 비탈면 보호공법

비탈면 보호공법이란 사면 파괴를 발생시키는 붕괴의 원인을 제거하여 사면을 보호하는 억제공(抑制工)을 말한다.

구분	내용
식생공	떼붙임공, 식생 Mat공, 식수공, 파종공
뿜어 붙이기공	콘크리트 또는 콘크리트 모르타를 뿜어 붙임

[토석붕괴 위험방지]

관리감독자로 하여금 작업시작 전에 작업장소 및 그 주변의 부석·균열의 유무, 함수·용수 및 동결상태의 변화를 점검하도록 하여야 한다.

[지반의 붕괴 등에 의한 위험방지]

(1) 흙막이 지보공 및 방호망의 설치
(2) 근로자의 출입금지
(3) 비가 올 경우를 대비하여 측구를 설치하거나 굴착사면에 비닐을 덮는 등 빗물의 침투방지

구분	내용
블록공	사면을 Block이나 격자 모양 Block으로 덮어서 안정을 도모
돌 쌓기공	견치석 또는 con' c Block을 쌓아서 보호한다.
배수공	지반의 강도를 저하시키는 물을 배제시켜 사면의 안전 유지
표층 안전공	약액 또는 Cement를 지반에 Groutiong한다.

[earth anchor 공법]

[slurry wall 공법]

(6) 흙막이공법

① 흙막이 공법의 분류

구분	종류
지지 방식	• 자립 흙막이 공법 • 버팀대(strut)식 흙막이 공법(수평, 빗 버팀대) • Earth Anchor 또는 타이로드식 흙막이 공법(마찰형, 지압형, 복합형)
구조 방식	• 엄지 말뚝(H−pile)공법 • 강재 널말뚝(Steel sheet pile)공법 • 지중 연속식(slurry wall)공법

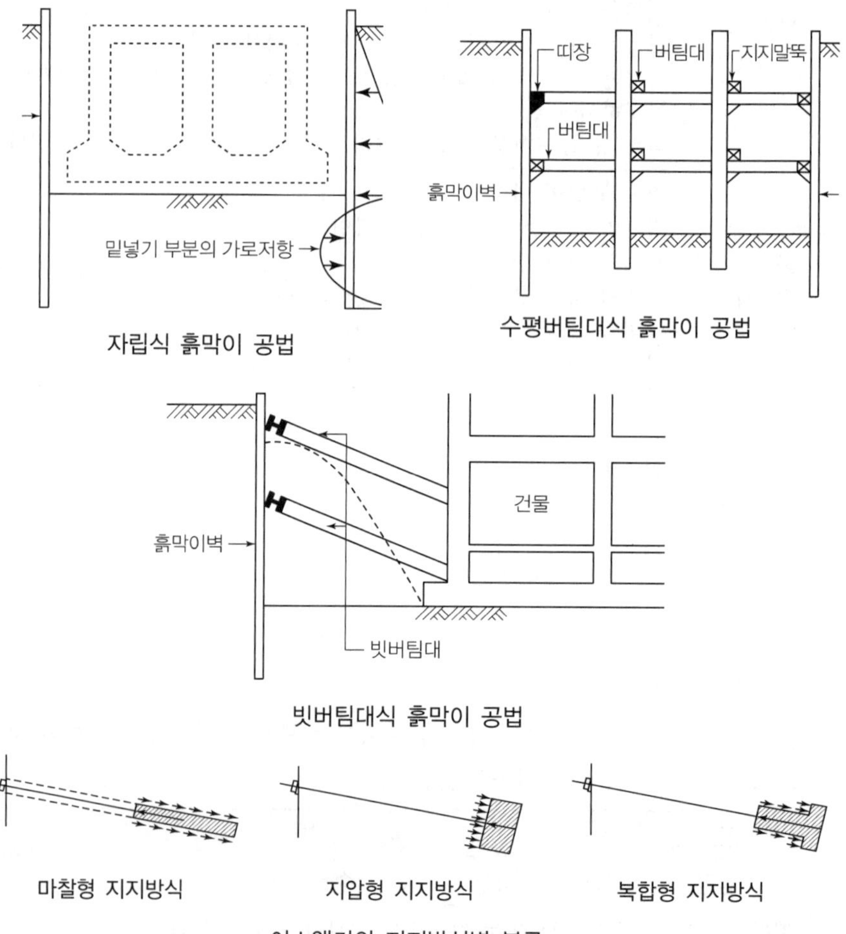

자립식 흙막이 공법

수평버팀대식 흙막이 공법

빗버팀대식 흙막이 공법

마찰형 지지방식

지압형 지지방식

복합형 지지방식

어스앵커의 지지방식별 분류

② 흙막이 공사의 계측기 사용

㉠ 연약지반에 축조된 구조물의 안전성을 평가하고 안전성유지를 위한 시공절차 판단여부

㉡ 구조물 설계의 적합성 평가 및 설계변경의 가능성 예측

㉢ 지반변위가 발생하는 원인, 변화의 크기 및 분포가 주변 구조물에 미치는 영향 판단

㉣ 계측결과 분석 및 적절한 공법 선정

㉤ 계측기의 종류

종류	용도
침하계	흙댐의 성토와 기초 사이의 내부침하를 측정하는 장치
경사계	지표면의 경사가 변해가는 상태를 측정하는 장치 및 지면의 경사나 지층의 주향 등을 측량하는 장치
지하수위계	표층수의 변화에 대한 측정
지중침하계	침하로 인한 각 지층의 침하량을 계측하여 흙과 암반의 거동 및 안전성을 판단
간극수압계 (피에죠미터)	굴착 및 성토에 의한 간극수압변화 측정
균열측정기	주변구조물, 지반 등 균열의 크기와 변화에 대한 측정
변형률계	H-pile strut, 띠장 등에 부착 굴착작업 시 구조물의 변형 측정
하중계	strut, earth anchor 등 축하중 변화상태 측정

③ 흙막이 지보공

구분	내용
재료	흙막이 지보공의 재료로 변형·부식되거나 심하게 손상된 것을 사용해서는 아니 된다.
조립도	(1) 흙막이 지보공을 조립하는 경우 미리 조립도를 작성하여 그 조립도에 따라 조립하도록 하여야 한다. (2) 조립도는 흙막이판·말뚝·버팀대 및 띠장 등 부재의 배치·치수·재질 및 설치방법과 순서가 명시되어야 한다.
붕괴위험 방지	(1) 흙막이 지보공을 설치하였을 때에는 정기적으로 다음 사항을 점검하고 이상을 발견하면 즉시 보수하여야 한다. • 부재의 손상·변형·부식·변위 및 탈락의 유무와 상태 • 버팀대의 긴압(緊壓)의 정도 • 부재의 접속부·부착부 및 교차부의 상태 • 침하의 정도 (2) 점검 외에 설계도서에 따른 계측을 하고 계측 분석 결과 토압의 증가 등 이상한 점을 발견한 경우에는 즉시 보강조치를 하여야 한다.

[굴착 시 계측기기 설치]

깊이 10.5m 이상의 굴착의 경우 아래 각 목의 계측기기의 설치에 의하여 흙막이 구조의 안전을 예측하여야 하며, 설치가 불가능할 경우 트랜싯 및 레벨 측량기에 의해 수직·수평 변위 측정을 실시하여야 한다.

① 수위계
② 경사계
③ 하중 및 침하계
④ 응력계

참고 굴착공사표준안전작업지침 제15조【착공전 조사】

(7) 콘크리트구조물 붕괴안전대책

① 옹벽의 안정조건의 검토

종 류	식
활동(Slding)에 대한 검토	$F_s = \dfrac{\text{활동에 저항하려는 힘}}{\text{활동하려는 힘}} \geq 1.5$
전도(Over Turning)에 대한 검토	$F_s = \dfrac{\text{저항모멘트}}{\text{전도모멘트}} \geq 2.0$
지반(Bearing Power)의 지지력에 대한 검토	$F_s = \dfrac{\text{지반의 극한 지지력}}{\text{지반의 최대반력}} \geq 3.0$

② 붕괴 · 낙하에 의한 위험 방지

㉠ 지반은 안전한 경사로 하고 낙하의 위험이 있는 토석을 제거하거나 옹벽, 흙막이 지보공 등을 설치할 것

㉡ 지반의 붕괴 또는 토석의 낙하 원인이 되는 빗물이나 지하수 등을 배제할 것

㉢ 갱내의 낙반 · 측벽(側壁) 붕괴의 위험이 있는 경우에는 지보공을 설치하고 부석을 제거하는 등 필요한 조치를 할 것

③ 구축물 또는 이와 유사한 시설물 등의 안전 유지

지반의 붕괴, 구축물의 붕괴 또는 토석의 낙하 등에 의하여 근로자가 위험해질 우려가 있는 경우 그 위험을 방지하기 위하여 다음의 조치를 하여야 한다.

㉠ 설계도서에 따라 시공했는지 확인

㉡ 건설공사 시방서(示方書)에 따라 시공했는지 확인

㉢ 「건축물의 구조기준 등에 관한 규칙」에 따른 구조기준을 준수했는지 확인

[시방서]

공사에서 일정한 순서를 적은 문서로 제품 또는 공사에 필요한 재료의 종류와 품질, 사용처, 시공방법 등 설계 도면에 나타내기 어려운 사항을 명확하게 기록하는 설계도서

[관련법령]

산업안전보건기준에 관한 규칙

- 제51조【구축물 또는 이와 유사한 시설물 등의 안전유지】
- 제52조【구축물 또는 이와 유사한 시설물의 안전성 평가】

④ 구축물 또는 이와 유사한 시설물의 안전성 평가

㉠ 구축물 또는 이와 유사한 시설물의 인근에서 굴착 · 항타작업 등으로 침하 · 균열 등이 발생하여 붕괴의 위험이 예상될 경우

㉡ 구축물 또는 이와 유사한 시설물에 지진, 동해(凍害), 부동침하(불동침하) 등으로 균열 · 비틀림 등이 발생하였을 경우

㉢ 구조물, 건축물, 그 밖의 시설물이 그 자체의 무게 · 적설 · 풍압 또는 그 밖에 부가되는 하중 등으로 붕괴 등의 위험이 있을 경우

㉣ 화재 등으로 구축물 또는 이와 유사한 시설물의 내력(耐力)이 심하게 저하되었을 경우

㉤ 오랜 기간 사용하지 아니하던 구축물 또는 이와 유사한 시설물을 재사용하게 되어 안전성을 검토하여야 하는 경우

㉥ 그 밖의 잠재위험이 예상될 경우

(8) 굴착작업의 사전조사와 작업계획서

구분	내용
사전조사	• 형상 · 지질 및 지층의 상태 • 균열 · 함수(含水) · 용수 및 동결의 유무 또는 상태 • 매설물 등의 유무 또는 상태 • 지반의 지하수위 상태
작업계획서	• 굴착방법 및 순서, 토사 반출 방법 • 필요한 인원 및 장비 사용계획 • 매설물 등에 대한 이설 · 보호대책 • 사업장 내 연락방법 및 신호방법 • 흙막이 지보공 설치방법 및 계측계획 • 작업지휘자의 배치계획 • 그 밖에 안전 · 보건에 관련된 사항

(9) 잠함 내 작업 시 준수사항

[관련법령]
산업안전보건기준에 관한 규칙 제377조
【잠함 등 내부에서의 작업】

구분	내용
잠함 또는 우물통의 내부에서 근로자가 굴착작업을 하는 경우 급격한 침하에 의한 위험 방지	• 침하관계도에 따라 굴착방법 및 재하량(載荷量) 등을 정할 것 • 바닥으로부터 천장 또는 보까지의 높이는 1.8미터 이상으로 할 것
잠함, 우물통, 수직갱, 그 밖에 이와 유사한 건설물 또는 설비의 내부에서 굴착작업을 하는 경우	• 산소 결핍 우려가 있는 경우에는 산소의 농도를 측정하는 사람을 지명하여 측정하도록 할 것 (※ 측정결과 산소 결핍이 인정되거나 굴착 깊이가 20미터를 초과하는 경우에는 송기(送氣)를 위한 설비를 설치하여 필요한 양의 공기를 공급해야 한다.) • 근로자가 안전하게 오르내리기 위한 설비를 설치할 것 • 굴착 깊이가 20미터를 초과하는 경우에는 해당 작업장소와 외부와의 연락을 위한 통신설비 등을 설치할 것

(10) 터널굴착

① 터널굴착 작업 시 자동경보장치의 작업 시작 전 점검 사항
㉠ 계기의 이상 유무
㉡ 검지부의 이상 유무
㉢ 경보장치의 작동 상태

② 낙반 등에 의한 위험의 방지 조치
㉠ 터널 지보공 및 록볼트의 설치
㉡ 부석(浮石)의 제거

[인화성 가스의 농도측정]

터널공사 등의 건설작업을 할 때에 인화성 가스가 발생할 위험이 있는 경우에는 폭발이나 화재를 예방하기 위하여 인화성 가스의 농도를 측정할 담당자를 지명하고, 그 작업을 시작하기 전에 가스가 발생할 위험이 있는 장소에 대하여 그 인화성 가스의 농도를 측정하여야 한다.

(1) 측정한 결과 인화성 가스가 존재하여 폭발이나 화재가 발생할 위험이 있는 경우에는 인화성 가스 농도의 이상 상승을 조기에 파악하기 위하여 그 장소에 자동경보장치를 설치하여야 한다.

(2) 자동경보장치에 대하여 당일 작업 시작 전 다음 각 호의 사항을 점검하고 이상을 발견하면 즉시 보수하여야 한다.

① 계기의 이상 유무
② 검지부의 이상 유무
③ 경보장치의 작동상태

[관련법령]

산업안전보건기준에 관한 규칙 제364조【조립 또는 변경시의 조치】

③ 출입구 부근 등의 지반 붕괴에 의한 위험의 방지

㉠ 흙막이 지보공 설치
㉡ 방호망 설치

④ 시계의 유지

터널건설작업 시 터널 내부의 시계(視界)가 배기가스나 분진 등에 의하여 현저하게 제한되는 경우에는 환기를 하거나 물을 뿌리는 등 시계를 유지하기 위하여 필요한 조치를 하여야 한다.

⑤ 터널 내부의 화기나 아크를 사용하는 장소 또는 배전반, 변압기, 차단기 등을 설치하는 장소에 소화설비를 설치하여야 한다.

⑥ 낙반 · 출수(出水) 등에 의하여 산업재해가 발생할 급박한 위험이 있는 경우에는 즉시 작업을 중지하고 근로자를 안전한 장소로 대피시켜야 한다.

⑦ 재해발생위험을 관계 근로자에게 신속히 알리기 위한 비상벨 등 통신설비 등을 설치하고, 그 설치장소를 관계 근로자에게 알려 주어야 한다.

⑧ 터널 지보공을 조립하는 경우에는 미리 그 구조를 검토한 후 조립도를 작성하고, 그 조립도에 따라 조립하도록 하여야 한다.

■ **터널 지보공 조립도 명시사항**

① 재료의 재질
② 단면규격
③ 설치간격 및 이음방법

⑨ 터널 지보공 조립 또는 변경시의 조치

㉠ 주재(主材)를 구성하는 1세트의 부재는 동일 평면 내에 배치할 것
㉡ 목재의 터널 지보공은 그 터널 지보공의 각 부재의 긴압 정도가 균등하게 되도록 할 것
㉢ 기둥에는 침하를 방지하기 위하여 받침목을 사용한다.
㉣ 강아치 지보공 및 목재지주식 지보공 외의 터널 지보공에 대해서는 터널 등의 출입구 부분에 받침대를 설치할 것
㉤ 지보공의 조립

구분	내용
강아치 지보공의 조립	• 조립간격은 조립도에 따를 것 • 주재가 아치작용을 충분히 할 수 있도록 쐐기를 박는 등 필요한 조치를 할 것 • 연결볼트 및 띠장 등을 사용하여 주재 상호간을 튼튼하게 연결할 것 • 터널 등의 출입구 부분에는 받침대를 설치할 것 • 낙하물이 근로자에게 위험을 미칠 우려가 있는 경우에는 널판 등을 설치할 것

구분	내용
목재 지주식 지보공의 조립	• 주기둥은 변위를 방지하기 위하여 쐐기 등을 사용하여 지반에 고정시킬 것 • 양끝에는 받침대를 설치할 것 • 터널 등의 목재 지주식 지보공에 세로방향의 하중이 걸림으로써 넘어지거나 비틀어질 우려가 있는 경우에는 양끝 외의 부분에도 받침대를 설치할 것 • 부재의 접속부는 꺾쇠 등으로 고정시킬 것

⑩ 터널 지보공의 수시 점검사항

㉠ 부재의 손상 · 변형 · 부식 · 변위 탈락의 유무 및 상태

㉡ 부재의 긴압 정도

㉢ 부재의 접속부 및 교차부의 상태

㉣ 기둥침하의 유무 및 상태

⑪ 터널굴착작업 시 사전조사 및 작업계획서

구분	내용
사전조사	보링(boring) 등 적절한 방법으로 낙반 · 출수(出水) 및 가스폭발 등으로 인한 근로자의 위험을 방지하기 위하여 미리 지형 · 지질 및 지층상태를 조사
작업계획서	• 굴착의 방법 • 터널지보공 및 복공(覆工)의 시공방법과 용수(湧水)의 처리방법 • 환기 또는 조명시설을 설치할 때에는 그 방법

(11) 발파작업의 위험방지

[관련법령]
발파작업 표준 안전작업 지침

[관련법령]
산업안전보건기준에 관한 규칙 제348조 【발파의 작업기준】

① 건물기초에서 발파진동 허용치

건물 분류	문화재	주택, 아파트	상 가 (금이 없는 상태)	철골 콘크리트빌딩 및 상가
건물기초에서의 허용 진동치(cm/sec)	0.2	0.5	1.0	1.0~4.0

② 발파 작업기준

㉠ 얼어붙은 다이나마이트는 화기에 접근시키거나 그 밖의 고열물에 직접 접촉시키는 등 위험한 방법으로 융해되지 않도록 할 것

㉡ 화약이나 폭약을 장전하는 경우에는 그 부근에서 화기를 사용하거나 흡연을 하지 않도록 할 것

㉢ 장전구(裝塡具)는 마찰 · 충격 · 정전기 등에 의한 폭발의 위험이 없는 안전한 것을 사용할 것

㉣ 발파공의 충진재료는 점토 · 모래 등 발화성 또는 인화성의 위험이 없는 재료를 사용할 것

ⓜ 점화 후 장전된 화약류가 폭발하지 아니한 경우 또는 장전된 화약류의 폭발 여부를 확인하기 곤란한 경우에는 다음 각 목의 사항을 따를 것
- 전기뇌관에 의한 경우에는 발파모선을 점화기에서 떼어 그 끝을 단락시켜 놓는 등 재점화되지 않도록 조치하고 그 때부터 5분 이상 경과한 후가 아니면 화약류의 장전장소에 접근시키지 않도록 할 것
- 전기뇌관 외의 것에 의한 경우에는 점화한 때부터 15분 이상 경과한 후가 아니면 화약류의 장전장소에 접근시키지 않도록 할 것

ⓑ 전기뇌관에 의한 발파의 경우 점화하기 전에 화약류를 장전한 장소로부터 30미터 이상 떨어진 안전한 장소에서 전선에 대하여 저항측정 및 도통(導通)시험을 할 것

02 핵심문제 2. 붕괴재해의 예방

□□□ 11년1회, 13년1회

1. 다음 중 토석붕괴의 원인이 아닌 것은?

① 사면 법면의 경사 및 기울기의 증가
② 절토 및 성토의 높이 증가
③ 토석의 강도 상승
④ 지표수 · 지하수의 침투에 의한 토사중량의 증가

문제 1~5 해설

토석붕괴의 원인

구분	내용
외적 원인	• 사면, 법면의 경사 및 기울기의 증가 • 절토 및 성토 높이의 증가 • 공사에 의한 진동 및 반복 하중의 증가 • 지표수 및 지하수의 침투에 의한 토사 중량의 증가 • 지진, 차량, 구조물의 하중작용 • 토사 및 암석의 혼합층두께
내적 원인	• 절토 사면의 토질 · 암질 • 성토 사면의 토질구성 및 분포 • 토석의 강도 저하

□□□ 08년1회, 11년3회

2. 토석붕괴의 외적 원인으로 옳지 않은 것은?

① 사면, 법면의 경사 및 기울기의 증가
② 절토 및 성토 높이의 증가
③ 토사 및 암석의 혼합층 두께
④ 토석의 강도 저하

□□□ 08년2회, 12년1회

3. 다음의 토사붕괴 원인 중 외부의 힘이 작용하여 토사붕괴가 발생되는 외적요인이 아닌 것은?

① 사면, 법면의 경사 및 기울기 증가
② 공사에 의한 진동 및 반복하중 증가
③ 지표수 및 지하수 침투에 의한 토사중량의 증가
④ 함수비 증가로 인한 점착력 증가

□□□ 12년2회, 13년2회, 15년2회

4. 토석붕괴의 원인 중 외적 원인에 해당되지 않는 것은?

① 토석의 강도 저하
② 작업진동 및 반복하중의 증가
③ 절토 및 성토 높이의 증가
④ 사면, 법면의 경사 및 기울기의 증가

□□□ 10년2회

5. 건설현장 토사붕괴 원인으로 옳지 않은 것은?

① 지하수위의 증가
② 내부마찰각의 증가
③ 점착력의 감소
④ 차량에 의한 진동하중 증가

□□□ 15년3회, 21년3회

6. 사면의 붕괴형태의 종류에 해당되지 않는 것은?

① 사면의 측면부 파괴 ② 사면선 파괴
③ 사면내 파괴 ④ 바닥면 파괴

해설

사면의 붕괴형태의 종류
1. 사면선 파괴 2. 사면내 파괴 3. 사면저부(바닥면) 파괴

□□□ 10년1회

7. 토사붕괴의 발생을 예방하기 위한 조치사항으로 옳지 않은 것은?

① 적절한 경사면의 기울기 계획
② 절토 및 성토 높이의 증가
③ 활동할 가능성이 있는 토석 제거
④ 말뚝(강관, H형강, 철근콘크리트)을 타입하여 지반 강화

문제 7~9 해설

토사붕괴예방을 위한 조치사항
토사붕괴의 발생을 예방하기 위하여 다음 각호의 조치를 취하여야 한다.
1. 적절한 경사면의 기울기를 계획하여야 한다.
2. 경사면의 기울기가 당초 계획과 차이가 발생되면 즉시 재검토하여 계획을 변경시켜야 한다.
3. 활동할 가능성이 있는 토석은 제거하여야 한다.
4. 경사면의 하단부에 압성토 등 보강공법으로 활동에 대한 저항대책을 강구하여야 한다.
5. 말뚝(강관, H형강, 철근콘크리트)을 타입하여 지반을 강화시킨다.

정답 1 ③ 2 ④ 3 ④ 4 ① 5 ② 6 ① 7 ②

□□□ 08년3회

8. **다음 중 토사붕괴의 예방대책으로 옳지 않은 것은?**

① 적절한 경사면의 기울기를 계획한다.
② 활동할 가능성이 있는 토석은 제거하여야 한다.
③ 지하수위를 높인다.
④ 말뚝(강관, H형관, 철근 콘크리트)을 타입하여 지반을 강화시킨다.

□□□ 16년1회

9. **토석붕괴 방지방법에 대한 설명으로 옳지 않은 것은?**

① 말뚝(강관, H형강, 철근콘크리트)을 박아 지반을 강화시킨다.
② 활동의 가능성이 있는 토석은 제거한다.
③ 지표수가 침투되지 않도록 배수시키고 지하수위 저하를 위해 수평보링을 하여 배수시킨다.
④ 활동에 의한 붕괴를 방지하기 위해 비탈면, 법면의 상단을 다진다.

□□□ 14년2회

10. **토석 붕괴의 위험이 있는 사면에서 작업할 경우의 행동으로 옳지 않은 것은?**

① 동시작업의 금지　② 대피공간의 확보
③ 2차재해의 방지　④ 급격한 경사면 계획

해설

급격한 경사면 계획은 토석 붕괴의 위험이 가중된다.

□□□ 09년1회, 13년1회, 15년3회, 21년2회

11. **굴착공사에 있어서 비탈면붕괴를 방지하기 위하여 행하는 대책이 아닌 것은?**

① 지표수의 침투를 막기 위해 표면배수공을 한다.
② 지하수위를 내리기 위해 수평배수공을 설치한다.
③ 비탈면하단을 성토한다.
④ 비탈면 상부에 토사를 적재한다.

해설

비탈면 상부에 토사를 적재하면 무게하중으로 인한 붕괴현상이 발생된다.

□□□ 08년2회, 10년2회, 20년1·2회

12. **산업안전보건기준에 관한 규칙에서 규정한 붕괴위험을 방지하기 위한 굴착면의 기울기 기준으로 옳지 않은 것은?**

① 건지 - 1 : 1~1 : 1.5　② 풍화암 - 1 : 1.0
③ 연암 - 1 : 1.0　④ 경암 - 1 : 0.5

문제 12~15 해설

굴착면 기울기기준

구분	지반의 종류	기울기
보통흙	습지	1 : 1 ~ 1 : 1.5
	건지	1 : 0.5 ~ 1 : 1
암 반	풍화암	1 : 1.0
	연암	1 : 1.0
	경암	1 : 0.5

□□□ 08년3회, 09년2회, 16년2회, 17년1회

13. **풍화암의 굴착면 붕괴에 따른 재해를 예방하기 위한 굴착면의 적정한 기울기 기준은?**

① 1 : 0.8　② 1 : 1
③ 1 : 0.5　④ 1 : 0.3

□□□ 11년2회

14. **암반 중 경암의 굴착면 기울기 기준은?**

① 1 : 1　② 1 : 0.8
③ 1 : 0.3　④ 1 : 0.5

□□□ 19년2회

15. **보통흙의 건조된 지반을 흙막이지보공 없이 굴착하려 할 때 적합한 굴착면의 기울기 기준으로 옳은 것은?**

① 1 : 1~1 : 1.5　② 1 : 0.5~1 : 1
③ 1 : 1.8　④ 1 : 2

정답 8 ③ 9 ④ 10 ④ 11 ④ 12 ① 13 ② 14 ④ 15 ②

□□□ 18년1회

16. 보통 흙의 건지를 다음 그림과 같이 굴착하고자 한다. 굴착면의 기울기를 1:0.5로 하고자 할 경우 L의 길이로 옳은 것은?

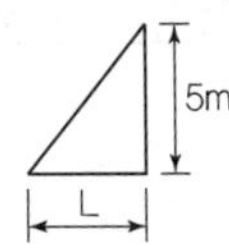

① 2m ② 2.5m
③ 5m ④ 10m

해설

1 : 0.5 = 5 : L
L = 0.5 × 5 = 2.5

□□□ 10년1회, 11년2회

17. 굴착작업에서 지반의 붕괴 또는 매설물, 기타 지하 공작물의 손괴 등에 의하여 근로자에게 위험을 미칠 우려가 있을 때 작업장소 및 그 주변에 대한 사전 지반조사사항으로 가장 거리가 먼 것은?

① 형상 · 지질 및 지층의 상태
② 매설물 등의 유무 또는 상태
③ 지표수의 흐름 상태
④ 균열 · 함수 · 용수 및 동결의 유무 또는 상태

해설

사업주는 지반의 굴착작업에 있어서 지반의 붕괴 또는 매설물 기타 지하공작물(이하 "매설물등"이라 한다)의 손괴등에 의하여 근로자에게 위험을 미칠 우려가 있는 때에는 미리 작업장소 및 그 주변의 지반에 대하여 보링 등 적절한 방법으로 다음 각호의 사항을 조사하여 굴착시기와 작업순서를 정하여야 한다.
1. 형상 · 지질 및 지층의 상태
2. 균열 · 함수(함수) · 용수 및 동결의 유무 또는 상태
3. 매설물등의 유무 또는 상태
4. 지반의 지하수위 상태

[참고] 산업안전보건기준에 관한 규칙 별표4 【사전조사 및 작업계획서 내용】

□□□ 10년1회, 12년3회, 18년3회

18. 잠함 또는 우물통의 내부에서 굴착작업을 할 때의 준수사항으로 옳지 않은 것은?

① 굴착깊이가 10m를 초과하는 때에는 당해작업장소와 외부와의 연락을 위한 통신설비 등을 설치한다.
② 산소결핍의 우려가 있는 때에는 산소의 농도를 측정하는 자를 지명하여 측정하도록 한다.
③ 근로자가 안전하게 승강하기 위한 설비를 설치한다.
④ 측정결과 산소의 결핍이 인정될 때에는 송기를 위한 설비를 설치하여 필요한 양의 공기를 송급하여야 한다.

해설

[참고] 산업안전보건기준에 관한 규칙 제377조 【잠함등 내부에서의 작업】
1. 사업주는 잠함 · 우물통 · 수직갱 기타 이와 유사한 건설물 또는 설비(이하 "잠함등"이라 한다)의 내부에서 굴착작업을 하는 때에는 다음 각호의 사항을 준수하여야 한다.
 (1) 산소결핍의 우려가 있는 때에는 산소의 농도를 측정하는 자를 지명하여 측정하도록 할 것
 (2) 근로자가 안전하게 승강하기 위한 설비를 설치할 것
 (3) 굴착깊이가 20미터를 초과하는 때에는 당해작업장소와 외부와의 연락을 위한 통신설비등을 설치할 것
2. 사업주는 제1항 제(1)호의 측정결과 산소의 결핍이 인정되거나 굴착깊이가 20미터를 초과하는 때에는 송기를 위한 설비를 설치하여 필요한 양의 공기를 송급하여야 한다.

□□□ 13년1회, 14년3회

19. 잠함 또는 우물통의 내부에서 굴착작업을 하는 경우에 잠함 또는 우물통의 급격한 침하에 의한 위험방지를 위해 바닥으로부터 천장 또는 보까지의 높이는 최소 얼마 이상으로 하여야 하는가?

① 1.8m ② 2m
③ 2.5m ④ 3m

해설

잠함 또는 우물통의 내부에서 근로자가 굴착작업을 하는 경우에 잠함 또는 우물통의 급격한 침하에 의한 위험을 방지하기 위하여 바닥으로부터 천장 또는 보까지의 높이는 1.8미터 이상으로 할 것

[참고] 산업안전보건기준에 관한 규칙 제376조 【급격한 침하로 인한 위험 방지】

정답 16 ② 17 ③ 18 ① 19 ①

□□□ 13년3회

20. 다음은 굴착공사표준안전작업지침에 따른 트렌치 굴착 시 준수사항이다. 괄호 안에 들어갈 내용으로 알맞은 것은?

굴착폭은 작업 및 대피가 용이하도록 충분한 넓이를 확보하여야 하며, 굴착깊이가 2m 이상일 경우에는 (   ) 이상의 폭으로 한다.

① 1m　② 1.5m
③ 2.0m　④ 2.5m

해설

굴착폭은 작업 및 대피가 용이하도록 충분한 넓이를 확보하여야 하며, 굴착깊이가 2미터 이상일 경우에는 1미터 이상의 폭으로 한다.

[참고] 굴착공사표준안전작업지침 제8조 【트렌치 굴착】

□□□ 12년1회

21. 굴착작업 시 굴착깊이가 최소 몇 m 이상인 경우 사다리, 계단 등 승강설비를 설치하여야 하는가?

① 1.5m　② 2.5m
③ 3.5m　④ 4.5m

해설

트렌치 굴착작업 시 굴착깊이가 1.5미터 이상인 경우는 사다리, 계단 등 승강설비를 설치하여야 한다.

[참고] 굴착공사표준안전작업지침 제8조 【트렌치 굴착】

□□□ 10년3회, 16년1회

22. 다음 중 건설재해대책의 사면보호공법에 해당하지 않는 것은?

① 식생공　② 뿜어 붙이기공
③ 블록공　④ 쉴드공

해설

쉴드공이란 연약지반이나 대수지반(帶水地盤)에 터널을 만들 때 사용되는 굴착공법이다.

[참고] 사면보호공의 종류
1. 식생공
2. 뿜어 붙이기공
3. 블록공
4. 표층 안전공
5. 돌 쌓기공
6. 배수공

□□□ 18년3회, 20년4회

23. 건설재해대책의 사면보호공법 중 식물을 생육시켜 그 뿌리로 사면의 표층토를 고정하여 빗물에 의한 침식, 동상, 이완 등을 방지하고, 녹화에 의한 경관 조성을 목적으로 시공하는 것은?

① 식생공　② 뿜어 붙이기공
③ 블록공　④ 쉴드공

해설

식생공
① 씨앗 뿜어붙이기공, 식생 매트공, 식생줄떼공, 줄떼공, 식생판공, 식생망태공, 부분 객토 식생공등 있다.
② 식생에 의한 비탈면 보호, 녹화, 구조물에 의한 비탈면 보호공과의 병용한다.

□□□ 11년3회, 17년1회, 20년4회

24. 흙막이 공법을 흙막이 지지방식에 의한 분류와 구조방식에 의한 분류로 나눌 때 다음 중 지지방식에 의한 분류에 해당하는 것은?

① 수평 버팀대식 흙막이 공법
② H-Pile 공법
③ 지하연속벽 공법
④ Top down method 공법

해설

지지방식과 구조 방식

구분	내용
지지방식	• 자립 흙막이 공법 • 버팀대(strut)식 흙막이 공법(수평, 빗 버팀대) • Earth Anchor 또는 타이로드식 흙막이 공법 (마찰형, 지압형, 복합형)
구조방식	• 엄지 말뚝(H-pile)공법 • 강재 널말뚝(Steel sheet pile)공법 • 지중 연속식(slurry wall)공법

□□□ 16년3회

25. 다음 중 흙막이벽 설치공법에 속하지 않는 것은?

① 강제 널말뚝 공법　② 지하연속법 공법
③ 어스앵커 공법　④ 트렌치컷 공법

해설

트렌치 컷 공법은 흙막이가 아닌 굴착공법의 종류이다.

정답 20 ① 21 ① 22 ④ 23 ① 24 ① 25 ④

□□□ 18년2회

26. 개착식 흙막이벽의 계측 내용에 해당되지 않는 것은?

① 경사 측정 ② 지하수위 측정
③ 변형률 측정 ④ 내공변위 측정

문제 27~29 해설

흙막이 공사의 계측기 사용

종류	용도
침하계	흙댐의 성토와 기초 사이의 내부침하를 측정하는 장치
경사계	지표면의 경사가 변해가는 상태를 측정하는 장치 및 지면의 경사나 지층의 주향 등을 측량하는 장치
지하수위계	표층수의 변화에 대한 측정
지중침하계	침하로 인한 각 지층의 침하량을 계측하여 흙과 암반의 거동 및 안전성을 판단
간극수압계(피에죠미터)	굴착 및 성토에 의한 간극수압변화 측정
균열측정기	주변구조물, 지반 등 균열의 크기와 변화에 대한 측정
변형률계	H-pile strut, 띠장 등에 부착 굴착작업 시 구조물의 변형 측정
하중계	strut, earth anchor 등 축하중 변화상태 측정

□□□ 14년1회, 16년2회, 19년2회

27. 흙막이 가시설 공사 시 사용되는 각 계측기 설치 목적으로 옳지 않은 것은?

① 지표침하계 – 지표면 침하량 측정
② 수위계 – 지반 내 지하수위의 변화 측정
③ 하중계 – 상부 적재하중 변화 측정
④ 지중경사계 – 지중의 수평 변위량 측정

□□□ 17년2회

28. 흙막이 계측기의 종류 중 주변 지반의 변형을 측정하는 기계는?

① Tilt meter ② Inclino meter
③ Strain gauge ④ Load cell

□□□ 16년3회

29. 깊이 10.5m 이상의 굴착의 경우 계측기기를 설치하여 흙막이 구조의 안전을 예측하여야 한다. 이에 해당하지 않는 계측기기는?

① 수위계 ② 경사계
③ 응력계 ④ 지진가속도계

해설

깊이 10.5m 이상의 굴착의 경우 아래 각 목의 계측기기의 설치에 의하여 흙막이 구조의 안전을 예측하여야 하며, 설치가 불가능할 경우 트랜싯 및 레벨 측량기에 의해 수직 · 수평 변위 측정을 실시하여야 한다.
1. 수위계
2. 경사계
3. 하중 및 침하계
4. 응력계

□□□ 08년3회

30. 다음 중 옹벽의 안정 검토조건 중 가장 거리가 먼 것은?

① 전도(overturning) ② 전단(shearing)
③ 활동(sliding) ④ 지지력(bearing)

해설

옹벽의 안정 검토조건
① 전도(overturning)
③ 활동(sliding)
④ 지지력(bearing)

□□□ 10년3회, 15년3회, 16년1회

31. 터널작업에 있어서 자동경보장치가 설치된 경우에 이 자동경보장치에 대하여 당일의 작업시작 전 점검하여야 할 사항이 아닌 것은?

① 계기의 이상 유무
② 검지부의 이상 유무
③ 경보장치의 작동 상태
④ 환기 또는 조명시설의 이상 유무

문제 32, 33 해설

자동경보장치에 대하여 당일의 작업시작 전 아래 각호의 사항을 점검하고 이상을 발견한 때에는 즉시 보수하여야 한다.
1. 계기의 이상유무
2. 검지부의 이상유무
3. 경보장치의 작동상태

[참고] 산업안전보건기준에 관한 규칙 제350조【인화성 가스의 농도측정 등】

□□□ 08년3회, 12년1회, 14년3회

32. 터널공사 시 인화성 가스가 농도이상으로 상승하는 것을 조기에 파악하기 위하여 설치하는 자동경보장치의 작업시작 전 점검해야 할 사항이 아닌 것은?

① 계기의 이상유무 ② 발열 여부
③ 검지부의 이상유무 ④ 경보장치의 작동상태

정답 26 ④ 27 ③ 28 ② 29 ④ 30 ② 31 ④ 32 ②

□□□ 13년2회, 19년2회

33. 터널 지보공을 설치한 때 수시 점검하여 이상을 발견 시 즉시 보강하거나 보수해야 할 사항으로 틀린 것은?

① 부재의 긴압의 정도
② 부재의 손상 · 변형 · 부식 · 변위 · 탈락의 유무 및 상태
③ 부재의 접속부 및 교차부의 상태
④ 계측기 설치상태

문제 34~36 해설

사업주는 터널지보공을 설치한 때에는 다음 각호의 사항을 수시로 점검하여야 하며 이상을 발견한 때에는 즉시 보강하거나 보수하여야 한다.
1. 부재의 손상 · 변형 · 부식 · 변위 탈락의 유무 및 상태
2. 부재의 긴압의 정도
3. 부재의 접속부 및 교차부의 상태
4. 기둥침하의 유무 및 상태

[참고] 산업안전보건기준에 관한 규칙 제366조 【붕괴 등의 방지】

□□□ 10년1회

34. 터널붕괴를 방지하기 위한 지보공 점검사항과 가장 거리가 먼 것은?

① 부재의 긴압의 정도
② 부재의 손상 · 변형 · 부식 · 변위 탈락의 유무 및 상태
③ 기둥침하의 유무 및 상태
④ 터널 거푸집 지보공의 수량 상태

□□□ 11년2회, 14년1회, 18년1회

35. 터널붕괴를 방지하기 위한 지보공 점검사항과 가장 거리가 먼 것은?

① 부재의 긴압의 정도
② 부재의 손상 · 변형 · 부식 · 변위 탈락의 유무 및 상태
③ 기둥침하의 유무 및 상태
④ 경보장치의 작동상태

□□□ 13년3회, 17년3회, 21년2회

36. 터널 지보공을 조립하는 경우에는 미리 그 구조를 검토한 후 조립도를 작성하고, 그 조립도에 따라 조립하도록 하여야 하는데 이 조립도에 명시해야 할 사항으로 틀린 것은?

① 재료의 재질 ② 단면규격
③ 이음방법 ④ 재료의 구입처

해설

조립도에는 재료의 재질, 단면규격, 설치간격 및 이음방법 등을 명시하여야 한다.

[참고] 산업안전보건기준에 관한 규칙 제363조 【조립도】

□□□ 09년1회, 17년1회, 20년1·2회

37. 흙막이 지보공을 설치하였을 때 정기적으로 점검하여 이상 발견 시 즉시 보수하여야 할 사항이 아닌 것은?

① 굴착 깊이의 정도
② 버팀대의 긴압의 정도
③ 부재의 접속부 · 부착부 및 교차부의 상태
④ 부재의 손상 · 변형 · 부식 · 변위 및 탈락의 유무와 상태

문제 38, 39 해설

흙막이지보공을 설치한 때에는 정기적으로 점검하고 이상을 발견한 때에는 즉시 보수하여야 할 사항
1. 부재의 손상 · 변형 · 부식 · 변위 및 탈락의 유무와 상태
2. 버팀대의 긴압의 정도
3. 부재의 접속부·부착부 및 교차부의 상태
4. 침하의 정도

[참고] 산업안전보건기준에 관한 규칙 제347조 【붕괴등의 위험방지】

□□□ 13년1회, 15년1회, 19년1회

38. 흙막이 지보공을 설치하였을 때 정기적으로 점검하여야할 사항과 거리가 먼 것은?

① 경보장치의 작동상태
② 부재의 손상 · 변형 · 부식 · 변위 및 탈락의 유무와 상태
③ 버팀대의 긴압(緊壓)의 정도
④ 부재의 접속부 · 부착부 및 교차부의 상태

□□□ 12년2회, 18년1회

39. 흙막이 지보공을 조립하는 경우 미리 조립도를 작성하여야 하는데 이 조립도에 명시되어야 할 사항과 가장 거리가 먼 것은?

① 부재의 배치 ② 부재의 치수
③ 부재의 긴압정도 ④ 설치방법과 순서

정답 33 ④ 34 ④ 35 ④ 36 ④ 37 ① 38 ① 39 ③

해설

1. 사업주는 흙막이 지보공을 조립하는 경우 미리 조립도를 작성하여 그 조립도에 따라 조립하도록 하여야 한다.
2. 조립도에는 흙막이판 · 말뚝 · 버팀대 및 띠장 등 부재의 배치 · 치수 · 재질 및 설치방법과 순서가 명시되어야 한다.

(참고) 산업안전보건기준에 관한 규칙 제346조【조립도】

□□□ 11년1회, 15년1회, 17년3회, 22년2회

40. 다음 중 토사붕괴로 인한 재해를 방지하기 위한 흙막이 지보공 설비가 아닌 것은?

① 흙막이판 ② 말뚝
③ 턴버클 ④ 띠장

해설

1턴버클은 와이어 등을 연결하여 긴장시킬 때 사용하는 장치이다.

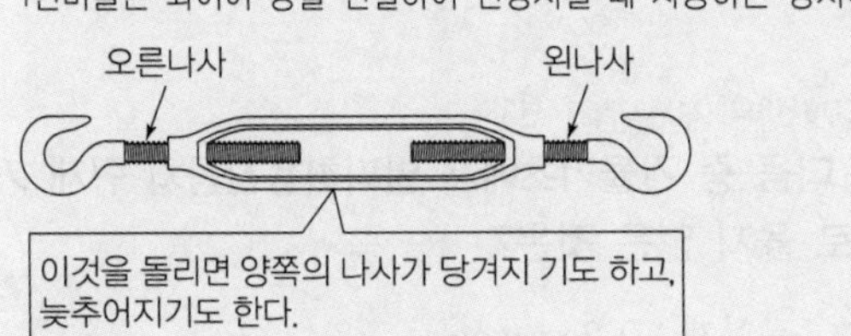
오른나사
왼나사
이것을 돌리면 양쪽의 나사가 당겨지 기도 하고, 늦추어지기도 한다.

□□□ 17년2회

41. 흙막이 지보공의 안전조치로 옳지 않은 것은?

① 굴착배면에 배수로 미설치
② 지하매설물에 대한 조사 실시
③ 조립도의 작성 및 작업순서 준수
④ 흙막이 지보공에 대한 조사 및 점검 철저

해설

비가 올 경우를 대비하여 측구(側溝)를 설치하거나 굴착사면에 비닐을 덮는 등 빗물 등의 침투에 의한 붕괴재해를 예방하기 위하여 필요한 조치를 하여야 한다.

□□□ 15년1회

42. 흙막이 공법 선정 시 고려사항으로 틀린 것은?

① 흙막이 해체를 고려
② 안전하고 경제적인 공법 선택
③ 차수성이 낮은 공법 선택
④ 지반성상에 적합한 공법 선택

해설

차수성이 높은 공법 선택하여야 한다.

□□□ 18년1회

43. 터널 등의 건설작업을 하는 경우에 낙반 등에 의하여 근로자가 위험해질 우려가 있는 경우에 필요한 조치와 가장 거리가 먼 것은?

① 터널 지보공을 설치한다.
② 록볼트를 설치한다.
③ 환기, 조명시설을 설치한다.
④ 부석을 제거한다.

해설

사업주는 터널 등의 건설작업을 하는 경우에 낙반 등에 의하여 근로자가 위험해질 우려가 있는 경우에 터널 지보공 및 록볼트의 설치, 부석의 제거등 위험을 방지하기 위하여 필요한 조치를 하여야 한다.

(참고) 산업안전보건기준에 관한 규칙 제351조【낙반 등에 의한 위험의 방지】

□□□ 19년2회

44. 터널굴착작업을 하는 때 미리 작성하여야 하는 작업계획서에 포함되어야 할 사항이 아닌 것은?

① 굴착의 방법
② 암석의 분할방법
③ 환기 또는 조명시설을 설치할 때에는 그 방법
④ 터널지보공 및 복공의 시공방법과 용수의 처리방법

해설

터널굴착 시 작업계획서 내용
① 굴착의 방법
② 터널지보공 및 복공(覆工)의 시공방법과 용수(湧水)의 처리방법
③ 환기 또는 조명시설을 설치할 때에는 그 방법

(참고) 산업안전보건기준에 관한 규칙 별표 4【사전조사 및 작업계획서 내용】

정답 40 ③ 41 ① 42 ③ 43 ③ 44 ②

□□□ 19년1회

45. 구축물이 풍압·지진 등에 의하여 붕괴 또는 전도하는 위험을 예방하기 위한 조치와 가장 거리가 먼 것은?

① 설계도서에 따라 시공했는지 확인
② 건설공사 시방서에 따라 시공했는지 확인
③ 「건축물의 구조기준 등에 관한 규칙」에 따른 구조기준을 준수했는지 확인
④ 보호구 및 방호장치의 성능검정 합격품을 사용했는지 확인

해설

사업주는 구축물 또는 이와 유사한 시설물에 대하여 자중(自重), 적재하중, 적설, 풍압(風壓), 지진이나 진동 및 충격 등에 의하여 전도·폭발하거나 무너지는 등의 위험을 예방하기 위하여 다음 각 호의 조치를 하여야 한다.
1. 설계도서에 따라 시공했는지 확인
2. 건설공사 시방서(示方書)에 따라 시공했는지 확인
3. 「건축물의 구조기준 등에 관한 규칙」에 따른 구조기준을 준수했는지 확인

참고 산업안전보건기준에 관한 규칙 제51조 【구축물 또는 이와 유사한 시설물 등의 안전 유지】

□□□ 16년1회, 20년1·2회

46. 구축물에 안전진단 등 안전성 평가를 실시하여 근로자에게 미칠 위험성을 미리 제거하여야 하는 경우가 아닌 것은?

① 구축물 또는 이와 유사한 시설물의 인근에서 굴착·항타작업 등으로 침하·균열 등이 발생하여 붕괴의 위험이 예상될 경우
② 구조물, 건축물, 그 밖의 시설물이 그 자체의 무게·적설·풍압 또는 그밖에 부가되는 하중 등으로 붕괴 등의 위험이 있을 경우
③ 화재 등으로 구축물 또는 이와 유사한 시설물의 내력(內力)이 심하게 저하되었을 경우
④ 구축물의 구조체가 과도한 안전측으로 설계가 되었을 경우

해설

1. 구축물 또는 이와 유사한 시설물의 인근에서 굴착·항타작업 등으로 침하·균열 등이 발생하여 붕괴의 위험이 예상될 경우
2. 구축물 또는 이와 유사한 시설물에 지진, 동해(凍害), 부동침하(不同沈下) 등으로 균열·비틀림 등이 발생하였을 경우
3. 구조물, 건축물, 그 밖의 시설물이 그 자체의 무게·적설·풍압 또는 그 밖에 부가되는 하중 등으로 붕괴 등의 위험이 있을 경우
4. 화재 등으로 구축물 또는 이와 유사한 시설물의 내력(耐力)이 심하게 저하되었을 경우
5. 오랜 기간 사용하지 아니하던 구축물 또는 이와 유사한 시설물을 재사용하게 되어 안전성을 검토하여야 하는 경우
6. 그 밖의 잠재위험이 예상될 경우

참고 산업안전보건기준에 관한 규칙 제52조 【구축물 또는 이와 유사한 시설물의 안전성 평가】

□□□ 09년3회, 11년3회, 14년3회

47. 다음 중 건물기초에서 발파허용진동치 규제 기준으로 옳지 않은 것은?

① 문화재 : 0.2cm/sec
② 주택, 아파트 : 0.5cm/sec
③ 상가 : 1.0cm/sec
④ 철골콘크리트 빌딩 : 0.1~0.5cm/sec

문제 48, 49 해설

건물 분류	문화재	주택, 아파트	상 가 (금이 없는 상태)	철골 콘크리트빌딩 및 상가
건물기초에서의 허용 진동치(cm/sec)	0.2	0.5	1.0	1.0~4.0

□□□ 12년1회

48. 발파구간 인접 구조물에 대한 피해 및 손상을 예방하기 위한 건물기초에서 허용 진동치로 옳은 것은? (단, 아파트일 경우임)

① 0.2 cm/sec
② 0.3 cm/sec
③ 0.4 cm/se
④ 0.5 cm/sec

정답 45 ④ 46 ④ 47 ④ 48 ④

□□□ 17년2회, 21년1회

49. 터널공사의 전기발파작업에 관한 설명으로 옳지 않은 것은?

① 전선은 점화하기 전에 화약류를 충진한 장소로부터 30m 이상 떨어진 안전한 장소에서 도통시험 및 저항시험을 하여야 한다.

② 점화는 충분한 허용량을 갖는 발파기를 사용하고 규정된 스위치를 반드시 사용하여야 한다.

③ 발파 후 발파기와 발파모선의 연결을 유지한 채 그 단부를 절연시킨다.

④ 점화는 선임된 발파책임자가 행하고 발파기의 핸들을 점화할 때 이외는 시건장치를 하거나 모선을 분리하여야 하며 발파책임자의 엄중한 관리하에 두어야 한다.

해설

1. 얼어붙은 다이나마이트는 화기에 접근시키거나 그 밖의 고열물에 직접 접촉시키는 등 위험한 방법으로 융해되지 않도록 할 것
2. 화약이나 폭약을 장전하는 경우에는 그 부근에서 화기를 사용하거나 흡연을 하지 않도록 할 것
3. 장전구(裝塡具)는 마찰 · 충격 · 정전기 등에 의한 폭발의 위험이 없는 안전한 것을 사용할 것
4. 발파공의 충진재료는 점토 · 모래 등 발화성 또는 인화성의 위험이 없는 재료를 사용할 것
5. 점화 후 장전된 화약류가 폭발하지 아니한 경우 또는 장전된 화약류의 폭발 여부를 확인하기 곤란한 경우에는 다음 각 목의 사항을 따를 것
   가. 전기뇌관에 의한 경우에는 발파모선을 점화기에서 떼어 그 끝을 단락시켜 놓는 등 재점화되지 않도록 조치하고 그 때부터 5분 이상 경과한 후가 아니면 화약류의 장전장소에 접근시키지 않도록 할 것
   나. 전기뇌관 외의 것에 의한 경우에는 점화한 때부터 15분 이상 경과한 후가 아니면 화약류의 장전장소에 접근시키지 않도록 할 것
6. 전기뇌관에 의한 발파의 경우 점화하기 전에 화약류를 장전한 장소로부터 30미터 이상 떨어진 안전한 장소에서 전선에 대하여 저항측정 및 도통(導通)시험을 할 것

[참고] 산업안전보건기준에 관한 규칙 제348조 【발파의 작업기준】

□□□ 12년1회, 15년2회, 18년1회, 22년2회

50. 다음 중 터널공사의 발파작업 시 안전대책으로 옳지 않은 것은?

① 발파용 점화회선은 타동력선 및 조명회선과 한 곳으로 통합하여 관리

② 동력선은 발원점으로부터 최소한 15m 이상 후방으로 옮길 것

③ 지질, 암의 절리 등에 따라 화약량 검토 및 시방기준과 대비하여 안전조치 실시

④ 발파전 도화선 연결상태, 저항치 조사 등의 목적으로 도통시험 실시 및 발파기의 작동상태를 사전에 점검

해설

[참고] 터널공사에서 발파작업 시 안전대책

1. 발파는 선임된 발파책임자의 지휘에 따라 시행하여야 한다.
2. 발파작업에 대한 특별시방을 준수하여야 한다.
3. 굴착단면 경계면에는 모암에 손상을 주지 않도록 시방에 명기된 정밀 폭약(FINEX Ⅰ, Ⅱ) 등을 사용하여야 한다.
4. 지질, 암의 절리 등에 따라 화약량을 충분히 검토하여야 하며 시방기준과 대비하여 안전조치를 하여야 한다.
5. 발파책임자는 모든 근로자의 대피를 확인하고 지보공 및 복공에 대하여 필요한 조치의 방호를 한 후 발파하도록 하여야 한다.
6. 발파 시 안전한 거리 및 위치에서의 대피가 어려울 때에는 전면과 상부를 견고하게 방호한 임시대피장소를 설치하여야 한다.
7. 화약류를 장진하기 전에 모든 동력선 및 활선은 장진기기로부터 분리시키고 조명회선을 포함한 모든 동력선은 발원점으로부터 최소한 15m 이상 후방으로 옮겨 놓도록 하여야 한다.
8. 발파용 점화회선은 타동력선 및 조명회선으로부터 분리되어야 한다.
9. 발파전 도화선 연결상태, 저항치 조사 등의 목적으로 도통시험을 실시하여야 하며 발파기 작동상태를 사전 점검하여야 한다.

정답 49 ③ 50 ①

Chapter 05

건설 가시설물 설치기준

이 장은 비계, 작업통로, 거푸집 및 동바리로 구성되며 비계의 종류별 특징과 설치기준, 작업통로의 안전난간, 작업발판, 거푸집의 특징과 동바리 설치의 기준등이 주로 출제된다.

01 비계

[가설구조물의 특징]

(1) 연결재가 부족한 구조가 되기 쉽다.
(2) 부재결합이 간략하여 불완전결합이 되기 쉽다.
(3) 구조물의 개념이 확고하지 않아 조립의 정밀도가 낮다.

[비계의 벽이음 조립간격]

비계의 종류	조립간격(단위 : m)	
	수직방향	수평방향
단관비계	5	5
틀비계	6	8
통나무 비계	5.5	7.5

(1) 비계의 종류 및 기준

구분	내용
기준	안전성, 작업성, 경제성
구비 요건	• 작업 또는 통행 할 때 충분한 면적일 것 • 재료의 운반과 적치가 가능할 것(본 비계) • 작업대상물에 가능한 한 접근, 설치할 수 있을 것 • 근로자의 추락방지와 재료의 낙하방지조치가 있을 것 • 작업과 통행에 방해되는 부재가 없을 것 • 조립과 해체가 수월할 것 • 사람과 재료의 하중에 대하여 충분한 강도가 있을 것 • 작업 또는 통행할 때 움직이지 않을 정도의 안전성이 있을 것

(2) 통나무 비계

구 분	설치 기준 및 준수사항
비계기둥 간격	간격 2.5m 이하에 설치
띠장	지상 첫 번째 띠장 3m 이하에 설치
비계기둥의 이음	• 겹침 이음 :이음 부분에서 1m 이상을 서로 겹쳐서 두 군데 이상을 묶는다. • 맞댄이음 : 비계 기둥을 쌍기둥틀로 하거나 1.8m 이상의 덧댐목으로 네 군데 이상을 묶을 것
이음(연결)방법	• 비계 기둥 · 띠장 · 장선 등의 접속부 및 교차부는 철선이나 그 밖의 튼튼한 재료로 견고하게 묶을 것 • 교차 가새로 보강할 것
벽 이음(연결)	• 수직 방향에서 5.5m 이하 • 수평 방향에서는 7.5m 이하로 할 것
작업발판	작업발판의 폭은 40cm 이상으로 할 것
침하방지	비계기둥의 하단부를 묻고, 밑둥잡이를 설치하거나 깔판을 사용하는 등의 조치를 할 것
비계 설치	지상높이 4층 이하 또는 12m 이하인 건축물 · 공작물 등의 건조 · 해체 및 조립 등의 작업

(3) 강관 비계

구 분	설치 기준 및 준수사항
비계기둥 간격	띠장 방향에서 1.85m 이하, 장선(長線)방향에서 1.5m 이하
띠장 간격	2m 이하로 설치할 것. 다만, 작업의 성질상 이를 준수하기가 곤란하여 쌍기둥틀 등에 의하여 해당 부분을 보강한 경우에는 그러하지 않다.
비계기둥 보강	• 교차 가새로 보강할 것 • 제일 윗부분으로부터 31미터되는 지점 밑부분의 비계기둥은 2개의 강관으로 묶어 세울 것
비계기둥 간의 적재하중	400kg을 초과하지 않도록 할 것
벽 연결	수직 방향 5m 이하, 수평 방향 5m 이하로 할 것

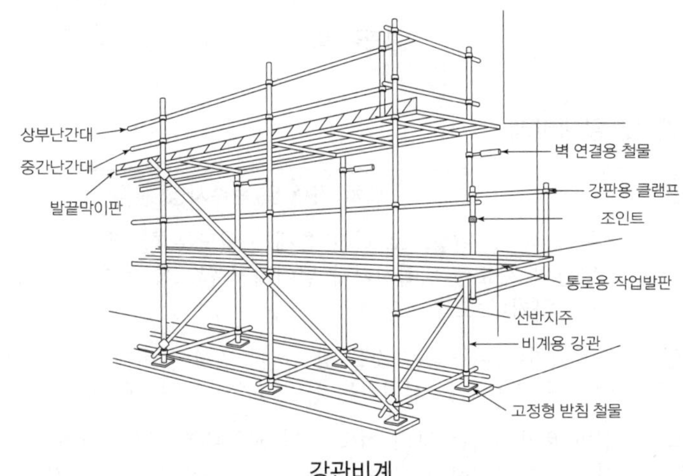

강관비계

[관련법령]
산업안전보건기준에 관한 규칙 제3절 【강관비계 및 강관틀 비계】

(4) 강관틀 비계

구 분	설치 기준 및 준수사항
밑받침 철물	• 밑둥에는 밑받침 철물을 사용 • 밑받침에 고저차(高低差)가 있는 경우에는 조절형 밑받침철물을 사용하여 각각의 강관틀비계가 항상 수평 및 수직을 유지하도록 할 것
높이 및 주틀간의 간격	• 높이가 20미터를 초과하거나 중량물의 적재를 수반하는 작업을 할 경우에는 주틀 간의 간격을 1.8미터 이하로 할 것 • 주틀 간에 교차 가새를 설치하고 최상층 및 5층 이내마다 수평재를 설치할 것
벽이음	수직 방향 6m 이하, 수평 방향 8m 이하로 할 것
버팀기둥	길이가 띠장 방향으로 4미터 이하이고 높이가 10미터를 초과하는 경우에는 10미터 이내마다 띠장 방향으로 버팀기둥을 설치할 것

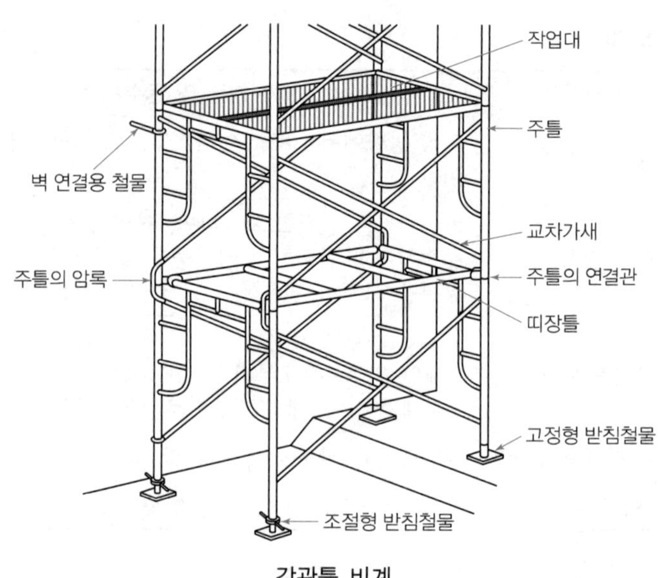

강관틀 비계

[관련법령]
산업안전보건기준에 관한 규칙 제4절 【달비계, 달대비계 및 걸침비계】

(5) 달비계 및 달대비계

구 분	설치 기준 및 준수사항
작업발판	• 폭을 40cm 이상으로 하고 틈새가 없도록 할 것 • 발판의 재료는 뒤집히거나 떨어지지 않도록 비계의 보 등에 연결하거나 고정시킬 것
흔들림 등의 방지	흔들리거나 뒤집히는 것을 방지하기 위하여 비계의 보 · 작업발판 등에 버팀을 설치하는 등 필요한 조치를 할 것
비계의 연결	선반 비계에서는 보의 접속부 및 교차부를 철선 · 이음철물 등을 사용하여 확실하게 접속시키거나 단단하게 연결시킬 것
버팀기둥	근로자의 추락 위험을 방지하기 위하여 달비계에 안전대 및 구명줄을 설치하고, 안전난간을 설치할 수 있는 구조인 경우에는 안전난간을 설치할 것

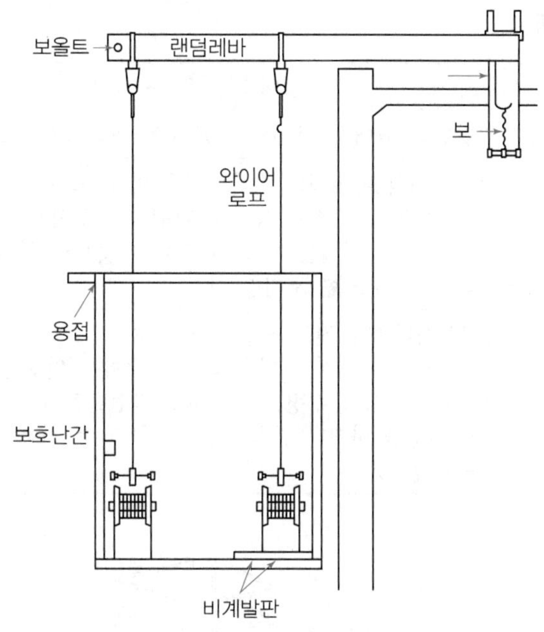

달비계 및 달대비계

(6) 말비계

구분	설치 기준 및 준수사항
작업발판	높이 2m를 초과하는 경우 발판의 폭을 40cm 이상으로 할 것
조립, 사용 시 준수사항	• 지주부재(支柱部材)의 하단에는 미끄럼 방지장치를 하고, 근로자가 양측 끝부분에 올라서서 작업하지 않도록 할 것 • 지주부재와 수평면의 기울기를 75° 이하로 하고, 지주부재와 지주부재 사이를 고정시키는 보조부재를 설치할 것

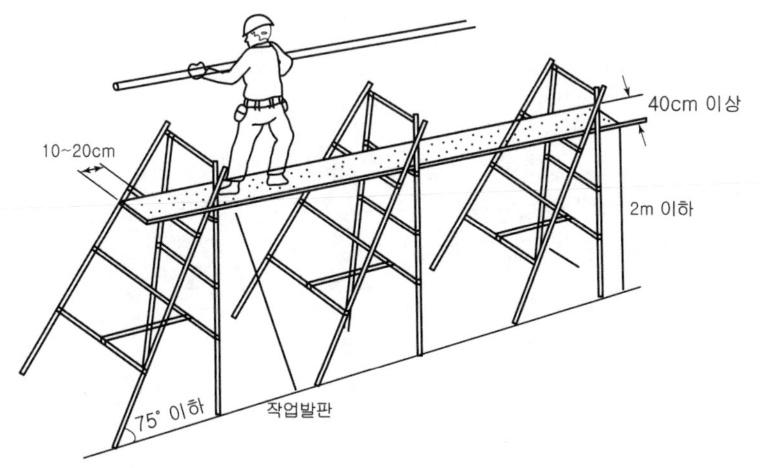

[관련법령]
산업안전보건기준에 관한 규칙 제5절
【말비계 및 이동식 비계】

[이동식 비계의 최대높이]
비계의 최대 높이는 밑변 최소 폭의 4배 이하이어야 한다.

(7) 이동식비계

구분	설치 기준 및 준수사항
작업발판	작업발판의 최대적재하중은 250kg을 초과하지 않도록 할 것
전도의 방지	이동식비계의 바퀴에는 갑작스러운 이동 또는 전도를 방지하기 위하여 브레이크 · 쐐기 등으로 바퀴를 고정시킨 다음 비계의 일부를 견고한 시설물에 고정하거나 아웃트리거(outrigger)를 설치하는 등 필요한 조치를 할 것
안전수칙	• 승강용사다리는 견고하게 설치할 것 • 비계의 최상부에서 작업을 하는 경우에는 안전난간을 설치 • 작업발판은 항상 수평을 유지하고 작업발판 위에서 안전난간을 딛고 작업을 하거나 받침대 또는 사다리를 사용하여 작업하지 않도록 할 것

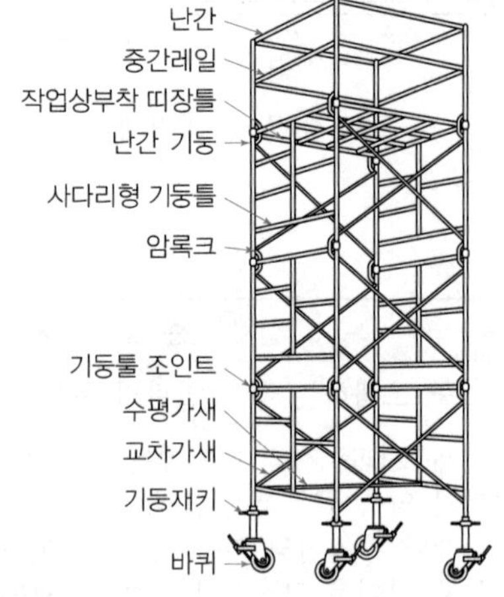

(8) 시스템비계

구분	설치 기준 및 준수사항
구조	• 수직재 · 수평재 · 가새재를 견고하게 연결 되도록 할 것 • 비계 밑단의 수직재와 받침철물은 밀착되도록 설치하고, 수직재와 받침철물의 연결부의 겹침길이는 받침철물 전체길이의 3분의 1 이상이 되도록 할 것 • 수평재는 수직재와 직각으로 설치하여야 하며, 체결 후 흔들림이 없도록 견고하게 설치할 것 • 수직재와 수직재의 연결철물은 이탈되지 않도록 견고한 구조로 할 것 • 벽 연결재의 설치간격은 제조사가 정한 기준에 따라 설치할 것
조립 시 준수사항	• 비계 기둥의 밑둥에는 밑받침 철물을 사용하여야 하며, 밑받침에 고저차가 있는 경우에는 조절형 밑받침 철물을 사용하여 시스템 비계가 항상 수평 및 수직을 유지하도록 할 것 • 경사진 바닥에 설치하는 경우에는 피벗형 받침 철물 또는 쐐기 등을 사용하여 밑받침 철물의 바닥면이 수평을 유지하도록 할 것 • 가공전로에 근접하여 비계를 설치하는 경우에는 가공전로를 이설하거나 가공전로에 절연용 방호구를 설치하는 등 가공전로와의 접촉을 방지하기 위하여 필요한 조치를 할 것 • 비계 내에서 근로자가 상하 또는 좌우로 이동하는 경우에는 반드시 지정된 통로를 이용하도록 주지시킬 것 • 비계 작업 근로자는 같은 수직면상의 위와 아래 동시 작업을 금지할 것 • 작업발판에는 제조사가 정한 최대적재하중을 초과하여 적재해서는 아니 되며, 최대적재하중이 표기된 표지판을 부착하고 근로자에게 주지시키도록 할 것

[시스템비계]

[관련법령]

산업안전보건기준에 관한 규칙 제6절 【시스템비계】

(9) 비계작업 시 안전조치 사항

① 비계의 재료

비계의 재료로 변형 · 부식 또는 심하게 손상된 것을 사용해서는 안된다.

② 작업발판의 최대적재하중

분 류	안전 계수
달기 와이어로프 및 달기 강선의 안전계수	10 이상
달기 체인 및 달기 훅의 안전계수	5 이상
달기 강대와 달비계의 하부 및 상부 지점의 안전계수	• 강재 : 2.5 이상 • 목재 : 5 이상

[관련법령]
산업안전보건기준에 관한 규칙 제56조 【작업발판의 구조】

[지붕 위에서의 위험방지]
사업주는 슬레이트, 선라이트(sunlight) 등 강도가 약한 재료로 덮은 지붕 위에서 작업을 할 때에 발이 빠지는 등 근로자가 위험해질 우려가 있는 경우 폭 30센티미터 이상의 발판을 설치하거나 추락방호망을 치는 등 위험을 방지하기 위하여 필요한 조치를 하여야 한다.

③ 비계(달비계, 달대비계 및 말비계는 제외)의 높이가 2m 이상인 작업장소의 작업발판 설치 기준

구분	설치 기준 및 준수사항
발판재료	발판재료는 작업할 때의 하중을 견딜 수 있도록 견고한 것으로 할 것
발판의 폭	• 작업발판의 폭 : 40cm 이상 • 발판재료 간의 틈 : 3cm 이하로 할 것. • 외줄비계의 경우 : 고용노동부장관이 별도로 정하는 기준
추락의 방지	• 추락의 위험이 있는 장소에는 안전난간을 설치할 것. (작업의 성질상 안전난간을 설치하는 것이 곤란한 경우, 작업의 필요상 임시로 안전난간을 해체할 때에 안전 방망을 설치하거나 근로자로 하여금 안전대를 사용하도록 하는 등 추락위험 방지 조치를 한 경우 제외) • 작업발판을 작업에 따라 이동시킬 경우에는 위험 방지에 필요한 조치를 할 것
발판의 지지물	하중에 의하여 파괴될 우려가 없는 것을 사용할 것
발판의 연결	작업발판재료는 뒤집히거나 떨어지지 않도록 둘 이상의 지지물에 연결하거나 고정시킬 것

④ 달비계 또는 높이 5m 이상의 비계를 조립·해체하거나 변경하는 작업을 하는 경우 준수사항

구분	내용
근로자의 작업수칙	• 근로자가 관리감독자의 지휘에 따라 작업하도록 할 것 • 조립·해체 또는 변경의 시기·범위 및 절차를 그 작업에 종사하는 근로자에게 주지시킬 것 • 작업구역에는 해당 작업에 종사하는 근로자가 아닌 사람의 출입을 금지하고 그 내용을 보기 쉬운 장소에 게시할 것 • 비, 눈, 그 밖의 기상상태의 불안정으로 날씨가 몹시 나쁜 경우에는 그 작업을 중지시킬 것
추락의 방지	비계재료의 연결·해체작업을 하는 경우에는 폭 20cm 이상의 발판을 설치하고 근로자로 하여금 안전대를 사용하도록 한다.
낙하의 방지	재료·기구 또는 공구 등을 올리거나 내리는 경우에는 근로자가 달줄 또는 달포대 등을 사용하게 할 것

⑤ 비, 눈, 그 밖의 기상상태의 악화로 작업을 중지시킨 후 또는 비계를 조립·해체하거나 변경한 후 작업을 하는 경우 점검사항

- 발판 재료의 손상 여부 및 부착 또는 걸림 상태
- 해당 비계의 연결부 또는 접속부의 풀림 상태
- 연결 재료 및 연결 철물의 손상 또는 부식 상태
- 손잡이의 탈락 여부
- 기둥의 침하, 변형, 변위(變位) 또는 흔들림 상태
- 로프의 부착 상태 및 매단 장치의 흔들림 상태

01 핵심문제 1. 비계

□□□ 16년1회, 18년3회

1. 단관비계의 도괴 또는 전도를 방지하기 위하여 사용하는 벽이음의 간격기준으로 옳은 것은?

① 수직방향 5m이하, 수평방향 5m 이하
② 수직방향 6m이하, 수평방향 6m 이하
③ 수직방향 7m이하, 수평방향 7m 이하
④ 수직방향 8m이하, 수평방향 8m 이하

문제 1~5 해설

비계의 벽이음 조립간격

비계의 종류	조립간격(단위 : m)	
	수직방향	수평방향
단관비계	5	5
틀비계(높이가 5m 미만의 것을 제외한다)	6	8
통나무 비계	5.5	7.5

□□□ 10년2회, 12년1회, 20년1·2회

2. 강관비계의 수직방향 벽이음 조립간격(m)으로 옳은 것은? (단, 틀비계이며 높이는 10m이다.)

① 2m ② 4m
③ 6m ④ 9m

□□□ 13년2회, 16년2회

3. 단관비계를 조립하는 경우 벽이음 및 버팀을 설치할 때의 수평방향 조립간격 기준으로 알맞은 것은?

① 3m ② 5m
③ 8m ④ 6m

□□□ 15년2회, 21년2회

4. 강관틀비계의 벽이음에 대한 조립간격 기준으로 옳은 것은? (단, 높이가 5m 미만인 경우 제외)

① 수직방향 5m, 수평방향 5m 이내
② 수직방향 6m, 수평방향 6m 이내
③ 수직방향 6m, 수평방향 8m 이내
④ 수직방향 8m, 수평방향 6m 이내

□□□ 09년1회

5. 통나무비계를 사용할 때 벽연결은 수직방향에서 몇 미터 이하로 하여야 하는가?

① 3m 이하 ② 4.5m 이하
③ 5.5m 이하 ④ 7.5m 이하

□□□ 12년3회, 20년3회

6. 비계의 부재 중 기둥과 기둥을 연결시키는 부재가 아닌 것은?

① 띠장 ② 장선
③ 가새 ④ 작업발판

해설

작업발판이란 고소작업 중 추락이나 발이 빠질 위험이 있는 장소에 근로자가 안전하게 작업할 수 있고, 그리고 자재운반 등이 용이하도록 공간확보를 위해 설치해 놓은 발판을 말한다.

□□□ 15년1회

7. 비계에서 벽 고정을 하고 기둥과 기둥을 수평재나 가새로 연결하는 가장 큰 이유는?

① 작업자의 추락재해를 방지하기 위해
② 좌굴을 방지하기 위해
③ 인장파괴를 방지하기 위해
④ 해체를 용이하게 하기 위해

해설

비계에서 벽 고정을 하고 기둥과 기둥을 수평재나 가새로 연결하는 가장 큰 이유는 좌굴을 방지하기 위해서이다.

□□□ 08년1회, 09년2회

8. 통나무비계를 조립할 때 준수하여야 할 사항에 대한 아래 표의 내용에서 ( )에 가장 적합한 것은?

비계기둥의 이음이 맞댐이음인 때에는 비계기둥을 쌍기둥틀로 하거나 (ⓐ)미터 이상의 덧댐목을 사용하여 (ⓑ)개소 이상을 묶을 것

① ⓐ : 1.0, ⓑ : 4 ② ⓐ : 1.8, ⓑ : 4
③ ⓐ : 1.0, ⓑ : 2 ④ ⓐ : 1.8, ⓑ : 2

정답 1 ① 2 ③ 3 ② 4 ③ 5 ③ 6 ④ 7 ② 8 ②

문제 8, 9 해설

비계기둥의 이음이 겹침이음인 때에는 이음부분에서 1미터 이상을 서로 겹쳐서 2개소 이상을 묶고, 비계기둥의 이음이 맞댄이음인 때에는 비계기둥을 쌍기둥틀로 하거나 1.8미터 이상의 덧댐목을 사용하여 4개소 이상을 묶을 것

[참고] 산업안전보건기준에 관한 규칙 제71조 【통나무비계의 구조】

□□□ 08년2회

9. 통나무비계의 비계기둥 이음을 겹침이음할 경우 그 겹침이음 길이는 최소 몇 m 이상으로 하여야 하는가?

① 1m ② 1.5m
③ 2m ④ 2.5m

□□□ 09년3회, 19년1회

10. 다음 중 강관비계 조립 시의 준수사항과 관련이 없는 것은?

① 비계기둥에는 미끄러지거나 침하하는 것을 방지하기 위하여 밑받침철물을 사용한다.
② 지상높이 4층 이하 또는 12층 이하인 건축물의 해체 및 조립 등의 작업에서만 사용한다.
③ 교차가새로 보강한다.
④ 쌍줄비계 또는 돌출비계에 대하여는 벽이음 및 버팀을 설치한다.

문제 10, 11 해설

②항은 통나무 비계의 준수사항으로 통나무 비계는 지상높이 4층 이하 또는 12m 이하인 건축물 · 공작물 등의 건조 · 해체 및 조립 등의 작업에 사용된다.

□□□ 13년3회

11. 다음은 통나무 비계를 조립하는 경우의 준수사항에 대한 내용이다. 괄호안에 알맞은 내용을 고르시오?

통나무 비계는 지상높이 (ⓐ)이하 또는 (ⓑ)이하인 건축물 · 공작물 등의 건조 · 해체 및 조립 등의 작업에만 사용할 수 있다.

① ⓐ 4층, ⓑ 12m ② ⓐ 6층, ⓑ 12m
③ ⓐ 4층, ⓑ 15m ④ ⓐ 6층, ⓑ 15m

□□□ 11년1회, 18년1회

12. 강관을 사용하여 비계를 구성할 때의 설치기준으로 옳지 않은 것은?

① 비계기둥의 간격은 띠장방향에서 1.5m~1.8m 이하로 한다.
② 띠장간격은 1.5m 이하로 설치한다.
③ 비계기둥의 최고로부터의 31m 되는 지점 밑부분의 비계기둥은 2본의 강관으로 묶어 세운다.
④ 비계기둥간의 적재하중은 400kg을 초과하지 아니하도록 한다.

문제 12~15 해설

강관비계의 구조

1. 비계기둥의 간격은 띠장 방향에서는 1.85m 이하, 장선(長線) 방향에서는 1.5m 이하로 할 것
2. 띠장 간격은 2m 이하로 할 것. 다만, 작업의 성질상 이를 준수하기가 곤란하여 쌍기둥틀 등에 의하여 해당 부분을 보강한 경우에는 그러하지 아니하다.
3. 비계기둥의 제일 윗부분으로부터 31m되는 지점 밑부분의 비계기둥은 2개의 강관으로 묶어 세울 것. 다만, 브라켓(bracket) 등으로 보강하여 2개의 강관으로 묶을 경우 이상의 강도가 유지되는 경우에는 그러하지 아니하다.
4. 비계기둥 간의 적재하중은 400kg을 초과하지 않도록 할 것

[참고] 산업안전보건기준에 관한 규칙 제60조 【강관비계의 구조】

※ 강관비계의 구조기준이 개정되어 2020년부터 시행되고 있다. 12~15번 문제는 과거의 법령이 기준이므로 주의하도록 하자.
※ 변경내용
1. 비계기둥의 간격 : 띠장방향에서 1.5m 이상 1.8m 이하 → 1.85m 이하
2. 띠장간격 : 1.5m 이하 → 2m 이하
첫 번째 띠장은 지상으로부터 2m 이하의 위치에 설치 → 삭제

□□□ 13년2회, 17년1회

13. 다음은 강관을 사용하여 비계를 구성하는 경우에 대한 내용이다. 빈칸에 들어갈 내용으로 알맞은 것은?

비계기둥 간격은 띠장방향에서는 ( ), 장선방향에서는 1.5m 이하로 할 것

① 1.2m 이상 2.0m 이하
② 1.2m 이상 1.5m 이하
③ 1.5m 이상 1.8m 이하
④ 1.5m 이상 2.0m 이하

정답 9 ① 10 ② 11 ① 12 ② 13 ③

□□□ 12년2회, 12년3회, 16년3회, 17년3회, 21년3회

14. 강관을 사용하여 비계를 구성하는 경우 준수하여야 하는 사항으로 옳지 않은 것은?

① 비계기둥의 간격은 띠장 방향에서는 1.5m 이상 1.8m 이하로 할 것
② 비계기둥 간의 적재하중은 300kg을 초과하지 않도록 할 것
③ 비계기둥의 제일 윗부분으로부터 31m 되는 지점 밑부분의 비계기둥은 2개의 강관으로 묶어 세울 것
④ 띠장간격은 1.5m 이하로 설치하되, 첫 번째 띠장은 지상으로부터 2m 이하의 위치에 설치할 것

□□□ 19년2회

15. 강관비계의 설치 기준으로 옳은 것은?

① 비계기둥의 간격은 띠장방향에서는 1.5m 이상 1.8m 이하로 하고, 장선방향에서는 2.0m 이하로 한다.
② 띠장 간격은 1.8m 이하로 설치하되, 첫 번째 띠장은 지상으로부터 2m 이하의 위치에 설치한다.
③ 비계기둥 간의 적재하중은 400kg을 초과하지 않도록 한다.
④ 비계기둥의 제일 윗부분으로부터 21m되는 지점 밑부분의 비계기둥은 2개의 강관으로 묶어 세운다.

□□□ 14년1회

16. 52m 높이로 강관비계를 세우려면 지상에서 몇 미터까지 2개의 강관으로 묶어 세워야 하는가?

① 11m　　② 16m
③ 21m　　④ 26m

해설

① 제일 윗부분으로부터 31미터 되는 지점 밑부분의 비계기둥은 2개의 강관으로 묶어 세울 것
② 52m−31m=21m

□□□ 11년2회, 20년3회

17. 다음은 강관틀비계를 조립하여 사용할 때 준수해야 하는 기준이다. ( ) 안에 알맞은 숫자를 나열한 것은?

> 길이가 띠장방향으로 (ⓐ)미터 이하이고 높이가 (ⓑ)미터를 초과하는 경우에는 (ⓒ)미터 이내마다 띠장방향으로 버팀기둥을 설치할 것

① ⓐ 4 ⓑ 10 ⓒ 5　　② ⓐ 4 ⓑ 10 ⓒ 10
③ ⓐ 5 ⓑ 10 ⓒ 5　　④ ⓐ 5 ⓑ 10 ⓒ 10

문제 17, 18 해설

[참고] 산업안전보건기준에 관한 규칙 제62조【강관틀비계】
사업주는 강관틀 비계를 조립하여 사용하는 경우 다음 각 호의 사항을 준수하여야 한다.
1. 비계기둥의 밑둥에는 밑받침 철물을 사용하여야 하며 밑받침에 고저차(高低差)가 있는 경우에는 조절형 밑받침철물을 사용하여 각각의 강관틀비계가 항상 수평 및 수직을 유지하도록 할 것
2. 높이가 20미터를 초과하거나 중량물의 적재를 수반하는 작업을 할 경우에는 주틀 간의 간격을 1.8미터 이하로 할 것
3. 주틀 간에 교차 가새를 설치하고 최상층 및 5층 이내마다 수평재를 설치할 것
4. 수직방향으로 6미터, 수평방향으로 8미터 이내마다 벽이음을 할 것
5. 길이가 띠장 방향으로 4미터 이하이고 높이가 10미터를 초과하는 경우에는 10미터 이내마다 띠장 방향으로 버팀기둥을 설치할 것

□□□ 18년2회

18. 강관틀 비계를 조립하여 사용하는 경우 준수해야 하는 사항으로 옳지 않은 것은?

① 길이가 띠장 방향으로 4m 이하이고 높이가 10m를 초과하는 경우에는 10m 이내마다 띠장 방향으로 버팀기둥을 설치할 것
② 높이가 20m를 초과하거나 중량물의 적재를 수반하는 작업을 할 경우에는 주틀 간의 간격을 1.8m 이하로 할 것
③ 주틀 간에 교차가새를 설치하고 최상층 및 10층 이내마다 수평재를 설치할 것
④ 수직방향으로 6m, 수평방향으로 8m 이내마다 벽이음을 할 것

□□□ 13년1회, 13년2회, 16년2회, 21년2회

19. 다음은 시스템 비계 구성에 관한 내용이다. ( ) 안에 들어갈 말로 옳은 것은?

> 비계 밑단의 수직재와 받침철물은 밀착되도록 설치하고, 수직재와 받침철물의 연결부의 겹침길이는 받침철물 ( ) 이상이 되도록 할 것

① 전체 길이의 4분의 1
② 전체 길이의 3분의 1
③ 전체 길이의 2분의 1
④ 전체 길이의 3분의 2

정답 14 ② 15 ③ 16 ③ 17 ② 18 ③ 19 ②

문제 19, 20 해설

[참고] 산업안전보건기준에 관한 규칙 제69조【시스템 비계의 구조】
1. 수직재·수평재·가새재를 견고하게 연결하는 구조가 되도록 할 것
2. 비계 밑단의 수직재와 받침철물은 밀착되도록 설치하고, 수직재와 받침철물의 연결부의 겹침길이는 받침철물 전체길이의 3분의 1 이상이 되도록 할 것
3. 수평재는 수직재와 직각으로 설치하여야 하며, 체결 후 흔들림이 없도록 견고하게 설치할 것
4. 수직재와 수직재의 연결철물은 이탈되지 않도록 견고한 구조로 할 것
5. 벽 연결재의 설치간격은 제조사가 정한 기준에 따라 설치할 것

□□□ 18년3회

20. 시스템 비계를 사용하여 비계를 구성하는 경우의 준수사항으로 옳지 않은 것은?

① 수직재·수평재·가새재를 견고하게 연결하는 구조가 되도록 할 것
② 수평재는 수직재와 직각으로 설치하여야 하며, 체결 후 흔들림이 없도록 견고하게 설치할 것
③ 비계 밑단의 수직재와 받침철물을 밀착 되도록 설치하고, 수직재와 받침철물의 연결부의 겹침길이는 받침철물 전체길이의 3분의 1 이상이 되도록 할 것
④ 벽 연결재의 설치간격은 시공자가 안전을 고려하여 임의대로 결정한 후 설치할 것

□□□ 08년3회

21. 이동식 비계의 사용 시 준수해야 할 사항 중 옳지 않은 것은?

① 안전담당자의 지휘하에 작업한다.
② 최대 적재하중을 표시하여야 한다.
③ 비계의 최대 높이는 밑변 최소 폭의 5배 이하이어야 한다.
④ 불의의 이동을 방지하기 위한 제동장치를 갖추어야 한다.

해설

비계의 최대 높이는 밑변 최소 폭의 4배 이하이어야 한다.

□□□ 13년1회

22. 이동식 비계를 조립하여 사용할 때 밑변 최소폭의 길이가 2m라면 이 비계의 사용가능한 최대 높이는?

① 4m ② 8m
③ 10m ④ 14m

해설

비계의 최대 높이는 밑변 최소 폭의 4배를 초과하지 않아야 하므로, 2m × 4배=8m이하로 해야 한다.

□□□ 14년2회, 17년3회, 21년1회, 22년2회

23. 이동식 비계를 조립하여 작업을 하는 경우의 준수기준으로 옳지 않은 것은?

① 비계의 최상부에서 작업을 할 때에는 안전난간을 설치하여야 한다.
② 작업발판의 최대적재하중은 400kg을 초과하지 않도록 한다.
③ 승강용 사다리는 견고하게 설치하여야 한다.
④ 작업발판은 항상 수평을 유지하고 작업발판 위에서 안전난간을 딛고 작업을 하거나 받침대 또는 사다리를 사용하여 작업하지 않도록 한다.

문제 23~26 해설

사업주는 이동식비계를 조립하여 작업을 하는 경우에는 다음 각 호의 사항을 준수하여야 한다.
1. 이동식비계의 바퀴에는 뜻밖의 갑작스러운 이동 또는 전도를 방지하기 위하여 브레이크·쐐기 등으로 바퀴를 고정시킨 다음 비계의 일부를 견고한 시설물에 고정하거나 아웃트리거(outrigger)를 설치하는 등 필요한 조치를 할 것
2. 승강용사다리는 견고하게 설치할 것
3. 비계의 최상부에서 작업을 하는 경우에는 안전난간을 설치할 것
4. 작업발판은 항상 수평을 유지하고 작업발판 위에서 안전난간을 딛고 작업을 하거나 받침대 또는 사다리를 사용하여 작업하지 않도록 할 것
5. 작업발판의 최대적재하중은 250킬로그램을 초과하지 않도록 할 것

[참고] 산업안전보건기준에 관한 규칙 제68조【이동식비계】

□□□ 12년2회, 13년3회, 17년3회

24. 이동식 비계를 조립하여 작업을 하는 경우에 작업발판의 최대적재하중은 몇 kg을 초과하지 않도록 해야 하는가?

① 150kg ② 200kg
③ 250kg ④ 300kg

정답 20 ④ 21 ③ 22 ② 23 ② 24 ③

□□□ 18년3회

25. 이동식 비계를 조립하여 작업을 하는 경우의 준수기준으로 옳지 않은 것은?

① 비계의 최상부에서 작업을 하는 경우에는 안전난간을 설치할 것
② 작업발판은 항상 수평을 유지하고 작업발판 위에서 안전난간을 딛고 작업을 하거나 받침대 또는 사다리를 사용하여 작업하지 않도록 할 것
③ 작업발판의 최대적재하중은 150kg을 초과하지 않도록 할 것
④ 이동식비계의 바퀴에는 뜻밖의 갑작스러운 이동 또는 전도를 방지하기 위하여 브레이크 · 쐐기 등으로 바퀴를 고정시킨 다음 비계의 일부를 견고한 시설물에 고정하거나 아웃트리거(outtrigger)를 설치하는 등 필요한 조치를 할 것

□□□ 14년3회, 18년1회

26. 이동식 비계를 조립하여 작업을 하는 경우의 준수사항으로 틀린 것은?

① 승강용사다리는 견고하게 설치할 것
② 작업발판의 최대적재하중은 250kg을 초과하지 않도록 할 것
③ 비계의 최상부에서 작업을 하는 경우에는 안전난간을 설치할 것
④ 작업발판은 항상 수평을 유지하고 작업발판 위에서 안전난간을 딛고 작업을 하거나 받침대 또는 사다리를 사용하여 작업하도록 할 것

□□□ 09년2회, 16년1회, 19년1회

27. 달비계(곤돌라의 달비계는 제외)의 최대적재하중을 정할 때 사용하는 안전계수의 기준으로 옳은 것은?

① 달기체인의 안전계수는 10 이상
② 달기강대와 달비계의 하부 및 상부지점의 안전계수는 목재의 경우 2.5 이상
③ 달기와이어로프의 안전계수는 5 이상
④ 달기강선의 안전계수는 10 이상

문제 27~29 해설

달비계(곤돌라의 달비계를 제외한다)의 최대 적재하중의 안전계수
1. 달기와이어로프 및 달기강선의 안전계수는 10이상
2. 달기체인 및 달기훅의 안전계수는 5이상
3. 달기강대와 달비계의 하부 및 상부지점의 안전계수는 강재의 경우 2.5이상, 목재의 경우 5이상

[참고] 산업안전보건기준에 관한 규칙 제55조【작업발판의 최대적재하중】

□□□ 11년2회, 20년1·2회

28. 달비계의 최대 적재하중을 정함에 있어 그 안전계수 기준으로 옳지 않은 것은?

① 달기와이어로프 및 달기강선의 안전계수는 10이상
② 달기체인 및 달기훅의 안전계수는 5 이상
③ 달기강대와 달비계의 하부 및 상부지점의 안전계수는 강재의 경우 3 이상
④ 달기강대와 달비계의 하부 및 상부지점의 안전계수는 목재의 경우 5이상

□□□ 09년3회, 15년1회, 18년1회, 21년3회

29. 다음 중 달비계의 최대적재하중을 정함에 있어서 활용하는 안전계수의 기준으로 옳은 것은? (단, 곤돌라의 달비계를 제외한다.)

① 달기와이어로프 : 5 이상
② 달기강선 : 5 이상
③ 달기체인 : 3 이상
④ 달기훅 : 5 이상

□□□ 12년3회, 17년1회, 19년1회

30. 달비계를 설치할 때 작업발판의 폭은 최소 얼마 이상으로 하여야 하는가?

① 30cm ② 40cm
③ 50cm ④ 60cm

해설

작업발판은 폭을 40센티미터 이상으로 하고 틈새가 없도록 할 것

[참고] 산업안전보건기준에 관한 규칙 제63조【달비계의 구조】

정답 25 ③ 26 ④ 27 ④ 28 ③ 29 ④ 30 ②

□□□ 12년1회, 14년3회, 15년2회, 19년2회

31. 다음은 달비계 또는 높이 5미터 이상의 비계를 조립·해체하거나 변경하는 작업을 하는 경우에 대한 내용이다. ( )안에 알맞은 숫자는?

> 비계재료의 연결·해체작업을 하는 경우에는 폭 ( ) 센티미터 이상의 발판을 설치하고 근로자로 하여금 안전대를 사용하도록 하는 등 추락을 방지하기 위한 조치를 할 것

① 15　② 20
③ 25　④ 30

해설

비계재료의 연결·해체작업을 하는 경우에는 폭 20센티미터 이상의 발판을 설치하고 근로자로 하여금 안전대를 사용하도록 하는 등 추락을 방지하기 위한 조치를 할 것

[참고] 산업안전보건기준에 관한 규칙 제57조 【비계 등의 조립·해체 및 변경】

□□□ 09년3회, 10년3회, 17년2회

32. 말비계를 조립하여 사용할 때에 준수하여야 할 사항으로 옳지 않은 것은?

① 말비계의 높이가 2m를 초과할 경우에는 작업발판의 폭을 30cm 이상으로 할 것
② 지주부재와 수평면과의 기울기는 75° 이하로 할 것
③ 지주부재의 하단에는 미끄럼 방지장치를 할 것
④ 지주부재와 지주부재 사이를 고정시키는 보조부재를 설치할 것

문제 32~34 해설

사업주는 말비계를 조립하여 사용할 때에는 다음 각호의 사항을 준수하여야 한다.

1. 지주부재의 하단에는 미끄럼 방지장치를 하고, 양측 끝부분에 올라서서 작업하지 아니하도록 할 것
2. 지주부재와 수평면과의 기울기를 75도 이하로 하고, 지주부재와 지주부재 사이를 고정시키는 보조부재를 설치할 것
3. 말비계의 높이가 2미터를 초과할 경우에는 작업발판의 폭을 40센티미터 이상으로 할 것

[참고] 산업안전보건기준에 관한 규칙 제67조 【말비계】

□□□ 18년2회

33. 말비계를 조립하여 사용하는 경우에 지주부재와 수평면의 기울기는 최대 몇 도 이하로 하여야 하는가?

① 30°　② 45°
③ 60°　④ 75°

□□□ 12년1회, 13년3회, 20년3회

34. 다음은 말비계 조립 시 준수사항이다. ( )에 알맞은 수치는?

> • 지주부재와 수평면을 기울기를 (ⓐ)도 이하로 하고 지주부재와 지주부재 사이를 고정시키는 보조부재를 설치할 것
> • 말비계 높이가 2m를 초과하는 경우에는 작업발판의 폭을 (ⓑ)cm 이상으로 할 것

① ⓐ 55, ⓑ 20　② ⓐ 65, ⓑ 30
③ ⓐ 75, ⓑ 40　④ ⓐ 85, ⓑ 50

정답 31 ② 32 ① 33 ④ 34 ③

02 작업통로

(1) 작업통로의 설치기준

[관련법령]
산업안전보건기준에 관한 규칙 제3장 【통로】

① 근로자가 안전하게 통행할 수 있도록 통로에 75럭스 이상의 채광 또는 조명시설을 하여야 한다.
② 안전한 통로를 설치하고 항상 사용할 수 있는 상태로 유지해야 한다.
③ 통로의 주요 부분에는 통로표시를 한다.
④ 통로면으로부터 높이 2m 이내에는 장애물이 없도록 하여야 한다.
⑤ 가설통로의 구조

구분	내용
구조	• 견고한 구조로 할 것 • 추락할 위험이 있는 장소에는 안전난간을 설치할 것. (작업상 부득이한 경우에는 필요한 부분만 임시로 해체할 수 있다.)
통로의 경사	• 경사는 30도 이하로 할 것.(계단을 설치하거나 높이 2m 미만의 가설통로로서 튼튼한 손잡이를 설치한 경우 제외) • 경사가 15도를 초과하는 경우 미끄러지지 않는 구조로 할 것
계단참의 설치	• 수직갱에 가설된 통로의 길이가 15m 이상인 경우에는 10m 이내마다 계단참을 설치할 것 • 건설공사에 사용하는 높이 8m 이상인 비계다리에는 7m 이내마다 계단참을 설치할 것

(2) 경사로 설치, 사용시 준수 사항

[경사로의 설치기준]

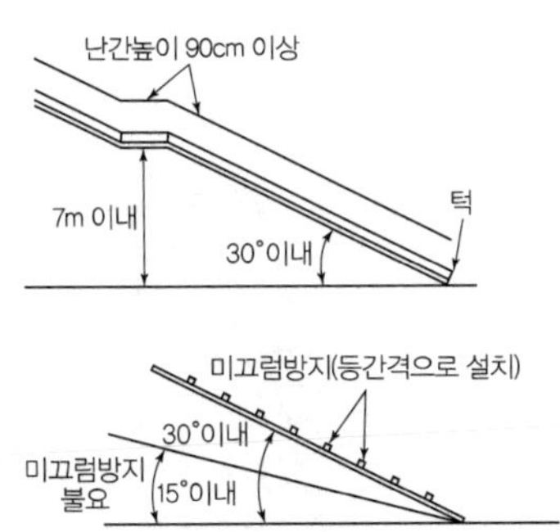

① 시공하중 또는 폭풍, 진동 등 외력에 대하여 안전하도록 설계해야 한다.
② 경사로의 폭은 최소 90cm 이상이어야 한다.
③ 높이 7m 이내마다 계단참을 설치하여야 한다.
④ 추락방지용 안전난간을 설치하여야 한다.
⑤ 목재는 미송, 육송 또는 그 이상의 재질을 가진 것이어야 한다.
⑥ 경사로 지지기둥은 3m 이내마다 설치하여야 한다.
⑦ 발판은 폭 40cm 이상으로 하고, 틈은 3cm 이내로 설치하여야 한다.
⑧ 발판은 이탈하거나 한쪽 끝을 밟으면 다른쪽이 들리지 않게 장선에 결속
⑨ 결속용 못이나 철선이 발에 걸리지 않아야 한다.
⑩ 비탈면의 경사각은 30° 이내로 한다.

경사로의 미끄럼막이 간격

경사각	미끄럼막이 간격	경사각	미끄럼막이 간격
30도	30cm	22도	40cm
29도	33cm	19도20분	43cm
27도	35cm	17도	45cm
24도15분	37cm	14도	47cm

(3) 사다리식 통로 등의 구조

① 견고한 구조로 할 것
② 심한 손상 · 부식 등이 없는 재료를 사용할 것
③ 발판의 간격은 일정하게 할 것
④ 발판과 벽과의 사이는 15cm 이상의 간격을 유지할 것
⑤ 폭은 30cm 이상으로 할 것
⑥ 사다리가 넘어지거나 미끄러지는 것을 방지하기 위한 조치를 할 것
⑦ 사다리의 상단은 걸쳐놓은 지점으로부터 60cm 이상 올라가도록 할 것
⑧ 사다리식 통로의 길이가 10m 이상인 경우에는 5m 이내마다 계단참을 설치할 것
⑨ 사다리식 통로의 기울기는 75° 이하로 할 것. 다만, 고정식 사다리식 통로의 기울기는 90° 이하로 하고, 그 높이가 7m 이상인 경우에는 바닥으로부터 높이가 2.5m 되는 지점부터 등받이울을 설치할 것
⑩ 접이식 사다리 기둥은 사용 시 접혀지거나 펼쳐지지 않도록 철물 등을 사용하여 견고하게 조치할 것

⑪ **사다리의 종류별 설치 준수사항**

구분	내용
옥외용 사다리	• 옥외용 사다리는 철재를 원칙으로 한다. • 길이가 10m 이상인 때는 5m 이내의 간격으로 계단참을 둔다. • 사다리 전면의 사방 75cm 이내에는 장애물이 없어야 한다.
목재사다리	• 재질은 건조된 것으로 옹이, 갈라짐, 흠 등의 결함이 없고 곧은 것이어야 한다. • 수직재와 발 받침대는 장부촉 맞춤으로 하고 사개를 파서 제작하여야 한다. • 발 받침대의 간격은 25~35cm로 하여야 한다. • 이음 또는 맞춤부분은 보강하여야 한다. • 벽면과의 이격거리는 20cm 이상으로 하여야 한다.

[이동식 사다리]

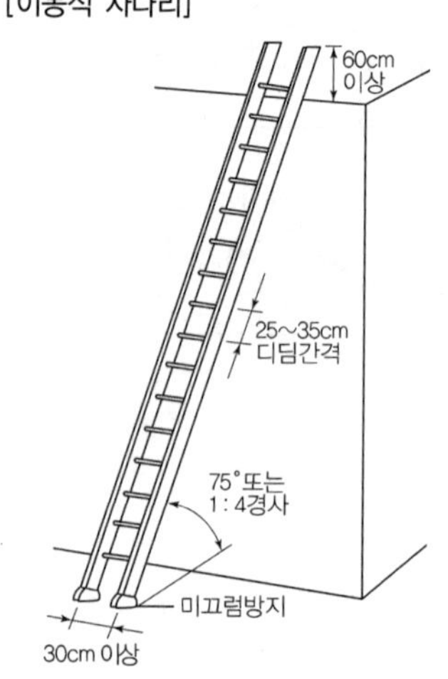

구분	내용
철재사다리	• 수직재와 발 받침대는 횡좌굴을 일으키지 않도록 충분한 강도를 가진 것으로 하여야 한다. • 발 받침대는 미끄러짐을 방지하기 위한 미끄럼방지장치를 하여야 한다. • 받침대의 간격은 25~35cm로 하여야 한다. • 사다리 몸체 또는 전면에 기름 등과 같은 미끄러운 물질이 묻어 있어서는 아니된다.
이동식 사다리	• 길이가 6m를 초과해서는 안된다. • 다리의 벌림은 벽 높이의 1/4정도가 적당하다. • 벽면 상부로부터 60cm 이상의 연장길이가 있어야 한다.

⑫ 미끄럼방지 장치 설치, 사용시 준수 사항

- 사다리 지주의 끝에 고무, 코르크, 가죽, 강스파이크 등을 부착시켜 바닥과의 미끄럼을 방지하는 안전장치가 있어야 한다.
- 쐐기형 강스파이크는 지반이 평탄한 맨땅위에 세울 때 사용한다.
- 미끄럼방지 판자 및 미끄럼 방지 고정쇠는 돌마무리 또는 인조석 깔기마감 한 바닥용으로 사용하여야 한다.
- 미끄럼방지 발판은 인조고무 등으로 마감한 실내용을 사용해야 한다.

⑬ 연장사다리는 총 길이는 15m를 초과할 수 없고, 사다리 작업 시 작업장에서 위로 60cm 이상 연장되어 있어야 한다.

[이동식 사다리의 미끄럼 방지장치]

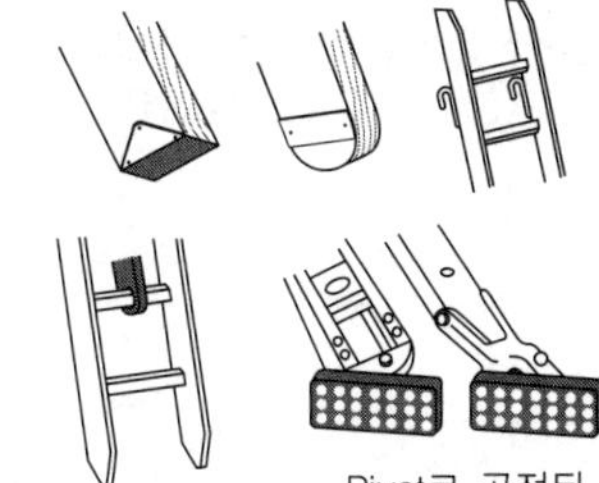

쐐기 형강 스파크

Pivot로 공정된 미끄럼 장치용 판자

미끄럼 방지용 판자

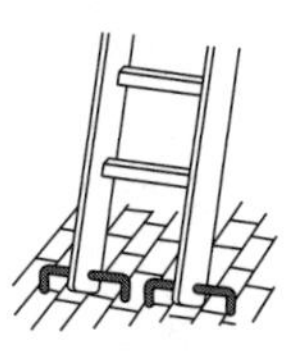

미끄럼 방지용 고정쇠

(4) 계단의 설치기준

구분	내용
낙하의 방지	계단 및 승강구 바닥을 구멍이 있는 재료로 만드는 경우 렌치나 그 밖의 공구 등이 낙하할 위험이 없는 구조로 한다.
계단의 강도	• m^2 당 500kg 이상의 하중에 견딜 수 있는 구조로 설치 • 안전율 : 4 이상
계단의 폭	계단의 폭 : 1m 이상(급유용 · 보수용 · 비상용 계단 및 나선형 계단인 경우제외)
계단참의 높이	높이가 3m를 초과하는 계단에 높이 3m 이내마다 너비 1.2m 이상의 계단참을 설치하여야 한다.

■ 계단참의 설치 간격

- 수직갱에 가설된 통로 : 길이가 15m 이상인 경우 10m 이내마다
- 건설공사에 사용하는 비계다리 : 높이 8m 이상인 경우 7m 이내마다
- 경사로 : 높이 7m 이내마다
- 사다리식 통로 : 길이가 10m 이상인 경우 5m 이내마다
- 계단 : 높이 3m를 초과 시 3m이내마다(너비 1.2m)

[관련법령]
산업안전보건기준에 관한 규칙 제13조
【안전난간의 구조 및 설치요건】

(5) 안전난간

① 안전난간의 구성
상부 난간대, 중간 난간대, 발끝막이판 및 난간기둥

② 난간의 설치 기준

구분	내용
난간대	• 상부 난간대는 바닥면 · 발판 또는 경사로의 바닥면으로부터 90센티미터 이상 지점에 설치한다. • 상부 난간대를 120센티미터 이하에 설치하는 경우 : 중간 난간대는 상부 난간대와 바닥면등의 중간에 설치 • 상부 난간대를 120센티미터 이상 지점에 설치하는 경우 : 중간 난간대를 2단 이상으로 균등하게 설치하고 난간의 상하 간격은 60센티미터 이하가 되도록 할 것 • 계단의 개방된 측면에 설치된 난간 기둥 사이가 25cm 이하인 경우에는 중간 난간대를 설치하지 아니할 수 있다. • 상부 난간대와 중간 난간대는 난간 길이 전체에 걸쳐 바닥면등과 평행을 유지할 것 • 난간대는 지름 2.7cm 이상의 금속제 파이프나 그 이상의 강도가 있는 재료일 것 • 안전난간은 구조적으로 가장 취약한 지점에서 가장 취약한 방향으로 작용하는 100kg 이상의 하중에 견딜 수 있는 튼튼한 구조일 것
난간기둥	상부 난간대와 중간 난간대를 견고하게 떠받칠 수 있도록 적정한 간격을 유지할 것
발끝막이판	바닥면 등으로부터 10cm 이상의 높이를 유지할 것. 다만, 물체가 떨어지거나 날아올 위험이 없거나 그 위험을 방지할 수 있는 망을 설치하는 등 필요한 예방 조치를 한 장소는 제외한다.

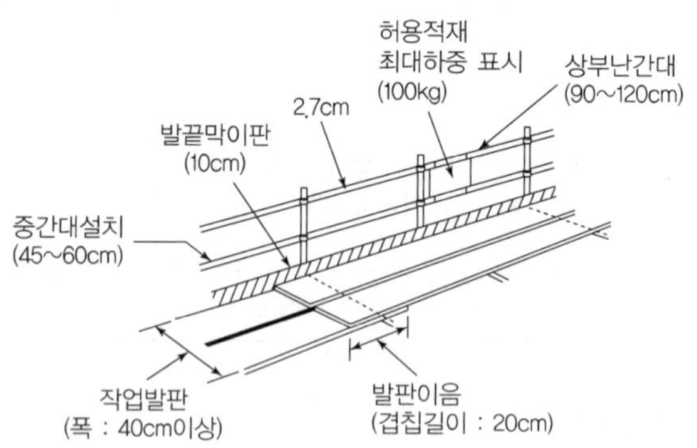

(6) 통로발판 설치, 사용시 준수 사항

① 근로자가 작업 및 이동하기에 충분한 넓이가 확보되어야 한다.
② 추락의 위험이 있는 곳에는 안전난간이나 철책을 설치하여야 한다.
③ 발판을 겹쳐 이음하는 경우 장선 위에서 이음을 하고 겹침길이는 20cm 이상으로 하여야 한다.
④ 발판 1개에 대한 지지물은 2개 이상이어야 한다.
⑤ 작업발판의 최대폭은 1.6m 이내이어야 한다.
⑥ 작업발판 위에는 돌출된 못, 옹이, 철선 등이 없어야 한다.
⑦ 비계발판의 구조에 따라 최대 적재하중을 정하고 이를 초과하지 않도록 하여야 한다.

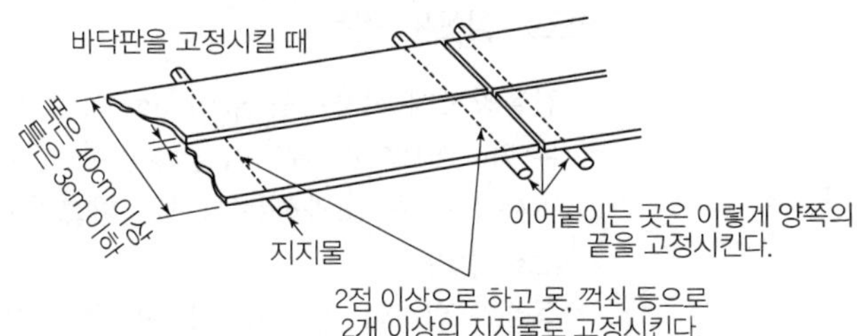

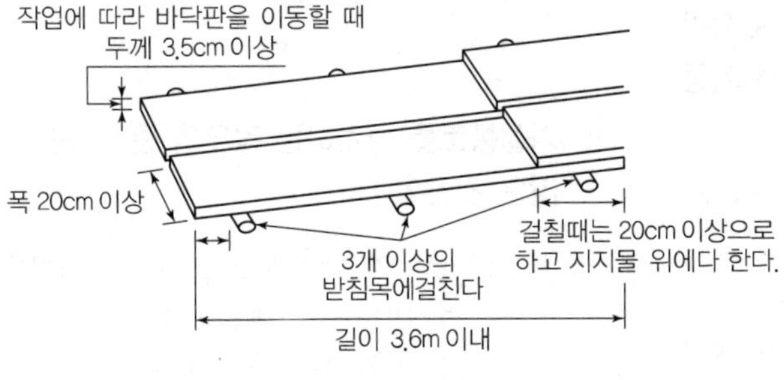

통로발판 설치기준

⑧ 가설발판의 지지력 계산

- 집중하중$(M_{\max}) = \frac{1}{4}pl$,
- 등분포하중(자중)$(M_{\max}) = \frac{1}{8}wl^2$

$$M_{\max} = \frac{1}{4}pl + \frac{1}{8}wl^2,\ Z = \frac{bh^2}{6},\ \sigma_{\max} = \frac{M_{\max}}{Z}$$

여기서, Z : 단면계수, b : 폭, h : 높이, $\sigma_{\max}$: 작용응력

02 핵심문제 2. 작업통로

□□□ 12년2회

1. 작업장으로 통하는 장소 또는 작업장 내에 근로자가 사용할 통로설치에 대한 준수사항 중 다음 ( )안에 알맞은 숫자는?

> • 통로의 주요 부분에는 통로표시를 하고, 근로자가 안전하게 통행할 수 있도록 하여야 한다.
> • 통로면으로부터 높이 ( )m 이내에는 장애물이 없도록 하여야 한다.

① 2 ② 3
③ 4 ④ 5

해설

통로면으로부터 높이 2미터 이내에는 장애물이 없도록 하여야 한다.
[참고] 산업안전보건기준에 관한 규칙 제22조(통로의 설치)

□□□ 15년3회

2. 작업장으로 통하는 장소 또는 작업장 내에 근로자가 사용하기 위한 안전한 통로를 설치 할 때 그 설치기준으로 옳지 않은 것은?

① 통로에는 75럭스(Lux)이상의 조명시설을 하여야 한다.
② 통로의 주요한 부분에는 통로표시를 하여야 한다.
③ 수직갱에 가설된 통로의 길이가 10m 이상인 때에는 7m 이내마다 계단참을 설치하여야 한다.
④ 경사가 15° 를 초과하는 경우에는 미끄러지지 아니하는 구조로 하여야 한다.

해설

수직갱에 가설된 통로의 길이가 15미터 이상인 경우에는 10미터 이내마다 계단참을 설치할 것

□□□ 12년3회, 15년1회

3. 가설통로를 설치하는 경우 경사는 최대 몇 도 이하로 하여야 하는가?

① 20 ② 25
③ 30 ④ 35

문제 3~6 해설

[참고] 산업안전보건기준에 관한 규칙 제23조 【가설통로의 구조】
1. 견고한 구조로 할 것
2. 경사는 30도 이하로 할 것(계단을 설치하거나 높이2미터 미만의 가설통로로서 튼튼한 손잡이를 설치한 때에는 그러하지 아니하다)
3. 경사가 15도를 초과하는 때에는 미끄러지지 아니하는 구조로 할 것
4. 추락의 위험이 있는 장소에는 안전난간을 설치할 것(작업상 부득이한 때에는 필요한 부분에 한하여 임시로 이를 해체할 수 있다)
5. 수직갱에 가설된 통로의 길이가 15미터이상인 때에는 10미터 이내마다 계단참을 설치할 것
6. 건설공사에 사용하는 높이 8미터 이상인 비계다리에는 7미터 이내마다 계단참을 설치할 것

□□□ 08년1회, 10년3회, 15년2회, 20년1·2회

4. 가설통로를 설치할 때 준수하여야 할 사항에 관한 설명으로 잘못된 것은?

① 건설공사에 사용하는 높이 8m 이상의 비계다리에는 7m 이내마다 계단참을 설치한다.
② 경사가 15° 를 초과하는 때에는 미끄러지지 않는 구조로 한다.
③ 추락의 위험이 있는 곳에는 안전난간을 설치한다.
④ 수직갱에 가설된 통로의 길이가 10m 이상인 때에는 8m 이내마다 계단참을 설치한다.

□□□ 11년3회

5. 가설통로를 설치하는 경우의 준수사항 기준으로 옳지 않은 것은?

① 건설공사에 사용하는 높이 8m 이상인 비계다리에는 5m 이내마다 계단참을 설치할 것
② 수직갱에 가설된 통로의 길이가 15m 이상인 경우에는 10m 이내마다 계단참을 설치할 것
③ 경사가 15° 를 초과하는 경우에는 미끄러지지 아니하는 구조로 할 것
④ 추락할 위험이 있는 장소에는 안전난간을 설치할 것

□□□ 09년1회, 13년1회, 18년2회

6. 다음 중 가설통로의 설치 기준으로 옳지 않은 것은?

① 경사는 30° 이하로 한다.
② 경사가 10° 를 초과하는 경우에는 미끄러지지 않는 구조로 한다.
③ 추락위험이 있는 장소에는 안전난간을 설치한다.
④ 건설공사에서 사용되는 높이 8m 이상인 비계다리에는 7m 이내마다 계단참을 설치한다.

정답 1 ① 2 ③ 3 ③ 4 ④ 5 ① 6 ②

□□□ 11년1회, 19년2회

7. 사다리식 통로의 구조에 대한 아래의 설명 중 ( )에 알맞은 것은?

사다리의 상단은 걸쳐놓은 지점으로부터 ( )cm 이상 올라가도록 할 것

① 30 ② 40
③ 50 ④ 60

문제 7~11 해설

[참고] 산업안전보건기준에 관한 규칙 제24조 【사다리식 통로 등의 구조】
1. 견고한 구조로 할 것
2. 심한 손상·부식 등이 없는 재료를 사용할 것
3. 발판의 간격은 일정하게 할 것
4. 발판과 벽과의 사이는 15센티미터 이상의 간격을 유지할 것
5. 폭은 30센티미터 이상으로 할 것
6. 사다리가 넘어지거나 미끄러지는 것을 방지하기 위한 조치를 할 것
7. 사다리의 상단은 걸쳐놓은 지점으로부터 60센티미터 이상 올라가도록 할 것
8. 사다리식 통로의 길이가 10미터 이상인 경우에는 5미터 이내마다 계단참을 설치할 것
9. 사다리식 통로의 기울기는 75도 이하로 할 것. 다만, 고정식 사다리식 통로의 기울기는 90도 이하로 하고, 그 높이가 7미터 이상인 경우에는 바닥으로부터 높이가 2.5미터 되는 지점부터 등받이울을 설치할 것
10. 접이식 사다리 기둥은 사용 시 접혀지거나 펼쳐지지 않도록 철물 등을 사용하여 견고하게 조치할 것

□□□ 18년3회

8. 사다리식 통로 등을 설치하는 경우 폭은 최소 얼마 이상으로 하여야 하는가?

① 30cm ② 40cm
③ 50cm ④ 60cm

□□□ 19년1회, 21년3회

9. 사다리식 통로 등을 설치하는 경우 고정식 사다리식 통로의 기울기는 최대 몇 도 이하로 하여야 하는가?

① 60도 ② 75도
③ 80도 ④ 90도

□□□ 14년3회, 17년2회, 20년4회, 22년2회

10. 사다리식 통로에 대한 설치기준으로 틀린 것은?

① 발판의 간격은 일정하게 할 것
② 발판과 벽과의 사이는 15cm 이상의 간격을 유지할 것
③ 사다리식 통로의 길이가 10m 이상인 때에는 3m 이내마다 계단참을 설치할 것
④ 사다리의 상단은 걸쳐놓은 지점으로부터 60cm 이상 올라가도록 할 것

□□□ 08년1회

11. 이동식 사다리를 조립할 때 준수사항으로 틀린 것은?

① 심한 손상, 부식 등이 없는 재료를 할 것
② 폭은 30센티미터 이상으로 할 것
③ 발판의 간격은 동일하게 할 것
④ 사다리 기둥과 수평면과의 각도는 85도 이하로 할 것

□□□ 09년1회, 11년2회, 14년2회, 19년2회, 20년1·2회

12. 가설계단 및 계단참을 설치하는 때에는 매 m^2당 몇 kg 이상의 하중에 견딜 수 있는 강도를 가진 구조로 설치하여야 하는가?

① 200kg ② 300kg
③ 400kg ④ 500kg

해설

계단 및 계단참을 설치하는 때에는 매제곱미터당 500킬로그램 이상의 하중에 견딜 수 있는 강도를 가진 구조로 설치하여야 하며, 안전율(안전의 정도를 표시하는 것으로서 재료의 파괴응력도와 허용응력도와의 비를 말한다)은 4이상으로 하여야 한다.

[참고] 산업안전보건기준에 관한 규칙 제26조 【계단의 강도】

□□□ 11년1회, 17년3회

13. 공사현장에서 가설계단을 설치하는 경우 높이가 3m를 초과하는 계단에는 높이 3m 이내마다 최소 얼마 이상의 너비를 가진 계단참을 설치하여야 하는가?

① 3.5m ② 2.5m
③ 1.2m ④ 1.0m

해설

사업주는 높이가 3m를 초과하는 계단에 높이 3m 이내마다 너비 1.2m 이상의 계단참을 설치하여야 한다.

[참고] 산업안전보건기준에 관한 규칙 제28조 【계단참의 높이】

정답 7 ④ 8 ① 9 ④ 10 ③ 11 ④ 12 ④ 13 ③

□□□ 10년2회

14. 다음 중 안전난간의 구조 및 설치요건으로 옳지 않은 것은?

① 상부난간대는 바닥면 · 발판 또는 경사로의 표면으로부터 90cm 이상 120cm 이하의 높이를 유지할 것
② 상부난간대와 중간난간대는 난간길이 전체에 걸쳐 바닥면과 평행을 유지할 것
③ 안전난간은 임의의 점에서 임의의 방향으로 움직이는 최소 80kg 이상의 하중에 견딜 수 있어야 할 것
④ 발끝막이판은 바닥면등으로부터 10cm 이상의 높이를 유지할 것

문제 14~18 해설

1. 상부난간대 · 중간난간대 · 발끝막이판 및 난간기둥으로 구성할 것(중간난간대 · 발끝막이판 및 난간기둥은 이와 비슷한 구조 및 성능을 가진 것으로 대체할 수 있다)
2. 상부난간대는 바닥면 · 발판 또는 경사로의 표면(이하 "바닥면등"이라 한다)으로부터 90센티미터 이상 120센티미터 이하에 설치하고, 중간난간대는 상부난간대와 바닥면등의 중간에 설치할 것
3. 발끝막이판은 바닥면 등으로부터 10센티미터 이상의 높이를 유지할 것(물체가 떨어지거나 날아올 위험이 없거나 그 위험을 방지할 수 있는 망을 설치하는 등 필요한 예방조치를 한 장소를 제외한다)
4. 난간기둥은 상부난간대와 중간난간대를 견고하게 떠받칠 수 있도록 적정간격을 유지할 것
5. 상부난간대와 중간난간대는 난간길이 전체에 걸쳐 바닥면등과 평행을 유지할 것
6. 난간대는 지름 2.7센티미터 이상의 금속제파이프나 그 이상의 강도를 가진 재료일 것
7. 안전난간은 임의의 점에서 임의의 방향으로 움직이는 100킬로그램 이상의 하중에 견딜 수 있는 튼튼한 구조일 것

참고 산업안전보건기준에 관한 규칙 제13조 【안전난간의 구조 및 설치요건】

□□□ 19년1회

15. 건설현장에서 근로자의 추락재해를 예방하기 위한 안전난간을 설치하는 경우 그 구성요소와 거리가 먼 것은?

① 상부난간대 ② 중간난간대
③ 사다리 ④ 발끝막이판

□□□ 10년3회, 12년1회, 19년3회

16. 안전난간의 구조 및 설치요건으로 옳지 않은 것은?

① 상부난간대 · 중간난간대 · 발끝막이판 및 난간기둥으로 구성할 것
② 발끝막이판은 바닥면 등으로부터 10cm 이상의 높이를 유지할 것
③ 난간대는 지름 1.5cm 이상의 금속제 파이프나 그 이상의 강도를 가진 재료일 것
④ 안전난간은 임의의 점에서 임의의 방향으로 움직이는 100kg 이상의 하중에 견딜 수 있는 튼튼한 구조일 것

□□□ 11년1회, 16년1회, 21년3회

17. 근로자의 추락위험을 방지하기 위한 안전난간의 설치기준으로 옳지 않은 것은?

① 상부난간대는 바닥면 · 발판 또는 경사로의 표면으로부터 90cm이상 120cm 이하에 설치하고, 중간난간대는 상부난간대와 바닥면 등의 중간에 설치할 것
② 발끝막이판은 바닥면 등으로부터 20cm 이하의 높이를 유지할 것
③ 난간대는 지름 2.7cm 이상의 급속제파이프나 그 이상의 강도를 가진 재료일 것
④ 안정난간은 구조적으로 가장 취약한 지점에서 가장 취약한 방향으로 작용하는 100kg 이상의 하중에 견딜 수 있는 튼튼한 구조일 것

□□□ 11년3회

18. 다음은 안전난간의 구조 및 설치요건에 대한 기준이다. ( ) 안에 적당한 숫자는?

안전난간은 구조적으로 가장 취약한 지점에서 가장 취약한 방향으로 작용하는 ( )킬로그램 이상의 하중에 견딜 수 있는 튼튼한 구조일 것

① 80 ② 100
③ 120 ④ 150

□□□ 11년2회, 15년1회

19. 안전난간대에 폭목(toe board)을 대는 이유는?

① 작업자의 손을 보호하기 위하여
② 작업자의 작업능률을 높이기 위하여
③ 안전난간대의 강도를 높이기 위하여
④ 공구 등 물체가 작업발판에서 지상으로 낙하되지 않도록 하기 위하여

정답 14 ③ 15 ③ 16 ③ 17 ② 18 ② 19 ④

해설

폭목(Toe board)은 발끝막이판으로 바닥에서 10cm 정도에 설치하며 작업자의 발이 빠지거나, 공구 등 물체가 작업발판에서 지상으로 낙하되지 않도록 하기 위하여 설치한다.

□□□ 09년2회, 12년2회, 22년1회

20. 비계의 높이가 2m 이상인 작업장소에 작업발판을 설치할 경우 준수하여야 할 사항으로 옳지 않은 것은?

① 발판의 폭은 20cm 이상으로 할 것
② 발판재료간의 틈은 3cm 이하로 할 것
③ 추락의 위험이 있는 장소에는 안전난간을 설치할 것
④ 발판재료는 뒤집히거나 떨어지지 아니하도록 2 이상의 지지물에 연결하거나 고정시킬 것

문제 20~24 해설

비계(달비계 · 달대비계 및 말비계를 제외한다)의 높이가 2m 이상인 작업장소에서의 작업발판을 설치하여야 할 사항

1. 발판재료는 작업 시의 하중을 견딜 수 있도록 견고한 것으로 할 것
2. 작업발판의 폭은 40cm 이상(외줄비계의 경우에는 노동부장관이 별도로 정하는 기준에 따른다)으로 하고, 발판재료간의 틈은 3cm 이하로 할 것
3. 추락의 위험성이 있는 장소에는 안전난간을 설치할 것(작업의 성질상 안전난간을 설치하는 것이 곤란한 때 및 작업의 필요상 임시로 안전난간을 해체함에 있어서 안전방망을 치거나 근로자로 하여금 안전대를 사용하도록 하는 등 추락에 의한 위험방지조치를 한 때에는 그러하지 아니하다)
4. 작업발판의 지지물은 하중에 의하여 파괴될 우려가 없는 것을 사용할 것
5. 작업발판재료는 뒤집히거나 떨어지지 아니하도록 2 이상의 지지물에 연결하거나 고정시킬 것
6. 작업발판을 작업에 따라 이동시킬 때에는 위험방지에 필요한 조치를 할 것

[참고] 산업안전보건기준에 관한 규칙 제56조 【작업발판의 구조】

□□□ 13년2회, 17년3회, 19년2회, 20년4회

21. 비계(달비계, 달대비계 및 말비계는 제외)의 높이가 2m 이상인 작업장소에 설치하는 작업발판의 구조 및 설비에 관한 기준으로 옳지 않은 것은?

① 작업발판의 폭이 40cm 이상이 되도록 한다.
② 발판재료 간의 틈은 3cm 이하로 한다.
③ 작업발판을 작업에 따라 이동시킬 경우에는 위험방지에 필요한 조치를 한다.
④ 작업발판재료는 뒤집히거나 떨어지지 않도록 하나 이상의 지지물에 연결하거나 고정시킨다.

□□□ 14년2회

22. 비계의 높이가 2m 이상인 작업장소에 작업발판을 설치할 때 그 폭은 최소 얼마 이상이어야 하는가?

① 30cm ② 40cm
③ 50cm ④ 60cm

□□□ 10년1회

23. 작업발판의 설치 기준으로 옳지 않은 것은?

① 작업발판의 폭은 40cm 이상으로 하고 발판재료간의 틈은 3cm 이하로 한다.
② 작업발판의 설치가 필요한 비계의 높이는 최소 2m 이상으로 한다.
③ 작업발판이 뒤집히거나 떨어지지 아니하도록 3 이상의 지지물에 연결하거나 고정한다.
④ 추락의 위험성이 있는 장소에는 안전난간을 설치할 것

□□□ 13년1회

24. 비계의 높이가 2m 이상인 작업장소에는 작업발판을 설치해야 하는데 이 작업발판의 설치기준으로 옳지 않은 것은? (단, 달비계 · 달대비계 및 말비계를 제외한다.)

① 작업발판의 폭은 40cm 이상으로 설치한다.
② 작업발판재는 뒤집히거나 떨어지지 않도록 둘 이상의 지지물에 연결하거나 고정한다.
③ 추락의 위험성이 있는 장소에는 안전난간을 설치한다.
④ 발판재료 간의 틈은 5cm 이하로 한다.

정답 20 ① 21 ④ 22 ② 23 ③ 24 ④

[거푸집 시공 준비]
(1) 콘크리트 계획
(2) 거푸집 조립도
(3) 거푸집 및 거푸집 지보공의 응력계산
(4) 거푸집 공정표
(5) 가공도 등

03 거푸집 및 동바리

(1) 거푸집의 특징

① 거푸집의 정의

거푸집은 콘크리트가 응결. 경화하는 동안 소요 강도를 얻기까지 콘크리트를 일정한 형상과 치수로 유지시키는 역할을 할 뿐 아니라 콘크리트가 변화하는데 필요한 수분의 누출을 방지하여 외기의 영향을 방호하는 가설물을 말한다.

② 거푸집의 필요조건

㉠ 수분이나 모르타르(Mortar)등의 누출을 방지할 수 있도록 수밀성이 있을 것
㉡ 시공정도에 알맞은 수평, 수직, 직각을 견지하고 변형이 생기지 않는 구조로 할 것
㉢ 콘크리트의 자중 및 부어넣기 할 때의 충격과 작업하중에 견디며(변형 · 처짐, 배부름, 뒤틀림)을 일으키지 않을 강도를 가질 것
㉣ 거푸집은 조립, 해체, 운반이 용이할 것
㉤ 최소한의 재료로 여러 번 사용할 수 있는 형상과 크기로 할 것

[바닥거푸집]

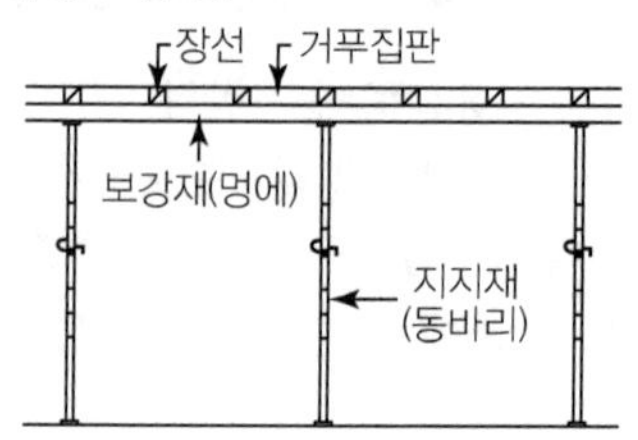

(2) 거푸집 및 지보공(동바리)의 하중

① 하중의 종류

구분	내용
연직방향 하중	거푸집, 지보공(동바리), 콘크리트, 철근, 작업원, 타설용 기계기구, 가설설비 등의 중량 및 충격하중
횡방향 하중	작업할 때의 진동, 충격, 시공오차 등에 기인되는 횡방향 하중이외에 필요에 따라 풍압, 유수압, 지진 등
콘크리트의 측압	굳지 않은 콘크리트의 측압
특수하중	시공중에 예상되는 특수한 하중
추가하중	상기의 하중에 안전율을 고려한 하중

② Slab 거푸집에 작용하는 연직 방향의 하중

$$W = \text{고정하중}(r \cdot t) + \text{충격하중}(0.5 \cdot r \cdot t) + \text{작업하중}(150\text{kgf/m}^2)$$

t : Slab 두께(m)
r : 철근 콘크리트 단위중량(kgf/m^3)

③ 하중의 구분

구분	내용
고정하중	철근을 포함한 콘크리트 자중 • 보통콘크리트 : 2,400kg/m^3 • 제1종 경량콘크리트 : 2,000kg/m^3 • 제2종 경량콘크리트 : 1,700kg/m^3
충격하중	고정하중의 50%(타설높이, 장비의 고려하중) → 1,200kg/m^3
작업하중 (활하중)	• 충격하중 및 작업하중을 합한 값이 250kgf/m^2 이상 되는 경우 작업자의 하중(150kgf/m^2)은 제외할 수 있다. • 전동식 카트(motorized carts)장비를 이용하여 타설시 : 3.75kN/m^2(375kgf/m^2) 고려하여 설계한다.

※ 총 하중(w)은 고정하중, 충격하중, 작업하중을 합친 값으로 거푸집 자체의 무게는 무시한다.

[거푸집의 구조 검토 순서]

• 1단계(하중계산) : 거푸집 동바리에 작용하는 하중 및 외력의 종류·크기를 산정한다.
• 2단계(횡방향하중) : 하중·외력에 의하여 각 부재에서 발생하는 응력을 구한다.
• 3단계(단면결정) : 각 부재에서 발생하는 응력에 대하여 안전한 단면을 결정한다.

(3) 거푸집의 재료

구분	내용
목재 거푸집	• 흠집 및 옹이가 많은 거푸집과 합판의 접착부분이 떨어져 구조적으로 약한 것은 사용하여서는 안된다. • 띠장은 부러지거나 균열이 있는 것을 사용하여서는 안된다.
강재 거푸집	• 형상이 찌그러지거나, 비틀림 등 변형이 있는 것은 교정한 다음 사용하여야 한다. • 강재 거푸집의 표면에 녹이 많이 나 있는 것은 쇠솔(Wire Brush) 또는 샌드 페이퍼(SandPaper) 등으로 닦아내고 박리제(Form pil)를 엷게 칠해 두어야 한다.
지보공 (동바리)	• 현저한 손상, 변형, 부식이 있는 것과 옹이가 깊숙이 박혀있는 것은 사용하지 말아야 한다. • 각재 또는 강관 지주는 (그림)과 같이 양끝을 일직선으로 그은 선 안에 있어야 하고, 일직선 밖으로 굽어져 있는 것은 사용을 금하여야 한다. 중심축 — [----------] — 중심축 지보공재로 사용되는 각재 또는 강관의 중심축 예 • 강관지주(동바리), 보 등을 조합한 구조는 최대 허용하중을 초과하지 않는 범위에서 사용하여야 한다.
연결재	• 정확하고 충분한 강도가 있는 것이어야 한다. • 회수, 해체하기가 쉬운 것이어야 한다. • 조합 부품수가 적은 것이어야 한다.

[거푸집 재료의 선정시 고려사항]

(1) 강도
(2) 강성
(3) 내구성
(4) 작업성
(5) 타설콘크리트에 대한 영향력
(6) 경제성

[일체형 거푸집]

갱 폼

슬립 폼

클라이밍 폼

터널라이닝 폼

[거푸집 동바리 조립도의 명시사항]
동바리 · 멍에 등의
(1) 부재의 재질
(2) 단면규격
(3) 설치간격 및 이음방법

[거푸집의 조립순서]
기둥 → 내력벽 → 큰 보 → 작은 보 → 바닥 → 내벽 → 외벽

※ 해체는 조립의 역순으로 시행한다.

[관련법령]
산업안전보건기준에 관한 규칙 제332조
【거푸집동바리등의 안전조치】

(4) 작업발판 일체형 거푸집

구분	내용
갱 폼(gang form)	콘크리트 공사에서 주로 기둥이나 벽체와 같은 수직부재의 거푸집과 마감공사를 위한 발판을 일체로 조립해 타워 크레인 등으로 한꺼번에 인양시켜 사용하는 거푸집
슬립 폼(slip form), 슬라이딩 폼	내외가 일체화된 set로 구성된 거푸집을 유압잭을 이용하여 거푸집의 탈부착 없이 수직으로 상승 시키면서 연속적으로 콘크리트를 타설하는 Sliding 공법에 사용되는 System Form으로 작업대와 마감용 비계를 일체로 하여 제작된 거푸집
클라이밍 폼 (climbing form)	벽체전용 거푸집으로 거푸집과 벽체 마감공사를 위한 비계틀을 일체로 조립하여 한번에 인양시켜 거푸집을 설치하는 공법
터널 라이닝 폼 (tunnel lining form)	벽식 철근콘크리트 구조를 시공할 때 벽과 바닥의 콘크리트 타설을 한번에 하기 위해 설치 해체하는 거푸집

(5) 거푸집동바리등의 안전조치 사항

① 침하의 방지 : 깔목의 사용, 콘크리트 타설, 말뚝박기 등
② 개구부 상부에 동바리를 설치하는 경우에는 상부하중을 견딜 수 있는 견고한 받침대를 설치할 것
③ 동바리의 상하 고정 및 미끄러짐 방지 조치를 하고, 하중의 지지상태를 유지할 것
④ 동바리의 이음은 맞댄이음이나 장부이음으로 하고 같은 품질의 재료를 사용할 것
⑤ 강재와 강재의 접속부 및 교차부는 볼트 · 클램프 등 전용철물을 사용하여 단단히 연결할 것
⑥ 거푸집이 곡면인 경우에는 버팀대의 부착 등 그 거푸집의 부상(浮上)을 방지하기 위한 조치를 할 것
⑦ 동바리로 사용하는 강관 [파이프 서포트(pipe support) 제외한다]
  ㉠ 높이 2m 이내마다 수평연결재를 2개 방향으로 만들고 수평연결재의 변위를 방지할 것
  ㉡ 멍에 등을 상단에 올릴 경우에는 해당 상단에 강재의 단판을 붙여 멍에 등을 고정시킬 것

⑧ 동바리로 사용하는 파이프 서포트
㉠ 파이프 서포트를 3개 이상이어서 사용하지 않도록 할 것
㉡ 파이프 서포트를 이어서 사용하는 경우에는 4개 이상의 볼트 또는 전용철물을 사용하여 이을 것
㉢ 높이가 3.5m를 초과하는 경우에는 높이 2m 이내마다 수평연결재를 2개 방향으로 만들고 수평연결재의 변위를 방지할 것

[파이프서포트]

⑨ 동바리로 사용하는 강관틀
㉠ 강관틀과 강관틀 사이에 교차가새를 설치할 것
㉡ 최상층 및 5층 이내마다 거푸집 동바리의 측면과 틀면의 방향 및 교차가새의 방향에서 5개 이내마다 수평연결재를 설치하고 수평연결재의 변위를 방지할 것
㉢ 최상층 및 5층 이내마다 거푸집동바리의 틀면의 방향에서 양단 및 5개틀 이내마다 교차가새의 방향으로 띠장틀을 설치할 것
㉣ 멍에 등을 상단에 올릴 경우에는 해당 상단에 강재의 단판을 붙여 멍에 등을 고정시킬 것

⑩ 동바리로 사용하는 조립강주
높이가 4m를 초과하는 경우에는 높이 4m 이내마다 수평연결재를 2개 방향으로 설치하고 수평연결재의 변위를 방지할 것

⑪ 시스템 동바리(규격화 · 부품화된 수직재, 수평재 및 가새재 등의 부재를 현장에서 조립하여 거푸집으로 지지하는 동바리 형식)
㉠ 수평재는 수직재와 직각으로 설치하여야 하며, 흔들리지 않도록 견고하게 설치할 것
㉡ 연결철물을 사용하여 수직재를 견고하게 연결하고, 연결 부위가 탈락 또는 꺾어지지 않도록 할 것
㉢ 수직 및 수평하중에 의한 동바리 본체의 변위가 발생하지 않도록 각각의 단위 수직재 및 수평재에는 가새재를 견고하게 설치 할 것
㉣ 동바리 최상단과 최하단의 수직재와 받침철물은 서로 밀착되도록 설치하고 수직재와 받침철물의 연결부의 겹침길이는 받침철물 전체길이의 3분의 1 이상 되도록 할 것

[시스템동바리]

⑫ 동바리로 사용하는 목재
목재를 이어서 사용하는 경우에는 2개 이상의 덧댐목을 대고 네 군데 이상 견고하게 묶은 후 상단을 보나 멍에에 고정시킬 것

⑬ 보로 구성된 것
㉠ 보의 양끝을 지지물로 고정시켜 보의 미끄러짐 및 탈락을 방지할 것
㉡ 보와 보 사이에 수평연결재를 설치하여 보가 옆으로 넘어지지 않도록 견고하게 할 것

⑭ 거푸집을 조립하는 경우에는 거푸집이 콘크리트 하중이나 그 밖의 외력에 견딜 수 있거나, 넘어지지 않도록 견고한 구조의 긴결재, 버팀대 또는 지지대를 설치하는 등 필요한 조치를 할 것

⑮ 계단 형상으로 조립하는 거푸집 동바리

㉠ 거푸집의 형상에 따른 부득이한 경우를 제외하고는 깔판 · 깔목 등을 2단 이상 끼우지 않도록 할 것

㉡ 깔판 · 깔목 등을 이어서 사용하는 경우에는 그 깔판 · 깔목 등을 단단히 연결할 것

㉢ 동바리는 상 · 하부의 동바리가 동일 수직선상에 위치하도록 하여 깔판 · 깔목 등에 고정시킬 것

03 핵심문제 3. 거푸집 및 동바리

□□□ 08년3회, 10년1회, 11년3회, 14년3회, 17년2회

1. 로드(rod) · 유압잭(jack) 등을 이용하여 거푸집을 연속적으로 이동시키면서 콘크리트를 타설할 때 사용되는 것으로 silo 공사 등에 적합한 거푸집은?

① 메탈폼 ② 슬라이딩폼
③ 워플폼 ④ 페코빔

해설

Sliding Form 이란 수평적 또는 수직적으로 반복된 구조물을 시공이음 없이 균일한 형상으로 시공하기 위하여 거푸집을 연속적으로 이동시키면서 콘크리트를 타설하여 구조물을 시공하는 거푸집공법으로 주로 사일로, 교각, 건물의 코아부분 등 단면형상의 변화가 없는 수직으로 연속된 콘크리트 구조물에 사용된다. Yoke와 Oil Jack, 체인블록 등으로 상승되며 작업대와 비계틀이 동시에 상승되어 안전성이 높다.

□□□ 14년2회, 21년2회, 21년3회

2. 작업발판 일체형 거푸집에 해당되지 않는 것은?

① 갱폼(Gang Form)
② 슬립폼(Slip Form)
③ 유로폼(Euro Form)
④ 클라이밍폼(Climbing Form)

해설

"작업발판 일체형 거푸집"이란 거푸집의 설치 · 해체, 철근 조립, 콘크리트 타설, 콘크리트 면처리 작업 등을 위하여 거푸집을 작업발판과 일체로 제작하여 사용하는 거푸집으로서 다음 각 호의 거푸집을 말한다.
1. 갱 폼(gang form)
2. 슬립 폼(slip form)
3. 클라이밍 폼(climbing form)
4. 터널 라이닝 폼(tunnel lining form)
5. 그밖에 거푸집과 작업발판이 일체로 제작된 거푸집 등

[참고] 산업안전보건기준에 관한 규칙 제337조【작업발판 일체형 거푸집의 안전조치】

□□□ 08년2회, 10년2회, 10년3회, 18년1회

3. 아래 표의 ( )에 알맞은 숫자는?

동바리로 사용하는 파이프서포트는 (ⓐ)본 이상을 이어서 사용해서는 안되고 높이가 (ⓑ)m 초과할 때에는 높이 (ⓒ)m 이내마다 수평연결재를 2개 방향으로 만들고 수평연결재의 변위를 방지한다.

① ⓐ : 2, ⓑ : 3, ⓒ : 1 ② ⓐ : 3, ⓑ : 3.5, ⓒ : 2
③ ⓐ : 3, ⓑ : 3, ⓒ : 3 ④ ⓐ : 2, ⓑ : 3.5, ⓒ : 1

문제 3~6 해설

1. 파이프서포트를 3개 이상이어서 사용하지 아니하도록 할 것
2. 파이프서포트를 이어서 사용할 때에는 4개 이상의 볼트 또는 전용철물을 사용하여 이을 것
3. 높이가 3.5미터를 초과할 때에는 높이 2미터 이내마다 수평연결재를 2개 방향으로 만들고 수평연결재의 변위를 방지할 것

[참고] 산업안전보건기준에 관한 규칙 제332조【거푸집동바리 등의 안전조치】

□□□ 11년3회

4. 거푸집동바리 등을 조립하는 경우에 준수해야 할 사항으로 옳지 않은 것은?

① 동바리로 사용하는 강관(파이프 서포트 제외)은 높이 2m 이내마다 수평연결재를 1개 방향으로 만들고 수평연결재의 변위를 방지할 것
② 동바리로 사용하는 강관(파이프 서포트 제외)은 멍에 등을 상단에 올릴 경우에는 해당 상단에 강재와 단판을 붙여 멍에 등을 고정시킬 것
③ 동바리로 사용하는 파이프 서포트는 3개 이상 이어서 사용하지 않도록 할 것
④ 동바리로 사용하는 파이프 서포트를 이어서 사용하는 경우에는 4개 이상의 볼트 또는 전용철물을 사용하여 이을 것

□□□ 18년3회, 19년3회

5. 다음은 산업안전보건법령에 따른 동바리로 사용하는 파이프 서포트에 관한 사항이다. ( )안에 들어갈 내용을 순서대로 옳게 나타낸 것은?

가. 파이프 서포트를 (A) 이상이어서 사용하지 않도록 할 것 나. 파이프 서포트를 이어서 사용하는 경우에는 (B) 이상의 볼트 또는 전용철물을 사용하여 이을 것

① A : 2개, B : 2개 ② A : 3개, B : 4개
③ A : 4개, B : 3개 ④ A : 4개, B : 4개

정답 1 ② 2 ③ 3 ② 4 ① 5 ②

□□□ 13년1회, 20년3회

6. 거푸집동바리 등을 조립하는 경우에 준수하여야 할 안전조치기준으로 옳지 않은 것은?

① 동바리로 사용하는 강관은 높이 2m 이내마다 수평연결재를 2개 방향으로 만들고 수평연결재의 변위를 방지할 것
② 동바리로 사용하는 파이프 서포트는 3개 이상 이어서 사용하지 않도록 할 것
③ 동바리로 사용하는 파이프 서포트를 이어서 사용하는 경우에는 5개 이상의 볼트 또는 전용철물을 사용하여 이을 것
④ 동바리로 사용하는 강관틀과 강관틀 사이에는 교차가새를 설치할 것

□□□ 11년1회

7. 다음 중 현장에서 거푸집동바리 등을 조립하는 때의 준수하여야 할 사항으로 옳지 않은 것은?

① 깔목의 사용, 말뚝박기 등 동바리의 침하를 방지하기 위한 조치를 할 것
② 개구부 상부에 동바리를 설치하는 때에는 상부하중을 견딜 수 있는 견고한 받침대를 설치할 것
③ 강재와 강재와의 접속부 및 교차부는 볼트 · 클램프 등의 철물사용을 금지할 것
④ 동바리의 이음은 맞댄이음 또는 장부이음하고 같은 품질의 재료를 사용할 것

문제 7, 8 해설

1. 깔목의 사용, 콘크리트 타설, 말뚝박기 등 동바리의 침하를 방지하기 위한 조치를 할 것
2. 개구부 상부에 동바리를 설치하는 경우에는 상부하중을 견딜 수 있는 견고한 받침대를 설치할 것
3. 동바리의 상하 고정 및 미끄러짐 방지 조치를 하고, 하중의 지지상태를 유지할 것
4. 동바리의 이음은 맞댄이음이나 장부이음으로 하고 같은 품질의 재료를 사용할 것
5. 강재와 강재의 접속부 및 교차부는 볼트 · 클램프 등 전용철물을 사용하여 단단히 연결할 것

[참고] 산업안전보건기준에 관한 규칙 제332조 【거푸집동바리 등의 안전조치】

□□□ 14년2회, 18년1회, 19년1회

8. 산업안전보건기준에 관한 규칙에 따른 거푸집동바리를 조립하는 경우의 준수사항으로 옳지 않은 것은?

① 개구부 상부에 동바리를 설치하는 경우에는 상부하중을 견딜 수 있는 견고한 받침대를 설치할 것
② 동바리의 이음은 맞댄이음이나 장부이음으로 하고 같은 품질의 제품을 사용할 것
③ 강재와 강재의 접속부 및 교차부는 철선을 사용하여 단단히 연결할 것
④ 거푸집이 곡면인 경우에는 버팀대의 부착 등 그 거푸집의 부상(浮上)을 방지하기 위한 조치를 할 것

□□□ 17년2회, 21년1회

9. 거푸집동바리 등을 조립 또는 해체하는 작업을 하는 경우의 준수사항으로 옳지 않은 것은?

① 재료, 기구 또는 공구 등을 올리거나 내리는 경우에는 근로자로 하여금 달줄 · 달포대 등의 사용을 금하도록 할 것
② 낙하 · 충격에 의한 돌발적 재해를 방지하기 위하여 버팀목을 설치하고 거푸집동바리 등을 인양장비에 매단 후에 작업을 하도록 하는 등 필요한 조치를 할 것
③ 비, 눈, 그 밖의 기상상태의 불안정으로 날씨가 몹시 나쁜 경우에는 그 작업을 중지할 것
④ 해당 작업을 하는 구역에는 관계 근로자가 아닌 사람의 출입을 금지할 것

해설

사업주는 거푸집동바리 등의 조립 또는 해체작업을 하는 때에는 다음 각호의 사항을 준수하여야 한다.
1. 해당 작업을 하는 구역에는 관계근로자외의 자의 출입을 금지시킬 것
2. 비 · 눈 그 밖의 기상상태의 불안정으로 인하여 날씨가 몹시 나쁠 때에는 그 작업을 중지시킬 것
3. 재료 · 기구 또는 공구 등을 올리거나 내릴 때에는 근로자로 하여금 달줄 · 달포대 등을 사용하도록 할 것
4. 보 · 슬라브 등의 거푸집동바리 등을 해체할 때에는 낙하 · 충격에 의한 돌발적 재해를 방지하기 위하여 버팀목을 설치하는 등 필요한 조치를 할 것

[참고] 산업안전보건기준에 관한 규칙 제336조 【조립 등 작업시의 준수사항】

정답 6 ③ 7 ③ 8 ③ 9 ①

□□□ 19년2회, 22년1회

10. **거푸집 해체작업 시 유의사항으로 옳지 않은 것은?**

① 일반적으로 수평부재의 거푸집은 연직부재의 거집보다 빨리 떼어낸다.
② 해체된 거푸집이나 각목 등에 박혀있는 못 또는 날카로운 돌출물은 즉시 제거하여야 한다.
③ 상하 동시 작업은 원칙적으로 금지하여 부득이한 경우에는 긴밀히 연락을 위하며 작업을 하여야 한다.
④ 거푸집 해체작업장 주위에는 관계자를 제외하고는 출입을 금지시켜야 한다.

해설

거푸집의 해체는 조립순서의 역순으로 시행한다.
조립순서 : 기둥 → 내력벽 → 큰 보 → 작은 보 → 바닥 → 내벽 → 외벽

정답 10 ①

Chapter 06

건설 구조물공사 안전

건설 구조물공사의 안전은 콘크리트 구조물공사의 안전, 철골공사의 안전으로 구성되며 콘크리트의 타설시 준수사항, 콘크리트의 측압발생원인, 철골공사 작업 시 기준사항 등이 주로 출제되고 있다.

01 콘크리트 구조물공사의 안전

(1) 콘크리트 구조물의 특징

① 콘크리트는 소요의 강도, 내구성, 수밀성 및 강재를 보호하는 성능 등을 가지며 품질이 균일한 것이어야 한다.

② 강도는 일반적으로 표준양생한 콘크리트 공시체의 재령 28일에서의 시험값을 기준으로 한다.

③ 콘크리트 구조물의 설계에서 사용하는 콘크리트의 강도로서는 압축강도 이외에 인장강도, 휨강도, 전단강도, 지압강도, 강재와의 부착강도 등이 있다. (콘크리트 구조물은 주로 콘크리트의 압축강도를 기준으로 한다.)

(2) 콘크리트의 타설

[관련법령]
산업안전보건기준에 관한 규칙 제334조 【콘크리트의 타설작업】

① 콘크리트 타설작업 시 준수사항

㉠ 당일 작업을 시작하기 전에 해당 작업에 관한 거푸집동바리등의 변형 · 변위 및 지반의 침하 유무 등을 점검하고 이상이 있으면 보수할 것

㉡ 작업 중에는 거푸집동바리등의 변형 · 변위 및 침하 유무 등을 감시할 수 있는 감시자를 배치하여 이상이 있으면 작업을 중지하고 근로자를 대피시킬 것

㉢ 콘크리트 타설작업 시 거푸집 붕괴의 위험이 발생할 우려가 있으면 충분한 보강조치를 할 것

㉣ 설계상의 콘크리트 양생기간을 준수하여 거푸집동바리 등을 해체할 것

㉤ 콘크리트를 타설하는 경우에는 편심이 발생하지 않도록 골고루 분산하여 타설할 것

② 콘크리트 펌프 등 사용 시 준수사항

㉠ 작업을 시작하기 전에 콘크리트 펌프용 비계를 점검하고 이상을 발견하였으면 즉시 보수할 것

㉡ 건축물의 난간 등에서 작업하는 근로자가 호스의 요동 · 선회로 인하여 추락하는 위험을 방지하기 위하여 안전난간 설치 등 필요한 조치를 할 것

㉢ 콘크리트 펌프카의 붐을 조정하는 경우에는 주변의 전선 등에 의한 위험을 예방하기 위한 적절한 조치를 할 것
㉣ 작업 중에 지반의 침하, 아웃트리거의 손상 등에 의하여 콘크리트 펌프카가 넘어질 우려가 있는 경우에는 이를 방지하기 위한 적절한 조치를 할 것

(3) 콘크리트의 타설과 양생

① 콘크리트 타설방법

㉠ 콘크리트는 신속하게 운반하여 즉시 치고, 충분히 다져야 한다. 비비기로부터 치기가 끝날 때까지의 시간은 원칙적으로 외기온도가 25℃를 넘었을 때는 1.5시간, 25℃ 이하일 때에는 2시간을 넘어서는 안된다.
㉡ 운반 및 치기는 콘크리트의 재료분리가 적게 일어나도록 해야 한다.
㉢ 콘크리트 다지기에는 내부진동기의 사용을 원칙으로 하나, 얇은 벽 등 내부진동기의 사용이 곤란한 장소에서는 거푸집진동기를 사용해도 좋다.
㉣ 콘크리트는 친 직후 바로 충분히 다져서 콘크리트가 철근 및 매설물 등의 주위와 거푸집의 구석구석까지 잘 채워져 밀실한 콘크리트가 되도록 해야 한다.
㉤ 진동다짐을 할 때에는 진동기를 아래층의 콘크리트 속에 10cm 정도 찔러 넣어야 한다.
㉥ 내부진동기의 찔러 넣는 간격 및 한 장소에서의 진동시간 등은 콘크리트를 충분히 잘 다질 수 있도록 정해야 한다. 또 진동기는 콘크리트로부터 천천히 빼내어 구멍이 남지 않도록 해야 한다.
㉦ 재진동을 할 경우에는 콘크리트에 나쁜 영향이 생기지 않도록 초결이 일어나기 전에 실시해야 한다.

② 양생작업 시 유의사항

㉠ 콘크리트의 온도는 항상 2℃ 이상으로 유지하도록 할 것
㉡ 콘크리트 타설 후 수화작용을 돕기 위하여 최소 5일간은 수분을 보존할 것
㉢ 일광의 직사, 급격한 건조 및 한냉에 대하여 보호할 것
㉣ 콘크리트가 충분히 경화될 때까지는 충격 및 하중을 가하지 않게 주의 할 것
㉤ 콘크리트 타설 후 1일간은 그 위를 보행하거나 공기구 등 기타 중량물을 올려놓아서는 안 된다.

[콘크리트 타설용 기계 · 기구]
(1) 손수레
(2) 슈트(Chute)
(3) 벨트 컨베이어(Belt Conveyor)
(4) 버킷(Bucket)
(5) 콘크리트 펌프

(4) 거푸집 존치기간

① 콘크리트의 압축강도를 시험할 경우 거푸집널의 해체 시기

<table>
<tr><th colspan="2">부재</th><th>콘크리트 압축강도</th></tr>
<tr><td colspan="2">기초, 보, 기둥, 벽 등의 측면</td><td>5MPa 이상</td></tr>
<tr><td rowspan="2">슬래브 및 보의 밑면, 아치 내면</td><td>단층구조인 경우</td><td>설계기준압축강도의 2/3배 이상 또한, 최소 14MPa 이상</td></tr>
<tr><td>다층구조인 경우</td><td>설계기준압축강도 이상(필러 동바리 구조를 이용할 경우는 구조계산에 의해 기간을 단축할 수 있음. 단, 이 경우라도 최소강도는 14MPa 이상으로 함.)</td></tr>
</table>

② 콘크리트의 압축강도를 시험하지 않을 경우 거푸집널의 해체 시기(기초, 보, 기중 및 벽의 측면)

평균기온	조강 포틀랜드 시멘트	보통보틀랜드 시멘트 고로 슬래그 시멘트(1종) 플라이 애시 시멘트(1종) 포틀랜드 포졸란 시멘트(A종)	고로 슬래그 시멘트(2종) 플라이 애시 시멘트(2종) 포틀랜드 포졸란 시멘트(B종)
20℃ 이상	2일	3일	4일
10℃ 이상 20℃ 미만	3일	4일	6일

■ **콘크리트의 압축강도 계산**

$$\text{압축강도}(F_c) = \frac{\text{공시체파괴하중}(P)}{\text{공시체의 단면적}(A)} = \frac{P}{\frac{\pi d^2}{4}}$$

[슬럼프 테스트]

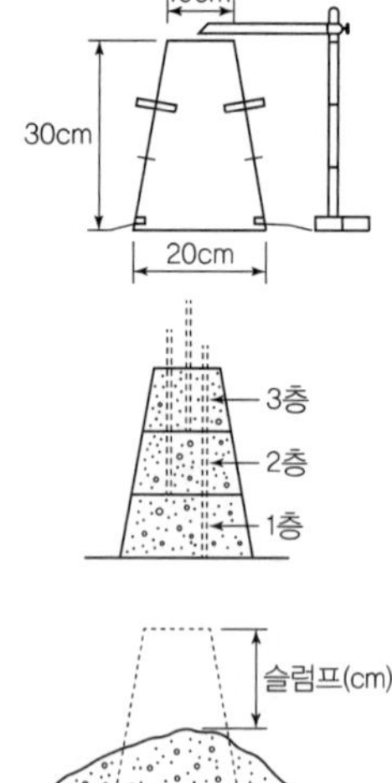

③ 슬럼프 테스트

거푸집 속에는 철근, 철골, 배관, 기타 매설물이 있으므로 콘크리트가 거푸집의 모서리 구석 또는 철근 등의 주위에 가득 채워져 밀착 되도록 다져 넣으려면 충분한 유동성을 주어서 작업의 용이성, 즉 시공연도(workability)가 있어야 된다.

(5) 콘크리트의 측압

① 콘크리트의 측압이란 콘크리트를 타설시 거푸집의 수직 부재는 콘크리트의 유동성으로 인하여 수평방향의 압력(측압)을 받게 된다.

② 응결 · 경화시에 그 압력은 감소하게 된다.

③ 측압은 경화되지 않는 콘크리트의 윗면으로부터의 거리(m)와 단위용적 중량(t/m^3)의 곱으로 나타낸다.

④ 측압은 주로 콘크리트 내에 포함된 물(水)의 영향을 받아서 그 측압의 크기가 결정된다.

> **■ 측압이 커지는 조건**
> ① 기온이 낮을수록(대기중의 습도가 낮을수록) 크다.
> ② 치어 붓기 속도가 클수록 크다.
> ③ 묽은 콘크리트 일수록(물 · 시멘트비가 클수록, 슬럼프 값이 클수록, 시멘트 · 물비가 적을수록) 크다.
> ④ 콘크리트의 비중이 클수록 크다.
> ⑤ 콘크리트의 다지기가 강할수록 크다.
> ⑥ 철근양이 작을수록 크다.
> ⑦ 거푸집의 수밀성이 높을수록 크다.
> ⑧ 거푸집의 수평단면이 클수록(벽 두께가 클수록) 크다.
> ⑨ 거푸집의 강성이 클수록 크다.
> ⑩ 거푸집의 표면이 매끄러울수록 크다.
> ⑪ 생콘크리트의 높이가 높을수록 커진다.
> ⑫ 응결이 빠른 시멘트를 사용할 경우 크다.

(6) PC(precast concrete)공사 안전

[프리캐스트 콘크리트]

① PC공법

공장에서 부재를 제작하고, 현장에서 양중장비를 이용하여 조립하는 공사로 공업화, 대량화에 적용되는 공사이다.

② PC부재 조립

㉠ PC부재는 대형이고 중량이 크므로 운반 및 양중시 운반로의 확보, 안전에 주의해야 한다.
㉡ PC부재의 야적 시 충분한 공간 확보
㉢ PC부재의 야적 시 양중장비 능력을 고려
㉣ PC부재의 조립 시 정밀도를 고려
㉤ PC부재의 접합 시 접합부의 시공에 주의를 기울여야 한다.
㉥ PC부재는 단열에 취약하여 결로가 발생하기 쉬우므로 결로 방지대책 수립

③ PC부재의 장 · 단점

구분	내용
장점	• 기후에 영향이 적어 동절기 시공 가능, 공사기간 단축 • 현장작업 감소, 생산성 향상되어 인력절감 가능 • 공장제작으로 양질의 제품이 가능(장기처짐, 균열발생 적다.) • 현장작업의 감소
단점	• 현장타설공법처럼 자유로운 형상이 어렵다. • 운반비가 상승한다. • 공장제작이므로 초기 시설 투자비의 증가 • 중량이 무거워서 장비비가 많이 든다.

01 핵심문제 1. 콘크리트 구조물공사의 안전

□□□ 09년2회, 17년1회

1. 콘크리트 타설 시 거푸집의 측압에 영향을 미치는 인자들에 대한 설명 중 적당하지 않은 것은?

① 슬럼프가 클수록 작다.
② 타설속도가 빠를수록 크다.
③ 거푸집 속의 콘크리트 온도가 낮을수록 크다.
④ 콘크리트의 타설높이가 높을수록 크다.

문제 1~4 해설

측압이 커지는 조건
1. 기온이 낮을수록(대기중의 습도가 낮을수록) 크다.
2. 치어 붓기 속도가 클수록 크다.
3. 묽은 콘크리트 일수록(물 · 시멘트비가 클수록, 슬럼프 값이 클수록, 시멘트 · 물비가 적을수록) 크다.
4. 콘크리트의 비중이 클수록 크다.
5. 콘크리트의 다지기가 강할수록 크다.
6. 철근양이 작을수록 크다.
7. 거푸집의 수밀성이 높을수록 크다.
8. 거푸집의 수평단면이 클수록(벽 두께가 클수록) 크다.
9. 거푸집의 강성이 클수록 크다.
10. 거푸집의 표면이 매끄러울수록 크다.
11. 측압은 생콘크리트의 높이가 높을수록 커지는 것이다. 어느 일정한 높이에 이르면 측압의 증대는 없게 된다.
12. 응결이 빠른 시멘트를 사용할 경우 크다.

□□□ 08년1회, 14년2회

2. 콘크리트의 측압에 관한 설명으로 옳은 것은?

① 거푸집 수밀성이 크면 측압은 작다.
② 철근의 양이 적으면 측압은 작다.
③ 부어넣기 속도가 빠르면 측압은 작아진다.
④ 외기의 온도가 낮을수록 측압은 크다.

□□□ 15년2회, 16년2회, 19년3회

3. 콘크리트 타설 시 거푸집 측압에 대한 설명 중 틀린 것은?

① 타설속도가 빠를수록 측압이 커진다.
② 거푸집의 투수성이 낮을수록 측압은 커진다.
③ 타설높이가 높을수록 측압이 커진다.
④ 콘크리트의 온도가 높을수록 측압이 커진다.

□□□ 13년3회, 18년3회

4. 겨울철 공사중인 건축물의 벽체 콘크리트 타설 시 거푸집이 터져서 콘크리트가 쏟아지는 사고가 발생하였다. 이 사고의 발생 원인으로 가장 알맞는 것은?

① 콘크리트 타설속도가 빨랐다.
② 진동기를 사용하지 않았다.
③ 시멘트 사용량이 많았다.
④ 철근 사용량이 많았다.

□□□ 08년2회

5. 기초, 보의 측면, 기둥, 벽의 거푸집널은 24시간 이상 양생한 후에 콘크리트의 압축강도가 일정한 값 이상에 도달하였음을 시험에 의하여 확인된 경우에 해체할 수 있는데, 이때 그 기준이 되는 콘크리트의 압축강도는?

① 5MPa ② 7MPa
③ 8MPa ④ 10MPa

해설

콘크리트의 압축강도 기준
기초, 보, 기둥, 벽 등 측면의 압축강도 : 5MPa 이상

□□□ 09년1회

6. 일반적인 콘크리트의 압축강도는 표준양생을 실시한 재령 며칠을 기준으로 하는가?

① 7일 ② 21일
③ 28일 ④ 30일

해설

콘크리트의 압축강도는 표준양생을 실시한 재령 28일을 기준으로 한다.

□□□ 10년2회, 12년2회, 15년3회

7. 지름이 15cm이고 높이가 30cm인 원기둥 콘크리트 공시체에 대해 압축강도시험을 한 결과 460kN에 파괴되었다. 이 때 콘크리트 압축강도는?

① 16.2MPa ② 21.5MPa
③ 26MPa ④ 31.2MPa

정답 1 ① 2 ④ 3 ④ 4 ① 5 ① 6 ③ 7 ③

해설

압축강도$(F_c) = \frac{공시체파괴하중(P)}{공시체의단면적(A)}$ 이므로

$$F_c = \frac{P}{\frac{\pi d^2}{4}} = \frac{460[kN]}{\frac{\pi \times 0.15^2}{4}[m^2]} = 26030[kN/m^2]$$

$$= 26030[kN/m^2] = 26030[kPa] = 26.03[MPa]$$

□□□ 16년3회

8. 콘크리트의 압축강도에 영향을 주는 요소로 가장 거리가 먼 것은?

① 콘크리트 양생 온도　② 콘크리트 재령
③ 물-시멘트비　④ 거푸집 강도

문제 8, 9 해설

거푸집의 형태와 강도는 가설물 설치상의 강도이며 해체 후 콘크리트의 압축강도와는 큰 관계가 없다.

□□□ 09년3회, 11년3회, 14년3회

9. 콘크리트 강도에 영향을 주는 요소로 거리가 먼 것은?

① 콘크리트 재령 및 배합
② 양생 온도와 습도
③ 타설 및 다지기
④ 거푸집 모양과 형상

□□□ 10년2회

10. 콘크리트 타설작업을 할 때 준수하여야 할 사항으로 가장 거리가 먼 것은?

① 콘크리트 타설 전에 거푸집 동바리 등의 변형·변위 등을 점검하고 이상이 있는 경우 보수할 것
② 작업 중 거푸집 동바리 등의 이상유무를 점검하여 이상을 발견한 때에는 근로자를 대피시킬 것
③ 진동기의 사용은 많이 할수록 균일한 콘크리트를 얻을 수 있으므로 가급적 많이 사용할 것
④ 설계도서상의 콘크리트 양생기간을 준수하여 거푸집동바리 등을 해체할 것

문제 10~14 해설

콘크리트의 타설작업 시 준수사항

1. 당일의 작업을 시작하기 전에 해당작업에 관한 거푸집동바리등의 변형·변위 및 지반의 침하유무등을 점검하고 이상이 있으면 이를 보수할 것
2. 작업중에는 거푸집동바리 등의 변형·변위 및 침하유무 등을 감시할 수 있는 감시자를 배치하여 이상이 있으면 작업을 중지하고 근로자를 대피시킬 것
3. 콘크리트의 타설작업 시 거푸집붕괴의 위험이 발생할 우려가 있으면 충분한 보강조치를 할 것
4. 설계도서상의 콘크리트 양생기간을 준수하여 거푸집동바리 등을 해체할 것
5. 콘크리트를 타설하는 경우에는 편심이 발생하지 않도록 골고루 분산하며 타설할 것

[참고] 산업안전보건기준에 관한 규칙 제334조【콘크리트의 타설작업】

□□□ 12년1회

11. 콘크리트 타설작업을 하는 경우에 준수해야 할 사항으로 옳지 않는 것은?

① 당일의 작업을 시작하기 전에 해당 작업에 관한 거푸집 동바리 등의 변형·변위 및 지반의 침하유무 등을 점검하고 이상이 있으면 보수할 것
② 작업중에는 거푸집 동바리 등의 변형·변위 및 침하유무 등을 감시할 수 있는 감시자를 배치하여 이상이 있으면 작업을 중지하고 근로자를 대피시킬 것
③ 설계도서상의 콘크리트 양생기간을 준수하여 거푸집 동바리 등을 해체할 것
④ 거푸집 붕괴의 위험이 발생할 우려가 있는 때에는 보강조치 없이 즉시 해체할 것

□□□ 16년2회, 22년1회

12. 콘크리크 타설작업을 하는 경우에 준수해야 할 사항으로 옳지 않은 것은?

① 당일의 작업을 시작하기 전에 해당작업에 관한 거푸집동바리 등의 변형·변위 및 지반의 침하 유무 등을 점검하고 이상이 있으면 보수 할 것
② 작업 중에는 거푸집동바리 등의 변형·변위 및 침하 유무 등을 감시 할 수 있는 감시자를 배치하여 이상이 있으면 작업을 빠른 시간 내 우선 완료하고 근로자를 대피시킬 것
③ 콘크리트 타설 작업 시 거푸집 붕괴의 위험이 발생할 우려가 있으면 충분한 보강조치를 할 것
④ 콘크리트를 타설하는 경우에는 편심이 발생하지 않도록 골고루 분산하여 타설할 것

정답 8 ④ 9 ④ 10 ③ 11 ④ 12 ②

□□□ 16년3회

13. 다음은 산업안전보건기준에 관한 규칙의 콘크리트 타설작업에 관한 사항이다. 빈칸에 들어갈 적절한 용어는?

> 당일의 작업을 시작하기 전에 당해 작업에 관한 거푸집동바리 등의 (A), 변위 및 (B) 등을 점검하고 이상을 발견한 때에는 이를 보수 할 것

① A : 변형, B : 지반의 침하유무
② A : 변형, B : 개구부 방호설비
③ A : 균열, B : 깔판
④ A : 균열, B : 지주의 침하

□□□ 16년1회

14. 콘크리트 타설작업의 안전대책으로 옳지 않은 것은?

① 작업 시작전 거푸집동바리 등의 변형, 변위 및 지반 침하 유무를 점검한다.
② 작업 중 감시자를 배치하여 거푸집동바리 등의 변형, 변위 유무를 확인한다.
③ 슬래브콘크리트 타설은 한쪽부터 순차적으로 타설하여 붕괴 재해를 방지해야 한다.
④ 설계도서상 콘크리트 양생기간을 준수하여 거푸집동바리 등을 해체한다.

□□□ 10년3회, 16년3회, 21년2회

15. 콘크리트 타설 시 안전수칙으로 옳지 않은 것은?

① 타설순서를 계획에 의하여 실시하여야 한다.
② 진동기는 최대한 많이 사용하여야 한다.
③ 콘크리트를 치는 도중에는 거푸집, 지보공 등의 이상유무를 확인하여야 한다.
④ 손수레로 콘크리트를 운반할 때에는 손수레를 타설하는 위치까지 천천히 운반하여 거푸집에 충격을 주지 아니하도록 타설하여야 한다.

문제 15~17 해설

②항, 진동기는 적절히 사용되어야 하며, 지나친 진동은 거푸집 도괴의 원인이 될 수 있으므로 각별히 주의하여야 한다.

□□□ 14년1회, 20년4회

16. 콘크리트 타설작업과 관련하여 준수하여야 할 사항으로 가장 거리가 먼 것은?

① 당일의 작업을 시작하기 전에 해당 작업에 관한 거푸집동바리 등의 변형 · 변위 및 지반의 침하 유무 등을 점검하고 이상이 있는 경우 보수할 것
② 콘크리트를 타설하는 경우에는 편심이 발생하지 않도록 골고루 분산하여 타설할 것
③ 진동기의 사용은 많이 할수록 균일한 콘크리트를 얻을 수 있으므로 가급적 많이 사용할 것
④ 설계도서상의 콘크리트 양생기간을 준수하여 거푸집동바리 등을 해체할 것

□□□ 13년2회, 18년2회

17. 콘크리트 타설작업 시 안전에 대한 유의사항으로 틀린 것은?

① 높은 곳으로부터 콘크리트를 타설할 때는 호퍼로 받아 거푸집 내에 꽂아 넣는 슈트를 통해서 부어넣어야 한다.
② 콘크리트를 치는 도중에는 지보공 · 거푸집 등의 이상 유무를 확인한다.
③ 진동기를 가능한 한 많이 사용할수록 거푸집에 작용하는 측압상 안전하다.
④ 콘크리트를 한 곳에만 치우쳐서 타설하지 않도록 주의한다.

□□□ 14년2회

18. 말뚝을 절단할 때 내부응력에 가장 큰 영향을 받는 말뚝은?

① 나무말뚝　② PC말뚝
③ 강말뚝　④ RC말뚝

해설

PC말뚝이란 PC강선(강봉)을 미리 인장하여 그 주위에 콘크리트를 쳐서 굳은 후 PC강선의 인장 장치를 풀어서 콘크리트 말뚝에 Prestress를 넣은 것으로 절단 시 응력에 가장 큰 변화가 생긴다.

정답 13 ① 14 ③ 15 ② 16 ③ 17 ③ 18 ②

02 철골 공사의 안전

[관련법령]
철골공사표준안전작업 지침

[철골공사]

(1) 철골공사 작업의 안전

① 설계도 및 공작도 확인사항
- ㉠ 부재의 형상 및 치수(길이, 폭 및 두께), 접합부의 위치, 브라켓의 내민 치수, 건물의 높이 등
- ㉡ 부재의 최대중량의 검토결과에 따라 건립기계의 종류를 선정하고 부재수량에 따라 건립공정을 검토하여 시공기간 및 건립기계의 대수를 결정
- ㉢ 현장용접의 유무, 이음부의 시공난이도를 확인하고 건립작업방법을 결정
- ㉣ 철골철근콘크리트조의 경우 철골계단이 있으면 작업이 편리하므로 건립순서 등을 검토하고 안전작업에 이용
- ㉤ 한쪽만 내민 보가 있는 기둥은 취급이 곤란하므로 보를 절단하거나 또는 무게중심의 위치를 명확히 하는 등의 필요한 조치

② 사전안정성 확보를 위해 공작도에 반영해야할 사항
- ㉠ 외부비계받이 및 화물승강설비용 브라켓
- ㉡ 기둥 승강용 트랩
- ㉢ 구명줄 설치용 고리
- ㉣ 건립에 필요한 와이어 걸이용 고리
- ㉤ 난간 설치용 부재
- ㉥ 기둥 및 보 중앙의 안전대 설치용 고리
- ㉦ 방망 설치용 부재
- ㉧ 비계 연결용 부재
- ㉨ 방호선반 설치용 부재
- ㉩ 양중기 설치용 보강재

③ 구조안전의 위험이 큰 철골구조물로 건립 중 강풍에 의한 풍압등 외압에 대한 내력이 설계에 고려되었는지 확인 사항
- ㉠ 높이 20m 이상의 구조물
- ㉡ 구조물의 폭과 높이의 비가 1 : 4 이상인 구조물
- ㉢ 단면구조에 현저한 차이가 있는 구조물
- ㉣ 연면적당 철골량이 50kg/㎡ 이하인 구조물
- ㉤ 기둥이 타이플레이트(tie plate)형인 구조물
- ㉥ 이음부가 현장용접인 구조물

[철골부재 승강로의 답단간격]

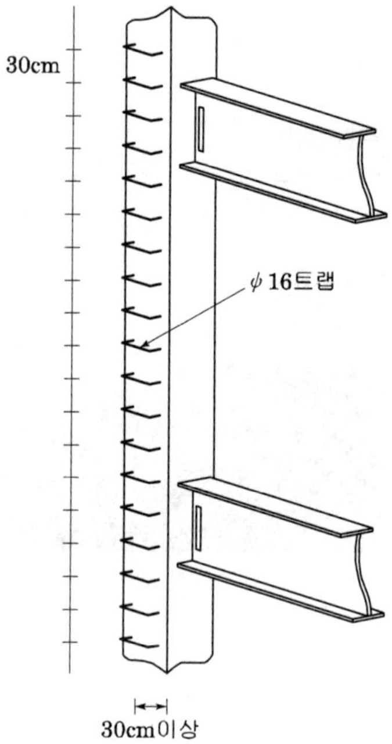

30cm
φ16트랩
30cm이상

④ 철골작업 시 위험방지

구분	내용
조립 시의 위험방지	철골을 조립하는 경우에 철골의 접합부가 충분히 지지되도록 볼트를 체결하거나 이와 같은 수준 이상의 견고한 구조가 되기 전에는 들어 올린 철골을 걸이로프 등으로부터 분리해서는 아니 된다.
승강로의 설치	근로자가 수직방향으로 이동하는 철골부재(鐵骨部材)에는 답단(踏段) 간격이 30센티미터 이내인 고정된 승강로를 설치하여야 하며, 수평방향 철골과 수직방향 철골이 연결되는 부분에는 연결작업을 위하여 작업발판 등을 설치하여야 한다.
가설통로의 설치	철골작업을 하는 경우에 근로자의 주요 이동통로에 고정된 가설통로를 설치하여야 한다. (다만, 안전대의 부착설비 등을 갖춘 경우에는 그러하지 아니하다.)
철골작업의 제한	• 풍속이 초당 10m 이상인 경우 • 강우량이 시간당 1mm 이상인 경우 • 강설량이 시간당 1cm 이상인 경우

(2) 앵커 볼트의 매립

① 앵커 볼트는 매립 후에 수정하지 않도록 설치하여야 한다.

② 앵커 볼트는 견고하게 고정시키고 이동, 변형이 발생하지 않도록 주의하면서 콘크리트를 타설해야 한다.

③ 앵커 볼트의 매립 정밀도

구분	그림
① 기둥중심은 기준선 및 인접 기둥의 중심에서 5밀리미터 이상 벗어나지 않을 것	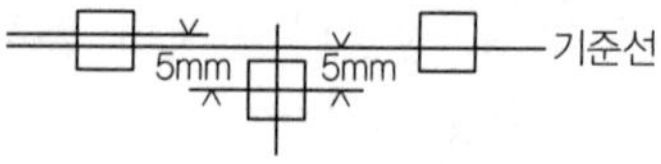 5mm 5mm 기준선 [그림 1]
② 인접기둥간 중심거리의 오차는 3밀리리터 이하일 것	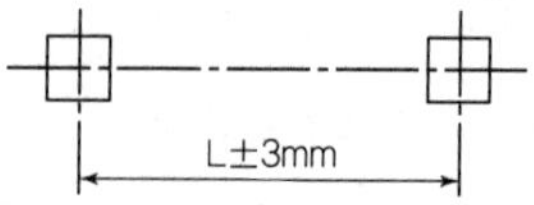 L±3mm [그림 2]
③ 앵커 볼트는 기둥중심에서 2밀리미터 이상 벗어나지 않을 것	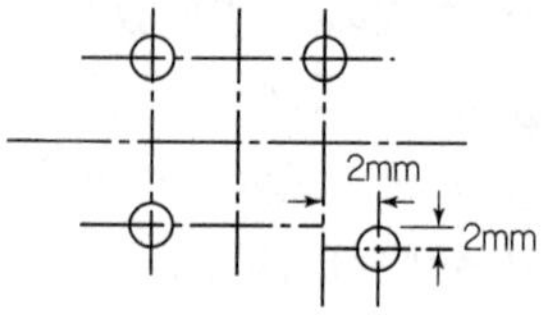 2mm 2mm [그림 3]
④ 베이스 플레이트의 하단은 기준 높이 및 인접기둥의 높이에서 3미리미터 이상 벗어나지 않을 것	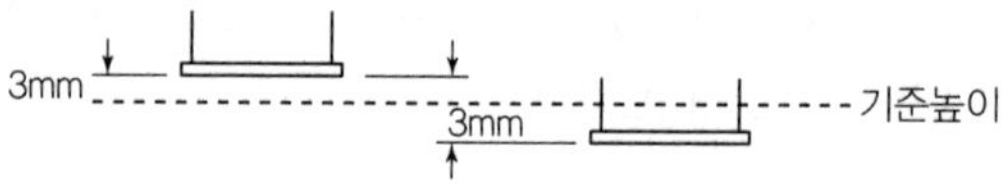 3mm 3mm 기준높이 [그림 4]

(3) 철골건립준비 시 준수사항

① 지상 작업장에서 건립준비 및 기계기구를 배치할 경우에는 낙하물의 위험이 없는 평탄한 장소를 선정하여 정비하고 경사지에서는 작업대나 임시발판 등을 설치하는 등 안전하게 한 후 작업하여야 한다.
② 건립작업에 지장이 되는 수목은 제거하거나 이설하여야 한다.
③ 인근에 건축물 또는 고압선 등이 있는 경우에는 이에 대한 방호조치 및 안전조치를 하여야 한다.
④ 사용전에 기계기구에 대한 정비 및 보수를 철저히 실시하여야 한다.
⑤ 기계가 계획대로 배치되어 있는가, 윈치는 작업구역을 확인할 수 있는 곳에 위치하였는가, 기계에 부착된 앵커 등 고정장치와 기초구조 등을 확인하여야 한다.

[철골 건립기계 선정 시 사전 검토사항]
(1) 건립기계의 출입로, 설치장소, 기계조립에 필요한 공간과 면적 등을 검토
(2) 학교, 병원, 주택 등이 근접되어 있는 경우에는 소음을 측정 조사하고 소음진동 허용치는 관계법에서 정하는 바에 따라 처리
(3) 건물의 길이 또는 높이 등 건물의 형태에 적합한 건립기계를 선정
(4) 기계의 작업반경이 건물전체를 수용할 수 있는지의 여부, 또 붐이 안전하게 인양할 수 있는 하중범위, 수평거리, 수직높이 등을 검토

(4) 철골보의 인양

① 인양 와이어 로우프의 매달기 각도는 양변 60°를 기준으로 2열로 매달고 와이어 체결지점은 수평부재의 1/3기점을 기준하여야 한다.
② 조립되는 순서에 따라 사용될 부재가 하단부에 적치되어 있을 때에는 상단부의 부재를 무너뜨리는 일이 없도록 주의하여 옆으로 옮긴 후 부재를 인양하여야 한다.

구분	내용
크램프로 부재를 체결할 때의 준수사항	• 크램프는 부재를 수평으로 하는 두 곳의 위치에 사용하여야 하며 부재 양단방향은 등간격이어야 한다. • 부득이 한군데 만을 사용할 때는 위험이 적은 장소로서 간단한 이동을 하는 경우에 한하여야 하며 부재길이의 1/3지점을 기준하여야 한다. • 두곳을 매어 인양시킬 때 와이어 로프의 내각은 60도 이하이어야 한다. • 크램프의 정격용량 이상 매달지 않아야 한다. • 체결작업중 크램프 본체가 장애물에 부딪치지 않게 주의하여야 한다. • 크램프의 작동상태를 점검한 후 사용하여야 한다.
인양할 때의 준수사항	• 인양 와이어 로우프는 후크의 중심에 걸어야 하며 후크는 용접의 경우 용접장등 용접규격을 확인하여 인양 시 취성파괴에 의한 탈락을 방지하여야 한다. • 신호자는 운전자가 잘 보이는 곳에서 신호하여야 한다. • 불안정하거나 매단 부재가 경사지면 지상에 내려 다시 체결하여야 한다. • 부재의 균형을 확인하면 서서히 인양하여야 한다. • 흔들리거나 선회하지 않도록 유도 로프로 유도하며 장애물에 닿지 않도록 주의하여야 한다.

(5) 철골의 좌굴

주재(主材)에 하중 P를 가하면 중앙에 인장력을 가한 것과 같이 기둥이 수평으로 변곡하게 된다. 하중 P가 작으면 기둥은 쉽게 원상태로 복원되지만 일정한도 이상이 되면 복원은 되지 못하고 변곡이 계속 진행되어 파괴에 이르게 된다, 이 복원의 한계점 부근에서의 상태가 존재하게 되는데, 이 상태를 좌굴이라 하고 이때의 하중을 좌굴하중(한계하중)이라 한다.

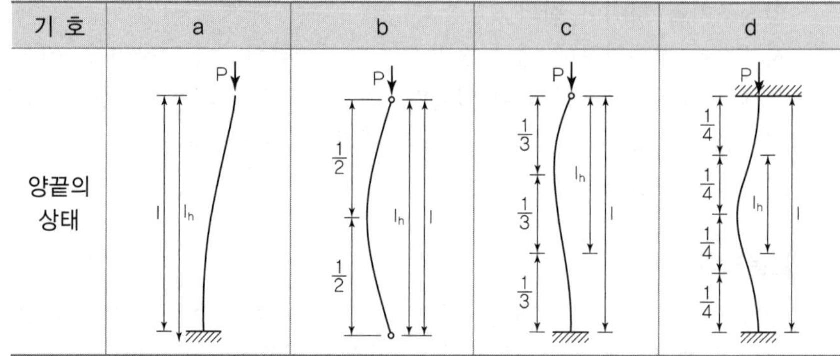

■ 오일러의 한계하중(좌굴하중)

$$P_K = \frac{\pi^2 EI}{(lK)^2}$$

P_k : 좌굴하중(kg)　　　　E : 탄성계수(kg/cm^2)

I : 모멘트(cm^4)　　　　l : 기둥의 길이(cm)

K : 좌굴계수

※ 좌굴계수 값

지지 형태	좌굴계수(K)	지지 형태	좌굴계수(K)
1단고정 1단자유	2.0	양단힌지	1.0
1단고정 1단힌지	0.7	양단고정	0.5

 **예제**

거푸집동바리 구조에서 높이가 l = 3.5m인 파이프서포트의 좌굴하중은?
(단, 상부받이판과 하부받이판은 힌지로 가정하고, 단면2차모멘트 I = 8.31cm^4, 탄성계수 E = 2.1×10^{6}kg/cm^2)

오일러의 좌굴하중 $Pk = \frac{\pi^2 EI}{lk^2}$

① 양단힌지이므로 $k = 1.0$, $l = 3.5\text{m} = 350\text{cm}$

② $Pk = \frac{\pi^2 \times (2.1 \times 10^6) \times 8.31}{1 \times (350)^2} = 1405.9\text{kg}$

02 핵심문제 2. 철골 공사의 안전

□□□ 08년2회, 11년1회, 14년2회, 15년2회

1. 철골작업을 중지하여야 하는 기준으로 옳은 것은?

① 풍속이 초당 1미터 이상인 경우
② 강우량이 시간당 1센티미터 이상인 경우
③ 강설량이 시간당 1센티미터 이상인 경우
④ 10분간 평균풍속이 초당 5미터 이상인 경우

문제 1~5 해설

철골작업을 중지하여야 하는 기준
1. 풍속이 초당 10미터 이상인 경우
2. 강우량이 시간당 1밀리미터 이상인 경우
3. 강설량이 시간당 1센티미터 이상인 경우

[참고] 산업안전보건기준에 관한 규칙 제383조 【작업의 제한】

□□□ 16년1회

2. 철골작업을 중지하여야 하는 조건에 해당되지 않는 것은?

① 풍속이 초당 10m 이상인 경우
② 지진이 진도 4 이상의 경우
③ 강우량이 시간당 1mm 이상의 경우
④ 강설량이 시간당 1cm 이상의 경우

□□□ 09년3회, 13년1회

3. 철골작업에서는 강풍과 같은 악천후 시 작업을 중지하도록 하여야 하는데, 건립작업을 중지하여야 하는 풍속기준은?

① 7m/s 이상 ② 10m/s 이상
③ 14m/s 이상 ④ 17m/s 이상

□□□ 11년3회, 17년2회

4. 철골 작업 시 기상조건에 따라 안전상 작업을 중지토록 하여야 한다. 다음 중 작업을 중지토록 하는 기준으로 옳은 것은?

① 강우량이 시간당 5mm 이상인 경우
② 강우량이 시간당 10mm 이상인 경우
③ 풍속이 초당 10m 이상인 경우
④ 강설량이 시간당 20mm 이상인 경우

□□□ 15년3회

5. 철골 작업을 할 때 악천후에는 작업을 중지토록 하여야 하는데 그 기준으로 옳은 것은?

① 강설량이 분당 1cm 이상인 경우
② 강우량이 시간당 1cm 이상인 경우
③ 풍속이 초당 10m 이상인 경우
④ 기온이 35℃ 이상인 경우

□□□ 09년1회, 12년2회

6. 철골공사 시 사전안전성 확보를 위해 공작도에 반영하여야 할 사항이 아닌 것은?

① 주변 고압전주 ② 외부비계받이
③ 기둥승강용 트랩 ④ 방망 설치용 부재

해설

철골공사 시 사전안전성 확보를 위해 공작도에 반영하여야 할 사항
1. 외부비계 및 화물 승강장치
2. 기둥승강용 트랩
3. 구명줄설치용 고리
4. 건립 때 필요한 와이어 걸이용 고리
5. 난간설치용 부재
6. 기둥 및 보 중앙의 안전대 설치용 고리
7. 방망설치용 부재
8. 비계연결용 부재
9. 방호선반설치용 부재
10. 인양기 설치용 보강재

□□□ 09년3회, 18년1회

7. 다음 중 건립 중 강풍에 의한 풍압 등 외압에 대한 내력이 설계에 고려되었는지 확인하여야 하는 철골 구조물이 아닌 것은?

① 단면이 일정한 구조물
② 기둥이 타이플레이트형인 구조물
③ 이음부가 현장용접인 구조물
④ 구조물의 폭과 높이의 비가 1 : 4 이상인 구조물

문제 7~10 해설

철골 공사전 검토사항 중 설계도 및 공작도에 대한 확인중에서 : 구조안전의 위험이 큰 다음 각 목의 철골구조물은 건립중 강풍에 의한 풍압 등 외압에 대한 내력이 설계에 고려되었는지 확인하여야 한다.
1. 높이 20m 이상의 구조물
2. 구조물의 폭과 높이의 비가 1 : 4 이상인 구조물
3. 단면구조에 현저한 차이가 있는 구조물
4. 연면적당 철골량이 50kg/m² 이하인 구조물
5. 기둥이 타이플레이트(tie plate)형인 구조물
6. 이음부가 현장용접인 구조물

정답 1③ 2② 3② 4③ 5③ 6① 7①

□□□ 10년1회, 11년2회, 15년2회

8. **건립 중 강풍에 의한 풍압 등 외압에 대한 내력이 설계에 고려되었는지 확인하여야 하는 철골구조물에 해당하지 않는 것은?**

① 이음부가 현장용접인 건물
② 높이 15m인 건물
③ 기둥이 타이플레이트(tie plate)형인 구조물
④ 구조물의 폭과 높이의 비가 1 : 5인 건물

□□□ 10년3회, 19년2회

9. **건립 중 강풍에 의한 풍압 등 외압에 대한 내력이 설계에 고려되었는지 확인하여야 하는 철골구조물이 아닌 것은?**

① 높이 20m 이상인 구조물
② 폭과 높이의 비가 1 : 4 이상인 구조물
③ 연면적 당 철골량이 50kg/m^{2}이상인 구조물
④ 이음부가 현장용접인 구조물

□□□ 16년2회

10. **건립 중 강풍에 의한 풍압 등 외압에 대한 내력이 설계에 고려되었는지 확인하여야 하는 철골구조물의 기준으로 옳지 않은 것은?**

① 높이 20m 이상의 구조물
② 구조물의 폭과 높이의 비가 1:4 이상인 구조물
③ 이음부가 공장 제작인 구조물
④ 연면적당 철골량이 50kg/m^2 이하의 구조물

□□□ 12년3회, 15년1회, 19년1회, 22년2회

11. **철골건립준비를 할 때 준수하여야 할 사항과 거리가 먼 것은?**

① 지상 작업장에서 건립준비 및 기계기구를 배치할 경우에는 낙하물의 위험이 없는 평탄한 장소를 선정하여 정비하고 경사지에는 작업대나 임시발판 등을 설치하는 등 안전하게 한 후 작업하여야 한다.
② 건립작업에 다소 지장이 있다하더라도 수목은 제거하여서는 안된다.
③ 사용전에 기계기구에 대한 정비 및 보수를 철저히 실시하여야 한다.
④ 기계에 부착된 앵커 등 고정장치와 기초구조 등을 확인하여야 한다.

해설

철골건립준비를 할 때 준수하여야 할 사항
1. 지상 작업장에서 건립준비 및 기계기구를 배치할 경우에는 낙하물의 위험이 없는 평탄한 장소를 선정하여 정비하고 경사지에서는 작업대나 임시발판 등을 설치하는 등 안전하게 한 후 작업하여야 한다.
2. 건립작업에 지장이 되는 수목은 제거하거나 이설하여야 한다.
3. 인근에 건축물 또는 고압선 등이 있는 경우에는 이에 대한 방호조치 및 안전조치를 하여야 한다.
4. 사용전에 기계기구에 대한 정비 및 보수를 철저히 실시하여야 한다.
5. 기계가 계획대로 배치되어 있는가, 윈치는 작업구역을 확인할 수 있는 곳에 위치하였는가, 기계에 부착된 앵카 등 고정장치와 기초구조 등을 확인하여야 한다.

□□□ 11년2회, 16년2회

12. **철골보 인양 시 준수해야 할 사항으로 옳지 않은 것은?**

① 인양 와이어로프의 매달기 각도는 양변 60°를 기준으로 한다.
② 크램프로 부재를 체결할 때는 크램프의 정격용량 이상 매달지 않아야 한다.
③ 크램프는 부재를 수평으로 하는 한 곳의 위치에만 사용 하여야 한다.
④ 인양 와이어로프는 후크의 중심에 걸어야 한다.

해설

크램프는 부재를 수평으로 하는 두 곳의 위치에 사용하여야 하며 부재 양단방향은 등간격이어야 한다.

□□□ 11년2회, 14년2회, 16년2회, 18년3회, 22년1회

13. **다음은 철골작업에서의 승강로 설치기준 중 ( ) 안에 알맞은 숫자는?**

사업주는 근로자가 수직방향으로 이동하는 철골부재에는 답단간격이 ( )센티미터 이내인 고정된 승강로를 설치하여야 한다.

① 20 ② 30
③ 40 ④ 50

해설

사업주는 근로자가 수직방향으로 이동하는 철골부재(鐵骨部材)에는 답단(踏段) 간격이 30센티미터 이내인 고정된 승강로를 설치하여야 하며, 수평방향 철골과 수직방향 철골이 연결되는 부분에는 연결작업을 위하여 작업발판 등을 설치하여야 한다.

[참고] 산업안전보건기준에 관한 규칙 제381조 【승강로의 설치】

정답 8 ② 9 ③ 10 ③ 11 ② 12 ③ 13 ②

□□□ 14년1회, 17년3회

14. 철골구조의 앵커볼트매립과 관련된 사항 중 옳지 않은 것은?

① 기둥중심은 기준선 및 인접기둥의 중심에서 3mm 이상 벗어나지 않을 것
② 앵커 볼트는 매립 후에 수정하지 않도록 설치할 것
③ 베이스플레이트의 하단은 기준 높이 및 인접기둥의 높이에서 3mm 이상 벗어나지 않을 것
④ 앵커 볼트는 기둥중심에서 2mm 이상 벗어나지 않을 것

해설

앵커 볼트의 매립에 있어서 다음 사항을 준수하여야 한다.
1. 앵커 볼트는 매립 후에 수정하지 않도록 설치하여야 한다.
2. 앵커 볼트를 매립하는 정밀도는 다음 각 목의 범위내 이어야 한다.
(1) 기둥중심은 [그림]과 같이 기준선 및 인접기둥의 중심에서 5밀리미터 이상 벗어나지 않을 것

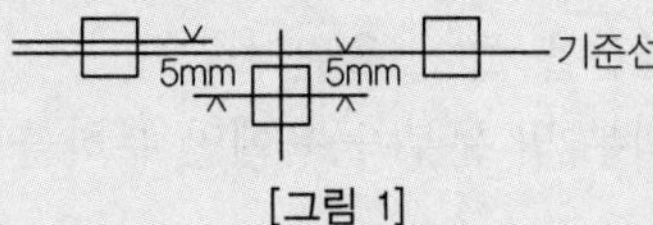

[그림 1]

(2) 인접기둥간 중심거리의 오차는 [그림 2]와 같이 3밀리리터 이하일 것

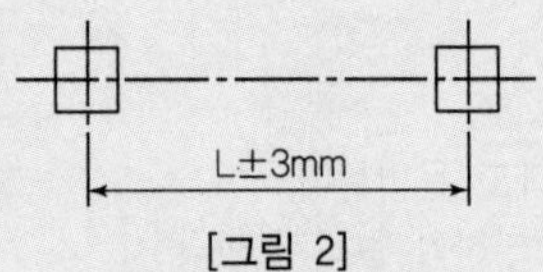

[그림 2]

(3) 앵커 볼트는 [그림 3]과 같이 기둥중심에서 2밀리미터 이상 벗어나지 않을 것

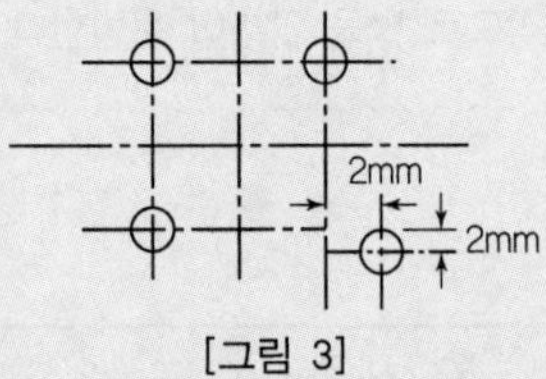

[그림 3]

(4) 베이스 플레이트의 하단은 [그림 4]와 같이 기준 높이 및 인접기둥의 높이에서 3밀리미터 이상 벗어나지 않을 것

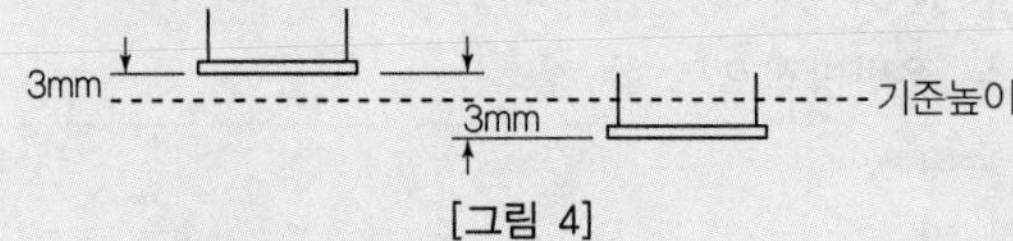

[그림 4]

3. 앵커 볼트는 견고하게 고정시키고 이동, 변형이 발생하지 않도록 주의하면서 콘크리트를 타설해야 한다.

정답 14 ①

Chapter

07 운반 및 하역작업

이 장은 운반작업, 하역작업 시 안전수칙으로 구성되며 하역작업 시 안전수칙과 항만 하역작업의 기준 등이 주로 출제된다.

01 운반작업의 안전

[인력운반시 발생 재해]
요통, 협착, 낙하, 충돌재해 등

[요통을 일으키는 인자]
(1) 물건의 중량
(2) 작업자세
(3) 작업시간

(1) 운반작업의 안전수칙

① 짐을 몸 가까이 접근하여 물건을 들어 올린다.
② 몸에는 대칭적으로 부하가 걸리게 한다.
③ 물건을 운반시에는 몸을 반듯이 편다.
④ 물건을 올리고 내릴 때에는 움직이는 높이의 차이를 피한다.
⑤ 등을 반드시 편 상태에서 물건을 들어 올린다.
⑥ 필요한 경우 운반작업은 대퇴부 및 둔부 근육에만 부하를 주는 상태에서 무릎을 쪼그려 수행한다.
⑦ 가능하면 벨트, 운반대, 운반멜대 등과 같은 보조기구를 사용한다.

■ **공동 작업시 운반**

① 긴 물건은 같은 쪽의 어깨에 메고 운반한다.
② 모든 사람에게 무게가 균등한 부하가 걸리게 한다.
③ 물건을 올리고 내릴 때에는 행동을 동시에 취한다.
④ 명령과 지시는 한사람 만이 내린다.
⑤ 3명 이상이 운반시에는 한 동작으로 발을 맞추어 운반한다.

(2) 취급운반의 원칙

구분	내용
3원칙	• 운반거리를 단축시킬 것 • 운반을 기계화 할 것 • 손이 닿지 않는 운반방식으로 할 것
5원칙	• 직선운반을 할 것 • 연속운반을 할 것 • 운반 작업을 집중화시킬 것 • 생산을 최고로 하는 운반을 생각할 것 • 최대한 시간과 경비를 절약할 수 있는 운반방법을 고려할 것

(3) 인력운반

① 중량 및 운반속도

구분	내용
인력운반 하중기준	보통 체중의 40% 정도의 운반물을 60~80m/min의 속도로 운반하는 것이 바람직하다.
안전 하중기준	일반적으로 성인남자의 경우 25kg 정도, 성인여자의 경우에는 15kg 정도가 무리하게 힘이 들지 않는 안전하중이 된다.

② 인력으로 철근을 운반할 때의 준수사항

㉠ 1인당 무게는 25kg 정도가 적절하며, 무리한 운반을 삼가 한다.

㉡ 2인 이상이 1조가 되어 어깨메기로 하여 운반한다.

㉢ 긴 철근을 부득이 한 사람이 운반할 때에는 한쪽을 어깨에 메고 한쪽 끝을 끌면서 운반하여야 한다.

㉣ 운반할 때에는 양끝을 묶어 운반하여야 한다.

㉤ 내려놓을 때는 천천히 내려놓고 던지지 않아야 한다.

㉥ 공동 작업을 할 때에는 신호에 따라 작업을 하여야 한다.

③ 기계화해야 될 인력작업

㉠ 3~4인 정도가 상당한 시간 계속해서 작업해야 되는 운반 작업

㉡ 발밑에서부터 머리 위까지 들어 올려야 되는 작업

㉢ 발밑에서부터 어깨까지 25kg 이상의 물건을 들어 올려야 되는 작업

㉣ 발밑에서부터 허리까지 50kg 이상의 물건을 들어 올려야 되는 작업

㉤ 발밑에서부터 무릎까지 75kg 이상의 물건을 들어 올려야 되는 작업

[무게로 인해 신체의 각 관절에 걸리는 부하]

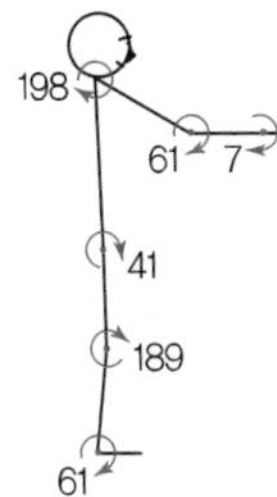

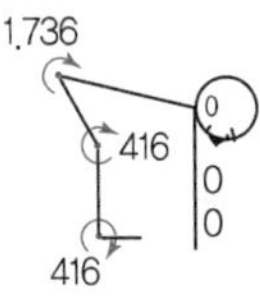

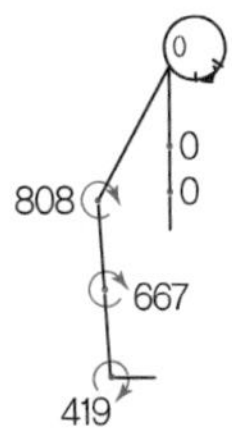

(4) 중량물 취급운반

① 중량물의 분류

중량물
- 소형 중량물 : 총 무게 50톤 미만
- 중형 중량물 : 총 무게 50~150톤
- 대형 중량물 : 총 무게 150톤 이상

② 중량물 운반 공동 작업시 안전수칙

㉠ 작업지휘자를 반드시 정할 것

㉡ 체력과 기량이 같은 사람을 골라 보조와 속도를 맞출 것

㉢ 운반 도중 서로 신호 없이 힘을 빼지 말 것

㉣ 긴 목재를 둘이서 메고 운반할 때 서로 소리를 내어 동작을 맞출 것

㉤ 들어올리거나 내릴 때에는 서로 신호를 하여 동작을 맞출 것

③ 올바른 중량물 작업자세

중량물의 취급 시에는 다음과 같이 어깨와 등을 펴고 무릎을 굽힌 다음 가능한 중량물을 몸체에 가깝게 잡아 당겨 들어 올리는 자세를 취하여야 한다.

㉠ 중량물은 몸에 가깝게 할 것
㉡ 발을 어깨넓이 정도로 벌리고 몸은 정확하게 균형을 유지할 것
㉢ 무릎을 굽힐 것
㉣ 목과 등이 거의 일직선이 되도록 할 것
㉤ 등을 반듯이 유지하면서 다리를 펼 것
㉥ 가능하면 중량물을 양손으로 잡을 것

④ 요통 방지대책

㉠ 단위 시간당 작업량을 적절히 한다.
㉡ 작업전 체조 및 휴식을 부여한다.
㉢ 적정배치 및 교육훈련을 실시한다.
㉣ 운반 작업을 기계화한다.
㉤ 취급중량을 적절히 한다.
㉥ 작업자세의 안전화를 도모한다.

⑤ 중량물의 취급작업 시 작업계획서 내용

㉠ 추락위험을 예방할 수 있는 대책
㉡ 낙하위험을 예방할 수 있는 대책
㉢ 전도위험을 예방할 수 있는 대책
㉣ 협착위험을 예방할 수 있는 대책
㉤ 붕괴위험을 예방할 수 있는 대책

01 핵심문제 1. 운반작업의 안전

□□□ 10년3회, 11년1회, 13년2회, 17년3회, 18년2회, 22년1회

1. 취급 · 운반의 원칙으로 옳지 않은 것은?

① 연속운반을 할 것
② 생산을 최고로 하는 운반을 생각할 것
③ 운반작업을 집중하여 시킬 것
④ 곡선운반을 할 것

해설

취급 · 운반 5원칙
1. 직선운반을 할 것
2. 연속운반을 할 것
3. 운반 작업을 집중화시킬 것
4. 생산을 최고로 하는 운반을 생각할 것
5. 최대한 시간과 경비를 절약할 수 있는 운반방법을 고려할 것

□□□ 08년1회, 09년3회, 18년3회

2. 운반작업 시 주의사항으로 옳지 않은 것은?

① 단독으로 긴 물건을 어깨에 메고 운반할 때에는 뒤쪽을 위로 올린 상태로 운반한다.
② 운반 시의 시선은 진행방향을 향하고 뒷걸음 운반을 하여서는 안된다.
③ 무거운 물건을 운반할 때 무게 중심이 높은 하물은 인력으로 운반하지 않는다.
④ 물건을 들고 일어날 때는 허리보다 무릎의 힘으로 일어선다.

해설

①항, 단독으로 긴 물건을 어깨에 메고 운반할 때에는 앞쪽을 위로 올리고 뒤쪽을 내린 상태로 운반한다.

□□□ 10년1회, 14년2회

3. 다음 중 철근인력운반에 대한 설명으로 옳지 않은 것은?

① 긴 철근은 두 사람이 한 조가 되어 어깨메기로 운반하는 것이 좋다.
② 운반할 때에는 중앙부를 묶어 운반한다.
③ 운반 시 1인당 무게는 25kg 정도가 적당하다.
④ 긴 철근을 한사람이 운반할 때는 한쪽을 어깨에 메고 한쪽 끝을 땅에 끌면서 운반한다.

문제 3~5 해설

인력으로 철근을 운반할 때에는 다음 각목의 사항을 준수하여야 한다.
1. 1인당 무게는 25kg 정도가 적절하며, 무리한 운반을 삼가야 한다.
2. 2인 이상이 1조가 되어 어깨메기로 하여 운반하는 등 안전을 도모하여야 한다.
3. 긴 철근을 부득이 한 사람이 운반할 때에는 한쪽을 어깨에 메고 한 쪽 끝을 끌면서 운반하여야 한다.
4. 운반할 때에는 양끝을 묶어 운반하여야 한다.
5. 내려놓을 때는 천천히 내려놓고 던지지 않아야 한다.
6. 공동 작업을 할 때에는 신호에 따라 작업을 하여야 한다.

□□□ 10년3회

4. 인력에 의한 철근 운반에 대한 설명으로 옳지 않은 것은?

① 내려놓을 때는 천천히 내려놓고 던지지 않아야 한다.
② 운반할 때에는 양끝을 묶어 운반하여야 한다.
③ 1인당 무게는 40kg 정도가 적절하며, 무리한 운반을 삼가야 한다.
④ 2인 이상이 1조가 되어 어깨메기로 하여 운반하는 등 안전을 도모하여야 한다.

□□□ 15년2회

5. 인력운반 작업에 대한 안전 준수사항으로 가장 거리가 먼 것은?

① 보조기구를 효과적으로 사용한다.
② 물건을 들어올릴 때는 팔과 무릎을 이용하며 척추는 곧게 한다.
③ 긴 물건은 뒤쪽으로 높이고 원통인 물건은 굴려서 운반한다.
④ 무거운 물건은 공동작업으로 실시한다.

□□□ 12년3회, 16년3회, 19년1회

6. 다음 중 중량물을 운반할 때의 바른 자세는?

① 길이가 긴 물건은 앞쪽을 높게 하여 운반한다.
② 허리를 구부리고 양손으로 들어올린다.
③ 중량은 보통 체중의 60%가 적당하다.
④ 물건은 최대한 몸에서 멀리 떼어서 들어올린다.

해설

②항, 등을 반드시 편 상태에서 물건을 들어 올린다.
③항, 중량은 보통 체중의 40%가 적당하다.
④항, 물건은 몸 가까이 최대한 접근하여 물건을 들어 올린다.

정답 1 ④ 2 ① 3 ② 4 ③ 5 ③ 6 ①

02 하역작업의 안전

[관련법령]
산업안전보건기준에 관한 규칙
• 제10절【차량계 하역운반기계등】
• 제6장【하역작업등에 의한 위험방지】

(1) 하역작업 시 안전

구분	내용
하역작업	• 섬유로프 등의 꼬임이 끊어진 것이나 심하게 손상 또는 부식된 것을 사용하지 않는다. • 바닥으로부터의 높이가 2m 이상 되는 하적단은 인접 하적단의 간격을 하적단의 밑 부분에서 10cm 이상으로 하여야 한다. • 바닥으로부터 높이가 2m 이상인 하적단 위에서 작업을 하는 때에는 추락 등에 의한 근로자의 위험을 방지하기 위하여 해당 작업에 종사하는 근로자로 하여금 안전모 등의 보호구를 착용하도록 하여야 한다.
화물의 취급	• 침하의 우려가 없는 튼튼한 기반 위에 적재할 것 • 건물의 칸막이나 벽 등에 화물의 압력에 견딜 만큼의 강도를 지니지 아니한 때에는 칸막이나 벽에 기대어 적재하지 아니하도록 할 것 • 불안정할 정도로 높이 쌓아 올리지 말 것 • 편하중이 생기지 아니하도록 적재할 것

(2) 차량계 하역운반기계의 사용

구분	내용
화물적재 시의 조치	• 하중이 한쪽으로 치우치지 않도록 적재할 것 • 구내운반차 또는 화물자동차의 경우 화물의 붕괴 또는 낙하에 의한 위험을 방지하기 위하여 화물에 로프를 거는 등 필요한 조치를 할 것 • 운전자의 시야를 가리지 않도록 화물을 적재할 것 • 화물을 적재하는 경우에는 최대적재량을 초과해서는 아니 된다.
싣거나 내리는 작업	차량계 하역운반기계등에 단위화물의 무게가 100킬로그램 이상인 화물을 싣는 작업 또는 내리는 작업을 하는 경우에 해당 작업의 지휘자의 준수사항 • 작업순서 및 그 순서마다의 작업방법을 정하고 작업을 지휘할 것 • 기구와 공구를 점검하고 불량품을 제거할 것 • 해당 작업을 하는 장소에 관계 근로자가 아닌 사람이 출입하는 것을 금지할 것 • 로프 풀기 작업 또는 덮개 벗기기 작업은 적재함의 화물이 떨어질 위험이 없음을 확인한 후에 하도록 할 것

(3) 작업장의 출입구

① 출입구의 위치, 수 및 크기가 작업장의 용도와 특성에 맞도록 할 것
② 출입구에 문을 설치하는 경우에는 근로자가 쉽게 열고 닫을 수 있도록 할 것
③ 주된 목적이 하역운반기계용인 출입구에는 인접하여 보행자용 출입구를 따로 설치할 것
④ 하역운반기계의 통로와 인접하여 있는 출입구에서 접촉에 의하여 근로자에게 위험을 미칠 우려가 있는 경우에는 비상등 · 비상벨 등 경보장치를 할 것
⑤ 계단이 출입구와 바로 연결된 경우에는 작업자의 안전한 통행을 위하여 그 사이에 1.2미터 이상 거리를 두거나 안내표지 또는 비상벨 등을 설치할 것. 다만, 출입구에 문을 설치하지 아니한 경우에는 그러하지 아니하다.

[작업장의 출입구]

(4) 관리감독자의 유해 · 위험방지 업무

① 작업방법 및 순서를 결정하고 작업을 지휘하는 일
② 기구 및 공구를 점검하고 불량품을 제거하는 일
③ 그 작업장소에는 관계 근로자가 아닌 사람의 출입을 금지하는 일
④ 로프 등의 해체작업을 할 때에는 하대(荷臺) 위의 화물의 낙하위험 유무를 확인하고 작업의 착수를 지시하는 일

(5) 하역작업 등에 의한 위험방지

① 하역작업장의 조치기준
  ㉠ 작업장 및 통로의 위험한 부분에는 안전하게 작업할 수 있는 조명을 유지할 것
  ㉡ 부두 또는 안벽의 선을 따라 통로를 설치하는 경우에는 폭을 90센티미터 이상으로 할 것
  ㉢ 육상에서의 통로 및 작업장소로서 다리 또는 선거(船渠) 갑문(閘門)을 넘는 보도(步道) 등의 위험한 부분에는 안전난간 또는 울타리 등을 설치할 것
② 바닥으로부터의 높이가 2미터 이상 되는 하적단과 인접 하적단 사이의 간격을 하적단의 밑부분을 기준하여 10센티미터 이상으로 하여야 한다.

(6) 항만하역작업

① 통행설비의 설치 등
갑판의 윗면에서 선창(船倉) 밑바닥까지의 깊이가 1.5미터를 초과하는 선창의 내부에서 화물취급작업을 하는 경우에 그 작업에 종사하는 근로자가 안전하게 통행할 수 있는 설비를 설치하여야 한다.(안전하게 통행할 수 있는 설비가 선박에 설치되어 있는 경우제외)

② 선박승강설비의 설치

㉠ 300톤급 이상의 선박에서 하역작업을 하는 경우에 근로자들이 안전하게 오르내릴 수 있는 현문(舷門) 사다리를 설치하여야 하며, 이 사다리 밑에 안전망을 설치하여야 한다.

㉡ 현문 사다리는 견고한 재료로 제작된 것으로 너비는 55센티미터 이상이어야 하고, 양측에 82센티미터 이상의 높이로 방책을 설치하여야 하며, 바닥은 미끄러지지 않도록 적합한 재질로 처리되어야 한다.

㉢ 현문 사다리는 근로자의 통행에만 사용하여야 하며, 화물용 발판 또는 화물용 보판으로 사용하도록 해서는 아니 된다.

02 핵심문제 2. 하역작업의 안전

□□□ 12년1회, 13년2회, 16년3회

1. 산업안전보건법상 차량계 하역운반기계 등에 단위화물의 무게가 100kg 이상인 화물을 싣는 작업 또는 내리는 작업을 하는 경우에 해당 작업 지휘자가 준수하여야 할 사항으로 틀린 것은?

① 로프 풀기 작업 또는 덮개 벗기기 작업은 적재함의 화물이 떨어질 위험이 없음을 확인한 후에 하도록 할 것
② 기구와 공구를 점검하고 불량품을 제거할 것
③ 대피방법을 미리 교육하는 일
④ 작업순서 및 그 순서마다의 작업방법을 정하고 작업을 지휘할 것

문제 1, 2 해설

차량계 하역운반기계에 단위화물의 무게가 100킬로그램 이상인 화물을 싣는 작업 또는 내리는 작업을 하는 때에는 당해 작업의 지휘자를 지정하여 준수하여야 할 사항
1. 작업순서 및 그 순서마다의 작업방법을 정하고 작업을 지휘할 것
2. 기구 및 공구를 점검하고 불량품을 제거할 것
3. 당해 작업을 행하는 장소에 관계근로자외의 자의 출입을 금지시킬 것
4. 로프를 풀거나 덮개를 벗기는 작업을 행하는 때에는 적재함의 화물이 낙하할 위험이 없음을 확인한 후에 당해 작업을 하도록 할 것

참고 산업안전보건기준에 관한 규칙 제177조 【싣거나 내리는 작업】

□□□ 09년1회

2. 하역운반기계에 화물을 적재하거나 내리는 작업을 할 때 작업지휘자를 지정해야 하는 경우는 단위화물의 무게가 몇 kg 이상일 때인가?

① 100kg ② 150kg
③ 200kg ④ 250kg

□□□ 11년2회, 14년2회, 22년1회

3. 작업장 출입구 설치 시 준수해야 할 사항으로 옳지 않은 것은?

① 출입구의 위치 · 수 및 크기가 작업장의 용도와 특성에 적합하도록 할 것
② 주목적이 하역운반기계용인 출입구에는 보행자용 출입구를 따로 설치하지 않을 것
③ 출입구에 문을 설치하는 경우에는 근로자가 쉽게 열고 닫을 수 있도록 할 것
④ 계단이 출입구와 바로 연결된 경우에는 작업자의 안전한 통행을 위하여 그 사이에 1.2m 이상 거리를 두거나 안내표지 또는 비상벨 등을 설치할 것

해설

사업주는 작업장에 출입구(비상구는 제외한다. 이하 같다)를 설치하는 경우 다음 각 호의 사항을 준수하여야 한다.
1. 출입구의 위치, 수 및 크기가 작업장의 용도와 특성에 맞도록 할 것
2. 출입구에 문을 설치하는 경우에는 근로자가 쉽게 열고 닫을 수 있도록 할 것
3. 주된 목적이 하역운반기계용인 출입구에는 인접하여 보행자용 출입구를 따로 설치할 것
4. 하역운반기계의 통로와 인접하여 있는 출입구에서 접촉에 의하여 근로자에게 위험을 미칠 우려가 있는 경우에는 비상등 · 비상벨 등 경보장치를 할 것
5. 계단이 출입구와 바로 연결된 경우에는 작업자의 안전한 통행을 위하여 그 사이에 1.2미터 이상 거리를 두거나 안내표지 또는 비상벨 등을 설치할 것. 다만, 출입구에 문을 설치하지 아니한 경우에는 그러하지 아니하다.

참고 산업안전보건기준에 관한 규칙 제11조 【작업장의 출입구】

□□□ 08년2회, 10년2회

4. 화물취급작업 시 관리감독자의 유해 · 위험방지업무와 가장 거리가 먼 것은?

① 관계근로자 외의 자의 출입을 금지시키는 일
② 기구 및 공구를 점검하고 불량품을 제거하는 일
③ 대피방법을 미리 교육하는 일
④ 작업방법 및 순서를 결정하고 작업을 지휘하는 일

해설

관리감독자의 화물취급작업 시 유해 · 위험방지 업무
가. 작업방법 및 순서를 결정하고 작업을 지휘하는 일
나. 기구 및 공구를 점검하고 불량품을 제거하는 일
다. 그 작업장소에는 관계 근로자가 아닌 사람의 출입을 금지하는 일
라. 로프 등의 해체작업을 할 때에는 하대(荷臺) 위의 화물의 낙하위험 유무를 확인하고 작업의 착수를 지시하는 일

참고 산업안전보건기준에 관한 규칙 별표2 【관리감독자의 유해 · 위험 방지】

정답 1 ③ 2 ① 3 ② 4 ③

□□□ 18년3회, 21년3회

5. 화물취급 작업 시 준수사항으로 옳지 않은 것은?

① 꼬임이 끊어지거나 심하게 부식된 섬유로프는 화물운반용으로 사용해서는 아니된다.
② 섬유로프 등을 사용하여 화물취급작업을 하는 경우에 해당 섬유로프 등을 점검하고 이상을 발견한 섬유로프 등을 즉시 교체하여야 한다.
③ 차량등에서 화물을 내리는 작업을 하는 경우에 해당 작업에 종사하는 근로자에게 쌓여있는 화물의 중간에서 필요한 화물을 빼낼 수 있도록 허용한다.
④ 하역작업을 하는 장소에서 작업장 및 통로의 위험한 부분에는 안전하게 작업할 수 있는 조명을 유지한다.

해설

사업주는 차량 등에서 화물을 내리는 작업을 하는 경우에 해당 작업에 종사하는 근로자에게 쌓여 있는 화물 중간에서 화물을 빼내도록 해서는 아니 된다.

(참고) 산업안전보건기준에 관한 규칙 제389조【화물 중간에서 화물 빼내기 금지】

□□□ 08년2회, 13년1회, 14년1회, 18년2회, 19년1회, 19년3회

6. 부두 · 안벽 등 하역작업을 하는 장소에서는 부두 또는 안벽의 선을 따라 통로를 설치하는 경우에는 폭을 최소 얼마 이상으로 해야 하는가?

① 70cm ② 80cm
③ 90cm ④ 100cm

문제 6~8 해설

부두 또는 안벽의 선을 따라 통로를 설치하는 때에는 폭을 90cm 이상으로 할 것

(참고) 산업안전보건기준에 관한 규칙 제390조【하역작업장의 조치기준】

□□□ 09년2회

7. 하역작업 시 위험방지에 대한 내용으로 옳지 않은 것은?

① 부두 · 안벽 등에서 하역작업을 할 때 작업장 및 통로의 위험한 부분에는 안전하게 작업할 수 있도록 조명을 유지해야 한다.
② 꼬임이 끊어진 섬유로프는 화물운반용 또는 고정용으로 사용하여서는 안된다.
③ 부두 또는 안벽의 선을 따라 통로를 설치할 때는 폭을 75cm 이상으로 해야 한다.
④ 포대, 가마니 등의 용기로 포장된 화물이 바닥으로부터 높이가 2m 이상되는 경우, 인접 하적단과의 간격을 하적단 밑부분에서 10cm 이상으로 해야한다.

□□□ 17년2회

8. 화물취급작업과 관련한 위험방지를 위해 조치하여야 할 사항으로 옳지 않은 것은?

① 작업장 및 통로의 위험한 부분에는 안전하게 작업할 수 있는 조명을 유지할 것
② 차량 등에서 화물을 내리는 작업을 하는 경우에 해당 작업에 종사하는 근로자에게 쌓여 있는 화물 중간에서 화물을 빼내도록 하지 말 것
③ 육상에서의 통로 및 작업장소로서 다리 또는 선거 갑문을 넘는 보도 등의 위험한 부분에는 안전난간 또는 울타리 등을 설치할 것
④ 부두 또는 안벽의 선을 따라 통로를 설치하는 경우에는 폭을 50cm 이상으로 할 것

□□□ 09년2회, 12년2회, 14년1회, 19년3회

9. 선창의 내부에서 화물취급 작업을 하는 때에는 갑판의 윗면에서 선창 밑바닥까지 깊이가 몇 m를 초과하는 경우에 당해 작업 근로자가 안전하게 통행할 수 있는 설비를 설치하여야 하는가?

① 1.0m ② 1.2m
③ 1.3m ④ 1.5m

해설

사업주는 갑판의 윗면에서 선창(船倉) 밑바닥까지의 깊이가 1.5미터를 초과하는 선창의 내부에서 화물취급작업을 하는 경우에 그 작업에 종사하는 근로자가 안전하게 통행할 수 있는 설비를 설치하여야 한다.

(참고) 산업안전보건기준에 관한 규칙 제394조【통행설비의 설치 등】

정답 5 ③ 6 ③ 7 ③ 8 ④ 9 ④

□□□ 11년1회, 13년3회, 20년3회

10. 항만하역작업에서의 선박승강설비 설치기준으로 옳지 않은 것은?

① 200톤급 이상의 선박에서 하역작업을 하는 때에는 근로자들이 안전하게 승강할 수 있는 현문사다리를 설치하여야 한다.

② 현문사다리의 양측에는 82cm 이상의 높이로 방책을 설치하여야 한다.

③ 현문사다리는 견고한 재료로 제작된 것으로 너비는 55cm 이상이어야 한다.

④ 현문사다리는 근로자의 통행에만 사용하여야 하며 화물용 발판 또는 화물용 보판으로 사용하도록 하여서는 아니 된다.

문제 10, 11 해설

선박승강설비의 설치

① 300톤급 이상의 선박에서 하역작업을 하는 경우에 근로자들이 안전하게 오르내릴 수 있는 현문(舷門) 사다리를 설치하여야 하며, 이 사다리 밑에 안전망을 설치하여야 한다.

② 현문 사다리는 견고한 재료로 제작된 것으로 너비는 55센티미터 이상이어야 하고, 양측에 82센티미터 이상의 높이로 방책을 설치하여야 하며, 바닥은 미끄러지지 않도록 적합한 재질로 처리되어야 한다.

③ 현문 사다리는 근로자의 통행에만 사용하여야 하며, 화물용 발판 또는 화물용 보판으로 사용하도록 해서는 아니 된다.

[참고] 산업안전보건기준에 관한 규칙 제397조 【선박승강설비의 설치】

□□□ 12년2회, 18년1회

11. 항만하역 작업 시 근로자 승강용 현문사다리 및 안전망을 설치하여야 하는 선박은 최소 몇 톤 이상일 경우인가?

① 500톤　② 300톤

③ 200톤　④ 100톤

정답 10 ① 11 ②

저자 프로필

저자 **지 준 석** 공학박사
대림대학교 보건안전과 교수

저자 **조 태 연** 공학박사
대림대학교 보건안전과 교수

산업안전기사 5주완성 ❶

발행인 지준석 · 조태연
발행인 이 종 권

2020年 1月 20日 초 판 발 행
2021年 2月 24日 2차개정발행
2022年 1月 10日 3차개정발행
2023年 1月 27日 4차개정발행

發行處 **(주) 한솔아카데미**

(우)06775 서울시 서초구 마방로10길 25 트윈타워 A동 2002호
TEL : (02)575-6144/5 FAX : (02)529-1130
〈1998. 2. 19 登錄 第16-1608號〉

※ 본 교재의 내용 중에서 오타, 오류 등은 발견되는 대로 한솔아카데미 인터넷 홈페이지를 통해 공지하여 드리며 보다 완벽한 교재를 위해 끊임없이 최선의 노력을 다하겠습니다.

※ 파본은 구입하신 서점에서 교환해 드립니다.

www.inup.co.kr / www.bestbook.co.kr

ISBN 979-11-6654-230-5 13500

www.inup.co.kr

본 도서를 구매하신 분께 드리는 혜택

01

24시간 이내 질의응답

■ 본 도서 학습시 궁금한 사항은 전용홈페이지를 통해 질문하시면 담당 교수님으로부터 24시간 이내에 답변을 받아 볼 수 있습니다.

전용홈페이지(www.inup.co.kr) – 산업안전기사 학습게시판

02

무료 동영상 강좌 ①

■ 1단계, 교재구매 회원께는 핵심정리 모음집 무료수강을 제공합니다.

① 전과목 핵심정리 동영상강좌 무료수강 제공
② 각 과목별 가장 중요한 전과목 핵심정리 모음집 시험전에 활용

03

무료 동영상 강좌 ②

■ 2단계, 교재구매 회원께는 아래의 동영상강좌 무료수강을 제공합니다.

① 각 과목별 최신 출제경향분석을 통한 학습방향 무료수강
② 각 과목별 최근(2018~2022) 기출문제 해설 무료수강

04

CBT대비 실전 테스트

■ 교재구매 회원께는 CBT대비 온라인 실전 테스트를 제공합니다.

① 큐넷(Q-net)홈페이지 실제 컴퓨터 환경과 동일한 시험
② 자가학습진단 모의고사를 통한 실력 향상
③ 장소, 시간에 관계없이 언제든 모바일 접속 이용 가능

전용 홈페이지를 통한 365일 학습관리
학습질문은 24시간 이내 답변

산업안전기사 구매자를 위한 학습관리 시스템

도서구매 후 인터넷 홈페이지(www.inup.co.kr)에 회원등록을 하시면 다음과 같은 혜택을 드립니다.

❶ 인터넷 게시판을 통한 학습내용 질의응답 24시간 이내 답변
❷ 전과목 핵심정리 동영상강좌 무료수강
❸ 최신 출제경향분석 및 최근 기출문제 해설 무료수강
❹ CBT대비 온라인 실전테스트 무료제공

※ 도서구매 혜택은 본권 ③권 인증번호를 확인하세요.
※ 본 교재의 학습관리시스템 혜택은 2023년 11월 30일까지 유효합니다.

정가 35,000원 (전 3권)

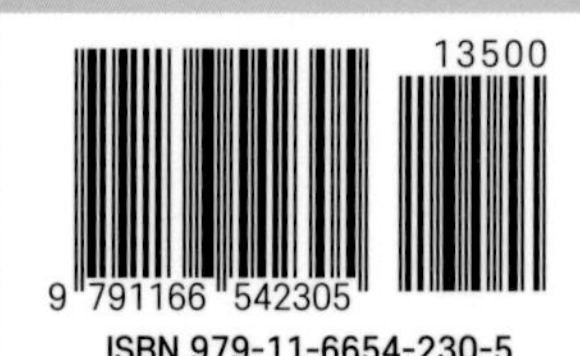
13500
9 791166 542305
ISBN 979-11-6654-230-5

www.bestbook.co.kr

www.inup.co.kr

2023 완벽대비

동영상제공
핵심정리집

핵심정리 및 기출문제 무료강의 제공

산업안전기사 4주완성 필기

지준석 · 조태연 공저

23년간 기출문제 분석

INUP 365/24

전용 홈페이지를 통한 365일 학습관리
학습질문은 24시간 이내 답변

2

제 2 권

2023 CBT시험 최고의 적중률!

관련법개정
2023 대비
4차개정적용

5과목 기계위험방지기술
6과목 전기위험방지기술
7과목 화학설비위험방지기술

한솔아카데미

2023 완벽대비

www.inup.co.kr

동영상제공
핵심정리집

▶ 핵심정리 및 기출문제 무료강의 제공

산업안전기사 4주완성 필기

지준석 · 조태연 공저

23년간 기출문제 분석

2

INUP 365/24

전용 홈페이지를 통한 365일 학습관리
학습질문은 24시간 이내 답변

제 2 권

2023 CBT시험 최고의 적중률!

관련법개정
2023 대비
4차개정적용

5과목 기계위험방지기술
6과목 전기위험방지기술
7과목 화학설비위험방지기술

한솔아카데미 HANSOL ACADEMY

전용 홈페이지를 통한 365일 학습관리
학습질문은 24시간 이내 답변

홈페이지 주요메뉴

http://www.inup.co.kr

❶ 시험정보
- 시험일정
- 기출문제
- 무료강의

❷ 학원강의
- 강의일정
- 학원강의 특징
- 교수진

❸ 온라인강의
- 건설안전(산업)기사
- 산업안전(산업)기사

❹ 모의고사
- 데일리모의고사
- 실전모의고사

❺ 교재안내

❻ 학습게시판
- 학습 Q&A
- 공지사항

❼ 나의 강의실

본 도서를 구매하신 분께 드리는 혜택

본 도서를 구매하신 후 홈페이지에 회원등록을 하시면 아래와 같은 학습 관리시스템을 이용하실 수 있습니다.

01 24시간 이내 질의응답

- 본 도서 학습시 궁금한 사항은 전용홈페이지를 통해 질문하시면 담당 교수님으로부터 24시간 이내에 답변을 받아 볼 수 있습니다.

전용홈페이지(www.inup.co.kr) – 산업안전기사 학습게시판

02 무료 동영상 강좌 ❶

- 1단계, 교재구매 회원께는 핵심정리 모음집 무료수강을 제공합니다.

① 전과목 핵심정리 동영상강좌 무료수강 제공
② 각 과목별 가장 중요한 전과목 핵심정리 모음집 시험전에 활용

03 무료 동영상 강좌 ❷

- 2단계, 교재구매 회원께는 아래의 동영상강좌 무료수강을 제공합니다.

① 각 과목별 최신 출제경향분석을 통한 학습방향 무료수강
② 각 과목별 최근(2018~2022) 기출문제 해설 무료수강

04 CBT대비 실전 테스트

- 교재구매 회원께는 CBT대비 온라인 실전 테스트를 제공합니다.

① 큐넷(Q-net)홈페이지 실제 컴퓨터 환경과 동일한 시험
② 자가학습진단 모의고사를 통한 실력 향상
③ 장소, 시간에 관계없이 언제든 모바일 접속 이용 가능

| 등록 절차 |

도서구매 후 본권③ 뒤표지 회원등록 인증번호 확인

인터넷 홈페이지(www.inup.co.kr)에 인증번호 등록

교재 인증번호 등록을 통한 학습관리 시스템

❶ 24시간 이내 질의응답　❷ 핵심정리 모음집 무료수강
❸ 기출문제 해설 무료수강　❹ CBT대비 실전 테스트

01 사이트 접속

인터넷 주소창에 https://www.inup.co.kr 을 입력하여 한솔아카데미 홈페이지에 접속합니다.

02 회원가입 로그인

홈페이지 우측 상단에 있는 **회원가입** 또는 아이디로 **로그인**을 한 후, **[산업안전]** 사이트로 접속을 합니다.

03 나의 강의실

나의강의실로 접속하여 왼쪽 메뉴에 있는 **[쿠폰/포인트관리]–[쿠폰등록/내역]**을 클릭합니다.

04 쿠폰 등록

도서에 기입된 **인증번호 12자리** 입력(–표시 제외)이 완료되면 **[나의강의실]**에서 학습가이드 관련 응시가 가능합니다.

■ 모바일 동영상 수강방법 안내

❶ QR코드 이미지를 모바일로 촬영합니다.
❷ 회원가입 및 로그인 후, 쿠폰 인증번호를 입력합니다.
❸ 인증번호 입력이 완료되면 [나의강의실]에서 강의 수강이 가능합니다.

※ 인증번호는 ③권 표지 뒷면에서 확인하시길 바랍니다.
※ QR코드를 찍을 수 있는 어플을 다운받으신 후 진행하시길 바랍니다.

머리말

현대사회의 산업은 기계설비의 대형화, 생산단위의 대형화, 에너지 소비량의 증대, 그리고 다양한 생산환경 등으로 인해 산업현장에서의 재해 역시 시간이 갈수록 대형화, 다양화하는 추세에 있습니다.

산업재해는 인적, 물적 피해가 막대하여 개인과 기업뿐만 아니라 막대한 국가적 손실을 초래합니다. 이러한 산업현장에서의 재해를 감소시키고 안전사고를 예방하기 위해서는 그 무엇보다 안전관리전문가가 필요합니다. 정부에서는 안전관리에 대한 대책과 규제를 시간이 갈수록 강화하고 있으며 이에 따라 안전관리자의 수요는 계속해서 증가하고 있습니다.

산업안전기사 자격은 국기기술자격으로 안전관리자의 선임자격일 뿐 아니라 기업 내에서 다양한 활용이 가능한 매우 유용한 자격증입니다.

본 교재는 이러한 산업안전기사 시험을 대비하여 출제기준과 출제성향을 분석하여 새롭게 개정된 내용으로 출간하게 되었습니다.

이 책의 특징

1. 최근 출제기준에 따라 체계적으로 구성하였습니다.
2. 제·개정된 법령을 바탕으로 이론·문제를 구성하였습니다.
3. 최근 출제문제의 정확한 분석과 해설을 수록하였습니다.
4. 교재의 좌·우측에 본문 내용을 쉽게 파악할 수 있도록 부가적인 설명을 하였습니다.
5. 각 과목별로 앞부분에 핵심암기내용을 별도로 정리하여 시험에 가장 많이 출제된 내용을 확인할 수 있도록 하였습니다.

본 교재의 지면 여건상 수많은 모든 내용을 수록하지 못한 점은 아쉽게 생각하고 있으며, 앞으로도 수험생의 입장에서 노력하여 부족한 내용이 있다면 지속적으로 보완하겠다는 점을 약속드리도록 하겠습니다.

본 교재를 출간하기 위해 노력해 주신 한솔아카데미 대표님과 임직원의 노력에 진심으로 감사드리며 본 교재를 통해 열심히 공부하신 수험생들께 반드시 자격취득의 영광이 있으시기를 진심으로 기원합니다.

저자 드림

Contents

제5편 기계위험방지기술

Contents

Contents

제7편 화학설비위험방지기술

산업안전기사
Engineer Industrial Safety

PART

05 기계위험방지기술

샘플강좌

01. 기계안전의 개념

01 기계의 위험요인

❶ 위험점 분류

위험점	내용	예시
협착점	왕복운동을 하는 동작운동과 움직임이 없는 고정부분 사이에 형성되는 위험점	프레스, 절단기, 성형기, 조형기, 굽힘기계
끼임점	고정부분과 회전하는 운동부분이 함께 만드는 위험점	연삭숫돌과 작업받침대, 교반기의 날개와 하우스
절단점	회전하는 운동부분 자체의 위험이나 운동하는 기계부분 자체의 위험점	둥근톱, 드릴의 끝단
물림점	회전하는 두 개의 회전체에는 물려 들어가는 위험성이 존재하는 점	롤러기
접선물림점	회전하는 부분의 접선방향으로 물려들어갈 위험이 존재하는 점	V벨트, 체인벨트, 평벨트, 기어와 랙의 물림점
회전말림점	회전하는 물체에 작업복 등이 말려드는 위험이 존재하는 점	회전하는 축, 커플링 또는 회전하는 보링머신의 천공공구

❷ 사고체인(Accident chain)의 5요소

① 함정 ② 충격 ③ 접촉 ④ 얽힘(말림) ⑤ 튀어나옴

02 기계설비의 일반 안전관리

❶ 기계설비의 배치 3단계

1단계 : 지역배치 → 2단계 : 건물배치 → 3단계 : 기계배치

❷ 작업장 내 통로의 안전

① 통로면으로부터 높이 2m 이내에는 장애물이 없도록 할 것
② 기계와 기계 사이에는 80cm 이상의 간격을 유지
③ 안전한 통행을 위해 통로에 75 lux 이상의 조명시설
④ 공장 내 차량의 제한 속도 : 10km/h 이하

03 기계설비의 안전조건

❶ 보전작업의 안전

구분	내용
초기고장	• 고장율 : 감소형 • 점검작업이나 시운전 등으로 사전에 방지 가능 • 디버깅, 번인 기간 : 초기고장에서 결함을 찾아내 고장률을 안정시키는 기간
우발고장	• 고장율 : 일정형 • 예측할 수 없을 때에 생기는 고장(불의의 외력등)
마모고장	• 고장율 : 증가형 • 장치의 일부가 수명을 다해서 생기는 고장 • 안전진단 및 적당한 보수에 의해서 방지

04 기계설비의 본질적 안전

❶ 풀 프루프(Fool proof)

근로자가 기계 등의 취급을 잘못해도 바로 사고나 재해와 연결되는 일이 없도록 하는 확고한 안전기구

❷ 페일 세이프(Fail safe)

기계 등에 고장이 발생했을 경우에도 그대로 사고나 재해로 연결되지 아니하고 안전을 확보하는 기능

❸ 페일 세이프 구조의 기능적 분류

구분	내용
Fail passive	고장 시 기계는 정지상태
Fail active	고장 시 경보를 나타내며 단시간동안 운전가능
Fail operational	고장이 있어도 다음 정기점검 시까지 정상기능을 유지

05 안전율

❶ 안전계수

$$\text{안전율} = \frac{\text{초기강도}}{\text{허용응력}} = \frac{\text{극한강도}}{\text{최대설계응력}} = \frac{\text{파괴하중}}{\text{최대사용하중}} = \frac{\text{파단하중}}{\text{안전하중}}$$

❷ 하중의 크기

충격하중 〉 교번하중 〉 반복하중 〉정하중

06 기계의 방호

❶ 방호장치의 구분

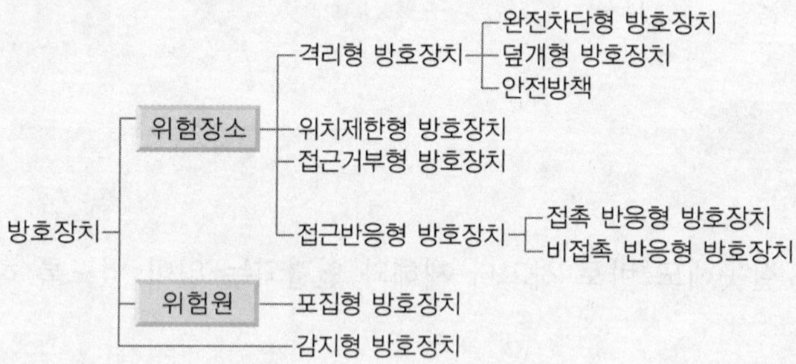

❷ 안전인증 대상 기계 · 기구

기계 · 기구 및 설비	방호장치
• 프레스 • 전단기 및 절곡기 • 크레인 • 리프트 • 압력용기 • 롤러기 • 사출성형기 • 고소(高所) 작업대 • 곤돌라	• 프레스 및 전단기 방호장치 • 양중기용 과부하방지장치 • 보일러 압력방출용 안전밸브 • 압력용기 압력방출용 안전밸브 • 압력용기 압력방출용 파열판 • 절연용 방호구 및 활선작업용 기구 • 방폭구조 전기기계 · 기구 및 부품 • 추락·낙하 및 붕괴 등의 위험 방지 및 보호에 필요한 가설기자재로서 고용노동부장관이 정하여 고시하는 것 • 충돌·협착 등의 위험 방지에 필요한 산업용 로봇 방호장치로서 고용노동부 장관이 정하여 고시하는 것

02. 공작기계의 안전

01 선반작업의 안전

❶ 선반 크기의 결정요소

① 최대 가공물의 크기
② 양센터 사이의 거리
③ 본체 스윙의 크기(가공할 수 있는 공작물의 최대지름)

❷ 선반의 방호장치

구분	내용
칩브레이커 (chip breaker)	• 바이트에 연결되어 발생하는 칩을 짧게 끊어내는 장치 • 칩 브레이커의 종류 : 연삭형, 클램프형, 자동조정식
덮개,쉴드	가공재료 칩 등의 비산으로부터 작업자를 보호
브레이크(brake)	가공 작업중 선반을 급정지 시킬 수 있는 장치

❸ 선반 작업시 안전수칙

① 공구나 일감은 확실하게 고정할 것
② 선반의 바이트는 끝을 짧게 설치할 것
③ 일감의 길이가 직경의 12~20배일 때는 방진구를 사용할 것
④ 절삭칩이 눈에 들어가지 않도록 반드시 보안경을 착용할 것
⑤ 절삭칩의 제거는 반드시 브러시를 사용할 것

02 밀링작업의 안전

❶ 밀링머신의 가공방법

구분	내용
상향절삭	• 커터 날이 움직이는 방향과 테이블의 이송 방향이 반대이다. (공작물을 확실히 고정해야 한다.) • 공구 마멸 및 마찰열 발생한다. • 기계에 무리를 주고 동력의 소모가 크다. • 절삭을 시작할 때 날이 부러지기 쉽다.(커터의 수명이 짧다.) • 가공된 면 위에 칩이 쌓여 절삭을 방해하지 않는다. • 가공면이 거칠다. • 백래시(backlash)는 자연스럽게 제거된다.
하향절삭	• 커터의 날이 움직이는 방향과 테이블의 이송 방향이 같다. (일감의 고정이 간편하다.) • 일감의 가공면이 깨끗하다. • 이송기구의 백래시(backlash)장치가 필요하다. • 밀링커터의 날이 마찰작용을 하지 않으므로 수명이 길다. • 칩이 잘 빠지지 않아 가공면에 흠집이 생기기 쉽다. • 칩이 점점 얇아지므로 동력소모가 적다.

❷ 밀링 작업 시 주요 사고원인

① 밀링 작업시 기계취급의 미숙

② 밀링커터 및 일감고정의 잘못에 의한 사고

※ 밀링머신은 공작기계 중 칩이 가장 가늘고 예리하다

❸ 밀링머신의 주요 방호장치

덮개	밀링커터 작업시 작업자의 옷 소매가 커터에 감겨 들어가거나, 칩이 작업자의 눈에 들어가는 것을 방지하기 위하여 설치
브러시	칩의 제거를 위하여 브러시 사용

❹ 작업안전수칙

① 커터에 작업복의 소매나 작업모가 말려 들어가지 않도록 할 것

② 칩은 기계를 정지시킨 다음에 브러시로 제거할 것

③ 상하 이송장치의 핸들은 사용 후, 반드시 빼 둘 것

④ 커터를 교환할 때는 반드시 테이블 위에 목재를 받쳐 놓을 것

⑤ 커터는 될 수 있는 한 컬럼에 가깝게 설치할 것

⑥ 테이블이나 아암 위에 공구나 커터 등을 올려놓지 말것

⑦ 강력절삭을 할 때는 일감을 바이스에 깊게 물릴 것

⑧ 면장갑을 끼지 말 것

03 플레이너와 세이퍼

❶ 주요 방호장치

가드, 방책, 칩받이, 칸막이

❷ 안전작업 수칙

플레이너 (대형공작물)	세이퍼 (소형공작물)
• 스위치를 끄고 일감의 고정작업을 할 것 • 플레임 내의 피트(pit)에는 뚜껑을 설치할 것 • 압판은 수평이 되도록 고정시킬 것 • 압판은 죄는 힘에 의해 휘어지지 않도록 두꺼운 것을 사용할 것 • 일감의 고정작업은 균일한 힘은 유지할 것 • 바이트는 되도록 짧게 설치할 것	• 램은 일감에 알맞는 행정으로 조정할 것 • 시동하기 전에 행정조정용 핸들을 빼 놓을 것 • 일감은 견고하게 물릴 것 • 바이트는 잘 갈아서 사용하며, 가급적 짧게 물릴 것 • 작업중에는 바이트의 운동 방향에 서지 말 것 • 행정의 길이 및 공작물, 바이트의 재질에 따라 절삭속도를 정할 것

04 드릴링 머신의 안전

❶ 드릴링 머신의 크기 결정요소

① 구멍의 최대직경과 드릴을 고정할 주축단의 테이퍼 번호 및 공작물의 최대 치수

② 그릴 수 있는 원의 최대직경

③ 주축 중심에서 컬럼 표면까지의 최대거리

④ 테이블 또는 베이스 상면과 주축 하단간의 최대거리

❷ 일감(공작물)의 고정

① 일감의 고정방법

고정장치	내용
바이스	일감이 작을 때
볼트와 고정구(클램프)	일감이 크고 복잡할 때
지그(Jig)	대량생산과 정밀도를 요구할 때

② 지그사용시의 장점

㉠ 제품의 정밀도가 향상되고 호환성을 준다.

㉡ 기계 가공의 비용을 낮추어 준다.

㉢ 숙련이 필요 없다.

㉣ 구멍을 뚫기 위한 금긋기가 필요 없다.

❸ 드릴링머신의 안전작업수칙

① 일감은 견고하게 고정시키고 손으로 쥐고 구멍을 뚫지 말 것

② 장갑을 끼고 작업을 하지 말 것

③ 얇은 판이나 황동 등은 흔들리기 쉬우므로 목재를 밑에 받치고 구멍을 뚫도록 할 것

④ 끝까지 뚫린 것을 확인하기 위하여 손을 집어 넣지 말 것

⑤ 뚫린 구멍을 측정 또는 점검하기 위하여 칩을 털어 낼 때는 브러시를 사용하여야 하며, 입으로 불어 내지 말 것

⑥ 구멍이 관통되면 기계를 멈추고 손으로 돌려서 드릴을 뺄 것

⑦ 쇳가루가 날리기 쉬운 작업은 보안경을 착용할 것

⑧ 드릴을 끼운 뒤 척 핸들은 반드시 빼 놓을 것

⑨ 자동이송작업 중 기계를 멈추지 말 것

⑩ 큰 구멍을 뚫을 때는 작은 구멍을 먼저 뚫은 뒤 큰 구멍을 뚫을 것

05 연삭기의 안전

❶ 연삭숫돌의 3요소

입자, 기공, 결합제

❷ 연삭숫돌 작용

용어	내용
눈메꿈 현상	연질의 금속을 연마할 때에 숫돌입자의 표면에 칩이 박혀 연삭력이 나빠지는 현상
그레이징 현상	숫돌의 결합도가 너무 강해 숫돌입자가 탈락되지 않고 납작해지는 현상
드레싱	눈메꿈 또는 그레이징 발생시 숫돌 표면을 생성시키는 작업
자생작용	연삭시 숫돌의 마모된 입자가 탈락되고 새로운 입자가 나타나는 현상

❸ **연삭숫돌 파괴원인**

① 숫돌의 회전속도가 너무 빠를 때
② 숫돌자체에 균열이 있을 때
③ 숫돌의 불균형이나 베어링 마모에 의한 진동이 있을 때
④ 숫돌의 측면을 사용하여 작업할 때
⑤ 숫돌반경 방향의 온도 변화가 심할 때
⑥ 숫돌의 치수가 부적당할 때
⑦ 플랜지가 현저히 작을 때

❹ **플랜지**(flange)

① 플랜지의 직경 : 숫돌 직경의 1/3 이상
② 고정측과 이동측의 직경은 같아야 한다.
③ 플랜지 고정 시 종이나 고무판의 두께는 0.5~1mm 정도

❺ **방호장치(덮개)**

① 덮개의 설치

구분	내용
설치대상	연삭숫돌 지름이 5cm 이상인 것
시험운전	• 작업 시작전 : 1분 이상 • 연삭숫돌 교체 후 : 3분 이상
사용의 금지	• 연삭숫돌의 최고 사용회전속도를 초과 금지 • 측면 사용을 목적으로 하지 않는 연삭숫돌을 사용하는 경우 측면 사용의 금지

② 덮개의 노출각도

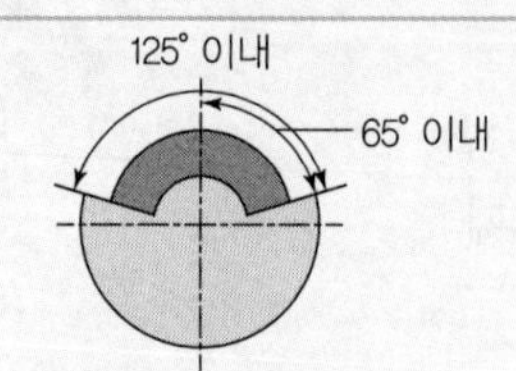

(1) 일반연삭작업 등에 사용하는 것을 목적으로 하는 탁상용 연삭기

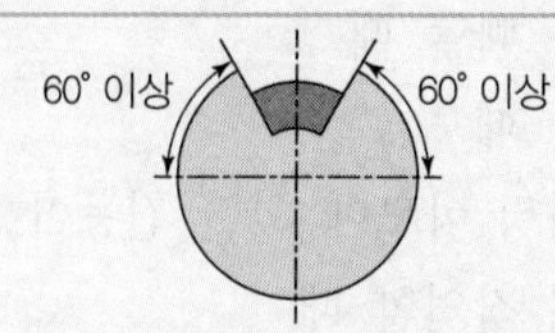

(2) 연삭숫돌의 상부를 사용하는 것을 목적으로 하는 탁상용 연삭기

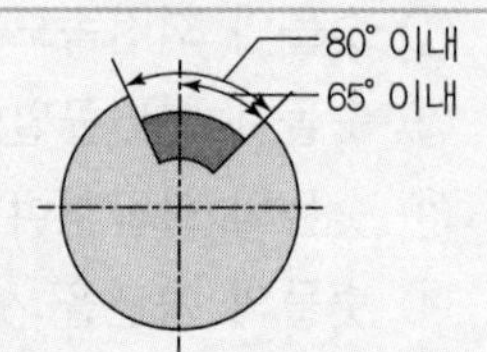

(3) (1) 및 (2) 이외의 탁상용 연삭기, 그 밖에 이와 유사한 연삭기

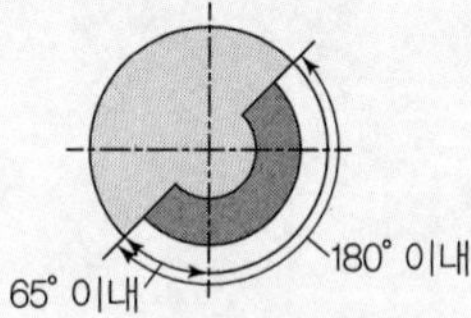

(4) 원통연삭기, 센터리스연삭기, 공구연삭기, 만능연삭기, 그 밖에 이와 비슷한 연삭기

180° 이내

(5) 휴대용 연삭기, 스윙연삭기, 스라브연삭기, 그 밖에 이와 비슷한 연삭기

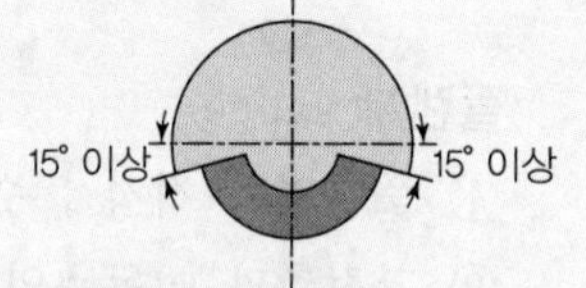

(6) 평면연삭기, 절단연삭기, 그 밖에 이와 비슷한 연삭기

06 목재가공용 둥근톱 기계

❶ 방호장치의 구분

구분	내용
톱날접촉예방장치	일종의 보호덮개
반발예방장치	분할날, 반발방지 기구(Finger), 반발방지롤(Roll)

❷ 톱날접촉 예방장치(덮개)

구분	내용
고정식	① 고정식 접촉예방장치는 박판으로 동일폭 소품종 다량 절삭용으로 적합 ② 덮개 하단과 테이블 사이의 높이 : 25mm 이내 ③ 덮개 하단과 가공재 상면의 간격 : 8mm 이하
가동식	① 가동식 접촉예방장치는 후판으로 소량 다품종 생산용에 적합하다. ② 덮개의 하단이 가공재의 상면에 항상 접하고 절단작업을 하고 있지 않을 때에는 톱날에 접촉되는 것을 방지할 수 있을 것 ③ 절단에 필요한 날 이외의 부분을 항상 자동적으로 덮을 수 있는 구조일 것 ④ 작업에 현저한 지장을 초래하지 않고 톱날을 관찰할 수 있을 것 ⑤ 지지부는 덮개의 위치를 조정할 수 있고 체결볼트에는 이완방지조치를 할 것

❸ 반발예방장치

구분	내용
분할날	① 톱날의 직경이 405mm를 넘는 둥근톱에 사용 ② 톱날과의 간격은 12mm 이내 ③ 톱날 후면날의 2/3 이상을 방호 ■ 분할날(l)길이 $l=\frac{\pi D}{4}\times\frac{2}{3}$ ④ 분할날의 두께는 톱날 두께의 1.1배 이상이고, 톱날의 치진폭 이하로 할 것 $1.1t_1 \leqq t_2 < b$ t_1 : 톱의 두께 b : 치진 폭 t_2 : 분할날의 두께
반발방지 기구	① 반발방지발톱이라고도 한다. ② 일반구조용 압연강재 2종(KS D 3503-76) 이상의 것을 사용 ③ 목재 송급쪽에 설치하고 반발을 충분히 방지할 수 있도록 설치
반발방지 롤	① 가공재를 충분히 누르는 강도를 가질 수 있는 구조로 할 것 ② 가공재가 톱의 후면날 쪽에서 떠오르는 것을 방지하기 위해 가공재의 상면을 항상 일정한 힘으로 누르고 있어야 한다

❹ 둥근톱기계의 안전작업수칙

① 공회전을 시켜 이상 유무를 확인할 것
② 둥근톱기계의 작업대는 작업에 적당한 높이로 조정할 것
③ 톱날이 재료보다 너무 높게 솟아나지 않도록 조정할 것
④ 둥근톱에는 반드시 반발예방장치를 하고 작업 중에는 벗기지 말 것
⑤ 작업자는 톱 작업 중에 톱날 회전방향의 정면에 서지 말 것
⑥ 두께가 얇은 물건의 가공은 압목 등 기타 적당한 도구를 사용할 것
⑦ 장갑을 끼고 작업하지 말 것

03. 프레스 및 전단기의 안전

01 소성가공

❶ 소성작업

구분	내용
소성작업의 종류	단조, 압연, 인발, 압출, 판금가공, 전조
가공방식	금속의 재결정온도에 따라 결정 • 냉간 가공(cold working) : 성형완성을 정밀하게 하고 강도를 크게 할 목적으로 사용 • 열간가공(hot working) : 변형하기 쉬운 상태인 재 결정 온도보다 높은 고온에서 작업

❷ 수공구작업의 안전

수공구	내용
해머 (hammer)	• 로크웰 경도 HRC 50~60 정도가 적당 • 해머에 쐐기가 없는 것, 자루가 빠지려고 하는 것, 부러지려고 하는 것은 절대로 사용하지 말 것 • 해머는 처음부터 힘을 주어 치지 말 것 • 장갑을 끼지 않을 것
정 (chisel)	• 반드시 보안경을 착용할 것 • 담금질 된 재료를 가공하지 말 것 • 자르기 시작할 때와 끝날 무렵에는 세게 치지 말 것
줄 (file)	• 줄은 반드시 자루를 끼워서 사용할 것 • 해머 대용으로 두들기지 말 것 • 땜질한 줄은 부러지기 쉬우므로 사용하지 말 것 • 줄의 눈이 막힌 것을 입으로 불거나 바이스에 대고 두들기지 말고 반드시 와이어 브러시로 제거하도록 할 것
수공구 재해예방 4원칙	• 작업에 맞는 공구 선택과 올바른 취급 • 결함이 없는 완전한 공구사용 • 공구의 올바른 취급과 사용 • 공구는 안전한 장소에 보관

02 프레스의 특징

❶ no-hand in die, hand in die 방식

no-hand in die 방식	hand in die 방식
(1) 안전울을 부착한 프레스(작업을 위한 개구부를 제외하고 다른 틈새는 8mm 이하) (2) 안전금형을 부착한 프레스 (상형과 하형과의 틈새 및 가이드 포스트와 부시와의 틈새는 8mm 이하) (3) 전용 프레스의 도입(작업자의 손을 금형 사이에 넣을 필요가 없도록 부착한 프레스) (4) 자동 프레스의 도입(자동 송급, 배출 장치를 부착한 프레스)	(1) 프레스기의 종류, 압력능력, 매분 행정수, 행정의 길이 및 작업방법에 상응하는 방호장치 • 가드식 방호장치 • 손쳐내기식 방호장치 • 수인식 방호장치 (2) 프레스기의 정지성능에 상응하는 안전장치 • 양수조작식 방호장치 • 광전자식 방호장치

❷ 프레스의 안전관리

구분	내용
작업 시작 전의 점검사항	• 클러치 및 브레이크의 기능 • 크랭크축, 플라이 휠, 슬라이드, 연결봉 및 연결나사의 볼트 풀림 여부 • 1행정 1정지기구, 급정지장치 및 비상정지장치의 기능 • 슬라이드 또는 칼날에 의한 위험방지기구의 기능 • 프레스의 금형 및 고정 볼트 상태 • 방호장치의 기능 • 전단기의 칼날 및 테이블의 상태
관리감독자 직무(프레스)	• 프레스 등 및 그 방호장치를 점검하는 일 • 프레스 등 및 그 방호장치에 이상이 발견된 때 즉시 필요한 조치를 하는 일 • 프레스 등 및 그 방호장치에 전환 스위치를 설치할 때 당해 전환스위치의 열쇠를 관리하는 일 • 금형의 부착 · 해체 또는 조정 작업을 지휘하는 일

03 프레스의 방호장치

❶ 프레스 방호장치의 분류기호

종류	광전자식	양수조작식	가드식	손쳐내기식	수인식
분류	A-1	B-1 (유압 · 공압 밸브식)	C	D	E
	A-2	B-2 (전기버튼식)			

❷ **광전자식 방호장치**

① 급정지기구가 있는 프레스에 사용

② 강한 광선(반사광선 포함)이 직사할 우려가 있는 프레스에는 사용하지 않는다.

③ 위험한계까지의 거리가 짧은 20mm 이하의 프레스에는 연속차광폭이 작은 30mm 이하의 방호장치를 선택

④ 광축과 테이블 앞면과의 수평거리가 40mm를 넘는 경우 테이블에 대해 평행 또는 수평으로 20~30mm 마다 보조광축을 설치

⑤ 정상동작표시램프는 녹색, 위험표시램프는 붉은색

⑥ 슬라이드 하강 중 정전 또는 방호장치의 이상 시에 정지할 수 있는 구조

⑦ 전기부품의 고장, 전원전압의 변동 및 정전에 의해 슬라이드가 불시에 동작하지 않아야 하며, 사용전원전압의 ±(100분의 20)의 변동에 대하여 정상으로 작동

❸ **양수조작식 방호장치**

① 완전 회전식 클러치 프레스에는 기계적 1행정 1정지기구를 구비하고 있는 양수기동식 방호장치에 한하여 사용

② 누름버튼을 양손으로 동시에 조작하지 않으면 작동시킬 수 없는 구조이어야 하며, 양쪽버튼의 작동시간 차이는 최대 0.5초 이내일 때 프레스가 동작되도록 한다.

③ 1행정마다 누름버튼에서 양손을 떼지 않으면 다음 작업의 동작을 할 수 없는 구조

④ 램의 하행정중 버튼(레버)에서 손을 뗄 시 정지하는 구조

⑤ 누름버튼의 상호간 내측거리는 300mm 이상

⑥ 양수조작식 방호장치는 푸트스위치를 병행하여 사용할 수 없는 구조

❹ **가드식 방호장치**

① 종류 : 하강식, 상승식, 수평식

② 1행정 1정지기구를 갖춘 프레스에 사용

③ 가드 높이 : 부착되는 금형 높이 이상(최소 180mm)

④ 가드는 금형의 착탈이 용이하도록 설치해야 한다.

⑤ 게이트 가드 방호장치는 가드가 열린 상태에서 슬라이드를 동작시킬 수 없고 또한 슬라이드 작동 중에는 게이트 가드를 열 수 없어야 한다.

⑥ 게이트 가드 방호장치에 설치된 슬라이드 동작용 리미트 스위치는 신체의 일부나 재료 등의 접촉을 방지할 수 있는 구조이어야 한다.

❺ 손쳐내기식 방호장치

① 완전회전식 클러치 프레스에 적합
② 1행정 1정지기구를 갖춘 프레스에 사용
③ 슬라이드 행정이 40mm 이상의 프레스에 사용
④ 슬라이드 행정수가 100spm 이하 프레스에 사용
⑤ 금형 폭이 500mm 이상인 프레스에는 사용하지 않는다.
⑥ 슬라이드 하행정거리의 3/4 위치에서 손을 완전히 밀어내야 한다.
⑦ 방호판의 폭 : 금형 폭의 1/2(최소폭 120mm) 이상
⑧ 방호판의 높이 : 행정길이 이상
⑨ 손쳐내기봉의 행정(Stroke) 길이를 금형의 높이에 따라 조정할 수 있고 진동폭은 금형폭 이상이어야 한다.
⑩ 손쳐내기봉은 손 접촉 시 충격을 완화할 수 있는 완충재를 부착

❻ 수인식 방호장치

① 완전회전식 클러치 프레스에 적합
② 슬라이드 행정길이가 50mm 이상 프레스에 사용
③ 슬라이드 행정수가 100spm 이하 프레스에 사용
④ 손의 끌어당김 양 조절이 용이하고 조절 후 확실하게 고정할 수 있어야 한다.
⑤ 수인량의시험은 수인량이 링크에 의해서 조정될 수 있도록 되어야 하며 금형으로부터 위험한계 밖으로 당길 수 있는 구조이어야 한다.(수인끈의 끌어당기는 양은 테이블 세로 길이의 1/2 이상)
⑥ 수인끈 재료는 합성섬유로 직경이 4mm 이상이어야 한다.
⑦ 작업자와 작업공정에 따라 그 길이를 조정할 수 있어야 한다.

❼ 안전거리

구분	내용
(1) 광전자식, 양수조작식(급정지기구가 있는 1행정 프레스)의 안전거리	$D = 1.6(Tc + Ts)$
(2) 완전회전식 클러치 기구가 있는 프레스의 양수기동식 방호장치	$D = 1.6 \times Tm$ $Tm = \left(\frac{1}{2} + \frac{1}{N}\right)\frac{60,000}{SPM}$ (ms)

① D : 안전거리(mm)

② Tc : 누름버튼 등에서 손이 떨어질 때부터 급정지기구가 작동을 개시할 때까지의 시간(ms)

③ Ts : 급정지 기구가 작동을 개시한 때부터 슬라이드가 정지할 때까지의 시간(ms)

④ $Tc + Ts$: 최대정지시간

⑤ Tm : 누름버튼을 누른 때부터 사용하는 프레스의 슬라이드가 하사점에 도달할 때까지의 소요 최대시간(ms)

⑥ N : 확동식 클러치의 물림개소수(클러치 맞물림 개소수)

⑦ SPM : 분당 회전수

❽ 작동방법에 따른 유효한 방호장치

구분	내용
(1) 급정지기구가 부착되어 있어야 유효한 방호장치 (마찰 클러치 부착 프레스)	• 양수조작식 • 광전자식 방호장치
(2) 급정지기구가 부착되어 있지 않아도 유효한 방호장치 (확동식클러치 부착 프레스)	• 양수기동식 방호장치 • 가드식 방호장치 • 수인식 방호장치 • 손쳐내기식 방호장치
(3) 방호장치에 표시할 사항	• 제조 회사명 • 제조년원일 • 제품명 및 모델명
(4) 프레스기 방호장치의 조작용 회로의 전압	150V 이하

04 프레스 금형의 안전화

❶ 안전금형의 채용

구분	내용
(1) 금형의 안전울	프레스기계에 고정시키는 방법과 금형에 설치하는 방법으로 금형을 둘러싼다.
(2) 상형과 하형의 울 사이	12mm 정도 겹치게 한다.
(3) 금형의 틈새	프레스기계의 상사점에 있어서 상형과 하형, 또는 가이드 포스트(guide post)와 가이드 부시의 틈새(bush clearance)는 8mm 이하

❷ 금형의 설치 · 해체작업의 안전

① 금형을 설치 시 T홈 안길이는 설치 볼트 직경의 2배 이상

② 고정볼트는 고정 후 가능하면 나사산이 3~4개 정도 짧게 남겨 슬라이드면과의 사이에 협착이 발생하지 않도록 해야 한다.

③ 금형 고정용 브래킷(물림판)을 고정시킬 때 고정용 브래킷은 수평이 되게하고 고정볼트는 수직이 되게 고정하여야 한다.

❸ 금형의 설치 및 조정 해체 시 안전수칙

① 금형은 하형부터 잡고 무거운 금형의 받침은 인력으로 하지 않는다.

② 금형의 부착 전에 하사점을 확인한다.

③ 금형을 설치하거나 조정할 때는 반드시 동력을 끊고 페달에 방호장치(U자형 덮개)를 하여 놓는다.

④ 금형의 체결은 올바른 치공구를 사용하고 균등하게 체결한다.

⑤ 슬라이드의 불시하강을 방지하기 위하여 안전블럭 등을 사용한다.

04. 기타 산업용 기계설비

01 롤러기의 안전

❶ 가드, 덮개(guard)의 설치

① 최소틈새(trapping space)

신체부위	몸	다리	발	팔	손목	손가락
최소틈새	500mm	180mm	120mm	120mm	100mm	25mm

② 가드 개구부의 간격

구분	식
(1) 일반적 개구부의 간격	$Y = 6 + 0.15X$ ($X < 160$ mm) (단, $X \geq 160$mm 이면 $Y = 30$)
(2) 위험점이 전동체인 경우	$Y = 6 + 0.1X$ (단, $X < 760$mm 에서 유효)

여기서, X : 개구부에서 위험점까지의 최단거리(mm)

Y : 개구부 간격(안전간극)(mm)

❷ 급정지장치의 설치

① 조작부의 설치 위치에 따른 급정지 장치의 종류

종류	설치 위치
손조작식	밑면에서 1.8m 이내
복부 조작식	밑면에서 0.8m 이상 1.1m 이내
무릎 조작식	밑면에서 0.4m 이상 0.6m 이내

② 무부하동작에서의 급정지거리

앞면 롤러의 표면속도(m/min)	급정지 거리
30 미만	앞면 롤러 원주의 1/3 이내
30 이상	앞면 롤러 원주의 1/2.5 이내

$$V = \frac{\pi DN}{1000} (\text{m/min})$$

V : 표면 속도(m/min)

D : 롤러 원통직경(mm)

N : 회전수(rpm)

02 용접장치의 안전

❶ 용접 결함의 종류

① 균열(crack), ② 용접변형 및 잔류응력, ③ 언더컷(under cut), ④ 오버랩(overlap), ⑤ 용입불량 및 융합불량, ⑥ 기공(blow hole)

※ 비드(bead) : 용접 작업중에서 용착 부분에 생기는 띠모양으로 볼록하게 나온 부분

❷ 아세틸렌 용접장치

① 용접장치의 관리

㉠ 발생기실 내 게시사항 : 발생기의 종류, 형식, 제작업체명, 매 시 평균 가스발생량 및 1회 카바이트 공급량

㉡ 발생기실은 관계 근로자외의 출입을 금지할 것

㉢ 발생기에서 5미터 이내 또는 발생기실에서 3미터 이내에서 흡연, 화기의 사용 금지

㉣ 도관에는 산소용과 아세틸렌용의 혼동을 방지하기 위한 조치

② 발생기실 설치시 준수사항

구분	내용
벽	불연성 재료로 하고 철근 콘크리트 또는 그 이상의 강도를 가진 구조로 할 것
지붕과 천장	얇은 철판이나 가벼운 불연성 재료를 사용
배기통	바닥면적의 16분의 1 이상의 단면적을 가진 배기통을 옥상으로 돌출시키고 그 개구부를 창이나 출입구로부터 1.5미터 이상 떨어지도록 할 것
출입구의 문	불연성 재료로 하고 두께 1.5밀리미터 이상의 철판이나 그 밖에 그 이상의 강도를 가진 구조로 할 것
간격의 확보	벽과 발생기 사이에는 발생기의 조정 또는 카바이드 공급 등의 작업을 방해하지 않도록 할 것

③ 가스용기의 취급 시 준수사항

㉠ 가스용기를 설치 · 저장 또는 방치 금지 장소

- 통풍이나 환기가 불충분한 장소
- 화기를 사용하는 장소 및 그 부근
- 위험물 또는 인화성 액체를 취급하는 장소 및 그 부근

㉡ 용기의 온도를 섭씨 40도 이하로 유지

㉢ 전도의 위험이 없도록 할 것

㉣ 충격을 가하지 않도록 할 것

㉤ 운반하는 경우에는 캡을 씌울 것

㉥ 사용 시에는 용기의 마개에 부착되어 있는 유류 및 먼지를 제거

㉦ 밸브의 개폐는 서서히 할 것

㉧ 사용 전 또는 사용 중인 용기와 그 밖의 용기를 명확히 구별하여 보관

㉨ 용해아세틸렌의 용기는 세워 둘 것

㉩ 용기의 부식 · 마모 또는 변형상태를 점검한 후 사용할 것

03 보일러의 안전

❶ 보일러의 이상현상

구분	이상현상
발생증기의 이상	프라이밍, 포밍, 캐리오버, 수격작용
이상연소	불완전연소, 이상소화, 2차연소, 역화
물에 의한 장해	관석의 부착, 부식

❷ 보일러 사고의 원인

① 보일러의 압력상승
② 보일러의 부식
③ 보일러의 과열
④ 보일러의 파열

❸ 보일러의 방호장치

① 고저수위 조절장치
② 압력제한스위치
③ 압력방출장치
④ 화염검출기

04 산업용 로봇의 안전

❶ 산업용 로봇의 분류

구분	종류
입력정보 교시에 의한 분류	조종로봇, 시퀀스로봇, 플레이백로봇, 수치제어로봇, 지능로봇, 감각제어로봇, 적응제어로봇, 학습제어로봇
동작형태에 의한 분류	원통좌표로봇, 극좌표로봇, 직각좌표로봇, 관절로봇
용도에 의한 분류	스폿용접, 아크용접, 도장, 조립, 사출기 취출, 핸들링

❷ 산업용 로봇의 방호장치

① 동력차단장치
② 비상정지장치
③ 울타리(방책) : 1.8m 이상으로 한다.
④ 안전 매트

❸ 로봇의 작업안전

① 로봇의 교시 등 작업시작 전 점검사항

㉠ 외부전선의 피복 또는 외장의 손상유무

㉡ 매니플레이터 작동의 이상 유무

㉢ 제동장치 및 비상정지장치의 기능

② 로봇의 교시 등 작업 시 조치사항

㉠ 지침을 정하고 그 지침에 따라 작업을 시킬 것

지침 내용
• 로봇의 조작방법 및 순서 • 작업중의 매니퓰레이터의 속도 • 2인 이상의 근로자에게 작업을 시킬 때의 신호방법 • 이상을 발견한 때의 조치 • 이상을 발견하여 운전을 정지시킨 후 이를 재가동 시킬 때의 조치 • 불의의 작동 또는 오조작에 의한 위험을 방지하기 위하여 필요한 조치

㉡ 이상을 발견한 때에는 즉시 로봇의 운전을 정지시키기 위한 조치를 할 것

㉢ 기동스위치 등에 작업중 표시를 하는 등 작업에 종사하는 근로자외의 자가 당해 스위치 등을 조작할 수 없도록 필요한 조치를 할 것

05 설비진단

❶ 비파괴 시험의 종류

① 육안검사

② 누설검사

③ 침투탐상시험

④ 초음파 탐상시험

⑤ 자분탐상시험

⑥ 음향탐상시험

⑦ 방사선투과시험

⑧ 와류탐상시험

❷ 진동의 간이 진단법

구분	내용
절대 판단	측정치 값이 직접적으로 양호, 주의, 위험 수준으로 판단
비교 판단	초기치가 증가되는 정도를 주의 또는 위험으로 판단
상호 판단	동일한 종류의 기계가 다수 있을 때 기계들의 상호간에 비교 판단

05. 운반기계 및 양중기

01 지게차(fork lift)의 안전

❶ 헤드가드

구분	내용
강도	지게차의 최대하중의 2배 값(그 값이 4ton을 넘는 것은 4ton으로 한다)의 등분포 정하중에 견딜수 있을 것
개구부	상부틀의 각 개구부의 폭 또는 길이가 16cm 미만일 것
높이	운전자가 앉아서 조작하거나 서서 조작하는 지게차의 헤드가드는 「산업표준화법」 제12조에 따른 한국산업표준에서 정하는 높이 기준 이상일 것. ① 좌승식 : 좌석기준점으로부터 903mm 이상 ② 입승식 : 조종사가 서 있는 플랫폼으로부터 1,880mm 이상

❷ 지게차의 안정도

① 지게차의 안정도

구분	전후 안정도	좌우 안정도
하역 작업 시	안정도 4% 이내 (5톤 이상의 것은 3.5%)	안정도 6% 이내
주행 시	안정도 18% 이내	안정도 15+(1.1V) % 이내 V는 최고 속도(km/h)

안정도$=\frac{h}{l}\times 100(\%)$

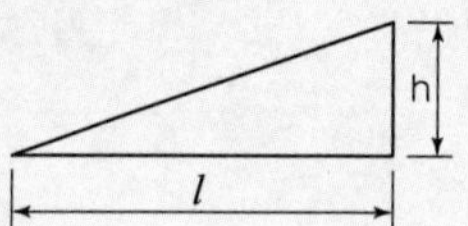

② 지게차의 안정 모멘트

$$W\cdot a < G\cdot b$$

여기서, W : 하물의 중량(kg)

G : 차량의 중량(kg)

a : 전차륜에서 하물의 중심까지의 최단거리(m)

b : 전차륜에서 차량의 중심까지의 최단거리(m)

❸ 지게차의 작업시작 전 점검사항

① 제동장치 및 조종장치 기능의 이상유무
② 하역장치 및 유압장치 기능의 이상유무
③ 바퀴의 이상유무

02 컨베이어(conveyor)의 안전

❶ 방호장치의 종류

① 비상정지장치

② 역회전방지장치(역전방지장치) : 컨베이어의 사용 중 불시의 정전, 전압강하 등으로 역회전 발생을 방지하기 위한 장치

구분	종류
전기식	전기 브레이크, 슬러스트식 브레이크 등
기계식	라쳇식, 로울러식, 밴드식등

③ 덮개 또는 울(낙하물에 의한 위험 방지)

④ 이탈방지장치(측면의 안내가이드 등)

⑤ 건널다리

❷ 컨베이어의 작업시작 전 점검사항

① 원동기 및 풀리기능의 이상유무

② 이탈 등의 방지장치기능의 이상유무

③ 비상정지장치 기능의 이상유무

④ 원동기, 회전축, 기어 및 풀리 등의 덮개 또는 울의 이상유무

03 크레인 등 양중기의 안전

❶ 양중기의 종류와 방호장치

양중기의 종류	세부종류	방호장치
크레인	호이스트(hoist), 이동식크레인 포함	• 과부하방지장치 • 권과방지장치 • 비상정지장치 및 제동장치 • 그 밖의 방호장치 (파이널 리미트 스위치, 속도조절기, 출입문인터록)
리프트 (이삿짐운반용 리프트의 경우 적재하중이 0.1톤 이상인 것으로 한정)	• 건설작업용 리프트 • 자동차 정비용 리프트 • 이삿짐운반용 리프트	
곤돌라	–	
승강기	• 승객용 엘리베이터 • 승객화물용 엘리베이터 • 화물용 엘리베이터 (적재용량 300kg 미만 제외) • 소형화물용 엘리베이터 • 에스컬레이터	

❷ 양중기에 표시하여야 할 내용

① 정격하중
② 운전속도
③ 경고표시

❸ 크레인의 작업시작 전 점검사항

구분	내용
크레인	• 권과방지장치 · 브레이크 · 클러치 및 운전장치의 기능 • 주행로의 상측 및 트롤리(trolley)가 횡행하는 레일의 상태 • 와이어로프가 통하고 있는 곳의 상태
이동식 크레인	• 권과방지장치나 그 밖의 경보장치의 기능 • 브레이크 · 클러치 및 조정장치의 기능 • 와이어로프가 통하고 있는 곳 및 작업장소의 지반상태

04 와이어 로프

❶ 와이어로프의 구성요소

구성요소	재료
심강(core)	섬유, wire strand core, independent wire rope core
소선(wire)	탄소강
스트랜드(strand)	여러 개의 소선을 꼬아서 1개의 가닥으로 만든 것

❷ 와이어 로프에 걸리는 하중

① 크레인 작업 시 와이어 로프에 걸리는 총 하중

$$\text{총하중}(W) = \text{정하중}(W_1) + \text{동하중}(W_2)$$

$$W_2(\text{동하중}) = \frac{W_1}{g}a$$

여기서, g : 중력가속도(9.8m/s²)
a : 가속도(m/s²)

② 와이어 로프 한줄에 걸리는 하중

$$W_1 = \frac{\frac{W}{2}}{\cos\left(\frac{\theta}{2}\right)}$$

여기서 W_1 : 한줄에 걸리는 하중
W : 로프에 걸리는 하중

❸ 와이어로프의 안전율

① 양중기의 와이어로프 등 달기구의 안전계수

구분	안전계수
근로자가 탑승하는 운반구를 지지하는 달기와이어로프 또는 달기체인	10 이상
화물의 하중을 직접 지지하는 달기와이어로프 또는 달기체인	5 이상
훅, 샤클, 클램프, 리프팅 빔	3 이상
그 밖의 경우	4 이상

② 사용금지 대상 와이어로프, 달기체인

구분	사용금지 기준
이음매가 있는 와이어로프 등의 사용 금지	• 이음매가 있는 것 • 와이어로프의 한 꼬임에서 끊어진 소선(素線)의 수가 10퍼센트 이상인 것 • 지름의 감소가 공칭지름의 7퍼센트를 초과하는 것 • 꼬인 것 • 심하게 변형되거나 부식된 것 • 열과 전기충격에 의해 손상된 것
늘어난 달기체인의 사용 금지	• 달기 체인의 길이가 달기 체인이 제조된 때의 길이의 5퍼센트를 초과한 것 • 링의 단면지름이 달기 체인이 제조된 때의 해당 링의 지름의 10퍼센트를 초과하여 감소한 것 • 균열이 있거나 심하게 변형된 것

Chapter 01

기계안전의 개념

기계안전의 개념은 기계의 위험요인, 일반안전관리, 안전조건, 안전율, 기계의 방호 등으로 구성된다. 여기에서는 기계의 위험점 분류, 기계 안전방호조건, 안전율에 대해 주로 출제된다.

01 기계의 위험요인

[운동 및 동작형태]

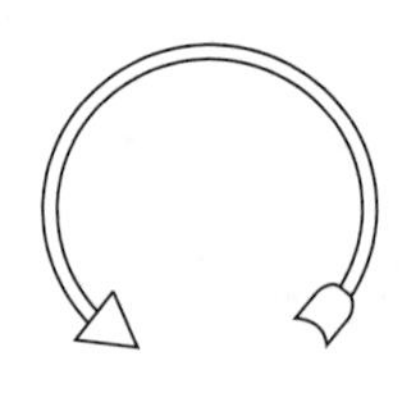

(a) 회전운동 및 동작

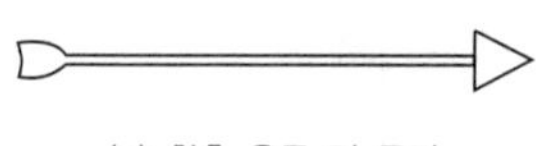

(b) 횡축 운동 및 동작

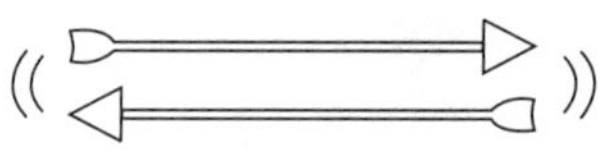

(c) 왕복운동 및 동작

(1) 기계설비 동작에 따른 위험 분류

구분	내용
(1) 회전동작 (Rotating Motion)	플라이휠, 팬, 풀리, 축 등과 같이 회전운동을 하는 부위
(2) 횡축동작 (Rectilineal Motion)	운동부와 고정부사이에 형성되며 작업점 또는 기계적 결합부분에 위험성 존재
(3) 왕복 동작 (Reciprocating Motion)	운동부와 고정부사이에 위험이 형성되며 운동부 전후 좌우 등에 존재
(4) 진동	가공품이나 기계부품에 의한 진동에 의한 위험
(5) 가공중인 소재	특히 회전소재 가공 접촉 위험
(6) 착공구, 지그(Jig)	작동중인 기계에서 부착공구, 지그 등의 이탈
(7) 가공결함	열처리, 용접불량, 가공불량 등에 의한 기계파손
(8) 기계적 위험	X선 등의 방사선, 자외선, 압력, 고온, 소음 등

[협착형태]

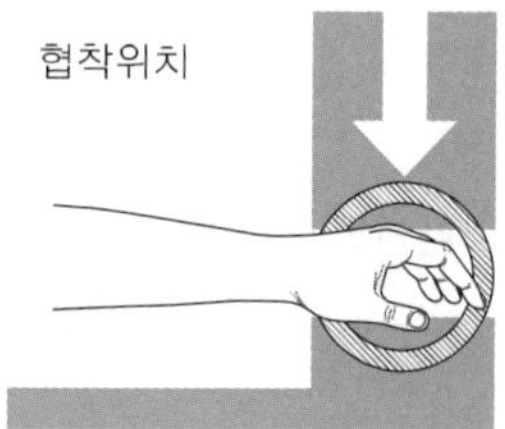

(2) 기계설비의 위험점 분류

① 협착점(Squeeze point)

왕복운동을 하는 동작운동과 움직임이 없는 고정부분 사이에 형성되는 위험점

예 프레스, 절단기, 성형기, 조형기, 굽힘기계(bending machine) 등

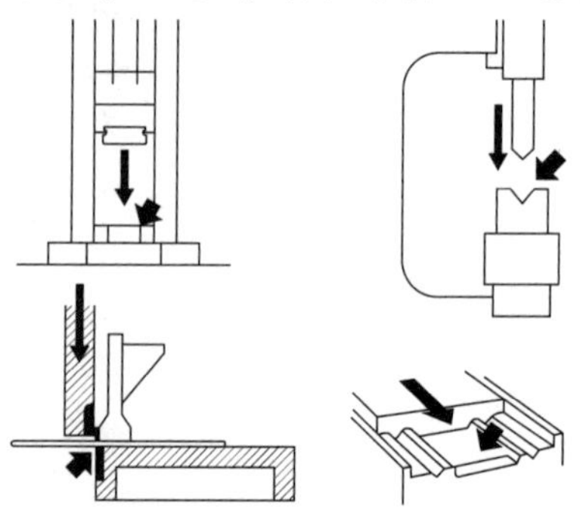

협착점의 예

② 끼임점(Shear point)

고정부분과 회전하는 운동부분이 함께 만드는 위험점

예 연삭숫돌과 작업받침대, 교반기의 날개와 하우스 등

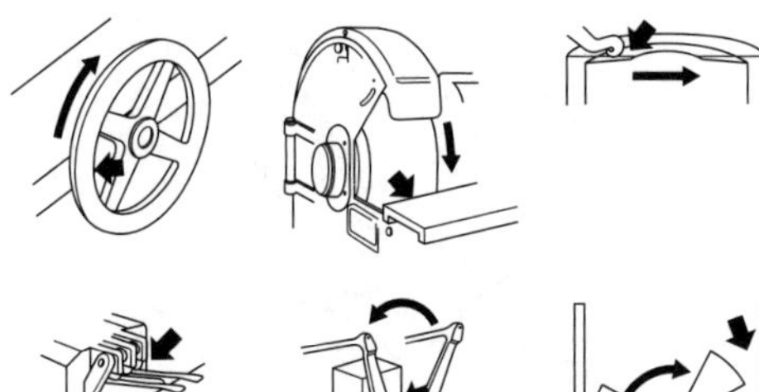

끼임점의 예

[끼임형태]

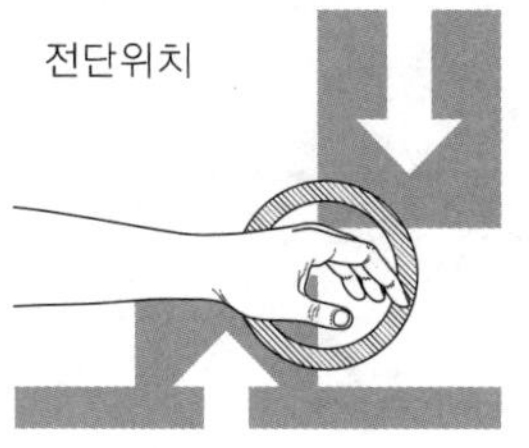

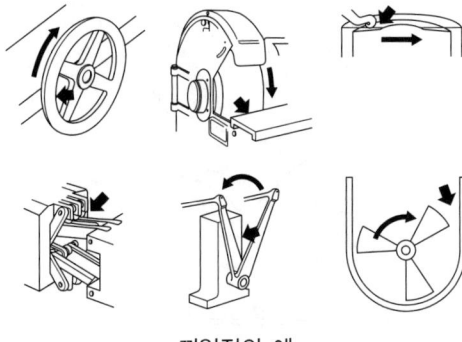

③ 절단점(Cutting point)

회전하는 운동부분 자체의 위험이나 운동하는 기계부분 자체의 위험점

예 둥근톱, 드릴의 끝단

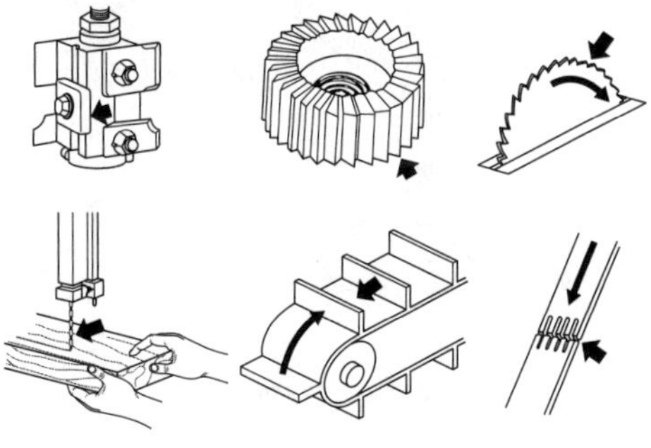

절단점의 예

[절단형태]

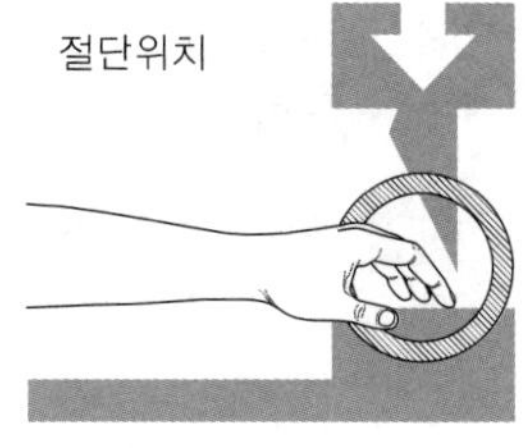

④ 물림점(Nip point)

회전하는 두 개의 회전체에 물려 들어가는 위험성이 존재하는 점

예 롤러기

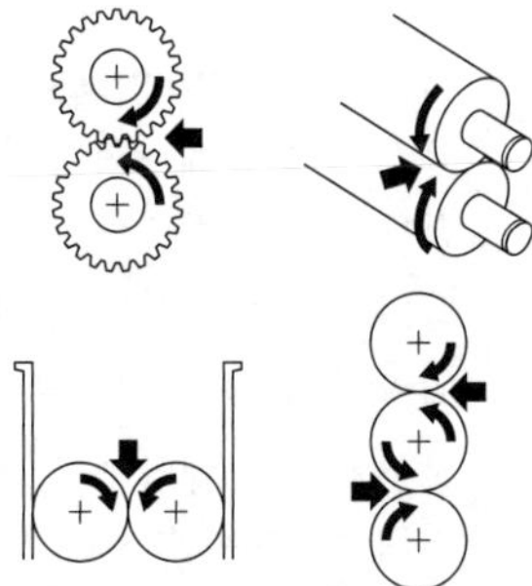

물림점의 예

[물림형태]

[접선물림형태]

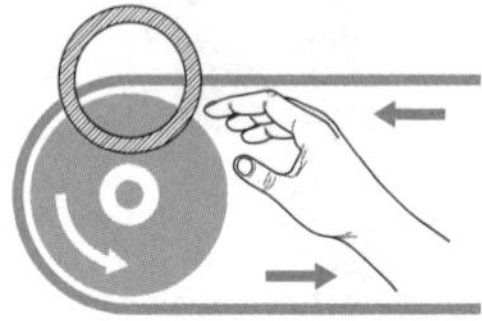

⑤ **접선물림점**(Tangential point)

회전하는 부분의 접선방향으로 물려들어갈 위험이 존재하는 점

예 V벨트, 체인벨트, 평벨트, 기어와 랙의 물림점 등

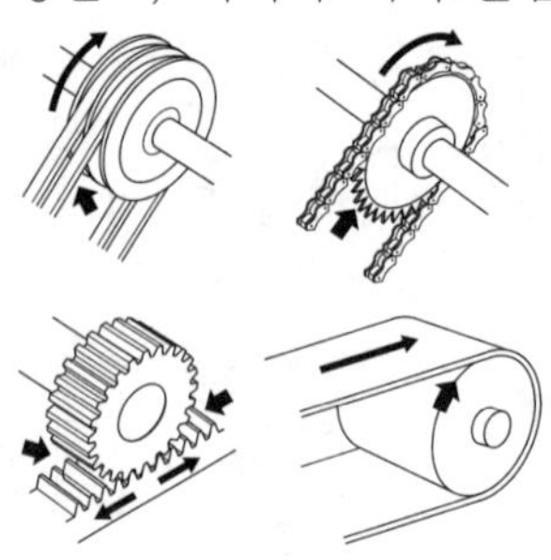

접선물림점의 예

[회전말림형태]

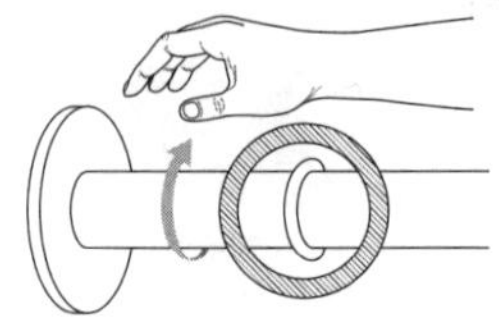

⑥ **회전말림점**(Trapping point)

회전하는 물체에 작업복 등이 말려드는 위험이 존재하는 점

예 회전하는 축, 커플링 또는 회전하는 보링머신의 천공공구 등

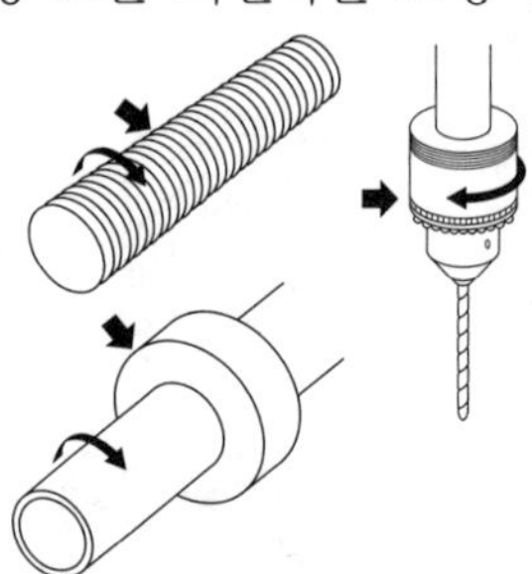

회전말림점의 예

(3) 사고체인(Accident chain)의 5요소

	구분	점검사항
1요소	함정 (Trap)	기계의 운동에 의해서 트랩점(Trapping point)이 발생할 가능성이 있는가?
2요소	충격 (Impact)	운동하는 어떤 기계요소들과 사람이 부딪혀 그 요소의 운동에너지에 의해 사고가 일어날 가능성이 없는가?
3요소	접촉 (Contact)	날카롭거나, 뜨겁거나 또는 전류가 흐름으로써 접촉시 상해가 일어날 요소들이 있는가?
4요소	얽힘, 말림 (Entanglement)	작업자의 신체일부가 기계설비에 말려들어갈 염려는 없는가?
5요소	튀어나옴 (Ejection)	기계요소나 피 가공재가 기계로부터 튀어나올 염려가 없는가?

01 핵심문제 1. 기계의 위험요인

□□□ 08년1회, 09년2회, 11년3회, 13년3회

1. 왕복운동을 하는 동작운동과 움직임이 없는 고정 부분사이에 형성되는 위험점으로 맞는 것은?

① 물림점(nip point) ② 절단점(cutting point)
③ 끼임점(shear point) ④ 협착점(squeeze point)

해설

협착점(Squeeze point)
왕복운동을 하는 동작운동과 움직임이 없는 고정부분 사이에 형성되는 위험점
예 프레스, 절단기, 성형기, 조형기, 굽힘기계(bending machine) 등

□□□ 11년2회

2. 기계설비의 위험점에서 끼임점(Shear Point)형성에 해당되지 않는 것은?

① 연삭숫돌과 작업대
② 체인과 스프로킷
③ 반복동작되는 링크기구
④ 교반기의 날개와 몸체사이

해설

체인과 스프로킷은 접선물림점이 존재한다.
끼임점(Shear point)
고정부분과 회전하는 운동부분이 함께 만드는 위험점
예 연삭숫돌과 작업받침대, 교반기의 날개와 하우스, 반복왕복운동을 하는 기계부분 등

□□□ 12년1회, 15년3회, 18년3회, 20년3회

3. 다음 중 기계설비에서 반대로 회전하는 두 개의 회전체가 맞닿는 사이에 발생하는 위험점을 무엇이라 하는가?

① 협착점 ② 물림점
③ 접선물림점 ④ 회전말림점

해설

물림점(Nip point)
회전하는 두 개의 회전체에는 물려 들어가는 위험성이 존재하는 점
예 롤러기 등

□□□ 12년2회, 15년1회, 20년1·2회

4. 회전축, 커플링에 사용하는 덮개는 다음 중 어떠한 위험점을 방호하기 위한 것인가?

① 회전말림점 ② 접선물림점
③ 절단점 ④ 협착점

해설

회전말림점(Trapping point)
회전하는 물체에 작업복 등이 말려드는 위험이 존재하는 점
예 회전하는 축, 커플링 또는 회전하는 보링머신의 천공공구 등

□□□ 18년1회

5. 보기와 같은 기계요소가 단독으로 발생시키는 위험점은?

보기 : 밀링커터, 둥근톱날

① 협착점 ② 끼임점
③ 절단점 ④ 물림점

해설

절단점(Cutting point)
회전하는 운동부분 자체의 위험이나 운동하는 기계부분 자체의 위험점

□□□ 08년3회

6. 재해발생원인을 나타내는 위험의 5요소가 아닌 것은?

① 충격 ② 말림
③ 트랩 ④ 탈출

해설

위험의 5요소
1. 함정(Trap)
2. 충격(Impact)
3. 접촉(Contact)
4. 얽힘, 말림(Entanglement)
5. 튀어나옴(Ejection)

정답 1 ④ 2 ② 3 ② 4 ① 5 ③ 6 ④

02 기계설비의 일반 안전관리

(1) 기계설비의 일반적인 점검

기계의 정지상태 시의 점검사항	운전상태 시의 점검사항
• 급유상태 • 전동기 개폐기의 이상 유무 • 방호장치, 동력전달장치의 점검 • 슬라이드 부분 상태 • 힘이 걸린 부분의 흠집, 손상의 이상 유무 • 볼트, 너트의 헐거움이나 풀림 상태 확인 • 스위치 위치와 구조 상태, 어스 상태 점검	• 클러치 • 기어의 맞물림 상태 • 베어링 온도상승 여부 • 슬라이드면의 온도상승 여부 • 이상음, 진동 상태 • 시동 정지 상태

[관련법령]
산업안전보건기준에 관한 규칙 제92조【정비 등의 작업 시의 운전정지 등】

(2) 기계설비의 정비작업 시 안전수칙

안전수칙	내용
(1) 기계의 운전 정지	기계 등의 정비 · 청소 · 급유 · 검사 · 수리 · 교체 또는 조정 작업시 근로자의 위험방지
(2) 잠금장치 후 열쇠의 별도 관리(표지판 설치)	기계의 운전을 정지한 경우 다른 사람이 기계를 운전하는 것을 방지
(3) 작업지휘자의 배치	작업과정에서 부적절한 작업방법으로 인해 기계가 갑자기 가동될 우려가 있는 경우
(4) 압축된 기체 · 액체등의 방출	기계 · 기구 및 설비 등의 내부에 압축된 위험한 기체 · 액체 등이 방출될 우려가 있는 경우

(3) 기계설비의 배치

기계설비의 작업능률과 안전을 위한 올바른 배치 계획

1단계 지역의 배치 → 2단계 건물의 배치 → 3단계 기계의 배치

[관련법령]
산업안전보건기준에 관한 규칙 제21조【통로의 조명】, 제22조【통로의 설치】

(4) 작업장 내 통로의 안전

① 중요한 통로에는 구획 표시(백색 또는 황색 실선)
② 통로면은 넘어지거나 미끄러지는 등의 위험이 없도록 할 것
③ 통로면으로부터 높이 2m 이내에는 장애물이 없도록 할 것
④ 기계와 기계 사이에는 80cm 이상의 간격을 유지할 것
⑤ 안전한 통행을 위해 통로에 75 lux 이상의 조명시설을 한다.
⑥ 공장 내 통행의 우선순위 : 중장비 → 짐차 → 빈차 → 사람

⑦ 공장 내 차량의 제한 속도

구분	내용
제한속도	10km/h 이하
안전운행속도	8km/h 이하

⑧ 통로의 폭

구분	사람	차량
일방 통행	몸 넓이 + 60cm	차폭+60cm
양방 통행	(몸 넓이 × 2) + 90cm	(차폭×2)+90cm

02 핵심문제 2. 기계설비의 일반 안전관리

□□□ 14년2회

1. 일반적으로 기계설비의 점검시기를 운전 상태와 정지 상태로 구분할 때 다음 중 운전 중의 점검사항이 아닌 것은?

① 클러치의 동작상태
② 베어링의 온도상승 여부
③ 설비의 이상음과 진동상태
④ 동력전달부의 볼트 · 너트의 풀림상태

해설

운전상태 시의 점검사항
① 클러치
② 기어의 맞물림 상태
③ 베어링 온도상승 여부
④ 슬라이드면의 온도상승 여부
⑤ 이상음, 진동 상태
⑥ 시동 정지 상태

□□□ 09년3회, 19년2회

2. 기계설비의 정비 · 청소 · 급유 · 검사 · 수리 등의 작업 시 근로자가 위험해질 우려가 있는 경우 필요한 조치와 거리가 먼 것은?

① 근로자의 위험방지를 위하여 해당 기계를 정지시킨다.
② 작업지휘자를 배치하여 갑작스러운 기계 가동에 대비한다.
③ 기계 내부에 압축된 기체나 액체가 불시에 방출될 수 있는 경우에는 사전에 방출조치를 실시한다.
④ 기계 운전을 정지한 경우에는 기동장치에 잠금장치를 하고 다른 작업자가 그 기계를 임의 조작할 수 있도록 열쇠를 찾기 쉬운 곳에 보관한다.

해설

기계의 운전을 정지한 경우에 다른 사람이 그 기계를 운전하는 것을 방지하기 위하여 기계의 기동장치에 잠금장치를 하고 그 열쇠를 별도 관리하거나 표지판을 설치하는 등 필요한 방호 조치를 하여야 한다.

[참고] 산업안전보건기준에 관한 규칙 제 92조 【정비 등의 작업 시의 운전정지 등】

□□□ 12년2회

3. 산업안전보건법에 따라 사업주는 근로자가 안전하게 통행할 수 있도록 통로에 얼마 이상의 채광 또는 조명 시설을 하여야 하는가?

① 50럭스 ② 75럭스
③ 90럭스 ④ 100럭스

해설

사업주는 근로자가 안전하게 통행할 수 있도록 통로에 75럭스 이상의 채광 또는 조명시설을 하여야 한다.

[참고] 산업안전보건기준에 관한 규칙 제21조 【통로의 조명】

□□□ 12년3회

4. 옥내에 통로를 설치할 때 통로 면으로부터 높이 얼마 이내에 장애물이 없어야 하는가?

① 1.5m ② 2.0m
③ 2.5m ④ 3.0m

해설

통로면으로부터 높이 2미터 이내에는 장애물이 없도록 하여야 한다.

[참고] 산업안전보건기준에 관한 규칙 제22조 【통로의 설치】

□□□ 13년2회, 16년3회, 20년1·2회

5. 다음 중 기계설비의 작업능률과 안전을 위한 배치(layout)의 3단계를 올바른 순서대로 나열한 것으로 맞는 것은?

① 지역배치→건물배치→기계배치
② 건물배치→지역배치→기계배치
③ 지역배치→기계배치→건물배치
④ 기계배치→건물배치→지역배치

해설

기계설비의 작업능률과 안전을 위한 배치(layout)의 3단계
1단계 : 지역배치
2단계 : 건물배치
3단계 : 기계배치

정답 1 ④ 2 ④ 3 ② 4 ② 5 ①

03 기계설비의 안전조건(안전화)

(1) 외형의 안전화

구분	내용
가드(Guard, 덮개) 설치	기계의 위험한 외형부분 및 회전체 돌출부분에 설치
별실 또는 구획된 장소에 격리	원동기 및 동력 전도장치(벨트, 기어, 샤프트, 체인 등)의 위치나 배치
안전색채 조절	기계, 장비 및 부수되는 배관등 ※ 안전 색채 예시 • 시동 스위치 : 녹색, 정지 스위치 : 적색 • 공기 배관 : 백색 • 가스 배관 : 황색 • 물 배관 : 청색 • 증기 배관 : 암적색 • 고열 기계 : 회청색

[작업의 안전화를 위한 기술적 대책]
① 작업에 필요한 설계
② 인간공학적 작업환경 조성

(2) 작업의 안전화

작업환경 검토
작업방법 검토 → 작업위험분석 → 작업 표준화

① 작업에 필요한 적당한 치공구류 사용
② 불필요한 동작을 피하도록 작업의 표준화
③ 안전한 기동장치의 배치(동력차단장치, 시건장치)
④ 급정지장치, 급정지 버튼 등의 활용
⑤ 인칭(Inching, 촌동) 기능의 활용
⑥ 조작장치의 적당한 위치 고려

[인칭(Inching), 촌동]
조작을 하는 동안만 미세하게 작동하여 수정, 점검 등을 하는 작업을 말한다.

(3) 작업점의 안전화

제품이 직접 가공되는 부분(작업점)의 위험성 → 자동제어, 원격제어장치 방호장치 설치

① 작업점(Point of operation) : 기계설비에서 특히 위험을 발생케 할 우려가 있는 부분으로서 일이 물체에 행해지는 점 또는 가공물이 가공되는 부분
② 롤러기의 맞물림점, 프레스의 슬라이드 하사점과 다이 부분 등

(4) 보전작업의 안전화

① 고장예방을 위한 정기점검 실시
② 급유방법의 개선
③ 구성부품의 신뢰도 향상
④ 분해 및 교환의 철저화
⑤ 보전용 통로나 작업장 확보
⑥ 기계설비의 고장률(수명곡선, 욕조곡선)

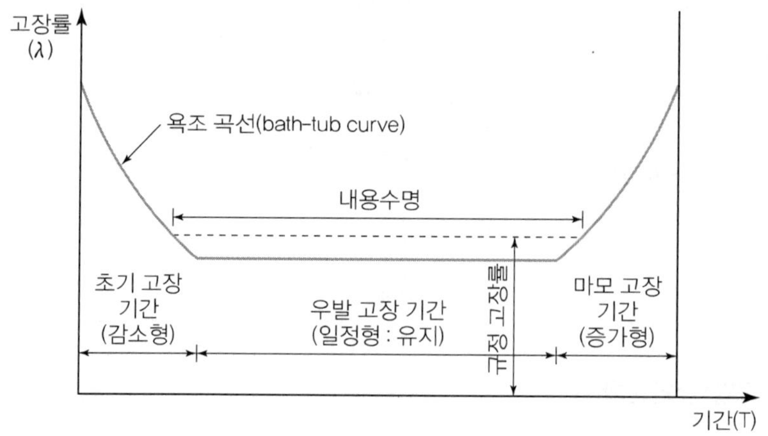

구분	내용
초기고장	• 불량제조나 생산과정에서의 품질관리의 미비로부터 발생 • 점검작업이나 시운전 등으로 사전에 방지 가능 • 디버깅(debugging) 기간 : 고장 초기고장은 결함을 찾아내 고장률을 안정시키는 기간 • 번 인(burn in)기간 : 물품을 실제로 장시간 움직여 보고 그 동안에 고장난 것을 제거하는 공정
우발고장	• 예측할 수 없을 때에 생기는 고장(불의의 외력등) • 시운전이나 점검작업으로는 방지할 수 없다. • 우발고장의 신뢰도 신뢰도$R(t) = e^{-\frac{t}{t_o}}$ (평균고장시간 t_0인 요소가 t 시간 고장을 일으키지 않을 확률)
마모고장	• 장치의 일부가 수명을 다해서 생기는 고장 (부품의 마모, 열화, 반복피로 등의 원인) • 안전진단 및 적당한 보수에 의해서 방지할 수 있는 고장

Tip

우발고장기간의 고장률!

우발고장기간의 고장률은 일정한 형태를 보이며 이때의 확률분포는 지수분포를 따른다.

(5) 보전의 방식

구분	내용
일상보전	• 설비의 열화를 방지하고 지연시켜 수명을 연장 • 점검, 청소, 주유 및 교체 등의 보전 방식
시간기준보전(TBM) (Time Based Maintenance)	철강업 등에서 정기 수리일(보통 10일 간격으로 10시간 정도)을 정하여 대대적인 수리
예방보전(PM)	• 설비계획 및 설치시부터 고장이 없는 설비 선택 • 초기수리 보전 가능한 설비를 선택
사후보전(BM) (Break down Maintenance)	• 설비가 기능 저하, 고장정지된 뒤에 보수 교체 • 예방보전(사전 처리)보다 사후 보전하는 편이 경제적인 설비에 대해서 계획적으로 사후 보전
보전예방(MP)	설비의 계획 단계에서 보전정보나 새로운 기술을 채용해서 보전비나 열화손실을 적게 하는 활동
개량보전(CM) (Concentration Maintenance)	• 현재 존재하고 있는 설비의 약점을 계획적, 적극적으로 개선(재질이나 형상 등) • 열화고장을 감소시키며, 보전이 불필요한 설비를 목표로 하는 보전
상태기준보전(CBM) (Condition Based Maintenance)	• 설비의 상태를 기준으로 보전시기를 정하는 방법 • 설비진단기술에 의해 구성부품의 열화상태를 정량적으로 파악하고, 예측해서 보수, 교체를 실시

02 핵심문제 3. 기계설비의 안전조건(안전화)

□□□ 08년3회

1. 기계, 설비의 안전조건 중 외관상의 안전화에 해당 하는 것은?

① 묻임형이나 덮개의 설치
② 원격제어 안전장치
③ 보호구의 착용
④ 긴급차단장치

문제 1, 2 해설

외형의 안전화
1. 가드(Guard, 덮개) 설치→기계외형부분 및 회전체 돌출부분
2. 별실 또는 구획된 장소에 격리→원동기 및 동력 전도장치(벨트, 기어, 샤프트, 체인 등)
3. 안전색채 조절→기계, 장비 및 부수되는 배관

□□□ 10년1회, 16년1회

2. 기계설비의 안전조건 중 외형의 안전화에 해당하는 것은?

① 강도의 열화를 고려하여 안전율을 최대로 고려하여 설계하였다.
② 작업자가 접촉할 우려가 있는 기계의 회전부에 덮개를 씌우고 안전색채를 사용하였다.
③ 기계의 안전기능을 기계설비에 내장하였다.
④ 페일 세이프 및 풀 푸르프의 기능을 가지는 장치를 적용하였다.

□□□ 16년2회

3. 안전색채와 기계방지 또는 배관의 연결이 잘못된 것은?

① 시동스위치 - 녹색 ② 급정지스위치 - 황색
③ 고열기계 - 회청색 ④ 증기배관 - 암적색

해설

안전 색채 예시
① 시동 스위치 : 녹색, 정지 스위치 : 적색
② 공기 배관 : 백색
③ 가스 배관 : 황색
④ 물 배관 : 청색
⑤ 증기 배관 : 암적색
⑥ 고열 기계 : 회청색

□□□ 12년3회

4. 기계설비 안전화를 외형의 안전화, 기능의 안전화, 구조의 안전화로 구분할 때 다음 중 구조의 안전화에 해당하는 것은?

① 가공 중에 발생한 예리한 모서리, 버(Burr) 등을 연삭기로 라운딩
② 기계의 오동작을 방지하도록 자동제어장치 구성
③ 이상발생 시 기계를 급정지시킬 수 있도록 동력 차단 장치를 부여하는 조치
④ 열처리를 통하여 기계의 강도와 인성을 향상

해설

①항 : 외형의 안전화, ②, ③항 : 기능의 안전화,
④항 : 구조의 안전화로 구분할 수 있다.

□□□ 13년1회, 16년2회

5. 기계 고장률의 기본 모형이 아닌 것은?

① 초기고장 ② 우발고장
③ 마모고장 ④ 수시고장

문제 5, 6, 7 해설

기계 설비의 수명곡선(욕조곡선)

구분	내용
초기고장	불량제조나 생산과정에서의 품질관리의 미비로부터 발생, 점검작업이나 시운전 등으로 사전에 방지 가능
우발고장	예측할 수 없을 때에 생기는 고장(불의의 외력등)으로 시운전이나 점검작업으로는 방지할 수 없다.
마모고장	장치의 일부가 수명을 다해서 생기는 고장(부품의 마모, 열화, 반복피로 등의 원인)으로 안전진단 및 적당한 보수에 의해서 방지할 수 있는 고장

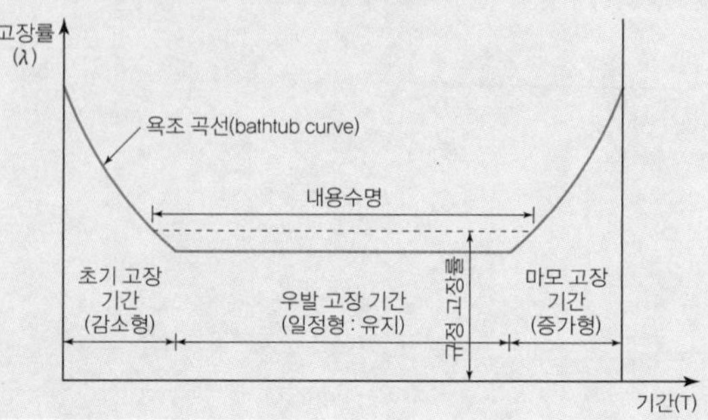

정답 1 ① 2 ② 3 ② 4 ④ 5 ④

□□□ 13년1회, 16년2회

6. 기계설비보전에 있어서 기계 고장율 곡선(모형)의 고장 형태 중 고장율이 가장 낮은 것은?

① 우발 고장　　② 감소 고장
③ 초기 고장　　④ 마모 고장

□□□ 14년2회, 18년2회

7. 설비의 고장 형태를 크게 초기고장, 우발고장, 마모고장으로 구분할 때 다음 중 마모고장과 가장 거리가 먼 것은?

① 부품, 부재의 마모
② 열화에 생기는 고장
③ 부품, 부재의 반복피로
④ 순간적 외력에 의한 파손

□□□ 08년2회, 11년 1회

8. 철강업 등에서 10일 간격으로 10시간 정도의 정기수리일을 마련하여 대대적인 수리, 수선을 하게 되는데 이와 같이 일정기간마다 설비보전활동을 하는 것을 무엇이라 하는가?

① 사후보전(Break down Maintenance(BM))
② 시간기준보전(Time Based Maintenance(TBM))
③ 개량보전(Concentration Maintenance(CM))
④ 상태기준보전(Condition Based Maintenance(CBM))

해설

시간기준보전(Time Based Maintenance(TBM))
철강업 등에서는 보통 10일 간격으로 10시간 정도의 정기 수리일을 마련하여 대대적인 수리, 수선을 하게 되는데 이와 같이 일정기간마다 보수를 하는 것.

정답 6 ① 7 ④ 8 ②

04 기계설비의 본질적 안전

(1) 기계설비의 본질적 안전화 방법

① 강도 등에 대한 안전율을 고려한 설계
② 기계설비 내에 안전기능을 포함
③ 풀 프루프(Fool proof), 페일 세이프(Fail safe) 기능 포함

(2) 풀 프루프(Fool proof)와 페일 세이프(Fail safe)

① 정의

구분	내용
풀 프루프 (Fool proof)	(1) 기계장치설계 단계에서 안전화를 도모하는 기본적 개념 (2) 근로자가 기계 등의 취급을 잘못해도 바로 사고나 재해와 연결되는 일이 없도록 하는 확고한 안전기구 (3) 인간의 실수(Human error)를 방지하기 위한 것 (4) Fool Proof의 형태 • 카메라의 이중촬영방지 기구 • 기계의 점검시 안전장치(안전 블록 등) • 동력 전달 장치 덮개의 인터록 장치 • 로봇 작업장의 출입문등 연동장치 • 사출성형기의 인터록 장치 • 승강기의 과부하 경보장치 • 크레인의 권과 방지장치
페일 세이프 (Fail safe)	(1) 기계 등에 고장이 발생했을 경우에도 그대로 사고나 재해로 연결되지 아니하고 안전을 확보하는 기능 (2) 인간이나 기계 등에 과오나 동작상의 실수가 있더라도 사고나 재해를 발생시키지 않도록 철저하게 2중, 3중으로 통제를 가하는 것

[인터록(Interlock)]
기계의 각 작동 부분 상호간을 전기적, 기구적으로 연결해서 기계의 각 작동 부분이 정상으로 작동하기 위한 조건이 만족되지 않을 경우 자동적으로 그 기계를 작동할 수 없도록 하는 것

[Temper Proof]
Fail safe의 설계를 바탕으로 안전장치를 설치하였으나 작업자가 고의로 안전장치를 제거해도 재해를 예방할 수 있도록 설계하는 방식

② 페일 세이프 구조의 기능적 분류

구분	내용
Fail passive	일반적인 산업기계방식의 구조이며, 성분의 고장 시 기계는 정지상태
Fail active	성분의 고장 시 경보를 나타내며 단시간동안 운전가능
Fail operational	병렬 여분계의 성분을 구성한 경우이며, 성분의 고장이 있어도 다음 정기점검 시까지 정상기능을 유지

③ 페일 세이프 형식의 구분

구분		내용
구조적 페일세이프 (항공기의 엔진, 압력용기의 안전밸브)	저 균열속도 구조	기계에 균열이 발생해도 그 진전속도가 늦어 정지를 일으키는 구조
	조합구조	여러 개의 재료를 조합시켜 하중에 대한 부하능력을 높이는 구조
	다 경로하중 구조	하중을 받아주는 부재가 여러 경로로 나뉘어져 있어서 하중에 대한 부하능력을 높이는 구조
	이중 구조	평상시에는 하중을 받지 않지만 어떤 부재가 파열되면 모든 하중을 받아줄 수 있는 이중 유리창 같은 구조
	하중해방 구조	안전파열판 등과 같이 파열되면 하중을 방산시켜 더 이상 하중이 걸리지 않는 구조
회로적 페일세이프	철도 신호	신호기가 고장이 생긴 때에는 항상 적을 나타내어 중대 재해를 예방
	개폐기의 용장회로	병렬회로와 직렬회로가 있고, 각각 ON 또는 OFF에 대한 안전회로를 구성
	대기 용장회로	용장회로 중 평상시에는 예비회로가 작동하지 않고 주회로가 고장이 생긴 경우에만 작동

(3) 기계설비의 구조적 안전대책

구분	내용
재료의 결함	기계 재료 자체에 균열, 부식, 강도저하 등 결함에 대해 적절한 재료로 대체
설계의 결함	최대하중을 정확히 산정하고 사용 도중 일부 재료의 강도가 열화될 것을 감안해서 안전율을 충분히 고려하여 설계
가공의 결함	가공 시 결함(가공경화 등)을 예상하여 열처리 등을 통해 강도와 인성 등을 부여하여 결함을 방지

[설계의 결함]

기계 설비의 구조적 문제에서 가장 큰 과오의 요인은 강도 산정 시에 발생하는 착오이다. 이러한 착오를 예방하기 위한 확실한 설계와 충분한 안전율의 고려가 중요하다.

(4) 기계설비의 기능적 안전

① 기계설비가 이상이 있을 때 기계를 급정지시키거나 방호장치가 작동되도록 한다.

② 전기회로를 개선하여 오동작을 방지하거나 별도의 완전한 회로에 의해 정상기능을 찾을 수 있도록 한다.

소극적 대책	적극적 대책
이상 시 기계의 급정지로 안전화	페일 세이프 등 회로 개선으로 오동작 방지

[에너지 변동에 따른 오동작 형태]

(1) 전압강하 발생
(2) 정전기에 따른 오동작
(3) 단락 또는 스위치나 릴레이 고장시의 오동작
(4) 사용압력의 변동시의 오동작
(5) 밸브계통의 고장시에 따른 오동작

02 핵심문제 4. 기계설비의 본질적 안전

□□□ 08년2회

1. 기계나 그 부품에 고장이나 기능불량이 생겨도 항상 안전하게 작동하는 구조와 기능을 추구하는 본질적 안전화는?

① 풀프루프 ② 페일세이프
③ 이중낙하방지 ④ 연동기구

해설

페일세이프(Fail safe)
인간이나 기계 등에 과오나 동작상의 실수가 있더라도 사고나 재해를 발생시키지 않도록 철저하게 2중, 3중으로 통제를 가하는 것

□□□ 18년2회

2. 사람이 작업하는 기계장치에서 작업자가 실수를 하거나 오조작을 하여도 안전하게 유지되게 하는 안전 설계방법은?

① Fail Safe ② 다중계화
③ Fool proof ④ Back up

해설

풀 프루프(Fool proof)
① 기계장치설계 단계에서 안전화를 도모하는 기본적 개념
② 근로자가 기계 등의 취급을 잘못해도 그것이 바로 사고나 재해와 연결되는 일이 없도록 하는 확고한 안전기구
③ 인간의 착오 · 실수 등 이른바 인간 과오(Human error)를 방지하기 위한 것

□□□ 13년1회

3. 다음 중 가공기계에 주로 쓰이는 풀 프루프(pool proof)의 형태가 아닌 것은?

① 금형의 가드
② 사출기의 인터로크 장치
③ 카메라의 이중촬영방지기구
④ 압력용기의 파열판

해설

압력용기의 파열판은 방호장치로 운용단계에서 작동 중 발생하는 사고를 예방하기 위한 페일세이프 기능으로 분류할 수 있다.

□□□ 10년1회, 14년2회

4. 기계의 각 작동 부분 상호간을 전기적, 기구적, 유공압장치 등으로 연결해서 기계의 각 작동 부분이 정상으로 작동하기 위한 조건이 만족되지 않을 경우 자동적으로 그 기계를 작동할 수 없도록 하는 것은?

① 인터록기구 ② 과부하방지장치
③ 트립기구 ④ 오버런기구

해설

인터록기구(Inetrlock)
기계의 각 작동 부분 상호간을 연결해서 기계의 각 작동 부분이 정상적으로 작동하기 위한 조건이 아닐 경우 기계의 작동을 정지시켜 안전을 도모하기 위한 장치의 설치 개념

□□□ 16년1회

5. 인터록(Interlock)장치에 해당하지 않는 것은?

① 연삭기의 워크레스트
② 사출기의 도어잠금장치
③ 자동화라인의 출입시스템
④ 리프트의 출입문 안전장치

해설

연삭기에서의 "워크레스트"는 연삭작업 시 공작물을 올려놓는 작업받침대를 말한다.

□□□ 17년3회

6. 기계설비에 대한 본질적인 안전화 방안의 하나인 풀프루프(Fool Proof)에 관한 설명으로 거리가 먼 것은?

① 계기나 표시를 보기 쉽게 하거나 이른바 인체공학적 설계도 넓은 의미의 풀 프루프에 해당된다.
② 설비 및 기계장치 일부가 고장이 난 경우 기능의 저하는 가져오나 전체기능은 정지하지 않는다.
③ 인간이 에러를 일으키기 어려운 구조나 기능을 가진다.
④ 조작순서가 잘못되어도 올바르게 작동한다.

해설

②항의 경우는 페일 세이프 구조의 기능적 분류에서 Fail active와 관련된 내용이다.

정답 1 ② 2 ③ 3 ④ 4 ① 5 ① 6 ②

□□□ 15년2회

7. 페일 세이프(fail safe)의 기계설계상 본질적 안전화에 대한 설명으로 틀린 것은?

① 구조적 fail safe : 인간이 기계 등의 취급을 잘못해도 그것이 바로 사고나 재해와 연결되는 일이 없는 기능을 말한다.
② fail-passive : 부품이 고장 나면 통상적으로 기계는 정지하는 방향으로 이동한다.
③ fail-active : 부품이 고장 나면 기계는 경보를 울리는 가운데 짧은 시간 동안의 운전이 가능하다.
④ fail-operational : 부품의 고장이 있어도 기계는 추후의 보수가 될 때까지 안전한 기능을 유지하며 이것은 병렬계통 또는 대기여분 (Stand-by redundancy) 계통으로 한 것이다.

해설

①항은 풀 프루프(Fool proof)의 개념이다.

문제 6, 7번 추가해설

페일 세이프 구조의 기능적 분류

구분	내용
Fail passive	일반적인 산업기계방식의 구조이며, 성분의 고장시 기계는 정지상태
Fail active	성분의 고장시 경보를 나타내며 단시간동안 운전가능
Fail operational	병렬 여분계의 성분을 구성한 경우이며, 성분의 고장이 있어도 다음 정기점검 시까지 정상 기능을 유지

□□□ 10년3회

8. 기계설비의 구조적 안전화를 위한 안전조건에 해당되지 않는 것은?

① 재료 선택 시의 안전화
② 설계 시의 올바른 강도계산
③ 사용상의 안전화
④ 가공상의 안전화

해설

구조적 안전화
1. 재료에 있어서의 결함
2. 설계에 있어서의 결함
3. 가공에 있어서의 결함

□□□ 10년3회

9. 기계설비 구조의 안전화 중 가공결함 방지를 위해 고려할 사항이 아닌 것은?

① 안전율 ② 열처리
③ 가공경화 ④ 응력집중

해설

①항, 안전율은 설계결함 방지를 위해 고려해야할 사항이다.

□□□ 08년1회, 12년1회

10. 기계설비가 이상이 있을 때 기계를 급정지시키거나 방호장치가 작동되도록 하는 것과 전기회로를 개선하여 오동작을 방지하거나 별도의 완전한 회로에 의해 정상기능을 찾을 수 있도록 하는 것은?

① 구조부분 안전화 ② 기능적 안전화
③ 보전작업 안전화 ④ 외관상 안전화

해설

회로개선을 통한 정상기능의 복구는 기능적 안전화에서 적극적 대책이다.

□□□ 12년2회, 19년1회

11. 기능의 안전화 방안을 소극적 대책과 적극적 대책으로 구분할 때 다음 중 적극적 대책에 해당하는 것은?

① 기계의 이상을 확인하고 급정지시켰다.
② 원활한 작동을 위해 급유를 하였다.
③ 회로를 개선하여 오동작을 방지하도록 하였다.
④ 기계의 볼트 및 너트가 이완되지 않도록 다시 조립하였다.

해설

소극적 대책	적극적 대책
이상 시 기계의 급정지로 안전화	페일 세이프 등 회로 개선으로 오동작 방지

정답 7 ① 8 ③ 9 ① 10 ② 11 ③

□□□ 14년1회

12. 다음 중 자동화설비를 사용하고자 할 때 기능의 안전화를 위하여 검토할 사항과 거리가 가장 먼 것은?

① 부품변형에 의한 오동작
② 사용압력 변동 시의 오동작
③ 전압강하 및 정전에 따른 오동작
④ 단락 또는 스위치 고장 시의 오동작

해설

①항, 부품변형에 의한 오동작은 구조적 안전화에서 검토할 내용이다.

정답 12 ①

05 안전율

(1) 응력

① 용어의 정의

구분	내용
① 기준강도	재료나 구조물에 손상을 주는 응력
② 허용응력	재료가 파괴되지 않고, 영구변형이 남지 않는 비례한도 이하로 제한된 응력
③ 사용응력	기계설비의 운전 시 작용하는 응력

② 응력의 변형

구분	내용
① 항복점	인장시험 시 응력에 의해 변형이 일어나는데, 일정한 크기의 외력에서, 그 이상의 힘을 가하지 않아도 변형이 커지는 현상(항복)이 일어나고 재료가 파괴되기 시작하는 점
② 취성	변형은 극히 작고 쉽게 깨어지게 되는 재료의 성질
③ 탄성	재료에 힘이 작용할 때, 힘의 제거와 동시에 재료가 원형으로 복귀하는 현상 $탄성계수(E) = \frac{응력}{변형률}$

③ 응력-변형도 곡선

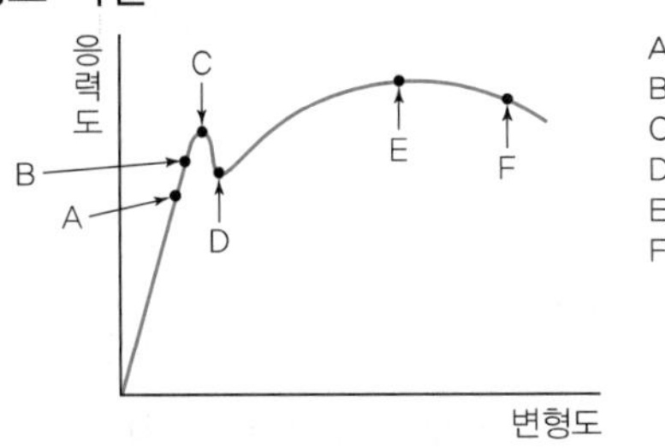

[인장시험]
시험편이 절단될 때까지 작용된 하중과 이에 대한 변형을 측정하여 재료의 비례한도, 탄성한도, 항복점, 인장강도, 파괴점, 연산율 등을 측정한다.

구분	내용
A	응력과 변형률사이에 비례관계(비례한도)
B	하중을 제거하면 원점으로 돌아가는 점(탄성한도)
C	탄성에서 소성으로 변하는 지점(상항복점)
D	소성상태에서 변형만 진행되는 지점(하항복점)
E	응력을 증가시켜 최대응력 E점에 도달하면 변형이 늘어나기 시작(최대 인장강도)
F	파괴점

Tip

압력용기(탱크)의 응력!

압력용기(탱크)에 발생하는 응력은 가로 방향 응력이 세로 방향 응력보다 2배 크게 작용한다.

④ 압력용기의 응력

구분	공식	비고
① 가로방향(원주방향)의 응력(σ_1)	$\sigma_1 = \dfrac{Pd}{2t}$	P: 압력용기의 내압 d: 직경 t: 용기의 두께
② 세로방향(축방향)의 응력(σ_2)	$\sigma_2 = \dfrac{Pd}{4t}$	

(2) 안전율의 적용

① 안전율의 결정인자

㉠ 재료의 품질

㉡ 하중과 응력의 정확성

㉢ 하중의 종류에 따른 응력의 성질

㉣ 부재의 형상 및 사용 장소

㉤ 공작 방법 및 정밀도

② 안전계수

Tip

안전율의 의미!

안전율 공식은 본문에 표기된 내용 이외에도 다양하게 표현될 수 있으므로 단순암기는 의미가 없다. 안전율에 적용된 강도와 기준이 되는 강도의 비를 의미한다는 것을 이해해야 한다.

$$\text{안전율} = \frac{\text{초기강도}}{\text{허용응력}} = \frac{\text{극한강도}}{\text{최대설계응력}} = \frac{\text{파괴하중}}{\text{최대사용하중}} = \frac{\text{파단하중}}{\text{안전하중}}$$

※ 와이어로프의 안전율

$$\text{안전율}(S) = \frac{\text{로프의 가닥수}(N) \times \text{로프의 파단하중}(P)}{\text{안전하중}(Q)}$$

③ 안전율 결정기준 강도

기준강도	내용
1) 극한강도 또는 항복점	상온에서 연성재료가 정하중을 받을 경우
2) 극한강도	상온에서 취성재료가 정하중을 받을 경우
3) 크리프 강도(Creep limit)	고온에서 정하중을 받을 경우
4) 피로한도(Fatigue limit)	반복응력을 받을 경우

(3) 경험적 안전율(하중의 종류)

구분	내용
정하중	시간이 경과하여도 크기와 방향이 변화하지 않는 하중
동하중	• 반복하중 : 일정한 방향으로 연속하여 반복하는 하중
	• 교번하중 : 크기와 방향이 동시에 변화하면서 인장과 압축이 교대로 반복하여 작용하는 하중
	• 충격하중 : 순간적인 짧은 시간에 갑자기 작용하는 하중
하중의 크기	반복하중: 정하중의 2배 교번하중: 정하중의 3배 충격하중: 정하중의 5배 ※ 충격하중 〉 교번하중 〉 반복하중 〉정하중

(4) 수량적 안전율(Cardullo 의 안전율)

① 안전율의 산정방법

$$F = a \times b \times c$$

구분	내용	
a	탄성율	정하중의 경우 : 인장강도와 항복점의 비, 반복하중의 경우 : 인장강도와 피로 한도의 비
b	충격률	하중이 충격적으로 작용하는 경우에 생기는 응력과 같은 하중이 정적으로 작용하는 경우에 생기는 응력과의 비
c	여유율	재료의 결함, 응력의 선정 및 계산의 부정확도, 잔류응력, 열응력, 관성력 등의 우연적 추가응력의 산정정도를 계산하여 여유값을 두어야 한다.

② 정하중에 대한 Cardullo 의 안전율

구 분	a	b	c	F
주철 및 주물	2	1	2	4
연철 및 연강	2	1	1.5	3
니켈강	1.5	1	1.5	2.25
담금질강	1.5	1	2	3
청동 및 황동	2	1	1.5	3

02 핵심문제 5. 안전율

□□□ 08년1회

1. 재료에 힘이 작용할 때, 힘의 제거와 동시에 재료가 원형으로 복귀하는 현상에 대하여 바르게 설명한 것은?

① 응력과 변형률은 반비례한다.
② 변형률에 대한 응력의 비는 탄성계수이다.
③ 응력은 불변이다.
④ 탄성계수와 변형률은 비례한다.

해설

탄성
재료에 힘이 작용할 때, 힘의 제거와 동시에 재료가 원형으로 복귀하는 현상

$$\text{탄성계수}(E) = \frac{\text{응력}}{\text{변형률}}$$

□□□ 12년1회, 19년1회

2. 재료의 강도시험 중 항복점을 알 수 있는 시험의 종류는?

① 압축시험 ② 충격시험
③ 인장시험 ④ 피로시험

해설

항복점
인장시험 시 응력에 의해 변형이 일어나는데, 일정한 크기의 외력에서, 그 이상의 힘을 가하지 않아도 변형이 커지는 현상(항복)이 일어나고 재료가 파괴되기 시작하는 점

□□□ 09년3회, 17년2회

3. 반복 응력을 받게 되는 기계구조부분의 설계에서 허용응력을 결정하기 위한 기초강도로 가장 적합한 것은?

① 항복점(Yield point)
② 극한 강도(Ultimate strength)
③ 크리프 한도(Creep limit)
④ 피로 한도(Fatigue limit)

해설

안전율 결정기준 강도

구분	내용
① 극한강도 또는 항복점	상온에서 연성재료가 정하중을 받을 경우
② 극한강도	상온에서 취성재료가 정하중을 받을 경우
③ 크리프 강도 (Creep limit)	고온에서 정하중을 받을 경우
④ 피로한도 (Fatigue limit)	반복응력을 받을 경우

□□□ 08년1회, 12년1회, 13년2회

4. 가정용 LPG탱크와 같이 둥근 원통형의 압력용기에 내부압력 P가 작용하고 있다. 이때 압력용기 재료에 발생하는 원주응력(hoop stress)은 길이방향응력(longitudinal stress)의 얼마가 되겠는가?

① 1/2 ② 2배
③ 5배 ④ 4배

해설

① 가로방향(원주방향)의 응력(σ_1)	$\sigma_1 = \frac{Pd}{2t}$	P: 압력용기의 내압 d: 직경 t: 용기의 두께
② 세로방향(축방향)의 응력(σ_2)	$\sigma_2 = \frac{Pd}{4t}$	

길이방향응력에 대한 원주응력의 비

$$\frac{\sigma_1}{\sigma_2} = \frac{\frac{Pd}{2t}}{\frac{Pd}{4t}} = \frac{4}{2} = 2$$

가로방향 응력이 세로방향응력보다 2배 크게 작용한다.

□□□ 08년3회, 10년3회

5. 기계설계 시 사용되는 안전계수를 나타내는 식에 해당하는 것은?

① $\frac{\text{항복응력}}{\text{극한강도}}$ ② $\frac{\text{허용응력}}{\text{극한강도}}$

③ $\frac{\text{극한강도}}{\text{항복응력}}$ ④ $\frac{\text{극한강도}}{\text{허용응력}}$

정답 1 ② 2 ③ 3 ④ 4 ② 5 ④

문제 5, 6, 7, 8 해설

안전율(안전계수)

$=\frac{극한강도}{허용응력}=\frac{초기강도}{허용응력}=\frac{인장강도}{허용응력}=\frac{극한강도}{최대설계응력}$

$=\frac{파단하중}{안전하중}=\frac{파괴하중}{최대사용하중}=\frac{극한강도}{정격하중}$

□□□ 12년2회

6. 다음 중 안전계수를 나타내는 식으로 옳은 것은?

① $\frac{허용응력}{기초강도}$
② $\frac{최대설계응력}{극한강도}$
③ $\frac{안전하중}{파단하중}$
④ $\frac{파괴하중}{최대사용하중}$

□□□ 12년3회, 17년2회

7. 안전율을 구하는 방법으로 옳은 것은?

① 안전율 = 허용응력 / 기초강도
② 안전율 = 허용응력 / 인장강도
③ 안전율 = 인장강도 / 허용응력
④ 안전율 = 안전하중 / 파단하중

□□□ 13년3회

8. 다음 중 기계설계 시 사용되는 안전계수를 나타내는 식으로 틀린 것을 고르시오.

① $\frac{허용응력}{기초강도}$
② $\frac{극한강도}{최대설계응력}$
③ $\frac{파괴하중}{최대사용하중}$
④ $\frac{파단하중}{안전하중}$

□□□ 09년2회, 15년2회

9. 와이어로프의 안전율을 계산하는 공식은? (단, S=안전율, Q=최대사용하중, N=로프의 가닥수, P=와이어로프의 파단하중)

① $S=\frac{Q\times P}{N}$
② $S=\frac{N\times P}{Q}$
③ $S=N\times Q\times P$
④ $S=\frac{Q\times N}{P}$

해설

와이어로프의 안전율

$안전율(S)=\frac{로프의\ 가닥수(N)\times 로프의파단하중(P)}{안전하중(Q)}$

□□□ 08년1회, 17년3회

10. 취성재료의 극한강도가 128MPa이며, 허용응력이 64MPa일 경우 안전계수는?

① 1
② 2
③ 4
④ 1/2

해설

$안전율=\frac{극한강도}{허용응력}=\frac{128\text{MPa}}{64\text{MPa}}=2$

□□□ 09년2회, 10년2회, 16년1회, 17년2회

11. 안전계수가 5인 체인의 최대설계하중이 1000N이라면 이 체인의 극한하중은 약 몇 N인가?

① 200
② 2000
③ 5000
④ 12000

해설

$안전율=\frac{극한하중}{최대설계하중}$ 이므로

$극한하중=안전율\times 최대설계하중=5\times 1000=5000$

□□□ 13년2회, 14년1회, 18년1회, 18년3회

12. 인장강도가 250N/mm^{2}인 강판의 안전율이 4라면 이 강판의 허용응력(N/mm^2)은 얼마인가?

① 42.5
② 62.5
③ 82.5
④ 102.5

해설

① $안전율=\frac{인장강도}{허용응력}$ 이므로

② $허용응력=\frac{인장강도}{안전율}=\frac{250\text{ N/mm}^2}{4}=62.5\text{ N/mm}^2$

정답 6 ④ 7 ③ 8 ① 9 ② 10 ② 11 ③ 12 ②

□□□ 10년1회, 13년2회

13. 다음과 같은 조건에서 원통용기를 제작했을 때 안전성(안전도)이 높은 것부터 순서대로 나열된 것은?

	내압	인장강도
1	$50kgf/cm^2$	$40kgf/cm^2$
2	$60kgf/cm^2$	$50kgf/cm^2$
3	$70kgf/cm^2$	$55kgf/cm^2$

① 1 - 2 - 3　② 2 - 3 - 1
③ 3 - 1 - 2　④ 2 - 1 - 3

해설

$$안전율 = \frac{내압}{인장강도}$$

$$1번 = \frac{50kgf/cm^2}{40kgf/cm^2} = 1.25,\ 2번 = \frac{60kgf/cm^2}{50kgf/cm^2} = 1.2,$$

$$3번 = \frac{70kgf/cm^2}{55kgf/cm^2} = 1.27$$

따라서 3번(1.27) > 1번(1.25) > 2번(1.2)

□□□ 16년2회

14. 일반구조용 압연강판(SS400)으로 구조물을 설계할 때 허용응력을 $10kg/mm^2$으로 정하였다. 이 때 적용된 안전율은?

① 2　② 4
③ 6　④ 8

해설

일반구조용 압연강판(SS400)의 인장강도 : 400MPa($40kg/mm^2$)

$$안전율 = \frac{인장강도}{허용응력} = \frac{40\ kg/mm^2}{10\ kg/mm^2} = 4$$

□□□ 14년3회, 17년3회

15. 허용응력이 $1kN/mm^2$이고, 단면적이 $2mm^2$인 강판의 극한하중이 4000N이라면 안전율은 얼마인가?

① 2　② 4
③ 5　④ 50

해설

① 강판의 극한하중(F)

$$= \frac{극한하중(P)}{단면적(A)} = \frac{4000\ N}{2\ mm^2} = 2000\ N/mm^2 = 2\ KN/mm^2$$

② $안전율 = \frac{극한하중}{허용응력} = \frac{2\ KN/mm^2}{1\ KN/mm^2} = 2$

□□□ 13년1회, 17년1회

16. 단면적이 $1800mm^2$인 알루미늄 봉의 파괴강도는 70MPa이다. 안전율을 2.0으로 하였을 때 봉에 가해질 수 있는 최대하중은 얼마인가?

① 6.3kN　② 126kN
③ 63kN　④ 12.6kN

해설

① 압력단위 : $Pa = N/m^2$, $KPa = KN/m^2$, $MPa = N/mm^2$

② 알루미늄 봉의 파괴강도 :

$F = \frac{P(파괴강도)}{A(단면적)}$ 이므로

$$파괴강도(P) = 알루미늄\ 봉의\ 파괴강도 \times 면적 = 70\ N/mm^2 \times 1800\ mm^2 = 126000\ N = 126\ KN$$

④ $안전율 = \frac{파괴강도}{최대하중}$ 이므로,

$$최대하중 = \frac{파괴강도}{안전율} = \frac{126\ KN}{2} = 63\ KN$$

□□□ 10년1회, 13년2회

17. 인장강도가 380MPa이고, 지름이 30mm인 연강의 원형봉에 31.4kN의 인장하중이 작용할 때 안전율은 얼마인가?

① 9.62　② 8.55
③ 7.86　④ 6.54

해설

① 압력단위 : $Pa = N/m^2$, $KPa = KN/m^2$, $MPa = N/mm^2$

② 원형봉의 면적 : $A = \frac{\pi d^2}{4} = \frac{\pi \times (30mm)^2}{4} = 706.86mm^2$

③ 원형봉 작용 인장하중 :

$$F(작용하중) = \frac{P(인장하중)}{A(단면적)} = \frac{(31.4 \times 1000)N}{706.86mm^2} = 44.42N/mm^2[MPa]$$

④ $안전율 = \frac{인장강도}{인장하중} = \frac{380MPa}{44.42MPa} = 8.55$

정답 13 ③ 14 ② 15 ① 16 ③ 17 ②

□□□ 15년3회

18. 단면 6×10cm인 목재가 4000kg의 압축하중을 받고 있다. 안전율을 5로 하면 실제사용응력은 허용응력의 몇 %나 되는가?(단, 목재의 압축강도는 500kg/cm² 이다.)

① 33.3　　② 66.7
③ 99.5　　④ 250

해설

1. 파괴응력=단면적×압축강도
$= (6\times10)\text{cm}^2 \times 500\text{kg/cm}^2 = 30{,}000\text{ kg}$
2. 안전율 $= \dfrac{\text{파괴응력}}{\text{허용응력}}$ 이므로,
허용응력 $= \dfrac{\text{파괴응력}}{\text{안전율}} = \dfrac{30{,}000\text{ kg}}{5} = 6{,}000\text{ kg}$
3. 허용응력=6,000, 실제사용응력=4,000
따라서 $\dfrac{4{,}000}{6{,}000} = 0.666$ 이다.
∴ 실제사용응력은 허용응력의 66.7%

□□□ 09년2회, 10년1회, 11년1회

19. 동일한 재료를 사용하여 기계나 시설물을 설계할 때 하중의 종류에 따라 안전율의 선택값이 작은 것에서부터 큰 것의 순서로 옳게 된 것은?

① 정하중 < 반복하중 < 교번하중 < 충격하중
② 정하중 < 교번하중 <반복하중 < 충격하중
③ 교번하중 < 정하중 < 충격하중 < 반복하중
④ 충격하중 < 반복하중 < 교번하중 < 정하중

해설

하중의 크기
반복하중 : 정하중의 2배, 교번하중 : 정하중의 3배, 충격하중 : 정하중의 5배
※ 충격하중 > 교번하중 > 반복하중 > 정하중

정답 18 ② 19 ①

06 기계의 방호

(1) 작업점 등의 방호 원칙

① 작업점에는 작업자가 절대로 가까이 가지 않도록 할 것
② 손을 작업 점에 넣지 않도록 하게 할 것
③ 기계를 조작할 때는 작업점에서 떨어지게 할 것
④ 작업자가 작업 점에서 떨어지지 않는 한 기계를 작동하지 못하게 할 것

(2) 원동기, 회전축 등의 위험방지

[건널 다리 설치 시 주의]
건널 다리에는 안전난간 및 미끄러지지 아니하는 구조의 발판을 설치해야 한다.

방호방법	위험 부분
① 덮개 · 울 · 슬리브 · 건널다리 설치	원동기 · 회전축 · 기어 · 풀리 · 플라이휠 · 벨트 및 체인
② 묻힘형으로 하거나 해당 부위에 덮개를 설치	회전축 · 기어 · 풀리 및 플라이휠 등에 부속되는 키 · 핀 등의 기계요소
③ 돌출된 고정구의 사용 금지	벨트의 이음 부분
④ 덮개의 설치	• 원심기
	• 분쇄기 등(분쇄기, 파쇄기, 마쇄기, 미분기, 혼합기, 혼화기)을 가동하거나 원료가 흩날릴 경우
⑤ 덮개 또는 울의 설치	• 연삭기 또는 평삭기)의 테이블, 형삭기 램 등의 행정끝
	• 선반 등으로부터 돌출하여 회전하고 있는 가공물이 근로자에게 위험을 미칠 우려가 있는 경우
	• 분쇄기등의 개구부로부터 가동 부분에 접촉할 우려가 있는 경우
	• 종이 · 천 · 비닐 및 와이어 로프 등의 감김통 등에 의하여 위험해질 우려가 있는 부위
	• 압력용기 및 공기압축기 등에 부속하는 원동기 · 축이음 · 벨트 · 풀리의 회전 부위

[관련법령]
산업안전보건기준에 관한 규칙 제87조 【원동기 · 회전축 등의 위험 방지】

(3) 기계 방호덮개(가드)의 적용

구분	내용
방호덮개의 설치목적	• 위험부위와 접촉, 접근을 방지하여 작업자를 보호 • 가공물, 공구 등의 낙하 · 비래에 의한 위험을 방지 • 재료의 파편등으로 인한 물적, 인적손실 방지 • 기계 작동 시 발생하는 소음, 먼지 등을 감소
방호장치 적용 시 고려사항	• 적용의 범위 • 방호의 정도 • 보수의 난이 • 신뢰도 • 작업성 • 경비
가드의 형태별 분류	• 덮개식(Enclosures, fixed, barried) • 방벽(Barrier) • 제어장치(Controls) 및 전자식
가드의 작동형식별 분류	• 고정식 • 인터록 식 • 자동식 • 조정식 가드

(4) 방호장치의 분류

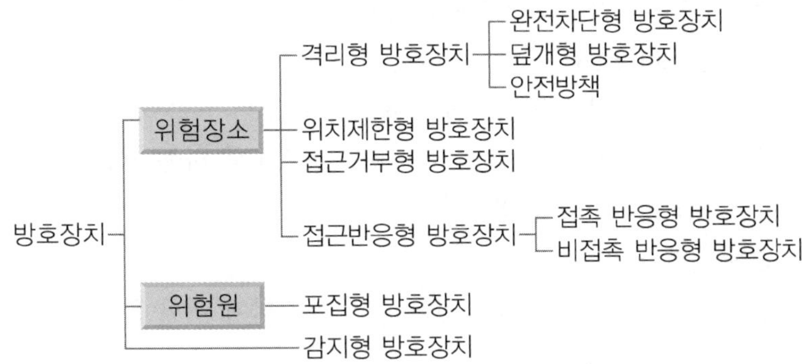

방호장치의 분류

[격리형 방호장치]

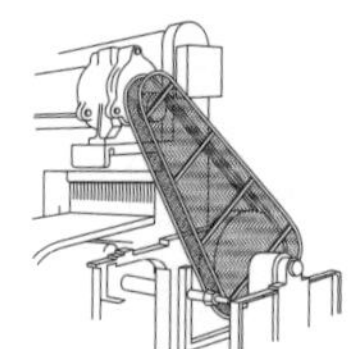

(a) 완전차단형 방호장치

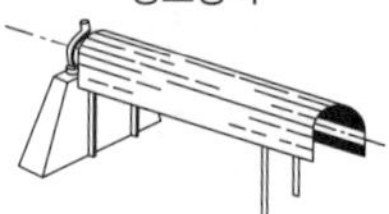

(b) 회전축의 덮개형 방호장치

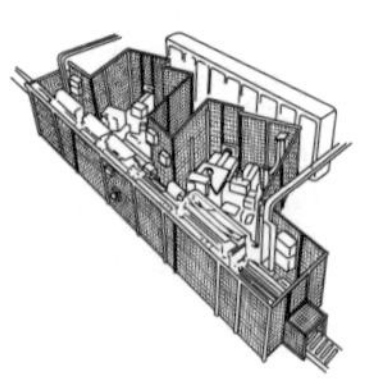

(c) 안전방책

[양수조작식 방호장치]

[손쳐내기식 방호장치]

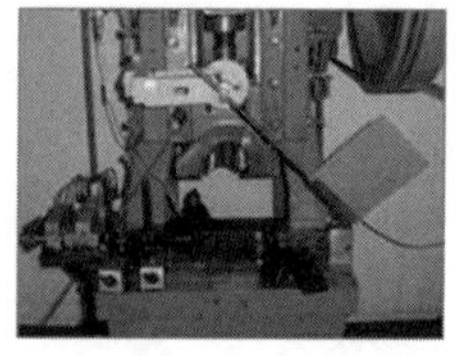

[연삭기의 포집형 방호장치]

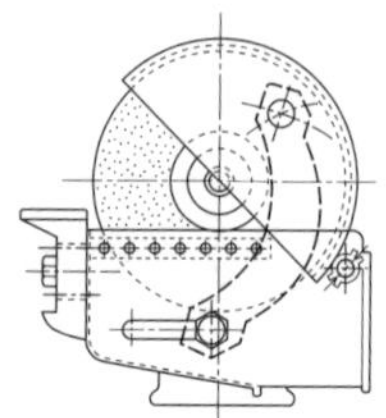

① 격리형 방호장치

구분	내용
완전차단형 방호장치	체인 또는 벨트 등의 동력전도장치에 흔히 볼 수 있는 것으로 어떠한 방향에서도 작업점까지 신체가 접근할 수 없도록 완전히 차단
덮개형 방호장치	기어나 V벨트, 평벨트가 회전하면서 접선방향으로 물려 들어가는 장소에 많이 설치하는 것으로 작업점 이외의 직접 작업자가 말려들거나 끼일 위험이 있는 곳을 완전히 덮어 씌우는 방법
안전방책(방호망)	고전압의 전기설비, 대마력의 원동기나 발전소 터빈 등의 주위에 사람의 출입을 제한할 수 있는 방법으로 이용되며, 일종의 울타리를 설치하는 것

② 위치 제한형 방호장치

작업자의 신체부위가 의도적으로 위험한계 밖에 있도록 기계의 조작장치를 기계로부터 일정거리 이상 떨어지게 설치해 놓는 장치

예 프레스에 사용하는 양수조작식 방호장치

③ 접근거부형 방호장치

작업자의 신체부위가 위험한계 내로 접근하면 기계의 동작위치에 설치해 놓은 기구가 접근하는 신체부위를 안전한 위치로 되돌리는 것

예 프레스기의 수인식, 손쳐내기식 등의 방호장치

④ 접근반응형 방호장치

작업자의 신체부위가 위험한계로 들어오게 되면 이를 감지하여 작동중인 기계를 즉시 정지시키거나 스위치가 꺼지도록 하는 기능

예 프레스기의 광전자식 방호장치

⑤ 포집형 방호장치

파편이나 비산물질 등의 위험원을 미리 포집하여 위험에 대비

예 연삭기의 포집장치

⑥ 감지형 방호장치

이상온도, 이상기압, 과부하등 기계의 부하가 안전 한계치를 초과하는 경우 이를 감지하고 자동으로 안전상태가 되도록 조정하거나 기계의 작동을 중지시키는 방호장치

예 산업용 로봇의 안전매트

(5) 방호장치의 관리

① 방호조치 없이 양도 · 대여 · 설치 또는 사용에 제공 및 진열금지 대상

기계 · 기구의 종류	방호장치명
예초기	날접촉 예방장치
원심기	회전체 접촉 예방장치
공기압축기	압력방출장치
금속절단기	날접촉 예방장치
지게차	헤드 가드, 백레스트(backrest), 전조등, 후미등, 안전벨트
포장기계(진공포장기, 랩핑기로 한정)	구동부 방호 연동장치

※ 방호조치의 방법

[관련법령]
산업안전보건법 시행규칙 제98조【방호조치】

위험 부분	방호조치
작동 부분의 돌기부분	묻힘형으로 하거나 덮개를 부착
동력전달부분 및 속도조절부분	덮개를 부착하거나 방호망을 설치
회전기계의 물림점(롤러 · 기어 등)	덮개 또는 울을 설치

② 근로자의 준수사항 및 사업주의 조치

[관련법령]
산업안전보건법 시행규칙 제99조【방호조치 해체 등에 필요한 조치】

구분	내용
방호조치를 해체하려는 경우	사업주의 허가를 받아 해체할 것
방호조치를 해체한 후 그 사유가 소멸된 경우	지체 없이 원상으로 회복시킬 것
방호조치의 기능이 상실된 것을 발견한 경우	지체 없이 사업주에게 신고할 것

(6) 안전인증 대상 및 자율안전확인 기계 · 기구

① 안전인증 대상 기계 · 기구

[관련법령]
산업안전보건법 시행령 제74조【안전인증대상 기계 · 기구 등】

기계 · 기구 및 설비	방호장치
• 프레스 • 전단기 및 절곡기 • 크레인 • 리프트 • 압력용기 • 롤러기 • 사출성형기 • 고소(高所) 작업대 • 곤돌라	• 프레스 및 전단기 방호장치 • 양중기용 과부하방지장치 • 보일러 압력방출용 안전밸브 • 압력용기 압력방출용 안전밸브 • 압력용기 압력방출용 파열판 • 절연용 방호구 및 활선작업용 기구 • 방폭구조 전기기계 · 기구 및 부품 • 추락·낙하 및 붕괴 등의 위험 방지 및 보호에 필요한 가설기자재로서 고용노동부장관이 정하여 고시하는 것 • 충돌·협착 등의 위험 방지에 필요한 산업용 로봇 방호장치로서 고용노동부 장관이 정하여 고시하는 것

[관련법령]
산업안전보건법 시행령 제77조【자율안전확인대상 기계 · 기구 등】

② 자율안전확인의 신고 대상 기계 · 기구

기계 · 기구 및 설비	방호장치
• 연삭기 또는 연마기(휴대형은 제외한다) • 산업용 로봇 • 혼합기 • 파쇄기 또는 분쇄기 • 식품가공용기계 (파쇄, 절단, 혼합, 제면기만 해당한다.) • 컨베이어 • 자동차정비용 리프트 • 공작기계(선반, 드릴기, 평삭 · 형삭기, 밀링만 해당한다) • 고정형 목재가공용기계(둥근톱, 대패, 루타기, 띠톱, 모떼기 기계만 해당한다) • 인쇄기	• 아세틸렌 용접장치용 또는 가스집합 용접장치용 안전기 • 교류 아크용접기용 자동전격방지기 • 롤러기 급정지장치 • 연삭기(硏削機) 덮개 • 목재 가공용 둥근톱 반발 예방장치와 날 접촉 예방장치 • 동력식 수동대패용 칼날 접촉 방지장치 • 추락 · 낙하 및 붕괴 등의 위험 방지 및 보호에 필요한 가설기자재로서 고용노동부장관이 정하여 고시하는 것

06 핵심문제 6. 기계의 방호

□□□ 08년1회, 11년2회, 16년3회

1. 방호장치의 설치목적이 아닌 것은?

① 가공물 등의 낙하에 의한 위험방지
② 위험부위와 신체의 접촉방지
③ 비산으로 인한 위험방지
④ 주유나 검사의 편리성

해설

방호덮개의 설치 목적
① 위험부위와 접촉, 접근을 방지하여 작업자를 보호
② 가공물, 공구 등의 낙하·비래에 의한 위험을 방지
③ 재료의 파편등으로 인한 물적, 인적손실 방지
④ 기계 작동 시 발생하는 소음, 먼지 등을 감소

□□□ 08년2회, 11년1회, 18년1회

2. 다음 중 방호장치의 기본목적과 관계가 먼 것은?

① 작업자의 보호
② 기계기능의 향상
③ 인적·물적손실의 방지
④ 기계위험 부위의 접촉방지

해설

②항, 기계기능의 향상은 방호의 목적보다는 생산의 효율성을 기본 목적으로 하는 것이다.

□□□ 08년2회, 10년3회, 15년2회, 19년3회

3. 산업안전보건기준에 관한 규칙에 따라 기계·기구 및 설비의 위험예방을 위하여 사업주는 회전축·기어·풀리 및 플라이휠 등에 부속되는 키·핀 등의 기계요소는 어떠한 형태로 설치하여야 하는가?

① 개방형 ② 돌출형
③ 묻힘형 ④ 고정형

문제 3~8 해설

원동기, 회전축 등의 위험방지

방호방법	위험 부분
① 덮개·울·슬리브·건널다리 설치	원동기·회전축·기어·풀리·플라이휠·벨트 및 체인
② 묻힘형으로 하거나 해당 부위에 덮개를 설치	회전축·기어·풀리 및 플라이휠 등에 부속되는 키·핀 등의 기계요소
③ 돌출된 고정구의 사용 금지	벨트의 이음 부분
④ 덮개의 설치	1) 원심기
	2) 분쇄기 등(분쇄기, 파쇄기, 마쇄기, 미분기, 혼합기, 혼화기)을 가동하거나 원료가 흩날릴 경우
⑤ 덮개 또는 울의 설치	1) 연삭기 또는 평삭기의 테이블, 형삭기 램 등의 행정끝
	2) 선반 등으로부터 돌출하여 회전하고 있는 가공물이 근로자에게 위험을 미칠 우려가 있는 경우
	3) 분쇄기등의 개구부로부터 가동 부분에 접촉할 우려가 있는 경우
	4) 종이·천·비닐 및 와이어 로프 등의 감김통 등에 의하여 위험해질 우려가 있는 부위
	5) 압력용기 및 공기압축기 등에 부속하는 원동기·축이음·벨트·풀리의 회전 부위

[참고] 산업안전보건기준에 관한 규칙 제87조【원동기·회전축 등의 위험방지】

□□□ 09년3회

4. 기계의 원동기·회전축 등의 위험부위에 위험방지를 위한 조치로서 거리가 먼 것은?

① 원동기·회전축·기어·풀리·벨트 및 체인 등 근로자에게 위험을 미칠 우려가 있는 부위에는 덮개·울·슬리브 등을 설치하여야 한다.
② 회전축·기어·풀리 및 플라이 휠 등에 부속하는 키·핀 등의 기계요소는 돌출형으로 하거나 해당부위에 덮개를 설치하여야 한다.
③ 벨트이음 부분에는 돌출된 고정구를 사용하여서는 아니된다.
④ 원동기·회전축·기어 및 플라이휠·벨트부 등 위험이 미칠 우려가 있는 부분에는 건널다리를 설치하되, 건널다리에는 안전난간 및 미끄러지지 아니하는 구조의 발판을 설치하여야 한다.

정답 1 ④ 2 ② 3 ③ 4 ②

□□□ 13년1회, 17년1회

5. 원동기, 풀리, 기어 등 근로자에게 위험을 미칠 우려가 있는 부위에 설치하는 위험방지 장치가 아닌 것은?

① 덮개　② 슬리브
③ 건널다리　④ 램

□□□ 13년2회

6. 다음 중 산업안전보건법령에 따른 원동기 · 회전축 등의 위험방지에 관한 사항으로 틀린 것을 고르시오.

① 사업주는 근로자가 분쇄기 등의 개구부로부터 가동부분에 접촉함으로써 위해(危害)를 입을 우려가 있는 경우 덮개 또는 울 등을 설치하여야 한다.
② 사업주는 선반 등으로부터 돌출하여 회전하고 있는 가공물이 근로자에게 위험을 미칠 우려가 있는 경우에 덮개 또는 울 등을 설치하여야 한다.
③ 사업주는 종이 · 천 · 비닐 및 와이어로프 등의 감김통 등에 의하여 근로자가 위험해질 우려가 있는 부위에 마개 또는 비상구 등을 설치하여야 한다.
④ 사업주는 기계의 원동기 · 회전축 · 기어 · 풀리 · 플라이휠 · 벨트 및 체인 등 근로자가 위험에 처할 우려가 있는 부위에 덮개 · 울 · 슬리브 및 건널다리 등을 설치하여야 한다.

□□□ 08년1회, 13년3회

7. 산업안전기준에 관한 규칙에 따라 연삭기 또는 평삭기의 테이블, 형삭기램 등의 행정끝이 근로자에게 위험을 미칠 우려가 있을 때 위험 방지를 위해 해당부위에 설치하여야 하는 것은?

① 덮개 또는 울　② 방망
③ 방호판　④ 급정지 장치

□□□ 14년1회

8. 산업안전보건법에 따라 선반 등으로부터 돌출하여 회전하고 있는 가공물을 작업할 때 설치하여야 할 방호조치로 가장 적합한 것은?

① 안전난간　② 울 또는 덮개
③ 방진장치　④ 건널다리

□□□ 10년2회, 18년3회

9. 방호장치를 분류할 때는 크게 위험장소에 대한 방호장치와 위험원에 대한 방호장치로 구분할 수 있는데, 다음 중 위험장소에 대한 방호장치에 해당되지 않는 것은?

① 격리형 방호장치　② 포집형 방호장치
③ 접근거부형 방호장치　④ 위치제한형 방호장치

해설

방호장치의 분류

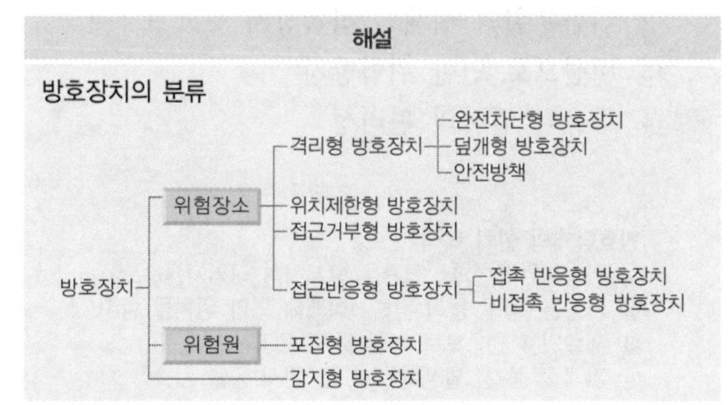

□□□ 11년2회, 18년2회

10. 작업자의 신체부위가 위험한계내로 접근하였을 때 기계적인 작용에 의하여 접근을 못하도록 하는 방호장치는?

① 위치제한형 방호장치　② 접근거부형 방호장치
③ 접근반응형 방호장치　④ 감지형 방호장치

해설

접근거부형 방호장치
작업자의 신체부위가 위험한계 내로 접근하면 기계의 동작위치에 설치해 놓은 기구가 접근하는 신체부위를 안전한 위치로 되돌리는 것으로 수인식, 손쳐내기식 등의 안전장치가 있다.

□□□ 13년3회

11. 조작자의 신체부위가 위험한계 밖에 위치하도록 기계의 조작 장치를 위험구역에서 일정 거리 이상 떨어지게 하는 방호장치를 무엇이라 하는가?

① 차단형 방호장치　② 덮개형 방호장치
③ 위치제한형 방호장치　④ 접근반응형 방호장치

해설

위치제한형 방호장치
작업자의 신체부위가 위험한계 밖에 있도록 기계의 조작장치를 위험한 작업점에서 안전거리이상 떨어지게 하거나 조작장치를 양손으로 동시 조작하게 함으로써 위험한계에 접근하는 것을 제한하는 것(양수조작식 방호장치등)

정답 5 ④ 6 ③ 7 ① 8 ② 9 ② 10 ② 11 ③

□□□ 11년3회, 16년2회

12. 이상온도, 이상기압, 과부하 등 기계의 부하가 안전한계치를 초과하는 경우에 이를 감지하고 자동으로 안전상태가 되도록 조정하거나 기계의 작동을 중지시키는 방호장치는?

① 감지형 방호장치 ② 접근거부형 방호장치
③ 위치제한형 방호장치 ④ 접근반응형 방호장치

해설

감지형 방호장치
이상온도, 이상기압, 과부하등 기계의 부하가 안전한계치를 초과하는 경우에 이를 감지하고 자동으로 안전상태가 되도록 조정하거나 기계의 작동을 중지시키는 것

□□□ 16년3회

13. 산업안전보건법상 유해 · 위험 방지를 위한 방호조치를 하지 아니하고는 양도, 대여, 설치 또는 사용에 제공하거나, 양도 · 대여를 목적으로 진열해서는 아니 되는 기계 · 기구가 아닌 것은?

① 예초기 ② 진공포장기
③ 원심기 ④ 롤러기

해설

방호조치 없이 양도 · 대여 · 설치 또는 사용에 제공 및 진열금지 대상

기계 · 기구의 종류	방호장치명
예초기	날접촉 예방장치
원심기	회전체 접촉 예방장치
공기압축기	압력방출장치
금속절단기	날접촉 예방장치
지게차	헤드 가드, 백레스트(backrest), 전조등, 후미등, 안전벨트
포장기계(진공포장기, 랩핑기로 한정)	구동부 방호 연동장치

□□□ 14년1회

14. 다음 중 산업안전보건법령상 안전인증대상 방호장치에 해당하지 않는 것은?

① 산업용 로봇 안전매트
② 압력용기 압력방출용 파열판
③ 압력용기 압력방출용 안전밸브
④ 방폭구조(防爆構造) 전기기계 · 기구 및 부품

해설

산업용 로봇 안전매트는 자율안전인증대상 기계 · 기구이다.

안전인증 대상 방호장치	자율안전확인 방호장치
① 프레스 및 전단기 방호장치 ② 양중기용 과부하방지장치 ③ 보일러 압력방출용 안전밸브 ④ <u>압력용기 압력방출용 안전밸브</u> ⑤ <u>압력용기 압력방출용 파열판</u> ⑥ 절연용 방호구 및 활선작업용 기구 ⑦ <u>방폭구조 전기기계 · 기구 및 부품</u>	① 아세틸렌 용접장치용 또는 가스집합 용접장치용 안전기 ② 교류 아크용접기용 자동전격방지기 ③ 롤러기 급정지장치 ④ 연삭기(研削機) 덮개 ⑤ 목재 가공용 둥근톱 반발 예방장치와 날 접촉 예방장치 ⑥ 동력식 수동대패용 칼날 접촉 방지장치 ⑦ 추락 · 낙하 및 붕괴 등의 위험 방지 및 보호에 필요한 가설기자재로서 고용노동부장관이 정하여 고시하는 것

정답 12 ① 13 ④ 14 ①

Chapter

02 공작기계의 안전

공작기계의 안전은 선반, 밀링, 드릴, 연삭기, 둥근톱기계의 구성과 방호장치 소성가공의 특징 등으로 구성된다. 여기서는 선반, 연삭기의 방호장치 등이 주로 출제된다.

01 선반작업의 안전

[선반의 가공]

(1) 선반의 주요 구성

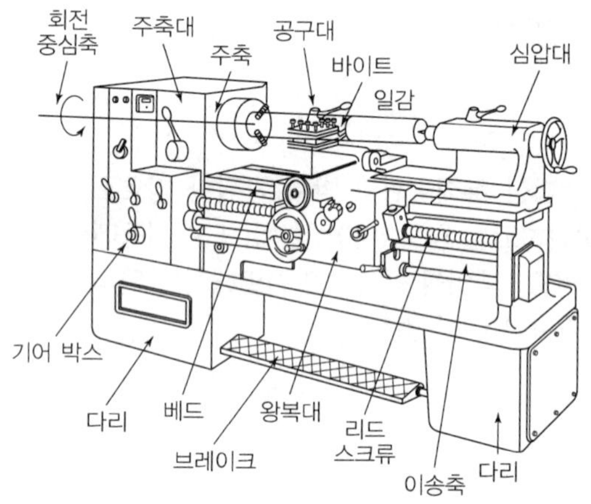

① 선반의 4대 구성요소

구분	내용
주축대 (head stock)	모터로부터 동력을 V형 풀리에 전달하여 적당한 기어변속을 통하여 절삭에 필요한 절삭속도를 얻는다.
심압대(tail stock or food stock)	센터로 일감을 지지시키거나, 드릴 또는 리이머 등을 고정하여 작업하는 역할을 하며 주축대와 함께 베드 위에 고정되어 있다.
왕복대(carriage)	새들(saddle)과 에이프런(apron)이 있고, 새들 위에는 가로이송대가 있으며 그 위에 복식공구대가 있다.
베드(bed)	주축대, 심압대, 왕복대, 기타 부속장치를 지지시키고, 절삭할 때는 절삭저항에 견딜 수 있도록 충분한 강성(siffness)을 가져야한다. 재질은 일반적으로 고급 주철을 사용하며, 미끄럼면은 열처리를 하여야 한다. 그리고 시즈닝(seasoning)을 꼭 하여야 한다.

[새들(saddle)]
베드 위를 왕복하고 바이트에 세로 이송을 주는 부분

[에이프런(apron)]
자동이송장치로 왕복대의 전면에 위치한다.

[시즈닝(seasoning)]
서서히 냉각시켜 주조응력을 제거하는 방법

② 선반의 주요 부품

구분	내용
① 바이트(bite)	공작물의 가공시 사용되는 칼날
② 센터(center)	주축이나 심압대에 끼워서 일감을 고정
③ 척(chuck)	비교적 짧은 일감이나 혹은 센터 작업을 할 수 없는 일감을 주축의 끝에 설치하고 공작물을 고정
④ 면판(face plate)	척으로 고정할 수 없는 대형공작물이나 복잡한 형상의 공작물을 볼트나 클램프, 또는 앵글 플레이트 등을 사용하여 고정하여 가공함
⑤ 방진구(work rest)	일감의 길이가 직경의 12배 이상으로 상당히 길 때 방진구를 사용하여 절삭저항에 의한 일감의 진동을 방지한다. 방진구(work rest)
⑥ 심봉(mandrel)	구멍뚫린 일감을 고정할 때는 일감을 심봉에 끼우고 여기에 센터로 지지시켜 가공한다.

[센터(center)]

[선반용 척(chuck)]

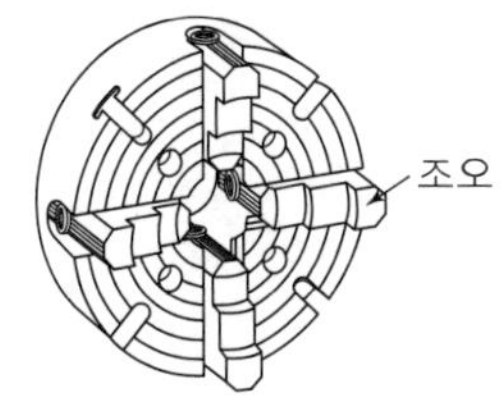

[면판(face plate)]

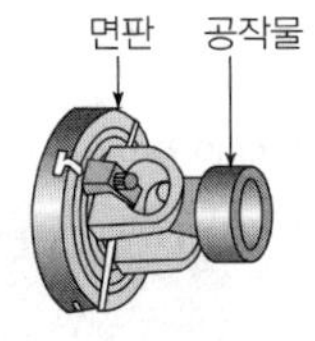

[선반 심봉(mandrel)]

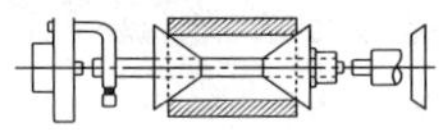

(a) 원추형 심봉(conical mandrel)

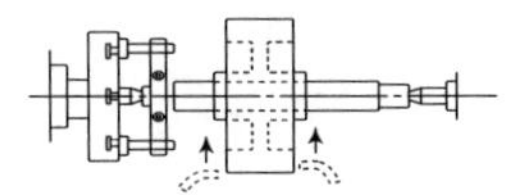

(b) 맨드릴 심봉

③ 선반 크기의 결정요소

㉠ 최대 가공물의 크기

㉡ 양센터 사이의 거리

㉢ 본체 스윙의 크기(가공할 수 있는 공작물의 최대지름)

④ 선반의 기본 작업

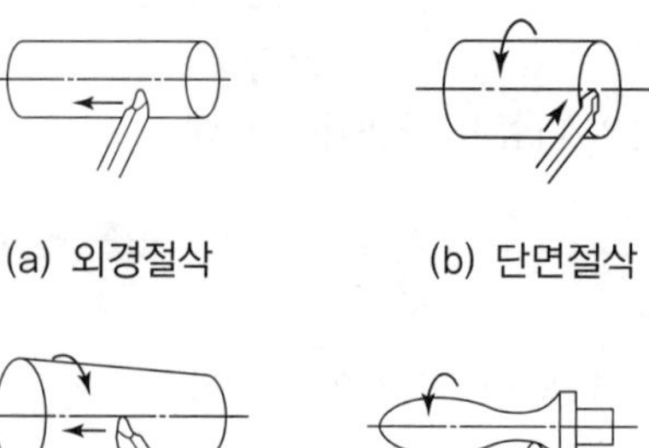

(a) 외경절삭 (b) 단면절삭 (c) 절단작업

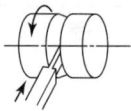

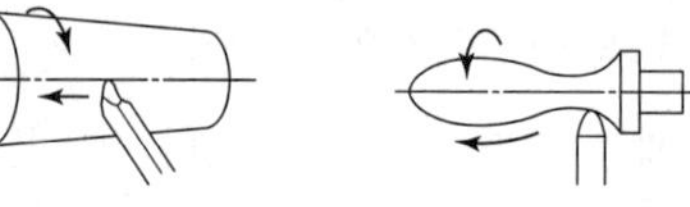
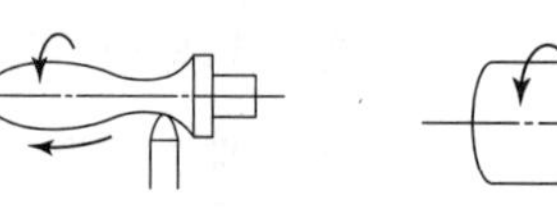
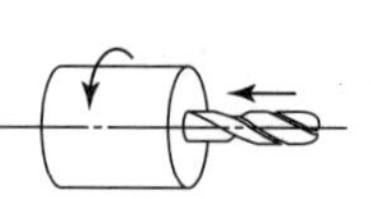

(d) 테이퍼절삭 (e) 곡면절삭 (f) 구멍뚫기

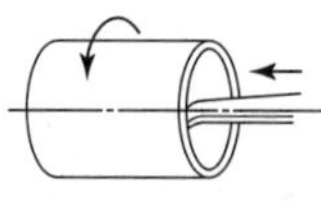
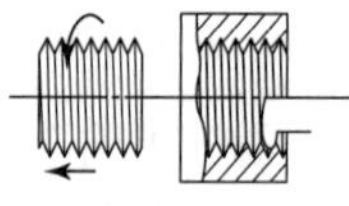
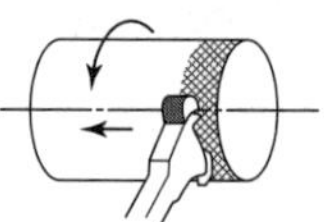

(g) 구멍절삭 (h) 나사절삭 (i) 롤릿작업

(2) 선반의 방호장치

[칩 브레이커(chip breaker)]

구분	내용
칩브레이커 (chip breaker)	(1) 선반 작업시 바이트에 연결되어 발생하는 칩을 짧게 끊어내는 장치 (2) 칩의 신체의 접촉을 방지하며 칩을 처리하기 쉽다. (3) 칩 브레이커의 종류 • 연삭형 • 클램프형 • 자동조정식
덮개(guard), 쉴드(shield)	가공재료의 칩이나 절삭유 등의 비산으로부터 작업자의 보호를 위하여 설치
브레이크(brake)	가공 작업중 선반을 급정지 시킬 수 있는 장치

(3) 선반 작업시 안전수칙

① 공구나 일감은 확실하게 고정할 것
② 선반의 바이트는 끝을 짧게 설치할 것
③ 일감의 길이가 직경의 12~20배일 때는 방진구를 사용할 것
④ 절삭중인 일감에는 손을 대지 말 것(면장갑 착용의 금지)
⑤ 작업 중 절삭칩이 눈에 들어가지 않도록 반드시 보안경을 착용할 것
⑥ 절삭칩의 제거는 반드시 브러시를 사용할 것
⑦ 리이드스크류에는 몸의 하부가 걸리기 쉬우므로 조심할 것
⑧ 기계운전 중 백기어(back gear)의 사용을 금할 것
⑨ 윤활유를 바이트 끝으로 잘 흘려 바이트로의 열전도를 작게 한다.
⑩ 센터작업을 할 때에는 심압 센터에 자주 절삭유를 주어 열발생을 막는다.
⑪ 기계에 주유 및 청소를 할 때에는 반드시 기계를 정지시키고 할 것

01 핵심문제 1. 선반작업의 안전

□□□ 09년1회

1. 선반의 방호장치(안전장치)로 볼 수 없는 것은?

① 칩 브레이커　② 마그네틱 척
③ 급정지 브레이크　④ 쉴드(덮개)

해설

척(chuck)
비교적 짧은 일감이나 혹은 센터 작업을 할 수 없는 일감을 주축의 끝에 설치하고 공작물을 고정하는 부품

□□□ 10년2회, 14년2회, 17년2회

2. 선반의 방호장치 중 적당하지 않은 것은?

① 슬라이딩(sliding)
② 실드(shield)
③ 척커버(chuck cover)
④ 칩 브레이커(chip breaker)

해설

슬라이딩(sliding)은 목재가공용 톱 기계의 한 종류이다.

□□□ 09년3회

3. 선반 작업 시 사용하는 방호장치에 해당하는 것은?

① 풀 아웃(pull out)
② 게이트 가드(gate guard)
③ 스윕 가드(sweep guard)
④ 쉴드(shield)

해설

덮개(쉴드 ; shield)
가공재료의 칩이나 절삭유 등이 비산되어 나오는 위험으로부터 작업자의 보호를 위하여 설치

□□□ 11년2회, 13년1회, 15년2회, 18년1회, 20년1·2회

4. 다음 중 선반에서 절삭가공 시 발생하는 칩을 짧게 끊어지도록 공구에 설치되어 있는 방호장치의 일종인 칩 제거기구를 무엇이라 하는가?

① 칩 브레이커　② 칩 받침
③ 칩 쉴드　④ 칩 커터

문제 4, 5해설

칩 브레이커(chip breaker)
① 선반 작업시 바이트에 연결되어 발생하는 칩을 짧게 끊어내는 장치
② 칩의 신체의 접촉을 방지하며 칩을 처리하기 쉽다.

□□□ 18년3회

5. 다음 중 선반에서 사용하는 바이트와 관련된 방호장치는?

① 심압대　② 터릿
③ 칩 브레이커　④ 주축대

□□□ 10년1회, 13년2회

6. 선반용 칩브레이커(chip breaker)의 종류에 속하지 않는 것은?

① 클램프형　② 연삭형
③ 자동조정식　④ 쐐기형

해설

칩 브레이커의 종류
① 연삭형, ② 클램프형, ③ 자동조정식

□□□ 11년3회

7. 공작기계인 선반에서 길이가 지름의 12배 이상인 긴 공작물의 절삭 시 사용되는 장치로 적합한 것은?

① 칩 브레이커　② 척 커버
③ 방진구　④ 실드

문제 7, 8, 9 해설

일감의 길이가 직경의 12배 이상으로 상당히 길 때 방진구를 사용하여 절삭저항에 의한 일감의 진동을 방지한다.

□□□ 15년1회

8. 선반작업 시 사용되는 방진구는 일반적으로 공작물의 길이가 직경의 몇 배 이상일 때 사용하는가?

① 4배 이상　② 6배 이상
③ 8배 이상　④ 12배 이상

정답 1 ② 2 ① 3 ④ 4 ① 5 ③ 6 ④ 7 ③ 8 ④

□□□ 15년2회, 15년3회

9. 다음 중 선반 작업에 대한 안전수칙으로 틀린 것은?

① 작업 중 장갑, 반지 등을 착용하지 않도록 한다.
② 보링 작업 중에는 칩(chip)을 제거하지 않는다.
③ 가공물이 길 때에는 심압대로 지지하고 가공한다.
④ 일감의 길이가 직경의 5배 이내의 짧은 경우에는 방진구를 사용한다.

□□□ 16년2회

10. 다음 중 선반작업에서 안전한 방법이 아닌 것은?

① 보안경 착용
② 칩 제거는 브러쉬를 사용
③ 작동 중 수시로 주유
④ 운전 중 백기어 사용금지

해설

기계에 주유 및 청소를 할 때에는 반드시 기계를 정지시키고 할 것

□□□ 17년3회

11. 범용 수동 선반의 방호조치에 관한 설명으로 옳지 않은 것은?

① 척 가드의 폭은 공작물의 가공작업에 방해가 되지 않는 범위 내에서 척 전체 길이를 방호할 수 있을 것
② 척 가드의 개방 시 스핀들의 작동이 정지되도록 연동회로를 구성할 것
③ 전면 칩 가드의 폭은 새들폭 이하로 설치할 것
④ 전면 칩 가드는 심압대가 베드 끝단부에 위치하고 있고 공작물 고정 장치에서 심압대까지 가드를 연장시킬 수 없는 경우에는 부착위치를 조절할 수 있을 것

해설

가드의 폭은 공작영역 이상으로 설치하여야 한다.

□□□ 19년2회

12. 다음 중 선반 작업 시 지켜야 할 안전수칙으로 거리가 먼 것은?

① 작업 중 절삭칩이 눈에 들어가지 않도록 보안경을 착용한다.
② 공작물 세팅에 필요한 공구는 세팅이 끝난 후 바로 제거한다.
③ 상의의 옷자락은 안으로 넣고, 끈을 이용하여 소맷자락을 묶어 작업을 준비한다.
④ 공작물은 전원스위치를 끄고 바이트를 충분히 멀리 위치시킨 후 고정한다.

해설

③항, 끈으로 소매를 묶을 경우 끈이 선반에 말려들어갈 위험이 있다.

□□□ 14년3회

13. 선반으로 작업을 하고자 지름 30mm의 일감을 고정하고, 500rpm으로 회전시켰을 때 일감 표면의 원주 속도는 약 몇 m/s인가?

① 0.628　　② 0.785
③ 23.56　　④ 47.12

해설

$V=\pi DN(\text{mm/min})=\frac{\pi DN}{1000}(\text{m/min})$

여기서, V : 회전속도(mm/min, m/min)
D : 숫돌지름(mm)
N : 회전수(rpm)

$V=\frac{\pi DN}{1000}=\frac{\pi\times 30(\text{mm})\times 500(\text{rpm})}{1000}=47.1\ \text{m/min}$이므로

$47.1\div 60=0.785\ \text{m/s}$

정답 9 ④ 10 ③ 11 ③ 12 ③ 13 ②

02 밀링작업의 안전

(1) 밀링 머신의 특징

① 밀링 커터(milling cutter)라고 하는 다인(多刃)으로 구성된 회전 절삭기계
② 보통 밀링 머신은 커터를 회전시키면서 테이블의 이송으로 절삭가공
③ 주로 평면공작물을 가공하지만 나사 가공등의 복잡한 가공도 가능

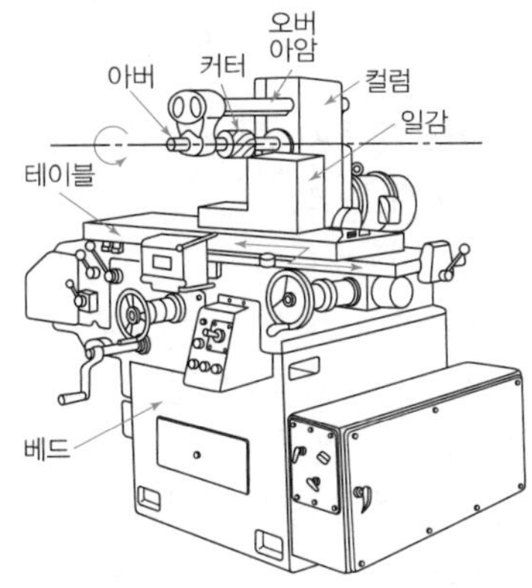

[수평형 주축]

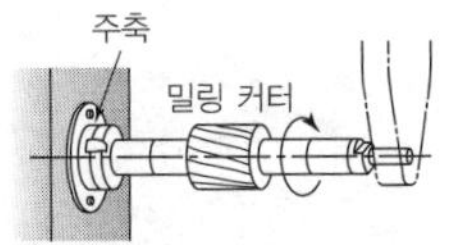

[수직형 주축]

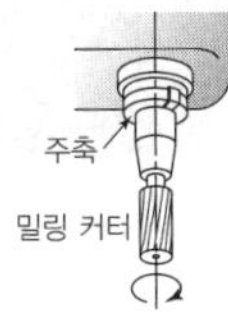

[밀링의 가공]

(2) 밀링 머신의 가공방법

① 상향 절삭

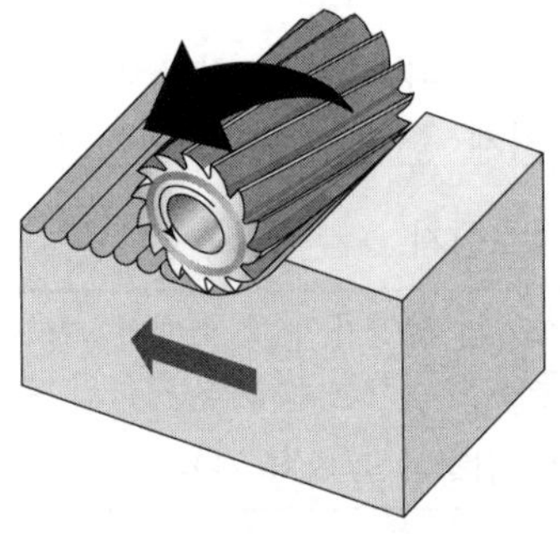

㉠ 커터의 날이 움직이는 방향과 테이블의 이송 방향이 반대이다.
(공작물이 커터에 의해 끌려올라오므로 확실히 고정해야 한다.)
㉡ 공구 마멸 및 마찰열 발생
㉢ 기계에 무리를 주고 동력의 소모가 크다.(점점 칩이 두꺼워짐)
㉣ 절삭을 시작할 때 날이 부러지기 쉽다.(커터의 수명이 짧다.)
㉤ 가공된 면 위에 칩이 쌓여 절삭을 방해하지 않는다.
㉥ 가공면이 거칠다.
㉦ 백래시(backlash)는 자연스럽게 제거된다.

[백래시(backlash)]
기계에 쓰이는 나사, 톱니바퀴 등의 서로 맞물려 운동하는 기계장치 등에서 운동방향으로 일부러 만들어진 틈이다.
이 틈에 의해 나사와 톱니바퀴가 자유롭게 움직여 마모에 의해 늘어나기 때문에 진동이나 소음을 발생시키고 기계의 수명을 저하시키는 원인이 된다.

[밀링커터]

② 하향 절삭

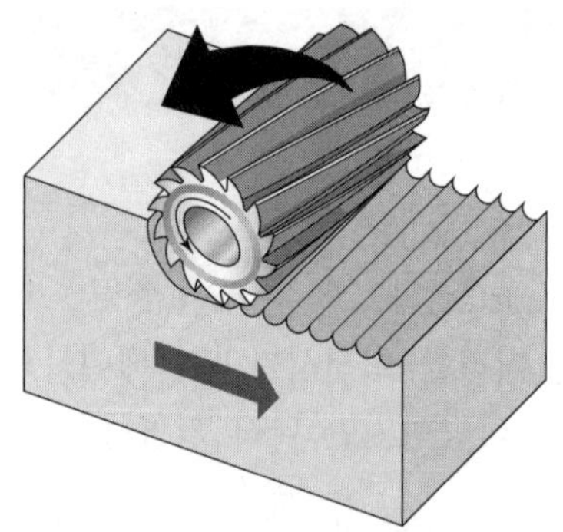

㉠ 커터의 날이 움직이는 방향과 테이블의 이송 방향이 같다.
㉡ 일감의 고정이 간편하다.
㉢ 일감의 가공면이 깨끗하다.
㉣ 이송기구의 백래시(backlash)장치가 필요
㉤ 밀링커터의 날이 마찰작용을 하지 않으므로 수명이 길다.
㉥ 칩이 잘 빠지지 않아 가공면에 흠집이 생기기 쉽다.
㉦ 칩이 점점 얇아지므로 동력소모가 적다.
㉧ 커터가 공작물을 누르므로 공작물 고정에 신경 쓸 필요가 없다.

(3) 밀링 머신의 방호장치

① 밀링 작업 시 주요 사고원인
㉠ 밀링 작업시 기계취급의 미숙
㉡ 밀링커터 및 일감고정의 잘못에 의한 사고
※ 밀링머신은 공작기계 중 칩이 가장 가늘고 예리하다.

② 밀링 머신의 주요 방호장치

덮개	밀링커터 작업시 작업자의 옷 소매가 커터에 감겨 들어가거나, 칩이 작업자의 눈에 들어가는 것을 방지하기 위하여 상부의 아암에 설치
브러시	칩의 제거를 위하여 브러시 사용

(4) 작업안전수칙

① 링 커터에 작업복의 소매나 작업모가 말려 들어가지 않도록 할 것
② 칩은 기계를 정지시킨 다음에 브러시로 제거할 것
③ 일감, 커터 및 부속장치 등을 제거할 때 시동레버를 건드리지 않을 것
④ 상하 이송장치의 핸들은 사용 후, 반드시 빼 둘 것
⑤ 커터를 교환할 때는 반드시 테이블 위에 목재를 받쳐 놓을 것
⑥ 커터는 될 수 있는 한 컬럼에 가깝게 설치할 것
⑦ 테이블이나 아암 위에 공구나 커터 등을 올려놓지 말 것
⑧ 강력절삭을 할 때는 일감을 바이스에 깊게 물릴 것
⑨ 면장갑을 끼지 말 것

02 핵심문제 2. 밀링작업의 안전

□□□ 08년3회, 17년3회

1. 다음 보기의 설명에 해당하는 기계는?

> • chip이 가늘고 예리하여 손을 잘 다치게 한다.
> • 주로 평면공작물을 절삭 가공하나, 더브테일 가공이나 나사 가공 등의 복잡한 가공도 가능하다.
> • 장갑은 착용을 금하고, 보안경을 착용해야 한다.

① 선반 ② 밀링
③ 플레이너 ④ 연삭기

해설

밀링 머신의 특징
① 밀링 커터(milling cutter)라고 하는 다인(多刃)으로 구성된 회전 절삭기계
② 보통 밀링 머신은 커터를 회전시키면서 테이블의 이송으로 절삭 가공
③ 주로 평면공작물을 가공하지만 나사 가공등의 복잡한 가공도 가능
④ 공작기계 중 칩이 가장 가늘고 예리하다

□□□ 14년2회

2. 다음 중 밀링작업에 있어서의 안전조치 사항으로 틀린 것은?

① 절삭유의 주유는 가공 부분에서 분리된 커터의 위에서 하도록 한다.
② 급속이송은 백래시 제거장치가 동작하지 않고 있음을 확인한 다음 행한다.
③ 밀링 커터의 칩은 작고 날카로우므로 반드시 칩 브레이커로 한다.
④ 상하좌우의 이송장치의 핸들은 사용 후 풀어 놓는다.

해설

③항, 칩브레이커(chip breaker)란 선반 작업 시 발생하는 칩을 짧게 끊어내는 장치이다.

□□□ 13년3회

3. 다음 중 밀링작업에 대한 안전조치 사항으로 틀린 것은?

① 커터는 될 수 있는 한 컬럼에 가깝게 설치한다.
② 급속이송은 한 방향으로만 한다.
③ 백래시(back lash) 제거장치는 급속이송 시 작동한다.
④ 이송장치의 핸들은 사용 후 반드시 빼 두어야 한다.

해설

① 백래시 제거장치는 하향절삭 밀링작업시 항상 작동되는 장치이다.
② 백래시(backlash) : 나사, 톱니바퀴 등의 서로 맞물리는 기계장치 등에서 만들어진 틈으로, 이 틈에 의해 나사와 톱니바퀴가 자유롭게 움직여 마모에 의해 늘어나기 때문에 진동이나 소음을 발생시키고 기계의 수명을 저하시키는 원인이 된다.

□□□ 14년3회

4. 다음 중 밀링작업 시 하향절삭의 장점에 해당되지 않는 것은?

① 일감의 고정이 간편하다.
② 일감의 가공면이 깨끗하다.
③ 이송기구의 백래시(backlash)가 자연히 제거된다.
④ 밀링커터의 날이 마찰작용을 하지 않으므로 수명이 길다.

해설

하향절삭 작업 시에는 백래시 방치가 필요하다.

□□□ 18년2회

5. 밀링작업에서 주의해야 할 사항으로 옳지 않은 것은?

① 보안경을 쓴다.
② 일감 절삭 중 치수를 측정한다.
③ 커터에 옷이 감기지 않게 한다.
④ 커터는 될 수 있는 한 컬럼에 가깝게 설치한다.

해설

일감의 측정 시는 기계를 정지시킨다음 측정할 것.

정답 1 ② 2 ③ 3 ③ 4 ③ 5 ②

03 플레이너와 세이퍼의 안전

[플레이너 사진]

(1) 플레이너(planer)

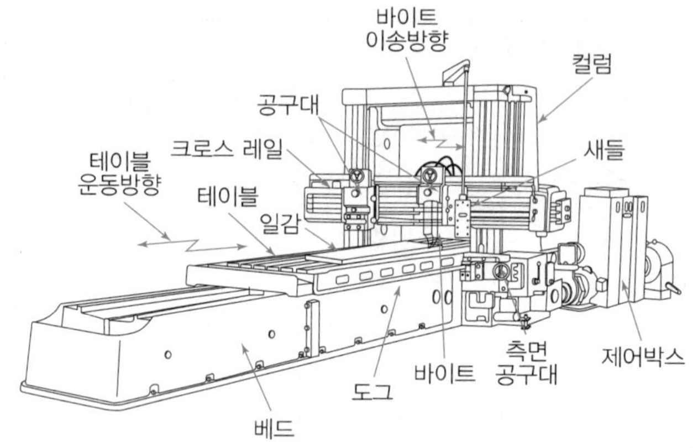

① 플레이너의 특징

㉠ 공작물을 테이블에 설치하여 왕복운동하고 바이트를 이송시켜 공작물의 수직면, 수평면, 경사면, 홈곡면 등을 절삭하는 공작기계

㉡ 세이퍼에서 가공할 수 없는 대형 공작물을 가공한다.

② 플레이너의 크기

구분	내용
크기의 결정	테이블의 행정과 절삭할 수 있는 최대폭 및 최대높이
평삭기	왕복 행정 길이가 1m 이상
형삭기	왕복 행정 길이가 1m 이하

③ 플레이너의 안전작업수칙

㉠ 반드시 스위치를 끄고 일감의 고정작업을 할 것

㉡ 플레임 내의 피트(pit)에는 뚜껑을 설치할 것

㉢ 압판은 수평이 되도록 고정시킬 것

㉣ 압판은 죄는 힘에 의해 휘어지지 않도록 두꺼운 것을 사용할 것

㉤ 일감의 고정작업은 균일한 힘은 유지할 것

㉥ 바이트는 되도록 짧게 설치할 것

㉦ 테이블 위에는 기계작동 중 절대로 올라가지 않을 것

④ 주요방호장치 : 가드, 방책, 칩받이, 칸막이

(2) 세이퍼(shaper)

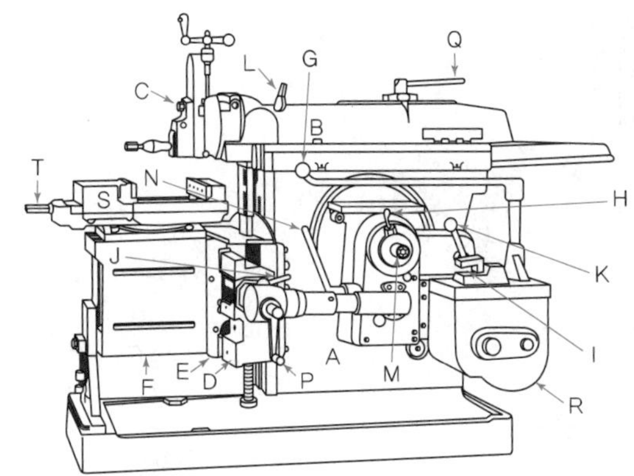

A : 직주(直株 : pillar or column)	I : 변환 기어 레버(change gear lever)
B : 램(ram)	J : 이송방향 조절 레버
C : 셰이퍼 공구대(shaper head)	K : 백기어 레버(back gear lever)
D : 횡주(横柱 : cross rrail)	L : 램(ram) 위치 지정축(positioning shaft)
E : 새들(saddle)	M : 스트로크 조정장치
F : 테이블(table)	Q : 램 고정용 레버
G : 기동(起動) 레버(starting lever)	R : 기어상자(gear box)
H : 이송용(移送用) 레버(feed lever)	S : 바이스(vise)

세이퍼(shaper) 각부 명칭

[세이퍼 사진]

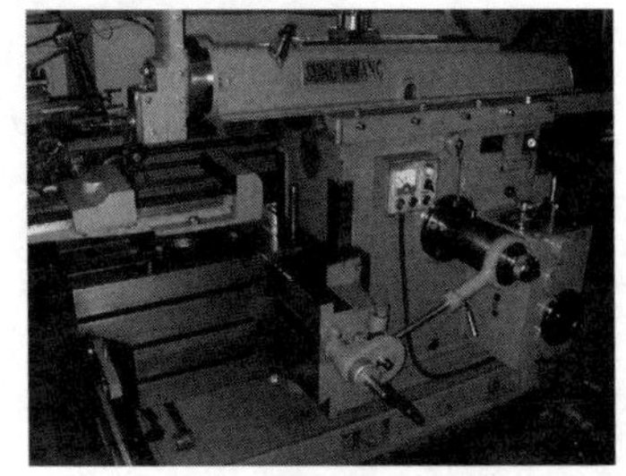

① 세이퍼(shaper)의 특징

㉠ 절삭시 바이트에 직선왕복운동을 주고 테이블에 가로 방향의 이송을 주어 일감을 깎아내는 이송기계

㉡ 소형일감 작업시 사용된다.

② 세이퍼 안전작업수칙

㉠ 램은 일감에 알맞는 행정으로 조정할 것

㉡ 시동하기 전에 행정조정용 핸들을 빼 놓을 것

㉢ 시동 전에 기계의 점검 및 주유를 할 것

㉣ 일감은 견고하게 물릴 것

㉤ 바이트는 잘 갈아서 사용할 것이며, 가급적 짧게 물릴 것

㉥ 반드시 재질에 따라 절삭속도를 정할 것

㉦ 칩이 튀어 나오지 않도록 칩받이를 만들어 달거나 칸막이를 할 것

㉧ 작업중에는 바이트의 운동 방향에 서지 말 것

㉨ 행정의 길이 및 공작물, 바이트의 재질에 따라 절삭속도를 정할 것

③ 주요방호장치

가드, 방책, 칩받이, 칸막이

(3) 슬로터(slotter) 작업

[슬로터 작업]

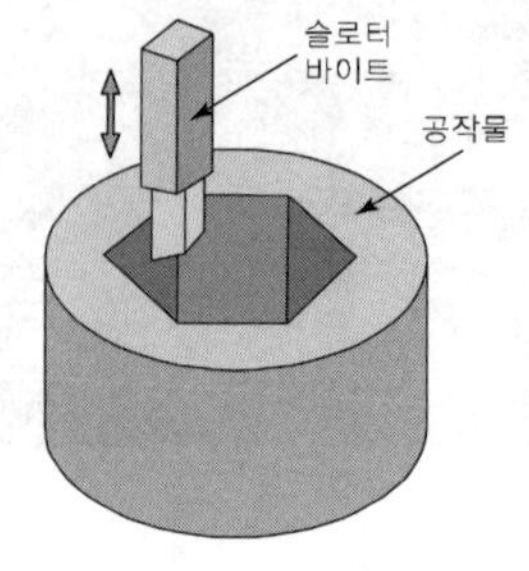

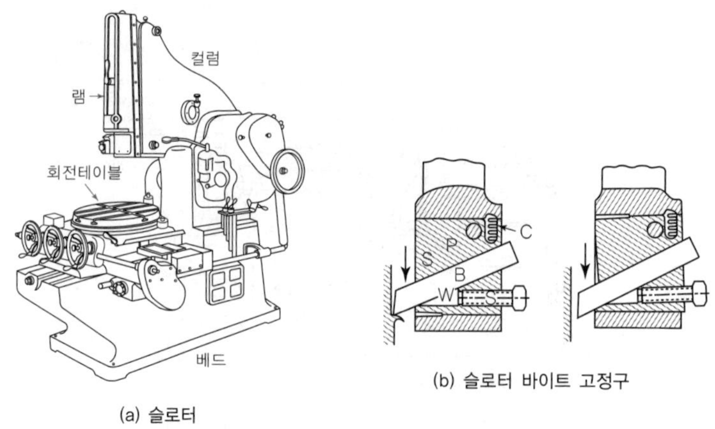

(a) 슬로터

(b) 슬로터 바이트 고정구

슬로터(slotter) 및 슬로터 바이트 고정구

[램(Ram)]

스핀들을 내장하거나 또는 공구대를 가지고 안내면을 따라 이동하는 이송대.

① 슬로터의 특징
- ㉠ 상하방향으로 직선왕복운동을 하는 램에 공구를 고정하고 일감의 수직면을 절삭하는 기계
- ㉡ 램의 운동은 크랭크와 회전홈이 붙은 링크장치에 의한 급속귀환기구가 많이 사용된다.

② 슬로터 크기의 결정
- ㉠ 램의 행정
- ㉡ 테이블의 크기
- ㉢ 테이블의 이동거리(좌우×전후) 및 회전테이블의 직경

③ 슬로터 안전 작업 수칙
- ㉠ 일감을 견고하게 고정할 것
- ㉡ 근로자의 탑승을 금지 시킬 것
- ㉢ 바이트는 가급적 짧게 물릴 것
- ㉣ 작업중 바이트의 운동방향에 서지 말 것

④ 주요방호장치

가드, 방책, 칩받이, 칸막이

03 핵심문제 3. 플레이너와 세이퍼의 안전

□□□ 09년2회, 13년3회, 16년3회

1. 플레이너 작업 시의 안전대책으로 거리가 먼 것은?

① 베드 위에 다른 물건을 올려놓지 않는다.
② 바이트는 되도록 짧게 나오도록 설치한다.
③ 프레임 내의 피트(pit)에는 뚜껑을 설치한다.
④ 칩브레이커를 사용하여 칩이 길게 되도록 한다.

해설

④항, 칩 브레이커는 선반의 주요 방호장치로 칩을 짧게 끊어내는 역할을 한다.

□□□ 15년3회

2. 다음 중 플레이너(planer)작업 시 안전수칙으로 틀린 것은?

① 바이트(bite)는 되도록 길게 나오도록 설치한다.
② 테이블 위에는 기계작동 중에 절대로 올라가지 않는다.
③ 플레이너의 프레임 중앙부에 있는 피트(pit)에 덮개를 씌운다.
④ 테이블의 이동범위를 나타내는 안전방호울을 세워 놓아 재해를 예방한다.

해설

①항, 바이트는 되도록 짧게 설치할 것

□□□ 14년3회

3. 다음 중 세이퍼와 플레이너(planer)의 방호장치가 아닌 것은?

① 방책　② 칩받이
③ 칸막이　④ 칩 브레이커

문제 3, 4, 5 해설

플레이너, 세이퍼, 슬로터의 주요방호장치 : 가드, 방책, 칩받이, 칸막이

□□□ 08년2회, 13년2회

4. 세이퍼(shaper)의 안전장치로 볼 수 없는 것은?

① 방책　② 칩받이
③ 칸막이　④ 잠금장치

□□□ 12년1회, 18년1회

5. 다음 중 세이퍼작업에서 근로자의 보호를 위한 방호장치가 아닌 것은?

① 방책　② 칩받이
③ 칸막이　④ 급속귀한 장치

□□□ 08년2회, 11년1회, 16년1회

6. 세이퍼(shaper) 작업에서 위험요인이 아닌 것은?

① 가공칩(chip) 비산
② 램(ram)말단부 충돌
③ 바이트(bite)의 이탈
④ 척-핸들(chuck-handle) 이탈

해설

④항, 척-핸들(chuck-handle)의 이탈은 드릴링 머신의 주요 위험요인이다.

□□□ 13년1회

7. 다음 중 세이퍼의 작업 시 안전수칙으로 틀린 것은?

① 바이트를 짧게 고정한다.
② 공작물을 견고하게 고정한다.
③ 가드, 방책, 칩받이 등을 설치한다.
④ 운전자가 바이트의 운동방향에 선다.

해설

④항, 작업중에는 바이트의 운동 방향에 서지 말 것. (공작물의 파편은 운동방향으로 튀어나올 수 있다.)

정답 1 ④ 2 ① 3 ④ 4 ④ 5 ④ 6 ④ 7 ④

04 드릴링 머신의 안전

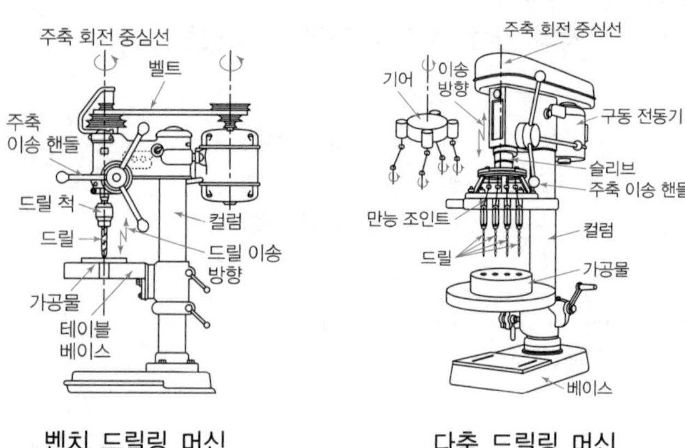

벤치 드릴링 머신　　　　다축 드릴링 머신

(1) 드릴링 머신(drilling machime)의 특징

① 주축끝에 고정한 드릴에 회전절삭운동을 주고, 동시에 축방향에 이송을 주어 일감을 뚫는 기계

② 드릴링 머신 구조상 분류
㉠ 수직 드릴링머신
㉡ 레이디얼 드릴링머신
㉢ 다축 드릴링머신

③ 드릴링 머신 작업의 종류

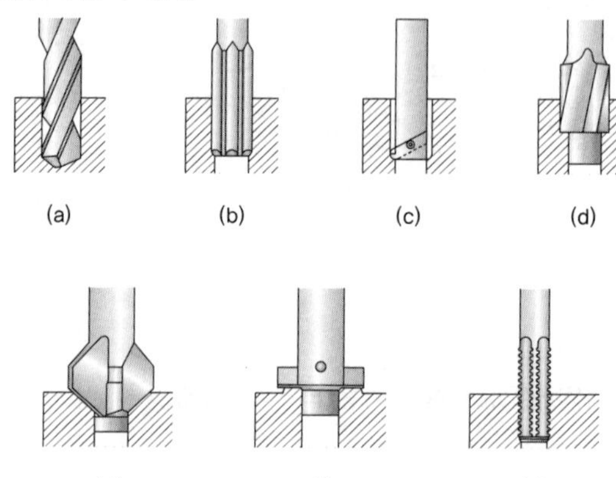

(a) 드릴링(drilling)　(b) 리밍(reaming)
(c) 보링(boring)　(d) 카운터 보링(counter boring)
(e) 카운터 싱킹(counter sinking) 및 테이퍼링(tapering)
(f) 페이싱(facing)　(g) 태핑(tapping)

[보링작업]
드릴로 뚫은 구멍, 구조품, 또는 단조품에서 내부 구멍이 먼저 만들어져 있는 것을 보링 머신(boring machine)을 사용하여 구멍 내부를 완성 가공하든가, 또는 내부 구멍을 확대하는 작업이다.

[페이싱(facing)]
표면이 울퉁불퉁하여, 볼트나 너트를 체결하기가 곤란한 경우에 볼트나 너트가 닿는 구멍 또는 볼트머리와 접촉하는 면을 고르게 하기 위하여 깎는 작업

(2) 드릴링 머신의 구성

① 주요 구성

구분	내용
드릴	드릴의 종류 중 가장 많이 사용되는 것은 비틀림 홈이 2개 나 있는 트위스트 드릴(twist drill)이다. • 드릴 지름이 10mm 이상 : 자루부분에 테이퍼를 가진 드릴(taper shanked twistdrill) • 드릴 지름이 10mm 이하 : 드릴 척을 이용 • 지름이 큰 드릴은 12mm 이하에 사용 • 드릴의 주축에 고정, 접촉이 강력한 작업은 12mm 이상에 사용
소켓과 척 (socket and chuck)	드릴, 리이머, 탭 등의 자루(생크)는 곧은 자루(straight shank)와 테이퍼 자루(taper shank) 2종류가 있다.
드릴링 머신의 방호장치	드릴 척이나 드릴 접촉으로 인하여 재해를 입을 수 있으므로 방책을 설치하거나 덮개를 설치

[드릴 척]

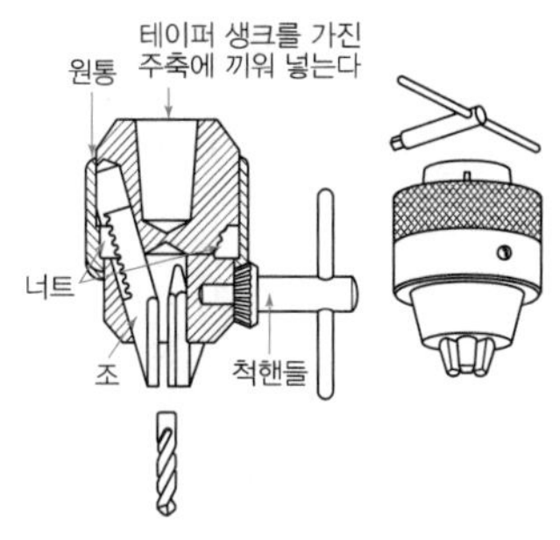

② 드릴링 머신의 크기 결정요소

㉠ 구멍의 최대직경과 드릴을 고정할 주축단의 테이퍼 구멍의 테이퍼 번호 및 공작물의 최대 치수

㉡ 그릴 수 있는 원의 최대직경

㉢ 주축 중심에서 컬럼 표면까지의 최대거리

㉣ 테이블 또는 베이스 상면과 주축 하단간의 최대거리

[드릴머신의 덮개]

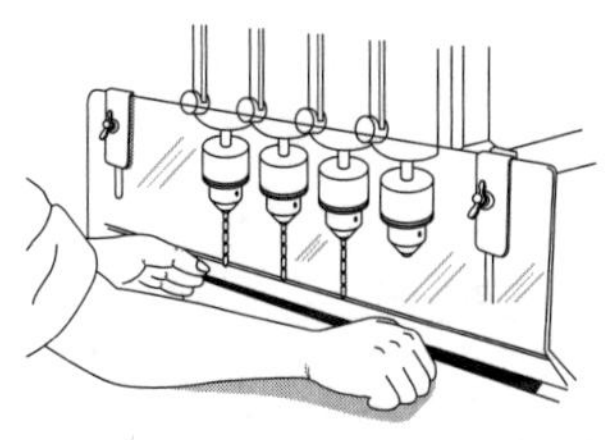

(3) 일감(공작물)의 고정

① 일감의 고정방법

고정장치	내용
바이스	일감이 작을 때
볼트와 고정구(클램프)	일감이 크고 복잡할 때
지그(Jig)	대량생산과 정밀도를 요구할 때

[일감 고정장치]

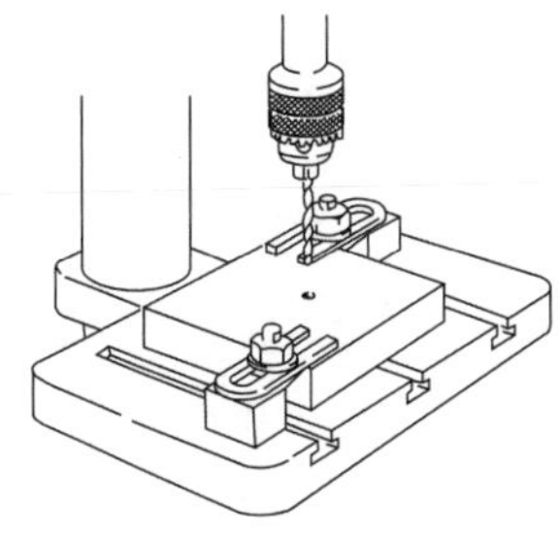

② 지그사용시의 장점

㉠ 제품의 정밀도가 향상되고 호환성을 준다.

㉡ 기계 가공의 비용을 낮추어 준다.

㉢ 숙련이 필요 없다.

㉣ 구멍을 뚫기 위한 금긋기가 필요 없다.

[지그]

절삭 공구를 제어 및 안내하는 장치로 제품의 개수가 많은 대량생산에 주로 이용된다.

(4) 드릴링 머신의 안전작업수칙

① 일감은 견고하게 고정시키고 손으로 쥐고 구멍을 뚫지 말 것
② 장갑을 끼고 작업을 하지 말 것
③ 회전 중에 주축과 드릴에 손이나 걸레가 닿아 감겨 돌지 않도록 할 것
④ 얇은 판이나 황동 등은 흔들리기 쉬우므로 목재를 밑에 받치고 구멍을 뚫도록 할 것
⑤ 구멍을 뚫을 때 끝까지 뚫린 것을 확인하기 위하여 손을 집어 넣지 말 것
⑥ 뚫린 구멍을 측정 또는 점검하기 위하여 칩을 털어 낼 때는 브러시를 사용하여야 하며, 입으로 불어 내지 말 것
⑦ 가공중에 구멍이 관통되면 기계를 멈추고 손으로 돌려서 드릴을 뺄 것
⑧ 쇳가루가 날리기 쉬운 작업은 보안경을 착용할 것
⑨ 드릴을 끼운 뒤 척 핸들은 반드시 빼 놓을 것
⑩ 자동이송작업 중 기계를 멈추지 말 것
⑪ 큰 구멍을 뚫을 때는 작은 구멍을 먼저 뚫은 뒤 큰 구멍을 뚫을 것

(5) 휴대용 동력드릴의 안전작업수칙

[휴대용 동력드릴]

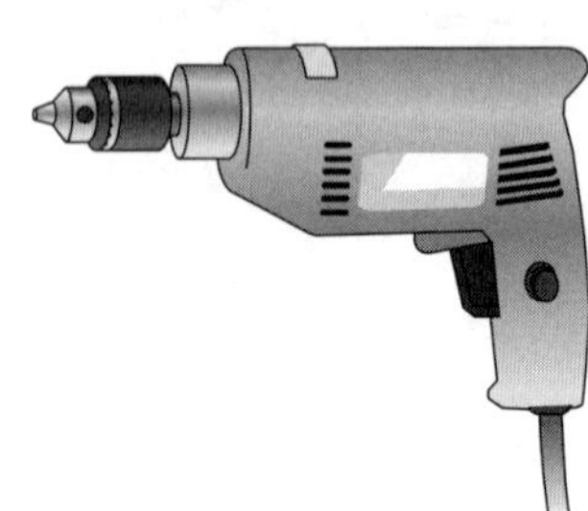

① 적당한 펀치로 중심을 잡은 후에 드릴작업을 실시한다. 드릴을 구멍에 맞추거나 스핀들의 속도를 낮추기 위해서 드릴날을 손으로 잡아서는 안 된다. 조정이나 보수를 위하여 손으로 잡아야 할 경우에는 충분히 냉각된 후에 잡는다.
② 드릴의 손잡이를 견고하게 잡고 작업하여 드릴손잡이 부위가 회전하지 않고 확실하게 제어 가능하도록 한다.
③ 절삭하기 위하여 구멍에 드릴날을 넣거나 뺄 때 반발에 의하여 손잡이 부분이 튀거나 회전하여 위험을 초래하지 않도록 팔을 드릴과 직선으로 유지한다.
④ 작업속도를 높이기 위하여 과도한 힘을 가하면 드릴날이 구멍에 끼일 수 있으므로 적당한 힘을 가한다.
⑤ 드릴이 과도한 진동을 일으키면 드릴이 고장이거나 작업방법이 옳지 않다는 증거이므로 즉시 작동을 중단한다.
⑥ 결함 등으로 사용할 수 없는 드릴은 표식을 붙여 수리가 완료될 때까지 사용치 않아야 한다.
⑦ 드릴이나 리머를 고정시키거나 제거하고자 할 때 금속성물질로 두드리면 변형 및 파손될 우려가 있으므로 고무망치 등을 사용하거나 나무블록 등을 사이에 두고 두드린다.
⑧ 필요한 경우 적당한 절삭유를 선택하여 사용한다.

04 핵심문제 4. 드릴링 머신의 안전

□□□ 10년2회, 15년3회

1. 드릴링 머신에서 축의 회전수가 1000rpm이고, 드릴 지름이 10mm 일 때 드릴의 원주 속도는 약 얼마인가?

① 6.28m/min ② 31.4m/min
③ 62.8m/min ④ 314m/min

해설

$V=\pi DN(\text{mm/min})=\frac{\pi DN}{1000}(\text{m/min})$

여기서, V : 회전속도(mm/min, m/min)
D : 드릴지름(mm)
N : 회전수(rpm)

$V=\frac{\pi DN}{1000}=\frac{\pi\times 10(\text{mm})\times 1000(\text{rpm})}{1000}=31.4(\text{m/min})$

□□□ 17년2회

2. 드릴링 머신에서 드릴의 지름이 20mm이고 원주속도가 62.8m/min일 때 드릴의 회전수는 약 몇 rpm인가?

① 500 ② 1000
③ 2000 ④ 3000

해설

$V=\frac{\pi DN}{1000}(\text{m/min})$ 이므로

$N=\frac{V\times 1000}{\pi\times D}=\frac{62.8\times 1000}{\pi\times 20}=999.49$

□□□ 15년1회

3. 드릴작업 시 너트 또는 볼트머리와 접촉하는 면을 고르게 하기 위하여 깎는 작업을 무엇이라 하는가?

① 보링(boring)
② 리밍(reaming)
③ 스폿 페이싱(spot facing)
④ 카운터 싱킹(counter sinking)

해설

스폿 페이싱(spot facing)
표면이 울퉁불퉁하여, 볼트나 너트를 체결하기가 곤란한 경우에 볼트나 너트가 닿는 구멍 또는 볼트머리와 접촉하는 면을 고르게 하기 위하여 깎는 작업

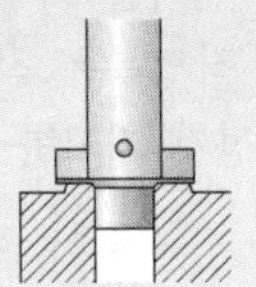

□□□ 11년2회

4. 드릴링 작업에서 일감의 고정방법에 대한 설명으로 적절하지 않은 것은?

① 일감이 작을 때는 바이스로 고정한다.
② 일감이 작고 길 때에는 플라이어로 고정한다.
③ 일감이 크고 복잡할 때에는 볼트와 고정구(클램프)로 고정한다.
④ 대량생산과 정밀도를 요구할 때에는 지그로 고정한다.

문제 4, 5 해설

일감의 고정 방법

고정장치	내용
바이스	일감이 작을 때
볼트와 고정구(클램프)	일감이 크고 복잡할 때
지그(Jig)	대량생산과 정밀도를 요구할 때

□□□ 13년1회, 17년1회

5. 다음 중 드릴작업의 안전사항이 아닌 것은?

① 옷소매가 길거나 찢어진 옷은 입지 않는다.
② 회전하는 드릴에 걸레 등을 가까이 하지 않는다.
③ 작고, 길이가 긴 물건은 플라이어로 잡고 뚫는다.
④ 스핀들에서 드릴을 뽑아낼 때에는 드릴 아래에 손을 내밀지 않는다.

정답 1 ② 2 ② 3 ③ 4 ② 5 ③

□□□ 13년3회

6. 다음 중 드릴 작업 시 작업안전수칙으로 틀린 것은?

① 스위치 등을 이용한 자동급유장치를 구성한다.
② 드릴링 잭에 렌치를 끼우고 작업한다.
③ 옷소매가 긴 작업복은 착용하지 않는다.
④ 재료의 회전정지 지그를 갖춘다.

문제 6, 7 해설

드릴을 고정하는 렌치, 척 핸들 등은 작업 전에 반드시 빼 놓아야 한다.

□□□ 14년2회, 19년3회

7. 다음 중 드릴 작업의 안전수칙으로 가장 적합한 것은?

① 손을 보호하기 위하여 장갑을 착용한다.
② 작은 일감은 양 손으로 견고히 잡고 작업한다.
③ 정확한 작업을 위하여 구멍에 손을 넣어 확인한다.
④ 작업시작 전 척 렌치(chuck wrench)를 반드시 뺀다.

□□□ 09년3회, 14년1회, 18년1회

8. 휴대용 동력 드릴 작업 시 안전사항에 관한 설명으로 틀린 것은?

① 드릴의 손잡이를 견고하게 잡고 작업하여 드릴손잡이 부위가 회전하지 않고 확실하게 제어 가능하도록 한다.
② 절삭하기 위하여 구멍에 드릴날을 넣거나 뺄 때 반발에 의하여 손잡이 부분이 튀거나 회전하여 위험을 초래하지 않도록 팔을 드릴과 직선으로 유지한다.
③ 드릴이나 리머를 고정시키거나 제거하고자 할 때 금속성 망치 등을 사용하여 확실히 고정 또는 제거한다.
④ 드릴을 구멍에 맞추거나 스핀들의 속도를 낮추기 위해서 드릴날을 손으로 잡아서는 안된다.

문제 8, 9 해설

휴대용 동력드릴의 안전작업수칙
① 적당한 펀치로 중심을 잡은 후에 드릴작업을 실시한다. 드릴을 구멍에 맞추거나 스핀들의 속도를 낮추기 위해서 드릴날을 손으로 잡아서는 안 된다. 조정이나 보수를 위하여 손으로 잡아야 할 경우에는 충분히 냉각된 후에 잡는다.
② 드릴의 손잡이를 견고하게 잡고 작업하여 드릴손잡이 부위가 회전하지 않고 확실하게 제어 가능하도록 한다.
③ 절삭하기 위하여 구멍에 드릴날을 넣거나 뺄 때 반발에 의하여 손잡이 부분이 튀거나 회전하여 위험을 초래하지 않도록 팔을 드릴과 직선으로 유지한다.
④ 작업속도를 높이기 위하여 과도한 힘을 가하면 드릴날이 구멍에 끼일 수 있으므로 적당한 힘을 가한다.
⑤ 드릴이 과도한 진동을 일으키면 드릴이 고장이거나 작업방법이 옳지 않다는 증거이므로 즉시 작동을 중단한다.
⑥ 결함 등으로 사용할 수 없는 드릴은 표식을 붙여 수리가 완료될 때까지 사용치 않아야 한다.
⑦ 드릴이나 리머를 고정시키거나 제거하고자 할 때 금속성물질로 두드리면 변형 및 파손될 우려가 있으므로 고무망치 등을 사용하거나 나무블록 등을 사이에 두고 두드린다.
⑧ 필요한 경우 적당한 절삭유를 선택하여 사용한다.

□□□ 18년3회

9. 휴대용 동력드릴의 사용 시 주의해야 할 사항에 대한 설명으로 옳지 않은 것은?

① 드릴 작업 시 과도한 진동을 일으키면 즉시 작동을 중단한다.
② 드릴이나 리머를 고정하거나 제거할 때는 금속성 망치 등을 사용한다.
③ 절삭하기 위하여 구멍에 드릴 날을 넣거나 뺄 때는 팔을 드릴과 직선이 되도록 한다.
④ 작업 중에는 드릴을 구멍에 맞추거나 하기 위해서 드릴 날을 손으로 잡아서는 안된다.

정답 6 ② 7 ④ 8 ③ 9 ②

05 연삭기의 안전

(1) 연삭작업의 특징

① 연삭기(grinding machine)의 정의

동력에 의해 회전하는 연삭숫돌 또는 연마재 등을 사용하여 금속이나 그 밖의 가공물의 표면을 깍아내거나 절단 또는 광택을 내기 위해 사용되는 기계

② 연삭 작업의 특성

㉠ 일감의 칩이 대단히 작다.

㉡ 일감의 치수정도(精度)가 높다.

㉢ 절삭날의 자생작용(自生作用)이 있다.

㉣ 가공능률이 좋다.

㉤ 담금질강과 초경합금도 가공가능

③ 연삭 작업 시 재해 형태

㉠ 숫돌에 인체접촉(잘림, 문지름, 스침, 낌)

㉡ 연삭 분진이 눈에 튀어 들어감

㉢ 숫돌 파괴로 인한 파편

㉣ 가공중 공작물의 반발

(2) 연삭기의 종류

① 연삭기의 주요구조 부분

㉠ 테이블

㉡ 베드

㉢ 공작물 고정장치

㉣ 연삭숫돌 덮개

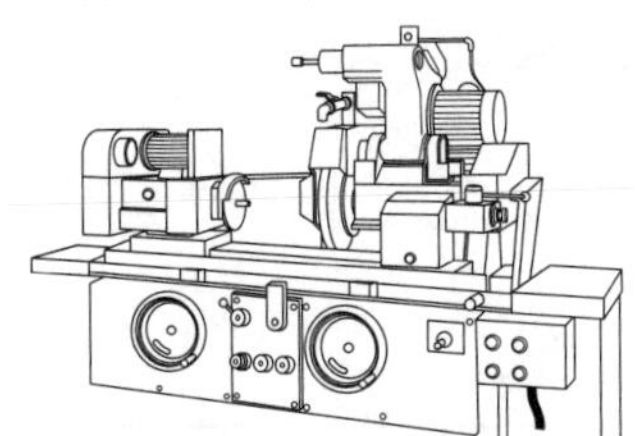

[만능연삭기]

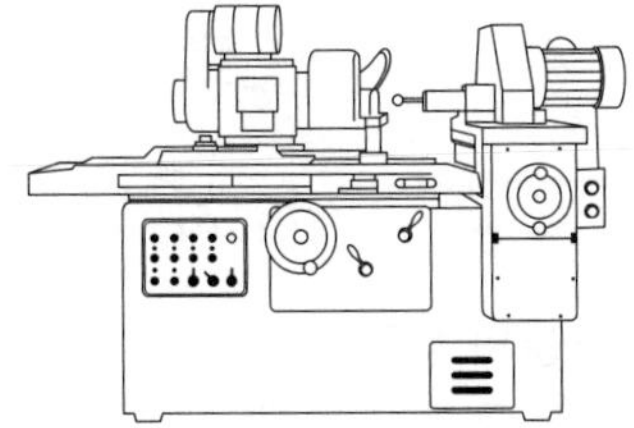

[내면 연삭기]

② 연삭기의 종류

종류	특징
만능연삭기	원통연삭기의 일종으로서 초경합금공구, 드릴, 리머, 밀링커터 등을 연삭한다.
내면연삭기	평형내면과 테이퍼의 내면을 연삭하는 것으로 일감의 회전형과 고정형이 있다.
평면연삭기	평면 및 측면을 연삭하는데 사용한다.
센터리스 연삭기	원통의 바깥면을 연삭하는 것으로 일감을 지지하는데 센터를 사용하지 않고 연삭하는 것으로 외면, 내면센터리스 연삭기가 있다.
원통연삭기	원통의 외경을 연삭하는 것으로 스윙과 양 센터 사이의 최대거리로 나타낸다.
스플라인 연삭기	스플라인 축을 전문으로 연삭하는 기계이다.

[내면연삭]

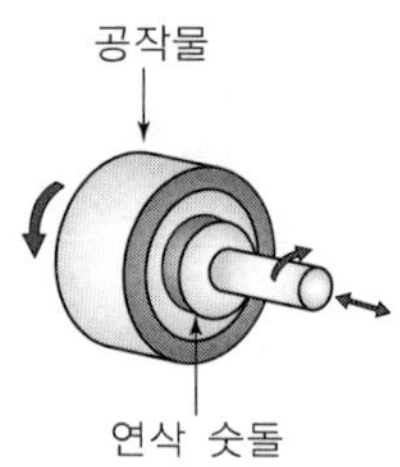

[평면연삭]

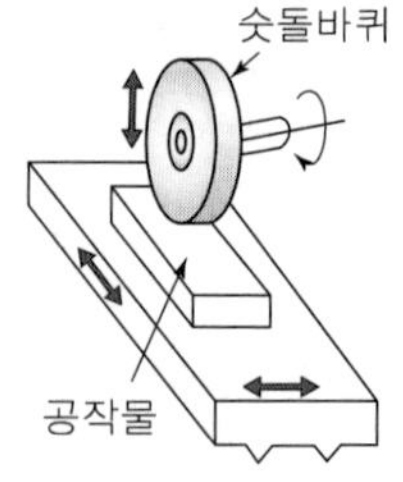

[센터리스 연삭]

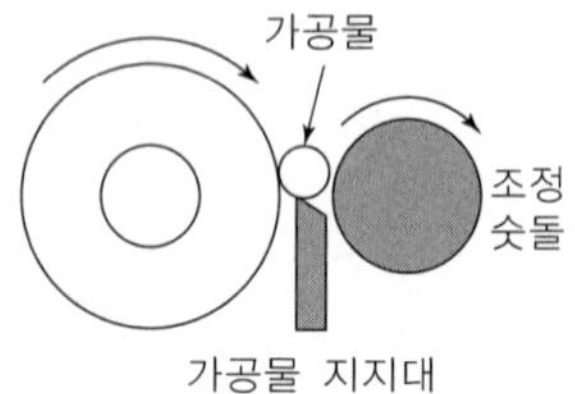

[원통연삭]

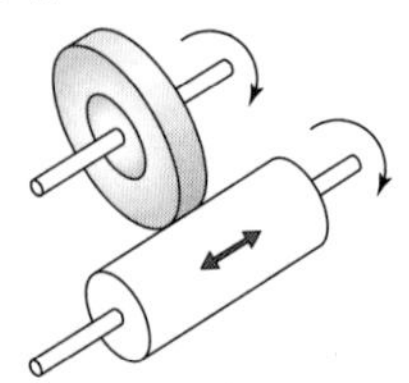

[스플라인 연삭]

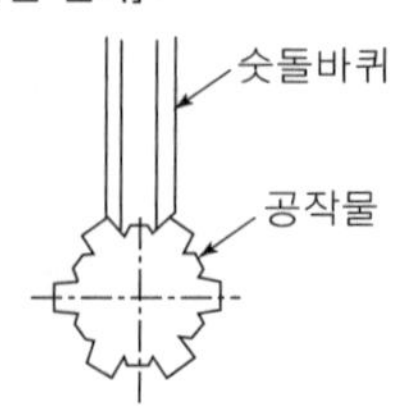

(3) 연삭숫돌의 특성

① 연삭숫돌의 3요소

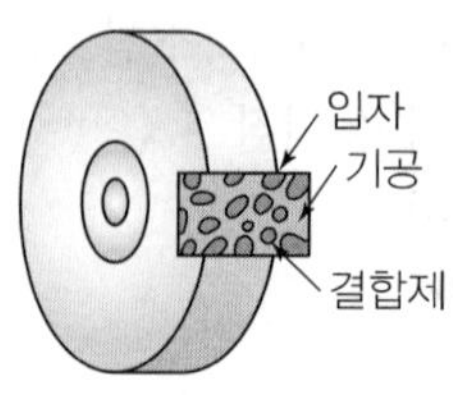

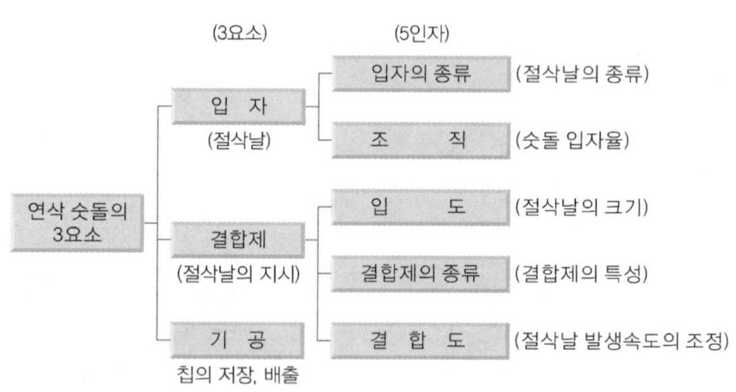

② 연삭숫돌의 입자

구분	종류
천연입자	석영, 에머리(emery), 코런덤(corumdum), 다이아몬드(diamond)
인공입자	탄화규소(Sic), 산화알루미늄(Aluminai : Al_2O_3)

③ 연삭숫돌의 표시법

WA 54 Lm V-1호 D 205×16×19.05

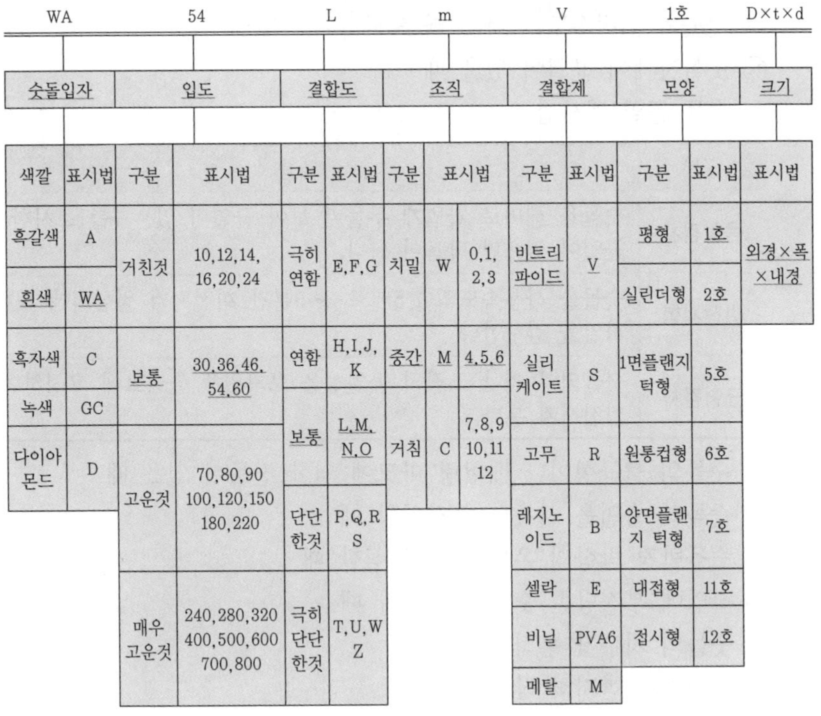

WA	54	L	m	V	1호	D×t×d
숫돌입자	입도	결합도	조직	결합제	모양	크기

숫돌입자

색깔	표시법
흑갈색	A
흰색	WA
흑자색	C
녹색	GC
다이아몬드	D

입도

구분	표시법
거친것	10,12,14,16,20,24
보통	30,36,46,54,60
고운것	70,80,90 100,120,150 180,220
매우 고운것	240,280,320 400,500,600 700,800

결합도

구분	표시법
극히 연함	E,F,G
연함	H,I,J,K
보통	L,M,N,O
단단한것	P,Q,R,S
극히 단단한것	T,U,W,Z

조직

구분	표시법	
치밀	W	0,1,2,3
중간	M	4,5,6
거침	C	7,8,9,10,11,12

결합제

구분	표시법
비트리파이드	V
실리케이트	S
고무	R
레지노이드	B
셀락	E
비닐	PVA6
메탈	M

모양

구분	표시법
평형	1호
실린더형	2호
1면플랜지 턱형	5호
원통컵형	6호
양면플랜지 지 턱형	7호
대접형	11호
접시형	12호

크기

표시법
외경×폭×내경

[연삭숫돌의 입자표기]

(1) A : 산화 알루미나 95%
(2) WA : 산화 알루미나 99.5%
(3) C : 탄화 규소 97%
(4) GC : 탄화 규소 98%

[연삭숫돌]

④ 연삭숫돌 작용

용어	내용
눈메꿈 현상 (loading)	연질의 금속을 연마할 때에 숫돌입자의 표면이나 기공에 칩이 박혀 연삭력이 나빠지는 현상
그레이징 현상 (glazing)	숫돌의 결합도가 너무 강해 숫돌입자가 탈락되지 않고 납작해지는 현상(일감의 절삭을 행할 수가 없고 일감의 표면을 고속으로 마찰하게 되어 일감을 상하게 하고 표면이 변질된다.)
드레싱 (dressing)	눈메꿈 또는 그레이징 발생시 숫돌 표면을 드레서라는 공구를 이용하여 숫돌 날을 생성시키는 작업
자생작용	연삭시 숫돌의 마모된 입자가 탈락되고 새로운 입자가 나타나는 현상 (자생주기 : 마멸 → 파괴 → 탈락 → 생성)

(4) 연삭숫돌의 파괴

① 숫돌의 파괴원인

㉠ 숫돌의 회전속도가 너무 빠를 때

㉡ 숫돌자체에 균열이 있을 때

※ 숫돌 균열 검사법

구분	내용
음향검사	숫돌을 해머로 가볍게 두들겨 보아 균열이 있는가를 조사한다. 균열이 있으면 탁음이 난다.
회전시험	숫돌을 사용속도의 1.5배로 3~5분간 회전시켜 원심력에 의한 파열을 검사한다.
균형검사	숫돌의 두께나 조직의 균일성을 보기위해 슬리브에 고정하여 회전시켜 본다.

㉢ 숫돌의 불균형이나 베어링 마모에 의한 진동이 있을 때

㉣ 숫돌의 측면을 사용하여 작업할 때

㉤ 숫돌반경 방향의 온도 변화가 심할 때

㉥ 작업에 부적당한 숫돌을 사용할 때

㉦ 숫돌의 치수가 부적당할 때

㉧ 플랜지가 현저히 작을 때

② 숫돌의 회전속도

$$V = \pi DN(\text{mm/min}) = \frac{\pi DN}{1000}(\text{m/min})$$

여기서, V : 회전속도(mm/min, m/min)
D : 숫돌지름(mm)
N : 회전수(rpm)

연삭숫돌의 최고속도	
연삭숫돌	최고사용 원주속도(m/min)
공구연삭 컵형 비트리파이드 숫돌	1400
자유연삭 평형 비트리파이드 숫돌	2000
자유연삭 레지노이드 숫돌	3000
절단용 레지노이드 숫돌	4800

[플랜지]

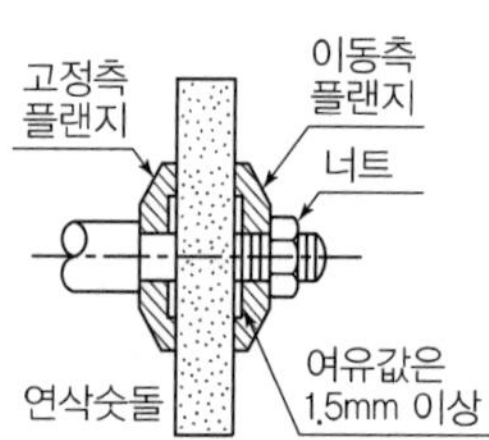

③ 플랜지(flange)

㉠ 연삭기계에 숫돌을 고정하기 위한 것

㉡ 플랜지의 직경 : 숫돌 직경의 1/3 이상

㉢ 고정측과 이동측의 직경은 같아야 한다.

㉣ 플랜지 안쪽에 종이나 고무판을 부착하여 숫돌을 고정시킬 때 종이나 고무판의 두께는 0.5~1mm 정도가 적합하다.

(5) 방호장치(덮개)

① 덮개의 설치

구분	내용
설치대상	회전 중인 연삭숫돌(지름이 5cm 이상인 것)이 근로자에게 위험을 미칠 우려가 있는 경우
시험운전	• 작업 시작전 : 1분 이상 • 연삭숫돌 교체 후 : 3분 이상 ※ 시험운전에 사용하는 연삭숫돌은 작업시작 전에 결함이 있는지를 확인한 후 사용하여야 한다.
사용의 금지	• 연삭숫돌의 최고 사용회전속도를 초과 금지 • 측면 사용을 목적으로 하지 않는 연삭숫돌을 사용하는 경우 측면 사용의 금지

② 덮개의 구조 요건

구분	내용
덮개 제작 시	• 연결부는 연삭숫돌 파편에 의해 분리되지 않을 정도의 충분한 강성을 가질 것 • 용접부에는 균열, 용입부족, 언더컷 등의 결함이 없을 것 • 연삭숫돌이 파손되더라도 각 부분이 느슨해지거나 움직이지 않도록 연삭기에 고정될 것 • 최대원주속도의 130%에서 연삭숫돌 파손 시 파편이 갖는 최대 에너지에 견딜 수 있을 것
덮개의 일반 구조	• 덮개에 인체의 접촉으로 인한 손상위험이 없어야 한다. • 덮개에는 그 강도를 저하시키는 균열 및 기포 등이 없어야 한다. • 탁상용 연삭기의 덮개에는 워크레스트 및 조정편을 구비하여야 하며, 워크레스트는 연삭숫돌과의 간격을 3mm 이하로 조정할 수 있는 구조이어야 한다. • 각종 고정부분은 부착하기 쉽고 견고하게 고정될 수 있어야 한다.

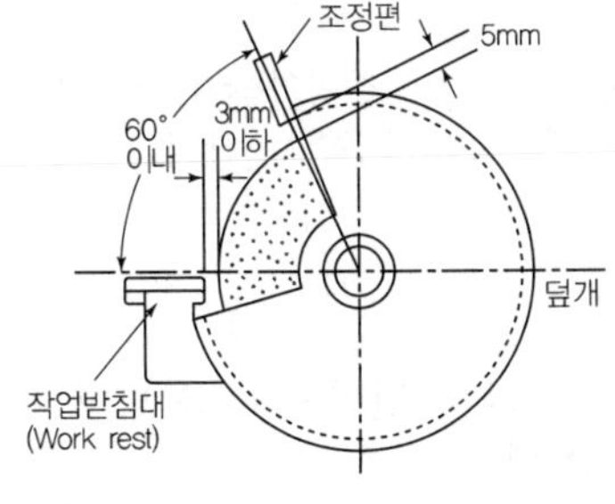

[탁상용 연삭기]

■ 작업받침대 조정
- 작업받침대와 숫돌과의 간격: 3mm 이하
- 덮개의 조정편과 숫돌과의 간격: 5mm
- 작업받침대의 높이 : 숫돌의 중심과 거의 같은 높이로 고정

[덮개의 생략]

(1) 숫돌의 직경이 80mm 이하이고 원주속도가 초당 50m 이하인 원통 내면연삭기

(2) 숫돌의 직경이 1,000mm 이하이고 최대 원주속도가 초당 16m 이하인 연삭기

[관련법령]

산업안전보건기준에 관한 규칙 제122조 【연삭숫돌의 덮개 등】

[연삭기의 워크레스트]

연삭기의 워크레스트는 공작물을 올려놓는 부분으로 작업받침대를 의미한다.

[관련법령]
방호장치 자율안전기준 고시 별표 4
【연삭기 덮개의 성능기준】

Tip
연삭기 덮개 노출각도 암기!
기계위험방지기술에서 많이 출제되는 항목이 덮개의 노출각도이다. 연삭기의 종류별 노출각도를 확실히 암기하자.

③ 덮개의 재료
㉠ 인장강도 : 274.5MPa 이상
㉡ 신장도 : 14% 이상
㉢ 인장강도의 값(단위: MPa)에 신장도(단위: %)의 20배를 더한 값이 754.5 이상이어야 한다.(인장강도+(신장도×20)≥754.5)
㉣ 절단용 숫돌의 덮개 : 인장강도 176.4 MPa 이상, 신장도 2% 이상의 알루미늄합금을 사용할 수 있다.

④ 덮개의 노출각도

노출각도	분류
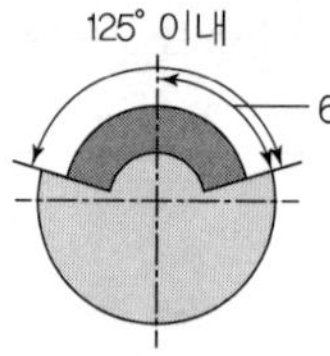 125° 이내, 65° 이내	(1) 일반연삭작업 등에 사용하는 것을 목적으로 하는 탁상용 연삭기
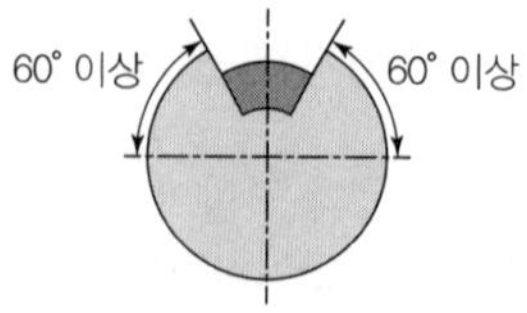 60° 이상, 60° 이상	(2) 연삭숫돌의 상부를 사용하는 것을 목적으로 하는 탁상용 연삭기
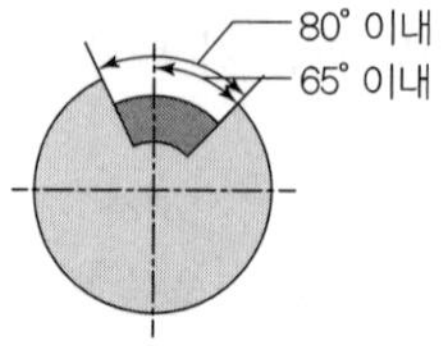 80° 이내, 65° 이내	(3) (1) 및 (2) 이외의 탁상용 연삭기, 그 밖에 이와 유사한 연삭기
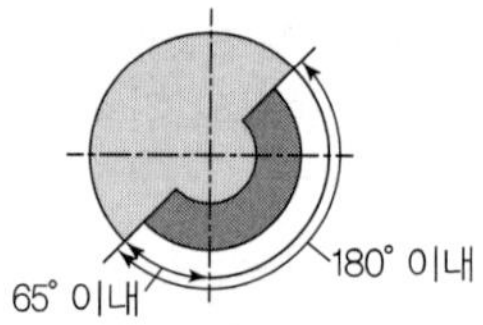 180° 이내, 65° 이내	(4) 원통연삭기, 센터리스연삭기, 공구연삭기, 만능연삭기, 그 밖에 이와 비슷한 연삭기
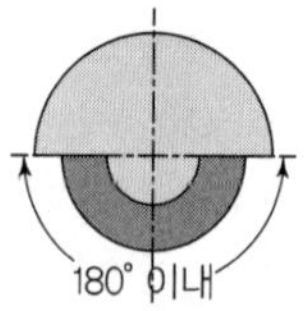 180° 이내	(5) 휴대용 연삭기, 스윙연삭기, 스라브연삭기, 그 밖에 이와 비슷한 연삭기
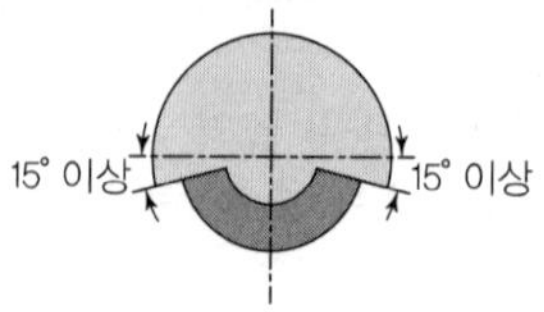 15° 이상, 15° 이상	(6) 평면연삭기, 절단연삭기, 그 밖에 이와 비슷한 연삭기

(6) 연삭작업의 안전수칙

① 연삭숫돌에 충격을 가하지 않을 것
② 공기연삭기의 공기압력기(조속기, governnor)는 압력관리를 적정하게 하여 사용할 것
③ 작업시에는 적절한 드레싱을 실시하고 연삭작업이 끝나면 연삭액을 완전히 다 쓸 때까지 축을 회전시키고 나서 정지할 것
④ 폭발성 가스가 있는 곳에서는 연삭기를 사용하지 말 것
⑤ 칩 비산 방지장치가 없을 때에는 보안경을 사용할 것
⑥ 연삭할 때 생기는 분진의 흡입을 막기 위해서 방진마스크를 사용할 것
⑦ 연삭기의 덮개를 벗긴 채 사용하지 말 것

(7) 연삭기의 표시사항

구분	내용
자율안전확인 표시사항	• 제조자의 이름 및 주소 • 제조연도 • 모델명 또는 형식번호 • 제조번호 • 연삭기 또는 연마기의 크기 • 숫돌 구동축의 회전방향 • 숫돌 구동축의 회전속도 또는 회전속도 범위 • 전력(KW), 유압(kg/cm^2), 공압시스템(kg/cm^2)에 관한 정보 • 사용가능한 연삭숫돌의 최대치수 • 자율안전확인표시(KCs 마크)
추가표시사항	• 숫돌사용 주속도 • 숫돌회전방향

05 핵심문제 5. 연삭기의 안전

□□□ 16년2회

1. 연삭용 숫돌의 3요소가 아닌 것은?

① 조직 ② 입자
③ 결합제 ④ 기공

해설

연삭숫돌의 3요소
① 입자, ② 결합제, ③ 기공

□□□ 14년2회

2. 연삭숫돌의 기공 부분이 너무 작거나, 연질의 금속을 연마할 때에 숫돌표면의 공극이 연삭칩에 막혀서 연삭이 잘 행하여지지 않는 현상을 무엇이라 하는가?

① 자생 현상 ② 드레싱 현상
③ 그레이징 현상 ④ 눈메꿈 현상

해설

눈메꿈 현상(loading)
① 기공의 부분이 너무 작거나, 연질의 금속을 연마할 때에 숫돌의 표면이 너무 연하면 숫돌표면의 공극에 칩이 막혀서 연삭이 행하여 지지 않는 경우
② 이 경우는 숫돌의 표면을 깎아내는 드레싱(dressing) 작업을 행한다.

□□□ 09년3회, 13년2회, 16년3회

3. 다음 중 연삭숫돌의 파괴원인과 가장 거리가 먼 것은?

① 플랜지가 현저히 작을 때
② 외부의 충격을 받았을 때
③ 회전력이 결합력보다 클 때
④ 내 · 외면의 플랜지 지름이 동일할 때

문제 3, 4, 5 해설

연삭숫돌의 파괴원인
① 숫돌의 회전속도가 너무 빠를 때 발생한다.
② 숫돌자체에 균열이 있을 때
③ 숫돌의 불균형이나 베어링 마모에 의한 진동이 있을 때
④ 숫돌의 측면을 사용하여 작업할 때
⑤ 숫돌반경 방향의 온도 변화가 심할 때
⑥ 작업에 부적당한 숫돌을 사용할 때
⑦ 숫돌의 치수가 부적당할 때
⑧ 플랜지가 현저히 작을 때

□□□ 11년1회

4. 연삭작업에서 숫돌의 파괴원인이 아닌 것은?

① 숫돌의 회전속도가 너무 빠를 때
② 연삭작업 시 숫돌의 정면을 사용할 때
③ 숫돌의 내경의 크기가 적당하지 않을 때
④ 플랜지의 지름이 현저히 작을 때

□□□ 11년2회, 20년1·2회

5. 다음 중 연삭 숫돌의 파괴원인으로 거리가 먼 것은?

① 플랜지가 현저히 클 때
② 숫돌에 균열이 있을 때
③ 숫돌의 측면을 사용할 때
④ 숫돌의 치수 특히 내경의 크기가 적당하지 않을 때

□□□ 16년1회

6. 연삭숫돌 교환 시 연삭숫돌을 끼우기 전에 숫돌의 파손이나 균열의 생성 여부를 확인해 보기 위한 검사방법이 아닌 것은?

① 음향검사 ② 회전검사
③ 균형검사 ④ 진동검사

해설

구분	내용
음향검사	숫돌을 해머로 가볍게 두들겨 보아 균열이 있는가를 조사한다. 균열이 있으면 탁음이 난다.
회전시험	숫돌을 사용속도의 1.5배로 3~5분간 회전시켜 원심력에 의한 파열을 검사한다.
균형검사	숫돌의 두께나 조직의 균일성을 보기위해 슬리브에 고정하여 회전시켜 본다.

□□□ 09년1회, 16년2회

7. 지름이 D(mm)인 연삭기 숫돌의 회전수가 N(rpm)일 때 숫돌의 원주속도를 옳게 표시한 식은?

① $\frac{\pi DN}{1000}$(m/min) ② πDN(m/min)
③ $\frac{\pi DN}{60}$(m/min) ④ $\frac{DN}{1000}$(m/min)

정답 1 ① 2 ④ 3 ④ 4 ② 5 ① 6 ④ 7 ①

해설

$$V=\pi DN(\text{mm/min})=\frac{\pi DN}{1000}(\text{m/min})$$

여기서, V: 회전속도(mm/min, m/min)
D: 숫돌지름(mm)
N: 회전수(rpm)

□□□ 14년1회, 19년2회

8. 회전수가 300rpm, 연삭숫돌의 지름이 200mm 일 때 숫돌의 원주속도는 몇 m/min인가?

① 60.0 ② 94.2
③ 150.0 ④ 188.5

해설

$$V=\frac{\pi DN}{1000}=\frac{\pi\times200\times300}{1000}=188.5(\text{m/min})$$

□□□ 11년3회

9. 회전속도가 500rpm인 탁상연삭기에서 숫돌차의 원주 길이가 214mm라고 할 때 원주속도는 약 몇 m/min인가?

① 54 ② 107
③ 214 ④ 321

해설

$$V=\frac{\pi DN}{1000}=\frac{214\times500}{1000}=107(\text{m/min})$$

※ 주의 : 여기서 원주 길이 214mm는 지름 D가 아니라 π(원주율)이 포함된 원주길이 이다.

□□□ 16년1회

10. 600rpm으로 회전하는 연삭숫돌의 지름이 20cm일 때 원주속도는 약 몇 m/min인가?

① 37.7 ② 251
③ 377 ④ 1200

해설

$$V=\frac{\pi DN}{1000}=\frac{\pi\times200\times600}{1000}=376.99(\text{m/min})$$

※ 주의 : V: 회전속도(mm/min, m/min)
D: 숫돌지름(mm)
N: 회전수(rpm)
이므로 지름 20cm는 200mm 로 대입.

□□□ 12년1회, 17년3회

11. 연삭숫돌의 지름이 20cm이고, 원주속도가 250m/min일 때 연삭숫돌의 회전수는 약 얼마인가?

① 397.89 rpm ② 403.25 rpm
③ 393.12 rpm ④ 406.80 rpm

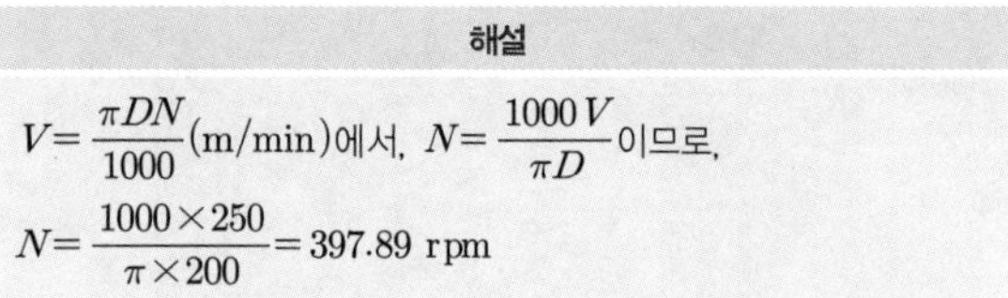

해설

$V=\frac{\pi DN}{1000}(\text{m/min})$에서, $N=\frac{1000V}{\pi D}$이므로,
$N=\frac{1000\times250}{\pi\times200}=397.89\text{ rpm}$

□□□ 11년3회, 15년1회, 18년2회

12. 숫돌 외경이 150mm일 경우 평형 플랜지의 직경은 최소 몇 mm 이상이어야 하는가?

① 25mm ② 50mm
③ 75mm ④ 100mm

해설

플랜지의 직경은 숫돌 직경의 1/3 이상 이므로, $150\times\left(\frac{1}{3}\right)=50$

□□□ 16년2회, 19년2회

13. 회전 중인 연삭숫돌이 근로자에게 위험을 미칠 우려가 있을 시 덮개를 설치하여야할 연삭숫돌의 최소 지름은?

① 지름이 5cm 이상인 것
② 지름이 10cm 이상인 것
③ 지름이 15cm 이상인 것
④ 지름이 20cm 이상인 것

문제 13, 14, 15 해설

사업주는 회전 중인 연삭숫돌(지름이 5센티미터 이상인 것으로 한정한다)이 근로자에게 위험을 미칠 우려가 있는 경우에 그 부위에 덮개를 설치하여야 한다.

[참고] 산업안전보건기준에 관한 규칙 제122조【연삭숫돌의 덮개 등】

정답 8 ④ 9 ② 10 ③ 11 ① 12 ② 13 ①

□□□ 08년1회, 10년2회, 17년2회, 20년1·2회

14. 지름이 5cm 이상을 갖는 회전중인 연삭숫돌의 파괴에 대비한 방호장치는?

① 받침대 ② 플랜지
③ 덮개 ④ 프레임

□□□ 09년1회

15. 연삭숫돌을 사용하는 작업의 안전수칙으로 잘못된 것은?

① 작업시작 전 1분 이상, 연삭숫돌을 교체한 후 3분 이상 시운전을 통해 이상 유무를 확인한다.
② 회전중인 모든 연삭숫돌에는 반드시 덮개를 설치하여야 한다.
③ 연삭숫돌의 최고사용회전속도를 초과하여 사용해서는 안된다.
④ 측면을 사용하는 목적으로 하는 연삭숫돌 이외는 측면을 사용해서는 안된다.

□□□ 15년2회

16. 다음 중 연삭기의 방호대책으로 적절하지 않은 것은?

① 탁상용 연삭기의 덮개에는 워크레스트 및 조정편을 구비하여야 하며, 워크레스트는 연삭숫돌과의 간격을 3mm 이하로 조정할 수 있는 구조이어야 한다.
② 연삭기 덮개의 재료는 인장강도의 값(단위:MPa)에 신장도(단위:%)의 20배를 더한 값이 754.5 이상이어야 한다.
③ 연삭숫돌을 교체한 후에는 3분 이상 시운전을 한다.
④ 연삭숫돌의 회전속도시험은 제조 후 규정 속도의 0.5배로 안전시험을 한다.

해설

직경 100mm 이상의 연삭숫돌은 최고사용 주속도에 1.5를 곱한 속도로 회전시험을 실시한다.

□□□ 08년1회, 10년3회, 14년3회, 18년2회

17. 연삭 숫돌의 상부를 사용하는 것을 목적으로 하는 탁상용 연삭기의 안전덮개 노출각도로 다음 중 가장 적합한 것은?

① 90° 이내 ② 65° 이상
③ 60° 이내 ④ 125° 이내

해설

연삭숫돌의 상부를 사용하는 것을 목적으로 하는 탁상용 연삭기

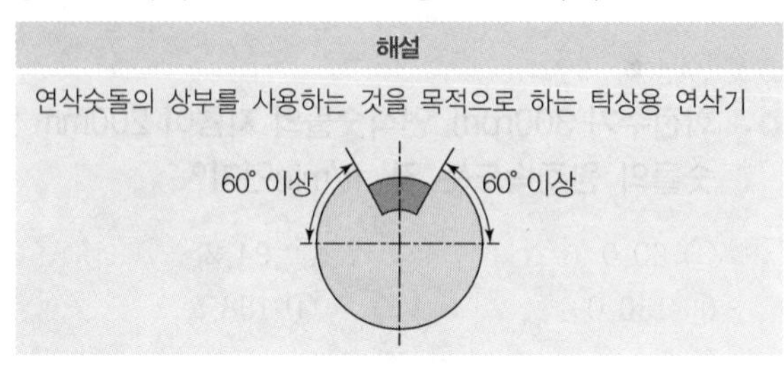

□□□ 08년3회

18. 원통연삭기의 안전덮개 노출각도는 몇 도 이내로 해야 하는가?

① 60° ② 90°
③ 150° ④ 180°

해설

원통연삭기, 센터리스연삭기, 공구연삭기, 만능연삭기, 그 밖에 이와 비슷한 연삭기

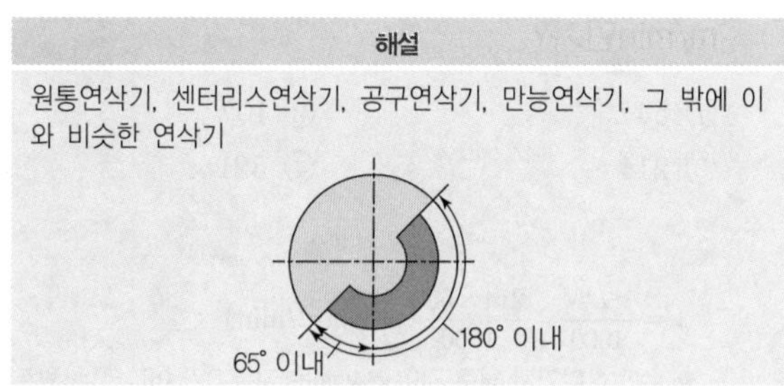

□□□ 08년2회, 16년3회, 19년1회

19. 휴대용 연삭기의 안전커버의 덮개 노출각도는 최대 몇 도 이내로 하여야 하는가?

① 60° ② 90°
③ 125° ④ 180°

해설

휴대용 연삭기, 스윙연삭기, 스라브연삭기, 그 밖에 이와 비슷한 연삭기

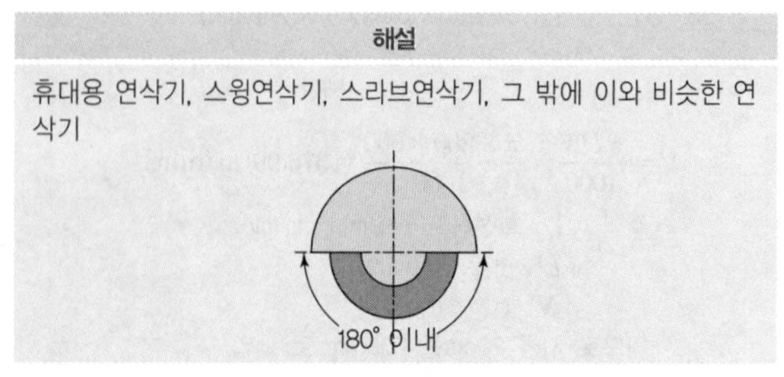

정답 14 ③ 15 ② 16 ④ 17 ③ 18 ④ 19 ④

□□□ 18년3회

20. 연삭기 덮개의 개구부 각도가 그림과 같이 150° 이하여야 하는 연삭기의 종류로 옳은 것은?

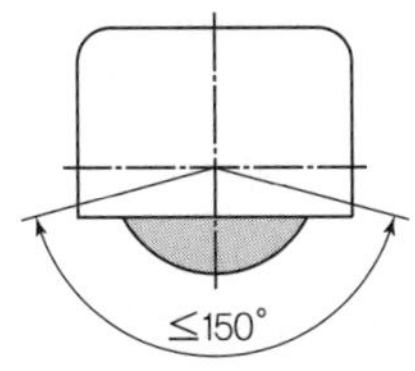

① 센터리스 연삭기 ② 탁상용 연삭기
③ 내면 연삭기 ④ 평면 연삭기

문제 20, 21 해설

평면연삭기, 절단연삭기, 그 밖에 이와 비슷한 연삭기

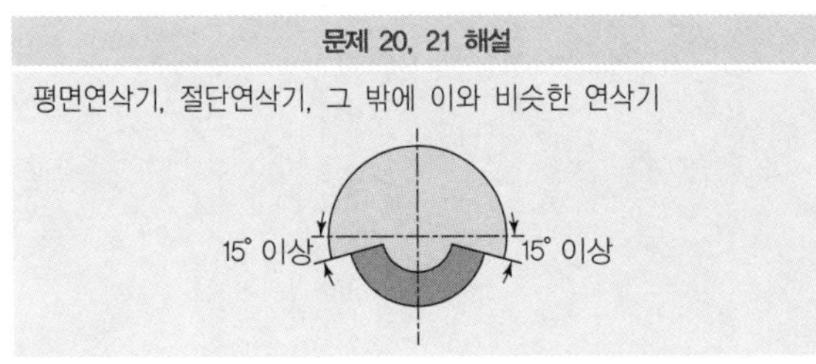

□□□ 12년1회

21. 다음 그림과 같은 연삭기 덮개의 용도로 가장 적절한 것은?

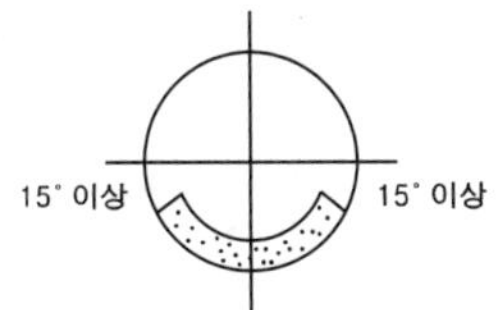

① 원동연삭기, 센터리스연삭기
② 휴대용 연삭기, 스윙연삭기
③ 공구연삭기, 만능연삭기
④ 평면연삭기, 절단연삭기

□□□ 11년1회

22. 연삭기 작업 시 작업자가 안심하고 작업을 할 수 있는 상태는?

① 탁상용 연삭기에서 숫돌과 작업 받침대의 간격이 5mm이다.
② 덮개 재료의 인장강도는 224MPa이다.
③ 작업 시작 전 1분 정도 시운전을 실시하여 당해 기계의 이상 여부를 확인한다.
④ 숫돌 교체 후 2분 정도 시운전을 실시하여 당해 기계의 이상 여부를 확인하였다.

해설

①항, 숫돌과 작업받침대의 간격은 3mm 이하이다.
②항, 덮개 재료의 인장강도는 274.5 MPa 이상이다.
③항, 작업 시작 전 1분 이상 시운전을 한다.
④항, 연삭숫돌 교체 후 3분 이상 시운전을 한다.

□□□ 17년1회

23. 연삭기의 연삭숫돌을 교체했을 경우 시운전은 최소 몇 분 이상 실시해야 하는가?

① 1분 ② 3분
③ 5분 ④ 7분

문제 23, 24, 25 해설

① 사업주는 회전 중인 연삭숫돌(지름이 5센티미터 이상인 것으로 한정한다)이 근로자에게 위험을 미칠 우려가 있는 경우에 그 부위에 덮개를 설치하여야 한다.
② 사업주는 연삭숫돌을 사용하는 작업의 경우 작업을 시작하기 전에는 1분 이상, 연삭숫돌을 교체한 후에는 3분 이상 시험운전을 하고 해당 기계에 이상이 있는지를 확인하여야 한다.
③ 제2항에 따른 시험운전에 사용하는 연삭숫돌은 작업시작 전에 결함이 있는지를 확인한 후 사용하여야 한다.
④ 사업주는 연삭숫돌의 최고 사용회전속도를 초과하여 사용하도록 해서는 아니 된다.
⑤ 사업주는 측면을 사용하는 것을 목적으로 하지 않는 연삭숫돌을 사용하는 경우 측면을 사용하도록 해서는 아니 된다.

참고 산업안전보건기준에 관한 규칙 제122조【연삭숫돌의 덮개 등】

□□□ 13년2회, 19년1회

24. 다음 중 산업안전보건법령상 연삭숫돌을 사용하는 작업의 안전수칙으로 틀린 것을 고르시오.

① 연삭숫돌을 사용하는 경우 작업시작 전과 연삭숫돌을 교체한 후에는 1분 이상 시운전을 통해 이상 유무를 확인한다.
② 회전 중인 연삭숫돌이 근로자에게 위험을 미칠 우려가 있는 경우에 그 부위에 덮개를 설치하여야 한다.
③ 측면을 사용하는 목적으로 하는 연삭숫돌 이외는 측면을 사용해서는 안 된다.
④ 연삭숫돌의 최고 사용회전속도를 초과하여 사용하여서는 안 된다.

정답 20 ④ 21 ④ 22 ③ 23 ② 24 ①

□□□ 15년1회

25. 다음 중 연삭기 작업 시 안전상의 유의사항으로 옳지 않은 것은?

① 연삭숫돌을 교체한 때에는 1분 이내로 시운전하고 이상 여부를 확인한다.
② 연삭숫돌의 최고사용 원주속도를 초과해서 사용하지 않는다.
③ 탁상용연삭기에는 작업받침대와 조정편을 설치한다.
④ 탁상용연삭기의 경우 덮개의 노출각도는 80° 이내로 한다.

□□□ 10년3회

26. 회전하는 연삭숫돌 사용 시 안전조치 내용으로 맞지 않은 것은?

① 작업시작 전 결함유무 확인 후 사용해야 한다.
② 최고사용회전속도의 150%로 시운전하여 이상이 없는 지 확인 후 사용한다.
③ 연삭숫돌의 측면 사용은 측면용 작업숫돌 이외에는 하여서는 아니된다.
④ 연삭 작업 시 근로자에게 위험을 미칠 우려가 있는 부위는 해당 부위에 덮개를 설치해야 한다.

해설

②항은 연삭숫돌의 사용 시가 아닌 제작 시의 기준사항이며, 시운전은 정격속도 이내에서 실시한다.

정답 25 ① 26 ②

06 목재 가공용 둥근톱 기계

(1) 둥근톱 기계의 특징

① 목재 가공용 기계는 타 업종 기계에 비하여 다량의 분진 발생과 고속회전으로 인한 위험성이 높다.

② 목재 가공용 기계의 종류
둥근톱 기계, 띠톱기계, 동력식 수동 대패 기계, 모떼기 기계 등
※ 둥근톱 기계의 위험성이 가장 높다.

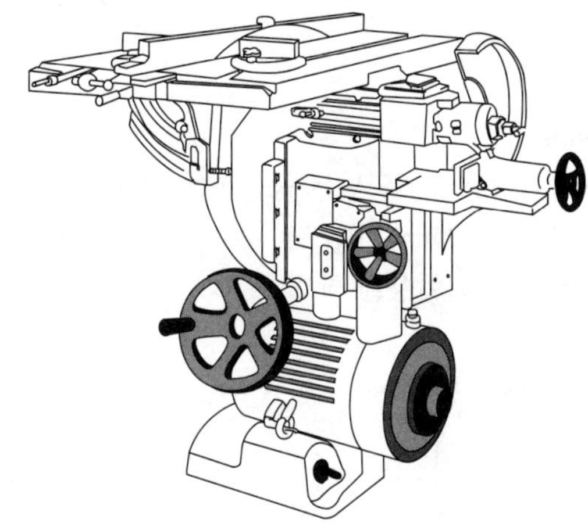

③ 둥근톱 기계의 방호장치 구분

톱날접촉예방장치	일종의 보호덮개
반발예방장치	분할날, 반발방지 기구(Finger), 반발방지롤(Roll), 보조안내판

(2) 톱날접촉 예방장치

① 고정식 접촉예방장치
㉠ 고정식 접촉예방장치는 박판으로 동일폭 다량 절삭용으로 적합
㉡ 덮개 하단과 테이블 사이의 높이 : 25mm 이내
㉢ 덮개 하단과 가공재 상면의 간격 : 8mm 이하

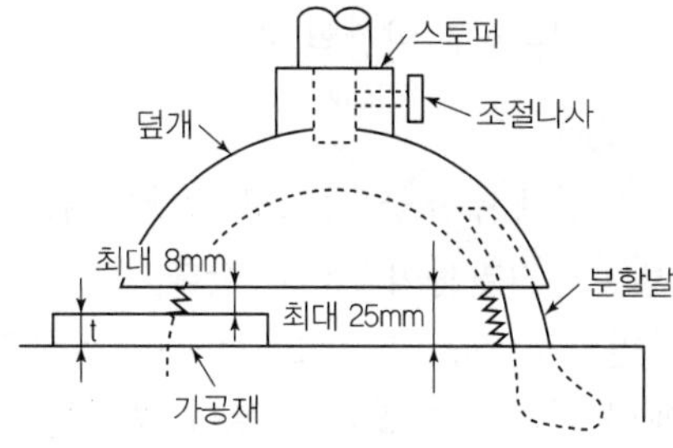

[고정식 톱날접촉예방장치]

[가동식 접촉예방장치]

② 가동식 접촉예방장치

㉠ 가동식 접촉예방장치는 후판으로 소량 다품종 생산용에 적합하다.

㉡ 덮개의 하단이 송급되는 가공재의 상면에 항상 접하는 방식의 것이고 절단작업을 하고 있지 않을 때에는 톱날에 접촉되는 것을 방지할 수 있을 것

㉢ 절단작업 중 가공재의 절단에 필요한 날 이외의 부분을 항상 자동적으로 덮을 수 있는 구조일 것

㉣ 작업에 현저한 지장을 초래하지 않고 톱날을 관찰할 수 있을 것

㉤ 접촉 예방장치의 지지부는 덮개의 위치를 조정할 수 있고 체결볼트에는 이완방지조치를 할 것

(3) 반발예방장치

① 분할날(spreader)

㉠ 톱날의 직경이 405mm를 넘는 둥근톱에 사용

㉡ 톱날과의 간격은 12mm 이내

㉢ 톱날 후면날의 2/3 이상을 방호

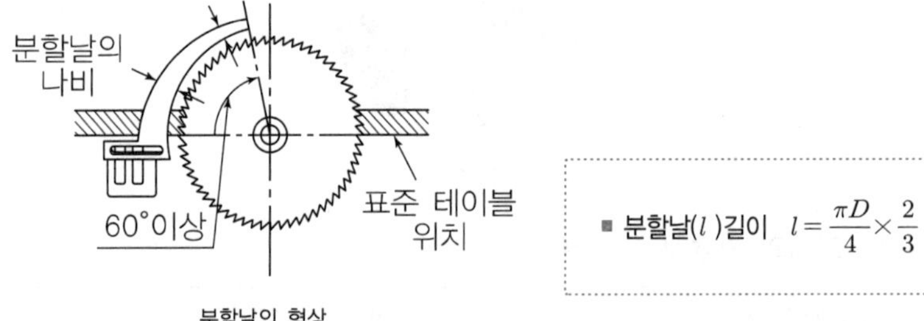

분할날의 형상

㉣ 분할날의 두께는 톱날 두께의 1.1배 이상이고, 톱날의 치진폭 이하로 할 것

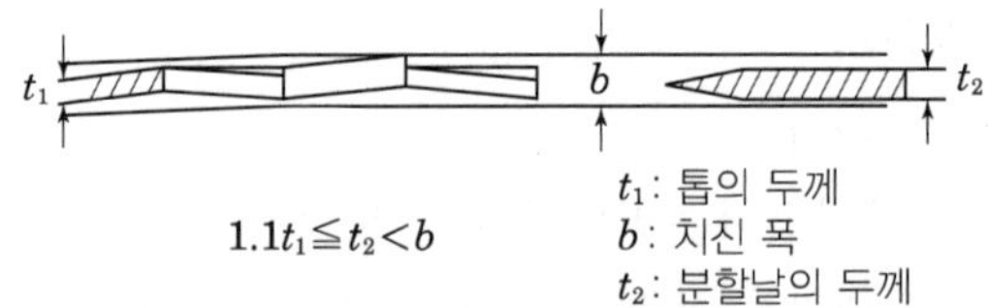

㉤ 분할날의 재료 : 탄소공구강 5종(SK_5)에 상당하는 재질

㉥ 분할날의 조임볼트는 2개 이상일 것.

[반발방지기구(Finger)]

② 반발방지 기구(Finger)

㉠ 가공재가 톱날 후면에서 조금 들뜨고 역행하려고 할 때 반발을 방지하는 것으로 반발방지발톱이라고도 한다.

㉡ 일반구조용 압연강재 2종(KS D 3503-76) 이상의 것을 사용

㉢ 목재 송급쪽에 설치하고 반발을 충분히 방지할 수 있도록 설치

③ 반발방지 롤(roll)

㉠ 가공재를 충분히 누르는 강도를 가질 수 있는 구조로 할 것

㉡ 가공재가 톱의 후면날 쪽에서 떠오르는 것을 방지하기 위해 가공재의 상면을 항상 일정한 힘으로 누르고 있어야 한다.

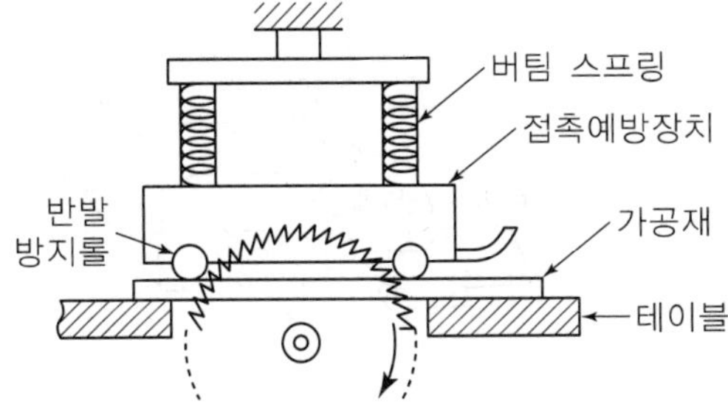

(4) 둥근톱기계 방호장치의 일반구조 요건

[관련법령]
위험기계·기구 자율안전확인 고시 별표9
【목재가공기계의 제작 및 안전기준】

① 톱날은 어떤 경우에도 외부에 노출되지 않고 덮개가 덮여 있어야 한다.

② 작업 중 근로자의 부주의에도 신체의 일부가 날에 접촉할 염려가 없도록 설계되어야 한다.

③ 덮개 및 지지부는 경량이면서 충분한 강도를 가져야 하며, 외부에서 힘을 가했을 때 지지부는 회전되지 않는 구조로 설계되어야 한다.

④ 덮개의 가동부는 원활하게 상하로 움직일 수 있고 좌우로 움직일 수 없는 구조로 설계되어야 한다.

(5) 둥근톱기계의 안전작업수칙

① 공회전을 시켜 이상 유무를 확인할 것

② 둥근톱기계의 작업대는 작업에 적당한 높이로 조정할 것

③ 톱날의 재료보다 너무 높게 솟아나지 않도록 조정할 것

④ 둥근톱에는 반드시 반발예방장치를 하고 작업 중에는 벗기지 말 것

⑤ 작업자는 톱 작업 중에 톱날 회전방향의 정면에 서지 말 것

⑥ 두께가 얇은 물건의 가공은 압목이나 기타 적당한 도구를 사용할 것

⑦ 보안경, 안전모, 안전화를 착용할 것

⑧ 장갑을 끼고 작업하지 말 것

(6) 동력식 수동대패기계

① 공작물을 수동 또는 자동으로 직선 이송시켜 회전하는 대팻날로 평면 깎기, 홈 깎기 또는 모떼기 등의 가공을 하는 목재가공기계

② 가공할 판재를 손의 힘으로 송급하여 표면을 미끈하게 하는 동력기계

[동력식 수동대패 기계]

③ 대패기계 덮개의 종류

구분	내용
가동식 덮개	대패날 부위를 가공재료의 크기에 따라 움직이며, 인체가 날에 접촉하는 것을 방지해 주는 형식 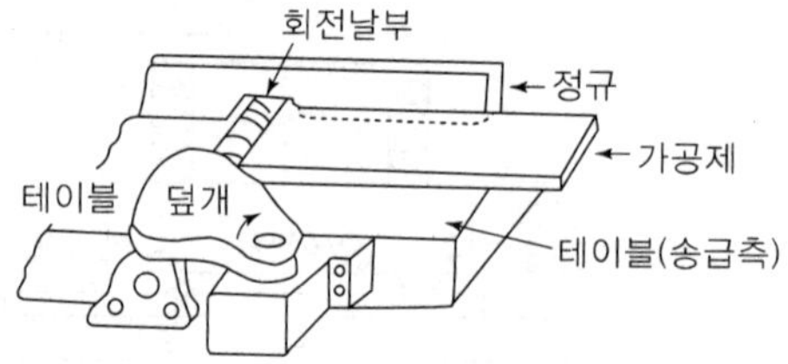 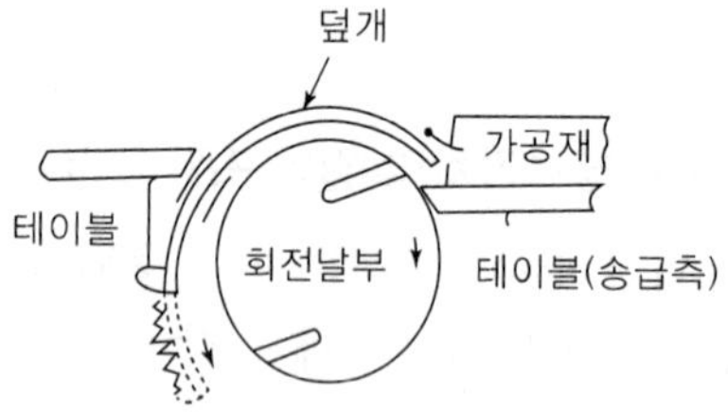
고정식 덮개	대패날 부위를 필요에 따라 수동조정하도록 하는 형식 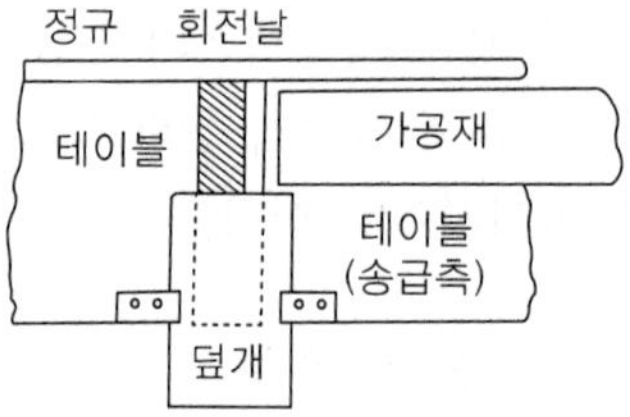

[목재가공용 기계의 방호장치 구분]

(1) 톱날접촉 예방장치 : 둥근톱 기계

(2) 날접촉 예방장치 : 띠톱기계, 모떼기기계, 동력식 수동대패기계

④ 대폐기계 덮개의 구조

㉠ 공작물의 절삭에 필요한 부분을 제외한 부분을 덮을 수 있는 구조일 것

㉡ 공작물의 두께에 따라 조절을 쉽게 할 수 있는 구조일 것

㉢ 휨, 비틀림 등의 변형이 생기지 않는 충분한 강도를 가질 것

06 핵심문제 6. 목재가공용 둥근톱 기계

□□□ 08년1회

1. 목재가공용 둥근톱 기계의 반발예방용 방호장치가 아닌 것은?

① 수봉식 안전기 ② 분할날(spreader)
③ 반발방지롤(roll) ④ 반발방지발톱(finger)

문제 1, 2 해설

둥근톱 기계의 방호장치 구분

톱날접촉예방장치	일종의 보호덮개
반발예방장치	분할날, 반발방지 기구(Finger), 반발방지롤(Roll), 보조안내판

□□□ 10년2회, 20년3회

2. 둥근 톱기계의 방호장치 중 반발 예방장치의 종류가 아닌 것은?

① 분할날 ② 반발방지 기구(finger)
③ 보조 안내판 ④ 안전덮개

□□□ 10년2회

3. 다음 중 방호장치와 위험기계 · 기구의 연결이 잘못된 것은?

① 날 접촉예방장치 – 프레스
② 반발예방가구 – 목재가공용 둥근톱
③ 덮개 – 띠톱
④ 칩브레이커 – 선반

문제 3, 4 해설

목재가공용 기계의 방호장치 구분
(1) 톱날접촉 예방장치 : 둥근톱 기계
(2) 날접촉 예방장치 : 띠톱기계, 모떼기기계, 동력식 수동대패기계

□□□ 18년1회

4. 다음 목재가공용 기계에 사용되는 방호장치의 연결이 옳지 않은 것은?

① 둥근톱기계 : 톱날접촉예방장치
② 띠톱기계 : 날접촉예방장치
③ 모떼기기계 : 날접촉예방장치
④ 동력식 수동대패기계 : 반발예방장치

□□□ 15년2회

5. 동력식 수동대패에서 손이 끼지 않도록 하기 위해서 덮개 하단과 가공재를 송급하는 측의 테이블 면과의 틈새는 최대 몇 mm 이하로 조절해야 하는가?

① 8mm 이하 ② 10mm 이하
③ 12mm 이하 ④ 15mm 이하

해설

덮개 하단과 가공재 상면의 간격을 조절나사를 통하여 항상 8mm 이하로 해두어야만 작업자의 손이 끼일 염려가 적어지게 된다.

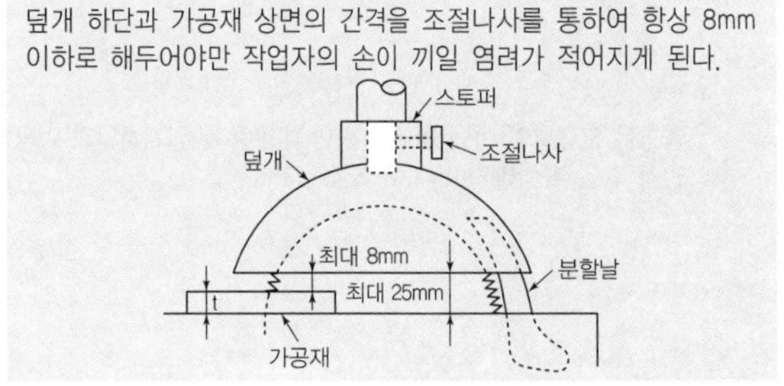

□□□ 09년2회

6. 동력식 수동 대패 기계에 관한 설명 중 옳지 않는 것은?

① 날 접촉예방장치에는 가동식과 고정식이 있다.
② 접촉 절단 재해가 발생할 수 있다.
③ 덮개와 송급측 테이블면 간격은 8mm 이내로 한다.
④ 가동식 날 접촉예방장치는 동일한 폭의 가공재를 대량 생산하는데 적합하다.

해설

④항, 가동식 접촉예방장치는 후판으로 소량 다품종 생산용에 적합하다.

□□□ 10년1회, 11년2회, 19년3회

7. 목재가공용 둥근톱 작업에서 분할날과 톱날 원주면과의 간격은 얼마 이내가 되도록 조정하는가?

① 10mm ② 12mm
③ 14mm ④ 16mm

해설

분할날(spreader)의 설치
1) 톱날의 직경이 405mm를 넘는 둥근톱에 사용
2) 톱날과의 간격은 12mm 이내
3) 톱날 후면날의 2/3 이상을 방호
4) 분할날의 두께는 톱날 두께의 1.1배 이상이고, 톱날의 치진폭 이하로 할 것

정답 1 ① 2 ④ 3 ① 4 ④ 5 ① 6 ④ 7 ②

□□□ 09년3회, 15년1회

8. 목재 가공용 둥근톱에서 반발방지를 방호하기 위한 분할날의 설치조건이 아닌 것은?

① 톱날과의 간격 12mm 이내
② 톱날 후면날의 2/3 이상 방호
③ 분할날 두께는 둥근 톱 두께 1.1배 이상
④ 덮개 하단과 가공재 상면과의 간격은 15mm 이내로 조정

해설

④항은 분할날이 아닌 덮개에 관한 내용이며, 덮개하단과 가공재 상면과의 간격은 8mm이내로 조정한다.

□□□ 09년2회, 14년2회, 16년3회

9. 목재가공용 둥근톱의 톱날 지름이 500mm일 경우 분할날의 최소길이는 약 몇 mm인가?

① 161.7mm ② 261.8mm
③ 361.7mm ④ 461.8mm

해설

분할날의 길이$(l) = \frac{\pi D}{4} \times \frac{2}{3} = \frac{\pi \times 500}{4} \times \frac{2}{3} = 261.8$ mm

□□□ 10년2회

10. 두께 1mm이고 치진폭이 1.3mm인 목재가공용 둥근톱에서 반발예방장치 분할날의 두께(t)로 적절한 것은?

① 1.1 ≦ t ≦ 1.3 ② 1.3 ≦ t ≦ 1.5
③ 0.9 ≦ t ≦ 1.1 ④ 1.5 ≦ t ≦ 1.7

해설

분할날의 두께는 톱날 두께의 1.1배 이상이고, 톱날의 치진폭 이하로 할 것

t_1: 톱의 두께 b: 지친 폭 t_2: 분할날의 두께

□□□ 09년1회, 17년2회

11. 그림과 같이 목재가공용 둥근톱 기계에서 분할날(t_2) 두께가 4.0mm일 때 톱날과의 관계로 옳은 것은?

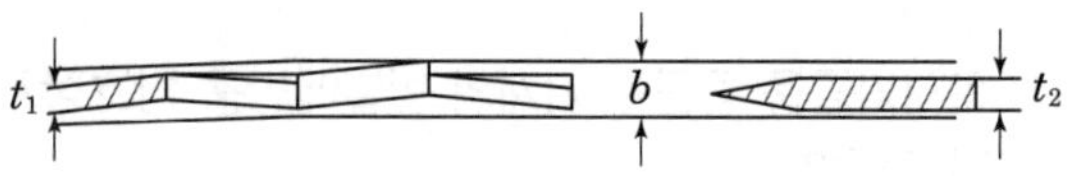

t_1: 톱의 두께 b: 지친 폭 t_2: 분할날의 두께

① b > 4.0mm, t ≤ 3.6mm
② b > 4.0mm, t ≤ 4.0mm
③ b < 4.0mm, t ≤ 4.4mm
④ b > 4.0mm, t ≥ 3.6mm

해설

(1) 치진폭(b) 〉 분할날(t_2) 이므로, b>4.0mm이다.
(2) 톱날두께(t)×1.1≤분할날(t_2)이므로

$$톱날두께(t) \le \frac{분할날(t_2)}{1.1} \le \frac{4}{1.1} \le 3.6$$ 이므로, t ≤ 3.6

□□□ 17년1회

12. 두께 2mm이고 치진폭이 2.5mm인 목재가공용 둥근톱에서 반발예방장치 분할날의 두께(t)로 적절한 것은?

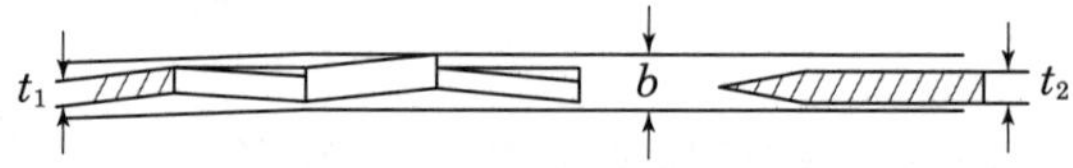

t_1: 톱의 두께 b: 지친 폭 t_2: 분할날의 두께

① 2.2mm ≤ t < 2.5mm
② 2.0mm ≤ t < 3.5mm
③ 1.5mm ≤ t < 2.5mm
④ 2.5mm ≤ t < 3.5mm

해설

(1) 톱날두께 : 2mm, 치진폭 : 2.5mm
(2) 톱날두께×1.1≤분할날 두께이므로, 2×1.1≤분할날=2.2≤t이다.
(3) 분할날 두께>치진폭 이므로, t>2.5 mm이다.

□□□ 09년3회

13. 목재 가공용 둥근톱 기계의 안전작업으로 틀린 것은?

① 작업자는 톱날의 회전방향 정면에 서서 작업한다.
② 톱날이 재료보다 너무 높게 솟아나지 않게 한다.
③ 두께가 얇은 재료의 절단에는 압목 등의 적당한 도구를 사용한다.
④ 작업 전에 공회전 시켜서 이상 유무를 점검한다.

정답 8 ④ 9 ② 10 ① 11 ① 12 ① 13 ①

해설

둥근톱기계의 안전작업수칙
① 공회전을 시켜 이상 유무를 확인할 것
② 둥근톱기계의 작업대는 작업에 적당한 높이로 조정할 것
③ 톱날의 재료보다 너무 높게 솟아나지 않도록 조정할 것
④ 둥근톱에는 반드시 반발예방장치를 하고 작업 중에는 벗기지 말 것
⑤ 작업자는 톱 작업 중에 톱날 회전방향의 정면에 서지 말 것
⑥ 두께가 얇은 물건의 가공은 압목이나 기타 적당한 도구를 사용할 것
⑦ 보안경, 안전모, 안전화를 착용할 것
⑧ 장갑을 끼고 작업하지 말 것

□□□ 18년2회

14. 목재가공용 둥근톱에서 안전을 위해 요구되는 구조로 옳지 않은 것은?

① 톱날은 어떤 경우에도 외부에 노출되지 않고 덮개가 덮여 있어야 한다.
② 작업 중 근로자의 부주의에도 신체의 일부가 날에 접촉할 염려가 없도록 설계되어야 한다.
③ 덮개 및 지지부는 경량이면서 충분한 강도를 가져야 하며, 외부에서 힘을 가했을 때 쉽게 회전될 수 있는 구조로 설계되어야 한다.
④ 덮개의 가동부는 원활하게 상하로 움질일 수 있고 좌우로 움직일 수 없는 구조로 설계되어야 한다.

해설

둥근톱기계 방호장치의 일반구조 요건
① 톱날은 어떤 경우에도 외부에 노출되지 않고 덮개가 덮여 있어야 한다.
② 작업 중 근로자의 부주의에도 신체의 일부가 날에 접촉할 염려가 없도록 설계되어야 한다.
③ 덮개 및 지지부는 경량이면서 충분한 강도를 가져야 하며, 외부에서 힘을 가했을 때 지지부는 회전되지 않는 구조로 설계되어야 한다.
④ 덮개의 가동부는 원활하게 상하로 움직일 수 있고 좌우로 움직일 수 없는 구조로 설계되어야 한다.

□□□ 18년3회

15. 목재가공용 둥근톱 기계에서 가동식 접촉예방장치에 대한 요건으로 옳지 않은 것은?

① 덮개의 하단이 송급되는 가공재의 상면에 항상 접하는 방식의 것이고 절단작업을 하고 있지 않을 때에는 톱날에 접촉되는 것을 방지할 수 있어야 한다.
② 절단적업 중 가공재의 절단에 필요한 날 외외의 부분을 항상 자동적으로 덮을 수 있는 구조여야 한다.
③ 지지부는 덮개의 위치를 조정할 수 있고 체결볼트에는 이완방지조치를 해야 한다.
④ 톱날이 보이지 않게 완전히 가려진 구조이어야 한다.

해설

가동식 접촉예방장치의 구조
① 가동식 접촉예방장치는 후판으로 소량 다품종 생산용에 적합하다.
② 덮개의 하단이 송급되는 가공재의 상면에 항상 접하는 방식의 것이고 절단작업을 하고 있지 않을 때에는 톱날에 접촉되는 것을 방지할 수 있을 것
③ 절단작업 중 가공재의 절단에 필요한 날 이외의 부분을 항상 자동적으로 덮을 수 있는 구조일 것
④ 작업에 현저한 지장을 초래하지 않고 톱날을 관찰할 수 있을 것
⑤ 접촉 예방장치의 지지부는 덮개의 위치를 조정할 수 있고 체결볼트에는 이완방지조치를 할 것

정답 14 ③ 15 ④

Chapter 03

프레스 및 전단기의 안전

프레스 및 전단기의 안전은 프레스의 종류, 방호장치의 종류와 특징, 금형의 안전화, 프레스 안전 작업으로 구성된다. 여기에서는 방호장치별 특징과 프레스 작업 시 안전 수칙 등이 주로 출제된다.

[소성가공의 장점]

① 주물보다 가공치수가 정확하다.
② 대량생산이 가능하다.
③ 금속의 결정조직을 강하게 한다.
④ 균일한 제품을 생산할 수 있다.
⑤ 재료의 손실이 적다.

[소성가공의 방법]

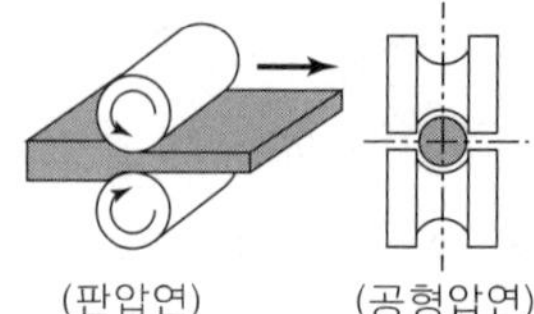

(판압연) (공형압연)

① 압 연

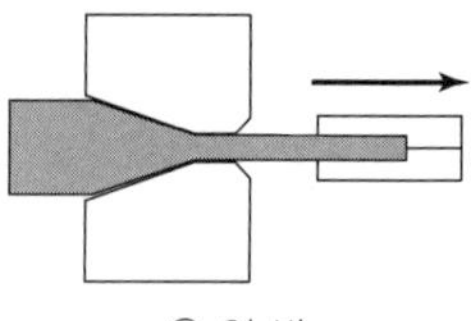

② 인 발

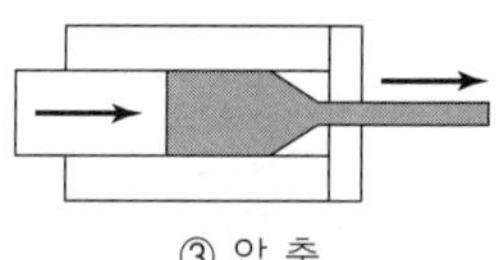

③ 압 출

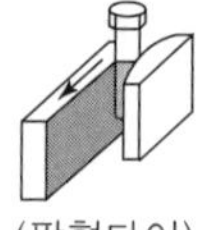

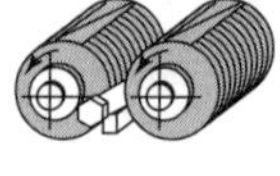

(판형다이) (원형다이)

④ 전 조

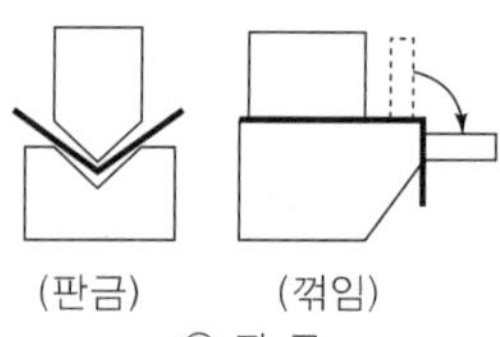

(판금) (꺾임)

⑤ 판 금

01 소성가공

소성가공(塑性加工) : 재료의 소성을 이용하여 필요한 형상으로 가공을 하거나, 주조 조직을 파괴하여 균일한 미세결정으로 강도 · 연성 등의 기계적 성질을 개선하는 가공법

(1) 작업 방법에 따른 분류

구분	내용
단조	보통 열간가공에서 적당한 단조 기계로 재료를 소성가공하여 조직을 미세화시키고, 균질 상태로 하면서 성형하는 것
압연	재료를 열간 또는 냉간가공하기 위하여 회전하는 롤러(roller) 사이를 통과시켜 원하는 두께, 폭, 또는 지름을 가진 제품을 만든다.
인발	금속 파이프(pipe) 또는 봉재를 다이(die)에 통과시켜 축방향으로 인발하여 바깥지름을 감소시키면서 일정한 단면을 가진 소재 또는 제품으로 가공하는 방법
압출	상온 또는 가열된 금속을 실린더 형상을 한 컨테이너(container)에 넣고, 한쪽에 있는 램(ram)에 압력을 가하여 압출하고, 다이를 통하여 재료가 소성가공되어 관재, 봉재, 단면재 등으로 제작되는 방법
판금가공	판상 금속재료를 형틀로써 프레스(press), 절단, 압축, 인장 등의 방법으로 가공하는 방법 [판금가공의 종류] • 프레스 가공(pressing) • 전단가공(shearing) • 굽힘가공(bending) • 디이프 드로오잉(deep drawing)
전조	압연 작업과 유사하나 전조공구를 이용하여 나사 (thread), 기어(gear) 등을 성형하는 가공법

(2) 냉간 가공(cold working) 및 열간가공(hot working)

냉간 가공과 열간 가공의 구분 : 금속의 결정온도에 따라 결정되고 온도는 금속의 융점에 비례되며 철, 구리, 황동 등은 가공경화를 일으킨다.

구분	내용
냉간가공	성형완성을 정밀하게 하고 강도를 크게 할 목적으로 사용
열간가공	변형하기 쉬운 상태인 재 결정 온도보다 높은 고온에서 작업

[재결정 온도]

① 재결정 현상은 결정 입자가 열을 받아서 새로운 결정 입자가 생성되어 생기는 현상

② 재결정 온도는 일반적으로 변형량이 클수록, 금속의 순도가 높을수록, 결정립이 적을수록, 변형전 온도가 낮을수록 낮아진다.

(3) 단조 가공

① 단조가공의 특징

㉠ 금속재료를 소성 유동하기 쉬운 상태에서 압축력 또는 충격력을 가하여 단련하는 것

㉡ 항복점이 낮고 연신율이 클수록 단조가공이 쉬우며 주철은 단조 불가능

㉢ 순수한 재질일수록 쉬우며 탄소함유량이 많을수록 어려우며 특수강은 불가능한 것도 있다.

[단조가공]

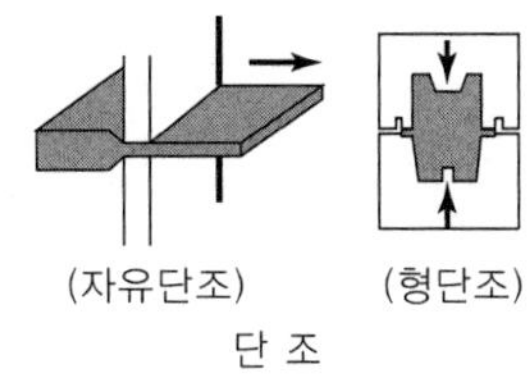

단 조

② 단조의 종류

구분	내용
자유단조	재료가 압축력이 작용하는 방향에 대하여 직각방향으로 구속받지 않고 형상과 크기를 자유로이 할 수 있으며, 대형 가공물과 수량이 적은 가공에 많이 사용한다.
형단조	밀폐형으로 된 상하 한 쌍의 형틀을 사용하는 경우와, 1개의 아래 형틀을 앤빌(anvil) 위에 고정하고, 소재를 위에 놓고 램(ram)으로 가압하는 경우가 있다. 1개의 다이 위에 몇 개의 형틀이 조각되어 점차적으로 제품을 완성하는 방식도 있다.
업셋 단조	가열된 재료를 수직으로 형틀에 고정하고, 한쪽 끝을 돌출시킨 상태에서 돌출부를 축방향으로 해딩(heading)공구로 타격을 주어 형성
압연단조	봉재에서 가늘고 긴 것을 형성할 때 이용한다. 한 쌍의 반원통 로울 표면위에 형을 조각하고, 로울을 회전시키면서 성형 단조한다.

③ 단조 작업의 형태

구분	내용
코울드헤딩	볼트, 리벳의 머리 제작에 이용된다.
코이닝	형압(型壓)이라고도 하며, 프레스로써 매끈한 표면과 정밀한 치수를 얻으려고 할 때에 이용하는 방식
스웨이징	봉재, 또는 관재의 지름을 축소하거나 테이퍼를 만들 때 이용

④ 단조작업 시 위험 요인
㉠ 타격에 의해 반발된 소재 및 공구에 접촉위험
㉡ 다이 사이에 손이나 발의 협착위험
㉢ 다이의 설치 및 제거 시 다이낙하에 의한 협착위험
㉣ 고온산화 스케일의 비산에 의한 화상위험
㉤ 동력전달장치에 말려들 위험

(4) 수공구

① 해머
㉠ 로크웰 경도 HRC 50~60 정도가 적당하다.
㉡ 해머에 쐐기가 없는 것, 자루가 빠지려고 하는 것, 부러지려고 하는 것은 절대로 사용하지 말 것
㉢ 해머는 사용목적 이외의 용도에 사용하지 않을 것
㉣ 해머는 처음부터 힘을 주어 치지 말 것
㉤ 녹이 슨 것은 녹이 튀어 눈에 들어가므로 보안경을 착용할 것
㉥ 장갑을 끼고 사용하면 쥐는 힘이 작아지므로 장갑을 끼지 않을 것

② 앤빌(anvil)
단조작업이나 판금작업시 공작물을 올려놓고 타격하는 작업대

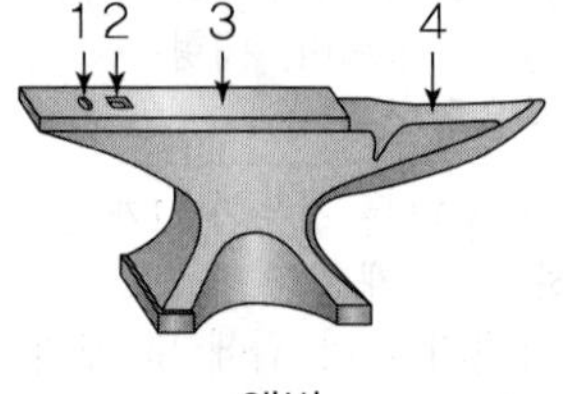

앤빌

1, 2번 구멍은 펀치 작업의 구멍뚫기, 탭 작업에 사용
3번 공구강판을 평면으로 다듬질 작업
4번 굽힘작업에 사용

③ 정(chisel) 작업

재해 형태	안전작업 수칙
• 작업시 쇳밥이 눈으로 날라와 부상을 입는 경우 • 재료에 비해 정의 나비가 넓을 때는 정과 직각방향 좁을 때는 정 작업을 하고 남아있는 방향으로 철판이 튀어 재해가 발생 • 담금질 된 재료를 모르고 타격할 때 재료의 일부분이 부서져 파편에 의한 재해발생	• 반드시 보안경을 착용할 것 • 정으로 담금질 된 재료를 가공하지 말 것 • 자르기 시작할 때와 끝날 무렵에는 세게 치지 말 것 • 철강재를 정으로 절단할 때에는 철편이 날아 튀는 것에 주의할 것

④ 줄(file)

줄에 의한 재해	안전작업 수칙
줄을 해머로 두들기거나 해머 대용품으로 사용하여 부러져 파편이 튀는 경우 (줄은 단단하여 부러지기 쉽다.)	• 줄은 반드시 자루를 끼워서 사용할 것 • 해머 대용으로 두들기지 말 것 • 땜질한 줄은 부러지기 쉬우므로 사용하지 말 것 • 줄은 다른 용도에 사용하지 말 것 • 줄의 눈이 막힌 것을 입으로 불거나 바이스에 대고 두들기지 말고 반드시 와이어 브러시로 제거하도록 할 것

⑤ 수공구 재해예방 4원칙

㉠ 작업에 맞는 공구 선택과 올바른 취급

㉡ 결함이 없는 완전한 공구사용

㉢ 공구의 올바른 취급과 사용

㉣ 공구는 안전한 장소에 보관

01 핵심문제 1. 소성가공

□□□ 09년3회

1. 소성가공의 종류에 해당하지 않는 것은?

① 선반 가공 ② 하이드로포밍 가공
③ 압연 가공 ④ 전조 가공

해설

소성가공(塑性加工)이라 함은 재료의 소성을 이용하여 필요한 형상으로 가공을 하거나, 주조 조직을 파괴하여 균일한 미세결정으로 강도·연성 등의 기계적 성질을 개선하는 가공법으로 종류는 다음과 같다.
1. 단조(鍛造 ; forging)가공
2. 압연(壓延 ; rolling)가공
3. 인발(引拔 ; drawing)가공
4. 압출(押出 ; extrusion)가공
5. 판금(板金 ; sheet metal working)가공
6. 전조(轉造 ; form rolling)가공이 있다.

□□□ 12년2회, 19년1회

2. 다음 중 소성가공을 열간가공과 냉간가공으로 분류하는 가공온도의 기준은?

① 융해점 온도 ② 공석점 온도
③ 공정점 온도 ④ 재결정 온도

해설

소성가공은 열강가공과 냉간가공으로 분류하며 열강가공은 재결정온도 이상에서 소성되는 것이고, 냉간가공은 재결정온도 이하에서 가공되는 것이다.

□□□ 09년1회, 12년1회

3. [보기]와 같은 안전 수칙을 적용해야 하는 수공구는?

[보기]
- 칩이 튀는 작업에는 보호안경을 착용하여야 한다.
- 처음에는 가볍게 때리고, 점차적으로 힘을 가한다.
- 절단된 가공물의 끝이 튕길 수 있는 위험의 발생을 방지하여야 한다.

① 정 ② 줄
③ 쇠톱 ④ 스패너

문제 3, 4 해설

정 작업 안전수칙
① 반드시 보안경을 착용할 것
② 정으로 담금질 된 재료를 가공하지 말 것
③ 자르기 시작할 때와 끝날 무렵에는 세게 치지 말 것
④ 철강재를 정으로 절단할 때에는 철편이 날아 튀는 것에 주의할 것

□□□ 11년3회, 14년1회, 14년2회

4. 정 작업 시의 작업안전수칙으로 틀린 것은?

① 정 작업 시에는 보안경을 착용하여야 한다.
② 정 작업 시에는 담금질된 재료를 가공해서는 안 된다.
③ 정 작업을 시작할 때와 끝날 무렵에는 세게 친다.
④ 철강재를 정으로 절단 시에는 철편이 날아 튀는 것에 주의한다.

□□□ 16년1회

5. 수공구 취급 시의 안전수칙으로 적절하지 않은 것은?

① 해머는 처음부터 힘을 주어 치지 않는다.
② 렌치는 올바르게 끼우고 몸 쪽으로 당기지 않는다.
③ 줄의 눈이 막힌 것은 반드시 와이어브러시로 제거한다.
④ 정으로는 담금질된 재료를 가공하여서는 안 된다.

해설

렌치는 몸 쪽 방향으로 당겨 사용한다.

정답 1 ① 2 ④ 3 ① 4 ③ 5 ②

02 프레스의 종류와 특징

(1) 프레스의 종류

① 인력프레스와 동력프레스

프레스	구분	종류
프레스	인력 프레스	푸트 프레스, 나사 프레스, 아아버 프레스, 엑센트릭 프레스
	동력 프레스	크랭크 프레스, 마찰 프레스, 토글 프레스, 액압 프레스

[프레스의 종류별 재해 발생]
동력기계 프레스 〉 푸트 프레스 〉 전단 프레스 〉 액압 프레스

② 동력 프레스(power press)

구분	내용
크랭크 프레스(crank press)	동력 프레스 중에서 대표적인 크랭크 프레스는 가장 많이 사용하는 것으로 플라이휠(flywheel)의 회전운동을 직선운동으로 바꾸어 프레스에 필요한 펀치의 상하운동을 시키며 일행정 일정지식 운동을 한다.
토글 프레스(toggle press)	토글기구를 이용하여 플라이 휠의 회전운동을 왕복운동으로 변환시키고, 이것을 다시 토글기구로써 램(ram)이 상하운동을 한다.
마찰 프레스(friction press)	마찰력과 나사를 이용한 프레스로서, 램을 부착하는 나사축바퀴의 좌우마찰차와 이 바퀴를 접촉시켜 놓고, 플라이휠을 회전시키면 축은 나사이므로 램이 상하운동을 한다. (큰 압력을 필요하는 작업에 사용)
액압 프레스(hydraulic press)	용량이 큰 프레스에 많이 사용되는 것으로서 실린더 내에 액압을 가해서 램을 통하여 슬라이더의 상승, 하강운동에 필요한 압력을 가하는 프레스

(2) no-hand in die, hand in die 방식

구분	no-hand in die 방식	hand in die 방식
정의	작업자의 손을 금형 사이에 집어넣을 필요가 없도록 하는 본질적 안전화 추진대책 • 손을 집어넣을 수 없는 방식 • 손을 집어넣으면 들어가지만 집어넣을 필요가 없는 방식	작업자의 손이 금형 사이에 들어가야만 되는 방식으로 이때에는 방호장치를 부착시켜야 한다.
종류	(1) 안전울을 부착한 프레스(작업을 위한 개구부를 제외하고 다른 틈새는 8mm 이하) (2) 안전금형을 부착한 프레스(상형과 하형과의 틈새 및 가이드 포스트와 부시와의 틈새는 8mm 이하) (3) 전용 프레스의 도입(작업자의 손을 금형 사이에 넣을 필요가 없도록 부착한 프레스) (4) 자동 프레스의 도입(자동 송급, 배출 장치를 부착한 프레스)	(1) 프레스기의 종류, 압력능력, 매분 행정수, 행정의 길이 및 작업방법에 상응하는 방호장치 • 가드식 방호장치 • 손쳐내기식 방호장치 • 수인식 방호장치 (2) 프레스기의 정지성능에 상응하는 안전장치 • 양수조작식 방호장치 • 감응식 방호장치

(3) 재료 또는 가공품의 이송(송급, 취출)시 안전

① 방법의 자동화

구분	내용
1차 가공용 송급배출장치	롤 피더(roll feeder), 그리퍼 피더(gripper feeder) 등 사용
2차 가공용 송급배출장치	슈트(chute), 푸셔 피더(pusher feeder), 다이얼 피더(야미 feeder), 트랜스퍼 피더(transfer feeder), 셔블 이젝터, 프레스용 로봇을 사용
제품 및 스크랩(scrap)의 금형에 부착 방지	스트리퍼(stripper), 녹 아웃트(knock out), 키커 핀(kicker pin) 등을 설치
가공완료한 제품 및 스크랩의 자동취출	에어분사장치(air sprayer), 킥커(kicker), 리프터(lifter), 이젝터 캐치 암(ejector catch arm), 오토 핸드(auto hand), 아이언 핸드(iron hand) 등

[피더]

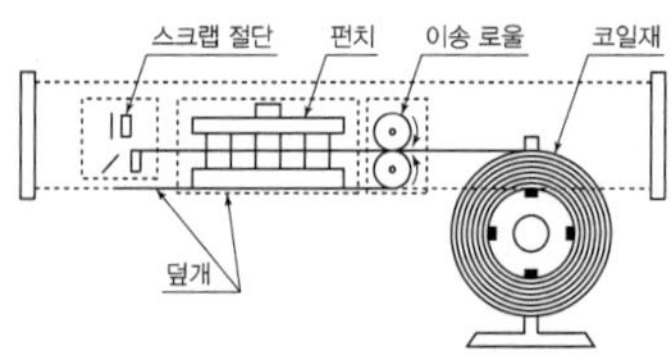

[스트리퍼]

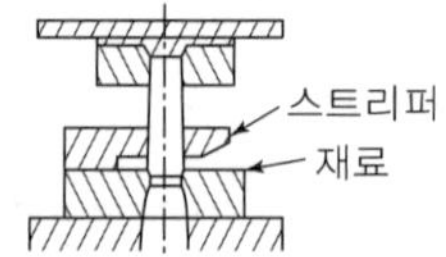

프레스가공에서 블랭킹 다이(blanking die)의 일부에 부착되어 블랭킹한 펀치에 부착한 나머지 판금을 펀치가 위로 올라갈 때 떨어지게 하는 금형 부품을 말한다.
펀치의 변형방지, 재료의 자리잡기 등의 기능을 할 수 있다.

② 수공구의 활용

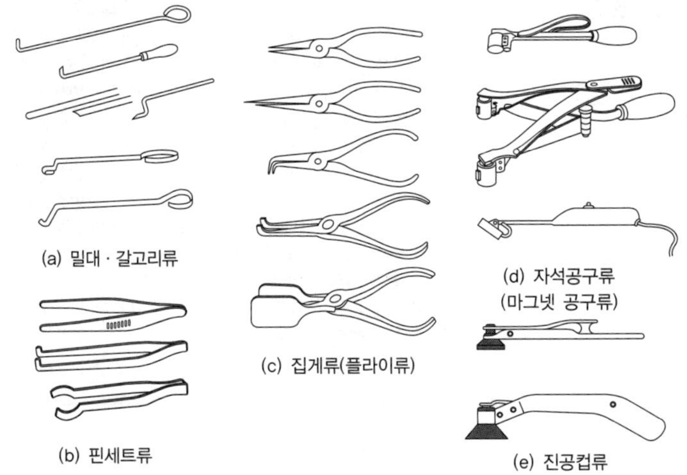

수공구의 종류

(4) 프레스의 일반적 방호

구분	항목
운전가공 중의 안전수칙	• 운전가공 중에는 금형사이에 절대로 손을 넣지 않는다. • 지시된 작업표준을 지키고 안전작업을 한다. • 연속 다발 작업을 제외하고는 1회마다 페달에서 발을 뗀다. • 부품의 삽입, 스크랩의 배출시는 수공구를 사용 • 2인 이상의 공동작업일 경우에는 책임자를 선정한다. • 작업을 중단할 때는 기계를 정지하고 재료 또는 가공품을 꺼낸다. • 주유 또는 청소시에는 반드시 기계를 정지한 뒤에 실시
정지 시의 안전수칙	• 플라이 휠의 회전을 멈추기 위해 손으로 누르지 않는다. • 클러치를 연결시킨 상태에서 기계를 정지시켜서는 안된다. • 정전되면 즉시 스위치를 끈다.
작업시작 전의 점검사항	• 클러치 및 브레이크의 기능 • 크랭크축, 플라이 휠, 슬라이드, 연결봉 및 연결나사의 볼트의 풀림 여부 • 1행정 1정지기구, 급정지장치 및 비상정지장치의 기능 • 슬라이드 또는 칼날에 의한 위험방지기구의 기능 • 프레스의 금형 및 고정 볼트 상태 • 방호장치의 기능 • 전단기의 칼날 및 테이블의 상태
관리감독자 직무(프레스)	• 프레스등 및 그 방호장치를 점검하는 일 • 프레스등 및 그 방호장치에 이상이 발견된 때 즉시 필요한 조치를 하는 일 • 프레스등 및 그 방호장치에 전환 스위치를 설치할 때 당해 전환스위치의 열쇠를 관리하는 일 • 금형의 부착 · 해체 또는 조정 작업을 지휘하는 일

[프레스의 표시내용]
(1) 압력능력(전단기는 전단능력)
(2) 사용전기 설비의 정격
(3) 제조자명
(4) 제조년월
(5) 안전인증 표시
(6) 형식 또는 모델번호
(7) 제조번호

[관련법령]
산업안전보건기준에 관한 규칙
• 별표 2【관리감독자의 유해 · 위험 방지】
• 별표 3【작업시작 전 점검사항】

Tip
필수암기사항!
프레스의 작업시작 전 점검사항은 매우 자주 출제되는 내용으로 내용을 빠짐없이 암기하자.

02 핵심문제 2. 프레스의 종류와 특징

□□□ 16년3회

1. 동력프레스의 종류에 해당하지 않는 것은?

① 크랭크 프레스 ② 푸트 프레스
③ 토글 프레스 ④ 액압 프레스

해설

푸트프레스는 발의 힘으로 페달을 밟는 인력프레스이다.

□□□ 08년2회, 09년3회, 11년3회

2. 프레스의 위험성에 대해 기술한 내용으로 틀린 것은?

① 부품의 송급 · 배출이 핸드 인 다이로 이루어지는 것은 작업 시 위험성이 크다.
② 마찰식 클러치 프레스의 경우 하강중인 슬라이드를 정지시킬 수 없어서 기계자체 기능상의 위험성을 내포하고 있다.
③ 일반적으로 프레스는 범용성이 우수한 기계지만 그에 대응하는 안전조치들이 미비한 경우가 많아 위험성이 높다.
④ 신체의 일부가 작업점에 노출되면 전단 · 협착 등의 재해를 당할 위험성이 매우 높다.

해설

②항, 마찰식 클러치 프레스의 경우 하강중인 슬라이드를 정지 가능한 구조이다.

□□□ 09년1회, 13년3회

3. 동력프레스기 중 hand in die 방식의 프레스기에서 사용하는 방호대책에 해당하는 것은?

① 자동프레스의 도입
② 전용프레스의 도입
③ 가드식 방호장치
④ 안전울을 부착한 프레스

문제 3, 4, 5, 6 해설

no-hand in die 방식	hand in die 방식
1. 안전울을 부착한 프레스(작업을 위한 개구부를 제외하고 다른 틈새는 8mm 이하) 2. 안전금형을 부착한 프레스(상형과 하형과의 틈새 및 가이드 포스트와 부시와의 틈새는 8mm 이하) 3. 전용 프레스의 도입(작업자의 손을 금형 사이에 넣을 필요가 없도록 부착한 프레스) 4. 자동 프레스의 도입(자동 송급, 배출 장치를 부착한 프레스)	1. 프레스기의 종류, 압력능력, 매분 행정수, 행정의 길이 및 작업방법에 상응하는 방호장치 1) 가드식 방호장치 2) 손쳐내기식 방호장치 3) 수인식 방호장치 2. 프레스기의 정지성능에 상응하는 방호장치 1) 양수조작식 방호장치 2) 감응식 방호장치

□□□ 09년2회, 14년2회

4. 유압프레스기계의 위험을 방지하기 위한 본질적 안전화(no-hand in die 방식)가 아닌 것은?

① 금형에 안전울 설치
② 수인식 방호장치 사용
③ 안전금형의 사용
④ 전용프레스 사용

□□□ 16년2회

5. 동력프레스기의 No hand in die 방식의 안전대책으로 틀린 것은?

① 안전금형을 부착한 프레스
② 양수조작식 방호장치의 설치
③ 안전울을 부착한 프레스
④ 전용프레스의 도입

□□□ 10년1회, 14년1회, 21년3회

6. 프레스기의 안전대책 중 손을 금형 사이에 집어넣을 필요가 없도록 하는 본질적 안전화를 위한 방식(no-hand in die)에 해당하는 것은?

① 방호울식 ② 수인식
③ 손쳐내기식 ④ 광전자식

정답 1 ② 2 ② 3 ③ 4 ② 5 ② 6 ①

□□□ 13년3회

7. 다음 중 프레스 작업에서 금형 안으로 손을 넣을 필요가 없도록 한 장치가 아닌 것은?

① 에젝터 ② 스트리퍼
③ 다이얼 피더 ④ 롤 피더

해설

스트리퍼
프레스가공에서 블랭킹 다이(blanking die)의 일부에 부착되어 블랭킹한 펀치에 부착한 나머지 판금을 펀치가 위로 올라갈 때 떨어지게 하는 금형 부품을 말한다.
펀치의 변형방지, 재료의 자리잡기 등의 기능을 할 수 있다.
스트리퍼의 종류에는 고정식과 가동식이 있다.

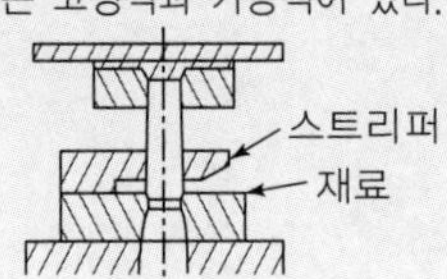

□□□ 14년3회

8. 다음 중 재료이송방법의 자동화에 있어 송급배출장치가 아닌 것은?

① 다이얼피더 ② 슈트
③ 에어분사장치 ④ 푸셔피더

문제 8, 9 해설

압축공기, 에어분사장치(air sprayer)는 가공완료한 제품 및 스크랩의 자동취출에 사용된다.

□□□ 15년3회

9. 다음 중 프레스 작업에서 제품을 꺼낼 경우 파쇠철을 제거하기 위하여 사용하는데 가장 적합한 것은?

① 걸레 ② 칩 브레이커
③ 스토퍼 ④ 압축공기

□□□ 16년2회

10. 프레스작업에서 재해예방을 위한 재료의 자동송급 또는 자동배출장치가 아닌 것은?

① 롤피더 ② 그리퍼피더
③ 플라이어 ④ 셔블이젝터

해설

플라이어는 수공구에 해당된다.
1. 자동송급장치 : 롤피더, 그리퍼피더
2. 자동배출장치 : 셔블이젝터

□□□ 18년2회, 21년2회

11. 프레스 작업에서 제품 및 스크랩을 자동적으로 위험한계 밖으로 배출하기 위한 장치로 볼 수 없는 것은?

① 피더 ② 키커
③ 이젝터 ④ 공기 분사 장치

해설

피더(Feeder)는 프레스 재해예방을 위한 장치로 1차 가공용 송급장치이다.

□□□ 08년3회, 11년2회, 18년3회

12. 산업안전기준에 관한 규칙에 따라 프레스 등을 사용하여 작업을 하는 경우 작업시작 전 일반적인 점검사항과 가장 거리가 먼 것은?

① 전단기의 칼날 및 테이블의 상태
② 프레스의 금형 및 고정볼트 상태
③ 슬라이드 또는 칼날에 의한 위험방지 가구의 기능
④ 전자밸브, 압력조정밸브 기타 공압계통의 이상 유무

문제 12~18 해설

프레스 작업시작 전 점검사항
1. 클러치 및 브레이크의 기능
2. 크랭크축 · 플라이휠 · 슬라이드 · 연결봉 및 연결 나사의 풀림 여부
3. 1행정 1정지기구 · 급정지장치 및 비상정지장치의 기능
4. 슬라이드 또는 칼날에 의한 위험방지 기구의 기능
5. 프레스의 금형 및 고정볼트 상태
6. 방호장치의 기능
7. 전단기(剪斷機)의 칼날 및 테이블의 상태

[참고] 산업안전보건기준에 관한 규칙 별표3 【작업시작전 점검사항】

□□□ 15년1회

13. 다음 중 프레스 작업시작 전 일반적인 점검사항으로서 가장 중요한 것은?

① 클러치 상태점검 ② 상하 형틀의 간극점검
③ 전원단전 유무확인 ④ 테이블의 상태점검

□□□ 09년1회

14. 산업안전보건법상 프레스 작업을 할 때에 작업시작 전 점검사항으로 볼 수 없는 것은?

① 금형 및 고정볼트의 상태
② 회전부의 덮개 또는 울의 상태
③ 클러치 및 브레이크의 기능
④ 방호장치의 기능

정답 7 ② 8 ③ 9 ④ 10 ③ 11 ① 12 ④ 13 ① 14 ②

□□□ 12년3회, 18년1회

15. **산업안전보건법령상 프레스 작업시작 전 점검해야 할 사항에 해당하는 것은?**

① 언로드 밸브의 기능
② 하역장치 및 유압장치 기능
③ 권과방지장치 및 그 밖의 경보장치의 기능
④ 1행정 1정지기구 · 급정치장치 및 비상정지장치의 기능

□□□ 17년3회, 21년3회

16. **프레스의 작업 시작 전 검검 사항이 아닌 것은?**

① 권과방지장치 및 그 밖의 경보장치의 기능
② 슬라이드 또는 칼날에 의한 위험방지 기구의 기능
③ 프레스기의 금형 및 고정볼트 상태
④ 전단기의 칼날 및 테이블의 상태

□□□ 18년3회

17. **프레스기를 사용하여 작업을 할 때 작업시작 전 점검사항으로 틀린 것은?**

① 클러치 및 브레이크의 기능
② 압력방출장치의 기능
③ 크랭크축 · 플라이휠 · 슬라이드 · 연결봉 및 연결나사의 풀림유무
④ 금형 및 고정 볼트의 상태

□□□ 19년1회

18. **프레스 작업 시작 전 점검해야 할 사항으로 거리가 먼 것은?**

① 매니퓰레이터 작동의 이상유무
② 클러치 및 브레이크 기능
③ 슬라이드, 연결봉 및 연결 나사의 풀림 여부
④ 프레스 금형 및 고정볼트 상태

정답 15 ④ 16 ① 17 ② 18 ①

03 프레스의 방호장치

(1) 프레스 및 전단기 방호장치의 공통일반구조

① 방호장치의 표면은 벗겨짐 현상이 없어야 하며, 날카로운 모서리 등이 없어야 한다.
② 위험기계 · 기구 등에 장착이 용이하고 견고하게 고정될 수 있어야 한다.
③ 외부충격으로부터 방호장치의 성능이 유지될 수 있도록 보호덮개가 설치되어야 한다.
④ 각종 스위치, 표시램프는 매립형으로 쉽게 근로자가 볼 수 있는 곳에 설치해야 한다.

(2) 광전자식 방호장치

① 분류 및 기능

구분		내용
분류기호	A-1	프레스 또는 전단기에서 일반적으로 많이 활용하고 있는 형태로서 투광부, 수광부, 컨트롤 부분으로 구성된 것으로서 신체의 일부가 광선을 차단하면 기계를 급정지시키는 방호장치
	A-2	급정지기능이 없는 프레스의 클러치 개조를 통해 광선 차단 시 급정지시킬 수 있도록 한 방호장치

② 특징

장점	단점
• 일반적으로 방호장치가 설치되기 어려운 큰 프레스에 적용된다. • 시계가 차단되지 않는다.	• 상당히 많은 수의 광선이 사용되어야 위험지역을 보호할 수 있다. • 위험지역으로부터 어느 정도 떨어진 거리에 설치되어야 한다. • 슬라이드(램)의 행정기간 동안에 프레스기를 정지시킬 수 있는 경우에만 사용된다. • 기계적 고장에 의한 이상행정시에는 효과가 없다.

③ 광전자식 방호장치의 광원

백열전구형	발광다이오드형
• 진동에 의한 전구의 파열이 쉽다. • 외부광선의 영향을 받기 쉽다. • 수명이 짧다.	• 내진성이 뛰어나다. • 외부광선을 쉽게 받지 않는다. • 수명이 길다.

[프레스기 방호장치의 종류와 분류 기호]

종류	분류
광전자식	A-1
	A-2
양수조작식	B-1 (유압 · 공압 밸브식)
	B-2 (전기버튼식)
가드식	C
손처내기식	D
수인식	E

[관련법령]
방호장치 안전고시 별표 1【프레스 또는 전단기 방호장치의 성능기준】

④ 광전자식 방호장치의 형식구분

형식구분	광축의 범위
□	12광축 이하
□	13~56광축 미만
□	56광축 이상

⑤ 광전자식 방호장치의 구성

[광전자식 방호장치]

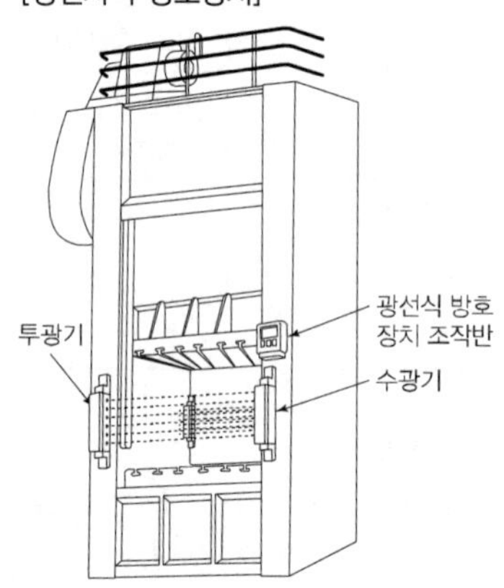

구분	내용
투광기	광선을 발사해 주는 장치
수광기	투광기에서 발사하는 빔을 받는 장치
반사판	투광기에서 발사하는 빔을 반사하여 수광부에 보내는 장치
방호높이	위험한계로 침범하는 것을 막을 수 있는 투광기와 수광기 사이의 높이
위험한계	작업점으로부터 조작 스위치(투, 수광기 연직면)까지의 안전거리
연속차광폭	광축을 차단할 때 계속적으로 차광이 될 수 있는 최소직경 (연속차광폭은 30mm 이하가 되어야 한다.)

⑥ 광축의 설치

㉠ 광축의 설치 갯수 : 2개 이상

슬라이드 조절량 +스트로크 길이(mm)	광축수	슬라이드 조절량 +스트로크 길이(mm)	광축수
50 이하	2	200 이상 250 이하	6
50 이상 100 이하	3	250 이상 300 이하	7
100 이상 150 이하	4	300 이상 350 이하	8
150 이상 200 이하	5	350 이상 400 이하	9

㉡ 광축간의 간격 : 50mm 이하이어야 한다.(안전거리가 500mm 이상인 경우에는 70mm 이하로 하여도 좋다.)

⑦ 방호장치의 설치

구분	내용
선정조건	• 급정지기구가 있는 프레스에 한해서 사용한다. • 태양광선 기타 강한 광선(반사광선 포함)이 수광기 또는 반사판에 직사할 우려가 있는 프레스에는 사용하지 않는다. • 행정(Stroke)과 슬라이드 조절량의 합계길이(방호높이)에 따라 선정한다. • 서서 작업하는 경우에 최상단의 광축 윗쪽으로 작업자의 손이 위험한계 내에 들어가서는 안되며 의자에 앉아서 작업을 하는 경우에는 최하단 광축 아래쪽으로부터 손이 위험한계 내에 들어가지 않는 방호높이로 한다. • 유효작동거리가 테이블의 폭보다 커야 한다. • 앞 · 뒷면에서 작업을 하는 경우의 프레스에는 앞 · 뒷면에 방호장치를 설치한다. • 위험한계까지의 거리가 짧은 20mm 이하의 프레스에는 연속차광폭이 작은 30mm 이하의 방호장치를 선택한다. • 방호장치의 출력은 프레스의 제어회로 전류 및 전압에 대해 여유가 있어야 한다. • 대형 프레스에서 광축과 테이블 앞면과의 수평거리가 40mm를 넘어서 작업자가 이 사이에 들어갈 수 있는 공간이 있을 때는 테이블에 대해 평행 또는 수평으로 20~30mm 마다 보조광축을 설치한다. • 슬라이드가 하강 중에 광축을 차단하여 급정지 한 뒤 이어서 통광이 되었을 때 슬라이드가 작동되지 않는 구조이어야 한다.
일반구조	• 정상동작표시램프는 녹색, 위험표시램프는 붉은색으로 하며, 쉽게 근로자가 볼 수 있는 곳에 설치해야 한다. • 슬라이드 하강 중 정전 또는 방호장치의 이상 시에 정지할 수 있는 구조이어야 한다. • 방호장치는 릴레이, 리미트 스위치 등의 전기부품의 고장, 전원전압의 변동 및 정전에 의해 슬라이드가 불시에 동작하지 않아야 하며, 사용전원전압의 ±(100분의 20)의 변동에 대하여 정상으로 작동되어야 한다. • 방호장치의 정상작동 중에 감지가 이루어지거나 공급전원이 중단되는 경우 적어도 두개 이상의 독립된 출력신호 개폐장치가 꺼진 상태로 돼야 한다. • 방호장치의 감지기능은 규정한 검출영역 전체에 걸쳐 유효하여야 한다.(다만, 블랭킹 기능이 있는 경우 그렇지 않다) • 방호장치에 제어기(Controller)가 포함되는 경우에는 이를 연결한 상태에서 모든 시험을 한다. • 방호장치를 무효화하는 기능이 있어서는 안 된다.
방호장치의 재료	A-2 형의 클러치 개조부 재료는 KS D 4101(탄소강 주강품)의 SC 410 또는 동등이상의 재료를 사용해야 하고, 표면경화 처리를 해야 한다.

[급정지기구(emergency stop device)]

이상 검출장치의 전기신호에 의해 자동적으로 클러치를 차단하여 프레스를 급정지 시키는 장치

[비상정지장치(emergency stop apparatus)]

이상상태를 발견한 작업자가 인위적으로 기계의 작동을 정지시키는 것을 목적으로 한 장치

[관련법령]

방호장치 안전고시 별표 1【프레스 또는 전단기 방호장치의 성능기준】

⑧ 방호장치의 성능기준

구분	내용
연속차광폭시험	30mm 이하(다만, 12광축 이상으로 광축과 작업점과의 수평거리가 500mm를 초과하는 프레스에 사용하는 경우는 40mm 이하)
방호높이변화량 시험	100분의 15 이내이어야 한다.

(3) 양수 조작식 방호장치

① 분류 및 기능

분류기호	B-1	유 · 공압 밸브식
	B-2	전기버튼식
기능	1행정 1정지식 프레스에 사용되는 것으로서 양손으로 동시에 조작하지 않으면 기계가 동작하지 않으며, 한손이라도 떼어내면 기계를 정지시키는 방호장치	

[양수조작식 방호장치]

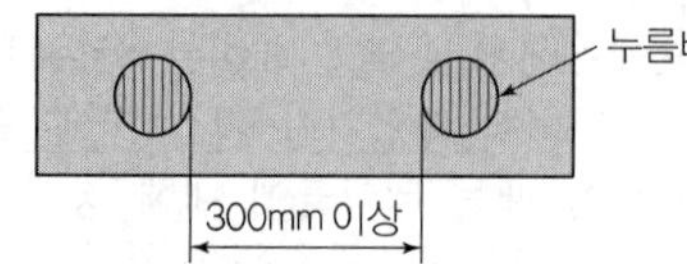

② 방호장치의 설치

구분	내용
선정조건	• 1행정 1정지기구를 갖춘 프레스에 사용한다. • 완전 회전식 클러치 프레스에는 기계적 1행정 1정지기구를 구비하고 있는 양수기동식 방호장치에 한하여 사용한다. • 안전거리가 확보될 수 있어야 한다. • 비상정지스위치를 구비한다. • 2인 이상 공동 작업 시 모든 작업자에게 양수조작식 조작반을 배치한다. • 슬라이드의 작동 중에 누름버튼으로부터 손을 떼어 위험한계에 들어가기 전에 슬라이드 작동이 정지되어야 한다.

[1행정 1정지 기구]

크랭크 축이 1회전하여 상사점에 도달하면 자동적으로 클러치가 분리되어 정지하는 방식, 즉 1행정이 완료되면 자동적으로 슬라이드가 정지방식

구분	내용
일반구조	• 정상동작표시등은 녹색, 위험표시등은 붉은색으로 하며, 쉽게 근로자가 볼 수 있는 곳에 설치해야 한다. • 슬라이드 하강 중 정전 또는 방호장치의 이상 시에 정지할 수 있는 구조이어야 한다. • 방호장치는 릴레이, 리미트스위치 등의 전기부품의 고장, 전원전압의 변동 및 정전에 의해 슬라이드가 불시에 동작하지 않아야 하며, 사용전원전압의 ±(100분의 20)의 변동에 대하여 정상으로 작동되어야 한다. • 누름버튼을 양손으로 동시에 조작하지 않으면 작동시킬 수 없는 구조이어야 하며, 양쪽버튼의 작동시간 차이는 최대 0.5초 이내일 때 프레스가 동작되도록 해야 한다. • 1행정마다 누름버튼에서 양손을 떼지 않으면 다음 작업의 동작을 할 수 없는 구조이어야 한다. • 램의 하행정중 버튼(레버)에서 손을 뗄 시 정지하는 구조이어야 한다. • 누름버튼의 상호간 내측거리는 300mm 이상이어야 한다. • 버튼 및 레버는 작업점에서 위험한계를 벗어나게 설치해야 한다. • 양수조작식 방호장치는 푸트스위치를 병행하여 사용할 수 없는 구조이어야 한다.

③ 방호장치의 성능기준

구분	내용
무부하동작시험	1회의 오동작도 없어야 한다.
절연저항시험	5MΩ 이상이어야 한다.
내전압시험	시험전압 인가 시 이상이 없어야 한다.
내구성시험	내구성시험 후 이상이 없어야 한다.
접촉기용착시험	용착 또는 부품 고장 시 안전회로를 구성하여 출력을 차단하는 기능을 갖추고 빨간색 경보램프 또는 경보음장치를 구비하여야 한다.

(4) 가드식(gate guard) 방호장치

① 분류 및 기능

분류기호	C
기능	가드가 열려 있는 상태에서는 기계의 위험부분이 동작되지 않고 기계가 위험한 상태일 때에는 가드를 열 수 없도록 한 방호장치
종류	하강식, 상승식, 수평식

[게이트 가드식 방호장치]

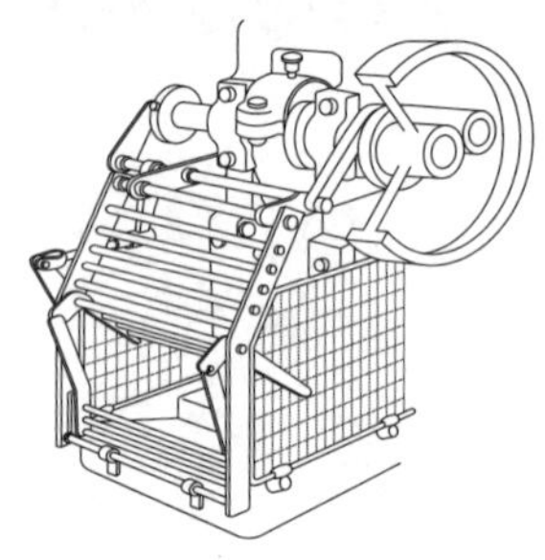

[관련법령]

프레스 방호장치의 선정 · 설치 및 사용 기술지침

② 특징

㉠ 일반적으로 2차 가공에 적합

㉡ 기계고장에 의한 이상 행정, 공구 파손시에도 안전

㉢ 금형의 교환 빈도수가 적은 프레스에 적합

㉣ 게이트는 5mm 이상의 두께를 갖는 투명플라스틱을 사용

③ 방호장치의 설치

<table>
<tr><th>구분</th><th>내용</th></tr>
<tr><td>선정조건</td><td>
• 1행정 1정지기구를 갖춘 프레스에 사용한다.
• 가드 높이는 프레스에 부착되는 금형 높이 이상(최소 180mm)으로 한다.
• 가드와 금형의 폭과의 관계(mm)
<table>
<tr><th>가드의 폭</th><td>700</td><td>600</td><td>500</td><td>400</td><td>300</td><td>200</td></tr>
<tr><th>금형의 최대폭</th><td>700</td><td>600</td><td>450</td><td>300</td><td>200</td><td>100</td></tr>
</table>
• 가드 폭이 400mm 이하일 때에는 가드 측면을 방호하는 가드를 부착하여 사용한다.
• 가드의 틈새와 위험한계 거리(mm)
<table>
<tr><th>가드틈새</th><th>가드에서 위험한계까지의 거리</th></tr>
<tr><td>6</td><td>20 미만</td></tr>
<tr><td>8</td><td>20 이상 ~ 50 미만</td></tr>
<tr><td>12</td><td>50 이상 ~ 100 미만</td></tr>
<tr><td>16</td><td>100 이상 ~ 150 미만</td></tr>
<tr><td>25</td><td>150 이상 ~ 200 미만</td></tr>
<tr><td>35</td><td>200 이상 ~ 300 미만</td></tr>
<tr><td>45</td><td>300 이상 ~ 400 미만</td></tr>
<tr><td>50</td><td>400 이상 ~ 500 미만</td></tr>
</table>
</td></tr>
<tr><td>일반구조</td><td>
• 가드는 금형의 착탈이 용이하도록 설치해야 한다.
• 가드의 용접부위는 완전 용착되고 면이 깨끗해야 한다.
• 가드에 인체가 접촉하여 손상될 우려가 있는 곳은 부드러운 고무 등을 부착해야 한다.
• 게이트 가드 방호장치는 가드가 열린 상태에서 슬라이드를 동작시킬 수 없고 또한 슬라이드 작동 중에는 게이트 가드를 열 수 없어야 한다.
• 게이트 가드 방호장치에 설치된 슬라이드 동작용 리미트 스위치는 신체의 일부나 재료 등의 접촉을 방지할 수 있는 구조이어야 한다.
• 가드의 닫힘으로 슬라이드의 기동신호를 알리는 구조의 것은 닫힘을 표시하는 표시램프를 설치해야 한다.
• 수동으로 가드를 닫는 구조의 것은 가드의 닫힘 상태를 유지하는 기계적 잠금장치를 작동한 후가 아니면 슬라이드 기동이 불가능한 구조이어야 한다.
</td></tr>
</table>

④ 방호장치의 성능기준

구분	내용
무부하동작시험	1회의 오동작도 없어야 한다.
전기회로시험	• 가드가 닫힌 상태의 검출과 슬라이드의 제어회로는 고장 또는 정전 등에 의해 가드가 열린 상태에서는 슬라이드가 동작 되지 않는 구조이어야 한다. • 가드의 개폐를 제어하는 출력회로에 전자접촉기를 사용하는 경우에는 용착시 안전회로 구성 및 붉은색경보램프 또는 경보음장치를 구비해야 한다.
절연저항시험	5MΩ 이상이어야 한다.
내전압시험	시험전압 인가시 이상이 없어야 한다.

(5) 손쳐내기식(push away, sweep guard) 방호장치

① 분류 및 기능

분류기호	D
기능	슬라이드의 작동에 연동시켜 위험상태로 되기 전에 손을 위험영역에서 밀어내거나 쳐내는 방호장치로서 프레스용으로 확동식 클러치형 프레스에 한해서 사용됨(다만, 광전자식 또는 양수조작식과 이중으로 설치 시에는 급정지 가능 프레스에 사용 가능)

② 방호장치의 설치

구분	내용
선정조건	• 완전회전식 클러치 프레스에 적합 • 1행정 1정지기구를 갖춘 프레스에 사용 • 슬라이드 행정이 40mm 이상의 프레스에 사용 • 슬라이드 행정수가 100spm 이하 프레스에 사용 • 금형 폭이 500mm 이상인 프레스에는 사용하지 않는다. • 슬라이드 하행정거리의 3/4 위치에서 손을 완전히 밀어내야 한다.
방호판	• 방호판의 폭 : 금형 폭의 1/2(최소폭 120mm) 이상 (행정길이가 300mm 이상의 프레스기계에는 방호판 폭을 300mm로 해야 한다.) • 방호판의 높이 : 행정길이 이상 • 방호판과 손쳐내기봉은 경량이면서 충분한 강도를 가져야 한다.
손쳐내기봉	• 슬라이드 조절 양이 많은 것에는 손쳐내기 봉의 길이 및 진폭의 조절범위가 큰 것을 선정한다. • 손쳐내기봉의 행정(Stroke) 길이를 금형의 높이에 따라 조정할 수 있고 진동폭은 금형폭 이상이어야 한다. • 손쳐내기봉은 손 접촉 시 충격을 완화할 수 있는 완충재를 부착해야 한다. • 부착볼트 등의 고정금속부분은 예리하게 돌출되지 않아야 한다.

[손쳐내기식 방호장치]

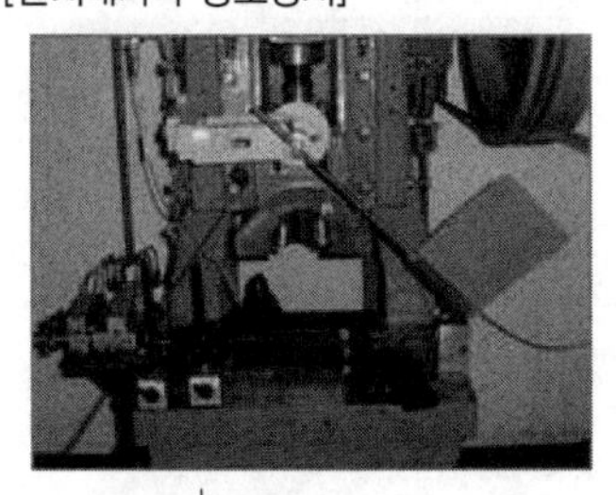

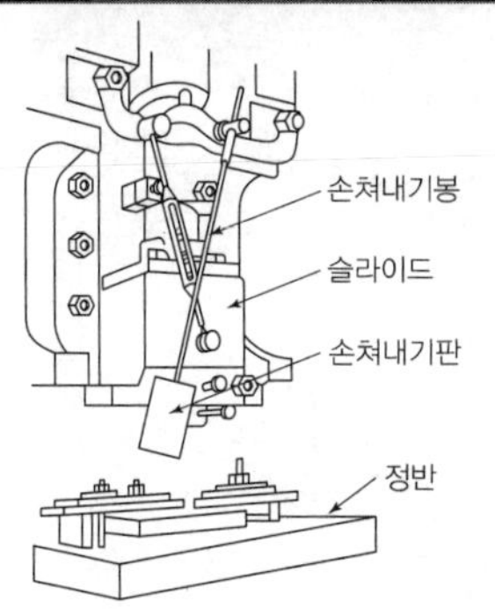

③ 방호장치의 성능기준

구분	내용
진동각도 · 진폭 시험	행정길이가 최소일때: (60~90)° 진동각도 최대일때: (45~90)° 진동각도
완충시험	손쳐내기봉에 의한 과도한 충격이 없어야 한다.
무부하 동작시험	1회의 오동작도 없어야 한다.

④ 방호장치의 특징

장점	단점
• 규칙적인 프레스기의 행정에 대하여 기계고장에 의한 이상 행정시에 효과가 있다. • 대형 프레스기에는 효과가 적고, 소형 프레스기나 금형에 적당하다. • 쉽게 조정할 수가 있다.	• 양측면은 무방비 상태이다. • 금형이 너무 크거나 작업자의 팔이 스위프(sweep)에 의해서 팔꿈치가 굽어서 손이 위험영역으로 들어갈 위험성이 있다. • 설계나 설치가 잘못되면 스위프가 빨리 움직이거나 너무 느리면 제때에 위험 영역을 방호하지 못한다. • 금형 앞면의 길이에 비해서 기구 스윙이 작으면 행정의 끝부분에서 방호가 되지 않는 공간이 발생한다.

[수인식 방호장치]

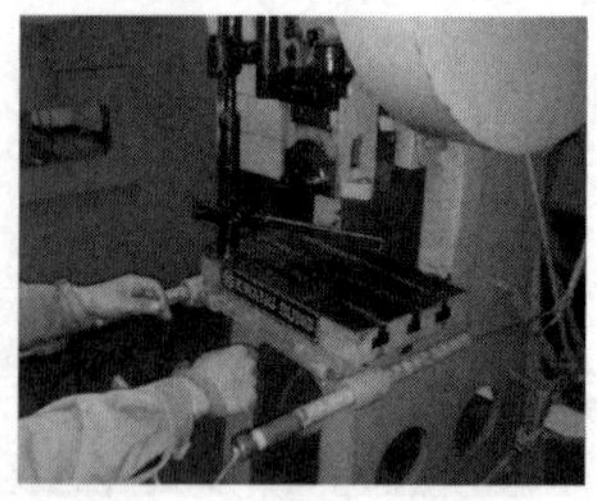

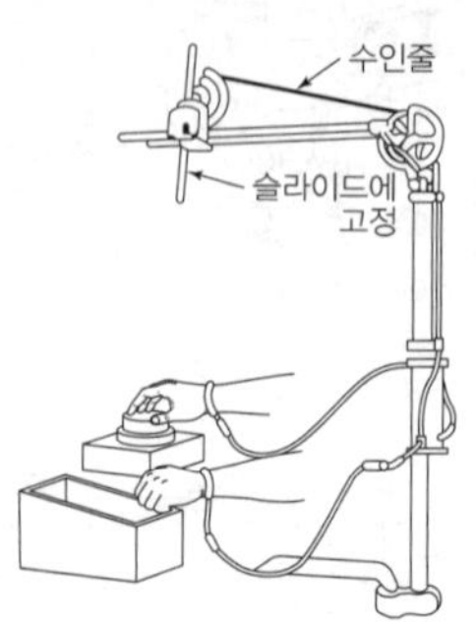

(6) 수인식(pull out) 방호장치

① 분류 및 기능

분류기호	E
기능	슬라이드와 작업자 손을 끈으로 연결하여 슬라이드 하강 시 작업자 손을 당겨 위험영역에서 빼낼 수 있도록 한 방호장치로서 프레스용으로 확동식 클러치형 프레스에 한해서 사용됨 (다만, 광전자식 또는 양수조작식과 이중으로 설치 시에는 급정지가능 프레스에 사용 가능)

② 방호장치의 특징

장점	단점
• 시계가 차단되지 않는다. • 적절하게 사용하면 완전히 사고를 예방할 수 있다.	• 작업자의 행동에 제한을 가져온다. • 2차 가공에 사용할 수 없다. • 프레스기가 다시 구성되고 작업자가 바뀔 때마다 기구는 다시 조절, 검토되어야 한다. • 끈의 조절이 중요하다.

③ 방호장치의 설치

구분	내용
선정조건	• 완전회전식 클러치 프레스에 적합하다. • 가공재를 손으로 이동하는 거리가 너무 클 때에는 작업에 불편하므로 사용하지 않는다. • 슬라이드 행정길이가 50mm 이상 프레스에 사용한다. • 슬라이드 행정수가 100spm 이하 프레스에 사용한다. • 손의 끌어당김 양 조절이 용이하고 조절 후 확실하게 고정할 수 있어야 한다. • 손의 끌어당김 양을 120mm 이하로 조절할 수 없도록 한다. • 손목밴드는 손에 착용하기 용이하고 땀이나 기름에 상하지 않는 것이어야 한다. • 각종 레버는 경량이면서 충분한 강도를 가져야 한다. • 수인량의 시험은 수인량이 링크에 의해서 조정될 수 있도록 되어야 하며 금형으로부터 위험한계 밖으로 당길 수 있는 구조이어야 한다.(수인끈의 끌어당기는 양은 테이블 세로 길이의 1/2 이상)
손목밴드 (wrist band)	• 재료는 유연한 내유성 피혁 또는 이와 동등한 재료를 사용해야 한다. • 착용감이 좋으며 쉽게 착용할 수 있는 구조이어야 한다.
수인끈	• 재료는 합성섬유로 직경이 4mm 이상이어야 한다. • 작업자와 작업공정에 따라 그 길이를 조정할 수 있어야 한다. • 수인끈의 안내통은 끈의 마모와 손상을 방지할 수 있는 조치를 해야 한다.

④ 방호장치의 성능기준

구분	내용
수인끈, 손목밴드 강도시험	이상이 없어야 한다.
무부하 동작시험	1회의 오동작도 없어야 한다.

(7) 안전거리

① 광전자식, 양수조작식(급정지기구가 있는 1행정 프레스)의 안전거리

$$D = 1.6(Tc + Ts)$$

여기서, D : 안전거리(mm)

Tc : 누름버튼 등에서 손이 떨어질 때부터 급정지기구가 작동을 개시할 때까지의 시간(ms)

Ts : 급정지 기구가 작동을 개시한 때부터 슬라이드가 정지할 때까지의 시간(ms)

$Tc + Ts$: 최대정지시간

Tip

손쳐내기식과 수인식 방호장치를 설치하는 프레스의 기준은 행정수 100spm 이하로 같지만 슬라이드의 행정길이는 다르므로 주의하자.

① 손쳐내기식 : 40mm 이상

② 수인식 : 50mm 이상

[방호장치의 안전거리 기준]

조작부의 설치 거리는 손이 기준속도(1.6m/sec)로 위험범위로 이동하더라도 위험한계에 미치기 전에 슬라이드가 먼저 정지하는 기준이다.

[안전거리의 계산]

(1) 작동시간이 [s]인 경우

$D(\text{mm}) = 1600 \times Tm(s)$

(2) 작동시간이 [ms]인 경우

$D(\text{mm}) = 1.6 \times Tm(\text{ms})$

② 완전회전식 클러치 기구가 있는 프레스의 양수기동식 방호장치

$$D = 1.6 \times Tm$$

여기서, D : 안전거리(mm)

Tm : 누름버튼을 누른 때부터 사용하는 프레스의 슬라이드가 하사점에 도달할 때까지의 소요 최대시간(ms)으로 다음과 같이 산출된다.

$$Tm = \left(\frac{1}{2} + \frac{1}{N}\right)\frac{60,000}{SPM}\ (\text{ms})$$

여기서, N : 확동식 클러치의 물림개소수(클러치 맞물림 개소수)

SPM : 분당 회전수

(8) 작동방법에 따른 유효한 방호장치

구분	내용
① 급정지기구가 부착되어 있어야 유효한 방호장치(마찰 클러치 부착 프레스)	• 양수조작식 • 광전자식 방호장치
② 급정지기구가 부착되어 있지 않아도 유효한 방호장치(확동식클러치 부착 프레스)	• 양수기동식 방호장치 • 가드식 방호장치 • 수인식 방호장치 • 손쳐내기식 방호장치
③ 방호장치에 표시할 사항	• 제조 회사명 • 제조년원일 • 제품명 및 모델명
④ 프레스기 방호장치의 조작용 회로의 전압	150V 이하

03 핵심문제 3. 프레스의 방호장치

□□□ 12년1회, 15년3회

1. 다음 중 프레스 또는 전단기 · 방호장치의 종류와 분류 기호가 올바르게 연결된 것은?

① 광전자식 : D-1 ② 양수조작식 : A-1
③ 가드식 : C ④ 손쳐내기식 : B

해설

프레스기 방호장치의 종류와 분류 기호

종류	분류
광전자식	A-1
	A-2
양수조작식	B-1 (유압 · 공압 밸브식)
	B-2 (전기버튼식)
가드식	C
손처내기식	D
수인식	E

□□□ 10년3회

2. 프레스에 사용되는 방호장치의 설치방법이 올바르지 않은 것은?

① 수인식에서 수인끈의 끌어당기는 양은 테이블 세로길이의 1/2 이상이어야 한다.
② 광전자식 방호장치를 사용할 경우 위험한계까지의 거리가 짧은 20mm 이하의 프레스에는 연속차광폭이 작은 30mm 이상의 방호장치를 선택한다.
③ 광전자식 검출기구를 부착한 손쳐내기식 방호장치에서 위험한계에서 광축까지의 거리는 광선을 차단 직후 위험한계 내에 도달하기 전에 손쳐내기 봉 기구로 손을 쳐낼 수 있도록 안전거리를 확보할 수 있어야 한다.
④ 양수조작식 방호장치에서는 누름버튼 등을 양손으로 동시에 조작하지 않으면 슬라이드 작동시킬 수 없으며 양손에 의한 동시조작은 0.5초 이내에서 작동되는 것으로 한다.

해설

위험한계까지의 거리가 짧은 20mm 이하의 프레스에는 연속차광폭이 작은 30mm 이하의 방호장치를 선택한다.

□□□ 08년3회, 11년2회, 16년2회, 20년1·2회

3. 프레스 작업 시 양수조작 시 방호장치에서 양쪽 누름버튼간의 내측 최단거리는 몇 mm 이상이어야 하나?

① 300mm 이상 ② 300mm 미만
③ 250mm 이상 ④ 250mm 미만

해설

양수조작 시 방호장치에서 양쪽 누름버튼간의 내측 최단거리는 300mm(30cm) 이상으로 하여야 한다.

□□□ 08년2회, 11년2회, 16년1회

4. 프레스 방호장치에서 게이트가드(Gate Guard)식 방호장치의 종류를 작동방식에 따라 분류할 때 해당되지 않는 것은?

① 하강식 ② 도립식
③ 경사식 ④ 횡슬라이드식

해설

게이트 가드식 방호장치의 종류
하강식, 상승식(도립식), 수평식(횡슬라이드식)

□□□ 17년2회, 17년3회

5. 프레스 방호장치에서 수인식 방호장치를 사용하기에 가장 적합한 기준은?

① 슬라이드 행정길이가 100mm 이상, 슬라이드 행정수가 100spm 이하
② 슬라이드 행정길이가 50mm 이상, 슬라이드 행정수가 100spm 이하
③ 슬라이드 행정길이가 100mm 이상, 슬라이드 행정수가 200spm 이하
④ 슬라이드 행정길이가 50mm 이상, 슬라이드 행정수가 200spm 이하

해설

슬라이드 행정수가 100SPM 이하이거나, 행정길이가 50mm 이상의 프레스에 설치해야 하는 방호장치는 수인식 방호장치이다.

정답 1 ③ 2 ② 3 ① 4 ③ 5 ②

□□□ 12년3회

6. 프레스 방호장치의 성능 기준에 대한 설명 중 잘못된 것은?

① 양수 조작식 방호장치에서 누름버튼의 상호간 내측 거리는 300mm 이상으로 한다.
② 수인식 방호장치는 100SPM 이하의 프레스에 적합하다.
③ 양수 조작식 방호장치는 1행정 1정지기구를 갖춘 프레스 장치에 적합하다.
④ 수인식 방호장치에서 수인끈의 재료는 합성섬유로 직경이 2mm 이상이어야 한다.

해설

재료는 합성섬유로 직경이 4mm 이상이어야 한다.

□□□ 14년3회

7. 슬라이드가 내려옴에 따라 손을 쳐내는 막대가 좌우로 왕복하면서 위험점으로부터 손을 보호하여 주는 프레스의 안전장치는?

① 손쳐내기식 방호장치
② 수인식 방호장치
③ 게이트 가드식 방호장치
④ 양손조작식 방호장치

해설

손쳐내기식(push away, sweep guard) 방호장치
슬라이드에 레버나 링크(link) 혹은 캠으로 연결된 손쳐내기식 봉에 의해 슬라이드의 하강에 앞서 위험한계에 있는 손을 쳐내는 방식

□□□ 09년2회, 15년1회

8. 프레스의 손쳐내기식 방호장치 설치기준으로 틀린 것은?

① 슬라이드 행정수가 120spm 이상의 것에 사용한다.
② 슬라이드의 행정길이가 40mm 이상의 것에 사용한다.
③ 슬라이드 조절 양이 많은 것에는 손쳐내기 봉의 길이 및 진폭의 조절범위가 큰 것을 선정한다.
④ 방호판의 폭이 금형 폭의 1/2(최소폭 120mm) 이상이어야 한다.

해설

SPM이 100이하이고 슬라이드의 행정길이가 약 40mm 이상의 프레스에 사용이 가능하다.

□□□ 19년1회

9. 프레스 및 전단기에 사용되는 손쳐내기식 방호장치의 성능기준에 대한 설명 중 옳지 않은 것은?

① 진동각도 · 진폭시험 : 행정길이가 최소일 때 진동각도는 60°~90°이다.
② 진동각도 · 진폭시험 : 행정길이가 최대일 때 진동각도는 30°~60°이다.
③ 완충시험 : 손쳐내기봉에 의한 과도한 충격이 없어야 한다.
④ 무부하 동작시험 : 1회의 오동작도 없어야 한다.

해설

손쳐내기식 방호장치의 진동각도 · 진폭시험

행정길이	진동각도
최소일 때	(60~90)°
최대일 때	(45~90)°

□□□ 13년1회, 14년3회, 17년1회, 19년2회

10. 다음 중 프레스기에 설치하는 방호장치에 관한 사항으로 틀린 것은?

① 수인식 방호장치의 수인끈 재료는 합성섬유로 직경이 4mm 이상이어야 한다.
② 양수조작식 방호장치는 1행정마다 누름버튼에서 양손을 떼지 않으면 다음 작업의 동작을 할 수 없는 구조이어야 한다.
③ 광전자식 방호장치는 정상동작표시램프는 적색, 위험 표시램프는 녹색으로 하며, 쉽게 근로자가 볼 수 있는 곳에 설치해야 한다.
④ 손쳐내기식 방호장치는 슬라이드 하행정거리의 3/4 위치에서 손을 완전히 밀어내야 한다.

해설

정상동작표시램프는 녹색, 위험표시램프는 붉은색으로 하며, 쉽게 근로자가 볼 수 있는 곳에 설치해야 한다.

정답 6 ④ 7 ① 8 ① 9 ② 10 ③

□□□ 12년1회

11. 방호장치를 설치할 때 중요한 것은 기계의 위험점으로부터 방호장치까지의 거리이다. 위험한 기계의 동작을 제동시키는데 필요한 총소요시간을 t(초)라고 할 때 안전거리(S)의 산출식으로 옳은 것은?

① S = 1.0tmm/s ② S = 1.6tm/s
③ S = 2.8tmm/s ④ S = 3.2tm/s

해설

안전거리 산출식(S) = 1.6t m/s
조작부의 설치 거리는 손이 기준속도(1.6m /sec)로 위험범위로 이동하더라도 위험한계에 미치기 전에 슬라이드가 먼저 정지 하는 기준이다.

□□□ 12년1회, 18년1회

12. 프레스 작동 후 작업점까지 도달시간이 0.6초 걸렸다면 양수기동식 방호장치의 조작부의 설치거리는 최소 몇 cm 이상이어야 하나? (단, 인간의 손의 기준 속도는 1.6m/s로 한다.)

① 96 ② 80
③ 70 ④ 60

해설

① $0.6(s) \times 1000 = 600(ms)$
② $D(mm) = 1.6 \times Tm(ms) = 1.6 \times 600 = 960mm = 96cm$

□□□ 14년1회

13. 완전 회전식 클러치 기구가 있는 프레스의 양수기동식 방호장치에서 누름버튼을 누를 때부터 사용하는 프레스의 슬라이드가 하사점에 도달할 때까지 소요 최대시간이 0.15초이면 안전거리는 몇 mm 이상이어야 하는가?

① 150 ② 220
③ 240 ④ 300

해설

$D(mm) = 1600 \times Tm(s) = 1600 \times 0.15 = 240mm$

□□□ 15년1회

14. 클러치 맞물림 개소수가 4개, 양수기동식 안전장치의 안전거리가 360mm일 때 양손으로 누름단추를 조작하고 슬라이드가 하사점에 도달하기까지의 소요 최대시간은 얼마인가?

① 90ms ② 125ms
③ 225ms ④ 576ms

해설

안전거리(Dm)=1.6Tm
여기서, Tm=양손으로 누름단추를 누르기 시작할 때부터 슬라이드가 하사점에 도달하기까지의 시간(ms)

$Tm = \frac{Dm}{1.6} = \frac{360}{1.6} = 225$

□□□ 09년1회, 15년2회

15. 완전회전식 클러치 기구가 있는 동력프레스에서 양수기동식 방호장치의 안전거리는 얼마 이상이어야 하나? (단, 확동클러치의 봉합개소의 수는 8개, 분당 행정수는 250spm을 가진다.)

① 240mm ② 360mm
③ 400mm ④ 420mm

해설

① $Tm(ms) = \left(\frac{1}{2} + \frac{1}{N}\right)\frac{60,000}{SPM}$
여기서 N: 확동식 클러치의 물림개소수(클러치 맞물림 개소수)
$Tm = \left(\frac{1}{2} + \frac{1}{8}\right)\frac{60000}{250} = 150(ms)$
② 안전거리 $D = 1.6 \times 150 = 240mm$

□□□ 13년2회, 21년2회

16. 프레스기의 SPM(Stroke Per Minute)이 200이고, 클러치의 맞물림 개소수가 6인 경우 양수기동식 방호장치의 설치거리로 맞는 것은?

① 200[mm] ② 120[mm]
③ 320[mm] ④ 400[mm]

해설

$D = 1.6 \times \left(\frac{1}{2} + \frac{1}{6}\right)\frac{60000}{200} = 320(mm)$

정답 11 ② 12 ① 13 ③ 14 ③ 15 ① 16 ③

□□□ 11년3회

17. 마찰클러치식 프레스에서 손이 광선을 차단한 순간부터 급정지 장치가 작동 개시하기까지의 시간이 0.05초이고, 급정지 장치가 작동을 개시하여 슬라이드가 정지할 때까지의 시간이 0.15초일 때 이 광전자식 방호장치의 최소 안전거리는 몇 mm인가?

① 80 ② 160
③ 240 ④ 320

해설

$D=1600(Tc+Ts)$, $D=1600(0.05+0.15)=320\text{mm}$

D : 안적거리(mm)
Tc : 손이 광선을 차단한 순간부터 급정지 장치가 작동을 개시하기까지의 시간(ms)
Ts : 급정지 장치가 작동을 개시하여 슬라이드가 정지할 때까지의 시간(ms)

□□□ 16년1회

18. 광전자식 방호장치를 설치한 프레스에서 광선을 차단한 후 0.2초 후에 슬라이드가 정지하였다. 이 때 방호장치의 안전거리는 최소 몇 mm 이상이어야 하는가?

① 140 ② 200
③ 260 ④ 320

해설

$D=1600(Tc+Ts)=1600\times0.2=320\text{mm}$

□□□ 18년2회

19. 광전자식 방호장치의 광선에 신체의 일부가 감지된 후로부터 급정지 기구가 작동 개시하기까지의 시간이 40ms이고, 광축의 설치거리(안전거리)가 200mm일 때 급정지기구가 작동개시한 때로부터 프레스기의 슬라이드가 정지될 때까지의 시간은 약 몇 ms인가?

① 60ms ② 85ms
③ 105ms ④ 130ms

해설

작동시간이 [ms]인 경우 $D=1.6(Tc+Ts)$이므로,

$Ts=\frac{D}{1.6}-Tc=\frac{200}{1.6}-40=85$

□□□ 09년3회, 14년3회, 17년2회, 21년3회

20. 다음 중 프레스기에 사용되는 방호장치에 있어 급정지 기구가 부착되어야만 유효한 것은?

① 양수조작식 ② 손쳐내기식
③ 가드식 ④ 수인식

문제 20, 21, 22 해설

구 분	내용
① 급정지기구가 부착되어 있어야 유효한 방호장치 (마찰 클러치 부착 프레스)	• 양수조작식 • 광전자식 방호장치
② 급정지기구가 부착되어 있지 않아도 유효한 방호장치 (확동식 클러치 부착 프레스)	• 양수기동식 방호장치 • 게이트 가드식 방호장치 • 수인식 방호장치 • 손쳐내기식 방호장치

□□□ 17년1회

21. 마찰 클러치가 부착된 프레스에 부적합한 방호장치는? (단, 방호장치는 한 가지 형식만 사용할 경우로 한정한다.)

① 양수조작식 ② 손쳐내기식
③ 가드식 ④ 수인식

□□□ 18년1회

22. 급정지기구가 부착되어 있지 않아도 유효한 프레스의 방호장치로 옳지 않은 것은?

① 양수기동식 ② 가드식
③ 손쳐내기식 ④ 양수조작식

□□□ 15년3회, 19년2회

23. 프레스의 방호장치 중 광전자식 방호장치에 관한 설명으로 틀린 것은?

① 연속 운전작업에 사용할 수 있다.
② 핀클러치 구조의 프레스에 사용할 수 있다.
③ 기계적 고장에 의한 2차 낙하에는 효과가 없다.
④ 시계를 차단하지 않기 때문에 작업에 지장을 주지 않는다.

해설

광전자식 방호장치는 슬라이드 작동중 정지가능한 마찰식 프레스에 적용가능하며 확동식-핀클러치구조에서는 방호효과가 없다.

정답 17 ④ 18 ④ 19 ② 20 ① 21 ④ 22 ④ 23 ②

04 프레스 금형의 안전화

[관련법령]
프레스 금형작업의 안전에 관한 기술지침

(1) 안전금형의 채용

① **금형의 안전울** : 프레스기계에 고정시키는 방법과 금형에 설치하는 방법으로 금형을 둘러싼다.

② 상형의 울과 하형의 울 사이를 12mm 정도 겹치게 하여 손가락을 다칠 위험이 없도록 하여야 한다.

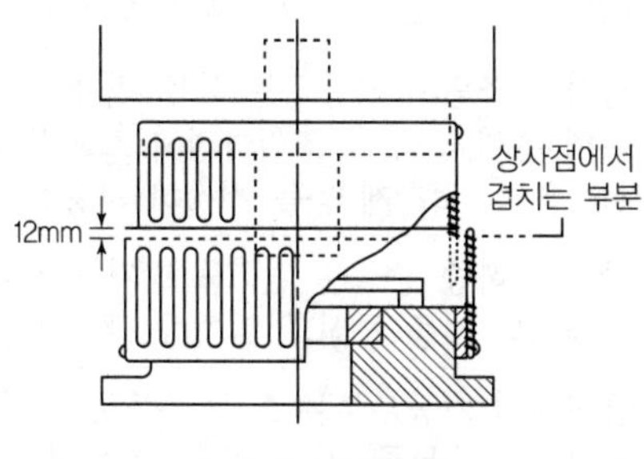

금형의 안전울 예

③ 프레스기계의 상사점에 있어서 상형과 하형, 또는 가이드 포스트(guide post)와 가이드 부시의 틈새(bush clearance)는 8mm 이하로 하여 손가락이 금형사이에 들어가지 않도록 한다.

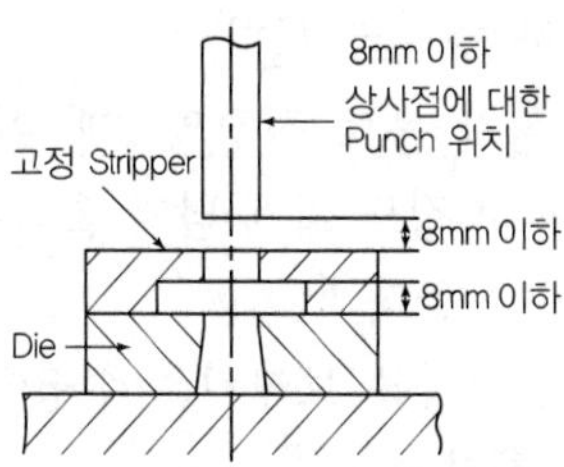

상사점에 대한 Punch 하면과 고정. Stripper면이 8mm 이하일 때의 대책

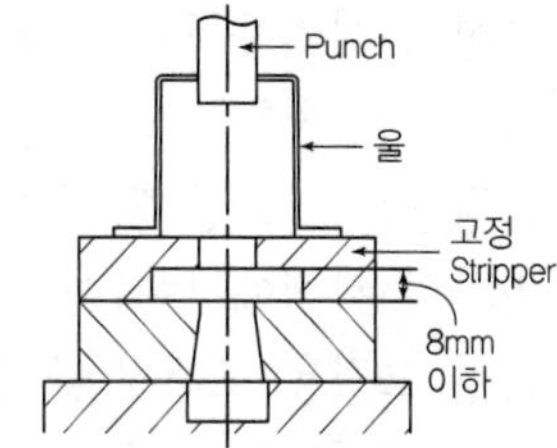

상사점에 대한 Punch 하면과 Stripper면이 8mm 이상일 때의 대책

(2) 금형파손에 의한 위험방지

구분	내용
① 부품의 조립	• 맞춤 핀을 사용할 때에는 억지끼워맞춤으로 한다. 상형에 사용할 때에는 낙하방지의 대책을 세워둔다. • 파일럿 핀, 직경이 작은 펀치, 핀 게이지 등 삽입부품은 빠질 위험이 있으므로 플랜지를 설치하거나 테이퍼로 하는 등 이탈 방지대책을 세워둔다. • 쿠션 핀을 사용할 경우에는 상승 시 누름판의 이탈방지를 위하여 단붙임한 나사로 견고히 조여야 한다. • 가이드 포스트, 샹크는 확실하게 고정한다.
② 헐거움 방지	금형의 조립에 사용하는 볼트 및 너트는 헐거움 방지를 위해 분해, 조립을 고려하면서 스프링 와셔, 로크 너트, 키, 핀, 용접, 접착제 등을 적절히 사용한다.
③ 편하중 대책	금형의 하중 중심은 편하중 방지를 위해 원칙적으로 프레스의 하중 중심과 일치하도록 한다.
④ 운동범위 제한	금형내의 가동부분은 모두 운동하는 범위를 제한하여야 한다. 또한 누름, 노크 아웃, 스트리퍼, 패드, 슬라이드 등과 같은 가동부분은 움직였을 때는 원칙적으로 확실하게 원점으로 되돌아가야 한다

[맞춤핀(knock pin, dowel pin)]
펀치와 상홀더, 다이와 하홀더 등을 다이세트의 올바른 위치에 고정하는 부품

[로크 너트]
너트의 풀림을 막기 위하여 2개 이상의 너트를 겹쳐서 조이거나 특수한 모양으로 한 너트

(3) 금형의 설치 · 해체작업의 안전

① 금형의 설치용구는 프레스의 구조에 적합한 형태로 한다.
② 금형을 설치하는 프레스의 T홈 안길이는 설치 볼트 직경의 2배 이상
③ 고정볼트는 고정 후 가능하면 나사산이 3~4개 정도 짧게 남겨 슬라이드 면과의 사이에 협착이 발생하지 않도록 해야 한다.
④ 금형 고정용 브래킷(물림판)을 고정시킬 때 고정용 브래킷은 수평이 되하고 고정볼트는 수직이 되게 고정하여야 한다.

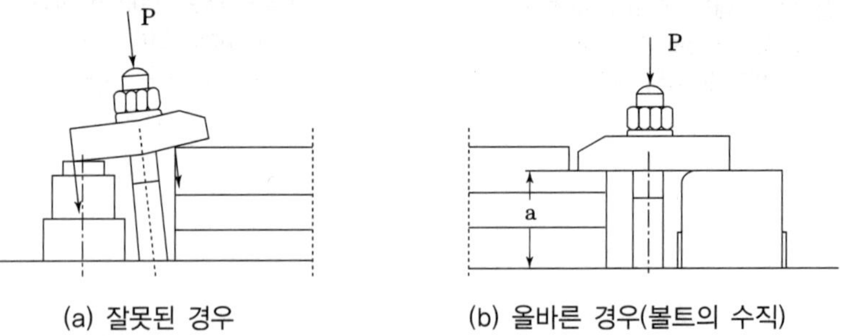

(a) 잘못된 경우　　　(b) 올바른 경우(볼트의 수직)

⑤ 부적합한 프레스에 금형을 설치하는 것을 방지하기 위하여 금형에 부품번호, 상형중량, 총중량, 다이하이트, 제품소재(재질) 등을 기록 하여야 한다.

⑥ 금형을 운반할 때는 형틀이 어긋나는 것을 방지하기 위해 고정밴드를 사용하고 대형일 경우에는 상하형틀의 평형을 유지하기 위해 안전핀을 사용

⑦ 금형의 표시사항
- ㉠ 프레스기의 압입능력(단위 : ton)
- ㉡ 길이(전후, 좌우 및 다이의 높이)
- ㉢ 총중량(단위 : kg)
- ㉣ 상형의 중량(단위 : kg)

(4) 금형 조정작업의 위험방지

프레스 등의 금형을 부착 · 해체 또는 조정하는 작업을 할 때에 해당 작업에 종사하는 근로자의 신체가 위험한계 내에 있는 경우 슬라이드가 갑자기 작동함으로써 근로자에게 발생할 우려가 있는 위험을 방지하기 위하여 안전블록을 사용하는 등 필요한 조치를 하여야 한다.

(5) 금형의 설치 및 조정 해체 시 안전수칙

① 금형은 하형부터 잡고 무거운 금형의 받침은 인력으로 하지 않는다.
② 금형의 부착전에 하사점을 확인한다.
③ 금형을 설치하거나 조정할 때는 반드시 동력을 끊고 페달에 방호장치(U자형 덮개)를 하여 놓는다.
④ 금형의 체결은 올바른 치공구를 사용하고 균등하게 체결한다.
⑤ 슬라이드의 불시하강을 방지하기 위하여 안전블럭 등을 사용한다.

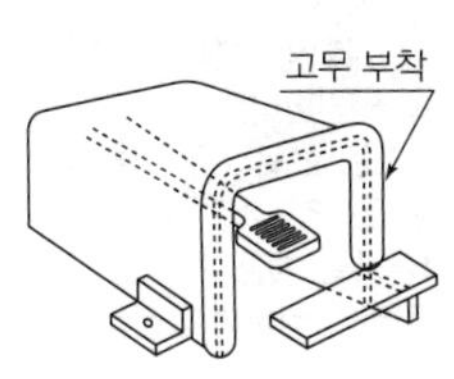

[페달의 U자형 덮개]

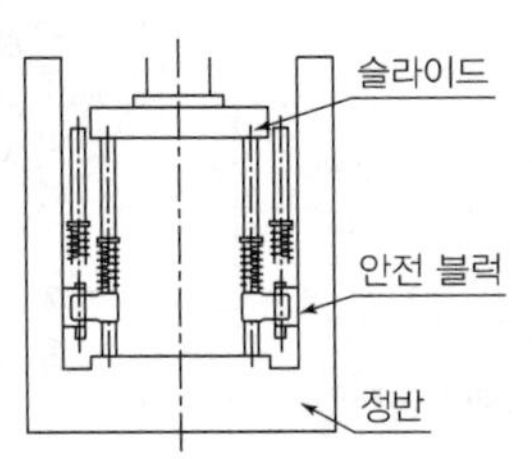

[안전블럭]

[안전블럭]
금형부착 작업 등의 경우 안전을 위하여 사용하는 힌지형태의 회전봉 모양의 것으로서 슬라이드와 볼스타 사이에 끼워 넣어 슬라이드의 낙하방지용으로 사용된다.

04 핵심문제 4. 프레스 금형의 안전화

□□□ 12년2회, 15년2회

1. 프레스 작업 중 부주의로 프레스의 페달을 밟는 것에 대비하여 페달에 설치하는 것은?

① 클램프 ② 로크너트
③ 커버 ④ 스프링 와셔

해설

프레스 작업 중 작업자가 부주의로 프레스의 페달을 밟는 것에 대비하여 페달에 U자형 덮개(커버)를 설치한다.

□□□ 08년1회, 10년2회

2. 프레스의 금형조정작업 시 위험한계 내에서 작업하는 작업자의 안전을 위하여 안전블록의 사용 등 필요한 조치를 취해야 한다. 다음 중 이에 해당하는 조정작업으로 옳은 것은?

① 금형의 부착작업 및 해체작업
② 금형의 설계작업 및 부착작업
③ 금형의 설계작업 및 설치의 지휘작업
④ 금형 설치의 지휘작업

문제 2, 3, 4 해설

프레스 등의 금형을 부착·해체 또는 조정하는 작업을 할 때에 해당 작업에 종사하는 근로자의 신체가 위험한계 내에 있는 경우 슬라이드가 갑자기 작동함으로써 근로자에게 발생할 우려가 있는 위험을 방지하기 위하여 안전블록을 사용하는 등 필요한 조치를 하여야 한다.

[참고] 산업안전보건기준에 관한 규칙 제104조【금형조정작업의 위험방지】

□□□ 18년1회, 20년3회

3. 프레스 및 전단기에서 위험한계 내에서 작업하는 작업자의 안전을 위하여 안전블록의 사용 등 필요한 조치를 취해야 한다. 다음 중 안전 블록을 사용해야 하는 작업으로 가장 거리가 먼 것은?

① 금형 가공작업 ② 금형 해제작업
③ 금형 부착작업 ④ 금형 조정작업

□□□ 12년3회, 16년3회

4. 프레스기의 금형을 부착·해체 또는 조정하는 작업을 할 때, 근로자의 신체의 일부가 위험한계에 들어갈 때에 슬라이드가 갑자기 작동함으로써 발생하는 근로자의 위험을 방지하기 위해 사용해야 하는 것은?

① 방호울 ② 안전블록
③ 시건장치 ④ 날접촉예방장치

□□□ 13년2회, 17년3회

5. 다음 중 프레스기에 금형 설치 및 조정 작업 시 준수하여야 할 안전수칙으로 옳지 않는 것은?

① 금형의 체결은 올바른 치공구를 사용하고 균등하게 체결한다.
② 금형을 부착하기 전에 하사점을 확인한다.
③ 슬라이드의 불시하강을 방지하기 위하여 안전블록을 제거한다.
④ 금형은 하형부터 잡고 무거운 금형의 받침은 인력으로 하지 않는다.

문제 5, 6 해설

금형의 설치 및 조정 해체시 안전수칙
① 금형은 하형부터 잡고 무거운 금형의 받침은 인력으로 하지 않는다.
② 금형의 부착전에 하사점을 확인한다.
③ 금형을 설치하거나 조정할 때는 반드시 동력을 끊고 페달에 방호장치(U자형 덮개)를 설치한다.
④ 금형의 체결은 올바른 치공구를 사용하고 균등하게 체결한다.
⑤ 슬라이드의 불시하강을 방지하기 위하여 안전블럭 등을 사용한다.

□□□ 13년1회

6. 다음 중 금형의 설치 및 조정 시 안전수칙으로 가장 적절하지 않은 것은?

① 금형을 부착하기 전에 상사점을 확인하고 설치한다.
② 금형의 체결 시에는 적합한 공구를 사용한다.
③ 금형의 체결 시에는 안전블럭을 설치하고 실시한다.
④ 금형이 설치 및 조정은 전원을 끄고 실시한다.

정답 1 ③ 2 ① 3 ① 4 ② 5 ③ 6 ①

□□□ 12년2회

7. [그림]과 같은 프레스의 punch와 금형의 die에서 손가락이 punch와 die 사이에 들어가지 않도록 할 때 D의 거리로 가장 적절한 것은?

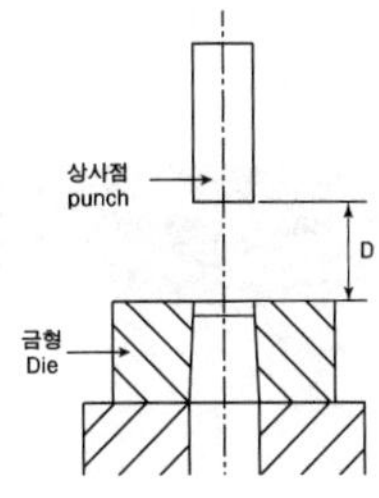

① 8mm 이하 ② 10mm 이상
③ 15mm 이하 ④ 15mm 초과

해설

프레스기계의 상사점에 있어서 상형과 하형, 또는 가이드 포스트(guide post)와 가이드 부시의 틈새(bush clearance)는 8mm 이하로 하여 손가락이 금형사이에 들어가지 않도록 한다.

□□□ 12년3회, 16년1회

8. 금형의 안전화에 관한 설명으로 옳지 않은 것은?

① 금형을 설치하는 프레스의 T홈 안길이는 설치 볼트 직경의 2배 이상으로 한다.
② 맞춤 핀을 사용할 때에는 헐거움 끼워맞춤으로 하고, 이를 하형에 사용할 때에는 낙하방지의 대책을 세워둔다.
③ 금형의 사이에 신체 일부가 들어가지 않도록 이동 스트리퍼와 다이의 간격은 8mm 이하로 한다.
④ 대형 금형에서 생크가 헐거워짐이 예상될 경우 생크만으로 상형을 슬라이드에 설치하는 것을 피하고 볼트를 사용하여 조인다.

해설

맞춤 핀을 사용할 때에는 억지끼워맞춤으로 한다. 상형에 사용할 때에는 낙하방지의 대책을 세워둔다.

□□□ 11년2회, 14년1회, 18년3회

9. 금형의 설치, 해체작업의 일반적인 안전사항으로 틀린 것은?

① 금형의 설치용구는 프레스의 구조에 적합한 형태로 한다.
② 금형을 설치하는 프레스의 T홈 안길이는 설치 볼트 직경 이하로 한다.
③ 고정볼트는 고정 후 가능하면 나사산이 3~4개 정도 짧게 남겨 슬라이드 면과의 사이에 협착이 발생하지 않도록 해야 한다.
④ 금형 고정용 브래킷(물림판)을 고정시킬 때 고정용 브래킷은 수평이 되게 하고 고정볼트는 수직이 되게 고정하여야 한다.

해설

금형을 설치하는 프레스의 T홈 안길이는 설치 볼트 직경의 2배 이상으로 한다.

정답 7 ① 8 ② 9 ②

Chapter 04

기타 산업용 기계설비

기타 산업용 기계설비는 롤러기, 원심기, 아세틸렌 용접장치, 보일러, 산업용 로봇, 설비진단으로 구성된다. 여기에서는 롤러기의 방호장치, 아세틸렌 용접장치의 방호장치의 특징과 종류 등이 주로 출제된다.

01 롤러기의 안전

[롤러기]

(1) 롤러기(roller)의 특징과 종류

구분	내용
① 특징	• 2개 이상의 롤이 근접하여 상호 반대방향으로 회전하면서 가공재료를 롤러 사이로 통과시켜 롤러의 압력에 의해 소성변형 또는 연화시키는 기계 • 롤러기(roller)는 금속 공업을 비롯하여 광범위하게 이용되고 있으며, 압축, 성형, 분쇄, 인쇄 또는 압연작업을 하기 때문에 재해가 많이 발생한다.
② 종류	• 카렌다(Calender)기 • 밀(mill)기 • 압연기 • 원압 연쇄기 • 회전 인쇄기
③ 방호장치	• 가드(덮개) • 급정지 장치

(2) 가드, 덮개(guard)의 설치

① 최소틈새(trapping space)

㉠ 작업자가 작업 중 트랩공간에 신체의 각 부분이 들어가 상해를 입을 수 있는 공간

㉡ 사고를 예방하기 위해 유지되어야 할 신체의 각부와 트랩사이 틈새

신체부위	몸	다리	발	팔	손목	손가락
최소틈새	500mm	180mm	120mm	120mm	100mm	25mm
트랩						

② 가드의 구조상 분류

구분	적용
고정형 가드 (Fixed guard)	완전밀폐형, 작업점용
자동형 가드 (Automatic guard)	이동형, 가동형(기계, 전기, 유공압 활용)
조절형 가드 (Adjustable guard)	작업여건에 따라 조절하여 사용

③ 가드 개구부의 간격

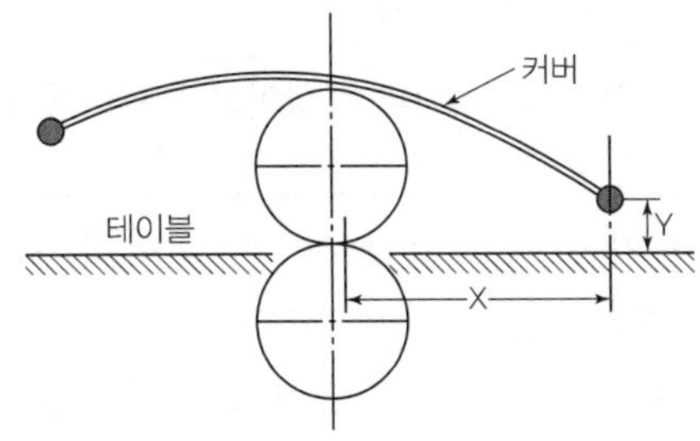

롤러기의 가드

구분	식
① 일반적 개구부의 간격	$Y = 6 + 0.15X$ ($X < 160$ mm) (단, $X \geq 160$mm 이면 $Y = 30$)
② 위험점이 전동체인 경우	$Y = 6 + 0.1X$ (단, X 〈 760mm 에서 유효)

여기서, X : 개구부에서 위험점까지의 최단거리(mm)
Y : 개구부 간격(안전간극)(mm)

Tip

개구부 간격의 계산

개구부 간격을 구하는 문제에서 특별히 위험점이 전동체라는 표현이 없을 경우 ① 일반적 개구부의 간격 식 $Y = 6 + 0.15X$ 을 적용한다.

(3) 급정지 장치의 설치

① 조작부의 설치 위치에 따른 급정지 장치의 종류

종류	설치 위치	비고
손조작식	밑면에서 1.8m 이내	위치: 급정지 장치의 조작부의 중심점을 기준
복부 조작식	밑면에서 0.8m 이상 1.1m 이내	
무릎 조작식	밑면에서 0.4m 이상 0.6m 이내	

[급정지 장치 설치위치]

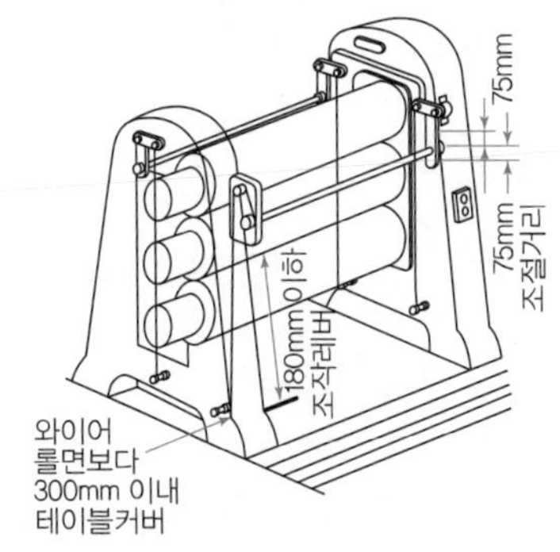

② 급정지장치의 일반요구사항

㉠ 작동이 원활하고 견고하게 설치되어야 한다.

㉡ 조작부는 긴급 시에 근로자가 조작부를 쉽게 알아볼 수 있게 하기 위해 안전에 관한 색상으로 표시하여야 한다.

㉢ 조작부는 그 조작에 지장이나 변형이 생기지 않고 강성이 유지되도록 설치하여야 한다.

㉣ 조작부 로프

구분	기준
와이어로프	KS D 3514(와이어로프)에 정한 규격에 적합한 직경 4밀리미터 이상
합성섬유의 로프	직경 6밀리미터 이상이고 절단하중이 2.94킬로뉴턴(kN) 이상

㉤ 조작스위치 및 기동스위치는 분진 및 그 밖의 불순물이 침투하지 못하도록 밀폐형으로 제조되어야 한다.

㉥ 제동모터 및 그 밖의 제동장치에 제동이 걸린 후에 다시 기동스위치를 재조작하지 않으면 기동될 수 없는 구조이어야 한다.

Tip

롤러의 급정지 거리를 구할 때는 먼저 표면속도(V)를 구하고 표면속도가 30m/min 미만인지 이상인지를 먼저 확인하고 그에 맞는 급정지거리 기준을 다시 산출하여야 한다. 핵심문제 14, 15번을 참고하자.

③ 무부하동작에서의 급정지거리

앞면 롤러의 표면속도(m/min)	급정지 거리
30 미만	앞면 롤러 원주의 1/3 이내
30 이상	앞면 롤러 원주의 1/2.5 이내

$$V = \frac{\pi DN}{1000}(\mathrm{m/min})$$

V : 표면 속도(m/min)

D : 롤러 원통직경(mm)

N : 회전수(rpm)

(4) 롤러기의 작업안전 수칙

① 급정지 장치는 롤의 전후면에서 각각 1개씩 로프를 설치

② 로프 길이는 롤러길이 이상으로 하여 작업자가 손쉽게 조작할 수 있어야 한다.

③ 전도 위험 방지 : 롤러기의 주위 바닥은 평탄하고, 돌출물이나 장애물이 있으면 안되며, 기름이 바닥에 있으면 제거

④ 재료의 가공 중에 유독성 또는 자극성 물질이 발산되는 분쇄 롤러 및 롤러 밀은 밀폐하거나 국소배기장치를 설치

⑤ 롤러기 청소 시에는 정지시키고 난 후에 작업을 할 것

01 핵심문제 1. 롤러기의 안전

□□□ 08년2회, 11년1회, 18년3회

1. 롤러의 가드 설치방법에서 안전한 작업공간에서 사고를 일으키는 공간함정(trap)을 막기 위해 신체부위와 최소 틈새가 바르게 짝지어진 것은?

① 다리 : 500mm ② 발 : 300mm
③ 손목 : 200mm ④ 손가락 : 25mm

해설

최소 틈새(trapping space)

신체부위	몸	다리	발
최소틈새	500mm	180mm	120mm
신체부위	팔	손목	손가락
최소틈새	120mm	100mm	25mm

□□□ 08년3회

2. 롤러기의 맞물린 점에서 설치하는 가드의 일반적인 개구부 간격을 구하는 식이 맞는 것은? (단, Y : 가드 개구부 간격(안전간극 : mm), X : 가드와 위험점간의 거리(안전거리 : mm, X < 160mm인 경우), 위험점이 전동체가 아닌 경우임)

① Y = 6+0.15X ② Y = 6+0.1X
③ X = 6+0.1Y ④ X = 6+0.15Y

해설

구분	식
① 일반적 개구부의 간격	$Y=6+0.15X$ $(X<160\text{ mm})$ (단, $X \geq 160$mm 이면 $Y=30$)
② 위험점이 전동체인 경우	$Y=6+0.1X$ (단, $X<760$mm 에서 유효)

□□□ 15년3회

3. 개구면에서 위험점까지의 거리가 50mm 위치에 풀리(pully)가 회전하고 있다. 가드(Guard)의 개구부 간격으로 설정할 수 있는 최대값은?

① 9.0mm ② 12.5mm
③ 13.5mm ④ 25mm

해설

$Y=6+0.15X=6+(0.15\times 50)=13.5$
Y : 가드개구부 간격(mm)
X : 가드와 위험점 간의 거리 (mm)

□□□ 17년2회

4. 롤러 작업 시 위험점에서 가드(guard) 개구부까지의 최단 거리를 60mm라고 할 때, 최대로 허용할 수 있는 가드 개구부 틈새는 약 몇 mm인가? (단, 위험점이 비전동체이다.)

① 6 ② 10
③ 15 ④ 18

해설

$Y=6+0.15X=6+(0.15\times 60)=15$

□□□ 12년3회

5. 롤러기의 물림점(Nip Point)의 가드 개구부의 간격이 15mm일 때 가드와 위험점 간의 거리가 몇 mm인가? (단, 위험점이 전동체는 아니다.)

① 15 ② 30
③ 60 ④ 90

해설

$Y=6+0.15X$ 이므로, $X=\frac{Y-6}{0.15}=\frac{15-6}{0.15}=60$

□□□ 19년2회

6. 로울러기 맞물림점의 전방에 개구부의 간격을 30mm로 하여 가드를 설치하고자 한다. 가드의 설치 위치는 맞물림점에서 적어도 얼마의 간격을 유지하여야 하는가?

① 154mm ② 160mm
③ 166mm ④ 172mm

해설

$Y=6+0.15X$ 이므로, $X=\frac{Y-6}{0.15}=\frac{30-6}{0.15}=160$

정답 1 ④ 2 ① 3 ③ 4 ③ 5 ③ 6 ②

□□□ 16년2회

7. 롤러기 급정지장치의 종류가 아닌 것은?

① 어깨조작식 ② 손조작식
③ 복부조작식 ④ 무릎조작식

문제 7, 8, 9 해설

급정지 장치의 종류

급정지 장치 조작부의 종류	설치 위치	비고
손조작식	밑면에서 1.8m 이내	설치 위치: 급정지 장치의 조작부의 중심점을 기준
복부 조작식	밑면에서 0.8m 이상 1.1m 이내	
무릎 조작식	밑면에서 0.4m 이상 0.6m 이내	

□□□ 11년2회, 15년3회

8. 롤러가 안전장치의 하나인 복부로 조작하는 급정지장치의 위치로서 가장 적당한 것은?

① 밑면으로부터 1.8m 이내
② 밑면으로부터 2.0m 이내
③ 밑면으로부터 0.8m 이상 1.1m 이내
④ 밑면으로부터 0.4m 이상 0.6m 이내

□□□ 17년1회

9. 롤러기의 급정지장치로 사용되는 정지봉 또는 로프의 설치에 관한 설명으로 틀린 것은?

① 복부 조작식은 밑면으로부터 1200~1400mm 이내의 높이로 설치한다.
② 손 조작식은 밑면으로부터 1800mm 이내의 높이로 설치한다.
③ 손 조작식은 앞면 롤 끝단으로부터 수평거리가 50mm 이내에 설치한다.
④ 무릎 조작식은 밑면으로부터 400~600mm 이내의 높이로 설치한다.

□□□ 17년3회

10. 다음 중 롤러기에 설치하여야 할 방호장치는?

① 반발예방장치 ② 급정지장치
③ 접촉예방장치 ④ 파열판장치

해설

롤러기의 방호장치
가드(덮개), 급정지 장치

□□□ 17년3회

11. 롤러기 급정지장치 조작부에 사용하는 로프의 성능 기준으로 옳은 것은? (단, 로프의 재질은 관련 규정에 적합한 것으로 본다.)

① 지름 2[mm] 이상의 합성섬유로프
② 지름 1[mm] 이상의 와이어로프
③ 지름 3[mm] 이상의 합성섬유로프
④ 지름 4[mm] 이상의 와이어로프

해설

조작부 로프

구분	기준
와이어로프	KS D 3514(와이어로프)에 정한 규격에 적합한 직경 4밀리미터 이상
합성섬유의 로프	직경 6밀리미터 이상이고 절단하중이 2.94 킬로뉴턴(kN) 이상

□□□ 14년1회, 18년3회, 21년3회

12. 다음 설명 중 ( ) 안에 알맞은 내용은?

> 롤러기의 급정지장치는 롤러를 무부하로 회전시킨 상태에서 앞면 롤러의 표면속도가 30m/min 미만일 때에는 급정지거리가 앞면 롤러 원주의 ( ) 이내에서 롤러를 정지시킬 수 있는 성능을 보유해야 한다.

① $\frac{1}{5}$ ② $\frac{1}{4}$
③ $\frac{1}{3}$ ④ $\frac{1}{2.5}$

문제 12, 13 해설

급정지장치의 성능

앞면 롤러의 표면속도(m/min)	급정지 거리
30 미만	앞면 롤러 원주의 1/3 이내
30 이상	앞면 롤러 원주의 1/2.5 이내

정답 7 ① 8 ③ 9 ① 10 ② 11 ④ 12 ③

□□□ 14년1회, 18년3회

13. 롤러기의 방호장치 설치 시 유의해야 할 사항으로 거리가 먼 것은?

① 손으로 조작하는 급정지장치의 조작부는 롤러기의 전면 및 후면에 각각 1개씩 수평으로 설치하여야 한다.
② 앞면 롤러의 표면속도가 30m/min 미만인 경우 급정지 거리는 앞면 롤러 원주의 1/2.5 이하로 한다.
③ 작업자의 복부로 조작하는 급정지장치는 높이가 밑면에서 0.8m 이상 1.1m 이내에 설치되어야 한다.
④ 급정지장치의 조작부에 사용하는 줄은 사용 중 늘어져서는 안되며 충분한 인장강도를 가져야 한다.

□□□ 10년3회, 13년2회

14. 롤러의 급정지를 위한 방호장치를 설치하고자 하다. 앞면 롤러 직경이 36cm이고 분당회전속도는 50rpm 이라면 급정지장치의 정지거리는 최대 몇 cm 이상이어야 하는가?

① 45cm ② 50cm
③ 55cm ④ 60cm

해설

1. 표면속도

$$(V)=\frac{\pi DN}{1000}=\frac{3.14\times360\times50}{1000}=56.52[\text{m/min}]$$

30m/min이상 이므로 $\frac{1}{2.5}$ 이내에서 급정지 되어야 한다.

2. 급정지거리 $=\pi d\times\frac{1}{2.5}=(\pi\times36)\times\frac{1}{2.5}=45.22[\text{cm}]$

□□□ 12년2회, 17년1회, 20년1·2회

15. 롤러기의 앞면 롤의 지름이 300mm, 분당회전수가 30회일 경우 허용되는 급정지장치의 급정지거리는 약 얼마인가?

① 9.42mm ② 28.27mm
③ 10mm ④ 314.16mm

해설

1. 표면속도

$$(V)=\frac{\pi DN}{1000}=\frac{3.14\times300\times30}{1000}=28.26[\text{m/min}]$$

30m/min미만 이므로 $\frac{1}{3}$ 이내에서 급정지 되어야 한다.

2. 급정지거리 $=\pi d\times\frac{1}{3}=(\pi\times300)\times\frac{1}{3}=314.16\text{ mm}$

정답 13 ② 14 ① 15 ④

02 용접장치의 안전

(1) 용접(welding)의 특징

① 용접의 장단점

구분	내용
장점	• 재료의 절약 • 공정수의 절약 • 성능 및 수명의 향상 등에 유리하므로 경제적이다.
단점	• 단시간에 재료를 국부적으로 접합하므로 재질의 변화, 용접 균열(cracking), 수축변형 및 잔류응력 등의 결함 및 파괴를 일으키기 쉽다. • 용접구조물은 리벳 구조물에 비하여 응력집중이 생기기 쉽다. • 용접은 품질관리가 곤란하다. • 용접자의 기능과 성의에 좌우되는 일이 많다. • 검사방법이 어렵다.

② 용접법의 분류

구분	내용
융접 (fusion)	접합할 양 금속재료, 즉 모재(base metal)의 접합부를 국부적으로 가열, 용융시켜 여기에 용접재를 용융 첨가하여, 이들을 융합시켜 접합하는 방법(아크 용접, 가스 용접)
압접 (pressure welding)	접합부를 적당한 온도로 가열하고, 이에 기계적 압력을 가하여 접합시키는 방법(전기저항용접)
납접 (solder welding)	접합할 모재보다 용점이 훨씬 낮은 재료를 접합부에 용융 첨가하여 접합시키는 방법

[납접의 용점]
① 450℃ 이상 : 경납땜
② 450℃ 이하 : 연납땜

③ 주요 열처리 방법

구분	내용
담금질	강을 가열한 후에 물 또는 기름속에 투입하여 급냉시키는 방법으로서 마르텐사이트(martensite)라고 하는 조직을 가진 상당히 단단한 조직을 얻을 수가 있다.
뜨임질	담금질한 강에 인성을 주고 내부잔류응력을 없애기 위해 변태점 이하의 적당한 온도(726℃ 이하 : 제일 변태점)에서 가열한 다음 냉각시키는 조작이다.
불림	강의 결정입자를 미세화하고 조직을 균일하게 하여 강력한 재료로 만들기 위해 강을 800℃~1000℃의 온도로 가열한 후에 대기 중에서 냉각시키는 열처리를 말한다.

④ 용접 결함

구분	내용
균열 (crack)	금이 생겨 갈라지는 것으로 부적당한 용접봉의 사용, 과대전류, 과대속도등으로 발생
용접변형 및 잔류응력	• 용접변형 : 용접열로 인하여 변형되는 것 • 잔류응력 : 구속된 상태에서 용접하여 자유로이 변형되지 못하여 내부에 응력이 남아 있는 것 ※ 잔류응력의 제거 : 모재를 자유로운 상태에서 대기중에서 서서히 용접하고 모재의 가열온도를 가능한 낮게 한다.(풀림 열처리)
언더컷 (under cut)	언더컷 전류가 과대하고, 용접속도가 너무 빠르며, 아크를 짧게 유지하기 어려운 경우로서 모재 및 용접부이 일부가 녹아서 홈 또는 오목한 부분이 생기는 것
오버랩 (overlap)	오버랩 용접봉의 운행이 불량할 때, 용접봉의 용융온도가 모재보다 낮을 때, 과잉용착금속이 남게 되는 것
용입불량 및 융합불량	용입불량 • 용입불량 : 용접할 모재가 충분히 용해되지 않아 간격이 생김 • 융합불량 : 용착금속과 모재와의 사이에 융합이 안 된 상태 • 아크가 너무 길든가 용접속도가 너무 빠르거나, 용접전류가 낮을 때 생기기 쉽다.
기공 (blow hole)	용착금속내부에 기포가 생기는 것을 말하며, 이것은 주로 습기, 공기, 용접면의 상태에 따라 수소(H_2), 산소(O_2), 질소(N_2) 등의 침입이 원인이 된다.

[비드(bead)]
용접 작업중에서 용착 부분에 생기는 띠모양으로 볼록하게 나온 부분

Tip

용접 결함의 종류에 주의 !

기출문제에서 용접결함의 종류를 묻는 문제가 자주 출제 되는데 이때 비드(beed)는 용접의 결함이 아닌 용어이므로 반드시 구분할 수 있을 것.

(2) 아세틸렌 용접장치의 특징

① 아세틸렌(C_2H_2, acetylene) 가스의 발생

반응식 : $CaC_2 + 2H_2O \rightarrow Ca(OH)_2 + C_2H_2 + 31.872kcal$

아세틸렌 가스는 물과 카바이트의 화학반응에 의해 생성된다.

[가스용접 작업 시 재해 유형]
1. 폭발
2. 화재
3. 화상
4. 중독

② 아세틸렌 가스의 특징

<table>
<tr><th>구분</th><th colspan="2">내용</th></tr>
<tr><td>연소범위</td><td colspan="2">2.5~81%</td></tr>
<tr><td>발화점</td><td colspan="2">400~440℃</td></tr>
<tr><td>사용압력</td><td colspan="2">게이지 압력 127kPa 이하</td></tr>
<tr><td>폭발 위험</td><td colspan="2">구리, 은, 수은 등 금속과 반응시 아세틸라이드(acetylide) 생성으로 인한 충격 · 가열에 의한 폭발의 위험성이 있다. (용기, 배관등에 구리 또는 구리를 70% 이상 함유한 합금 사용 금지)</td></tr>
<tr><td rowspan="5">용접시 불꽃의 온도</td><td>혼합가스의 종류</td><td>최고온도</td></tr>
<tr><td>산소-메탄</td><td>약 2700 ℃</td></tr>
<tr><td>산소-수소</td><td>약 2900 ℃</td></tr>
<tr><td>산소-프로판</td><td>약 2800 ℃</td></tr>
<tr><td>산소-아세틸렌</td><td>약 3500 ℃</td></tr>
</table>

③ 아세틸렌 용접장치의 구성

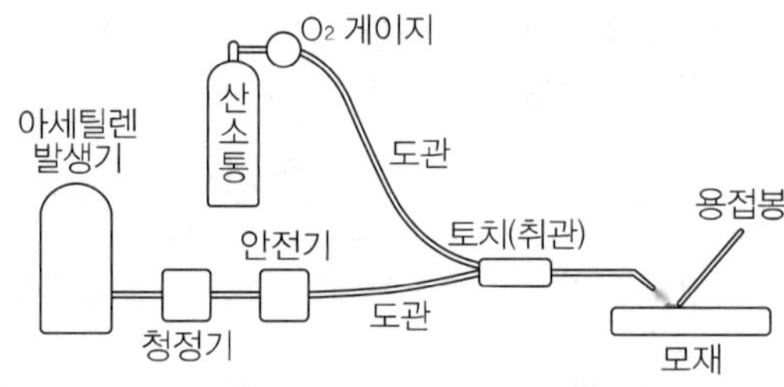

아세틸렌 용접장치

④ 아세틸렌 용접장치의 관리

㉠ 발생기실 내 게시사항 : 발생기(이동식 용접장치의 발생기는 제외)의 종류, 형식, 제작업체명, 매 시 평균 가스발생량 및 1회 카바이드 공급량

㉡ 발생기실은 관계 근로자외의 출입을 금지할 것

㉢ 발생기에서 5미터 이내 또는 발생기실에서 3미터 이내의 장소에서는 흡연, 화기의 사용등 금지

㉣ 도관에는 산소용과 아세틸렌용의 혼동을 방지하기 위한 조치

㉤ 아세틸렌 용접장치의 설치장소에는 적당한 소화설비를 갖출 것

㉥ 이동식 아세틸렌용접장치의 발생기는 고온의 장소, 통풍이나 환기가 불충분한 장소 또는 진동이 많은 장소 등에 설치하지 않도록 할 것

Tip

발생기실의 제한거리 유의 !

화기의 제한거리는
- 발생기에서 5m 이내,
- 발생기실에서 3m 이내,

이므로 혼동하지 않도록 한다.

(3) 아세틸렌 발생기실

① 아세틸렌 발생기의 형식 구분

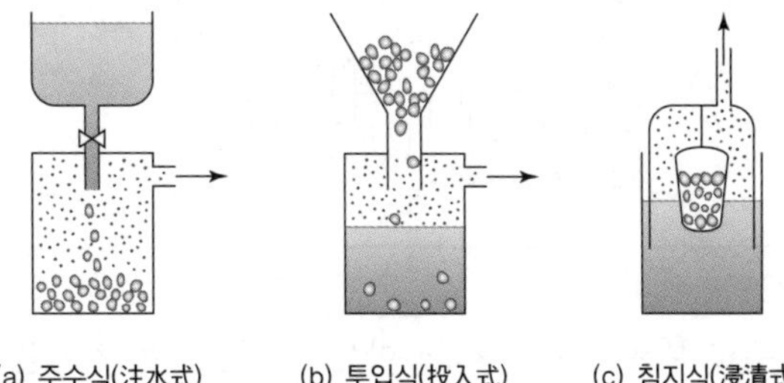

(a) 주수식(注水式) (b) 투입식(投入式) (c) 침지식(浸漬式)

② 발생기실의 설치장소

㉠ 아세틸렌 용접장치의 발생기는 전용의 발생기실에 설치

㉡ 발생기실은 건물의 최상층에 위치

㉢ 화기를 사용하는 설비로부터 3미터를 초과하는 장소에 설치

㉣ 옥외에 설치한 경우 개구부를 다른 건축물로부터 1.5미터 이상 떨어지도록 한다.

③ 발생기실 설치시 준수사항

구분	내용
벽	불연성 재료로 하고 철근 콘크리트 또는 그 밖에 이와 동등하거나 그 이상의 강도를 가진 구조로 할 것
지붕과 천장	얇은 철판이나 가벼운 불연성 재료를 사용
배기통	바닥면적의 16분의 1 이상의 단면적을 가진 배기통을 옥상으로 돌출시키고 그 개구부를 창이나 출입구로부터 1.5미터 이상 떨어지도록 할 것
출입구의 문	불연성 재료로 하고 두께 1.5밀리미터 이상의 철판이나 그 밖에 그 이상의 강도를 가진 구조로 할 것
간격의 확보	벽과 발생기 사이에는 발생기의 조정 또는 카바이드 공급 등의 작업을 방해하지 않도록 할 것

[이동식 아세틸렌 용접장치의 보관]
사용하지 않고 있는 이동식 아세틸렌 용접장치를 보관하는 경우에는 **전용의 격납실**에 보관하여야 한다. 다만, 기종을 분리하고 발생기를 세척한 후 보관하는 경우에는 임의의 장소에 보관할 수 있다.

Tip
발생기실 설치 시 벽의 강도는 철근 콘크리트 이상이지만 지붕과 천장은 얇은 철판, 가벼운 불연성 재료를 사용한다. 반드시 구분하자.

(4) 아세틸렌 용접기의 방호장치(안전기)

아세틸렌 용접장치 및 가스집합 용접장치에는 가스의 역류 및 역화를 방지하기 위해 안전기를 설치한다.

① 안전기의 설치장소

㉠ 아세틸렌 용접장치의 취관마다 안전기를 설치 한다. (다만, 주관 및 취관에 가장 가까운 분기관(分岐管)마다 안전기를 부착한 경우제외)

㉡ 가스용기가 발생기와 분리되어 있는 아세틸렌 용접장치에 대하여 발생기와 가스용기 사이에 안전기를 설치

[수봉식 안전기의 작동]

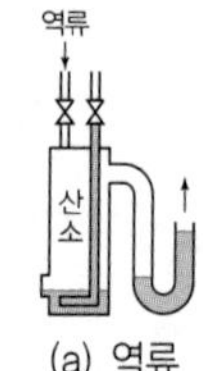

(a) 역류

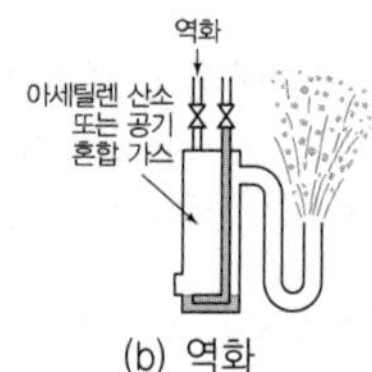

(b) 역화

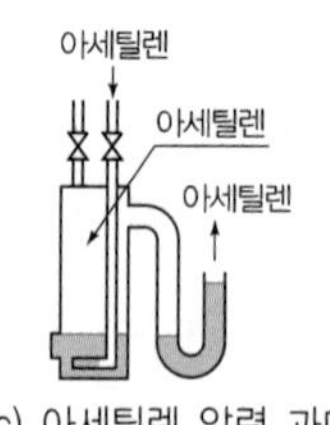

(c) 아세틸렌 압력 과대

② 수봉식 안전기의 구조

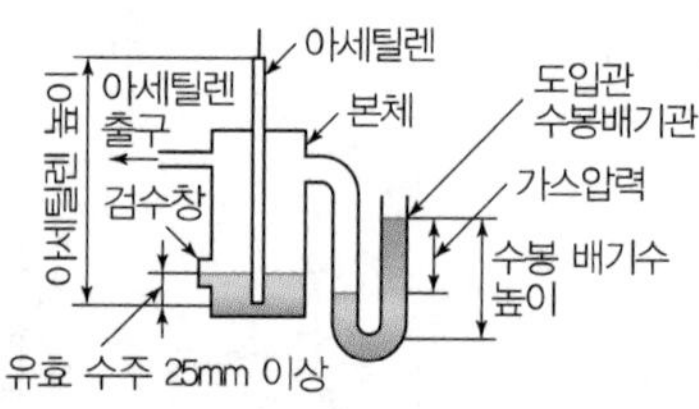

구분	내용
일반 구조	• 주요 부분은 두께 2mm 이상의 강판 또는 강관을 사용 • 내부의 가스 폭발에 견디어 낼 수 있는 구조일 것 • 도입부는 수봉식으로 할 것 • 수봉배기관을 비치하고 있을 것 • 도입부, 수봉배기관은 가스가 역류, 역화 폭발시 위험을 막을 수 있을 것 • 수위를 용이하게 점검할 수 있는 구조로 할 것 • 물의 보급 및 교환이 용이한 구조로 할 것 • 아세틸렌과 접촉할 염려가 있는 부분은 동(구리)의 사용금지 • 주요 부분의 강판 및 강관의 접합 → 용접, 볼트, 나사 접합
유효 수주	저압용 : 25mm 이상 중압용 : 50mm 이상
중압용 수봉식 안전기	• 도입관에 밸브나 코크를 부착한다. • 수봉배기관은 압력이 $1.5kg/cm^2$ 이전에 배기시킬 수 있어야 한다. • 파열판은 안전기내의 압력이 $5kg/cm^2$에 도달하기 전에 파열될 것. (다만 안전기내의 압력이 $3kg/cm^2$을 넘기 전에 작동하는 자동배기 밸브가 부착된 구조에서는 파열판이 $10kg/cm^2$ 이하에서 파열)

③ 건식 안전기의 구조

구분	내용
우회로식	역화의 압력파를 분리시켜 연소파는 우회로를 통과하며, 압력파에 의해서 폐쇄압착자를 작동시켜 가스통로를 폐쇄시키고 역화를 방지 (a) 정상 (b) 산소의 역류 (c) 역화
소결 금속식	역행되어 온 화염이 소결금속에 의하여 냉각소화되고, 역화압력에 의하여 폐쇄 밸브가 작동해서 가스통로를 닫는다. (a) 정상 (b) 산소의 역류 (c) 역화

(5) 용해 아세틸렌 용기

① 아세틸렌의 저장

아세틸렌은 2기압 이상으로 압축하면 폭발할 위험성이 있으므로 용해시켜 보관한다.

구분	내용
용해방법	석면과 같은 다공질 물질에 흡수시킨 아세톤에 아세틸렌을 고압에서 용해시켜 병에 충전(15기압에서 아세톤 1ℓ 에 아세틸렌 384ℓ 를 용해)
충전압력	15℃에서 15기압
저장량	한 병에 4000~6000ℓ (중량 약 5kg)
용기의 크기	15, 30, 50ℓ 등을 사용(보통 30ℓ 사용)

② 용해 아세틸렌 용기의 특징

㉠ 운반이 용이하다.
㉡ 발생기, 부속장치가 필요 없다.
㉢ 고압 토치를 사용할 수 있다.
㉣ 순도가 높아 좋은 용접을 할 수 있다.
㉤ 아세틸렌의 손실이 적다.
㉥ 폭발의 위험성이 없다.

③ 아세틸렌 충전작업 중 안전사항

㉠ 충전중의 압력은 온도에 관계없이 25kgf/cm² 이하로 한다.
㉡ 충전후의 압력은 15℃에서 15.5kgf/cm² 이하로 한다.
㉢ 충전후 24시간동안 정치한다.
㉣ 충전은 서서히 하며, 1회에 끝내지 말고 정치시간을 두어 2~3회에 걸쳐 충전한다.
㉤ 충전전에 빈용기는 다공물질의 침하에 의한 포켓유무를 확인하기 위하여 음향검사를 한다.
㉥ 아세틸렌의 충전용 교체밸브는 충전 장소에서 격리하여 설치한다.
㉦ 아세틸렌 제조를 위한 설비중 아세틸렌에 접촉하는 부분에는 동 또는 동 함유량을 70%이상 사용하지 않는다.
㉧ 충전용 지관에는 탄소의 함유량이 0.1% 이하의 강을 사용하여야 하며, 굴곡에 의한 응력이 일부에 집중되지 않는 형상으로 한다.
㉨ 아세틸렌을 압축하여 온도에 관계없이 25kgf/cm²의 압력으로 할 때는 질소 · 메탄 · 일산화탄소 · 에틸렌 등의 희석제를 첨가한다.

[아세틸렌, 산소 용기]

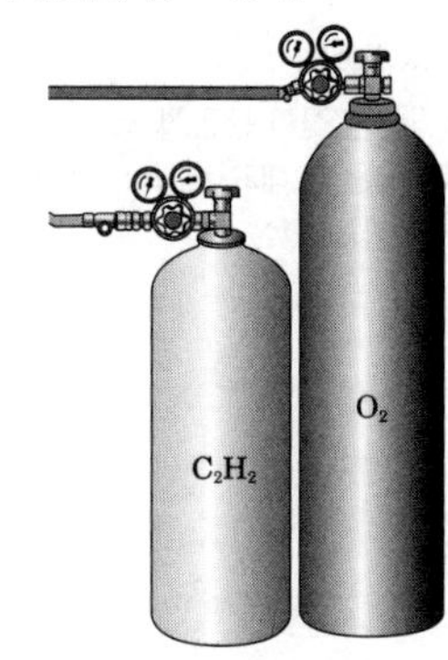

[아세틸렌의 용해]

아세틸렌 가스는 압축하거나 액화시키면 분해폭발을 일으키므로 용기에 다공물질과 가스를 녹이는 용제(아세톤, 디메틸포름아미드 등)를 넣어 용해시켜 충전한다.

Tip

아세틸렌은 동과 반응하여 아세틸라이드라는 폭발성 물질을 생성하게 되므로 동 함유량 70% 이상되는 물질과 접촉해서는 안 된다.

$C_2H_2 + 2Cu \rightarrow Cu_2C_2 + H_2$

[역화(back fire)]

산소아세틸렌 불꽃이 순간적으로 팁 끝에 흡인되면서 소음을 내고 꺼졌다가 다시 켜졌다를 반복하는 현상

④ 산소용기(oxygen cylinder)

구분	내용
1) 산소 용기의 구조	본체, 밸브, 캡
2) 산소의 충전	원통형의 산소 용기(oxygen cylinder)에 35℃에서 150kg/cm²로 충전
3) 산소 용기 용적량	가장 많이 사용되는 것은 내용적 33.7ℓ, 산소 용기 호칭 5000ℓ (33.7×150=5055ℓ)
4) 밸브	산소 용기 윗부분에 끼워져 있고 산소 밸브를 완전히 열었을 때 고압 밸브 시트에서 산소가 새는 것을 방지하기 위해 패킹(back seating seal)을 사용
5) 안전밸브 (safety valve)	산소 용기가 파열되기 전에 먼저 작동하여 산소 용기의 파열을 방지

[토치(취관)]

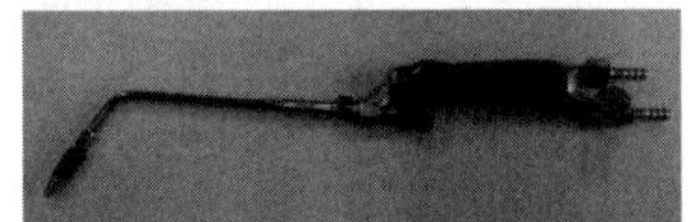

(6) 압력조정기와 토치(취관)

① 압력조정기

고압의 산소, 아세틸렌을 용접에 사용할 수 있게 임의의 사용압력으로 감압하고 항상 일정한 압력을 유지할 수 있게 하는 장치

구분	내용
산소조정기	고압의 산소를 용접작업시 1~5기압(kg/cm²)으로 감압
아세틸렌 조정기	고압의 아세틸렌을 0.1~0.5kg/cm²로 감압

② 토치(torch, 취관)

가스용접시 산소와 아세틸렌을 혼합시켜 용접 불꽃을 일으키는 기구

구분	내용
저압식 토치	아세틸렌의 압력이 0.07kg/cm² 이하
중압식 토치	아세틸렌의 압력이 0.07kg/cm² 이상

③ 아세틸렌 용접장치의 역화 원인

㉠ 압력조정기의 고장

㉡ 산소공급의 과다

㉢ 과열

㉣ 토치 성능의 부실

㉤ 토치팁에 이물질이 묻은 경우

[토치 과열시 조치사항]

가스용접토치가 과열되었을 때는 아세틸렌가스를 멈추고 산소 가스만을 분출시킨 상태로 물속에서 냉각시킨다.

④ 역화 시 조치

산소밸브를 즉시 잠그고 아세틸렌 밸브를 잠금

(7) 가스집합 용접장치

안전한 장소에 산소 및 가연성 가스의 용기를 다수 결합해서 압력을 낮춘 뒤 배관에 의하여 작업현장으로 가스를 공급하고 있는 장치

① 가스집합장치의 위험방지

구분	내용
가스장치실의 구조	• 가스가 누출된 경우에는 가스가 정체되지 않도록 할 것 • 지붕과 천장 : 가벼운 불연성 재료를 사용 • 벽 : 불연성 재료를 사용
가스집합장치의 위험방지	• 화기로부터 5미터 이상 떨어진 장소에 설치 • 가스집합장치는 전용 가스장치실에 설치 (이동하면서 사용하는 가스집합장치의 경우 제외) • 가스집합장치의 가스용기를 교환 시 부속설비 또는 다른 가스용기에 충격을 줄 우려가 있는 경우 고무판 설치 등으로 충격방지 조치
가스집합 용접 장치의 배관	• 플랜지 · 밸브 · 콕 등의 접합부에는 개스킷을 사용하여 접합면을 상호 밀착시키는 조치를 할 것 • 주관 및 분기관에는 안전기를 설치할 것.(하나의 취관에 2개 이상의 안전기를 설치)

[용기의 도색]

가스의 종류	도색의 구분
액화석유가스	회 색
수 소	주황색
아 세 틸 렌	황 색
액화암모니아	백 색
액 화 염 소	갈 색
그 밖의 가스	회 색

② 가스집합 용접장치의 용접 · 용단 및 가열작업시 준수사항

㉠ 게시사항 : 사용하는 가스의 명칭, 최대가스저장량, 밸브 · 콕 등의 조작 및 점검요령

㉡ 가스용기를 교환하는 경우 관리감독자가 참여 할 것

㉢ 가스장치실에는 관계근로자가 아닌 사람의 출입을 금지할 것

㉣ 가스집합장치로부터 5미터 이내의 장소에서는 흡연, 화기의 사용 또는 불꽃을 발생할 우려가 있는 행위를 금지

㉤ 도관에는 산소용과의 혼동을 방지하기 위한 조치를 할 것

㉥ 가스집합장치의 설치장소에는 적당한 소화설비를 설치할 것

㉦ 이동식 가스집합장치는 고온의 장소, 통풍이나 환기가 불충분한 장소 또는 진동이 많은 장소에 설치하지 않도록 할 것

㉧ 해당 작업을 행하는 근로자에게 보안경과 안전장갑을 착용시킬 것

③ 가스용기의 취급 시 준수사항

㉠ 가스용기를 설치 · 저장 또는 방치 금지 장소
- 통풍이나 환기가 불충분한 장소
- 화기를 사용하는 장소 및 그 부근
- 위험물 또는 인화성 액체를 취급하는 장소 및 그 부근

㉡ 용기의 온도를 섭씨 40도 이하로 유지

㉢ 전도의 위험이 없도록 할 것

㉣ 충격을 가하지 않도록 할 것

핵심 암기 !

[가스용기의 취급 시 준수사항]은 필기, 실기에서 모두 자주 출제 되는 내용으로 전체를 모두 암기해 두도록 하자.

ⓜ 운반하는 경우에는 캡을 씌울 것
ⓑ 사용 시에는 용기의 마개에 부착되어 있는 유류 및 먼지를 제거
ⓢ 밸브의 개폐는 서서히 할 것
ⓞ 사용 전 또는 사용 중인 용기와 그 밖의 용기를 명확히 구별하여 보관
ⓙ 용해아세틸렌의 용기는 세워 둘 것
ⓒ 용기의 부식 · 마모 또는 변형상태를 점검한 후 사용할 것

02 핵심문제 2. 용접장치의 안전

□□□ 15년3회, 19년1회

1. 다음 중 용접 결함의 종류에 해당하지 않는 것은?

① 비드(bead)
② 기공(blow hole)
③ 언더컷(under cut)
④ 용입 불량(incomplete penetration)

해설

비드(bead)
용접 작업 중에서 용착 부분에 생기는 띠모양으로 볼록하게 나온 부분

□□□ 08년3회

2. 용접부에 생기는 잔류응력을 없애려면 어떤 열처리를 하면 되는가?

① 풀림 ② 담금질
③ 뜨임 ④ 불림

해설

1. 잔류응력의 제거 : 모재를 자유로운 상태에서 대기중에서 서서히 용접하고 모재의 가열온도를 가능한 낮게 한다.(풀림 열처리)
2. 풀림 : 강을 적당한 온도(800℃~1000℃)로 일정한 시간 가열한 후에 로(爐) 안에서 천천히 냉각을 시키는 것이다.

□□□ 09년1회

3. 산소-아세틸렌 가스용접에 의해 발생되는 재해와 거리가 가장 먼 것은?

① 화재 ② 폭발
③ 화상 ④ 안염

해설

④항, 안염은 전기 아크용접 시 주로 발생되는 재해이다.
가스용접 작업 시 재해 유형 : 폭발, 화재, 화상, 중독

□□□ 10년2회

4. 가스용접에서 산소아세틸렌 불꽃이 순간적으로 팁 끝에 흡인되고 "빵빵" 하면서 꺼졌다가 다시 켜졌다가 하는 현상을 무엇이라 하는가?

① 역화(back fire) ② 인화(flash back)
③ 역류(contra flow) ④ 점화(ignition)

해설

역화(back fire)
용접 불꽃이 압력저하에 의해 순간적으로 흡인되면서 소음을 내고 꺼졌다가 다시 켜졌다를 반복하는 현상

□□□ 10년3회, 14년2회

5. 산소 – 아세틸렌 용접 중 고무호스에 역화 현상이 발생한다면 가장 먼저 취해야 할 조치사항은?

① 아세틸렌 밸브를 잠근다.
② 토치를 물에 넣는다.
③ 산소 밸브를 잠근다.
④ 산소 밸브 및 아세틸렌 밸브를 동시에 잠근다.

해설

역화 시 산소밸브를 즉시 잠그고 아세틸렌 밸브를 잠근다.

□□□ 15년2회

6. 다음 중 가스용접토치가 과열되었을 때 가장 적절한 조치 사항은?

① 아세틸렌과 산소 가스를 분출시킨 상태로 물속에서 냉각시킨다.
② 아세틸렌가스를 멈추고 산소 가스만을 분출시킨 상태로 물속에서 냉각시킨다.
③ 산소 가스를 멈추고 아세틸렌가스만을 분출시킨 상태로 물속에서 냉각시킨다.
④ 아세틸렌가스만을 분출시킨 상태로 팁 클리너를 사용하여 팁을 소제하고 공기 중에서 냉각시킨다.

해설

가스용접토치가 과열되었을 때는 아세틸렌가스를 멈추고 산소 가스만을 분출시킨 상태로 물속에서 냉각시킨다.

정답 1 ① 2 ① 3 ④ 4 ① 5 ③ 6 ②

□□□ 14년3회, 18년2회

7. 다음 중 아세틸렌 용접장치에서 역화의 원인과 가장 거리가 먼 것은?

① 아세틸렌의 공급 과다
② 토치 성능의 부실
③ 압력조정기의 고장
④ 토치 팁에 이물질이 묻은 경우

해설

아세틸렌 용접장치의 역화원인
1. 압력조정기의 고장
2. 산소공급의 과다
3. 과열
4. 토치 성능의 부실
5. 토치팁에 이물질이 묻은 경우

□□□ 19년2회

8. 다음 용접 중 불꽃 온도가 가장 높은 것은?

① 산소-메탄 용접 ② 산소-수소 용접
③ 산소-프로판 용접 ④ 산소-아세틸렌 용접

해설

가스용접시 불꽃의 온도

혼합가스의 종류	최고온도
산소-메탄	약 2700 ℃
산소-수소	약 2900 ℃
산소-프로판	약 2800 ℃
산소-아세틸렌	약 3500 ℃

□□□ 13년2회, 18년1회, 20년3회

9. 다음 중 산업안전보건법령상 아세틸렌 용접장치를 사용하여 금속의 용접 · 용단 또는 가열작업을 하는 경우에 게이지 압력은 얼마를 초과하는 압력의 아세틸렌을 발생시켜 사용하여서는 아니 되는가?

① 98[kPa] ② 127[kPa]
③ 196[kPa] ④ 147[kPa]

해설

아세틸렌 용접장치를 사용하여 금속의 용접 · 용단 또는 가열작업을 하는 경우에는 게이지 압력이 127[kPa]을 초과하는 압력의 아세틸렌을 발생시켜 사용해서는 아니 된다.

(참고) 산업안전보건기준에 관한 규칙 제285조 【압력의 제한】

□□□ 12년2회, 13년3회

10. 용해아세틸렌의 가스집합용접장치의 배관 및 부속기구는 구리나 구리 함유량이 얼마 이상인 합금을 사용해서는 아니 되는가?

① 60% ② 65%
③ 70% ④ 75%

문제 10, 11 해설

용해아세틸렌의 가스집합용접장치의 배관 및 부속기구는 구리나 구리 함유량이 70퍼센트 이상인 합금을 사용해서는 아니 된다.

(참고) 산업안전보건기준에 관한 규칙 제294조 【구리의 사용 제한】

□□□ 17년2회

11. 산업안전보건법령에 따른 가스집합 용접장치의 안전에 관한 설명으로 옳지 않은 것은?

① 가스집합장치에 대해서는 화기를 사용하는 설비로부터 5m 이상 떨어진 장소에 설치해야 한다.
② 가스집합 용접장치의 배관에서 플랜지, 밸브 등의 접합부에는 개스킷을 사용하고 접합면을 상호 밀착시킨다.
③ 주관 및 분기관에 안전기를 설치해야 하며 이 경우 하나의 취관에 2개 이상의 안전기를 설치해야 한다.
④ 용해아세틸렌을 사용하는 가스집합 용접장치의 배관 및 부속기구는 구리나 구리함유량이 60퍼센트 이상인 합금을 사용해서는 아니 된다.

□□□ 11년2회

12. 아세틸렌은 매우 타기 쉬운 기체인데 공기 중에서 약 몇℃ 부근에서 자연 발화를 하는가?

① 406 ~ 408℃ ② 456 ~ 458℃
③ 506 ~ 508℃ ④ 556 ~ 558℃

해설

아세틸렌의 자연발화점은 400 ~ 440℃ 범위에서 발화가 되므로 406 ~ 408℃가 포함된다.

정답 7 ① 8 ④ 9 ② 10 ③ 11 ④ 12 ①

□□□ 12년2회, 15년2회, 18년2회

13. 다음 중 산업안전보건법상 아세틸렌 가스용접장치에 관한 기준으로 틀린 것은?

① 전용의 발생기실을 설치한 경우에는 그 개구부를 다른 건축물로부터 1.5m 이상 떨어지도록 하여야 한다.
② 아세틸렌 용접장치를 사용하여 금속의 용접 · 용단 또는 가열작업을 하는 경우에는 게이지 압력이 127kpa을 초과하는 압력의 아세틸렌을 발생시켜 사용해서는 아니 된다.
③ 전용의 발생기실을 설치하는 경우 벽은 불연성 재료로 하고 철근콘크리트 또는 그 밖에 이와 동등하거나 그 이상의 강도를 가진 구조로 할 것
④ 전용의 발생기실은 건물의 최상층에 위치하여야 하며, 화기를 사용하는 설비로부터 1m를 초과하는 장소에 설치하여야 한다.

문제 13, 14 해설

발생기에서 5미터 이내 또는 발생기실에서 3미터 이내의 장소에서는 흡연, 화기의 사용 또는 불꽃이 발생할 위험한 행위를 금지시킬 것

[참고] 산업안전보건기준에 관한 규칙 제290조【아세틸렌 용접장치의 관리 등】

□□□ 09년1회, 11년3회, 18년3회

14. 다음 중 (　　) 안에 들어갈 내용으로 옳게 짝지어진 것은?

> 아세틸렌 용접장치의 발생기에 최소 (A) 이내 또는 발생기실에서 최소 (B) 이내의 장소에서 흡연, 화기 사용 또는 불꽃이 발생할 위험한 행위를 금지해야 한다.

① A : 5m　B : 3m　　② A : 3m　B : 2m
③ A : 3m　B : 5m　　④ A : 2m　B : 3m

□□□ 10년1회, 17년1회

15. 아세틸렌 용접장치에서 사용하는 발생기실의 구조에 대한 요구사항으로 틀린 것은?

① 벽의 재료는 불연성의 재료를 사용할 것
② 천정과 벽은 견고한 콘크리트 구조로 할 것
③ 출입구의 문은 두께 1.5mm 이상의 철판 기타 이와 동등 이상의 강도를 가진 구조로 할 것
④ 바닥 면적의 16분의 1이상의 단면적을 가진 배기통을 옥상으로 돌출시킬 것

문제 15~19 해설

발생기실의 구조 등
1. 벽은 불연성의 재료로 하고 철근콘크리트 기타 이와 동등이상의 강도를 가진 구조로 할 것
2. 지붕 및 천정에는 얇은 철판이나 가벼운 불연성 재료를 사용할 것
3. 바닥면적의 16분의 1이상의 단면적을 가진 배기통을 옥상으로 돌출시키고 그 개구부를 창 또는 출입구로부터 1.5미터 이상 떨어지도록 할 것
4. 출입구의 문은 불연성 재료로 하고 두께 1.5밀리미터 이상의 철판 기타 이와 동등 이상의 강도를 가진 구조로 할 것
5. 벽과 발생기 사이에는 발생기의 조정 또는 카바이트 공급등의 작업을 방해하지 아니하도록 간격을 확보할 것

[참고] 산업안전보건기준에 관한 규칙 제287조【발생기실의 구조등】

□□□ 12년1회

16. 다음 중 아세틸렌 용접장치에 사용되는 전용의 아세틸렌 발생기실의 구조에 관한 설명으로 틀린 것은?

① 지붕 및 천정에는 얇은 철판이나 가벼운 불연성 재료를 사용 할 것
② 바닥면적은 1/16 이상의 단면적을 가진 배기통을 옥상으로 돌출시키고 그 개구부를 창 또는 출입구로부터 1.5m 이상 떨어지도록 할 것
③ 벽과 발생기 사이에는 발생기의 조정 또는 카바이드 공급 등의 작업을 방해하지 아니하도록 간격을 확보 할 것
④ 출입구의 문은 불연성 재료로 하고 두께 1.0mm이상의 철판이나 그 밖에 그 이상의 강도를 가진 구조로 할 것

□□□ 13년1회

17. 산업안전보건법령에 따라 아세틸렌 용접장치의 아세틸렌 발생기실을 설치하는 경우 준수하여야 하는 사항으로 옳은 것은?

① 벽은 가연성 재료로 하고 철근 콘크리트 또는 그 밖에 이와 동등하거나 그 이상의 강도를 가진 구조로 할 것
② 바닥면적의 $\frac{1}{16}$ 이상의 단면적을 가진 배기통을 옥상으로 돌출시키고 그 개구부를 창이나 출입구로부터 1.5m 이상 떨어지도록 할 것
③ 출입구의 문은 불연성 재료로 하고 두께 1.0mm 이하의 철판이나 그밖에 그 이상의 강도를 가진 구조로 할 것
④ 발생기실을 옥외에 설치한 경우에는 그 개구부를 다른 건축물로부터 1.0m 이내 떨어지도록 하여야 한다.

정답 13 ④ 14 ① 15 ② 16 ④ 17 ②

□□□ 17년2회

18. 산업안전보건법령에 따른 아세틸렌 용접장치 발생기실의 구조에 관한 설명으로 옳지 않은 것은?

① 벽은 불연성 재료로 할 것
② 지붕과 천장에는 얇은 철판과 같은 가벼운 불연성 재료를 사용할 것
③ 벽과 발생기 사이에는 작업에 필요한 공간을 확보할 것
④ 배기통을 옥상으로 돌출시키고 그 개구부를 출입구로부터 1.5m 거리 이내에 설치할 것

□□□ 17년1회

19. 산업안전보건법령상 용접장치의 안전에 관한 준수사항 설명으로 옳은 것은?

① 아세틸렌 용접장치의 발생기실을 옥외에 설치한 때에는 그 개구부를 다른 건축물로부터 1m 이상 떨어지도록 하여야 한다.
② 가스집합장치로부터 3m 이내의 장소에서는 화기의 사용을 금지시킨다.
③ 아세틸렌 발생기에서 10m 이내 또는 발생기실에서 4m 이내의 장소에서는 흡연행위를 금지 시킨다.
④ 아세틸렌 용접장치를 사용하여 용적작업을 할 경우 게이지 압력이 127kPa을 초과하는 아세틸렌을 발생시켜 사용해서는 아니 된다.

□□□ 15년1회, 19년2회

20. 다음 중 아세틸렌 용접 시 역류를 방지하기 위하여 설치하여야 하는 것은?

① 안전기　　② 청정기
③ 발생기　　④ 유량기

문제 20, 21 해설

① 사업주는 아세틸렌 용접장치의 취관마다 안전기를 설치하여야 한다. 다만, 주관 및 취관에 가장 가까운 분기관(分岐管)마다 안전기를 부착한 경우에는 그러하지 아니하다.
② 사업주는 가스용기가 발생기와 분리되어 있는 아세틸렌 용접장치에 대하여 발생기와 가스용기 사이에 안전기를 설치하여야 한다.

[참고] 산업안전보건기준에 관한 규칙 제289조 【안전기의 설치】

□□□ 09년3회, 15년3회, 21년3회

21. 다음은 산업안전보건기준에 관한 규칙상 아세틸렌 용접장치에 관한 설명이다. (　) 안에 공통으로 들어갈 내용으로 옳은 것은?

> ○ 사업주는 아세틸렌 용접장치의 취관마다 (　　) 를 설치하여야 한다.
> ○ 사업주는 가스용기가 발생기와 분리 되어 있는 아세틸렌 용접장치에 대하여 발생기와 가스용기 사이에 (　　)를 설치하여야 한다.

① 분기장치　　② 자동발생 확인장치
③ 안전기　　④ 유수 분리장치

□□□ 17년1회

22. 아세틸렌용접장치 및 가스집합용접장치에서 가스의 역류 및 역화를 방지하기 위한 안전기의 형식에 속하는 것은?

① 주수식　　② 침지식
③ 투입식　　④ 수봉식

해설

안전기의 종류
① 수봉식 안전기
② 건식 안전기(우회로식, 소결금속식)

□□□ 08년3회, 16년3회

23. 아세틸렌 및 가스집합 용접장치의 저압용 수봉식 안전기의 유효수주는 최소 몇 mm이상을 유지해야 하는가?

① 15　　② 20
③ 25　　④ 30

해설

아세틸렌 발생기의 유효수주
저압용 : 25mm 이상
중압용 : 50mm 이상

정답 18 ④ 19 ④ 20 ① 21 ③ 22 ④ 23 ③

□□□ 14년1회

24. **가스집합용접장치에는 가스의 역류 및 역화를 방지할 수 있는 안전기를 설치하여야 하는데 다음 중 저압용 수봉식 안전기가 갖추어야 할 요건으로 옳은 것은?**

① 수봉 배기관을 갖추어야 한다.
② 도입관은 수봉식으로 하고, 유효수주는 20mm 미만이어야 한다.
③ 수봉배기관은 안전기의 압력을 2.5kg/cm^2에 도달하기 전에 배기시킬 수 있는 능력을 갖추어야 한다.
④ 파열판은 안전기 내의 압력이 50kg/cm^2에 도달하기 전에 파열되어야 한다.

해설

②항, 도입관은 수봉식으로 하고, 유효수주는 25mm 이상이어야 한다.
③항, 수봉배기관은 안전기의 압력을 1.5kg/cm^2에 도달하기 전에 배기시킬 수 있는 능력을 갖추어야 한다.
④항, 파열판은 안전기 내의 압력이 5kg/cm^2에 도달하기 전에 파열되어야 한다.

□□□ 10년1회

25. **가스집합 용접장치의 배관 시 준수해야 할 사항으로 틀린 것은?**

① 플랜지, 밸브, 콕 등의 접합부에는 캐스킷을 사용할 것
② 접합부는 상호 밀착시키는 등의 조치를 취할 것
③ 안전기를 설치할 경우 하나의 취관에 1개 이상의 안전기를 설치할 것
④ 주관 및 분기관에 안전기를 설치할 것

문제 25, 26 해설

가스집합용접장치의 배관을 하는 때에 준수사항
1. 플랜지 · 밸브 · 콕 등의 접합부에는 개스킷을 사용하고 접합면을 상호밀착시키는 등의 조치를 할 것
2. 주관 및 분기관에는 안전기를 설치할 것(이 경우 하나의 취관에 대하여 2개 이상의 안전기를 설치하여야 한다)

참고 산업안전보건기준에 관한 규칙 제293조【가스집합용접장치의 배관】

□□□ 09년1회, 10년2회, 18년2회

26. **용접장치에서 안전기의 설치 기준에 관한 설명으로 틀린 것은?**

① 아세틸렌 용접장치의 안전기는 취관에 미설치인 경우 주관 및 취관에 가장 근접한 분기관마다 설치한다.
② 아세틸렌 용접장치의 안전기는 가스용기와 발생기가 분리되어 있는 경우 발생기와 가스용기 사이에 설치한다.
③ 가스집합 용접장치의 안전기는 주관 및 분기관에 안전기를 설치하며, 이 경우 하나의 취관에 2개 이상의 안전기를 설치한다.
④ 가스집합 용접장치의 안전기 설치는 화기사용설비로부터 3m 이상 격리 설치한다.

□□□ 10년1회, 20년1·2회

27. **아세틸렌용접장치에 관한 설명 중 틀린 것은?**

① 아세틸렌 발생기로부터 5m 이내, 발생기실로부터 3m 이내에는 흡연 및 화기사용을 금지한다.
② 역화가 일어나면 산소밸브를 즉시 잠그고 아세틸렌 밸브를 잠근다.
③ 아세틸렌 용기는 뉘어서 사용한다.
④ 건식안전기에는 차단방법에 따라 소결금속식과 우회로식이 있다.

해설

아세틸렌 용기는 반드시 세워서 사용한다.

□□□ 16년2회

28. **아세틸렌 충전작업 중 고려해야 할 안전사항으로 틀린 것은?**

① 충전은 서서히 하며, 여러 회로 나누지 않고 1회에 끝내야 한다.
② 충전 중의 압력은 온도에 관계없이 25kgf/cm^2이하로 한다.
③ 충전 후의 압력은 15℃에서 15.5kgf/cm^2이하로 한다.
④ 충전 후 24시간 동안 정치한다.

해설

①항, 충전은 서서히 하며, 1회에 끝내지 말고 정치시간을 두어 2~3회에 걸쳐 충전한다.

정답 24 ① 25 ③ 26 ④ 27 ③ 28 ①

□□□ 10년3회

29. 가스 용접 작업 시 충전가스 용기의 도색과 가스명이 맞지 않은 것은?

① 산소 – 녹색 ② 아르곤 – 회색
③ 액화암모니아 – 황색 ④ 액화염소 – 갈색

문제 29, 30 해설

용기의 도색

가스의 종류	도색의 구분	가스의 종류	도색의 구분
액화석유가스	회 색	액화암모니아	백 색
수 소	주황색	액 화 염 소	갈 색
아 세 틸 렌	황 색	그 밖의 가스	회 색

□□□ 19년2회

30. 가스 용접에 이용되는 아세틸렌가스 용기의 색상으로 옳은 것은?

① 녹색 ② 회색
③ 황색 ④ 청색

□□□ 11년3회

31. 금속의 용접, 용단에 사용하는 가스의 용기를 취급할 시 유의사항으로 틀린 것은?

① 통풍이나 환기가 불충분한 장소는 설치를 피한다.
② 용기의 온도는 40℃가 넘지 않도록 한다.
③ 운반하는 경우에는 캡을 벗기고 운반한다.
④ 밸브의 개폐는 서서히 하도록 한다.

문제 31, 32 해설

금속의 용접·용단 또는 가열에 사용되는 가스등의 용기를 취급시 준수사항

1. 다음의 어느 하나에 해당하는 장소에서 사용하거나 해당 장소에 설치·저장 또는 방치하지 않도록 할 것
   (1) 통풍이나 환기가 불충분한 장소
   (2) 화기를 사용하는 장소 및 그 부근
   (3) 위험물 또는 인화성 액체를 취급하는 장소 및 그 부근
2. 용기의 온도를 섭씨 40도 이하로 유지할 것
3. 전도의 위험이 없도록 할 것
4. 충격을 가하지 않도록 할 것
5. 운반하는 경우에는 캡을 씌울 것
6. 사용하는 경우에는 용기의 마개에 부착되어 있는 유류 및 먼지를 제거할 것
7. 밸브의 개폐는 서서히 할 것
8. 사용 전 또는 사용 중인 용기와 그 밖의 용기를 명확히 구별하여 보관할 것
9. 용해아세틸렌의 용기는 세워 둘 것
10. 용기의 부식·마모 또는 변형상태를 점검한 후 사용할 것

[참고] 산업안전보건기준에 관한 규칙 제234조 【가스등의 용기】

□□□ 16년1회

32. 아세틸렌 용기의 사용 시 주의사항으로 아닌 것은?

① 충격을 가하지 않는다.
② 화기나 열기를 멀리한다.
③ 아세틸렌 용기를 뉘어 놓고 사용한다.
④ 운반시에는 반드시 캡을 씌우도록 한다.

□□□ 09년1회, 19년1회

33. 유해·위험기계·기구 중에서 진동과 소음을 동시에 수반하는 기계설비로 가장 거리가 먼 것은?

① 컨베이어 ② 사출 성형기
③ 가스 용접기 ④ 공기 압축기

해설

이동식 가스집합용접장치의 가스집합장치는 고온의 장소, 통풍이나 환기가 불충분한 장소 또는 진동이 많은 장소에 설치하지 아니하도록 할 것

[참고] 산업안전보건기준에 관한 규칙 제295조 【가스집합용접장치의 관리등】

□□□ 18년1회

34. 아세틸렌 용접장치에 사용하는 역화방지기에서 요구되는 일반적인 구조로 옳지 않은 것은?

① 재사용 시 안전에 우려가 있으므로 역화 방지 후 바로 폐기하도록 해야 한다.
② 다듬질 면이 매끈하고 사용상 지장이 있는 부식, 흠, 균열 등이 없어야 한다.
③ 가스의 흐름방향은 지워지지 않도록 돌출 또는 각인하여 표시하여야 한다.
④ 소염소자는 금망, 소결금속, 스틸울(steel wool), 다공성 금속물 또는 이와 동등 이상의 소염성능을 갖는 것이어야 한다.

해설

①항, 역화방지기는 역화를 방지한 후 즉시 복원되어 계속 사용가능한 구조이어야 한다.

정답 29 ③ 30 ③ 31 ③ 32 ③ 33 ③ 34 ①

03 보일러의 안전

(1) 보일러의 구조

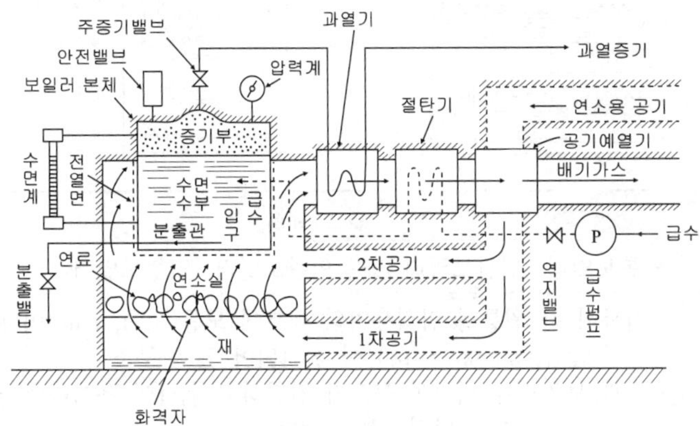

보일러의 구조

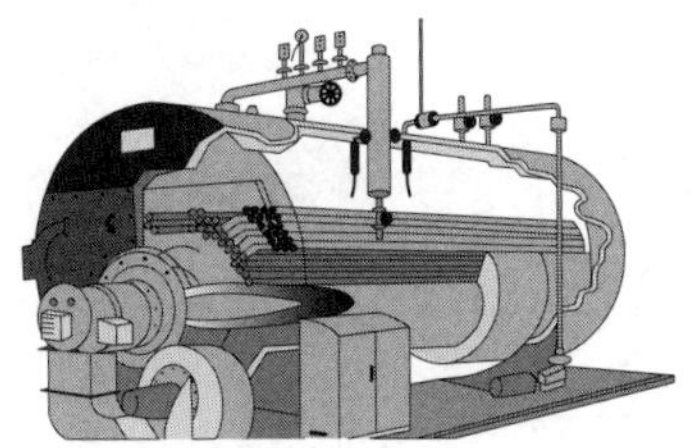

[산업용보일러]

구분	내용
보일러 본체	용기 내에 물을 넣어 두고 외부에서 연소열을 이용하여 가열, 소정압력의 증기를 발생시키는 보일러의 몸체이다.
연소장치와 연소실	연료를 연소시켜 열을 발생시키는 장치로서, 고체연료를 연소시키는 데는 화격자 연소장치를, 미분탄, 액체 및 기체연료를 연소시키는 버너 연소장치를 사용한다.
과열기 (superheater)	보일러 본체에서 발생된 증기(포화증기)에는 수분이 함유되어 있는데 이 증기를 포화온도 이상까지 재가열하여 과열증기로 만드는 장치
절탄기 (economizer)	연도(굴뚝)에서 버려지는 배기연소가스의 여열을 이용하여 보일러에 공급되는 물을 예열하는 장치
공기예열기 (air preheater)	연도에서 버려지는 배기연소가스의 여열을 이용하여 연소실로 보내지는 연소용 공기를 예열하는 장치
탈기기(脫氣器)	보일러 급수에 함유되어 있는 공기, 산소, 탄소 및 탄산가스 등은 보일러 관 등 여러 기관을 부식시키므로 이와 같은 가스를 제거하는 장치
급수장치	보일러에 물을 공급하는 급수관, 급수펌프 및 급수 밸브 등을 포함하는 장치
통풍장치	연소장치에 연소용 공기를 보내고, 또 배기가스를 보일러 본체, 과열기, 절탄기, 공기예열기 등에 유동시켜주는 장치
자동제어장치	보일러내의 압력을 일정하게 유지하거나 보일러 부하에 따라 연료량 및 통풍량 등을 자동적으로 가감하기 위한 장치(온·오프식압력조절기, 비례식 압력조절기, 자동 점화장치, 수위제어장치, 화염검출기, 연료차단장치 등)
부속장치 및 부속품	보일러에는 운전을 안전하고 확실하게 하기 위하여 여러 가지 필요한 부속품을 가지고 있으며, 압력계, 수위계(수면계), 유량계, 안전밸브, 고저 수위경보기, 각종 밸브 및 콕크 등이 있다.

(2) 보일러의 종류

① 원통 보일러

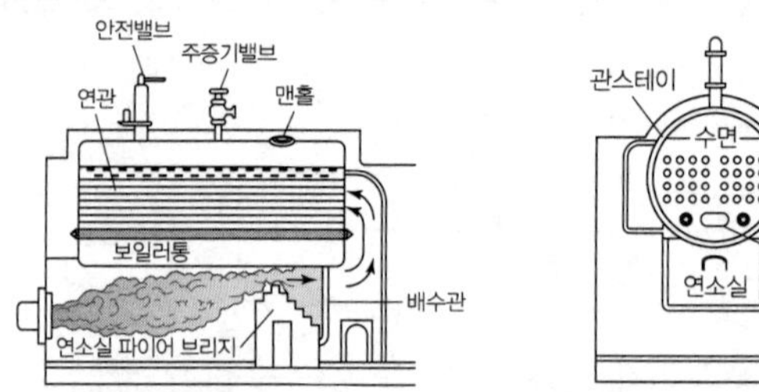

종류	내용
종류	노통보일러, 연관보일러, 노통연관보일러, 입형보일러
특징	• 지름이 큰 원통형 압력용기의 내부에 노통(爐筒, flue)이나 연관(煙管, smoke tube) 이 설치되어 있는 구조 • 수관 보일러에 비하여 구조가 간단하고 취급이 용이하며 일시적인 부하변동에 따른 압력변화가 적다. • 고압 증기의 발생이 어렵다. • 증기 발생시간이 오래 걸린다. • 파열시 피해가 크다.

② 수관 보일러

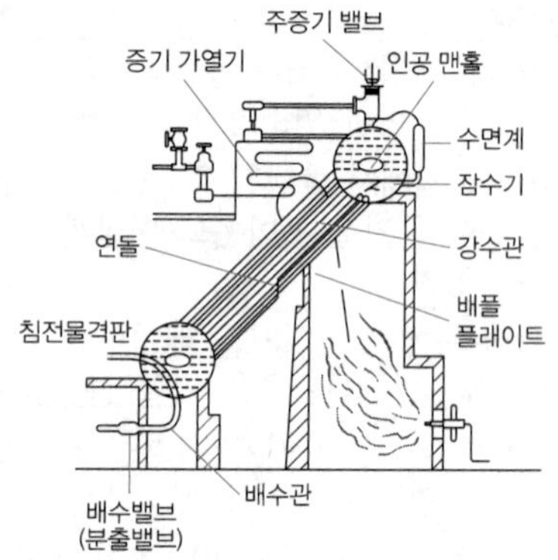

종류	내용
종류	자연순환 보일러, 강제순환 보일러, 관류 보일러
특징	• 전열면(傳熱面)이 지름이 작은 다수의 수관(水管, water tube)으로 구성된 구조 • 수관내의 보일러수가 수관 외부의 고온가스로부터 열을 받아 증발 • 시동시간이 짧고 과열시의 위험성도 적다. • 증발량이 크고 고압 대용량에 적합하다. • 부하변동에 의한 압력변화가 크다.

(3) 보일러의 이상현상

① 발생증기의 이상

구분	내용
프라이밍 (priming)	• 보일러가 과부하될 경우, 수위가 올라가고 드럼내의 부착품에 기계적 결함이 있는 경우 발생 • 보일러수가 끓어서 수면에서 격심한 물방울이 비산하고 증기부가 물방울로 충만하여 수위가 불안정하게 되어 적절한 수위의 판단이 어렵다.
포밍 (forming)	보일러수에 불순물이 많이 포함되었을 경우, 보일러수의 비등과 함께 수면부위에 거품층을 형성하여 수위가 불안정하게 되는 현상
캐리오버 (carry over)	• 보일러에서 증기관 쪽에 보내는 증기에 대량의 물방울이 포함되어 배관 내에 응축수가 생기는 경우 • 프라이밍이나 포밍이 생기면 필연적으로 캐리오버가 일어난다. • 캐리오버는 증기의 과열온도를 저하시키고 과열기 또는 터빈 날개에 불순물을 퇴적시켜 부식 또는 과열의 원인이 된다.
수격 작용 (water hammer)	관내의 유동, 밸브의 급격한 개폐 등에 의해 압력파가 생겨 불규칙한 유체흐름이 생성되어 관벽을 때리는 현상으로 관의 소음, 진동이 발생한다.

[프라이밍(priming)]

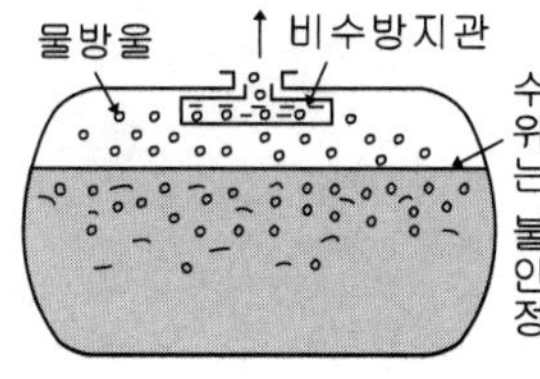

[포밍(forming)]

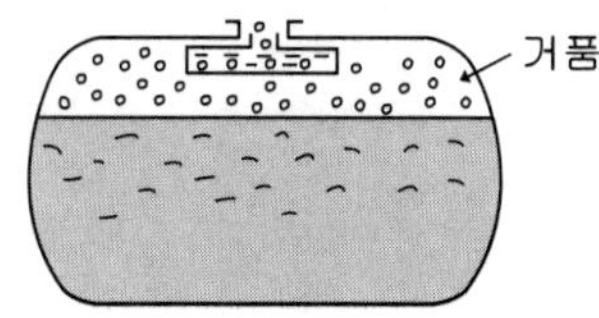

[캐리오버(carry over)]

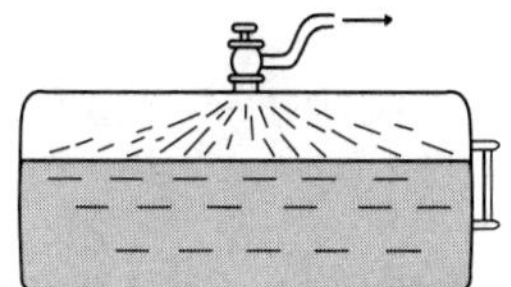

② 이상연소

구분	내용
불완전 연소	공기의 부족, 연료분무상태의 불량 등이 원인으로 일어난다.
이상소화	버너 연소 중 돌연히 불이 꺼지는 현상
2차연소	불완전연소에 의해 발생한 미연소가스가 수관군 등의 연소실외 연관 내, 연도 등에서 연소하는 현상
역화	화염이 아궁이나 버너쪽에서 분출하는 현상으로 주로 점화 시에 발생

③ 물에 의한 장해

구분	내용
관석(scale) 의 부착	• 급수 중에 용해되어 있는 칼슘염과 마그네슘염 등이 또 다른 물질과 결합하여 보일러의 관벽과 드럼 내면에 관석을 형성 • 관석은 보일러 효율 저하, 물의 순화 저하의 원인이 되며, 이로 인하여 과열, 산화 및 파열이 생기게 된다.
부식 (carrosion)	• 물에 포함된 산소와 탄산가스 등에 의하여 부식 • 보일러의 부식을 최소화 하려면 보일러수는 약알칼리성이 좋다.

Tip

보일러의 이상현상 구분!

보일러의 이상현상은
(1) 발생증기의 이상
(2) 이상연소
(3) 불에 의한 장해가 있다. 각각의 이상현상을 확실히 구분하도록 한다.

(4) 보일러 사고의 원인

구분	내용
(1) 보일러의 압력상승	• 압력계의 눈금을 잘못 읽거나 감시가 소홀했을 때 • 압력계의 고장으로 압력계의 기능이 불완전할 때 • 안전밸브의 기능이 부적합할 때
(2) 보일러의 부식	• 불순물을 사용하여 수관이 부식되었을 때 • 급수처리를 하지 않은 물을 사용할 때 • 급수에 해로운 불순물이 혼입되었을 때
(3) 보일러의 과열	• 수관 및 본체의 청소불량 • 관수 부족시 보일러의 가동 • 수면계의 고장으로 드럼내의 물의 감소
(4) 보일러의 파열	• 방호장치 미부착 • 방호장치 작동불량 등

[관련법령]

산업안전보건기준에 관한 규칙 제7절【보일러 등】

(5) 보일러의 방호장치

① 고저수위 조절장치

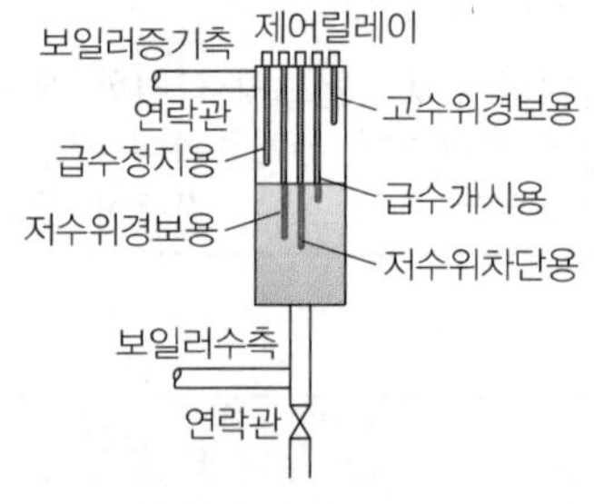

구분	내용
작동원리	보일러 내의 수위가 최저 또는 최고한계에 도달했을 때, 자동적으로 경보를 울리고 수위를 조절하는 장치
종류	기계식, 전극식
수위 관리	(1) <u>상용수위(ordinary water level)의 유지</u> 보일러의 수위의 저하는 보일러 파열의 원인이 되므로 표준적인 수위를 유지하는 것을 상용수위라 한다. (2) <u>상용수위의 기준</u> • 수관식 보일러 : 기수드럼의 중심면 • 원통형 보일러 : 안전저수위 보다 80~150mm 높은 면 (3) <u>안전저수위</u> 보일러 운전 중에 그 수위이상을 절대로 유지하지 않으면 안되는 것 (수면계의 부착위치는 유리관의 최하부가 안전저수위가 되도록 부착한다.)

[수면계(water gauge)]

보일러내의 수면높이를 표시해 주는 계기로서 보일러수의 증감을 안전한 범위로 유지하기 위하여 필요하다.

② 압력제한스위치

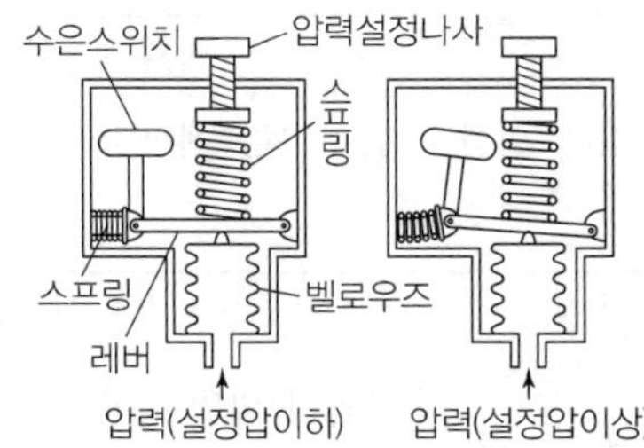

구분	내용
작동원리	상용 운전압력 이상으로 압력이 상승할 경우, 보일러의 과열을 방지하기 위하여 버너의 연소를 차단하는 등 열원을 제거하여 정상 압력으로 유도하는 장치
종류	고압용은 부르돈관식, 저압용은 벨로우즈식
유지관리	1일 1회 이상의 작동시험을 하는 등 성능의 유지 · 관리

③ 압력방출장치

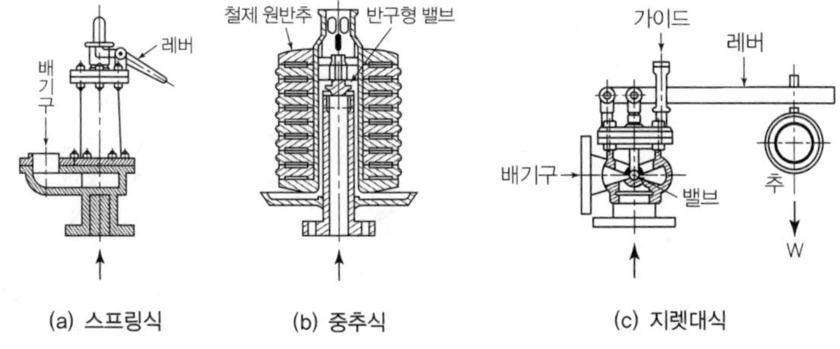

(a) 스프링식 (b) 중추식 (c) 지렛대식

구분	내용
설치목적	보일러내의 과대한 압력상승을 막아 보일러의 파열을 방지하기 위해 설치
종류	스프링식, 중추식, 지렛대식 (스프링식을 가장 많이 사용)
설치기준	• 1개 이상 설치하고 최고사용압력 이하에서 작동되도록 하여야 한다. • 2개 이상 설치할 경우에는 한 개는 최고사용압력이하에서 작동하게 하고 다른 압력방출장치는 최고사용압력의 1.05배 이하에서 작동하게 한다. • 압력방출장치는 1년에 1회 이상 토출(吐出)압력을 시험한 후 납으로 봉인하여 사용하여야 한다. ※ 다만, 공정안전보고서 제출대상으로서 노동부장관이 실시하는 공정안전관리 이행수준 평가결과가 우수한 사업장은 압력방출장치에 대하여 4년에 1회 이상 토출압력을 시험할 수 있다.

[최고사용압력의 표지 등]

압력용기 등을 식별할 수 있도록 하기 위하여 그 압력용기 등의 최고사용압력, 제조연월일, 제조회사명 등이 지워지지 않도록 각인(刻印) 표시된 것을 사용하여야 한다.

[보일러의 방호장치]

(1) 고저수위 조절장치
(2) 압력제한 스위치
(3) 압력방출장치
(4) 화염검출기

④ 화염검출기

<table>
<tr><th>구분</th><th colspan="2">내용</th></tr>
<tr><td>설치목적</td><td colspan="2">이상연소에 의한 폭발사고를 예방하기 위해 화염상태를 확인하기 위해 설치</td></tr>
<tr><td rowspan="4">종류</td><td>종류</td><td>작동원리</td></tr>
<tr><td>바이메탈식
(스택스위치)</td><td>화염의 발열 검출</td></tr>
<tr><td>프레임로드</td><td>화염의 전기적 성질을 이용하여 검출</td></tr>
<tr><td>전자관식</td><td>화염 빛의 유무로 검출</td></tr>
</table>

03 핵심문제 3. 보일러의 안전

□□□ 08년3회, 12년3회

1. 보일러 발생증기의 이상현상이 아닌 것은?

① 역화(Back fire) ② 프라이밍(Priming)
③ 포밍(Forming) ④ 캐리오버(Carry over)

문제 1, 2, 3 해설

보일러의 이상현상

구분	이상현상
발생증기의 이상	프라이밍, 포밍, 캐리오버, 수격작용
이상연소	불완전연소, 이상소화, 2차연소, 역화
물에 의한 장해	관석의 부착, 부식

□□□ 16년1회

2. 보일러 발생증기가 불안정하게 되는 현상이 아닌 것은?

① 캐리 오버(carry over) ② 프라이밍(priming)
③ 절탄기(economizer) ④ 포밍(forming)

□□□ 17년3회

3. 보일러에서 프라이밍(priming)과 포밍(forming)의 발생 원인으로 가장 거리가 먼 것은?

① 역화가 발생되었을 경우
② 기계적 결함이 있을 경우
③ 보일러가 과부화로 사용될 경우
④ 보일러 수에 불순물이 많이 포함되었을 경우

□□□ 15년1회

4. 다음 중 유체의 흐름에 있어서 수격작용(water hammering)과 가장 관계가 적은 것은?

① 과열 ② 밸브의 개폐
③ 압력파 ④ 관내의 유동

해설

수격작용(water hammering)
관내의 유동, 밸브의 급격한 개폐 등에 의해 압력파가 생겨 불규칙한 유체흐름이 생성되어 관벽을 치는 현상이다.

□□□ 15년2회

5. 다음 설명은 보일러의 장해 원인 중 어느 것에 해당되는가?

> 보일러 수중에 용해고형분이나 수분이 발생, 증기 중에 다량 함유되어 증기의 순도를 저하시킴으로써 관내 응축수가 생겨 워터햄머의 원인이 되고 증기과열기나 터빈 등의 고장 원인이 된다.

① 프라이밍(priming) ② 포밍(forming)
③ 캐리오버(carry over) ④ 역화(back fire)

해설

캐리오버(carry over)
1) 보일러에서 증기관 쪽에 보내는 증기에 대량의 물방울이 포함되어 배관 내에 응축수가 생기는 경우
2) 프라이밍이나 포밍이 생기면 필연적으로 캐리오버가 일어난다.
3) 캐리오버는 증기의 과열온도를 저하시키고 과열기 또는 터빈 날개에 불순물을 퇴적시켜 부식 또는 과열의 원인이 된다.

□□□ 18년1회

6. 보일러에서 폭발사고를 미연에 방지하기 위해 화염 상태를 검출할 수 있는 장치가 필요하다. 이 중 바이메탈을 이용하여 화염을 검출하는 것은?

① 프레임 아이 ② 스택 스위치
③ 전자 개폐기 ④ 프레임 로드

해설

화염검출기(flame detector)의 구분
1. 바이메탈식(스택스위치) : 화염의 발열 검출
2. 프레임로드 : 화염의 전기적 성질을 이용하여 검출
3. 전자관식 : 화염 빛의 유무로 검출

□□□ 16년2회

7. 보일러 과열의 원인이 아닌 것은?

① 수관과 본체의 청소 불량
② 관수 부족 시 보일러의 가동
③ 드럼내의 물의 감소
④ 수격작용이 발생될 때

문제 7, 8 해설

보일러의 과열 원인
① 수관 및 본체의 청소불량
② 관수 부족시 보일러의 가동
③ 수면계의 고장으로 드럼내의 물의 감소

정답 1 ① 2 ③ 3 ① 4 ① 5 ③ 6 ② 7 ④

□□□ 17년3회

8. 보일러에서 압력이 규정 압력이상으로 상승하여 과열되는 원인으로 가장 관계가 적은 것은?

① 수관 및 본체의 청소 불량
② 관수가 부족할 때 보일러 가동
③ 절탄기의 미부착
④ 수면계의 고장으로 인한 드럼내의 물의 감소

□□□ 08년3회

9. 보일러의 방호장치에 속하지 않는 것은?

① 압력 방출장치 ② 절탄 장치
③ 압력 제한 스위치 ④ 저수위 안전장치

문제 9~12 해설

보일러의 방호장치
1. 고저수위 조절장치
2. 압력제한스위치
3. 압력방출장치
4. 화염검출기

□□□ 09년2회

10. 다음 중 보일러에 설치해야 하는 안전장치가 아닌 것은?

① 급정지 장치 ② 압력제한스위치
③ 고저수위조절장치 ④ 화염검출기

□□□ 10년2회, 14년1회, 16년1회, 17년2회

11. 다음 중 보일러의 방호장치와 가장 거리가 먼 것은?

① 언로드밸브 ② 압력방출장치
③ 압력제한스위치 ④ 고저수위조절장치

□□□ 09년2회, 18년2회

12. 사업주가 보일러의 폭발사고예방을 위하여 항상 기능이 정상적으로 작동될 수 있도록 유지, 관리할 대상이 아닌 것은?

① 폭발검출기 ② 압력방출장치
③ 압력제한스위치 ④ 고저수위조절장치

□□□ 09년1회, 09년3회, 17년1회

13. 다음 ( ) 안에 들어갈 용어로 알맞은 것은?

사업주는 보일러의 과열을 방지하기 위하여 최고사용압력과 상용압력사이에서 보일러의 버너연소를 차단할 수 있도록 ( )을(를) 부착하여 사용하여야 한다.

① 고저수위조절장치 ② 압력방출장치
③ 압력제한스위치 ④ 파열판

해설

사업주는 보일러의 과열을 방지하기 위하여 최고사용압력과 상용압력사이에서 보일러의 버너연소를 차단할 수 있도록 압력제한스위치를 부착하여 사용하여야 한다.

[참고] 산업안전보건기준에 관한 규칙 제117조【압력제한스위치】

□□□ 08년2회, 12년1회, 15년1회, 15년3회, 20년3회, 21년2회

14. 상용운전압력 이상으로 압력이 상승할 경우 보일러의 파열을 방지하기 위하여 버너의 연소를 차단하여 열원을 제거함으로써 정상압력으로 유도하는 장치는?

① 압력방출장치 ② 고저수위 조절장치
③ 압력제한 스위치 ④ 통풍제어 스위치

해설

압력제한 스위치
상용 운전압력 이상으로 압력이 상승할 경우, 보일러의 과열을 방지하기 위하여 버너의 연소를 차단하는 등 열원을 제거하여 정상 압력으로 유도하는 장치

□□□ 08년1회, 21년2회

15. 다음 중 보일러 운전 시 안전수칙으로 잘못된 것은?

① 가동중인 보일러에는 작업자가 항상 정위치를 떠나지 아니할 것
② 보일러의 각종 부속 장치의 누설 상태를 점검할 것
③ 압력방출장치는 매 5년마다 정기적으로 작동 시험을 할 것
④ 노내의 환기 및 통풍 장치를 점검할 것

문제 15~17 해설

③항, 압력방출장치는 1년에 1회 이상 토출(吐出)압력을 시험한 후 납으로 봉인하여 사용하여야 한다.

정답 8 ③ 9 ② 10 ① 11 ① 12 ① 13 ③ 14 ③ 15 ③

□□□ 11년2회, 12년1회

16. 다음 중 산업안전보건법상 보일러에 설치되어 있는 압력방출장치의 검사주기로 옳은 것은?

① 분기별 1회 이상 ② 6개월에 1회 이상
③ 매년 1회 이상 ④ 2년마다 1회 이상

□□□ 13년2회, 16년3회, 19년1회

17. 보일러 등에 사용하는 압력방출장치의 봉인은 무엇으로 실시해야 하는가?

① 구리 테이프 ② 납
③ 봉인용 철사 ④ 알루미늄 실(seal)

□□□ 14년3회, 18년3회

18. 다음 중 산업안전보건법령상 보일러 및 압력용기에 관한 사항으로 틀린 것은?

① 보일러의 안전한 가동을 위하여 보일러 규격에 맞는 압력방출장치를 1개 또는 2개 이상 설치하고 최고 사용압력 이하에서 작동되도록 하여야 한다.
② 공정안전보고서 제출 대상으로서 이행수준 평가결과가 우수한 사업장의 경우 보일러의 압력방출장치에 대하여 5년에 1회 이상으로 설정압력에서 압력방출장치가 적정하게 작동하는지를 검사할 수 있다.
③ 보일러의 과열을 방지하기 위하여 최고사용압력과 상용압력 사이에서 보일러의 버너 연소를 차단할 수 있도록 압력제한스위치를 부착하여 사용하여야 한다.
④ 압력용기 등을 식별할 수 있도록 하기 위하여 그 압력용기 등의 최고사용압력, 제조연월일, 제조회사명 등이 지워지지 않도록 각인(刻印) 표시된 것을 사용하여야 한다.

해설

공정안전보고서 제출대상으로서 노동부장관이 실시하는 공정안전관리 이행수준 평가결과가 우수한 사업장은 압력방출장치에 대하여 4년에 1회 이상 토출압력을 시험할 수 있다.

[참고] 산업안전보건기준에 관한 규칙 제116조【압력방출장치】

□□□ 16년3회

19. 보일러 압력방출장치의 종류에 해당되지 않는 것은?

① 스프링식 ② 중추식
③ 플런저식 ④ 지렛대식

문제 19, 20 해설

압력방출장치는 스프링식, 중추식, 지렛대식의 3종류가 있으며, 보일러에서는 압력 방출장치로 통상 안전밸브를 사용하고 있고, 스프링식이 가장 많이 사용된다.

□□□ 08년2회

20. 보일러에 가장 많이 사용되는 안전밸브의 종류는?

① 지렛대식 ② 중추식
③ 전자식 ④ 스프링식

□□□ 09년1회

21. 다음 ( )안의 ㉠, ㉡에 알맞은 것은?

> 보일러에서 압력방출장치를 2개 설치하는 경우 1개는 (㉠) 이하에서 작동되도록 하고, 또 다른 하나는 (㉠)의 (㉡) 이하에서 작동하도록 부착한다.

① ㉠ 평균사용압력, ㉡ 1.05배
② ㉠ 평균사용압력, ㉡ 1.10배
③ ㉠ 최고사용압력, ㉡ 1.05배
④ ㉠ 최고사용압력, ㉡ 1.10배

문제 21~23 해설

사업주는 보일러의 안전한 가동을 위하여 보일러 규격에 적합한 압력방출장치를 1개 또는 2개 이상 설치하고 최고사용압력(설계압력 또는 최고허용압력을 말한다. 이하 같다) 이하에서 작동되도록 하여야 한다. 다만, 압력방출장치가 2개 이상 설치된 경우에는 최고사용압력 이하에서 1개가 작동되고, 다른 압력방출장치는 최고사용압력 1.05배 이하에서 작동되도록 부착하여야 한다.

[참고] 산업안전보건기준에 관한 규칙 제116조【압력방출장치】

□□□ 12년2회, 13년1회, 18년2회

22. 산업안전보건법상 보일러의 안전한 가동을 위하여 보일러 규격에 맞는 압력방출장치가 2개 이상 설치된 경우에 최고사용압력 이하에서 1개가 작동되고, 다른 압력방출장치는 최고사용압력의 몇 배 이하에서 작동되도록 부착하여야 하는가?

① 1.03배 ② 1.05배
③ 1.2배 ④ 1.5배

정답 16 ③ 17 ② 18 ② 19 ③ 20 ④ 21 ③ 22 ②

□□□ 10년3회, 17년3회

23. 보일러에서 압력방출장치가 2개 설치된 경우 최고 사용압력이 1MPa일 때 압력방출장치의 설정 방법으로 가장 옳은 것은?

① 2개 모두 1.1MPa 이하에서 작동되도록 설정하였다.
② 하나는 1MPa 이하에서 작동되고 나머지는 1.1MPa 이하에서 작동되도록 설정하였다.
③ 하나는 1MPa 이하에서 작동되고 나머지는 1.05MPa 이하에서 작동되도록 설정하였다.
④ 2개 모두 1.05MPa 이하에서 작동되도록 설정하였다.

정답 23 ③

04 산업용 로봇의 안전

(1) 산업용 로봇의 분류

① 입력정보 교시에 의한 분류

구분	내용
조종 로봇	로봇이 수행하는 작업의 일부 또는 전부를 인간이 직접 조작하는 것에 의해 작업이 이루어지는 로봇
시퀀스 로봇	미리 설정된 정보(순서, 조건 및 위치 등)에 따라서 동작의 각 단계를 차례로 수행해가는 로봇
플레이백 로봇	인간이 매니플레이터를 움직여서 미리 작업을 교시함으로써 그 작업의 순서, 위치 및 기타의 정보를 기억시켜 이를 재생함으로써 그 작업을 되풀이 할 수 있는 로봇
수치제어 로봇	로봇을 움직이지 않고 순서, 조건, 위치 및 기타 정보를 수치, 언어 등에 의해 교시하고, 그 정보에 따라 작업을 수행하는 로봇
지능 로봇	인공지능에 의해 행동을 결정할 수 있는 로봇(인공지능이란 인식능력, 학습능력, 추상적 사고능력, 환경적응능력 등을 인공적으로 실현하는 것을 말함)
감각제어 로봇	감각 정보를 가지고 동작의 제어를 행하는 로봇
적응제어 로봇	적응 제어기능을 가지는 로봇(적응제어기능이란 환경의 변화 등에 따라 제어 등의 특성을 필요로 하는 조건을 충족시키도록 변화시키는 제어기능을 말함)
학습제어 로봇	학습제어기능을 갖는 로봇(학습제어기능이란 작업경험 등을 반영시켜 적절한 작업을 행하는 제어기능을 말함)

② 동작형태에 의한 분류

구분	내용
원통좌표 로봇	팔의 자유도가 주로 원통좌표 형식인 로봇
극좌표 로봇	팔의 자유도가 주로 극좌표 형식인 로봇
직각좌표 로봇	팔의 자유도가 주로 직각좌표 형식인 로봇
관절 로봇	팔의 자유도가 주로 다관절인 로봇

[조립용 로봇]

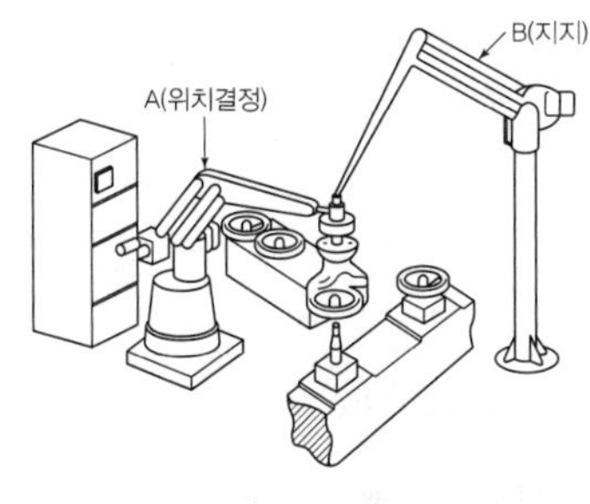

[로봇에 대한 교시]

매니퓰레이터의 작동순서, 위치 · 속도의 설정 · 변경 또는 그 결과를 확인하는 것을 말한다.

Tip

산업용 로봇을 분류할 때는 입력정보교시에 의한 분류, 동작형태에 의한 분류, 용도에 의한 분류, 크게 3가지로 분류한다. 각각을 구분하도록 하자.

③ 용도에 의한 분류

용도	사용가능 로봇
스폿(spot) 용접	직교 좌표형(4축), 수직 다관절(6축)
아크(arc) 용접	수직 다관절(5축, 6축)
도장	수직 다관절(유압식, 전기식)
조립	직각 좌표, 원통좌표, 수직 다관절
사출기 취출	취출 로봇
핸들링(handing)	겐트리, 수직 다관절

[로봇의 매니퓰레이터]

(2) 산업용 로봇 작업 용어

구분	내용
매니퓰레이터 (manipulator)	인간의 팔과 유사한 기능을 가지고, 다음의 작업을 실시할 수 있는 것 • 그 선단부에 맞는 메커니컬 핸드(Mechanical hand, 인간의 손에 해당하는 부분), 흡착 장치 등에 의해 물체를 파지하고 공간으로 이동시키는 작업 • 그 선단부에 설치된 도장용 스프레이 건, 용접 토치 등의 공구에 의한 도장, 용접 등의 작업
가동범위	기억장치의 정보에 근거하여 매니퓰레이터 및 그 밖의 산업용 로봇의 각 부분(매니퓰레이터의 선단부에 설치된 도구를 포함)이 구조상 움직일 수 있는 최대의 범위
교시 등	산업용 로봇의 매니퓰레이터 동작의 순서, 위치 또는 속도 설정, 변경 또는 확인

[로봇 방호장치의 설치]

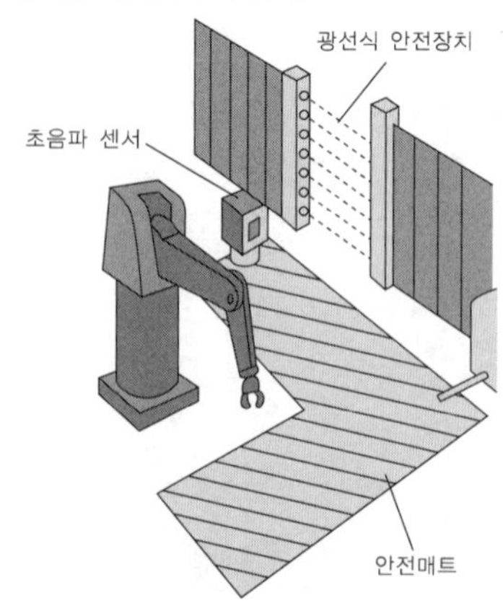

(3) 산업용 로봇의 방호장치

① 동력차단장치

② 비상정지장치

③ 울타리(방책) : 1.8m 이상으로 한다.

④ 안전 매트

㉠ 유효감지영역 내의 임의의 위치에 일정한 정도 이상의 압력이 주어졌을 때 이를 감지하여 신호를 발생시키는 장치

㉡ 구성 : 감지기, 제어부, 출력부

㉢ 안전매트의 종류

종 류	형태	용 도
단일 감지기	A	감지기를 단독으로 사용
복합 감지기	B	여러 개의 감지기를 연결하여 사용

㉣ 안전매트의 일반구조
- 단선경보장치가 부착되어 있어야 한다.
- 감응시간을 조절하는 장치는 부착되어 있지 않아야 한다.
- 감응도 조절장치가 있는 경우 봉인되어 있어야 한다.

(4) 로봇의 작업안전

① 로봇의 교시 등 작업시작 전 점검사항

㉠ 외부전선의 피복 또는 외장의 손상유무

㉡ 매니플레이터 작동의 이상 유무

㉢ 제동장치 및 비상정지장치의 기능

② 로봇의 교시 등 작업 시 조치사항

㉠ 지침을 정하고 그 지침에 따라 작업을 시킬 것

지침 내용
• 로봇의 조작방법 및 순서 • 작업 중의 매니퓰레이터의 속도 • 2인 이상의 근로자에게 작업을 시킬 때의 신호방법 • 이상을 발견한 때의 조치 • 이상을 발견하여 로봇의 운전을 정지시킨 후 이를 재가동 시킬 때의 조치 • 기타 로봇의 불의의 작동 또는 오조작에 의한 위험을 방지하기 위하여 필요한 조치

㉡ 작업에 종사하고 있는 근로자 또는 근로자를 감시하는 자가 이상을 발견한 때에는 즉시 로봇의 운전을 정지시키기 위한 조치를 할 것

㉢ 작업을 하고 있는 동안 로봇의 기동스위치등에 작업중이라는 표시를 하는 등 작업에 종사하는 근로자외의 자가 당해 스위치 등을 조작할 수 없도록 필요한 조치를 할 것

[관계법령]

① 산업안전보건기준에 관한 규칙 별표 3 【작업시작 전 점검사항】

② 산업안전보건기준에 관한 규칙 제222조 【교시 등】

Tip

산업용 로봇 부분에서 가장 많이 출제되었던 부분이 작업시작 전 점검사항과 작업 시 지침내용이다. 이 두 가지가 혼동되기 쉽다. 확실하게 구분하도록 하자.

04 핵심문제 4. 산업용 로봇의 안전

□□□ 09년3회

1. 로봇을 움직이지 않고 순서, 조건, 위치 및 기타 정보를 수치, 언어 등에 의해 교시하고, 그 정보에 따라 작업을 할 수 있는 로봇은?

① 시퀀스 로봇 ② 플레이백 로봇
③ 수치 제어 로봇 ④ 지능 로봇

해설

수치 제어 로봇이란 로봇을 움직이지 않고 순서, 조건, 위치 및 기타 정보를 수치, 언어 등에 의해 교시하고, 그 정보에 따라 작업을 수행하는 로봇

□□□ 10년3회

2. 산업용 로봇 중 교시 프로그래밍을 통해서 입력된 작업 프로그램을 반복해서 실행할 수 있는 로봇은?

① 시퀀스 로봇 ② 플레이백 로봇
③ 수치제어 로봇 ④ 지능 로봇

해설

인간이 매니플레이터를 움직여서 미리 작업을 교시함으로써 그 작업의 순서, 위치 및 기타의 정보를 기억시켜 이를 재생함으로써 그 작업을 되풀이 할 수 있는 로봇

□□□ 14년2회

3. 산업용 로봇은 크게 입력정보교시에 의한 분류와 동작형태에 의한 분류로 나눌 수 있다. 다음 중 입력정보교시에 의한 분류에 해당되는 것은?

① 관절 로봇 ② 극좌표 로봇
③ 원통좌표 로봇 ④ 수치제어 로봇

해설

구분	종류
입력정보 교시에 의한 분류	조종로봇, 시퀀스로봇, 플레이백로봇, 수치제어로봇, 지능로봇, 감각제어로봇, 적응제어로봇, 학습제어로봇
동작형태에 의한 분류	원통좌표로봇, 극좌표로봇, 직각좌표로봇, 관절로봇
용도에 의한 분류	스폿용접, 아크용접, 도장, 조립, 사출기 취출, 핸들링

□□□ 11년2회, 13년1회, 14년1회, 17년2회, 20년3회

4. 산업용 로봇에서 근로자에게 발생할 수 있는 부상 등의 위험을 방지하기 위하여 방책을 세우고자 할 때 일반적으로 높이는 몇 m 이상으로 해야 하는가?

① 1.8 ② 2.1
③ 2.4 ④ 2.7

해설

로봇의 운전으로 인해 근로자에게 발생할 수 있는 부상 등의 위험을 방지하기 위하여 높이 1.8미터 이상의 울타리를 설치하여야 한다.

[참고] 산업안전기준에 관한 규칙 제223조 【운전 중 위험 방지】

□□□ 11년3회, 16년2회, 19년2회

5. 산업용 로봇에 사용되는 안전 매트의 종류 및 일반구조에 관한 설명으로 틀린 것은?

① 안전 매트의 종류는 연결사용 가능여부에 따라 단일 감지기와 복합 감지기가 있다.
② 단선 경보장치가 부착되어 있어야 한다.
③ 감응시간을 조절하는 장치가 부착되어 있어야 한다.
④ 감응도 조절장치가 있는 경우 봉인되어 있어야 한다.

해설

산업용 로봇에 사용되는 안전 매트

구분	내 용		
종류	종 류	형태	용도
	단일 감지기	A	감지기를 단독으로 사용
	복합 감지기	B	여러 개의 감지기를 연결하여 사용
일반 구조	1) 단선경보장치가 부착되어 있어야 한다. 2) 감응시간을 조절하는 장치는 부착되어 있지 않아야 한다. 3) 감응도 조절장치가 있는 경우 봉인되어 있어야 한다.		

□□□ 08년2회, 11년2회

6. 산업용 로봇의 작동 범위 내에서 교시 등의 작업을 하는 때에는 작업시작 전에 어떤 사항을 점검하는가?

① 언로드 밸브의 기능의 이상 유무
② 자동제어장치의 기능의 이상 유무
③ 제동장치 및 비상정지장치의 기능의 이상 유무
④ 권과 방지 장치의 이상 유무

정답 1 ③ 2 ② 3 ④ 4 ① 5 ③ 6 ③

문제 6~8 해설

산업용 로봇의 작동범위에서 그 로봇에 관하여 교시 등의 작업을 할 때 작업 시작 전 점검사항
1. 외부 전선의 피복 또는 외장의 손상 유무
2. 매니퓰레이터(manipulator) 작동의 이상 유무
3. 제동장치 및 비상정지장치의 기능

[참고] 산업안전기준에 관한 규칙 별표3 【작업시작 전 점검사항】

□□□ 09년1회, 18년1회, 21년2회

7. 로봇의 작동범위 내에서 그 로봇에 관하여 교시 등(로봇의 동력원을 차단하고 행하는 것을 제외한다.)의 작업을 행하는 때 작업시작 전 점검 사항으로 옳은 것은?

① 과부하방지장치의 이상 유무
② 압력제한 스위치 등의 기능의 이상 유무
③ 외부전선의 피복 또는 외장의 손상 유무
④ 권과방지장치의 이상 유무

□□□ 11년3회, 15년2회

8. 산업용 로봇의 작동범위에서 그 로봇에 관하여 교시 등의 작업을 할 때 작업 시작 전 점검사항이 아닌 것은?

① 외부 전선의 피복 또는 외장의 손상 유무
② 매니퓰레이터 작동의 이상 유무
③ 제동장치 및 비상정지 장치의 기능
④ 윤활유의 상태

□□□ 08년1회, 10년3회, 15년3회

9. 산업용 로봇의 작동범위 내에서 당해 로봇에 대하여 교시 등의 작업 시 위험을 방지하기 위하여 수립해야 하는 지침 사항에 해당하지 않는 것은?

① 로봇의 구성품의 설계절차
② 2인 이상의 근로자에게 작업을 시킬 때의 신호방법
③ 로봇의 조작방법 및 순서
④ 작업중의 매니퓰레이터의 속도

문제 9~13 해설

로봇의 교시 등 작업 시 조치사항
1) 지침을 정하고 그 지침에 따라 작업을 시킬 것

지침 내용
• 로봇의 조작방법 및 순서 • 작업중의 매니퓰레이터의 속도 • 2인 이상의 근로자에게 작업을 시킬 때의 신호방법 • 이상을 발견한 때의 조치 • 이상을 발견하여 로봇의 운전을 정지시킨 후 이를 재가동 시킬 때의 조치 • 기타 로봇의 불의의 작동 또는 오조작에 의한 위험을 방지하기 위하여 필요한 조치

2) 작업에 종사하고 있는 근로자 또는 근로자를 감시하는 자가 이상을 발견한 때에는 즉시 로봇의 운전을 정지시키기 위한 조치를 할 것
3) 작업을 하고 있는 동안 로봇의 기동스위치등에 작업중이라는 표시를 하는 등 작업에 종사하는 근로자외의 자가 당해 스위치 등을 조작할 수 없도록 필요한 조치를 할 것

□□□ 11년3회

10. 산업용 로봇의 작동범위 내에서 해당 로봇에 대하여 교시 등의 작업 시 예기치 못한 작동 및 오조작에 의한 위험을 방지하기 위하여 수립해야 하는 지침사항에 해당하지 않는 것은?

① 로봇 구성품의 설계 및 조립방법
② 2명 이상의 근로자에게 작업을 시킬 경우의 신호방법
③ 로봇의 조작방법 및 순서
④ 작업 중의 매니퓰레이터의 속도

□□□ 09년2회

11. 산업용 로봇의 가동영역 내에서 교시작업을 행할 때 취해야 할 조치사항이 아닌 것은?

① 작업 중의 매니퓰레이터 속도에 관한 지침을 정하고 그 지침에 따라 작업한다.
② 작업자가 이상을 발견할 시는 안전담당자가 올 때까지 로봇운전을 계속한다.
③ 작업을 하는 동안 기동스위치에 타작업자가 작동시킬 수 없도록 작업 중 표시를 한다.
④ 2인 이상의 근로자에게 작업을 시킬 때 의 신호방법을 정한다.

정답 7 ③ 8 ④ 9 ① 10 ① 11 ②

□□□ 13년3회, 19년1회

12. 다음 중 산업용 로봇에 의한 작업 시 안전조치 사항으로 적절하지 않은 것을 고르시오.

① 작업을 하고 있는 동안 로봇의 기동스위치 등은 작업에 종사하고 있는 근로자가 아닌 사람이 그 스위치 등을 조작할 수 없도록 필요한 조치를 한다.
② 근로자가 로봇에 부딪힐 위험이 있을 때에는 안전매트 및 1.8m 이상의 안전방책을 설치하여야 한다.
③ 로봇의 조작방법 및 순서, 작업 중의 매니퓰레이터의 속도 등에 관한 지침에 따라 작업을 하여야 한다.
④ 작업에 종사하는 근로자가 이상을 발견하면, 관리감독자에게 우선 보고하고, 지시에 따라 로봇의 운전을 정지시킨다.

□□□ 14년3회

13. 다음 중 산업안전보건법령에 따라 산업용 로봇의 사용 및 수리 등에 관한 사항으로 틀린 것은?

① 작업을 하고 있는 동안 로봇의 기동스위치 등에 "작업 중"이라는 표시를 하여야 한다.
② 해당 작업에 종사하고 있는 근로자의 안전한 작업을 위하여 작업종사자 외의 사람이 기동스위치를 조작할 수 있도록 하여야 한다.
③ 로봇을 운전하는 경우에 근로자가 로봇에 부딪칠 위험이 있을 때에는 안전매트 및 높이 1.8m 이상의 방책을 설치하는 등 필요한 조치를 하여야 한다.
④ 로봇의 작동범위에서 해당 로봇의 수리 · 검사 · 조정 · 청소 · 급유 또는 결과에 대한 확인작업을 하는 경우에는 해당 로봇의 운전을 정지함과 동시에 그 작업을 하고 있는 동안 로봇의 기동스위치를 열쇠로 잠근 후 열쇠를 별도 관리하여야 한다.

□□□ 12년2회

14. 다음 중 산업용 로봇작업을 수행할 때의 안전조치사항과 가장 거리가 먼 것은?

① 자동운전 중에는 안전방책의 출입구에 안전플러그를 사용한 인터록이 작동하여야 한다.
② 액추에이터의 잔압 제거 시에는 사전에 안전블록 등으로 강하방지를 한 후 잔압을 제거한다.
③ 로봇의 교시작업을 수행할 때에는 매니퓰레이터의 속도를 빠르게 한다.
④ 작업개시 전에 외부전선의 피복손상, 비상정지장치를 반드시 검사한다.

해설

③항, 교시작업 중 매니퓰레이터의 속도를 빠르게 할 경우 사고발생 위험이 높다.

정답 12 ④ 13 ② 14 ③

05 설비진단

(1) 비파괴 시험의 특징

구분	내용
정의	재료나 제품, 구조물 등의 여러 종류에 대하여 검사대상물에 손상을 주지 않고 검사품의 성질이나 상태 등 내부구조를 알 수 있는 방법
시험의 목적	• 제조기술의 개량 • 제조원가의 절감 • 신뢰성의 증대
고속회전체의 비파괴 검사	고속회전체 회전축의 중량이 1톤을 초과하고 원주속도가 매초당 120미터 이상인 것은 비파괴 검사를 실시하여야 한다.

[주요 비파괴 시험 종류]
(1) 육안검사
(2) 누설검사
(3) 침투탐상시험
(4) 초음파 탐상시험
(5) 자분탐상시험
(6) 음향탐상시험
(7) 방사선투과시험
(8) 와류탐상시험

(2) 침투탐상시험(PT : Penetrant Test)

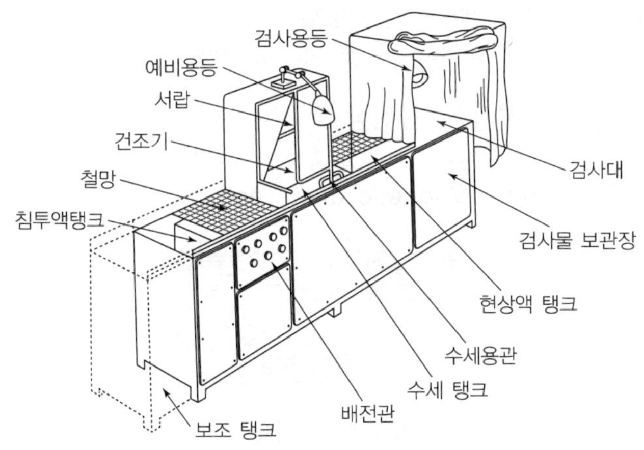

형광 침투 탐상 장치

[침투탐상시험]
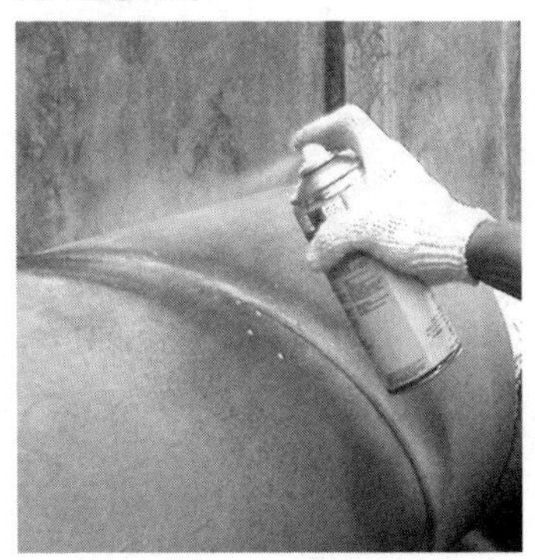

① 시험방법

㉠ 물체의 표면에 침투력이 강한 적색 또는 형광성의 침투액을 도포하여 충분히 적시게 한 후 표면의 침투액을 제거한다.

㉡ 백색 미분말의 현상액으로 내부에 스며든 침투액을 표면에 흡출하여 자외선 등으로 비추어 결함장소와 크기를 구분한다.

② 작업순서

전처리 → 침투처리 → 세척처리 → 현상처리 → 관찰 → 후처리

③ 특징

㉠ 검사물 표면의 균열이나 결함을 비교적 간단하고 신속하게 검출

㉡ 비자성 금속재료의 검사에 자주 이용된다.

(3) 초음파 탐상 검사(UT : Ultrasonic Test)

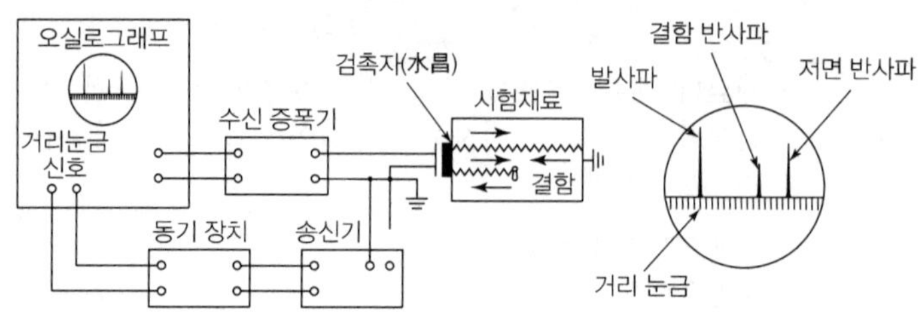

[반사식 초음파 탐상 장치의 예]

[가청주파수의 범위]
20~20,000 Hz
※ 가청주파수 이상을 초음파라고 한다.

① 시험방법

㉠ 1~5MHz의 초음파 주파수를 사용하여 시험체에 투입시켜 내부의 결함을 반사에 의해 수신되는 현상을 이용하여 결함의 소재나 위치 및 결함 의 크기를 알 수 있는 방법

㉡ 용접부의 균열, 용입불량등의 검출에 적합하다.

② 종류 : 반사식, 투과식, 공진식

(4) 자분탐상 시험(MT : Magnetic dust Test)

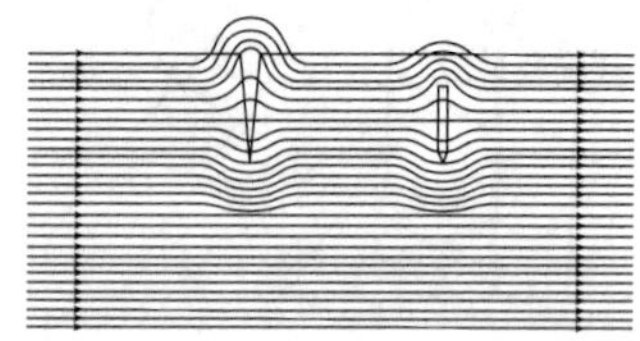

[결함부분의 자속선]

① 강 자성체(Fe, Ni, Co 및 그 합금)를 자화했을 때 표면이나 표층(표면에서 수mm 이내)에 결함이 있으면 자속선(磁束線)의 흐름이 흩어져 표면에 누설자속이 나타나게 된다.

② 누설자속에 의해 생긴 자장에 자분(磁粉)을 흡착시켜 큰 자분모양으로 나타내어서 육안으로 결함을 검출한다.

[자화]
외부의 자기장에 의해 자기모멘트가 생기거나 반응하는 것으로 자기력에 의해 영향을 받아 자석과 같은 성질을 갖게 되는 것

③ 자화방법

구분	내용
자화방법	통전법(通電法), 관통법, 코일법, 극간법(요크법)
자화전류	교류 또는 정류한 단상반파(單相半波), 단상전파, 3상 전파

(5) 음향탐상시험(AE : Acoustic emission Test)

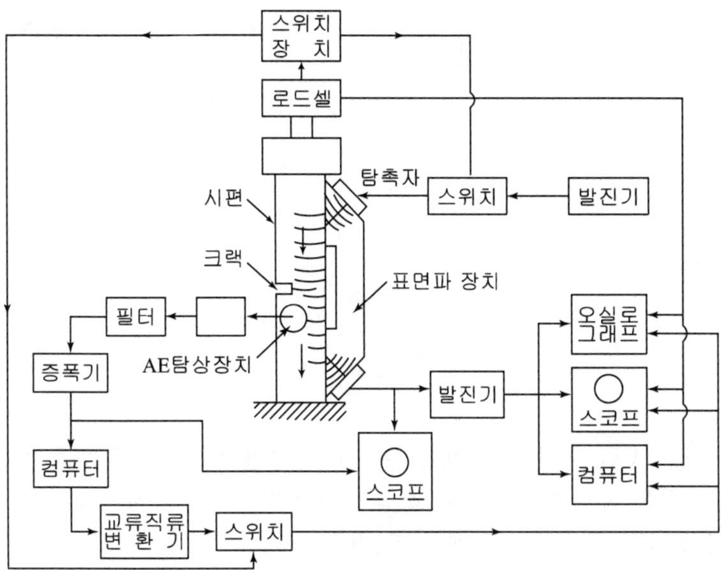

[AE 탐상 장치의 계통도]

① 재료가 변형시에 외부응력이나 내부의 변형과정에서 방출하는 낮은 응력파를 감지하여 공학적으로 이용

② 응력과 같은 어떤 외력이 작용하였을 때 재료 또는 구조물의 소리를 탐지하는 기술

③ 음향방출시험

㉠ 재료 내부에서 전위, 균열 등의 결함생성이나 질량의 급격한 변화가 생기면 탄성파가 발생한다. 이것이 AE파 라고 하며, 재료 내에 전파하는 AE파를 전기적 신호로 변환하여 이 AE파의 진동을 포착하고 해석하여 재료 내부의 동적 거동을 파악하고 결함의 성질과 상태를 평가할 수 있다.

㉡ 가동 중에 검사하여 내부의 결함을 알 수 있다.

㉢ 시험 중 외부의 온도와 환경조건에 영향을 받을 수 있다.

㉣ 재료의 특성에 따라 구분하여 검사한다.

[재료에 따른 비파괴검사 적용]
RT시험 : 대부분 재질에 적용이 가능
UT시험 : 탄성률이 높은 금속재질에 적용

[방사선의 투과력]
$\alpha < \beta < \gamma < \chi$

(6) 방사선 투과 시험(RT : Radiographic Test)

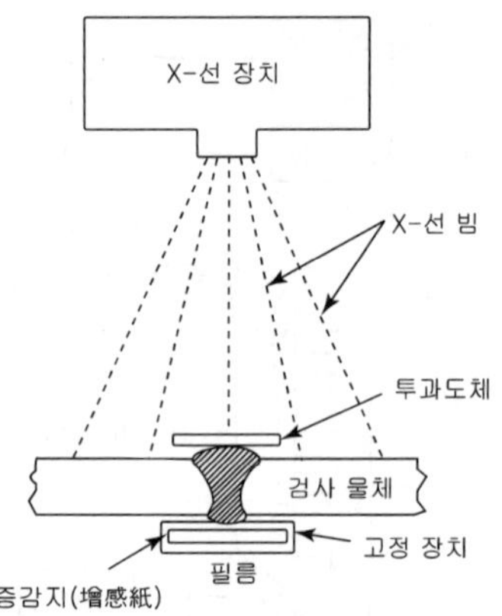

① 방사선(X선, r선)은 물체를 투과하는 성질이 있으므로 일정한 강도의 방사선을 물체에 조사(照射)하면 방사량과 흡수량의 차이가 생겨 투과후의 선량은 물체의 부위에 따라 변화한다.

② 방사선을 물체 뒤의 필름에 감광시켜서 현상하면 결함과 내부구조에 대응하는 진하고 엷은 모양의 투과 사진이 만들어진다. 이 사진을 관찰하므로 결함의 종류, 크기, 분포상황 등을 알게 된다.

③ 방사선 투과검사에서 투과사진의 상질 점검 항목
㉠ 투과도계 및 계조도
㉡ 선원 · 투과도계간의 거리 및 투과도계
㉢ X선 필름간 거리
㉣ 방사선의 조사방향과 시험부의 유효범위
㉤ 노출선도

(7) 와류탐상시험(ET : Eddy current Test)

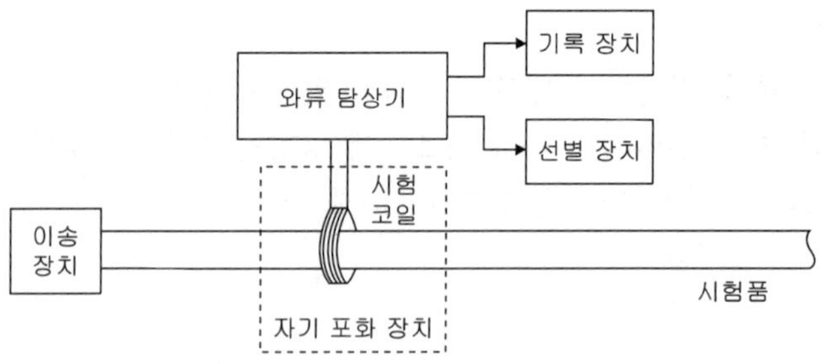

[자동식 와류탐상 장치]

① 금속도체에 교류를 통한 코일을 근접시킬 때 결함이 존재하면 코일에 유기되는 전압이나 전류가 변화되는 것을 이용한다.

② 시험에서 얻은 신호는 와전류의 분포, 강도, 전기장의 분포 등과 관계가 있어 결함을 검출하는 방법에 사용된다.

③ 자동화, 고속화가 가능하고 표면아래 깊은 위치에 있는 결함 검출이 가능하며, 파이프, 봉, 강판 등 전도성 재료의 표면 또는 표면근처의 결함 검출 또는 물성도 검출할 수가 있다.
④ 검사 시 재료의 특성인자(투자율, 열처리, 온도 등)에 영향을 받는다.

(8) 진동의 진단

① 진동의 종류

종류	내용
배경진동 (암진동)	한 장소에 있어서 특정의 진동을 대상으로 생각할 경우, 대상진동이 없을 때 그 장소의 진동을 대상진동에 대한 배경진동이라 함.
대상진동	배경진동 이외에 측정하고자 하는 특정의 진동
정상진동	시간적으로 변동하지 않거나 또는 변동폭이 작은 진동
변동진동	시간에 따라 진동 레벨의 변화폭이 크게 변하는 진동
충격진동	폭약의 발파시 등과 같이 극히 짧은 시간동안에 발생하는 높은 세기의 진동

[암전효과]
고체에 힘을 가했을 때, 결정 표면에 전기적 분극이 생기는 현상이다.

② 기계의 진동에 의한 이상진단(Health monitoring)

단계	내용
1단계 : 이상(異常)과 진동의 이론	기계의 이상을 진동에 의해 감지할 경우의 상관성에 대한 이론을 설정
2단계 : 계측과 검출 시스템의 설정	진동을 계측하고 검출할 시스템과 데이터를 처리할 시스템의 설정.
3단계 : 이상을 검출 및 판별하고 논리를 설정	진동 데이타를 보고 스팩트럼 분석이나 패턴을 해석하여 기계의 이상유무를 판별할 논리의 설정

③ 진단법의 종류

㉠ 간이 진단법

목적	구분	내용
정상, 비정상, 악화의 정도를 판단	절대 판단	측정치 값이 직접적으로 양호, 주의, 위험 수준으로 판단하는 것
	비교 판단	초기치가 증가되는 정도가 주의 또는 위험의 판단으로 나타내는 것
	상호 판단	동일한 종류의 기계가 다수 있을 때 기계들의 상호간에 비교 판단하는 것

㉡ 정밀진단법 : 간이진단이 명확하지 않는 경우 진동 측정이 불가능한 장소에 분석 및 예측하는 방법

05 핵심문제 5. 설비진단

□□□ 08년1회, 10년2회, 10년3회, 12년2회, 14년1회, 15년2회, 17년2회, 20년1·2회

1. 재료에 대한 시험 중 비파괴시험이 아닌 것은?

① 방사선투과시험 ② 자분탐상시험
③ 초음파탐상시험 ④ 피로시험

문제 1, 2 해설

주요 비파괴 시험 종류
① 육안검사
② 누설검사
③ 침투탐상시험
④ 초음파 탐상시험
⑤ 자분탐상시험
⑥ 음향탐상시험
⑦ 방사선투과시험
⑧ 와류탐상시험

□□□ 10년1회, 12년3회, 17년1회, 20년3회, 21년1회

2. 다음 중 비파괴 시험의 종류에 해당하지 않는 것은?

① 와류 탐상시험 ② 초음파 탐상시험
③ 인장 시험 ④ 방사선 투과시험

□□□ 16년3회, 19년2회

3. 비파괴시험의 종류가 아닌 것은?

① 자분 탐상시험 ② 침투 탐상시험
③ 와류 탐상시험 ④ 샤르피 충격시험

해설

샤르피 충격시험은 해머를 이용하여 재료를 파괴하는 금속의 인성 강도 시험으로 파괴검사에 해당된다.

□□□ 13년3회

4. 검사물 표면의 균열이나 피트 등의 결함을 비교적 간단하고 신속하게 검출할 수 있고 특히 비자성 금속재료의 검사에 자주 이용되는 비파괴검사법으로 맞는 것은?

① 침투탐상검사 ② 자기탐상검사
③ 초음파탐상검사 ④ 방사선투과검사

문제 4, 5 해설

침투탐상시험(PT : Penetrant Test)
물체의 표면에 침투력이 강한 적색 또는 형광성의 침투액을 도포하고 표면 개구면에 충분히 적시게 한 후 표면의 침투액을 제거하여 백색 미분말의 현상액으로 결함 내부에 스며든 침투액을 표면에 흡출하여 자외선 등으로 비추어 결함장소와 크기를 구분하검사물 표면의 균열이나 피트 등의 결함을 비교적 간단하고 신속하게 검출할 수 있고 특히 비자성 금속재료의 검사에 자주 이용된다.는 방법이다.

□□□ 16년1회

5. 현장에서 사용 중인 크레인의 거더 밑면에 균열이 발생되어 이를 확인하려고 하는 경우 비파괴검사방법 중 가장 편리한 검사 방법은?

① 초음파탐상검사 ② 방사선투과검사
③ 자분탐상검사 ④ 액체침투탐상검사

□□□ 11년3회, 18년3회

6. 침투탐상검사 방법에서 일반적인 작업 순서로 맞는 것은?

① 전처리 → 침투처리 → 세척처리 → 현상처리 → 관찰 → 후처리
② 전처리 → 세척처리 → 침투처리 → 현상처리 → 관찰 → 후처리
③ 전처리 → 현상처리 → 침투처리 → 세척처리 → 관찰 → 후처리
④ 전처리 → 침투처리 → 현상처리 → 세척처리 → 관찰 → 후처리

해설

작업 순서로는 전처리 → 침투처리 → 세척처리 → 현상처리 → 관찰 → 후처리 순이다.

□□□ 16년2회

7. 물질 내 실제 입자의 진동이 규칙적일 경우 주파수의 단위는 헤르츠(Hz)를 사용하는데 다음 중 통상적으로 초음파는 몇 Hz 이상의 음파를 말하는가?

① 10000 ② 20000
③ 50000 ④ 100000

해설

가청주파수는 20~20,000Hz로 그 이상을 초음파라고 한다.

정답 1 ④ 2 ③ 3 ④ 4 ① 5 ④ 6 ① 7 ②

□□□ 09년1회, 11년1회, 18년1회

8. 초음파 탐상법의 종류에 해당하지 않는 것은?

① 반사식 ② 투과식
③ 공진식 ④ 침투식

해설

초음파 탐상 시험 방법의 종류로는 반사법, 투과법, 공진법이 있다.

□□□ 12년1회, 15년1회, 18년3회

9. 다음 중 설비의 내부에 균열 결함을 확인할 수 있는 가장 적절한 검사방법은?

① 육안검사 ② 액체침투탐상검사
③ 초음파탐상검사 ④ 피로검사

문제 9, 10 해설

초음파 탐상 검사(UT : Ultrasonic Test)
1~5MHz의 초음파 주파수를 사용하여 시험체에 투입시켜 내부의 결함을 반사에 의해 수신되는 현상을 이용하여 결함의 소재나 위치 및 결함 의 크기를 알 수 있는 방법으로 용접부 내부의 결함 검출에 적합하다.

□□□ 17년3회

10. 다음 중 용접부에 발생한 미세균열, 용입부족, 융합 불량의 검출에 가장 적합한 비파괴 검사법은?

① 방사선투과 검사 ② 침투탐사 검사
③ 자분탐상 검사 ④ 초음파탐상 검사

□□□ 13년1회, 15년2회

11. 강자성체의 결함을 찾을 때 사용하는 비파괴시험으로 표면 또는 표층(표면에서 수 mm 이내)에 결함이 있을 경우 누설자속을 이용하여 육안으로 결함을 검출하는 시험법은?

① 와류탐상시험(ET) ② 자분탐상시험(MT)
③ 초음파탐상시험(UT) ④ 방사선투과시험(RT)

해설

자분탐상시험(MT : Magnetic dust Test)
강자성체(Fe, Ni, Co 및 그 합금)를 자화했을 때 표면이나 표층(표면에서 수mm 이내)에 결함이 있으면 자속선(磁束線)의 흐름이 흩어져 표면에 누설자속이 나타나게 된다. 이 누설자속에 의해 생긴 자장에 자분(磁粉)을 흡착시켜 큰 자분모양으로 나타내어서 육안으로 결함을 검출하는 방법이다.

□□□ 16년2회

12. 오스테나이트 계열 스테인리스 강판의 표면 균열발생을 검출하기 곤란한 비파괴 검사방법은?

① 염료침투검사 ② 자분검사
③ 와류검사 ④ 형광침투검사

해설

오스테나이트 계열 스테인레스 강판은 비 자성체로 자분탐상검사가 어렵다.

□□□ 19년1회

13. 자분탐상검사에서 사용하는 자화방법이 아닌 것은?

① 축통전법 ② 전류 관통법
③ 극간법 ④ 임피던스법

해설

자화방법에는 통전법(通電法), 관통법, 코일법, 극간법(요크법)이 있고, 자화전류는 교류 또는 정류한 단상반파(單相半波), 단상전파, 3상 전파가 사용된다.

□□□ 14년1회, 17년1회

14. 다음 중 금속 등의 도체에 교류를 통한 코일을 접근시켰을 때, 결함이 존재하면 유기되는 전압이나 전류가 변하는 것을 이용한 검사방법은?

① 자분탐상검사 ② 초음파탐상검사
③ 와류탐상검사 ④ 침투형광탐상검사

해설

와류탐상시험(ET : Eddy current Test)
금속 등 도체에 교류를 통한 코일을 근접시킬 때 결함이 존재하면 코일에 유기되는 전압이나 전류가 변화되는 것을 이용한다. 시험에서 얻은 신호는 와전류의 분포, 강도, 전기장의 분포 등과 관계가 있어 결함을 검출하는 방법에 사용된다.

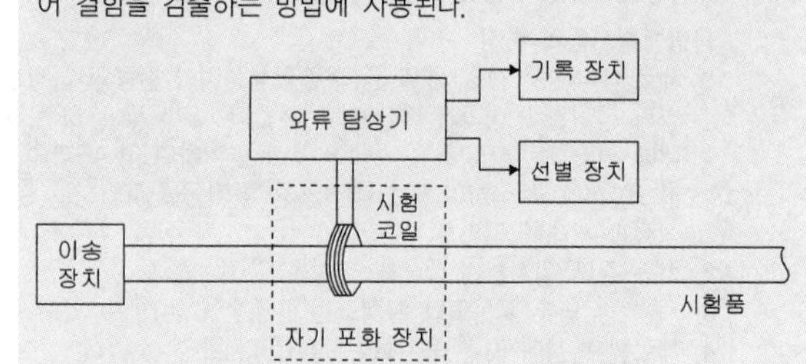

정답 8 ④ 9 ③ 10 ④ 11 ② 12 ② 13 ④ 14 ③

□□□ 12년1회

15. 다음 중 와전류비파괴검사법의 특징과 가장 거리가 먼 것은?

① 자동화 및 고속화가 가능하다.
② 측정치에 영향을 주는 인자가 적다.
③ 가는 선, 얇은 판의 경우도 검사가 가능하다.
④ 표면 아래 깊은 위치에 있는 결함은 검출이 곤란하다.

문제 15, 16 해설

와전류비파괴 검사의 특징
1. 자동화, 고속화가 가능하고 표면아래 깊은 위치에 있는 결함 검출이 가능하다.
2. 파이프, 봉, 강판 등 전도성 재료의 표면 또는 표면근처의 결함검출 또는 물성도 검출할 수가 있다.
3. 검사 시 재료의 특성인자(투자율, 열처리, 온도 등)에 영향을 받는다.

□□□ 17년2회

16. 다음 중 와전류비파괴검사법의 특징과 가장 거리가 먼 것은?

① 관, 환봉 등의 제품에 대해 자동화 및 고속화된 검사가 가능하다.
② 검사 대상 이외의 재료적 인자(투자율, 열처리, 온도 등)에 대한 영향이 적다.
③ 가는 선, 얇은 판의 경우도 검사가 가능하다.
④ 표면 아래 깊은 위치에 있는 결함은 검출이 곤란하다.

□□□ 13년1회, 15년3회

17. 다음 중 음향방출시험에 대한 설명으로 틀린 것은?

① 가동 중 검사가 가능하다.
② 온도, 분위기 같은 외적 요인에 영향을 받는다.
③ 결함이 어떤 중대한 손상을 초래하기 전에 검출할 수 있다.
④ 재료의 종류나 물성 등의 특성과는 관계없이 검사가 가능하다.

해설

음향방출시험은 탄성률이 높은 금속재질에 적용이 가능하다.

음향방출시험의 특징
1. 재료 내부에서 전위, 균열 등의 결함생성이나 질량의 급격한 변화가 생기면 탄성파가 발생한다. 이것이 AE파 라고 하며, 재료내에 전파하는 AE파를 전기적 신호로 변환하여 이 AE파의 진동을 포착하고 해석하여 재료 내부의 동적 거동을 파악하고 결함의 성질과 상태를 평가할 수 있다.
2. 가동 중에 검사하여 내부의 결함을 알 수 있다.
3. 시험 중 외부의 온도와 환경조건에 영향을 받을 수 있다.
4. 재료의 특성에 따라 구분하여 검사한다.

□□□ 14년3회

18. 다음 중 방사선 투과검사에 가장 적합한 활용 분야는?

① 변형률 측정
② 완제품의 표면결함 검사
③ 재료 및 기기의 계측 검사
④ 재료 및 용접부의 내부결함 검사

해설

방사선 투과검사는 내부의 결함에 대한 확인에 사용되므로, 외관상 확인이 어려운 재료 및 용접부의 내부결함 검사에 유용한 검사이다.

□□□ 18년1회

19. 방사선 투과검사에서 투과사진에 영향을 미치는 인자는 크게 콘트라스트(명암도)와 명료도로 나누어 검토할 수 있다. 다음 중 투과사진의 콘트라스트(명암도)에 영향을 미치는 인자에 속하지 않는 것은?

① 방사선의 성질 ② 필름의 종류
③ 현상액의 강도 ④ 초점-필름간 거리

문제 19, 20 해설

방사선 투과사진의 상질을 점검할 때 확인해야 할 항목
① 투과도계 및 계조도
② <u>선원과 투과도계간의 거리</u>
③ <u>투과도계와 X선 필름간 거리</u>
④ 방사선의 조사방향과 시험부의 유효길이
⑤ 노출선도

방사선을 물체 뒤의 필름에 감광시켜서 현상하면 결함과 내부구조에 대응하는 진하고 엷은 모양의 투과사진이 만들어진다. 이 사진을 관찰하여 결함의 종류, 크기, 분포상황 등을 파악하므로 투과사진의 상질이 매우 중요하다.

□□□ 11년3회, 18년2회

20. 방사선 투과검사에서 투과사진의 상질을 점검할 때 확인해야 할 항목으로 거리가 먼 것은?

① 투과도계의 식별도
② 시험부의 사진농도 범위
③ 계조계의 값
④ 주파수의 크기

정답 15 ② 16 ② 17 ④ 18 ④ 19 ④ 20 ④

□□□ 13년2회, 19년3회

21. 진동에 의한 설비진단법 중 정상, 비정상, 악화의 정도를 판단하기 위한 방법에 해당되지 않는 것은?

① 비교 판단 ② 상호 판단
③ 절대 판단 ④ 평균 판단

해설

구분	내용
절대 판단	측정치 값이 직접적으로 양호, 주의, 위험 수준으로 판단하는 것
비교 판단	초기치가 증가되는 정도가 주의 또는 위험의 판단으로 나타내는 것
상호 판단	동일한 종류의 기계가 다수 있을 때 기계들의 상호 간에 비교 판단하는 것

□□□ 12년2회

22. 다음 중 진동 방지용 재료로 사용되는 공기스프링의 특징으로 틀린 것은?

① 공기량에 따라 스프링 상수의 조절이 가능하다.
② 측면에 대한 강성이 강하다.
③ 공기의 압축성에 의해 감쇠 특성이 크므로 미소 진동의 흡수도 가능하다.
④ 공기탱크 및 압축기 등의 설치로 구조가 복잡하고, 제작비가 비싸다.

해설

공기 스프링은 공기의 압축 탄성을 이용한 것으로 유연한 스프링을 얻을 수 있고, 공기 압력을 조절하여 하중이 변화해도 하중의 변화가 작으며, 미소 진동의 흡수가 적고, 측면의 강성이 적으며, 압축기의 설치로 구조가 복잡하고 제작비가 비싸다. 종류로는 벨로스형과 다이어프램형이 있다.

□□□ 14년3회

23. 회전축이나 베어링 등이 마모 등으로 변형되거나 회전의 불균형에 의하여 발생하는 진동을 무엇이라 하는가?

① 단속진동 ② 정상진동
③ 충격진동 ④ 우연진동

해설

정상진동이란 어떤 물체가 기준위치에 대해 반복운동을 할 때 그 물체는 진동을 한다. 기계 기구의 마모, 변형 또는 불균형에 의해 발생되는 진동도 포함된다.

□□□ 15년1회

24. 기계 진동에 의하여 물체에 힘이 가해질 때 전하를 발생하거나 전하가 가해질 때 진동 등을 발생시키는 물질의 특성을 무엇이라고 하는가?

① 압자 ② 압전효과
③ 스트레인 ④ 양극현상

해설

압전효과
고체에 힘을 가했을 때, 결정 표면에 전기적 분극이 생기는 현상이다.

□□□ 08년1회, 09년2회, 11년1회, 13년2회, 14년2회

25. 산업안전보건법상 비파괴검사를 해서 결함 유무를 확인하여야 하는 고속회전체의 기준으로 옳은 것은?

① 회전축의 중량이 100킬로그램을 초과하고 원주속도가 초당 120미터 이상인 고속회전체
② 회전축의 중량이 500킬로그램을 초과하고 원주속도가 초당 100미터 이상인 고속회전체
③ 회전축의 중량이 1톤을 초과하고 원주속도가 초당 120미터 이상인 고속회전체
④ 회전축의 중량이 3톤을 초과하고 원주속도가 초당 100미터 이상인 고속회전체

해설

사업주는 고속회전체(회전축의 중량이 1톤을 초과하고 원주속도가 초당 120미터 이상인 것으로 한정한다)의 회전시험을 하는 경우 미리 회전축의 재질 및 형상 등에 상응하는 종류의 비파괴검사를 해서 결함 유무(有無)를 확인하여야 한다.

[참고] 산업안전보건기준에 관한 규칙 제115조 【비파괴검사의 실시】

정답 21 ④ 22 ② 23 ② 24 ② 25 ③

Chapter 05

운반기계 및 양중기

운반기계 및 양중기에서는 지게차, 컨베이어, 양중기, 와이어로프로 구성된다. 여기에서는 지게차의 안정도, 양중기의 방호장치 종류, 와이어로프의 안전율등이 주로 출제된다.

01 지게차(fork lift)의 안전

[지게차에 의한 재해 비율]

(1) 지게차와의 접촉 사고(37%)
(2) 하물의 낙하(27%)
(3) 지게차의 전도 전락(16%)
(4) 추락(14%)
(5) 기타(6%)

(1) 지게차의 구조

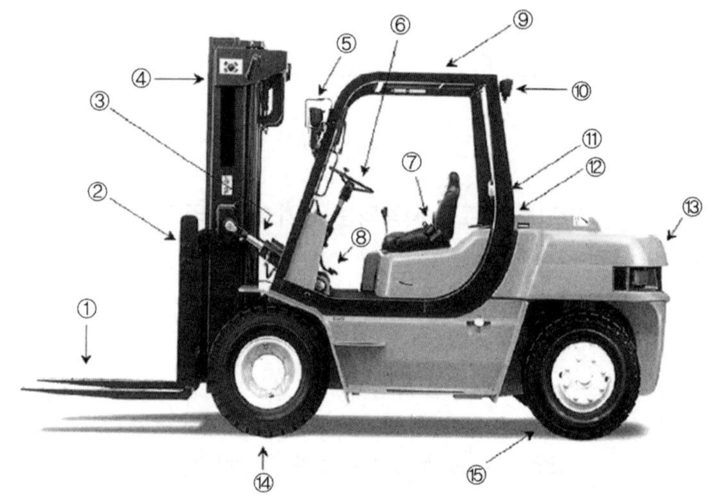

① 포크 ② 백레스트 ③ 틸트 실린더 ④ 마스트 ⑤ 전조등 ⑥ 조향핸들
⑦ 안전벨트 ⑧ 브레이크 ⑨ 헤드가드 ⑩ 후미등 ⑪ 방향지시기 ⑫ 후진경보장치
⑬ 카운터 웨이트 ⑭ 전륜 ⑮ 후륜

(2) 주요 장치의 설치

[지게차의 백레스트(backrest)]

구분	기준
전조등 및 후미등	전조과 후미등을 갖추지 아니한 지게차를 사용해서는 아니 된다. (작업을 안전하게 하기 위하여 필요한 조명이 확보되어 있는 장소에서 사용하는 경우에는 제외)
백레스트 (backrest)	백레스트를 갖추지 아니한 지게차를 사용해서는 아니 된다. (마스트의 후방에서 화물이 낙하함으로써 근로자가 위험해질 우려가 없는 경우에는 제외)
좌석 안전띠	앉아서 조작하는 방식의 지게차를 운전하는 근로자에게 좌석 안전띠를 착용하여야 한다.
팔레트	• 적재하는 화물의 중량에 따른 충분한 강도를 가질 것 • 심한 손상·변형 또는 부식이 없을 것

(3) 헤드가드

구분	내용
강도	지게차의 최대하중의 2배 값(그 값이 4ton을 넘는 것은 4ton으로 한다)의 등분포 정하중에 견딜수 있을 것
개구부	상부틀의 각 개구부의 폭 또는 길이가 16cm 미만일 것
높이	운전자가 앉아서 조작하거나 서서 조작하는 지게차의 헤드가드는 「산업표준화법」 제12조에 따른 한국산업표준에서 정하는 높이 기준 이상일 것. ① 좌승식 : 좌석기준점으로부터 903mm 이상 ② 입승식 : 조종사가 서 있는 플랫폼으로부터 1,880mm 이상

[지게차의 헤드가드]

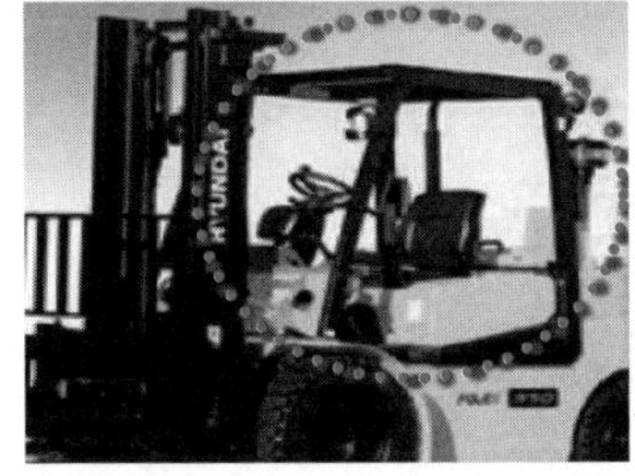

(4) 지게차의 안정도

① 지게차의 안정도

구분	전후 안정도	좌우 안정도
하역 작업 시	안정도 4% 이내 (5톤 이상의 것은 3.5%)	안정도 6% 이내
주행 시	안정도 18% 이내	안정도 15+(1.1V) % 이내 V는 최고 속도(시속 km)

$$안정도 = \frac{h}{l} \times 100(\%)$$

Tip

안정도 계산 시 주의 !

지게차 안정도 계산에 관한 문제에서 전후, 좌우, 하역, 주행시에 대한 기준을 반드시 먼저 확인하고 문제를 풀 것 !

 **예제**

수평거리 20m, 높이가 5m인 경우 지게차의 안정도는?

$$안정도 = \frac{h}{l} \times 100 = \frac{5}{20} \times 100 = 25\%$$

② 지게차의 안정 모멘트

$$W \cdot a \leq G \cdot b$$

여기서, W : 화물 중량(kg)
G : 차량의 중량(kg)
a : 전차륜에서 화물의 중심까지의 최단거리(m)
b : 전차륜에서 차량의 중심까지의 최단거리(m)

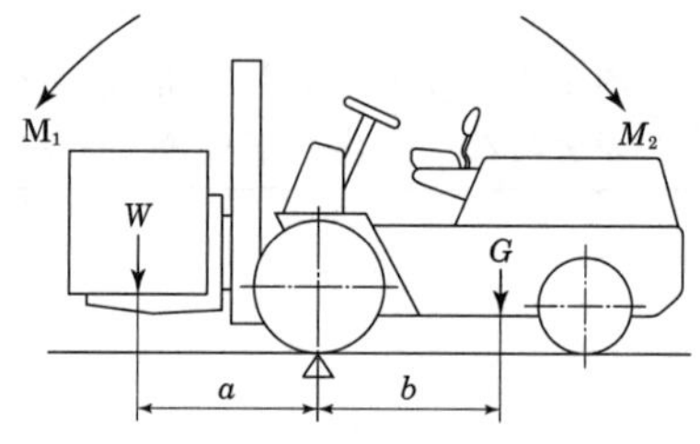

$M_1 : W \times a$ … 하물의 모멘트
$M_2 : G \times b$ … 차의 모멘트

> **예제**
>
> 화물중량이 200kg, 지게차의 중량이 400kg, 앞바퀴에서 화물의 무게중심까지의 최단거리가 1m이면 지게차가 안정되기 위한 앞바퀴에서 지게차의 무게중심까지의 최단거리는 최소 몇 m를 초과해야 하는가?
>
> $W \cdot a \leq G \cdot b = 200 \times 1 \leq 400 \times x, \quad x = \dfrac{200 \times 1}{400} = 0.5\,\text{m}$

(5) 지게차 운전 시 주의사항

① 급격한 후퇴는 피할 것
② 정해진 하중이나 높이를 초과하는 적재를 하지 말 것
③ 견인할 때는 반드시 견인봉을 사용할 것
④ 운전자 이외의 사람은 승차시키지 말 것
⑤ 정해진 구역 밖에서의 운전은 하지 말 것
⑥ 난폭한 운전, 과속을 하지 말 것

> **Tip**
>
> 필수 암기 사항 !
> 지게차 작업시작 전 점검사항은 필기, 실기 모두 자주 출제되는 내용으로 전체를 반드시 암기할 것 !

(6) 작업시작 전 점검사항

① 제동장치 및 조종장치 기능의 이상유무
② 하역장치 및 유압장치 기능의 이상유무
③ 바퀴의 이상유무
④ 전조등, 후미등, 방향지시기 및 경보장치 기능의 이상유무

(7) 구내운반차의 안전

① 구내운반차 : 작업장내 운반을 주목적으로 하는 차량

② 구내운반차의 안전기준

㉠ 주행을 제동하거나 정지상태를 유지하기 위하여 유효한 제동장치를 갖출 것

㉡ 경음기를 갖출 것

㉢ 핸들의 중심에서 차체 바깥 측까지의 거리가 65cm 이상일 것

㉣ 운전석이 차 실내에 있는 것은 좌우에 한개씩 방향지시기를 갖출 것

㉤ 전조등과 후미등을 갖출 것. 다만, 작업을 안전하게 하기 위하여 필요한 조명이 있는 장소에서 사용하는 구내운반차 제외

③ 구내운반차에 피견인차를 연결하는 경우에는 적합한 연결장치를 사용하여야 한다.

지게차와 구내운반차의 작업시작 전 점검사항 비교

지게차	구내운반차
• 제동장치 및 조종장치 기능의 이상 유무 • 하역장치 및 유압장치 기능의 이상 유무 • 바퀴의 이상 유무 • 전조등 · 후미등 · 방향지시기 및 경보장치 기능의 이상 유무	• 제동장치 및 조종장치 기능의 이상 유무 • 하역장치 및 유압장치 기능의 이상 유무 • 바퀴의 이상 유무 • 전조등 · 후미등 · 방향지시기 및 경음기 기능의 이상 유무 • 충전장치를 포함한 홀더 등의 결합상태의 이상 유무

Tip

지게차와 구내운반차 비교 !

작업시작 전 점검사항은 구내운반차와 대부분 비슷하지만 ④항이 약간 다르고 ⑤항이 추가된다. 암기 시 주의할 것 !

01 핵심문제 1. 지게차의 안전

□□□ 10년2회, 11년3회

1. 다음 중 지게차를 이용한 작업을 안전하게 수행하기 위한 장치와 가장 거리가 먼 것은?

① 헤드 가드 ② 전조등 및 후미등
③ 훅 및 샤클 ④ 백레스트

해설

③항, 훅 및 샤클은 양중기 와이어 로프의 고리걸에 사용되는 장치이다

□□□ 11년1회, 20년3회, 21년3회

2. 지게차에서 통상적으로 갖추고 있어야 하나, 마스트의 후방에서 화물이 낙하함으로써 근로자에게 위험을 미칠 우려가 없는 때에는 반드시 갖추지 않아도 되는 것은?

① 전조등 ② 헤드가드
③ 백레스트 ④ 포크

해설

사업주는 백레스트(backrest)를 갖추지 아니한 지게차를 사용해서는 아니 된다. 다만, 마스트의 후방에서 화물이 낙하함으로써 근로자가 위험해질 우려가 없는 경우에는 그러하지 아니하다.

[참고] 산업안전보건기준에 관한 규칙 제181조 【백레스트】

□□□ 16년3회

3. 지게차의 헤드가드(head guard)는 지게차 최대하중의 몇 배가 되는 등분포정하중에 견딜수 있는 강도를 가져야 하는가?

① 2 ② 3
③ 4 ④ 5

문제 3~7 해설

헤드가드의 기준

1. 강도는 지게차의 최대하중의 2배 값(4톤을 넘는 값에 대해서는 4톤으로 한다)의 등분포정하중(等分布靜荷重)에 견딜 수 있을 것
2. 상부틀의 각 개구의 폭 또는 길이가 16센티미터 미만일 것
3. 운전자가 앉아서 조작하거나 서서 조작하는 지게차의 헤드가드는 「산업표준화법」 제12조에 따른 한국산업표준에서 정하는 높이 기준 이상일 것.

① 좌승식 : 좌석기준점으로부터 903mm 이상
② 입승식 : 조종사가 서 있는 플랫폼으로부터 1,880mm 이상

※ 헤드가드의 높이는 조작하는 경우는 1m 이상, 서서 조작하는 경우는 2m 이상에서 개정법률로 한국산업표준에서 정하는 높이로 바뀌었다. 과거 문제풀이 시 참고하자.

□□□ 14년3회, 21년3회

4. 산업안전보건법령상 지게차의 최대하중의 2배 값이 6톤일 경우 헤드가드의 강도는 몇 톤의 등분포정하중에 견딜 수 있어야 하는가?

① 4 ② 6
③ 8 ④ 12

□□□ 19년2회

5. 지게차의 방호장치인 헤드가드에 대한 설명으로 맞는 것은?

① 상부틀의 각 개구의 폭 또는 길이는 16센티미터 미만일 것
② 운전자가 앉아서 조작하는 방식의 지게차의 경우에는 운전자의 좌석 윗면에서 헤드가드의 상부틀 아랫면까지의 높이는 1.5미터 이상일 것
③ 지게차에는 최대하중의 2배(5톤을 넘는 값에 대해서는 5톤으로 한다)에 해당하는 등분포정하중에 견딜 수 있는 강도의 헤드가드를 설치하여야 한다.
④ 운전자가 서서 조작하는 방식의 지게차의 경우에는 운전석의 바닥면에서 헤드가드의 상부특 하면까지의 높이는 1.8미터 이상일 것

□□□ 16년1회

6. 지게차의 헤드가드에 관한 기준으로 틀린 것은?

① 4톤 이하의 지게차에서 헤드가드의 강도는 지게차 최대하중의 2배 값의 등분포정하중에 견딜 수 있을 것
② 상부틀의 각 개구의 폭 또는 길이가 25cm 미만일 것
③ 운전자가 앉아서 조작하는 방식의 지게차의 경우에는 운전자의 좌석 윗면에서 헤드가드의 상부틀 아랫면까지의 높이가 1m 이상일 것
④ 운전자가 서서 조작하는 방식의 지게차의 경우에는 운전석의 바닥면에서 헤드가드의 상부틀 하면까지의 높이가 2m 이상일 것

정답 1 ③ 2 ③ 3 ① 4 ① 5 ① 6 ②

□□□ 16년1회

7. **다음 중 산업안전보건법상 지게차의 헤드가드에 관한 설명으로 틀린 것은?**

① 강도는 지게차의 최대하중의 1.5배 값의 등분포정하중(等分布靜荷重)에 견딜 수 있을 것
② 상부틀의 각 개구의 폭 또는 길이가 16cm 미만일 것
③ 운전자가 앉아서 조작하는 방식의 지게차의 경우에는 운전자의 좌석 윗면에서 헤드가드의 상부틀 아랫면까지의 높이가 1m 이상일 것
④ 운전자가 서서 조작하는 방식의 지게차의 경우에는 운전석의 바닥면에서 헤드가드의 상부틀 하면까지의 높이가 2m 이상일 것

□□□ 14년1회

8. **다음 중 지게차의 안정도에 관한 설명으로 틀린 것은?**

① 지게차의 등판능력을 표시한다.
② 좌우 안정도와 전후 안정도가 있다.
③ 주행과 하역작업의 안정도가 다르다.
④ 작업 또는 주행 시 안정도 이하로 유지해야 한다.

해설

①항, 지게차의 안정도는 지게차 작업 시 무게의 중심이 안정되어 전복되지 않는 능력을 의미한다.

□□□ 12년1회, 14년2회

9. **다음 중 수평거리 20m, 높이가 5m인 경우 지게차의 안정도는 얼마인가?**

① 20% ② 25%
③ 30 ④ 35%

해설

안정도$=\frac{h}{l}\times 100(\%)$

안정도$=\frac{5}{20}\times 100(\%)=25$

□□□ 18년3회

10. **지게차가 부하상태에서 수평거리가 12m이고, 수직높이가 1.5m인 오르막길을 주행할 때 이 지게차의 전후 안정도와 지게차 안정도 기준의 만족여부로 옳은 것은?**

① 지게차 전후 안정도는 12.5%이고 안정도 기준을 만족하지 못한다.
② 지게차 전후 안정도는 12.5%이고 안정도 기준을 만족한다.
③ 지게차 전후 안정도는 25%이고 안정도 기준을 만족하지 못한다.
④ 지게차 전후 안정도는 25%이고 안정도 기준을 만족한다.

해설

① 전후 안정도$=\frac{h}{l}\times 100(\%)=\frac{1.5}{12}\times 100=12.5\%$

② 지게차의 안정도 기준

	전후	좌우
하역 작업시	4% 이내	6% 이내
주행시	18% 이내	15+(1.1V)% 이내

③ 주행시 지게차의 전후 안정도 기준은 18% 이내 이므로 기준을 만족한다.

□□□ 11년2회, 17년2회

11. **지게차의 안정을 유지하기 위한 안정도 기준으로 틀린 것은?**

① 5톤 미만의 부하상태에서 하역작업 시의 전후 안정도는 4%이내이어야 한다.
② 부하상태에서 하역작업 시의 좌우 안정도는 10% 이내이어야 한다.
③ 무부하 상태에서 주행 시의 좌우 안정도는 (15 + 1.1V)% 이내이어야 한다. (단, V는 구내 최고 속도 [Km/h])
④ 무부하 상태에서 주행 시 전후 안정도는 18% 이내이어야 한다.

문제 11~13 해설

지게차의 안정도 기준

	전후	좌우
하역 작업시	4% 이내	6% 이내
주행시	18% 이내	15+(1.1V)% 이내

정답 7 ① 8 ① 9 ② 10 ② 11 ②

□□□ 15년3회

12. 다음 중 지게차의 작업 상태별 안정도에 관한 설명으로 틀린 것은?(단, V는 최고속도(km/h) 이다.)

① 기준 부하상태에서 하역작업 시의 좌우 안정도는 6% 이다.
② 기준 부하상태에서 하역작업 시의 전후 안정도는 20% 이다.
③ 기준 무부하상태에서 주행 시의 전후 안정도는 18% 이다.
④ 기준 무부하상태에서 주행 시의 좌우 안정도는 (15 + 1.1V)% 이다.

□□□ 09년2회, 10년2회, 19년3회

13. 무부하 상태에서 지게차 주행 시의좌우 안정도 기준은? (단, V는 구내최고속도[km/h]이다.)

① (15+1.1×V)% 이내　② (15+1.5×V)% 이내
③ (20+1.1×V)% 이내　④ (20+1.5×V)% 이내

□□□ 11년1회, 15년2회, 20년1·2회

14. 무부하 상태에서 지게차로 20km/h 속도로 주행할 때, 좌우 안정도는 몇 % 이내이어야 하는가?

① 37%　② 39%
③ 41%　④ 43%

해설

무부하 주행 시 안정도 : 15+(1.1V)% = 15+(1.1×20) = 37%

□□□ 09년3회, 13년1회, 18년1회, 21년3회

15. 화물중량이 200kgf, 지게차의 중량이 400kgf, 앞바퀴에서 화물의 무게중심까지의 최단거리가 1m이면 지게차가 안정되기 위한 앞바퀴에서 지게차의 무게중심까지의 최단거리는 최소 몇 m를 초과해야하는가?

① 0.2m　② 0.5m
③ 1m　④ 3m

문제 12, 13 해설

$W \cdot a < G \cdot b = 200 \times 1 < 400 \times x$,

$x = \dfrac{200 \times 1}{400} = 0.5$

여기서, W: 화물 중량(kg)
G : 차량의 중량(kg)
a : 전차륜에서 하물의 중심까지의 최단거리(m)
b : 전차륜에서 차량의 중심까지의 최단거리(m)

□□□ 12년3회

16. 지게차의 중량이 8kN, 화물중량이 2kN, 앞바퀴에서 화물의 무게중심까지의 최단거리가 0.5m 이면 지게차가 안정되기 위한 앞바퀴에서 지게차의 무게중심까지의 거리는 최소 몇 m 이상이어야 하는가?

① 0.450m　② 0.325m
③ 0.225m　④ 0.125m

해설

$W \cdot a < G \cdot b = 2 \times 0.5 < 8 \times x$,

$x = \dfrac{2 \times 0.5}{8} = 0.125\,\text{m}$

여기서, W: 화물 중량(kg)
G : 차량의 중량(kg)
a : 전차륜에서 하물의 중심까지의 최단거리(m)
b : 전차륜에서 차량의 중심까지의 최단거리(m)

□□□ 15년1회

17. 지게차로 중량물 운반 시 차량의 중량은 30kN, 전차륜에서 하물 중심까지의 거리는 2m, 전차륜에서 차량중심까지의 최단거리를 3m라고 할 때, 적재 가능한 하물의 최대중량은 얼마인가?

① 15kN　② 25kN
③ 35kN　④ 45kN

해설

$W \cdot a < G \cdot b = W \times 2 < 30 \times 3$,

$W = \dfrac{30 \times 3}{2} = 45\,\text{kN}$

여기서, W: 화물 중량(kg)
G: 차량의 중량(kg)
a : 전차륜에서 하물의 중심까지의 최단거리(m)
b : 전차륜에서 차량의 중심까지의 최단거리(m)

정답 12 ② 13 ① 14 ① 15 ② 16 ④ 17 ④

□□□ 15년1회

18. **작업장 내 운반이 주 목적인 구내운반차의 핸들 중심에서 차체 바깥 측까지의 안전거리로 옳은 것은?**

① 40cm 이상 ② 55cm 이상

③ 65cm 이상 ④ 75cm 이상

문제 18, 19 해설

구내운반차의 준수사항

1. 주행을 제동하거나 정지상태를 유지하기 위하여 유효한 제동장치를 갖출 것
2. 경음기를 갖출 것
3. 핸들의 중심에서 차체 바깥 측까지의 거리가 65센티미터 이상
4. 운전석이 차 실내에 있는 것은 좌우에 한개씩 방향지시기를 갖출 것
5. 전조등과 후미등을 갖출 것. 다만, 작업을 안전하게 하기 위하여 필요한 조명이 있는 장소에서 사용하는 구내운반차에 대해서는 그러하지 아니하다

참고 산업안전보건기준에 관한 규칙 제184조 【제동장치 등】

□□□ 19년2회

19. **구내운반차의 제동장치 준수사항에 대한 설명으로 틀린 것은?**

① 조명이 없는 장소에서 작업 시 전조등과 후미등을 갖출 것

② 운전석이 차 실내에 있는 것은 좌우에 한 개씩 방향지시기를 갖출 것

③ 핸들의 중심에서 차체 바깥 측까지의 거리가 70센티미터 이상일 것

④ 주행을 제동하거나 정지상태를 유지하기 위하여 유효한 제동장치를 갖출 것

정답 18 ③ 19 ③

02 컨베이어(conveyor)의 안전

(1) 컨베이어의 특징

① 정의

화물을 연속적으로 운반하는 기계를 총칭하여 컨베이어(conveyor)라고 부르며 구조, 규격에 따라 많은 종류가 있다. 컨베이어는 자동화 및 대용량의 운반수단으로서 산업 기계에 널리 이용 된다.

② 종류

종류	방식	적용분야
롤러 컨베이어 (roller conveyor)	롤러 또는 휠을 많이 배열하여 그것으로 화물을 운반하는 컨베이어	시멘트 포장품 이동
스크류 컨베이어 (screw conveyor)	관속의 화물을 스크류에 의해 운반하는 컨베이어	시멘트의 운반
벨트 컨베이어 (belt conveyor)	프레임의 양 끝에 설치한 풀리에 벨트를 앤드리스로 설치 그 위로 화물을 싣고 운반하는 컨베이어	시멘트, 골재, 토사 등의 운반
체인 컨베이어 (chain conveyor)	앤드리스(endless)로 감아 걸은 체인에 슬래트(slat), 버켓(bucket) 등을 부착하여 화물을 운반(트롤리켄베이어, 토우컨베이어, 에프런컨베이어등)	시멘트, 골재, 토사 등의 운반
진동 컨베이어 (vibrating conveyor)	관을 진동시켜 화물을 운반하는 컨베이어	시멘트 등 분체, 소형 부품의 운반
유체 컨베이어 (fluid conveyor)	관속의 유체를 매체로 하여, 화물을 운반하는 컨베이어	시멘트 등 분체의 운반
공기필름 컨베이어 (air film conveyor)	공기막에 의하여 마찰을 경감시켜 화물을 운반하는 컨베이어	시멘트 등 분체의 운반
엘리베이팅 컨베이어 (elevating conveyor)	급경사 또는 수직으로 화물을 운반하는 컨베이어	시멘트 등 분체의 운반

[롤러 컨베이어]

[스크류 컨베이어]

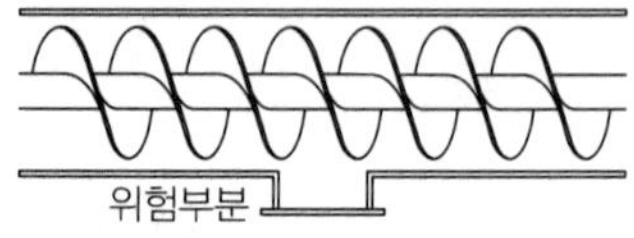

[롤러 컨베이어와 벨트 컨베이어의 연결]

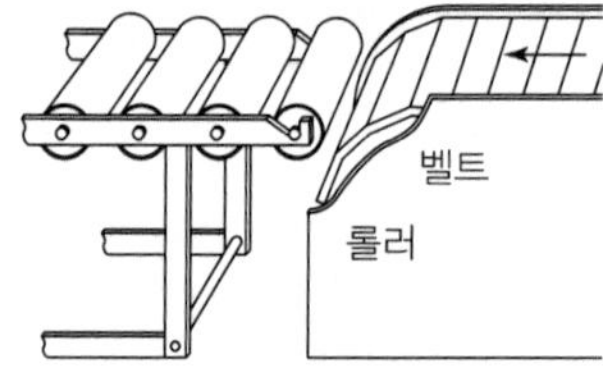

(2) 방호장치의 종류

① 비상정지장치

② 역회전방지장치(역전방지장치)

컨베이어의 사용 중 불시의 정전, 전압강하 등으로 역회전 발생을 방지하기 위한 장치

구분	종류
전기식	전기 브레이크, 슬러스트식 브레이크 등
기계식	라쳇식, 로울러식, 밴드식등

③ 덮개 또는 울(낙하물에 의한 위험 방지)

④ 이탈방지장치(측면의 안내가이드 등)

⑤ 건널다리

[컨베이어의 건널다리]

(3) 안전조치 사항

① 인력으로 적하하는 콘베이어에는 하중 제한 표시를 할 것

② 기어 · 체인 또는 이동 부위에는 덮개 설치

③ 2m 이상 높이에 설치된 콘베이어에는 승강 계단을 설치

④ 마지막쪽의 콘베이어부터 시동하고, 시작쪽의 콘베이어부터 정지

⑤ 작업 중 타고 넘기 위해서 콘베이어에 올라타는 일이 없도록 할 것 (건널다리를 설치한다.)

⑥ 안전커버 등을 벗긴채로 작업하지 말 것

⑦ 운전중인 콘베이어에 근로자의 탑승을 금지

⑧ 스위치를 넣을 때는 미리 분명한 신호를 할 것

⑨ 운전상태에서는 벨트나 기계 부분을 소제하지 말 것

(4) 작업시작 전 점검사항

① 원동기 및 풀리기능의 이상유무

② 이탈 등의 방지장치기능의 이상유무

③ 비상정지장치 기능의 이상유무

④ 원동기, 회전축, 기어 및 풀리 등의 덮개 또는 울의 이상유무

Tip

필수 암기 사항 !

컨베이어의 작업시작 전 점검사항은 자주 출제되는 내용으로 전체를 반드시 암기할 것 !

(5) 포터블 벨트 컨베이어(Portable belt conveyor)의 안전

포터블 컨베이어는 가볍고 쉽게 조절이 가능한 이동식 컨베이어

① 안전조치 사항

㉠ 컨베이어의 차륜간의 거리는 전도 위험이 최소가 되도록 한다.

㉡ 기복장치에는 붐이 불시에 기복하는 것을 방지하기 위한 장치 및 크랭크의 반동을 방지하기 위한 장치를 설치하여야 한다.

㉢ 기복장치는 포터블 벨트 컨베이어의 옆면에서만 조작하도록 한다.

[포터블 벨트 컨베이어]

㉣ 붐의 위치를 조절하는 포터블 벨트 컨베이어에는 조절 가능한 범위를 제한하는 장치를 설치하여야 한다.
㉤ 포터블 벨트 컨베이어를 사용하는 경우는 차륜을 고정하여야 한다.
㉥ 포터블 벨트 컨베이어의 충전부에는 절연덮개를 설치하여야 한다. 다만, 외부전선은 비닐캡타이어 케이블 또는 이와 동등이상의 절연 효력을 가진 것으로 한다.
㉦ 전동식의 포터블 벨트 컨베이어에 접속되는 전로에는 감전 방지용 누전 차단장치를 접속하여야 한다.
㉧ 컨베이어를 이동하는 경우는 먼저 컨베이어를 최저의 위치로 내리고 전동식의 경우 전원을 차단한 후에 이동한다.
㉨ 컨베이어를 이동하는 경우는 제조자에 의하여 제시된 최대 견인속도를 초과하지 않아야 한다.

② 운전 시 준수사항
㉠ 운전을 시작하기 전에 주위의 근로자에게 경고하여야 한다.
㉡ 처음 공회전시킨 후 컨베이어의 상태를 파악하여야 한다.
㉢ 일정한 속도가 된 시점에서 벨트의 처짐 등 상태를 확인한 후 하물을 적치하여야 한다.
㉣ 하물을 적치한 상태에서 시동, 정지를 반복하여서는 아니된다.
㉤ 하물이 컨베이어를 파손할 위험이 없는가를 확인하여야 한다.
㉥ 운전중 이상이 있을 때에는 즉시 운전을 정지한 후 점검하여 수리하여야 한다.
㉦ 컨베이어에 하물을 적치할 때에는 하물을 컨베이어의 중앙에 적치하여야 한다.
㉧ 컨베이어의 가동, 정지에는 정해진 조작 스위치를 사용하여야 하며 커넥터를 스위치 대신으로 사용하거나 누전차단장치의 개폐스위치를 사용하여서는 아니된다.

02 핵심문제 2. 컨베이어의 안전

□□□ 10년3회

1. 트롤리 컨베이어, 토우 컨베이어, 에프런 컨베이어가 공통으로 속하는 컨베이어 종류 명칭은?

① 체인 컨베이어 ② 벨트 컨베이어
③ 롤러 컨베이어 ④ 유체 컨베이어

해설

체인 컨베이어(chain conveyor)
앤드리스(endless)로 감아 걸은 체인에 슬래트(slat), 버켓(bucket) 등을 부착하여 화물을 운반(트롤리컨베이어, 토우컨베이어, 에프런 컨베이어 등)하는 컨베이어

□□□ 12년3회

2. 다음 중 컨베이어의 종류가 아닌 것은?

① 체인 컨베이어 ② 롤러 컨베이어
③ 스크류 컨베이어 ④ 그리드 컨베이어

해설

컨베이어의 종류
1. 롤러 컨베이어(roller conveyor)
2. 스크류 컨베이어(screw conveyor)
3. 벨트 컨베이어(belt conveyor)
4. 체인 컨베이어(chain conveyor)
5. 진동 컨베이어(vibrating conveyor)
6. 유체 컨베이어(fluid conveyor)
7. 공기필름 컨베이어(air film conveyor)
8. 엘리베이팅 컨베이어(elevating conveyor)

□□□ 12년1회

3. 다음 중 산업안전보건법상 컨베이어에 설치하는 방호장치가 아닌 것은?

① 비상정지장치 ② 역주행방지장치
③ 잠금장치 ④ 건널다리

해설

컨베이어에 설치하는 방호장치
1. 비상정지장치
2. 역주행방지장치
3. 건널다리
4. 이탈 등 방지장치
5. 낙하물에 의한 위험 방지장치

□□□ 17년2회

4. 컨베이어, 이송용 롤러 등을 사용하는 때에 정전, 전압강하 등에 의한 위험을 방지하기 위하여 설치하는 안전장치는?

① 덮개 또는 울
② 비상정치장치
③ 과부하방지장치
④ 이탈 및 역주행 방지장치

문제 4, 5 해설

역회전방지장치(역전방지장치)
컨베이어의 사용 중 불시의 정전, 전압강하 등으로 역회전 발생을 방지하기 위한 장치

구분	종류
전기식	전기 브레이크, 슬러스트식 브레이크 등
기계식	라쳇식, 로울러식, 밴드식등

□□□ 12년3회, 19년1회

5. 컨베이어(conveyor) 역전방지장치의 형식을 기계식과 전기식으로 구분할 때 기계식에 해당하지 않는 것은?

① 라쳇식 ② 밴드식
③ 스러스트식 ④ 롤러식

□□□ 19년2회

6. 컨베이어 방호장치에 대한 설명으로 맞는 것은?

① 역전방지장치에 롤러식, 라쳇식, 권과방지식, 전기브레이크식 등이 있다.
② 작업자가 임의로 작업을 중단할 수 없도록 비상정지장치를 부착하지 않는다.
③ 구동부 측면에 로울러 안내가이드 등의 이탈방지장치를 설치한다
④ 로울러컨베이어의 로울 사이에 방호판을 설치할 때 로울과의 최대간격은 8mm이다.

해설

①항, 역전방지장치는 전기식(전기브레이크, 스러스트식), 기계식(라쳇식, 롤러식, 밴드식)등이 있다.
②항, 작업자가 비상시 정지시킬 수 있도록 비상정지장치를 부착하여야 한다.
④항, 기타 가동부분과 정지부분 또는 다른 물건 사이 틈 등 작업자에게 위험을 미칠 우려가 있는 부분에는 덮개또는 울을 설치하여야 한다. 다만, 그 틈이 5mm 이내인 경우에는 예외로 할 수 있다.

정답 1 ① 2 ④ 3 ③ 4 ④ 5 ③ 6 ③

□□□ 11년3회, 17년3회, 20년3회

7. **컨베이어 작업시작 전 점검사항에 해당하지 않는 것은?**

① 브레이크 및 클러치 기능의 이상 유무
② 비상정지장치 기능의 이상 유무
③ 이탈 등의 방지장치기능의 이상 유무
④ 원동기 및 풀리 기능의 이상 유무

문제 7, 8 해설

컨베이어 작업의 작업시작 전 점검 사항
1. 원동기 및 풀리(pulley) 기능의 이상 유무
2. 이탈 등의 방지장치 기능의 이상 유무
3. 비상정지장치 기능의 이상 유무
4. 원동기 · 회전축 · 기어 및 풀리 등의 덮개 또는 울 등의 이상 유무

□□□ 11년1회

8. **산업안전기준에 관한 규칙에서 컨베이어 작업의 작업 시작 전 점검 사항이 아닌 것은?**

① 비상정지장치 기능의 이상 유무
② 원동기 및 풀리 기능의 이상 유무
③ 이탈방지장치 기능의 이상 유무
④ 원동기 급유의 이상 유무

□□□ 17년3회

9. **컨베이어에 사용되는 방호장치와 그 목적에 관한 설명이 옳지 않은 것은?**

① 운전 중인 컨베이어 등의 위로 넘어가고자 할 때를 위하여 급정지장치를 설치한다.
② 근로자의 신체 일부가 말려들 위험이 있을 때 이를 즉시 정지시키기 위한 비상정지장치를 설치한다.
③ 정전, 전압강하 등에 따른 화물 이탈을 방지하기 위해 이탈 및 역주행 방지장치를 설치한다.
④ 낙하물에 의한 위험 방지를 위한 덮개 또는 울을 설치한다.

해설

컨베이어를 넘기 위해 직접 컨베이어에 올라타는 일이 없도록 건널다리를 설치한다.

□□□ 19년1회

10. **컨베이어 설치 시 주의사항에 관한 설명으로 옳지 않은 것은?**

① 컨베이어에 설치된 보도 및 운전실 상면은 가능한 수평이어야 한다.
② 근로자가 컨베이어를 횡단하는 곳에는 바닥면 등으로부터 90cm 이상 120cm 이하에 상부난간대를 설치하고, 바닥면과의 중간에 중간난간대가 설치된 건널다리를 설치한다.
③ 폭발의 위험이 있는 가연성 분진 등을 운반하는 컨베이어 또는 폭발의 위험이 있는 장소에 사용되는 컨베이어의 전기기계 및 기구는 방폭구조이어야 한다.
④ 보도, 난간, 계단, 사다리의 설치 시 컨베이어를 가동시킨 후에 설치하면서 설치상황을 확인한다.

해설

컨베이어는 설치가 완료된 후에 가동을 시작해야 한다.

□□□ 12년2회, 15년3회

11. **다음 중 포터블 벨트 컨베이어(potable belt conveyor) 운전 시 준수사항으로 적절하지 않은 것은?**

① 공회전하여 기계의 운전상태를 파악한다.
② 정해진 조작 스위치를 사용하여야 한다.
③ 운전시작 전 주변 근로자에게 경고하여야 한다.
④ 하물 적치 후 몇 번씩 시동, 정지를 반복 테스트 한다.

해설

하물을 적치한 상태에서 시동, 정지를 반복하여서는 아니된다.

□□□ 18년2회

12. **다음 중 포터블 벨트 컨베이어(potable belt conveyor)의 안전사항과 관련한 설명으로 옳지 않은 것은?**

① 포터블 벨트 컨베이어의 차륜간의 거리는 전도 위험이 최소가 되도록 하여야 한다.
② 기복장치는 포터블 벨트 컨베이어의 옆면에서만 조작하도록 한다.
③ 포터블 벨트 컨베이어를 사용하는 경우는 차륜을 고정하여야 한다.
④ 전동식 포터블 벨트 컨베이어를 이동하는 경우는 먼저 전원을 내린 후 컨베이어를 이동시킨 다음 컨베이어를 최저의 위치로 내린다.

해설

포터블 벨트 컨베이어를 이동하는 경우는 먼저 컨베이어를 최저의 위치로 내리고 전동식의 경우 전원을 먼저 차단한 후 이동한다.

정답 7 ① 8 ④ 9 ① 10 ④ 11 ④ 12 ④

03 크레인 등 양중기의 안전

(1) 양중기의 특징

① 양중기의 종류와 방호장치

양중기의 종류	세부종류	방호장치
크레인	호이스트(hoist), 이동식크레인 포함	• 과부하방지장치 • 권과방지장치 • 비상정지장치 및 제동장치 • 그 밖의 방호장치 (파이널 리미트 스위치, 속도조절기, 출입문인터록)
리프트	• 건설작업용 리프트 • 자동차 정비용 리프트 • 이삿짐운반용 리프트 (이삿짐운반용 리프트의 경우 적재하중이 0.1톤 이상인 것으로 한정)	
곤돌라	–	
승강기	• 승객용 엘리베이터 • 승객화물용 엘리베이터 • 화물용 엘리베이터 (적재용량 300kg 미만 제외) • 소형화물용 엘리베이터 • 에스컬레이터	

② 양중기에 표시하여야 할 내용

㉠ 정격하중

㉡ 운전속도

㉢ 경고표시

③ 용어의 설명

구분	내용
정격하중	들어올리는 하중에서 크레인, 리프트, 곤돌라의 경우에는 후크, 권상용와이어로프, 권상부속품 및 운반구, 달기발판 등 달기기구의 중량을 공제한 하중
적재하중	운반구에 하물을 적재하고 상승할 수 있는 최대하중
정격속도	운반구에 적재하중으로 상승할 때의 최고속도
운전속도	정격하중 또는 적재하중을 싣고 상승 또는 주행시키는 경우의 일반운전속도
경고표시	사람탑승금지, 과부하적재금지 등 경고사항 표시

[양중기의 표시 부착]

양중기(승강기는 제외) 및 달기구를 사용하여 작업하는 운전자 또는 작업자가 보기 쉬운 곳에 부착(달기구는 정격하중만 표시)

[크레인의 작업시작 전 점검사항]

(1) 크레인
- 권과방지장치·브레이크·클러치 및 운전장치의 기능
- 주행로의 상측 및 트롤리(trolley)가 횡행하는 레일의 상태
- 와이어로프가 통하고 있는 곳의 상태

(2) 이동식 크레인
- 권과방지장치나 그 밖의 경보장치의 기능
- 브레이크·클러치 및 조정장치의 기능
- 와이어로프가 통하고 있는 곳 및 작업장소의 지반상태

[과부하(overload)]

초과하중을 말하는 것으로 기계를 안전하게 운전할 수 있는 허용하중보다 큰 하중을 말한다.

[거더(girder)]

가로로 하중을 받는 보, 또는 구조물

[마스트(mast)]

데릭의 주된 기둥

[해지장치]

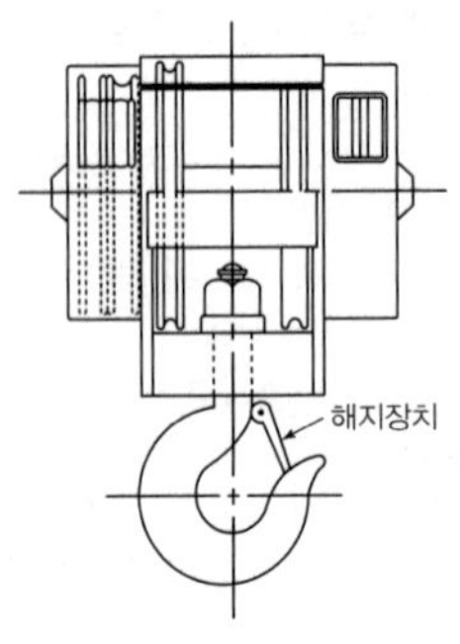

(2) 양중기의 방호장치

① 방호장치의 종류

종류	내용
권과방지장치	권상용 와이어 로프 권과를 방지하기 위한 장치이다. 권과방지장치에는 리미트 스위치(limit switch)가 사용된다.
과부하방지장치	정격하중 이상의 하중이 부하되었을 경우 자동적으로 상승이 정지되면서 경보음 또는 경보등을 발생하여, 거더(girder), 지브(jib) 등의 파손 또는 기체의 전도를 방지
비상정지장치	크레인에 돌발적인 상태가 발생하였을 때 안전을 유지하기 위하여 모든 전원을 차단, 크레인을 급정지시키는 장치
이탈방지장치	옥외에 설치되어 있는 주행 크레인이 폭풍때 이탈하는 것을 방지하기 위하여 주행로 또는 전용기초에 기계적으로 고정하는 장치
브레이크장치	운동체와 정지체의 기계적 접촉에 의해 운동체를 감속 또는 정지상태로 유지하는 기능을 가진 장치
충돌방지장치	크레인 혹은 크레인 부품들과의 충돌을 방지하기 위한 장치
해지장치	와이어 로프의 이탈을 방지하기 위한 방호장치로 후크 부위에 와이어 로프를 걸었을 때 벗겨지지 않도록 후크 안쪽으로 스프링을 이용하여 설치한 것
스토퍼	주행로에 병렬 설치되어 있는 주행 크레인에 있어서 주행 크레인끼리 충돌하거나 주행 크레인이 근로자에 접촉하는 것을 방지하기 위하여, 크레인이 일정거리에 접근했을 때 전원을 주행을 차단하는 장치
안전밸브	수압 또는 유압을 동력으로 사용하는 크레인에 있어서 과도한 압력 상승을 방지하기 위하여 부착

② 권과방지장치의 설치

㉠ 권과방지장치는 훅 · 버킷 등 달기구의 윗면(그 달기구에 권상용 도르래가 설치된 경우에는 권상용 도르래의 윗면)이 드럼, 상부 도르래, 트롤리프레임 등 권상장치의 아랫면과 접촉할 우려가 있는 경우에 그 간격이 0.25m 이상(직동식(直動式) 권과방지장치는 0.05m 이상)이 되도록 조정하여야 한다.

㉡ 권과방지장치를 설치하지 않은 크레인에 대해서는 권상용 와이어로프에 위험표시를 하고 경보장치를 설치

③ 과부하 방지장치의 성능기준

㉠ 과부하방지장치 작동 시 경보음과 경보램프가 작동되어야 하며 양중기는 작동이 되지 않아야 한다. 다만, 크레인은 과부하 상태 해지를 위하여 권상된 만큼 권하시킬 수 있다.

㉡ 외함은 납봉인 또는 시건할 수 있는 구조이어야 한다.

㉢ 외함의 전선 접촉부분은 고무 등으로 밀폐되어 물과 먼지 등이 들어가지 않도록 한다.

㉣ 과부하방지장치와 타 방호장치는 기능에 서로 장애를 주지 않도록 부착할 수 있는 구조이어야 한다.

㉤ 방호장치의 기능을 제거 또는 정지할 때 양중기의 기능도 동시에 정지할 수 있는 구조이어야 한다.

㉥ 과부하방지장치는 시험 후 정격하중의 1.1배 권상 시 경보와 함께 권상동작이 정지되고 횡행과 주행동작이 불가능한 구조이어야 한다. 다만, 타워크레인은 정격하중의 1.05배 이내로 한다.

㉦ 과부하방지장치에는 정상동작상태의 녹색램프와 과부하 시 경고 표시를 할 수 있는 붉은색램프와 경보음을 발하는 장치 등을 갖추어야 하며, 양중기 운전자가 확인할 수 있는 위치에 설치해야 한다.

(3) 크레인(crane)의 안전

① 주요 안전조치 사항

구분	내용
(1) 크레인을 사용하여 근로자를 운반하거나 달아 올린 상태에서 작업 시 조치사항	• 탑승설비가 뒤집히거나 떨어지지 않도록 필요한 조치를 할 것 • 안전대나 구명줄을 설치하고, 안전난간을 설치할 수 있는 구조인 경우에는 안전난간을 설치할 것 • 탑승설비를 하강시킬 때에는 동력하강방법으로 할 것
(2) 타워크레인을 와이어로프로 지지하는 경우 준수사항	• 와이어로프를 고정하기 위한 전용 지지프레임을 사용할 것 • 와이어로프 설치각도는 수평면에서 60도 이내로 하되, 지지점은 4개소 이상으로 하고, 같은 각도로 설치할 것 • 와이어로프와 그 고정부위는 충분한 강도와 장력을 갖도록 설치하고, 와이어로프를 클립 · 샤클(shackle) 등의 고정기구를 사용하여 견고하게 고정시켜 풀리지 아니하도록 하며, 사용 중에는 충분한 강도와 장력을 유지하도록 할 것 • 와이어로프가 가공전선(架空電線)에 근접하지 않도록 할 것

[타워 크레인]

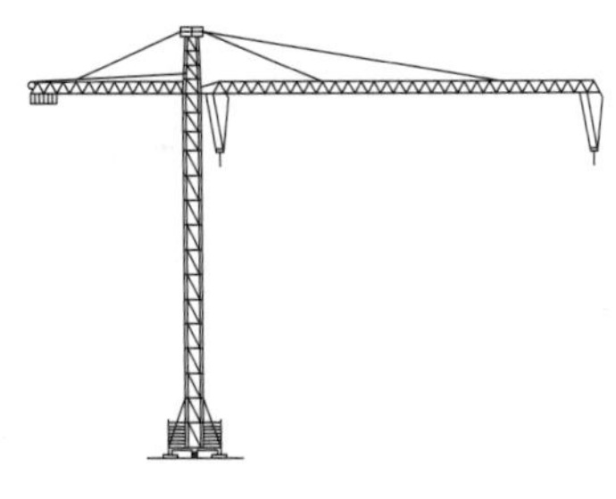

> **Tip**
> 작업시작 전 점검사항에 대한 문제풀이 시 크레인과 이동식 크레인에 대한 내용을 혼동하지 않도록 주의하자!

② 크레인의 작업시작 전 점검사항

구분	내용
크레인	• 권과방지장치 · 브레이크 · 클러치 및 운전장치의 기능 • 주행로의 상측 및 트롤리(trolley)가 횡행하는 레일의 상태 • 와이어로프가 통하고 있는 곳의 상태
이동식 크레인	• 권과방지장치나 그 밖의 경보장치의 기능 • 브레이크 · 클러치 및 조정장치의 기능 • 와이어로프가 통하고 있는 곳 및 작업장소의 지반상태

③ 호이스트(hoist)

작업장내에서 중량물을 체인 또는 와이어 로프 기타 인양보조구에 의하여 매달아 올리고, 이것을 모노레일 등에 의해 운반하기 위해 사용되는 기계

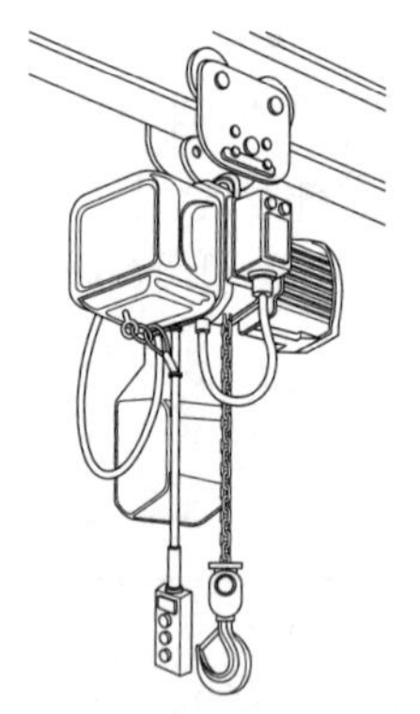

(a) 호이스트

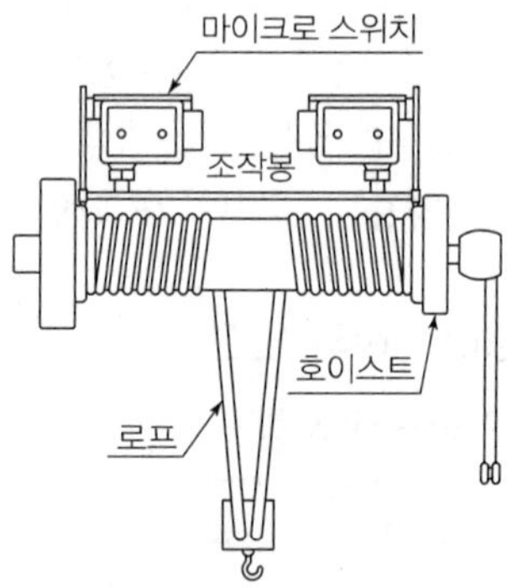

(b) 호이스트 권과 방지 장치

구분	내용
호이스트의 종류	와이어 로프식, 보통식, 체인식(슈퍼 기어형, 스크류 기어형, 디퍼렌셜형)
사용 시 주의사항	• <u>버튼으로 조작하는 조종판의 전원은 100V 이하</u> • 화물의 무게중심 바로 위에서 달아올린다. • 규정량 이상의 화물은 걸지 않는다. • 주행시에는 사람이 화물위에 올라타서 운전하지 않는다.

[리프트]

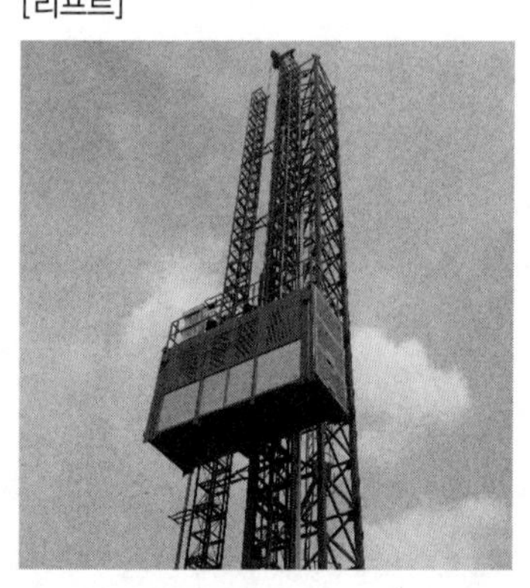

(4) 리프트의 특징

동력을 사용하여 사람이나 화물을 운반하는 것을 목적으로 하는 기계설비를 리프트라고 한다.

종류	정의
건설작업용 리프트	동력을 사용하여 가이드레일을 따라 상하로 움직이는 운반구를 매달아 사람이나 화물을 운반할 수 있는 설비 또는 이와 유사한 구조 및 성능을 가진 것으로 건설현장에서 사용하는 것
자동차정비용 리프트	동력을 사용하여 가이드레일을 따라 움직이는 지지대로 자동차 등을 일정한 높이로 올리거나 내리는 구조의 리프트로서 자동차 정비에 사용하는 것
이삿짐운반용 리프트	연장 및 축소가 가능하고 끝단을 건축물 등에 지지하는 구조의 사다리형 붐에 따라 동력을 사용하여 움직이는 운반구를 매달아 화물을 운반하는 설비로서 화물자동차 등 차량 위에 탑재하여 이삿짐 운반 등에 사용하는 것

(5) 승강기에 설치하는 방호장치 기준

① 카 또는 승강로의 모든 출입구 문이 닫히지 않았을 때는 카가 승강되지 않는 장치

② 카가 승강로의 출입구 문위치에 정지하지 않을 때에는 특수장치를 쓰지 않으면 외부로 부터의 당해 출입구 문이 열리지 않는 장치 및 특수장치를 쓰는 구멍의 지름은 10mm 이내일 것

③ 조종장치를 조정하는 자가 조작을 중지하였을 때에는 조종장치가 카를 정지시키는 상태로 자동적으로 돌아가는 장치

④ 카 내부 및 카 상부에서 동력을 차단시킬 수 있는 장치

⑤ 카의 속도가 정격속도의 1.3배(정격속도가 매분 45m 이하의 승강기에는 매분 60m) 이내에서 동력을 자동적으로 차단하는 장치

⑥ 카의 하강하는 속도가 제5호에서 규정한 장치가 작동하는 속도를 넘었을 때(정격속도가 매분 45m 이하의 승강기에는 카의 하강속도가 동호에서 규정하는 장치가 작동하는 속도에 달하거나 이를 넘을 때)에는 속도가 정격속도의 1.4배(정격속도가 매분 45m 이하의 승강기에는 매분 63m)를 넘지 않는 가운데 카의 하강을 자동적으로 제지하는 장치

⑦ 수압이나 유압을 동력으로 사용하는 승강기 이외의 승강기에는 카의 승강로의 상부에 있는 경우 바닥에 충돌하는 것을 방지하기 위한 장치(2차 정지 스위치)

⑧ 카 또는 균형추가 제6호에서 규정한 장치가 작동하는 속도로 승강로의 바닥에 충돌하였을 때에도 카내의 사람이 안전할 수 있도록 충격을 완화시킬 수 있는 장치

⑨ 승강기에 정격하중(최대정원)이상 탑승시 문닫힘이 정지되고 경보벨이 울리는 장치.

⑩ 동력의 상이 바뀌면 승강로가 역으로 운행하는 것을 방지하기 위한 장치

03 핵심문제 3. 크레인 등 양중기의 안전

□□□ 16년3회

1. 양중기에 해당하지 않는 것은?

① 크레인 ② 리프트
③ 체인블럭 ④ 곤돌라

문제 1, 2 해설
양중기의 종류 1. 크레인[호이스트(hoist)를 포함한다] 2. 이동식 크레인 3. 리프트(이삿짐운반용 리프트의 경우에는 적재하중이 0.1톤 이상인 것으로 한정한다) 4. 곤돌라 5. 승강기

□□□ 15년2회

2. 산업안전보건법령에서 정한 양중기의 종류에 해당하지 않는 것은?

① 크레인 ② 도르래
③ 곤돌라 ④ 리프트

□□□ 12년2회, 14년1회, 19년3회, 20년1·2회

3. 다음 중 산업안전보건법령상 승강기의 종류에 해당하지 않는 것은?

① 리프트
② 에스컬레이터
③ 화물용 엘리베이터
④ 승객화물용 엘리베이터

해설
승강기의 종류 1. 승객용 엘리베이터 2. 승객화물용 엘리베이터 3. 화물용 엘리베이터 4. 소형화물용 엘리베이터 5. 에스컬레이터 [참고] 산업안전보건기준에 관한 규칙 제132조 【양중기】

□□□ 16년2회

4. 다음 중 지브가 없는 크레인의 정격하중에 관한 정의로 옳은 것은?

① 짐을 싣고 상승할 수 있는 최대하중
② 크레인의 구조 및 재료에 따라 들어올릴 수 있는 최대하중
③ 권상하중에서 훅, 그랩 또는 버킷 등 달기구의 중량에 상당하는 하중을 뺀 하중
④ 짐을 싣지 않고 상승할 수 있는 최대하중

해설
정격하중 권상하중에서 훅, 그랩 또는 버킷 등 달기구의 중량에 상당하는 하중을 뺀 하중

□□□ 17년1회, 20년3회

5. 양중기(승강기를 제외한다.)를 사용하여 작업하는 운전자 또는 작업자가 보기 쉬운 곳에 해당 양중기에 대해 표시하여야 할 내용이 아닌 것은?

① 정격 하중 ② 운전 속도
③ 경고 표시 ④ 최대 인양 높이

해설
양중기(승강기는 제외한다) 및 달기구를 사용하여 작업하는 운전자 또는 작업자가 보기 쉬운 곳에 해당 기계의 정격하중, 운전속도, 경고표시 등을 부착하여야 한다. 다만, 달기구는 정격하중만 표시한다. [참고] 산업안전보건기준에 관한 규칙 제133조 【정격하중 등의 표시】

□□□ 08년1회, 14년1회

6. 다음 중 리프트의 안전장치에 해당하는 것은?

① 그리드(grid)
② 아이들러(idler)
③ 리미트 스위치(limit switch)
④ 스크레이퍼(scraper)

해설
리미트 스위치(limit switch) 과도하게 한계를 벗어나 계속적으로 감아올리거나 하는 일이 없도록 제한하는 장치

정답 1 ③ 2 ② 3 ① 4 ③ 5 ④ 6 ③

□□□ 14년1회

7. 기계의 방호장치 중 과도하게 한계를 벗어나 계속적으로 감아올리는 일이 없도록 제한하는 장치는?

① 일렉트로닉 아이　② 권과방지장치
③ 과부하방지장치　④ 해재장치

해설

권과방지장치
과도하게 한계를 벗어나 계속적으로 감아올리거나 하는 일이 없도록 제한하는 장치로서 리미트 스위치(limit switch)라고도 한다.

□□□ 16년1회, 20년3회

8. 크레인의 사용 중 하중이 정격을 초과하였을 때 자동적으로 상승이 정지되는 장치는?

① 해지장치　② 비상정지장치
③ 권과방지장치　④ 과부하방지장치

해설

과부하방지장치(overload limiter)
양중기에 있어서 정격하중 이상의 하중이 부하되었을 경우 자동적으로 상승이 정지되면서 경보음 또는 경보등을 발생하여, 거더(girder), 지브(jib) 등의 파손 또는 기체의 전도를 방지하는 장치이다.

□□□ 16년2회, 20년1·2회

9. 크레인의 방호장치에 해당되지 않는 것은?

① 권과방지장치　② 과부하방지장치
③ 자동보수장치　④ 비상정지장치

해설

크레인의 방호장치
권과방지장치, 비상정지장치, 제동장치, 과부하방지장치

□□□ 14년3회

10. 다음 중 양중기에서 사용되는 해지장치에 관한 설명으로 가장 적합한 것은?

① 2중으로 설치되는 권과방지장치를 말한다.
② 화물의 인양 시 발생하는 충격을 완화하는 장치이다.
③ 과부하 발생 시 자동적으로 전류를 차단하는 방지장치이다.
④ 와이어로프가 훅크에서 이탈하는 것을 방지하는 장치이다.

해설

훅걸이용 와이어로프 등이 훅으로부터 벗겨지는 것을 방지하기 위한 장치를 구비한 크레인을 사용하여야 하며, 그 크레인을 사용하여 짐을 운반하는 경우에는 해지장치를 사용하여야 한다.

□□□ 10년1회, 15년1회

11. 크레인에서 권과방지장치의 달기구 윗면이 권상장치의 아랫면과 접촉할 우려가 있는 경우에는 몇 cm 이상 간격이 되도록 조정하여야 하는가? (단, 직동식 권과장치의 경우는 제외한다.)

① 25　② 30
③ 35　④ 40

해설

크레인 및 이동식 크레인의 양중기에 대한 권과방지장치는 훅·버킷 등 달기구의 윗면이 드럼, 상부 도르래, 트롤리프레임 등 권상장치의 아랫면과 접촉할 우려가 있는 경우에 그 간격이 0.25미터 이상[(직동식(直動式) 권과방지장치는 0.05미터 이상으로 한다)]이 되도록 조정하여야 한다.

[참고] 산업안전보건기준에 관한 규칙 제134조 【방호장치의 조정】

□□□ 18년2회, 21년2회

12. 양중기의 과부하방지장치에서 요구하는 일반적인 성능기준으로 틀린 것은?

① 과부하방지장치 작동 시 경보음과 경보램프가 작동되어야 하며 양중기는 작동이 되지 않아야 한다.
② 외함의 전선 접촉부분은 고무등으로 밀폐되어 물과 먼지 등이 들어가지 않도록 한다.
③ 과부하방지장치와 타 방호장치는 기능에 서로 장애를 주지 않도록 부착할 수 있는 구조이어야 한다.
④ 방호장치의 기능을 제거하더라도 양중기는 원활하게 작동시킬 수 있는 구조이어야 한다.

해설

방호장치의 기능을 제거 또는 정지할 때 양중기의 기능도 동시에 정지할 수 있는 구조이어야 한다.

□□□ 08년2회

13. 호이스트(hoist)에서 버튼식 조정판에 연결하는 전원은 얼마가 가장 적당한가?

① 100V 이하　② 100V 초과
③ 200V 이하　④ 200V 초과

정답 7 ② 8 ④ 9 ③ 10 ④ 11 ① 12 ④ 13 ①

해설

호이스트(hoist)에서 버튼식 조정판에 연결하는 전원은 100V 이하를 사용하여야 한다.

□□□ 12년1회, 16년1회

14. 다음 중 산업안전보건법상 크레인에 전용 탑승설비를 설치하고 근로자를 달아 올린 상태에서 작업에 종사시킬 경우 근로자의 추락 위험을 방지하기 위하여 실시해야 할 조치 사항으로 적합하지 않은 것은?

① 승차석 외의 탑승 제한
② 안전대나 구명줄의 설치
③ 탑승설비의 하강 시 동력하강방법을 사용
④ 탑승설비가 뒤집히거나 떨어지지 않도록 필요한 조치

해설

크레인을 사용하여 근로자를 운반하거나 근로자를 달아 올린 상태에서 작업 시 조치사항
1. 탑승설비가 뒤집히거나 떨어지지 않도록 필요한 조치를 할 것
2. 안전대나 구명줄을 설치하고, 안전난간을 설치할 수 있는 구조이면 경우에는 안전난간을 설치할 것
3. 탑승설비를 하강시킬 때에는 동력하강방법으로 할 것

[참고] 산업안전보건기준에 관한 규칙 제86조 【탑승의 제한】

□□□ 17년3회

15. 크레인의 방호장치에 대한 설명으로 틀린 것은?

① 권과방지장치를 설치하지 않은 크레인에 대해서는 권상용 와이어로프에 위험표시를 하고 경보장치를 설치하는 등 권상용 와이어로프가 지나치게 감겨서 근로자가 위험해질 상황을 방지하기 위한 조치를 하여야 한다.
② 운반물의 중량이 초과되지 않도록 과부하방지장치를 설치하여야 한다.
③ 크레인을 필요한 상황에서는 저속으로 중지시킬 수 있도록 브레이크장치와 충돌 시 충격을 완화시킬 수 있는 완충장치를 설치한다.
④ 작업 중에 이상발견 또는 긴급히 정지시켜야 할 경우에는 비상정지장치를 사용할 수 있도록 설치하여야 한다.

해설

크레인 혹은 크레인 부품들과의 충돌을 방지하기 위한 장치로는 충돌 방지장치(Anti-collision device)가 있다.

□□□ 13년3회

16. 산업안전보건법령에 따라 타워크레인을 와이어로프로 지지하는 경우, 와이어로프의 설치각도는 수평면에서 몇도 이내로 하여야 하는가?

① 75°　　② 45°
③ 60°　　④ 30°

해설

와이어로프 설치각도는 수평면에서 60도 이내로 하되, 지지점은 4개소 이상으로 하고, 같은 각도로 설치할 것

[참고] 산업안전보건기준에 관한 규칙 제142조 【타워크레인의 지지】

□□□ 14년2회

17. 리프트의 제작기준 등을 규정함에 있어 정격속도의 정의로 옳은 것은?

① 화물을 싣고 하강할 때의 속도
② 화물을 싣고 상승할 때의 최고속도
③ 화물을 싣고 상승할 때의 평균속도
④ 화물을 싣고 상승할 때와 하강할 때의 평균속도

해설

"정격속도"라 함은 운반구에 적재하중으로 상승할 때의 최고속도를 말한다.

□□□ 08년2회

18. 승강기에는 제작, 안전 및 검사 기준에서 정한 방호장치를 설치하여야 한다. 다음 설명 중 틀린 것은?

① 카 내부에서 동력을 차단시킬 수 있는 장치
② 카 상부에서 동력을 차단시킬 수 있는 장치
③ 하강 속도가 정격속도의 2.4배에서 조속기 로프를 구속하는 장치
④ 카의 출입구 문이 닫히지 않았을 때는 카가 승강되지 않는 장치

해설

카의 하강하는 속도가 규정한 속도를 넘었을 때(정격속도가 매분 45m 이하의 승강기에는 카의 하강속도가 동호에서 규정하는 장치가 작동하는 속도에 달하거나 이를 넘을 때)에는 속도가 정격속도의 1.4배(정격속도가 매분 45m 이하의 승강기에는 매분 63m)를 넘지 않는 가운데 카의 하강을 자동적으로 제지하는 장치.

정답 14 ① 15 ③ 16 ③ 17 ② 18 ③

04 와이어 로프

(1) 와이어 로프의 특징

① 와이어로프의 구성요소

구성요소	재료
심강(core)	섬유, wire strand core, independent wire rope core
소선(wire)	탄소강
스트랜드(strand)	여러 개의 소선을 꼬아서 1개의 가닥으로 만든 것

② 와이어 로프의 크기 : 지름의 굵기

③ 주요 재질 : 연철과 강선을 사용

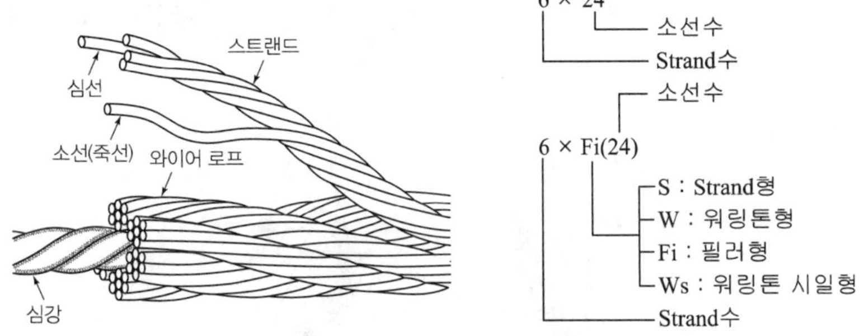

와이어 로프의 구성 표시

④ 와이어 로프의 종류

호별	1호	2호	3호	4호	5호	6호
단면						
구성기호	6×7	6×12	6×19	6×24	6×30	6×37
호별	1호	2호	3호	4호	5호	6호
단면						
구성기호	6×61	6×*F*(△×7)	6×*F*(△+12+12)	6×*S*(19)	6×*W*(16)	6×*Fi*(19+6)

Tip
와이어로프의 종류 중 1호의 그림과 구성표기법을 기억해 두도록 하자.

[와이어로프의 킹크]

[와이어로프의 직경측정]

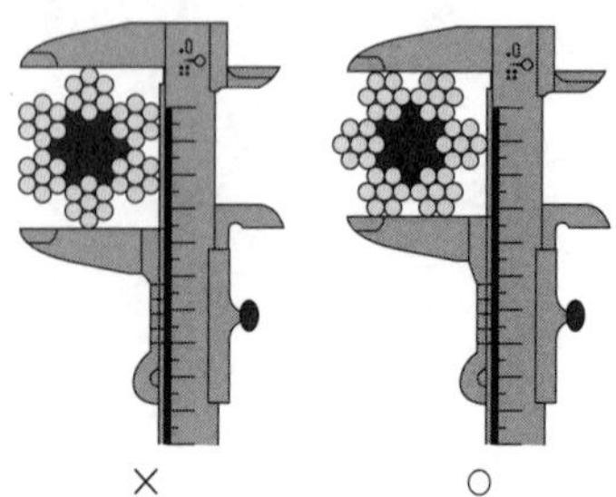

(2) 와이어 로프의 꼬임

① 보통꼬임

보통 Z꼬임

보통 S꼬임

㉠ 스트랜드의 꼬임 방향과 로프의 꼬임 방향이 반대
㉡ 소선의 외부 길이가 짧아 비교적 마모가 되기 쉽다.
㉢ 킹크가 생기지 않고 로프에 하중을 걸었을 때 저항성이 크고 취급이 용이하다.

② 랭 꼬임

랭 Z꼬임

랭 S꼬임

㉠ 스트랜드의 꼬임 방향과 로프의 꼬임 방향이 동일
㉡ 보통 꼬임에 비하여 소선과 외부와의 접촉길이가 길다.
㉢ 부분적 마모에 대한 저항성, 유연성, 마모에 대한 저항성이 우수
㉣ 꼬임이 풀리기 쉬워 로프의 끝이 자유로이 회전하는 경우나 킹크가 생기기 쉬운 곳에는 적당하지 않다.

(3) 와이어로프의 소켓 멈춤방법

wedge socket	bridge socket	open socket	closed socket

(4) 와이어 로프에 걸리는 하중

① 크레인 작업 시 와이어 로프에 걸리는 총 하중

$$총하중(W)=정하중(W_1)+동하중(W_2)$$

$$W_2(동하중)=\frac{W_1}{g}a$$

여기서, g : 중력가속도(9.8m/s²)
a : 가속도(m/s²)

예제

크레인 작업시 로프에 2ton의 중량을 걸어 20m/s² 가속도로 감아올릴 때 로프에 걸리는 총하중은 얼마인가?

$$W=W_1+W_2=2{,}000+(\frac{2{,}000}{9.8}\times 20)=6{,}082\fallingdotseq 6.1\text{ ton}$$

② 와이어 로프에 걸리는 하중의 변화

㉠ 와이어 로프로 줄걸이를 하였을 때 짐의 중량 W를 지탱하는 힘은 양쪽의 와이어 로프의 당기는 힘 T_1, T_2의 합력 T이다.

㉡ T_1, T_2는 각각 $\frac{1}{2}W$보다 크다. 조각도 θ가 커지면 와이어 로프가 당기는 힘 T_1, T_2도 커진다.

㉢ 하물을 달아 올릴 때 로프에 걸리는 힘은 슬링 와이어의 각도가 작을수록 작게 걸린다.

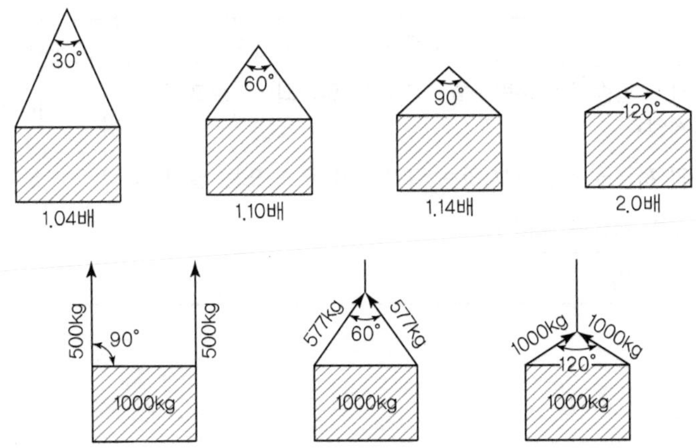

[2줄걸이에 따른 각도변화와 하중]

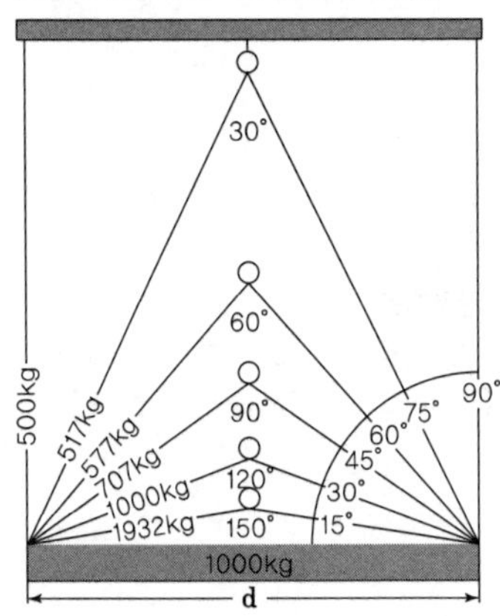

㉣ 와이어 로프 한줄에 걸리는 하중

$$\text{와이어 로프 한줄에 걸리는 하중} \quad W_1 = \frac{\frac{W}{2}}{\cos\left(\frac{\theta}{2}\right)}$$

여기서 W_1 : 한줄에 걸리는 하중
W : 로프에 걸리는 하중

예제

다음 그림과 같이 로프에서 하물을 달아올릴 때 슬링 와이어 한줄에 걸리는 하중을 구하여라.

$$T = \frac{\frac{w}{2}}{\cos\left(\frac{\theta}{2}\right)}$$

$$\mathrm{T} = \frac{\frac{W}{2}}{\cos\left(\frac{\theta}{2}\right)} = \frac{\frac{500\mathrm{kgf}}{2}}{\cos\left(\frac{60°}{2}\right)} = 288.68\ \mathrm{kgf}$$

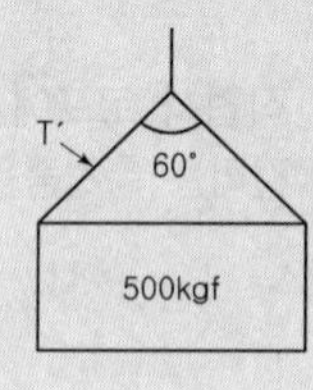

(5) 와이어 로프의 안전율

① 와이어 로프의 안전율

$$\text{안전율}(S) = \frac{\text{로프의 가닥수}(N) \times \text{로프의 파단하중}(P)}{\text{안전하중}(Q)}$$

[관련법령]
산업안전보건기준에 관한 규칙 제163조
【와이어로프 등 달기구의 안전계수】

② 양중기의 와이어로프 등 달기구의 안전계수

구분	안전계수
근로자가 탑승하는 운반구를 지지하는 달기와이어로프 또는 달기체인	10 이상
화물의 하중을 직접 지지하는 달기와이어로프 또는 달기체인	5 이상
훅, 샤클, 클램프, 리프팅 빔	3 이상
그 밖의 경우	4 이상

③ 사용금지 대상 와이어로프, 달기체인

구분	내용
이음매가 있는 와이어로프 등의 사용 금지	• 이음매가 있는 것 • 와이어로프의 한 꼬임에서 끊어진 소선(素線)의 수가 10퍼센트 이상(비자전 로프의 경우에는 끊어진 소선의 수가 와이어로프 호칭지름의 6배 길이 이내에서 4개 이상이거나 호칭지름 30배 길이 이내에서 8개 이상)인 것 • 지름의 감소가 공칭지름의 7퍼센트를 초과하는 것 • 꼬인 것 • 심하게 변형되거나 부식된 것 • 열과 전기충격에 의해 손상된 것
늘어난 달기체인의 사용 금지	• 달기 체인의 길이가 달기 체인이 제조된 때의 길이의 5퍼센트를 초과한 것 • 링의 단면지름이 달기 체인이 제조된 때의 해당 링의 지름의 10퍼센트를 초과하여 감소한 것 • 균열이 있거나 심하게 변형된 것

[소선의 이탈]

[스트랜드의 이탈]

[후크의 폐기 기준]

레버풀러(lever puller) 또는 체인블록(chain block)을 사용하는 경우 훅의 입구(hook mouth) 간격이 제조자가 제공하는 제품사양서 기준으로 10퍼센트 이상 벌어진 것은 폐기할 것

04 핵심문제 4. 와이어 로프

□□□ 15년3회, 18년2회

1. 와이어로프의 표기에서 "6×19" 중 숫자 "6" 이 의미하는 것은?

① 소선의 지름(mm)
② 소선의 수량(wire수)
③ 꼬임의 수량(strand수)
④ 로프의 인장강도(kg/cm^2)

해설

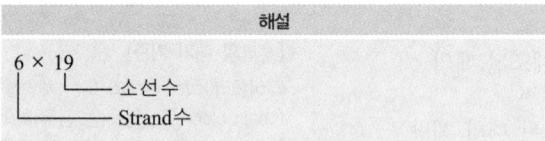

□□□ 16년2회

2. 와이어로프의 구성요소가 아닌 것은?

① 소선 ② 클립
③ 스트랜드 ④ 심강

해설

와이어로프의 구성요소

구성요소	재료
심강(core)	섬유, wire strand core, independent wire rope core
소선(wire)	탄소강
스트랜드(strand)	여러 개의 소선을 꼬아서 1개의 가닥으로 만든 것

□□□ 13년2회, 19년1회

3. 와이어로프의 꼬임은 일반적으로 특수로프를 제외하고는 보통 꼬임(Ordinary Lay)와 랭 꼬임(Lang's Lay)으로 분류할 수 있다. 다음 중 보통 꼬임에 관한 설명으로 틀린 것을 고르시오?

① 킹크가 잘 생기지 않는다.
② 내마모성, 유연성, 저항성이 우수하다.
③ 스트랜드의 꼬임 방향과 로프의 꼬임 방향이 반대이다.
④ 로프의 변형이나 하중을 걸었을 때 저항성이 크다.

해설

보통꼬임은 스트랜드의 꼬임 방향과 로프의 꼬임 방향이 반대로 된 것으로서 소선의 외부 길이가 짧아서 비교적 마모가 되기 쉽다.

□□□ 14년3회, 19년2회

4. 다음 중 와이어로프의 꼬임에 관한 설명으로 틀린 것은?

① 보통꼬임에는 S 꼬임이나 Z 꼬임이 있다.
② 보통꼬임은 스트랜드의 꼬임방향과 로프의 꼬임방향이 반대로 된 것을 말한다.
③ 랭꼬임은 로프의 끝이 자유로이 회전하는 경우나 킹크가 생기기 쉬운 곳에 적당하다.
④ 랭꼬임은 보통꼬임에 비하여 마모에 대한 저항성이 우수하다.

해설

랭꼬임은 보통 꼬임에 비하여 소선과 외부와의 접촉길이가 길고 부분적 마모에 대한 저항성, 유연성, 마모에 대한 저항성이 우수하나 꼬임이 풀리기 쉬워 로프의 끝이 자유로이 회전하는 경우나 킹크가 생기기 쉬운 곳에는 적당하지 않다.

□□□ 15년3회

5. 크레인용 와이어로프에서 보통꼬임이 랭꼬임에 비하여 우수한 점은?

① 수명이 길다.
② 킹크의 발생이 적다.
③ 내마모성이 우수하다.
④ 소선의 접촉 길이가 길다.

해설

보통 꼬임은 스트랜드의 꼬임 방향과 로프의 꼬임 방향이 반대로 된 것으로서 소선의 외부 길이가 짧아서 비교적 마모가 되기 쉽지만 킹크가 생기지 않는다.

□□□ 11년3회

6. 와이어로프(wire rope) 소켓(socket) 멈춤 방법 중 밀폐법(Closed Socket)인 것은?

① 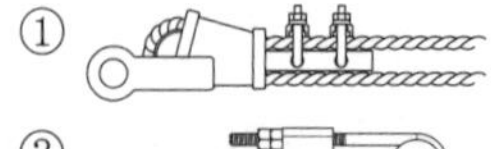
② 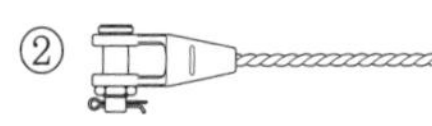
③ 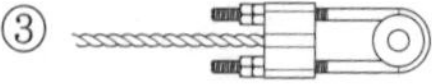
④ 

정답 1 ③ 2 ② 3 ② 4 ③ 5 ② 6 ④

해설

①항, Wedge Socket
②항, Bridge Socket
③항, Open Socket
④항, Closed Socket

□□□ 09년3회

7. 크레인 로프에 2ton의 중량을 걸어 20m/sec^{2}가속도로 감아올릴 때 로프에 걸리는 총 하중은 몇 kgf 인가?

① 682 ② 6,082
③ 7,082 ④ 7,802

해설

총하중(W)=정하중(W_1)+동하중(W_2)

$W_2 = \frac{W_1}{g}a$

여기서, g : 중력가속도(9.8m/s²)
a : 가속도(m/s²)

$W = 2,000 + \left(\frac{2,000}{9.8} \times 20\right) = 6,082\text{kg}$

□□□ 13년3회

8. 크레인 작업 시 와이어로프에 4ton의 중량을 걸어 2m/s^{2}의 가속도로 감아올릴 때, 로프에 걸리는 총하중을 구하시오?

① 약 4243kgf ② 약 4193kgf
③ 약 4063kgf ④ 약 4816kgf

해설

$W = 4,000 + \left(\frac{4,000}{9.8} \times 2\right) = 4,816\text{kg}$

□□□ 12년3회, 16년3회, 17년1회

9. 크레인 로프에 2t의 중량을 걸어 20m/s^2 가속도로 감아올릴 때 로프에 걸리는 총 하중은 약 몇 kN 인가?

① 42.8 ② 59.6
③ 74.5 ④ 91.3

해설

총하중(W)=정하중(W_1)+동하중(W_2)

$W_2 = \frac{W_1}{g}a$

여기서, g : 중력가속도(9.8m/s²)
a : 가속도(m/s²)

$W = 2,000 + \left(\frac{2,000}{9.8} \times 20\right) = 6,082\text{kg}$

1kg=9.8N 이므로 $6082 \times 9.8 = 59604\text{N} = 59.6\text{kN}$

□□□ 10년3회, 18년1회

10. 크레인의 로프에 질량 100kg인 물체를 5m/s^{2}의 가속도로 감아올릴 때, 로프에 걸리는 하중은 약 몇 N 인가?

① 500N ② 1480N
③ 2540N ④ 4900N

해설

$W = 100 + \left(\frac{100}{9.8} \times 5\right) = 151.02\text{kg}$

1kg=9.8N 이므로 $151.02 \times 9.8 = 1479.99\text{N}$

□□□ 11년2회, 14년2회, 18년2회

11. 질량 100Kg 의 화물이 와이어로프에 매달려 2m/s^{2}의 가속도로 권상되고 있다. 이때 와이어로프에 작용하는 장력의 크기는 몇 N인가? (단, 여기서 중력가속도는 10m/s^{2}로 한다.)

① 200N ② 1000N
③ 1200N ④ 2000N

해설

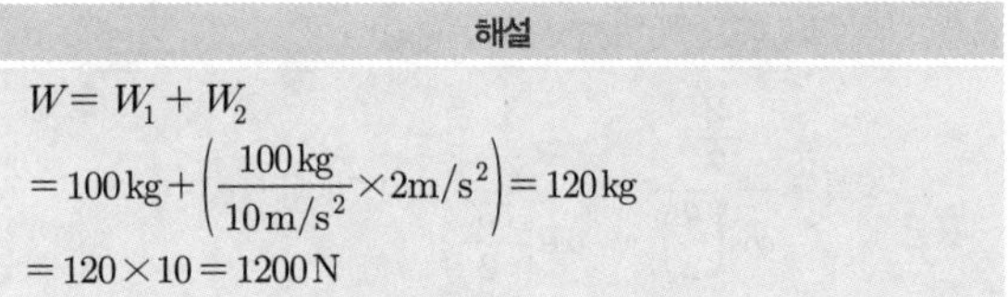

$W = W_1 + W_2$
$= 100\text{kg} + \left(\frac{100\text{kg}}{10\text{m/s}^2} \times 2\text{m/s}^2\right) = 120\text{kg}$
$= 120 \times 10 = 1200\text{N}$

정답 7 ② 8 ④ 9 ② 10 ② 11 ③

□□□ 18년1회

12. 그림과 같이 50kN의 중량물을 와이어 로프를 이용하여 상부에 60°의 각도가 되도록 들어올릴 때, 로프 하나에 걸리는 하중(T)은 약 몇 kN인가?

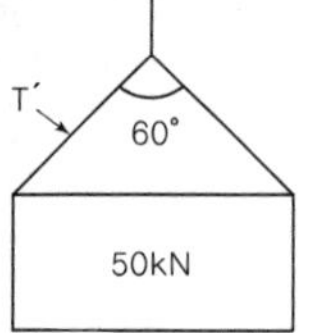

① 16.8
② 24.5
③ 28.9
④ 37.9

해설

$$W_1 = \frac{\frac{W}{2}}{\cos\left(\frac{\theta}{2}\right)} = \frac{\frac{50}{2}}{\cos\left(\frac{60°}{2}\right)} = 28.87$$

□□□ 10년1회

13. 그림과 같이 500kgf의 중량물을 와이어로프로 상부 60° 의 각으로 들어 올릴 때, 로프 한 선에 걸리는 하중(T)은?

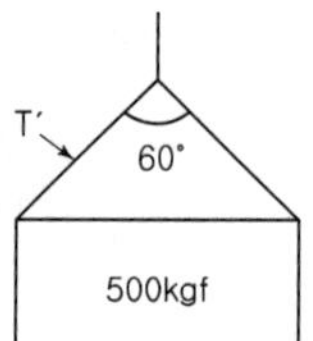

① 168.49kgf
② 248.58kgf
③ 288.68kgf
④ 378.79kgf

해설

$$W_1 = \frac{\frac{W}{2}}{\cos\left(\frac{\theta}{2}\right)} = \frac{\frac{500kgf}{2}}{\cos\left(\frac{60°}{2}\right)} = 288.75$$

□□□ 13년1회

14. 천장크레인에 중량 3kN의 화물을 2줄로 매달았을 때 매달기용 와이어(sling wire)에 걸리는 장력은 얼마인가? (단, 슬링와이어 2줄 사이의 각도는 55° 이다.)

① 1.3kN ② 1.7kN
③ 2.0kN ④ 2.3kN

해설

$$장력 = \frac{\frac{W}{2}}{\cos\left(\frac{\theta}{2}\right)} = \frac{\frac{3}{2}}{\cos\left(\frac{55°}{2}\right)} = 1.7[kN]$$

□□□ 18년3회

15. 어떤 양중기에서 3000kg의 질량을 가진 물체를 45° 인 각도로 그림과 같이 2개의 와이어로프로 직접 들어올릴 때, 안전율이 고려된 가장 적절한 와이어로프 지름을 표에서 구하면? (단, 안전율은 산업안전보건법령을 따르고, 두 와이어로프의 지름은 동일하며, 기준을 만족하는 가장 작은 지름을 선정한다.)

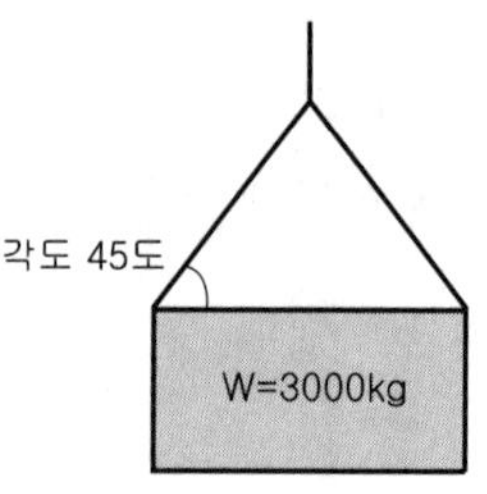

와이어로프 지름 및 절단강도

와이어로프 지름[mm]	절단 강도[kN]
10	56
12	88
14	110
16	144

① 10mm ② 12mm
③ 14mm ④ 16mm

해설

① 와이어로프 한줄에 걸리는 하중

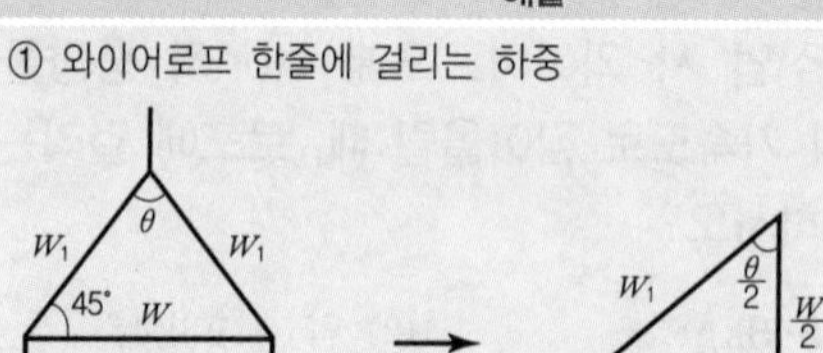

그림에서 $\theta = 90°$이므로,

$$W_1 = \frac{\frac{W}{2}}{\cos\left(\frac{\theta}{2}\right)} = \frac{\frac{3,000kg}{2}}{\cos\left(\frac{90°}{2}\right)} = 2121.32kg$$

② 와이어로프의 안전계수 : 화물의 하중을 직접 지지하는 달기와이어로프 또는 달기체인의 경우 : 5 이상

참고 산업안전보건기준에 관한 규칙 제163조 【와이어로프 등 달기구의 안전계수】

③ 절단강도 $= 2121.32kg \times 5 = 10,606.6$
$= 10,606.6 \times 9.8 = 103,944.68N = 103.94kN$

④ 표에서 110kN을 선택하면 14mm가 된다.

정답 12 ③ 13 ③ 14 ② 15 ③

□□□ 09년1회, 18년1회

16. 양중기에서 화물의 하중을 직접 지지하는 와이어로프의 안전율(계수)은 얼마 이상으로 하는가?

① 3　　② 5
③ 7　　④ 9

문제 16, 17 해설

양중기의 와이어로프 등 달기구의 안전계수
1. 근로자가 탑승하는 운반구를 지지하는 달기와이어로프 또는 달기체인의 경우 : 10 이상
2. 화물의 하중을 직접 지지하는 달기와이어로프 또는 달기체인의 경우 : 5 이상
3. 훅, 샤클, 클램프, 리프팅 빔의 경우 : 3 이상
4. 그 밖의 경우 : 4 이상

[참고] 산업안전보건기준에 관한 규칙 제163조【와이어로프 등 달기구의 안전계수】

□□□ 17년3회

17. 크레인에서 일반적인 권상용 와이어로프 및 권상용 체인의 안전율 기준은?

① 10 이상　　② 2.7 이상
③ 4 이상　　④ 5 이상

□□□ 09년3회

18. 양중기에 사용하지 않아야 하는 와이어로프의 기준에 해당하지 않는 것은?

① 이음매가 있는 것
② 심하게 변형 또는 부식된 것
③ 지름의 감소가 공칭지름의 5% 이상인 것
④ 한 꼬임에서 끊어진 소선의 수가 10% 이상인 것

문제 18~20 해설

와이어로프의 사용금지
1. 이음매가 있는 것
2. 와이어로프의 한 꼬임에서 끊어진 소선(素線)의 수가 10퍼센트 이상(비자전 로프의 경우에는 끊어진 소선의 수가 와이어로프 호칭지름의 6배 길이 이내에서 4개 이상이거나 호칭지름 30배 길이 이내에서 8개 이상)인 것
3. 지름의 감소가 공칭지름의 7퍼센트를 초과하는 것
4. 꼬인 것
5. 심하게 변형되거나 부식된 것
6. 열과 전기충격에 의해 손상된 것

[참고] 산업안전보건기준에 관한 규칙 제166조【이음매가 있는 와이어로프 등의 사용금지】

□□□ 16년3회

19. 와이어로프의 지름 감소에 대한 폐기기준으로 옳은 것은?

① 공칭지름의 1퍼센트 초과
② 공칭지름의 3퍼센트 초과
③ 공칭지름의 5퍼센트 초과
④ 공칭지름의 7퍼센트 초과

□□□ 10년1회

20. 양중기에 사용하는 와이어로프에서 한 꼬임(스트랜드)에서 끊어진 소선의 수가 몇 퍼센트 이상일 경우 사용하지 말아야 하는가?

① 5%　　② 10%
③ 15%　　④ 20%

정답 16 ② 17 ④ 18 ③ 19 ④ 20 ②

PART

06 전기위험방지기술

산업안전기사
핵심암기모음집
전기위험방지기술
한솔아카데미

샘플강좌

01 감전의 위험요소

❶ 통전전류 크기에 따른 영향

① 통전전류의 구분

구분	전류량(60Hz)	내용
최소감지전류	교류 : 약 1.1mA 직류 : 약 5.2mA	인체를 통하는 전류가 통전되는 것을 느낄 수 있는 전류치
고통한계 전류 (가수전류, 이탈전류)	교류 : 약 7~8mA	인체가 운동의 자유를 잃지 않고 고통을 참을 수 있는 한계 전류치
마비한계 전류 (불수전류)	교류 : 10~15mA	근육이 수축현상을 일으키고 신경이 마비되어 신체를 자유로이 움직일 수 없게 되는 경우 (장시간 전류가 흐르면 수분 내에 사망할 수 있다.)
심실세동전류 (치사전류)	$\frac{165}{\sqrt{T}}$ mA	심장이 정상적인 맥동을 하지 못하고 불규칙적인 세동(細動)을 일으키며 혈액의 순환이 곤란하게 되고 심장이 마비되는 전류(통전전류를 차단해도 자연적으로 회복되지 못하고 방치하면 수분 이내에 사망)

❷ 심실세동 전류

① Dalziel의 관계식

$$I = \frac{165}{\sqrt{T}}$$

여기서 I : 심실세동전류(mA)
T : 통전시간(s)

② 심실세동의 위험한계 에너지

$$W = I^2RT = \left(\frac{165}{\sqrt{T}} \times 10^{-3}\right)^2 \times R \times T$$

여기서 W : 심실세동의 위험한계 에너지
I : 심실세동 전류(A)
R : 인체의 전기 저항(Ω)
T : 통전시간(S)

02 전기설비 및 기기

❶ 개폐기의 분류

구분	내용
주상 유입 개폐기 (POS)	반드시 「개폐」의 표시가 되어 있는 고압 개폐기로서 배전 선로의 개폐 및 타 계통으로 변환, 고장 구간의 구분, 부하 전류의 차단 및 콘덴서의 개폐, 접지사고의 차단 등에 사용
단로기 (DS)	차단기의 전후 또는 차단기의 측로 회로 및 회로 접속의 변환에 사용되는 것으로 무부하 회로에서 개폐한다.
부하 개폐기	• 부하상태에서 개폐할 수 있는 것 • 리클로우저(recloser) : 자동차단, 자동재투입의 능력을 가진 개폐기

❷ 과전류 차단기

① 과전류 차단장치 설치기준

㉠ 과전류차단장치는 반드시 접지선이 아닌 전로에 직렬로 연결하여 과전류 발생 시 전로를 자동으로 차단하도록 설치할 것

㉡ 차단기 · 퓨즈는 계통에서 발생하는 최대 과전류에 대하여 충분하게 차단할 수 있는 성능을 가질 것

㉢ 과전류차단장치가 전기계통상에서 상호 협조 · 보완되어 과전류를 효과적으로 차단하도록 할 것

② 배선용 차단기의 작동시간

정격전류의 구분	자동작동시간(용단시간)	
	정격전류의 1.25배의 전류가 흐를 때(분)	정격전류의 2배의 전류가 흐를 때(분)
30A 이하	60	2
30A 초과 50A 이하	60	4
50A 초과 100A 이하	120	6
100A 초과 225A 이하	120	8

❸ 퓨즈(fuse)

① 퓨즈의 용단 단계

단계	전류량
인화 단계	40~43A/m²
착화 단계	43~60A/m²
발화 단계	60~120A/m²
용단 단계	120A/m² 이상

② 퓨즈의 용단 시간

퓨즈의 종류	정격 용량	용단 시간 (2배 전류)
저압용 포장 퓨즈	정격 전류의 1.1배	30A 이하 : 2분 30~60A 이하 : 4분 60~100A 이하 : 6분 100~200A 이하 : 8분 200~400A 이하 : 10분
고압용 포장 퓨즈	정격 전류의 1.3배	120분
고압용 비포장 퓨즈	정격 전류의 1.25배	2분

02. 전격재해 및 방지대책

01 전격의 위험요소

❶ 전류와 감전위험요소

① 감전위험요소

1차적 감전위험요소	2차적 감전위험요소
① 통전전류의 크기 ② 전원의 종류 ③ 통전경로 ④ 통전시간	① 인체의 조건(저항) ② 전압 ③ 계절

② 옴의 법칙

$$\text{전류}I[A] = \frac{\text{전압}E[V]}{\text{저항}R[\Omega]}$$

③ 전력량

$$P = \sqrt{3}\, V_L\, I_L \cos\theta \text{ [W]}$$

P : 전력량 [W]

V_L : 선간전압 [V]

I_L : 전류 [A]

$\cos\theta$: 역률

❷ 저항의 접속과 감전회로

① 저항의 직렬 접속

구분	내용
합성저항(R)	$R = R_1 + R_2[\Omega]$
전전류(I)	$I = \frac{V}{R} = \frac{V}{R_1 + R_2}$ [A]
분배전압(V_1, V_2)	$V_1 = \frac{R_1}{R_1 + R_2} V$ [V], $V_2 = \frac{R_2}{R_1 + R_2} V$ [V]

② 저항의 병렬 접속

구분	내용
합성저항(R)	$R=\dfrac{1}{\dfrac{1}{R_1}+\dfrac{1}{R_2}}=\dfrac{R_1R_2}{R_1+R_2}[\Omega]$
전전압(V)	$V=RI=\dfrac{R_1R_2}{R_1+R_2}I[\mathrm{V}]$
분배전류(I_1, I_2)	$I_1=I\times\dfrac{R_2}{R_1+R_2}[\mathrm{A}]$, $I_2=I\times\dfrac{R_1}{R_1+R_2}[\mathrm{A}]$

❸ 인체의 피부저항

구분	내용
피부에 땀이 나 있는 경우	건조시의 $\dfrac{1}{12}\sim\dfrac{1}{20}$ 정도로 저하
피부에 물이 젖어 있는 경우	$\dfrac{1}{25}$ 정도로 저하

❹ 안전 전압

① 전압의 구분

구분	교류	직류
저압	1[kV] 이하	1.5[kV] 이하
고압	1[kV] 초과 7[kV] 이하	1.5[kV] 초과 7[kV] 이하
특별고압	7[kV] 초과	

② 허용 접촉 전압

종별	접촉상태	허용접촉전압
제1종	• 인체의 대부분이 수중에 있는 상태	2.5V
제2종	• 인체가 현저히 젖어있는 상태 • 금속성의 전기기계장치나 구조물에 인체의 일부가 상시 접촉되어 있는 상태	25V 이하
제3종	• 제1종 및 제2종 이외의 경우로써 통상의 인체 상태에 있어서 접촉전압이 가해지면 위험성이 높은 상태	50V 이하
제4종	• 제3종의 경우로써 위험성이 낮은 상태 • 접촉전압이 가해질 위험이 없는 경우	제한없음

❺ 허용접촉전압 및 허용보폭 전압

① 접촉 전압의 허용 값

$$\text{허용접촉전압}(E) = \left(R_b + \frac{3\rho_s}{2}\right) \times I_k, \quad \left(R_b + \frac{R_f}{2}\right) \times I_k$$

R_b : 인체의 저항(Ω)

ρ_s : 지표 상층 저항률(Ω · m), 고정시간을 1초로 할 때

I_k : 심실세동전류$(I_k) = \frac{0.165}{\sqrt{T}}[A]$

R_f : 발의 저항(Ω)

② 허용 보폭 전압

변전소등에 지락전류가 흘렀을 때 지표면상에 근접 격리된 두점(보통 1m)의 전위차의 허용값

$$\text{허용보폭전압} \ E = (R_b + 6\rho_s) \times I_k$$

R_b : 인체의 저항(Ω)

ρ_s : 지표 상층 저항률(Ω · m), 고정시간을 1초로 할 때

I_k : 심실세동전류$(I_k) = \frac{0.165}{\sqrt{T}}$

❻ 정전유도의 등가회로

$$\text{유도된 전압 : } V = \frac{C_1}{C_1 + C_2} E$$

V : 정전유도전압

C_1 : 송전선과 물체간의 정전용량

C_2 : 물체와 대지간의 정전용량

E : 송전선의 대지전압

02 누전차단기

❶ 누전차단기 설치장소

① 누전차단기 설치장소

㉠ 대지전압이 150V를 초과하는 이동형 또는 휴대형 전기기계 · 기구

㉡ 물 등 도전성이 높은 액체가 있는 습윤장소에서 사용하는 저압(1.5kV 이하 직류, 1kV 이하 교류)용 전기기계 · 기구

㉢ 철판 · 철골 위 등 도전성이 높은 장소에서 사용하는 이동형 또는 휴대형 전기기계 · 기구

㉣ 임시배선의 전로가 설치되는 장소에서 사용하는 이동형 또는 휴대형 전기기계 · 기구

② 누전차단기 설치 예외 장소

㉠ 「전기용품안전관리법」에 따른 이중절연구조 또는 이와 동등 이상으로 보호되는 전기기계 · 기구

㉡ 절연대 위 등과 같이 감전위험이 없는 장소에서 사용하는 전기기계 · 기구

㉢ 비접지방식의 전로

❷ 누전차단기의 적용범위

① 누전차단기의 최소동작 전류 : 정격감도전류의 50% 이상

② 감전보호형 누전차단기의 작동 : 정격감도전류 30mA 이하, 동작시간 0.03초 이내

03 아크 용접장치

❶ 아크용접기의 사용율

$$\text{전격사용율} = \frac{\text{아크발생시간}}{\text{아크발생시간} + \text{무부하시간}}$$

$$\text{허용사용율} = \frac{(\text{정격2차전류}[A])^2}{(\text{실제사용전류}[A])^2} \times \text{정격사용율}[\%]$$

❷ 자동전격 방지기

① 자동전격 방지장치의 작동원리

㉠ 교류 아크 용접기의 아크 발생을 중단시킨 때로부터 1±0.3초 이내에 2차 무부하 전압을 자동적으로 25V 이하로 바꿀 수 있는 방호장치

㉡ 아크를 멈추었을 때는(무부하시) 아크 용접기 1차 회로에 설치한 주접점 S_1은 개방되고, 보조 변압기(1차측 : 200V, 2차측 : 25V) 2차 회로의 접점 S_2는 개로되므로 홀더에 가해지는 전압은 25V로 저하된다.

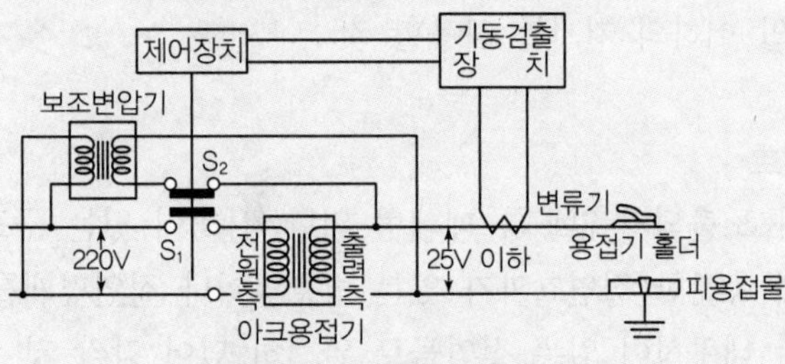

자동전격방지장치의 원리

■ **자동전격 방지기의 시동감도**

① 용접봉을 모재에 접촉시켜 아크를 발생시킬 때 전격방지 장치가 동작할 수 있는 용접기의 2차측 최대저항

② 자동전격 방지기의 시동감도는 높을수록 좋으나, 극한상황 하에서 전격을 방지하기 위해서 시동감도는 500Ω을 상한치로 한다.

② 자동전격방지장치의 특징

구분	내용
구성	주회로 변압기, 보조변압기, 제어장치
전원변동 허용범위	정격 전류 전압의 85~110%
접지방식	제3종 접지
정기점검 주기	1년에 1회 이상

04 전기작업의 안전

❶ 전기 기계 · 기구에 의한 감전 방지 대책

① 접촉에 의한 감전 방지

㉠ 충전부 전체를 절연체로 감쌀 것
㉡ 노출형 배전설비는 패쇄 배전반형으로 할 것
㉢ 설치 장소의 제한(별도의 실내 또는 울을 설치하고 시건장치)
㉣ 덮개, 방호망 등을 사용하여 충전부를 방호할 것
㉤ 안전 전압 이하의 기기를 사용할 것

② 충전부의 방호

㉠ 충전부가 노출되지 않도록 폐쇄형 외함(外函)이 있는 구조로 할 것
㉡ 충전부에 충분한 절연효과가 있는 방호망이나 절연덮개를 설치
㉢ 충전부는 내구성이 있는 절연물로 완전히 덮어 감쌀 것
㉣ 발전소 · 변전소 및 개폐소 등 구획되어 있는 장소로서 관계 근로자가 아닌 사람의 출입이 금지되는 장소에 충전부를 설치하고, 위험표시 등의 방법으로 방호를 강화할 것
㉤ 전주 위 및 철탑 위 등 격리되어 있는 장소로서 관계 근로자가 아닌 사람이 접근할 우려가 없는 장소에 충전부를 설치할 것

③ 절연저항

전로의 사용전압 [V]	DC 시험전압 [V]	절연저항 [MΩ]
SELV 및 PELV	250	0.5
FELV, 500V 이하	500	1.0
500V 초과	1000	1.0

특별저압(extra low voltage : 2차 전압이 AC 50V, DC 120V 이하)으로
SELV(비접지회로 구성) 및 PELV(접지회로 구성)은 1차와 2차가 전기적으로 절연된 회로,
FELV는 1차 2차가 전기적으로 절연되지 않은 회로

❷ 정전작업의 안전

정전작업시 단계	준수사항
작업시작 전	① 작업 지휘자 임명 ② 개로 개폐기의 시건 또는 표시 ③ 잔류전하방전 ④ 검전기에 의한 정전확인 ⑤ 단락접지 ⑥ 일부정전작업시 정전선로 및 활선선로의 표시 ⑦ 근접활선에 대한 방호
작업중	① 작업 지휘자에 의한 지휘 ② 개폐기의 관리 ③ 근접접지 상태관리 ④ 단락접지 상태 수시확인
작업종료 시	① 표지의 철거 ② 단락접지기구의 철거 ③ 작업자에 대한 감전위험이 없음을 확인 ④ 개폐기 투입하여 송전재개

03. 전기화재 및 예방대책

01 전기화재의 원인

❶ 단락(합선)

① 전기회로나 전기기기의 절연체가 전기적 또는 기계적 원인으로 열화 또는 파괴되어 Spark로 인한 발화

② 단락순간의 전류 : 1,000 ~ 1,500[A]

❷ 누전

전류의 통로로 설계된 이외의 곳으로 전류가 흐르는 현상

$$\text{허용누설전류} = \text{최대공급전류} \times \frac{1}{2,000}$$

❸ 과전류차단장치

- 반드시 접지선이 아닌 전로에 직렬로 연결하여 과전류 발생 시 전로를 자동으로 차단하도록 설치할 것
- 차단기 · 퓨즈는 계통에서 발생하는 최대 과전류에 대하여 충분하게 차단할 수 있는 성능을 가질 것
- 과전류차단장치가 전기계통상에서 상호 협조 · 보완되어 과전류를 효과적으로 차단하도록 할 것

❹ 스파크(Spark)

Arc를 발생하는 기기와 가연성 물질은 목재의 벽이나 천정, 기타 가연물로부터 일정한 이격거리가 유지되고 있는지를 확인하여야 한다.

아크 발생 기구	이격 거리
개폐기, 차단기, 피뢰기, 기타 유사한 기구	고압용은 1[m] 이상 특별 고압용은 2[m] 이상

❺ 전선, 접촉부 과열

$$Q[J] = I^2RT, \quad Q[cal] = 0.24I^2RT$$

여기서, Q : 전류 발생열

I : 전류[A]

R : 전기 저항[Ω]

T : 통전 시간[s]

02 접지공사

❶ 접지의 목적에 따른 종류

접지의 종류	접지의 목적
계통 접지	• 고압전로와 저압전로가 혼촉되었을 때 감전이나 화재방지 • 중성점 • 대지전위 : 150V 이하
기기 접지	누전되고 있는 기기에 접촉시의 감전방지
지락 검출용 접지	누전차단기의 동작을 확실히 할 것
정전기 접지	정전기의 축적에 의한 폭발 재해 방지
피뢰용 접지	낙뢰로부터 전기기기의 손상방지
등전위 접지	병원에 있어서의 의료기기 사용시 안전(0.1Ω 이하 접지)

❷ 접지공사 제외 대상

① 이중절연구조 또는 이와 동등 이상으로 보호되는 전기기계 · 기구

② 절연대 위 등과 같이 감전 위험이 없는 장소에서 사용하는 전기기계 · 기구

③ 비접지방식의 전로(그 전기기계 · 기구의 전원측의 전로에 설치한 절연변압기의 2차 전압이 300V 이하, 정격용량이 3kVA 이하이고 그 절연전압기의 부하측의 전로가 접지되어 있지 않은 것)에 접속하여 사용되는 전기기계 · 기구

03 피뢰 설비

❶ 뇌해에 의한 충격파

충격파=파두시간×파미부분에서 파고치의 50% 감소 때까지의 시간

P : 파고점
E : 파고치
OP : 파두(wave front)
PQ : 파미(wave Tail)

❷ 피뢰설비의 보호방식

종류	내용
돌출방식	건축물 부근에 근접하는 뇌격을 그 선단에 흡입하여 선단과 대지간을 연결한 도체를 통함으로써 뇌격 전류를 안전하게 대지로 방출하는 것
용마루 위의 도체방식	보호하려는 건축물 상부에 수평 도체를 편 방법으로 도체가 뇌격을 흡입하여 이것과 대지간을 연결한 도체를 통해서 뇌격 전류를 안전하게 대지로 흘러보내는 방법
케이지방식 (Cage)	피 보호물이 새장안의 새와 같이 되도록 그물눈 형상의 도체로 둘러싸는 방식으로 내부의 사람이나 물체를 벼락으로부터 완전 하게 보호하는 것

❸ 피뢰침의 보호범위(보호각도)

구분	보호각도
일반 건축물	60° 이하
위험물 저장장소	45° 이하

❹ 피뢰침의 보호여유도

$$여유도(\%) = \frac{충격절연강도 - 제한전압}{제한전압} \times 100$$

❺ 피뢰기의 구성요소

구분	내용
직렬갭	이상전압 발생시 스파크가 발생하여 이상전압을 방전하고 속류를 차단
특성요소	뇌해의 방전시 저항을 낮춰 방전을 시작시키고 전위상승을 억제하여 절연파괴 방지

❻ 피뢰기의 설치장소

① 발전소, 변전소 또는 이에 준하는 장소의 가공전선 인입구 및 인출구

② 가공전선로에 접속되는 배전용 변압기의 고압측 및 특별고압측

③ 고압 가공전선로로부터 공급을 받는 수전 전력의 용량이 500kW 이상의 수용장소의 인입구

④ 특고압 가공 전선으로부터 공급을 받는 수용장소의 인입구

⑤ 배전선로 차단기, 개폐기의 전원측 및 부하측

⑥ 콘덴서의 전원측

❼ 피뢰기의 성능

① 반복동작이 가능할 것

② 구조가 견고하며 특성이 변화하지 않을 것

③ 점검, 보수가 간단할 것

④ 충격방전 개시전압과 제한전압이 낮을 것

⑤ 뇌 전류의 방전능력이 크고, 속류의 차단이 확실하게 될 것

04 전기화재의 예방관리

❶ 누전화재경보기

구분	내용
변류기	누설 전류의 검출
수신기	누설전류의 증폭
음향장치	경보를 발생시키는 장치
차단기	차단릴레이로 전원을 차단

❷ 화재대책

① 예방대책

화재가 발생하기 전에 최초의 발화자체를 방지하는 대책으로 가장 근본적인 방화대책

② 국한대책

화재가 발생하게 되었을 때 그 화재가 확대되지 않도록 하는 대책

③ 소화대책

구분	내용
초기 소화	최초로 출화(出火)한 직후(화재초기 5분 이내)에 취하는 응급조치로 적응소화기를 사용한다. 또한 초기 소화설비로서 스프링클러, 분무, 포말 등의 고정식 소화설비와 살수장치 등도 적당한 곳에 설치하여야 한다.
본격화 소화	화재가 어느 규모 이상으로 확대된 후에는 소방대(공장 내의 자위소방대 또는 소방관서 소방대)에 의해 본격적인 소화활동을 하여야 한다.

④ 피난대책

화재 발생시 인명을 보호하기 위하여 비상구 등을 통하여 대피하는 대책이다.

04. 정전기의 재해방지대책

01 정전기의 발생원리

❶ 정전기 발생의 영향 요소

① 물질의 특성
② 물체의 표면 상태
③ 물체의 분리력
④ 접촉 면적 및 압력
⑤ 분리 속도

❷ 정전기 발생 에너지

① 정전기 대전 전하량

$$Q = VC[C],\ \ V = \frac{Q}{C[V]}$$

Q : A에서 B로 이동한 전자의 전하량[Coulomb]
V : 접촉 전위[Volt]
C : 두 금속표면의 전기 이중층으로 인한 정전용량[Farad]

② 정전기 에너지

$$E = \frac{1}{2}CV^2 = \frac{1}{2}QV = \frac{1}{2}\frac{Q^2}{C}$$

여기서 E : 정전기 에너지(J)
C : 도체의 정전 용량(F)
V : 대전 전위(V)
Q : 대전 전하량(C)

❸ 정전기 발생 현상의 종류

종류	내용
마찰 대전	두 물체 사이의 마찰로 인한 접촉과 분리과정에 따른 최소 에너지에 의하여 자유전자가 방출, 흡입되면서 정전기가 발생
박리 대전	서로 밀착된 물체가 떨어질 때 전하의 분리가 일어나 정전기가 발생하는 현상
유동 대전	가솔린과 같은 액체류가 파이프 등의 내부에서 유동할 때 관벽과 액체 사이에서 발생하는 것
분출 대전	기체, 액체 및 분체류가 단면적이 작은 분출구를 통과할 때 물체와 분출관과의 마찰에 의해서 발생
충돌 대전	물체를 구성하고 있는 입자 상호간 또는 입자와 다른 고체와의 충돌에 의하여 급속한 분리·접촉현상이 일어나 정전기가 발생
파괴 대전	고체나 분체류와 같은 물체가 파괴되었을 때 전하 분리 또는 정·부전하의 균형이 깨지면서 정전기가 발생하는 현상을 말한다.

02 정전기 재해 방지대책

❶ 쿨롱의 법칙

두 전하 사아에 작용하는 흡인력으로 작용하는 전위는 전하의 크기에 비례하고 두 전하사이의 유전율과 거리에 반비례 한다.

$$E = 9 \times 10^9 \times \frac{Q}{r}$$

❷ 정전기 재해의 발생

① 인체로부터의 방전

인체에 대전된 전하량이 $2 \sim 3 \times 10^{-7}$(C) 이상 되면 이 전하가 방전하는 경우 통증을 느끼게 되는데 이 전위를 실용적인 대전전위로 표현하면 인체의 정전용량을 보통 100(PF)로 할 경우 약 3(kV)이다.

② 대전된 물체로부터 인체로의 방전

대전된 물체에서 인체로 방전시 전격 전하량은 $2 \sim 3 \times 10^{-7}$(C) 이상의 방전 전하량이 인체에 방전시 전격을 받게 된다. 부도체의 경우 대전전위가 30kV이상이면 방전으로 전격을 받는다.

❸ 정전기 재해의 방지 대책

① 접지 및 본딩

구분	접지저항
정전기 대책만을 위한 접지	$1\times10^6[\Omega]$ 이하
표준환경 조건 시(기온 20℃, 상대습도 50%)	$1\times10^3[\Omega]$ 미만
실제 설비의 적용일 경우	100Ω 이하

② 유속의 제한

구분	배관유속
저항률이 $10^{10}\Omega\cdot$cm 미만의 도전성 위험물	7m/s 이하
에텔, 이황화탄소 등과 같이 유동대전이 심하고 폭발 위험성이 높은 것	1m/s 이하
물기가 기체를 혼합한 부수용성 위험물	

③ 보호구(방호구)의 사용

④ 대전방지제

⑤ 가습

❹ 제전기의 사용

① 교류방전식(가전압식) 제전기

- 약 7,000V 정도의 전압을 걸어 코로나 방전을 일으키고 발생된 이온으로 대전체의 전하를 재결합시키는 방식
- 약간의 전위가 남지만 거의 0에 가까운 효과를 거둔다.

② 자기방전식 제전기

- 코로나 방전을 이용한 것으로 접지한 금속선, 금속 롤(roll), 금속 브러시(brush) 등을 대전체에 근접시키고 대전체 자체를 이용하여 방전시키는 방식이다.
- 50kV 내외의 높은 대전을 제거하는 것이 특징이나 2kV 내외의 대전이 남는 결점이 있다.

③ 이온식(방사선식) 제전기(라디오 아이소프트)

- 분체의 제전에 효과가 있는 제전기로 7,000V 정도의 교류전압이 인가된 침을 설치하여 코로나 방전에 의해 발생된 이온을 송풍기로 대전체에 내뿜는 방식이다.
- 제전효율이 낮다.

05. 전기설비의 방폭

01 전기설비 방폭 이론

❶ 방폭화 이론

① 방폭화의 기본원리

전기 설비에 의한 폭발 방지를 위하여 폭발성 분위기의 생성방지, 점화원을 억제(제거)함으로 인해 위험성 분위기로부터 격리시킨다.

② 전기설비의 방폭화 설비의 표준환경 조건

구분	내용
압력	80 ~ 110 KPa
주변온도	-20 ~ 40℃
표고	1,000m 이하
상대습도	45~85%
공해, 부식성가스, 진동 등이 존재하지 않는 환경	

❷ 방폭구조에 관계하는 위험특성

① 발화온도

② 화염일주한계(안전간격)

③ 최소점화전류

$$E = \frac{1}{2}CV^2$$

여기서 E : 점화 에너지(J)

C : 정전 용량(F)

V : 대전 전위(V)

❸ 전기기기 방폭의 기본

구분	내용
점화원의 방폭적 격리	폭발성가스와 격리하여 내부에서 발생한 점화원을 격리하는 방법으로 내압방폭구조, 유입방폭구조, 압력방폭구조, 충진형방폭구조등이 있다.
전기기기의 안전도 증강	점화원이 발생할 가능성이 있는 전기기기에 대해 특히 안전도를 증가시켜 고정을 일으키기 어렵게 하는 것으로 안전증 방폭구조가 있다.
점화능력의 본질적 억제	전기불꽃이나 고온부가 폭발성 가스에 점화할 위험이 없다는 것을 시험 등에 의해 확인한 것으로 본질안전 방폭구조가 있다.

❹ 폭발성가스의 분류

① 발화도

Class	최대표면온도 ℃	등급	발화도 범위 ℃
T_1	450 이하	G_1	450 초과
T_2	300 이하	G_2	300 초과 450 이하
T_3	200 이하	G_3	200 초과 300 이하
T_4	135 이하	G_4	135 초과 200 이하
T_5	100 이하	G_5	100 초과 135 이하
T_6	85 이하	G_6	85 초과 100 이하

② 폭발등급

표준용기(내용적 8ℓ, 틈의 안길이 25mm)의 내부에서 폭발이 발생했을 때, 외부에 화염이 미치지 않는 틈의 치수(mm)에 따라 등급을 정한 것

폭발등급	IIA	IIB	IIC
틈의 치수(mm)	0.9mm 이상	0.5mm 초과 0.9mm 미만	0.5mm 이하

③ 폭발성가스의 분류

발화도 폭발등급	G1 (450℃ 이상)	G2 (300~ 450℃)	G3 (200~ 300℃)	G4 (135~ 200℃)	G5 (100~135℃)
1	아세톤 암모니아 일산화탄소 에탄 초산 초산에틸 톨루엔 프로판 벤젠 메타놀 메탄	에타놀 초산인펜틸 1-부타놀 부탄 무수초산	가솔린 핵산 가솔린	아세트알데히드 에틸에테르	
2	석탄가스	에틸렌 에틸렌옥시드			
3	수성가스 수소	아세틸렌		이황화탄소	

02 방폭구조의 종류

❶ 내압 방폭구조(d)

전폐구조로 용기내부에서 폭발성 가스 또는 증기가 폭발하였을 때 용기가 그 압력에 견디며, 또한 접합면, 개구부 등을 통해서 외부의 폭발성 가스에 인화될 우려가 없도록 한 구조. 폭발 후에는 협격을 통해서 고온의 가스를 서서히 방출시킴으로써 냉각되게 하는 구조

❷ 압력 방폭구조(p)

용기 내부에 보호기체(신선한 공기 또는 불활성 기체)를 압입하여 내부압력을 유지함으로써 폭발성 가스 또는 증기가 칩입하는 것을 방지하는 구조를 말한다.

❸ 유입 방폭구조(o)

전기기기의 불꽃, 아크 또는 고온이 발생하는 부분을 기름속에 넣고, 기름면 위에 존재하는 폭발성 가스 또는 증기에 인화될 우려가 없도록 한 구조

❹ 안전증 방폭구조(e)

전기기구의 권선, 에어-캡(Air Cap), 접지부, 단자부 등과 같은 부분이 정상적인 운전 중에는 불꽃, 아-크 또는 고온이 되어서는 안되는 부분에 이를 방지하기 위한 구조와 온도상승에 대해서 특히 안전도를 증가시킨 구조이다.

❺ 특수 방폭구조

폭발성 가스 또는 증기에 점화 또는 위험 분위기로 인화를 방지할 수 있는 것이 시험, 기타에 의하여 확인된 구조를 말한다. 전기 불꽃이나 과열에 대해 회로특성에 의하여 폭발의 위험을 방지할 수 있도록 한 구조

❻ 본질안전 방폭구조(ia, ib)

정상시 및 사고시(단선, 단락, 지락 등)에 발생하는 전기불꽃, 아크 또는 고온에 의하여 폭발성 가스 또는 증기에 점화되지 않는 것이 점화시험, 기타에 의하여 확인된 구조를 말한다.

03 분진 방폭

❶ 분진의 종류

분진 / 발화도	폭연성분진	가연성분진	
		진전성인 것	비진전성인 것
11	마그네슘, 알루미늄, 알루미늄 브론즈	아연, 티탄, 코크스, Carbon Black	밀, 옥수수, 사탕, 고무, 염료, 폴리에틸렌, 페놀수지
12	알루미늄	철, 석탄	코코아, lignin, 쌀겨
13			유황

❷ 분진방폭구조의 종류

① 특수방진 방폭구조(SDP)

전폐구조로서 틈새깊이를 일정치 이상으로 하거나 또는 접합면에 일정치 이상의 깊이가 있는 패킹을 사용하여 분진이 용기내부로 침입하지 않도록 한 구조

② 보통방진 방폭구조(DP)

전폐구조에서 틈새깊이를 일정치 이상으로 하거나 또는 접합면에 패킹을 사용하여 분진이 용기내부로 침입하기 어렵게 한 구조

③ 분진특수 방폭구조(XDP)

특수방진 방폭구조 및 보통방진 방폭구조이외의 구조로 분진방폭 성능을 시험, 기타에 의하여 확인된 구조

❸ 분진폭발 방지대책

① 분진의 퇴적 및 분진운의 생성방지
② 분진 취급 장치에는 유효한 집진 장치를 설치한다.
③ 분체 프로세스의 장치는 밀폐화하고 누설이 없도록 한다.
④ 점화원을 제거
⑤ 불활성 물질의 첨가

04 방폭 장소 · 기구의 분류

❶ 폭발 위험장소

분 류		내 용	예
가스 폭발 위험 장소	0종 장소	인화성 액체의 증기 또는 가연성 가스에 의한 폭발위험이 지속적으로 또는 장기간 존재하는 장소	용기내부 · 장치 및 배관의 내부 등
	1종 장소	정상 작동상태에서 인화성 액체의 증기 또는 가연성 가스에 의한 폭발위험 분위기가 존재하기 쉬운 장소	멘홀 · 벤드 · 핏트 등의 주위
	2종 장소	정상작동상태에서 인화성 액체의 증기 또는 가연성 가스에 의한 폭발위험분위기가 존재할 우려가 없으나, 존재할 경우 그 빈도가 아주 적고 단기간만 존재할 수 있는 장소	개스킷 · 패킹 등 주위
분진 폭발 위험 장소	20종 장소	분진운 형태의 가연성 분진이 폭발농도를 형성할 정도로 충분한 양이 정상작동 중에 연속적으로 또는 자주 존재하거나, 제어할 수 없을 정도의 양 및 두께의 분진층이 형성될 수 있는 장소	호퍼 · 분진저장소 집진장치 · 필터 등의 내부
	21종 장소	20종 장소 외의 장소로서, 분진운 형태의 가연성 분진이 폭발농도를 형성할 정도의 충분한 양이 정상작동 중에 존재할 수 있는 장소	집진장치 · 백필터 · 배기구 등의 주위, 이송밸트 샘플링 지역 등
	22종 장소	21종 장소 외의 장소로서, 가연성 분진운 형태가 드물게 발생 또는 단기간 존재할 우려가 있거나, 이상작동 상태하에서 가연성 분진층이 형성될 수 있는 장소	21종 장소에서 예방조치가 취해진 지역, 환기 설비 등과 같은 안전장치 배출구 주위 등

❷ 방폭구조 전기기계 · 기구의 선정

위험장소의 분류		방폭구조 전기기계 · 기구의 선정기준
가스 폭발 위험 장소	0종 장소	• 본질안전방폭구조(ia) • 그 밖에 관련 공인 인증기관이 0종 장소에서 사용이 가능한 방폭구조로 인증한 방폭구조
	1종 장소	• 내압방폭구조(d) • 압력방폭구조(p) • 충전방폭구조(q) • 유입방폭구조(o) • 안전증방폭구조(e) • 본질안전방폭구조(ia, ib) • 몰드방폭구조(m) • 그 밖에 관련 공인 인증기관이 1종 장소에서 사용이 가능한 방폭구조로 인증한 방폭구조
	2종 장소	• 0종 장소 및 1종 장소에 사용가능한 방폭구조 • 비점화방폭구조(n) • 그 밖에 2종 장소에서 사용하도록 특별히 고안된 비방폭형 구조
분진 폭발 위험 장소	20종 장소	• 밀폐방진방폭구조(DIP A20 또는 DIP B20)
	21종 장소	• 밀폐방진방폭구조(DIP A20 또는 A21, DIP B20 또는B21) • 특수방진방폭구조(SDP)
	22종 장소	• 20종 장소 및 21종 장소에서 사용가능한 방폭구조 • 일반방진방폭구조(DIP A22 또는 DIP B22) • 보통방진방폭구조(DP)

Chapter 01

전기안전일반

전기안전일반에서는 감전의 위험성, 전기시설, 전기작업의 안전등으로 구성된다. 여기에서는 감전의 위험성과 심실세동 전류, 정전전로 및 충전전로의 안전작업에 대한 내용이 주로 출제된다.

01 감전의 위험요소

(1) 감전재해

① 행위별 감전사고 빈도순서

빈도 순위	행위별 분류
1	전기공사나 전기설비 보수작업
2	전기기기 운전이나 점검작업
3	가전기기 운전 및 보수작업
4	이동용 전기기기 점검 및 조작작업

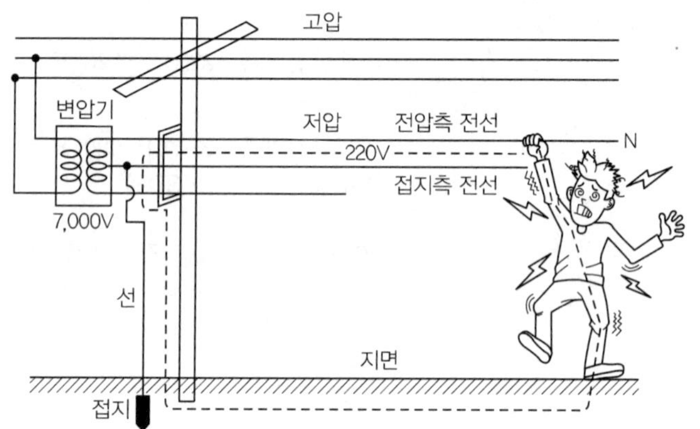

감전한 경우 전류가 흐르는 회로

② 전격(electric shock) 재해

㉠ 인체의 일부 또는 전체에 전류가 흐르는 현상으로 인체가 전류에 받는 충격을 전격(electric shock)이라 한다.

㉡ 전격은 인체에 간단한 충격으로부터 심한 고통을 받는 충격, 근육의 수축, 호흡의 곤란, 심실세동에 의한 사망에까지 발생하게 된다.

㉢ 감전에 의한 추락, 전도 등의 2차 재해가 발생할 수 있다.

③ 감전사망의 주된 매커니즘

감전사망의 종류	내용
(1) 심실세동에 의한 사망	• 전류가 인체를 통과하면 심장이 정상적인 맥동을 하지 못하고 불규칙적 세동을 하여 혈액순환이 원활하지 못하여 사망을 하는 경우 • 통전시간이 길어지면 낮은 전류에도 사망을 한다.
(2) 호흡정지에 의한 사망	흉부나 뇌의 중추신경에 전류가 흐르면 흉부근육이 수축되고 신경이 마비되어 질식하여 사망하는 경우
(3) 화상에 의한 사망	고압선로에 인체가 접속시 대전류에 의한 아크로 인하여 화상으로 인해 사망하는 경우
(4) 2차 재해	전격에 의한 2차재해로 인해 추락이나 전도로 인한 사망을 하는 경우

④ 감전에 의한 국소증상

구분	내용
피부의 광성(鑛性) 변화	감전사고 시 전선로의 선간단락 또는 지락사고로 전선이나 단자 등의 금속 분자가 가열 용융되어 피부속으로 녹아 들어가는 현상
표피박탈	전선로나 기계 · 기구에서 선간단락, 고전압에 의한 아크 등으로 폭발적인 고열이 발생하여 그 때문에 인체의 표피가 벗겨져 떨어지는 현상
전문(電紋)	감전전류의 유출입 부분에 붉은색의 수지상 선이 나타나는 현상으로 낙뢰에 의한 감전에서 흔히 나타난다.
전류반점	감전시 특유의 피부손상으로 감전전류의 유출입 부분에 반점이 생기고 융기된 부분이 오목하게 들어가는 모양이 된다.

(2) 통전전류 크기에 따른 영향

① 통전전류에 따른 영향

전류	영향
1[mA]	전기를 느낄 정도
5[mA]	상당한 고통을 느낌
10[mA]	견디기 어려운 정도의 고통
20～23[mA]	근육의 수축이 심해 자신의 의사대로 행동 불능
50[mA]	상당히 위험한 상태
100[mA]	치명적인 결과 초래

[최소감지전류의 측정]

Dalziel은 115명의 남자에 대해 직경 3.66mm의 동선 위에 손을 가볍게 얹어 직류에 의한 감지전류를 측정하여 직류 5.2[mA], 교류 1.1[mA]의 값에서 감지되는 것을 알수 있었다.

[통전경로에 따른 위험도]

위험도는 심장전류계수를 사용한다. 같은 양의 전류가 통과해도 심장에 영향을 미치는 경로로 지날 경우 더욱 위험하게 된다.

② 통전전류의 구분

구분	전류량(60Hz)	내용
최소감지전류	교류 : 약 1.1mA 직류 : 약 5.2mA	인체를 통하는 전류가 통전되는 것을 느낄 수 있는 전류치
고통한계 전류 (가수전류, 이탈전류)	교류 : 약 7~8mA	인체가 운동의 자유를 잃지 않고 고통을 참을 수 있는 한계 전류치
마비한계 전류 (불수전류)	교류 : 10~15mA	근육이 수축현상을 일으키고 신경이 마비되어 신체를 자유로이 움직일 수 없게 되는 경우 (장시간 전류가 흐르면 수분 내에 사망할 수 있다.)
심실세동전류 (치사전류)	$\frac{165}{\sqrt{T}}$ mA	심장이 정상적인 맥동을 하지 못하고 불규칙적인 세동(細動)을 일으키며 혈액의 순환이 곤란하게 되고 심장이 마비되는 전류(통전전류를 차단해도 자연적으로 회복되지 못하고 방치하면 수분 이내에 사망)

③ 통전경로에 따른 위험도

통전경로	위험도
오른손–등	0.3
왼손–오른손	0.4
왼손–등	0.7
한손 또는 양손–앉아 있는 자리	0.7
오른손–한발 또는 양발	0.8
양손–양발	1.0
왼손–한발 또는 양발	1.0
오른손–가슴	1.3
왼손–가슴	1.5

(3) 심실세동 전류

인체에 흐르는 통전전류의 크기가 더욱 증가하게 되면 전류의 일부가 심장부분을 흐르게 되며, 심장은 정상적인 맥동을 하지 못하고 불규칙적인 세동(細動)을 일으키며 혈액의 순환이 곤란하게 되고 심장이 마비되는 현상을 초래하는 전류이다. 이러한 경우를 심실세동이라고 하며, 통전전류를 차단해도 자연적으로 회복되지 못하고 그대로 방치하면 수분 이내에 사망하게 된다.

① 심장의 맥동주기

심장의 맥동은 그림과 같은 주기를 반복하는데 심실이 수축을 종료하고 휴식을 하는 주기(T파형)에서 심실세동을 일으킬 확률이 가장 크다.

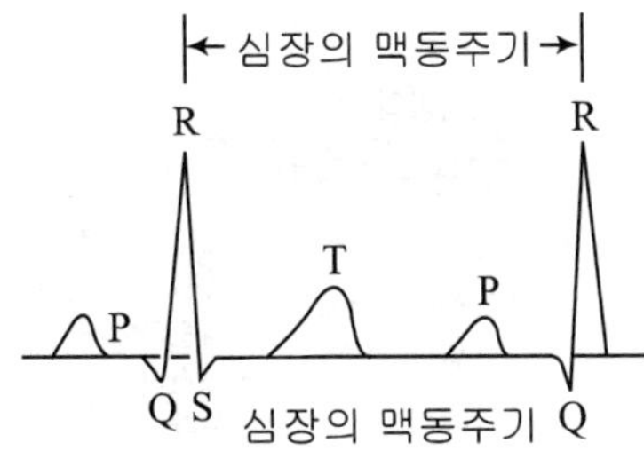

P : 심방의 수축에 따른 파형
Q-R-S : 심실의 수축에 따른 파형
T : 심실의 수축 종료 후 심실의 휴식 시 발생하는 파형
R-R : 심장의 맥동주기

② Dalziel의 관계식

심실세동을 일으키는 통전시간과 전류값의 Dalziel의 관계식은 다음과 같다.

$$I=\frac{165}{\sqrt{T}}$$

여기서 I : 심실세동전류(mA)　　　T : 통전시간(s)

[심실세동 전류 값]

심실세동 전류는 1,000명 중 5명 정도가 심실세동을 일으킬 수 있는 값으로 $I=\frac{116}{\sqrt{T}}\sim\frac{185}{\sqrt{T}}$ 정도 이다.

③ 심실세동의 위험한계 에너지

$$W=I^2RT=\left(\frac{165}{\sqrt{T}}\times 10^{-3}\right)^2\times R\times T$$

여기서 W : 심실세동의 위험한계 에너지
I : 심실세동 전류(A)
R : 인체의 전기 저항(Ω)
T : 통전시간(S)

Tip

Dalziel의 관계식에서 심실세동전류의 단위는 mA를 사용한다. 심실세동의 위험한계 에너지를 구할 때는 A단위로 바뀌어 쓰는 것을 주의하자

예제

인체의 전기저항 R을 1,000Ω 이라고 할 때 위험 한계 에너지의 최저는 약 몇 J인가?(단, 통전 시간은 1초이다.)

$$W=I^2RT=\left(\frac{165[\text{mA}]}{\sqrt{1}}\times 10^{-3}\right)^2\times\times 1000[\Omega]\times 1[s]=27.225$$

01 핵심문제 1. 감전의 위험요소

□□□ 15년1회

1. 감전사고 행위별 통계에서 가장 빈도가 높은 것은?

① 전기공사나 전기설비 보수작업
② 전기기기 운전이나 점검작업
③ 이동용 전기기기 점검 및 조작작업
④ 가전기기 운전 및 보수작업

해설

감전사고 행위별 통계 순서
1. 전기공사나 전기설비 보수작업
2. 전기기기 운전이나 점검작업
3. 가전기기 운전 및 보수작업
4. 이동용 전기기기 점검 및 조작작업 순으로 분류한다.

□□□ 11년3회

2. 전격 재해를 가장 잘 설명한 것은?

① 30mA 이상의 전류가 1000ms 이상 인체에 흘러 심실세동을 일으킬 정도의 감전재해를 말한다.
② 감전사고로 인한 상태이며, 2차적인 추락, 전도 등에 의한 인명 상해를 말한다.
③ 정전기 또는 충전부나 낙뢰에 인체가 접촉하는 감전사고로 인한 상해를 말하며 전자파에 의한 것은 전격재해라 하지 않는다.
④ 전격이란 감전과 구분하기 어려워 감전으로 인한 상해가 발생했을 때에만 전격재해라 말한다.

해설

전격 재해란 전기설비의 충전부위 또는 누전에 의해 충전된 경우, 전격에 의한 감전 사고 시에 2차 재해를 동반한 사고를 말한다.

□□□ 18년2회, 21년3회

3. 감전사고로 인한 전격사의 메카니즘으로 가장 거리가 먼 것은?

① 흉부수축에 의한 질식
② 심실세동에 의한 혈액순환기능의 상실
③ 내장파열에 의한 소화기계통의 기능 상실
④ 호흡중추신경 마비에 따른 호흡기능 상실

해설

감전사망의 종류

감전사망의 종류	내용
(1) 심실세동에 의한 사망	• 전류가 인체를 통과하면 심장이 정상적인 맥동을 하지 못하고 불규칙적 세동을 하여 혈액순환이 원활하지 못하여 사망을 하는 경우 • 통전시간이 길어지면 낮은 전류에도 사망을 한다.
(2) 호흡정지에 의한 사망	흉부나 뇌의 중추신경에 전류가 흐르면 흉부근육이 수축되고 신경이 마비되어 질식하여 사망하는 경우
(3) 화상에 의한 사망	고압선로에 인체가 접속시 대전류에 의한 아크로 인하여 화상으로 인해 사망하는 경우
(4) 2차 재해	전격에 의한 2차재해로 인해 추락이나 전도로 인한 사망을 하는 경우

□□□ 13년1회, 17년3회

4. 감전되어 사망하는 주된 메커니즘과 거리가 먼 것은?

① 심장부에 전류가 흘러 심실세동이 발생하여 혈액순환기능이 상실되어 일어난 것
② 흉골에 전류가 흘러 혈압이 약해져 뇌에 산소공급기능이 정지되어 일어난 것
③ 뇌의 호흡중추 신경에 전류가 흘러 호흡기능이 정지되어 일어난 것
④ 흉부에 전류가 흘러 흉부수축에 의한 질식으로 일어난 것

해설

흉골에 전류가 흐르는 경우 흉부수축에 의한 근육의 마비로 질식이 발생할 수 있다.

□□□ 12년2회, 15년2회

5. 전선로 등에서 아크화상 사고 시 전선이나 개폐기 터미널 등의 금속 분자가 고열로 용융되어 피부 속으로 녹아 들어가는 현상은?

① 피부의 광성변화 ② 전문
③ 표피박탈 ④ 전류반점

해설

피부의 광성(鑛性)변화
감전사고 시 전선로의 선간단락 또는 지락사고로 전선이나 단자 등의 금속 분자가 가열 용융되어 피부속으로 녹아 들어가는 현상

정답 1 ① 2 ② 3 ③ 4 ② 5 ①

□□□ 11년3회, 18년2회

6. 심실세동 전류란?

① 최소 감지 전류　② 치사적 전류
③ 고통 한계 전류　④ 마비 한계 전류

해설

심실세동전류(치사전류)
인체에 흐르는 통전전류의 크기가 더욱 증가하게 되면 전류의 일부가 심장부분을 흐르게 되며, 심장은 정상적인 맥동을 하지 못하고 불규칙적인 세동(細動)을 일으키며 혈액의 순환이 곤란하게 되고 심장이 마비되는 현상을 초래하는 전류이다.

□□□ 10년2회, 15년2회, 17년3회, 18년3회

7. 전격에 의해 심실세동이 일어날 확률이 가장 큰 심장 맥동주기 파형의 설명으로 옳은 것은?(단, 심장 맥동주기를 심전도에서 보았을 때의 파형이다.)

① 심실의 수축에 따른 파형이다.
② 심실의 팽창에 따른 파형이다.
③ 심실의 수축 종료 후 심실의 휴식 시 발생하는 파형이다.
④ 심실의 수축 시작 후 심실의 휴식 시 발생하는 파형이다.

문제 7, 8 해설

심장의 맥동주기

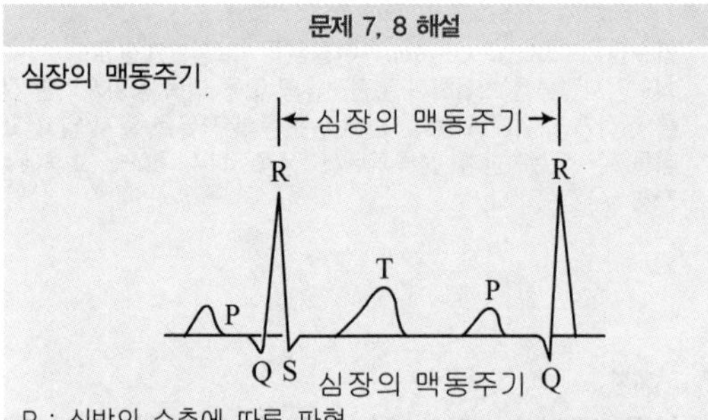

P : 심방의 수축에 따른 파형
Q-R-S : 심실의 수축에 따른 파형
T : 심실의 수축 종료 후 심실의 휴식 시 발생하는 파형
R-R : 심장의 맥동주기
T파형에서 심실세동을 일으킬 확률이 가장 크다.

□□□ 14년3회, 18년1회

8. 다음 그림은 심장맥동주기를 나타낸 것이다. T파는 어떤 경우인가?

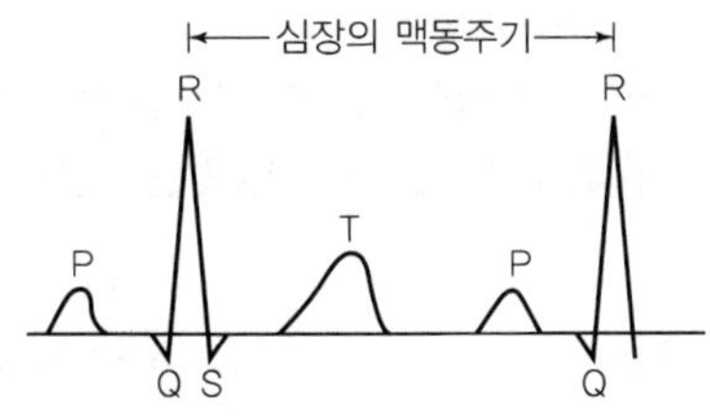

① 심방의 수축에 따른 파형
② 심실의 수축에 따른 파형
③ 심실의 휴식 시 발생하는 파형
④ 심방의 휴식 시 발생하는 파형

□□□ 11년2회, 12년1회

9. 인체에 전격을 당하였을 경우 만약 통전시간이 1초간 걸렸다면 1000명 중 5명이 심실세동을 일으킬 수 있는 전류치는 얼마인가?

① 165mA　② 105mA
③ 50mA　④ 0.5A

해설

$I=\dfrac{165}{\sqrt{T}}[\text{mA}]=\dfrac{165}{\sqrt{1}}=165[\text{mA}]$

여기서 I: 심실세동전류(mA)
T: 통전시간(s)

□□□ 08년2회, 08년3회, 09년3회, 10년2회, 11년1회, 12년2회, 12년3회, 13년2회, 16년3회, 18년1회, 20년1·2회, 20년3회, 21년1회, 21년3회

10. 인체에 전기 저항을 500Ω이라 한다면, 심실세동을 일으키는 위험 한계 에너지는 약 몇 [J]인가? (단, 심실세동전류값 $I=\dfrac{165}{\sqrt{T}}$[mA]의 Dalziel의 식을 이용하며, 통전시간은 1초로 한다.)

① 11.5[J]　② 13.6[J]
③ 15.3[J]　④ 16.2[J]

해설

주울의 법칙(Joule's law)에서

$$w=I^2RT$$

여기서, w : 위험한계에너지[J]
I : 심실세동전류 값[mA]
R : 전기저항[Ω]
T : 통전시간[초]이다.

$$w=\left(\frac{165}{\sqrt{T}}\times10^{-3}\right)^2\times500\times1$$
$$=13.6[J]$$

□□□ 08년1회, 15년2회, 18년3회

11. 인체의 전기저항이 5000Ω 이고, 세동전류와 통전시간과의 관계를 $I=\frac{165}{\sqrt{T}}$ 라 할 경우, 심실세동을 일으키는 위험 에너지는 약 몇 줄[J]인가? (단, 통전시간은 1초로 한다.)

① 5J ② 30J
③ 136J ④ 825J

해설

$w=I^2RT=(\frac{165}{\sqrt{T}}\times 10^{-3})^2\times 5,000\times 1=136[J]$

□□□ 15년1회, 18년2회

12. 인체의 전기저항을 0.5kΩ 이라고 하면 심실세동을 일으키는 위험한계 에너지는 몇 J인가? (단, 통전시간은 1초이다.)

① 13.6 ② 12.6
③ 11.6 ④ 10.6

해설

$w=(\frac{165}{\sqrt{1}}\times 10^{-3})^2\times 500\times 1\ =13.6ws=13.6[J]$

[참고] 0.5kΩ=500[Ω]

□□□ 12년2회

13. 최소 감지전류를 설명한 것이다. 옳은 것은?(단, 건강한 성인남녀인 경우이며, 교류 60[Hz] 정현파이다.)

① 남여 모두 직류 5.2[mA]이며, 교류(평균치) 1.1[mA]이다.
② 남자의 경우 직류 5.2[mA]이며, 교류(실효치) 1.1[mA]이다.
③ 남여 모두 직류 3.5[mA]이며, 교류(실효치) 1.1[mA]이다.
④ 여자의 경우 직류 3.5[mA]이며, 교류(평균치) 0.7[mA]이다.

문제 13, 14 해설

최소감지전류
인체를 통하는 전류의 값이 어느 정도가 되면 통전되는 것을 느낄 수 있는데 이 전류치를 최소감지전류라고 한다. 이것은 인체 및 주위의 조건, 전원의 종류 등에 따라 다르며, 상용주파수 60Hz 교류에서 성인남자의 경우 약 1mA (직류: 약 5.2mA)정도가 된다.

□□□ 17년1회

14. 인체에 최소감지 전류에 대한 설명으로 알맞은 것은?

① 인체가 고통을 느끼는 전류이다.
② 성인 남자의 경우 사용주파수 60Hz 교류에서 약 1mA이다.
③ 직류를 기준으로 한 값이며, 성인남자의 경우 약 1mA에서 느낄 수 있는 전류이다.
④ 직류를 기준으로 여자의 경우 성인 남자의 70%인 0.7mA에서 느낄 수 있는 전류의 크기를 말한다.

□□□ 08년1회, 12년3회, 18년3회

15. 다음 중 가수전류(Let-go Current)에 대한 설명으로 옳은 것은?

① 마이크 사용 중 전격으로 사망에 이른 전류
② 전격을 일으킨 전류가 교류인지 직류인지 구별할 수 없는 전류
③ 충전부로부터 인체가 자력으로 이탈할 수 있는 전류
④ 몸이 물에 젖어 전압이 낮은 데도 전격을 일으킨 전류

문제 15~18 해설

가수전류 (Let-go current) · 이탈전류 · 고통한계전류
최소감지전류를 초과하여 통전전류의 값을 더욱 증가시키면 전류치를 심하게 느끼게 되는데, 인체가 운동의 자유를 잃지 않고 고통을 참을 수 있는 한계 전류치로서 상용주파수 60Hz 교류에서 약 7~8mA 정도이다.

□□□ 15년1회

16. 상용 주파수(60Hz)의 교류에 건강한 성인 남자가 감전 되었을 경우 다른 손을 사용하지 않고 자력으로 손을 뗄 수 있는 최대전류(가수전류)는 몇 mA 인가?

① 1~2 ② 7~8
③ 10~15 ④ 18~22

□□□ 08년2회, 10년3회, 17년2회

17. 상용주파수 60[Hz] 교류에서 성인 남자의 경우 고통한계 전류[mA]로 가장 알맞은 것은?

① 1mA ② 3~4mA
③ 7~8mA ④ 15~20mA

정답 11 ③ 12 ① 13 ② 14 ② 15 ③ 16 ② 17 ③

□□□ 09년1회, 15년3회

18. 이탈전류에 대한 설명으로 옳은 것은?

① 손발을 움직여 충전부로부터 스스로 이탈할 수 있는 전류
② 충전부에 접촉했을 때 근육이 수축을 일으켜 자연히 이탈되는 전류의 크기
③ 누전에 의해 전류가 선로로부터 이탈되는 전류로서 측정기를 통해 측정 가능한 전류
④ 충전부에 사람이 접촉했을 때 누전차단기가 작동하여 사람이 감전되지 않고 이탈할 수 있도록 정한 차단기의 작동전류

□□□ 14년2회

19. 다음은 인체 내에 흐르는 60Hz 전류의 크기에 따른 영향을 기술한 것이다. 틀린 것은? (단, 통전경로는 손 → 발, 성인(남)의 기준이다.)

① 20-30mA는 고통을 느끼고 강한 근육의 수축이 일어나 호흡이 곤란하다
② 50-100mA는 순간적으로 확실하게 사망한다.
③ 1-8mA는 쇼크를 느끼나 인체의 기능에는 영향이 없다.
④ 15-20mA는 쇼크를 느끼고 감전부위 가까운 쪽의 근육이 마비된다.

해설

50mA : 상당히 위험한 상태
100mA : 치명적인 결과를 초래하는 상태

□□□ 09년1회

20. 통전 경로별 위험도를 나타낸 경우 위험도가 큰 순서로 옳은 것은?

① 왼손 – 오른손 > 왼손 – 등 > 양손 – 양발 > 오른손 – 가슴
② 왼손 – 오른손 > 오른손 – 가슴 > 왼손 – 등 > 양손 – 양발
③ 오른손 – 가슴 > 양손 – 양발 > 왼손 – 등 > 왼손 – 오른손
④ 오른손 – 가슴 > 왼손 – 오른손 > 양손 – 양발 > 왼손 – 등

문제 20~22 해설

통전경로별 위험도

통전경로	위험도
오른손 – 등	0.3
왼손 – 오른손	0.4
왼손 – 등	0.7
한손 또는 양손 – 앉아 있는 자리	0.7
오른손 – 한발 또는 양발	0.8
양손 – 양발	1.0
왼손 – 한발 또는 양발	1.0
오른손 – 가슴	1.3
왼손 – 가슴	1.5

□□□ 09년2회

21. 다음의 통전경로 중 가장 위험도가 높은 것은?

① 왼손 – 가슴
② 왼손 – 오른발 또는 오른손 – 왼발
③ 왼손 – 오른손 또는 오른손 – 왼손
④ 왼손 – 등

□□□ 16년1회

22. 통전 경로별 위험도를 나타낼 경우 위험도가 큰 순서대로 나열한 것은?

ⓐ 왼손–오른손	ⓑ 왼손–등
ⓒ 양손–양발	ⓓ 오른손–가슴

① ⓐ – ⓒ – ⓑ – ⓓ　② ⓐ – ⓓ – ⓒ – ⓑ
③ ⓓ – ⓒ – ⓑ – ⓐ　④ ⓓ – ⓐ – ⓒ – ⓑ

정답 18 ① 19 ② 20 ③ 21 ① 22 ③

[분전반]

[전동기의 운전시 개폐기 조작순서]

메인 스위치 → 분전반 스위치 → 전동기용 개폐기

[변압기 설비]

(1) 규소강판으로 성층한 철심에 2개의 권선을 감은 횟수에 따라 서로 다른 크기의 교류전압이 유도되어 다른 크기의 교류전압으로 바꾸어 전압을 부하에 공급하는 기기
(2) 일반적으로 1차측은 고압 또는 특별고압이고, 2차측은 저압이지만 감전사고 방지대책으로 고압측의 전압을 기준으로 한다.

02 전기설비 및 기기

(1) 배전반과 분전반

① 배전반

송배전 계통과 전력기기의 상태를 항상 감시하고, 변전소 내의 기기를 제어할 수 있도록 계기, 계전기, 제어 스위치, 표시 등을 집중시켜 놓은 것

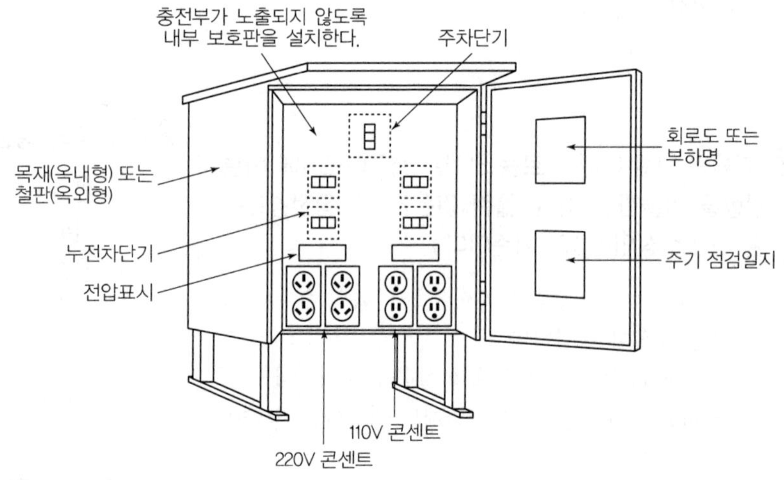

배전반의 구조

② 배전반의 종류

㉠ 라이브 프런트식 배전반(수직형)
㉡ 데드 프런트식 배전반(수직형, 벤치형, 조합형, 포스트형)
㉢ 폐쇄식 배전반(조립형, 장갑형)

③ 분전반

저압 옥내 간선에서 옥내선로를 분기하는데 사용하는 것으로서 자동차단기 및 분기용 개폐기 등을 설치한 기기로서 Cabinet(캐비넷)이라고도 한다.

④ 분전반의 종류

㉠ 텀블러식 분전반
㉡ 브레이커식 분전반
㉢ 나이프식 분전반

(2) 개폐기

① 개폐기의 분류

구분	내용
주상 유입 개폐기 (POS)	반드시「개폐」의 표시가 되어 있는 고압 개폐기로서 배전 선로의 개폐 및 타 계통으로 변환, 고장 구간의 구분, 부하 전류의 차단 및 콘덴서의 개폐, 접지사고의 차단 등에 사용
단로기(DS)	차단기의 전후 또는 차단기의 측로 회로 및 회로 접속의 변환에 사용되는 것으로 무부하회로에서 개폐한다.
부하 개폐기	• 부하상태에서 개폐할 수 있는 것 • 리클로우저(recloser) : 자동차단, 자동재투입의 능력을 가진 개폐기
자동 개폐기	• 시한 개폐기(time switch) : 옥외의 신호회로 등에 사용 • 전자 개폐기 : 전동기의 기동과 정지에 많이 사용되며, 과부하 보호용으로 적합한 것으로 단추를 눌러서 개폐 • 스냅 개폐기(snap switch : tumbler switch, rotary switch, push- button switch, pull switch) : 전열기, 전등 점멸 또는 소형 전동기의 기동과 정지 등에 사용 • 압력 개폐기 : 압력변화에 따라 작동하는 것으로 옥내급수용, 배수용 등의 전동기 회로에 사용된다.
저압 개폐기	보통 스위치 내부에 퓨즈를 삽입한 개폐기이다. • 안전 개폐기(cut out switch) : 배전반의 인입 개폐기 및 분기 개폐기, 전등 수용가의 인입구 개폐기로 사용 • 박스 개폐기(box switch) : 전동기 회로용으로 사용되는 것으로 박스 밖으로 나온 손잡이로 개폐 • 칼날형 개폐기(knife switch) : 저압회로의 배전반 등에 사용 되는 것(정격전압은 250V) • 커버 개폐기(cover knife switch) : 저압회로에 많이 사용된다.

[단로기의 구조]

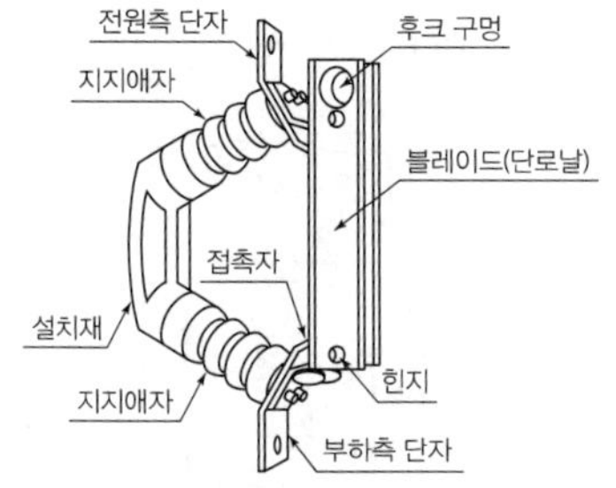

[나이프 스위치]

[나이프 스위치의 칼받이 재료]
가장 많이 쓰이는 것은 인청동이다.

② 개폐기의 부착장소

㉠ 평소에 부하전류를 단속하는 장소

㉡ 퓨즈의 전원측

㉢ 인입구 및 고장점검회로

③ 개폐기 부착시 유의사항

㉠ 전선이나 기구부분에 직접 닿지 않도록 할 것

㉡ 커버가 있는 나이프 스위치나 콘센트 등은 커버가 부서지지 않도록 신중을 기할 것

㉢ 나이프 스위치에는 규정된 퓨즈를 사용할 것

㉣ 전자 개폐기는 반드시 용량에 맞는 것을 선택할 것

[과전류]
정격전류를 초과하는 전류로서 단락사고 전류, 지락사고전류를 포함하는 것

[배선용 차단기]

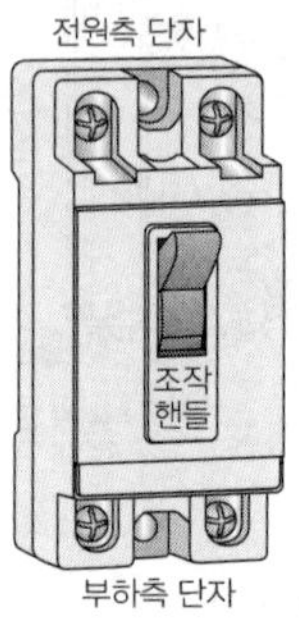

[과전류보호장치]
차단기, 퓨즈, 보호계전기 등과 이에 수반되는 변성기

[관련법령]
산업안전보건기준에 관한 규칙 제305조【과전류차단장치】

(3) 과전류 차단기

이상시의 전류 및 고장 시 전류를 보호계전기와 조합하여 안전하게 차단하고 전로 및 기기를 보호하기 위한 차단장치

① 과전류 차단기의 종류

종류	내용
배선용 차단기	평상시 수동 개폐, 과부하 전류나 단락시 자동으로 과전류를 차단
애자형 차단기(PCB)	절연유 내에서 차단을 하고 차단부와 대지 간의 절연을 애자로 한 것
가스 차단기(GCB)	아크의 소호매질로 가스를 사용한 차단기
공기 차단기(ACB)	대기 중의 공기를 이용한 차단기
압축공기 차단기(ABB)	압축공기를 이용해 아크를 소호하는 차단기
진공 차단기(VCB)	고진공의 절연내력을 얻어 진공 속에서 전극을 개폐함으로서 소호하는 차단기
유입 차단기(OCB)	탱크 속에 절연유를 넣어 유 중 개폐하는 차단기 • 절연유 온도 : 90℃ 이하 • 자연 소호식이며, 절연유 속에서 과전류를 차단

② 과전류 차단장치 설치기준

㉠ 과전류차단장치는 반드시 접지선이 아닌 전로에 직렬로 연결하여 과전류 발생 시 전로를 자동으로 차단하도록 설치할 것

㉡ 차단기 · 퓨즈는 계통에서 발생하는 최대 과전류에 대하여 충분하게 차단할 수 있는 성능을 가질 것

㉢ 과전류차단장치가 전기계통상에서 상호 협조 · 보완되어 과전류를 효과적으로 차단하도록 할 것

③ 배선용 차단기의 작동시간

정격전류의 구분	자동작동시간(용단시간)	
	정격전류의 1.25배의 전류가 흐를 때(분)	정격전류의 2배의 전류가 흐를 때(분)
30A 이하	60	2
30A 초과 50A 이하	60	4
50A 초과 100A 이하	120	6
100A 초과 225A 이하	120	8

④ 차단기의 정격 용량

구분	정격 차단 용량
단상	정격 차단 전압 × 정격 차단 전류
3상	정격 차단 전압 × 정격 차단 전류× $\sqrt{3}$

⑤ 단로기와 차단기의 작동

㉠ 단로기(DS)와 차단기(CB)의 작동순서

구분	순서
전원 개방시	차단기를 개방한 후에 단로기를 개방
전원 투입시	단로기를 투입한 후에 차단기를 투입

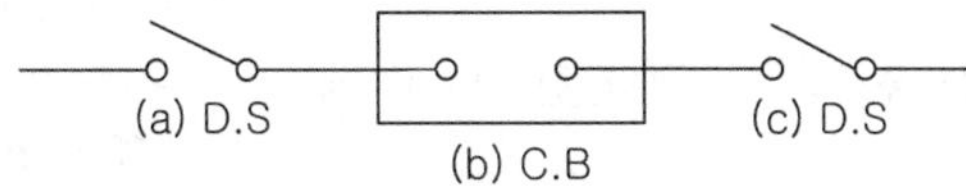

- 투입 순서 : (c)-(a)-(b)
- 차단 순서 : (b)-(c)-(a)

㉡ 바이패스 회로 설치 시 작동순서

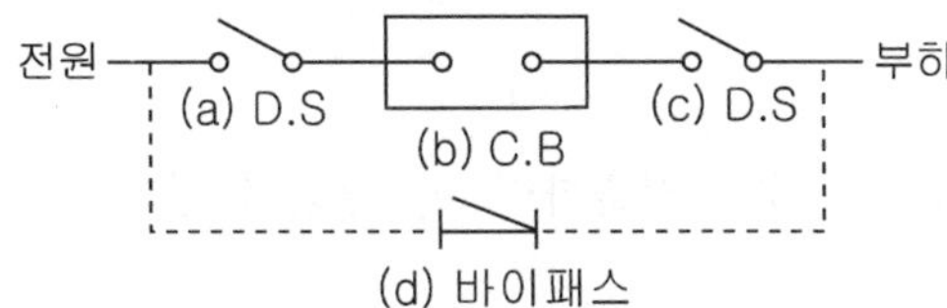

작동순서 : (d) 투입, (b)(c)(a) 차단

(4) 퓨즈(fuse)

퓨즈는 회로 상에서 흐르는 과전류를 차단하여 전기기계 · 기구나 배선을 보호하는 것이 목적이며 정격 전류, 정격 전압, 차단 용량, 사용 장소 등을 고려하여 선택한다.

[퓨즈선택시 고려사항]

(1) 정격 전류
(2) 정격 전압
(3) 차단 용량
(4) 사용 장소

① 퓨즈의 재료별 용단온도

종류	용단온도
납	327℃
주석	232℃
아연	419℃
알루미늄	660℃

[전력 퓨즈]

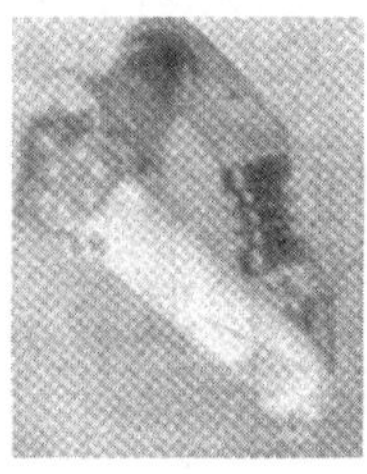

[비포장 퓨즈(고리형 퓨즈)]

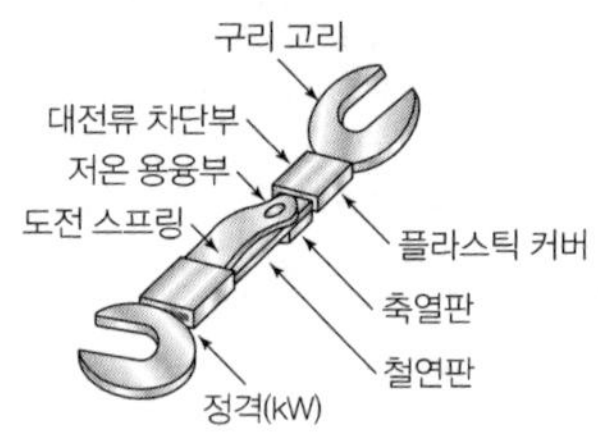

② 퓨즈의 용단 단계

단계	전류량
인화 단계	40~43A/mm^2
착화 단계	43~60A/mm^2
발화 단계	60~120A/mm^2
용단 단계	120A/mm^2 이상

③ 퓨즈의 용단 시간

퓨즈의 종류	정격 용량	용단 시간 (2배 전류)
저압용 포장 퓨즈	정격 전류의 1.1배	30A 이하 : 2분 30~60A 이하 : 4분 60~100A 이하 : 6분 100~200A 이하 : 8분 200~400A 이하 : 10분
고압용 포장 퓨즈	정격 전류의 1.3배	120분
고압용 비포장 퓨즈	정격 전류의 1.25배	2분

(5) 보호 계전기

이상 현상의 발생시 이것을 검출하여 고장구간을 신속하게 차단하는 확실한 조치를 취하는 기기

① 용도에 의한 분류

구분	내용
차동 계전기 (DFR)	고장시 두 점 사이에 전류의 차가 발생되면 동작하는 기기(전압 차동계전기, 전류 차동계전기 등)
비율 차동 계전기 (RDFR)	고장시 불평형 전류차와 평형 전류차의 비율 이상되면 동작하는 것(변압기의 내부고장 보호용으로 사용)
과전류 계전기 (OCR)	일정한 전류값 이상 흘렀을 경우 동작하는 것 (발전기, 변압기, 전선로 등의 단락보호용으로 사용)

② 보호 계전기의 구비조건

㉠ 동작이 예민하고 틀린 동작을 하지 않을 것
㉡ 고장 개소를 정확히 선택할 수 있을 것
㉢ 고장상태를 식별하고 고장의 정도를 판단할 수 있을 것

(6) 배선

① 배선의 구분

구분	사용가능 전선
고정전선(절연전선)	고무절연전선, 면절연전선, 비닐절연전선, 비닐코드
이동전선	캡타이어 케이블, 비닐캡타이어 케이블, 클로로프렌캡타이어 케이블

② 주변온도에 따른 전선의 적용

주변 온도	전선 종류
30℃ 이하	절연 피복전선 케이블
60℃ 이하	고무절연전선, 비닐절연전선
65℃ 이하	면절연전선

③ 고압 옥내 배선의 설치 기준

<table>
<tr><th>구분</th><th colspan="3">내용</th></tr>
<tr><td rowspan="6">애자 사용 공사</td><td colspan="3">• 애자는 내수성, 난연성, 절연성이 있을 것
• 사람이 접촉될 우려가 없도록 할 것
• 전선은 2.6mm 이상 연동선을 사용</td></tr>
<tr><td>전선상호간의 거리</td><td colspan="2">6[cm]</td></tr>
<tr><td rowspan="2">전선과
조영재와의 거리</td><td>400[V] 미만</td><td>2.5[cm]</td></tr>
<tr><td>400[V] 이상</td><td>4.5[cm]</td></tr>
<tr><td rowspan="2">전선지지점간의
거리</td><td>전선을 지지점 윗면
또는 옆면의 경우</td><td>2[m]</td></tr>
<tr><td>전선이 400[V] 이상</td><td>6[m]</td></tr>
<tr><td>케이블 공사</td><td colspan="3">• 조영에 면하여 배선공사를 할 경우 지지점간의 간격 2m 이하
• 금속부분(전선의 접속기 등)은 제1종 접지공사
• 케이블의 저압 옥내 배선 및 수도관과 근접시 또는 교차시 15cm 이상 유지
• 케이블의 말단처리 등의 확인</td></tr>
</table>

④ 저압 옥내배선의 전선

㉠ 단면적이 2.5mm^2 이상의 연동선

㉡ 단면적이 1mm^2 이상의 미네럴인슈레이션케이블

⑤ 저압 옥내배선의 허용전류

사용하는 옥내 배선의 종류	허용전류
염화비닐 절연전선, 고무절연전선 압출 성형 절연 전력케이블	450[V]~750[V] 이하 1[KV]~3[KV]

[콤바인 덕트 케이블(CD; combine duct cable)]

지중에 콘크리트제, 기타 견고한 관에 넣지 않고 직접 매설할 수 있는 전선으로 도로의 지중전선 등으로 사용된다.

[전선 굵기의 결정]

(1) 허용 전류
(2) 기계적 강도
(3) 전로의 전압강하(전선의 전압강하는 표준전압의 2% 이하로 한다)

[조영재]

조영재는 조영물을 구성하는 부분으로 조영물이란 건축물, 광고탑 등 토지에 정착하는 시설물 중 지붕, 기둥 또는 벽을 가지는 시설물을 말한다.

⑥ 저압 및 고압선 직접매설 깊이

구분	깊이
중량물의 압력을 받지 않는 장소	60cm 이상
중량물의 압력을 받는 장소	120cm 이상

⑦ 합성수지관 공사

㉠ 전선은 절연전선(옥외용 비닐 절연전선을 제외한다)일 것

㉡ 전선은 연선일 것. 다만, 다음의 것은 적용하지 않는다.

- 짧고 가는 합성수지관에 넣은 것
- 단면적 $10mm^2$(알루미늄선은 단면적 $16mm^2$) 이하의 것

㉢ 전선은 합성수지관 안에서 접속점이 없도록 할 것

⑧ 화약류 저장소에서 전기설비의 시설

㉠ 전로에 대지전압은 300V 이하일 것

㉡ 전기기계기구는 전폐형의 것일 것

㉢ 케이블을 전기기계기구에 인입할 때에는 손상될 우려가 없도록 시설

04 핵심문제 2. 전기설비 및 기기

□□□ 13년2회

1. 저압 및 고압선을 직접 매설식으로 매설할 때 중량물의 압력을 받지 않는 장소에서의 매설깊이는 얼마로 해야 하는가?

① 100[cm] ② 70[cm]
③ 90[cm] ④ 60[cm]

해설

저압 및 고압선을 직접 매설식으로 매설할 때 중량물의 압력을 받지 않는 장소의 매설깊이는 60 [cm] 이상, 중량물의 압력을 받는 장소의 매설깊이는 120[cm] 이상으로 한다.

□□□ 18년2회

2. 자동차가 통행하는 도로에서 고압의 지중전선로를 직접 매설식으로 시설할 때 사용되는 전선으로 가장 적합한 것은?

① 비닐 외장 케이블
② 폴리에틸렌 외장 케이블
③ 클로로프렌 외장 케이블
④ 콤바인 덕트 케이블(combine duct cable)

해설

콤바인 덕트 케이블(CD케이블)은 지중에 콘크리트제, 기타 견고한 관에 넣지 않고 직접매설할 수 있는 전선이다.

□□□ 08년3회, 19년3회

3. 기중 차단기의 기호로 옳은 것은?

① VCB ② MCCB
③ OCB ④ ACB

해설

① VCB : 진공차단기
② MCCB : 배선용 차단기
③ OCB : 유입차단기
④ ACB : 공기차단기(기중차단기)

□□□ 14년3회, 18년2회, 21년3회

4. 고장전류와 같은 대전류를 차단할 수 있는 것은?

① 차단기(CB) ② 유입 개폐기(OS)
③ 단로기(DS) ④ 선로 개폐기(LS)

해설

고장전류와 같은 대전류를 차단할 수 있는 것은 차단기(CB)이다. 차단기(CB, circuit breaker)는 정상적인 부하 전류를 개폐하거나 기기 계통에서 발생한 고장전류를 차단하여 고장개소를 제거할 목적으로 사용된다.

□□□ 16년3회

5. 전기기계 · 기구의 기능 설명으로 옳은 것은?

① CB는 부하전류를 개폐(ON-OFF)시킬 수 있다.
② ACB는 접촉스파크 소호를 진공상태로 한다.
③ DS는 회로의 개폐(ON-OFF) 및 대용량 부하를 개폐시킨다.
④ LA는 피뢰침으로서 낙뢰 피해의 이상 전압을 낮추어 준다.

해설

②항, ACB (Air circuit breaker)는 압축공기를 사용한 차단기이다.
③항, DS (disconnecting switch)는 단로기로 무부하 상태에서 전류를 차단할 수 있다.
④항, LA (lightning arrester)는 피뢰기로 낙뢰에 의한 이상전압으로부터 보호하는 장치이다.

[참고] ①항, CB (circuit breaker)는 과전류 차단기로 부하전류를 차단할 수 있다.

□□□ 10년3회, 19년2회

6. 다음 중 전동기를 운전하고자 할 때 개폐기의 조작순서가 맞는 것은?

① 메인 스위치 → 분전반 스위치 → 전동기용 개폐기
② 분전반 스위치 → 메인 스위치 → 전동기용 개폐기
③ 전동기용 개폐기 → 분전반 스위치 → 메인 스위치
④ 분전반 스위치 → 전동기용 스위치 → 메인 스위치

해설

전동기 운전 시 개폐기의 조작순서로는 메인 스위치 → 분전반 스위치 → 전동기용 개폐기 순이다.

정답 1 ④ 2 ④ 3 ④ 4 ① 5 ① 6 ①

□□□ 09년1회, 13년1회, 18년1회, 19년2회, 21년3회

7. 전류가 흐르는 상태에서 단로기를 끊었을 때 여러 가지 파괴작용을 일으킨다. 다음 그림에서 유입차단기의 차단 순위와 투입순위가 안전수칙에 적합한 것은?

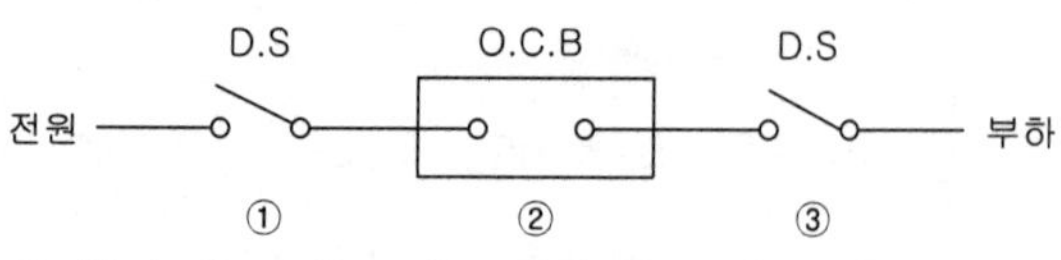

① 차단 ①→②→③, 투입 ①→②→③
② 차단 ②→③→①, 투입 ②→③→①
③ 차단 ③→②→①, 투입 ③→①→②
④ 차단 ②→③→①, 투입 ③→①→②

해설

[참고] 차단기의 작동순서

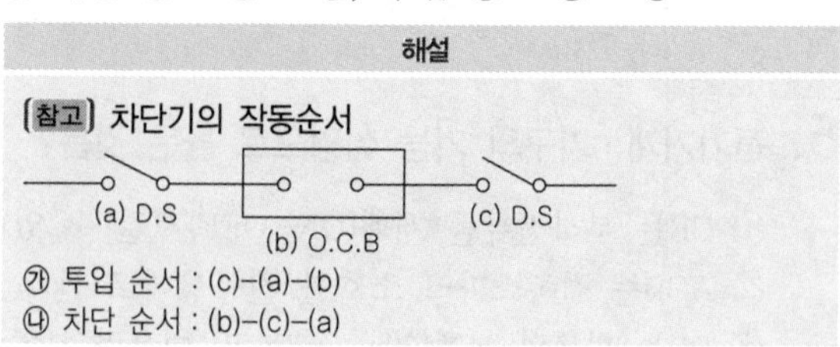

㉮ 투입 순서 : (c)–(a)–(b)
㉯ 차단 순서 : (b)–(c)–(a)

□□□ 13년2회, 17년3회

8. 단로기를 사용하는 주된 목적을 고르시오.

① 이상전압의 차단　② 변압기의 개폐
③ 과부하 차단　④ 무부하 선로의 개폐

해설

단로기(DS)
차단기의 전후 또는 차단기의 측로 회로 및 회로 접속의 변환에 사용되는 것으로 무부하회로에서 개폐한다.

□□□ 09년1회, 15년2회, 19년2회

9. 다음 (　) 안에 들어갈 내용으로 알맞은 것은?

"과전류보호장치는 반드시 접지선외의 전로에 (　)로 연결하여 과전류 발생 시 전로를 자동으로 차단하도록 설치 할 것"

① 직렬　② 병렬
③ 직병렬　④ 직렬 또는 병렬

해설

과전류보호장치는 반드시 접지선이 아닌 전로에 직렬로 연결하여 과전류 발생 시 전로를 자동으로 차단하도록 설치할 것
[참고] 산업안전보건기준에 관한 규칙 제305조 (과전류차단장치)

□□□ 11년2회

10. 다음 중 과전류 차단장치를 시설해서는 안 되는 것은? (단, 다선식 전로로서 과전류 차단기가 동작한 경우 각 극이 동시에 차단된다.)

① 전압선　② 중성선
③ 접지선　④ 인입선

해설

과전류 차단장치에 접지를 하면 감전사고의 위험성이 있다.
접지선이란 전기기기에서 손에 닿는 부분의 전위가 올라가서 감전되는 사고를 예방하기 위하여 이 부분과 대지와 연결하는 선을 뜻한다.

□□□ 08년1회

11. 과전류 차단기로 저압전로에 사용하는 30A 배선용 차단기에 60A의 전류를 통한 경우 몇 분 이내에 자동적으로 동작하여야 하는가?

① 2분　② 4분
③ 6분　④ 8분

문제 11, 12 해설

[참고] 퓨즈의 특성

퓨즈의 종류별 특성	정격 용량	용단 시간
저압용 포장 퓨즈	정격 전류의 1.1배	30A 이하 : 2배의 전류로 2분 30~60A 이하 : 2배의 전류로 4분 60~100A 이하 : 2배의 전류로 6분
고압용 포장 퓨즈	정격 전류의 1.3배	2배의 전류로 120분
고압용 비포장 퓨즈	정격 전류의 1.25배	2배로 전류로 2분

정답 7 ④ 8 ④ 9 ① 10 ③ 11 ①

□□□ 09년3회

12. 전로에 과전류가 흐를 때 자동적으로 전로를 차단하는 장치들에 대한 설명으로 옳지 않은 것은?

① 과전류차단기로 시설하는 퓨즈 중 고압전로에 사용되는 비포장 퓨즈는 정격전류의 1.25배의 전류에 견디고 2배의 전류에는 120분 안에 용단되어야 한다.
② 과전류차단기로서 저압전로에 사용되는 배선용 차단기는 정격전류에 1배의 전류로 자동적으로 동작하지 않아야 한다.
③ 과전류차단기로서 저압전로에 사용되는 퓨즈는 수평으로 붙인 경우 정격전류의 1.1배의 전류에 견디어야 한다.
④ 과전류차단기로 시설하는 퓨즈 중 고압전로에 사용되는 포장 퓨즈는 정격전류의 1.3배의 전류에 견디고 2배의 전류에는 120분 안에 용단되어야 한다.

□□□ 14년2회, 17년3회

13. 전동기용 퓨즈의 사용 목적으로 알맞은 것은?

① 과전압 차단
② 지락과전류 차단
③ 누설전류 차단
④ 회로에 흐르는 과전류 차단

해설

퓨즈는 회로 상에서 흐르는 과전류를 차단하여 전기기계 · 기구나 배선을 보호하는 것이 목적이며 정격 전류, 정격 전압, 차단 용량, 사용 장소 등을 고려하여 선택한다.

□□□ 19년3회

14. 과전류에 의해 전선의 허용전류보다 큰전류가 흐르는 경우 절연물이 화구가 없더라도 자연히 발화하고 심선이 용단되는 발화단계의 전선 전류밀도(A/mm²)는?

① 10 ~ 20
② 30 ~ 50
③ 60 ~ 120
④ 130 ~ 200

해설

과전류에 의한 전선의 인화로부터 용단에 이르기까지 각 단계별 기준
① 인화 단계 : 40~43A/mm²
② 착화 단계 : 43~60A/mm²
③ 발화 단계 : 60~120A/mm²
④ 용단 단계 : 120A/mm² 이상

정답 12 ① 13 ④ 14 ③

Chapter 02

전격재해 및 방지대책

전격재해 및 방지대책에서는 안전전압과 인체저항, 전격재해요인, 누전차단기, 전기용접과 자동전격방지기 등으로 구성되며 인체저항의 특성과 누전차단기의 구분, 자동전격방지기의 작동원리 등이 주로 출제된다.

01 전격의 위험요소

(1) 전류와 감전위험요소

[감전시 사망의 위험성]
감전에 의한 사망의 위험성은 보통 통전전류의 크기에 의해서 결정된다.

Tip
감전에 따른 위험의 정도는 전압이 높을수록 위험하다고 볼 수 있으나 반드시 전압이 높고 낮은데 관계가 있다기보다 체내에 흐르는 전류의 크고 작음에 따라 다르다. 따라서 전압은 2차적 감전요소라는 점을 주의하자.

① 감전위험요소

1차적 감전위험요소	2차적 감전위험요소
• 통전전류의 크기 • 전원의 종류 • 통전경로 • 통전시간	• 인체의 조건(저항) • 전압 • 계절

② 옴의 법칙

$$\text{전류}\, I[A] = \frac{\text{전압}\, E[V]}{\text{저항}\, R[\Omega]}$$

예제

인체에 접촉되는 전압의 최저 허용전압을 50V로 하고, 인체 저항을 2,500 Ω으로 할 때 지속 안전전류는 몇 mA인가?

$I = \frac{E}{R} = \frac{50[\text{V}]}{2500[\Omega]} = 0.02[\text{A}] = 20[\text{mA}]$

③ 전력량

$$P = \sqrt{3}\, V_L I_L \cos\theta\ [\text{W}]$$

P : 전력량 [W]
V_L : 선간전압 [V]
I_L : 전류 [A]
$\cos\theta$: 역률

(2) 저항의 접속과 감전회로

① 저항의 직렬 접속

$R = \frac{V}{I}[\Omega]$식에 의하여 전류가 일정한 직렬회로에서 전압은 저항에 비례하여 분배된다.

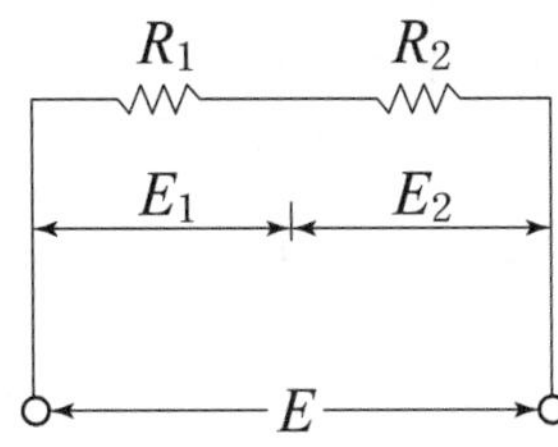

구분	내용
합성저항(R)	$R = R_1 + R_2[\Omega]$
전전류(I)	$I = \frac{V_1}{R_1} = \frac{V_2}{R_2} = \frac{V}{R} = \frac{V}{R_1 + R_2}$[A]
분배전압(V_1, V_2)	$V_1 = \frac{R_1}{R_1 + R_2}V$[V], $V_2 = \frac{R_2}{R_1 + R_2}V$[V]

예제

대지에서 용접작업을 하고 있는 작업자가 용접봉에 접촉한 경우 통전전류는? (단, 용접기의 출력측 무부하전압 : 90V, 접촉저항(손, 용접봉 등 포함) : 10kΩ, 인체의 내부저항 : 1kΩ, 발과 대지의 접촉저항 : 20kΩ 이다.)

$$I[A] = \frac{E}{R_1 + R_2 + R_3} = \frac{90}{(10 + 1 + 20) \times 1{,}000} = 2.9 \times 10^{-3}[A] = 2.9[\text{mA}]$$

I : 인체의 통전전류[A]
E : 용접기의 출력측 무부하전압[V]
R_1 : 손, 홀드 용접봉 등의 접촉저항[Ω]
R_2 : 인체의 내부저항[Ω]
R_3 : 발과 대지의 접촉저항[Ω]

② 저항의 병렬 접속

$R = \frac{V}{I}[\Omega]$식에 의하여 전압이 일정한 병렬회로에서 전류는 저항에 반비례하여 분배된다.

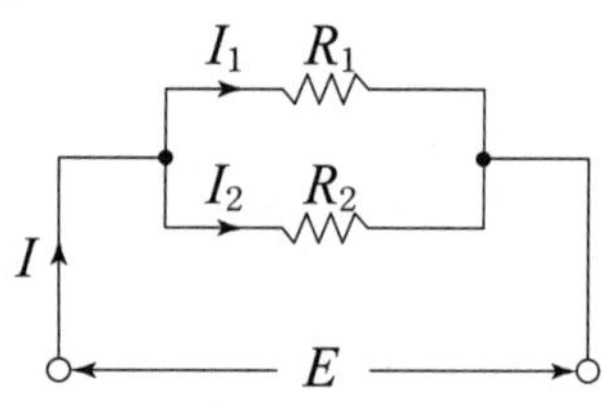

구분	내용
합성저항(R)	$R = \frac{1}{\frac{1}{R_1}+\frac{1}{R_2}} = \frac{R_1 R_2}{R_1 + R_2}[\Omega]$
전전압(V)	$V = RI = \frac{R_1 R_2}{R_1 + R_2} I[\mathrm{V}]$
분배전류(I_1, I_2)	$I_1 = I \times \frac{R_2}{R_1 + R_2}$ [A], $I_2 = I \times \frac{R_1}{R_1 + R_2}$ [A]

Tip

예제에 소개된 문제는 매우 자주 출제되는 문제로 풀이 공식을 꼭 기억하도록 하자!

예제

[그림]과 같은 전기설비에서 누전사고가 발생하여 인체가 전기설비의 외함에 접촉하였을 때 인체통과 전류는 약 몇 mA 인가?

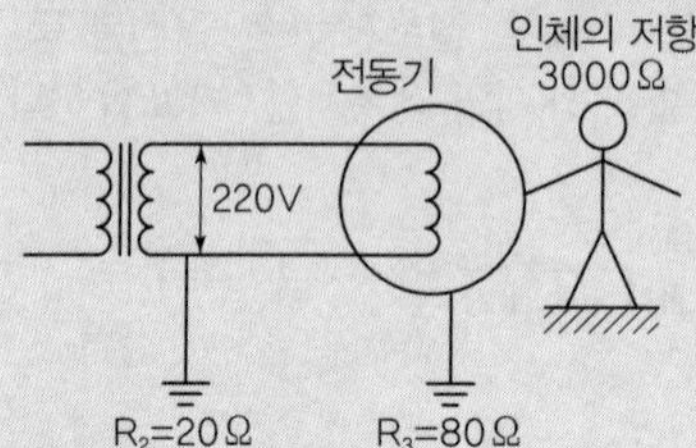

(1) 전류 : $I = \frac{E}{R}$

(2) 직렬 합성저항 : $R = R_2 + R_3[\Omega]$

(3) 병렬 합성저항 : $R = \frac{1}{\frac{1}{R_3}+\frac{1}{R_m}} = \frac{R_3 \times R_m}{R_3 + R_m}[\Omega]$

(4) 분배전류(I_m)

분배전류 : $I_m = I \times \frac{R_3}{R_3 + R_m}$ [A]

$$I_m = \frac{E}{R_2 + \left(\frac{R_3 \times R_m}{R_3 + R_m}\right)} \times \frac{R_3}{R_3 + R_m} = \frac{220}{20 + \frac{80 \times 3,000}{80 + 3,000}} \times \frac{80}{80 + 3,000}$$

$= 0.05836[\mathrm{A}] = 58.36[\mathrm{mA}]$

(3) 인체의 저항

① 전체저항

구분	저항	
건조한 피부	2,500[Ω]	전체저항 5,000[Ω]
내부조직	300[Ω]	
발과 신발사이	1,500[Ω]	
신발과 대지사이	700[Ω]	

② 피부 저항

구분	내용
피부에 땀이 나 있는 경우	건조시의 $\frac{1}{12} \sim \frac{1}{20}$ 정도로 저하
피부에 물이 젖어 있는 경우	$\frac{1}{25}$ 정도로 저하

③ 피부저항의 변화의 영향을 주는 조건

㉠ 부위에 따른 저항

㉡ 습기에 의한 변화

㉢ 피부와 전극의 접촉면적에 의한 변화

㉣ 인가전압과 시간에 따른 변화

(4) 안전 전압

① 전압의 구분

구분	교류	직류
저압	1[kV] 이하	1.5[kV] 이하
고압	1[kV] 초과 7[kV] 이하	1.5[kV] 초과 7[kV] 이하
특별고압	7[kV] 초과	

② 각국의 안전 전압

국명	안전 전압(V)	국명	안전 전압(V)
영국	24	프랑스	50(DC), 14(AC)
벨기에	35	네덜란드	50
스위스	36	일본	24~30
독일	24	한국	30

[피전점(皮電点)]

인체의 피부 중 손등은 1~2mm^2 정도의 적은 부분이 전기 자극에 의해 신경이 이상적으로 흥분하여 다량의 피부지방이 분비되기 때문에 그 부분의 전기저항이 1/10 정도로 적어지는 부분이다.

[안전초저압(Safety extra-low voltage)]

교류전압 50V 이하, 직류전압 120V 이하(IEC 1201의 전압범위에 규정한 당해 전압 한계를 초과하지 않는 전압)의 전압

③ 허용 접촉 전압

종별	접촉상태	허용접촉전압
제1종	• 인체의 대부분이 수중에 있는 상태	2.5V 이하
제2종	• 인체가 현저히 젖어있는 상태 • 금속성의 전기기계장치나 구조물에 인체의 일부가 상시 접촉되어 있는 상태	25V 이하
제3종	• 제1종 및 제2종 이외의 경우로써 통상의 인체 상태에 있어서 접촉전압이 가해지면 위험성이 높은 상태	50V 이하
제4종	• 제3종의 경우로써 위험성이 낮은 상태 • 접촉전압이 가해질 위험이 없는 경우	제한없음

(5) 허용접촉전압 및 허용보폭 전압

① 접촉 전압의 허용 값

변전소등에 고장전류가 유입된 경우 도전성 구조물과 그 부근 지표상의 점과의 사이(약 1[m])의 전위차의 허용값

$$\text{허용접촉전압}(E) = \left(R_b + \frac{3\rho_s}{2}\right) \times I_k, \quad \left(R_b + \frac{R_f}{2}\right) \times I_k$$

R_b : 인체의 저항(Ω)

ρ_s : 지표 상층 저항률(Ω · m), 고정시간을 1초로 할 때

I_k : 심실세동전류$(I_k) = \dfrac{0.165}{\sqrt{T}}[A]$

R_f : 발의 저항(Ω)

 예제

어느 변전소에서 고장전류가 유입되었을 때 도전성 구조물과 그 부근 지표상의 점과의 사이(약 1m)의 허용접촉전압 [V]은?
(단, 심실세동전류 $I_K = 0.116/\sqrt{t}[A]$, 인체의 저항 : 1,000[Ω], 지표면의 저항율 : 150[Ω · m], 통전시간을 1[초]로 한다.)

$$E = (R_b + \frac{3\rho}{2})I_K = (1000 + \frac{3 \times 150}{2}) \times \frac{0.116}{\sqrt{1}} = 142.1$$

② 허용 보폭 전압

변전소등에 지락전류가 흘렀을 때 지표면상에 근접 격리된 두 점(보통 1m)의 전위차의 허용값

$$\text{허용보폭전압 } E = (R_b + 6\rho_s) \times I_k$$

R_b : 인체의 저항(Ω)

ρ_s : 지표 상층 저항률(Ω · m), 고정시간을 1초로 할 때

I_k : 심실세동전류$(I_k) = \dfrac{0.165}{\sqrt{T}}$

(6) 정전유도에 의한 전격

① 정전유도

송전선의 부근에는 송전전압, 전선의 배치 등에 의해 전계가 발생하고 있어 전계중에 절연된 물체가 놓여 있다면 그 물체에 의해 전하가 유도되어 전압이 생기는데 이 현상을 정전유도라 한다.

② 정전유도의 등가회로

$$\text{유도된 전압 : } V = \frac{C_1}{C_1 + C_2} E$$

V : 정전유도전압

C_1 : 송전선과 물체간의 정전용량

C_2 : 물체와 대지간의 정전용량

E : 송전선의 대지전압

01 핵심문제 1. 전격의 위험요소

□□□ 08년1회, 12년1회

1. 다음 중 전격의 위험을 가장 잘 설명하고 있는 것은?

① 통전 전류가 크고, 주파수가 높고, 장시간 흐를수록 위험하다.
② 통전 전압이 높고, 주파수가 높고, 인체 저항이 낮을수록 위험하다.
③ 통전 전류가 크고, 장시간 흐르고, 인체의 주요한 부분을 흐를수록 위험하다.
④ 통전 전압이 높고, 인체저항이 높고, 인체의 주요한 부분을 흐를수록 위험하다.

문제 1~3 해설

전격의 위험은 통전 전류가 크고, 장시간 흐르고, 인체의 주요한 부분을 흐를수록 위험하다.

감전위험요소

1차적 감전위험요소	2차적 감전위험요소
① 통전전류의 크기 ② 전원의 종류 ③ 통전경로 ④ 통전시간	① 인체의 조건(저항) ② 전압 ③ 계절

□□□ 09년3회, 10년1회, 17년1회, 17년3회, 18년2회

2. 다음 중 인체통전으로 인한 전격(electric shock)의 정도의 결정에 있어 가장 거리가 먼 것은?

① 전압의 크기 ② 통전시간
③ 전류의 크기 ④ 신체 통전 경로

□□□ 09년3회

3. 다음 중 전격의 위험도에 대한 설명 중 옳지 않은 것은?

① 인체의 통전경로에 따라 위험도가 달라진다.
② 몸이 땀에 젖어 있으면 더 위험하다.
③ 전격시간일 길수록 더 위험하다.
④ 전압은 전격위험을 결정하는 1차적 요인이다.

□□□ 15년1회

4. 전압이 동일한 경우 교류가 직류보다 위험한 이유를 가장 잘 설명한 것은?

① 교류의 경우 전압의 극성변화가 있기 때문이다.
② 교류는 감전 시 화상을 입히기 때문이다.
③ 교류는 감전 시 수축을 일으킨다.
④ 직류는 교류보다 사용빈도가 낮기 때문이다.

해설

전압이 동일한 경우 교류가 직류보다 위험한 이유로는 전압의 극성변화가 있기 때문이다.

□□□ 13년3회, 18년3회

5. 다음 ( ) 안에 내용으로 알맞은 것은?

A. 감전 시 인체에 흐르는 전류는 인가전압에 (①)하고 인체저항에 (②)한다.
B. 인체는 전류의 열작용이 (③) × (④) 이 어느 정도 이상이 되면 발생한다.

① ① 비례, ② 반비례, ③ 전류의 세기, ④ 시간
② ① 비례, ② 반비례, ③ 전압, ④ 시간
③ ① 반비례, ② 비례, ③ 전류의 세기, ④ 시간
④ ① 반비례, ② 비례, ③ 전압, ④ 시간

해설

$$\text{전류}I[A] = \frac{\text{전압}E[V]}{\text{저항}R[\Omega]}$$

1. 감전 시 인체에 흐르는 전류는 인가전압에 비례하고 인체저항에 반비례한다.
2. 인체는 전류의 열작용이 전류의세기 × 시간이 어느 정도 이상이 되면 발생한다.

□□□ 10년2회, 16년1회

6. 220V 전압에 접촉된 사람의 인체저항이 약 1,000Ω 일 때 인체 전류와 그 결과치의 위험성 여부로 알맞은 것은?

① 10mA, 안전 ② 45mA, 위험
③ 50mA, 안전 ④ 220mA, 위험

해설

$$\text{전류}I[A] = \frac{\text{전압}E[V]}{\text{저항}R[\Omega]} = \frac{220}{1000} = 0.22[A] = 220[\text{mA}]$$

정답 1 ③ 2 ① 3 ④ 4 ① 5 ① 6 ④

□□□ 16년2회, 21년3회

7. 50kW, 60Hz 3상 유도전동기가 380V 전원에 접속된 경우 흐르는 전류는 약 몇 A 인가? (단, 역률은 80%이다.)

① 82.24 ② 94.96
③ 116.30 ④ 164.47

해설

전력량
$P=\sqrt{3}\,VI\cos\theta[\mathrm{W}]$
P : 전력량 [W]
V : 선간전압 [V]
I : 전류 [A]
$\cos\theta$: 역률
$P=\sqrt{3}\,VI\cos\theta$ 이므로
$I=\dfrac{P}{\sqrt{3}\,V\cos\theta}=\dfrac{50\times10^3}{\sqrt{3}\times380\times0.8}=94.96[A]$

□□□ 08년3회

8. 인체가 100V 전로에 접촉되었을 경우 접촉저항이 500Ω이고, 인체저항이 500Ω일 때 인체에 통과하는 전류는 몇 [mA] 인가?

① 250 ② 200
③ 150 ④ 100

해설

$E=IR,\ I=\dfrac{E}{R}=\dfrac{100[\mathrm{V}]}{500[\Omega]+500[\Omega]}=0.1[\mathrm{A}]$
$=0.1[\mathrm{A}]=100[\mathrm{mA}]$

□□□ 14년2회

9. 그림과 같이 변압기 2차에 200V의 전원이 공급되고 있을 때 지락점에서 지락사고가 발생하였다면 회로에 흐르는 전류는 몇 A인가? (단, R_2=10Ω, R_3=30Ω 이다.)

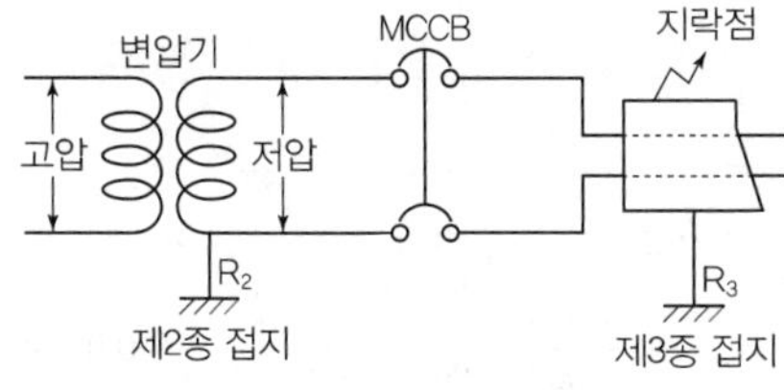

① 5A ② 10A
③ 15A ④ 20A

해설

$I=\dfrac{V}{R},\quad I=\dfrac{V_2}{R_2+R_3}=\dfrac{200}{10+30}=5$

□□□ 08년1회, 11년2회, 14년3회

10. 대지에서 용접작업을 하고 있는 작업자가 용접봉에 접촉한 경우 통전전류는? (단, 용접기의 출력측 무부하전압 : 100V, 접촉저항(손, 용접봉 등 포함) : 20 kΩ, 인체의 내부저항 : 1kΩ, 발과 대지의 접촉저항 : 30kΩ이다.)

① 약 0.2mA ② 약 2.0mA
③ 약 0.2A ④ 약 2.0A

해설

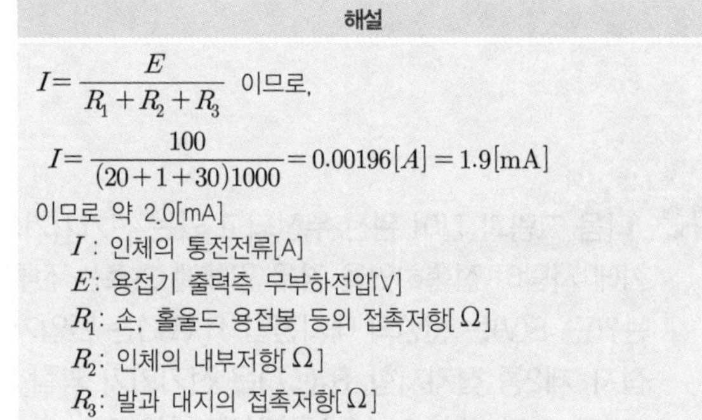

$I=\dfrac{E}{R_1+R_2+R_3}$ 이므로,
$I=\dfrac{100}{(20+1+30)1000}=0.00196[A]=1.9[\mathrm{mA}]$
이므로 약 2.0[mA]
I : 인체의 통전전류[A]
E: 용접기 출력측 무부하전압[V]
R_1: 손, 홀울드 용접봉 등의 접촉저항[Ω]
R_2: 인체의 내부저항[Ω]
R_3: 발과 대지의 접촉저항[Ω]

□□□ 13년3회, 19년2회

11. 누전된 전동기에 인체가 접촉하여 500mA 의 누전전류가 흘렀고 정격감도전류 500mA인 누전차단기가 동작하였다. 이때 인체전류를 약 10mA로 제한하기 위해서는 전동기 외함에 설치할 접지저항의 크기는 몇 Ω 정도로 하면 되는가? (단, 인체저항은 500 Ω이며, 다른 저항은 무시한다.)

① 5 ② 10
③ 50 ④ 100

해설

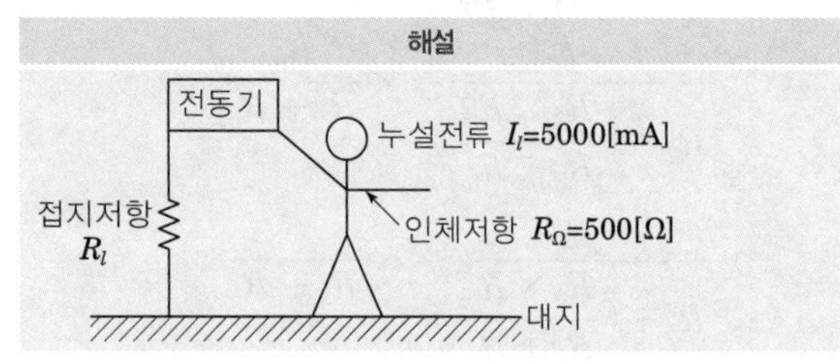

정답 7 ② 8 ④ 9 ① 10 ② 11 ②

R_l과 R_2는 병렬상태, 접지저항을 연결했을 때 인체에 흐르는 전류는 저항에 반비례되므로 10[mA]가 흐르기 위해서는 다음과 같은 식이 성립한다.

누설전류 I_l : 500mA=0.5A,

인체전류 I_m : 10mA=0.01A,　인체저항 R_m : 500Ω

$$I_m = I_l \times \frac{R_l}{R_l + R_m}[A] \text{ 이므로}$$

$$0.01 = 0.5 \times \frac{R_l}{R_l + 500}[A] \text{이다.}$$

$$0.01(R_l + 500) = 0.5R_l$$

$$0.01R_l + 5 = 0.5R_l$$

$$5 = 0.5R_l - 0.01R_l = 0.49R_l$$

$$R_l = \frac{5}{0.49} = 10.20$$

∴ 10[Ω]이 적당하다.

□□□ 19년1회

12. 다음 그림과 같이 완전 누전되고 있는 전기기기의 외함에 사람이 접촉하였을 경우 인체에 흐르는 전류(I_m)는?(단, E(V)는 전원의 대지전압, R_2(Ω)는 변압기 1선 접지, 제2종 접지저항, R_3(Ω)은 전기기기 외함 접지, 제3종 접지저항, R_m(Ω)은 인체저항이다.)

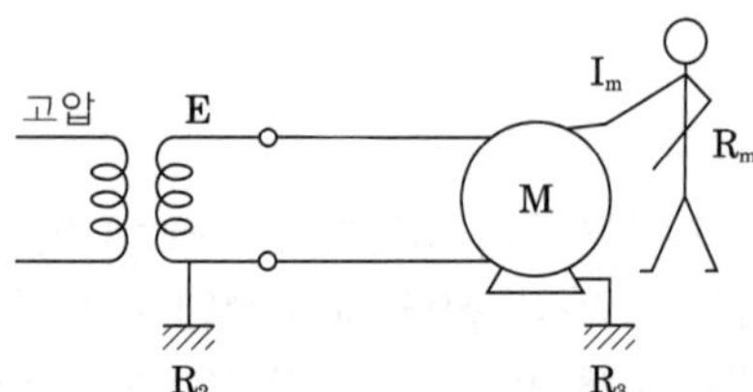

① $\dfrac{E}{R_2 + (\dfrac{R_3 \times R_m}{R_3 + R_m})} \times \dfrac{R_3}{R_3 + R_m}$

② $\dfrac{E}{R_2 + (\dfrac{R_3 + R_m}{R_3 \times R_m})} \times \dfrac{R_3}{R_3 + R_m}$

③ $\dfrac{E}{R_2 + (\dfrac{R_3 \times R_m}{R_3 + R_m})} \times \dfrac{R_m}{R_3 + R_m}$

④ $\dfrac{E}{R_3 + (\dfrac{R_2 \times R_m}{R_2 + R_m})} \times \dfrac{R_3}{R_3 + R_m}$

해설

(1) 전류 : $I = \dfrac{E}{R}$

(2) 직렬 합성저항 : $R = R_2 + R_3[\Omega]$

(3) 병렬 합성저항 : $R = \dfrac{1}{\dfrac{1}{R_3} + \dfrac{1}{R_m}} = \dfrac{R_3 \times R_m}{R_3 + R_m}[\Omega]$

(4) 분배전류(I_m)

① 분배전류 : $I_m = I \times \dfrac{R_3}{R_3 + R_m}$ [A]

$$I_m = \frac{E}{R_2 + \left(\dfrac{R_3 \times R_m}{R_3 + R_m}\right)} \times \frac{R_3}{R_3 + R_m}$$

□□□ 16년1회

13. 그림과 같은 전기기기 A점에서 완전 지락이 발생하였다. 이 전기기기의 외함에 인체가 접촉되었을 경우 인체를 통해서 흐르는 전류는 약 몇 mA인가? (단, 인체의 저항은 3000Ω이다.)

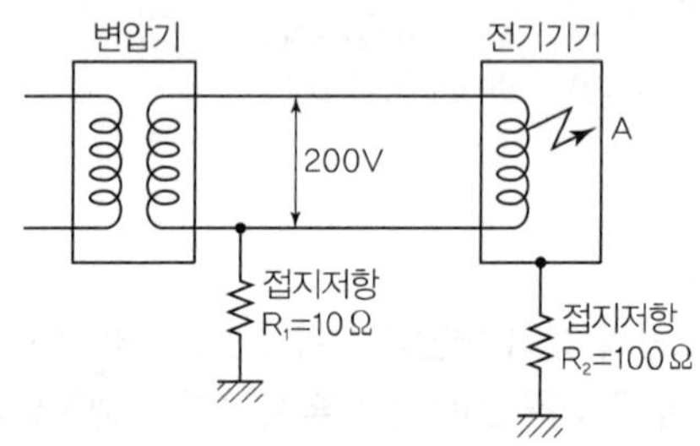

① 60.42　　② 30.21

③ 15.11　　④ 7.55

해설

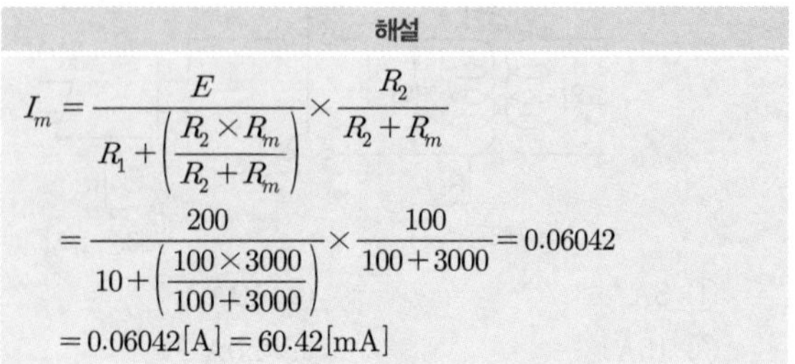

$$I_m = \frac{E}{R_1 + \left(\dfrac{R_2 \times R_m}{R_2 + R_m}\right)} \times \frac{R_2}{R_2 + R_m}$$

$$= \frac{200}{10 + \left(\dfrac{100 \times 3000}{100 + 3000}\right)} \times \frac{100}{100 + 3000} = 0.06042$$

$$= 0.06042[\mathrm{A}] = 60.42[\mathrm{mA}]$$

정답 12 ① 13 ①

□□□ 10년1회, 16년2회, 19년3회

14. [그림]과 같은 전기설비에서 누전사고가 발생하여 인체가 전기설비의 외함에 접촉하였을 때 인체통과 전류는 약 몇 mA인가?

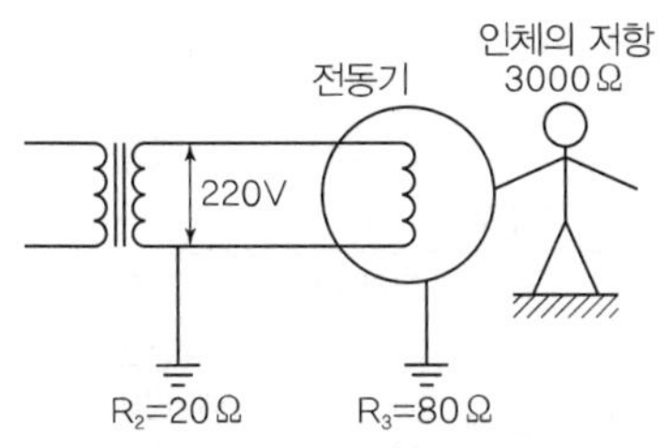

① 43.25 ② 51.24
③ 58.36 ④ 61.68

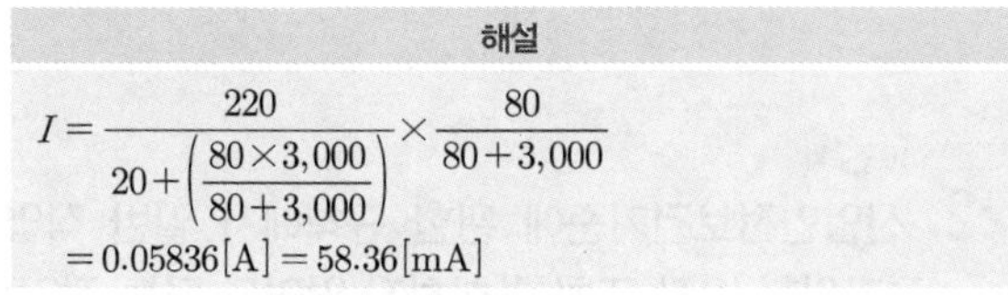

해설

$$I=\frac{220}{20+\left(\frac{80\times 3,000}{80+3,000}\right)}\times\frac{80}{80+3,000}$$
$$=0.05836[\text{A}]=58.36[\text{mA}]$$

□□□ 10년1회, 13년2회, 17년2회

15. 그림과 같은 설비에 누전되었을 때 인체가 접촉하여도 안전하도록 ELB를 설치하려고 한다. 가장 적당한 누전차단기의 정격은 얼마인가?

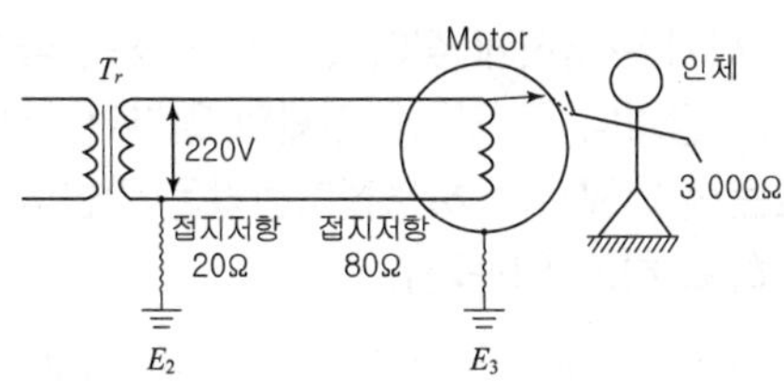

① 30[mA], 0.1초 ② 60[mA], 0.1초
③ 120[mA], 0.1초 ④ 90[mA], 0.1초

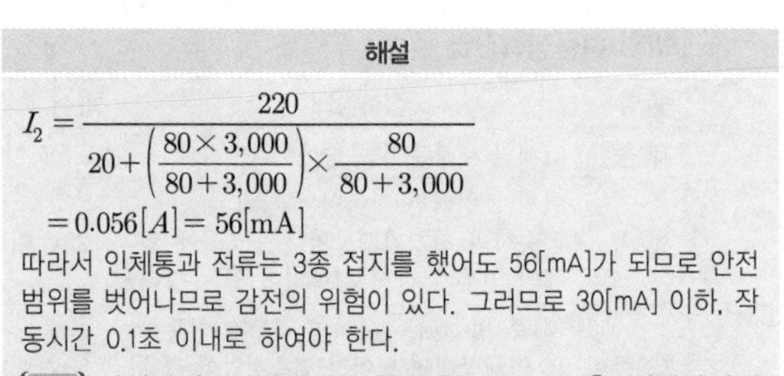

해설

$$I_2=\frac{220}{20+\left(\frac{80\times 3,000}{80+3,000}\right)}\times\frac{80}{80+3,000}$$
$$=0.056[A]=56[\text{mA}]$$

따라서 인체통과 전류는 3종 접지를 했어도 56[mA]가 되므로 안전범위를 벗어나므로 감전의 위험이 있다. 그러므로 30[mA] 이하, 작동시간 0.1초 이내로 하여야 한다.

[참고] 산업안전보건기준에 관한 규칙 제304조 【누전차단기에 의한 감전방지】

전기기계 · 기구에 접속되어 있는 누전차단기는 정격감도전류가 30밀리암페어 이하이고 작동시간은 0.1초 이내로 할 수 있다.

□□□ 17년1회

16. 그림에서 인체의 허용 접촉 전압은 약 몇 V 인가? (단, 심실세동 전류는 $\frac{0.165}{\sqrt{T}}$이며, 인체 저항 $R_k=1000\Omega$, 발의 저항 $R_f=300\Omega$이고, 접촉 시간은 1초로 한다.)

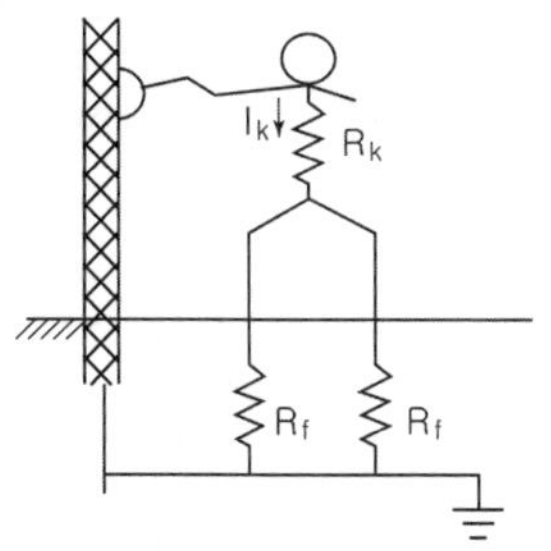

① 107 ② 132
③ 190 ④ 215

해설

$$\left(R_b+\frac{R_f}{2}\right)\times I_k=\left(1000+\frac{300}{2}\right)\times\frac{0.165}{\sqrt{1}}=189.75$$

R_b : 인체의 저항(Ω)
R_f : 발의 저항(Ω)
I_k : 심실세동전류$(I_k)=\frac{0.165}{\sqrt{T}}[A]$

□□□ 13년3회, 17년3회, 21년2회

17. 어느 변전소에서 고장전류가 유입되었을 때 도전성 구조물과 그 부근 지표상의 점과의 사이(약 1m)의 허용접촉전압은? (단, 심실세동전류 : $I_k\frac{0.165}{\sqrt{t}}$ A, 인체의 저항 : 1000Ω, 지표면의 저항률 : 150Ω · m, 통전시간을 1초로 한다.)

① 202V ② 228V
③ 186V ④ 164V

해설

허용접촉전압$(E)=\left(R_b+\frac{3\rho_s}{2}\right)\times I_k$ R_b : 인체의 저항(Ω)

ρ_s : 지표 상층 저항률(Ω · m), 고정시간을 1초로 할 때
I_k : 심실세동전류

$$E=\left(R_b+\frac{3\rho}{2}\right)I_K=\left(1000+\frac{3\times 150}{2}\right)\times\frac{0.165}{\sqrt{1}}=202.13$$

정답 14 ③ 15 ① 16 ③ 17 ①

□□□ 12년1회

18. 보폭전압에서 지표상에 근접 격리된 두 점 간의 거리는?

① 0.5[m] ② 1.0[m]
③ 1.5[m] ④ 2.0[m]

해설

보폭전압에서 지표상에 근접 격리된 두 점 간의 거리는 1m이다.

□□□ 18년1회

19. 감전사고를 방지하기 위해 허용보폭전압에 대한 수식으로 맞는 것은?

E : 허용보폭전압	R_b : 인체의 저항
ρ_s : 지표상층 저항률	I_K : 심실세동전류

① $E=(R_b+3\rho_s)I_K$ ② $E=(R_b+4\rho_s)I_K$
③ $E=(R_b+5\rho_s)I_K$ ④ $E=(R_b+6\rho_s)I_K$

해설

허용보폭전압 $E=(R_b+6\rho_s)\times I_k$
R_b : 인체의 저항(Ω)
ρ_s : 지표 상층 저항률(Ω · m), 고정시간을 1초로 할 때
I_k : 심실세동전류$(I_k)=\dfrac{0.165}{\sqrt{T}}$

□□□ 09년2회, 13년2회

20. 폭발 위험장소의 전기설비에 공급하는 전압으로써 안전초저압(Safety extra-low voltage)의 범위는?

① 교류 50V, 직류 120V를 각각 넘지 않는다.
② 교류 30V, 직류 42V를 각각 넘지 않는다.
③ 교류 30V, 직류 110V를 각각 넘지 않는다.
④ 교류 50V, 직류 80V를 각각 넘지 않는다.

해설

안전초저전압(EXTRA LOW VOLTAGE : ELV)이라 함은 교류전압 50V이하, 직류전압 120V이하(IEC 1201의 전압범위에 규정한 당해 전압한계를 초과하지 않는 전압)의 전압을 말한다.

□□□ 18년1회, 20년4회

21. 우리나라의 안전전압으로 볼 수 있는 것은 약 몇 V인가?

① 30V ② 50V
③ 60V ④ 70V

문제 21, 22 해설

각 국의 안전 전압

국명	안전 전압(V)	국명	안전 전압(V)
영국	24	프랑스	50(DC), 14(AC)
벨기에	35	네덜란드	50
스위스	36	일본	24~30
독일	24	한국	30

□□□ 19년2회

22. 산업안전보건기준에 관한 규칙에서 일반 작업장에 전기위험 방지 조치를 취하지 않아도 되는 전압은 몇 V 이하인가?

① 24 ② 30
③ 50 ④ 100

□□□ 08년1회, 15년2회, 17년2회

23. 인체가 현저하게 젖어있는 상태 또는 금속성의 전기기계 장치나 구조물에 인체의 일부가 상시 접촉되어 있는 상태에서의 허용접촉전압은 일반적으로 몇 [V] 이하로 하고 있는가?

① 2.5V 이하 ② 25V 이하
③ 50V 이하 ④ 75V 이하

문제 23~26 해설

[참고] 허용접촉전압

종별	접촉상태	허용접촉전압
제1종	• 인체의 대부분이 수중에 있는 상태	2.5V 이하
제2종	• 인체가 현저히 젖어있는 상태 • 금속성의 전기기계장치나 구조물에 인체의 일부가 상시 접촉되어 있는 상태	25V 이하
제3종	• 제1종 및 제2종 이외의 경우로써 통상의 인체상태에 있어서 접촉전압이 가해지면 위험성이 높은 상태	50V 이하
제4종	• 제3종의 경우로써 위험성이 낮은 상태 • 접촉전압이 가해질 위험이 없는 경우	제한없음

정답 18 ② 19 ④ 20 ① 21 ① 22 ② 23 ②

□□□ 18년1회

24. 인체의 대부분이 수중에 있는 상태에서 허용접촉전압은 몇 V 이하 인가?

① 2.5V ② 25V
③ 30V ④ 50V

□□□ 13년3회, 15년1회, 21년2회

25. 지락이 생긴 경우 접촉상태에 따라 접촉전압을 제한할 필요가 있다. 인체의 접촉상태에 따른 허용접촉전압을 나타낸 것으로 다음 중 옳지 않은 것은?

① 제1종 2.5V 이하 ② 제2종 25V 이하
③ 제3종 42V 이하 ④ 제4종 제한 없음

□□□ 14년2회

26. 허용접촉 전압과 종별이 서로 다른 것은?

① 제1종 : 2.5V 초과 ② 제2종 : 25V 이하
③ 제3종 : 50V 이하 ④ 제4종 : 제한없음

□□□ 13년1회, 19년1회

27. 인체 피부의 전기저항에 영향을 주는 주요 인자와 거리가 먼 것은?

① 접지경로 ② 접촉면적
③ 접촉부위 ④ 인가전압

문제 27~29 해설

피부저항의 변화의 영향을 주는 조건
1) 부위에 따른 저항
2) 습기에 의한 변화
3) 피부와 전극의 접촉면적에 의한 변화
4) 인가전압과 시간에 따른 변화

□□□ 10년3회

28. 인체의 피부저항은 어떤 조건에 따라 달라지는데 다음 중 달라지는 제반조건에 해당되지 않은 것은?

① 습기에 의한 변화
② 피부와 전극의 간격에 의한 변화
③ 인가전압에 따른 변화
④ 인가시간에 의한 변화

□□□ 10년1회, 18년2회

29. 인체의 피부 전기저항은 여러 가지의 제반조건에 의해서 변화를 일으키는데 제반조건으로써 가장 가까운 것은?

① 피부의 청결 ② 피부의 노화
③ 인가전압의 크기 ④ 통전경로

□□□ 14년2회

30. 인체저항에 대한 설명으로 옳지 않은 것은?

① 인체저항은 인가전압의 함수이다.
② 인가시간이 길어지면 온도상승으로 인체저항은 증가한다.
③ 인체저항은 접촉면적에 따라 변한다.
④ 1000V 부근에서 피부의 절연파괴가 발생할 수 있다.

해설

인가시간이 길어지면 온도상승으로 인체저항은 감소하게 된다.

□□□ 17년3회

31. 인체저항에 대한 설명으로 옳지 않은 것은?

① 인체저항은 접촉면적에 따라 변한다.
② 피부저항은 물에 젖어 있는 경우 건조시의 약 1/12로 저하된다.
③ 인체저항은 한 개의 단일 저항체로 보아 최악의 상태를 적용한다.
④ 인체에 전압이 인가되면 체내로 전류가 흐르게 되어 전격의 정도를 결정한다.

해설

피부 저항의 변화

피부에 땀이 나 있는 경우	건조시의 $\frac{1}{12}\sim\frac{1}{20}$ 정도로 저하
피부에 물이 젖어 있는 경우	$\frac{1}{25}$ 정도로 저하

정답 24 ① 25 ③ 26 ① 27 ① 28 ② 29 ③ 30 ② 31 ②

□□□ 16년3회

32. 인체의 피부 저항은 피부에 땀이 나 있는 경우 건조 시 보다 약 어느 정도 저하되는가?

① $\frac{1}{2}\sim\frac{1}{4}$ ② $\frac{1}{6}\sim\frac{1}{10}$
③ $\frac{1}{12}\sim\frac{1}{20}$ ④ $\frac{1}{25}\sim\frac{1}{35}$

□□□ 08년2회

33. 건조 시 인체의 전기저항을 피부저항만으로 가정하여 2500[Ω · cm^2]할 때 피부에 땀이 나 있을 경우의 전기저항은 약 몇 [Ω · cm^2]인가?

① 50~100[Ω · cm^2] ② 125~208[Ω · cm^2]
③ 550~600[Ω · cm^2] ④ 800[Ω · cm^2] 이상

해설

건조한 피부 : 2,500[Ω]이고, 피부에 땀이 나 있는 경우 : 건조시의 $\frac{1}{12}\sim\frac{1}{20}$ 정도로 저하 되므로 전기저항= $\frac{2500}{20}=125$[Ω · cm^2], $\frac{2500}{12}=208.3$이므로 전기저항의 범위는 125~208[Ω · cm^2]이 된다.

□□□ 16년2회

34. 피부의 전기저항 연구에 의하면 인체의 피부 중 1~2mm^2 정도의 적은 부분은 전기 자극에 의해 신경이 이상적으로 흥분하여 다량의 피부지방이 분비되기 때문에 그 부분의 전기저항이 1/10 정도로 적어지는 피전점(皮電点)이 존재한다고 한다. 이러한 피전점이 존재하는 부분은?

① 머리 ② 손등
③ 손바닥 ④ 발바닥

해설

피전점(皮電点)이 존재하는 부분은 손등이다.

정답 32 ③ 33 ② 34 ②

02 누전차단기

(1) 누전차단기의 작동원리

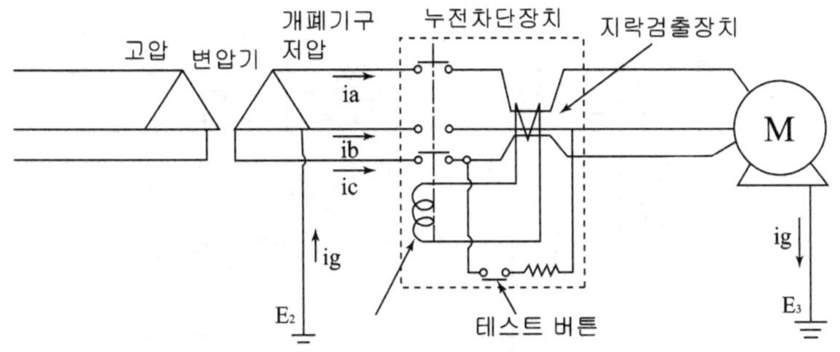

누전차단기의 작동 원리

① 전류 동작형

누전이 발생하게 되면 이를 감지하여 전원을 자동적으로 차단하는 지락차단기의 일종으로 전류동작형은 누전검출부, 영상변류기, 차단기구로 구성된다.

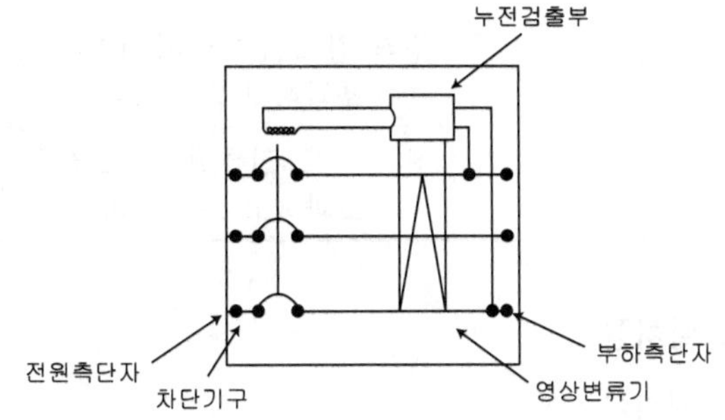

누전차단기

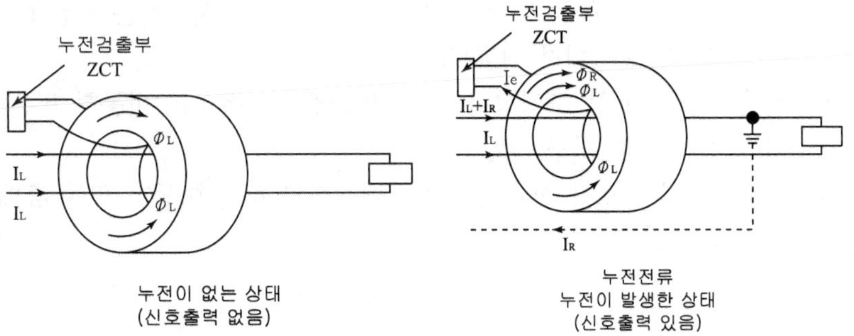

영상변류기의 원리

[누전차단기]

[지락차단기]

고압 혹은 저압의 선로에서 지락사고가 발생할 경우 이에 접촉한 인축이 감전되어 피해를 입게 되는 것을 방지하기 위해, 인축의 접촉이 우려되는 시설물에 설치하여 수배전선로에서 지락사고가 발생하였을 경우 수배전선로로 부터 시설물을 분리시켜 공급되는 전원을 차단하는 장치를 말한다.

② 전압 동작형

보호대상인 기기의 케이스에 이상전압이 발생된 경우 그 이상전압으로 개폐기의 Trip기구를 여자해서 차단을 시키는 것으로 Trip coil의 여자 방법은 직접식과 간접식이 있다.

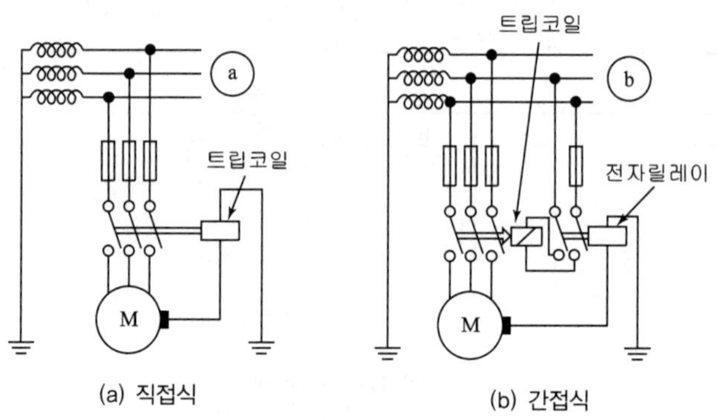

전압동작형 누전차단기의 원리

[감전보호형 누전차단기의 동작시간]
정격감도전류 30mA 이하, 동작시간 0.03초 이내

(2) 누전차단기의 종류

종류	정격 감도 전류(mA)	동작시간	비고
고속형	5, 10, 15, 30	정격 감도 전압에서 0.1초 이내	전압 동작형
반시연형(보통형)		정격 감도 전류에서 0.1초를 초과하고 2초 이내	전류 동작형
시연형(지연형)		정격 감도 전류에서 0.2초를 초과하고 2초 이내	대계통의 모선 보호용

[관련법령]
산업안전보건기준에 관한 규칙 제304조【누전차단기에 의한 감전방지】

(3) 누전차단기 설치장소

① 누전차단기 설치장소

㉠ 대지전압이 150V를 초과하는 이동형 또는 휴대형 전기기계·기구

㉡ 물 등 도전성이 높은 액체가 있는 습윤장소에서 사용하는 저압(1.5kV 이하 직류, 1kV 이하 교류)용 전기기계·기구

㉢ 철판·철골 위 등 도전성이 높은 장소에서 사용하는 이동형 또는 휴대형 전기기계·기구

㉣ 임시배선의 전로가 설치되는 장소에서 사용하는 이동형 또는 휴대형 전기기계·기구

② 누전차단기 설치 예외 장소
㉠ 「전기용품안전관리법」에 따른 이중절연구조 또는 이와 동등 이상으로 보호되는 전기기계 · 기구
㉡ 절연대 위 등과 같이 감전위험이 없는 장소에서 사용하는 전기기계 · 기구
㉢ 비접지방식의 전로

(4) 누전차단기 접속 시 준수사항

① 전기기계 · 기구에 설치되어 있는 누전차단기는 정격감도전류가 30mA 이하이고 작동시간은 0.03초 이내일 것. 다만, 정격전부하전류가 50mA 이상인 전기기계 · 기구에 접속되는 누전차단기는 오작동을 방지하기 위하여 정격감도전류는 200mA 이하로, 작동시간은 0.1초 이내로 할 수 있다.
② 분기회로 또는 전기기계 · 기구마다 누전차단기를 접속할 것. 다만, 평상시 누설전류가 매우 적은 소용량부하의 전로에는 분기회로에 일괄하여 접속할 수 있다.
③ 누전차단기는 배전반 또는 분전반 내에 접속하거나 꽂음접속기형 누전차단기를 콘센트에 접속하는 등 파손이나 감전사고를 방지할 수 있는 장소에 접속할 것
④ 지락보호전용 기능만 있는 누전차단기는 과전류를 차단하는 퓨즈나 차단기 등과 조합하여 접속할 것

(5) 누전차단기의 점검

① 차단기 단자의 전로의 접속상태
② 차단기와 접속대상 전동기기의 정격에 적합할 것
③ 금속제 외함등 금속부분의 접지유무
④ 통전중 차단기에 이상음의 발생유무
⑤ Case의 손상유무와 개폐기의 작동유무

(6) 누전차단기 선정시 주의 사항

① 누전차단기는 휴대용, 이동형 전동기기에 대해 정격감도전류(定格感度電流)가 30[mA] 이하를 사용한다. 그러나 안전상 15[mA]와 같은 고감도의 누전차단기를 사용한다.
② 누전차단기는 정격부동작형(定格不動作電流)이 정격감도 전류의 50% 이상이고 이들의 차가 가능한 작은 값을 사용할 것
③ 누전차단기는 동작시간이 0.1(S) 이하일 것

[전기설비기술기준의 인체감전 보호용 누전차단기]

[전기설비기술기준의 판단기준 제170조]에서는 욕조나 샤워시설이 있는 욕실 또는 화장실 등 인체가 물에 젖어있는 상태에서 전기를 사용하는 장소에 콘센트를 시설하는 경우에는 인체감전보호용 누전차단기(**정격감도전류 15 mA 이하, 동작시간 0.03초 이하**)를 사용하도록 한다.

[비접지 방식]

전로의 지락사고가 발생했을 때 접지회로는 구성되어 있지 않기 때문에 지락전류가 흐르지 않는 방식. 비접지 방식의 변압기는 혼촉방지판이 부착된 변압기를 사용한다.

[누전차단기의 작동전류]

(1) 정격감도전류 : 1차측 지락전류에 의해 누전차단기가 동작하는 전류
(2) 정격부동작전류 : 1차측 지락전류가 있어도 누전차단기가 동작하지 않는 전류

(7) 누전차단기의 적용범위

① 누전차단기의 최소동작 전류 : 정격감도전류의 50% 이상

② 감전보호형 누전차단기의 작동 : 정격감도전류 30mA 이하, 동작시간 0.03초 이내

㉠ 저압전로에 시설하는 누전차단기는 전류 동작형이어야 한다.

㉡ 감전보호형 누전차단기는 고감도 고속형이어야 한다.

㉢ 인입구 등에 시설하는 누전차단기는 충격파 부동작형이어야 한다

(8) 누전차단기의 설치 환경조건

① 주의 온도 : -10 ~ +40℃ 범위

② 표고 : 1,000m 이하 장소에 사용(표고가 높아지면 기압, 공기밀도 저하에 의한 차단능력 저하, 온도상승에 의한 절연 내력 저하 원인이 된다.)

③ 비나 이슬에 젖지 않는 장소로 할 것

④ 먼지가 적은 장소로 할 것

⑤ 이상 진동이나 충격을 받지 않는 장소로 할 것

⑥ 습도가 적은 장소 : 상대습도 45~80% 범위

⑦ 전원 전압 : 정격전압의 85~110% 범위

⑧ 배선상태를 양호하게 할 것

⑨ 불꽃 또는 아크에 의한 폭발의 위험이 없는 장소에 설치

02 핵심문제 2. 누전차단기

□□□ 14년1회

1. 다음 보기의 누전차단기에서 정격감도전류에서 동작시간이 짧은 두 종류를 알맞게 고른 것은?

고속형 누전차단기, 시연형 누전차단기, 반한시형 누전차단기, 감전방지용 누전차단기

① 고속형 누전차단기, 시연형 누전차단기
② 반한시형 누전차단기, 감전방지용 누전차단기
③ 반한시형 누전차단기, 시연형 누전차단기
④ 고속형 누전차단기, 감전방지용 누전차단기

문제 1~4 해설

1. 고속형 : 정격 감도 전압에서 0.1초 이내
2. 반시연형 : 정격 감도 전류에서 0.1초를 초과하고 2초 이내
3. 시연형(지연형) : 정격 감도 전류에서 0.2초를 초과하고 2초 이내
4. 감전방지용 : 정격감도전류 30mA 이하, 동작시간 0.03초 이내

□□□ 10년3회

2. 한국산업규격 KS C 4613 주택용 누전차단기의 규정에서 언급된 고속형 누전 차단기란 다음 중 어느 것인가?

① 정격감도 전류에서 동작시간이 0.1초 이내
② 정격감도 전류의 1.4배에서 동작시간이 0.05초 이내
③ 정격감도 전류에서 동작시간이 0.2초를 초과하고 1초 이내
④ 정격감도 전류에서 동작시간이 0.1초를 초과하고 2초 이내

□□□ 19년1회

3. 정격감도전류에서 동작시간이 가장 짧은 누전차단기는?

① 시연형 누전차단기
② 반한시형 누전차단기
③ 고속형 누전차단기
④ 감전보호용 누전차단기

□□□ 09년2회, 14년1회, 14년3회, 19년2회

4. 감전방지용 누전차단기의 정격감도전류 및 작동시간은 얼마인가?

① 30mA 이하, 0.1초 이내
② 30mA 이하, 0.03초 이내
③ 50mA 이하, 0.1초 이내
④ 50mA 이하, 0.33초 이내

□□□ 12년3회, 19년1회

5. 인체의 저항을 500Ω이라 할 때 단상 440V의 회로에서 누전으로 인한 감전재해를 방지할 목적으로 설치하는 누전 차단기의 규격은?

① 30mA, 0.1초 ② 30mA, 0.03초
③ 50mA, 0.1초 ④ 50mA, 0.3초

문제 5, 6 해설

전기기계 · 기구에 접속되어 있는 누전차단기는 정격감도전류가 30밀리암페어 이하이고 작동시간은 0.03초 이내일 것.

[참고] 산업안전보건기준에 관한 규칙 제304조5항 【누전차단기에 의한 감전방지】

□□□ 08년1회

6. 누전차단기 접속 시 유의 사항으로 옳지 않은 것은?

① 정격부하전류가 50A 이상인 전기기계 · 기구에 접속되는 경우 정격감도전류는 200mA 이하, 작동시간은 0.1초 이내로 할 수 있다.
② 전기기계 · 기구에 접속되는 경우 정격감도전류가 50mA 이하이고, 작동시간은 0.03초 이내이어야 한다.
③ 지락보호용 누전차단기는 과전류를 차단하는 퓨즈 또는 차단기 등과 조합하여 접속한다.
④ 평상시 누설전류가 미소한 소용량의 부하의 전로인 경우 분기회로에 일괄하여 누전차단기를 접속할 수 있다.

□□□ 17년3회, 19년1회, 21년3회

7. 욕실 등 물기가 많은 장소에서 인체감전보호형 누전차단기의 정격감도전류와 동작시간은?

① 정격감도전류 30mA, 동작시간 0.01초 이내
② 정격감도전류 30mA, 동작시간 0.03초 이내
③ 정격감도전류 15mA, 동작시간 0.01초 이내
④ 정격감도전류 15mA, 동작시간 0.03초 이내

정답 1 ④ 2 ① 3 ④ 4 ② 5 ② 6 ② 7 ④

문제 7, 8 해설

[산업안전보건기준에 관한 규칙]에서는 감전방지용 누전차단기는 정격감도전류 30mA이하, 동작시간 0.03초로 규정하고 있으며 [전기설비기술기준의 판단기준 제170조]에서는 욕조나 샤워시설이 있는 욕실 또는 화장실 등 인체가 물에 젖어있는 상태에서 전기를 사용하는 장소에 콘센트를 시설하는 경우에는 인체감전보호용 누전차단기(정격감도전류 15 mA 이하, 동작시간 0.03초 이하)를 사용하도록 한다.

□□□ 18년1회

8. 누전차단기의 시설방법 중 옳지 않은 것은?

① 시설장소는 배전반 또는 분전반 내에 설치한다.
② 정격전류용량은 해당 전로의 부하전류 값 이상이어야 한다.
③ 정격감도전류는 정상의 사용상태에서 불필요하게 동작하지 않도록 한다.
④ 인체감전보호형은 0.05초 이내에 동작하는 고감도 고속형이어야 한다.

□□□ 10년2회

9. 3상 전동기의 부하에 흐르는 각 선전류를 각각 I_1, I_2, I_3라 할 때 영상변류기의 2차측에 전압이 유도되는 경우는? (단, I_g는 지락전류이다.)

① $I_1+I_2+I_3=0$　　② $I_1+I_2=0$
③ $I_1+I_2+I_3=I_g$　　④ $I_2+I_3=0$

해설

3상 전동기의 부하에 흐르는 각 선전류를 각각 I_1, I_2, I_3라 할 때 영상변류기의 2차측에 전압이 유도되는 경우는 $I_1+I_2+I_3=I_g$가 된다.

□□□ 11년2회, 18년2회, 20년4회

10. 누전차단기의 구성요소가 아닌 것은?

① 누전 검출부　　② 영상변류기
③ 차단장치　　④ 전력퓨즈

해설

누전차단기의 구성요소
1. 누전 검출부
2. 영상변류기
3. 차단장치

□□□ 09년3회

11. 다음 중 누전차단기의 선정 시 주의사항으로 옳지 않은 것은?

① 동작시간이 0.1초 이하의 가능한 한 짧은 시간의 것을 사용하도록 한다.
② 절연저항이 5MΩ 이상이 되어야 한다.
③ 정격부동작 전류가 정격감도전류의 50% 이상이고, 또한 이들의 차가 가능한 한 작은 값을 사용하여야 한다.
④ 휴대용, 이동용 전기기기에 대해 정격 감도 전류가 50mA 이상의 것을 사용하여야 한다.

해설

누전차단기는 휴대용, 이동형 전동기기에 대해 정격감도전류(定格感度電流)가 30[mA] 이하를 사용한다. 그러나 안전상 15[mA]와 같은 고감도의 누전차단기를 사용한다.

□□□ 17년3회

12. 누전차단기를 설치하여야 하는 곳은?

① 기계기구를 건조한 장소에 시설한 경우
② 대지전압이 220V에서 기계기구를 물기가 없는 장소에 시설한 경우
③ 전기용품안전 관리법의 적용을 받는 2중 절연구조의 기계기구
④ 전원측에 절연변압기(2차 전압이 300V 이하)를 시설한 경우

문제 12~16 해설

누전차단기의 설치 장소
- 대지전압이 150V를 초과하는 이동형 또는 휴대형 전기기계 · 기구
- 물 등 도전성이 높은 액체가 있는 습윤장소에서 사용하는 저압(750V 이하 직류, 600V 이하 교류)용 전기기계 · 기구
- 철판 · 철골 위 등 도전성이 높은 장소에서 사용하는 이동형 또는 휴대형 전기기계 · 기구
- 임시배선의 전로가 설치되는 장소에서 사용하는 이동형 또는 휴대형 전기기계 · 기구

누전차단기를 설치하지 않아도 되는 경우
1. 「전기용품안전관리법」에 따른 이중절연구조 또는 이와 동등 이상으로 보호되는 전기기계 · 기구
2. 절연대 위 등과 같이 감전위험이 없는 장소에서 사용하는 전기기계 · 기구
3. 비접지방식의 전로

정답 8 ④ 9 ③ 10 ④ 11 ④ 12 ②

□□□ 12년3회

13. 다음 중 누전차단기를 설치하지 않아도 되는 장소는?

① 기계기구를 건조한 곳에 시설하는 경우
② 파이프라인 등의 발열장치의 시설에 공급하는 전로의 경우
③ 대지전압이 150[V] 이하인 기계기구를 물기가 있는 장소에 시설하는 경우
④ 콘크리트에 직접 매설하여 시설하는 케이블의 임시배선 전원의 경우

□□□ 13년1회

14. 지락(누전) 차단기를 설치하지 않아도 되는 기준으로 틀린 것은?

① 기계기구를 발전소, 변전소에 준하는 곳에 시설하는 경우로서 취급자 이외의 자가 임의로 출입할 수 없는 경우
② 대지 전압 150[V] 이하의 기계기구를 물기가 없는 장소에 시설하는 경우
③ 기계기구를 건조한 장소에 시설하고 습한 장소에서 조작하는 경우로 제어용 전압이 교류 60[V], 직류 75[V] 이하인 경우
④ 기계기구가 유도전동기의 2차측 전로에 접속된 저항기일 경우

□□□ 15년2회, 18년2회

15. 금속제 외함을 가지는 기계기구에 전기를 공급하는 전로에 지락이 발생했을 때에 자동적으로 전로를 차단하는 누전차단기 등을 설치하여야 한다. 누전차단기를 설치하지 않아도 되는 경우로 틀린 것은?

① 기계기구가 고무, 합성수지 기타 절연물로 피복된 것일 경우
② 기계기구가 유도전동기의 2차측 전로에 접속된 저항기일 경우
③ 대지전압이 150V를 초과하는 전동 기계 · 기구를 시설하는 경우
④ 전기용품안전관리법의 적용을 받는 2중절연 구조의 기계기구를 시설하는 경우

□□□ 15년3회

16. 금속제 외함을 가지는 사용전압이 60 V를 초과하는 저압의 기계 기구로서 사람이 쉽게 접촉할 우려가 있는 장소에 시설하는 것에 전기를 공급하는 전로에 지락이 발생하였을 때 자동적으로 전로를 차단하는 누전차단기를 설치하여야 한다. 누전차단기를 설치하지 않는 경우는?

① 기계 · 기구를 습한 장소에 시설하는 경우
② 기계 · 기구가 유도 전동기의 2차측 전로에 접속된 저항기인 경우
③ 대지전압이 200V 이하인 기계 · 기구를 물기가 있는 곳에 시설하는 경우
④ 기계 · 기구를 건조한 장소에 시설하고 습한 장소에서 조작하는 경우로 제어전압이 교류 100V 미만인 경우

□□□ 10년2회, 13년1회

17. 누전차단기의 설치 장소로 알맞지 않는 곳은?

① 주위 온도는 -10~40(℃) 범위 내에 설치
② 표고 1,000(m) 이상의 장소에 설치
③ 상대습도가 45~80(%) 사이의 장소에 설치
④ 전원전압이 정격 전압의 85~110(%) 사이에서 사용

문제 17, 18 해설

누전차단기의 설치 장소(환경조건)
1. 표고 1,000(m) 이하의 장소에 설치 할 것
(표고가 높아지면 기압, 공기밀도가 저하되므로 차단기 차단능력의 저하 및 온도상승에 따른 절연내력의 저하를 고려해야 한다.)
2. 누전차단기는 주위 온도는 -10 ~ +40(℃) 범위 내에서 성능이 발휘할 수 있도록 할 것
3. 누전차단기는 상대습도가 45~80(%) 사이의 장소에 설치할 것
4. 누전차단기는 전원전압이 정격 전압의 85~110(%) 사이에서 성능이 만족되어야 한다.
5. 비나 이슬에 젖지 않은 장소로 할 것
6. 먼지가 적은 장소로 할 것
7. 이상한 진동 또는 충격을 받지 않는 장소
8. 배선상태를 건전하게 유지할 것
9. 불꽃 또는 아크에 의한 폭발의 위험이 없는 장소에 설치할 것

정답 13 ① 14 ③ 15 ③ 16 ② 17 ②

□□□ 11년3회

18. 누전차단기의 설치 시 주의하여야 할 사항 중 틀린 것은?

① 누전차단기는 설치의 기능을 고려하여 전기 취급자가 행할 것
② 누전차단기를 설치할 경우 피보호 기기에 접지는 생략
③ 누전차단기의 정격 전류용량은 당해전로의 부하전류치 이상의 전류치를 가지는 것
④ 전로의 전압은 그 변동 범위가 차단기의 정격전압 75%~120%까지로 한다.

정답 18 ④

03 아크 용접장치

(1) 아크용접장치의 특징

① 아크 용접의 원리

전원에서 아크 용접기를 통하여 모재와 용접봉 사이에 아크를 발생시켜 그 열로써 모재와 용접봉을 녹여서 용접시키는 방법으로 직류(D_c), 교류(A_c) 용접기가 있다.

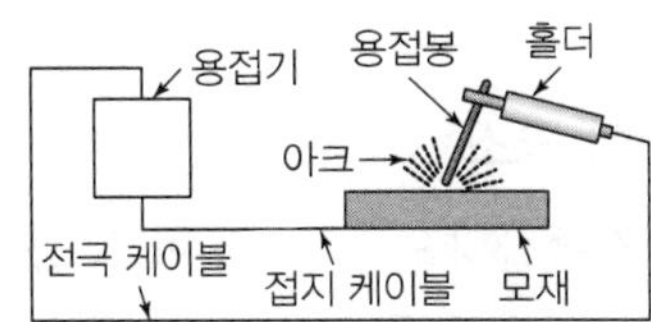

아크 용접의 원리

② 아크 용접기의 종류와 특성

용접기의 종류
- 교류 : 가동철심형, 가동 코일형
- 직류 : 정류기형, 엔진 구동형, 전동 발전형

교류 용접기	직류 용접기
• 피복제가 있어야 아크가 안정된다. • 후판 용접에 적당하다. • 고장이 적고, 용접기가 싸다. • 전격 위험성이 크다.	• 아크가 대단히 안정된다. • 박판 용접에 적당하다. • 고장이 많고, 용접기가 비싸다. • 전격 위험성이 작다.

(2) 아크용접기의 사용율

① 아크용접기의 효율

$$\text{아크용접기 효율}(\%) = \frac{\text{아크출력}}{\text{소비전력}} \times 100$$

$$\text{아크출력} = \text{아크전압}[V] \times \text{아크전류}[A]$$

② 아크용접기의 사용율

$$\text{전격사용율} = \frac{\text{아크발생시간}}{\text{아크발생시간} + \text{무부하시간}}$$

[교류아크용접기]

교류아크용접기 구조

[아크 용접 특징]

(1) 아크열의 온도 : 3,500~6,000℃

(2) 아크의 길이 : 약 2~3mm (전압과 비례)

$$허용사용율 = \frac{(정격2차전류[A])^2}{(실제사용전류[A])^2} \times 정격사용율[\%]$$

예제

교류 아크용접기의 허용사용율[%]은? (단, 정격사용율은 10%, 2차정격전류는 400A, 교류 아크용접기의 사용전류는 200A이다.)

$$허용사용율 = \frac{(400[A])^2}{(200[A])^2} \times 10[\%] = 40$$

[아크 용접장치에서 특히 감전되기 쉬운 곳]

(1) 용접봉 홀더
(2) 용접기의 리드 단자
(3) 용접봉 와이어
(4) 용접용 케이블
(5) 용접기 케이스 : 제3종 접지공사

(3) 교류 아크용접 시 위험 요소

① 전원스위치 개폐시 접촉불량으로 인한 아크 등의 감전재해
② 장해를 유발할 수 있는 아크 광선에 의한 위험

구분	장해
자외선에 의한 눈의 각막 부분	전기성 안염 (320[nm]보다 짧은 파장의 자외선)
적외선에 의한 눈의 수정체 부분	백내장
적외선과 가시 광선의 의한 눈	망막염

③ 홀더의 통전 부분이 노출되어 용접봉에 신체일부가 접촉
④ 케이블 일부가 노출되어 신체에 접촉했을 때
⑤ 피복 용접봉 등에서 발생된 유해가스, 흄 등을 흡입하여 가스중독의 위험

[캡타이어 케이블]

저압의 이동전선, 옥내 배선에 사용되는 가요성 전선으로 전선에 절연 피복한 것 위에 다시 고무 절연물로 덮은 것

(4) 교류 아크용접기 사용 시 안전대책

① 2차측 전로는 용접봉 케이블 또는 캡타이어 케이블을 사용할 것
② 일정 조건하에서 용접기를 사용할 때는 자동전격방지장치를 사용할 것
③ 자동전격방지장치와 용접봉 홀더를 사용전에 점검할 것
④ 1차측에는 2종 이상의 캡타이어 케이블을 사용하고 중량물이나 차량 등에 의해서 손상되지 않도록 배려할 것
⑤ 용접변압기의 1차측 전로는 하나의 용접기에 대해서 1개의 개폐기로 하고, 개폐기에 전선을 접속하는 자는 전기취급자 또는 용접기의 특별교육을 받은 자로 할 것
⑥ 용접시에는 발생하는 불꽃으로 인하여 화재가 발생하는 경우가 있으므로 비산방지와 함께 소화기를 준비해 둘 것
⑦ 용접기의 외함은 접지하고 누전차단기를 설치할 것
⑧ 용접기를 사용하는 금속의 용접, 용단업무는 특별안전보건교육을 받은 자가 할 것

(5) 아크 용접용 보호구(보안경)

① 보안경의 차광도 : 6~10

② 1[mm] 두께의 보통 유리에 의해 차단될 수 있는 차광률

㉠ 300[nm] 이하 자외선

㉡ 4,000[nm] 이상 적외선

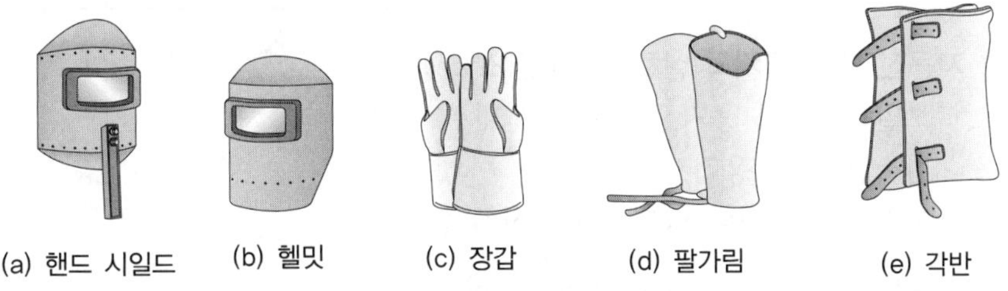

(a) 핸드 시일드 (b) 헬밋 (c) 장갑 (d) 팔가림 (e) 각반

아크 용접용 보호구

[보안경 차광유리의 보호]

보안경의 차광유리(착색유리)앞에 보통유리를 넣어 차광유리를 보호한다.

(6) 자동전격 방지기

① 자동전격 방지장치의 작동원리

㉠ 교류 아크 용접기의 아크 발생을 중단시킨 때로부터 1±0.3초 이내에 2차 무부하 전압을 자동적으로 25V 이하로 바꿀 수 있는 방호장치

㉡ 아크를 멈추었을 때는(무부하시) 아크 용접기 1차 회로에 설치한 주접점 S_1은 개방되고, 보조 변압기(1차측 : 200V, 2차측 : 25V) 2차 회로의 접점 S_2는 개로되므로 홀더에 가해지는 전압은 25V로 저하된다.

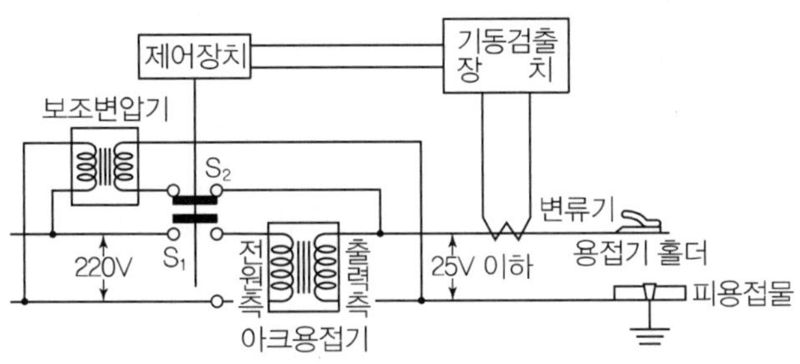

자동전격방지장치의 원리

[표준시동감도]

정격전원전압(전원을 용접기의 출력측에서 취하는 경우는 무부하 전압의 하한값을 포함한다)에 있어서 전격방지기를 시동시킬 수 있는 출력회로의 시동감도를 말하고 명판에 표시된 것

[지동시간]

용접봉 홀더에 무부하 전압이 발생한 후 주접점이 개방될 때까지의 시간

※ 자동전격 방지기의 시동감도

① 용접봉을 모재에 접촉시켜 아크를 발생시킬 때 전격방지 장치가 동작할 수 있는 용접기의 2차측 최대저항

② 자동전격 방지기의 시동감도는 높을수록 좋으나, 극한상황 하에서 전격을 방지하기 위해서 시동감도는 500Ω을 상한치로 한다.

② 자동전격방지장치의 특징

구분	내용
구성	주회로 변압기, 보조변압기, 제어장치
전원변동 허용범위	정격 전류 전압의 85~110%
정기점검 주기	1년에 1회 이상

③ 자동전격방지장치의 설치의무화 장소
㉠ 보일러, 압력 용기, 탱크 등의 내부 용접시
㉡ 협소한 장소 용접시
㉢ 추락의 위험성이 있는 2m 이상에서 용접시

④ 자동전격방지장치의 사용 전 점검사항
㉠ 전격방지장치 외함의 접지상태 이상 유무
㉡ 전격방지장치 외함의 변형, 파손 및 결합상태 이상 유무
㉢ 전격방지장치와 용접기의 배선 및 접속부분 피복의 손상 유무
㉣ 전자 접촉기의 작동상태 이상유무
㉤ 소음발생 유무

⑤ 자동전격방지장치 설치 시 주의사항
㉠ 이완 방지 조치를 한다.
㉡ 동작 상태를 알기 쉬운 곳에 설치한다.
㉢ 테스트 스위치는 조작이 용이한 곳에 위치시킨다.
㉣ 수평으로 선이 꼬이거나 꺾이지 않도록 연결한다.

03 핵심문제 3. 아크 용접장치

□□□ 13년1회, 17년3회

1. 아크용접 작업 시의 감전사고 방지대책으로 옳지 않은 것은?

① 절연 장갑의 사용
② 절연 용접봉 홀더의 사용
③ 적정한 케이블의 사용
④ 절연 용접봉의 사용

해설

용접봉은 통전하여 직접 모체를 가공하는 부분으로 절연하지 않는다.

□□□ 15년1회

2. 작업장에서 교류 아크용접기로 용접작업을 하고 있다. 용접기에 사용하고 있는 용품 중 잘못 사용되고 있는 것은?

① 습윤장소와 2m 이상 고소작업 시에 자동전격방지기를 부착한 후 작업에 임하고 있다.
② 교류 아크용접기 홀더는 절연이 잘 되어 있으며, 2차측 전선은 비닐절연전선을 사용하고 있다.
③ 터미널은 케이블 커넥터로 접속한 후 충전부는 절연테이프로 테이핑 처리를 하였다.
④ 홀더는 KS 규정의 것만 사용하고 있지만 자동전격방지기는 안전보건공단 검정필을 사용한다.

해설

교류 아크용접기 홀더는 절연이 잘 되어 있으며, 2차측 전선은 가요성이 풍부한 용접용 캡타이어케이블을 사용하고 홀더근처는 적어도 2~3m 부분은 작업이 용이하도록 유연한 케이블을 사용하여야 한다.

□□□ 12년3회, 16년1회

3. 교류아크용접기의 사용에서 무부하 전압이 80[V], 아크전압 25[V], 아크 전류 300[A]일 경우 효율은 약 몇[%]인가? (단, 내부손실은 4[kW]이다.)

① 65 ② 68
③ 70 ④ 72

해설

1. 아크출력(kW) = 아크전압×전류
= 25[V]×300[A]=7500[VA]=7.5[kVA]

2. $\text{효율} = \dfrac{\text{아크출력}}{\text{소비전력}} \times 100 = \dfrac{7.5}{7.5+4} \times 100 = 65.22$

□□□ 09년1회, 11년3회, 09년2회, 12년1회, 16년3회, 17년3회, 19년2회, 21년3회

4. 정격사용율 30%, 정격2차전류 300A인 교류아크 용접기를 200A로 사용하는 경우의 허용사용률은?

① 67.5% ② 91.6%
③ 110.3% ④ 130.5%

해설

$$\text{허용사용률} = \frac{(\text{정격2차전류}[A])^2}{(\text{실제용접작업}[A])^2} \times \text{정격사용률}[\%] = \frac{(300[A])^2}{(200[A])^2} \times 30 = 67.5$$

□□□ 18년1회

5. 교류아크 용접기의 접점방식(Magnet식)의 전격방지장치에서 지동시간과 용접기 2차측 무부하전압(V)을 바르게 표현한 것은?

① 0.06초 이내, 25V 이하
② 1±0.3초 이내, 25V 이하
③ 2±0.3초 이내, 50V 이하
④ 1.5±0.06초 이내, 50V 이하

해설

교류 아크 용접기의 자동전격방지기의 성능은 아크발생을 정지시킬 때 주접점이 개로될 때까지의 시간(지동시간)은 1초 이내이고, 2차 무부하 전압은 25[V] 이하이어야 한다.

□□□ 08년2회, 11년2회, 12년3회, 17년2회

6. 교류 아크용접기의 자동전격방지장치는 아크 발생이 중단된 후 출력측 무부하 전압을 몇 [V] 이하로 저하시켜야 하는가?

① 25~30V ② 35~50V
③ 55~75V ④ 80~100V

정답 1 ④ 2 ② 3 ① 4 ① 5 ② 6 ①

□□□ 14년2회

7. 자동전격방지장치에 대한 설명으로 올바른 것은?

① 아크 발생이 중단된 후 약 1초 이내에 출력측 무부하 전압을 자동적으로 10V 이하로 강하시킨다.
② 용접 시에 용접기 2차측의 부하전압을 무부하전압으로 변경시킨다.
③ 용접봉을 모재에 접촉할 때 용접기 2차측은 폐회로가 되며, 이때 흐르는 전류를 감지한다.
④ SCR 등의 개폐용 반도체 소자를 이용한 유접점방식이 많이 사용되고 있다.

문제 7, 8 해설

용접기의 안전장치는 용접기의 1차측 또는 2차측에 부착시켜 용접기의 주회로를 제어하는 기능을 보유함으로써 용접봉의 조작, 모재에의 접촉 또는 분리에 따라 용접을 할 때에 용접기의 주회로를 폐로(ON) 시키고, 용접을 행하지 않을 때에는 용접기 주회로를 개로(OFF)시켜 용접기 2차(출력)측의 무부하전압(보통60~90V)을 안전전압(25~30V)으로 강하시킨다.

□□□ 19년1회

8. 자동전격방지장치에 대한 설명으로 틀린 것은?

① 무부하시 전력손실을 줄인다.
② 무부하 전압을 안전전압 이하로 저하시킨다.
③ 용접을 할 때에만 용접기의 주회로를 개로(OFF)시킨다.
④ 교류 아크용접기의 안전장치로서 용접기의 1차 또는 2차측에 부착한다.

□□□ 15년3회, 18년3회

9. 교류 아크 용접기의 전격방지장치에서 시동감도에 관한 용어의 정의를 옳게 나타낸 것은?

① 용접봉을 모재에 접촉시켜 아크를 발생시킬 때 전격방지 장치가 동작 할 수 있는 용접기의 2차측 최대저항을 말한다.
② 안전전압(24V 이하)이 2차측 전압(85~95V)으로 얼마나 빨리 전환 되는가 하는 것을 말한다.
③ 용접봉을 모재로부터 분리시킨 후 주접점이 개로되어 용접기의 2차측 전압이 무부하전압(25V이하)으로 될 때까지의 시간을 말한다.
④ 용접봉에서 아크를 발생시키고 있을 때 누설 전류가 발생하면 전격방지 장치를 작동시켜야 할지 운전을 계속해야 할지를 결정해야 하는 민감도를 말한다.

해설

시동감도
(1) 용접봉을 모재에 접촉시켜 아크를 발생시킬 때 전격방지 장치가 동작할 수 있는 용접기의 2차측 최대저항
(2) 자동전격 방지기의 시동감도는 높을수록 좋으나, 극한상황 하에서 전격을 방지하기 위해서 시동감도는 500Ω을 상한치로 한다.

□□□ 10년1회, 17년1회, 20년1·2회

10. 교류아크 용접기에 전격 방지기를 설치하는 요령 중 틀린 것은?

① 직각으로만 부착해야 한다.
② 이완 방지 조치를 한다.
③ 동작 상태를 알기 쉬운 곳에 설치한다.
④ 테스트 스위치는 조작이 용이한 곳에 위치시킨다.

해설

자동전격 방지기를 설치 시 주의사항
1. 이완 방지 조치를 한다.
2. 동작 상태를 알기 쉬운 곳에 설치한다.
3. 테스트 스위치는 조작이 용이한 곳에 위치시킨다.
4. 수평으로 선이 꼬이거나 꺾이지 않도록 연결한다.

정답 7 ③ 8 ③ 9 ① 10 ①

04 전기작업의 안전

[전기작업 안전의 기본 대책]
(1) 취급자의 자세
(2) 전기설비의 품질 향상
(3) 전기시설의 안전관리 확립

(1) 감전사고의 일반적 대책

① 전기기기에 위험 표시를 할 것
② 설비의 필요한 부분에는 보호접지를 시설할 것
③ 전기설비의 점검을 철저히 할 것
④ 전기기기 및 장치의 정비를 철저히 할 것
⑤ 고전압 선로 및 충전부의 작업자는 보호구를 착용 할 것
⑥ 유자격자 이외는 전기 기계 및 기구에 접촉을 금지시킬 것
⑦ 충전부가 노출된 부분에는 절연 방호구를 사용
⑧ 안전관리자는 작업에 대한 안전교육을 실시
⑨ 사고발생시의 처리순서를 미리 작성하여 둘 것

(2) 전기 기계 · 기구에 의한 감전 방지 대책

① 전기 기계 · 기구에 의한 감전 원인
㉠ 전기 기기의 노출된 충전부에 직접 접촉하여 발생
㉡ 전기 기기의 금속제 외함 등의 비충전 부분이 절연 열화 등의 원인으로 누전되었을 때의 접촉

② 접촉에 의한 감전 방지
㉠ 충전부 전체를 절연체로 감쌀 것
㉡ 노출형 배전설비는 패쇄 배전반형으로 할 것
㉢ 설치 장소의 제한(별도의 실내 또는 울을 설치하고 시건장치)
㉣ 덮개, 방호망 등을 사용하여 충전부를 방호할 것
㉤ 안전 전압 이하의 기기를 사용할 것

③ 전기 기계 · 기구의 조작 시 안전조치
㉠ 전기기계 · 기구의 조작부분을 점검하거나 보수하는 경우에는 근로자가 안전하게 작업할 수 있도록 전기 기계 · 기구로부터 폭 70센티미터 이상의 작업공간을 확보하여야 한다. 다만, 작업공간을 확보하는 것이 곤란하여 근로자에게 절연용 보호구를 착용하도록 한 경우에는 그러하지 아니하다.
㉡ 전기적 불꽃 또는 아크에 의한 화상의 우려가 있는 고압 이상의 충전전로 작업에 근로자를 종사시키는 경우에는 방염처리된 작업복 또는 난연(難燃)성능을 가진 작업복을 착용시켜야 한다.

[관련법령]
산업안전보건기준에 관한 규칙 제301조【전기 기계 · 기구 등의 충전부 방호】

[울타리 · 담 등에서 충전 부분까지 거리의 합계]

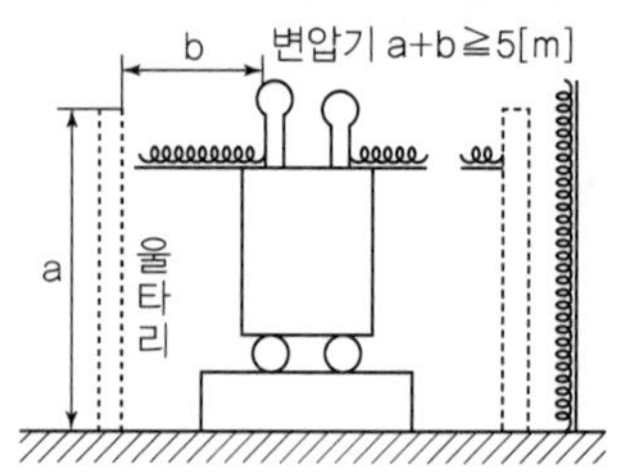

a : 울타리의 높이
b : 울타리로부터 충전부까지의 거리

④ 충전부의 방호

㉠ 충전부가 노출되지 않도록 폐쇄형 외함(外函)이 있는 구조로 할 것
㉡ 충전부에 충분한 절연효과가 있는 방호망이나 절연덮개를 설치
㉢ 충전부는 내구성이 있는 절연물로 완전히 덮어 감쌀 것
㉣ 발전소 · 변전소 및 개폐소 등 구획되어 있는 장소로서 관계 근로자가 아닌 사람의 출입이 금지되는 장소에 충전부를 설치하고, 위험표시 등의 방법으로 방호를 강화할 것
㉤ 전주 위 및 철탑 위 등 격리되어 있는 장소로서 관계 근로자가 아닌 사람이 접근할 우려가 없는 장소에 충전부를 설치할 것

⑤ 발전소 등의 울타리 · 담 등의 시설

구분	내용
옥외에 시설하는 발전소 · 변전소 · 개폐소 또는 이에 준하는 곳 (다만, 토지의 상황에 의하여 사람이 들어갈 우려가 없는 곳은 제외)	• 울타리 · 담 등을 시설할 것 • 출입구에는 출입금지의 표시를 할 것 • 출입구에는 자물쇠장치 기타 적당한 장치를 할 것
울타리 · 담 등은 시설기준 (특별고압 사용전압이 170,000V 미만인 경우 시 · 도지사의 인가를 받은 경우에는 제외)	• 울타리 · 담 등의 높이 : 2m 이상 • 지표면과 울타리 · 담 등의 하단사이의 간격 : 15cm 이하로 할 것

⑥ 울타리 · 담 등과 고압 및 특별고압의 충전부분까지 거리의 합계

사용전압의 구분	울타리, 담 등의 높이와 울타리, 담 등으로부터 충전부분까지의 거리의 합계
35[KV] 이하	5[m]
35[KV]를 넘고 160[KV] 이하	6[m]
160[KV]를 넘는 것	6[m]에 160[KV]를 넘는 10[KV] 또는 그 단수마다 12[cm]를 더한 값

⑦ 누전에 의한 감전방지

㉠ 전기적 절연
㉡ 누전 차단기 설치
㉢ 이중 절연 기기의 사용

⑧ 절연저항

전로의 사용전압 [V]	DC 시험전압 [V]	절연저항 [MΩ]
SELV 및 PELV	250	0.5
FELV, 500V 이하	500	1.0
500V 초과	1000	1.0

특별저압(extra low voltage : 2차 전압이 AC 50V, DC 120V 이하)으로 SELV(비접지회로 구성) 및 PELV(접지회로 구성)은 1차와 2차가 전기적으로 절연된 회로, FELV는 1차 2차가 전기적으로 절연되지 않은 회로

Tip

2021년 1월부터 개정된 한국전기설비규정에 따라 절연저항이 변경되었다. 과거기출문제와 혼동하지 않도록 주의하자.

절연물의 내열 구분

종별	허용최고온도(℃)	절연물의 종류	용도별
Y종	90	유리화 수지, 메타아크릴수지, 폴리에틸렌 폴리염화비닐, 폴리스틸렌	저전압의 기기
A종	105	폴리에스테르수지, 셀룰로오스, 유도체, 폴리아미드, 폴리비닐포르말	보통의 회전기, 변압기
E종	120	멜라민수지, 페놀수지의 유기질, 폴리에스테르 수지	대용량 및 보통의 기기
B종	130	무기질기재의 각종성형, 적층품	고전압의 기기
F종	155	에폭시 수지, 폴리우레탄수지, 변성 실리콘수지	고전압의 기기
H종	180	유리, 실리콘 고무	건식 변압기
C종	180 이상	실리콘, 풀루올바 에틸렌	특수한 기기

⑨ 비 접지식 전로 및 절연 변압기의 사용

⑩ 안전 전압 전원의 사용

⑪ 이격 거리 확보

⑫ 배선 등에 의한 감전 방지

㉠ 배선 등의 절연 피복 및 접속

㉡ 습윤한 장소의 배선

⑬ 전기 기계 · 기구의 설치 시 고려사항

㉠ 전기 기계 · 기구의 충분한 전기적 용량 및 기계적 강도

㉡ 습기 · 분진 등 사용장소의 주위 환경

㉢ 전기적 · 기계적 방호수단의 적정성

[절연물의 절연불량 요인]

(1) 높은 이상전압 등에 의한 전기적 요인
(2) 진동, 충격 등에 의한 기계적 요인
(3) 산화 등에 의한 화학적 요인
(4) 온도상승에 의한 열적 요인

(3) 정전작업의 안전

① 정전작업 전 준수사항(전로의 차단 절차)

㉠ 전기기기등에 공급되는 모든 전원을 관련 도면, 배선도 등으로 확인

㉡ 전원을 차단한 후 각 단로기 등을 개방하고 확인할 것

㉢ 차단장치나 단로기 등에 잠금장치 및 꼬리표를 부착할 것

㉣ 개로된 전로에서 유도전압 또는 전기에너지가 축적되어 근로자에게 전기위험을 끼칠 수 있는 전기기기등은 접촉하기 전에 잔류전하를 완전히 방전시킬 것

㉤ 검전기를 이용하여 작업 대상 기기가 충전되었는지를 확인할 것

㉥ 전기기기등이 다른 노출 충전부와의 접촉, 유도 또는 예비동력원의 역송전 등으로 전압이 발생할 우려가 있는 경우에는 충분한 용량을 가진 단락 접지기구를 이용하여 접지할 것

[전로차단을 하지 않아도 되는 경우]

(1) 생명유지장치, 비상경보설비, 폭발위험장소의 환기설비, 비상조명설비 등의 장치·설비의 가동이 중지되어 사고의 위험이 증가되는 경우
(2) 기기의 설계상 또는 작동상 제한으로 전로차단이 불가능한 경우
(3) 감전, 아크 등으로 인한 화상, 화재·폭발의 위험이 없는 것으로 확인된 경우

② 정전작업 중, 작업 후 준수사항

㉠ 작업기구, 단락 접지기구 등을 제거하고 전기기기등이 안전하게 통전될 수 있는지를 확인할 것

㉡ 모든 작업자가 작업이 완료된 전기기기등에서 떨어져 있는지를 확인

㉢ 잠금장치와 꼬리표는 설치한 근로자가 직접 철거할 것

㉣ 모든 이상 유무를 확인한 후 전기기기등의 전원을 투입할 것

Tip

전력용 케이블·콘덴서 등은 전원차단 후에도 전기에너지가 축적되어 있어 반드시 잔류전하를 방전시킨후 정전작업을 하여야 한다.

③ 정전작업 단계별 조치사항

정전작업시 단계	준수사항
작업시작전	• 작업 지휘자 임명 • 개로 개폐기의 시건 또는 표시 • 잔류전하방전 • 검전기에 의한 정전확인 • 단락접지 • 일부정전작업시 정전선로 및 활선선로의 표시 • 근접활선에 대한 방호
작업중	• 작업 지휘자에 의한 지휘 • 개폐기의 관리 • 근접접지 상태관리 • 단락접지 상태 수시확인
작업종료시	• 표지의 철거 • 단락접지기구의 철거 • 작업자에 대한 감전위험이 없음을 확인 • 개폐기 투입하여 송전재개

[검전기]

전류, 전하(電荷), 전위(電位)의 유무를 검사하는 측정기의 총칭한다. 검전기는 네온관의 방전에 의해서 전압의 유무를 검출하며 저압용, 고압용 및 특별고압용이 있다. 저압용 검전기는 드라이버형, 펜실형이 있다. 이 경우 검전기가 물에 젖어있으면 위험하다.

(4) 충전전로에서의 전기작업

① 충전전로의 방호, 차폐, 절연 등의 조치 시 근로자가 전로와 직접 접촉하거나 도전재료, 공구 또는 기기를 통하여 간접 접촉되지 않도록 할 것
② 충전전로를 취급시 작업에 적합한 절연용 보호구 착용
③ 충전전로에 근접 장소에서 전기작업을 하는 경우 적합한 절연용 방호구를 설치(저압인 경우 절연용 보호구를 착용하되, 충전전로의 접촉 우려가 없는 경우는 절연용 방호구를 설치하지 않을 수 있다.)
④ 고압 및 특별고압의 전로에서 전기작업을 하는 근로자는 활선작업용 기구 및 장치를 사용하도록 할 것
⑤ 절연용 방호구의 설치 · 해체작업 시 절연용 보호구를 착용하거나 활선작업용 기구 및 장치를 사용할 것
⑥ 유자격자가 아닌 근로자가 충전전로 인근의 높은 곳에서 작업할 때 접근금지거리

구분	내용
대지전압이 50kV 이하	300cm 이내
대지전압이 50kV 초과	10kV당 10cm씩 더한 거리 이내

⑦ 유자격자가 충전전로 인근에서 작업하는 경우에는 접근한계거리 이내로 접근하거나 절연 손잡이가 없는 도전체에 접근할 수 없도록 할 것

충전전로의 선간전압(단위 : kV)	충전전로에 대한접근 한계거리(단위 : cm)
0.3 이하	접촉금지
0.3 초과 0.75 이하	30
0.75 초과 2 이하	45
2 초과 15 이하	60
15 초과 37 이하	90
37 초과 88 이하	110
88 초과 121 이하	130
121 초과 145 이하	150
145 초과 169 이하	170
169 초과 242 이하	230
242 초과 362 이하	380
362 초과 550 이하	550
550 초과 800 이하	790

[접근 한계거리 예외사항]
(1) 근로자가 노출 충전부로부터 절연된 경우 또는 해당 전압에 적합한 절연장갑을 착용한 경우
(2) 노출 충전부가 다른 전위를 갖는 도전체 또는 근로자와 절연된 경우
(3) 근로자가 다른 전위를 갖는 모든 도전체로부터 절연된 경우

⑧ 절연이 되지 않은 충전부나 그 인근에 근로자가 접근하는 것을 막거나 제한할 필요가 있는 경우 방책을 설치하고 근로자가 쉽게 알아볼 수 있도록 하여야 한다. (다만, 전기와 접촉할 위험이 있는 경우에는 도전성이 있는 금속제 방책을 사용하거나, 접근 한계거리 이내에 설치해서는 아니 된다.) ※ 이런 조치가 곤란한 경우에는 감전위험을 사전에 경고하는 감시인을 배치하여야 한다.

[방책설치 및 감시인 배치 예외사항]
(1) 근로자가 해당 전압에 적합한 절연용 보호구등을 착용하거나 사용하는 경우
(2) 차량 등의 절연되지 않은 부분이 접근 한계거리 이내로 접근하지 않게 하는 경우

⑨ 충전전로 인근에서의 차량 · 기계장치 작업

㉠ 충전전로 인근에서 차량, 기계장치 등의 작업이 있는 경우 이격거리

구분	이격거리	
차량에서 충전부의 거리	300cm 이상	대지전압이 50kV를 넘는 경우 이격거리 : 10kV 증가할 때마다 10cm씩 증가
차량 등의 높이를 낮춘 상태에서 이동하는 경우	120cm 이상	

㉡ 근로자가 차량과 접촉하지 않도록 방책을 설치, 감시인 배치

㉢ 충전전로 인근에서 접지된 차량 등이 충전전로와 접촉할 우려가 있을 경우에는 지상의 근로자가 접지점에 접촉하지 않도록 조치한다.

(5) 전기설비의 안전점검

① 변압기 설비의 점검

부하측에서는 변압기 1차측은 고압 또는 특별 고압이고, 2차측은 저압이지만 감전방지 대책은 1차측의 전압을 기준으로 한다.

② 아크를 발생하는 기기(기구)

Arc를 발생하는 기기와 가연성 물질은 목재의 벽이나 천정, 기타 가연물로부터 일정한 이격거리가 유지되고 있는지를 확인하여야 한다.

아크 발생의 이격 거리

아크 발생 기구	이격 거리
개폐기, 차단기, 피뢰기, 기타 유사한 기구	고압용 : 1[m] 이상 특별 고압용 : 2[m] 이상

③ 저압 및 고압선 직접매설 깊이

구분	깊이
중량물의 압력을 받지않는 장소	60cm 이상
중량물의 압력을 받는 장소	120cm 이상

④ 화약류 저장소에서 전기설비의 시설

㉠ 전로에 대지전압은 300V 이하일 것

㉡ 전기기계기구는 전폐형의 것일 것

㉢ 케이블을 전기기계기구에 인입할 때에는 손상될 우려가 없도록 시설

(6) 감전사고 시 응급조치

① 감전자의 구출

㉠ 피해자가 접촉된 충전부 또는 누전되고 있는 부위를 확인하고 위험지역으로부터 피해자를 신속히 이탈시킨다.

㉡ 피해자의 감전 상황을 파악한다.

㉢ 몸이나 손에 들고 있는 금속체가 전선, 스위치, 모터 등에 접촉 확인

㉣ 설비의 공급원을 차단한다.

㉤ 전원을 차단할 수 없을 경우 절연용 보호구를 착용 후 구원한다.

② 감전자의 증상 관찰

㉠ 의식의 상태

㉡ 호흡의 상태

㉢ 맥박의 상태

㉣ 출혈의 유무

㉤ 골절의 상태

③ 인공 호흡법

전격재해가 발생하였을 때 의식을 잃고 호흡이 끊어질 경우 폐에 인공적으로 공기를 불어 넣어 폐의 기능을 회복시켜, 스스로 호흡할 수 있도록 한다.

※ 분당 12~15회의 속도로 30분 이상 반복 실시한다.

인공호흡에 의한 소생률

호흡이 멈춘 후 인공호흡이 시작되기까지의 시간(분)	소생률(%)
1	95
2	90
3	75
4	50
5	25

04 핵심문제 4. 전기작업의 안전

□□□ 11년3회

1. 총포, 도검, 화약류 등의 화약류 저장소 안에는 전기설비를 시설하여서는 안 되지만, 백열등이나 형광등 또는 이들에 전기를 공급하기 위한 전기설비를 시설할 때의 규정에 맞지 않는 것은?

① 전로의 대지전압은 450V 이하일 것
② 전기기계기구는 전폐형의 것일 것
③ 케이블을 전기기계기구에 인입할 때에는 인입부분에서 케이블이 손상될 우려가 없도록 할 것
④ 개폐기 또는 과전류 차단기에서 화약류 저장소 인입구까지의 배선은 케이블을 사용하여야 하며, 또한 지중에 시설할 것

해설

화약류 저장소에서 전기설비의 시설
1) 전로에 대지전압은 300V 이하일 것
2) 전기기계기구는 전폐형의 것일 것
3) 케이블을 전기기계기구에 인입할 때에는 손상될 우려가 없도록 시설

□□□ 16년2회

2. 전기작업 안전의 기본 대책에 해당되지 않는 것은?

① 취급자의 자세
② 전기설비의 품질 향상
③ 전기시설의 안전관리 확립
④ 유지보수를 위한 부품 재사용

해설

전기작업 안전의 기본 대책
1. 취급자의 자세
2. 전기설비의 품질 향상
3. 전기시설의 안전관리 확립

□□□ 08년1회, 14년3회

3. 전기기계 · 기구의 조작 시 등의 안전조치에 관한 사항으로 옳지 않은 것은?

① 감전 또는 오조작에 의한 위험을 방지하기 위하여 당해 전기기계 · 기구의 조작부분은 150Lux 이상의 조도가 유지되도록 하여야 한다.
② 전기기계 · 기구의 조작부분에 대한 점검 또는 보수를 하는 때에는 전기기계 · 기구로부터 폭 50cm 이상의 작업공간을 확보하여야 한다.
③ 전기적 불꽃 또는 아크에 의한 화상의 우려가 높은 600V 이상 전압의 충전전로작업에는 방염처리된 작업복 또는 난연성능을 가진 작업복을 착용하여야 한다.
④ 전기기계 · 기구의 조작부분에 대한 점검 또는 보수를 하기 위한 작업공간의 확보가 곤란한 때에는 절연용 보호구를 착용하여야 한다.

문제 3, 4 해설

[참고] 산업안전보건기준에 관한 규칙 제310조【전기 기계 · 기구의 조작시 등의 안전조치】
① 사업주는 전기기계 · 기구의 조작부분을 점검하거나 보수하는 경우에는 근로자가 안전하게 작업할 수 있도록 전기 기계 · 기구로부터 폭 70센티미터 이상의 작업공간을 확보하여야 한다. 다만, 작업공간을 확보하는 것이 곤란하여 근로자에게 절연용 보호구를 착용하도록 한 경우에는 그러하지 아니하다.
② 사업주는 전기적 불꽃 또는 아크에 의한 화상의 우려가 있는 고압 이상의 충전전로 작업에 근로자를 종사시키는 경우에는 방염처리된 작업복 또는 난연(難燃)성능을 가진 작업복을 착용시켜야 한다.

□□□ 18년3회

4. 전기기계 · 기구의 조작 시 안전조치로서 사업주는 근로자가 안전하게 작업할 수 있도록 전기 기계 · 기구로부터 폭 얼마 이상의 작업공간을 확보하여야 하는가?

① 30cm ② 50cm
③ 70cm ④ 100cm

□□□ 08년1회, 12년1회, 20년1·2회

5. 다음 중 감전사고 방지대책으로 옳지 않은 것은?

① 설비의 필요한 부분에 보호접지 실시
② 노출된 충전부에 통전망 설치
③ 안전전압 이하의 전기기기 사용
④ 전기기기 및 설비의 정비

해설

②항, 노출된 충전부에 통전망 설치하면 사고의 위험성이 증대된다.

[참고] 직접 접촉에 의한 감전사고 방지대책
1. 충전부 전체를 절연할 것.
2. 노출배전설비는 폐쇄 배전반형으로 할 것.
3. 설치장소의 제한, 울타리등을 설치하고 시건장치를 할 것.
4. 덮개 또는 방호울등을 사용하여 충전부를 방호할 것.
5. 안전전압이하의 기기를 사용할 것.

정답 1 ① 2 ④ 3 ② 4 ③ 5 ②

□□□ 08년2회, 09년3회, 13년2회, 17년1회, 20년4회

6. 다음 중 직접 접촉에 의한 감전방지 방법으로 적절하지 않은 것은?

① 충전부가 노출되지 않도록 폐쇄형 외함이 있는 구조로 할 것
② 충전부에 충분한 절연효과가 있는 방호망 또는 절연덮개를 설치할 것
③ 충전부는 출입이 용이한 전개된 장소에 설치하고 위험표시 등의 방법으로 방호를 강화할 것
④ 충전부는 내구성이 있는 절연물로 완전히 덮어 감쌀 것

문제 6, 7 해설

충전부의 방호
1) 충전부가 노출되지 않도록 폐쇄형 외함(外函)이 있는 구조로 할 것
2) 충전부에 충분한 절연효과가 있는 방호망이나 절연덮개를 설치
3) 충전부는 내구성이 있는 절연물로 완전히 덮어 감쌀 것
4) 발전소·변전소 및 개폐소 등 구획되어 있는 장소로서 관계 근로자가 아닌 사람의 출입이 금지되는 장소에 충전부를 설치하고, 위험표시 등의 방법으로 방호를 강화할 것
5) 전주 위 및 철탑 위 등 격리되어 있는 장소로서 관계 근로자가 아닌 사람이 접근할 우려가 없는 장소에 충전부를 설치할 것

□□□ 12년3회, 17년2회

7. 작업자의 직접 접촉에 의한 감전방지 대책이 아닌 것은?

① 충전부가 노출되지 않도록 폐쇄형 외함구조로 할 것
② 충전부에 절연 방호망을 설치할 것
③ 충전부는 내구성이 있는 절연물로 완전히 덮어 감쌀 것
④ 관계자 외에도 쉽게 출입이 가능한 장소에 충전부를 설치 할 것

□□□ 15년3회, 16년1회, 19년1회, 19년2회

8. 감전사고를 방지하기 위한 방법으로 틀린 것은?

① 전기기기 및 설비의 위험부에 위험표지
② 전기설비에 대한 누전차단기 설치
③ 전기기기에 대한 정격표시
④ 무자격자는 전기기계 및 기구에 전기적인 접촉 금지

해설

③항, 전기기기에 대한 위험표시를 하여야 한다

[참고] 감전사고의 일반적 대책
① 전기기기에 위험 표시를 할 것
② 설비의 필요한 부분에는 보호접지를 시설할 것
③ 전기설비의 점검을 철저히 할 것
④ 전기기기 및 장치의 정비를 철저히 할 것
⑤ 고전압 선로 및 충전부의 작업자는 보호구를 착용 할 것
⑥ 유자격자 이외는 전기 기계 및 기구에 접촉을 금지시킬 것
⑦ 충전부가 노출된 부분에는 절연 방호구를 사용
⑧ 안전관리자는 작업에 대한 안전교육을 실시
⑨ 사고발생시의 처리순서를 미리 작성하여 둘 것

□□□ 11년2회

9. 감전사고의 방지 대책으로 적합하지 않는 것은?

① 보호절연
② 사고회로의 신속한 차단
③ 보호접지
④ 절연저항 저감

해설

④항, 감전사고를 방지하기 위해서는 절연저항을 증가하여야 한다.

□□□ 11년2회, 21년1회

10. 전기절연재료의 허용온도가 낮은 온도에서 높은 온도 순으로 배치가 맞는 것은?

① Y-A-E-B종 ② A-B-E-Y종
③ Y-E-B-A종 ④ B-Y-A-E종

문제 10, 11 해설

절연물의 내열 구분

종별	허용최고온도(℃)
Y종	90
A종	105
E종	120
B종	130
F종	155
H종	180
C종	180 이상

정답 6 ③ 7 ④ 8 ③ 9 ④ 10 ①

□□□ 10년3회, 20년1·2회

11. 전기기기의 Y종 절연물의 최고 허용온도는?

① 80℃ ② 85℃
③ 90℃ ④ 105℃

□□□ 08년1회, 18년3회

12. 위험방지를 위한 전기기계 · 기구의 설치 시 고려할 사항으로 거리가 먼 것은?

① 전기기계 · 기구의 충분한 전기적 용량 및 기계적 강도
② 전기기계 · 기구의 안전효율을 높이기 위한 시간 가동율
③ 습기 · 분진 등 사용장소의 주위 환경
④ 전기적 · 기계적 방호수단의 적정성

문제 12, 13 해설

위험방지를 위한 전기기계 · 기구의 설치 시 고려할 사항
1. 전기기계 · 기구의 충분한 전기적 용량 및 기계적 강도
2. 습기 · 분진 등 사용장소의 주위 환경
3. 전기적 · 기계적 방호수단의 적정성

□□□ 15년3회

13. 전기로 인한 위험방지를 위하여 전기 기계 · 기구를 적정하게 설치하고자 할 때의 고려사항이 아닌 것은?

① 전기적 · 기계적 방호수단의 적정성
② 습기, 분진 등 사용 장소의 주위 환경
③ 비상전원설비의 구비와 접지극의 매설깊이
④ 전기 기계 · 기구의 충분한 전기적 용량 및 기계적 강도

□□□ 08년2회, 18년1회

14. 22.9kV 충전전로에 대해 필수적으로 작업자와 이격시켜야 하는 접근한계 거리는?

① 45cm ② 60cm
③ 90cm ④ 110cm

문제 14, 15 해설

충전전로의 선간전압(단위 : 킬로볼트)	충전전로에 대한 접근 한계거리(단위 : 센티미터)
0.3 이하	접촉금지
0.3 초과 0.75 이하	30
0.75 초과 2 이하	45
2 초과 15이하	60
15 초과 37 이하	90
37 초과 88 이하	110
88 초과 121 이하	130
121 초과 145 이하	150
145 초과 169 이하	170
169 초과 242 이하	230
242 초과 362 이하	380
362 초과 550 이하	550
550 초과 800 이하	790

[참고] 산업안전보건기준에 관한 규칙 제321조(충전전로에서 전기작업)

□□□ 10년1회

15. 근로자의 신체 등과 충전전로 사이의 사용 전압별 접근 한계거리로 옳은 것은?

① 0.3kV 이하 : 22cm
② 0.3kV 초과 0.75kV 이하 : 30cm
③ 0.75kV 초과 2kV 이하 : 40cm
④ 2kV 초과 15kV 이하 : 70cm

□□□ 09년1회

16. 충전전로 인근에서 차량, 기계장치 등 관련하여 다음 (①), (②)에 들어갈 내용으로 알맞은 것은?

> "충전전로의 충전부로부터 (①)센티미터 이상 이격시켜 유지시키되, 대지전압이 (②)킬로볼트를 넘는 경우 이격시켜 유지하여야 하는 거리는 10킬로볼트 증가할 때마다 10센티미터씩 증가시켜야 한다."

① ① 300, ② 50 ② ① 400, ② 30
③ ① 300, ② 40 ④ ① 500, ② 60

해설

충전전로 인근에서 차량, 기계장치 등의 작업이 있는 경우에는 차량등을 충전전로의 충전부로부터 300센티미터 이상 이격시켜 유지시키되, 대지전압이 50킬로볼트를 넘는 경우 이격시켜 유지하여야 하는 거리는 10킬로볼트 증가할 때마다 10센티미터씩 증가시켜야 한다.

[참고] 산업안전보건기준에 관한 규칙 제322조 【충전전로 인근에서의 차량 · 기계장치 작업】

정답 11 ③ 12 ② 13 ③ 14 ③ 15 ② 16 ①

□□□ 10년3회

17. 충전전로 인근에서 차량, 기계장치 등(이하 이 조에서 "차량등"이라 한다)의 작업이 있는 경우에는 작업자가 감전의 위험이 발생할 우려가 있는 경우에 감전방지 대책으로 적절하지 않은 것은?

① 근로자가 차량등의 그 어느 부분과도 접촉하지 않도록 방책을 설치하거나 감시인 배치 등의 조치하여야 한다.
② 접근 한계거리 이상으로 접근하지 않도록 하여야 한다.
③ 당해 충전전로에 절연용 보호구를 설치한다.
④ 감시인을 두고 작업을 감시하도록 한다.

해설

③ 절연용 보호구는 설치대상이 아니라 근로자가 착용하는 대상이다.

□□□ 14년1회

18. 감전 등의 재해를 예방하기 위하여 고압기계 · 기구 주의에 관계자외 출입을 금하도록 울타리를 설치할 때, 울타리의 높이와 울타리로부터 충전부분까지의 거리를 합이 최소 몇 m 이상은 되어야 하는가?

① 5 m 이상　② 6 m 이상
③ 7 m 이상　④ 9 m 이상

해설

사용전압의 구분	울타리 · 담 등의 높이와 울타리 · 담 등으로부터 충전부분까지의 거리의 합계
35,000V 이하	5m
35,000V 를 넘고 160,000V 이하	6m
160,000V 를 넘는 것	6m에 160,000V를 넘는 10,000 V 또는 그 단수마다 12cm를 더한 값

□□□ 18년1회

19. 사업장에서 많이 사용되고 있는 이동식 전기기계 · 기구의 안전대책으로 가장 거리가 먼 것은?

① 충전부 전체를 절연한다.
② 절연이 불량인 경우 접지저항을 측정한다.
③ 금속제 외함이 있는 경우 접지를 한다.
④ 습기가 많은 장소는 누전차단기를 설치한다.

해설

절연이 불량인 경우 누전, 단락등의 위험성이 있어 기구등을 교체하여야 하며 접지저항값과는 직접적 관계가 없다.

□□□ 16년1회

20. 근로자가 노출된 충전부 또는 그 부근에서 작업함으로써 감전될 우려가 있는 경우에는 작업에 들어가기 전에 해당 전로를 차단하여야 하나 전로를 차단하지 않아도 되는 예외 기준이 있다. 그 예외 기준이 아닌 것은?

① 생명유지장치, 비상경보설비, 폭발위험장소의 환기설비, 비상조명설비 등의 장치 · 설비의 가동이 중지되어 사고의 위험이 증가되는 경우
② 관리감독자를 배치하여 짧은 시간 내에 작업을 완료할 수 있는 경우
③ 기기의 설계상 또는 작동상 제한으로 전로 차단이 불가능한 경우
④ 감전, 아크 등으로 인한 화상, 화재 · 폭발의 위험이 없는 것으로 확인된 경우

해설

근로자가 노출된 충전부 또는 그 부근에서 작업함으로써 감전될 우려가 있는 경우에는 작업에 들어가기 전에 해당 전로를 차단하여야 한다. 다만, 다음 각 호의 경우에는 그러하지 아니하다.

1. 생명유지장치, 비상경보설비, 폭발위험장소의 환기설비, 비상조명설비 등의 장치 · 설비의 가동이 중지되어 사고의 위험이 증가되는 경우
2. 기기의 설계상 또는 작동상 제한으로 전로차단이 불가능한 경우
3. 감전, 아크 등으로 인한 화상, 화재 · 폭발의 위험이 없는 것으로 확인된 경우

[참고] 산업안전보건기준에 관한 사항 제319조【정전전로에서의 전기작업】

□□□ 13년2회

21. 활선작업 중 다른 공사를 하는 것에 대한 안전조치는?

① 동일주 및 인접주에서의 다른 작업은 금한다.
② 동일 배전선에서는 관계가 없다.
③ 인접주에서는 다른 작업이 가능하다.
④ 동일주에서는 다른 작업이 가능하다.

해설

활선작업 중 동일주 및 인접주에서의 다른 작업 또는 동시작업을 금한다.

정답 17 ③ 18 ① 19 ② 20 ② 21 ①

□□□ 14년3회

22. **활선작업 및 활선근접 작업 시 반드시 작업지휘자를 정하여야 한다. 작업지휘자의 임무 중 가장 중요한 것은?**

① 설계의 계획에 의한 시공을 관리 · 감독하기 위해서
② 활선에 접근 시 즉시 경고를 하기 위해서
③ 필요한 전기 기자재를 보급하기 위해서
④ 작업을 신속히 처리하기 위해서

해설

활선작업 및 활선근접 작업 시 반드시 작업지휘자를 정하여야 한다. 작업지휘자의 임무 중 가장 중요한 것으로는 활선에 접근 시 즉시 경고를 하기 위해서이다.

□□□ 12년2회

23. **정전 작업 시 작업 전 조치사항 중 가장 거리가 먼 것은?**

① 검전기로 충전 여부를 확인한다.
② 단락 접지 상태를 수시로 확인한다.
③ 전력케이블의 잔류전하를 방전한다.
④ 전로의 개로 개폐기에 잠금장치 및 통전금지 표지판을 설치한다.

문제 23~28 해설

(참고) 정전작업 시 조치사항

단계	조치사항
작업 전	• 작업지휘자에 의한 작업내용 주지철저 • 개로개폐기의 시건 또는 표시 • 잔류전하의 방전 • 검전기에 의한 정전확인 • 일부정전작업 시 정전선로 및 활선선로의 표시 • 단락접지 • 근접활선에 대한 방호
작업 중	• 작업지휘자에 의한 지휘 • 개폐기 관리 • 단락접지의 수시확인 • 근접활선에 대한 방호상태의 관리
작업 종료 시	• 단락접지기구의 철거 • 표지판 철거 • 작업자에 대한 위험확인 • 개폐기 투입해서 송전재개

□□□ 09년1회, 17년2회

24. **다음 중 정전작업 시 조치사항으로 부적합한 것은?**

① 개로된 전로의 충전여부를 검전기구에 의하여 확인한다.
② 개폐기에 시건장치를 하고 통전금지에 관한 표지판은 제거한다.
③ 예비 동력원의 역송전에 의한 감전의 위험을 방지하기 위한 단락접지 기구를 사용하여 단락 접지를 한다.
④ 잔류 전하를 확실히 방전한다.

□□□ 18년3회

25. **정전 작업 시 작업 전 안전조치사항으로 가장 거리가 먼 것은?**

① 단락 접지
② 잔류 전하 방전
③ 절연 보호구 수리
④ 검전기에 의한 정전확인

□□□ 15년3회, 19년2회

26. **정전작업 시 작업 전 조치하여야 할 실무사항으로 틀린 것은?**

① 단락 접지기구의 철거
② 잔류전하의 방전
③ 검전기에 의한 정전확인
④ 개로개폐기의 잠금 또는 표시

□□□ 13년1회

27. **정전작업 시 작업 중의 조치사항으로 옳지 않은 것은?**

① 작업지휘자에 의한 지휘
② 개폐기 투입
③ 단락접지 수시확인
④ 근접활선에 대한 방호상태 관리

정답 22 ② 23 ② 24 ② 25 ③ 26 ① 27 ②

□□□ 19년1회

28. 정전작업 시 작업 중의 조치사항으로 옳은 것은?

① 검전기에 의한 정전확인
② 개폐기의 관리
③ 잔류전하의 방전
④ 단락접지 실시

□□□ 09년3회

29. 정전 작업을 함에 있어서 작업시작 전에 행하여야 할 조치로서 옳지 않은 것은?

① 개로 개폐기의 시건 또는 표시
② 방전 코일이나 방전기구에 의한 정전 확인
③ 작업 지휘자에 의한 작업내용의 주지 철저
④ 일부 정전작업 시 정전선로 및 활선 선로의 표시

문제 29, 30 해설

②항, 검전기에 의한 정전 확인이다.

□□□ 11년1회, 19년2회

30. 전기기기, 설비 및 전선로 등의 충전 유무를 확인하기 위한 장비는 어느 것인가?

① 위상검출기 ② 디스콘 스위치
③ COS ④ 저압 및 고압용 검전기

□□□ 12년2회, 18년2회

31. 정전작업 시 정전시킨 전로에 잔류전하를 방전할 필요가 있다. 전원차단 이후에도 잔류전하가 남아 있을 가능성이 낮은 것은?

① 전력 케이블 ② 용량이 큰 부하기기
③ 전력용 콘덴서 ④ 방전 코일

해설

방전코일이란 콘덴서를 회로에서 개방하였을 때 전하가 잔류함으로써 일어나는 위험의 방지와 재투입 시에 콘덴서에 걸리는 과전압의 방지를 위한 방전장치이다.

□□□ 10년1회, 11년3회

32. 전선로를 정전시키고 보수작업을 할 때 유도전압이나 오통전으로 인한 재해를 방지하기 위한 안전조치는?

① 보호구를 착용한다. ② 단락접지를 시행한다.
③ 방호구를 사용한다. ④ 검전기로 확인한다.

해설

[참고] 산업안전보건기준에 관한 규칙 제319조 【정전전로에서의 전기작업】
전기기기등이 다른 노출 충전부와의 접촉, 유도 또는 예비동력원의 역송전 등으로 전압이 발생할 우려가 있는 경우에는 충분한 용량을 가진 단락 접지기구를 이용하여 접지할 것

□□□ 12년3회, 15년1회

33. 전력케이블을 사용하는 회로나 역률개선용 전력콘덴서 등이 접속되어 있는 회로의 정전작업 시에 감전의 위험을 방지하기 위한 조치로서 가장 옳은 것은?

① 개폐기의 통전금지
② 잔류전하의 방전
③ 근접활선에 대한 방호장치
④ 안전표지의 설치

해설

개로된 전로에서 유도전압 또는 전기에너지가 축적되어 근로자에게 전기위험을 끼칠 수 있는 전기기기등은 접촉하기 전에 잔류전하를 완전히 방전시킬 것
[참고] 산업안전보건기준에 관한 규칙 제319조 【정전전로에서의 전기작업】

□□□ 19년1회

34. 역률개선용 커패시터(capacitor)가 접속되어있는 전로에서 정전작업을 할 경우 다른 정전작업과는 달리 주의 깊게 취해야 할 조치사항으로 옳은 것은?

① 안전표지부착
② 개폐기 전원투입 금지
③ 잔류전하 방전
④ 활선 근접작업에 대한 방호

문제 34, 35 해설

커패시터(capacitor)는 콘덴서(condenser)와 같은 개념으로 정전작업시 전력용 케이블, 역률개선용 콘덴서등은 잔류전하를 방전시킨 후 작업을 하여야 한다.

정답 28 ② 29 ② 30 ④ 31 ④ 32 ② 33 ② 34 ③

□□□ 14년2회

35. 전선로를 개로한 후에도 잔류 전하에 의한 감전재해를 방지하기 위하여 방전을 요하는 것은?

① 나선의 가공 송배선 선로
② 전열회로
③ 전동기에 연결된 전선로
④ 개로한 전선로가 전력 케이블로 된 것

□□□ 12년2회

36. 정전작업 안전을 확보하기 위하여 접지용구의 설치 및 철거에 대한 설명 중 잘못된 것은?

① 접지용구 설치전에 개폐기의 개방확인 및 검전기 등으로 충전 여부를 확인한다.
② 접지설치 요령은 먼저 접지측 금구에 접지선을 접속하고 금구를 기기나 전선에 확실히 부착한다.
③ 접지용구 취급은 작업책임자의 책임하에 행하여야 한다.
④ 접지용구의 철거는 설치순서와 동일하게 한다.

해설

접지용구의 철거 순서는 설치순서의 역순에 따른다.

□□□ 11년1회, 13년3회

37. 감전자에 대한 중요한 관찰 사항 중 옳지 않은 것은?

① 인체를 통과한 전류의 크기가 50mA를 넘었는지 알아본다.
② 골절된 곳이 있는지 살펴본다.
③ 출혈이 있는지 살펴본다.
④ 입술과 피부의 색깔, 체온의 상태, 전기출입부의 상태 등을 알아본다.

문제 37, 38 해설

감전자의 증상 관찰

1) 의식의 상태	2) 호흡의 상태	3) 맥박의 상태
4) 출혈의 유무	4) 골절의 상태	

□□□ 15년1회

38. 감전에 의하여 넘어진 사람에 대한 중요한 관찰사항이 아닌 것은?

① 의식의 상태
② 맥박의 상태
③ 호흡의 상태
④ 유입점과 유출점의 상태

□□□ 11년3회

39. 작업장 내에서 불의의 감전사고가 발생하였을 경우 우선적으로 응급조치하여야 할 사항으로 가장 적절하지 않은 것은?

① 전격을 받아 실신하였을 때는 즉시 재해자를 병원에 구급조치하여야 한다.
② 우선적으로 재해자를 접촉되어 있는 충전부로부터 분리시킨다.
③ 제3자는 즉시 가까운 스위치를 개방하여 전류의 흐름을 중단시킨다.
④ 전격에 의해 실신했을 때 그곳에서 즉시 인공호흡을 행하는 것이 급선무이다.

해설

작업장 내에서 불의의 감전사고가 발생하였을 경우 우선적으로 응급조치하여야 할 사항으로는 우선 전원을 차단 후에 피해자를 충전부로부터 분리시킨 후에 인공호흡 등 구급조치를 한 다음에 병원으로 후송하여야 한다.

□□□ 14년3회

40. 감전사고 시의 긴급조치에 관한 설명으로 가장 부적절한 것은?

① 구출자는 감전자 발견 즉시 보호용구 착용여부에 관계없이 직접 충전부로부터 이탈시킨다.
② 감전에 의해 넘어진 사람에 대하여 의식의 상태, 호흡의 상태, 맥박의 상태 등을 관찰한다.
③ 감전에 의하여 높은 곳에서 추락한 경우에는 출혈의 상태, 골절의 이상 유무 등을 확인, 관찰한다.
④ 인공호흡과 심장마사지를 2인이 동시에 실시할 경우에는 약 1 : 5의 비율로 각각 실시해야 한다.

문제 40, 41 해설

구출자는 보호용구 또는 방호용구 등을 사용하여 2차 재해가 일어나지 않도록 주의하며 감전자를 구출한다.

정답 35 ④ 36 ④ 37 ① 38 ④ 39 ① 40 ①

□□□ 14년2회, 19년1회

41. 감전사고가 발생 했을 때 피해자를 구출하는 방법으로 옳지 않은 것은?

① 피해자가 계속하여 전기설비에 접촉되어 있다면 우선 그 설비의 전원을 신속히 차단한다.
② 순간적으로 감전 상황을 판단하고 피해자의 몸과 충전부가 접촉되어 있는지를 확인한다.
③ 충전부에 감전되어 있으면 몸이나 손을 잡고 피해자를 곧바로 이탈시켜야 한다.
④ 절연 고무장갑, 고무장화 등을 착용한 후에 구원해준다.

□□□ 13년2회, 17년1회

42. 다음 중 감전 재해자가 발생하였을 때 취하여야 할 최우선 조치로 맞는 것은?(단, 감전자가 질식상태라 가정함.)

① 의사의 왕진을 요청한다.
② 우선 병원으로 이동시킨다.
③ 심폐소생술을 실시한다.
④ 부상 부위를 치료한다.

해설

감전사고시 감전자의 증상을 확인한 후 응급구조 요청을 한 후 병원 이송 전까지 심폐소생술을 실시한다.

□□□ 11년3회, 15년2회, 18년3회

43. 감전에 의해 호흡이 정지한 후에 인공호흡을 즉시 실시하면 소생할 수 있는데 감전에 의한 호흡 정지 후 1분 이내에 올바른 방법으로 인공호흡을 실시하였을 경우의 소생률은 약 몇 % 정도인가?

① 50% ② 60%
③ 75% ④ 95%

해설

[참고] 인공호흡에 의한 소생률

호흡정지에서 인공호흡 개시까지의 경과시간(분)	소생률(%)
1	95
2	90
3	75
4	50
5	25
6	10

□□□ 14년2회, 18년2회

44. 감전사고로 인한 호흡 정지 시 구강대 구강법에 의한 인공호흡의 매분 회수와 시간은 어느 정도 하는 것이 바람직한가?

① 매분 5~10회, 30분 이하
② 매분 12~15회, 30분 이상
③ 매분 20~30회, 30분 이하
④ 매분 30회 이상, 20~30분 정도

해설

구강대 구강법에 의한 인공호흡은 분당 12~15회의 속도로 30분 이상 반복적으로 실시해야 한다.

□□□ 16년1회

45. 전기화상 사고 시의 응급조치 사항으로 틀린 것은?

① 상처에 달라붙지 않은 의복은 모두 벗긴다.
② 상처 부위에 파우더, 향유 기름 등을 바른다.
③ 감전자를 담요 등으로 감싸되 상처부위가 닿지 않도록 한다.
④ 화상부위를 세균 감염으로부터 보호하기 위하여 화상용 붕대를 감는다.

해설

전기화상 사고 시 응급조치 사항
1. 불이 붙은 곳은 물, 소화용 담요 등을 이용하여 소화하거나 급한 경우에는 피해자를 굴리면서 소화한다.
2. 상처에 달라붙지 않은 의복은 모두 벗긴다.
3. 화상부위를 세균 감염으로부터 보호하기 위하여 화상용 붕대를 감는다.
4. 화상을 사지에만 입었을 경우 통증이 줄어들도록 약 10분간 화상부위를 물에 담그거나 물을 뿌릴 수도 있다.
5. 상처 부위에 파우더, 향유, 기름 등을 발라서는 안 된다.
6. 진정, 진통제는 의사의 처방에 의하지 않고는 사용하지 말아야 한다.
7. 의식을 잃은 환자에게는 물이나 차를 조금씩 먹이되 알코올은 삼가야 하며 구토증 환자에게는 물, 차 등의 취식을 금해야 한다.
8. 피해자를 담요 등으로 감싸되 상처 부위가 닿지 않도록 한다.

□□□ 08년3회, 12년1회, 16년3회

46. 충전선로의 활선작업 또는 활선근접 작업을 하는 작업자의 감전위험을 방지하기 위해 착용하는 보호구로서 가장 거리가 먼 것은?

① 절연장화 ② 절연장갑
③ 절연안전모 ④ 대전방지용 구두

해설

대전방지용구두는 정전기에 의한 화재·폭발등의 위험을 방지하기 위해 착용하는 보호구이다.

정답 41 ③ 42 ③ 43 ④ 44 ② 45 ② 46 ④

□□□ 09년1회

47. 다음 중 감전예방을 위한 보호구의 종류에 속하지 않는 것은?

① 안전모 ② 안전장갑
③ 절연시이트 ④ 안전화

해설

③항, 절연시이트란 상부부재와 하부부재 사이에 전기절연을 위해 설치되는 것으로서 보호구의 종류에는 해당되지 않는다.

□□□ 10년2회

48. 보호구 안전인증에서 내전압용 절연장갑의 신장율은 몇 % 이상 이어야 하는가?

① 400% ② 500%
③ 600% ④ 700%

해설

안전인증에서 내전압용 절연장갑의 신장율은 600% 이상이어야 한다.

□□□ 10년3회

49. 고압충전전선로 작업 시 가죽장갑과 고무장갑의 안전한 사용법은?

① 가죽장갑만 사용한다.
② 고무장갑만 사용한다.
③ 가죽장갑의 바깥쪽에 고무장갑에 착용한다.
④ 고무장갑의 바깥쪽에 가죽장갑을 착용한다.

해설

고압충전전선로 작업 시 고무장갑의 바깥쪽에 가죽장갑을 착용하여 고무장갑을 보호하고 감전의 위험을 방지한다.

□□□ 13년3회, 20년3회

50. 작업자가 교류전압 7000V 이하의 전로에 활선 근접 작업 시 감전사고 방지를 위한 절연용 보호구는?

① 고무절연관 ② 절연커버
③ 절연시트 ④ 절연안전모

해설

절연안전모는 고압 전로에 활선 근접작업 시 감전사고 방지를 위해 착용하는 보호구이다.

□□□ 15년2회

51. 절연 안전모의 사용 시 주의사항으로 틀린 것은?

① 특고압 작업에서도 안전도가 충분하므로 전격을 방지하는 목적으로 사용할 수 있다.
② 절연모를 착용할 때에는 턱걸이 끈을 안전하게 죄어야 한다.
③ 머리 윗부분과 안전모와의 간격은 1cm 이상이 되도록 끈을 조정하여야 한다.
④ 내장포(충격흡수라이너) 및 턱 끈이 파손되면 즉시 대체하여야 하고 대용품을 사용하여서는 안 된다.

해설

절연 안전모는 고압(7000V)에 사용 가능하며, 특고압(7000초과)은 사용이 불가능하다.

□□□ 11년1회

52. 활선작업용 기구 중에서 충전중 고압 컷 아웃 등을 개폐할 때 아크에 의한 화상의 재해발생을 방지하기 위해 사용하는 것은?

① 검전기
② 활선장선기
③ 배전선용 후크봉(C. O. S 조작봉)
④ 고압활선용 jumper

해설

활선작업용 기구 · 장치란 작업자가 작업 시에 사용할 때 손으로 잡는 부분이 절연재료로 만들어진 활선작업용 대지 절연을 실시한 활선작업용 장치 또는 고소작업 시 안전하게 작업을 수행하기 위한 용구 등 작업할 때 안전을 확보하기 위한 것으로, 종류로는 배전선용 후크봉, 발 · 송 · 변전용 후크봉, hot stick 등이 있다.

□□□ 16년1회

53. 활선작업을 시행할 때 감전의 위험을 방지하고 안전한 작업을 하기 위한 활선장구 중 충전중인 전선의 변경작업이나 활선작업으로 애자 등을 교환할 때 사용하는 것은?

① 점프선 ② 활선커터
③ 활선시메라 ④ 디스콘스위치 조작봉

문제 53, 54 해설

활선시메라란 활선작업시 감전의 위험을 방지하고 안전한 작업을 하기 위한 전선의 변경작업이나 애자 등 교환작업 시에 사용한다.

정답 47 ③ 48 ③ 49 ④ 50 ④ 51 ① 52 ③ 53 ③

□□□ 15년3회

54. 활선장구 중 활선시메라의 사용 목적이 아닌 것은?

① 충전중인 전선을 장선할 때
② 충전중인 전선의 변경작업을 할 때
③ 활선작업으로 애자 등을 교환할 때
④ 특고압 부분의 검전 및 잔류전하를 방전할 때

□□□ 11년1회

55. 전기의 안전장구에 속하지 않는 것은?

① 활선장구 ② 검출용구
③ 접지용구 ④ 전선접속용구

해설

전선 접속용구는 안전장구가 아니라 작업 시 필요한 공구이다.

정답 54 ④ 55 ④

Chapter 03

전기화재 및 예방대책

전기화재 및 예방대책에서는 전기화재 원인, 접지공사, 피뢰기, 누전화재경보기로 구성되며 접지공사의 방법과 특성 기준등과 피뢰기의 특성에 관한 내용이 주로 출제된다.

01 전기화재의 원인

[전기화재 발생의 3요건]
(1) 발화원
(2) 착화물
(3) 경과

(1) 전기화재 원인별 통계

구분	내용
(1) 발화원의 비율	• 이동가능한 전열기(35%) • 전등, 전화 등의 배선(27%) • 전기 기기(14%) ┐ • 전기장치(9%) ┘ 전기 기기 및 장치(23%) • 배선기구(5%) • 고정된 전열기(5%) • 기타(5%)
(2) 경로별 비율	• 단락(25%) • 스파크(24%) • 누전(15%) • 접촉부의 과열(12%) • 절연열화에 의한 발열(11%) • 과전류(8%) • 기타 지락, 낙뢰, 정전기, 접속불량 등(5%)

(2) 단락(합선)

[단락]

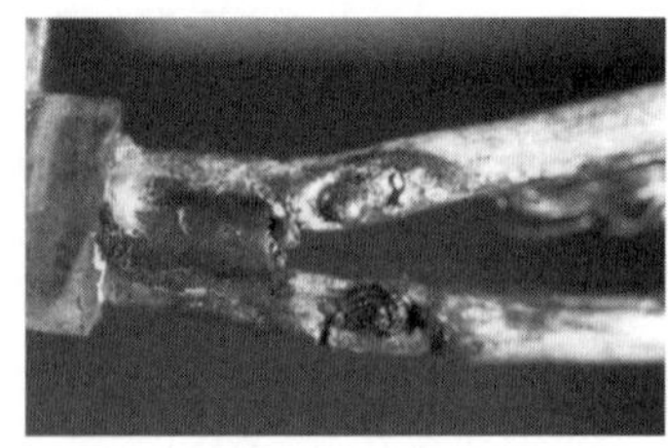

① 전기회로나 전기기기의 절연체가 전기적 또는 기계적 원인으로 열화 또는 파괴되어 Spark로 인한 발화

② 단락순간의 전류 : 1,000 ~ 1,500[A]

③ 발화의 형태
   ㉠ 단락점에서 발생한 스파크가 주위의 인화성 또는 물질에 연소
   ㉡ 단락 순간 가열된 전선이 주위의 인화성 물질 또는 가연성 물체에 접촉의 경우
   ㉢ 단락점 이외의 전선 피복이 연소된 경우

(3) 누전

전류의 통로로 설계된 이외의 곳으로 전류가 흐르는 현상

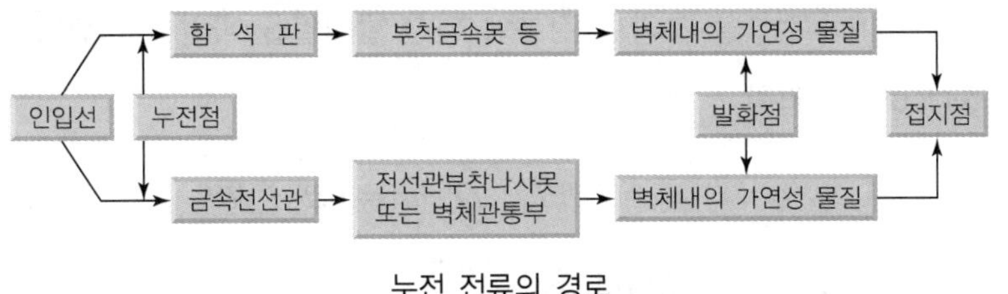

누전 전류의 경로

$$허용누설전류 = 최대공급전류 \times \frac{1}{2,000}$$

[발화할 수 있는 누전전류 최소치]

300~500[mA]

[누전으로 인한 재해]

(1) 감전사고
(2) 누전화재
(3) 아크지락에 의한 기기 손상

[누전 화재의 3요소]

(1) 누전점
(2) 출화점
(3) 접지점

(4) 과전류

전선로의 이상으로 회로에 비 정상적으로 생기는 높은 전류

① 과전류차단장치의 사용

㉠ 반드시 접지선이 아닌 전로에 직렬로 연결하여 과전류 발생 시 전로를 자동으로 차단하도록 설치할 것

㉡ 차단기 · 퓨즈는 계통에서 발생하는 최대 과전류에 대하여 충분하게 차단할 수 있는 성능을 가질 것

㉢ 과전류차단장치가 전기계통상에서 상호 협조 · 보완되어 과전류를 효과적으로 차단하도록 할 것

② 컷아웃 스위치(COS)

㉠ 과전류 차단용으로 많이 사용되며 변압기 1차측에 사용되고 있다.

㉡ 전력용 퓨즈와는 달리 퓨즈의 용단시 COS FUSE만 교환할 수 있으며 퓨즈 통(fuse holder)은 재사용 할 수 있다.

[아크방전의 전압 · 전류 특성]

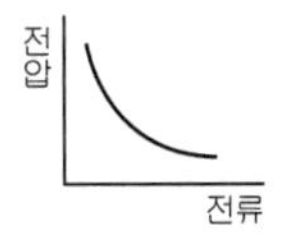

(5) 스파크(Spark)

① 스파크 발생의 원인

스위치를 개폐할 때 또는 콘센트에 플러그를 꽂거나 뽑을 경우 불꽃이 발생하는 현상으로 이 때 주위에 가스, 증기 및 분진 등이 적당한 농도의 상태에 있으면 착화되어 화재나 폭발이 발생한다.

② 아크 발생으로 인한 화재 예방

Arc를 발생하는 기기와 가연성 물질은 목재의 벽이나 천정, 기타 가연물로부터 일정한 이격거리가 유지되고 있는지를 확인하여야 한다.

아크 발생 기구	이격 거리
개폐기, 차단기, 피뢰기, 기타 유사한 기구	고압용은 1[m] 이상 특별 고압용은 2[m] 이상

[아크 광선에 의한 장해]

(1) 자외선에 의한 장해 : 전기성 안염
(2) 적외선에 의한 장해 : 백내장
(3) 적외선과 강한 가시 광선 : 망막염

[최소 발화 에너지의 범위]
0.02~0.3 [mJ]

[전선의 용단단계]
(1) 인화 단계 : 40~43A/mm²
(2) 착화 단계 : 43~60A/mm²
(3) 발화 단계 : 60~120A/mm²
(4) 용단 단계 : 120A/mm² 이상

(6) 전선, 접촉부 과열

전류의 전열이 발생할때 발열량이 커져서 피복부가 변질 또는 발화하게 되는 것으로 허용전류를 초과한 전류에 의한 발생열을 과열이라 한다.

① 줄(Joule)의 법칙

$$Q[J] = I^2RT, \quad Q[cal] = 0.24I^2RT$$

여기서, Q : 전류 발생열[J, cal]
I : 전류[A]
R : 전기 저항[Ω]
T : 통전 시간[s]

(7) 절연파괴(절연열화)

① 절연파괴
전기적으로 절연된 물질 상호간에 전기저항이 감소하여 많은 전류를 흐르게 하고 절연내력이 저하되는 현상

② 절연파괴의 원인
㉠ 기계적 성질의 저하
㉡ 취급불량에서 발생되는 절연 피복의 손상
㉢ 이상전압의 발생에서 오는 절연파괴
㉣ 허용전류 이상의 과열
㉤ 시간의 경과로 인해 절연성 열화

[지락차단장치의 설치]
전기 사업법 기술기준에 의하여 60V 이상의 전압을 사용하는 전기기계 기구에는 지락차단장치 등을 시설하여야 한다.

(8) 지락

전류가 정상적인 전기회로에서 벗어나 대지로 통하는 경우

■ **전기설비기술기준의 판단기준 제41조【지락차단장치 등의 시설】**

① 금속제 외함을 가지는 사용전압이 60 V를 초과하는 저압의 기계 기구로서 사람이 쉽게 접촉할 우려가 있는 곳에 시설하는 것에 전기를 공급하는 전로에는 전로에 지락이 생겼을 때에 자동적으로 전로를 차단하는 장치를 하여야 한다. 다만, 다음 각 호의 어느 하나에 해당하는 경우는 적용하지 않는다.
1. 기계기구를 발전소·변전소·개폐소 또는 이에 준하는 곳에 시설하는 경우.
2. 기계기구를 건조한 곳에 시설하는 경우.
3. 대지전압이 150 V 이하인 기계기구를 물기가 있는 곳 이외의 곳에 시설하는 경우
4. 「전기용품안전 관리법」의 적용을 받는 2중 절연구조의 기계기구를 시설하는 경우
5. 그 전로의 전원측에 절연변압기(2차 전압이 300 V 이하인 경우에 한한다)를 시설하고 또한 그 절연변압기의 부하측의 전로에 접지하지 아니하는 경우.
6. 기계기구가 고무·합성수지 기타 절연물로 피복된 경우
7. 기계기구가 유도전동기의 2차측 전로에 접속되는 것일 경우
8. 기계기구내에 「전기용품안전 관리법」의 적용을 받는 누전차단기를 설치하고 또한 기계기구의 전원연결선이 손상을 받을 우려가 없도록 시설하는 경우

(9) 낙뢰

일종의 정전기로서 구름과 대지간의 방전현상으로 낙뢰가 생기면 전기회로에 이상전압이 유기되어 절연을 파괴시킬 뿐 아니라, 이 때 흐르는 대전류가 화재의 원인이 된다.

(10) 정전기 스파크

물질의 마찰에 의하여 발생하는 것으로 대전된 도체 사이에서 방전이 발생될 경우 주위의 가연성 Gas 및 증기에 인화되어 사고가 발생된다.

■ **산업안전보건기준에 관한 규칙 제325조【정전기로 인한 화재 폭발 등 방지】**

① 사업주는 다음 각 호의 설비를 사용할 때에 정전기에 의한 화재 또는 폭발 등의 위험이 발생할 우려가 있는 경우에는 해당 설비에 대하여 확실한 방법으로 접지를 하거나, 도전성 재료를 사용하거나 가습 및 점화원이 될 우려가 없는 제전(除電)장치를 사용하는 등 정전기의 발생을 억제하거나 제거하기 위하여 필요한 조치를 하여야 한다.

1. 위험물을 탱크로리 · 탱크차 및 드럼 등에 주입하는 설비
2. 탱크로리 · 탱크차 및 드럼 등 위험물저장설비
3. 인화성 액체를 함유하는 도료 및 접착제 등을 제조 · 저장 · 취급 또는 도포(塗布)하는 설비
4. 위험물 건조설비 또는 그 부속설비
5. 인화성 고체를 저장하거나 취급하는 설비
6. 드라이클리닝설비, 염색가공설비 또는 모피류 등을 씻는 설비 등 인화성유기용제를 사용하는 설비
7. 유압, 압축공기 또는 고전위정전기 등을 이용하여 인화성 액체나 인화성 고체를 분무하거나 이송하는 설비
8. 고압가스를 이송하거나 저장 · 취급하는 설비
9. 화약류 제조설비
10. 발파공에 장전된 화약류를 점화시키는 경우에 사용하는 발파기(발파공을 막는 재료로 물을 사용하거나 갱도발파를 하는 경우는 제외한다)

② 사업주는 인체에 대전된 정전기에 의한 화재 또는 폭발 위험이 있는 경우에는 정전기 대전방지용 안전화 착용, 제전복(除電服) 착용, 정전기 제전용구 사용 등의 조치를 하거나 작업장 바닥 등에 도전성을 갖추도록 하는 등 필요한 조치를 하여야 한다.

③ 생산공정상 정전기에 의한 감전 위험이 발생할 우려가 있는 경우의 조치에 관하여는 제1항과 제2항을 준용한다.

01 핵심문제 1. 전기화재의 원인

□□□ 10년3회, 16년2회

1. 전기설비 화재의 경과 별 재해 중 가장 빈도가 높은 것은?

① 단락 ② 누전
③ 접촉부 과열 ④ 과부하

문제 1~5 해설

[참고] 전기화재의 원인별 분류

경로별 비율	발화원의 비율
1. 단락(25%) 2. 스파크(24%) 3. 누전(15%) 4. 접촉부의 과열(12%) 5. 절연열화에 의한 발열(11%) 6. 과전류(8%) 7. 기타 지락, 낙뢰, 정전기, 접속불량 등(5%)	1. 이동가능한 전열기(35%) 2. 전등, 전화 등의 배선(27%) 3. 전기 기기(14%) ┐ 전기 기기 4. 전기장치(9%) ┘ 및 장치(23%) 5. 배선기구(5%) 6. 고정된 전열기(5%) 7. 기타(5%)

□□□ 13년1회, 18년2회

2. 전기화재의 경로별 원인으로 거리가 먼 것은?

① 단락 ② 누전
③ 저전압 ④ 접촉부의 과열

□□□ 12년1회

3. 전기화재의 원인이 아닌 것은?

① 단락 및 과부하 ② 절연불량
③ 기구의 구조불량 ④ 누전

□□□ 12년3회

4. 일반적인 전기화재의 원인과 직접 관계되지 않는 것은?

① 과전류 ② 애자의 오손
③ 정전기 스파크(Spark) ④ 합선(단락)

□□□ 19년1회

5. 전기화재가 발생되는 비중이 가장 큰 발화원은?

① 주방기기
② 이동식 전열기
③ 회전체 전기기계 및 기구
④ 전기배선 및 배선기구

□□□ 18년3회

6. 전선의 절연 피복이 손상되어 동선이 서로 직접 접촉한 경우를 무엇이라 하는가?

① 절연 ② 누전
③ 접지 ④ 단락

해설

단락(합선)
① 전기회로나 전기기기의 절연체가 전기적 또는 기계적 원인으로 열화 또는 파괴되어 Spark로 인한 발화
② 단락순간의 전류 : 1,000 ~ 1,500[A]
③ 발화의 형태
- 단락점에서 발생한 스파크가 주위의 인화성 또는 물질에 연소
- 단락 순간 가열된 전선이 주위의 인화성 물질 또는 가연성 물체에 접촉의 경우
- 단락점 이외의 전선 피복이 연소된 경우

□□□ 12년1회

7. 전기누전으로 인한 화재조사 시에 착안해야 할 입증 흔적과 관계없는 것은?

① 접지점 ② 누전점
③ 혼촉점 ④ 발화점

해설

혼촉점은 누전이 아니라 단락에 의한 화재조사 시에 조사해야 할 사항이다.

□□□ 10년2회

8. 절연열화가 진행되어 누설전류가 증가하면서 발생되는 결과와 거리가 먼 것은?

① 감전사고
② 누전화재
③ 정전기 증가
④ 아크 지락에 의한 기기의 손상

해설

누전이 발생하여 생기는 재해
1. 감전사고
2. 누전화재
3. 아크 지락에 의한 기기의 손상

정답 1 ① 2 ③ 3 ③ 4 ② 5 ② 6 ④ 7 ③ 8 ③

□□□ 17년1회

9. 누전화재가 발생하기 전에 나타나는 현상으로 거리가 가장 먼 것은?

① 인체 감전현상
② 전등 밝기의 변화현상
③ 빈번한 퓨즈 용단현상
④ 전기 사용 기계장치의 오동작 감소

해설

누전이 발생하면 기계장치의 오동작이 증가한다.

□□□ 13년3회

10. 누전사고가 발생될 수 있는 취약 개소가 아닌 것은 어느 것인가?

① 분기회로 접속점은 나선으로 발열이 쉽도록 유지
② 정원 연못 조명등에 전원공급용 지하매설 전선류
③ 콘센트, 스위치 박스 등의 재료를 PVC 등의 부도체 사용
④ 비닐전선을 고정하는 지지용 스테이플

해설

콘센트, 스위치 박스 등의 재료를 PVC 등의 부도체 사용은 전류가 통전이 되지 않으므로 누전사고가 발생되지 않는다.

□□□ 17년3회

11. 누전으로 인한 화재의 3요소에 대한 요건이 아닌 것은?

① 접속점 ② 출화점
③ 누전점 ④ 접지점

해설

접속점은 접촉부 과열로 인한 화재 등의 요소이다.

□□□ 17년2회

12. 저압 전기기기의 누전으로 인한 감전재해의 방지대책이 아닌 것은?

① 보호접지
② 안전전압의 사용
③ 비접지식 전로의 채용
④ 배선용차단기(MCCB)의 사용

해설

배선용차단기는 과부하에 의한 전류차단이 주 목적이다.

□□□ 11년1회, 12년2회

13. 저압전로에 2000(A)의 전류가 흘렀을 때 누설전류는 몇 암페어(A)를 초과할 수 없는가?

① 2 ② 1
③ 0.2 ④ 0.1

해설

누설전류 $=$ 최대공급전류의 $\frac{1}{2000}$

누설전류 $= 2000 \times \frac{1}{2000} = 1$

□□□ 13년1회, 16년2회, 17년2회, 18년3회

14. 200A의 전류가 흐르는 단상 전로의 한 선에서 누전되는 최소 전류(mA)의 기준은?

① 100 ② 200
③ 10 ④ 20

해설

누전전류 = 최대공급전류의 $\frac{1}{2000}$

$200 \times \frac{1}{2000} = 0.1\text{A} = 100\text{mA}$

□□□ 13년2회, 19년3회

15. 6,600/100[V], 15[kVA]의 변압기에서 공급하는 저압 전선로의 허용 누설전류의 최대값[A]은 얼마인가?

① 0.045 ② 0.025
③ 0.075 ④ 0.085

해설

$P = VI$ 에서 전류 $I = \frac{P}{V}$ 이다.

누설전류 $[A] =$ 최대공급전류 $\times \frac{1}{2,000}$ 이므로

$= \frac{P}{V} \times \frac{1}{2000} = \frac{15 \times 10^3}{100} \times \frac{1}{2000} = 0.075[A]$

정답 9 ④ 10 ③ 11 ① 12 ④ 13 ② 14 ① 15 ③

□□□ 14년2회

16. 교류 3상 전압 380V, 부하 50kVA인 경우 배선에서의 누전전류의 한계는 약 mA인가? (단, 전기설비기술기준에서의 누설전류 허용값을 적용한다.)

① 10mA ② 38mA
③ 54mA ④ 76mA

해설

1. $P=\sqrt{3}\,VI$ 에서

$I=\dfrac{P}{\sqrt{3}\times V}$ 이므로, $I=\dfrac{50\times10^3}{\sqrt{3}\times380}$ =75.9671[A]

2. 누설전류는 최대공급전류의 $\dfrac{1}{2000}$ 이므로,

$75.9671\times\dfrac{1}{2000}=0.03798[A]=38[mA]$

□□□ 09년2회, 20년4회

17. 20Ω의 저항 중에 5A의 전류를 3분간 흘렸을 때의 발열량은 몇 [cal]인가?

① 4,320cal ② 90,000cal
③ 21,600cal ④ 376,560cal

해설

$Q[cal]=0.24I^2RT=0.24\times5^2\times20\times180=21.600$

여기서, Q : 전류 발생열
I : 전류[A]
R : 전기 저항[Ω]
T : 통전 시간[s]

□□□ 10년2회, 15년2회, 20년1·2회

18. 온도조절용 바이메탈과 온도 퓨즈가 회로에 조합되어 있는 다리미를 사용한 가정에서 화재가 발생했다. 다리미에 부착되어 있던 바이메탈과 온도퓨즈를 대상으로 화재사고를 분석하려 하는데 논리기호를 사용하여 표현하고자 한다. 어느 기호가 적당하겠는가? (단, 바이메탈의 작동과 온도 퓨즈가 끊어졌을 경우를 0, 그렇지 않을 경우를 1이라 한다.)

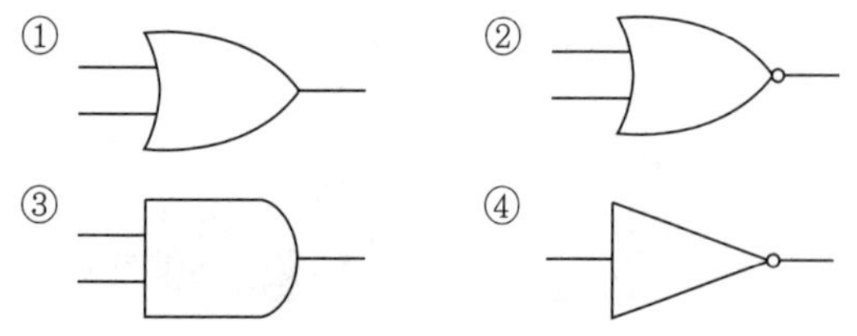

해설

AND 회로(논리곱)
2개의 변수 A, B, X의 관계에서 A와 B가 모두 성립할 때, X가 성립하면 X는 A와 B의 논리적이라고 한다. 즉, X가 "1"이 되기 위해서는 A가 "1"이고 또한 B가 "1"이 되어야 한다. AND회로의 논리식은 입력의 곱으로 출력에 나타난다.

유접점 회로	논리식 · 기호
A, B, X	X = A · B A, B, X

□□□ 08년1회, 08년3회, 13년3회, 19년3회

19. 동작 시 아크를 발생하는 고압용 개폐기 · 차단기 등은 목재의 벽 또는 천장 기타의 가연성 물체로부터 몇 [m] 이상 떼어놓아야 하는가?

① 0.3m ② 0.5m
③ 1.0m ④ 1.5m

문제 19, 20 해설

아크발생의 이격거리

아크 발생 기구	이격 거리
개폐기, 차단기, 피뢰기, 기타 유사한 기구	고압용은 1[m] 이상 특별 고압용은 2[m] 이상

□□□ 08년2회, 09년2회, 13년1회, 21년3회

20. 일반적으로 고압 또는 특고압용 개폐기 · 차단기 · 피뢰기 기타 이와 유사한 기구로서 동작 시에 아크가 생기는 것은 목재의 벽 또는 천장 기타의 가연성 물체로부터 각각 몇 [m] 이상 떼어 놓아야 하는가?

① 고압용 1.0[m] 이상, 특고압용 2.0[m] 이상
② 고압용 1.5[m] 이상, 특고압용 2.0[m] 이상
③ 고압용 1.5[m] 이상, 특고압용 2.5[m] 이상
④ 고압용 2.0[m] 이상, 특고압용 2.5[m] 이상

□□□ 15년3회

21. 정상적으로 회전 중에 전기 스파크를 발생시키는 전기 설비는?

① 개폐기류
② 제어기류의 개폐접점
③ 전동기의 슬립링
④ 보호계전기의 전기접점

정답 16 ② 17 ③ 18 ③ 19 ③ 20 ① 21 ③

해설

슬립링은 정상작동 회전중 발열이 생기며 전기스파크를 일으킬 수 있다.

□□□ 12년3회

22. 전기회로 개폐기의 스파크에 의한 화재를 방지하기 위한 대책으로 틀린 것은?

① 가연성 분진이 있는 곳은 방폭형으로 한다.
② 개폐기를 불연성 함에 넣는다.
③ 과전류 차단용 퓨즈는 비포장 퓨즈로 한다.
④ 접촉부분의 산화 또는 나사풀림이 없도록 한다.

해설

[참고] 과전류로 인한 재해를 방지하기 위하여 다음 각 호의 방법으로 과전류차단장치를 설치하여야 한다.

1. 과전류차단장치는 반드시 접지선이 아닌 전로에 직렬로 연결하여 과전류 발생 시 전로를 자동으로 차단하도록 설치할 것
2. 차단기 · 퓨즈는 계통에서 발생하는 최대 과전류에 대하여 충분하게 차단할 수 있는 성능을 가질 것
3. 과전류차단장치가 전기계통상에서 상호 협조 · 보완되어 과전류를 효과적으로 차단하도록 할 것

컷아웃 스위치(COS)에 보통 과전류 차단용으로 많이 사용되며 변압기 1차측에 사용되고 있다. 또한 전력용 퓨즈와는 달리 퓨즈의 용단 시 COS FUSE만 교환할 수 있으며 퓨즈 통(fuse holder)은 재사용할 수 있다.

□□□ 14년1회

23. 복사선 중 전기성 안염을 일으키는 광선은?

① 자외선 ② 적외선
③ 가시광선 ④ 근적외선

해설

[참고] 아아크 광선에 의한 장해

1. 자외선에 의한 눈의 각막 부분 : 전기성 안염
2. 적외선에 의한 눈의 수정체 부분 : 백내장
3. 적외선과 강한 가시 광선 : 망막염

□□□ 08년3회, 10년2회

24. 금속제 외함을 가지는 사용전압이 몇 [V]를 초과하는 저압의 기계 · 기구로서 사람이 쉽게 접촉할 우려가 있는 곳에 전기를 공급하는 전로에는 전로에 지락이 생긴 경우에 자동적으로 전로를 차단하는 장치를 하여야 하는가?

① 30 ② 60
③ 150 ④ 300

해설

금속제 외함을 가진 저압의 기계 · 기구는 전로에 지락이 생긴 경우 사용전압 60[V] 초과하는 경우에 자동적으로 전로를 차단하는 장치를 시설하여야 한다.

□□□ 12년3회

25. 정전기로 인한 화재폭발을 방지하기 위한 조치가 필요한 설비가 아닌 것은?

① 인화성물질을 함유하는 도료 및 접착제 등을 도포하는 설비
② 위험물을 탱크로리에 주입하는 설비
③ 탱크로리 · 탱크차 및 드럼 등 위험물 저장설비
④ 위험기계 · 기구 및 그 수중설비

해설

[참고] 정전기로 인한 화재 폭발 등 방지 설비

1. 위험물을 탱크로리 · 탱크차 및 드럼 등에 주입하는 설비
2. 탱크로리 · 탱크차 및 드럼 등 위험물저장설비
3. 인화성 액체를 함유하는 도료 및 접착제 등을 제조 · 저장 · 취급 또는 도포(塗布)하는 설비
4. 위험물 건조설비 또는 그 부속설비
5. 인화성 고체를 저장하거나 취급하는 설비
6. 드라이클리닝설비, 염색가공설비 또는 모피류 등을 씻는 설비 등 인화성유기용제를 사용하는 설비
7. 유압, 압축공기 또는 고전위정전기 등을 이용하여 인화성 액체나 인화성 고체를 분무하거나 이송하는 설비
8. 고압가스를 이송하거나 저장 · 취급하는 설비
9. 화약류 제조설비
10. 발파공에 장전된 화약류를 점화시키는 경우에 사용하는 발파기

□□□ 20년1·2회

26. 화재가 발생하였을 때 조사해야 하는 내용으로 가장 관계가 먼 것은?

① 발화원 ② 착화물
③ 출화의 경과 ④ 응고물

해설

전기화재 발생원인의 3요건으로 발화원, 착화원, 출화의 경과가 있다.

정답 22 ③ 23 ① 24 ② 25 ④ 26 ④

02 접지공사

(1) 접지의 목적

① 누전에 의한 감전방지
② 고압선과 저압선이 혼촉으로 인한 위험
③ 대지로 전류를 유도
④ 낙뢰로 인한 피해의 방지
⑤ 송배전선, 고전압 모선 등에서 지락사고 시 보호계전기를 신속 동작
⑥ 송배전로의 지락사고시 대전전위의 상승억제
⑦ 절연강도를 경감

[접지공사의 종류]

※ 개정된 한국전기설비규정의 구분

구분	① 계통접지 ② 보호접지 ③ 피뢰시스템 접지
시설종류	① 단독접지 ② 공통접지 ③ 통합접지
구성요소	① 접지극 ② 접지도체 ③ 보호도체 ④ 기타설비

(2) 접지의 목적에 따른 종류

접지의 종류	접지의 목적
계통 접지	• 고압전로와 저압전로가 혼촉되었을 때 감전이나 화재방지 • 중성점 • 대지전위 : 150V 이하
기기 접지	누전되고 있는 기기에 접촉시의 감전방지
지락 검출용 접지	누전차단기의 동작을 확실히 할 것
정전기 접지	정전기의 축적에 의한 폭발 재해 방지
피뢰용 접지	낙뢰로부터 전기기기의 손상방지
등전위 접지	병원에 있어서의 의료기기 사용시 안전(0.1Ω 이하 접지)

(3) 접지방식의 종류별 특징

① 독립접지와 공통접지

구분	내용
독립접지	기기마다 개별적으로 접지공사를 하는 방법으로 전위상승의 파급위험이 없다.
공통접지	공통의 접지극에 여러 설비기기를 모아서 공용으로 접속하는 방법이다. • 접지선이 적게 들고 접지개통이 단순해서 보수 및 점검이 용이하다. • 합성저항이 낮아지고 접지전극의 일부사용이 불능 시에 다른 접지극이 보완을 한다. • 접지전극 개수의 절감이 가능하다.

② 직접접지방식

Y결선 변압기의 중성점을 도선으로 직접 접지하는 방식으로 이상전압의 우려가 가장 적은 접지방식이다.

③ 비접지방식

2차측 회로가 비접지 되는 방식으로 전류를 억제

㉠ 혼촉방지판 부착

㉡ 절연변압기 이용

④ 저항접지(리액터접지)방식

변압기의 중성점을 저항기(리액터)를 통하여 저항크기를 조절하여 접지하는 방식으로 접지전류는 100~300[A] 정도이다.

⑤ 소호 리액터접지

중성점을 소호 리액터를 통하여 접지하는 방식으로 1선 지락 전류가 0이 되도록 하는 접지방식

[대지를 접지로 이용하는 이유]

대지는 넓어서 무수한 전류통로가 있기 때문에 저항이 작고, 대지는 전기가 잘 통하는 도전체이기도 하지만 토양의 주성분인 규소(SiO_2), 산화알루미늄(Al_2O_3)은 절연물이기 때문에 토양이 완전히 건조되어 있으면 전기가 통하지 않는다.

(4) 접지저항의 변화

구분	내용
접지저항에 영향을 미치는 요소	• 접지 장소의 지질 • 대지의 습도 상태 • 온도 • 접지선(봉)의 상태
접지저항이 감소되는 경우	• 접지 전극과 대지와 접지면적이 클 경우 • 접지전극 주변의 흙이 전기가 잘 통하는 상태일 때 • 접지봉을 땅속 깊이 매설할 경우 • 접지봉을 병렬연결로 할 경우 • 고유저항을 적을수록 • 토양의 전기저항이 저감할수록

[접지저항값의 저하 방법]

(1) 심타법 : 접지극의 매설 깊이를 깊게한다.
(2) 병렬법 : 접지극수를 증가시킨다.
(3) 약품법 : 약품을 주입하여 토양을 개량한다.

(5) 접지공사 대상

① 전기 기계 · 기구의 금속제 외함, 금속제 외피 및 철대

② 고정 설치되거나 고정배선에 접속된 전기기계 · 기구의 노출된 비충전 금속체 중 충전될 우려가 있는 비충전 금속체

㉠ 지면이나 접지된 금속체로부터 수직거리 2.4미터, 수평거리 1.5미터 이내인 것

㉡ 물기 또는 습기가 있는 장소에 설치되어 있는 것

㉢ 금속으로 되어 있는 기기접지용 전선의 피복 · 외장 또는 배선관 등

㉣ 사용전압이 대지전압 150kV를 넘는 것

Tip

접지공사 대상과 제외 대상은 전기안전기술에서 가장 많이 출제되는 내용 중 하나이다. 충분히 구분할 수 있도록 하자

③ 전기를 사용하지 않는 설비 중 다음의 금속체

㉠ 전동식 양중기의 프레임과 궤도

㉡ 전선이 붙어 있는 비전동식 양중기의 프레임

㉢ 고압(1천500볼트 초과 7천볼트 이하의 직류전압 또는 1천볼트 초과 7천볼트 이하의 교류전압을 말한다.) 이상의 전기를 사용하는 전기 기계 · 기구 주변의 금속제 칸막이 · 망 및 이와 유사한 장치

④ 코드와 플러그를 접속하여 사용하는 전기 기계 · 기구 중 노출된 비충전 금속체

㉠ 사용전압이 대지전압 150kV를 넘는 것

㉡ 냉장고 · 세탁기 · 컴퓨터 및 주변기기 등과 같은 고정형 전기기계 · 기구

㉢ 고정형 · 이동형 또는 휴대형 전동기계 · 기구

㉣ 물 또는 도전성(導電性)이 높은 곳에서 사용하는 전기기계 · 기구, 비접지형 콘센트

㉤ 휴대형 손전등

⑤ 수중펌프를 금속제 물탱크 등의 내부에 설치하여 사용하는 경우 그 탱크(이 경우 탱크를 수중펌프의 접지선과 접속하여야 한다)고정

(6) 접지공사 제외 대상

① 이중절연구조 또는 이와 동등 이상으로 보호되는 전기기계 · 기구

② 절연대 위 등과 같이 감전 위험이 없는 장소에서 사용하는 전기기계 · 기구

③ 비접지방식의 전로(그 전기기계 · 기구의 전원측의 전로에 설치한 절연변압기의 2차 전압이 300V 이하, 정격용량이 3kVA 이하이고 그 절연전압기의 부하측의 전로가 접지되어 있지 않은 것)에 접속하여 사용되는 전기기계 · 기구

[관련법령]

전기설비기술기준의 판단기준 제33조 【기계기구의 철대 및 외함의 접지】

(7) 기계기구의 철대 및 외함의 접지

① 전로에 시설하는 기계기구의 철대 및 금속제 외함(외함이 없는 변압기 또는 계기용변성기는 철심)에는 접지공사를 하여야 한다.

② 기계기구의 철대 및 외함의 접지생략 대상

㉠ 사용전압이 직류 300 V 또는 교류 대지전압이 150 V 이하인 기계기구를 건조한 곳에 시설하는 경우

㉡ 저압용의 기계기구를 건조한 목재의 마루 기타 이와 유사한 절연성 물건 위에서 취급하도록 시설하는 경우

㉢ 저압용이나 고압용의 기계기구, 특고압 전선로에 접속하는 배전용 변압기나 이에 접속하는 전선에 시설하는 기계기구 또는 특고압 가공전선로의 전로에 시설하는 기계기구를 사람이 쉽게 접촉할 우려가 없도록 목주 기타 이와 유사한 것의 위에 시설하는 경우

㉣ 철대 또는 외함의 주위에 적당한 절연대를 설치하는 경우
㉤ 외함이 없는 계기용변성기가 고무 · 합성수지 기타의 절연물로 피복한 것일 경우
㉥ 「전기용품안전 관리법」의 적용을 받는 2중 절연구조로 되어 있는 기계기구를 시설하는 경우
㉦ 저압용 기계기구에 전기를 공급하는 전로의 전원측에 절연변압기(2차 전압이 300 V 이하이며, 정격용량이 3 kVA 이하인 것에 한한다)를 시설하고 또한 그 절연변압기의 부하측 전로를 접지하지 않은 경우
㉧ 물기 있는 장소 이외의 장소에 시설하는 저압용의 개별 기계기구에 전기를 공급하는 전로에 「전기용품안전 관리법」의 적용을 받는 인체감전보호용 누전차단기(정격감도전류가 30 mA 이하, 동작시간이 0.03초 이하의 전류동작형에 한한다)를 시설하는 경우
㉨ 외함을 충전하여 사용하는 기계기구에 사람이 접촉할 우려가 없도록 시설하거나 절연대를 시설하는 경우

(8) 접지공사방법

① 접지극은 지하 75cm 이상으로 하되 동결 깊이를 감안하여 매설할 것
② 접지선을 철주 기타의 금속체를 따라서 시설하는 경우에는 접지극을 철주의 밑면(底面)으로부터 30cm 이상의 깊이에 매설하는 경우 이외에는 접지극을 지중에서 그 금속체로부터 1m 이상 떼어 매설할 것
③ 접지선에는 절연전선(옥외용 비닐절연을 제외한다), 캡타이어케이블 또는 케이블(통신용 케이블을 제외한다)을 사용할 것. 다만, 접지선을 철주 기타의 금속체를 따라서 시설하는 경우 이외의 경우에는 접지선의 지표상 60cm를 초과하는 부분에 대하여는 그러하지 아니하다.
④ 접지선의 지하 75cm로부터 지표상 2m까지의 부분은 합성수지관(두께 2mm 미만의 합성수지제 전선관 및 난연성이 없는 콤바인덕트관을 제외한다) 또는 이와 동등 이상의 절연효력 및 강도를 가지는 몰드로 덮을 것

[접지재료]
① 동판전극 : 두께 0.7[mm] 이상, 면적 900[cm²] 이상, 납으로 접속
② 접지봉 : 지름 8[mm], 길이 0.9[m] 이상

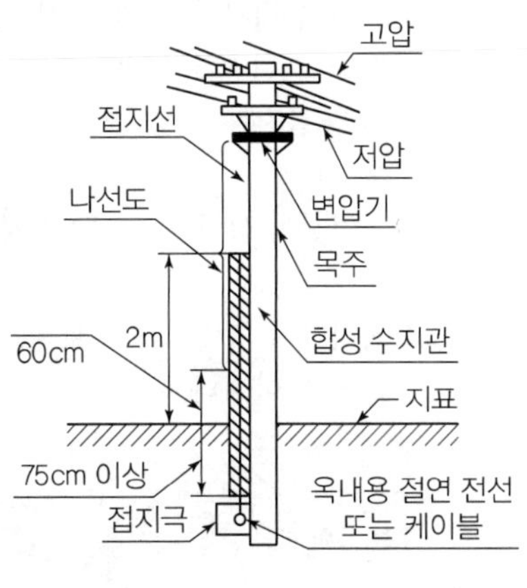

접지공사 방법

02 핵심문제 2. 접지공사

□□□ 08년1회

1. 접지목적에 따른 종류에서 사용목적이 다른 것은?

① 피뢰용접지 : 낙뢰로부터 전기기기의 손상 방지
② 등전위접지 : 정전기의 축적에 의한 폭발 방지
③ 계통접지 : 고 · 저압 전로 혼촉 시 감전 및 화재 방지
④ 기기접지 : 누전이 되고 있는 기기 접촉 시 감전 방지

문제 1~5 해설

(참고) 접지의 목적에 따른 종류

접지의 종류	접지의 목적
계통 접지	• 고압전로와 저압전로가 혼촉되었을 때 감전이나 화재방지 • 중성점 • 대지전위 : 150V 이하
기기 접지	누전되고 있는 기기에 접촉시의 감전방지
지락 검출용 접지	누전차단기의 동작을 확실히 할 것
정전기 접지	정전기의 축적에 의한 폭발 재해 방지
피뢰용 접지	낙뢰로부터 전기기기의 손상방지
등전위 접지	병원에 있어서의 의료기기 사용시 안전(0.1Ω 이하 접지)

□□□ 11년3회, 19년1회

2. 접지의 종류와 목적이 바르게 짝지어지지 않은 것은?

① 계통접지 – 고압전로와 저압전로가 혼촉되었을 때의 감전이나 화재 방지를 위하여
② 지락검출용 접지 – 누전차단기의 동작을 확실하게 하기 위하여
③ 기능용 접지 – 피뢰기 등의 기능손상을 방지하기 위하여
④ 등전위 접지 – 병원에 있어서 의료기기 사용 시 안전을 위하여

□□□ 13년1회, 15년1회

3. 계통접지의 목적으로 옳은 것은?

① 누전되고 있는 기기에 접촉되었을 때의 감전 방지
② 고압전로와 저압전로가 혼촉되었을 때의 감전이나 화재를 방지
③ 누전차단기의 동작을 확실하게 하며 고주파에 의한 계통의 잡음 및 오동작 방지
④ 낙뢰로부터 전기기기의 손상을 방지

□□□ 14년3회

4. 의료용 전기전자(Medical Electronics) 기기의 접지 방식은?

① 금속체 보호 접지　② 등전위 접지
③ 계통 접지　④ 기능용 접지

□□□ 16년3회, 21년3회

5. 접지 목적에 따른 분류에서 병원설비의 의료용 전기전자(M · E)기기와 모든 금속부분 또는 도전 바닥에도 접지하여 전위를 동일하게 하기 위한 접지를 무엇이라 하는가?

① 계통접지
② 등전위 접지
③ 노이즈방지용 접지
④ 정전기 장해방지 이용 접지

□□□ 11년3회

6. 다음 중 공통 접지의 장점이 아닌 것은?

① 여러 설비가 공통의 접지 전극에 연결되므로 장비 간의 전위차가 발생된다.
② 시공 접지봉 수를 줄일 수 있어 접지공사비를 줄일 수 있다.
③ 접지선이 짧아지고 접지계통이 단순해져 보수 점검이 쉽다.
④ 접지극이 병렬로 되므로 독립접지에 비해 합성저항값이 낮아진다.

해설

①항, 여러 설비가 공통의 접지 전극에 연결되는 경우 장비 간의 전위는 같아진다.

정답 1 ② 2 ③ 3 ② 4 ② 5 ② 6 ①

□□□ 11년3회, 19년3회

7. 이상전압 발생의 우려가 가장 적은 접지방식은?

① 비접지방식 ② 직접접지방식
③ 저항접지방식 ④ 소호리액터접지방식

해설

직접접지방식은 송전선로에 접속시키는 변압기의 중성점을 직접 도전선으로 접지시키는 방식으로 이상전압 발생의 우려가 가장 적은 접지방식이다.

□□□ 09년3회

8. 다음의 기계기구 중 접지공사를 생략할 수 있는 것은?

① 전동기의 철대 또는 외함의 주위에 절연대를 설치한 것
② 440[V]전동기를 설치한 곳
③ 변압기의 2차측 전로
④ 저압용의 기계기구

문제 8, 9 해설

기계기구의 철대 및 외함의 접지생략 대상
① 사용전압이 직류 300 V 또는 교류 대지전압이 150 V 이하인 기계기구를 건조한 곳에 시설하는 경우
② 저압용의 기계기구를 건조한 목재의 마루 기타 이와 유사한 절연성 물건 위에서 취급하도록 시설하는 경우
③ 저압용이나 고압용의 기계기구, 특고압 전선로에 접속하는 배전용 변압기나 이에 접속하는 전선에 시설하는 기계기구 또는 특고압 가공전선로의 전로에 시설하는 기계기구를 사람이 쉽게 접촉할 우려가 없도록 목주 기타 이와 유사한 것의 위에 시설하는 경우
④ 철대 또는 외함의 주위에 적당한 절연대를 설치하는 경우
⑤ 외함이 없는 계기용변성기가 고무 · 합성수지 기타의 절연물로 피복한 것일 경우
⑥ 「전기용품안전 관리법」의 적용을 받는 2중 절연구조로 되어 있는 기계기구를 시설하는 경우
⑦ 저압용 기계기구에 전기를 공급하는 전로의 전원측에 절연변압기(2차 전압이 300 V 이하이며, 정격용량이 3 kVA 이하인 것에 한한다)를 시설하고 또한 그 절연변압기의 부하측 전로를 접지하지 않은 경우
⑧ 물기 있는 장소 이외의 장소에 시설하는 저압용의 개별 기계기구에 전기를 공급하는 전로에 「전기용품안전 관리법」의 적용을 받는 인체감전보호용 누전차단기(정격감도전류가 30 mA 이하, 동작시간이 0.03초 이하의 전류동작형에 한한다)를 시설하는 경우
⑨ 외함을 충전하여 사용하는 기계기구에 사람이 접촉할 우려가 없도록 시설하거나 절연대를 시설하는 경우

□□□ 11년2회

9. 접지공사가 생략되는 장소가 아닌 것은?

① 몰드된 계기용 변성기의 철심
② 사람이 쉽게 접촉할 우려가 없도록 목주 등과 같이 절연성이 있는 것 위에 설치한 기계기구
③ 목재마루 등과 같이 건조한 장소 위에서 설치한 저압용 기계기구
④ 건조한 장소에 설치한 사용전압 직류 300V 또는 교류대지전압이 150V 이하의 기계기구

□□□ 18년2회

10. 이동식 전기기기의 감전사고를 방지하기 위한 가장 적정한 시설은?

① 접지설비 ② 폭발방지설비
③ 시건장치 ④ 피뢰기설비

해설

접지대상 코드와 플러그를 접속하여 사용하는 전기 기계 · 기구
1. 사용전압이 대지전압 150V를 넘는 것
2. 냉장고 · 세탁기 · 컴퓨터 및 주변기기 등과 같은 고정형 전기기계 · 기구
3. 고정형 · 이동형 또는 휴대형 전동 기계 · 기구
4. 물 또는 도전성이 높은 곳에서 사용하는 전기기계 · 기구, 비 접지형 콘센트
5. 휴대형 손전동

[참고] 산업안전보건기준에 관한 규칙 제302조 【전기 기계 · 기구의 접지】

□□□ 09년1회

11. 다음 중 접지의 목적으로 볼 수 없는 것은?

① 낙뢰에 의한 피해방지
② 송배전선, 고전압 모선 등에서 지락사고의 발생 시 보호 계전기를 신속하게 작동시킴
③ 설비의 절연물이 손상되었을 때 흐르는 누설전류에 의한 감전방지
④ 송배전선로의 지락사고 시 대지전위의 상승을 억제하고 절연강도를 상승시킴

문제 11~13 해설

접지의 목적
1. 누전에 의한 감전방지
2. 고압선과 저압선이 혼촉되면 위험하므로
3. 대지로 전류를 흘러보내기 위해서
4. 낙뢰방지를 위해서
5. 송배전선, 고전압 모선 등에서 지락사고 시 보호계전기를 신속하게 동작시키기 위해서
6. 송배전로의 지락사고 시 대전전위의 상승억제를 위해서
7. 절연강도를 경감시키기 위해서

정답 7 ② 8 ① 9 ① 10 ① 11 ④

□□□ 14년1회, 21년1회

12. 전기설비에 접지를 하는 목적에 대하여 틀린 것은?

① 누설전류에 의한 감전방지
② 낙뢰에 의한 피해방지
③ 지락사고 시 대지전위 상승유도 및 절연강도 증가
④ 지락사고 시 보호계전기 신속동작

□□□ 16년3회, 21년2회

13. 배전선로에 정전작업 중 단락 접지기구를 사용하는 목적으로 적합한 것은?

① 통신선 유도 장해 방지
② 배전용 기계 기구의 보호
③ 배전선 통전 시 전위 경도 저감
④ 혼촉 또는 오동작에 의한 감전 방지

□□□ 17년1회

14. 접지 저항치를 결정하는 저항이 아닌 것은?

① 접지선, 접지극의 도체저항
② 접지전극과 주회로 사이의 낮은 절연저항
③ 접지전극 주위의 토양이 나타내는 저항
④ 접지전극의 표면과 접하는 토양사이의 접촉저항

해설

접지저항이 감소하는 경우
① 접지 전극과 대지와 접지면적이 클 경우
② 접지전극 주변의 흙이 전기가 잘 통하는 상태일 때
③ 접지봉을 땅속 깊이 매설할 경우
④ 접지봉을 병렬연결로 할 경우
⑤ 고유저항을 적을수록
⑥ 토양의 전기저항이 저감할수록

□□□ 14년2회, 16년2회

15. 대지를 접지로 이용하는 이유 중 가장 옳은 것은?

① 대지는 토양의 주성분이 규소(SiO_2)이므로 저항이 영(0)에 가깝다.
② 대지는 토양의 주성분이 산화알미늄(Al_2O_3)이므로 저항이 영(0)에 가깝다.
③ 대지는 철분을 많이 포함하고 있기 때문에 전류를 잘 흘릴 수 있다.
④ 대지는 넓어서 무수한 전류통로가 있기 때문에 저항이 영(0)에 가깝다.

해설

대지를 접지로 이용하는 이유는 대지는 넓어서 무수한 전류통로가 있기 때문에 저항이 작고, 대지는 전기가 잘 통하는 도전체이기도 하지만 토양의 주성분인 규소(SiO_2), 산화알루미늄(Al_2O_3)은 절연물이기 때문에 토양이 완전히 건조되어 있으면 전기가 통하지 않는다.

□□□ 09년2회

16. 접지 저항치를 저하시키는 방법 중 일반적인 방법과 거리가 먼 것은?

① 접지봉을 깊이 박는다.
② 접지봉을 병렬로 연결한다.
③ 약품법을 사용한다.
④ 접지봉에 도금을 한다.

문제 16~19 해설

접지저항값의 저하 방법
(1) 심타법 : 접지극의 매설 깊이를 깊게 한다.
(2) 병렬법 : 접지극수를 증가시킨다.
(3) 약품법 : 약품을 주입하여 토양을 개량한다.

□□□ 12년3회

17. 접지저항값을 저하시키는 방법 중 거리가 먼 것은?

① 접지봉에 도전성이 좋은 금속을 도금한다.
② 접지봉을 병렬로 연결한다.
③ 도전성 물질을 접지극 주변의 토양에 주입한다.
④ 접지봉을 땅속 깊이 매설한다.

□□□ 16년3회

18. 접지저항 저감 방법으로 틀린 것은?

① 접지극의 병렬 접지를 실시한다.
② 접지극의 매설 깊이를 증가시킨다.
③ 접지극의 크기를 최대한 작게 한다.
④ 접지극 주변의 토양을 개량하여 대지 저항률을 떨어뜨린다.

□□□ 11년1회

19. 동판이나 접지봉을 땅속에 묻어 접지저항값이 규정값에 도달하지 않을 때 이를 저하시키는 방법 중 잘못된 것은?

① 심타법 ② 병렬법
③ 약품법 ④ 직렬법

정답 12 ③ 13 ④ 14 ② 15 ④ 16 ④ 17 ① 18 ③ 19 ④

□□□ 09년1회, 10년2회, 16년3회

20. **가로등의 접지전극을 지면으로부터 75cm 이상 깊은 곳에 매설하는 주된 이유는?**

① 전극의 부식을 방지하기 위하여
② 접지선의 단선을 방지하기 위하여
③ 접촉 전압을 감소시키기 위하여
④ 접지 저항을 증가시키기 위하여

해설

가로등의 접지전극을 지면으로부터 접촉 전압을 감소시키기 위하여 75cm 이상 깊은 곳에 매설을 한다.
가로등의 접지전극을 지면으로부터 75cm 이상 깊은 곳에 매설하는 주된 이유는 접촉 전압을 감소시키기 위함이다.

□□□ 09년2회

21. **다음 전기기기의 접지시설이 옳지 않은 것은?**

① 접지선은 도전성이 큰 것 일수록 좋다.
② 400V 이상의 저압기기는 특별 제3종 접지공사를 한다.
③ 접지시설 시 선로측을 먼저 연결하고 대지에 접지극을 매설한다.
④ 접지선은 가능한 한 굵은 것을 사용한다.

해설

접지시설 시 접지측을 먼저 매설하고 대지에 선로측을 연결한다.

□□□ 14년3회

22. **임시배선의 안전대책으로 틀린 것은?**

① 모든 배선은 반드시 분전반 또는 배전반에서 인출해야 한다.
② 중량물의 압력 또는 기계적 충격을 받을 우려가 있는 곳에 설치할 때는 사전에 적절한 방호조치를 한다.
③ 케이블 트레이나 전선관의 케이블에 임시배선용 케이블을 연결할 경우는 접속함을 사용하여 접속해야 한다.
④ 지상 등에서 금속관으로 방호할 때는 그 금속관을 접지하지 않아도 된다.

해설

지상 등에서 금속관으로 방호할 때는 그 금속관을 접지를 하여야 한다.

정답 20 ③ 21 ③ 22 ④

[뇌해]

정전기를 띤 뇌운과 대지 또는 뇌운과 뇌운 사이에 일어나는 일종의 방전현상

[유도뢰]

뇌운이 송전선에 근접하면 정전유도에 의해 뇌운에 가까운 선로부분에 뇌운과 반대 극성이 구속전하가 발생하고, 뇌운에서 먼 선로부분에는 이것과 동량이고, 극성이 반대인 자유전자가 발생된다.

03 피뢰 설비

(1) 뇌해에 의한 충격파

① 가공 전선로에서 뇌의 직격을 받았을 때는 송전선로에서 섬락(閃絡)을 일으킨다. 일반적으로 뇌전압 또는 뇌전류에 의해 충격파가 형성된다.

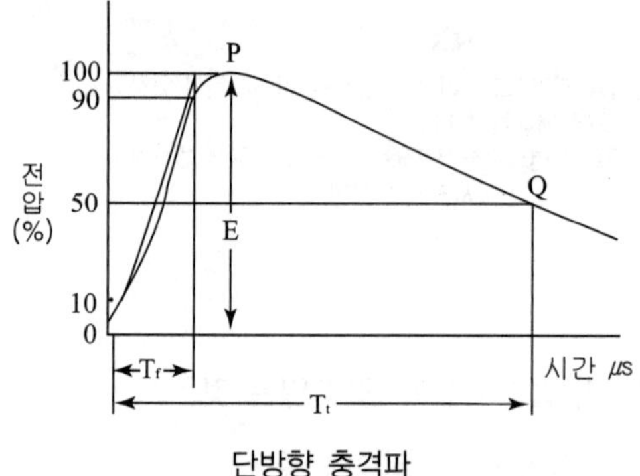

단방향 충격파

② 충격파는 파고치와 파두길이(파고치에 달할 때까지의 시간) 및 파미길이(파고치의 50%로 감소할 때까지의 시간)로 표시한다.

충격파=파두시간×파미부분에서 파고치의 50% 감소 때까지의 시간

P : 파고점
E : 파고치
OP : 파두(wave front)
PQ : 파미(wave Tail)

■ **충격 전압시험시의 표준충격파**
파두길이 $T_f = 1.2[\mu s]$,
파미길이 $T_t = 50[\mu s]$,
즉 $1.2 \times 50[\mu s]$이다.

③ 직격뇌에 의한 충격파 파고치는 극히 높고, 1000만[V] 이상이라고 추정되고 있으며, $T_f = 1 \sim 10[\mu s]$, $T_t = 10 \sim 100[\mu s]$정도이다.

(2) 피뢰기의 종류

종류	내용
저항형 피뢰기	밴드만 피뢰기(bendman), 멀티갭 피뢰기(multigap) 등이 있는데 최근에는 거의 쓰이지 않는다.
밸브형 피뢰기	비직선 저항의 특성을 갖는 것으로 벨트형 산화막 피뢰기(belt oxide film), 알루미늄셀 피뢰기(aluminium cell), 오토 밸브 피뢰기(auto valve) 등이 있으며, 이 중 벨트형 산화막 피뢰기는 구조가 간단하고 가격이 저렴하므로 배전선로용으로 많이 쓰이고 있다.
밸브 저항형 피뢰기	종류는 드라이 밸브 피뢰기(dry valve), 래지스트 밸브 피뢰기(resist valve), 사이라이트 피뢰기(thyrite) 등
종이 피뢰기 (p-valve 피뢰기)	동작의 기록, 뇌의 대소 판정을 할 수 있고, 밀폐형이므로 현장에서 간단히 점검할 수 있다.
방출통형 피뢰기	배전선로에 많이 설치하며, 애자의 섬락방지용으로 적당

(3) 피뢰설비의 보호방식

종류	내용
돌출방식	건축물 부근에 근접하는 뇌격을 그 선단에 흡입하여 선단과 대지간을 연결한 도체를 통함으로써 뇌격 전류를 안전하게 대지로 방출하는 것
용마루 위의 도체방식	보호하려는 건축물 상부에 수평 도체를 편 방법으로 도체가 뇌격을 흡입하여 이것과 대지간을 연결한 도체를 통해서 뇌격 전류를 안전하게 대지로 흘러보내는 방법
케이지방식 (Cage)	피 보호물이 새장안의 새와 같이 되도록 그물눈 형상의 도체로 둘러싸는 방식으로 내부의 사람이나 물체를 벼락으로부터 완전하게 보호하는 것

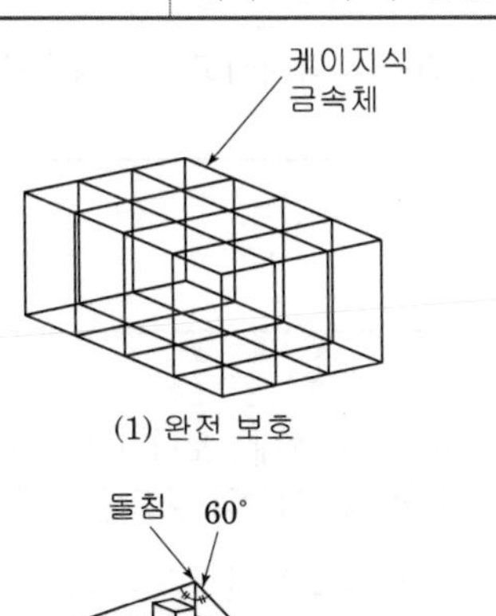

(1) 완전 보호

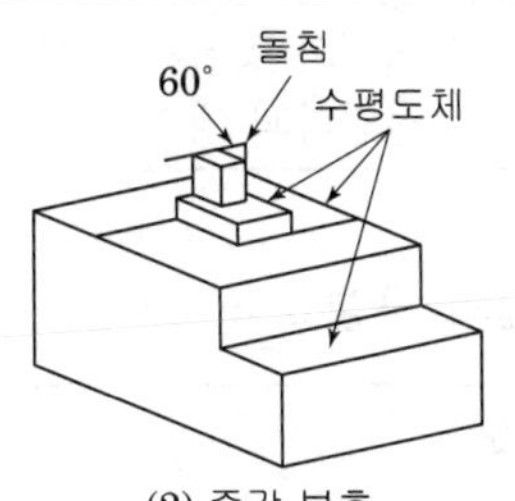

(2) 증강 보호

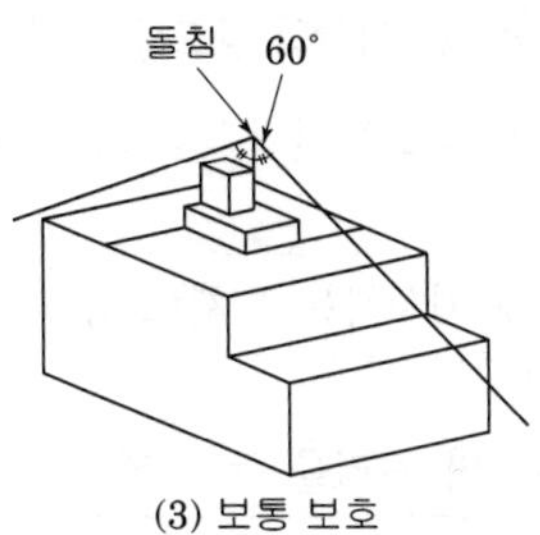

(3) 보통 보호

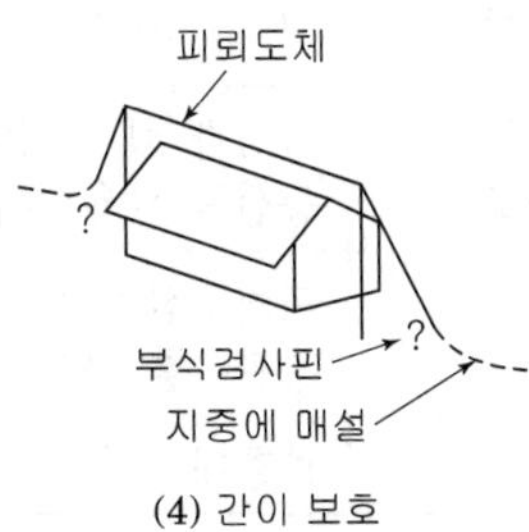

(4) 간이 보호

[용마루위 도체까지의 거리]

10m 이하

[피뢰설비 보호 등급]

1등급 : 완전보호
2등급 : 증강보호
3등급 : 보통보호
4등급 : 간이보호

[피뢰보호 등급별 회전구체 반지름]

보호등급	회전구체 반지름(m)
Ⅰ	20
Ⅱ	30
Ⅲ	45
Ⅳ	60

[피뢰설비]

(1) 돌침 : 피뢰침의 최상단 부분이고 뇌격을 잡기 위한 금속체
(2) 가공지선 : 피뢰를 목적으로 피보호물 위쪽에 규정치 이상의 거리를 두고 가설한 도선
(3) 피뢰도선 : 뇌전류를 통하기 위하여 접지극과 연결되는 도선
(4) 인하도선 : 피뢰도선의 일부로 피보호물의 상부에서 접지극까지 연직인 부분
(5) 피뢰도선과 대지를 전기극으로 접속하기 위해 지중에 매설하는 도체

(4) 피뢰침의 보호범위(보호각도)

구분	보호각도
일반 건축물	60° 이하
위험물 저장장소	45° 이하

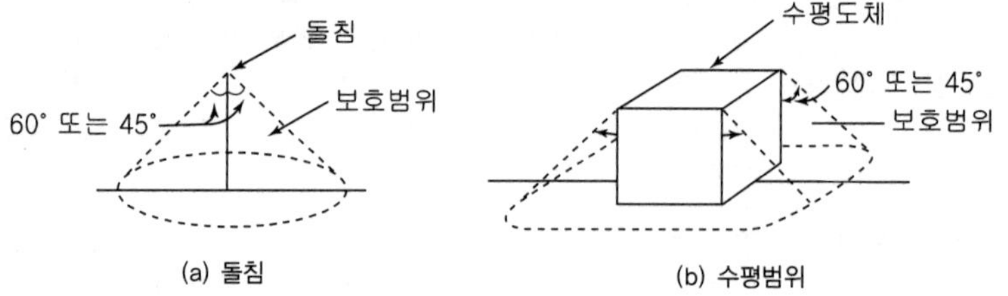

(a) 돌침 (b) 수평범위

(5) 피뢰침의 보호유의도

$$\text{여유도}(\%) = \frac{\text{충격절연강도} - \text{제한전압}}{\text{제한전압}} \times 100$$

 **예제**

피뢰침의 제한전압이 750kV이고 충격절연강도 1,000kV라 할 때 보호 여유도는?

$$\frac{1{,}000\text{kV} - 750\text{kV}}{750\text{kV}} \times 100 = 33.3\%$$

[피뢰기의 구성요소]

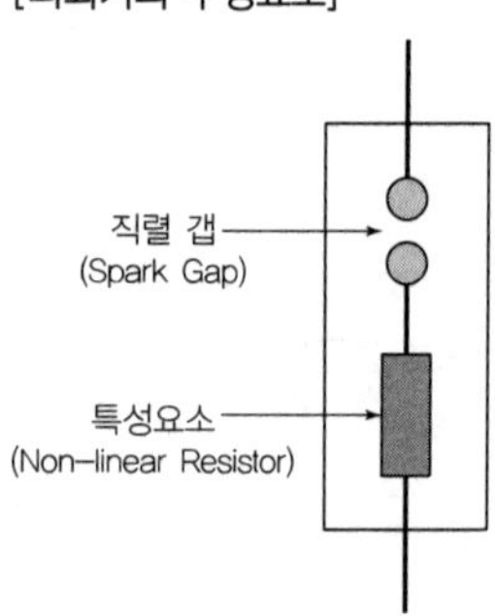

(6) 피뢰기의 구성요소

구분	내용
직렬갭	이상전압 발생시 스파크가 발생하여 이상전압을 방전하고 속류를 차단
특성요소	뇌해의 방전시 저항을 낮춰 방전을 시작시키고 전위상승을 억제하여 절연파괴 방지

(7) 피뢰침의 구성요소

구분	내용
돌침	뇌격을 잡는 금속체로 선단은 보호대상보다 1.5m 이상 돌출시키고 직경 12mm 이상의 동, 철 이상의 강도를 가진 것을 사용
피뢰도선 (인하도선)	돌침과 접지극을 연결하는 도선으로 단면적 30mm^2 이상의 동선을 사용한다.
접지극	피뢰도선과 접속하여 지중에 매설하는 도체로 동판, 아연도금 강관, 철 파이프 등을 사용한다.
가공지선	보호대상의 상부로 규정이상의 거리를 두고 가설한 도선

(8) 피뢰기의 설치장소

① 발전소, 변전소 또는 이에 준하는 장소의 가공전선 인입구 및 인출구
② 가공전선로에 접속되는 배전용 변압기의 고압측 및 특별고압측
③ 고압 가공전선로로부터 공급을 받는 수전 전력의 용량이 500kW 이상의 수용장소의 인입구
④ 특고압 가공 전선으로부터 공급을 받는 수용장소의 인입구
⑤ 배전선로 차단기, 개폐기의 전원측 및 부하측
⑥ 콘덴서의 전원측

[피뢰기의 정격전압]
속류차단이 되는 상용 교류 주파수의 최고 전압의 실효값

(9) 피뢰침의 접지공사

① 접지극을 병렬로 하는 경우 2m 이상의 간격으로 한다.
② 피뢰침의 종합접지 저항치는 10Ω 이하로 하고, 단독접지 저항치는 20Ω 이하로 공사를 한다.
③ 타접지극과의 이격거리는 2m 이상으로 한다.
④ 지하 3m 이상의 곳에서는 $30mm^2$ 이상의 나동선으로 접속한다.
⑤ 각 인하 도선마다 1개 이상의 접지극을 접속한다.

[충격방전 개시전압]
피뢰기의 선로단자와 접지단자 간에 인가 되었을 때, 방전전류가 흐르기 이전에 도달할 수 있는 최고전압

[제한전압]
방전 도중에 피뢰기의 선로단자와 접지단자 간에 나타나는 충격전압

(10) 피뢰기의 성능

① 반복동작이 가능할 것
② 구조가 견고하며 특성이 변화하지 않을 것
③ 점검, 보수가 간단할 것
④ 충격방전 개시전압과 제한전압이 낮을 것
⑤ 뇌 전류의 방전능력이 크고, 속류의 차단이 확실하게 될 것

[속류]
방전전류 통과에 이어 전력계통으로부터 피뢰기에 흐르는 전류

03 핵심문제 3. 피뢰 설비

□□□ 12년2회, 15년1회

1. 가공 송전 선로에서 낙뢰의 직격을 받았을 때 발생하는 낙뢰전압이나 개폐서지 등과 같은 이상 고전압은 일반적으로 충격파라 부르는데 이러한 충격파는 어떻게 표시하는가?

① 파두시간 × 파미부분에서 파고치의 63%로 감소할 때까지의 시간
② 파두시간 × 파미부분에서 파고치의 50%로 감소할 때까지의 시간
③ 파두시간 × 파미부분에서 파고치의 37%로 감소할 때까지의 시간
④ 파두시간 × 파미부분에서 파고치의 10%로 감소할 때까지의 시간

문제 1, 2 해설

충격파는 파고치와 파두길이(파고치에 달할 때까지의 시간) 및 파미길이(파고치의 50%로 감소할 때까지의 시간)로 표시한다.
충격파=파두시간 × 파미부분에서 파고치의 50%로 감소할 때까지의 시간

[참고]
P : 파고점
E : 파고치
OP : 파두(wave front)
PQ : 파미(wave Tail)

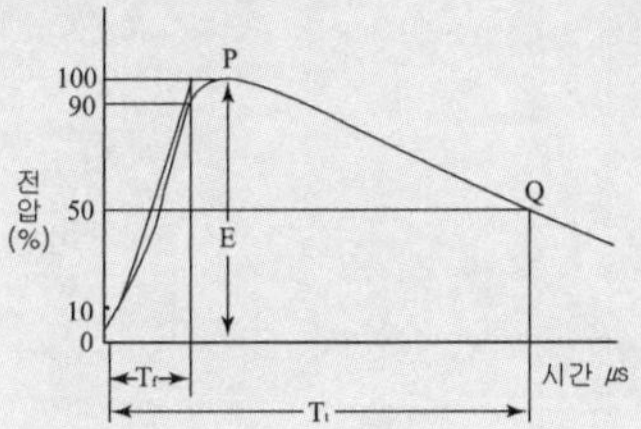

□□□ 13년3회, 20년1·2회

2. 충격전압시험 시의 표준충격파형을 1.2×50μs 로 나타내는 경우 1.2와 50이 뜻하는 것으로 맞는 것은?

① 파두장 – 파미장
② 라이징타임 – 스테이블타임
③ 최초섬락시간 – 최종섬락시간
④ 라이징타임 – 충격전압인가시간

□□□ 18년2회

3. 전기기기의 충격 전압시험 시 사용하는 표준 충격파형(T_f, T_t)은?

① 1.2×50μs ② 1.2×100μs
③ 2.4×50μs ④ 2.4×100μs

해설

충격 전압시험 시의 표준충격파 형에서는 $T_f = 1.2[\mu s]$, $T_t = 50[\mu s]$ 즉 $1.2 \times 50[\mu s]$이다.

□□□ 15년2회

4. 뇌해를 받을 우려가 있는 곳에는 피뢰기를 시설하여야 한다. 시설하지 않아도 되는 곳은?

① 가공전선로와 지중전선로가 접속되는 곳
② 발전소, 변전소의 가공전선 인입구 및 인출구
③ 습뢰 빈도가 적은 지역으로서 방출 보호통을 장치한 곳
④ 특고압 가공전선로로부터 공급을 받는 수용장소의 인입구

문제 4~6 해설

피뢰기의 설치장소
① 발전소, 변전소 또는 이에 준하는 장소의 가공전선 인입구 및 인출구
② 가공전선로에 접속되는 배전용 변압기의 고압측 및 특별고압측
③ 고압 가공전선로로부터 공급을 받는 수전 전력의 용량이 500kW 이상의 수용장소의 인입구
④ 특고압 가공 전선으로부터 공급을 받는 수용장소의 인입구
⑤ 배전선로 차단기, 개폐기의 전원측 및 부하측
⑥ 콘덴서의 전원측

□□□ 12년3회, 17년1회

5. 피뢰기의 설치장소가 아닌 것은? (단, 직접 접속하는 전선이 짧은 경우 및 피보호기기가 보호범위 내에 위치하는 경우가 아니다.)

① 저압을 공급 받는 수용장소의 인입구
② 지중전선로와 가공전선로가 접속되는 곳
③ 가공전선로에 접속하는 배전용 변압기의 고압측
④ 발전소 또는 변전소의 가공전선 인입구 및 인출구

정답 1 ② 2 ① 3 ① 4 ③ 5 ①

□□□ 16년2회

6. 고압 및 특고압 전로에 시설하는 피뢰기의 설치장소로 잘못된 곳은?

① 가공전선로와 지중전선로가 접속되는 곳
② 발전소, 변전소의 가공전선 인입구 및 인출구
③ 가공전선로에 접속하는 배전용 변압기의 저압측
④ 특고압 가공전선로로부터 공급 받는 수용장소의 인입구

□□□ 08년1회, 09년2회, 19년3회

7. 다음 중 피뢰기가 갖추어야 할 특성으로 알맞은 것은?

① 충격방전 개시전압이 높을 것
② 제한 전압이 높을 것
③ 뇌전류의 방전 능력이 클 것
④ 속류 차단을 하지 않을 것

문제 7~10 해설

피뢰기가 갖추어야 할 성능
1. 반복동작이 가능할 것
2. 구조가 견고하며 특성이 변화하지 않을 것
3. 점검, 보수가 간단할 것
4. 충격방전 개시전압과 제한전압이 낮을 것
5. 뇌 전류의 방전능력이 크고, 속류의 차단이 확실하게 될 것

□□□ 09년3회, 11년3회, 14년3회, 20년3회

8. 피뢰기가 갖추어야 할 이상적인 성능 중 잘못된 것은?

① 제한전압이 낮아야 한다.
② 반복동작이 가능하여야 한다.
③ 충격방전개시전압이 높아야 한다.
④ 뇌전류의 방전능력이 크고 속류의 차단이 확실하여야 한다.

□□□ 10년3회, 18년3회

9. 다음 중 이상적인 피뢰기의 성능이 아닌 것은?

① 방전개시전압이 낮을 것
② 제한전압이 낮을 것
③ 속류 차단을 확실히 할 수 있을 것
④ 뇌전류 방전능력이 작을 것

□□□ 11년2회

10. 피뢰기로서 갖추어야 할 성능 중 옳지 않은 것은?

① 방전 개시 전압이 높을 것
② 뇌전류 방전 능력이 클 것
③ 제한전압이 낮을 것
④ 속류 차단을 확실하게 할 수 있을 것

□□□ 08년2회, 19년1회

11. 피뢰기의 구성요소로 옳은 것은?

① 직렬갭, 특성요소 ② 병렬갭, 특성요소
③ 직렬갭, 충격요소 ④ 병렬갭, 충격요소

문제 11, 12 해설

피뢰기의 구성요소

구분	내용
직렬갭	이상전압 발생시 스파크가 발생하여 이상전압을 방전하고 속류를 차단
특성요소	뇌해의 방전시 저항을 낮춰 방전을 시작시키고 전위상승을 억제하여 절연파괴 방지

□□□ 19년2회

12. 전력용 피뢰기에서 직렬 갭의 주된 사용 목적은?

① 방전내량을 크게 하고 장시간 사용 시 열화를 적게 하기 위하여
② 충격방전 개시접압을 높게 하기 위하여
③ 이상전압 발생 시 신속하게 대지로 방류함과 동시에 속류를 즉시 차단하기 위하여
④ 충격파 침입 시에 대지로 흐르는 방전전류를 크게 하여 제한전압을 낮게 하기 위하여

□□□ 09년2회, 16년3회, 21년1회

13. 속류를 차단할 수 있는 최고의 교류전압을 피뢰기의 정격전압이라고 하는데 이 값은 통상적으로 어떤 값으로 나타내고 있는가?

① 최대값 ② 평균값
③ 실효값 ④ 파고값

해설

피뢰기는 이상 시 속류를 차단할 수 있는 능력을 정격전압으로 볼 수 있는 데 이는 속류의 실효값을 기준으로 한다.

정답 6 ③ 7 ③ 8 ③ 9 ④ 10 ① 11 ① 12 ③ 13 ③

□□□ 09년1회, 10년2회, 21년3회

14. 피뢰기의 제한 전압이 752kV이고 변압기의 기준 충격절연 강도가 1,050kV이라면, 보호 여유도는 약 몇 [%]인가?

① 18%　　② 30%
③ 40%　　④ 43%

해설

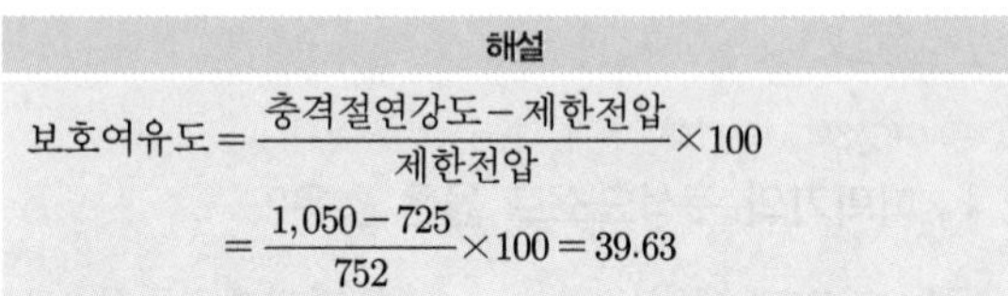

$$보호여유도 = \frac{충격절연강도 - 제한전압}{제한전압} \times 100$$
$$= \frac{1,050 - 725}{752} \times 100 = 39.63$$

□□□ 11년1회, 14년1회, 17년1회, 20년1·2회

15. 피뢰침의 제한전압이 800kV, 충격절연강도가 1260kV 라 할 때, 보호여유도는 몇 [%]인가?

① 33.33　　② 47.33
③ 57.5　　④ 0.1

해설

$$보호여유도(\%) = \frac{충격절연강도 - 제한전압}{제한전압} \times 100$$
$$= \frac{1,260 - 800}{800} \times 100 = 57.5$$

□□□ 19년2회

16. 피뢰기의 여유도가 33%이고, 충격절연강도가 1000kV 라고 할 때 피뢰기의 제한전압은 약 몇 kV 인가?

① 852　　② 752
③ 652　　④ 552

해설

$$보호여유도(\%) = \frac{충격절연강도 - 제한전압}{제한전압} \times 100$$ 이므로

$$33 = \frac{1,000 - 제한전압}{제한전압} \times 100$$

$$제한전압 = \frac{1000 \times 100}{133} = 751.8$$

□□□ 09년2회

17. 피뢰설비를 보호능력의 관점에서 분류하면 4등급으로 분류할 수 있는데 다음 중 옳지 않은 것은?

① 완전보호　　② 보통보호
③ 증강보호　　④ 이중보호

해설

피뢰설비의 보호 종별
1. 완전보호
2. 증강보호
3. 보통보호
4. 간이보호

□□□ 12년1회

18. 하나의 피뢰침 인하도선에 2개 이상의 접지극을 병렬 접속할 때 그 간격은 몇 [m] 이상이어야 하는가?

① 1　　② 2
③ 3　　④ 4

문제 18, 19 해설

피뢰침의 접지공사
① 접지극을 병렬로 하는 경우 2m 이상의 간격으로 한다.
② 피뢰침의 종합접지 저항치는 10Ω 이하로 하고, 단독접지 저항치는 20Ω 이하로 공사를 한다.
③ 타접지극과의 이격거리는 2m 이상으로 한다.
④ 지하 3m 이상의 곳에서는 30mm² 이상의 나동선으로 접속한다.
⑤ 각 인하 도선마다 1개 이상의 접지극을 접속한다.

□□□ 17년2회, 17년3회

19. 고압 및 특고압의 전로에 시설하는 피뢰기에 접지공사를 할 때 접지저항의 최대값은 몇 Ω 이하로 해야 하는가?

① 100　　② 20
③ 10　　④ 5

정답 14 ③ 15 ③ 16 ② 17 ④ 18 ② 19 ③

04 전기화재의 예방관리

(1) 누전화재경보기

① 누전화재경보기의 구성

구분	내용
변류기	누설 전류의 검출
수신기	누설전류의 증폭
음향장치	경보를 발생기키는 장치
차단기	차단릴레이로 전원을 차단

② 누전화재경보기의 종류

종류	정격전류
1급	60[A] 초과
2급	60[A] 이하

③ 화재경보기의 설치기준

구분	내용
설치방법	• 경계 전로의 정격 전류 60[A]를 초과시 → 1급 전기화재 경보기 설치 • 변류기는 소방 대상물의 형태, 인입선의 시설 방법 등 형식에 옥외 인입선의 한 지점 즉, 부하측 또는 제2종 접지선 측에 점검이 쉬운 곳에 설치한다. • 변류기는 옥외 시설할 경우 옥외용을 시설한다.
수신기의 설치	옥내의 점검이 편리한 장소에 시설한다.
수신기를 설치할 수 없는 장소	• 가연성 증기 · 먼지 · 가스 등이나 부식성 증기 · 가스 등이 대량 체제하는 장소 • 화약류를 제조하거나 저장, 취급하는 장소 • 습도가 높은 장소 • 온도의 변화가 급격한 장소 • 대전류 회로 · 고주파 발생 회로 등에 의한 영향을 받을 우려의 장소

[화재경보설비의 종류]

(1) 자동화재탐지설비, 시각경보기
(2) 자동화재속보설비
(3) 누전경보기
(4) 비상방송설비
(5) 비상경보설비
(비상벨설비, 자동식 사이렌설비)
(6) 가스누설경보기
(7) 단독경보형 감지기
(8) 통합감시시설

[차단기구를 가진 수신부]

가연성 증기나 먼지 등이 체류할 우려가 있는 장소의 전기회로에 차단기구를 가진 수신부 설치하여야 한다.

누전경보기의 수신기는 옥내의 점검에 편리한 장소에 설치하되, 가연성의 증기 · 먼지 등이 체류할 우려가 있는 장소의 전기회로에는 당해 부분의 전기회로를 차단할 수 있는 차단기구를 가진 수신기를 설치하여야 한다. 이 경우 차단기구의 부분은 당해 장소 외의 안전한 장소에 설치하여야 한다.

④ 설치 장소의 구분

구분	내용
제1종 장소	• 일반 건축물로서 불연재료, 준불연재료가 아닌 철망 등 금속재를 넣어 만든 장소 • 연면적 300[m²] • 계약 전류 용량이 100[A]를 초과한 것
제2종 장소	• 일반 건축물로서 불연재료, 준불연재료가 아닌 철망 등 금속재를 넣어 만든 장소 • 연면적 500[m²] 이상(사업장의 경우 1,000[m²] 이상) • 계약 전류 용량이 100[A]를 초과한 것(4층 이상의 공동주택 및 사업장)
제3종 장소	• 벽 · 바닥 또는 천장의 전부 또는 일부를 불연재료나 준불연재료가 아닌 철망을 넣어 만든 장소 • 연면적 1,000[m²] 이상의 창고(내화 건축물 제외)

[화재경보기 시험방법]
(1) 전류특성시험
(2) 전압특성시험
(3) 주파수 특성
(4) 온도 특성 시험
(5) 온도 상승 시험
(6) 노화 시험
(7) 전로 개폐 시험
(8) 과전류 시험
(9) 차단 기구의 자유 개폐 시험
(10) 개폐 시험
(11) 단락 전류 시험
(12) 방수시험

⑤ 시험 방법

㉠ 전류 특성 시험

누전전류	시간
공칭 동작의 전류치의 50%	30초 이내에 작동되지 않을 것
공칭 동작 전류치의 100%	0.2초 이내에 작동할 것
공칭 동작 전류치의 120%	1초 이내에 작동할 것

㉡ 전압 특성 시험

누전전류	시간
공칭 동작의 전류치의 70%	30초 이내에 작동되지 않을 것
공칭 동작 전류치의 100%	0.2초 이내에 작동할 것
공칭 동작 전류치의 125%	1초 이내에 작동할 것

㉢ 주파수 특성 : 전원 주파수를 정격 주파수에서 3[Hz] 감소한 상태에서 누전전류를 흐르게 한다.

누전전류	시간
공칭 동작의 전류치의 50%	30초 이내에 작동되지 않을 것
공칭 동작 전류치의 100%	0.2초 이내에 작동할 것
공칭 동작 전류치의 130%	1초 이내에 작동할 것

㉣ 온도 특성 시험

누전전류	시간
공칭 동작의 전류치의 50%	30초 이내에 작동되지 않을 것
공칭 동작 전류치의 100%	0.2초 이내에 작동할 것
공칭 동작 전류치의 130%	1초 이내에 작동할 것

(2) 화재대책

① 예방대책

화재가 발생하기 전에 최초의 발화자체를 방지하는 대책으로 가장 근본적인 방화대책이다. 즉, 발화의 원인이 되는 위험성물질과 발화에너지를 공급하는 발화원을 적절하게 관리하여 불이 일어나지 않는 조건을 만드는 것이다.

② 국한대책

화재가 발생하게 되었을 때 그 화재가 확대되지 않도록 하는 대책을 말하며, 다음과 같은 방법이 있다.

㉠ 가연성물질의 집적(集積) 방지
㉡ 건물 및 설비의 불연성화(不燐性化)
㉢ 일정한 공지의 확보
㉣ 방화벽 및 문, 방유제, 방액제 등의 정비
㉤ 위험물 시설 등의 지하 매설

③ 소화대책

구분	내용
초기 소화	최초로 출화(出火)한 직후(화재초기 5분 이내)에 취하는 응급조치로 적응소화기를 사용한다. 또한 초기 소화설비로서 스프링클러, 분무, 포말 등의 고정식 소화설비와 살수장치 등도 적당한 곳에 설치하여야 한다.
본격화 소화	화재가 어느 규모 이상으로 확대된 후에는 소방대(공장 내의 자위소방대 또는 소방관서 소방대)에 의해 본격적인 소화활동을 하여야 한다.

[전기화재 시 주수(主水)소화 방법]
(1) 낙하를 시작해서 퍼지는 상태로 주수
(2) 방출과 동시에 퍼지는 상태로 주수
(3) 계면 활성제를 섞은 물이 방출과 동시에 퍼지는 상태로 주수

④ 피난대책

화재 발생시 인명을 보호하기 위하여 비상구 등을 통하여 대피하는 대책이다.

㉠ 평상시에 안전한 피난구역을 지정하여 익혀 둔다.
㉡ 옥내의 피난계단은 각층마다 방화문을 만들어 연기 및 화염이 계단실에 들어오지 않도록 하여야 한다.
㉢ 옥외의 피난계단은 방의 창문에서 나오는 화염이 미치지 않는 위치에 설치하여야 한다.
㉣ 긴급시에 필요한 활강대를 설치한다.
㉤ 실내나 복도에는 피난통로의 방향을 지시한 유도표지를, 창이 없는 건물 및 야간용으로서 정전중에도 꺼지지 않는 유도등을 설치한다.

04 핵심문제 4. 전기화재의 예방관리

□□□ 11년2회

1. 다음 중 화재경보 설비에 해당되지 않는 것은?

① 누전경보기설비 ② 제연설비
③ 비상방송설비 ④ 비상벨설비

해설

화재경보설비의 종류
(1) 자동화재탐지설비, 시각경보기
(2) 자동화재속보설비
(3) 누전경보기
(4) 비상방송설비
(5) 비상경보설비(비상벨설비, 자동식 사이렌설비)
(6) 가스누설경보기
(7) 단독경보형 감지기
(8) 통합감시시설

□□□ 08년2회, 14년1회

2. 누전경보기는 사용전압이 600V 이하인 경계전로의 누설전류를 검출하여 당해 소방대상물의 관계자에게 경보를 발하는 설비를 말한다. 다음 중 누전경보기의 구성으로 옳은 것은?

① 변압기 – 발신기 ② 변류기 – 수신부
③ 중계기 – 감지기 ④ 차단기 – 증폭기

해설

전기화재 경보기(누전경보기)의 구성요소
1. 변류기
2. 수신기
3. 음향장치
4. 차단기(주 전원에 누설전류가 흐를 경우)

□□□ 08년3회, 16년1회

3. 다음 중 가연성 증기나 먼지 등이 체류할 우려가 있는 장소의 전기회로에 설치하여야 하는 누전경보기의 수신부로 알맞은 것은?

① 차단기구를 가진 수신부
② 가스감지기를 가진 수신부
③ 음향장치를 가진 수신부
④ 분진농도 측정기를 가진 수신부

해설

가연성 증기나 먼지 등이 체류할 우려가 있는 장소의 전기회로에 차단기구를 가진 수신부 설치하여야 한다.
누전경보기의 수신기는 옥내의 점검에 편리한 장소에 설치하되, 가연성의 증기 · 먼지 등이 체류할 우려가 있는 장소의 전기회로에는 당해 부분의 전기회로를 차단할 수 있는 차단기구를 가진 수신기를 설치하여야 한다. 이 경우 차단기구의 부분은 당해 장소 외의 안전한 장소에 설치하여야 한다.

□□□ 16년2회

4. 전기누전 화재경보기의 시험 방법에 속하지 않는 것은?

① 방수시험 ② 전류특성시험
③ 접지저항시험 ④ 전압특성시험

해설

화재경보기 시험방법

(1) 전류특성시험 (2) 전압특성시험
(3) 주파수 특성 (4) 온도 특성 시험
(5) 온도 상승 시험 (6) 노화 시험
(7) 전로 개폐 시험 (8) 과전류 시험
(9) 차단 기구의 자유 개폐 시험 (10) 개폐 시험
(11) 단락 전류 시험 (12) 방수시험

□□□ 14년3회

5. 스파크 화재의 방지책이 아닌 것은?

① 통형퓨즈를 사용할 것
② 개폐기를 불연성의 외함 내에 내장시킬 것
③ 가연성 증기, 분진 등 위험한 물질이 있는 곳에는 방폭형 개폐기를 사용할 것
④ 전기배선이 접속되는 단자의 접촉저항을 증가시킬 것

해설

전기배선이 접속되는 단자의 접촉저항을 감소시킬 것

□□□ 15년2회

6. 스파크 화재의 방지책이 아닌 것은?

① 개폐기를 불연성 외함 내에 내장시키거나 통형 퓨즈를 사용할 것
② 접지부분의 산화, 변형, 퓨즈의 나사풀림 등으로 인한 접촉 저항이 증가되는 것을 방지할 것
③ 가연성 증기, 분진 등 위험한 물질이 있는 곳에는 방폭형 개폐기를 사용할 것
④ 유입 개폐기는 절연유의 비중 정도, 배선에 주의하고 주위에는 내수벽을 설치할 것

정답 1 ② 2 ② 3 ① 4 ③ 5 ④ 6 ④

해설

유입 개폐기는 절연유의 열화 정도, 유량에 주의하고 주위에는 내화벽을 설치할 것

□□□ 14년1회

7. 통전중의 전력기기나 배선의 부근에서 일어나는 화재를 소화할 때 주수(主水)하는 방법으로 옳지 않은 것은?

① 화염이 일어나지 못하도록 물기둥인 상태로 주수
② 낙하를 시작해서 퍼지는 상태로 주수
③ 방출과 동시에 퍼지는 상태로 주수
④ 계면 활성제를 섞은 물이 방출과 동시에 퍼지는 상태로 주수

해설

전기화재 시 주수(主水)소화 방법
1. 낙하를 시작해서 퍼지는 상태로 주수
2. 방출과 동시에 퍼지는 상태로 주수
3. 계면 활성제를 섞은 물이 방출과 동시에 퍼지는 상태로 주수

□□□ 14년3회

8. 전기화재 발화원으로 관계가 먼 것은?

① 단열 압축
② 광선 및 방사선
③ 낙뢰(벼락)
④ 기계적 정지 에너지

해설

정지에너지는 열을 수반하지 않으므로 발화원이 될 수 없다.

□□□ 15년1회

9. 개폐기로 인한 발화는 개폐 시의 스파크에 의한 가연물의 착화화재가 많이 발생한다. 이를 방지하기 위한 대책으로 틀린 것은?

① 가연성증기, 분진 등이 있는 곳은 방폭형을 사용한다.
② 개폐기를 불연성 상자 안에 수납한다.
③ 비포장 퓨즈를 사용한다.
④ 접속부분의 나사풀림이 없도록 한다.

해설

포장 퓨즈를 사용하여야 아크를 방출하지 않고 안전하게 차단할 수 있다.

정답 7 ① 8 ④ 9 ③

Chapter 04

정전기의 재해방지대책

이 장은 정전기의 발생원리와 정전기의 재해방지 대책으로 구성된다. 여기서는 정전기 발생원리와 발생현상의 종류, 정전기 재해 방지를 위한 방법과 정전기 접지등이 주로 출제되고 있다.

01 정전기의 발생원리

[정전기의 정의]

(1) 전하의 공간적 이동이 적고, 그것에 의한 자계(磁界)의 효과가 전계에 비해 무시할 수 있을 만큼 적은 전기이다.

(2) 정전기란 공간의 모든 장소에서 전하(電荷)의 이동이 전혀 없는 전기이다.

(1) 정전기의 발생과정

단계	내용
1단계	두 물체의 접촉과 분리로 인한 접촉면에서의 전기 이중층의 형성
2단계	분리에 의한 전위 상승
3단계	분리된 전하 소멸

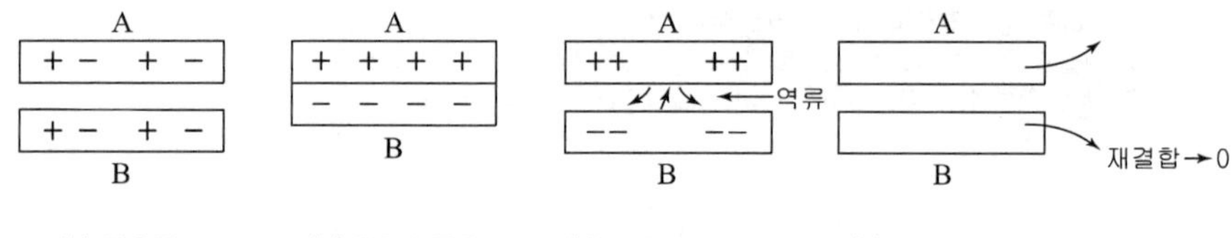

접촉에 의한 정전기 발생과정

(2) 정전기 발생의 영향 요소

구분	내용
(1) 물질의 특성	• 정전기 발생은 접촉·분리되는 두 가지 물체의 상호특성에 의하여 지배된다. • 한 가지 물체만의 특성에는 전혀 영향을 받지 않는다. • 대전량은 접촉이나 분리하는 두 가지 물체가 대전서열 내에서 가까운 위치에 있으면 적고 먼 위치에 있을수록 대전량이 많은 경향이 있다. • 물체가 불순물을 포함하고 있으면 이 불순물로 인해 정전기 발생량은 많아진다.
(2) 물체의 표면 상태	• 표면이 원활하면 발생량이 적어지게 된다. • 물체표면이 수분이나 기름 등에 의해 오염되었을 때는 산화부식에 의해 정전기가 많이 발생한다.
(3) 물체의 분리력	물체가 처음 접촉, 분리가 일어날 때 정전기 발생이 최대가 되며 이후 발생량도 점차 감소한다.
(4) 접촉 면적 및 압력	물체의 접촉면적과 접촉압력이 클수록 발생량이 증가한다.

구분	내용
(5) 분리 속도	물체의 분리과정에서는 전하의 완화시간에 따라 정전기 발생량에 좌우되며 전하완화 시간이 길면 전하분리에 주는 에너지도 커져서 발생량이 증가한다. 일반적으로 분리속도가 빠를수록 정전기의 발생량은 커지게 된다.

① 정전기의 대전서열

② 평면전극에 의한 정전용량

두 물체의 전기이중층의 분리에 의해서 그 간격(극판 거리)이 커질수록 정전용량은 감소하게 된다.

$$C = \frac{\epsilon S}{d}[F]$$

C : 정전용량의 크기[F]
ϵ : 극판 사이의 유전율
S : 극판 면적[m²]
d : 극판 거리[m]

[유전율]
전하사이에 매질이 전기장에 영향을 미치는 물리적 단위로 매질이 저장할 수 있는 전하량이다. 유전율이 높으면 더 많은 전하를 저장할 수 있기 때문에 전기장의 세기는 감소된다.

(3) 정전기 발생 에너지

① 정전기 전위

$$V = \varphi_B - \varphi_A$$

V : 접촉 전위
φ_B: 금속의 일함수(B)
φ_A: 금속의 일함수(A)

② 정전기 대전 전하량

$$Q = VC[C], \quad V = \frac{Q}{C[V]}$$

Q : A에서 B로 이동한 전자의 전하량[Coulomb]
V : 접촉 전위[Volt]
C : 두 금속표면의 전기 이중층으로 인한 정전용량[Farad]

[정전기 발생현상의 종류]

(a) 마찰 대전

(b) 박리 대전

(c) 유동 대전

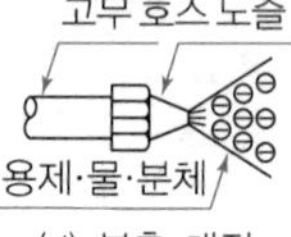

(d) 분출 대전

(e) 충돌 대전

③ 정전기 에너지

$$E=\frac{1}{2}CV^2=\frac{1}{2}QV=\frac{1}{2}\frac{Q^2}{C}$$

$$Q=\sqrt{2CE},\quad V=\sqrt{\frac{2E}{C}}$$

여기서 E : 정전기 에너지(J)
C : 도체의 정전 용량(F)
V : 대전 전위(V)
Q : 대전 전하량(C)

(4) 정전기 완화

구분	내용
완화시간	• 정전기가 점차 소멸되면서 처음 발생한 값의 36.8%로 감소하는 시간을 시정수 또는 완화시간이라고 한다. • (저항[Ω]×정전용량[F]) 또는 (고유저항[Ω · m]×유전율[F/m])로 표기
영전위 소요시간	전하가 완전히 소멸될 때 까지의 시간으로 일반적으로 완화시간의 4~5배이다.

(5) 정전기 발생 현상의 종류

종류	내용
마찰 대전	두 물체 사이의 마찰로 인한 접촉과 분리과정에 따른 최소 에너지에 의하여 자유전자가 방출, 흡입되면서 정전기가 발생
박리 대전	서로 밀착된 물체가 떨어질 때 전하의 분리가 일어나 정전기가 발생하는 현상으로 접촉 면적, 접촉면의 밀착력, 박리속도에 의해 정전량은 달라진다. (접착 테이프나 필름으로 밀착된 물체를 떼어낼 때 발생하는 정전기 등)
유동 대전	가솔린과 같은 액체류가 파이프 등의 내부에서 유동할 때 관벽과 액체 사이에서 발생하는 것으로 액체의 유동 속도가 정전기 발생에 가장 큰 영향을 미친다.
분출 대전	기체, 액체 및 분체류가 단면적이 작은 분출구를 통과할 때 물체와 분출관과의 마찰에 의해서 발생
충돌 대전	물체를 구성하고 있는 입자 상호간 또는 입자와 다른 고체와의 충돌에 의하여 급속한 분리 · 접촉현상이 일어나 정전기가 발생
파괴 대전	고체나 분체류와 같은 물체가 파괴되었을 때 전하 분리 또는 정 · 부전하의 균형이 깨지면서 정전기가 발생하는 현상

(6) 방전의 형태 및 영향

① 불꽃 방전(Spark Discharge)

㉠ 직접 또는 정전기 유도에 의하여 대전된 도체, 특히 금속으로 된 물체를 다른 접지되지 않은 절연도체에 근접시켰을 때 발생

㉡ 두 개의 도체간에서 단락 공간을 잇는 발광현상을 수반

㉢ 스파크 발생시 공기중에 오존(O_3)이 생성, 전도성을 띄어 주위 인화물에 인화되거나 먼지로 인한 분진폭발을 일으킬 위험성이 있다.

② 코로나 방전

스파크 방전을 억제시킨 접지 돌기상 부분이 도체표면에서 발생하여 공기 중으로 방전하거나 또는 고체, 전체표면을 흐르는 경우도 있다.

> **■ 코로나 방전 순서**
>
> 글로우코로나(표면발광) → 브러시 코로나(불꽃의 발생) → 스트리머 코로나(불꽃이 옮겨 붙음)

③ 스트리머 방전(Streamer Discharge)

불꽃 코로나에서 다소 강해져서 파괴음과 발광을 수반하는 방전이다. 스트리머 방전은 대전량을 많이 가진 부도체와 평편한 형상을 갖는 금속과의 기상(氣相) 공간에서 발생된다.

④ 연면 방전

정전기가 대전되어 있는 부도체에 접지체가 근접되어 있는 경우 대전물체와 접지체 사이에서 발생하는 방전과 거의 동시에 부도체의 표면을 따라서 별표 모양을 가지는 나뭇가지 형태를 수반하는 방전이다.

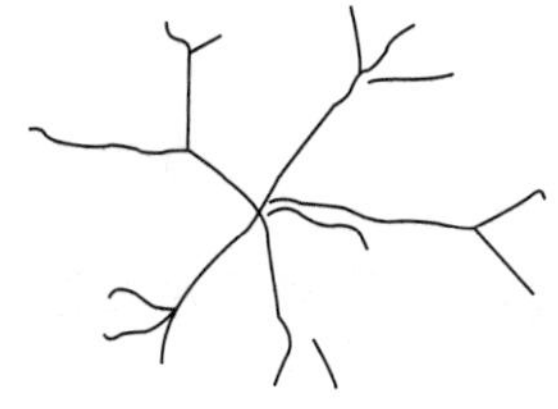

(a) 연면방전에 의해 나타난 별표 마크

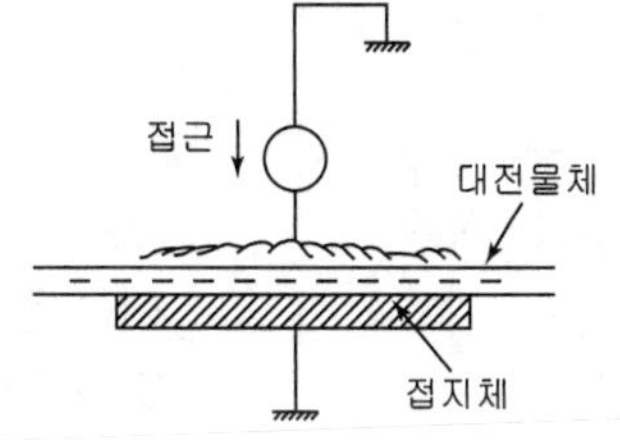

(b) 접지체의 접근에 의한 연면방전

연면방전

⑤ 뇌상 방전

공기중에 뇌상으로 부유하는 대전입자의 규모가 커졌을 때에 대전운에서 번개형의 발광을 수반하여 발생하는 방전이다.

[방전의 정의]

전위차가 있는 2개의 대전체가 특정거리에 접근하게 되면 등전위가 되기 위하여 전하가 절연공간을 깨고 순간적으로 빛과 열을 발생하며 이동하는 현상

[불꽃방전에 의한 공기 절연파괴 전압]

(1) 평형판 전극 : 30kV/cm
(2) 침대침 전극 : 5kV/cm

[코로나 방전]

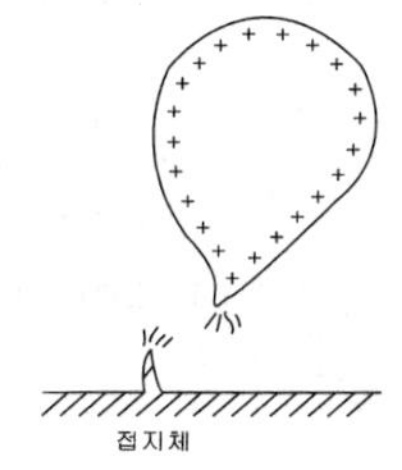

[스트리머 방전]

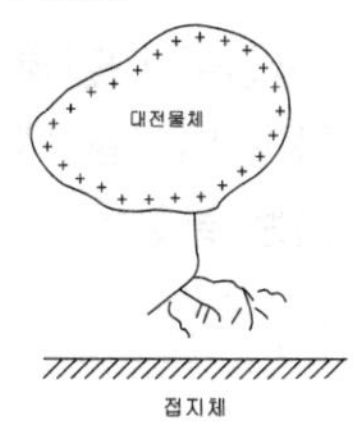

[연면방전의 조건]

(1) 부도체의 대전량이 극히 큰 경우
(2) 대전된 부도체의 표면 가까이에 접지체가 있는 경우

01 핵심문제 1. 정전기의 발생원리

□□□ 09년2회, 12년3회, 18년1회

1. 다음 중 정전기에 대한 설명으로 가장 알맞은 것은?

① 전하의 공간적 이동이 적고 자계의 효과가 전계의 효과에 비해 큰 전기
② 전하의 공간적 이동이 적고 전계의 효과가 자계의 효과에 비해 큰 전기
③ 전하의 공간적 이동이 적고 전계의 효과와 자계의 효과가 서로 비슷한 전기
④ 전하의 공간적 이동이 크고 자계의 효과와 전계의 효과를 서로 비교할 수 없는 전기

해설

정전기를 구체적으로 정의하면 전하의 공간적 이동이 적고, 그것에 의한 자계(磁界)의 효과가 전계에 비해 무시할 수 있을 만큼 적은 전기이다.

[참고] 정전기란 공간의 모든 장소에서 전하(電荷)의 이동이 전혀 없는 전기이다.

□□□ 10년1회

2. 각종 물질을 마찰할 때 대전의 정(+), 부(-) 이온을 조사하여 나타낸 대전서열 중 가장 높은 정(+)으로 대전하는 물질은?

① 머리카락　② 유리
③ 고무　④ 염화비닐

해설

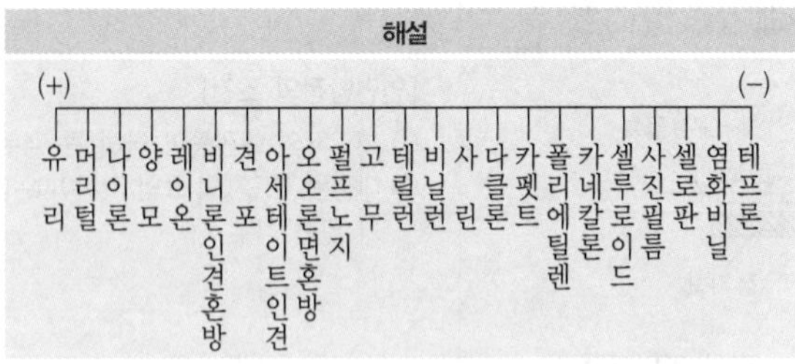

□□□ 12년3회

3. 대전서열을 올바르게 나열한 것은?

(+)　(−)
① 폴리에틸렌 – 셀룰로이드 – 염화비닐 – 테프론
② 셀룰로이드 – 폴리에틸렌 – 염화비닐 – 테프론
③ 염화비닐 – 폴리에틸렌 – 셀룰로이드 – 테프론
④ 테프론 – 셀룰로이드 – 염화비닐 – 폴리에틸렌

□□□ 16년1회

4. 정전기가 발생되어도 즉시 이를 방전하고 전하의 축적을 방지하면 위험성이 제거된다. 정전기에 관한 내용으로 틀린 것은?

① 대전하기 쉬운 금속부분에 접지한다.
② 작업장 내 습도를 높여 방전을 촉진한다.
③ 공기를 이온화하여 (+)는 (−)로 중화시킨다.
④ 절연도가 높은 플라스틱류는 전하의 방전을 촉진시킨다.

해설

플라스틱류는 절연체가 아니므로 방전을 촉진 시키지 못한다.

□□□ 14년3회, 16년1회, 17년1회

5. 정전기의 발생에 영향을 주는 요인이 아닌 것은?

① 물체의 표면상태　② 외부공기의 풍속
③ 접촉면적 및 압력　④ 박리속도

문제 5~7 해설

정전기의 발생요인
1. 물질의 특성
2. 물질의 분리속도
3. 물질의 표면상태
4. 물체의 분리력
5. 접촉면적 및 압력

□□□ 09년1회, 14년2회, 15년3회

6. 다음 중 정전기 발생에 영향을 주는 요인으로 볼 수 없는 것은?

① 물체의 특성　② 물체의 표면상태
③ 물체의 이력　④ 접촉시간

□□□ 11년2회, 20년4회

7. 다음 중 정전기 발생에 영향을 주는 요인이 아닌 것은?

① 분리속도　② 접촉면적 및 압력
③ 물체의 질량　④ 물체의 표면상태

정답 1 ② 2 ② 3 ① 4 ④ 5 ② 6 ④ 7 ③

□□□ 10년1회, 17년2회

8. 정전기 발생에 영향을 주는 요인에 대한 설명으로 틀린 것은?

① 물체의 분리속도가 빠를수록 발생량은 적어진다.
② 접촉면적이 크고 접촉압력이 높을수록 발생량이 많아진다.
③ 물체 표면이 수분이나 기름으로 오염되면 산화 및 부식에 의해 발생량이 많아진다.
④ 정전기의 발생은 처음 접촉, 분리할 때가 최대로 되고 접촉, 분리가 반복됨에 따라 발생량은 감소한다.

문제 8~11 해설

정전기 발생의 영향 요소

구분	내용
물질의 특성	• 정전기 발생은 접촉·분리되는 두 가지 물체의 상호특성에 의하여 지배된다. • 한 가지 물체만의 특성에는 전혀 영향을 받지 않는다. • 대전량은 접촉이나 분리하는 두 가지 물체가 대전서열 내에서 가까운 위치에 있으면 적고 먼 위치에 있을수록 대전량이 많은 경향이 있다. • 물체가 불순물을 포함하고 있으면 이 불순물로 인해 정전기 발생량은 많아진다.
물체의 표면 상태	• 표면이 원활하면 발생량이 적어지게 된다. • 물체표면이 수분이나 기름 등에 의해 오염되었을 때는 산화부식에 의해 정전기가 많이 발생한다.
물체의 분리력	물체가 처음 접촉, 분리가 일어날 때 정전기 발생이 최대가 되며 이후 발생량도 점차 감소한다.
접촉 면적 및 압력	물체의 접촉면적과 접촉압력이 클수록 발생량이 증가한다.
분리 속도	물체의 분리과정에서는 전하의 완화시간에 따라 정전기 발생량에 좌우되며 전하완화 시간이 길면 전하분리에 주는 에너지도 커져서 발생량이 증가한다. 일반적으로 분리속도가 빠를수록 정전기의 발생량은 커지게 된다.

□□□ 16년3회

9. 정전기 발생 원인에 대한 설명으로 옳은 것은?

① 분리속도가 느리면 정전기 발생이 커진다.
② 정전기 발생은 처음 접촉, 분리 시 최소가 된다.
③ 물질 면적이 작고 압력이 감소할수록 정전기 발생량이 크다.
④ 접촉 면적이 작고 압력이 감소할수록 정전기 발생량이 크다.

□□□ 11년1회

10. 정전기의 발생원인 설명 중 맞는 것은?

① 정전기 발생은 처음 접촉, 분리 시 최소가 된다.
② 물질 표면이 오염된 표면일 경우 정전기 발생이 커진다.
③ 접촉면적이 작고 압력이 감소할수록 정전기 발생량이 크다.
④ 분리속도가 빠르면 정전기 발생이 작아진다.

□□□ 17년1회

11. 물질의 접촉과 분리에 따른 정전기 발생량의 정도를 나타낸 것으로 틀린 것은?

① 표면이 오염될수록 크다.
② 분리속도가 빠를수록 크다.
③ 대전서열이 서로 멀수록 크다.
④ 접촉과 분리가 반복될수록 크다.

□□□ 13년2회

12. 정전기에 관련한 설명으로 잘못된 것은?

① 정전유도에 의한 힘은 반발력이다.
② 발생한 정전기와 완화한 정전기의 차가 마찰을 받은 물체에 축적되는 현상을 대전이라 한다.
③ 겨울철에 나일론소재 셔츠 등을 벗을 때 경험한 부착현상이나 스파크발생은 박리대전현상이다.
④ 같은 부호의 전하는 반발력이 작용한다.

해설

①항, 정전유도에 의한 힘은 정(+)이온, 부(−)이온의 흡착성질에 의한 유도력에 의해 발생한다.

□□□ 12년2회

13. 어떤 부도체에서 정전용량이 10[pF]이고, 전압이 5000[V]일 때 전하량은?

① 2×10^{-14}[C]　② 2×10^{-8}[C]
③ 5×10^{-8}[C]　④ 5×10^{-2}[C]

정답 8 ① 9 ③ 10 ② 11 ④ 12 ① 13 ③

해설

$Q = CV$에서, $(10\times10^{-12})\times5000 = 5\times10^{-8}$

(참고) 정전기 대전 전하량

$Q = VC[C]$, $V = \dfrac{Q}{C[V]}$

Q : A에서 B로 이동한 전자의 전하량[Coulomb]
V : 접촉 전위[Volt]
C : 두 금속표면의 전기 이중층으로 인한 정전용량[Farad]

□□□ 14년3회, 18년1회

14. 인체의 전기적 저항이 5000Ω 이고, 전류가 3mA가 흘렀다. 인체의 정전용량이 0.1μF라면 인체에 대전된 정전하는 몇 μC인가?

① 0.5　② 1.0
③ 1.5　④ 2.0

해설

1. $V = IR$ 에서, $V = 3\times10^{-3}\times5000 = 15[V]$ 이므로,
2. $Q = CV$ 에서 $0.1\times15 = 1.5[\mu c]$

□□□ 08년2회, 19년3회

15. 물체에 정전기가 대전하면 정전에너지를 갖게 되는데 다음 중 정전에너지를 나타내는 식으로 알맞은 것은? (단, Q는 대전 전하량, C는 정전용량이다.)

① $\dfrac{Q}{2C}$　② $\dfrac{Q}{2C^2}$
③ $\dfrac{Q^2}{2C}$　④ $\dfrac{Q^2}{2C^2}$

해설

정전기 에너지

$E = \dfrac{1}{2}CV^2 = \dfrac{1}{2}QV = \dfrac{1}{2}\dfrac{Q^2}{C}$

여기서 E : 정전기 에너지(J)
C : 도체의 정전 용량(F)
V : 대전 전위(V)
Q : 대전 전하량(C)

□□□ 10년2회, 17년1회, 20년3회

16. 정전용량 C = 20[uF], 방전 시 전압 V = 2[kV]일 때 정전에너지[J]는 얼마인가?

① 40　② 80
③ 400　④ 800

해설

$E = \dfrac{1}{2}CV^2 = \dfrac{1}{2}\times20\times10^{-6}\times2{,}000^2 = 40$

□□□ 09년3회, 20년4회

17. 최소착화에너지가 0.26mJ인 프로판 가스에 정전용량이 100pF인 대전물체로부터 대전된 정전기 방전에 의하여 착화할 수 있는 전압 [V]은 어느 정도인가?

① 2,240V　② 2,260V
③ 2,280V　④ 2,300V

해설

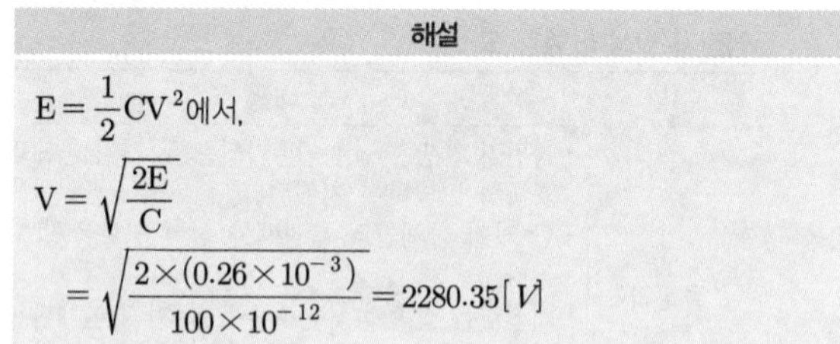

$E = \dfrac{1}{2}CV^2$에서,

$V = \sqrt{\dfrac{2E}{C}} = \sqrt{\dfrac{2\times(0.26\times10^{-3})}{100\times10^{-12}}} = 2280.35[V]$

□□□ 13년1회

18. 아세톤을 취급하는 작업장에서 작업자의 정전기 방전으로 인한 화재폭발 재해를 방지하기 위해서는 인체대전전위는 얼마이하로 유지해야 하는가? (단, 인체의 정전용량 100[pF]이고, 아세톤의 최소 착화에너지는 1.15[mJ]로 하며 기타의 조건은 무시한다.)

① 1.5×10^3[V]　② 2.6×10^3[V]
③ 3.7×10^3[V]　④ 4.8×10^3[V]

해설

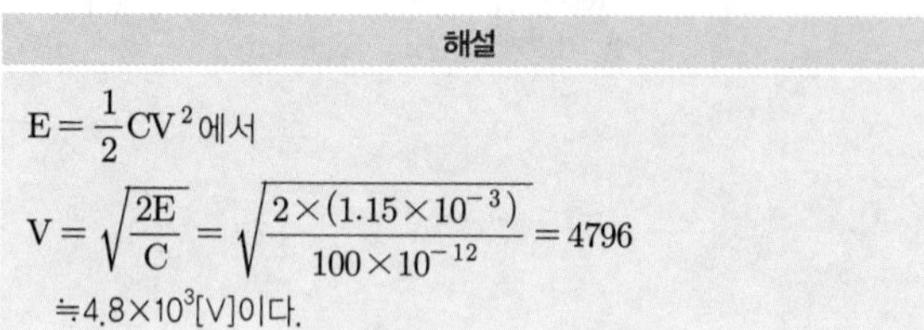

$E = \dfrac{1}{2}CV^2$에서

$V = \sqrt{\dfrac{2E}{C}} = \sqrt{\dfrac{2\times(1.15\times10^{-3})}{100\times10^{-12}}} = 4796$

≒4.8×10^3[V]이다.

□□□ 14년2회

19. 두 물체의 마찰로 3000V의 정전기가 생겼다. 폭발성 위험의 장소에서 두 물체의 정전용량은 약 몇 pF이면 폭발로 이어지겠는가? (단, 착화에너지는 0.25mJ이다.)

① 14　② 28
③ 45　④ 56

정답 14 ③ 15 ③ 16 ① 17 ③ 18 ④ 19 ④

해설

$E=\frac{1}{2}CV^2$에서

$C=\frac{2E}{V^2}=\frac{2\times(0.25\times10^{-3})}{3000^2}=55.6\times10^{-12}\fallingdotseq56[pF]$

□□□ 14년1회, 20년1·2회

20. 인체의 표면적이 0.5m²이고 정전용량은 0.02 pF/cm²이다. 3300V의 전압이 인가되어 있는 전선에 접근하여 작업을 할 때 인체에 축적되는 정전기 에너지(J)는?

① 5.445×10^{-2} ② 5.445×10^{-4}
③ 2.723×10^{-2} ④ 2.723×10^{-4}

해설

① $E=\frac{1}{2}CV^2$

$=\frac{1}{2}\times(0.02\times10^{-12})\times3300^2=1.089\times10^{-7}[\mathrm{J/cm^2}]$

② 인체의 표면적 $0.5\mathrm{m}^2=5000\mathrm{cm}^2$이므로

$1.089\times10^{-7}\mathrm{J/cm^2}\times5000\mathrm{cm^2}=5.445\times10^{-4}[\mathrm{J}]$

□□□ 12년2회

21. 정전기의 소멸과 완화시간의 설명 중 옳지 않은 것은?

① 정전기가 축적되었다가 소멸되는데 처음값의 63.8%로 감소되는 시간을 완화시간이라 한다.
② 완화시간은 대전체 저항×정전용량 = 고유저항×유전율로 정해진다.
③ 고유저항 또는 유전율이 큰 물질일수록 대전상태가 오래 지속된다.
④ 일반적으로 완화시간은 영전위 소요시간의 1/4~1/5 정도이다.

문제 21, 22 해설

정전기 완화

구분	내용
완화시간	① 정전기가 점차 소멸되면서 처음 발생한 값의 36.8%로 감소하는 시간을 시정수 또는 완화시간이라고 한다. ② (저항[Ω]×정전용량[F]) 또는 (고유저항[Ω · m]×유전율[F/m])로 표기
영전위 소요시간	전하가 완전히 소멸될 때 까지의 시간으로 일반적으로 완화시간의 4~5배이다.

□□□ 17년2회

22. 대전의 완화를 나타내는데 중요한 인자인 시정수(time constant)는 최초의 전하가 약 몇 % 까지 완화되는 시간을 말하는가?

① 20 ② 37
③ 45 ④ 50

□□□ 12년2회, 19년3회

23. 정전기의 유동대전에 가장 크게 영향을 미치는 요인은?

① 액체의 밀도 ② 액체의 유동속도
③ 액체의 접촉면적 ④ 액체의 분출온도

해설

정전기의 발생에 가장 크게 영향을 미치는 요인은 액체의 유동속도지만, 흐름의 상태와도 관련이 있으므로 굴곡, 밸브, 유량계의 오리피스, 스트레이너 등의 형태와 수에도 관계가 깊고 또 파이프의 재질과도 관계가 있다.

□□□ 08년1회, 10년1회

24. 다음 중 정전기 방전(放電)의 종류에 속하지 않는 것은?

① 스트리머방전 ② 코로나방전
③ 연면방전 ④ 적외선방전

문제 24~27 해설

방전의 정의
전위차가 있는 2개의 대전체가 특정거리에 접근하게 되면 등전위가 되기 위하여 전하가 절연공간을 깨고 순간적으로 빛과 열을 발생하며 이동하는 현상

정전기 방전의 종류
1. 불꽃 방전
2. 코로나 방전
3. 스트리머 방전
4. 연면 방전
5. 뇌상 방전

□□□ 14년1회, 20년3회

25. 정전기 방전현상에 해당되지 않는 것은?

① 연면방전 ② 코로나방전
③ 낙뢰방전 ④ 스팀방전

정답 20 ② 21 ① 22 ② 23 ② 24 ④ 25 ④

□□□ 17년1회

26. 방전의 분류에 속하지 않는 것은?

① 연면 방전 ② 불꽃 방전
③ 코로나 방전 ④ 스프레이 방전

□□□ 18년1회, 21년3회

27. 다음은 무슨 현상을 설명한 것인가?

전위차가 있는 2개의 대전체가 특정거리에 접근하게 되면 등전위가 되기 위하여 전하가 절연공간을 깨고 순간적으로 빛과 열을 발생하며 이동하는 현상

① 대전 ② 충전
③ 방전 ④ 열전

□□□ 08년2회, 09년3회

28. 침대평판 전극간에 직류 고전압을 인가한 경우 간격 내에서 정 corona가 진전해 가는 순서로 알맞은 것은?

① 글로우코로나(glow corona) - 스트리머코로나(streamer corona) - 브러시코로나(brush corona)
② 스트리머코로나(streamer corona) - 글로우코로나(glow corona) - 브러시코로나(brush corona)
③ 글로우코로나(glow corona) - 브러시코로나(brush corona) - 스트리머코로나(streamer corona)
④ 브러시코로나(brush corona) - 스트리머코로나(streamer corona) - 글로우코로나(glow corona)

해설

코로나 방전 순서
글로우코로나(표면발광) → 브러시 코로나(불꽃의 발생) → 스트리머 코로나(불꽃이 옮겨 붙음)

□□□ 10년2회, 16년2회

29. 코로나 방전이 발생할 경우 공기 중에 생성되는 것은?

① O_2 ② O_3
③ N_2 ④ N_3

해설

스파크에 의한 코로나 방전이 발생시 공기중에 오존(O_3)이 생성된다.

□□□ 11년1회, 16년1회

30. 대전이 큰 엷은 층상의 부도체를 박리할 때 또는 엷은 층상의 대전된 부도체의 뒷면에 밀접한 접지체가 있을 때 표면에 연한 수지상의 발광을 수반하여 발생하는 방전은?

① 불꽃 방전 ② 스트리머 방전
③ 코로나 방전 ④ 연면 방전

문제 30, 31 해설

연면방전
정전기가 대전되어 있는 부도체에 접지체가 근접되어 있는 경우 대전 물체와 접지체 사이에서 발생하는 방전과 거의 동시에 부도체의 표면을 따라서 별표 모양을 가지는 나뭇가지 형태를 수반하는 방전이다.

□□□ 14년2회

31. 다음은 어떤 방전에 대한 설명인가?

"대전이 큰 엷은 층상의 부도체를 박리할 때 또는 엷은 층상의 대전된 부도체의 뒷면에 밀접한 접치체가 있을 때 표면에 연한 복수의 수지상 발광을 수반하여 발생하는 방전"

① 코로나 방전 ② 뇌상 방전
③ 연면 방전 ④ 불꽃 방전

□□□ 12년1회

32. 방전의 종류 중 도체가 대전되었을 때 접지된 도체와의 사이에서 발생하는 강한 발광과 파괴음을 수반하는 방전을 무엇이라 하는가?

① 연면 방전 ② 자외선 방전
③ 불꽃 방전 ④ 스트리머 방전

해설

불꽃 방전(Spark Discharge)
① 직접 또는 정전기 유도에 의하여 대전된 도체, 특히 금속으로 된 물체를 다른 접지되지 않은 절연도체에 근접시켰을 때 발생
② 두 개의 도체간에서 단락 공간을 잇는 발광현상을 수반
③ 스파크 발생시 공기중에 오존(O_3)이 생성, 전도성을 띠어 주위 인화물에 인화되거나 먼지로 인한 분진폭발을 일으킬 위험성이 있다.

정답 26 ④ 27 ③ 28 ③ 29 ② 30 ④ 31 ③ 32 ③

□□□ 11년1회

33. 공기의 파괴전계는 주어진 여건에 따라 정해지나 이상적인 경우로 가정할 경우 대기압 공기의 절연내력은 몇 [kV/cm] 정도인가?

① 평행판전극 30kV/cm ② 평행판전극 3kV/cm
③ 평행판전극 10kV/cm ④ 평행판전극 5kV/cm

문제 33, 34 해설

불꽃방전에 의한 공기 절연파괴 전압
(1) 평형판 전극 : 30kV/cm
(2) 침대침 전극 : 5kV/cm

□□□ 12년1회

34. 30kV에서 불꽃방전이 일어났다면 어떤 상태이었겠는가?

① 전극간격이 1cm 떨어진 침대침 전극
② 전극간격이 1cm 떨어진 평형판 전극
③ 전극간격이 1mm 떨어진 평형판 전극
③ 전극간격이 1mm 떨어진 침대침 전극

□□□ 15년2회, 19년2회

35. 정전기 발생현상의 분류에 해당되지 않는 것은?

① 유체대전 ② 마찰대전
③ 박리대전 ④ 유동대전

문제 35~37 해설

정전기 발생현상의 분류

1. 마찰대전	2. 유동대전
3. 박리대전	4. 충돌대전
5. 분출대전	6. 파괴대전

□□□ 08년2회, 20년3회

36. 다음 중 정전기의 발생 현상에 포함되지 않는 것은?

① 파괴 대전 ② 분출 대전
③ 전도 대전 ④ 유동 대전

□□□ 18년3회

37. 정전기 발생의 일반적인 종류가 아닌 것은?

① 마찰 ② 중화
③ 박리 ④ 유동

□□□ 13년1회, 16년2회

38. 다음 설명과 가장 관계가 깊은 것은?

- 파이프 속에 저항이 높은 액체가 흐를 때 발생 한다.
- 액체의 흐름이 정전기 발생에 영향을 준다.

① 충돌대전 ② 박리대전
③ 유동대전 ④ 분출대전

해설

유동 대전
가솔린과 같은 액체류가 파이프 등의 내부에서 유동할 때 관벽과 액체 사이에서 발생하는 것으로 이 때에는 액체의 유동 속도가 정전기 발생에 가장 큰 영향을 미치게 된다. 배관 내에서 액체류가 유동할 때는 정전기 발생을 줄이기 위해서 물질에 따라 유속을 제한하게 된다.

□□□ 17년2회

39. 정전기 대전현상의 설명으로 틀린 것은?

① 충돌대전 : 분체류와 같은 입자 상호간이나 입자와 고체와의 충돌에 의해 빠른 접촉 또는 분리가 행하여짐으로써 정전기가 발생되는 현상
② 유동대전 : 액체류가 파이프 등 내부에서 유동할 때 액체와 관 벽 사이에서 정전기가 발생되는 현상
③ 박리대전 : 고체나 분체류와 같은 물체가 파괴되었을 때 전하분리에 의해 정전기가 발생되는 현상
④ 분출대전 : 분체류, 액체류, 기체류가 단면적이 작은 분출구를 통해 공기 중으로 분출될 때 분출하는 물질과 분출구의 마찰로 인해 정전기가 발생되는 현상

해설

③항은 파괴대전에 관한 설명이다.

[참고]

박리 대전 : 서로 밀착된 물체가 떨어질 때 전하의 분리가 일어나 정전기가 발생하는 현상으로 접촉 면적, 접촉면의 밀착력, 박리속도에 의해 정전량은 달라진다. 예를 들면 접착 테이프나 필름으로 밀착된 물체를 떼어낼 때 발생하는 정전기 등이 있다.

정답 33 ① 34 ② 35 ① 36 ③ 37 ② 38 ③ 39 ③

02 정전기 재해 방지대책

(1) 쿨롱의 법칙

두 전하 사아에 작용하는 흡인력으로 작용하는 전위는 전하의 크기에 비례하고 두 전하사이의 유전율과 거리에 반비례 한다.

① 도체구의 전위

$$E = \frac{Q_1 Q_2}{4\pi\epsilon_0 r^2}$$

E : 대전전위
Q : 대전 전하량
ϵ_0 : 유전율(8.855×10^{-12})
r : 전하사이의 거리

[유전율]
외부 전기장을 유전체에 가하면 유전분극 현상이 일어나 가해진 외부 전기장에 반대 방향으로 분극에 의한 전계(전기장)이 생긴다. 결과적으로 유전체내 전기장 세기가 작아진 비율

 예제

1[C]을 갖는 2개의 전하가 공기 중에서 1[m]거리에 있을 때 이들 사이에 작용하는 정전력은?

$$E = \frac{Q_1 Q_2}{4\pi\epsilon_0 r^2} = \frac{1 \times 1}{4\pi \times (8.855 \times 10^{-12}) \times 1^2} = 8.99 \times 10^9 ≒ 9 \times 10^9$$

$$E = 9 \times 10^9 \times \frac{Q}{r} = 9 \times 10^9 \times \frac{1}{1} = 9 \times 10^9$$

② 도체구의 전위에서 유전율을 포함하여 계산하면 다음과 같은 식으로 표현할 수 있다.

$$E = 9 \times 10^9 \times \frac{Q}{r}$$

(2) 정전기 재해의 발생

[정전기 화재의 원인조사]
(1) 사고의 성격 · 특성
(2) 가연성 분위기의 요인규명
(3) 고전위까지 전하를 축적시킬 수 있는 물질이나 물체 규명
(4) 전하발생부위 및 기구의 규명
(5) 전하축적기구 규명
(6) 방전전극
(7) 정전기 방전에 따른 점화가능성 평가
(8) 사고재발 방지를 위한 대책 강구

① 인체로부터의 방전

인체에 대전된 전하량이 $2 \sim 3 \times 10^{-7}$(C) 이상 되면 이 전하가 방전하는 경우 통증을 느끼게 되는데 이 전위를 실용적인 대전전위로 표현하면 인체의 정전용량을 보통 100(PF)로 할 경우 약 3(kV)이다.

② 대전된 물체로부터 인체로의 방전

대전된 물체에서 인체로 방전시 전격 전하량은 $2 \sim 3 \times 10^{-7}$(C) 이상의 방전 전하량이 인체에 방전시 전격을 받게 된다. 부도체의 경우 대전전위가 30kV이상이면 방전으로 전격을 받는다.

③ 화재 폭발의 발생

구분	내용
도체에 의한 대전	방전이 발생할 때 거의 대부분의 전하가 모두 방출되므로 축적된 정전기 에너지가 최소 착화에너지와 같은 경우 화재 폭발이 발생한다. $E=\frac{1}{2}CV^2$
부도체에 의한 대전	축적된 에너지가 모두 방출하는 것은 아니며 대전전위 크기에 의해 화재 폭발이 결정된다. • 최소착화 에너지가 수십 μJ인 가연성 물체 : 대전전위 1kV이상 • 최소착화 에너지가 수백 μJ인 가연성 물체 : 대전전위 5kV이상

[정전기로 인한 생산장해]

(1) 물리적(역학적) 장해 : 분진, 엉킴, 인쇄 얼룩, 제품오염에 의한 장해
(2) 방전장해 : 방전전류, 전자파, 발광 등에 의한 장해

(3) 정전기 재해의 방지 대책

[본딩]

2개 이상의 금속도체를 전기적으로 접속하여 서로 같은 전위로 만드는 것

① 접지 및 본딩

㉠ 접지 대상 : 금속도체이다.

구분	내용
간접 접지 대상	• 도전율이 1×10^{-6}[s/m]이상인 도체 • 표면고유 저항이 $1\times10^{9}[\Omega]$ 이하인 물체의 표면 • 도전율이 1×10^{-6}[s/m]~1×10^{-10}[s/m]인 중간영역의 도체 • 표면고유저항이 $1\times10^{9}\sim1\times10^{11}[\Omega]$인 물체의 표면
접지의 금지	부도체 및 표면고유저항이 $10^{11}[\Omega]$ 이상인 물체의 표면

㉡ 접지 및 본딩의 저항

구분	접지저항
정전기 대책만을 위한 접지	$1\times10^{6}[\Omega]$ 이하
표준환경 조건 시(기온 20℃, 상대습도 50%)	$1\times10^{3}[\Omega]$ 미만
실제 설비의 적용일 경우	100Ω 이하

② 유속의 제한

㉠ 불활성화 할 수 없는 탱크, 탱커, 탱크로울리, 탱크차 드럼통 등에 위험물을 주입하는 배관의 유속

구분	배관유속
저항률이 $10^{10}\Omega$cm 미만의 도전성 위험물	7m/s 이하
에텔, 이황화탄소 등과 같이 유동대전이 심하고 폭발 위험성이 높은 것	1m/s 이하
물기가 기체를 혼합한 부수용성 위험물	

ⓛ 저항률 $10^{10}\Omega \cdot cm$ 이상인 위험물의 배관내 유속은 〈표〉값 이하로 할 것. 단 주입구가 액면 밑에 충분히 침하할 때까지의 배관내 유속은 1m/s 이하로 할 것.

관 내 경 D		유속V(m/s)	V^2	V^2D
(inch)	(m)			
0.5	0.01	8	64	0.64
1	0.025	4.9	24	0.6
2	0.05	3.5	12.25	0.61
4	0.1	2.5	6.25	0.63
8	0.2	1.8	3.25	0.64
16	0.4	1.3	1.6	0.67
24	0.6	1.0	1.0	0.6

[제전기의 제전효율]

정전기 재해를 예방하기 위해 설치하는 제전기의 제전효율은 90% 이상 되어야 한다.

③ 보호구(방호구)의 사용

구분	내용
제진복	가연성 혼합기(가연성 Gas, 증기, 분진)의 발생의 우려가 있는 작업장에서 의복의 대전에 의한 착화를 방지하는데 사용한다. ※ 감지범위 : 최고 50~60kV, $15 \sim 18 \times 10^{-7}[c/cm^2]$
카페트	카페트의 정전방지 : 3kV 이하일 경우

[대전방지제의 흡습성]

OH기는 흡수성이 강한 물질로 가습에 의한 부도체의 정전기 대전방지 효과의 성능이 좋다. 이러한 작용을 하는 기를 갖는 물질은 OH, NH_2, COOH가 있다.

④ 대전방지제

㉠ 대전방지제는 부도체 대전방지를 위해 사용

ⓛ 종류

대상에 따른 구분	사용방법에 따른 구분
수지용, 액체용, 섬유용 등	도포용, 침투형 등

㉢ 대전방지제 사용시 접지 : 부도체의 도전율이 $10^{-12}[s/m]$ 이상, 표면고유저항이 $10^{13}[\Omega]$ 이하

⑤ 가습

대부분 물체는 습도를 증가하면 전기저항치는 저하되고 이에 따른 대전성도 저하한다. 상대습도 70%정도시 전기저항은 급격히 감소된다.

㉠ 물을 분무하는 방법

ⓛ 증기를 분무하는 방법

㉢ 증발법

(4) 제전기의 사용

① 제전 원리

제전기를 대전물체 가까이에 설치하면 제전기에서 생성한 이온(正 이온, 頁 이온) 중 대전물체와 반대극성의 이온이 대전물체로 이동하여 이 이온과 대전물체의 전하가 재결합 또는 중화됨으로 정전기가 제전된다.

② 제전효과에 영향을 미치는 요인

㉠ 제전기의 이온생성능력
㉡ 제전기의 설치위치
㉢ 설치각도 및 설치거리
㉣ 피대전물체의 형상 및 이동속도
㉤ 대전상태
㉥ 대전전위 및 대전 전하량분포
㉦ 근접접지체의 위치, 형상, 크기
㉧ 제전기를 설치한 환경의 상대습도, 온도
㉨ 대전물체와 제전기와의 사이의 기류속도

③ 교류방전식(가전압식) 제전기

㉠ 약 7,000V 정도의 전압을 걸어 코로나 방전을 일으키고 발생된 이온으로 대전체의 전하를 재결합시키는 방식
㉡ 약간의 전위가 남지만 거의 0에 가까운 효과를 거둔다.

④ 자기방전식 제전기

㉠ 도전성 섬유, 스테인레스, 카본 등에 의해 코로나 방전을 일으켜서 제전
㉡ 코로나 방전을 이용한 것으로 접지한 금속선, 금속 롤(roll), 금속 브러시(brush) 등을 대전체에 근접시키고 대전체 자체를 이용하여 방전시키는 방식이다.
㉢ 50kV 내외의 높은 대전을 제거하는 것이 특징이나 2kV 내외의 대전이 남는 결점이 있다.
㉣ 플라스틱, 섬유, 고무, 필름 공장 등에서 정전기 제거에 유효하다.

⑤ 이온식(방사선식) 제전기(라디오 아이소프트)

㉠ 분체의 제전에 효과가 있는 제전기로 7,000V 정도의 교류전압이 인가된 침을 설치하여 코로나 방전에 의해 발생된 이온을 송풍기로 대전체에 내뿜는 방식이다.
㉡ 방사선의 전리작용을 이용하여 공기를 이온화하는 방식으로 α 및 β 선원이 사용되고 있다. 이 방식은 방사선 장해로 취급에 주의를 요한다.
㉢ 제전능력이 작아서 충분한 제전시간이 필요하며 특히 이동하는 물체의 제전에는 부적합하다.
㉣ 제전효율이 낮다.
㉤ 폭발위험이 있는 곳에 적당하다.

[제전기]

Tip

제전기는 90% 이상의 제전효율을 가져야 한다.

02 핵심문제 2. 정전기 재해 방지대책

□□□ 09년3회, 11년1회, 18년2회

1. 1[C]을 갖는 2개의 전하가 공기 중에서 1[m]의 거리에 있을 때 이들 사이에 작용하는 정전력은?

① 8.854×10^{-12}[N]　② 1.0[N]
③ 3×10^{3} [N]　④ 9×10^{9}[N]

해설

$$E=\frac{Q_1Q_2}{4\pi\epsilon_0 r^2}=\frac{1\times1}{4\pi\times(8.855\times10^{-12})\times1^2}$$
$$=8.99\times10^9 \fallingdotseq 9\times10^9$$

E : 대전전위
Q : 대전 전하량
ϵ_0 : 유전율(8.855×10^{-12})
r : 전하사이의 거리

□□□ 09년1회, 18년2회

2. 지구를 고립한 지구도체라 생각하고 1[C]의 전하가 대전되었다면 지구 표면의 전위는 대략 몇 [V] 인가? (단, 지구의 반경은 6,367km이다.)

① 1,414V　② 2,828V
③ 9×10^{4} V　④ 9×10^{9}V

해설

$$E=\frac{Q_1Q_2}{4\pi\epsilon_0 r^2}=9\times10^9\times\frac{Q}{r}$$
$$=9\times10^9\times\frac{1}{6,367\times10^3}=1413.54$$

□□□ 13년1회, 16년2회, 21년2회

3. Q=2×10^{-7}[C]으로 대전하고 있는 반경 25[cm]의 도체구의 전위는?

① 7.2[kV]　② 8.6[kV]
③ 10.5[kV]　④ 12.5[kV]

해설

$$E=\frac{Q_1Q_2}{4\pi\epsilon_0\times r}=9\times10^9\times\frac{Q}{r}$$
$$=9\times10^9\times\frac{2\times10^{-7}}{0.25}=7200[\mathrm{V}]=7.2[\mathrm{kV}]$$

□□□ 11년3회

4. 인체의 대전에 기인하여 발생하는 전격의 발생한계 전위는 몇 [kV] 정도인가?

① 0.5　② 3.0
③ 5.5　④ 8.0

해설

인체에 대전된 전하량이 $2\sim3\times10^{-7}$(C) 이상 되면 이 전하가 방전하는 경우 통증을 느끼게 되는데 이 전위를 실용적인 대전전위로 표현하면 인체의 정전용량을 보통 100(PF)로 할 경우 약 3(kV)이다.

□□□ 11년1회

5. 정전기 재해의 방지대책에 대한 관리 시스템이 아닌 것은?

① 발생 전하량 예측
② 정전기 축적 정전용량 증대
③ 대전 물체의 전하 축적 메커니즘 규명
④ 위험성 방전을 발생하는 물리적 조건 파악

해설

②항, 정전기가 축적되면 화재 및 폭발현상은 증대된다.

□□□ 10년3회, 15년1회

6. 정전기 방전에 의한 화재 및 폭발 발생에 대한 설명 중 적합하지 않은 것은?

① 정전기 방전에너지가 어떤 물질의 최소착화에너지보다 크게 되면 화재, 폭발이 일어날 수 있다.
② 부도체가 대전되었을 경우에는 정전에너지보다는 대전전위 크기에 의해서 화재, 폭발이 결정된다.
③ 대전된 물체에 인체가 접근했을 때 전격을 느낄 정도이면 화재, 폭발의 가능성이 있다.
④ 작업복에 대전된 정전에너지가 가연성 물질의 최소착화 에너지보다 클 때는 화재, 폭발의 위험성이 있다.

정답 1 ④ 2 ① 3 ① 4 ② 5 ② 6 ④

해설

화재 폭발의 발생

구분	내용
도체에 의한 대전	방전이 발생할 때 거의 대부분의 전하가 모두 방출되므로 축적된 정전기 에너지가 최소 착화에너지와 같은 경우 화재 폭발이 발생한다. $E=\frac{1}{2}CV^2$
부도체에 의한 대전	축적된 에너지가 모두 방출하는 것은 아니며 대전전위 크기에 의해 화재 폭발이 결정된다. ① 최소착화 에너지가 수십 μJ인 가연성 물체 : 대전전위 1kV이상 ② 최소착화 에너지가 수백 μJ인 가연성 물체 : 대전전위 5kV이상

□□□ 13년2회, 18년3회

7. 정전기 방전에 의한 폭발로 추정되는 사고를 조사함에 있어서 필요한 조치가 아닌 것은?

① 가연성 분위기 규명
② 방전에 따른 점화 가능성 평가
③ 전하발생 부위 및 축적 기구 규명
④ 사고현장의 방전흔적 조사

해설

정전기 화재의 원인조사
1. 사고의 성격 · 특성
2. 가연성 분위기의 요인규명
3. 고전위까지 전하를 축적시킬 수 있는 물질이나 물체 규명
4. 전하발생부위 및 기구의 규명
5. 전하축적기구 규명
6. 방전전극
7. 정전기 방전에 따른 점화가능성 평가
8. 사고재발 방지를 위한 대책 강구

□□□ 15년2회

8. 정전기를 제거하려 한 행위 중 폭발이 발생했다면 다음 중 어떤 경우인가?

① 가습　　② 자외선 공급
③ 온도조절　　④ 금속부분 접지

해설

금속부분 접지 시에 폭발성 가스가 체제되어 있는 상태에서 정전기 접촉에 의한 폭발이 발생할 수 있다.

□□□ 16년3회

9. 정전기로 인하여 화재로 진전되는 조건 중 관계가 없는 것은?

① 방전하기에 충분한 전위차가 있을 때
② 가연성가스 및 증기가 폭발한계 내에 있을 때
③ 대전하기 쉬운 금속부분에 접지를 한 상태일 때
④ 정진기의 스파크 에너지가 가연성가스 및 증기의 최소점화 에너지 이상일 때

해설

대전하기 쉬운 곳에 접지를 한 것은 정전기 방지 대책이다.

□□□ 10년1회, 12년2회, 16년2회

10. 반도체 취급 시에 정전기로 인한 재해 방지 대책으로 거리가 먼 것은?

① 송풍형 제전기 설치
② 부도체의 접지 실시
③ 작업자의 대전방지 작업복 착용
④ 작업대에 정전기 매트 사용

해설

②항, 접지의 대상은 금속도체이다.

□□□ 12년2회,, 21년2회

11. 정전기 방지대책 중 틀린 것은?

① 대전서열이 가급적 먼 것으로 구성한다.
② 카본 블랙을 도포하여 도전성을 부여한다.
③ 유속을 저감시킨다.
④ 도전성 재료를 도포하여 대전을 감소시킨다.

해설

①항, 대전서열이 멀수록 정전기 발생량은 증가한다.

□□□ 13년1회

12. 정전기 제거만을 목적으로 하는 접지에 있어서의 적당한 접지저항 값은 몇 [Ω] 이하로 하면 좋은가?

① 10^6[Ω] 이하　　② 10^{12}[Ω] 이하
③ 10^{15}[Ω] 이하　　④ 10^{18}[Ω] 이하

정답 7 ④ 8 ④ 9 ③ 10 ② 11 ① 12 ①

문제 12, 13 해설

접지 및 본딩의 저항

구분	접지저항
정전기 대책만을 위한 접지	$1\times10^6[\Omega]$ 이하
표준환경 조건 시(기온 20℃, 상대습도 50%)	$1\times10^3[\Omega]$ 미만
실제 설비의 적용일 경우	100Ω 이하

□□□ 14년2회

13. 정전기 재해방지 대책에서 접지방법에 해당되지 않는 것은?

① 접지단자와 접지용 도체와의 접속에 이용되는 접지기구는 견고하고 확실하게 접속시켜주는 것이 좋다.
② 접지단자는 접지용 도체, 접지기구와 확실하게 접촉될 수 있도록 금속면이 노출되어 있거나, 금속면에 나사, 너트 등을 이용하여 연결할 수 있어야 한다.
③ 접지용 도체의 설치는 정전기가 발생하는 작업 전이나 발생 할 우려가 없게 된 후 정치시간이 경과한 후에 행하여야 한다.
④ 본딩은 금속도체 상호간에 전기적 접속이므로 접지용 도체, 접지단자에 의하여 표준환경조건에서 저항은 $1[M\Omega]$ 미만이 되도록 경고하고 확실하게 실시하여야 한다.

□□□ 08년3회, 10년3회

14. 절연성이 높은 유전성 액체를 다룰 때 정전기 재해의 방지 대책으로 옳지 않은 것은?

① 가스용기, 탱크롤리 등의 도체부는 접지한다.
② 도전화를 착용하여 접지한 것과 같은 효과를 갖도록 한다.
③ 유동대전이 심하지 않은 도전성 위험물의 배관 유속은 매초 7m 이상으로 한다.
④ 탱크의 주입구는 위험물이 수평방향으로 유입하도록 한다.

문제 14~17 해설

불활성화 할 수 없는 탱크, 탱커, 탱크로울리, 탱크차 드럼통 등에 위험물을 주입하는 배관의 유속

구분	배관유속
저항률이 $10^{10}\Omega\cdot cm$ 미만의 도전성 위험물	7m/s 이하
에텔, 이황화탄소 등과 같이 유동대전이 심하고 폭발 위험성이 높은 것	1m/s 이하
물기가 기체를 혼합한 부수용성 위험물	

□□□ 15년1회

15. 정전기 재해방지를 위한 배관 내 액체의 유속제한에 관한 사항으로 옳은 것은?

① 저항률이 $10^{10}\Omega\cdot cm$ 미만의 도전성 위험물의 배관 유속은 7m/s 이하로 할 것
② 에테르, 이황화탄소 등과 같이 유동대전이 심하고 폭발위험성이 높으면 4m/s 이하로 할 것
③ 물이나 기체를 혼합하는 비수용성 위험물의 배관 내 유속은 5m/s 이하로 할 것
④ 저항률이 $10^{10}\Omega\cdot cm$ 이상인 위험물의 배관 내 유속은 배관내경 4인치일 때 10m/s 이하로 할 것

□□□ 13년3회

16. 정전기 재해방지에 관한 설명 중 잘못된 것을 고르시오.

① 이황화탄소의 수송 과정에서 배관 내의 유속을 2.5m/s 이상으로 한다.
② 인쇄 과정에서 도포량을 적게 하고 접지한다.
③ 포장 과정에서 용기를 도전성 재료에 접지한다.
④ 작업장의 습도를 높여 전하가 제거되기 쉽게 한다.

□□□ 16년3회

17. 정전기 재해방지를 위하여 불활성화 할 수 없는 탱크, 탱크롤리 등에 위험물을 주입하는 배관 내 액체의 유속제한에 대한 설명으로 틀린 것은?

① 물이나 기체를 혼합하는 비수용성 위험물의 배관 내 유속은 1m/s 이하로 할 것
② 저항률이 $10^{10}\Omega\cdot cm$ 미만의 도전성 위험물의 배관 유속은 매초 7m이하로 할 것
③ 저항률이 $10^{10}\Omega\cdot cm$ 이상인 위험물의 배관유속은 관내경이 0.05m이면 매초 3.5m 이하로 할 것
④ 이황화탄소 등과 같이 유동대전이 심하고 폭발위험성이 높은 것은 배관 내 유속은 5m/s 이하로 할 것

정답 13 ④ 14 ③ 15 ① 16 ① 17 ④

□□□ 13년2회

18. 정전기 재해의 방지를 위하여 배관내 액체의 유속의 제한이 필요하다. 배관의 내경과 유속 제한 값으로 틀린 것은?

① 관내경[mm] : 25, 제한유속[m/s] : 6.5
② 관내경[mm] : 50, 제한유속[m/s] : 3.5
③ 관내경[mm] : 200, 제한유속[m/s] : 1.8
④ 관내경[mm] : 100, 제한유속[m/s] : 2.5

해설

관경과 유속제한 값

관 내 경 D		유속V (m/초)	v^2	v^2D
(inch)	(m)			
0.5	0.01	8	64	0.64
1	0.025	4.9	24	0.6
2	0.05	3.5	12.25	0.61
4	0.1	2.5	6.25	0.63
8	0.2	1.8	3.25	0.64
16	0.4	1.3	1.6	0.67
24	0.6	1.0	1.0	0.6

□□□ 17년1회

19. 작업장소 중 제전복을 착용하지 않아도 되는 장소는?

① 상대 습도가 높은 장소
② 분진이 발생하기 쉬운 장소
③ LCD등 display 제조 작업 장소
④ 반도체 등 전기소자 취급 작업 장소

해설

①항, 상대습도를 높이는 것은 정전기 방지대책으로 제전복을 착용하지 않아도 된다.

□□□ 11년2회, 21년1회

20. 정전기가 대전된 물체를 제전시키려고 한다. 다음 중 대전된 물체의 절연저항이 증가되어 제전의 효과를 감소시키는 것은?

① 접지한다.
② 건조시킨다.
③ 도전성 재료를 첨가한다.
④ 주위를 가습한다.

해설

②항, 건조시킬 경우는 정전기 대전현상이 높아진다.

□□□ 16년1회

21. 흡수성이 강한 물질은 가습에 의한 부도체의 정전기 대전방지 효과의 성능이 좋다. 이러한 작용을 하는 기를 갖는 물질이 아닌 것은?

① OH　　② C_6H_6
③ NH_2　　④ COOH

해설

대전방지제의 흡습성
OH기는 흡수성이 강한 물질로 가습에 의한 부도체의 정전기 대전방지 효과의 성능이 좋다. 이러한 작용을 하는 기를 갖는 물질은 OH, NH_2, COOH가 있다.

□□□ 12년2회, 20년3회

22. 제전기의 종류가 아닌 것은?

① 전압인가식 제전기　　② 정전식 제전기
③ 이온식 제전기　　④ 자기방전식 제전기

해설

제전기의 종류
1. 전압인가식 제전기
2. 이온식 제전기
3. 자기방전식 제전기

□□□ 08년2회

23. 다음 중 제전능력이 가장 뛰어난 제전기는?

① 이온제어식 제전기　　② 전압인가식 제전기
③ 방사선식 제전기　　④ 자기방전식 제전기

문제 23, 24 해설

전압인가식은 가전압식 또는 교류방전식 제전기라고도 하며 방전침에 약 7000[V] 정도의 전압을 걸어 코로나 방전을 일으켜 발생한 이온으로 대전체의 전하를 중화시키는 방법으로 약간의 전위는 남지만 제전능력이 뛰어나 거의 0에 가까운 효과를 얻는다.

□□□ 11년2회, 19년2회

24. 방전침에 약 7000V의 전압을 인가하면 공기가 전리되어 코로나 방전을 일으킴으로써 발생한 이온으로 대전체의 전하를 중화시키는 방법을 이용한 제전기는?

① 전압인가식 제전기
② 자기방전식 제전기
③ 이온스프레이식 제전기
④ 이온식 제전기

정답 18 ① 19 ① 20 ② 21 ② 22 ② 23 ② 24 ①

□□□ 12년1회, 21년3회

25. 정전기 재해를 예방하기 위해 설치하는 제전기의 제전효율은 설치 시에 얼마 이상이 되어야 하는가?

① 50% 이상 ② 70% 이상
③ 90% 이상 ④ 100%

해설

정전기 재해를 예방하기 위해 설치하는 제전기의 제전효율은 90% 이상 되어야 한다.

□□□ 09년1회

26. 자기방정식 제전기의 특징으로 옳지 않은 것은?

① 아세테이트 필름의 권취공정, 셀로판제조공정에 유용하다.
② 코로나 방전을 일으켜 공기를 이온화 하는 것을 이용한 것이다.
③ 정상상태에서 방전현상은 수반하나 착화하는 경우는 없지만 본체가 금속이므로 접지를 하여야 한다.
④ 제전능력이 작아서 충분한 제전시간이 필요하며, 특히 이동하는 물체의 제전에는 부적합하다.

문제 26, 27 해설

자기방전식 제전기는 도전성 섬유, 스테인레스, 카본 등에 의해 코로나 방전을 일으켜서 제전하는 것으로 50kV 내외의 높은 대전을 제거하는 것이 특징이나 2kV 내외의 대전이 남는 결점이 있다. 플라스틱, 섬유, 고무, 필름 공장 등에서 정전기 제거에 유효하다. 즉 자기방전식은 코로나 방전을 이용한 것으로 접지한 금속선, 금속롤(roll), 금속 브러시(brush) 등을 대전체에 근접시키고 대전체 자체를 이용하여 방전시키는 방식이다.

□□□ 08년3회

27. 자기방전식 제전기의 제전은 전기의 어떠한 현상을 이용한 것인가?

① 불꽃방전 ② 자기유도현상
③ 코로나방전 ④ 과도현상

□□□ 10년2회, 15년2회

28. 제전기의 제전효과에 영향을 미치는 요인으로 볼 수 없는 것은?

① 제전기의 이온 생성능력
② 제전기의 설치 위치 및 설치 각도
③ 대전 물체의 대전 전위 및 대전분포
④ 전원의 극성 및 전선의 길이

해설

제전효과에 영향을 미치는 요인
1) 제전기의 이온생성능력
2) 제전기의 설치위치
3) 설치각도 및 설치거리
4) 피대전물체의 형상 및 이동속도
5) 대전상태
6) 대전전위 및 대전 전하량분포
7) 근접접지체의 위치, 형상, 크기
8) 제전기를 설치한 환경의 상대습도, 온도
9) 대전물체와 제전기와의 사이의 기류속도

□□□ 14년1회

29. 제전기의 설명 중 잘못된 것은?

① 전압인가식은 교류 7000V를 걸어 방전을 일으켜 발생한 이온으로 대전체의 전하를 중화시킨다.
② 방사선식은 특히 이동물체에 적합하고, α 및 β 선원이 사용되며, 방사선 장해, 취급에 주의를 요하지 않아도 된다.
③ 이온식은 방사선의 전리 작용으로 공기를 이온화시키는 방식, 제전 효율은 낮으나 폭발위험지역에 적당하다.
④ 자기방전식은 필름의 권취, 셀로판제조, 섬유공장 등에 유효하나, 2kV 내외의 대전이 남는 결점이 있다.

해설

방사선식 제전기는 방사선 동이원소의 전리작용에 의해 제전에 필요한 이온을 만드는 제전기로서 α 및 β 선원이 사용되고 있다. 이 방식은 방사선 장해로 취급에 주의를 요하며 제전능력이 작아서 충분한 제전시간이 필요하며 특히 이동하는 물체의 제전에는 부적합하다.

정답 25 ③ 26 ④ 27 ③ 28 ④ 29 ②

Chapter 05

전기설비의 방폭

전기설비의 방폭에서는 방폭이론, 방폭구조의 종류, 방폭장소의 분류, 방폭구조 전기기계기구의 선정 등으로 구성된다. 방폭구조의 종류와 특징, 방폭장소별 방폭구조의 적용에 대한 기준 등이 주로 출제된다.

01 전기설비 방폭 이론

(1) 방폭화 이론

① 방폭화의 기본원리

전기 설비에 의한 폭발 방지를 위하여 폭발성 분위기의 생성방지, 점화원을 억제(제거)함으로 인해 위험성 분위기로부터 격리시킨다.

② 용어의 정의

구분	내용
방폭지역	인화성 또는 가연성 물질이 화재 · 폭발을 발생시킬 수 있는 농도로 대기중에 존재하거나 존재할 우려가 있는 장소
위험 분위기	대기중의 인화성 또는 가연성 물질이 화재 · 폭발을 발생시킬 수 있는 농도로 공기와 혼합되어 있는 상태
위험 발생원	인화성 또는 가연성 물질의 누출 등으로 인하여 주위에 위험 분위기를 생성시킬 수 있는 지점을 말하며 각종 용기, 장치, 배관 등의 연결부, 봉인부, 개구부 등
방폭전기 설비	방폭전기기기와 관련 배선 · 전선관 · 금구류등
방폭전기 배선	방폭지역에서 사용되는 절연전선, 케이블, 전선관 및 기타 배선재료 등으로 구성된 전로
이동전선	고정된 전원과 이동전기기기 또는 가반형전기기기를 접속하는 전선으로 조영물 등에 고정하지 않고 사용하는 전선
시일링 (Sealing)	금속전선관 배선 공사를 할 경우 전선관로를 통하여 가스 등이 이동하거나 또는 폭발시 화염이 전파되는 것 등을 방지하기 위하여 전선관로를 밀봉하는 것

[폭발의 분류]

(1) 폭연 : 300m/sec 이하연소속도
(2) 폭굉 : 1,000~3,500m/sec의 연소속도
(3) 폭발 = 폭연 + 폭굉이다.

③ 전기설비의 방폭화 설비의 표준환경 조건

구분	내용
압력	80 ~ 110 kPa
주변온도	-20 ~ 40℃
표고	1,000m 이하
상대습도	45~85%
공해, 부식성가스, 진동등이 존재하지 않는 환경	

④ 방폭지역 구분 장소

㉠ 인화성 또는 가연성의 증기가 쉽게 존재할 가능성이 있는 지역

㉡ 인화점 40℃ 이하의 액체가 저장 · 취급되고 있는 지역

㉢ 인화점 65℃ 이하의 액체가 인화점 이상으로 저장 · 취급될 수 있는 지역

㉣ 인화점이 100℃ 이하인 액체의 경우 해당 액체의 인화점 이상으로 저장 · 취급되고 있는 지역

[방폭구조에 관계있는 위험 특성]
(1) 발화온도
(2) 화염일주거리
(3) 최소 점화전류

(2) 방폭구조에 관계하는 위험특성

① 발화온도

폭발성가스와 공기의 혼합가스에 온도를 높인 경우에 연소 또는 폭발을 일으키는 최저의 온도로서 가연성 Gas, 증기, 폭발성 Gas의 종류에 따라 다르다.

② 화염일주한계(안전간격)

폭발성 Gas가 폭발을 일으킬 경우 폭발압력의 크기 및 폭발화염이 접합면의 틈새를 통하여 외부 폭발성 Gas에 점화되어 파급되지 않는 한도로 가스의 종류에 따라 다르다.

③ 최소점화전류

폭발성분위기가 전기불꽃에 의하여 폭발을 일으킬 수 있는 최소의 회로전류로서 이 수치는 폭발성가스의 종류에 따라 다르다.

$$E = \frac{1}{2}CV^2$$

여기서 E : 점화 에너지(J)
C : 정전 용량(F)
V : 대전 전위(V)

(3) 폭발성분위기의 생성에 관계하는 위험특성

구분	내용
폭발한계	점화원에 의하여 폭발을 일으킬 수 있는 폭발성가스와 공기와의 혼합가스 농도범위 한계치로 하한치를 폭발하한계, 상한치를 폭발상한계라 한다.
인화점	공기중에서 가연성액체의 액면 가까이에 생기는 증기가 작은 불꽃에 의하여 연소될 때의 해당 가연성액체의 최저온도를 말한다.
증기밀도	가스 또는 증기밀도를 이와 동일한 압력 및 온도의 공기밀도를 "1" 로 비교한 수치이다.

(4) 전기기기 방폭의 기본

구분	내용
점화원의 방폭적 격리	전기기기에서 점화원이 될 수 있는 부분을 주위 폭발성가스와 격리하여 내부에서 발생한 점화원을 격리하는 방법으로 <u>내압방폭구조, 유입방폭구조, 압력방폭구조, 충진형방폭구조</u> 등이 있다.
전기기기의 안전도 증강	정상상태에서 전기불꽃이나 고온부등의 점화원이 발생할 가능성이 있는 전기기기에 대해 특히 안전도를 증가시켜 고장을 일으키기 어렵게 하는 것으로 <u>안전증 방폭구조</u>가 있다.
점화능력의 본질적 억제	정상상태와 사고시 발생하는 전기불꽃이나 고온부가 폭발성 가스에 점화할 위험이 없다는 것을 시험 등 기타방법에 의해 충분히 확인한 것으로 <u>본질안전 방폭구조</u>가 있다.

(5) 폭발성가스의 분류

① 발화도

방폭전기기는 최고표면온도에 따라서 온도등급이 6등급으로 분류한다.

IEC 79-0		KSC 0906	
Class	최대표면온도 ℃	등급	발화도 범위 ℃
T_1	450 이하	G_1	450 초과
T_2	300 이하	G_2	300 초과 450 이하
T_3	200 이하	G_3	200 초과 300 이하
T_4	135 이하	G_4	135 초과 200 이하
T_5	100 이하	G_5	100 초과 135 이하
T_6	85 이하	G_6	85 초과 100 이하

[최고표면온도]

주위의 폭발위험분위를 점화시킬 수 있는 기기의 표면온도

[방목전기기기의 기호]

예) Ex P ⅡA T5

① Ex : 방폭형 전기기기의 심벌

② P : 압력방목구조

③ Ⅱ : 가스폭발 등급

④ T5 : 온도 등급

② 폭발등급

표준용기(내용적 8ℓ, 틈의 안길이 25mm)의 내부에서 폭발이 발생했을 때, 외부에 화염이 미치지 않는 틈의 치수(mm)에 따라 등급을 정한 것

폭발등급	ⅡA	ⅡB	ⅡC
틈의 치수(mm)	0.9mm 이상	0.5mm 초과 0.9mm 미만	0.5mm 이하

③ 폭발성가스의 분류

발화도 폭발등급	G1 (450℃ 이상)	G2 (300~450℃)	G3 (200~300℃)	G4 (135~200℃)	G5 (100~135℃)
1	아세톤 암모니아 일산화탄소 에탄 초산 초산에틸 톨루엔 프로판 벤젠 메타놀 메탄	에타놀 초산인펜틸 1-부타놀 부탄 무수초산	가솔린 핵산 가솔린	아세트알데히드 에틸에테르	
2	석탄가스	에틸렌 에틸렌옥시드			
3	수성가스 수소	아세틸렌		이황화탄소	

01 핵심문제 1. 전기설비의 방폭 이론

□□□ 08년1회, 16년3회, 20년1·2회

1. 화염일주한계에 대한 설명으로 다음 중 옳은 것은?

① 폭발성 가스와 공기의 혼합기에 온도를 높인 경우 화염이 발생할 때까지의 시간 한계치
② 폭발성 분위기에 있는 용기의 접합면 틈새를 통해 화염이 내부에서 외부로 전파되는 것을 저지할 수 있는 틈새의 최대 간격치
③ 폭발성 분위기 속에서 전기불꽃에 의하여 폭발을 일으킬 수 있는 화염을 발생시키기에 충분한 교류 파형의 1주기치
④ 전기 방폭설비에서 이상이 발생하여 불꽃이 생성된 경우에 그것이 점화원으로 작용하지 않도록 화염의 에너지를 억제하여 폭발 하한계로 되도록 화염 크기를 조정하는 한계치

문제 1~4 해설

화염일주 한계란 폭발성 Gas가 폭발을 일으킬 경우 폭발압력의 크기 및 폭발화염이 접합면의 틈새를 통하여 외부 폭발성 Gas에 점화되어 파급되지 않는 한도를 즉, 최대안전틈새를 말한다.

□□□ 18년3회

2. 화염일주한계에 대해 가장 잘 설명한 것은?

① 화염이 발화온도로 전파될 가능성의 한계 값이다.
② 화염이 전파되는 것을 저지할 수 있는 틈새의 최대 간격치이다.
③ 폭발성 가스와 공기가 혼합되어 폭발한계내에 있는 상태를 유지하는 한계값이다.
④ 폭발성 분위기가 전기 불꽃에 의하여 화염을 일으킬 수 잇는 최소의 전류값이다.

□□□ 08년2회, 09년3회, 14년3회, 19년2회

3. 내압방폭구조에서 안전간극(safe gap)을 적게 하는 이유로 가장 알맞은 것은?

① 최소점화에너지를 높게 하기 위해
② 폭발화염이 외부로 전파되지 않도록 하기 위해
③ 폭발압력에 견디고 파손되지 않도록 하기 위해
④ 쥐가 침입해서 전선 등을 갉아먹지 않도록 하기 위해

□□□ 09년2회, 14년1회

4. 내압(耐壓)방폭 구조의 화염일주 한계를 작게 하는 이유로 가장 알맞은 것은?

① 최소 점화 에너지를 높게 하기 위하여
② 최소 점화 에너지를 낮게 하기 위하여
③ 최소 점화 에너지 이하로 열을 식히기 위하여
④ 최소 점화 에너지 이상으로 열을 높이기 위하여

□□□ 16년1회

5. 다음 ( ) 안의 알맞은 내용을 나타낸 것은?

폭발성 가스의 폭발등급 측정이 사용되는 표준용기는 내용적이 (㉮)cm^3, 반구상의 플렌지 접합면의 안길이 (㉯)mm의 구상용기의 틈새를 통과시켜 화염일주 한계를 측정하는 장치이다.

① ㉮ 600 ㉯ 0.4　② ㉮ 1800 ㉯ 0.6
③ ㉮ 4500 ㉯ 8　④ ㉮ 8000 ㉯ 25

해설

폭발성 가스의 폭발등급 측정에 사용되는 표준용기는 내용적이 8,000cm^3, 반구상의 플렌지 접합면의 안길이 25mm의 구상용기의 틈새를 통과시켜 화염일주 한계를 측정하는 장치이다.

□□□ 09년3회

6. 전기설비의 방폭화를 추진하는 근본적인 목적으로 가장 알맞은 것은?

① 가연성물질 제거　② 점화원 제거
③ 연쇄반응 제거　④ 산소(공기) 제거

해설

전기 설비에 의한 폭발 방지를 위하여 폭발성 분위기의 생성방지, 점화원을 억제(제거)함으로 인해 위험성 분위기로부터 격리시킨다.

□□□ 14년2회, 19년3회

7. 방폭구조에 관계있는 위험 특성이 아닌 것은?

① 발화 온도　② 증기 밀도
③ 화염 일주한계　④ 최소 점화전류

문제 7, 8 해설

방폭구조에 관계있는 위험 특성
1. 발화온도
2. 화염일주거리
3. 최소 점화전류

정답 1 ② 2 ② 3 ② 4 ③ 5 ④ 6 ② 7 ②

□□□ 15년3회

8. 가연성가스를 사용하는 시설에는 방폭구조의 전기기기를 사용하여야 한다. 전기기기의 방폭구조의 선택은 가연성 가스의 무엇에 의해서 좌우되는가?

① 인화점, 폭굉한계
② 폭발한계, 폭발등급
③ 발화도, 최소발화에너지
④ 화염일주한계, 발화온도

□□□ 11년2회

9. 전기설비를 방폭구조로 설치하는 근본적인 이유 중 가장 타당한 것은?

① 전기안전관리법에 화재, 폭발의 위험성이 있는 곳에는 전기설비를 방폭화하도록 되어 있으므로
② 사업장에서 발생하는 화재, 폭발의 점화원으로서는 전기설비가 원인이 되지 않도록 하기 위하여
③ 전기설비를 방폭화 하면 접지설비를 생략해도 되므로
④ 사업장에 있어서 전기설비에 드는 비용이 가장 크므로 화재, 폭발에 의한 어떤 사고에서도 전기설비만은 보호하기 위해

문제 9, 10 해설

전기설비를 방폭구조로 설치하는 근본적인 이유는 사업장에서 발생하는 화재, 폭발의 원인이 되는 점화원이 되는 전기설비를 사전에 차단하기 위함이다.

□□□ 11년1회

10. 전기설비를 방폭구조로 하는 이유 중 가장 타당한 것은?

① 노동 안전 위생법에 화재 폭발의 위험성이 있는 곳에는 전기설비를 방폭화 하도록 되어 있으므로
② 사업장에서 발생하는 화재 폭발의 점화원으로서는 전기설비에 의한 것이 대단히 많으므로
③ 전기설비는 방폭화하면 접지 설비를 생략해도 되므로
④ 사업장에 있어서 자동화설비에 드는 비용이 가장 크므로 화재 폭발에 의한 어떤 사고에서도 전기 설비만은 보호하기 위해

□□□ 10년1회, 13년2회, 19년1회

11. 전기설비의 방폭 개념이 아닌 것은?

① 점화원의 방폭적 격리
② 전기설비의 안전도 증강
③ 점화능력의 본질적 억제
④ 전기설비 주위 공기의 절연능력 향상

해설

전기기기 방폭의 기본 개념
① 점화원의 방폭적 격리(전폐형 방폭구조) : 내압, 압력, 유입방폭구조
② 전기설비의 안전도 증가 : 안전증 방폭구조
③ 점화능력의 본질적 억제 : 본질안전 방폭구조

□□□ 09년1회, 12년3회, 16년3회

12. 다음에서 전기기기 방폭의 기본개념과 이를 이용한 방폭 구조로 볼 수 없는 것은?

① 점화원의 격리 – 내압(耐壓)방폭구조
② 전기기기 안전도의 증강 – 안전증 방폭구조
③ 폭발성 위험분위기 해소 – 유입방폭구조
④ 점화능력의 본질적 억제 – 본질안전방폭구조

□□□ 18년2회

13. 내압방폭구조는 다음 중 어느 경우에 가장 가까운가?

① 점화 능력의 본질적 억제
② 점화원의 방폭적 격리
③ 전기 설비의 안전도 증강
④ 전기 설비의 밀폐화

□□□ 10년3회

14. 화재 · 폭발 위험분위기의 생성방지와 관련이 적은 것은?

① 폭발성 가스의 누설
② 가연성 가스의 방출
③ 폭발성 가스의 체류
④ 폭발성 가스의 옥외 확산

해설

폭발성 가스의 옥외 확산 시에 위험성 분위기가 제거되어 폭발위험이 줄어든다.

정답 8 ④ 9 ② 10 ② 11 ④ 12 ③ 13 ② 14 ④

□□□ 18년1회

15. 화재 · 폭발 위험분위기의 생성방지 방법으로 옳지 않은 것은?

① 폭발성 가스의 누설 방지
② 가연성 가스의 방출 방지
③ 폭발성 가스의 체류 방지
④ 폭발성 가스의 옥내 체류

해설

폭발성 가스가 옥내에 체류할 경우 위험분위기가 생성되므로 퍼지 등을 실시하여야 한다.

□□□ 19년1회

16. 방폭 기기-일반요구사항(KS C IEC 60079-0)규정에서 제시하고 있는 방폭기기 설치 시 표준환경조건이 아닌 것은?

① 압력 : 80~110kpa
② 상대습도 : 40~80%
③ 주위온도 : -20~40℃
④ 산소 함유율 21% v/v의 공기

해설

전기설비의 방폭화 설비의 표준환경 조건

구분	내용
압력	80 ~ 110 kPa
주변온도	-20 ~ 40℃
표고	1,000m 이하
상대습도	45~85%
공해, 부식성가스, 진동등이 존재하지 않는 환경	

□□□ 10년1회

17. 폭발성 가스 중 폭발등급이 1등급인 가스는?

① 에틸렌 ② 수소
③ 아세틸렌 ④ 일산화탄소

문제 17~20 해설

폭발등급에 따른 폭발성 가스의 분류

발화도 폭발 등급	G1 (450℃ 이상)	G2 (300~ 450℃)	G3 (200~ 300℃)	G4 (135~ 200℃)	G5 (100~ 135℃)
1	아세톤 암모니아 일산화탄소 에탄 초산 초산에틸 톨루엔 프로판 벤젠 메타놀 메탄	에타놀 초산인펜틸 1-부타놀 부탄 무수초산	가솔린 핵산 가솔린	아세트알데히드 에틸에테르	
2	석탄가스	에틸렌 에틸렌옥시드			
3	수성가스 수소	아세틸렌		이황화탄소	

□□□ 10년3회

18. 폭발성 가스의 폭발등급 중 1등급 가스가 아닌 것은?

① 암모니아 ② 일산화탄소
③ 수소 ④ 메탄

□□□ 10년2회

19. 다음 폭발성 가스 중에 발화도 G_1에 해당하는 것은?

① 아세톤 ② 아세트
③ 에틸 ④ 에탄올

□□□ 12년1회

20. 폭발성 가스의 발화온도가 450℃를 초과하는 가스의 발화도 등급은?

① G1 ② G2
③ G3 ④ G4

□□□ 12년1회

21. 최고표면온도에 의한 폭발성가스의 분류와 방폭전기기기의 온도등급 기호와의 관계를 올바르게 나타낸 것은?

① 200℃ 초과 300℃ 이하 : T2
② 300℃ 초과 450℃ 이하 : T3
③ 450℃ 초과 600℃ 이하 : T4
④ 600℃ 초과 : T5

정답 15 ④ 16 ② 17 ④ 18 ③ 19 ① 20 ① 21 ①

문제 21~24 해설

Class	최대표면온도 ℃
T_1	450 이하
T_2	300 이하
T_3	200 이하
T_4	135 이하
T_5	100 이하
T_6	85 이하

□□□ 14년2회

22. 방폭전기기기의 발화도의 온도등급과 최고 표면온도에 의한 폭발성 가스의 분류표기를 가장 올바르게 나타낸 것은?

① T_1 : 450℃ 이하　② T_2 : 350℃ 이하
③ T_4 : 125℃ 이하　④ T_6 : 100℃ 이하

□□□ 18년1회

23. 방폭전기기기의 온도등급에서 기호 T_2의 의미로 맞는 것은?

① 최고표면온도의 허용치가 135℃ 이하인 것
② 최고표면온도의 허용치가 200℃ 이하인 것
③ 최고표면온도의 허용치가 300℃ 이하인 것
④ 최고표면온도의 허용치가 450℃ 이하인 것

□□□ 19년2회

24. 방폭전기기기의 온도등급의 기호는?

① E　② S
③ T　④ N

정답 22 ① 23 ③ 24 ③

02 방폭구조의 종류

(1) 내압 방폭구조(d)

① 전폐구조로 용기내부에서 폭발성 가스 또는 증기가 폭발하였을 때 용기가 그 압력에 견디며, 또한 접합면, 개구부 등을 통해서 외부의 폭발성 가스에 인화될 우려가 없도록 한 구조. 폭발 후에는 협격을 통해서 고온의 가스를 서서히 방출시킴으로써 냉각되게 하는 구조

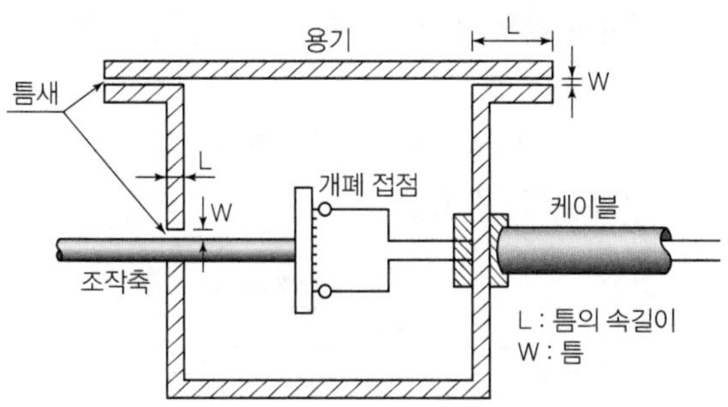

② 방폭구조체의 내부압력

내용적(cm^3)	내부 압력(kg/cm^2)
100 이하 100 초과	8 이상 10 이상

(2) 압력 방폭구조(p)

① 용기 내부에 보호기체(신선한 공기 또는 불활성 기체)를 압입하여 내부 압력을 유지함으로써 폭발성 가스 또는 증기가 침입하는 것을 방지하는 구조를 말한다.

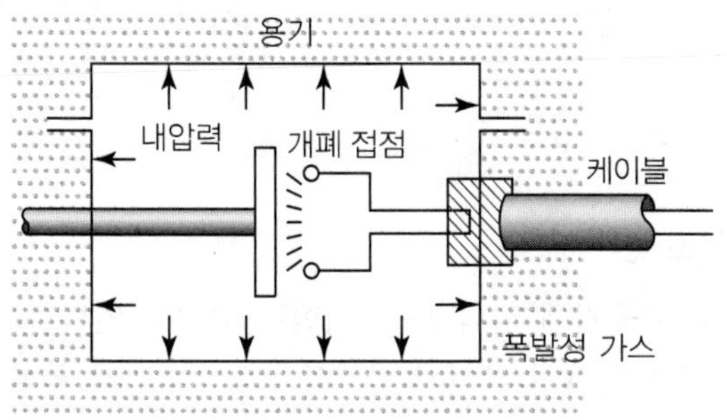

[전폐형 방폭구조]
(1) 내압(耐壓) 방폭구조
(2) 압력(壓力) 방폭구조
(3) 유입(油入) 방폭구조

[내압 방폭구조 주요 시험항목]
(1) 폭발강도시험
(2) 인화시험
(3) 구조시험
(4) 온도시험
(5) 기계적 강도시험

② 종류

구분	특징
밀봉식	용기 내부의 압력을 확실하게 지시하는 장치를 설치한다.
통풍식	기기의 시동 및 운전 중에 용기 내의 모든 부위의 압력을 주위의 대기압 보다 수주 5mm 이상 높게 유지 한다.
봉입식	

(3) 유입 방폭구조(o)

① 전기기기의 불꽃, 아크 또는 고온이 발생하는 부분을 기름 속에 넣고, 기름면 위에 존재하는 폭발성 가스 또는 증기에 인화될 우려가 없도록 한 구조

② 위험부위보다 유면을 10mm 이상으로 한다.

③ 온도가 60℃ 이상 되면 사용을 금지한다.

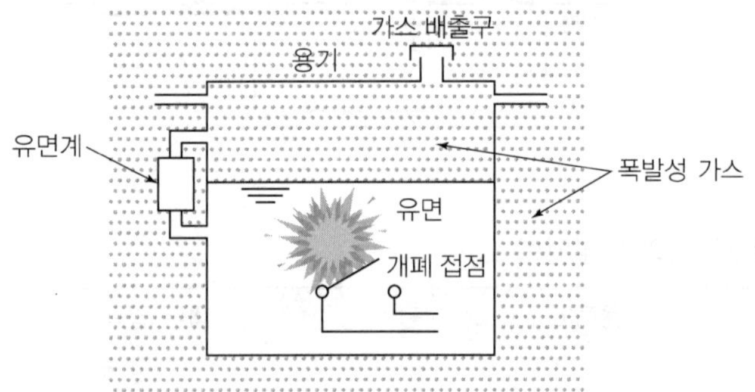

[연면거리]
서로 절연된 두 개의 도전성 부분 사이에서 절연물의 표면에 따른 최단거리

(4) 안전증 방폭구조(e)

① 전기기구의 권선, 에어-캡(Air Cap), 접지부, 단자부 등과 같은 부분이 정상적인 운전 중에는 불꽃, 아-크 또는 고온이 되어서는 안되는 부분에 이를 방지하기 위한 구조와 온도상승에 대해서 특히 안전도를 증가시킨 구조이다.

② 안전증 방폭구조는 조명기구, 단자 및 접속함, 농형유도전동기 등에 많이 쓰인다.

③ 연면거리는 될 수 있는 한 크게 해야 한다.

(5) 특수 방폭구조

폭발성 가스 또는 증기에 점화 또는 위험 분위기로 인화를 방지할 수 있는 것이 시험, 기타에 의하여 확인된 구조를 말한다. 전기 불꽃이나 과열에 대해 회로특성에 의하여 폭발의 위험을 방지할 수 있도록 한 구조

(6) 본질안전 방폭구조(ia, ib)

정상시 및 사고시(단선, 단락, 지락 등)에 발생하는 전기불꽃, 아크 또는 고온에 의하여 폭발성 가스 또는 증기에 점화되지 않는 것이 점화시험, 기타에 의하여 확인된 구조를 말한다. 본질안전 방폭구조는 압력, 온도, 액면유량 등을 검출하는 측정기를 이용한 자동장치에 많이 사용된다.

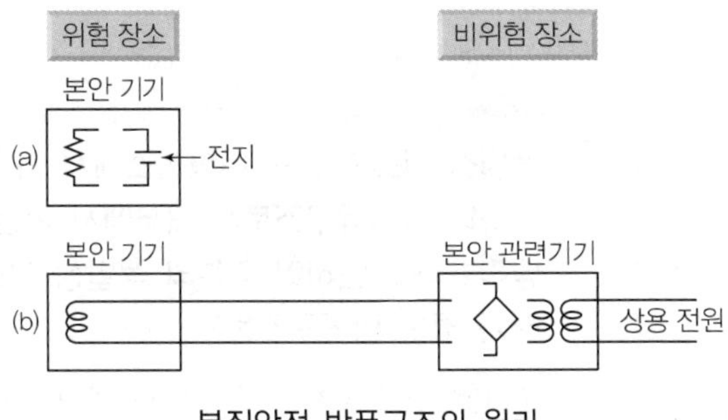

본질안전 방폭구조의 원리

> **Tip**
> 방폭구조의 종류에서는 각 구조별 영문기호를 반드시 익혀두어야 한다.

02 핵심문제 2. 방폭구조의 종류

□□□ 16년2회, 18년3회, 20년3회

1. 전기설비의 방폭구조의 종류가 아닌 것은?

① 근본 방폭구조 ② 압력 방폭구조
③ 안전증 방폭구조 ④ 본질안전 방폭구조

문제 1~4 해설

전기설비의 방폭구조의 종류
1. 내압방폭구조(d) 2. 압력방폭구조(p)
3. 충전방폭구조(q) 4. 유입방폭구조(o)
5. 안전증방폭구조(e) 6. 본질안전방폭구조(ia, ib)

□□□ 08년1회, 08년3회, 10년2회

2. 다음 중 방폭전기기기의 구조별 표시방법으로 옳지 않은 것은?

① 내압방폭구조 : p
② 본질안전방폭구조 : ia, ib
③ 유입방폭구조 : o
④ 안전증방폭구조 : e

□□□ 13년2회, 17년3회

3. 방폭구조와 기호의 연결이 옳지 않은 것은?

① 내압방폭구조 : d
② 압력방폭구조 : p
③ 안전증방폭구조 : s
④ 본질안전방폭구조 : ia 또는 ib

□□□ 10년1회

4. 방폭구조의 종류 중 본질안전 방폭구조의 기호는?

① ia ② d
③ e ④ p

□□□ 09년1회

5. 전폐형의 구조로 되어 있으며, 외부의 폭발성 가스가 내부로 침입해서 폭발하였을 때 고열가스나 화염이 협격을 통하여 서서히 방출시킴으로써 냉각되는 방폭구조는?

① 내압 방폭구조 ② 유입 방폭구조
③ 압력 방폭구조 ④ 안전증 방폭구조

문제 5~8 해설

내압 방폭구조란
전폐구조로 용기내부에서 폭발성 가스 또는 증기가 폭발하였을 때 용기가 그 압력에 견디며, 또한 접합면, 개구부 등을 통해서 외부의 폭발성 가스에 인화될 우려가 없도록 한 구조를 말한다. 즉, 폭발 후에는 협격을 통해서 고온의 가스를 서서히 방출시킴으로써 냉각되게 하는 구조

□□□ 10년2회, 12년2회, 17년1회, 19년2회, 21년1회

6. 폭발성 가스가 있는 위험장소에서 사용할 수 있는 전기설비의 방폭구조로서 내부에서 폭발하더라도 틈의 냉각효과로 인하여 외부의 폭발성 가스에 착화될 우려가 없는 방폭구조는?

① 내압방폭구조 ② 유입방폭구조
③ 안전증방폭구조 ④ 본질안전방폭구조

□□□ 13년3회

7. 전기설비내부에서 발생한 폭발이 설비주변에 존재하는 가연성 물질에 파급되지 않도록 한 구조는?

① 안전증방폭구조 ② 내압방폭구조
③ 압력방폭구조 ④ 유입방폭구조

□□□ 15년1회

8. 방폭형 기기에 폭발성 가스가 내부로 침입하여 내부에서 폭발이 발생하여도 이 압력에 견디도록 제작한 방폭구조는?

① 내압(d) 방폭구조 ② 압력(p) 방폭구조
③ 안전증(e) 방폭구조 ④ 본질안전(i) 방폭구조

□□□ 11년1회, 18년1회

9. 내압 방폭구조 주요 시험항목이 아닌 것은?

① 폭발강도 ② 인화온도
③ 절연시험 ④ 기계적 강도시험

해설

내압 방폭구조 주요 시험항목으로는 폭발강도, 인화시험, 구조시험, 온도시험, 기계적 강도시험 등이 있다.

정답 1 ① 2 ① 3 ③ 4 ① 5 ① 6 ① 7 ② 8 ① 9 ③

□□□ 13년1회, 15년3회, 19년1회, 20년1·2회

10. 내압방폭구조의 필요충분조건에 대한 사항으로 틀린 것은?

① 폭발화염이 외부로 유출되지 않을 것
② 습기침투에 대한 보호를 충분히 할 것
③ 내부에서 폭발한 경우 그 압력에 견딜 것
④ 외함의 표면온도가 외부의 폭발성가스를 점화하지 않을 것

해설

내압방폭구조의 기본적 성능에 관한 사항
1. 내부에서 폭발할 경우 그 압력에 견딜 것
2. 폭발화염이 외부로 유출되지 않을 것
3. 외함 표면온도가 주위의 가연성 가스에 점화하지 않을 것
4. 폭발 후에는 협격을 통해서 고온의 가스를 서서히 방출시킴으로써 냉각되는 구조로 될 것

□□□ 18년2회

11. 내압방폭구조는 다음 중 어느 경우에 가장 가까운가?

① 점화 능력의 본질적 억제
② 점화원의 방폭적 격리
③ 전기 설비의 안전도 증강
④ 전기 설비의 밀폐화

해설

점화원의 방폭적 격리
전기기기에서 점화원이 될 수 있는 부분을 주위 폭발성가스와 격리하여 내부에서 발생한 점화원을 격리하는 방법으로 내압방폭구조, 유입방폭구조, 압력방폭구조, 충진형방폭구조등이 있다.

□□□ 14년1회, 19년3회

12. 방폭전기설비의 용기내부에 보호가스를 압입하여 내부압력을 유지함으로써 폭발성가스 또는 증기가 내부로 유입하지 않도록 된 방폭구조는?

① 내압 방폭구조　② 압력 방폭구조
③ 안전증 방폭구조　④ 유입 방폭구조

해설

압력 방폭구조라 함은 용기 내부에 보호기체(신선한 공기 또는 불활성 기체)를 압입하여 내부압력을 유지함으로써 폭발성 가스 또는 증기가 칩입하는 것을 방지하는 구조로 종류로는 밀봉식, 통풍식, 봉입식이 있다.

□□□ 11년1회

13. 불꽃이나 아크 등이 발생하지 않는 기기의 경우 기기의 표면온도를 낮게 유지하여 고온으로 인한 착화의 우려를 없애고 또 기계적, 전기적으로 안정성을 높게 한 방폭구조를 무엇이라고 하는가?

① 유입 방폭구조　② 입력 방폭구조
③ 내압 방폭구조　④ 안전증 방폭구조

문제 13, 14 해설

안전증방폭구조란 전기기구의 권선, 에어-캡, 접점부, 단자부 등과 같이 정상적인 운전 중에 불꽃, 아크, 또는 과열이 생겨서는 안 될 부분에 대하여 이를 방지하거나 또는 온도상승을 제한하기 위하여 전기안전도를 증가시키는 구조

□□□ 14년3회, 16년1회

14. 다음은 어떤 방폭구조에 대한 설명인가?

전기기구의 권선, 에어갭, 접점부, 단자부 등과 같이 정상적인 운전 중에 불꽃, 아크 또는 과열이 생겨서는 안 될 부분에 대하여 이를 방지하거나 온도 상승을 제한하기 위하여 전기기기의 안전도를 증가시킨 구조이다.

① 압력방폭구조　② 유입방폭구조
③ 안전증방폭구조　④ 본질안전방폭구조

정답 10 ② 11 ② 12 ② 13 ④ 14 ③

03 분진 방폭

(1) 분진의 종류

구분	내용
폭연성분진	공기 중의 산소가 적은 분위기 중 또는 이산화탄소 중에서도 착화하고 부유상태에서 격렬한 폭발을 발생하는 금속분진
가연성 분진	공기 중의 산소와 발열반응을 일으켜서 폭발하는 분진

(2) 분진의 발화도 분류

① 발화도의 분류

발화도	발화온도
11	270℃ 이상인 것
12	200℃ 이상 270℃ 미만인 것
13	150℃ 이상 200℃ 미만인 것

② 발화도에 따른 분진의 종류

분진 / 발화도	폭연성분진	가연성분진	
		진전성인 것	비진전성인 것
11	마그네슘, 알루미늄, 알루미늄 브론즈	아연, 티탄, 코크스, Carbon Black	밀, 옥수수, 사탕, 고무, 염료, 폴리에틸렌, 페놀수지
12	알루미늄	철, 석탄	코코아, lignin, 쌀겨
13			유황

(3) 분진의 발화점, 폭발한계

분진의 종류	발화점[℃]	최소점화에너지[mJ]
마그네슘	520	80
알루미늄	645	20
철	316	100
소백분	470	160
유황	190	15
에폭시	540	15
폴리에틸렌	410	10
텔레프탈산	680	20

(4) 분진방폭구조의 종류

① 특수방진 방폭구조(SDP)

전폐구조로서 틈새깊이를 일정치 이상으로 하거나 또는 접합면에 일정치 이상의 깊이가 있는 패킹을 사용하여 분진이 용기내부로 침입하지 않도록 한 구조

② 보통방진 방폭구조(DP)

전폐구조에서 틈새깊이를 일정치 이상으로 하거나 또는 접합면에 패킹을 사용하여 분진이 용기내부로 침입하기 어렵게 한 구조

③ 분진특수 방폭구조(XDP)

특수방진 방폭구조 및 보통방진 방폭구조이외의 구조로 분진방폭 성능을 시험, 기타에 의하여 확인된 구조

(5) 분진폭발 방지대책

① 분진의 퇴적 및 분진운의 생성방지
② 분진 취급 장치에는 유효한 집진 장치를 설치한다.
③ 분체 프로세스의 장치는 밀폐화하고 누설이 없도록 한다.
④ 점화원을 제거
⑤ 불활성 물질의 첨가

(6) 분진방폭배선

① 분진위험장소의 배선은 분진이 침투하지 못하도록 하는 방진성이 있는 금속배선이나 케이블 배선에 의하며, 접속을 위한 단자함이나 인입부도 분진의 침투를 방지하기 위한 구조로 되어 있어야 한다.
② 분진위험장소의 저압배선은 방진성이 있는 금속관 배선 또는 케이블 배선에 의한 것으로 한다. 단, 이동용 전기기기에는 이동식 전선을 사용하고, 이동전선에는 접지용 선심을 포함한 3종 클로로프렌 캡타이어 케이블 또는 이것과 동등 이상인 것을 사용하는 것으로 한다.

[방폭배선 재료의 특징]

(1) 가스 방폭배선은 폭발화염의 전파방지를 위해 Sealing Fitting이나 Compound를 사용한다.
(2) 분진의 침투를 방지하기 위해서는 도료를 칠하거나 자기융착성 테이프 등을 사용한다.

03 핵심문제 3. 분진방폭

□□□ 12년1회, 16년2회

1. 전기기기의 케이스를 전폐구조로 하며 접합면에는 일정치 이상의 깊이를 갖는 패킹을 하여 분진이 용기내로 침입하지 못하도록 한 구조는?

① 보통방진 방폭구조 ② 분진특수 방폭구조
③ 특수방진 방폭구조 ④ 분진 방폭구조

해설

특수방진방폭구조(SDP) : 전폐구조로서 접합면의 안길이를 일정 값 이상으로 하거나 또는 접합면에 일정 값 이상의 안 길이를 가진 패킹을 사용하여 분진이 용기 내부로 침입하지 못하도록 한 구조

□□□ 13년1회

2. 다음 분진의 종류 중 폭연성 분진에 해당하는 것은?

① 소맥분 ② 철
③ 코크스 ④ 알루미늄

문제 2~4 해설

분진 \ 발화도	폭연성 분진	가연성 분진	
		도전성	비전도성
11	마그네슘 · 알루미늄 · 알루미늄브론즈	아연 · 코크스 · 카본블랙	소액 · 고무 · 염료 · 페놀수지 · 폴리에틸렌
12	알루미늄(수지)	철 · 석탄	코코아 · 리그닌 · 쌀겨
13			유황

□□□ 13년3회

3. 다음 분진의 종류 중 폭연성 분진에 맞는 것은?

① 합성수지
② 비전도성 카본블랙(carbon black)
③ 전분
④ 알루미늄

□□□ 13년2회

4. 다음 중 비전도성 가연성 분진으로 옳은 것은?

① 아연 ② 염료
③ 카본블랙 ④ 코크스

□□□ 09년1회

5. 공기 중의 분진 중 발화점(℃)이 가장 낮은 것은?

① 에폭시 ② 텔레프탈산
③ 철 ④ 유황

문제 5~7 해설

분진의 발화점, 폭발한계

분진의 종류	발화점 [℃]	폭발하한계 [kg/m^3]	최소점화에너지 [mJ]
마그네슘	520	20	80
알루미늄	645	35	20
철	316	120	100
소백분	470	60	160
유황	190	35	15
에폭시	540	20	15
폴리에틸렌	410	20	10
텔레프탈산	680	50	20

□□□ 09년3회

6. 다음 분진 중 최소발화 에너지가 가장 낮은 것은?

① 커피 ② 대두제
③ 아연분 ④ 알루미늄

□□□ 13년2회

7. 다음 물질 중 정전기에 의한 분진 폭발을 일으키는 최소발화(착화) 에너지가 가장 작은 것으로 맞는 것은?

① 알루미늄 ② 폴리에틸렌
③ 마그네슘 ④ 소맥분

□□□ 16년2회, 18년3회

8. 분진폭발 방지대책으로 거리가 먼 것은?

① 작업장 등은 분진이 퇴적하지 않은 형상으로 한다.
② 분진 취급 장치에는 유효한 집진 장치를 설치한다.
③ 분체 프로세스의 장치는 밀폐화하고 누설이 없도록 한다.
④ 분진 폭발의 우려가 있는 작업장에는 감독자를 상주 시킨다.

정답 1 ③ 2 ④ 3 ④ 4 ② 5 ④ 6 ④ 7 ② 8 ④

해설

분진폭발 방지대책
1. 분진의 퇴적 및 분진운의 생성방지
2. 분진 취급 장치에는 유효한 집진 장치를 설치한다.
3. 분체 프로세스의 장치는 밀폐화하고 누설이 없도록 한다.
4. 점화원을 제거
5. 불활성 물질의 첨가

□□□ 11년3회, 16년1회

9. 폭연성 분진 또는 화약류의 분말이 전기설비가 발화원이 되어 폭발할 우려가 있는 곳에 시설하는 저압 옥내 전기설비의 공사 방법으로 옳은 것은?

① 금속관 공사
② 합성수지관 공사
③ 가요전선관 공사
④ 캡타이어 케이블 공사

해설

분진위험장소의 저압배선은 방진성이 있는 금속관 배선 또는 케이블 배선에 의한 것으로 한다. 단, 이동용 전기기기에는 이동식 전선을 사용하고, 이동전선에는 접지용 선심을 포함한 3종 클로로프렌 캡타이어 케이블 또는 이것과 동등 이상인 것을 사용하는 것으로 한다.

□□□ 17년2회

10. 분진방폭 배선시설에 분진침투 방지재료로 가장 적합한 것은?

① 분진침투 케이블
② 컴파운드(compound)
③ 자기융착성 테이프
④ 씰링피팅(sealing fitting)

해설

분진의 침투를 방지하기 위해서는 도료를 칠하거거나 자기융착성 테이프 등을 사용한다.

정답 9 ① 10 ③

04 방폭 장소 · 기구의 분류

(1) 폭발 위험장소

① 위험장소의 판정기준
- ㉠ 위험증기의 양
- ㉡ 위험가스의 현존가능성
- ㉢ 가스의 특성(공기와의 비중차)
- ㉣ 통풍의 정도
- ㉤ 작업자에 의한 영향

② 위험장소의 분류

분 류		내용	예
가스 폭발 위험 장소	0종 장소	인화성 액체의 증기 또는 가연성 가스에 의한 폭발위험이 지속적으로 또는 장기간 존재하는 장소	용기내부 · 장치 및 배관의 내부 등
	1종 장소	정상 작동상태에서 인화성 액체의 증기 또는 가연성 가스에 의한 폭발위험 분위기가 존재 하기 쉬운 장소	멘홀 · 벤트 · 핏트 등의 주위
	2종 장소	정상작동상태에서 인화성 액체의 증기 또는 가연성 가스에 의한 폭발위험분위기가 존재할 우려가 없으나, 존재할 경우 그 빈도가 아주 적고 단기간만 존재할 수 있는 장소	개스킷 · 패킹 등 주위
분진 폭발 위험 장소	20종 장소	분진운 형태의 가연성 분진이 폭발농도를 형성할 정도로 충분한 양이 정상작동 중에 연속적으로 또는 자주 존재하거나, 제어할 수 없을 정도의 양 및 두께의 분진층이 형성될 수 있는 장소	호퍼 · 분진저장소 집진장치 · 필터 등의 내부
	21종 장소	20종 장소 외의 장소로서, 분진운 형태의 가연성 분진이 폭발농도를 형성할 정도의 충분한 양이 정상작동 중에 존재할 수 있는 장소	집진장치 · 백필터 · 배기구 등의 주위, 이송벨트 샘플링 지역 등
	22종 장소	21종 장소 외의 장소로서, 가연성 분진운 형태가 드물게 발생 또는 단기간 존재할 우려가 있거나, 이상작동 상태하에서 가연성 분진층이 형성될 수 있는 장소	21종 장소에서 예방 조치가 취해진 지역, 환기 설비 등과 같은 안전장치 배출구 주위 등

(2) 방폭구조 전기기계 · 기구의 선정기준

위험장소의 분류		방폭구조 전기기계 · 기구의 선정기준
가스 폭발 위험 장소	0종 장소	• 본질안전방폭구조(ia) • 그 밖에 관련 공인 인증기관이 0종 장소에서 사용이 가능한 방폭구조로 인증한 방폭구조
	1종 장소	• 내압방폭구조(d) • 압력방폭구조(p) • 충전방폭구조(q) • 유입방폭구조(o) • 안전증방폭구조(e) • 본질안전방폭구조(ia, ib) • 몰드방폭구조(m) • 그 밖에 관련 공인 인증기관이 1종 장소에서 사용이 가능한 방폭구조로 인증한 방폭구조
	2종 장소	• 0종 장소 및 1종 장소에 사용가능한 방폭구조 • 비점화방폭구조(n) • 그 밖에 2종 장소에서 사용하도록 특별히 고안된 비방폭형 구조
분진 폭발 위험 장소	20종 장소	• 밀폐방진방폭구조(DIP A20 또는 DIP B20)
	21종 장소	• 밀폐방진방폭구조(DIP A20 또는 A21, DIP B20 또는B21) • 특수방진방폭구조(SDP)
	22종 장소	• 20종 장소 및 21종 장소에서 사용가능한 방폭구조 • 일반방진방폭구조(DIP A22 또는 DIP B22) • 보통방진방폭구조(DP)

Tip

위험장소 분류 시 가스폭발 위험장소, 0종 장소에 적용되는 구조(ia)와 1종 장소에 적용되는 구조(ia, ib)에 있어서 본질안전방폭구조 구분을 확실히 해 두자

(3) 방폭전기기기의 선정

① 방폭전기기기의 선정 요건

㉠ 방폭전기기기가 설치될 지역의 방폭지역 등급 구분

㉡ 가스등의 발화온도

㉢ 내압방폭구조의 경우 최대 안전틈새

㉣ 본질 안전방폭 구조의 경우 최소점화 전류

㉤ 압력방폭구조, 유입방폭구조, 안전중 방폭구조의 경우 최고 표면온도

㉥ 방폭전기기기가 설치될 장소의 주변온도, 표고 또는 상대습도, 먼지, 부식성 가스 또는 습기 등의 환경조건

② 방폭전기기기 선정시 유의사항

구분	내용
폭발성가스의 위험특성	• 폭발성가스의 분류와 적절하게 대응하는 것을 선정한다. • 방폭기기는 폭발성가스의 발화온도와 적절히 대응하는 온도등급을 선정한다. • 폭발성가스가 2종류 이상 존재하는 경우 가장 위험도가 높은 폭발성가스에 대응하는 기기를 선정한다.
방폭전기기기 및 방폭전기배선의 특징	기기의 종류와 특징에 따라 배선방법의 종류, 기기와의 접속, 설치조건 등을 고려하여 선정한다.
환경조건	주위온도, 표고, 상대습도 등의 조건에 적합하게 선정한다.
온도상승에 영향을 주는 외적조건	주위의 온도, 냉매의 온도, 외부로부터 열전도 및 열방사등을 고려한다.
전기적 보호	사용중의 이상에 대비하여 방폭성능에 영향을 줄 우려가 있는 경우 사전에 보호장치를 설치한다.

(4) 방폭전기기기의 기호표시

 예시

[EX P Ⅱ A T5] 기호표시의 내용

① Ex : 방폭형 전기기기의 심벌
② P : 압력방폭구조
③ Ⅱ : 가스 폭발등급
④ T5 : 온도등급

(5) 방폭전기설비 계획 수립시의 기본 방침

① 시설장소의 제조건 검토
② 가연성가스 및 가연성액체의 위험특성 확인
③ 위험장소 종별 및 범위의 결정
④ 전기설비 배치의 결정
⑤ 방폭전기설비의 선정
⑥ 위험장소 종별 및 범위의 결정은 위험원의 유무, 위험원으로부터 폭발성가스 방출조건, 위험원 주변에 있어서의 통풍, 환기의 상태, 폭발성가스의 상태 등이 관계된다.

(6) 방폭전기설비 작업

① 보수작업 실시상의 준비사항

구분	내용
보수작업전의 준비사항	• 보수내용의 명확화 • 공구, 재료, 교체부품 등의 준비 • 정전 필요성의 유무와 정전범위의 결정 및 확인 • 폭발성 가스 등의 존재유무와 비방폭지역으로서의 취급 • 작업자의 지식 및 기능 • 방폭지역 구분도등 관련서류 및 도면 확인
보수작업중의 준비사항	• 통전중에 점검작업을 할 경우에는 방폭전기기기의 본체, 단자함, 점검함 등을 열어서는 안된다. 단, 본질안전 방폭구조의 전기설비에 대해서는 제외한다. • 방폭지역에서 보수를 행할 경우에는 공구 등에 의한 충격불꽃을 발생시키지 않도록 실시하여야 한다. • 정비 및 수리를 행할 경우에는 방폭전기기기의 방폭성능에 관계 있는 분해 · 조립 작업이 동반되므로 대상으로 하는 보수부분뿐만이 아니라 다른 부분에 대해서도 방폭성능이 상실 되지 않도록 해야 한다.

② 저압 케이블의 선정

방폭지역에서 저압 케이블 공사시에는 다음 각호의 케이블이나 이와 동등이상의 성능을 가진 케이블을 선정하여야 한다. 다만, 시스가 없는 단심 절연전선을 사용하여서는 아니된다.

㉠ MI 케이블
㉡ 600V 폴리에틸렌 외장 케이블(EV, EE, CV, CE)
㉢ 600V 비닐 절연 외장 케이블(VV)
㉣ 600V 콘크리트 직매용 케이블(CB-VV, CB-EV)
㉤ 제어용 비닐절연 비닐 외장 케이블(CVV)
㉥ 연피케이블
㉦ 약전 계장용 케이블
㉧ 보상도선
㉨ 시내대 폴리에틸렌 절연 비닐 외장 케이블(CPEV)
㉩ 시내대 폴리에틸렌 절연 폴리에칠렌 외장 케이블(CPEE)
㉪ 강관 외장 케이블
㉫ 강대 외장 케이블

[관련법령]
사업장방폭구조전기기계기구배선등의 선정설치 및 보수등에 관한기준

[관련법령]

전기설비기술기준의 판단기준 제184조[금속관 공사]

③ 금속관의 방폭형 부속품의 표준

㉠ 재료는 건식아연도금법에 의하여 아연도금을 한 위에 투명한 도료를 칠하거나 기타 적당한 방법으로 녹이 스는 것을 방지하도록 한 강 또는 가단주철(可鍛鑄鐵)일 것.

㉡ 안쪽면 및 끝부분은 전선을 넣거나 바꿀 때에 전선의 피복을 손상하지 아니하도록 매끈한 것일 것.

㉢ 전선관과의 접속부분의 나사는 5턱 이상 완전히 나사결합이 될 수 있는 길이일 것.

㉣ 접합면(나사의 결합부분을 제외한다)은 "내압방폭구조(d)"의 일반 요구사항에 적합한 것일 것.

04 핵심문제 4. 방폭 장소·기구의 분류

□□□ 15년1회

1. 전기설비 사용 장소의 폭발위험성에 대한 위험장소 판정 시의 기준과 가장 관계가 먼 것은?

① 위험가스의 현존 가능성
② 통풍의 정도
③ 습도의 정도
④ 위험 가스의 특성

문제 1, 2 해설

위험장소의 판정기준
1. 위험증기의 양
2. 위험가스의 현존가능성
3. 가스의 특성(공기와의 비중차)
4. 통풍의 정도
5. 작업자에 의한 영향

□□□ 08년3회

2. 다음 중 전기설비 사용장소의 폭발위험성에 대한 위험장소 판정 시 고려해야 할 사항으로 가장 거리가 먼 것은?

① 위험가스의 현존 가능성
② 위험증기의 양
③ 가스의 종류
④ 전기설비의 규모

□□□ 14년1회, 18년1회

3. 방폭전기기기의 등급에서 위험장소의 등급분류에 해당되지 않는 것은?

① 3종 장소 ② 2종 장소
③ 1종 장소 ④ 0종 장소

문제 3~11 해설

분 류		내 용	예
가스 폭발 위험 장소	0종 장소	인화성 액체의 증기 또는 가연성 가스에 의한 폭발위험이 지속적으로 또는 장기간 존재하는 장소	용기내부·장치 및 배관의 내부 등
	1종 장소	정상 작동상태에서 인화성 액체의 증기 또는 가연성 가스에 의한 폭발 위험분위기가 존재하기 쉬운 장소	맨홀·벤트·핏트 등의 주위
	2종 장소	정상작동상태에서 인화성 액체의 증기 또는 가연성 가스에 의한 폭발 위험분위기가 존재할 우려가 없으나, 존재할 경우 그 빈도가 아주 적고 단기간만 존재할 수 있는 장소	개스킷·패킹 등 주위

□□□ 11년1회, 17년1회

4. 방폭지역 0종 장소로 결정해야 할 곳으로 틀린 것은?

① 인화성 또는 가연성 물질을 취급하는 설비의 내부
② 인화성 또는 가연성 액체가 존재하는 피트 등의 내부
③ 인화성 또는 가연성 가스가 장기간 체류하는 곳
④ 인화성 또는 가연성 증기의 순환통로를 설치한 내부

□□□ 09년1회, 20년1·2회

5. 폭발위험장소의 분류 중 인화성 액체의 증기 또는 가연성 가스에 의한 폭발위험이 지속적으로 또는 장기간 존재하는 장소는 몇 종 장소로 분류되는가?

① 0종 장소 ② 1종 장소
③ 2종 장소 ④ 3종 장소

□□□ 08년2회

6. 폭발위험장소의 분류에서 가스폭발위험장소 중 1종 장소에 해당되는 것은?

① 용기의 내부 ② 맨홀의 주위
③ 개스킷의 주위 ④ 집진장치의 내부

□□□ 10년2회

7. 전기기기를 가연성 가스에 의한 폭발위험장소에서 사용할 때 1종 장소에 해당하는 폭발위험장소는?

① 호퍼(hopper)내부 ② 벤트(vent)주위
③ 개스킷(gasket)주위 ④ 패킹(packing)주위

□□□ 17년2회, 19년3회

8. 다음 중 1종 위험장소로 분류되지 않는 것은?

① Floating roof tank 상의 shell 내의 부분
② 인화성 액체의 용기 내부의 액면 상부의 공간부
③ 점검수리 작업에서 가연성 가스 또는 증기를 방출하는 경우의 밸브 부근
④ 탱크롤리, 드럼관 등이 인화성 액체를 충전하고 있는 경우의 개구부 부근

정답 1 ③ 2 ④ 3 ① 4 ④ 5 ① 6 ② 7 ② 8 ②

□□□ 19년1회

9. 방폭지역 구분 중 폭발성 가스 분위기가 정상상태에서 조성되지 않거나 조성된다 하더라도 짧은 기간에만 존재할 수 있는 장소는?

① 0종 장소 ② 1종 장소
③ 2종 장소 ④ 비방폭지역

□□□ 11년1회

10. 가연성 가스 또는 인화성 액체의 용기류가 부식, 열화 등으로 파손되어 가스 또는 액체가 누출 할 염려가 있는 경우의 방폭지역은?

① 0종 장소 ② 1종 장소
③ 2종 장소 ④ 비방폭 지역

□□□ 12년3회

11. 가연성가스가 저장된 탱크의 릴리프밸브가 가끔 작동하여 가연성가스나 증기가 방출되는 부근의 위험장소 분류는?

① 0종 ② 1종
③ 2종 ④ 준위험장소

□□□ 08년1회

12. 분진운 형태의 가연성 분진이 폭발농도를 형성할 정도로 충분한 양이 정상작동 중에 연속적으로 또는 자주 존재하거나, 제어할 수 없을 정도의 양 및 두께의 분진층이 형성될 수 있는 장소로 정의되는 폭발위험장소는?

① 0종 장소 ② 1종 장소
③ 20종 장소 ④ 21종 장소

문제 12, 13 해설

분진폭발위험장소	20종 장소	밀폐방진방폭구조(DIP A20 또는 DIP B20) 그 밖에 관련 공인 인증기관이 20종 장소에서 사용이 가능한 방폭구조로 인증한 방폭구조
	21종 장소	밀폐방진방폭구조(DIP A20 또는 A21, DIP B20 또는 B21) 특수방진방폭구조(SDP) 그 밖에 관련 공인 인증기관이 21종 장소에서 사용이 가능한 방폭구조로 인증한 방폭구조
	22종 장소	20종장소 및 21종장소에서 사용가능한 방폭구조 일반방진방폭구조(DIP A22 또는 DIP B22) 보통방진방폭구조(DP) 그 밖에 22종 장소에서 사용하도록 특별히 고안된 비방폭형 구조

□□□ 08년3회, 18년3회

13. 폭발 위험장소 분류 시 분진폭발위험장소의 종류에 해당하지 않는 것은?

① 20종 장소 ② 21종 장소
③ 22종 장소 ④ 23종 장소

□□□ 17년2회

14. 방폭 전기기기의 성능을 나타내는 기호표시로 EX P II A T5를 나타내었을 때 관계가 없는 표시 내용은?

① 온도등급 ② 폭발성능
③ 방폭구조 ④ 폭발등급

해설

Ex : 방폭형 전기기기
P : 압력방폭구조
Ⅱ : 가스 폭발등급
T5 : 온도등급

□□□ 11년3회

15. 가스 위험장소를 3등분으로 분류하는 목적은?

① 안전관리자를 선임해야 할지를 결정하기 위해
② 방폭전기 설비의 선정을 하고 균형 있는 방폭 협조를 실시하기 위해
③ 가스 위험 장소를 분류하여 작업자 및 방문자의 출입을 통제하기 위해
④ 화재 폭발 등 재해사고가 발생되면 고용노동부에 폭발등급을 보고하기 위해

해설

가스 위험장소로는 0종, 1종, 2종 분류되며, 방폭전기 설비의 선정을 하고 균형 있는 방폭 협조를 실시하기 위해이다.

□□□ 17년2회

16. 정상작동 상태에서 폭발가능성이 없으나 이상 상태에서 짧은 시간동안 폭발성 가스 또는 증기가 존재하는 지역에 사용 가능한 방폭용기를 나타내는 기호는?

① ib ② p
③ e ④ n

정답 9 ③ 10 ③ 11 ② 12 ③ 13 ④ 14 ② 15 ② 16 ④

문제 16~18 해설

위험장소의 분류		방폭구조 전기기계 · 기구의 선정기준
가스 폭발 위험 장소	0종 장소	• 본질안전방폭구조(ia) • 그 밖에 관련 공인 인증기관이 0종 장소에서 사용이 가능한 방폭구조로 인증한 방폭구조
	1종 장소	• 내압방폭구조(d) • 압력방폭구조(p) • 충전방폭구조(q) • 유입방폭구조(o) • 안전증방폭구조(e) • 본질안전방폭구조(ia, ib) • 몰드방폭구조(m) • 그 밖에 관련 공인 인증기관이 1종 장소에서 사용이 가능한 방폭구조로 인증한 방폭구조
	2종 장소	• 0종 장소 및 1종 장소에 사용가능한 방폭구조 • 비점화방폭구조(n) • 그 밖에 2종 장소에서 사용하도록 특별히 고안된 비방폭형 구조

□□□ 08년3회, 10년3회

17. 가스폭발 위험장소 중 1종 장소의 방폭구조 전기기계 · 기구의 선정기준에 속하지 않는 것은?

① 내압방폭구조 ② 압력방폭구조
③ 유입방폭구조 ④ 비점화방폭구조

□□□ 12년1회

18. 가스폭발위험이 있는 0종 장소에 전기기계 · 기구를 사용할 때 요구되는 방폭구조는?

① 내압 방폭구조 ② 압력 방폭구조
③ 유입 방폭구조 ④ 본질안전 방폭구조

□□□ 09년2회

19. 다음 중 방폭전기기기 선정 시 고려할 사항으로 거리가 먼 것은?

① 위험장소의 종류, 폭발성 가스의 폭발등급에 적합한 방폭구조를 선정한다.
② 동일장소에 2종 이상의 폭발성 가스가 존재하는 경우에는 경제성을 고려하여 평균위험도에 맞추어 방폭구조를 선정한다.
③ 환경조건에 부합하는 재질, 구조를 갖는 것으로 선정한다.
④ 보수작업 시의 정전범위 등을 검토하고 기기의 수명, 운전비, 보수비 등 경제성을 고려하여 방폭구조를 선정한다.

문제 19, 20 해설

방폭전기기계기구 선정 시 유의사항

구분	내용
폭발성가스의 위험특성	① 폭발성가스의 분류와 적절하게 대응하는 것을 선정한다. ② 방폭기기는 폭발성가스의 발화온도와 적절히 대응하는 온도등급을 선정한다. ③ 폭발성가스가 2종류 이상 존재하는 경우 가장 위험도가 높은 폭발성가스에 대응하는 기기를 선정한다.
방폭전기기기 및 방폭전기배선의 특징	기기의 종류와 특징에 따라 배선방법의 종류, 기기와의 접속, 설치조건 등을 고려하여 선정한다.
환경조건	주위온도, 표고, 상대습도 등의 조건에 적합하게 선정한다.
온도상승에 영향을 주는 외적조건	주위의 온도, 냉매의 온도, 외부로부터 열전도 및 열방사등을 고려한다.
전기적 보호	사용중의 이상에 대비하여 방폭성능에 영향을 줄 우려가 있는 경우 사전에 보호장치를 설치한다.

□□□ 10년2회

20. 다음 중 방폭전기설비의 선정 시 유의사항이 아닌 것은?

① 전기기기의 종류 ② 전기배선 방법
③ 방폭구조의 종류 ④ 접지공사의 종류

□□□ 16년3회

21. 방폭지역에 전기기기를 설치할 때 그 위치로 적당하지 않은 것은?

① 운전 · 조작 · 조정이 편리한 위치
② 수분이나 습기에 노출되지 않는 위치
③ 정비에 필요한 공간이 확보되는 위치
④ 부식성 가스발산구 주변 검지가 용이한 위치

해설

④항, 방폭지역은 부식성가스가 아니라 폭발성가스의 발생우려가 있는 위치이다.

□□□ 11년2회

22. 다음 중 방폭전기설비의 보수작업 전(前) 준비사항으로 적당하지 않은 것은?

① 작업자의 지식 및 기능
② 통전의 필요성과 방폭지역으로서의 취급
③ 보수내용의 명확화
④ 공구, 재료, 취급 부품 등의 준비

정답 17 ④ 18 ④ 19 ② 20 ④ 21 ④ 22 ②

해설

방폭전기설비의 보수작업전의 준비사항은 다음과 같다.
① 보수내용의 명확화
② 공구, 재료, 교체부품 등의 준비
③ 정전 필요성의 유무와 정전범위의 결정 및 확인
④ 폭발성 가스 등의 존재유무와 비방폭지역으로서의 취급
⑤ 작업자의 지식 및 기능
⑥ 방폭지역 구분도등 관련서류 및 도면

□□□ 17년1회

23. 방폭지역에서 저압케이블 공사 시 사용해서는 안 되는 케이블은?

① MI 케이블
② 연피 케이블
③ 0.6/1kV 고무캡타이어 케이블
④ 0.6/1kV 폴리에틸렌 외장케이블

해설

방폭지역에서 저압 케이블 공사시에는 다음 각호의 케이블이나 이와 동등이상의 성능을 가진 케이블을 선정하여야 한다. 다만, 시스가 없는 단심 절연전선을 사용하여서는 아니된다.
- MI 케이블
- 600V 폴리에틸렌 외장 케이블(EV, EE, CV, CE)
- 600V 비닐 절연 외장 케이블(VV)
- 600V 콘크리트 직매용 케이블(CB-VV, CB-EV)
- 제어용 비닐절연 비닐 외장 케이블(CVV)
- 연피케이블
- 약전 계장용 케이블
- 보상도선
- 시내대 폴리에틸렌 절연 비닐 외장 케이블(CPEV)
- 시내대 폴리에틸렌 절연 폴리에칠렌 외장 케이블(CPEE)
- 강관 외장 케이블
- 강대 외장 케이블

□□□ 10년3회, 12년3회, 19년3회

24. 금속관의 방폭형 부속품에 관한 설명 중 틀린 것은?

① 아연도금을 한 위에 투명한 도료를 칠하거나 녹스는 것을 방지한 강 또는 가단주철 일 것
② 안쪽 면 및 끝부분은 전선의 피복을 손상하지 않도록 매끈한 것일 것
③ 전선관과의 접속부분의 나사는 5턱 이상 완전히 나사결합이 될 수 있는 길이의 것
④ 접합면 중 나사의 접합은 유입방폭구조의 폭발압력시험에 적합할 것

문제 24, 25 해설

금속관의 방폭형 부속품의 표준
1) 재료는 건식아연도금법에 의하여 아연도금을 한 위에 투명한 도료를 칠하거나 기타 적당한 방법으로 녹이 스는 것을 방지하도록 한 강 또는 가단주철(可鍛鑄鐵)일 것.
2) 안쪽면 및 끝부분은 전선을 넣거나 바꿀 때에 전선의 피복을 손상하지 아니하도록 매끈한 것일 것.
3) 전선관과의 접속부분의 나사는 5턱 이상 완전히 나사결합이 될 수 있는 길이일 것.
4) 접합면(나사의 결합부분을 제외한다)은 "내압방폭구조(d)"의 일반 요구사항에 적합한 것일 것.

□□□ 14년3회, 20년4회

25. 가스증기위험장소의 금속관(후강)배선에 의하여 시설하는 경우 관 상호 및 관과 박스 기타의 부속품, 풀박스 또는 전기기계기구와는 몇 턱 이상 나사 조임으로 접속하는 방법에 의하여 견고하게 접속하여야 하는가?

① 2턱　② 3턱
③ 4턱　④ 5턱

□□□ 14년1회

26. 방폭전기설비 계획 수립 시의 기본 방침에 해당되지 않는 것은?

① 가연성가스 및 가연성액체의 위험특성 확인
② 시설장소의 제조건 검토
③ 전기설비의 선정 및 결정
④ 위험장소 종별 및 범위의 결정

해설

전기설비의 선정 및 결정이 아니라 전기설비 배치의 결정이다.

[참고] 방폭전기설비 계획 수립 시의 기본 방침
1. 시설장소의 제조건 검토
2. 가연성가스 및 가연성액체의 위험특성 확인
3. 위험장소 종별 및 범위의 결정
4. 전기설비 배치의 결정
5. 방폭전기설비의 선정
6. 위험장소 종별 및 범위의 결정은 위험원의 유무, 위험원으로부터 폭발성가스 방출조건, 위험원 주변에 있어서의 통풍, 환기의 상태, 폭발성가스의 상태 등이 관계된다.

정답 23 ③ 24 ④ 25 ④ 26 ③

□□□ 16년3회

27. 내압방폭 금속관배선에 대한 설명으로 틀린 것은?

① 전선관은 박강전선관을 사용한다.
② 배관 인입부분은 씰링피팅(Sealing Fitting)을 설치하고 씰링콤파운드로 밀봉한다.
③ 전선관과 전기기기와의 접촉은 관용평형나사에 의해 완전나사부가 "5턱" 이상 결합되도록 한다.
④ 가요성을 요하는 접속부분에는 플랙시블 피팅(Flexible Fitting)을 사용하고, 플렉시블 피팅은 비틀어서 사용해서는 안 된다.

해설

전선관은 KSC 8401의 후강전선관 사용한다.

□□□ 17년3회

28. 저압방폭전기의 배관방법에 대한 설명으로 틀린 것은?

① 전선관용 부속품은 방폭구조에 정한 것을 사용한다.
② 전선관용 부속품은 유효 접속면의 깊이를 5mm 이상 되도록 한다.
③ 배선에서 케이블의 표면온도가 대상하는 발화온도에 충분한 여유가 있도록 한다.
④ 가요성 피팅(Fitting)은 방폭 구조를 이용하되 내측 반경을 5배 이상으로 한다.

해설

전선관용 부속품의 접속은 규정된 나사의 나사산이 5산 이상 결합하여야 한다.

□□□ 13년3회, 20년1·2회

29. 다음 중 폭발위험장소에 전기설비를 설치할 때 전기적인 방호조치로 적절하지 않은 것은?

① 배선은 단락 · 지락 사고 시의 영향과 과부하로부터 보호한다.
② 다상 전기기기는 결상운전으로 인한 과열방지조치를 한다.
③ 자동차단이 점화의 위험보다 클 때는 경보장치를 사용 한다.
④ 단락보호장치는 고장상태에서 자동복구 되도록 한다.

해설

단락보호 및 지락보호장치는 고장상태에서 자동개폐로 되지 않아야 한다.

[참고] 폭발위험장소에 전기설비를 설치할 때 전기적인 방호조치

1. 다상 전기기기에서는 한상 또는 그 이상의 상의 결상운전으로 인한 과열방지조치를 한다.
2. 배선은 단락 · 지락 사고 시의 위해한 영향과 과부하로부터 보호한다.
3. 전기기의 자동차단이 점화위험 그 자체보다 더 큰 위험을 가져올 수 있는 경우에는 신속한 응급조치를 취할 수 있도록 자동차단장치 대신 경보장치를 사용 한다.
4. 변압기는 정격전압 및 정격 주파수에서 2차 단락전류를 이상과열 없이 연속적으로 견딜 수 없다거나 접속된 부하의 사고에 따라 과부하가 될 우려가 없는 경우에는 과부하보호장치를 추가하여야 한다.

□□□ 15년1회

30. 전기설비의 안전을 유지하기 위해서는 체계적인 점검, 보수가 아주 중요하다. 방폭전기설비의 유지보수에 관한 사항으로 틀린 것은?

① 점검원은 해당 전기설비에 대해 필요한 지식과 기능을 가져야 한다.
② 불꽃 점화시점의 경과조치에 따른다.
③ 본질안전 방폭구조의 경우에도 통전 중에는 기기의 외함을 열어서는 안 된다.
④ 위험분위기에서 작업 시에는 수공구 등의 충격에 의한 불꽃이 생기지 않도록 주의해야 한다.

해설

본질안전 방폭구조가 아닌 비방폭구조의 충전부분을 내장시켜 방폭지역에 설치되는 전기설비의 외함은 중성선을 포함한 모든 전원선을 차단한 후에만 개방해야 한다. 또한, 내부의 표면온도 또는 축적된 전기에너지가 당해 물질을 점화시킬 수 있는 수준 이하로 저하되기까지 외함을 열어서는 안 된다.

□□□ 15년2회

31. 폭발위험장소에서 점화성 불꽃이 발생하지 않도록 전기설비를 설치하는 방법으로 틀린 것은?

① 낙뇌 방호조치를 취한다.
② 모든 설비를 등전위 시킨다.
③ 정전기 영향을 안전한계 이내로 줄인다.
④ 0종 장소는 금속부에 전식방지설비를 한다.

해설

금속부의 전식방지

1. 폭발위험장소 내에 설치된 전식방지 금속부는 비록 낮은 음(−)전위이지만, 위험한 전위로 간주하여야 한다.(특히, 전류인가방식인 경우) 전식방지를 위하여 특별히 설계되지 않았다면, 0종장소의 금속부에는 전식방지를 하여서는 아니된다.
2. 전식방지를 위하여 전선관 등에 요하는 절연요소는 가능한 한 폭발위험장소 외부에 설치하는 것이 좋다.

정답 27 ① 28 ② 29 ④ 30 ③ 31 ④

PART

07 화학설비위험방지기술

샘플강좌

01. 위험물 및 유해화학물질 안전

01 위험물의 기초화학

❶ flash율

엔탈피 변화에 따른 액체의 기화율

$$flash율 = \frac{변화후\ 엔탈피 - 변화전\ 엔탈피}{기화열}$$

❷ 보일-샤를의 법칙

구분	내용
보일의 법칙	$P_1 V_1 = P_2 V_2$ 기체 온도가 일정할 때 부피는 압력에 반비례
샤를의 법칙	$\frac{V_1}{T_1} = \frac{V_2}{T_2}$ 기체 압력이 일정할 때 부피는 온도에 비례
보일-샤를의 법칙	$\frac{P_1 V_1}{T_1} = \frac{P_2 V_2}{T_2}$ 기체의 압력은 부피에 반비례하고 온도에 비례
단열변화	$\frac{T_2}{T_1} = \left(\frac{V_1}{V_2}\right)^{r-1} = \left(\frac{P_2}{P_1}\right)^{\frac{r-1}{r}}$ 단열압축, 단열팽창시 부피와 압력변화, 온도와의 관계

❸ 위험물의 특성

① 위험물의 정의

일반적으로 화재 또는 폭발을 일으킬 위험성이 있거나 인간의 건강에 유해하거나 안전을 위협할 우려가 있는 물질

② 위험물의 특징

㉠ 자연에 존재하는 산소나 물과의 반응이 용이하다.

㉡ 반응속도가 빠르다.

㉢ 반응 시에는 열량이 크다.

㉣ 수소와 같은 가연성 가스가 발생한다.

㉤ 화학적으로 불안정하다.

02 위험물의 종류

❶ 폭발성 물질

구분	종류
① 질산에스테르류	니트로글리콜 니트로글리세린 니트로셀룰로오스 등
② 니트로화합물	트리니트로벤젠 트리니트로톨루엔 피크린산 등
③ 니트로소 화합물	
④ 아조 화합물	
⑤ 디아조 화합물	
⑥ 하이드라진 유도체	
⑦ 유기과산화물	과초산 메틸에틸케톤 과산화물 과산화벤조일 등

❷ 물반응성 물질 및 인화성 고체 물질

- 리튬
- 칼륨 · 나트륨
- 황
- 황린
- 황화인 · 적린
- 셀룰로이드류
- 알킬알루미늄 · 알킬리튬
- 마그네슘 분말
- 금속 분말(마그네슘 분말은 제외한다)
- 알칼리금속(리튬 · 칼륨 및 나트륨은 제외한다)
- 유기 금속화합물(알킬알루미늄 및 알칼리튬은 제외한다)
- 금속의 수소화물
- 금속의 인화물
- 칼슘 탄화물, 알루미늄 탄화물

❸ 산화성 액체 및 산화성 고체

구분	종류
① 차아염소산 및 그 염류	• 차아염소산 • 차아염소산칼륨, 그 밖의 차아염소산염류
② 아염소산 및 그 염류	• 아염소산 • 아염소산칼륨, 그 밖의 아염소산염류
③ 염소산 및 그 염류	• 염소산 • 염소산칼륨, 염소산나트륨, 염소산암모늄, 그 밖의 염소산염류
④ 과염소산 및 그 염류	• 과염소산 • 과염소산칼륨, 과염소산나트륨, 과염소산암모늄, 그 밖의 과염소산염류
⑤ 브롬산 및 그 염류	• 브롬산염류
⑥ 요오드산 및 그 염류	• 요오드산염류
⑦ 과산화수소 및 무기 과산화물	• 과산화수소 • 과산화칼륨, 과산화나트륨, 과산화바륨, 그 밖의 무기 과산화물
⑧ 질산 및 그 염류	• 질산칼륨, 질산나트륨, 질산암모늄, 그 밖의 질산염류
⑨ 과망간산 및 그 염류	
⑩ 중크롬산 및 그 염류	

❹ 인화성 액체

구분	종류
인화점이 섭씨 23도 미만이고 초기끓는점이 섭씨 35도 이하인 물질	에틸에테르, 가솔린, 아세트알데히드, 산화프로필렌 등
인화점이 섭씨 23도 미만이고 초기 끓는점이 섭씨 35도를 초과하는 물질	노르말헥산, 아세톤, 메틸에틸케톤, 메틸알코올, 에틸알코올, 이황화탄소 등
인화점이 섭씨 23도 이상 섭씨 60도 이하인 물질	크실렌, 아세트산아밀, 등유, 경유, 테레핀유, 이소아밀알코올, 아세트산, 하이드라진 등

❺ 인화성 가스

① 20℃, 표준압력(101.3kPa)에서 공기와 혼합하여 인화되는 범위에 있는 가스와 54℃ 이하 공기 중에서 자연발화하는 가스를 말한다(혼합물을 포함한다).

② 인화한계 농도의 최저한도가 13퍼센트 이하 또는 최고한도와 최저한도의 차가 12퍼센트 이상인 것으로서 표준압력(101.3kPa)하의 20℃에서 가스 상태인 물질을 말한다.

⑥ 부식성 물질

분류		물질의 종류
부식성 산류	① 농도 20% 이상	염산, 황산, 질산, 기타 이와 동등 이상의 부식성을 지니는 물질
	② 농도 60% 이상	인산, 아세트산, 불산, 기타 이와 동등 이상의 부식성을 가지는 물질
부식성 염기류	농도 40% 이상	수산화나트륨, 수산화칼륨, 이와 동등 이상의 부식성을 가지는 염기류

⑦ 급성 독성 물질

구분	기준
LD50(경구, 쥐)	300mg/kg(체중) 이하
LD50(경피, 토끼 또는 쥐)	1000mg/kg(체중) 이하
LC50(쥐, 4시간 흡입)	2500ppm 이하 10mg/ℓ 이하
분진 또는 미스트	1mg/ℓ 이하

■ **산업안전보건법과 위험물안전관리법상 위험물 구분의 비교**

산업안전보건법	위험물안전관리법
① 폭발성 물질	제5류 자기반응성 물질
② 물반응성 및 인화성고체 물질	제2류 가연성고체 제3류 자연발화성 및 금수성 물질
③ 산화성 액체 산화성 고체	제1류 산화성 고체 제6류 산화성 액체
④ 인화성 액체	제4류 인화성 액체
⑤ 인화성 가스	–
⑥ 부식성 물질	–
⑦ 급성독성 물질	–

03 유해 · 위험물질의 취급

❶ 주요 유해 · 위험물질의 취급방법

① 폭발성 물질

구분	내용
저장 및 취급방법	• 실온에 주의하고, 습기를 피한다. • 통풍이 양호한 냉암소에 저장한다. • 화기, 가열, 충격, 마찰 등을 피한다. • 다른 약품과의 혼촉을 피하고, 다른 가연물과 공존시키지 않는다. • 용기의 파손, 균열에 주의하여 누설의 방지에 힘쓴다.
소화방법	• 화재 시에는 대량의 물로 냉각소화한다. • 위험물이 소량일 때 초기소화는 가능하나 그 밖에는 폭발현상에 주의해서 원격소화한다.(소분하여 저장한다.) • 자기연소성으로 질식소화는 효과가 없다.

② 물반응성 물질 및 인화성 고체 물질(발화성 물질)

㉠ 인화성 고체

구분	내용
저장 및 취급방법	• 산화제와 접촉을 피한다. • 용기의 파손으로 위험물의 누설에 주의할 것. • 점화원, 고온물체, 가열을 피한다. • 금속분은 물 또는 산과 접촉을 피한다.
소화방법	• 금속분을 제외하고 주수에 의한 냉각소화를 한다. • 금속분은 마른 모래(건조사)로 소화한다.

㉡ 물반응성 물질

구분	내용
저장 및 취급방법	• 물과 접촉을 피한다. • 보호액에 저장 시 보호액 표면의 노출에 주의한다. • 화재 시 소화가 어려우므로 소량씩 분리하여 저장한다.
소화방법	• 물에 의한 주수소화는 절대 금한다. • 마른 모래 또는 금속 화재용 분말약제로 소화한다. • 알킬알루미늄 화재는 팽창질석 또는 팽창진주암으로 소화한다.

③ 산화성 액체 및 산화성 고체

구분	내용
저장 및 취급방법	• 가열, 충격, 마찰 등을 피한다. • 조해성이 있는 것은 습기에 주의하며 용기는 밀폐하여 저장한다. • 환기가 잘 되고 찬 곳에 저장한다. • 가연물이나 다른 약품과의 접촉을 피한다. • 용기의 파손 및 위험물의 누설에 주의한다.
소화방법	• 다량의 물을 방사하여 냉각소화한다. • 무기(알칼리금속)과산화물은 금수성 물질로 물에 의한 소화는 절대 금지하고 마른 모래로 소화한다. • 자체적으로 산소를 함유하고 있어 질식소화는 효과가 없고 물을 대량 사용하는 냉각소화가 효과적이다.

④ 인화성 액체

구분	내용
저장 및 취급방법	• 인화점이하로 보관하고, 용기는 밀전 저장한다. • 차갑고, 통풍이 잘되는 곳에 저장한다. • 액체 및 증기의 누설에 주의하여 저장한다. • 화기 및 점화원으로부터 멀리 저장한다. • 정전기의 발생에 주의하여 저장 취급한다.
소화방법	• 소화제로는 포, 할로겐화물, 탄산가스(CO_2), 분말 등의 소화약제를 이용한 질식소화가 효과적이다. • 탱크 등의 화재인 경우는 외부에 의해 냉각, 가연성 증기의 발생을 억제하며 또 화면확대 방지를 위해 기름의 유동을 방지하고 토사를 이용한다.

⑤ 인화성 가스

구분	내용
저장 및 취급방법	• 누설되지 않도록 할 것 • 화기사용을 금할 것 • 환기 · 통풍을 잘할 것 • 취급시 가열이나 충격을 피할 것 • 정전기의 발생에 주의하여 저장 취급 • 직사광선을 피한다.
소화방법	• 작은 화재는 탄산가스 소화기나 물에 의해 소화한다. • 화재가 클 경우 물로 냉각하고 주변에 대한 연소방지 조치를 한다.

❷ 시간가중평균농도(TWA)

$$TWA = \frac{C_1 T_1 + C_2 T_2 + \cdots + C_n T_n}{8}$$

C : 유해요인의 측정농도(단위 : ppm 또는 mg/㎥)
T : 유해요인의 발생시간(단위 : hr)

❸ 규정량에 의한 유해 · 위험설비 기준

두 종류 이상의 유해 · 위험물질을 제조 · 취급 · 저장하는 경우 : 유해 · 위험물질별로 가장 큰 값($\frac{C}{T}$)을 각각 구하여 합산한 값(R)이 1 이상인 경우

$$R = \frac{C_1}{T_1} + \frac{C_2}{T_2} + \cdots + \frac{C_n}{T_n}$$

C_n : 유해 · 위험물질별(n) 규정량과 비교하여 하루 동안 제조 · 취급 또는 저장할 수 있는 최대치 중 가장 큰 값
T_n : 유해 · 위험물질별(n) 규정량

02. 공정안전

01 공정안전보고서

❶ 공정안전보고서의 제출

① 공정안전보고서 제출대상

제출대상	제외대상
• 원유 정제처리업 • 기타 석유정제물 재처리업 • 석유화학계 기초화학물질 제조업 또는 합성수지 및 기타 플라스틱물질 제조업. • 질소 화합물, 질소 · 인산 및 칼리질 화학비료 제조업 중 질소질 비료 제조 • 복합비료 및 기타 화학비료 제조업 중 복합비료 제조(단순혼합 또는 배합에 의한 경우는 제외한다) • 화학 살균 · 살충제 및 농업용 약제 제조업[농약 원제(原劑) 제조만 해당한다] • 화약 및 불꽃제품 제조업	• 원자력 설비 • 군사시설 • 사업주가 해당 사업장 내에서 직접 사용하기 위한 난방용 연료의 저장설비 • 도매 · 소매시설 • 차량 등의 운송설비 • 「액화석유가스의 안전관리 및 사업법」에 따른 액화석유가스의 충전 · 저장시설 • 「도시가스사업법」에 따른 가스 공급시설 • 그 밖에 고용노동부장관이 누출 · 화재 · 폭발 등으로 인한 피해의 정도가 크지 않다고 인정하여 고시하는 설비

② 공정안전보고서의 내용

㉠ 공정안전자료

㉡ 공정위험성 평가서

㉢ 안전운전계획

㉣ 비상조치계획

㉤ 그 밖에 공정상의 안전과 관련하여 고용노동부장관이 필요하다고 인정하여 고시하는 사항

③ 공정안전보고서의 제출시기

유해하거나 위험한 설비의 설치 · 이전 또는 주요 구조부분의 변경공사의 착공일(기존 설비의 제조 · 취급 · 저장 물질이 변경되거나 제조량 · 취급량 · 저장량이 증가하여 유해 · 위험물질 규정량에 해당하게 된 경우에는 그 해당일을 말한다) 30일 전까지 공정안전보고서를 2부 작성하여 공단에 제출해야 한다.

❷ 공정안전보고서의 세부내용

구분	세부내용
공정안전자료	• 취급 · 저장하고 있는 유해 · 위험물질의 종류 및 수량 • 유해 · 위험물질에 대한 물질 안전 보건자료 • 유해 · 위험설비의 목록 및 사양 • 유해 · 위험설비운전방법을 알 수 있는 공정도면 • 각종건물 · 설비의 배치도 • 폭발위험장소 구분도 및 전기 단선도 • 위험설비의 안전설계 · 제작 및 설치관련 지침서
안전운전계획	• 안전운전지침서 • 설비점검 · 검사 및 보수계획, 유지계획 및 지침서 • 안전작업허가 • 도급업체 안전관리계획 • 근로자 등 교육계획 • 가동 전 점검지침 • 변경요소 관리계획 • 자체감사 및 사고조사계획 • 그 밖에 안전운전에 필요한 사항
비상조치계획	• 비상조치를 위한 장비 · 인력보유현황 • 사고발생 시 각 부서 · 관련 기관과의 비상연락체계 • 사고발생 시 비상조치를 위한 조직의 임무 및 수행 절차 • 비상조치계획에 따른 교육계획 • 주민홍보계획 • 그 밖에 비상조치 관련 사항

❸ 물질안전보건자료(MSDS)의 작성

① 제품명

② 물질안전보건자료대상물질을 구성하는 화학물질의 명칭 및 함유량

③ 안전 및 보건상의 취급 주의 사항

④ 건강 및 환경에 대한 유해성, 물리적 위험성

⑤ 물리 · 화학적 특성 등 고용노동부령으로 정하는 사항

03. 폭발 방지 및 안전대책

01 폭발의 특성

❶ 연소파와 폭굉파

① 연소파와 폭굉파의 분류

구분	내용
연소파	가연성 Gas와 혼합공기의 농도가 폭발범위내에 있는 물질은 착화하면 국한된 반응 영역이 형성되고 이것이 혼합가스 중을 전파하여 가는 경우
폭굉파	연소파가 어떤 일정거리를 진행한 후 연소 전파속도가 증가하여 그 속도가 1,000~3,500m/s에 도달했을 때 폭발이 격렬한 경우

② 폭굉유도거리

구분	내용
폭굉유도거리의 정의	최초의 완만한 연소가 격렬한 폭굉으로 발전할 때까지의 거리
폭굉유도거리가 짧은 경우	• 정상 연소속도가 큰 혼합가스일수록 짧다. • 관속에 방해물이 있거나 관경이 가늘수록 짧다. • 압력이 높을수록 짧다. • 점화원의 에너지가 강할수록 짧다.

❷ 폭발의 분류

① 기상폭발

구분	내용
혼합가스의 폭발	가연성 가스와 조연성 가스가 일정한 비로 혼합된 가스가 발화원에 의해 착화되어 가스폭발을 일으키는 경우
가스의 분해폭발	가스 분자의 분해시 반응열이 큰 가스는 단일성분의 가스라 하여도 발화원에 의해 착화하면 가스폭발을 일으킨다. (아세틸렌, 산화에틸렌, 에틸렌, 히드라진, 이산화염소 등)
분진폭발	가연성고체의 미분(微粉)이나 가연성액체의 무적(霧適 : mist)에 착화되어 폭발을 일으키는 경우
분무폭발	가연성 액체무적이 어떤 농도 이상으로 조연성 가스 중에 분산되어 있을 때 착화되어 일어나는 폭발

② 응상 폭발

㉠ 혼합위험성 물질에 의한 폭발

㉡ 폭발성 화합물의 폭발

㉢ 증기폭발

02 분진폭발

❶ 주요 물질의 입자별 분류

명칭	내용	입자크기
흄(Fume)	금속의 증기가 공기 중에서 응고되어, 고체의 미립자로 공기중에 부유하는 것	0.01~1㎛
스모그(smoke)	불완전 연소에 의해 생긴 미립자	0.01~1㎛
미스트(mist)	공기 중에 부유하는 대단히 작은 액체입자로 구성되어 있으며 가스로부터 응축되어 공기 중 분산 된 액체의 미립자	0.1~10㎛
분진(dust)	물체가 작은 입자로 파쇄되어 공기 중 분산된 고체의 미립자	0.001~1,000㎛
가스(gas)	25℃, 760mmhg에서 기체	분자상
증기(vapor)	25℃, 760mmhg에서 액체 또는 고체표면에서 발생한 기체	분자상

❷ 분진폭발에 영향을 미치는 인자

구분	내용
분진입도 및 입도분포	입도가 작을수록 비표면적이 커지고 반응속도가 커져서 폭발성이 커진다.
입자의 형상과 표면상태	분진의 형상이 구형이 될수록 폭발성이 약하며 입자표면적이 산소에 대해 활성될수록 폭발성이 높다.
분진의 부유	입자가 작고 가벼운 것은 공기중에 부유하기 쉽고, 공기중에 체류하는 시간이 길어 위험성이 커진다.
분진의 화학적 성질과 조성	발생되는 기체량이 연소열의 크기, 용적의 변화가 큰 것, 휘발성분의 함유량이 큰 것 등이 분진폭발의 격렬도에 영향을 준다.
수분	분진 중에 수분이 존재할 경우 부유성을 억제하며 폭발하한농도를 높여 폭발성이 약해진다.

03 가스폭발

❶ 폭발범위(Range of flammability)

① 폭발의 상한과 하한

구분	내용
폭발하한계	공기 또는 산소 속에서 증기 또는 기체가 발화원과 접했을 때 불꽃의 전파가 가능한 가연성 물질의 최소농도를 말한다.
폭발상한계	발화원과 접촉할 때 불꽃의 전파가 가능한 공기 중의 증기나 기체의 최대농도를 말한다.

② 폭발한계에 영향을 주는 요인

구분	내용
온도	폭발하한이 100℃ 증가시 25℃에서의 값의 8% 감소하고, 폭발 상한은 8%씩 증가
압력	가스압력이 높아질수록 폭발범위는 넓어진다.
산소농도	산소의 농도가 증가하면 폭발범위도 상승한다.

❷ 폭발압력 및 상승속도에 영향을 주는 요인

① 온도
② 최초압력
③ 용기의 형태
④ 발화원의 강도
⑤ 가연성 가스의 농도

❸ 안전간격에 따른 폭발등급

폭발등급	안전간격(mm)	해당물질
1등급	0.6 이상	메탄, 에탄, 프로판, n-부탄, 가솔린, 일산화탄소, 암모니아, 아세톤, 벤젠, 에틸에테르
2등급	0.6~0.4	에틸렌, 석탄가스, 이소프렌, 산화에틸렌
3등급	0.4 이하	수소, 아세틸렌, 이황화탄소, 수성가스

04 폭발방지 대책

❶ 폭발의 방호 대책

구분	내용
폭발 봉쇄 (Containment)	폭발성 위험물질 등을 폭발시 다른 탱크나 저장소로 보내 용기의 압력을 완화시키는 방법
폭발 억제 (Explosin Suppersion)	폭발시 감지기의 작동으로 파악하여 소화제 등을 사용함 으로써 큰 폭발을 막는 방법
폭발 방산 (Explosion Venting)	안전밸브, 파열판 등을 사용하여 압력을 외부로 방출 시켜 압력을 정상화하여 큰 폭발을 막는 방법

❷ 불활성화(퍼지) 방법

① 진공 퍼지(저압퍼지)

② 압력 퍼지

③ 스위프 퍼지

④ 사이펀 퍼지

❸ 가연성 가스 발생 장소의 안전대책

① 폭발 · 화재 방지 조치 대상작업

㉠ 인화성 가스가 발생할 우려가 있는 지하작업장에서 작업하는 경우(터널 등의 건설작업의 경우는 제외한다)

㉡ 가스도관에서 가스가 발산될 위험이 있는 장소에서 굴착작업을 하는 경우

② 폭발 · 화재 방지 조치

㉠ 가스의 농도를 측정하는 사람을 지명

㉡ 해당 가스의 농도를 측정하는 시기

- 매일 작업을 시작하기 전
- 가스의 누출이 의심되는 경우
- 가스가 발생하거나 정체할 위험이 있는 장소가 있는 경우
- 장시간 작업을 계속하는 경우(4시간마다 가스 농도를 측정)

04. 화학설비 안전

01 반응기 등

❶ 반응기 조작방식에 의한 분류

종류	내용
회분식 반응기	소량 다품종 생산에 적합한 반응기로 교반을 행하면서 반응을 진행시켜 소정의 시간이 지나면 조작을 멈추고 생성물을 배출한다.
반회분식 반응기	하나의 반응 물질을 맨 처음에 집어넣고 반응이 진행됨에 더불어 다른 물질을 첨가하는 조작, 또는 원료를 넣은 후 반응의 진행과 함께 반응 생성물을 연속적으로 배출한다.
연속식 반응기	원료의 공급과 생성물의 배출을 연속적으로 행하는 형식의 반응기이며, 반응기내의 농도, 온도, 압력 등은 시간적인 변화가 없고, 노무비의 절감, 제품 품질의 변동이 적은점, 자동제어가 쉬운 이점이 있다.

❷ 반응기의 특성

구분	내용
반응폭발에 영향을 미치는 요인	• 냉각 시스템 • 반응온도 • 교반상태
반응기 안전설계 시 고려할 주요요소	• 상(Phase)의 형태(고체, 액체, 기체) • 온도범위 • 운전압력 • 부식성 • 체류시간 및 공간속도 • 열전달 • 온도조절 • 조작방법

❸ 증류탑의 점검

일상점검 항목	개방점검 항목
• 도장의 열화상태 • 기초볼트 상태 • 보온재 및 보냉재 상태 • 배관등 연결부 상태 • 외부 부식 상태 • 감시창, 출입구, 배기구등 개구부의 이상유뮤	• 트레이 부식상태, 정도, 범위 • 용접선의 상태 • 내부 부식 및 오염 여부 • 라이닝, 코팅, 개스킷 손상 여부 • 예비동력원의 기능 이상유무 • 가열장치 및 제어장치 기능의 이사유무 • 뚜껑, 플랜지등의 접합상태의 이상유무

④ 열 교환기의 점검

일상점검 항목	개방점검 항목
• 도장부 결함 및 벗겨짐 • 보온재 및 보냉재 상태 • 기초부 및 기초 고정부 상태 • 배관 등과의 접속부 상태	• 내부 부식의 형태 및 정도 • 내부 관의 부식 및 누설 유무 • 용접부 상태 • 라이닝, 코팅, 개스킷 손상 여부 • 부착물에 의한 오염의 상황

02 건조설비

❶ 건조설비의 구성

구분	내용
구조부분	기초부분(바닥콘크리트, 철골, 보온판), 몸체, 내부 구조물 등
가열장치	열원공급장치, 열순환용 송풍기 등
부속설비	전기설비, 환기장치, 온도조절장치, 소화장치, 안전장치 등

❷ 건조설비를 설치하는 건축물의 구조

① 건조실을 설치하는 건축물의 구조는 독립된 단층건물로 하여야 한다.
(건조실을 건축물 최상층에 설치하거나 내화구조인 경우 제외)

② 설치 대상

구분	기준
위험물질을 가열·건조하는 경우	내용적 1㎥ 이상인 건조설비
위험물이 아닌 물질을 가열·건조하는 경우	• 고체, 액체연료의 최대사용량 시간당 10kg 이상 • 기체연료 최대사용량 시간당 1㎥ 이상 • 전기사용 정격용량 10kW 이상

❸ 건조설비의 구조 기준

① 건조설비의 외부, 내면과 내부의 선반이나 틀은 불연성 재료로 만들 것

② 건조설비의 측벽이나 바닥은 견고한 구조로 할 것

③ 건조설비는 그 상부를 가벼운 재료로 만들고 주위상황을 고려하여 폭발구를 설치할 것

④ 건조시 발생하는 가스·증기 또는 분진을 안전한 장소로 배출시킬 수 있는 구조로 할 것

⑤ 액체연료 또는 인화성 가스를 열원의 연료로 사용하는 건조설비는 점화하는 경우에는 폭발이나 화재를 예방하기 위하여 연소실이나 그 밖에 점화하는 부분을 환기시킬 수 있는 구조로 할 것
⑥ 건조설비의 내부는 청소하기 쉬운 구조로 할 것
⑦ 감시창 · 출입구 및 배기구 등의 개구부는 발화 시에 불이 다른 곳으로 번지지 아니하는 위치에 설치하고 필요한 경우에는 즉시 밀폐할 수 있는 구조로 할 것
⑧ 내부의 온도가 국부적으로 상승하지 않는 구조로 설치할 것
⑨ 건조설비의 열원으로서 직화를 사용하지 아니할 것
⑩ 열원으로서 직화를 사용하는 경우에는 불꽃 등에 의한 화재를 예방하기 위하여 덮개를 설치하거나 격벽을 설치할 것

03 안전장치

❶ 안전밸브 및 파열판 설치대상 설비

① 압력용기(안지름이 150밀리미터 이하인 압력용기는 제외)
② 정변위 압축기
③ 정변위 펌프(토출축에 차단밸브가 설치된 것만 해당)
④ 배관(2개 이상의 밸브에 의하여 차단되어 대기온도에서 액체의 열팽창에 의하여 파열될 우려가 있는 것)
⑤ 그 밖의 화학설비 및 그 부속설비로서 해당 설비의 최고사용압력을 초과할 우려가 있는 것
※ 다단형 압축기 또는 직렬로 접속된 공기압축기에 대해서는 각 단 또는 각 공기압축기별로 안전밸브 등을 설치

❷ 안전밸브등의 작동요건

① 보호하려는 설비의 최고사용압력 이하에서 작동되도록 한다. 다만, 안전밸브 등이 2개 이상 설치된 경우에 1개는 최고사용압력의 1.05배(외부화재를 대비한 경우에는 1.1배) 이하에서 작동되도록 설치
② 차단밸브의 설치 금지
안전밸브 등의 전단 · 후단에 차단밸브를 설치해서는 아니 된다.

❸ 파열판(Rupture disk)

① 파열판의 설치 대상

㉠ 반응 폭주 등 급격한 압력 상승 우려가 있는 경우

㉡ 급성 독성물질의 누출로 주위의 환경을 오염시킬 우려가 있는 경우

㉢ 이상 물질이 누적되어 안전밸브가 작동되지 않을 우려가 있는 경우

② 파열판 및 안전밸브의 직렬설치

급성독성물질이 지속적으로 외부에 유출될 수 있는 화학설비 및 그 부속설비에 파열판과 안전밸브를 직렬로 설치하고 그 사이에는 압력지시계 또는 자동경보장치를 설치하여야 한다.

❹ 화염방지기(Flame arrestor)

Flame arrestor는 비교적 저압 또는 상압에서 가연성 증기를 발생하는 유류를 저장하는 탱크로서 외부에 그 증기를 방출하거나 탱크 내에 외기를 흡입하거나 하는 부분에 설치하는 것으로 40mesh 이상의 가는 눈이 있는 철망을 여러 개 겹쳐서 소염거리를 이용해 화염의 차단을 목적으로 한 것이다.

❺ 방유제

① 방유제의 유효용량

㉠ 하나의 저장탱크에 설치하는 방유제 내부의 유효용량은 저장탱크의 용량 이상

㉡ 둘 이상의 저장탱크에 설치하는 방유제 내부의 유효용량은 용량이 가장 큰 저장탱크 하나 이상의 용량이상

② 방유제와 저장탱크 사이의 거리

방유제 내면과 저장탱크 외면사이의 거리는 1.5m 이상을 유지

04 배관 등

❶ 관 부속품(Pipe Fittings)

① 두개의 관을 연결할 경우 : 플랜지(Flange), 유니온(Union), 카플링(Coupling), 니플(Nipple), 소켓(Socket)

② 관로 방향을 바꿀 때 : 엘보우(Elbow), Y-지관(Y-Branch), 티(Tee), 십자(Cross)

④ 관로의 크기를 바꿀 때 : 축소관(Reducer), 부싱(Bushing)

⑤ 가지관을 설치할 때 : 티(T), Y-지관(Y-Branch), 십자(Cross)

⑥ 유로를 차단할 때 : 플러그(Plug), 캡(Cap), 밸브(Valve)

⑦ 유량 조절 : 밸브(Valve)

❷ 펌프의 이상현상

① 공동현상(Cavitaion) 예방법

㉠ 펌프의 설치 위치를 낮추고 흡입양정을 짧게 한다. (흡입수두 손실을 줄인다.)

㉡ 수직측 펌프를 사용하고 회전차를 수중에 완전히 잠기게 한다.

㉢ 펌프의 회전수를 낮추고 흡입 회전도를 적게 한다.

㉣ 양흡입 펌프를 사용한다.

㉤ 펌프를 두 대 이상 설치한다.

㉥ 관경을 크게 하고 유속을 줄인다.

② 수격작용(Water hammering)

펌프에서 물의 압속시 정전 등에 의해 펌프가 급히 멈춘 경우 또는 수량조절 밸브를 급히 개폐한 경우 관내 유속이 급변하면서 물에 심한 압력변화가 발생하는 현상

❸ 송풍기의 상사법칙

구분	내용
풍량	$Q_2 = Q_1 \times \dfrac{N_2}{N_1}$ 회전수와 비례한다.
압력	$P_2 = P_1 \times \left(\dfrac{N_2}{N_1}\right)^2$ 회전수의 제곱에 비례한다.
동력	$L_2 = L_1 \times \left(\dfrac{N_2}{N_1}\right)^3$ 회전수의 세제곱에 비례한다.

05 가스용접, 가스용기의 취급

❶ 가연성 가스에 의한 폭발 화재 방지

가연성 가스가 발생할 우려가 있는 지하작업장에서 작업하는 때 또는 가스도관에서 가스가 발산할 위험이 있는 장소에서의 굴착작업을 행하는 때에는 폭발 또는 화재를 방지하기 위한 조치

① 가스의 농도를 측정하는 자를 지명하여 당해가스의 농도를 측정

㉠ 매일 작업을 시작하기 전

㉡ 당해가스에 대한 이상을 발견한 때

㉢ 당해가스가 발생하거나 정체할 위험이 있는 장소가 있는 때

㉣ 장시간 작업을 계속하는 때(4시간마다 가스농도를 측정)

② 가스의 농도가 폭발하한계 값의 25퍼센트 이상으로 밝혀진 때에는 즉시 근로자를 안전한 장소에 대피시키고 화기 기타 점화원이 될 우려가 있는 기계·기구 등의 사용을 중지하며 통풍·환기 등을 할 것

❷ 고압가스 용기의 도색

① 가연성가스 및 독성가스 용기

가스의 종류	도색의 구분	가스의 종류	도색의 구분
액화석유가스	회 색	액화암모니아	백 색
수 소	주황색	액 화 염 소	갈 색
아 세 틸 렌	황 색	그 밖의 가스	회 색

② 그 밖의 용기

가 스 의 종 류	도 색 의 구 분
산 소 액화 탄산 가스 질 소	녹 색 청 색 회 색
소 방 용 용 기 그 밖 의 가 스	소화방법에 의한 도색

❸ 가스 용접장치의 용기 취급작업시 준수사항

① 설치·저장 또는 방치 금지장소

㉠ 통풍이나 환기가 불충분한 장소

㉡ 화기를 사용하는 장소 및 그 부근

㉢ 인화성 액체를 취급하는 장소 및 그 부근

② 용기의 온도를 섭씨 40도 이하로 유지할 것

③ 전도의 위험이 없도록 할 것
④ 충격을 가하지 않도록 할 것
⑤ 운반하는 경우에는 캡을 씌울 것
⑥ 사용하는 경우에는 용기의 마개에 부착되어 있는 유류 및 먼지를 제거할 것
⑦ 밸브의 개폐는 서서히 할 것
⑧ 사용 전 또는 사용 중인 용기와 그 밖의 용기를 명확히 구별하여 보관할 것
⑨ 용해아세틸렌의 용기는 세워 둘 것
⑩ 용기의 부식 · 마모 또는 변형상태를 점검한 후 사용할 것

06 화학설비의 안전기준

❶ 화학설비와 부속설비의 종류

구분	종류
화학설비	• 반응기 · 혼합조 등 화학물질 반응 또는 혼합장치 • 증류탑 · 흡수탑 · 추출탑 · 감압탑 등 화학물질 분리장치 • 저장탱크 · 계량탱크 · 호퍼 · 사일로 등 화학물질 저장설비 또는 계량설비 • 응축기 · 냉각기 · 가열기 · 증발기 등 열교환기류 • 고로 등 점화기를 직접 사용하는 열교환기류 • 캘린더(calender) · 혼합기 · 발포기 · 인쇄기 · 압출기 등 화학제품 가공설비 • 분쇄기 · 분체분리기 · 용융기 등 분체화학물질 취급장치 • 결정조 · 유동탑 · 탈습기 · 건조기 등 분체화학물질 분리장치 • 펌프류 · 압축기 · 이젝터 등의 화학물질 이송 또는 압축설비
부속설비	• 배관 · 밸브 · 관 · 부속류 등 화학물질 이송 관련 설비 • 온도 · 압력 · 유량 등을 지시 · 기록 등을 하는 자동제어 관련 설비 • 안전밸브 · 안전판 · 긴급차단 또는 방출밸브 등 비상조치 관련 설비 • 가스누출감지 및 경보 관련 설비 • 세정기, 응축기, 벤트스택(bent stack), 플레어스택(flare stack) 등 폐가스처리설비 • 사이클론, 백필터(bag filter), 전기집진기 등 분진처리설비 • 설비를 운전하기 위하여 부속된 전기 관련 설비 • 정전기 제거장치, 긴급 샤워설비 등 안전 관련 설비

❷ 특수화학설비

① 특수화학설비의 종류

㉠ 발열반응이 일어나는 반응장치
㉡ 증류 · 정류 · 증발 · 추출 등 분리를 하는 장치
㉢ 가열시켜 주는 물질의 온도가 가열되는 위험물질의 분해온도 또는 발화점보다 높은 상태에서 운전되는 설비
㉣ 반응폭주 등 이상 화학반응에 의하여 위험물질이 발생할 우려가 있는 설비
㉤ 온도가 350℃ 이상, 게이지 압력이 980kPa 이상에서 운전되는 설비
㉥ 가열로 또는 가열기

② 특수화학설비의 안전장치 설치

구분	내용
계측장치	온도계 · 유량계 · 압력계
자동경보장치	자동경보장치의 설치가 곤란한 경우에는 감시인을 배치하여 감시하는 조치를 하여야 한다.
긴급차단장치	폭발 · 화재 또는 위험물의 누출을 방지하기 위하여 원재료 공급의 긴급차단, 제품 등의 방출, 불활성가스의 주입이나 냉각용수 등의 공급을 위하여 필요한 장치
예비동력원	동력원의 이상에 의한 폭발이나 화재를 방지하기 위하여 즉시 사용할 수 있는 예비동력원을 갖추어 둘 것 (밸브 · 콕 · 스위치 등의 오조작을 방지하기 위하여 잠금장치를 하고 색채표시 등으로 구분할 것)

05. 화재예방 및 소화

01 연소의 특징

❶ 연소의 분류

① 기체의 연소

구분	내용
예혼합 연소	가연성가스와 공기가 미리 혼합하여 연소범위를 생성하여 점화시 연소
확산 연소	가연성 가스가 확산되어 공기와 혼합하며 연소

② 액체의 연소

구분	내용
증발연소	인화성 액체의 온도 상승에 따른 증발에 의해 연소 예 알콜, 에테르, 등유, 경유 등
분해연소	연소시 열분해에 의한 가연성 가스를 방출시켜 연소 예 중유, 아스팔트 등
액적연소	가연성액체의 입자를 안개상으로 분출하여 공기와 접촉시 연소
분무연소	가연성 액체가 미립화하여 공기와의 접촉을 증가시켜 연소

③ 고체의 연소

구분	내용
표면연소	고체표면과 공기가 접촉되는 부분에서 연소 예 목탄(숫), 코크스, 금속분 등
분해연소	고체의 열분해시 생성된 가연성 가스가 연소 예 종이, 목재, 석탄, 플라스틱 등
증발연소	고체에서 증발된 가연성증기가 공기와 접촉하여 연소 예 황, 나프탈렌, 파라핀 등
자기연소	물질자체 분자의 산소를 가지고 있어 공기와의 접촉없이도 폭발적인 연소 예 니트로화합물등의 폭발성물질

❷ 연소의 3요소

① 가연물

산화되기 쉬운 물질로, 가연물이 될 수 있는 조건은 다음과 같다.

㉠ 산소와 화합시 연소열(발열량)이 클 것

㉡ 산소와 화합시 열 전도율이 작을 것(열축적이 많아야 잘 연소함)

㉢ 산소와 화합시 필요한 활성화 에너지가 작을 것

② 산소공급원

㉠ 공기중의 산소(체적백분율로 약 21% 존재)

㉡ 산화제로부터 부생되는 산소(염소산염류, 과산화물, 질산염류 등의 강산화제)

㉢ 자기연소성 물질 : 자체내부에 산소를 함유하고 있어 공기중에 산소를 필요로 하지 않고 점화원만으로 연소를 한다.

③ 점화원

연소를 하기 위해서 물질에 활성화에너지를 주는 것으로 불꽃과 같은 화기 상태의 것 외에도 전기불꽃, 정전기불꽃, 마찰 및 충격의 불꽃, 고열물, 단열 압축, 산화열 등이 있다.

㉠ 최소발화에너지(MIE : Minimum Ignition Energy)

- 가연성 물질의 조성
- 발화압력 : 압력에 반비례(압력이 클수록 최소발화 에너지는 감소)
- 혼입물 : 불활성 물질이 증가하면 최소발화 에너지는 증가

㉡ 전기불꽃 에너지

$E=\frac{1}{2}CV^2=\frac{1}{2}QV$ (C : 전기용량, Q : 전기량, V : 방전전압)

㉢ 단열압축 에너지

주변계와의 열교환이 없는 상태에서의 온도변화시 기체의 부피와 압력의 변화

$\frac{T_2}{T_1}=(\frac{V_1}{V_2})^{\gamma-1}=(\frac{P_2}{P_1})^{\frac{\gamma-1}{\gamma}}$ (T : 온도, V : 부피, P : 압력)

※ 단열압축시 변화된 기체온도

$$T_2=T_1\times(\frac{P_2}{P_1})^{\frac{\gamma-1}{\gamma}}$$

02 인화점과 발화점

❶ 인화점

가연물을 가열할 때 가연성 증기가 연소범위 하한에 달하는 최저온도 즉, 가연성 증기에 점화원을 주었을 때 연소가 시작되는 최저온도를 말한다.

❷ 발화점

가연성 가스가 발화하는데 필요한 최저온도를 발화온도라 하며 가연물을 가열할 때 점화원이 없이 스스로 연소가 시작되는 최저온도를 말한다.

❸ 자연발화

물질이 공기(산소)중에서 천천히 산화되며 축적된 열로 인해 온도가 상승하고, 발화온도에 도달하여 점화원 없이도 발화하는 현상

① 자연발화의 형태와 해당물질

형태	해당물질
산화열에 의한 발열	석탄, 건성유, 기름걸레, 기름찌꺼기 등
분해열에 의한 발열	셀룰로이드, 니트로셀룰로스(질화면) 등
흡착열에 의한 발열	석탄분, 활성탄, 목탄분, 환원 니켈 등
미생물 발효에 의한 발열	건초, 퇴비, 볏짚 등
중합에 의한 발열	아크릴로 니트릴 등

② 자연발화의 조건

자연발화의 조건	자연발화 방지대책
• 표면적이 넓을 것 • 발열량이 클 것 • 물질의 열전도율이 작을 것 • 주변온도가 높을 것	• 통풍이 잘 되게 할 것 • 주변온도를 낮출 것 • 습도가 높지 않도록 할 것 • 열전도가 잘 되는 용기에 보관할 것

03 연소범위

❶ 주요 가연성 물질의 연소(폭발)범위

물질명	폭발하한 (%)	폭발상한 (%)	물질명	폭발하한 (%)	폭발상한 (%)
수소 (H_2)	4.0	75	프로판 (C_3H_8)	2.2	9.5
메탄 (CH_4)	5	15	부탄 (C_4H_{10})	1.8	8.4
아세틸렌 (C_2H_2)	2.5	81	이황화탄소 (CS_2)	1.2	44
에탄 (C_2H_6)	3.0	12	암모니아 (NH_3)	15	28

❷ 완전연소 조성농도(양론농도)

① 탄화수소의 일반 연소반응

■ $C_mH_n + \left(m+\frac{n}{4}\right)O_2 \rightarrow mCO_2 + \left(\frac{n}{2}\right)H_2O$

② 유기물 $C_nH_xO_y$에 대한 양론농도

■ $C_{st} = \frac{100}{1+\left(\frac{z}{0.21}\right)}$, z = 산소양론계수

③ 폭발 하한값과 상한값

■ Jones의 식
- 폭발 하한값 = 0.55 × Cst
- 폭발 상한값 = 3.50 × Cst

④ 최소산소농도(MOC)

연소범위 하한농도로 완전연소시켜 화염을 전파하기 위해서 필요한 최소의 산소농도

$$MOC = \text{폭발하한계(LFL)} \times \left(\frac{\text{산소몰수}}{\text{연료몰수}}\right)$$

❸ 르-샤클리에(Le-Chatelier)의 법칙

$$\therefore \frac{100}{L} = \frac{V_1}{L_1} + \frac{V_2}{L_2} + \frac{V_3}{L_3} \dots + \frac{V_n}{L_n} (Vol\%)$$

여기서, L : 혼합가스의 폭발한계(%)

$L_1,\ L_2,\ L_3 \dots,\ L_n$: 성분가스의 폭발한계(%)

$V_1,\ V_2,\ V_3 \dots,\ V_n$: 성분가스의 용량(%)

❹ Brugess-Wheeler의 법칙

포화탄화수소계의 가스에서는 폭발하한계의 농도 X(vol%)와 그의 연소열(kcal/mol)Q의 곱은 일정하게 된다.

$$1.\ X(\text{vol\%}) \times Q(\text{kJ/mol}) = 4{,}600(\text{vol\%} \cdot \text{kJ/mol})$$
$$2.\ X(\text{vol\%}) \times Q(\text{kcal/mol}) = 1{,}100(\text{vol\%} \cdot \text{kcal/mol})$$

❺ 위험도

$$H = \frac{U - L}{L}$$

H : 위험도, L : 폭발 하한값, U : 폭발 상한값

04 화재의 예방

❶ 화재의 분류

구분	A급 화재(백색) 일반 화재	B급 화재(황색) 유류 화재	C급 화재(청색) 전기 화재	K급 화재 주방 화재
소화방법	냉각소화	질식소화	질식, 냉각 소화	질식, 냉각 소화
적응 소화기	• 소화기 • 강화액소화기 • 산알칼리 소화기	• 포말소화기 • 분말소화기 • 증발성 액체 • CO_2 소화기	• 분말소화기 • 유기성 소화기 • CO_2 소화기	• 강화액을 이용한 전용소화기

❷ 분말 소화기

① 제1종 중탄산나트륨(중조)
② 제2종 중탄산칼륨
③ 제3종 인산암모늄
④ 제4종 요소와 탄산칼륨

❸ 증발성 액체(할로겐화물) 소화기

표기방법	종류
Halon ○ ○ ○ ○ (↑ C, ↑ F, ↑ Cl, ↑ Br의 수)	① Halon 2402 : $C_2F_4Br_2$ ② Halon 1301 : CF_3Br ③ Halon 1211 : CF_2ClBr ④ Halon 1031 : CF_3Br

❹ 소방설비

① 소방설비의 종류

설비명	정의
소화설비	물 또는 그 밖의 소화약제를 사용하여 소화하는 기계 · 기구 또는 설비
경보설비	화재발생 사실을 통보하는 기계 · 기구 또는 설비
피난설비	화재가 발생할 경우 피난하기 위하여 사용하는 기구 또는 설비
소화용수설비	화재를 진압시 물을 공급하거나 저장하는 설비
소화활동설비	화재를 집압하거나 인명구조 활동을 위해 사용하는 설비

② 자동화재 탐지설비 감지기의 종류

분류	종류
열감지식	차동식
	정온식
	보상식
연기감지식	이온화식
	광전식
	연복합식

MEMO

Chapter 01

위험물 및 유해화학물질 안전

위험물 및 유해화학물질 안전에서는 위험물의 기초화학, 위험물의 종류, 위험물의 취급 등으로 구성된다. 여기에서는 위험물의 구분과 주요 위험물의 특성에 대한 부분이 주로 출제된다.

01 위험물의 기초화학

(1) 물리적 변화

물질의 본질은 변하지 않고 모양, 상태만이 변화되는 것을 말한다.(기화, 액화, 융해, 응고, 승화)

예 얼음(고체)이 녹아 물(액체)이 되고, 물이 수증기(기체)가 되는 현상

■ **flash율 : 엔탈피 변화에 따른 액체의 기화율**

$$flash율 = \frac{변화후\ 엔탈피 - 변화전\ 엔탈피}{기화열}$$

 **예제**

대기압에서 물의 엔탈피가 1kcal/kg이었던 것이 가압하여 1.45kcal/kg을 나타내었다면 flash율은 얼마인가? (단, 물의 기화열은 540kcal/kg이라고 가정한다.)

flash율$= \frac{1.45-1}{540} = 0.00083$

(2) 보일-샤를의 법칙

구분	내용
보일의 법칙	$P_1V_1 = P_2V_2$ 기체 온도가 일정할 때 부피는 압력에 반비례
샤를의 법칙	$\frac{V_1}{T_1} = \frac{V_2}{T_2}$ 기체 압력이 일정할 때 부피는 온도에 비례
보일-샤를의 법칙	$\frac{P_1V_1}{T_1} = \frac{P_2V_2}{T_2}$ 기체의 압력은 부피에 반비례하고 온도에 비례
단열변화	$\frac{T_2}{T_1} = \left(\frac{V_1}{V_2}\right)^{r-1} = \left(\frac{P_2}{P_1}\right)^{\frac{r-1}{r}}$ 단열압축, 단열팽창시 부피와 압력변화, 온도와의 관계

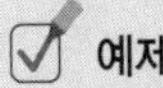 예제

열반응기에서 100℉, 1atm의 수소가스를 압축하는 반응기를 설계할 때 안전하게 조업할 수 있는 최대압력은 약 몇 atm인가? (단, 수소의 자동발화온도는 1075℉이고, 수소는 이상기체로 가정하고, 비열비(r)는 1.4이다.)

$\frac{T_2}{T_1}=\left(\frac{V_1}{V_2}\right)^{\gamma-1}=\left(\frac{P_2}{P_1}\right)^{\frac{\gamma-1}{\gamma}}$ 에서, $P_2=P_1\times\left(\frac{T_2}{T_1}\right)^{\frac{\gamma}{\gamma-1}}$

$=1atm\times\left(\frac{852.44}{310.78}\right)^{\frac{1.4}{1.4-1}}=34.17$

$T_1=100°F=\frac{100-32}{1.8}=37.78℃+273=310.78K$

$T_2=1075°F=\frac{1075-32}{1.8}=579.44℃+273=852.44K$

[화씨(℉) → 섭씨(℃) 변환]

$℃=\frac{°F-32}{1.8}$

(3) 화학적 반응

물질의 본질 자체가 변하여 성분 물질과 전혀 다른 물질로 변화되는 현상

구분	내용
화합	두 가지 이상의 물질이 결합하여 새로운 물질로 변화되는 현상 예 $2H_2+O_2\rightarrow 2H_2O$
분해	한 물질이 두 가지 이상의 새로운 물질로 변화되는 현상 예 $2KCIO_3\rightarrow 2KCI+3O_2$
치환	한 화합물의 성분 중에서 일부가 바뀌어지는 현상 예 $Zn+HCI\rightarrow ZnCI_2+H_2$
복분해	두 종류 화합물의 성분 중 일부가 서로 바뀌어 지는 현상 예 $NaCI+AgNO_3\rightarrow NaNO_3+AgCI$

(4) 산화와 환원

① 산화반응

물질이 산소와 결합하거나 수소를 잃는 반응을 말한다.

예 탄소가 산소와 결합하여 이산화탄소가 된다.($C+O_2\rightarrow CO_2$)

철(금속)이 공기 중에 산소와 반응하여 녹(금속산화물)이 슨다.

($4Fe+3O_2\rightarrow 2Fe_2O_3$)

산화반응은 발열반응이며 경우에 따라서는 반응이 격렬히 진행되는 것도 있으므로 산화성 물질의 취급에는 주의를 요하여야 한다.

② 환원반응

물질이 산소를 잃거나 수소와 결합하는 반응을 말한다.

예 금속산화물이 금속이 된다.($CuO+H_2\rightarrow Cu+H_2O$)

[반응열]

25℃, 1기압에서 표시되는 값을 반응열이라 하며 종류에는 생성열, 분해열, 연소열, 중화열, 용해열 등이 있다.

[발열반응과 흡열반응]

반응열은 반응하는 물질과 생성되는 물질 사이에 에너지가 다르기 때문에 생긴다. 열을 방출하는 반응을 발열반응, 열을 흡수하는 반응을 흡열반응이라 한다.

(5) 위험물의 특성

① 위험물의 정의

일반적으로 화재 또는 폭발을 일으킬 위험성이 있거나 인간의 건강에 유해하거나 안전을 위협할 우려가 있는 물질

② 위험물의 특징

㉠ 자연에 존재하는 산소나 물과의 반응이 용이하다.

㉡ 반응속도가 빠르다.

㉢ 반응 시에는 열량이 크다.

㉣ 수소와 같은 가연성 가스가 발생한다.

㉤ 화학적으로 불안정하다.

01 핵심문제 1. 위험물의 기초화학

□□□ 09년2회, 12년1회, 16년3회

1. 대기압에서 물의 엔탈피가 1kcal/kg이었던 것이 가압하여 1.45kcal/kg을 나타내었다면 flash율은 얼마인가? (단, 물의 기화열은 540cal/g이라고 가정한다.)

① 0.00083 ② 0.0083
③ 0.0015 ④ 0.015

해설

flash율 : 엔탈피 변화에 따른 액체의 기화율

$$flash율 = \frac{변화전\ 엔탈피 - 변화된\ 엔탈피}{기화열}$$

$$= \frac{1.45-1}{540} = 0.00083$$

□□□ 11년1회

2. 다음 [보기]의 물질들이 가지고 있는 공통적인 특성은?

> [보기]
> $CuCl_2Cu(NO_3)_2$, $Zn(NO_3)_2$

① 조해성 ② 풍해성
③ 발화성 ④ 산화성

해설

$CuCl_2Cu(NO_3)_2$, $Zn(NO_3)_2$는 조해성이 있는 물질이다.
조해성 : 공기 중에 노출되어 있는 고체가 수분을 흡수하여 녹이는 현상

□□□ 09년1회, 10년1회, 16년1회, 19년2회, 21년3회

3. 20℃, 1기압의 공기를 5기압으로 단열압축하면 공기의 온도는 약 몇 ℃가 되겠는가? (단, 공기의 비열비는 1.4이다.)

① 32 ② 191
③ 305 ④ 464

해설

단열압축후의 기체의 온도를 구하는 식

$$\frac{T_2}{T_1} = \left(\frac{V_1}{V_2}\right)^{\gamma-1} = \left(\frac{P_2}{P_1}\right)^{\frac{\gamma-1}{\gamma}}$$ 에서,

$$T_2 = T_1 \times \left(\frac{P_2}{P_1}\right)^{\frac{r-1}{r}} = 293 \times \left(\frac{5}{1}\right)^{\frac{1.4-1}{1.4}} = 464$$

따라서 $464K - 273℃ = 191℃$

□□□ 14년3회

4. 단열반응기에서 100°F, 1atm의 수소가스를 압축하는 반응기를 설계할 때 안전하게 조업할 수 있는 최대압력은 약 몇 atm인가? (단, 수소의 자동발화온도는 1075°F이고, 수소는 이상기체로 가정하고, 비열비(r)는 1.4이다.)

① 14.62 ② 24.23
③ 34.10 ④ 44.62

해설

① $\frac{T_2}{T_1} = \left(\frac{V_1}{V_2}\right)^{\gamma-1} = \left(\frac{P_2}{P_1}\right)^{\frac{\gamma-1}{\gamma}}$ 에서,

$$P_2 = P_1 \times \left(\frac{T_2}{T_1}\right)^{\frac{\gamma}{\gamma-1}}$$

$$= 1atm \times \left(\frac{852.44}{310.78}\right)^{\frac{1.4}{1.4-1}} = 34.17$$

② $T_1 = 100°F = \frac{100-32}{1.8} = 37.78℃ + 273 = 310.78K$

③ $T_2 = 1075°F = \frac{1075-32}{1.8} = 579.44℃ + 273 = 852.44K$

□□□ 13년3회

5. 다음 중 위험물의 일반적인 특성이 아닌 것은?

① 반응 시 발생하는 열량이 크다.
② 물 또는 산소와의 반응이 용이하다.
③ 수소와 같은 가연성 가스가 발생한다.
④ 화학적 구조 및 결합이 안정되어 있다.

해설

위험물의 특징
① 자연에 존재하는 산소나 물과의 반응이 용이하다.
② 반응속도가 빠르다.
③ 반응 시에는 열량이 크다.
④ 수소와 같은 가연성 가스가 발생한다.
⑤ 화학적으로 불안정하다.

정답 1 ① 2 ① 3 ② 4 ③ 5 ④

[질화면(Nitrocellulose)]

목화 같은 섬유질을 농질산과 농황산으로 처리하여 만든다. 이것은 백색 분말로, 폭발적으로 연소하며 화약의 주원료로 쓰인다.

[관련법령]

산업안전보건기준에 관한 규칙 별표1 【위험물질의 종류】

02 위험물의 종류

(1) 폭발성 물질

자체의 화학반응에 따라 주위환경에 손상을 줄 수 있는 정도의 온도 · 압력 및 속도를 가진 가스를 발생시키는 고체 · 액체 또는 혼합물

① 종류

구분	종류
① 질산에스테르류	니트로글리콜 니트로글리세린 니트로셀룰로오스 등
② 니트로화합물	트리니트로벤젠 트리니트로톨루엔 피크린산 등
③ 니트로소 화합물	
④ 아조 화합물	
⑤ 디아조 화합물	
⑥ 하이드라진 유도체	
⑦ 유기과산화물	과초산 메틸에틸케톤 과산화물 과산화벤조일 등

② 특징

㉠ 자기연소를 일으키기 쉽고 연소속도가 대단히 빨라서 폭발적이다.
㉡ 유기질화물로 가열, 충격, 등에 의하여 인화 폭발하는 것이 많다.
㉢ 시간의 경과에 따라 자연발화를 일으키는 경우도 있다.

(2) 물반응성 물질 및 인화성 고체 물질

① 정의

구분	내용
물반응성 물질	물과 상호작용을 하여 자연발화되거나 인화성 가스를 발생시키는 고체 · 액체 또는 혼합물
인화성 고체	쉽게 연소되거나 마찰에 의하여 화재를 일으키거나 촉진할 수 있는 물질

② 종류

㉠ 리튬
㉡ 칼륨 · 나트륨
㉢ 황
㉣ 황린
㉤ 황화인 · 적린
㉥ 셀룰로이드류
㉦ 알킬알루미늄 · 알킬리튬
㉧ 마그네슘 분말
㉨ 금속 분말(마그네슘 분말은 제외한다)
㉩ 알칼리금속(리튬 · 칼륨 및 나트륨은 제외한다)
㉪ 유기 금속화합물(알킬알루미늄 및 알칼리튬은 제외한다)
㉫ 금속의 수소화물
㉬ 금속의 인화물
㉭ 칼슘 탄화물, 알루미늄 탄화물

③ 특징

구분	내용
인화성 고체	• 비교적 저온에서 발화하기 쉬운 가연성 물질이다. • 물질 자체가 유해하며, 연소시 유독가스를 발생한다. • 산화제와의 접촉은 발화위험을 증대시킨다. • 화재 때는 물로서 냉각 소화시킨다.
물반응성 물질	• 고체로서 물과 접촉하면 발열반응을 일으키고, 가연성 가스와 유독가스를 발생시킨다. • 대부분 불연성이다. • 금속 칼륨, 금속나트륨은 공기 중에서 산화한다. • 화재시는 금속화재용 분말 소화약제를 사용하거나 건조사로 피복한다.(주수는 엄금) • 금속칼륨, 금속나트륨이 연소시는 사염화탄소, 탄산가스의 소화제는 사용하지 않는다.(카바이트 화재에 포사용불가)

(3) 산화성 액체 및 산화성 고체

① 정의

구분	내용
산화성 액체	그 자체로는 연소하지 않더라도, 일반적으로 산소를 발생시켜 다른 물질을 연소시키거나 연소를 촉진하는 액체
산화성 고체	그 자체로는 연소하지 않더라도 일반적으로 산소를 발생시켜 다른 물질을 연소시키거나 연소를 촉진하는 고체

[산화성 가스]
일반적으로 산소를 공급함으로써 공기보다 다른 물질의 연소를 더 잘 일으키거나 촉진하는 가스

② 종류

구분	종류
① 차아염소산 및 그 염류	• 차아염소산 • 차아염소산칼륨, 그 밖의 차아염소산염류
② 아염소산 및 그 염류	• 아염소산 • 아염소산칼륨, 그 밖의 아염소산염류
③ 염소산 및 그 염류	• 염소산 • 염소산칼륨, 염소산나트륨, 염소산암모늄, 그 밖의 염소산염류
④ 과염소산 및 그 염류	• 과염소산 • 과염소산칼륨, 과염소산나트륨, 과염소산암모늄, 그 밖의 과염소산염류
⑤ 브롬산 및 그 염류	브롬산염류
⑥ 요오드산 및 그 염류	요오드산염류
⑦ 과산화수소 및 무기 과산화물	• 과산화수소 • 과산화칼륨, 과산화나트륨, 과산화바륨, 그 밖의 무기 과산화물
⑧ 질산 및 그 염류	질산칼륨, 질산나트륨, 질산암모늄, 그 밖의 질산염류
⑨ 과망간산 및 그 염류	
⑩ 중크롬산 및 그 염류	

③ 특징

㉠ 일반적으로 불연성이며 산소를 많이 함유하고 있는 강산화제이다.

㉡ 반응성이 풍부하여 가열, 타격, 충격, 마찰 등에 의해 분해하여 산소를 방출하고 가연물과 혼합하면 연소하고 경우에 따라서는 폭발한다.

㉢ 진한황산과 같은 다른 약품과 접촉하면 분해한다.

[표준기압]

보통은 기준 상태(온도 0℃, 표준중력 980.66cm/s^2)일 때의 760mmHg에 가깝다. 이것은 1013.250hPa에 해당한다.

(4) 인화성 액체

① 정의

표준압력(101.3kPa)에서 인화점이 93℃ 이하인 액체

② 종류

구분	종류
인화점이 섭씨 23도 미만이고 초기끓는점이 섭씨 35도 이하인 물질	에틸에테르, 가솔린, 아세트알데히드, 산화프로필렌 등
인화점이 섭씨 23도 미만이고 초기끓는점이 섭씨 35도를 초과하는 물질	노르말헥산, 아세톤, 메틸에틸케톤, 메틸알코올, 에틸알코올, 이황화탄소 등
인화점이 섭씨 23도 이상 섭씨 60도 이하인 물질	크실렌, 아세트산아밀, 등유, 경유, 테레핀유, 이소아밀알코올, 아세트산, 하이드라진 등

③ 주요 인화성 물질의 인화점

종류	인화점
이황화탄소(CS_2)	-30℃
에테르($C_2H_5OC_2H_5$)	-45℃
아세트알데히드(CH_3CHO)	-37.7℃
산화프로필렌(CH_3CHCH_2O)	-37.2℃
가솔린(휘발유)	-43~-20℃
아세톤(CH_3COCH_3 : 디에틸케톤)	-18℃
메틸에틸케톤($CH_3COC_2H_5$)	-4℃
벤젠(C_6H_6)	-11.1℃
등유(케로신)	30~60℃
경유(디젤)	50~70℃

Tip

주요 인화성 물질의 인화점 중 가장 많이 출제되는 것이 이황화탄소(CS_2)이다. 꼭 기억해두자.

④ 특징

㉠ 상온에서 액체이며, 대단히 인화되기 쉽다.

㉡ 물보다 가볍다.(아세트산 예외)

㉢ 물에 녹기 어렵다.(알코올 예외)

㉣ 증기는 공기보다 무겁다

㉤ 물에 뜨는 물질은 광범위하게 확산되고 인화된 경우에 화면이 확대되며, 액에서 다시 가연성 증기가 발생하면서 연소, 이 때 증기는 열분해를 수반하여 많은 공기량의 부족으로 검은 연기를 내면서 탄다.

㉥ 정전기를 발생하기 쉽다.

(5) 인화성 가스

① 정의

㉠ 20℃, 표준압력(101.3kPa)에서 공기와 혼합하여 인화되는 범위에 있는 가스와 54℃ 이하 공기 중에서 자연발화하는 가스를 말한다(혼합물을 포함한다).

㉡ 인화한계 농도의 최저한도가 13퍼센트 이하 또는 최고한도와 최저한도의 차가 12퍼센트 이상인 것으로서 표준압력(101.3kPa)하의 20℃에서 가스 상태인 물질을 말한다.

② 종류

㉠ 수소(H_2)

㉡ 아세틸렌(C_2H_2)

㉢ 에틸렌(C_2H_4)

㉣ 메탄(CH_4)

㉤ 에탄(C_2H_6)

㉥ 프로판(C_3H_8)

㉦ 부탄(C_4H_{10})

③ 성질 및 위험성

㉠ 대부분의 가스가 무색, 무취이다.

㉡ 공기보다 가벼워 확산하기 쉬운 가스(메탄, 에탄 등)와 공기보다 무거워 체류하기 쉬운 가스(프로판, 부탄 등)가 있다.

㉢ 액화가스는 증발해서 기화할 때 대량의 열을 빼앗아 저온으로 된다.

㉣ 금속과 반응성이 있고 여러 가지 화학반응을 일으키기 쉽다.

㉤ 독성은 없지만 마취성이 있는 것도 있다.(프로판, 부탄, 에틸렌 등)

(6) 부식성 물질

① 정의

화학적인 작용으로 금속 등을 부식시킬 수 있고 인체에 접촉 시 화상 등의 상해를 입힐 수 있는 물질

② 종류

분류		물질의 종류
부식성 산류	① 농도 20% 이상	염산, 황산, 질산, 기타 이와 동등 이상의 부식성을 지니는 물질
	② 농도 60% 이상	인산, 아세트산, 불산, 기타 이와 동등 이상의 부식성을 가지는 물질
부식성 염기류	농도 40% 이상	수산화나트륨, 수산화칼륨, 이와 동등 이상의 부식성을 가지는 염기류

(7) 급성 독성 물질

① 정의

입 또는 피부를 통하여 1회 투여 또는 24시간 이내에 여러 차례로 나누어 투여하거나 호흡기를 통하여 4시간 동안 흡입하는 경우 유해한 영향을 일으키는 물질

② 종류

구분	기준
LD50(경구, 쥐)	300mg/kg(체중) 이하
LD50(경피, 토끼 또는 쥐)	1000mg/kg(체중) 이하
LC50(쥐, 4시간 흡입)	2500ppm 이하 10mg/ℓ 이하
분진 또는 미스트	1mg/ℓ 이하

■ **독성물질의 측정단위**

① 고체, 액체화학물의 치사량 단위
- LD(Lethal Dose) : 한 마리 동물의 치사량
- MLD : 실험동물 한무리(10마리 이상)에서 한 마리를 치사시키는 최소의 양
- LD 50 : 실험동물 한무리(10마리 이상)에서 50%를 치사시키는 양
- LD 100 : 실험동물 한무리(10마리 이상)에서 100%를 치사시키는 양

② 가스 및 공기 중에서 증발하는 화학물의 치사농도
- LC(Lethal concentration) : 한 마리의 동물을 치사시키는 농도
- MLC : 실험동물 한무리(10마리 이상)에서 한 마리를 치사시키는 최소의 양
- LC50 : 실험동물 한무리(10마리 이상)에서 50%를 치사시키는 양
- LC100 : 실험동물 한무리(10마리 이상)에서 100%를 치사시키는 양

③ 독성가스의 허용농도

허용농도(ppm)	가스의 종류
0.1	포스겐($COCl_2$), 브롬(Br), 불소(F_2), 오존(O_3)
1	염소(Cl_2), 니트로벤젠($C_6H_5NO_2$)
5	아황산가스(H_2S), 염화수소(HCl)
10	황화수소(H_2S), 시안화수소(HCN)
25	암모니아(NH_3), 디메틸아민$(CH_3)_2NH$
50	일산화탄소(CO), 산화에틸렌(C_2H_4O)

[일산화탄소(CO)]

(1) 탄소와 산소로 구성된 화합물이다.
(2) 상온에서 무색, 무미, 무취의 기체이다.
(3) 염소와는 촉매 존재하에 반응하여 포스겐이 된다.
(4) 가연성이며, 독성이 있어서 취급 주의를 요함(독성의 허용농도 50[ppm])
(5) 산소보다 헤모글로빈과의 친화력이 200배 정도 좋다.
※ 독성가스 이며 인화성가스이다.

(8) 위험물안전관리법상 위험물의 분류

구분	종류
제1류 산화성 고체	• 아염소산염류 • 염소산염류 • 과염소산염류 • 무기과산화물 • 브롬산염류 • 질산염류 • 요오드산염류 • 과망간산염류 • 중크롬산염류
제2류 가연성 고체	• 황화린 • 적린 • 유황 • 철분 • 금속분 • 마그네슘 • 인화성고체
제3류 자연발화성 물질 및 금수성 물질	• 칼륨 • 나트륨 • 알킬알루미늄 • 알킬리튬 • 황린 • 알칼리금속(칼륨 및 나트륨을 제외) 및 알칼리토 금속 • 유기금속화합물(알킬알루미늄 및 알킬리튬 제외) • 금속의 수소화물 • 금속의 인화물 • 칼슘 또는 알루미늄의 탄화물

구분	종류	
제4류 인화성 액체	• 특수인화물 • 알코올류 • 제3석유류 • 동식물유류	• 제1석유류 • 제2석유류 • 제4석유류
제5류 자기반응성 물질	• 유기과산화물 • 니트로화합물 • 아조화합물 • 히드라진 유도체 • 히드록실아민염류	• 질산에스테르류 • 니트로소화합물 • 디아조화합물 • 히드록실아민
제6류 산화성 액체	• 과염소산 • 질산	• 과산화수소

■ **제4류 인화성 액체의 종류**

구분	종류
특수인화물	이황화탄소, 디에틸에테르 그 밖에 1기압에서 발화점이 섭씨 100도 이하인 것 또는 인화점이 섭씨 영하 20도 이하이고 비점이 섭씨 40도 이하인 것
제1석유류	아세톤, 휘발유 그 밖에 1기압에서 인화점이 섭씨 21도 미만인 것
알코올류	1분자를 구성하는 탄소원자의 수가 1개부터 3개까지인 포화1가 알코올(변성알코올을 포함한다)
제2석유류	등유, 경유 그 밖에 1기압에서 인화점이 섭씨 21도 이상 70도 미만인 것
제3석유류	중유, 클레오소트유 그 밖에 1기압에서 인화점이 섭씨 70도 이상 섭씨 200도 미만인 것
제4석유류	기어유, 실린더유 그 밖에 1기압에서 인화점이 섭씨 200도 이상 섭씨 250도 미만의 것
동식물유류	동물의 지육 등 또는 식물의 종자나 과육으로부터 추출한 것으로서 1기압에서 인화점이 섭씨 250도 미만인 것

■ **산업안전보건법과 위험물안전관리법상 위험물 구분의 비교**

산업안전보건법	위험물안전관리법
① 폭발성 물질	제5류 자기반응성 물질
② 물반응성 및 인화성고체 물질	제2류 가연성고체 제3류 자연발화성 및 금수성 물질
③ 산화성 액체 산화성 고체	제1류 산화성 고체 제6류 산화성 액체
④ 인화성 액체	제4류 인화성 액체
⑤ 인화성 가스	–
⑥ 부식성 물질	–
⑦ 급성독성 물질	–

02 핵심문제 2. 위험물의 분류

□□□ 09년2회, 15년1회

1. 산업안전보건기준에 관한 규칙에서 규정하고 있는 산화성 액체 또는 산화성 고체에 해당하지 않는 것은?

① 염소산 ② 피크린산
③ 과망간산 ④ 과산화수소

문제 1~3 해설

[참고] 산화성액체 및 산화성 고체

구분	종류
① 차아염소산 및 그 염류	• 차아염소산 • 치아염소산칼륨, 그 밖이 치아염소산염류
② 아염소산 및 그 염류	• 아염소산 • 아염소산칼륨, 그 밖의 아염소산염류
③ 염소산 및 그 염류	• 염소산 • 염소산칼륨, 염소산나트륨, 염소산암모늄, 그 밖의 염소산염류
④ 과염소산 및 그 염류	• 과염소산 • 과염소산칼륨, 과염소산나트륨, 과염소산암모늄, 그 밖의 과염소산염류
⑤ 브롬산 및 그 염류	브롬산염류
⑥ 요오드산 및 그 염류	요오드산염류
⑦ 과산화수소 및 무기 과산화물	• 과산화수소 • 과산화칼륨, 과산화나트륨, 과산화바륨, 그 밖의 무기 과산화물
⑧ 질산 및 그 염류	질산칼륨, 질산나트륨, 질산암모늄, 그 밖의 질산염류
⑨ 과망간산 및 그 염류	
⑩ 중크롬산 및 그 염류	

□□□ 18년3회

2. 다음 중 산업안전보건법령상 산화성 액체 또는 산화성 고체에 해당하지 않는 것은?

① 질산 ② 중크롬산
③ 과산화수소 ④ 질산에스테르

□□□ 08년2회

3. 다음 중 산업안전보건법상 산화성 물질에 해당하지 않는 것은?

① 질산 ② 중크롬산
③ 과산화수소 ④ 과산화벤조일

□□□ 18년1회

4. 위험물에 관한 설명으로 틀린 것은?

① 이황화탄소의 인화점은 0℃보다 낮다.
② 과염소산은 쉽게 연소되는 가연성 물질이다.
③ 황린은 물속에 저장한다.
④ 알킬알루미늄은 물과 격렬하게 반응한다.

해설

과염소산($HClO_4$)은 산화성물질로 그 자체로는 연소하지 않고, 산소를 발생시켜 다른 물질을 연소시키거나 연소를 촉진하는 물질이다

□□□ 18년1회

5. 다음 중 유기과산화물로 분류되는 것은?

① 메틸에틸케톤 ② 과망간산칼륨
③ 과산화마그네슘 ④ 과산화벤조일

문제 5~8 해설

[참고] 폭발성 물질

구분	종류
① 질산에스테르류	니트로글리콜, 니트로글리세린, 니트로셀룰로오스 등
② 니트로화합물	트리니트로벤젠, 트리니트로톨루엔, 피크린산 등
③ 니트로소 화합물	
④ 아조 화합물	
⑤ 디아조 화합물	
⑥ 하이드라진 유도체	
⑦ 유기과산화물	과초산, 메틸에틸케톤 과산화물, 과산화벤조일 등

□□□ 11년2회

6. 다음 중 산업안전보건법상 폭발성 물질에 해당하는 것은?

① 리튬 ② 유기과산화물
③ 아세틸렌 ④ 셀룰로이드류

□□□ 11년3회

7. 다음 중 산업안전보건법상 폭발성 물질에 해당하는 것은?

① 유기과산화물 ② 리튬
③ 황 ④ 질산

정답 1 ② 2 ④ 3 ④ 4 ② 5 ④ 6 ② 7 ①

□□□ 18년2회

8. 산업안전보건법상 위험물질의 종류에서 "폭발성 물질 및 유기과산화물"에 해당하는 것은?

① 리튬　② 아조화합물
③ 아세틸렌　④ 셀룰로이드류

□□□ 12년1회

9. 다음 중 폭발성 물질로 분류될 수 있는 가장 적절한 물질은?

① N_2H_4　② CH_3COCH_3
③ $n-C_3H_7OH$　④ $C_2H_5OC_2H_5$

해설

① N_2H_4 (하이드라진) → 폭발성 물질
② CH_3COCH_3 (아세톤) → 인화성 액체
③ $n-C_3H_7OH$ (이소프로필알콜) → 인화성 액체
④ $C_2H_5OC_2H_5$ (에틸알콜) → 인화성 액체

□□□ 19년2회

10. 다음 중 산화성 물질이 아닌 것은?

① KNO_3　② NH_4ClO_3
③ HNO_3　④ P_4S_3

해설

① KNO_3 : 질산칼륨 → 산화성 물질
② NH_4ClO_3 : 염소산 암모늄 → 산화성 물질
③ HNO_3 : 질산염류 → 산화성 물질
④ P_4S_3 : 황린 → 물반응성 및 인화성 고체 물질

□□□ 10년1회

11. 다음 중 산업안전보건법상 위험물의 종류에서 인화성 액체에 해당하지 않은 것은?

① 인화점이 섭씨 23도 미만이고 초기 끓는점이 섭씨 35도 이하인 가솔린
② 인화점이 섭씨 23도 이상이고 초기 끓는점이 섭씨 60도 이하인 등유
③ 인화점이 섭씨 23도 이상이고 초기 끓는점이 섭씨 60도 이하인 크실렌
④ 인화점이 섭씨 23도 미만이고 초기 끓는점이 섭씨 35도를 초과하는 에틸에테르

문제 11, 12 해설

[참고] 인화성 액체의 종류

구분	종류
인화점이 섭씨 23도 미만이고 초기끓는점이 섭씨 35도 이하인 물질	에틸에테르, 가솔린, 아세트알데히드, 산화프로필렌 등
인화점이 섭씨 23도 미만이고 초기 끓는점이 섭씨 35도를 초과하는 물질	노르말헥산, 아세톤, 메틸에틸케톤, 메틸알코올, 에틸알코올, 이황화탄소 등
인화점이 섭씨 23도 이상 섭씨 60도 이하인 물질	크실렌, 아세트산아밀, 등유, 경유, 테레핀유, 이소아밀알코올, 아세트산, 하이드라진 등

□□□ 16년3회

12. 다음 중 인화성 물질이 아닌 것은?

① 에테르　② 아세톤
③ 에틸알코올　④ 과염소산칼륨

□□□ 10년1회

13. 산업안전보건법상 유해인자의 분류기준에서 화학물질의 분류 중 인화성액체의 정의로 옳은 것은?

① 표준압력에서 인화점이 30℃ 이하인 액체
② 표준압력에서 인화점이 40℃ 이하인 액체
③ 표준압력에서 인화점이 50℃ 이하인 액체
④ 표준압력에서 인화점이 60℃ 이하인 액체

해설

표준압력(101.3㎪)에서 인화점이 93℃ 이하인 액체

[참고] 해답 문제는 법령개정 이전 문제이다. 법령개정 이전 60℃ 이하 → 93℃ 이하로 변경

□□□ 16년2회

14. 다음 중 산업안전보건기준에 관한 규칙에서 규정한 위험물질의 종류에서 "물 반응성 물질 및 인화성 고체"에 해당하는 것은?

① 질산에스테르 류　② 니트로화합물
③ 칼륨 · 나트륨　④ 니트로소 화합물

문제 14, 15 해설

물 반응성 물질 및 인화성 고체

- 리튬　• 칼륨 · 나트륨　• 황
- 황린　• 황화인 · 적린　• 셀룰로이드류
- 알킬알루미늄 · 알킬리튬　• 마그네슘 분말
- 금속 분말(마그네슘 분말은 제외한다)
- 알칼리금속(리튬 · 칼륨 및 나트륨은 제외한다)
- 유기 금속화합물(알킬알루미늄 및 알킬리튬은 제외한다)
- 금속의 수소화물　• 금속의 인화물
- 칼슘 탄화물, 알루미늄 탄화물

정답 8 ② 9 ① 10 ④ 11 ④ 12 ④ 13 ④ 14 ③

□□□ 17년3회, 21년2회

15. 산업안전보건법령상 위험물질의 종류를 구분할 때 다음 물질들이 해당하는 것은?

리튬, 칼륨 · 나트륨, 황, 황린, 황화인 · 적린

① 폭발성 물질 및 유기과산화물
② 산화성 액체 및 산화성 고체
③ 물반응성 물질 및 인화성 고체
④ 급성 독성 물질

□□□ 13년1회

16. 다음 중 산업안전보건법령상 위험물질의 종류에 있어 인화성 가스에 해당하지 않는 것은?

① 수소 ② 부탄
③ 에틸렌 ④ 암모니아

문제 16, 17 해설

인화성 가스
- 수소(H_2)
- 에틸렌(C_2H_4)
- 에탄(C_2H_6)
- 부탄(C_4H_{10})
- 아세틸렌(C_2H_2)
- 메탄(CH_4)
- 프로판(C_3H_8)

□□□ 19년1회

17. 다음 중 인화성 가스가 아닌 것은?

① 부탄 ② 메탄
③ 수소 ④ 산소

□□□ 11년1회

18. 산업보건법상 위험물의 종류 중 독성물질에 대한 정의로 틀린 것은?

① LD_{50}(경구, 쥐)이 300mg(체중) 이하인 화학물질
② LD_{50}(경피, 토끼 또는 쥐)이 1000mg(체중) 이하인 화학물질
③ LC_{50}(쥐, 4시간 흡입)이 2500ppm 이하인 화학물질
④ 일시적 접촉 또는 장기간이나 반복적으로 접촉 시 생물학적 조직을 파괴하는 화학물질

문제 18~20 해설

급성 독성물질의 종류

구분	기준
LD_{50}(경구, 쥐)	300mg/kg(체중) 이하
LD_{50}(경피, 토끼 또는 쥐)	1000mg/kg(체중) 이하
LC_{50}(쥐, 4시간 흡입)	2500ppm 이하 10mg/ℓ 이하
분진 또는 미스트	1mg/ℓ 이하

□□□ 15년3회

19. 산업안전보건기준에 관한 규칙에서 규정하고 있는 급성독성물질의 정의에 해당되지 않는 것은?

① 가스 LC_{50}(쥐, 4시간 흡입)이 2500ppm 이하인 화학물질
② LD_{50}(경구, 쥐)이 킬로그램당 300밀리그램-(체중) 이하인 화학물질
③ LD_{50}(경피, 쥐)이 킬로그램당 1000밀리그램-(체중) 이하인 화학물질
④ LD_{50}(경피, 토끼)이 킬로그램당 2000밀리그램-(체중) 이하인 화학물질

□□□ 19년1회

20. 산업안전보건기준에 관한 규칙 중 급성 독성 물질에 관한 기준 중 일부이다. (A) 와 (B) 에 알맞은 수치를 옳게 나타낸 것은?

> ○ 쥐에 대한 경구투입실험에 의하여 실험동물의 50퍼센트를 사망시킬 수 있는 물질의 양, 즉 LD50(경구, 쥐)이 킬로그램당 (A)밀리그램-(체중) 이하인 화학물질
> ○ 쥐 또는 토끼에 대한 경피흡수실험에 의하여 실험동물의 50퍼센트를 사망시킬 수 있는 물질의 양, 즉 LD50(경피, 토끼 또는 쥐)이 킬로그램당 (B)밀리그램-(체중)이하인 화학물질

① A : 1000, B : 300 ② A : 1000, B : 1000
③ A : 300, B : 300 ④ A : 300, B : 300

정답 15 ③ 16 ④ 17 ④ 18 ④ 19 ④ 20 ④

□□□ 08년3회

21. 독성물질을 실험동물에게 경구 또는 경피로 투여하였을 때 실험동물의 50%를 사망시킬 수 있는 물질의 양을 나타내는 기호는?

① LD_{50}　② LC_{50}
③ ED_{50}　④ TD_{50}

해설

고체, 액체화학물의 치사량 단위
- LD(Lethal Dose) : 한 마리 동물의 치사량
- MLD : 실험동물 한무리(10마리 이상)에서 한 마리를 치사시키는 최소의 양
- LD_{50} : 실험동물 한무리(10마리 이상)에서 50%를 치사시키는 양
- LD_{100} : 실험동물 한무리(10마리 이상)에서 100%를 치사시키는 양

□□□ 10년2회, 14년3회

22. 산업안전보건법상 부식성 물질 중 부식성 염기류는 농도가 몇 % 이상인 수산화나트륨 · 수산화칼륨 기타 이와 동등 이상의 부식성을 가지는 염기류를 말하는가?

① 20　② 40
③ 50　④ 60

문제 22~25 해설

부식성 물질

분류		물질의 종류
부식성 산류	① 농도 20% 이상	염산, 황산, 질산, 기타 이와 동등 이상의 부식성을 지니는 물질
	② 농도 60% 이상	인산, 아세트산, 불산, 기타 이와 동등 이상의 부식성을 가지는 물질
부식성 염기류	농도 40% 이상	수산화나트륨, 수산화칼륨, 이와 동등 이상의 부식성을 가지는 염기류

□□□ 14년2회, 20년3회

23. 산업안전보건법에서 규정하고 있는 위험물 중 부식성 염기류가 분류되기 위하여 농도가 40% 이상이어야 하는 물질은?

① 염산　② 아세트산
③ 불산　④ 수산화칼륨

□□□ 11년3회

24. 산업안전보건법에서 분류한 위험물질의 종류 중 부식성 산류는 농도가 몇 % 이상인 염산, 황산, 질산, 그 밖에 이와 같은 정도 이상의 부식성을 가지는 물질을 말하는가?

① 10　② 15
③ 20　④ 25

□□□ 12년3회

25. 산업안전보건법상 부식성 물질 중 부식성 산류에 해당하는 물질과 기준농도가 올바르게 연결된 것은?

① 염산 : 15% 이상　② 황산 : 10% 이상
③ 질산 : 10% 이상　④ 아세트산 : 60% 이상

□□□ 08년2회

26. 다음 중 독성이 가장 강한 물질은?

① 불소　② 암모니아
③ 벤젠　④ 황화수소

문제 26~31 해설

독성가스의 허용농도

허용농도(ppm)	가스의 종류
0.1	포스겐($COCl_2$), 브롬(Br), 불소(F_2), 오존(O_3)
1	염소(cl_2), 니트로벤젠($C_6H_5NO_2$)
5	아황산가스(H_2S), 염화수소(HCl)
10	황화수소(H_2S), 시안화수소(HCN)
25	암모니아(NH_3), 디메틸아민($(CH_3)_2NH$)
50	일산화탄소(CO), 산화에틸렌(C_2H_4O)

□□□ 13년2회, 19년1회

27. 다음 중 인화성가스이며 독성가스에 해당하는 것은?

① 수소　② 산소
③ 프로판　④ 일산화탄소

□□□ 14년2회

28. 가스를 화학적 특성에 따라 분류할 때 독성가스가 아닌 것은?

① 황화수소(H_2S)　② 시안화수소(HCN)
③ 이산화탄소(CO_2)　④ 산화에틸렌(C_2H_4O)

정답 21 ① 22 ② 23 ④ 24 ③ 25 ④ 26 ① 27 ④ 28 ③

□□□ 12년1회

29. 다음 중 독성이 가장 약한 가스는?

① NH_3 ② $COCl_2$
③ Cl_2 ④ H_2S

□□□ 14년3회, 17년1회, 19년2회, 20년1·2회, 21년3회

30. 다음 가스 중 가장 독성이 큰 것은?

① CO ② $COCl_2$
③ NH_3 ④ H_2

□□□ 12년2회, 16년3회

31. 다음 중 허용노출기준(TWA)이 가장 낮은 물질은?

① 불소 ② 암모니아
③ 니트로벤젠 ④ 황화수소

□□□ 11년2회, 18년1회

32. 다음 중 노출기준(TWA)이 가장 낮은 물질은?

① 염소 ② 암모니아
③ 에탄올 ④ 메탄올

해설

①항, 염소 : 1ppm
②항, 암모니아 : 25ppm
③항, 에탄올 : 1000ppm
④항, 메탄올 : 200ppm

□□□ 16년2회, 19년3회

33. 일산화탄소에 대한 설명으로 틀린 것은?

① 무색 · 무취의 기체이다.
② 염소와는 촉매 존재하에 반응하여 포스겐이 된다.
③ 인체 내의 헤모글로빈과 결합하여 산소운반기능을 저하시킨다.
④ 불연성가스로서, 허용농도가 10ppm이다.

해설

일산화탄소(CO)
1. 탄소와 산소로 구성된 화합물이다.
2. 상온에서 무색, 무미, 무취의 기체이다.
3. 염소와는 촉매 존재하에 반응하여 포스겐이 된다.
4. 가연성이며, 독성이 있어서 취급 주의를 요함(독성의 허용농도 50[ppm])
5. 산소보다 헤모글로빈과의 친화력이 200배 정도 좋다.
※ 독성가스이며 인화성가스이다.

□□□ 13년3회

34. 산업안전보건법에 의한 위험물질의 종류와 해당 물질이 올바르게 짝지어진 것은?

① 물반응성 물질 및 인화성 고체 – 질산에스테르류
② 폭발성 물질 및 유기과산화물 – 칼륨 · 나트륨
③ 산화성 액체 및 산화성 고체 – 질산 및 그 염류
④ 인화성 가스 – 암모니아

해설

① 폭발성 물질 – 질산에스테르류
② 물반응성 물질 및 인화성 고체 – 칼륨 · 나트륨
③ 산화성 액체 및 산화성 고체 – 질산 및 그 염류
④ 독성물질 – 암모니아

□□□ 08년1회

35. 다음 중 산업안전보건법에서 규정한 위험물질의 종류와 해당 물질의 연결이 잘못된 것은?

① 발화성물질 : 칼륨, 황
② 폭발성물질 : 질산에스테르류
③ 인화성물질 : 염소산 및 그 염류
④ 산화성물질 : 과산화수소 및 무기과산화물

해설

① 물반응성 및 인화성 고체 물질 : 칼륨, 황
② 폭발성물질 : 질산에스테르류
③ 산화성 액체 및 산화성 고체 : 염소산 및 그 염류
④ 산화성 액체 및 산화성 고체 : 과산화수소 및 무기과산화물

□□□ 09년1회, 17년1회

36. 다음 중 산업안전보건법상 위험물의 종류와 해당 물질의 연결이 옳은 것은?

① 폭발성 물질 : 마그네슘분말
② 발화성 물질 : 중크롬산
③ 산화성 물질 : 니트로소화합물
④ 가연성가스 : 에탄

해설

① 물반응성 및 인화성 고체 물질 : 마그네슘분말
② 산화성 액체 및 산화성 고체 물질 : 중크롬산
③ 폭발성 물질 : 니트로소화합물
④ 가연성가스 : 에탄

정답 29 ① 30 ② 31 ① 32 ① 33 ④ 34 ③ 35 ③ 36 ④

□□□ 09년3회

37. 다음 중 산업안전보건법상 위험물질의 종류와 해당 물질이 올바르게 연결된 것은?

① 발화성물질 – 황
② 산화성물질 – 아세톤
③ 인화성물질 – 하이드라진
④ 폭발성물질 – 셀룰로이드류

해설

① 물반응성 물질 및 인화성 고체 물질 – 황
② 인화성 액체 – 아세톤
③ 폭발성 물질 – 하이드라진
④ 물반응성 물질 및 인화성 고체 물질 – 셀룰로이드류

□□□ 13년2회

38. 산업안전보건법에서 분류한 위험물질의 종류와 이에 해당되는 것이 올바르게 짝지어진 것을 고르시오.

① 부식성 물질–황화인 · 적린
② 산화성 액체 및 산화성 고체–중크롬산
③ 물반응성 물질 및 인화성 고체–하이드라진 유도체
④ 폭발성 물질 및 유기과산화물–마그네슘분말

해설

① 물반응성 물질 및 인화성 고체 물질–황화인 · 적린
② 산화성 액체 및 산화성 고체–중크롬산
③ 폭발성 물질–하이드라진 유도체
④ 물반응성 물질 및 인화성 고체 물질–마그네슘분말

□□□ 17년3회

39. 다음 중 산업안전보건법령상 위험물질의 종류와 해당 물질이 올바르게 연결된 것은?

① 부식성 산류 – 아세트산(농도 90%)
② 부식성 염기류 – 아세톤(농도 90%)
③ 인화성 가스 – 이황화탄소
④ 인화성 가스 – 수산화칼륨

해설

① 부식성 산류 – 아세트산(농도 90%)
② 인화성 액체 – 아세톤(농도 90%)
③ 인화성 액체 – 이황화탄소
④ 부식성 염류 – 수산화칼륨

□□□ 17년2회

40. 위험물안전관리법령에서 정한 위험물의 유별 구분이 나머지 셋과 다른 하나는?

① 질산 ② 질산칼륨
③ 과염소산 ④ 과산화수소

문제 40~43 해설

구분	종류
제1류 산화성 고체	• 아염소산염류 • 염소산염류 • 과염소산염류 • 무기과산화물 • 브롬산염류 • 질산염류 • 요오드산염류 • 과망간산염류 • 중크롬산염류
제2류 가연성 고체	• 황화린 • 적린 • 유황 • 철분 • 금속분 • 마그네슘 • 인화성고체
제3류 자연발화성 물질 및 금수성 물질	• 칼륨 • 나트륨 • 알킬알루미늄 • 알킬리튬 • 황린 • 알칼리금속(칼륨 및 나트륨을 제외) 및 알칼리토금속 • 유기금속화합물(알킬알루미늄 및 알킬리튬 제외) • 금속의 수소화물 • 금속의 인화물 • 칼슘 또는 알루미늄의 탄화물
제4류 인화성 액체	• 특수인화물 • 제1석유류 • 알코올류 • 제2석유류 • 제3석유류 • 제4석유류 • 동식물유류
제5류 자기반응성 물질	• 유기과산화물 • 질산에스테르류 • 니트로화합물 • 니트로소화합물 • 아조화합물 • 디아조화합물 • 히드라진 유도체 • 히드록실아민 • 히드록실아민염류
제6류 산화성 액체	• 과염소산 • 과산화수소 • 질산

□□□ 10년3회, 16년1회, 18년3회

41. 위험물안전관리법령에서 정한 제3류 위험물에 해당하지 않는 것은?

① 나트륨 ② 알킬알루미늄
③ 황린 ④ 니트로글리세린

□□□ 18년2회

42. 위험물안전관리법령에 의한 위험물의 분류 중 제1류 위험물에 속하는 것은?

① 염소산염류 ② 황린
③ 금속칼륨 ④ 질산에스테르

정답 37 ① 38 ② 39 ① 40 ② 41 ④ 42 ①

□□□ 16년2회

43. 위험물 안전관리법령에 의한 위험물 분류에서 제1류 위험물은 산화성고체이다. 다음 중 산화성 고체 위험물에 해당하는 것은?

① 과염소산칼륨 ② 황린
③ 마그네슘 ④ 나트륨

□□□ 19년2회

44. 위험물안전관리법령상 제4류 위험물 중 제2석유류로 분류되는 물질은?

① 실린더유 ② 휘발유
③ 등유 ④ 중유

해설

구분	종류
특수인화물	이황화탄소, 디에틸에테르 그 밖에 1기압에서 발화점이 섭씨 100도 이하인 것 또는 인화점이 섭씨 영하 20도 이하이고 비점이 섭씨 40도 이하인 것
제1석유류	아세톤, 휘발유 그 밖에 1기압에서 인화점이 섭씨 21도 미만인 것
알코올류	1분자를 구성하는 탄소원자의 수가 1개부터 3개까지인 포화1가 알코올(변성알코올을 포함한다)
제2석유류	등유, 경유 그 밖에 1기압에서 인화점이 섭씨 21도 이상 70도 미만인 것
제3석유류	중유, 클레오소트유 그 밖에 1기압에서 인화점이 섭씨 70도 이상 섭씨 200도 미만인 것
제4석유류	기어유, 실린더유 그 밖에 1기압에서 인화점이 섭씨 200도 이상 섭씨 250도 미만의 것
동식물유류	동물의 지육 등 또는 식물의 종자나 과육으로부터 추출한 것으로서 1기압에서 인화점이 섭씨 250도 미만인 것

정답 43 ① 44 ③

03 유해 · 위험물질의 취급

(1) 주요 유해 · 위험물질의 성상 및 취급방법

① 폭발성 물질

㉠ 취급 및 소화

구분	내용
저장 및 취급방법	• 실온에 주의하고, 습기를 피한다. • 통풍이 양호한 냉암소에 저장한다. • 화기, 가열, 충격, 마찰 등을 피한다. • 다른 약품과의 혼촉을 피하고, 다른 가연물과 공존시키지 않는다. • 용기의 파손, 균열에 주의하여 누설의 방지에 힘쓴다.
소화방법	• 화재 시에는 대량의 물로 냉각소화한다. • 위험물이 소량일 때 초기소화는 가능하나 그 밖에는 폭발현상에 주의해서 원격소화한다.(소분하여 저장한다.) • 자기연소성으로 질식소화는 효과가 없다.

㉡ 주요 물질의 성상 및 특성

종류	성상 및 특성
니트로셀룰로오스 $[C_6H_7O_2(ONO_2)_3]_n$	• 분해온도 130℃, 자연발화온도 180℃, 발화점 약 160~170℃. • 비수용성이며 초산에틸, 초산아밀, 아세톤에 잘 녹는다. • 직사광선 및 산과 접촉 시 분해 및 자연발화 • 건조 상태에서는 폭발위험이 크지만 수분을 함유하면 폭발위험이 적어져 운반/저장 용이. • 화약에 이용 시 면약(면화약)이라 한다. • 셀룰로이드, 콜로디온에 이용 시 질화면이라 한다. • 질소함유율(질화도)가 높을수록 폭발성이 크다.
니트로글리세린 $C_3H_5(ONO_2)_3$	• 상온에서는 액체이지만 겨울철에는 동결한다. 비중 1.6. • 무색투명한 기름 형태의 액체(공업용은 담황색)로 약칭은 NG이다. • 비수용성이며 메탄올, 아세톤에 잘 녹는다. 가열, 마찰, 충격에 대단히 위험하다. • 화재 시 폭굉 우려가 있있다. 규조토에 흡수시킨 것을 다이너마이트라 한다.

② 물반응성 물질 및 인화성 고체 물질(발화성 물질)

㉠ 인화성 고체

구분	내용
저장 및 취급방법	• 산화제와 접촉을 피한다. • 용기의 파손으로 위험물의 누설에 주의할 것. • 점화원, 고온물체, 가열을 피한다. • 금속분은 물 또는 산과 접촉을 피한다.
소화방법	• 금속분을 제외하고 주수에 의한 냉각소화를 한다. • 금속분은 마른 모래(건사)로 소화한다.

㉡ 물반응성 물질

구분	내용
저장 및 취급방법	• 물과 접촉을 피한다. • 보호액에 저장 시 보호액 표면의 노출에 주의한다. • 화재 시 소화가 어려우므로 소량씩 분리하여 저장한다.
소화방법	• 물에 의한 주수소화는 절대 금한다. • 마른 모래 또는 금속 화재용 분말약제로 소화한다. • 알킬알루미늄 화재는 팽창질석 또는 팽창진주암으로 소화한다.

㉢ 주요 물질의 성상 및 특성

종류	성상 및 특성
칼륨 K	• 비중이 작으므로 석유(파라핀 · 경유 · 등유) 속에 저장한다. • 피부와 접촉하면 화상을 입는다. • 마른모래 및 탄산수소염류 분말소화약제가 좋다. 주수소화와 사염화탄소(CCl_4) 또는 이산화탄소(CO_2)와는 폭발반응을 하므로 절대 금한다. • 물과 반응식 $2K + 2H_2O \rightarrow 2KOH + H_2\uparrow + 92.8kcal$ (수산화칼륨+수소+반응열)
나트륨 Na	• 마른모래 및 탄산수소염류 분말소화약제가 좋다. (주수소화는 절대 금한다.) • 비중이 작으므로 석유(파라핀 · 경유 · 등유) 속에 저장한다. • 피부와 접촉하면 화상을 입는다. • 물과 반응식 $2Na + 2H_2O \rightarrow 2NaOH + H_2\uparrow + 88.2kcal$ (수산화나트륨+수소+반응열)
아연 Zn	• 공기중에서 가열 시 쉽게 연소된다. • 산, 알칼리에 녹아 수소를 발생한다. • 주수소화 엄금. 마른모래 등으로 피복소화.

[주요 발화성 물질의 저장법]

(1) 나트륨 · 칼륨 : 석유 속에 저장
(2) 황린 : 물속에 저장
(3) 적린 · 마그네슘 · 칼슘 : 격리 저장
(4) 질산은 용액 : 햇빛을 피하여 저장
(갈색병에 저장)

종류	성상 및 특성
마그네슘 Mg	• 착화점 400℃, 융점 650℃. • 알루미늄보다 열전도율 및 전기전도도가 낮다. • 산 및 더운 물과 반응하여 수소 발생. • 산화제 및 할로겐원소와의 접촉을 피할 것. 공기 중 습기에 발열되어 자연발화 위험 있음. • 소화는 마른 모래나 금속화재용 분말소화약제를 사용 • 연소반응식 $2Mg+O_2 \rightarrow 2MgO+2\times 143.7kcal$ (산화마그네슘+반응열)
알루미늄 Al	• 산, 알칼리에 녹아 수소를 발생한다. 산화제와 혼합 시 가열, 충격, 마찰에 의하여 착화. • 할로겐원소(F, Cl, Br, I)와 접촉 시 자연발화 위험이 있다. • 분진 폭발 위험이 있다. • 주수소화 엄금. 마른모래 등으로 피복소화. • 수증기와 반응식 $2Al+6H_2O \rightarrow 2Al(OH)_3+3H_2\uparrow$ (수산화알루미늄+수소)
탄화칼슘 CaC_2	• 백색 결정이며 카바이트라고 부른다. • 물과 반응하여 아세틸렌가스를 발생한다. • 밀폐 용기에 저장하고 불연성가스로 봉입한다. • 마른 모래, 탄산가스, 소화분말, 사염화탄소로 소화 • 물과 반응식 $CaC_2+2H_2O \rightarrow Ca(OH)_2+C_2H_2\uparrow +27.8kcal$ (수산화칼슘+아세틸렌)
인화칼슘 Ca_3P_2	• 물 또는 약산과 반응하여 유독한 포스핀가스(PH_3)를 발생한다. • 물 및 포약제의 소화는 절대 금하고 마른 모래 등으로 피복하여 자연진화를 기다린다. • 물과 반응식 $Ca_3P_2+6H_2O \rightarrow 3Ca(OH)_2+2PH_3$ (수산화칼륨+인화수소(=포스핀))
황린(백린) P_4	• 백색 또는 담황색의 고체이다. 공기 중에서 자연발화한다. • 독성이 강하며 피부와 접촉하면 화상을 입는다. • 물에 녹지 않으므로 물 속에 저장한다. • 수산화나트륨(NaOH) 등 강알칼리와 반응하므로 접촉을 피한다. • 수화는 주수소화(고압주수는 피할 것), 마른모래 등. 소화작업 시 유독가스(오산화인)(P_2O_5)에 대비 한다.
리튬 Li	• 은백색에 가벼운 알칼리금속으로 칼륨, 나트륨과 성질이 비슷하다. • 물과 반응하여 수소를 발생한다. • 물과의 반응식 $2Li+2H_2O \rightarrow 2LiOH+H_2\uparrow +105.4kcal$ (수산화리튬+수소+반응열)

③ 산화성 액체 및 산화성 고체

㉠ 취급 및 소화

구분	내용
저장 및 취급방법	• 가열, 충격, 마찰 등을 피한다. • 조해성이 있는 것은 습기에 주의하며 용기는 밀폐하여 저장한다. • 환기가 잘 되고 찬 곳에 저장한다. • 가연물이나 다른 약품과의 접촉을 피한다. • 용기의 파손 및 위험물의 누설에 주의한다.
소화방법	• 다량의 물을 방사하여 냉각소화한다. • 무기(알칼리금속)과산화물은 금수성 물질로 물에 의한 소화는 절대 금지하고 마른 모래로 소화한다. • 자체적으로 산소를 함유하고 있어 질식소화는 효과가 없고 물을 대량 사용하는 냉각소화가 효과적이다.

㉡ 주요 물질의 성상 및 특성

종류	성상 및 특성
질산암모늄 NH_4NO_3	• 분해온도 220℃. 무색, 무취의 결정으로 조해성 및 흡습성이 크다. • 물, 알코올에 잘 녹는다. (물에 용해 시 흡열 반응을 나타낸다.) • 단독으로 급격한 가열, 충격으로 분해, 폭발한다. • 열분해 반응식 $NH_4NO_3 \xrightarrow[\Delta]{} N_2O + 2H_2O$(아산화질소+물) 재가열 $2N_2O \xrightarrow[\Delta]{} 2N_2\uparrow + O_2\uparrow$ (질소+산소)
질산 HNO_3	• 빛에 의해 일부 분해되어 생긴 NO_2 (이산화질소) 때문에 황갈색이 된다. 저장 용기는 갈색병에 넣어 직사광선을 피하고 찬 곳에 저장한다. • 탄화수소, 황화수소, 이황화수소, 히드라진류, 아민류 등 환원성 물질과 혼합하면 발화 및 폭발한다. • 가열된 질산과 황린이 반응하면 인산이 되며 황과 반응하면 황산이 된다. • 다량의 질산화재에 소량의 주수소화는 위험하다. 마른모래 및 CO_2로 소화한다. 위급 시에는 다량의 물로 냉각소화한다.
과염소산칼륨 $KClO_4$	• 물에 녹기 어렵고 알코올, 에테르에 불용. 진한 황산과 접촉 시 폭발할 수 있다. • 인, 유황, 탄소, 유기물 등과 혼합시 가열, 충격, 마찰에 의하여 폭발한다. • 고온에서 열분해되면 산소를 발생한다. $KClO_4 \rightarrow KCl + 2O_2$(염화칼륨+산소)

④ 인화성 액체

㉠ 취급 및 소화

구분	내용
저장 및 취급 방법	• 인화점 이하로 보관하고, 용기는 밀전 저장한다. • 차갑고, 통풍이 잘되는 곳에 저장한다. • 액체 및 증기의 누설에 주의하여 저장한다. • 화기 및 점화원으로부터 멀리 저장한다. • 정전기의 발생에 주의하여 저장 취급한다.
소화 방법	• 소화제로는 포, 할로겐화물, 탄산가스(CO_2), 분말 등의 소화약재를 이용한 질식소화가 효과적이다. • 탱크 등의 화재인 경우는 외부에 의해 냉각, 가연성 증기의 발생을 억제하며 또 화면확대 방지를 위해 기름의 유동을 방지하고 토사를 이용한다.

㉡ 주요 물질의 성상 및 특성

종류	성상 및 특성
아세톤 CH_3COCH_3 (디메틸케톤)	• 인화점 -18℃, 착화점 538℃. 물에 잘 녹는 무색투명하고 독특한 냄새가 나는 액체. • 일광에 분해됨. 보관 중에 황색으로 변한다. 피부에 닿으면 탈지작용이 있다. • 소화방법은 수용성이므로 분무소화가 가장 좋으며 질식 소화를 한다. • 화학포는 소포되므로 알코올포소화기를 사용한다.
메틸알코올 CH_3OH (메탄올)	• 인화점 11℃. 착화점 464℃. 비점 65℃. 연소범위 7.3~36%. • 독성 30~100ml 복용(실명 또는 치사). 수용성이 가장 크다. • 소화는 각종 소화기를 사용하나 포말소화기를 사용할 때 화학포는 소포되므로 특수포인 알코올포를 사용한다. • 연소 시 주간에는 불꽃이 잘 보이지 않는다. 공기 중에서 연소 시 연한 불꽃을 낸다.
이황화탄소 CS_2	• 인화점 -30℃. 착화점 100℃. 연소범위 1~44%. 비중 1.26 • 액체는 물보다 무거우며 독성이 있다. 저장 시 탱크를 물속에 넣어 저장한다. • 비수용성, 가연성 증기 발생을 억제하기 위해 물탱크에 저장한다. • 화재 시 포말, 분말, CO_2, 할로겐화합물 소화기 등을 사용해 질식소화한다.

⑤ 인화성 가스

㉠ 취급 및 소화

구분	내용
저장 및 취급방법	• 누설되지 않도록 할 것 • 화기사용을 금할 것 • 환기 · 통풍을 잘할 것 • 취급시 가열이나 충격을 피할 것 • 정전기의 발생에 주의하여 저장 취급 • 직사광선을 피한다.
소화방법	• 작은 화재는 탄산가스 소화기나 물에 의해 소화한다. • 화재가 클 경우 물로 냉각하고 주변에 대한 연소방지 조치를 한다.

■ **가스의 성질에 따른 분류**

구분	내용
가연성(인화성) 가스	① 산소와 일정하게 혼합되어 있는 경우 점화원에 의해 연소 또는 폭발이 일어나는 가스 ② 아세틸렌(C_2H_2), 암모니아(NH_3), 수소(H_2), 황화수소(C_2H_2), 일산화탄소(CO), 메탄(CH_4), 에틸렌(C_2H_4), 산화에틸렌(C_2H_4O), 프로판(C_4H_8), 부탄(C_4H_{10}) 등
조연성 가스	산소등과 같이 다른 가연성 물질과 혼합되었을 때 폭발이나 연소가 일어날 수 있도록 도움을 주는 가스
불연성(불활성) 가스	① 스스로 연소하지 못하며, 다른 물질을 연소시키는 성질이 없어 연소와 상관없는 가스 ② 질소(N_2), 이산화탄소(CO_2), 아르곤(Ar) 등
독성가스	① 인체에 유해성이 있는 가스 ② 아황산가스, 암모니아, 이황화탄소, 불소, 염소, 브롬화메탄, 시안화수소, 황화수소, 일산화탄소, 포스겐($COCl_2$) 등

■ **일산화탄소(CO)**

① 독성이고 가연성이다.

② 무색, 무미, 무취이며 허용농도가 50[ppm]이다. 사람이 중독 시에 수분안에 사망할 수 있으며 중독 증상으로는 두통, 어지러움, 피곤함, 무기력함, 의식장애, 메스꺼움 등 증상이 나타난다.

③ 인화성이며 상온에서 무색, 무취, 무미의 기체로 존재한다. 끓는점은 −191.5℃, 녹는점은 -205.0℃이다.

④ 염소와는 촉매 존재하에 반응하여 포스겐이 된다.

⑤ 산소보다 헤모글로빈과의 친화력이 200배 정도 좋다.

[아세틸렌]

아세틸렌은 아세톤에 녹는다.

C_2H_2 ─ 산화폭발 / 분해폭발 / 화합폭발 을 한다.

ⓛ 가연성 가스의 특성

가스명	화학식	도색	용기 충전 상태	제법	폭발 범위(%)	검지법
수소	H_2	주황색	압축	물의 전기 분해	4~75	비눗물
메탄	CH_4	회색	압축	석유의 정제분해	5~15	비눗물
아세틸렌	C_2H_2	황색	용해	$CaC_2+2H_2O \rightarrow Ca(OH)_2+C_2H_2$	2.5~81	비눗물
프로판	C_3H_8	회색	액화	석유 정제 분해	2.1~9.5	비눗물
부탄	C_4H_{10}	회색	액화	석유 정제 분해	1.8~8.4	비눗물
암모니아	NH_3	백색	액화	$N_2+3H_2 \rightarrow 2NH_3$	15~28	취기, 적색 리트머스

[압송설비]

물질을 동력을 사용하여 호스로 압송(壓送)압송하는 설비

⑥ 부식성 물질의 압송설비

㉠ 압송에 사용하는 설비를 운전하는 사람이 보기 쉬운 위치에 압력계를 설치하고 운전자가 쉽게 조작할 수 있는 위치에 동력을 차단할 수 있는 조치를 할 것

㉡ 호스와 그 접속용구는 압송하는 부식성 액체에 대하여 내식성(耐蝕性), 내열성 및 내한성을 가진 것을 사용할 것

㉢ 호스에 사용정격압력을 표시하고 그 사용정격압력을 초과하여 압송하지 아니할 것

㉣ 호스 내부에 이상압력이 가하여져 위험할 경우에는 압송에 사용하는 설비에 과압방지장치를 설치할 것

㉤ 호스와 호스 외의 관 및 호스 간의 접속부분에는 접속용구를 사용하여 누출이 없도록 확실히 접속할 것

㉥ 운전자를 지정하고 압송에 사용하는 설비의 운전 및 압력계의 감시를 하도록 할 것

㉦ 호스 및 그 접속용구는 매일 사용하기 전에 점검하고 손상·부식 등의 결함에 의하여 압송하는 부식성 액체가 날아 흩어지거나 새어나갈 위험이 있으면 교환할 것

[관련법령]

산업안전보건 기준에 관한 규칙 제297조 【부식성 액체의 압송설비】

⑦ 독성 물질의 누출방지

㉠ 사업장 내 급성 독성물질의 저장 및 취급량을 최소화할 것

㉡ 급성 독성물질을 취급 저장하는 설비의 연결 부분은 누출되지 않도록 밀착시키고 매월 1회 이상 연결부분에 이상이 있는지를 점검할 것

㉢ 급성 독성물질을 폐기·처리하여야 하는 경우에는 냉각·분리·흡수·흡착·소각 등의 처리공정을 통하여 급성 독성물질이 외부로 방출되지 않도록 할 것

㉣ 급성 독성물질 취급설비의 이상 운전으로 급성 독성물질이 외부로 방출될 경우에는 저장 · 포집 또는 처리설비를 설치하여 안전하게 회수할 수 있도록 할 것

㉤ 급성 독성물질을 폐기 · 처리 또는 방출하는 설비를 설치하는 경우에는 자동으로 작동될 수 있는 구조로 하거나 원격조정할 수 있는 수동조작구조로 설치할 것

㉥ 급성 독성물질을 취급하는 설비의 작동이 중지된 경우에는 근로자가 쉽게 알 수 있도록 필요한 경보설비를 근로자와 가까운 장소에 설치할 것

㉦ 급성 독성물질이 외부로 누출된 경우에는 감지 · 경보할 수 있는 설비를 갖출 것

■ **중금속 중독**

① 수은(Hg) 중독
초기증상으로 안색이 누렇게 변하며 구토와 두통, 복통과 설사 등의 증세가 나타난다. 시간이 지나면 구내염, 혈뇨, 손 떨림 증상이 나타나며 중추신경계통이 손상된다.

② 납(Pb) 중독
말초신경이나 손목이 마비되는 신경근육계통과 위장계통, 중추신경계통의 장해가 온다.

③ 크롬(Cr) 중독
㉠ 크롬은 2가, 3가, 6가로 분류한다. 2가는 매우 불안정하고, 3가는 안정하며, 6가는 비용해성으로 산화제, 색소로서 산업현장에 사용된다. 3가는 피부흡수가 어려우나 6가는 쉽게 피부를 통과하여 더욱 해롭다.
㉡ 피부와 점막에 자극 증상을 일으켜 궤양을 형성하며 비중격천공증(코 내부 물렁뼈에 구멍이 생기는 병), 암을 발생시킨다.

(2) 유해 · 위험물질의 영향 요인

구분	내용
유해물질의 농도와 폭로시간	유해물질의 농도가 높을수록, 노출시간이 길수록 유해지수가 높아진다. 유해지수(K) = 유해물질의 농도 × 노출시간
근로자의 감수성	근로자의 체질, 성별, 연령 등에 따라 유해물질에 대한 감수성이 다르다.
작업강도	작업강도가 높을 경우 에너지 대사율이 높아져 호흡량이 많아지고 더 많은 물질을 흡수한다.
기상조건	온도, 기압 등에 의해 유해물질량, 성분, 특성 등이 달라질 수 있다.

(3) 유해 · 위험물질의 노출기준(허용농도)

① 시간가중평균농도(TWA)

1일 8시간 작업을 기준으로 하여 유해요인의 측정 농도에 발생시간을 곱하여 8시간으로 나눈 농도

$$TWA = \frac{C_1T_1 + C_2T_2 + \cdots + C_nT_n}{8}$$

C : 유해요인의 측정농도(단위 : ppm 또는 mg/m³)
T : 유해요인의 발생시간(단위 : hr)

② 단시간노출한계(STEL)

15분 간의 시간가중평균값으로서 노출 농도가 시간가중평균값을 초과하고 단시간 노출값 이하인 경우에는

㉠ 1회 노출 지속시간이 15분 미만이어야 하고,
㉡ 이러한 상태가 1일 4회 이하로 발생해야 하며,
㉢ 각 회의 간격은 60분 이상이어야 한다.

③ 최고허용농도(Ceilling 농도)

근로자가 1일 작업시간동안 잠시라도 노출되어서는 아니되는 최고허용농도(허용농도 앞에 "C"를 붙여 표시)

(4) 유해 · 위험물질의 규정량

① 제조 · 취급 · 저장 설비에서 공정과정 중에 저장되는 양을 포함하여 하루 동안 최대로 제조 · 취급 또는 저장할 수 있는 양
② 순도 100퍼센트를 기준으로 산출
③ 농도가 규정되어 있는 화학물질은 해당 농도를 기준으로 한다.

(5) 규정량에 의한 유해 · 위험설비 기준

① 한 종류의 유해 · 위험물질을 제조 · 취급 · 저장하는 경우 : 해당 유해 · 위험물질의 규정량 대비 하루 동안 제조 · 취급 또는 저장할 수 있는 최대치 중 가장 큰 값($\frac{C}{T}$)이 1 이상인 경우

② 두 종류 이상의 유해 · 위험물질을 제조 · 취급 · 저장하는 경우 : 유해 · 위험물질별로 가장 큰 값($\frac{C}{T}$)을 각각 구하여 합산한 값(R)이 1 이상인 경우

$$R=\frac{C_1}{T_1}+\frac{C_2}{T_2}+\cdots\cdots+\frac{C_n}{T_n}$$

여기서 C_n : 유해 · 위험물질별(n) 규정량과 비교하여 하루 동안 제조 · 취급 또는 저장할 수 있는 최대치 중 가장 큰 값

T_n : 유해 · 위험물질별(n) 규정량

③ 가스를 전문으로 저장 · 판매하는 시설 내의 가스는 제외한다.

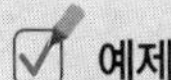

예제

산업안전보건법에서 정한 공정안전보고서 제출대상 업종이 아닌 사업장으로서 위험물질의 1일 취급량이 염소 10,000kg, 수소 20,000kg, 프로판 1,000kg, 톨루엔 2,000kg인 경우 공정안전보고서 제출대상 여부를 판단하기 위한 R 값은 얼마인가? (단, 유해 · 위험물질의 규정수량은 [표]를 참고하여 계산한다.)

■ 유해위험물질의 규정수량

유해 · 위험물질명	규정수량(kg)
1. 가연성가스	취급 : 5,000
	저장 : 200,000
2. 인화성물질	취급 : 5,000
	저장 : 200,000
3. 염소	20,000
4. 수소	50,000

해설 $R=\frac{C_1}{T_1}+\frac{C_2}{T_2}+\cdots+\frac{C_n}{T_n}$, $R=\frac{10,000}{20,000}+\frac{20,000}{50,000}+\frac{1,000}{5,000}+\frac{2,000}{5,000}=1.5$

[NFPA 위험물 표시]

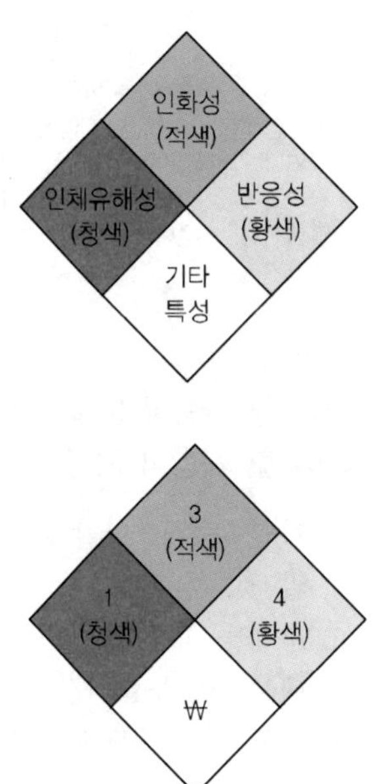

④ NFPA에 의한 위험물 표시

구분	표시방법	
연소위험성	적색	위험이 없는 것은 0, 위험이 가장 큰 것은 4로 하여 5단계로 위험등급을 정하여 표시한다.
건강위험성	청색	
반응위험성	황색	
기타특성	무색	

03 핵심문제 3 유해 · 위험물질의 취급

□□□ 16년1회, 19년3회

1. 위험물의 취급에 관한 설명으로 틀린 것은?

① 모든 폭발성 물질은 석유류에 침지시켜 보관해야 한다.
② 산화성 물질의 경우 가연물과의 접촉을 피해야 한다.
③ 가스 누설의 우려가 있는 장소에서는 점화원의 철저한 관리가 필요하다.
④ 도전성의 나쁜 액체는 정전기 발생을 방지하기 위한 조치를 취한다.

해설

폭발성물질은 화기나 그 밖에 점화원이 될 우려가 있는 것에 접근시키거나 가열하거나 마찰시키거나 충격을 피해야 하며, 석유류에 저장하는 물질 K(칼륨)은 상온에서 물(H_2O)과 반응시 수소(H_2)가스를 발생시킨다. 그러므로 K, Na은 석유속에 저장한다.

□□□ 08년1회, 13년3회

2. 다음 중 산화성 물질의 저장 · 취급에 있어서 고려하여야 할 사항과 가장 거리가 먼 것은?

① 가열 · 충격 · 마찰 등 분해를 일으키는 조건을 주지 말 것
② 분해를 촉진하는 약품류와 접촉을 피할 것
③ 내용물이 누출되지 않도록 할 것
④ 습한 곳에 밀폐하여 저장할 것

해설

저장 및 취급방법
1. 가열, 충격, 마찰 등을 피한다.
2. 조해성이 있는 것은 습기에 주의하며 용기는 밀폐하여 저장한다.
3. 환기가 잘 되고 찬 곳에 저장한다.
4. 가연물이나 다른 약품과의 접촉을 피한다.
5. 용기의 파손 및 위험물의 누설에 주의한다.

□□□ 15년3회

3. 다음 짝지어진 물질의 혼합 시 위험성이 가장 낮은 것은?

① 폭발성물질 – 금수성물질
② 금수성물질 – 고체환원성물질
③ 가연성물질 – 고체환원성물질
④ 고체산화성물질 – 고체환원성물질

해설

가연성물질은 산화성물질과 혼합될 경우 연소에 필요한 산소를 공급하므로 연소의 위험성이 커진다.

□□□ 18년1회

4. 다음 중 물과 반응하였을 때 흡열반응을 나타내는 것은?

① 질산암모늄 ② 탄화칼슘
③ 나트륨 ④ 과산화칼륨

해설

질산암모늄(NH_4NO_3)
질산염류로 산화성고체이다.
① 분해온도 220℃. 무색, 무취의 결정으로 조해성 및 흡습성이 크다.
② 물 , 알코올에 잘 녹는다. (물에 용해 시 흡열 반응을 나타낸다.)
③ 단독으로 급격한 가열, 충격으로 분해, 폭발한다.

□□□ 17년1회

5. NH_4NO_3의 가열, 분해로부터 생성되는 무색의 가스로 일명 웃음가스라고도 하는 것은?

① N_2O ② NO_2
③ N_2O_4 ④ NO

해설

질산암모늄은 약 210℃에서 분해되어 아산화질소가 생성된다. 반응식은 다음과 같다.
$NH_4NO_3 \rightarrow N_2O + 2H_2O$

□□□ 09년2회

6. 다음 중 물질에 대한 저장방법으로 잘못된 것은?

① 나트륨 – 석유 속에 저장
② 니트로글리세린 – 유기용제 속에 저장
③ 적린 – 냉암소에 격리 저장
④ 질산은 용액 – 햇빛을 차단하여 저장

문제 6, 7 해설

니트로글리세린[$C_3H_5(ONO_2)_3$]
비수용성이며 메탄올, 아세톤에 잘 녹으므로 용해시켜 보관한다. 가열, 마찰, 충격에 대단히 위험하다.

정답 1 ① 2 ④ 3 ③ 4 ① 5 ① 6 ②

□□□ 18년1회

7. 다음 중 물질에 대한 저장방법으로 잘못된 것은?

① 나트륨 - 유동 파라핀 속에 저장
② 니트로글리세린 - 강산화제 속에 저장
③ 적린 - 냉암소에 격리 저장
④ 칼륨 - 등유 속에 저장

□□□ 19년1회

8. 다음 중 물과 반응하여 수소가스를 발생할 위험이 가장 낮은 물질은?

① Mg ② Zn
③ Cu ④ Na

문제 8, 9 해설

① Cu(구리)는 물과 반응하지 않으나 산소와 반응하여 상화 구리층을 형성하여 더한 산화로부터 보호하는 역할을 한다.
② Mg, Zn, Na등은 물 반응성 물질로 물과 반응시 수소를 발생시켜 폭발할 위험이 있다.
$Mg + H_2O \rightarrow MgO + H_2 \uparrow$ (산화마그네슘+수소)

□□□ 08년3회, 13년1회

9. 다음 중 물과 반응하여 수소가스를 발생시키지 않는 물질은?

① Mg ② Zn
③ Cu ④ Li

□□□ 12년2회

10. 다음 중 물과의 접촉을 금지하여야 하는 물질이 아닌 것은?

① 칼륨(K) ② 리튬(Li)
③ 황린(P4) ④ 칼슘(Ca)

해설

황린(백린) P_4
물에 녹지 않으므로 물 속에 저장한다. 이때 인화수소(PH_3) 생성을 방지하기 위해 물은 PH9로 유지시킨다.

□□□ 19년2회

11. 알루미늄분이 고온의 물과 반응하였을 때 생성되는 가스는?

① 산소 ② 수소
③ 메탄 ④ 에탄

해설

알루미늄과 물의 반응식 : $2Al + 6H_2O \rightarrow 2Al(OH)_3 + 3H_2$
알루미늄은 물반응성 물질고 물과 반응시 수산화알루미늄과 수소가 발생된다.

□□□ 10년2회, 15년2회, 18년3회

12. 마그네슘의 저장 및 취급에 관한 설명으로 틀린 것은?

① 화기를 엄금하고 가열, 충격, 마찰을 피한다.
② 분말이 비산하지 않도록 밀봉하여 저장한다.
③ 제6류 위험물과 같은 산화제와 혼합되지 않도록 격리, 저장한다.
④ 일단 연소하면 소화가 곤란하지만 초기 소화 또는 소규모 화재 시 물, CO_2소화설비를 이용하여 소화한다.

문제 12, 13 해설

마그네슘은 금수성 물질로서 공기중의 수분이나 물과 접촉 시 발화하거나 가연성가스의 발생 위험성이 있는 물질이다.
1. 마그네슘은 실온에서는 물과 서서히 반응하나, 물의 온도가 높아지면 격렬하게 진행되어 수소를 발생시킨다.
$Mg + 2H_2O \rightarrow Mg(OH)_2 + H_2$
2. 마그네슘은 이산화탄소와 반응하여 산화마그네슘을 생성한다.
$2Mg + CO_2 \rightarrow 2MgO + C$
3. 소화는 마른 모래나 금속화제용 분말소화약제(탄산수소염류)를 사용한다.

□□□ 17년3회

13. 다음 중 마그네슘의 저장 및 취급에 관한 설명으로 틀린 것은?

① 산화제와 접촉을 피한다.
② 고온의 물이나 과열 수증기와 접촉하면 격렬히 반응하므로 주의한다.
③ 분말은 분진폭발성이 있으므로 누설되지 않도록 포장한다.
④ 화재발생시 물의 사용을 금하고, 이산화탄소소화기를 사용하여야 한다.

정답 7 ② 8 ③ 9 ③ 10 ③ 11 ② 12 ④ 13 ④

□□□ 17년3회

14. 다음 중 상온에서 물과 격렬히 반응하여 수소를 발생시키는 물질은?

① Au ② K
③ S ④ Ag

문제 14, 15 해설

칼륨, 나트륨등은 물과 반응하여 수소를 발생시킨다.
* 물과 반응식
$2K+2H_2O \rightarrow 2KOH+H_2\uparrow+92.8kcal$(수산화칼륨+수소+반응열)

□□□ 18년1회

15. 물과 반응하여 가연성 기체를 발생하는 것은?

① 피크린산 ② 이황화탄소
③ 칼륨 ④ 과산화칼륨

□□□ 09년1회, 15년3회

16. 다음 중 주수소화를 하여서는 아니 되는 물질은?

① 금속분말 ② 적린
③ 유황 ④ 과망간산칼륨

문제 16, 17 해설

금속분말은 발화성물질로서 물과 반응 시 발화의 위험이 있으므로 건조사 등을 사용하여 소화하여야 한다.

□□□ 17년3회

17. 다음 중 화재시 주수에 의해 오히려 위험성이 증대되는 물질은?

① 황린 ② 니트로셀룰로오스
③ 적린 ④ 금속나트륨

□□□ 19년1회

18. 위험물질을 저장하는 방법으로 틀린 것은?

① 황인은 물속에 저장
② 나트륨은 석유 속에 저장
③ 칼륨은 석유 속에 저장
④ 리튬은 물속에 저장

해설

리튬(Li)은 가벼운 알칼리금속으로 칼륨, 나트륨과 성질이 비슷하며 물과 반응하여 수소를 발생한다. 보호액에 소분하여 저장한다.
$2Li+2H_2O \rightarrow 2LiOH+H_2\uparrow+105.4kcal$
(수산화리튬+수소+반응열)

□□□ 17년3회

19. 물과 탄화칼슘이 반응하면 어떤 가스가 생성되는가?

① 염소가스 ② 아황산가스
③ 수성가스 ④ 아세틸렌가스

문제 19~21 해설

물과 반응식
$CaC_2+2H_2O \rightarrow Ca(OH)_2+C_2H_2\uparrow+27.8kcal$
(수산화칼슘+아세틸렌)

□□□ 12년1회, 18년3회

20. 다음 중 위험물질에 대한 저장방법으로 적절하지 않는 것은?

① 탄화칼슘은 물 속에 저장한다.
② 벤젠은 산화성 물질과 격리시킨다.
③ 금속나트륨은 석유 속에 저장한다.
④ 질산은 통풍이 잘 되는 곳에 보관하고 물기와의 접촉을 금지한다.

□□□ 15년1회

21. 물과 카바이드 결합하면 어떤 가스가 생성되는가?

① 염소가스 ② 아황산가스
③ 수성가스 ④ 아세틸렌가스

□□□ 12년2회

22. 다음 중 혼합 또는 접촉 시 발화 또는 폭발의 위험이 가장 적은 것은?

① 니트로셀룰로오스와 알코올
② 나트륨과 알코올
③ 염소산칼륨과 유황
④ 황화인과 무기과산화물

문제 22~25 해설

니트로셀룰로오스$[C_6H_7O_2(ONO_2)_3]_n$]
① 질화면, 면화약이라고도 한다.
② 비수용성이며 초산에틸, 초산아밀, 아세톤에 잘 녹는다.
③ 저장시 알콜에 습면하여 냉암소에 저장한다.

정답 14 ② 15 ③ 16 ① 17 ④ 18 ④ 19 ④ 20 ① 21 ④ 22 ①

□□□ 11년2회, 18년2회

23. 다음 중 니트로셀룰로오스의 취급 및 저장방법에 관한 설명으로 틀린 것은?

① 제조, 건조, 저장 중 충격과 마찰 등을 방지하여야 한다.
② 물과 격렬히 반응하여 폭발함으로 습기를 제거하고, 건조 상태를 유지시킨다.
③ 자연발화 방지를 위하여 에탄올, 메탄올 등의 안전용제를 사용한다.
④ 할로겐화합물 소화약제는 적응성이 없으며, 다량의 물로 냉각 소화한다.

□□□ 17년3회

24. 다음의 2가지 물질을 혼합 또는 접촉하였을 때 발화 또는 폭발의 위험성이 가장 낮은 것은?

① 니트로셀룰로오스와 물
② 나트륨과 물
③ 염소산칼륨과 유황
④ 황화인과 무기과산화물

□□□ 13년1회

25. 질화면(Nitrocellulose)은 저장 · 취급 중에는 에틸알콜 또는 이소프로필 알콜로 습면의 상태로 되어있다. 그 이유를 바르게 설명한 것은?

① 질화면은 건조 상태에서 자연발열을 일으켜 분해 폭발의 위험이 존재하기 때문이다.
② 질화면은 알콜과 반응하여 안정한 물질을 만들기 때문이다.
③ 질화면은 건조 상태에서 공기 중의 산소와 환원반응을 하기 때문이다.
④ 질화면은 건조 상태에서 용이하게 중합물을 형성하기 때문이다.

□□□ 10년1회, 20년3회

26. 다음 중 수분(H_2O)과 반응하여 유독성 가스인 포스핀이 발생되는 물질은?

① 금속나트륨 ② 알루미늄 분말
③ 인화칼슘 ④ 수소화리튬

문제 26, 27 해설

인화칼슘(Ca_3P_2)
물 또는 약산과 반응하여 유독한 포스핀가스(PH_3)를 발생한다.
$Ca_3P_2 + 6H_2O \rightarrow 3Ca(OH)_2 + 2PH_3$
(수산화칼슘+인화수소(=포스핀))

□□□ 16년1회

27. 물과의 반응으로 유독한 포스핀가스를 발생하는 것은?

① HCl ② NaCl
③ Ca_3P_2 ④ $Al(OH)_3$

□□□ 19년2회

28. 다음 물질이 물과 접촉하였을 때 위험성이 가장 낮은 것은?

① 과산화칼륨 ② 나트륨
③ 메틸리튬 ④ 이황화탄소

해설

이황화탄소(CS_2)
액체는 물보다 무거우며 독성이 있다. 저장 시 탱크를 물속에 넣어 저장한다.
비수용성, 가연성 증기 발생을 억제하기 위해 물탱크에 저장한다.

□□□ 16년3회, 20년3회

29. 고온에서 완전 열분해하였을 때 산소를 발생하는 물질은?

① 황화수소 ② 과염소산칼륨
③ 메틸리튬 ④ 적린

해설

과염소산칼륨($KClO_4$)은 400℃에서 분해가 시작되어 600℃에서 완전 분해된다.
* $KClO_4 \rightarrow KCl + 2O_2\uparrow$ (염화칼륨+산소)

□□□ 15년3회

30. 다음 중 광분해 반응을 일으키기 가장 쉬운 물질은?

① $AgNO_3$ ② $Ba(NO_3)_2$
③ $Ca(NO_3)_2$ ④ KNO_3

해설

질산은($AgNO_3$) 빛에 의해 일부 분해되어 생긴 NO_2 (이산화질소) 때문에 황갈색이 된다. 저장 용기는 갈색병에 넣어 직사광선을 피하고 찬 곳에 저장한다.

정답 23 ② 24 ① 25 ① 26 ③ 27 ③ 28 ④ 29 ② 30 ①

□□□ 17년2회, 21년2회

31. 아세톤에 대한 설명으로 틀린 것은?

① 증기는 유독하므로 흡입하지 않도록 주의해야 한다.
② 무색이고 휘발성이 강한 액체이다.
③ 비중이 0.79 이므로 물보다 가볍다.
④ 인화점이 20℃이므로 여름철에 더 인화위험이 높다.

문제 31, 32 해설

아세톤(CH_3COCH_3)(디메틸케톤)
① 인화점 -18℃, 착화점 538℃, 물에 잘 녹는 무색투명하고 독특한 냄새가 나는 액체
② 소화방법은 수용성이므로 분무소화가 가장 좋으며 질식 소화기도 좋다.

□□□ 18년1회, 21년3회

32. 다음 물질 중 물에 가장 잘 용해되는 것은?

① 아세톤 ② 벤젠
③ 톨루엔 ④ 휘발유

□□□ 10년3회, 16년3회

33. 다음 중 흡인 시 인체에 구내염과 혈뇨, 손 떨림 등의 증상을 일으키며 신경계가 대표적인 표적기관인 물질은?

① 크롬 ② 석회석
③ 이산화탄소 ④ 수은

해설

수은 중독의 초기증상으로는 안색이 누렇게 되고, 두통과 구토, 복통, 설사 등 소화불량 증세가 나타나고, 시간이 지날수록 구내염과 혈뇨, 손 떨림 등의 증상을 일으키며 중추신경계통의 손상이 된다.

□□□ 13년3회

34. 다음 중 크롬에 관한 설명으로 옳은 것은?

① 미나마타병으로 알려져 있다.
② 3가와 6가의 화합물이 사용되고 있다.
③ 6가보다 3가 화합물이 특히 인체에 유해하다.
④ 급성 중독으로 수포성 피부염이 발생된다.

해설

크롬(Cr) 중독
1) 크롬은 2가, 3가, 6가로 분류한다. 2가는 매우 불안정하고, 3가는 안정하며, 6가는 비용해성으로 산화제, 색소로서 산업현장에 사용된다. 3가는 피부흡수가 어려우나 6가는 쉽게 피부를 통과하여 더욱 해롭다.
2) 피부와 점막에 자극 증상을 일으켜 궤양을 형성하며 비중격천공증(코 내부 물렁뼈에 구멍이 생기는 병), 암을 발생시킨다.

□□□ 09년3회, 11년1회, 16년3회

35. 산업안전보건법에서 정한 공정안전보고서의 제출대상 업종이 아닌 사업장으로서 유해·위험물질의 1일 취급량이 염소 10000kg, 수소 20000kg인 경우 공정안전보고서 제출대상 여부를 판단하기 위한 R값은 얼마인가? (단, 유해·위험물질의 규정수량은 다음 [표]를 참고다.)

유해·위험물질의 규정수량

유해·위험물질명	규정수량(kg)
인화성 가스	취급 : 5000
	저장 : 200000
염소	20000
수소	50000

① 0.9 ② 1.2
③ 1.5 ④ 1.8

해설

$R=\frac{c_1}{t_1}+\frac{c_2}{t_2}+\cdots+\frac{c_n}{t_n}$ 이므로

$R=\frac{10,000}{20,000}+\frac{20,000}{50,000}=0.9$

□□□ 11년3회, 14년2회

36. 공기 중에는 암모니아가 20ppm(노출기준 25ppm), 톨루엔이 20ppm(노출기준 50ppm)이 완전 혼합되어 존재하고 있다. 혼합물질의 노출기준을 보정하는데 사용하는 노출지수는 약 얼마인가? (단, 두 물질 간에 유해성이 인체의 서로 다른 부위에 작용한다는 증거는 없다.)

① 1.0 ② 1.2
③ 1.5 ④ 1.6

해설

혼합물질의 노출기준 $=\frac{C_1}{T_1}+\frac{C_2}{T_2}+...+\frac{C_n}{T_n}$

$=\frac{20}{25}+\frac{20}{50}=1.2$

정답 31 ④ 32 ① 33 ④ 34 ② 35 ① 36 ②

□□□ 10년3회, 15년3회, 18년3회, 21년1회

37. 공기 중 아세톤의 농도가 200ppm(TLV 500ppm), 메틸에틸케톤(MEK)의 농도가 100ppm (TLV 200ppm)일 때 혼합물질의 허용농도는 약 몇 ppm인가? (단, 두 물질은 서로 상가작용을 하는 것으로 가정한다.)

① 150 ② 200

③ 270 ④ 333

해설

① 혼합물질허용농도

$$= \frac{C_1}{TLV_1} + \frac{C_2}{TLV_2} + \cdots + \frac{C_n}{TLV_n}$$

$\left(\frac{200}{500} + \frac{100}{200}\right) = 0.9$이다.

② 각각의 농도의 합은 300 이므로,

노출지수는 $300 : 0.9 = \chi : 1$이다.

$\frac{300}{0.9} = 333$

정답 37 ④

Chapter 02

공정안전

공정안전에서는 공정안전보고서와 공정안전기술로 구성되며 공정안전보고서의 법적 기준과 각 세부내용에 관한 사항이 주로 출제된다.

01 공정안전보고서

[중대산업사고]
유해 · 위험설비로부터의 위험물질 누출, 화재, 폭발 등으로 인하여 사업장 내의 근로자에게 즉시 피해를 주거나 사업장 인근 지역에 피해를 줄 수 있는 사고

(1) 공정안전보고서의 개요

① 유해 · 위험설비를 보유한 사업장은 중대산업사고를 예방하기 위하여 공정안전보고서를 작성하여 고용노동부장관에게 제출하여 심사를 받아야 한다.

② 공정안전보고서의 내용이 중대산업사고를 예방하기 위하여 적합하다고 통보받기 전에는 관련된 유해하거나 위험한 설비를 가동해서는 아니 된다.

(2) 공정안전보고서의 제출

[공정안전보고서 제출시기]
유해 · 위험설비의 설치 · 이전 또는 주요 구조부분의 변경공사시 착공일 30일 전까지 공정안전보고서를 2부 작성하여 공단에 제출

① 공정안전보고서 제출대상

제출대상	제외대상
• 원유 정제처리업 • 기타 석유정제물 재처리업 • 석유화학계 기초화학물질 제조업 또는 합성수지 및 기타 플라스틱물질 제조업. • 질소 화합물, 질소 · 인산 및 칼리질 화학비료 제조업 중 질소질 비료 제조 • 복합비료 및 기타 화학비료 제조업 중 복합비료 제조(단순혼합 또는 배합에 의한 경우는 제외한다) • 화학 살균 · 살충제 및 농업용 약제 제조업[농약 원제(原劑) 제조만 해당한다] • 화약 및 불꽃제품 제조업	• 원자력 설비 • 군사시설 • 사업주가 해당 사업장 내에서 직접 사용하기 위한 난방용 연료의 저장설비 • 도매 · 소매시설 • 차량 등의 운송설비 • 「액화석유가스의 안전관리 및 사업법」에 따른 액화석유가스의 충전 · 저장시설 • 「도시가스사업법」에 따른 가스 공급시설 • 그 밖에 고용노동부장관이 누출 · 화재 · 폭발 등으로 인한 피해의 정도가 크지 않다고 인정하여 고시하는 설비

② 설비의 주요 구조부분을 변경 시 공정안전보고서를 제출하여야 하는 경우

㉠ 생산량의 증가, 원료 또는 제품의 변경을 위하여 반응기(관련설비 포함)를 교체 또는 추가로 설치하는 경우

㉡ 변경된 생산설비 및 부대설비의 당해 전기정격용량이 300킬로와트 이상 증가한 경우

㉢ 플레어스택을 설치 또는 변경하는 경우

③ 공정안전보고서의 내용
㉠ 공정안전자료
㉡ 공정위험성 평가서
㉢ 안전운전계획
㉣ 비상조치계획
㉤ 그 밖에 공정상의 안전과 관련하여 고용노동부장관이 필요하다고 인정하여 고시하는 사항

(3) 공정안전보고서의 세부내용

[관련법령]
산업안전보건법 시행규칙 제50조【공정안전보고서의 세부내용 등】

① 공정안전자료
㉠ 취급 · 저장하고 있는 유해 · 위험물질의 종류 및 수량
㉡ 유해 · 위험물질에 대한 물질 안전 보건자료
㉢ 유해 · 위험설비의 목록 및 사양
㉣ 유해 · 위험설비운전방법을 알 수 있는 공정도면
㉤ 각종건물 · 설비의 배치도
㉥ 폭발위험장소 구분도 및 전기 단선도
㉦ 위험설비의 안전설계 · 제작 및 설치관련 지침서

■ **공정흐름도 (PFD, Process Flow Diagram)**

구분	내용
공정배관계장도 (P&ID, Piping & Instrument Diagram)	① 공정의 시운전(Start-up operation), 정상운전(Normal operation), 운전정지(Shut down), 및 비상운전(Emergency operation) 시에 필요한 모든 공정장치, 동력기계, 배관, 공정제어 및 계기등을 표시하고 이들 상호간에 연관 관계를 나타내 준다. ② 상세설계, 건설, 변경, 유지보수 및 운전 등을 하는 데 필요한 기술적 정보를 파악 할 수 있는 도면
공정흐름도 (PFD, Process Flow Diagram)	공정계통과 장치설계기준을 나타내 주는 도면이며 주요 장치, 장치간의 공정연관성, 운전조건, 운전변수, 물질 수지, 에너지수지, 제어 설비 및 연동장치 등의 기술적 정보를 파악할 수 있는 도면

② 공정위험성 평가서 및 잠재위험에 대한 사고예방 · 피해 최소화 대책

공정위험성 평가서는 공정의 특성 등을 고려하여 다음 각 목의 위험성 평가 기법 중 한 가지 이상을 선정하여 위험성평가를 한 후 그 결과에 따라 작성하여야 하며, 사고예방 · 피해최소화 대책의 작성은 위험성평가 결과 잠재위험이 있다고 인정되는 경우만 해당한다.
㉠ 체크리스트(Check List)
㉡ 상대위험순위 결정(Dow and Mond Indices)
㉢ 작업자 실수 분석(HEA)
㉣ 사고 예상 질문 분석(What-if)

ⓜ 위험과 운전 분석(HAZOP)
ⓗ 이상위험도 분석(FMECA)
ⓢ 결함 수 분석(FTA)
ⓞ 사건 수 분석(ETA)
ⓙ 원인결과 분석(CCA)
ⓒ 위의 규정과 같은 수준 이상의 기술적 평가기법

공정위험성 평가

구분	항 목		면담/확인결과					
			A	B	C	D	E	평가근거
공정 위험성 평가	1	공정 또는 시설 변경시 변경부분에 대한 위험성 평가를 실시하고 있는가?						
	2	정기적으로 공정위험성평가를 재실시하고 있는가?						
	3	위험성평가에 적절한 전문인력이 참여하는가?						
	4	위험성평가결과 개선조치사항은 개선완료시까지 체계적으로 관리되는가?						
	5	정성(定性)적 위험성평가를 실시한 결과 위험성이 높은 구간에 대해서는 정량(定量)적 위험성 평가를 실시하는가?						
	6	위험성 평가결과를 해당 공정의 근로자에게 교육시키는가?						

③ 안전운전계획

㉠ 안전운전지침서
㉡ 설비점검 · 검사 및 보수계획, 유지계획 및 지침서
㉢ 안전작업허가
㉣ 도급업체 안전관리계획
㉤ 근로자 등 교육계획
㉥ 가동 전 점검지침
㉦ 변경요소 관리계획
㉧ 자체감사 및 사고조사계획
㉨ 그 밖에 안전운전에 필요한 사항

안전운전 지침과 절차

항 목		면담/확인결과					
		A	B	C	D	E	평가근거
1	운전절차서는 체계적으로 작성이 되어 있고, 사용물질의 물성과 유해 · 위험성, 누출 예방조치, 보호구착용법, 노출시 조치요령 및 절차, 안전설비계통의 기능 · 운전방법 · 절차등의 내용이 포함되어 있는가?						
2	안전운전 절차서는 공정안전자료와 일치하는가?						
3	연동설비의 바이패스 절차를 작성 · 시행하고 있는가?						
4	변경요소관리등 사유 발생시 지침과 절차의 수정은 이루어지고 있는가?						
5	안전운전지침과 절차 변경시 근로자 교육은 적절히 이루어지는가?						

④ 비상조치계획

㉠ 비상조치를 위한 장비 · 인력보유현황

㉡ 사고발생 시 각 부서 · 관련 기관과의 비상연락체계

㉢ 사고발생 시 비상조치를 위한 조직의 임무 및 수행 절차

㉣ 비상조치계획에 따른 교육계획

㉤ 주민홍보계획

㉥ 그 밖에 비상조치 관련 사항

비상조치계획

항 목		면담/확인결과					
		A	B	C	D	E	평가근거
1	근로자들이 안전하고 질서정연하게 대피할 수 있도록 충분한 훈련을 실시하였는가?						
2	비상조치계획에는 누출 및 화재 · 폭발사고 발생시 행동요령이 적절히 포함되어 있는가?						
3	사업장 내(도급업체포함) 비상시 비상사태를 전파할 수 있는 시스템이 갖추어져 있는가?						
4	비상발전기, 소방펌프, 통신장비, 감지기, 개인보호구 등 비상조치에 필요한 각종 장비가 구비되어 있으며 정기적으로 작동검사를 실시하는가?						

[관련법령]
산업안전보건법 제110조【물질안전보건자료의 작성 및 제출】

(4) 물질안전보건자료(MSDS)

① 물질안전보건자료의 작성 및 제출

화학물질 또는 이를 함유한 혼합물로서 분류기준에 해당하는 유해인자 물질을 제조하거나 수입하려는 자는 다음 사항을 적은 물질안전보건자료를 작성하여 고용노동부장관에게 제출하여야 한다.

㉠ 제품명
㉡ 물질안전보건자료대상물질을 구성하는 화학물질의 명칭 및 함유량
㉢ 안전 및 보건상의 취급 주의 사항
㉣ 건강 및 환경에 대한 유해성, 물리적 위험성
㉤ 물리·화학적 특성 등 고용노동부령으로 정하는 사항

주요 작성 항목	물질안전보건자료 기재 사항
• 화학제품과 회사에 관한 정보 • 구성 성분의 명칭 및 함유량 • 위험·유해성 • 응급 조치 요령 • 폭발·화재시 대처 방법 • 누출 사고시 대처 방법 • 취급 및 저장 방법 • 노출 방지 및 개인 보호구 • 물리 화학적 특성 • 안정성 및 반응성 • 독성에 관한 정보 • 환경에 미치는 영향 • 폐기시 주의 사항 • 운송에 필요한 정보 • 법적 규제 사항 • 기타 참고 사항	• 제품명 • 물질안전보건자료대상물질을 구성하는 화학물질의 명칭 및 함유량 • 안전 및 보건상의 취급 주의 사항 • 건강 및 환경에 대한 유해성, 물리적 위험성 • 물리·화학적 특성 등 고용노동부령으로 정하는 사항

② 물질안전보건자료의 제공

㉠ 물질안전보건자료대상물질을 양도하거나 제공하는 자는 이를 양도받거나 제공받는 자에게 물질안전보건자료를 제공하여야 한다.
㉡ 물질안전보건자료대상물질이 변경된 경우 제조하거나 수입한 자는 이를 양도받거나 제공받은 자에게 변경된 물질안전보건자료를 제공하여야 한다.

③ 물질안전보건자료의 일부 비공개 승인

영업비밀과 관련되어 화학물질의 명칭 및 함유량을 물질안전보건자료에 적지 아니하려는 자는 고용노동부령으로 정하는 바에 따라 고용노동부장관에게 신청하여 승인을 받아 해당 화학물질의 명칭 및 함유량을 대체할 수 있는 명칭 및 함유량으로 적을 수 있다.

④ 물질안전보건자료의 게시 및 교육

㉠ 물질안전보건자료대상물질을 취급하려는 사업주는 작성하였거나 제공받은 물질안전보건자료를 고용노동부령으로 정하는 방법에 따라 물질안전보건자료대상물질을 취급하는 작업장 내에 이를 취급하는 근로자가 쉽게 볼 수 있는 장소에 게시하거나 갖추어 두어야 한다.

㉡ 물질안전보건자료대상물질을 취급하는 작업공정별로 고용노동부령으로 정하는 바에 따라 물질안전보건자료대상물질의 관리 요령을 게시하여야 한다.

■ **관리요령 포함사항**

① 제품명
② 건강 및 환경에 대한 유해성, 물리적 위험성
③ 안전 및 보건상의 취급주의 사항
④ 적절한 보호구
⑤ 응급조치 요령 및 사고 시 대처방법

㉢ 사업주는 물질안전보건자료대상물질을 취급하는 근로자의 안전 및 보건을 위하여 고용노동부령으로 정하는 바에 따라 해당 근로자를 교육하는 등 적절한 조치를 하여야 한다.

⑤ 물질안전보건자료대상물질 용기 등의 경고표시

물질안전보건자료대상물질을 양도하거나 제공하는 자는 고용노동부령으로 정하는 방법에 따라 이를 담은 용기 및 포장에 경고표시를 하여야 한다. 다만, 용기 및 포장에 담는 방법 외의 방법으로 물질안전보건자료대상물질을 양도하거나 제공하는 경우에는 고용노동부장관이 정하여 고시한 바에 따라 경고표시 기재 항목을 적은 자료를 제공하여야 한다.

■ **경고표시 포함사항**

① 명칭 : 해당 대상화학물질의 명칭
② 그림문자 : 화학물질의 분류에 따라 유해 · 위험의 내용을 나타내는 그림
③ 신호어 : 유해 · 위험의 심각성 정도에 따라 표시하는 "위험" 또는 "경고" 문구
④ 유해 · 위험 문구 : 화학물질의 분류에 따라 유해 · 위험을 알리는 문구
⑤ 예방조치 문구 : 화학물질에 노출되거나 부적절한 저장 · 취급 등으로 발생하는 유해 · 위험을 방지하기 위하여 알리는 주요 유의사항
⑥ 공급자 정보 : 대상화학물질의 제조자 또는 공급자의 이름 및 전화번호 등

[물질안전보건자료 교육 시기]

(1) 대상화학물질을 제조 · 사용 · 운반 또는 저장하는 작업에 근로자를 배치하게 된 경우
(2) 새로운 대상화학물질이 도입된 경우
(3) 유해성 · 위험성 정보가 변경된 경우

⑥ 물질안전보건자료의 작성 · 비치 등 제외 대상

1. 「건강기능식품에 관한 법률」 제3조제1호에 따른 건강기능식품
2. 「농약관리법」 제2조제1호에 따른 농약
3. 「마약류 관리에 관한 법률」 제2조제2호 및 제3호에 따른 마약 및 향정신성 의약품
4. 「비료관리법」 제2조제1호에 따른 비료
5. 「사료관리법」 제2조제1호에 따른 사료
6. 「생활주변방사선 안전관리법」 제2조제2호에 따른 원료물질
7. 「생활화학제품 및 살생물제의 안전관리에 관한 법률」 제3조제4호 및 제8호에 따른 안전확인대상 생활화학제품 및 살생물제품 중 일반소비자의 생활용으로 제공되는 제품
8. 「식품위생법」 제2조제1호 및 제2호에 따른 식품 및 식품첨가물
9. 「약사법」 제2조제4호 및 제7호에 따른 의약품 및 의약외품
10. 「원자력안전법」 제2조제5호에 따른 방사성물질
11. 「위생용품 관리법」 제2조제1호에 따른 위생용품
12. 「의료기기법」 제2조제1항에 따른 의료기기
13. 「총포 · 도검 · 화약류 등의 안전관리에 관한 법률」 제2조제3항에 따른 화약류
14. 「폐기물관리법」 제2조제1호에 따른 폐기물
15. 「화장품법」 제2조제1호에 따른 화장품
16. 제1호부터 제15호까지의 규정 외의 화학물질 또는 혼합물로서 일반소비자의 생활용으로 제공되는 것(일반소비자의 생활용으로 제공되는 화학물질 또는 혼합물이 사업장 내에서 취급되는 경우를 포함한다)
17. 고용노동부장관이 정하여 고시하는 연구 · 개발용 화학물질 또는 화학제품.
18. 그 밖에 고용노동부장관이 독성 · 폭발성 등으로 인한 위해의 정도가 적다고 인정하여 고시하는 화학물질

(5) 자동제어

① 자동제어의 개요

자동제어는 기계, 장치의 운전을 사람 대신에 기계에 의해서 행하도록 하는 기술로서, 최근에는 컴퓨터(Computer)를 응용한 종합적인 자동제어를 사용하고 있다.

② 제어동작

구분	내용
위치동작	2위치동작과 다 위치동작이 있으며, 2위치동작은 단계적인 2종류의 조작기호를 내보내는 동작을 말하며, 다 위치동작은 단계적인 많은 종류의 조작기호로 내보내는 동작을 말한다.
비례동작	설정치로부터의 차이에 비례한 조작신호를 내보내는 동작
적분동작	비례동작만으로는 Off set라는 현상이 일어나 제어치가 목표치에 완전히 일치하지 않기 때문에 이것을 일치시키기 위해 설정치로부터의 차이에 비례한 속도에서 신호가 변화하는 동작을 말한다.
미분동작	설정치로부터 검출치가 차이 나는 속도로 비례한 조작신호를 내보내는 동작을 말한다.

③ 제어계의 구성과 블록선도

일반적으로 피이드 백(Feed Back) 제어계는 제어장치와 제어대상으로 이루어지는 폐루우프계로 구성되어 있다.

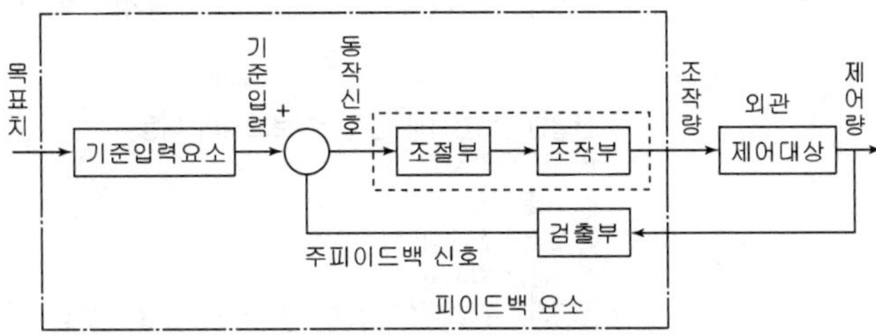

피이드 백 제어계의 기본구성

■ 용어의 정의

① 제어장치(Control device, controller) : 제어를 하기 위한 제어대상을 부가하는 장치
② 제어대상(Controlled system, process) : 기계, 프로세스(Process), 시스템의 전체 또는 그 일부들이 제어대상이 될 수 있다.
③ 제어요소(Control element) : 동작신호를 작업량으로 바꾸는 요소로서 조절부와 조작부로 이루어져 있다.
④ 제어량 : 제어대상의 제어되어야 할 출력량
⑤ 검출부 : 제어량을 검출하여 주 피이드백 신호를 만드는 부분, 피이드 백 요소라고도 한다.

01 핵심문제 1. 공정안전보고서

□□□ 12년1회, 15년1회

1. 다음 중 산업안전보건법상 공정안전보고서의 제출대상이 아닌 것은?

① 원유 정제처리업
② 농약제조업(원제 제조)
③ 화약 및 불꽃제품 제조업
④ 복합비료의 단순혼합 제조업

해설

공정안전보고서의 제출대상
1. 원유 정제처리업
2. 기타 석유정제물 재처리업
3. 석유화학계 기초화학물질 제조업 또는 합성수지 및 기타 플라스틱물질 제조업.
4. 질소 화합물, 질소 · 인산 및 칼리질 화학비료 제조업 중 질소질 비료 제조
5. 복합비료 및 기타 화학비료 제조업 중 복합비료 제조(단순혼합 또는 배합에 의한 경우는 제외한다)
6. 화학 살균 · 살충제 및 농업용 약제 제조업[농약 원제(原劑) 제조만 해당한다]
7. 화약 및 불꽃제품 제조업

□□□ 09년3회, 13년1회, 16년3회

2. 다음 중 설비의 주요 구조부분을 변경함으로써 공정안전보고서를 제출하여야 하는 경우가 아닌 것은?

① 플레어스택을 설치 또는 변경하는 경우
② 가스누출감지경보기를 교체 또는 추가로 설치하는 경우
③ 변경된 생산설비 및 부대설비의 해당 전기정격용량이 300kW 이상 증가한 경우
④ 생산량의 증가, 원료 또는 제품의 변경을 위하여 반응기 (관련설비 포함)를 교체 또는 추가로 설치하는 경우

해설

설비의 주요 구조부분을 변경함으로 공정안전보고서를 제출하여야 하는 경우
1. 생산량의 증가, 원료 또는 제품의 변경을 위하여 반응기(관련설비 포함)를 교체 또는 추가로 설치하는 경우
2. 변경된 생산설비 및 부대설비의 당해 전기정격용량이 300킬로와트 이상 증가한 경우
3. 플레어스택을 설치 또는 변경하는 경우

□□□ 08년2회, 12년2회, 15년2회

3. 다음 중 산업안전보건법상 공정안전보고서에 포함되어야 할 사항으로 가장 거리가 먼 것은?

① 공정안전자료　② 비상조치계획
③ 평균안전율　④ 공정위험성 평가서

해설

산업안전보건법상 공정안전보고서의 내용
1. 공정안전자료
2. 공정위험 평가서
3. 안전운전계획
4. 비상조치계획
5. 기타 공정안전과 관련하여 노동부장관이 필요하다고 인정하여 고시하는 사항

□□□ 13년2회

4. 다음 중 공정안전보고서 심사기준에 있어 공정배관계장도(P&ID)에 반드시 표시되어야 할 사항이 아닌 것은?

① 물질 및 열수지
② 안전밸브의 크기 및 설정압력
③ 장치의 계측제어 시스템과의 상호관계
④ 동력기계와 장치의 주요 명세

해설

물질 및 열수지는 공정흐름도 (PFD, Process Flow Diagram)에 표시되어야 할 사항이다.

[참고]
1. "공정배관계장도 (P&ID, Piping & Instrument Diagram)"라 함은 공정의 시운전(Start-up operation), 정상운전(Normal operation), 운전정지(Shut down), 및 비상운전(Emergency operation) 시에 필요한 모든 공정장치, 동력기계, 배관, 공정제어 및 계기등을 표시하고 이들 상호간에 연관 관계를 나타내 주며 상세설계, 건설, 변경, 유지보수 및 운전 등을 하는 데 필요한 기술적 정보를 파악할 수 있는 도면을 말한다.
2. 공정흐름도 (PFD, Process Flow Diagram)는 공정계통과 장치설계기준을 나타내 주는 도면이며 주요장치, 장치간의 공정연관성, 운전조건, 운전변수, 물질수지, 에너지수지, 제어 설비 및 연동장치 등의 기술적 정보를 파악할 수 있는 도면을 말한다.

□□□ 08년3회, 11년1회, 14년2회, 21년2회

5. 산업안전보건법에 의한 공정안전보고서에 포함되어야 하는 내용 중 공정안전자료의 세부내용에 해당하지 않는 것은?

① 유해 · 위험설비의 목록 및 사양
② 안전운전 지침서
③ 각종 건물 · 설비의 배치도
④ 위험설비의 안전설계 · 제작 및 설치관련 지침서

정답 1 ④ 2 ② 3 ③ 4 ① 5 ②

문제 5~8 해설

공정안전자료의 세부내용
1. 취급 · 저장하고 있거나 취급 · 저장하려는 유해 · 위험물질의 종류 및 수량
2. 유해 · 위험물질에 대한 물질안전보건자료
3. 유해 · 위험설비의 목록 및 사양
4. 유해 · 위험설비의 운전방법을 알 수 있는 공정도면
5. 각종 건물 · 설비의 배치도
6. 폭발위험장소 구분도 및 전기단선도
7. 위험설비의 안전설계 · 제작 및 설치 관련 지침서

□□□ 09년1회, 18년1회

6. 공정안전보고서 중 공정안전자료에 포함하여야 할 세부 내용에 해당하는 것은?

① 비상조치계획
② 공정위험평가서
③ 각종 건물 · 설비의 배치도
④ 도급업체 안전관리계획

□□□ 09년3회

7. 다음 중 공정안전보고서에 포함하여야 할 공정안전자료의 세부내용이 아닌 것은?

① 유해 · 위험설비의 목록 및 사양
② 방폭지역 구분도 및 전기단선도
③ 취급 · 저장하고 있거나 취급 · 저장하고자 하는 유해 · 위험물질의 종류 및 수량
④ 사고발생 시 각 부서 · 관련기관과의 비상연락체계

□□□ 14년1회, 19년2회

8. 다음 중 공정안전보고서에 포함하여야 할 공정안전자료의 세부내용이 아닌 것은?

① 유해 · 위험설비의 목록 및 사양
② 방폭지역 구분도 및 전기단선도
③ 유해 · 위험물질에 대한 물질안전보건자료
④ 설비점검 · 검사 및 보수계획, 유지계획 및 지침서

□□□ 12년3회, 16년2회, 18년3회

9. 다음 중 산업안전보건법상 공정안전보고서의 안전운전계획에 포함되지 않는 항목은?

① 안전작업허가
② 안전운전지침서
③ 가동 전 점검지침
④ 비상조치계획에 따른 교육계획

해설

안전운전 계획의 세부내용
1. 안전 운전 지침서
2. 설비 점검, 검사 및 보수, 유지 계획 및 지침서
3. 안전작업 허가
4. 도급업체 안전관리 계획
5. 근로자 등의 교육 계획
6. 가동전 점검 지침
7. 변경 요소 관리 계획
8. 자체 감사 및 사고 조사 계획
9. 그 밖에 안전운전에 필요한 사항

□□□ 09년2회, 10년3회, 17년1회

10. 다음 중 산업안전보건법상 물질안전보건자료의 작성 · 비치 제외 대상이 아닌 것은?

① 원자력법에 의한 방사성 물질
② 농약관리법에 의한 농약
③ 비료관리법에 의한 비료
④ 관세법에 의해 수입되는 유기용제

문제 10, 11 해설

물질안전보건자료의 작성 · 비치 제외 대상
1. 「건강기능식품에 관한 법률」 제3조제1호에 따른 건강기능식품
2. 「농약관리법」 제2조제1호에 따른 농약
3. 「마약류 관리에 관한 법률」 제2조제2호 및 제3호에 따른 마약 및 향정신성의약품
4. 「비료관리법」 제2조제1호에 따른 비료
5. 「사료관리법」 제2조제1호에 따른 사료
6. 「생활주변방사선 안전관리법」 제2조제2호에 따른 원료물질
7. 「생활화학제품 및 살생물제의 안전관리에 관한 법률」 제3조제4호 및 제8호에 따른 안전확인대상 생활화학제품 및 살생물제품 중 일반소비자의 생활용으로 제공되는 제품
8. 「식품위생법」 제2조제1호 및 제2호에 따른 식품 및 식품첨가물
9. 「약사법」 제2조제4호 및 제7호에 따른 의약품 및 의약외품
10. 「원자력안전법」 제2조제5호에 따른 방사성물질
11. 「위생용품 관리법」 제2조제1호에 따른 위생용품
12. 「의료기기법」 제2조제1항에 따른 의료기기
13. 「총포 · 도검 · 화약류 등의 안전관리에 관한 법률」 제2조제3항에 따른 화약류
14. 「폐기물관리법」 제2조제1호에 따른 폐기물
15. 「화장품법」 제2조제1호에 따른 화장품
16. 제1호부터 제15호까지의 규정 외의 화학물질 또는 혼합물로서 일반소비자의 생활용으로 제공되는 것(일반소비자의 생활용으로 제공되는 화학물질 또는 혼합물이 사업장 내에서 취급되는 경우를 포함한다)
17. 고용노동부장관이 정하여 고시하는 연구 · 개발용 화학물질 또는 화학제품.
18. 그 밖에 고용노동부장관이 독성 · 폭발성 등으로 인한 위해의 정도가 적다고 인정하여 고시하는 화학물질

정답 6 ③ 7 ④ 8 ④ 9 ④ 10 ④

□□□ 12년3회

11. 다음 중 물질안전보건자료(MSDS)의 작성 · 비치대상에서 제외되는 물질이 아닌 것은? (단, 해당하는 관련 법령의 명칭은 생략한다.)

① 화장품 ② 사료
③ 플라스틱 원료 ④ 식품 및 식품첨가물

□□□ 13년3회, 16년1회

12. 다음 중 산업안전보건법령상 물질안전보건자료 작성 시 포함되어 있는 주요 작성항목이 아닌 것은?

① 폐기 시 주의사항
② 법적규제 현황
③ 주요 구입 및 폐기처
④ 화학제품과 회사에 관한 정보

해설

물질안전보건자료 주요 작성항목
1. 화학제품과 회사에 관한 정보
2. 구성성분의 명칭 및 함유량
3. 위험 · 위해성
4. 응급조치요령
5. 폭발 · 화재 시 대처방법
6. 노출사고 시 대처방법
7. 취급 및 저장방법
8. 노출방지 및 개인 보호구
9. 물리 · 화학적 특성
10. 안전성 및 반응성
11. 독성에 관한 정보
12. 환경에 미치는 영향
13. 폐기 시 주의사항
14. 운송에 필요한 정보
15. 법적규제 현황

□□□ 14년2회, 17년3회, 20년1·2회

13. 반응성 화학물질의 위험성은 주로 실험에 의한 평가보다 문헌조사 등을 통해 계산에 의한 평가하는 방법이 사용되고 있는데, 이에 관한 설명으로 옳지 않은 것은?

① 위험성이 너무 커서 물성을 측정할 수 없는 경우 계산에 의한 평가 방법을 사용할 수도 있다.
② 연소열, 분해열, 폭발열 등의 크기에 의해 그 물질의 폭발 또는 발화의 위험예측이 가능하다.
③ 계산에 의한 평가를 하기 위해서는 폭발 또는 분해에 따른 생성물의 예측이 이루어져야 한다.
④ 계산에 의한 위험성 예측은 모든 물질에 대해 정확성이 있으므로 더 이상의 실험을 필요로 하지 않는다.

해설

계산에 의한 위험성 예측은 모든 물질에 대한 정확성이 다르므로 각각의 물질에 대한 실험에 의한 평가가 정확성이 높다.

□□□ 10년1회, 13년2회

14. 다음 보기에서 일반적인 자동제어 시스템의 작동순서를 바르게 나열한 것은?

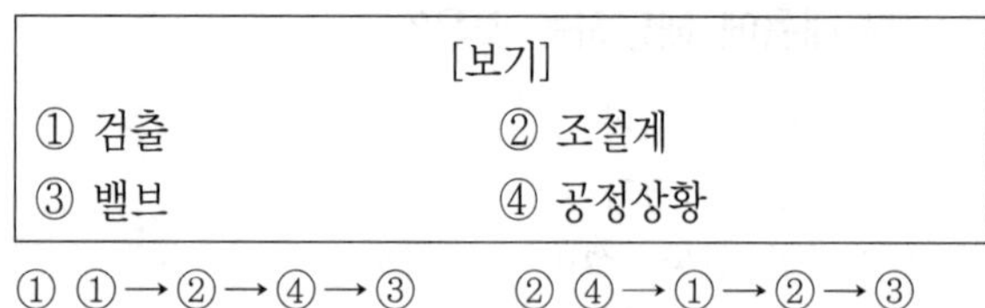
[보기]
① 검출 ② 조절계
③ 밸브 ④ 공정상황

① ①→②→④→③ ② ④→①→②→③
③ ②→④→①→③ ④ ③→②→④→①

문제 14~17 해설

화학공장의 폐회로방식 및 제어계의 작동 순서
1. 폐회로 방식 : 검출부–조절계–조작부–공정설비
   폐회로방식 제어계 : 외관의 변동에 관계가 없이 제어량이 설정값을 지니도록 제어량과 설정값을 비교해서 조작량을 변화시켜 조정될 수 있도록 제어대상과 제어장치로서 폐밸브(valve)를 구성하는 제어계이다.

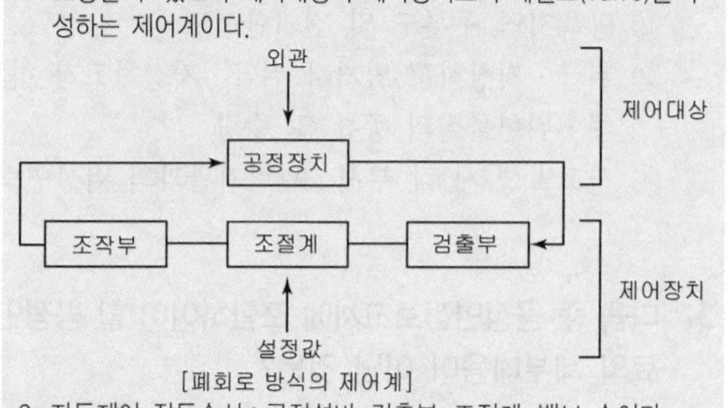

[폐회로 방식의 제어계]

2. 자동제어 작동순서 : 공정설비–검출부–조절계–밸브 순이다.

□□□ 16년1회

15. 일반적인 자동제어 시스템의 작동순서를 바르게 나열한 것은?

① 검출 → 조절계 → 공정상황 → 밸브
② 공정상황 → 검출 → 조절계 → 밸브
③ 조절계 → 공정상황 → 검출 → 밸브
④ 밸브 → 조절계 → 공정상황 → 검출

정답 11 ③ 12 ③ 13 ④ 14 ② 15 ②

□□□ 11년2회

16. 다음 중 화학공장에서의 기본적인 자동제어의 작동 순서를 올바르게 나열한 것은?

① 검출 → 조절계 → 밸브 → 제조공정 → 검출
② 조절계 → 검출 → 밸브 → 제조공정 → 조절계
③ 밸브 → 조절계 → 검출 → 제조공정 → 밸브
④ 검출 → 밸브 → 조절계 → 제조공정 → 검출

□□□ 11년3회

17. 다음 중 화학공장의 폐회로방식 제어계의 작동 순서를 가장 올바르게 나열한 것은?

① 공정설비 → 조절계 → 조작부 → 검출부 → 공정설비
② 공정설비 → 검출부 → 조절계 → 조작부 → 공정설비
③ 공정설비 → 조작부 → 검출부 → 조절계 → 공정설비
④ 공정설비 → 조작부 → 조절계 → 검출부 → 공정설비

□□□ 20년1·2회

18. 산업안전보건법령에 따라 유해하거나 위험한 설비의 설치 · 이전 또는 주요 구조부분의 변경공사 시 공정안전보고서의 제출시기는 착공일 며칠 전까지 관련 기관에 제출하여야 하는가?

① 15일 ② 30일
③ 60일 ④ 90일

해설

사업주는 유해하거나 위험한 설비의 설치 · 이전 또는 주요 구조부분의 변경공사의 착공일(기존 설비의 제조 · 취급 · 저장 물질이 변경되거나 제조량 · 취급량 · 저장량이 증가하여 유해 · 위험물질 규정량에 해당하게 된 경우에는 그 해당일을 말한다) 30일 전까지 공정안전보고서를 2부 작성하여 공단에 제출해야 한다.

[참고] 산업안전보건법 시행규칙 제51조 【공정안전보고서의 제출시기】

정답 16 ① 17 ② 18 ②

Chapter

03 폭발 방지 및 안전대책

폭발 방지 및 안전대책에서는 연소파와 폭굉파, 폭발의 분류, 폭발방지대책 등으로 구성되며 폭발형태에 따른 특성과 폭발범위 등이 주로 출제된다.

01 폭발의 특성

(1) 연소파와 폭굉파

① 연소파와 폭굉파의 분류

구분	내용
연소파	가연성 Gas와 혼합공기의 농도가 폭발범위내에 있는 물질은 착화하면 국한된 반응 영역이 형성되고 이것이 혼합가스 중을 전파하여 가는 경우
폭굉파	연소파가 어떤 일정거리를 진행한 후 연소 전파속도가 증가하여 그 속도가 1,000~3,500m/s에 도달했을 때 폭발이 격렬한 경우

■ 연소파의 예

① 메탄(CH_4, 약 10%) : 0.35m/s
② 수소 · 공기혼합 Gas(H_2, 약 43%) : 2.7m/s
③ 수소 · 산소혼합 Gas(H_2, 약 70%) : 9m/s

[연소파의 연소속도]

연소 속도 = 화염속도 + 미연소 가스 속도 (약 0.01~10m/s)

[가연성 가스의 연소압력]

아세틸렌, 프로판 등은 가연성 가스와 공기 또는 산소와 혼합시 착화하면서 약 7~8kg/cm²의 고압을 발생한다.

② 폭발반응의 특징

㉠ 일정한 방향으로 진행하여 가는 한정된 반응영역이 형성된다.
㉡ 한번 발화하면 그 반응은 자동적으로 계속된다.
㉢ 반응이 성립하려면 온도, 압력, 조성, 발화 에너지 등에 한계치가 존재

[반응폭주현상]

온도, 압력 등 제어상태가 규정의 조건을 벗어나는 것에 의해 반응 속도가 지수 함수적으로 증대되고, 반응 용기내의 온도, 압력이 급격히 이상 상승되어 규정 조건을 벗어나고, 반응이 과격화되는 현상이다.

③ 폭굉과 연소 압력의 전파

연소는 화염전파속도가 음속이하이며, 반응직후에 약간의 상승이 있을 뿐으로 압력은 곧 파면전후에 없어진다. 폭굉은 파면선단에 충격파가 발생하여 피괴작용을 일으킨다.

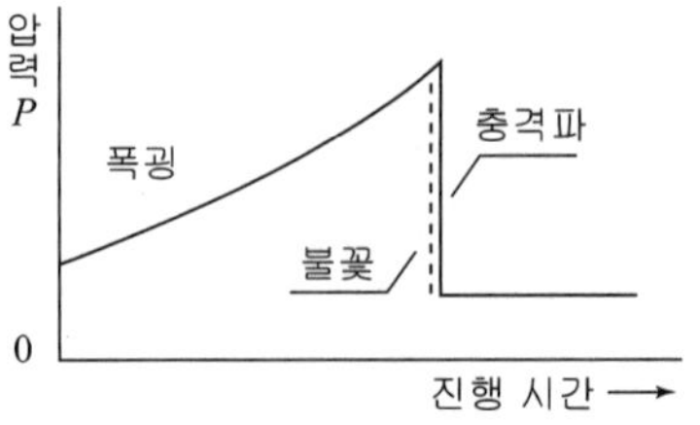

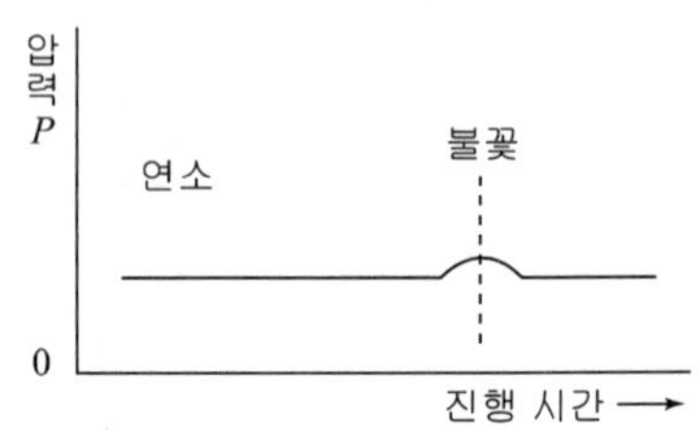

폭굉과 연소 압력의 전파 현상

④ 폭굉유도거리

구분	내용
폭굉유도거리의 정의	최초의 완만한 연소가 격렬한 폭굉으로 발전할 때까지의 거리
폭굉유도거리가 짧은 경우	• 정상 연소속도가 큰 혼합가스일수록 짧다. • 관속에 방해물이 있거나 관경이 가늘수록 짧다. • 압력이 높을수록 짧다. • 점화원의 에너지가 강할수록 짧다.

⑤ 반응폭주현상

온도, 압력 등 제어상태가 규정의 조건을 벗어나는 것에 의해 반응 속도가 지수 함수적으로 증대되고, 반응 용기내의 온도, 압력이 급격히 이상 상승되어 규정 조건을 벗어나고, 반응이 과격화되는 현상

(2) 폭발의 분류

① 기상폭발

구분	내용
혼합가스의 폭발	가연성 가스와 조연성 가스가 일정한 비율로 혼합된 혼합가스가 발화원에 의해 착화되어 가스폭발을 일으키는 경우
가스의 분해폭발	가스 분자의 분해시 반응열이 큰 가스는 단일성분의 가스라 하여도 발화원에 의해 착화하면 가스폭발을 일으킨다. (아세틸렌, 산화에틸렌, 에틸렌, 히드라진, 이산화염소 등)
분진폭발	가연성고체의 미분(微粉)이나 가연성액체의 무적(霧適 : mist)에 착화되어 폭발을 일으키는 경우
분무폭발	가연성 액체무적이 어떤 농도 이상으로 조연성 가스 중에 분산되어 있을 때 착화되어 일어나는 폭발

■ 가연성 가스와 조연성 가스의 종류

구분	종류
가연성 가스	수소(H_2), 아세틸렌(C_2H_2), 천연가스, LP가스 등과 휘발유, 알코올, 에테르, 톨루엔, 벤젠 등의 가연성 액체로부터 발생되는 증기 등
조연성 가스	공기, 산소(O_2), 염소(CI_2), 불소(F_2), 질소산화물 (아산화질소, 산화질소, 이산화질소) 등

[물질상태에 따른 폭발 분류]

(1) 기상폭발
① 가스폭발
② 분진폭발
③ 분무폭발

(2) 응상폭발
① 혼합위험성 물질의 폭발
② 폭발성 화합물의 폭발
③ 증기폭발
④ 도선폭발
⑤ 고상전이 폭발

② 응상 폭발

㉠ 혼합위험성 물질에 의한 폭발

구분	내용
혼합 시 폭발	산화성 물질과 환원성 물질을 혼합하였을 때, 혼합직후에 발화 폭발하는 것과 혼합 후 충격 및 가열에 의해 폭발을 일으키는 것
가열 시 폭발	액화시안화수소(HCN), 디케틴(Diketene : $C_4H_4O_2$), 삼염화에틸렌, 무수말레인산 등과 같이 알칼리와 공존하는 상태에서 가열하면 폭발을 일으키는 것 (질산암몬과 유지, 과망간산칼리와 농황산, 무수말레인산과 가성소다. 액체소다와 탄소분등의 혼합에 의한 폭발)

㉡ 폭발성 화합물의 폭발

유기과산화물, 니트로화합물, 질산에스테르 등의 분자 내 연소에 따른 폭발과 흡열화합물의 분해반응에 의한 폭발 등이 있다.

㉢ 증기폭발

물, 유기액체 또는 액화가스 등의 액체들이 과열상태가 될 때 순간적으로 급속한 증발현상에 의한 폭발

- 뜨거운 액체(용융금속, 용융열)가 차가운 액체(일반적으로 물)와 접촉하면 차가운 액체의 과열로 인한 증기가 충격파를 만든다.
- 증기폭발은 차가운 액체 속에 뜨거운 액체를 넣는 경우보다는 액체에 차가운 액체를 넣을 경우가 더 방산될 수 있다.
- 고압가열된 액체가 갑자기 감압될 때에도 액체가 갑자기 증발되어 충격파를 발생할 수도 있다.

[비등현상]
액체가 표면과 내부에서 모두 기포가 발생하면서 기체로 변하는 현상

[Leidenfrost Point]
핵비등에서 막비등으로 넘어가는 온도(물은 200℃근방)를 Leidenfrost Point라 하여 처음으로 이 현상을 연구한 사람의 이름을 붙였다.

[flash over]
화재초기에 가연성가스가 모여 그것이 일시에 폭발적으로 화염이 번지기 때문에 개구부를 통해 화염이나 연기가 뿜어나오는 현상(개구부를 제한하여 화염방지 등을 지연할 수 있다)

③ BLEVE와 UVCE

구분	내용
BLEVE (비등액 팽창증기 폭발)	비점이나 인화점이 낮은 액체가 들어 있는 용기 주위에 화재 등으로 인하여 가열되면, 내부의 비등현상으로 인한 압력 상승으로 용기의 벽면이 파열되면서 그 내용물이 폭발적으로 증발, 팽창하면서 폭발을 일으키는 현상
UVCE (증기운 폭발)	저온 액화가스의 저장탱크나 고압의 가연성 액체용기가 파괴되어 다량의 가연성 증기가 대기중으로 급격히 방출되어 공기중에 분산 확산되어 있는 상태를 증기운이라고 한다. 이 가연성 증기운에 착화원이 주어지면 폭발하여 fire ball을 형성하는데 이를 증기운 폭발이라고 한다.

01 핵심문제 1. 폭발의 특성

□□□ 10년2회, 14년3회, 17년2회

1. 다음 설명이 의미하는 것은?

"온도, 압력 등 제어상태가 규정의 조건을 벗어나는 것에 의해 반응 속도가 지수 함수적으로 증대되고, 반응 용기내의 온도, 압력이 급격히 이상 상승되어 규정 조건을 벗어나고, 반응이 과격화되는 현상"

① 비등 ② 과열 · 과압
③ 폭발 ④ 반응폭주

해설

① 비등
액체가 표면과 내부로부터 모두 기포가 발생하면서 기체로 변하는 현상이다. 즉, 액체의 표면과 내부에서 기화가 일어나는 현상
② 과열 · 과압
액체를 빠르게 가열하면 끓는점보다 온도가 높아진 상태에서도 끓지 않을 때가 있는데, 이것을 과열이라 하고, 압력이 급격이 팽창을 하는 경우
③ 폭발
물체가 급격히 또한 현저하게 그 용적을 팽창(증가)하는 반응
④ 반응폭주
온도, 압력 등 제어상태가 규정의 조건을 벗어나는 것에 의해 반응 속도가 지수 함수적으로 증대되고, 반응 용기내의 온도, 압력이 급격히 이상 상승되어 규정 조건을 벗어나고, 반응이 과격화되는 현상

□□□ 12년2회

2. 다음 중 가연성 기체의 폭발한계와 폭굉한계를 가장 올바르게 설명한 것은?

① 폭발한계와 폭굉한계는 농도범위가 같다.
② 폭굉한계는 폭발한계의 최상한치에 존재한다.
③ 폭발한계는 폭굉한계보다 농도범위가 넓다.
④ 두 한계의 하한계는 같으나, 상한계는 폭굉한계가 더 높다.

해설

폭발한계안에서 연소파가 어떤 일정거리를 진행한 후 연소 전파속도를 증가하여 그 속도가 1,000~3,500m/s에 도달하는 경우를 폭굉현상이라 하고 이 때 국한된 영역 범위를 폭굉파라 한다.

□□□ 10년1회, 16년3회, 19년2회

3. 폭발원인물질의 물리적 상태에 따라 구분할 때 기상폭발(gas explosion)에 해당되지 않는 것은?

① 분진폭발 ② 응상폭발
③ 분무폭발 ④ 가스폭발

문제 3~5 해설

물질상태에 따른 폭발 분류
(1) 기상폭발
① 가스폭발
② 분진폭발
③ 분무폭발
(2) 응상폭발
① 혼합위험성 물질의 폭발
② 폭발성 화합물의 폭발
③ 증기폭발
④ 도선폭발
⑤ 고상전이 폭발

□□□ 13년3회, 17년3회, 21년3회

4. 폭발을 기상폭발과 응상폭발로 분류할 때 다음 중 기상폭발에 해당되지 않는 것은?

① 분진폭발 ② 분무폭발
③ 혼합가스폭발 ④ 수증기폭발

□□□ 17년2회

5. 다음 중 응상폭발이 아닌 것은?

① 분해폭발
② 수증기폭발
③ 전선폭발
④ 고상간의 전이에 의한 폭발

□□□ 13년3회, 19년3회

6. 뜨거운 금속에 물이 닿으면 튀는 현상과 같이 핵비등(nucleate boiling) 상태에서 막비등(film boiling)으로 이행되는 온도를 무엇이라 하는가?

① Burn-out point
② Leidenfrost point
③ Sub-cooling boiling point
④ Entrainment point

해설

핵비등에서 막비등으로 넘어가는 온도(물은 200℃ 근방)를 Leidenfrost Point라 하여 처음으로 이 현상을 연구한 사람의 이름을 붙였다.(1756, Johann Gottlob Leidenfrost, 독일)

정답 1 ④ 2 ③ 3 ② 4 ④ 5 ① 6 ②

□□□ 09년2회, 16년1회, 17년2회

7. 비점이나 인화점이 낮은 액체가 들어 있는 용기 주위에 화재 등으로 인하여 가열되면, 내부의 비등현상으로 인한 압력 상승으로 용기의 벽면이 파열되면서 그 내용물이 폭발적으로 증발, 팽창하면서 폭발을 일으키는 현상을 무엇이라 하는가?

① BLEVE ② UVCE
③ 개방계 폭발 ④ 밀폐계 폭발

문제 7, 8 해설

BLEVE 현상이란 비등액 팽창증기 폭발로 비점이 낮은 액체 저장탱크 주위에 화재가 발생했을 때 저장탱크 내부의 비등 현상으로 인한 압력 상승으로 탱크가 파열되어 그 내용물이 증발, 팽창하면서 발생되는 폭발현상

□□□ 11년3회, 15년2회, 18년2회

8. 다음 중 "BLEVE"를 나타낸 용어로 옳은 것은?

① 개방계 증기운 폭발 ② 비등액 팽창증기 폭발
③ 고농도의 분진폭발 ④ 저농도의 분해폭발

정답 7 ① 8 ②

02 분진폭발

(1) 분진의 특성

① 지름이 100μm 이하의 분체 중에서 공기 중에 떠있는 분체를 분진(dust)이라고 하며 분진은 폭발성을 가지고 있다.

② 가연성고체의 미분(微粉)이나 가연성액체의 무적(霧適 : mist)이 연소범위로 분산되어 있을 때 발화원에 의해 착화되어 분진 폭발을 일으킨다.

③ 주요 분진폭발 위험성 물질

황 및 플라스틱, 식품, 사료, 석탄 등의 분말, 산화반응열이 큰 금속(마그네슘, 티타늄, 칼슘 실리콘 등의 분말), 유압기의 기름분출에 의한 유적(油適)의 폭발(분무 폭발이라고도 함)

④ 주요 물질의 입자별 분류

명칭	내용	입자크기
흄(Fume)	금속의 증기가 공기 중에서 응고되어, 고체의 미립자로 공기중에 부유하는 것	0.01~1μm
스모그(smoke)	불완전 연소에 의해 생긴 미립자	0.01~1μm
미스트(mist)	공기 중에 부유하는 대단히 작은 액체입자로 구성되어 있으며 가스로부터 응축되어 공기 중 분산 된 액체의 미립자	0.1~10μm
분진(dust)	물체가 작은 입자로 파쇄되어 공기 중 분산된 고체의 미립자	0.001~1,000μm
가스(gas)	25℃, 760mmhg에서 기체	분자상
증기(vapor)	25℃, 760mmhg에서 액체 또는 고체표면에서 발생한 기체	분자상

(2) 분진폭발의 과정

① 입자표면이 열 에너지를 받아 표면온도가 상승

② 상승한 입자표면의 분자가 열분해하여 입자주위에 가연성 가스를 방출

③ 가연성 가스가 공기와 혼합하여 폭발성 혼합기를 생성하고 착화원에 의해 발화하여 화염을 발생시킴

④ 화염에 의해 발생한 열은 입자의 분해를 촉진시켜 가연성 가스를 방출하는 것을 반복하게 된다.

■ **분진 폭발의 순서**

퇴적 분진 → 비산 → 분산 → 발화원 → 전면폭발 → 2차폭발

(3) 분진폭발의 특성

① 분진폭발을 일으킬수 있는 조건

구분	내용
분진	가연성일 것
분진상태	분진이 화염을 전파할 수 있는 크기의 분포를 가지고 있으며, 분진의 농도가 폭발범위안에 있을 것.
점화원	화염전파를 개시하는 충분한 에너지의 점화원이 있을 것.
교반과 유동	충분한 산소가 공급되어야 하며, 가연성 가스중에서 교반과 유동이 일어나야 한다.

② 분진폭발의 연소속도나 폭발압력은 가스폭발보다는 작지만(화염의 파급속도보다 압력의 파급속도가 크다.) 발생되는 에너지가 크기 때문에 가해지는 파괴력은 매우 크다.

③ 분진의 최초 폭발은 크지 않지만 주변에 퇴적된 분진이 교반하여 열 등에 의해 2차 폭발을 일으키는데 이것은 최초에 비하여 규모가 크고 큰 파괴력을 가진다.

④ 분진폭발 시 불완전 연소에 의해 CO성분이 발생하여 폭발이외에 CO 중독에 의한 피해가 발생될 우려가 있다.

⑤ 분진폭발에 영향을 미치는 인자

구분	내용
분진입도 및 입도분포	입도가 작을수록 비표면적이 커지고 반응속도가 커져서 폭발성이 커진다.
입자의 형상과 표면상태	분진의 형상이 구형이 될수록 폭발성이 약하며 입자표면적이 산소에 대해 활성될수록 폭발성이 높다.
분진의 부유	입자가 작고 가벼운 것은 공기중에 부유하기 쉽고, 공기중에 체류하는 시간이 길어 위험성이 커진다.
분진의 화학적 성질과 조성	발생되는 기체량이 연소열의 크기, 용적의 변화가 큰 것, 휘발성분의 함유량이 큰 것 등이 분진폭발의 격렬도에 영향을 준다.
수분	분진 중에 수분이 존재할 경우 부유성을 억제하며 폭발하한농도를 높여 폭발성이 약해진다.

■ **분진폭발의 폭발지수**

폭발지수 = 폭발의 크기 × 발화성 감도

(4) 분진폭발의 방호

① 분진운의 생성방지

② 발화원의 제거

③ 불활성 물질(N_2, CO_2 등)의 첨가

02 핵심문제 2. 분진폭발

□□□ 08년3회, 11년1회, 15년1회

1. 금속의 증기가 공기 중에서 응고되어 화학변화를 일으켜 고체의 미립자로 되어 공기 중에 부유하는 것을 의미하는 용어는?

① 흄(fume) ② 분진(dust)
③ 미스트(mist) ④ 스모크(smoke)

해설

흄이란 금속의 증기가 공기 중에서 응고되어 화학변화를 일으켜 고체의 미립자로 되어 공기 중에 부유하는 것으로 입자의 크기는 0.01~1μm이다.

□□□ 10년2회

2. 다음 중 유해물질에 관한 설명으로 옳은 것은?

① 흄(fume)은 액체의 미세한 입자가 공기 중에 부유하고 있는 것을 말한다.
② 분진(dust)은 금속의 증기가 공기 중에서 응고되어, 화학변화를 일으켜 고체의 미립자로 되어 공기 중에 부유하는 것을 말한다.
③ 미스트(mist)는 기계적 작용에 의해 발생된 고체 미립자가 공기 중에 부유하고 있는 것을 말한다.
④ 스모크(smoke)는 유기물의 불완전연소에 의해 생긴 미립자를 말한다.

해설

①항, 흄(fume)이란 고체입자로서 연소, 승화, 응결과 같은 작용에 의해서 발생되는 미립자이다.
②항, 분진(dust)이란 고체입자로서 물체가 작은 입자로 파쇄되어 생긴 미립자이다.
③항, 미스트(mist)란 분산되어 있는 액체입자로서, 육안으로 볼 수 가 있다.

□□□ 17년1회

3. 다음 중 분진 폭발을 일으킬 위험이 가장 높은 물질은?

① 염소 ② 마그네슘
③ 산화칼슘 ④ 에틸렌

문제 3, 4 해설

주요 분진폭발 위험성 물질
황 및 플라스틱, 식품, 사료, 석탄 등의 분말, 산화반응열이 큰 금속(마그네슘, 티타늄, 칼슘 실리콘 등의 분말), 유압기의 기름분출에 의한 유적(油適)의 폭발(분무 폭발이라고도 함)

□□□ 19년1회

4. 분진폭발을 방지하기 위하여 첨가하는 불활성 첨가물로 적합하지 않은 것은?

① 탄산칼슘 ② 모래
③ 석분 ④ 마그네슘

□□□ 08년2회, 12년2회, 15년1회, 19년3회

5. 다음 중 분진폭발의 특징을 가장 올바르게 설명한 것은?

① 가스폭발보다 발생에너지가 작다.
② 폭발압력과 연소속도는 가스폭발보다 크다.
③ 불완전연소로 인한 가스중독의 위험성은 적다.
④ 화염의 파급속도보다 압력의 파급속도가 크다.

문제 5~7 해설

분진폭발의 특성
1. 분진폭발의 연소속도나 폭발압력은 가스폭발보다는 작지만(화염의 파급속도보다 압력의 파급속도가 크다.) 발생되는 에너지가 크기 때문에 가해지는 파괴력은 매우 크다.
2. 분진의 최초 폭발은 크지 않지만 주변에 퇴적된 분진이 교반하여 열 등에 의해 2차 폭발을 일으키는데 이것은 최초에 비하여 규모가 크고 큰 파괴력을 가진다.
3. 분진폭발 시 불완전 연소에 의해 CO성분이 발생하여 폭발이외에 CO 중독에 의한 피해가 발생될 우려가 있다.

□□□ 08년3회, 17년1회

6. 다음 중 분진 폭발의 특징으로 옳은 것은?

① 가스폭발보다 연소시간이 짧고, 발생 에너지가 작다.
② 압력의 파급속도보다 화염의 파급속도가 빠르다.
③ 가스폭발에 비하여 불완전 연소가 적게 발생한다.
④ 주위의 분진에 의해 2차, 3차의 폭발로 파급될 수 있다.

□□□ 11년2회, 17년3회

7. 다음 중 분진폭발에 관한 설명으로 틀린 것은?

① 가스폭발에 비교하여 연소시간이 짧고, 발생에너지가 작다.
② 최초의 부분적인 폭발이 분진의 비산으로 2차, 3차 폭발로 파급되어 피해가 커진다.
③ 가스에 비하여 불완전 연소를 일으키기 쉬우므로 연소 후 가스에 의한 중독 위험이 있다.
④ 폭발 시 입자가 비산하므로 이것에 부딪치는 가연물은 국부적으로 심한 탄화를 일으킨다.

정답 1 ① 2 ④ 3 ② 4 ④ 5 ④ 6 ④ 7 ①

□□□ 10년3회, 16년2회, 18년3회

8. 다음 중 분진이 발화 폭발하기 위한 조건이 아닌 것은?

① 불연성
② 미분 상태
③ 점화원의 존재
④ 지연성가스 중에서의 교반과 운동

해설

분진폭발을 일으킬수 있는 조건

구분	내용
분진	가연성일 것
분진상태	분진이 화염을 전파할 수 있는 크기의 분포를 가지고 있으며, 분진의 농도가 폭발범위안에 있을 것.
점화원	화염전파를 개시하는 충분한 에너지의 점화원이 있을 것.
교반과 유동	충분한 산소가 공급되어야 하며, 가연성 가스중에서 교반과 유동이 일어나야 한다.

□□□ 10년3회

9. 다음 중 폭발 방지에 관한 설명으로 적절하지 않은 것은?

① 폭발성 분진은 퇴적되지 않도록 항상 공기 중에 분산시켜 주어야 한다.
② 압력이 높을수록 가연성 물질의 발화지연이 짧아진다.
③ 가스 누설 우려가 있는 장소에서는 점화원의 철저한 관리가 필요하다.
④ 도전성이 낮은 액체는 접지를 통한 정전기 방전 조치를 취한다.

해설

분진이 공기중에서 분산되는 경우 산소와 교반되어 폭발의 위험성이 높아진다.

□□□ 13년1회, 18년2회

10. 다음 중 분진폭발이 발생하기 쉬운 조건으로 적절하지 않은 것은?

① 발열량이 클 것
② 입자의 표면적이 작을 것
③ 입자의 형상이 복잡할 것
④ 분진의 초기 온도가 높을 것

해설

입도가 작을수록 비표면적은 커지게되고 반응속도가 커져서 폭발성이 커진다.

□□□ 10년2회, 12년1회, 14년3회, 17년2회, 20년1·2회

11. 다음 중 분진폭발순서로 옳은 것은?

① 퇴적분진 → 비산 → 분산 → 발화원 → 전면폭발 → 2차폭발
② 퇴적분진 → 분산 → 발화원 → 비산 → 전면폭발 → 2차폭발
③ 비산 → 퇴적분진 → 분산 → 발화원 → 2차폭발 → 전면폭발
④ 비산 → 분산 → 퇴적분진 → 발화원 → 2차 폭발 → 전면폭발

해설

분진폭발순서
퇴적분진 → 비산 → 분산 → 발화원 발생 → 전면폭발 → 2차폭발

□□□ 12년3회, 16년1회, 20년4회

12. 다음 중 분진의 폭발위험성을 증대시키는 조건에 해당하는 것은?

① 분진의 발열량이 작을수록
② 분위기 중 산소농도가 작을수록
③ 분진 내의 수분농도가 작을수록
④ 분진의 표면적

해설

분진 중에 수분이 존재할 경우 부유성을 억제하며 폭발하한농도를 높여 폭발성이 약해진다.

정답 8 ① 9 ① 10 ② 11 ① 12 ③

03 가스폭발

(1) 폭발의 성립조건

① 밀폐된 공간이 존재할 것
② 가연성 가스, 증기 또는 분진이 폭발범위 내 있을 것
③ 점화원(에너지)가 있을 것

(2) 폭발범위(Range of flammability)

① 폭발의 상한과 하한

구분	내용
폭발하한계	공기 또는 산소 속에서 증기 또는 기체가 발화원과 접했을 때 불꽃의 전파가 가능한 가연성 물질의 최소농도를 말한다.
폭발상한계	발화원과 접촉할 때 불꽃의 전파가 가능한 공기 중의 증기나 기체의 최대농도를 말한다.

② 폭발한계에 영향을 주는 요인

구분	내용
온도	폭발하한이 100℃ 증가시 25℃에서의 값의 8% 감소하고, 폭발상한은 8%씩 증가
압력	가스압력이 높아질수록 폭발범위는 넓어진다.
산소농도	산소의 농도가 증가하면 폭발범위도 상승한다.

③ 각종기체의 폭발(연소) 및 폭굉한계 (25℃, 1기압)

가연성 가스	폭발(연소)한계(%)				폭굉한계(%)			
	공기중		산소중		공기중		산소중	
	하한계	상한계	하한계	상한계	하한계	상한계	하한계	상한계
H_2	4.0	75	3.9	96	18.3	59	15	90
C_2H_2	2.5	100	2.3	95	4.2	50	3.5	92
CH_4	5.0	15.0	5.1	61	6.5	12	6.3	53
C_3H_8	2.1	9.5	2.3	52	–	–	3.2	37
C_2H_4	2.7	36	2.9	–	–	–	–	–
CO(습윤)	12.5	74.0	15.5	94	15	70	38	90
$C_2H_5OC_2H_5$	1.9	36	2.1	82	2.8	4.5	2.6	40
NH_3	15	28	13.5	79	–	–	25.4	75

Tip
포화탄화수소중에서 표에서 제시된 중요한 몇가지 물질 등에 대해서는 분자식과 폭발범위를 반드시 암기하도록 하자.

[용기가 몇 개의 구간으로 구분된 격실 일 때]

한 격실에서 발화되면 화염면 전방의 기체가 두 격실 사이를 연결한 통로에 밀려가 압축되어(압력의 중첩) 두 번째 격실의 압력과 온도가 상승된 후 다시 폭발하게 되므로 최종폭발압력은 커지게 된다.

(3) 밀폐된 용기안의 폭발압력

① 폭발압력 및 상승속도에 영향을 주는 요인

요인	최대폭발압력(Pm)	최대폭발압력 상승속도(rm)
온도	높은 온도에서는 같은 조건에서 물질의 양이 감소하기 때문에 온도의 증가에 따라 Pm은 감소한다.	연소속도가 처음온도 증가에 따라 증가되기 때문에 처음온도 상승에 따라 rm은 증가한다.
최초압력	최초압력에 영향을 받으며, 최대폭발압력은 최초압력의 8배가 된다	최대폭발압력 상승속도는 최초압력과 선형관계를 유지하며 증가한다.
용기의 형태	최대 폭발 압력(Pm)은 용기의 부피나 모양에 크게 영향 받지 않으나 용기의 지름에 대한 길이의 비가 큰 용기는 Pm이 약간 낮아진다.	최대폭발 압력 상승속도(rm)은 용기의 부피(V)에 큰 영향을 받는다. 부피 V와 rm의 관계식 $rm\ V^{1/3} = const$
발화원의 강도	발화원의 강도가 클수록 최대 폭발압력(Pm)은 약간 증가된다.	발화원 강도가 클수록 최대 폭발압력상승 속도(rm)는 크게 높아진다.
가연성 가스의 농도	• 가연성 가스의 농도가 너무 희박하거나 진하여도 폭발 압력은 낮아진다. • 폭발압력은 양론농도보다 약간 높은 농도에서 가장 높아져 최대폭발압력이 되며, 최대폭발압력의 크기는 공기와의 혼합기체에서 보다 산소의 농도가 큰 혼합기체에서 더 높아진다.	최대폭발압력 상승속도는 폭발의 종점 가까이에서 존재하며, 가연성 물질의 농도는 양론 농도보다 약간 높은 농도에서 rm이 된다.

② 기체몰수 및 온도와의 관계

$$\therefore Pm = P_1 \times \frac{n_2 \times T_2}{n_1 \times T_1}$$

여기서, Pm : 최대압력

P_1 : 최초압력

$n_1 \rightarrow n_2$: 기체몰수의 변화

$T_1 \rightarrow T_2$: 온도의 변화

(4) 폭발등급

① 안전간격

8ℓ 의 구형용기 안에 폭발성 혼합가스를 채우고 점화시켜 발생된 화염이 용기 외부의 폭발성 혼합 가스에 전달되는가의 여부를 측정하였을 때 화염을 전달시킬 수 없는 한계의 틈사이

※ 안전간격이 작은 가스일수록 위험하다.

[안전간격]

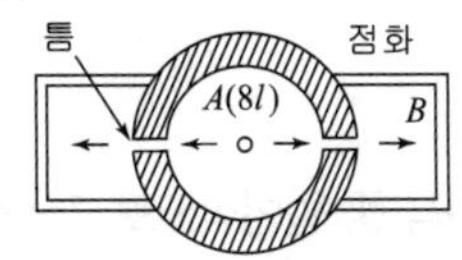

② 안전간격에 따른 폭발등급과 해당물질

폭발등급	안전간격(mm)	해당물질
1등급	0.6 이상	메탄, 에탄, 프로판, n-부탄, 가솔린, 일산화탄소, 암모니아, 아세톤, 벤젠, 에틸에테르
2등급	0.6~0.4	에틸렌, 석탄가스, 이소프렌, 산화에틸렌
3등급	0.4 이하	수소, 아세틸렌, 이황화탄소, 수성가스

03 핵심문제 3. 가스폭발

□□□ 08년3회

1. 다음 중 일반적으로 가연성 기체의 폭발한계에 영향을 미치는 인자로서 가장 거리가 먼 것은?

① 압력 ② 온도
③ 고유저항 ④ 산소농도

문제 1, 2 해설

폭발한계에 영향을 주는 요인

구분	내용
온도	폭발하한이 100℃ 증가시 25℃에서의 값의 8% 감소하고, 폭발 상한은 8%씩 증가
압력	가스압력이 높아질수록 폭발범위는 넓어진다.
산소농도	산소의 농도가 증가하면 폭발범위도 상승한다.

□□□ 14년3회

2. 폭발하한계에 관한 설명으로 옳지 않은 것은?

① 폭발하한계에서 화염의 온도는 최저치로 된다.
② 폭발하한계에 있어서 산소는 연소하는데 과잉으로 존재한다.
③ 화염이 하향전파인 경우 일반적으로 온도가 상승함에 따라서 폭발하한계는 높아진다.
④ 폭발하한계는 혼합가스의 단위 체적당의 발열량이 일정한 한계치에 도달하는데 필요한 가연성 가스의 농도이다.

□□□ 13년3회

3. 다음 중 가스나 증기가 용기 내에서 폭발할 때 최대폭발압력(Pm)에 영향을 주는 요인에 관한 설명으로 틀린 것은?

① Pm은 다른 조건이 일정할 때 초기 압력이 상승할수록 증가한다.
② Pm은 용기의 형태 및 부피에 큰 영향을 받지 않는다.
③ Pm은 다른 조건이 일정할 때 초기 온도가 높을수록 증가한다.
④ Pm은 화학양론비에서 최대가 된다.

문제 3~6 해설

요인	최대폭발압력(Pm)
온도	높은 온도에서는 같은 조건 에서 물질의 양이 감소하기 때문에 온도의 증가에 따라 Pm은 감소한다.
최초압력	최초압력에 영향을 받으며, 최대폭발압력은 최초압력의 8배가 된다
용기의 형태	최대 폭발 압력(Pm)은 용기의 부피나 모양에 크게 영향 받지 않으나 용기의 지름에 대한 길이의 비가 큰 용기는 Pm이 약간 낮아진다.
발화원의 강도	발화원의 강도가 클수록 최대 폭발압력(Pm)은 약간 증가된다.
가연성가스의 농도	• 가연성 가스의 농도가 너무 희박하거나 진하여도 폭발 압력은 낮아진다. • 폭발압력은 양론농도보다 약간 높은 농도에서 가장 높아져 최대폭발압력이 되며, 최대폭발압력의 크기는 공기 와의 혼합기체에서 보다 산소의 농도가 큰 혼합기체에서 더 높아진다.

□□□ 14년1회, 19년1회

4. 다음 중 가연성가스가 밀폐된 용기 안에서 폭발할 때 최대폭발압력에 영향을 주는 인자로 볼 수 없는 것은?

① 가연성가스의 농도
② 가연성가스의 초기온도
③ 가연성가스의 유속
④ 가연성가스의 초기압력

□□□ 16년3회

5. 폭발압력과 가연성가스의 농도와의 관계에 대한 설명으로 가장 적절한 것은?

① 가연성가스의 농도와 폭발압력은 반비례 관계이다.
② 가연성가스의 농도가 너무 희박하거나 너무 진하여도 폭발 압력은 최대로 높아진다.
③ 폭발압력은 화학양론 농도보다 약간 높은 농도에서 최대 폭발압력이 된다.
④ 최대 폭발압력의 크기는 공기와의 혼합기체에서보다 산소의 농도가 큰 혼합기체에서 더 낮아진다.

정답 1 ③ 2 ③ 3 ③ 4 ③ 5 ③

□□□ 14년3회

6. 연소 및 폭발에 관한 설명으로 옳지 않은 것은?

① 가연성 가스가 산소 중에서는 폭발범위가 넓어진다.
② 화학양론농도 부근에서는 연소나 폭발이 가장 일어나기 쉽고 또한 격렬한 정도도 크다.
③ 혼합농도가 한계농도에 근접함에 따라 연소 및 폭발이 일어나기 쉽고 격렬한 정도도 크다.
④ 일반적으로 탄화수소계의 경우 압력의 증가에 따라 폭발상한계는 현저하게 증가하지만, 폭발하한계는 큰 변화가 없다.

□□□ 09년1회

7. 다음 중 안전간격에 대한 설명으로 옳은 것은?

① 외측의 가스점화 시 내측의 폭발성 혼합가스까지 화염이 전달되는 한계의 틈이다.
② 외측의 가스점화 시 내측의 폭발성 혼합가스까지 화염이 전달되지 않는 한계의 틈이다.
③ 내측의 가스점화 시 외측의 폭발성 혼합가스까지 화염이 전달되는 한계의 틈이다.
④ 내측의 가스점화 시 외측의 폭발성 혼합가스까지 화염이 전달되지 않는 한계의 틈이다.

해설

안전간격이란 8ℓ 의 구형용기안에 폭발성 혼합가스를 채우고 점화시켜 발생된 화염이 용기 외부의 폭발성 혼합가스에 전달되는가의 여부를 측정하였을 때 화염을 전달시킬 수 없는 한계의 틈사이를 말한다.

□□□ 10년1회, 15년1회, 20년1·2회

8. 가연성 가스 및 증기의 위험도에 따른 방폭전기기기의 분류로 폭발등급을 사용하고 있다. 이 폭발등급을 결정하는 것은?

① 발화도 ② 화염일주한계
③ 최소발화에너지 ④ 폭발한계

해설

안전간격에 따른 폭발등급과 해당물질

폭발등급	안전간격(mm)	해당물질
1등급	0.6 이상	메탄, 에탄, 프로판, n-부탄, 가솔린, 일산화탄소, 암모니아, 아세톤, 벤젠, 에틸에테르
2등급	0.6~0.4	에틸렌, 석탄가스, 이소프렌, 산화에틸렌
3등급	0.4 이하	수소, 아세틸렌, 이황화탄소, 수성가스

□□□ 13년1회

9. 다음 중 폭발하한계(vol%)값의 크기가 작은 것부터 큰 순서대로 올바르게 나열한 것은?

① H_2 < CS_2 < C_2H_2 < CH_4
② CH_4 < H_2 < C_2H_2 < CS_2
③ H_2 < CS_2 < CH_4 < C_2H_2
④ CS_2 < C_2H_2 < H_2 < CH_4

해설

CS_2(1.4) → C_2H_2(2.5) → H_2(4) → CH_4(5) 순이다.

가연성 가스	폭발(연소)한계(%)			
	공기중		산소중	
	하한계	상한계	하한계	상한계
H_2	4.0	75	3.9	96
C_2H_2	2.5	100	2.3	95
CH_4	5.0	15.0	5.1	61
C_3H_8	2.1	9.5	2.3	52
C_2H_4	2.7	36	2.9	-
CO(습윤)	12.5	74.0	15.5	94
$C_2H_5OC_2H_5$	1.9	36	2.1	82
NH_3	15	28	13.5	79

정답 6 ③ 7 ④ 8 ② 9 ④

04 폭발방지 대책

[폭발 또는 화재의 예방]

사업주는 인화성 액체의 증기, 인화성 가스 또는 인화성 고체가 존재하여 폭발이나 화재가 발생할 우려가 있는 장소에서 해당 증기 · 가스 또는 분진에 의한 폭발 또는 화재를 예방하기 위하여 통풍 · 환기 및 분진 제거 등의 조치를 하여야 한다.

참고) 산업안전보건기준에 관한 규칙 제232조 【폭발 또는 화재 등의 예방】

(1) 폭발재해의 일반적 대책

구분	내용
예방 대책	• 폭발의 원인이 되는 물질과 발화원등의 연구를 통해 폭발조건이 성립되지 않도록 적절한 관리를 한다. • 화학공정 전 계통과 모든 요소에 대하여 폭발을 예방할 수 있도록 페일 세이프의 원칙을 적용하여 대책을 수립한다.
국한 대책	폭발의 발생을 예방할 수 없었을 때, 폭발의 피해를 최소화하기 위한 것을 국한대책이라 한다. • 안전장치(안전밸브, 긴급 차단장치)를 설치한다. • 폭발위험이 있는 설비 주위에는 방폭벽을 설치한다.

(2) 폭발의 방호 대책

구분	내용
폭발 봉쇄 (Containment)	폭발성 위험물질 등을 폭발시 다른 탱크나 저장소로 보내 용기의 압력을 완화시키는 방법
폭발 억제 (Explosin Suppersion)	폭발시 감지기의 작동으로 파악하여 소화제 등을 사용함 으로써 큰 폭발을 막는 방법
폭발 방산 (Explosion Venting)	안전밸브, 파열판 등을 사용하여 압력을 외부로 방출, 시켜 압력을 정상화하여 큰 폭발을 막는 방법

(3) 불활성화(inerting)

① 가연성 혼합가스나 혼합분진에 불활성 가스를 주입하여 희석, 산소의 농도를 최소산소농도 이하로 낮게 유지하는 것.

② 불활성 가스의 종류 : 질소, 이산화탄소를 주로 사용한다.

③ 불활성화(퍼지)방법의 종류

㉠ 진공 퍼지(저압퍼지)

구분	내용
특징	• 용기에 대한 통상적인 퍼지 방법이다. • 큰 용기는 일반적으로 진공에 견디기 어려워 큰 용기에는 사용할 수 없다. • 반응기의 퍼지에 일반적으로 쓰인다.
퍼지의 방법	• 용기를 원하는 수준까지 진공으로 만든다. • 불활성 가스를 주입하여 대기압으로 만든다. • 위의 단계를 원하는 농도까지 반복한다.

ⓒ 압력 퍼지

구분	내용
특징	• 압력퍼지는 진공퍼지에 비해 시간이 매우 짧다.(진공을 유도하기 위한 공정에 비해 가압공정이 빠르기 때문) • 압력퍼지는 진공퍼지보다 많은 양의 불활성 가스를 소모한다.
퍼지의 방법	• 용기에 불활성 가스를 주입하여 가압한다. • 가압된 불활성 가스를 용기 내에 충분히 확산 시킨 후 대기 중으로 방출한다. • 위의 단계를 원하는 농도까지 반복한다.

ⓒ 스위프 퍼지

구분	내용
특징	• 용기나 장치에 압력을 가하거나 진공을 만들 수 없을 때 주로 사용한다. • 스위프 퍼지는 큰 용기에 적합하나 많은 양의 불활성 가스를 필요로 하여 많은 경비가 소모된다.
퍼지의 방법	• 용기의 한 개구부로부터 불활성 가스를 주입하고 다른 개구부에서 대기로 혼합가스를 배출한다. • 혼합가스의 흐름은 입구와 출구가 같은 유량상태를 유지한다.

ⓡ 사이펀 퍼지

구분	내용
특징	스위프 퍼지에 비해 불활성 가스의 양이 적어 큰 용기를 퍼지할 때 경비를 최소화 할 수 있다.
퍼지의 방법	• 용기에 액체를 채운다. • 액체를 용기로부터 드레인 할 때 불활성 가스를 용기의 증기공간에 주입한다. • 주입되는 불활성 가스의 부피는 용기의 부피와 같고 퍼지속도는 액체를 방출하는 흐름 속도와 같다.

Tip

퍼지는 환기등과 비슷한 개념으로 퍼지의 종류(진공, 압력, 스위프, 사이펀)를 확실하게 구분하여야 한다.

(4) 가연성 가스 발생 장소의 안전대책

① 폭발 · 화재 방지 조치 대상작업

㉠ 인화성 가스가 발생할 우려가 있는 지하작업장에서 작업하는 경우(터널 등의 건설작업의 경우는 제외한다)

㉡ 가스도관에서 가스가 발산될 위험이 있는 장소에서 굴착작업을 하는 경우

② 폭발 · 화재 방지 조치

㉠ 가스의 농도를 측정하는 사람을 지명

㉡ 해당 가스의 농도를 측정시기

- 매일 작업을 시작하기 전
- 가스의 누출이 의심되는 경우
- 가스가 발생하거나 정체할 위험이 있는 장소가 있는 경우
- 장시간 작업을 계속하는 경우(4시간마다 가스 농도를 측정)

③ 가스의 농도가 인화하한계 값의 25% 이상인 경우

㉠ 즉시 근로자를 안전한 장소에 대피

㉡ 화기 등의 점화원이 될 우려가 있는 기계 · 기구 등의 사용을 중지

㉢ 통풍 · 환기 등을 할 것

(5) 건축물의 내화구조 적용

① 내화구조 적용 부분

가스폭발 위험장소 또는 분진폭발 위험장소에 설치되는 건축물 등에 대해서는 다음에 해당하는 부분

구분	적용기준
건축물의 기둥 및 보	지상 1층(지상 1층의 높이가 6미터를 초과하는 경우에는 6미터)까지
위험물 저장 · 취급용기의 지지대(높이가 30센티미터 이하인 것은 제외한다)	지상으로부터 지지대의 끝부분까지
배관 · 전선관 등의 지지대	지상으로부터 1단(1단의 높이가 6미터를 초과하는 경우에는 6미터)까지

② 내화구조 예외 대상

건축물 등의 주변에 화재에 대비하여 물 분무시설 또는 폼 헤드(foam head)설비 등의 자동소화설비를 설치하여 건축물 등이 화재 시에 2시간 이상 그 안전성을 유지할 수 있도록 한 경우

04 핵심문제 4. 폭발방지 대책

□□□ 13년3회

1. 다음 중 폭발 방호(explosion protection) 대책과 가장 거리가 먼 것은?

① 불활성화(interting) ② 방산(venting)
③ 억제(suppression) ④ 봉쇄(containment)

해설

폭발의 방호 대책
1. 폭발 봉쇄(Containment)
2. 폭발 억제(Explosin Suppersion)
3. 폭발 방산(Explosion Venting)

□□□ 12년2회, 18년1회

2. 안전설계의 기초에 있어 기상폭발대책을 예방대책, 긴급대책, 방호대책으로 나눌 때 다음 중 방호대책과 가장 관계가 깊은 것은?

① 경보 ② 발화의 저지
③ 방폭벽과 안전거리 ④ 가연조건의 성립저지

해설

① 경보 - 긴급대책
② 발화의 저지 - 예방대책
③ 방폭벽과 안전거리 - 방호대책
④ 가연조건의 성립저지 - 예방대책

□□□ 16년1회

3. 다음은 산업안전보건기준에 관한 규칙에서 정한 폭발 또는 화재 등의 예방에 관한 내용이다. ( )에 알맞은 용어는?

> 사업주는 인화성 액체의 증기, 인화성 가스 또는 인화성 고체가 존재하여 폭발이나 화재가 발생할 우려가 있는 장소에서 해당 증기 · 가스 또는 분진에 의한 폭발 또는 화재를 예방하기 위하여 ( ) · ( ) 및 분진 제거 등의 조치를 하여야 한다.

① 통풍, 세척 ② 통풍, 환기
③ 제습, 세척 ④ 환기, 제습

문제 3, 4 해설

사업주는 인화성 액체의 증기, 인화성 가스 또는 인화성 고체가 존재하여 폭발이나 화재가 발생할 우려가 있는 장소에서 해당 증기 · 가스 또는 분진에 의한 폭발 또는 화재를 예방하기 위하여 통풍 · 환기 및 분진 제거 등의 조치를 하여야 한다.

[참고] 산업안전보건기준에 관한 규칙 제232조 【폭발 또는 화재 등의 예방】

□□□ 10년2회

4. 인화성 물질의 증기, 가연성 가스 또는 가연성 분진에 의한 화재 및 폭발의 예방조치와 관계가 먼 것은?

① 통풍 ② 세척
③ 환기 ④ 제진

□□□ 08년1회, 10년1회, 17년2회

5. 다음 중 화학공장에서 주로 사용되는 불활성 가스는?

① 수소 ② 수증기
③ 질소 ④ 일산화탄소

해설

불활성화란 가연성 혼합가스에 불활성가스(질소, 이산화탄소)를 주입하여 산소의 농도를 연소를 위한 최소 산소농도(MOC) 이하로 낮게 하는 공정을 말한다.

□□□ 17년1회

6. 고압가스의 분류 중 압축가스에 해당되는 것은?

① 질소 ② 프로판
③ 산화에틸렌 ④ 염소

해설

질소는 불활성기체로 압축가스로 사용할 수 있다.

□□□ 10년1회, 13년2회

7. 다음 중 불활성화(퍼지)에 관한 설명으로 틀린 것은?

① 압력퍼지가 진공퍼지에 비해 퍼지시간이 길다.
② 진공퍼지는 압력퍼지보다 인너트 가스 소모가 적다.
③ 사이폰 퍼지가스의 부피는 용기의 부피와 같다.
④ 스위프 퍼지는 용기나 장치에 압력을 가하거나 진공으로 할 수 없을 때 사용된다.

해설

① 압력퍼지는 진공퍼지에 비해 시간이 매우 짧다.(진공을 유도하기 위한 공정에 비해 가압공정이 빠르기 때문)
② 압력퍼지는 진공퍼지보다 많은 양의 불활성 가스를 소모한다.

정답 1 ① 2 ③ 3 ② 4 ② 5 ③ 6 ① 7 ①

□□□ 08년2회

8. 다음 중 용기의 한 개구부로 불활성 가스를 주입하고 다른 개구로부터 대기 또는 스크러버로 혼합가스를 용기에서 축출하는 퍼지 방법은?

① 진공퍼지　　② 압력퍼지
③ 스위프퍼지　　④ 사이폰퍼지

해설

스위프 퍼지

구분	내용
특징	① 용기나 장치에 압력을 가하거나 진공을 만들 수 없을 때 주로 사용한다. ② 스위프 퍼지는 큰 용기에 적합하나 많은 양의 불활성 가스를 필요로 하여 많은 경비가 소모된다.
퍼지의 방법	① 용기의 한 개구부로부터 불활성 가스를 주입하고 다른 개구부에서 대기로 혼합가스를 배출한다. ② 혼합가스의 흐름은 입구와 출구가 같은 유량상태를 유지한다.

□□□ 11년2회

9. 다음 중 가연성 혼합가스의 폭발을 방지하기 위한 불활성화(inerting)의 종류가 아닌 것은?

① 스위프 퍼지　　② 압력 퍼지
③ 진공 퍼지　　④ 사이클론 퍼지

문제 9, 10 해설

가연성 혼합가스의 폭발을 방지하기 위한 불활성화(inerting)의 종류로는 스위프 퍼지, 압력 퍼지, 진공 퍼지, 사이폰 퍼지의 종류가 있다.

□□□ 18년2회

10. 다음 중 퍼지의 종류에 해당하지 않는 것은?

① 압력퍼지　　② 진공퍼지
③ 스위프퍼지　　④ 가열퍼지

□□□ 19년2회

11. 가연성물질을 취급하는 장치를 퍼지하고자 할 때 잘못된 것은?

① 대상물질의 물성을 파악한다.
② 사용하는 불활성가스의 물성을 파악한다.
③ 퍼지용 가스를 가능한 한 빠른 속도로 단시간에 다량 송입한다.
④ 장치내부를 세정한 후 퍼지용 가스를 송입한다.

해설

퍼지용 가스를 단시간에 다량 송입할 경우 순간적인 압력이 높아져 폭발의 위험이 증가할 수 있다.

□□□ 17년1회, 21년1회

12. 다음 중 누설 발화형 폭발재해의 예방 대책으로 가장 거리가 먼 것은?

① 발화원 관리　　② 밸브의 오동작 방지
③ 가연성 가스의 연소　　④ 누설물질의 검지 경보

해설

누설되고 있는 가스를 연소시키면 역화에 의한 폭발이 발생할 수 있다.

□□□ 11년3회, 17년1회, 19년2회

13. 다음 중 가스 또는 분진 폭발 위험장소에 설치되는 건축물의 내화 구조를 설명한 것으로 틀린 것은?

① 건축물 기둥 및 보는 지상 1층까지 내화구조로 한다.
② 위험물 저장 · 취급용기의 지지대는 지상으로부터 지지대의 끝부분까지 내화구조로 한다.
③ 건축물 주변에 자동소화설비를 설치한 경우 건축물 화재 시 1시간 이상 그 안전성을 유지한 경우는 내화구조로 하지 아니할 수 있다.
④ 배관 · 전선관 등의 지지대는 지상으로부터 1단까지 내화구조로 하며 1단은 6m 이내로 한다.

해설

가스폭발 위험장소 또는 분진폭발 위험장소에 설치되는 건축물 등에 대해서는 다음 아래에 해당하는 부분을 내화구조로 하여야 하며, 그 성능이 항상 유지될 수 있도록 점검 · 보수 등 적절한 조치를 하여야 한다. 다만, 건축물 등의 주변에 화재에 대비하여 물 분무시설 또는 폼 헤드(foam head)설비 등의 자동소화설비를 설치하여 건축물 등이 화재 시에 2시간 이상 그 안전성을 유지할 수 있도록 한 경우에는 내화구조로 하지 아니할 수 있다.

1. 건축물의 기둥 및 보 : 지상 1층(지상 1층의 높이가 6미터를 초과하는 경우에는 6미터)까지
2. 위험물 저장 · 취급용기의 지지대(높이가 30센티미터 이하인 것은 제외한다) : 지상으로부터 지지대의 끝부분까지
3. 배관 · 전선관 등의 지지대 : 지상으로부터 1단(1단의 높이가 6미터를 초과하는 경우에는 6미터)까지

참고 산업안전보건기준에 관한 규칙 제270조 【내화기준】

정답 8 ③ 9 ④ 10 ④ 11 ③ 12 ③ 13 ③

□□□ 10년2회, 13년1회

14. 다음 중 작업자가 밀폐공간에 들어가기 전 조치해야 할 사항과 가장 거리가 먼 것은?

① 해당 작업장의 내부가 어두운 경우 비방폭용 전등을 이용한다.
② 해당 작업장을 적정한 공기상태로 유지되도록 환기하여야 한다.
③ 해당 장소에 근로자를 입장시킬 때와 퇴장시킬 때에 각각 인원을 점검하여야 한다.
④ 해당 작업장과 외부의 감시인 사이에 상시 연락을 취할 수 있는 설비를 설치하여야 한다.

해설

밀폐공간은 가스가 체제할 가능성이 있기 때문에 방폭형 전등을 사용하여야 한다.

□□□ 17년2회, 20년3회

15. 다음 중 밀폐 공간내 작업시의 조치사항으로 가장 거리가 먼 것은?

① 산소결핍이 우려되거나 유해가스 등의 농도가 높아서 폭발할 우려가 있는 경우는 진행 중인 작업에 방해되지 않도록 주의하면서 환기를 강화하여야 한다.
② 해당 작업장을 적정한 공기상태로 유지되도록 환기하여야 한다.
③ 해당 장소에 근로자를 입장시킬 때와 퇴장시킬 때에 각각 인원을 점검하여야 한다.
④ 해당 작업장과 외부의 감시인 사이에 상시 연락을 취할 수 있는 설비를 설치하여야 한다.

해설

밀폐공간의 가스농도가 폭발할 우려가 있는 경우 즉시 작업을 중단시키고 해당 근로자를 대피하도록 하여야 한다.

□□□ 13년2회, 14년1회

16. 탱크내 작업 시 복장에 관한 설명으로 옳지 않은 것은?

① 정전기방지용 작업복을 착용할 것
② 작업원은 불필요하게 피부를 노출시키지 말 것
③ 작업모를 쓰고 긴팔의 상의를 반드시 착용할 것
④ 수분의 흡수를 방지하기 위하여 유지가 부착된 작업복을 착용할 것

해설

수분의 흡수를 방지하기 위하여 유지가 부착된 작업복을 착용할 경우 정전기에 의한 폭발사고의 위험이 있다.

□□□ 14년2회

17. 탱크 내부에서 작업 시 작업용구에 관한 설명으로 옳지 않은 것은?

① 유리라이닝을 한 탱크 내부에서는 줄사다리를 사용한다.
② 가연성 가스가 있는 경우 불꽃을 내기 어려운 금속을 사용한다.
③ 용접 절단 시에는 바람의 영향을 억제하기 위하여 환기장치의 설치를 제한한다.
④ 탱크 내부에 인화성 물질의 증기로 인한 폭발 위험이 우려되는 경우 방폭구조의 전기기계기구를 사용한다.

해설

탱크 내부에서 용접작업 시 산소가 부족할 수 있으므로 환기장치를 반드시 설치 한 후 작업을 해야 한다.

정답 14 ① 15 ① 16 ④ 17 ③

Chapter 04

화학설비 안전

화학설비의 안전은 반응기, 증류기, 열교환기, 건조기, 송풍기 및 압축기, 배관, 안전밸브, 화학설비, 특수화학설비 등으로 구성되며 주로 건조기의 종류와 특성, 안전밸브의 설치기준, 화학설비와 부속설비, 특수화학설비의 법적 기준 등에 대해 출제된다.

01 반응기 등

(1) 반응기

① 구조 방식에 의한 분류

[관형 반응기]

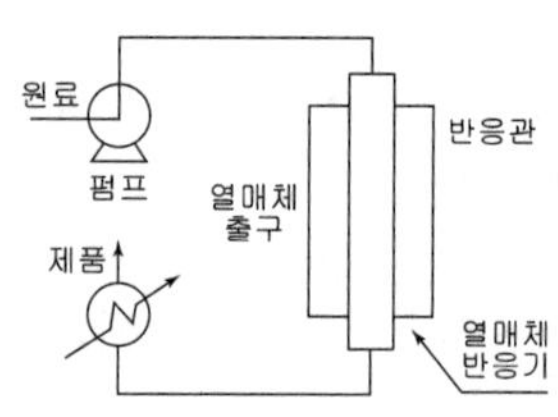

[탑형 반응기]

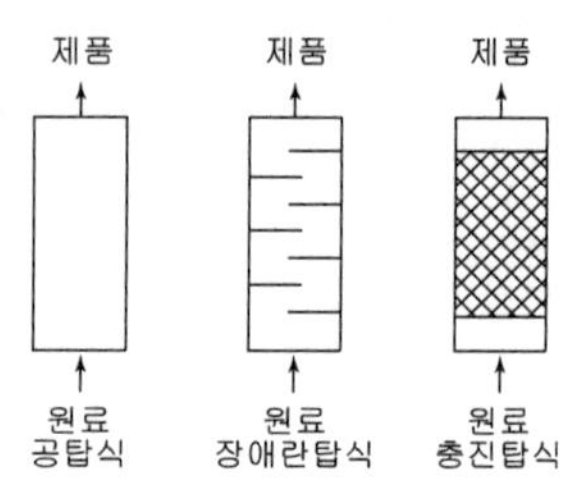

종류	내용
교반조형 반응기	반응 물질을 균일하게 혼합하여 온도 및 농도를 균일화 하기 위한 교반기를 부착하여 반응물을 교반한다.
관형 반응기	긴 관을 사용하는 형식이며, 반응 물질의 흐름은 피스톤 흐름에서 유동되게 한다. 반응이 대단히 빨리 진행되고 처리량이 많아 대량 생산에 적합하다. 전열면적이 커 온도조절이 어려운 단점이 있다.
탑형 반응기	반응 물질을 탑 내부에 도입시키고 탑저로부터 반응 가스를 연속적으로 불어 넣어 반응을 진행시킨다.
유동층형 반응기	원통상 용기에 고체입자촉매를 충진하고 용기 아래쪽에서 원료기체를 불어 넣으면 촉매가 유동 상태로 되어 반응이 원활해진다.

② 조작 방식에 의한 분류

종류	내용
회분식 반응기	소량 다품종 생산에 적합한 반응기로 교반을 행하면서 반응을 진행시켜 소정의 시간이 지나면 조작을 멈추고 생성물을 배출한다.
반회분식 반응기	하나의 반응 물질을 맨 처음에 집어넣고 반응이 진행됨에 더불어 다른 물질을 첨가하는 조작, 또는 원료를 넣은 후 반응의 진행과 함께 반응 생성물을 연속적으로 배출한다.
연속식 반응기	원료의 공급과 생성물의 배출을 연속적으로 행하는 형식의 반응기이며, 반응기내의 농도, 온도, 압력 등은 시간적인 변화가 없고, 노무비의 절감, 제품 품질의 변동이 적은 점, 자동제어가 쉬운 이점이 있다.

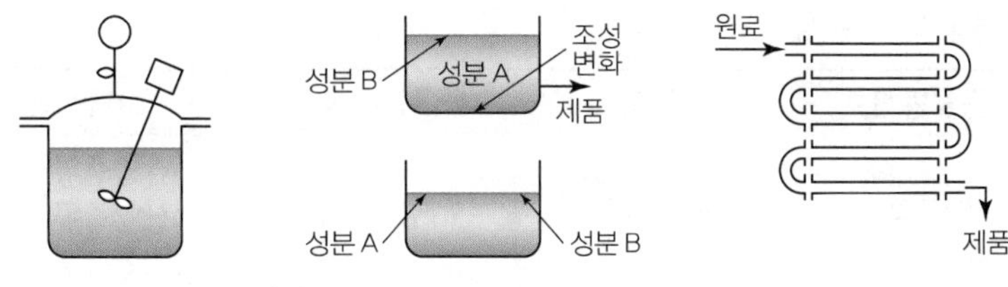

(a) 회분식 반응기 (b) 반회분식 반응기 (c) 연속식 반응기

③ 반응기의 특성

구분	내용
반응폭발에 영향을 미치는 요인	• 냉각 시스템 • 반응온도 • 교반상태
반응기 안전설계 시 고려할 주요요소	• 상(Phase)의 형태(고체, 액체, 기체) • 온도범위 • 운전압력 • 부식성 • 체류시간 및 공간속도 • 열전달 • 온도조절 • 조작방법

(2) 증류기

증류기란 증기압이 다른 액체 혼합물에서 증발하기 쉬운 차이를 이용하여 성분을 분리하기 위한 장치를 말한다.

① 증류탑의 종류

구분	내용
충진탑	• 탑 내에 고체의 충진물을 충진하고 증기와 액체와의 접촉면적을 크게 하는 것이다. 충진물에는 라시히링(가장 많이 사용), 자기제, 카본제, 철제 등이 있다. • 충진탑은 탑 지름이 작은 증류탑이나 또는 부식성이 심한 물질의 증류 등에 이용된다.
선반탑	• 특정한 구조의 수개 또는 수십개의 선반으로 성립되어 있으며 개개의 선반을 단위로 하여 증기와 액체의 접촉이 행해진다. • 선반탑에는 포종탑, 다공판 탑, 닛플 트레이(Nipple tray), 바라스트 트레이(Ballast tray) 등이 있다.

[단증류와 정류]

단증류와 정류의 차이는 환류(Reflux)를 하는가 아닌가에 있으며 환류를 하는 것이 정류이다.

[공비증류]

물자의 비적의 차이가 큰 혼합물을 분리하기 위한 방법으로 에탄올과 물처럼 상호 용해하는 물질에서 수분을 제거하는 데 많이 사용된다.

② 증류방식의 분류

증류방식	회분식	연속식	취급방법
단증류	회분단류	평형증류	• 감압증류 • 상압증류 • 고압증류 • 추출증류 • 공비증류 • 수증기증류
정류 (Rectification)	회분정류	연속증류	

③ 증류탑의 구조

㉠ 증기로 된 저비점 성분은 탑 정상에서 취한 응축기(Condenser)에서 응축되어 제품이 된다. 운전을 계속하면 탑속의 각단의 액체는 점차 저비점 성분이 감소하게 되고 반대로 탑정상의 증기 중에 고비점 성분이 증가하게 되기 때문에 제품을 일정농도로 유지하려면 농축액의 일부를 최상단으로 반복이송할 필요가 있으며, 이것을 환류(Reflux)라 한다.

㉡ 원료의 탑의 도중에서 송입되고, 탑내의 각단에서 과잉의 액이 점차 하단으로 흐르면서 상승하는 증기와 접촉하여 탑 밑으로 떨어진 액은 리보일러(Reboiler)에서 가열되어 저비점 성분은 다시 증발 환류되어 고비점 성분만 환출액으로 꺼내진다.

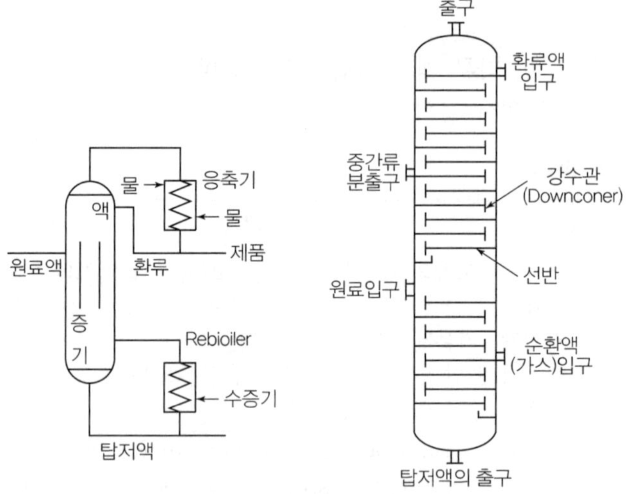

④ 증류탑의 점검

일상점검 항목	개방점검 항목
• 도장의 열화상태 • 기초볼트 상태 • 보온재 및 보냉재 상태 • 배관등 연결부 상태 • 외부 부식 상태 • 감시창, 출입구, 배기구등 개구부의 이상유뮤	• 트레이 부식상태, 정도, 범위 • 용접선의 상태 • 내부 부식 및 오염 여부 • 라이닝, 코팅, 개스킷 손상 여부 • 예비동력원의 기능 이상유뮤 • 가열장치 및 제어장치 기능의 이상유무 • 뚜껑, 플랜지등의 접합상태의 이상유무

(3) 열 교환기

① 열 교환기의 원리

고온유체와 저온유체와 사이에서 열을 이동시키는 장치로서 온도차를 이용하여 가열, 냉각, 증발 및 응축시킨다.

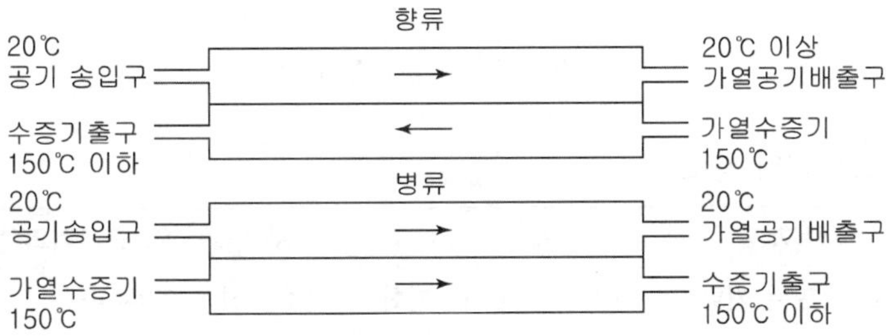

[향류와 병류]
향류는 고온유체와 저온유체가 반대방향으로 흐르며 병류는 같은 방향으로 흐른다. 향류는 열 전달속도가 빨라 효율이 우수하다.

② 기능별 분류

구분	기능
1) 열 교환기(Heat Exchanger)	폐열의 회수
2) 냉각기(Cooler)	고온측 유체의 냉각
3) 가열기(Heater)	저온측 유체의 가열
4) 응축기(Condenser)	증기의 응축
5) 증발기(Vaporizer)	저온측 유체의 증발

③ 구조별 분류

㉠ 코일(Coil)식

㉡ 이중관식

㉢ 다관식(고정관판식, 유동관판식, U자형관식등)

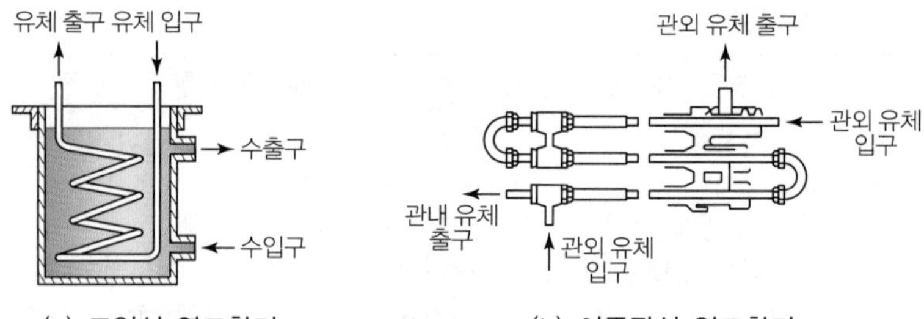

(a) 코일식 열교환기 (b) 이중관식 열교환기

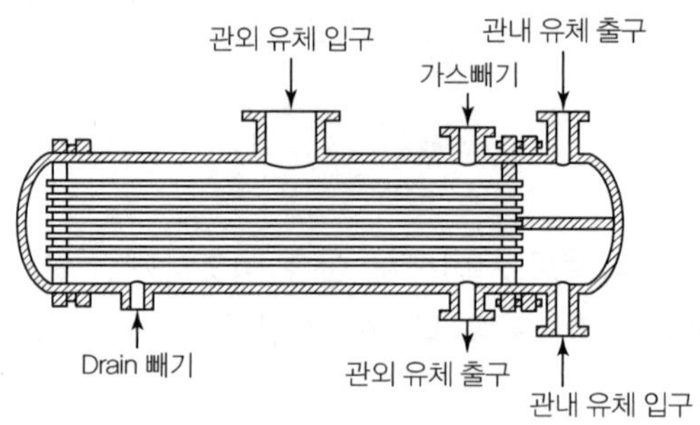

(c) 다관식 열교환기

④ 열 교환기의 용도

사용개소	사용목적	사용되는 열 교환기의 형식
가열기 또는 기화기	액화가스의 가열기화	이중관식, 고정관판식
증류탑 예열기	공급물의 예열	이중관식, 고정관판식
증류탑 탑정 응축기	탑정증기의 응축	부동두식, 고정관판식, U자관
증류탑 탑저 냉각기	탑저관출액의 냉각	이중관식, 고정관판식
증류탑재비기 (Reboiler)	탑저액의 재증발	고정관판식, U자관식
압축기 중간 또는 출구냉각	압축가스 냉각	이중관식, 고정관판식, 부동두식
폐열회수 Boiler	폐열회수	고정관판식

⑤ 열교환기의 점검

일상점검 항목	개방점검 항목
• 도장부 결함 및 벗겨짐 • 보온재 및 보냉재 상태 • 기초부 및 기초 고정부 상태 • 배관 등과의 접속부 상태	• 내부 부식의 형태 및 정도 • 내부 관의 부식 및 누설 유무 • 용접부 상태 • 라이닝, 코팅, 개스킷 손상 여부 • 부착물에 의한 오염의 상황

⑥ 열교환기의 열 교환 능률을 향상시키는 방법

㉠ 유체의 유속을 적절히 한다.

㉡ 유체의 흐름을 향류형으로 한다.

㉢ 열교환기의 입구와 출구의 온도차를 크게 한다.

㉣ 열전도율이 높은 재료를 사용한다.

㉤ 절연면적을 크게 한다.

㉥ 유체의 이동길이를 짧게 한다.

01 핵심문제 1. 반응기 등

□□□ 08년3회

1. 반응기를 조작방법에 따라 분류할 때 반응기의 한쪽에서는 원료를 계속적으로 유입하는 동시에 다른 쪽에서는 반응생성 물질을 유출시키는 형식의 반응기를 무엇이라 하는가?

① 관형 반응기 ② 연속식 반응기
③ 회분식 반응기 ④ 교반조형 반응기

해설

연속식 반응기
원료의 공급과 생성물의 배출을 연속적으로 행하는 형식의 반응기이며, 반응기내의 농도, 온도, 압력 등은 시간적인 변화가 없고, 노무비의 절감, 제품 품질의 변동이 적은점, 자동제어가 쉬운 이점이 있다.

□□□ 11년1회, 19년1회

2. 다음 중 반응기를 조작방식에 따라 분류할 때 이에 해당하지 않는 것은?

① 회분식 반응기 ② 반회분식 반응기
③ 연속식 반응기 ④ 관형식 반응기

문제 2, 3 해설

구조방식에 의한 반응기의 종류

구조방식	조작방식
1. 교반조형 반응기 2. 관형 반응기 3. 탑형 반응기 4. 유동층형 반응	1. 회분식 2. 반회분식 3. 연속식

□□□ 13년3회

3. 다음 중 반응기의 구조 방식에 의한 것은?

① 유동층형 반응기 ② 연속식 반응기
③ 반회분식 반응기 ④ 회분식 균일상반응기

□□□ 15년3회

4. 반응기 중 관형반응기의 특징에 대한 설명으로 옳지 않은 것은?

① 전열면적이 작아 온도조절이 어렵다.
② 가는 관으로 된 긴 형태의 반응기이다.
③ 처리량이 많아 대규모 생산에 쓰이는 것이 많다.
④ 기상 또는 액상 등 반응속도가 빠른 물질에 사용된다.

해설

관형 반응기
긴 관을 사용하는 형식이며, 반응 물질의 흐름은 피스톤 흐름에서 유동되게 한다. 이 반응기는 반응이 대단히 빨리 진행되고 처리량이 많아 대량 생산에 적합하다. 전열면적이 커 반응기의 온도조절이 어려운 단점이 있다.

□□□ 09년2회, 15년2회

5. 반응폭발에 영향을 미치는 요인 중 그 영향이 가장 적은 것은?

① 교반상태 ② 냉각시스템
③ 반응온도 ④ 반응생성물의 조성

해설

반응폭발에 영향을 미치는 요인
1. 교반상태
2. 냉각시스템
3. 반응온도

□□□ 15년2회

6. 반응기를 설계할 때 고려하여야 할 요인으로 가장 거리가 먼 것은?

① 부식성 ② 상의 형태
③ 온도 범위 ④ 중간생성물의 유무

해설

반응기를 설계할 때 고려하여야 할 요인
① 상(Phase)의 형태(고체, 액체, 기체)
② 온도범위
③ 운전압력
④ 부식성
⑤ 체류시간 및 공간속도
⑥ 열전달
⑦ 온도조절
⑧ 조작방법

□□□ 08년3회

7. 다음 중 증류탑의 보수에 있어서 일상점검항목에 해당하는 것은?

① 트레이(tray)의 부식상태
② 라이닝의 코팅 상황
③ 기초 볼트의 이상 유무
④ 용접선 상태의 이상 유무

정답 1 ② 2 ④ 3 ① 4 ① 5 ④ 6 ④ 7 ③

해설

증류탑의 점검사항
1. 열교환기의 운전중 일상점검항목
   (1) 온재 및 보냉재 파손여부
   (2) 도장(Painting)의 결함유무
   (3) 접속부, 용접부 등에서 누설여부
   (4) 앵커 Bolt의 이완여부
   (5) 기초부(콘크리트 기초) 파손여부
2. 열교환기의 정기적인 개방 점검항목
   (1) 부식 및 플리머나 Scale의 생성여부 및 부착물에 의한 오염상태
   (2) 부식 형태, 정도, 범위 등
   (3) 누설이 원인이 되는 범위
   (4) Tube 두께 감소여부
   (5) 용접선 이상 유무
   (6) Linning 및 Coating 상태의 이상 유무

□□□ 18년2회, 21년1회

8. 수분을 함유하는 에탄올에서 순수한 에탄올을 얻기 위해 벤젠과 같은 물질은 첨가하여 수분을 제거하는 증류방법은?

① 공비증류　② 추출증류
③ 가압증류　④ 감압증류

해설

공비증류
물질의 비점(끓는점)의 차이가 큰 혼합물을 분리하기 위한 방법으로 에탄올과 물처럼 상호용해하는 물질에서 수분을 제거하는 데 많이 사용된다.

□□□ 08년1회, 10년3회

9. 다음 중 열교환기의 보수에 있어서 일상점검항목으로 볼 수 없는 것은?

① 보온재 및 보냉재의 파손상황
② 부식의 형태 및 정도
③ 도장의 노후 상황
④ flange부 등의 외부 누출여부

문제 9, 10 해설

열교환기의 점검

일상점검 항목	개방점검 항목
1) 도장부 결함 및 벗겨짐 2) 보온재 및 보냉재 상태 3) 기초부 및 기초 고정부 상태 4) 배관 등과의 접속부 상태	1) 내부 부식의 형태 및 정도 2) 내부 관의 부식 및 누설 유무 3) 용접부 상태 4) 라이닝, 코팅, 개스킷 손상 여부 5) 부착물에 의한 오염의 상황

□□□ 09년2회, 10년2회, 19년1회

10. 다음 중 열교환기의 보수에 있어 일상점검항목이 아닌 것은?

① 도장의 노후상황
② 부착물에 의한 오염의 상황
③ 보온재, 보냉재의 파손여부
④ 기초볼트의 체결정도

□□□ 16년1회, 18년3회

11. 열교환기의 열 교환 능률을 향상시키기 위한 방법이 아닌 것은?

① 유체의 유속을 적절하게 조절한다.
② 유체의 흐르는 방향을 병류로 한다.
③ 열교환기 입구와 출구의 온도차를 크게 한다.
④ 열전도율이 높은 재료를 사용한다.

해설

열교환기의 열 교환 능률을 향상시키는 방법
1. 유체의 유속을 적절히 한다.
2. 유체의 흐름을 향류형으로 한다.
3. 열교환기의 입구와 출구의 온도차를 크게 한다.
4. 열전도율이 높은 재료를 사용한다.
5. 절연면적을 크게 한다.
6. 유체의 이동길이를 짧게 한다.

□□□ 09년2회, 12년2회, 13년2회, 16년2회, 17년2회, 18년3회

12. 5% NaOH 수용액과 10% NaOH 수용액을 반응기에 혼합하여 6% 100kg의 NaOH 수용액을 만들려면 각각 몇 kg의 NaOH 수용액이 필요한가?

① 5% NaOH 수용액 : 33.3 10% NaOH 수용액 : 66.7
② 5% NaOH 수용액 : 50　10% NaOH 수용액 : 50
③ 5% NaOH 수용액 : 66.7 10% NaOH 수용액 : 33.3
④ 5% NaOH 수용액 : 80　10% NaOH 수용액 : 20

해설

$5\% \times x + 10\% \times y = 6\% \times 100$에서,
$x + y = 100$, $y = 100 - x$,
$5 \times x + 10 \times (100 - x) = 6 \times 100$, 따라서 $x = 80$
이므로 5% NaOH 수용액은 80이 되고, 10% NaOH 수용액은 20이 된다.

정답 8 ① 9 ② 10 ② 11 ② 12 ④

02 건조설비

(1) 건조설비의 구성

건조설비: 습기가 있는 재료를 처리하여 수분을 제거하고 조작하는 기구

구분	내용
구조부분	기초부분(바닥콘크리트, 철골, 보온판), 몸체, 내부 구조물 등
가열장치	열원공급장치, 열순환용 송풍기 등
부속설비	전기설비, 환기장치, 온도조절장치, 소화장치, 안전장치 등

(2) 건조설비의 종류

① 고체건조장치

구분	내용
상자형 건조기	괴상, 입상의 고체를 화분식으로 건조한다. (곡물, 과실, 비누, 양모, 점토제품 등에 사용)
턴넬 건조기	다량을 연속적으로 건조한다. (벽돌, 내화제품, 목재 등에 사용)
회전 건조기	다량의 입상 또는 결정상물질을 건조한다.

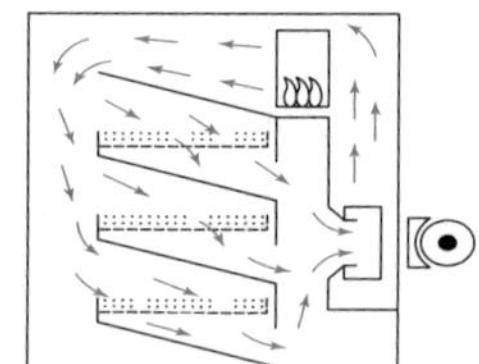
(a) 상자형 건조기

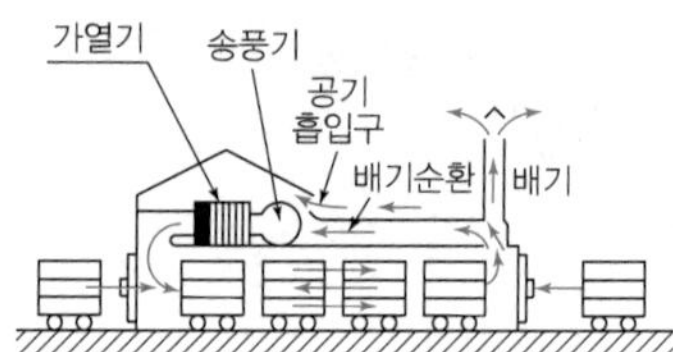

(b) 턴넬형 건조기

② 용액, 슬러리 건조장치

구분	내용
드럼 건조기	롤러(roller)사이에서 용액이나 슬러리를 증발, 건조시킨다.
교반 건조기	직접가열, 간접가열, 상압 또는 진공하에서 사용이 가능하며 접착선이 큰 것에 사용된다.
분무 건조기	슬러리나 용액을 미세한 입자의 형태로 가열하며 기체에 분산시켜서 건조한다.

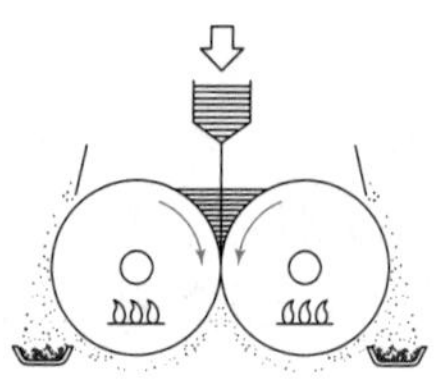
(c) 드럼 건조기

③ 연속 sheet 재료의 건조장치

구분	내용
원통 건조기	수증기로 가열된 여러 개의 원통위를 연속하여 sheet를 지나가면서 건조된다(종이, 직물, 셀로판 등의 건조에 사용)
조하식 거조기 (feston dryer)	sheet가 원통을 지나면 고리모양을 형성한 후 열풍을 접촉하여 건조한다.(직물, 망판 인쇄용지 등의 건조에 사용)
특수 건조기	적외선 복사건조기, 고주파 가열 건조기, 유동층 건조기, 동결 건조기 등이 있다.

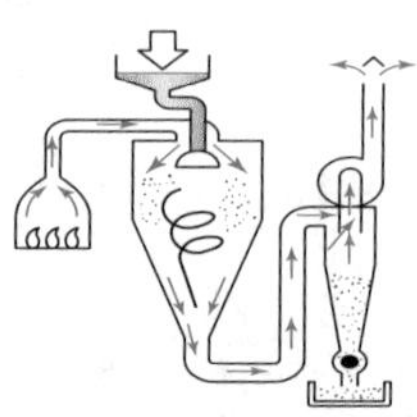
(d) 분무 건조기

(3) 건조설비를 설치하는 건축물의 구조

① 건조실을 설치하는 건축물의 구조는 독립된 단층건물로 하여야 한다. (건조실을 건축물 최상층에 설치하거나 내화구조인 경우 제외)

② 설치 대상

구분	기준
위험물질을 가열 · 건조하는 경우	내용적 1㎥ 이상인 건조설비
위험물이 아닌 물질을 가열 · 건조하는 경우	• 고체, 액체연료의 최대사용량 시간당 10kg 이상 • 기체연료 최대사용량 시간당 1㎥ 이상 • 전기사용 정격용량 10kW 이상

(4) 건조설비의 구조 기준

① 건조설비(유기과산화물을 가열 건조하는 것은 제외)의 외부, 내면과 내부의 선반이나 틀은 불연성 재료로 만들 것
② 건조설비의 측벽이나 바닥은 견고한 구조로 할 것
③ 건조설비는 그 상부를 가벼운 재료로 만들고 주위상황을 고려하여 폭발구를 설치할 것
④ 건조시 발생하는 가스 · 증기 또는 분진을 안전한 장소로 배출시킬 수 있는 구조로 할 것
⑤ 액체연료 또는 인화성 가스를 열원의 연료로 사용하는 건조설비는 점화하는 경우에는 폭발이나 화재를 예방하기 위하여 연소실이나 그 밖에 점화하는 부분을 환기시킬 수 있는 구조로 할 것
⑥ 건조설비의 내부는 청소하기 쉬운 구조로 할 것
⑦ 감시창 · 출입구 및 배기구 등의 개구부는 발화 시에 불이 다른 곳으로 번지지 아니하는 위치에 설치하고 필요한 경우에는 즉시 밀폐할 수 있는 구조로 할 것
⑧ 내부의 온도가 국부적으로 상승하지 않는 구조로 설치할 것
⑨ 건조설비의 열원으로서 직화를 사용하지 아니할 것
⑩ 열원으로서 직화를 사용하는 경우에는 불꽃 등에 의한 화재를 예방하기 위하여 덮개를 설치하거나 격벽을 설치할 것

[건조설비의 부속전기설비]

(1) 부속된 전열기 · 전동기 및 전등 등에 접속된 배선 및 개폐기를 사용하는 경우에는 그 건조설비 전용의 것을 사용하여야 한다.
(2) 건조설비의 내부에서 전기불꽃의 발생으로 위험물의 점화원이 될 우려가 있는 전기기계 · 기구 또는 배선을 설치해서는 아니 된다.

[관련법령]

산업안전보건기준에 관한 규칙 제281조 【건조설비의 구조 등】

[관련법령]
산업안전보건기준에 관한 규칙 제283조
【건조설비의 사용】

(5) 건조설비의 사용 시 준수사항

① 위험물건조설비를 사용하는 때에는 미리 내부를 청소하거나 환기할 것
② 위험물건조설비를 사용하는 때에는 건조로 인하여 발생하는 가스 · 증기 또는 분진에 의하여 폭발 · 화재의 위험이 있는 물질을 안전한 장소로 배출시킬 것
③ 위험물건조설비를 사용하여 가열건조하는 건조물은 쉽게 이탈되지 아니하도록 할 것
④ 고온으로 가열건조한 가연성 물질은 발화의 위험이 없는 온도로 냉각한 후에 격납시킬 것
⑤ 건조설비(외면이 현저하게 고온이 되지 아니하는 것을 제외한다)에 근접한 장소에는 가연성 물질을 두지 아니하도록 할 것
⑥ 건조설비에 대하여 <u>내부의 온도를 수시로 측정할 수 있는 장치를 설치</u>하거나 <u>내부의 온도가 자동으로 조정되는 장치를 설치</u>하여야 한다.

02 핵심문제 2. 건조설비

□□□ 11년1회, 21년3회

1. 건조설비의 구조를 구조부분, 가열장치, 부속설비로 구분할 때 다음 중 "부속설비"에 속하는 것은?

① 보온판 ② 열원장치
③ 소화장치 ④ 철골부

문제 1, 2 해설

건조설비의 구성

구분	내용
구조부분	기초부분(바닥콘크리트, 철골, 보온판), 몸체, 내부 구조물 등
가열장치	열원공급장치, 열순환용 송풍기 등
부속설비	전기설비, 환기장치, 온도조절장치, 소화장치, 안전장치 등

□□□ 13년2회

2. 건조설비의 구조는 구조부분, 가열장치, 부속설비로 구성되는데 다음 중 "구조부분"에 속하는 것은?

① 보온판 ② 열원장치
③ 전기설비 ④ 소화장치

□□□ 13년1회

3. 다음 중 건조설비의 가열방법으로 방사전열, 대류전열방식 등이 있고 병류형, 직교류형 등의 강제대류방식을 사용하는 것이 많으며 직물, 종이 등의 건조물 건조에 주로 사용하는 건조기는?

① 턴넬형 건조기 ② 회전 건조기
③ Sheet 건조기 ④ 분무 건조기

해설

Sheet 건조기
① 건조실 내를 이동하는 건조물을 방사전열, 열풍에 의한 전열 및 대류전열 등의 가열 방식으로 건조
② 건조대상물로는 직물, 종이, 시트, 필름, 보드에 주로 사용한다.
③ 열원은 전기(전열), 적외선, 증기를 사용
④ 구조적 특징으로는 병류형, 직교류형 등의 강제 대류방식을 이용하는 경우가 많다.

□□□ 11년3회

4. 다음 중 용액이나 슬러리(slurry) 사용에 가장 적절한 건조 설비는?

① 상자형 건조기 ② 터널형 건조기
③ 진동 건조기 ④ 드럼 건조기

해설

용액, 슬러리 건조장치

구분	내용
드럼 건조기	롤러(roller)사이에서 용액이나 슬러리를 증발, 건조시킨다.
교반 건조기	직접가열, 간접가열, 상압 또는 진공하에서 사용이 가능하며 점착선이 큰 것에 사용된다.
분무 건조기	슬러리나 용액을 미세한 입자의 형태로 가열하며 기체에 분산시켜서 건조한다.

□□□ 09년2회, 18년2회

5. 다음 중 폭발 또는 화재가 발생할 우려가 있는 건조설비의 구조로 적절하지 않은 것은?

① 건조설비의 외면은 불연성 재료로 만들 것
② 위험물 건조설비의 열원으로 직화를 사용하지 말 것
③ 위험물 건조설비의 측면이나 바닥은 견고한 구조로 할 것
④ 위험물 건조설비는 상부를 무거운 재료로 만들고 폭발구를 설치할 것

문제 5, 6 해설

건조설비의 구조
1. 건조설비의 외면은 불연성 재료로 만들 것
2. 건조설비(유기 과산화물을 가열 건조하는 것을 제외한다)의 내면과 내부의 선반이나 틀은 불연성 재료로 만들 것
3. 위험물 건조설비의 측벽이나 바닥은 견고한 구조로 할 것
4. 위험물건조설비는 그 상부를 가벼운 재료로 만들고 주위상황을 고려하여 폭발구를 설치할 것
5. 위험물건조설비는 건조할 때에 발생하는 가스, 증기 또는 분진을 안전한 장소로 배출시킬 수 있는 구조로 할 것
6. 액체 연료 또는 가연성가스를 열원의 연료로서 사용하는 건조설비는 점화할 때에 폭발 또는 화재를 예방하기 위하여 연소실이나 기타 점화하는 부분을 환기시킬 수 있는 구조로 할 것
7. 건조설비의 내부는 청소가 쉬운 구조로 할 것
8. 건조설비의 감시창, 출입구 및 배기구등과 같은 개구부는 발화시에 불이 다른 곳으로 번지지 아니하는 위치에 설치하고 필요한 때에는 즉시 밀폐할 수 있는 구조로 할 것
9. 건조설비는 내부의 온도가 국부적으로 상승되지 아니하는 구조로 설치할 것
10. 위험물건조설비의 열원으로 직화를 사용하지 말 것
11. 위험물건조설비외의 건조설비의 열원으로서 직화를 사용하는 때에는 불꽃 등에 의한 화재를 예방하기 위하여 덮개를 설치하거나 격벽을 설치할 것

[참고] 산업안전보건기준에 관한 규칙 제281조 【건조설비의 구조등】

정답 1 ③ 2 ① 3 ③ 4 ④ 5 ④

□□□ 08년3회, 09년3회, 12년2회

6. 산업안전보건법상 건조설비를 설치할 때 화재폭발을 방지하기 위하여 반드시 취해야 할 조치가 아닌 것은?

① 건조설비 내부를 청소가 쉬운 구조로 할 것
② 위험물건조설비의 열원으로는 직화를 사용할 것
③ 내부의 온도가 국부적으로 상승되지 않는 구조로 할 것
④ 위험물건조설비의 측벽이나 바닥은 견고한 구조로 할 것

□□□ 09년1회, 12년1회

7. 위험물 또는 위험물이 발생하는 물질을 가열 · 건조하는 건조설비 중 건조실을 설치하는 건축물의 구조를 독립된 단층건물로 해야 하는 기준으로 틀린 것은? (단, 건조실은 내화구조물이 아닌 건축물 내에 있다.)

① 위험물을 가열 · 건조하는 경우 가열 · 건조기의 내용적이 $10m^3$ 이상인 건조설비
② 위험물이 아닌 물질을 가열 · 건조하는 경우 고체 또는 액체 연료의 최대 사용량이 10kg/h 이상인 건조설비
③ 위험물이 아닌 물질을 가열 · 건조하는 경우 기체 연료의 사용량 $1m^3/h$ 이상인 건조설비
④ 위험물이 아닌 물질을 가열 · 건조하는 경우 전기사용 정격용량이 10kW 이상인 건조설비

문제 7, 8 해설

사업주는 위험물건조설비 중 건조실을 설치하는 건축물의 구조는 독립된 단층건물로 하여야 한다. 다만, 당해 건조실을 건축물의 최상층에 설치하거나 건축물이 내화구조인 때에는 그러하지 아니하다.
1. 위험물을 가열 · 건조하는 경우 내용적이 1세제곱미터 이상인 건조설비
2. 위험물이 아닌 물질을 가열 · 건조하는 경우로서 다음 각목의 1의 용량에 해당하는 건조설비
 (1) 고체 또는 액체연료의 최대사용량이 시간당 10킬로그램 이상
 (2) 기체연료의 최대사용량이 시간당 1세제곱미터 이상
 (3) 전기사용 정격용량이 10킬로와트 이상

참고 산업안전보건기준에 관한 규칙 제280조 【위험물건조설비를 설치하는 건축물의 구조】

□□□ 14년1회, 18년1회

8. 산업안전보건법령상 위험물 또는 위험물이 발생하는 물질을 가열 · 건조하는 경우 내용적이 얼마인 건조설비는 설치하는 건축물의 구조를 독립된 단층 건물로 하여야 하는가?

① $0.3m^3$ 이하　② $0.3m^3 \sim 0.5m^3$
③ $0.5m^3 \sim 0.75m^3$　④ $1m^3$ 이상

□□□ 10년1회, 19년3회

9. 산업안전기준에 관한 규칙상 건조설비를 사용하여 작업을 하는 경우 폭발 또는 화재를 예방하기 위하여 준수하여야 하는 사항으로 적절하지 않은 것은?

① 위험물 건조설비를 사용하는 때에는 미리 내부를 청소하거나 환기할 것
② 위험물 건조설비를 사용하는 때에는 건조로 인하여 발생하는 가스 · 증기 또는 분진에 의하여 폭발 · 화재의 위험이 있는 물질을 안전한 장소로 배출시킬 것
③ 위험물 건조설비를 사용하여 가열건조하는 건조물은 쉽게 이탈되도록 할 것
④ 고온으로 가열건조한 가연성 물질은 발화의 위험이 없는 온도로 냉각한 후에 격납시킬 것

문제 9, 10 해설

사업주는 건조설비를 사용하여 작업을 하는 때에는 폭발 또는 화재를 예방하기 위하여 다음 각호의 사항을 준수하여야 한다.
1. 위험물건조설비를 사용하는 때에는 미리 내부를 청소하거나 환기할 것
2. 위험물건조설비를 사용하는 때에는 건조로 인하여 발생하는 가스 · 증기 또는 분진에 의하여 폭발 · 화재의 위험이 있는 물질을 안전한 장소로 배출시킬 것
3. 위험물건조설비를 사용하여 가열건조하는 건조물은 쉽게 이탈되지 아니하도록 할 것
4. 고온으로 가열건조한 가연성 물질은 발화의 위험이 없는 온도로 냉각한 후에 격납시킬 것
5. 건조설비(외면이 현저하게 고온이 되지 아니하는 것을 제외한다)에 근접한 장소에는 가연성 물질을 두지 아니하도록 할 것

참고 산업안전보건기준에 관한 규칙 제283조 【건조설비의 사용】

□□□ 12년3회, 17년1회, 19년2회

10. 다음 중 건조설비를 사용하여 작업을 하는 경우에 폭발이나 화재를 예방하기 위하여 준수하여야 하는 사항으로 틀린 것은?

① 위험물 건조설비를 사용하는 경우에는 미리 내부를 청소하거나 환기할 것
② 위험물 건조설비를 사용하여 가열건조하는 건조물은 쉽게 이탈되도록 할 것
③ 고온으로 가열건조한 인화성 액체는 발화의 위험이 없는 온도로 냉각한 후에 격납시킬 것
④ 바깥 면이 현저히 고온이 되는 건조설비에 가까운 장소에는 인화성 액체를 두지 않도록 할 것

정답 6 ② 7 ① 8 ④ 9 ③ 10 ②

03 안전장치

(1) 안전밸브의 설치

설비나 배관의 압력이 설정압력을 초과하는 경우 자동적으로 작동하는 것으로 종류로는 스프링식과 중추식이 있고, 화학설비에는 스프링식을 많이 사용하고 있다.

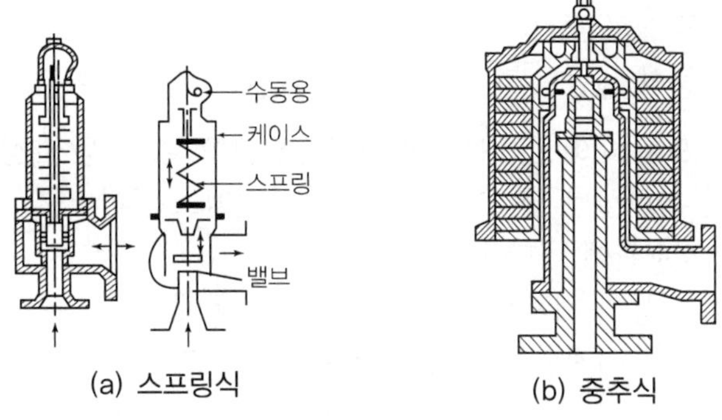

(a) 스프링식 (b) 중추식

안전밸브의 구조

[안전밸브]

① 안전밸브 및 파열판 설치대상 설비
   ㉠ 압력용기(안지름이 150밀리미터 이하인 압력용기는 제외)
   ㉡ 정변위 압축기
   ㉢ 정변위 펌프(토출축에 차단밸브가 설치된 것만 해당)
   ㉣ 배관(2개 이상의 밸브에 의하여 차단되어 대기온도에서 액체의 열팽창에 의하여 파열될 우려가 있는 것)
   ㉤ 그 밖의 화학설비 및 그 부속설비로서 해당 설비의 최고사용압력을 초과할 우려가 있는 것

[관련법령]
산업안전보건기준에 관한 규칙 제261조 【안전밸브 등의 설치】

② 다단형 압축기 또는 직렬로 접속된 공기압축기에 대해서는 각 단 또는 각 공기압축기별로 안전밸브 등을 설치

③ 안전밸브의 검사주기

구분	주기
1) 화학공정 유체와 안전밸브의 디스크 또는 시트가 직접 접촉될 수 있도록 설치된 경우	매년 1회 이상
2) 안전밸브 전단에 파열판이 설치된 경우	2년마다 1회 이상
3) 공정안전보고서 제출 대상으로서 고용노동부장관이 실시하는 공정안전보고서 이행상태 평가결과가 우수한 사업장의 안전밸브의 경우	4년마다 1회 이상

[안전밸브의 검사]
국가교정기관에서 교정을 받은 압력계를 이용하여 설정압력에서 안전밸브가 적정하게 작동하는지를 검사한 후 납으로 봉인하여 사용하여야 한다.

(2) 안전밸브등의 작동요건

① 보호하려는 설비의 최고사용압력 이하에서 작동되도록 한다. 다만, 안전밸브 등이 2개 이상 설치된 경우에 1개는 최고사용압력의 1.05배(외부화재를 대비한 경우에는 1.1배) 이하에서 작동되도록 설치

② 안전밸브 등의 배출용량
각각의 소요분출량을 계산하여 가장 큰 수치를 해당 안전밸브 등의 배출용량으로 한다.

[관련법령]
산업안전보건기준에 관한 규칙 제 266조
【차단밸브의 설치금지】

③ 차단밸브의 설치 금지
안전밸브 등의 전단 · 후단에 차단밸브를 설치해서는 아니 된다.

④ 자물쇠형 또는 이에 준하는 형식의 차단밸브를 설치가능 대상
㉠ 인접한 화학설비 및 그 부속설비에 안전밸브 등이 각각 설치되어 있고, 연결배관에 차단밸브가 없는 경우
㉡ 안전밸브 등의 배출용량의 2분의 1 이상에 해당하는 용량의 자동압력조절밸브와 안전밸브 등이 병렬로 연결된 경우
㉢ 화학설비 및 그 부속설비에 안전밸브 등이 복수방식으로 설치된 경우
㉣ 예비용 설비를 설치하고 각각의 설비에 안전밸브 등이 설치된 경우
㉤ 열팽창에 의해 상승된 압력을 낮추기 위한 안전밸브가 설치된 경우
㉥ 하나의 플레어 스택에 둘 이상의 단위공정의 플레어 헤더를 연결하여 사용하는 경우로서 각각의 플레어헤더에 설치된 차단밸브의 열림 · 닫힘 상태를 중앙제어실에서 알 수 있도록 조치한 경우

(3) 파열판(Rupture disk)

[파열판의 구조]

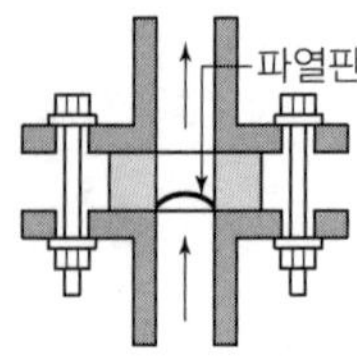

밀폐된 압력용기나 화학설비 등이 내압 시험압력 이상으로 압력이 상승하면 용기의 파열을 막기 위해서 내압시험압력 이하의 설정압력에서 터지도록 한 것이다.

① 파열판의 특징
㉠ 분출량이 많다.
㉡ 압력 릴리프 속도가 빠르다.
㉢ 유체가 새지 않는다.
㉣ 높은 점성, 슬러리나 부식성 유체에 적용할 수 있다.
㉤ 구조가 간단하다.

[관련법령]
산업안전보건기준에 관한 규칙 제 262조
【파열판의 설치】

② 파열판의 설치 대상
㉠ 반응 폭주 등 급격한 압력 상승 우려가 있는 경우
㉡ 급성 독성물질의 누출로 주위의 환경을 오염시킬 우려가 있는 경우
㉢ 이상 물질이 누적되어 안전밸브가 작동되지 않을 우려가 있는 경우

③ 파열판 및 안전밸브의 직렬설치
급성독성물질이 지속적으로 외부에 유출될 수 있는 화학설비 및 그 부속설비에 파열판과 안전밸브를 직렬로 설치하고 그 사이에는 압력지시계 또는 자동경보장치를 설치하여야 한다.

(4) 대기 밸브(Breather valve)

① 대기밸브의 정의
인화성 물질의 저장탱크 내의 압력과 대기압과의 사이에 차이가 발생하였을 때 대기를 탱크 내에 흡입하고 또는 탱크 내의 압력을 밖으로 방출해서 항상 탱크 내를 대기압과 평형한 압력으로 해서 탱크를 보호한다.

[대기밸브]

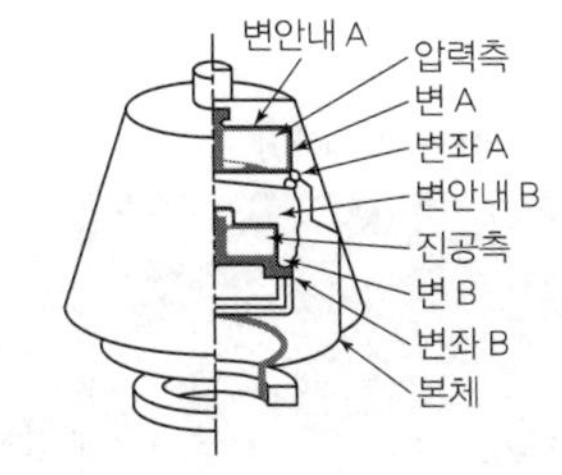

② 설치 및 유지보수
㉠ 인화성 액체를 저장 · 취급하는 대기압탱크에는 통기관 또는 통기밸브(breather valve) 등을 설치하여야 한다.
㉡ 통기설비는 정상운전 시에 대기압탱크 내부가 진공 또는 가압되지 않도록 충분한 용량의 것을 사용하여야 하며, 철저하게 유지 · 보수를 하여야 한다.

(5) 화염방지기(Flame arrestor)

[화염방지기(Flame arrestor)]

① 화염방지기의 설치 목적
Flame arrestor는 비교적 저압 또는 상압에서 가연성 증기를 발생하는 유류를 저장하는 탱크로서 외부에 그 증기를 방출하거나 탱크 내에 외기를 흡입하거나 하는 부분에 설치하는 것으로 40mesh 이상의 가는 눈이 있는 철망을 여러 개 겹쳐서 소염거리를 이용해 화염의 차단을 목적으로 한 것이다.

② 소염소자식 화염방지기의 구조

구분	내용
본체	금속제로서 내식성이 있어야 하며, 폭발 및 화재로 인한 압력과 온도에 견딜 수 있어야 한다.
소염소자	내식성이 있고, 1000℃ 이상에서 변형 등이 없는 내열성이 있는 재질이어야 하며, 이물질 등의 제거를 위한 정비작업이 용이하여야 한다.
가스킷	내식 · 내열성 재질이어야 한다.
모든 접합부	화염이 소염소자를 우회하지 않고, 방지장치의 내부로 전파되지 않는 구조이거나 밀봉되어야 한다.
황화수소, 황성분등이 함유된 가스가 배관 내에서 자연발화성 물질로 전환될 우려가 있는 경우에는 소염소자식 화염방지기를 사용할 수 없다.	

[소염거리]
안전간격(간극)이라고도 하며, 안전간격 이하에서는 화염이 전파되지 않는 것이다. 이를 이용한 안전장치는 화염방지기, 역화방지기, 방폭전기기기 등이 있다.

③ 설치 위치 및 방법

㉠ 인화성 액체 및 인화성 가스를 저장 취급하는 화학설비에서 증기나 가스를 대기로 방출하는 경우에는 외부로부터의 화염을 방지하기 위하여 화염방지기를 그 설비 상단에 설치하여야 한다.

㉡ 대기로 연결된 통기관에 통기밸브가 설치되어 있거나, 인화점이 섭씨 38도 이상 60도 이하인 인화성 액체를 저장 · 취급할 때에 화염방지 기능을 가지는 인화방지망을 설치한 경우에는 그러하지 아니하다.

[벤트스택(Ventstack)]

(6) 벤트스택(Ventstack)

① 탱크 내의 압력을 정상인 상태로 유지하기 위한 안전장치

㉠ 상압탱크 등의 직사일광에 의한 온도상승에서 탱크 내의 공기를 자동적으로 대기에 방출하여 내압상승을 방지하는 목적으로 설치된 것

㉡ 액체 저조류(貯槽類)의 내압상승시 압력빼기를 위해 기상부분(氣相部分)에 설치되어 있는 것

② Ventstock에는 그 선단부가 직접대기로 방출된 것, 수봉장치에 부속된 것, Flarestock에 도입되어 있는 것 등이 있다.

③ Ventstock 중 가연성가스, 증기 등을 직접대기 중에 방출하는 경우에는 그 선단이 가급적 지상보다 높게 하고, 안전한 장소에 설치되어 있을 것

[관련법령]
산업안전보건기준에 관한 규칙 제272조 【방유제 설치】

(7) 방유제

저장탱크에서 위험물질이 누출될 경우에 외부로 확산되지 못하게 함으로서, 주변의 건축물, 기계 · 기구 및 설비 등을 보호하기 위하여 위험물질 저장탱크 주위에 설치하는 지상방벽 구조물

① 방유제의 유효용량

㉠ 하나의 저장탱크에 설치하는 방유제 내부의 유효용량은 저장탱크의 용량 이상

㉡ 둘 이상의 저장탱크에 설치하는 방유제 내부의 유효용량은 용량이 가장 큰 저장탱크 하나 이상의 용량이상

② 방유제와 저장탱크 사이의 거리

방유제 내면과 저장탱크 외면사이의 거리는 1.5m 이상을 유지

③ 방유제의 구조

㉠ 철근콘크리트 또는 흙담 등으로서 누출된 위험물질이 방유제 외부로 누출되지 않아야 하며 위험물질에 의한 액압(위험물질의 비중이 1 이하인 경우에는 수두압)을 충분히 견딜 수 있는 구조

㉡ 방유제 주위에는 근로자가 안전하게 방유제 내, 외부에서 접근할 수 있는 계단이나 경사로 등을 설치하여야 하며, 4단 이상인 계단의 개방된 측면에는 안전난간을 설치하여야 한다.

㉢ 내부 바닥은 누출된 위험물질을 처리할 수 있도록 저장탱크의 외면에서 방유제까지 거리 또는 15m 중 더 짧은 거리에 대해 1% 이상 경사 유지

㉣ 방유제 내면 및 방유제 내부 바닥의 재질은 내식성이 있어야 한다.

㉤ 방유제는 외부에서 방유제 내부를 볼 수 있는 구조로 설치하거나 내부를 볼 수 없는 구조인 경우에는 내부를 감시할 수 있는 감시창 또는 CCTV 카메라 등을 설치

[방유제]

④ 방유제 관통 배관

㉠ 방유제를 관통하는 배관은 부동침하 또는 진동으로 인한 과도한 응력을 받지 않도록 조치하여야 한다.

㉡ 방유제를 관통하는 배관 보호를 위하여 슬리브(Sleeve) 배관을 묻어야 하며 슬리브 배관과 방유제는 완전 밀착되어야 하고, 배관과 슬리브 배관 사이에는 충전물을 삽입하여 완전 밀폐하여야 한다.

⑤ 방유제 내부의 배수처리

㉠ 방유제 내부의 빗물 등을 외부로 배출하기 위한 배수구를 설치하여야 하며, 이를 개폐하는 밸브 등을 방유제의 외부에 설치하여야 한다.

㉡ 개폐용 밸브 등은 빗물 등을 배출하는 경우를 제외하고는 항상 잠겨져 있어야 하며, 이를 쉽게 확인할 수 있는 잠금장치, 꼬리표 등을 설치해야한다.

㉢ 방유제 내부에 있는 탱크, 배관 등을 보온하기 위해 사용한 스팀의 응축수를 배출하기 위한 배출구는 방유제 외부에 설치하여야 한다. 다만, 방유제 내부에 응축수 배출설비(배출 포트의 높이가 방유제 높이 이상이고 배출 포트를 통하여 위험물질이 방유제 외부로 배출되지 않은 구조로 설치된 경우에 한한다)를 설치한 경우에는 그러하지 아니 한다.

⑥ 방유제 내부의 설비

방유제 내부에는 방유제 내부에 설치하는 저장탱크를 위한 배관(저장탱크의 소화설비를 위한 배관을 포함한다), 조명설비, 가스누출감지경보기(감지부에 한한다), 계기시스템 등 안전성 확보에 필요한 설비 외에는 다른 설비를 설치하여서는 아니 된다.

03 핵심문제 3. 안전장치

□□□ 11년1회

1. 다음 중 산업안전보건법상 화학설비 및 그 부속설비에 안전밸브를 설치하여야 하는 설비가 아닌 것은?

① 원심펌프
② 정변위압축기
③ 안지름이 150mm 이상인 압력용기
④ 대기에서 액체의 열팽창에 의하여 구조적으로 파열이 우려되는 배관

문제 1~5 해설

사업주는 다음 아래의 어느 하나에 해당하는 설비에 대해서는 과압에 따른 폭발을 방지하기 위하여 폭발 방지 성능과 규격을 갖춘 안전밸브 또는 파열판(이하 "안전밸브등" 이라 한다)을 설치하여야 한다. 다만, 안전밸브등에 상응하는 방호장치를 설치한 경우에는 그러하지 아니하다.

1. 압력용기(안지름이 150밀리미터 이하인 압력용기는 제외하며, 압력 용기 중 관형 열교환기의 경우에는 관의 파열로 인하여 상승한 압력이 압력용기의 최고사용압력을 초과할 우려가 있는 경우만 해당한다)
2. 정변위 압축기
3. 정변위 펌프(토출축에 차단밸브가 설치된 것만 해당한다)
4. 배관(2개 이상의 밸브에 의하여 차단되어 대기온도에서 액체의 열팽창에 의하여 파열될 우려가 있는 것으로 한정한다)
5. 그 밖의 화학설비 및 그 부속설비로서 해당 설비의 최고사용압력을 초과할 우려가 있는 것

[참고] 산업안전보건기준에 관한 규칙 제261조【안전밸브 등의 설치】

□□□ 18년2회

2. 사업주는 산업안전보건법령에서 정한 설비에 대해서는 과압에 따른 폭발을 방지하기 위하여 안전밸브 등을 설치하여야 한다. 다음 중 이에 해당하는 설비가 아닌 것은?

① 원심펌프
② 정변위압축기
③ 정변위 펌프(토출측에 차단밸브가 설치된 것만 해당한다.)
④ 배관(2개 이상의 밸브에 의하여 차단되어 대기온도에서 액체의 열팽창에 의하여 파열될 우려가 있는 것으로 한정한다.)

□□□ 12년3회

3. 다음 중 산업안전보건법에 따라 안지름 150mm 이상의 압력용기, 정변위 압축기 등에 대해서 과압에 따른 폭발을 방지하기 위하여 설치하여야 하는 방호장치는?

① 역화방지기 ② 안전밸브
③ 감지기 ④ 체크밸브

□□□ 17년2회

4. 산업안전보건법령에 따라 정변위 압축기 등에 대해서 과압에 따른 폭발을 방지하기 위하여 설치하여야 하는 것은?

① 역화방지기 ② 안전밸브
③ 감지기 ④ 체크밸브

□□□ 14년2회

5. 다음 중 스프링식 안전밸브를 대체할 수 있는 안전장치는?

① 캡(cap)
② 파열판(rupture disk)
③ 게이트밸브(gate valve)
④ 벤트스텍(vent stack)

□□□ 11년3회

6. 다음 중 안전밸브에 관한 설명으로 틀린 것은?

① 안전밸브는 단독으로도 급격한 압력상승의 신속한 제어가 용이하다.
② 안전밸브의 사용에 있어 배기능력의 결정은 매우 중요한 사항이다.
③ 안전밸브는 물리적 상태 변화에 대응하기 위한 안전장치이다.
④ 안전밸브의 원리는 스프링과 같이 기계적 하중을 일정 비율로 조절할 수 있는 장치를 이용한다.

정답 1 ① 2 ① 3 ② 4 ② 5 ② 6 ①

문제 6, 7 해설

설비가 다음 각 호의 어느 하나에 해당하는 경우에는 파열판을 설치하여야 한다.
1. 반응 폭주 등 급격한 압력 상승 우려가 있는 경우
2. 급성 독성물질의 누출로 인하여 주위의 작업환경을 오염시킬 우려가 있는 경우
3. 운전 중 안전밸브에 이상 물질이 누적되어 안전밸브가 작동되지 아니할 우려가 있는 경우

[참고] 산업안전보건기준에 관한 규칙 제262조【파열판의 설치】

□□□ 08년2회, 20년4회

7. **반응폭주 등 급격한 압력상승의 우려가 있는 경우에 설치하는 안전장치로 가장 적합한 것은?**

① 파열판　② 통기밸브
③ 체크밸브　④ Flame arrester

□□□ 10년3회, 16년3회, 20년1·2회

8. **다음 중 파열판에 관한 설명으로 틀린 것은?**

① 압력 방출속도가 빠르며, 분출량이 많다.
② 설정 파열압력 이하에서 파열될 수 있다.
③ 한번 부착한 후에는 교환할 필요가 없다.
④ 높은 점성의 슬러리나 부식성 유체에 적용할 수 있다.

해설

파열판은 한번 파열한 후에 재사용이 불가능하며 파열 후 교체하여야 한다.

□□□ 08년1회, 12년1회, 17년3회, 18년3회, 21년1회

9. **산업안전보건기준에 관한 규칙에서 안전밸브 등의 전·후단에 자물쇠형 또는 이에 준한 형식의 차단밸브를 설치할 수 있는 경우가 아닌 것은?**

① 화학설비 및 그 부속설비에 안전밸브 등이 복수방식으로 설치되어 있는 경우
② 인접한 화학설비 및 그 부속설비에 안전밸브 등이 각각 설치되어 있고 당해 화학설비 및 그 부속설비의 연결배관에 차단밸브가 없는 경우
③ 파열판과 안전밸브를 직렬로 설치한 경우
④ 열팽창에 의하여 상승된 압력을 낮추기 위한 목적으로 안전밸브가 설치된 경우

문제 9, 10 해설

사업주는 안전밸브 등의 전·후단에는 차단밸브를 설치하여서는 아니된다. 다만, 다음 각호의 1에 해당하는 경우에는 자물쇠형 또는 이에 준하는 형식의 차단밸브를 설치할 수 있다.
1. 인접한 화학설비 및 그 부속설비에 안전밸브 등이 각각 설치되어 있고 당해 화학설비 및 그 부속설비의 연결배관에 차단밸브가 없는 경우
2. 안전밸브 등의 배출용량의 2분의 1이상에 해당하는 용량의 자동압력조절밸브(구동용 동력원의 공급을 차단할 경우 열리는 구조인 것에 한한다)와 안전밸브 등이 병렬로 연결된 경우
3. 화학설비 및 그 부속설비에 안전밸브 등이 복수방식으로 설치되어 있는 경우
4. 예비용 설비를 설치하고 각각의 설비에 안전밸브 등이 설치되어 있는 경우
5. 열팽창에 의하여 상승된 압력을 낮추기 위한 목적으로 안전밸브가 설치된 경우
6. 하나의 플레어스택(flare stack)에 2 이상의 단위공정의 플레어헤더(flare header)를 연결하여 사용하는 경우로서 각각의 단위공정의 플레어헤더에 설치된 차단밸브의 열림·닫힘상태를 중앙제어실에서 알 수 있도록 조치한 경우

[참고] 산업안전보건기준에 관한 규칙 제266조【차단밸브의 설치금지】

□□□ 14년1회

10. **산업안전보건법령상 안전밸브 등의 전단·후단에는 차단밸브를 설치하여서는 아니되지만 다음 중 자물쇠형 또는 이에 준하는 형식의 차단밸브를 설치할 수 있는 경우로 틀린 것은?**

① 인접한 화학설비 및 그 부속설비에 안전밸브 등이 각각 설치되어 있고, 해당 화학설비 및 그 부속설비의 연결배관에 차단밸브가 없는 경우
② 안전밸브 등의 배출용량의 4분의 1 이상에 해당하는 용량의 자동압력조절밸브와 안전밸브 등이 직렬로 연결된 경우
③ 화학설비 및 그 부속설비에 안전밸브 등이 복수방식으로 설치되어 있는 경우
④ 열팽창에 의하여 상승된 압력을 낮추기 위한 목적으로 안전밸브가 설치된 경우

정답 7 ① 8 ③ 9 ③ 10 ②

□□□ 13년1회

11. 산업안전보건법령에 따라 대상 설비에 설치된 안전밸브 또는 파열판에 대해서는 일정 검사주기마다 적정하게 작동하는 지를 검사하여야 하는데 다음 중 설치구분에 따른 검사주기가 올바르게 연결된 것은?

① 화학공정 유체와 안전밸브의 디스크 또는 시트가 직접 접촉될 수 있도록 설치된 경우 : 매년 1회 이상
② 화학공정 유체와 안전밸브의 디스크 또는 시트가 직접 접촉될 수 있도록 설치된 경우 : 2년마다 1회 이상
③ 안전밸브 전단에 파열판이 설치된 경우 : 3년마다 1회 이상
④ 안전밸브 전단에 파열판이 설치된 경우 : 5년마다 1회 이상

해설

1. 화학공정 유체와 안전밸브의 디스크 또는 시트가 직접 접촉될 수 있도록 설치된 경우 : 매년 1회 이상
2. 안전밸브 전단에 파열판이 설치된 경우 : 2년마다 1회 이상
3. 공정안전보고서 제출 대상으로서 고용노동부장관이 실시하는 공정안전보고서 이행상태 평가결과가 우수한 사업장의 안전밸브의 경우 : 4년마다 1회 이상

참고 산업안전보건기준에 관한 규칙 제261조 【안전밸브 등의 설치】

□□□ 13년3회, 16년3회

12. 다음 중 파열판과 스프링식 안전밸브를 직렬로 설치해야 할 경우로 틀린 것은?

① 부식물질로부터 스프링식 안전밸브를 보호할 때
② 스프링식 안전밸브에 막힘을 유발시킬 수 있는 슬러리를 방출시킬 때
③ 독성이 매우 강한 물질을 취급 시 완벽하게 격리를 할 때
④ 릴리프 장치가 작동 후 방출라인이 개방되어야 할 때

해설

사업주는 급성 독성물질이 지속적으로 외부에 유출될 수 있는 화학설비 및 그 부속설비에 파열판과 안전밸브를 직렬로 설치하고 그 사이에는 압력지시계 또는 자동경보장치를 설치하여야 한다.

참고 산업안전보건기준에 관한 규칙 제263조 【파열판 및 안전밸브의 직렬설치】

□□□ 08년3회, 13년2회

13. 다음 중 소염거리(quenching distance) 또는 소염직경(quenching diameter)을 이용한 것과 가장 거리가 먼 것은 어느 것인가?

① 역화방지기 ② 화염방지기
③ 안전밸브 ④ 방폭전기기기

해설

소염거리 또는 소염직경이란 안전간격(간극)이라고도 하며, 안전간격 이하에서는 화염이 전파되지 않는 한계치를 뜻하며 화염방지기, 역화방지기, 방폭전기기기 등이 있다.

□□□ 08년3회, 12년2회, 15년2회, 16년1회, 19년3회

14. 비교적 저압 또는 상압에서 가연성의 증기를 발생하는 유류를 저장하는 탱크에서 외부에 그 증기를 방출하기도 하고, 탱크 내에 외기를 흡입하기도 하는 부분에 설치하며, 가는 눈금의 금망이 여러 개 겹친 구조로 된 안전장치는?

① check valve ② flame arrester
③ ventstack ④ rupture disk

문제 14~16 해설

화염방지기(flame arrester)는 비교적 저압 또는 상압에서 가연성 증기를 발생하는 유류를 저장하는 탱크로서 외부에 그 증기를 방출하거나 탱크 내에 외기를 흡입하거나 하는 부분에 설치하는 안전장치이다.
Flame arrestor는 40mesh 이상의 가는 눈이 있는 철망을 여러개 겹쳐서 소염거리를 이용해 화염의 차단을 목적으로 한 것이다.

□□□ 09년3회, 15년1회, 19년3회

15. 다음 중 이상반응 또는 폭발로 인하여 발생되는 압력의 방출장치가 아닌 것은?

① 파열판 ② 폭압방산공
③ 화염방지기 ④ 가용합금안전밸브

□□□ 10년2회, 20년1·2회

16. 폭발방호대책 중 이상 또는 과잉압력에 대한 안전장치로 볼 수 없는 것은?

① 안전 밸브(safety valve)
② 릴리프 밸브(relief valve)
③ 파열판(bursting disk)
④ 프레임 어레스터(flame arrester)

정답 11 ① 12 ④ 13 ③ 14 ② 15 ③ 16 ④

□□□ 13년1회, 15년2회

17. 다음 중 화염방지기의 구조 및 설치 방법이 틀린 것은?

① 본체는 금속제로서 내식성이 있어야 하며, 폭발 및 화재로 인한 압력과 온도에 견딜 수 있어야 한다.
② 소염소자는 내식, 내열성이 있는 재질이어야 하고, 이물질 등의 제거를 위한 정비작업이 용이하여야 한다.
③ 화염방지성능이 있는 통기밸브인 경우를 제외하고 화염방지기를 설치하여야 한다.
④ 화염방지기는 보호대상 화학설비와 연결된 통기관의 중앙에 설치하여야 한다.

문제 17, 18 해설

사업주는 인화성 액체 및 인화성 가스를 저장 취급하는 화학설비에서 증기나 가스를 대기로 방출하는 경우에는 외부로부터의 화염을 방지하기 위하여 화염방지기를 그 설비 상단에 설치하여야 한다. 다만, 대기로 연결된 통기관에 통기밸브가 설치되어 있거나, 인화점이 섭씨 38도 이상 60도 이하인 인화성 액체를 저장 · 취급할 때에 화염방지 기능을 가지는 인화방지망을 설치한 경우에는 그러하지 아니하다.

[참고] 산업안전보건기준에 관한 규칙 제269조 【화염방지기의 설치 등】

□□□ 09년2회, 18년3회

18. 인화성액체 및 가연성가스를 저장 취급하는 화학설비로부터 증기 또는 가스를 대기로 방출할 때 외부로부터의 화염을 방지하기 위한 화염방지기의 설치 위치로 옳은 것은?

① 설비의 상단　② 설비의 하단
③ 설비의 측면　④ 설비의 조작부

□□□ 09년3회, 11년2회, 16년2회, 19년2회

19. 산업안전보건법상 인화성 물질이나 부식성 물질을 액체상태로 저장하는 저장탱크를 설치하는 때에 위험물질이 누출되어 확산되는 것을 방지하기 위하여 설치하여야 하는 것은?

① Flame arrester　② Ventstack
③ 긴급방출장치　④ 방유제

해설

사업주는 인화성 물질이나 부식성 물질을 위험물을 액체상태로 저장하는 저장탱크를 설치하는 경우에는 위험물질이 누출되어 확산되는 것을 방지하기 위하여 방유제(防油堤)를 설치하여야 한다.

[참고] 산업안전보건기준에 관한 규칙 제272조 【방유제 설치】

□□□ 10년2회

20. 위험물 저장탱크에 방유제를 설치하는 구조 및 방법으로 틀린 것은?

① 외부에서 방유제 내부를 볼 수 있는 구조로 설치한다.
② 방유제 내면과 저장탱크 외면의 사이는 0.5m 이상을 유지하여야 한다.
③ 방유제 내면 및 방유제 내부 바닥의 재질은 위험물질에 대하여 내식성이 있어야 한다.
④ 방유제를 관통하는 배관과 슬리브 배관 사이에는 충전물을 삽입하여 완전 밀폐하여야 한다.

해설

방유제와 저장탱크 사이의 거리
방유제 내면과 저장탱크 외면사이의 거리는 1.5m 이상을 유지

정답 17 ④ 18 ① 19 ④ 20 ②

04 배관 등

(1) 배관의 특성

① 배관의 재료 및 용도

재료	주요한 용도
주철관	수도관
강 관	증기관, 압력기체용 관
가스관	잡용
동 관	급유관, 증류기의 전열부분관
황동관	복수기(Steam condenser), 증류기의 관
연 관	상수, 산액체, 오수용의 관

② 배관설계 압력 및 온도

상온, 상압의 경우 일반적으로 배관의 최적치는 각각 1kg/cm² 및 20℃로 한다.

(2) 밸브

[리프트 체크밸브]

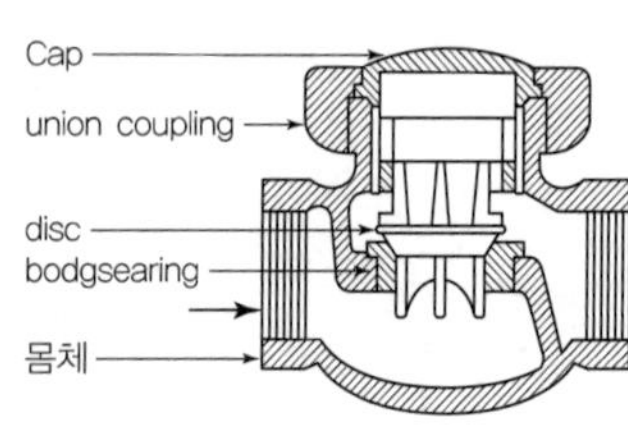

구분	특징
체크 밸브 (Check valve)	• 유체의 역류를 방지하기 위한 밸브로서, 체크 밸브에는 Lift check, Swing check, Ball check 등의 형식이 있다. • 체크 밸브는 Disc의 부식, 마모, 이물질이 끼는 등에 의해 작동불량이 있기 때문에 정기적인 점검과 교체가 필요하다.
블로우 밸브 (Blow valve)	• 블로우 밸브는 수동 및 자동제어에 의해서 과잉압력을 방출할 수 있도록 한 것이며, 자압형(自壓型), Solenoid 형, diaphragm 형 등이 있다. • 블로우 밸브는 중요한 안전장치로서 항상 적정한 기능을 갖도록 점검하는 것이 필요하다.

(3) Steamdraft

① 증기배관 내에 생기는 응축수(Drain)는 송기상(送氣上) 지장이 되므로 이것을 제거할 필요가 있으며, Steamdraft는 증기를 놓치는 일이 없어 이 응축수를 자동적으로 배출하기 위한 장치이다.

② Steamdraft의 종류

㉠ 디스크(Disc)식

㉡ 바이메탈(Bimetal)식

㉢ 바켓트(Bucktet)식

(4) 관 부속품(Pipe Fittings)

① 두개의 관을 연결할 경우 : 플랜지(Flange), 유니온(Union), 카플링(Coupling), 니플(Nipple), 소켓(Socket)

② 관로 방향을 바꿀 때 : 엘보우(Elbow), Y-지관(Y-Branch), 티(Tee), 십자(Cross)

③ 관로의 크기를 바꿀 때 : 축소관(Reducer), 부싱(Bushing)

④ 가지관을 설치할 때 : 티(T), Y-지관(Y-Branch), 십자(Cross)

⑤ 유로를 차단할 때 : 플러그(Plug), 캡(Cap), 밸브(Valve)

⑥ 유량 조절 : 밸브(Valve)

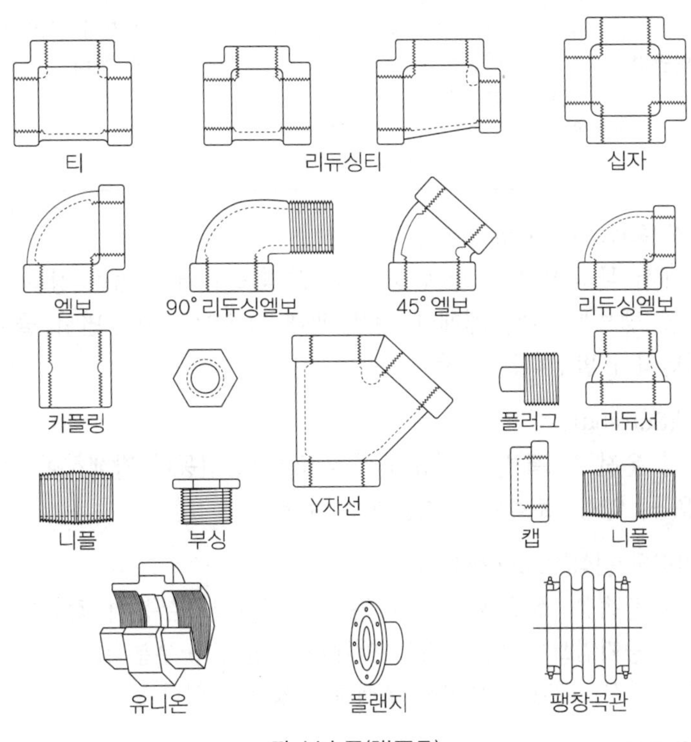

관 부속품(附屬品)

[관 부속품]

(5) 펌프의 이상현상

① 공동현상(Cavitaion)

관 속에 물이 흐를 때 물속의 어느 부분이 증기압보다 낮은 부분이 생기면 물이 증발을 일으키고 또한 물속의 공기가 기포를 다수 발생하는 현상

구분	내용
발생조건	• 흡입양정이 지나치게 클 경우 • 흡입관의 저항이 증대될 경우 • 흡입액이 과속으로 유량이 증대될 경우 • 관내의 온도가 상승할 경우
예방방법	• 펌프의 설치 위치를 낮추고 흡입양정을 짧게 한다. (흡입수두 손실을 줄인다.) • 수직측 펌프를 사용하고 회전차를 수중에 완전히 잠기게 한다. • 펌프의 회전수를 낮추고 흡입 회전도를 적게 한다. • 양흡입 펌프를 사용한다. • 펌프를 두 대 이상 설치한다. • 관경을 크게 하고 유속을 줄인다.

② 수격작용(Water hammering)

펌프에서 물의 압송시 정전 등에 의해 펌프가 급히 멈춘 경우 또는 수량조절 밸브를 급히 개폐한 경우 관내 유속이 급변하면서 물에 심한 압력변화가 발생하는 현상

③ 서징(Surging)

펌프의 운전 시 특별한 변동을 주지 않아도 진동이 발생하여 주기적으로 운동, 양정, 토출량이 변동하는 현상

[서징(Surging)현상]

원심식, 축류식 송풍기, 압축기에서는 송출 쪽의 저항이 크게 되면 풍량이 감소하고, 어느 풍량에 대하여 일정압력으로 운전되지만, 우향 상승 특성의 풍량까지 감소하면 관로에 격심한 공기의 맥동과 진동이 발생하여 불안정운전 현상

④ 베이퍼록 현상(Veporlock)

액체가 관속을 흐를 때 유동하는 물속의 어느 부분의 정압이 그때의 액체의 증기압보다 낮을 경우 액체가 증발하여 부분적으로 증기가 발생되는 현상, 배관의 부식을 초래하는 경우가 있다.

(6) 송풍기

① 송풍기 및 압축기의 종류

구분		내용
용적형	회전식	케이싱(Casing) 내에 1개 또는 여러개의 특수 피스톤(Piston)을 설치하고 이것을 회전시킬 때 케이싱과 피스톤 사이의 체적이 감소해서 기체를 압축시키는 방식
	왕복식	실린더 내에서 피스톤을 왕복시켜 이것에 따라 개폐하는 흡입밸브 및 토출밸브의 작용에 의해서 기체를 압축시키는 방식
회전형	원심식	케이싱(Casing) 내에 넣어진 날개바퀴(inipeller)를 회전시켜 기체에 작용하는 원심력에 의해서 기체를 압송시키는 방식
	축류식	프로펠러(Propeller)의 회전에 방식에 의한 추진력에 의한 기체를 압송하는 방식

② 송풍기의 상사법칙

구분	내용
풍량	$Q_2 = Q_1 \times \dfrac{N_2}{N_1}$ 회전수와 비례한다.
압력	$P_2 = P_1 \times \left(\dfrac{N_2}{N_1}\right)^2$ 회전수의 제곱에 비례한다.
동력	$L_2 = L_1 \times \left(\dfrac{N_2}{N_1}\right)^3$ 회전수의 세제곱에 비례한다.

[송풍기와 압축기]

(1) 송풍기(Blower) : 1kg/cm² 미만

(2) 압축기(Compressor) : 1kg/cm² 이상

04 핵심문제 4. 배관 등

□□□ 17년3회

1. 유체의 역류를 방지하기 위해 설치하는 밸브는?

① 체크밸브 ② 게이트밸브
③ 대기밸브 ④ 글로브밸브

해설

체크 밸브(Check valve)
유체의 역류를 방지하기 위한 밸브로서, 체크 밸브에는 Lift check, Swing check, Ball check 등의 형식이 있다.

□□□ 08년2회, 20년3회

2. 증기 배관 내에 생성하는 응축수는 송기상 지장이 되어 제거할 필요가 있는데 이 때 증기를 도망가지 않도록 이 응축수를 자동적으로 배출하기 위한 장치를 무엇이라 하는가?

① Ventstack ② Steamdraft
③ Blow-down계 ④ Relief valve

해설

증기배관 내에 생기는 응축수(Drain)는 송기상(送氣上) 지장이 되므로 이것을 제거할 필요가 있으며, Steamdraft는 증기를 놓치는 일이 없어 이 응축수를 자동적으로 배출하기 위한 장치이다.

□□□ 08년1회, 10년1회, 13년1회, 15년3회, 16년1회, 20년1·2회

3. 다음 관(pipe) 부속품 중 관로의 방향을 변경하기 위하여 사용하는 부속품은?

① 플랜지(flange) ② 유니온(union)
③ 니플(nipple) ④ 엘보우(elbow)

문제 3~5 해설

관 부속품(Pipe Fittings)
1. 두개의 관을 연결할 경우 : 플랜지(Flange), 유니온(Union), 카플링(Coupling), 니플(Nipple), 소켓(Socket)
2. 관로 방향을 바꿀 때 : 엘보우(Elbow), Y-지관(Y-Branch), 티(Tee), 십자(Cross)
3. 관 부속품(Pipe Fittings) : 관로에서는 여러 가지 목적을 위해 많은 부속품을 사용한다.
4. 관로의 크기를 바꿀 때 : 축소관(Reducer), 부싱(Bushing)
5. 가지관을 설치할 때 : 치(T), Y-지관(Y-Branch), 십자(Cross)
6. 유로를 차단할 때 : 플러그(Plug), 캡(Cap), 밸브(Valve)
7. 유량 조절 : 밸브(Valve)

□□□ 08년2회, 16년2회

4. 관부속품 중 유로를 차단할 때 사용되는 것은?

① 유니온 ② 소켓
③ 플러그 ④ 엘보우

□□□ 09년1회, 14년1회, 17년3회, 21년1회

5. 다음 중 관의 지름을 변경하고자 할 때 필요한 관 부속품은?

① reducer ② elbow
③ plug ④ valve

□□□ 08년2회, 12년1회, 15년3회, 19년1회

6. 물이 관 속을 흐를 때 유동하는 물 속의 어느 부분의 정압이 그 때의 물의 증기압보다 낮을 경우 물이 증발하여 부분적으로 증기가 발생되어 배관의 부식을 초래하는 경우가 있다. 이러한 현상을 무엇이라 하는가?

① 수격작용(water hammering)
② 공동현상(cavitation)
③ 서어징(surging)
④ 비말동반(entrainment)

해설

배관속에 흐르는 유수중에 그 수온의 증기 압력보다 낮은 부분이 생기면 물이 증발을 일으키고, 또한 수중에 용해하고 있는 공기가 석출하여 적은 기포를 다수 발생하는데, 이러한 현상에 캐비테이션(cavitation)이라 하며, 발생한 증기는 배관의 부식을 일으키는 원인이 된다.

□□□ 12년3회, 15년1회

7. 다음 중 펌프의 공동현상(cavitation)을 방지하기 위한 방법으로 가장 적절한 것은?

① 펌프의 유효 흡입양정을 작게 한다.
② 펌프의 회전속도를 크게 한다.
③ 흡입측에서 펌프의 토출량을 줄인다.
④ 펌프의 설치 위치를 높게 한다.

문제 7, 8 해설

공동현상의 방지법
1) 펌프의 설치 위치를 낮추고 흡입양정을 짧게 한다.
(흡입수두 손실을 줄인다.)
2) 수직측 펌프를 사용하고 회전차를 수중에 완전히 잠기게 한다.
3) 펌프의 회전수를 낮추고 흡입 회전도를 적게 한다.
4) 양흡입 펌프를 사용한다.
5) 펌프를 두 대 이상 설치한다.
6) 관경을 크게 하고 유속을 줄인다.

정답 1 ① 2 ② 3 ④ 4 ③ 5 ① 6 ② 7 ①

□□□ 13년3회, 16년2회, 19년3회

8. 다음 중 펌프의 사용 시 공동현상(cavitation)을 방지하고자 할 때의 조치사항으로 틀린 것은?

① 펌프의 회전수를 높인다.
② 펌프의 흡입관의 수두(head) 손실을 줄인다.
③ 흡입비 속도를 작게 한다.
④ 펌프의 설치높이를 낮추어 흡입양정을 짧게 한다.

□□□ 12년2회

9. 압축기의 종류를 구조에 의해 용적형과 회전형으로 분류할 때 다음 중 회전형으로만 올바르게 나열한 것은?

① 원심식압축기, 축류식압축기
② 축류식압축기, 왕복식압축기
③ 원심식압축기, 왕복식압축기
④ 왕복식압축기, 단계식압축기

문제 9, 10 해설

송풍기 및 압축기의 종류

구분		내용
용적형	회전식	케이싱(Casing) 내에 1개 또는 여러개의 특수 피스톤 (Piston)을 설치하고 이것을 회전시킬 때 케이싱과 피스톤 사이의 체적이 감소해서 기체를 압축시키는 방식
	왕복식	실린더 내에서 피스톤을 왕복시켜 이것에 따라 개폐하는 흡입밸브 및 토출밸브의 작용에 의해서 기체를 압축시키는 방식
회전형	원심식	케이싱(Casing) 내에 넣어진 날개바퀴(inipeller)를 회전 시켜 기체에 작용하는 원심력에 의해서 기체를 압송시키는 방식
	축류식	프로펠러(Propeller)의 회전에 방식에 의한 추진력에 의한 기체를 압송하는 방식

□□□ 08년1회, 18년2회

10. 다음 중 축류식 압축기에 대한 설명으로 옳은 것은?

① Casing 내에 1개 또는 수 개의 특수피스톤을 설치하여 이것을 회전시킬 때 Casing과 피스톤 사이의 체적이 감소해서 기체를 압축하는 방식이다.
② 실린더 내에서 피스톤을 왕복시켜 이것에 따라 개폐하는 흡입밸브 및 배기밸브의 작용에 의해 기체를 압축하는 방식이다.
③ Casing 내에 넣어진 날개바퀴를 회전시켜 기체에 작용하는 원심력에 의해서 기체를 압송하는 방식이다.
④ 프로펠러의 회전에 의한 추진력에 의해 기체를 압송하는 방식이다.

□□□ 10년2회, 12년3회

11. 압축기의 운전 중 흡입배기 밸브의 불량으로 인한 주요 현상으로 볼 수 없는 것은?

① 가스온도가 상승한다.
② 가스압력에 변화가 초래된다.
③ 밸브작동음에 이상을 초래한다.
④ 피스톤링의 마모와 파손이 발생한다.

해설

④항, 피스톤링의 마모, 파손시는 실린더 주위에 이상음이 생긴다.

□□□ 13년2회, 17년2회, 20년3회

12. 다음 중 압축기 운전 시 토출압력이 갑자기 증가하는 이유로 가장 적절한 것은?

① 피스톤 링의 가스 누설
② 윤활유의 과다
③ 토출관 내에 저항 발생
④ 저장조 내 가스압의 감소

해설

관로상의 저항이 발생되면 토출압력이 높아지게 된다.

□□□ 15년1회, 17년3회

13. 압축기와 송풍기의 관로에 심한 공기의 맥동과 진동을 발생하면서 불안정한 운전이 되는 서어징(surging)현상의 방지법으로 옳지 않은 것은?

① 풍량을 감소시킨다.
② 배관의 경사를 완만하게 한다.
③ 교축밸브를 기계에서 멀리 설치한다.
④ 토출가스를 흡입측에 바이패스 시키거나 방출밸브에 의해 대기로 방출시킨다.

해설

교축밸브는 교축 전, 후의 압력차를 항상 일정하게 유지하는 것으로써, 기계의 교축 전·후에 설치 하여야 한다.

정답 8 ① 9 ① 10 ④ 11 ④ 12 ③ 13 ③

□□□ 08년3회, 15년2회

14. 송풍기의 상사법칙에 관한 설명으로 옳지 않은 것은?

① 송풍량은 회전수와 비례한다.
② 정압은 회전수의 제곱에 비례한다.
③ 축동력은 회전수의 세제곱에 비례한다.
④ 정압은 임펠러 직경의 네제곱에 비례한다.

문제 14, 15 해설

송풍기의 상사법칙
1. 송풍량은 회전수와 비례한다.
2. 정압은 회전수의 제곱에 비례한다.
3. 축동력은 회전수의 세제곱에 비례한다.

□□□ 11년1회, 16년2회

15. 다음 중 송풍기의 상사법칙으로 옳은 것은? (단, 송풍기의 크기와 공기의 비중량은 일정하다.)

① 풍압은 회전수에 반비례한다.
② 풍량은 회전수의 제곱에 비례한다.
③ 소요동력은 회전수의 세제곱에 비례한다.
④ 풍압과 동력은 절대온도에 비례한다.

□□□ 11년2회, 18년1회

16. 송풍기의 회전차 속도가 1300rpm일 때 송풍량이 분당 $300m^3$이었다. 송풍량을 분당 $400m^3$으로 증가시키고자 한다면 송풍기의 회전차 속도는 약 몇 rpm으로 하여야 하는가?

① 1533 ② 1733
③ 1967 ④ 2167

해설

송풍기의 송풍량 : 회전수와 비례한다.

$$Q_2 = Q_1 \times \frac{N_2}{N_1}$$

Q : 송풍량, N : 회전수

$$N_2 = N_1 \times \frac{Q_2}{Q_1} = 1300 \times \frac{400}{300} = 1733$$

정답 14 ④ 15 ③ 16 ②

05 가스용접, 가스용기의 취급

(1) 가연성 가스에 의한 폭발 화재 방지

[관련법령]
산업안전보건기준에 관한 규칙 제296조
【지하작업장 등】

가연성 가스가 발생할 우려가 있는 지하작업장에서 작업하는 때 또는 가스 도관에서 가스가 발산할 위험이 있는 장소에서의 굴착작업을 행하는 때에는 폭발 또는 화재를 방지하기 위한 조치

① 가스의 농도를 측정하는 자를 지명하여 당해가스의 농도를 측정
 ㉠ 매일 작업을 시작하기 전
 ㉡ 당해가스에 대한 이상을 발견한 때
 ㉢ 당해가스가 발생하거나 정체할 위험이 있는 장소가 있는 때
 ㉣ 장시간 작업을 계속하는 때(4시간마다 가스농도를 측정)

② 가스의 농도가 폭발하한계 값의 25퍼센트 이상으로 밝혀진 때에는 즉시 근로자를 안전한 장소에 대피시키고 화기 기타 점화원이 될 우려가 있는 기계 · 기구 등의 사용을 중지하며 통풍 · 환기 등을 할 것

(2) 가스용접 · 용단 또는 가열작업

[관련법령]
산업안전보건기준에 관한 규칙 제233조
【가스용접 등의 작업】

① 가스등의 호스와 취관(吹管)은 손상 · 마모 등에 의하여 가스등이 누출할 우려가 없는 것을 사용할 것
② 가스등의 취관 및 호스의 상호 접촉부분은 호스밴드, 호스클립 등 조임 기구를 사용하여 가스등이 누출되지 않도록 할 것
③ 밸브나 콕에는 접속된 가스등의 호스를 사용하는 사람의 명찰을 붙이는 등 가스등의 공급에 대한 오조작을 방지하기 위한 표시를 할 것
④ 취관으로부터 산소의 과잉방출로 인한 화상을 예방하기 위하여 근로자가 조절밸브를 서서히 조작하도록 주지시킬 것
⑤ 가스등의 분기관은 전용 접속기구를 사용하여 불량체결을 방지하여야 하며, 서로 이어지지 않는 구조의 접속기구 사용, 서로 다른 색상의 배관 · 호스의 사용 및 꼬리표 부착 등을 통하여 서로 다른 가스배관과의 불량체결을 방지할 것

(3) 가스집합용접장치의 취급작업 시 관리감독자의 유해 · 위험방지 업무

① 작업방법을 결정하고 작업을 직접 지휘하는 일
② 가스집합장치의 취급에 종사하는 근로자로 하여금 다음의 작업요령을 준수하도록 하는 일
 ㉠ 부착할 가스용기의 마개 및 배관 연결부에 붙어 있는 유류 · 찌꺼기 등을 제거할 것

[고압가스용기의 파열사고의 주요원인]
(1) 용기의 내압력(耐壓力)부족
(2) 용기 내압(內壓)의 이상 상승
(3) 용기 내에서의 폭발성 혼합가스의 발화

[용기의 분출 또는 누설사고의 원인]
(1) 용기밸브의 용기에서의 이탈
(2) 용기 밸브에서의 가스의 누설
(3) 안전밸브의 작동
(4) 용기에 부속된 압력계의 파열

ⓛ 가스용기를 교환할 때에는 그 용기의 마개 및 배관 연결부 부분의 가스누출을 점검하고 배관 내의 가스가 공기와 혼합되지 않도록 할 것
ⓒ 가스누출 점검은 비눗물을 사용하는 등 안전한 방법으로 할 것
ⓡ 밸브 또는 콕은 서서히 열고 닫을 것

③ 가스용기의 교환작업을 감시하는 일
④ 작업을 시작할 때에는 호스 · 취관 · 호스밴드 등의 기구를 점검하고 손상 · 마모 등으로 인하여 가스나 산소가 누출될 우려가 있다고 인정할 때에는 보수하거나 교환하는 일
⑤ 안전기는 작업 중 그 기능을 쉽게 확인할 수 있는 장소에 두고 1일 1회 이상 점검하는 일
⑥ 작업에 종사하는 근로자의 보안경 및 안전장갑의 착용 상황을 감시하는 일

(4) 고압가스 용기의 도색

① 가연성가스 및 독성가스 용기

가스의 종류	도색의 구분	가스의 종류	도색의 구분
액화석유가스	회 색	액화암모니아	백 색
수 소	주황색	액 화 염 소	갈 색
아 세 틸 렌	황 색	그 밖의 가스	회 색

(1) 가연성가스(액화석유가스 제외)는 "연"자, 독성가스는 "독"자를 표시하여야 한다.
(2) 내용적 2ℓ 미만의 용기는 제조자가 정하는 바에 의한다.
(3) 액화석유가스 용기 중 부탄가스를 충전하는 용기는 부탄가스임을 표시하여야 한다.
(4) 선박용 액화석유가스 용기의 표시방법
- 용기의 상단부에 폭 2cm의 백색띠를 두 줄로 표시한다.
- 백색띠의 하단과 가스명칭 사이에 가로 · 세로 5cm 크기의 백색글자로 "선박용"이라고 표시한다.

② 그 밖의 용기

가 스 의 종 류	도 색 의 구분
산 소	녹 색
액화 탄산 가스	청 색
질 소	회 색
소 방 용 용 기 그 밖 의 가 스	소화방법에 의한 도색

(5) 가스 용접장치의 용기 취급작업시 준수사항

[관련법령]
산업안전보건기준에 관한 규칙 제234조【가스등의 용기】

① 설치 · 저장 또는 방치 금지장소
  ㉠ 통풍이나 환기가 불충분한 장소
  ㉡ 화기를 사용하는 장소 및 그 부근
  ㉢ 인화성 액체를 취급하는 장소 및 그 부근
② 용기의 온도를 섭씨 40도 이하로 유지할 것
③ 전도의 위험이 없도록 할 것
④ 충격을 가하지 않도록 할 것
⑤ 운반하는 경우에는 캡을 씌울 것
⑥ 사용하는 경우에는 용기의 마개에 부착되어 있는 유류 및 먼지를 제거할 것
⑦ 밸브의 개폐는 서서히 할 것
⑧ 사용 전 또는 사용 중인 용기와 그 밖의 용기를 명확히 구별하여 보관할 것
⑨ 용해아세틸렌의 용기는 세워 둘 것
⑩ 용기의 부식 · 마모 또는 변형상태를 점검한 후 사용할 것

(6) 가스누출감지 경보기

[가스누출감지 경보기]

가연성 또는 독성 물질의 가스를 감지하여 그 농도를 지시하고, 마치 설정해 놓은 가스 농도에서 자동적으로 경보가 울리도록 하는 장치로 감지부와 수신경보부로 구성된다.

① 선정기준
  ㉠ 감지대상 가스의 특성을 고려하여 적절한 것으로 선정
  ㉡ 감지대상 가스가 가연성이면서 독성인 경우에는 독성을 기준하여 가스누출감지경보기를 선정

② 설치장소
  ㉠ 건축물 내 · 외에 설치되어 있는 가연성 물질 또는 독성물질을 취급하는 압축기, 밸브, 반응기 및 배관 연결부위등 가스누출이 우려되는 화학설비 및 그 부속설비 주변
  ㉡ 가열로등 점화원이 있는 제조설비 주위에 가스가 체류하기 쉬운 장소
  ㉢ 가연성 물질 또는 독성 물질의 충전용 설비의 접속부위 주위
  ㉣ 폭발위험장소 내에 위치한 변전실, 배전반실 및 제어실 내부등
  ㉤ 기타 특별히 가스가 체류하기 쉬운 장소

③ 설치위치
  ㉠ 감지부는 가능한 가스의 누출이 우려되는 누출부위 가까이에 설치
  ㉡ 직접적인 가스누출은 예상되지 않으나 주변에서 누출된 가스가 체류하기 쉬운 곳

④ 경보 설정점

㉠ 감지대상 가스의 폭발하한계 25% 이하, 독성 가스누출감지 경보기는 당해 독성물질의 허용농도 이하에서 경보가 발하여지도록 설정, 다만 독성 가스누출감지경보기로서 당해 독성물질의 허용농도 이하에서 감지부가 감지할 수 없는 경우에는 그러하지 아니하다.

㉡ 가스누출감지경보기의 감지부 정밀도는 경보 설정점에 대하여 가연성 가스누출감지 경보기는 ±25% 이하, 독성 가스누출감지경보기는 ±30% 이하이어야 한다.

05 핵심문제 5. 가스용접 및 가스용기의 취급

□□□ 09년2회, 10년1회, 12년2회, 19년1회

1. 가연성 가스가 발생할 우려가 있는 장소에서 작업을 할 때 폭발 또는 화재를 방지하기 위한 조치사항 중 가스의 농도를 측정하는 방법으로 적절하지 않은 것은?

① 매일 작업을 시작하기 전에 측정한다.
② 가스에 대한 이상이 발견되었을 때 측정한다.
③ 장시간 작업할 때에는 매 8시간마다 측정한다.
④ 가스가 발생하거나 정체할 위험이 있는 장소에 대하여 측정한다.

해설

[참고] 산업안전보건기준에 관한 규칙 제296조 (지하작업장등)
사업주는 가연성 가스가 발생할 우려가 있는 지하작업장에서 작업하는 때 또는 가스도관에서 가스가 발산할 위험이 있는 장소에서의 굴착작업을 행하는 때에는 폭발 또는 화재를 방지하기 위하여 다음 각호의 조치를 하여야 한다.

1. 가스의 농도를 측정하는 자를 지명하고 다음 각목의 경우에 그로 하여금 당해가스의 농도를 측정하도록 하는 일
   (1) 매일 작업을 시작하기 전
   (2) 당해가스에 대한 이상을 발견한 때
   (3) 당해가스가 발생하거나 정체할 위험이 있는 장소가 있는 때
   (4) 장시간 작업을 계속하는 때(이 경우 4시간마다 가스농도를 측정하도록 하여야 한다)
2. 가스의 농도가 폭발하한계 값의 25퍼센트 이상으로 밝혀진 때에는 즉시 근로자를 안전한 장소에 대피시키고 화기 기타 점화원이 될 우려가 있는 기계·기구 등의 사용을 중지하며 통풍·환기 등을 할 것

□□□ 12년1회

2. 고압가스 용기 파열사고의 주요 원인 중 하나는 용기의 내압력(耐壓力) 부족이다. 다음 중 내압력 부족의 원인으로 틀린 것은?

① 용기 내벽의 부식 ② 강재의 피로
③ 과잉 충전 ④ 용접 불량

해설

용기의 내압력(耐壓力) 부족 원인으로 내벽의 부식, 강재의 피로, 용접불량 등이 있다.

[참고]

1. 고압가스용기의 파열사고의 주요원인
   (1) 용기의 내압력(耐壓力)부족
   (2) 용기 내압(內壓)의 이상 상승
   (3) 용기 내에서의 폭발성 혼합가스의 발화
2. 용기의 분출 또는 누설사고의 원인
   (1) 용기밸브의 용기에서의 이탈
   (2) 용기 밸브에서의 가스의 누설
   (3) 안전밸브의 작동
   (4) 용기에 부속된 압력계의 파열

□□□ 14년1회, 17년1회, 20년4회

3. 액화 프로판 310kg을 내용적 50L 용기에 충전할 때 필요한 소요 용기의 수는 약 몇 개인가? (단, 액화 프로판의 가스정수는 2.35이다.)

① 15 ② 17
③ 19 ④ 21

해설

$$용기의\ 수 = \frac{310 \times 2.35}{50} = 14.57$$

□□□ 11년3회

4. 다음 중 가연성 가스에 관한 설명으로 틀린 것은?

① 아세틸렌가스는 용해 가스로서 녹색으로 도색한 용기를 사용한다.
② 메탄가스는 가장 간단한 탄화수소 기체이며, 온실효과가 있다.
③ 수소가스는 물에 잘 녹지 않으며, 온도가 높아지면 반응성이 커진다.
④ 프로판 가스의 연소범위는 2.1~9.5% 정도이며, 공기보다 무겁다.

해설

①항, 아세틸렌가스는 용해 가스로서 황색으로 도색한 용기를 사용한다.

□□□ 08년2회, 16년2회

5. 공업용 가스의 용기가 주황색으로 도색되어 있을 때 용기 안에는 어떠한 가스가 들어있는가?

① 수소 ② 질소
③ 암모니아 ④ 아세틸렌

문제 5~8 해설

[참고] 가스 용기 도색

가스의 종류	도색의 구분	가스의 종류	도색의 구분
액화석유가스	회 색	액화암모니아	백 색
수 소	주황색	액화염소	갈 색
아 세 틸 렌	황 색	그 밖의 가스	회 색

□□□ 10년1회

6. 다음 중 공업용 고압가스 용기의 도색방법으로 틀린 것은?

① 산소 – 녹색 ② 액화암모니아 – 백색
③ 아세틸렌 – 황색 ④ 액화염소 – 주황색

정답 1 ③ 2 ③ 3 ① 4 ① 5 ① 6 ④

□□□ 14년3회, 18년2회

7. 공업용 용기의 몸체 도색으로 가스명과 도색명의 연결이 옳은 것은?

① 산소 – 청색 ② 질소 – 백색
③ 수소 – 주황색 ④ 아세틸렌 – 회색

□□□ 11년1회, 15년3회

8. 다음 중 공업용 가연성 가스 및 독성가스의 저장용기 도색에 관한 설명으로 옳은 것은?

① 아세틸렌가스는 적색으로 도색한 용기를 사용한다.
② 액화염소가스는 갈색으로 도색한 용기를 사용한다.
③ 액화석유가스는 주황색으로 도색한 용기를 사용한다.
④ 액화암모니아가스는 황색으로 도색한 용기를 사용한다.

□□□ 12년1회, 16년3회

9. 다음 중 금속의 용접 · 용단 또는 가열에 사용되는 가스등의 용기를 취급할 때의 준수사항으로 틀린 것은?

① 밸브의 개폐는 서서히 할 것
② 운반할 때에는 환기를 위하여 캡을 씌우지 않을 것
③ 용기의 온도를 섭씨 40° C 이하로 유지할 것
④ 용기의 부식 · 마모 또는 변형상태를 점검한 후 사용 할 것

해설

[참고] 산업안전보건기준에 관한 규칙 제234조 【가스등의 용기】
사업주는 금속의 용접 · 용단 또는 가열에 사용되는 가스등의 용기를 취급하는 경우에 다음 각 호의 사항을 준수하여야 한다.
다음 각 목의 어느 하나에 해당하는 장소에서 사용하거나 해당 장소에 설치 · 저장 또는 방치하지 않도록 할 것
1. 통풍이나 환기가 불충분한 장소
2. 화기를 사용하는 장소 및 그 부근
3. 위험물에 따른 인화성 액체를 취급하는 장소 및 그 부근
 (1) 용기의 온도를 섭씨 40도 이하로 유지할 것
 (2) 전도의 위험이 없도록 할 것
 (3) 충격을 가하지 않도록 할 것
 (4) 운반하는 경우에는 캡을 씌울 것
 (5) 사용하는 경우에는 용기의 마개에 부착되어 있는 유류 및 먼지를 제거할 것
 (6) 밸브의 개폐는 서서히 할 것
 (7) 사용 전 또는 사용 중인 용기와 그 밖의 용기를 명확히 구별하여 보관할 것
 (8) 용해아세틸렌의 용기는 세워 둘 것
 (9) 용기의 부식 · 마모 또는 변형상태를 점검한 후 사용할 것

□□□ 09년3회, 14년2회, 21년3회

10. 다음 중 가스누출감지경보기의 선정기준, 구조 및 설치방법에 대한 설명으로 틀린 것은?

① 암모니아를 제외한 가연성가스 누출감지경보기는 방폭성능을 갖는 것이어야 한다.
② 독성가스 누출감지경보기는 해당 독성가스 허용농도의 25% 이하에서 경보가 울리도록 설정하여야 한다.
③ 하나의 감지대상 가스가 가연성이면서 독성인 경우에는 독성가스를 기준하여 가스누출감지경보기를 선정하여야 한다.
④ 건축물 내에 설치되는 경우, 감지대상가스의 비중이 공기보다 무거운 경우에는 건축물내의 하부에 설치하여야 한다.

해설

가스누출감지경보기의 선정기준, 구조 및 설치방법
1. 가연성 가스누출감지경보기는 감지대상 가스의 폭발하한계 25% 이하, 독성가스 누출감지경보기는 해당 독성가스의 허용농도 이하에서 경보가 울리도록 설정하여야 한다.
2. 가스누출감지경보의 정밀도는 경보설정치에 대하여 가연성 가스누출감지경보기는 ±25% 이하, 독성가스누출감지경보기는 ±30% 이하이어야 한다.

정답 7 ③ 8 ④ 9 ② 10 ②

06 화학설비의 안전기준

(1) 화학설비와 부속설비의 종류

구분	종류
화학설비	• 반응기 · 혼합조 등 화학물질 반응 또는 혼합장치 • 증류탑 · 흡수탑 · 추출탑 · 감압탑 등 화학물질 분리장치 • 저장탱크 · 계량탱크 · 호퍼 · 사일로 등 화학물질 저장설비 또는 계량설비 • 응축기 · 냉각기 · 가열기 · 증발기 등 열교환기류 • 고로 등 점화기를 직접 사용하는 열교환기류 • 캘린더(calender) · 혼합기 · 발포기 · 인쇄기 · 압출기 등 화학제품 가공설비 • 분쇄기 · 분체분리기 · 용융기 등 분체화학물질 취급장치 • 결정조 · 유동탑 · 탈습기 · 건조기 등 분체화학물질 분리장치 • 펌프류 · 압축기 · 이젝터 등의 화학물질 이송 또는 압축설비
부속설비	• 배관 · 밸브 · 관 · 부속류 등 화학물질 이송 관련 설비 • 온도 · 압력 · 유량 등을 지시 · 기록 등을 하는 자동제어 관련 설비 • 안전밸브 · 안전판 · 긴급차단 또는 방출밸브 등 비상조치 관련 설비 • 가스누출감지 및 경보 관련 설비 • 세정기, 응축기, 벤트스택(bent stack), 플레어스택(flare stack) 등 폐가스처리설비 • 사이클론, 백필터(bag filter), 전기집진기 등 분진처리설비 • 설비를 운전하기 위하여 부속된 전기 관련 설비 • 정전기 제거장치, 긴급 샤워설비 등 안전 관련 설비

[화학설비 및 부속설비의 구조]

화학설비 및 그 부속설비를 건축물 내부에 설치하는 경우에는 건축물의 바닥 · 벽 · 기둥 · 계단 및 지붕 등에 불연성 재료를 사용하여야 한다.

[관련법령]

산업안전보건기준에 관한 규칙 별표 7 【화학설비 및 그 부속설비의 종류】

(2) 화학설비의 구조 기준

① 부식 방지

화학설비 또는 그 배관(밸브나 콕은 제외) 중 위험물 또는 인화점이 섭씨 60도 이상인 물질이 접촉하는 부분에 대해서는 위험물질등의 종류 · 온도 · 농도 등에 따라 부식이 잘 되지 않는 재료를 사용하거나 도장(塗裝) 등의 조치를 하여야 한다.

② 덮개 등의 접합부

화학설비 또는 그 배관의 덮개 · 플랜지 · 밸브 및 콕의 접합부는 위험물이 누출되는 것을 방지하기 위하여 적절한 개스킷(gasket)을 사용하고 접합면을 서로 밀착시키는 등 적절한 조치를 하여야 한다.

③ 밸브 등의 개폐방향의 표시 등

화학설비 또는 그 배관의 밸브 · 콕 또는 스위치 및 누름버튼 등에 대하여 오조작을 방지하기 위하여 열고 닫는 방향을 색채 등으로 표시하여 구분

④ 공급 원재료의 종류 등의 표시
화학설비에 원재료를 공급하는 근로자의 오조작으로 인한 위험물의 누출을 방지하기 위하여 그 근로자가 보기 쉬운 위치에 원재료의 종류, 원재료가 공급되는 설비명 등을 표시하여야 한다.

[관련법령]
산업안전보건기준에 관한 규칙 별표 8 【안전거리】

(3) 화학설비 및 부속설비의 안전거리

구분	안전거리
(1) 단위공정시설 및 설비로부터 다른 단위공정시설 및 설비의 사이	설비의 바깥 면으로부터 10미터 이상
(2) 플레어스택으로부터 단위공정시설 및 설비, 위험물질 저장탱크 또는 위험물질 하역설비의 사이	플레어스택으로부터 반경 20미터 이상. 다만, 단위공정시설 등이 불연재로 시공된 지붕 아래에 설치된 경우 제외
(3) 위험물질 저장탱크로부터 단위공정시설 및 설비, 보일러 또는 가열로의 사이	저장탱크의 바깥 면으로부터 20미터 이상. 다만, 저장탱크의 방호벽, 원격조종화설비 또는 살수설비를 설치한 경우에는 그러하지 아니하다.
(4) 사무실 · 연구실 · 실험실 · 정비실 또는 식당으로부터 단위공정시설 및 설비, 위험물질 저장탱크, 위험물질 하역 설비, 보일러 또는 가열로의 사이	사무실 등의 바깥 면으로부터 20미터 이상. 다만, 난방용 보일러인 경우 또는 사무실 등의 벽을 방호구조로 설치한 경우 제외

(4) 사용 전의 점검 등

구분	내용
화학설비 및 그 부속설비의 안전검사 시기	• 처음으로 사용하는 경우 • 분해하거나 개조 또는 수리를 한 경우 • 1개월 이상 사용하지 아니한 후 다시 사용하는 경우
화학설비 또는 그 부속설비의 용도, 사용하는 원재료의 종류 변경 시 점검사항	• 설비 내부에 폭발이나 화재의 우려가 있는 물질이 있는지 여부 • 안전밸브 · 긴급차단장치 및 그 밖의 방호장치 기능의 이상 유무 • 냉각장치 · 가열장치 · 교반장치 · 압축장치 · 계측장치 및 제어장치 기능의 이상 유무
화학설비를 분해하거나 설비 내부에서 작업을 하는 경우 준수 사항	• 작업책임자를 정하여 해당 작업을 지휘하도록 할 것 • 위험물 등이 누출되거나 고온의 수증기가 새어나오지 않도록 할 것 • 작업장 및 그 주변의 인화성 액체의 증기나 인화성 가스의 농도를 수시로 측정할 것

(5) 특수화학설비

① 특수화학설비의 종류

㉠ 발열반응이 일어나는 반응장치

㉡ 증류 · 정류 · 증발 · 추출 등 분리를 하는 장치

㉢ 가열시켜 주는 물질의 온도가 가열되는 위험물질의 분해온도 또는 발화점보다 높은 상태에서 운전되는 설비

㉣ 반응폭주 등 이상 화학반응에 의하여 위험물질이 발생할 우려가 있는 설비

㉤ 온도가 350℃ 이상, 게이지 압력이 980kPa 이상에서 운전되는 설비

㉥ 가열로 또는 가열기

② 특수화학설비의 안전장치 설치

구분	내용
계측장치	온도계 · 유량계 · 압력계
자동경보장치	자동경보장치의 설치가 곤란한 경우에는 감시인을 배치하여 감시하는 조치를 하여야 한다.
긴급차단장치	폭발 · 화재 또는 위험물의 누출을 방지하기 위하여 원재료 공급의 긴급차단, 제품 등의 방출, 불활성가스의 주입이나 냉각용수 등의 공급을 위하여 필요한 장치
예비동력원	동력원의 이상에 의한 폭발이나 화재를 방지하기 위하여 즉시 사용할 수 있는 예비동력원을 갖추어 둘 것 (밸브 · 콕 · 스위치 등의 오조작을 방지하기 위하여 잠금장치를 하고 색채표시 등으로 구분할 것)

[관련법령]
산업안전보건기준에 관한 규칙 제273조
【계측장치 등의 설치】

(6) 화학설비의 안전장치

① 자동경보장치

자동경보장치는 운전조건이 미리 설정된 범위를 이탈한 경우에 부저(Buzzer)를 울리거나 램프(Lamp)를 점멸하여 운전자에게 주의를 환기시켜 소요의 제어장치를 취하게 하는 것이다.

② 긴급차단장치

긴급차단장치는 대형반응기, 탑, 조(槽) 등에 있어서 누출, 화재 등의 이상사태가 발생하였을 경우, 그 피해확대를 방지하기 위해 당해 기기에의 원재료 송입을 차단밸브에서 긴급히 정지하는 안전장치이다.

[긴급차단장치 차단밸브의 동력원에 따른 종류]
(1) 공기압식
(2) 유압식
(3) 전기식

③ 긴급 방출장치

반응기, 탑, 조(槽), 탱크 등에 누출, 화재 등의 이상사태가 발생하였을 경우 그 재해 확대를 방지하기 위해 내용물을 신속하게 외부에 방출하여 안전하게 처리하기 위한 안전장치

[긴급방출장치]

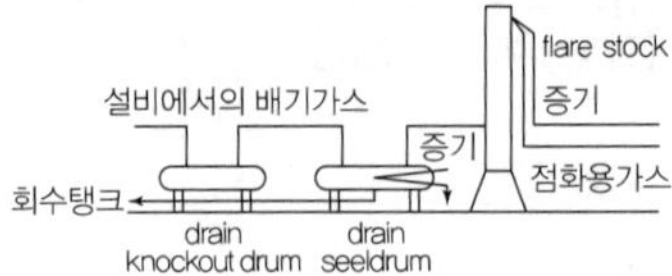

(a) flare stock 계

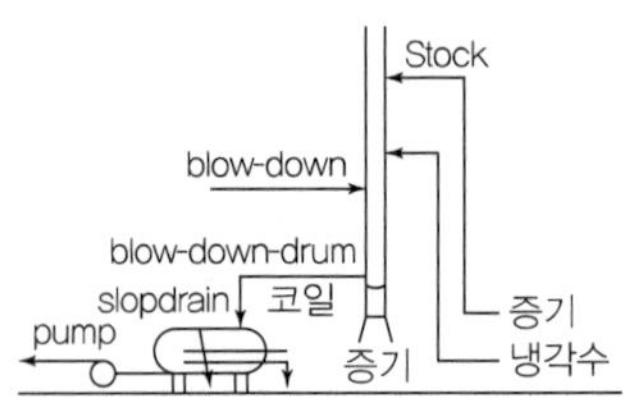

(b) blow down 계

구분	내용
Flare stock계	가스나 고휘발성 액체의 증기를 연소해서 대기 중으로 방출 하는 방식으로서, 이송되는 가스는 Flare stock으로 도입시켜, 항상 연소하고 있는 파이롯트 버너(Pilot burner)에 의해서 착화연소하여 가연성, 독성, 냄새를 거의 없앤 후 대기 중에 방산시킨다.
Blow-down계	응축성증기, 열유(熱油), 열액(熱液) 등 공정(Process) 액체를 빼내고 이것을 안전하게 유지 또는 처리하기 위한 설비이며, 반응기, 탑 등으로부터 내용물을 빼내기 위한 펌프, 그것을 안전하게 유지하는 탱크, 그것을 연소처리하는 경우는 가스화 하기 위한 증발기 등으로 구성된다.

(7) 계측장치

① 온도계

종류	내용
액체 온도계	유리 모세관속에 넣은 액체의 온도변화에 따른 체적변화를 이용하여 측정하는 온도계이다. • 수은 온도계 : 일반적으로 고온용, 상온용으로 −35∼+250℃의 범위에서 사용한다. • 알코올 온도계 : 저온, 상온용으로 −100℃∼+50℃의 범위에서 사용된다.
압력식 온도계 (Bourdon관식)	(1) 구조와 원리 일정한 부피의 유체(액체, 기체)의 압력이 온도에 따라 변하는 성질을 이용한 것으로 온도를 감지하는 감온부, 그 온도를 압력으로 변화시켜서 압력을 전달하는 도압부, 압력을 감지 측정하여 지시하는 감압부로 구성되어 있다.(−100∼+500℃ 범위측정) (2) 종류 • 액체 압력식 온도계(액체 팽창식) • 기체 압력식 온도계(기체 팽창식) • 고체 팽창식 온도계 : 고체의 선팽창률을 이용한 온도계
바이메탈식 온도계 (Bimetal)	• 열에 의한 팽창정도가 다른 2종류의 금속을 접합하여 만든 온도계로서 온도변화에 의해 금속편이 휘어지는 것을 이용한 것이다. • 금속판의 한쪽 끝은 고정되어 있고 다른 한쪽 끝은 온도를 지시하는 지침이 달려있다.(최고 500℃까지 측정가능)
전기 저항온도계	• 순금속의 온도변화에 따른 전기저항의 변동에 의한 성질을 이용한 온도계로, 측온저항체, 도선, 지시계의 3부분으로 구성되어 있다. • 측온저항체에는 백금(−200~600℃ 범위 측정), 니켈(−50∼300℃의 범위측정), 구리 등을 사용한다.

② 압력계

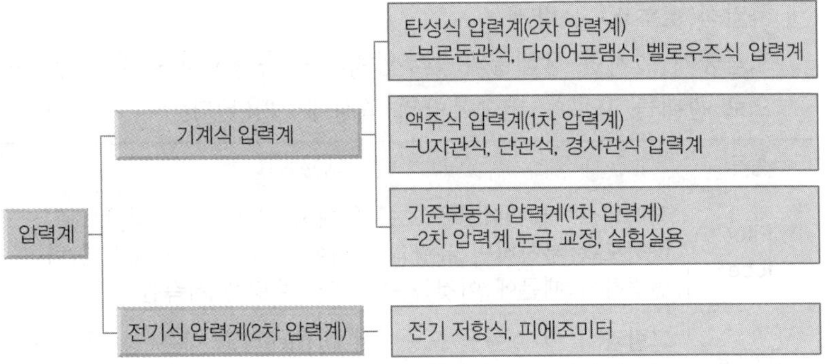

구분	내용
액주식 압력계	U자형 유리관에 액체(물, 수은 등)을 넣고 그 관의 양쪽에서 압력을 가하여 양쪽관의 액주높이 차이를 측정하여 압력을 구한다.
자유피스톤형 압력계	• 액체의 압력을 분동에 의하여 균형시키는 압력계로 분동을 사용하므로 분동식 압력계, 피스톤의 작용으로 측정되므로 피스톤 압력계라고도 한다. • 모든 압력계의 교정 장치에 적합하고 피검정 압력계의 검사에 사용하는 압력계이다.
브로돈관 (Bourdon) 압력계	• 탄성체의 탄성변형을 이용하여 압력을 측정하는 것으로 2차 압력계의 가장 대표적인 것이다. • 원리는 반타원형의 브로돈관이 내압을 받으면 끝이 터지려는 힘에 의하여 섹터를 돌리고 다시 이 섹터는 피니언을 돌려 압력지침이 움직이게 되면서 눈금판에 압력이 나타나게 된다. 측정압력은 2.5~1,000kg/cm² 이다. • 브로돈관의 재료로서는 비교적 저압용의 것에는 청동, 황동, 특수 청동이 쓰이고 고압용으로는 강, 특수강, 인발관 등이 사용된다.
벨로우즈 (Bellows) 압력계	• 많은 주름이 있는 금속부품(Bellows)이 압력에 의해서 신축되고 이것을 스프링(Spring)의 신축으로 바꾸어 지침에 전달하여 압력을 측정한다. • 저압용으로 측정압력은 0.01~10kg/cm² 이다.
다이아프램 (Diaphram) 압력계	• 얇은 금속의 격막을 사용한 것으로 극히 미소한 압력 및 부식성 유체의 측정에 효과적이고 수압면적이 크므로 응답속도도 빠르다. • 측정범위는 20~500mmgAq 정도이다.

[1차 압력계]

압력을 직접 측정하는 것으로 액주식 압력계, 자유피스톤식 압력계 등

[2차압력계]

압력의 의한 물질의 성질의 변화를 측정하고, 그 변화율에 의해 간접적으로 압력을 측정하는 것으로 Bourdon식, Bellows식, Diaphram식, 전기저항식, 피에조전기압력계 등이 있다.

[액주식 압력계]

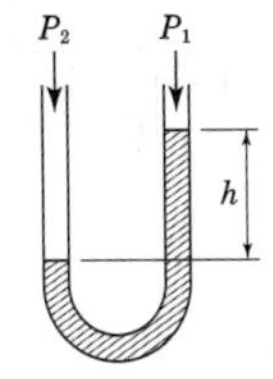

[브로돈관 압력계]

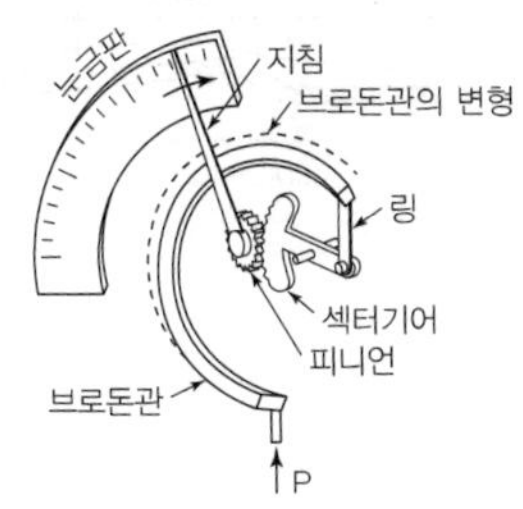

[벨로우즈 압력계]

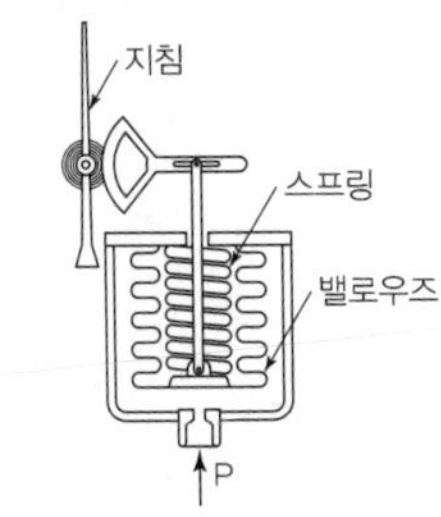

[다이아프램 압력계]

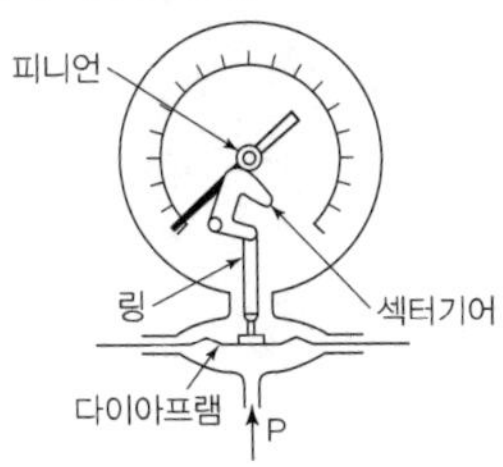

[Pitot tube]

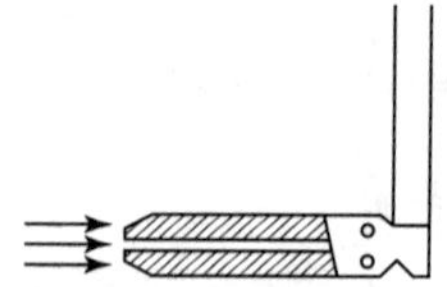

[Orifice meter]

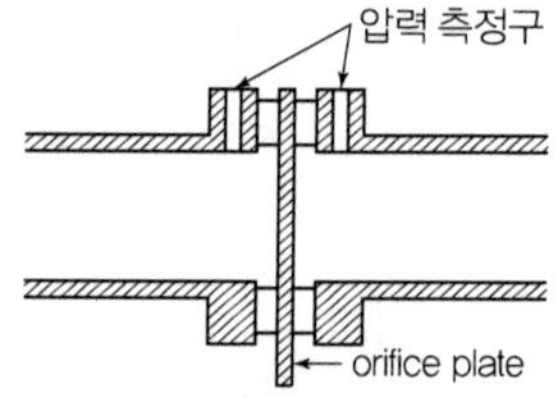

[Venturi tube]

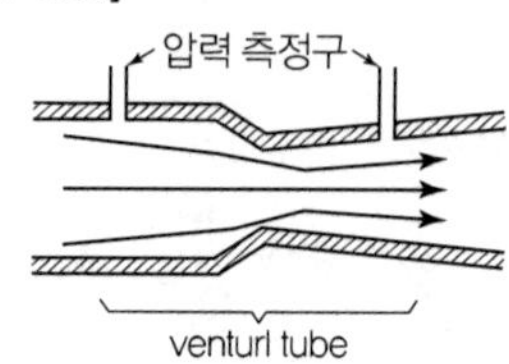

③ 유량계

㉠ 차압식(差壓式) 유량계

흐름중에 설치한 장해물의 전후압력차를 측정해서 유량을 구하는 것으로 관내를 흐르는 연속유량의 측정에 사용된다.

종류	내용
Pitot tube	직각의 관이며 이것을 흐름에 대해 개구부분이 직각으로 향하도록 부착하면 유량의 변화에 따라서 이 관내의 압력이 변경하기 때문에 이것을 측정해서 유량을 계측한다.
Orifice meter (또는 Nozzle)	그림과 같이 흐름을 도중에서 Orifice라고 하는 장해물(원형의 판 중앙에 동심원의 구멍을 뚫는 것)로 조이면 유체흐름의 압력은 그 부분에서 떨어지고, 유량은 Orifice의 상류측과 하류측의 압력차이의 평방근(Root)에 비례하므로 이것을 이용해서 유량을 산출한다.
Venturi tube	원리는 Orifice와 같이 관의 지름을 변화시켜 전후의 압력차를 측정하여 유량을 산출한다. Orifice보다 압력손실이 적다.

㉡ 용적식(容積式) 유량계

일정시간에 흐르는 체적유량을 이미 알고 있는 용적의 질량(Mass)으로 측정하는 방법으로, 정밀도가 높다.

㉢ 익차식(翼差式) 유량계

압력손실은 거의 일정하며 작고, 차압식 유량계에서 측정 곤란한 소유량이나 고점도 유량의 경우에 적합하며, 정밀도가 비교적 높다.

㉣ 면적식(面積式) 유량계

면적식 유량계로서는 Rotor meter(浮子型)가 있다.

06 핵심문제 6. 화학설비의 안전기준

□□□ 11년2회, 16년3회, 19년2회

1. 다음 중 산업안전보건법상 화학설비에 해당하는 것은?

① 사이클론 · 백필터 · 전기집진기 등 분진처리설비
② 응축기 · 냉각기 · 가열기 · 증발기 등 열교환기류
③ 온도 · 압력 · 유량 등을 지시 · 기록 등을 하는 자동제어 관련설비
④ 안전밸브 · 안전판 · 긴급차단 또는 방출밸브 등 비상조치 관련설비

문제 1~4 해설

화학설비 및 그 부속설비의 종류

화학설비	화학설비의 부속설비
1. 반응기 · 혼합조 등 화학물질 반응 또는 혼합장치 2. 증류탑 · 흡수탑 · 추출탑 · 감압탑 등 화학물질 분리장치 3. 저장탱크 · 계량탱크 · 호퍼 · 사일로 등 화학물질 저장설비 또는 계량설비 4. 응축기 · 냉각기 · 가열기 · 증발기 등 열교환기류 5. 고로 등 점화기를 직접 사용하는 열교환기류 6. 캘린더(calender) · 혼합기 · 발포기 · 인쇄기 · 압출기 등 화학제품 가공설비 7. 분쇄기 · 분체분리기 · 용융기 등 분체화학물질 취급장치 8. 결정조 · 유동탑 · 탈습기 · 건조기 등 분체화학물질 분리장치 9. 펌프류 · 압축기 · 이젝터(ejector) 등의 화학물질 이송 또는 압축설비	1. 배관 · 밸브 · 관 · 부속류 등 화학물질 이송 관련 설비 2. 온도 · 압력 · 유량 등을 지시 · 기록 등을 하는 자동제어 관련 설비 3. 안전밸브 · 안전판 · 긴급차단 또는 방출밸브 등 비상조치 관련 설비 4. 가스누출감지 및 경보 관련 설비 5. 세정기, 응축기, 벤트스택(bent stack), 플레어스택(flare stack) 등 폐가스처리설비 6. 사이클론, 백필터(bag filter), 전기집진기 등 분진처리설비 7. 가목부터 바목까지의 설비를 운전하기 위하여 부속된 전기 관련 설비 8. 정전기 제거장치, 긴급 샤워설비 등 안전 관련 설비

□□□ 08년1회, 17년1회, 20년3회

2. 다음 중 산업안전보건법상 화학설비 및 부속설비의 처리설비로만 이루어진 것은?

① 사이클론, 백필터, 전기집진기 등의 분진처리설비
② 응축기, 냉각기, 가열기, 증발기 등의 열교환기류
③ 고로 등 점화기를 직접 사용하는 열교환기류
④ 혼합기, 발포기, 압출기 등의 화학제품 가공설비

□□□ 09년3회, 15년1회, 19년1회

3. 다음 중 산업안전보건법에서 지정한 '화학설비 및 그 부속설비의 종류'에서 화학설비의 부속설비에 해당하는 것은?

① 응축기 · 냉각기 · 가열기 등의 열교환기류
② 반응기 · 혼합조 등의 화학물질 반응 또는 혼합장치
③ 펌프류 · 압축기 등의 화학물질 이송 또는 압축설비
④ 온도 · 압력 · 유량 등을 지시 · 기록하는 자동제어 관련 설비

□□□ 10년3회, 18년1회

4. 화학설비 가운데 분체화학물질 분리장치에 해당하지 않는 것은?

① 건조기 ② 분쇄기
③ 유동탑 ④ 결정조

□□□ 10년3회

5. 다음 중 물질의 누출방지용으로써 접합면을 상호 밀착시키기 위하여 사용하는 것은?

① 개스킷 ② 체크밸브
③ 플러그 ④ 콕크

해설

화학설비 또는 그 배관의 덮개 · 플랜지 · 밸브 및 콕의 접합부에 대하여 당해 접합부에서의 위험물질등의 누출로 인한 폭발 · 화재 또는 위험물의 누출을 방지하기 위하여 적절한 개스킷(gasket)을 사용하고 접합면을 상호 밀착시키는 등 적절한 조치를 하여야 한다.

참고 산업안전보건기준에 관한 규칙 제257조 【덮개등의 접합부】

정답 1 ② 2 ① 3 ④ 4 ② 5 ①

□□□ 08년2회, 09년3회, 10년3회, 13년3회, 16년1회, 16년3회, 20년3회, 21년2회

6. 위험물을 저장 · 취급하는 화학설비 및 그 부속설비를 설치할 때 '단위공정시설 및 설비로부터 다른 단위공정시설 및 설비의 사이'의 안전거리는 설비의 외면으로부터 몇 m 이상이 되어야 하는가?

① 5 ② 10m
③ 15m ④ 20m

해설

위험물을 저장 · 취급하는 화학설비 및 그 부속설비를 설치할 때에는 폭발 또는 화재에 의한 피해를 줄일 수 있도록 단위공정시설 및 설비로부터 다른 단위공정시설 및 설비의 외면으로부터 10미터 이상 안전거리를 두어야 한다.

[참고] 산업안전보건기준에 관한 규칙 제271조 【안전거리】

□□□ 10년1회, 18년2회

7. 위험물질을 산업안전보건법에서 정한 기준량이상 제조, 취급, 사용 또는 저장하는 설비로서 특수화학설비에 해당되는 설비는?

① 폭발위험이 있는 위험물을 증류에 의해 분리를 행하는 장치
② 상온에서 게이지 압력으로 7kgf/cm^{2}의 압력으로 운전되는 설비
③ 대기압 하에서 섭씨 300℃로 운전되는 설비
④ 흡열반응이 행하여지는 반응설비

문제 7~9 해설

특수화학설비의 종류
1. 발열반응이 일어나는 반응장치
2. 증류 · 정류 · 증발 · 추출 등 분리를 행하는 장치
3. 가열시켜주는 물질의 온도가 가열되는 위험물질의 분해온도 또는 발화점보다 높은 상태에서 운전되는 설비
4. 반응폭주 등 이상화학반응에 의하여 위험물질이 발생할 우려가 있는 설비
5. 온도가 섭씨 350도 이상이거나 게이지압력이 980kPa 이상인 상태에서 운전되는 설비
6. 가열로 또는 가열기

[참고] 산업안전보건기준에 관한 규칙 273조 【계측장치 등의 설치】

□□□ 08년2회, 14년2회

8. 산업안전보건법에서 정한 위험물질을 기준량 이상 제조, 취급, 사용 또는 저장하는 설비로서 내부의 이상상태를 조기에 파악하기 위하여 필요한 온도계 · 유량계 · 압력계 등의 계측장치를 설치하여야 하는 대상이 아닌 것은?

① 가열로 또는 가열기
② 증류 · 정류 · 증발 · 추출 등 분리를 행하는 장치
③ 300℃ 이상의 온도 또는 게이지 압력이 7kg/cm^{2}이상의 상태에서 운전하는 설비
④ 반응폭주 등 이상화학반응에 의하여 위험물질이 발생할 우려가 있는 설비

□□□ 17년1회

9. 사업주는 특수화학설비를 설치할 때 내부의 이상상태를 조기에 파악하기 위하여 필요한 계측장치를 설치하여야 한다. 다음 중 이에 해당하는 특수화학설비가 아닌 것은?

① 발열 반응이 일어나는 반응장치
② 증류, 증발 등 분리를 행하는 장치
③ 가열로 또는 가열기
④ 액체의 누설을 방지하는 방유장치

□□□ 09년1회, 16년2회

10. 산업안전보건법상 특수화학설비 설치 시 반드시 필요한 장치가 아닌 것은?

① 원재료 공급의 긴급차단장치
② 즉시 사용할 수 있는 예비동력원
③ 화재 시 긴급대응을 위한 자동소화장치
④ 온도계 · 유량계 · 압력계 등의 계측장치

문제 10~12 해설

특수화학설비의 안전장치 설치

구분	내용
계측장치	온도계 · 유량계 · 압력계
자동경보장치	자동경보장치의 설치가 곤란한 경우에는 감시인을 배치하여 감시하는 조치를 하여야 한다.
긴급차단장치	폭발 · 화재 또는 위험물의 누출을 방지하기 위하여 원재료 공급의 긴급차단, 제품 등의 방출, 불활성가스의 주입이나 냉각용수 등의 공급을 위하여 필요한 장치
예비동력원	동력원의 이상에 의한 폭발이나 화재를 방지하기 위하여 즉시 사용할 수 있는 예비동력원을 갖추어 둘 것(밸브 · 콕 · 스위치 등의 오조작을 방지하기 위하여 잠금장치를 하고 색채표시 등으로 구분할 것)

정답 6 ② 7 ① 8 ③ 9 ④ 10 ③

□□□ 10년1회, 19년2회

11. 산업안전보건법에 따라 사업주가 특수화학설비를 설치하는 때에 그 내부의 이상상태를 조기에 파악하기 위하여 설치하여야 하는 장치는?

① 자동경보장치 ② 안전감시장치
③ 자동문개폐장치 ④ 스크러버개방장치

□□□ 11년3회, 14년3회, 18년1회

12. 특수화학설비를 설치할 때 내부의 이상 상태를 조기에 파악하기 위하여 필요한 계측장치가 아닌 것은?

① 습도계 ② 유량계
③ 온도계 ④ 압력계

□□□ 11년2회, 18년3회

13. 다음 설명에 해당하는 안전장치는?

"대형의 반응기, 탑, 탱크 등에 있어서 이상상태가 발생할 때 밸브를 정지시켜 원료공급을 차단하기 위한 안전장치로, 공기압식, 유입식, 전기식 등이 있다."

① 파열판 ② 안전밸브
③ 스팀트랩 ④ 긴급차단장치

해설

긴급차단장치는 대형반응기, 탑, 조(槽) 등에 있어서 누출, 화재 등의 이상사태가 발생하였을 경우, 그 피해확대를 방지하기 위해 당해 기기에의 원재료 송입을 차단밸브에서 긴급히 정지하는 안전장치이다. 종류로는 공기압식, 유압식, 전기식이 있다.

□□□ 09년1회, 12년1회

14. 다음 중 압력차에 의하여 유량을 측정하는 가변류 유량계가 아닌 것은?

① 오리피스 미터(orifice meter)
② 벤튜리 미터(venturi meter)
③ 로타 미터(rota meter)
④ 피토 튜브(pitot tube)

해설

차압식(差壓式) 유량계
흐름중에 설치한 장해물의 전후압력차를 측정해서 유량을 구하는 것으로 관내를 흐르는 연속유량의 측정에 사용되는 가변류의 유량계
1. 오리피스 미터(orifice meter)
2. 벤튜리 미터(venturi meter)
3. 피토 튜브(pitot tube)

정답 11 ① 12 ① 13 ④ 14 ③

Chapter
05
화재예방 및 소화

이 장은 연소이론과 연소범위, 인화점과 발화점, 화재예방대책 등으로 구성되며 연소이론의 기준과 위험성물질의 연소범위와 특징 등이 주로 출제된다.

01 연소의 특징

(1) 연소의 정의

① 연소란 가연성 물질이 공기 중의 산소(O_2)와 급격한 산화 반응을 일으켜 빛과 열을 발생하는 현상을 뜻하며, 화염(火炎)이 수반된다.
② 연소는 발열 반응이다.
③ 반응열에 의해서 연소물과 연소 생성물은 온도가 상승되어야 한다.
④ 발생하는 열 복사선의 파장과 강도가 가시범위에 달한다.

■ **발열 반응**
산화반응을 할 때 외부로부터 열을 방출하면서 반응하는 현상
예 탄소(C), 수소(H), 유황(S) 등

■ **흡열반응**
산화반응을 할 때에 외부에서 열을 흡수하여 반응하는 현상
예 질소(N_2)

■ 열도전율이 낮은 물질이 잘 타고, 발열량이 큰 물질이 잘 탄다.

(2) 좋은 연소의 조건

① 산화되기 쉬운 것일수록
② 산소와의 접촉면이 클수록
③ 발열량이 큰 것일수록
④ 열전도율이 작은 것일수록
⑤ 건조도가 좋은 것일수록

(3) 연소점의 정의

① 인화점보다 10℃ 정도 높으며 연소를 5초 이상 지속할 수 있는 온도
② 인화성 액체가 공기 중에서 열을 받아 점화원의 존재 하에 지속적인 연소를 일으킬 수 있는 최저온도
③ 가연성액체가 개방된 용기에서 증기를 계속 발생하며 연소가 지속될 수 있는 최저온도

(4) 연소의 분류

① 기체의 연소

구분	내용
예혼합 연소	가연성가스와 공기가 미리 혼합하여 연소범위를 생성하여 점화 시 연소
확산 연소	가연성 가스가 확산되어 공기와 혼합하며 연소

② 액체의 연소

구분	내용
증발연소	인화성 액체의 온도 상승에 따른 증발에 의해 연소 예 알콜, 에테르, 등유, 경유 등
분해연소	연소시 열분해에 의한 가연성 가스를 방출시켜 연소 예 중유, 아스팔트 등
액적연소	가연성액체의 입자를 안개상으로 분출하여 공기와 접촉 시 연소
분무연소	가연성 액체가 미립화하여 공기와의 접촉을 증가시켜 연소

[그을음 연소]
그을음연소란 열분해를 일으키기 쉬운 불안정한 물질로서 열분해로 발생한 휘발분이 점화되지 않을 경우 다량의 발연을 수반하는 연소를 말한다.

■ **석유화재 거동**

① 액면상의 연소확대
가연성액체의 액면상의 한 점에서 착화가 일어나면 화염은 액면을 따라서 일정한 속도로 퍼져나간다.
- 가연성 액체온도가 인화점 보다 높은 경우 : 예혼합형전파
- 가연성 액체온도가 인화점 보다 낮은 경우 : 예열형 전파

② 저장조 용기의 직경증가에 따라 액면강화 속도는 감소하나 용기가 1m 이상인 경우는 용기 직경에 관계없이 일정하다.

③ 고체의 연소

구분	내용
표면연소	고체표면과 공기가 접촉되는 부분에서 연소 예 목탄(숫), 코크스, 금속분 등
분해연소	고체의 열분해 시 생성된 가연성 가스가 연소 예 종이, 목재, 석탄, 플라스틱 등
증발연소	고체에서 증발된 가연성증기가 공기와 접촉하여 연소 예 황, 나프탈렌, 파라핀 등
자기연소	물질자체 분자의 산소를 가지고 있어 공기와의 접촉 없이도 폭발적인 연소 예 니트로화합물 등의 폭발성물질

[연소범위가 넓어지는 경우]

(1) 온도가 상승할 경우
(2) 증기압이 높을 경우
(3) 완전한 산소 중에서 넓어진다.

(5) 연소의 3요소

연소하기 위해서는 가연물(연소되는 물질), 산소공급원(공기), 점화원(열원)이 필요한데, 이것을 연소의 3요소라고 한다.

① 가연물

산화되기 쉬운 물질로, 가연물이 될 수 있는 조건은 다음과 같다.

㉠ 산소와 화합시 연소열(발열량)이 클 것
㉡ 산소와 화합시 열 전도율이 작을 것(열축적이 많아야 잘 연소함)
㉢ 산소와 화합시 필요한 활성화 에너지가 작을 것

■ **가연물이 될 수 없는 물질**

① 주기표 0족(비활성기체)의 원소
예 He, Ne, Ar, Kr, Xe, Rn
② 이미 산화반응이 완결된 안정된 산화물
예 CO_2(이산화탄소),
P_2O_5(오산화인),
Al_2O_3(알루미나),
SO_3(삼산화황),
SiO_2(산화규소) 등
③ 산소와 반응시 흡열반응을 일으키는 물질(질소 또는 질소화합물)
$\frac{1}{2}N_2 + \frac{1}{2}O_2 \rightarrow NO - 21.6\text{kcal}$

[단열압축]

주변과와 열교환이 없는 상태에서 기체의 부피와 압력의 변화로 인해 온도변화로 에너지가 전환되는 현상

② 산소공급원

산화성 물질 또는 조연성 물질(연소를 계속시키는 물질)이라 하며 다음과 같은 것이 있다.

㉠ 공기중의 산소(체적백분율로 약 21% 존재)
㉡ 산화제로부터 부생되는 산소(염소산염류, 과산화물, 질산염류 등의 강산화제)
㉢ 자기연소성 물질 : 니트로셀룰로즈, 피크린산, 니트로글리세린, 니트로톨루엔 등은 가연물인 동시에 자체내부에 산소를 함유하고 있기 때문에 공기중에 산소를 필요로 하지 않고 점화원만으로 연소를 한다.

③ 점화원

연소를 하기 위해서 물질에 활성화에너지를 주는 것으로 불꽃과 같은 화기 상태의 것 외에도 전기불꽃, 정전기불꽃, 마찰 및 충격의 불꽃, 고열물, 단열 압축, 산화열 등이 있다.

㉠ 최소발화에너지(MIE : Minimum Ignition Energy)

구분	내용
정의	물질을 발화시키는데 필요한 최소한의 에너지
최소발화에너지에 영향을 주는 인자	• 가연성 물질의 조성(대기중의 산소보다는 순수한 산소에서 에너지가 감소) • 발화압력 : 압력에 반비례(압력이 클수록 최소발화 에너지는 감소) • 혼입물 : 불활성 물질이 증가하면 최소발화 에너지는 증가
최소발화에너지의 특징	• 일반적으로 분진의 최소발화에너지는 가연성 가스보다 큰 에너지 준위를 가진다. • 온도의 변화에 따라 최소발화에너지는 변한다. • 유속이 커지면 발화에너지는 커진다. • 화학양론농도보다 조금 높은 농도일 때에 최소값

■ **가연성 가스의 최소발화에너지**

가연성 가스	최소발화에너지[$10^{-5}J$]	소염거리[cm]
수 소	2.0	0.0098
이황화탄소	1.5	0.0078
메 탄	33	0.039
에 탄	42	0.035
프로판	30	0.031
헥 탄	95	0.055
에틸렌	9.6	0.019
메탄올	21	0.028
벤 젠	76	0.043
아세틸렌	3	0.011

㉡ 전기불꽃 에너지

$E=\frac{1}{2}CV^2=\frac{1}{2}QV$ (C : 전기용량, Q : 전기량, V : 방전전압)

㉢ 단열압축 에너지

주변계와의 열교환이 없는 상태에서의 온도변화시 기체의 부피와 압력의 변화

$\frac{T_2}{T_1}=(\frac{V_1}{V_2})^{\gamma-1}=(\frac{P_2}{P_1})^{\frac{\gamma-1}{\gamma}}$ (T : 온도, V : 부피, P : 압력)

※ 단열압축시 변화된 기체온도

$$T_2=T_1\times(\frac{P_2}{P_1})^{\frac{\gamma-1}{\gamma}}$$

01 핵심문제 1. 연소의 특징

□□□ 09년2회, 15년1회, 19년1회

1. 다음 중 가연성 물질이 연소하기 쉬운 조건으로 틀린 것은?

① 산소와 친화력이 클 것
② 점화에너지가 작을 것
③ 입자의 표면적이 작을 것
④ 연소 발열량이 클 것

해설

연소의 조건
1. 산화되기 쉬운 것일수록
2. 산소와의 접촉면이 클수록(입자의 표면적이 클 것)
3. 발열량이 큰 것일수록
4. 열전도율이 작은 것일수록
5. 건조도가 좋은 것일수록

□□□ 14년1회

2. 다음 중 연소 및 폭발에 관한 용어의 설명으로 틀린 것은?

① 폭굉 : 폭발충격파가 미반응 매질 속으로 음속보다 큰 속도로 이동하는 폭발
② 연소점 : 액체 위에 증기가 일단 점화된 후 연소를 계속할 수 있는 최고온도
③ 발화온도 : 가연성 혼합물이 주위로부터 충분한 에너지를 받아 스스로 점화할 수 있는 최저온도
④ 인화점 : 액체의 경우 액체 표면에서 발생한 증기농도가 공기 중에서 연소 하한농도가 될 수 있는 가장 낮은 액체온도

해설

연소점이란
1. 인화점보다 10℃ 높으며 연소를 5초 이상 지속할 수 있는 온도
2. 인화성 액체가 공기중에서 열을 받아 점화원의 존재 하에 지속적인 연소를 일으킬 수 있는 최저온도
3. 가연성액체가 개방된 용기에서 증기를 계속 발생하며 연소가 지속될 수 있는 최저온도

□□□ 15년3회, 17년2회, 21년3회

3. 다음 중 고체연소의 종류에 해당하지 않는 것은?

① 표면연소 ② 증발연소
③ 분해연소 ④ 혼합연소

문제 3~7 해설

고체의 연소

구분	내용
표면연소	고체표면과 공기가 접촉되는 부분에서 연소 예 목탄(숫), 코크스, 금속분 등
분해연소	고체의 열분해시 생성된 가연성 가스가 연소 예 종이, 목재, 석탄, 플라스틱 등
증발연소	고체에서 증발된 가연성증기가 공기와 접촉하여 연소 예 황, 나프탈렌, 파라핀 등
자기연소	물질자체 분자의 산소를 가지고 있어 공기와의 접촉없이도 폭발적인 연소 예 니트로화합물등의 폭발성물질

□□□ 08년2회, 12년3회, 19년3회

4. 고체의 연소형태 중 증발연소에 속하는 것은?

① 목탄 ② 목재
③ TNT ④ 나프탈렌

□□□ 13년3회, 18년3회

5. 다음 중 고체의 연소방식에 관한 설명으로 옳은 것은?

① 표면연소란 고체가 가열되어 열분해가 일어나고 가연성 가스가 공기 중의 산소와 타는 것을 말한다.
② 분해연소란 고체가 표면의 고온을 유지하며 타는 것을 말한다.
③ 자기연소란 공기 중 산소를 필요로 하지 않고 자신이 분해되며 타는 것을 말한다.
④ 분무연소란 고체가 가열되어 가연성가스를 발생하며 타는 것을 말한다.

□□□ 18년1회

6. 숯, 코크스, 목탄의 대표적인 연소 형태는?

① 혼합연소 ② 증발연소
③ 표면연소 ④ 비혼합연소

□□□ 16년3회

7. 니트로셀룰로오스와 같이 연소에 필요한 산소를 포함하고 있는 물질이 연소하는 것을 무엇이라고 하는가?

① 분해연소 ② 확산연소
③ 그을음 연소 ④ 자기연소

정답 1 ③ 2 ② 3 ④ 4 ④ 5 ③ 6 ③ 7 ④

□□□ 13년2회, 16년2회

8. 다음 중 가스연소의 지배적인 특성으로 가장 알맞은 것은?

① 표면연소　　② 증발연소
③ 액면연소　　④ 확산연소

문제 8, 9 해설

기체의 연소

구분	내용
예혼합 연소	가연성가스와 공기가 미리 혼합하여 연소범위를 생성하여 점화시 연소
확산 연소	가연성 가스가 확산되어 공기와 혼합하며 연소

□□□ 09년1회, 15년1회

9. 연소의 형태 중 확산연소의 정의로 가장 적절한 것은?

① 고체의 표면이 고온을 유지하면서 연소하는 현상
② 가연성 가스가 공기 중의 지연성 가스와 접촉하여 접촉면에서 연소가 일어나는 현상
③ 가연성 가스와 지연성 가스가 미리 일정 농도로 혼합된 상태에서 점화원에 의하여 연소되는 현상
④ 액체 표면에서 증발하는 가연성 증기가 공기와 혼합하여 연소범위 내에서 열원에 의하여 연소하는 현상

□□□ 11년3회

10. 다음 중 연소범위에 있는 혼합기의 최소발화에너지에 영향을 끼치는 인자에 관한 설명으로 틀린 것은?

① 온도가 높아질수록 최소발화에너지는 낮아진다.
② 산소보다 공기 중에서의 최소발화에너지가 더 낮다.
③ 압력이 너무 낮아지면 최소발화에너지 관계식을 적용할 수 없으며, 아무리 큰 에너지를 주어도 발화하지 않을 수 있다.
④ 메탄-공기 혼합기에서 메탄의 농도가 양론농도보다 약간 클 때, 기압이 높을수록, 최소발화에너지는 낮아진다.

문제 10, 11 해설

최소발화에너지(MIE : Minimum Ignition Energy)

구분	내용
최소발화에너지에 영향을 주는 인자	① 가연성 물질의 조성(대기중의 산소보다는 순수한 산소에서 에너지가 감소) ② 발화압력 : 압력에 반비례(압력이 클수록 최소발화 에너지는 감소) ③ 혼입물 : 불활성 물질이 증가하면 최소발화 에너지는 증가
최소발화에너지의 특징	① 일반적으로 분진의 최소발화에너지는 가연성 가스보다 큰 에너지 준위를 가진다. ② 온도의 변화에 따라 최소발화에너지는 변한다. ③ 유속이 커지면 발화에너지는 커진다. ④ 화학양론농도보다 조금 높은 농도일 때에 최소값

□□□ 13년2회

11. 다음 중 대기압 상의 공기 · 아세틸렌 혼합가스의 최소 발화에너지(MIE)에 관한 설명으로 옳은 것은?

① 불활성물질의 증가는 MIE를 감소시킨다.
② 압력이 클수록 MIE는 증가한다.
③ 대기압 상의 공기 · 아세틸렌 혼합가스의 경우는 약 9[%]에서 최대값을 나타낸다.
④ 일반적으로 화학양론농도보다도 조금 높은 농도일 때에 최소값이 된다.

□□□ 09년3회

12. 평활한 금속판 상에 한 방울의 니트로글리세린을 떨어뜨려 놓고 금속추로 타격을 행할 때 니트로글리세린 중에 아주 작은 기포가 존재한 경우, 기포가 존재하지 않을 때보다 작은 충격에 의해서도 발화가 일어난다. 이러한 현상의 원인으로 옳은 것은?

① 단열압축　　② 정전기 발생
③ 기포의 탈출　　④ 미분화 현상

해설

단열압축은 주변계와의 열교환이 없는 상태에서의 온도변화시 기체의 부피와 압력의 변화. 니트로글리세린에 아주 작은 기포가 존재한 경우 여기에 타격을 가하면 부피의 수축이 온도변화로 에너지가 전환되어 작은 충격에 의해서도 발화가 일어나는 현상이다.

정답 8 ④ 9 ② 10 ② 11 ④ 12 ①

□□□ 10년3회, 13년1회, 17년1회, 18년3회

13. 다음 중 최소발화에너지(E,[J])를 구하는 식으로 옳은 것은? (단, I는 전류[A], R은 저항[Ω], V는 전압[V], C는 콘덴서용량[F], T는 시간[초]이라 한다.)

① $E = I^2RT$
② $E = 0.24I^2RT$
③ $E = \frac{1}{2}CV^2$
④ $E = \frac{1}{2}\sqrt{CV^2}$

해설

전기불꽃 에너지

$E = \frac{1}{2}CV^2 = \frac{1}{2}QV$ (C: 전기용량, Q: 전기량, V: 방전전압)

□□□ 10년2회, 11년2회, 14년3회, 18년1회

14. 다음 중 최소발화에너지가 가장 작은 가연성 가스는?

① 수소
② 메탄
③ 프로판
④ 에탄

해설

가연성가스의 최소발화에너지

가연성 가스	최소발화에너지 [$10^{-5}J$]	소염거리[cm]
수 소	2.0	0.0098
이황화탄소	1.5	0.0078
메 탄	33	0.039
에 탄	42	0.035
프로판	30	0.031
헥 탄	95	0.055
에틸렌	9.6	0.019
메탄올	21	0.028
벤 젠	76	0.043
아세틸렌	3	0.011

□□□ 09년3회, 12년3회

15. 25℃ 액화프로판가스 용기에 10kg의 LPG가 들어 있다. 용기가 파열되어 대기압으로 되었다고 한다. 파열되는 순간 증발되는 프로판의 질량은 약 얼마인가? (단, LPG의 비열은 2.4kJ/kg · ℃이고, 표준비점은 -42.2℃ 증발잠열은 384.2kJ/kg이라고 한다.)

① 0.42kg
② 0.52kg
③ 4.20kg
④ 7.62kg

해설

① 온도가 증가하여 파열되는는 열량과 그로인해 대기압으로 증발하는 열량이 동일한 것으로 하여 풀이한다.

② 온도 증가시의 열량 = 대기압으로 증발 열량

$m_L \times c \times \Delta t = m \times \gamma$

m_L : 액화 가스의 질량[kg]

c : 비열[kJ/kg · ℃]

Δt : 온도변화량

m : 증발 가스의 질량[kg]

γ : 증발잠열[kJ/kg]

$m_L \times c \times \Delta t = m \times \gamma$ 에서

③ 증발 가스의 질량 :

$$m = \frac{m_L \times c \times \Delta t}{\gamma}$$

$$= \frac{10[\text{kg}] \times 2.4[\text{kJ/kg℃}] \times (25-(-42.2))[℃]}{384.2[\text{kJ/kg}]}$$

$$= 4.1978[\text{kg}]$$

정답 13 ③ 14 ① 15 ③

02 인화점과 발화점

(1) 인화점

가연물을 가열할 때 가연성 증기가 연소범위 하한에 달하는 최저온도 즉, 가연성 증기에 점화원을 주었을 때 연소가 시작되는 최저온도를 말한다.

① 가연물의 인화에 필요한 조건

㉠ 가연물이 인화점이상의 온도상태에 있어야 한다.

㉡ 산소 및 이와 혼합할 수 있는 물질의 증기가 존재하여야 한다.

㉢ 인화원이 주위에 있어야 한다.

② 주요 가연성 물질의 인화점

물질명	인화점(℃)	물질명	인화점(℃)
아세톤	−20	아세트알데히드	−39
가솔린	−43	에틸알코올	13
경유	40~85	메탄올	11
등유	30~60	산화에틸렌	−17.8
벤젠	−11	이황화탄소	−30
테레빈유	35	에틸에테르	−45

[연소점]
인화점보다 10℃ 높으며 연소를 5초 이상 지속할 수 있는 온도

(2) 발화점

가연성 가스가 발화하는데 필요한 최저온도를 발화온도라 하며 가연물을 가열할 때 점화원이 없이 스스로 연소가 시작되는 최저온도를 말한다.

① 발화온도에 영향을 주는 요인

구분	내용
발화지연시간	가열하기 시작하여 발화에 이르기까지의 시간 • 온도가 활성화 에너지에 따라 영향을 받는다. • 고온, 고압일수록 발화지연이 짧아진다. • 가연성 가스와 산소의 혼합비가 완전산화에 가까울수록 발화지연이 짧아진다.
증기의 농도	• 동족열(유기화합물)에서 분자량이 증가할수록 발화온도가 감소한다. • 가지 달린 화합물이 직쇄상 화합물보다 높은 발화온도를 갖는다.
촉매	산화철파우더는 모든 물질의 발화온도를 낮게 한다.

② 발화점이 낮아지는 경우
㉠ 발열량이 클 때
㉡ 압력이 클 때
㉢ 화학적 활성도가 클 때
㉣ 접촉금속의 열전도율이 좋을 때
㉤ 분자구조가 복잡할 때
㉥ 가스압력 및 습도가 낮은 때
㉦ 산소 농도가 높을 때

③ 주요 가연성 물질의 발화점

물질명	발화점(℃)	물질명	발화점(℃)
부탄	430~510	수소	580~590
프로판	460~520	일산화탄소	637~658
아세틸렌	400~440	가솔린	210~300
에틸렌	500~519	메탄	615~682
셀룰로이드	140~170	석탄	140~300
등유	254	목재	220~300
벤젠	562	지류	220~300
황린	45~60	암모니아	650

(3) 자연발화

물질이 공기(산소)중에서 천천히 산화되며 축적된 열로 인해 온도가 상승하고, 발화온도에 도달하여 점화원 없이도 발화하는 현상

[자연발화온도 측정법]
(1) 기체 : 도일법, 펌프법, 단열압축법, 충격파관법, 예열법 등
(2) 액체나 고체 : 유적법, 유욕법, 발열법, 중량법, 접촉법 등

① 자연발화의 형태와 해당물질

형태	해당물질
산화열에 의한 발열	석탄, 건성유, 기름걸레, 기름찌꺼기 등
분해열에 의한 발열	셀룰로이드, 니트로셀룰로스(질화면) 등
흡착열에 의한 발열	석탄분, 활성탄, 목탄분, 환원 니켈 등
미생물 발효에 의한 발열	건초, 퇴비, 볏짚 등
중합에 의한 발열	아크릴로 니트릴 등

② 자연발화의 조건

자연발화의 조건	자연발화 방지대책
• 표면적이 넓을 것 • 발열량이 클 것 • 물질의 열전도율이 작을 것 • 주변온도가 높을 것	• 통풍이 잘 되게 할 것 • 주변온도를 낮출 것 • 습도가 높지 않도록 할 것 • 열전도가 잘 되는 용기에 보관할 것

02 핵심문제 2. 인화점과 발화점

□□□ 11년2회, 21년1회

1. 다음 중 인화점에 관한 설명으로 옳은 것은?

① 액체의 표면에서 발생한 증기농도가 공기 중에서 연소하한 농도가 될 수 있는 가장 높은 액체온도
② 액체의 표면에서 발생한 증기농도가 공기 중에서 연소상한 농도가 될 수 있는 가장 낮은 액체온도
③ 액체의 표면에서 발생한 증기농도가 공기 중에서 연소하한 농도가 될 수 있는 가장 낮은 액체온도
④ 액체의 표면에서 발생한 증기농도가 공기 중에서 연소상한 농도가 될 수 있는 가장 높은 액체온도

해설

인화점
가연물을 가열할 때 가연성 증기가 연소범위 하한에 달하는 최저온도 즉, 가연성 증기에 점화원을 주었을 때 연소가 시작되는 최저온도를 말한다.

□□□ 13년1회

2. 다음 중 인화 및 인화점에 관한 설명으로 가장 적절하지 않은 것은?

① 가연성 액체의 액면 가까이에서 인화하는데 충분한 농도의 증기를 발산하는 최저온도이다.
② 액체를 가열할 때 액면 부근이 증기 농도가 폭발하한에 도달하였을 때의 온도이다.
③ 밀폐용기에 인화성 액체가 저장되어 있는 경우에 용기의 온도가 낮아 액체의 인화점 이하가 되어도 용기 내부의 혼합가스는 인화의 위험이 있다.
④ 용기 온도가 상승하여 내부의 혼합가스가 폭발상한계를 초과한 경우에는 누설되는 혼합가스는 인화되어 연소하나 연소파가 용기 내로 들어가 가스폭발을 일으키지는 않는다.

해설

밀폐 내부의 인화성 액체가 대기압보다 온도가 낮은 경우에는 인화의 위험이 존재하지 않는다.

□□□ 12년1회

3. 다음 중 인화점에 대한 설명으로 틀린 것은?

① 가연성 액체의 발화와 관계가 있다.
② 반드시 점화원의 존재와 관련된다.
③ 연소가 지속적으로 확산될 수 있는 최저온도이다.
④ 연료의 조성, 점도, 비중에 따라 달라진다.

해설

③항, 연소가 지속적으로 확산될 수 있는 최저온도는 연소점이다.
인화점은 가연물을 가열 할 때 가연성 증기가 연소범위(폭발범위)하한에 달하는 최저 온도를 말한다.

□□□ 14년2회, 16년2회, 18년2회

4. 다음 중 인화점이 가장 낮은 물질은?

① CS_2 ② C_2H_5OH
③ CH_3COCH_3 ④ $CH_3COOC_2H_5$

해설

1. CS_2(이황화탄소) : 인화점 : −30℃
2. 에탄올(C_2H_5OH) : 인화점 : 16℃
3. 아세톤(CH_3COCH_3) : 인화점 :43.9℃
4. 아세트산 에틸($CH_3COOC_2H_5$) : −2℃

□□□ 16년2회

5. 다음 중 인화점이 가장 낮은 물질은?

① 등유 ② 아세톤
③ 이황화탄소 ④ 아세트산

문제 5, 6 해설

주요 가연성 물질의 인화점

물질명	인화점(℃)	물질명	인화점(℃)
아세톤	−20	아세트알데히드	−39
가솔린	−43	에틸알코올	13
경유	40~85	메탄올	11
아세트산	42	산화에틸렌	−17.8
등유	30~60	이황화탄소	−30
벤젠	−11	에틸에테르	−45
테레빈유	35		

□□□ 17년2회

6. 다음 중 인화점이 가장 낮은 것은?

① 벤젠 ② 메탄올
③ 이황화탄소 ④ 경유

정답 1 ③ 2 ③ 3 ③ 4 ① 5 ③ 6 ③

□□□ 09년2회, 12년2회

7. 외부에서 화염, 전기불꽃 등의 착화원을 주지 않고 물질을 공기 중 또는 산소 중에서 가열할 경우에 착화 또는 폭발을 일으키는 최저온도는 무엇인가?

① 인화온도 ② 연소점
③ 비등점 ④ 발화온도

해설

발화점(발화온도)란 가연성 가스가 발화하는데 필요한 최저온도를 발화온도라 하며 가연물을 가열할 때 점화원이 없이 스스로 연소가 시작되는 최저온도를 말한다.

□□□ 08년3회, 17년3회

8. 다음 중 자연발화에 대한 설명으로 틀린 것은?

① 분해열에 의해 자연발화가 발생할 수 있다.
② 입자의 표면적이 넓을수록 자연발화가 발생하기 쉽다.
③ 자연발화가 발생하지 않기 위해 습도를 높게 유지시킨다.
④ 열의 축적은 자연발화를 일으킬 수 있는 인자이다.

해설

자연발화는 온도, 습도 등의 영향을 받아 산화열, 분해열, 발효열 등의 축적에 의하여 일어난다.
습도나 수분은 물질에 따라 자연발화의 촉매작용을 일으킬 수 있다.

□□□ 14년1회, 19년3회

9. 다음 중 기체의 자연발화온도 측정법에 해당하는 것은?

① 중량법 ② 접촉법
③ 예열법 ④ 발열법

해설

자연발화온도 측정법
1. 기체 : 도입법, 펌프법, 단열압축법, 충격파관법, 예열법 등
2. 액체나 고체 : 유적법, 유욕법, 발열법, 중량법, 접촉법 등

□□□ 08년1회, 10년1회, 20년3회

10. 다음 중 물질의 자연발화를 촉진시키는데 영향을 가장 적게 미치는 것은?

① 표면적이 넓고, 발열량이 클 것
② 열전도율이 클 것
③ 주위 온도가 높을 것
④ 적당한 수분을 보유할 것

문제 10~16 해설

자연발화의 조건

자연발화의 조건	자연발화 방지대책
1) 표면적이 넓을 것 2) 발열량이 클 것 3) 물질의 열전도율이 작을 것 4) 주변온도가 높을 것	1) 통풍이 잘 되게 할 것 2) 주변온도를 낮출 것 3) 습도가 높지 않도록 할 것 4) 열전도가 잘 되는 용기에 보관할 것

□□□ 18년1회

11. 다음 중 자연발화가 가장 쉽게 일어나기 위한 조건에 해당하는 것은?

① 큰 열전도율
② 고온, 다습한 환경
③ 표면적이 작은 물질
④ 공기의 이동이 많은 장소

□□□ 10년3회, 15년3회, 19년2회

12. 다음 중 자연발화의 방지법으로 적절하지 않은 것은?

① 통풍을 잘 시킬 것
② 습도가 낮은 곳을 피할 것
③ 저장실의 온도 상승을 피할 것
④ 공기가 접촉되지 않도록 불활성액체 중에 저장할 것

□□□ 11년1회, 13년3회, 16년3회

13. 다음 중 자연발화를 방지하기 위한 일반적인 방법으로 적절하지 않은 것은?

① 주위의 온도를 낮춘다.
② 공기의 출입을 방지하고 밀폐시킨다.
③ 습도가 높은 곳에는 저장하지 않는다.
④ 황린의 경우 산소와의 접촉을 피한다.

정답 7 ④ 8 ③ 9 ③ 10 ② 11 ② 12 ② 13 ②

□□□ 11년3회, 14년2회

14. 다음 중 자연 발화의 방지법에 관계가 없는 것은?

① 점화원을 제거한다.
② 저장소 등의 주위 온도를 낮게 한다.
③ 습기가 많은 곳에는 저장하지 않는다.
④ 통풍이나 저장법을 고려하여 열의 축적을 방지한다.

□□□ 19년1회

15. 다음 중 자연 발화의 방지법으로 가장 거리가 먼 것은?

① 직접 인화할 수 있는 불꽃과 같은 점화원만 제거하면 된다.
② 저장소 등의 주위 온도를 낮게 한다.
③ 습기가 많은 곳에는 저장하지 않는다.
④ 통풍이나 저장법을 고려하여 열의 축적을 방지한다.

□□□ 18년3회

16. 다음 중 자연 발화가 쉽게 일어나는 조건으로 틀린 것은?

① 쥐위온도가 높을수록
② 열 축적이 클수록
③ 적당량의 수분이 존재할 때
④ 표면적이 작을수록

□□□ 17년1회

17. 자연 발화성을 가진 물질이 자연발열을 일으키는 원인으로 거리가 먼 것은?

① 분해열 ② 증발열
③ 산화열 ④ 중합열

해설

자연발화의 형태와 해당물질

형태	해당물질
산화열에 의한 발열	석탄, 건성유, 기름걸레, 기름찌꺼기 등
분해열에 의한 발열	셀룰로이드, 니트로셀룰로스(질화면) 등
흡착열에 의한 발열	석탄분, 활성탄, 목탄분, 환원 니켈 등
미생물 발효에 의한 발열	건초, 퇴비, 볏짚 등
중합에 의한 발열	아크릴로 니트릴 등

정답 14 ① 15 ① 16 ④ 17 ②

03 연소범위

(1) 연소범위(폭발범위)의 정의

가연성 물질과 산소의 혼합가스에 점화원을 주었을 때 연소(폭발)가 일어나는 혼합가스의 농도범위(부피%)로 낮은 쪽을 폭발하한계, 높은 쪽을 폭발상한계라 한다.

■ 폭발한계에 영향을 주는 요인

① 온도 : 폭발하한은 100℃ 증가할 때마다, 25℃에서의 값의 8%가 감소하며, 폭발상한은 8%가 증가한다. 따라서 t℃에 대해서는,

폭발하한 $Lt=L_{25℃}-(0.8L_{25℃}\times10^{-3})(t-25)$

폭발상한 $Ut=U_{25℃}+(0.8U_{25℃}\times10^{-3})(t-25)$

② 압력 : 폭발하한 값에는 아주 경미한 영향을 미치나 폭발상한 값은 크게 영향을 받는다. 일반적으로 가스압력이 높아질수록 폭발범위는 넓어진다.

③ 산소 : 폭발하한 값은 공기 중에서나 산소 중에서나 변함이 없으나 상한값은 산소의 농도가 증가하면 현저히 상승한다.

(2) 주요 가연성 물질의 연소(폭발)범위

물질명	폭발하한 (%)	폭발상한 (%)	물질명	폭발하한 (%)	폭발상한 (%)
수소 (H_2)	4.0	75	이황화탄소 (CS_2)	1.2	44
메탄 (CH_4)	5	15	암모니아 (NH_3)	15	28
아세틸렌 (C_2H_2)	2.5	81	아세톤 (C_3H_6O)	2.5	12.8
에탄 (C_2H_6)	3.0	12	디에틸에테르 ($C_2H_5OC_2H_5$)	1.9	48
프로판 (C_3H_8)	2.2	9.5	시클로헥산 (C_6H_{12})	1.3	8
부탄 (C_4H_{10})	1.8	8.4	메틸에틸케톤 (C_4H_{80})	1.8	10
에틸렌 (C_2H_4)	2.7	36	아닐린 (C_6H_7N)	1.3	11.0
아세트알데히드 (C_2H_4O)	4.1	57	가솔린	1.4	7.6

(3) 완전연소 조성농도(양론농도)

① 양론농도(C_{st})

가연성 물질 1몰이 완전히 연소할 수 있는 공기와의 혼합기체 중 가연성물질의 부피(%)를 말한다.

② 탄화수소의 일반 연소반응

■ $C_m H_n + \left(m + \frac{n}{4}\right)O_2 \rightarrow mCO_2 + \left(\frac{n}{2}\right)H_2O$

예) 메탄(CH_4)의 연소반응식 : $CH_4 + 2O_2 \rightarrow CO_2 + 2H_2O$

③ 유기물 $C_n H_x O_y$에 대한 양론농도

■ $C_{st} = \dfrac{100}{1 + \left(\dfrac{z}{0.21}\right)}$, z = 산소양론계수

■ $C_n H_m O_\lambda Cl_f$ 분자식에서는 다음과 같은 식으로도 계산된다.

$$C_{st} = \frac{100}{1 + 4.773\left(n + \dfrac{m - f - 2\lambda}{4}\right)}(\%)$$

(n : 탄소, m : 수소, f : 할로겐원소, λ : 산소의 원자수)

※ 4.773은 건조공기 중 산소함유율 0.2095의 역수이다.

④ 폭발 하한값과 상한값

■ Jones의 식

① 폭발 하한값 = 0.55 × Cst

② 폭발 상한값 = 3.50 × Cst

⑤ 이론공기량

표면상태(0℃, 1기압)의 가스 1㎥를 완전히 연소시키기 위하여 필요한 최소 공기

$$A_o = \frac{O_2}{0.21}$$

[분자량과 기체의 부피]

(1) 0℃, 1기압에서 기체의 부피 : 22.4L(0.0224㎥)

(2) 단위부피당 질량[g/㎥] : 농도×분자량 / 부피[㎥]

⑥ **최소산소농도(MOC)**

연소범위 하한농도로 완전연소시켜 화염을 전파하기 위해서 필요한 최소의 산소농도

$$\text{MOC} = \text{폭발하한계(LFL)} \times \left(\frac{\text{산소몰수}}{\text{연료몰수}}\right)$$

(4) 르-샤클리에(Le-Chatelier)의 법칙

가연성 물질의 한 종류가 아닌 여러 가지 물질이 혼합되었을 때 폭발범위값은 다음 식에 의해 계산된다.

$$\therefore \frac{100}{L} = \frac{V_1}{L_1} + \frac{V_2}{L_2} + \frac{V_3}{L_3} \cdots + \frac{V_n}{L_n} (Vol\%)$$

여기서, L : 혼합가스의 폭발한계(%)

$L_1,\ L_2,\ L_3 \ldots,\ L_n$: 성분가스의 폭발한계(%)

$V_1,\ V_2,\ V_3 \ldots,\ V_n$: 성분가스의 용량(%)

[위험도의 측정]

연소범위가 넓거나 연소범위의 하한계가 작을수록 위험도가 커진다.

(5) Brugess-Wheeler의 법칙

포화탄화수소계의 가스에서는 폭발하한계의 농도 X(vol%)와 그의 연소열(kcal/mol)Q의 곱은 일정하게 된다.

1. $X(\text{vol}\%) \times Q(\text{kJ/mol}) = 4{,}600(\text{vol}\% \cdot \text{kJ/mol})$
2. $X(\text{vol}\%) \times Q(\text{kcal/mol}) = 1{,}100(\text{vol}\% \cdot \text{kcal/mol})$

(6) 위험도

$$H = \frac{U - L}{L}$$

H : 위험도, L : 폭발 하한값, U : 폭발 상한값

예제

다음 표는 위험도가 높은 가스들이다. 위험도가 큰 것부터 작은 순으로 나열하시오.

	폭발하한값	폭발상한값
수소	4.0vol%	75.0vol%
산화에틸렌	3.0vol%	80.0vol%
이황화탄소	1.25vol%	44.0vol%
아세틸렌	2.5vol%	81.0vol%

해설 $H=\frac{U-L}{L}$

① 수소(H)= $\frac{75-4}{4}=17.75$, ② 산화에틸렌(H)= $\frac{80-3}{3}=25.67$

③ 이황산탄소(H)= $\frac{44-1.25}{1.25}=34.2$, ④ 아세틸렌(H)= $\frac{81-2.5}{2.5}=31.4$

∴ 순서 : 이황화탄소-아세틸렌-산화에틸렌-수소

예제

메탄(CH_4) 70vol%, 부탄(C_4H_{10}) 30vol% 혼합가스의 25℃, 대기압에서의 공기 중 폭발하한계와 상한계(vol%)는 약 얼마인가?

1. 메탄

$$CH_4+2O_2=CO_2+2H_2O,\ C_{st}=\frac{100}{1+\left(\frac{2}{0.21}\right)}=9.50$$

따라서

하한, $0.55\times9.50=5.23\%$ Vol, 상한, $3.50\times9.50=33.25\%$ vol

2. 부탄

$$C_4H_{10}+6.5O_2=4CO_2+5H_2O,\ C_{st}=\frac{100}{1+\left(\frac{6.5}{0.21}\right)}=3.13$$

따라서

하한, $0.55\times3.13=1.72\%$ vol, 상한, $3.50\times3.13=10.96\%$ vol

3. 혼합기체의 폭발 하한 및 상한(르샤틀리에의 법칙 적용)

$$\frac{100}{L}=\frac{V_1}{L_1}+\frac{V_2}{L_2}+\frac{V_3}{L_3}$$

하한, $L=\frac{70}{5.23}+\frac{30}{1.72}=3.24\%$ Vol

상한, $L=\frac{70}{33.25}+\frac{30}{10.96}=20.65\%$ Vol

03 핵심문제 3. 연소범위

□□□ 09년2회

1. 다음 중 폭발범위에 관한 설명으로 틀린 것은?

① 상한값과 하한값이 존재한다.
② 공기와 혼합된 가연성 가스의 체적 농도로 나타낸다.
③ 온도에는 비례하나, 압력과는 관련이 없다.
④ 가연성 가스의 종류에 따라 각각 다른 값을 갖는다.

문제 1~3 해설

폭발한계에 영향을 주는 요인
1. 온도 : 폭발하한이 100℃ 증가 시 25℃에서의 값의 8% 감소하고, 폭발 상한은 8%씩 증가
2. 압력 : 가스압력이 높아질수록 폭발범위는 넓어진다.
3. 산소 : 산소의 농도가 증가하면 폭발범위도 상승한다.

□□□ 11년1회

2. 폭발(연소)범위에 영향을 미치는 요소에 대한 설명으로 가장 거리가 먼 것은?

① 폭발(연소)하한계는 온도 증가에 따라 감소한다.
② 폭발(연소)상한계는 온도 증가에 따라 증가한다.
③ 폭발(연소)하한계는 압력 증가에 따라 감소한다.
④ 폭발(연소)상한계는 압력 증가에 따라 증가한다.

□□□ 15년1회

3. 다음 중 폭발범위에 관한 설명으로 틀린 것은?

① 상한값과 하한값이 존재한다.
② 온도에는 비례하지만 압력과는 무관하다.
③ 가연성 가스의 종류에 따라 각각 다른 값을 갖는다.
④ 공기와 혼합된 가연성 가스의 체적 농도로 나타낸다.

□□□ 16년2회

4. 다음 중 공기 속에서의 폭발하한계 (vol%)값의 크기가 가장 작은 것은?

① H_2　② CH_4
③ CO　④ C_2H_2

문제 4, 5 해설

주요 가연성 물질의 연소(폭발)범위

물질명	폭발하한(%)	폭발상한(%)
아세틸렌	2.5	81
알콜	4.3	19
아세트알데히드	4.1	55
시안화비닐	3.0	17
암모니아	15	28
석탄가스	5.3	32
일산화탄소	12.5	74
메탄	5	15
프로판	2.2	9.5
수소	4.0	75
에탄	3.0	12
벤젠	1.4	7.1
아세톤	3	13
산화에틸렌	3	80
이황화탄소	1.2	44
톨루엔	1.4	6.7

□□□ 17년3회

5. 다음 물질 중 공기에서 폭발상한계 값이 가장 큰 것은?

① 사이클로핵산　② 산화에틸렌
③ 수소　④ 이황화탄소

□□□ 19년2회

6. 가솔린(휘발류)의 일반적인 연소범위에 가장 가까운 값은?

① 2.7~27.8 vol%　② 3.4~11.8 vol%
③ 1.4~7.6 vol%　④ 5.1~18.2 vol%

해설

가솔린 : 인화점 -43℃~-20℃, 착화점 약 300℃, 연소범위 1.4~7.6%.

□□□ 18년1회

7. 디에틸에테르의 연소범위에 가장 가까운 값은?

① 2~10.4%　② 1.9~48%
③ 2.5~15%　④ 1.5~7.8%

정답 1 ③ 2 ③ 3 ② 4 ④ 5 ② 6 ③ 7 ②

해설

디에틸에테르($C_2H_5OC_2H_5$)인화성 물질이다.
연소범위 1.9 ~ 48%
인화점 -45℃
착화점 180℃

□□□ 14년2회, 17년3회, 21년3회

8. [보기]의 물질을 폭발 범위가 넓은 것부터 좁은 순서로 바르게 배열한 것은?

[보기]
H_2　C_3H_8　CH_4　CO

① CO 〉 H_2 〉 C_3H_8 〉 CH_4
② H_2 〉 CO 〉 CH_4 〉 C_3H_8
③ C_3H_8 〉 CO 〉 CH_4〉 H_2
④ CH_4 〉 H_2 〉 CO 〉 C_3H_8

해설

H_2 : 4 ~ 75%
CO : 12.5 ~ 74.2%
CH_4: 5 ~ 15
C_3H_8 : 2.2 ~ 9.5

폭발 범위

가연성 가스	폭발(연소)한계(%)			
	공기중		산소중	
	하한계	상한계	하한계	상한계
H_2	4.0	75	3.9	96
C_2H_2	2.5	100	2.3	95
CH_4	5.0	15.0	5.1	61
C_3H_8	2.1	9.5	2.3	52
C_2H_4	2.7	36	2.9	-
CO(습윤)	12.5	74.0	15.5	94
$C_2H_5OC_2H_5$	1.9	36	2.1	82
NH_3	15	28	13.5	79

□□□ 10년2회, 19년1회, 21년3회

9. 공기 중에서 아세틸렌의 폭발하한계는 2.2vol%이다. 이 경우 표준상태에서 아세틸렌과 공기의 혼합기체 1m³에 함유되어 있는 아세틸렌의 양은 약 몇 g인가? (단, 아세틸렌의 분자량은 26이다.)

① 19.02　② 25.54
③ 29.02　④ 35.54

해설

① 표준상태 C_2H_2의 분자량 = 26g, 부피 = 22.4L(m³으로 환산 =0.0224) 이다.
② 단위부피당 질량[g/m³] :
$$\frac{농도 \times 분자량}{표준부피} = \frac{0.022 \times 26[g]}{0.0224[m^3]} = 25.5357$$
※ 농도(폭발하한계) : 2.2vol%=0.022

□□□ 12년3회, 19년3회

10. 공기 중에서 이황화탄소(CS_2)의 폭발한계는 하한값이 1.25vol%, 상한값이 44vol%이다. 이를 20℃ 대기압하에서 mg/L의 단위로 환산하면 하한값과 상한값은 각각 약 얼마인가? (단, 이황화탄소의 분자량은 76.1이다.)

① 하한값 : 61, 상한값 : 640
② 하한값 : 39.6, 상한값 : 1395.2
③ 하한값 : 146, 상한값 : 860
④ 하한값 : 55.4, 상한값 : 1641.8

해설

① 표준상태 CS_2의 분자량 = 76.1g.
② 0℃, 1기압에서 기체의 부피 : 22.4L 이다.
- 샤를의 법칙 : 압력이 일정할 때 기체의 부피는 온도에 비례한다.
- 20℃에서의 기체 부피 : $22.4 \times \frac{(273+20)}{273} = 24$

③ 단위부피당 질량 : $\frac{농도 \times 분자량}{부피}$

하한값 : $\frac{0.0125 \times 76.1[g]}{24[L]} = 0.03956g/L = 39.6mg/L$

상한값 : $\frac{0.44 \times 76.1[g]}{24[L]} = 1.39516g/L = 1395.2mg/L$

□□□ 10년2회, 12년2회, 13년3회, 20년3회

11. 다음 중 에틸알콜(C_2H_5OH)이 완전연소 시 생성되는 CO_2와 H_2O의 몰수로 알맞은 것은?

① CO_2=1, H_2O=4　② CO_2=2, H_2O=3
③ CO_2=3, H_2O=2　④ CO_2=4, H_2O=1

해설

$C_2H_5OH + 3O_2 \rightarrow 2CO_2 + 2H_2O$ 이므로
CO_2 = 2, H_2O=3이 된다.

정답 8 ② 9 ② 10 ② 11 ②

□□□ 16년3회, 19년3회

12. 프로판가스 1m³를 완전 연소시키는 데 필요한 이론 공기량 몇 m³인가? (단, 공기 중의 산소농도는 20vol% 이다.)

① 20 ② 25
③ 30 ④ 35

해설

1. 프로판(C_3H_8) 연소반응식 :
$C_3H_8 + 5O_2 \rightarrow 3CO_2 + 4H_2O$에서 산소량은 5이므로
2. 이론공기량 : $A_o = \frac{O_2}{0.2} = \frac{5}{0.2} = 25$

□□□ 11년1회, 15년2회

13. 아세틸렌 가스가 다음과 같은 반응식에 의하여 연소할 때 연소열은 약 몇 kcal/mol인가? (단, 다음의 열역학 표를 참조하여 계산한다.)

$$C_2H_2 + \frac{5}{2}O_2 \rightarrow 2CO_2 + H_2O$$

	ΔH (kcal/h)
C_2H_2	54.194
CO_2	-94.052
H_2O (g)	-57.798

① -300.1 ② -200.1
③ 200.1 ④ 300.1

해설

$C_2H_2 + \frac{5}{2}O_2 \rightarrow 2CO_2 + H_2O$ 에서 연소열은 산소열과 같으므로
$\frac{5}{2}O_2 = 2CO_2 + H_2O - C_2H_2$ 으로 정리
= {2×(-94.052)+(-57.798)}-54.194
= -300.1Kcal/mol

□□□ 08년2회, 10년1회, 14년3회, 17년2회

14. 프로판(C_3H_8) 가스가 공기 중 연소할 때의 화학양론 농도는 약 얼마인가? (단, 공기 중의 산소농도는 21%이다.)

① 2.5% ② 4.0%
③ 5.6% ④ 9.5%

해설

1. 프로판의 연소반응식: $C_3H_8 + 5O_2 \rightarrow 3CO_2 + 4H_2O$
2. $C_{st} = \frac{100}{1+\left(\frac{z}{0.21}\right)} = \frac{100}{1+\left(\frac{5}{0.21}\right)} = 4.03$, Z=산소양론계수

□□□ 12년2회

15. 폭발한계와 완전연소조성 관계인 Jones식을 이용한 부탄(C_4H_{10})의 폭발하한계는 약 얼마인가? (단, 공기 중 산소의 농도는 21%로 가정한다.)

① 1.4%v/v ② 1.7%v/v
③ 2.0%v/v ④ 2.3%v/v

해설

1. $C_4H_{10} + 6.5O_2 = 4CO_2 + 5H_2O$ 에서
$C_{st} = \frac{100}{1+\left(\frac{6.5}{0.21}\right)} = 3.13$이 된다.
2. 폭발 하한값 = 0.55 × Cs = $0.55 \times 3.13 = 1.72\%v/v$

□□□ 13년1회, 20년1·2회

16. 프로판(C_3H_8)의 연소에 필요한 최소 산소농도의 값은? (단, 프로판의 폭발하한은 Jones식에 의해 추산한다.)

① 8.1%v/v ② 11.1%v/v
③ 15.1%v/v ④ 20.1%v/v

해설

1. $C_3H_8 + 5O_2 \rightarrow 3CO_2 + 4H_2O$
2. $C_{st} = \frac{100}{1+\left(\frac{5}{0.21}\right)} = 4.03$이 된다.
3. 폭발 하한값 = 0.55 × Cst= $0.55 \times 4.03 = 2.22$
4. $MOC = 폭발하한계(LFL) \times \left(\frac{산소몰수}{연료몰수}\right)$
$= 2.22 \times \left(\frac{5}{1}\right) = 11.1[vol]$

□□□ 13년2회, 18년1회

17. 프로판(C_3H_8)의 연소하한계가 2.2vol%일 때 연소를 위한 최소산소농도(MOC)는 몇 vol%인가?

① 5.0 ② 7.0
③ 9.0 ④ 11.0

정답 12 ② 13 ① 14 ② 15 ② 16 ② 17 ④

해설

1. 프로판의 연소반응식 : $C_3H_8 + 5O_2 \rightarrow 3CO_2 + 4H_2O$
2. $MOC = 폭발하한계(LFL) \times \left(\frac{산소몰수}{연료몰수}\right)$

$= 2.2 \times \left(\frac{5}{1}\right) = 11[vol]$

□□□ 12년1회, 17년3회

18. 다음 중 완전조성농도가 가장 낮은 것은?

① 메탄(CH_4) ② 프로판(C_3H_8)
③ 부탄(C_4H_{10}) ④ 아세틸렌(C_2H_2)

해설

① 메탄 : $CH_4 + 2O_2 \rightarrow CO_2 + 2H_2O$

$$C_{st} = \frac{100}{1+\left(\frac{2}{0.21}\right)} = 9.50$$

② 프로판 : $C_3H_8 + 5O_2 \rightarrow 3CO_2 + 4H_2O$

$$C_{st} = \frac{100}{1+\left(\frac{5}{0.21}\right)} = 4.03$$

③ 부탄 : $C_4H_{10} + 6.5O_2 \rightarrow 4CO_2 + 5H_2O$

$$C_{st} = \frac{100}{1+\left(\frac{6.5}{0.21}\right)} = 3.13$$

④ 아세틸렌 : $C_2H_2 + 2.5O_2 \rightarrow 2CO_2 + H_2O$

$$C_{st} = \frac{100}{1+\left(\frac{2.5}{0.21}\right)} = 7.75$$

□□□ 16년2회

19. 폭발하한계를 L, 폭발상한계를 U라 할 경우 다음 중 위험도(H)를 옳게 나타낸 것은?

① $H = \frac{U-L}{L}$ ② $H = \frac{|L-U|}{U}$
③ $H = \frac{L}{U-L}$ ④ $H = \frac{U}{|L-U|}$

해설

위험도 식

$$H = \frac{U-L}{L}$$

H : 위험도 L : 폭발 하한값 U : 폭발 상한값

□□□ 08년1회, 16년1회, 21년2회

20. 가연성 가스 A의 연소범위를 2.2 ~ 9.5vol%라고 할 때 가스 A의 위험도는 약 얼마인가?

① 2.52 ② 3.32
③ 4.91 ④ 5.64

해설

A 가스의 위험도$= \frac{9.5-2.2}{2.2} = 3.32$

□□□ 17년1회

21. 각 물질(A ~ D)의 폭발상한계와 하한계가 다음 [표]와 같을 때 다음 중 위험도가 가장 큰 물질은?

구분	A	B	C	D
폭발 상한계	9.5	8.4	15.0	13
폭발 하한계	2.1	1.8	5.0	2.6

① A ② B
③ C ④ D

해설

$$A = \frac{9.5-2.1}{2.1} = 3.52$$

$$B = \frac{8.4-1.8}{1.8} = 3.67$$

$$C = \frac{15-5}{5} = 2$$

$$D = \frac{13-2.6}{2.6} = 4$$

□□□ 08년3회, 09년1회, 15년2회

22. 다음 표의 가스를 위험도가 큰 것부터 작은 순으로 나열한 것은?

	폭발하한값	폭발상한값
수소	4.0vol%	75.0vol%
산화에틸렌	3.0vol%	80.0vol%
이황화탄소	1.25vol%	44.0vol%
아세틸렌	2.5vol%	81.0vol%

① 아세틸렌 – 산화에틸렌 – 이황화탄소 – 수소
② 아세틸렌 – 산화에틸렌 – 수소 – 이황화탄소
③ 이황화탄소 – 아세틸렌 – 수소 – 산화에틸렌
④ 이황화탄소 – 아세틸렌 – 산화에틸렌 – 수소

정답 18 ③ 19 ① 20 ② 21 ④ 22 ④

해설

1. 이황화탄소$(CS_2)=\frac{44-1.25}{1.25}=34.2$
2. 아세틸렌$(C_2H_2)=\frac{81-2.5}{2.5}=31.4$
3. 산화에틸렌$(C_2H_4O)=\frac{80-3.0}{3.0}=25.7$
4. 수소$(H_2)=\frac{75-4.0}{4.0}=17.75$

□□□ 11년2회, 11년3회

23. 가연성 물질의 LFL, UFL 값이 다음 [표]와 같이 주어졌을때 위험도가 가장 큰 물질은?

	프로판	부탄	벤젠	가솔린
UFL(Vol%)	9.5	8.4	6.7	6.2
LFL(Vol%)	2.4	1.8	1.4	1.4

① 프로판 ② 부탄
③ 벤젠 ④ 가솔린

해설

1. 프로판$(H)=\frac{9.5-2.4}{2.4}=2.96$
2. 부탄$(H)=\frac{8.4-1.8}{1.8}=3.67$
3. 벤젠$(H)=\frac{6.7-1.4}{1.4}=3.79$
4. 가솔린$(H)=\frac{6.2-1.4}{1.4}=3.43$

□□□ 16년3회, 19년3회

24. Burgess-Wheeler의 법칙에 따르면 서로 유사한 탄화수소계의 가스에서 폭발하한계의 농도(vol%)와 연소열(kcal/mol)의 곱의 값은 약 얼마 정도인가?

① 1100 ② 2800
③ 3200 ④ 3800

해설

Brugess-Wheeler의 법칙
포화탄화수소계의 가스에서는 폭발하한계의 농도 X(vol%)와 그의 연소열(kcal/mol) Q의 곱은 일정하게 된다.

1. $X(\text{vol\%})\times Q(\text{kJ/mol})=4,600(\text{vol\%}\cdot\text{kJ/mol})$
2. $X(\text{vol\%})\times Q(\text{kcal/mol})=1,100(\text{vol\%}\cdot\text{kcal/mol})$

□□□ 13년1회

25. 포화탄화수소계의 가스에서는 폭발하한계의 농도 X(vol%)와 그의 연소열(kcal/mol)Q의 곱은 일정하게 된다는 Brugess-Wheeler의 법칙이 있다. 연소열이 635.4kcal /mol인 포화탄화수소 가스의 하한계는 약 얼마인가?

① 1.73vol% ② 1.95vol%
③ 2.68vol% ④ 3.20vol%

해설

$X(\text{vol\%})\times Q(\text{kcal/mol})=1,100(\text{vol\%}\cdot\text{kcal/mol})$이므로
$X=\frac{1,100}{Q}=\frac{1,100}{635.4}=1.73(vol\%)$

□□□ 18년2회

26. 메탄 50vol%, 에탄 30vol%, 프로판 20vol%,혼합가스의 공기 중 폭발 하한계는?(단, 메탄, 에탄, 프로판의 폭발 하한계는 각각 5.0vol%, 3.0vol%, 2.1vol%이다.)

① 1.6 ② 2.1
③ 3.4 ④ 4.8

해설

혼합가스의 폭발한계
$\frac{100}{L}=\frac{V_1}{L_1}+\frac{V_2}{L_2}\cdots+\frac{V_n}{L_n}$
$L=\frac{100}{\frac{50}{5.0}+\frac{30}{3.0}+\frac{20}{2.1}}=3.39$

□□□ 08년2회, 14년1회, 15년3회, 19년1회, 20년1·2회

27. 헥산 1vol%, 메탄 2vol%, 에틸렌 2vol%, 공기 95vol%로 된 혼합가스의 폭발하한계 값(vol%)은 약 얼마인가? (단, 헥산, 메탄, 에틸렌의 폭발하한계 값은 각각 1.1, 5.0, 2.7vol%이다.)

① 2.44 ② 12.89
③ 21.78 ④ 48.78

해설

혼합가스의 폭발한계를 구하는 식
$\frac{100}{L}=\frac{V_1}{L_1}+\frac{V_2}{L_2}\cdots+\frac{V_n}{L_n}$
$L=\frac{100-95}{\frac{1}{1.1}+\frac{2}{5}+\frac{2}{2.7}}=2.439$

정답 23 ③ 24 ① 25 ① 26 ③ 27 ①

□□□ 10년1회, 14년2회

28. 8vol% 헥산, 3vol% 메탄, 1vol% 에틸렌으로 구성된 혼합가스의 연소하한값(LFL)은 약 얼마인가? (단, 각 물질의 공기 중 연소하한값으로 헥산은 1.1vol%, 메탄은 5.0vol%, 에틸렌 2.7vol%이다.)

① 2.45　　② 1.95
③ 0.69　　④ 1.45

해설

$$LEL = \frac{12}{\frac{8}{1.1}+\frac{3}{5}+\frac{1}{2.7}} = 1.455$$

□□□ 12년1회, 14년2회

29. 메탄, 에탄, 프로판의 폭발하한계가 각각 5vol%, 3vol%. 2.5vol%일 때 다음 중 폭발하한계가 가장 낮은 것은?

① 메탄 50vol%, 에탄 30vol%, 프로판 20vol%의 혼합가스
② 메탄 40vol%, 에탄 30vol%, 프로판 30vol%의 혼합가스
③ 메탄 30vol%, 에탄 30vol%, 프로판 40vol%의 혼합가스
④ 메탄 20vol%, 에탄 30vol%, 프로판 50vol%의 혼합가스

해설

①항, $L = \frac{100}{\frac{50}{5}+\frac{30}{3}+\frac{20}{2.5}} = 3.57$

②항, $L = \frac{100}{\frac{40}{5}+\frac{30}{3}+\frac{30}{2.5}} = 3.33$

③항, $L = \frac{100}{\frac{30}{5}+\frac{30}{3}+\frac{40}{2.5}} = 3.125$

④항, $L = \frac{100}{\frac{20}{5}+\frac{30}{3}+\frac{50}{2.5}} = 2.94$

□□□ 09년1회, 11년3회, 19년2회

30. 가연성 가스 혼합물을 구성하는 각 성분의 조성과 연소 범위가 다음 표와 같을 때 혼합가스의 연소하한값은 약 몇 vol%인가?

성분	조성 (vol%)	연소하한값 (vol%)	연소상한값 (vol%)
헥산	1	1.1	7.4
메탄	2.5	5.0	15.0
에틸렌	0.5	2.7	36.0
공기	96	–	–

① 2.51　　② 7.51
③ 12.07　　④ 15.01

해설

$$\frac{100}{L} = \frac{V_1}{L_1}+\frac{V_2}{L_2}+\frac{V_3}{L_3}$$

$$L = \frac{100-96}{\frac{1}{1.1}+\frac{2.5}{5.0}+\frac{0.5}{2.7}} = 2.51$$

□□□ 09년2회, 09년3회, 16년1회, 18년3회, 21년2회

31. 다음 표를 참조하여 메탄 70vol%, 프로판 21vol%, 부탄 9vol%인 혼합가스의 폭발범위로 옳은 것은?

가스	폭발하한계(vol%)	폭발상한계(vol%)
C_4H_{10}	1.8	8.4
C_3H_8	2.1	9.5
C_2H_6	3.0	12.4
CH_4	5.0	15.0

① 약 1.99~9.11vol%　　② 약 3.45~12.58vol%
③ 약 3.85~13.46vol%　　④ 약 3.95~13.68vol%

해설

1. 상한계 $L = \frac{100}{\frac{70}{15}+\frac{21}{9.5}+\frac{9}{8.4}} = 12.58$

2. 하한계 $L = \frac{100}{\frac{70}{5}+\frac{21}{2.1}+\frac{9}{1.8}} = 3.45$

정답 28 ④ 29 ④ 30 ① 31 ②

□□□ 11년1회, 17년3회

32. 메탄(CH_4) 70vol%, 부탄(C_4H_{10}) 30vol% 혼합가스의 25℃, 대기압에서의 공기 중 폭발하한계(vol%)는 약 얼마인가? (단, 각 물질의 폭발하한계는 다음 식을 이용하여 추정, 계산한다.)

$$C_{st} = \frac{1}{1+4.77\times O_2}\times 100, \quad L_{25} \fallingdotseq 0.55\,C_{st}$$

① 1.2 ② 3.2
③ 5.7 ④ 7.7

해설

1. 메탄 : $CH_4 + 2O_2 = CO_2 + 2H_2O$

$$C_{st} = \frac{100}{1+\left(\frac{2}{0.21}\right)} = 9.50$$

따라서 하한, $0.55\times 9.50 = 5.23\%$ Vol

2. 부탄 : $C_4H_{10} + 6.5O_2 = 4CO_2 + 5H_2O$

$$C_{st} = \frac{100}{1+\left(\frac{6.5}{0.21}\right)} = 3.13$$

따라서 하한, $0.55\times 3.13 = 1.72\%$ vol

3. 혼합기체의 폭발 하한 및 상한 르샤틀리에의 법칙 적용

$$L = \frac{100}{\frac{70}{5.23}+\frac{30}{1.72}} = 3.24$$

정답 32 ②

04 화재의 예방

(1) 소화의 원리

연소의 3요소인 가연물, 산소공급원 및 점화원(열원)을 전부 또는 일부를 제거하면 자연히 소화가 된다. 소화방법은 다음의 여러 가지가 있다.

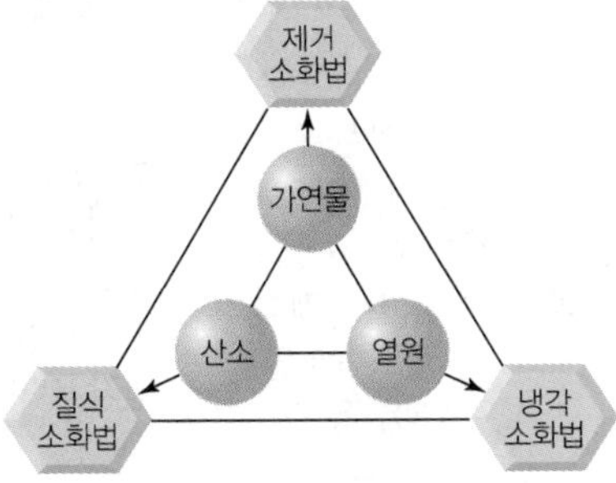

소화방법	내용
제거소화	연소 중에 있는 가연물을 제거함으로써 연소확대를 방지하고 자연소화를 시킨다.
질식소화	산소공급을 차단하여 소화를 하는 것(연소가 중단되는 산소의 유효관계농도 : 10~15%) • 불연성 기체로 연소물을 덮는 방법 • 불연성 포말로 연소물을 덮는 방법 • 불연성 고체로 연소물을 덮는 방법 • 소화 분말로 연소물을 덮는 방법
냉각소화	가연물에 물을 뿌려 기화잠열을 이용, 열을 빼앗아 발화점 이하로 온도를 낮추어 소화하는 방법이다.
억제소화	연소의 연속은 가연물질의 분자가 활성화되어 산화반응이 계속되어 진행되므로, 이와 같은 연속적 관계를 차단, 즉 억제하는 방법을 취하면 연소는 정지하게 된다. (가연성액체의 소화에 많이 이용된다.) • 연소억제제 : 사염화탄소, 일염화 일취화메탄, 할로겐화 탄화수소 • 할로겐원소의 부촉매(억제제) 효과 : I_2 〉 Br_2 〉 Cl_2 〉 F_2

[D급 화재(무색)]

D급 화재는 금속화재로 구분하는 색상이 없으며 소화방법으로는 건조사, 팽창질석, 팽창진주암 등으로 화재면을 덮는 질식소화방법을 이용한다.

(2) 화재의 분류

구분	A급 화재(백색) 일반 화재	B급 화재(황색) 유류 화재	C급 화재(청색) 전기 화재	K급 화재 주방 화재
화재 특징	일반가연물 (종이, 목재, 섬유류 등)의 화재, 연소후 재를 남김	알코올, 석유, 가연성 액체 등의 유류 화재	전기기구 및 장치 등의 누전 또는 부하에 의하여 발생하는 화재	식당에서 조리시 식용유 등에 의한 화재
소화 방법	물에 의한 냉각소화로 주수, 산 알칼리 등을 사용	공기차단으로 인한 질식소화로 화학포, 증발성 액체(할로겐화물), 소화분말, CO_2 등을 사용	증발성 액체, 소화분말, CO_2 소화기 등에 의하여 질식, 냉각시킨다.	재발화를 막기 위해 냉각소화와 산소공급을 차단하는 질식소화를 한다.
적응 소화기	• 소화기 • 강화액소화기 • 산알칼리 소화기	• 포말소화기 • 분말소화기 • 증발성 액체 • CO_2 소화기	• 분말소화기 • 유기성 소화기 • CO_2 소화기	• 강화액을 이용한 전용소화기

(3) 화재예방 대책

구분	대책
예방대책	화재가 발생하기 전 최초의 발화를 방지하는 것으로 발화원을 관리하여 화재를 방지하는 근본적인 대책
국소대책	화재의 확대를 방지하는 대책 • 가연성 물질의 집적방지 • 건물 설비의 불연성화 • 일정한 공지의 확보 • 방화벽 및 문, 방유제 등의 정비 • 위험물 시설 등의 지하매설 • 방화구역의 분할
소화대책	• 초기소화 : 화재 최초에 소화기를 사용하거나 최초 소화설비(스프링클러, 분무, 포말, 살수장치)등의 설치 • 본격소화 : 화재가 일정 진행된 단계로 소방관의 본격적인 소화활동
피난대책	화재시 인명 구호를 위해 피난시키는 대책

(4) 포말 소화제

가연물에 공기 또는 이산화탄소에 액체의 막을 포로 둘러싸 불꽃을 덮어 질식시키는 것

① 포말의 발생원리

구분	내용
기계포	• 공기포(에어졸)라고도 하며 포제의 수용액을 발포기계에 의하여 공기와 혼합하여 포를 만든 것이다. • 포 혼합장치의 종류 관로혼합장치, 차압혼합장치, 펌프혼합장치
화학포	• 포제는 중조(A제)와 황산알루미늄(B제)의 반응에 의하여 만들어지고, 여기에 기포안정제인 가수분해단백질, 사포닝, 계면활성제를 포함시킨다. • 화학식 $6NaHCO_3 + Al_2(SO_4)_3 + 18H_2O \rightarrow$ $3Na_2SO_4 + 2Al(OH)_3 + 6CO_2 + 18H_2O$ • 화학포 소화기는 모두 전도식으로 보통 전도식, 내통 밀폐식, 내통 밀봉식 등이 있다.

[관로혼합장치]

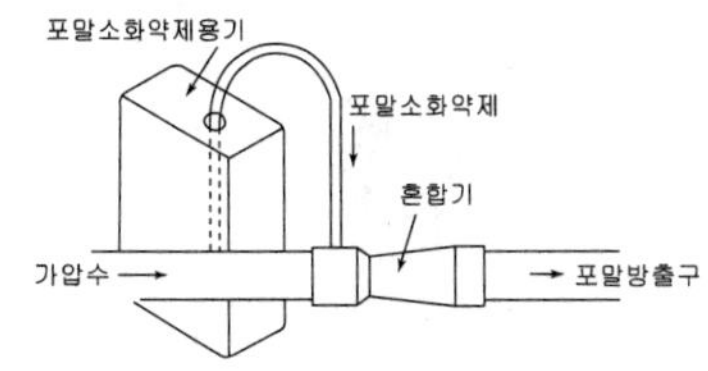

[포말 소화기]

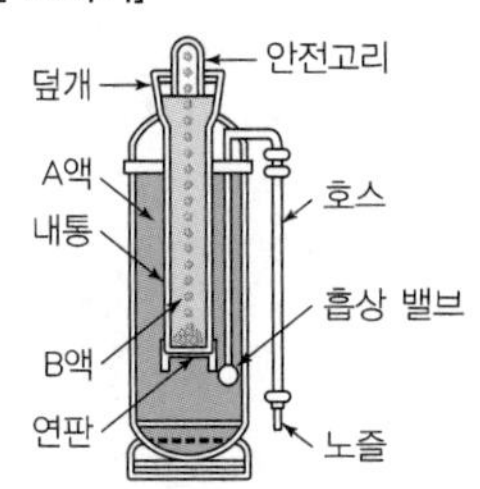

■ 포 소화약제 혼합장치

구분	내용
관로혼합장치	펌프와 관로기 중간에 설치된 벤츄리관이 벤츄리작용에 의해 포소화약재를 흡입 · 혼합하는 방식
차압혼합장치	펌프와 발포기 중간에 설치된 벤츄리관의 벤츄리작용과 펌프 가압수의 포소화약제 저장탱크에 대한 압력에 의하여 포소화약제를 흡입 · 혼합하는 방식
펌프혼합장치	펌프의 토출관과 흡입기 사이의 배관 도중에 설치된 흡입기에 펌프에서 토출된 물의 일부를 보내고 농도 조절밸브에 조정된 포소화약제의 필요량을 포소화약제 탱크에서 펌프흡입측으로 보내어 혼합하는 방식

② 포 소화제의 구비조건

㉠ 부착성이 있을 것

㉡ 열에 대한 센 막을 가지고 유동성이 있을 것

㉢ 바람 등에 견디고 응집성과 안전성이 있을 것

㉣ 가연물 표면을 짧은 시간 내에 덮을 것

㉤ 포소화제는 기름 또는 물보다 가벼운 것일 것

③ 포 소화설비의 특징

㉠ 전기설비 화재에 사용하는 경우 감전재해의 위험성이 있다.

㉡ 주로 유류저장탱크, 비행기 격납고, 주차장 또는 차고에 사용된다.

[ABC분말소화기]

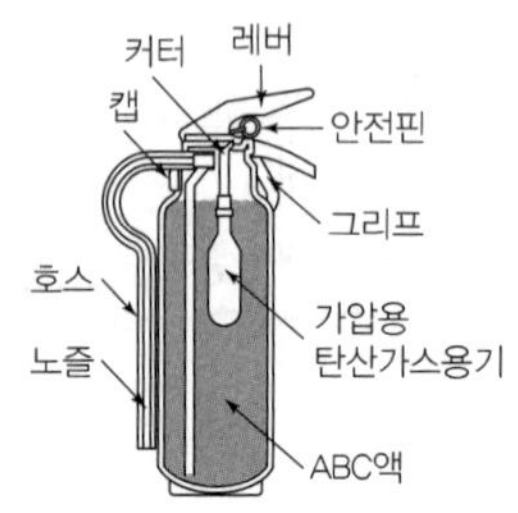

(5) 분말 소화기

고체분말입자로 가연물을 덮어 소화하며, 질식과 냉각효과를 얻을 수 있다.

① 소화 약제(분말)

구분	내용
제1종 중탄산나트륨 (중조)	분해되어 생긴 탄산가스(CO_2)와 수증기(H_2O)가 표면을 덮어 소화를 한다. $2NaHCO_3 \rightarrow Na_2CO_3 + CO_2 + H_2O$
제2종 중탄산칼륨	중탄산나트륨보다 약 2배의 소화력이 있지만 흡습처리가 힘든 것이 특징이다. $2KHCO_3 \rightarrow K_2CO_3 + CO_2 + H_2O$
제3종 인산암모늄 (ABC소화기)	열분해에 의해서 생긴 메타인산(HPO_3)이 부착성인 막을 만들어 화면을 덮어 소화하며 모든 화재에 효과적이다. $NH_4H_2PO_4 \rightarrow HPO_3 + NH_3 + H_2O$
제4종 요소와 탄산칼륨	요소와 탄화칼륨의 반응물로 소화한다. $2KHCO_3 + (NH_2)_2CO \rightarrow K_2CO_3 + 2NH_3 + 2CO_2$

② 특징

㉠ 소화분말은 가스압에 의해 방출시키며, 축압식과 가스 가압식이 있다.

㉡ 모든 화재에 사용할 수 있으며 특히 전기화재와 유류화재에 그 효력이 뛰어나다.

(6) 증발성 액체(할로겐화물) 소화기

① 할로겐화물 소화기의 특징

할로겐화 탄화수소는 기화되기 쉬운 액체 또는 기체로 희석효과, 억제작용, 기화열에 의한 냉각작용 등에 의해 소화를 한다.

② 증발성액체 소화기의 구비조건

㉠ 비점이 낮을 것

㉡ 증기(기화)가 되기 쉬울 것

㉢ 공기보다 무겁고 불연성일 것

③ 할로겐 소화약제

구분	내용
사염화탄소 (CCl_4)	• 무색 투명하고 특유한 냄새가 있으며 불연성 액체이다. • 고온이 되면 조건에 따라 포스겐 가스($COCl_2$)를 발생하므로 밀폐된 장소에서는 사용이 곤란하다.
일염화 일취화메탄 (CH_2ClBr)	• 무색 투명한 불연성 액체로 증발성 액체 중 부식성이 가장 크다.(황동제 놋쇠용기 사용) • 사염화탄소보다 소화효과가 크다.

구분	내용
이취화 사불화에탄 ($CBrF_2CBrF_2$)	• 가장 우수한 소화기로 소화 효과가 크다. • 독성 및 부식성이 적어 보관 중 안정성도 좋다.

④ 할론(Halon)소화기의 표기방법

표기방법	종류
Halon ○ ○ ○ ○ ↑ ↑ ↑ ↑ C F Cl Br의 수	• Halon 2402 : $C_2F_4Br_2$ • Halon 1301 : CF_3Br • Halon 1211 : CF_2ClBr

(7) 탄산가스(CO_2) 소화기

① 탄산가스의 특성

㉠ 순수한 이산화탄소는 무색, 무취, 불연성, 비전도성, 비조연성, 부식성이 없는 액화가 용이한 가스이다.

㉡ 비중 1.529, 밀도 1.976g/ℓ, 승화점은 −78.5℃로 공기보다 무겁다.

㉢ 20℃에서 50기압으로 압축하면 무색의 액체(임계점 31.35℃) 가 된다.

㉣ 기체팽창률(액체에서 기화 시 체적비는 539배) 및 기화잠열이 크다.

㉤ 기체인 것은 탄산가스, 고체인 것은 드라이아이스(Dry−ice)라고 하며, 공기 중에 약 0.03%정도가 들어 있고 천연가스나 광천가스 등에도 섞여있는 경우가 많다.

㉥ 고체, 액체, 기체(삼중점 : −56.5℃)의 상태로 존재한다.

② 탄산가스 소화기의 특성

㉠ 자체증기압(증기압 60kg/cm²at 20℃)이 높으며 화재심부까지 침투가 용이하다.

㉡ 화재 진압 후 소화약제의 잔존물이 없어, 증거보존이 용이하며, 전기, 유류, 기계화재에 적합하다.

㉢ 고압가스로서 배관, 관 부속이 고압용이고, 설치비가 고가이다.

③ 탄산가스의 위험성

㉠ 화재 시 대량으로 발생하고 호흡속도를 매우 빠르게 하여 함께 존재하는 독성가스의 흡입속도를 증대시킨다.

㉡ 흡입 중에 산소분압을 저하시켜 산소결핍을 유발, 호흡곤란, 질식상태가 된다.

• 농도에 따른 생리적 반응

농도%(ppm)	생리적 반응
0.5(5,000)	8시간 흡입으로 거의 증상이 없다.
2(20,000)	불쾌감을 느낌
4(40,000)	눈의 자극, 두통, 현기증 증상
8(80,000)	호흡곤란
10(100,000)	1분 내 의식상실
20(200,000)	단 시간 내 사망(중추신경 마비)

(8) 기타 소화기

① 강화액 소화기

㉠ 물의 소화효과를 크게 하기 위하여 탄산칼륨(K_2CO_3) 등을 녹인 수용액으로 부동성이 높은 알칼리성 소화약제이다.

㉡ 특징

- 빙점이 0℃인 물을 탄산칼륨으로 강화하여 빙점을 -17~-30℃까지 낮추어 한냉지역이나 겨울철의 소화에 많이 이용한다.
- 유류, 전기 등의 화재에 이용한다.

② 산 알칼리 소화기

㉠ 황산과 중탄산나트륨(중조)의 화학반응으로 생긴 탄산가스(CO_2)의 압력으로 물을 방출시키는 소화기이다.

$$2NaHCO_3 + H_2SO_4 + H_2O \rightarrow Na_2SO_4 + 2CO_2 + 3H_2O$$

㉡ 일반화재, 분무노즐의 경우에는 전기화재에도 적합하다.

③ 간이소화제

소화기 및 소화제가 구비되지 않은 지역 및 장소에 초기발화의 소화에 사용 또는 보강하기 위한 간단한 소화제를 말한다.

구분	특징
건조사	(1) 모든 화재에 유효한 만능소화제이다. (2) 건조사의 보관법 • 반드시 건조되어 있을 것 • 가연물 및 자연발화성 물질이 함유되어 있지 않을 것 • 포대 또는 반절드럼에 넣어 보관할 것
중조톱밥	중조에 건조한 톱밥을 혼합한 것으로 인화성 액체(유류)의 화재에 유효하다.

구분	특징
팽창질석, 팽창진주암	발화점이 낮은 $(C_2H_5)_3Al$(알킬 알루미늄) 등의 화재발생시 사용하는 불연성 고체로 1,000~1,400℃에서 가열하면 10~15배 팽창되므로 매우 가볍다.
소화탄	소화액($NaHCO_3$, Na_3PO_4, CCl_4 등의 수용액)을 유리 용기에 봉입한 것으로, 이것을 투척하면 유리가 깨지면서 소화액이 유출 분해되어 불연성 CO_2를 발생한다.

(9) 소방설비

① 소방설비의 종류

설비명	정의	종류
소화설비	물 또는 그 밖의 소화약제를 사용하여 소화하는 기계 · 기구 또는 설비	• 소화기구 • 자동 소화 장치 • 옥내소화전설비 (호스릴 옥내 소화전 설비를 포함) • 스프링클러설비 등 • 물 분무 등 소화 설비 • 옥외 소화전 설비
경보설비	화재발생 사실을 통보하는 기계 · 기구 또는 설비	• 단독 경보형 감지기 • 비상경보설비 • 시각경보기 • 자동화재 탐지 설비 • 비상 방송 설비 • 자동화재 속보 설비 • 통합 감시 시설 • 누전 경보기 • 가스 누설 경보기
피난설비	화재가 발생할 경우 피난하기 위하여 사용하는 기구 또는 설비	• 피난 기구 • 인명 구조 기구 • 유도등 • 비상조명 등 및 휴대용 비상 조명 등
소화용수 설비	화재를 진압시 물을 공급하거나 저장하는 설비	• 상수도 소화용수 설비 • 소화수조 · 저수조, 그 밖의 소화 용수 설비
소화활동 설비	화재를 집압하거나 인명구조 활동을 위해 사용하는 설비	• 제연 설비 • 연결 송수관 설비 • 연결살수 설비 • 비상 콘센트 설비 • 무선통신 보조 설비 • 연소방지 설비

② 자동화재 탐지설비

화재에 의해 발생되는 열 · 연기 또는 화염을 통해 자동으로 화재를 감지하고 벨 또는 사이렌등으로 경보하여 화재를 조기에 발견함으로써 초기소화 및 조기피난을 가능하게 하는 방재설비로 수신기, 감지기, 중계기, 발신기, 음향장치 등으로 구성된다.

㉠ 수신기

종류	내용
P형 수신기	감지기, 발신기, 음향장치를 직접 연결하는 방식, 아날로그 형태로서 중 · 소규모의 건물에 사용
R형 수신기	감지기, 발신기와 수신기의 사이에 중계기를 접속하여 감지기나 발신기에서 발하여지는 신호를 고유 신호로서 수신
GP형, GR형	P형 또는 R형 수신기에 가스누설탐지 기능을 부가한 방식

㉡ 감지기의 종류

분류	종류	내용
열감지식	차동식	온도상승률이 일정온도에 도달하였을 때 동작하는 감지기로 스폿형(공기식, 열전대식, 열반도체식) 과 분포형이 있다.
	정온식	한정된 장소의 주위온도가 일정온도 이상이 될 때 동작하는 감지기로 감지선형과 스폿형으로 구분
	보상식	차동식의 결점과 정온식의 결점을 서로 보완하여 작동불능을 방지하기 위하여 두가지를 조합한 형식의 감지기
연기감지식	이온화식	주위의 공기가 일정한 농도의 연기를 포함하게 되는 경우에 작동하는 것으로서 연기에 의하여 이온전류가 변화하여 작동
	광전식	주위의 공기가 일정한 농도의 연기를 포함하게 되는 경우에 작동하는 것으로서 연기의 입자가 산란을 일으켜 광전소자에 접하는 빛의 광량의 변화로 작동
	연복합식	이온화식 연기감지기와 광전식 연기감지기의 성능이 있는 것으로서 두 가지의 기능이 함께 작동되면 작동신호를 발하는 감지기

04 핵심문제 4. 화재의 예방

□□□ 11년2회, 14년3회

1. 다음 중 종이, 목재, 섬유류 등에 의하여 발생한 화재의 화재급수로 옳은 것은?

① A급 ② B급
③ C급 ④ D급

문제 1~4 해설

구분	A급 화재 일반 화재	B급 화재 유류 화재	C급 화재 전기 화재	D급 화재 금속 화재
소화 효과	냉각	질식	질식, 냉각	질식

□□□ 08년3회, 10년2회, 18년3회, 20년3회

2. 다음 중 유류화재의 화재급수에 해당하는 것은?

① A급 ② B급
③ C급 ④ D급

□□□ 18년2회

3. 다음 중 전기화재의 종류에 해당하는 것은?

① A급 ② B급
③ C급 ④ D급

□□□ 08년2회, 11년3회, 15년1회, 15년3회

4. 다음 중 금속화재에 해당하는 화재의 급수는?

① A급 ② B급
③ C급 ④ D급

□□□ 11년2회, 14년3회

5. 다음 중 종이, 목재, 섬유류 등에 의하여 발생한 화재의 화재급수로 옳은 것은?

① A급 ② B급
③ C급 ④ D급

해설

A급 화재(일반 화재)
(1) 일반가연물(연소후 재를 남김)의 화재를 말한다.
(2) 소화방법 : 물에 의한 냉각소화로 주수, 산 알칼리 등에 의한다.

□□□ 17년1회

6. 트리에틸알루미늄에 화재가 발생하였을 때 다음 중 가장 적합한 소화약제는?

① 팽창질석 ② 할로겐화합물
③ 이산화탄소 ④ 물

해설

트리에틸알루미늄은 유기금속화합물로 물과 반응을 일으키므로 팽창질석, 팽창진주암, 건조사 등으로 소화한다.

□□□ 10년1회, 14년2회

7. 다음 중 석유화재의 거동에 관한 설명으로 틀린 것은?

① 액면상의 연소 확대에 있어서 액온이 인화점보다 높을 경우 예혼합형 전파연소를 나타낸다.
② 액면상의 연소 확대에 있어서 액온이 인화점보다 낮을 경우 예열형 전파연소를 나타낸다.
③ 저장조 용기의 직경이 1m 이상에서 액면강하속도는 용기 직경에 관계없이 일정하다.
④ 저장조 용기의 직경이 1m 이상이면 층류화염형태를 나타낸다.

해설

석유화재 거동
1. 액면상의 연소확대
 (1) 연소확대 : 가연성액체의 액면상의 한 점에서 착화가 일어나면 화염은 액면을 따라서 일정한 속도로 퍼져나간다.
 (2) 가연성 액체온도가 인화점 보다 높은 경우 : 예혼합형전파
 (3) 가연성 액체온도가 인화점 보다 낮은 경우 : 예열형 전파
2. 저장조 용기의 <u>직경증가에 따라 액면강화 속도는 감소하나 용기가 1m 이상인 경우는 용기 직경에 관계없이 일정하다.</u>

□□□ 10년3회, 16년1회

8. 다음 중 화재 · 예방에 있어 화재의 확대방지를 위한 방법으로 적절하지 않은 것은?

① 가연물량의 제한
② 난연화 및 불연화
③ 화재의 조기발견 및 초기 소화
④ 공간의 통합과 대형화

정답 1 ① 2 ② 3 ③ 4 ④ 5 ① 6 ① 7 ④ 8 ④

문제 8, 9 해설

화재예방 대책

구분	대책
예방대책	화재가 발생하기 전 최초의 발화를 방지하는 것으로 발화원을 관리하여 화재를 방지하는 근본적인 대책
국소대책	① 가연성 물질의 집적방지 ② 건물 설비의 불연성화 ③ 일정한 공지의 확보 ④ 방화벽 및 문, 방유제 등의 정비 ⑤ 위험물 시설 등의 지하매설 ⑥ 방화구역의 분할
소화대책	① 초기소화 : 화재 최초에 소화기를 사용하거나 최초 소화설비(스프링클러, 분무, 포말, 살수장치) 등의 설치 ② 본격소화 : 화재가 일정 진행된 단계로 소방관의 본격적인 소화활동
피난대책	화재시 인명 구호를 위해 피난시키는 대책

□□□ 12년3회

9. 화재의 방지대책을 예방(豫防), 국한(局限), 소화(消火), 피난(避難)의 4가지 대책으로 분류할 때 다음 중 예방대책에 해당되는 것은?

① 발화원 제거
② 일정한 공지의 확보
③ 가연물의 직접(直接) 방지
④ 건물 및 설비의 불연성화(不燃性化)

□□□ 09년1회, 12년2회, 15년1회

10. 다음 중 소화설비와 주된 소화적용방법의 연결이 옳은 것은?

① 스프링클러설비 – 억제소화
② 포소화설비 – 질식소화
③ 이산화탄소소화설비 – 제거소화
④ 할로겐화합물소화설비 – 냉각소화

해설

①항, 스프링클러설비 – 냉각소화
③항, 이산화탄소소화설비 – 질식소화
④항, 할로겐화합물소화설비 – 억제소화

□□□ 14년2회

11. 다음 중 연소 시 발생하는 열에너지를 흡수하는 매체를 화염 속에 투입하여 소화하는 방법은?

① 냉각소화　② 희석소화
③ 질식소화　④ 억제소화

해설

냉각소화란 가연물에 물을 뿌려 기화잠열을 이용, 열을 빼앗아 발화점 이하로 온도를 낮추어 소화하는 방법이다.

□□□ 16년2회

12. 다음 중 냉각소화에 해당하는 것은?

① 튀김 기름이 인화되었을 때 싱싱한 야채를 넣어 소화한다.
② 가연성 기체의 분출 화재시 주 밸브를 닫아서 연료 공급을 차단한다.
③ 금속화재의 경우 불활성 물질로 가연물을 덮어 미연소 부분과 분리한다.
④ 촛불을 입으로 불어서 끈다.

해설

기름 속에 야채를 넣어 기름의 온도를 인화점 이하로 낮추는 것으로 냉각소화에 해당한다.

□□□ 09년3회

13. 다음 중 질식소화에 관련된 것이 아닌 것은?

① CO_2의 방사　② 물의 분무상 방사
③ 가연물의 공급 차단　④ 분말의 방사

해설

③항, 가연물의 공급 차단은 제거소화에 해당된다.

□□□ 14년1회

14. 다음 중 질식소화에 해당하는 것은?

① 가연성 기체의 분출화재 시 주 밸브를 닫는다.
② 가연성 기체의 연쇄반응을 차단하여 소화한다.
③ 연료 탱크를 냉각하여 가연성 가스의 발생속도를 작게 한다.
④ 연소하고 있는 가연물이 존재하는 장소를 기계적으로 폐쇄하여 공기의 공급을 차단한다.

문제 14~16 해설

질식소화 : 산소의 공급을 차단하여 화점을 질식시키는 것
1. 불연성 기체로 연소물을 덮는 방법
2. 불연성 포말로 연소물을 덮는 방법
3. 불연성 고체로 연소물을 덮는 방법
4. 소화 분말로 연소물을 덮는 방법

정답 9 ① 10 ② 11 ① 12 ① 13 ③ 14 ④

□□□ 11년1회

15. 소화방식의 종류 중 주된 작용이 질식소화에 해당되는 것은?

① 스프링클러 ② 에어-폼
③ 강화액 ④ 할로겐화합물

□□□ 12년1회

16. 다음 중 연소하고 있는 가연물이 들어 있는 용기를 기계적으로 밀폐하여 공기의 공급을 차단하거나 타고 있는 액체나 고체의 표면을 거품 또는 불연성 액체로 피복하여 연소에 필요한 공기의 공급을 차단시키는 방법의 소화방법은?

① 냉각소화 ② 질식소화
③ 제거소화 ④ 억제소화

□□□ 13년3회

17. 다음 중 제거소화에 해당하지 않는 것은?

① 튀김기름이 인화되었을 때 싱싱한 야채를 넣는다.
② 연료 탱크를 냉각하여 가연성 가스의 발생 속도를 작게 하여 연소를 억제한다.
③ 금속화재의 경우 불활성 물질로 가연물을 덮어 미연소 부분과 분리한다.
④ 가연성 기체의 분출 화재 시 주 밸브를 닫아서 연료 공급을 차단한다.

문제 17~18 해설

제거소화는 연소 중에 가연물을 제거함으로서 연소확대를 방지하고, 또한 자연소화를 유도하는 방법이다.

□□□ 17년1회

18. 가연성 기체의 분출 화재 시 주 공급밸브를 닫아서 연료공급을 차단하여 소화하는 방법은?

① 제거소화 ② 냉각소화
③ 희석소화 ④ 억제소화

□□□ 14년3회

19. 다음 중 포소화설비 적용대상이 아닌 것은?

① 유류저장탱크
② 비행기 격납고
③ 주차장 또는 차고
④ 유압차단기 등의 전기기기 설치장소

해설

포 소화설비의 특징
- 전기설비 화재에 사용하는 경우 감전재해의 위험성이 있다.
- 주로 유류저장탱크, 비행기 격납고, 주차장 또는 차고에 사용된다.

□□□ 10년1회, 17년2회

20. 다음 중 CO_2 약제의 장점으로 볼 수 없는 것은?

① 기체 팽창률 및 기화 잠열이 작다.
② 액화 용이한 불연속성 가스이다.
③ 전기의 부도체로서 C급 화재에 적응성이 있다.
④ 자체 증기압이 높으며 화재 심부까지 침투가 용이하다.

문제 20~22 해설

탄산가스 소화기의 특징
① 순수한 이산화탄소는 무색, 무취, 불연성, 비전도성, 비조연성, 부식성이 없는 액화가 용이한 가스이다.
② 기체팽창률(액체에서 기화 시 체적비 539배) 및 기화잠열이 크다.
③ 자체증기압(증기압 60kg/cm² at 20℃)이 높으며 화재심부까지 침투가 용이하다.
④ 화재 진압 후 소화약제의 잔존물이 없어, 증거보존이 용이하며, 전기, 유류, 기계화재에 적합하다.

□□□ 15년3회

21. 이산화탄소 및 할로겐화합물 소화약제의 특징으로 가장 거리가 먼 것은?

① 소화속도가 빠르다.
② 소화설비의 보수관리가 용이하다.
③ 전기절연성이 우수하나 부식성이 강하다.
④ 저장에 의한 변질이 없어 장기간 저장이 용이한 편이다.

□□□ 19년1회

22. 이산화탄소소화약제의 특징으로 가장 거리가 먼 것은?

① 전기절연성이 우수하다.
② 액체로 저장할 경우 자체 압력으로 방사할 수 있다.
③ 기화상태에서 부식성이 매우 강하다.
④ 저장에 의한 변질이 없어 장기간 저장이 용이한 편이다.

정답 15 ② 16 ② 17 ① 18 ① 19 ④ 20 ① 21 ③ 22 ③

□□□ 10년2회

23. 다음 중 소화약제로 사용되는 이산화탄소에 관한 설명으로 틀린 것은?

① 사용 후에 오염의 영향이 거의 없다.
② 장시간 저장하여도 변화가 없다.
③ 보통 일반화재에 주로 사용되며, 억제소화효과를 이용한다.
④ 자체 증기압이 높으므로 자체 압력으로도 방사가 가능하다.

문제 23, 24 해설

③항, 이산화탄소는 전기, 유류화재등에 주로 사용하며 질식효과를 이용한다.

□□□ 13년1회

24. 다음 중 C급 화재에 가장 효과적인 것은?

① 건조사 ② 이산화탄소소화기
③ 포소화기 ④ 봉상수소화기

□□□ 10년3회

25. 연소가 지속되기 위한 연쇄반응을 차단하여 소화하는 방법은 무엇이라 하는가?

① 냉각소화 ② 질식소화
③ 제거소화 ④ 억제소화

문제 25, 26 해설

억제소화
연소의 연속은 가연물질의 분자가 활성화되어 산화반응이 계속되어 진행되므로, 이와 같은 연속적 관계를 차단, 즉 억제하는 방법을 취하면 연소는 정지하게 된다. 이와 같은 원리로 소화하는 방법을 억제소화라 하며 가연성액체의 소화에 많이 이용된다.

□□□ 11년3회

26. 다음 설명에 해당하는 소화 효과는?

> 연소가 지속되기 위해서는 활성기(free-radical)에 의한 연쇄반응이 필수적인데 이 연쇄반응을 차단하여 소화하는 방법

① 냉각 소화 ② 질식 소화
③ 제거 소화 ④ 억제 소화

□□□ 08년1회

27. 다음 중 유류화재와 전기화재에 모두 사용할 수 있는 소화기로 가장 적당한 것은?

① 산 · 알칼리소화기 ② 분말소화기
③ 포말소화기 ④ 물소화기

해설

분말소화기는 유류화재와 전기화재에 모두 사용할 수 있는 소화기이다.

□□□ 10년3회, 13년2회

28. 다음 중 전기설비에 의한 화재 발생 시 적절하지 않은 소화기는?

① 포소화기 ② 무상수(霧狀水)소화기
③ 이산화탄소소화기 ④ 할로겐화합물소화기

해설

포소화기는 다량의 물을 포함하고 있어 전기설비 화재 사용 시 감전의 위험이 있다.

□□□ 08년1회, 11년1회, 16년3회

29. 포소화약제 혼합장치로써 정하여진 농도로 물과 혼합하여 거품 수용액을 만드는 장치가 아닌 것은?

① 관로혼합장치 ② 차압혼합장치
③ 펌프혼합장치 ④ 낙하혼합장치

해설

포 소화약제 혼합장치

구분	내용
관로 혼합장치	펌프와 관로기 중간에 설치된 벤츄리관이 벤츄리작용에 의해 포소화약재를 흡입 · 혼합하는 방식
차압 혼합장치	펌프와 발포기 중간에 설치된 벤츄리관의 벤츄리작용과 펌프 가압수의 포소화약제 저장탱크에 대한 압력에 의하여 포소화약제를 흡입 · 혼합하는 방식
펌프 혼합장치	펌프의 토출관과 흡입기 사이의 배관 도중에 설치된 흡입기에 펌프에서 토출된 물의 일부를 보내고 농도조절밸브에 조정된 포소화약제의 필요량을 포소화약제탱크에서 펌프흡입측으로 보내어 혼합하는 방식

정답 23 ③ 24 ② 25 ④ 26 ④ 27 ② 28 ① 29 ④

□□□ 14년2회

30. 분말 소화설비에 관한 설명으로 옳지 않은 것은?

① 기구가 간단하고 유지관리가 용이하다.
② 온도 변화에 대한 약제의 변질이나 성능의 저하가 없다.
③ 분말은 흡습력이 작으며 금속의 부식을 일으키지 않는다.
④ 다른 소화설비보다 소화능력이 우수하며 소화시간이 짧다.

해설

분말은 흡습력이 좋아서 냉각 · 질식효과가 높으며 특히 유류화재, 전기화재에 효과적이다.

□□□ 11년2회, 14년1회, 19년3회

31. 다음 중 제3류 위험물에 있어 금수성 물품에 대하여 적응성이 있는 소화기는?

① 포 소화기
② 이산화탄소 소화기
③ 할로겐화합물 소화기
④ 탄산수소염류분말 소화기

해설

제1종 중탄산나트륨(중조) 분말 소화기
분해되어 생긴 탄산가스(CO_2)와 수증기(H_2O)가 표면을 덮어 소화를 한다.
$2NaHCO_3 \rightarrow Na_2CO_3 + CO_2 + H_2O$

□□□ 12년1회, 18년2회

32. 다음 중 분말 소화약제로 가장 적절한 것은?

① 사염화탄소　② 브롬화메탄
③ 수산화암모늄　④ 제1인산암모늄

해설

분말소화약제
1. 중탄산나트륨(중조) : 분해되어 생긴 탄산가스(CO_2)와 수증기(H_2O)가 표면을 덮어 소화를 한다.
   $2NaHCO_3 \rightarrow Na_2CO_3 + CO_2 + H_2O$
2. 중탄산칼륨 : 중탄산나트륨보다 약 2배의 소화력이 있지만 흡습처리가 힘든 것이 특징이다.
   $2KHCO_3 \rightarrow K_2CO_3 + CO_2 + H_2O$
3. 인산암모늄 : 열분해에 의해서 생긴 메타인산(HPO_3)이 부착성인 막을 만들어 화면을 덮어 소화하며 모든 화재에 효과적이다.(ABC소화기)
   $NH_4H_2PO_4 \rightarrow HPO_3 + NH_3 + H_2O$

□□□ 13년3회

33. 다음 중 분말소화약제의 종별 주성분이 올바르게 나열된 것은?

① 1종 : 제1인산암모늄
② 2종 : 탄산수소칼륨
③ 4종 : 탄산수소나트륨
④ 3종 : 탄산수소칼륨과 요소와의 반응물

문제 33~36 해설

분말소화약제의 종류

종류	주성분	적응화재
제1종	중탄산나트륨($NaHCO_3$)	B, C급
제2종	중탄산칼륨($KHCO_3$)	B, C급
제3종	제1인산암모늄($NH_4H_2PO_4$)	A, B, C급
제4종	요소와 탄화칼륨의 반응물 ($KHCO_3 + (NH_2)_2CO$)	B, C급

□□□ 16년1회

34. 탄산수소나트륨을 주요성분으로는 하는 것은 제 몇 종 분말소화기인가?

① 제1종　② 제2종
③ 제3종　④ 제4종

□□□ 18년3회

35. ABC급 분말 소화약제의 주성분에 해당하는 것은?

① $NH_4H_2PO_4$　② Na_2CO_3
③ Na_2SO_4　④ K2CO3

□□□ 13년2회, 20년1·2회

36. 다음 중 메타인산(HPO_3)에 의한 방진효과를 가진 분말 소화약제의 종류로 알맞은 것은?

① 제1종 분말소화약제　② 제2종 분말소화약제
③ 제3종 분말소화약제　④ 제4종 분말소화약제

□□□ 08년2회, 09년2회, 16년2회, 18년3회

37. 다음 중 억제소화약제인 Halon 2402의 화학식으로 옳은 것은?

① $C_2F_4Br_2$　② CF_3Br
③ CF_2ClBr　④ $C_2F_2Br_4$

정답 30 ③ 31 ④ 32 ④ 33 ② 34 ① 35 ① 36 ③ 37 ①

문제 37, 38해설

할론(Halon)소화기의 표기방법

표기방법	종류
Halon ○ ○ ○ ○ ↑ ↑ ↑ ↑ C F Cl Br의 수	① Halon 2402 : $C_2F_4Br_2$ ② Halon 1301 : CF_3Br ③ Halon 1211 : CF_2ClBr

□□□ 14년1회

38. 다음 중 CF_3Br 소화약제를 가장 적절하게 표현한 것은?

① 하론 1031　② 하론 1211

③ 하론 1301　④ 하론 2402

□□□ 12년2회, 15년2회

39. 다음 중 자기반응성물질에 의한 화재에 대하여 사용할 수 없는 소화기의 종류는?

① 무상강화액소화기　② 이산화탄소소화기

③ 포소화기　④ 봉상수(棒狀水)소화기

해설

자기반응성물질(유기과산화물, 질산에스테르류, 셀룰로이드류 등)이란 분자 내 산소를 함유하므로 외부로부터 공기(산소) 유입이 없어도 온도 상승이나 충격 등에 의해 연소폭발을 일으킬 수 있는 물질이다.
이산화탄소(탄산가스)를 축압하고 액화로해서 충전한 것이며, 이산화탄소를 연소하는 면에 방사하면 가스의 질식작용에 의해 소화되며 동시에 드라이아이스에 의한 냉각효과가 있기 때문에 전기화재(C급), 유류(B급)화재에 적합하나, 제5류 위험물인 자기반응성물질엔 적합하지 않다.

□□□ 10년1회, 12년3회

40. 다량의 황산이 가연물과 혼합되어 화재가 발생하였을 경우의 소화작업으로 적절하지 못한 방법은?

① 회(灰)로 덮어 질식소화를 한다.

② 건조분말로 질식소화를 한다.

③ 마른 모래로 덮어 질식소화를 한다.

④ 물을 뿌려 냉각소화 및 질식소화를 한다.

해설

황산은 물과 섞으면 다량의 열이 발생하므로 질식소화를 하여야 한다.

□□□ 09년3회

41. 소화기의 종류를 방출에 필요한 가압방법에 따라 분류할 때 화학반응에 의한 가압식 소화기가 아닌 것은?

① 산 · 알칼리 소화기　② 강화액 소화기

③ 포말 소화기　④ 할로겐화물 소화기

해설

소화기로는 가압식과 축압식으로 분류되며 가압식은 저장용기 외에 붐베에 가압가스를 압축하였다가 손잡이를 누를 경우 붐베에 있던 가스가 개방되어 가압가스 방출압에 의해 분말약제를 밀어내는 방식으로 한번 약제가 방출되면 약제가 모두 방출하는 방식으로 종류는 산 · 알칼리 소화기, 강화액 소화기, 포말 소화기가 있다.

□□□ 10년2회, 13년1회, 20년4회

42. 다음 중 물 소화약제의 단점을 보완하기 위하여 물에 탄산칼륨(K_2CO_3) 등을 녹인 수용액으로 부동성이 높은 알칼리성 소화약제는?

① 포 소화약제　② 분말 소화약제

③ 강화액 소화약제　④ 산알칼리 소화약제

해설

물의 소화효과를 크게 하기 위하여 탄산칼륨(K_2CO_3) 등을 녹인 수용액으로 부동성이 높은 알칼리성 소화약제이다.

1. 빙점이 0℃인 물을 탄산칼륨으로 강화하여 빙점을 -17~-30℃까지 낮추어 한랭지역이나 겨울철의 소화에 많이 이용한다.
2. 유류, 전기 등의 화재에 이용한다.

□□□ 15년3회, 19년1회

43. 위험물 또는 가스에 의한 화재를 경보하는 기구에 필요한 설비가 아닌 것은?

① 간이완강기　② 자동화재감지기

③ 축전지설비　④ 자동화재수신기

해설

간이완강기는 피난설비에 해당한다.

소방설비의 종류

① 소화설비
② 경보설비
③ 피난설비
④ 소화용수설비
⑤ 소화활동설비

정답 38 ③ 39 ② 40 ④ 41 ④ 42 ③ 43 ①

□□□ 09년3회, 12년1회, 12년2회, 13년1회, 14년3회, 16년3회

44. 자동화재 탐지설비의 감지기 종류 중 열감지기가 아닌 것은?

① 차동식　② 정온식
③ 광전식　④ 보상식

문제 44~46 해설

감지기의 종류

분류	종류
열감지식	차동식
	정온식
	보상식
연기감지식	이온화식
	광전식
	연복합식

□□□ 15년1회

45. 화재감지기의 종류 중 연기감지기의 작동방식에 해당되는 것은?

① 차동식　② 보상식
③ 정온식　④ 이온화식

□□□ 15년2회

46. 화재감지기 중 연기감지기에 해당하지 않는 것은?

① 광전식　② 감광식
③ 이온식　④ 정온식

□□□ 14년1회, 17년1회

47. 화재 감지에 있어서 열감지 방식 중 차동식에 해당하지 않는 것은?

① 공기식　② 열전대식
③ 바이메탈식　④ 열반도체식

해설

차동식 열감지기
온도상승률이 일정온도에 도달하였을 때 동작 하는 감지기로 스폿형(공기식, 열전대식, 열반도체식) 과 분포형이 있다.

정답 44 ③ 45 ④ 46 ④ 47 ③

저자 프로필

저자 **지 준 석** 공학박사
대림대학교 보건안전과 교수

저자 **조 태 연** 공학박사
대림대학교 보건안전과 교수

산업안전기사 5주완성 ❷

발행인 지준석 · 조태연
발행인 이 종 권

2020年 1月 20日 초 판 발 행
2021年 2月 24日 2차개정발행
2022年 1月 10日 3차개정발행
2023年 1月 27日 4차개정발행

發行處 **(주) 한솔아카데미**

(우)06775 서울시 서초구 마방로10길 25 트윈타워 A동 2002호
TEL : (02)575-6144/5 FAX : (02)529-1130
〈1998. 2. 19 登錄 第16-1608號〉

※ 본 교재의 내용 중에서 오타, 오류 등은 발견되는 대로 한솔아카데미 인터넷 홈페이지를 통해 공지하여 드리며 보다 완벽한 교재를 위해 끊임없이 최선의 노력을 다하겠습니다.

※ 파본은 구입하신 서점에서 교환해 드립니다.

www.inup.co.kr / www.bestbook.co.kr

ISBN 979-11-6654-230-5 13500

본 도서를 구매하신 분께 드리는 혜택

01
24시간 이내 질의응답

- 본 도서 학습시 궁금한 사항은 전용홈페이지를 통해 질문하시면 담당 교수님으로부터 24시간 이내에 답변을 받아 볼 수 있습니다.

전용홈페이지(www.inup.co.kr) – 산업안전기사 학습게시판

02
무료 동영상 강좌 ①

- 1단계, 교재구매 회원께는 핵심정리 모음집 무료수강을 제공합니다.

① 전과목 핵심정리 동영상강좌 무료수강 제공
② 각 과목별 가장 중요한 전과목 핵심정리 모음집 시험전에 활용

03
무료 동영상 강좌 ②

- 2단계, 교재구매 회원께는 아래의 동영상강좌 무료수강을 제공합니다.

① 각 과목별 최신 출제경향분석을 통한 학습방향 무료수강
② 각 과목별 최근(2018~2022) 기출문제 해설 무료수강

04
CBT대비 실전 테스트

- 교재구매 회원께는 CBT대비 온라인 실전 테스트를 제공합니다.

① 큐넷(Q-net)홈페이지 실제 컴퓨터 환경과 동일한 시험
② 자가학습진단 모의고사를 통한 실력 향상
③ 장소, 시간에 관계없이 언제든 모바일 접속 이용 가능

전용 홈페이지를 통한 365일 학습관리
학습질문은 24시간 이내 답변

산업안전기사 구매자를 위한 학습관리 시스템

도서구매 후 인터넷 홈페이지(www.inup.co.kr)에 회원등록을 하시면 다음과 같은 혜택을 드립니다.

❶ 인터넷 게시판을 통한 학습내용 질의응답 24시간 이내 답변
❷ 전과목 핵심정리 동영상강좌 무료수강
❸ 최신 출제경향분석 및 최근 기출문제 해설 무료수강
❹ CBT대비 온라인 실전테스트 무료제공

※ 도서구매 혜택은 본권 ③권 인증번호를 확인하세요.
※ 본 교재의 학습관리시스템 혜택은 2023년 11월 30일까지 유효합니다.

정가 35,000원 (전 3권)

ISBN 979-11-6654-230-5

www.bestbook.co.kr

www.inup.co.kr

2023 완벽대비

동영상제공
핵심정리집

핵심정리 및 기출문제 무료강의 제공

산업안전기사 4주완성 필기

지준석 · 조태연 공저

23년간 기출문제 분석

3

INUP 365/24

전용 홈페이지를 통한 365일 학습관리
학습질문은 24시간 이내 답변

제3권

2023 CBT시험 최고의 적중률!

과년도 2022년 기출문제
2021년 기출문제
2020년 기출문제
2019년 기출문제
2018년 기출문제

관련법개정
2023 대비
4차개정적용

한솔아카데미

www.inup.co.kr

2023 완벽대비

동영상제공
핵심정리집

핵심정리 및 기출문제 무료강의 제공

산업안전기사 4주완성 필기

지준석 · 조태연 공저

23년간 기출문제 분석

3

INUP
365/24

전용 홈페이지를 통한 365일 학습관리
학습질문은 24시간 이내 답변

제 3 권

2023 CBT시험 최고의 적중률!

과년도 2022년 기출문제
2021년 기출문제
2020년 기출문제
2019년 기출문제
2018년 기출문제

관련법개정
2023 대비
4차개정적용

한솔아카데미 HANSOL ACADEMY

전용 홈페이지를 통한 365일 학습관리
학습질문은 24시간 이내 답변

홈페이지 주요메뉴

http://www.inup.co.kr

❶ **시험정보**
- 시험일정
- 기출문제
- 무료강의

❷ **학원강의**
- 강의일정
- 학원강의 특징
- 교수진

❸ **온라인강의**
- 건설안전(산업)기사
- 산업안전(산업)기사

❹ **모의고사**
- 데일리모의고사
- 실전모의고사

❺ **교재안내**

❻ **학습게시판**
- 학습 Q&A
- 공지사항

❼ **나의 강의실**

본 도서를 구매하신 분께 드리는 혜택

본 도서를 구매하신 후 홈페이지에 회원등록을 하시면 아래와 같은
학습 관리시스템을 이용하실 수 있습니다.

01
24시간 이내 질의응답

- 본 도서 학습시 궁금한 사항은 전용홈페이지를 통해 질문하시면 담당 교수님으로부터 24시간 이내에 답변을 받아 볼 수 있습니다.

전용홈페이지(www.inup.co.kr) – 산업안전기사 학습게시판

02
무료 동영상 강좌 ❶

- 1단계. 교재구매 회원께는 핵심정리 모음집 무료수강을 제공합니다.

① 전과목 핵심정리 동영상강좌 무료수강 제공
② 각 과목별 가장 중요한 전과목 핵심정리 모음집 시험전에 활용

03
무료 동영상 강좌 ❷

- 2단계. 교재구매 회원께는 아래의 동영상강좌 무료수강을 제공합니다.

① 각 과목별 최신 출제경향분석을 통한 학습방향 무료수강
② 각 과목별 최근(2018~2022) 기출문제 해설 무료수강

04
CBT대비 실전 테스트

- 교재구매 회원께는 CBT대비 온라인 실전 테스트를 제공합니다.

① 큐넷(Q-net)홈페이지 실제 컴퓨터 환경과 동일한 시험
② 자가학습진단 모의고사를 통한 실력 향상
③ 장소, 시간에 관계없이 언제든 모바일 접속 이용 가능

| 등록 절차 |

도서구매 후 본권③ 뒤표지 회원등록 인증번호 확인

인터넷 홈페이지(www.inup.co.kr)에 인증번호 등록

안전보건표지

[산업안전보건법 시행규칙 별표 1의2]

금지표지

출입금지 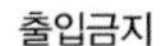

보행금지 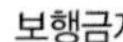

차량통행금지 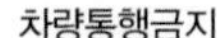

사용금지

탑승금지

금연

화기금지

물체이동금지 

경고표지

인화성물질 경고

산화성물질 경고

폭발성물질 경고

급성독성물질 경고

부식성물질 경고

발암성 · 변이원성 · 생식독성
전신독성 · 호흡기과민성물질 경고

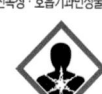

방사성물질 경고

고압전기 경고

매달린 물체 경고

낙하물 경고

고온 경고

저온 경고

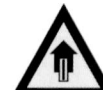

몸균형 상실 경고

레이저광선 경고

위험장소 경고

지시표지

보안경 착용

방독마스크 착용

방진마스크 착용

보안면 착용

안전모 착용

귀마개 착용

안전화 착용

안전장갑 착용

안전복 착용

안내표지

녹십자표지

응급구호표지

들것

세안장치
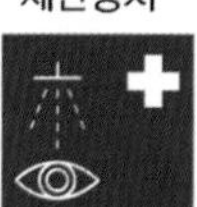

비상용기구

비상구

좌측비상구

우측비상구

관계자외 출입금지

허가대상물질 작업장	석면취급/해체 작업장	금지대상물질의 취급 실험실 등
관계자외 출입금지 (허가물질 명칭) 제조/사용/보관 중 보호구/보호복 착용 흡연 및 음식물 섭취 금지	**관계자외 출입금지** 석면 취급/해체 중 보호구/보호복 착용 흡연 및 음식물 섭취 금지	**관계자외 출입금지** 발암물질 취급 중 보호구/보호복 착용 흡연 및 음식물 섭취 금지

Preface

머리말

현대사회의 산업은 기계설비의 대형화, 생산단위의 대형화, 에너지 소비량의 증대, 그리고 다양한 생산환경 등으로 인해 산업현장에서의 재해 역시 시간이 갈수록 대형화, 다양화하는 추세에 있습니다.

산업재해는 인적, 물적 피해가 막대하여 개인과 기업뿐만 아니라 막대한 국가적 손실을 초래합니다. 이러한 산업현장에서의 재해를 감소시키고 안전사고를 예방하기 위해서는 그 무엇보다 안전관리전문가가 필요합니다. 정부에서는 안전관리에 대한 대책과 규제를 시간이 갈수록 강화하고 있으며 이에 따라 안전관리자의 수요는 계속해서 증가하고 있습니다.

산업안전기사 자격은 국기기술자격으로 안전관리자의 선임자격일 뿐 아니라 기업 내에서 다양한 활용이 가능한 매우 유용한 자격증입니다.

본 교재는 이러한 산업안전기사 시험을 대비하여 출제기준과 출제성향을 분석하여 새롭게 개정된 내용으로 출간하게 되었습니다.

이 책의 특징

1. 최근 출제기준에 따라 체계적으로 구성하였습니다.
2. 제·개정된 법령을 바탕으로 이론·문제를 구성하였습니다.
3. 최근 출제문제의 정확한 분석과 해설을 수록하였습니다.
4. 교재의 좌·우측에 본문 내용을 쉽게 파악할 수 있도록 부가적인 설명을 하였습니다.
5. 각 과목별로 앞부분에 핵심암기내용을 별도로 정리하여 시험에 가장 많이 출제된 내용을 확인할 수 있도록 하였습니다.

본 교재의 지면 여건상 수많은 모든 내용을 수록하지 못한 점은 아쉽게 생각하고 있으며, 앞으로도 수험생의 입장에서 노력하여 부족한 내용이 있다면 지속적으로 보완하겠다는 점을 약속드리도록 하겠습니다.

본 교재를 출간하기 위해 노력해 주신 한솔아카데미 대표님과 임직원의 노력에 진심으로 감사드리며 본 교재를 통해 열심히 공부하신 수험생들께 반드시 자격취득의 영광이 있으시기를 진심으로 기원합니다.

저자 드림

Contents

제8편 과년도 출제문제

CBT대비 4회 실전테스트

홈페이지(www.inup.co.kr)에서 필기시험 문제를 CBT 모의 TEST로 체험하실 수 있습니다.

- CBT 필기시험문제 제1회(2022년 제1회 과년도)
- CBT 필기시험문제 제2회(2022년 제2회 과년도)
- CBT 필기시험문제 제3회(2022년 제3회 과년도)
- CBT 필기시험문제 제4회(실전모의고사)

PART

08 과년도 출제문제

CBT대비 4회 실전테스트

홈페이지(www.inup.co.kr)에서 필기시험 문제를 CBT 모의 TEST로 체험하실 수 있습니다.

- CBT 필기시험문제 제1회 (2022년 제1회 과년도)
- CBT 필기시험문제 제2회 (2022년 제2회 과년도)
- CBT 필기시험문제 제3회 (2022년 제3회 과년도)
- CBT 필기시험문제 제4회 (실전모의고사)

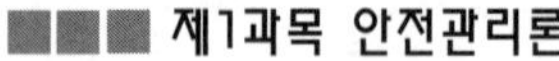

2018 과년도 출제문제

2018년 3월 4일 시행

■■■ 제1과목 안전관리론

1. 교육심리학의 학습이론에 관한 설명 중 옳은 것은?

① 파블로프(Pavlov)의 조건반사설은 맹목적 시행을 반복하는 가운데 자극과 반응이 결합하여 행동하는 것이다.
② 레빈(Lewin)의 장설은 후천적으로 얻게 되는 반사작용으로 행동을 발생시킨다는 것이다.
③ 톨만(Tolman)의 기호형태설은 학습자의 머리 속에 인지적 지도 같은 인지구조를 바탕으로 학습하려는 것이다.
④ 손다이크(Thorndike)의 시행착오설은 내적, 외적의 전체구조를 새로운 시점에서 파악하여 행동하는 것이다.

①항, 파블로프(Pavlov)의 조건반사설은 시간의 원리, 강도의 원리, 일관성의 원리, 계속성의 원리 등 조건화의 기본원리에서 자극과 반응을 보는 이론이다.
②항, 레윈(Lewin) 장설(Field Theory)에서 장(Field)은 한 사람의 전체적인 생활공간(life space)을 뜻하는 것으로 학습과정의 첫 단계의 인지는 분석적으로 이루어지는 것이 아니고 전체적 장(Field)의 관계로 이루어진다고 보는 이론이다.
③항, 톨만(Tolman)의 기호형태설은 학습자의 머리 속에 인지적 지도 같은 인지구조를 바탕으로 학습하려는 것으로 인지, 각성, 기대를 중요시하는 이론이다.
④항, 손다이크(Thorndike)는 자극반응에 대하여 유기체가 시행착오로 반응을 반복하는 가운데 성공적인 반응이 강화되는 것으로 효과의 법칙, 빈도(연습)의 법칙, 준비성의 법칙을 통해 학습이 이루어진다고 보는 이론이다.

2. 학습지도의 형태 중 몇 사람의 전문가에 의해 과정에 관한 견해를 발표하고 참가자로 하여금 의견이나 질문을 하게 하는 토의방식은?

① 포럼(Forum)
② 심포지엄(Symposium)
③ 버즈세션(Buzz session)
④ 자유토의법(Free discussion method)

①항, 포럼(forum)이란 새로운 자료나 교재를 제시하고 문제점을 피교육자로 하여금 제기하게 하거나 의견을 여러 가지 방법으로 발표하게 하고 다시 깊이 파고들어 토의를 행하는 방법이다.
②항, 심포지움(symposium)이란 몇 사람의 전문가에 의하여 과제에 관한 견해를 발표한 뒤 참가자로 하여금 의견이나 질문을 하게 하여 토의하는 방법이다.
③항, 버즈 세션(buzz session)은 6-6회의라고도 하며, 먼저 사회자와 기록계를 선출한 후 나머지 사람은 6명씩의 소집단으로 구분하고, 소집단별로 각각 사회자를 선발하여 6분간씩 자유토의를 행하여 의견을 종합하는 방법이다.
④항, 자유토의법(Free discussion method)은 비공식집단토의법이라고도 하며 비교적 소수의 멤버가 고정된 토의절차 없이 자유로이 토의하는 방법이다.

3. 레빈(Lewin)의 법칙 $B=f(p \cdot E)$ 중 B가 의미하는 것은?

① 인간관계　② 행동
③ 환경　④ 함수

Lewin.K의 법칙
Lewin은 인간의 행동(B)은 그 사람이 가진 자질 즉, 개채(P)와 심리학적 환경 (E)과의 상호 함수관계에 있다고 하였다.
∴ B=f(P·E)
1. B : Behavior(인간의 행동)
2. f : function(함수관계 : 적성 기타 P와 E에 영향을 미칠 수 있는 조건)
3. P : Person(개체 : 연령, 경험, 심신상태, 성격, 지능 등)
4. E : Environment(심리적 환경 : 인간관계, 작업환경 등)

4. 산업안전보건법령상 근로자 안전·보건교육 기준 중 관리감독자 정기안전·보건교육의 교육내용으로 옳은 것은? (단, 산업안전보건법 및 일반관리에 관한 사항은 제외한다.)

① 산업안전 및 사고 예방에 관한 사항
② 사고 발생 시 긴급조치에 관한 사항
③ 건강증진 및 질병 예방에 관한 사항
④ 산업보건 및 직업병 예방에 관한 사항

해답 01 ③ 02 ② 03 ② 04 ④

관리·감독자 교육내용
1. 작업공정의 유해·위험과 재해 예방대책에 관한 사항
2. 표준안전작업방법 및 지도 요령에 관한 사항
3. 관리감독자의 역할과 임무에 관한 사항
4. 산업보건 및 직업병 예방에 관한 사항
5. 유해·위험 작업환경 관리에 관한 사항
6. 「산업안전보건법」 및 일반관리에 관한 사항
7. 직무스트레스 예방 및 관리에 관한 사항
8. 산재보상보험제도에 관한 사항
9. 안전보건교육 능력 배양에 관한 사항

참고 산업안전보건법 시행규칙 별표5 【교육대상별 교육내용】

5. 기업 내 정형교육 중 TWI(Training Within Industry)의 교육내용이 아닌 것은?

① Job Method Training
② Job Relation Training
③ Job Instruction Training
④ Job Standardization Training

TWI(training within industry) 교육내용
1. JIT(job instruction training) : 작업지도기법
2. JMT(job method training) : 작업개선기법
3. JRT(job relation training) : 인간관계 관리기법
4. JST(job safety training) : 작업안전 지도 기법

6. 강도율에 관한 설명 중 틀린 것은?

① 사망 및 영구 전노동불능(신체장해등급 1~3급)의 근로손실일수는 7500일로 환산한다.
② 신체장해 등급 중 제14급은 근로손실일수를 50일로 환산한다.
③ 영구 일부 노동불능은 신체 장해등급에 따른 근로손실일수에 $\frac{300}{365}$을 곱하여 환산한다.
④ 일시 전노동 불능은 휴업일수에 $\frac{300}{365}$을 곱하여 근로손실일수를 환산한다.

영구일부노동불능이란 신체장해등급 4급에서 14등급으로 분류하며, ILO기준에 의한 근로손실일수로 규정하고 있다.

등급	4	5	6	7	8	9
손실일수	5,500	4,000	3,000	2,200	1,500	1,000

등급	10	11	12	13	14	
손실일수	600	400	200	100	50	

7. 안전보건관리조직의 유형 중 스탭형(Staff) 조직의 특징이 아닌 것은?

① 생산부문은 안전에 대한 책임과 권한이 없다.
② 권한 다툼이나 조정 때문에 통제수속이 복잡해지며 시간과 노력이 소모된다.
③ 생산부분에 협력하여 안전명령을 전달, 실시하므로 안전지시가 용이하지 않으며 안전과 생산을 별개로 취급하기 쉽다.
④ 명령 계통과 조언 권고적 참여가 혼동되기 쉽다.

④항은 line-staff형 조직의 특징으로 line의 유기적 안전활동과 함께 staff의 전문적인 안전활동이 함께 이루어지므로 명령과 조언, 권고적 참여에 대한 혼동이 쉬운 안전조직형태이다.

8. 산업안전보건법령상 안전·보건표지의 색채와 색도기준의 연결이 틀린 것은? (단, 색도기준은 한국산업표준(KS)에 따른 색의 3속성에 의한 표시방법에 따른다.)

① 빨간색 - 7.5R 4/14
② 노란색 - 5Y 8.5/12
③ 파란색 - 2.5PB 4/10
④ 흰색 - NO.5

④항, 흰색 - N9.5

안전·보건표지의 색체 및 색도기준 및 용도

색 체	색도기준	용 도	사 용 례
빨간색	7.5R 4/14	금지	정지신호, 소화설비 및 그 장소, 유해행위의 금지
		경고	화학물질 취급장소에서의 유해·위험 경고
노란색	5Y 8.5/12	경고	화학물질 취급장소에서의 유해·위험 경고 이외의 위험경고, 주의표지 또는 기계방호물
파란색	2.5PB 4/10	지시	특정행위의 지시, 사실의 고지
녹 색	2.5G 4/10	안내	비상구 및 피난소, 사람 또는 차량의 통행표지
흰 색	N9.5		파란색 또는 녹색에 대한 보조색
검은색	N0.5		문자 및 빨간색 또는 노란색에 대한 보조색

참고 산업안전보건법 시행규칙 별표8 【안전·보건표지의 색도기준 및 용도】

해답 05 ④ 06 ③ 07 ④ 08 ④

9. 상해 정도별 분류 중 의사의 진단으로 일정 기간 정규 노동에 종사할 수 없는 상해에 해당하는 것은?

① 영구 일부노동 불능상해
② 일시 전노동 불능상해
③ 영구 전노동 불능상해
④ 구급처치 상해

일시 전노동 불능상해 : 의사 진단에 의해 일시적인 기간동안 노동에 종사할 수 없는 상해이다.
일시 전노동 불능의 근로손실일수 = 휴업일수(입원일수, 통원치료, 요양, 의사 진단에 의한 휴업일수)×300/365

10 생체 리듬(Bio Rhythm)중 일반적으로 33일을 주기로 반복되며, 상상력, 사고력, 기억력 또는 의지, 판단 및 비판력 등과 깊은 관련성을 갖는 리듬은?

① 육체적 리듬 ② 지성적 리듬
③ 감성적 리듬 ④ 생활 리듬

바이오리듬의 구분
1. 육체적 리듬(physical cycle)이란 육체적으로 건전한 활동기(11.5일)와 그렇지 못한 휴식기(11.5일)가 23일을 주기로 하여 반복된다. 육체적 리듬(P)은 신체적 컨디션의 율동적인 발현, 즉 식욕, 소화력, 스태미너 및 지구력과 밀접한 관계를 갖는다. 색상은 청색으로 표시한다.
2. 지성적 리듬(intellectual cycle)이란 지성적 사고능력이 재빨리 발휘되는 날(16.5일)과 그렇지 못한 날(16.5일)이 33일을 주기로 반복된다. 지성적 리듬(I)은 상상력, 사고력, 기억력 또는 의지, 판단 및 비판력 등과 깊은 관련성을 갖는다. 색상은 녹색으로 표시한다.
2. 감성적 리듬(sensitivity cycle)이란 감성적으로 예민한 기간(14일)과 그렇지 못한 둔한 기간(14일)이 28일을 주기로 반복된다. 감성적 리듬(S)은 신경조직의 모든 기능을 통하여 발현되는 감정, 즉 정서적 희로애락, 주의력, 창조력, 예감 및 통찰력 등을 좌우한다. 색상은 적색으로 표시한다.

11. 산업안전보건법령상 지방고용노동관서의 장이 사업주에게 안전관리자·보건관리자 또는 안전보건관리담당자를 정수 이상으로 증원하게 하거나 교체(임명할 것을 명할 수 있는 경우) 해야 할 기준 중 다음 ( ) 안에 알맞은 것은?

- 중대재해가 연간 (㉠)건 이상 발생한 경우
- 해당 사업장의 연간재해율이 같은 업종의 평균재해율의 (㉡)배 이상인 경우

① ㉠ 3, ㉡ 2 ② ㉠ 2, ㉡ 3
③ ㉠ 2, ㉡ 2 ④ ㉠ 3, ㉡ 3

안전관리자의 증원·교체임명 명령
1. 해당 사업장의 연간재해율이 같은 업종의 평균재해율의 2배 이상인 경우
2. 중대재해가 연간 2건 이상 발생한 경우
3. 관리자가 질병이나 그 밖의 사유로 3개월 이상 직무를 수행할 수 없게 된 경우
4. 화학적 인자를 사용하여 직업성질병자가 연간 3명 이상 발생한 경우

참고 산업안전보건법 시행규칙 제12조【안전관리자 등의 증원·교체임명 명령】
※ 해당문제는 법령개정 이전에 출제된 문제이다.
중대재해 3건 → 2건 이상으로 변경

12 데이비스(Davis)의 동기부여 이론 중 동기유발의 식으로 옳은 것은?

① 지식 × 기능 ② 지식 × 태도
③ 상황 × 기능 ④ 상황 × 태도

Davis의 동기부여 이론

경영의 성과 = 인간의 성과 × 물적 성과

1. 인간성과 = 능력×동기유발
2. 능력 = 지식×기능
3. 동기유발 = 상황×태도

13. 작업자 적성의 요인이 아닌 것은?

① 성격(인간성) ② 지능
③ 인간의 연령 ④ 흥미

적성의 기본요소
1. 직업적성
2. 지능
3. 흥미
4. 인간성

14. 석면 취급장소에서 사용하는 방진마스크의 등급으로 옳은 것은?

① 특급 ② 1급
③ 2급 ④ 3급

해답 09 ② 10 ② 11 ① 12 ④ 13 ③ 14 ①

방진마스크의 등급별 적용

등급	특급	1급	2급
사용장소	• 베릴륨 등과 같이 독성이 강한 물질들을 함유한 분진 등 발생장소 • 석면 취급장소	• 특급마스크 착용 장소를 제외한 분진 등 발생장소 • 금속흄 등과 같이 열적으로 생기는 분진 등 발생장소 • 기계적으로 생기는 분진 등 발생장소 (규소등과 같이 2급 방진마스크를 착용하여도 무방한 경우는 제외한다.)	• 특급 및 1급 마스크 착용 장소를 제외한 분진 등 발생 장소
	배기밸브가 없는 안면부여과식 마스크는 특급 및 1급 장소에 사용해서는 안 된다.		

15. 재해사례연구의 진행단계 중 다음 ( ) 안에 알맞은 것은?

> 재해 상황의 파악 → (㉠) → (㉡) → 근본적 문제점의 결정 → (㉢)

① ㉠ 사실의 확인, ㉡ 문제점의 발견, ㉢ 대책수립
② ㉠ 문제점의 발견, ㉡ 사실의 확인, ㉢ 대책수립
③ ㉠ 사실의 확인, ㉡ 대책수립, ㉢ 문제점의 발견
④ ㉠ 문제점의 발견, ㉡ 대책수립, ㉢ 사실의 확인

재해사례연구의 진행단계
1. 전제조건 : 재해상황(현상)의 파악
2. 1단계 : 사실의 확인
3. 2단계 : 문제점 발견
4. 3단계 : 근본적 문제점 결정
5. 4단계 : 대책의 수립

16. 자율검사프로그램을 인정받기 위해 보유하여야 할 검사장비의 이력카드 작성, 교정주기와 방법 설정 및 관리 등의 관리주체는?

① 사업주
② 제조자
③ 안전관리전문기관
④ 안전보건관리책임자

사업주가 자율검사프로그램을 인정받기 위해서는 다음 요건을 충족하여야 한다. 다만 검사기관에 위탁한 경우에는 이를 충족한 것으로 본다.
1. 검사원을 고용하고 있을 것
2. 검사를 할 수 있는 장비를 갖추고 이를 유지·관리할 수 있을 것
3. 안전검사 주기의 2분의 1에 해당하는 주기(크레인 중 건설현장 외에서 사용하는 크레인의 경우에는 6개월)마다 검사를 할 것
4. 자율검사프로그램의 검사기준이 안전검사기준을 충족할 것.

참고 산업안전보건법 시행규칙 제132조【자율검사 프로그램의 인정】

17. 적응기제 중 도피기제의 유형이 아닌 것은?

① 합리화　② 고립
③ 퇴행　④ 억압

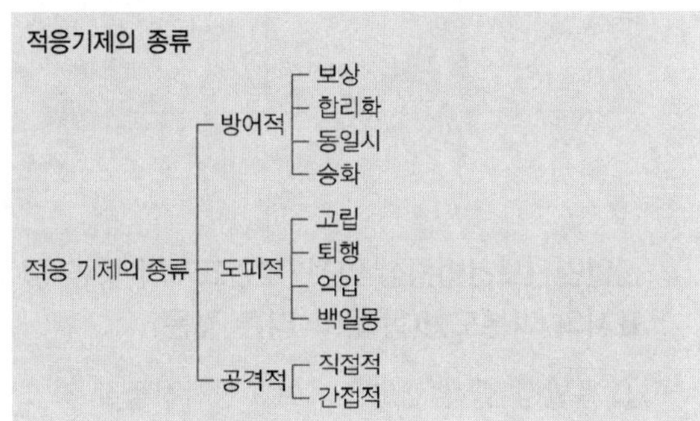

18. 다음의 방진마스크 형태로 옳은 것은?

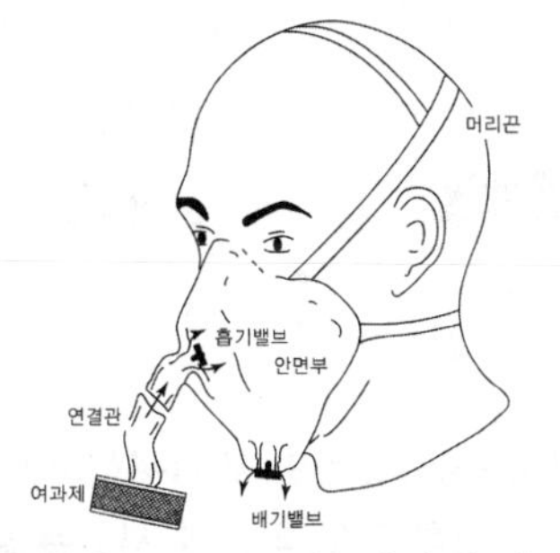

① 직결식 전면형　② 직결식 반면형
③ 격리식 전면형　④ 격리식 반면형

해답 15 ① 16 ① 17 ① 18 ④

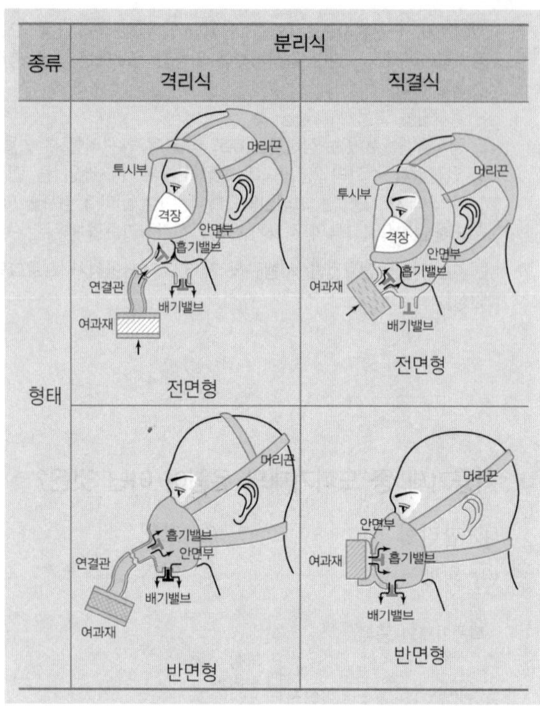

19. 산업안전보건법령상 안전·보건표지의 종류 중 경고표지의 기본모형(형태)이 다른 것은?

① 폭발성 물질 경고　② 방사성물질 경고
③ 매달린 물체 경고　④ 고압전기 경고

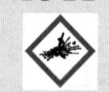

1. 폭발성 물질 경고
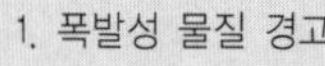
2. 방사성 물질 경고
3. 매달린 물체 경고

4. 고압전기 경고

20. 하인리히(Heinrich)의 재해구성비율에 따른 58건의 경상이 발생한 경우 무상해 사고는 몇 건이 발생하겠는가?

① 58건　② 116건
③ 600건　④ 900건

하인리히(Heinrich)의 재해구성비율

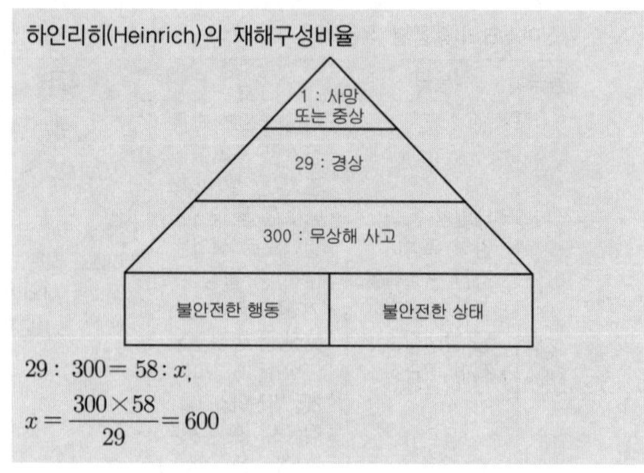

$29 : 300 = 58 : x,$

$x = \frac{300 \times 58}{29} = 600$

■■■ 제2과목 인간공학 및 시스템안전공학

21. 들기 작업 시 요통재해예방을 위하여 고려할 요소와 가장 거리가 먼 것은?

① 들기 빈도　② 작업자 신장
③ 손잡이 형상　④ 허리 비대칭 각도

NIOSH lifting guideline에서 권장무게한계(RWL)산출에 사용되는 평가 요소

1. 무게 : 들기 작업 물체의 무게
2. 수평위치 : 두 발목의 중점에서 손까지의 거리
3. 수직위치 : 바닥에서 손까지의 거리
4. 수직이동거리 : 들기작업에서 수직으로 이동한 거리
5. **비대칭 각도** : 작업자의 정시상면으로부터 물체가 어느 정도 떨어져 있는가를 나타내는 각도
6. **들기빈도** : 15분 동안의 평균적인 분당 들어 올리는 횟수(회/분)이다.
7. **손잡이/커플링** : 드는 물체와 손과의 연결상태, 혹은 물체를 들 때에 미끄러지거나 떨어뜨리지 않도록 하는 손잡이 등의 상태

22. HAZOP 기법에서 사용하는 가이드워드와 그 의미가 잘못 연결된 것은?

① Other than : 기타 환경적인 요인
② No/Not : 디자인 의도의 완전한 부정
③ Reverse : 디자인 의도의 논리적 반대
④ More/Less : 정량적인 증가 또는 감소

Other than : 완전한 대체(통상 운전과 다르게 되는 상태)

해답 19 ① 20 ③ 21 ② 22 ①

23. 신뢰성과 보전성 개선을 목적으로 한 효과적인 보전기록자료에 해당하는 것은?

① 자재관리표 ② 주유지시서
③ 재고관리표 ④ MTBF분석표

신뢰성과 보전성 개선을 목적으로 한 효과적인 보전기록자료로는 설비이력카드, MTBF분석표, 고장원인대책표 등이 있다.

24. 보기의 실내면에서 빛의 반사율이 낮은 곳에서부터 높은 순서대로 나열한 것은?

[보기]
A : 바닥 B : 천정 C : 가구 D : 벽

① A 〈 B 〈 C 〈 D ② A 〈 C 〈 B 〈 D
③ A 〈 C 〈 D 〈 B ④ A 〈 D 〈 C 〈 B

추천 반사율
1. 바닥 : 20~40% 2. 가구 : 25~45%
3. 벽 : 40~60 4. 천정 : 80~90%

25. A사의 안전관리자는 자사 화학 설비의 안전성 평가를 위해 제2단계인 정성적 평가를 진행하기 위하여 평가 항목 대상을 분류하였다. 주요 평가 항목 중에서 설계관계항목이 아닌 것은?

① 건조물 ② 공장 내 배치
③ 입지조건 ④ 원재료, 중간제품

참고 제2단계 정성적 평가 항목

1. 설계 관계	항목수	2. 운전 관계	항목수
1. 입지 조건	5	1. 원재료, 중간체, 제품	7
2. 공장내 배치	9	2. 공 정	7
3. 건 조 물	8	3. 수송, 저장 등	9
4. 소방설비	5	4. 공정기기	11

26. 다음 시스템에 대하여 톱사상(top event)에 도달할 수 있는 최소 컷셋(minimal cut sets)을 구할 때 올바른 집합은? (단, X_1, X_2, X_3, X_4는 각 부품의 고장확률을 의미하며 집합 $\{X_1, X_2\}$는 X_1 부품과 X_2 부품이 동시에 고장나는 경우를 의미한다.)

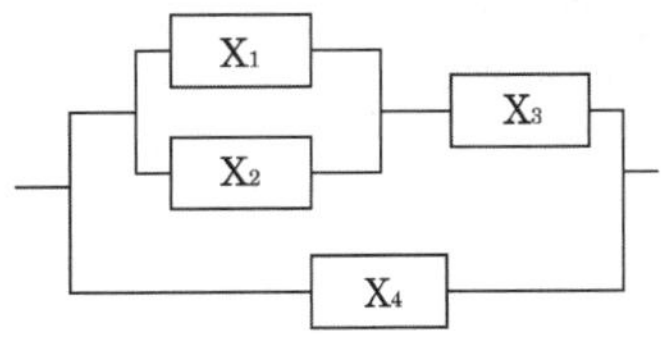

① $\{X_1, X_2\}$, $\{X_3, X_4\}$
② $\{X_1, X_3\}$, $\{X_2, X_4\}$
③ $\{X_1, X_2, X_4\}$, $\{X_3, X_4\}$
④ $\{X_1, X_3, X_4\}$, $\{X_2, X_3, X_4\}$

최소 컷셋 : $T \to [A, X_4] \to \begin{bmatrix} B, X_4 \\ X_3, X_4 \end{bmatrix} \to \begin{matrix} [X_1, X_2, X_4] \\ [X_3, X_4] \end{matrix}$

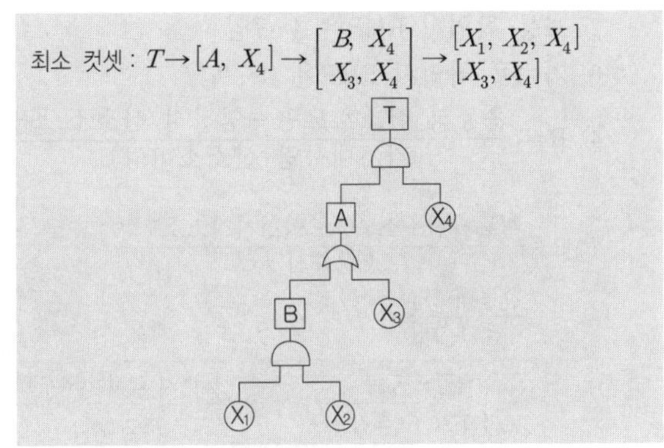

27. 운동관계의 양립성을 고려하여 동목(moving scale)형 표시장치를 바람직하게 설계한 것은?

① 눈금과 손잡이가 같은 방향으로 회전하도록 설계한다.
② 눈금의 숫자는 우측으로 감소하도록 설계한다.
③ 꼭지의 시계 방향 회전이 지시치를 감소시키도록 설계한다.
④ 위의 세 가지 요건을 동시에 만족시키도록 설계한다.

양립성(compatibility)이란 정보입력 및 처리와 관련한 양립성은 인간의 기대와 모순되지 않는 자극들간의, 반응들 간의 또는 자극반응 조합의 관계를 말하는 것으로 그 중 운동적 양립성이란 표시 및 조종장치, 체계반응의 운동 방향이 서로 일치하는 것을 의미한다.
운동적 양립성에서 일반적으로 **눈금과 손잡이는 같은 방향으로 회전하며, 우측(시계방향)방향으로 값이 증가되도록 설계한다.**

해답 23 ④ 24 ③ 25 ④ 26 ③ 27 ①

28. 일반적으로 작업장에서 구성요소를 배치할 때, 공간의 배치 원칙에 속하지 않는 것은?

① 사용빈도의 원칙 ② 중요도의 원칙
③ 공정개선의 원칙 ④ 기능성의 원칙

부품배치의 4원칙
1. 사용순서의 원칙
2. 사용 빈도의 원칙
3. 기능별 배치의 원칙
4. 중요성의 원칙

29. 에너지 대사율(RMR)에 대한 설명으로 틀린 것은?

① $R = \frac{\text{운동대사량}}{\text{기초대사량}}$
② 보통 작업시 RMR은 4~7임
③ 가벼운 작업시 RMR은 0~2임
④ $R = \frac{\text{운동시 산소소모량} - \text{안정시 산소소모량}}{\text{기초대사량(산소소비량)}}$

$$\text{RMR} = \frac{\text{활동시 산소소모량} - \text{안정시 산소소모량}}{\text{기초대사량}} = \frac{\text{활동대사량}}{\text{기초대사량}}$$

작업강도 구분	에너지 대사율(RMR)
경(輕)작업(가벼운작업)	0~2RMR
중(中)작업(보통작업)	2~4RMR
중(重)작업(힘든작업)	4~7RMR
초중(超重)작업(매우힘든작업)	7RMR 이상

30. 휴먼 에러 예방 대책 중 인적 요인에 대한 대책이 아닌 것은?

① 설비 및 환경 개선
② 소집단 활동의 활성화
③ 작업에 대한 교육 및 훈련
④ 전문인력의 적재적소 배치

설비 및 환경개선은 물적(설비 환경적 요인)에 대한 예방대책이다.

31. 경계 및 경보신호의 설계지침으로 틀린 것은?

① 주의를 환기시키기 위하여 변조된 신호를 사용한다.
② 배경소음의 진동수와 다른 진동수의 신호를 사용한다.
③ 귀는 중음역에 민감하므로 500~3000Hz의 진동수를 사용한다.
④ 300m 이상의 장거리용으로는 1000Hz를 초과하는 진동수를 사용한다.

고음은 멀리가지 못하므로 300m 이상의 장거리용으로는 1,000Hz 이하의 진동수를 사용한다.

32. 산업안전보건법령상 유해하거나 위험한 장소에서 사용하는 기계·기구 및 설비를 설치·이전하는 경우 유해·위험방지계획서를 작성, 제출하여야 하는 대상이 아닌 것은?

① 화학설비 ② 금속 용해로
③ 건조설비 ④ 전기용접장치

유해·위험방지계획서 제출 대상 사업장
유해하거나 위험한 장소에서 사용하는 기계·기구 및 설비를 설치·이전하는 경우 유해·위험방지계획서를 작성, 제출하여야 하는 대상
1. 금속이나 그 밖의 광물의 용해로
2. 화학설비
3. 건조설비
4. 가스집합 용접장치
5. 허가대상·관리대상 유해물질 및 분진작업 관련 설비

참고 산업안전보건법 시행령 제42조 【유해·위험 방지계획서 제출대상】

33. FMEA의 특징에 대한 설명으로 틀린 것은?

① 서브시스템 분석 시 FTA보다 효과적이다.
② 시스템 해석기법은 정성적 · 귀납적 분석법 등에 사용된다.
③ 각 요소간 영향 해석이 어려워 2가지 이상 동시 고장은 해석이 곤란하다.
④ 양식이 비교적 간단하고 적은 노력으로 특별한 훈련 없이 해석이 가능하다.

해답 28 ③ 29 ② 30 ① 31 ④ 32 ④ 33 ①

①항, 서브시스템의 분석은 FHA(결함사고(위험)분석 : fault hazard analysis)가 효과적이다.

참고 FMEA(고장의 형과 영향 분석 : failue modes and effects analysis)의 특징
- 시스템에 영향을 미치는 전체요소의 고장을 형별로 분석하여 그 영향을 검토
- 각 요소의 1형식 고장이 시스템의 1영향에 대응하는 방식
- 시스템 내의 위험 상태 요소에 대해 정성적 · 귀납적으로 평가

34. 동작경제의 원칙에 해당하지 않는 것은?

① 공구의 기능을 각각 분리하여 사용하도록 한다.
② 두 팔의 동작은 동시에 서로 반대방향으로 대칭적으로 움직이도록 한다.
③ 공구나 재료는 작업동작이 원활하게 수행되도록 그 위치를 정해준다.
④ 가능하다면 쉽고도 자연스러운 리듬이 작업동작에 생기도록 작업을 배치한다.

①항, 공구의 기능은 결합하여서 사용하도록 한다.

동작경제의 원칙
1. 동작 능력의 활용의 원칙
(1) 발 또는 왼손으로 할 수 있는 것은 오른손을 사용하지 않는다.
(2) 양손으로 동시에 작업을 시작하고 동시에 끝낸다.
(3) 양손이 동시에 쉬지 않도록 함이 좋다.
2. 작업량 절약의 원칙
(1) 적게 움직이게 한다.
(2) 재료나 공구는 취급하는 부근에 정돈한다.
(3) 동작의 수를 줄이다.
(4) 동작의 량을 줄인다.
(5) 물건을 장시간 취급할 경우에는 장구를 사용할 것
3. 동작 개선의 원칙
(1) 동작이 자동적으로 이루어지는 순서로 한다.
(2) 양손은 동시에 반대의 방향으로, 좌우대칭적으로 운동한다.
(3) 관성, 중력, 기계력 등을 이용한다.
(4) 작업장의 높이를 적당히 하여 피로를 줄인다.

35. 동작의 합리화를 위한 물리적 조건으로 적절하지 않은 것은?

① 고유 진동을 이용한다.
② 접촉 면적을 크게 한다.
③ 대체로 마찰력을 감소시킨다.
④ 인체표면에 가해지는 힘을 적게 한다.

동작의 합리화를 위해서는 마찰력 등을 감소시키기 위해 접촉면적을 가급적 작게 하는 것이 좋다.

36. 다음 시스템의 신뢰도는 얼마인가? (단, 각 요소의 신뢰도는 a, b가 각 0.8, c, d가 각 0.6이다.)

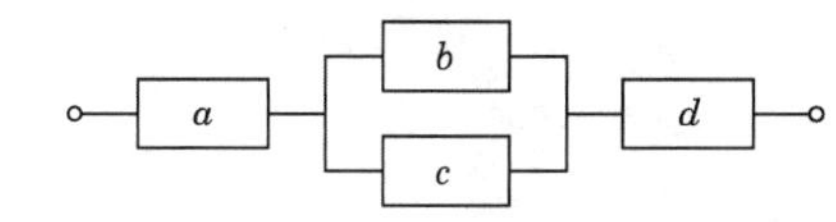

① 0.2245 ② 0.3754
③ 0.4416 ④ 0.5756

$R = 0.8 \times \{1-(1-0.8)\times(1-0.6)\}\times 0.6 = 0.4416$

37. 반사율이 60%인 작업 대상물에 대하여 근로자가 검사작업을 수행할 때 휘도(luminance)가 90fL이라면 이 작업에서의 소요조명(fc)은 얼마인가?

① 75 ② 150
③ 200 ④ 300

$소요조명 = \frac{광속발산도}{반사율} = \frac{90}{0.6} = 150$

38. FTA(Fault Tree Analysis)에 사용되는 논리기호와 명칭이 올바르게 연결된 것은?

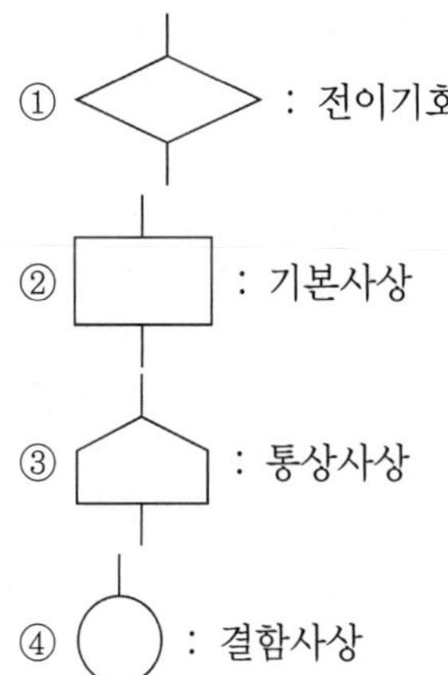

해답 34 ① 35 ② 36 ③ 37 ② 38 ③

명칭	기호
1. 결함 사상	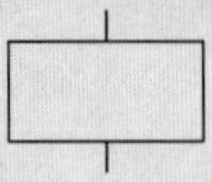
2. 기본 사상	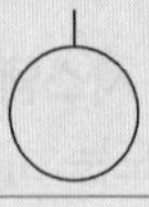
3. 이하 생략의 결함 사상 (추적 불가능한 최후 사상)	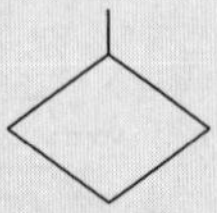
4. 통상 사상(家形事像)	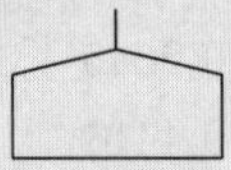

39. 기계설비 고장 유형 중 기계의 초기결함을 찾아내 고장률을 안정시키는 기간은?

① 마모고장 기간
② 우발고장 기간
③ 에이징(aging) 기간
④ 디버깅(debugging) 기간

초기고장은 결함을 찾아내 고장률을 안정시키는 기간이라 하여 디버깅(debugging) 기간이라고도 한다.

40. 정량적 표시장치에 관한 설명으로 맞는 것은?

① 정확한 값을 읽어야 하는 경우 일반적으로 디지털보다 아날로그 표시장치가 유리하다.
② 동목(moving scale)형 아날로그 표시장치는 표시장치의 면적을 최소화할 수 있는 장점이 있다.
③ 연속적으로 변화하는 양을 나타내는 데에는 일반적으로 아날로그보다 디지털 표시장치가 유리하다.
④ 동침(moving pointer)형 아날로그 표시장치는 바늘의 진행 방향과 증감 속도에 대한 인식적인 암시 신호를 얻는 것이 불가능한 단점이 있다.

①항, 디지털(계수형)의 경우 수치를 정확히 읽어야 할 경우에 좋다.
②항, 동목형의 경우 지침이 고정되어 있어 표시부분의 면적을 작게 할 수 있다.
③항, 정확한 수치를 필요로 하는 경우나, 오랫동안 표시값을 충분히 읽을 수 있는 경우 디지털 표시장치가 우수하다. 그러나 수치가 자주 또는 계속적으로 변하는 경우나 표시값의 변화 방향이나 변화 속도를 읽고자 할 경우는 아날로그 표시장치를 사용하는 것이 좋다.
④항, 동침형은 정량적인 눈금이 정성적으로도 사용될 수가 있으며, 대략적인 편차나 고도를 읽을 때 그 변화 방향과 변화율 등을 알 수가 있다.

■■■ 제3과목 기계위험방지기술

41. 아세틸렌 용접장치에 사용하는 역화방지기에서 요구되는 일반적인 구조로 옳지 않은 것은?

① 재사용 시 안전에 우려가 있으므로 역화 방지 후 바로 폐기하도록 해야 한다.
② 다듬질 면이 매끈하고 사용상 지장이 있는 부식, 흠, 균열 등이 없어야 한다.
③ 가스의 흐름방향은 지워지지 않도록 돌출 또는 각인하여 표시하여야 한다.
④ 소염소자는 금망, 소결금속, 스틸울(steel wool), 다공성 금속물 또는 이와 동등 이상의 소염성능을 갖는 것이어야 한다.

①항, 역화방지기는 역화를 방지한 후 즉시 복원되어 계속 사용 가능한 구조이어야 한다.

42. 인장강도가 350MPa인 강판의 안전율이 4라면 허용응력은 몇 N/mm^2인가?

① 76.4　② 87.5
③ 98.7　④ 102.3

$$안전율=\frac{인장강도}{허용응력}$$

$$허용응력=\frac{인장강도}{안전율}=\frac{350}{4}=87.5\text{Mpa}$$

해답 39 ④　40 ②　41 ①　42 ②

43. 보일러에서 폭발사고를 미연에 방지하기 위해 화염 상태를 검출할 수 있는 장치가 필요하다. 이 중 바이메탈을 이용하여 화염을 검출하는 것은?

① 프레임 아이 ② 스택 스위치
③ 전자 개폐기 ④ 프레임 로드

화염검출기(flame detector)의 구분
바이메탈식(스택스위치) : 화염의 발열 검출
프레임로드 : 화염의 전기적 성질을 이용하여 검출
전자관식 : 화염 빛의 유무로 검출

44. 밀링작업 시 안전 수칙에 관한 설명으로 옳지 않은 것은?

① 칩은 기계를 정지시킨 다음에 브러시 등으로 제거한다.
② 일감 또는 부속장치 등을 설치하거나 제거할 때는 반드시 기계를 정지시키고 작업한다.
③ 커터는 될 수 있는 한 컬럼에서 멀게 설치한다.
④ 강력 절삭을 할 때는 일감을 바이스에 깊게 물린다.

커터는 될 수 있는 한 컬럼에 가깝게 설치하여 진동 등을 예방한다.

참고 **밀링작업 안전수칙**
1. 밀링 커터에 작업복의 소매나 작업모가 말려 들어가지 않도록 할 것
2. 칩은 기계를 정지시킨 다음에 브러시로 제거할 것
3. 일감, 커터 및 부속장치 등을 제거할 때 시동레버를 건드리지 않도록 할 것
4. 상하 이송장치의 핸들은 사용 후, 반드시 빼 둘 것
5. 일감 또는 부속장치 등을 설치하거나 제거시킬 때, 또는 일감을 측정할 때에는 반드시 정지시킨 다음에 측정할 것
6. 커터를 교환할 때는 반드시 테이블 위에 목재를 받쳐 놓을 것
7. **커터는 될 수 있는 한 컬럼에 가깝게 설치할 것**
8. 테이블이나 아암 위에 공구나 커터 등을 올려놓지 않고 공구대 위에 놓을 것
9. 가공 중에는 손으로 가공면을 점검하지 말 것
10. 강력절삭을 할 때는 일감을 바이스에 깊게 물릴 것
11. 면장갑을 끼지 말 것
12. 밀링작업에서 생기는 칩은 가늘고 예리하며 부상을 입히기 쉬우므로 보안경을 착용할 것

45. 화물중량이 200kgf, 지게차의 중량이 400kgf, 앞바퀴에서 화물의 무게중심까지의 최단거리가 1m일 때 지게차가 안정되기 위하여 앞바퀴에서 지게차의 무게중심까지 최단거리는 최소 몇 m를 초과해야 하는가?

① 0.2m ② 0.5m
③ 1m ④ 2m

$W \cdot a < G \cdot b = 200 \times 1 < 400 \times x$

$x > \frac{200 \times 1}{400} > 0.5$

여기서, W : 화물 중량(kg)
G : 차량의 중량(kg)
a : 전차륜에서 화물의 중심까지의 최단거리(m)
b : 전차륜에서 차량의 중심까지의 최단거리(m)

46. 다음 목재가공용 기계에 사용되는 방호장치의 연결이 옳지 않은 것은?

① 둥근톱기계 : 톱날접촉예방장치
② 띠톱기계 : 날접촉예방장치
③ 모떼기기계 : 날접촉예방장치
④ 동력식 수동대패기계 : 반발예방장치

동력식 수동대패기계의 방호장치 : 날접촉 예방장치

47. 프레스 및 전단기에서 위험한계 내에서 작업하는 작업자의 안전을 위하여 안전블록의 사용 등 필요한 조치를 취해야 한다. 다음 중 안전 블록을 사용해야 하는 작업으로 가장 거리가 먼 것은?

① 금형 가공작업 ② 금형 해제작업
③ 금형 부착작업 ④ 금형 조정작업

사업주는 프레스등의 금형을 **부착·해체 또는 조정하는 작업**을 할 때에 해당작업에 종사하는 근로자의 신체가 위험한계 내에 있는 경우 슬라이드가 갑자기 작동함으로써 근로자에게 발생할 우려가 있는 위험을 방지하기 위하여 안전블록을 사용하는 등 필요한 조치를 하여야 한다.

참고 산업안전보건기준에 관한 규칙 제104조 【금형조정작업의 위험방지】

해답 43 ② 44 ③ 45 ② 46 ④ 47 ①

48. 그림과 같이 50kN의 중량물을 와이어 로프를 이용하여 상부에 60°의 각도가 되도록 들어올릴 때, 로프 하나에 걸리는 하중(T)은 약 몇 kN인가?

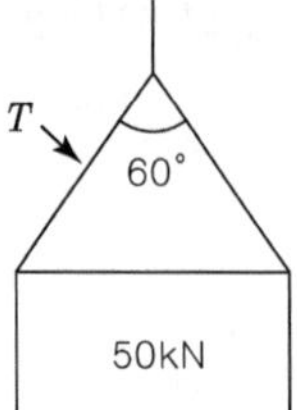

① 16.8
② 24.5
③ 28.9
④ 37.9

$$W_1 = \frac{\frac{W}{2}}{\cos\left(\frac{\theta}{2}\right)} = \frac{\frac{50}{2}}{\cos\left(\frac{60°}{2}\right)} = 28.87$$

49. 지게차 및 구내 운반차의 작업시작 전 점검 사항이 아닌 것은?

① 버킷, 디퍼 등의 이상 유무
② 제동장치 및 조종장치 기능의 이상 유무
③ 하역장치 및 유압장치 기능의 이상 유무
④ 전조등, 후미등, 경보장치 기능의 이상 유무

구내운반차 작업시작전 점검사항
① 제동장치 및 조종장치 기능의 이상유무
② 하역장치 및 유압장치 기능의 이상유무
③ 바퀴의 이상유무
④ 전조등, 후미등, 방향지시기 및 경보장치 기능의 이상유무
⑤ 충전장치를 포함한 홀더 등의 결합상태의 이상유무

참고 산업안전보건기준에 관한 규칙 별표3 【작업시작 전 점검사항】

50. 급정지기구가 부착되어 있지 않아도 유효한 프레스의 방호장치로 옳지 않은 것은?

① 양수기동식　　② 가드식
③ 손쳐내기식　　④ 양수조작식

1. 급정지기구가 부착되어 있어야만 유효한 방호장치(마찰식 클러치 부착 프레스)
   ① 양수조작식
   ② 감응식 방호장치
2. 급정지기구가 부착되어 있지 않아도 유효한 방호장치(확동식 클러치 부착 프레스)
   ① 양수기동식 방호장치
   ② 게이트 가드식 방호장치
   ③ 수인식 방호장치
   ④ 손쳐내기식 방호장치

51. 다음 중 휴대용 동력 드릴 작업시 안전사항에 관한 설명으로 틀린 것은?

① 드릴의 손잡이를 견고하게 잡고 작업하여 드릴손잡이 부위가 회전하지 않고 확실하게 제어 가능하도록 한다.
② 절삭하기 위하여 구멍에 드릴날을 넣거나 뺄 때 반발에 의하여 손잡이 부분이 튀거나 회전하여 위험을 초래하지 않도록 팔을 드릴과 직선으로 유지한다.
③ 드릴이나 리머를 고정시키거나 제거하고자 할 때 금속성 망치 등을 사용하여 확실히 고정 또는 제거한다.
④ 드릴을 구멍에 맞추거나 스핀들의 속도를 낮추기 위해서 드릴날을 손으로 잡아서는 안 된다.

드릴이나 리머를 고정시키거나 제거하고자 할 때 금속성물질로 두드리면 변형 및 파손될 우려가 있으므로 고무망치 등을 사용하거나 나무블록 등을 사이에 두고 두드린다.

참고
1. 적당한 편치로 중심을 잡은 후에 드릴작업을 실시한다. 드릴을 구멍에 맞추거나 스핀들의 속도를 낮추기 위해서 드릴날을 손으로 잡아서는 안 된다. 조정이나 보수를 위하여 손으로 잡아야 할 경우에는 충분히 냉각된 후에 잡는다.
2. 드릴의 손잡이를 견고하게 잡고 작업하여 드릴손잡이 부위가 회전하지 않고 확실하게 제어 가능하도록 한다.
3. 절삭하기 위하여 구멍에 드릴날을 넣거나 뺄 때 반발에 의하여 손잡이 부분이 튀거나 회전하여 위험을 초래하지 않도록 팔을 드릴과 직선으로 유지한다.
4. 작업속도를 높이기 위하여 과도한 힘을 가하면 드릴날이 구멍에 끼일 수 있으므로 적당한 힘을 가한다.
5. 드릴이 과도한 진동을 일으키면 드릴이 고장이거나 작업방법이 옳지 않다는 증거이므로 즉시 작동을 중단한다. 과도한 진동이 계속되면 수리를 한다.
6. 원활치 못하게 운전되는 드릴은 고장이 있다는 신호이므로 작업자는 고장이 있는 장비를 사용치 않도록 하고 고장 시 즉시 반납하여 검사 및 수리를 받는다.
7. 결함 등으로 사용할 수 없는 드릴은 표식을 붙여 수리가 완료될 때까지 사용치 않아야 한다.
8. 드릴이나 리머를 고정시키거나 제거하고자 할 때 금속성물질로 두드리면 변형 및 파손될 우려가 있으므로 고무망치 등을 사용하거나 나무블록 등을 사이에 두고 두드린다.
9. 필요한 경우 적당한 절삭유를 선택하여 사용한다.

해답 48 ③　49 ①　50 ④　51 ③

52. 다음 중 선반에서 절삭가공시 발생하는 칩을 짧게 끊어지도록 공구에 설치되어 있는 방호장치의 일종인 칩 제거기구를 무엇이라 하는가?

① 칩 브레이커　　② 칩 받침
③ 칩 실드　　④ 칩 커터

칩브레이커(chip breaker)란 선반 작업 시 발생하는 칩을 짧게 끊어내는 장치로 칩의 신체의 접촉을 방지하며 칩을 처리하기도 쉽게 한다.

53. 초음파 탐상법의 종류에 해당하지 않는 것은?

① 반사식　　② 투과식
③ 공진식　　④ 침투식

초음파 탐상법의 종류
1. 반사식
2. 투과식
3. 공진식

54. 다음 중 셰이퍼에서 근로자의 보호를 위한 방호장치가 아닌 것은?

① 방책　　② 칩받이
③ 칸막이　　④ 급속귀환장치

④항, 급속귀환장치는 안전장치가 아니라 일의 능률을 높이기 위한 장치이다.
셰이퍼(shaper)의 안전장치로는 방책, 칩받이, 칸막이가 있다.

55. 로봇의 작동범위 내에서 그 로봇에 관하여 교시 등(로봇의 동력원을 차단하고 행하는 것을 제외한다.)의 작업을 행하는 때 작업시작 전 점검 사항으로 옳은 것은?

① 과부하방지장치의 이상 유무
② 압력제한 스위치 등의 기능의 이상 유무
③ 외부전선의 피복 또는 외장의 손상 유무
④ 권과방지장치의 이상 유무

산업용 로봇의 작동범위에서 그 로봇에 관하여 교시 등의 작업을 할 때 작업 시작 전 점검사항(산업안전보건기준에 관한 규칙 별표3)
1. 외부 전선의 피복 또는 외장의 손상 유무
2. 매니플레이터(manipulator) 작동의 이상 유무
3. 제동장치 및 비상정지장치의 기능

56. 아세틸렌 용접장치를 사용하여 금속의 용접 · 용단 또는 가열작업을 하는 경우 아세틸렌을 발생시키는 게이지 압력은 최대 몇 kPa 이하이어야 하는가?

① 17　　② 88
③ 127　　④ 210

아세틸렌 용접장치를 사용하여 금속의 용접·용단 또는 가열작업을 하는 경우에는 게이지 압력이 127[kPa]을 초과하는 압력의 아세틸렌을 발생시켜 사용해서는 아니 된다.

참고 산업안전보건기준에 관한 규칙 제285조【압력의 제한】

57. 방사선 투과검사에서 투과사진에 영향을 미치는 인자는 크게 콘트라스트(명암도)와 명료도로 나누어 검토할 수 있다. 다음 중 투과사진의 콘트라스트(명암도)에 영향을 미치는 인자에 속하지 않는 것은?

① 방사선의 성질
② 필름의 종류
③ 현상액의 강도
④ 초점-필름간 거리

방사선 투과사진에 영향을 미치는 주요 요소
1. 방사선원의 선택
2. 필름의 종류
3. 선원-필름간 거리
4. 노출조건
5. 현상조건

58. 다음 중 방호장치의 기본목적과 가장 관계가 먼 것은?

① 작업자의 보호
② 기계기능의 향상
③ 인적 · 물적 손실의 방지
④ 기계위험의 부위의 접촉방지

해답 52 ① 53 ④ 54 ④ 55 ③ 56 ③ 57 ④ 58 ②

방호장치의 설치는 기계의 위험부위등과의 접촉을 방지하여 재해를 예방하는 방법으로 기계기능의 향상을 통한 생산성향상과는 기본적인 목적이 다르다.

59. 산업안전보건법령상 프레스 작업시작 전 점검해야 할 사항에 해당하는 것은?

① 언로드 밸브의 기능
② 하역장치 및 유압장치 기능
③ 권과방지장치 및 그 밖의 경보장치의 기능
④ 1행정 1정지기구·급정지장치 및 비상정지 장치의 기능

프레스등을 사용하여 작업을 할 때 작업시작전 점검사항
1. 클러치 및 브레이크의 기능
2. 크랭크축·플라이휠·슬라이드·연결봉 및 연결 나사의 풀림 여부
3. 1행정 1정지기구·급정지장치 및 비상정지장치의 기능
4. 슬라이드 또는 칼날에 의한 위험방지 기구의 기능
5. 프레스의 금형 및 고정볼트 상태
6. 방호장치의 기능
7. 전단기(剪斷機)의 칼날 및 테이블의 상태

참고 산업안전보건기준에 관한 규칙 별표3 【작업시작 전 점검사항】

60. 보기와 같은 기계요소가 단독으로 발생시키는 위험점은?

[보기]
밀링커터, 둥근톱날

① 협착점　② 끼임점
③ 절단점　④ 물림점

절단점(Cutting point) : 회전하는 운동부분 자체의 위험이나 운동하는 기계부분 자체의 위험점(둥근톱, 밀링커터, 드릴의 끝단)

■■■ 제4과목 전기위험방지기술

61. 다음은 무슨 현상을 설명한 것인가?

전위차가 있는 2개의 대전체가 특정거리에 접근하게 되면 등전위가 되기 위하여 전하가 절연공간을 깨고 순간적으로 빛과 열을 발생하며 이동하는 현상

① 대전　② 충전
③ 방전　④ 열전

62. 교류아크 용접기의 접점방식(Magnet식)의 전격방지장치에서 지동시간과 용접기 2차측 무부하전압(V)을 바르게 표현한 것은?

① 0.06초 이내, 25V 이하
② 1±0.3초 이내, 25V 이하
③ 2±0.3초 이내, 50V 이하
④ 1.5±0.06초 이내, 50V 이하

교류 아크 용접기의 자동전격방지기의 성능은 아크발생을 정지시킬 때 주접점이 개로될 때까지의 시간(지동시간)은 1초 이내이고, 2차 무부하 전압은 25[V] 이하이어야 한다.

63. 인체 저항이 5000Ω이고, 전류가 3mA가 흘렀다. 인체의 정전용량이 0.1μF라면 인체에 대전된 정전하는 몇 μC 인가?

① 0.5　② 1.0
③ 1.5　④ 2.0

1. $V=IR$에서, $V=(3\times10^{-3})\times5000=15[\mathrm{V}]$ 이므로,
2. $Q=CV$에서 $0.1\times15=1.5[\mu c]$

해답 59 ④　60 ③　61 ③　62 ②　63 ③

64. 22.9kV 충전전로에 대해 필수적으로 작업자와 이격시켜야 하는 접근한계 거리는?

① 45cm ② 60cm
③ 90cm ④ 110cm

충전절로의 선간전압(단위 : 킬로볼트)	충전전로에 대한 접근 한계거리(단위 : 센티미터)
0.3 이하	접촉금지
0.3 초과 0.75 이하	30
0.75 초과 2 이하	45
2 초과 15이하	60
15 초과 37 이하	**90**
37 초과 88 이하	110
88 초과 121 이하	130
121 초과 145 이하	150
145 초과 169 이하	170
169 초과 242 이하	230
242 초과 362 이하	380
362 초과 550 이하	550
550 초과 800 이하	790

참고 산업안전보건기준에 관한 규칙 제321조【충전전로에서 전기작업】

65. 인체의 대부분이 수중에 있는 상태에서 허용접촉전압은 몇 V 이하 인가?

① 2.5V ② 25V
③ 30V ④ 50V

참고 허용접촉전압

종별	접촉상태	허용접촉전압
제1종	• 인체의 대부분이 수중에 있는 상태	2.5V
제2종	• 인체가 현저히 젖어있는 상태 • 금속성의 전기기계장치나 구조물에 인체의 일부가 상시 접촉되어 있는 상태	25V 이하
제3종	• 제1종 및 제2종 이외의 경우로써 통상의 인체상태에 있어서 접촉전압이 가해지면 위험성이 높은 상태	50V 이하
제4종	• 제3종의 경우로써 위험성이 낮은 상태 • 접촉전압이 가해질 위험이 없는 경우	제한없음

66. 저압전로의 절연성능 시험에서 전로의 사용전압이 380V인 경우 전로의 전선 상호간 및 전로와 대지 사이의 절연저항은 최소 몇 MΩ 이상이어야 하는가?

① 0.4MΩ ② 0.3MΩ
③ 0.2MΩ ④ 0.1MΩ

※ 2021년 한국전기설비규정이 개정되어 절연저항 기준이 변경되었다.
※ 절연저항

전로의 사용전압 [V]	DC 시험전압 [V]	절연저항 [MΩ]
SELV 및 PELV	250	0.5
FELV, 500V 이하	500	1.0
500V 초과	1000	1.0

67. 방폭전기기기의 등급에서 위험장소의 등급분류에 해당되지 않는 것은?

① 3종 장소 ② 2종 장소
③ 1종 장소 ④ 0종 장소

참고 폭발위험장소의 분류

분류		내용	예
가스 폭발 위험 장소	0종 장소	인화성 액체의 증기 또는 가연성 가스에 의한 폭발위험이 지속적으로 또는 장기간 존재하는 장소	용기내부·장치 및 배관의 내부 등
	1종 장소	정상 작동상태에서 인화성 액체의 증기 또는 가연성 가스에 의한 폭발위험분위기가 존재하기 쉬운 장소	맨홀·벤드·핏트 등의 내부
	2종 장소	정상작동상태에서 인화성 액체의 증기 또는 가연성 가스에 의한 폭발위험분위기가 존재할 우려가 없으나, 존재할 경우 그 빈도가 아주 적고 단기간만 존재할 수 있는 장소	개스킷·패킹 등 주위

해답 64 ③ 65 ① 66 ② 67 ①

68. 다음 그림은 심장맥동주기를 나타낸 것이다. T파는 어떤 경우인가?

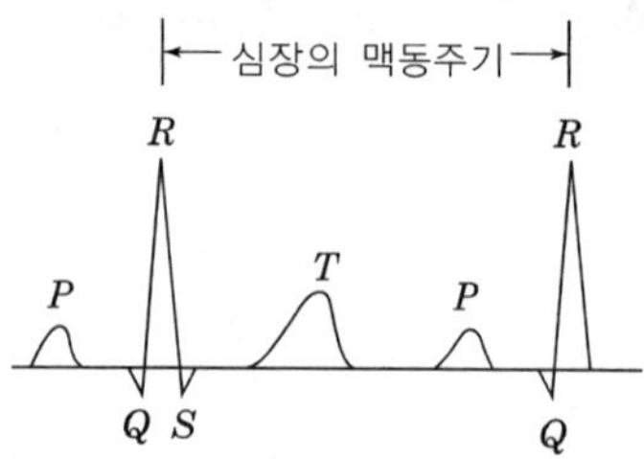

① 심방의 수축에 따른 파형
② 심실의 수축에 따른 파형
③ 심실의 휴식 시 발생하는 파형
④ 심방의 휴식 시 발생하는 파형

심장의 맥동주기

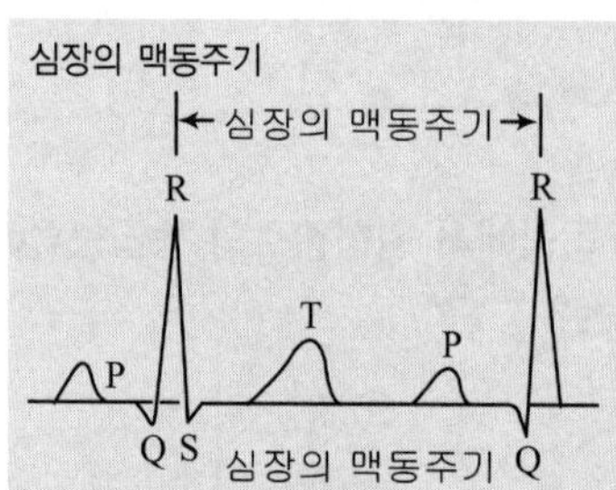

P : 심방의 수축에 따른 파형
Q-R-S : 심실의 수축에 따른 파형
T : 심실의 수축 종료 후 심실의 휴식 시 발생하는 파형
R-R : 심장의 맥동주기
T파형에서 심실세동을 일으킬 확률이 가장 크다.

69. 우리나라에서 사용하고 있는 전압(교류와 직류)을 크기에 따라 구분한 것으로 알맞은 것은?

① 저압 : 직류는 700V 이하
② 저압 : 교류는 600V 이하
③ 고압 : 직류는 800V를 초과하고, 6kV 이하
④ 고압 : 교류는 700V를 초과하고, 6kV 이하

전압의 구분

구분	교류	직류
저압	600[V] 이하	750[V] 이하
고압	600[V] 초과 7,000[V] 이하	750[V] 초과 7,000[V] 이하
특별고압	7,000[V] 초과	

※ 2021년 부터 한국전기설비규정이 개정되어 저압은 교류 1kV 이하, 직류 1.5kV 이하, 고압은 교류 1kV~7kV 이하, 직류 1.5kV~7kV 이하로 변경되었다.

70. 화재·폭발 위험분위기의 생성방지 방법으로 옳지 않은 것은?

① 폭발성 가스의 누설 방지
② 가연성 가스의 방출 방지
③ 폭발성 가스의 체류 방지
④ 폭발성 가스의 옥내 체류

폭발성 가스가 옥내에 체류할 경우 위험분위기가 생성되므로 퍼지 등을 실시하여야 한다.

71. 방폭전기기기의 온도등급에서 기호 T_2의 의미로 맞는 것은?

① 최고표면온도의 허용치가 135℃ 이하인 것
② 최고표면온도의 허용치가 200℃ 이하인 것
③ 최고표면온도의 허용치가 300℃ 이하인 것
④ 최고표면온도의 허용치가 450℃ 이하인 것

폭발성가스의 최고표면온도 등급 및 기호

T_1	T_2	T_3	T_4	T_5	T_6
450℃ 이하	300℃ 이하	200℃ 이하	135℃ 이하	100℃ 이하	85℃ 이하

72. 개폐조작 시 안전절차에 따른 차단 순서와 투입 순서로 가장 올바른 것은?

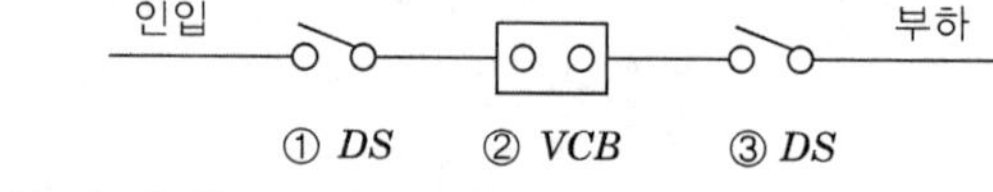

① 차단 ② → ① → ③, 투입 ① → ② → ③
② 차단 ② → ③ → ①, 투입 ① → ② → ③
③ 차단 ② → ① → ③, 투입 ③ → ② → ①
④ 차단 ② → ③ → ①, 투입 ③ → ① → ②

차단 ②→③→①, 투입 ③→①→②

참고 차단기의 작동순서

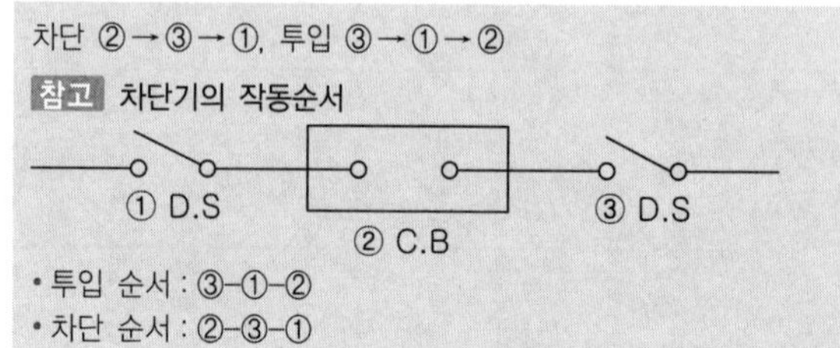

• 투입 순서 : ③-①-②
• 차단 순서 : ②-③-①

해답 68 ③ 69 ② 70 ④ 71 ③ 72 ④

73. 내압방폭구조의 주요 시험항목이 아닌 것은?

① 폭발강도　　② 인화시험
③ 절연시험　　④ 기계적 강도시험

내압 방폭구조 주요 시험항목으로는 **폭발강도, 인화시험, 구조시험, 온도시험, 기계적 강도시험** 등이 있다.

74. 우리나라의 안전전압으로 볼 수 있는 것은 약 몇 V인가?

① 30V　　② 50V
③ 60V　　④ 70V

참고 각 국의 안전전압

국명	안전 전압(V)	국명	안전 전압(V)
영국	24	프랑스	50(DC), 14(AC)
벨기에	35	네덜란드	50
스위스	36	일본	24~30
독일	24	한국	30

75. 감전사고를 방지하기 위해 허용보폭전압에 대한 수식으로 맞는 것은?

E : 허용보폭전압　　R_b : 인체의 저항
ρ_s : 지표상층 저항률　　I_K : 심실세동전류

① $E=(R_b+3\rho_s)I_K$　　② $E=(R_b+4\rho_s)I_K$
③ $E=(R_b+5\rho_s)I_K$　　④ $E=(R_b+6\rho_s)I_K$

허용보폭전압 $E=(R_b+6\rho_s)\times I_k$
R_b : 인체의 저항(Ω)
ρ_s : 지표 상층 저항률($\Omega \cdot$ m), 고정시간을 1초로 할 때
I_k : 심실세동전류$(I_k)=\dfrac{0.165}{\sqrt{T}}$

76. 교류 아크 용접기의 자동전격장치는 전격의 위험을 방지하기 위하여 아크 발생이 중단된 후 약 1초 이내에 출력측 무부하 전압을 자동적으로 몇 V 이하로 저하시켜야 하는가?

① 85　　② 70
③ 50　　④ 25

교류 아크 용접기의 자동전격방지기의 성능은 아크발생을 정지시킬 때 주접점이 개로될 때까지의 시간(지동시간)은 1초 이내이고, 2차 무부하 전압은 25[V] 이하이어야 한다.

77. 사업장에서 많이 사용되고 있는 이동식 전기기계·기구의 안전대책으로 가장 거리가 먼 것은?

① 충전부 전체를 절연한다.
② 절연이 불량인 경우 접지저항을 측정한다.
③ 금속제 외함이 있는 경우 접지를 한다.
④ 습기가 많은 장소는 누전차단기를 설치한다.

절연이 불량인 경우 누전, 단락 등의 위험성이 있어 기구 등을 교체하여야 하며 접지저항값과는 직접적 관계가 없다.

78. 누전차단기의 시설방법 중 옳지 않은 것은?

① 시설장소는 배전반 또는 분전반 내에 설치한다.
② 정격전류용량은 해당 전로의 부하전류 값 이상이어야 한다.
③ 정격감도전류는 정상의 사용상태에서 불필요하게 동작하지 않도록 한다.
④ 인체감전보호형은 0.05초 이내에 동작하는 고감도 고속형이어야 한다.

전기기계·기구에 접속되어 있는 누전차단기는 **정격감도전류가 30밀리암페어 이하이고 작동시간은 0.03초 이내일 것.** 다만, 정격전부하전류가 50암페어 이상인 전기기계·기구에 접속되는 누전차단기는 오작동을 방지하기 위하여 정격감도전류는 200밀리암페어 이하로, 작동시간은 0.1초 이내로 할 수 있다.

참고 산업안전보건기준에 관한 규칙 제304조5항 【누전차단기에 의한 감전방지】

79. 정전기에 대한 설명으로 가장 옳은 것은?

① 전하의 공간적 이동이 크고, 자계의 효과가 전계의 효과에 비해 매우 큰 전기
② 전하의 공간적 이동이 크고, 자계의 효과와 전계의 효과를 서로 비교할 수 없는 전기
③ 전하의 공간적 이동이 적고, 전계의 효과와 자계의 효과가 서로 비슷한 전기
④ 전하의 공간적 이동이 적고, 자계의 효과가 전계에 비해 무시할 정도의 적은 전기

해답　73 ③　74 ①　75 ④　76 ④　77 ②　78 ④　79 ④

정전기(靜電氣)는 말 그대로 전하의 이동이 매우 적기 때문에 전류이동에 의한 자계의 효과는 매우 작은 전기이다.

80. 인체저항을 500Ω이라 한다면, 심실세동을 일으키는 위험 한계 에너지는 약 몇 J인가? (단, 심실세동 전류값 $I = \frac{165}{\sqrt{T}}$ mA의 Dalziel의 식을 이용하며, 통전시간은 1초로 한다.)

① 11.5 ② 13.6
③ 15.3 ④ 16.2

주울의 법칙(Joule's law)에서 $w = I^2RT$
여기서, W : 위험한계에너지[J]
I : 심실세동전류 값[A]
R : 전기저항[Ω]
T : 통전시간[초]
$W = \left(\frac{165}{\sqrt{I}} \times 10^{-3}\right)^2 \times 500 \times 1 = 13.6[J]$

■■■ 제5과목 화학설비위험방지기술

81. 특수화학설비를 설치할 때 내부의 이상상태를 조기에 파악하기 위하여 필요한 계측장치로 가장 거리가 먼 것은?

① 압력계 ② 유량계
③ 온도계 ④ 비중계

특수화학설비를 설치하는 경우에는 내부의 이상 상태를 조기에 파악하기 위하여 필요한 **온도계·유량계·압력계** 등의 계측장치를 설치하여야 한다.

참고 산업안전보건기준에 관한 규칙 제273조 【계측장치 등의 설치】

82. 공정안전보고서 중 공정안전자료에 포함하여야 할 세부내용에 해당하는 것은?

① 비상조치계획에 따른 교육계획
② 안전운전지침서
③ 각종 건물·설비의 배치도
④ 도급업체 안전관리계획

공정안전자료에 포함되어야 하는 세부내용
1. 취급·저장하고 있거나 취급·저장하고자 하는 유해·위험물질의 종류 및 수량
2. 유해·위험물질에 대한 물질안전보건자료
3. 유해·위험설비의 목록 및 사양
4. 유해·위험설비의 운전방법을 알 수 있는 공정도면
5. 각종 건물·설비의 배치도
6. 폭발위험장소 구분도 및 전기단선도
7. 위험설비의 안전설계·제작 및 설치관련 지침서

참고 산업안전보건법 시행규칙 제50조 【공정안전보고서의 세부 내용 등】

83. 숯, 코크스, 목탄의 대표적인 연소 형태는?

① 혼합연소 ② 증발연소
③ 표면연소 ④ 비혼합연소

참고 고체의 연소형태
1. 분해연소 : 목재, 종이, 석탄, 플라스틱 등은 분해연소를 한다.
2. **표면연소 : 코크스, 목탄, 금속분 등은 열분해에 의해서 가연성 가스를 발생하지 않고 물질 자체가 연소한다.**
3. 증발연소 : 황, 나프탈렌, 피라핀 등은 가열 시 액체가 되어 증발연소를 한다.
4. 자기연소 : 가연성이면서 자체 내에 산소를 함유하고 있는 가연물(질산에스테르류, 셀룰로이드류, 니트로화합물 등)은 공기 중에서 산소없이 연소를 한다.

84. 연소이론에 대한 설명으로 틀린 것은?

① 착화온도가 낮을수록 연소위험이 크다.
② 인화점이 낮은 물질은 반드시 착화점도 낮다.
③ 인화점이 낮을수록 일반적으로 연소위험이 크다.
④ 연소범위가 넓을수록 연소위험이 크다.

1. 인화점 : 발화원이 있을 때 연소가 시작될 수 있는 최저온도
2. 착화점 : 연소가 지속적으로 확산될 수 있는 최저온도
※ 일반적으로 착화점이 인화점보다 높다.

해답 80 ② 81 ④ 82 ③ 83 ③ 84 ②

85. 위험물에 관한 설명으로 틀린 것은?

① 이황화탄소의 인화점은 0℃보다 낮다.
② 과염소산은 쉽게 연소되는 가연성 물질이다.
③ 황린은 물속에 저장한다.
④ 알킬알루미늄은 물과 격렬하게 반응한다.

과염소산($HClO_4$)은 산화성물질로 그 자체로는 연소하지 않더라도, 일반적으로 산소를 발생시켜 다른 물질을 연소시키거나 연소를 촉진하는 물질이다.

86. 다음 중 물과 반응하였을 때 흡열반응을 나타내는 것은?

① 질산암모늄 ② 탄화칼슘
③ 나트륨 ④ 과산화칼륨

질산암모늄(NH_4NO_3)은 산화성 물질로 무색, 무취의 결정으로 조해성이 크다. 물·알코올에 잘 녹으며 물에 녹을 경우 흡열반응을 일으킨다.

87. 디에틸에테르의 연소범위에 가장 가까운 값은?

① 2~10.4% ② 1.9~48%
③ 2.5~15% ④ 1.5~7.8%

디에틸에테르($C_2H_5OC_2H_5$)는 인화성 물질이다.
- 연소범위 1.9~48%
- 인화점 -45℃
- 착화점 180℃

88. 다음 중 유기과산화물로 분류되는 것은?

① 메틸에틸케톤 ② 과망간산칼륨
③ 과산화마그네슘 ④ 과산화벤조일

유기과산화물로는 과산화벤조일($(C_6H_5CO)_2O_2$), 과산화메틸에틸케톤(MEKPO)등이 있다.

89. 물과 반응하여 가연성 기체를 발생하는 것은?

① 피크린산 ② 이황화탄소
③ 칼륨 ④ 과산화칼륨

칼륨(K)은 물반응성물질로 물과 반응하여 가연성가스인 수소를 발생시킨다.
$2K + 2H_2O \rightarrow 2KOH + H_2$

90. 다음 중 자연발화가 가장 쉽게 일어나기 위한 조건에 해당하는 것은?

① 큰 열전도율
② 고온, 다습한 환경
③ 표면적이 작은 물질
④ 공기의 이동이 많은 장소

자연발화의 조건
1) 표면적이 넓을 것
2) 발열량이 클 것
3) 물질의 열전도율이 작을 것
4) 주변온도가 높을 것
5) 습도가 높을 것

91. 송풍기의 회전차 속도가 1300rpm일 때 송풍량이 분당 300m³였다. 송풍량을 분당 400m³으로 증가시키고자 한다면 송풍기의 회전차 속도는 약 몇 rpm으로 하여야 하는가?

① 1533 ② 1733
③ 1967 ④ 2167

송풍기의 송풍량 : 회전수와 비례한다.
$Q_2 = Q_1 \times \frac{N_2}{N_1}$, Q : 송풍량, N : 회전수
$N_2 = N_1 \times \frac{Q_2}{Q_1} = 1300 \times \frac{400}{300} = 1733$

92. 위험물 또는 위험물이 발생하는 물질을 가열·건조하는 경우 내용적이 몇 세제곱미터 이상인 건조설비인 경우 건조실을 설치하는 건축물의 구조를 독립된 단층건물로 하여야 하는가? (단, 건조실을 건축물의 최상층에 설치하거나 건축물이 내화구조인 경우는 제외한다.)

① 1 ② 10
③ 100 ④ 1000

해답 85 ② 86 ① 87 ② 88 ④ 89 ③ 90 ② 91 ② 92 ①

사업주는 위험물건조설비 중 건조실을 설치하는 건축물의 구조는 독립된 단층건물로 하여야 한다. 다만, 당해 건조실을 건축물의 최상층에 설치하거나 건축물이 내화구조인 때에는 그러하지 아니하다.
1. 위험물을 가열·건조하는 경우 **내용적이 1세제곱미터 이상**인 건조설비
2. 위험물이 아닌 물질을 가열·건조하는 경우로서 다음 각목의 1의 용량에 해당하는 건조설비
 (1) 고체 또는 액체연료의 최대사용량이 시간당 10킬로그램 이상
 (2) 기체연료의 최대사용량이 시간당 1세제곱미터 이상
 (3) 전기사용 정격용량이 10킬로와트 이상

참고 산업안전보건기준에 관한 규칙 제280조【위험물건조설비를 설치하는 건축물의 구조】

93. 다음 중 노출기준(TWA)이 가장 낮은 물질은?

① 염소 ② 암모니아
③ 에탄올 ④ 메탄올

①항, 염소 : 1ppm
②항, 암모니아 : 25ppm
③항, 에탄올 : 1000ppm
④항, 메탄올 : 200ppm

94. 안전설계의 기초에 있어 기상폭발대책을 예방대책, 긴급대책, 방호대책으로 나눌 때, 다음 중 방호대책과 가장 관계가 깊은 것은?

① 경보 ② 발화의 저지
③ 방폭벽과 안전거리 ④ 가연조건의 성립저지

방호대책은 폭발이후 보호대책으로 방폭벽과의 안전거리를 유지하는 등 피해를 줄이는 대책이다.

95. 공기 중에서 폭발범위가 12.5~74vol%인 일산화탄소의 위험도는 얼마인가?

① 4.92 ② 5.26
③ 5.26 ④ 7.05

$H=\frac{U-L}{L}=\frac{74-12.5}{12.5}=4.92$, U : 상한, L : 하한

96. 다음 중 최소발화에너지가 가장 작은 가연성 가스는?

① 수소 ② 메탄
③ 에탄 ④ 프로판

최소발화(착화)에너지

가스의 종류	최소발화(착화)에너지[mJ]
메탄	0.28
에탄	0.25
프로판	0.25
부탄	0.25
헥산	0.24
벤젠	0.20
메탄올	0.14
수소	0.019
아세틸렌	0.019
이황화탄소	0.009

97. 다음 물질 중 물에 가장 잘 용해되는 것은?

① 아세톤 ② 벤젠
③ 톨루엔 ④ 휘발유

아세톤(CH_3COCH_3)은 인화성 액체이며 수용성을 가지고 있어 물에 잘 녹는 성질을 가지고 있다.

98. 다음 중 물질에 대한 저장방법으로 잘못된 것은?

① 나트륨 – 유동 파라핀 속에 저장
② 니트로글리세린 – 강산화제 속에 저장
③ 적린 – 냉암소에 격리 저장
④ 칼륨 – 등유 속에 저장

니트로글리세린($C_3H_5(ONO_2)_3$)은 폭발성 물질로 강산화제와 함께할 경우 연소가 폭발적으로 늘어나므로 산화제와 접촉을 금지한다.

99. 화학설비 가운데 분체화학물질 분리장치에 해당하지 않는 것은?

① 건조기 ② 분쇄기
③ 유동탑 ④ 결정조

1. 분쇄기 · 분체 분리기 · 용융기 등은 분체화학물질 취급장치이다.
2. 분체화학물질 분리장치 : 결정조, 유동탑, 탈습기, 건조기

참고 산업안전기준에 관한 규칙 별표 7【화학설비 및 그 부속설비의 종류】

해답 93 ① 94 ③ 95 ① 96 ① 97 ① 98 ② 99 ②

100. 프로판(C_3H_8)의 연소하한계가 2.2vol%일 때 연소를 위한 최소산소농도(MOC)는 몇 vol%인가?

① 5.0　② 7.0
③ 9.0　④ 11.0

1. $MOC = \text{폭발하한계(LFL)} \times \left(\frac{\text{산소몰수}}{\text{연료몰수}}\right)$
$= 2.2 \times \left(\frac{5}{1}\right) = 11[vol]$
2. 프로판의 연소반응식 $= C_3H_8 + 5O_2 \rightarrow 3CO_2 + 4H_2O$

■■■ 제6과목 건설안전기술

101. 보통 흙의 건지를 다음 그림과 같이 굴착하고자 한다. 굴착면의 기울기를 1:0.5로 하고자 할 경우 L의 길이로 옳은 것은?

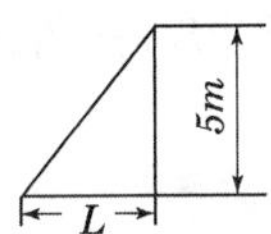

① 2m　② 2.5m
③ 5m　④ 10m

1 : 0.5 = 5 : L
L = 0.5 × 5 = 2.5

참고 굴착면의 구배기준

구분	지반의 종류	구배
보통 흙	습지 건지 –	1 : 1 ~ 1 : 1.5 1 : 0.5 ~ 1 : 1 –

102. 화물운반하역 작업 중 걸이작업에 관한 설명으로 옳지 않은 것은?

① 와이어로프 등은 크레인의 후크 중심에 걸어야 한다.
② 인양 물체의 안정을 위하여 2줄 걸이 이상을 사용하여야 한다.
③ 매다는 각도는 60° 이상으로 하여야 한다.
④ 근로자를 매달린 물체위에 탑승시키지 않아야 한다.

걸이 작업 시 매다는 각도는 60° 이내로 하여야 한다.

103. 터널붕괴를 방지하기 위한 지보공에 대한 점검사항과 가장 거리가 먼 것은?

① 부재의 긴압 정도
② 부재의 손상·변형·부식·변위 탈락의 유무 및 상태
③ 기둥침하의 유무 및 상태
④ 경보장치의 작동상태

사업주는 터널지보공을 설치한 때에는 다음 각호의 사항을 수시로 점검하여야 하며 이상을 발견한 때에는 즉시 보강하거나 보수하여야 한다.
1. 부재의 손상·변형·부식·변위 탈락의 유무 및 상태
2. 부재의 긴압의 정도
3. 부재의 접속부 및 교차부의 상태
4. 기둥침하의 유무 및 상태

참고 산업안전보건기준에 관한 규칙 제366조 【붕괴 등의 방지】

104. 유해·위험 방지를 위한 방호조치를 하지 아니하고는 양도, 대여, 설치 또는 사용에 제공하거나, 양도·대여를 목적으로 진열해서는 아니 되는 기계·기구에 해당하지 않는 것은?

① 지게차　② 공기압축기
③ 원심기　④ 덤프트럭

유해·위험 방지를 위한 방호조치를 하지 아니하고는 양도, 대여, 설치 또는 사용에 제공하거나, 양도·대여를 목적으로 진열해서는 아니 되는 기계·기구
1. 예초기
2. 원심기
3. 공기압축기
4. 금속절단기
5. 지게차
6. 포장기계(진공포장기, 랩핑기로 한정한다.)

참고 산업안전보건법 시행령 별표20 【유해·위험 방지를 위한 방호조치가 필요한 기계·기구】

해답 100 ④　101 ②　102 ③　103 ④　104 ④

105. 선박에서 하역작업 시 근로자들이 안전하게 오르내릴 수 있는 현문 사다리 및 안전망을 설치하여야 하는 것은 선박이 최소 몇 톤급 이상일 경우인가?

① 500톤급 ② 300톤급
③ 200톤급 ④ 100톤급

300톤급 이상의 선박에서 하역작업을 하는 경우에 근로자들이 안전하게 오르내릴 수 있는 현문(舷門) 사다리를 설치하여야 하며, 이 사다리 밑에 안전망을 설치하여야 한다.

참고 산업안전보건기준에 관한 규칙 제397조 【선박승강설비의 설치】

106. 거푸집동바리 등을 조립하는 경우에 준수하여야 할 사항으로 옳지 않은 것은?

① 깔목의 사용, 콘크리트 타설, 말뚝박기 등 동바리의 침하를 방지하기 위한 조치를 할 것
② 개구부 상부에 동바리를 설치하는 경우에는 상부하중을 견딜 수 있는 견고한 받침대를 설치할 것
③ 거푸집이 곡면인 경우에는 버팀대의 부착 등 그 거푸집의 부상(浮上)을 방지하기 위한 조치를 할 것
④ 동바리의 이음은 맞댄이음이나 장부이음을 피할 것

거푸집 동바리의 이음은 맞댄이음이나 장부이음으로 하고 같은 품질의 재료를 사용하여야 한다.

참고 산업안전보건기준에 관한 규칙 제332조 【거푸집동바리 등의 안전조치】

107. 강관을 사용하여 비계를 구성하는 경우 준수해야 할 사항으로 옳지 않은 것은?

① 비계기둥의 간격은 띠장 방향에서는 1.5m 이상 1.8m 이하, 장선(長線) 방향에서는 1.5m 이하로 할 것
② 띠장 간격은 1.5m 이하로 설치하되, 첫 번째 띠장은 지상으로부터 2m 이하의 위치에 설치할 것
③ 비계기둥의 제일 윗부분으로부터 31m되는 지점 밑부분의 비계기둥은 3개의 강관으로 묶어 세울 것
④ 비계기둥 간의 적재하중은 400kg을 초과하지 않도록 할 것

강관비계의 구조
1. 비계기둥의 간격은 띠장 방향에서는 1.85m 이하, 장선(長線) 방향에서는 1.5m 이하로 할 것
2. 띠장 간격은 2m 이하로 할 것. 다만, 작업의 성질상 이를 준수하기가 곤란하여 쌍기둥틀 등에 의하여 해당 부분을 보강한 경우에는 그러하지 아니하다.
3. 비계기둥의 제일 윗부분으로부터 31m되는 지점 밑부분의 비계기둥은 2개의 강관으로 묶어 세울 것. 다만, 브라켓(bracket) 등으로 보강하여 2개의 강관으로 묶을 경우 이상의 강도가 유지되는 경우에는 그러하지 아니하다.
4. 비계기둥 간의 적재하중은 400kg을 초과하지 않도록 할 것

참고 산업안전보건기준에 관한 규칙 제60조 【강관비계의 구조】

※ 강관비계의 구조기준이 개정되어 2020년부터 시행되고 있다.
※ 변경내용
1. 비계기둥의 간격 : 띠장방향에서 1.5m 이상 1.8m 이하 → 1.85m 이하
2. 띠장간격 : 1.5m 이하 → 2m 이하
첫 번째 띠장은 지상으로부터 2m 이하의 위치에 설치 → 삭제

108. 작업중이던 미장공이 상부에서 떨어지는 공구에 의해 상해를 입었다면 어느 부분에 대한 결함이 있었겠는가?

① 작업대 설치 ② 작업방법
③ 낙하물 방지시설 설치 ④ 비계설치

상부에서 떨어지는 공구 등에 의한 낙하재해를 예방하기 위하여 **낙하물 방지망, 방호선반 등의 낙하물 방지시설을 설치하여야 한다.**

109. 다음 보기의 (   ) 안에 알맞은 내용은?

> 동바리로 사용하는 파이프 서포트의 높이가 (   )m를 초과하는 경우에는 높이 2m 이내마다 수평연결재를 2개 방향으로 만들고 수평연결재의 변위를 방지할 것

① 3 ② 3.5
③ 4 ④ 4.5

높이가 3.5미터를 초과할 때에는 높이 2미터 이내마다 수평연결재를 2개 방향으로 만들고 수평연결재의 변위를 방지할 것

참고 산업안전보건기준에 관한 규칙 제332조 【거푸집동바리 등의 안전조치】

해답 105 ② 106 ④ 107 ③ 108 ③ 109 ②

110. 사업의 종류가 건설업이고 공사금액이 850억원일 경우 산업안전보건법령에 따른 안전관리자를 최소 몇 명 이상 두어야 하는가? (단, 상시근로자는 600명으로 가정)

① 1명 이상　② 2명 이상
③ 3명 이상　④ 4명 이상

건설업의 안전관리자 선임

공사금액	안전관리자의 수
공사금액 120억원 이상(토목공사업의 경우에는 150억원 이상) 800억원 미만	1명 이상
800억원 이상 1,500억원 미만	2명이상
1,500억원 이상 2,200억원 미만	3명이상
2,200억원 이상 3,000억원 미만	4명이상
3,000억원 이상 3,900억원 미만	5명이상
3,900억원 이상 4,900억원 미만	6명 이상
4,900억원 이상 6,000억원 미만	7명 이상
6,000억원 이상 7,200억원 미만	8명 이상
7,200억원 이상 8,500억원 미만	9명 이상
8,500억원 이상 1조원 미만	10명 이상
1조원 이상	11명 이상[매 2천억원(2조원이상부터는 매 3천억원) 마다 1명씩 추가한다].

참고 산업안전보건법 시행령 제12조 별표3 【안전관리자의 선임】

111. 이동식 크레인을 사용하여 작업을 할 때 작업시작 전 점검사항이 아닌 것은?

① 주행로의 상측 및 트롤리(trolley)가 횡행하는 레일의 상태
② 권과방지장치 그 밖의 경보장치의 기능
③ 브레이크·클러치 및 조정장치의 기능
④ 와이어로프가 통하고 있는 곳 및 작업장소의 지반 상태

이동식크레인 작업시작 전 점검사항
1. 권과방지장치 그 밖의 경보장치의 기능
2. 브레이크·클러치 및 조정장치의 기능
3. 와이어로프가 통하고 있는 곳 및 작업장소의 지반상태

참고 산업안전보건기준에 관한 규칙 별표3 【작업시작 전 점검사항】

112. 건립 중 강풍에 의한 풍압 등 외압에 대한 내력이 설계에 고려되었는지 확인하여야 하는 철골 구조물이 아닌 것은?

① 단면이 일정한 구조물
② 기둥이 타이플레이트형인 구조물
③ 이음부가 현장용접인 구조물
④ 구조물의 폭과 높이의 비가 1:4 이상인 구조물

철골 공사전 검토사항 중 설계도 및 공작도에 대한 확인중에서 : 구조안전의 위험이 큰 다음 각 목의 철골구조물은 건립중 강풍에 의한 풍압 등 외압에 대한 내력이 설계에 고려되었는지 확인하여야 한다.
1. 높이 20m 이상의 구조물
2. 구조물의 폭과 높이의 비가 1 : 4 이상인 구조물
3. **단면구조에 현저한 차이가 있는 구조물**
4. 연면적당 철골량이 50kg/m² 이하인 구조물
5. 기둥이 타이플레이트(tie plate)형인 구조물
6. 이음부가 현장용접인 구조물

참고 철골공사표준안전작업지침 제3조 【설계도 및 공작도 확인】

113. 건설업 산업안전보건관리비 중 안전시설비로 사용할 수 없는 것은?

① 안전통로
② 비계에 추가 설치하는 추락방지용 안전난간
③ 사다리 전도방지장치
④ 통로의 낙하물 방호선반

안전시설비로 사용할 수 없는 항목과 사용가능한 항목
1. **사용불가능 항목 : 안전발판, 안전통로, 안전계단** 등과 같이 명칭에 관계없이 공사 수행에 필요한 가시설물
2. 사용가능한 항목 : 비계·통로·계단에 추가 설치하는 추락방지용 안전난간, 사다리 전도방지장치, 틀비계에 별도로 설치하는 안전난간·사다리, 통로의 낙하물방호선반 등은 사용 가능함

114. 미리 작업장소의 지형 및 지반상태 등에 적합한 제한속도를 정하지 않아도 되는 차량계 건설기계의 속도 기준은?

① 최대 제한 속도가 10km/h 이하
② 최대 제한 속도가 20km/h 이하
③ 최대 제한 속도가 30km/h 이하
④ 최대 제한 속도가 40km/h 이하

해답 110 ② 111 ① 112 ① 113 ① 114 ①

차량계 하역운반기계, 차량계 건설기계(최대제한속도가 시속 10킬로미터 이하인 것은 제외한다)를 사용하여 작업을 하는 경우 미리 작업장소의 지형 및 지반 상태 등에 적합한 제한속도를 정하고, 운전자로 하여금 준수하도록 하여야 한다.

참고 산업안전보건기준에 관한 규칙 제98조【제한속도의 지정 등】

115. **터널공사에서 발파작업 시 안전대책으로 옳지 않은 것은?**

① 발파전 도화선 연결상태, 저항치 조사 등의 목적으로 도통시험 실시 및 발파기의 작동상태에 대한 사전점검 실시
② 모든 동력선은 발원점으로부터 최소한 15m 이상 후방으로 옮길 것
③ 지질, 암의 절리 등에 따라 화약량에 대한 검토 및 시방기준과 대비하여 안전조치 실시
④ 발파용 점화회선은 타동력선 및 조명회선과 한곳으로 통합하여 관리

발파용 점화회선은 타동력선 및 조명회선으로부터 분리되어야 한다.

참고 터널공사에서 발파작업 시 안전대책

1. 발파는 선임된 발파책임자의 지휘에 따라 시행하여야 한다.
2. 발파작업에 대한 특별시방을 준수하여야 한다.
3. 굴착단면 경계면에는 모암에 손상을 주지 않도록 시방에 명기된 정밀폭약 (FINEX Ⅰ, Ⅱ) 등을 사용하여야 한다.
4. 지질, 암의 절리 등에 따라 화약량을 충분히 검토하여야 하며 시방기준과 대비하여 안전조치를 하여야 한다.
5. 발파책임자는 모든 근로자의 대피를 확인하고 지보공 및 복공에 대하여 필요한 조치의 방호를 한 후 발파하도록 하여야 한다.
6. 발파 시 안전한 거리 및 위치에서의 대피가 어려울 때에는 전면과 상부를 견고하게 방호한 임시대피장소를 설치하여야 한다.
7. 화약류를 장진하기 전에 모든 동력선 및 활선은 장진기기로부터 분리시키고 조명회선을 포함한 모든 동력선은 발원점으로부터 최소한 15m 이상 후방으로 옮겨 놓도록 하여야 한다.
8. **발파용 점화회선은 타동력선 및 조명회선으로부터 분리되어야 한다.**
9. 발파전 도화선 연결상태, 저항치 조사 등의 목적으로 도통시험을 실시하여야 하며 발파기 작동상태를 사전 점검하여야 한다.

116. **타워크레인을 와이어로프로 지지하는 경우에 준수해야 할 사항으로 옳지 않은 것은?**

① 와이어로프를 고정하기 위한 전용 지지프레임을 사용할 것
② 와이어로프 설치각도는 수평면에서 60° 이상으로 하되, 지지점은 4개소 미만으로 할 것
③ 와이어로프와 그 고정부위는 충분한 강도와 장력을 갖도록 설치할 것
④ 와이어로프가 가공전선에 근접하지 않도록 할 것

사업주는 타워크레인을 와이어로프로 지지하는 경우에는 다음 각 호의 사항을 모두 준수하여야 한다.

1. 와이어로프를 고정하기 위한 전용 지지프레임을 사용할 것
2. **와이어로프 설치각도는 수평면에서 60도 이내로 하되, 지지점은 4개소이상으로 하고, 같은 각도로 설치 할 것**
3. 와이어로프의 고정부위는 충분한 강도와 장력을 갖도록 설치하고, 와이어로프를 클립·샤클 등의 고정기구를 사용하여 견고하게 고정시켜 풀리지 아니하도록 하며, 사용 중에는 충분한 강도와 장력을 유지하도록 할 것
4. 와이어로프가 가공전선(가공전선)에 근접하지 않도록 할 것

참고 산업안전보건기준에 관한 규칙 제142조【타워크레인의 지지】

117. **이동식비계 조립 및 사용 시 준수사항으로 옳지 않은 것은?**

① 비계의 최상부에서 작업을 하는 경우에는 안전난간을 설치할 것
② 승강용사다리는 견고하게 설치할 것
③ 작업발판은 항상 수평을 유지하고 작업발판 위에서 작업을 위한 거리가 부족할 경우에는 받침대 또는 사다리를 사용할 것
④ 작업발판의 최대적재하중은 250kg을 초과하지 않도록 할 것

작업발판은 항상 수평을 유지하고 작업발판 위에서 안전난간을 딛고 작업을 하거나 받침대 또는 사다리를 사용하여 작업하지 않도록 할 것

참고 산업안전보건기준에 관한 규칙 제68조【이동식비계】

해답 115 ④ 116 ② 117 ③

118. 흙막이 지보공을 조립하는 경우 미리 조립도를 작성하여야 하는데 이 조립도에 명시되어야 할 사항과 가장 거리가 먼 것은?

① 부재의 배치　　② 부재의 치수
③ 부재의 긴압정도　　④ 설치방법과 순서

① 사업주는 흙막이 지보공을 조립하는 경우 미리 조립도를 작성하여 그 조립도에 따라 조립하도록 하여야 한다.
② 조립도에는 흙막이판·말뚝·버팀대 및 띠장 등 **부재의 배치·치수**·재질 및 **설치방법과 순서**가 명시되어야 한다.

참고 산업안전보건기준에 관한 규칙 제346조 【조립도】

119. 터널 등의 건설작업을 하는 경우에 낙반 등에 의하여 근로자가 위험해질 우려가 있는 경우에 필요한 조치와 가장 거리가 먼 것은?

① 터널 지보공을 설치한다.
② 록볼트를 설치한다.
③ 환기, 조명시설을 설치한다.
④ 부석을 제거한다.

사업주는 터널 등의 건설작업을 하는 경우에 낙반 등에 의하여 근로자가 위험해질 우려가 있는 경우에 **터널 지보공 및 록볼트의 설치, 부석의 제거**등 위험을 방지하기 위하여 필요한 조치를 하여야 한다.

참고 산업안전보건기준에 관한 규칙 제351조 【낙반 등에 의한 위험의 방지】

120. 달비계의 최대 적재하중을 정함에 있어서 활용하는 안전계수의 기준으로 옳은 것은? (단, 곤돌라의 달비계를 제외한다.)

① 달기 와이어로프 : 5 이상
② 달기 강선 : 5 이상
③ 달기 체인 : 3 이상
④ 달기 훅 : 5 이상

1. 달기와이어로프 및 달기강선의 안전계수 : 10이상
2. 달기체인 및 달기훅의 안전계수 : 5이상
3. 달기강대와 달비계의 하부 및 상부지점의 안전계수 : 강재의 경우 2.5이상, 목재의 경우 5이상

참고 산업안전보건기준에 관한 규칙 제55조 【작업발판의 최대적재하중】

해답 118 ③　119 ③　120 ④

2018 과년도 출제문제

제1과목 안전관리론

1. 매슬로우(Maslow)의 욕구단계 이론 중 제2단계 욕구에 해당하는 것은?

① 자아실현의 욕구　② 안전에 대한 욕구
③ 사회적 욕구　④ 생리적 욕구

Maslow의 욕구단계이론
- 1단계 : 생리적 욕구
- 2단계 : 안전욕구
- 3단계 : 사회적 욕구
- 4단계 : 인정을 받으려는 욕구
- 5단계 : 자아실현의 욕구

2. 재해 통계에 있어 강도율이 2.0 인 경우에 대한 설명으로 옳은 것은?

① 한 건의 재해로 인해 전제 작업비용의 2.0%에 해당하는 손실이 발생하였다.
② 근로자 1000명당 2.0건의 재해가 발생하였다.
③ 근로시간 1000시간당 2.0건의 재해가 발생하였다.
④ 근로시간 1000시간당 2.0일의 근로손실이 발생하였다.

$$강도율 = \frac{근로손실일수}{연평균근로총시간수} \times 10^3$$

※ 강도율은 1000시간당 근로손실일수를 의미한다.

3. 생체리듬의 변화에 대한 설명으로 틀린 것은?

① 야간에는 체중이 감소한다.
② 야간에는 말초운동 기능이 저하된다.
③ 체온, 혈압, 맥박수는 주간에 상승하고 야간에 감소한다.
④ 혈액의 수분과 염분량은 주간에 증가하고 야간에 감소한다.

① 혈액의 수분, 염분량 : 주간은 감소하고 야간에는 증가한다.
② 체온, 혈압, 맥박수 : 주간은 상승하고 야간에는 저하한다.
③ 야간에는 소화분비액 불량, 체중이 감소한다.
④ 야간에는 말초운동기능 저하, 피로의 자각증상이 증대된다.

4. 안전보건 교육 계획에 포함하여야 할 사항이 아닌 것은?

① 교육의 종류 및 대상
② 교육의 과목 및 내용
③ 교육장소 및 방법
④ 교육지도안

안전·보건교육 계획 수립 시 포함하여야 할 사항
1. 교육목표(첫째 과제)
2. 교육의 종류 및 교육대상
3. 교육의 과목 및 교육내용
4. 교육기간 및 시간
5. 교육장소
6. 교육방법
7. 교육담당자 및 강사

5. 안전점검의 종류 중 태풍, 폭우 등에 의한 침수, 지진 등의 천재지변이 발생한 경우나 이상사태 발생 시 관리자나 감독자가 기계·기구, 설비 등의 기능상 이상 유무에 대하여 점검하는 것은?

① 일상점검　② 정기점검
③ 특별점검　④ 수시점검

1. 수시점검(일상점검)
   작업전·중·후에 실시하는 점검으로 작업자가 일상적으로 실시하는 점검이다.
2. 정기점검
   일정기간마다 정기적으로 실시하는 점검으로 매주 또는 매월, 분기마다, 반기마다, 년도별로 실시하는 점검이다.
3. 특별점검
   기계·기구·설비의 신설시·변경내지 고장 수리 시 실시하는 점검 또는 천재지변 발생 후 실시하는 점검, 안전강조 기간내에 실시하는 점검이다.
4. 임시점검
   이상 발견 시 임시로 실시하는 점검 또는 정기점검과 정기점검사이에 실시하는 점검에 실시하는 점검이다.

해답 01 ② 02 ④ 03 ④ 04 ④ 05 ③

6. 6~12명의 구성원으로 타인의 비판 없이 자유로운 토론을 통하여 다량의 독창적인 아이디어를 이끌어 내고, 대안적 해결안을 찾기 위한 집단적 사고기법은?

① Role playing ② Brain storming
③ Action playing ④ Fish Bowl playing

개방적 분위기와 자유로운 토론을 통해 다량의 아이디어를 얻는 집단사고기법을 브레인 스토밍(Brain storming)이라고 한다.
브레인스토밍(Brain storming)의 4원칙
1. 자유 분방 : 편안하게 발언한다.
2. 대량 발언 : 무엇이건 많이 발언하게 한다.
3. 수정 발언 : 남의 의견을 덧붙여 발언해도 좋다.
4. 비판 금지 : 남의 의견을 비판하지 않는다.

7. 어떤 사업장의 상시근로자 1000명이 작업 중 2명 사망자와 의사진단에 의한 휴업일수 90일 손실을 가져온 경우의 강도율은? (단, 1일 8시간, 연 300일 근무)

① 7.32 ② 6.28
③ 8.12 ④ 5.92

$$강도율 = \frac{근로손실일수}{연평균근로총시간수} \times 1000$$

$$강도율 = \frac{(7500 \times 2) + \left(90 \times \frac{300}{365}\right)}{1000 \times 8 \times 300} \times 1000 = 6.28$$

8. 인간관계의 매커니즘 중 다른 사람의 행동양식이나 태도를 투입시키거나 다른 사람 가운데서 자기와 비슷한 것을 발견하는 것은?

① 동일화 ② 일체화
③ 투사 ④ 공감

동일시, 동일화(identification)
사실은 자기의 것이 못되고 또 아님에도 불구하고 자기의 것이나 된 듯이 행동을 하여 승인을 얻고자 하여 다른 사람 가운데서 자기와 비슷한 것을 발견한다.

9. 주의의 수준이 Phase 0인 상태에서의 의식상태로 옳은 것은?

① 무의식 상태 ② 의식의 이완 상태
③ 명료한 상태 ④ 과긴장 상태

참고 의식의 레벨 5단계의 구분

단계	의식의 상태	주의 작용	생리적 상태	신뢰성
0	무의식, 실신	없음	수면, 뇌발작	0
Ⅰ	정상 이하, 의식 몽롱함	부주의	피로, 단조, 졸음, 술취함	0.99 이하
Ⅱ	정상, 이완상태	수동적 마음이 안쪽으로 향함	안정기거, 휴식시 정례작업시	0.99~0.95 이하
Ⅲ	정상, 상쾌한 상태	능동적 앞으로 향하는 주의 시야도 넓다.	적극 활동시	0.96 이상
Ⅳ	초긴장, 과긴장상태	일점 집중, 판단 정지	긴급 방위반응, 당황해서 panic	0.9 이하

10. 대뇌의 human error로 인한 착오요인이 아닌 것은?

① 인지과정 착오 ② 조치과정 착오
③ 판단과정 착오 ④ 행동과정 착오

대뇌의 정보처리 에러

인지과정 착오	• 생리, 심리적 능력의 한계 • 정보량 저장 능력의 한계 • 감각 차단현상 : 단조로운 업무, 반복 작업 • 정서 불안정 : 공포, 불안, 불만
판단과정 착오	• 능력부족 • 정보부족 • 자기합리화 • 환경조건의 불비
조치과정 착오	• 피로 • 작업 경험부족 • 작업자의 기능미숙(지식, 기술부족)

11. 교육심리학의 기본이론 중 학습지도의 원리가 아닌 것은?

① 직관의 원리 ② 개별화의 원리
③ 계속성의 원리 ④ 사회화의 원리

해답 06 ② 07 ② 08 ① 09 ① 10 ④ 11 ③

학습지도의 원리의 종류
1. 직관의 원리
2. 개별화의 원리
3. 사회화의 원리
4. 자기활동의 원리
5. 통합의 원리

12. 산업안전보건법령상 안전·보건 표지의 종류 중 다음 안전·보건 표지의 명칭은?

① 화물적재금지 ② 차량통행금지
③ 물체이동금지 ④ 화물출입금지

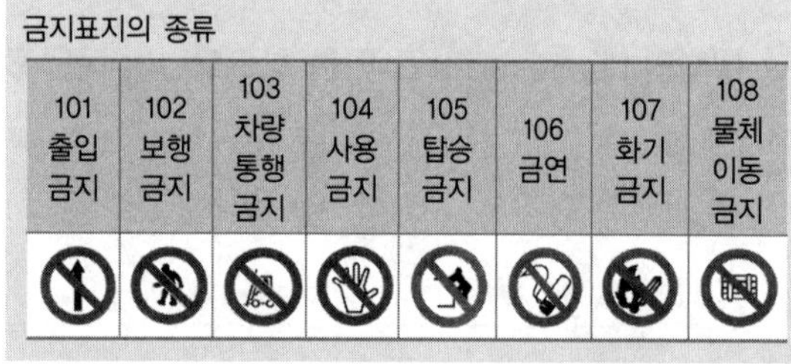

금지표지의 종류

101 출입금지	102 보행금지	103 차량통행금지	104 사용금지	105 탑승금지	106 금연	107 화기금지	108 물체이동금지

13. 재해의 발생 형태 중 다음 그림이 나타내는 것은?

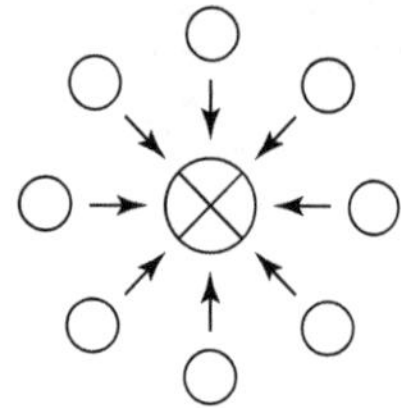

① 1단순연쇄형 ② 2복합연쇄형
③ 단순자극형 ④ 복합형

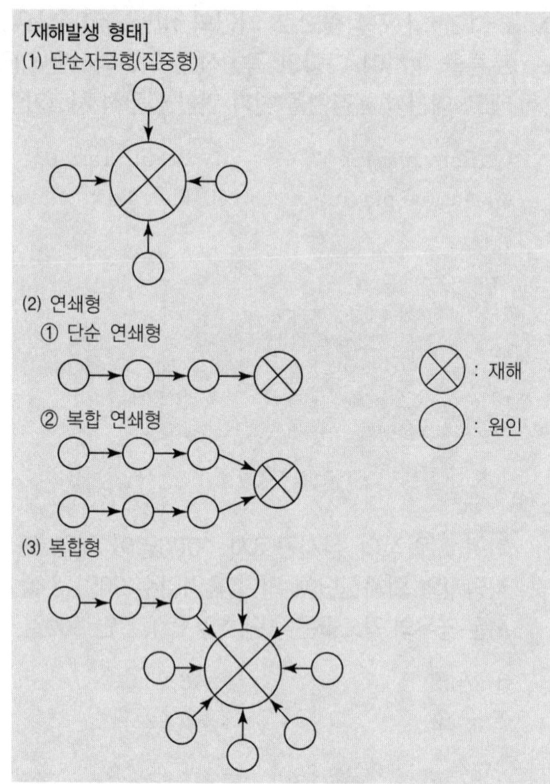

14. 산업안전보건법령상 교육대상별 교육내용 중 관리감독자의 정기안전·보건교육 내용이 아닌 것은?(단, 산업안전보건법 및 일반관리에 관한 사항은 제외한다.)

① 산업재해보상보험 제도에 관한 사항
② 산업보건 및 직업병 예방에 관한 사항
③ 유해·위험 작업환경 관리에 관한 사항
④ 표준안전작업방법 및 지도 요령에 관한 사항

※ 이 문제는 법령 개정전에 출제된 문제이다. 개정이후 산업재해보상보험제도에 관한 사항은 포함되었다. 주의하자.

관리감독자 정기교육 내용
- 작업공정의 유해·위험과 재해 예방대책에 관한 사항
- 표준안전작업방법 및 지도 요령에 관한 사항
- 관리감독자의 역할과 임무에 관한 사항
- 산업보건 및 직업병 예방에 관한 사항
- 유해·위험 작업환경 관리에 관한 사항
- 산업안전보건법령 및 일반관리에 관한 사항
- 직무스트레스 예방 및 관리에 관한 사항
- 산재보상보험제도에 관한 사항
- 안전보건교육 능력 배양에 관한 사항

참고 산업안전보건법 시행규칙 별표 5【안전보건교육 교육대상별 교육내용】

해답 12 ③ 13 ③ 14 ①

15. 재해발생의 직접원인 중 불안전한 상태가 아닌 것은?

① 불안전한 인양 ② 부적절한 보호구
③ 결함 있는 기계설비 ④ 불안전한 방호장치

①항, 불안전한 인양은 인양방법에 관련한 것으로 물적원인 보다는 인적인 원인(불안전 행동)에 해당된다.

16. Line-Staff형 안전보건관리조직에 관한 특징이 아닌 것은?

① 조직원 전원을 자율적으로 안전활동에 참여시킬 수 있다
② 스탭의 월권행위의 경우가 있으며 라인이 스탭에 의존 또는 활용치 않는 경우가 있다.
③ 생산부문은 안전에 대한 책임과 권한이 없다.
④ 명령계통과 조언 권고적 참여가 혼동되기 쉽다.

생산은 안전에 대한 책임과 권한이 없는 것은 staff형 안전조직의 특징이다.

17. Off.J.T(Off the job Training)의 특징으로 옳은 것은?

① 훈련에만 전념할 수 있다.
② 상호신뢰 및 이해도가 높아진다.
③ 개개인에게 적절한 지도훈련이 가능하다.
④ 직장의 실정에 맞게 실제적 훈련이 가능하다.

참고 O.J.T와 Off.J.T의 특징

O.J.T	Off.J.T
1. 개개인에게 적합한 지도훈련을 할 수 있다. 2. 직장의 실정에 맞는 실체적 훈련을 할 수 있다. 3. 훈련에 필요한 업무의 계속성이 끊어지지 않는다. 4. 즉시 업무에 연결되는 관계로 신체와 관련이 있다. 5. 효과가 곧 업무에 나타나며 훈련의 좋고 나쁨에 따라 개선이 용이하다. 6. 교육을 통한 훈련 효과에 의해 상호 신뢰도 및 이해도가 높아진다.	1. 다수의 근로자에게 조직적 훈련이 가능하다. 2. 훈련에만 전념하게 된다. 3. 특별 설비 기구를 이용할 수 있다. 4. 전문가를 강사로 초청할 수 있다. 5. 각 직장의 근로자가 많은 지식이나 경험을 교류할 수 있다. 6. 교육 훈련 목표에 대해서 집단적 노력이 흐트러질 수 있다.

18. 산업안전보건법령상 근로자에 대한 일반 건강진단의 실시 시기 기준으로 옳은 것은?

① 사무직에 종사하는 근로자 : 1년에 1회 이상
② 사무직에 종사하는 근로자 : 2년에 1회 이상
③ 사무직 외의 업무에 종사하는 근로자 : 6월에 1회 이상
④ 사무직 외의 업무에 종사하는 근로자 : 2년에 1회 이상

일반건강진단
1. 상시 사용하는 근로자의 건강관리를 위하여 사업주가 주기적으로 실시하는 건강진단
2. 사무직에 종사하는 근로자에 대해서는 2년에 1회 이상, 그 밖의 근로자에 대해서는 1년에 1회 이상 일반건강진단을 실시하여야 한다.

참고 산업안전보건법 시행규칙 제197조 【일반건강진단의 주기 등】

19. 유기화합물용 방독마스크 시험가스의 종류가 아닌 것은?

① 염소가스 또는 증기 ② 시클로헥산
③ 디메틸에테르 ④ 이소부탄

참고 방독마스크의 종류 및 시험가스

종 류	시험가스
유기화합물용	시클로헥산(C_6H_{12}) 디메틸에테르(CH_3OCH_3) 이소부탄(C_4H_{10})
할로겐용	염소가스 또는 증기(Cl_2)
황화수소용	황화수소가스(H_2S)
시안화수소용	시안화수소가스(HCN)
아황산용	아황산가스(SO_2)
암모니아용	암모니아가스(NH_3)

20. AE 형 안전모에 있어 내전압성 이란 최대 몇 V 이하의 전압에 견디는 것을 말하는가?

① 750 ② 1000
③ 3000 ④ 7000

내전압성이란 7,000V 이하의 전압에 견디는 것을 말한다.

해답 15 ① 16 ③ 17 ① 18 ② 19 ① 20 ④

■■■ 제2과목 인간공학 및 시스템안전공학

21. FMEA에서 고장 평점을 결정하는 5가지 평가 요소에 해당하지 않는 것은?

① 생산능력의 범위
② 고장발생의 빈도
③ 고장방지의 가능성
④ 영향을 미치는 시스템의 범위

FMEA 고장 평점을 결정하는 5가지 평가요소
고장등급의 평가(평점)로는 각 Item의 고장 Mode가 어느 정도 치명적인가를 종합적으로 평가하기 위해 중요도 혹은 C를 식을 사용하여 평가한다.
$C_r = C_1 \cdot C_2 \cdot C_3 \cdot C_4 \cdot C_5$
여기서, C_1 : 고장영향의 중대도(고장영향의 범위)
C_2 : 고장의 발생빈도
C_3 : 고장 검출의 곤란도
C_4 : 고장방지의 곤란도(고장방지의 가능성)
C_5 : 고장 시정시간의 여유도

22. 시스템의 수명 및 신뢰성에 관한 설명으로 틀린 것은?

① 병렬설계 및 디레이팅 기술로 시스템의 신뢰성을 증가 시킬 수 있다.
② 직렬시스템에서는 부품들 중 최소 수명을 갖는 부품에 의해 시스템 수명이 정해진다.
③ 수리가 가능한 시스템의 평균 수명(MTBF)은 평균 고장률(λ)과 정비례 관계가 성립한다.
④ 수리가 불가능한 구성요소로 병렬구조를 갖는 설비는 중복도가 늘어날수록 시스템 수명이 길어진다.

③항, 평균수명(MTBF)은 고장율(λ)과 반비례 관계가 성립한다.
$MTBF = \frac{1}{\lambda}$, 고장률$(\lambda) = \frac{고장건수(r)}{총가동시간(t)}$

23. 인간실수확률에 대한 추정기법으로 가장 적절하지 않은 것은?

① CIT(Critical Incident Technique) : 위급사건 기법
② FMEA(Failure Mode and Effect Analysis) : 고장형태 영향분석
③ TCRAM(Task Criticality Rating Analysis Method) : 직무위급도 분석법
④ THERP(Technique for Human Error Rate Prediction) : 인간 실수율 예측기법

FMEA(고장형과 영향분석)은 시스템 위험분석 기법의 하나이다.
참고 인간실수확률에 대한 추정기법의 종류
1. 위급 사건 기법
2. THERP
3. 직무 위급도 분석

24. 다음 그림과 같은 직 · 병렬 시스템의 신뢰도는? (단, 병렬 각 구성요소의 신뢰도는 R이고, 직렬 구성요소의 신뢰도는 M이다.)

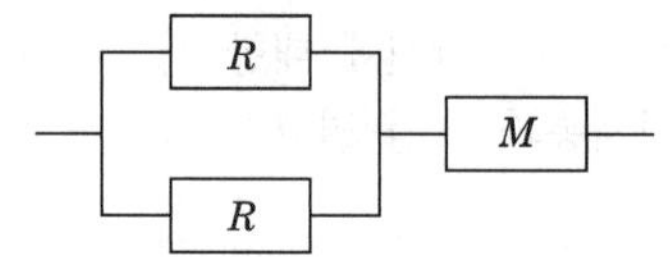

① MR^3
② $R^2(1-MR)$
③ $M(R^2+R)-1$
④ $M(2R-R^2)$

$R = M \times [1-(1-R) \times (1-R)]$
$= M \times (2R - R^2)$

25. 제한된 실내 공간에서 소음문제의 음원에 관한 대책이 아닌 것은?

① 저소음 기계로 대체한다.
② 소음 발생원을 밀폐한다.
③ 방음 보호구를 착용한다.
④ 소음 발생원을 제거한다.

소음에 대한 대책

구분	내용
적극적 대책 (음원에 대한 대책)	소음원의 통제, 소음의 격리, 차폐장치(baffle) 및 흡음재료 사용, 음향처리제(acoustical treatment) 사용, 적절한 배치(layout)
소극적 대책	방음보호구 사용, BGM(back ground music)

해답 21 ① 22 ③ 23 ② 24 ④ 25 ③

26. 음성 통신에 있어 소음환경과 관련하여 성격이 다른 지수는?

① AI(Articulation Index) : 명료도 지수
② MAA(Minimum Audible Angle) : 최소 가청 각도
③ PSIL(Preferred-Octave Speech Interference Level) : 음성간섭수준
④ PNC(Preferred Noise Criteria Curves) : 선호 소음판단 기준곡선

AI(명료도지수), PSIL(음성간섭수준), PNC(선호소음판단 기준곡선)등은 수화자의 청각신호 인지도를 확인하는 통화이해도에 대한 척도이다.
②항, MAMA(Minimum Audible Movement Angle)는 최소 가청 움직임 음원 궤도 함수로서의 각도이다.

27. 산업안전보건법령에 따라 제조업 등 유해·위험 방지 계획서를 작성하고자 할 때 관련 규정에 따라 1명 이상 포함 시켜야 하는 사람의 자격으로 적합하지 않은 것은?

① 한국산업안전보건공단이 실시하는 관련 교육을 8시간 이수한 사람
② 기계, 재료, 화학, 전기, 전자, 안전관리 또는 환경분야 기술사 자격을 취득한 사람
③ 관련분야 기사 자격을 취득한 사람으로서 해당 분야에서 3년 이상 근무한 경력이 있는 사람
④ 기계안전, 전기안전, 화공안전분야의 산업안전지도사 또는 산업보건지도사 자격을 취득한 사람

①항, 공단이 실시하는 관련교육을 20시간이상 이수한 사람이다.
제조업등 유해·위험방지계획서 작성자
1. 기계, 재료, 화학, 전기·전자, 안전관리 또는 환경분야 기술사 자격을 취득한 사람
2. 기계안전·전기안전·화공안전분야의 산업안전지도사 또는 산업보건지도사 자격을 취득한 사람
3. 제1호 관련분야 기사 자격을 취득한 사람으로서 해당 분야에서 3년 이상 근무한 경력이 있는 사람
4. 제1호 관련분야 산업기사 자격을 취득한 사람으로서 해당 분야에서 5년 이상 근무한 경력이 있는 사람
5. 「고등교육법」 에 따른 대학 및 산업대학(이공계 학과에 한정한다)을 졸업한 후 해당 분야에서 5년 이상 근무한 경력이 있는 사람 또는 「고등교육법」에 따른 전문대학(이공계 학과에 한정한다)을 졸업한 후 해당 분야에서 7년 이상 근무한 경력이 있는 사람
6. 「초·중등교육법」에 따른 전문계 고등학교 또는 이와 같은 수준 이상의 학교를 졸업하고 해당 분야에서 9년 이상 근무한 경력이 있는 사람

참고 제조업등 유해·위험방지계획서 제출·심사·확인에 관한 고시 제7조 【작성자】

28. 인간이 기계와 비교하여 정보처리 및 결정의 측면에서 상대적으로 우수한 것은? (단, 인공지능은 제외한다.)

① 연역적 추리
② 정량적 정보처리
③ 관찰을 통한 일반화
④ 정보의 신속한 보관

인간이 기계를 능가하는 기능
(1) 어떤 종류의 매우 낮은 수준의 시각, 청각, 촉각, 후각, 미각 등의 자극을 감지하는 기능
(2) 수신상태가 나쁜 음극선관(CRT)에 나타나는 영상과 같이 배경 「잡음」이 심한 경우에도 자극(신호)을 인지하는 기능
(3) 복잡 다양한 자극의 형태를 식별하는 기능
(4) 예기치 못한 사건들을 감지하는 기능 (예감, 느낌)
(5) 다량의 정보를 오랜 기간동안 보관(기억)하는 기능(방대한 양의 상세정보 보다는 원칙이나 전략을 더 잘 기억함)
(6) 보관되어 있는 적절한 정보를 회수(상기)하며, 흔히 관련있는 수많은 정보항목들을 회수하는 기능(회수의 신뢰도는 낮음)
(7) 다양한 경험을 토대로 의사결정을 하고, 상황적 요구에 따라 적응적인 결정을 하며, 비상사태에 대처하여 임기응변할 수 있는 기능
(8) 어떤 운용방법이 실패한 경우 다른 방법을 선택하는 기능(융통성)
(9) 원칙을 적용하여 다양한 문제결하는 기능
(10) 관찰을 통해서 일반화하여 귀납적으로 추리하는 기능
(11) 주관적으로 추산하고 평가하는 기능
(12) 문제에 있어서 독창력을 발휘하는 기능
(13) 과부하(overload)상황에서 불가피한 경우에는 중요한 일에만 전념하는 기능
(14) 무리없는 한도 내에서 다양한 운용사의 요건에 맞추어 신체적인 반응을 적응시키는 기능

29. 스트레스에 반응하는 신체의 변화로 맞는 것은?

① 혈소판이나 혈액응고 인자가 증가한다.
② 더 많은 산소를 얻기 위해 호흡이 느려진다.
③ 중요한 장기인 뇌·심장·근육으로 가는 혈류가 감소한다.
④ 상황 판단과 빠른 행동 대응을 위해 감각기관은 매우 둔감해진다.

스트레스 상태에서는 혈액을 응고시키는 혈소판이 과도하게 만들어 지게 된다. 이로 인해 혈전 등이 발생될 수 있고 심근경색 등의 질환이 생길 확률이 높아진다.

해답 26 ② 27 ① 28 ③ 29 ①

30. 작업장 배치 시 유의 사항으로 적절하지 않은 것은?

① 작업의 흐름에 따라 기계를 배치한다.
② 생산효율 증대를 위해 기계설비 주위에 재료나 반제품을 충분히 놓아둔다.
③ 공장내외는 안전한 통로를 두어야 하며, 통로는 선을 그어 작업장과 명확히 구별하도록 한다.
④ 비상시에 쉽게 대비할 수 있는 통로를 마련하고 사고 진압을 위한 활동통로가 반드시 마련되어야 한다.

> 기계설비의 주변에는 주유, 수리 등 보전작업을 원활하게 하기 위해 충분한 공간을 확보하여야 한다.

31. 결함수분석법(FTA)의 특징으로 볼 수 없는 것은?

① Top Down 형식
② 특정사상에 대한 해석
③ 정성적 해석의 불가능
④ 논리기호를 사용한 해석

> FTA는 정상사상(頂上事像)인 재해현상으로부터 기본사상(基本事像)인 재해원인을 향해 연역적인 분석(Top Down)을 행하므로 재해현상과 **재해원인의 상호관련을 정성적으로 해석 할 수 있다.** 또한 정량적 해석이 가능 하므로 정량적 예측과 안전대책을 세울 수 있다.

32. 음향기기 부품 생산공장에서 안전업무를 담당하는 000 대리는 공장 내부에 경보 등을 설치하는 과정에서 도움이 될 만한 몇 가지 지식을 적용하고자 한다. 적용 지식 중 맞는 것은?

① 신호 대 배경의 휘도대비가 작을 때는 백색신호가 효과적이다.
② 광원의 노출 시간이 1초보다 작으면 광속발산도는 작아야 한다.
③ 표적의 크기가 커짐에 따라 광도의 역치가 안정되는 노출시간은 증가한다.
④ 배경광 중 점멸 잡음광의 비율이 10% 이상이면 점멸등은 사용하지 않는 것이 좋다.

> ①항, 신호 대 배경의 대비가 낮을 경우에는 적색신호가 가장 효과적이다.
> ②항, 광원의 노출시간이 작은 경우는 광속발산도를 높여야 식별이 원활하게 된다.
> ③항, 표적의 크기가 커질수록 광도의 역치가 안정되는 시간은 짧아진다.

33. 작업 공간의 포락면(包絡而)에 대한 설명으로 맞는 것은?

① 개인이 그 안에서 일하는 일차원 공간이다.
② 작업복 등은 포락면에 영향을 미치지 않는다.
③ 가장 작은 포락면은 몸통을 움직이는 공간이다.
④ 작업의 성질에 따라 포락면의 경계가 달라진다.

> 작업공간 포락면(包絡面 ; envelope)이란 한 장소에 앉아서 수행하는 작업활동에서, 사람이 작업하는데 사용하는 공간을 말한다. 따라서 작업의 성격에 따라 포락면의 범위가 달라질 수 있다.

34. A 회사에서는 새로운 기계를 설계하면서 레버를 위로 올리면 압력이 올라가도록 하고, 오른쪽 스위치를 눌렀을 때 오른쪽 전등이 켜지도록 하였다면, 이것은 각각 어떤 유형의 양립성을 고려한 것인가?

① 레버 – 공간양립성, 스위치 – 개념양립성
② 레버 – 운동양립성, 스위치 – 개념양립성
③ 레버 – 개념양립성, 스위치 – 운동양립성
④ 레버 – 운동양립성, 스위치 – 공간양립성

> **참고** 양립성(compatibility)이란 정보입력 및 처리와 관련한 양립성은 인간의 기대와 모순되지 않는 자극들간의, 반응들 간의 또는 자극반응 조합의 관계를 말하는 것으로 다음의 3가지가 있다.
> 1. **공간적 양립성** : 표시장치가 조종장치에서 물리적 형태나 공간적인 배치의 양립성
> 2. **운동 양립성** : 표시 및 조종장치, 체계반응의 운동 방향의 양립성
> 3. **개념적 양립성** : 사람들이 가지고 있는 개념적 연상(어떤 암호 체계에서 청색이 정상을 나타내듯이)의 양립성

해답 30 ② 31 ③ 32 ④ 33 ④ 34 ④

35. 입력 B_1과 B_2의 어느 한쪽이 일어나면 출력 A가 생기는 경우를 논리합의 관계라 한다. 이때 입력과 출력 사이에는 무슨 게이트로 연결되는가?

① OR 게이트 ② 억제 게이트
③ AND 게이트 ④ 부정 게이트

B_1와 B_2의 어느 것이 발생하더라도 A는 발생한다.
(B_1 OR B_2)

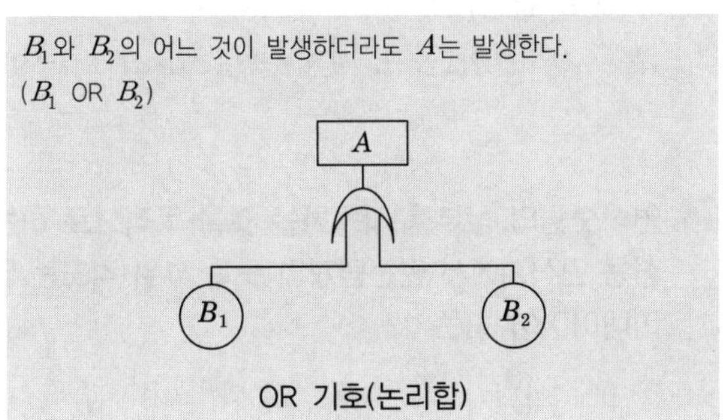

OR 기호(논리합)

36. 현재 시험문제와 같이 4지택일형 문제의 정보량은 얼마인가?

① 2bit ② 4bit
③ 2byte ④ 4byte

정보량 $H = \log_2 4 = 2$[bit]

37. 사업장에서 인간 공학의 적용분야로 가장 거리가 먼 것은?

① 제품설계
② 설비의 고장률
③ 재해·질병 예방
④ 장비·공구·설비의 배치

인간공학 적용의 목적은 인간이 만들어 사용하는 물건, 기구 또는 환경을 설계하는 과정에서 인간을 고려하는데 있으며 설비의 고장률이나 내구성의 향상등과는 거리가 멀다.

38. 다음의 FT도에서 사상 A의 발생 확률 값은?

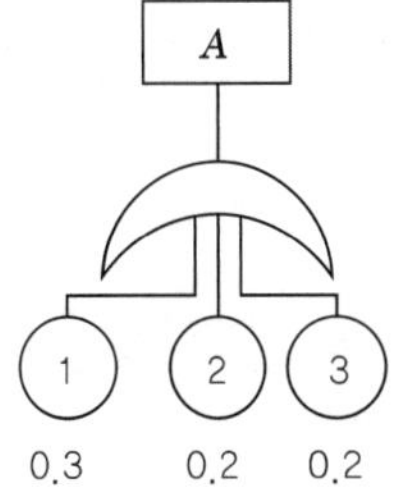

① 게이트 기호가 OR이므로 0.012
② 게이트 기호가 AND이므로 0.012
③ 게이트 기호가 OR이므로 0.552
④ 게이트 기호가 AND이므로 0.552

OR게이트 발생확률
$= 1-(1-0.3)(1-0.2)(1-0.2) = 0.552$

39. 안전교육을 받지 못한 신입직원이 작업 중 전극을 반대로 끼우려고 시도했으나, 플러그의 모양이 반대로는 끼울 수 없도록 설계되어 있어서 사고를 예방할 수 있었다. 작업자가 범한 오류와 이와 같은 사고 예방을 위해 적용된 안전설계 원칙으로 가장 적합한 것은?

① 누락(omission) 오류, fail safe 설계원칙
② 누락(omission) 오류, fool proof 설계원칙
③ 작위(commission) 오류, fail safe 설계원칙
④ 작위(commission) 오류, fool proof 설계원칙

1. commission error : 필요한 task나 절차의 불확실한 수행으로 인한 과오로서 작위 오류에 해당된다.
2. 풀 프루프(Fool proof) : 기계장치설계 단계에서 안전화를 도모하는 기본적 개념이며, 근로자가 기계 등의 취급을 잘못해도 그것이 바로 사고나 재해와 연결되는 일이 없도록 하는 확고한 안전기구를 말한다.

40. 어떤 소리가 1000Hz, 60dB인 음과 같은 높이임에도 4배 더 크게 들린다면, 이 소리의 음압수준은 얼마인가?

① 70dB ② 80dB
③ 90dB ④ 100dB

해답 35 ① 36 ① 37 ② 38 ③ 39 ④ 40 ②

① 기준음의 sone치$=2^{\frac{(60-40)}{10}}=4$
② 기준음의 4배 : 4×4=16sone 이므로
③ 4배의 sone치 : $16=2^{\frac{(x-40)}{10}}$ 으로 정리할 수 있다.
④ $\log_2 16=\frac{x-40}{10}$ 으로 다시 정리하면
$x=10(\log_2 16)+40=80$

■■■ 제3과목 기계위험방지기술

41. **다음 중 산업안전보건법령상 아세틸렌 가스용접장치에 관한 기준으로 틀린 것은?**

① 전용의 발생기실은 건물의 최상층에 위치하여야 하며, 화기를 사용하는 설비로부터 1m를 초과하는 장소에 설치하여야 한다.
② 전용의 발생기실을 옥외에 설치한 경우에는 그 개구부를 다른 건축물로부터 1.5m 이상 떨어지도록 하여야 한다.
③ 아세틸렌 용접장치를 사용하여 금속의 용접 · 용단 또는 가열작업을 하는 경우에는 게이지 압력이 127kPa을 초과하는 압력의 아세틸렌을 발생시켜 사용해서는 아니 된다.
④ 전용의 발생기실을 설치하는 경우 벽은 불연성 재료로 하고 철근 콘크리트 또는 그 밖에 이와 동등하거나 그 이상의 강도를 가진 구조로 하여야 한다.

전용의 발생기실은 건물의 최상층에 위치하여야 하며, 화기를 사용하는 설비로부터 3m를 초과하는 장소에 설치하여야 한다.
참고 산업안전보건기준에 관한 규칙 제286조 【발생기실의 설치장소 등】

42. **산업안전보건법령에 따라 프레스 등을 사용하여 작업을 하는 경우 작업시작 전 점검사항과 거리가 먼 것은?**

① 전단기의 칼날 및 테이블의 상태
② 프레스의 금형 및 고정 볼트 상태
③ 슬라이드 또는 칼날에 의한 위험방지 기구의 기능
④ 전자밸브, 압력조정밸브 기타 공압 계통의 이상 유무

프레스 작업시작 전 점검사항
1. 클러치 및 브레이크의 기능
2. 크랭크축·플라이휠·슬라이드·연결봉 및 연결 나사의 풀림 여부
3. 1행정 1정지기구·급정지장치 및 비상정지장치의 기능
4. 슬라이드 또는 칼날에 의한 위험방지 기구의 기능
5. 프레스의 금형 및 고정볼트 상태
6. 방호장치의 기능
7. 전단기(剪斷機)의 칼날 및 테이블의 상태

참고 산업안전기준에 관한 규칙 별표3 【작업시작 전 점검사항】

43. **연삭숫돌의 상부를 사용하는 것을 목적으로 하는 탁상용 연삭기에서 안전덮개의 노출 부위 각도는 몇 ° 이내이어야 하는가?**

① 90° 이내　　② 75° 이내
③ 60° 이내　　④ 105° 이내

연삭숫돌의 상부를 사용하는 것을 목적으로 하는 연삭기의 노출 각도는 60° 이내로 한다.

44. **프레스 작업에서 제품 및 스크랩을 자동적으로 위험한계 밖으로 배출하기 위한 장치로 볼 수 없는 것은?**

① 피더　　② 키커
③ 이젝터　　④ 공기 분사 장치

피더(feeder)는 프레스 재해예방을 위한 장치로 1차가공용 송급장치이다.

45. **다음 중 포터블 벨트 컨베이어(potable belt conveyor)의 안전 사항과 관련한 설명으로 옳지 않은 것은?**

① 포터블 벨트 컨베이어의 차륜간의 거리는 전도 위험이 최소가 되도록 하여야 한다.
② 기복장치는 포터블 벨트 컨베이어의 옆면에서만 조작하도록 한다.
③ 포터블 벨트 컨베이어를 사용하는 경우는 차륜을 고정하여야 한다.
④ 전동식 포터블 벨트 컨베이어를 이동하는 경우는 먼저 전원을 내린 후 컨베이어를 이동시킨 다음 컨베이어를 최저의 위치로 내린다.

해답　41 ①　42 ④　43 ③　44 ①　45 ④

포터블 벨트 컨베이어를 이동하는 경우는 먼저 컨베이어를 최저의 위치로 내리고 전동식의 경우 전원을 차단한 후에 이동한다.

46. 사람이 작업하는 기계장치에서 작업자가 실수를 하거나 오조작을 하여도 안전하게 유지되게 하는 안전설계방법은?

① Fail Safe ② 다중계화
③ Fool proof ④ Back up

풀 프루프(Fool proof)
기계장치설계 단계에서 안전화를 도모하는 기본적 개념이며, 근로자가 기계 등의 취급을 잘못해도 그것이 바로 사고나 재해와 연결되는 일이 없도록 하는 확고한 안전기구를 말한다. 즉, 인간의 착오·실수 등 이른바 인간 과오(Human error)를 방지하기 위한 것

47. 와이어로프 호칭이 '6×19'라고 할 때 숫자 '6'이 의미하는 것은?

① 소선의 지름(mm)
② 소선의 수량(wire수)
③ 꼬임의 수량(strand수)
④ 로프의 최대인장강도(MPa)

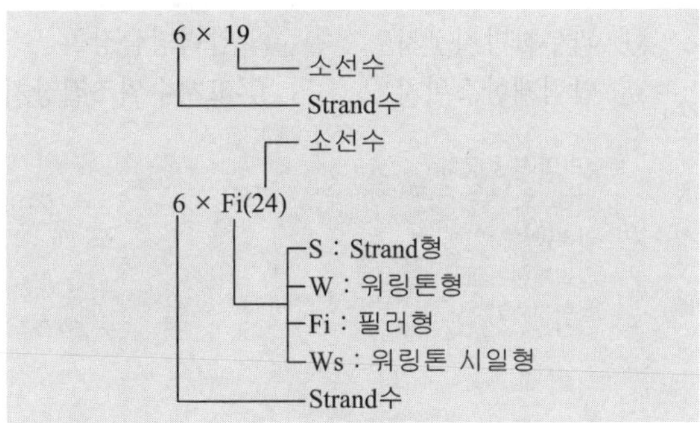

48. 숫돌 바깥지름이 150mm일 경우 평형 플랜지의 지름은 최소 몇 mm 이상이어야 하는가?

① 25mm ② 50mm
③ 75mm ④ 100mm

플랜지(flange)의 직경은 숫돌 직경의 1/3 이상인 것이 적당하며, 고정측과 이동측의 직경은 같아야 한다.

플렌지의 지름$=\frac{150}{3}=50(\text{mm})$

49. 광전자식 방호장치의 광선에 신체의 일부가 감지된 후로부터 급정지기구가 작동 개시하기까지의 시간이 40ms이고, 광축의 최소 설치거리(안전거리)가 200mm일 때 급정지기구가 작동개시한 때로부터 프레스기의 슬라이드가 정지될 때까지의 시간은 약 몇 ms인가?

① 60ms ② 85ms
③ 105ms ④ 130ms

$D=1.6(Tc+Ts)$

여기서, D : 안전거리(mm)

Tc : 손이 광선을 차단한 직후로부터 급정지기구가 작동개시 하기까지의 시간(ms)

Ts : 급정지기구가 작동을 개시한 때로부터 슬라이드가 정지할 때까지의 시간(ms)

$Ts=\frac{D}{1.6}-Tc=\frac{200}{1.6}-40=85$

50. 산업안전보건법상 보일러의 안전한 가동을 위하여 보일러 규격에 맞는 압력방출장치가 2개 이상 설치된 경우에 최고사용압력 이하에서 1개가 작동되고, 다른 압력방출장치는 최고사용압력의 몇 배 이하에서 작동되도록 부착하여야 하는가?

① 1.03배 ② 1.05배
③ 1.2배 ④ 1.5배

보일러의 안전한 가동을 위하여 보일러 규격에 적합한 압력방출장치를 1개 또는 2개 이상 설치하고 최고사용압력(설계압력 또는 최고허용압력을 말한다. 이하 같다)이하에서 작동되도록 하여야 한다. 다만, 압력방출장치가 2개 이상 설치된 경우에는 최고사용압력이하에서 1개가 작동되고, 다른 압력방출장치는 최고사용압력 1.05배 이하에서 작동되도록 부착하여야 한다.

참고 산업안전보건기준에 관한 규칙 제116조【압력방출장치】

해답 46 ③ 47 ③ 48 ② 49 ② 50 ②

51. 방사선 투과검사에서 투과사진의 상질을 점검할 때 확인해야 할 항목으로 거리가 먼 것은?

① 투과도계의 식별도
② 시험부의 사진농도 범위
③ 계조계의 값
④ 주파수의 크기

방사선 투과검사에서 투과사진의 상질을 점검할 때 확인해야 할 항목
① 투과도계 및 계조도
② 선원·투과도계간의 거리
③ 투과도계·X선 필름간 거리
④ 방사선의 조사방향과 시험부의 유효길이
⑤ 노출선도

52. 목재가공용 둥근톱에서 안전을 위해 요구되는 구조로 옳지 않은 것은?

① 톱날은 어떤 경우에도 외부에 노출되지 않고 덮개가 덮여 있어야 한다.
② 작업 중 근로자의 부주의에도 신체의 일부가 날에 접촉할 염려가 없도록 설계되어야 한다.
③ 덮개 및 지지부는 경량이면서 충분한 강도를 가져야 하며, 외부에서 힘을 가했을 때 쉽게 회전될 수 있는 구조로 설계되어야 한다.
④ 덮개의 가동부는 원활하게 상하로 움직일 수 있고 좌우로 움직일 수 없는 구조로 설계되어야 한다.

둥근톱의 덮개 및 지지부는 외부에서 힘을 가했을 때 쉽게 회전되지 않는 구조로 설계되어야 한다.

53. 양중기의 과부하장치에서 요구하는 일반적인 성능기준으로 틀린 것은?

① 과부하방지장치 작동 시 경보음과 경보램프가 작동되어야 하며 양중기는 작동이 되지 않아야 한다.
② 외함의 전선 접촉부분은 고무 등으로 밀폐되어 물과 먼지 등이 들어가지 않도록 한다.
③ 과부하방지장치와 타 방호장치는 기능에 서로 장애를 주지 않도록 부착할 수 있는 구조이어야 한다.
④ 방호장치의 기능을 제거하더라도 양중기는 원활하게 작동시킬 수 있는 구조이어야 한다.

과부하 방지장치의 기능을 제거하였을 때 작동시킬 수 없는 구조이어야 한다.

54. 작업자의 신체부위가 위험한계 내로 접근하였을 때 기계적인 작용에 의하여 접근을 못하도록 하는 방호장치는?

① 위치제한형 방호장치
② 접근거부형 방호장치
③ 접근반응형 방호장치
④ 감지형 방호장치

접근거부형 방호장치
작업자의 신체부위가 위험한계 내로 접근하면 기계의 동작위치에 설치해 놓은 기구가 접근하는 신체부위를 안전한 위치로 되돌리는 것
예 프레스기의 수인식, 손쳐내기식 등의 안전장치

55. 사업주가 보일러의 폭발사고예방을 위하여 기능이 정상적으로 작동될 수 있도록 유지, 관리할 대상이 아닌 것은?

① 과부하방지장치 ② 압력방출장치
③ 압력제한스위치 ④ 고저수위조절장치

보일러의 방호장치
1. 고저수위 조절장치
2. 압력방출장치
3. 압력제한스위치
4. 화염검출기

56. 다음 중 아세틸렌 용접장치에서 역화의 원인으로 가장 거리가 먼 것은?

① 아세틸렌의 공급 과다
② 토치 성능의 부실
③ 압력조정기의 고장
④ 토치 팁에 이물질이 묻은 경우

해답 51 ④ 52 ③ 53 ④ 54 ② 55 ① 56 ①

아세틸렌 용접장치의 역화원인
1. 압력조정기의 고장
2. 산소공급의 과다
3. 과열
4. 토치 성능의 부실
5. 토치팁에 이물질이 묻은 경우

57. 질량 100kg의 화물이 와이어로프에 매달려 2m/s² 의 가속도로 권상되고 있다. 이때 와이어로프에 작용하는 장력의 크기는 몇 N인가? (단, 여기서 중력가속도는 10m/s²로 한다.)

① 200N ② 300N
③ 1200N ④ 2000N

총하중(W)= 정하중(W_1)+동하중(W_2)
여기서,
$W_2 = \frac{W_1}{g} \times \alpha$ (g : 중력가속도, α : 가속도)
$W = 100kg + \left(\frac{100kg}{10m/s^2} \times 2m/s^2\right) = 120kg$
$= 120 \times 10 = 1200N$

58. 설비의 고장 형태를 크게 초기고장, 우발고장, 마모고장으로 구분할 때 다음 중 마모고장과 가장 거리가 먼 것은?

① 부품, 부재의 마모
② 열화에 생기는 고장
③ 부품, 부재의 반복 피로
④ 순간적 외력에 의한 파손

④항, 순간적 외력에 의한 파손은 우발고장에 해당된다.

59. 용접장치에서 안전기의 설치 기준에 관한 설명으로 옳지 않은 것은?

① 아세틸렌 용접장치에 대하여는 일반적으로 각 취관마다 안전기를 설치하여야 한다.
② 아세틸렌 용접장치의 안전기는 가스용기와 발생기가 분리되어 있는 경우 발생기와 가스용기 사이에 설치한다.
③ 가스집합 용접장치에서는 주관 및 분기관에 안전기를 설치하며, 이 경우 하나의 취관에 2개 이상의 안전기를 설치한다.
④ 가스집합 용접장치의 안전기 설치는 화기 사용설비로부터 3m 이상 떨어진 곳에 설치한다.

가스집합 장치에서 안전기와 화기의 거리는 규정이 없으나 가스집합장치에 대해서는 화기를 사용하는 설비로부터 5미터 이상 떨어진 장소에 설치하여야 한다.

참고 산업안전보건기준에 관한 규칙 제291조 【가스집합장치의 위험방지】

60. 밀링작업에서 주의해야 할 사항으로 옳지 않은 것은?

① 보안경을 쓴다.
② 일감 절삭 중 치수를 측정한다.
③ 커터에 옷이 감기지 않게 한다.
④ 커터는 될 수 있는 한 컬럼에 가깝게 설치한다.

일감의 측정 시는 기계를 정지시킨다음 측정할 것.

참고 작업안전수칙
1. 밀링 커터에 작업복의 소매나 작업모가 말려 들어가지 않도록 할 것
2. 칩은 기계를 정지시킨 다음에 브러시로 제거할 것
3. 일감, 커터 및 부속장치 등을 제거할 때 시동레버를 건드리지 않도록 할 것
4. 상하 이송장치의 핸들은 사용 후, 반드시 빼 둘 것
5. **일감 또는 부속장치 등을 설치하거나 제거시킬 때, 또는 일감을 측정할 때에는 반드시 정지시킨 다음에 측정할 것**
6. 커터를 교환할 때는 반드시 테이블 위에 목재를 받쳐 놓을 것
7. 커터는 될 수 있는 한 컬럼에 가깝게 설치할 것
8. 테이블이나 아암 위에 공구나 커터 등을 올려놓지 않고 공구대 위에 놓을 것
9. 가공 중에는 손으로 가공면을 점검하지 말 것
10. 강력절삭을 할 때는 일감을 바이스에 깊게 물릴 것
11. 면장갑을 끼지 말 것
12. 밀링작업에서 생기는 칩은 가늘고 예리하며 부상을 입히기 쉬우므로 보안경을 착용할 것

해답 57 ③ 58 ④ 59 ④ 60 ②

■■■ 제4과목 전기위험방지기술

61. 인입개폐기를 개방하지 않고 전등용 변압기 1차측 COS만 개방 후 전동용 변압기 접속용 볼트 작업 중 동력용 COS에 접촉, 사망한 사고에 대한 원인으로 가장 거리가 먼 것은?

① 안전장구 미사용
② 동력용 변압기 COS 미개방
③ 전등용 변압기 2차측 COS 미개방
④ 인입구 개폐기 미개방한 상태에서 작업

③항, 전등용 변압기 2차측 COS 미개방으로 인한 사고는 발생되지 않는다.

62. 정전작업 시 정전시킨 전로에 잔류전하를 방전할 필요가 있다. 전원차단 이후에도 잔류전하가 남아 있을 가능성이 가장 낮은 것은?

① 방전 코일
② 전력 케이블
③ 전력용 콘덴서
④ 용량이 큰 부하기기

방전코일이란 콘덴서를 회로에서 개방하였을 때 전하가 잔류함으로써 일어나는 위험의 방지와 재투입 시에 콘덴서에 걸리는 과전압의 방지를 위한 방전장치이다.

63. 인체의 피부 전기저항은 여러 가지의 제반조건에 의해서 변화를 일으키는데 제반조건으로써 가장 가까운 것은?

① 피부의 청결　② 피부의 노화
③ 인가전압의 크기　④ 통전경로

인체의 피부전기저항의 변화조건
1. 부위에 따른 저항
2. 습기에 의한 변화
3. 피부와 전극의 접촉면적에 의한 변화
4. 인가전압에 따른 변화
5. 인가시간에 의한 변화

64. 고장전류와 같은 대전류를 차단할 수 있는 것은?

① 차단기(CB)　② 유입 개폐기(OS)
③ 단로기(DS)　④ 선로 개폐기(LS)

차단기(CB, circuit breaker)는 정상적인 부하 전류를 개폐하거나 기기 계통에서 발생한 고장전류를 차단하여 고장개소를 제거할 목적으로 사용된다.

65. 1[C]을 갖는 2개의 전하가 공기 중에서 1[m]의 거리에 있을때 이들 사이에 작용하는 정전력은?

① 8.854×10^{-12}[N]　② 1.0[N]
③ 3×10^{3}[N]　④ 9×10^{9}[N]

$$F = \frac{Q_1 Q_2}{4\pi\varepsilon_o r^2} = \frac{1}{4\pi \times (8.855 \times 10^{-12})} \times \frac{Q_1 \times Q_2}{r^2}$$
$$= 9 \times 10^9 \times \frac{Q_1 \times Q_2}{r^2} = 9 \times 10^9 \times \frac{1[C] \times 1[C]}{1^2[m]} = 9 \times 10^9$$

※ 유전율 $\varepsilon_o = 8.855 \times 10^{-12}$

66. 금속제 외함을 가지는 기계기 구에 전기를 공급하는 전로에 지락이 발생했을 때에 자동적으로 전로를 차단하는 누전차단기 등을 설치하여야 한다. 누전차단기를 설치해야 되는 경우로 옳은 것은?

① 기계기구가 고무, 합성수지 기타 절연물로 피복된 것일 경우
② 기계기구가 유도전동기의 2차측 전로에 접속된 저항기일 경우
③ 대지전압이 150V를 초과하는 전동 기계 · 기구를 시설하는 경우
④ 전기용품안전관리법의 적용을 받는 2중절연 구조의 기계기구를 시설하는 경우

누전차단기의 설치 장소
(1) 대지전압이 150볼트를 초과하는 이동형 또는 휴대형 전기기계·기구
(2) 물 등 도전성이 높은 액체가 있는 습윤장소에서 사용하는 저압(750V 이하 직류, 600V 이하 교류)용 전기기계·기구
(3) 철판·철골 위 등 도전성이 높은 장소에서 사용하는 이동형 또는 휴대형 전기기계·기구
(4) 임시배선의 전로가 설치되는 장소에서 사용하는 이동형 또는 휴대형 전기기계·기구

참고 산업안전보건기준에 관한 규칙 제304조【누전차단기에 의한 감전방지】

해답 61 ③　62 ①　63 ③　64 ①　65 ④　66 ③

67. 전기기기의 충격 전압시험 시 사용하는 표준 충격파형(T_f, T_t)은?

① $1.2 \times 50\mu s$ ② $1.2 \times 100\mu s$
③ $2.4 \times 50\mu s$ ④ $2.4 \times 100\mu s$

충격 전압시험 시의 표준충격파형
파두장 $T_f = 1.2[\mu s]$,
파미장 $T_t = 50[\mu s]$
즉 $1.2 \times 50[\mu s]$이다.

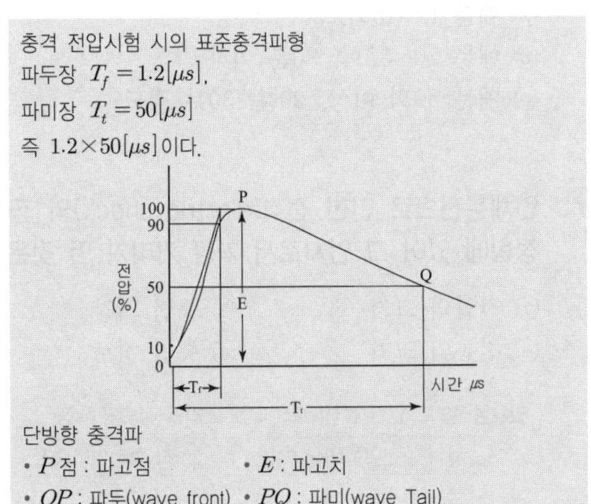

단방향 충격파
• P점 : 파고점 • E : 파고치
• OP : 파두(wave front) • PQ : 파미(wave Tail)

68. 심실세동 전류란?

① 최소 감지전류 ② 치사적 전류
③ 고통 한계전류 ④ 마비 한계전류

심실세동전류(치사전류)란 인체에 흐르는 통전전류의 크기가 더욱 증가하게 되면 전류의 일부가 심장부분을 흐르게 되며, 심장은 정상적인 맥동을 하지 못하고 불규칙적인 세동(細動)을 일으키며 혈액의 순환이 곤란하게 되고 심장이 마비되는 현상을 초래하는 전류이다.

69. 감전사고로 인한 전격사의 메카니즘으로 가장 거리가 먼 것은?

① 흉부수축에 의한 질식
② 심실세동에 의한 혈액순환기능의 상실
③ 내장파열에 의한 소화기계통의 기능 상실
④ 호흡중추신경 마비에 따른 호흡기능 상실

감전되어 사망하는 주된 메커니즘
1. 심실세동에 의한 사망
(1) 전류가 인체를 통과하면 심장이 정상적인 맥동을 하지 못하고 불규칙적 세동을 하여 혈액순환이 원활하지 못하여 사망을 하는 경우
(2) 통전시간이 길어지면 낮은 전류에도 사망을 한다.
2. 호흡정지에 의한 사망
흉부나 뇌의 중추신경에 전류가 흐르면 흉부근육이 수축되고 신경이 마비되어 질식하여 사망하는 경우
3. 화상에 의한 사망
고압선로에 인체가 접속 시 대전류에 의한 아크로 인하여 화상으로 인한 사망하는 경우
4. 전격에 의한 2차재해로 인한 추락이나 전도로 인한 사망을 하는 경우

70. 이동식 전기기기의 감전사고를 방지하기 위한 가장 적정한 시설은?

① 접지설비 ② 폭발방지설비
③ 시건장치 ④ 피뢰기설비

접지대상 코드와 플러그를 접속하여 사용하는 전기 기계·기구
1. 사용전압이 대지전압 150V를 넘는 것
2. 냉장고·세탁기·컴퓨터 및 주변기기 등과 같은 고정형 전기기계·기구
3. 고정형·이동형 또는 휴대형 전동 기계·기구
4. 물 또는 도전성이 높은 곳에서 사용하는 전기기계·기구, 비접지형 콘센트
5. 휴대형 손전등

참고 산업안전보건기준에 관한 규칙 제302조【전기 기계·기구의 접지】

71. 인체의 전기 저항을 0.5kΩ이라고 하면 심실세동을 일으키는 위험한계 에너지는 몇 J 인가? (단, 심실세동전류값 $I = \frac{165}{\sqrt{T}}$ mA의 Dalziel의 식을 이용하며, 통전 시간은 1초로 한다.)

① 13.6 ② 12.6
③ 11.6 ④ 10.6

해답 67 ① 68 ② 69 ③ 70 ① 71 ①

주울의 법칙(Joule's law)에서 $w=I^2RT$
여기서, w: 위험한계에너지[J]
I : 심실세동전류 값[mA]
R : 전기저항[Ω]
T : 통전시간[초]이다.

$$w=(\frac{165}{\sqrt{1}}\times10^{-3})^2\times500\times1=13.6[J]$$

참고 0.5kΩ ≒500[Ω]

72. 지구를 고립한 지구도체라 생각하고 1[C]의 전하가 대전되었다면 지구 표면의 전위는 대략 몇 [V]인가? (단, 지구의 반경은 6367km이다.)

① 1414V ② 2828V
③ 9×10^4V ④ 9×10^9V

$$F=\frac{Q_1Q_2}{4\pi\varepsilon_o r^2}=\frac{1}{4\pi\times(8.855\times10^{-12})}\times\frac{Q_1\times Q_2}{r^2}$$

도체구의 전위 $=9\times10^9\times\frac{Q}{r}=9\times10^9\times\frac{1}{6367\times10^3}=1414$

※ 유전율 $\varepsilon_o=8.855\times10^{-12}$

73. 조명기구를 사용함에 따라 작업면의 조도가 점차적으로 감소되어가는 원인으로 가장 거리가 먼 것은?

① 점등 광원의 노화로 인한 광속의 감소
② 조명기구에 붙은 먼지, 오물, 반사면의 변질에 의한 광속 흡수율 감소
③ 실내 반사면에 붙은 먼지, 오물, 반사면의 화학적 변질에 의한 광속 반사율 감소
④ 공급전압과 광원의 정격전압의 차이에서 오는 광속의 감소

②항, 조명기구에 붙은 먼지, 오물, 반사면의 변질이 생기면 광속 흡수율은 증가하여 조도가 낮아지게 된다.

74. 감전사고로 인한 호흡 정지 시 구강대 구강법에 의한 인공호흡의 매분 횟수와 시간은 어느 정도 하는 것이 가장 바람직한가?

① 매분 5~10 회, 30분 이하
② 매분 12~15회, 30분 이상
③ 매분 20~30회, 30분 이하
④ 매분 30회 이상, 20분~30분 정도

75 인체통전으로 인한 전격(electric shock)의 정도를 정함에 있어 그 인자로서 가장 거리가 먼 것은?

① 전압의 크기 ② 통전 시간
③ 전류의 크기 ④ 통전 경로

인체통전으로 인한 전격(electric shock)의 정도의 결정

1차적 감전위험요소	2차적 감전위험요소
1. 통전전류의 크기 2. 전원의 종류 3. 통전경로 4. 통전시간	1. 인체의 조건(저항) 2. 전압 3. 계절

76. 산업안전보건법에는 보호구를 사용 시 안전인증을 받은 제품을 사용토록 하고 있다. 다음 중 안전인증 대상이 아닌 것은?

① 안전화
② 고무장화
③ 안전장갑
④ 감전위험방지용 안전모

안전인증대상 보호구
- 추락 및 감전 위험방지용 안전모
- 안전화
- 안전장갑
- 방진마스크
- 방독마스크
- 송기마스크
- 전동식 호흡보호구
- 보호복
- 안전대
- 차광 및 비산물 위험 방지용 보안경
- 용접용 보안면
- 방음용 귀마개 또는 귀덮개

참고 산업안전보건법 시행령 제28조【안전인증대상 기계 · 기구등】

해답 72 ① 73 ② 74 ② 75 ① 76 ②

77. 전기화재의 경로별 원인으로 거리가 먼 것은?

① 단락 ② 누전
③ 저전압 ④ 접촉부의 과열

전기화재의 경로별 비율
1. 단락(25%)
2. 스파크(24%)
3. 누전(15%)
4. 접촉부의 과열(12%)
5. 절연열화에 의한 발열(11%)
6. 과전류(8%)
7. 기타 지락, 낙뢰, 정전기, 접속불량 등이 있다.

78. 누전차단기의 구성요소가 아닌 것은?

① 누전검출부 ② 영상변류기
③ 차단장치 ④ 전력퓨즈

누전차단기의 구성요소
1. 누전 검출부
2. 영상변류기
3. 차단장치

79. 자동차가 통행하는 도로에서 고압의 지중전선로를 직접 매설식으로 시설할 때 사용되는 전선으로 가장 적합한 것은?

① 비닐 외장 케이블
② 폴리에틸렌 외장 케이블
③ 클로로프렌 외장 케이블
④ 콤바인 덕트 케이블(combine duct cable)

콤바인 덕트 케이블(CD케이블)은 지중에 콘크리트제, 기타 견고한 관에 넣지 않고 직접매설 할 수 있는 전선이다.

80. 내압 방폭구조는 다음 중 어느 경우에 가장 가까운가?

① 점화 능력의 본질적 억제
② 점화원의 방폭적 격리
③ 전기 설비의 안전도 증강
④ 전기 설비의 밀폐화

내압 방폭구조
전폐구조로 용기내부에서 폭발성 가스 또는 증기가 폭발하였을 때 용기가 그 압력에 견디며, 또한 접합면, 개구부 등을 통해서 외부의 폭발성 가스에 인화될 우려가 없도록 한 구조로 점화원의 방폭적 격리 방식이다.

■■■ 제5과목 화학설비위험방지기술

81. 다음 중 분말 소화약제로 가장 적절한 것은?

① 사염화탄소 ② 브롬화메탄
③ 수산화암모늄 ④ 제1인산암모늄

제1인산암모늄은 대부분의 화재에 사용이 가능하다.
분말소화약제의 종류

종류	주성분	적응화재
제1종	중탄산나트륨($NaHCO_3$)	B, C급
제2종	중탄산칼륨($KHCO_3$)	B, C급
제3종	제1인산암모늄($NH_4H_2PO_4$)	A, B, C급
제4종	요소와 탄화칼륨의 반응물 ($KHCO_3+(NH_2)_2CO$)	B, C급

82. 사업주는 산업안전보건법령에서 정한 설비에 대해서는 과압에 따른 폭발을 방지하기 위하여 안전밸브 등을 설치하여야 한다. 다음 중 이에 해당하는 설비가 아닌 것은?

① 원심펌프
② 정변위 압축기
③ 정변위 펌프(토출측에 차단밸브가 설치된 것만 해당한다)
④ 배관(2개 이상의 밸브에 의하여 차단되어 대기온도에서 액체의 열팽창에 의하여 파열될 우려가 있는 것으로 한정한다)

해답 77 ③ 78 ④ 79 ④ 80 ② 81 ④ 82 ①

안전밸브 파열판 설치대상 설비

1. 압력용기(안지름이 150밀리미터 이하인 압력용기는 제외하며, 압력 용기 중 관형 열교환기의 경우에는 관의 파열로 인하여 상승한 압력이 압력용기의 최고사용압력을 초과할 우려가 있는 경우만 해당한다)
2. 정변위 압축기
3. 정변위 펌프(토출축에 차단밸브가 설치된 것만 해당한다)
4. 배관(2개 이상의 밸브에 의하여 차단되어 대기온도에서 액체의 열팽창에 의하여 파열될 우려가 있는 것으로 한정한다)
5. 그 밖의 화학설비 및 그 부속설비로서 해당 설비의 최고사용압력을 초과할 우려가 있는 것

참고 산업안전보건기준에 관한 규칙 제261조 【안전밸브 등의 설치】

83. 공업용 용기의 몸체 도색으로 가스명과 도색명의 연결이 옳은 것은?

① 산소 – 청색 ② 질소 – 백색
③ 수소 – 주황색 ④ 아세틸렌 – 회색

참고 가스 용기 도색

가스의 종류	도색의 구분	가스의 종류	도색의 구분
액화석유가스	회 색	액화암모니아	백 색
수 소	주황색	액화염소	갈 색
아세틸렌	황 색	그 밖의 가스	회 색

84. 다음 중 가연성 물질과 산화성 고체가 혼합하고 있을 때 연소에 미치는 현상으로 옳은 것은?

① 착화온도(발화점)가 높아진다.
② 최소점화에너지가 감소하며, 폭발의 위험성이 증가한다.
③ 가스나 가연성 증기의 경우 공기혼합보다 연소범위가 축소된다.
④ 공기 중에서보다 산화작용이 약하게 발생하여 화염온도가 감소하며 연소속도가 늦어진다.

①항, 착화온도는 낮아진다.
③항, 가연성 증기의 경우 공기와의 혼합시 보다 연소범위가 넓어진다.
④항, 공기중에서보다 산화작용이 강하게 일어나므로 화염온도와 연소속도가 높아진다.

85. 다음 중 인화점이 가장 낮은 물질은?

① CS_2 ② C_2H_5OH
③ CH_3COCH_3 ④ $CH_3COOC_2H_5$

① CS_2(이황화탄소) : –30℃
② 에탄올(C_2H_5OH) : 16℃
③ 아세톤(CH_3COCH_3) : 43.9℃
④ 아세트산 에틸($CH_3COOC_2H_5$) : –2℃

86. 아세틸렌 압축 시 사용되는 희석제로 적당하지 않은 것은?

① 메탄 ② 질소
③ 산소 ④ 에틸렌

아세틸렌은 산소와 혼합할 경우 폭발범위가 조성되어 연소폭발이 생길 우려가 있다.

87. 메탄 50vol%, 에탄 30vol%, 프로판 20vol% 혼합가스의 공기 중 폭발 하한계는? (단, 메탄, 에탄, 프로판의 폭발 하한계는 각각 5.0vol%, 3.0vol%, 2.1vol%이다.)

① 1.6vol% ② 2.1vol%
③ 3.4vol% ④ 4.8vol%

혼합가스의 폭발한계

$$\frac{100}{L}=\frac{V_1}{L_1}+\frac{V_2}{L_2}\cdots+\frac{V_n}{L_n}$$

$$L=\frac{100}{\frac{50}{5.0}+\frac{30}{3.0}+\frac{20}{2.1}}=3.39$$

88. 다음 중 폭발 또는 화재가 발생할 우려가 있는 건조설비의 구조로 적절하지 않은 것은?

① 건조설비의 바깥 면은 불연성 재료로 만들 것
② 위험물 건조설비의 열원으로서 직화를 사용하지 아니할 것
③ 위험물 건조설비의 측벽이나 바닥은 견고한 구조로 할 것
④ 위험물 건조설비는 상부를 무거운 재료로 만들고 폭발구를 설치할 것

해답 83 ③ 84 ② 85 ① 86 ③ 87 ③ 88 ④

④항, 위험물건조설비는 그 상부를 가벼운 재료로 만들고 주위상황을 고려하여 폭발구를 설치할 것

건조설비의 구조

1. 건조설비의 외면은 불연성 재료로 만들 것
2. 건조설비(유기 과산화물을 가열 건조하는 것을 제외한다)의 내면과 내부의 선반이나 틀은 불연성 재료로 만들 것
3. 위험물 건조설비의 측벽이나 바닥은 견고한 구조로 할 것
4. **위험물건조설비는 그 상부를 가벼운 재료로 만들고 주위상황을 고려하여 폭발구를 설치할 것**
5. 위험물건조설비는 건조할 때에 발생하는 가스, 증기 또는 분진을 안전한 장소로 배출시킬 수 있는 구조로 할 것
6. 액체 연료 또는 가연성가스를 열원의 연료로서 사용하는 건조설비는 점화할 때에 폭발 또는 화재를 예방하기 위하여 연소실이나 기타 점화하는 부분을 환기시킬 수 있는 구조로 할 것
7. 건조설비의 내부는 청소가 쉬운 구조로 할 것
8. 건조설비의 감시창, 출입구 및 배기구등과 같은 개구부는 발화 시에 불이 다른 곳으로 번지지 아니하는 위치에 설치하고 필요한 때에는 즉시 밀폐할 수 있는 구조로 할 것
9. 건조설비는 내부의 온도가 국부적으로 상승되지 아니하는 구조로 설치할 것
10. 위험물건조설비의 열원으로 직화를 사용하지 말 것
11. 위험물건조설비외의 건조설비의 열원으로서 직화를 사용하는 때에는 불꽃 등에 의한 화재를 예방하기 위하여 덮개를 설치하거나 격벽을 설치할 것

참고 산업안전보건기준에 관한 규칙 제281조【건조설비의 구조 등】

89. 니트로셀룰로오스의 취급 및 저장방법에 관한 설명으로 틀린 것은?

① 저장 중 충격과 마찰 동을 방지하여야 한다.
② 물과 격렬히 반응하여 폭발함으로 습기를 제거하고, 건조 상태를 유지한다.
③ 자연발화 방지를 위하여 안전용제를 사용한다.
④ 화재 시 질식소화는 적응성이 없으므로 냉각소화를 한다.

②항, 니트로셀룰로오스는 건조시 자연발화의 위험성이 커지므로 함수알코올에 습면하여 저장한다.

참고 **니트로셀룰로오스 특징**

1. 분해온도 130℃, 자연발화온도 180℃
2. 셀룰로오스를 진한질산과 진한황산에 혼합시켜 제조한 것으로 약칭은 (약어)는 NC이다.
3. 저장 수송 중에는 함수알코올로 습면시킬 것
4. 물에 녹지 않고 직사일광 및 산의 존재하에서 자연발화 한다.

90. 수분을 함유하는 에탄올에서 순수한 에탄올을 얻기 위해 벤젠과 같은 물질은 첨가하여 수분을 제거하는 증류 방법은?

① 공비증류 ② 추출증류
③ 가압증류 ④ 감압증류

공비증류 : 물질의 비점(끓는점)의 차이가 큰 혼합물을 분리하기 위한 방법으로 에탄올과 물처럼 상호용해하는 물질에서 수분을 제거하는 데 많이 사용된다.

91. 폭발에 관한 용어 중 "BLEVE"가 의미하는 것은?

① 고농도의 분진폭발
② 저농도의 분해폭발
③ 개방계 증기운 폭발
④ 비등액 팽창증기폭발

비등액 팽창증기 폭발(BLEVE) 현상이란
다량의 물질이 방출될 수 있는 특별한 형태의 재해로서, 비점이나 인화점이 낮은 액체가 들어 있는 용기 주위에 화재 등으로 인하여 가열되면, 내부의 비등현상으로 인한 압력 상승으로 용기의 벽면이 파열되면서 그 내용물이 폭발적으로 증발, 팽창하면서 폭발을 일으키는 현상

92. 다음 중 분진폭발이 발생하기 쉬운 조건으로 적절하지 않은 것은?

① 발열량이 클 때
② 입자의 표면적이 작을 때
③ 입자의 형상이 복잡할 때
④ 분진의 초기 온도가 높을 때

②항, 입자의 표면적이 클수록 폭발에너지가 커진다.

참고 **분진폭발에 영향을 미치는 요인**

1. 분진의 화학적 성질과 조성 발열량이 클수록, 분진함유량이 클수록 폭발성이 크다.
2. **입도 및 입도분포 입자경이 작고, 밀도가 작은 쪽은 표면적이 커서 폭발에너지가 크다.**
3. 수분은 분진의 부유성을 억제하여 폭발하한농도가 높아져서 폭발성을 잃게 된다.
4. 산소농도가 증가하면 폭발하한농도가 낮아짐과 함께 입도가 큰것도 폭발성을 갖게 된다.
5. 가연성가스나 인화성 액체의 증기가 분진계에 들어오면 폭발하한농도가 저하되어 위험성이 커진다.

해답 89 ② 90 ① 91 ④ 92 ②

93. 다음 중 퍼지의 종류에 해당하지 않는 것은?

① 압력퍼지　　② 진공퍼지
③ 스위프퍼지　　④ 가열퍼지

가연성 혼합가스의 폭발을 방지하기 위한 불활성화(inerting)의 종류로는 스위프 퍼지, 압력 퍼지, 진공 퍼지, 사이폰 퍼지가 있다.

94. 비중이 1.5이고, 직경이 74μm인 분체가 종말속도 0.2m/s로 직경 6m의 사일로(silo)에서 질량유속 400kg/h로 흐를 때 평균 농도는 약 얼마인가?

① 10.8mg/L　　② 14.8mg/L
③ 19.8mg/L　　④ 25.8mg/L

$$\text{평균농도}(mg/l) = \frac{400(kg/hr)\times\left(\frac{1hr}{3,600sec}\right)\left(\frac{10^6mg}{1kg}\right)}{\frac{\pi}{4}\times 6^2(m^2)\times 0.2(m/s)\times\left(\frac{1,000l}{1m^3}\right)} = 19.8(mg/l)$$

95. 위험물안전관리법령에 의한 위험물의 분류 중 제1류 위험물에 속하는 것은?

① 염소산염류　　② 황린
③ 금속칼륨　　④ 질산에스테르

①항, 염소산 염류는 1류 산화성고체에 해당한다.

참고 위험물안전관리법상 위험물의 분류
1류 : 산화성 고체
2류 : 가연성 고체
3류 : 자연발화성 물질 및 금수성 물질
4류 : 인화성 액체
5류 : 자기반응성 물질
6류 : 산화성 액체

96. 다음 중 벤젠(C_6H_6)의 공기 중 폭발하한계값(vol%)에 가장 가까운 것은?

① 1.0　　② 1.5
③ 2.0　　④ 2.5

벤젠(C_6H_6)의 특성
1. 연소범위 : 1.5~7.1%
2. 인화점 : −11.1℃
3. 착화점 562.2℃

97. 다음 중 전기화재의 종류에 해당하는 것은?

① A급　　② B급
③ C급　　④ D급

화재의 등급				
구분	A급 화재 (백색) 일반 화재	B급 화재 (황색) 유류 화재	C급 화재 (청색) 전기 화재	K급 화재 주방 화재
소화 효과	냉각	질식	질식, 냉각	질식, 냉각

98. 위험물을 산업안전보건법령에서 정한 기준량 이상으로 제조하거나 취급하는 설비로서 특수화학설비에 해당되는 것은?

① 가열시켜 주는 물질의 온도가 가열되는 위험물질의 분해온도보다 높은 상태에서 운전되는 설비
② 상온에서 게이지 압력으로 200kPa의 압력으로 운전되는 설비
③ 대기압 하에서 섭씨 300℃로 운전되는 설비
④ 흡열반응이 행하여지는 반응설비

특수화학설비의 종류
1. 발열반응이 일어나는 반응장치
2. 증류·정류·증발·추출 등 분리를 행하는 장치
3. 가열시켜주는 물질의 온도가 가열되는 위험물질의 분해온도 또는 발화점보다 높은 상태에서 운전되는 설비
4. 반응폭주 등 이상화학반응에 의하여 위험물질이 발생할 우려가 있는 설비
5. 온도가 섭씨 350도 이상이거나 게이지압력이 980킬로파스칼 이상인 상태에서 운전되는 설비
6. 가열로 또는 가열기

참고 산업안전보건기준에 관한 규칙 제273조【계측장치 등의 설치】

해답 93 ④　94 ③　95 ①　96 ②　97 ③　98 ①

99. 다음 중 축류식 압축기에 대한 설명으로 옳은 것은?

① Casing 내에 1개 또는 수 개의 회전체를 설치하여 이것을 회전시킬 때 Casing과 피스톤 사이의 체적이 감소해서 기체를 압축하는 방식이다.
② 실린더 내에서 피스톤을 왕복 시켜 이것에 따라 개폐하는 흡입밸브 및 배기밸브의 작용에 의해 기체를 압축하는 방식이다.
③ Casing 내에 넣어진 날개바퀴를 회전시켜 기체에 작용하는 원심력에 의해서 기체를 압송하는 방식이다.
④ 프로펠러의 회전에 의한 추진력에 의해 기체를 압송하는 방식이다.

Casing속에 있는 임펠러(프로펠러)의 회전에 따라 축방향으로 기체를 압축하는 것이다.

100. 산업안전보건법령상 위험물질의 종류에서 "폭발성 물질 및 유기과산화물"에 해당하는 것은?

① 리튬 ② 아조화합물
③ 아세틸렌 ④ 셀룰로이드류

①항 리튬 - 물반응성 및 인화성고체 물질
②항, 아조화합물 - 폭발성물질
③항, 아세틸렌 - 가연성 가스
④항, 셀룰로이드류 - 물반응성 및 인화성고체 물질

■■■ 제6과목 건설안전기술

101. 터널 지보공을 조립하거나 변경하는 경우에 조치하여야 하는 사항으로 옳지 않은 것은?

① 목재의 터널 지보공은 그 터널 지보공의 각 부재에 작용하는 긴압정도를 체크하여 그 정도가 최대한 차이나도록 한다.
② 강(鋼)아치 지보공의 조립은 연결볼트 및 띠장 등을 사용하여 주재 상호간을 튼튼하게 연결할 것
③ 기둥에는 침하를 방지하기 위하여 받침목을 사용하는 등의 조치를 할 것
④ 주재(主材)를 구성하는 1세트의 부재는 동일 평면 내에 배치할 것

터널 지보공을 조립하거나 변경하는 경우 조치사항
1. 주재(主材)를 구성하는 1세트의 부재는 동일 평면 내에 배치할 것
2. 목재의 터널 지보공은 그 터널 지보공의 각 부재의 긴압 정도가 균등하게 되도록 할 것
3. 기둥에는 침하를 방지하기 위하여 받침목을 사용하는 등의 조치를 할 것
4. 강(鋼)아치 지보공의 조립은 다음 각 목의 사항을 따를 것
 가. 조립간격은 조립도에 따를 것
 나. 주재가 아치작용을 충분히 할 수 있도록 쐐기를 박는 등 필요한 조치를 할 것
 다. 연결볼트 및 띠장 등을 사용하여 주재 상호간을 튼튼하게 연결할 것
 라. 터널 등의 출입구 부분에는 받침대를 설치할 것
 마. 낙하물이 근로자에게 위험을 미칠 우려가 있는 경우에는 널판 등을 설치할 것
5. 목재 지주식 지보공은 다음 각 목의 사항을 따를 것
 가. 주기둥은 변위를 방지하기 위하여 쐐기 등을 사용하여 지반에 고정시킬 것
 나. 양끝에는 받침대를 설치할 것
 다. 터널 등의 목재 지주식 지보공에 세로방향의 하중이 걸림으로써 넘어지거나 비틀어질 우려가 있는 경우에는 양끝 외의 부분에도 받침대를 설치할 것
 라. 부재의 접속부는 꺾쇠 등으로 고정시킬 것
6. 강아치 지보공 및 목재지주식 지보공 외의 터널 지보공에 대해서는 터널 등의 출입구 부분에 받침대를 설치할 것

참고 산업안전보건기준에 관한 규칙 제364조【조립 또는 변경시의 조치】

102. 철골기둥, 빔 및 트러스 등의 철골구조물을 일체화 또는 지상에서 조립하는 이유로 가장 타당한 것은?

① 고소작업의 감소 ② 화기사용의 감소
③ 구조체 강성 증가 ④ 운반물량의 감소

①항, 철골구조물을 일체화하거나 지상에서 조립하는 경우 철골 접합시 용접작업등의 고소작업이 감소된다.

103. 개착식 흙막이벽의 계측 내용에 해당되지 않는 것은?

① 경사 측정 ② 지하수위 측정
③ 변형률 측정 ④ 내공변위 측정

해답 99 ④ 100 ② 101 ① 102 ① 103 ④

흙막이 공사의 계측기 사용

종류	용도
침하계	흙댐의 성토와 기초 사이의 내부침하를 측정하는 장치
경사계	지표면의 경사가 변해가는 상태를 측정하는 장치 및 지면의 경사나 지층의 주향 등을 측량하는 장치
지하수위계	표층수의 변화에 대한 측정
지중침하계	침하로 인한 각 지층의 침하량을 계측하여 흙과 암반의 거동 및 안전성을 판단
간극수압계 (피에죠미터)	굴착 및 성토에 의한 간극수압변화 측정
균열측정기	주변구조물, 지반 등 균열의 크기와 변화에 대한 측정
변형률계	H-pile strut, 띠장 등에 부착 굴착작업 시 구조물의 변형 측정
하중계	strut, earth anchor 등 축하중 변화상태 측정

104. 로프길이 2m의 안전대를 착용한 근로자가 추락으로 인한 부상을 당하지 않기 위한 지면으로부터 안전대 고정점까지의 높이(H)의 기준으로 옳은 것은? (단, 로프의 신율 30%, 근로자의 신장 180cm)

① H 〉 1.5m　　② H 〉 2.5m
③ H 〉 3.5m　　④ H 〉 4.5m

추락시에 로프를 지지한 위치에서 신체의 최하사점까지의 거리

$h = \text{rope길이} + (\text{rope길이} \times \text{신율}) + \left(\frac{\text{신장}}{2}\right)$

$2\text{m} + (2\text{m} \times 0.3) + \left(\frac{1.8}{2}\right) = 3.5\text{m}$

105. 강관틀 비계를 조립하여 사용하는 경우 준수해야 하는 사항으로 옳지 않은 것은?

① 길이가 띠장 방향으로 4m 이하이고 높이가 10m를 초과하는 경우에는 10m 이내마다 띠장 방향으로 버팀기둥을 설치할 것
② 높이가 20m를 초과하거나 중량물의 적재를 수반하는 작업을 할 경우에는 주틀 간의 간격을 1.8m 이하로 할 것
③ 주틀 간에 교차가새를 설치하고 최상층 및 10층 이내마다 수평재를 설치할 것
④ 수직방향으로 6m, 수평방향으로 8m 이내마다 벽이음을 할 것

③항, 주틀 간에 교차 가새를 설치하고 최상층 및 5층 이내마다 수평재를 설치할 것

참고 산업안전보건기준에 관한 규칙 제62조【강관틀비계】
사업주는 강관틀 비계를 조립하여 사용하는 경우 다음 각 호의 사항을 준수하여야 한다.
1. 비계기둥의 밑둥에는 밑받침 철물을 사용하여야 하며 밑받침에 고저차(高低差)가 있는 경우에는 조절형 밑받침철물을 사용하여 각각의 강관틀비계가 항상 수평 및 수직을 유지하도록 할 것
2. 높이가 20미터를 초과하거나 중량물의 적재를 수반하는 작업을 할 경우에는 주틀 간의 간격을 1.8미터 이하로 할 것
3. **주틀 간에 교차 가새를 설치하고 최상층 및 5층 이내마다 수평재를 설치할 것**
4. 수직방향으로 6미터, 수평방향으로 8미터 이내마다 벽이음을 할 것
5. 길이가 띠장 방향으로 4미터 이하이고 높이가 10미터를 초과하는 경우에는 10미터 이내마다 띠장 방향으로 버팀기둥을 설치할 것

106. 콘크리트 타설작업 시 안전에 대한 유의 사항으로 옳지 않은 것은?

① 콘크리트를 치는 도중에는 지보공·거푸집 등의 이상유무를 확인한다.
② 높은 곳으로부터 콘크리트를 타설할 때는 호퍼로 받아 거푸집 내에 꽂아 넣는 슈트를 통해서 부어 넣어야 한다.
③ 진동기를 가능한 한 많이 사용할수록 거푸집에 작용하는 측압상 안전하다.
④ 콘크리트를 한 곳에만 치우쳐서 타설하지 않도록 주의한다.

③항, 진동기는 적절히 사용되어야 하며, 지나친 진동은 거푸집 도괴의 원인이 될 수 있으므로 각별히 주의하여야 한다. 진동기는 슬럼프값 15cm 이하에만 사용하며, 묽은비빔 콘크리트에 진동기를 사용하면 재료의 분리가 생긴다. 특히 내부진동기는 수직으로 사용하는 것이 좋으며 콘크리트로부터 급히 빼내지 않으며 작업시간은 보통 15~60초에서 30~40초 정도가 적당하다.

해답 104 ③　105 ③　106 ③

107. 건설업 산업안전보건관리비 계상 및 사용기준에 따른 안전관리비의 개인보호구 및 안전장구 구입비 항목에서 안전관리비로 사용이 가능한 경우는?

① 안전·보건관리자가 선임되지 않은 현장에서 안전·보건업무를 담당하는 현장관계자용 무전기, 카메라, 컴퓨터, 프린터 등 업무용 기기
② 혹한·혹서에 장기간 노출로 인해 건강장해를 일으킬 우려가 있는 경우 특정 근로자에게 지급되는 기능성 보호 장구
③ 근로자에게 일률적으로 지급하는 보냉·보온장구
④ 감리원이나 외부에서 방문하는 인사에게 지급하는 보호구

안전관리비의 항목별 사용 불가내역

3. 개인보호구 및 안전장구 구입비 등

근로자 재해나 건강장해 예방 목적이 아닌 근로자 식별, 복리·후생적 근무여건 개선·향상, 사기 진작, 원활한 공사수행을 목적으로 하는 장구의 구입·수리·관리 등에 소요되는 비용
- 안전·보건관리자가 선임되지 않은 현장에서 안전·보건업무를 담당하는
  현장관계자용 무전기, 카메라, 컴퓨터, 프린터 등 업무용 기기
- 근로자 보호 목적으로 보기 어려운 피복, 장구, 용품 등
  - 작업복, 방한복, 면장갑, 코팅장갑 등
  - 근로자에게 일률적으로 지급하는 보냉·보온장구(핫팩, 장갑, 아이스조끼, 아이스팩 등을 말한다) 구입비
    ※ 다만, 혹한·혹서에 장기간 노출로 인해 건강장해는 일으킬 우려가 있는 경우 특정 근로자에게 지급하는 기능성 보호 장구는 사용 가능함
  - 감리원이나 외부에서 방문하는 인사에게 지급하는 보호구

108. 압쇄기를 사용하여 건물해체 시 그 순서로 가장 타당한 것은?

[보기]
A : 보,　B : 기둥,　C : 슬래브,　D : 벽체

① A → B → C → D
② A → C → B → D
③ C → A → D → B
④ D → C → B → A

압쇄기는 쇼벨에 설치하며 유압조작에 의해 콘크리트 등에 강력한 압축력을 가해 파쇄하는 것으로 파쇄순서는 슬래브 → 보 → 벽체 → 기둥 순이다.

109. 부두·안벽 등 하역작업을 하는 장소에서 부두 또는 안벽의 선을 따라 통로를 설치하는 경우에는 그 폭을 최소 얼마 이상으로 하여야 하는가?

① 80cm　② 90cm
③ 100cm　④ 120cm

부두 또는 안벽의 선을 따라 통로를 설치하는 때에는 폭을 90cm 이상으로 할 것

참고 산업안전보건기준에 관한 규칙 제390조【부두 등의 하역작업장】

110. 가설통로의 설치 기준으로 옳지 않은 것은?

① 추락할 위험이 있는 장소에는 안전난간을 설치할 것
② 경사가 10°를 초과하는 경우에는 미끄러지지 아니하는 구조로 할 것
③ 경사는 30° 이하로 할 것
④ 건설공사에 사용하는 높이 8m 이상인 비계다리에는 7m 이내마다 계단참을 설치할 것

가설통로를 설치하는 때의 준수사항
1. 견고한 구조로 할 것
2. 경사는 30도 이하로 할 것(계단을 설치하거나 높이 2미터 미만의 가설통로로서 튼튼한 손잡이를 설치한 때에는 그러하지 아니하다)
3. **경사가 15도를 초과하는 때에는 미끄러지지 아니하는 구조로 할 것**
4. 추락의 위험이 있는 장소에는 안전난간을 설치할 것(작업상 부득이한 때에는 필요한 부분에 한하여 임시로 이를 해체할 수 있다)
5. 수직갱에 가설된 통로의 길이가 15미터 이상인 때에는 10미터 이내마다 계단참을 설치할 것
6. 건설공사에 사용하는 높이 8미터 이상인 비계다리에는 7미터 이내마다 계단참을 설치할 것

참고 산업안전보건기준에 관한 규칙 제23조【가설통로의 구조】

111. 취급·운반의 원칙으로 옳지 않은 것은?

① 곡선 운반을 할 것
③ 운반 작업을 집중하여 시킬 것
② 생산을 최고로 하는 운반을 생각할 것
④ 연속 운반을 할 것

해답 107 ② 108 ③ 109 ② 110 ② 111 ①

취급·운반 5원칙
1. 직선운반을 할 것
2. 연속운반을 할 것
3. 운반 작업을 집중화시킬 것
4. 생산을 최고로 하는 운반을 생각할 것
5. 최대한 시간과 경비를 절약할 수 있는 운반방법을 고려할 것

참고 취급·운반의 3원칙
1. 운반거리를 단축시킬 것
2. 운반을 기계화 할 것
3. 손이 닿지 않는 운반방식으로 할 것

112. 강풍이 불어올 때 타워크레인의 운전작업을 중지하여야 하는 순간풍속의 기준으로 옳은 것은?

① 순간풍속이 초당 10m 초과
② 순간풍속이 초당 15m 초과
③ 순간풍속이 초당 25m 초과
④ 순간풍속이 초당 30m 초과

사업주는 순간풍속이 매초당 10미터를 초과하는 경우에는 타워크레인의 설치·수리·점검 또는 해체작업을 중지하여야 하며, 순간풍속이 매초당 15미터를 초과하는 경우에는 타워크레인의 운전작업을 중지하여야 한다.

참고 산업안전보건기준에 관한 규칙 제37조 【악천후 및 강풍시 작업 중지】

113. 흙의 간극비를 나타낸 식으로 옳은 것은?

① $\dfrac{\text{공기}+\text{물의 체적}}{\text{흙}+\text{물의 체적}}$

② $\dfrac{\text{공기}+\text{물의 체적}}{\text{흙의 체적}}$

③ $\dfrac{\text{물의 체적}}{\text{물}+\text{흙의 체적}}$

④ $\dfrac{\text{공기}+\text{물의 체적}}{\text{공기}+\text{흙}+\text{물의 체적}}$

흙의 특성 관계식

- 간극비 $= \dfrac{\text{간극(공기와 물)의 체적}}{\text{토립자(흙)의 체적}}$
- 함수비 $= \dfrac{\text{물의 중량}}{\text{토립자(흙)의 중량}}$
- 함수율 $= \dfrac{\text{물의 중량}}{\text{토립자}+\text{물의 중량}} \times 100\%$
- 포화도 $= \dfrac{\text{물의 체적}}{\text{토립자(흙)의 체적}}$
- 예민비 $= \dfrac{\text{자연시료의 강도}}{\text{이긴시료의 강도}}$

114. 다음은 산업안전보건법령에 따른 달비계를 설치하는 경우에 준수해야 할 사항이다. (　)에 들어갈 내용으로 옳은 것은?

> 작업발판은 폭을 (　　) 이상으로 하고 틈새가 없도록 할 것

① 15cm　② 20cm
③ 40cm　④ 60cm

작업 발판의 폭을 40센티미터 이상으로 하고 틈새가 없도록 할 것

참고 산업안전보건기준에 관한 규칙 제63조 【달비계의 구조】

115. 차량계 건설기계를 사용하여 작업할 때에 기계가 넘어지거나 굴러떨어짐으로써 근로자가 위험해질 우려가 있는 경우에 조치하여야 할 사항과 거리가 먼 것은?

① 갓길의 붕괴 방지
② 작업반경 유지
③ 지반의 부동침하 방지
④ 도로 폭의 유지

사업주는 차량계 건설기계를 사용하는 작업할 때에 그 기계가 넘어지거나 굴러떨어짐으로써 근로자가 위험해질 우려가 있는 경우에는 유도하는 사람을 배치하고 지반의 부동침하 방지, 갓길의 붕괴 방지 및 도로 폭의 유지 등 필요한 조치를 하여야 한다.

참고 산업안전보건기준에 관한 규칙 제199조 【전도 등의 방지】

해답 112 ② 113 ② 114 ③ 115 ②

116. 말비계를 조립하여 사용하는 경우에 지주부재와 수평면의 기울기는 최대 몇 도 이하로 하여야 하는가?

① 30°　　② 45°
③ 60°　　④ 75°

말비계 조립 시 준수사항
1. 지주부재(支柱部材)의 하단에는 미끄럼 방지장치를 하고, 근로자가 양측 끝부분에 올라서서 작업하지 않도록 할 것
2. 지주부재와 수평면의 기울기를 75도 이하로 하고, 지주부재와 지주부재 사이를 고정시키는 보조부재를 설치할 것
3. 말비계의 높이가 2미터를 초과하는 경우에는 작업발판의 폭을 40센티미터 이상으로 할 것

참고 산업안전보건기준에 관한 규칙 제67조【말비계】

117. 유해위험방지계획서 제출 대상 공사로 볼 수 없는 것은?

① 지상 높이가 31m 이상인 건축물의 건설공사
② 터널건설공사
③ 깊이 10m 이상인 굴착공사
④ 교량의 전체길이가 40m 이상인 교량공사

④항, 최대지간길이가 50m 이상인 교량건설 등 공사가 해당된다.

건설공사 유해·위험방지계획서 제출대상 공사
1. 지상높이가 31미터 이상인 건축물 또는 인공구조물, 연면적 3만 제곱미터 이상인 건축물 또는 연면적 5천 제곱미터 이상의 문화 및 집회시설(전시장 및 동물원·식물원은 제외한다), 판매시설, 운수시설(고속철도의 역사 및 집배송시설은 제외한다), 종교시설, 의료시설 중 종합병원, 숙박시설 중 관광숙박시설, 지하도상가 또는 냉동·냉장창고시설의 건설·개조 또는 해체(이하 "건설등"이라 한다.
2. 연면적 5천 제곱미터 이상의 냉동·냉장창고시설의 설비공사 및 단열공사
3. 최대지간길이가 50m 이상인 교량건설 등 공사
4. 터널건설 등의 공사
5. 다목적댐·발전용댐 및 저수용량 2천만톤 이상의 용수전용댐·지방상수도 전용댐 건설 등의 공사
6. 깊이 10미터 이상인 굴착공사

참고 산업안전보건법 시행령 제42조【유해위험방지계획서 제출대상】

118. 사면 보호 공법 중 구조물에 의한 보호 공법에 해당되지 않는 것은?

① 식생구멍공
② 블럭공
③ 돌쌓기공
④ 현장타설 콘크리트 격자공

사면 보호 공법의 종류 및 목적

구 분	보 호 공	목 적
식생공	• 씨앗 뿜어붙이기공, 식생 매트공, 식생줄떼공, 줄떼공, 식생판공, 식생망태공, 부분 객토 식생공	• 식생에 의한 비탈면 보호, 녹화, 구조물에 의한 비탈면 보호공과의 병용
구조물에 의한 보호공	• 콘크리트 블럭격자공, 모르타르 뿜어이기공, 블럭붙임공, 돌붙임공	• 비탈표면의 풍화침식 및 동상 등의 방지
	• 현장타설 콘크리트 격자공, 콘크리트 붙임공, 비탈면 앵커공	• 비탈 표면부의 붕락방지, 약간의 토압을 받는 흙막이
	• 비탈면 돌망태공, 콘크리트 블럭 정형공	• 용수가 많은 곳 부등침하가 예상되는 곳 또는 다소 튀어 나올 우려가 있는 곳의 흙막이

119. 지반에서 나타나는 보일링(boiling) 현상의 직접적인 원인으로 볼 수 있는 것은?

① 굴착부와 배면부의 지하수위의 수두차
② 굴착부와 배면부의 흙의 중량차
③ 굴 착부와 배면부의 흙의 함수비차
④ 굴착부와 배면부의 흙의 토압차

보일링이란 사질토 지반을 굴착 시, 굴착부와 지하수위차가 있을 경우, 수두차에 의하여 침투압이 생겨 흙막이벽 근입부분을 침식하는 동시에, 모래가 액상화되어 솟아오르며 흙막이벽의 근입부가 지지력을 상실하여 흙막이공의 붕괴를 초래하는 현상이다.

참고 보일링(boilong)현상

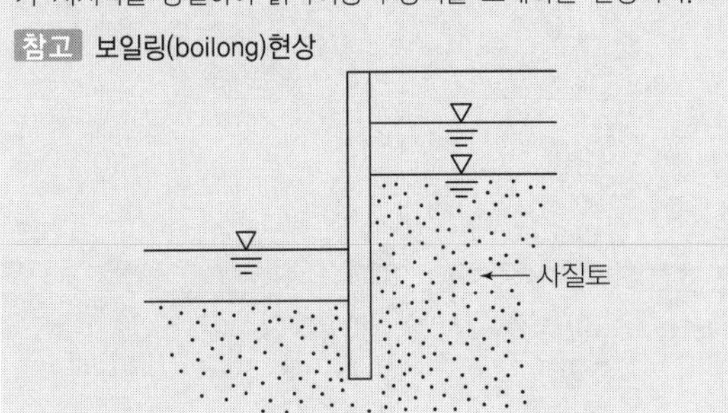

해답 116 ④　117 ④　118 ①　119 ①

120. **추락의 위험이 있는 개구부에 대한 방호조치와 거리가 먼 것은?**

① 안전난간, 울타리, 수직형 추락방망 등으로 방호조치를 한다.
② 충분한 강도를 가진 구조의 덮개를 뒤집히거나 떨어지지 않도록 설치한다.
③ 어두운 장소에서도 식별이 가능한 개구부 주의 표지를 부착한다.
④ 폭 30cm 이상의 발판을 설치한다.

추락의 위험이 있는 개구부에 대한 방호조치

1. 사업주는 작업발판의 끝이나 개구부로서 추락에 의하여 근로자에게 위험 장소에는 안전난간·울타리, 수직형추락방망 또는 덮개 등(이하 "난간등"이라 한다)으로 방호조치를 하거나 충분한 강도를 가진 구조의 덮개를 뒤집히거나 떨어지지 아니하도록 설치하고, 어두운 장소에서도 식별이 가능하도록 개구부임을 표시하여야 한다.
2. 난간 등을 설치하는 것이 심히 곤란하거나 작업의 필요상 임시로 난간 등을 해체하여야 하는 때에는 안전방망을 치거나 근로자에게 안전대를 착용하도록 하는 등 추락에 의한 위험을 방지하기 위하여 필요한 조치를 하여야 한다.

참고 산업안전보건기준에 관한 규칙 제43조 【개구부 등의 방호조치】

해답 120 ④

2018 과년도 출제문제

제1과목 안전관리론

1. 집단에서의 인간관계 메커니즘(Mechanism)과 가장 거리가 먼 것은?

① 모방, 암시 ② 분열, 강박
③ 동일화, 일체화 ④ 커뮤니케이션, 공감

인간관계 메커니즘(mechanism)

구분	내용
동일화 (identification)	다른 사람의 행동 양식이나 태도를 투입시키거나, 다른 사람 가운데서 자기와 비슷한 것을 발견하는 것
투사 (投射 : projection)	자기 속의 억압된 것을 다른 사람의 것으로 생각하는 것을 투사(또는 투출)
커뮤니케이션 (communication)	갖가지 행동 양식이나 기호를 매개로 하여 어떤 사람으로부터 다른 사람에게 전달되는 과정
모방 (imitation)	남의 행동이나 판단을 표본으로 하여 그것과 같거나 또는 그것에 가까운 행동 또는 판단을 취하려는 것
암시 (suggestion)	다른 사람으로부터의 판단이나 행동을 무비판적으로 논리적, 사실적 근거 없이 받아들이는 것

2. 산업안전보건법령에 따른 안전보건관리규정에 포함되어야 할 세부 내용이 아닌 것은?

① 위험성 감소대책 수립 및 시행에 관한 사항
② 하도급 사업장에 대한 안전·보건관리에 관한 사항
③ 질병자의 근로 금지 및 취업 제한 등에 관한 사항
④ 물질안전보건자료에 관한 사항

④항, 물질안전보건자료에 관한 사항은 해당되지 않는다.

1. 총칙
   가. 안전보건관리규정 작성의 목적 및 적용 범위에 관한 사항
   나. 사업주 및 근로자의 재해 예방 책임 및 의무 등에 관한 사항
   다. 하도급 사업장에 대한 안전·보건관리에 관한 사항
2. 안전·보건 관리조직과 그 직무
   가. 안전·보건 관리조직의 구성방법, 소속, 업무 분장 등에 관한 사항
   나. 안전보건관리책임자(안전보건총괄책임자), 안전관리자, 보건관리자, 관리감독자의 직무 및 선임에 관한 사항
   다. 산업안전보건위원회의 설치·운영에 관한 사항
   라. 명예산업안전감독관의 직무 및 활동에 관한 사항
   마. 작업지휘자 배치 등에 관한 사항
3. 안전·보건교육
   가. 근로자 및 관리감독자의 안전·보건교육에 관한 사항
   나. 교육계획의 수립 및 기록 등에 관한 사항
4. 작업장 안전관리
   가. 안전·보건관리에 관한 계획의 수립 및 시행에 관한 사항
   나. 기계·기구 및 설비의 방호조치에 관한 사항
   다. 유해·위험기계 등에 대한 자율검사프로그램에 의한 검사 또는 안전검사에 관한 사항
   라. 근로자의 안전수칙 준수에 관한 사항
   마. 위험물질의 보관 및 출입 제한에 관한 사항
   바. 중대재해 및 중대산업사고 발생, 급박한 산업재해 발생의 위험이 있는 경우 작업중지에 관한 사항
   사. 안전표지·안전수칙의 종류 및 게시에 관한 사항과 그 밖에 안전관리에 관한 사항
5. 작업장 보건관리
   가. 근로자 건강진단, 작업환경측정의 실시 및 조치절차 등에 관한 사항
   나. 유해물질의 취급에 관한 사항
   다. 보호구의 지급 등에 관한 사항
   라. 질병자의 근로 금지 및 취업 제한 등에 관한 사항
   마. 보건표지·보건수칙의 종류 및 게시에 관한 사항과 그 밖에 보건관리에 관한 사항
6. 사고 조사 및 대책 수립
   가. 산업재해 및 중대산업사고의 발생 시 처리 절차 및 긴급조치에 관한 사항
   나. 산업재해 및 중대산업사고의 발생원인에 대한 조사 및 분석, 대책 수립에 관한 사항
   다. 산업재해 및 중대산업사고 발생의 기록·관리 등에 관한 사항
7. 위험성평가에 관한 사항
   가. 위험성평가의 실시 시기 및 방법, 절차에 관한 사항
   나. 위험성 감소대책 수립 및 시행에 관한 사항
8. 보칙
   가. 무재해운동 참여, 안전·보건 관련 제안 및 포상·징계 등 산업재해 예방을 위하여 필요하다고 판단하는 사항
   나. 안전·보건 관련 문서의 보존에 관한 사항
   다. 그 밖의 사항
   사업장의 규모·업종 등에 적합하게 작성하며, 필요한 사항을 추가하거나 그 사업장에 관련되지 않는 사항은 제외할 수 있다.

참고 산업안전보건법 시행규칙 별표3 【안전보건관리규정의 세부내용】

해답 01 ② 02 ④

3. 안전교육 중 프로그램 학습법의 장점이 아닌 것은?

① 학습자의 학습과정을 쉽게 알 수 있다.
② 여러 가지 수업 매체를 동시에 다양하게 활용할 수 있다.
③ 지능, 학습속도 등 개인차를 충분히 고려할 수 있다.
④ 매 반응마다 피드백이 주어지기 때문에 학습자가 흥미를 가질 수 있다.

②항, 여러 가지 수업 매체를 동시에 다양하게 활용하는 방법은 강의식 학습법에 해당된다.

참고 프로그램 학습법

프로그램 학습법(programmed learning method)는 스키너가 자신의 행동주의 학습이론인 작동적 조건화에 의거하여 개발한 교수혁신방안으로 학습자가 스스로 학습할 수 있도록 꾸며진 학습자료를 책이나 기계장치로 제시하여 학습하도록 하는 학습방법이다.

1. 장점
 (1) 학습자의 학습 과정을 쉽게 알 수 있다.
 (2) 지능, 학습속도 등 개인차를 충분히 고려할 수 있다.
 (3) 매 반응마다 피드백이 주어지기 때문에 학습자가 흥미를 가질 수 있다.
2. 단점
 (1) 체계적이고 우수한 프로그램의 작성이 쉽지 않다.
 (2) 경험을 통한 학습에는 적용이 어렵다.
 (3) 개별적 학습활동으로 이루어지기 때문에 협동정신이나 상부상조의 사회성을 기를 수 없다.
 (4) 교사와 학생간의 인격적 교류가 불가능하다.
 (5) 프로그램 개발에 따른 경비가 많이 든다.

4. 산업안전보건법령에 따른 근로자 안전·보건 교육 중 근로자 정기 안전·보건교육의 교육내용에 해당하지 않는 것은? (단, 산업안전보건법 및 일반관리에 관한 사항은 제외한다.)

① 건강증진 및 질병 예방에 관한 사항
② 산업보건 및 직업병 예방에 관한 사항
③ 유해·위험 작업환경에 관리에 관한 사항
④ 작업공정의 유해·위험과 재해 예방대책에 관한 사항

④항은 관리감독자 정기안전보건 교육내용이다.

참고 근로자 정기안전·보건교육 내용

1. 산업안전 및 사고 예방에 관한 사항
2. 산업보건 및 직업병 예방에 관한 사항
3. 건강증진 및 질병 예방에 관한 사항
4. 유해·위험 작업환경 관리에 관한 사항
5. 「산업안전보건법」및 일반관리에 관한 사항
6. 직무스트레스 예방 및 관리에 관한 사항
7. 산업재해보상보험 제도에 관한 사항

참고 산업안전보건법 시행규칙 별표5 【교육대상별 교육내용】

5. 최대사용전압이 교류(실효값) 500V 또는 직류 750V 인 내전압용 절연장갑의 등급은?

① 00 ② 0
③ 1 ④ 2

절연장갑의 등급

등 급	최대사용전압	
	교류(V, 실효값)	직류(V)
00	500	750
0	1,000	1,500
1	7,500	11,250
2	17,000	25,500
3	26,500	39,750
4	36,000	54,000

6. 산업재해 기록·분류에 관한 지침에 따른 분류기준 중 다음의 (   ) 안에 알맞은 것은?

> 재해자가 넘어짐으로 인하여 기계의 동력전달부위 등에 끼이는 사고가 발생하여 신체부위가 절단된 경우는 (   )으로 분류한다.

① 넘어짐 ② 끼임
③ 깔림 ④ 절단

해답 03 ② 04 ④ 05 ① 06 ②

두 가지 이상의 발생형태가 연쇄적으로 발생된 사고의 경우는 상해결과 또는 피해를 크게 유발한 형태로 분류한다.
※ 재해자가 「넘어짐」으로 인하여 기계의 동력전달부위 등에 끼이는 사고가 발생하여 신체부위가 「절단」된 경우에는 「끼임」으로 분류한다.

참고 산업재해 기록 및 분류에 관한 지침

7. **산업안전보건법령에 따라 사업주가 사업장에서 중대재해가 발생한 사실을 알게 된 경우 관할 지방고용노동관서의 장에게 보고하여야 하는 시기로 옳은 것은? (단, 천재지변 등 부득이한 사유가 발생한 경우는 제외한다.)**

① 지체 없이　② 12시간 이내
③ 24시간 이내　④ 48시간 이내

중대재해가 발생한 사실을 알게 된 경우에는 지체 없이 다음 각 호의 사항을 관할 지방고용노동관서의 장에게 전화·팩스, 또는 그 밖에 적절한 방법으로 보고하여야 한다.
1. 발생 개요 및 피해 상황
2. 조치 및 전망
3. 그 밖의 중요한 사항

참고 산업안전보건법 시행규칙 제67조【중대재해 발생 시 보고】

8. **유기화합물용 방독마스크의 시험가스가 아닌 것은?**

① 염소증기(Cl_2)
② 디메틸에테르(CH_3OCH_3)
③ 시클로헥산(C_6H_{12})
④ 이소부탄(C_4H_{10})

참고 방독마스크의 종류 및 시험가스

종 류	시험가스
유기화합물용	시클로헥산(C_6H_{12}) 디메틸에테르(CH_3OCH_3) 이소부탄(C_4H_{10})
할로겐용	염소가스 또는 증기(Cl_2)
황화수소용	황화수소가스(H_2S)
시안화수소용	시안화수소가스(HCN)
아황산용	아황산가스(SO_2)
암모니아용	암모니아가스(NH_3)

9. **안전교육의 학습경험선정 원리에 해당되지 않는 것은?**

① 계속성의 원리
② 가능성의 원리
③ 동기유발의 원리
④ 다목적 달성의 원리

계속성의 원리란 조건반사설의 원리로서 자극과 반응과의 관계를 반복하여 횟수를 거듭할수록 조건화가 잘 형성된다는 원리이다.

참고 학습경험선정의 원리
① 가능성의 원리
② 다목적 달성의 원리
③ 동기유발의 원리

10. **재해사례연구의 진행순서로 옳은 것은?**

① 재해 상황 파악 → 사실의 확인 → 문제점 발견 → 근본적 문제점 결정 → 대책수립
② 사실의 확인 → 재해 상황 파악 → 문제점 발견 → 근본적 문제점 결정 → 대책수립
③ 재해 상황 파악 → 사실의 확인 → 근본적 문제점 결정 → 문제점 발견 → 대책수립
④ 사실의 확인 → 재해 상황 파악 → 근본적 문제점 결정 → 문제점 발견 → 대책수립

재해사례연구의 진행단계
1. 전제조건 : 재해상황(현상)의 파악
2. 1단계 : 사실의 확인
3. 2단계 : 문제점 발견
4. 3단계 : 근본적 문제점 결정
5. 4단계 : 대책의 수립

11. **산업안전보건법령에 따른 특정행위의 지시 및 사실의 고지에 사용되는 안전·보건표지의 색도기준으로 옳은 것은?**

① 2.5G 4/10
② 2.5PB 4/10
③ 5Y 8.5/12
④ 7.5R 4/14

해답 07 ① 08 ① 09 ① 10 ① 11 ②

참고 안전·보건표지의 색체 및 색도기준 및 용도

색 체	색도기준	용 도	사 용 례
빨간색	7.5R 4/14	금지	정지신호, 소화설비 및 그 장소, 유해행위의 금지
		경고	화학물질 취급장소에서의 유해·위험 경고
노란색	5Y 8.5/12	경고	화학물질 취급장소에서의 유해·위험 경고 이외의 위험경고, 주의표지 또는 기계 방호물
파란색	2.5PB 4/10	지시	특정행위의 지시, 사실의 고지
녹 색	2.5G 4/10	안내	비상구 및 피난소, 사람 또는 차량의 통행표지
흰 색	N9.5		파란색 또는 녹색에 대한 보조색
검은색	N0.5		문자 및 빨간색 또는 노란색에 대한 보조색

12. 부주의에 대한 사고방지대책 중 기능 및 작업측면의 대책이 아닌 것은?

① 표준작업의 습관화
② 적성배치
③ 안전의식의 제고
④ 작업조건의 개선

③항, 안전의식의 제고는 교육적 측면의 대책에 해당한다.

13. 버드(Bird)의 신연쇄성 이론 중 재해발생의 근원적 원인에 해당하는 것은?

① 상해 발생　　② 징후 발생
③ 접촉 발생　　④ 관리의 부족

버드의 재해발생 이론
- 1단계 : 통제의 부족(관리 소홀) → 핵심단계
- 2단계 : 기본원인(기원)
- 3단계 : 직접원인(징후)
- 4단계 : 사고(접촉)
- 5단계 : 상해, 손해

14. 브레인스토밍(Brain-storming) 기법의 4원칙에 관한 설명으로 옳은 것은?

① 주제와 관련이 없는 내용은 발표할 수 없다.
② 동료의 의견에 대하여 좋고 나쁨을 평가한다.
③ 발표 순서를 정하고, 동일한 발표기회를 부여한다.
④ 타인의 의견에 대하여는 수정하여 발표할 수 있다.

브레인스토밍(Brain storming)의 4원칙
1. 자유 분방 : 편안하게 발언한다.
2. 대량 발언 : 무엇이건 많이 발언하게 한다.
3. 수정 발언 : 남의 의견을 덧붙여 발언해도 좋다.
4. 비판 금지 : 남의 의견을 비판하지 않는다.

15. 주의의 특성에 해당되지 않는 것은?

① 선택성　　② 변동성
③ 가능성　　④ 방향성

참고 주의의 특성
1. 주의력의 중복집중의 곤란 : 주의는 동시에 2개 방향에 집중하지 못한다.(선택성)
2. 주의력의 단속성 : 고도의 주의는 장시간 지속 할 수 없다.(변동성)
3. 한 지점에 주의를 집중하면 다른데 주의는 약해진다.(방향성)

16. O.J.T(On the Job Training)의 특징에 대한 설명으로 옳은 것은?

① 특별한 교재·교구·설비·등을 이용하는 것이 가능하다.
② 외부의 전문가를 위촉하여 전문교육을 실시할 수 있다.
③ 직장의 설정에 맞는 구체적으로 실제적인 지도 교육이 가능하다.
④ 다수의 근로자들에게 조직적 훈련이 가능하다.

해답 12 ③　13 ④　14 ④　15 ③　16 ③

①, ②, ④항은 Off.J.T 훈련이다.

참고 O.J.T와 off.J.T의 특징

O.J.T	off.J.T
1. 개개인에게 적합한 지도훈련을 할 수 있다. 2. 직장의 실정에 맞는 실체적 훈련을 할 수 있다. 3. 훈련에 필요한 업무의 계속성이 끊어지지 않는다. 4. 즉시 업무에 연결되는 관계로 신체와 관련이 있다. 5. 효과가 곧 업무에 나타나며 훈련의 좋고 나쁨에 따라 개선이 용이하다. 6. 교육을 통한 훈련 효과에 의해 상호 신뢰도 및 이해도가 높아진다.	1. 다수의 근로자에게 조직적 훈련이 가능하다. 2. 훈련에만 전념하게 된다. 3. 특별 설비 기구를 이용할 수 있다. 4. 전문가를 강사로 초청할 수 있다. 5. 각 직장의 근로자가 많은 지식이나 경험을 교류할 수 있다. 6. 교육 훈련 목표에 대해서 집단적 노력이 흐트러질 수 있다.

17. 연간근로자수가 1000명인 공장의 도수율이 10인 경우 이 공장에서 연간 발생한 재해건수는 몇 건인가?

① 20건 ② 22건
③ 24건 ④ 26건

$$도수율 = \frac{재해발생건수}{연평균근로총시간수} \times 10^6$$

$$재해발생건수 = \frac{도수율 \times 연평균근로시간수}{10^6}$$

$$= \frac{10 \times (1000 \times 2400)}{10^6} = 24$$

18. 산업안전보건법령상 안전검사 대상 유해·위험 기계 등에 해당하는 것은?

① 정격 하중이 2톤 미만인 크레인
② 이동식 국소 배기장치
③ 밀폐형 구조 롤러기
④ 산업용 원심기

안전검사대상 유해 위험 기계

1. 프레스
2. 전단기
3. 크레인(정격 하중이 2톤 미만인 것은 제외한다.)
4. 리프트
5. 압력용기
6. 곤돌라
7. 국소 배기장치(이동식은 제외한다.)
8. 원심기(산업용만 해당된다.)
9. 롤러기(밀폐형 구조는 제외한다.)
10. 사출성형기(형 체결력 294KN 미만은 제외한다.)
11. 고소작업대(「자동차관리법」에 따른 화물자동차 또는 특수자동차에 탑재한 고소작업대로 한정한다.)
12. 컨베이어
13. 산업용 로봇

참고 산업안전보건법 시행령 제78조【안전검사 대상 기계등】

19. 안전교육 방법의 4단계의 순서로 옳은 것은?

① 도입 → 확인 → 적용 → 제시
② 도입 → 제시 → 적용 → 확인
③ 제시 → 도입 → 적용 → 확인
④ 제시 → 확인 → 도입 → 적용

안전교육훈련 지도방법의 4단계

- 1단계 : 도입(준비)
- 2단계 : 제시(설명)
- 3단계 : 적용(응용)
- 4단계 : 확인(총괄)

20. 관리 그리드 이론에서 인간관계 유지에는 낮은 관심을 보이지만 과업에 대해서는 높은 관심을 가지는 리더십의 유형은?

① 1.1형 ② 1.9형
③ 9.1형 ④ 9.9형

해답 17 ③ 18 ④ 19 ② 20 ③

관리 그리드 이론(R.블레이크와 J.모턴의 관리 격자도)

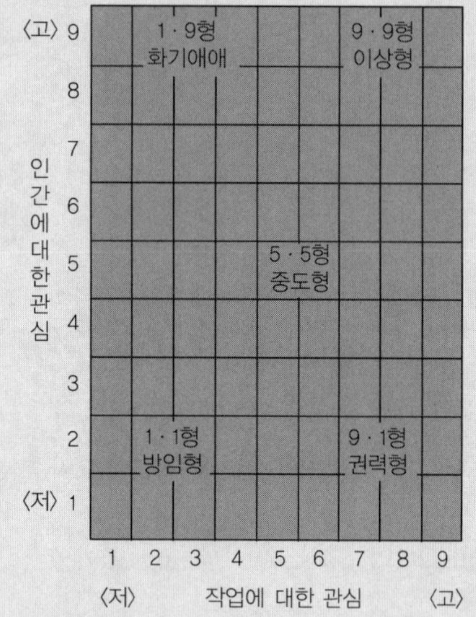

1.1형 : 무관심형	• 생산, 사람에 대한 관심도가 모두 낮음 • 리더 자신의 직분 유지에 필요한 노력만 함
1.9형 : 인기형	• 생산, 사람에 대한 관심도가 매우 높음 • 구성원간의 친밀감에 중점을 둠
9.1형 : 과업형	• 생산에 대한 관심도 매우 높음, 사람에 대한 관심도 낮음 • 업무상 능력을 중시 함
5.5형 : 타협형	• 사람과 업무의 절충형 • 적당한 수준성과를 지향 함
9.9형 : 이상형	• 구성원과의 공동목표, 상호 의존관계를 중요시함 • 상호신뢰, 상호존경, 구성원을 통한 과업 달성함

■■■ 제2과목 인간공학 및 시스템안전공학

21. 고용노동부 고시의 근골격계부담작업의 범위에서 근골격계부담작업에 대한 설명으로 틀린 것은?

① 하루에 10회 이상 25kg 이상의 물체를 드는 작업
② 하루에 총 2시간 이상 쪼그리고 앉거나 무릎을 굽힌 자세에서 이루어지는 작업
③ 하루에 총 2시간 이상 집중적으로 자료입력 등을 위해 키보드 또는 마우스를 조작하는 작업
④ 하루에 총 2시간 이상 지지되지 않은 상태에서 4.5kg이상의 물건을 한 손으로 들거나 동일한 힘으로 쥐는 작업

참고 근골격계부담작업의 범위(단, 단기간작업 또는 간헐적인 작업은 제외한다.)

1. 하루에 4시간 이상 집중적으로 자료입력 등을 위해 키보드 또는 마우스를 조작하는 작업
2. 하루에 총 2시간 이상 목, 어깨, 팔꿈치, 손목 또는 손을 사용하여 같은 동작을 반복하는 작업
3. 하루에 총 2시간 이상 머리 위에 손이 있거나, 팔꿈치가 어깨 위에 있거나, 팔꿈치를 몸통으로부터 들거나, 팔꿈치를 몸통뒤쪽에 위치하도록 하는 상태에서 이루어지는 작업
4. 지지되지 않은 상태이거나 임의로 자세를 바꿀 수 없는 조건에서, 하루에 총 2시간 이상 목이나 허리를 구부리거나 트는 상태에서 이루어지는 작업
5. 하루에 총 2시간 이상 쪼그리고 앉거나 무릎을 굽힌 자세에서 이루어지는 작업
6. 하루에 총 2시간 이상 지지되지 않은 상태에서 1kg 이상의 물건을 한손의 손가락으로 집어 옮기거나, 2kg 이상에 상응하는 힘을 가하여 한손의 손가락으로 물건을 쥐는 작업
7. 하루에 총 2시간 이상 지지되지 않은 상태에서 4.5kg 이상의 물건을 한 손으로 들거나 동일한 힘으로 쥐는 작업
8. 하루에 10회 이상 25kg 이상의 물체를 드는 작업
9. 하루에 25회 이상 10kg 이상의 물체를 무릎 아래에서 들거나, 어깨 위에서 들거나, 팔을 뻗은 상태에서 드는 작업
10. 하루에 총 2시간 이상, 분당 2회 이상 4.5kg 이상의 물체를 드는 작업
11. 하루에 총 2시간 이상 시간당 10회 이상 손 또는 무릎을 사용하여 반복적으로 충격을 가하는 작업

22. 양립성(compatibility)에 대한 설명 중 틀린 것은?

① 개념양립성, 운동양립성, 공간양립성 등이 있다.
② 인간의 기대에 맞는 자극과 반응의 관계를 의미한다.
③ 양립성의 효과가 크면 클수록, 코딩의 시간이나 반응의 시간은 길어진다.
④ 양립성이란 제어장치와 표시장치의 연관성이 인간의 예상과 어느 정도 일치하는 것을 의미한다.

해답 21 ③ 22 ③

양립성(compatibility)이란 정보입력 및 처리와 관련한 양립성은 인간의 기대와 모순되지 않는 자극들간의, 반응들 간의 또는 자극반응 조합의 관계를 말하는 것으로 양립성의 효과가 클수록 코딩의 시간이나 반응의 시간이 짧아져 효율적으로 작동한다.

23. **정보처리과정에 부적절한 분석이나 의사결정의 오류에 의하여 발생하는 행동은?**

① 규칙에 기초한 행동(rule-bases behavior)
② 기능에 기초한 행동(skill-based behavior)
③ 지식에 기초한 행동(knowledge-based behavior)
④ 무의식에 기초한 행동 (unconsciousness-bases behavior)

Rasmussen의 인간오류 분류기법

구분	내용
기능에 기초한 행동 (skill-based behavior)	무의식적인 행동관례와 저장된 행동 양상에 의해 제어되는데, 관례적 상황에서 숙련된 운전자에게 적절하다. 이러한 행동에서의 오류는 주로 실행 오류이다.
규칙에 기초한 행동 (rule-based behavior)	균형적 행동 서브루틴(subroutin)에 관한 저장된 법칙을 적용할 수 있는 친숙한 상황에 적용된다. 이러한 행동에서의 오류는 상황에 대한 현저한 특징의 인식, 올바른 규칙의 기억과 적용에 관한 것이다.
지식에 기초한 행동 (knoledge-based behavior)	목표와 관련하여 작동을 계획해야 하는 특수하고 친숙하지 않은 상황에서 발생하는데, 부적절한 분석이나 의사결정에서 오류가 생긴다.

24. **욕조곡선의 설명으로 맞는 것은?**

① 마모고장 기간의 고장 형태는 감소형이다.
② 디버깅(Dedugging) 기간은 마모고장에 나타난다.
③ 부식 또는 산화로 인하여 초기고장이 일어난다.
④ 우발고장기간은 고장률이 비교적 낮고 일정한 현상이 나타난다.

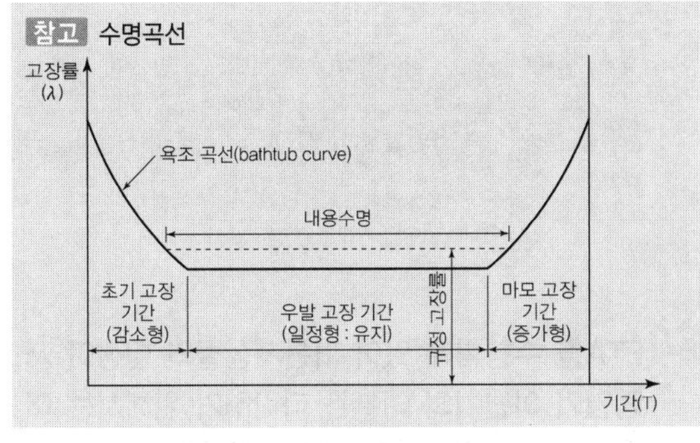

25. **시력에 대한 설명으로 맞는 것은?**

① 배열시력(vernier acuity) – 배경과 구별하여 탐지할 수 있는 최소의 점
② 동적시력(dynamic visual acuity) – 비슷한 두 물체가 다른 거리에 있다고 느껴지는 시차각의 최소차로 측정되는 시력
③ 입체시력(stereoscopic acuity) – 거리가 있는 한 물체에 대한 약간 다른 상이 두 눈의 망막에 맺힐 때 이것을 구별하는 능력
④ 최소지각시력(minimum perceptible acuity) – 하나의 수직선이 중간에서 끊겨 아래 부분이 옆으로 옮겨진 경우에 탐지할 수 있는 최소 측변방위

① 배열시력 : 둘 혹은 그 이상의 물체들을 평면에 배열하여 놓고 그것이 일열로 서 있는지의 여부를 판별하는 능력
② 동적시력 : 움직이는 물체를 정확하게 분간하는 능력
③ 입체시력 : 거리가 있는 하나의 물체에 대해 두 눈의 망막에서 수용할 때 상이나 그림의 차이를 분간하는 능력
④ 최소지각시력 : 배경으로부터 한 점을 분간하는 능력

26. **인간의 귀의 구조에 대한 설명으로 틀린 것은?**

① 외이는 귓바퀴와 외이도로 구성된다.
② 고막은 중이와 내이의 경계부위에 위치해 있으며 음파를 진동으로 바꾼다.
③ 중이에는 인두와 교통하여 고실 내압을 조절하는 유스타키오관이 존재한다.
④ 내이는 신체의 평형감각수용기인 반규관과 청각을 담당하는 전정기관 및 와우로 구성되어 있다.

해답 23 ③ 24 ④ 25 ③ 26 ②

고막(ear drum, tympanic membrane)은 외이(outer ear, external ear)와 중이(middle ear)의 경계에 자리잡고 있으며, 두께 0.1mm의 얇고 투명한 막으로 소리자극에 의해서 진동하여 귓속뼈(이소골)를 통해서 속귀의 달팽이관까지 소리진동을 전달하는 역할을 한다.

27. FTA를 수행함에 있어 기본사상들의 발생이 서로 독립인가 아닌가의 여부를 파악하기 위해서는 어느 값을 계산해 보는 것이 가장 적합한가?

① 공분산 ② 분산
③ 고장률 ④ 발생확률

공분산(共分散 : covariance)은 2개의 확률변수의 상관정도를 나타내는 값으로 기본사상들의 발생이 서로 독립적인가 하는 부분을 확인할 수 있다.

28. 산업안전보건법령에 따라 제출된 유해·위험방지계획서의 심사 결과에 따른 구분·판정결과에 해당하지 않는 것은?

① 적정 ② 일부적정
③ 부적정 ④ 조건부 적정

유해·위험방지계획서 심사 결과의 구분
1. 적정 : 근로자의 안전과 보건을 위하여 필요한 조치가 구체적으로 확보되었다고 인정되는 경우
2. 조건부 적정 : 근로자의 안전과 보건을 확보하기 위하여 일부 개선이 필요하다고 인정되는 경우
3. 부적정 : 기계·설비 또는 건설물이 심사기준에 위반되어 공사 착공 시 중대한 위험발생의 우려가 있거나 계획에 근본적 결함이 있다고 인정되는 경우

29. 일반적으로 기계가 인간보다 우월한 기능에 해당되는 것은? (단, 인공지능은 제외한다.)

① 귀납적으로 추리한다.
② 원칙을 적용하여 다양한 문제를 해결한다.
③ 다양한 경험을 토대로 하여 의사 결정을 한다.
④ 명시된 절차에 따라 신속하고, 정량적인 정보처리를 한다.

①, ②, ③항은 인간이 기계보다 우수한 기능이며
④항, 명시된 프로그램에 따라 정량적인 정보처리를 하는 기능은 기계가 인간보다 우수한 기능이다.

30. 섬유유연제 생산 공정이 복잡하게 연결되어 있어 작업자의 불안전한 행동을 유발하는 상황이 발생하고 있다. 이것을 해결하기 위한 위험처리 기술에 해당하지 않는 것은?

① Transfer(위험전가)
② Retention(위험보류)
③ Reduction(위험감축)
④ Rerange(작업순서의 변경 및 재배열)

위험 조정기술
1. 위험 감축(reduction)
2. 보류(retention)
3. 위험회피(avoidance)
4. 전가(transfer)

31. 다음 그림의 결함수에서 최소 패스셋(minmal path sets)과 그 신뢰도 R(t)는? (단, 각각의 부품 신뢰도는 0.9이다.)

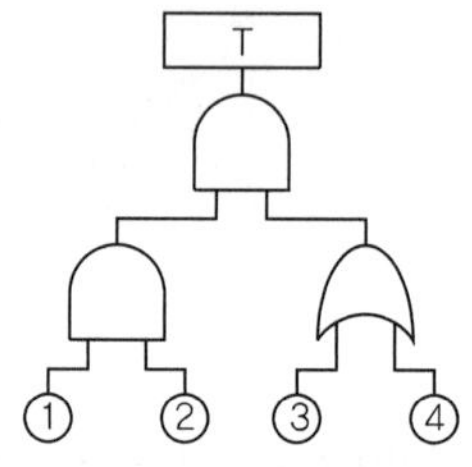

① 최소 패스셋 : {1}, {2}, {3,4}
R(t) = 0.9081
② 최소 패스셋 : {1}, {2}, {3,4}
R(t) = 0.9981
③ 최소 패스셋 : {1, 2, 3}, {1, 2, 4}
R(t) = 0.9081
④ 최소 패스셋 : {1, 2, 3}, {1, 2, 4}
R(t) = 0.9981

해답 27 ① 28 ② 29 ④ 30 ④ 31 ②

1. 최소 패스셋 : $T \rightarrow \begin{bmatrix} A \\ B \end{bmatrix} \rightarrow \begin{bmatrix} ① \\ ② \\ B \end{bmatrix} \rightarrow \begin{bmatrix} ① \\ ② \\ [③, ④] \end{bmatrix}$

2. $R = 1-(1-A)\times(1-B)$
$= 1-(1-0.99)\times(1-0.81)$
$= 0.9981$

※ $\begin{bmatrix} A = 1-(1-①)\times(1-②) \\ \quad = 1-(1-0.9)^2 = 0.99 \\ B = ③\times④ = 0.9\times0.9 = 0.81 \end{bmatrix}$

32. 3개 공정의 소음수준 측정 결과 1공정은 100 dB에서 1시간, 2공정은 95dB에서 1시간, 3공정은 90dB에서 1시간이 소요될 때 총 소음량(TND)과 소음설계의 적합성을 맞게 나열한 것은? (단, 90dB에 8시간 노출될 때를 허용기준으로 하며, 5dB 증가할 때 허용시간은 1/2로 감소되는 법칙을 적용한다.)

① TND = 0.785, 적합
② TND = 0.875, 적합
③ TND = 0.985, 적합
④ TND = 1.085, 부적합

① 노출기준정리
90dB → 8시간
95dB → 4시간
100dB → 2시간
② 총소음량(TND)
각각 1시간씩 소요되므로
$TND = \frac{1}{8}+\frac{1}{4}+\frac{1}{2}=\frac{7}{8}=0.875$
③ 총소음량(TND)이 1을 넘지 않으므로 적합판정

33. 인간공학에 있어 기본적인 가정에 관한 설명으로 틀린 것은?

① 인간 기능의 효율은 인간 - 기계 시스템의 효율과 연계된다.
② 인간에게 적절한 동기부여가 된다면 좀 더 나은 성과를 얻게 된다.
③ 개인이 시스템에서 효과적으로 기능을 하지 못하여도 시스템의 수행도는 변함없다.
④ 장비, 물건, 환경 특성이 인간의 수행도와 인간 - 기계 시스템의 성과에 영향을 준다.

개인은 전체시스템의 한부분으로 개인의 효과적인 기능이 발휘되도록 하여야 한다.
인간공학은 기계와 그 기계조작 및 환경조건을 인간의 특성, 능력과 한계에 잘 조화하도록 설계하기 위한 수단을 연구하는 학문분야이다.

34. 안전성 평가의 기본원칙 6단계에 해당되지 않는 것은?

① 안전대책 ② 정성적 평가
③ 작업환경 평가 ④ 관계 자료의 정비검토

안전성 평가의 6단계
- 1단계 : 관계자료의 정비검토
- 2단계 : 정성적 평가
- 3단계 : 정량적 평가
- 4단계 : 안전대책
- 5단계 : 재해정보에 의한 재평가
- 6단계 : FTA에 의한 재평가

35. 다음 내용의 ( )안에 들어갈 내용을 순서대로 정리한 것은?

> 근섬유의 수축단위는 (A)(이)라 하는데, 이것은 두 가지 기본형의 단백질 필라멘트로 구성되어 있으며, (B)이(가) (C) 사이로 미끄러져 들어가는 현상으로 근육의 수축을 설명하기도 한다.

① A : 근막, B : 마이오신, C : 액틴
② A : 근막, B : 액틴, C : 마이오신
③ A : 근원섬유, B : 근막, C : 근섬유
④ A : 근원섬유, B : 액틴, C : 마이오신

자극을 통한 근육수축으로 근육의 길이가 단축된다.
근섬유의 수축단위(contractile unit)는 근원섬유(myofibril)로 두 가지 기본형의 단백질 필라멘트인 미오신(myosin)과 액틴(actin)으로 되어 있다. 이것이 밴드처럼 배열되어 있어 근육이 수축하면 액틴필라멘트가 미오신 필라멘트 사이로 미끄러져 들어간다. 이러한 복합작용에 의해 근섬유의 길이가 반 정도로 수축한다.

해답 32 ② 33 ③ 34 ③ 35 ④

36. 소음 발생에 있어 음원에 대한 대책으로 볼 수 없는 것은?

① 설비의 격리
② 적절한 재배치
③ 저소음 설비 사용
④ 귀마개 및 귀덮개 사용

소음에 대한 대책

적극적 대책(음원에 대한 대책)	소음원의 통제, 소음의 격리, 차폐장치(baffle) 및 흡음재료 사용, 음향처리제(acoustical treatment) 사용, 적절한 배치(layout)
소극적 대책	방음보호구 사용, BGM(back ground music)

37. 인간공학적 의자 설계의 원리로 가장 적합하지 않은 것은?

① 자세고정을 줄인다.
② 요부측만을 촉진한다.
③ 디스크 압력을 줄인다.
④ 등근육의 정적 부하를 줄인다.

의자설계의 일반적인 원칙
- 요부 전만을 유지한다.
- 디스크가 받는 압력을 줄인다.
- 등근육의 정적 부하를 줄인다.
- 자세고정을 줄인다.
- 조정이 용이해야 한다.

38. FTA에서 사용되는 논리게이트 중 입력과 반대되는 현상으로 출력되는 것은?

① 부정 게이트
② 억제 게이트
③ 배타적 OR 게이트
④ 우선적 AND 게이트

①항, 부정 gate란 부정 모디화이어라고도 하며 입력현상의 반대인 출력이 된다.

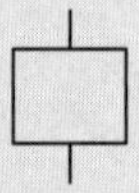

부정 gate

39. 다음 그림에서 시스템 위험분석 기법 중 PHA(예비위험분석)가 실행되는 사이클의 영역으로 맞는 것은?

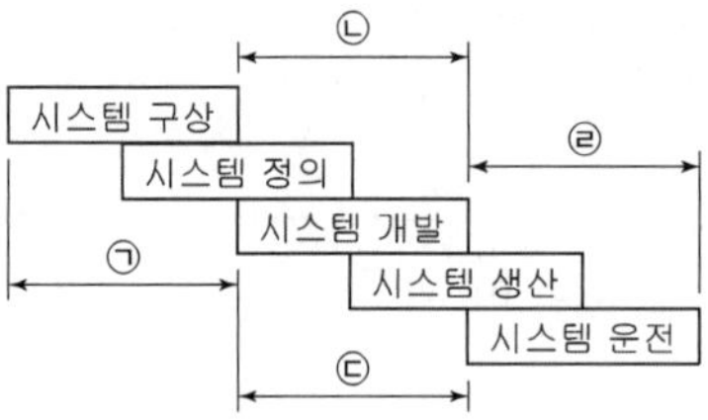

① ㉠ ② ㉡
③ ㉢ ④ ㉣

참고 시스템 수명주기의 PHA

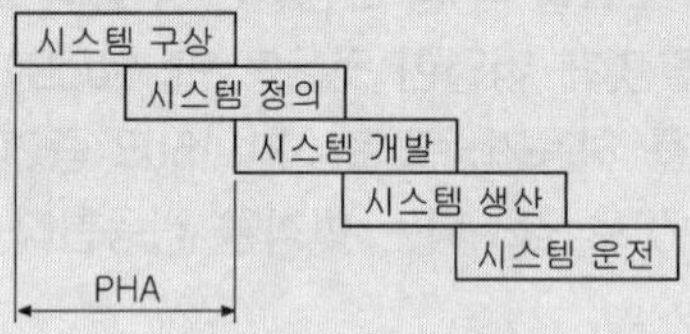

40. 인간과 기계의 신뢰도가 인간 0.40, 기계 0.95 인 경우, 병렬작업 시 전체 신뢰도는?

① 0.89 ② 0.92
③ 0.95 ④ 0.97

$R=1-(1-0.4)\times(1-0.95)=0.97$

■■■ 제3과목 기계위험방지기술

41. 어떤 양중기에서 3000kg의 질량을 가진 물체를 한쪽이 45°인 각도로 그림과 같이 2개의 와이어로프로 직접 들어올릴 때, 안전율이 고려된 가장 적절한 와이어로프 지름을 표에서 구하면? (단, 안전율은 산업안전보건법령을 따르고, 두 와이어로프의 지름은 동일하며, 기준을 만족하는 가장 작은 지름을 선정한다.)

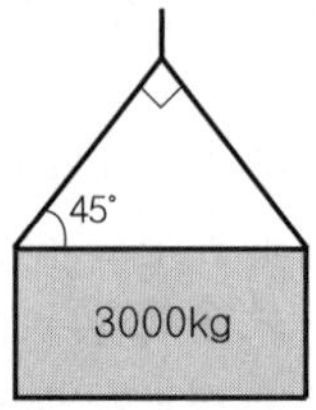

와이어로프 지름 및 절단강도

해답 36 ④ 37 ② 38 ① 39 ① 40 ④ 41 ③

와이어로프 지름[mm]	절단강도 [kN]
10	56 kN
12	88 kN
14	110 kN
16	144 kN

① 10mm ② 12mm
③ 14mm ④ 16mm

① 와이어로프 한줄에 걸리는 하중

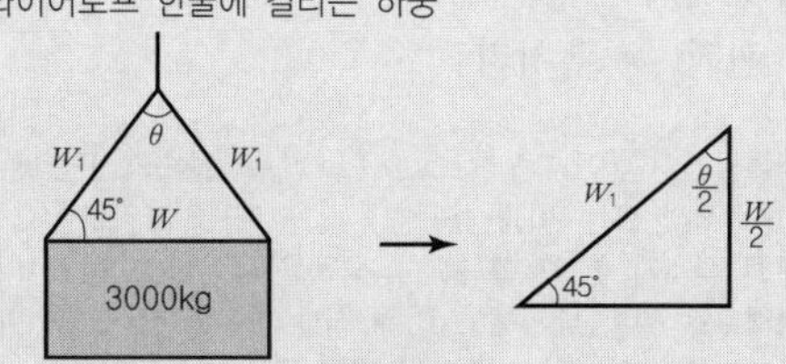

그림에서 $\theta = 90°$이므로,

$$W_1 = \frac{\frac{W}{2}}{\cos\left(\frac{\theta}{2}\right)} = \frac{\frac{3{,}000\text{kg}}{2}}{\cos\left(\frac{90°}{2}\right)} = 2121.32\text{kg}$$

② 와이어로프의 안전계수
화물의 하중을 직접 지지하는 달기와이어로프 또는 달기체인의 경우 : 5 이상

참고 산업안전보건기준에 관한 규칙 제163조【와이어로프 등 달기구의 안전계수】

③ 절단강도$= 2121.32\text{kg} \times 5 = 10{,}606.6$
$= 10{,}606.6 \times 9.8 = 103{,}944.68\text{N} = 103.94\text{kN}$

④ 표에서 110kN을 선택하면 14mm가 된다.

42. 다음 중 금형 설치·해체작업의 일반적인 안전사항으로 틀린 것은?

① 금형을 설치하는 프레스의 T홈 안길이는 설치 볼트 직경 이하로 한다.
② 금형의 설치용구는 프레스의 구조에 적합한 형태로 한다.
③ 고정볼트는 고정 후 가능하면 나사산이 3~4개 정도 짧게 남겨 슬라이드 면과의 사이에 협착이 발생하지 않도록 해야 한다.
④ 금형 고정용 브래킷(물림판)을 고정시킬 때 고정용 브래킷은 수평이 되게 하고, 고정볼트는 수직이 되게 고정하여야 한다.

금형을 설치하는 프레스의 T홈 안길이는 설치 볼트 직경의 2배 이상으로 한다.

참고 **금형의 설치 및 조정 해체 작업 시 안전수칙**
1. 금형의 설치용구는 프레스의 구조에 적합한 형태로 한다.
2. 금형을 설치하는 프레스의 T홈 안길이는 설치 볼트 직경의 2배 이상으로 한다.
3. 고정볼트는 고정 후 가능하면 나사산이 3~4개 정도 짧게 남겨 슬라이드면과의 사이에 협착이 발생하지 않도록 해야 한다.
4. 금형 고정용 브래킷(물림판)을 고정시킬 때 고정용 브래킷은 수평이 되게 하고 고정볼트는 수직이 되게 고정하여야 한다.
5. 부적합한 프레스에 금형을 설치하는 것을 방지하기 위하여 금형에 부품번호, 상형중량, 총중량, 다이하이트, 제품소재(재질) 등을 기록 하여야 한다.

참고 프레스금형작업의 안전에 관한 기술지침

43. 휴대용 동력드릴의 사용 시 주의해야 할 사항에 대한 설명으로 옳지 않은 것은?

① 드릴 작업 시 과도한 진동을 일으키면 즉시 작동을 중단한다.
② 드릴이나 리머를 고정하거나 제거할 때는 금속성 망치 등을 사용한다.
③ 절삭하기 위하여 구멍에 드릴날을 넣거나 뺄 때는 팔을 드릴과 직선이 되도록 한다.
④ 작업 중에는 드릴을 구멍에 맞추거나 하기 위해서 드릴 날을 손으로 잡아서는 안된다.

드릴이나 리머를 고정시키거나 제거하고자 할 때 금속성물질로 두드리면 변형 및 파손될 우려가 있으므로 고무망치 등을 사용하거나 나무블록 등을 사이에 두고 두드린다.

44. 방호장치를 분류할 때는 크게 위험장소에 대한 방호장치와 위험원에 대한 방호장치로 구분할 수 있는데, 다음 중 위험장소에 대한 방호장치가 아닌 것은?

① 격리형 방호장치 ② 접근거부형 방호장치
③ 접근반응형 방호장치 ④ 포집형 방호장치

해답 42 ① 43 ② 44 ④

④항, 포집형 방호장치는 위험원에 대한 방호장치이다.

참고 방호장치의 분류

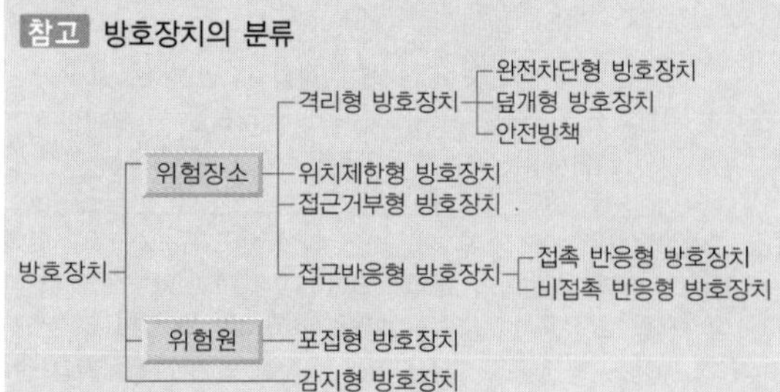

45. 다음 (   )안의 A와 B의 내용을 옳게 나타낸 것은?

> 아세틸렌용접장치의 관리상 발생기에서 (A)미터 이내 또는 발생기실에서 (B)미터 이내의 장소에서는 흡연, 화기의 사용 또는 불꽃이 발생한 위험한 행위를 금지해야 한다.

① A : 7, B : 5 ② A : 3, B : 1
③ A : 5, B : 5 ④ A : 5, B : 3

발생기에서 5미터 이내 또는 발생기실에서 3미터 이내의 장소에서는 흡연, 화기의 사용 또는 불꽃이 발생할 위험한 행위를 금지시킬 것.

참고 산업안전보건기준에 관한 규칙 제290조【아세틸렌 용접장치의 관리 등】

46. 크레인의 로프에 질량 100kg인 물체를 5m/s^2의 가속도로 감아올릴 때, 로프에 걸리는 하중은 약 몇 N인가?

① 500N ② 1480N
③ 2540N ④ 4900N

총하중(W)= 정하중(W_1)+동하중(W_2)

여기서,

$W_2 = \frac{W_1}{g} \times \alpha$ (g : 중력가속도, α : 가속도)

$W = 100[kg] + \frac{100[kg]}{9.8[m/s^2]} \times 5[m/s^2] = 151.02[kg]$

151.02×9.8=1479.99[N]

47. 침투탐상검사에서 일반적인 작업 순서로 옳은 것은?

① 전처리 → 침투처리 → 세척처리 → 현상처리 → 관찰 → 후처리
② 전처리 → 세척처리 → 침투처리 → 현상처리 → 관찰 → 후처리
③ 전처리 → 현상처리 → 침투처리 → 세척처리 → 관찰 → 후처리
④ 전처리 → 침투처리 → 현상처리 → 세척처리 → 관찰 → 후처리

침투탐상시험(PT : Penetrant Test)이란 물체의 표면에 침투력이 강한 적색 또는 형광성의 침투액을 도포하고 표면 개구면에 충분히 적시게 한 후 표면의 침투액을 제거하여 백색 미분말의 현상액으로 결함 내부에 스며든 침투액을 표면에 흡출하여 자외선 등으로 비추어 결함장소와 크기를 구분하는 방법이다.
작업 순서 : 전처리 → 침투처리 → 세척처리 → 현상처리 → 관찰 → 후처리

48. 연삭기 덮개의 개구부 각도가 그림과 같이 150° 이하여야 하는 연삭기의 종류로 옳은 것은?

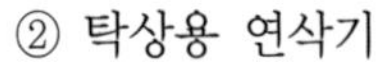

① 센터리스 연삭기
② 탁상용 연삭기
③ 내면 연삭기
④ 평면 연삭기

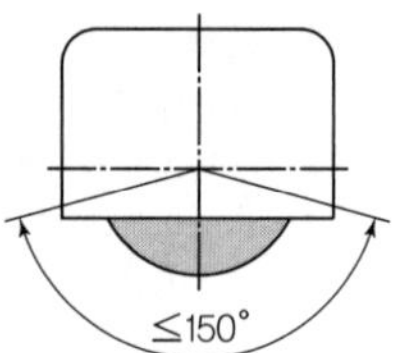

절단 및 평면연삭기의 노출각도는 150° 이내로 하되, 숫돌의 주축에서 수평면 밑으로 이루는 덮개의 각도는 15° 이상이 되도록 하여야 한다.

49. 다음 중 선반에서 사용하는 바이트와 관련된 방호장치는?

① 심압대 ② 터릿
③ 칩 브레이커 ④ 주축대

칩 브레이커(chip breaker)란 바이트의 날 끝에 홈 또는 단을 만들어 칩을 구부러지게 하여 이로 인해 칩을 절단시키는 것으로 종류로는 클램프형, 연삭형이 있다.

해답 45 ④ 46 ② 47 ① 48 ④ 49 ③

50. **프레스기를 사용하여 작업을 할 때 작업시작 전 점검사항으로 틀린 것은?**

① 클러치 및 브레이크의 기능
② 압력방출장치의 기능
③ 크랭크축·플라이휠·슬라이드·연결봉 및 연결나사의 풀림유무
④ 금형 및 고정 볼트의 상태

압력방출장치의 기능은 공기압축기 가동시 작업시작전 점검사항이다.

프레스 작업시작 전 점검사항
1. 클러치 및 브레이크의 기능
2. 크랭크축·플라이휠·슬라이드·연결봉 및 연결 나사의 풀림 여부
3. 1행정 1정지기구·급정지장치 및 비상정지장치의 기능
4. 슬라이드 또는 칼날에 의한 위험방지 기구의 기능
5. 프레스의 금형 및 고정볼트 상태
6. 방호장치의 기능
7. 전단기(剪斷機)의 칼날 및 테이블의 상태

참고 **산업안전기준에 관한 규칙 별표3 【작업시작 전 점검사항】**

51. **다음 중 기계설비에서 재료 내부의 균열 결함을 확인할 수 있는 가장 적절한 검사 방법은?**

① 육안검사 ② 초음파탐상검사
③ 피로검사 ④ 액체침투탐상검사

초음파 탐상 검사(UT : Ultrasonic Test)란 물체를 통과 시에 물체 내의 결함 등 불균일한 부분이 있으면 반사하는 성질이 있다. 초음파는 보통 1~5MHz의 주파수를 사용하여 시험체에 투입시켜 내부의 결함을 반사에 의해 수신되는 현상을 이용하여 결함의 소재나 위치 및 결함의 크기를 알 수 있는 방법으로 종류로는 반사식, 투과식, 공진식이 있다.

52. **다음은 프레스 제작 및 안전기준에 따라 높이 2m 이상인 작업용 발판의 설치 기준을 설명한 것이다. ( )안에 알맞은 말은?**

> [안전난간 설치기준]
> • 상부 난간대는 바닥면으로부터 (가) 이상 120cm 이하에 설치하고, 중간 난간대는 상부 난간대와 바닥면 등의 중간에 설치할 것
> • 발끝막이판은 바닥면 등으로부터 (나) 이상의 높이를 유지할 것

① 가. 90cm, 나. 10cm
② 가. 60cm, 나. 10cm
③ 가. 90cm, 나. 20cm
④ 가. 60cm, 나. 20cm

안전난간의 구조
1. 상부 난간대, 중간 난간대, 발끝막이판 및 난간기둥으로 구성할 것. 다만, 중간 난간대, 발끝막이판 및 난간기둥은 이와 비슷한 구조와 성능을 가진 것으로 대체할 수 있다.
2. **상부 난간대는 바닥면·발판 또는 바닥면등으로부터 90센티미터 이상 지점에 설치**하고, 상부 난간대를 120센티미터 이하에 설치하는 경우에는 중간 난간대는 상부 난간대와 바닥면등의 중간에 설치하여야 하며, 120센티미터 이상 지점에 설치하는 경우에는 중간 난간대를 2단 이상으로 균등하게 설치하고 난간의 상하 간격은 60센티미터 이하가 되도록 할 것. 다만, 계단의 개방된 측면에 설치된 난간기둥 간의 간격이 25센티미터 이하인 경우에는 중간 난간대를 설치하지 아니할 수 있다.
3. **발끝막이판은 바닥면등으로부터 10센티미터 이상**의 높이를 유지할 것. 다만, 물체가 떨어지거나 날아올 위험이 없거나 그 위험을 방지할 수 있는 망을 설치하는 등 필요한 예방 조치를 한 장소는 제외한다.
4. 난간기둥은 상부 난간대와 중간 난간대를 견고하게 떠받칠 수 있도록 적정한 간격을 유지할 것
5. 상부 난간대와 중간 난간대는 난간 길이 전체에 걸쳐 바닥면등과 평행을 유지할 것
6. 난간대는 지름 2.7센티미터 이상의 금속제 파이프나 그 이상의 강도가 있는 재료일 것
7. 안전난간은 구조적으로 가장 취약한 지점에서 가장 취약한 방향으로 작용하는 100킬로그램 이상의 하중에 견딜 수 있는 튼튼한 구조일 것

참고 **산업안전보건기준에 관한 규칙 제13조 【안전난간의 구조 및 설치요건】**

53. **다음 중 산업안전보건법령상 보일러 및 압력용기에 관한 사항으로 틀린 것은?**

① 공정안전보고서 제출 대상으로 이행상태 평가결과가 우수한 사업장의 경우 보일러의 압력방출장치에 대하여 8년에 1회 이상으로 설정압력에서 압력방출장치가 적정하게 작동하는지를 검사할 수 있다.
② 보일러의 안전한 가동을 위하여 보일러 규격에 맞는 압력방출장치를 1개 이상 설치하고 최고 사용압력 이하에서 작동되도록 하여야 한다.

해답 50 ② 51 ② 52 ① 53 ①

③ 보일러의 과열을 방지하기 위하여 최고사용압력과 상용 압력 사이에서 보일러의 버너 연소를 차단할 수 있도록 압력제한스위치를 부착하여 사용하여야 한다.

④ 압력용기에서는 이를 식별할 수 있도록 하기 위하여 그 압력 용기의 최고사용압력, 제조연월일, 제조회사명이 지워지지 않도록 각인(刻印) 표시된 것을 사용하여야 한다.

보일러의 압력방출장치
압력방출장치는 1년에 1회 이상 국가교정기관으로부터 교정을 받은 압력계를 이용하여 토출(吐出)압력을 시험한 후 납으로 봉인하여 사용하여야 한다. 다만, 공정안전보고서 제출대상으로서 노동부장관이 실시하는 **공정안전관리 이행수준 평가결과가 우수한 사업장은 압력방출장치에 대하여 4년에 1회 이상 토출압력을 시험할 수 있다.**
참고 산업안전보건기준에 관한 규칙 제116조【압력방출장치】

54. **목재가공용 둥근톱 기계에서 가동식 접촉예방장치에 대한 요건으로 옳지 않은 것은?**

① 덮개의 하단이 송급되는 가공재의 상면에 항상 접하는 방식의 것이고 절단작업을 하고 있지 않을 때에는 톱날에 접촉되는 것을 방지할 수 있어야 한다.
② 절단작업 중 가공재의 절단에 필요한 날 이외의 부분을 항상 자동적으로 덮을 수 있는 구조여여 한다.
③ 지지부는 덮개의 위치를 조정할 수 있고 체결볼트에는 이완방지조치를 해야 한다.
④ 톱날이 보이지 않게 완전히 가려진 구조이어야 한다.

④항. 가동식 접촉예방장치는 작업에 현저한 지장을 초래하지 않도록 톱날을 볼 수 있는 구조이어야 한다.

55. **다음 중 기계설비에서 반대로 회전하는 두 개의 회전체가 맞닿는 사이에 발생하는 위험점을 무엇이라 하는가?**

① 물림점(nip point)
② 협착점(squeeze point)
③ 접선물림점(tangential point)
④ 회전말림점(trapping point)

물림점(Nip point)
회전하는 두 개의 회전체에는 물려 들어가는 위험성이 존재하는 점
예 롤러, 회전체가 반대방향으로 맞물려 회전되는 것.

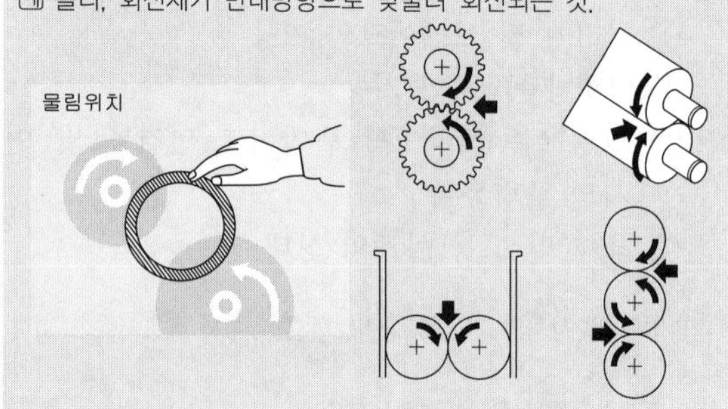

56. **롤러의 가드 설치방법 중 안전한 작업공간에서 사고를 일으키는 공간함정(trap)을 막기 위해 확보해야할 신체 부위별 최소 틈새가 바르게 짝지어진 것은?**

① 다리 : 240mm
② 발 : 180mm
③ 손목 : 150mm
④ 손가락 : 25mm

trapping space
작업자가 작업 중 트랩공간에 신체의 각 부분이 들어가 상해를 입을 수 있는 공간으로서 신체의 각부와 트랩사이에 최소틈새가 유지되어야 사고를 예방할 수 있다.

신체부위	몸	다리	발
최소틈새	500mm	180mm	120mm
트랩			
신체부위	팔	손목	손가락
최소틈새	120mm	100mm	25mm
트랩			

해답 54 ④ 55 ① 56 ④

57. 지게차가 부하상태에서 수평거리가 12m이고, 수직 높이가 1.5m인 오르막길을 주행할 때 이 지게차의 전후 안정도와 지게차 안정도 기준의 만족여부로 옳은 것은?

① 지게차 전후 안정도는 12.5%이고 안정도 기준을 만족하지 못한다.
② 지게차 전후 안정도는 12.5%이고 안정도 기준을 만족한다.
③ 지게차 전후 안정도는 25%이고 안정도 기준을 만족하지 못한다.
④ 지게차 전후 안정도는 25%이고 안정도 기준을 만족한다.

안정도$=\frac{h}{l}\times 100=\frac{1.5}{12}\times 100=12.5\%$
주행시 전후 안정도 기준은 18%이므로 안정도 기준을 만족한다.

참고 지게차의 안정도 기준
1. 하역 작업 시의 전후 안정도 4%(5톤 이상의 것은 3.5%)
2. 주행 시의 전후 안정도 18%
3. 하역 작업 시의 좌우 안정도 6%
4. 주행 시의 좌우 안정도(15+1.1V)%, V는 최고 속도(시속 km)

58. 사출성형기에서 동력작동식 금형고정장치의 안전사항에 대한 설명으로 옳지 않은 것은?

① 금형 또는 부품의 낙하를 방지하기 위해 기계적 억제장치를 추가하거나 자체 고정장치(self retain clamping unit) 등을 설치해야 한다.
② 자석식 금형 고정장치는 상·하(좌·우) 금형의 정확한 위치가 자동적으로 모니터(monitor)되어야 한다.
③ 상·하(좌·우)의 두 금형 중 어느 하나가 위치를 이탈하는 경우 플레이트를 작동시켜야 한다.
④ 전자석 금형 고정장치를 사용하는 경우에는 전자기파에 의한 영향을 받지 않도록 전자파 내성대책을 고려해야 한다.

사출 성형기의 동력작동식 금형고정장치의 안전사항
1. 금형 또는 부품의 낙하를 방지하기 위해 기계적 억제장치를 추가하거나 자체 고정장치(self retain clamping unit) 등을 설치 해야 한다.
2. 자석식 금형 고정장치는 상·하(좌·우)금형의 정확한 위치가 자동적으로 모니터(monitor)되어야 하며, **두 금형중 어느 하나가 위치를 이탈하는 경우 플레이트를 더 이상 움직이지 않아야 한다.**
3. 전자석 금형 고정장치를 사용하는 경우에는 전자기파에 의한 영향을 받지 않도록 전자파 내성대책을 고려해야 한다.

59. 인장강도가 250N/mm^{2}인 강판의 안전율이 4라면 이 강판의 허용응력(N/mm^2)은 얼마인가?

① 42.5 ② 62.5
③ 82.5 ④ 102.5

안전율$=\frac{\text{인장강도}}{\text{허용응력}}$ 이므로

허용응력$=\frac{\text{인장강도}}{\text{안전율}}=\frac{250}{4}=62.5$

60. 다음 설명 중 ( )안에 알맞은 내용은?

롤러기의 급정지장치는 롤러를 무부하로 회전시킨 상태에서 앞면 롤러의 표면속도가 30m/min 미만일 때에는 급정지거리가 앞면 롤러 원주의 ( ) 이내에서 롤러를 정지시킬 수 있는 성능을 보유해야 한다.

① $\frac{1}{2}$ ② $\frac{1}{4}$
③ $\frac{1}{3}$ ④ $\frac{1}{2.5}$

참고 급정지장치의 성능

앞면 롤러의 표면속도(m/min)	급정지 거리
30 미만	앞면 롤러 원주의 1/3
30 이상	앞면 롤러 원주의 1/2.5

해답 57 ② 58 ③ 59 ② 60 ③

■■■ 제4과목 전기위험방지기술

61. **심장의 맥동주기 중 어느 때에 전격이 인가되면 심실세동을 일으킬 확률이 크고, 위험한가?**

① 심방의 수축이 있을 때
② 심실의 수축이 있을 때
③ 심실의 수축 종료 후 심실의 휴식이 있을 때
④ 심실의 수축이 있고 심방의 휴식이 있을 때

전격에 의해 심실세동이 일어날 확률이 가장 큰 심장맥동 주기
심장맥동주기는 심실의 수축 종료 후 심실의 휴식 시 발생하는 T파형이다.

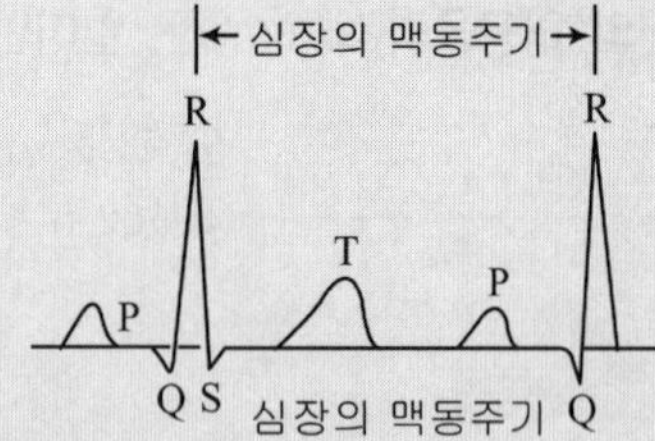

P : 심방의 수축에 따른 파형
Q-R-S : 심실의 수축에 따른 파형
T : 심실의 수축 종료 후 심실의 휴식 시 발생하는 파형
R-R : 심장의 맥동주기
T파형에서 심실세동을 일으킬 확률이 가장 크다.

62. **교류 아크 용접기의 전격방지장치에서 시동감도를 바르게 정의한 것은?**

① 용접봉을 모재에 접촉시켜 아크를 발생시킬 때 전격방지 장치가 동작할 수 있는 용접기의 2차측 최대저항을 말한다.
② 안전전압(24V 이하)이 2차측 전압(85~95V)으로 얼마나 빨리 전환되는가 하는 것을 말한다.
③ 용접봉을 모재로부터 분리시킨 후 주접점이개로되어 용접기의 2차측 전압이 무부하 전압(25V 이하)으로 될 때까지의 시간을 말한다.
④ 용접봉에서 아크를 발생시키고 있을 때 누설전류가 발생하면 전격방지 장치를 작동시 켜야 할지 운전을 계속해야 할지를 결정해야 하는 민감도를 말한다.

63. **다음 ( )안에 들어갈 내용으로 옳은 것은?**

> A. 감전 시 인체에 흐르는 전류는 인가전압에 (㉠)하고 인체저항에 (㉡)한다.
> B. 인체는 전류의 열작용이 (㉢)×(㉣)이 어느 정도 이상이 되면 발생한다.

① ㉠ 비례, ㉡ 반비례, ㉢ 전류의 세기, ㉣ 시간
② ㉠ 반비례, ㉡ 비례, ㉢ 전류의 세기, ㉣ 시간
③ ㉠ 비례, ㉡ 반비례, ㉢ 전압, ㉣ 시간
④ ㉠ 반비례, ㉡ 비례, ㉢ 전압, ㉣ 시간

1. 전류$(I) = \dfrac{\text{전압}(V)}{\text{저항}(R)}$
2. 인체는 전류의 열작용이 전류의세기 × 시간이 어느 정도 이상이 되면 발생한다.

64. **폭발 위험장소 분류 시 분진폭발위험장소의 종류에 해당하지 않는 것은?**

① 20종 장소
② 21종 장소
③ 22종 장소
④ 23종 장소

분진폭발위험장소

분진폭발 위험장소	20종 장소	밀폐방진방폭구조(DIP A20 또는 DIP B20) 그 밖에 관련 공인 인증기관이 20종 장소에서 사용이 가능한 방폭구조로 인증한 방폭구조
	21종 장소	밀폐방진방폭구조(DIP A20 또는 A21, DIP B20 또는 B21) 특수방진방폭구조(SDP) 그 밖에 관련 공인 인증기관이 21종 장소에서 사용이 가능한 방폭구조로 인증한 방폭구조
	22종 장소	20종장소 및 21종장소에서 사용가능한 방폭구조 일반방진방폭구조(DIP A22 또는 DIP B22) 보통방진방폭구조(DP) 그 밖에 22종 장소에서 사용하도록 특별히 고안된 비방폭형 구조

해답 61 ③ 62 ① 63 ① 64 ④

65. 분진폭발 방지대책으로 가장 거리가 먼 것은?

① 작업장 등은 분진이 퇴적하지 않는 형상으로 한다.
② 분진 취급 장치에는 유효한 집진 장치를 설치한다.
③ 분체 프로세스 장치는 밀폐화하고 누설이 없도록 한다.
④ 분진 폭발의 우려가 있는 작업장에는 감독자를 상주시킨다.

분진폭발 방지대책
1. 분진의 퇴적 및 분진운의 생성방지
2. 분진 취급 장치에는 유효한 집진 장치를 설치한다.
3. 분체 프로세스의 장치는 밀폐화하고 누설이 없도록 한다.
4. 점화원을 제거
5. 불활성 물질의 첨가

66. 정전유도를 받고 있는 접지되어 있지 않는 도전성 물체에 접촉한 경우 전격을 당하게 되는데 이 때 물체에 유도된 전압 V(V)를 옳게 나타낸 것은? (단, E는 송전선의 대지전압, C_1은 송전선과 물체사이의 정전용량, C_2는 물체와 대지사이의 정전용량이며, 물체와 대지사이의 저항은 무시한다.)

① $V = \frac{C_1}{C_1 + C_2} \cdot E$

② $V = \frac{C_1 + C_2}{C_1} \cdot E$

③ $V = \frac{C_1}{C_1 \cdot C_2} \cdot E$

④ $V = \frac{C_1 \cdot C_2}{C_1} \cdot E$

$V = \frac{C_1}{C_1 + C_2} E$

V : 유도전압
E : 송전선전압[V]
C_1 : 송전선과 물체사이의 정전용량[F]
C_2 : 물체와 대지사이의 정전용량[F]

67. 화염일주한계에 대해 가장 잘 설명한 것은?

① 화염이 발화온도로 전파될 가능성의 한계 값이다.
② 화염이 전파되는 것을 저지할 수 있는 틈새의 최대 간격치이다.
③ 폭발성 가스와 공기가 혼합되어 폭발한계 내에 있는 상태를 유지하는 한계 값이다.
④ 폭발성 분위기가 전기 불꽃에 의하여 화염을 일으킬 수 있는 최소의 전류 값이다.

화염일주한계란 폭발성 분위기에 있는 용기의 접합면 틈새를 통해 화염이 내부에서 외부로 전파되는 것을 저지할 수 있는 틈새의 최대간격치를 뜻한다.

68. 정전기 발생의 일반적인 종류가 아닌 것은?

① 마찰 ② 중화
③ 박리 ④ 유동

정전기 발생현상의 분류
1. 마찰대전 2. 유동대전
3. 박리대전 4. 충돌대전
5. 분출대전 6. 파괴대전
7. 비말대전

69. 전기기계·기구의 조작 시 안전조치로서 사업주는 근로자가 안전하게 작업할 수 있도록 전기 기계·기구로부터 폭 얼마 이상의 작업공간을 확보하여야 하는가?

① 30cm ② 50cm
③ 70cm ④ 100cm

전기기계·기구의 조작시 안전조치
① 사업주는 전기기계·기구의 조작부분을 점검하거나 보수하는 경우에는 **근로자가 안전하게 작업할 수 있도록 전기 기계·기구로부터 폭 70센티미터 이상의 작업공간을 확보하여야 한다.** 다만, 작업공간을 확보하는 것이 곤란하여 근로자에게 절연용 보호구를 착용하도록 한 경우에는 그러하지 아니하다.
② 사업주는 전기적 불꽃 또는 아크에 의한 화상의 우려가 있는 고압 이상의 충전전로 작업에 근로자를 종사시키는 경우에는 방염처리된 작업복 또는 난연(難燃)성능을 가진 작업복을 착용시켜야 한다.

참고 산업안전보건기준에 관한 규칙 제310조 【전기 기계·기구의 조작시 등의 안전조치】

해답 65 ④ 66 ① 67 ② 68 ② 69 ③

70. 가수전류(Let-go-Current)에 대한 설명으로 옳은 것은?

① 마이크 사용 중 전격으로 사망에 이른 전류
② 전격을 일으킨 전류가 교류인지 직류인지 구별할 수 없는 전류
③ 충전부로부터 인체가 자력으로 이탈할 수 있는 전류
④ 몸이 물에 젖어 전압이 낮은 데도 전격을 일으킨 전류

가수전류 (Let-go current)란 최소감지전류를 초과하여 통전전류의 값을 더욱 증가시키면 전류치를 심하게 느끼게 되는데, 인체가 운동의 자유를 잃지 않고 고통을 참을 수 있는 한계 전류치로서 상용주파수 60Hz 교류에서 약 7~8mA 정도이다.

71. 정전 작업 시 작업 전 안전조치사항으로 가장 거리가 먼 것은?

① 단락 접지
② 잔류 전하 방전
③ 절연 보호구 수리
④ 검전기에 의한 정전확인

정전작업 시의 준수사항

단계별 조치	준수사항
작업시작전	1. 작업 지휘자 임명 의한 2. 개로 개폐기의 시건 또는 표시 3. 잔류전하방전 4. 검전기에 의한 정전확인 5. 단락접지 6. 일부정전작업 시 정전선로 및 활선선로의 표시 7. 근접활선에 대한 방호
작업중	1. 작업 지휘자에 의한 지휘 2. 개폐기의 관리 3. 근접접지 상태관리 4. 단락접지 상태 수시확인
작업종료시	1. 표지의 철거 2. 단락접지기구의 철거 3. 작업자에 대한 감전위험이 없음을 확인 4. 개폐기 투입하여 송전재개

72. 감전사고의 방지 대책으로 가장 거리가 먼 것은?

① 전기 위험부의 위험 표시
② 충전부가 노출된 부분의 절연방호구 사용
③ 충전부에 접근하여 작업하는 작업자 보호구 착용
④ 사고발생 시 처리프로세스 작성 및 조치

감전사고의 일반적 대책
① 전기기기에 위험 표시를 할 것
② 설비의 필요한 부분에는 보호접지를 시설할 것
③ 전기설비의 점검을 철저히 할 것
④ 전기기기 및 장치의 정비를 철저히 할 것
⑤ 고전압 선로 및 충전부의 작업자는 보호구를 착용 할 것
⑥ 유자격자 이외는 전기 기계 및 기구에 접촉을 금지시킬 것
⑦ 충전부가 노출된 부분에는 절연 방호구를 사용

73. 위험방지를 위한 전기기계·기구의 설치 시 고려할 사항으로 거리가 먼 것은?

① 전기기계·기구의 충분한 전기적 용량 및 기계적 강도
② 전기기계·기구의 안전효율을 높이기 위한 시간 가동율
③ 습기·분진 등 사용장소의 주위 환경
④ 전기적·기계적 방호수단의 적정성

위험방지를 위한 전기기계·기구의 설치 시 고려할 사항
1. 전기기계·기구의 충분한 전기적 용량 및 기계적 강도
2. 습기·분진 등 사용장소의 주위 환경
3. 전기적·기계적 방호수단의 적정성

74. 200A의 전류가 흐르는 단상 전로의 한 선에서 누전되는 최소 전류(mA)의 기준은?

① 100 ② 200
③ 10 ④ 20

누설전류 = 최대공급전류의 $\frac{1}{2000}$

누설전류 $= 200 \times \frac{1}{2000} = 0.1[A] = 100[\text{mA}]$

해답 70 ③ 71 ③ 72 ④ 73 ② 74 ①

75. 정전기 방전에 의한 폭발로 추정되는 사고를 조사함에 있어서 필요한 조치로서 가장 거리가 먼 것은?

① 가연성 분위기 규명
② 사고현장의 방전흔적 조사
③ 방전에 따른 점화 가능성 평가
④ 전하발생 부위 및 축적 기구 규명

정전기 화재의 원인조사
1. 사고의 성격·특성
2. 가연성 분위기의 요인규명
3. 고전위까지 전하를 축적시킬 수 있는 물질이나 물체 규명
4. 전하발생부위 및 기구의 규명
5. 전하축적기구 규명
6. 방전전극
7. 정전기 방전에 따른 점화가능성 평가
8. 사고재발 방지를 위한 대책 강구

76. 감전쇼크에 의해 호흡이 정지되었을 경우 일반적으로 약 몇 분 이내에 응급처치를 개시하면 95% 정도를 소생시킬 수 있는가?

① 1분 이내　　② 3분 이내
③ 5분 이내　　④ 7분 이내

감전에 의해 호흡이 정지한 후에 인공호흡을 즉시 실시하면 소생할 수 있는데 감전에 의한 호흡 정지 후 1분 이내일 경우 95% 정도이다.

참고 인공호흡에 의한 소생률

호흡정지에서 인공호흡 개시까지의 경과시간(분)	소생률(%)
1	95
2	90
3	75
4	50
5	25
6	10

77. 다음 중 방폭구조의 종류가 아닌 것은?

① 본질안전 방폭구조　　② 고압 방폭구조
③ 압력 방폭구조　　④ 내압 방폭구조

전기설비의 방폭구조의 종류
1. 내압방폭구조(d)　　2. 압력방폭구조(p)
3. 충전방폭구조(q)　　4. 유입방폭구조(o)
5. 안전증방폭구조(e)　　6. 본질안전방폭구조(ia, ib)
7. 몰드방폭구조(m)　　8. 비점화방폭구조(n)

78. 전선의 절연 피복이 손상되어 동선이 서로 접촉한 경우를 무엇이라 하는가?

① 절연　　② 누전
③ 접지　　④ 단락

단락(합선)
① 전기회로나 전기기기의 절연체가 전기적 또는 기계적 원인으로 열화 또는 파괴되어 Spark로 인한 발화
② 단락순간의 전류 : 1,000 ~ 1,500[A]
③ 발화의 형태
- 단락점에서 발생한 스파크가 주위의 인화성 또는 물질에 연소
- 단락 순간 가열된 전선이 주위의 인화성 물질 또는 가연성 물체에 접촉의 경우
- 단락점 이외의 전선 피복이 연소된 경우

79. 이상적인 피뢰기가 가져야 할 성능으로 틀린 것은?

① 제한전압이 낮을 것
② 방전개시전압이 낮을 것
③ 뇌전류 방전능력이 적을 것
④ 속류차단을 확실하게 할 수 있을 것

피뢰기가 갖추어야 할 성능
1. 방전개시전압이 낮을 것
2. 제한전압이 낮을 것
3. **뇌전류 방전능력이 클 것**
4. 속류 차단을 확실하게 할 수 있을 것
5. 반복동작이 가능할 것
6. 구조가 견고하고 특성이 변화하지 않을 것

80. 인체의 전기저항이 5000Ω이고, 세동전류와 통전시간과의 관계를 $I = \frac{165}{\sqrt{T}}$ mA라 할 경우, 심실세동을 일으키는 위험 에너지는 약 몇 J인가? (단, 통전시간은 1초로 한다.)

① 5　　② 30
③ 136　　④ 825

해답 75 ② 76 ① 77 ② 78 ④ 79 ③ 80 ③

$$w = I^2RT = (\frac{165}{\sqrt{T}} \times 10^{-3})^2 \times 5,000 \times 1 = 136[J]$$

■■■ 제5과목 화학설비위험방지기술

81. 사업주는 인화성 액체 및 인화성 가스를 저장 취급하는 화학설비에서 증기나 가스를 대기로 방출하는 경우에는 외부로부터 화염을 방지하기 위하여 화염방지기를 설치하여야 한다. 다음 중 화염방지기의 설치 위치로 옳은 것은?

① 설비의 상단　② 설비의 하단
③ 설비의 측면　④ 설비의 조작부

화염방지기 설치
① 사업주는 인화성 액체 및 인화성 가스를 저장 취급하는 화학설비에서 증기나 가스를 대기로 방출하는 경우에는 외부로부터의 화염을 방지하기 위하여 **화염방지기를 그 설비 상단에 설치하여야 한다.** 다만, 대기로 연결된 통기관에 통기밸브가 설치되어 있거나, 인화점이 섭씨 38도 이상 60도 이하인 인화성 액체를 저장·취급할 때에 화염방지 기능을 가지는 인화방지망을 설치한 경우에는 그러하지 아니하다.
② 사업주는 제1항의 화염방지기를 설치하는 경우에는 「산업표준화법」에 따른 한국산업표준에서 정하는 화염방지장치 기준에 적합한 것을 설치하여야 하며, 항상 철저하게 보수·유지하여야 한다.

참고 산업안전보건기준에 관한 규칙 제269조 【화염방지기의 설치 등】

82. 다음 중 자연발화가 쉽게 일어나는 조건으로 틀린 것은?

① 주위온도가 높을수록
② 열 축적이 클수록
③ 적당량의 수분이 존재할 때
④ 표면적이 작을수록

자연발화의 조건
1) 표면적이 넓을 것
2) 발열량이 클 것
3) 물질의 열전도율이 작을 것
4) 주변온도가 높을 것
5) 습도가 높을 것

83. 8% NaOH 수용액과 5% NaOH 수용액을 반응기에 혼합하여 6% 100kg의 NaOH 수용액을 만들려면 각각 약 몇 kg의 NaOH 수용액이 필요한가?

① 5% NaOH 수용액 : 33.3kg
　8% NaOH 수용약 : 66.7kg
② 5% NaOH 수용액 : 56.8kg
　8% NaOH 수용약 : 43.2kg
③ 5% NaOH 수용액 : 66.7kg
　8% NaOH 수용약 : 33.3kg
④ 5% NaOH 수용액 : 43.2kg
　8% NaOH 수용약 : 56.8kg

① 8[%] NaOH 수용액의 양을 X, 5[%] NaOH 수용액을 Y라 하면, $(8\% \times x) + (5\% \times y) = 6\% \times 100$이 된다.
② $x + y = 100$, $y = 100 - x$,으로 다시 정리하면 $(8 \times x) + \{5 \times (100 - x)\} = 6 \times 100$
③ $x = 33.3$(8%수용액)
$y = 100 - x = 100 - 33.3 = 66.7$(5%수용액)

84. 사업주는 산업안전보건기준에 관한 규칙에서 정한 위험물을 기준량 이상으로 제조하거나 취급하는 특수화학설비를 설치하는 경우에는 내부의 이상 상태를 조기에 파악하기 위하여 필요한 온도계·유량계·압력계 등의 계측장치를 설치하여야 한다. 이 때 위험물질별 기준량으로 옳은 것은?

① 부탄 – $25m^3$
② 부탄 – $150m^3$
③ 시안화수소 – 5kg
④ 시안화수소 – 200kg

위험물질의 기준량
1. 인화성가스(수소, 아세틸렌, 에틸렌, 메탄, 에탄, 프로판, 부탄 등) : 50㎥
2. 급성독성물질(시안화수소 · 플루오르아세트산 및 소디움염·디옥신 등 LD50(경구, 쥐)이 킬로그램당 5밀리그램 이하인 독성물질 : 5kg

해답 81 ① 82 ④ 83 ③ 84 ③

85. 폭발의 위험성을 고려하기 위해 정전에너지를 값을 구하고자 한다. 다음 중 정전에너지를 구하는 식은? (단, E는 정전에너지, C는 정전 용량 V는 전압을 의미한다.)

① $E=\frac{1}{2}CV^2$ ② $E=\frac{1}{2}VC^2$

③ $E=VC^2$ ④ $E=\frac{1}{4}VC$

정전 에너지

$E=\frac{1}{2}CV^2=\frac{1}{2}QV$

(C : 전기용량, Q : 전기량, V : 방전전압)

86. 다음 중 유류화재에 해당하는 화재의 급수는?

① A급 ② B급

③ C급 ④ D급

화재의 등급

구분	A급 화재(백색) 일반 화재	B급 화재(황색) 유류 화재	C급 화재(청색) 전기 화재	K급 화재 주방 화재
소화효과	냉각	질식	질식, 냉각	질식, 냉각

87. 할론 소화약제 중 Halon 2402 의 화학식으로 옳은 것은?

① $C_2F_4Br_2$ ② $C_2H_4Br_2$

③ $C_2Br_4H_2$ ④ $C_2Br_4F_2$

할론(Halon)의 표시방법

Halon ○ ○ ○ ○
↑ ↑ ↑ ↑
C F Cl Br의 수

(Halon 2402 : $C_2F_4Br_2$, Halon 1301 : CF_3Br, Halon 1211 : CF_2ClBr)

88. 위험물의 저장방법으로 적절하지 않은 것은?

① 탄화칼슘은 물 속에 저장한다.
② 벤젠은 산화성 물질과 격리시킨다.
③ 금속나트륨은 석유 속에 저장한다.
④ 질산은 갈색병에 넣어 냉암소에 보관한다.

탄화칼슘은 물과 반응하여 인화성 가스인 아세틸렌을 발생시키므로 물과 접촉시 매우 위험하다.

$CaC_2+2H_2O \rightarrow Ca(OH)_2+C_2H_2$

89. 다음 중 산업안전보건법령상 공정안전 보고서의 안전운전 계획에 포함되지 않는 항목은?

① 안전작업허가
② 안전운전지침서
③ 가동 전 점검지침
④ 비상조치계획에 따른 교육계획

④항, 비상조치에 따른 교육계획은 비상조치계획에 포함되는 내용이다.

공정안전보고서

1. 공정안전자료
 (1) 취급 및 저장 유해·위험 물질의 종류 및 수량
 (2) 물질안전보건자료MSDS
 (3) 유해·위험 설비의 목록 및 사양
 (4) 운전 방법을 알 수 있는 공정 도면
 (5) 각종, 건물, 설비의 배치도
 (6) 방폭지역 구분도 및 전기 단선도
 (7) 위험 설비 안전설계·제작 및 관련 지침서
 (8) 기타 (노동부 장관이 필요하다고 인정하는 서류)
2. 공정위험성 평가서
 (1) 위험성 확인 및 평가
 (2) 평가 결과 개선 계획 수립
 (3) 피해범위 선정 및 영향 평가
 (4) 피해 최소화 계획 수립 및 시행
3. 안전운전 계획
 (1) 안전 운전 지침서
 (2) 설비 점검, 검사 및 보수, 유지 계획 및 지침서
 (3) 안전작업 허가
 (4) 도급업체 안전관리 계획
 (5) 근로자 등의 교육 계획
 (6) 가동전 점검 지침
 (7) 변경 요소 관리 계획
 (8) 자체 감사 및 사고 조사 계획

해답 85 ① 86 ② 87 ① 88 ① 89 ④

4. 비상조치 계획
(1) 비상조치를 위한 장비, 인력 보유 현황
(2) 사고 발생 시 부서 및 관련 기관과의 비상 연락 체계
(3) 비상 시를 위한 조직의 임무 및 수행 절차
(4) 비상조치 교육 계획
(5) 주민 홍보 계획

참고 산업안전보건법 시행규칙 제50조【공정안전보고서의 세부 내용 등】

90. 마그네슘의 저장 및 취급에 관한 설명으로 틀린 것은?

① 화기를 엄금하고, 가열, 충격, 마찰을 피한다.
② 분말이 비산하지 않도록 밀봉하여 저장한다.
③ 제6류 위험물과 같은 산화제와 혼합되지 않도록 격리, 저장한다.
④ 일단 연소하면 소화가 곤란하지만 초기 소화 또는 소규모 화재 시 물, CO_2소화설비를 이용하여 소화한다.

마그네슘은 금수성 물질로서 공기중의 수분이나 물과 접촉 시 발화하거나 가연성가스의 발생 위험성이 있는 물질이다.
1. 마그네슘은 실온에서는 물과 서서히 반응하나, 물의 온도가 높아지면 격렬하게 진행되어 수소를 발생시킨다.
$Mg + 2H_2O \rightarrow Mg(OH)_2 + H_2$
2. 마그네슘은 이산화탄소와 반응하여 산화마그네슘을 생성한다.
$2Mg + CO_2 \rightarrow 2MgO + C$

91. 다음 중 분진이 발화 폭발하기 위한 조건으로 거리가 먼 것은?

① 불연성질
② 미분상태
③ 점화원의 존재
④ 지연성가스 중에서의 교반과 운동

①항, 분진은 불연성이 아니라 가연성이어야 발화 폭발을 한다.

참고 분진이 발화 폭발하기 위한 조건
1. 가연성이고,
2. 분진(미분)상태이고,
3. 조연성(공기, 지연성)중에서 잘 교반되고
4. 발화원이 존재한다.

92. 다음 중 산업안전보건법령상 산화성 액체 또는 산화성 고체에 해당하지 않는 것은?

① 질산 ② 중크롬산
③ 과산화수소 ④ 질산에스테르

④항, 질산에스테르류는 폭발성 물질이다.

참고 산화성 액체 및 산화성 고체 종류
① 차아염소산 및 그 염류
② 아염소산 및 그 염류
③ 염소산 및 그 염류
④ 과염소산 및 그 염류
⑤ 브롬산 및 그 염류
⑥ 요오드산 및 그 염류
⑦ 과산화수소 및 무기 과산화물
⑧ 질산 및 그 염류
⑨ 과망간산 및 그 염류
⑩ 중크롬산 및 그 염류

93. 열교환기의 열 교환 능률을 향상시키기 위한 방법이 아닌 것은?

① 유체의 유속을 적절하게 조절한다.
② 유체의 흐르는 방향을 병류로 한다.
③ 열교환하는 유체의 온도차를 크게 한다.
④ 열전도율이 높은 재료를 사용한다.

열교환기의 열 교환 능률을 향상시키는 방법
1. 유체의 유속을 적절히 한다.
2. 유체의 흐름을 향류형으로 한다.
3. 열교환기의 입구와 출구의 온도차를 크게 한다.
4. 열전도율이 높은 재료를 사용한다.
5. 절연면적을 크게 한다.
6. 유체의 이동길이를 짧게 한다.

94. 다음 중 고체의 연소방식에 관한 설명으로 옳은 것은?

① 분해연소란 고체가 표면의 고온을 유지하며 타는 것을 말한다.
② 표면연소란 고체가 가열되어 열분해가 일어나고 가연성 가스가 공기 중의 산소와 타는 것을 말한다.
③ 자기연소란 공기 중 산소를 필요로 하지 않고 자신이 분해되며 타는 것을 말한다.
④ 분무연소란 고체가 가열되어 가연성가스를 발생시키며 타는 것을 말한다.

해답 90 ④ 91 ① 92 ④ 93 ② 94 ③

고체의 연소

표면연소	고체표면과 공기가 접촉되는 부분에서 연소 예 목탄(숯), 코크스, 금속분 등
분해연소	고체의 열분해시 생성된 가연성 가스가 연소 예 종이, 목재, 석탄, 플라스틱 등
증발연소	고체에서 증발된 가연성증기가 공기와 접촉하여 연소 예 황, 나프탈렌, 파라핀 등
자기연소	물질자체 분자의 산소를 가지고 있어 공기와의 접촉 없이도 폭발적인 연소 예 니트로화합물 등의 폭발성물질

95. 사업주는 안전밸브 등의 전단·후단에 차단밸브를 설치해서는 아니 된다. 다만, 별도로 정한 경우에 해당할 때는 자물쇠형 또는 이에 준하는 형식의 차단밸브를 설치할 수 있다. 이에 해당하는 경우가 아닌 것은?

① 화학설비 및 그 부속설비에 안전밸브 등이 복수방식으로 설치되어 있는 경우
② 예비용 설비를 설치하고 각각의 설비에 안전밸브 등이 설치되어 있는 경우
③ 파열판과 안전밸브를 직렬로 설치한 경우
④ 열팽창에 의하여 상승된 압력을 낮추기 위한 목적으로 안전밸브가 설치된 경우

안전밸브 등의 전·후단에 자물쇠형 또는 이에 준하는 형식의 차단밸브를 설치할 수 있는 경우

1. 인접한 화학설비 및 그 부속설비에 안전밸브 등이 각각 설치되어 있고 당해 화학설비 및 그 부속설비의 연결배관에 차단밸브가 없는 경우
2. 안전밸브 등의 배출용량의 2분의 1 이상에 해당하는 용량의 자동압력조절밸브(구동용 동력원의 공급을 차단할 경우 열리는 구조인 것에 한한다)와 **안전밸브 등이 병렬로 연결된 경우**
3. 화학설비 및 그 부속설비에 안전밸브 등이 복수방식으로 설치되어 있는 경우
4. 예비용 설비를 설치하고 각각의 설비에 안전밸브 등이 설치되어 있는 경우
5. 열팽창에 의하여 상승된 압력을 낮추기 위한 목적으로 안전밸브가 설치된 경우
6. 하나의 플레어스택(flare stack)에 2 이상의 단위공정의 플레어헤더(flare header)를 연결하여 사용하는 경우로서 각각의 단위공정의 플레어헤더에 설치된 차단밸브의 열림·닫힘상태를 중앙제어실에서 알 수 있도록 조치한 경우

참고 산업안전보건기준에 관한 규칙 제266조 【차단밸브의 설치 금지】

96. 위험물안전관리법령에서 정한 제3류 위험물에 해당하지 않는 것은?

① 나트륨 ② 알킬알루미늄
③ 황린 ④ 니트로글리세린

④항, 니트로글리세린은 위험물안전관리법상 제5류 자기반응성 물질에 해당된다.

제3류 자연발화성 물질 및 금수성 물질
- 칼륨
- 나트륨
- 알킬알루미늄
- 알킬리튬
- 황린
- 알칼리금속(칼륨 및 나트륨을 제외한다.) 및 알칼리토금속
- 유기금속화합물(알킬알루미늄 및 알킬리튬을 제외한다.)
- 금속의 수소화물
- 금속의 인화물
- 칼슘 또는 알루미늄의 탄화물

참고 위험물안전관리법 시행령 별표1 【위험물 및 지정수량】

97. 다음 [표]를 참조하여 메탄 70vol%, 프로판 21vol%, 부탄 9vol%인 혼합가스의 폭발범위를 구하면 약 몇 vol%인가?

가스	폭발하한계 (vol%)	폭발상한계 (vol%)
C_4H_{10}	1.8	8.4
C_3H_8	2.1	9.5
C_2H_6	3.0	12.4
CH_4	5.0	15.0

① 3.45~9.11 ② 3.45~12.58
③ 3.85~9.11 ④ 3.85~12.58

1. 하한계 $L=\dfrac{100}{\dfrac{70}{5}+\dfrac{21}{2.1}+\dfrac{9}{1.8}}=3.45$

2. 상한계 $L=\dfrac{100}{\dfrac{70}{15}+\dfrac{21}{9.5}+\dfrac{9}{8.4}}=12.58$

해답 95 ③ 96 ④ 97 ②

98. ABC급 분말 소화약제의 주성분에 해당하는 것은?

① $NH_4H_2PO_4$ ② Na_2CO_3
③ Na_2SO_4 ④ K_2CO_3

분말소화약제의 종류

종류	주성분	적응화재
제1종	중탄산나트륨($NaHCO_3$)	B, C급
제2종	중탄산칼륨($KHCO_3$)	B, C급
제3종	제1인산암모늄 ($NH_4H_2PO_4$)	A, B, C급
제4종	요소와 탄화칼륨의 반응물 ($KHCO_3+(NH_2)_2CO$)	B, C급

99. 공기 중 아세톤의 농도가 200ppm(TLV 500ppm), 메틸에틸케톤(MEK)의 농도가 100ppm(TLV 200 ppm)일 때 혼합물질의 허용농도는 약 몇 ppm인가? (단, 두 물질은 서로 상가작용을 하는 것으로 가정한다.)

① 150 ② 200
③ 270 ④ 333

혼합물질허용농도 $= \frac{C_1}{TLV_1}+\frac{C_2}{TLV_2}+\cdots+\frac{C_n}{TLV_n}$

$= \frac{200}{500}+\frac{100}{200}=0.9$이므로,

각각의 농도의 합은 300 이므로, $\frac{300}{0.9}=333$

100. 다음의 설명에 해당하는 안전장치는?

> 대형의 반응기, 탑, 탱크 등에서 이상상태가 발생할 때 밸브를 정지시켜 원료공급을 차단하기 위한 안전장치로, 공기압식, 유압식, 전기식 등이 있다.

① 파열판 ② 안전밸브
③ 스팀트랩 ④ 긴급차단장치

제6과목 건설안전기술

101. 단관비계의 도괴 또는 전도를 방지하기 위하여 사용하는 벽이음의 간격기준으로 옳은 것은?

① 수직방향 5m 이하, 수평방향 5m 이하
② 수직방향 6m 이하, 수평방향 6m 이하
③ 수직방향 7m 이하, 수평방향 7m 이하
④ 수직방향 8m 이하, 수평방향 8m 이하

참고 비계의 벽이음 간격

비계의 종류	조립간격(단위 : m)	
	수직방향	수평방향
단관비계	5	5
틀비계(높이가 5m 미만의 것을 제외한다)	6	8
통나무 비계	5.5	7.5

102. 건설업 산업안전보건관리비 내역 중 계상비용에 해당하지 않는 것은?

① 근로자 건강관리비
② 건설재해예방 기술지도비
③ 개인보호구 및 안전장구 구입비
④ 외부비계, 작업발판 등의 가설구조물 설치 소요비

안전시설비로 사용할 수 없는 항목과 사용가능한 항목
1. 사용불가능 항목 : 안전발판, 안전통로, 안전계단 등과 같이 명칭에 관계없이 공사 수행에 필요한 가시설물
2. 사용가능한 항목 : 비계·통로·계단에 추가 설치하는 추락방지용 안전난간, 사다리 전도방지장치, 틀비계에 별도로 설치하는 안전난간·사다리, 통로의 낙하물방호선반 등은 사용 가능함

해답 98 ① 99 ④ 100 ④ 101 ① 102 ④

103. 다음은 산업안전보건법령에 따른 동바리로 사용하는 파이프 서포트에 관한 사항이다. ( )안에 들어갈 내용을 순서대로 옳게 나타낸 것은?

> 가. 파이프 서포트를 (A) 이상이어서 사용하지 않도록 할 것
> 나. 파이프 서포트를 이어서 사용하는 경우에는 (B) 이상의 볼트 또는 전용철물을 사용하여 이을 것

① A : 2개, B : 2개
② A : 3개, B : 4개
③ A : 4개, B : 3개
④ A : 4개, B : 4개

거푸집동바리 등의 안전조치
1. 파이프서포트를 3개 이상이어서 사용하지 아니하도록 할 것
2. 파이프서포트를 이어서 사용할 때에는 4개 이상의 볼트 또는 전용철물을 사용하여 이을 것
3. 높이가 3.5미터를 초과할 때에는 높이 2미터 이내마다 수평연결재를 2개 방향으로 만들고 수평연결재의 변위를 방지할 것

참고 산업안전보건기준에 관한 규칙 제332조【거푸집동바리 등의 안전조치】

104. 화물취급 작업 시 준수사항으로 옳지 않은 것은?

① 꼬임이 끊어지거나 심하게 부식된 섬유로프는 화물운반용으로 사용해서는 아니 된다.
② 섬유로프 등을 사용하여 화물취급작업을 하는 경우에 해당 섬유로프 등을 점검하고 이상을 발견한 섬유로프 등을 즉시 교체하여야 한다.
③ 차량 등에서 화물을 내리는 작업을 하는 경우에 해당 작업에 종사하는 근로자에게 쌓여있는 화물의 중간에서 필요한 화물을 빼낼 수 있도록 허용한다.
④ 하역작업을 하는 장소에서 작업장 및 통로의 위험한 부분에는 안전하게 작업할 수 있는 조명을 유지한다.

사업주는 차량 등에서 화물을 내리는 작업을 하는 경우에 해당 작업에 종사하는 근로자에게 쌓여 있는 화물 중간에서 화물을 빼내도록 해서는 아니 된다.

참고 산업안전보건기준에 관한 규칙 제389조【화물 중간에서 화물 빼내기 금지】

105. 시스템 비계를 사용하여 비계를 구성하는 경우의 준수사항으로 옳지 않은 것은?

① 수직재·수평재·가새재를 견고하게 연결하는 구조가 되도록 할 것
② 수평재는 수직재와 직각으로 설치하여야 하며, 체결 후 흔들림이 없도록 견고하게 설치할 것
③ 비계 밑단의 수직재와 받침철물은 밀착 되도록 설치하고, 수직재와 받침철물의 연결부의 겹침길이는 받침철물 전체길이의 3분의 1 이상이 되도록 할 것
④ 벽 연결재의 설치간격은 시공자가 안전을 고려하여 임의대로 결정한 후 설치할 것

시스템 비계의 구조
1. 수직재·수평재·가새재를 견고하게 연결하는 구조가 되도록 할 것
2. 비계 밑단의 수직재와 받침철물은 밀착되도록 설치하고, 수직재와 받침철물의 연결부의 겹침길이는 받침철물 전체길이의 3분의 1 이상이 되도록 할 것
3. 수평재는 수직재와 직각으로 설치하여야 하며, 체결 후 흔들림이 없도록 견고하게 설치할 것
4. 수직재와 수직재의 연결철물은 이탈되지 않도록 견고한 구조로 할 것
5. 벽 연결재의 설치간격은 제조사가 정한 기준에 따라 설치할 것

참고 산업안전보건기준에 관한 규칙 제69조【시스템 비계의 구조】

106. 건설공사 위험성평가에 관한 내용으로 옳지 않은 것은?

① 건설물, 기계·기구, 설비 등에 의한 유해·위험요인을 찾아내어 위험성을 결정하고 그 결과에 따른 조치를 하는 것을 말한다.
② 사업주는 위험성평가의 실시내용 및 결과를 기록·보존하여야 한다.
③ 위험성평가 기록물의 보존기간은 2년이다.
④ 위험성평가 기록물에는 평가대상인 유해·위험요인, 위험성결정의 내용 등이 포함된다.

① 사업주가 위험성평가의 실시내용 및 결과를 기록·보존할 때에는 다음 사항이 포함되어야 한다.
  1. 위험성평가 대상의 유해·위험요인
  2. 위험성 결정의 내용
  3. 위험성 결정에 따른 조치의 내용
  4. 그 밖에 위험성평가의 실시내용을 확인하기 위하여 필요한 사항으로서 고용노동부장관이 정하여 고시하는 사항
② 사업주는 제1항에 따른 자료를 3년간 보존하여야 한다.

참고 산업안전보건법 시행규칙 제37조【위험성평가 실시내용 및 결과의 기록·보존】

해답 103 ② 104 ③ 105 ④ 106 ③

107. 철골작업에서의 승강로 설치기준 중 (   ) 안에 알맞은 것은?

> 사업주는 근로자가 수직방향으로 이동하는 철골부재에는 답단간격이 (   ) 이내인 고정된 승강로를 설치하여야 한다.

① 20cm ② 30cm
③ 40cm ④ 50cm

사업주는 근로자가 수직방향으로 이동하는 철골부재(鐵骨部材)에는 **답단(踏段) 간격이 30센티미터 이내인 고정된 승강로를 설치**하여야 하며, 수평방향 철골과 수직방향 철골이 연결되는 부분에는 연결작업을 위하여 작업발판 등을 설치하여야 한다.
참고 산업안전보건기준에 관한 규칙 제381조【승강로의 설치】

108. 사다리식 통로 등을 설치하는 경우 폭은 최소 얼마 이상으로 하여야 하는가?

① 30cm ② 40cm
③ 50cm ④ 60cm

사다리식 통로의 구조
1. 견고한 구조로 할 것
2. 심한 손상·부식 등이 없는 재료를 사용할 것
3. 발판의 간격은 일정하게 할 것
4. 발판과 벽과의 사이는 15센티미터 이상의 간격을 유지할 것
5. **폭은 30센티미터 이상으로 할 것**
6. 사다리가 넘어지거나 미끄러지는 것을 방지하기 위한 조치를 할 것
7. 사다리의 상단은 걸쳐놓은 지점으로부터 60센티미터 이상 올라가도록 할 것
8. 사다리식 통로의 길이가 10미터 이상인 경우에는 5미터 이내마다 계단참을 설치할 것
9. 사다리식 통로의 기울기는 75도 이하로 할 것. 다만, 고정식 사다리식 통로의 기울기는 90도 이하로 하고, 그 높이가 7미터 이상인 경우에는 바닥으로부터 높이가 2.5미터 되는 지점부터 등받이울을 설치할 것
10. 접이식 사다리 기둥은 사용 시 접혀지거나 펼쳐지지 않도록 철물 등을 사용하여 견고하게 조치할 것

참고 산업안전보건기준에 관한 규칙 제24조【사다리식 통로 등의 구조】

109. 추락재해에 대한 예방차원에서 고소작업의 감소를 위한 근본적인 대책으로 옳은 것은?

① 방망 설치
② 지붕트러스의 일체화 또는 지상에서 조립
③ 안전대 사용
④ 비계 등에 의한 작업대 설치

②항, 철골구조물을 일체화하거나 지상에서 조립하는 경우 철골 접합시 용접작업등의 고소작업이 감소된다.

110. 다음 중 건설공사 유해·위험방지계획서 제출대상 공사가 아닌 것은?

① 지상높이가 50m인 건축물 또는 인공구조물 건설공사
② 연면적이 3,000m^2인 냉동·냉장창고시설의 설비공사
③ 최대 지간길이가 60m인 교량건설공사
④ 터널건설공사

위험방지계획서를 제출해야 될 건설공사
1. 지상높이가 31미터 이상인 건축물 또는 인공구조물, 연면적 3만 제곱미터 이상인 건축물 또는 연면적 5천 제곱미터 이상의 문화 및 집회시설(전시장 및 동물원·식물원은 제외한다), 판매시설, 운수시설(고속철도의 역사 및 집배송시설은 제외한다), 종교시설, 의료시설 중 종합병원, 숙박시설 중 관광숙박시설, 지하도상가 또는 냉동·냉장창고시설의 건설·개조 또는 해체(이하 "건설등"이라 한다)
2. 연면적 5천 제곱미터 이상의 냉동·냉장창고시설의 설비공사 및 단열공사
3. 최대지간길이가 50m 이상인 교량건설 등 공사
4. 터널건설 등의 공사
5. 다목적댐·발전용댐 및 저수용량 2천만톤 이상의 용수전용댐·지방상수도 전용댐 건설 등의 공사
6. 깊이 10미터 이상인 굴착공사

참고 산업안전보건법 시행규칙 제120조【대상사업장의 종류 등】

111. 겨울철 공사중인 건축물의 벽체 콘크리트 타설 시 거푸집이 터져서 콘크리트가 쏟아지는 사고가 발생하였다. 이 사고의 발생 원인으로 추정 가능한 사안 중 가장 타당한 것은?

① 콘크리트의 타설속도가 빨랐다.
② 진동기를 사용하지 않았다.
③ 철근 사용량이 많았다.
④ 콘크리트의 슬럼프가 작았다.

해답 107 ② 108 ① 109 ② 110 ② 111 ①

거푸집에 작용하는 측압이 커질 경우 거푸집이 터질 수 있다.

참고 측압이 커지는 조건
1. 기온이 낮을수록(대기중의 습도가 낮을수록) 크다.
2. 치어 붓기 속도가 클수록 크다.
3. 묽은 콘크리트 일수록(물·시멘트비가 클수록, 슬럼프 값이 클수록, 시멘트·물비가 적을수록) 크다.
4. 콘크리트의 비중이 클수록 크다.
5. 콘크리트의 다지기가 강할수록 크다.
6. 철근양이 작을수록 크다.
7. 거푸집의 수밀성이 높을수록 크다.
8. 거푸집의 수평단면이 클수록(벽 두께가 클수록) 크다.
9. 거푸집의 강성이 클수록 크다.
10. 거푸집의 표면이 매끄러울수록 크다.
11. 측압은 생콘크리트의 높이가 높을수록 커지는 것이다. 어느 일정한 높이에 이르면 측압의 증대는 없게 된다.
12. 응결이 빠른 시멘트를 사용할 경우 크다.

112. 다음 중 운반작업 시 주의사항으로 옳지 않은 것은?

① 운반 시의 시선은 진행방향을 향하고 뒷걸음 운반을 하여서는 안 된다.
② 무거운 물건을 운반할 때 무게 중심이 높은 하물은 인력으로 운반하지 않는다.
③ 어깨높이보다 높은 위치에서 하물을 들고 운반하여서는 안 된다.
④ 단독으로 긴 물건을 어깨에 메고 운반할 때에는 뒤쪽을 위로 올린 상태로 운반한다.

④항, 단독으로 긴 물건을 어깨에 메고 운반할 때에는 앞쪽을 위로 올리고 뒤쪽을 내린 상태로 운반한다.

113. 다음 중 직접기초의 터파기 공법이 아닌 것은?

① 개착 공법
② 시트 파일 공법
③ 트렌치 컷 공법
④ 아일랜드 컷 공법

②항, 시트파일공법은 흙막이에 사용되는 시공방법이다

114. 건설재해대책의 사면보호공법 중 식물을 생육시켜 그 뿌리로 사면의 표층토를 고정하여 빗물에 의한 침식, 동상, 이완 등을 방지하고, 녹화에 의한 경관조성을 목적으로 시공하는 것은?

① 식생공 ② 쉴드공
③ 뿜어 붙이기공 ④ 블록공

사면 보호 공법의 종류 및 목적

구 분	보 호 공	목 적
식생공	• 씨앗 뿜어붙이기공, 식생 매트공, 식생줄떼공, 줄떼공, 식생판공, 식생망태공, 부분 객토 식생공	• 식생에 의한 비탈면 보호, 녹화, 구조물에 의한 비탈면 보호공과의 병용
구조물에 의한 보호공	• 콘크리트 블럭격자공, 모르타르 뿜어붙이기공, 블럭붙임공, 돌붙임공	• 비탈표면의 풍화침식 및 동상 등의 방지
	• 현장타설 콘크리트 격자공, 콘크리트 붙임공, 비탈면 앵커공	• 비탈 표면부의 붕락 방지, 약간의 토압을 받는 흙막이
	• 비탈면 돌망태공, 콘크리트 블럭 정형공	• 용수가 많은 곳 부등침하가 예상되는 곳 또는 다소 튀어 나올 우려가 있는 곳의 흙막이

115. 훅걸이용 와이어로프 등이 훅으로부터 벗겨지는 것을 방지하기 위한 장치는?

① 해지장치 ② 권과방지장치
③ 과부하방지장치 ④ 턴버클

해지장치란 와이어로프의 이탈을 방지하기 위한 방호장치로 후크 부위에 와이어로프를 걸었을 때 벗겨지지 않도록 후크 안쪽으로 스프링을 이용하여 설치한 것

[해지장치]

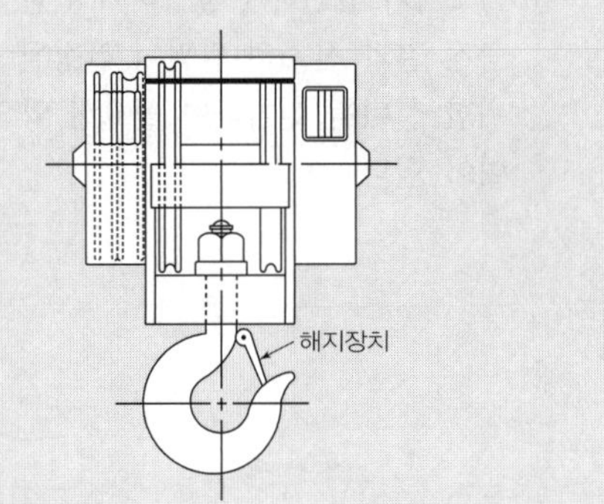

해답 112 ④ 113 ② 114 ① 115 ①

116. 장비가 위치한 지면보다 낮은 장소를 굴착하는 데 적합한 장비는?

① 트럭크레인　② 파워쇼벨
③ 백호우　④ 진폴

백호우(back hoe)는 기계가 위치한 지면보다 낮은 장소를 굴착하는데 적합하고 비교적 굳은 지반의 토질에서도 사용 가능한 장비이다.

117. 추락방지용 방망 중 그물코의 크기가 5cm인 매듭방망 신품의 인장강도는 최소 몇 kg 이상이어야 하는가?

① 60　② 110
③ 150　④ 200

방망사의 신품에 대한 인장강도

그물코의 크기 (단위 : cm)	방망의 종류(단위 : kg)	
	매듭 없는 방망	매듭 방망
10	240	200
5		110

118. 잠함 또는 우물통의 내부에서 굴착작업을 할 때의 준수사항으로 옳지 않은 것은?

① 굴착 깊이가 10m를 초과하는 경우에는 해당 작업장소와 외부와의 연락을 위한 통신설비 등을 설치하여야 한다.
② 산소 결핍의 우려가 있는 경우에는 산소의 농도를 측정하는 자를 지명하여 측정하도록 한다.
③ 근로자가 안전하게 승강하기 위한 설비를 설치한다.
④ 측정 결과 산소의 결핍이 안정될 경우에는 송기를 위한 설비를 설치하여 필요한 양의 공기를 공급하여야 한다.

1. 사업주는 잠함·우물통·수직갱 기타 이와 유사한 건설물 또는 설비(이하 "잠함등"이라 한다)의 내부에서 굴착작업을 하는 때에는 다음 각호의 사항을 준수하여야 한다.
(1) 산소결핍의 우려가 있는 때에는 산소의 농도를 측정하는 자를 지명하여 측정하도록 할 것
(2) 근로자가 안전하게 승강하기 위한 설비를 설치할 것
(3) **굴착깊이가 20미터를 초과하는 때에는 당해작업장소와 외부와의 연락을 위한 통신설비 등을 설치할 것**
2. 사업주는 제1항 제(1)호의 측정결과 산소의 결핍이 인정되거나 굴착깊이가 20미터를 초과하는 때에는 송기를 위한 설비를 설치하여 필요한 양의 공기를 송급하여야 한다.

참고 산업안전보건기준에 관한 규칙 제377조 【잠함등 내부에서의 작업】

119. 이동식비계를 조립하여 작업을 하는 경우의 준수사항으로 옳지 않은 것은?

① 비계의 최상부에서 작업을 하는 경우에는 안전난간을 설치할 것
② 작업발판은 항상 수평을 유지하고 작업발판 위에서 안전난간을 딛고 작업을 하거나 받침대 또는 사다리를 사용하여 작업하지 않도록 할 것
③ 작업발판의 최대적재하중은 150kg을 초과하지 않도록 할 것
④ 이동식비계의 바퀴에는 뜻밖의 갑작스러운 이동 또는 전도를 방지하기 위하여 브레이크·쐐기 등으로 바퀴를 고정시킨 다음 비계의 일부를 견고한 시설물에 고정하거나 아웃트리거(outrigger)를 설치하는 등 필요한 조치를 할 것

작업발판의 최대적재하중은 250킬로그램을 초과하지 않도록 할 것

참고 산업안전보건기준에 관한 규칙 제68조 【이동식비계】

120. 항타기 또는 항발기의 권상장치 드럼축과 권상장치로부터 첫 번째 도르래의 축 간의 거리는 권상장치 드럼폭의 몇 배 이상으로 하여야 하는가?

① 5배　② 8배
③ 10배　④ 15배

사업주는 항타기 또는 항발기의 권상장치의 드럼축과 권상장치로부터 첫 번째 도르래의 축과의 거리를 권상장치의 드럼폭의 15배 이상으로 하여야 한다.

참고 산업안전보건기준에 관한 규칙 제216조 【도르래의 부착등】

해답 116 ③　117 ②　118 ①　119 ③　120 ④

2019 과년도 출제문제

■■■ 제1과목 안전관리론

1. 안전교육방법 중 학습자가 이미 설명을 듣거나 시범을 보고 알게 된 지식이나 기능을 강사의 감독 아래 직접적으로 연습하여 적용할 수 있도록 하는 교육방법은?

① 모의법 ② 토의법
③ 실연법 ④ 반복법

실연법(Performance method)이란 학습자가 이미 설명을 듣거나 시범을 보고 알게 된 지식이나 기능을 교사(강사)의 지휘나 감독 아래 연습에 적용을 해보게 하는 교육방법

참고 실연법(Performance method)의 장 · 단점

장 점	단 점
• 수업의 중간이나 마지막 단계 • 학업수업이나 직업훈련의 특수분야 • 학습한 내용을 실제 적용할 경우 • 직업이나 특수기능 훈련 시 실제와 유사한 경우 연습 할 경우 • 언어학습, 문제해결학습, 원리학습 등	• 시간의 소비가 많다. • 특수 시설이나 설비가 요구된다. • 교사대 학습자의 비가 높다.

2. 제일선의 감독자를 교육대상으로 하고, 작업을 지도하는 방법,작업개선방법 등의 주요내용을 다루는 기업내 교육방법은?

① TWI ② MTP
③ ATT ④ CCS

TWI(training within industry) 교육이란
교육대상을 주로 제일선 감독자에 두고 있는 것이다.
• JIT(job instruction training) : 작업을 가르치는 법(작업지도기법)
• JMT(job method training) : 작업의 개선 방법(작업개선기법)
• JRT(job relation training) : 사람을 다루는 법(인간관계 관리기법)
• JST(job safety training) : 작업안전 지도 기법

3. 사고의 원인분석방법에 해당하지 않는 것은?

① 통계적 원인분석 ② 종합적 원인분석
③ 클로즈(close)분석 ④ 관리도

참고 통계에 의한 재해원인 분석방법
• 파렛토도 : 사고의 유형, 기인물 등 분류 항목을 큰 순서대로 도표화 한다.
• 특성 요인도 : 특성과 요인 관계를 도표로 하여 어골상(魚骨狀)으로 세분한다.
• 클로즈(close)분석 : 2개 이상의 문제 관계를 분석하는데 사용하는 것으로, 데이터(data)를 집계하고 표로 표시하여 요인별 결과 내역을 교차한 클로즈 그림을 작성하여 분석한다.
• 관리도 : 재해 발생 건수 등의 추이를 파악하여 목표 관리를 행하는데 필요한 월별 재해 발생수를 그래프(graph)화 하여 관리선을 설정 관리하는 방법이다. 관리선은 상방 관리한계(UCL : upper control limit), 중심선(Pn), 하방관리선(LCL : low control limit)으로 표시한다.

4. 국제노동기구(ILO)의 산업재해 정도구분에서 부상 결과 근로자가 신체장해등급 제12급 판정을 받았다면 이는 어느 정도의 부상을 의미하는가?

① 영구 전노동불능 ② 영구 일부노동불능
③ 일시 전노동불능 ④ 일시 일부노동불능

영구일부노동불능이란 신체장해등급 4급에서 14등급으로 분류하며, ILO기준에 의한 근로손실일수로 규정하고 있다.

5. 다음 재해사례에서 기인물에 해당하는 것은?

> 기계작업에 배치된 작업자가 반장의 지시를 받기 전에 정지된 선반을 운전시키면서 변속치차의 덮개를 벗겨내고 치차를 저속으로 운전하면서 급유하려고 할 때 오른손이 변속치차에 맞물려 손가락이 절단되었다.

① 덮개 ② 급유
③ 선반 ④ 변속치차

• 기인물 : 선반
• 가해물 : 변속치차
• 발생형태 : 절단

해답 01 ③ 02 ① 03 ② 04 ② 05 ③

6. 하인리히의 재해 코스트 평가방식 중 직접비에 해당하지 않는 것은?

① 산재보상비　② 치료비
③ 간호비　④ 생산손실

생산손실비는 간접비이다.
직접비의 종류로는 치료비, 장해보상비, 장의비, 유족보상비, 상병보상연금, 휴업급여가 있다.

7. 한 사람, 한 사람의 위험에 대한 감수성 향상을 도모하기 위하여 삼각 및 원 포인트 위험예지훈련을 통합한 활용기법은?

① 1인 위험예지훈련
② TBM 위험예지훈련
③ 자문자답 위험예지훈련
④ 시나리오 역할연기훈련

- 1인 위험예지훈련은 한사람 한사람이 위험에 대한 감수성을 도모하기 위해 3각 위험예지 훈련을 통합한 것으로 1인이 위험예지훈련을 하는 것이다.
- 한사람 한사람(리더는 제외)이 동시에 똑같은 4라운드 위험예지훈련을 단시간에 한뒤에 그 결과를 리더의 사회에 따라 발표하고 상호 강평하므로써 자기계발을 도모하는 것을 목표로 하고 있다.

8. 보호구 안전인증 고시에 따른 분리식 방진마스크의 성능기준에서 포집효율이 특급인 경우, 염화나트륨(NaCl) 및 파라핀 오일(Paraffin oil)시험에서의 포집효율은?

① 99.95% 이상　② 99.9% 이상
③ 99.5% 이상　④ 99.0% 이상

여과재 분진 등 포집효율시험

구분	특급	1급	2급
분리식	99.95 이상	94 이상	80 이상
안면부 여과식	99 이상	94 이상	80 이상

9. 안전검사기관 및 자율검사프로그램 인정기관은 고용노동부장관에게 그 실적을 보고하도록 관련법에 명시되어 있는데 그 주기로 옳은 것은?

① 매월　② 격월
③ 분기　④ 반기

안전검사기관은 분기마다 다음 달 10일까지 분기별 실적과, 매년 1월 20일까지 전년도 실적을 고용노동부장관에게 제출하여야 한다.
참고 안전검사 절차에 관한 고시 제 9조【안전검사 실적보고】

10. 사고예방대책의 기본원리 5단계 중 틀린 것은?

① 1단계 : 안전관리계획
② 2단계 : 현상파악
③ 3단계 : 분석평가
④ 4단계 : 대책의 선정

하인리히의 사고예방 기본원리 5단계

제1단계	제2단계	제3단계	제4단계	제5단계
안전 조직	사실의 발견	분석	시정방법의 선정	시정책의 적용

11. 산업안전보건법상의 안전 · 보건표지 종류 중 관계자외 출입금지표지에 해당되는 것은?

① 안전모 착용
② 폭발성물질 경고
③ 방사성물질 경고
④ 석면취급 및 해체 · 제거

산업안전보건법상 안전 · 보건표지의 종류 중 관계자외 출입금지표지의 종류
- 제조/사용/보관 중
- 석면 취급/해체 중
- 발암물질 취급 중

12. 재해예방의 4원칙에 관한 설명으로 틀린 것은?

① 재해의 발생에는 반드시 원인이 존재한다.
② 재해의 발생과 손실의 발생은 우연적이다.
③ 재해를 예방할 수 있는 안전대책은 반드시 존재한다.
④ 재해는 원인 제거가 불가능하므로 예방만이 최선이다.

해답 06 ④　07 ①　08 ①　09 ③　10 ①　11 ④　12 ④

> **참고** 재해 예방의 4원칙
> - 손실 우연의 원칙
> 재해 손실은 사고 발생 시 사고 대상의 조건에 따라 달라지므로 한 사고의 결과로서 생긴 재해 손실은 우연성에 의하여 결정된다. 따라서 재해 방지의 대상은 우연성에 좌우되는 손실의 방지보다는 사고 발생 자체의 방지가 되어야 한다.
> - 원인 계기(연계)의 원칙
> 재해 발생은 반드시 원인이 있다. 즉 사고와 손실과의 관계는 우연적이지만 사고와 원인관계는 필연적이다.
> - 예방 가능의 원칙
> 재해는 원칙적으로 원인만 제거되면 예방이 가능하다.
> - 대책 선정의 원칙
> 재해에는 그 원인을 제거할 수 있는 대책이 반드시 존재한다.

13. 적응기제(適應機制, Adjustment Mechanism)의 종류 중 도피적 기제(행동)에 해당하지 않는 것은?

① 고립 ② 퇴행
③ 억압 ④ 합리화

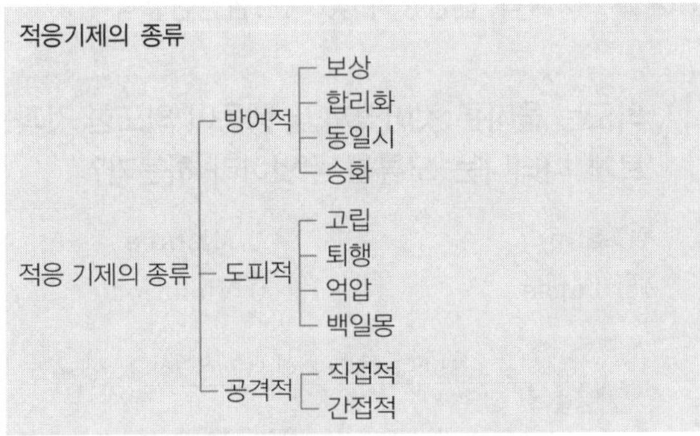

14. 안전관리조직의 참모식(staff형)에 대한 장점이 아닌 것은?

① 경영자의 조언과 자문역할을 한다.
② 안전정보 수집이 용이하고 빠르다.
③ 안전에 관한 명령과 지시는 생산라인을 통해 신속하게 전달한다.
④ 안전전문가가 안전계획을 세워 문제해결방안을 모색하고 조치한다.

> ③항은 직계(line형)식 조직의 특징이다.

15. 주의의 수준이 Phase 0 인 상태에서의 의식상태는?

① 무의식상태 ② 의식의 이완상태
③ 명료한상태 ④ 과긴장상태

참고 의식 level의 단계별 신뢰성

단계	의식의 상태	주의 작용	생리적 상태	신뢰성
0	무의식, 실신	없음	수면, 뇌발작	0
Ⅰ	정상 이하, 의식 몽롱함	부주의	피로, 단조, 졸음, 술취함	0.99 이하
Ⅱ	정상, 이완상태	수동적 마음이 안쪽으로 향함	안정기거, 휴식시 정례작업시	0.99~0.99999 이하
Ⅲ	정상, 상쾌한 상태	능동적 앞으로 향하는 주의 시야도 넓다.	적극 활동시	0.999999 이상
Ⅳ	초정상, 과긴장상태	일점 집중, 판단 정지	긴급 방위반응, 당황해서 panic	0.9 이하

16. 인간오류에 관한 분류 중 독립행동에 의한 분류가 아닌 것은?

① 생략오류 ② 실행오류
③ 명령오류 ④ 시간오류

인간 실수의 독립행동에 의한 분류

분류	내용
생략 오류(不作僞 誤謬, error of omission)	어떤 일에 태만(怠慢)에 관한 것
실행 오류(作僞 誤謬, commission)	잘못된 행위의 실행에 관한 것
순서 오류(順序 誤謬, sequence error)	잘못된 순서로 어떤 과업을 실행 하거나 과업에 들어갔을 때 생기는 것
시간 오류(時間 誤謬, timing error)	할당된 시간 안에 동작을 실행하지 못하거나 너무 빠르거나 또는 너무 느리게 실행했을 때 생기는 것
불필요한 오류 (Extraneous Error)	불필요한 작업을 수행함으로 인하여 발생한 오류이다.

해답 13 ④ 14 ③ 15 ① 16 ③

17. 산업안전보건법상 특별안전보건교육에서 방사선 업무에 관계되는 작업을 할 때 교육내용으로 거리가 먼 것은?

① 방사선의 유해 · 위험 및 인체에 미치는 영향
② 방사선 측정기기 기능의 점검에 관한 사항
③ 비상 시 응급처리 및 보호구 착용에 관한 사항
④ 산소농도측정 및 작업환경에 관한 사항

방사선 업무에 관계되는 작업(의료 및 실험용은 제외한다)시 특별안전보건 교육내용
- 방사선의 유해 · 위험 및 인체에 미치는 영향
- 방사선의 측정기기 기능의 점검에 관한 사항
- 방호거리 · 방호벽 및 방사선물질의 취급 요령에 관한 사항
- 응급처치 및 보호구 착용에 관한 사항
- 그 밖에 안전 · 보건관리에 필요한 사항

참고 산업안전보건법 시행규칙 별표5 【교육대상별 교육내용】

18. 특정과업에서 에너지 소비수준에 영향을 미치는 인자가 아닌 것은?

① 작업방법 ② 작업속도
③ 작업관리 ④ 도구

에너지 소비량에 영향을 미치는 인자
작업방법, 작업자세, 작업속도, 도구설계

19. 산업안전보건법령상 의무안전인증대상 기계 · 기구 및 설비가 아닌 것은?

① 연삭기 ② 롤러기
③ 압력용기 ④ 고소(高所) 작업대

①항, 연삭기는 자율안전확인대상 기계 · 기구에 해당한다.
안전인증대상 기계 · 기구 및 설비
- 프레스
- 전단기(剪斷機) 및 절곡기(折曲機)
- 크레인
- 리프트
- 압력용기
- 롤러기
- 사출성형기(射出成形機)
- 고소(高所) 작업대
- 곤돌라
- 기계톱(이동식만 해당한다)

참고 산업안전보건법 시행령 제74조 【안전인증대상 기계 · 기구등】

20. 다음 중 안전 · 보건교육계획을 수립할 때 고려할 사항으로 가장 거리가 먼 것은?

① 현장의 의견을 충분히 반영한다.
② 대상자의 필요한 정보를 수집한다.
③ 안전교육시행체계와의 연관성을 고려한다.
④ 정부 규정에 의한 교육에 한정하여 실시한다.

안전 · 보건교육계획 수립 시 고려할 사항
- 필요한 정보를 수집한다.
- 현장의 의견을 충분히 반영한다.
- 안전교육시행 체계와 관련을 고려한다.
- 법 규정에 의한 교육에만 그치지 않는다.

■■■ 제2과목 인간공학 및 시스템안전공학

21. 의도는 올바른 것이었지만, 행동이 의도한 것과는 다르게 나타나는 오류를 무엇이라 하는가?

① Slip ② Mistake
③ Lapse ④ Violation

- 실수(Slip) : 상황이나 목표의 해석은 정확하나 의도와는 다른 행동을 한 경우
- 착오(Mistake) : 주관적 인식(主觀的 認識)과 객관적 실재(客觀的 實在)가 일치하지 않는 것을 의미한다.
- 건망증(Lapse) : 기억장애의 하나로 잘 기억하지 못하거나 잊어버리는 정도
- 위반(Violation) : 법, 규칙 등을 범하는 것이다.

22. 음압수준이 70dB인 경우, 1000Hz에서 순음의 phon 치는?

① 50phon ② 70phon
③ 90phon ④ 100phon

동일한 음의 수준
1000Hz = 40dB = 40phon = 1sone

해답 17 ④ 18 ③ 19 ① 20 ④ 21 ① 22 ②

23. 쾌적환경에서 추운환경으로 변화 시 신체의 조절작용이 아닌 것은?

① 피부온도가 내려간다
② 직장온도가 약간 내려간다.
③ 몸이 떨리고 소름이 돋는다.
④ 피부를 경유하는 혈액 순환량이 감소한다.

> 적온 → 한냉 환경으로 변화 시 신체작용
> • 피부 온도가 내려간다.
> • 혈액은 피부를 경유하는 순환량이 감소하고, 많은 양의 혈액이 몸의 중심부를 순환한다.
> • 직장(直腸) 온도가 약간 올라간다.
> • 소름이 돋고 몸이 떨린다.

24. 다음의 각 단계를 결함수분석법(FTA)에 의한 재해사례의 연구 순서대로 나열한 것은?

㉠ 정상사상의 선정 ㉡ FT도 작성 및 분석 ㉢ 개선 계획의 작성 ㉣ 각 사상의 재해원인 규명

① ㉠→㉡→㉢→㉣ ② ㉠→㉣→㉢→㉡
③ ㉠→㉢→㉡→㉣ ④ ㉠→㉣→㉡→㉢

> FTA에 의한 재해사례 연구순서 4단계
> • 1단계 : TOP 사상의 선정
> • 2단계 : 사상의 재해 원인 규명
> • 3단계 : FT도 작성
> • 4단계 : 개선 계획의 작성

25. 점광원으로부터 0.3m 떨어진 구면에 비추는 광량이 5Lumen일 때, 조도는 약 몇 럭스 인가?

① 0.06 ② 16.7
③ 55.6 ④ 83.4

> $조도 = \frac{광도}{거리^2} = \frac{5}{0.3^2} = 55.555$

26. 생명유지에 필요한 단위시간당 에너지량을 무엇이라 하는가?

① 기초 대사량 ② 산소 소비율
③ 작업 대사량 ④ 에너지 소비율

> 기초대사(basal metabolism)
> 생체의 생명 유지에 필요한 최소한의 에너지 대사로 정신적으로나 육체적으로 에너지 소비가 없는 상태에서 일정시간에 소비하는 에너지

27. FT도에 사용되는 다음 게이트의 명칭은?

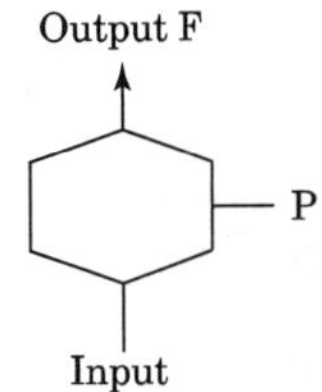

① 부정 게이트 ② 억제 게이트
③ 배타적 OR 게이트 ④ 우선적 AND 게이트

> 억제 게이트
> 수정 gate의 일종으로 억제 모디화이어(Inhibit Modifier) 라고도 하며 입력현상이 일어나 조건을 만족하면 출력이 생기고, 조건이 만족되지 않으면 출력이 생기지 않는다.

28. 인간-기계시스템의 설계를 6단계로 구분할 때, 첫 번째 단계에서 시행하는 것은?

① 기본설계
② 시스템의 정의
③ 인터페이스 설계
④ 시스템의 목표와 성능명세 결정

> 1단계 : 목표 및 성능명세의 결정
> 2단계 : 시스템의 정의
> 3단계 : 기본설계
> 4단계 : 인터페이스(계면) 설계
> 5단계 : 촉진물(보조물, 편의수단)설계
> 6단계 : 시험 및 평가

해답 23 ② 24 ④ 25 ③ 26 ① 27 ② 28 ④

29. 음량수준을 측정할 수 있는 3가지 척도에 해당되지 않는 것은?

① sone ② 럭스
③ phon ④ 인식소음 수준

럭스 (lux)
1촉광의 점광원으로부터 1m 떨어진 곡면에 비추는 광의 밀도(1 lumen/m²)로 조도의 단위이다.

30. 수리가 가능한 어떤 기계의 가용도(availability)는 0.90이고, 평균수리시간(MTTR)이 2시간일 때, 이 기계의 평균수명(MTBF)은?

① 15시간 ② 16시간
③ 17시간 ④ 18시간

가용도(A)$=\dfrac{MTTF}{MTTF+MTTR}=\dfrac{MTBF}{MTBF+MTTR}$

$=\dfrac{MTTF}{MTBF}$에서

가용도$=\dfrac{MTBF}{MTBF+MTTR}$, $0.9=\dfrac{MTBF}{MTBF+2}$ 이므로

$MTBF=18$

31. 동작 경제 원칙에 해당되지 않는 것은?

① 신체사용에 관한 원칙
② 작업장 배치에 관한 원칙
③ 사용자 요구 조건에 관한 원칙
④ 공구 및 설비 디자인에 관한 원칙

동작경제의 원칙(22가지)
- 신체 사용에 관한 원칙(9가지)
- 작업장의 배치에 관한 원칙(8가지)
- 공구 및 설비 디자인에 관한 원칙(5가지)

32. 인간-기계시스템의 연구 목적으로 가장 적절한 것은?

① 정보 저장의 극대화
② 운전시 피로의 평준화
③ 시스템의 신뢰성 극대화
④ 안전의 극대화 및 생산능률의 향상

인간공학의 목적
- 안전성 향상과 사고방지
- 기계조작의 능률성과 생산성의 향상
- 쾌적성

33. 산업안전보건법령에 따라 제조업 중 유해 · 위험방지계획서 제출대상 사업의 사업주가 유해 · 위험방지계획서를 제출하고자 할 때 첨부하여야 하는 서류에 해당하지 않는 것은?(단, 기타 고용노동부장관이 정하는 도면 및 서류 등은 제외한다.)

① 공사개요서
② 기계 · 설비의 배치도면
③ 기계 · 설비의 개요를 나타내는 서류
④ 원재료 및 제품의 취급, 제조 등의 작업방법의 개요

제조업 등 유해 · 위험방지계획서의 첨부 서류
- 건축물 각 층의 평면도
- 기계 · 설비의 개요를 나타내는 서류
- 기계 · 설비의 배치도면
- 원재료 및 제품의 취급, 제조 등의 작업방법의 개요
- 그 밖에 고용노동부장관이 정하는 도면 및 서류

참고 산업안전보건법 시행규칙 제42조【제출서류 등】

34. 인체계측자료의 응용원칙 중 조절 범위에서 수용하는 통상의 범위는 얼마인가?

① 5~95%tile ② 20~80%tile
③ 30~70%tile ④ 40~60%tile

조절범위 : 체격이 다른 여러 사람에 맞도록 만드는 것(보통 집단 특성치의 5%치~95%치까지의 90% 조절범위를 대상)

35. FTA에서 시스템의 기능을 살리는데 필요한 최소 요인의 집합을 무엇이라 하는가?

① critical set
② minimal gate
③ minimal path
④ Boolean indicated cut set

미니멀 패스(minimal path) : 어떤 고장이나 실수를 일으키지 않으면 재해는 일어나지 않는다고 하는 것으로 시스템의 신뢰성을 나타낸다.

해답 29 ② 30 ④ 31 ③ 32 ④ 33 ① 34 ① 35 ③

36. 시스템 수명주기 단계 중 마지막 단계인 것은?

① 구상단계　　② 개발단계
③ 운전단계　　④ 생산단계

> 시스템 위험 관리의 개발과 운용
>
> (구상 단계) → (설계 단계) → (제조·조립·시험 단계) → (운용 단계)
>
> SSP → PHA → SSHA → OSA → O & SHA
>
> SSP: (system safety plan) 시스템 안전 계획
> PHA: (예비사고 분석)
> SSHA: (system safety hazard analysis)
> OSA: (operational safety analysis)
> O & SHA: (operating alsupport hazard analysis)

37. 염산을 취급하는 A업체에서는 신설 설비에 관한 안전성 평가를 실시해야 한다. 정성적 평가단계의 주요 진단 항목에 해당하는 것은?

① 공장 내의 배치
② 제조공정의 개요
③ 재평가 방법 및 계획
④ 안전·보건교육 훈련계획

정성적 평가의 주요 진단항목

1. 설계 관계	항목수	2. 운전 관계	항목수
• 입지 조건	5	• 원재료, 중간체 제품	7
• 공장내 배치	9	• 공 정	7
• 건 조 물	8	• 수송, 저장 등	9
• 소방설비	5	• 공정기기	11

38. 실린더 블록에 사용하는 가스켓의 수명은 평균 10000시간이며, 표준편차는 200시간으로 정규분포를 따른다. 사용시간이 9600시간일 경우에 신뢰도는 약 얼마인가?(단, 표준정규분포표에서 $u_{0.8413} = 1$, $u_{0.9772} = 2$이다.)

① 84.13%　　② 88.73%
③ 92.72%　　④ 97.72%

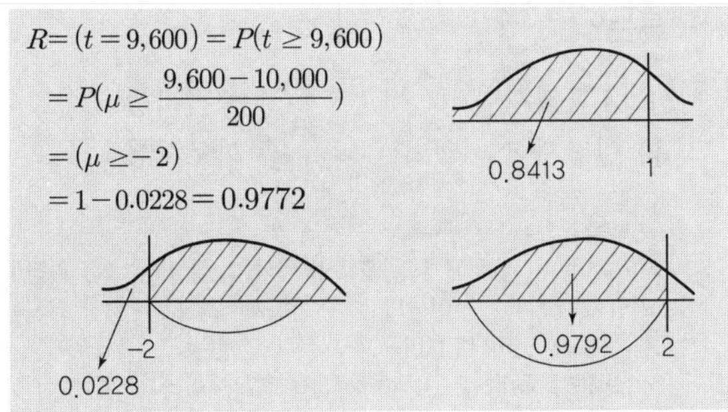

39. 정신적 작업 부하에 관한 생리적 척도에 해당하지 않는 것은?

① 부정맥 지수　　② 근전도
③ 점멸융합주파수　　④ 뇌파도

> 근전도(EMG : electromyogram)
> 근육활동의 전위차를 기록한 것으로, 심장근의 근전도를 특히 심전도(ECG : electrocardio -gram)라 하며, 신경활동전위차의 기록은 ENG (electro -neurogram)라 한다.

40. FMEA의 장점이라 할 수 있는 것은?

① 분석방법에 대한 논리적 배경이 강하다
② 물적, 인적요소 모두가 분석대상이 된다.
③ 서식이 간단하고 비교적 적은 노력으로 분석이 가능하다.
④ 두 가지 이상의 요소가 동시에 고장 나는 경우에도 분석이 용이하다.

FMEA 기법의 장단점

구분	내용
장점	서식이 간단하고 비교적 적은노력으로 특별한 훈련 없이 분석가능
단점	• 논리성이 부족하고 특히 각 요소간의 영향을 분석하기 어렵기 때문에 동시에 두 가지 이상의 요소가 고장 날 경우 분석이 곤란 • 요소가 물체로 한정되어 있어 인적원인을 분석하는 데 곤란

제3과목 기계위험방지기술

41. 다음 중 용접 결함의 종류에 해당하지 않는 것은?

① 비드(bead)
② 기공(blow hole)
③ 언더컷(under cut)
④ 용입 불량(incomplete penetration)

해답 36 ③　37 ①　38 ④　39 ②　40 ③　41 ①

비드(bead)는 용접부의 형태를 말한다.

• 기공(blow hole) : 용착금속내부에 기포가 생기는 것을 말하며, 이것은 주로 습기, 공기, 용접면의 상태에 따라 수소(H_2), 산소(O_2), 질소(N_2) 등의 침입이 원인이 된다.
• 언더컷(under cut) : 전류가 과대하고, 용접속도가 너무 빠르며, 아크를 짧게 유지하기 어려운 경우로서 모재 및 용접부이 일부가 녹아서 홈 또는 오목한 부분이 생기는 것
• 용입불량 : 용접할 모재가 충분히 용해되지 않아 간격이 생긴 것

42. 와이어로프의 꼬임은 일반적으로 특수로프를 제외하고는 보통 꼬임(Ordinary Lay)과 랭 꼬임(Lang's Lay)으로 분류할 수 있다. 다음 중 랭 꼬임과 비교하여 보통 꼬임의 특징에 관한 설명으로 틀린 것은?

① 킹크가 잘 생기지 않는다.
② 내마모성, 유연성, 저항성이 우수하다.
③ 로프의 변형이나 하중을 걸었을 때 저항성이 크다.
④ 스트랜드의 꼬임 방향과 로프의 꼬임 방향이 반대이다.

보통 꼬임
스트랜드의 꼬임 방향과 로프의 꼬임 방향이 반대로 된 것으로서 **소선의 외부 길이가 짧아서 비교적 마모가 되기 쉽지만 킹크가 생기지 않고** 로프의 변형이나 하중을 걸었을 때 저항성이 크고 취급이 용이하여 선박,육상 등에 사용된다.

43. 다음 중 산업안전보건법령상 연삭숫돌을 사용하는 작업의 안전수칙으로 틀린 것은?

① 연삭숫돌을 사용하는 경우 작업시작 전과 연삭숫돌을 교체한 후에는 1분 정도 시운전을 통해 이상 유무를 확인한다.
② 회전 중인 연삭숫돌이 근로자에게 위험을 미칠 우려가 있는 경우에 그 부위에 덮개를 설치하여야 한다.
③ 연삭숫돌의 최고 사용회전속도를 초과하여 사용하여서는 안 된다.
④ 측면을 사용하는 목적으로 하는 연삭숫돌 이외에는 측면을 사용해서는 안 된다.

연삭숫돌을 사용하는 작업의 경우 **작업을 시작하기 전에는 1분 이상, 연삭숫돌을 교체한 후에는 3분 이상 시험운전**을 하고 해당 기계에 이상이 있는지를 확인하여야 한다.

참고 산업안전보건기준에 관한 규칙 제122조(연삭숫돌의 덮개 등)

44. 기능의 안전화 방안을 소극적 대책과 적극적 대책으로 구분할 때 다음 중 적극적 대책에 해당하는 것은?

① 기계의 이상을 확인하고 급정지시켰다.
② 원활한 작동을 위해 급유를 하였다.
③ 회로를 개선하여 오동작을 방지하도록 하였다.
④ 기계의 볼트 및 너트가 이완되지 않도록 다시 조립하였다.

전기회로를 개선하여 오동작을 방지하거나 별도의 완전한 회로에 의해 정상기능을 찾을 수 있도록 하는 것은 적극적 대책에 해당한다.

45. 다음 중 공장 소음에 대한 방지계획에 있어 소음원에 대한 대책에 해당하지 않는 것은?

① 해당 설비의 밀폐
② 설비실의 차음벽 시공
③ 작업자의 보호구 착용
④ 소음기 및 흡음장치 설치

소음 대책

구분	방법
적극적 대책	소음원의 통제
	소음의 격리
	차폐장치(baffle) 및 흡음재료 사용
	음향처리제(acoustical treatment) 사용
	적절한 배치(layout)
소극적 대책	방음보호구 사용
	BGM(back ground music)

46. 재료의 강도시험 중 항복점을 알 수 있는 시험의 종류는?

① 비파괴시험 ② 충격시험
③ 인장시험 ④ 피로시험

항복점
인장시험 시 물체에 힘을 가하면 변형이 일어나는데, 일정한 크기의 외력에서, 그 이상의 힘을 가하지 않아도 변형이 커지는 현상(항복)이 일어나고, 이윽고 재료가 파괴된다. 이 과정에서 급격히 변형이 증대하기 시작하는 점을 항복점이라 한다.

해답 42 ② 43 ① 44 ③ 45 ③ 46 ③

47. 프레스 및 전단기에 사용되는 손쳐내기식 방호장치의 성능기준에 대한 설명 중 옳지 않은 것은?

① 진동각도 · 진폭시험 : 행정길이가 최소일 때 진동각도는 60° ~90° 이다.
② 진동각도 · 진폭시험 : 행정길이가 최대일 때 진동각도는 30° ~60° 이다.
③ 완충시험 : 손쳐내기봉에 의한 과도한 충격이 없어야 한다.
④ 무부하 동작시험 : 1회의 오동작도 없어야 한다.

손쳐내기식 방호장치의 진동각도 · 진폭시험

행정길이	진동각도
최소일때	(60~90)°
최대일때	(45~90)°

참고 방호장치 안전인증 고시 별표 1 (프레스 또는 전단기 방호장치의 성능기준)

48. 다음 중 프레스를 제외한 사출성형기 · 주형조형기 및 형단조기 등에 관한 안전조치사항으로 틀린 것은?

① 근로자의 신체 일부가 말려들어갈 우려가 있는 경우에는 양수조작식 방호장치를 설치하여 사용한다.
② 게이트가드식 방호장치를 설치할 경우에는 연동구조를 적용하여 문을 닫지 않아도 동작할 수 있도록 한다.
③ 사출성형기의 전면에 작업용 발판을 설치할 경우 근로자가 쉽게 미끄러지지 않는 구조여야 한다.
④ 기계의 히터 등의 가열부위, 감전우려가 있는 부위에는 방호덮개를 설치하여 사용한다.

사출성형기(射出成形機) · 주형조형기(鑄型造形機) 및 형단조기(프레스등은 제외한다) 등에 근로자의 신체 일부가 말려들어갈 우려가 있는 경우 게이트가드(gate guard) 또는 양수조작식 등에 의한 방호장치, 그 밖에 필요한 방호 조치를 하여야 한다.

- 게이트가드는 닫지 아니하면 기계가 작동되지 아니하는 연동구조(連動構造)여야 한다.
- 기계의 히터 등의 가열 부위 또는 감전 우려가 있는 부위에는 방호덮개를 설치하는 등 필요한 안전 조치를 하여야 한다.

참고 산업안전보건기준에 관한 규칙 제 121조 【사출서형기 등의 방호장치】

49. 보일러 등에 사용하는 압력방출장치의 봉인은 무엇으로 실시해야 하는가?

① 구리 테이프　② 납
③ 봉인용 철사　④ 알루미늄 실(seal)

압력방출장치는 매년 1회 이상 교정을 받은 압력계를 이용하여 설정압력에서 압력방출장치가 적정하게 작동하는지를 검사한 후 납으로 봉인하여 사용하여야 한다.

참고 산업안전보건기준에 관한 규칙 제 116조 【압력방출장치】

50. 유해 · 위험기계 · 기구 중에서 진동과 소음을 동시에 수반하는 기계설비로 가장 거리가 먼 것은?

① 컨베이어　② 사출 성형기
③ 가스 용접기　④ 공기 압축기

이동식 가스집합용접장치의 가스집합장치는 고온의 장소, 통풍이나 환기가 불충분한 장소 또는 **진동이 많은 장소**에 설치하지 아니하도록 할 것

참고 산업안전보건기준에 관한 규칙 제295조 【가스집합용접장치의 관리등】

51. 압력용기 등에 설치하는 안전밸브에 관련한 설명으로 옳지 않은 것은?

① 안지름이 150mm를 초과하는 압력용기에 대해서는 과압에 따른 폭발을 방지하기 위하여 규정에 맞는 안전밸브를 설치해야한다.
② 급성 독성물질이 지속적으로 외부에 유출될 수 있는 화학설비 및 그 부속설비에는 파열판과 안전밸브를 병렬로 설치한다.
③ 안전밸브는 보호하려는 설비의 최고사용압력이하에서 작동되도록 하여야 한다.
④ 안전밸브의 배출용량은 그 작동원인에 따라 각각의 소요분출량을 계산하여 가장 큰 수치를 해당 안전밸브의 배출용량으로 하여야 한다.

급성 독성물질이 지속적으로 외부에 유출될 수 있는 화학설비 및 그 부속설비에 **파열판과 안전밸브를 직렬로 설치하고** 그 사이에는 압력지시계 또는 자동경보장치를 설치하여야 한다.

참고 산업안전보건기준에 관한 규칙 제 263조 【파열판 및 안전밸브의 직렬설치】

해답 47 ② 48 ② 49 ② 50 ③ 51 ②

52. 다음 중 소성가공을 열간가공과 냉간가공으로 분류하는 가공온도의 기준은?

① 융해점 온도 ② 공석점 온도
③ 공정점 온도 ④ 재결정 온도

> 소성가공은 열간가공과 냉간가공으로 분류하며 열강가공은 재결정온도 이상에서 소성되는 것이고, 냉간가공은 재결정온도 이하에서 가공되는 것이다.

53. 컨베이어(conveyor) 역전방지장치의 형식을 기계식과 전기식으로 구분할 때 기계식에 해당하지 않는 것은?

① 라쳇식 ② 밴드식
③ 스러스트식 ④ 롤러식

> 컨베이어의 사용 중 불시의 정전, 전압강하 등으로 인한 발생되는 사고를 예방하기 위하여 컨베이어에 역전방지장치를 설치하여야 하며,
> • 전기식으로는 전기 브레이크, 스러스트식 브레이크 등이 있다.
> • 기계식으로는 라쳇식, 롤러식, 밴드식 등이 있다.

54. 프레스 작업 시작 전 점검해야 할 사항으로 거리가 먼 것은?

① 매니퓰레이터 작동의 이상유무
② 클러치 및 브레이크 기능
③ 슬라이드, 연결봉 및 연결 나사의 풀림 여부
④ 프레스 금형 및 고정볼트 상태

> 프레스 작업시작 전 점검사항
> • 클러치 및 브레이크의 기능
> • 크랭크축 · 플라이휠 · 슬라이드 · 연결봉 및 연결 나사의 풀림 여부
> • 1행정 1정지기구 · 급정지장치 및 비상정지장치의 기능
> • 슬라이드 또는 칼날에 의한 위험방지 기구의 기능
> • 프레스의 금형 및 고정볼트 상태
> • 방호장치의 기능
> • 전단기(剪斷機)의 칼날 및 테이블의 상태
>
> 참고 산업안전보건기준에 관한 규칙 별표 3 【작업시작 전 점검사항】

55. 다음 중 산업용 로봇에 의한 작업 시 안전조치 사항으로 적절하지 않은 것은?

① 로봇의 운전으로 인해 근로자가 로봇에 부딪칠 위험이 있을 때에는 1.8m 이상의 울타리를 설치하여야 한다.
② 작업을 하고 있는 동안 로봇의 기동스위치등은 작업에 종사하고 있는 근로자가 아닌 사람이 그 스위치 등을 조작할 수 없도록 필요한 조치를 한다.
③ 로봇의 조작방법 및 순서, 작업 중의 매니퓰레이터의 속도 등에 관한 지침에 따라 작업을 하여야 한다.
④ 작업에 종사하는 근로자가 이상을 발견하면, 관리감독자에게 우선 보고하고, 지시에 따라 로봇의 운전을 정지시킨다.

> 작업에 종사하고 있는 근로자 또는 당해 근로자를 감시하는 자가 이상을 발견한 때에는 즉시 로봇의 운전을 정지시키기 위한 조치를 할 것
>
> 참고 산업안전보건기준에 관한 규칙 제222조 【교시등】

56. 프레스기의 비상정지스위치 작동 후 슬라이드가 하사점까지 도달시간이 0.15초 걸렸다면 양수기동식 방호장치의 안전거리는 최소 몇 cm 이상이어야 하는가?

① 24 ② 240
③ 15 ④ 150

> $D = 1600 \times Tm = 1600 \times 0.15 = 240mm = 24cm$

57. 컨베이어 설치 시 주의사항에 관한 설명으로 옳지 않은 것은?

① 컨베이어에 설치된 보도 및 운전실 상면은 가능한 수평이어야 한다.
② 근로자가 컨베이어를 횡단하는 곳에는 바닥면 등으로부터 90cm 이상 120cm 이하에 상부난간대를 설치하고, 바닥면과의 중간에 중간난간대가 설치된 건널다리를 설치한다.
③ 폭발의 위험이 있는 가연성 분진 등을 운반하는 컨베이어 또는 폭발의 위험이 있는 장소에 사용되는 컨베이어의 전기기계 및 기구는 방폭구조이어야 한다.
④ 보도, 난간, 계단, 사다리의 설치 시 컨베이어를 가동시킨 후에 설치하면서 설치상황을 확인한다.

해답 52 ④ 53 ③ 54 ① 55 ④ 56 ① 57 ④

컨베이어는 설치가 완료된 후에 가동을 시작해야 한다.

58. 휴대용 연삭기 덮개의 개방부 각도는 몇 도(°)이내여야 하는가?

① 60° ② 90°
③ 125° ④ 180°

안전덮개의 설치방법은 덮개 노출각의 스핀들(spindle) 중심의 정점에서 측정한다.
(1) 탁상용 연삭기의 덮개
- 덮개의 최대노출각도 : 90° 이내(원주의 1/4이내)
- 숫돌의 주축에서 수평면 위로 이루는 원주 각도 : 50° 이내
- 수평면 이하에서 연삭할 경우의 노출각도 : 125° 까지 증가
- 숫돌의 상부사용을 목적으로 할 경우의 노출각도 : 60° 이내

(2) 원통연삭기, 만능연삭기의 덮개의 노출각도 : 180° 이내
(3) **휴대용 연삭기, 스윙(swing) 연삭기의 덮개의 노출각도 : 180° 이내**
(4) 평면연삭기, 절단연삭기의 덮개의 노출각도 : 150° 이내
숫돌의 주축에서 수평면 밑으로 이루는 덮개의 각도 : 15° 이상

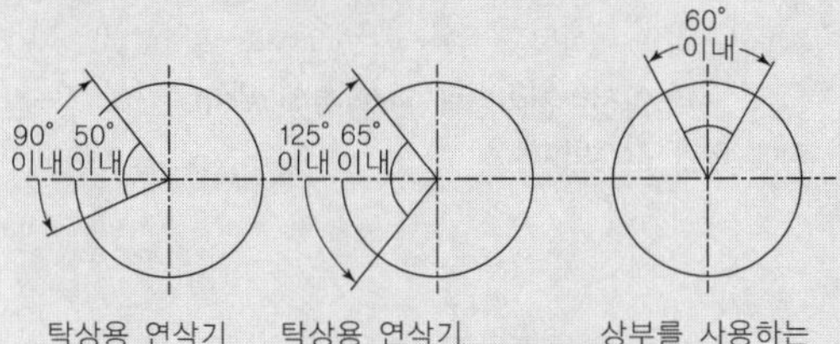

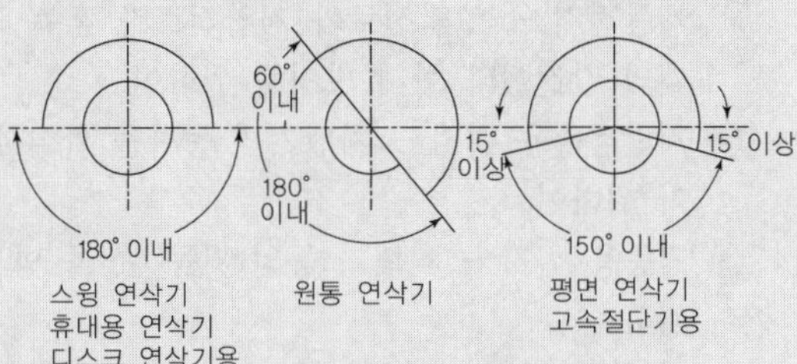

참고 방호장치 자율안전기준 고시 별표 4 【연삭기 덮개의 성능기준】

59. 롤러기 급정지장치 조작부에 사용하는 로프의 성능 기준으로 적합한 것은?(단, 로프의 재질은 관련 규정에 적합한 것으로 본다.)

① 지름 1mm이상의 와이어로프
② 지름 2mm이상의 합성섬유로프
③ 지름 3mm이상의 합성섬유로프
④ 지름 4mm이상의 와이어로프

조작부에 로프를 사용할 경우는 KS D 3514(와이어로프)에 정한 규격에 적합한 **직경 4밀리미터 이상의 와이어로프** 또는 직경 6밀리미터 이상이고 절단하중이 2.94킬로뉴턴(kN) 이상의 합성섬유의 로프를 사용하여야 한다.

참고 방호장치 자율안전기준 고시 별표 3 【롤러기 급정지장치의 성능기준】

60. 자분탐상검사에서 사용하는 자화방법이 아닌 것은?

① 축통전법 ② 전류 관통법
③ 극간법 ④ 임피던스법

자분탐상시험(M.T : Magnetic Particle Testing)
전자석 또는 영구자석을 이용하여 시험체를 일시 자화시킨후 자분을 적용하여 자분의 응집상태를 관찰함으로써 시험체 표면부의 결함을 검출하는 방법이다.
자화방법에는 통전법(通電法), 관통법, 코일법, 극간법(요크법)이 있고, 자화전류는 교류 또는 정류한 단상반파(單相半波), 단상전파, 3상 전파가 사용된다.

■■■ 제4과목 전기위험방지기술

61. 대전물체의 표면전위를 검출전극에 의한 용량분할을 통해 측정할 수 있다. 대전물체의 표면전위 V_s는?(단, 대전물체와 검출전극간의 정전용량을 C_1, 검출전극과 대지간의 정전용량을 C_2, 검출전극의 전위를 V_e이다.)

① $V_s=(\frac{C_1+C_2}{C_1}+1)V_e$ ② $V_s=(\frac{C_1+C_2}{C_1})V_e$

③ $V_s=\frac{C_2}{C_1+C_2}V_e$ ④ $V_s=(\frac{C_1}{C_1+C_2}+1)V_e$

$$V_s=\frac{C_1+C_2}{C_1}V_e$$

대전물체의 표면전위 : V_s
대전물체와 검출전극간의 정전용량 : C_1
검출전극과 대지간의 정전용량 : C_2
검출전극의 전위 : V_e

해답 58 ④ 59 ④ 60 ④ 61 ②

62. 방폭 기기-일반요구사항(KS C IEC 60079-0)규정에서 제시하고 있는 방폭기기 설치 시 표준환경조건이 아닌 것은?

① 압력 : 80~110kpa
② 상대습도 : 40~80%
③ 주위온도 : −20~40℃
④ 산소 함유율 21% v/v의 공기

표준환경조건

압력	80kpa ~ 110kpa
온도	-20℃ ~ 40℃
표고	1,000m 이하
상대습도	45% ~ 85%
공해, 부식성가스, 진동등이 존재하지 않는 환경	

②항, 상대습도 : 45~85% 이다.

63. 피뢰기의 구성요소로 옳은 것은?

① 직렬갭, 특성요소 ② 병렬갭, 특성요소
③ 직렬갭, 충격요소 ④ 병렬갭, 충격요소

피뢰기의 구성요소

구분	내용
직렬갭	이상전압 발생시 전압을 대지로 방전하고 속류를 차단
특성요소	뇌해의 방전시 절연 파괴를 방지한다.

64. 전기기기 방폭의 기본 개념이 아닌 것은?

① 점화원의 방폭적 격리
② 전기기기의 안전도 증강
③ 점화능력의 본질적 억제
④ 전기설비 주위 공기의 절연능력 향상

전기기기 방폭의 기본 개념
- 점화원의 방폭적 격리(전폐형 방폭구조) : 내압, 압력, 유입방폭구조
- 전기설비의 안전도 증가 : 안전증 방폭구조
- 점화능력의 본질적 억제 : 본질안전 방폭구조

65. 감전사고를 방지하기 위한 방법으로 틀린 것은?

① 전기기기 및 설비의 위험부에 위험표지
② 전기설비에 대한 누전차단기 설치
③ 전기기기에 대한 정격표시
④ 무자격자는 전기기계 및 기구에 전기적인 접촉 금지

전기기기에 대한 정격표시는 감전사고 예방과 직접적인 관련이 적다.

66. 인체의 저항을 500Ω이라 할 때 단상 440V의 회로에서 누전으로 인한 감전재해를 방지할 목적으로 설치하는 누전 차단기의 규격은?

① 30mA, 0.1초 ② 30mA, 0.03초
③ 50mA, 0.1초 ④ 50mA, 0.3초

전기기계 · 기구에 접속되어 있는 누전차단기는 정격감도전류가 30밀리암페어 이하이고 작동시간은 0.03초 이내일 것.

참고 산업안전보건기준에 관한 규칙 제304조5항 【누전차단기에 의한 감전방지】

67. 접지의 종류와 목적이 바르게 짝지어지지 않은 것은?

① 계통접지 – 고압전로와 저압전로가 혼촉 되었을 때의 감전이나 화재 방지를 위하여
② 지락검출용 접지 – 차단기의 동작을 확실하게 하기 위하여
③ 기능용 접지 – 피뢰기 등의 기능손상을 방지하기 위하여
④ 등전위 접지 – 병원에 있어서 의료기기 사용시 안전을 위하여

참고 접지 목적에 따른 종류

접지의 종류	접지의 목적
계통 접지	고압전로와 저압전로가 혼촉되었을 때의 감전이나 화재방지
기기 접지	누전되고 있는 기기에 접촉 시의감전방지
지락 검출용 접지	누전차단기의 동작을 확실히 할 것
정전기 접지	정전기의 축적에 의한 폭발 재해 방지
피뢰용 접지	낙뢰로부터 전기기기의 손상방지
등전위 접지	병원에 있어서의 의료기기 사용 시 안전

해답 62 ② 63 ① 64 ④ 65 ③ 66 ② 67 ③

68. 방폭지역 구분 중 폭발성 가스 분위기가 정상상태에서 조성되지 않거나 조성된다 하더라도 짧은 기간에만 존재할 수 있는 장소는?

① 0종 장소　② 1종 장소
③ 2종 장소　④ 비방폭지역

가스폭발 위험장소의 구분

	내 용	예
0종 장소	인화성 액체의 증기 또는 가연성 가스에 의한 폭발위험이 **지속적**으로 또는 **장기간 존재**하는 장소	용기내부 · 장치 및 배관의 내부 등
1종 장소	정상 작동상태에서 인화성 액체의 증기 또는 가연성 가스에 의한 폭발위험분위기가 **존재하기 쉬운 장소**	멘홀 · 벤드 · 핏트 등의 내부
2종 장소	정상작동상태에서 인화성 액체의 증기 또는 가연성 가스에 의한 폭발위험분위기가 존재할 우려가 없으나, 존재할 경우 그 빈도가 아주 적고 **단기간만 존재**할 수 있는 장소	개스킷 · 패킹 등 주위

69. 다음 그림과 같이 완전 누전되고 있는 전기기기의 외함에 사람이 접촉하였을 경우 인체에 흐르는 전류(I_m)는?(단, E(V)는 전원의 대지전압, $R_2(\Omega)$는 변압기 1선 접지, 제2종 접지저항, $R_3(\Omega)$은 전기기기 외함 접지, 제3종 접지저항, $R_m(\Omega)$은 인체저항이다.)

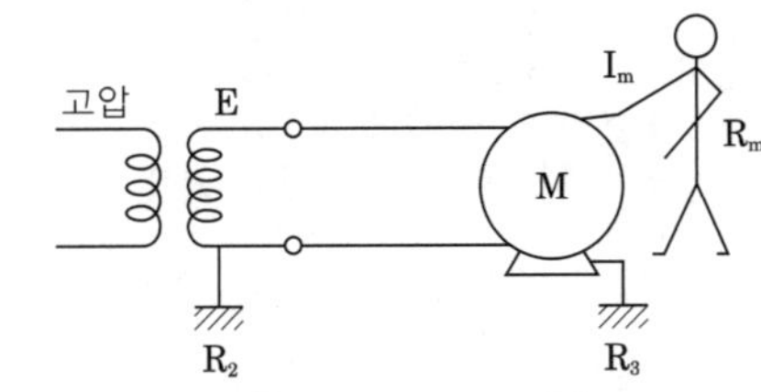

① $\dfrac{E}{R_2+(\dfrac{R_3\times R_m}{R_3+R_m})}\times\dfrac{R_3}{R_3+R_m}$

② $\dfrac{E}{R_2+(\dfrac{R_3+R_m}{R_3\times R_m})}\times\dfrac{R_3}{R_3+R_m}$

③ $\dfrac{E}{R_2+(\dfrac{R_3\times R_m}{R_3+R_m})}\times\dfrac{R_m}{R_3+R_m}$

④ $\dfrac{E}{R_3+(\dfrac{R_2\times R_m}{R_2+R_m})}\times\dfrac{R_3}{R_3+R_m}$

- 대지전압 : $I=\dfrac{E}{R}$
- 직렬 합성저항
  $R=R_2+R_3[\Omega]$
- 병렬 합성저항
  $R=\dfrac{1}{\dfrac{1}{R_2}+\dfrac{1}{R_m}}=\dfrac{R_2\times R_m}{R_2+R_m}[\Omega]$
- 분배전류(I_m)
  $I_m=\dfrac{E}{R_2+\left(\dfrac{R_3\times R_m}{R_3+R_m}\right)}\times\dfrac{R_3}{R_3+R_m}$

70. 내압방폭구조의 필요충분조건에 대한 사항으로 틀린 것은?

① 폭발화염이 외부로 유출되지 않을 것
② 습기침투에 대한 보호를 충분히 할 것
③ 내부에서 폭발한 경우 그 압력에 견딜 것
④ 외함의 표면온도가 외부의 폭발성가스를 점화하지 않을 것

내압 방폭구조란
전폐구조로 용기내부에서 폭발성 가스 또는 증기가 폭발하였을 때 용기가 그 압력에 견디며, 또한 접합면, 개구부 등을 통해서 외부의 폭발성 가스에 인화될 우려가 없도록 한 구조를 말한다.

71. 역률개선용 커패시터(capacitor)가 접속되어있는 전로에서 정전작업을 할 경우 다른 정전작업과는 달리 주의 깊게 취해야 할 조치사항으로 옳은 것은?

① 안전표지부착
② 개폐기 전원투입 금지
③ 잔류전하 방전
④ 활선 근접작업에 대한 방호

커패시터(capacitor)는 콘덴서(condenser)와 같은 개념으로 정전작업시 전력용 케이블, 역률개선용 콘덴서등은 잔류전하를 방전시킨 후 작업을 하여야 한다.

해답 68 ③　69 ①　70 ②　71 ③

72. 전기화재가 발생되는 비중이 가장 큰 발화원은?

① 주방기기
② 이동식 전열기
③ 회전체 전기기계 및 기구
④ 전기배선 및 배선기구

발화원의 비율
- 이동가능한 절연기(35%)
- 전등, 전화 등의 배선(27%)
- 전기기기(14%)
- 전기장치(9%)
- 배선기구(5%)
- 고정된 전열기(5%)
- 기타(5%)

73. 다음 중 불꽃(spark)방전의 발생 시 공기 중에 생성되는 물질은?

① O_2　② O_3
③ H_2　④ C

스파크에 의한 코로나 방전이 발생시 공기중에 오존(O_3)이 생성된다.

74. 전기설비기술기준에서 정의하는 전압의 구분으로 틀린 것은?

① 교류 저압 : 600V 이하
② 직류 저압 : 750V 이하
③ 직류 고압 : 750 초과 7000V 이하
④ 특고압 : 7000V 이상

전압의 구분

구분	교류	직류
저압	600[V] 이하	750[V] 이하
고압	600[V] 초과 7,000[V] 이하	750[V] 초과 7,000[V] 이하
특별고압	7,000[V] 초과	

※ 2021년부터 시행되는 한국전기설비규정에서는 저압은 교류 1kV 이하, 직류 1.5kV 이하이며 고압은 교류 1kV~7kV 이하, 직류 1.5kV~7kV 이하가 적용된다.

75. 자동전격방지장치에 대한 설명으로 틀린 것은?

① 무부하시 전력손실을 줄인다.
② 무부하 전압을 안전전압 이하로 저하시킨다.
③ 용접을 할 때에만 용접기의 주회로를 개로(OFF)시킨다.
④ 교류 아크용접기의 안전장치로서 용접기의 1차 또는 2차측에 부착한다.

자동전격방지장치는 용접기의 1차측 또는 2차측에 부착시켜 용접기의 주회로를 제어하는 기능을 보유함으로써 용접봉의 조작, 모재에의 접촉 또는 분리에 따라 **용접을 할 때에 용접기의 주회로를 폐로(ON) 시키고, 용접을 행하지 않을 때에는 용접기 주회로를 개로(OFF)시켜** 용접기 2차(출력)측의 무부하전압(보통60~90V)을 안전전압(25~30V)으로 강하시킨다.

76. 샤워시설이 있는 욕실에 콘센트를 시설하고자 한다. 이때 설치되는 인체감전보호용 누전차단기의 정격감도전류는 몇 mA 이하인가?

① 5　② 15
③ 30　④ 60

[산업안전보건기준에 관한 규칙]에서는 감전방지용 누전차단기는 정격감도전류 30mA이하, 동작시간 0.03초로 규정하고 있으며 [전기설비기술기준의 판단기준 제170조]에서는 욕조나 샤워시설이 있는 **욕실 또는 화장실 등 인체가 물에 젖어있는 상태**에서 전기를 사용하는 장소에 콘센트를 시설하는 경우에는 **인체감전보호용 누전차단기**(정격감도전류 15 mA 이하, 동작시간 0.03초 이하)를 사용하도록 한다.

참고 전기설비기술기준의 판단기준 제 170조 【옥내에 시설하는 저압용의 배선기구의 시설】

77. 정격감도전류에서 동작시간이 가장 짧은 누전차단기는?

① 시연형 누전차단기
② 반한시형 누전차단기
③ 고속형 누전차단기
④ 감전보호용 누전차단기

해답 72 ② 73 ② 74 ④ 75 ③ 76 ② 77 ④

누전차단기의 동작시간

종 류	동 작 시 간
고 속 형	0.1초 이내
보 통 형	2초 이내
시연형(지연형)	0.1~2초 이내
감전보호용	0.03초 이내

78. 인체의 전기저항 R을 1000Ω 이라고 할 때 위험 한계 에너지의 최저는 약 몇J 인가?(단, 통전 시간은 1초이고, 심실세동전류 I=$\frac{165}{\sqrt{T}}$mA이다.)

① 17.23 ② 27.23
③ 37.23 ④ 47.23

$w = I^2RT$
$w = (\frac{165}{\sqrt{1}} \times 10^{-3})^2 \times 1,000 \times 1 = 27.23$

79. 감전사고가 발생했을 때 피해자를 구출하는 방법으로 틀린 것은?

① 피해자가 계속하여 전기설비에 접촉되어 있다면 우선 그 설비의 전원을 신속히 차단한다.
② 감전 상황을 빠르게 판단하고 피해자의 몸과 충전부가 접촉되어 있는지를 확인한다.
③ 충전부에 감전되어 있으면 몸이나 손을 잡고 피해자를 곧바로 이탈시켜야 한다.
④ 절연 고무장갑, 고무장화 등을 착용한 후에 구원해 준다.

구출자는 전원을 차단하고 보호용구 또는 방호용구 등을 사용하여 재해확대가 일어나지 않도록 주의하며 감전자를 구출한다.

80. 정전작업 시 작업 중의 조치사항으로 옳은 것은?

① 검전기에 의한 정전확인
② 개폐기의 관리
③ 잔류전하의 방전
④ 단락접지 실시

참고 정전작업 시 준수사항

분류	준수사항
작업전 준수사항	• 작업 지휘자 임명 • 개로 개폐기의 시건 또는 표시 • 잔류전하방전 • 검전기로 확인 • 단락접지
작업중 준수사항	• 작업 지휘자에 의한 지휘 • 개폐기의 관리 • 근접접지 상태관리 • 단락접지 상태관리
작업후 준수사항	• 표지의 철거 • 단락접지기구의 철거 • 작업자에 대한 감전위험이 없음을 확인 • 개폐기 투입하여 송전재개

제5과목 화학설비위험방지기술

81. 메탄이 공기 중에서 연소될 때의 이론혼합비(화학양론조성)는 약 몇 vol%인가?

① 2.21 ② 4.03
③ 5.76 ④ 9.50

$CH_4 + 2O_2 = CO_2 + 2H_2O$ 에서

$$C_{st} = \frac{100}{\left(1 + \frac{2}{0.21}\right)} = 9.50$$

82. 분진폭발을 방지하기 위하여 첨가하는 불활성 첨가물로 적합하지 않은 것은?

① 탄산칼슘 ② 모래
③ 석분 ④ 마그네슘

마그네슘은 금수성 물질로서 공가중의 수분이나 물과 접촉 시 발화하거나 가연성가스의 발생 위험성이 있는 물질이다.

해답 78 ② 79 ③ 80 ② 81 ④ 82 ④

83. 산업안전보건기준에 관한 규칙 중 급성 독성 물질에 관한 기준 중 일부이다. (A) 와 (B) 에 알맞은 수치를 옳게 나타낸 것은?

> ㅇ 쥐에 대한 경구투입실험에 의하여 실험동물의 50퍼센트를 사망시킬 수 있는 물질의 양, 즉 LD50(경구, 쥐)이 킬로그램당 (A)밀리그램-(체중) 이하인 화학물질
> ㅇ 쥐 또는 토끼에 대한 경피흡수실험에 의하여 실험동물의 50퍼센트를 사망시킬 수 있는 물질의 양, 즉 LD50(경피, 토끼 또는 쥐)이 킬로그램당 (B)밀리그램-(체중)이하인 화학물질

① A : 1000, B : 300　② A : 1000, B : 1000
③ A : 300, B : 300　④ A : 300, B : 1000

급성 독성 물질
- **쥐에 대한 경구투입실험**에 의하여 실험동물의 50퍼센트를 사망시킬 수 있는 물질의 양, 즉 LD50(경구, 쥐)이 킬로그램당 **300밀리그램-(체중)** 이하인 화학물질
- **쥐 또는 토끼에 대한 경피흡수실험**에 의하여 실험동물의 50퍼센트를 사망시킬 수 있는 물질의 양, 즉 LD50(경피, 토끼 또는 쥐)이 킬로그램당 **1000밀리그램 -(체중)** 이하인 화학물질
- 쥐에 대한 4시간 동안의 흡입실험에 의하여 실험동물의 50퍼센트를 사망시킬 수 있는 물질의 농도, 즉 가스 LC50(쥐, 4시간 흡입)이 2500ppm 이하인 화학물질, 증기 LC50(쥐, 4시간 흡입)이 10mg/ℓ 이하인 화학물질, 분진 또는 미스트 1mg/ℓ 이하인 화학물질

참고 산업안전보건기준에 관한 규칙 별표 1 【위험물질의 종류】

84. 인화성 가스가 발생할 우려가 있는 지하작업장에서 작업을 할 경우 폭발이나 화재를 방지하기 위한 조치 사항 중 가스의 농도를 측정하는 기준으로 적절하지 않은 것은?

① 매일 작업을 시작하기 전에 측정한다.
② 가스의 누출이 의심되는 경우 측정한다.
③ 장시간 작업할 때에는 매 8시간 마다 측정한다.
④ 가스가 발생하거나 정체할 위험이 있는 장소에 대하여 측정한다.

인화성 가스가 발생할 우려가 있는 지하작업장에서 작업하는 경우 또는 가스도관에서 가스가 발산될 위험이 있는 장소에서 굴착작업을 하는 경우에는 폭발이나 화재를 방지하기 위하여 다음의 조치를 하여야 한다.

(1) 가스의 농도를 측정하는 사람을 지명하고 다음의 경우에 그로 하여금 해당 가스의 농도를 측정하도록 할 것
- 매일 작업을 시작하기 전
- 가스의 누출이 의심되는 경우
- 가스가 발생하거나 정체할 위험이 있는 장소가 있는 경우
- **장시간 작업을 계속하는 경우(이 경우 4시간마다 가스 농도를 측정하도록 하여야 한다)**

(2) 가스의 농도가 인화하한계 값의 25퍼센트 이상으로 밝혀진 경우에는 즉시 근로자를 안전한 장소에 대피시키고 화기나 그 밖에 점화원이 될 우려가 있는 기계·기구 등의 사용을 중지하며 통풍·환기 등을 할 것

참고 산업안전보건기준에 관한 규칙 제296조 【지하작업장 등】

85. 공기 중에서 A 가스의 폭발하한계는 2.2vol%이다. 이 폭발하한계 값을 기준으로 하여 표준 상태에서 A 가스와 공기의 혼합기체 1m^3 에 함유되어 있는 A가스의 질량을 구하면 약 몇g인가?(단, A 가스의 분자량은 26이다.)

① 19.02　② 25.54
③ 29.02　④ 35.54

표준상태 C_2H_2 의 분자량 = 26g, 부피 = 22.4L(m^{3}으로 환산=0.0224)이므로,
1m^{3}일 때의 질량 = 26/0.0224 = 1160.71g이 된다.
1160.71의 하한계 2.2%가 함유하므로
1160.71×0.022 = 25.535이므로 25.54가 된다.

86. 다음 중 물과 반응하여 수소가스를 발생할 위험이 가장 낮은 물질은?

① Mg　② Zn
③ Cu　④ Na

Mg, Zn, Na등은 물 반응성 물질로 물과 반응시 수소를 발생시켜 폭발할 위험이 있다.

해답 83 ④　84 ③　85 ②　86 ③

87. 고압의 환경에서 장시간 작업하는 경우에 발생할 수 있는 잠함병(潛函病) 또는 잠수병(潛水病)은 다음 중 어떤 물질에 의하여 중독현상이 일어나는가?

① 질소 ② 황화수소
③ 일산화탄소 ④ 이산화탄소

잠수병
잠수시 기압의 증가와 함께 몸에 흡수되는 질소 양이 증가하게 된다. 작업 후에 갑자기 기압이 낮아지게 되면 몸속에 남은 질소가 기포를 형성하여 신체에 영향을 미치게 된다.

88. 다음 중 열교환기의 보수에 있어 일상점검항목과 정기적 개방점검항목으로 구분할 때 일상점검항목으로 가장 거리가 먼 것은?

① 도장의 노후상황
② 부착물에 의한 오염의 상황
③ 보온재, 보냉재의 파손여부
④ 기초볼트의 체결정도

열교환기의 점검

일상점검 항목	개방점검 항목
• 도장부 결함 및 벗겨짐 • 보온재 및 보냉재 상태 • 기초부 및 기초 고정부 상태 • 배관 등과의 접속부 상태	• 내부 부식의 형태 및 정도 • 내부 관의 부식 및 누설 유무 • 용접부 상태 • 라이닝, 코팅, 개스킷 손상 여부 • **부착물에 의한 오염의 상황**

89. 다음 중 가연성 가스이며 독성 가스에 해당하는 것은?

① 수소 ② 프로판
③ 산소 ④ 일산화탄소

일산화탄소(CO)
가연성이며 독성물질로 상온에서 무색, 무취, 무미의 기체로 존재한다. 끓는점은 −191.5℃, 녹는점은 −205.0℃이다.

90. 위험물 또는 가스에 의한 화재를 경보하는 기구에 필요한 설비가 아닌 것은?

① 간이완강기 ② 자동화재감지기
③ 축전지설비 ④ 자동화재수신기

①항, 간이완강기는 피난설비에 해당한다.

경보설비
- 단독 경보형 감지기
- 비상경보설비
- 시각경보기
- 자동화재 탐지 설비
- 비상 방송 설비
- 자동화재 속보 설비
- 통합 감시 시설
- 누전 경보기

잘못된 계산식가스 누설 경보기

91. 다음 중 가연성 물질이 연소하기 쉬운 조건으로 옳지 않은 것은?

① 연소 발열량이 클 것
② 점화에너지가 작을 것
③ 산소와 친화력이 클 것
④ 입자의 표면적이 작을 것

입자의 표면적이 커서 산소와의 접촉면이 클수록 연소하기 쉽다.

92. 이산화탄소소화약제의 특징으로 가장 거리가 먼 것은?

① 전기절연성이 우수하다.
② 액체로 저장할 경우 자체 압력으로 방사할 수 있다.
③ 기화상태에서 부식성이 매우 강하다.
④ 저장에 의한 변질이 없어 장기간 저장이 용이한 편이다.

탄산가스 소화기의 특성
- 자체증기압(증기압 60kg/cm² at 20℃)이 높으며 화재심부까지 침투가 용이하다.
- 화재 진압 후 소화약제의 잔존물이 없어, 증거보존이 용이하며, 전기, 유류, 기계화재에 적합하다.
- 고압가스로서 배관, 관 부속이 고압용이고, 설치비가 고가이다.

93. 헥산 1vol%, 메탄 2vol%, 에틸렌 2vol%, 공기 95vol%로 된 혼합가스의 폭발하한계 값(vol%)은 약 얼마인가?(단, 헥산, 메탄, 에틸렌의 폭발하한계 값은 각각1.1, 5.0, 2.7vol%이다.)

① 2.44 ② 12.89
③ 21.78 ④ 48.78

해답 87 ① 88 ② 89 ④ 90 ① 91 ④ 92 ③ 93 ①

$$\frac{100}{L}=\frac{V_1}{L_1}+\frac{V_2}{L_2}\cdots+\frac{V_n}{L_n}$$

$$L=\frac{100-95}{\frac{1}{1.1}+\frac{2}{5}+\frac{2}{2.7}}=2.439$$

94. 위험물질을 저장하는 방법으로 틀린 것은?

① 황인은 물속에 저장
② 나트륨은 석유 속에 저장
③ 칼륨은 석유 속에 저장
④ 리튬은 물속에 저장

리튬(Li)은 가벼운 알칼리금속으로 칼륨, 나트륨과 성질이 비슷하며 물과 반응하여 수소를 발생한다. 보호액에 소분하여 저장한다.

95. 다음 중 반응기를 조작방식에 따라 분류할 때 이에 당하지 않는 것은?

① 회분식 반응기 ② 반회분식 반응기
③ 연속식 반응기 ④ 관형식 반응기

반응기의 분류

구조방식	조작방식
• 교반조형 반응기 • 관형 반응기 • 탑형 반응기 • 유동층형 반응	• 회분식 • 반회분식 • 연속식

96. 다음 중 자연 발화의 방지법으로 가장 거리가 먼 것은?

① 직접 인화할 수 있는 불꽃과 같은 점화원만 제거하면 된다.
② 저장소 등의 주위 온도를 낮게 한다.
③ 습기가 많은 곳에는 저장하지 않는다.
④ 통풍이나 저장법을 고려하여 열의 축적을 방지한다.

자연발화
외부 착화원 없이 발화하는 것으로, 어떤 물질이 상온의 공기중에서 자연히 발열하여 그 열이 장기간 축적되어 발화점에 달함으로서 연소 또는 폭발을 일으키는 현상

자연발화 방지대책
• 통풍이 잘 되게 할 것
• 주변온도를 낮출 것
• 습도가 높지 않도록 할 것
• 열전도가 잘 되는 용기에 보관할 것

97. 산업안전보건기준에 관한 규칙에서 지정한 '화학설비 및 그 부속설비의 종류' 중 화학설비의 부속설비에 해당하는 것은?

① 응축기 · 냉각기 · 가열기 등의 열교환기류
② 반응기 · 혼합조 등의 화학물질 반응 또는 혼합장치
③ 펌프류 · 압축기 등의 화학물질 이송 또는 압축설비
④ 온도 · 압력 · 유량 등을 지시 · 기록하는 자동제어 관련 설비

참고 화학설비 및 그 부속설비의 종류

화학설비	화학설비의 부속설비
• 반응기 · 혼합조 등 화학물질 반응 또는 혼합장치 • 증류탑 · 흡수탑 · 추출탑 · 감압탑 등 화학물질 분리장치 • 저장탱크 · 계량탱크 · 호퍼 · 사일로 등 화학물질 저장설비 또는 계량설비 • 응축기 · 냉각기 · 가열기 · 증발기 등 열교환기류 • 고로 등 점화기를 직접 사용하는 열교환기류 • 캘린더(calender) · 혼합기 · 발포기 · 인쇄기 · 압출기 등 화학제품 가공설비 • 분쇄기 · 분체분리기 · 용융기 등 분체화학물질 취급장치 • 결정조 · 유동탑 · 탈습기 · 건조기 등 분체화학물질 분리장치 • 펌프류 · 압축기 · 이젝터(ejector) 등의 화학물질 이송 또는 압축설비	• 배관 · 밸브 · 관 · 부속류 등 화학물질 이송 관련 설비 • **온도 · 압력 · 유량 등을 지시 · 기록 등을 하는 자동제어 관련 설비** • 안전밸브 · 안전판 · 긴급차단 또는 방출밸브 등 비상조치 관련 설비 • 가스누출감지 및 경보 관련 설비 • 세정기, 응축기, 벤트스택(bent stack), 플레어스택(flare stack) 등 폐가스처리설비 • 사이클론, 백필터(bag filter), 전기집진기 등 분진처리설비 • 가목부터 바목까지의 설비를 운전하기 위하여 부속된 전기 관련 설비 • 정전기 제거장치, 긴급 샤워설비 등 안전 관련 설비

참고 산업안전보건기준에 관한 규칙 별표 7 【화학설비 및 그 부속설비의 종류】

98. 다음 중 인화성 가스가 아닌 것은?

① 부탄 ② 메탄
③ 수소 ④ 산소

인화성 가스의 종류
• 수소 • 아세틸렌
• 에틸렌 • 메탄
• 에탄 • 프로판
• 부탄

해답 94 ④ 95 ④ 96 ① 97 ④ 98 ④

99. 다음 중 가연성가스가 밀폐된 용기 안에서 폭발할 때 최대 폭발압력에 영향을 주는 인자로 가장 거리가 먼 것은?

① 가연성가스의 농도(몰수)
② 가연성가스의 초기온도
③ 가연성가스의 유속
④ 가연성가스의 초기압력

최대 폭발압력(Pm)과 최대폭발압력 상승속도(rm)는 온도, 압력, 용기의 크기 및 형태, 발화원의 강도등의 영향을 받는다.

100. 물이 관 속을 흐를 때 유동하는 물 속의 어느 부분의 정압이 그 때의 물의 증기압보다 낮을 경우 물이 증발하여 부분적으로 증기가 발생되어 배관의 부식을 초래하는 경우가 있다. 이러한 현상을 무엇이라 하는가?

① 서어징(surging)
② 공동현상(cavitation)
③ 비말동반(entrainment)
④ 수격작용(water hammering)

공동현상(Cavitaion)
관 속에 물이 흐를 때 물속의 어느 부분이 증기압보다 낮은 부분이 생기면 물이 증발을 일으키고 또한 물속의 공기가 기포를 다수 발생하는 현상

■■■ 제6과목 건설안전기술

101. 강관비계 조립시의 준수사항으로 옳지 않은 것은?

① 비계기둥에는 미끄러지거나 침하하는 것을 방지하기 위하여 밑받침철물을 사용한다.
② 지상높이 4층 이하 또는 12m 이하인 건축물의 해체 및 조립등의 작업에서만 사용한다.
③ 교차가새로 보강한다.
④ 외줄비계 · 쌍줄비계 또는 돌출비계에 대해서는 벽이음 및 버팀을 설치한다.

②항은 통나무 비계에 관한 사항이다.
참고 산업안전보건기준에 관한 규칙 제 59조 【강관비계 조립 시의 준수사항】

102. 승강기 강선의 과다감기를 방지하는 장치는?

① 비상정지장치 ② 권과방지장치
③ 해지장치 ④ 과부하방지장치

권과(捲過)방지장치란 와이어로프를 감아서 물건을 들어올리는 기계장치(엘리베이터, 호이스트, 리프트, 크레인 등)에서 로프가 너무 많이 감기거나 풀리는 것을 방지하는 장치를 말한다.
참고 안전장치의 종류
- 과부하방지장치란 양중기에 있어서 정격하중 이상의 하중이 부하되었을 경우 자동적으로 상승이 정지되면서 경보음 또는 경보등을 발생하는 장치.
- 비상정지장치란 돌발적인 상태가 발생되었을 경우 안전을 유지하기 위하여 모든 전원을 차단하는 장치.
- 해지장치란 와이어 로프의 이탈을 방지하기 위한 방호장치로 후크 부위에 와이어 로프를 걸었을 때 벗겨지지 않도록 후크 안쪽으로 스프링을 이용하여 설치하는 장치.

103. 다음 중 방망에 표시해야할 사항이 아닌 것은?

① 방망의 신축성 ② 제조자명
③ 제조년월 ④ 재봉 치수

방망의 표시사항
- 제조자 명
- 제조년월
- 제봉치수
- 그물코
- 신품인 때의 방망의 강도

104. 부두 · 안벽 등 하역작업을 하는 장소에서 부두 또는 안벽의 선을 따라 통로를 설치하는 경우에는 폭을 최소 얼마 이상으로 해야 하는가?

① 70cm ② 80cm
③ 90cm ④ 100cm

해답 99 ③ 100 ② 101 ② 102 ② 103 ① 104 ③

부두 또는 안벽의 선을 따라 통로를 설치하는 때에는 폭을 90cm 이상으로 할 것

참고 산업안전보건기준에 관한 규칙 제390조【하역작업장의 조치기준】

105. **중량물을 운반할 때의 바른 자세로 옳은 것은?**

① 허리를 구부리고 양손으로 들어올린다.
② 중량은 보통 체중의 60%가 적당하다.
③ 물건을 최대한 몸에서 멀리 떼어서 들어올린다.
④ 길이가 긴 물건은 앞쪽을 높게하여 운반한다.

①항, 등을 반드시 편 상태에서 물건을 들어 올린다.
②항, 중량은 보통 체중의 40%가 적당하다.
③항, 물건은 몸 가까이 최대한 접근하여 물건을 들어 올린다.

106. **건설작업장에서 근로자가 상시 작업하는 장소의 작업면 조도기준으로 옳지 않은 것은?(단, 갱내 작업장과 감광재료를 취급하는 작업장의 경우는 제외)**

① 초정밀 작업 : 600럭스(lux) 이상
② 정밀작업 : 300럭스(lux) 이상
③ 보통작업 : 150럭스(lux) 이상
④ 초정밀, 정밀, 보통작업을 제외한 기타 작업 : 75럭스(lux) 이상

작업별 조도기준
- 초정밀작업 : 750Lux 이상
- 정밀작업 : 300Lux 이상
- 일반작업 : 150Lux 이상
- 기타작업 : 75Lux 이상

107. **산업안전보건법령에 따른 거푸집동바리를 조립하는 경우의 준수사항으로 옳지 않은 것은?**

① 개구부 상부에 동바리를 설치하는 경우에는 상부하중을 견딜 수 있는 견고한 받침대를 설치할 것
② 동바리의 이음은 맞댄이음이나 장부이음으로 하고 같은 품질의 제품을 사용할 것
③ 강재와 강재의 접속부 및 교차부는 철선을 사용하여 단단히 연결할 것
④ 거푸집이 곡면인 경우에는 버팀대의 부착 등 그 거푸집의 부상(浮上)을 방지하기 위한 조치를 할 것

③항, 강재와 강재의 접속부 및 교차부는 볼트 · 클램프 등 전용 철물을 사용하여 단단히 연결할 것

참고 산업안전보건기준에 관한 규칙 제332조 【거푸집동바리등의 안전조치】

108. **추락방지용 방망의 그물코의 크기가 10cm인 신품 매듭방망사의 인장강도는 몇 킬로그램 이상이어야 하는가?**

① 80　② 110
③ 150　④ 200

방망사의 신품에 대한 인장강도

그물코의 크기 (단위 : cm)	방망의 종류(단위 : kg)	
	매듭 없는 방망	매듭 방망
10	240	200
5		110

109. **구축물이 풍압 · 지진 등에 의하여 붕괴 또는 전도하는 위험을 예방하기 위한 조치와 가장 거리가 먼 것은?**

① 설계도서에 따라 시공했는지 확인
② 건설공사 시방서에 따라 시공했는지 확인
③ 「건축물의 구조기준 등에 관한 규칙」에 따른 구조 기준을 준수했는지 확인
④ 보호구 및 방호장치의 성능검정 합격품을 사용했는지 확인

구축물의 안전 유지 조치
사업주는 구축물 또는 이와 유사한 시설물에 대하여 자중(自重), 적재하중, 적설, 풍압(風壓), 지진이나 진동 및 충격 등에 의하여 붕괴 · 전도 · 도괴 · 폭발하는 등의 위험을 예방하기 위하여 다음의 조치를 하여야 한다.
- 설계도서에 따라 시공했는지 확인
- 건설공사 시방서(示方書)에 따라 시공했는지 확인
- 「건축물의 구조기준 등에 관한 규칙」에 따른 구조기준을 준수했는지 확인

참고 산업안전보건기준에 관한 규칙 제 51조【구축물 또는 이와 유사한 시설물 등의 안전 유지】

해답 105 ④ 106 ① 107 ③ 108 ④ 109 ④

110. 흙막이 지보공을 설치하였을 때 정기적으로 점검하여야할 사항과 거리가 먼 것은?

① 경보장치의 작동상태
② 부재의손상 · 변형 · 부식 · 변위 및 탈락의 유무와 상태
③ 버팀대의 긴압(緊壓)의 정도
④ 부재의 접속부 · 부착부 및 교차부의 상태

흙막이 지보공 설치시 점검사항
- 부재의 손상 · 변형 · 부식 · 변위 및 탈락의 유무와 상태
- 버팀대의 긴압(緊壓)의 정도
- 부재의 접속부 · 부착부 및 교차부의 상태
- 침하의 정도

참고 산업안전보건기준에 관한 규칙 제 347조 【붕괴 등의 위험 방지】

111. 사다리식 통로 등을 설치하는 경우 고정식 사다리식 통로의 기울기는 최대 몇 도 이하로 하여야 하는가?

① 60도　② 75도
③ 80도　④ 90도

사다리식 통로의 기울기는 75도 이하로 할 것. 다만, 고정식 사다리식 통로의 기울기는 90도 이하로 하고, 그 높이가 7미터 이상인 경우에는 바닥으로부터 높이가 2.5미터 되는 지점부터 등받이울을 설치할 것

참고 산업안전보건기준에 관한 규칙 제 24조 【사다리식 통로 등의 구조】

112. 달비계의 구조에서 달비계 작업발판의 폭은 최소 얼마 이상 이어야 하는가?

① 30cm　② 40cm
③ 50cm　④ 60cm

달비계 설치시 작업발판은 폭을 40센티미터 이상으로 하고 틈새가 없도록 할 것

참고 산업안전보건기준에 관한 규칙 제 63조 【달비계의 구조】

113. 달비계(곤돌라의 달비계는 제외)의 최대적재 하중을 정하는 경우에 사용하는 안전계수의 기준으로 옳은 것은?

① 달기체인의 안전계수 : 10 이상
② 달기강대와 달비계의 하부 및 상부지점의 안전계수(목재의 경우) : 2.5 이상
③ 달기와이어로프의 안전계수 : 5 이상
④ 달기강선의 안전계수 : 10 이상

달비계(곤돌라의 달비계를 제외한다)의 최대 적재하중의 안전계수
- 달기와이어로프 및 달기강선의 안전계수는 10이상
- 달기체인 및 달기훅의 안전계수는 5이상
- 달기강대와 달비계의 하부 및 상부지점의 안전계수는 강재의 경우 2.5이상, 목재의 경우 5이상

참고 산업안전보건기준에 관한 규칙 제55조 【작업발판의 최대적재하중】

114. 사질지반 굴착 시, 굴착부와 지하수위차가 있을 때 수두차에 의하여 삼투압이 생겨 흙막이벽 근입부분을 침식하는 동시에 모래가 액상화되어 솟아오르는 현상은?

① 동상현상　② 연화현상
③ 보일링현상　④ 히빙현상

보일링(Boiling)
사질토 지반을 굴착시, 굴착부와 지하수위차가 있을 경우, 수두차에 의하여 침투압이 생겨 흙막이벽 근입부분을 침식하는 동시에, 모래가 액상화되어 솟아오르며 흙막이벽의 근입부가 지지력을 상실하여 흙막이공의 붕괴를 초래하는 현상

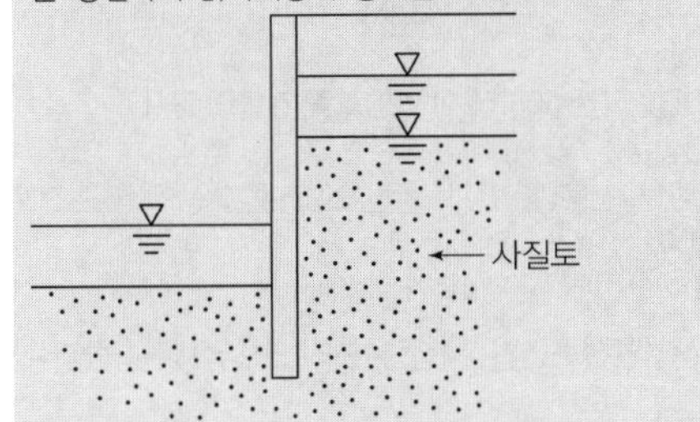

해답 110 ① 111 ④ 112 ② 113 ④ 114 ③

115. 일반건설공사(갑)로서 대상액이 5억원 이상 50억원미만 인 경우에 산업안전보건관리비의 비율(가) 및 기초액(나)으로 옳은 것은?

① (가)1.86%, (나)5,349,000원
② (가)1.99%, (나)5,499,000원
③ (가)2.35%, (나)5,400,000원
④ (가)1.57%, (나)4,411,000원

공사종류 및 규모별 안전관리비 계상기준표

대상액 공사종류	5억원 미만	5억원 이상 50억원 미만		50억원 이상
		비율(X)	기초액(C)	
일반건설공사(갑)	2.93(%)	1.86(%)	5,349,000원	1.97(%)
일반건설공사(을)	3.09(%)	1.99(%)	5,499,000원	2.10(%)
중건설공사	3.43(%)	2.35(%)	5,400,000원	2.44(%)
철도 · 궤도신설공사	2.45(%)	1.57(%)	4,411,000원	1.66(%)
특수및기타건설공사	1.85(%)	1.20(%)	3,250,000원	1.27(%)

116. 건설업 중 교량건설 공사의 경우 유해위험방지계획서를 제출하여야 하는 기준으로 옳은 것은?

① 최대 지간길이가 40m 이상인 교량건설등 공사
② 최대 지간길이가 50m 이상인 교량건설등 공사
③ 최대 지간길이가 60m 이상인 교량건설등 공사
④ 최대 지간길이가 70m 이상인 교량건설등 공사

위험방지계획서를 제출해야 될 건설공사

- 지상높이가 31미터 이상인 건축물 또는 인공구조물, 연면적 3만제곱미터 이상인 건축물 또는 연면적 5천제곱미터 이상의 문화 및 집회시설(전시장 및 동물원 · 식물원은 제외한다), 판매시설, 운수시설(고속철도의 역사 및 집배송시설은 제외한다), 종교시설, 의료시설 중 종합병원, 숙박시설 중 관광숙박시설, 지하도상가 또는 냉동 · 냉장창고시설의 건설 · 개조 또는 해체
- 연면적 5천제곱미터 이상의 냉동 · 냉장창고시설의 설비공사 및 단열공사
- **최대 지간길이가 50미터 이상인 교량 건설등 공사**
- 터널 건설등의 공사
- 다목적댐, 발전용댐 및 저수용량 2천만톤 이상의 용수 전용 댐, 지방상수도 전용 댐 건설 등의 공사
- 깊이 10미터 이상인 굴착공사

참고 산업안전보건법 시행령 제42조【유해위험방지계획서 제출 대상】

117. 철골건립준비를 할 때 준수하여야 할 사항과 가장 거리가 먼 것은?

① 지상 작업장에서 건립준비 및 기계기구를 배치할 경우에는 낙하물의 위험이 없는 평탄한 장소를 선정하여 정비하고 경사지에는 작업대나 임시발판 등을 설치하는 등 안전조치를 한 후 작업하여야 한다.
② 건립작업에 다소 지장이 있다하더라도 수목은 제거하여서는 안된다.
③ 사용전에 기계기구에 대한 정비 및 보수를 철저히 실시하여야 한다.
④ 기계에 부착된 앵커 등 고정장치와 기초구조 등을 확인하여야 한다.

참고 철골건립준비를 할 때 준수하여야 할 사항

- 지상 작업장에서 건립준비 및 기계기구를 배치할 경우에는 낙하물의 위험이 없는 평탄한 장소를 선정하여 정비하고 경사지에서는 작업대나 임시발판 등을 설치하는 등 안전하게 한 후 작업하여야 한다.
- **건립작업에 지장이 되는 수목은 제거하거나 이설하여야 한다.**
- 인근에 건축물 또는 고압선 등이 있는 경우에는 이에 대한 방호조치 및 안전조치를 하여야 한다.
- 사용전에 기계기구에 대한 정비 및 보수를 철저히 실시하여야 한다.
- 기계가 계획대로 배치되어 있는가, 윈치는 작업구역을 확인할 수 있는 곳에 위치하였는가, 기계에 부착된 앵카 등 고정장치와 기초구조 등을 확인하여야 한다.

118. 건설현장에서 근로자의 추락재해를 예방하기 위한 안전난간을 설치하는 경우 그 구성요소와 거리가 먼 것은?

① 상부난간대 ② 중간난간대
③ 사다리 ④ 발끝막이판

안전난간의 구성

상부 난간대, 중간 난간대, 발끝막이판 및 난간기둥으로 구성할 것. 다만, 중간 난간대, 발끝막이판 및 난간기둥은 이와 비슷한 구조와 성능을 가진 것으로 대체할 수 있다.

참고 산업안전보건기준에 관한 규칙 제 13조【안전난간의 구조 및 설치요건】

해답 115 ① 116 ② 117 ② 118 ③

119. 타워 크레인(Tower Crane)을 선정하기 위한 사전 검토사항으로서 가장 거리가 먼 것은?

① 붐의 모양　② 인양 능력
③ 작업반경　④ 붐의 높이

타워크레인 선정 시 검토사항
- 입지 조건
- 건물 형태
- 작업반경
- 건립기계의 소음영향
- 인양하중(능력)

120. 건설현장에서 높이 5m 이상인 콘크리트 교량의 설치작업을 하는 경우 재해예방을 위해 준수해야 할 사항으로 옳지 않은 것은?

① 작업을 하는 구역에는 관계 근로자가 아닌 사람의 출입을 금지할 것
② 재료, 기구 또는 공구 등을 올리거나 내릴경우에는 근로자로 하여금 크레인을 이용하도록 하고 달줄, 달포대 등의 사용을 금하도록 할 것
③ 중량물 부재를 크레인 등으로 인양하는 경우에는 부재에 인양용 고리를 견고하게 설치하고, 인양용 로프는 부재에 두 군데 이상 결속하여 인양하여야 하며, 중량물이 안전하게 거치되기 전까지는 걸이로프를 해제시키지 아니할 것
④ 자재나 부재의 낙하·전도 또는 붕괴 등에 의하여 근로자에게 위험을 미칠 우려가 있을 경우에는 출입금지구역의 설정, 자재 또는 가설시설의 좌굴(挫屈) 또는 변형 방지를 위한 보강재 부착 등의 조치를 할 것

교량의 설치·해체 또는 변경작업을 하는 경우 준수사항
- 작업을 하는 구역에는 관계 근로자가 아닌 사람의 출입을 금지할 것
- **재료, 기구 또는 공구 등을 올리거나 내릴 경우에는 근로자로 하여금 달줄, 달포대 등을 사용하도록 할 것**
- 중량물 부재를 크레인 등으로 인양하는 경우에는 부재에 인양용 고리를 견고하게 설치하고, 인양용 로프는 부재에 두 군데 이상 결속하여 인양하여야 하며, 중량물이 안전하게 거치되기 전까지는 걸이로프를 해제시키지 아니할 것
- 자재나 부재의 낙하·전도 또는 붕괴 등에 의하여 근로자에게 위험을 미칠 우려가 있을 경우에는 출입금지구역의 설정, 자재 또는 가설시설의 좌굴(挫屈) 또는 변형 방지를 위한 보강재 부착 등의 조치를 할 것

참고 산업안전보건기준에 관한 규칙 제369조【작업 시 준수사항】

해답 119 ① 120 ②

2019 과년도 출제문제

산업안전기사 2회

2019년 4월 27일 시행

제1과목 안전관리론

1. 허츠버그(Herzberg)의 일을 통한 동기부여 원칙으로 틀린 것은?

① 새롭고 어려운 업무의 부여
② 교육을 통한 간접적 정보제공
③ 자기과업을 위한 작업자의 책임감 증대
④ 작업자에게 불필요한 통제를 배제

> **참고** 허츠버그(Herzberg)의 일을 통한 동기부여 원칙
> - 규제를 제거하여 일에 대한 개인적 책임감이나 책무를 증가시킨다.
> - 완전하고 자연스러운 작업단위를 제공한다.(한 단위의 요소만을 만들게 하지 말고 단위의 전체를 생산하도록 한다.)
> - 직무에 부가되는 자유와 권한을 주어야 한다.
> - 직접 상품생산에 대한 보고를 정기적으로 하게 한다.
> - 더욱 새롭고 어려운 임무를 수행하도록 격려한다.
> - 특정한 직무에 대해 전문가가 될 수 있도록 전문화된 임무를 배당한다.
> - 교육을 통한 직접적 정보를 제공한다.

2. 재해통계에 있어 강도율이 2.0인 경우에 대한 설명으로 옳은 것은?

① 재해로 인해 전제 작업비용의 2.0%에 해당하는 손실이 발생하였다.
② 근로자 1,000명당 2.0건의 재해가 발생하였다.
③ 근로시간 1,000시간당 2.0건의 재해가 발생하였다
④ 근로시간 1,000시간당 2.0일의 근로손실일수가 발생하였다.

> 강도율 $= \dfrac{\text{근로 손실일수}}{\text{연평균 근로자 총 시간수}} \times 10^3$, 강도율이 2.0인 경우는 근로시간 1,000시간당 2.0일의 근로손실이 발생하였다.

3. 매슬로우의 욕구단계이론 중 자기의 잠재력을 최대한 살리고 자기가 하고 싶었던 일을 실현하려는 인간의 욕구에 해당하는 것은?

① 생리적 욕구 ② 사회적 욕구
③ 자아실현의 욕구 ④ 안전에 대한 욕구

> **참고** Maslow의 욕구단계이론
> - 1단계 : 생리적 욕구 – 기아, 갈증, 호흡, 배설, 성욕 등 인간의 가장 기본적인 욕구(종족 보존)
> - 2단계 : 안전욕구 – 안전을 구하려는 욕구(기술적 능력)
> - 3단계 : 사회적 욕구 – 애정, 소속에 대한 욕구(애정적, 친화적 욕구)
> - 4단계 : 인정을 받으려는 욕구 – 자기 존경의 욕구로 자존심, 명예, 성취, 지위에 대한 욕구(포괄적 능력, 승인의 욕구)
> - 5단계 : 자아실현의 욕구 – 잠재적인 능력을 실현하고자 하는 욕구(종합적 능력, 성취욕구)

4. 다음 중 산업안전보건법상 안전인증대상 기계 · 기구 등의 안전인증 표시로 옳은 것은?

①

②

③

④

안전인증의 표시방법

구분	표시
안전인증대상 기계 · 기구 등의 안전인증 및 자율안전 확인의 표시	
안전인증대상 기계 · 기구 등이 아닌 유해 · 위험한 기계 · 기구 · 설비 등의 안전인증 표시	

안전인증표시의 색상
- 테와 문자 : 청색
- 기타 부분 : 백색

5. 산업안전보건법령상 유기화합물용 방독마스크의 시험가스로 옳지 않은 것은?

① 이소부탄 ② 시클로헥산
③ 디메틸에테르 ④ 염소가스 또는 증기

해답 01 ② 02 ④ 03 ③ 04 ① 05 ④

방독마스크의 종류와 시험가스

종 류	시험가스
유기화합물용	시클로헥산(C_6H_{12})
	디메틸에테르(CH_3OCH_3)
	이소부탄(C_4H_{10})
할 로 겐 용	염소가스 또는 증기(Cl_2)
황 화 수 소 용	황화수소가스(H_2S)
시 안 화 수 소 용	시안화수소가스(HCN)
아 황 산 용	아황산가스(SO_2)
암 모 니 아 용	암모니아가스(NH_3)

참고 보호구 안전인증 고시 별표 5【방독마스크의 성능기준】

6. 산업안전보건법상 환기가 극히 불량한 좁고 밀폐된 장소에서 용접작업을 하는 근로자 대상의 특별안전보건교육 교육내용에 해당하지 않는 것은?(단, 기타 안전 · 보건관리에 필요한 사항은 제외한다.)

① 환기설비에 관한 사항
② 작업환경 점검에 관한 사항
③ 질식 시 응급조치에 관한 사항
④ 화재예방 및 초기대응에 관한 사항

밀폐된 장소에서 하는 용접작업 또는 습한 장소에서 하는 전기용접 작업시 특별교육 내용
- 작업순서, 안전작업방법 및 수칙에 관한 사항
- 환기설비에 관한 사항
- 전격 방지 및 보호구 착용에 관한 사항
- 질식 시 응급조치에 관한 사항
- 작업환경 점검에 관한 사항
- 그 밖에 안전 · 보건관리에 필요한 사항

참고 산업안전보건법 시행규칙 별표 5【교육대상별 교육내용】

7. 산업안전보건법령상 안전모의 시험성능기준 항목으로 옳지 않은 것은?

① 내열성　② 턱끈풀림
③ 내관통성　④ 충격흡수성

안전모의 시험성능기준 항목
내관통성, 충격흡수성, 내전압성, 내수성, 난연성, 턱끈풀림

8. 안전조직 중에서 라인-스탭(Line-Staff)조직의 특징으로 옳지 않은 것은?

① 라인형과 스탭형의 장점을 취한 절충식 조직형태이다.
② 중규모 사업장(100명 이상 ~ 500명 미만)에 적합하다.
③ 라인의 관리, 감독자에게도 안전에 관한 책임과 권한이 부여된다.
④ 안전 활동과 생산업무가 분리될 가능성이 낮기 때문에 균형을 유지할 수 있다.

②항, 대규모 사업장 (1,000명 이상)에 적합하다.

9. 산업안전보건법령상 근로자 안전보건교육 중 작업내용 변경시의 교육을 할 때 일용근로자를 제외한 근로자의 교육시간으로 옳은 것은?

① 1시간 이상　② 2시간 이상
③ 4시간 이상　④ 8시간 이상

교 육 과 정	교 육 대 상	교 육 시 간
작업내용 변경 시의 교육	일용근로자	1시간 이상
	일용근로자를 제외한 근로자	2시간 이상

10. 교육훈련 방법 중 OJT(On the Job Training)의 특징으로 옳지 않은 것은?

① 동시에 다수의 근로자들을 조직적으로 훈련이 가능하다.
② 개개인에게 적절한 지도 훈련이 가능하다.
③ 훈련 효과에 의해 상호 신뢰 및 이해도가 높아진다.
④ 직장의 실정에 맞게 실제적 훈련이 가능하다.

해답 06 ④ 07 ① 08 ② 09 ② 10 ①

참고 O·J·T와 Off·J·T의 특징

O·J·T	Off·J·T
• 개개인에게 적합한 지도훈련이 가능하다. • 직장의 실정에 맞는 실체적 훈련을 할 수 있다. • 훈련에 필요한 업무의 계속성이 끊어지지 않는다. • 즉시 업무에 연결되는 관계로 신체와 관련이 있다. • 효과가 곧 업무에 나타나며 훈련의 좋고 나쁨에 따라 개선이 용이하다. • 교육을 통한 훈련 효과에 의해 상호 신뢰 이해도가 높아진다.	• 다수의 근로자에게 조직적 훈련이 가능하다 • 훈련에만 전념하게 된다. • 특별 설비 기구를 이용할 수 있다. • 전문가를 강사로 초청할 수 있다. • 각 직장의 근로자가 많은 지식이나 경험을 교류할 수 있다. • 교육 훈련 목표에 대해서 집단적 노력이 흐트러질 수도 있다.

11. 다음 중 브레인스토밍(Brain Storming)의 4원칙을 올바르게 나열한 것은?

① 자유분방, 비판금지, 대량발언, 수정발언
② 비판자유, 소량발언, 자유분방, 수정발언
③ 대량발언, 비판자유, 자유분방, 수정발언
④ 소량발언, 자유분방, 비판금지, 수정발언

브레인스토밍(Brain storming)의 4원칙
• 자유 분방 : 편안하게 발언한다.
• 대량 발언 : 무엇이건 많이 발언하게 한다.
• 수정 발언 : 남의 의견을 덧붙여 발언해도 좋다.
• 비판 금지 : 남의 의견을 비판하지 않는다.

12. 다음 중 산업안전심리의 5대 요소에 포함되지 않는 것은?

① 습관 ② 동기
③ 감정 ④ 지능

산업 심리 요소

종 류	내 용
심리의 5요소	습관, 동기, 기질, 감정, 습성
습관의 4요소	동기, 기질, 감정, 습성

13. 다음 중 안전·보건교육의 단계별 교육과정 순서로 옳은 것은?

① 안전 태도교육 → 안전 지식교육 → 안전 기능교육
② 안전 지식교육 → 안전 기능교육 → 안전 태도교육
③ 안전 기능교육 → 안전 지식교육 → 안전 태도교육
④ 안전 자세교육 → 안전 지식교육 → 안전 기능교육

안전교육의 단계
1단계 : 지식교육, 2단계 : 기능교육, 3단계 : 태도교육

14. 산업안전보건법령상 산업안전보건위원회의 구성에서 사용자위원 구성원이 아닌 것은?(단, 해당 위원이 사업장에 선임이 되어 있는 경우에 한한다.)

① 안전관리자 ② 보건관리자
③ 산업보건의 ④ 명예산업안전감독관

산업안전보건위원회 위원 구성

사용자 위원	근로자 위원
• 해당 사업의 대표자 • 안전관리자 1명 • 보건관리자 1명 • 산업보건의(선임되어 있는 경우) • 대표자가 지명하는 9명 이내의 사업장 부서의 장	• 근로자대표 • 근로자대표가 지명하는 1명 이상의 명예산업안전감독관 • 근로자대표가 지명하는 9명 이내의 당해 사업장의 근로자

참고 산업안전보건법 시행령 제35조 【산업안전보건위원회의 구성】

15. 다음의 무재해운동의 이념 중 "선취의 원칙"에 대한 설명으로 가장 적절한 것은?

① 사고의 잠재요인을 사후에 파악하는 것
② 근로자 전원이 일체감을 조성하여 참여하는 것
③ 위험요소를 사전에 발견, 파악하여 재해를 예방 또는 방지하는 것
④ 관리감독자 또는 경영층에서의 자발적 참여로 안전 활동을 촉진하는 것

해답 11 ① 12 ④ 13 ② 14 ④ 15 ③

무재해운동 이념 3원칙
- 무의 원칙 : 무재해란 단순히 사망 재해, 휴업재해만 없으면 된다는 소극적인 사고(思考)가 아니라 불휴 재해는 물론 일체의 잠재위험 요인을 사전에 발견, 파악, 해결함으로서 근원적으로 산업재해를 없애는 것이다.
- 참가의 원칙 : 참가란 작업에 따르는 잠재적인 위험요인을 발견, 해결하기 위하여 전원이 일일이 협력하여 각각의 처지에서 할 생각(의욕)으로 문제해결 등을 실천하는 것을 뜻한다.
- 선취 해결의 원칙 : 선취란 궁극의 목표로서의 무재해, 무질병의 직장을 실현하기 위하여 일체의 직장의 위험요인을 행동하기 전에 발견, 파악, 해결하여 재해를 예방하거나 방지하는 것을 말한다.

16. 연천인율 45인 사업장의 도수율은 얼마인가?

① 10.8 ② 18.75
③ 108 ④ 187.5

도수율 $= \frac{\text{연천인율}}{2.4} = \frac{45}{2.4} = 18.75$

17. 기술교육의 형태 중 존 듀이(J.Dewey)의 사고과정 5단계에 해당하지 않는 것은?

① 추론한다. ② 시사를 받는다.
③ 가설을 설정한다. ④ 가슴으로 생각한다.

듀이의 사고과정의 5단계
- 사사를 받는다.
- 머리로 생각한다.
- 가설을 설정한다.
- 추론한다.
- 행동에 의하여 가설을 검토한다.

18. 불안전 상태와 불안전 행동을 제거하는 안전관리의 시책에는 적극적인 대책과 소극적인 대책이 있다. 다음 중 소극적인 대책에 해당하는 것은?

① 보호구의 사용
② 위험공정의 배제
③ 위험물질의 격리 및 대체
④ 위험성평가를 통한 작업환경 개선

보호구의 사용, 경보장치등은 재해발생시에 필요한 소극적 대책에 해당한다.

19. 다음 중 상황성 누발자의 재해유발원인으로 옳지 않은 것은?

① 작업이 난이성 ② 기계설비의 결함
③ 도덕성의 결여 ④ 심신의 근심

③항, 도덕성의 결여는 소질성 누발자의 유형이다.
상황성 누발자 : 작업의 어려움, 기계설비의 결함, 환경상 주의력의 집중 혼란, 심신의 근심 등 때문에 재해를 누발하는 자

20. 수업매체별 장·단점 중 '컴퓨터 수업(computer assisted instruction)'의 장점으로 옳지 않은 것은?

① 개인차를 최대한 고려할 수 있다.
② 학습자가 능동적으로 참여하고, 실패율이 낮다.
③ 교사와 학습자가 시간을 효과적으로 이용할 수 없다.
④ 학생의 학습과 과정의 평가를 과학적으로 할 수 있다.

컴퓨터 수업은 교사와 학습자가 수업시간은 개인에 맞게 효과적으로 이용할 수 있다.

■■■ 제2과목 인간공학 및 시스템안전공학

21. 음량수준을 평가하는 척도와 관계없는 것은?

① HSI ② phon
③ dB ④ sone

HSI(Heat stress index)는 열압박 지수로 온도환경과 관련된 지수이다.

22. 고장형태와 영향분석(FMEA)에서 평가요소로 틀린 것은?

① 고장발생의 빈도
② 고장의 영향 크기
③ 고장방지의 가능성
④ 기능적 고장 영향의 중요도

해답 16 ② 17 ④ 18 ① 19 ③ 20 ③ 21 ① 22 ②

FMEA 고장 평점을 결정하는 5가지 평가요소
고장등급의 평가(평점)로는 각 Item의 고장 Mode가 어느 정도 치명적인가를 종합적으로 평가하기 위해 중요도 혹은 C를 식을 사용하여 평가한다.

$$C_r = C_1 \cdot C_2 \cdot C_3 \cdot C_4 \cdot C_5$$

여기서, C_1 : 고장영향의 중대도
C_2 : 고장의 발생빈도
C_3 : 고장 검출의 곤란도
C_4 : 고장방지의 곤란도(가능성)
C_5 : 고장 시정시간의 여유도

23. 산업안전보건법령에 따라 유해위험방지계획서의 제출대상 사업은 해당 사업으로서 전기 계약용량이 얼마 이상인 사업인가?

① 150 kW ② 200 kW
③ 300 kW ④ 500 kW

유해 · 위험방지 계획서 제출대상 사업은 다음의 어느 하나에 해당하는 사업으로서 **전기 계약용량이 300킬로와트 이상인 사업**을 말한다.
- 금속가공제품(기계 및 가구는 제외한다) 제조업
- 비금속 광물제품 제조업
- 기타 기계 및 장비 제조업
- 자동차 및 트레일러 제조업
- 식료품 제조업
- 고무제품 및 플라스틱제품 제조업
- 목재 및 나무제품 제조업
- 기타 제품 제조업
- 1차 금속 제조업
- 가구 제조업
- 화학물질 및 화학제품 제조업
- 반도체 제조업
- 전자부품 제조업

참고 산업안전보건법 시행령 제42조【유해위험방지계획서 제출 대상】

24. 아령을 사용하여 30 분간 훈련한 후, 이두근의 근육 수축작용에 대한 전기적인 신호 데이터를 모았다. 이 데이터들을 이용하여 분석할 수 있는 것은 무엇인가?

① 근육의 질량과 밀도
② 근육의 활성도와 밀도
③ 근육의 피로도와 크기
④ 근육의 피로도와 활성도

근육이 수축하기 위해서는 에너지가 필요하므로 근육 수축작용에 대한 전기적 신호 데이터는 근육 활동 에너지를 통해 피로도와 활성도를 분석할 수 있다.

25. 화학설비에 대한 안전성 평가(safety assessment)에서 정량적 평가 항목이 아닌 것은?

① 습도 ② 온도
③ 압력 ④ 용량

정량적 평가 항목
- 당해 화학설비의 취급물질
- 용량
- 온도
- 압력
- 조작

26. 결함수분석의 기대효과와 가장 관계가 먼 것은?

① 시스템의 결함 진단
② 시간에 따른 원인 분석
③ 사고원인 규명의 간편화
④ 사고원인 분석의 정량화

결함수 분석법(FTA)의 활용 및 기대효과
- 사고원인 규명의 간편화
- 사고원인 분석의 일반화
- 사고원인 분석의 정량화
- 노력시간의 절감
- 시스템의 결함 진단
- 안전점검표 작성

27. 착석식 작업대의 높이 설계를 할 경우 고려해야 할 사항과 가장 관계가 먼 것은?

① 의자의 높이 ② 대퇴 여유
③ 작업의 성격 ④ 작업대의 형태

해답 23 ③ 24 ④ 25 ① 26 ② 27 ④

작업대 높이 설계시 고려사항
- 작업의 성격(정밀작업, 거친작업등)
- 의자의 높이
- 작업대 두께
- 대퇴 여유

28. n개의 요소를 가진 병렬 시스템에 있어 요소의 수명(MTTF)이 지수분포를 따를 경우 이 시스템의 수명을 구하는 식으로 맞는 것은?

① $MTTF \times n$

② $MTTF \times \dfrac{1}{\text{n}}$

③ $MTTF(1+\dfrac{1}{2}+\cdots+\dfrac{1}{n})$

④ $MTTF(1\times\dfrac{1}{2}\times\cdots\times\dfrac{1}{n})$

- 직렬계

$$\text{계의 수명} = \frac{MTTF}{n}$$

- 병렬계

$$\text{계의 수명} = MTTF\left(1+\frac{1}{2}+\cdots+\frac{1}{n}\right)$$

여기서, $MTTF$: 평균고장시간
n : 직렬 및 병렬계의 구성요소

29. 정성적 표시장치의 설명으로 틀린 것은?

① 정성적 표시장치의 근본 자료 자체는 정량적인 것이다.
② 전력계에서와 같이 기계적 혹은 전자적으로 숫자가 표시된다.
③ 색채 부호가 부적합한 경우에는 계기판 표시 구간을 형상 부호화 하여 나타낸다.
④ 연속적으로 변하는 변수의 대략적인 값이나 변화 추세, 변화율 등을 알고자 할 때 사용된다.

②항. 정량적 표시장치 중에서 계수형에 해당된다.

30. 그림과 같이 7개의 부품으로 구성된 시스템의 신뢰도는 약 얼마인가?(단, 네모안의 숫자는 각 부품의 신뢰도이다.)

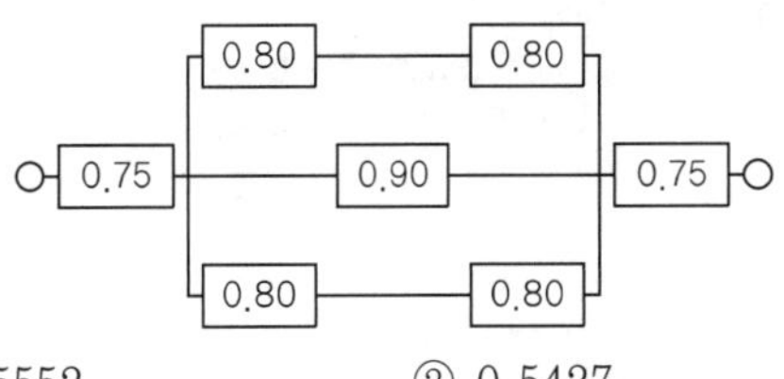

① 0.5552 ② 0.5427
③ 0.6234 ④ 0.9740

$=0.75\times\{1-(1-0.8^2)(1-0.9)(1-0.8^2)\}\times0.75$
$=0.75^2\times\{1-(1-0.8^2)^2(1-0.9)\}$
$=0.5552$

31. 인간공학에 대한 설명으로 틀린 것은?

① 인간이 사용하는 물건, 설비, 환경의 설계에 적용된다.
② 인간을 작업과 기계에 맞추는 설계 철학이 바탕이 된다.
③ 인간 - 기계 시스템의 안전성과 편리성, 효율성을 높인다.
④ 인간의 생리적, 심리적인 면에서의 특성이나 한계점을 고려한다.

인간공학은 인간이 만들어 사용하는 물건, 기구 또는 환경을 설계하는 과정에서 인간을 고려하여 주는 데 주목적을 가지고 있다.

32. 소음방지 대책에 있어 가장 효과적인 방법은?

① 음원에 대한 대책
② 수음자에 대한 대책
③ 전파경로에 대한 대책
④ 거리감소와 지향성에 대한 대책

해답 28 ③ 29 ② 30 ① 31 ② 32 ①

참고 소음대책
- 소음원의 통제 : 기계의 적절한 설계, 적절한 정비 및 주유, 기계에 고무 받침대(mounting)부착, 차량에는 소음기(muffler)사용
- 소음의 격리 : 씌우개(enclosure), 방, 장벽을 사용(집의 창문을 닫으면 약 10dB 감음됨)
- 차폐장치(baffle) 및 흡음재료 사용
- 음향처리제(acoustical treatment) 사용
- 적절한 배치(layout)
- 방음보호구 사용 : 개인-귀마개(이전)(2,000Hz에서 20dB, 4,000Hz에서 25dB 차음 효과), 기계-차단벽, 소음기, 흡음제 사용
- BGM(back ground music)) : 배경음악(60±3dB), 긴장 완화와 안정감, 작업 종류에 따른 리듬의 일치가 중요(정신노동-연주곡)

33. 공정안전관리(process safety management : PSM)의 적용대상 사업장이 아닌 것은?

① 복합비료 제조업
② 농약 원제 제조업
③ 차량 등의 운송설비업
④ 합성수지 및 기타 플라스틱물질 제조업

공정안전보고서의 제출 대상
- 원유 정제처리업
- 기타 석유정제물 재처리업
- 석유화학계 기초화학물질 제조업 또는 합성수지 및 기타 플라스틱물질 제조업. 다만, 합성수지 및 기타 플라스틱물질 제조업은 별표 10의 제1호 또는 제2호에 해당하는 경우로 한정한다.
- 질소 화합물, 질소·인산 및 칼리질 화학비료 제조업 중 질소질 화학비료 제조업
- 복합비료 및 기타 화학비료 제조업 중 복합비료 제조업(단순혼합 또는 배합에 의한 경우는 제외한다)
- 화학 살균·살충제 및 농업용 약제 제조업(농약 원제 제조만 해당한다)
- 화약 및 불꽃제품 제조업

참고 산업안전보건법 시행령 제43조【공정안전보고서의 제출 대상】

34. FT도에 사용하는 기호에서 3개의 입력현상 중 임의의 시간에 2개가 발생하면 출력이 생기는 기호의 명칭은?

① 억제 게이트　　② 조합 AND 게이트
③ 배타적 OR 게이트　　④ 우선적 AND 게이트

기호	설명
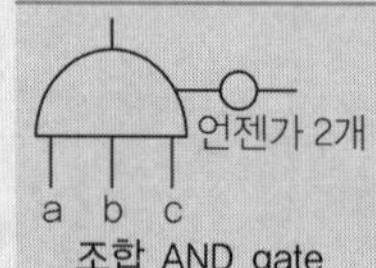 조합 AND gate	3개 이상의 입력사상 가운데 어느 것이던 2개가 일어나면 출력 사상이 생긴다.

35. 인간의 오류모형에서 "알고있음에도 의도적으로 따르지 않거나 무시한 경우"를 무엇이라 하는가?

① 실수(Slip)　　② 착오(Mistake)
③ 건망증(Lapse)　　④ 위반(Violation)

- 실수(Slip) : 상황이나 목표의 해석은 정확하나 의도와는 다른 행동을 한 경우
- 착오(Mistake) : 주관적 인식(主觀的 認識)과 객관적 실재(客觀的 實在)가 일치하지 않는 것
- 건망증(Lapse) : 기억장애의 하나로 잘 기억하지 못하거나 잊어버리는 정도
- 위반(Violation) : 알고 있음에도 의도적으로 법, 규칙 등을 무시하는 경우

36. 인간 전달 함수(Human Transfer Function)의 결점이 아닌 것은?

① 입력의 협소성　　② 시점적 제약성
③ 정신운동의 묘사성　　④ 불충분한 직무 묘사

인간 전달함수의 단점
- 입력의 협소성
- 시점적 제약성
- 불충분한 직무 묘사

37. 다음과 같은 실내 표면에서 일반적으로 추천반사율의 크기를 맞게 나열한 것은?

[다음]
㉠ 바닥　　㉡ 천정　　㉢ 가구　　㉣ 벽

① ㉠ < ㉣ < ㉢ < ㉡　　② ㉣ < ㉠ < ㉡ < ㉢
③ ㉠ < ㉢ < ㉣ < ㉡　　④ ㉣ < ㉡ < ㉠ < ㉢

추천 반사율
1. 바닥 : 20~40%
2. 가구 : 25~45%
3. 벽 : 40~60
4. 천정 : 80~90%

해답 33 ③　34 ②　35 ④　36 ③　37 ③

38. 어떤 결함수를 분석하여 minimal cut set 을 구한 결과 다음과 같았다. 각 기본사상의 발생확률을 q_i, $i=1,\ 2,\ 3$라 할 때, 정상사상의 발생확률함수로 맞는 것은?

> [다음]
> $k_1=[1,\ 2],\ k_2=[1,\ 3],\ k_3=[2,\ 3]$

① $q_1q_2+q_1q_2-q_2q_3$
② $q_1q_2+q_1q_3-q_2q_3$
③ $q_1q_2+q_1q_3+q_2q_3-q_1q_2q_3$
④ $q_1q_2+q_1q_3+q_2q_3-2q_1q_2q_3$

> 발생확률 조건식 : $q=1-(1-X_1X_2)(1-X_1X_3)(1-X_2X_3)$에서 불대수를 사용하여 전개
> [A · A=A]
> $q=1-(1-X_1X_2)(1-X_1X_3)(1-X_2X_3)$
> $=1-(1-X_1X_2-X_1X_3+1-X_1X_1X_2X_3)(1-X_2X_3)$
> $=1-(1-X_1X_2-X_1X_3+1-X_1X_2X_3)(1-X_2X_3)$
> $=1-(1-X_1X_2-X_1X_3+X_1X_2X_3-X_2X_3+X_1X_2X_2X_3+X_1X_2X_3X_3-X_1X_2X_2X_3X_3)$
> $=1-(1-X_1X_2-X_1X_3+X_1X_2X_3-X_2X_3+X_1X_2X_3+X_1X_2X_3-X_1X_2X_3)$
> $=1-(1-X_1X_2-X_1X_3-X_2X_3+2X_1X_2X_3)$
> $=1-1+X_1X_2+X_1X_3+X_2X_3-2X_1X_2X_3$
> $=X_1X_2+X_1X_3+X_2X_3-2X_1X_2X_3$
> $=q_1q_2+q_1q_3+q_1q_3-2q_1q_2q_3$

39. 신체 부위의 운동에 대한 설명으로 틀린 것은?

① 굴곡(flexion)은 부위간의 각도가 증가하는 신체의 움직임을 의미한다.
② 외전(abduction)은 신체 중심선으로부터 이동하는 신체의 움직임을 의미한다.
③ 내전(adduction)은 신체의 외부에서 중심선으로 이동하는 신체의 움직임을 의미한다.
④ 외선(lateral rotation)은 신체의 중심선으로부터 회전하는 신체의 움직임을 의미한다.

> 굴곡(fiexion)은 관절에서의 각도가 감소하는 신체 부분 동작을 말한다.

40. 빨강, 노랑, 파랑의 3가지 색으로 구성된 교통 신호등이 있다. 신호등은 항상 3가지 색 중 하나가 켜지도록 되어 있다. 1시간 동안 조사한 결과, 파란등은 총 30분 동안, 빨간등과 노란등은 각각 총 15분 동안 켜진 것으로 나타났다. 이 신호등의 총 정보량은 몇 bit 인가?

① 0.5 ② 0.75
③ 1.0 ④ 1.5

> $$H_{av}=\sum_{i=1}^{N}p_i\ \log_2\frac{1}{p_i}$$
> $$H_{av}=\frac{1}{2}log_2\frac{1}{1/2}+\frac{1}{4}\log_2\frac{1}{1/4}+\frac{1}{4}\log_2\frac{1}{1/4}$$
> $$=\frac{1}{2}\log_2 2+\left(\frac{1}{4}\log_2 4\right)\times 2=1.5$$

■■■ 제3과목 기계위험방지기술

41. 지게차의 방호장치인 헤드가드에 대한 설명으로 맞는 것은?

① 상부틀의 각 개구의 폭 또는 길이는 16센티미터 미만일 것
② 운전자가 앉아서 조작하는 방식의 지게차의 경우에는 운전자의 좌석 윗면에서 헤드가드의 상부틀 아랫면까지의 높이는 1.5미터 이상일 것
③ 지게차에는 최대하중의 2배(5톤을 넘는 값에 대해서는 5톤으로 한다)에 해당하는 등분포정하중에 견딜 수 있는 강도의 헤드가드를 설치하여야 한다.
④ 운전자가 서서 조작하는 방식의 지게차의 경우에는 운전석의 바닥면에서 헤드가드의 상부특 하면까지의 높이는 1.8미터 이상일 것

> 헤드가드의 기준
> 1. 강도는 지게차의 최대하중의 2배 값(4톤을 넘는 값에 대해서는 4톤으로 한다)의 등분포정하중(等分布靜荷重)에 견딜 수 있을 것
> 2. 상부틀의 각 개구의 폭 또는 길이가 16센티미터 미만일 것
> 3. 운전자가 앉아서 조작하거나 서서 조작하는 지게차의 헤드가드는 「산업표준화법」 제12조에 따른 한국산업표준에서 정하는 높이 기준 이상일 것.
> ① 좌승식 : 좌석기준점으로부터 903mm 이상
> ② 입승식 : 조종사가 서 있는 플랫폼으로부터 1,880mm 이상
> ※ 헤드가드의 높이는 조작하는 경우는 1m이상, 서서 조작하는 경우는 2m이상에서 개정법률로 한국산업표준에서 정하는 높이로 바뀌었다. 과거 문제풀이 시 참고하자.

해답 38 ④ 39 ① 40 ④ 41 ①

42. 회전수가 300 rpm,연삭숫돌의 지름이 200mm 일 때, 숫돌의 원주 속도는 약 몇 m/min인가?

① 60.0　　② 94.2
③ 150.0　　④ 188.5

$$V = \frac{\pi DN}{1000} = \frac{\pi \times 200 \times 300}{1000} = 188.495 \text{ m/min}$$

43. 일반적으로 장갑을 착용해야 하는 작업은?

① 드릴작업　　② 밀링작업
③ 선반작업　　④ 전기용접작업

1. 드릴, 밀링, 선반작업시 회전축에 의해 말려들어갈 위험이 있어 장갑의 착용을 금지한다.
2. 전기용접 시 감전등의 방지를 위해 용접용 장갑을 착용한다.

44. 프레스기에 설치하는 방호장치에 관한 사항으로 틀린 것은?

① 수인식 방호장치의 수인끈 재료는 합성섬유로 직경이 4mm 이상이어야 한다.
② 양수조작식 방호장치는 1행정마다 누름버튼에서 양손을 떼지 않으면 다음 작업의 동작을 할 수 없는 구조이어야 한다.
③ 광전자식 방호장치는 정상동작표시램프는 적색, 위험표시램프는 녹색으로 하며, 쉽게 근로자가 볼 수 있는 곳에 설치해야 한다.
④ 손쳐내기식 방호장치는 슬라이드 하행정거리의 3/4위치에서 손을 완전히 밀어내야 한다.

정상동작표시램프는 녹색, 위험표시램프는 붉은색으로 하며, 쉽게 근로자가 볼 수 있는 곳에 설치해야 한다.

45. 가스 용접에 이용되는 아세틸렌가스 용기의 색상으로 옳은 것은?

① 녹색　　② 회색
③ 황색　　④ 청색

용기의 도색

가스의 종류	도색의 구분	가스의 종류
액화석유가스	회 색	액화암모니아
수 소	주황색	액 화 염 소
아 세 틸 렌	황 색	그 밖의 가스

46. 와이어 로프의 꼬임에 관한 설명으로 틀린 것은?

① 보통꼬임에는 S 꼬임이나 Z 꼬임이 있다.
② 보통꼬임은 스트랜드의 꼬임방향과 로프의 꼬임방향이 반대로 된 것을 말한다.
③ 랭꼬임은 로프의 끝이 자유로이 회전하는 경우나 킹크가 생기기 쉬운 곳에 적당하다.
④ 랭꼬임은 보통꼬임에 비하여 마모에 대한 저항성이 우수하다.

랭꼬임은 보통 꼬임에 비하여 소선과 외부와의 접촉길이가 길고 부분적 마모에 대한 저항성, 유연성, 마모에 대한 저항성이 우수하나 꼬임이 풀리기 쉬워 로프의 끝이 자유로이 회전하는 경우나 킹크가 생기기 쉬운 곳에는 적당하지 않다.

47. 비파괴시험의 종류가 아닌 것은?

① 자분 탐상시험　　② 침투 탐상시험
③ 와류 탐상시험　　④ 샤르피 충격시험

샤르피 충격시험은 해머를 이용하여 재료를 파괴하는 금속의 인성강도 시험으로 파괴검사에 해당된다.

48. 다음 중 기계설비의 정비 · 청소 · 급유 · 검사 · 수리 등의 작업 시 근로자가 위험해질 우려가 있는 경우 필요한 조치와 거리가 먼 것은?

① 근로자의 위험방지를 위하여 해당 기계를 정지시킨다.
② 작업지휘자를 배치하여 갑작스러운 기계 가동에 대비한다.
③ 기계 내부에 압축된 기체나 액체가 불시에 방출될 수 있는 경우에는 사전에 방출조치를 실시한다.
④ 기계 운전을 정지한 경우에는 기동장치에 잠금장치를 하고 다른 작업자가 그 기계를 임의 조작할 수 있도록 열쇠를 찾기 쉬운 곳에 보관한다.

기계의 운전을 정지한 경우에 다른 사람이 그 기계를 운전하는 것을 방지하기 위하여 기계의 기동장치에 잠금장치를 하고 그 열쇠를 별도 관리하거나 표지판을 설치하는 등 필요한 방호 조치를 하여야 한다.

참고 산업안전보건기준에 관한 규칙 제 92조 【정비 등의 작업 시의 운전정지 등】

해답 42 ④　43 ④　44 ③　45 ③　46 ③　47 ④　48 ④

49. 다음 중 선반 작업 시 지켜야 할 안전수칙으로 거리가 먼 것은?

① 작업 중 절삭칩이 눈에 들어가지 않도록 보안경을 착용한다.
② 공작물 세팅에 필요한 공구는 세팅이 끝난 후 바로 제거한다.
③ 상의의 옷자락은 안으로 넣고, 끈을 이용하여 소맷자락을 묶어 작업을 준비한다.
④ 공작물은 전원스위치를 끄고 바이트를 충분히 멀리 위치시킨 후 고정한다.

③항, 끈으로 소매를 묶을 경우 끈이 선반에 말려들어갈 위험이 있다.

50. 프레스 금형부착, 수리 작업 등의 경우 슬라이드의 낙하를 방지하기 위하여 설치하는 것은?

① 슈트 ② 키이록
③ 안전블럭 ④ 스트리퍼

프레스 등의 금형을 부착·해체 또는 조정하는 작업을 하는 때에는 당해 작업에 종사하는 근로자의 신체의 일부가 위험 한계 내에 들어갈 때에 슬라이드가 갑자기 작동함으로써 발생하는 근로자의 위험을 방지하기 위하여 **안전블록을 사용하는 등 필요한 조치**를 하여야 한다.

참고 산업안전보건기준에 관한 규칙 제53조【금형조정작업의 위험방지】

51. 다음 용접 중 불꽃 온도가 가장 높은 것은?

① 산소-메탄 용접 ② 산소-수소 용접
③ 산소-프로판 용접 ④ 산소-아세틸렌 용접

가스용접시 불꽃의 온도

혼합가스의 종류	최고온도
산소-메탄	약 2700 ℃
산소-수소	약 2900 ℃
산소-프로판	약 2800 ℃
산소-아세틸렌	약 3500 ℃

52. 회전 중인 연삭숫돌이 근로자에게 위험을 미칠 우려가 있을 시 덮개를 설치하여야할 연삭숫돌의 최소 지름은?

① 지름이 5cm 이상인 것
② 지름이 10cm 이상인 것
③ 지름이 15cm 이상인 것
④ 지름이 20cm 이상인 것

회전 중인 연삭숫돌(지름이 5센티미터 이상인 것으로 한정한다)이 근로자에게 위험을 미칠 우려가 있는 경우에 그 부위에 덮개를 설치하여야 한다.

참고 산업안전보건기준에 관한 규칙 제122조【연삭숫돌의 덮개 등】

53. 아세틸렌 용접 시 역류를 방지하기 위하여 설치하여야 하는 것은?

① 안전기 ② 청정기
③ 발생기 ④ 유량기

- 사업주는 아세틸렌 용접장치의 취관마다 안전기를 설치하여야 한다. 다만, 주관 및 취관에 가장 가까운 분기관(分岐管)마다 안전기를 부착한 경우에는 그러하지 아니하다.
- 사업주는 가스용기가 발생기와 분리되어 있는 아세틸렌 용접장치에 대하여 발생기와 가스용기 사이에 안전기를 설치하여야 한다.

참고 산업안전보건기준에 관한 규칙 제289조【안전기의 설치】

54. 구내운반차의 제동장치 준수사항에 대한 설명으로 틀린 것은?

① 조명이 없는 장소에서 작업 시 전조등과 후미등을 갖출 것
② 운전석이 차 실내에 있는 것은 좌우에 한 개씩 방향지시기를 갖출 것
③ 핸들의 중심에서 차체 바깥 측까지의 거리가 70센티미터 이상일 것
④ 주행을 제동하거나 정지상태를 유지하기 위하여 유효한 제동장치를 갖출 것

해답 49 ③ 50 ③ 51 ④ 52 ① 53 ① 54 ③

구내운반차의 준수사항
- 주행을 제동하거나 정지상태를 유지하기 위하여 유효한 제동장치를 갖출 것
- 경음기를 갖출 것
- 핸들의 중심에서 차체 바깥 측까지의 거리가 **65센티미터 이상일 것**
- 운전석이 차 실내에 있는 것은 좌우에 한개씩 방향지시기를 갖출 것
- 전조등과 후미등을 갖출 것. 다만, 작업을 안전하게 하기 위하여 필요한 조명이 있는 장소에서 사용하는 구내운반차에 대해서는 그러하지 아니하다

참고 산업안전보건기준에 관한 규칙 제184조【제동장치 등】

55. 산업용 로봇에 사용되는 안전 매트의 종류 및 일반구조에 관한 설명으로 틀린 것은?

① 단선 경보장치가 부착되어 있어야 한다.
② 감응시간을 조절하는 장치가 부착되어 있어야 한다.
③ 감응도 조절 장치가 있는 경우 봉인되어 있어야 한다.
④ 안전 매트의 종류는 연결사용 가능여부에 따라 단일 감지기와 복합 감지기가 있다.

산업용 로봇에 사용되는 안전 매트

<table>
<tr><th>번호</th><th>구분</th><th>내 용</th></tr>
<tr><td>1</td><td>종류</td><td>안전매트의 종류는 연결사용 가능여부에 따라 표 1과 같이한다.
〈표〉 안전매트의 종류
<table><tr><th>종 류</th><th>형태</th><th>용도</th></tr><tr><td>단일 감지기</td><td>A</td><td>감지기를 단독으로 사용</td></tr><tr><td>복합 감지기</td><td>B</td><td>여러 개의 감지기를 연결하여 사용</td></tr></table></td></tr>
<tr><td>2</td><td>일반구조</td><td>일반구조는 다음과 같이 한다.
• 단선경보장치가 부착되어 있어야 한다.
• 감응시간을 조절하는 장치는 부착되어 있지 않아야 한다.
• 감응도 조절장치가 있는 경우 봉인되어 있어야 한다.</td></tr>
</table>

56. 소음에 관한 사항으로 틀린 것은?

① 소음에는 익숙해지기 쉽다.
② 소음계는 소음에 한하여 계측할 수 있다.
③ 소음의 피해는 정신적, 심리적인 것이 주가 된다.
④ 소음이란 귀에 불쾌한 음이나 생활을 방해하는 음을 통틀어 말한다.

소음계는 소음뿐 아니라 귀가 느끼는 감각적인 소리의 레벨을 측정하는 계기이다.

57. 컨베이어 방호장치에 대한 설명으로 맞는 것은?

① 역전방지장치에 롤러식, 라쳇식, 권과방지식, 전기브레이크식 등이 있다.
② 작업자가 임의로 작업을 중단할 수 없도록 비상정지장치를 부착하지 않는다.
③ 구동부 측면에 로울러 안내가이드 등의 이탈방지장치를 설치한다.
④ 로울러컨베이어의 로울 사이에 방호판을 설치할 때 로울과의 최대간격은 8mm이다.

①항, 역전방지장치는 전기식(전기브레이크, 스러스트식), 기계식(라쳇식, 롤러식, 밴드식)등이 있다.
②항, 작업자가 비상시 정지시킬 수 있도록 비상정지장치를 부착하여야 한다.
④항, 기타 가동부분과 정지부분 또는 다른 물건 사이 틈 등 작업자에게 위험을 미칠 우려가 있는 부분에는 덮개또는 울을 설치하여야 한다. 다만, 그 틈이 5mm 이내인 경우에는 예외로 할 수 있다.

58. 기계설비 구조의 안전화 중 가공결함 방지를 위해 고려할 사항이 아닌 것은?

① 안전율　　② 열처리
③ 가공경화　　④ 응력집중

①항, 안전율은 설계결함 방지를 위해 고려해야할 사항이다.

참고 구조적 안전화
- 재료에 있어서의 결함
기계재료 자체에 균열, 부식, 강도저하 등 결함이 있으므로 적절한 재료로 대체하는 것이 안전상 필요한 일이다.
- 설계에 있어서의 결함
기계장치 설계상 가장 큰 과오의 요인은 강도산정산의 착오이다. 최대하중 추정의 부정확성과 사용 도중 일부 재료의 강도가 열화된 것을 감안해서 안전율을 충분히 고려하여 설계를 해야 된다.
- 가공에 있어서의 결함, 안전율
재료 가공 중에 가공 경화와 같은 결함이 생길 수 있으므로 열처리 등을 통하여 강도와 인성 등을 부여하여 사전에 결함을 방지하는 것이 중요하다.

59. 로울러기 맞물림점의 전방에 개구부의 간격을 30mm로 하여 가드를 설치하고자 한다. 가드의 설치 위치는 맞물림점에서 적어도 얼마의 간격을 유지하여야 하는가?

① 154 mm　　② 160 mm
③ 166 mm　　④ 172 mm

해답 55 ② 56 ② 57 ③ 58 ① 59 ②

$Y=6+0.15X$ 이므로, $X=\dfrac{30-6}{0.15}=160$
Y : 가드개구부 간격(mm)
X :가드와 위험점 간의 거리 (mm)

60. **프레스의 방호장치 중 광전자식 방호장치에 관한 설명으로 틀린 것은?**

① 연속 운전작업에 사용할 수 있다.
② 핀클러치 구조의 프레스에 사용할 수 있다.
③ 기계적 고장에 의한 2차 낙하에는 효과가 없다.
④ 시계를 차단하지 않기 때문에 작업에 지장을 주지 않는다.

광전자식 방호장치는 슬라이드 작동중 정지가능한 마찰식 프레스에 적용가능하며 확동식-핀클러치구조에서는 방호효과가 없다.

■■■ 제4과목 전기위험방지기술

61. **정전기 발생현상의 분류에 해당되지 않는 것은?**

① 유체대전 ② 마찰대전
③ 박리대전 ④ 교반대전

정전기 발생현상의 분류
• 마찰대전 • 유동대전 • 박리대전 • 충돌대전
• 분출대전 • 파괴대전 • 비말대전

62. **교류 아크용접기의 허용사용률(%)은?(단, 정격사용률은 10%, 2차 정격전류는 500A, 교류 아크용접기의 사용전류는 250A이다.)**

① 30 ② 40
③ 50 ④ 60

$$\text{허용사용률}=\frac{(\text{정격2차전류})^2}{(\text{실제용접작업})^2}\times\text{정격사용률}=\frac{(500)^2}{(250)^2}\times 10=40$$

63. **정전작업 시 작업 전 조치하여야할 실무사항으로 틀린 것은?**

① 잔류전하의 방전
② 단락 접지기구의 철거
③ 검전기에 의한 정전확인
④ 개로개폐기의 잠금 또는 표시

②항, 단락 접지기구의 철거는 정전 작업 종료시 조치사항이다.

64. **전력용 피뢰기에서 직렬 갭의 주된 사용 목적은?**

① 방전내량을 크게 하고 장시간 사용 시 열화를 적게 하기 위하여
② 충격방전 개시전압을 높게 하기 위하여
③ 이상전압 발생 시 신속해 대지로 방류함과 동시에 속류를 즉시 차단하기 위하여
④ 충격파 침입 시에 대지로 흐르는 방전전류를 크게 하여 제한전압을 낮게 하기 위하여

피뢰기의 구성요소

구분	내용
직렬갭	이상전압 발생시 전압을 대지로 방전하고 속류를 차단
특성요소	뇌해의 방전시 절연 파괴를 방지한다.

65. **전기기기, 설비 및 전선로 등의 충전 유무 등을 확인하기 위한 장비는?**

① 위상검출기 ② 디스콘 스위치
③ COS ④ 저압 및 고압용 검전기

전류의 충전여부를 확인하는 장비는 검전기 이다.

66. **누전된 전동기에 인체가 접촉하여 500mA의 누전전류가 흘렀고 정격감도전류 500 mA인 누전차단기가 동작하였다. 이때 인체전류를 약 10 mA로 제한하기 위해서는 전동기 외함에 설치할 접지저항의 크기는 약 몇 인가?(단, 인체저항은 500이며, 다른 저항은 무시한다.)**

① 5 ② 10
③ 50 ④ 100

해답 60 ② 61 ① 62 ② 63 ② 64 ③ 65 ④ 66 ②

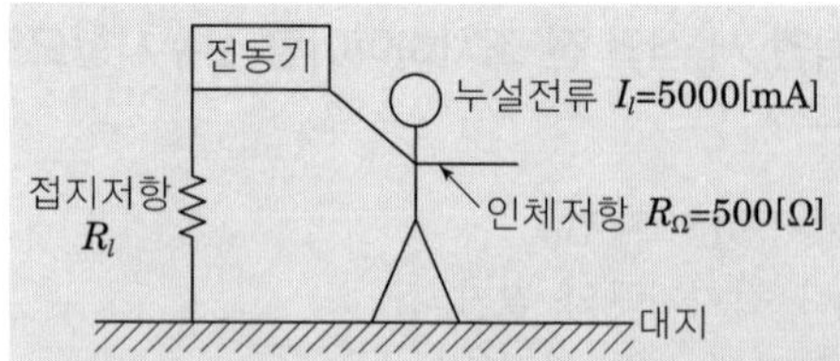

R_1과 R_2는 병렬상태, 접지저항을 연결했을 때 인체에 흐르는 전류는 저항에 반비례되므로 10[mA]가 흐르기 위해서는 다음과 같은 식이 성립한다.

$I_l' = 10[\text{mA}] = \dfrac{R_1}{R_1 + R_2} \times I_l = \dfrac{R_1}{R_1 + 500} \times 500[\text{mA}]$

$10(R_1 + 500) = 500R_1$이 성립

$(500 - 10)R_1 = 5000$

$R_1 = \dfrac{5000}{490} = 10.20[\Omega]$이므로

∴ $10[\Omega]$이 적당하다.

67. 방전전극에 약 7000V의 전압을 인가하면 공기가 전기되어 코로나 방전을 일으킴으로서 발생한 이온으로 대전체의 전하를 중화시키는 방법을 이용한 제전기는?

① 전압인가식 제전기
② 자기방전식 제전기
③ 이온스프레이식 제전기
④ 이온식 제전기

전압인가식은 가전압식 또는 교류방전식 제전기라고도 하며 방전침에 약 7000[V] 정도의 전압을 걸어 코로나 방전을 일으켜 발생한 이온으로 대전체의 전하를 중화시키는 방법으로 약간의 전위는 남지만 제전능력이 뛰어나 거의 0에 가까운 효과를 얻는다.

68. 감전사고를 방지하기 위한 대책으로 틀린 것은?

① 전기설비에 대한 보호 접지
② 전기기기에 대한 정격 표시
③ 전기설비에 대한 누전차단기 설치
④ 충전부가 노출된 부분에는 절연 방호구 사용

②항, 정격 표시는 감전사고의 예방대책과는 거리가 멀다.

69. 피뢰기의 여유도가 33%이고, 충격절연강도가 1000kV라고 할 때 피뢰기의 제한전압은 약 몇 kV 인가?

① 852　② 752
③ 652　④ 552

보호여유도(%) = $\dfrac{\text{충격절연강도} - \text{제한전압}}{\text{제한전압}} \times 100$,

따라서 $33 = \dfrac{1000 - \text{제한전압}}{\text{제한전압}} \times 100$

제한전압 $= \dfrac{1000 \times 100}{133} = 751.8$

70. 다음 중 전동기를 운전하고자 할 때 개폐기의 조작순서로 옳은 것은?

① 메인 스위치 → 분전반 스위치 → 전동기용 개폐기
② 분전반 스위치 → 메인 스위치 → 전동기용 개폐기
③ 전동기용 개폐기 → 분전반 스위치 → 메인 스위치
④ 분전반 스위치 → 전동기용 스위치 → 메인 스위치

전동기 운전 시 개폐기의 조작순서로는 메인 스위치 → 분전반 스위치 → 전동기용 개폐기 순이다.

71. 전류가 흐르는 상태에서 단로기를 끊었을 때 여러가지 파괴작용을 일으킨다. 다음 그림에서 유입차단기의 차단순위와 투입순위가 안전수칙에 가장 적합한 것은?

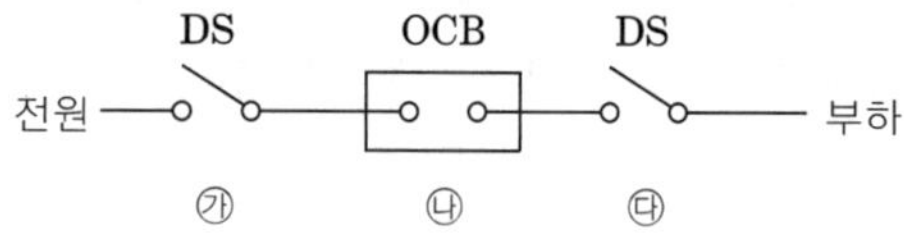

① 차단: ㉮→㉯→㉰, 투입: ㉮→㉯→㉰
② 차단: ㉯→㉰→㉮, 투입: ㉯→㉰→㉮
③ 차단: ㉰→㉯→㉮, 투입: ㉰→㉮→㉯
④ 차단: ㉯→㉰→㉮, 투입: ㉰→㉮→㉯

CB는 부하전류를 차단할 수 있고 DS는 무부하 상태에서 개폐하므로 차단시는 먼저 OCB를 개방하고 투입시는 마지막에 한다.

해답 67 ① 68 ② 69 ② 70 ① 71 ④

72. 내압 방폭구조에서 안전간극(safe gap)을 적게 하는 이유로 옳은 것은?

① 최소점화에너지를 높게 하기 위해
② 폭발화염이 외부로 전파되지 않도록 하기 위해
③ 폭발압력에 견디고 파손되지 않도록 하기 위해
④ 설치류가 전선 등을 훼손하지 않도록 하기 위해

내압방폭구조에서 안전간극(safe gap)을 적게 하는 이유로는 폭발화염이 외부로 전파되지 않도록 하기 위해서이다.

최대안전틈새의 범위에 따른 분류

폭발성 가스의 분류	A	B	C
최대안전 틈새	0.9mm 초과	0.5~0.9mm 이하	0.5mm 미만
내압방폭구조 전기기기의 분류	IIA	IIB	IIC

73. 방폭전기기기의 온도등급의 기호는?

① E　　② S
③ T　　④ N

폭발성가스의 최고표면온도 등급 및 기호

T_1	T_2	T_3	T_4	T_5	T_6
450℃ 이하	300℃ 이하	200℃ 이하	135℃ 이하	100℃ 이하	85℃ 이하

74. 인체 피부의 전기저항에 영향을 주는 주요 인자와 가장 거리가 먼 것은?

① 접촉면적　　② 인가전압의 크기
③ 통전경로　　④ 인가시간

전기 저항에 영향을 미치는 요인
① 접촉면적
② 전압의 크기
③ 전압인가 시간

75. 산업안전보건기준에 관한 규칙에서 일반 작업장에 전기위험 방지 조치를 취하기 않아도 되는 전압은 몇 V 이하인가?

① 24　　② 30
③ 50　　④ 100

대지전압이 30볼트 이하인 전기기계 · 기구 · 배선 또는 이동전선에 대해서는 적용하지 아니한다.

참고 산업안전보건기준에 관한 규칙 제324조 【적용 제외】

참고 각국의 안전전압

국명	안전 전압(V)	국명
영국 벨기에 스위스 독일	24 35 36 24	프랑스 네덜란드 일본 한국

76. 폭발위험장소에서의 본질안전 방폭구조에 대한 설명으로 틀린 것은?

① 본질안전 방폭구조의 기본적 개념은 점화능력의 본질적 억제이다.
② 본질안전 방폭구조의 EXib는 fault에 대한 2중 안전보장으로 0종~2종 장소에 사용할 수 있다.
③ 이론적으로는 모든 전기기기를 본질안전 방폭구조를 적용할 수 있으나, 동력을 직접 사용하는 기기는 실제적으로 적용이 곤란하다.
④ 온도, 압력 액면유량 등의 검출용 측정기는 대표적인 본질안전 방폭구조의 예이다.

본질안전 방폭구조의 Exib는 fault에 대한 2중 안전보장으로 1종~2종 장소에 사용할 수 있다.

폭발위험장소의 분류		방폭구조 전기기계 · 기구의 선정기준
가스 폭발 위험 장소	0종장소	• 본질안전방폭구조(ia) • 그 밖에 관련 공인 인증기관이 0종 장소에서 사용이 가능한 방폭구조로 인증한 방폭구조
	1종장소	• 내압방폭구조(d) • 압력방폭구조(p) • 충전방폭구조(q) • 유입방폭구조(o) • 안전증방폭구조(e) • 본질안전방폭구조(ia, ib) • 몰드방폭구조(m) • 그 밖에 관련 공인 인증기관이 1종 장소에서 사용이 가능한 방폭구조로 인증한 방폭구조
	2종장소	• 0종 장소 및 1종 장소에 사용가능한 방폭구조 • 비점화방폭구조(n) • 그 밖에 2종 장소에서 사용하도록 특별히 고안된 비방폭형 구조

해답 72 ② 73 ③ 74 ③ 75 ② 76 ②

77. 다음 (　　) 안에 들어갈 내용으로 알맞은 것은?

> 과전류차단장치는 반드시 접지선이 아닌 전로에 (　)로 연결하여 과전류 발생 시 전로를 자동으로 차단하도록 설치할 것

① 직렬　　② 병렬
③ 임시　　④ 직병렬

과전류차단장치는 반드시 접지선이 아닌 전로에 직렬로 연결하여 과전류 발생 시 전로를 자동으로 차단하도록 설치할 것

참고 산업안전보건기준에 관한 규칙 제305조【과전류 차단장치】

78. 일반 허용접촉 전압과 그 종별을 짝지은 것으로 틀린 것은?

① 제1종 : 0.5V 이하　　② 제2종 : 25V 이하
③ 제3종 : 50V 이하　　④ 제4종 : 제한없음

참고 접촉상태별 허용접촉전압

종 별	접 촉 상 태	허용접촉 전압
제1종	• 인체의 대부분이 수중에 있는 상태	2.5V
제2종	• 인체가 현저하게 젖어 있는 상태 • 금속성의 전기기계장치나 구조물에 인체의 일부가 상시 접촉되어 있는 상태	25V 이하
제3종	• 제1종, 제2종 이외의 경우로서 통상의 인체상태에 있어서 접촉전압이 가해지면 위험성이 높은 상태	50V 이하
제4종	• 제1종, 제2종 이외의 경우로서 통상 인체상태에 있어서 접촉전압이 가해지더라도 위험성이 낮은 상태 • 접촉전압이 가해질 우려가 없는 경우	제한없음

79. 인체감전보호용 누전차단기의 정격감도전류(mA)와 동작시간(초)의 최대값은?

① 10 mA, 0.03초　　② 20 mA, 0.01초
③ 30 mA, 0.03초　　④ 50 mA, 0.1초

전기기계·기구에 접속되어 있는 누전차단기는 정격감도전류가 30밀리암페어 이하이고 작동시간은 0.03초 이내일 것.

참고 산업안전보건기준에 관한 규칙 제304조5항【누전차단기에 의한 감전방지】

80. 내부에서 폭발하더라도 틀의 냉각 효과로 인하여 외부의 폭발성 가스에 착화될 우려가 없는 방폭구조는?

① 내압 방폭구조　　② 유입 방폭구조
③ 안전증 방폭구조　　④ 본질안전 방폭구조

내압방폭구조
전폐구조로 용기내부에서 폭발성 가스 또는 증기가 폭발하였을 때 용기가 그 압력에 견디며, 또한 접합면, 개구부 등을 통해서 외부의 폭발성 가스에 인화될 우려가 없도록 한 구조를 말한다.

■■■ 제5과목 화학설비위험방지기술

81. 다음 물질이 물과 접촉하였을 때 위험성이 가장 낮은 것은?

① 과산화칼륨　　② 나트륨
③ 메틸리튬　　④ 이황화탄소

물반응성 물질 : 과산화칼륨, 나트륨, 메탈리튬
인화성 액체 : 이황화 탄소

82. 건조설비를 사용하여 작업을 하는 경우에 폭발이나 화재를 예방하기 위하여 준수하여야 하는 사항으로 틀린 것은?

① 위험물 건조설비를 사용하는 경우에는 미리 내부를 청소하거나 환기할 것
② 위험물 건조설비를 사용하여 가열건조하는 건조물은 쉽게 이탈되도록 할 것
③ 고온으로 가열건조한 인화성 액체는 발화의 위험이 없는 온도로 냉각한 후에 격납시킬 것
④ 바깥 면이 현저히 고온이 되는 건조설비에 가까운 장소에는 인화성 액체를 두지 않도록 할 것

위험물 건조설비를 사용하여 가열건조하는 건조물은 쉽게 이탈되지 않도록 할 것

참고 산업안전보건기준에 관한 규칙 제 283조 【건조설비의 사용】

해답 77 ① 78 ① 79 ③ 80 ① 81 ④ 82 ②

83. 부탄(C_4H_{10})의 연소에 필요한 최소산소농도(MOC)를 추정하여 계산하면 약 몇 vol%인가?(단, 부탄의 폭발하한계는 공기중에서 1.6vol% 이다.)

① 5.6　　② 7.8
③ 10.4　　④ 14.1

$C_4H_{10}+6.5O_2=4CO_2+5H_2O$ 에서

$MOC=\text{폭발하한계}(LFL)\times\left(\frac{\text{산소몰수}}{\text{연료몰수}}\right)$

$=1.6\times\left(\frac{6.5}{1}\right)=10.4$

84. 산업안전보건법령상 사업주가 인화성액체위험물을 액체상태로 저장하는 저장탱크를 설치하는 경우에는 위험물질이 누출되어 확산되는 것을 방지하기 위하여 무엇을 설치하여야 하는가?

① Flame arrester　　② Ventstack
③ 긴급방출장치　　④ 방유제

위험물을 액체상태로 저장하는 저장탱크를 설치하는 경우에는 위험물질이 누출되어 확산되는 것을 방지하기 위하여 방유제(防油堤)를 설치하여야 한다.

참고 산업안전보건기준에 관한 규칙 제 272조 【방유제 설치】

85. 가연성 가스 혼합물을 구성하는 각 성분의 조성과 연소범위가 다음 [표]와 같을 때 혼합가스의 연소하한값은 약 몇 vol% 인가?

성분	조성 (vol%)	연소하한값 (vol%)	연소상한값 (vol%)
헥산	1	1.1	7.4
메탄	2.5	5.0	15.0
에틸렌	0.5	2.7	36.0
공기	96	–	–

① 2.51　　② 7.51
③ 12.07　　④ 15.01

$$\frac{100}{L}=\frac{V_1}{L_1}+\frac{V_2}{L_2}+\frac{V_3}{L_3}$$

$$L=\frac{100-96}{\frac{1}{1.1}+\frac{2.5}{5.0}+\frac{0.5}{2.7}}=2.51$$

86. 가스 또는 분진 폭발 위험장소에 설치되는 건축물의 내화 구조를 설명한 것으로 틀린 것은?

① 건축물 기둥 및 보는 지상 1층까지 내화구조로 한다.
② 위험물 저장·취급용기의 지지대는 지상으로부터 지지대의 끝부분까지 내화구조로 한다.
③ 건축물 주변에 자동소화설비를 설치한 경우 건축물 화재 시 1시간 이상 그 안전성을 유지한 경우는 내화구조로 하지 아니할 수 있다.
④ 배관·전선관 등의 지지대는 지상으로부터 1단까지 내화구조로 한다.

건축물 등의 주변에 화재에 대비하여 물 분무시설 또는 폼 헤드(foam head)설비 등의 자동소화설비를 설치하여 건축물 등이 화재시에 2시간 이상 그 안전성을 유지할 수 있도록 한 경우에는 내화구조로 하지 아니할 수 있다.

참고 산업안전보건기준에 관한 규칙 제 270조 【내화기준】

87. 사업안전보건법령에 따라 사업주가 특수화확설비를 설치하는 때에 그 내부의 이상상태를 조기에 파악하기 위하여 설치하여야 하는 것은?

① 자동경보장치　　② 긴급차단장치
③ 자동문개폐장치　　④ 스크러버개방장치

특수화학설비를 설치하는 경우에는 그 내부의 이상 상태를 조기에 파악하기 위하여 필요한 자동경보장치를 설치하여야 한다.

참고 산업안전보건기준에 관한 규칙 제 274조 【자동경보장치의 설치 등】

88. 20℃, 1기압의 공기를 5기압으로 단열압축하면 공기의 온도는 약 몇 가 되겠는가?(단, 공기의 비열비는 1.4 이다)

① 32　　② 191
③ 305　　④ 464

해답 83 ③ 84 ④ 85 ① 86 ③ 87 ① 88 ②

단열압축후의 기체의 온도를 구하는 식

$$T_2 = T_1 \times \left(\frac{P_2}{P_1}\right)^{\frac{r-1}{r}} = 293 \times \left(\frac{5}{1}\right)^{\frac{1.4-1}{1.4}} = 464K$$

$T_1 = 20℃ + 273 = 293K$

$T_2 = 464K - 273 = 191℃$

89. 알루미늄분이 고온의 물과 반응하였을 때 생성되는 가스는?

① 산소 ② 수소
③ 메탄 ④ 에탄

알루미늄과 물의 반응식 : $2Al + 6H2O \rightarrow 2Al(OH)_3 + 3H_2$
알루미늄은 물반응성 물질고 물과 반응시 수산화알루미늄과 수소가 발생된다.

90. 공정안전보고서에 포함하여야 할 세부 내용 중 공정안전자료의 세부내용이 아닌 것은?

① 유해 · 위험설비의 목록 및 사양
② 폭발위험장소 구분도 및 전기단선도
③ 유해 · 위험물질에 대한 물질안전보건자료
④ 설비점검 · 검사 및 보수계획, 유지계획 및 지침서

공정안전보고서에 포함하여야 할 공정안전자료의 세부내용
- 취급 · 저장하고 있거나 취급 · 저장하고자 하는 유해 · 위험물질의 종류 및 수량
- 유해 · 위험물질에 대한 물질안전보건자료
- 유해 · 위험설비의 목록 및 사양
- 유해 · 위험설비의 운전방법을 알 수 있는 공정도면
- 각종 건물 · 설비의 배치도
- 폭발위험장소 구분도 및 전기단선도
- 위험설비의 안전설계 · 제작 및 설치관련 지침서

참고 산업안전보건법 시행규칙 제50조【공정안전보고서의 세부내용 등】

91. 산업안전보건법령상 화학성비와 화학설비의 부속설비를 구분할 때 화학설비에 해당하는 것은?

① 응축기 · 냉각기 · 가열기 · 증발기 등 열교환기류
② 사이클론 · 백필터 · 전기집진기 등 분진처리설비
③ 온도 · 압력 · 유량 등을 지시 · 기록 등을 하는 자동제어 관련설비
④ 안전밸브 · 안전판 · 긴급차단또는 방출밸브 등 비상조치 관련설비

참고 화학설비 및 그 부속설비의 종류

화학설비	화학설비의 부속설비
• 반응기 · 혼합조 등 화학물질 반응 또는 혼합장치 • 증류탑 · 흡수탑 · 추출탑 · 감압탑 등 화학물질 분리장치 • 저장탱크 · 계량탱크 · 호퍼 · 사일로 등 화학물질 저장설비 또는 계량설비 • 응축기 · 냉각기 · 가열기 · 증발기 등 열교환기류 • 고로 등 점화기를 직접 사용하는 열교환기류 • 캘린더(calender) · 혼합기 · 발포기 · 인쇄기 · 압출기 등 화학제품 가공설비 • 분쇄기 · 분체분리기 · 용융기 등 분체화학물질 취급장치 • 결정조 · 유동탑 · 탈습기 · 건조기 등 분체화학물질 분리장치 • 펌프류 · 압축기 · 이젝터(ejector) 등의 화학물질 이송 또는 압축설비	• 배관 · 밸브 · 관 · 부속류 등 화학물질 이송 관련 설비 • 온도 · 압력 · 유량 등을 지시 · 기록 등을 하는 자동제어 관련 설비 • 안전밸브 · 안전판 · 긴급차단 또는 방출밸브 등 비상조치 관련 설비 • 가스누출감지 및 경보 관련 설비 • 세정기, 응축기, 벤트스택(bent stack), 플레어스택(flare stack) 등 폐가스처리설비 • 사이클론, 백필터(bag filter), 전기집진기 등 분진처리설비 • 가목부터 바목까지의 설비를 운전하기 위하여 부속된 전기 관련 설비 • 정전기 제거장치, 긴급 샤워설비 등 안전 관련 설비

참고 산업안전보건기준에 관한 규칙 별표 7【화학설비 및 그 부속설비의 종류】

92. 위험물안전관리법령상 제4류 위험물 중 제2석유류로 분류되는 물질은?

① 실린더유 ② 휘발유
③ 등유 ④ 중유

①항, 실리더유 : 제4석유류
②항, 휘발유 : 제1석유류
④항, 중유 : 제3석유류
"제2석유류"라 함은 등유, 경유 그 밖에 1기압에서 인화점이 섭씨 21도 이상 70도 미만인 것을 말한다.

참고 위험물안전관리법 시행령 별표 1【위험물 및 지정수량】

93. 가연성물질을 취급하는 장치를 퍼지하고자 할 때 잘못된 것은?

① 대상물질의 물성을 파악한다.
② 사용하는 불활성가스의 물성을 파악한다.
③ 퍼지용 가스를 가능한 한 빠른 속도로 단시간에 다량 송입한다.
④ 장치내부를 세정한 후 퍼지용 가스를 송입한다.

해답 89 ② 90 ④ 91 ① 92 ③ 93 ③

퍼지용 가스를 단시간에 다량 송입할 경우 순간적인 압력이 높아져 폭발의 위험이 증가할 수 있다.

94. 가솔린(휘발류)의 일반적인 연소범위에 가장 가까운 값은?

① 2.7~27.8 vol% ② 3.4~11.8 vol%
③ 1.4~7.6 vol% ④ 5.1~18.2 vol%

가솔린 : 인화점 -43℃~-20℃, 착화점 약 300℃, 연소범위 1.4~7.6%.

95. 폭발원인물질의 물리적 상태에 따라 구분할 때 기상폭발(gas explosion)에 해당되지 않는 것은?

① 분진폭발 ② 응상폭발
③ 분무폭발 ④ 가스폭발

응상 폭발과 기상 폭발의 분류
- 응상폭발 : 폭발성 화합물의 폭발, 증기폭발, 도화선폭발, 고상전이에 폭발 혼합위험성물질의 폭발 등이 있다.
- 기상폭발 : 분무폭발, 분진폭발, 가스의 분해 폭발, 혼합가스 폭발 등이 있다.

96. 다음 중 위험물과 그 소화방법이 잘못 연결된 것은?

① 염소산칼륨 - 다량의 물로 냉각소화
② 마그네슘 - 건조사 등에 의한 질식소화
③ 칼륨 - 이산화탄소에 의한 질식소화
④ 아세트알데히드 - 다량의 물에 의한 희석소화

③항, 칼륨은 물반응성물질로 주수소화와 사염화탄소(CCl_4) 또는 이산화탄소(CO_2)와는 폭발반응을 하므로 절대 금한다. 마른모래, 금속화재용 분말약제로 소화한다.

97. 다음 중 자연발화의 방지법으로 적절하지 않은 것은?

① 통풍을 잘 시킬 것
② 습도가 높은 곳에 저장할 것
③ 저장실의 온도 상승을 피할 것
④ 공기가 접촉되지 않도록 불활성물질 중에 저장할 것

자연발화 방지대책
- 통풍이 잘 되게 할 것
- 주변온도를 낮출 것
- 습도가 높지 않도록 할 것
- 열전도가 잘 되는 용기에 보관할 것

98. 다음 가스 중 가장 독성이 큰 것은?

① CO ② $COCl_2$
③ NH_3 ④ H_2

포스겐($COCl_2$)의 허용농도 : 0.1ppm

독성가스 8가지의 독성 순서

포스겐-황화수소-시안화수소-아황산가스-산화에틸렌-암모니아-염소-염화메탄

99. 다음 중 산화성 물질이 아닌 것은?

① KNO_3 ② NH_4ClO_3
③ HNO_3 ④ P_4S_3

(황린)P_4S_3은 물반응성 및 인화성 고체 물질에 해당한다.

100. 화염방지기의 설치에 관한 사항으로 (   )에 알맞은 것은?

> 사업주는 인화성 액체 및 인화성 가스를 저장 취급하는 화학설비에서 증기나 가스를 대기로 방출하는 경우에는 외부로부터의 화염을 방지하기 위하여 화염방지기를 그 설비 (   )에 설치하여야 한다.

① 상단 ② 하단
③ 중앙 ④ 무게중심

인화성 액체 및 인화성 가스를 저장 취급하는 화학설비에서 증기나 가스를 대기로 방출하는 경우에는 외부로부터의 화염을 방지하기 위하여 화염방지기를 그 설비 상단에 설치하여야 한다.

참고 산업안전보건기준에 관한 규칙 제 269조 【화염방지기의 설치 등】

해답 94 ③ 95 ② 96 ③ 97 ② 98 ② 99 ④ 100 ①

■■■ 제6과목 건설안전기술

101. 건설현장의 가설계단 및 계단참을 설치하는 경우 얼마 이상의 하중에 견딜 수 있는 강도를 가진 구조로 설치하여야 하는가?

① 200kg/m^2　② 300kg/m^2
③ 400kg/m^2　④ 500kg/m^2

계단 및 계단참을 설치하는 때에는 매제곱미터당 500킬로그램 이상의 하중에 견딜 수 있는 강도를 가진 구조로 설치하여야 하며, 안전율(안전의 정도를 표시하는 것으로서 재료의 파괴응력도와 허용응력도와의 비를 말한다)은 4이상으로 하여야 한다.

참고 산업안전보건기준에 관한 규칙 제26조 【계단의 강도】

102. 차량계 하역운반기계등에 화물을 적재하는 경우에 준수하여야 할 사항으로 옳지 않은 것은?

① 하중이 한쪽으로 치우쳐서 효율적으로 적재되도록 할 것
② 구내운반차 또는 화물자동차의 경우 화물의 붕괴 또는 낙하에 의한 위험을 방지하기 위하여 화물에 로프를 거는 등 필요한 조치를 할 것
③ 운전자의 시야를 가리지 않도록 화물을 적재할 것
④ 최대적재량을 초과하지 않도록 할 것

차량계 하역운반기계등에 화물을 적재하는 경우 준수사항
- 하중이 한쪽으로 치우치지 않도록 적재할 것
- 구내운반차 또는 화물자동차의 경우 화물의 붕괴 또는 낙하에 의한 위험을 방지하기 위하여 화물에 로프를 거는 등 필요한 조치를 할 것
- 운전자의 시야를 가리지 않도록 화물을 적재할 것
- 화물을 적재하는 경우에는 최대적재량을 초과해서는 아니 된다.

참고 산업안전보건기준에 관한 규칙 제173조 【화물적재 시의 조치】

103. 안전대의 종류는 사용구분에 따라 벨트식과 안전그네식으로 구분되는데 이 중 안전그네식에만 적용하는 것은?

① 추락방지대, 안전블록
② 1개 걸이용, U자 걸이용
③ 1개 걸이용, 추락방지대
④ U자 걸이용, 안전블록

종류 및 등급

종 류	사 용 구 분
벨트식(B식)	U자걸이 전용
	1개걸이 전용
안전그네식(H식)	안전블록
	추락 방지대

104. 그물코의 크기가 5cm인 매듭 방망사의 폐기 시 인장강도 기준으로 옳은 것은?

① 200 kg　② 100kg
③ 60 kg　④ 30kg

방망사의 폐기기준

그물코의 크기 (단위 : cm)	방망의 종류(단위 : kg)	
	매듭 없는 방망	매듭 방망
10	150	135
5		60

105. 강관비계의 설치 기준으로 옳은 것은?

① 비계기둥의 간격은 띠장방향에서는 1.5m 이상 1.8m 이하로 하고, 장선방향에서는 2.0m 이하로 한다.
② 띠장 간격은 1.8m 이하로 설치하되, 첫 번째 띠장은 지상으로부터 2m 이하의 위치에 설치한다.
③ 비계기둥 간의 적재하중은 400kg을 초과하지 않도록 한다.
④ 비계기둥의 제일 윗부분으로부터 21m되는 지점 밑부분의 비계기둥은 2개의 강관으로 묶어 세운다.

강관비계의 구조
1. 비계기둥의 간격은 띠장 방향에서는 1.85m 이하, 장선(長線) 방향에서는 1.5m 이하로 할 것
2. 띠장 간격은 2m 이하로 할 것. 다만, 작업의 성질상 이를 준수하기가 곤란하여 쌍기둥틀 등에 의하여 해당 부분을 보강한 경우에는 그러하지 아니하다.
3. 비계기둥의 제일 윗부분으로부터 31m되는 지점 밑부분의 비계기둥은 2개의 강관으로 묶어 세울 것. 다만, 브라켓(bracket) 등으로 보강하여 2개의 강관으로 묶을 경우 이상의 강도가 유지되는 경우에는 그러하지 아니하다.
4. 비계기둥 간의 적재하중은 400kg을 초과하지 않도록 할 것

참고 산업안전보건기준에 관한 규칙 제60조 【강관비계의 구조】
※ 강관비계의 구조기준이 개정되어 2020년부터 시행되고 있다.
※ 변경내용
1. 비계기둥의 간격 : 띠장방향에서 1.5m 이상 1.8m 이하 → 1.85m 이하
2. 띠장간격 : 1.5m 이하 → 2m 이하
첫 번째 띠장은 지상으로부터 2m 이하의 위치에 설치 → 삭제

해답 101 ④ 102 ① 103 ① 104 ③ 105 ③

106. 크레인 또는 데릭에서 붐각도 및 작업반경별로 작용시킬 수 있는 최대하중에서 후크(Hook), 와이어로프 등 달기구의 중량을 공제한 하중은?

① 작업하중 ② 정격하중
③ 이동하중 ④ 적재하중

정격하중
들어올리는 하중에서 크레인, 리프트, 곤돌라의 경우에는 후크, 권상용와이어로프, 권상부속품 및 운반구, 달기발판 등 달기기구의 중량을 공제한 하중

107. 흙막이 가시설 공사 시 사용되는 각 계측기 설치 목적으로 옳지 않은 것은?

① 지표침하계 - 지표면 침하량 측정
② 수위계 - 지반 내 지하수위의 변화 측정
③ 하중계 - 상부 적재하중 변화 측정
④ 지중경사계 - 지중의 수평 변위량 측정

하중계
strut, earth anchor 등 축하중 변화상태 측정한다.

108. 근로자에게 작업 중 또는 통행 시 전락(轉落)으로 인하여 근로자가 화상 · 질식 등의 위험에 처할 우려가 있는 케틀(kettle), 호퍼(hopper), 피트(pit) 등이 있는 경우에 그 위험을 방지하기 위하여 최소 높이 얼마 이상의 울타리를 설치하여야 하는가?

① 80cm 이상 ② 85cm 이상
③ 90cm 이상 ④ 95cm 이상

사업주는 근로자에게 작업 중 또는 통행 시 전락(轉落)으로 인하여 근로자가 화상 · 질식 등의 위험에 처할 우려가 있는 케틀(kettle), 호퍼(hopper), 피트(pit) 등이 있는 경우에 그 위험을 방지하기 위하여 필요한 장소에 높이 90센티미터 이상의 울타리를 설치하여야 한다.

참고 산업안전보건기준에 관한 규칙 제48조 【울타리의 설치】

109. 보통흙의 건조된 지반을 흙막이지보공 없이 굴착하려 할 때 적합한 굴착면의 기울기 기준으로 옳은 것은?

① 1 : 1~1 : 1.5 ② 1 : 0.5~1 : 1
③ 1 : 1.8 ④ 1 : 2

참고 굴착면의 구배기준

구분	지반의 종류	구배	구분	지반의 종류	구배
보통 흙	습지 건지 -	1 : 1~1 : 1.5 1 : 0.5~1 : 1 -	암반	풍화암 연암 경암	1 : 1 1 : 1 1 : 0.5

※ 위 문제와 표는 개정 전의 내용으로
현재는 풍화암 1:1, 연암 1:1, 경암 1:0.5로 바뀌었음

110. 건립 중 강풍에 의한 풍압 등 외압에 대한 내력이 설계에 고려되었는지 확인하여야 하는 철골구조물의 기준으로 옳지 않은 것은?

① 높이 20m 이상의 구조물
② 구조물의 폭과 높이의 비개 1:4 이상인 구조물
③ 이음부가 공장 제작인 구조물
④ 연면적당 철공량이 50kg/m^2 이하인 구조물

철골구조물은 건립 중 강풍에 의한 풍압등 외압에 대한 내력이 설계에 고려되었는지 확인 대상
- 높이 20m 이상의 구조물
- 구조물의 폭과 높이의 비가 1:4 이상인 구조물
- 단면구조에 현저한 차이가 있는 구조물
- 연면적당 철골량이 50kg/m^2 이하인 구조물
- 기둥이 타이플레이트(tie plate)형인 구조물
- 이음부가 현장용접인 구조물

111. 거푸집 해체작업 시 유의사항으로 옳지 않은 것은?

① 일반적으로 수평부재의 거푸집은 연직부재의 거푸집보다 빨리 떼어낸다.
② 해체된 거푸집이나 각목 등에 박혀있는 못 또는 날카로운 돌출물은 즉시 제거하여야 한다.
③ 상하 동시 작업은 원칙적으로 금지하여 부득이한 경우에는 긴밀히 연락을 위하며 작업을 하여야 한다.
④ 거푸집 해체작업장 주위에는 관계자를 제외하고는 출입을 금지시켜야 한다.

해답 106 ② 107 ③ 108 ③ 109 ② 110 ③ 111 ①

거푸집의 해체는 조립순서의 역순으로 시행한다.
조립순서 : 기둥 → 내력벽 → 큰 보→ 작은 보 → 바닥 → 내벽 → 외벽

112. 다음은 달비계 또는 높이 5m 이상의 비계를 조립 · 해체하거나 변경하는 작업을 하는 경우에 대한 내용이다. (   )에 알맞은 숫자는?

> 비계재료의 연결 · 해체작업을 하는 경우에는 폭 (   )cm 이상의 발판을 설치하고 근로자로 하여금 안전대를 사용하도록 하는 등 추락을 방지하기 위한 조치를 할 것

① 15　　② 20
③ 25　　④ 30

비계재료의 연결 · 해체작업을 하는 경우에는 폭 20센티미터 이상의 발판을 설치하고 근로자로 하여금 안전대를 사용하도록 하는 등 추락을 방지하기 위한 조치를 할 것
참고 산업안전보건기준에 관한 규칙 제57조 【비계 등의 조립 · 해체 및 변경】

113. 다음은 가설통로를 설치하는 경우의 준수사항이다. (   )안에 알맞은 숫자를 고르면?

> 건설공사에 사용하는 높이 8m이상인 비계다리에는 (   )m 이내마다 계단참을 설치 할 것

① 7　　② 6
③ 5　　④ 4

건설공사에 사용하는 높이 8미터 이상인 비계다리에는 7미터 이내마다 계단참을 설치할 것
참고 산업안전보건기준에 관한 규칙 제23조 【가설통로의 구조】

114. 비계(달비계, 달대비계 및 말비계는 제외한다)의 높이가 2m 이상인 작업장소에 설치하여야 하는 작업발판의 기준으로 옳지 않은 것은?

① 작업발판의 폭은 40cm 이상으로 하고, 발판재료 간의 틈은 3cm 이하로 할 것
② 추락의 위험이 있는 장소에는 안전난간을 설치할 것
③ 작업발판의 지지물은 하중에 의하여 파괴될 우려가 없는 것을 사용할 것
④ 작업발판재료는 뒤집히거나 떨어지지 않도록 1개 이상의 지지물에 연결하거나 고정시킬 것

참고 산업안전보건기준에 관한 규칙 제56조 【작업발판의 구조】
비계(달비계 · 달대비계 및 말비계를 제외한다)의 높이가 2m 이상인 작업장소에서의 작업발판을 설치하여야 할 사항
- 발판재료는 작업 시의 하중을 견딜 수 있도록 견고한 것으로 할 것
- 작업발판의 폭은 40cm 이상(외줄비계의 경우에는 노동부장관이 별도로 정하는 기준에 따른다)으로 하고, 발판재료간의 틈은 3cm 이하로 할 것
- 추락의 위험성이 있는 장소에는 안전난간을 설치할 것(작업의 성질상 안전난간을 설치하는 것이 곤란한 때 및 작업의 필요상 임시로 안전난간을 해체함에 있어서 안전방망을 치거나 근로자로 하여금 안전대를 사용하도록 하는 등 추락에 의한 위험방지 조치를 한 때에는 그러하지 아니하다)
- 작업발판의 지지물은 하중에 의하여 파괴될 우려가 없는 것을 사용할 것
- 작업발판재료는 뒤집히거나 떨어지지 아니하도록 2 이상의 지지물에 연결하거나 고정시킬 것
- 작업발판을 작업에 따라 이동시킬 때에는 위험방지에 필요한 조치를 할 것

115. 다음은 사다리식 통로 등을 설치하는 경우의 준수사항이다. (   )안에 들어갈 숫자로 옳은 것은?

> 사다리의 상단은 걸쳐놓은 지점으로부터 (   )cm 이상 올라가도록 할 것

① 30　　② 40
③ 50　　④ 60

사다리의 상단은 걸쳐놓은 지점으로부터 60센티미터 이상 올라가도록 할 것
참고 산업안전보건기준에 관한 규칙 제24조 【사다리식 통로 등의 구조】

116. 차량계 하역운반기계를 사용하는 작업을 할 때 그 기계가 넘어지거나 굴러떨어짐으로써 근로자에게 위험을 미칠 우려가 있는 경우에 우선적으로 조치하여야 할 사항과 가장 거리가 먼 것은?

① 해당 기계에 대한 유도자 배치
② 지반의 부동침하 방지 조치
③ 갓길 붕괴 방지 조치
④ 경보 장치 설치

해답 112 ② 113 ① 114 ④ 115 ④ 116 ④

사업주는 차량계 하역운반기계등을 사용하는 작업을 할 때에 그 기계가 넘어지거나 굴러떨어짐으로써 근로자에게 위험을 미칠 우려가 있는 경우 조치사항
- 기계를 유도하는 사람을 배치
- 지반의 부동침하와 방지 조치
- 갓길 붕괴를 방지하기 위한 조치

참고 산업안전보건기준에 관한 규칙 제171조 【전도 등의 방지】

117. 건설업 산업안전 보건관리비의 사용내역에 대하여 수급인 또는 자기공사자는 공사 시작 후 몇 개월마다 1회 이상 발주자 또는 감리원의 확인을 받아야 하는가?

① 3개월 ② 4개월
③ 5개월 ④ 6개월

수급인 또는 자기공사자는 안전관리비 사용내역에 대하여 공사 시작 후 6개월마다 1회 이상 발주자 또는 감리원의 확인을 받아야 한다. 다만, 6개월 이내에 공사가 종료되는 경우에는 종료시 확인을 받아야 한다.

참고 건설업 산업안전보건관리비 계상 및 사용기준 고시 제9조 【확인】

118. 터널 지보공을 설치한 경우에 수지로 점검하여 이상을 발견 시 즉시 보강하거나 보수해야 할 사항이 아닌 것은?

① 부재의 손상 · 변형 · 부식 · 변위 · 탈락의 유무 및 상태
② 부재의 긴압의 정도
③ 부재의 접속부 및 교차부의 상태
④ 계측기 설치상태

사업주는 터널지보공을 설치한 때에는 다음 각호의 사항을 수시로 점검하여야 하며 이상을 발견한 때에는 즉시 보강하거나 보수하여야 한다.
- 부재의 손상 · 변형 · 부식 · 변위 탈락의 유무 및 상태
- 부재의 긴압의 정도
- 부재의 접속부 및 교차부의 상태
- 기둥침하의 유무 및 상태

참고 산업안전보건기준에 관한 규칙 제347조 【붕괴 등의 방지】

119. 다음 중 유해 · 위험방지계획서를 작성 및 제출하여야 하는 공사에 해당되지 않는 것은?

① 지상높이가 31m인 건축물의 건설 · 개조 또는 해체
② 최대 지간길이가 50m인 교량건설등 공사
③ 깊이가 9m인 굴착공사
④ 터널 건설등의 공사

위험방지계획서를 제출해야 될 건설공사
- 지상높이가 31미터 이상인 건축물 또는 인공구조물, 연면적 3만제곱미터 이상인 건축물 또는 연면적 5천제곱미터 이상의 문화 및 집회시설(전시장 및 동물원 · 식물원은 제외한다), 판매시설, 운수시설(고속철도의 역사 및 집배송시설은 제외한다), 종교시설, 의료시설 중 종합병원, 숙박시설 중 관광숙박시설, 지하도상가 또는 냉동 · 냉장창고시설의 건설 · 개조 또는 해체
- 연면적 5천제곱미터 이상의 냉동 · 냉장창고시설의 설비공사 및 단열공사
- 최대 지간길이가 50미터 이상인 교량 건설등 공사
- 터널 건설등의 공사
- 다목적댐, 발전용댐 및 저수용량 2천만톤 이상의 용수 전용 댐, 지방상수도 전용 댐 건설 등의 공사
- 깊이 10미터 이상인 굴착공사

참고 산업안전보건법 시행령 제42조 【유해위험방지계획서 제출 대상】

120. 터널굴착작업을 하는 때 미리 작성하여야 하는 작업계획서에 포함되어야 할 사항이 아닌 것은?

① 굴착의 방법
② 암석의 분할방법
③ 환기 또는 조명시설을 설치할 때에는 그 방법
④ 터널지보공 및 복공의 시공방법과 용수의 처리방법

사전조사 및 작업계획서 내용

작업명	사전조사 내용
7. 터널굴착작업	보링(boring) 등 적절한 방법으로 낙반 · 출수(出水) 및 가스폭발 등으로 인한 근로자의 위험을 방지하기 위하여 미리 지형 · 지질 및 지층상태를 조사

참고 산업안전보건기준에 관한 규칙 별표 4 【사전조사 및 작업계획서 내용】

해답 117 ④ 118 ④ 119 ③ 120 ②

2019 과년도 출제문제

■■■ 제1과목 안전관리론

1. 적성요인에 있어 직업적성을 검사하는 항목이 아닌 것은?

① 지능 ② 촉각 적응력
③ 형태식별능력 ④ 운동속도

적성검사는 일정한 검사 방법에 따라 형태식별능력, 손작업 능력, 지능, 시각과 수, 동작의 적응력, 운동속도 등에 관하여 검사하는 것이다.

2. 라인(Line)형 안전관리조직에 대한 설명으로 옳은 것은?

① 명령계통과 조언이나 권고적 참여가 혼동되기 쉽다.
② 생산부서와의 마찰이 일어나기 쉽다.
③ 명령계통이 간단명료하다.
④ 생산부분에는 안전에 대한 책임과 권한이 없다.

Line형 안전관리 조직의 특징

장 점	단 점
• 명령과 보고가 상하관계 뿐이므로 간단 명료하다. • 신속 · 정확한 조직 • 안전지시나 개선조치가 철저하고 신속하다.	• 생산업무와 같이 안전대책이 실시되므로 불충분하다. • 안전 Staff이 없어 내용이 빈약하다. • Line에 과중한 책임을 지우기 쉽다.

3. 서로 손을 얹고 팀의 행동구호를 외치는 무재해 운동 추진 기법의 하나로, 스킨십(Skinship)에 바탕을 두고 팀 전원의 일체감, 연대감을 느끼게 하며, 대뇌피질에 안전태도 형성에 좋은 이미지를 심어주는 기법은?

① Touch and call
② Brain Storming
③ Error cause removal
④ Safety training observation program

위험예지 훈련에 있어 Touch and call이란 회사의 현장에서 팀 전원(5~6명 정도)이 각자의 왼손을 맞잡아 원을 만들어 팀 행동목표를 지적확인하는 것을 말한다.

4. 안전점검의 종류 중 태풍이나 폭우 등의 천재지변이 발생한 후에 실시하는 기계, 기구 및 설비 등에 대한 점검의 명칭은?

① 정기점검 ② 수시점검
③ 특별점검 ④ 임시점검

특별점검이란 기계 · 기구 · 설비의 신설시 · 변경내지 고장 수리시 실시하는 점검 또는 천재지변 발생후 실시하는 점검, 안전강조 기간내에 실시하는 점검이다.

5. 하인리히 안전론에서 (   )안에 들어갈 단어로 적합한 것은?

> • 안전은 사고예방
> • 사고예방은 (   )와(과) 인간 및 기계의 관계를 통제하는 과학이자 기술이다.

① 물리적 환경 ② 화학적 요소
③ 위험요인 ④ 사고 및 재해

안전론의 학설자

학설자	내용
하인리히 (H. W. Heinrich)	안전은 사고의 예방으로 사고예방은 물리적 환경과 인간 및 기계의 관계를 통제하는 과학적인 기술
버크호프 (H. O. Berckhoff)	사고의 시간성 및 에너지의 사고 관련성을 규명에서 인간 에너지 시스템에서 인간 자신의 예측을 뒤엎고, 돌발적으로 발생하는 사건을 인간 형태학적 측면에서 과학적으로 통제하는 것

해답 01 ② 02 ③ 03 ① 04 ③ 05 ①

6. 1년간 80건의 재해가 발생한 A사업장은 1000명의 근로자가 1주일당 48시간, 1년간 52주를 근무하고 있다. A사업장의 도수율은? (단, 근로자들은 재해와 관련 없는 사유로 연간 노동시간의 3%를 결근하였다.)

① 31.06　　② 32.05
③ 33.04　　④ 34.03

$$도수율=\frac{재해발생건수}{근로총시간수}\times 10^6 = \frac{80}{1000\times 48\times 52\times 0.97}\times 10^6=33.04$$

7. 안전보건교육의 단계에 해당하지 않는 것은?

① 지식교육　　② 기초교육
③ 태도교육　　④ 기능교육

안전교육의 종류

단계	목표	교육내용
1단계 : 지식교육	안전의식제고, 안전기능 지식의 주입 및 감수성 향상	• 안전의식 향상 • 안전규정의 숙지 • 태도, 기능의 기초지식 주입 • 안전에 대한 책임감 주입 • 재해발생원리의 이해
2단계 : 기능교육	안전작업기능, 표준작업기능 및 기계·기구의 위험요소에 대한 이해, 작업에 대한 전반적인 사항 습득	• 안전장치의 사용 방법 • 전문적인 기술기능 • 방호장치의 방호방법 • 점검 등 사용방법에 대한 기능
3단계 : 태도교육	가치관의 형성, 작업동작의 정확화, 사용설비 공구 보호구 등에 대한 안전화 도모, 점검태도 방법	• 작업방법의 습관화 • 공구 및 보호구의 취급 관리 • 안전작업의 습관화 및 정확화 • 작업 전, 중, 후의 정확한 습관화

8. 위험예지훈련의 문제해결 4라운드에 속하지 않는 것은?

① 현상파악　　② 본질추구
③ 원인결정　　④ 대책수립

위험예지훈련 4R(라운드) 기법

1. 1R(1단계) – 현상파악 : 사실(위험요인)을 파악하는 단계
2. 2R(2단계) – 본질추구 : 위험요인 중 위험의 포인트를 결정하는 단계
3. 3R(3단계) – 대책수립 : 대책을 세우는 단계
4. 4R(4단계) – 목표설정 : 행동계획(중점 실시항목)를 정하는 단계

9. 산소결핍이 예상되는 맨홀 내에서 작업을 실시할 때의 사고 방지 대책으로 적절하지 않은 것은?

① 작업 시작 전 및 작업 중 충분한 환기 실시
② 작업 장소의 입장 및 퇴장 시 인원점검
③ 방진마스크의 보급과 착용 철저
④ 작업장과 외부와의 상시 연락을 위한 설비 설치

산소결핍(산소농도가 18% 미만)이 예상되는 밀폐공간에서는 방진마스크, 방독마스크를 사용할 경우 질식의 우려가 있으므로 산소마스크 등을 착용하여야 한다.

10. 안전교육방법 중 강의법에 대한 설명으로 옳지 않은 것은?

① 단기간의 교육 시간 내에 비교적 많은 내용을 전달할 수 있다.
② 다수의 수강자를 대상으로 동시에 교육할 수 있다.
③ 다른 교육방법에 비해 수강자의 참여가 제약된다.
④ 수강자 개개인의 학습진도를 조절할 수 있다.

강의법의 장·단점

장 점	단 점
• 수업의 도입, 초기단계 적용 • 여러 가지 수업 매체를 동시에 활용가능 • 시간의 부족 또는 내용이 많은 경우 또는 강사가 임의로 시간조절, 중요도 강조 가능 • 학생의 다소에 제한을 받지 않는다. • 학습자의 태도, 정서 등의 감화를 위한 학습에 효과적이다.	• 학생의 참여가 제한됨 • 학생의 주의 집중도나 흥미정도가 낮음 • 학습정도를 측정하기가 곤란함 • 한정된 학습과제에만 가능하다. • 개인의 학습속도에 맞추기 어렵다. • 대부분 일반 통행적인 지식의 배합 형식이다.

11. 적응기제(適應機制)의 형태 중 방어적 기제에 해당하지 않는 것은?

① 고립　　② 보상
③ 승화　　④ 합리화

적응기제의 종류

구분	종류
방어적 기제	보상, 합리화, 동일시, 승화
도피적 기제	고립, 퇴행, 억압, 백일몽
공격적 기제	직접적, 간접적

해답　06 ③　07 ②　08 ③　09 ③　10 ④　11 ①

12. 부주의의 발생 원인에 포함되지 않는 것은?

① 의식의 단절 ② 의식의 우회
③ 의식수준의 저하 ④ 의식의 지배

부주의 현상의 종류
- 의식의 단절
- 의식의 우회
- 의식수준의 저하
- 의식의 과잉
- 의식의 혼란

13. 안전교육 훈련에 있어 동기부여 방법에 대한 설명으로 가장 거리가 먼 것은?

① 안전 목표를 명확히 설정한다.
② 안전활동의 결과를 평가, 검토하도록 한다.
③ 경쟁과 협동을 유발시킨다.
④ 동기유발 수준을 과도하게 높인다.

안전 동기의 유발 방법
- 안전의 근본이념을 인식시킬 것
- 안전 목표를 명확히 설정할 것
- 결과를 알려줄 것
- 상과 벌을 줄 것
- 경쟁과 협동을 유도할 것
- 동기유발 수준을 유지할 것

14. 산업안전보건법령상 유해위험 방지계획서 제출 대상 공사에 해당하는 것은?

① 깊이가 5m 이상인 굴착공사
② 최대지간거리 30m 이상인 교량건설 공사
③ 지상높이 21m 이상인 건축물 공사
④ 터널 건설 공사

유해위험방지계획서 제출대상 사업
- 지상높이가 31미터 이상인 건축물 또는 공작물, 연면적 3만제곱미터 이상인 건축물 또는 연면적 5천제곱미터 이상의 문화 및 집회시설 · 판매시설, 운수시설, 종교시설, 영업시설 · 의료시설 중 종합병원 · 숙박시설 중 관광숙박시설 또는 지하도상가의 건설 · 개조 또는 해체
- 최대지간길이가 50미터 이상인 교량건설 등 공사
- 터널건설 등의 공사
- 다목적댐 · 발전용 댐 및 저수용량 2천만톤 이상의 용수전용 댐 · 지방상수도 전용댐 건설 등의 공사
- 깊이 10 미터이상인 굴착공사

참고 산업안전보건법 시행령 제42조【유해위험방지계획서 제출 대상】

15. 스트레스의 요인 중 외부적 자극 요인에 해당하지 않는 것은?

① 자존심의 손상 ② 대인관계 갈등
③ 가족의 죽음, 질병 ④ 경제적 어려움

스트레스의 영향요소

1. 내적 자극요인 (마음속에서 일어난다.)	2. 외적 자극요인 (외부로부터 오는 요인)
• 자존심의 손상과 공격방어 심리 • 업무상의 죄책감 • 출세욕의 좌절감과 자만심의 상충 • 지나친 경쟁심과 재물에 대한 욕심 • 지나친 과거에의 집착과 허탈 • 가족간의 대화단절 및 의견의 불일치 • 남에게 의지하고자 하는 심리	• 경제적인 어려움 • 가정에서의 가족관계의 갈등 • 가족의 죽음이나 질병 • 직장에서 대인관계사의 갈등과 대립 • 자신의 건강 문제

16. 하인리히 방식의 재해코스트 산정에서 직접비에 해당되지 않은 것은?

① 휴업보상비 ② 병상위문금
③ 장해특별보상비 ④ 상병보상연금

하인리히의 재해코스트 산정 구분
- 직접비 : 보험회사에서 피해자에게 지급되는 보상금의 총액 (휴업급여, 장애 보상비, 유족 보상비, 장의비, 일시 보상비)
- 간접비 : 직접비를 제외한 모든 비용 (인적손실, 물적손실, 생산손실, 특수손실, 기타손실등)

17. 산업안전보건법령상 관리감독자 대상 정기안전보건교육의 교육내용으로 옳은 것은?

① 작업 개시 전 점검에 관한 사항
② 정리정돈 및 청소에 관한 사항
③ 작업공정의 유해 · 위험과 재해 예방대책에 관한 사항
④ 기계 · 기구의 위험성과 작업의 순서 및 동선에 관한 사항

해답 12 ④ 13 ④ 14 ④ 15 ① 16 ② 17 ③

관리감독자 정기교육 내용
- 작업공정의 유해 · 위험과 재해 예방대책에 관한 사항
- 표준안전작업방법 및 지도 요령에 관한 사항
- 관리감독자의 역할과 임무에 관한 사항
- 산업보건 및 직업병 예방에 관한 사항
- 유해 · 위험 작업환경 관리에 관한 사항
- 산업안전보건법령 및 일반관리에 관한 사항
- 직무스트레스 예방 및 관리에 관한 사항
- 산재보상보험제도에 관한 사항
- 안전보건교육 능력 배양에 관한 사항

참고 산업안전보건법 시행규칙 별표 5 【안전보건교육 교육대상별 교육내용】

18. 산업안전보건법령상 (　　)에 알맞은 기준은?

> 안전 · 보건표지의 제작에 있어 안전 · 보건표지 속의 그림 또는 부호의 크기는 안전 · 보건표지의 크기와 비례하여야 하며, 안전 · 보건표지 전체 규격의 (　　) 이상이 되어야 한다.

① 20%　② 30%
③ 40%　④ 50%

- 안전 · 보건표지는 그 표시내용을 근로자가 빠르고 쉽게 알아볼 수 있는 크기로 제작하여야 한다.
- 안전 · 보건표지 속의 그림 또는 부호의 크기는 안전 · 보건표지의 크기와 비례하여야 하며, 안전 · 보건표지 **전체 규격의 30퍼센트 이상**이 되어야 한다.
- 안전 · 보건표지는 쉽게 파손되거나 변형되지 아니하는 재료로 제작하여야 한다.
- 야간에 필요한 안전 · 보건표지는 야광물질을 사용하는 등 쉽게 알아볼 수 있도록 제작하여야 한다.

참고 산업안전보건법 시행규칙 제40조 【안전 · 보건표지의 제작】

19. 산업안전보건법령상 주로 고음을 차음하고, 저음은 차음하지 않는 방음보호구의 기호로 옳은 것은?

① NRR　② EM
③ EP-1　④ EP-2

방음보호구의 종류

종 류	등 급	기 호	성 능
귀마개	1종	EP-1	저음부터 고음까지 차음하는 것
	2종	EP-2	주로 고음을 차음하여 회화음 영역인 저음은 차음하지 않는 것
귀덮개	–	EM	

20. 산업재해의 기본원인 중 "작업정보, 작업방법 및 작업환경" 등이 분류되는 항목은?

① Man　② Machine
③ Media　④ Management

재해(인간과오)의 기본원인 4M
- Man : 본인 이외의 사람
- Machine : 장치나 기기 등의 물적 요인
- Media : 인간과 기계를 잇는 매체란 뜻으로 작업의 방법이나 순서, 작업정보의 상태나 환경과의 관계를 말한다.
- Management : 안전법규의 준수방법, 단속, 점검관리 외에 지휘감독, 교육훈련 등이 속한다.

■■■ 제2과목 인간공학 및 시스템안전공학

21. 작업의 강도는 에너지대사율(RMR)에 따라 분류된다. 분류 기준 중, 중(中)작업 (보통작업)의 에너지 대사율은?

① 0~1 RMR　② 2~4 RMR
③ 4~7 RMR　④ 7~9 RMR

에너지대사율에 따른 작업강도구분

작업강도 구분	에너지 대사율
경작업(輕작업)	0~2RMR
중작업(中작업, 보통작업)	2~4RMR
중작업(重작업)	4~7RMR
초중작업(超重작업)	7RMR 이상

22. 산업안전보건법령상 유해 · 위험방지계획서의 제출 시 첨부하는 서류에 포함되지 않는 것은?

① 설비 점검 및 유지계획
② 기계 · 설비의 배치도면
③ 건축물 각 층의 평면도
④ 원재료 및 제품의 취급, 제조 등의 작업방법의 개요

제조업 등의 유해 · 위험방지계획서 첨부서류
- 건축물 각 층의 평면도
- 기계 · 설비의 개요를 나타내는 서류
- 기계 · 설비의 배치도면
- 원재료 및 제품의 취급, 제조 등의 작업방법의 개요
- 그 밖에 고용노동부장관이 정하는 도면 및 서류

참고 산업안전보건법 시행규칙 제42조 【제출서류 등】

해답 18 ② 19 ④ 20 ③ 21 ② 22 ①

23. 인간의 실수 중 수행해야 할 작업 및 단계를 생략하여 발생하는 오류는?

① omission error ② commission error
③ sequence error ④ timing error

Human Error의 심리적 분류
- omission error : 필요한 task(작업) 또는 절차를 수행하지 않는데 기인한 과오
- time error : 필요한 task 또는 절차의 불확실한 수행으로 인한 과오
- commission error : 필요한 task나 절차의 불확실한 수행으로 인한 과오로서 작위 오류(作僞 誤謬, commission)에 해당된다.
- sequential error : 필요한 task나 절차의 순서착오로 인한 과오
- extraneous error : 불필요한 task 또는 절차를 수행함으로서 기인한 과오

24. 초기 고장과 마모고장 각각의 고장형태와 그 예방대책에 관한 연결로 틀린 것은?

① 초기 고장 – 감소형 – 번 인(Bum in)
② 마모고장 – 증가형 – 예방보전(PM)
③ 초기 고장 – 감소형 – 디버깅(debugging)
④ 마모고장 – 증가형 – 스크리닝(screening)

스크리닝(screening)은 초기의 고장이 있는 부품을 시스템의 초기에 선별하여 제거하는 것으로 초기고장 단계에 사용하는 예방대책이다.

25. 작업개선을 위하여 도입되는 원리인 ECRS에 포함되지 않는 것은?

① Combine ② Standard
③ Eliminate ④ Rearrange

개선의 ECRS의 원칙
- 제거(Eliminate)
- 결합(Combine)
- 재조정(Rearrange)
- 단순화(Simplify)

26. 온도와 습도 및 공기 유동이 인체에 미치는 열효과를 하나의 수치로 통합한 경험적 감각지수로, 상대습도 100%일 때의 건구 온도에서 느끼는 것과 동일한 온감을 의미하는 온열조건의 용어는?

① Oxford 지수 ② 발한율
③ 실효온도 ④ 열압박지수

실효온도(effective temperature)란
온도, 습도 및 공기유동이 인체에 미치는 열효과를 하나의 수치로 통합한 경험적 감각지수로 상대습도 100%일 때의(건구)온도에서 느끼는 것과 동일한 온감이다.(예 습도 50%에서 21℃의 실효온도는 19℃)

27. 화학설비의 안전성 평가 5단계 중 4단계에 해당하는 것은?

① 안전대책 ② 정성적 평가
③ 정량적 평가 ④ 재평가

안전성 평가의 6단계
- 1단계 : 관계자료의 정비검토
- 2단계 : 정성적 평가
- 3단계 : 정량적 평가
- 4단계 : 안전대책
- 5단계 : 재해정보에 의한 재평가
- 6단계 : FTA에 의한 재평가

28. 양립성의 종류에 포함되지 않는 것은?

① 공간 양립성 ② 형태 양립성
③ 개념 양립성 ④ 운동 양립성

양립성의 종류
- 공간적 양립성
- 개념적 양립성
- 운동 양립성

해답 23 ① 24 ④ 25 ② 26 ③ 27 ① 28 ②

29. 다음 설명에 해당하는 설비보전방식의 유형은?

> 설비보전 정보와 신기술을 기초로 신뢰성, 조작성, 보전성, 안전성, 경제성 등이 우수한 설비의 선정, 조달 또는 설계를 통하여 궁극적으로 설비의 설계, 제작 단계에서 보전활동이 불필요한 체제를 목표로 한 설비보전 방법을 말한다.

① 개량보전 ② 보전예방
③ 사후보전 ④ 일상보전

- 개량보전(corretive maintenance : CM) : 교정보전이라고도 하는데, 설비고장 시에 단지 수리하는 것뿐만 아니라 보다 좋은 부품교체 등을 통하여 설비의 열화, 마모의 방지는 물론 수명의 연장을 기하도록 하는 보전활동이다.
- 보전예방(MP;maintenance prevention): 설비의 계획 · 설계하는 단계에서 보전정보나 새로운 기술을 채용해서 신뢰성, 보전성, 경제성, 조작성, 안전성 등을 고려하여 보전비나 열화손실을 적게하는 활동을 말하며, 구체적으로는 계획 · 설계단계에서 하는 것이다.
- 사후보전(breakdown maintenance : BM) : 어느 정도로 예방보전을 빈번히 행하여도 설비는 고장나는 것이 당연하다. 따라서 수리에 대한 여러 대책을 확립해 둘 필요가 있다. 수리부품을 준비해 둔다든지 수리를 외주하든지 또는 예비기계를 설치하는 것
- 일상보전(routine maintenance : RM) : 이것은 매일, 매주로 점검 · 급유 · 청소 등의 작업을 함으로서 열화나 마모를 가능한 한 방지하도록 하는 것

30. 원자력 산업과 같이 상당한 안전이 확보되어 있는 장소에서 추가적인 고도의 안전 달성을 목적으로 하고 있으며, 관리, 설계, 생산, 보전등 광범위한 안전을 도모하기 위하여 개발된 분석기법은?

① DT ② FTA
③ THERP ④ MORT

MORT(managment oversight and risk tree)
MORT 프로그램은 tree를 중심으로 FTA와 같은 논리기법을 이용하여 관리, 설계, 생산, 보존 등의 광범위하게 안전을 도모하는 것으로서 고도의 안전을 달성하는 것을 목적으로 한 것으로 미국 에너지 연구 개발청(ER DA)의 Johonson에 의해 개발된 안전 프로그램이다. (원자력산업에 이용)

31. 결함수분석(FTA)에 관한 설명으로 틀린 것은?

① 연역적 방법이다.
② 버텀-업(Bottom-Up) 방식이다.
③ 기능적 결함의 원인을 분석하는데 용이하다.
④ 정량적 분석이 가능하다.

②항, 버텀-업(Bottom-Up) 방식을 사용하는 것이 아니라 탑-다운(Top-down)방식을 사용한다.

32. 조종-반응비(Control-Response Ratio, C/R비)에 대한 설명 중 틀린 것은?

① 조종장치와 표시장치의 이동 거리 비율을 의미한다.
② C/R비가 클수록 조종장치는 민감하다.
③ 최적 C/R비는 조정시간과 이동시간의 교점이다.
④ 이동시간과 조정시간을 감안하여 최적 C/R비를 구할 수 있다.

②항, C/D비(Control-Display ratio)가 크다는 것은 미세한 조종은 쉽지만 수행시간은 상대적으로 길다는 것을 의미하므로 둔감하다.

참고 통제표시비(Control Display Ratio)

1. 통제표시비(C/D비)란 통제기기(조종장치)와 표시장치의 이동비율을 나타낸 것으로 통제기기의 움직이는 거리(또는 회전수)와 표시장치상의 지침, 활자(滑子) 등과 같은 이동요소의 움직이는 거리(또는 각도)의 비를 통제표시비라 한다.

$$\frac{C}{D}=\frac{X}{Y}$$

X: 통제기기의 변위량, Y: 표시장치의 변위량

33. 다음 FT 도에서 최소컷셋(Minimal cut set)으로만 올바르게 나열한 것은?

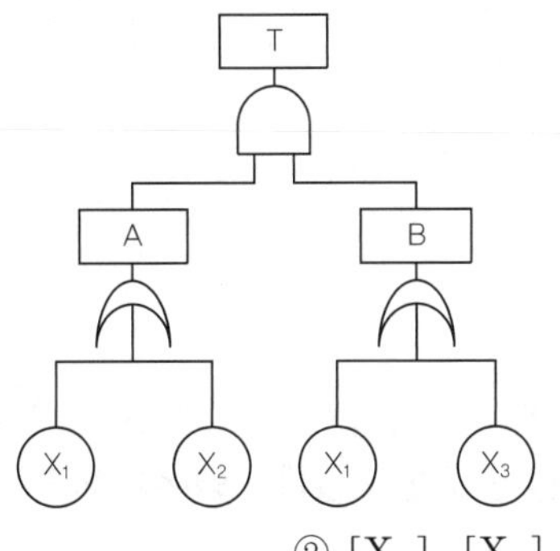

① $[X_1]$ ② $[X_1]$, $[X_2]$
③ $[X_1, X_2, X_3]$ ④ $[X_1, X_2]$, $[X_1, X_3]$

해답 29 ② 30 ④ 31 ② 32 ② 33 ①

$T \rightarrow [A \cdot B] \rightarrow \begin{bmatrix} X1\ B \\ X2\ B \end{bmatrix} \rightarrow \begin{bmatrix} X1\ X1 \\ X2\ X3 \end{bmatrix} \rightarrow [X1],\ [X2,\ X3]$

이므로 최소컷셋은 $[X1]$

34. 인간의 정보처리 과정 3단계에 포함되지 않는 것은?

① 인지 및 정보처리단계 ② 반응단계
③ 행동단계 ④ 인식 및 감지단계

인간의 정보처리 과정
인식 및 감지 → 인지 및 정보처리 → 행동

35. 시각 표시장치보다 청각 표시장치의 사용이 바람직한 경우는?

① 전언이 복잡한 경우
② 전언이 재참조되는 경우
③ 전언이 즉각적인 행동을 요구하는 경우
④ 직무상 수신자가 한 곳에 머무는 경우

표시장치의 선택

청각장치의 사용	시각장치의 사용
• 전언이 간단하고 짧다. • 전언이 후에 재참조 되지 않는다. • 전언이 시간적인 사상(event)을 다룬다. • 전언이 즉각적인 행동을 요구한다. • 수신자의 시각계통이 과부하 상태일 때 • 수신 장소가 너무 밝거나 암조응 유지가 필요할 때 • 직무상 수신자가 자주 움직이는 경우	• 전언이 복잡하고 길다. • 전언이 후에 재참조 된다. • 전언이 공간적인 위치를 다룬다. • 전언이 즉각적인 행동을 요구하지 않는다. • 수신자의 청각계통이 과부하 상태일 때 • 수신장소가 너무 시끄러울 때 • 직무상 수신자가 한 곳에 머무르는 경우

36. FTA 에서 사용하는 수정 게이트의 종류 중 3개의 입력현상 중 2개가 발생한 경우에 출력이 생기는 것은?

① 위험지속기호 ② 조합 AND 게이트
③ 배타적 OR 게이트 ④ 억제 게이트

- 위험지속기호 : 입력사상이 생기어 어느 일정시간 지속하였을 때에 출력사상이 생긴다. 예를 들면 「위험지속시간」과 같이 기입한다.
- 조합(짜맞춤) AND Gate : 3개 이상의 입력사상 가운데 어느 것이던 2개가 일어나면 출력사상이 생긴다. 예를 들면 「어느 것이던 2개」라고 기입한다.
- 배타적 OR Gate : OR Gate로 2개 이상의 입력이 동시에 존재할 때에는 출력사상이 생기지 않는다. 예를 들면 「동시에 발생하지 않는다.」라고 기입한다.
- 우선적 AND Gate : 입력사상 가운데 어느 사상이 다른 사상보다 먼저 일어났을 때에 출력사상이 생긴다. 예를 들면 「A는 B보다 먼저」와 같이 기입한다.

37. 인간의 신뢰도가 0.6, 기계의 신뢰도가 0.9이다. 인간과 기계가 직렬체제로 작업할 때의 신뢰도는?

① 0.32 ② 0.54
③ 0.75 ④ 0.96

R_s(신뢰도) = $r_1 \times r_2$=0.6×0.9=0.54

38. 8시간 근무를 기준으로 남성 작업자 A의 대사량을 측정한 결과, 산소소비량이 1.3L/min 으로 측정되었다. Murrell 방법으로 계산 시, 8시간의 총 근로시간에 포함되어야 할 휴식시간은?

① 124분 ② 134분
③ 144분 ④ 154분

- 분당에너지 소비량 : 1.3 L/min × 5 kcal/min = 6.5 kcal/min
- Murell의 휴식시간 산출

$$R(\text{min}) = \frac{T(W-S)}{W-1.5} = \frac{480 \times (6.5-5)}{6.5-1.5} = 144\ \text{min}$$

R : 필요한 휴식시간(min)
T : 총 작업시간(min)
W : 작업 중 평균에너지 소비량(kcal/min)
S : 권장 평균에너지 소비량 : 5 kcal/min
휴식 중 에너지 소비량 : 1.5kcal/min

해답 34 ② 35 ③ 36 ② 37 ② 38 ③

39. 국소진동에 지속적으로 노출된 근로자에게 발생할 수 있으며, 말초혈관 장해로 손가락이 창백해지고 동통을 느끼는 질환의 명칭은?

① 레이노 병(Raynaud's phenomenon)
② 파킨슨 병(Parkinson's disease)
③ 규폐증
④ C5-dip 현상

레이노씨 병(Raynaud's phenomenon)
- 압축공기를 이용한 진동공구를 사용하는 근로자의 손가락에 흔히 발생되는 증상으로 손가락에 있는 말초혈관운동의 장애로 인하여 혈액순환이 저해되어 손가락이 창백해지고 동통을 느끼게 된다.
- 한랭한 환경에서 이러한 현상은 더욱 악화되며 이를 dead finger, white finger 라고도 부른다.
- 발생원인으로는 공구의 사용법, 진동수, 진폭, 노출시간, 개인의 감수성 등이 관계된다.

40. 암호체계의 사용상에 있어서, 일반적인 지침에 포함되지 않는 것은?

① 암호의 검출성 ② 부호의 양립성
③ 암호의 표준화 ④ 암호의 단일 차원화

암호체계 사용상의 일반적인 지침

구분	내용
암호의 검출성	검출이 가능해야 한다.
암호의 변별성	다른 암호표시와 구별되어야 한다.
부호의 양립성	양립성이란 자극들간, 반응들 간, 자극-반응 조합에서의 관계에서 인간의 기대와 모순되지 않는다.
부호의 의미	사용자가 그 뜻을 분명히 알아야 한다.
암호의 표준화	암호를 표준화 하여야 한다.
다차원 암호의 사용	2가지 이상의 암호차원을 조합해서 사용하면 정보전달이 촉진된다.

■■■ 제3과목 기계위험방지기술

41. 연삭기에서 숫돌의 바깥지름이 180mm일 경우 숫돌 고정용 평형플랜지의 지름으로 적합한 것은?

① 30 mm 이상 ② 40 mm 이상
③ 50 mm 이상 ④ 60 mm 이상

플랜지(flange)의 직경은 숫돌 직경의 1/3 이상인 것이 적당하며, 고정측과 이동측의 직경은 같아야 한다.

플렌치의 지름= $\frac{180}{3}=60(\text{mm})$

42. 산업안전보건법령에 따라 산업용 로봇의 작동범위에서 교시 등의 작업을 하는 경우에 로봇에 의한 위험을 방지하기 위한 조치사항으로 틀린 것은?

① 2명 이상의 근로자에게 작업을 시킬 경우의 신호방법을 정한다.
② 작업 중의 매니플레이터 속도에 관한 지침을 정하고 그 지침에 따라 작업한다.
③ 작업을 하는 동안 다른 작업자가 작동시킬 수 없도록 기동스위치에 작업 중 표시를 한다.
④ 작업에 종사하고 있는 근로자가 이상을 발견하면 즉시 안전담당자에게 보고하고 계속해서 로봇을 운전한다.

사업주는 산업용 로봇의 작동범위에서 해당 로봇에 대하여 교시(教示) 등의 작업을 하는 경우에는 해당 로봇의 예기치 못한 작동 또는 오(誤)조작에 의한 위험을 방지하기 위하여 다음의 조치를 하여야 한다.

(1) 다음의 사항에 관한 지침을 정하고 그 지침에 따라 작업을 시킬 것
- 로봇의 조작방법 및 순서
- 작업 중의 매니퓰레이터의 속도
- 2명 이상의 근로자에게 작업을 시킬 경우의 신호방법
- 이상을 발견한 경우의 조치
- 이상을 발견하여 로봇의 운전을 정지시킨 후 이를 재가동시킬 경우의 조치
- 그 밖에 로봇의 예기치 못한 작동 또는 오조작에 의한 위험을 방지하기 위하여 필요한 조치

(2) 작업에 종사하고 있는 근로자 또는 그 근로자를 감시하는 사람은 이상을 발견하면 즉시 로봇의 운전을 정지시키기 위한 조치를 할 것

(3) 작업을 하고 있는 동안 로봇의 기동스위치 등에 작업 중이라는 표시를 하는 등 작업에 종사하고 있는 근로자가 아닌 사람이 그 스위치 등을 조작할 수 없도록 필요한 조치를 할 것

참고 산업안전보건기준에 관한 규칙 제222조【교시 등】

해답 39 ① 40 ④ 41 ④ 42 ④

43. 기준무부하 상태에서 지게차 주행 시의 좌우 안정도 기준은? (단, V는 구내최고속도(km/h) 이다.)

① $(15+1.1\times V)\%$ 이내
② $(15+1.5\times V)\%$ 이내
③ $(20+1.1\times V)\%$ 이내
④ $(20+1.5\times V)\%$ 이내

지게차의 안정도 기준
- 하역 작업 시의 전후 안정도 4%(5톤 이상의 것은 3.5%)
- 주행 시의 전후 안정도 18%
- 하역 작업 시의 좌우 안정도 6%
- 주행 시의 좌우 안정도(15+1.1V)%, V는 최고 속도(시속 km)

44. 산업안전보건법령에 따라 사다리식 통로를 설치하는 경우 준수해야 할 기준으로 틀린 것은?

① 사다리식 통로의 기울기는 60° 이하로 할 것
② 발판과 벽과의 사이는 15 cm 이상의 간격을 유지할 것
③ 사다리의 상단은 걸쳐놓은 지점으로부터 60cm 이상 올라가도록 할 것
④ 사다리식 통로의 길이가 10m 이상인 경우에는 5m 이내마다 계단참을 설치할 것

사업주는 사다리식 통로 등을 설치하는 경우 다음의 사항을 준수하여야 한다.
- 견고한 구조로 할 것
- 심한 손상·부식 등이 없는 재료를 사용할 것
- 발판의 간격은 일정하게 할 것
- 발판과 벽과의 사이는 15센티미터 이상의 간격을 유지할 것
- 폭은 30센티미터 이상으로 할 것
- 사다리가 넘어지거나 미끄러지는 것을 방지하기 위한 조치를 할 것
- 사다리의 상단은 걸쳐놓은 지점으로부터 60센티미터 이상 올라가도록 할 것
- 사다리식 통로의 길이가 10미터 이상인 경우에는 5미터 이내마다 계단참을 설치할 것
- 사다리식 통로의 기울기는 75도 이하로 할 것. 다만, 고정식 사다리식 통로의 기울기는 90도 이하로 하고, 그 높이가 7미터 이상인 경우에는 바닥으로부터 높이가 2.5미터 되는 지점부터 등받이울을 설치할 것

참고 산업안전보건기준에 관한 규칙 제24조【사다리식 통로 등의 구조】

45. 산업안전보건법령에 따른 승강기의 종류에 해당하지 않는 것은?

① 리프트　② 승용 승강기
③ 에스컬레이터　④ 화물용 승강기

승강기의 종류
- 승객용 엘리베이터: 사람의 운송에 적합하게 제조·설치된 엘리베이터
- 승객화물용 엘리베이터: 사람의 운송과 화물 운반을 겸용하는데 적합하게 제조·설치된 엘리베이터
- 화물용 엘리베이터: 화물 운반에 적합하게 제조·설치된 엘리베이터로서 조작자 또는 화물취급자 1명은 탑승할 수 있는 것(적재용량이 300킬로그램 미만인 것은 제외한다)
- 소형화물용 엘리베이터: 음식물이나 서적 등 소형 화물의 운반에 적합하게 제조·설치된 엘리베이터로서 사람의 탑승이 금지된 것
- 에스컬레이터: 일정한 경사로 또는 수평로를 따라 위·아래 또는 옆으로 움직이는 디딤판을 통해 사람이나 화물을 승강장으로 운송시키는 설비

참고 산업안전보건기준에 관한 규칙 제132조【양중기】

46. 재료가 변형 시에 외부응력이나 내부의 변형과정에서 방출되는 낮은 응력파(stress wave)를 감지하여 측정하는 비파괴시험은?

① 와류탐상 시험　② 침투탐상 시험
③ 음향탐상 시험　④ 방사선투과 시험

음향탐상시험(AE : Acoustic emission Test)이란
재료가 변형 시에 외부응력이나 내부의 변형과정에서 방출하는 낮은 응력파를 감지하여 공학적으로 이용하는 기술. 즉 응력과 같은 어떤 외력이 작용하였을 때 재료 또는 구조물의 소리를 탐지하는 기술이다.

47. 산업안전보건법 령에 따라 다음 괄호 안에 들어갈 내용으로 옳은 것은?

> 사업주는 바닥으로부터 짐 윗면까지의 높이가 (　　)미터 이상인 화물자동차에 짐을 싣는 작업 또는 내리는 작업을 하는 경우에는 근로자의 추가 위험을 방지하기 위하여 해당 작업에 종사하는 근로자가 바닥과 적재함의 짐 윗면 간을 안전하게 오르내리기 위한 설비를 설치하여야 한다.

① 1.5　② 2
③ 2.5　④ 3

해답 43 ①　44 ①　45 ①　46 ③　47 ②

바닥으로부터 짐 윗면과의 높이가 2m 이상인 화물자동차에 짐을 싣는 작업 또는 내리는 작업을 하는 때에는 추락에 의한 근로자의 위험을 방지하기 위하여 당해 작업에 종사하는 근로자가 바닥과 적재함의 짐 윗면과의 사이를 안전하게 상승 또는 하강하기 위한 설비를 설치하여야 한다.

참고 산업안전보건기준에 관한 규칙 제187조 (승강설비)

48. 진동에 의한 1차 설비진단법 중 정상, 비정상, 악화의 정도를 판단하기 위한 방법에 해당하지 않는 것은?

① 상호 판단　　② 비교 판단
③ 절대 판단　　④ 평균 판단

1차(간이)진단에 따른 구분

목적	구분	내용
정상, 비정상, 악화의 정도를 판단	절대 판단	측정치 값이 직접적으로 양호, 주의, 위험 수준으로 판단하는 것
	비교 판단	초기치가 증가되는 정도가 주의 또는 위험의 판단으로 나타내는 것
	상호 판단	동일한 종류의 기계가 다수 있을 때 기계들의 상호간에 비교 판단하는 것

49. 둥근톱 기계의 방호장치에서 분할날과 톱날 원주면과의 거리는 몇 mm 이내로 조정, 유지할 수 있어야 하는가?

① 12　　② 14
③ 16　　④ 18

분할날은 톱날로부터 12mm 이상 떨어지지 않게 설치해야 하며, 그 두께는 톱날 두께의 1.1배 이상이 되도록 할 것

참고 분할날의 설치

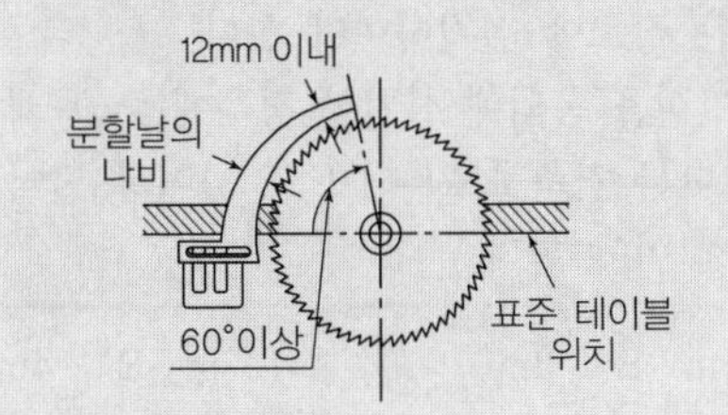

50. 산업안전보건법령에 따라 사업주가 보일러의 폭발사고를 예방하기 위하여 유지 · 관리하여야 할 안전장치가 아닌 것은?

① 압력방호판　　② 화염 검출기
③ 압력방출장치　　④ 고저수위 조절장치

사업주는 보일러의 폭발사고예방을 위하여 **압력방출장치 · 압력제한스위치 · 고저수위조절장치 · 화염검출기** 등의 기능이 정상적으로 작동될 수 있도록 유지 · 관리하여야 한다.

참고 산업안전보건기준에 관한 규칙 제119조 【폭발위험의 방지】

51. 질량이 100kg인 물체를 그림과 같이 길이가 같은 2개의 와이어로프로 매달아 옮기고자 할 때 와이어로프 Ta에 걸리는 장력은 약 몇 N 인가?

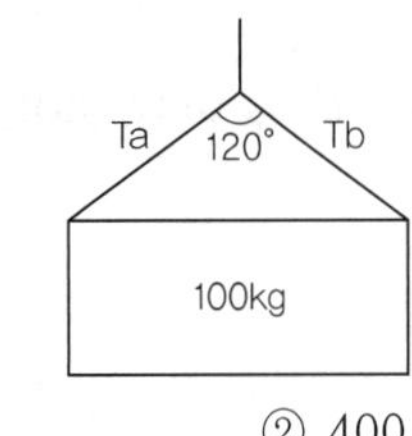

① 200　　② 400
③ 490　　④ 980

① $W_1 = \dfrac{\dfrac{W}{2}}{\cos\left(\dfrac{\theta}{2}\right)} = \dfrac{\dfrac{100}{2}}{\cos\left(\dfrac{120°}{2}\right)} = 100\text{kg}$

② $100 \times 9.8 = 980\text{N}$

52. 다음 중 드릴 작업의 안전수칙으로 가장 적합한 것은?

① 손을 보호하기 위하여 장갑을 착용한다.
② 작은 일감은 양 손으로 견고히 잡고 작업한다.
③ 정확한 작업을 위하여 구멍에 손을 넣어 확인한다.
④ 작업시작 전 척 렌치(chuck wrench)를 반드시 제거하고 작업한다.

해답 48 ④　49 ①　50 ①　51 ④　52 ④

드릴링 머시인의 안전작업수칙
• 일감은 견고하게 고정시켜야 하며, 손으로 쥐고 구멍을 뚫지 말 것
• 장갑을 끼고 작업을 하지 말 것
• 회전 중에는 주축과 드릴에 손이나 걸레가 닿아 감겨 돌아가지 않도록 할 것
• 얇은 판이나 황동 등은 흔들리기 쉬우므로 목재를 밑에 받치고 구멍을 뚫도록 할 것
• 드릴로 구멍을 뚫을 때 끝까지 뚫린 것을 확인하기 위하여 손을 집어 넣지 말 것
• 뚫린 구멍을 측정 또는 점검하기 위하여 칩을 털어 낼 때는 브러시를 사용하여야 하며, 입으로 불어 내지 말 것
• 가공중에 구멍이 관통되면 기계를 멈추고 손으로 돌려서 드릴을 뺄 것
• 쇳가루가 날리기 쉬운 작업은 보안경을 착용할 것
• **드릴을 끼운 뒤 척 핸들은 반드시 빼 놓을 것**
• 자동이송작업 중 기계를 멈추지 말 것
• 큰 구멍을 뚫을 때는 반드시 작은 구멍을 먼저 뚫은 뒤 큰 구멍을 뚫을 것

53. 산업안전보건법령에 따라 레버풀러(lever puller) 또는 체인블록(chain block)을 사용하는 경우 훅의 입구(hook mouth) 간격이 제조자가 제공하는 제품사양서 기준으로 몇 % 이상 벌어진 것은 폐기하여야 하는가?

① 3　　② 5
③ 7　　④ 10

레버풀러(lever puller) 또는 체인블록(chain block)을 사용하는 경우 훅의 입구(hook mouth) 간격이 제조자가 제공하는 제품사양서 기준으로 10퍼센트 이상 벌어진 것은 폐기할 것

54. 금형의 설치, 해체, 운반 시 안전사항에 관한 설명으로 틀린 것은?

① 운반을 위하여 관통 아이볼트가 사용될 때는 구멍 틈새가 최소화되도록 한다.
② 금형을 설치하는 프레스의 T홈 안길이는 설치 볼트 지름의 1/2배 이하로 한다.
③ 고정볼트는 고정 후 가능하면 나사산이 3~4개 정도 짧게 남겨 설치 또는 해체 시 슬라이드 면과의 사이에 협착이 발생하지 않도록 해야 한다.
④ 운반 시 상부금형과 하부금형이 닿을 위험이 있을 때는 고정 패드를 이용한 스트랩, 금속재질이나 우레탄 고무의 블록 등을 사용한다.

금형 설치, 해체작업의 안전
• 금형의 설치용구는 프레스의 구조에 적합한 형태로 한다.
• **금형을 설치하는 프레스의 T홈 안길이는 설치 볼트 직경의 2배 이상으로 한다.**
• 고정볼트는 고정 후 가능하면 나사산이 3~4개 정도 짧게 남겨 슬라이드 면과의 사이에 협착이 발생하지 않도록 해야 한다.
• 금형 고정용 브래킷(물림판)을 고정시킬 때 고정용 브래킷은 수평이 되게 하고 고정볼트는 수직이 되게 고정하여야한다.
• 부적합한 프레스에 금형을 설치하는 것을 방지하기 위하여 금형에 부품번호, 상형중량, 총중량, 다이하이트, 제품소재(재질) 등을 기록하여야한다.

55. 밀링작업의 안전조치에 대한 설명으로 적절하지 않은 것은?

① 절삭 중의 칩 제거는 칩 브레이커로 한다.
② 공작물을 고정할 때에는 기계를 정지시킨 후 작업한다.
③ 강력절삭을 할 경우에는 공작물을 바이스에 깊게 물려 작업한다.
④ 가공 중 공작물의 치수를 측정할 때에는 기계를 정지시킨 후 측정한다.

칩브레이커(chip breaker)란 선반 작업 시 발생하는 칩을 짧게 끊어내는 장치로 칩의 신체의 접촉을 방지하며 칩을 처리하기도 쉽고 윤활유도 바이트 끝으로 잘 흘러 바이트로의 열전도를 적게 한다.

56. 산업안전보건법령에 따라 아세틸렌 용접장치의 아세틸렌 발생기를 설치하는 경우, 발생기실의 설치장소에 대한 설명 중 A, B에 들어갈 내용으로 옳은 것은?

○ 발생기실은 건물의 최상층에 위치하여야 하며, 화기를 사용하는 설비로부터 (A)를 초과하는 장소에 설치하여야 한다.
○ 발생기실을 옥외에 설치한 경우에는 그 개구부를 다른 건축물로부터 (B)이상 떨어지도록 하여야 한다.

① A : 1.5m, B : 3m　　② A : 2m, B : 4m
③ A : 3m, B : 1.5m　　④ A : 4m, B : 2m

해답 53 ④ 54 ② 55 ① 56 ③

• 전용의 발생기실은 건물의 최상층에 위치하여야 하며, 화기를 사용하는 설비로부터 3m를 초과하는 장소에 설치하여야 한다.
• 발생기실을 옥외에 설치한 경우에는 그 개구부를 다른 건축물로부터 1.5미터 이상 떨어지도록 하여야 한다.

참고 산업안전보건기준에 관한 규칙 제286조【발생기실의 설치장소 등】

57. 프레스기의 방호장치 중 위치제한형 방호장치에 해당되는 것은?

① 수인식 방호장치 ② 광전자식 방호장치
③ 손쳐내기식 방호장치 ④ 양수조작식 방호장치

위치제한형 방호장치란 작업자의 신체부위가 위험한계 밖에 있도록 기계의 조작장치를 위험한 작업점에서 안전거리이상 떨어지게 하거나 조작장치를 양손으로 동시 조작하게 함으로써 위험한계에 접근하는 것을 제한하는 것(양수조작식 방호장치등)

58. 프레스 방호장치 중 수인식 방호장치의 일반 구조에 대한 사항으로 틀린 것은?

① 수인끈의 재료는 합성섬유로 지름이 4mm 이상이어야 한다.
② 수인끈의 길이는 작업자에 따라 임의로 조정할 수 없도록 해야 한다.
③ 수인끈의 안내통은 끈의 마모와 손상을 방지할 수 있는 조치를 해야 한다.
④ 손목밴드(wrist band)의 재료는 유연한 내유성 피혁 또는 이와 동등한 재료를 사용해야 한다.

수인식 방호장치의 일반구조
• 손목밴드(wrist band)의 재료는 유연한 내유성 피혁 또는 이와 동등한 재료를 사용해야 한다.
• 손목밴드는 착용감이 좋으며 쉽게 착용할 수 있는 구조이어야 한다.
• 수인끈의 재료는 합성섬유로 직경이 4mm 이상이어야 한다.
• 수인끈은 작업자와 작업공정에 따라 그 길이를 조정할 수 있어야 한다.
• 수인끈의 안내통은 끈의 마모와 손상을 방지할 수 있는 조치를 해야 한다.
• 각종 레버는 경량이면서 충분한 강도를 가져야 한다.
• 수인량의시험은 수인량이 링크에 의해서 조정될 수 있도록 되어야 하며 금형으로부터 위험한계 밖으로 당길 수 있는 구조이어야 한다.

59. 산업안전보건법령에 따라 원동기 · 회전축 등의 위험방지를 위한 설명 중 괄호 안에 들어갈 내용은?

> 사업주는 회전축 · 기어 · 풀리 및 플라이휠 등에 부속되는 키 · 핀 등의 기계요소는 ( )으로 하거나 해당 부위에 덮개를 설치하여야 한다.

① 개방형 ② 돌출형
③ 묻힘형 ④ 고정형

• 사업주는 기계의 원동기 · 회전축 · 기어 · 풀리 · 플라이휠 · 벨트 및 체인 등 근로자에게 위험을 미칠 우려가 있는 부위에는 덮개 · 울 · 슬리브 및 건널다리 등을 설치하여야 한다.
• 사업주는 회전축 · 기어 · 풀리 및 플라이휠 등에 부속하는 키 · 핀 등의 기계요소는 묻힘형으로 하거나 해당 부위에 덮개를 설치하여야 한다.)
• 사업주는 벨트의 이음부분에는 돌출된 고정구를 사용하여서는 아니된다.
• 사업주는 제①항의 건널다리에는 안전난간 및 미끄러지지 아니하는 구조의 발판을 설치하여야 한다.

참고 산업안전보건기준에 관한 규칙 제87조【원동기 · 회전축등의 위험방지】

60. 공기압축기의 방호장치가 아닌 것은?

① 언로드 밸브 ② 압력방출장치
③ 수봉식 안전기 ④ 회전부의 덮개

③항, 수봉식 안전기는 아세틸렌 용접장치의 방호장치이다.

■■■ 제4과목 전기위험방지기술

61. 아래 그림과 같이 인체가 전기설비의 외함에 접촉하였을 때 누전사고가 발생하였다. 인체통과전류(mA)는 약 얼마인가?

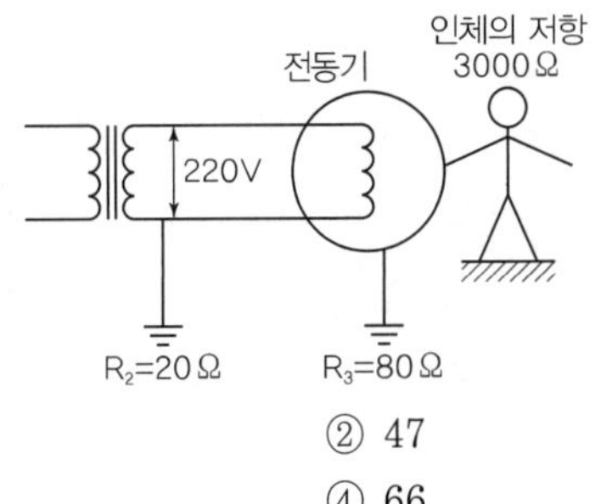

① 35 ② 47
③ 58 ④ 66

해답 57 ④ 58 ② 59 ③ 60 ③ 61 ③

$$I=\frac{220}{20+\frac{80\times3,000}{80+3,000}}\times\frac{80}{80+3,000}$$
$$=0.058[A]=58[mA]$$

62. 전기화재 발생 원인으로 틀린 것은?

① 발화원 ② 내화물
③ 착화물 ④ 출화의 경과

전기화재 발생원인의 3요건으로 발화원, 착화원, 출화의 경과가 있다.

63. 사용전압이 380V인 전동기 전로에서 절연저항은 몇 MΩ 이상이어야 하는가?

① 0.1 ② 0.2
③ 0.3 ④ 0.4

절연전선의 절연저항 값

전압의 구분	절연저항치
150[V] 이하	0.1[MΩ]
150[V] 초과 300[V] 이하	0.2[MΩ]
300[V] 초과400[V] 이하	0.3[MΩ]
400[V] 초과	0.4[MΩ]

64. 정전에너지를 나타내는 식으로 알맞은 것은? (단, Q는 대전 전하량, C는 정전용량이다.)

① $\frac{Q}{2C}$ ② $\frac{Q}{2C^2}$
③ $\frac{Q^2}{2C}$ ④ $\frac{Q^2}{2C^2}$

정전기 에너지

$$E=\frac{1}{2}CV^2=\frac{1}{2}QV=\frac{1}{2}\frac{Q^2}{C}$$

여기서, E : 정전기 에너지(J)
C : 도체의 정전 용량(F)
V : 대전 전위(V)
Q : 대전 전하량(C)

65. 누전차단기의 설치가 필요한 것은?

① 이중절연 구조의 전기기계 · 기구
② 비접지식 전로의 전기기계 · 기구
③ 절연대 위에서 사용하는 전기기계 · 기구
④ 도전성이 높은 장소의 전기기계 · 기구

감전방지용 누전차단기 설치장소
- 대지전압이 150볼트를 초과하는 이동형 또는 휴대형 전기기계 · 기구
- 물 등 도전성이 높은 액체가 있는 습윤장소에서 사용하는 저압용 전기기계 · 기구
- 철판 · 철골 위 등 도전성이 높은 장소에서 사용하는 이동형 또는 휴대형 전기기계 · 기구
- 임시배선의 전로가 설치되는 장소에서 사용하는 이동형 또는 휴대형 전기기계 · 기구

누전차단기를 설치하지 않아도 되는 경우
- 「전기용품안전관리법」에 따른 이중절연구조 또는 이와 동등 이상으로 보호되는 전기기계 · 기구
- 절연대 위 등과 같이 감전위험이 없는 장소에서 사용하는 전기기계 · 기구
- 비접지방식의 전로

참고 산업안전보건기준에 관한 규칙 제304조[누전차단기에 의한 감전방지]

66. 동작 시 아크를 발생하는 고압용 개폐기 · 차단기 · 피뢰기 등은 목재의 벽 또는 천장 기타의 가연성 물체로부터 몇 m 이상 떼어놓아야 하는가?

① 0.3 ② 0.5
③ 1.0 ④ 1.5

동작 시 아크를 발생하는 고압용 개폐기 · 차단기 등은 목재의 벽 또는 천장 기타의 가연성 물체로부터 몇 1.0[m] 이상 떼어놓아야 한다.

아크발생의 이격거리

아크 발생 기구	이격 거리
개폐기, 차단기, 피뢰기, 기타 유사한 기구	고압용은 1[m] 이상 특별 고압용은 2[m] 이상

67. 6600/100V, 15kVA의 변압기에서 공급하는 저압 전선로의 허용 누설전류는 몇 A를 넘지 않아야 하는가?

① 0.025 ② 0.045
③ 0.075 ④ 0.085

해답 62 ② 63 ③ 64 ③ 65 ④ 66 ③ 67 ③

$P=VI$ 에서 전류 $I=\dfrac{P}{V}$이다.

누설전류 $[A]=$ 최대공급전류$\times\dfrac{1}{2,000}$ 이므로

$$=\frac{P}{V}\times\frac{1}{2000}=\frac{15\times10^3}{1000}\times\frac{1}{2000}=0.075[A]$$

68. 이동하여 사용하는 전기기계기구의 금속제 외함 등에 제1종 접지공사를 하는 경우, 접지선 중 가요성을 요하는 부분의 접지선 종류와 단면적의 기준으로 옳은 것은?

① 다심코드, $0.75mm^2$ 이상
② 다심캡타이어 케이블, $2.5mm^2$ 이상
③ 3종 클로로프렌캡타이어 케이블, $4mm^2$ 이상
④ 3종 클로로프렌캡타이어 케이블, $10mm^2$ 이상

1종접지 저항값은 10[Ω] 이하, 접지선의 굵기는 공칭단면적이 6[mm^2] 이상 연동선, 접지선 중 가요성을 요하는 부분의 접지선 종류와 단면적은 3종 클로로프렌캡타이어 케이블, 10[mm^2] 이상
※ 2021년 시행되는 한국전기설비규정에서는 종별 접지저항 구분이 삭제되었다.(본문 참조)

69. 정전기 발생에 대한 방지대책의 설명으로 틀린 것은?

① 가스용기, 탱크 등의 도체부는 전부 접지한다.
② 배관 내 액체의 유속을 제한한다.
③ 화학섬유의 작업복을 착용한다.
④ 대전 방지제 또는 제전기를 사용한다.

화학섬유의 작업복은 정전기가 발생하기 쉽다. 정전기 발생을 방지하기 위해서는 제전복과 정전기 대전 방지용 안전화를 착용하여야 한다.

70. 정전기의 유동대전에 가장 크게 영향을 미치는 요인은?

① 액체의 밀도　　② 액체의 유동속도
③ 액체의 접촉면적　　④ 액체의 분출온도

정전기의 발생에 가장 크게 영향을 미치는 요인은 액체의 유동속도이며 다음으로 배관의 형태와 재질과도 관계가 있다.

71. 과전류에 의해 전선의 허용전류보다 큰전류가 흐르는 경우 절연물이 화구가 없더라도 자연히 발화하고 심선이 용단되는 발화단계의 전선 전류밀도(A/mm^2)는?

① 10 ~ 20　　② 30 ~ 50
③ 60 ~ 120　　④ 130 ~ 200

과전류에 의한 전선의 인화로부터 용단에 이르기까지 각 단계별 기준
- 인화 단계 : 40~43A/m^2
- 착화 단계 : 43~60A/m^2
- 발화 단계 : 60~120A/m^2
- 용단 단계 : 120A/m^2 이상

72. 방폭구조에 관계있는 위험 특성이 아닌 것은?

① 발화 온도　　② 증기 밀도
③ 화염 일주한계　　④ 최소 점화전류

방폭구조에 관계하는 위험특성
- 발화온도
  폭발성가스와 공기의 혼합가스에 온도를 높인 경우에 연소 또는 폭발을 일으키는 최저의 온도로서 가연성 Gas, 증기, 폭발성 Gas의 종류에 따라 다르다.
- 화염일주한계(안전간격)
  폭발성 Gas가 폭발을 일으킬 경우 폭발압력의 크기 및 폭발화염이 접합면의 틈새를 통하여 외부 폭발성 Gas에 점화되어 파급되지 않는 한도로 가스의 종류에 따라 다르다.
- 최소점화전류
  폭발성분위기가 전기불꽃에 의하여 폭발을 일으킬 수 있는 최소의 회로전류로서 이 수치는 폭발성가스의 종류에 따라 다르다.

73. 금속관의 방폭형 부속품에 대한 설명으로 틀린 것은?

① 재료는 아연도금을 하거나 녹이 스는 것을 방지하도록 한 강 또는 가단주철일 것
② 안쪽 면 및 끝부분은 전선의 피복을 손상하지 않도록 매끈한 것일 것
③ 전선관과의 접속부분의 나사는 5턱 이상 완전히 나사결합이 될 수 있는 길이일 것
④ 완성품은 유입방폭구조의 폭발압력시험에 적합할 것

해답 68 ④　69 ③　70 ②　71 ③　72 ②　73 ④

접합면(나사의 결합부분을 제외한다)은 "내압방폭구조(d)" 방폭접합의 일반 요구사항에 적합한 것일 것. 다만, 금속 · 석면 · 유리섬유 · 합성고무 등의 난연성 및 내구성이 있는 패킹을 사용하고 이를 견고히 접합면에 붙일 경우에 그 틈새가 있을 경우 이 틈새는 KS C 및 IEC "내압방폭구조(d)" 틈새의 최댓값을 넘지 않아야 한다.

74. 접지의 목적과 효과로 볼 수 없는 것은?

① 낙뢰에 의한 피해방지
② 송배전선에서 지락사고의 발생 시 보호 계전기를 신속하게 작동시킴
③ 설비의 절연물이 손상되었을 때 흐르는 누설전류에 의한 감전방지
④ 송배전선로의 지락사고 시 대지전위의 상승을 억제하고 절연강도를 상승시킴

접지의 목적
- 누전에 의한 감전방지
- 고압선과 저압선이 혼촉되면 위험하므로
- 대지로 전류를 흘러보내기 위해서
- 낙뢰방지를 위해서
- 송배전선, 고전압 모선 등에서 지락사고 시 보호계전기를 신속하게 동작시키기 위해서
- 송배전로의 지락사고 시 대전전위의 상승억제를 위해서
- 절연강도를 경감시키기 위해서

75. 방폭전기설비의 용기내부에 보호가스를 압입하여 내부압력을 외부 대기 이상의 압력으로 유지함으로써 용기 내부에 폭발성가스 분위기가 형성되는 것을 방지하는 방폭구조는?

① 내압 방폭구조 ② 압력 방폭구조
③ 안전증 방폭구조 ④ 유입 방폭구조

압력 방폭구조라 함은 용기 내부에 보호기체(신선한 공기 또는 불활성 기체)를 압입하여 내부압력을 유지함으로써 폭발성 가스 또는 증기가 침입하는 것을 방지하는 구조로 종류로는 밀봉식, 통풍식, 봉입식이 있다.

76. 1종 위험장소로 분류되지 않는 것은?

① 탱크류의 벤트(Vent) 개구부 부근
② 인화성 액체 탱크 내의 액면 상부의 공간부
③ 점검수리 작업에서 가연성 가스 또는 증기를 방출하는 경우의 밸브 부근
④ 탱크롤리, 드럼관 등이 인화성 액체를 충전하고 있는 경우의 개구부 부근

②항, 인화성 액체 탱크 내의 액면 상부의 공간부는 0종 장소로 구분된다.

참고 폭발위험장소의 분류

분류	내용	예	
가스 폭발 위험 장소	0종 장소	인화성 액체의 증기 또는 가연성 가스에 의한 폭발위험이 지속적으로 또는 장기간 존재하는 장소	용기내부 · 장치 및 배관의 내부 등
	1종 장소	정상 작동상태에서 인화성 액체의 증기 또는 가연성 가스에 의한 폭발위험분위기가 존재하기 쉬운 장소	맨홀 · 벤드 · 핏트 등의 내부
	2종 장소	정상작동상태에서 인화성 액체의 증기 또는 가연성 가스에 의한 폭발위험분위기가 존재할 우려가 없으나, 존재할 경우 그 빈도가 아주 적고 단기간만 존재할 수 있는 장소	개스킷 · 패킹 등 주위

77. 기중 차단기의 기호로 옳은 것은?

① VCB ② MCCB
③ OCB ④ ACB

① ACB : 진공차단기 ② MCCB : 배선용 차단기
③ OCB : 유입차단기 ④ ACB : 공기차단기(기중 차단기)

78. 누전사고가 발생될 수 있는 취약 개소가 아닌 것은?

① 나선으로 접속된 분기회로의 접속점
② 전선의 열화가 발생한 곳
③ 부도체를 사용하여 이중절연이 되어 있는 곳
④ 리드선과 단자와의 접속이 불량한 곳

부도체를 사용하여 이중절연이 된 곳은 전류가 통전이 되지 않으므로 누전사고가 발생되지 않는다.

해답 74 ④ 75 ② 76 ② 77 ④ 78 ③

79. 지락전류가 거의 0에 가까워서 안정도가 양호하고 무정전의 송전이 가능한 접지 방식은?

① 직접접지방식 ② 리액터접지방식
③ 저항접지방식 ④ 소호리액터접지방식

소호리액터접지방식이란 계통에 접속된 변압기의 중성점을 송전선로의 대지정전용량과 공진하는 리액턴스를 갖는 리액터를 통해서 접지시키는 방식으로, 이 접지리액터를 소호리액터(arc suppressing reactor)라 한다.

80. 피뢰기가 갖추어야 할 특성으로 알맞은 것은?

① 충격방전 개시전압이 높을 것
② 제한 전압이 높을 것
③ 뇌전류의 방전 능력이 클 것
④ 속류를 차단하지 않을 것

피뢰기가 갖추어야 할 성능
- 반복동작이 가능할 것
- 구조가 견고하며 특성이 변화하지 않을 것
- 점검, 보수가 간단할 것
- 충격방전 개시전압과 제한전압이 낮을 것
- 뇌 전류의 방전능력이 크고, 속류의 차단이 확실하게 될 것

■■■ 제5과목 화학설비위험방지기술

81. 고체의 연소형태 중 증발연소에 속하는 것은?

① 나프탈렌 ② 목재
③ TNT ④ 목탄

고체의 연소형태
- 분해연소 : 목재, 종이, 석탄, 플라스틱 등은 분해연소를 한다.
- 표면연소 : 코크스, 목탄, 금속분 등은 열분해에 의해서 가연성 가스를 발생하지 않고 물질 자체가 연소한다.
- 증발연소 : 황, 나프탈렌, 피라핀 등은 가열 시 액체가 되어 증발연소를 한다.
- 자기연소 : 가연성이면서 자체 내에 산소를 함유하고 있는 가연물(질산에스테르류, 셀룰로이드류, 니트로화합물 등)은 공기 중에서 산소없이 연소를 한다.

82. 산업안전보건법령상 "부식성 산류"에 해당하지 않는 것은?

① 농도 20%인 염산 ② 농도 40%인 인산
③ 농도 50%인 질산 ④ 농도 60%인 아세트산

부식성 산류
- 농도가 20퍼센트 이상인 염산 · 황산 · 질산, 그 밖에 이와 동등 이상의 부식성을 가지는 물질
- 농도가 60퍼센트 이상인 인산 · 아세트산 · 불산, 그 밖에 이와 동등 이상의 부식성을 가지는 물질

83. 뜨거운 금속에 물이 닿으면 튀는 현상과 같이 핵비등(nucleate boiling) 상태에서 막비등(film boiling)으로 이행하는 온도를 무엇이라 하는가?

① Burn-out point
② Leidenfrost point
③ Entrainment point
④ Sub-cooling boiling point

- Nucleate Boiling(핵비등)
  물이 담긴 냄비의 바닥을 가열할 때, 냄비바닥의 온도가 비등점(100℃)에서 점점 올라감에 따라 처음에는 바닥으로부터 공기방울이 올라오고, 이어서 기화된 수증기방울이 올라오며 이 방울이 점점 많아진다.
- Film Boiling(막 비등)
  물이 다 증발된 빈 냄비를 계속 가열한 뒤 물을 넣으면 물방울들이 튀는 것을 보는데 이는 바닥의 온도가 200℃를 넘으면 물이 냄비 바닥과 접촉하여 수증기로 증발하는 게 아니라, 물방울의 아래쪽이 바닥에 접근하면서 즉시 증발함으로써 그 증기압이 물방울의 나머지 부분이 바닥과 접촉하지 못하도록 방해하는 것으로 물이 냄비바닥과 직접 접촉하여 열을 전달받는 게 아니라, 이미 증발한 수증기의 막을 거쳐 열을 전달받으므로 전달되는 열량은 적다.
- 핵비등에서 막비등으로 넘어가는 온도(물은 200℃ 근방)를 Leidenfrost Point라 하여 처음으로 이 현상을 연구한 사람의 이름을 붙였다.(1756, Johann Gottlob Leidenfrost, 독일)
- 라이덴프로스트 효과는 어중간한 온도보다는 Leidenfrost Point를 넘는 온도에서는 물이 수증기막의 완충지대를 가짐으로써 물 자체의 온도는 낮을 수 있다는 것을 말해준다.

해답 79 ④ 80 ③ 81 ① 82 ② 83 ②

84. 위험물의 취급에 관한 설명으로 틀린 것은?

① 모든 폭발성 물질은 석유류에 침지시켜 보관해야 한다.
② 산화성 물질의 경우 가연물과의 접촉을 피해야 한다.
③ 가스 누설의 우려가 있는 장소에서는 점화원의 철저한 관리가 필요하다.
④ 도전성이 나쁜 액체는 정전기 발생을 방지하기 위한 조치를 취한다.

폭발성물질은 화기나 그 밖에 점화원이 될 우려가 있는 것에 접근시키거나 가열하거나 마찰시키거나 충격을 피해야 하며, 석유류에 저장하는 물질 K(칼륨)은 상온에서 물(H_2O)과 반응시 수소(H_2)가스를 발생시킨다. 그러므로 K, Na은 석유속에 저장한다.

85. 이상반응 또는 폭발로 인하여 발생되는 압력의 방출장치가 아닌 것은?

① 파열판　② 폭압방산구
③ 화염방지기　④ 가용합금안전밸브

- Flame arrestor(화염방지기)는 비교적 저압 또는 상압에서 가연성 증기를 발생하는 유류를 저장하는 탱크로서 외부에 그 증기를 방출하거나 탱크 내에 외기를 흡입하거나 하는 부분에 설치하는 안전장치이다.
- Flame arrestor는 40mesh 이상의 가는 눈이 있는 철망을 여러 개 겹쳐서 화염의 차단을 목적으로 한 것이다.

86. 분진폭발의 특징으로 옳은 것은?

① 연소속도가 가스폭발보다 크다.
② 완전연소로 가스중독의 위험이 작다.
③ 화염의 파급속도보다 압력의 파급속도가 크다.
④ 가스 폭발보다 연소시간은 짧고 발생 에너지는 작다.

분진폭발의 특징
- 연소속도는 가스폭발에 비교하여 작지만 연소시간이 길고 발생에너지가 크기 때문에 파괴력과 그을음이 크다.
- 연소하면서 비산하므로 2차, 3차 폭발로 파급되면서 피해가 커진다.
- 불완전 연소를 일으키기 쉽기 때문에 연소후의 가스에 CO가스가 다량으로 존재하므로 가스중독의 위험이 있다.

87. 독성가스에 속하지 않은 것은?

① 암모니아　② 황화수소
③ 포스겐　④ 질소

질소(N_2)가스는 불활성 기체로 조연성 가스이다.

88. Burgess-Wheeler의 법칙에 따르면 서로 유사한 탄화수소계의 가스에서 폭발하한계의 농도(vol%)와 연소열(kcal/mol)의 곱의 값은 약 얼마 정도인가?

① 1100　② 2800
③ 3200　④ 3800

Brugess-Wheeler의 법칙
포화탄화수소계의 가스에서는 폭발하한계의 농도 X(vol%)와 그의 연소열(kcal/mol) Q의 곱은 일정하게 된다.

1. $X(\text{vol\%}) \times Q(\text{kJ/mol}) = 4,600(\text{vol\%} \cdot \text{kJ/mol})$
2. $X(\text{vol\%}) \times Q(\text{kcal/mol}) = 1,100(\text{vol\%} \cdot \text{kcal/mol})$

89. 위험물안전관리법령상 제3류 위험물 중 금수성 물질에 대하여 적응성이 있는 소화기는?

① 포소화기
② 이산화탄소소화기
③ 할로겐화합물소화기
④ 탄산수소염류분말소화기

제3류 위험물(자연발화성 및 금수성 물질) 소화방법
- 금수성물질의 소화에는 탄산수소염류 등을 이용한 분말소화약제 등 금수성 위험물에 적응성이 있는 분말소화약제를 이용한다.
- 자연발화성만 가진 위험물(황린)의 소화에는 물 또는 강화액 포와 같은 물계통의 소화제를 사용하는 것이 가능하다. 또한 마른모래, 팽창질석과, 진주암은 제3류 위험물 전체의 소화에 사용할 수 있다.

해답 84 ① 85 ③ 86 ③ 87 ④ 88 ① 89 ④

90. **공기 중에서 이황화탄소(CS_2)의 폭발한계는 하한값이 1.25vol%, 상한값이 44vol%이다. 이를 20℃ 대기압하에서 mg/L의 단위로 환산하면 하한값과 상한값은 각각 약 얼마인가? (단, 이황화탄소의 분자량은 76.1이다.)**

① 하한값 : 61, 상한값 : 640
② 하한값 : 39.6, 상한값 : 1393
③ 하한값 : 146, 상한값 : 860
④ 하한값 : 55.4, 상한값 : 1642

(1) 표준상태 CS_2의 분자량 = 76.1g.
(2) 0℃, 1기압에서 기체의 부피 : 22.4L이다.
- 샤를의 법칙 : 압력이 일정할 때 기체의 부피는 온도에 비례한다.
- 20℃에서의 기체 부피 : $22.4 \times \frac{(273+20)}{273} = 24$

(3) 단위부피당 질량 : $\frac{\text{농도} \times \text{분자량}}{\text{부피}}$
- 하한값 : $\frac{0.0125 \times 76.1[g]}{24[L]} = 0.03956g/L = 39.6mg/L$
- 하한값 : $\frac{0.44 \times 76.1[g]}{24[L]} = 1.39516g/L = 1395.2mg/L$

91. **일산화탄소에 대한 설명으로 틀린 것은?**

① 무색 · 무취의 기체이다.
② 염소와 촉매 존재 하에 반응하여 포스겐이 된다.
③ 인체 내의 헤모글로빈과 결합하여 산소운반기능을 저 하 시킨다.
④ 불연성가스로서, 허용농도가 10ppm이다.

일산화탄소(CO)
- 탄소와 산소로 구성된 화합물이다.
- 상온에서 무색, 무미, 무취의 기체이다.
- 염소와는 촉매 존재하에 반응하여 포스겐이 된다.
- 가연성이며, 독성이 있어서 취급 주의를 요함(**독성의 허용농도 50[ppm]**)
- 산소보다 헤모글로빈과의 친화력이 200배 정도 좋다.

92. **금속의 용접 · 용단 또는 가열에 사용되는 가스 등의 용기를 취급할 때의 준수사항으로 틀린 것은?**

① 전도의 위험이 없도록 한다.
② 밸브를 서서히 개폐한다.
③ 용해아세틸렌의 용기는 세워서 보관한다.
④ 용기의 온도를 섭씨 65도 이하로 유지한다.

사업주는 금속의 용접 · 용단 또는 가열에 사용되는 가스등의 용기를 취급하는 경우에 다음의 사항을 준수하여야 한다.
다음의 어느 하나에 해당하는 장소에서 사용하거나 해당 장소에 설치 · 저장 또는 방치하지 않도록 할 것
(1) 통풍이나 환기가 불충분한 장소
(2) 화기를 사용하는 장소 및 그 부근
(3) 위험물에 따른 인화성 액체를 취급하는 장소 및 그 부근
- 용기의 온도를 섭씨 40도 이하로 유지할 것
- 전도의 위험이 없도록 할 것
- 충격을 가하지 않도록 할 것
- 운반하는 경우에는 캡을 씌울 것
- 사용하는 경우에는 용기의 마개에 부착되어 있는 유류 및 먼지를 제거할 것
- 밸브의 개폐는 서서히 할 것
- 사용 전 또는 사용 중인 용기와 그 밖의 용기를 명확히 구별하여 보관할 것
- 용해아세틸렌의 용기는 세워 둘 것
- 용기의 부식 · 마모 또는 변형상태를 점검한 후 사용할 것

참고 산업안전보건기준에 관한 규칙 제234조 【가스등의 용기】

93. **산업안전보건법령상 건조설비를 사용하여 작업을 하는 경우 폭발 또는 화재를 예방하기 위하여 준수하여야 하는 사항으로 적절하지 않은 것은?**

① 위험물 건조설비를 사용하는 때에는 미리 내부를 청소하거나 환기할 것
② 위험물 건조설비를 사용하는 때에는 건조로 인하여 발생하는 가스 · 증기 또는 분진에 의하여 폭발 · 화재의 위험이 있는 물질을 안전한 장소로 배출시킬 것
③ 위험물 건조설비를 사용하여 가열건조하는 건조물은 쉽게 이탈되도록 할 것
④ 고온으로 가열건조한 가연성 물질은 발화의 위험이 없는 온도로 냉각한 후에 격납시킬 것

사업주는 건조설비를 사용하여 작업을 하는 때에는 폭발 또는 화재를 예방하기 위하여 다음의 사항을 준수하여야 한다.
- 위험물건조설비를 사용하는 때에는 미리 내부를 청소하거나 환기할 것
- 위험물건조설비를 사용하는 때에는 건조로 인하여 발생하는 가스 · 증기 또는 분진에 의하여 폭발 · 화재의 위험이 있는 물질을 안전한 장소로 배출시킬 것
- 위험물건조설비를 사용하여 **가열건조하는 건조물은 쉽게 이탈되지 아니하도록 할 것**
- 고온으로 가열건조한 가연성 물질은 발화의 위험이 없는 온도로 냉각한 후에 격납시킬 것
- 건조설비(외면이 현저하게 고온이 되지 아니하는 것을 제외한다)에 근접한 장소에는 가연성 물질을 두지 아니하도록 할 것

참고 산업안전보건기준에 관한 규칙 제283조 【건조설비의 사용】

해답 90 ② 91 ④ 92 ④ 93 ③

94. 유류저장탱크에서 화염의 차단을 목적으로 외부에 증기를 방출하기도 하고 탱크 내외기를 흡입하기도 하는 부분에 설치하는 안전장치는?

① vent stack
② safety valve
③ gate valve
④ flame arrester

Flame arrestor(화염방지기)란 비교적 저압 또는 상압에서 가연성 증기를 발생하는 유류를 저장하는 탱크로서 외부에 그 증기를 방출하거나 탱크 내에 외기를 흡입하거나 하는 부분에 설치하는 안전장치로서, Flame arrestor는 40mesh 이상의 가는 눈이 있는 철망을 여러 개 겹쳐서 화염의 차단을 목적으로 한 것이다.

95. 다음 중 공기와 혼합 시 최소착화에너지 값이 가장 작은 것은?

① CH_4
② C_3H_8
③ C_6H_6
④ H_2

①항, CH_4(메탄) : 0.28×10^{-3}[mJ]
②항, C_3H_8(프로판) : 0.31×10^{-3}[mJ]
③항, C_6H_6(벤젠) : 0.55×10^{-3}[mJ]
④항, H_2(수소) : 0.019×10^{-3}[mJ]

96. 펌프의 사용 시 공동현상(cavitation)을 방지하고자 할 때의 조치사항으로 틀린 것은?

① 펌프의 회전수를 높인다.
② 흡입비 속도를 작게 한다.
③ 펌프의 흡입관의 수두(head) 손실을 줄인다.
④ 펌프의 설치높이를 낮추어 흡입양정을 짧게 한다.

공동현상(cavitation) 방지법
- 펌프의 설치 위치를 낮추고 흡입양정을 짧게 한다.
- 수직축 펌프를 사용하고 회전차를 수중에 완전히 잠기게 한다.
- 펌프의 회전수를 낮추고 흡입회전도를 적게 한다.
- 양흡입 펌프를 사용한다.
- 펌프를 두 대 이상 설치한다.
- 관경을 크게 하고 유속을 줄인다.

97. 다음 중 연소속도에 영향을 주는 요인으로 가장 거리가 먼 것은?

① 가연물의 색상
② 촉매
③ 산소와의 혼합비
④ 반응계의 온도

연소속도는 가연물의 농도, 반응 온도, 압력, 산소의 혼합비, 발화원의 강도 등에 의해 영향을 받는다.

98. 기체의 자연발화온도 측정법에 해당하는 것은?

① 중량법
② 접촉법
③ 예열법
④ 발열법

자연발화온도 측정법
- 기체 : 도입법, 펌프법, 단열압축법, 충격파관법, 예열법 등
- 액체나 고체 : 유적법, 유욕법, 발열법, 중량법, 접촉법 등

99. 디에틸에테르와 에틸알코올이 3:1로 혼합증기의 몰비가 각각 0.75, 0.25이고, 디에틸에테르와 에틸알코올의 폭발하한값이 각각 1.9vol%, 4.3vol%일 때 혼합가스의 폭발하한값은 약 몇 vol%인가?

① 2.2
② 3.5
③ 22.0
④ 34.7

$$L = \frac{100}{\frac{75}{1.9} + \frac{25}{4.3}} = 2.2$$

100. 프로판가스 $1m^3$를 완전 연소시키는데 필요한 이론 공기량은 몇 m^3인가? (단, 공기 중의 산소농도는 20vol%이다.)

① 20
② 25
③ 30
④ 35

- 프로판(C_3H_8) 연소반응식 : $C_3H_8 + 5O_2 \rightarrow 3CO_2 + 4H_2O$에서 산소량은 5이므로
- 이론공기량 : $A_o = \frac{O_2}{0.2} = \frac{5}{0.2} = 25$

해답 94 ④ 95 ④ 96 ① 97 ① 98 ③ 99 ① 100 ②

■■■ 제6과목 건설안전기술

101. 다음은 동바리로 사용하는 파이프 서포트의 설치기준이다. (　　)안에 들어갈 내용으로 옳은 것은?

파이프 서포트를 (　　) 이상 이어서 사용하지 않도록 할 것

① 2개　② 3개
③ 4개　④ 5개

거푸집동바리 등의 안전조치
- 파이프서포트를 3개 이상이어서 사용하지 아니하도록 할 것
- 파이프서포트를 이어서 사용할 때에는 4개 이상의 볼트 또는 전용철물을 사용하여 이을 것
- 높이가 3.5미터를 초과할 때에는 높이 2미터 이내마다 수평연결재를 2개 방향으로 만들고 수평연결재의 변위를 방지할 것

참고 산업안전보건기준에 관한 규칙 제332조(거푸집동바리 등의 안전조치)

102. 콘크리트 타설 시 거푸집 측압에 관한 설명으로 옳지 않은 것은?

① 타설속도가 빠를수록 측압이 커진다.
② 거푸집의 투수성이 낮을수록 측압은 커진다.
③ 타설높이가 높을수록 측압이 커진다.
④ 콘크리트의 온도가 높을수록 측압이 커진다.

콘크리트의 온도가 낮을수록 측압이 커진다.

참고 측압이 커지는 조건
- 기온이 낮을수록(대기중의 습도가 낮을수록) 크다.
- 치어 붓기 속도가 클수록 크다.
- 묽은 콘크리트 일수록 크다.
- 콘크리트의 비중이 클수록 크다.
- 콘크리트의 다지기가 강할수록 크다.
- 철근양이 작을수록 크다.
- 거푸집의 수밀성이 높을수록 크다.
- 거푸집의 수평단면이 클수록(벽 두께가 클수록) 크다.
- 거푸집의 강성이 클수록 크다.
- 거푸집의 표면이 매끄러울수록 크다.
- 측압은 생콘크리트의 높이가 높을수록 커지는 것이다.
- 응결이 빠른 시멘트를 사용할 경우 크다.

103. 권상용 와이어로프의 절단하중이 200ton일 때 와이어로프에 걸리는 최대하중은?(단, 안전계수는 5임)

① 1000 ton　② 400 ton
③ 100 ton　④ 40 ton

$$최대하중 = \frac{절단하중}{안전율} = \frac{200}{5} = 40$$

104. 터널지보공을 설치한 경우에 수시로 점검하고, 이상을 발견한 경우에는 즉시 보강하거나 보수해야 할 사항이 아닌 것은?

① 부재의 긴압 정도
② 기둥침하의 유무 및 상태
③ 부재의 접속부 및 교차부 상태
④ 부재를 구성하는 재질의 종류 확인

사업주는 터널지보공을 설치한 때에는 다음 각호의 사항을 수시로 점검하여야 하며 이상을 발견한 때에는 즉시 보강하거나 보수하여야 한다.
- 부재의 손상 · 변형 · 부식 · 변위 탈락의 유무 및 상태
- 부재의 긴압의 정도
- 부재의 접속부 및 교차부의 상태
- 기둥침하의 유무 및 상태

참고 산업안전보건기준에 관한 규칙 제366조【붕괴 등의 방지】

105. 선창의 내부에서 화물취급작업을 하는 근로자가 안전하게 통행할 수 있는 설비를 설치하여야 하는 기준은 갑판의 윗면에서 선창(船倉) 밑바닥까지의 깊이가 최소 얼마를 초과할 때인가?

① 1.3 m　② 1.5 m
③ 1.8 m　④ 2.0 m

사업주는 갑판의 윗면에서 선창(船倉) 밑바닥까지의 깊이가 1.5미터를 초과하는 선창의 내부에서 화물취급작업을 하는 경우에 그 작업에 종사하는 근로자가 안전하게 통행할 수 있는 설비를 설치하여야 한다.

참고 산업안전보건기준에 관한 규칙 제394조【통행설비의 설치 등】

해답 101 ② 102 ④ 103 ④ 104 ④ 105 ②

106. **굴착기계의 운행 시 안전대책으로 옳지 않은 것은?**

① 버킷에 사람의 탑승을 허용해서는 안 된다.
② 운전반경 내에 사람이 있을 때 회전은 10rpm 정도의 느린 속도로 하여야 한다.
③ 장비의 주차 시 경사지나 굴착작업장으로부터 충분히 이격시켜 주차한다.
④ 전선이나 구조물 등에 인접하여 붐을 선회해야 할 작업에는 사전에 회전반경, 높이제한 등 방호조치를 강구한다.

②항, 운전반경 내에 사람이 있을 때에는 버킷을 회전하여서는 아니되며, 작업반경 내에 근로자가 출입하지 않도록 방호설비를 하거나 감시인을 배치하여야 한다.

107. **폭우 시 옹벽배면의 배수시설이 취약하면 옹벽 저면을 통하여 침투수(seepage)의 수위가 올라간다. 이 침투수가 옹벽의 안정에 미치는 영향으로 옳지 않은 것은?**

① 옹벽 배면토의 단위수량 감소로 인한 수직 저항력 증가
② 옹벽 바닥면에서의 양압력 증가
③ 수평 저항력(수동토압)의 감소
④ 포화 또는 부분 포화에 따른 뒷채움용 흙무게의 증가

①항, 옹벽 배면토의 단위수량 감소로 인한 수직 저항력은 감소된다.

옹벽의 안정 검토조건
- 전도(overturning)
- 활동(sliding)
- 지지력(bearing)

108. **그물코의 크기가 5cm인 매듭방망일 경우 방망사의 인장강도는 최소 얼마 이상이어야 하는가? (단, 방망사는 신품인 경우이다)**

① 50kg　　② 100kg
③ 110kg　　④ 150kg

방망사의 신품에 대한 인장강도

그물코의 크기 (단위 : cm)	방망의 종류(단위 : kg)	
	매듭없는 방망	매듭있는 방망
10	240	200
5		110

109. **부두 등의 하역작업장에서 부두 또는 안벽의 선에 따라 통로를 설치하는 경우, 최소 폭기준은?**

① 90 cm 이상　　② 75 cm 이상
③ 60 cm 이상　　④ 45 cm 이상

부두 또는 안벽의 선을 따라 통로를 설치하는 때에는 폭을 90cm 이상으로 할 것

참고 산업안전보건기준에 관한 규칙 제390조(부두 등의 하역작업장)

110. **건설업 산업안전보건관리비 계상 및사용기준(고용노동부 고시)은 산업재해보상 보험법의 적용을 받는 공사 중 총 공사금액이 얼마 이상인 공사에 적용하는가?**

① 4천만원　　② 3천만원
③ 2천만원　　④ 1천만원

건설업 산업안전보건관리비는 「산업재해보상보험법」 제6조에 따라 「산업재해보상보험법」의 적용을 받는 공사 중 총공사금액 2천만원 이상인 공사에 적용한다. 다만, 다음의 어느 하나에 해당되는 공사 중 단가계약에 의하여 행하는 공사에 대하여는 총계약금액을 기준으로 적용한다.
- 「전기공사업법」 제2조에 따른 전기공사로서 저압 · 고압 또는 특별고압 작업으로 이루어지는 공사
- 「정보통신공사업법」 제2조에 따른 정보통신공사

참고 건설업 산업안전보건관리비 계상 및 사용기준 제3조(적용범위)

※ 산업안전보건관리비 대상기준이 2020.1.23.에 개정되어 4천만원 → 2천만원으로 변경되었다. 이 문제는 개정전 기준이므로 주의하자.

111. **가설통로를 설치하는 경우 준수하여야 할 기준으로 옳지 않은 것은?**

① 경사는 30° 이하로 할 것
② 경사가 15°를 초과하는 경우에는 미끄러지지 아니하는 구조로 할 것
③ 수직갱에 가설된 통로의 길이가 15m 이상인 때에는 15m 이내마다 계단참을 설치할 것
④ 건설공사에 사용하는 높이 8m 이상의 비계다리에는 7m 이내마다 계단참을 설치할 것

해답 106 ② 107 ① 108 ③ 109 ① 110 ① 111 ③

가설통로를 설치하는 때의 준수사항
- 견고한 구조로 할 것
- **경사는 30도 이하로 할 것**(계단을 설치하거나 높이 2미터 미만의 가설통로로서 튼튼한 손잡이를 설치한 때에는 그러하지 아니하다)
- 경사가 15도를 초과하는 때에는 미끄러지지 아니하는 구조로 할 것
- 추락의 위험이 있는 장소에는 안전난간을 설치할 것(작업상 부득이한 때에는 필요한 부분에 한하여 임시로 이를 해체할 수 있다)
- 수직갱에 가설된 통로의 길이가 15미터 이상인 때에는 10미터 이내마다 계단참을 설치할 것
- 건설공사에 사용하는 높이 8미터 이상인 비계다리에는 7미터 이내마다 계단참을 설치할 것

참고 산업안전보건기준에 관한 규칙 제23조 【가설통로의 구조】

112. 온도가 하강함에 따라 토중수가 얼어 부피가 약 9% 정도 증대하게 됨으로써 지표면이 부풀어오르는 현상은?

① 동상현상 ② 연화현상
③ 리칭현상 ④ 액상화현상

동상현상이란 기온이 영하로 내려가면 흙속의 빈틈에 있는 물이 동결하여 흙속에 빙층이 형성되기 때문에 지표면에 떠올라 오는 현상을 말한다.

113. 강관틀비계를 조립하여 사용하는 경우 준수해야할 기준으로 옳지 않은 것은?

① 높이가 20m를 초과하거나 중량물의 적재를 수반하는 작업을 할 경우에는 주틀 간의 간격을 2.4m 이하로 할 것
② 수직방향으로 6m, 수평방향으로 8m 이내마다 벽이음을 할 것
③ 길이가 띠장 방향으로 4m 이하이고 높이가 10m를 초과하는 경우에는 10m 이내마다 띠장 방향으로 버팀기둥을 설치할 것
④ 주틀 간에 교차 가새를 설치하고 최상층 및 5층 이내마다 수평재를 설치할 것

사업주는 강관틀 비계를 조립하여 사용하는 경우 다음의 사항을 준수하여야 한다.
- 비계기둥의 밑둥에는 밑받침 철물을 사용하여야 하며 밑받침에 고저차(高低差)가 있는 경우에는 조절형 밑받침철물을 사용하여 각각의 강관틀비계가 항상 수평 및 수직을 유지하도록 할 것
- **높이가 20미터를 초과하거나 중량물의 적재를 수반하는 작업을 할 경우에는 주틀 간의 간격을 1.8미터 이하로 할 것**
- 주틀 간에 교차 가새를 설치하고 최상층 및 5층 이내마다 수평재를 설치할 것
- 수직방향으로 6미터, 수평방향으로 8미터 이내마다 벽이음을 할 것
- 길이가 띠장 방향으로 4미터 이하이고 높이가 10미터를 초과하는 경우에는 10미터 이내마다 띠장 방향으로 버팀기둥을 설치할 것

참고 산업안전보건기준에 관한 규칙 제62조 【강관틀비계】

114. 근로자의 추락 등의 위험을 방지하기 위한 안전난간의 구조 및 설치요건에 관한 기준으로 옳지 않은 것은?

① 상부난간대는 바닥면·발판 또는 경사로의 표면으로부터 90cm 이상 지점에 설치할 것
② 발끝막이판은 바닥면 등으로부터 10 cm 이상의 높이를 유지할 것
③ 난간대는 지름 1.5 cm 이상의 금속제파이프나 그 이상의 강도를 가진 재료일 것
④ 안전난간은 구조적으로 가장 취약한 지점에서 가장 취약한 방향으로 작용하는 100kg 이상의 하중에 견딜 수 있는 튼튼한 구조일 것

난간대는 지름 2.7센티미터 이상의 금속제파이프나 그 이상의 강도를 가진 재료일 것
- 상부난간대·중간난간대·발끝막이판 및 난간기둥으로 구성할 것(중간난간대·발끝막이판 및 난간기둥은 이와 비슷한 구조 및 성능을 가진 것으로 대체할 수 있다)
- 상부난간대는 바닥면·발판 또는 경사로의 표면(이하 "바닥면등"이라 한다)으로부터 90센티미터 이상 120센티미터 이하에 설치하고, 중간난간대는 상부난간대와 바닥면등의 중간에 설치할 것
- 발끝막이판은 바닥면등으로부터 10센티미터 이상의 높이를 유지할 것(물체가 떨어지거나 날아올 위험이 없거나 그 위험을 방지할 수 있는 망을 설치하는 등 필요한 예방조치를 한 장소를 제외한다)
- 난간기둥은 상부난간대와 중간난간대를 견고하게 떠받칠 수 있도록 적정간격을 유지할 것
- 상부난간대와 중간난간대는 난간길이 전체에 걸쳐 바닥면등과 평행을 유지할 것
- **난간대는 지름 2.7센티미터 이상의 금속제파이프나 그 이상의 강도를 가진 재료일 것**
- 안전난간은 임의의 점에서 임의의 방향으로 움직이는 100킬로그램 이상의 하중에 견딜 수 있는 튼튼한 구조일 것

참고 산업안전보건기준에 관한 규칙 제13조 【안전난간의 구조 및 설치요건】

해답 112 ① 113 ① 114 ③

115. 건설공사 유해 · 위험방지계획서를 제출해야할 대상공사에 해당하지 않는 것은?

① 깊이 10m인 굴착공사
② 다목적댐 건설공사
③ 최대 지간길이가 40m인 교량건설 공사
④ 연면적 5000m^2 인 냉동 · 냉장창고시설의 설비공사

위험방지계획서를 제출해야 될 건설공사
- 지상높이가 31미터 이상인 건축물 또는 인공구조물, 연면적 3만제곱미터 이상인 건축물 또는 연면적 5천제곱미터 이상의 문화 및 집회시설(전시장 및 동물원 · 식물원은 제외한다), 판매시설, 운수시설(고속철도의 역사 및 집배송시설은 제외한다), 종교시설, 의료시설 중 종합병원, 숙박시설 중 관광숙박시설, 지하도상가 또는 냉동 · 냉장창고시설의 건설 · 개조 또는 해체
- 연면적 5천제곱미터 이상의 냉동 · 냉장창고시설의 설비공사 및 단열공사
- 최대 지간길이가 50미터 이상인 교량 건설등 공사
- 터널 건설등의 공사
- 다목적댐, 발전용댐 및 저수용량 2천만톤 이상의 용수 전용 댐, 지방상수도 전용 댐 건설 등의 공사
- 깊이 10미터 이상인 굴착공사

참고 산업안전보건법 시행령 제42조【유해위험방지계획서 제출 대상】

116. 건설현장에 달비계를 설치하여 작업 시 달비계에 사용가능한 와이어로프로 볼 수 있는 것은?

① 이음매가 있는 것
② 와이어로프의 한 꼬임에서 끊어진 소선의 수가 5%인 것
③ 지름의 감소가 공칭지름의 10%인 것
④ 열과 전기충격에 의해 손상된 것

다음의 어느 하나에 해당하는 와이어로프를 달비계에 사용해서는 아니 된다.
- 이음매가 있는 것
- 와이어로프의 한 꼬임[(스트랜드(strand)를 말한다. 이하 같다)]에서 끊어진 소선(素線)[필러(pillar)선은 제외한다)]의 수가 10퍼센트 이상(비자전로프의 경우에는 끊어진 소선의 수가 와이어로프 호칭지름의 6배 길이 이내에서 4개 이상이거나 호칭지름 30배 길이 이내에서 8개 이상)인 것
- 지름의 감소가 공칭지름의 7퍼센트를 초과하는 것
- 꼬인 것
- 심하게 변형되거나 부식된 것
- 열과 전기충격에 의해 손상된 것

참고 산업안전보건기준에 관한 규칙 제63조【달비계의 구조】

117. 토질시험(soil test)방법 중 전단시험에 해당하지 않는 것은?

① 1면 전단 시험 ② 베인 테스트
③ 일축 압축 시험 ④ 투수시험

전단시험의 종류로는 직접전단시험과 간접전단시험으로 구분되며, 직접전단시험 일면 전단 시험, 베인 테스트시험과 간접전단시험으로는 일축 압축 시험, 삼축 압축시험으로 구분된다.

118. 철골 건립기계 선정 시 사전 검토사항과 가장 거리가 먼 것은?

① 건립기계의 소음영향
② 건립기계로 인한 일조권 침해
③ 건물형태
④ 작업반경

철골 건립기계 선정 시 사전 검토사항
- 건립기계의 출입로, 설치장소, 기계조립에 필요한 면적, 이동식 크레인은건물주위 주행통로의 유무, 타워크레인과 가이데릭 등 기초구조물을 필요로 하는 정치식 기계는 기초구조물을 설치할 수 있는 공간과 면적등을 검토하여야 한다.
- 이동식 크레인의 엔진소음은 부근의 환경을 해칠 우려가 있으므로 학교, 병원, 주택 등이 근접되어 있는 경우에는 소음을 측정 조사하고 소음진동 허용치는 관계법에서 정하는 바에 따라 처리하여야 한다.
- 건물의 길이 또는 높이 등 건물의 형태에 적합한 건립기계를 선정하여야 한다.
- 타워크레인, 가이데릭, 삼각데릭 등 정치식 건립기계의 경우 그 기계의 작업반경이 건물전체를 수용할 수 있는지의 여부, 또 부움이 안전하게 인양할 수 있는 하중범위, 수평거리, 수직높이 등을 검토하여야 한다.

119. 감전재해의 직접적인 요인으로 가장 거리가 먼 것은?

① 통전전압의 크기 ② 통전전류의 크기
③ 통전시간 ④ 통전경로

①항, 통전전압은 2차적 감전위험요소이다.

참고 전격(감전)위험도 결정조건

분류	1차적 감전위험요소	2차적 감전위험요소
종류	• 통전전류의 세기(크기) • 통전경로 • 통전시간 • 전원의 종류	• 인체의 조건(저항) • 전압 • 계절 • 주파수 등

해답 115 ③ 116 ② 117 ④ 118 ② 119 ①

120. **클램쉘(Clam shell)의 용도로 옳지 않은 것은?**

① 잠함안의 굴착에 사용된다.
② 수면아래의 자갈, 모래를 굴착하고 준설선에 많이 사용된다.
③ 건축구조물의 기초 등 정해진 범위의 깊은 굴착에 적합하다.
④ 단단한 지반의 작업도 가능하며 작업속도가 빠르고 특히 암반굴착에 적합하다.

클램쉘(Clam shell)의 용도로는 버킷의 유압호스를 클램셸장치의 실린더에 연결하여 작동시키며 수중굴착, 건축구조물의 기초 등 정해진 범위의 깊은 굴착 및 호퍼작업에 적합하며, 작업속도가 느리며 암반굴착이 어렵다.

해답 120 ④

2020 과년도 출제문제

제1과목 안전관리론

1. 산업안전보건법령상 안전보건표지의 종류 중 경고표지에 해당하지 않는 것은?

① 레이저광선 경고 ② 급성독성물질 경고
③ 매달린 물체 경고 ④ 차량통행 경고

경고표지의 종류

201 인화성 물질 경고	202 산화성 물질 경고	203 폭발성 물질 경고	204 급성독성 물질경고	205 부식성 물질 경고	206 방사성 물질 경고	207 고압 전기 경고	208 매달린 물체 경고
209 낙하물 경고	210 고온 경고	211 저온 경고	212 몸균형 상실 경고	213 레이저 광선 경고	214 발암성·변이원성·생식독성·전신 독성·호흡기 과민성 물질 경고		215 위험 장소 경고

2. 몇 사람의 전문가에 의하여 과제에 관한 견해를 발표한 뒤에 참가자로 하여금 의견이나 질문을 하게 하여 토의하는 방법을 무엇이라 하는가?

① 심포지움(symposium)
② 버즈 세션(buzz session)
③ 케이스 메소드(case method)
④ 패널 디스커션(panel discussion)

①항, 심포지움(symposium) : 몇 사람의 전문가에 의하여 과제에 관한 견해를 발표한 뒤 참가자로 하여금 의견이나 질문을 하게 하여 토의하는 방법이다.
②항, 버즈 세션(buzz session) : 6-6회의라고도 하며, 먼저 사회자와 기록계를 선출한 후 나머지 사람은 6명씩의 소집단으로 구분하고, 소집단별로 각각 사회자를 선발하여 6분간씩 자유토의를 행하여 의견을 종합하는 방법이다.
③항, case study(case method) : 먼저 사례를 제시하고 문제적 사실들과 그의 상호관계에 대해서 검토하고 대책을 토의한다.
④항, 패널 디스커션(panel discussion) : 패널멤버(교육 과제에 정통한 전문가 4~5명)가 피교육자 앞에서 자유로이 토의를 하고 뒤에 피교육자 전부가 참가하여 사회자의 사회에 따라 토의하는 방법이다.

3. 작업을 하고 있을 때 긴급 이상상태 또는 돌발 사태가 되면 순간적으로 긴장하게 되어 판단능력의 둔화 또는 정지상태가 되는 것은?

① 의식의 우회 ② 의식의 과잉
③ 의식의 단절 ④ 의식의 수준저하

의식 레벨의 단계분류

단계	의식의 상태	주의 작용	생리적 상태	신뢰성
0	무의식, 실신	없음	수면, 뇌발작	0
Ⅰ	정상 이하, 의식 몽롱함	부주의	피로, 단조, 졸음, 술취함	0.99 이하
Ⅱ	정상, 이완상태	수동적 마음이 안쪽으로 향함	안정기거, 휴식시 정례작업시	0.99~0.99999 이하
Ⅲ	정상, 상쾌한 상태	능동적 앞으로 향하는 의시야도 넓다.	적극 활동시	0.999999 이상
Ⅳ	의식과잉 (초긴장, 과긴장상태)	일점 집중, 판단 정지	긴급 방위반응, 당황해서 panic	0.9 이하

4. A 사업장의 2019년 도수율이 10이라 할 때 연천인율은 얼마인가?

① 2.4 ② 5
③ 12 ④ 24

연천인율 = 도수율 ×2.4 = 10 × 2.4 =24

5. 산업안전보건법령상 산업안전보건위원회의 사용자위원에 해당되지 않는 사람은? (단, 각 사업장은 해당하는 사람을 선임하여야 하는 대상 사업장으로 한다.)

① 안전관리자
② 산업보건의
③ 명예산업안전감독관
④ 해당 사업장 부서의 장

해답 01 ④ 02 ① 03 ② 04 ④ 05 ③

산업안전·보건위원회 위원

사용자측 위원	근로자측 위원
① 사업주 1명 ② 안전 관리자 1명 ③ 보건 관리자 1명 ④ 산업 보건의(선임되어 있는 경우) ⑤ 당해 사업주가 지명하는 9명 이내의 부서의 장(현장감독자 9명 이내)	① 근로자 대표 1명 ② 근로자 대표가 지명하는 1명 이상의 명예 산업안전감독관 ③ 근로자 대표가 지명하는 9명 이내의 당해 사업장 근로자(현장 근로자 9명 이내)

참고 산업안전보건법 시행령 제35조【산업안전보건위원회의 구성】

6. 산업안전보건법상 안전관리자의 업무는?

① 직업성질환 발생의 원인조사 및 대책수립
② 해당 사업장 안전교육계획의 수립 및 안전교육 실시에 관한 보좌 및 조언·지도
③ 근로자의 건강장해의 원인조사와 재발방지를 위한 의학적 조치
④ 당해 작업에서 발생한 산업재해에 관한 보고 및 이에 대한 응급조치

안전관리자의 업무
1. 산업안전보건위원회 또는 안전 및 보건에 관한 노사협의체에서 심의·의결한 업무와 해당 사업장의 안전보건관리규정 및 취업규칙에서 정한 업무
2. 위험성평가에 관한 보좌 및 지도·조언
3. 안전인증대상기계등과 자율안전확인대상기계등 구입 시 적격품의 선정에 관한 보좌 및 지도·조언
4. 해당 사업장 안전교육계획의 수립 및 안전교육 실시에 관한 보좌 및 지도·조언
5. 사업장 순회점검, 지도 및 조치 건의
6. 산업재해 발생의 원인 조사·분석 및 재발 방지를 위한 기술적 보좌 및 지도·조언
7. 산업재해에 관한 통계의 유지·관리·분석을 위한 보좌 및 지도·조언
8. 법 또는 법에 따른 명령으로 정한 안전에 관한 사항의 이행에 관한 보좌 및 지도·조언
9. 업무 수행 내용의 기록·유지
10. 그 밖에 안전에 관한 사항으로서 고용노동부장관이 정하는 사항

참고 산업안전보건법 시행령 제18조【안전관리자의 업무 등】

7. 어느 사업장에서 물적손실이 수반된 무상해 사고가 180건 발생하였다면 중상은 몇 건이나 발생할 수 있는가? (단, 버드의 재해구성 비율법칙에 따른다.)

① 6건　　② 18건
③ 20건　　④ 29건

버드(Frank Bird)의 재해구성 비율
1(중상 또는 폐질) : 10(경상) : 30(무상해 사고) : 600(무상해, 무사고)에서 1(중상 또는 폐질) : 30(무상해 사고) 이므로

$1 : 30 = X : 180,\quad X = \frac{1 \times 180}{30} = 6$

8. 안전보건교육 계획에 포함해야 할 사항이 아닌 것은?

① 교육지도안
② 교육장소 및 교육방법
③ 교육의 종류 및 대상
④ 교육의 과목 및 교육내용

안전·보건교육 계획 수립 시 포함하여야 할 사항
1. 교육목표(첫째 과제)
2. 교육의 종류 및 교육대상
3. 교육의 과목 및 교육내용
4. 교육기간 및 시간
5. 교육장소
6. 교육방법
7. 교육담당자 및 강사

9. Y·G 성격검사에서 "안전, 적응, 적극형"에 해당하는 형의 종류는?

① A형　　② B형
③ C형　　④ D형

Y-G(Gulford) 성격검사

구분	특성
A형(평균형)	조화적, 적응적
B형(우편형)	정서불안정, 활동적, 외향적(불안정, 부적응, 적극형)
C형(좌편형)	안정, 소극형(온순, 소극적, 비활동, 내향적)
D형(우하형)	안정, 적응, 적극형(정서안정, 사회적응, 활동적, 대인관계 양호)
E형(좌하형)	불안정, 부적응, 수동형(D형과 반대)

해답 06 ② 07 ① 08 ① 09 ④

10. 안전교육에 대한 설명으로 옳은 것은?

① 사례중심과 실연을 통하여 기능적 이해를 돕는다.
② 사무직과 기능직은 그 업무가 판이하게 다르므로 분리하여 교육한다.
③ 현장 작업자는 이해력이 낮으므로 단순반복 및 암기를 시킨다.
④ 안전교육에 건성으로 참여하는 것을 방지하기 위하여 인사고과에 필히 반영한다.

안전교육의 기본방향
1. 안전작업을 위한 교육
2. 사고사례중심의 안전교육
3. 안전의식 향상을 위한 교육

11. 산업안전보건법령에 따라 환기가 극히 불량한 좁은 밀폐된 장소에서 용접작업을 하는 근로자를 대상으로 한 특별안전·보건교육 내용에 포함되지 않는 것은? (단, 일반적인 안전·보건에 필요한 사항은 제외한다.)

① 환기설비에 관한 사항
② 질식 시 응급조치에 관한 사항
③ 작업순서, 안전작업방법 및 수칙에 관한 사항
④ 폭발 한계점, 발화점 및 인화점 등에 관한 사항

밀폐된 장소에서 하는 용접작업 또는 습한 장소에서 하는 전기용접 작업 시 특별교육 내용
1. 작업순서, 안전작업방법 및 수칙에 관한 사항
2. 환기설비에 관한 사항
3. 전격 방지 및 보호구 착용에 관한 사항
4. 질식 시 응급조치에 관한 사항
5. 작업환경 점검에 관한 사항
6. 그 밖에 안전·보건관리에 필요한 사항

12. 크레인, 리프트 및 곤돌라는 사업장에 설치가 끝난 날부터 몇 년 이내에 최초의 안전검사를 실시해야 하는가? (단, 이동식 크레인, 이삿짐운반용 리프트는 제외한다.)

① 1년 ② 2년
③ 3년 ④ 4년

크레인, 리프트 및 곤돌라는 사업장에 설치가 끝난 날부터 3년 이내에 최초 안전검사를 실시하되, 그 이후부터 2년마다 실시한다. (건설현장에서 사용하는 것은 최초 설치한 날부터 6개월 마다)

참고 산업안전보건법 시행규칙 제126조【안전검사의 주기와 합격표시 및 표시방법】

13. 재해 코스트 산정에 있어 시몬즈(R.H. Simonds) 방식에 의한 재해코스트 산정법으로 옳은 것은?

① 직접비 + 간접비
② 간접비 + 비보험코스트
③ 보험코스트 + 비보험코스트
④ 보험코스트 + 사업부보상금 지급액

시몬즈(R.H. Simonds) 방식
총 cost = 보험 cost + 비보험 cost

14. 다음 중 맥그리거(McGregor)의 Y이론과 가장 거리가 먼 것은?

① 성선설 ② 상호신뢰
③ 선진국형 ④ 권위주의적 리더십

McGregor의 X, Y 이론

X 이 론	Y 이 론
1. 인간 불신감 2. 성악설 3. 인간은 원래 게으르고 태만하여 남의 지배 받기를 즐긴다. 4. 물질 욕구(저차적 욕구) 5. 명령 통제에 의한 관리 6. 저개발국 형	1. 상호 신뢰감 2. 성선설 3. 인간은 부지런하고 근면, 적극적이며, 자주적이다. 4. 정신 욕구(고차적 욕구) 5. 목표통합과 자기 통제에 의한 자율관리 6. 선진국 형

15. 생체 리듬(Bio Rhythm) 중 일반적으로 28일을 주기로 반복되며, 주의력·창조력·예감 및 통찰력 등을 좌우하는 리듬은?

① 육체적 리듬 ② 지성적 리듬
③ 감성적 리듬 ④ 정신적 리듬

해답 10 ① 11 ④ 12 ③ 13 ③ 14 ④ 15 ③

감성적 리듬(sensitivity cycle)이란 감성적으로 예민한 기간(14일)과 그렇지 못한 둔한 기간(14일)이 28일을 주기로 반복된다. 감성적 리듬(S)은 신경조직의 모든 기능을 통하여 발현되는 감정, 즉 정서적 희로애락, 주의력, 창조력, 예감 및 통찰력 등을 좌우한다. 색상은 적색으로 표시한다.

16. 재해예방의 4원칙에 해당하지 않는 것은?

① 예방가능의 원칙 ② 손실가능의 원칙
③ 원인연계의 원칙 ④ 대책선정의 원칙

재해 예방의 4원칙
1. 손실 우연의 원칙
재해 손실은 사고 발생 시 사고 대상의 조건에 따라 달라지므로 한 사고의 결과로서 생긴 재해 손실은 우연성에 의하여 결정된다. 따라서 재해 방지의 대상은 우연성에 좌우되는 손실의 방지보다는 사고 발생 자체의 방지가 되어야 한다.
2. 원인 계기(연계)의 원칙
재해 발생은 반드시 원인이 있다. 즉 사고와 손실과의 관계는 우연적이지만 사고와 원인관계는 필연적이다.
3. 예방 가능의 원칙
재해는 원칙적으로 원인만 제거되면 예방이 가능하다.
4. 대책 선정의 원칙
재해 예방을 위한 가능한 안전 대책은 반드시 존재한다.

17. 관리감독자를 대상으로 교육하는 TWI의 교육내용이 아닌 것은?

① 문제해결훈련 ② 작업지도훈련
③ 인간관계훈련 ④ 작업방법훈련

TWI의 교육내용
1. JIT(job instruction training) : 작업을 가르치는 법(작업지도기법)
2. JMT(job method training) : 작업의 개선 방법(작업개선기법)
3. JRT(job relation training) : 사람을 다루는 법(인간관계 관리기법)
4. JST(job safety training) : 작업안전 지도 기법

18. 위험예지훈련 4R(라운드) 기법의 진행방법에서 3R에 해당하는 것은?

① 목표설정 ② 대책수립
③ 본질추구 ④ 현상파악

위험예지훈련 4R(라운드) 기법
1. 1R(1단계) – 현상파악 : 사실(위험요인)을 파악하는 단계
2. 2R(2단계) – 본질추구 : 위험요인 중 위험의 포인트를 결정하는 단계(지적확인)
3. 3R(3단계) – 대책수립 : 대책을 세우는 단계
4. 4R(4단계) – 목표설정 : 행동계획(중점 실시항목)를 정하는 단계

19. 무재해운동의 기본이념 3원칙 중 다음에서 설명하는 것은?

> 직장 내의 모든 잠재위험요인을 적극적으로 사전에 발견, 파악, 해결함으로서 뿌리에서부터 산업재해를 제거하는 것

① 무의 원칙 ② 선취의 원칙
③ 참가의 원칙 ④ 확인의 원칙

무재해운동 이념 3원칙
• 무의 원칙 : 무재해란 단순히 사망 재해, 휴업재해만 없으면 된다는 소극적인 사고(思考)가 아니라 불휴 재해는 물론 일체의 잠재위험 요인을 사전에 발견, 파악, 해결함으로서 근원적으로 산업재해를 없애는 것이다.
• 참가의 원칙 : 참가란 작업에 따르는 잠재적인 위험요인을 발견, 해결하기 위하여 전원이 일일이 협력하여 각각의 처지에서 할 생각(의욕)으로 문제해결 등을 실천하는 것을 뜻한다.
• 선취해결의 원칙 : 직장의 위험요인에 대해 행동하기 전에 발견, 파악, 해결하여 재해를 예방하거나 방지하는 것

20. 방진마스크의 사용 조건 중 산소농도의 최소기준으로 옳은 것은?

① 16% ② 18%
③ 21% ④ 23.5%

방독마스크는 산소농도가 18% 이상인 장소에서 사용하여야 하고, 고농도와 중농도에서 사용하는 방독마스크는 전면형(격리식, 직결식)을 사용해야 한다.

해답 16 ② 17 ① 18 ② 19 ① 20 ②

■■■ 제2과목 인간공학 및 시스템안전공학

21. 인체 계측 자료의 응용 원칙이 아닌 것은?

① 기존 동일 제품을 기준으로 한 설계
② 최대치수와 최소치수를 기준으로 한 설계
③ 조절범위를 기준으로 한 설계
④ 평균치를 기준으로 한 설계

인체계측 자료의 응용원칙

종 류	내 용
최대치수와 최소치수	최대 치수 또는 최소치수를 기준으로 하여 설계
조절범위(조절식)	체격이 다른 여러 사람에 맞도록 만드는 것 (보통 집단 특성치의 5%치~95%치까지의 90%조절범위를 대상)
평균치를 기준으로 한 설계	최대치수나 최소치수, 조절식으로 하기가 곤란할 때 평균치를 기준으로 하여 설계

22. 인체에서 뼈의 주요 기능이 아닌 것은?

① 인체의 지주 ② 장기의 보호
③ 골수의 조혈 ④ 근육의 대사

인체에서 뼈의 주요 기능
1. 인체의 지주
2. 장기의 보호
3. 골수의 조혈
4. 인체의 운동기능,
5. 인과 칼슘의 저장 공급

23. 각 부품의 신뢰도가 다음과 같을 때 시스템의 전체 신뢰도는 약 얼마인가?

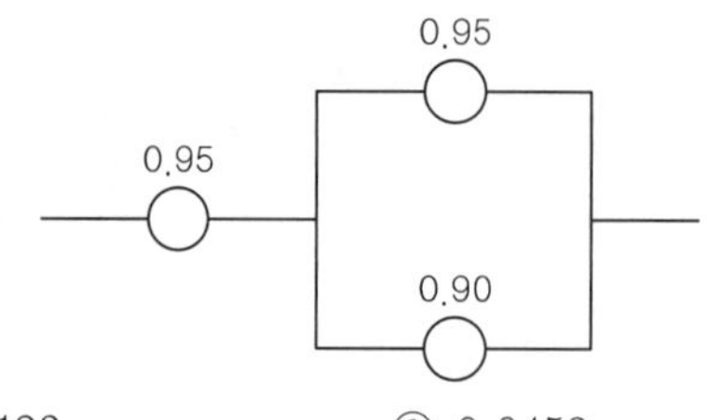

① 0.8123 ② 0.9453
③ 0.9553 ④ 0.9953

$R=0.95\times[1-(1-0.95)\times(1-0.90)]=0.94525$

24. 손이나 특정 신체부위에 발생하는 누적손상장애(CTD)의 발생인자와 가장 거리가 먼 것은?

① 무리한 힘 ② 다습한 환경
③ 장시간의 진동 ④ 반복도가 높은 작업

CTDs 발생요인(원인)

- 반복성
- 부자연스런 또는 취하기 어려운 자세
- 과도한 힘
- 접촉 스트레스
- 진동
- 온도, 조명 등 기타 요인

25. 인간공학 연구조사에 사용되는 기준의 구비조건과 가장 거리가 먼 것은?

① 다양성 ② 적절성
③ 무오염성 ④ 기준 척도의 신뢰성

인간공학 연구기준요건

기준요건	내용
표준화	검사를 위한 조건과 검사 절차의 일관성과 통일성을 표준화한다.
객관성	검사결과를 채점하는 과정에서 채점자의 편견이나 주관성이 배제되어 어떤 사람이 채점하여도 동일한 결과를 얻어야 한다.
규준	검사의 결과를 해석하기 위해서 비교할 수 있는 참조 또는 비교의 틀을 제공하는 것이다.
신뢰성	검사응답의 일관성, 즉 반복성을 말하는 것이다.
타당성	측정하고자하는 것을 실제로 측정하는 것을 타당성이라 한다.
민감도	피실험자 사이에서 볼 수 있는 예상 차이점에 비례하는 단위로 측정해야 하는 것.
검출성	정보를 암호화한 자극은 주어진 상황하의 감지 장치나 사람이 감지할 수 있어야 한다.
적절성	연구방법, 수단의 적합도
변별성	다른 암호표시와 구별되어야 한다.
무오염성	측정하고자 하는 변수 외의 다른 변수들의 영향을 받아서는 안된다.

해답 21 ① 22 ④ 23 ② 24 ② 25 ①

26. 의자 설계 시 고려해야할 일반적인 원리와 가장 거리가 먼 것은?

① 자세고정을 줄인다.
② 조정이 용이해야 한다.
③ 디스크가 받는 압력을 줄인다.
④ 요추 부위의 후만곡선을 유지한다.

의자설계의 일반적인 원칙
1. 요부 전만을 유지한다.(허리부분이 정상상태에서 자연적으로 앞쪽으로 휘는 형태)
2. 디스크가 받는 압력을 줄인다.
3. 등근육의 정적 부하를 줄인다.
4. 자세고정을 줄인다.
5. 조정이 용이해야 한다.

27. 다음 FT도에서 시스템에 고장이 발생할 확률은 약 얼마인가? (단, X_1과 X_2의 발생확률은 각각 0.05, 0.03이다.)

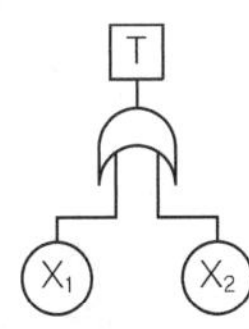

① 0.0015　　② 0.0785
③ 0.9215　　④ 0.9985

$T=1-(1-X_1)(1-X_2)=1-(1-0.05)(1-0.03)=0.0785$

28. 반사율이 85%, 글자의 밝기가 400cd/m^2인 VDT 화면에 350lux의 조명이 있다면 대비는 약 얼마인가?

① −6.0　　② −5.0
③ −4.2　　④ −2.8

① VDT화면(배경)의 광속발산도
$=\frac{\text{조명}\times\text{반사율}}{\pi}=\frac{350\times0.85}{\pi}=94.7$
② 글자(표적)의 광속발산도=배경밝기+글자밝기
=94.7+400=494.7
③ 대비$=\frac{Lb-Lt}{Lb}=\frac{94.7-494.7}{94.7}=-4.22$
Lb : 배경의 광속발산도
Lt : 표적의 광속발산도

29. 화학설비에 대한 안전성 평가 중 정량적 평가항목에 해당되지 않는 것은?

① 공정　　② 취급물질
③ 압력　　④ 화학설비용량

정량적 평가 항목
1. 당해 화학설비의 취급물질
2. 용량
3. 온도
4. 압력
5. 조작

30. 시각 장치와 비교하여 청각 장치 사용이 유리한 경우는?

① 메시지가 길 때
② 메시지가 복잡할 때
③ 정보 전달 장소가 너무 소란할 때
④ 메시지에 대한 즉각적인 반응이 필요할 때

표시장치의 선택

청각장치의 사용	시각장치의 사용
1. 전언이 간단하고 짧다. 2. 전언이 후에 재참조 되지 않는다. 3. 전언이 시간적인 사상(event)을 다룬다. 4. 전언이 즉각적인 행동을 요구한다. 5. 수신자의 시각계통이 과부하 상태일 때 6. 수신 장소가 너무 밝거나 암조응 유지가 필요할 때 7. 직무상 수신자가 자주 움직이는 경우	1. 전언이 복잡하고 길다. 2. 전언이 후에 재참조 된다. 3. 전언이 공간적인 위치를 다룬다. 4. 전언이 즉각적인 행동을 요구하지 않는다. 5. 수신자의 청각계통이 과부하 상태일 때 6. 수신장소가 너무 시끄러울 때 7. 직무상 수신자가 한 곳에 머무르는 경우

31. 산업안전보건법령상 사업주가 유해위험방지 계획서를 제출할 때에는 사업장 별로 관련서류를 첨부하여 해당 작업 시작 며칠 전까지 해당 기관에 제출하여야 하는가?

① 7일　　② 15일
③ 30일　　④ 60일

해답 26 ④ 27 ② 28 ③ 29 ① 30 ④ 31 ②

사업주가 유해위험방지계획서를 제출할 때에는 사업장별로 별지 제16호서식의 제조업 등 유해위험방지계획서에 다음 각 호의 서류를 첨부하여 해당 작업 시작 15일 전까지 공단에 2부를 제출해야 한다. 이 경우 유해위험방지계획서의 작성기준, 작성자, 심사기준, 그 밖에 심사에 필요한 사항은 고용노동부장관이 정하여 고시한다.

1. 건축물 각 층의 평면도
2. 기계·설비의 개요를 나타내는 서류
3. 기계·설비의 배치도면
4. 원재료 및 제품의 취급, 제조 등의 작업방법의 개요
5. 그 밖에 고용노동부장관이 정하는 도면 및 서류

참고 산업안전보건법 시행규칙 제42조【제출서류 등】

32. **인간-기계 시스템을 설계할 때에는 특정기능을 기계에 할당하거나 인간에게 할당하게 된다. 이러한 기능할당과 관련된 사항으로 옳지 않은 것은? (단, 인공지능과 관련된 사항은 제외한다.)**

① 인간은 원칙을 적용하여 다양한 문제를 해결하는 능력이 기계에 비해 우월하다.
② 일반적으로 기계는 장시간 일관성이 있는 작업을 수행하는 능력이 인간에 비해 우월하다.
③ 인간은 소음, 이상온도 등의 환경에서 작업을 수행하는 능력이 기계에 비해 우월하다.
④ 일반적으로 인간은 주위가 이상하거나 예기치 못한 사건을 감지하여 대처한 능력이 기계에 비해 우월하다.

③항, 소음, 이상온도 등의 환경에서 작업을 수행하는 능력은 기계가 인간에 비해 우월하다.

33. **모든 시스템 안전분석에서 제일 첫 번째 단계의 분석으로, 실행되고 있는 시스템을 포함한 모든 것의 상태를 인식하고 시스템의 개발단계에서 시스템 고유의 위험상태를 식별하여 예상되고 있는 재해의 위험수준을 결정하는 것을 목적으로 하는 위험분석 기법은?**

① 결함위험분석(FHA : Fault Hazard Analysis)
② 시스템위험분석(SHA : System Hazard Analysis)
③ 예비위험분석(PHA : Preliminary Hazard Analysis)
④ 운용위험분석(OHA : Operating Hazard Analysis)

PHA분석이란 대부분 시스템안전 프로그램에 있어서 최초단계의 분석으로 시스템 내의 위험한 요소가 얼마나 위험한 상태에 있는가를 정성적·귀납적으로 평가하는 것이다.

34. **컷셋(cut set)과 패스셋(pass set)에 관한 설명으로 옳은 것은?**

① 동일한 시스템에서 패스셋의 개수와 컷셋의 개수는 같다.
② 패스셋은 동시에 발생했을 때 정상사상을 유발하는 사상들의 집합이다.
③ 일반적으로 시스템에서 최소 컷셋의 개수가 늘어나면 위험 수준이 높아진다.
④ 최소 컷셋은 어떤 고장이나 실수를 일으키지 않으면 재해는 일어나지 않는다고 하는 것이다.

최소컷셋(minimal cut set)은 어떤 고장이나 실수를 일으키면 재해가 일어날까 하는 식으로 결국은 시스템의 위험성을 표시하는 것으로 최소 컷셋의 개수가 늘어나면 위험 수준이 높아진다.

35. **조종장치를 촉각적으로 식별하기 위하여 사용되는 촉각적 코드화의 방법으로 옳지 않은 것은?**

① 색감을 활용한 코드화
② 크기를 이용한 코드화
③ 조종장치의 형상 코드화
④ 표면 촉감을 이용한 코드화

①항은 색깔에 의한 코드화 방법이다.

참고 제어장치의 코드화의 방법에는 형상, 촉감, 크기, 위치, 조작법, 색깔, 라벨 등이 있다.

해답 32 ③ 33 ③ 34 ③ 35 ①

36. FT도에서 사용하는 기호 중 다음 그림과 같이 OR 게이트이지만 2개 또는 그 이상의 입력이 동시에 존재할 때 출력이 생기지 않는 경우 사용하는 것은?

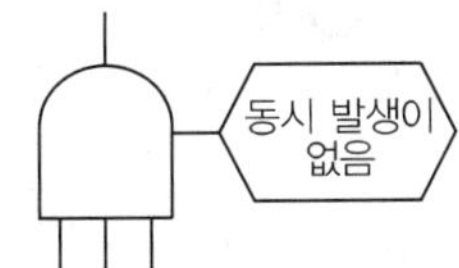

① 부정 OR 게이트 ② 배타적 OR 게이트
③ 억제 게이트 ④ 조합 OR 게이트

위 문제는 배타적 OR게이트와 관련한 문제이지만 해당문제의 그림이 AND게이트로 제시되어 전항이 정답.

참고 배타적 OR Gate : OR Gate로 2개 이상의 입력이 동시에 존재한 때에는 출력사상이 생기지 않는다. 예를 들면 「동시에 발생하지 않는다.」라고 기입한다.

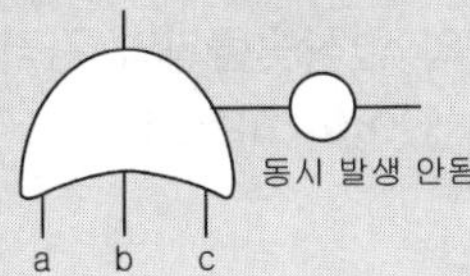

37. 휴먼 에러(Human Error)의 요인을 심리적 요인과 물리적 요인으로 구분할 때, 심리적 요인에 해당하는 것은?

① 일이 너무 복잡한 경우
② 일의 생산성이 너무 강조될 경우
③ 동일 형상의 것이 나란히 있을 경우
④ 서두르거나 절박한 상황에 놓여있을 경우

휴먼에러(Human Error)의 심리적 요인으로는 서두르거나 절박한 상황에 놓여 있을 경우에 해당되고, ①, ②, ③항은 외부의 환경적 요인이다.

38. 적절한 온도의 작업환경에서 추운 환경으로 온도가 변할 때 우리의 신체가 수행하는 조절작용이 아닌 것은?

① 발한(發汗)이 시작된다.
② 피부의 온도가 내려간다.
③ 직장(直腸)온도가 약간 올라간다.
④ 혈액의 많은 양이 몸의 중심부를 위주로 순환한다.

적온 → 한냉 환경으로 변화 시 신체작용
- 피부 온도가 내려간다.
- 혈액은 피부를 경유하는 순환량이 감소하고, 많은 양의 혈액이 몸의 중심부를 순환한다.
- 직장(直腸) 온도가 약간 올라간다.
- 소름이 돋고 몸이 떨린다.

39. 시스템안전 MIL-STD-882B 분류기준의 위험성 평가 매트릭스에서 발생빈도에 속하지 않는 것은?

① 거의 발생하지 않는(remote)
② 전혀 발생하지 않는(impossible)
③ 보통 발생하는(reasonably probable)
④ 극히 발생하지 않을 것 같은(extremely improbable)

MIL-STD-882 재해확률수준

분류	수준
자주발생(Frequent)	A
보통발생(probable)	B
가끔발생(Occasionl)	C
거의 발생하지 않음(Remote)	D
극히 발생하지 않음(Improbable)	E
제거됨(Eliminated)	F

40. FTA에 의한 재해사례연구순서 중 2단계에 해당하는 것은?

① FT도의 작성
② 톱 사상의 선정
③ 개선계획의 작성
④ 사상의 재해원인을 규명

FTA에 의한 재해사례 연구순서 4단계
1. 1단계 : TOP 사상의 선정
2. 2단계 : 사상의 재해 원인 규명
3. 3단계 : FT도 작성
4. 4단계 : 개선 계획의 작성

해답 36 ①②③④ 37 ④ 38 ① 39 ② 40 ④

■■■ 제3과목 기계위험방지기술

41. 산업안전보건법령상 로봇에 설치되는 제어장치의 조건에 적합하지 않은 것은?

① 누름버튼은 오작동 방지를 위한 가드를 설치하는 등 불시기동을 방지할 수 있는 구조로 제작·설치되어야 한다.
② 로봇에는 외부 보호 장치와 연결하기 위해 하나 이상의 보호정지회로를 구비해야 한다.
③ 전원공급램프, 자동운전, 결함검출 등 작동제어의 상태를 확인할 수 있는 표시장치를 설치해야 한다.
④ 조작버튼 및 선택스위치 등 제어장치에는 해당 기능을 명확하게 구분할 수 있도록 표시해야 한다.

②항, 보호장치의 설계 요구조건 및 안전조치이다.

참고 위험기계·기구 자율안전확인 고시【별표 2】산업용 로봇의 제작 및 안전기준
로봇에 설치되는 제어장치는 다음 각 목의 요건에 적합하도록 설계·제작되어야 한다.
가. 누름버튼은 오작동 방지를 위한 가드를 설치하는 등 불시기동을 방지할 수 있는 구조로 제작·설치되어야 한다.
나. 전원공급램프, 자동운전, 결함검출 등 작동제어의 상태를 확인할 수 있는 표시장치를 설치해야 한다.
다. 조작버튼 및 선택스위치 등 제어장치에는 해당 기능을 명확하게 구분할 수 있도록 표시해야 한다.

42. 컨베이어의 제작 및 안전기준 상 작업구역 및 통행구역에 덮개, 울 등을 설치해야 하는 부위에 해당하지 않는 것은?

① 컨베이어의 동력전달 부분
② 컨베이어의 제동장치 부분
③ 호퍼, 슈터의 개구부 및 장력 유지장치
④ 컨베이어 벨트, 풀리, 롤러, 체인, 스프라켓, 스크류 등

참고 위험기계·기구 자율안전확인 고시【별표 6】컨베이어의 제작 및 안전기준
작업구역 및 통행구역에서 다음의 부위에는 덮개, 울, 물림보호물(nip guard), 감응형 방호장치(광전자식, 안전매트 등) 등을 설치해야 한다.
1) 컨베이어의 동력전달 부분
2) 컨베이어 벨트, 풀리, 롤러, 체인, 스프라켓, 스크류 등
3) 호퍼, 슈트의 개구부 및 장력 유지장치
4) 기타 가동부분과 정지부분 또는 다른 물건 사이 틈 등 작업자에게 위험을 미칠 우려가 있는 부분. 다만, 그 틈이 5mm 이내인 경우에는 예외로 할 수 있다.
5) 운반되는 재료 또는 컨베이어가 화상 등을 일으킬 수 있는 구간. 다만, 이 경우 덮개나 울을 설치해야 한다.

43. 산업안전보건법령상 탁상용 연삭기의 덮개에는 작업 받침대와 연삭숫돌과의 간격을 몇 mm 이하로 조정할 수 있어야 하는가?

① 3 ② 4
③ 5 ④ 10

참고 위험기계·기구 자율안전확인 고시【별표 4】연삭기 덮개의 성능기준
연삭기 덮개의 일반구조는 다음 각 목과 같이 한다.
가. 덮개에 인체의 접촉으로 인한 손상위험이 없어야 한다.
나. 덮개에는 그 강도를 저하시키는 균열 및 기포 등이 없어야 한다.
다. 탁상용 연삭기의 덮개에는 워크레스트 및 조정편을 구비하여야 하며, **워크레스트는 연삭숫돌과의 간격을 3밀리미터 이하로 조정할 수 있는 구조이어야 한다.**
라. 각종 고정부분은 부착하기 쉽고 견고하게 고정될 수 있어야 한다.
※ 연삭기의 워크레스트 : 작업 받침대를 의미한다.

44. 다음 중 회전축, 커플링 등 회전하는 물체에 작업복 등이 말려드는 위험을 초래하는 위험점은?

① 협착점 ② 접선물림점
③ 절단점 ④ 회전말림점

회전말림점(Trapping point) : 회전하는 물체에 작업복 등이 말려드는 위험이 존재하는 점.
예 회전하는 축, 커플링 또는 회전하는 보링머신의 천공공구 등이 있다.

해답 41 ② 42 ② 43 ① 44 ④

45. 가공기계에 쓰이는 주된 풀 푸르프(Fool Proof)에서 가드(Guard)의 형식으로 틀린 것은?

① 인터록 가드(Interlock Guard)
② 안내 가드(Guide Guard)
③ 조정 가드(Adjustable Guard)
④ 고정 가드(Fixed Guard)

②항, 안내가드는 작업의 정확성, 편의성을 위해 주로 사용되는 가드형식이다.

참고 풀 프루프(Fool proof)
기계장치설계 단계에서 안전화를 도모하는 기본적 개념이며, 근로자가 기계 등의 취급을 잘못해도 그것이 바로 사고나 재해와 연결되는 일이 없도록 하는 확고한 안전기구를 말한다. 즉, 인간의 착오·실수 등 이른바 인간 과오(Human error)를 방지하기 위한 것

46. 밀링작업 시 안전수칙으로 틀린 것은?

① 보안경을 착용한다.
② 칩은 기계를 정지시킨 다음에 브러시로 제거한다.
③ 가공 중에는 손으로 가공면을 점검하지 않는다.
④ 면장갑을 착용하여 작업한다.

④항, 면장갑을 착용할 경우 밀링머신의 커터등에 말려들어갈 위험성이 있다.

참고 작업안전수칙
1. 밀링 커터에 작업복의 소매나 작업모가 말려 들어가지 않도록 할 것
2. 칩은 기계를 정지시킨 다음에 브러시로 제거할 것
3. 일감, 커터 및 부속장치 등을 제거할 때 시동레버를 건드리지 않도록 할 것
4. 상하 이송장치의 핸들은 사용 후, 반드시 빼 둘 것
5. 일감 또는 부속장치 등을 설치하거나 제거시킬 때, 또는 일감을 측정할 때에는 반드시 정지시킨 다음에 측정할 것
6. 커터를 교환할 때는 반드시 테이블 위에 목재를 받쳐 놓을 것
7. 커터는 될 수 있는 한 컬럼에 가깝게 설치할 것
8. 테이블이나 아암 위에 공구나 커터 등을 올려놓지 않고 공구대 위에 놓을 것
9. 가공 중에는 손으로 가공면을 점검하지 말 것
10. 강력절삭을 할 때는 일감을 바이스에 깊게 물릴 것
11. 면장갑을 끼지 말 것
12. 밀링작업에서 생기는 칩은 가늘고 예리하며 부상을 입히기 쉬우므로 보안경을 착용할 것

47. 크레인의 방호장치에 해당되지 않은 것은?

① 권과방지장치　② 과부하방지장치
③ 비상정지장치　④ 자동보수장치

크레인의 방호장치로는 권과방지장치, 비상정지장치, 제동장치, 과부하방지장치가 있다.

48. 무부하 상태에서 지게차로 20km/h의 속도로 주행할 때, 좌우 안정도는 몇 % 이내이어야 하는가?

① 37%　② 39%
③ 41%　④ 43%

주행 시의 좌우 안정도(15+1.1V)%, V는 최고 속도(시속 km)
15+(1.1×20)=37%

49. 선반가공 시 연속적으로 발생되는 칩으로 인해 작업자가 다치는 것을 방지하기 위하여 칩을 짧게 절단 시켜주는 안전장치는?

① 커버　② 브레이크
③ 보안경　④ 칩 브레이커

칩 브레이커(chip breaker)란 절삭공구의 날 끝에 홈 또는 단을 만들어 칩을 구부러지게 하여 이로 인해 칩을 절단시키는 것으로 종류로는 클램프형, 연삭형이 있으며 이것만으로는 절단이 불가능한 경우에 대해서는 특수한 칩브레이커(방해판에 의한 절단, 자동조정식 브레이커 등)를 별도로 설치하여야 한다.

50. 아세틸렌 용접장치에 관한 설명 중 틀린 것은?

① 아세틸렌발생기로부터 5m 이내, 발생기실로부터 3m 이내에는 흡연 및 화기사용을 금지한다.
② 발생기실에는 관계근로자가 아닌 사람이 출입하는 것을 금지한다.
③ 아세틸렌 용기는 뉘어서 사용한다.
④ 건식안전기의 형식으로 소결금속식과 우회로식이 있다.

③항, 아세틸렌 용기는 반드시 세워두어야 한다.

해답 45 ② 46 ④ 47 ④ 48 ① 49 ④ 50 ③

51. 산업안전보건법령상 프레스의 작업시작 전 점검사항이 아닌 것은?

① 금형 및 고정볼트 상태
② 방호장치의 기능
③ 전단기의 칼날 및 테이블의 상태
④ 트롤리(trolley)가 횡행하는 레일의 상태

프레스 작업시작 전 점검사항
1. 클러치 및 브레이크의 기능
2. 크랭크축·플라이휠·슬라이드·연결봉 및 연결 나사의 풀림 여부
3. 1행정 1정지기구·급정지장치 및 비상정지장치의 기능
4. 슬라이드 또는 칼날에 의한 위험방지 기구의 기능
5. 프레스의 금형 및 고정볼트 상태
6. 방호장치의 기능
7. 전단기(剪斷機)의 칼날 및 테이블의 상태

52. 프레스 양수조작식 방호장치 누름버튼의 상호간 내측거리는 몇 mm 이상인가?

① 50 ② 100
③ 200 ④ 300

양수조작식 방호장치에서 양쪽 누름버튼간의 내측 최단거리는 300mm(30cm) 이상으로 하여야 한다.

53. 산업안전보건법령상 승강기의 종류에 해당하지 않는 것은?

① 리프트 ② 에스컬레이터
③ 화물용 엘리베이터 ④ 승객용 엘리베이터

승강기의 종류
1. 승객용 엘리베이터: 사람의 운송에 적합하게 제조·설치된 엘리베이터
2. 승객화물용 엘리베이터: 사람의 운송과 화물 운반을 겸용하는데 적합하게 제조·설치된 엘리베이터
3. 화물용 엘리베이터: 화물 운반에 적합하게 제조·설치된 엘리베이터로서 조작자 또는 화물취급자 1명은 탑승할 수 있는 것(적재용량이 300킬로그램 미만인 것은 제외한다)
4. 소형화물용 엘리베이터: 음식물이나 서적 등 소형 화물의 운반에 적합하게 제조·설치된 엘리베이터로서 사람의 탑승이 금지된 것
5 에스컬레이터: 일정한 경사로 또는 수평로를 따라 위·아래 또는 옆으로 움직이는 디딤판을 통해 사람이나 화물을 승강장으로 운송시키는 설비

54. 롤러기의 앞면 롤의 지름이 300mm, 분당회전수가 30회일 경우 허용되는 급정지장치의 급정지거리는 약 몇 mm 이내이어야 하는가?

① 37.7 ② 31.4
③ 377 ④ 314

$V=\frac{\pi DN}{1000}=\frac{\pi\times300\times30}{1000}=28.27$이다. 속도는 30m/min 이하로 $\frac{1}{3}$이내에 급정지 되어야 하므로, $\pi\times300\times\left(\frac{1}{3}\right)=314.16\text{ mm}$가 된다.

55. 어떤 로프의 최대하중이 700N이고, 정격하중은 100N이다. 이 때 안전계수는 얼마인가?

① 5 ② 6
③ 7 ④ 8

$\text{안전계수}=\frac{\text{최대하중}}{\text{정격하중}}=\frac{700}{100}=7$

56. 다음 중 설비의 진단방법에 있어 비파괴시험이나 검사에 해당하지 않는 것은?

① 피로시험 ② 음향탐상검사
③ 방사선투과시험 ④ 초음파탐상검사

①항, 피로 시험-파괴시험이다.

참고 **비파괴 시험의 종류**
1. 방사선 투과 시험(RT : Radiographic Test)
2. 초음파 탐상 검사(UT : Ultrasonic Test)
3. 자분탐상 시험(MT : Magnetic dust Test)
4. 침투탐상시험(PT : Penetrant Test)
5. 와류탐상시험(ET : Eddy current Test)
6. 음향탐상시험(AE : Acoustic emission Test)

해답 51 ④ 52 ④ 53 ① 54 ④ 55 ③ 56 ①

57. 지름 5cm 이상을 갖는 회전중인 연삭숫돌이 근로자들에게 위험을 미칠 우려가 있는 경우에 필요한 방호장치는?

① 받침대 ② 과부하 방지장치
③ 덮개 ④ 프레임

회전중인 연삭숫돌(직경이 5센티미터 이상인 것에 한한다)이 근로자에게 위험을 미칠 우려가 있는 때에는 해당 부위에 덮개를 설치하여야 한다.

58. 프레스 금형의 파손에 의한 위험방지 방법이 아닌 것은?

① 금형에 사용하는 스프링은 반드시 인장형으로 할 것
② 작업 중 진동 및 충격에 의해 볼트 및 너트의 헐거워짐이 없도록 할 것
③ 금형의 하중 중심은 원칙적으로 프레스 기계의 하중 중심과 일치하도록 할 것
④ 캠, 기타 충격이 반복해서 가해지는 부분에는 완충장치를 설치할 것

①항, 금형에 사용하는 스프링은 압축형으로 한다.

59. 기계설비의 작업능률과 안전을 위해 공장의 설비배치 3단계를 올바른 순서대로 나열한 것은?

① 지역배치 → 건물배치 → 기계배치
② 건물배치 → 지역배치 → 기계배치
③ 기계배치 → 건물배치 → 지역배치
④ 지역배치 → 기계배치 → 건물배치

기계설비의 작업능률과 안전을 위한 배치(layout)의 3단계
1단계 : 지역배치
2단계 : 건물배치
3단계 : 기계배치

60. 다음 중 연삭 숫돌의 파괴원인으로 거리가 먼 것은?

① 플랜지가 현저히 클 때
② 숫돌에 균열이 있을 때
③ 숫돌의 측면을 사용할 때
④ 숫돌의 치수 특히 내경의 크기가 적당하지 않을 때

①항, 플랜지가 현저히 작을 때 숫돌이 파괴된다.

참고 플랜지(flange)의 직경은 숫돌 직경의 1/3 이상인 것이 적당하며, 고정측과 이동측의 직경은 같아야 한다.

제4과목 전기위험방지기술

61. 충격전압시험시의 표준충격파형을 1.2x50㎲로 나타내는 경우 1.2와 50이 뜻하는 것은?

① 파두장 - 파미장
② 최초섬락시간 - 최종섬락시간
③ 라이징타임 - 스테이블타임
④ 라이징타임 - 충격전압인가시간

충격파는 파고치와 파두길이(파고치에 달할 때까지의 시간) 및 파미길이(파고치의 50%로 감소할 때까지의 시간)로 표시한다.
충격파=파두시간 × 파미부분에서 파고치의 50%로 감소할 때까지의 시간

참고
P점 : 파고점
E : 파고치
OP : 파두(wave front)
PQ : 파미(wave Tail)

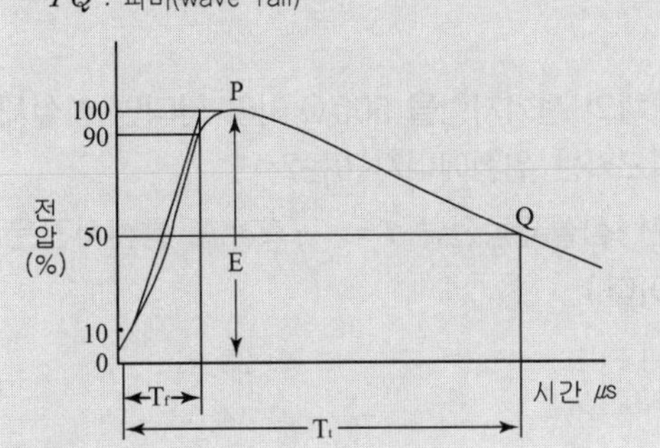

해답 57 ③ 58 ① 59 ① 60 ① 61 ①

62. 폭발위험장소의 분류 중 인화성 액체의 증기 또는 가연성 가스에 의한 폭발위험이 지속적으로 또는 장기간 존재하는 장소는 몇 종 장소로 분류되는가?

① 0종 장소 ② 1종 장소
③ 2종 장소 ④ 3종 장소

폭발위험장소의 분류

분 류		내 용	예
가스 폭발 위험 장소	0종 장소	인화성 액체의 증기 또는 가연성 가스에 의한 폭발위험이 지속적으로 또는 장기간 존재하는 장소	용기내부·장치 및 배관의 내부 등
	1종 장소	정상 작동상태에서 인화성 액체의 증기 또는 가연성 가스에 의한 폭발위험분위기가 존재하기 쉬운 장소	맨홀·벤드·핏트 등의 내부
	2종 장소	정상작동상태에서 인화성 액체의 증기 또는 가연성 가스에 의한 폭발위험분위기가 존재할 우려가 없으나, 존재할 경우 그 빈도가 아주 적고 단기간만 존재할 수 있는 장소	개스킷·패킹 등 주위

63. 활선 작업 시 사용할 수 없는 전기작업용 안전장구는?

① 전기안전모 ② 절연장갑
③ 검전기 ④ 승주용 가제

1. 승주용 가제는 보호구에 해당한다.
2. 활선 작업을 위한 승주(전주나 탑을 오르는 것)시는 절연장갑, 가죽장갑을 사용하고 방호구등을 설치하여야 한다.

64. 인체의 전기저항을 500Ω이라 한다면 심실세동을 일으키는 위험에너지(J)는?
(단, 심실세동전류 $I=\dfrac{165}{\sqrt{T}}$ mA, 통전시간은 1초이다.)

① 13.61 ② 23.21
③ 33.42 ④ 44.63

$$w=I^2RT=\left(\frac{165}{\sqrt{1}}\times10^{-3}\right)^2\times500\times1=13.61[\mathrm{J}]$$

65. 피뢰침의 제한전압이 800kV, 충격절연강도가 1000kV라 할 때, 보호여유도는 몇 %인가?

① 25 ② 33
③ 47 ④ 63

$$\text{여유도(\%)}=\frac{\text{충격절연강도}-\text{제한전압}}{\text{제한전압}}\times100$$
$$=\frac{1000-800}{800}\times100=25$$

66. 감전사고를 일으키는 주된 형태가 아닌 것은?

① 충전전로에 인체가 접촉되는 경우
② 이중절연 구조로 된 전기 기계 · 기구를 사용하는 경우
③ 고전압의 전선로에 인체가 근접하여 섬락이 발생된 경우
④ 충전 전기회로에 인체가 단락회로의 일부를 형성하는 경우

②항, 이중절연 구조로 된 전기 기계 · 기구 등을 사용하는 것은 감전사고를 예방하는 방법이다.

67. 화재가 발생하였을 때 조사해야 하는 내용으로 가장 관계가 먼 것은?

① 발화원 ② 착화물
③ 출화의 경과 ④ 응고물

전기화재 발생원인의 3요건으로 발화원, 착화원, 출화의 경과가 있다.

해답 62 ① 63 ④ 64 ① 65 ① 66 ② 67 ④

68. 정전기에 관한 설명으로 옳은 것은?

① 정전기는 발생에서부터 억제-축적방지-안전한 방전이 재해를 방지할 수 있다.
② 정전기발생은 고체의 분쇄공정에서 가장 많이 발생한다.
③ 액체의 이송 시는 그 속도(유속)를 7(m/s) 이상 빠르게 하여 정전기의 발생을 억제한다.
④ 접지 값은 10(Ω) 이하로 하되 플라스틱 같은 절연도가 높은 부도체를 사용한다.

②항, 정전기의 발생은 마찰에 의해 가장 많이 발생한다.
③항, 액체의 이송 시는 유속을 7m/s 이하로 제한하며 에테르, 이황화탄소와 같은 위험물은 1m/s 이하로 제한한다.
④항, 접지는 금속과 같은 도체를 사용한다.

69. 전기설비의 필요한 부분에 반드시 보호접지를 실시하여야 한다. 접지공사의 종류에 따른 접지저항과 접지선의 굵기가 틀린 것은?

① 제1종 : 10Ω 이하, 공칭단면적 $6mm^2$ 이상의 연동선
② 제2종 : $\frac{150}{1선지락전류}$ Ω 이하, 공칭단면적 $2.5mm^2$ 이상의 연동선
③ 제3종 : 100Ω 이하, 공칭단면적 $2.5mm^2$ 이상의 연동선
④ 특별 제3종 : 10Ω 이하, 공칭단면적 $2.5mm^2$ 이상의 연동선

참고 접지공사의 종류 및 접지선의 굵기

접지종별	접지선의 굵기	접지 저항값
제1종	공칭단면적 $6mm^2$ 이상의 연동선	10Ω 이하
제2종	공칭단면적 $16mm^2$ 이상의 연동선	$\frac{150}{1선지락전류}$ Ω 이하
제3종	공칭단면적 $2.5mm^2$ 이상의 연동선	100Ω이하
특별 제3종	공칭단면적 $2.5mm^2$ 이상의 연동선	10Ω이하

※ 2021년 시행되는 한국전기설비규정에서는 접지종별이 삭제되었다.(본문 참조)

70. 교류아크 용접기에 전격 방지기를 설치하는 요령 중 틀린 것은?

① 이완 방지 조치를 한다.
② 직각으로만 부착해야 한다.
③ 동작 상태를 알기 쉬운 곳에 설치한다.
④ 테스트 스위치는 조작이 용이한 곳에 위치시킨다.

교류아크 용접기에 전격 방지기를 설치하는 경우
1. 이완 방지 조치를 한다.
2. 동작 상태를 알기 쉬운 곳에 설치한다.
3. 테스트 스위치는 조작이 용이한 곳에 위치시킨다.
4. 수평으로 선이 꼬이거나 꺾이지 않도록 연결한다.

71. 전기기기의 Y종 절연물의 최고 허용온도는?

① 80℃ ② 85℃
③ 90℃ ④ 105℃

절연물의 내열 구분

종별	허용최고온도(℃)
Y종	90
A종	105
E종	120
B종	130
P종	155
H종	180
C종	180 이상

72. 내압방폭구조의 기본적 성능에 관한 사항으로 틀린 것은?

① 내부에서 폭발할 경우 그 압력에 견딜 것
② 폭발화염이 외부로 유출되지 않을 것
③ 습기침투에 대한 보호가 될 것
④ 외함 표면온도가 주위의 가연성 가스에 점화하지 않을 것

해답 68 ① 69 ② 70 ② 71 ③ 72 ③

> 내압방폭구조의 기본적 성능에 관한 사항
> 1. 내부에서 폭발할 경우 그 압력에 견딜 것
> 2. 폭발화염이 외부로 유출되지 않을 것
> 3. 외함 표면온도가 주위의 가연성 가스에 점화하지 않을 것
> 4. 폭발 후에는 협격을 통해서 고온의 가스를 서서히 방출시킴으로써 냉각되는 구조로 될 것

73. **온도조절용 바이메탈과 온도 퓨즈가 회로에 조합되어 있는 다리미를 사용한 가정에서 화재가 발생했다. 다리미에 부착되어 있던 바이메탈과 온도퓨즈를 대상으로 화재사고를 분석하려 하는데 논리기호를 사용하여 표현하고자 한다. 어느 기호가 적당한가? (단, 바이메탈의 작동과 온도 퓨즈가 끊어졌을 경우를 0, 그렇지 않을 경우를 1 이라 한다.)**

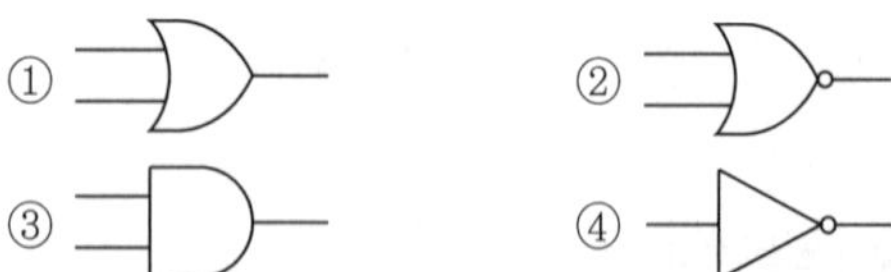

> AND 회로(논리곱)
> 2개의 변수 A, B, X의 관계에서 A와 B가 모두 성립할 때, X가 성립하면 X는 A와 B의 논리적이라고 한다. 즉, X가 "1"이 되기 위해서는 A가 "1"이고 또한 B가 "1"이 되어야 한다. AND회로의 논리식은 입력의 곱으로 출력에 나타난다.

유접점 회로	논리식 · 기호	진리표	타임차트
A, B, X	X = A · B	A B X / 0 0 0 / 0 1 0 / 1 0 0 / 1 1 1	A, B, X

74. **화염일주한계에 대한 설명으로 옳은 것은?**

① 폭발성 가스와 공기의 혼합기에 온도를 높인 경우 화염이 발생 할 때까지의 시간 한계치
② 폭발성 분위기에 있는 용기의 접합면 틈새를 통해 화염이 내부에서 외부로 전파되는 것을 저지할 수 있는 틈새의 최대간격치
③ 폭발성 분위기 속에서 전기불꽃에 의하여 폭발을 일으킬 수 있는 화염을 발생시키기에 충분한 교류 파형의 1주기치
④ 방폭설비에서 이상이 발생하여 불꽃이 생성된 경우에 그것이 점화원으로 작용하지 않도록 화염의 에너지를 억제하여 폭발하한계로 되도록 화염 크기를 조정하는 한계치

> 화염일주 한계란 폭발성 Gas가 폭발을 일으킬 경우 폭발압력의 크기 및 폭발화염이 접합면의 틈새를 통하여 외부 폭발성 Gas에 점화되어 파급되지 않는 한도를 즉, 최대안전틈새를 말한다.

75. **폭발위험이 있는 장소의 설정 및 관리와 가장 관계가 먼 것은?**

① 인화성 액체의 증기 사용
② 가연성 가스의 제조
③ 가연성 분진 제조
④ 종이 등 가연성 물질 취급

> 폭발위험장소는 위험성 증기나 분진의 발생여부에 따라 결정된다.
> **참고** 위험장소의 판정기준
> 1. 위험물의 양
> 2. 위험물의 현존가능성
> 3. 가스와 분진등의 특성
> 4. 통풍의 정도
> 5. 작업자에 의한 영향

76. **인체의 표면적이 0.5m²이고 정전용량은 0.02pF/cm²이다. 3300V의 전압이 인가되어 있는 전선에 접근하여 작업을 할 때 인체에 축적되는 정전기 에너지(J)는?**

① 5.445×10^{-2}　　② 5.445×10^{-4}
③ 2.723×10^{-2}　　④ 2.723×10^{-4}

> ① $E = \frac{1}{2}CV^2$
> $= \frac{1}{2} \times (0.02 \times 10^{-12}) \times 3300^2 = 1.089 \times 10^{-7}[J/cm^2]$
> ② 인체의 표면적 $0.5m^2 = 5000cm^2$ 이므로
> $1.089 \times 10^{-7} J/cm^2 \times 5{,}000cm^2 = 5.445 \times 10^{-4}[J]$

해답 73 ③　74 ②　75 ④　76 ②

77. 제3종 접지공사를 시설하여야 하는 장소가 아닌 것은?

① 금속몰드 배선에 사용하는 몰드
② 고압계기용 변압기의 2차측 전로
③ 고압용 금속제 케이블트레이 계통의 금속트레이
④ 400V 미만의 저압용 기계기구의 철대 및 금속제 외함

③항, 고압용 금속제 케이블트레이 계통의 금속트레이는 특별제3종 접지공사 대상이다.

참고 제3종 접지공사 대상

1. 철주, 철탑 등
2. 교류전차선과 교차하는 고압전선로의 완금
3. 주상에 시설하는 고압콘덴서, 고압전압조정기 및 고압개폐기 등 기기의 외함
4. 옥내 또는 지상에 시설하는 400 [V]이하의 저압 기계·기구의 철대·외함
5. 고압계기용 변성기의 2차측
6. 보호망 및 보호선

78. 전자파 중에서 광량자 에너지가 가장 큰 것은?

① 극저주파　② 마이크로파
③ 가시광선　④ 적외선

광량자 에너지는 빛에 대한 에너지 개념으로 가시광선에서 가장 큰 에너지를 갖는다.

79. 다음 중 폭발위험장소에 전기설비를 설치할 때 전기적인 방호조치로 적절하지 않은 것은?

① 다상 전기기기는 결상운전으로 인한 과열방지 조치를 한다.
② 배선은 단락 · 지락 사고시의 영향과 과부하로부터 보호한다.
③ 자동차단이 점화의 위험보다 클 때는 경보장치를 사용한다.
④ 단락보호장치는 고장상태에서 자동복구 되도록 한다.

단락보호 및 지락보호장치는 고장상태에서 자동개폐로 되지 않아야 한다.

참고 폭발위험장소에 전기설비를 설치할 때 전기적인 방호조치

1. 다상 전기기기에서는 한성 또는 그 이상의 상의 결상운전으로 인한 과열방지조치를 한다.
2. 배선은 단락·지락 사고 시의 위해한 영향과 과부하로부터 보호한다.
3. 전기기의 자동차단이 점화위험 그 자체보다 더 큰 위험을 가져올 수 있는 경우에는 신속한 응급조치를 취할 수 있도록 자동차단장치 대신 경보장치를 사용 한다.
4. 변압기는 정격전압 및 정격 주파수에서 2차 단락전류를 이상 과열 없이 연속적으로 견딜 수 없다거나 접속된 부하의 사고에 따라 과부하가 될 우려가 없는 경우에는 과부하보호장치를 추가하여야 한다.

80. 감전사고 방지대책으로 틀린 것은?

① 설비의 필요한 부분에 보호접지 실시
② 노출된 충전부에 통전망 설치
③ 안전전압 이하의 전기기기 사용
④ 전기기기 및 설비의 정비

②항, 노출된 충전부에는 폐쇄 배전반형으로 설치할 것.

참고 직접 접촉에 의한 감전사고 방지대책

1. 충전부 전체를 절연할 것.
2. 노출배전설비는 폐쇄 배전반형으로 할 것.
3. 설치장소의 제한, 울타리등을 설치하고 시건장치를 할 것.
4. 덮개 또는 방호울등을 사용하여 충전부를 방호할 것.
5. 안전전압이하의 기기를 사용할 것.

제5과목 화학설비위험방지기술

81. 다음 관(pipe) 부속품 중 관로의 방향을 변경하기 위하여 사용하는 부속품은?

① 니플(nipple)　② 유니온(union)
③ 플랜지(flange)　④ 엘보우(elbow)

관 부속품(Pipe Fittings)

1. 두개의 관을 연결할 경우 : 플랜지(Flange), 유니온(Union), 카플링(Coupling), 니플(Nipple), 소켓(Socket)
2. 관로 방향을 바꿀 때 : 엘보우(Elbow), Y-지관(Y-Branch), 티(Tee), 십자(Cross)

해답 77 ③　78 ③　79 ④　80 ②　81 ④

82. 산업안전보건기준에 관한 규칙상 국소배기장치의 후드 설치 기준이 아닌 것은?

① 유해물질이 발생하는 곳마다 설치할 것
② 후드의 개구부 면적은 가능한 한 크게 할 것
③ 외부식 또는 리시버식 후드는 해당 분진등의 발산원에 가장 가까운 위치에 설치할 것
④ 후드 형식은 가능하면 포위식 또는 부스식 후드를 설치할 것

②항, 후드의 개구부 면적은 가능한 한 작게 한다.

참고 산업안전보건기준에 관한 규칙 제72조 【후드】

사업주는 인체에 해로운 분진, 흄(fume), 미스트(mist), 증기 또는 가스 상태의 물질(이하 "분진 등"이라 한다)을 배출하기 위하여 설치하는 국소배기장치의 후드가 다음 각 호의 기준에 맞도록 하여야 한다.

1. 유해물질이 발생하는 곳마다 설치할 것
2. 유해인자의 발생형태와 비중, 작업방법 등을 고려하여 해당 분진등의 발산원(發散源)을 제어할 수 있는 구조로 설치할 것
3. 후드(hood) 형식은 가능하면 포위식 또는 부스식 후드를 설치할 것
4. 외부식 또는 리시버식 후드는 해당 분진등의 발산원에 가장 가까운 위치에 설치할 것

83. 산업안전보건기준에 관한 규칙에 따르면 쥐에 대한 경구투입실험에 의하여 실험동물의 50퍼센트를 사망시킬 수 있는 물질의 양, 즉 LD_{50}(경구,쥐)이 킬로그램당 몇 밀리그램-(체중) 이하인 화학물질이 급성 독성 물질에 해당하는가?

① 25 ② 100
③ 300 ④ 500

급성 독성물질 기준

구분	기준
LD50(경구, 쥐)	300mg/kg(체중) 이하
LD50(경피, 토끼 또는 쥐)	1000mg/kg(체중) 이하
LC50(쥐, 4시간 흡입)	2500ppm 이하 10mg/ℓ 이하
분진 또는 미스트	1mg/ℓ 이하

84. 반응성 화학물질의 위험성은 실험에 의한 평가 대신 문헌조사 등을 통해 계산에 의해 평가하는 방법을 사용할 수 있다. 이에 관한 설명으로 옳지 않은 것은?

① 위험성이 너무 커서 물성을 측정할 수 없는 경우 계산에 의한 평가 방법을 사용할 수도 있다.
② 연소열, 분해열, 폭발열 등의 크기에 의해 그 물질의 폭발 또는 발화의 위험예측이 가능하다.
③ 계산에 의한 평가를 하기 위해서는 폭발 또는 분해에 따른 생성물의 예측이 이루어져야 한다.
④ 계산에 의한 위험성 예측은 모든 물질에 대해 정확성이 있으므로 더 이상의 실험을 필요로 하지 않는다.

화학물질의 위험성은 주위의 온도, 압력 등의 환경변화에 따라 달라질 수 있으므로 실험 등의 평가가 필요하다.

85. 압축기와 송풍의 관로에 심한 공기의 맥동과 진동을 발생하면서 불안정한 운전이 되는 서징(surging) 현상의 방지법으로 옳지 않은 것은?

① 풍량을 감소시킨다.
② 배관의 경사를 완만하게 한다.
③ 교축밸브를 기계에서 멀리 설치한다.
④ 토출가스를 흡입측에 바이패스 시키거나 방출밸브에 의해 대기로 방출시킨다.

교축밸브는 교축 전, 후의 압력차를 항상 일정하게 유지하는 것으로써, 기계의 교축 전·후에 설치하여야 한다.

참고 서징(Surging)현상이란

원심식, 축류식 송풍기, 압축기에서는 송출 쪽의 저항이 크게 되면 풍량이 감소하고, 어느 풍량에 대하여 일정압력으로 운전되지만, 우향 상승 특성의 풍량까지 감소하면 관로에 격심한 공기의 맥동과 진동이 발생하여 불안정운전 현상

86. 다음 중 독성이 가장 강한 가스는?

① NH_3 ② $COCl_2$
③ $C_6H_5CH_3$ ④ H_2S

해답 82 ② 83 ③ 84 ④ 85 ③ 86 ②

TWA 노출기준
① 암모니아(NH_3) : 25ppm
② 포스겐($COCl_2$) : 0.1ppm
③ 톨루엔($C_6H_5CH_3$) : 25ppm
④ 황화수소(H_2S) : 10ppm

87. 다음 중 분해 폭발의 위험성이 있는 아세틸렌의 용제로 가장 적절한 것은?

① 에테르 ② 에틸알코올
③ 아세톤 ④ 아세트알데히드

아세톤(CH_3COCH_3)는 인화성 액체이며 수용성을 가지고 있어 물에 잘 녹는 성질을 가지고 있으며 아세틸렌을 용해가스로 만들 때 용제로 사용한다.

88. 분진폭발의 발생 순서로 옳은 것은?

① 비산 → 분산 → 퇴적분진 → 발화원 → 2차폭발 → 전면폭발
② 비산 → 퇴적분진 → 분산 → 발화원 → 2차폭발 → 전면폭발
③ 퇴적분진 → 발화원 → 분산 → 비산 → 전면폭발 → 2차폭발
④ 퇴적분진 → 비산 → 분산 → 발화원 → 전면폭발 → 2차폭발

참고 분진 폭발의 순서
퇴적 분진 → 비산 → 분산 → 발화원 → 전면폭발 → 2차폭발

89. 폭발방호대책 중 이상 또는 과잉압력에 대한 안전장치로 볼 수 없는 것은?

① 안전 밸브(safety valve)
② 릴리프 밸브(relief valve)
③ 파열판(bursting disk)
④ 플레임 어레스터(flame arrester)

Flame arrestor(화염 방지기)란 비교적 저압 또는 상압에서 가연성 증기를 발생하는 유류를 저장하는 탱크로서 외부에 그 증기를 방출하거나 탱크 내에 외기를 흡입하거나 하는 부분에 설치하는 안전장치이다. Flame arrestor는 40mesh 이상의 가는 눈이 있는 철망을 여러 개 겹쳐서 화염의 차단을 목적으로 한 것이다.

90. 다음 인화성 가스 중 가장 가벼운 물질은?

① 아세틸렌 ② 수소
③ 부탄 ④ 에틸렌

수소는 분자량이 1로 가장 가벼운 물질이다.

91. 가연성 가스 및 증기의 위험도에 따른 방폭전기기기의 분류로 폭발등급을 사용하는데, 이러한 폭발등급을 결정하는 것은?

① 발화도 ② 화염일주한계
③ 폭발한계 ④ 최소발화에너지

화염일주한계란 폭발성가스가 폭발을 일으킬 때 폭발압력의 크기 및 폭발화염이 접합면의 틈새를 통과하여 외부 폭발성 가스에 점화되어 파급되지 않는 한도를 말한다. 즉, 화염일주 거리를 검토한 것이 폭발등급이며 폭발성 가스의 폭발등급을 측정기기를 사용한 인화시험에서 화염일주를 일으키는 틈새의 최소치에 따라 3등급으로 분류한다.

	폭발등급	ⅡA	ⅡB	ⅡC
IEC	틈의 치수(mm)	0.9 이상	0.5 초과 0.9 미만	0.5 이하

92. 다음 중 메타인산(HPO_3)에 의한 소화효과를 가진 분말소화약제의 종류는?

① 제1종 분말소화약제
② 제2종 분말소화약제
③ 제3종 분말소화약제
④ 제4종 분말소화약제

해답 87 ③ 88 ④ 89 ④ 90 ② 91 ② 92 ③

분말소화약제의 종류

종류	주성분	적응화재
제1종	중탄산나트륨($NaHCO_3$)	B, C급
제2종	중탄산칼륨($KHCO_3$)	B, C급
제3종	제1인산암모늄($NH_4H_2PO_4$)	A, B, C급
제4종	요소와 탄화칼륨의 반응물 ($KHCO_3 + (NH_2)_2CO$)	B, C급

인산암모늄 : 열분해에 의해서 생긴 메타인산(HPO_3)이 부착성인 막을 만들어 화면을 덮어 소화하며 모든 화재에 효과적이다.(ABC 소화기)

$NH_4H_2PO_4 \rightarrow HPO_3 + NH_3 + H_2O$

93. 다음 중 파열판에 관한 설명으로 틀린 것은?

① 압력 방출속도가 빠르다.
② 한번 파열되면 재사용 할 수 없다.
③ 한번 부착한 후에는 교환할 필요가 없다.
④ 높은 점성의 슬러리나 부식성 유체에 적용할 수 있다.

파열판은 한번 파열한 후에 재사용이 불가능하며 파열 후 교체하여야 한다.

참고 파열판의 특징

1. 분출량이 많다.
2. 압력 릴리이프 속도가 빠르다.
3. 유체가 새지 않는다.
4. 높은 점성, 슬러리나 부식성 유체에 적용할 수 있다.
5. 구조가 간단하다.
6. 설정파열 압력이하에서 파열된다.

94. 공기 중에서 폭발범위가 12.5~74vol% 인 일산화탄소의 위험도는 얼마인가?

① 4.92　② 5.26
③ 6.26　④ 7.05

위험도 식

$$H = \frac{u - L}{L}$$

H : 위험도, L : 폭발 하한값, u : 폭발 상한값

$$H = \frac{74 - 12.5}{12.5} = 4.92$$

95. 산업안전보건법령에 따라 유해하거나 위험한 설비의 설치·이전 또는 주요 구조부분의 변경공사 시 공정안전보고서의 제출시기는 착공일 며칠 전까지 관련기관에 제출하여야 하는가?

① 15일　② 30일
③ 60일　④ 90일

사업주는 유해하거나 위험한 설비의 설치·이전 또는 주요 구조부분의 변경공사의 착공일(기존 설비의 제조·취급·저장 물질이 변경되거나 제조량·취급량·저장량이 증가하여 유해·위험물질 규정량에 해당하게 된 경우에는 그 해당일을 말한다) 30일 전까지 공정안전보고서를 2부 작성하여 공단에 제출해야 한다.

참고 산업안전보건법 시행규칙 제51조【공정안전보고서의 제출시기】

96. 소화약제 IG-100의 구성성분은?

① 질소　② 산소
③ 이산화탄소　④ 수소

IG-100는 불활성기체 소화약제로 구성물은 질소가 99.9vol% 이상이어야 한다.

97. 프로판(C_3H_8)의 연소에 필요한 최소 산소농도의 값은 약 얼마인가? (단, 프로판의 폭발하한은 Jone 식에 의해 추산한다.)

① 8.1%v/v　② 11.1%v/v
③ 15.1%v/v　④ 20.1%v/v

1. $C_3H_8 + 5O_2 \rightarrow 3CO_2 + 4H_2O$
2. $C_{st} = \dfrac{100}{\left(1 + \dfrac{5}{0.21}\right)} = 4.03$이 된다.
3. 폭발 하한값=0.55×Cst=$0.55 \times 4.03 = 2.22$
4. $\text{MOC} = \text{폭발하한계(LFL)} \times \left(\dfrac{\text{산소몰수}}{\text{연료몰수}}\right)$

$$= 2.22 \times \left(\frac{5}{1}\right) = 11.1[\text{vol}]$$

해답 93 ③ 94 ① 95 ② 96 ① 97 ②

98. 다음 중 물과 반응하여 아세틸렌을 발생시키는 물질은?

① Zn　　② Mg
③ AI　　④ CaC_2

탄화칼슘은 물과 반응하여 아세틸렌을 발생시킨다.
$CaC_2 + 2H_2O \rightarrow Ca(OH)_2 + C_2H_2$

99. 메탄 1vol%, 핵산 2vol%, 에틸렌 2vol%, 공기 95vol%로 된 혼합가스의 폭발하한계 값(vol%)은 약 얼마인가?(단, 메탄, 헥산, 에틸렌의 폭발하한계 값은 각각 5.0, 1.1, 2.7vol% 이다.)

① 1.8　　② 3.5
③ 12.8　　④ 21.7

$$\frac{100}{L} = \frac{V_1}{L_1} + \frac{V_2}{L_2} + \frac{V_3}{L_3}$$

$$L = \frac{100-95}{\frac{1}{5} + \frac{2}{1.1} + \frac{2}{2.7}}$$

$\therefore L = 1.81(\%)$

100. 가열 · 마찰 · 충격 또는 다른 화학물질과의 접촉 등으로 인하여 산소나 산화제의 공급이 없더라도 폭발 등 격렬한 반응을 일으킬 수 있는 물질은?

① 에틸알코올　　② 인화성 고체
③ 니트로화합물　　④ 테레핀유

가열·마찰·충격 또는 다른 화학물질과의 접촉 등으로 인하여 산소나 산화제의 공급이 없더라도 폭발 등 격렬한 반응을 일으킬 수 있는 고체나 액체는 폭발성 물질로 니트로화합물 등이 있다.

제6과목 건설안전기술

101. 사업주가 유해위험방지 계획서 제출 후 건설공사 중 6개월 이내마다 안전보건공단의 확인을 받아야 할 내용이 아닌 것은?

① 유해위험방지 계획서의 내용과 실제공사내용이 부합하는지 여부
② 유해위험방지 계획서 변경 내용의 적정성
③ 자율안전관리 업체 유해·위험방지 계획서 제출·심사 면제
④ 추가적인 유해·위험요인의 존재 여부

사업주가 유해·위험방지 계획서 제출 후 건설공사 중 6개월 이내마다 안전보건공단의 확인사항을 받아야 할 내용
1. 유해·위험방지 계획서의 내용과 실제공사 내용이 부합하는지 여부
2. 유해·위험방지 계획서 변경 내용의 적정성
3. 추가적인 유해·위험요인의 존재 여부

참고 산업안전보건법 시행규칙 제46조 【확인】

102. 철골공사 시 안전작업방법 및 준수사항으로 옳지 않은 것은?

① 강풍, 폭우 등과 같은 악천우시에는 작업을 중지하여야 하며 특히 강풍시에는 높은 곳에 있는 부재나 공구류가 낙하비래하지 않도록 조치하여야 한다.
② 철골부재 반입 시 시공순서가 빠른 부재는 상단부에 위치하도록 한다.
③ 구명줄 설치 시 마닐라 로프 직경 10mm를 기준하여 설치하고 작업방법을 충분히 검토하여야 한다.
④ 철골보의 두곳을 매어 인양시킬 때 와이어로프의 내각은 60° 이하이어야 한다.

③항, 구명줄을 설치할 경우에는 1가닥의 구명줄을 여러 명이 동시에 사용하지 않도록 하여야 하며 구명줄을 마닐라 로프 직경 16밀리미터를 기준하여 설치하고 작업방법을 충분히 검토하여야 한다.

해답 98 ④ 99 ① 100 ③ 101 ③ 102 ③

103. 지면보다 낮은 땅을 파는데 적합하고 수중굴착도 가능한 굴착기계는?

① 백호우　　② 파워쇼벨
③ 가이데릭　　④ 파일드라이버

백호우(back hoe)는 기계가 위치한 지면보다 낮은 장소를 굴착하는데 적합하고 연약지반과 비교적 굳은 지반의 토질에서도 사용 가능한 장비이다.

104. 산업안전보건법령에 따른 지반의 종류별 굴착면의 기울기 기준으로 옳지 않은 것은?

① 보통흙 습지 - 1 : 1 ~ 1 : 1.5
② 보통흙 건지 - 1 : 0.3 ~ 1 : 1
③ 풍화암 - 1 : 0.8
④ 연암 - 1 : 0.5

참고 굴착면의 기울기기준

구분	지반의 종류	구배	구분	지반의 종류	구배
보통 흙	습지	1 : 1~1 : 1.5	암반	풍화암	1 : 1
	건지	1 : 0.5~1 : 1		연암	1 : 1
	-	-		경암	1 : 0.5

※ 위 문제와 표는 개정 전의 내용으로
현재는 풍화암 1 : 1, 연암 1 : 1, 경암 1 : 0.5로 바뀌었음

105. 콘크리트 타설 시 거푸집 측압에 관한 설명으로 옳지 않은 것은?

① 기온이 높을수록 측압은 크다.
② 타설속도가 클수록 측압은 크다.
③ 슬럼프가 클수록 측압은 크다.
④ 다짐이 과할수록 측압은 크다.

측압이 커지는 조건
1. 기온이 낮을수록(대기중의 습도가 낮을수록) 크다.
2. 치어 붓기 속도가 클수록 크다.
3. 굵은 콘크리트 일수록(물·시멘트비가 클수록, 슬럼프 값이 클수록, 시멘트·물비가 적을수록) 크다.
4. 콘크리트의 비중이 클수록 크다.
5. 콘크리트의 다지기가 강할수록 크다.
6. 철근양이 작을수록 크다.
7. 거푸집의 수밀성이 높을수록 크다.
8. 거푸집의 수평단면이 클수록(벽 두께가 클수록) 크다.
9. 거푸집의 강성이 클수록 크다.

106. 강관비계의 수직방향 벽이음 조립간격(m)으로 옳은 것은? (단, 틀비계이며 높이가 5m 이상일 경우)

① 2m　　② 4m
③ 6m　　④ 9m

비계의 벽이음 조립간격

비계의 종류	조립간격(단위 : m)	
	수직방향	수평방향
단관비계	5	5
틀비계(높이가 5m 미만의 것을 제외한다)	6	8
통나무 비계	5.5	7.5

107. 굴착과 싣기를 동시에 할 수 있는 토공기계가 아닌 것은?

① Power shovel　　② Tractor shovel
③ Back hoe　　④ Motor grader

모터 그레이더(Motor grader)는 토공 기계의 대패라고 하며, 지면을 절삭하여 평활하게 다듬는 것이 목적이다. 이 장비는 노면의 성형, 정지용 기계이므로 굴착이나 흙을 운반하는 것이 주된 작업이지만 하수구 파기, 경사면 다듬기, 제방작업, 제설작업, 아스팔트 포장재료 배합 등의 작업을 할 수도 있다.

108. 구축물에 안전진단 등 안전성 평가를 실시하여 근로자에게 미칠 위험성을 미리 제거하여야 하는 경우가 아닌 것은?

① 구축물 또는 이와 유사한 시설물의 인근에서 굴착·항타작업 등으로 침하·균열 등이 발생하여 붕괴의 위험이 예상될 경우
② 구조물, 건축물, 그 밖의 시설물이 그 자체의 무게·적설·풍압 또는 그 밖에 부가되는 하중 등으로 붕괴 등의 위험이 있을 경우
③ 화재 등으로 구축물 또는 이와 유사한 시설물의 내력(耐力)이 심하게 저하되었을 경우
④ 구축물의 구조체가 안전측으로 과도하게 설계가 되었을 경우

해답 103 ① 104 ② 105 ① 106 ③ 107 ④ 108 ④

사업주는 구축물 또는 이와 유사한 시설물이 다음 각 호의 어느 하나에 해당하는 경우 안전진단 등 안전성 평가를 하여 근로자에게 미칠 위험성을 미리 제거하여야 한다.
1. 구축물 또는 이와 유사한 시설물의 인근에서 굴착·항타작업 등으로 침하·균열 등이 발생하여 붕괴의 위험이 예상될 경우
2. 구축물 또는 이와 유사한 시설물에 지진, 동해(凍害), 부동침하(不同沈下) 등으로 균열·비틀림 등이 발생하였을 경우
3. 구조물, 건축물, 그 밖의 시설물이 그 자체의 무게·적설·풍압 또는 그 밖에 부가되는 하중 등으로 붕괴 등의 위험이 있을 경우
4. 화재 등으로 구축물 또는 이와 유사한 시설물의 내력(耐力)이 심하게 저하되었을 경우
5. 오랜 기간 사용하지 아니하던 구축물 또는 이와 유사한 시설물을 재사용하게 되어 안전성을 검토하여야 하는 경우
6. 그 밖의 잠재위험이 예상될 경우

참고 산업안전보건기준에 관한 규칙 제52조【구축물 또는 이와 유사한 시설물의 안전성 평가】

109. 다음 중 방망사의 폐기 시 인장강도에 해당하는 것은? (단, 그물코의 크기는 10cm이며 매듭없는 방망의 경우임)

① 50kg ② 100kg
③ 150kg ④ 200kg

방망 폐기 시 인장강도

그물코의 크기 (단위 : cm)	방망의 종류(단위 : kg)	
	매듭 없는 방망	매듭 방망
10	150	135
5		60

110. 작업장에 계단 및 계단참을 설치하는 경우 매 제곱미터 당 최소 몇 킬로그램 이상의 하중에 견딜 수 있는 강도를 가진 구조로 설치하여야 하는가?

① 300kg ② 400kg
③ 500kg ④ 600kg

사업주는 계단 및 계단참을 설치하는 경우 매제곱미터당 500킬로그램 이상의 하중에 견딜 수 있는 강도를 가진 구조로 설치하여야 하며, 안전율[안전의 정도를 표시하는 것으로서 재료의 파괴응력도(破壞應力度)와 허용응력도(許容應力度)의 비율을 말한다)]은 4 이상으로 하여야 한다.

참고 산업안전보건기준에 관한 규칙 제26조【계단의 강도】

111. 굴착공사에서 비탈면 또는 비탈면 하단을 성토하여 붕괴를 방지하는 공법은?

① 배수공 ② 배토공
③ 공작물에 의한 방지공 ④ 압성토공

굴착 시 비탈면의 붕괴를 방지하기 위해 비탈면하단을 성토하여 압밀하는 공법을 압성토공법이라 한다.

112. 공정율이 65%인 건설현장의 경우 공사 진척에 따른 산업안전보건관리비의 최소 사용기준으로 옳은 것은? (단, 공정율은 기성공정율을 기준으로 함)

① 40% 이상 ② 50% 이상
③ 60% 이상 ④ 70% 이상

공사진척에 따른 안전관리비 사용기준

공정율	50퍼센트 이상 70퍼센트 미만	70퍼센트 이상 90퍼센트 미만	90퍼센트 이상
사용기준	50퍼센트 이상	70퍼센트 이상	90퍼센트 이상

113. 해체공사 시 작업용 기계기구의 취급 안전기준에 관한 설명으로 옳지 않은 것은?

① 철제햄머와 와이어로프의 결속은 경험이 많은 사람으로서 선임된 자에 한하여 실시하도록 하여야 한다.
② 팽창제 천공간격은 콘크리트 강도에 의하여 결정되나 70~120cm 정도를 유지하도록 한다.
③ 쐐기타입으로 해체 시 천공구멍은 타입기 삽입부분의 직경과 거의 같아야 한다.
④ 화염방사기로 해체작업 시 용기 내 압력은 온도에 의해 상승하기 때문에 항상 40℃ 이하로 보존해야 한다.

팽창제의 천공간격은 콘크리트 강도에 의하여 결정되나 30~70cm 정도를 유지한다.

해답 109 ③ 110 ③ 111 ④ 112 ② 113 ②

114. 가설통로의 설치에 관한 기준으로 옳지 않은 것은?

① 경사는 30° 이하로 한다.
② 건설공사에 사용하는 높이 8m 이상인 비계다리에는 7m 이내마다 계단참을 설치한다.
③ 작업상 부득이한 경우에는 필요한 부분에 한하여 안전난간을 임시로 해체할 수 있다.
④ 수직갱에 가설된 통로의 길이가 10m 이상인 경우에는 5m 이내마다 계단참을 설치한다.

수직갱에 가설된 통로의 길이가 15미터 이상인 경우에는 10미터 이내마다 계단참을 설치할 것

참고 산업안전보건기준에 관한 규칙 제23조【가설통로의 구조】

115. 작업으로 인하여 물체가 떨어지거나 날아올 위험이 있는 경우 필요한 조치와 가장 거리가 먼 것은?

① 투하설비 설치
② 낙하물 방지망 설치
③ 수직보호망 설치
④ 출입금지구역 설정

사업주는 작업으로 인하여 물체가 떨어지거나 날아올 위험이 있는 경우에는 낙하물방지망, 수직보호망 또는 방호선반의 설치, 출입금지구역의 설정, 보호구의 착용 등 위험방지를 위하여 필요한 조치를 하여야 한다.

참고 산업안전보건기준에 관한 규칙 제14조【낙하물에 의한 위험의 방지】

116. 다음은 안전대와 관련된 설명이다. 아래 내용에 해당되는 용어로 옳은 것은?

> 로프 또는 레일 등과 같은 유연하거나 단단한 고정줄로서 추락발생시 추락을 저지시키는 추락방지대를 지탱해 주는 줄모양의 부품

① 안전블록　　② 수직구명줄
③ 죔줄　　④ 보조죔줄

"수직구명줄"이란 로프 또는 레일 등과 같은 유연하거나 단단한 고정줄로서 추락발생시 추락을 저지시키는 추락방지대를 지탱해 주는 줄모양의 부품을 말한다.

참고 보호구 안전인증 고시 제26조【정의】

117. 크레인의 운전실 또는 운전대를 통하는 통로의 끝과 건설물 등의 벽체의 간격은 최대 얼마 이하로 하여야 하는가?

① 0.2m　　② 0.3m
③ 0.4m　　④ 0.5m

사업주는 다음 각 호의 간격을 0.3미터 이하로 하여야 한다. 다만, 근로자가 추락할 위험이 없는 경우에는 그 간격을 0.3미터 이하로 유지하지 아니할 수 있다.
1. 크레인의 운전실 또는 운전대를 통하는 통로의 끝과 건설물 등의 벽체의 간격
2. 크레인 거더(girder)의 통로 끝과 크레인 거더의 간격
3. 크레인 거더의 통로로 통하는 통로의 끝과 건설물 등의 벽체의 간격

참고 산업안전보건기준에 관한 규칙 제145조【건설물 등의 벽체와 통로의 간격 등】

118. 달비계의 최대 적재하중을 정하는 경우 그 안전계수 기준으로 옳지 않은 것은?

① 달기와이어로프 및 달기강선의 안전계수 : 10 이상
② 달기체인 및 달기 훅의 안전계수 : 5 이상
③ 달기강대와 달비계의 하부 및 상부지점의 안전계수 : 강재의 경우 3 이상
④ 달기강대와 달비계의 하부 및 상부지점이 안전계수 : 목재의 경우 5 이상

달비계(곤돌라의 달비계를 제외한다)의 최대 적재하중의 안전계수
1. 달기와이어로프 및 달기강선의 안전계수는 10 이상
2. 달기체인 및 달기훅의 안전계수는 5 이상
3. 달기강대와 달비계의 하부 및 상부지점의 안전계수는 강재의 경우 2.5 이상, 목재의 경우 5 이상

해답 114 ④　115 ①　116 ②　117 ②　118 ③

119. **달비계에 사용이 불가한 와이어로프의 기준으로 옳지 않은 것은?**

① 이음매가 있는 것
② 와이어로프의 한 꼬임에서 끊어진 소선의 수가 7% 이상인 것
③ 지름의 감소가 공칭지름의 7%를 초과하는 것
④ 심하게 변형되거나 부식된 것

와이어로프 등의 사용금지
1. 이음매가 있는 것
2. 와이어로프의 한 꼬임[스트랜드(strand)를 의미한다. 이하 같다]에서 끊어진 소선[素線, 필러(pillar)선을 제외한다]의 수가 10퍼센트 이상인 것
3. 지름의 감소가 공칭지름의 7퍼센트를 초과하는 것
4. 꼬인 것
5. 심하게 변형 또는 부식된 것

참고 산업안전보건기준에 관한 규칙 제63조【달비계의 구조】

120. **흙막이 지보공을 설치하였을 때 정기적으로 점검하여 이상 발견 시 즉시 보수하여야 할 사항이 아닌 것은?**

① 굴착 깊이의 정도
② 버팀대의 긴압의 정도
③ 부재의 접속부 · 부착부 및 교차부의 상태
④ 부재의 손상 · 변형 · 부식 · 변위 및 탈락의 유무와 상태

흙막이지보공을 설치한 때 정기적으로 점검하고 이상을 발견한 때에는 즉시 보수하여야 할 사항
1. 부재의 손상·변형·부식·변위 및 탈락의 유무와 상태
2. 버팀대의 긴압의 정도
3. 부재의 접속부·부착부 및 교차부의 상태
4. 침하의 정도

참고 산업안전보건기준에 관한 규칙 제347조【붕괴 등의 위험방지】

해답 119 ② 120 ①

2020 과년도 출제문제

제1과목 안전관리론

1. 레빈(Lewin)의 인간의 행동 특성을 다음과 같이 표현하였다. 변수 'E'가 의미하는 것은?

$$B = f(P \cdot E)$$

① 연령　② 성격
③ 환경　④ 지능

Lewin. K의 법칙
Lewin은 인간의 행동(B)은 그 사람이 가진 자질 즉, 개체(P)와 심리학적 환경(E)과의 상호 함수관계에 있다고 하였다.

$\therefore B = f(P \cdot E)$

여기서, B : behavior(인간의 행동)
f : function(함수관계)
P : person(개체 : 연령, 경험, 심신상태, 성격, 지능 등)
E : environment(심리적 환경 : 인간관계, 작업환경 등)

2. 다음 중 안전교육의 형태 중 OJT(On The Job of Training) 교육에 대한 설명과 가장 거리가 먼 것은?

① 다수의 근로자에게 조직적 훈련이 가능하다.
② 직장의 실정에 맞게 실제적인 훈련이 가능하다.
③ 훈련에 필요한 업무의 지속성이 유지된다.
④ 직장의 직속상사에 의한 교육이 가능하다.

①항은 Off.J.T의 특징이다.

O.J.T와 off.J.T의 특징

O.J.T	off.J.T
1. 개개인에게 적합한 지도훈련을 할 수 있다. 2. 직장의 실정에 맞는 실체적 훈련을 할 수 있다. 3. 훈련에 필요한 업무의 계속성이 끊어지지 않는다. 4. 즉시 업무에 연결되는 관계로 신체와 관련이 있다. 5. 효과가 곧 업무에 나타나며 훈련의 좋고 나쁨에 따라 개선이 용이하다. 6. 교육을 통한 훈련 효과에 의해 상호 신뢰도 및 이해도가 높아진다.	1. 다수의 근로자에게 조직적 훈련이 가능하다. 2. 훈련에만 전념하게 된다. 3. 특별 설비 기구를 이용할 수 있다. 4. 전문가를 강사로 초청할 수 있다. 5. 각 직장의 근로자가 많은 지식이나 경험을 교류할 수 있다. 6. 교육 훈련 목표에 대해서 집단적 노력이 흐트러질 수 있다.

3. 다음 중 안전교육의 기본 방향과 가장 거리가 먼 것은?

① 생산성 향상을 위한 교육
② 사고사례중심의 안전교육
③ 안전작업을 위한 교육
④ 안전의식 향상을 위한 교육

안전교육의 기본방향
1. 안전작업을 위한 교육
2. 사고사례중심의 안전교육
3. 안전의식 향상을 위한 교육

4. 다음 설명의 학습지도 형태는 어떤 토의법 유형인가?

6-6 회의라고도 하며, 6명씩 소집단으로 구분하고, 집단별로 각각의 사회자를 선발하여 6분간씩 자유토의를 행하여 의견을 종합하는 방법

① 포럼(Forum)
② 버즈세션(Buzz session)
③ 케이스 메소드(case method)
④ 패널 디스커션(Panel discussion)

①항, 포럼(forum) : 새로운 자료나 교재를 제시하고 거기서의 문제점을 피교육자로 하여금 제기하게 하거나 의견을 여러 가지 방법으로 발표하게 하고 다시 깊이 파고들어 토의를 행하는 방법이다.
②항, 버즈 세션(buzz session) : 6-6회의라고도 하며, 먼저 사회자와 기록계를 선출한 후 나머지 사람은 6명씩의 소집단으로 구분하고, 소집단별로 각각 사회자를 선발하여 6분간씩 자유토의를 행하여 의견을 종합하는 방법이다.
③항, case study(case method) : 먼저 사례를 제시하고 문제적 사실들과 그의 상호관계에 대해서 검토하고 대책을 토의한다.
④항, 패널 디스커션(panel discussion) : 패널멤버(교육 과제에 정통한 전문가 4~5명)가 피교육자 앞에서 자유로이 토의를 하고 뒤에 피교육자 전부가 참가하여 사회자의 사회에 따라 토의하는 방법이다.

해답 01 ③　02 ①　03 ①　04 ②

5. **안전점검의 종류 중 태풍, 폭우 등에 의한 침수, 지진 등의 천재지변이 발생한 경우나 이상사태 발생 시 관리자나 감독자가 기계·기구, 설비 등의 기능상 이상 유무에 대하여 점검하는 것은?**

① 일상점검 ② 정기점검
③ 특별점검 ④ 수시점검

특별점검이란 기계·기구·설비의 신설 시·변경내지 고장 수리 시 실시하는 점검 또는 천재지변 발생 후 실시하는 점검, 안전강조 기간에 실시하는 점검이다.

6. **다음 중 산업재해의 원인으로 간접적 원인에 해당되지 않는 것은?**

① 기술적 원인 ② 물적 원인
③ 관리적 원인 ④ 교육적 원인

물적원인(불안전한 상태)과 인적원인(불안전한 행동)은 직접원인에 해당한다.

7. **산업안전보건법령상 안전보건관리책임자 등에 대한 교육시간 기준으로 틀린 것은?**

① 보건관리자, 보건관리전문기관의 종사자 보수교육 : 24시간 이상
② 안전관리자, 안전관리전문기관의 종사자 신규교육 : 34시간 이상
③ 안전보건관리책임자 보수교육 : 6시간 이상
④ 건설재해예방전문지도기관의 종사자 신규교육 : 24시간 이상

안전보건관리책임자 등에 대한 교육

교육대상	교육시간	
	신규	보수
가. 안전보건관리책임자	6시간 이상	6시간 이상
나. 안전관리자	34시간 이상	24시간 이상
다. 보건관리자	34시간 이상	24시간 이상
라. 재해예방 전문지도기관 종사자	34시간 이상	24시간 이상

8. **매슬로우(Maslow)의 욕구단계 이론 중 제2단계 욕구에 해당하는 것은?**

① 자아실현의 욕구 ② 안전에 대한 욕구
③ 사회적 욕구 ④ 생리적 욕구

Maslow의 욕구단계이론
1단계 : 생리적 욕구 – 기아, 갈증, 호흡, 배설, 성욕 등 인간의 가장 기본적인 욕구(종족 보존)
2단계 : 안전욕구 – 안전을 구하려는 욕구(기술적 능력)
3단계 : 사회적 욕구 – 애정, 소속에 대한 욕구(애정적, 친화적 욕구)
4단계 : 인정을 받으려는 욕구 – 자기 존경의 욕구로 자존심, 명예, 성취, 지위에 대한 욕구(포괄적 능력, 승인의 욕구)
5단계 : 자아실현의 욕구 – 잠재적인 능력을 실현하고자 하는 욕구(종합적 능력, 성취욕구)

9. **다음 중 재해예방의 4원칙과 관련이 가장 적은 것은?**

① 모든 재해의 발생 원인은 우연적인 상황에서 발생한다.
② 재해손실은 사고가 발생할 때 사고 대상의 조건에 따라 달라진다.
③ 재해예방을 위한 가능한 안전대책은 반드시 존재한다.
④ 재해는 원칙적으로 원인만 제거되면 예방이 가능하다.

재해 예방의 4원칙
1. 손실 우연의 원칙 : 재해 손실은 사고 발생 시 사고 대상의 조건에 따라 달라지므로 한 사고의 결과로서 생긴 재해 손실은 우연성에 의하여 결정된다. 따라서 재해 방지의 대상은 우연성에 좌우되는 손실의 방지보다는 사고 발생 자체의 방지가 되어야 한다.
2. 원인 계기(연계)의 원칙 : 재해 발생은 반드시 원인이 있다. 즉 사고와 손실과의 관계는 우연적이지만 사고와 원인관계는 필연적이다.
3. 예방 가능의 원칙 : 재해는 원칙적으로 원인만 제거되면 예방이 가능하다.
4. 대책 선정의 원칙 : 재해 예방을 위한 가능한 안전 대책은 반드시 존재한다.

해답 05 ③ 06 ② 07 ④ 08 ② 09 ①

10. 파블로프(Pavlov)의 조건반사설에 의한 학습이론의 원리가 아닌 것은?

① 일관성의 원리 ② 계속성의 원리
③ 준비성의 원리 ④ 강도의 원리

파블로프(Pavlov)의 조건반사설에 의한 학습이론의 원리
1. 일관성의 원리
2. 계속성의 원리
3. 강도의 원리
4. 시간의 원리

11. 인간의 동작특성 중 판단과정의 착오요인이 아닌 것은?

① 합리화 ② 정서불안정
③ 작업조건불량 ④ 정보부족

정서불안정은 인지과정 착오에 해당된다.

참고 인간의 동작특성 중 착오요인의 분류

인지과정 착오	• 생리, 심리적 능력의 한계 • 정보량 저장 능력의 한계 • 감각 차단현상 : 단조로운 업무, 반복 작업 • 정서 불안정 : 공포, 불안, 불만
판단과정 (중추처리과정) 착오	• 능력부족 • 정보부족 • 자기합리화 • 환경조건의 불비
조치과정(행동과정) 착오	• 피로 • 작업 경험부족 • 작업자의 기능미숙(지식, 기술부족)

12. 산업안전보건법령상 안전·보건표지의 색채와 사용사례의 연결로 틀린 것은?

① 노란색 – 정지신호, 소화설비 및 그 장소, 유해행위의 금지
② 파란색 – 특정 행위의 지시 및 사실의 고지
③ 빨간색 – 화학물질 취급장소에서의 유해·위험 경고
④ 녹색 – 비상구 및 피난소, 사람 또는 차량의 통행표지

안전·보건표지의 색체 및 색도기준 및 용도

색 체	색도기준	용 도	사 용 례
빨간색	7.5R 4/14	금지	정지신호, 소화설비 및 그 장소, 유해행위의 금지
		경고	화학물질 취급장소에서의 유해·위험 경고
노란색	5Y 8.5/12	경고	화학물질 취급장소에서의 유해·위험 경고 이외의 위험경고, 주의표지 또는 기계 방호물
파란색	2.5PB 4/10	지시	특정행위의 지시, 사실의 고지
녹 색	2.5G 4/10	안내	비상구 및 피난소, 사람 또는 차량의 통행표지
흰 색	N9.5		파란색 또는 녹색에 대한 보조색
검은색	N0.5		문자 및 빨간색 또는 노란색에 대한 보조색

13. 산업안전보건법령상 안전·보건표지의 종류 중 다음 표지의 명칭은? (단, 마름모 테두리는 빨간색이며, 안의 내용은 검은색이다.)

① 폭발성물질 경고
② 산화성물질 경고
③ 부식성물질 경고
④ 급성독성물질 경고

경고표지의 종류

폭발성물질 경고	산화성물질 경고	부식성물질 경고	급성독성물질 경고

14. 하인리히의 재해발생 이론이 다음과 같이 표현될 때, α가 의미하는 것으로 옳은 것은?

[다음]
재해의 발생=설비적 결함+관리적 결합+α

① 노출된 위험의 상태 ② 재해의 직접원인
③ 물적 불안전 상태 ④ 잠재된 위험의 상태

재해의 발생 = 물적불안전상태 + 인적불안전행동 + α
= 설비적결함 + 관리적결함 + α
여기서 α는 재해의 잠재위험의 상태이다.

해답 10 ③ 11 ② 12 ① 13 ④ 14 ④

15. 허즈버그(Herzberg)의 위생-동기 이론에서 동기요인에 해당하는 것은?

① 감독　　② 안전
③ 책임감　　④ 작업조건

Herzberg의 동기-위생 이론

분 류	종 류
위생요인(유지욕구)	직무환경, 정책, 관리·감독, 작업조건, 대인관계, 금전, 지휘, 등
동기요인(만족욕구)	업무(일)자체, 성취감, 성취에 대한 인정, 도전적이고 보람있는 일, 책임감, 성장과 발달 등

16. 재해분석도구 중 재해발생의 유형을 어골상(魚骨像)으로 분류하여 분석하는 것은?

① 파레토도　　② 특성요인도
③ 관리도　　④ 클로즈분석

특성 요인도는 재해분석도구 가운데 재해발생의 유형을 특성과 요인 관계를 도표로 하여 어골상(魚骨狀)으로 분류하는 방법이다.

17. 다음 중 안전모의 성능시험에 있어서 AE, ABE종에만 한하여 실시하는 시험은?

① 내관통성시험, 충격흡수성시험
② 난연성시험, 내수성시험
③ 난연성시험, 내전압성시험
④ 내전압성시험, 내수성시험

AE, ABE종 안전모에만 해당하는 시험은 내전압성, 내관통성, 내수성시험이 있다.

18. 플리커 검사(flicker test)의 목적으로 가장 적절한 것은?

① 혈중 알코올농도 측정
② 체내 산소량 측정
③ 작업강도 측정
④ 피로의 정도 측정

피로의 측정법(플리커법(Flicker test)
광원 앞에 사이가 벌어진 원판을 놓고 그것을 회전함으로서 눈에 들어오는 빛을 단속 시킨다. 원판의 회전 속도를 바꾸면 빛의 주기가 변하는데 회전 속도가 적으면 빛이 아른거리다가 빨라지면 융합(Fusion)되어 하나의 광점으로 보인다. 이 단속과 융합의 경계에서 빛의 단속 주기를 Flicker치라고 하는데 이것을 피로도 검사에 이용한다.

19. 강도율에 관한 설명 중 틀린 것은?

① 사망 및 영구 전노동불능(신체장해등급 1~3급)의 근로손실일수는 7500일로 환산한다.
② 신체장해등급 중 제14급은 근로손실일수를 50일로 환산한다.
③ 영구 일부 노동불능은 신체 장해등급에 따른 근로손실일수에 $\frac{300}{365}$를 곱하여 환산한다.
④ 일시 전노동 불능은 휴업일수에 $\frac{300}{365}$를 곱하여 근로손실일수를 환산한다.

영구 일부 노동불능은 신체 장해등급 4급에서 14등급으로 분류하며, ILO기준에 의한 근로손실일수로 규정하고 있다.

등급	4	5	6	7	8	9
손실일수	5,500	4,000	3,000	2,200	1,500	1,000

등급	10	11	12	13	14
손실일수	600	400	200	100	50

20. 다음 중 브레인 스토밍의 4원칙과 가장 거리가 먼 것은?

① 자유로운 비평　　② 자유분방한 발언
③ 대량적인 발언　　④ 타인 의견의 수정 발언

브레인스토밍(Brain storming)의 4원칙
1. 자유 분망 : 편안하게 발언한다.
2. 대량 발언 : 무엇이건 많이 발언하게 한다.
3. 수정 발언 : 남의 의견을 덧붙여 발언해도 좋다.
4. 비판 금지 : 남의 의견을 비판하지 않는다.

해답 15 ③ 16 ② 17 ④ 18 ④ 19 ③ 20 ①

■■■ 제2과목 인간공학 및 시스템안전공학

21. 화학설비의 안전성 평가에서 정량적 평가의 항목에 해당되지 않는 것은?

① 훈련　　② 조작
③ 취급물질　　④ 화학설비용량

> 안전성 평가의 정량적 평가 항목
> 1. 당해 화학설비의 취급물질
> 2. 용량
> 3. 온도
> 4. 압력
> 5. 조작

22. 인간 에러(human error)에 관한 설명으로 틀린 것은?

① omission error : 필요한 작업 또는 절차를 수행하지 않는데 기인한 에러
② commission error : 필요한 작업 또는 절차의 수행지연으로 인한 에러
③ extraneous error : 불필요한 작업 또는 절차를 수행함으로써 기인한 에러
④ sequential error : 필요한 작업 또는 절차의 순서 착오로 인한 에러

> Human Error의 심리적 분류
> 1. omission error : 필요한 task(작업) 또는 절차를 수행하지 않는 데 기인한 과오
> 2. time error : 필요한 task 또는 절차의 시간지연으로 인한 과오
> 3. commission error : 필요한 task나 절차의 불확실한 수행으로 인한 과오로서 작위 오류(作爲 誤謬, commission)에 해당된다.
> 4. sequential error : 필요한 task나 절차의 순서착오로 인한 과오
> 5. extraneous error : 불필요한 task 또는 절차를 수행함으로서 기인한 과오

23. 다음은 유해위험방지계획서의 제출에 관한 설명이다. (　) 안의 들어갈 내용으로 옳은 것은?

[다음]
산업안전보건법령상 "대통령령으로 정하는 사업의 종류 및 규모에 해당하는 사업으로서 해당 제품의 생산 공정과 직접적으로 관련된 건설물·기계·기구 및 설비 등 일체를 설치·이전하거나 그 주요 구조부분을 변경하려는 경우"에 해당하는 사업주는 유해위험방지 계획서에 관련 서류를 첨부하여 해당 작업 시작 "(㉠)까지 공단에 (㉡)부를 제출"하여야 한다.

① ㉠ : 7일전, ㉡ : 2　　② ㉠ : 7일전, ㉡ : 4
③ ㉠ : 15일전, ㉡ : 2　　④ ㉠ : 15일전, ㉡ : 4

> 사업주가 유해위험방지계획서를 제출할 때에는 사업장별로 별지 제16호서식의 제조업 등 유해위험방지계획서에 다음 각 호의 서류를 첨부하여 해당 작업 시작 15일 전까지 공단에 2부를 제출해야 한다. 이 경우 유해위험방지계획서의 작성기준, 작성자, 심사기준, 그 밖에 심사에 필요한 사항은 고용노동부장관이 정하여 고시한다.
> 1. 건축물 각 층의 평면도
> 2. 기계·설비의 개요를 나타내는 서류
> 3. 기계·설비의 배치도면
> 4. 원재료 및 제품의 취급, 제조 등의 작업방법의 개요
> 5. 그 밖에 고용노동부장관이 정하는 도면 및 서류
>
> **참고** 산업안전보건법 시행규칙 제42조【제출서류 등】

24. 그림과 같이 FTA로 분석된 시스템에서 현재 모든 기본사상에 대한 부품이 고장난 상태이다. 부품 X_1부터 부품 X_5까지 순서대로 복구한다면 어느 부품을 수리 완료하는 시점에서 시스템이 정상가동 되는가?

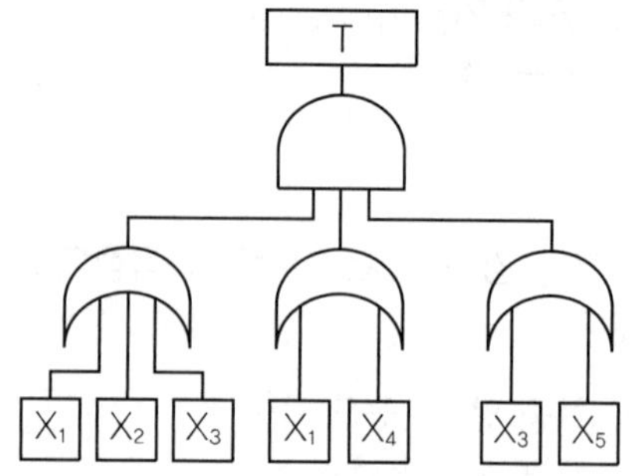

① 부품 X_2　　② 부품 X_3
③ 부품 X_4　　④ 부품 X_5

해답 21 ①　22 ②　23 ③　24 ②

X_1에서부터 X_3까지가 순서대로 복구될 때 X_3가 수리 완료 시 시스템은 정상가동 된다.
X_1, X_2, X_3까지 수리가 되면 세 번째인 OR gate 시스템이 작동할 수 있으며 전체 AND gate에서는 모든 사상이 고장 나지 않으면 고장이 나지 않는 사상이므로 하나의 시스템만 작동하면 정상작동하게 된다.

25. 눈과 물체의 거리가 23cm, 시선과 직각으로 측정한 물체의 크기가 0.03cm일 때 시각(분)은 얼마인가? (단, 시각은 600 이하이며, radian단위를 분으로 환산하기 위한 상수값은 57.3과 60을 모두 적용하여 계산하도록 한다.)

① 0.001 ② 0.007
③ 4.48 ④ 24.55

시각(Visual angle)
$$= \frac{(57.3\times60)\times L}{D} = \frac{(57.3\times60)\times0.03}{23} = 4.4843$$

26. Sanders와 McCormick의 의자 설계의 일반적인 원칙으로 옳지 않은 것은?

① 요부 후만을 유지한다.
② 조정이 용이해야 한다.
③ 등근육의 정적부하를 줄인다.
④ 디스크가 받는 압력을 줄인다.

의자설계의 일반적인 원칙
1. 요부 전만을 유지한다.
(허리부분이 정상상태에서 자연적으로 앞쪽으로 휘는 형태)
2. 디스크가 받는 압력을 줄인다.
3. 등근육의 정적 부하를 줄인다.
4. 자세고정을 줄인다.
5. 조정이 용이해야 한다.

27. 후각적 표시장치(olfactory display)와 관련된 내용으로 옳지 않은 것은?

① 냄새의 확산을 제어할 수 없다.
② 시각적 표시장치에 비해 널리 사용되지 않는다.
③ 냄새에 대한 민감도의 개별적 차이가 존재한다.
④ 경보 장치로서 실용성이 없기 때문에 사용되지 않는다.

후각적 표시장치는 가스의 누출과 같은 위험 상황에서 부취제등을 첨가하여 경보장치로 사용된다.

28. 그림과 같은 FT도에서 $F_1 = 0.015$, $F_2 = 0.02$, $F_3 = 0.05$이면, 정상사상 T가 발생할 확률은 약 얼마인가?

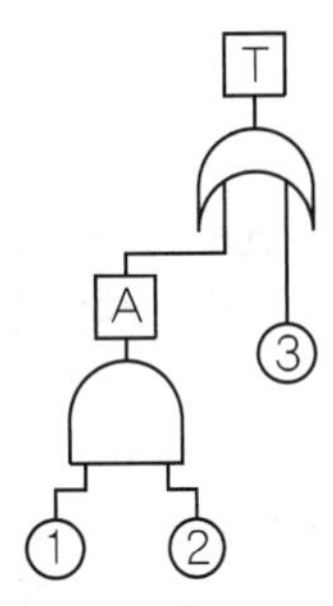

① 0.0002 ② 0.0283
③ 0.0503 ④ 0.9500

$A = ①\times②$
$= 0.015 \times 0.02 = 0.0003$
$T = 1-(1-A)(1-③)$
$= 1-(1-0.0003)(1-0.05)$
$= 0.0503$

29. NIOSH lifting guideline에서 권장무게한계(RWL) 산출에 사용되는 계수가 아닌 것은?

① 휴식 계수 ② 수평 계수
③ 수직 계수 ④ 비대칭 계수

NIOSH lifting guideline에서 권장무게한계(RWL)산출에 사용되는 평가 요소
1. 무게 : 들기 작업 물체의 무게
2. 수평위치 : 두 발목의 중점에서 손까지의 거리
3. 수직위치 : 바닥에서 손까지의 거리
4. 수직이동거리 : 들기작업에서 수직으로 이동한 거리
5. 비대칭 각도 : 작업자의 정시상면으로부터 물체가 어느 정도 떨어져 있는가를 나타내는 각도
6. 들기빈도 : 15분 동안의 평균적인 분당 들어 올리는 횟수(회/분)이다.
7. 커플링 분류 : 드는 물체와 손과의 연결상태, 혹은 물체를 들 때에 미끄러지거나 떨어뜨리지 않도록 하는 손잡이 등의 상태

해답 25 ③ 26 ① 27 ④ 28 ③ 29 ①

30. 인간공학을 기업에 적용할 때의 기대효과로 볼 수 없는 것은?

① 노사 간의 신뢰 저하
② 작업손실시간의 감소
③ 제품과 작업의 질 향상
④ 작업자의 건강 및 안전 향상

인간공학의 적용은 성능의 향상을 가져옴으로써 노사 간의 신뢰가 향상된다.

31. THERP(Technique for Human Error Rate Prediction)의 특징에 대한 설명으로 옳은 것을 모두 고른 것은?

[다음]
㉠ 인간-기계 계(SYSTEM)에서 여러 가지의 인간의 에러와 이에 의해 발생할 수 있는 위험성의 예측과 개선을 위한 기법
㉡ 인간의 과오를 정성적으로 평가하기 위하여 개발된 기법
㉢ 가지처럼 갈라지는 형태의 논리구조와 나무 형태의 그래프를 이용

① ㉠, ㉡　② ㉠, ㉢
③ ㉡, ㉢　④ ㉠, ㉡, ㉢

THERP법은 인간의 과오(human error)를 정량적으로 평가하기 위하여 개발된 기법이다. 사고원인 가운데 인간의 과오에 기인된 원인분석, 확률을 계산함으로써 제품의 결함을 감소시키고, 인간공학적 대책을 수립하는데 사용된다.

32. 차폐효과에 대한 설명으로 옳지 않은 것은?

① 차폐음과 배음의 주파수가 가까울 때 차폐효과가 크다.
② 헤어드라이어 소음 때문에 전화 음을 듣지 못한 것과 관련이 있다.
③ 유의적 신호와 배경 소음의 차이를 신호/소음(S/N) 비로 나타낸다.
④ 차폐효과는 어느 한 음 때문에 다른 음에 대한 감도가 증가되는 현상이다.

④항, 차폐효과는 어느 한 음 때문에 다른 음에 대한 감도가 감소되는 현상이다.

33. 산업안전보건기준에 관한 규칙상 "강렬한 소음 작업"에 해당하는 기준은?

① 85데시벨 이상의 소음이 1일 4시간 이상 발생하는 작업
② 85데시벨 이상의 소음이 1일 8시간 이상 발생하는 작업
③ 90데시벨 이상의 소음이 1일 4시간 이상 발생하는 작업
④ 90데시벨 이상의 소음이 1일 8시간 이상 발생하는 작업

"강렬한 소음작업"이란 다음 각목의 어느 하나에 해당하는 작업을 말한다.
가. 90데시벨 이상의 소음이 1일 8시간 이상 발생하는 작업
나. 95데시벨 이상의 소음이 1일 4시간 이상 발생하는 작업
다. 100데시벨 이상의 소음이 1일 2시간 이상 발생하는 작업
라. 105데시벨 이상의 소음이 1일 1시간 이상 발생하는 작업
마. 110데시벨 이상의 소음이 1일 30분 이상 발생하는 작업
바. 115데시벨 이상의 소음이 1일 15분 이상 발생하는 작업
참고 산업안전보건기준에 관한 규칙 제512조【정의】

34. HAZOP 기법에서 사용하는 가이드 워드와 의미가 잘못 연결된 것은?

① No/Not - 설계 의도의 완전한 부정
② More/Less - 정량적인 증가 또는 감소
③ Part of - 성질상의 감소
④ Other than - 기타 환경적인 요인

④항, Other than : 완전한 대체(통상 운전과 다르게 되는 상태)

35. 그림과 같이 신뢰도가 95%인 펌프 A가 각각 신뢰도 90%인 밸브 B와 밸브 C의 병렬밸브계와 직렬계를 이룬 시스템의 실패확률은 약 얼마인가?

① 0.0091
② 0.0595
③ 0.9405
④ 0.9811

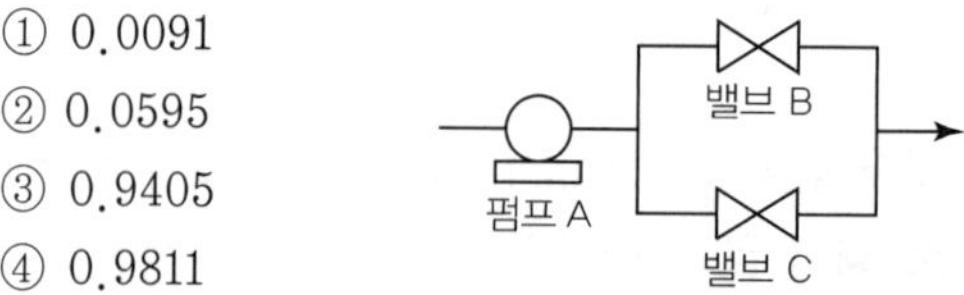

① 신뢰도 $= A\times[1-(1-B)(1-C)]$
$= 0.95\times[1-(1-0.9)(1-0.9)]$
$= 0.9405$
② 불신뢰도 = 1-신뢰도 = 1-0.9405 = 0.595

해답 30 ① 31 ② 32 ④ 33 ④ 34 ④ 35 ②

36. 인간이 기계보다 우수한 기능으로 옳지 않은 것은? (단, 인공지능은 제외한다.)

① 암호화된 정보를 신속하게 대량으로 보관할 수 있다.
② 관찰을 통해서 일반화하여 귀납적으로 추리한다.
③ 항공사진의 피사체나 말소리처럼 상황에 따라 변화하는 복잡한 자극의 형태를 식별할 수 있다.
④ 수신 상태가 나쁜 음극선관에 나타나는 영상과 같이 배경 잡음이 심한 경우에도 신호를 인지할 수 있다.

> ①항, 암호화된 정보를 신속하게 대량으로 보관하는 기능은 기계가 우수한 기능이다.

37. FTA에서 사용되는 최소 컷셋에 관한 설명으로 옳지 않은 것은?

① 일반적으로 Fussell Algorithm을 이용한다.
② 정상사상(Top event)을 일으키는 최소한의 집합이다.
③ 반복되는 사건이 많은 경우 Limnios와 Ziani Algorithm을 이용하는 것이 유리하다.
④ 시스템에 고장이 발생하지 않도록 하는 모든 사상의 집합이다.

> 최소컷셋(minimal cut set)은 그 속에 포함되어 있는 모든 기본사상이 일어났을 때 정상사상을 일으키는 기본사상의 집합을 말한다. 어떤 고장이나 실수를 일으킬 때 재해가 일어나는 가를 알 수 있는 것으로 시스템의 위험성을 표시하는 것이다.

38. 직무에 대하여 청각적 자극 제시에 대한 음성 응답을 하도록 할 때 가장 관련 있는 양립성은?

① 공간적 양립성 ② 양식 양립성
③ 운동 양립성 ④ 개념적 양립성

> 양식 양립성(modality compatibility)
> 직무에 알맞은 자극과 응답의 양식의 존재에 대한 양립성이다. 예를 들어 음성 과업에 대해서는 청각적 작극 제시와 이에 대한 음성 응답 등을 들 수 있다.

39. 컴퓨터 스크린 상에 있는 버튼을 선택하기 위해 커서를 이동시키는데 걸리는 시간을 예측하는 가장 적합한 법칙은?

① Fitts의 법칙 ② Lewin의 법칙
③ Hick의 법칙 ④ Weber의 법칙

> Fitts의 법칙에 따르면 동작 시간은 과녁이 일정할 때 거리의 로그 함수이고, 거리가 일정할 때는 동작거리의 로그 함수이다.
> 동작 거리와 동작 대상인 과녁의 크기에 따라 요구되는 정밀도를 요구되는 정밀도가 동작시간에 영향을 미칠 것임을 직관적으로 알 수 있다. 거리가 멀고 과녁이 작을수록 동작에 걸리는 시간이 길어진다. 대표적으로 컴퓨터의 모니터에서 커서와 아이콘의 관계를 들 수 있다.

40. 설비의 고장과 같이 발생확률이 낮은 사건의 특정시간 또는 구간에서의 발생횟수를 측정하는 데 가장 적합한 확률분포는?

① 이항분포(binomial distribution)
② 푸아송분포(Poisson distribution)
③ 와이블분포(Weibull distribution)
④ 지수분포(exponential distribution)

> 포아송 분포(Poisson distribution)란 단위 시간 안에 어떤 사건이 몇 번 발생할 것인지를 표현하는 이산 확률 분포로 특정시간이나 구간에서 발생횟수를 측정하는데 적합하다.

■■■ 제3과목 기계위험방지기술

41. 산업안전보건법령상 양중기를 사용하여 작업하는 운전자 또는 작업자가 보기 쉬운 곳에 해당 양중기에 대해 표시하여야할 내용으로 가장 거리가 먼 것은? (단, 승강기는 제외한다.)

① 정격 하중 ② 운전 속도
③ 경고 표시 ④ 최대 인양 높이

> 사업주는 양중기(승강기는 제외한다) 및 달기구를 사용하여 작업하는 운전자 또는 작업자가 보기 쉬운 곳에 해당 기계의 정격하중, 운전속도, 경고표시 등을 부착하여야 한다. 다만, 달기구는 정격하중만 표시한다.
> **참고** 산업안전보건기준에 관한 규칙 제133조【정격하중 등의 표시】

해답 36 ① 37 ④ 38 ② 39 ① 40 ② 41 ④

42. 롤러기의 급정지장치에 관한 설명으로 가장 적절하지 않은 것은?

① 복부 조작식은 조작부 중심점을 기준으로 밑면으로부터 1.2 ~ 1.4m 이내의 높이로 설치한다.
② 손 조작식은 조작부 중심점을 기준으로 밑면으로부터 1.8m 이내의 높이로 설치한다.
③ 급정지장치의 조작부에 사용하는 줄은 사용중에 늘어져서는 안 된다.
④ 급정지장치의 조작부에 사용하는 줄은 충분한 인장강도를 가져야 한다.

급정지 장치의 종류

급정지 장치 조작부의 종류	설치 위치
손조작식	밑면에서 1.8m 이내
복부 조작식	밑면에서 0.8m 이상 1.1m 이내
무릎 조작식	밑면에서 0.4m 이상 0.6m 이내

43. 연삭기의 안전작업수칙에 대한 설명 중 가장 거리가 먼 것은?

① 숫돌의 정면에 서서 숫돌 원주면을 사용한다.
② 숫돌 교체 시 3분 이상 시운전을 한다.
③ 숫돌의 회전은 최고 사용 원주속도를 초과하여 사용하지 않는다.
④ 연삭숫돌에 충격을 가하지 않는다.

연삭기 작업 시 파편이 튈 우려가 있어 작업자는 숫돌의 측면에 서서 숫돌 정면을 이용해 작업해야 한다.

44. 롤러기의 가드와 위험점검간의 거리가 100mm일 경우 ILO 규정에 의한 가드 개구부의 안전간격은?

① 11mm ② 21mm
③ 26mm ④ 31mm

$Y=6+0.15X=6+(0.15\times100)=21$
Y : 가드개구부 간격(mm)
X : 가드와 위험점 간의 거리(mm)

45. 지게차의 포크에 적재된 화물이 마스트 후방으로 낙하함으로서 근로자에게 미치는 위험을 방지하기 위하여 설치하는 것은?

① 헤드가드 ② 백레스트
③ 낙하방지장치 ④ 과부하방지장치

사업주는 백레스트(backrest)를 갖추지 아니한 지게차를 사용해서는 아니 된다. 다만, 마스트의 후방에서 화물이 낙하함으로써 근로자가 위험해질 우려가 없는 경우에는 그러하지 아니하다.
참고 산업안전보건기준에 관한 규칙 제181조 【백레스트】

46. 산업안전보건법령상 프레스 및 전단기에서 안전 블록을 사용해야 하는 작업으로 가장 거리가 먼 것은?

① 금형 가공작업 ② 금형 해체작업
③ 금형 부착작업 ④ 금형 조정작업

사업주는 프레스 등의 금형을 부착·해체 또는 조정하는 작업을 하는 때에는 당해 작업에 종사하는 근로자의 신체의 일부가 위험 한계 내에 들어갈 때에 슬라이드가 갑자기 작동함으로써 발생하는 근로자의 위험을 방지하기 위하여 안전블록을 사용하는 등 필요한 조치를 하여야 한다.
참고 산업안전보건기준에 관한 규칙 제104조 【금형조정작업의 위험방지】

47. 다음 중 기계 설비의 안전조건에서 안전화의 종류로 가장 거리가 먼 것은?

① 재질의 안전화 ② 작업의 안전화
③ 기능의 안전화 ④ 외형의 안전화

기계 설비의 안전조건(안전화)
1. 외형의 안전화
2. 작업의 안전화
3. 기능의 안전화
4. 작업점의 안전화
5. 보전작업의 안전화

해답 42 ① 43 ① 44 ② 45 ② 46 ① 47 ①

48. 다음 중 비파괴검사법으로 틀린 것은?

① 인장검사 ② 자기탐상검사
③ 초음파탐상검사 ④ 침투탐상검사

인장검사는 파괴검사의 한 종류이다.

49. 산업안전보건법령상 아세틸렌 용접장치를 사용하여 금속의 용접 · 용단 또는 가열작업을 하는 경우 게이지 압력은 얼마를 초과하는 압력의 아세틸렌을 발생시켜 사용하면 안되는가?

① 98kPa ② 127kPa
③ 147kPa ④ 196kPa

아세틸렌 용접장치를 사용하여 금속의 용접·용단 또는 가열작업을 하는 경우에는 게이지 압력이 127[kPa]을 초과하는 압력의 아세틸렌을 발생시켜 사용해서는 아니 된다.

참고 산업안전보건기준에 관한 규칙 제285조【압력의 제한】

50. 산업안전보건법령상 산업용 로봇으로 인하여 근로자에게 발생할 수 있는 부상 등의 위험이 있는 경우 위험을 방지하기 위하여 울타리를 설치할 때 높이는 최소 몇 m 이상으로 해야하는가? (단, 산업표준화법 및 국제적으로 통용되는 안전기준은 제외한다.)

① 1.8 ② 2.1
③ 2.4 ④ 1.2

사업주는 로봇의 운전으로 인하여 근로자에게 발생할 수 있는 부상 등의 위험을 방지하기 위하여 높이 1.8미터 이상의 울타리(로봇의 가동범위 등을 고려하여 높이로 인한 위험성이 없는 경우에는 높이를 그 이하로 조절할 수 있다)를 설치하여야 하며, 컨베이어 시스템의 설치 등으로 울타리를 설치할 수 없는 일부 구간에 대해서는 안전매트 또는 광전자식 방호장치 등 감응형(感應形) 방호장치를 설치하여야 한다. 다만, 고용노동부장관이 해당 로봇의 안전기준이 「산업표준화법」 제12조에 따른 한국산업표준에서 정하고 있는 안전기준 또는 국제적으로 통용되는 안전기준에 부합한다고 인정하는 경우에는 본문에 따른 조치를 하지 아니할 수 있다.

참고 산업안전보건기준에 관한 규칙 제223조【운전 중 위험방지】

51. 크레인의 사용 중 하중이 정격을 초과하였을 때 자동적으로 상승이 정지되는 장치는?

① 해지장치 ② 이탈방지장치
③ 아우트리거 ④ 과부하방지장치

과부하방지장치(overload limiter)
양중기에 있어서 정격하중 이상의 하중이 부하되었을 경우 자동적으로 상승이 정지되면서 경보음 또는 경보등을 발생하여, 거더(girder), 지브(jib) 등의 파손 또는 기체의 전도를 방지하는 장치이다.

52. 인간이 기계 등의 취급을 잘못해도 그것이 바로 사고나 재해와 연결되는 일이 없는 기능을 의미하는 것은?

① fail safe ② fail active
③ fail operational ④ fool proof

풀 프루프(Fool proof)
기계장치설계 단계에서 안전화를 도모하는 기본적 개념이며, 근로자가 기계 등의 취급을 잘못해도 그것이 바로 사고나 재해와 연결되는 일이 없도록 하는 확고한 안전기구를 말한다. 즉, 인간의 착오·실수 등 이른바 인간 과오(Human error)를 방지하기 위한 것

53. 산압안전보건법령상 컨베이어를 사용하여 작업을 할 때 작업시작 전 점검사항으로 가장 거리가 먼 것은?

① 원동기 및 풀리(pulley) 기능의 이상 유무
② 이탈 등의 방지장치 기능의 이상 유무
③ 유압장치의 기능의 이상 유무
④ 비상정지장치 기능의 이상 유무

컨베이어의 작업시작 전 점검사항
1. 원동기 및 풀리(pulley) 기능의 이상 유무
2. 이탈 등의 방지장치 기능의 이상 유무
3. 비상정지장치 기능의 이상 유무
4. 원동기·회전축·기어 및 풀리 등의 덮개 또는 울 등의 이상 유무

참고 산업안전보건기준에 관한 규칙 별표 3【작업시작 전 점검사항】

해답 48 ① 49 ② 50 ① 51 ④ 52 ④ 53 ③

54. 다음 중 기계설비에서 반대로 회전하는 두 개의 회전체가 맞닿는 사이에 발생하는 위험점으로 가장 적절한 것은?

① 물림점　　② 협착점
③ 끼임점　　④ 절단점

물림점(Nip point)
회전하는 두 개의 회전체에는 물려 들어가는 위험성이 존재하는 점
예 롤러기

55. 선반 작업 시 안전수칙으로 가장 적절하지 않은 것은?

① 기계에 주유 및 청소 시 반드시 기계를 정지시키고 한다.
② 칩 제거 시 브러시를 사용한다.
③ 바이트에는 칩 브레이커를 설치한다.
④ 선반의 바이트는 끝을 길게 장치한다.

선반의 바이트는 끝을 짧게 나오도록 설치한다.

56. 산업안전보건법령상 산업용 로봇의 작업 시작 전 점검 사항으로 가장 거리가 먼 것은?

① 외부 전선의 피복 또는 외장의 손상 유무
② 압력방출장치의 이상 유무
③ 매니퓰레이터 작동 이상 유무
④ 제동장치 및 비상정지 장치의 기능

산업용 로봇의 작업 시작 전 점검사항
1. 외부 전선의 피복 또는 외장의 손상 유무
2. 매니플레이터(manipulator) 작동의 이상 유무
3. 제동장치 및 비상정지장치의 기능

참고 산업안전보건기준에 관한 규칙 별표 3【작업시작 전 점검사항】

57. 산업안전보건법령상 보일러의 과열을 방지하기 위하여 최고사용압력과 상용압력 사이에서 보일러의 버너 연소를 차단하여 정상 압력으로 유도하는 방호장치로 가장 적절한 것은?

① 압력방출장치　　② 고저수위조절장치
③ 언로우드밸브　　④ 압력제한스위치

사업주는 보일러의 과열을 방지하기 위하여 최고사용압력과 상용압력 사이에서 보일러의 버너 연소를 차단할 수 있도록 압력제한스위치를 부착하여 사용하여야 한다.

참고 산업안전보건기준에 관한 규칙 제117조【압력제한스위치】

58. 프레스 작동 후 슬라이드가 하사점에 도달할 때까지의 소요시간이 0.5s일 때 양수기동식 방호장치의 안전거리는 최소 얼마인가?

① 200mm　　② 400mm
③ 600mm　　④ 800mm

$D = 1.6 \times Tm = 1.6(\text{m/s}) \times 0.5(\text{s})$
$= 0.8(\text{m}) = 800(\text{mm})$

59. 둥근톱기계의 방호장치 중 반발예방장치의 종류로 틀린 것은?

① 분할날　　② 반발방지 기구(finger)
③ 보조 안내판　　④ 안전덮개

안전덮개는 톱날접촉예방장치에 해당한다.

60. 산업안전보건법령상 형삭기(slotter, shaper)의 주요 구조부로 가장 거리가 먼 것은? (단, 수치제어식은 제외)

① 공구대　　② 공작물 테이블
③ 램　　④ 아버

"형삭기(slotter, shaper)"란 공작물을 테이블 위에 고정시키고 램(ram)에 의하여 절삭공구가 수평 또는 상·하 운동하면서 공작물을 절삭하는 공작기계를 말하며, 주요구조부는 다음 각 목과 같다.
가. 공작물 테이블
나. 공구대
다. 공구공급장치(수치제어식으로 한정한다)
라. 램

참고 위험기계·기구 자율안전확인 고시 제18조【정의】

해답 54 ① 55 ④ 56 ② 57 ④ 58 ④ 59 ④ 60 ④

■■■ 제4과목 전기위험방지기술

61. 피뢰기가 구비하여야할 조건으로 틀린 것은?

① 제한전압이 낮아야 한다.
② 상용 주파 방전 개시 전압이 높아야 한다.
③ 충격방전 개시전압이 높아야 한다.
④ 속류 차단 능력이 충분하여야 한다.

> 피뢰기가 갖추어야 할 성능
> 1. 반복동작이 가능할 것
> 2. 구조가 견고하며 특성이 변화하지 않을 것
> 3. 점검, 보수가 간단할 것
> 4. 충격방전 개시전압과 제한전압이 낮을 것
> 5. 뇌 전류의 방전능력이 크고, 속류의 차단이 확실하게 될 것

62. 다음 중 정전기의 발생 현상에 포함되지 않는 것은?

① 파괴에 의한 발생　② 분출에 의한 발생
③ 전도 대전　④ 유동에 의한 대전

> 정전기 발생현상의 분류
> 1. 마찰대전　2. 유동대전
> 3. 박리대전　4. 충돌대전
> 5. 분출대전　6. 파괴대전

63. 방폭기기에 별도의 주위 온도 표시가 없을 때 방폭기기의 주위 온도 범위는? (단, 기호 "X"의 표시가 없는 기기이다.)

① 20℃ ~ 40℃　② −20℃ ~ 40℃
③ 10℃ ~ 50℃　④ −10℃ ~ 50℃

방폭기기 설치 시 표준환경조건

압력	80kpa ~ 110kpa
온도	−20℃ ~ 40℃
표고	1,000m 이하
상대습도	45% ~ 85%
공해, 부식성가스, 진동등이 존재하지 않는 환경	

64. 정전기로 인한 화재 및 폭발을 방지하기 위하여 조치가 필요한 설비가 아닌 것은?

① 드라이클리닝 설비　② 위험물 건조설비
③ 화약류 제조설비　④ 위험기구의 제전설비

> 위험기구의 제전 설비는 정전기의 발생을 제거하기 위한 설비이다.

65. 300A의 전류가 흐르는 저압 가공전선로의 1선에서 허용 가능한 누설전류(mA)는?

① 600　② 450
③ 300　④ 150

> 누전전류 = 최대공급전류의 $\frac{1}{2000}$
>
> $300 \times \frac{1}{2000} = 0.15\text{A} = 150\text{mA}$

66. 산업안전보건기준에 관한 규칙 제319조에 따라 감전될 우려가 있는 장소에서 작업을 하기 위해서는 전로를 차단하여야 한다. 전로 차단을 위한 시행 절차 중 틀린 것은?

① 전기기기 등에 공급되는 모든 전원을 관련 도면, 배선도 등으로 확인
② 각 단로기를 개방한 후 전원 차단
③ 단로기 개방 후 차단장치나 단로기 등에 잠금장치 및 꼬리표를 부착
④ 잔류전하 방전 후 검전기를 이용하여 작업 대상기기가 충전되어 있는 지 확인

> 전로 차단은 다음 각 호의 절차에 따라 시행하여야 한다.
> 1. 전기기기등에 공급되는 모든 전원을 관련 도면, 배선도 등으로 확인할 것
> 2. 전원을 차단한 후 각 단로기 등을 개방하고 확인할 것
> 3. 차단장치나 단로기 등에 잠금장치 및 꼬리표를 부착할 것
> 4. 개로된 전로에서 유도전압 또는 전기에너지가 축적되어 근로자에게 전기위험을 끼칠 수 있는 전기기기등은 접촉하기 전에 잔류전하를 완전히 방전시킬 것
> 5. 검전기를 이용하여 작업 대상 기기가 충전되었는지를 확인할 것
> 6. 전기기기등이 다른 노출 충전부와의 접촉, 유도 또는 예비동력원의 역송전 등으로 전압이 발생할 우려가 있는 경우에는 충분한 용량을 가진 단락 접지기구를 이용하여 접지할 것
>
> **참고** 산업안전보건기준에 관한 규칙 제319조 【정전전로에서의 전기작업】

해답 61 ③　62 ③　63 ②　64 ④　65 ④　66 ②

67. 유자격자가 아닌 근로자가 방호되지 않은 충전전로 인근의 높은 곳에서 작업할 때에 근로자의 몸은 충전전로에서 몇 cm 이내로 접근할 수 없도록 하여야 하는가? (단, 대지전압이 50kV이다.)

① 50 ② 100
③ 200 ④ 300

유자격자가 아닌 근로자가 충전전로 인근의 높은 곳에서 작업할 때에 근로자의 몸 또는 긴 도전성 물체가 방호되지 않은 충전전로에서 대지전압이 50킬로볼트 이하인 경우에는 300센티미터 이내로, 대지전압이 50킬로볼트를 넘는 경우에는 10킬로볼트당 10센티미터씩 더한 거리 이내로 각각 접근할 수 없도록 할 것

참고 산업안전보건기준에 관한 규칙 제321조【충전전로에서의 전기작업】

68. 다음 중 정전기의 재해방지 대책으로 틀린 것은?

① 설비의 도체 부분을 접지
② 작업자는 정전화를 착용
③ 작업장의 습도를 30% 이하로 유지
④ 배관 내 액체의 유속제한

정전기를 제기하기 위해서는 습도를 70%이상으로 유지하여야 한다.

69. 가스(발화온도 120℃)가 존재하는 지역에 방폭기기를 설치하고자 한다. 설치가 가능한 기기의 온도 등급은?

① T_2 ② T_3
③ T_4 ④ T_5

Class	최대표면온도 ℃	등급	발화도 범위 ℃
T_1	450 이하	G_1	450 초과
T_2	300 이하	G_2	300 초과 450 이하
T_3	200 이하	G_3	200 초과 300 이하
T_4	135 이하	G_4	135 초과 200 이하
T_5	100 이하	G_5	100 초과 135 이하
T_6	85 이하	G_6	85 초과 100 이하

70. 변압기의 중성점을 제2종 접지한 수전전압 22.9kV, 사용전압 220V인 공장에서 외함을 제3종 접지공사를 한 전동기가 운전 중에 누전되었을 경우에 작업자가 접촉될 수 있는 최소전압은 약 몇 V인가? (단, 1선 지락전류 10A, 제3종 접지저항 30Ω, 인체저항 : 10000Ω 이다.)

① 116.7 ② 127.5
③ 146.7 ④ 165.6

제3종 접지저항 = 30 Ω

$$\text{제2종 접지저항} = \frac{150}{\text{1선지락전류}} = \frac{150}{10} = 15\Omega$$

$$V_1 = \frac{R_1}{R_1 + R_2} \times V = \frac{30}{30+15} \times 220 = 146.7[\text{V}]$$

71. 제전기의 종류가 아닌 것은?

① 전압인가식 제전기 ② 정전식 제전기
③ 방사선식 제전기 ④ 자기방전식 제전기

제전기의 종류
1. 전압인가식 제전기
2. 방사선식(이온식) 제전기
3. 자기방전식 제전기

72. 정전기 방전현상에 해당되지 않는 것은?

① 연면방전 ② 코로나방전
③ 낙뢰방전 ④ 스팀방전

방전 현상의 형태
1. 불꽃방전
2. 코로나 방전
3. 스트리머 방전
4. 연면 방전
5. 뇌상 방전

해답 67 ④ 68 ③ 69 ④ 70 ③ 71 ② 72 ④

73. 전로에 지락이 생겼을 때에 자동적으로 전로를 차단하는 장치를 시설해야하는 전기기계의 사용전압 기준은? (단, 금속제 외함을 가지는 저압의 기계 기구로서 사람이 쉽게 접촉할 우려가 있는 곳에 시설되어 있다.)

① 30V 초과 ② 50V 초과
③ 90V 초과 ④ 150V 초과

금속제 외함을 가지는 사용전압이 50 V를 초과하는 저압의 기계기구로서 사람이 쉽게 접촉할 우려가 있는 곳에 시설하는 것에 전기를 공급하는 전로에는 전로에 지락이 생겼을 때에 자동적으로 전로를 차단하는 장치를 하여야 한다.

참고 전기설비기술기준의 판단기준 제41조【지락차단장치 등의 시설】

74. 정전용량 $C=20\mu$F, 방전 시 전압 $V=2$kV일 때 정전에너지(J)는?

① 40 ② 80
③ 400 ④ 800

$$E=\frac{1}{2}CV^2=\frac{1}{2}\times 20\times 10^{-6}\times(2\times 10^3)^2=40$$

75. 전로에 시설하는 기계기구의 금속제 외함에 접지공사를 하지 않아도 되는 경우로 틀린 것은?

① 저압용의 기계기구를 건조한 목재의 마루 위에서 취급하도록 시설한 경우
② 외함 주위에 적당한 절연대를 설치한 경우
③ 교류 대지 전압이 300V 이하인 기계기구를 건조한 곳에 시설한 경우
④ 전기용품 및 생활용품 안전관리법의 적용을 받는 2중 절연구조로 되어 있는 기계기구를 시설하는 경우

전로에 시설하는 기계기구의 철대 및 금속제 외함(외함이 없는 변압기 또는 계기용변성기는 철심)에서

접지공사 제외 대상
1. 사용전압이 직류 300 V 또는 교류 대지전압이 150 V 이하인 기계기구를 건조한 곳에 시설하는 경우
2. 저압용의 기계기구를 건조한 목재의 마루 기타 이와 유사한 절연성 물건 위에서 취급하도록 시설하는 경우
3. 저압용이나 고압용의 기계기구, 제29조에 규정하는 특고압 전선로에 접속하는 배전용 변압기나 이에 접속하는 전선에 시설하는 기계기구 또는 제135조제1항 및 제4항에 규정하는 특고압 가공전선로의 전로에 시설하는 기계기구를 사람이 쉽게 접촉할 우려가 없도록 목주 기타 이와 유사한 것의 위에 시설하는 경우
4. 철대 또는 외함의 주위에 적당한 절연대를 설치하는 경우
5. 외함이 없는 계기용변성기가 고무·합성수지 기타의 절연물로 피복한 것일 경우
6. 「전기용품 및 생활용품 안전관리법」의 적용을 받는 2중 절연구조로 되어 있는 기계기구를 시설하는 경우
7. 저압용 기계기구에 전기를 공급하는 전로의 전원측에 절연변압기(2차 전압이 300 V 이하이며, 정격용량이 3 kVA 이하인 것에 한한다)를 시설하고 또한 그 절연변압기의 부하측 전로를 접지하지 않은 경우
8. 물기 있는 장소 이외의 장소에 시설하는 저압용의 개별 기계기구에 전기를 공급하는 전로에 「전기용품 및 생활용품 안전관리법」의 적용을 받는 인체감전보호용 누전차단기(정격감도전류가 30 mA 이하, 동작시간이 0.03초 이하의 전류동작형에 한한다)를 시설하는 경우
9. 외함을 충전하여 사용하는 기계기구에 사람이 접촉할 우려가 없도록 시설하거나 절연대를 시설하는 경우

참고 전기설비기술기준의 판단기준 제33조【기계기구의 철대 및 외함의 접지】

76. Dalziel에 의하여 동물 실험을 통해 얻어진 전류값을 인체에 적용했을 때 심실세동을 일으키는 전기에너지(J)는 약 얼마인가? (단, 인체 전기저항은 500Ω으로 보며, 흐르는 전류 $I=\frac{165}{\sqrt{T}}$mA로 한다.)

① 9.8 ② 13.6
③ 19.6 ④ 27

$$W=I^2RT=\left(\frac{165}{\sqrt{T}}\times 10^{-3}\right)^2\times 500\times 1=13.6[\text{J}]$$

해답 73 ② 74 ① 75 ③ 76 ②

77. 전기설비의 방폭구조의 종류가 아닌 것은?

① 근본 방폭구조　② 압력 방폭구조
③ 안전증 방폭구조　④ 본질안전 방폭구조

전기설비의 방폭구조의 종류
1. 내압방폭구조(d)　2. 압력방폭구조(p)
3. 충전방폭구조(q)　4. 유입방폭구조(o)
5. 안전증방폭구조(e)　6. 본질안전방폭구조(ia, ib)
7. 몰드방폭구조(m)　8. 비점화방폭구조(n)

78. 작업자가 교류전압 7000V 이하의 전로에 활선 근접 작업시 감전사고 방지를 위한 절연용 보호구는?

① 고무절연관　② 절연시트
③ 절연커버　④ 절연안전모

고무절연관, 절연시트, 절연커버는 활선작업 시 방호구에 해당하며, 절연안전모는 고압(7000V 이하) 전로에 활선 근접작업 시 감전사고 방지를 위해 착용하는 보호구이다.

79. 방폭전기기기에 "Ex ia ⅡC T_4 Ga"라고 표시되어 있다. 해당 기기에 대한 설명으로 틀린 것은?

① 정상 작동, 예상된 오작동에 또는 드문 오작동 중에 점화원이 될 수 없는 "매우 높은" 보호등급의 기기이다.
② 온도 등급이 T_4이므로 최고표면온도가 150℃를 초과해서는 안된다.
③ 본질안전 방폭구조로 0종 장소에서 사용이 가능하다.
④ 수소 및 아세틸렌 등의 가스가 존재하는 곳에 사용이 가능하다.

③항, 온도등급 T_4는 최고표면온도 135℃ 이하에서 사용해야 한다.

80. 전기기계·기구의 기능 설명으로 옳은 것은?

① CB는 부하전류를 개폐시킬 수 있다.
② ACB는 진공 중에서 차단동작을 한다.
③ DS는 회로의 개폐 및 대용량부하를 개폐시킨다.
④ 피뢰침은 뇌나 계통의 개폐에 의해 발생하는 이상전압을 대지로 방전시킨다.

②항, ACB는 공기차단기로 대기압의 공기를 사용한다.
③항, DS는 단로기로 무부하 상태에서 개폐시킨다.
④항, 피뢰침은 낙뢰로부터 전력계통을 보호하기 위한 피뢰기의 구성요소이다.

■■■ 제5과목 화학설비위험방지기술

81. 다음 중 압축기 운전시 토출압력이 갑자기 증가하는 이유로 가장 적절한 것은?

① 윤활유의 과다
② 피스톤 링의 가스 누설
③ 토출관 내에 저항 발생
④ 저장조 내 가스압의 감소

압축기 운전 시 관로상의 저항이 발생되면 토출압력이 높아지게 된다.

82. 진한 질산이 공기 중에서 햇빛에 의해 분해되었을 때 발생하는 갈색증기는?

① N_2　② NO_2
③ NH_3　④ NH_2

부동태화
진한질산이 위 물질의 표면에 다른 산에 의하여 부식되지 않게 수산화물의 얇은 막을 만드는 현상.
빛에 의해 일부 분해되어 생긴 NO_2(이산화질소) 때문에 황갈색이 된다.
* 분해반응식 $4HNO_3 \rightarrow 2H_2O + 4NO_2\uparrow + O_2\uparrow$ (물+이산화질소+산소)

해답 77 ① 78 ④ 79 ② 80 ① 81 ③ 82 ②

83. 고온에서 완전 열분해하였을 대 산소를 발생하는 물질은?

① 황화수소 ② 과염소산칼륨
③ 메틸리튬 ④ 적린

과염소산($HClO_4$)은 산화성물질로 그 자체로는 연소하지 않더라도, 일반적으로 산소를 발생시켜 다른 물질을 연소시키거나 연소를 촉진하는 물질이다.

84. 다음 중 분진 폭발에 관한 설명으로 틀린 것은?

① 폭발한계 내에서 분진의 휘발성분이 많으면 폭발위험성이 높다.
② 분진이 발화 폭발하기 위한 조건은 가연성, 미분상태, 공기 중에서의 교반과 유동 및 점화원의 존재이다.
③ 가스폭발과 비교하여 연소의 속도나 폭발의 압력이 크고, 연소시간이 짧으며, 발생에너지가 작다.
④ 폭발한계는 입자의 크기, 입도분포, 산소농도, 함유수분, 가연성가스의 혼입 등에 의해 같은 물질의 분진에서도 달라진다.

분진폭발은 가스폭발에 비해 연소속도나 폭발압력은 작으나 연소시간이 길고 발생에너지는 가스폭발의 수배로 파괴력 또한 크며 이때 주위온도는 섭씨 2,000 ~ 3,000℃ 까지 상승한다. 또한, 분진폭발은 폭발이 한 번으로 끝나지 않으며 최초의 부분적인 분진 폭발에 의해 발생된 폭풍이 주변에 퇴적돼 있던 분진들을 날리면서 2차, 3차의 연쇄적 분진폭발을 일으키며 착화 후 폭발 종료 시까지 1초도 안 걸리는 경우가 대부분이다.

85. 다음 중 유류화재의 화재급수에 해당하는 것은?

① A급 ② B급
③ C급 ④ D급

구분	A급 화재(백색) 일반 화재	B급 화재(황색) 유류 화재	C급 화재(청색) 전기 화재
소화 효과	냉각	질식	질식, 냉각

86. 증기 배관 내에 생성하는 응축수를 제거할 때 증기가 배출되지 않도록 하면서 응축수를 자동적으로 배출하기 위한 장치를 무엇이라 하는가?

① Vent stack ② Steam trap
③ Blow down ④ Relief valve

증기배관 내에 생기는 응축수(Drain)는 송기상(送氣上) 지장이 되므로 이것을 제거할 필요가 있다. Steamdraft(Steam trap)는 응축수를 자동적으로 배출하기 위한 장치이다.

87. 다음 중 수분(H_2O)과 반응하여 유독성 가스인 포스핀이 발생되는 물질은?

① 금속나트륨 ② 알루미늄 분발
③ 인화칼슘 ④ 수소화리튬

$3Ca_3P_2 + 6H_2O \rightarrow 2PH_3 + 3Ca(OH)_2$
인화칼슘은 물 또는 약산과 반응하여 유독성, 가연성인 인화수소(PH_3, 포스핀)가스를 발생한다.

88. 대기압에서 사용하나 증발에 의한 액체의 손실을 방지함과 동시에 액면 위의 공간에 폭발성 위험가스를 형성할 위험이 적은 구조의 저장탱크는?

① 유동형 지붕 탱크 ② 원추형 지붕 탱크
③ 원통형 저장 탱크 ④ 구형 저장탱크

Floating Roof Tank(유동형 지붕 탱크)
탱크 천정이 Tank Shell에 고정되어 있지 않고 기름과 같이 상하로 움직이는 형으로써 탱크 상부의 공간에 공기와 폭발성 증기가 섞여 그 혼합비가 폭발한계 내에 들어가지 않게 만들어 폭발을 방지한다.

해답 83 ② 84 ③ 85 ② 86 ② 87 ③ 88 ①

89. 자동화재탐지설비의 감지기 종류 중 열감지기가 아닌 것은?

① 차동식 ② 정온식
③ 보상식 ④ 광전식

열 감지기의 종류
1. 정온식 감지기 : 주위의 온도가 일정한 온도에 도달하였을 때 작동하는 것으로 spot형(바이레탈식, 열반도체식)과 감지형(가용절연물식) 이 있다.(작동온도 : 60~150℃의 범위)
2. 차동식 감지기 : 주위의 온도가 정하여진 비율이상으로 커질 때 즉, 외계와의 변위차가 일정값을 가질 때 작동하는 것으로, 특정 위치의 온도 변화를 감지하는 spot형(공기식)과 실전체의 온도변화를 감지하는 분포형(공기관식, 열전대식, 열반도체식) 이 있다.
3. 보상식 감지기 : 차동식 감지기의 결점인 완만한 온도상승에 의한 작동불능을 보호하기 위하여 차동식과 정온식을 조합한 형식의 감지기이다.

90. 산업안전보건법령에서 규정하고 있는 위험물질의 종류 중 부식성 염기류로 분류되기 위하여 농도가 40% 이상이어야 하는 물질은?

① 염산 ② 아세트산
③ 불산 ④ 수산화칼륨

부식성 염기류
농도가 40% 이상인 수산화나트륨, 수산화칼륨, 이와 동등 이상의 부식성을 가지는 염기류

91. 인화점이 각 온도 범위에 포함되지 않는 물질은?

① −30℃ 미만 : 디에틸에테르
② −30℃ 이상 0℃ 미만 : 아세톤
③ 0℃ 이상 30℃ 미만 : 벤젠
④ 30℃ 이상 65℃ 이하 : 아세트산

주요 가연성 물질의 인화점

물질명	인화점(℃)	물질명	인화점(℃)
아세톤	−20	아세트알데히드	−39
가솔린	−43	에틸알코올	13
경유	40~85	메타놀	11
아세트산	42	산화에틸렌	−17.8
등유	30~60	이황화탄소	−30
벤젠	−11	에틸에테르	−45
테레빈유	35		

92. 다음 중 아세틸렌을 용해가스로 만들 때 사용되는 용제로 가장 적합한 것은?

① 아세톤 ② 메탄
③ 부탄 ④ 프로판

아세톤(CH_3COCH_3)는 인화성 액체이며 수용성을 가지고 있어 물에 잘 녹는 성질을 가지고 있으며 아세틸렌을 용해가스로 만들 때 용제로 사용한다.

93. 다음 중 산업안전보건법령상 화학설비의 부속설비로만 이루어진 것은?

① 사이클론, 백필터, 전기집진기 등 분진처리설비
② 응축기, 냉각기, 가열기, 증발기 등 열교환기류
③ 고로 등 점화기를 직접 사용하는 열교환기류
④ 혼합기, 발포기, 압출기 등 화학제품 가공설비

화학설비의 부속설비
1. 배관·밸브·관·부속류 등 화학물질 이송 관련 설비
2. 온도·압력·유량 등을 지시·기록 등을 하는 자동제어 관련 설비
3. 안전밸브·안전판·긴급차단 또는 방출밸브 등 비상조치 관련 설비
4. 가스누출감지 및 경보 관련 설비
5. 세정기, 응축기, 벤트스택(bent stack), 플레어스택(flare stack) 등 폐가스처리설비
6. 사이클론, 백필터(bag filter), 전기집진기 등 분진처리설비
7. 가목부터 바목까지의 설비를 운전하기 위하여 부속된 전기 관련 설비
8. 정전기 제거장치, 긴급 샤워설비 등 안전 관련 설비

참고 산업안전보건기준에 관한 규칙 별표 7【화학설비 및 그 부속설비의 종류】

94. 다음 중 밀폐 공간 내 작업시의 조치사항으로 가장 거리가 먼 것은?

① 산소결핍이나 유해가스로 인한 질식의 우려가 있으면 진행 중인 작업에 방해되지 않도록 주의하면서 환기를 강화하여야 한다.
② 해당 작업장을 적정한 공기상태로 유지되도록 환기하여야 한다.
③ 그 장소에 근로자를 입장시킬 때와 퇴장시킬 때마다 인원을 점검하여야 한다.
④ 그 작업장과 외부의 감시인 간에 항상 연락을 취할 수 있는 설비를 설치하여야 한다.

밀폐공간의 가스농도가 폭발할 우려가 있는 경우 즉시 작업을 중단시키고 해당 근로자를 대피하도록 하여야 한다.

해답 89 ④ 90 ④ 91 ③ 92 ① 93 ① 94 ①

95. 산업안전보건법령상 폭발성 물질을 취급하는 화학설비를 설치하는 경우에 단위공정설비로부터 다른 단위공정설비 사이의 안전거리는 설비 바깥 면으로부터 몇 m 이상이어야 하는가?

① 10　　② 15
③ 20　　④ 30

화학설비 및 부속설비의 안전거리

구분	안전거리
1. 단위공정시설 및 설비로부터 다른 단위공정시설 및 설비의 사이	설비의 바깥 면으로부터 10미터 이상
2. 플레어스택으로부터 단위공정시설 및 설비, 위험물질 저장탱크 또는 위험물질 하역설비의 사이	플레어스택으로부터 반경 20미터 이상. 다만, 단위공정시설 등이 불연재로 시공된 지붕 아래에 설치된 경우에는 그러하지 아니하다.
3. 위험물질 저장탱크로부터 단위공정시설 및 설비, 보일러 또는 가열로의 사이	저장탱크의 바깥 면으로부터 20미터 이상. 다만, 저장탱크의 방호벽, 원격조종 화설비 또는 살수설비를 설치한 경우에는 그러하지 아니하다.
4. 사무실·연구실·실험실·정비실 또는 식당으로부터 단위공정시설 및 설비, 위험물질 저장탱크, 위험물질 하역설비, 보일러 또는 가열로의 사이	사무실 등의 바깥 면으로부터 20미터 이상. 다만, 난방용 보일러인 경우 또는 사무실 등의 벽을 방호구조로 설치한 경우에는 그러하지 아니하다.

참고 산업안전보건기준에 관한 별표 8【안전거리】

96. 탄화수소 증기의 연소하한값 추정식은 연료의 양론농도(Cst)의 0.55배이다. 프로판 1몰의 연소반응식이 다음과 같을 때 연소하한값은 약 몇 vol%인가?

$$C_3H_8 + 5O_2 \rightarrow 3CO_2 + 4H_2O$$

① 2.22　　② 4.03
③ 4.44　　④ 8.06

"$C_3H_8 + 5O_2 \rightarrow 3CO_2 + 4H_2O$"
폭발하한(LEL)=0.55×Cst=0.55×4.032=2.22
여기서,
Cst(화학양론농도)=$\dfrac{100}{1+\dfrac{Z}{0.21}}=\dfrac{100}{1+\dfrac{5}{0.21}}=4.031$
Z(산소양론계수)=산소몰수/프로판몰수 = 5/1 = 5

97. 에틸알콜(C_2H_5OH) 1몰이 완전연소할 때 생성되는 CO_2의 몰수로 옳은 것은?

① 1　　② 2
③ 3　　④ 4

$C_2H_5OH+3O_2 \rightarrow 2CO_2+3H_2O$이므로
이산화탄소(CO_2) : 2, 물(H_2O) : 3가 된다.

98. 프로판과 메탄의 폭발하한계가 각각 2.5, 5.0vol%이라고 할 때 프로판과 메탄이 3:1의 체적비로 혼합되어 있다면 이 혼합가스의 폭발하한계는 약 몇 vol%인가? (단, 상온, 상압 상태이다.)

① 2.9　　② 3.3
③ 3.8　　④ 4.0

$$L=\frac{3+1}{\dfrac{3}{2.5}+\dfrac{1}{5}}=2.86$$

99. 다음 중 소화약제로 사용되는 이산화탄소에 관한 설명으로 틀린 것은?

① 사용 후에 오염의 영향이 거의 없다.
② 장시간 저장하여도 변화가 없다.
③ 주된 소화효과는 억제소화이다.
④ 자체 압력으로 방사가 가능하다.

이산화탄소의 주요 소화효과는 질식소화이다.

100. 다음 중 물질의 자연발화를 촉진시키는 요인으로 가장 거리가 먼 것은?

① 표면적이 넓고, 발열량이 클 것
② 열전도율이 클 것
③ 주위 온도가 높을 것
④ 적당한 수분을 보유할 것

자연발화의 조건
1. 표면적이 넓을 것　　2. 발열량이 클 것
3. 물질의 열전도율이 작을 것　　4. 주변온도가 높을 것
5. 습도가 높을 것

해답 95 ① 96 ① 97 ② 98 ① 99 ③ 100 ②

■■■ 제6과목 건설안전기술

101. 콘크리트 타설을 위한 거푸집동바리의 구조검토 시 가장 선행되어야 할 작업은?

① 각 부재에 생기는 응력에 대하여 안전한 단면을 산정한다.
② 가설물에 작용하는 하중 및 외력의 종류, 크기를 산정한다.
③ 하중 및 외력에 의하여 각 부재에 생기는 응력을 구한다.
④ 사용할 거푸집동바리의 설치간격을 결정한다.

콘크리트 타설을 위한 거푸집동바리의 구조검토 시 가장 선행되어야 할 작업은 가설물에 작용하는 하중 및 외력의 종류, 크기의 산정이다.

102. 다음 중 해체작업용 기계 기구로 가장 거리가 먼 것은?

① 압쇄기 ② 핸드 브레이커
③ 철제햄머 ④ 진동롤러

진동롤러는 토공사나 도로공사에 사용되는 장비이다.

103. 거푸집동바리 등을 조립하는 경우에 준수하여야 할 안전조치기준으로 옳지 않은 것은?

① 동바리로 사용하는 강관은 높이 2m 이내마다 수평연결재를 2개 방향으로 만들고 수평연결재의 변위를 방지할 것
② 동바리로 사용하는 파이프 서포트는 3개 이상이어서 사용하지 않도록 할 것
③ 동바리로 사용하는 파이프 서포트를 이어서 사용하는 경우에는 3개 이상의 볼트 또는 전용철물을 사용하여 이을 것
④ 동바리로 사용하는 강관틀과 강관틀 사이에는 교차가새를 설치할 것

파이프서포트를 이어서 사용할 때에는 4개 이상의 볼트 또는 전용철물을 사용하여 이을 것

참고 산업안전보건기준에 관한 규칙 제332조【거푸집동바리 등의 안전조치】

104. 다음은 말비계를 조립하여 사용하는 경우에 관한 준수사항이다. ( )안에 들어갈 내용으로 옳은 것은?

- 지주부재와 수평면의 기울기를 (A)° 이하로 하고 지주부재와 지주부재 사이를 고정시키는 보조부재를 설치할 것
- 말비계의 높이가 2m를 초과하는 경우에는 작업 발판의 폭을 (B)cm 이상으로 할 것

① A : 75, B : 30 ② A : 75, B : 40
③ A : 85, B : 30 ④ A : 85, B : 40

사업주는 말비계를 조립하여 사용할 때에는 다음 각호의 사항을 준수하여야 한다.
1. 지주부재의 하단에는 미끄럼 방지장치를 하고, 양측 끝부분에 올라서서 작업하지 아니하도록 할 것
2. 지주부재와 수평면과의 기울기를 75도 이하로 하고, 지주부재와 지주부재 사이를 고정시키는 보조부재를 설치할 것
3. 말비계의 높이가 2미터를 초과할 경우에는 작업발판의 폭을 40센터미터 이상으로 할 것

참고 산업안전보건기준에 관한 규칙 제67조【말비계】

105. 산업안전보건관리비계상기준에 따른 일반건설공사(갑), 대상액「5억원 이상 ~ 50억원 미만」의 안전관리비 비율 및 기초액으로 옳은 것은?

① 비율 : 1.86%, 기초액 : 5,349,000원
② 비율 : 1.99%, 기초액 : 5,499,000원
③ 비율 : 2.35%, 기초액 : 5,400,000원
④ 비율 : 1.57%, 기초액 : 4,411,000원

공사종류 및 규모별 안전관리비 계상기준표

대상액 공사종류	5억원 미만	5억원 이상 50억원 미만		50억원 이상
		비율(X)	기초액(C)	
일반건설공사(갑)	2.93(%)	1.86(%)	5,349,000원	1.97(%)
일반건설공사(을)	3.09(%)	1.99(%)	5,499,000원	2.10(%)
중건설공사	3.43(%)	2.35(%)	5,400,000원	2.44(%)
철도·궤도신설공사	2.45(%)	1.57(%)	4,411,000원	1.66(%)
특수및기타건설공사	1.85(%)	1.20(%)	3,250,000원	1.27(%)

참고 건설업 산업안전보건관리비 계상 및 사용기준 별표 1【공사종류 및 규모별 안전관리비 계상기준표】

해답 101 ② 102 ④ 103 ③ 104 ② 105 ①

106. 터널작업 시 자동경보장치에 대하여 당일의 작업 시작 전 점검하여야 할 사항으로 옳지 않은 것은?

① 검지부의 이상 유무
② 조명시설의 이상 유무
③ 경보장치의 작동 상태
④ 계기의 이상 유무

자동경보장치에 대하여 당일의 작업시작 전 아래 각호의 사항을 점검하고 이상을 발견한 때에는 즉시 보수하여야 한다.
1. 계기의 이상유무
2. 검지부의 이상유무
3. 경보장치의 작동상태

참고 산업안전보건기준에 관한 규칙 제350조【인화성 가스의 농도측정 등】

107. 다음은 강관틀비계를 조립하여 사용하는 경우 준수해야할 기준이다. (   )안에 알맞은 숫자를 나열한 것은?

길이가 띠장방향으로 (A)미터 이하이고 높이가 (B)미터를 초과하는 경우에는 (C)미터 이내마다 띠장방향으로 버팀기둥을 설치할 것

① A : 4, B : 10, C : 5
② A : 4, B : 10, C : 10
③ A : 5, B : 10, C : 5
④ A : 5, B : 10, C : 10

길이가 띠장 방향으로 4미터 이하이고 높이가 10미터를 초과하는 경우에는 10미터 이내마다 띠장 방향으로 버팀기둥을 설치할 것

참고 산업안전보건기준에 관한 규칙 제62조【강관틀비계】

108. 지반의 종류가 다음과 같을 때 굴착면의 기울기 기준으로 옳은 것은?

보통흙의 습지

① 1 : 0.5 ~ 1 : 1
② 1 : 1 ~ 1 : 1.5
③ 1 : 0.8
④ 1 : 0.5

굴착면의 기울기기준

구분	지반의 종류	구배
보통 흙	습지 건지 –	1 : 1~1 : 1.5 1 : 0.5~1 : 1 –

참고 산업안전보건기준에 관한 규칙 별표 11【굴착면의 기울기 기준】

109. 동력을 사용하는 항타기 또는 항발기에 대하여 무너짐을 방지하기 위하여 준수하여야 할 기준으로 옳지 않은 것은?

① 연약한 지반에 설치하는 경우에는 각부(脚部)나 가대(架臺)의 침하를 방지하기 위하여 깔판 · 깔목 등을 사용할 것
② 각부나 가대가 미끄러질 우려가 있는 경우에는 말뚝 또는 쐐기 등을 사용하여 각부나 가대를 고정시킬 것
③ 버팀대만으로 상단부분을 안정시키는 경우에는 버팀대는 3개 이상으로 하고 그 하단 부분은 견고한 버팀 · 말뚝 또는 철골 등으로 고정시킬 것
④ 버팀줄만으로 상단 부분을 안정시키는 경우에는 버팀줄을 2개 이상으로 하고 같은 간격으로 배치할 것

버팀줄만으로 상단부분을 안정시키는 경우에는 버팀줄을 3개 이상으로 하고 같은 간격으로 배치할 것

참고 산업안전보건기준에 관한 규칙 제209조【무너짐의 방지】

110. 운반작업을 인력운반작업과 기계운반작업으로 분류할 때 기계운반작업으로 실시하기에 부적당한 대상은?

① 단순하고 반복적인 작업
② 표준화되어 있어 지속적이고 운반량이 많은 작업
③ 취급물의 형상, 성질, 크기 등이 다양한 작업
④ 취급물이 중량인 작업

기계운반 작업은 중량물이며 취급물의 크기 등이 표준화 되어있는 작업에 적합하다.

해답 106 ② 107 ② 108 ② 109 ④ 110 ③

111. 터널등의 건설작업을 하는 경우에 낙반 등에 의하여 근로자가 위험해질 우려가 있는 경우에 필요한 직접적인 조치사항과 거리가 먼 것은?

① 터널지보공 설치 ② 부석의 제거
③ 울 설치 ④ 록볼트 설치

사업주는 터널 등의 건설작업을 하는 경우에 낙반 등에 의하여 근로자가 위험해질 우려가 있는 경우에 터널 지보공 및 록볼트의 설치, 부석의 제거등 위험을 방지하기 위하여 필요한 조치를 하여야 한다.

참고 산업안전보건기준에 관한 규칙 제351조【낙반 등에 의한 위험의 방지】

112. 장비 자체보다 높은 장소의 땅을 굴착하는 데 적합한 장비는?

① 파워쇼벨(Power Shovel)
② 불도저(Bulldozer)
③ 드래그라인(Drag line)
④ 클램쉘(Clam Shell)

파워쇼벨(Power shovel)은 중기가 위치한 지면보다 높은 장소의 땅을 굴착하는데 적합하며, 산지에서의 토공사, 암반으로부터 점토질까지 굴착할 수 있다.

113. 사다리식 통로의 길이가 10m 이상일 때 얼마 이내마다 계단참을 설치하여야 하는가?

① 3m 이내마다 ② 4m 이내마다
③ 5m 이내마다 ④ 6m 이내마다

사다리식 통로의 길이가 10미터 이상인 경우에는 5미터 이내마다 계단참을 설치할 것

참고 산업안전보건기준에 관한 규칙 제24조【사다리식 통로 등의 구조】

114. 추락방지망 설치 시 그물코의 크기가 10cm인 매듭 있는 방망의 신품에 대한 인장강도 기준으로 옳은 것은?

① 100kgf 이상 ② 200kgf 이상
③ 300kgf 이상 ④ 400kgf 이상

방망사의 신품에 대한 인장강도

그물코의 크기 (단위 : cm)	방망의 종류(단위 : kg)	
	매듭없는 방망	매듭있는 방망
10	240	200
5		110

115. 타워크레인을 자립고(自立高) 이상의 높이로 설치할 때 지지벽체가 없어 와이어로프로 지지하는 경우의 준수사항으로 옳지 않은 것은?

① 와이어로프를 고정하기 위한 전용 지지프레임을 사용할 것
② 와이어로프 설치각도는 수평면에서 60° 이내로 하되, 지지점은 4개소 이상으로 하고, 같은 각도로 설치할 것
③ 와이어로프와 그 고정부위는 충분한 강도와 장력을 갖도록 설치하되, 와이어로프를 클립·샤클(shackle) 등의 기구를 사용하여 고정하지 않도록 유의할 것
④ 와이어로프가 가공전선(架空電線)에 근접하지 않도록 할 것

와이어로프와 그 고정부위는 충분한 강도와 장력을 갖도록 설치하고, 와이어로프를 클립·샤클(shackle, 연결고리) 등의 고정기구를 사용하여 견고하게 고정시켜 풀리지 아니하도록 하며, 사용 중에는 충분한 강도와 장력을 유지하도록 할 것

참고 산업안전보건기준에 관한 규칙 제142조【타워크레인의 지지】

116. 토질시험 중 연약한 점토 지반의 점착력을 판별하기 위하여 실시하는 현장시험은?

① 베인테스트(Vane Test)
② 표준관입시험(SPT)
③ 하중재하시험
④ 삼축압축시험

베인시험(Vane test)시험이란 연한 점토질 시험에 주로 쓰이는 방법으로 4개의 날개가 달린 베인테스터를 지반에 때려박고 회전시켜 저항 모멘트를 측정, 전단강도를 산출한다.

해답 111 ③ 112 ① 113 ③ 114 ② 115 ③ 116 ①

117. 비계의 부재 중 기둥과 기둥을 연결시키는 부재가 아닌 것은?

① 띠장 ② 장선
③ 가새 ④ 작업발판

작업발판은 고소작업 중 추락이나 발이 빠질 위험이 있는 장소에 근로자가 안전하게 작업하고 자재운반 등이 용이하도록 공간 확보를 위해 설치해 놓은 것으로 장선 위에 고정된다.

118. 항만하역작업에서의 선박승강설비 설치기준으로 옳지 않은 것은?

① 200톤급 이상의 선박에서 하역작업을 하는 경우에 근로자들이 안전하게 오르내릴 수 있는 현문(舷門) 사다리를 설치하여야 하며, 이 사다리 밑에 안전망을 설치하여야 한다.
② 현문 사다리는 견고한 재료로 제작된 것으로 너비는 55cm 이상이어야 한다.
③ 현문 사다리의 양측에는 82cm 이상의 높이로 울타리를 설치하여야 한다.
④ 현문 사다리는 근로자의 통행에만 사용하여야 하며, 화물용 발판 또는 화물용 보판으로 사용하도록 해서는 아니 된다.

300톤급 이상의 선박에서 하역작업을 하는 경우에 근로자들이 안전하게 오르내릴 수 있는 현문(舷門) 사다리를 설치하여야 하며, 이 사다리 밑에 안전망을 설치하여야 한다.

참고 산업안전보건기준에 관한 규칙 제397조 【선박승강설비의 설치】

119. 다음 중 유해위험방지계획서 제출 대상공사가 아닌 것은?

① 지상높이가 30m인 건축물 건설공사
② 최대지간길이가 50m인 교량건설공사
③ 터널 건설공사
④ 깊이가 11m인 굴착공사

유해위험방지계획서 제출대상 건설공사
1. 다음 각 목의 어느 하나에 해당하는 건축물 또는 시설 등의 건설·개조 또는 해체(이하 "건설등"이라 한다) 공사
 가. 지상높이가 31미터 이상인 건축물 또는 인공구조물
 나. 연면적 3만제곱미터 이상인 건축물
 다. 연면적 5천제곱미터 이상인 시설로서 다음의 어느 하나에 해당하는 시설
  1) 문화 및 집회시설(전시장 및 동물원·식물원은 제외한다)
  2) 판매시설, 운수시설(고속철도의 역사 및 집배송시설은 제외한다)
  3) 종교시설
  4) 의료시설 중 종합병원
  5) 숙박시설 중 관광숙박시설
  6) 지하도상가
  7) 냉동·냉장 창고시설
2. 연면적 5천제곱미터 이상인 냉동·냉장 창고시설의 설비공사 및 단열공사
3. 최대 지간(支間)길이(다리의 기둥과 기둥의 중심사이의 거리)가 50미터 이상인 다리의 건설등 공사
4. 터널의 건설등 공사
5. 다목적댐, 발전용댐, 저수용량 2천만톤 이상의 용수 전용 댐 및 지방상수도 전용 댐의 건설등 공사
6. 깊이 10미터 이상인 굴착공사

참고 산업안전보건법 시행령 제42조 【유해위험방지계획서 제출 대상】

120. 본 터널(main tunnel)을 시공하기 전에 터널에서 약간 떨어진 곳에 지질조사, 환기, 배수, 운반 등의 상태를 알아보기 위하여 설치하는 터널은?

① 프리패브(prefab) 터널
② 사이드(side) 터널
③ 쉴드(shield) 터널
④ 파일럿(pilot) 터널

파일럿(pilot)터널이란 본 터널(main tunnel)을 시공하기 전에 터널에서 약간 떨어진 곳에 지질조사, 환기, 배수, 운반 등의 상태를 알아보기 위하여 설치하는 터널이다.
①항, 프리패브(prefab) 터널 : 콘크리트 구조물 중 터널방수공사를 대상으로 『부직포 일체형 투명 VE 방수시트』를 적용하는 기술이다. 즉, 하향식 압출타입으로 성형되는 투명 VE(VLDPE+EVA수지 혼합) 방수시트를 배수용 부직포와 고정용 부직포 날개를 특수미싱기로 재봉한 후 열풍점 융착시킨 "프리패브(prefab) 방수시트)를 적용함으로써, 기존 터널 방수공법에 비해 공정을 간소화시킴은 물론, 일체화 시공이 가능하다.
②항, 사이드(side) : 터널터널저부 양측에 설치하는 공법이다.
③항, SHIELD 공법 : SHIELD라는 강재원통형의 기계를 수직 작업구내에 투입시켜 CUTTER HEAD를 회선시키면서 시반을 굴착하고 막장면은 각종 보조공법으로 막장면의 붕괴를 방지하면서 실드기계 후방부에 지보공을 설치하는 것을 반복해가면서 TUNNEL을 굴착하는 공법이다.

해답 117 ④ 118 ① 119 ① 120 ④

2020 과년도 출제문제

제1과목 안전관리론

1. 라인(Line)형 안전관리 조직의 특징으로 옳은 것은?

① 안전에 관한 기술의 축적이 용이하다.
② 안전에 관한 지시나 조치가 신속하다.
③ 조직원 전원을 자율적으로 안전활동에 참여시킬 수 있다.
④ 권한 다툼이나 조정 때문에 통제수속이 복잡해지며, 시간과 노력이 소모된다.

Line형 안전관리 조직의 특징

장 점	단 점
• 명령과 보고가 상하관계 뿐이므로 간단 명료하다. • 신속·정확한 조직 • 안전지시나 개선조치가 철저하고 신속하다.	• 생산업무와 같이 안전대책이 실시되므로 불충분하다. • 안전 Staff이 없어 내용이 빈약하다. • Line에 과중한 책임을 지우기 쉽다.

2. 레빈(Lewin)은 인간의 행동 특성을 다음과 같이 표현하였다. 변수 'P'가 의미하는 것은?

$$B = f(P \cdot E)$$

① 행동 ② 소질
③ 환경 ④ 함수

Lewin. K의 법칙
Lewin은 인간의 행동(B)은 그 사람이 가진 자질 즉, 개체(P)와 심리학적 환경(E)과의 상호 함수관계에 있다고 하였다.

$$\therefore B = f(P \cdot E)$$

B : behavior(인간의 행동)
f : function(함수관계)
P : person(개체 : 연령, 경험, 심신상태, 성격, 지능 등)
E : environment(심리적 환경 : 인간관계, 작업환경 등)

3. Y-K(Yutaka-Kohate)성격검사에 관한 사항으로 옳은 것은?

① C, C'형은 적응이 빠르다.
② M, M'형은 내구성, 집념이 부족하다.
③ S, S'형은 담력, 자신감이 강하다.
④ P, P'형은 운동, 결단이 빠르다.

① C, C'형 : 운동, 결단, 기민, 빠름
② M, M'형 : 운동성은 느리나 지속성 풍부
③ S, S'형 : C, C'형과 같으나 담력, 자신감이 약함
④ P, P'형 : M, M'형과 같으나 담력, 자신감이 약함

4. 재해예방의 4원칙이 아닌 것은?

① 손실우연의 원칙 ② 사전준비의 원칙
③ 원인계기의 원칙 ④ 대책선정의 원칙

재해 예방의 4원칙
1. 손실 우연의 원칙
재해 손실은 사고 발생 시 사고 대상의 조건에 따라 달라지므로 한 사고의 결과로서 생긴 재해 손실은 우연성에 의하여 결정된다. 따라서 재해 방지의 대상은 우연성에 좌우되는 손실의 방지보다는 사고 발생 자체의 방지가 되어야 한다.
2. 원인 계기(연계)의 원칙
재해 발생은 반드시 원인이 있다. 즉 사고와 손실과의 관계는 우연적이지만 사고와 원인관계는 필연적이다.
3. 예방 가능의 원칙
재해는 원칙적으로 원인만 제거되면 예방이 가능하다.
4. 대책 선정의 원칙
재해 예방을 위한 가능한 안전 대책은 반드시 존재한다.

5. 재해의 발생확률은 개인적 특성이 아니라 그 사람이 종사하는 작업의 위험성에 기초한다는 이론은?

① 암시설 ② 경향설
③ 미숙설 ④ 기회설

기회설
재해의 빈발은 개인의 영향 때문이 아니라 작업에 위험성이 많고 위험한 작업을 담당하고 있기 때문에 발생한다는 설

해답 01 ② 02 ② 03 ① 04 ② 05 ④

6. 타인의 비판 없이 자유로운 토론을 통하여 다량의 독창적인 아이디어를 끌어내고, 대안적 해결안을 찾기 위한 집단적 사고기법은?

① Role playing
② Brain storming
③ Action playing
④ Fish Bowl playing

개방적 분위기와 자유로운 토론을 통해 다량의 아이디어를 얻는 집단사고기법을 브레인 스토밍이라고 한다.

참고 브레인스토밍(Brain storming)의 4원칙
1. 자유 분망 : 편안하게 발언한다.
2. 대량 발언 : 무엇이건 많이 발언하게 한다.
3. 수정 발언 : 남의 의견을 덧붙여 발언해도 좋다.
4. 비판 금지 : 남의 의견을 비판하지 않는다.

7. 강도율 7인 사업장에서 한 작업자가 평생동안 작업을 한다면 산업재해로 인한 근로손실 일수는 며칠로 예상되는가? (단, 이 사업장의 연근로시간과 한 작업자의 평생근로시간은 100000시간으로 가정한다.)

① 500 ② 600
③ 700 ④ 800

$$강도율=\frac{근로\ 손실일수}{근로\ 총\ 시간수}\times 10^3$$

$$근로손실일수=\frac{강도율\times 근로총시간수}{10^3}$$

$$=\frac{7\times 100{,}000}{10^3}=700$$

8. 산업안전보건법령상 유해·위험 방지를 위한 방호조치가 필요한 기계·기구가 아닌 것은?

① 예초기 ② 지게차
③ 금속절단기 ④ 금속탐지기

유해·위험 방지를 위한 방호조치가 필요한 기계·기구
1. 예초기 2. 원심기
3. 공기압축기 4. 금속절단기
5. 지게차
6. 포장기계(진공포장기, 래핑기로 한정한다)

참고 산업안전보건법 시행령 별표20 【유해·위험 방지를 위한 방호조치가 필요한 기계·기구】

9. 산업안전보건법령상 안전·보건표지의 색채와 사용사례의 연결로 틀린 것은?

① 노란색 – 화학물질 취급장소에서의 유해·위험 경고 이외의 위험경고
② 파란색 – 특정 행위의 지시 및 사실의 고지
③ 빨간색 – 화학물질 취급장소에서의 유해·위험 경고
④ 녹색 – 정지신호, 소화설비 및 그 장소, 유해행위의 금지

안전·보건표지의 색체 및 색도기준 및 용도

색 체	색도기준	용 도	사 용 례
빨간색	7.5R 4/14	금지	정지신호, 소화설비 및 그 장소, 유해행위의 금지
		경고	화학물질 취급장소에서의 유해·위험 경고
노란색	5Y 8.5/12	경고	화학물질 취급장소에서의 유해·위험 경고 이외의 위험경고, 주의표지 또는 기계 방호물
파란색	2.5PB 4/10	지시	특정행위의 지시, 사실의 고지
녹 색	2.5G 4/10	안내	비상구 및 피난소, 사람 또는 차량의 통행표지
흰 색	N9.5		파란색 또는 녹색에 대한 보조색
검은색	N0.5		문자 및 빨간색 또는 노란색에 대한 보조색

10. 재해의 발생형태 중 다음 그림이 나타내는 것은?

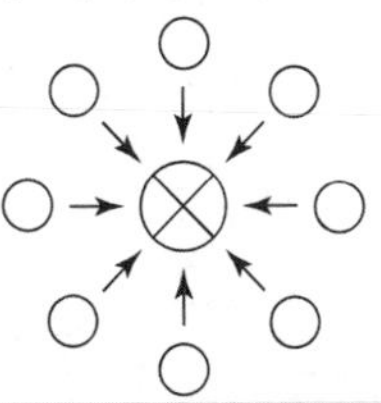

① 단순연쇄형
② 복합연쇄형
③ 단순자극형
④ 복합형

재해의 발생형태에 있어 일어난 장소나 그 시점에 일시적으로 요인이 집중하여 재해가 발생하는 경우를 단순 자극형이라 한다.

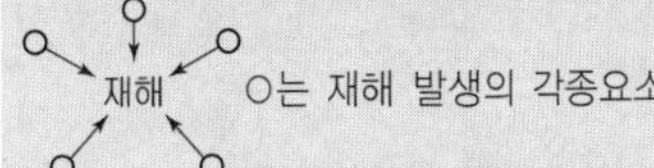

해답 06 ② 07 ③ 08 ④ 09 ④ 10 ③

11. **생체리듬의 변화에 대한 설명으로 틀린 것은?**

① 야간에는 체중이 감소한다.
② 야간에는 말초운동 기능이 증가한다.
③ 체온, 혈압, 맥박수는 주간에 상승하고 야간에 감소한다.
④ 혈액의 수분과 염분량은 주간에 감소하고 야간에 상승한다.

1. 혈액의 수분, 염분량 : 주간은 감소하고 야간에는 증가한다.
2. 체온, 혈압, 맥박수 : 주간은 상승하고 야간에는 저하한다.
3. 야간에는 소화분비액 불량, 체중이 감소한다.
4. 야간에는 말초운동기능 저하, 피로의 자각증상이 증대된다.

12. **무재해 운동을 추진하기 위한 조직의 세 기둥으로 볼 수 없는 것은?**

① 최고경영자의 경영자세
② 소집단 자주활동의 활성화
③ 전 종업원의 안전요원화
④ 라인관리자에 의한 안전보건의 추진

무재해운동 추진의 3기둥
1. 최고 경영자의 경영자세
2. 라인화(관리감독자)에 의한 안전보건의 추진
3. 직장 소집단 자주활동의 활발화

13. **안전인증 절연장갑에 안전인증 표시 외에 추가로 표시하여야 하는 등급별 색상의 연결로 옳은 것은? (단, 고용노동부 고시를 기준으로 한다.)**

① 00등급 : 갈색 ② 0등급 : 흰색
③ 1등급 : 노랑색 ④ 2등급 : 빨강색

안전인증 절연장갑에 안전인증 표시 외에 추가로 표시하는 등급별 색상

등 급	색상
00	갈색
0	빨강색
1	흰색
2	노랑색
3	녹색
4	등색

14. **안전교육방법 중 구안법(Project Method)의 4단계의 순서로 옳은 것은?**

① 계획수립 → 목절결정 → 활동 → 평가
② 평가 → 계획수립 → 목적결정 → 활동
③ 목적결정 → 계획수립 → 활동 → 평가
④ 활동 → 계획수립 → 목적결정 → 평가

학생이 마음속에 생각하고 있는 것을 외부에 구체적으로 실현하고 형상화하기 위해서 자기 스스로가 계획을 세워 수행하는 학습 활동으로 목적, 계획, 수행, 평가의 4단계를 거친다.

15. **산업안전보건법령상 사업 내 안전보건교육 중 관리감독자 정기교육의 내용이 아닌 것은?**

① 유해·위험 작업환경 관리에 관한 사항
② 표준안전작업방법 및 지도 요령에 관한 사항
③ 작업공정의 유해·위험과 재해 예방대책에 관한 사항
④ 기계·기구의 위험성과 작업의 순서 및 동선에 관한 사항

관리감독자 정기교육
1. 산업안전 및 사고 예방에 관한 사항
2. 산업보건 및 직업병 예방에 관한 사항
3. 유해·위험 작업환경 관리에 관한 사항
4. 산업안전보건법령 및 산업재해보상보험 제도에 관한 사항
5. 직무스트레스 예방 및 관리에 관한 사항
6. 직장 내 괴롭힘, 고객의 폭언 등으로 인한 건강장해 예방 및 관리에 관한 사항
7. 작업공정의 유해·위험과 재해 예방대책에 관한 사항
8. 표준안전 작업방법 및 지도 요령에 관한 사항
9. 관리감독자의 역할과 임무에 관한 사항
10. 안전보건교육 능력 배양에 관한 사항

참고 산업안전법 시행규칙 별표5【안전보건교육 교육대상별 교육내용】

16. **다음 재해원인 중 간접원인에 해당하지 않는 것은?**

① 기술적 원인 ② 교육적 원인
③ 관리적 원인 ④ 인적 원인

물적원인(불안전한 상태)과 인적원인(불안전한 행동)은 직접원인에 해당한다.

해답 11 ② 12 ③ 13 ① 14 ③ 15 ④ 16 ④

17. **재해원인 분석방법의 통계적 원인분석 중 사고의 유형, 기인물 등 분류항목을 큰 순서대로 도표화한 것은?**

① 파레토도 ② 특성요인도
③ 크로스도 ④ 관리도

파레토도는 사고의 유형, 기인물 등을 큰 순서대로 도표화하여 문제나 목표의 이해가 편리한 통계분석 방법이다.

18. **다음 중 헤드십(headship)에 관한 설명과 가장 거리가 먼 것은?**

① 권한의 근거는 공식적이다.
② 지휘의 형태는 민주주의적이다.
③ 상사와 부하와의 사회적 간격은 넓다.
④ 상사와 부하와의 관계는 지배적이다.

헤드십의 지휘형태는 권위주의적이다.

19. **다음 설명에 해당하는 학습 지도의 원리는?**

> 학습자가 지니고 있는 각자의 요구와 능력 등에 알맞은 학습활동의 기회를 마련해주어야 한다는 원리

① 직관의 원리 ② 자기활동의 원리
③ 개별화의 원리 ④ 사회화의 원리

학습지도의 원리
1. 자기활동의 원리(자발성의 원리)
학습자 자신이 스스로 자발적으로 학습에 참여 하는데 중점을 둔 원리이다.
2. 개별화의 원리
학습자가 지니고 있는 각자의 요구와 능력 등에 알맞은 학습활동의 기회를 마련해 주어야 한다는 원리이다
3. 사회화의 원리
학습내용을 현실 사회의 사상과 문제를 기반으로 하여 학교에서 경험한 것과 사회에서 경험한 것을 교류시키고 공동학습을 통해서 협력적이고 우호적인 학습을 진행하는 원리이다.
4. 통합의 원리
학습을 총합적인 전체로서 지도하자는 원리로, 동시학습(comcomitant leaning)원리와 같다.
5. 직관의 원리
구체적인 사물을 직접 제시하거나 경험시킴으로써 큰 효과를 볼 수 있다는 원리이다.

20. **안전교육의 단계에 있어 교육대상자가 스스로 행함으로서 습득하게 하는 교육은?**

① 의식교육 ② 기능교육
③ 지식교육 ④ 태도교육

안전기능 교육
안전교육 중 제2단계로 시행되며 안전작업기능, 표준작업기능 및 기계·기구의 위험요소에 대한 이해, 작업에 대한 전반적인 사항 습득을 하는 교육으로 개인이 스스로 행하고 반복적 시행착오에 의해 형성된다.

제2과목 인간공학 및 시스템안전공학

21. **결함수분석의 기호 중 입력사상이 어느 하나라도 발생할 경우 출력사상이 발생하는 것은?**

① NOR GATE ② AND GATE
③ OR GATE ④ NAND GATE

OR gate	
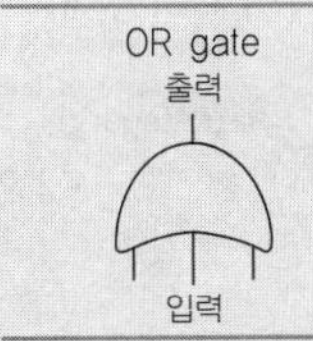	입력사상 A, B, C 중 어느 하나가 일어나도 출력 X의 사상이 일어난다고 하는 논리 조작을 나타낸다. 즉, 입력 사상 중 어느 것이나 하나가 존재할 때 출력 사상이 발생한다.

22. **가스밸브를 잠그는 것을 잊어 사고가 발생했다면 작업자는 어떤 인적오류를 범한 것인가?**

① 생략 오류(omission error)
② 시간지연 오류(time error)
③ 순서 오류(sequential error)
④ 작위적 오류(commission error)

Human Error의 심리적 분류
1. omission error : 필요한 task(작업) 또는 절차를 수행하지 않는 데 기인한 과오
2. time error : 필요한 task 또는 절차의 수행지연으로 인한 과오
3. commission error : 필요한 task나 절차의 불확실한 수행으로 인한 과오로서 작위 오류(作爲 誤謬, commission)에 해당된다.
4. sequential error : 필요한 task나 절차의 순서착오로 인한 과오
5. extraneous error : 불필요한 task 또는 절차를 수행함으로서 기인한 과오

해답 17 ① 18 ② 19 ③ 20 ② 21 ③ 22 ①

23. 어떤 소리가 1000Hz, 60dB인 음과 같은 높이임에도 4배 더 크게 들린다면, 이 소리의 음압수준은 얼마인가?

① 70dB ② 80dB
③ 90dB ④ 100dB

> ① 기준음의 sone치 $=2^{\frac{(60-40)}{10}}=4$
> ② 기준음의 4배 : 4×4=16sone 이므로
> ③ 4배의 sone치 : $16=2^{\frac{(x-40)}{10}}$ 으로 정리할 수 있다.
> ④ $\log_2 16=\frac{x-40}{10}$ 으로 다시 정리하면
> $x=10(\log_2 16)+40=80$

24. 시스템 안전분석 방법 중 예비위험분석(PHA)단계에서 식별하는 4가지 범주에 속하지 않는 것은?

① 위기상태 ② 무시가능상태
③ 파국적상태 ④ 예비조처상태

> 예비위험분석(PHA)에서 식별하는 4가지 범주(category)
> 1. category(범주) Ⅰ : 파국적(catastrophic)
> 2. catagory(범주) Ⅱ : 중대(critical)
> 3. catagory(범주) Ⅲ : 한계적(marginal)
> 4. catagory(범주) Ⅳ : 무시가능(negligible)

25. 다음은 불꽃놀이용 화학물질취급설비에 대한 정량적 평가이다. 해당 항목에 대한 위험등급이 올바르게 연결된 것은?

항목	A (10점)	B (5점)	C (2점)	D (0점)
취급물질	○	○	○	
조작		○		○
화학설비의 용량	○		○	
온도	○	○		
압력		○	○	○

① 취급물질 - Ⅰ등급, 화학설비의 용량 - Ⅰ등급
② 온도 - Ⅰ등급, 화학설비의 용량 - Ⅱ등급
③ 취급물질 - Ⅰ등급, 조작 - Ⅳ등급
④ 온도 - Ⅱ, 압력 - Ⅲ등급

> 1. 취급물질 - Ⅰ등급 (17점)
> 2. 조작 - Ⅲ등급 (5점)
> 3. 화학설비의 용량 - Ⅱ등급 (12점)
> 4. 온도 - Ⅱ등급 (15점)
> 5. 압력 - Ⅲ등급 (7점)
>
> **참고** 위험도 등급
> 1. Ⅰ등급(16점 이상) : 위험도가 높다.
> 2. Ⅱ등급(11~15점 이하) : 주위 상황, 다른 설비와 관련해서 평가한다.
> 3. Ⅲ등급(10점 이하) : 위험도가 낮다.

26. 산업안전보건법령상 유해위험방지계획서의 제출 대상 제조업은 전기 계약 용량이 얼마 이상인 경우에 해당되는가? (단, 기타 예외사항은 제외한다.)

① 50kW ② 100kW
③ 200kW ④ 300kW

> 유해·위험방지계획서 제출 대상 사업장은 "대통령령으로 정하는 업종 및 규모에 해당하는 사업"으로 전기사용설비의 정격용량의 합이 300킬로와트 이상인 사업을 말한다.
>
> **참고** 산업안전보건법 시행령 제42조【유해위험방지계획서 제출대상】

27. 인간 - 기계 시스템에서 시스템의 설계를 다음과 같이 구분할 때 제3단계인 기본설계에 해당되지 않는 것은?

> 1단계 : 시스템의 목표와 성능 명세 결정
> 2단계 : 시스템의 정의
> 3단계 : 기본설계
> 4단계 : 인터페이스설계
> 5단계 : 보조물 설계
> 6단계 : 시험 및 평가

① 화면 설계 ② 작업 설계
③ 직무 분석 ④ 기능 할당

> 3단계 기본설계 단계는 시스템의 모양을 갖추기 시작되는 단계로서 인간공학적 활동은 다음이 있다.
> 1. 인간, 하드웨어 및 소프트웨어에 대한 기능 할당
> 2. 인간 퍼포먼스 요건의 규정
> 3. 과업 분석(작업 설계)
> 4. 직무 분석 등

해답 23 ② 24 ④ 25 ④ 26 ④ 27 ①

28. 결함수분석법에서 path set에 관한 설명으로 옳은 것은?

① 시스템의 약점을 표현한 것이다.
② Top사상을 발생시키는 조합이다.
③ 시스템이 고장 나지 않도록 하는 사상의 조합이다.
④ 시스템고장을 유발시키는 필요불가결한 기본사상들의 집합이다.

> 패스셋(path set)은 어떤 고장이나 실수를 일으키지 않으면 재해는 일어나지 않는다고 하는 것, 즉 시스템의 신뢰성을 나타낸다.

29. 연구 기준의 요건과 내용이 옳은 것은?

① 무오염성 : 실제로 의도하는 바와 부합해야 한다.
② 적절성 : 반복 실험 시 재현성이 있어야 한다.
③ 신뢰성 : 측정하고자 하는 변소 이외의 다른 변수의 영향을 받아서는 안 된다.
④ 민감도 : 피실험자 사이에서 볼 수 있는 예상 차이점에 비례하는 단위로 측정해야 한다.

> ①항, 무오염성 : 측정하고자 하는 변수 외에 다른 변수들의 영향을 받아서는 안된다.
> ②항, 적절성 : 측정하고자 하는 내용을 얼마나 잘 측정하고 있는가를 의미하는 것
> ③항, 신뢰성 : 검사응답의 일관성, 즉 반복성을 말하는 것이다.

30. FTA결과 다음과 같은 패스셋을 구하였다. 최소 패스셋(minimal path set)으로 옳은 것은?

[다음]
$\{X_2, X_3, X_4\}$
$\{X_1, X_3, X_4\}$
$\{X_3, X_4\}$

① $\{X_3, X_4\}$
② $\{X_1, X_3, X_4\}$
③ $\{X_2, X_3, X_4\}$
④ $\{X_2, X_3, X_4\}$와 $\{X_3, X_4\}$

> 최소 패스셋(minimal path sets)은 패스셋 중 중복된 사상인 $\{X_3, X_4\}$가 된다.

31. 인체측정에 대한 설명으로 옳은 것은?

① 인체측정은 동적측정과 정적측정이 있다.
② 인체측정학은 인체의 생화학적 특징을 다룬다.
③ 자세에 따른 인체치수의 변화는 없다고 가정한다.
④ 측정항목에 무게, 둘레, 두께, 길이는 포함되지 않는다.

> ①항, 신체측정은 동적측정(기능적 치수)과 정적측정(구조적 치수)으로 분류한다.
> ②항, 인체측정학은 신체의 구조와 물리적 특징을 다룬다.
> ③항, 자세에 따른 신체치수는 기능적치수로 자세의 변화에 따라 치수가 다르다.
> ④항, 측정항목은 주로 길이, 직경, 두께 등이며 상황에 따라 무게 등도 포함된다.

32. 실린더 블록에 사용하는 가스켓의 수명 분포는 X~N(10000, 200^2)인 정규분포를 따른다. $t=9600$시간일 경우에 신뢰도($R(t)$)는?
(단, $P(Z \le 1)=0.8413$, $P(Z \le 1.5)=0.9332$, $P(Z \le 2)=0.9772$, $P(Z \le 3)=0.9987$이다.)

① 84.13%　② 93.32%
③ 97.72%　④ 99.87%

> $R=(t=9,600)=P(t \ge 9,600)$
> $=P\left(\mu \ge \frac{9,600-10,000}{200}\right)$
> $=(\mu \ge -2)$
> $=1-0.0228=0.9772$

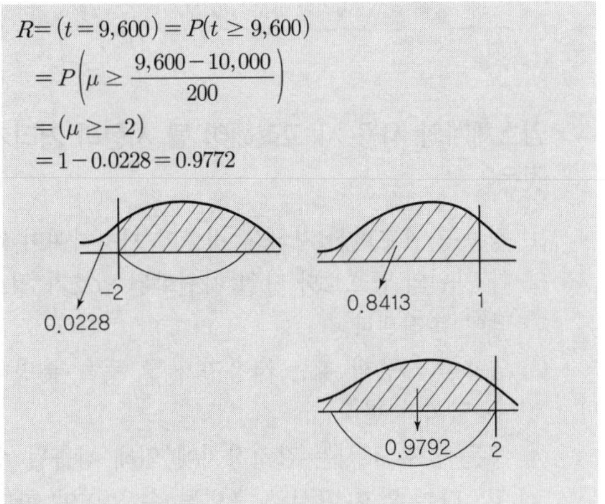

해답 28 ③ 29 ④ 30 ① 31 ① 32 ③

33. 다음 중 열 중독증(heat illness)의 강도를 올바르게 나열한 것은?

> ⓐ 열소모(heat exhaustion)
> ⓑ 열발진(heat rash)
> ⓒ 열경련(heat cramp)
> ⓓ 열사병(heat stroke)

① ⓒ < ⓑ < ⓐ < ⓓ ② ⓒ < ⓑ < ⓓ < ⓐ
③ ⓑ < ⓒ < ⓐ < ⓓ ④ ⓑ < ⓓ < ⓐ < ⓒ

열중독증(heat illness)의 강도
열발진(heat rash) < 열경련(heat cramp) < 열소모(heat exhaustion) < 열사병(heat stroke)

34. 사무실 의자나 책상에 적용할 인체 측정 자료의 설계 원칙으로 가장 적합한 것은?

① 평균치 설계 ② 조절식 설계
③ 최대치 설계 ④ 최소치 설계

의자나 책상은 개인의 체격에 맞도록 조절할 수 있는 조절식 설계가 적합하다.

참고 인체계측 자료의 응용원칙

종 류	내 용
최대치수와 최소치수	최대 치수 또는 최소치수를 기준으로 하여 설계
조절범위 (조절식)	체격이 다른 여러 사람에 맞도록 만드는 것 (보통 집단 특성치의 5%치~95%치까지의 90%조절범위를 대상)
평균치를 기준으로 한 설계	최대치수나 최소치수, 조절식으로 하기가 곤란할 때 평균치를 기준으로 하여 설계

35. 암호체계의 사용 시 고려해야 될 사항과 거리가 먼 것은?

① 정보를 암호화한 자극은 검출이 가능하여야 한다.
② 다 차원의 암호보다 단일 차원화된 암호가 정보 전달이 촉진된다.
③ 암호를 사용할 때는 사용자가 그 뜻을 분명히 알 수 있어야 한다.
④ 모든 암호 표시는 감지장치에 의해 검출될 수 있고, 다른 암호 표시와 구별될 수 있어야 한다.

암호체계 사용상의 일반적인 지침

구분	내용
암호의 검출성	검출이 가능해야 한다.
암호의 변별성	다른 암호표시와 구별되어야 한다.
부호의 양립성	양립성이란 자극들간, 반응들 간, 자극-반응 조합에서의 관계에서 인간의 기대와 모순되지 않는다.
부호의 의미	사용자가 그 뜻을 분명히 알아야 한다.
암호의 표준화	암호를 표준화 하여야 한다.
다차원 암호의 사용	2가지 이상의 암호차원을 조합해서 사용하면 정보전달이 촉진된다.

36. 신호검출이론(SDT)의 판정결과 중 신호가 없었는데도 있었다고 말하는 경우는?

① 긍정(hit)
② 누락(miss)
③ 허위(false alam)
④ 부정(correct rejection)

신호의 유무 판정
1. 신호의 정확한 판정(Hit) : 신호가 나타났을 때 신호라고 판정, P(S/S)
2. 허위경보(False Alarm) : 잡음만 있을 때 신호로 판정, P(S/N)
3. 신호검출 실패(Miss) : 신호가 나타났는데도 잡음으로 판정, P(N/S)
4. 잡음을 제대로 판정(Correct Noise) : 잡음만 있을 때 잡음이라고 판정, P(N/N)

37. 촉감의 일반적인 척도의 하나인 2점 문턱값(two-point threshold)이 감소하는 순서대로 나열된 것은?

① 손가락 → 손바닥 → 손가락 끝
② 손바닥 → 손가락 → 손가락 끝
③ 손가락 끝 → 손가락 → 손바닥
④ 손가락 끝 → 손바닥 → 손가락

2점 문턱값(two-point threshold)은 두 점을 눌렀을 때 따로 따로 지각할 수 있는 두 점 사이의 최소거리를 말한다. 손가락 끝, 손가락, 손바닥에서 2점 문턱값 중앙치(medion)를 손바닥에서 손가락 끝으로 갈수록 감도는 증가를 하게 된다. 즉 2점 문턱값은 감소하게 된다.

해답 33 ③ 34 ② 35 ② 36 ③ 37 ②

38. 시스템 안전분석 방법 중 HAZOP에서 "완전대체"를 의미하는 것은?

① NOT ② REVERSE
③ PART OF ④ OTHER THAN

Other than : 완전한 대체(통상 운전과 다르게 되는 상태)

39. 어느 부품 1000개를 100000시간 동안 가동하였을 때 5개의 불량품이 발생하였을 경우 평균동작시간(MTTF)은?

① 1×10^6시간 ② 2×10^7시간
③ 1×10^8시간 ④ 2×10^9시간

$$MTTF=\frac{T(\text{총작동시간})}{r(\text{고장개수})}=\frac{10,000\times10,000}{5}=2\times10^7\text{ 시간}$$

40. 신체활동의 생리학적 측정법 중 전신의 육체적인 활동을 측정하는 데 가장 적합한 방법은?

① Flicker 측정
② 산소 소비량 측정
③ 근전도(EMG) 측정
④ 피부전기반사(GSR) 측정

육체적 활동 강도는 에너지대사율(RMR)로 확인할 수 있다. 에너지 대사율을 확인하는 방법으로는 산소소비량의 측정을 통해 알 수 있다.

제3과목 기계위험방지기술

41. 산업안전보건법령상 롤러기의 방호장치 중 롤러의 앞면 표면속도가 30m/min 이상일 때 무부하 동작에서 급정지거리는?

① 앞면 롤러 원주의 1/2.5 이내
② 앞면 롤러 원주의 1/3 이내
③ 앞면 롤러 원주의 1/3.5 이내
④ 앞면 롤러 원주의 1/5.5 이내

롤러기의 급정지장치는 롤러를 무부하로 회전시킨 상태에서도 다음과 같이 앞면 롤러의 표면속도에 따라 규정된 정지거리내에서 당해 롤러를 정지시킬 수 있는 성능을 보유한 것이어야 한다.

앞면 롤러의 표면속도(m/min)	급정지 거리
30 미만	앞면 롤러 원주의 1/3
30 이상	앞면 롤러 원주의 1/2.5

42. 극한하중이 600N인 체인에 안전계수가 4일 때 체인의 정격하중(N)은?

① 130 ② 140
③ 150 ④ 160

$\text{안전계수}=\frac{\text{극한하중}}{\text{정격하중}}$이므로,

$$\text{정격하중}=\frac{\text{극한하중}}{\text{안전계수}}=\frac{600}{4}=150$$

43. 연삭작업에서 숫돌의 파괴원인으로 가장 적절하지 않은 것은?

① 숫돌의 회전속도가 너무 빠를 때
② 연삭작업 시 숫돌의 정면을 사용할 때
③ 숫돌에 큰 충격을 줬을 때
④ 숫돌의 회전중심이 제대로 잡히지 않았을 때

연삭숫돌의 측면을 사용하여 작업할 때 파괴의 원인이 된다.

참고 연삭숫돌의 파괴원인

1. 숫돌의 회전속도가 너무 빠를 때 발생한다.
2. 숫돌자체에 균열이 있을 때(연삭숫돌을 끼우기 전에 해머로 가볍게 두들겨 보아 균열이 있는가를 조사한다. 균열이 있으면 탁음이 난다)
3. 숫돌의 불균형이나 베어링 마모에 의한 진동이 있을 때
4. 숫돌의 측면을 사용하여 작업할 때
5. 숫돌반경 방향의 온도 변화가 심할 때
6. 작업에 부적당한 숫돌을 사용할 때
7. 숫돌의 치수가 부적당할 때
8. 플랜지가 현저히 작을 때

해답 38 ④ 39 ② 40 ② 41 ① 42 ③ 43 ②

44. 산업안전보건법령상 용접장치의 안전에 관한 준수사항으로 옳은 것은?

① 아세틸렌 용접장치의 발생기실을 옥외에 설치한 경우에는 그 개구부를 다른 건축물로부터 1m 이상 떨어지도록 하여야 한다.
② 가스집합장치로부터 7m 이내의 장소에서는 화기의 사용을 금지시킨다.
③ 아세틸렌 발생기에서 10m 이내 또는 발생기실에서 4m 이내의 장소에서는 화기의 사용을 금지시킨다.
④ 아세틸렌 용접장치를 사용하여 용접작업을 할 경우 게이지 압력이 127kPa을 초과하는 압력의 아세틸렌을 발생시켜 사용해서는 아니 된다.

사업주는 아세틸렌 용접장치를 사용하여 금속의 용접·용단 또는 가열작업을 하는 경우에는 게이지 압력이 127킬로파스칼을 초과하는 압력의 아세틸렌을 발생시켜 사용해서는 아니 된다.

참고 산업안전보건기준에 관한 규칙 제285조【압력의 제한】

45. 500rpm으로 회전하는 연삭숫돌의 지름이 300mm일 때 원주속도(m/min)는?

① 약 748 ② 약 650
③ 약 532 ④ 약 471

$$V = \pi DN(\text{mm/min}) = \frac{\pi DN}{1000}(\text{m/min})$$
$$= \frac{\pi \times 300 \times 500}{1000} = 471(\text{m/min})$$

46. 산업안전보건법령상 로봇을 운전하는 경우 근로자가 로봇에 부딪칠 위험이 있을 때 높이는 최소 얼마 이상의 울타리를 설치하여야 하는가? (단, 로봇의 가동범위 등을 고려하여 높이로 인한 위험성이 없는 경우는 제외)

① 0.9m ② 1.2m
③ 1.5m ④ 1.8m

사업주는 로봇을 운전하는 경우에 근로자가 로봇에 부딪칠 위험이 있을 때에는 안전매트 및 높이 1.8미터 이상의 방책을 설치하는 등 위험을 방지하기 위하여 필요한 조치를 하여야 한다.

참고 산업안전보건기준에 관한 규칙 제223조【운전 중 위험 방지】

47. 일반적으로 전류가 과대하고, 용접속도가 너무 빠르며, 아크를 짧게 유지하기 어려운 경우 모재의 및 용접부의 일부가 녹아서 홈 또는 오목한 부분이 생기는 용접부 결함은?

① 잔류응력 ② 융합불량
③ 기공 ④ 언더컷

① 잔류응력 : 구속된 상태에서 용접하여 자유로이 변형되지 못하여 내부에 응력이 남아 있는 것
② 융합불량 : 용착금속과 모재와의 사이에 융합이 안 된 상태
③ 기공 : 용착금속내부에 기포가 생기는 것
④ 언더컷 : 전류가 과대하고, 용접속도가 너무 빠르며, 아크를 짧게 유지하기 어려운 경우로서 모재 및 용접부이 일부가 녹아서 홈 또는 오목한 부분이 생기는 것

48. 산업안전보건법령상 승강기의 종류로 옳지 않은 것은?

① 승객용 엘리베이터
② 리프트
③ 화물용 엘리베이터
④ 승객화물용 엘리베이터

승강기의 종류
1. 승객용 엘리베이터 : 사람의 운송에 적합하게 제조·설치된 엘리베이터
2. 승객화물용 엘리베이터 : 사람의 운송과 화물 운반을 겸용하는데 적합하게 제조·설치된 엘리베이터
3. 화물용 엘리베이터 : 화물 운반에 적합하게 제조·설치된 엘리베이터로서 조작자 또는 화물취급자 1명은 탑승할 수 있는 것 (적재용량이 300킬로그램 미만인 것은 제외한다)
4. 소형화물용 엘리베이터 : 음식물이나 서적 등 소형 화물의 운반에 적합하게 제조·설치된 엘리베이터로서 사람의 탑승이 금지된 것
5 에스컬레이터 : 일정한 경사로 또는 수평로를 따라 위·아래 또는 옆으로 움직이는 디딤판을 통해 사람이나 화물을 승강장으로 운송시키는 설비

참고 산업안전보건기준에 관한 규칙 제132조【양중기】

해답 44 ④ 45 ④ 46 ④ 47 ④ 48 ②

49. 다음 중 선반의 방호장치로 가장 거리가 먼 것은?

① 쉴드(shield) ② 슬라이딩
③ 척 커버 ④ 칩 브레이커

선반의 방호장치의 종류
1. 쉴드(shield) 2. 칩 브레이커(chip breaker)
3. 고정 브리지(bridge) 4. 척 커버(chuck cover)
5. 브레이크

50. 산업안전보건법령상 목재가공용 둥근톱 작업에서 분할날과 톱날 원주면과의 간격은 최대 얼마 이내가 되도록 조정하는가?

① 10mm ② 12mm
③ 14mm ④ 15mm

분할날은 톱날로부터 12mm 이상 떨어지지 않게 설치해야 하며, 그 두께는 톱날 두께의 1.1배 이상이 되도록 할 것

참고 분할날의 설치

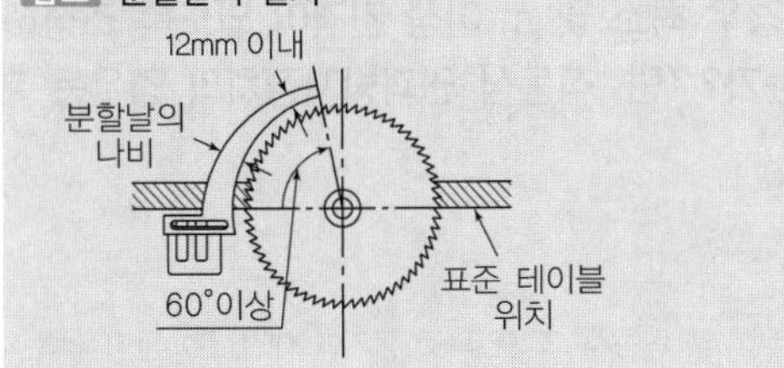

51. 기계설비에서 기계 고장률의 기본 모형으로 옳지 않은 것은?

① 조립 고장 ② 초기 고장
③ 우발 고장 ④ 마모 고장

고장률 기본모형(욕조곡선)은 초기고장, 우발고장, 마모고장으로 구분된다.

참고 수명곡선

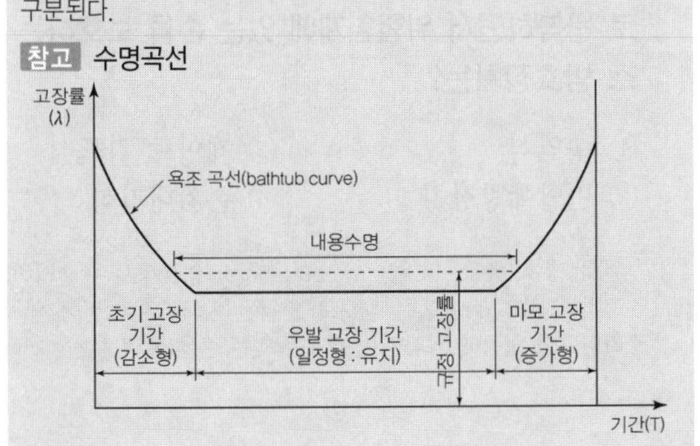

52. 산업안전보건법령상 화물의 낙하에 의해 운전자가 위험을 미칠 경우 지게차의 헤드가드(head guard)는 지게차 최대하중의 몇 배가 되는 등분포하중에 견디는 강도를 가져야 하는가?(단, 4톤을 넘는 값은 제외)

① 1배 ② 1.5배
③ 2배 ④ 3배

사업주는 다음 각 호에 따른 적합한 헤드가드(head guard)를 갖추지 아니한 지게차를 사용해서는 아니 된다. 다만, 화물의 낙하에 의하여 지게차의 운전자에게 위험을 미칠 우려가 없는 경우에는 그러하지 아니하다.

1. 강도는 지게차의 최대하중의 2배 값(4톤을 넘는 값에 대해서는 4톤으로 한다)의 등분포정하중(等分布靜荷重)에 견딜 수 있을 것
2. 상부틀의 각 개구의 폭 또는 길이가 16센티미터 미만일 것
3. 운전자가 앉아서 조작하거나 서서 조작하는 지게차의 헤드가드는 「산업표준화법」 제12조에 따른 한국산업표준에서 정하는 높이 기준 이상일 것

참고 산업안전보건기준에 관한 규칙 제180조 【헤드가드】

53. 다음 중 컨베이어의 안전장치로 옳지 않은 것은?

① 비상정지장치 ② 반발예방장치
③ 역회전방지장치 ④ 이탈방지장치

컨베이어에 설치하는 방호장치
1. 비상정지장치
2. 역회전(역주행)방지장치
3. 건널다리
4. 이탈방지장치
5. 낙하물에 의한 위험 방지장치

54. 크레인에 돌발 상황이 발생한 경우 안전을 유지하기 위하여 모든 전원을 차단하여 크레인을 급정지시키는 방호장치는?

① 호이스트 ② 이탈방지장치
③ 비상정지장치 ④ 아우트리거

비상정지장치 : 돌발 상황이 발생한 경우 안전을 유지하기 위하여 모든 전원을 차단하여 급정지시키는 방호장치

해답 49 ② 50 ② 51 ① 52 ③ 53 ② 54 ③

55. 산업안전보건법령상 프레스 등을 사용하여 작업을 할 때에 작업시작 전 점검 사항으로 가장 거리가 먼 것은?

① 압력방출장치의 기능
② 클러치 및 브레이크의 기능
③ 프레스의 금형 및 고정볼트 상태
④ 1행정 1정지기구·급정지장치 및 비상정지장치의 기능

프레스의 작업시작 전 점검사항
1. 클러치 및 브레이크의 기능
2. 크랭크축·플라이휠·슬라이드·연결봉 및 연결 나사의 풀림 여부
3. 1행정 1정지기구·급정지장치 및 비상정지장치의 기능
4. 슬라이드 또는 칼날에 의한 위험방지 기구의 기능
5. 프레스의 금형 및 고정볼트 상태
6. 방호장치의 기능
7. 전단기(剪斷機)의 칼날 및 테이블의 상태

참고 산업안전보건기준에 관한 규칙 별표3 【작업시작 전 점검사항】

56. 다음 중 프레스 방호장치에서 게이트 가드식 방호장치의 종류를 작동방식에 따라 분류할 때 가장 거리가 먼 것은?

① 경사식 ② 하강식
③ 도립식 ④ 횡 슬라이드 식

게이트 가드식 방호장치는 작동방식에 따라 하강식, 상승식(도립식), 수평식(횡슬라이드식) 등이 있다.

57. 선반작업의 안전수칙으로 가장 거리가 먼 것은?

① 기계에 주유 및 청소를 할 때에는 저속회전에서 한다.
② 일반적으로 가공물의 길이가 지름의 12배 이상일 때는 방진구를 사용하여 선반작업을 한다.
③ 바이트는 가급적 짧게 설치한다.
④ 면장갑을 사용하지 않는다.

기계에 주유 및 청소를 할 때에는 반드시 기계를 정지시키고 할 것

58. 다음 중 보일러 운전 시 안전수칙으로 가장 적절하지 않은 것은?

① 가동 중인 보일러에는 작업자가 항상 정위치를 떠나지 아니할 것
② 보일러의 각종 부속장치의 누설상태를 점검할 것
③ 압력방출장치는 매 7년 마다 정기적으로 작동시험을 할 것
④ 노 내의 환기 및 통풍 장치를 점검할 것

압력방출장치는 1년에 1회 이상 산업자원부장관의 지정을 받은 국가교정업무전담기관으로부터 교정을 받은 압력계를 이용하여 토출(吐出)압력을 시험한 후 납으로 봉인하여 사용하여야 한다.

참고 산업안전보건기준에 관한 규칙 제116조 【압력방출장치】

59. 산업안전보건법령상 크레인에서 권과방지장치의 달기구 윗면이 권상장치의 아랫면과 접촉할 우려가 있는 경우 최소 몇 m 이상 간격이 되도록 조정하여야 하는가? (단, 직동식 권과방지장치의 경우는 제외)

① 0.1 ② 0.15
③ 0.25 ④ 0.3

크레인 및 이동식 크레인의 양중기에 대한 권과방지장치는 훅·버킷 등 달기구의 윗면이 드럼, 상부 도르래, 트롤리프레임 등 권상장치의 아랫면과 접촉할 우려가 있는 경우에 그 간격이 0.25미터 이상[(직동식(直動式) 권과방지장치는 0.05미터 이상으로 한다)]이 되도록 조정하여야 한다.

참고 산업안전보건기준에 관한 규칙 제134조 【방호장치의 조정】

60. 슬라이드가 내려옴에 따라 손을 쳐내는 막대가 좌우로 왕복하면서 위험한계에 있는 손을 보호하는 프레스 방호장치는?

① 수인식 ② 게이트 가드식
③ 반발예방장치 ④ 손쳐내기식

손쳐내기식(push away, sweep guard) 방호장치란 슬라이드에 레버나 링크(link) 혹은 캠으로 연결된 손쳐내기식 봉에 의해 슬라이드의 하강에 앞서 위험한계에 있는 손을 쳐내는 방식이다.

해답 55 ① 56 ① 57 ① 58 ③ 59 ③ 60 ④

■■■ 제4과목 전기위험방지기술

61. KS C IEC 60079-9에 따른 방폭기기에 대한 설명이다. 다음 빈칸에 들어갈 알맞은 용어는?

> (ⓐ)은 EPL로 표현되며 점화원이 될 수 있는 가능성에 기초하여 기기에 부여된 보호등급이다. EPL의 등급 중 (ⓑ)는 정상 작동, 예상된 오작동, 드문 오작동 중에 점화원이 될 수 없는 "매우 높은" 보호 등급의 기기이다.

① ⓐ Explosion Protection Level, ⓑ EPL Ga
② ⓐ Explosion Protection Level, ⓑ EPL Gc
③ ⓐ Equipment Protection Level, ⓑ EPL Ga
④ ⓐ Equipment Protection Level, ⓑ EPL Gc

1. 기기보호수준(Equipment protection level : EPL)
점화원으로 될 가능성과 가스 및 분진폭발위험분위기의 위험 정도를 구분하기 위하여 기기에 적용되는 보호수준을 말한다.
2. 기기보호수준(가스, 그룹Ⅱ)

구분	내용
EPL Ga	정상운전시 또는 거의 발생하지 않는 사고시에도 점화원이 될 가능성이 없을 정도로 보호수준이 "매우 높은" 가스폭발위험장소용 설비
EPL Gb	정상운전시 또는 비정상 상태에서 사고가 발생된 경우에도 점화원이 될 가능성이 없을 정도로 보호수준이 "높은" 가스폭발위험장소용 설비
EPL Gc	램프고장과 같은 정상상태에서 사고가 발생한 경우에도 점화원이 될 가능성이 없을 정도로 추가적인 보호수준을 "개선" 한 가스폭발위험장소용 설비

62. 접지계통 분류에서 TN접지방식이 아닌 것은?

① TN-S 방식 ② TN-C 방식
③ TN-T 방식 ④ TN-C-S 방식

TN 계통접지 : 변압기의 중성점을 접지하고 기기의 보호접지를 연결하는 방식
1. TN-S : 보호접지와 중성점은 변압기 근처에서만 연결되고 전 구간에서 분리되어있는 방식
2. TN-C : 보호접지와 중성점이 전 구간에서 공통으로 사용되는 방식
3. TN-C-S : 보호접지와 중성점이 같이 연결되어 있다가 특정 구간부터 분리된 방식

63. 접지공사의 종류에 따른 접지선(연동선)의 굵기 기준으로 옳은 것은?

① 제1종 : 공칭단면적 $6mm^2$ 이상
② 제2종 : 공칭단면적 $12mm^2$ 이상
③ 제3종 : 공칭단면적 $5mm^2$ 이상
④ 특별 제3종 : 공칭단면적 $3.5mm^2$ 이상

접지선의 굵기 기준
제1종 : 공칭단면적 6[mm^2] 이상
제2종 : 공칭단면적 16[mm^2] 이상
제3종 : 공칭단면적 2.5[mm^2] 이상
특별 제3종 : 공칭단면적 2.5[mm^2] 이상

64. 최소 착화에너지가 0.26mJ인 가스에 정전용량이 100pF인 대전 물체로부터 정전기 방전에 의하여 착화할 수 있는 전압은 약 몇 V인가?

① 2240 ② 2260
③ 2280 ④ 2300

$E=\frac{1}{2}CV^2$에서,

$$V=\sqrt{\frac{2E}{C}}=\sqrt{\frac{2\times(0.26\times10^{-3})}{100\times10^{-12}}}=2280.35[\text{V}]$$

65. 누전차단기의 구성요소가 아닌 것은?

① 누전검출부 ② 영상변류기
③ 차단장치 ④ 전력퓨즈

누전차단기의 구성요소
1. 누전 검출부 2. 영상변류기 3. 차단장치

66. 우리나라의 안전전압으로 볼 수 있는 것은 약 몇 V인가?

① 30 ② 50
③ 60 ④ 70

국명	안전 전압(V)	국명	안전 전압(V)
영국	24	프랑스	50(DC), 14(AC)
벨기에	35	네덜란드	50
스위스	36	일본	24~30
독일	24	한국	30

해답 61 ③ 62 ③ 63 ① 64 ③ 65 ④ 66 ①

67. 산업안전보건기준에 관한 규칙에 따라 누전에 의한 감전의 위험을 방지하기 위하여 접지를 하여야 하는 대상의 기준으로 틀린 것은? (단, 예외조건은 고려하지 않는다.)

① 전기기계·기구의 금속제 외함
② 고압 이상의 전기를 사용하는 전기기계·기구 주변의 금속제 칸막이
③ 고정배선에 접속된 전기기계·기구 중 사용전압이 대지 전압 100V를 넘는 비충전 금속체
④ 코드와 플러그를 접속하여 사용하는 전기계·기구 중 휴대형 전동기계·기구의 노출된 비충전 금속체

사업주는 누전에 의한 감전의 위험을 방지하기 위하여 다음 각 호의 부분에 대하여 접지를 하여야 한다.
1. 전기 기계·기구의 금속제 외함, 금속제 외피 및 철대
2. 고정 설치되거나 고정배선에 접속된 전기기계·기구의 노출된 비충전 금속체 중 충전될 우려가 있는 다음 각 목의 어느 하나에 해당하는 비충전 금속체
   가. 지면이나 접지된 금속체로부터 수직거리 2.4미터, 수평거리 1.5미터 이내인 것
   나. 물기 또는 습기가 있는 장소에 설치되어 있는 것
   다. 금속으로 되어 있는 기기접지용 전선의 피복·외장 또는 배선관 등
   라. 사용전압이 대지전압 150볼트를 넘는 것
3. 전기를 사용하지 아니하는 설비 중 다음 각 목의 어느 하나에 해당하는 금속체
   가. 전동식 양중기의 프레임과 궤도
   나. 전선이 붙어 있는 비전동식 양중기의 프레임
   다. 고압이상의 전기를 사용하는 전기 기계·기구 주변의 금속제 칸막이·망 및 이와 유사한 장치
4. 코드와 플러그를 접속하여 사용하는 전기 기계·기구 중 다음 각 목의 어느 하나에 해당하는 노출된 비충전 금속체
   가. 사용전압이 대지전압 150볼트를 넘는 것
   나. 냉장고·세탁기·컴퓨터 및 주변기기 등과 같은 고정형 전기기계·기구
   다. 고정형·이동형 또는 휴대형 전동기계·기구
   라. 물 또는 도전성(導電性)이 높은 곳에서 사용하는 전기기계·기구, 비접지형 콘센트
   마. 휴대형 손전등
5. 수중펌프를 금속제 물탱크 등의 내부에 설치하여 사용하는 경우 그 탱크

참고 산업안전보건기준에 관한 규칙 제302조【전기 기계·기구의 접지】

68. 정전유도를 받고 있는 접지되어 있지 않는 도전성 물체에 접족한 경우 전격을 당하게 되는데 이 때 물체에 유도된 전압 V(V)를 옳게 나타낸 것은? (단, E는 송전선의 대지전압, C_1은 송전선과 물체사이의 정전용량, C_2는 물체와 대지사이의 정전용량이며, 물체와 대지사이의 저항은 무시한다.)

① $V = \dfrac{C_1}{C_1 + C_2} \times E$

② $V = \dfrac{C_1 + C_2}{C_1} \times E$

③ $V = \dfrac{C_1}{C_1 \times C_2} \times E$

④ $V = \dfrac{C_1 \times C_2}{C_1} \times E$

물체에 유도된 전압 V

$V = \dfrac{C_1}{C_1 + C_2} \cdot E$

E: 송전선전압[V]
C_1 : 송전선과 물체사이의 정전용량[F]
C_2 : 물체와 대지사이의 정전용량[F]

69. 교류 아크 용접기의 자동전격방지장치는 전격의 위험을 방지하기 위하여 아크 발생이 중단된 후 약 1초 이내에 출력 측 무부하 전압을 자동적으로 몇 V 이하로 저하시켜야 하는가?

① 85 ② 70
③ 50 ④ 25

교류 아크 용접기의 자동전격방지기의 성능은 아크발생을 정지시킬 때 주접점이 개로될 때까지의 시간(지동시간)은 1초 이내이고, 2차 무부하 전압은 25[V] 이하이어야 한다.

70. 정전기 발생에 영향을 주는 요인으로 가장 적절하지 않은 것은?

① 분리속도 ② 물체의 질량
③ 접촉면적 및 압력 ④ 물체의 표면상태

해답 67 ③ 68 ① 69 ④ 70 ②

정전기의 발생요인
1. 물질의 특성　　2. 물질의 분리속도
3. 물질의 표면상태　　4. 물체의 분리력
5. 접촉면적 및 압력

71. 다음에서 설명하고 있는 방폭구조는?

> 전기기기의 정상 사용 조건 및 특정 비정상 상태에서 과도한 온도 상승, 아크 또는 스파크의 발생위험을 방지하기 위해 추가적인 안전 조치를 취한 것으로 Ex e 라고 표시한다.

① 유입 방폭구조　　② 압력 방폭구조
③ 내압 방폭구조　　④ 안전증 방폭구조

안전증방폭구조란 전기기구의 권선, 에어-캡, 접점부, 단자부 등과 같이 정상적인 운전 중에 불꽃, 아크, 또는 과열이 생겨서는 안 될 부분에 대하여 이를 방지하거나 또는 온도상승을 제한하기 위하여 전기안전도를 증가시키는 구조

72. KS C IEC 60079-6에 따른 유입방폭구조 "o" 방폭장치의 최소 IP등급은?

① IP44　　② IP54
③ IP55　　④ IP66

유입방폭구조 기기의 보호등급은 최소 IP 66에 적합해야 한다.
압력완화장치 배출구의 보호등급은 최소 IP 23에 적합할 것
참고 방호장치 안전인증 고시 별표10 【유입방폭구조인 전기기기의 성능기준】

73. 20Ω의 저항 중에 5A의 전류를 3분간 흘렸을 때의 발열량(cal)은?

① 4320　　② 90000
③ 21600　　④ 376560

$Q[\text{cal}] = 0.24I^2RT = 0.24 \times 5^2 \times 20 \times 180 = 21600$
여기서, Q : 전류 발생열
I : 전류[A]
R : 전기 저항[Ω]
T : 통전 시간[s]

74. 다음은 어떤 방전에 대한 설명인가?

> 정전기가 대전되어 있는 부도체에 접지체가 접근한 경우 대전물체와 접지체 사이에 발생하는 방전과 거의 동시에 부도체의 표면을 따라서 발생하는 나뭇가지 형태의 발광을 수반하는 방전

① 코로나 방전　　② 뇌상방전
③ 연면방전　　④ 불꽃방전

연면 방전이란 대전이 큰 엷은 층상의 부도체를 박리할 때 또는 엷은 층상의 대전된 부도체의 뒷면에 밀접한 접치체가 있을 때 표면에 연한 복수의 수지상 발광을 수반하여 발생하는 방전이다.

75. 가연성 가스가 있는 곳에 저압 옥내전기설비를 금속관 공사에 의해 시설하고자 한다. 관 상호 간 또는 관과 전기기계기구와는 몇 턱 이상 나사조임으로 접속하여야 하는가?

① 2턱　　② 3턱
③ 4턱　　④ 5턱

금속관배선에 의하는 때에는 관 상호 간 및 관과 박스 기타 부속품·풀 박스 또는 전기기계기구와는 5턱 이상 나사 조임으로 접속하는 방법 기타 또는 이와 동등 이상의 효력이 있는 방법에 의하여 견고하게 접속할 것.

76. 전기시설의 직접 접촉에 의한 감전방지 방법으로 적절하지 않은 것은?

① 충전부는 내구성이 있는 절연물로 완전히 덮어 감쌀 것
② 충전부가 노출되지 않도록 폐쇄형 외함이 있는 구조로 할 것
③ 충전부에 충분한 절연효과가 있는 방호망 또는 절연덮개를 설치 할 것
④ 충전부는 출입이 용이한 전개된 장소에 설치하고 위험표시 등의 방법으로 방호를 강화 할 것

해답 71 ④　72 ④　73 ③　74 ③　75 ④　76 ④

사업주는 근로자가 작업이나 통행 등으로 인하여 전기기계, 기구 또는 전로 등의 충전부분에 접촉하거나 접근함으로써 감전 위험이 있는 충전부분에 대하여 감전을 방지하기 위하여 다음 각 호의 방법 중 하나 이상의 방법으로 방호하여야 한다.

1. 충전부가 노출되지 않도록 폐쇄형 외함(外函)이 있는 구조로 할 것
2. 충전부에 충분한 절연효과가 있는 방호망이나 절연덮개를 설치할 것
3. 충전부는 내구성이 있는 절연물로 완전히 덮어 감쌀 것
4. 발전소·변전소 및 개폐소 등 구획되어 있는 장소로서 관계 근로자가 아닌 사람의 출입이 금지되는 장소에 충전부를 설치하고, 위험표시 등의 방법으로 방호를 강화할 것
5. 전주 위 및 철탑 위 등 격리되어 있는 장소로서 관계 근로자가 아닌 사람이 접근할 우려가 없는 장소에 충전부를 설치할 것

참고 산업안전보건기준에 관한 규칙 제301조 【전기 기계·기구 등의 충전부 방호】

77. 심실세동을 일으키는 위험한계 에너지는 약 몇 J 인가? (단, 심실세동 전류 $I=\frac{165}{\sqrt{T}}\text{mA}$, 인체의 전기저항 $R=800\,\Omega$, 통전시간 $T=1$초 이다.)

① 12　　② 22
③ 32　　④ 42

줄의 법칙(Joule's law)에서

$w=I^2RT$

여기서, w : 위험한계에너지[J]
I : 심실세동전류 값[mA]
R : 전기저항[Ω]
T : 통전시간[초]이다.

$w=\left(\frac{165}{\sqrt{1}}\times 10^{-3}\right)^2\times 800\times 1=21.78[\text{J}]$

78. 전기기계·기구에 설치되어 있는 감전방지용 누전차단기의 정격감도전류 및 작동시간으로 옳은 것은? (단, 정격전부하전류가 50A 미만이다.)

① 15mA 이하, 0.1초 이내
② 30mA 이하, 0.03초 이내
③ 50mA 이하, 0.5초 이내
④ 100mA 이하, 0.05초 이내

전기기계·기구에 접속되어 있는 누전차단기는 정격감도전류가 30밀리암페어 이하이고 작동시간은 0.03초 이내일 것. 다만, 정격전부하전류가 50암페어 이상인 전기기계·기구에 접속되는 누전차단기는 오작동을 방지하기 위하여 정격감도전류는 200밀리암페어 이하로, 작동시간은 0.1초 이내로 할 수 있다.

참고 산업안전보건기준에 관한 규칙 제304조 【누전차단기에 의한 감전방지】

79. 피뢰레벨에 따른 회전구체 반경이 틀린 것은?

① 피뢰레벨 Ⅰ: 20m
② 피뢰레벨 Ⅱ: 30m
③ 피뢰레벨 Ⅲ: 50m
④ 피뢰레벨 Ⅳ: 60m

피뢰 보호등급별 회전구체 반지름

보호등급	회전구체 반지름(m)
Ⅰ	20
Ⅱ	30
Ⅲ	45
Ⅳ	60

80. 지락사고 시 1초를 초과하고 2초이내에 고압전로를 자동차단하는 장치가 설치되어 있는 고압전로에 제2종 접지공사를 하였다. 접지저항은 몇 Ω 이하로 유지해야 하는가? (단, 변압기의 고압측 전로의 1선 지락전류는 10A이다.)

① 10Ω　　② 20Ω
③ 30Ω　　④ 40Ω

전로의 대지전압이 150V를 초과할 때 1초~2초 이내에 자동으로 차단하는 장치를 설치하는 경우는 $=\frac{300}{\text{1선 지락선류}}\Omega$ 이하이므로

접지저항$=\frac{300}{\text{1선 지락선류}}=\frac{300}{10}=30$

해답 77 ② 78 ② 79 ③ 80 ③

■■■ 제5과목 화학설비위험방지기술

81. 사업주는 가스폭발 위험장소 또는 분진폭발 위험장소에 설치되는 건축물 등에 대해서는 규정에서 정한 부분을 내화구조로 하여야 한다. 다음 중 내화구조로 하는 부분에 대한 기준이 틀린 것은?

① 건축물의 기둥 : 지상 1층(지상1층의 높이가 6미터를 초과하는 경우에는 6미터)까지
② 위험물 저장·취급용기의 지지대(높이가 30센티미터 이하인 것은 제외) : 지상으로부터 지지대의 끝부분까지
③ 건축물의 보 : 지상2층(지상2층의 높이가 10미터를 초과하는 경우에는 10미터)까지
④ 배관·전선관 등의 지지대 : 지상으로부터 1단(1단의 높이가 6미터를 초과하는 경우에는 6미터)까지

가스폭발 위험장소 또는 분진폭발 위험장소에 설치되는 건축물 등에 대해서는 다음 아래에 해당하는 부분을 내화구조로 하여야 하며, 그 성능이 항상 유지될 수 있도록 점검·보수 등 적절한 조치를 하여야 한다. 다만, 건축물 등의 주변에 화재에 대비하여 물 분무시설 또는 폼 헤드(foam head)설비 등의 자동소화설비를 설치하여 건축물 등이 화재 시에 2시간 이상 그 안전성을 유지할 수 있도록 한 경우에는 내화구조로 하지 아니할 수 있다.
1. 건축물의 기둥 및 보 : 지상 1층(지상 1층의 높이가 6미터를 초과하는 경우에는 6미터)까지
2. 위험물 저장·취급용기의 지지대(높이가 30센티미터 이하인 것은 제외한다) : 지상으로부터 지지대의 끝부분까지
3. 배관·전선관 등의 지지대 : 지상으로부터 1단(1단의 높이가 6미터를 초과하는 경우에는 6미터)까지

참고 산업안전보건기준에 관한 규칙 제270조 【내화기준】

82. 다음 물질 중 인화점이 가장 낮은 물질은?

① 이황화탄소 ② 아세톤
③ 크실렌 ④ 경유

인화점별 종류

인화점	종류
① -30℃ 미만	에틸에테르(-45℃), 가솔린(-43~-20℃), 아세트알데히드(37.7℃), 산화에틸렌(-37.2℃), 이황화탄소(-30℃)
② -30℃ 이상 0℃ 미만	노르말헥산, 산화에틸렌, 아세톤, 메틸에틸케톤 등
③ 0℃이상 30℃ 미만	메틸알콜, 에틸알콜, 크실렌, 아세트산아밀 등
③ 30℃ ~ 65℃ 이하	등유, 경유, 테레핀유, 이소벤질알콜(이소아밀알콜), 아세트산 등

83. 물의 소화력을 높이기 위하여 물에 탄산칼륨(K_2CO_3)과 같은 염류를 첨가한 소화약제를 일반적으로 무엇이라 하는가?

① 포 소화약제 ② 분말 소화약제
③ 강화액 소화약제 ④ 산알칼리 소화약제

강화액 소화약제
물의 소화효과를 크게 하기 위하여 탄산칼륨(K_2CO_3) 등을 녹인 수용액으로 부동성이 높은 알칼리성 소화약제이다.
1. 빙점이 0℃인 물을 탄산칼륨으로 강화하여 빙점을 -17~-30℃까지 낮추어 한랭지역이나 겨울철의 소화에 많이 이용한다.
2. 유류, 전기 등의 화재에 이용한다.

84. 다음 중 분진의 폭발위험성을 증대시키는 조건에 해당하는 것은?

① 분진의 온도가 낮을수록
② 분위기 중 산소농도가 작을수록
③ 분진 내의 수분농도가 작을수록
④ 분진의 표면적이 입자체적에 비교하여 작을수록

발열량이 높을수록, 공기중에서보다 산소중에서 폭발의 위력은 크며, 분진의 폭발의 위력이 높아지려면 작은 입자와 큰 입자가 적당이 교반되었을 때 분진폭발의 위력은 크게 나타난다.

참고 분진폭발의 위험성이 높아지는 경우
① 분진의 발열량이 높을수록
② 분위기 중 산소농도가 클수록
③ 분진 내의 수분이 작을수록
④ 표면적이 입자체적에 비교하여 작은입자와 큰입자가 적당히 교반되어 있을수록

85. 다음 중 관의 지름을 변경하는데 사용되는 관의 부속품으로 가장 적절한 것은?

① 엘보우(Elbow) ② 커플링(Coupling)
③ 유니온(Union) ④ 리듀서(Reducer)

리듀서(Reducer)란 관의 지름 또는 관의 두께를 변경하는데 사용되는 관의 부속품이다.

해답 81 ③ 82 ① 83 ③ 84 ③ 85 ④

86. 가연성물질의 저장 시 산소농도를 일정한 값 이하로 낮추어 연소를 방지할 수 있는데 이 때 첨가하는 물질로 적합하지 않은 것은?

① 질소 ② 이산화탄소
③ 헬륨 ④ 일산화탄소

> 1. 연소를 방지하기 위해서는 불활성 가스(질소, 이산화탄소, 헬륨 등)를 주입하여 산소의 농도를 낮추어야 한다.
> 2. 일산화탄소는 인화성이며 독성을 가지고 있다.

87. 다음 중 물과의 반응성이 가장 큰 물질은?

① 니트로글리세린 ② 이황화탄소
③ 금속나트륨 ④ 석유

> 나트륨등은 물과 접촉하여 수소를 발생시킨다.
> $2Na + 2H_2O \rightarrow 2NaOH + H_2$

88. 산업안전보건법령상 위험물질의 종류에서 폭발성 물질에 해당하는 것은?

① 니트로화합물 ② 등유
③ 황 ④ 질산

> ①항 니트로화합물 : 폭발성물질
> ②항, 등유 : 인화성액체
> ③항, 황 : 물반응성 물질 및 인화성 고체
> ④항, 질산 : 산화성물질

89. 어떤 습한 고체재료 10kg을 완전 건조 후 무게를 측정하였더니 6.8kg이었다. 이 재료의 건량 기준 함수율은 몇 kg · H_2O/kg인가?

① 0.25 ② 0.36
③ 0.47 ④ 0.58

> $$\text{함수율}(w) = \frac{\text{건조전 무게} - \text{건조후 무게}}{\text{건조후 무게}} \times 100 = \frac{10-6.8}{6.8} \times 100 = 47.059\%$$

90. 대기압하에서 인화점이 0℃ 이하인 물질이 아닌 것은?

① 메탄올 ② 이황화탄소
③ 산화프로필렌 ④ 디에틸에테르

> 물질의 인화점
> ① 메탄올 : 11℃
> ② 이황화탄소 : −30℃
> ③ 산화프로필렌 : −37℃
> ④ 디에틸에테르 : −45℃

91. 가연성 가스의 폭발범위에 관한 설명으로 틀린 것은?

① 압력 증가에 따라 폭발 상한계와 하한계가 모두 현저히 증가한다.
② 불황성가스를 주입하면 폭발범위은 넓어진다.
③ 온도의 상승과 함께 폭발범위는 넓어진다
④ 산소 중에서 폭발범위는 공기 중에서 보다 넓어진다.

> 폭발한계에 영향을 주는 요인
> 1. 온도 : 폭발하한이 100℃ 증가 시 25℃에서의 값의 8% 감소하고, 폭발 상한은 8%씩 증가
> 2. 압력 : 가스압력이 높아질수록 폭발범위는 넓어진다.
> 3. 산소 : 산소의 농도가 증가하면 폭발범위도 상승한다.

92. 열교환기의 정기적 점검을 일상점검과 개방점검으로 구분할 때 개방점검 항목에 해당하는 것은?

① 보냉재의 파손 상황
② 플랜지부나 용접부에서의 누출여부
③ 기초볼트의 체결 상태
④ 생성물, 부착물에 의한 오염 상황

열교환기의 점검

일상점검 항목	개방점검 항목
1) 도장부 결함 및 벗겨짐 2) 보온재 및 보냉재 상태 3) 기초부 및 기초 고정부 상태 4) 배관 등과의 접속부 상태	1) 내부 부식의 형태 및 정도 2) 내부 관의 부식 및 누설 유무 3) 용접부 상태 4) 라이닝, 코팅, 개스킷 손상 여부 5) 부착물에 의한 오염의 상황

해답 86 ④ 87 ③ 88 ① 89 ③ 90 ① 91 ① 92 ④

93. 다음 중 분진 폭발을 일으킬 위험이 가장 높은 물질은?

① 염소 ② 마그네슘
③ 산화칼슘 ④ 에틸렌

주요 분진폭발 위험성 물질
황 및 플라스틱, 식품, 사료, 석탄 등의 분말, 산화반응열이 큰 금속(마그네슘, 티타늄, 칼슘 실리콘 등의 분말), 유압기의 기름 분출에 의한 유적(油適)의 폭발(분무 폭발이라고도 함)

94. 산업안전보건법령에서 인화성 액체를 정의할 때 기준이 되는 표준압력은 몇kPa 인가?

① 1 ② 100
③ 101.3 ④ 273.15

표준기압이란 보통은 기준 상태(온도 0℃, 표준중력 980.66cm/s^2) 일 때의 760mmHg에 가깝다. 이것은 101.3 kPa에 해당한다.

95. 다음 중 C급 화재에 해당하는 것은?

① 금속화재 ② 전기화재
③ 일반화재 ④ 유류화재

구분	A급 화재 (백색) 일반 화재	B급 화재 (황색) 유류 화재	C급 화재 (청색) 전기 화재	D급 화재 금속 화재
소화 효과	냉각	질식	질식, 냉각	질식

96. 액화 프로판 310kg을 내용적 50L 용기에 충전 할 때 필요한 소요 용기의 수는 몇 개인가? (단, 액화 프로판의 가스정수는 2.35이다.)

① 15 ② 17
③ 19 ④ 21

용기의 수$=\dfrac{310\times 2.35}{50}=14.57$

97. 다음 중 가연성 가스의 연소 형태에 해당하는 것은?

① 분해연소 ② 증발연소
③ 표면연소 ④ 확산연소

확산 연소 : 가연성 가스분자와 공기분자와 확산에 의해 혼합되어 계속 연소가 일어난다.

98. 다음 중 산업안전보건법령상 위험물질의 종류에 있어 인화성 가스에 해당하지 않는 것은?

① 수소 ② 부탄
③ 에틸렌 ④ 과산화수소

④항, 과산화수소는 산화성 고체에 해당한다.

99. 반응폭주 등 급격한 압력상승의 우려가 있는 경우에 설치하여야 하는 것은?

① 파열판 ② 통기밸브
③ 체크밸브 ④ Flame arrester

설비가 다음 각 호의 어느 하나에 해당하는 경우에는 파열판을 설치하여야 한다.
1. 반응 폭주 등 급격한 압력 상승 우려가 있는 경우
2. 급성 독성물질의 누출로 인하여 주위의 작업환경을 오염시킬 우려가 있는 경우
3. 운전 중 안전밸브에 이상 물질이 누적되어 안전밸브가 작동되지 아니할 우려가 있는 경우

참고 산업안전보건기준에 관한 규칙 제262조【파열판의 설치】

100. 다음 중 응상폭발이 아닌 것은?

① 분해폭발
② 수증기폭발
③ 전선폭발
④ 고상간의 전이에 의한 폭발

분해폭발은 기상폭발에 속한다.

참고 가상폭발의 종류 : 혼합가스폭발, 분해폭발, 분무폭발, 분진폭발 등

해답 93 ② 94 ③ 95 ② 96 ① 97 ④ 98 ④ 99 ① 100 ①

■■■ 제6과목 건설안전기술

101. **건설재해대책의 사면보호공법 중 식물을 생육시켜 그 뿌리로 사면의 표층토를 고정하여 빗물에 의한 침식, 동상, 이완 등을 방지하고 녹화에 의한 경관조성을 목적으로 시공하는 것은?**

① 식생공
② 쉴드공
③ 뿜어 붙이기공
④ 블록공

식생공
① 식생에 의한 비탈면 보호, 녹화, 구조물에 의한 비탈면 보호공과의 병용
② 종류 : 씨앗 뿜어붙이기공, 식생 매트공, 식생줄떼공, 줄떼공, 식생판공, 식생망태공, 부분 객토 식생공

102. **산업안전보건법령에 따른 양중기의 종류에 해당하지 않는 것은?**

① 곤돌라　　② 리프트
③ 클램쉘　　④ 크레인

양중기란 다음 각 호의 기계를 말한다.
1. 크레인[호이스트(hoist)를 포함한다]
2. 이동식 크레인
3. 리프트(이삿짐운반용 리프트의 경우에는 적재하중이 0.1톤 이상인 것으로 한정한다)
4. 곤돌라
5. 승강기

참고 산업안전보건기준에 관한 규칙 제132조【양중기】

103. **화물취급작업과 관련한 위험 방지를 위해 조치하여야 할 사항으로 옳지 않은 것은?**

① 하역작업을 하는 장소에서 작업장 및 통로의 위험한 부분에는 안전하게 작업할 수 있는 조명을 유지할 것
② 하역작업을 하는 장소에서 부두 또는 안벽의 선을 따라 통로를 설치하는 경우에는 폭을 50cm 이상으로 할 것
③ 차량 등에서 화물을 내리는 작업을 하는 경우에 해당 작업에 종사하는 근로자에게 쌓여 있는 화물 중간에서 화물을 빼내도록 하지 말 것
④ 꼬임이 끊어진 섬유로프 등을 화물운반용 또는 고정용으로 사용하지 말 것

부두 또는 안벽의 선을 따라 통로를 설치하는 때에는 폭을 90cm 이상으로 할 것

참고 산업안전보건기준에 관한 규칙 제390조【하역작업장의 조치기준】

104. **표준관입시험에 관한 설명으로 옳지 않은 것은?**

① N치(N-value)는 지반을 30cm 굴진하는데 필요한 타격 횟수를 의미한다.
② N치가 4~10일 경우 모래의 상대밀도는 매우 단단한 편이다.
③ 63.5kg 무게의 추를 76cm높이에서 자유낙하하여 타격하는 시험이다.
④ 사질지반에 적용하며, 점토지반에서는 편차가 커서 신뢰성이 떨어진다.

표준관입시험

모래 지반의 N값	점토질 지반의 N값	상대 밀도(g/cm^2)
0~4	0~2	매우 느슨하다.
4~10	2~4	느슨하다.
10~30	4~8	보통이다.
30~50	8~15	단단하다
50 이상	15~30	매우 다진 상태이다.
~	30 이상	경질(hard)

105. **근로자의 추락 등의 위험을 방지하기 위한 안전난간의 설치요건에서 상부난간대를 120cm 이상 지점에 설치하는 경우 중간난간대를 최소 몇 단 이상 균등하게 설치하여야 하는가?**

① 2단　　② 3단
③ 4단　　④ 5단

해답 101 ① 102 ③ 103 ② 104 ② 105 ①

상부 난간대는 바닥면·발판 또는 경사로의 표면으로부터 90센티미터 이상 지점에 설치하고, 상부 난간대를 120센티미터 이하에 설치하는 경우에는 중간 난간대는 상부 난간대와 바닥면등의 중간에 설치하여야 하며, 120센티미터 이상 지점에 설치하는 경우에는 중간 난간대를 2단 이상으로 균등하게 설치하고 난간의 상하 간격은 60센티미터 이하가 되도록 할 것. 다만, 계단의 개방된 측면에 설치된 난간기둥 간의 간격이 25센티미터 이하인 경우에는 중간 난간대를 설치하지 아니할 수 있다.

참고 산업안전보건기준에 관한 규칙 제13조【안전난간의 구조 및 설치요건】

106. 건설현장에 설치하는 사다리식 통로의 설치기준으로 옳지 않은 것은?

① 발판과 벽과의 사이은 15cm 이상의 간격을 유지할 것
② 발판의 간격은 일정하게 할 것
③ 사다리의 상단은 걸쳐놓은 지점으로부터 60cm 이상 올라가도록 할 것
④ 사다리식 통로의 길이가 10m 이상인 경우에는 3m 이내마다 계단참을 설치 할 것

사다리식 통로의 길이가 10미터 이상인 경우에는 5미터 이내마다 계단참을 설치할 것

참고 산업안전보건기준에 관한 규칙 제24조【사다리식 통로 등의 구조】

107. 불도저를 이용한 작업 중 안전조치사항으로 옳지 않은 것은?

① 작업종료와 동시에 삽날을 지면에서 띄우고 주차 제동장치를 건다.
② 모든 조정간은 엔진 시동전에 중립 위치에 놓는다.
③ 장비의 승차 및 하차 시 뛰어내리거나 오르지 말고 안전하게 잡고 오르내린다.
④ 야간 작업 시 자주 장비에서 내려와 장비 주위를 살피며 점검하여야 한다.

차량계 건설기계는 운전자가 운전위치 이탈 시에 삽날(버킷 또는 디퍼 등)를 지면에 내려놓아야 한다.

108. 건설공사의 산업안전보건관리비 계상 시 대상액이 구분되어 있지 않은 공사는 도급계약 또는 자체사업 계획 상의 총 공사금액 중 얼마를 대상액으로 하는가?

① 50% ② 60%
③ 70% ④ 80%

대상액이 구분되어 있지 않은 공사는 도급계약 또는 자체사업계획 상의 총공사금액의 70퍼센트를 대상액으로 하여 안전보건관리비를 계상하여야 한다.

참고 산업안전보건관리비 계상 및 사용기준 제5조【계상방법 및 계상시기 등】

109. 도심지 폭파해체공법에 관한 설명으로 옳지 않은 것은?

① 장기간 발생하는 진동, 소음이 적다.
② 해체 속도가 빠르다.
③ 주위의 구조물에 끼치는 영향이 적다.
④ 많은 분진 발생으로 민원을 발생시킬 우려가 있다.

도심지는 주변 건축물에 소음, 진동 등 폭파의 영향이 매우 크므로 사전에 대비하여야 한다.

110. NATM공법 터널공사의 경우 록 볼트 작업과 관련된 계측결과에 해당되지 않은 것은?

① 내공변위 측정 결과 ② 천단침하 측정 결과
③ 인발시험 결과 ④ 진동 측정 결과

록 볼트 작업의 표준시공방식으로서 시스템 볼팅을 실시하여야 하며 인발시험, 내공 변위측정, 천단침하측정, 지중변위측정 등의 계측결과로부터 다음 각 목에 해당될 때에는 록 볼트의 추가시공을 하여야 한다.

가. 터널벽면의 변형이 록 볼트 길이의 약 6% 이상으로 판단되는 경우
나. 록 볼트의 인발시험 결과로부터 충분한 인발내력이 얻어지지 않는 경우
다. 록 볼트 길이의 약 반이상으로부터 지반 심부까지의 사이에 축력분포의 최대치가 존재하는 경우
라. 소성영역의 확대가 록 볼트 길이를 초과한 것으로 판단되는 경우

참고 터널공사표준안전작업지침-NATM공법 제21조【시공】

해답 106 ④ 107 ① 108 ③ 109 ③ 110 ④

111. 거푸집동바리 등을 조립하는 경우에 준수하여야 할 사항으로 옳지 않은 것은?

① 깔목의 사용, 콘크리트 타설, 말뚝박기 등 동바리의 침하를 방지하기 위한 조치를 할 것
② 개구부 상부에 동바리를 설치하는 경우에는 상부하중을 견딜 수 있는 견고한 받침대를 설치 할 것
③ 거푸집이 곡면인 경우에는 버팀대의 부착 등 그 거푸집의 부상(浮上)을 방지하기 위한 조치를 할 것
④ 동바리의 이음은 맞댄이음이나 장부이음을 피할 것

> 동바리의 이음은 맞댄이음이나 장부이음으로 하고 같은 품질의 재료를 사용할 것
>
> **참고** 산업안전보건기준에 관한 규칙 제332조 【거푸집동바리 등의 안전조치】

112. 비계의 높이가 2m 이상인 작업장소에 설치하는 작 업발판의 설치기준으로 옳지 않은 것은? (단, 달비계, 달대비계 및 말비계는 제외)

① 작업발판의 폭은 40cm 이상으로 한다.
② 작업발판재료는 뒤집히거나 떨어지지 않도록 하나 이상의 지지물에 연결하거나 고정시킨다.
③ 발판재료 간의 틈은 3cm 이하로 한다.
④ 작업발판의 지지물은 하중에 의하여 파괴될 우려가 없는 것을 사용한다.

> 작업발판재료는 뒤집히거나 떨어지지 아니하도록 2 이상의 지지물에 연결하거나 고정시킬 것
>
> **참고** 산업안전보건기준에 관한 규칙 제56조 【작업발판의 구조】

113. 흙막이 지보공을 설치하였을 경우 정기적으로 점검하고 이상을 발견하면 즉시 보수하여야 하는 사항과 가장 거리가 먼 것은?

① 부재의 접속부 · 부착부 및 교차부의 상태
② 버팀대의 긴압(緊壓)의 정도
③ 부재의 손상·변형·부식·변위 및 탈락의 유무와 상태
④ 지표수의 흐름 상태

> 사업주는 흙막이 지보공을 설치하였을 때에는 정기적으로 다음 각 호의 사항을 점검하고 이상을 발견하면 즉시 보수하여야 한다.
> 1. 부재의 손상·변형·부식·변위 및 탈락의 유무와 상태
> 2. 버팀대의 긴압(緊壓)의 정도
> 3. 부재의 접속부·부착부 및 교차부의 상태
> 4. 침하의 정도
>
> **참고** 산업안전보건기준에 관한 규칙 제347조 【붕괴 등의 위험방지】

114. 말비계를 조립하여 사용하는 경우 지주부재와 수평면의 기울기는 얼마 이하로 하여야 하는가?

① 65° ② 70°
③ 75° ④ 80°

> 말비계 조립 시 지주부재와 수평면의 기울기를 75도 이하로 하고, 지주부재와 지주부재 사이를 고정시키는 보조부재를 설치할 것
>
> **참고** 산업안전보건기준에 관한 규칙 제67조 【말비계】

115. 지반 등의 굴착 시 위험을 방지하기 위한 연암 지반 굴착면의 기울기 기준으로 옳은 것은?

① 1 : 0.3 ② 1 : 0.4
③ 1 : 0.5 ④ 1 : 0.6

굴착면 기울기기준

구분	지반의 종류	기울기
보통흙	습지	1 : 1 ~ 1 : 1.5
	건지	1 : 0.5 ~ 1 : 1
암 반	풍화암	1 : 1
	연암	1 : 1
	경암	1 : 0.5

※ 위 문제와 표는 개정 전의 내용으로
현재는 풍화암 1 : 1, 연암 1 : 1, 경암 1 : 0.5로 바뀌었음

116. 작업발판 및 통로의 끝이나 개구부로서 근로자가 추락할 위험이 있는 장소에서 난간등의 설치가 매우 곤란하거나 작업의 필요상 임시로 난간등을 해체하여야 하는 경우에 설치하여야 하는 것은?

① 구명구 ② 수직보호망
③ 석면포 ④ 추락방호망

해답 111 ④ 112 ② 113 ④ 114 ③ 115 ③ 116 ④

사업주는 난간등을 설치하는 것이 매우 곤란하거나 작업의 필요상 임시로 난간등을 해체하여야 하는 경우 추락방호망을 설치하여야 한다. 다만, 추락방호망을 설치하기 곤란한 경우에는 근로자에게 안전대를 착용하도록 하는 등 추락할 위험을 방지하기 위하여 필요한 조치를 하여야 한다.

참고 산업안전보건기준에 관한 규칙 제43조【개구부 등의 방호 조치】

117. 흙막이 공법을 흙막이 지지방식에 의한 분류와 구조방식에 의한 분류로 나눌 때 다음 중 지지방식에 의한 분류에 해당하는 것은?

① 수평 버팀대식 흙막이 공법
② H-Pie 공법
③ 지하연속벽 공법
④ Top down method 공법

지지방식과 구조 방식

지지방식	• 자립 흙막이 공법 • 버팀대(strut)식 흙막이 공법(수평, 빗 버팀대) • Earth Anchor 또는 타이로드식 흙막이 공법(마찰형, 지압형, 복합형)
구조방식	• 엄지 말뚝(H-pile)공법 • 강재 널말뚝(Steel sheet pile)공법 • 지중 연속식(slurry wall)공법

118. 철골용접부의 내부결함을 검사하는 방법으로 가장 거리가 먼 것은?

① 알칼리 반응 시험 ② 방사선 투과시험
③ 자기분말 탐상시험 ④ 침투 탐상시험

철골용접부의 내부결함 검사방법
1. 방사선 투과시험
2. 초음파 탐상시험
3. 자기분말 탐상시험
4. 침투탐상 시험

119. 유해위험방지 계획서를 제출하려고 할 때 그 첨부서류와 가장 거리가 먼 것은?

① 공사개요서
② 산업안전보건관리비 작성 요령
③ 전체 공정표
④ 재해 발생 위험 시 연락 및 대피 방법

산업안전보건관리비 작성요령이 아니라 사용계획이 포함된다.

참고 유해·위험방지 계획서 제출 시 첨부서류
1. 공사 개요서
2. 공사현장의 주변 현황 및 주변과의 관계를 나타내는 도면(매설물 현황을 포함한다)
3. 건설물, 사용 기계설비 등의 배치를 나타내는 도면
4. 전체 공정표
5. 산업안전보건관리비 사용계획
6. 안전관리 조직표
7. 재해 발생 위험 시 연락 및 대피방법

120. 콘크리트 타설 작업과 관련하여 준수하여야 할 사항으로 가장 거리가 먼 것은?

① 당일의 작업을 시작하기 전에 해당 작업에 관한 거푸집 동바리 등의 변형·변위 및 지반의 침하 유무 등을 점검하고 이상있으면 보수 할 것
② 콘크리트를 타설하는 경우에는 편심이 발생하지 않도록 골고루 분산하여 타설할 것
③ 진동기의 사용은 많이 할수록 균일한 콘크리트를 얻을 수 있으므로 가급적 많이 사용할 것
④ 설계도서상의 콘크리트 양생기간을 준수하여 거푸집동바리 등을 해체할 것

진동기는 적절히 사용되어야 하며, 지나친 진동은 거푸집 도괴의 원인이 될 수 있으므로 각별히 주의하여야 한다.

해답 117 ① 118 ① 119 ② 120 ③

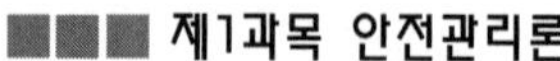

2021 과년도 출제문제

제1과목 안전관리론

1. 참가자에게 일정한 역할을 주어 실제적으로 연기를 시켜봄으로써 자기의 역할을 보다 확실히 인식할 수 있도록 체험학습을 시키는 교육방법은?

① Symposium ② Brain Storming
③ Role Playing ④ Fish Bowl Playing

역할 연기(Role playing)
1. 참가자에게 일정한 역할을 주어 실제적으로 연기를 시켜봄으로써 자기의 역할을 보다 확실히 인식하도록 체험하는 교육방법이다.
2. 인간관계 등에 관한 사례를 몇 명의 피훈련자가 나머지 피훈련자들 앞에서 실제의 행동으로 연기하고, 사회자가 청중들에게 그 연기 내용을 비평·토론하도록 한 후 결론적인 설명을 하는 교육훈련 방법으로서 역할연기 방법은 주로 대인관계, 즉 인간관계 훈련에 이용된다.

2. 일반적으로 시간의 변화에 따라 야간에 상승하는 생체리듬은?

① 혈압 ② 맥박수
③ 체중 ④ 혈액의 수분

1. 혈액의 수분, 염분량 : 주간은 감소하고 야간에는 증가한다.
2. 체온, 혈압, 맥박수 : 주간은 상승하고 야간에는 저하한다.
3. 야간에는 소화분비액 불량, 체중이 감소한다.
4. 야간에는 말초운동기능 저하, 피로의 자각증상이 증대된다.

3. 하인리히의 재해구성비율 "1 : 29 : 300"에서 "29"에 해당되는 사고발생비율은?

① 8.8% ② 9.8%
③ 10.8% ④ 11.8%

$$X = \frac{29}{1+29+300} \times 100 = 8.8$$

4. 무재해 운동의 3원칙에 해당되지 않는 것은?

① 무의 원칙 ② 참가의 원칙
③ 선취의 원칙 ④ 대책선정의 원칙

참고 무재해 운동의 3원칙
1. 무의 원칙
2. 참가의 원칙
3. 선취의 원칙

5. 안전보건관리조직의 형태 중 라인 - 스태프(Line - Staff)형에 관한 설명으로 틀린 것은?

① 조직원 전원을 자율적으로 안전 활동에 참여시킬 수 있다.
② 라인의 관리, 감독자에게도 안전에 관한 책임과 권한이 부여된다.
③ 중규모 사업장(100명 이상 ~ 500명 미만)에 적합하다.
④ 안전 활동과 생산업무가 유리될 우려가 없기 때문에 균형을 유지할 수 있어 이상적인 조직형태이다.

라인-스탭형 조직은 대규모 사업장(1000명 이상)에 적합하다

6. 브레인스토밍 기법에 관한 설명으로 옳은 것은?

① 타인의 의견을 수정하지 않는다.
② 지정된 표현방식에서 벗어나 자유롭게 의견을 제시한다.
③ 참여자에게는 동일한 횟수의 의견제시 기회가 부여된다.
④ 주제와 내용이 다르거나 잘못된 의견은 지적하여 조정한다.

브레인스토밍(Brain storming)의 4원칙
1. 자유 분망 : 편안하게 발언한다.
2. 대량 발언 : 무엇이건 많이 발언하게 한다.
3. 수정 발언 : 남의 의견을 덧붙여 발언해도 좋다.
4. 비판 금지 : 남의 의견을 비판하지 않는다.

해답 01 ③ 02 ④ 03 ① 04 ④ 05 ③ 06 ②

7. 산업안전보건법령상 안전인증대상기계등에 포함되는 기계, 설비, 방호장치에 해당하지 않는 것은?

① 롤러기
② 크레인
③ 동력식 수동대패용 칼날 접촉 방지장치
④ 방폭구조(防爆構造) 전기기계·기구 및 부품

③항, 동력식 수동대패용 칼날 접촉 방지장치는 자율안전확인 대상이다.

참고 안전인증 대상 기계·기구 종류

기계,설비	방호장치
1. 프레스 2. 전단기 및 절곡기 3. 크레인 4. 리프트 5. 압력용기 6. 롤러기 7. 사출성형기 8. 고소작업대 9. 곤돌라	1. 프레스 및 전단기 방호장치 2. 양중기용(揚重機用) 과부하 방지 장치 3. 보일러 압력방출용 안전밸브 4. 압력용기 압력방출용 안전밸브 5. 압력용기 압력방출용 파열판 6. 절연용 방호구 및 활선작업용 기구 7. 방폭구조 전기기계·기구 및 부품 8. 추락·낙하 및 붕괴 등의 위험 방지 및 보호에 필요한 가설 기자재로서 고용노동부장관이 정하여 고시하는 것 9. 충돌·협착 등의 위험 방지에 필요한 산업용 로봇 방호장치로서 고용노동부장관이 정하여 고시 하는 것

8. 안전교육 중 같은 것을 반복하여 개인의 시행착오에 의해서만 점차 그 사람에게 형성되는 것은?

① 안전기술의 교육　② 안전지식의 교육
③ 안전기능의 교육　④ 안전태도의 교육

안전기능 교육
안전교육 중 제2단계로 시행되며 안전작업기능, 표준작업기능 및 기계·기구의 위험요소에 대한 이해, 작업에 대한 전반적인 사항 습득을 하는 교육으로 개인이 스스로 행하고 반복적 시행착오에 의해 형성된다.

9. 상황성 누발자의 재해 유발원인과 가장 거리가 먼 것은?

① 작업이 어렵기 때문이다.
② 심신에 근심이 있기 때문이다.
③ 기계설비의 결함이 있기 때문이다.
④ 도덕성이 결여되어 있기 때문이다.

참고 재해 누발자의 유형
1. 미숙성 누발자 : 환경에 익숙치 못하거나 기능 미숙으로 인한 재해누발자를 말한다.
2. 소질성 누발자 : 지능·성격·감각운동에 의한 소질적 요소에 의해 결정된다.
3. 상황성 누발자 : 작업의 어려움, 기계설비의 결함, 환경상 주의 집중의 혼란, 심신의 근심 등에 의한 것이다.
4. 습관성 누발자 : 재해의 경험으로 신경과민이 되거나 슬럼프(slump)에 빠지기 때문이다.

10. 작업자 적성의 요인이 아닌 것은?

① 지능　② 인간성
③ 흥미　④ 연령

적성의 기본요소
1. 직업적성
2. 지능
3. 흥미
4. 인간성

11. 재해로 인한 직접비용으로 8000만원의 산재보상비가 지급되었을 때, 하인리히 방식에 따른 총 손실비용은?

① 16000만원　② 24000만원
③ 32000만원　④ 40000만원

총 손실비용 = 직접비(1) : 간접비(4) 이므로,
직접비 8000만 원 + 32000만 원 = 40000만 원

해답 07 ③　08 ③　09 ④　10 ④　11 ④

12. 재해조사의 목적과 가장 거리가 먼 것은?

① 재해예방 자료수집
② 재해관련 책임자 문책
③ 동종 및 유사재해 재발방지
④ 재해발생 원인 및 결함 규명

재해조사의 목적은 동종재해 및 유사 재해의 발생을 막기 위한 예방 대책으로 가장 중요한 것은 재해 원인에 대한 사실을 알아내는 것이다.

13. 교육훈련기법 중 Off.J.T(Off the Job Training)의 장점이 아닌 것은?

① 업무의 계속성이 유지된다.
② 외부의 전문가를 강사로 활용할 수 있다.
③ 특별교재, 시설을 유효하게 사용할 수 있다.
④ 다수의 대상자에게 조직적 훈련이 가능하다.

O.J.T와 off.J.T의 특징

O.J.T	off.J.T
1. 개개인에게 적합한 지도훈련을 할 수 있다. 2. 직장의 실정에 맞는 실체적 훈련을 할 수 있다. 3. 훈련에 필요한 업무의 계속성이 끊어지지 않는다. 4. 즉시 업무에 연결되는 관계로 신체와 관련이 있다. 5. 효과가 곧 업무에 나타나며 훈련의 좋고 나쁨에 따라 개선이 용이하다. 6. 교육을 통한 훈련 효과에 의해 상호 신뢰도 및 이해도가 높아진다.	1. 다수의 근로자에게 조직적 훈련이 가능하다. 2. 훈련에만 전념하게 된다. 3. 특별 설비 기구를 이용할 수 있다. 4. 전문가를 강사로 초청할 수 있다. 5. 각 직장의 근로자가 많은 지식이나 경험을 교류할 수 있다. 6. 교육 훈련 목표에 대해서 집단적 노력이 흐트러질 수 있다.

14. 산업안전보건법령상 중대재해의 범위에 해당하지 않는 것은?

① 1명의 사망자가 발생한 재해
② 1개월의 요양을 요하는 부상자가 동시에 5명 발생한 재해
③ 3개월의 요양을 요하는 부상자가 동시에 3명 발생한 재해
④ 10명의 직업성 질병자가 동시에 발생한 재해

중대 재해의 종류
1. 사망자가 1명 이상 발생한 재해
2. 3개월 이상의 요양이 필요한 부상자가 동시에 2명 이상 발생한 재해
3. 부상자 또는 직업성 질병자가 동시에 10명 이상 발생한 재해

15. Thorndike의 시행착오설에 의한 학습의 원칙이 아닌 것은?

① 연습의 원칙 ② 효과의 원칙
③ 동일성의 원칙 ④ 준비성의 원칙

Thorndike의 시행착오설에 의한 학습의 법칙
1. 연습의 법칙
모든 학습은 연습을 통하여 진보향상되고 바람직한 행동의 변화를 가져오게 된다.
2. 효과의 법칙
『결과의 법칙』이라고도 한다. 어떤 일을 계획하고 실천해서 그 결과가 자기에게 만족스러운 상태에 이르면 더욱 그 일을 계속하려는 의욕이 생긴다.
3. 준비성의 법칙
준비성이란 학습을 하려고 하는 모든 행동의 준비적 상태를 말한다. 준비성이 사전에 충분히 갖추어진 학습활동은 학습이 만족스럽게 잘되지만, 준비성이 되어 있지 않을 때에는 실패하기 쉽다.

16. 산업안전보건법령상 보안경 착용을 포함하는 안전보건표지의 종류는?

① 지시표지 ② 안내표지
③ 금지표지 ④ 경고표지

표지분류	종류
금지 표지	출입금지, 보행금지, 차량통행금지, 사용금지, 탑승금지, 금연, 화기금지, 물체이동 금지
경고 표지	인화성 물질, 산화성 물질, 폭발물 경고, 독극물 경고, 부식성 물질 경고, 방사성 물질 경고, 고압전기 경고, 매달린 물체 경고, 낙하물체 경고, 고온경고, 저온 경고, 몸균형 상실 경고, 레이저 광선 경고, 유해물질 경고, 위험장소
지시 표지	보안경 착용, 방독마스크 착용, 방진마스크 착용, 보안면 착용, 안전모 착용, 귀마개 착용, 안전화 착용, 안전장갑 착용, 안전복 착용
안내 표지	녹십자 표지, 응급구호 표지, 들것, 세안장치, 비상구, 좌측 비상구, 우측 비상구

해답 12 ② 13 ① 14 ② 15 ③ 16 ①

17. 보호구에 관한 설명으로 옳은 것은?

① 유해물질이 발생하는 산소결핍지역에서는 필히 방독마스크를 착용하여야 한다.
② 차광용보안경의 사용구분에 따른 종류에는 자외선용, 적외선용, 복합용, 용접용이 있다.
③ 선반작업과 같이 손에 재해가 많이 발생하는 작업장에서는 장갑 착용을 의무화한다.
④ 귀마개는 처음에는 저음만을 차단하는 제품부터 사용하며, 일정 기간이 지난 후 고음까지 모두 차단할 수 있는 제품을 사용한다.

①항, 산소결핍지역에서는 송기마스크, 공기호흡기등을 사용하여야 한다.(방진·방독마스크 사용금지)
③항, 선반작업에서는 장갑이 말려들어갈 위험이 있어 장갑을 착용하지 않는다.
④항, 귀마개는 작업현장의 상황에 알맞은 제품을 선택하여 사용한다.

참고 사용구분에 따른 차광보안경의 종류

종류	사용구분
자외선용	자외선이 발생하는 장소
적외선용	적외선이 발생하는 장소
복합용	자외선 및 적외선이 발생하는 장소
용접용	산소용접작업등과 같이 자외선, 적외선 및 강렬한 가시광선이 발생하는 장소

18. 산업안전보건법령상 사업 내 안전보건교육의 교육시간에 관한 설명으로 옳은 것은?

① 일용근로자의 작업내용 변경 시의 교육은 2시간 이상이다.
② 사무직에 종사하는 근로자의 정기교육은 매분기 3시간 이상이다.
③ 일용근로자를 제외한 근로자의 채용 시 교육은 4시간 이상이다.
④ 관리감독자의 지위에 있는 사람의 정기교육은 연간 8시간 이상이다.

①항, 일용근로자의 작업내용 변경 시의 교육은 1시간 이상이다.
③항, 일용근로자를 제외한 근로자의 채용 시의 교육은 8시간 이상이다.
④항, 관리감독자의 지위에 있는 사람의 정기교육은 연간 16시간 이상이다.

19. 집단에서의 인간관계 메커니즘(Mechanism)과 가장 거리가 먼 것은?

① 분열, 강박 ② 모방, 암시
③ 동일화, 일체화 ④ 커뮤니케이션, 공감

인간관계 메커니즘(mechanism)

구분	내용
동일화 (identification)	다른 사람의 행동 양식이나 태도를 투입시키거나, 다른 사람 가운데서 자기와 비슷한 것을 발견하는 것
투사 (投射 : projection)	자기 속의 억압된 것을 다른 사람의 것으로 생각하는 것을 투사(또는 투출)
커뮤니케이션 (communication)	갖가지 행동 양식이나 기호를 매개로 하여 어떤 사람으로부터 다른 사람에게 전달되는 과정
모방 (imitation)	남의 행동이나 판단을 표본으로 하여 그것과 같거나 또는 그것에 가까운 행동 또는 판단을 취하려는 것
암시 (suggestion)	다른 사람으로부터의 판단이나 행동을 무비판적으로 논리적, 사실적 근거 없이 받아들이는 것

20. 재해의 빈도와 상해의 강약도를 혼합하여 집계하는 지표로 옳은 것은?

① 강도율 ② 종합재해지수
③ 안전활동율 ④ Safe-T-Score

종합재해지수란 재해의 빈도와 상해의 강도를 혼합해서 집계하는 지표를 말한다.
종합재해지수$(F.S.I) = \sqrt{도수율(F) \times 강도율(S)}$

해답 17 ② 18 ② 19 ① 20 ②

■■■ 제2과목 인간공학 및 시스템안전공학

21. 인체측정 자료를 장비, 설비 등의 설계에 적용하기 위한 응용원칙에 해당하지 않는 것은?

① 조절식 설계
② 극단치를 이용한 설계
③ 구조적 치수 기준의 설계
④ 평균치를 기준으로 한 설계

인체계측 자료의 응용원칙

종 류	내 용
최대치수와 최소치수	최대 치수 또는 최소치수를 기준으로 하여 설계
조절범위 (조절식)	체격이 다른 여러 사람에 맞도록 만드는 것(보통 집단 특성치의 5%치~95%치까지의 90%조절범위를 대상)
평균치를 기준으로 한 설계	최대치수나 최소치수, 조절식으로 하기가 곤란할 때 평균치를 기준으로 하여 설계

22. 컷셋(Cut Sets)과 최소 패스셋(Minimal Path Sets)의 정의로 옳은 것은?

① 컷셋은 시스템 고장을 유발시키는 필요 최소한의 고장들의 집합이며, 최소 패스셋은 시스템의 신뢰성을 표시한다.
② 컷셋은 시스템 고장을 유발시키는 기본고장들의 집합이며, 최소 패스셋은 시스템의 불신뢰도를 표시한다.
③ 컷셋은 그 속에 포함되어 있는 모든 기본사상이 일어났을 때 정상사상을 일으키는 기본사상의 집합이며, 최소 패스셋은 시스템의 신뢰성을 표시한다.
④ 컷셋은 그 속에 포함되어 있는 모든 기본사상이 일어났을 때 정상사상을 일으키는 기본사상의 집합이며, 최소 패스셋은 시스템의 성공을 유발하는 기본사상의 집합이다.

1. 컷셋(cut sets)이란 그 속에 포함되어 있는 모든 기본사상이 일어났을 때 정상사상을 일으키는 기본사상의 집합을 말한다.
2. 최소 패스셋(Minimal path sets)이란 어떤 고장이나 실수를 일으키지 않으면 재해가 일어나지 않는다고 하는 것으로 시스템의 신뢰성을 나타낸다.

23. 작업공간의 배치에 있어 구성요소 배치의 원칙에 해당하지 않는 것은?

① 기능성의 원칙 ② 사용빈도의 원칙
③ 사용순서의 원칙 ④ 사용방법의 원칙

부품배치의 4원칙

구분	내용
중요성의 원칙	부품을 작동하는 성능이 체계의 목표달성에 긴요한 정도에 따라 우선순위를 설정한다.
사용빈도의 원칙	부품을 사용하는 빈도에 따라 우선순위를 설정한다.
기능별 배치의 원칙	기능적으로 관련된 부품들(표시장치, 조정장치, 등)을 모아서 배치한다.
사용순서의 원칙	사용되는 순서에 따라 장치들을 가까이에 배치한다.

24. 시스템의 수명 및 신뢰성에 관한 설명으로 틀린 것은?

① 병렬설계 및 디레이팅 기술로 시스템의 신뢰성을 증가시킬 수 있다.
② 직렬시스템에서는 부품들 중 최소 수명을 갖는 부품에 의해 시스템 수명이 정해진다.
③ 수리가 가능한 시스템의 평균 수명(MTBF)은 평균 고장률(λ)과 정비례 관계가 성립한다.
④ 수리가 불가능한 구성요소로 병렬구조를 갖는 설비는 중복도가 늘어날수록 시스템 수명이 길어진다.

평균수명(MTBF)은 고장율(λ)과 반비례 관계가 성립한다.
$MTBF=\frac{1}{\lambda}$, 고장률$(\lambda)=\frac{\text{고장건수}(r)}{\text{총가동시간}(t)}$

25. 자동차를 생산하는 공장의 어떤 근로자가 95db(A)의 소음수준에서 하루 8시간 작업하며 매 시간 조용한 휴게실에서 20분씩 휴식을 취한다고 가정하였을 때, 8시간 시간가중평균(TWA)은? (단, 소음은 누적소음노출량측정기로 측정하였으며, OSHA에서 정한 95dB(A)의 허용시간은 4시간이라 가정한다.)

① 약 91dB(A) ② 약 92dB(A)
③ 약 93dB(A) ④ 약 94dB(A)

해답 21 ③ 22 ③ 23 ④ 24 ③ 25 ②

1. 누적소음노출량 $D(\%) = \frac{C}{T} \times 100$

C : 하루작업시간

T : 소음노출허용시간

① 하루작업시간(C) : 8시간 작업시 시간당 20분 휴식

$C = \frac{8 \times 40}{60} = 5.33$ 시간

② 소음허용노출시간(T) : 95$dB(A)$, 4시간

③ $D = \frac{5.33}{4} \times 100 = 133.25$

2. 시간가중평균 소음수준(TWA)

$$TWA = 16.61\log\left(\frac{D}{100}\right) + 90$$

$$= 16.61\log\left(\frac{133.25}{100}\right) + 90 = 92\text{dB(A)}$$

참고 작업환경측정 및 정도관리 등에 관한 고시 제36조 【소음수준의 평가】

26. 화학설비에 대한 안정성 평가 중 정성적 평가방법의 주요 진단 항목으로 볼 수 없는 것은?

① 건조물 ② 취급물질
③ 입지 조건 ④ 공장 내 배치

정성적 평가 항목

1. 설계 관계	2. 운전 관계
① 입지 조건 ② 공장내 배치 ③ 건 조 물 ④ 소방설비	① 원재료, 중간체 제품 ② 공 정 ③ 수송, 저장 등 ④ 공정기기

27. 작업면상의 필요한 장소만 높은 조도를 취하는 조명은?

① 완화조명 ② 전반조명
③ 투명조명 ④ 국소조명

국부조명(국소조명)
실제로 조명이 필요한 부분에만 집중적으로 조명을 하는 방식으로 다른 부분과 밝기 차이가 있어 눈이 쉽게 피로해 질 수 있다.

28. 동작경제의 원칙에 해당하지 않는 것은?

① 공구의 기능을 각각 분리하여 사용하도록 한다.
② 두 팔의 동작은 동시에 서로 반대방향으로 대칭적으로 움직이도록 한다.
③ 공구나 재료는 작업동작이 원활하게 수행되도록 그 위치를 정해준다.
④ 가능하다면 쉽고도 자연스러운 리듬이 작업동작에 생기도록 작업을 배치한다.

①항, 공구의 기능을 결합하여 사용하도록 한다.

29. 인간이 기계보다 우수한 기능이라 할 수 있는 것은? (단, 인공지능은 제외한다.)

① 일반화 및 귀납적 추리
② 신뢰성 있는 반복 작업
③ 신속하고 일관성 있는 반응
④ 대량의 암호화된 정보의 신속한 보관

인간은 관찰을 통해서 일반화하여 귀납적으로 추리하는 기능이 있다.

30. 시각적 표시장치보다 청각적 표시장치를 사용하는 것이 더 유리한 경우는?

① 정보의 내용이 복잡하고 긴 경우
② 정보가 공간적인 위치를 다룬 경우
③ 직무상 수신자가 한 곳에 머무르는 경우
④ 수신 장소가 너무 밝거나 암순응이 요구될 경우

해답 26 ② 27 ④ 28 ① 29 ① 30 ④

표시장치의 선택

청각장치의 사용	시각장치의 사용
1. 전언이 간단하고 짧다. 2. 전언이 후에 재참조 되지 않는다. 3. 전언이 시간적인 사상(event)을 다룬다. 4. 전언이 즉각적인 행동을 요구한다. 5. 수신자의 시각계통이 과부하 상태일 때 6. 수신 장소가 너무 밝거나 암조응 유지가 필요할 때 7. 직무상 수신자가 자주 움직이는 경우	1. 전언이 복잡하고 길다. 2. 전언이 후에 재참조 된다. 3. 전언이 공간적인 위치를 다룬다. 4. 전언이 즉각적인 행동을 요구하지 않는다. 5. 수신자의 청각계통이 과부하 상태일 때 6. 수신장소가 너무 시끄러울 때 7. 직무상 수신자가 한 곳에 머무르는 경우

31. 다음 시스템의 신뢰도 값은?

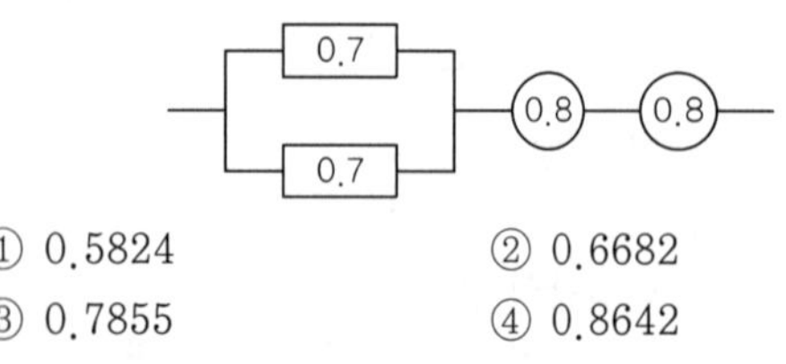

① 0.5824 ② 0.6682
③ 0.7855 ④ 0.8642

$R = \{1-(1-0.7)^2\} \times 0.8^2 = 0.5824$

32. 다음 현상을 설명한 이론은?

인간이 감지할 수 있는 외부의 물리적 자극 변화의 최소범위는 표준 자극의 크기에 비례한다.

① 피츠(Fitts) 법칙
② 웨버(Weber) 법칙
③ 신호검출이론(SDT)
④ 힉-하이만(Hick-Hyman) 법칙

특정감관의 변화감지역은 사용되는 표준자극에 비례한다는 관계를 Weber 법칙이라 한다.

Weber 법칙 : $\frac{\Delta L}{I}$ = const(일정)

(ΔL) : 특정감관의 변화감지역

(I) : 표준자극

33. 그림과 같은 FT도에서 정상사상 T의 발생 확률은? (단, X_1, X_2, X_3 의 발생 확률은 각각 0.1, 0.15, 0.1 이다.)

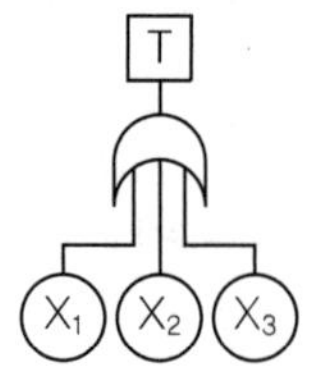

① 0.3115
② 0.35
③ 0.496
④ 0.9985

$1-[(1-0.1)\times(1-0.15)\times(1-0.1)] = 0.3115$

34. 산업안전보건법령상 해당 사업주가 유해위험방지계획서를 작성하여 제출해야하는 대상은?

① 시·도지사 ② 관할 구청장
③ 고용노동부장관 ④ 행정안전부장관

사업주는 법령에 따라 해당하는 경우 유해·위험 방지에 관한 사항을 적은 계획서를 작성하여 고용노동부령으로 정하는 바에 따라 고용노동부장관에게 제출하고 심사를 받아야 한다.

참고 산업안전보건법 제42조 【유해위험방지계획서의 작성 · 제출 등】

35. 인간의 위치 동작에 있어 눈으로 보지 않고 손을 수평면상에서 움직이는 경우 짧은 거리는 지나치고, 긴 거리는 못 미치는 경향이 있는데 이를 무엇이라고 하는가?

① 사정효과(range effect)
② 반응효과(reaction effect)
③ 간격효과(distance effect)
④ 손동작효과(hand action effect)

사정효과(Range effect)

눈으로 보지 않고 손을 수평면상에서 움직이는 경우에 짧은 거리는 지나치고 긴 거리는 못 미치는 경향을 말하며 조작자가 작은 오차에는 과잉반응, 큰 오차에는 과소 반응을 하는 것이다.

해답 31 ① 32 ② 33 ① 34 ③ 35 ①

36. 정신작업 부하를 측정하는 척도를 크게 4가지로 분류할 때 심박수의 변동, 뇌 전위, 동공 반응 등 정보처리에 중추신경계 활동이 관여하고 그 활동이나 징후를 측정하는 것은?

① 주관적(subjective) 척도
② 생리적(physiological) 척도
③ 주 임무(primary task) 척도
④ 부 임무(secondary task) 척도

정신적 작업부하의 척도
① 주 임무(primary task) 척도 : 직무에 필요한 시간과 직무수행에 쓸수 있는 시간의 비를 통한 작업부하 측정
② 부 임무(secondary task) 척도 : 주 임무에서 사용하지 않은 예비용량을 부 임무에 이용
③ 생리적(phsiological) 척도 : 심박수, 뇌전위, 동공반응, 호흡속도 등의 중추신경계의 활동을 측정
④ 주관적(subjective) 척도 : 설문평가를 통한 개인의 주관적 척도를 측정

37. 서브시스템, 구성요소, 기능 등의 잠재적 고장형태에 따른 시스템의 위험을 파악하는 위험분석 기법으로 옳은 것은?

① ETA(Event Tree Analysis)
② HEA(Human Error Analysis)
③ PHA(Preliminary Hazard Analysis)
④ FMEA(Failure Mode and Effect Analysis)

FMEA(고장의 형과 영향 분석 : failue modes and effects analysis)의 특징
① 시스템에 영향을 미치는 전체요소의 고장을 형별로 분석하여 그 영향을 검토
② 각 요소의 1형식 고장이 시스템의 1영향에 대응하는 방식
③ 시스템 내의 위험 상태 요소에 대해 정성적 · 귀납적으로 평가

38. 불필요한 작업을 수행함으로써 발생하는 오류로 옳은 것은?

① Command error ② Extraneous error
③ Secondary error ④ Commission error

Extraneous error : 불필요한 task 또는 절차를 수행함으로서 기인한 과오

39. 불(Boole) 대수의 정리를 나타낸 관계식으로 틀린 것은?

① $A \cdot A = A$ ② $A + \overline{A} = 0$
③ $A + AB = A$ ④ $A + A = A$

②항, $A + \overline{A} = 1$

40. Chapanis가 정의한 위험의 확률수준과 그에 따른 위험발생률로 옳은 것은?

① 전혀 발생하지 않는(impossible) 발생빈도 : 10^{-8}/day
② 극히 발생할 것 같지 않는(extremely unlikely) 발생빈도 : 10^{-7}/day
③ 거의 발생하지 않은(remote) 발생빈도 : 10^{-6}/day
④ 가끔 발생하는(occasional) 발생빈도 : 10^{-5}/day

chapanis의 위험 수준과 위험발생률

위험 수준	발생빈도(위험 발생률)
자주 발생하는(frequent)	10^{-2}/day
가끔 발생하는(occasional)	10^{-4}/day
거의 발생하지 않는(remote)	10^{-5}/day
전혀 발생하지 않는(impossible)	10^{-8}/day

해답 36 ② 37 ④ 38 ② 39 ② 40 ①

제3과목 기계위험방지기술

41. 휴대형 연삭기 사용 시 안전사항에 대한 설명으로 가장 적절하지 않은 것은?

① 잘 안 맞는 장갑이나 옷은 착용하지 말 것
② 긴 머리는 묶고 모자를 착용하고 작업할 것
③ 연삭숫돌을 설치하거나 교체하기 전에 전선과 압축공기 호스를 설치할 것
④ 연삭작업 시 클램핑 장치를 사용하여 공작물을 확실히 고정할 것

회전하는 숫돌 축에 우발적 접촉을 피하기 위해서 연삭숫돌을 설치하거나 교체하기 전에 전선이나 압축공기호스는 뽑아 놓아야 한다.

42. 선반 작업에 대한 안전수칙으로 가장 적절하지 않은 것은?

① 선반의 바이트는 끝을 짧게 장치한다.
② 작업 중에는 면장갑을 착용하지 않도록 한다.
③ 작업이 끝난 후 절삭 칩의 제거는 반드시 브러시 등의 도구를 사용한다.
④ 작업 중 일감의 치수 측정 시 기계 운전 상태를 저속으로 하고 측정한다.

작업 중 일감의 치수 측정 시에는 기계의 운전을 정지할 것

43. 다음 중 금형을 설치 및 조정할 때 안전수칙으로 가장 적절하지 않은 것은?

① 금형을 체결할 때에는 적합한 공구를 사용한다.
② 금형의 설치 및 조정은 전원을 끄고 실시한다.
③ 금형을 부착하기 전에 하사점을 확인하고 설치한다.
④ 금형을 체결할 때에는 안전블럭을 잠시 제거하고 실시한다.

사업주는 프레스 등의 금형을 부착·해체 또는 조정하는 작업을 하는 때에는 당해 작업에 종사하는 근로자의 신체의 일부가 위험 한계 내에 들어갈 때에 슬라이드가 갑자기 작동함으로써 발생하는 근로자의 위험을 방지하기 위하여 안전블록을 사용하는 등 필요한 조치를 하여야 한다.

참고 산업안전보건기준에 관한 규칙 제104조【금형조정작업의 위험방지】

44. 지게차의 방호장치에 해당하는 것은?

① 버킷　　② 포크
③ 마스트　　④ 헤드가드

사업주는 다음 각 호에 따른 적합한 헤드가드(head guard)를 갖추지 아니한 지게차를 사용해서는 아니 된다. 다만, 화물의 낙하에 의하여 지게차의 운전자에게 위험을 미칠 우려가 없는 경우에는 그러하지 아니하다.

1. 강도는 지게차의 최대하중의 2배 값(4톤을 넘는 값에 대해서는 4톤으로 한다)의 등분포정하중(等分布靜荷重)에 견딜 수 있을 것
2. 상부틀의 각 개구의 폭 또는 길이가 16센티미터 미만일 것
3. 운전자가 앉아서 조작하거나 서서 조작하는 지게차의 헤드가드는 「산업표준화법」 제12조에 따른 한국산업표준에서 정하는 높이 기준 이상일 것

참고 산업안전보건기준에 관한 규칙 제180조【헤드가드】

45. 다음 중 절삭가공으로 틀린 것은?

① 선반　　② 밀링
③ 프레스　　④ 보링

③항, 프레스는 소성가공방법에 해당한다.

참고 소성가공(塑性加工)이라 함은 재료의 소성을 이용하여 필요한 형상으로 가공을 하거나 주조 조직을 파괴하여 균일한 미세결정으로 강도·연성 등의 기계적 성질을 개선하는 가공법이다.

해답 41 ③ 42 ④ 43 ④ 44 ④ 45 ③

46. 산업안전보건법령상 롤러기의 방호장치 설치 시 유의해야 할 사항으로 가장 적절하지 않은 것은?

① 손으로 조작하는 급정지장치의 조작부는 롤러기의 전면 및 후면에 각각 1개씩 수평으로 설치하여야 한다.
② 앞면 롤러의 표면속도가 30m/min 미만인 경우 급정지 거리는 앞면 롤러 원주의 1/2.5 이하로 한다.
③ 급정지장치의 조작부에 사용하는 줄은 사용 중 늘어져서는 안 된다.
④ 급정지장치의 조작부에 사용하는 줄은 충분한 인장강도를 가져야 한다.

급정지장치의 성능

앞면 롤러의 표면속도(m/min)	급정지 거리
30 미만	앞면 롤러 원주의 1/3
30 이상	앞면 롤러 원주의 1/2.5

47. 보일러 부하의 급변, 수위의 과상승 등에 의해 수분이 증기와 분리되지 않아 보일러 수면이 심하게 솟아올라 올바른 수위를 판단하지 못하는 현상은?

① 프라이밍 ② 모세관
③ 워터해머 ④ 역화

프라이밍(priming)
보일러가 과부하될 경우, 수위가 올라가고 드럼내의 부착품에 기계적 결함이 있는 경우 보일러수가 끓어서 수면에서 격심한 물방울이 비산하고 증기부가 물방울로 충만하여 수위가 불안정하게 되는 현상

48. 자동화 설비를 사용하고자 할 때 기능의 안전화를 위하여 검토할 사항으로 거리가 가장 먼 것은?

① 재료 및 가공 결함에 의한 오동작
② 사용압력 변동 시의 오동작
③ 전압강하 및 정전에 따른 오동작
④ 단락 또는 스위치 고장 시의 오동작

• 구조적 안전 검토사항
1. 재료에 있어서의 결함
2. 설계에 있어서의 결함
3. 가공에 있어서의 결함, 안전율

• 기능적 안전 검토사항
1. 전압강하 정전기에 따른 오동작
2. 단락 또는 스위치나 릴레이 고장 시의 오동작
3. 사용압력의 변동 시의 오동작
4. 밸브계통의 고장 시에 따른 오동작

49. 산업안전보건법령상 금속의 용접, 용단에 사용하는 가스 용기를 취급할 때 유의사항으로 틀린 것은?

① 밸브의 개폐는 서서히 할 것
② 운반하는 경우에는 캡을 벗길 것
③ 용기의 온도는 40℃ 이하로 유지할 것
④ 통풍이나 환기가 불충분한 장소에는 설치하지 말 것

금속의 용접·용단 또는 가열에 사용되는 가스등의 용기를 취급 시 준수사항
1. 다음 각 목의 어느 하나에 해당하는 장소에서 사용하거나 해당 장소에 설치·저장 또는 방치하지 않도록 할 것
 (1) 통풍이나 환기가 불충분한 장소
 (2) 화기를 사용하는 장소 및 그 부근
 (3) 위험물 또는 제236조에 따른 인화성 액체를 취급하는 장소 및 그 부근
2. 용기의 온도를 섭씨 40도 이하로 유지할 것
3. 전도의 위험이 없도록 할 것
4. 충격을 가하지 않도록 할 것
5. 운반하는 경우에는 캡을 씌울 것
6. 사용하는 경우에는 용기의 마개에 부착되어 있는 유류 및 먼지를 제거할 것
7. 밸브의 개폐는 서서히 할 것
8. 사용 전 또는 사용 중인 용기와 그 밖의 용기를 명확히 구별하여 보관할 것
9. 용해아세틸렌의 용기는 세워 둘 것
10. 용기의 부식·마모 또는 변형상태를 점검한 후 사용할 것

참고 산업안전보건기준에 관한 규칙 제234조 【가스등의 용기】

해답 46 ② 47 ① 48 ① 49 ②

50. 크레인 로프에 질량 2000kg의 물건을 $10m/s^2$의 가속도로 감아올릴 때, 로프에 걸리는 총 하중(kN)은? (단, 중력가속도는 $9.8m/s^2$)

① 9.6　② 19.6
③ 29.6　④ 39.6

> 총하중(w)=정하중(w_1)+동하중(w_2)
> $$= 2000(\text{kg}) + \frac{2000(\text{kg})}{9.8(\text{m/s}^2)} \times 10(\text{m/s}^2)$$
> $$= 4040\text{kg} \times 9.8\text{N/kg} = 39600\text{N} = 3.96\text{KN}$$

51. 산업안전보건법령상 보일러에 설치해야하는 안전장치로 거리가 가장 먼 것은?

① 해지장치　② 압력방출장치
③ 압력제한스위치　④ 고·저수위조절장치

> 사업주는 보일러의 폭발사고예방을 위하여 압력방출장치·압력제한스위치·고저수위조절장치·화염검출기 등의 기능이 정상적으로 작동될 수 있도록 유지·관리하여야 한다.
>
> **참고** 산업안전보건기준에 관한 규칙 제119조 【폭발위험의 방지】

52. 프레스 작동 후 작업점까지의 도달시간이 0.3초인 경우 위험한계로부터 양수조작식 방호장치의 최단 설치거리는?

① 48cm 이상　② 58cm 이상
③ 68cm 이상　④ 78cm 이상

> $D = 1.6 \times Tm = 1.6 \times 0.3 = 0.48\text{m} = 48\text{cm}$

53. 산업안전보건법령상 고속회전체의 회전시험을 하는 경우 미리 회전축의 재질 및 형상 등에 상응하는 종류의 비파괴검사를 해서 결함유무를 확인해야 한다. 이때 검사 대상이 되는 고속회전체의 기준은?

① 회전축의 중량이 0.5톤을 초과하고, 원주속도가 100m/s 이내인 것
② 회전축의 중량이 0.5톤을 초과하고, 원주속도가 120m/s 이상인 것
③ 회전축의 중량이 1톤을 초과하고, 원주속도가 100m/s 이내인 것
④ 회전축의 중량이 1톤을 초과하고, 원주속도가 120m/s 이상인 것

> 사업주는 고속회전체(회전축의 중량이 1톤을 초과하고 원주속도가 초당 120미터 이상인 것으로 한정한다)의 회전시험을 하는 경우 미리 회전축의 재질 및 형상 등에 상응하는 종류의 비파괴검사를 해서 결함 유무(有無)를 확인하여야 한다.
>
> **참고** 산업안전보건기준에 관한 규칙 제115조 【비파괴검사의 실시】

54. 프레스의 손쳐내기식 방호장치 설치기준으로 틀린 것은?

① 방호판의 폭이 금형 폭의 1/2 이상이어야 한다.
② 슬라이드 행정수가 300SPM 이상의 것에 사용한다.
③ 손쳐내기봉의 행정(Stroke) 길이를 금형의 높이에 따라 조정할 수 있고 진동폭은 금형폭 이상이어야 한다.
④ 슬라이드 하행정거리의 3/4 위치에서 손을 완전히 밀어내야 한다.

> 슬라이드의 행정수가 100SPM 이하, 행정길이는 40mm 이상의 프레스에 사용한다.

55. 산업안전보건법령상 컨베이어에 설치하는 방호장치로 거리가 가장 먼 것은?

① 건널다리　② 반발예방장치
③ 비상정지장치　④ 역주행방지장치

해답 50 ④　51 ①　52 ①　53 ④　54 ②　55 ②

> 컨베이어에 설치하는 방호장치
> 1. 비상정지장치
> 2. 역회전(역주행)방지장치
> 3. 건널다리
> 4. 이탈방지장치
> 5. 낙하물에 의한 위험 방지장치

56. 산업안전보건법령상 숫돌 지름이 60cm인 경우 숫돌 고정 장치인 평형 플랜지의 지름은 최소 몇 cm 이상인가?

① 10 ② 20
③ 30 ④ 60

> 연삭기의 플랜지는 숫돌지름의 1/3 이상이 되어야 한다.
> $60 \times \frac{1}{3} = 20$

57. 기계설비의 위험점 중 연삭숫돌과 작업받침대, 교반기의 날개와 하우스 등 고정부분과 회전하는 동작 부분 사이에서 형성되는 위험점은?

① 끼임점 ② 물림점
③ 협착점 ④ 절단점

> 끼임점(Shear point)
> 고정부분과 회전하는 운동부분이 함께 만드는 위험점.
> 예 연삭숫돌과 작업받침대, 교반기의 날개와 하우스, 반복왕복운동을 하는 기계부분 등

58. 500rpm으로 회전하는 연삭숫돌의 지름이 300mm일 때 회전속도(m/min)는?

① 471 ② 551
③ 751 ④ 1025

> $V = \frac{\pi DN}{1000} = \frac{\pi \times 300 \times 500}{1000} = 471$

59. 산업안전보건법령상 정상적으로 작동될 수 있도록 미리 조정해 두어야할 이동식 크레인의 방호장치로 가장 적절하지 않은 것은?

① 제동장치 ② 권과방지장치
③ 과부하방지장치 ④ 파이널 리미트 스위치

> 파이널 리미트 스위치는 승강기에 주로 사용되는 방호장치이다.

60. 비파괴 검사 방법으로 틀린 것은?

① 인장 시험 ② 음향 탐상 시험
③ 와류 탐상 시험 ④ 초음파 탐상 시험

> 인장 시험은 파괴시험에 해당된다.

■■■ 제4과목 전기위험방지기술

61. 속류를 차단할 수 있는 최고의 교류전압을 피뢰기의 정격전압이라고 하는데 이 값은 통상적으로 어떤 값으로 나타내고 있는가?

① 최대값 ② 평균값
③ 실효값 ④ 파고값

> 피뢰기는 이상 시 속류를 차단할 수 있는 능력을 정격전압으로 볼 수 있는데 이는 속류의 실효값을 기준으로 한다.

62. 전로에 시설하는 기계기구의 철대 및 금속제외함에 접지공사를 생략할 수 없는 경우는?

① 30V 이하의 기계기구를 건조한 곳에 시설하는 경우
② 물기 없는 장소에 설치하는 저압용 기계기구를 위한 전로에 정격감도전류 40mA 이하, 동작시간 2초 이하의 전류동작형 누전차단기를 시설하는 경우
③ 철대 또는 외함의 주위에 적당한 절연대를 설치하는 경우
④ 「전기용품 및 생활용품 안전관리법」의 적용을 받는 이중절연구조로 되어 있는 기계기구를 시설하는 경우

해답 56 ② 57 ① 58 ① 59 ④ 60 ① 61 ③ 62 ②

물기 있는 장소 이외의 장소에 시설하는 저압용의 개별 기계기구에 전기를 공급하는 전로에 「전기용품 및 생활용품 안전관리법」의 적용을 받는 인체감전보호용 누전차단기(정격감도전류가 30mA 이하, 동작시간이 0.03초 이하의 전류동작형에 한한다)를 시설하는 경우가 해당된다.

참고 한국전기설비규정 1장 공통사항

63. 인체의 전기저항을 500Ω 으로 하는 경우 심실세동을 일으킬 수 있는 에너지는 약 얼마인가? (단, 심실세동전류 $I=\dfrac{165}{\sqrt{T}}$ mA로 한다.)

① 13.6J ② 19.0J
③ 13.6mJ ④ 19.0mJ

$$w=I^2RT=\left(\frac{165}{\sqrt{1}}\times 10^{-3}\right)^2\times 500\times 1=13.61[\mathrm{J}]$$

64. 전기설비에 접지를 하는 목적으로 틀린 것은?

① 누설전류에 의한 감전방지
② 낙뢰에 의한 피해방지
③ 지락사고 시 대지전위 상승유도 및 절연강도 증가
④ 지락사고 시 보호계전기 신속동작

접지의 목적
1. 누전에 의한 감전방지
2. 고압선과 저압선이 혼촉되면 위험하므로
3. 대지로 전류를 흘러보내기 위해서
4. 낙뢰방지를 위해서
5. 송배전선, 고전압 모선 등에서 지락사고 시 보호계전기를 신속하게 동작시키기 위해서
6. 송배전로의 지락사고 시 대전전위의 상승억제를 위해서
7. 절연강도를 경감시키기 위해서
8. 절연물이 열화 또는 손상되었을 때

65. 한국전기설비규정에 따라 과전류차단기로 저압전로에 사용하는 범용 퓨즈(gG)의 용단전류는 정격전류의 몇 배인가? (단, 정격전류가 4A 이하인 경우이다.)

① 1.5배 ② 1.6배
③ 1.9배 ④ 2.1배

과전류차단기로 저압전로에 사용하는 범용퓨즈(gG)의 용단특성

정격전류의 구분	시 간	정격전류의 배수	
		불용단전류	용단전류
4A 이하	60분	1.5배	2.1배
4A 초과	60분	1.5배	1.9배
16A 미만 16A 이상	60분	1.25배	1.6배
63A 이하 63A 초과	120분	1.25배	1.6배
160A 이하 160A 초과	180분	1.25배	1.6배
400A 이하 400A 초과	240분	1.25배	1.6배

참고 한국전기설비규정 2장 저압 전기설비

66. 정전기가 대전된 물체를 제전시키려고 한다. 다음 중 대전된 물체의 절연저항이 증가되어 제전의 효과를 감소시키는 것은?

① 접지한다.
② 건조시킨다.
③ 도전성 재료를 첨가한다.
④ 주위를 가습한다.

정전기의 제거
1. 확실한 방법으로 접지한다.
2. 도전성재료를 사용한다.
3. 가습한다.(상대습도 70% 이상)
4. 제전장치를 사용한다.
5. 기타 정전기발생방지 도장을 하는 방법 등이 있다.

해답 63 ① 64 ③ 65 ④ 66 ②

67. 감전 등의 재해를 예방하기 위하여 특고압용 기계·기구 주위에 관계자 외 출입을 금하도록 울타리를 설치할 때, 울타리의 높이와 울타리로부터 충전부분까지의 거리의 합이 최소 몇 m 이상이 되어야 하는가? (단, 사용전압이 35kV 이하인 특고압용 기계기구이다.)

① 5m　　② 6m
③ 7m　　④ 9m

울타리·담 등과 고압 및 특별고압의 충전부분이 접근하는 경우에는 울타리·담 등의 높이와 울타리·담 등으로부터 충전부분까지 거리의 합계는 다음 표에서 정한 값 이상으로 할 것

사용전압의 구분	울타리·담 등의 높이와 울타리·담 등으로부터 충전부분까지의 거리의 합계
35,000V 이하	5m
35,000V를 넘고 160,000V 이하	6m
160,000V를 넘는 것	6m에 160,000V를 넘는 10,000V 또는 그 단수마다 12cm를 더한 값

68. 개폐기로 인한 발화는 스파크에 의한 가연물의 착화 화재가 많이 발생한다. 이를 방지하기 위한 대책으로 틀린 것은?

① 가연성증기, 분진 등이 있는 곳은 방폭형을 사용한다.
② 개폐기를 불연성 상자 안에 수납한다.
③ 비포장 퓨즈를 사용한다.
④ 접속부분의 나사풀림이 없도록 한다.

포장 퓨즈를 사용하여야 아크를 방출하지 않고 안전하게 차단할 수 있다.

69. 극간 정전용량이 1000pF이고, 착화에너지가 0.019mJ인 가스에서 폭발한계 전압(V)은 약 얼마인가? (단, 소수점 이하는 반올림한다.)

① 3900　　② 1950
③ 390　　④ 195

$E=\frac{1}{2}CV^2$에서,

$$V=\sqrt{\frac{2E}{C}}$$
$$=\sqrt{\frac{2\times(0.019\times10^{-3})}{1000\times10^{-12}}}=194.93[\text{V}]$$

70. 개폐기, 차단기, 유도 전압조정기의 최대 사용전압이 7kV 이하인 전로의 경우 절연 내력시험은 최대 사용전압의 1.5배의 전압을 몇 분간 가하는가?

① 10　　② 15
③ 20　　④ 25

1. 개폐기·차단기·전력용 커패시터·유도전압조정기·계기용변성기 기타의 기구의 전로 및 발전소·변전소·개폐소 또는 이에 준하는 곳에 시설하는 기계기구의 접속선 및 모선은 시험전압을 충전 부분과 대지 사이에 연속하여 10분간 가하여 절연내력을 시험하였을 때에 이에 견디어야 한다.
2. 최대 사용전압이 7kV 이하인 기구 등의 전로의 시험전압 : 최대 사용전압이 1.5배의 전압(직류의 충전 부분에 대하여는 최대 사용전압의 1.5배의 직류전압 또는 1배의 교류전압) (500V 미만으로 되는 경우에는 500V)

참고 한국전기설비규정 1장 공통사항

71. 한국전기설비규정에 따라 욕조나 샤워시설이 있는 욕실 등 인체가 물에 젖어있는 상태에서 전기를 사용하는 장소에 인체감전보호용 누전차단기가 부착된 콘센트를 시설하는 경우 누전차단기의 전격감도전류 및 동작시간은?

① 15mA 이하, 0.01초 이하
② 15mA 이하, 0.03초 이하
③ 30mA 이하, 0.01초 이하
④ 30mA 이하, 0.03초 이하

[산업안전보건기준에 관한 규칙]에서는 감전방지용 누전차단기는 정격감도전류 30mA 이하, 동작시간 0.03초로 규정하고 있으며 [전기설비기술기준의 판단기준 제170조]에서는 욕조나 샤워시설이 있는 욕실 또는 화장실 등 인체가 물에 젖어있는 상태에서 전기를 사용하는 장소에 콘센트를 시설하는 경우에는 인체감전보호용 누전차단기(정격감도전류 15 mA 이하, 동작시간 0.03초 이하)를 사용하도록 한다.

해답 67 ① 68 ③ 69 ④ 70 ① 71 ②

72. **불활성화할 수 없는 탱크, 탱크롤리 등에 위험물을 주입하는 배관은 정전기 재해방지를 위하여 배관 내 액체의 유속제한을 한다. 배관 내 유속제한에 대한 설명으로 틀린 것은?**

① 물이나 기체를 혼합하는 비수용성 위험물의 배관 내 유속은 1m/s 이하로 할 것
② 저항률이 $10^{10}\Omega \cdot cm$ 미만의 도전성 위험물의 배관 내 유속은 7m/s 이하로 할 것
③ 저항률이 $10^{10}\Omega \cdot cm$ 이상인 위험물의 배관 내 유속은 관내경이 0.05m이면 3.5m/s 이하로 할 것
④ 이황화탄소 등과 같이 유동대전이 심하고 폭발 위험성이 높은 것은 배관 내 유속을 3m/s 이하로 할 것

에텔, 이황화탄소 등과 같이 유동대전이 심하고 폭발 위험성이 높은 것과 물기가 기체를 혼합한 부수용성 위험물은 유속을 1m/s로 제한한다.

73. **절연물의 절연계급을 최고허용온도가 낮은 온도에서 높은 온도 순으로 배치한 것은?**

① Y종 → A종 → E종 → B종
② A종 → B종 → E종 → Y종
③ Y종 → E종 → B종 → A종
④ B종 → Y종 → A종 → E종

종별	허용최고온도(℃)
Y종	90
A종	105
E종	120
B종	130
F종	155
H종	180
C종	180 이상

74. **다른 두 물체가 접촉할 때 접촉 전위차가 발생하는 원인으로 옳은 것은?**

① 두 물체의 온도 차 ② 두 물체의 습도 차
③ 두 물체의 밀도 차 ④ 두 물체의 일함수 차

다른 두 물체가 접촉할 때 접촉 전위차가 발생하는 원인은 두 물체의 일함수의 차이다.
$V = \phi_B - \phi_A$
V : 접촉 전위
ϕ_B : 금속의 일함수(B)
ϕ_A : 금속의 일함수(A)

75. **방폭인증서에서 방폭부품을 나타내는 데 사용되는 인증번호의 접미사는?**

① "G" ② "X"
③ "D" ④ "U"

"방폭 부품"이라 함은 전기기기 및 모듈(Ex 케이블글랜드를 제외한다)의 부품으로, 기호 "U"로 표시하고, 폭발분위기에서 사용하는 전기기기 및 시스템에 사용할 때 단독으로 사용하지 않고 추가 고려사항이 요구되는 것을 말한다.

76. **고압 및 특고압 전로에 시설하는 피뢰기의 설치장소로 잘못된 곳은?**

① 가공전선로와 지중전선로가 접속되는 곳
② 발전소, 변전소의 가공전선 인입구 및 인출구
③ 고압 가공전선로에 접속하는 배전용 변압기의 저압측
④ 고압 가공전선로로부터 공급을 받는 수용장소의 인입구

전로에 시설된 전기설비는 뇌전압에 의한 손상을 방지할 수 있도록 그 전로 중 다음 각 호에 열거하는 곳 또는 이에 근접하는 곳에는 피뢰기를 시설하고 그 밖에 적절한 조치를 하여야 한다. 다만, 뇌전압에 의한 손상의 우려가 없는 경우에는 그러하지 아니하다.
1. 발전소·변전소 또는 이에 준하는 장소의 가공전선 인입구 및 인출구
2. 가공전선로(25kV 이하의 중성점 다중접지식 특고압 가공전선로를 제외한다)에 접속하는 배전용 변압기의 고압측 및 특고압측
3. 고압 또는 특고압의 가공전선로로부터 공급을 받는 수용 장소의 인입구
4. 가공전선로와 지중전선로가 접속되는 곳

참고 전기설비기술기준 제34조 【고압 및 특고압 전로의 피뢰기 시설】

해답 72 ④ 73 ① 74 ④ 75 ④ 76 ③

77. 산업안전보건기준에 관한 규칙 제319조에 의한 정전전로에서의 정전 작업을 마친 후 전원을 공급하는 경우에 사업주가 작업에 종사하는 근로자 및 전기기기와 접촉할 우려가 있는 근로자에게 감전의 위험이 없도록 준수해야할 사항이 아닌 것은?

① 단락 접지기구 및 작업기구를 제거하고 전기기기 등이 안전하게 통전될 수 있는지 확인한다.
② 모든 작업자가 작업이 완료된 전기기기에서 떨어져 있는지 확인한다.
③ 잠금장치와 꼬리표를 근로자가 직접 설치한다.
④ 모든 이상 유무를 확인한 후 전기기기 등의 전원을 투입한다.

사업주는 작업 중 또는 작업을 마친 후 전원을 공급하는 경우에는 작업에 종사하는 근로자 또는 그 인근에서 작업하거나 정전된 전기기기등(고정 설치된 것으로 한정한다)과 접촉할 우려가 있는 근로자에게 감전의 위험이 없도록 다음 각 호의 사항을 준수하여야 한다.
1. 작업기구, 단락 접지기구 등을 제거하고 전기기기등이 안전하게 통전될 수 있는지를 확인할 것
2. 모든 작업자가 작업이 완료된 전기기기등에서 떨어져 있는지를 확인할 것
3. 잠금장치와 꼬리표는 설치한 근로자가 직접 철거할 것
4. 모든 이상 유무를 확인한 후 전기기기등의 전원을 투입할 것

참고 산업안전보건기준에 관한 규칙 제319조【정전전로에서의 전기작업】

78. 변압기의 최소 IP 등급은? (단, 유입 방폭구조의 변압기이다.)

① IP55 ② IP56
③ IP65 ④ IP66

유입방폭구조 기기의 보호등급은 최소 IP 66에 적합해야 한다.

참고 방호장치 안전인증 고시 별표10【유입방폭구조인 전기기기의 성능기준】

79. 가스그룹이 ⅡB인 지역에 내압방폭구조 "d"의 방폭기기가 설치되어 있다. 기기의 플랜지 개구부에서 장애물까지의 최소 거리(mm)는?

① 10 ② 20
③ 30 ④ 40

방폭기기를 설치할 때에는 내압방폭구조의 플랜지 접합부와 방폭기기의 부품이 아닌 고체 장애물(예 : 강재, 벽, 기후 보호물(weather guard), 장착용 브래킷, 배관 또는 기타 전기기기)과의 거리가 표에 규정된 값 미만이 되지 아니하도록 한다.
[표] 내압방폭구조 플랜지 접합부와 장애물 간 최소 이격거리

가스그룹	최소이격거리(mm)
ⅡA	10
ⅡB	30
ⅡC	40

80. 방폭전기설비의 용기내부에서 폭발성가스 또는 증기가 폭발하였을 때 용기가 그 압력에 견디고 접합면이나 개구부를 통해서 외부의 폭발성가스나 증기에 인화되지 않도록 한 방폭구조는?

① 내압 방폭구조 ② 압력 방폭구조
③ 유입 방폭구조 ④ 본질안전 방폭구조

내압방폭구조
전폐구조로 용기내부에서 폭발성 가스 또는 증기가 폭발하였을 때 용기가 그 압력에 견디며, 또한 접합면, 개구부 등을 통해서 외부의 폭발성 가스에 인화될 우려가 없도록 한 구조를 말한다.

■■■ 제5과목 화학설비위험방지기술

81. 포스겐가스 누설검지의 시험지로 사용되는 것은?

① 연당지 ② 연화파라듐지
③ 하리슨시험지 ④ 초산벤젠지

포스겐($COCl_2$)은 하리슨시험지가 유자색으로 변색되는 반응으로 검출할 수 있다.

해답 77 ③ 78 ④ 79 ③ 80 ① 81 ③

82. **안전밸브 전단·후단에 자물쇠형 또는 이에 준하는 형식의 차단밸브 설치를 할 수 있는 경우에 해당하지 않는 것은?**

① 자동압력조절밸브와 안전밸브 등이 직렬로 연결된 경우
② 화학설비 및 그 부속설비에 안전밸브 등이 복수방식으로 설치되어 있는 경우
③ 열팽창에 의하여 상승된 압력을 낮추기 위한 목적으로 안전밸브가 설치된 경우
④ 인접한 화학설비 및 그 부속설비에 안전밸브 등이 각각 설치되어 있고, 해당 화학설비 및 그 부속설비의 연결배관에 차단밸브가 없는 경우

사업주는 안전밸브등의 전단·후단에 차단밸브를 설치해서는 아니 된다. 다만, 다음 각 호의 어느 하나에 해당하는 경우에는 자물쇠형 또는 이에 준하는 형식의 차단밸브를 설치할 수 있다.
1. 인접한 화학설비 및 그 부속설비에 안전밸브등이 각각 설치되어 있고, 해당 화학설비 및 그 부속설비의 연결배관에 차단밸브가 없는 경우
2. 안전밸브등의 배출용량의 2분의 1 이상에 해당하는 용량의 자동압력조절밸브(구동용 동력원의 공급을 차단하는 경우 열리는 구조인 것으로 한정한다)와 안전밸브등이 병렬로 연결된 경우
3. 화학설비 및 그 부속설비에 안전밸브등이 복수방식으로 설치되어 있는 경우
4. 예비용 설비를 설치하고 각각의 설비에 안전밸브등이 설치되어 있는 경우
5. 열팽창에 의하여 상승된 압력을 낮추기 위한 목적으로 안전밸브가 설치된 경우
6. 하나의 플레어 스택(flare stack)에 둘 이상의 단위공정의 플레어 헤더(flare header)를 연결하여 사용하는 경우로서 각각의 단위공정의 플레어헤더에 설치된 차단밸브의 열림·닫힘 상태를 중앙제어실에서 알 수 있도록 조치한 경우

참고 산업안전보건기준에 관한 규칙 제266조【차단밸브의 설치 금지】

83. **압축하면 폭발할 위험성이 높아 아세톤 등에 용해시켜 다공성 물질과 함께 저장하는 물질은?**

① 염소　　② 아세틸렌
③ 에탄　　④ 수소

아세톤(CH_3COCH_3)는 인화성 액체이며 수용성을 가지고 있어 물에 잘 녹는 성질을 가지고 있으며 아세틸렌을 용해가스로 만들 때 용제로 사용한다.

84. **산업안전보건법령상 대상 설비에 설치된 안전밸브에 대해서는 경우에 따라 구분된 검사주기마다 안전밸브가 적정하게 작동하는지 검사하여야 한다. 화학공정 유체와 안전밸브의 디스크 또는 시트가 직접 접촉될 수 있도록 설치된 경우의 검사주기로 옳은 것은?**

① 매년 1회 이상　　② 2년마다 1회 이상
③ 3년마다 1회 이상　　④ 4년마다 1회 이상

1. 화학공정 유체와 안전밸브의 디스크 또는 시트가 직접 접촉될 수 있도록 설치된 경우 : 매년 1회 이상
2. 안전밸브 전단에 파열판이 설치된 경우 : 2년마다 1회 이상
3. 공정안전보고서 제출 대상으로서 고용노동부장관이 실시하는 공정안전보고서 이행상태 평가결과가 우수한 사업장의 안전밸브의 경우 : 4년마다 1회 이상

참고 산업안전보건기준에 관한 규칙 제261조【안전밸브 등의 설치】

85. **위험물을 산업안전보건법령에서 정한 기준량 이상으로 제조하거나 취급하는 설비로서 특수화학설비에 해당되는 것은?**

① 가열시켜 주는 물질의 온도가 가열되는 위험물질의 분해온도보다 높은 상태에서 운전되는 설비
② 상온에서 게이지 압력으로 200kPa의 압력으로 운전되는 설비
③ 대기압 하에서 300℃로 운전되는 설비
④ 흡열반응이 행하여지는 반응설비

특수화학설비의 종류
1. 발열반응이 일어나는 반응장치
2. 증류·정류·증발·추출 등 분리를 하는 장치
3. 가열시켜 주는 물질의 온도가 가열되는 위험물질의 분해온도 또는 발화점보다 높은 상태에서 운전되는 설비
4. 반응폭주 등 이상 화학반응에 의하여 위험물질이 발생할 우려가 있는 설비
5. 온도가 섭씨 350도 이상이거나 게이지 압력이 980킬로파스칼 이상인 상태에서 운전되는 설비
6. 가열로 또는 가열기

참고 산업안전보건기준에 관한 규칙 273조【계측장치 등의 설치】

해답 82 ① 83 ② 84 ① 85 ①

86. 산업안전보건법령상 다음 내용에 해당하는 폭발위험 장소는?

> 20종 장소 밖으로서 분진운 형태의 가연성 분진이 폭발농도를 형성할 정도의 충분한 양이 정상작동 중에 존재할 수 있는 장소를 말한다.

① 21종 장소 ② 22종 장소
③ 0종 장소 ④ 1종 장소

분진폭발위험 장소의 분류

분 류	내 용
20종 장소	분진운 형태의 가연성 분진이 폭발농도를 형성할 정도로 충분한 양이 정상작동 중에 연속적으로 또는 자주 존재하거나, 제어할 수 없을 정도의 양 및 두께의 분진층이 형성될 수 있는 장소
21종 장소	20종 장소 외의 장소로서, 분진운 형태의 가연성 분진이 폭발농도를 형성할 정도의 충분한 양이 정상작동 중에 존재할 수 있는 장소
22종 장소	21종 장소 외의 장소로서, 가연성 분진운 형태가 드물게 발생 또는 단기간 존재할 우려가 있거나, 이상작동 상태하에서 가연성 분진층이 형성될 수 있는 장소

87. Li과 Na에 관한 설명으로 틀린 것은?

① 두 금속 모두 실온에서 자연발화의 위험성이 있으므로 알코올 속에 저장해야 한다.
② 두 금속은 물과 반응하여 수소기체를 발생한다.
③ Li은 비중 값이 물보다 작다.
④ Na는 은백색의 무른 금속이다.

> 나트륨은 물이나 알콜과 반응하여 수소를 발생시키므로 석유(파라핀, 경유, 등유 등)속에 저장한다.

88. 다음 중 누설 발화형 폭발재해의 예방 대책으로 가장 거리가 먼 것은?

① 발화원 관리 ② 밸브의 오동작 방지
③ 가연성 가스의 연소 ④ 누설물질의 검지 경보

> 누설되고 있는 가스를 연소시키면 역화에 의한 폭발이 발생할 수 있다.

89. 수분을 함유하는 에탄올에서 순수한 에탄올을 얻기 위해 벤젠과 같은 물질은 첨가하여 수분을 제거하는 증류 방법은?

① 공비증류 ② 추출증류
③ 가압증류 ④ 감압증류

> **공비증류**
> 물질의 비점(끓는점)의 차이가 큰 혼합물을 분리하기 위한 방법으로 에탄올과 물처럼 상호용해하는 물질에서 수분을 제거하는데 많이 사용된다.

90. 다음 중 인화점에 관한 설명으로 옳은 것은?

① 액체의 표면에서 발생한 증기농도가 공기중에서 연소하한 농도가 될 수 있는 가장 높은 액체온도
② 액체의 표면에서 발생한 증기농도가 공기중에서 연소상한 농도가 될 수 있는 가장 낮은 액체온도
③ 액체의 표면에서 발생한 증기농도가 공기중에서 연소하한 농도가 될 수 있는 가장 낮은 액체온도
④ 액체의 표면에서 발생한 증기농도가 공기중에서 연소상한 농도가 될 수 있는 가장 높은 액체온도

> 인화점이란 액체의 표면에서 발생한 증기농도가 공기 중에서 연소하한 농도가 될 수 있는 가장 낮은 액체온도를 말한다.

91. 분진폭발의 특징에 관한 설명으로 옳은 것은?

① 가스폭발보다 발생에너지가 작다.
② 폭발압력과 연소속도는 가스폭발보다 크다.
③ 입자의 크기, 부유성 등이 분진폭발에 영향을 준다.
④ 불완전연소로 인한 가스중독의 위험성은 작다.

해답 86 ① 87 ① 88 ③ 89 ① 90 ③ 91 ③

분진폭발의 특징
1. 연소속도나 폭발압력은 가스폭발에 비교하여 작지만 발생에너지가 크다.
2. 연소하면서 비산하므로 2차, 3차 폭발로 파급되면서 피해가 커진다.(입자의 크기, 부유성이 폭발에 영향을 미친다.)
3. 불완전 연소를 일으키기 쉽기 때문에 연소후의 가스에 CO가스가 다량으로 존재하므로 가스중독의 위험이 있다.

92. 위험물안전관리법령상 제1류 위험물에 해당하는 것은?

① 과염소산나트륨 ② 과염소산
③ 과산화수소 ④ 과산화벤조일

과염소산나트륨은 산화성 고체로 제1류 위험물에 해당한다.

참고 위험물안전관리법상 위험물의 분류
1류 : 산화성 고체
2류 : 가연성 고체
3류 : 자연발화성 물질 및 금수성 물질
4류 : 인화성 액체
5류 : 자기반응성 물질
6류 : 산화성 액체

93. 다음 중 질식소화에 해당하는 것은?

① 가연성 기체의 분출화재시 주 밸브를 닫는다.
② 가연성 기체의 연쇄반응을 차단하여 소화한다.
③ 연료 탱크를 냉각하여 가연성 가스의 발생속도를 작게 한다.
④ 연소하고 있는 가연물이 존재하는 장소를 기계적으로 폐쇄하여 공기의 공급을 차단한다.

질식소화
연소하고 있는 가연물이 들어 있는 용기를 기계적으로 밀폐하여 공기의 공급을 차단하거나 타고 있는 액체나 고체의 표면을 거품 또는 불연성 액체로 피복하여 연소에 필요한 공기의 공급을 차단시키는 방법

94. 산업안전보건기준에 관한 규칙에서 정한 위험물질의 종류에서 "물반응성 물질 및 인화성 고체"에 해당하는 것은?

① 질산에스테르류 ② 니트로화합물
③ 칼륨·나트륨 ④ 니트로소화합물

질산에스테르류, 니트로화합물, 니트로소화합물은 폭발성 물질에 해당한다.

95. 공기 중 아세톤의 농도가 200 ppm(TLV 500 ppm), 메틸에틸케톤(MEK)의 농도가 100ppm(TLV 200 ppm)일 때 혼합물질의 허용농도(ppm)는? (단, 두 물질은 서로 상가작용을 하는 것으로 가정한다.)

① 150 ② 200
③ 270 ④ 333

① 혼합물질허용농도

$$= \frac{C_1}{TLV_1} + \frac{C_2}{TLV_2} + \cdots + \frac{C_n}{TLV_n}$$

$\left(\frac{200}{500} + \frac{100}{200}\right) = 0.9$이다.

② 각각의 농도의 합은 300 이므로,
노출지수는 $300 : 0.9 = \chi : 1$이다.

$$x = \frac{300}{0.9} = 333$$

96. 다음 중 분진이 발화 폭발하기 위한 조건으로 거리가 먼 것은?

① 불연성질 ② 미분상태
③ 점화원의 존재 ④ 산소 공급

분진이 발화 폭발하기 위한 조건
1. 가연성
2. 분진(미분)상태
3. 조연성(공기, 지연성)중에서 교반
4. 발화원 존재

97. 다음 중 폭발한계(vol%)의 범위가 가장 넓은 것은?

① 메탄 ② 부탄
③ 톨루엔 ④ 아세틸렌

해답 92 ① 93 ④ 94 ③ 95 ④ 96 ① 97 ④

폭발한계(폭발범위)
1. 메탄 : 5 ~ 15
2. 부탄 : 1.8 ~ 8.4
3. 톨루엔 : 1.4 ~ 6.7
4. 아세틸렌 : 2.5 ~ 81

98. 다음 중 최소발화에너지(E[J])를 구하는 식으로 옳은 것은? (단, I는 전류[A], R은 저항[Ω], V는 전압[V], C는 콘덴서용량[F], T는 시간[초]이라 한다.)

① $E = IRT$ ② $E = 0.24I^2\sqrt{R}$
③ $E = \frac{1}{2}CV^2$ ④ $E = \frac{1}{2}\sqrt{C^2V}$

최소발화 에너지
$E = \frac{1}{2}CV^2 = \frac{1}{2}QV$
(C : 전기용량, Q : 전기량, V : 방전전압)

99. 공기 중에서 A 물질의 폭발하한계가 4vol%, 상한계가 75vol% 라면 이 물질의 위험도는?

① 16.75 ② 17.75
③ 18.75 ④ 19.75

$H = \frac{U-L}{L} = \frac{75-4}{4} = 17.75$

100. 다음 중 관의 지름을 변경하고자 할 때 필요한 관 부속품은?

① elbow ② reducer
③ plug ④ valve

reducer는 관의 지름을 변경하고자 할 때 필요한 관 부속품으로 편심레듀샤와 원심레듀샤로 구분하며 편심레듀샤는 원심레듀샤에 비해 마찰손실이 적고, 배관 내부에 와류의 생성이 거의 없다.
①항, elbow-관로를 바꿀 때 사용한다.
③항, plug-유로를 차단할 때 사용한다.
④항, valve-유량을 개폐 · 조절할 때 사용한다.

■■■ 제6과목 건설안전기술

101. 다음 중 지하수위 측정에 사용되는 계측기는?

① Load Cel ② Inclinometer
③ Extensonmeter ④ Piezometer

① Load cell : strut(흙막이 부재) 응력 측정
② Inclinometer : 지중 수평변위 계측
③ Extensionmeter : 지중 수직변위 계측
④ Piezometer : 간극수압계측
※ 지하수위가 변화할 경우 응력이나 변위도 발생할 수 있으므로 위에 해당하는 계측기는 모두 지하수위에 영향을 받는다. 본 문제는 전항 정답으로 처리되었음.

102. 이동식비계를 조립하여 작업을 하는 경우에 준수하여야 할 기준으로 옳지 않은 것은?

① 승강용사다리는 견고하게 설치할 것
② 비계의 최상부에서 작업을 하는 경우에는 안전난간을 설치할 것
③ 작업발판의 최대적재하중은 400kg을 초과하지 않도록 할 것
④ 작업발판은 항상 수평을 유지하고 작업발판 위에서 안전난간을 딛고 작업을 하거나 받침대 또는 사다리를 사용하여 작업하지 않도록 할 것

작업발판의 최대적재하중은 250킬로그램을 초과하지 않도록 할 것
참고 산업안전보건기준에 관한 규칙 제68조【이동식비계】

103. 터널 지보공을 조립하거나 변경하는 경우에 조치하여야 하는 사항으로 옳지 않은 것은?

① 목재의 터널 지보공은 그 터널 지보공의 각 부재에 작용하는 긴압 정도를 체크하여 그 정도가 최대한 차이나도록 할 것
② 강(鋼)아치 지보공의 조립은 연결볼트 및 띠장 등을 사용하여 주재 상호간을 튼튼하게 연결할 것
③ 기둥에는 침하를 방지하기 위하여 받침목을 사용하는 등의 조치를 할 것
④ 주재(主材)를 구성하는 1세트의 부재는 동일평면 내에 배치할 것

해답 98 ③ 99 ② 100 ② 101 ①②③④ 102 ③ 103 ①

①항, 목재의 터널 지보공은 그 터널 지보공의 각 부재의 긴압 정도가 균등하게 되도록 할 것

참고 산업안전보건기준에 관한 규칙 제364조 【조립 또는 변경시의 조치】

104. 거푸집동바리 등을 조립하는 경우에 준수하여야 하는 기준으로 옳지 않은 것은?

① 동바리로 사용하는 파이프 서포트를 이어서 사용하는 경우에는 3개 이상의 볼트 또는 전용철물을 사용하여 이을 것
② 동바리로 사용하는 강관은 높이 2m 이내마다 수평연결재를 2개 방향으로 만들 것
③ 깔목의 사용, 콘크리트 타설, 말뚝박기 등 동바리의 침하를 방지하기 위한 조치를 할 것
④ 동바리로 사용하는 파이프 서포트를 3개 이상 이어서 사용하지 않도록 할 것

동바리로 사용하는 파이프서포트를 이어서 사용할 때에는 4개 이상의 볼트 또는 전용철물을 사용하여 이을 것

참고 산업안전보건기준에 관한 규칙 제332조 【거푸집동바리 등의 안전조치】

105. 가설통로를 설치하는 경우 준수하여야 할 기준으로 옳지 않은 것은?

① 경사는 30° 이하로 할 것
② 경사가 15°를 초과하는 경우에는 미끄러지지 아니하는 구조로 할 것
③ 추락할 위험이 있는 장소에는 안전난간을 설치할 것
④ 수직갱에 가설된 통로의 길이가 15m 이상인 경우에는 7m 이내마다 계단참을 설치할 것

수직갱에 가설된 통로의 길이가 15미터 이상인 때에는 10미터 이내마다 계단참을 설치할 것

참고 산업안전보건기준에 관한 규칙 제23조 【가설통로의 구조】

106. 사면 보호 공법 중 구조물에 의한 보호공법에 해당되지 않는 것은?

① 블록공
② 식생구멍공
③ 돌쌓기공
④ 현장타설 콘크리트 격자공

사면 보호 공법의 종류 및 목적

구 분	보 호 공	목 적
식생공	• 씨앗 뿜어붙이기공, 식생 매트공, 식생줄떼공, 줄떼공, 식생판공, 식생 망태공, 부분 객토 식생공	• 식생에 의한 비탈면 보호, 녹화, 구조물에 의한 비탈면 보호공과의 병용
구조물에 의한 보호공	• 콘크리트 블럭격자공, 모르타르 뿜어붙이기공, 블럭붙임공, 돌붙임공	• 비탈표면의 풍화침식 및 동상 등의 방지
	• 현장타설 콘크리트 격자공, 콘크리트 붙임공, 비탈면 앵커공	• 비탈 표면부의 붕락방지, 약간의 토압을 받는 흙막이
	• 비탈면 돌망태공, 콘크리트 블럭 정형공	• 용수가 많은 곳 부등침하가 예상되는 곳 또는 다소 튀어 나올 우려가 있는 곳의 흙막이

107. 안전계수가 4이고 2000 MPa의 인장강도를 갖는 강선의 최대허용응력은?

① 500MPa　② 1000MPa
③ 1500MPa　④ 2000MPa

$\text{안전계수} = \frac{\text{인장강도}}{\text{허용응력}}$ 이므로

$\text{허용응력} = \frac{\text{인장강도}}{\text{안전계수}} = \frac{2000}{4} = 500$

해답 104 ① 105 ④ 106 ② 107 ①

108. 터널공사의 전기발파작업에 관한 설명으로 옳지 않은 것은?

① 전선은 점화하기 전에 화약류를 충진한 장소로부터 30m 이상 떨어진 안전한 장소에서 도통시험 및 저항시험을 하여야 한다.
② 점화는 충분한 허용량을 갖는 발파기를 사용하고 규정된 스위치를 반드시 사용하여야 한다.
③ 발파 후 발파기와 발파모선의 연결을 유지한 채 그 단부를 절연시킨 후 재점화가 되지 않도록 한다.
④ 점화는 선임된 발파책임자가 행하고 발파기의 핸들을 점화할 때 이외는 시건장치를 하거나 모선을 분리하여야 하며 발파책임자의 엄중한 관리하에 두어야 한다.

발파후 즉시 발파모선을 발파기로부터 분리하고 그 단부를 절연시킨 후 재점화가 되지 않도록 하여야 한다.

109. 화물을 적재하는 경우의 준수사항으로 옳지 않은 것은?

① 침하 우려가 없는 튼튼한 기반 위에 적재할 것
② 건물의 칸막이나 벽 등이 화물의 압력에 견딜 만큼의 강도를 지니지 아니한 경우에는 칸막이나 벽에 기대어 적재하지 않도록 할 것
③ 불안정할 정도로 높이 쌓아 올리지 말 것
④ 하중을 한쪽으로 치우치더라도 화물을 최대한 효율적으로 적재할 것

차량계 하역운반기계 등에 화물을 적재하는 경우 준수사항
1. 하중이 한쪽으로 치우치지 않도록 적재할 것
2. 구내운반차 또는 화물자동차의 경우 화물의 붕괴 또는 낙하에 의한 위험을 방지하기 위하여 화물에 로프를 거는 등 필요한 조치를 할 것
3. 운전자의 시야를 가리지 않도록 화물을 적재할 것
4. 화물을 적재하는 경우에는 최대적재량을 초과해서는 아니 된다.

참고 산업안전보건기준에 관한 규칙 제173조 【화물적재 시의 조치】

110. 발파구간 인접구조물에 대한 피해 및 손상을 예방하기 위한 건물기초에서의 허용진동치(cm/sec) 기준으로 옳지 않은 것은? (단, 기존 구조물에 금이 가 있거나 노후구조물 대상일 경우 등은 고려하지 않는다.)

① 문화재 : 0.2cm/sec
② 주택, 아파트 : 0.5m/sec
③ 상가 : 1.0cm/sec
④ 철골콘크리트 빌딩 : 0.8 ~ 1.0cm/sec

발파구간 인접 구조물에 대한 피해 및 손상을 예방하기 위하여 다음 〈표〉에 의한 값을 준용한다.

건물분류	문화재	주택 아파트	상가 (금이 없는 상태)	철골 콘크리트 빌딩 및 상가
건물기초에서의 허용 진동치 (쎈티미터/초)	0.2	0.5	1.0	1.0~4.0

111. 거푸집동바리등을 조립 또는 해체하는 작업을 하는 경우의 준수사항으로 옳지 않은 것은?

① 재료, 기구 또는 공구 등을 올리거나 내리는 경우에는 근로자로 하여금 달줄·달포대 등의 사용을 금하도록 할 것
② 낙하·충격에 의한 돌발적 재해를 방지하기 위하여 버팀목을 설치하고 거푸집동바리 등을 인양장비에 매단 후에 작업을 하도록 하는 등 필요한 조치를 할 것
③ 비, 눈, 그 밖의 기상상태의 불안정으로 날씨가 몹시 나쁜 경우에는 그 작업을 중지할 것
④ 해당 작업을 하는 구역에는 관계 근로자가 아닌 사람의 출입을 금지할 것

재료, 기구 또는 공구 등을 올리거나 내리는 경우에는 근로자로 하여금 달줄·달포대 등을 사용하도록 할 것

참고 산업안전보건기준에 관한 규칙 제336조 【조립 등 작업 시의 준수사항】

해답 108 ③ 109 ④ 110 ④ 111 ①

112. **강관을 사용하여 비계를 구성하는 경우 준수하여야 할 기준으로 옳지 않은 것은?**

① 비계기둥의 간격은 띠장 방향에서는 1.85m 이하, 장선(長線) 방향에서는 1.5m 이하로 할 것
② 띠장 간격은 2.0m 이하로 할 것
③ 비계기둥의 제일 윗부분으로부터 31m 되는 지점 밑부분의 비계기둥은 3개의 강관으로 묶어 세울 것
④ 비계기둥 간의 적재하중은 400kg을 초과하지 않도록 할 것

③항, 비계기둥의 제일 윗부분으로부터 31m되는 지점 밑부분의 비계기둥은 2개의 강관으로 묶어 세울 것. 다만, 브라켓(bracket) 등으로 보강하여 2개의 강관으로 묶을 경우 이상의 강도가 유지되는 경우에는 그러하지 아니하다.

참고 산업안전보건기준에 관한 규칙 제60조 【강관비계의 구조】

113. **지하수위 상승으로 포화된 사질토 지반의 액상화 현상을 방지하기 위한 가장 직접적이고 효과적인 대책은?**

① well point 공법 적용
② 동다짐 공법 적용
③ 입도가 불량한 재료를 입도가 양호한 재료로 치환
④ 밀도를 증가시켜 한계간극비 이하로 상대밀도를 유지하는 방법 강구

사질지반의 지하수위의 배수에는 well point 공법이 적당하다.

참고 웰포인트공법
① 지름 3~5cm 정도의 파이프를 1~2m 간격으로 때려 박고, 이를 수평으로 굵은 파이프에 연결하여 진공으로 물을 뽑아내어 지하수위를 저하 시키는 공법
② 비교적 지하수위가 얕은 모래지반에 주로 사용
③ 지반이 압밀되어 흙의 전단저항이 커진다.
④ 인접지반의 침하를 일으키는 경우가 있다.
⑤ 보일링 현상을 방지한다.
⑥ 점토질지반에는 적용할 수 없다.

114. **크레인 등 건설장비의 가공전선로 접근 시 안전대책으로 옳지 않은 것은?**

① 안전 이격거리를 유지하고 작업한다.
② 장비를 가공전선로 밑에 보관한다.
③ 장비의 조립, 준비 시부터 가공전선로에 대한 감전 방지 수단을 강구한다.
④ 장비 사용 현장의 장애물, 위험물 등을 점검 후 작업계획을 수립한다.

크레인 등의 건설장비가 가공전선로 밑에 있을 접촉 등에 의한 감전 위험이 있다.

115. **흙의 투수계수에 영향을 주는 인자에 관한 설명으로 옳지 않은 것은?**

① 포화도 : 포화도가 클수록 투수계수도 크다.
② 공극비 : 공극비가 클수록 투수계수는 작다.
③ 유체의 점성계수 : 점성계수가 클수록 투수계수는 작다.
④ 유체의 밀도 : 유체의 밀도가 클수록 투수계수는 크다.

공극비란 전체 부피에 대한 입자 사이의 빈 공간의 부피이므로, 공극비가 클수록 투수계수는 크다.

116. **산업안전보건법령에서 규정하는 철골작업을 중지하여야 하는 기후조건에 해당하지 않는 것은?**

① 풍속이 초당 10m 이상인 경우
② 강우량이 시간당 1mm 이상인 경우
③ 강설량이 시간당 1cm 이상인 경우
④ 기온이 영하 5℃ 이하인 경우

철골작업을 중지하여야 하는 기준
1. 풍속이 초당 10미터 이상인 경우
2. 강우량이 시간당 1밀리미터 이상인 경우
3. 강설량이 시간당 1센티미터 이상인 경우

참고 산업안전보건기준에 관한 규칙 제383조 【작업의 제한】

해답 112 ③ 113 ① 114 ② 115 ② 116 ④

117. 차량계 건설기계를 사용하여 작업을 하는 경우 작업계획서 내용에 포함되지 않는 사항은?

① 사용하는 차량계 건설기계의 종류 및 성능
② 차량계 건설기계의 운행경로
③ 차량계 건설기계에 의한 작업방법
④ 차량계 건설기계 사용 시 유도자 배치 위치

차량계 건설기계를 사용하여 작업을 하는 때에 작업계획에 포함되어야 할 사항
1. 사용하는 차량계 건설기계의 종류 및 성능
2. 차량계 건설기계의 운행경로
3. 차량계 건설기계에 의한 작업방법

참고 산업안전보건기준에 관한 규칙 별표 4【사전조사 및 작업계획서 내용】

118. 유해위험방지계획서를 고용노동부장관에게 제출하고 심사를 받아야 하는 대상 건설공사 기준으로 옳지 않은 것은?

① 최대 지간길이가 50m 이상인 다리의 건설등 공사
② 지상높이 25m 이상인 건축물 또는 인공구조물의 건설등 공사
③ 깊이 10m 이상인 굴착공사
④ 다목적댐, 발전용댐, 저수용량 2천만톤 이상의 용수 전용 댐 및 지방상수도 전용댐의 건설등 공사

위험방지계획서를 제출해야 될 건설공사
1. 지상높이가 31미터 이상인 건축물 또는 인공구조물, 연면적 3만 제곱미터 이상인 건축물 또는 연면적 5천 제곱미터 이상의 문화 및 집회시설(전시장 및 동물원·식물원은 제외한다), 판매시설, 운수시설(고속철도의 역사 및 집배송시설은 제외한다), 종교시설, 의료시설 중 종합병원, 숙박시설 중 관광숙박시설, 지하도상가 또는 냉동·냉장창고시설의 건설·개조 또는 해체
2. 연면적 5천제곱미터 이상의 냉동·냉장창고시설의 설비공사 및 단열공사
3. 최대지간길이가 50m 이상인 교량건설 등 공사
4. 터널건설 등의 공사
5. 다목적댐·발전용댐 및 저수용량 2천만 톤 이상의 용수전용댐·지방상수도 전용댐 건설 등의 공사
6. 깊이 10미터 이상인 굴착공사

참고 산업안전보건법 시행령 제42조【유해위험방지계획서의 작성·제출 등】

119. 공사진척에 따른 공정율이 다음과 같을 때 안전관리비 사용기준으로 옳은 것은? (단, 공정율은 기성공정율을 기준으로 함)

공정율 : 70퍼센트 이상, 90퍼센트 미만

① 50퍼센트 이상 ② 60퍼센트 이상
③ 70퍼센트 이상 ④ 80퍼센트 이상

공사진척에 따른 안전관리비 사용기준

공정율	50퍼센트 이상 70퍼센트 미만	70퍼센트 이상 90퍼센트 미만	90퍼센트 이상
사용기준	50퍼센트 이상	70퍼센트 이상	90퍼센트 이상

120. 미리 작업장소의 지형 및 지반상태 등에 적합한 제한속도를 정하지 않아도 되는 차량계 건설기계의 속도 기준은?

① 최대 제한 속도가 10km/h 이하
② 최대 제한 속도가 20km/h 이하
③ 최대 제한 속도가 30km/h 이하
④ 최대 제한 속도가 40km/h 이하

차량계 하역운반기계, 차량계 건설기계(최대제한속도가 시속 10킬로미터 이하인 것은 제외한다)를 사용하여 작업을 하는 경우 미리 작업장소의 지형 및 지반 상태 등에 적합한 제한속도를 정하고, 운전자로 하여금 준수하도록 하여야 한다.

참고 산업안전보건기준에 관한 규칙 제98조【제한속도의 지정 등】

해답 117 ④ 118 ② 119 ③ 120 ①

산업안전기사 2회

2021 과년도 출제문제

2021년 5월 15일 시행

■■■ 제1과목 안전관리론

1. 학습자가 자신의 학습속도에 적합하도록 프로그램 자료를 가지고 단독으로 학습하도록 하는 안전교육 방법은?

① 실연법 ② 모의법
③ 토의법 ④ 프로그램 학습법

프로그램 학습법(programmed learning method)은 스키너가 자신의 행동주의 학습이론인 작동적 조건화에 의거하여 개발한 교수혁신방안으로 학습자가 스스로 학습할 수 있도록 꾸며진 학습자료를 책이나 기계장치로 제시하여 학습하도록 하는 학습방법이다.

2. 헤드십의 특성이 아닌 것은?

① 지휘형태는 권위주의적이다.
② 권한행사는 임명된 헤드이다.
③ 구성원과의 사회적 간격은 넓다.
④ 상관과 부하와의 관계는 개인적인 영향이다.

개인과 상황변수	헤드십	리더십
권한행사	임명된 헤드	선출된 리더
권한부여	위에서 임명	밑으로 부터 동의
권한근거	법적 또는 공식적	개인적
권한귀속	공식화된 규정에 의함	집단목표에 기여한 공로
상관과 부하의 관계	지배적	개인적인 영향
책임귀속	상사	상사와 부하
부하와의 사회적 간격	넓음	좁음
지휘형태	권위적	민주적

3. 산업안전보건법령상 특정행위의 지시 및 사실의 고지에 사용되는 안전·보건표지의 색도기준으로 옳은 것은?

① 2.5G 4/10 ② 5Y 8.5/12
③ 2.5PB 4/10 ④ 7.5R 4/14

안전·보건표지의 색채 및 색도기준 및 용도

색 채	색도기준	용 도	사 용 례
빨간색	7.5R 4/14	금지	정지신호, 소화설비 및 그 장소, 유해행위의 금지
		경고	화학물질 취급장소에서의 유해·위험 경고
노란색	5Y 8.5/12	경고	화학물질 취급장소에서의 유해·위험 경고 이외의 위험경고, 주의표지 또는 기계 방호물
파란색	2.5PB 4/10	지시	특정행위의 지시, 사실의 고지
녹 색	2.5G 4/10	안내	비상구 및 피난소, 사람 또는 차량의 통행표지
흰 색	N9.5		파란색 또는 녹색에 대한 보조색
검은색	N0.5		문자 및 빨간색 또는 노란색에 대한 보조색

4. 인간관계의 메커니즘 중 다른 사람의 행동양식이나 태도를 투입시키거나 다른 사람 가운데서 자기와 비슷한 것을 발견하는 것은?

① 공감 ② 모방
③ 동일화 ④ 일체화

인간관계 메커니즘(mechanism)

구분	내용
동일화 (identification)	다른 사람의 행동 양식이나 태도를 투입시키거나, 다른 사람 가운데서 자기와 비슷한 것을 발견하는 것
투사 (投射 : projection)	자기 속의 억압된 것을 다른 사람의 것으로 생각하는 것을 투사(또는 투출)
커뮤니케이션 (communication)	갖가지 행동 양식이나 기호를 매개로 하여 어떤 사람으로부터 다른 사람에게 전달되는 과정
모방 (imitation)	남의 행동이나 판단을 표본으로 하여 그것과 같거나 또는 그것에 가까운 행동 또는 판단을 취하려는 것
암시 (suggestion)	다른 사람으로부터의 판단이나 행동을 무비판적으로 논리적, 사실적 근거 없이 받아들이는 것

해답 01 ④ 02 ④ 03 ③ 04 ③

5. 다음의 교육내용과 관련 있는 교육은?

> - 작업동작 및 표준작업방법의 습관화
> - 공구·보호구 등의 관리 및 취급태도의 확립
> - 작업 전후의 점검, 검사요령의 정확화 및 습관화

① 지식교육 ② 기능교육
③ 태도교육 ④ 문제해결교육

안전교육의 종류

단계	목표	교육내용
1단계 : 지식교육	안전의식제고, 안전기능 지식의 주입 및 감수성 향상	1. 안전의식 향상 2. 안전규정의 숙지 3. 태도, 기능의 기초지식 주입 4. 안전에 대한 책임감 주입 5. 재해발생원리의 이해
2단계 : 기능교육	안전작업기능, 표준작업기능 및 기계·기구의 위험요소에 대한 이해, 작업에 대한 전반적인 사항 습득	1. 안전장치의 사용 방법 2. 전문적인 기술기능 3. 방호장치의 방호방법 4. 점검 등 사용방법에 대한 기능
3단계 : 태도교육	가치관의 형성, 작업동작의 정확화, 사용설비 공구 보호구 등에 대한 안전화 도모, 점검태도 방법	1. 작업방법의 습관화 2. 공구 및 보호구의 취급 관리 3. 안전작업의 습관화 및 정확화 4. 작업 전, 중, 후의 정확한 습관화

6. 데이비스(K.Davis)의 동기부여 이론에 관한 등식에서 그 관계가 틀린 것은?

① 지식 × 기능 = 능력
② 상황 × 능력 = 동기유발
③ 능력 × 동기유발 = 인간의 성과
④ 인간의 성과 × 물질의 성과 = 경영의 성과

Davis의 동기부여 이론

경영의 성과 = 인간의 성과 × 물적 성과

1. 인간성과=능력×동기유발
2. 능력=지식×기능
3. 동기유발=상황×태도

7. 산업안전보건법령상 보호구 안전인증 대상 방독마스크의 유기화합물용 정화통 외부 측면표시 색으로 옳은 것은?

① 갈색 ② 녹색
③ 회색 ④ 노랑색

정화통 외부 측면의 색

종류	표시 색
유기화합물용 정화통	갈 색
할로겐용 정화통	회 색
황화수소용 정화통	
시안화수소용 정화통	
아황산용 정화통	노랑색
암모니아용 정화통	녹 색
복합용 및 겸용의 정화통	복합용의 경우 해당가스 모두 표시 겸용의 경우 백색과 해당가스 모두 표시

8. 재해원인 분석기법의 하나인 특성요인도의 작성 방법에 대한 설명으로 틀린 것은?

① 큰뼈는 특성이 일어나는 요인이라고 생각되는 것을 크게 분류하여 기입한다.
② 등뼈는 원칙적으로 우측에서 좌측으로 향하여 가는 화살표를 기입한다.
③ 특성의 결정은 무엇에 대한 특성요인도를 작성할 것인가를 결정하고 기입한다.
④ 중뼈는 특성이 일어나는 큰뼈의 요인마다 다시 미세하게 원인을 결정하여 기입한다.

특성요인도 작성순서

1. 문제가 되는 특성(재해결과)을 결정
2. 등뼈는 특성을 오른쪽에 쓰고 화살표를 좌측에서 우측으로 기입한다.
3. 특성에 영향을 주는 원인을 찾는다.(브레인 스토밍의 활용)
4. 큰뼈에 특성이 일어나는 큰 분류를 기입한다.
5. 중뼈는 큰뼈의 요인마다 세부 원인을 결정하여 기입한다.

해답 05 ③ 06 ② 07 ① 08 ②

9. TWI의 교육 내용 중 인간관계 관리방법 즉 부하 통솔법을 주로 다루는 것은?

① JST(Job Safety Training)
② JMT(Job Method Training)
③ JRT(Job Relation Training)
④ JIT(Job Instruction Training)

> TWI의 교육내용
> 1. JIT(job instruction training) : 작업을 가르치는 법(작업지도기법)
> 2. JMT(job method training) : 작업의 개선 방법(작업개선기법)
> 3. **JRT(job relation training) : 사람을 다루는 법(인간관계 관리기법)**
> 4. JST(job safety training) : 작업안전 지도 기법

10. 산업안전보건법령상 안전보건관리규정에 반드시 포함되어야 할 사항이 아닌 것은? (단, 그 밖에 안전 및 보건에 관한 사항은 제외한다.)

① 재해코스트 분석 방법
② 사고 조사 및 대책 수립
③ 작업장 안전 및 보건관리
④ 안전 및 보건 관리조직과 그 직무

> 안전보건관리규정의 포함사항
> 1. 안전 및 보건에 관한 관리조직과 그 직무에 관한 사항
> 2. 안전보건교육에 관한 사항
> 3. 작업장의 안전 및 보건 관리에 관한 사항
> 4. 사고 조사 및 대책 수립에 관한 사항
> 5. 그 밖에 안전 및 보건에 관한 사항
>
> **참고** 산업안전보건법 제25조 【안전보건관리규정의 작성】

11. 재해조사에 관한 설명으로 틀린 것은?

① 조사목적에 무관한 조사는 피한다.
② 조사는 현장을 정리한 후에 실시한다.
③ 목격자나 현장 책임자의 진술을 듣는다.
④ 조사자는 객관적이고 공정한 입장을 취해야 한다.

> 재해조사는 현장이 보존되어 있는 상태에서 실시한다.

12. 산업안전보건법령상 안전보건표지의 종류 중 경고표지의 기본모형(형태)이 다른 것은?

① 고압전기 경고
② 방사성물질 경고
③ 폭발성물질 경고
④ 매달린 물체 경고

고압전기 경고	방사성 물질경고	폭발성 물질경고	매달린 물체경고

13. 무재해운동 추진의 3요소에 관한 설명이 아닌 것은?

① 안전보건은 최고경영자의 무재해 및 무질병에 대한 확고한 경영자세로 시작된다.
② 안전보건을 추진하는 데에는 관리감독자들의 생산활동 속에 안전보건을 실천하는 것이 중요하다.
③ 모든 재해는 잠재요인을 사전에 발견·파악·해결함으로써 근원적으로 산업재해를 없애야한다.
④ 안전보건은 각자 자신의 문제이며, 동시에 동료의 문제로서 직장의 팀 멤버와 협동 노력하여 자주적으로 추진하는 것이 필요하다.

> ③항은 무의 원칙으로 무재해운동 기본 이념의 3원칙에 해당한다.

14. 헤링(Hering)의 착시현상에 해당하는 것은?

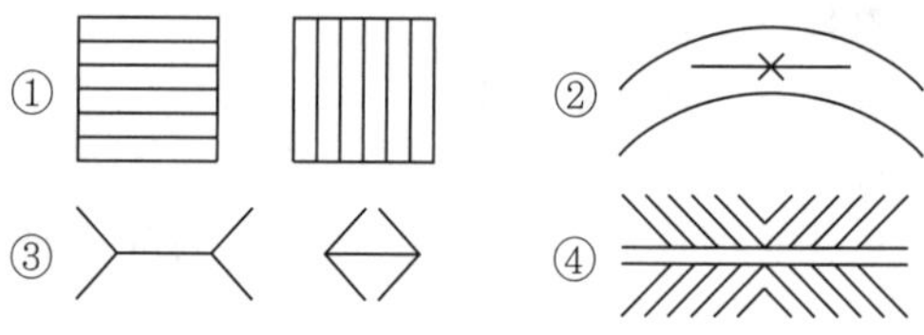

> ①항, Helmholz의 착시
> ②항, Kohler의 착시
> ③항, Muler-Lyer의 착시

해답 09 ③ 10 ① 11 ② 12 ③ 13 ③ 14 ④

15. 도수율이 24.5이고, 강도율이 1.15인 사업장에서 한 근로자가 입사하여 퇴직할 때까지 근로손실일수는?

① 2.45일　　② 115일
③ 215일　　④ 245일

환산강도율=강도율×100
= 1.15× 100= 115

16. 학습을 자극(Stimulus)에 의한 반응(Response)으로 보는 이론에 해당하는 것은?

① 장설(Field Theory)
② 통찰설(Insight Theory)
③ 기호형태설(Sign-gestalt Theory)
④ 시행착오설(Trial and Error Theory)

S-R 이론(학습을 자극(stimulus)에 의한 반응(response)으로 보는 이론)
1. Thorndike의 시행착오설
2. Pavlov의 조건반사설
3. Guthrie의 접근적 조건화설
4. Skinner의 조작적(도구적) 조건화설

17. 하인리히의 사고방지 기본원리 5단계 중 시정방법의 선정 단계에 있어서 필요한 조치가 아닌 것은?

① 인사조정　　② 안전행정의 개선
③ 교육 및 훈련의 개선　　④ 안전점검 및 사고조사

④항, 안전점검 및 사고조사는 2단계 사실의 발견에 해당하는 내용이다.

18. 산업안전보건법령상 안전보건교육 교육대상별 교육내용 중 관리감독자 정기교육의 내용으로 틀린 것은?

① 정리정돈 및 청소에 관한 사항
② 유해·위험 작업환경 관리에 관한 사항
③ 표준안전작업방법 및 지도 요령에 관한 사항
④ 작업공정의 유해·위험과 재해 예방대책에 관한 사항

정리정돈 및 청소에 관한 사항은 채용 시 교육 및 작업내용 변경 시 교육내용에 해당한다.

참고 관리감독자 정기교육 내용
1. 산업안전 및 사고 예방에 관한 사항
2. 산업보건 및 직업병 예방에 관한 사항
3. 유해·위험 작업환경 관리에 관한 사항
4. 산업안전보건법령 및 산업재해보상보험 제도에 관한 사항
5. 직무스트레스 예방 및 관리에 관한 사항
6. 직장 내 괴롭힘, 고객의 폭언 등으로 인한 건강장해 예방 및 관리에 관한 사항
7. 작업공정의 유해·위험과 재해 예방대책에 관한 사항
8. 표준안전 작업방법 및 지도 요령에 관한 사항
9. 관리감독자의 역할과 임무에 관한 사항
10. 안전보건교육 능력 배양에 관한 사항

참고 산업안전보건법 시행규칙 별표5【안전보건교육 교육대상별 교육내용】

19. 산업안전보건법령상 협의체 구성 및 운영에 관한 사항으로 (　)에 알맞은 내용은?

> 도급인은 관계수급인 근로자가 도급인의 사업장에서 작업을 하는 경우 도급인과 수급인을 구성원으로 하는 안전 및 보건에 관한 협의체를 구성 및 운영하여야 한다. 이 협의체는 (　) 정기적으로 회의를 개최하고 그 결과를 기록·보존해야 한다.

① 매월 1회 이상　　② 2개월마다 1회
③ 3개월마다 1회　　④ 6개월마다 1회

안전 및 보건에 관한 협의체는 매월 1회 이상 정기적으로 회의를 개최하고 그 결과를 기록·보존해야 한다.

참고 산업안전보건법 시행규칙 제79조【협의체의 구성 및 운영】

20. 산업안전보건법령상 프레스를 사용하여 작업을 할 때 작업시작 전 점검사항으로 틀린 것은?

① 방호장치의 기능
② 언로드밸브의 기능
③ 금형 및 고정볼트 상태
④ 클러치 및 브레이크의 기능

해답　15 ②　16 ④　17 ④　18 ①　19 ①　20 ②

프레스 작업시작 전 점검사항

- 클러치 및 브레이크의 기능
- 크랭크축, 플라이 휠, 슬라이드, 연결봉 및 연결나사의 볼트의 풀림 여부
- 1행정 1정지기구, 급정지장치 및 비상정지장치의 기능
- 슬라이드 또는 칼날에 의한 위험방지기구의 기능
- 프레스의 금형 및 고정 볼트 상태
- 방호장치의 기능
- 전단기의 칼날 및 테이블의 상태

참고 산업안전보건기준에 관한 규칙 별표3 【작업시작 전 점검사항】

제2과목 인간공학 및 시스템안전공학

21. 일반적으로 은행의 접수대 높이나 공원의 벤치를 설계할 때 가장 적합한 인체 측정 자료의 응용원칙은?

① 조절식 설계
② 평균치를 이용한 설계
③ 최대치수를 이용한 설계
④ 최소치수를 이용한 설계

최대치수나 최소치수, 조절식으로 하기가 곤란할 때 평균치를 기준으로 설계한다. 은행창구나 슈퍼마켓의 계산대 등이 이에 해당한다.

22. 위험분석기법 중 고장이 시스템의 손실과 인명의 사상에 연결되는 높은 위험도를 가진 요소나 고장의 형태에 따른 분석법은?

① CA ② ETA
③ FHA ④ FTA

CA(Criticality Analysis)
항공기의 안전성 평가에 널리 사용되는 기법으로서 각 중요 부품의 고장률, 운용형태, 보정계수, 사용시간비율 등을 고려하여 정량적, 귀납적으로 부품의 위험도를 평가하는 분석기법이다.

23. 작업장의 설비 3대에서 각각 80dB, 86dB, 78dB의 소음이 발생되고 있을 때 작업장의 음압수준은?

① 약 81.3dB ② 약 85.5dB
③ 약 87.5dB ④ 약 90.3dB

설비 3대의 소음의 차가 10dB 이내이므로 합성소음을 적용한다.
합성소음 $SPL = 10\log\left(10^{\frac{spl1}{10}} + 10^{\frac{spl2}{10}} + \cdots + 10^{\frac{spln}{10}}\right)$이므로
합성소음 $SPL = 10\log\left(10^{\frac{80}{10}} + 10^{\frac{86}{10}} + 10^{\frac{78}{10}}\right) = 87.49$

24. 일반적인 화학설비에 대한 안전성 평가(safety assessment) 절차에 있어 안전대책 단계에 해당되지 않는 것은?

① 보전 ② 위험도 평가
③ 설비적 대책 ④ 관리적 대책

안전대책 단계(4단계)의 내용
1.설비대책 : 안전장치나 방재장치에 대한 대책
2.관리적 대책 : 인원배치, 교육훈련 등
3.보전대책 : 설비의 보전

참고 안전성 평가의 단계

단계	내용
1단계	관계자료의 작성준비
2단계	정성적 평가
3단계	정량적 평가
4단계	안전대책
5단계	재해정보에 의한 재평가
6단계	FTA에 의한 재평가

25. 욕조곡선에서의 고장 형태에서 일정한 형태의 고장률이 나타나는 구간은?

① 초기 고장구간 ② 마모 고장구간
③ 피로 고장구간 ④ 우발 고장구간

해답 21 ② 22 ① 23 ③ 24 ② 25 ④

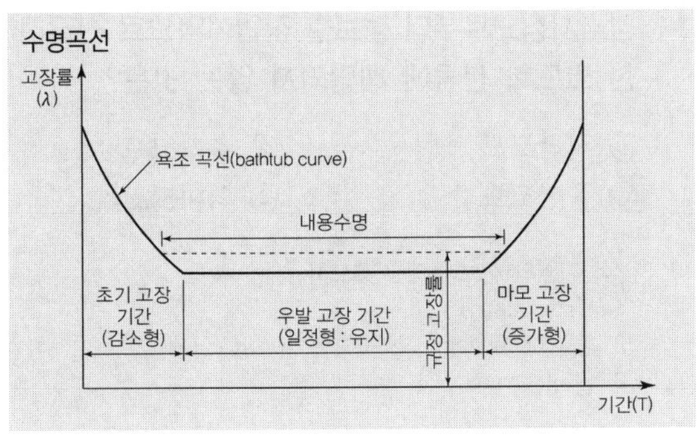

26. 음량수준을 평가하는 척도와 관계없는 것은?

① dB　　② HSI
③ phon　　④ sone

HSI(Heat stress index)는 열압박 지수로 온도환경과 관련된 지수이다.

27. 실효 온도(effective temperature)에 영향을 주는 요인이 아닌 것은?

① 온도　　② 습도
③ 복사열　　④ 공기 유동

실효온도(체감온도, 감각온도)에 영향을 주는 요인
1. 온도
2. 습도
3. 공기의 유동

28. FT도에서 시스템의 신뢰도는 얼마인가? (단, 모든 부품의 발생확률은 0.1 이다.)

① 0.0033
② 0.0062
③ 0.9981
④ 0.9936

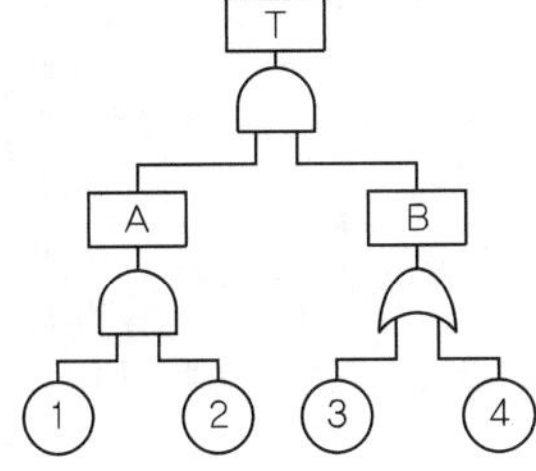

F : 정상사상 T의 발생확률=불신뢰도

$F = A \times B$

$= (①\times ②)\times\{(1-(1-③)(1-④)\}$

$= (0.1)^2 \times \{(1-(1-0.1)^2)\}$

$= 0.0019$

R(신뢰도)$= 1 - F$

$= 1 - 0.0019$

$= 0.9981$

29. 인간공학 연구방법 중 실제의 제품이나 시스템이 추구하는 특성 및 수준이 달성 되는지를 비교하고 분석하는 연구는?

① 조사연구　　② 실험연구
③ 분석연구　　④ 평가연구

인간공학의 연구방법
1. 조사연구 : 집단의 일반적 특성연구
2. 실험연구 : 특정현상의 이해와 관련한 연구
3. 평가연구 : 실제의 제품이나 시스템의 대한 영향연구

30. 어떤 설비의 시간당 고장률이 일정하다고 할 때 이 설비의 고장간격은 다음 중 어떤 확률분포를 따르는가?

① t분포　　② 와이블분포
③ 지수분포　　④ 아이링(Eyring)분포

지수 분포(exponential Distribution)는 고장률이 아이템의 사용기간에 영향을 받지 않는 일정한 수명 분포이다.

31. 시스템 수명주기에 있어서 예비위험분석(PHA)이 이루어지는 단계에 해당하는 것은?

① 구상단계　　② 점검단계
③ 운전단계　　④ 생산단계

시스템 위험분석 기법 중 PHA가 실행되는 사이클의 영역은 시스템의 구상 단계이다.

참고 시스템 수명주기의 PHA

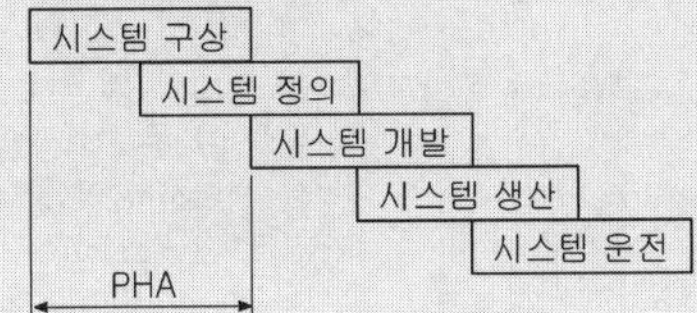

해답 26 ② 27 ③ 28 ③ 29 ④ 30 ③ 31 ①

32. FTA에서 사용하는 다음 사상기호에 대한 설명으로 맞는 것은?

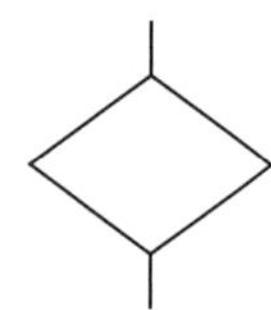

① 시스템 분석에서 좀 더 발전시켜야 하는 사상
② 시스템의 정상적인 가동상태에서 일어날 것이 기대되는 사상
③ 불충분한 자료로 결론을 내릴 수 없어 더 이상 전개 할 수 없는 사상
④ 주어진 시스템의 기본사상으로 고장원인이 분석되었기 때문에 더 이상 분석할 필요가 없는 사상

이하 생략의 결함 사상 (추적 불가능한 최후 사상)	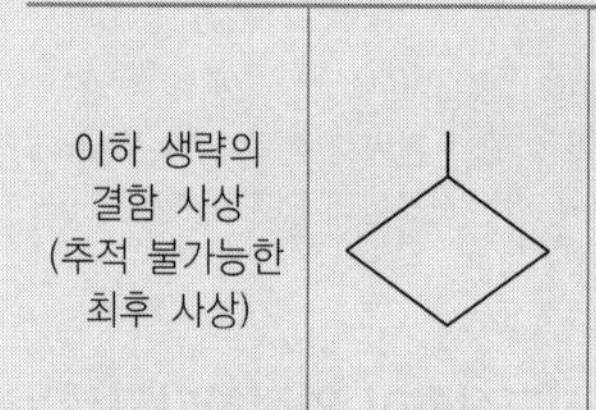	「다이아몬드」 기호로 표시하며, 사상과 원인과의 관계를 충분히 알 수 없거나 또는 필요한 정보를 얻을 수 없기 때문에 이것 이상 전개할 수 없는 최후적 사상을 나타낼 때 사용한다(말단 사상)

33. 정보를 전송하기 위해 청각적 표시장치보다 시각적 표시장치를 사용하는 것이 더 효과적인 경우는?

① 정보의 내용이 간단한 경우
② 정보가 후에 재참조되는 경우
③ 정보가 즉각적인 행동을 요구하는 경우
④ 정보의 내용이 시간적인 사건을 다루는 경우

표시장치의 선택

청각장치의 사용	시각장치의 사용
1. 전언이 간단하고 짧다. 2. 전언이 후에 재참조 되지 않는다. 3. 전언이 시간적인 사상(event)을 다룬다. 4. 전언이 즉각적인 행동을 요구한다. 5. 수신자의 시각계통이 과부하 상태일 때 6. 수신 장소가 너무 밝거나 암조응 유지가 필요할 때 7. 직무상 수신자가 자주 움직이는 경우	1. 전언이 복잡하고 길다. 2. 전언이 후에 재참조 된다. 3. 전언이 공간적인 위치를 다룬다. 4. 전언이 즉각적인 행동을 요구하지 않는다. 5. 수신자의 청각계통이 과부하 상태일 때 6. 수신장소가 너무 시끄러울 때 7. 직무상 수신자가 한 곳에 머무르는 경우

34. 감각저장으로부터 정보를 작업기억으로 전달하기 위한 코드화 분류에 해당되지 않는 것은?

① 시각코드 ② 촉각코드
③ 음성코드 ④ 의미코드

작업기억의 정보에 대한 코드화
1. 시각(visual)
2. 음성(phonetic)
3. 의미(semantic)

35. 인간-기계시스템 설계과정 중 직무분석을 하는 단계는?

① 제1단계 : 시스템의 목표와 성능명세 결정
② 제2단계 : 시스템의 정의
③ 제3단계 : 기본 설계
④ 제4단계 : 인터페이스 설계

기본설계 시의 활동
1. 인간, 하드웨어 및 소프트웨어에 대한 기능 할당
2. 인간 퍼포먼스 요건의 규정
3. 과업 분석(작업 설계)
4. 직무 분석 등

36. 중량물 들기 작업 시 5분간의 산소소비량을 측정한 결과 90L의 배기량 중에 산소가 16%, 이산화탄소가 4%로 분석되었다. 해당 작업에 대한 산소소비량(L/min)은 약 얼마인가? (단, 공기 중 질소는 79vol%, 산소는 21vol%이다.)

① 0.948 ② 1.948
③ 4.74 ④ 5.74

1. 분당배기량(V_1)$= \frac{90L}{5분} = 18[l/분]$
2. 분당 흡기량(V_2)$= \left(\frac{100 - CO_2 - O_2}{100 - 산소}\right) \times V_2$
$= \left(\frac{100-4-16}{100-21}\right) \times 18$
$= 18.227 = 18.23[l/분]$
3. 분당 산소소비량$= (V_2 \times 21\%) - (V_1 \times 16\%)$
$= (18.23 \times 0.21) - (18 \times 0.16)$
$= 0.948[l/분]$

해답 32 ③ 33 ② 34 ② 35 ③ 36 ①

37. 의도는 올바른 것이었지만, 행동이 의도한 것과는 다르게 나타나는 오류는?

① Slip ② Mistake
③ Lapse ④ Violation

1. 실수(Slip) : 상황이나 목표의 해석은 정확하나 의도와는 다른 행동을 한 경우
2. 착오(Mistake) : 주관적 인식(主觀的 認識)과 객관적 실재(客觀的 實在)가 일치하지 않는 것을 의미한다.
3. 건망증(Lapse) : 기억장애의 하나로 잘 기억하지 못하거나 잊어버리는 정도
4. 위반(Violation) : 법, 규칙 등을 범하는 것이다.

38. 동작경제의 원칙과 가장 거리가 먼 것은?

① 급작스런 방향의 전환은 피하도록 할 것
② 가능한 관성을 이용하여 작업하도록 할 것
③ 두 손의 동작은 같이 시작하고 같이 끝나도록 할 것
④ 두 팔의 동작은 동시에 같은 방향으로 움직일 것

두 팔의 동작은 동시에 서로 반대 방향으로 대칭적으로 움직이도록 한다.

39. 두 가지 상태 중 하나가 고장 또는 결함으로 나타나는 비정상적인 사건은?

① 톱사상 ② 결함 사상
③ 정상적인 사상 ④ 기본적인 사상

명칭	기호	해설
결함 사상		결함이 재해로 연결되는 현상 또는 사실 상황 등을 나타내며 논리 gate의 입력, 출력이 된다. FT도표의 정상에 선정되는 사상인 정상 사상(top 사상)과 중간 사상에 사용한다.

40. 설비보전 방법 중 설비의 열화를 방지하고 그 진행을 지연시켜 수명을 연장하기 위한 점검, 청소, 주유 및 교체 등의 활동은?

① 사후 보전 ② 개량 보전
③ 일상 보전 ④ 보전 예방

일상보전(routine maintenance : RM)
매일, 매주로 점검·급유·청소 등의 작업을 함으로서 열화나 마모를 가능한 한 방지하도록 하는 것

■■■ 제3과목 기계위험방지기술

41. 산업안전보건법령상 보일러 수위가 이상현상으로 인해 위험수위로 변하면 작업자가 쉽게 감지할 수 있도록 경보등, 경보음을 발하고 자동적으로 급수 또는 단수되어 수위를 조절하는 방호장치는?

① 압력방출장치 ② 고저수위 조절장치
③ 압력제한 스위치 ④ 과부하방지장치

사업주는 고저수위(高低水位) 조절장치의 동작 상태를 작업자가 쉽게 감시하도록 하기 위하여 고저수위지점을 알리는 경보등·경보음장치 등을 설치하여야 하며, 자동으로 급수되거나 단수되도록 설치하여야 한다.

참고 산업안전보건기준에 관한 규칙 제118조【고저수위 조절장치】

42. 프레스 작업에서 제품 및 스크랩을 자동적으로 위험한계 밖으로 배출하기 위한 장치로 틀린 것은?

① 피더 ② 키커
③ 이젝터 ④ 공기 분사 장치

피더(Feeder)는 프레스 재해예방을 위한 장치로 1차 가공용 송급장치이다.

해답 37 ① 38 ④ 39 ② 40 ③ 41 ② 42 ①

43. 산업안전보건법령상 로봇의 작동범위 내에서 그 로봇에 관하여 교시 등 작업을 행하는 때 작업시작 전 점검 사항으로 옳은 것은? (단, 로봇의 동력원을 차단하고 행하는 것은 제외)

① 과부하방지장치의 이상 유무
② 압력제한스위치의 이상 유무
③ 외부 전선의 피복 또는 외장의 손상 유무
④ 권과방지장치의 이상 유무

산업용 로봇의 작업 시작 전 점검사항
1. 외부 전선의 피복 또는 외장의 손상 유무
2. 매니플레이터(manipulator) 작동의 이상 유무
3. 제동장치 및 비상정지장치의 기능

참고 산업안전보건기준에 관한 규칙 별표 3【작업시작 전 점검사항】

44. 산업안전보건법령상 지게차 작업시작 전 점검사항으로 거리가 가장 먼 것은?

① 제동장치 및 조종장치 기능의 이상 유무
② 압력방출장치의 작동 이상 유무
③ 바퀴의 이상 유무
④ 전조등·후미등·방향지시기 및 경보장치 기능의 이상 유무

작업시작 전 점검사항
1. 제동장치 및 조종장치 기능의 이상유무
2. 하역장치 및 유압장치 기능의 이상유무
3. 바퀴의 이상유무
4. 전조등, 후미등, 방향지시기 및 경보장치 기능의 이상유무

참고 산업안전보건기준에 관한 규칙 별표 3【작업시작 전 점검사항】

45. 다음 중 가공재료의 칩이나 절삭유 등이 비산되어 나오는 위험으로부터 보호하기 위한 선반의 방호장치는?

① 바이트 ② 권과방지장치
③ 압력제한스위치 ④ 쉴드(shield)

쉴드(shield)
선반에서 공작물이 회전하면서 절삭하는 과정에서 발생되는 칩, 절삭유가 작업자를 향해 날아오는 것을 막기 위한 덮개

46. 산업안전보건법령상 보일러의 압력방출장치가 2개 설치된 경우 그 중 1개는 최고사용압력 이하에서 작동된다고 할 때 다른 압력방출장치는 최고사용압력의 최대 몇 배 이하에서 작동되도록 하여야 하는가?

① 0.5 ② 1
③ 1.05 ④ 2

보일러의 안전한 가동을 위하여 보일러 규격에 맞는 압력방출장치를 1개 또는 2개 이상 설치하고 최고사용압력 이하에서 작동되도록 하여야 한다. 다만, 압력방출장치가 2개 이상 설치된 경우에는 최고사용압력 이하에서 1개가 작동되고, 다른 압력방출장치는 최고사용압력 1.05배 이하에서 작동되도록 부착하여야 한다.

참고 산업안전보건기준에 관한 규칙 제116조【압력방출장치】

47. 상용운전압력 이상으로 압력이 상승할 경우 보일러의 파열을 방지하기 위하여 버너의 연소를 차단하여 정상압력으로 유도하는 장치는?

① 압력방출장치 ② 고저수위 조절장치
③ 압력제한 스위치 ④ 통풍제어 스위치

사업주는 보일러의 과열을 방지하기 위하여 최고사용압력과 상용압력 사이에서 보일러의 버너 연소를 차단할 수 있도록 압력제한스위치를 부착하여 사용하여야 한다.

참고 산업안전보건기준에 관한 규칙 제117조【압력제한스위치】

48. 용접부 결함에서 전류가 과대하고, 용접속도가 너무 빨라 용접부의 일부가 홈 또는 오목하게 생기는 결함은?

① 언더컷 ② 기공
③ 균열 ④ 융합불량

언더컷(under cut)
전류가 과대하고, 용접속도가 너무 빠르며, 아크를 짧게 유지하기 어려운 경우로서 모재 및 용접부이 일부가 녹아서 홈 또는 오목한 부분이 생기는 것

해답 43 ③ 44 ② 45 ④ 46 ③ 47 ③ 48 ①

49. 물체의 표면에 침투력이 강한 적색 또는 형광성의 침투액을 표면 개구 결함에 침투시켜 직접 또는 자외선 등으로 관찰하여 결함장소와 크기를 판별하는 비파괴시험은?

① 피로시험 ② 음향탐상시험
③ 와류탐상시험 ④ 침투탐상시험

침투탐상시험(PT : Penetrant Test)
물체의 표면에 침투력이 강한 적색 또는 형광성의 침투액을 도포하고 내부에 스며든 침투액을 표면에 흡출하여 자외선 등으로 비추어 결함장소와 크기를 구분한다. 검사물 표면의 균열이나 피트 등의 결함을 비교적 간단하고 신속하게 검출할 수 있고 특히 비자성 금속재료의 검사에 자주 이용되는 방법이다.

50. 연삭숫돌의 파괴원인으로 거리가 가장 먼 것은?

① 숫돌이 외부의 큰 충격을 받았을 때
② 숫돌의 회전속도가 너무 빠를 때
③ 숫돌 자체에 이미 균열이 있을 때
④ 플랜지 직경이 숫돌 직경의 1/3 이상일 때

연삭숫돌의 파괴원인
1. 숫돌의 회전속도가 너무 빠를 때 발생한다.
2. 숫돌자체에 균열이 있을 때(연삭숫돌을 끼우기 전에 해머로 가볍게 두들겨 보아 균열이 있는가를 조사한다. 균열이 있으면 탁음이 난다)
3. 숫돌의 불균형이나 베어링 마모에 의한 진동이 있을 때
4. 숫돌의 측면을 사용하여 작업할 때
5. 숫돌반경 방향의 온도 변화가 심할 때
6. 작업에 부적당한 숫돌을 사용할 때
7. 숫돌의 치수가 부적당할 때
8. 플랜지가 현저히 작을 때

51. 산업안전보건법령상 프레스 등 금형을 부착 · 해체 또는 조정하는 작업을 할 때, 슬라이드가 갑자기 작동함으로써 근로자에게 발생할 우려가 있는 위험을 방지하기 위해 사용해야 하는 것은? (단, 해당 작업에 종사하는 근로자의 신체가 위험한계 내에 있는 경우)

① 방진구 ② 안전블록
③ 시건장치 ④ 날접촉예방장치

사업주는 프레스 등의 금형을 부착·해체 또는 조정하는 작업을 하는 때에는 당해 작업에 종사하는 근로자의 신체의 일부가 위험 한계 내에 들어갈 때에 슬라이드가 갑자기 작동함으로써 발생하는 근로자의 위험을 방지하기 위하여 안전블록을 사용하는 등 필요한 조치를 하여야 한다.

참고 산업안전보건기준에 관한 규칙 제104조【금형조정작업의 위험방지】

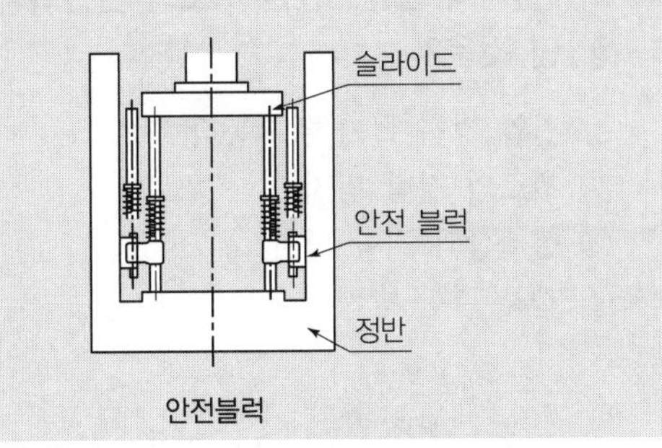

안전블럭

52. 페일 세이프(fail safe)의 기능적인 면에서 분류할 때 거리가 가장 먼 것은?

① Fool proof ② fail passive
③ Fail active ④ Fail operational

fail safe의 기능적 분류
1. fail-passive
부품이 고장 나면 통상적으로 기계는 정지하는 방향으로 이동한다.
2. fail-active
부품이 고장 나면 기계는 경보를 울리는 가운데 짧은 시간 동안의 운전이 가능하다.
3. fail-operational
부품의 고장이 있어도 기계는 추후의 보수가 될 때까지 안전한 기능을 유지하며 이것은 병렬계통 또는 대기여분(Stand-by redundancy) 계통으로 한 것이다.

53. 산업안전보건법령상 크레인에서 정격하중에 대한 정의는? (단, 지브가 있는 크레인은 제외)

① 부하할 수 있는 최대하중
② 부하할 수 있는 최대하중에서 달기기구의 중량에 상당하는 하중을 뺀 하중
③ 짐을 싣고 상승할 수 있는 최대하중
④ 가장 위험한 상태에서 부하할 수 있는 최대하중

해답 49 ④ 50 ④ 51 ② 52 ① 53 ②

정격하중
권상하중에서 훅, 그랩 또는 버킷 등 달기구의 중량에 상당하는 하중을 뺀 하중

54. 기계설비의 안전조건인 구조의 안전화와 거리가 가장 먼 것은?

① 전압 강하에 따른 오동작 방지
② 재료의 결함 방지
③ 설계상의 결함 방지
④ 가공 결함 방지

구조적 안전화
1. 재료에 있어서의 결함
기계재료 자체에 균열, 부식, 강도저하 등 결함이 있으므로 적절한 재료로 대체하는 것이 안전상 필요한 일이다.
2. 설계에 있어서의 결함
기계장치 설계상 가장 큰 과오의 요인은 강도산정 상의 착오이다. 최대하중 추정의 부정확성과 사용 도중 일부 재료의 강도가 열화된 것을 감안해서 안전율을 충분히 고려하여 설계를 해야 된다.
3. 가공에 있어서의 결함, 안전율
재료 가공 중에 가공 경화와 같은 결함이 생길 수 있으므로 열처리 등을 통하여 강도와 인성 등을 부여하여 사전에 결함을 방지하는 것이 중요하다.

55. 공기압축기의 작업안전수칙으로 가장 적절하지 않은 것은?

① 공기압축기의 점검 및 청소는 반드시 전원을 차단한 후에 실시한다.
② 운전 중에 어떠한 부품도 건드려서는 안 된다.
③ 공기압축기 분해 시 내부의 압축공기를 이용하여 분해한다.
④ 최대공기압력을 초과한 공기압력으로는 절대로 운전하여서는 안 된다.

분해 시에는 공기압축기, 공기탱크 및 관로 안의 압축공기를 완전히 배출한 뒤에 실시한다.

56. 산업안전보건법령상 컨베이어, 이송용 롤러 등을 사용하는 경우 정전·전압강하 등에 의한 위험을 방지하기 위하여 설치하는 안전장치는?

① 권과방지장치
② 동력전달장치
③ 과부하방지장치
④ 화물의 이탈 및 역주행 방지장치

역회전방지장치(역전방지장치)
컨베이어의 사용 중 불시의 정전, 전압강하 등으로 인한 발생되는 사고를 예방하기 위하여 컨베이어에 역전방지장치를 설치하여야 한다.

57. 회전하는 동작부분과 고정부분이 함께 만드는 위험점으로 주로 연삭숫돌과 작업대, 교반기의 교반날개와 몸체 사이에서 형성되는 위험점은?

① 협착점 ② 절단점
③ 물림점 ④ 끼임점

끼임점(Shear point)
고정부분과 회전하는 운동부분이 함께 만드는 위험점.
예 연삭숫돌과 작업받침대, 교반기의 날개와 하우스, 반복왕복운동을 하는 기계부분 등

58. 다음 중 드릴 작업의 안전사항으로 틀린 것은?

① 옷소매가 길거나 찢어진 옷은 입지 않는다.
② 작고, 길이가 긴 물건은 손으로 잡고 뚫는다.
③ 회전하는 드릴에 걸레 등을 가까이 하지 않는다.
④ 스핀들에서 드릴을 뽑아낼 때에는 드릴 아래에 손을 내밀지 않는다.

일감의 고정방법
1. 일감이 작을 때 : 바이스로 고정한다.
2. 일감이 크고 복잡할 때 : 볼트, 너트나 고정구(클램프)를 사용하여 고정한다.
3. 대량생산과 정밀도를 요구할 때 : 지그로 고정한다.

해답 54 ① 55 ③ 56 ④ 57 ④ 58 ②

59. 산업안전보건법령상 양중기의 과부하방지장치에서 요구하는 일반적인 성능기준으로 가장 적절하지 않은 것은?

① 과부하방지장치 작동 시 경보음과 경보램프가 작동되어야 하며 양중기는 작동이 되지 않아야 한다.
② 외함의 전선 접촉부분은 고무 등으로 밀폐되어 물과 먼지 등이 들어가지 않도록 한다.
③ 과부하방지장치와 타 방호장치는 기능에 서로 장애를 주지 않도록 부착할 수 있는 구조이어야 한다.
④ 방호장치의 기능을 정지 및 제거할 때 양중기의 기능이 동시에 원활하게 작동하는 구조이며 정지해서는 안 된다.

과부하 방지장치의 기능을 제거하였을 때 작동시킬 수 없는 구조이어야 한다.

60. 프레스기의 SPM(stroke per minute)이 200이고, 클러치의 맞물림 개소수가 6인 경우 양수기동식 방호장치의 안전거리는?

① 120mm ② 200mm
③ 320mm ④ 400mm

$$\mathrm{Tm}=\left(\frac{1}{\text{클러치 물림개소수}}+\frac{1}{2}\right)\times\frac{60000}{\text{매분행정수}}$$
$$\therefore \mathrm{Tm}=\left(\frac{1}{6}+\frac{1}{2}\right)\times\frac{60000}{200}=200$$
$$D=(\text{안전거리})=1.6\times\mathrm{Tm}=1.6\times200=320$$

■■■ **제4과목 전기위험방지기술**

61. 폭발한계에 도달한 메탄가스가 공기에 혼합되었을 경우 착화한계전압(V)은 약 얼마인가? (단, 메탄의 착화최소에너지는 0.2mJ, 극간용량은 10pF으로 한다.)

① 6325 ② 5225
③ 4135 ④ 3035

$E=\frac{1}{2}CV^2$ 이므로
$$V=\sqrt{\frac{2E}{C}}=\sqrt{\frac{2\times(0.2\times10^{-3})}{10\times10^{-12}}}=6325[\mathrm{V}]$$

62. $Q=2\times10^{-7}\mathrm{C}$으로 대전하고 있는 반경 25cm 도체구의 전위(kV)는 약 얼마인가?

① 7.2 ② 12.5
③ 14.4 ④ 25

$$E=\frac{Q_1Q_2}{4\pi\epsilon_0\times r}=9\times10^9\times\frac{Q}{r}=9\times10^9\times\frac{2\times10^{-7}}{0.25}=7200\mathrm{V}$$

63. 다음 중 누전차단기를 시설하지 않아도 되는 전로가 아닌 것은? (단, 전로는 금속제 외함을 가지는 사용전압이 50V를 초과하는 저압의 기계기구에 전기를 공급하는 전로이며 기계기구에는 사람이 쉽게 접촉할 우려가 있다.)

① 기계기구를 건조한 장소에 시설하는 경우
② 기계기구가 고무, 합성수지, 기타 절연물로 피복된 경우
③ 대지전압 200V 이하인 기계기구를 물기가 있는 곳 이외의 곳에 시설하는 경우
④ 「전기용품 및 생활용품 안전관리법」의 적용을 받는 이중절연구조의 기계기구를 시설하는 경우

감전방지용 누전차단기 설치장소
1. 대지전압이 150볼트를 초과하는 이동형 또는 휴대형 전기기계·기구
2. 물 등 도전성이 높은 액체가 있는 습윤장소에서 사용하는 저압용 전기기계·기구
3. 철판·철골 위 등 도전성이 높은 장소에서 사용하는 이동형 또는 휴대형 전기기계·기구
4. 임시배선의 전로가 설치되는 장소에서 사용하는 이동형 또는 휴대형 전기기계·기구

참고 누전차단기를 설치하지 않아도 되는 경우
1. 「전기용품안전관리법」에 따른 이중절연구조 또는 이와 동등 이상으로 보호되는 전기기계·기구
2. 절연대 위 등과 같이 감전위험이 없는 장소에서 사용하는 전기기계·기구
3. 비접지방식의 전로

참고 산업안전보건기준에 관한 규칙 제304조【누전차단기에 의한 감전방지】

해답 59 ④ 60 ③ 61 ① 62 ① 63 ③

64. 고압전로에 설치된 전동기용 고압전류 제한퓨즈의 불용단전류의 조건은?

① 정격전류 1.3배의 전류로 1시간 이내에 용단되지 않을 것
② 정격전류 1.3배의 전류로 2시간 이내에 용단되지 않을 것
③ 정격전류 2배의 전류로 1시간 이내에 용단되지 않을 것
④ 정격정류 2배의 전류로 2시간 이내에 용단되지 않을 것

과전류차단기로 시설하는 퓨즈 중 고압전로에 사용하는 포장 퓨즈(퓨즈 이외의 과전류 차단기와 조합하여 하나의 과전류 차단기로 사용하는 것을 제외한다)는 정격전류의 1.3배의 전류에 견디고 또한 2배의 전류로 120분 안에 용단되는 것이어야 한다.

참고 한국전기설비규정 【고압 및 특고압 전로 중의 과전류차단기의 시설】

65. 누전차단기의 시설방법 중 옳지 않은 것은?

① 시설장소는 배전반 또는 분전반 내에 설치한다.
② 정격전류용량은 해당 전로의 부하전류 값 이상이어야 한다.
③ 정격감도전류는 정상의 사용상태에서 불필요하게 동작하지 않도록 한다.
④ 인체감전보호형은 0.05초 이내에 동작하는 고감도 고속형이어야 한다.

물기 있는 장소 이외의 장소에 시설하는 저압용의 개별 기계기구에 전기를 공급하는 전로에 「전기용품 및 생활용품 안전관리법」의 적용을 받는 인체감전보호용 누전차단기(정격감도전류가 30mA 이하, 동작시간이 0.03초 이하의 전류동작형에 한한다)를 시설하는 경우가 해당된다.

참고 한국전기설비규정 1장 【공통사항】

66. 정전기 방지대책 중 적합하지 않는 것은?

① 대전서열이 가급적 먼 것으로 구성한다.
② 카본 블랙을 도포하여 도전성을 부여한다.
③ 유속을 저감 시킨다.
④ 도전성 재료를 도포하여 대전을 감소시킨다.

대전서열이 멀수록 정전기 발생량은 증가한다.

67. 다음 중 방폭전기기기의 구조별 표시방법으로 틀린 것은?

① 내압방폭구조 : p
② 본질안전방폭구조 : ia, ib
③ 유입방폭구조 : o
④ 안전증방폭구조 : e

전기설비의 방폭구조의 종류(표시방법)

1. 내압방폭구조(d)	2. 압력방폭구조(p)
3. 충전방폭구조(q)	4. 유입방폭구조(o)
5. 안전증방폭구조(e)	6. 본질안전방폭구조(ia, ib)
7. 몰드방폭구조(m)	8. 비점화방폭구조(n)

68. 내전압용절연장갑의 등급에 따른 최대사용전압이 틀린 것은? (단, 교류 전압은 실효값이다.)

① 등급 00 : 교류 500V
② 등급 1 : 교류 7500V
③ 등급 2 : 직류 17000V
④ 등급 3 : 직류 39750V

절연장갑의 등급

등 급	최대사용전압	
	교류(V, 실효값)	직류(V)
00	500	750
0	1,000	1,500
1	7,500	11,250
2	17,000	25,500
3	26,500	39,750
4	36,000	54,000

참고 보호구 안전인증 고시 별표3 【내전압용절연장갑의 성능기준】

해답 64 ② 65 ④ 66 ① 67 ① 68 ③

69. 저압전로의 절연성능에 관한 설명으로 적합하지 않는 것은?

① 전로의 사용전압이 SELV 및 PELV일 때 절연저항은 0.5MΩ 이상이어야 한다.
② 전로의 사용전압이 FELV일 때 절연저항은 1.0 MΩ 이상이어야 한다.
③ 전로의 사용전압이 FELV일 때 DC 시험 전압은 500V이다.
④ 전로의 사용전압이 600V일 때 절연저항은 1.5 MΩ 이상이어야 한다.

전기사용 장소의 사용전압이 저압인 전로의 전선 상호간 및 전로와 대지 사이의 절연저항은 개폐기 또는 과전류차단기로 구분할 수 있는 전로마다 다음 표에서 정한 값 이상이어야 한다.

전로의 사용전압 (V)	DC 시험전압 (V)	절연 저항 (MΩ)
SELV 및 PELV	250	0.5
FELV, 500V 이하	500	1.0
500V 초과	1,000	1.0

[주] 특별저압(extra low voltage : 2차 전압이 AC 50V, DC 120V 이하)으로 SELV(비접지회로 구성) 및 PELV(접지회로 구성)은 1차와 2차가 전기적으로 절연된 회로, FELV는 1차와 2차가 전기적으로 절연되지 않은 회로

참고 전기설비기술기준 제52조【저압전로의 절연성능】

70. 다음 중 0종 장소에 사용될 수 있는 방폭구조의 기호는?

① Ex ia ② Ex ib
③ Ex d ④ Ex e

위험장소의 방폭구조 선정

위험장소	해당방폭구조
0종 장소	본질안전 방폭구조(ia)
1종 장소	본질안전(ia 또는 ib), 내압(d), 압력(p), 유입(o), 안전증(e), 몰드안전(m) 방폭구조
2종 장소	본질안전(ia 또는 ib), 내압(d), 압력(p), 유입(o), 특수(s), 안전증(e), 몰드안전(m), 비점화(n) 방폭구조

71. 다음 중 전기화재의 주요 원인이라고 할 수 없는 것은?

① 절연전선의 열화 ② 정전기 발생
③ 과전류 발생 ④ 절연저항값의 증가

④항, 절연저항값을 증가시키는 것은 전기화재의 예방 대책이다.

72. 배전선로에 정전작업 중 단락 접지기구를 사용하는 목적으로 가장 적합한 것은?

① 통신선 유도 장해 방지
② 배전용 기계 기구의 보호
③ 배전선 통전 시 전위경도 저감
④ 혼촉 또는 오동작에 의한 감전방지

전기기기등이 다른 노출 충전부와의 접촉, 유도 또는 예비동력원의 역송전 등으로 전압이 발생할 우려가 있는 경우에는 충분한 용량을 가진 단락 접지기구를 이용하여 접지할 것

참고 산업안전보건기준에 관한 규칙 제319조【정전전로에서의 전기작업】

73. 어느 변전소에서 고장전류가 유입되었을 때 도전성 구조물과 그 부근 지표상의 점과의 사이(약 1m)의 허용접촉전압은 약 몇 V인가? (단, 심실세동전류 : $I_k = \dfrac{0.165}{\sqrt{t}}\,\mathrm{A}$, 인체의 저항 : 1000Ω, 지표면의 저항률 : 150Ω·m, 통전시간을 1초로 한다.)

① 164 ② 186
③ 202 ④ 228

허용접촉전압$(E) = \left(R_b + \dfrac{3\rho_s}{2}\right) \times I_k$

R_b : 인체의 저항(Ω)
ρ_s : 지표 상층 저항률(Ω·m), 고정시간을 1초로 할 때
I_k : 심실세동전류

$$E = \left(R_b + \frac{3\rho}{2}\right) I_K = \left(1000 + \frac{3 \times 150}{2}\right) \times \frac{0.165}{\sqrt{1}} = 202.13$$

해답 69 ④ 70 ① 71 ④ 72 ④ 73 ③

74. **방폭 기기 그룹에 관한 설명으로 틀린 것은?**

① 그룹 Ⅰ, 그룹 Ⅱ, 그룹 Ⅲ가 있다.
② 그룹 Ⅰ의 기기는 폭발성 갱내 가스에 취약한 광산에서의 사용을 목적으로 한다.
③ 그룹 Ⅱ의 세부 분류로 ⅡA, ⅡB, ⅡC가 있다.
④ ⅡA로 표시된 기기는 그룹 ⅡB기기를 필요로 하는 지역에 사용할 수 있다.

방폭기기 중 내압방폭구조, 본질안전방폭구조 및 비점화방폭구조(nC, nL)는 전기기기 대상 가스 또는 증기의 분류에 따라 ⅡA, ⅡB와 ⅡC로 세부 분류하며, 가스 및 증기 그룹은 내압방폭구조에 대한 최대 실험안전틈새 및 본질안전방폭구조에 대한 최소 점화전류비에 따라 분류함 또한, ⅡB로 표시된 전기기기는 ⅡA 전기기기를 필요로 하는 지역에 사용할 수 있으며, ⅡC로 표시된 전기기기는 ⅡA 또는 ⅡB 전기기기를 필요로 하는 지역에 사용할 수 있음

참고 방호장치 안전인증 고시 별표6 【가스·증기방폭구조인 전기기기의 일반성능기준】

75. **한국전기설비규정에 따라 피뢰설비에서 외부피뢰시스템의 수뢰부시스템으로 적합하지 않는 것은?**

① 돌침 ② 수평도체
③ 메시도체 ④ 환상도체

"수뢰부시스템(Air-termination System)"이란 낙뢰를 포착할 목적으로 돌침, 수평도체, 메시도체 등과 같은 금속 물체를 이용한 외부피뢰시스템의 일부를 말한다.

참고 한국전기설비규정 1장 【공통사항】

76. **정전기 재해의 방지를 위하여 배관 내 액체의 유속 제한이 필요하다. 배관의 내경과 유속 제한 값으로 적절하지 않은 것은?**

① 관내경(mm) : 25, 제한유속(m/s) : 6.5
② 관내경(mm) : 50, 제한유속(m/s) : 3.5
③ 관내경(mm) : 100, 제한유속(m/s) : 2.5
④ 관내경(mm) : 200, 제한유속(m/s) ; 1.8

관경과 유속제한 값

관 내 경 D		유속V (m/초)	v^2	v^2D
(inch)	(m)			
0.5	0.01	8	64	0.64
1	0.025	4.9	24	0.6
2	0.05	3.5	12.25	0.61
4	0.1	2.5	6.25	0.63
8	0.2	1.8	3.25	0.64
16	0.4	1.3	1.6	0.67
24	0.6	1.0	1.0	0.6

77. **지락이 생긴 경우 접촉상태에 따라 접촉전압을 제한할 필요가 있다. 인체의 접촉상태에 따른 허용접촉전압을 나타낸 것으로 다음 중 옳지 않은 것은?**

① 제1종 : 2.5V 이하
② 제2종 : 25V 이하
③ 제3종 : 35V 이하
④ 제4종 : 제한 없음

허용접촉전압

종별	접촉상태	허용접촉전압
제1종	• 인체의 대부분이 수중에 있는 상태	2.5V
제2종	• 인체가 현저히 젖어있는 상태 • 금속성의 전기기계장치나 구조물에 인체의 일부가 상시 접촉되어 있는 상태	25V 이하
제3종	• 제1종 및 제2종 이외의 경우로써 통상의 인체상태에 있어서 접촉전압이 가해지면 위험성이 높은 상태	50V 이하
제4종	• 제3종의 경우로써 위험성이 낮은 상태 • 접촉전압이 가해질 위험이 없는 경우	제한없음

78. **계통접지로 적합하지 않는 것은?**

① TN계통 ② TT계통
③ IN계통 ④ IT계통

저압전로의 보호도체 및 중성선의 접속 방식에 따라 접지계통은 다음과 같이 분류한다.
1. TN 계통
2. TT 계통
3. IT 계통

해답 74 ④ 75 ④ 76 ① 77 ③ 78 ③

79. 정전기 발생에 영향을 주는 요인이 아닌 것은?

① 물체의 분리속도 ② 물체의 특성
③ 물체의 접촉시간 ④ 물체의 표면상태

정전기의 발생요인
1. 물질의 특성
2. 물질의 분리속도
3. 물질의 표면상태
4. 물체의 분리력
5. 접촉면적 및 압력

80. 정전기재해의 방지대책에 대한 설명으로 적합하지 않는 것은?

① 접지의 접속은 납땜, 용접 또는 멈춤나사로 실시한다.
② 회전부품의 유막저항이 높으면 도전성의 윤활제를 사용한다.
③ 이동식의 용기는 절연성 고무제 바퀴를 달아서 폭발위험을 제거한다.
④ 폭발의 위험이 있는 구역은 도전성 고무류로 바닥 처리를 한다.

이동식 용기는 주입 시의 유속에 주의하고 접지등을 실시하여 폭발 위험을 제거한다.

■■■ 제5과목 화학설비위험방지기술

81. 산업안전보건법령상 특수화학설비를 설치할 때 내부의 이상상태를 조기에 파악하기 위하여 필요한 계측장치를 설치하여야 한다. 이러한 계측장치로 거리가 먼 것은?

① 압력계 ② 유량계
③ 온도계 ④ 비중계

특수화학설비를 설치하는 경우에는 내부의 이상 상태를 조기에 파악하기 위하여 필요한 온도계·유량계·압력계 등의 계측장치를 설치하여야 한다.

참고 산업안전보건기준에 관한 규칙 제273조【계측장치 등의 설치】

82. 불연성이지만 다른 물질의 연소를 돕는 산화성 액체 물질에 해당하는 것은?

① 히드라진 ② 과염소산
③ 벤젠 ④ 암모니아

과염소산($HClO_4$)은 산화성물질로 그 자체로는 연소하지 않더라도, 일반적으로 산소를 발생시켜 다른 물질을 연소시키거나 연소를 촉진하는 물질이다.

83. 아세톤에 대한 설명으로 틀린 것은?

① 증기는 유독하므로 흡입하지 않도록 주의해야 한다.
② 무색이고 휘발성이 강한 액체이다.
③ 비중이 0.79이므로 물보다 가볍다.
④ 인화점이 20℃이므로 여름철에 인화 위험이 더 높다.

아세톤의 인화점은 -17℃ 이다.

84. 화학물질 및 물리적 인자의 노출기준에서 정한 유해인자에 대한 노출기준의 표시단위가 잘못 연결된 것은?

① 에어로졸 : ppm
② 증기 : ppm
③ 가스 : ppm
④ 고온 : 습구흑구온도지수(WBGT)

분진 및 미스트 등 에어로졸(Aerosol)의 노출기준 표시단위는 세제곱미터당 밀리그램(mg/m^3)을 사용한다.

참고 화학물질 및 물리적 인자의 노출기준 제11조【표시단위】

해답 79 ③ 80 ③ 81 ④ 82 ② 83 ④ 84 ①

85. 다음 [표]를 참조하여 메탄 70vol%, 프로판 21vol%, 부탄 9vol%인 혼합가스의 폭발범위를 구하면 약 몇 vol%인가?

가스	폭발하한계 (vol%)	폭발상한계 (vol%)
C_4H_{10}	1.8	8.4
C_3H_8	2.1	9.5
C_2H_6	3.0	12.4
CH_4	5.0	15.0

① 3.45~9.11　　② 3.45~12.58
③ 3.85~9.11　　④ 3.85~12.58

1. 하한계 $L=\dfrac{100}{\dfrac{70}{5}+\dfrac{21}{2.1}+\dfrac{9}{1.8}}=3.45$
2. 상한계 $L=\dfrac{100}{\dfrac{70}{15}+\dfrac{21}{9.5}+\dfrac{9}{8.4}}=12.58$

86. 산업안전보건법령상 위험물질의 종류를 구분할 때 다음 물질들이 해당하는 것은?

리튬, 칼륨·나트륨, 황, 황린, 황화인·적린

① 폭발성 물질 및 유기과산화물
② 산화성 액체 및 산화성 고체
③ 물반응성 물질 및 인화성 고체
④ 급성 독성 물질

물반응성 물질 및 인화성 고체의 종류
1. 리튬
2. 칼륨·나트륨
3. 황
4. 황린
5. 황화인·적린
6. 셀룰로이드류
7. 알킬알루미늄·알킬리튬
8. 마그네슘 분말
9. 금속 분말(마그네슘 분말은 제외한다)
10. 알칼리금속(리튬·칼륨 및 나트륨은 제외한다)
11. 유기 금속화합물(알킬알루미늄 및 알킬리튬은 제외한다)
12. 금속의 수소화물
13. 금속의 인화물
14. 칼슘 탄화물, 알루미늄 탄화물

87. 제1종 분말소화약제의 주성분에 해당하는 것은?

① 사염화탄소　　② 브롬화메탄
③ 수산화암모늄　　④ 탄산수소나트륨

분말소화약제의 종류

종류	주성분
제1종	탄산수소나트륨($NaHCO_3$)
제2종	탄산수소칼륨($KHCO_3$)
제3종	제1인산암모늄($NH_4H_2PO_4$)
제4종	요소와 탄화칼륨의 반응물 ($KHCO_3+(NH_2)_2CO$)

88. 탄화칼슘이 물과 반응하였을 때 생성물을 옳게 나타낸 것은?

① 수산화칼슘 + 아세틸렌
② 수산화칼슘 + 수소
③ 염화칼슘 + 아세틸렌
④ 염화칼슘 + 수소

탄화칼슘은 물과 반응하여 수산화칼슘과 아세틸렌을 발생시킨다.
$CaC_2+2H_2O \rightarrow Ca(OH)_2+C_2H_2$

89. 다음 중 분진 폭발의 특징으로 옳은 것은?

① 가스폭발보다 연소시간이 짧고, 발생 에너지가 작다.
② 압력의 파급속도보다 화염의 파급속도가 빠르다.
③ 가스폭발에 비하여 불완전 연소의 발생이 없다.
④ 주위의 분진에 의해 2차, 3차의 폭발로 파급될 수 있다.

①항, 가스폭발보다 연소시간은 짧으나 발생에너지는 크다.
②항, 화염의 파급속도보다 압력의 파급속도가 빠르다.
③항, 분진 폭발은 불완전 연소를 일으키기 쉽다.

해답 85 ② 86 ③ 87 ④ 88 ① 89 ④

90. 가연성 가스 A의 연소범위를 2.2~9.5vol%라 할 때 가스 A의 위험도는 얼마인가?

① 2.52　② 3.32
③ 4.91　④ 5.64

A 가스의 위험도= $\frac{9.5-2.2}{2.2}=3.32$

91. 다음 중 증기배관내에 생성된 증기의 누설을 막고 응축수를 자동적으로 배출하기 위한 안전장치는?

① Steam trap　② Vent stack
③ Blow down　④ Flame arrester

증기배관 내에 생기는 응축수(Drain)는 송기상(送氣上) 지장이 되므로 제거할 필요가 있다.
Steamdraft(Steam trap)는 응축수를 자동적으로 배출하기 위한 장치이다.

92. CF_3Br 소화약제의 하론 번호를 옳게 나타낸 것은?

① 하론 1031　② 하론 1311
③ 하론 1301　④ 하론 1310

할론(Halon)의 표시방법
Halon ○ ○ ○ ○
↑ ↑ ↑ ↑
C F Cl Br의 수
Halon 1301 : CF_3Br

93. 산업안전보건법령에 따라 공정안전보고서에 포함해야 할 세부내용 중 공정안전자료에 해당하지 않는 것은?

① 안전운전지침서
② 각종 건물·설비의 배치도
③ 유해하거나 위험한 설비의 목록 및 사양
④ 위험설비의 안전설계·제작 및 설치관련 지침서

참고 공정안전자료의 세부내용
1. 취급·저장하고 있거나 취급·저장하려는 유해·위험물질의 종류 및 수량
2. 유해·위험물질에 대한 물질안전보건자료
3. 유해·위험설비의 목록 및 사양
4. 유해·위험설비의 운전방법을 알 수 있는 공정도면
5. 각종 건물·설비의 배치도
6. 폭발위험장소 구분도 및 전기단선도
7. 위험설비의 안전설계·제작 및 설치 관련 지침서

참고 산업안전보건법 시행규칙 제50조【공정안전보고서의 세부내용 등】

94. 산업안전보건법령상 단위공정시설 및 설비로부터 다른 단위공정 시설 및 설비 사이의 안전거리는 설비의 바깥 면부터 얼마 이상이 되어야 하는가?

① 5m　② 10m
③ 15m　④ 20m

단위공정시설 및 설비로부터 다른 단위공정시설 및 설비의 사이의 안전거리는 설비의 외면으로부터 10m 이상이어야 한다.

95. 자연발화 성질을 갖는 물질이 아닌 것은?

① 질화면　② 목탄분말
③ 아마인유　④ 과염소산

과염소산($HClO_4$)은 산화성물질로 그 자체로는 연소하지 않더라도, 일반적으로 산소를 발생시켜 다른 물질을 연소시키거나 연소를 촉진하는 물질이다.

96. 다음 중 왕복펌프에 속하지 않는 것은?

① 피스톤 펌프　② 플런저 펌프
③ 기어 펌프　④ 격막 펌프

기어펌프는 회전식 펌프중 하나이다.

해답 90 ② 91 ① 92 ③ 93 ① 94 ② 95 ④ 96 ③

97. 두 물질을 혼합하면 위험성이 커지는 경우가 아닌 것은?

① 이황화탄소+물　　② 나트륨+물
③ 과산화나트륨+염산　　④ 염소산칼륨+적린

이황화탄소(CS_2)
액체는 물보다 무거우며 독성이 있다. 저장 시 탱크를 물속에 넣어 저장한다.
비수용성, 가연성 증기 발생을 억제하기 위해 물탱크에 저장한다.

98. 5% NaOH 수용액과 10% NaOH 수용액을 반응기에 혼합하여 6% 100kg의 NaOH 수용액을 만들려면 각각 몇 kg의 NaOH 수용액이 필요한가?

① 5% NaOH 수용액: 33.3, 10% NaOH 수용액: 66.7
② 5% NaOH 수용액: 50, 10% NaOH 수용액: 50
③ 5% NaOH 수용액: 66.7, 10% NaOH 수용액: 33.3
④ 5% NaOH 수용액: 80, 10% NaOH 수용액: 20

$5\%\times x+10\%\times y=6\%\times 100$에서,
$x+y=100,\ y=100-x,$
$5\times x+10\times(100-x)=6\times 100$
이므로 5% NaOH 수용액은 80이 되고, 10% NaOH 수용액은 20이 된다.

99. 다음 중 노출기준(TWA, ppm) 값이 가장 작은 물질은?

① 염소　　② 암모니아
③ 에탄올　　④ 메탄올

①항, 염소 : 1ppm
②항, 암모니아 : 25ppm
③항, 에탄올 : 1000ppm
④항, 메탄올 : 200ppm

100. 산업안전보건법령에 따라 위험물 건조설비 중 건조실을 설치하는 건축물의 구조를 독립된 단층 건물로 하여야 하는 건조설비가 아닌 것은?

① 위험물 또는 위험물이 발생하는 물질을 가열·건조하는 경우 내용적이 $2m^3$인 건조설비
② 위험물이 아닌 물질을 가열·건조하는 경우 액체연료의 최대사용량이 5kg/h인 건조설비
③ 위험물이 아닌 물질을 가열·건조하는 경우 기체연료의 최대사용량이 $2m^3/h$인 건조설비
④ 위험물이 아닌 물질을 가열·건조하는 경우 전기사용 정격용량이 20kW인 건조설비

사업주는 다음 어느 하나에 해당하는 위험물건조설비 중 건조실을 설치하는 건축물의 구조는 독립된 단층건물로 하여야 한다. 다만, 당해 건조실을 건축물의 최상층에 설치하거나 건축물이 내화구조인 때에는 그러하지 아니하다.
1. 위험물을 가열·건조하는 경우 내용적이 1세제곱미터 이상인 건조설비
2. 위험물이 아닌 물질을 가열·건조하는 경우로서 다음 각목의 1의 용량에 해당하는 건조설비
(1) 고체 또는 액체연료의 최대사용량이 시간당 10킬로그램 이상
(2) 기체연료의 최대사용량이 시간당 1세제곱미터 이상
(3) 전기사용 정격용량이 10킬로와트 이상

참고 산업안전보건기준에 관한 규칙 제280조【위험물건조설비를 설치하는 건축물의 구조】

제6과목 건설안전기술

101. 부두·안벽 등 하역작업을 하는 장소에서 부두 또는 안벽의 선을 따라 통로를 설치하는 경우에는 폭을 최소 얼마 이상으로 하여야 하는가?

① 85cm　　② 90cm
③ 100cm　　④ 120cm

부두 또는 안벽의 선을 따라 통로를 설치하는 때에는 폭을 90cm 이상으로 할 것

참고 산업안전보건기준에 관한 규칙 제390조【하역작업장의 조치기준】

해답 97 ① 98 ④ 99 ① 100 ② 101 ②

102. 다음은 산업안전보건법령에 따른 산업안전보건관리비의 사용에 관한 규정이다. ( ) 안에 들어갈 내용을 순서대로 옳게 작성한 것은?

> 건설공사도급인은 고용노동부장관이 정하는 바에 따라 해당 건설공사를 위하여 계상된 산업안전보건관리비를 그가 사용하는 근로자와 그의 관계수급인이 사용하는 근로자의 산업재해 및 건강장해 예방에 사용하고, 그 사용명세서를 ( ) 작성하고 건설공사 종료 후 ( )간 보존해야 한다.

① 매월, 6개월　　② 매월, 1년
③ 2개월 마다, 6개월　　④ 2개월 마다, 1년

건설공사도급인은 산업안전보건관리비를 사용하는 해당 건설공사의 금액이 4천만원 이상인 때에는 고용노동부장관이 정하는 바에 따라 매월 사용명세서를 작성하고, 건설공사 종료 후 1년 동안 보존해야 한다.

참고 산업안전보건법 시행규칙 제89조【산업안전보건관리비의 사용】

103. 지반의 굴착 작업에 있어서 비가 올 경우를 대비한 직접적인 대책으로 옳은 것은?

① 측구 설치
② 낙하물 방지망 설치
③ 추락 방호망 설치
④ 매설물 등의 유무 또는 상태 확인

사업주는 비가 올 경우를 대비하여 측구(側溝)를 설치하거나 굴착경사면에 비닐을 덮는 등 빗물 등의 침투에 의한 붕괴재해를 예방하기 위하여 필요한 조치를 하여야 한다.

참고 산업안전보건기준에 관한 규칙 제340조【지반의 붕괴 등에 의한 위험방지】

104. 강관틀비계(높이 5m 이상)의 넘어짐을 방지하기 위하여 사용하는 벽이음 및 버팀의 설치간격 기준으로 옳은 것은?

① 수직방향 5m, 수평방향 5m
② 수직방향 6m, 수평방향 7m
③ 수직방향 6m, 수평방향 8m
④ 수직방향 7m, 수평방향 8m

강관틀비계의 벽 이음에 대한 조립간격 기준으로 수직방향 6m, 수평방향 8m 이내이다.

참고 산업안전보건기준에 관한 규칙 제23조제62조【강관틀비계】

105. 굴착공사에 있어서 비탈면붕괴를 방지하기 위하여 실시하는 대책으로 옳지 않은 것은?

① 지표수의 침투를 막기 위해 표면배수공을 한다.
② 지하수위를 내리기 위해 수평배수공을 설치한다.
③ 비탈면 하단을 성토한다.
④ 비탈면 상부에 토사를 적재한다.

비탈면 상부에 토사를 적재하면 무게하중으로 인한 붕괴현상이 발생된다.

참고 비탈면붕괴를 방지하기 위한 대책
1. 지표수의 침투를 막기 위해 표면배수공을 한다.
2. 지하수위를 내리기 위해 수평배수공을 설치한다.
3. 비탈면하단을 성토한다.

106. 강관을 사용하여 비계를 구성하는 경우 준수해야 할 사항으로 옳지 않은 것은?

① 비계기둥의 간격은 띠장 방향에서는 1.85m 이하, 장선(長線) 방향에서는 1.5m 이하로 할 것
② 띠장 간격은 2.0m 이하로 할 것
③ 비계기둥의 제일 윗부분으로부터 31m되는 지점 밑부분의 비계기둥은 3개의 강관으로 묶어 세울 것
④ 비계기둥 간의 적재하중은 400kg을 초과하지 않도록 할 것

비계기둥의 제일 윗부분으로부터 31m되는 지점 밑부분의 비계기둥은 2개의 강관으로 묶어 세울 것. 다만, 브라켓(bracket) 등으로 보강하여 2개의 강관으로 묶을 경우 이상의 강도가 유지되는 경우에는 그러하지 아니하다.

참고 산업안전보건기준에 관한 규칙 제60조 【강관비계의 구조】

해답 102 ② 103 ① 104 ③ 105 ④ 106 ③

107. 다음은 산업안전보건법령에 따른 시스템 비계의 구조에 관한 사항이다. (　) 안에 들어갈 내용으로 옳은 것은?

> 비계 밑단의 수직재와 받침철물은 밀착되도록 설치하고, 수직재와 받침철물의 연결부의 겹침 길이는 받침철물 전체길이의 (　) 이상이 되도록 할 것

① 2분의 1　② 3분의 1
③ 4분의 1　④ 5분의 1

비계 밑단의 수직재와 받침철물은 밀착되도록 설치하고, 수직재와 받침철물의 연결부의 겹침길이는 받침철물 전체길이의 3분의 1 이상이 되도록 할 것

참고 산업안전보건기준에 관한 규칙 제69조【시스템 비계의 구조】

108. 건설현장에서 작업으로 인하여 물체가 떨어지거나 날아올 위험이 있는 경우에 대한 안전조치에 해당하지 않는 것은?

① 수직보호망 설치　② 방호선반 설치
③ 울타리 설치　④ 낙하물 방지망 설치

사업주는 작업으로 인하여 물체가 떨어지거나 날아올 위험이 있는 경우 낙하물 방지망, 수직보호망 또는 방호선반의 설치, 출입금지구역의 설정, 보호구의 착용 등 위험을 방지하기 위하여 필요한 조치를 하여야 한다.

참고 산업안전보건기준에 관한 규칙 제14조【낙하물에 의한 위험의 방지】

109. 흙막이 가시설 공사 중 발생할 수 있는 보일링(Boiling) 현상에 관한 설명으로 옳지 않은 것은?

① 이 현상이 발생하면 흙막이 벽의 지지력이 상실된다.
② 지하수위가 높은 지반을 굴착할 때 주로 발생한다.
③ 흙막이벽의 근입장 깊이가 부족할 경우 발생한다.
④ 연약한 점토지반에서 굴착면의 융기로 발생한다.

보일링 현상은 점토지반이 아닌 사질토지반의 이상 현상이다.

110. 거푸집동바리 등을 조립하는 경우에 준수해야 할 기준으로 옳지 않은 것은?

① 동바리의 상하 고정 및 미끄러짐 방지조치를 하고, 하중의 지지상태를 유지한다.
② 강재와 강재의 접속부 및 교차부는 볼트·클램프 등 전용철물을 사용하여 단단히 연결한다.
③ 파이프서포트를 제외한 동바리로 사용하는 강관은 높이 2m 마다 수평연결재를 2개 방향으로 만들고 수평연결재의 변위를 방지할 것
④ 동바리로 사용하는 파이프서포트는 4개 이상 이어서 사용하지 않도록 할 것

동바리로 사용하는 파이프 서포트는 3개 이상이어서 사용하지 않도록 할 것

참고 산업안전보건기준에 관한 규칙 제332조【거푸집동바리등의 안전조치】

111. 장비가 위치한 지면보다 낮은 장소를 굴착하는 데 적합한 장비는?

① 트럭크레인　② 파워셔블
③ 백호　④ 진폴

백호우(back hoe)는 기계가 위치한 지면보다 낮은 장소를 굴착하는데 적합하고 연약지반과 비교적 굳은 지반의 토질에서도 사용 가능한 장비이다.

112. 건설공사도급인은 건설공사 중에 가설구조물의 붕괴 등 산업재해가 발생할 위험이 있다고 판단되면 건축·토목 분야의 전문가의 의견을 들어 건설공사 발주자에게 해당 건설공사의 설계변경을 요청할 수 있는데, 이러한 가설구조물의 기준으로 옳지 않은 것은?

① 높이 20m 이상인 비계
② 작업발판 일체형 거푸집 또는 높이 6m 이상인 거푸집 동바리
③ 터널의 지보공 또는 높이 2m 이상인 흙막이 지보공
④ 동력을 이용하여 움직이는 가설구조물

해답 107 ② 108 ③ 109 ④ 110 ④ 111 ③ 112 ①

설계변경 요청이 가능한 가설구조물
1. 높이 31미터 이상인 비계
2. 작업발판 일체형 거푸집 또는 높이 6미터 이상인 거푸집 동바리[타설(打設)된 콘크리트가 일정 강도에 이르기까지 하중 등을 지지하기 위하여 설치하는 부재(部材)]
3. 터널의 지보공(支保工: 무너지지 않도록 지지하는 구조물) 또는 높이 2미터 이상인 흙막이 지보공
4. 동력을 이용하여 움직이는 가설구조물

참고 산업안전보건법 시행령 제58조【설계변경 요청 대상 및 전문가의 범위】

113. 콘크리트 타설 시 안전수칙으로 옳지 않은 것은?

① 타설순서는 계획에 의하여 실시하여야 한다.
② 진동기는 최대한 많이 사용하여야 한다.
③ 콘크리트를 치는 도중에는 거푸집, 지보공 등의 이상유무를 확인하여야 한다.
④ 손수레로 콘크리트를 운반할 때에는 손수레를 타설하는 위치까지 천천히 운반하여 거푸집에 충격을 주지 아니하도록 타설하여야 한다.

진동기는 적절히 사용되어야 하며, 지나친 진동은 거푸집 도괴의 원인이 될 수 있으므로 각별히 주의하여야 한다.

114. 산업안전보건법령에 따른 작업발판 일체형 거푸집에 해당되지 않는 것은?

① 갱 폼(Gang Form)
② 슬립 폼(Slip Form)
③ 유로 폼(Euro Form)
④ 클라이밍 폼(Climbing Form)

"작업발판 일체형 거푸집"이란 거푸집의 설치·해체, 철근 조립, 콘크리트 타설, 콘크리트 면처리 작업 등을 위하여 거푸집을 작업발판과 일체로 제작하여 사용하는 거푸집으로서 다음 각 호의 거푸집을 말한다.
1. 갱 폼(gang form)
2. 슬립 폼(slip form)
3. 클라이밍 폼(climbing form)
4. 터널 라이닝 폼(tunnel lining form)
5. 그밖에 거푸집과 작업발판이 일체로 제작된 거푸집 등

참고 산업안전보건기준에 관한 규칙 제337조 【작업발판 일체형 거푸집의 안전조치】

115. 터널 지보공을 조립하는 경우에는 미리 그 구조를 검토한 후 조립도를 작성하고, 그 조립도에 따라 조립하도록 하여야 하는데 이 조립도에 명시하여야할 사항과 가장 거리가 먼 것은?

① 이음방법 ② 단면규격
③ 재료의 재질 ④ 재료의 구입처

터널 지보공의 조립도에는 재료의 재질, 단면규격, 설치간격 및 이음방법 등을 명시하여야 한다.

참고 산업안전보건기준에 관한 규칙 제363조【조립도】

116. 산업안전보건법령에 따른 건설공사 중 다리 건설공사의 경우 유해위험방지계획서를 제출하여야 하는 기준으로 옳은 것은?

① 최대 지간길이가 40m 이상인 다리의 건설등 공사
② 최대 지간길이가 50m 이상인 다리의 건설등 공사
③ 최대 지간길이가 60m 이상인 다리의 건설등 공사
④ 최대 지간길이가 70m 이상인 다리의 건설등 공사

유해위험방지계획서 제출 대상 공사
1. 지상높이가 31미터 이상인 건축물 또는 인공구조물
 ① 연면적 3만제곱미터 이상인 건축물
 ② 연면적 5천제곱미터 이상인 시설로서 다음의 어느 하나에 해당하는 시설
  1) 문화 및 집회시설(전시장 및 동물원·식물원은 제외한다)
  2) 판매시설, 운수시설(고속철도의 역사 및 집배송시설은 제외한다)
  3) 종교시설
  4) 의료시설 중 종합병원
  5) 숙박시설 중 관광숙박시설
  6) 지하도상가
  7) 냉동·냉장 창고시설
2. 연면적 5천제곱미터 이상인 냉동·냉장 창고시설의 설비공사 및 단열공사
3. 최대 지간(支間)길이(다리의 기둥과 기둥의 중심사이의 거리)가 50미터 이상인 다리의 건설등 공사
4. 터널의 건설등 공사
5. 다목적댐, 발전용댐, 저수용량 2천만톤 이상의 용수 전용 댐 및 지방상수도 전용 댐의 건설등 공사
6. 깊이 10미터 이상인 굴착공사

참고 산업안전보건법 시행령 제42조【유해위험방지계획서 제출 대상】

해답 113 ② 114 ③ 115 ④ 116 ②

117. 가설통로 설치에 있어 경사가 최소 얼마를 초과하는 경우에는 미끄러지지 아니하는 구조로 하여야 하는가?

① 15도　② 20도
③ 30도　④ 40도

경사가 15°를 초과하는 경우에는 미끄러지지 아니하는 구조로 할 것

참고 산업안전보건기준에 관한 규칙 제23조 【가설통로의 구조】

118. 굴착과 싣기를 동시에 할 수 있는 토공기계가 아닌 것은?

① 트랙터 셔블(tractor shovel)
② 백호(back hoe)
③ 파워 셔블(power shovel)
④ 모터 그레이더(motor grader)

모터 그레이더(Motor grader)는 토공 기계의 대패라고 하며, 지면을 절삭하여 평활하게 다듬는 것이 목적이다. 이 장비는 노면의 성형, 정지용 기계이므로 굴착이나 흙을 운반하는 것이 주된 작업이지만 하수구 파기, 경사면 다듬기, 제방작업, 제설작업, 아스팔트 포장재료 배합 등의 작업을 할 수도 있다.

119. 강관틀 비계를 조립하여 사용하는 경우 준수하여야 할 사항으로 옳지 않은 것은?

① 비계기둥의 밑둥에는 밑받침 철물을 사용할 것
② 높이가 20m를 초과하거나 중량물의 적재를 수반하는 작업을 할 경우에는 주틀 간의 간격을 1.8m 이하로 할 것
③ 주틀 간에 교차 가새를 설치하고 최하층 및 3층 이내마다 수평재를 설치할 것
④ 길이가 띠장 방향으로 4m 이하이고 높이가 10m를 초과하는 경우에는 10m 이내마다 띠장 방향으로 버팀기둥을 설치할 것

주틀 간에 교차 가새를 설치하고 최상층 및 5층 이내마다 수평재를 설치할 것

참고 산업안전보건기준에 관한 규칙 제62조 【강관틀비계】

120. 산업안전보건법령에 따른 양중기의 종류에 해당하지 않는 것은?

① 고소작업차　② 이동식 크레인
③ 승강기　④ 리프트(Lift)

양중기의 종류
1. 크레인[호이스트(hoist)를 포함한다.]
2. 이동식 크레인
3. 리프트(이삿짐운반용 리프트의 경우에는 적재하중이 0.1톤 이상인 것으로 한정한다)
4. 곤돌라
5. 승강기

참고 산업안전보건기준에 관한 규칙 제132조 【양중기】

해답 117 ① 118 ④ 119 ③ 120 ①

2021 과년도 출제문제

■■■ 제1과목 안전관리론

1. 안전점검표(체크리스트) 항목 작성 시 유의사항으로 틀린 것은?

① 정기적으로 검토하여 설비나 작업방법이 타당성 있게 개조된 내용일 것
② 사업장에 적합한 독자적 내용을 가지고 작성할 것
③ 위험성이 낮은 순서 또는 긴급을 요하는 순서대로 작성할 것
④ 점검항목을 이해하기 쉽게 구체적으로 표현할 것

③항, 위험성이 높은 순서 또는 긴급을 요하는 순서대로 작성할 것

2. 안전교육에 있어서 동기부여방법으로 가장 거리가 먼 것은?

① 책임감을 느끼게 한다.
② 관리감독을 철저히 한다.
③ 자기 보존본능을 자극한다.
④ 물질적 이해관계에 관심을 두도록 한다.

②항, 관리감독을 철저히 하는 것은 외적인 관리방법으로 개인의 동기부여 발생과는 거리가 멀다.

3. 교육과정 중 학습경험조직의 원리에 해당하지 않는 것은?

① 기회의 원리
② 계속성의 원리
③ 계열성의 원리
④ 통합성의 원리

타일러의 학습경험조직의 원리
1. 계속성의 원리
2. 계열성의 원리
3. 통합성의 원리

4. 근로자 1000명 이상의 대규모 사업장에 적합한 안전관리 조직의 유형은?

① 직계식 조직
② 참모식 조직
③ 병렬식 조직
④ 직계참모식 조직

안전관리조직의 적용 시에 적합한 규모
1. 직계식 조직 : 100명 미만 소규모 사업장
2. 참모식 조직 : 100~1000명 중규모 사업장
3. 직계참모식 조직 : 1000명 이상 대규모 사업장

5. 산업안전보건법령상 안전보건표지의 종류와 형태 중 관계자 외 출입금지에 해당하지 않는 것은?

① 관리대상물질 작업장
② 허가대상물질 작업장
③ 석면취급 · 해체 작업장
④ 금지대상물질의 취급 실험실

출입금지 표지의 종류
1. 허가대상 유해물질 취급 작업장
2. 석면 제조, 사용, 해체 · 제거 작업장
3. 금지유해물질 제조 · 사용설비가 설치된 장소

참고 산업안전보건법 시행규칙 별표7【안전보건표지의 종류별 용도, 설치 · 부착장소, 형태 및 색채】

6. 산업안전보건법령상 명시된 타워크레인을 사용하는 작업에서 신호업무를 하는 작업 시 특별교육 대상 작업별 교육 내용이 아닌 것은? (단, 그 밖에 안전 · 보건관리에 필요한 사항은 제외한다.)

① 신호방법 및 요령에 관한 사항
② 걸고리 · 와이어로프 점검에 관한 사항
③ 화물의 취급 및 안전작업방법에 관한 사항
④ 인양물이 적재될 지반의 조건, 인양하중, 풍압 등이 인양물과 타워크레인에 미치는 영향

해답 1 ③ 2 ② 3 ① 4 ④ 5 ① 6 ②

타워크레인을 사용하는 작업시 신호업무를 하는 작업의 특별교육 내용
- 타워크레인의 기계적 특성 및 방호장치 등에 관한 사항
- 화물의 취급 및 안전작업방법에 관한 사항
- 신호방법 및 요령에 관한 사항
- 인양 물건의 위험성 및 낙하 · 비래 · 충돌재해 예방에 관한 사항
- 인양물이 적재될 지반의 조건, 인양하중, 풍압 등이 인양물과 타워크레인에 미치는 영향
- 그 밖에 안전 · 보건관리에 필요한 사항

참고 산업안전보건법 시행규칙 별표5【안전보건교육 교육대상별 교육내용】

7. 보호구 안전인증 고시 상 추락방지대가 부착된 안전대 일반구조에 관한 내용 중 틀린 것은?

① 죔줄은 합성섬유로프를 사용해서는 안된다.
② 고정된 추락방지대의 수직구명줄은 와이어로프 등으로 하며 최소지름이 8mm 이상이어야 한다.
③ 수직구명줄에서 걸이설비와의 연결부위는 훅 또는 카라비너 등이 장착되어 걸이설비와 확실히 연결되어야 한다.
④ 추락방지대를 부착하여 사용하는 안전대는 신체지지의 방법으로 안전그네만을 사용하여야 하며 수직구명줄이 포함되어야 한다.

①항, 죔줄은 합성섬유로프, 웨빙, 와이어로프 등일 것

참고 보호구 안전인증 고시 별표9【 안전대의 성능기준】

8. 하인리히 재해 구성 비율 중 무상해사고가 600건이라면 사망 또는 중상 발생 건수는?

① 1　　② 2
③ 29　　④ 58

하인리히 재해구성비율은 1(사망 또는 중상) : 29(경상) : 300(무상해)원칙이므로,
1 (사망 또는 중상) : 300(무상해사고) X: 600 으로 정리할 수 있다.
여기서 $X=\frac{1\times600}{300}=2$

9. 재해사례연구 순서로 옳은 것은?

재해 상황의 파악 → (㉠) → (㉡) → 근본적 문제점의 결정 → (㉢)

① ㉠ 문제점의 발견, ㉡ 대책수립, ㉢ 사실의 확인
② ㉠ 문제점의 발견, ㉡ 사실의 확인, ㉢ 대책수립
③ ㉠ 사실의 확인, ㉡ 대책수립, ㉢ 문제점의 발견
④ ㉠ 사실의 확인, ㉡ 문제점의 발견, ㉢ 대책수립

재해사례연구의 진행단계
1. 전제조건 : 재해상황(현상)의 파악
2. 1단계 : 사실의 확인
3. 2단계 : 문제점 발견
4. 3단계 : 근본적 문제점 결정
5. 4단계 : 대책의 수립

10. 강의식 교육지도에서 가장 많은 시간을 소비하는 단계는?

① 도입　　② 제시
③ 적용　　④ 확인

강의식 및 토의식 강의시간 배분

교육법의 4단계	강의식	토의식
1단계-도입	5분	5분
2단계-제시	40분	10분
3단계-적용	10분	40분
4단계-확인	5분	5분

11. 위험예지훈련 4단계의 진행 순서를 바르게 나열한 것은?

① 목표설정 → 현상파악 → 대책수립 → 본질추구
② 목표설정 → 현상파악 → 본질추구 → 대책수립
③ 현상파악 → 본질추구 → 대책수립 → 목표설정
④ 현상파악 → 본질추구 → 목표설정 → 대책수립

위험예지훈련 4R(라운드) 기법
1. 1R(1단계) – 현상파악 : 사실(위험요인)을 파악하는 단계
2. 2R(2단계) – 본질추구 : 위험요인 중 위험의 포인트를 결정하는 단계(지적확인)
3. 3R(3단계) – 대책수립 : 대책을 세우는 단계
4. 4R(4단계) – 목표설정 : 행동계획(중점 실시항목)를 정하는 단계

해답 7 ① 8 ② 9 ④ 10 ② 11 ③

12. 레윈(Lewin.K)에 의하여 제시된 인간의 행동에 관한 식을 올바르게 표현한 것은? (단, B는 인간의 행동, P는 개체, E는 환경, f는 함수관계를 의미한다.)

① $B = f(P \cdot E)$ ② $B = f(P+1)^E$
③ $P = E \cdot f(B)$ ④ $E = f(P \cdot B)$

Lewin. K의 법칙
Lewin은 인간의 행동(B)은 그 사람이 가진 자질 즉, 개체(P)와 심리학적 환경(E)과의 상호 함수관계에 있다고 하였다.

$$\therefore B = f(P \cdot E)$$

여기서, B : behavior(인간의 행동)
f : function(함수관계)
P : person(개체 : 연령, 경험, 심신상태, 성격, 지능 등)
E : environment(심리적 환경 : 인간관계, 작업환경 등)

13. 산업안전보건법령상 근로자에 대한 일반 건강진단의 실시 시기 기준으로 옳은 것은?

① 사무직에 종사하는 근로자 1년에 1회 이상
② 사무직에 종사하는 근로자 2년에 1회 이상
③ 사무직외의 업무에 종사하는 근로자 6월에 1회 이상
④ 사무직외의 업무에 종사하는 근로자 2년에 1회 이상

사업주는 상시 사용하는 근로자 중 사무직에 종사하는 근로자(공장 또는 공사현장과 같은 구역에 있지 않은 사무실에서 서무·인사·경리·판매·설계 등의 사무업무에 종사하는 근로자를 말하며, 판매업무 등에 직접 종사하는 근로자는 제외한다)에 대해서는 2년에 1회 이상, 그 밖의 근로자에 대해서는 1년에 1회 이상 일반건강진단을 실시해야 한다.

참고 **산업안전보건법 시행규칙 제197조【일반건강진단의 주기】**

14. 매슬로우(Maslow)의 욕구 5단계 이론 중 안전욕구의 단계는?

① 제1단계 ② 제2단계
③ 제3단계 ④ 제4단계

Maslow의 욕구단계이론
1. 1단계 : 생리적 욕구 – 기아, 갈증, 호흡, 배설, 성욕 등 인간의 가장 기본적인 욕구(종족 보존)
2. 2단계 : 안전욕구 – 안전을 구하려는 욕구(기술적 능력)
3. 3단계 : 사회적 욕구 – 애정, 소속에 대한 욕구(애정적, 친화적 욕구)
4. 4단계 : 인정을 받으려는 욕구 – 자기 존경의 욕구로 자존심, 명예, 성취, 지위에 대한 욕구(포괄적 능력, 승인의 욕구)
5. 5단계 : 자아실현의 욕구 – 잠재적인 능력을 실현하고자 하는 욕구(종합적 능력, 성취욕구)

15. 교육계획 수립 시 가장 먼저 실시하여야 하는 것은?

① 교육내용의 결정
② 실행교육계획서 작성
③ 교육의 요구사항 파악
④ 교육실행을 위한 순서, 방법, 자료의 검토

교육계획의 수립 순서
1. 교육의 요구사항, 필요성 파악
2. 교육대상, 교육내용, 교육방법의 결정
3. 교육실행을 위한 순서, 방법, 자료의 검토
4. 실행교육계획서 작성
5. 교육의 실시
6. 교육성과의 평가

16. 상황성 누발자의 재해유발원인이 아닌 것은?

① 심신의 근심
② 작업의 어려움
③ 도덕성의 결여
④ 기계설비의 결함

재해 누발자의 유형
1. 미숙성 누발자 : 환경에 익숙치 못하거나 기능 미숙으로 인한 재해누발자를 말한다.
2. 소질성 누발자 : 지능·성격·감각운동에 의한 소질적 요소에 의해 결정된다.
3. 상황성 누발자 : 작업의 어려움, 기계설비의 결함, 환경상 주의집중의 혼란, 심신의 근심 등에 의한 것이다.
4. 습관성 누발자 : 재해의 경험으로 신경과민이 되거나 슬럼프(slump)에 빠지기 때문이다.

해답 12 ① 13 ② 14 ② 15 ③ 16 ③

17. 인간의 의식 수준을 5단계로 구분할 때 의식이 몽롱한 상태의 단계는?

① Phase Ⅰ　② Phase Ⅱ
③ Phase Ⅲ　④ Phase Ⅳ

의식 레벨의 단계분류

단계	의식의 상태	주의 작용	생리적 상태	신뢰성
0	무의식, 실신	없음	수면, 뇌발작	0
Ⅰ	정상 이하, 의식 몽롱함	부주의	피로, 단조, 졸음, 술취함	0.99 이하
Ⅱ	정상, 이완상태	수동적 마음이 안쪽으로 향함	안정기거, 휴식시 정례작업시	0.99~0.99999 이하
Ⅲ	정상, 상쾌한 상태	능동적 앞으로 향하는 의시야도 넓다.	적극 활동시	0.999999 이상
Ⅳ	의식과잉 (초긴장, 과긴장상태)	일점 집중, 판단 정지	긴급 방위반응, 당황해서 panic	0.9 이하

18. 산업안전보건법령상 사업장에서 산업재해 발생 시 사업주가 기록 보존하여야 하는 사항을 모두 고른 것은? (단, 산업재해조사표와 요양신청서의 사본은 보존하지 않았다.)

> ㄱ. 사업장의 개요 및 근로자의 인적사항
> ㄴ. 재해 발생의 일시 및 장소
> ㄷ. 재해 발생의 원인 및 과정
> ㄹ. 재해 재발방지 계획

① ㄱ, ㄹ
② ㄴ, ㄷ, ㄹ
③ ㄱ, ㄴ, ㄷ
④ ㄱ, ㄴ, ㄷ, ㄹ

산업재해조사표의 작성항목
1. 사업장 정보
2. 재해정보(근로자의 인적사항)
3. 재해발생개요 및 원인
4. 재발방지계획

참고 산업안전보건법 시행규칙 별지 제30호 【산업재해조사표】

19. A사업장의 조건이 다음과 같을 때 A사업장에서 연간재해발생으로 인한 근로손실일수는?

> [조건]
> • 강도율 : 0.4
> • 근로자 수 : 1000명
> • 연근로시간수 : 2400시간

① 480　② 720
③ 960　④ 1440

강도율= $\dfrac{\text{근로손실일수}}{\text{연평균근로총시간수}} \times 10^3$ 이므로,

근로손실일수= $\dfrac{\text{강도율} \times \text{연평균근로총시간수}}{10^3}$

$= \dfrac{0.4 \times 1000 \times 2400}{10^3} = 960$

연평균근로총시간수=근로자수×2400
※ 1인당 연평균 근로시간수=1일8시간×1개월25일×12개월=2400

20. 무재해운동의 이념 중 선취의 원칙에 대한 설명으로 옳은 것은?

① 사고의 잠재요인을 사후에 파악하는 것
② 근로자 전원이 일체감을 조성하여 참여하는 것
③ 위험요소를 사전에 발견, 파악하여 재해를 예방 또는 방지하는 것
④ 관리감독자 또는 경영층에서의 자발적 참여로 안전 활동을 촉진하는 것

무재해운동 이념 3원칙
- 무의 원칙 : 무재해란 단순히 사망 재해, 휴업재해만 없으면 된다는 소극적인 사고(思考)가 아니라 불휴 재해는 물론 일체의 잠재위험 요인을 사전에 발견, 파악, 해결함으로서 근원적으로 산업재해를 없애는 것이다.
- 참가의 원칙 : 참가란 작업에 따르는 잠재적인 위험요인을 발견, 해결하기 위하여 전원이 일일이 협력하여 각각의 처지에서 할 생각(의욕)으로 문제해결 등을 실천하는 것을 뜻한다.
- 선취 해결의 원칙 : 선취란 궁극의 목표로서의 무재해, 무질병의 직장을 실현하기 위하여 일체의 직장의 위험요인을 행동하기 전에 발견, 파악, 해결하여 재해를 예방하거나 방지하는 것을 말한다.

해답 17 ① 18 ④ 19 ③ 20 ③

■■■ 제2과목 인간공학 및 시스템안전공학

21. 다음 상황은 인간실수의 분류 중 어느 것에 해당하는가?

> 전자기기 수리공이 어떤 제품의 분해·조립과정을 거쳐서 수리를 마친 후 부품 하나가 남았다.

① time error ② omission error
③ command error ④ extraneous error

Human Error의 심리적 분류
1. omission error : 필요한 task(작업) 또는 절차를 수행하지 않는 데 기인한 과오
2. time error : 필요한 task 또는 절차의 불확실한 수행으로 인한 과오
3. commission error : 필요한 task나 절차의 불확실한 수행으로 인한 과오로서 작위 오류(作僞 誤謬, commission)에 해당된다.
4. sequential error : 필요한 task나 절차의 순서착오로 인한 과오
5. extraneous error : 불필요한 task 또는 절차를 수행함으로서 기인한 과오

22. 스트레스의 영향으로 발생된 신체 반응의 결과인 스트레인(strain)을 측정하는 척도가 잘못 연결된 것은?

① 인지적 활동 – EEG
② 육체적 동적 활동 – GSR
③ 정신 운동적 활동 – EOG
④ 국부적 근육 활동 – EMG

②항, 육체적 동적 근력작업에는 에너지대사량, 산소소비량 및 CO_2 배출량 등과 호흡량, 맥박수, 근전도 등을 측정한다. GSR은 피부전기반사 측정으로 작업부하의 정신적 부담도와 피로를 측정한다.

23. 일반적인 시스템의 수명곡선(욕조곡선)에서 고장형태 중 증가형 고장률을 나타내는 기간으로 옳은 것은?

① 우발 고장기간 ② 마모 고장기간
③ 초기 고장기간 ④ Burn-in 고장기간

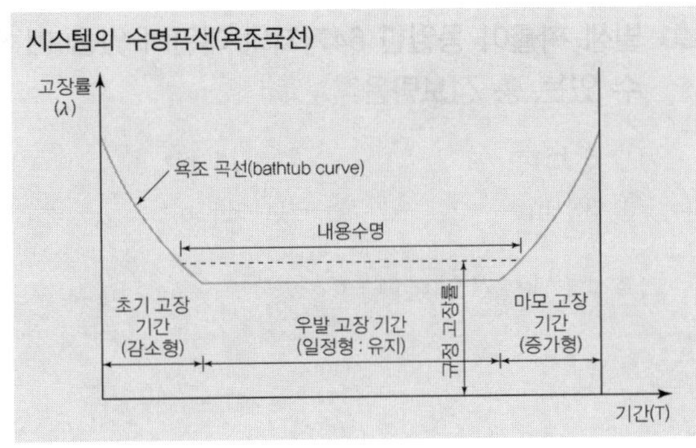

24. 청각적 표시장치의 설계 시 적용하는 일반 원리에 대한 설명으로 틀린 것은?

① 양립성이란 긴급용 신호일 때는 낮은 주파수를 사용하는 것을 의미한다.
② 검약성이란 조작자에 대한 입력신호는 꼭 필요한 정보만을 제공하는 것이다.
③ 근사성이란 복잡한 정보를 나타내고자 할 때 2단계의 신호를 고려하는 것이다.
④ 분리성이란 두 가지 이상의 채널을 듣고 있다면 각 채널의 주파수가 분리되어 있어야 한다는 의미이다.

①항, 양립성이란 인간의 기대와 모순되지 않는 성질을 의미하고, 종류로는 개념적, 공간적, 운동양립성이 있다. 긴급용 신호가 낮은 주파수를 사용하는 것은 신호를 먼 곳까지 보내기 위함이다.

25. FTA에 대한 설명으로 가장 거리가 먼 것은?

① 정성적 분석만 가능
② 하향식(top-down) 방법
③ 복잡하고 대형화된 시스템에 활용
④ 논리게이트를 이용하여 도해적으로 표현하여 분석하는 방법

FTA는 고장이나 재해요인의 정성적 분석뿐만 아니라 개개의 요인이 발생하는 확률을 얻을 수가 있어 정량적 예측이 가능하다.

해답 21 ② 22 ② 23 ② 24 ① 25 ①

26. 발생 확률이 동일한 64가지의 대안이 있을 때 얻을 수 있는 총 정보량은?

① 6 bit ② 16 bit
③ 32 bit ④ 64 bit

정보량$=\log_2 H=\log_2 64=6$

27. 인간-기계 시스템의 설계 과정을 [보기]와 같이 분류할 때 다음 중 인간, 기계의 기능을 할당하는 단계는?

[보기]
1단계 시스템의 목표와 성능명세 결정
2단계 시스템의 정의
3단계 기본 설계
4단계 인터페이스 설계
5단계 보조물 설계 혹은 편의수단 설계
6단계 평가

① 기본 설계
② 인터페이스 설계
③ 시스템의 목표와 성능명세 결정
④ 보조물 설계 혹은 편의수단 설계

기본설계란 시스템의 개발 단계 중 시스템의 형태를 갖추기 시작하는 단계로서 인간 · 하드웨어 · 소프트웨어의 기능 할당, 인간 성능 요건 명세, 직무분석, 작업설계 등의 활동을 하는 단계이다.

28. FT도에서 최소 컷셋을 올바르게 구한 것은?

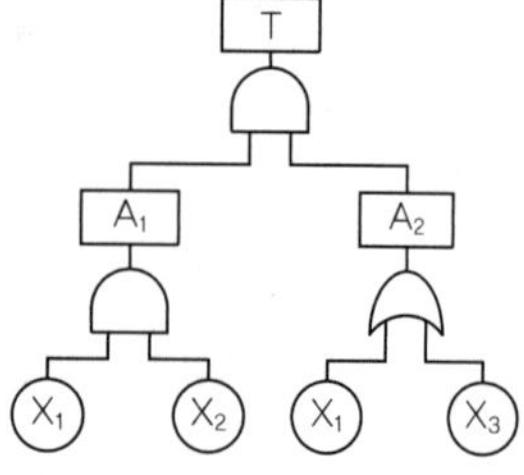

① (X1, X2) ② (X2, X3)
③ (X1, X3) ④ (X1, X2, X3)

$T\rightarrow[A_1, A_2]\rightarrow[X_1, X_2, A_2]\rightarrow\begin{bmatrix}X_1, X_2, X_1\\X_1, X_2, X_3\end{bmatrix}$

미니멀 컷셋 $[X_1, X_2]$

29. 일반적으로 인체측정치의 최대집단치를 기준으로 설계하는 것은?

① 선반의 높이
② 공구의 크기
③ 출입문의 크기
④ 안내 데스크의 높이

최대집단치 설계원칙이란 대상집단의 최대치 또는 최소치를 제한요소로 한 설계
1. 조종장치까지의 거리 : 여성 5백분위수를 기준으로 설계
2. 출입문, 탈출구, 통로의 경우 남성 95백분위수를 기준으로 설계

참고 인체계측 자료의 응용원칙

종 류	내 용
최대치수와 최소치수	최대 치수 또는 최소치수를 기준으로 하여 설계
조절범위(조절식)	체격이 다른 여러 사람에 맞도록 만드는 것 (보통 집단 특성치의 5%치~95%치까지의 90%조절범위를 대상)
평균치를 기준으로 한 설계	최대치수나 최소치수, 조절식으로 하기가 곤란할 때 평균치를 기준으로 하여 설계

30. 인간공학의 궁극적인 목적과 가장 관계가 깊은 것은?

① 경제성 향상
② 인간 능력의 극대화
③ 설비의 가동을 향상
④ 안전성 및 효율성 향상

인간공학의 목표
1. 안전성 향상과 사고방지(에러 감소)
2. 생산성 증대
3. 안전성 향상
4. 작업환경의 쾌적성

해답 26 ① 27 ① 28 ① 29 ③ 30 ④

31. '화재 발생'이라는 시작(초기)사상에 대하여, 화재감지기, 화재 경보, 스프링클러 등의 성공 또는 실패 작동여부와 그 확률에 따른 피해 결과를 분석하는데 가장 적합한 위험 분석 기법은?

① FTA ② ETA
③ FHA ④ THERP

> **ETA(event tree analysis)분석법**
> 디시전 트리(Decision Tree)를 재해사고의 분석에 이용한 경우의 분석법이며, 설비의 설계 단계에서부터 사용 단계까지의 각 단계에서 위험을 분석하는 귀납적, 정량적 분석 방법

32. 여러 사람이 사용하는 의자의 좌판 높이 설계 기준으로 옳은 것은?

① 5% 오금높이 ② 50% 오금높이
③ 75% 오금높이 ④ 95% 오금높이

> **의자 좌판의 높이**
> 좌판 앞부분은 대퇴를 압박하지 않도록 오금 높이보다 높지 않아야 한다. 이 때 치수는 **5%치 이상**되는 모든 사람을 수용할 수 있게 선택하고, 신발의 뒤꿈치가 수 cm를 더한다는 점을 고려해야 한다.

33. FTA에서 사용되는 사상기호 중 결합사상을 나타낸 기호로 옳은 것은?

①
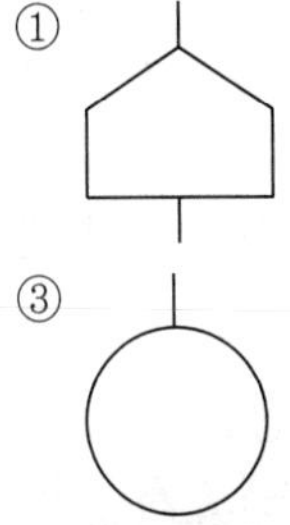

②
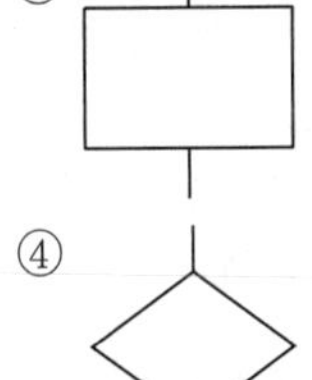

③

④

> ①항 – 통상사상
> ②항 – 결함사상
> ③항 – 기본사상
> ④항 – 이하 생략사상

34. 기술개발과정에서 효율성과 위험성을 종합적으로 분석 · 판단할 수 있는 평가방법으로 가장 적절한 것은?

① Risk Assessment
② Risk Management
③ Safety Assessment
④ Technology Assessment

> Technology Assessment는 새롭게 개발된 기술을 적용할 때 생기는 효율성과 새롭게 나타날 수 있는 위험성을 분석 · 평가하는 방식을 말한다.

35. 자동차를 타이어가 4개인 하나의 시스템으로 볼 때, 타이어 1개가 파열될 확률이 0.01 이라면, 이 자동차의 신뢰도는 약 얼마인가?

① 0.91 ② 0.93
③ 0.96 ④ 0.99

> 자동차의 신뢰도$=1-[1-(1-0.01)]^4=0.96$

36. 다음 그림에서 명료도 지수는?

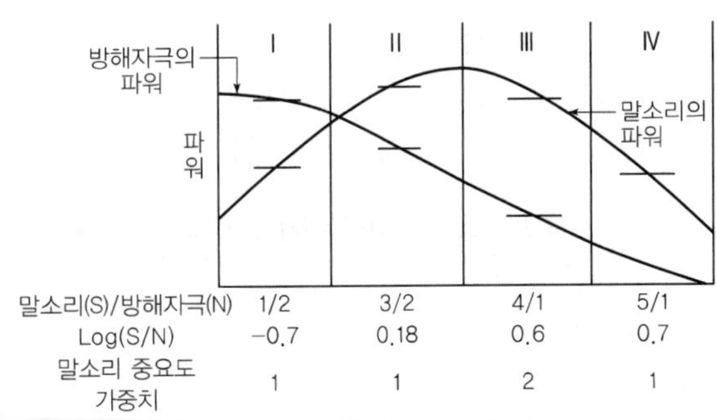

① 0.38 ② 0.68
③ 1.38 ④ 5.68

> 명료도지수=(0.7×1)+(0.18×1)+(0.6×2)+(0.7×1)=1.38

해답 31 ② 32 ① 33 ② 34 ④ 35 ③ 36 ③

37. **정보수용을 위한 작업자의 시각 영역에 대한 설명으로 옳은 것은?**

① 판별시야-안구운동만으로 정보를 주시하고 순간적으로 특정정보를 수용할 수 있는 범위
② 유효시야-시력, 색판별 등의 시각 기능이 뛰어나며 정밀도가 높은 정보를 수용할 수 있는 범위
③ 보조시야-머리부분의 운동이 안구운동을 돕는 형태로 발생하며 무리 없이 주시가 가능한 범위
④ 유도시야-제시된 정보의 존재를 판별할 수 있는 정도의 식별능력 밖에 없지만 인간의 공간좌표 감각에 영향을 미치는 범위

시야의 범위
1. 판별시야 : 주시하고 있는 부분의 주변에서 대상을 정확히 변별할 수 있는 범위
2. 유효시야 : 안구운동만으로 정보를 주시하고 순간적으로 특정정보를 수용할 수 있는 범위
3. 보조시야 : 식별이 거의 불가능하여 고개를 움직여야만 식별범위에 들어오게 하는 범위

38. **FMEA 분석 시 고장평점법의 5가지 평가요소에 해당하지 않는 것은?**

① 고장발생의 빈도
② 신규설계의 가능성
③ 기능적 고장 영향의 중요도
④ 영향을 미치는 시스템의 범위

FMEA 고장 평점을 결정하는 5가지 평가요소
고장등급의 평가(평점)로는 각 Item의 고장 Mode가 어느 정도 치명적인가를 종합적으로 평가하기 위해 중요도 혹은 C를 식을 사용하여 평가한다.

$$C_r = C_1 \cdot C_2 \cdot C_3 \cdot C_4 \cdot C_5$$

여기서, C_1 : 고장영향의 중대도
C_2 : 고장의 발생빈도
C_3 : 고장 검출의 곤란도
C_4 : 고장방지의 곤란도
C_5 : 고장 시정시간의 여유도

39. **건구온도 30℃, 습구온도 35℃ 일 때의 옥스퍼드(Oxford) 지수는?**

① 20.75 ② 24.58
③ 30.75 ④ 34.25

Oxford 지수
WD(습건)지수라고도 하며, 습구, 건구 온도의 가중(加重) 평균치로서 다음과 같이 나타낸다.
WD=0.85W(습구 온도)+0.15d(건구 온도)
=0.85×35+0.15×30=34.25

40. **설비보전에서 평균수리시간을 나타내는 것은?**

① MTBF ② MTTR
③ MTTF ④ MTBP

MTTR(mean time to repair)
총 수리시간을 그 기간의 수리 횟수로 나눈 시간으로 사후보존에 필요한 평균치로서 평균 수리시간은 지수분포를 따른다.

제3과목 기계위험방지기술

41. **산업안전보건법령상 사업장내 근로자 작업환경 중 '강렬한 소음작업'에 해당하지 않는 것은?**

① 85데시벨 이상의 소음이 1일 10시간 이상 발생하는 작업
② 90데시벨 이상의 소음이 1일 8시간 이상 발생하는 작업
③ 95데시벨 이상의 소음이 1일 4시간 이상 발생하는 작업
④ 100데시벨 이상의 소음이 1일 2시간 이상 발생하는 작업

강렬한 소음작업

1일 노출시간(h)	소음강도[dB(A)]
8	90
4	95
2	100
1	105
1/2	110
1/4	115

참고 산업안전보건기준에 관한 규칙 제512조【정의】

해답 37 ④ 38 ② 39 ④ 40 ② 41 ①

42. 산업안전보건법령상 프레스의 작업 시작 전 점검 사항이 아닌 것은?

① 슬라이드 또는 칼날에 의한 위험방지 기구의 기능
② 프레스의 금형 및 고정볼트 상태
③ 전단기의 칼날 및 테이블의 상태
④ 권과방지장치 및 그 밖의 경보장치의 기능

프레스의 작업시작 전 점검사항
1. 클러치 및 브레이크의 기능
2. 크랭크축·플라이휠·슬라이드·연결봉 및 연결 나사의 풀림 여부
3. 1행정 1정지기구·급정지장치 및 비상정지장치의 기능
4. 슬라이드 또는 칼날에 의한 위험방지 기구의 기능
5. 프레스의 금형 및 고정볼트 상태
6. 방호장치의 기능
7. 전단기(剪斷機)의 칼날 및 테이블의 상태

참고 산업안전보건기준에 관한 규칙 별표3 【작업시작 전 점검사항】

43. 동력전달부분의 전방 35cm 위치에 일반 평형보호망을 설치하고자 한다. 보호망의 최대 구멍의 크기는 몇 mm인가?

① 41 ② 45
③ 51 ④ 55

위험점이 전동체인 경우 개구부 간격
$Y=6+0.15X=6+(0.15\times350)=41$
Y : 가드개구부 간격(mm)
X : 가드와 위험점 간의 거리 (mm)

44. 다음 연삭숫돌의 파괴원인 중 가장 적절하지 않은 것은?

① 숫돌의 회전속도가 너무 빠른 경우
② 플랜지의 직경이 숫돌 직경의 1/3이상으로 고정된 경우
③ 숫돌 자체에 균열 및 파손이 있는 경우
④ 숫돌에 과대한 충격을 준 경우

플랜지(flange)의 직경은 숫돌 직경의 1/3 이상인 것이 적당하며, 고정측과 이동측의 직경은 같아야 한다.

참고 연삭숫돌의 파괴원인
1. 숫돌의 회전속도가 너무 빠를 때 발생한다.
2. 숫돌자체에 균열이 있을 때(연삭숫돌을 끼우기 전에 해머로 가볍게 두들겨 보아 균열이 있는가를 조사한다. 균열이 있으면 탁음이 난다)
3. 숫돌의 불균형이나 베어링 마모에 의한 진동이 있을 때
4. 숫돌의 측면을 사용하여 작업할 때
5. 숫돌반경 방향의 온도 변화가 심할 때
6. 작업에 부적당한 숫돌을 사용할 때
7. 숫돌의 치수가 부적당할 때
8. 플랜지가 현저히 작을 때

45. 화물중량이 200kgf, 지게차의 중량이 400kgf, 앞바퀴에서 화물의 무게중심까지의 최단거리가 1m일 때 지게차가 안정되기 위하여 앞바퀴에서 지게차의 무게중심까지 최단거리는 최소 몇 m를 초과해야하는가?

① 0.2m ② 0.5m
③ 1m ④ 2m

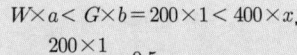

$W\times a < G\times b = 200\times1 < 400\times x$,

$x=\dfrac{200\times1}{400}=0.5$

여기서, W: 화물 중량(kg)
G : 차량의 중량(kg)
a : 전차륜에서 하물의 중심까지의 최단거리(m)
b : 전차륜에서 차량의 중심까지의 최단거리(m)

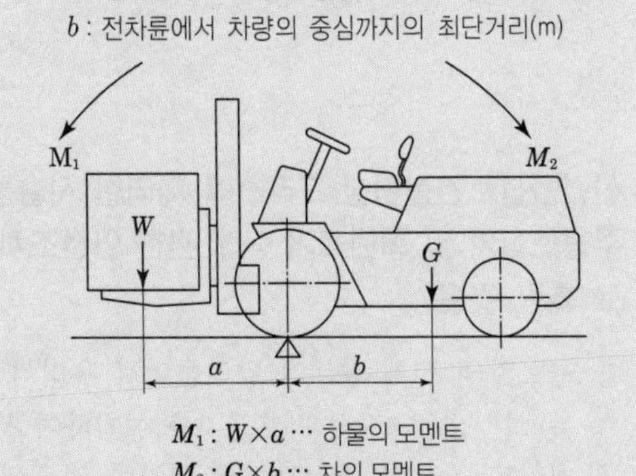

$M_1 : W\times a$ … 하물의 모멘트
$M_2 : G\times b$ … 차의 모멘트

[지게차의 안정성]

해답 42 ④ 43 ① 44 ② 45 ②

46. 산업안전보건법령상 압력용기에서 안전인증된 파열판에 안전인증 표시 외에 추가로 나타내어야 하는 사항이 아닌 것은?

① 분출차(%) ② 호칭지름
③ 용도(요구성능) ④ 유체의 흐름방향 지시

안전인증 파열판에는 안전인증의 표시 외에 다음의 내용을 추가로 표시해야 한다.
- 호칭지름
- 용도(요구성능)
- 설정파열압력(MPa) 및 설정온도(℃)
- 분출용량(kg/h) 또는 공칭분출계수
- 파열판의 재질
- 유체의 흐름방향 지시

참고 방호장치 안전인증 고시 별표4 【파열판의 성능기준】

47. 선반에서 일감의 길이가 지름에 비하여 상당히 길 때 사용하는 부속품으로 절삭 시 절삭저항에 의한 일감의 진동을 방지하는 장치는?

① 칩 브레이커 ② 척 커버
③ 방진구 ④ 실드

방진구(work rest)
일감의 길이가 외경에 비하여 상당히 길 때 절삭저항에 의한 일감의 진동을 방지하기 위해 사용하는 것으로 일감의 길이가 직경의 12~20배 일 때 사용한다.

48. 산업안전보건법령상 프레스를 제외한 사출성형기 · 주형조형기 및 형단조기 등에 관한 안전조치 사항으로 틀린 것은?

① 근로자의 신체 일부가 말려들어갈 우려가 있는 경우에는 양수조작식 방호장치를 설치하여 사용한다.
② 게이트 가드식 방호장치를 설치할 경우에는 연동구조를 적용하여 문을 닫지 않아도 동작할 수 있도록 한다.
③ 사출성형기의 전면에 작업용 발판을 설치할 경우 근로자가 쉽게 미끄러지지 않는 구조여야 한다.
④ 기계의 히터 등의 가열 부위, 감전 우려가 있는 부위에는 방호덮개를 설치하여 사용한다.

1. 사출성형기(射出成形機) · 주형조형기(鑄型造形機) 및 형단조기(프레스등은 제외한다) 등에 근로자의 신체 일부가 말려들어 갈 우려가 있는 경우 게이트가드(gate guard) 는 양수조작식 등에 의한 방호장치, 그밖에 필요한 방호 조치를 하여야 한다.
2. 게이트가드는 닫지 아니하면 기계가 작동되지 아니하는 연동구조(連動構造)여야 한다.
3. 기계의 히터 등의 가열 부위 또는 감전 우려가 있는 부위에는 방호덮개를 설치하는 등 필요한 안전 조치를 하여야 한다.

참고 산업안전보건기준에 관한 규칙 제121조[사출성형기 등의 방호조치]

49. 연강의 인장강도가 420 MPa이고, 허용응력이 140 MPa이라면 안전율은?

① 1 ② 2
③ 3 ④ 4

$$\text{안전계수} = \frac{\text{인장강도}}{\text{허용응력}} = \frac{420(\text{MPa})}{140(\text{MPa})} = 3$$

50. 밀링 작업 시 안전 수칙에 관한 설명으로 틀린 것은?

① 칩은 기계를 정지시킨 다음에 브러시 등으로 제거한다.
② 일감 또는 부속장치 등을 설치하거나 제거할 때는 반드시 기계를 정지시키고 작업한다.
③ 면장갑을 반드시 끼고 작업한다.
④ 강력 절삭을 할 때는 일감을 바이스에 깊게 물린다.

밀링머신 작업 안전수칙
1. 밀링 커터에 작업복의 소매나 작업모가 말려 들어가지 않도록 할 것
2. 칩은 기계를 정지시킨 다음에 브러시로 제거할 것
3. 일감, 커터 및 부속장치 등을 제거할 때 시동레버를 건드리지 않도록 할 것
4. 상하 이송장치의 핸들은 사용 후, 반드시 빼 둘 것
5. 일감 또는 부속장치 등을 설치하거나 제거시킬 때, 또는 일감을 측정할 때에는 반드시 정지시킨 다음에 측정할 것
6. 커터를 교환할 때는 반드시 테이블 위에 목재를 받쳐 놓을 것
7. 커터는 될 수 있는 한 컬럼에 가깝게 설치할 것
8. 테이블이나 아암 위에 공구나 커터 등을 올려놓지 않고 공구대 위에 놓을 것
9. 가공 중에는 손으로 가공면을 점검하지 말 것
10. 강력절삭을 할 때는 일감을 바이스에 깊게 물릴 것
11. 면장갑을 끼지 말 것
12. 밀링작업에서 생기는 칩은 가늘고 예리하며 부상을 입히기 쉬우므로 보안경을 착용할 것

해답 46 ① 47 ③ 48 ② 49 ③ 50 ③

51. 다음 중 프레스기에 사용되는 방호장치에 있어 원칙적으로 급정지 기구가 부착되어야만 사용할 수 있는 방식은?

① 양수조작식　② 손쳐내기식
③ 가드식　④ 수인식

급정지기구가 부착되어 있어야만 유효한 방호장치(마찰식 클러치 부착 프레스)
1. 양수조작식
2. 감응식 방호장치

참고 급정지기구가 부착되어 있지 않아도 유효한 방호장치(확동식 클러치 부착 프레스)
1. 게이트 가드식 방호장치
2. 수인식 방호장치
3. 손쳐내기식 방호장치

52. 산업안전보건법령상 지게차의 최대하중의 2배 값이 6톤일 경우 헤드가드의 강도는 몇 톤의 등분포정하중에 견딜 수 있어야 하는가?

① 4　② 6
③ 8　④ 10

지게차 헤드가드의 강도는 지게차의 최대하중의 2배 값(4톤을 넘는 값에 대해서는 4톤으로 한다)의 등분포정하중(等分布靜荷重)에 견딜 수 있을 것

참고 산업안전보건기준에 관한 규칙 제180조 【헤드가드】

53. 강자성체를 자화하여 표면의 누설자속을 검출하는 비파괴 검사 방법은?

① 방사선 투과 시험
② 인장시험
③ 초음파 탐상 시험
④ 자분 탐상 시험

자분탐상시험(MT : Magnetic dust Test)
강자성체(Fe, Ni, Co 및 그 합금)를 자화했을 때 표면이나 표층(표면에서 수mm 이내)에 결함이 있으면 자속선(磁束線)의 흐름이 흩어져 표면에 누설자속이 나타나게 된다. 이 누설자속에 의해 생긴 자장에 자분(磁粉)을 흡착시켜 큰 자분모양으로 나타내어서 육안으로 결함을 검출하는 방법이다.

54. 산업안전보건법령상 보일러 방호장치로 거리가 가장 먼 것은?

① 고저수위 조절장치　② 아우트리거
③ 압력방출장치　④ 압력제한스위치

사업주는 보일러의 폭발사고예방을 위하여 압력방출장치, 압력제한스위치, 고저수위조절장치, 화염검출기 등의 기능이 정상적으로 작동될 수 있도록 유지 · 관리하여야 한다.

참고 산업안전보건기준에 관한 규칙 제119조 【폭발위험의 방지】

55. 산업안전보건법령상 아세틸렌 용접장치에 관한 설명이다. (　　) 안에 공통으로 들어갈 내용으로 옳은 것은?

- 사업주는 아세틸렌 용접장치의 취관 마다 ( )를 설치하여야 한다.
- 사업주는 가스용기가 발생기와 분리되어 있는 아세틸렌 용접장치에 대하여 발생기와 가스용기 사이에 ( )를 설치하여야 한다.

① 분기장치
② 자동발생 확인장치
③ 유수 분리장치
④ 안전기

안전기의 설치
1. 사업주는 아세틸렌 용접장치에 대하여는 그 취관마다 안전기를 설치하여야 한다. 다만, 주관 및 취관에 가장 근접한 분기관마다 안전기를 부착한 때에는 그러하지 아니하다.
2. 사업주는 가스용기가 발생기와 분리되어 있는 아세틸렌 용접장치에 대하여는 발생기와 가스용기 사이에 안전기를 설치하여야 한다.

참고 산업안전보건기준에 관한 규칙 제289조(안전기의 설치)

56. 프레스기의 안전대책 중 손을 금형 사이에 집어넣을 수 없도록 하는 본질적 안전화를 위한 방식(no-hand in die)에 해당하는 것은?

① 수인식　② 광전자식
③ 방호울식　④ 손쳐내기식

해답 51 ① 52 ① 53 ④ 54 ② 55 ④ 56 ③

동력 프레스기에 대한 안전대책

no-hand in die 방식	hand in die 방식
1. 안전울을 부착한 프레스(작업을 위한 개구부를 제외하고 다른 틈새는 8mm 이하) 2. 안전금형을 부착한 프레스(상형과 하형과의 틈새 및 가이드 포스트와 부시와의 틈새는 8mm 이하) 3. 전용 프레스의 도입(작업자의 손을 금형 사이에 넣을 필요가 없도록 부착한 프레스) 4. 자동 프레스의 도입(자동 송급, 배출 장치를 부착한 프레스)	1. 프레스기의 종류, 압력능력, 매분 행정수, 행정의 길이 및 작업방법에 상응하는 방호장치 ㉠ 가드식 방호장치 ㉡ 손쳐내기식 방호장치 ㉢ 수인식 방호장치 2. 프레스기의 정지성능에 상응하는 방호장치 ㉠ 양수조작식 방호장치 ㉡ 감응식 방호장치

57. 회전하는 부분의 접선방향으로 물려 들어갈 위험이 존재하는 점으로 주로 체인, 풀리, 벨트, 기어와 랙 등에서 형성되는 위험점은?

① 끼임점
② 협착점
③ 절단점
④ 접선물림점

기계설비의 위험점 분류
1. 협착점(Squeeze point)
왕복운동을 하는 동작운동과 움직임이 없는 고정부분 사이에 형성되는 위험점
예 프레스, 절단기, 성형기, 조형기, 굽힘기계(bending machine) 등
2. 끼임점(Shear point)
고정부분과 회전하는 운동부분이 함께 만드는 위험점.
예 연삭숫돌과 작업받침대, 교반기의 날개와 하우스, 반복왕복운동을 하는 기계부분 등
3. 절단점(Cutting point)
회전하는 운동부분 자체의 위험이나 운동하는 기계부분 자체의 위험점
4. 물림점(Nip point)
회전하는 두 개의 회전체에는 물려 들어가는 위험성이 존재하는 점
예 롤러기
5. **접선물림점(Tangential point)**
회전하는 부분의 접선방향으로 물려 들어갈 위험이 존재하는 점
예 V벨트, 체인벨트, 평벨트, 기어와 랙의 물림점 등
6. 회전말림점(Trapping point)
회전하는 물체에 작업복 등이 말려드는 위험이 존재하는 점.
예 회전하는 축, 커플링 또는 회전하는 보링머신의 천공공구 등이 있다.

58. 산업안전보건법령상 양중기에 해당하지 않는 것은?

① 곤돌라
② 이동식 크레인
③ 적재하중 0.05톤의 이삿짐운반용 리프트
④ 화물용 엘리베이터

1. 크레인[호이스트(hoist)를 포함한다]
2. 이동식 크레인
3. 리프트(이삿짐운반용 리프트의 경우에는 적재하중이 0.1톤 이상인 것으로 한정한다)
4. 곤돌라
5. 승강기

참고 산업안전보건기준에 관한 규칙 제132조 【양중기】

59. 다음 설명 중 (　　)안에 알맞은 내용은?

> 산업안전보건법령상 롤러기의 급정지장치는 롤러를 무부하로 회전시킨 상태에서 앞면 롤러의 표면속도가 30m/min 미만일 때에는 급정지거리가 앞면 롤러 원주의 ( ) 이내에서 롤러를 정지시킬 수 있는 성능을 보유해야 한다.

① $\frac{1}{4}$　② $\frac{1}{3}$
③ $\frac{1}{2.5}$　④ $\frac{1}{2}$

급정지장치의 성능

앞면 롤러의 표면속도(m/min)	급정지 거리
30 미만	앞면 롤러 원주의 1/3
30 이상	앞면 롤러 원주의 1/2.5

참고 방호장치 자율안전기준 고시 별표3 【롤러기 급정지장치의 성능기준】

해답 57 ④　58 ③　59 ②

60. 산업안전보건법령상 지게차에서 통상적으로 갖추고 있어야 하나, 마스트의 후방에서 화물이 낙하함으로써 근로자에게 위험을 미칠 우려가 없는 때에는 반드시 갖추지 않아도 되는 것은?

① 전조등 ② 헤드가드
③ 백레스트 ④ 포크

사업주는 백레스트(backrest)를 갖추지 아니한 지게차를 사용해서는 아니 된다. 다만, 마스트의 후방에서 화물이 낙하함으로써 근로자가 위험해질 우려가 없는 경우에는 그러하지 아니하다.

참고 산업안전보건기준에 관한 규칙 제181조【백레스트】

■■■ 제4과목 전기위험방지기술

61. 피뢰시스템의 등급에 따른 회전구체의 반지름으로 틀린 것은?

① Ⅰ등급 : 20m ② Ⅱ등급 : 30m
③ Ⅲ등급 : 40m ④ Ⅳ등급 : 60m

피뢰 보호등급별 회전구체 반지름

보호등급	회전구체 반지름(m)
Ⅰ	20
Ⅱ	30
Ⅲ	45
Ⅳ	60

62. 전류가 흐르는 상태에서 단로기를 끊었을 때 여러 가지 파괴작용을 일으킨다. 다음 그림에서 유입차단기의 차단순서와 투입순서가 안전수칙에 가장 적합한 것은?

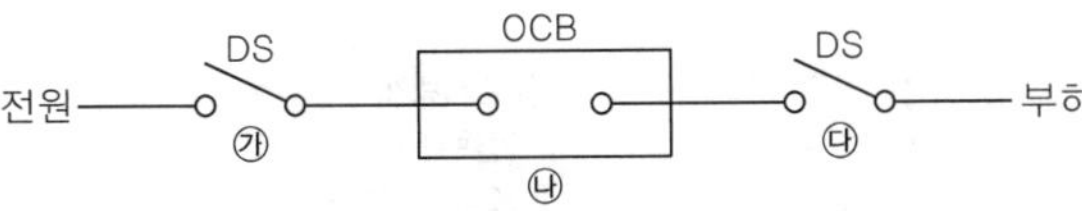

① 차단 : ㉮→㉯→㉰ 투입 : ㉮→㉯→㉰
② 차단 : ㉯→㉰→㉮ 투입 : ㉯→㉰→㉮
③ 차단 : ㉰→㉯→㉮ 투입 : ㉰→㉮→㉯
④ 차단 : ㉯→㉰→㉮ 투입 : ㉰→㉮→㉯

차단 ②→③→①, 투입 ③→①→②

참고 유입 차단기의 작동순서

(a) D.S (b) O.C.B (c) D.S

㉮ 투입 순서 : (c)–(a)–(b)
㉯ 차단 순서 : (b)–(c)–(a)

63. 다음은 무슨 현상을 설명한 것인가?

> 전위차가 있는 2개의 대전체가 특정거리에 접근하게 되면 등전위가 되기 위하여 전하가 절연공간을 깨고 순간적으로 빛과 열을 발생하며 이동하는 현상

① 대전 ② 충전
③ 방전 ④ 열전

방전
대전(帶電)체가 전기를 잃는 현상을 말하며 전위(電位)차가 있는 2개의 대전체가 특정거리에 접근하게 되면 등전위가 되기 위하여 전하가 절연공간을 깨고 순간적으로 흘러가면서 열과 빛 등이 발생되는데 코로나 방전, 글로우 방전, 불꽃방전 등이 있다.

64. 정전기 재해를 예방하기 위해 설치하는 제전기의 제전효율은 설치 시에 얼마 이상이 되어야 하는가?

① 40%이상 ② 50%이상
③ 70%이상 ④ 90%이상

정전기 재해를 예방하기 위해 설치하는 제전기의 제전효율은 90% 이상 되어야 한다.

65. 정전기 화재폭발 원인으로 인체대전에 대한 예방대책으로 옳지 않은 것은?

① Wrist Strap을 사용하여 접지선과 연결한다.
② 대전방지제를 넣은 제전복을 착용한다.
③ 대전방지 성능이 있는 안전화를 착용한다.
④ 바닥 재료는 고유저항이 큰 물질로 사용한다.

바닥 재료는 고유저항이 작은 물질로 사용한다.

해답 60 ③ 61 ③ 62 ④ 63 ③ 64 ④ 65 ④

66. 정격사용률이 30%, 정격2차전류가 300A인 교류아크 용접기를 200 A로 사용하는 경우의 허용사용률(%)은?

① 13.3　　② 67.5
③ 110.3　　④ 157.5

$$허용사용률 = \frac{(정격2차전류[A])^2}{(실제용접작업[A])^2} \times 정격사용률[\%]$$

$$= \frac{(300[A])^2}{(200[A])^2} \times 30 = 67.5$$

참고

$$사용률 = \frac{아크릴발생시간}{아크릴발생시간+무부하시간}$$

67. 피뢰기의 제한 전압이 752kV이고 변압기의 기준충격 절연강도가 1050kV이라면, 보호 여유도(%)는 약 얼마인가?

① 18　　② 28
③ 40　　④ 43

$$보호여유도 = \frac{충격절연강도-제한전압}{제한전압} \times 100$$

$$= \frac{1,050-752}{752} \times 100 = 39.63$$

68. 절연물의 절연불량 주요원인으로 거리가 먼 것은?

① 진동, 충격 등에 의한 기계적 요인
② 산화 등에 의한 화학적 요인
③ 온도상승에 의한 열적 요인
④ 정격전압에 의한 전기적 요인

절연물의 절연불량 요인
1. 진동, 충격 등에 의한 기계적 요인
2. 산화 등에 의한 화학적 요인
3. 온도상승에 의한 열적 요인
4. 높은 이상전압 등에 의한 전기적 요인

69. 고장전류를 차단할 수 있는 것은?

① 차단기(CB)
② 유입 개폐기(OS)
③ 단로기(DS)
④ 선로 개폐기(LS)

차단기(CB)는 전류가 흐르는 상태에서 회로를 개폐하여 단락사고를 막을 수 있는 개폐기이다.

70. 주택용 배선차단기 B타입의 경우 순시동작범위는? (단, I_n는 차단기 정격전류이다.)

① $3I_n$ 초과 ~ $5I_n$ 이하
② $5I_n$ 초과 ~ $10I_n$ 이하
③ $10I_n$ 초과 ~ $15I_n$ 이하
④ $10I_n$ 초과 ~ $20I_n$ 이하

주택용 배선차단기의 순시동작(트립) 범위

형	순시트립범위
B	$3I_n$ 초과 ~ $5I_n$ 이하
C	$5I_n$ 초과 ~ $10I_n$ 이하
D	$10I_n$ 초과 ~ $20I_n$ 이하

1. B, C, D : 순시트립전류에 따른 차단기 분류
2. I_n : 차단기 정격전류

71. 다음 중 방폭 구조의 종류가 아닌 것은?

① 유압 방폭구조(k)
② 내압 방폭구조(d)
③ 본질안전 방폭구조(i)
④ 압력 방폭구조(p)

전기설비의 방폭구조의 종류(표시방법)
1. 내압방폭구조(d)　2. 압력방폭구조(p)
3. 충전방폭구조(q)　4. 유입방폭구조(o)
5. 안전증방폭구조(e)　6. 본질안전방폭구조(ia, ib)
7. 몰드방폭구조(m)　8. 비점화방폭구조(n)

해답 66 ② 67 ③ 68 ④ 69 ① 70 ① 71 ①

72. 동작 시 아크가 발생하는 고압 및 특고압용 개폐기 · 차단기의 이격거리(목재의 벽 또는 천장, 기타 가연성 물체로부터의 거리)의 기준으로 옳은 것은? (단, 사용전압이 35kV 이하의 특고압용의 기구 등으로서 동작할 때에 생기는 아크의 방향과 길이를 화재가 발생할 우려가 없도록 제한하는 경우가 아니다.)

① 고압용 0.8m 이상, 특고압용 1.0m 이상
② 고압용 1.0m 이상, 특고압용 2.0m 이상
③ 고압용 2.0m 이상, 특고압용 3.0m 이상
④ 고압용 3.5m 이상, 특고압용 4.0m 이상

고압 또는 특별고압용 개폐기 · 차단기 · 피뢰기 기타 이와 유사한 기구로서 동작 시 아크가 생기는 것은 목재의 벽 또는 천장 기타의 가연성 물체로부터 고압용 1[m] 이상, 특별고압용 2[m] 이상 떼어 놓아야 한다.

73. 3300/220V, 20kVA 인 3상 변압기로부터 공급받고 있는 저압 전선로의 절연 부분의 전선과 대지 간의 절연저항의 최소값은 약 몇 Ω 인가? (단, 변압기의 저압 측 중성점에 접지가 되어 있다.)

① 1240 ② 2794
③ 4840 ④ 8383

$P=\sqrt{3}\cdot V\cdot I$ 에서

1. $I=\dfrac{P}{\sqrt{3}\cdot V}=I=\dfrac{20\times10^3}{\sqrt{3}\cdot 220[V]}=52.4863$

2. $52.4863\times\dfrac{1}{2000}=0.02624$

3. $R=\dfrac{V}{I}=\dfrac{220[V]}{0.02624}=8383[\Omega]$

74. 감전사고로 인한 전격사의 메카니즘으로 가장 거리가 먼 것은?

① 흉부수축에 의한 질식
② 심실세동에 의한 혈액순환기능의 상실
③ 내장파열에 의한 소화기계통의 기능 상실
④ 호흡중추신경 마비에 따른 호흡기능 상실

감전사망의 종류

감전사망의 종류	내용
(1) 심실세동에 의한 사망	• 전류가 인체를 통과하면 심장이 정상적인 맥동을 하지 못하고 불규칙적 세동을 하여 혈액순환이 원활하지 못하여 사망을 하는 경우 • 통전시간이 길어지면 낮은 전류에도 사망을 한다.
(2) 호흡정지에 의한 사망	흉부나 뇌의 중추신경에 전류가 흐르면 흉부근육이 수축되고 신경이 마비되어 질식하여 사망하는 경우
(3) 화상에 의한 사망	고압선로에 인체가 접속시 대전류에 의한 아크로 인하여 화상으로 인해 사망하는 경우
(4) 2차 재해	전격에 의한 2차재해로 인해 추락이나 전도로 인한 사망을 하는 경우

75. 욕조나 샤워시설이 있는 욕실 또는 화장실에 콘센트가 시설되어 있다. 해당 전로에 설치된 누전차단기의 정격감도전류와 동작시간은?

① 정격감도전류 15mA 이하, 동작시간 0.01초 이하
② 정격감도전류 15mA 이하, 동작시간 0.03초 이하
③ 정격감도전류 30mA 이하, 동작시간 0.01초 이하
④ 정격감도전류 30mA 이하, 동작시간 0.03초 이하

[산업안전보건기준에 관한 규칙]에서는 감전방지용 누전차단기는 정격감도전류 30mA이하, 동작시간 0.03초로 규정하고 있으며 [전기설비기술기준의 판단기준 제170조]에서는 욕조나 샤워시설이 있는 욕실 또는 화장실 등 인체가 물에 젖어있는 상태에서 전기를 사용하는 장소에 콘센트를 시설하는 경우에는 인체감전보호용 누전차단기(정격감도전류 15 mA 이하, 동작시간 0.03초 이하)를 사용하도록 한다.

76. 50kW, 60Hz 3상 유도전동기가 380V 전원에 접속된 경우 흐르는 전류(A)는 약 얼마인가? (단, 역률은 80%이다.)

① 82.24 ② 94.96
③ 116.30 ④ 164.47

$P=\sqrt{3}\,VI\theta$이므로

$I=\dfrac{P}{\sqrt{3}\times V\times\theta}=\dfrac{50\times10^3}{\sqrt{3}\times380\times0.8}=94.96$

해답 72 ② 73 ④ 74 ③ 75 ② 76 ②

77. 인체저항을 500Ω이라 한다면, 심실세동을 일으키는 위험 한계 에너지는 약 몇 J인가?(단, 심실세동전류값 I= $\frac{165}{\sqrt{T}}$ mA의 Dalziel의 식을 이용하며, 통전시간은 1초로 한다.)

① 11.5　　② 13.6
③ 15.3　　④ 16.2

줄의 법칙(Joule's law)에서 $w = I^2RT$
여기서, w : 위험한계에너지[J]
I : 심실세동전류 값[mA]
R : 전기저항[Ω]
T : 통전시간[초]이다.

$$w = \left(\frac{165}{\sqrt{1}} \times 10^{-3}\right)^2 \times 500 \times 1$$
$$= 13.6\text{w} \cdot \text{s} = 13.6[\text{J}]$$

78. 내압방폭용기 "d"에 대한 설명으로 틀린 것은?

① 원통형 나사 접합부의 체결 나사산 수는 5산 이상이어야 한다.
② 가스/증기 그룹이 ⅡB일 때 내압 접합면과 장애물과의 최소 이격거리는 20 mm이다.
③ 용기 내부의 폭발이 용기 주위의 폭발성 가스 분위기로 화염이 전파되지 않도록 방지하는 부분은 내압방폭 접합부이다.
④ 가스/증기 그룹이 ⅡC일 때 내압 접합면과 장애물과의 최소 이격거리는 40mm이다.

내압방폭구조 플랜지 접합부와 장애물 간 최소 이격거리

가스그룹	최소이격거리(mm)
IIA	10
IIB	30
IIC	40

79. KS C IEC 60079-0의 정의에 따라 '두 도전부 사이의 고체 절연물 표면을 따른 최단거리'를 나타내는 명칭은?

① 전기적 간격
② 절연공간거리
③ 연면거리
④ 충전물 통과거리

절연물의 표면상 두 도체간에 절연물의 표면을 따라 측정한 거리를 연면거리라고 하는데 이 연면거리는 될 수 있는 한 크게 해야 한다.

80. 접지 목적에 따른 분류에서 병원설비의 의료용 전기전자(M · E)기기와 모든 금속부분 또는 도전바닥에도 접지하여 전위를 동일하게 하기 위한 접지를 무엇이라 하는가?

① 계통 접지
② 등전위 접지
③ 노이즈방지용 접지
④ 정전기 장해방지 이용 접지

등전위 접지
전기기기와 접촉부분의 전위를 같게하여 접촉전압이 발생하지 않도록 하는 접지 방식

참고 접지 목적에 따른 종류

접지의 종류	접지의 목적
계통 접지	고압전로와 저압전로가 혼촉되었을 때의 감전이나 화재방지
기기 접지	누전되고 있는 기기에 접촉 시의감전방지
지락 검출용 접지	누전차단기의 동작을 확실히 할 것
정전기 접지	정전기의 축적에 의한 폭발 재해 방지
피뢰용 접지	낙뢰로부터 전기기기의 손상방지
등전위 접지	병원에 있어서의 의료기기 사용 시 안전

해답 77 ② 78 ② 79 ③ 80 ②

■■■ 제5과목 화학설비위험방지기술

81. 다음 중 고체연소의 종류에 해당하지 않는 것은?

① 표면연소 ② 증발연소
③ 분해연소 ④ 예혼합연소

예혼합연소는 기체의 연소형태에 해당한다.

82. 가연성물질을 취급하는 장치를 퍼지하고자 할 때 잘못된 것은?

① 대상물질의 물성을 파악한다.
② 사용하는 불활성가스의 물성을 파악한다.
③ 퍼지용 가스를 가능한 한 빠른 속도로 단시간에 다량 송입한다.
④ 장치내부를 세정한 후 퍼지용 가스를 송입한다.

퍼지용 가스를 단시간에 다량 송입할 경우 순간적인 압력이 높아져 폭발의 위험이 증가할 수 있다.

83. 위험물질에 대한 설명 중 틀린 것은?

① 과산화나트륨에 물이 접촉하는 것은 위험하다.
② 황린은 물속에 저장한다.
③ 염소산나트륨은 물과 반응하여 폭발성의 수소기체를 발생한다.
④ 아세트알데히드는 0℃ 이하의 온도에서도 인화할 수 있다.

염소산나트륨은 산화성고체물질로 물과 반응하지 않는다.

84. 공정안전보고서 중 공정안전자료에 포함하여야 할 세부내용에 해당하는 것은?

① 비상조치계획에 따른 교육계획
② 안전운전지침서
③ 각종 건물 · 설비의 배치도
④ 도급업체 안전관리계획

공정안전자료의 세부내용
1. 취급 · 저장하고 있거나 취급 · 저장하려는 유해 · 위험물질의 종류 및 수량
2. 유해 · 위험물질에 대한 물질안전보건자료
3. 유해 · 위험설비의 목록 및 사양
4. 유해 · 위험설비의 운전방법을 알 수 있는 공정도면
5. 각종 건물 · 설비의 배치도
6. 폭발위험장소 구분도 및 전기단선도
7. 위험설비의 안전설계 · 제작 및 설치 관련 지침서

참고 산업안전보건법 시행규칙 제50조【공정안전보고서의 세부내용 등】

85. 디에틸에테르의 연소범위에 가장 가까운 값은?

① 2~10.4% ② 1.9~48%
③ 2.5~15% ④ 1.5~7.8%

디에틸에테르($C_2H_5OC_2H_5$)인화성 물질이다.
1. 연소범위 1.9 ~ 48%
2. 인화점 -45℃
3. 착화점 180℃

86. 공기 중에서 A 가스의 폭발하한계는 2.2vol%이다. 이 폭발하한계 값을 기준으로 하여 표준 상태에서 A 가스와 공기의 혼합기체 $1\,m^3$에 함유되어 있는 A 가스의 질량을 구하면 약 몇 g 인가? (단, A 가스의 분자량은 26이다.)

① 19.02 ② 25.54
③ 29.02 ④ 35.54

분자량 = 26g, 부피 = 22.4L(m^3으로 환산=0.0224) 이므로,
$1m^3$일 때의 질량 = 26/0.0224 = 1160.71g이 된다.
1160.71의 하한계 2.2%가 함유하므로
1160.71×0.022 = 25.535이므로 25.54가 된다.

87. 다음 물질 중 물에 가장 잘 용해되는 것은?

① 아세톤 ② 벤젠
③ 톨루엔 ④ 휘발유

아세톤(CH_3COCH_3)는 인화성 액체이며 수용성을 가지고 있어 물에 잘 녹는 성질을 가지고 있다.

해답 81 ④ 82 ③ 83 ③ 84 ③ 85 ② 86 ② 87 ①

88. 가스누출감지경보기 설치에 관한 기술상의 지침으로 틀린 것은?

① 암모니아를 제외한 가연성가스 누출감지경보기는 방폭성능을 갖는 것이어야 한다.
② 독성가스 누출감지경보기는 해당 독성가스 허용농도의 25% 이하에서 경보가 울리도록 설정하여야 한다.
③ 하나의 감지대상가스가 가연성이면서 독성인 경우에는 독성가스를 기준하여 가스누출감지경보기를 선정하여야 한다.
④ 건축물 안에 설치되는 경우, 감지대상가스의 비중이 공기보다 무거운 경우에는 건축물 내의 하부에 설치하여야 한다.

가스누출감지경보기의 선정기준, 구조 및 설치방법
1. 가연성 가스누출감지경보기는 감지대상 가스의 폭발하한계 25% 이하, 독성가스 누출감지경보기는 해당 독성가스의 허용농도 이하에서 경보가 울리도록 설정하여야 한다.
2. 가스누출감지경보의 정밀도는 경보설정치에 대하여 가연성 가스누출감지경보기는 ±25% 이하, 독성가스누출감지경보기는 ±30% 이하이어야 한다.

89. 폭발을 기상폭발과 응상폭발로 분류할 때 기상폭발에 해당되지 않는 것은?

① 분진폭발 ② 혼합가스폭발
③ 분무폭발 ④ 수증기폭발

수증기폭발은 응상폭발에 해당한다.
- 기상폭발 : 혼합가스 폭발, 분해폭발, 분진폭발, 분무폭발
- 응상폭발 : 혼합위험물질 폭발, 폭발성 화합물 폭발, 증기폭발, 도선폭발, 고상전이폭발

90. 다음 가스 중 가장 독성이 큰 것은?

① CO ② $COCl_2$
③ NH_3 ④ H_2

독성가스 8가지의 종류 순서
포스겐($COCl_2$)-황화수소-시안화수소-아황산가스-산화에틸렌-암모니아-염소-염화메탄

91. 처음 온도가 20℃인 공기를 절대압력 1기압에서 3기압으로 단열압축하면 최종온도는 약 몇 도인가? (단, 공기의 비열비 1.4 이다.)

① 68℃ ② 75℃
③ 128℃ ④ 164℃

단열압축후의 기체의 온도를 구하는 식

$$\frac{T_2}{T_1}=\left(\frac{V_1}{V_2}\right)^{\gamma-1}=\left(\frac{P_2}{P_1}\right)^{\frac{\gamma-1}{\gamma}}$$ 에서

$$T_2=T_1\times\left(\frac{P_2}{P_1}\right)^{\frac{\gamma-1}{\gamma}} \quad T_2=293\times\left(\frac{3}{1}\right)^{\frac{1.4-1}{1.4}}=401K$$

$401K-273℃=128℃$

92. 물질의 누출방지용으로써 접합면을 상호 밀착시키기 위하여 사용하는 것은?

① 개스킷 ② 체크밸브
③ 플러그 ④ 콕크

화학설비 또는 그 배관의 덮개 · 플랜지 · 밸브 및 콕의 접합부에 대하여 당해 접합부에서의 위험물질등의 누출로 인한 폭발 · 화재 또는 위험물의 누출을 방지하기 위하여 적절한 개스킷(gasket)을 사용하고 접합면을 상호 밀착시키는 등 적절한 조치를 하여야 한다.

참고 산업안전보건기준에 관한 규칙 제257조【덮개등의 접합부】

93. 건조설비의 구조를 구조부분, 가열장치, 부속설비로 구분할 때 다음 중 "부속설비"에 속하는 것은?

① 보온판 ② 열원장치
③ 소화장치 ④ 철골부

건조설비의 구성
내압방폭구조 플랜지 접합부와 장애물 간 최소 이격거리

구분	내용
구조부분	기초부분(바닥콘크리트, 철골, 보온판), 몸체, 내부 구조물 등
가열장치	열원공급장치, 열순환용 송풍기 등
부속설비	전기설비, 환기장치, 온도조절장치, 소화장치, 안전장치 등

해답 88 ② 89 ④ 90 ② 91 ③ 92 ① 93 ③

94. 에틸렌(C_2H_4)이 완전연소하는 경우 다음의 Jones 식을 이용하여 계산할 경우 연소하한계는 약 몇 vol%인가?

Jones식 LFL= 0.55×Cst

① 0.55　② 3.6
③ 6.3　④ 8.5

1. 양론 농도
$C_2H_4 + 3O_2 \rightarrow 2CO_2 + 2H_2O$ 이므로
$$Cst = \frac{100}{1+\frac{3}{0.21}} = 6.54$$
2. 연소하한계
LFL=0.55×Cst =0.55×6.54=3.598

95. [보기]의 물질을 폭발 범위가 넓은 것부터 좁은 순서로 옳게 배열한 것은?

[보기]
H_2　C_3H_8　CH_4　CO

① CO 〉 H_2 〉 C_3H_8 〉 CH_4
② H_2 〉 CO 〉 CH_4 〉 C_3H_8
③ C_3H_8 〉 CO 〉 CH_4 〉 H_2
④ CH_4 〉 H_2 〉 CO 〉 C_3H_8

H_2 : 4 ~ 75%
CO : 12.5 ~ 74.2%
CH_4: 5 ~ 15
C_3H_8 : 2.2 ~ 9.5

96. 산업안전보건법령상 위험물질의 종류에서 "폭발성 물질 및 유기과산화물"에 해당하는 것은?

① 디아조화합물　② 황린
③ 알킬알루미늄　④ 마그네슘 분말

① 디아조화합물 : 폭발성 물질 및 유기과산화물질
② 황린 : 물반응성 및 인화성 고체물질
③ 알킬알루미늄 : 물반응성 및 인화성 고체물질
④ 마그네슘 분말 : 물반응성 및 인화성 고체물질

97. 화염방지기의 설치에 관한 사항으로 (　)에 알맞은 것은?

사업주는 인화성 액체 및 인화성 가스를 저장 · 취급하는 화학설비에서 증기나 가스를 대기로 방출하는 경우에는 외부로부터의 화염을 방지하기 위하여 화염방지기를 그 설비 (　)에 설치하여야 한다.

① 상단　② 하단
③ 중앙　④ 무게중심

사업주는 인화성 액체 및 인화성 가스를 저장 취급하는 화학설비에서 증기나 가스를 대기로 방출하는 경우에는 외부로부터의 화염을 방지하기 위하여 화염방지기를 그 설비 상단에 설치하여야 한다. 다만, 대기로 연결된 통기관에 통기밸브가 설치되어 있거나, 인화점이 섭씨 38도 이상 60도 이하인 인화성 액체를 저장·취급할 때에 화염방지 기능을 가지는 인화방지망을 설치한 경우에는 그러하지 아니하다.

참고 산업안전보건기준에 관한 규칙 제269조 【화염방지기의 설치 등】

98. 다음 중 인화성 가스가 아닌 것은?

① 부탄　② 메탄
③ 수소　④ 산소

주요 인화성 가스의 종류
1. 수소　2. 아세틸렌　3. 에틸렌　4. 메탄
5. 에탄　6. 프로판　7. 부탄

99. 반응기를 조작방식에 따라 분류할 때 해당되지 않는 것은?

① 회분식 반응기　② 반회분식 반응기
③ 연속식 반응기　④ 관형식 반응기

반응기의 분류

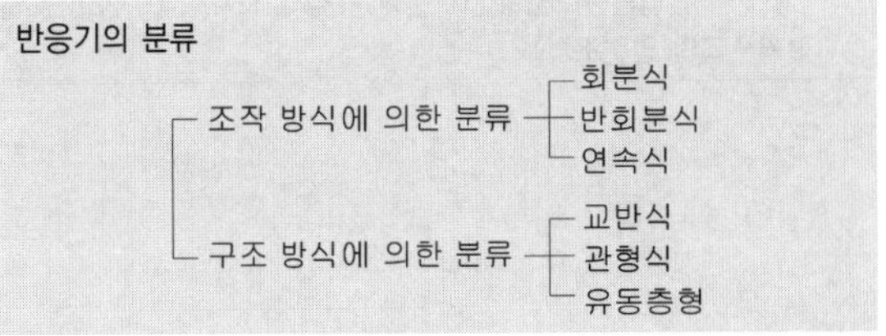

해답 94 ② 95 ② 96 ① 97 ① 98 ④ 99 ④

100. 다음 중 가연성 물질과 산화성 고체가 혼합하고 있을 때 연소에 미치는 현상으로 옳은 것은?

① 착화온도(발화점)가 높아진다.
② 최소점화에너지가 감소하며, 폭발의 위험성이 증가한다.
③ 가스나 가연성 증기의 경우 공기혼합보다 연소범위가 축소된다.
④ 공기 중에서보다 산화작용이 약하게 발생하여 화염온도가 감소하며 연소속도가 늦어진다.

> ①항, 착화온도는 낮아진다.
> ③항, 가연성 증기의 경우 공기와의 혼합시보다 연소범위가 넓어진다.
> ④항, 공기중에서보다 산화작용이 강하게 일어나므로 화염온도와 연소속도가 높아진다.

■■■ 제6과목 건설안전기술

101. 건설현장에서 사용되는 작업발판 일체형 거푸집의 종류에 해당되지 않는 것은?

① 갱폼(gang form)
② 슬립폼(slip form)
③ 클라이밍폼(climbing form)
④ 유로폼(euro form)

> "작업발판 일체형 거푸집"이란 거푸집의 설치·해체, 철근 조립, 콘크리트 타설, 콘크리트 면처리 작업 등을 위하여 거푸집을 작업발판과 일체로 제작하여 사용하는 거푸집으로서 다음 각 호의 거푸집을 말한다.
> 1. 갱 폼(gang form)
> 2. 슬립 폼(slip form)
> 3. 클라이밍 폼(climbing form)
> 4. 터널 라이닝 폼(tunnel lining form)
> 5. 그밖에 거푸집과 작업발판이 일체로 제작된 거푸집 등
>
> **참고** 산업안전보건기준에 관한 규칙 제337조 【작업발판 일체형 거푸집의 안전조치】

102. 콘크리트 타설작업을 하는 경우 준수하여야 할 사항으로 옳지 않은 것은?

① 당일의 작업을 시작하기 전에 해당 작업에 관한 거푸집동바리등의 변형 변위 및 지반의 침하 유무 등을 점검하고 이상이 있으면 보수할 것
② 콘크리트를 타설하는 경우에는 편심이 발생하지 않도록 골고루 분산하여 타설할 것
③ 설계도서상의 콘크리트 양생기간을 준수하여 거푸집동바리등을 해체할 것
④ 작업 중에는 거푸집동바리등의 변형 변위 및 침하 유무 등을 감시할 수 있는 감시자를 배치하여 이상이 있으면 작업을 중지하지 아니하고, 즉시 충분한 보강조치를 실시할 것

> 작업 중에는 거푸집동바리 등의 변형 · 변위 및 침하 유무 등을 감시할 수 있는 감시자를 배치하여 이상이 있으면 작업을 중지하고 근로자를 대피시킬 것
>
> **참고** 산업안전보건기준에 관한 규칙 제334조 【콘크리트 타설작업】

103. 버팀보, 앵커 등의 축하중 변화상태를 측정하여 이들 부재의 지지효과 및 그 변화 추이를 파악하는데 사용되는 계측기기는?

① water level meter ② load cell
③ piezo meter ④ strain gauge

> "하중계(Load cell)"라 함은 스트럿(Strut) 또는 어스앵커(Earth anchor) 등의 축 하중 변화를 측정하는 기구를 말한다.

104. 차량계 건설기계를 사용하여 작업을 하는 경우 작업계획서 내용에 포함되지 않는 것은?

① 사용하는 차량계 건설기계의 종류 및 성능
② 차량계 건설기계의 운행경로
③ 차량계 건설기계에 의한 작업방법
④ 차량계 건설기계의 유지보수방법

해답 100 ② 101 ④ 102 ④ 103 ② 104 ④

① 차량계 건설기계의 사전조사 내용
해당 기계의 전락(轉落), 지반의 붕괴 등으로 인한 근로자의 위험을 방지하기 위한 해당 작업장소의 지형 및 지반상태
② 차량계 건설기계의 작업계획서 내용
1. 사용하는 차량계 건설기계의 종류 및 능력
2. 차량계 건설기계의 운행경로
3. 차량계 건설기계에 의한 작업방법

참고 산업안전보건기준에 관한 별표 4(사전조사 및 작업계획서 내용)

105. 근로자의 추락 등의 위험을 방지하기 위한 안전난간의 설치기준으로 옳지 않은 것은?

① 상부 난간대와 중간 난간대는 난간 길이 전체에 걸쳐 바닥면등과 평행을 유지할 것
② 발끝막이판은 바닥면등으로부터 20cm 이상의 높이를 유지할 것
③ 난간대는 지름 2.7cm 이상의 금속제 파이프나 그 이상의 강도가 있는 재료일 것
④ 안전난간은 구조적으로 가장 취약한 지점에서 가장 취약한 방향으로 작용하는 100kg 이상의 하중에 견딜 수 있는 튼튼한 구조일 것

발끝막이판은 바닥면등으로부터 10센티미터 이상의 높이를 유지할 것. 다만, 물체가 떨어지거나 날아올 위험이 없거나 그 위험을 방지할 수 있는 망을 설치하는 등 필요한 예방 조치를 한 장소는 제외한다.

참고 산업안전보건기준에 관한 규칙 제13조【안전난간의 구조 및 설치요건】

106. 흙 속의 전단응력을 증대시키는 원인에 해당하지 않는 것은?

① 자연 또는 인공에 의한 지하공동의 형성
② 함수비의 감소에 따른 흙의 단위체적 중량의 감소
③ 지진, 폭파에 의한 진동 발생
④ 균열 내에 작용하는 수압증가

흙속의 전단응력을 증대시키는 원인
1. 외력에 의한 전단응력의 증대
2. 함수비의 증가에 따른 흙 자체의 단위중량의 증가
3. 균열내에 작용하는 수압
4. 인장응력에 의한 균열발생
5. 지진, 폭파 등에 의한 진동
6. 지하공동의 형성(투수, 침식 등)

107. 다음은 산업안전보건법령에 따른 항타기 또는 항발기에 권상용 와이어로프를 사용하는 경우에 준수하여야 할 사항이다. ( )안에 알맞은 내용으로 옳은 것은?

> 권상용 와이어로프는 추 또는 해머가 최저의 위치에 있을 때 또는 널말뚝을 빼내기 시작할 때를 기준으로 권상장치의 드럼에 적어도 ( ) 감기고 남을 수 있는 충분한 길이일 것

① 1회 ② 2회
③ 2회 ④ 6회

권상용 와이어로프는 추 또는 해머가 최저의 위치에 있을 때 또는 널말뚝을 빼내기 시작할 때를 기준으로 권상장치의 드럼에 적어도 2회 감기고 남을 수 있는 충분한 길이일 것

참고 산업안전보건기준에 관한 규칙 제212조【권상용 와이어로프의 길이 등】

108. 산업안전보건법령에 따른 유해위험방지계획서 제출 대상 공사로 볼 수 없는 것은?

① 지상 높이가 31m 이상인 건축물의 건설공사
② 터널 건설공사
③ 깊이 10m 이상인 굴착공사
④ 다리의 전체길이가 40m 이상인 건설공사

위험방지계획서를 제출해야 될 건설공사
1. 지상높이가 31미터 이상인 건축물 또는 인공구조물, 연면적 3만 제곱미터 이상인 건축물 또는 연면적 5천 제곱미터 이상의 문화 및 집회시설(전시장 및 동물원·식물원은 제외한다), 판매시설, 운수시설(고속철도의 역사 및 집배송시설은 제외한다), 종교시설, 의료시설 중 종합병원, 숙박시설 중 관광숙박시설, 지하도상가 또는 냉동·냉장창고시설의 건설·개조 또는 해체
2. 연면적 5천제곱미터 이상의 냉동·냉장창고시설의 설비공사 및 단열공사
3. 최대지간길이가 50m 이상인 교량건설 등 공사
4. 터널건설 등의 공사
5. 다목적댐·발전용댐 및 저수용량 2천만 톤 이상의 용수전용댐·지방상수도 전용댐 건설 등의 공사
6. 깊이 10미터 이상인 굴착공사

참고 산업안전보건법 시행령 제42조【유해위험방지계획서의 작성·제출 등】

해답 105 ② 106 ② 107 ② 108 ④

109. 사다리식 통로 등을 설치하는 경우 고정식 사다리식 통로의 기울기는 최대 몇 도 이하로 하여야 하는가?

① 60도 ② 75도
③ 80도 ④ 90도

사다리식 통로의 기울기는 75도 이하로 할 것. 다만, 고정식 사다리식 통로의 기울기는 90도 이하로 하고, 그 높이가 7미터 이상인 경우에는 바닥으로부터 높이가 2.5미터 되는 지점부터 등받이울을 설치할 것

참고 산업안전보건기준에 관한 규칙 제 24조 【사다리식 통로 등의 구조】

110. 거푸집동바리 구조에서 높이가 ℓ=3.5m 인 파이프 서포트의 좌굴하중은?(단, 상부받이판과 하부받이판은 힌지로 가정 하고, 단면2차모멘트 $I=8.31\text{cm}^4$, 탄성계 수 $E=2.1\times10^5$MPa)

① 14060N ② 15060N
③ 16060N ④ 17060N

1. 양단 힌지이므로 $K=1.0$
2. $P_{cr}=\dfrac{\pi^2 EI}{k\ell^2}=\dfrac{\pi^2(2.1\times10^5)\times8.31}{1\times(350)^2}=1,405.9\text{kg}$
3. $1405.9\times10 \fallingdotseq 14,060\text{N}$

111. 하역작업 등에 의한 위험을 방지하기 위하여 준수하여야 할 사항으로 옳지 않은 것은?

① 꼬임이 끊어진 섬유로프를 화물운반용으로 사용해서는 안 된다.
② 심하게 부식된 섬유로프를 고정용으로 사용해서는 안 된다.
③ 차량 등에서 화물을 내리는 작업 시 해당 작업에 종사하는 근로자에게 쌓여 있는 화물 중간에서 화물을 빼내도록 할 경우에는 사전 교육을 철저히 한다.
④ 부두 또는 안벽의 선을 따라 통로를 설치하는 경우에는 폭을 90cm 이상으로 한다.

사업주는 차량 등에서 화물을 내리는 작업을 하는 경우에 해당 작업에 종사하는 근로자에게 쌓여 있는 화물 중간에서 화물을 빼내도록 해서는 아니 된다.

참고 산업안전보건기준에 관한 규칙 제389조 【화물 중간에서 화물 빼내기 금지】

112. 추락방지용 방망 중 그물코의 크기가 5cm인 매듭방망 신품의 인장강도는 최소 몇 kg 이상이어야 하는가?

① 60 ② 110
③ 150 ④ 200

방망사의 신품에 대한 인장강도

그물코의 크기 (단위 cm)	방망의 종류(단위 : kg)	
	매듭없는 방망	매듭있는 방망
10	240	200
5		110

113. 단관비계의 도괴 또는 전도를 방지하기 위하여 사용하는 벽이음의 간격기준으로 옳은 것은?

① 수직방향 5m 이하, 수평방향 5m 이하
② 수직방향 6m 이하, 수평방향 6m 이하
③ 수직방향 7m 이하, 수평방향 7m 이하
④ 수직방향 8m 이하, 수평방향 8m 이하

비계의 벽이음 조립간격

비계의 종류	조립간격(단위 : m)	
	수직방향	수평방향
단관비계	5	5
틀비계(높이가 5m 미만의 것을 제외한다)	6	8
통나무 비계	5.5	7.5

해답 109 ④ 110 ① 111 ③ 112 ② 113 ①

114. 인력으로 하물을 인양할 때의 몸의 자세와 관련하여 준수하여야 할 사항으로 옳지 않은 것은?

① 한쪽 발은 들어올리는 물체를 향하여 안전하게 고정시키고 다른 발은 그 뒤에 안전하게 고정시킬 것
② 등은 항상 직립한 상태와 90도 각도를 유지하여 가능한 한 지면과 수평이 되도록 할 것
③ 팔은 몸에 밀착시키고 끌어당기는 자세를 취하며 가능한 한 수평거리를 짧게 할 것
④ 손가락으로만 인양물을 잡아서는 아니 되며 손바닥으로 인양물 전체를 잡을 것

등은 항상 직립한 상태와 90도 각도를 유지하여 가능한 한 지면과 수직이 되도록 할 것

115. 산업안전보건관리비 항목 중 안전시설비로 사용가능한 것은?

① 원활한 공사수행을 위한 가설시설 중 비계설치 비용
② 소음관련 민원예방을 위한 건설현장 소음방지용 방음시설 설치 비용
③ 근로자의 재해예방을 위한 목적으로만 사용하는 CCTV에 사용되는 비용
④ 기계 · 기구 등과 일체형 안전장치의 구입비용

공사 목적물의 품질 확보 또는 건설장비 자체의 운행 감시, 공사 진척상황 확인, 방법 등의 목적을 가진 CCTV 등 감시용 장비는 사용할 수 없으나 재해예방을 위한 목적으로만 사용하는 CCTV는 사용할 수 있다.

116. 유한사면에서 원형활동면에 의해 발생하는 일반적인 사면 파괴의 종류에 해당하지 않는 것은?

① 사면내파괴(Slope failure)
② 사면선단파괴(Toe failure)
③ 사면인장파괴(Tension failure)
④ 사면저부파괴(Base failure)

사면의 붕괴형태의 종류
1. 사면선 파괴 2. 사면내 파괴 3. 사면저부(바닥면) 파괴

117. 강관비계를 사용하여 비계를 구성하는 경우 준수해야할 기준으로 옳지 않은 것은?

① 비계기둥의 간격은 띠장 방향에서는 1.85m 이하, 장선(長線) 방향에서는 1.5m 이하로 할 것
② 띠장 간격은 2.0m 이하로 할 것
③ 비계기둥의 제일 윗부분으로부터 31m 되는 지점 밑부분의 비계기둥은 2개의 강관으로 묶어 세울 것
④ 비계기둥 간의 적재하중은 600kg을 초과하지 않도록 할 것

강관비계의 구조
1. 비계기둥의 간격은 띠장 방향에서는 1.85미터 이하, 장선(長線) 방향에서는 1.5미터 이하로 할 것. 다만, 선박 및 보트 건조작업의 경우 안전성에 대한 구조검토를 실시하고 조립도를 작성하면 띠장 방향 및 장선 방향으로 각각 2.7미터 이하로 할 수 있다.
2. 띠장 간격은 2.0미터 이하로 할 것. 다만, 작업의 성질상 이를 준수하기가 곤란하여 쌍기둥틀 등에 의하여 해당 부분을 보강한 경우에는 그러하지 아니하다.
3. 비계기둥의 제일 윗부분으로부터 31미터되는 지점 밑부분의 비계기둥은 2개의 강관으로 묶어 세울 것. 다만, 브라켓(bracket, 까치발) 등으로 보강하여 2개의 강관으로 묶을 경우 이상의 강도가 유지되는 경우에는 그러하지 아니하다.
4. 비계기둥 간의 적재하중은 400킬로그램을 초과하지 않도록 할 것

참고 산업안전보건기준에 관한 규칙 제60조 【강관비계의 구조】

118. 다음은 산업안전보건법령에 따른 화물자동차의 승강설비에 관한 사항이다. ( ) 안에 알맞은 내용으로 옳은 것은?

> 사업주는 바닥으로부터 짐 윗면까지의 높이가 ( ) 이상인 화물자동차에 짐을 싣는 작업 또는 내리는 작업을 하는 경우에는 근로자의 추락 위험을 방지하기 위하여 해당 작업에 종사하는 근로자가 바닥과 적재함의 짐 윗면 간을 안전하게 오르내리기 위한 설비를 설치하여야 한다.

① 2m ② 6m
③ 4m ④ 8m

해답 114 ② 115 ③ 116 ③ 117 ④ 118 ①

바닥으로부터 짐 윗면과의 높이가 2m 이상인 화물자동차에 짐을 싣는 작업 또는 내리는 작업을 하는 때에는 추락에 의한 근로자의 위험을 방지하기 위하여 당해 작업에 종사하는 근로자가 바닥과 적재함의 짐 윗면과의 사이를 안전하게 상승 또는 하강하기 위한 설비를 설치하여야 한다.

참고 산업안전보건기준에 관한 규칙 제187조 【승강설비】

119. 달비계의 최대 적재하중을 정함에 있어서 활용하는 안전계수의 기준으로 옳은 것은? (단, 곤돌라의 달비계를 제외한다.)

① 달기 훅 : 5 이상
② 달기 강선 : 5 이상
③ 달기 체인 : 3 이상
④ 달기 와이어로프 : 5 이상

달비계(곤돌라의 달비계를 제외한다)의 최대 적재하중을 정함에 있어 그 안전계수

1. 달기와이어로프 및 달기강선의 안전계수는 10 이상
2. 달기체인 및 달기훅의 안전계수는 5 이상
3. 달기강대와 달비계의 하부 및 상부지점의 안전계수는 강재의 경우 2.5 이상, 목재의 경우 5 이상

참고 산업안전보건기준에 관한 규칙 제55조 【작업발판의 최대적재하중】

120. 발파작업 시 암질변화 구간 및 이상암질의 출현 시 반드시 암질판별을 실시하여야 하는데, 이와 관련된 암질판별기준과 가장 거리가 먼 것은?

① R.Q.D(%)
② 탄성파속도(m/sec)
③ 전단강도(kg/cm^2)
④ R.M.R

암질변화 구간 및 이상암질의 출현시 반드시 암질판별을 실시하여야 하며, 암질판별은 아래 각 목을 기준으로 하여야 한다.

가. R.Q.D(%)
나. 탄성파속도(m/sec)
다. R.M.R
라. 일축압축강도(kg/㎠)
마. 진동치 속도(㎝/sec=Kine)

참고 굴착공사표준안전작업지침 제12조 【준비 및 발파】

해답 119 ① 120 ③

2022 과년도 출제문제

■■■ 제1과목 안전관리론

1. 산업안전보건법령상 산업안전보건위원회의 구성·운영에 관한 설명 중 틀린 것은?

① 정기회의는 분기마다 소집한다.
② 위원장은 위원 중에서 호선(互選)한다.
③ 근로자대표가 지명하는 명예산업안전 감독관은 근로자 위원에 속한다.
④ 공사금액 100억원 이상의 건설업의 경우 산업안전보건위원회를 구성·운영해야 한다.

건설업은 공사금액 120억원 이상(토목 공사업의 경우 150억원 이상)의 사업에 산업안전보건위원회를 설치한다.

참고 산업안전보건법 시행령 별표9 【산업안전보건위원회를 구성해야 할 사업의 종류 및 사업장의 상시근로자】

2. 산업안전보건법령상 잠함(潛函) 또는 잠수 작업 등 높은 기압에서 작업하는 근로자의 근로시간 기준은?

① 1일 6시간, 1주 32시간 초과금지
② 1일 6시간, 1주 34시간 초과금지
③ 1일 8시간, 1주 32시간 초과금지
④ 1일 8시간, 1주 34시간 초과금지

① 사업주는 유해하거나 위험한 작업으로서 높은 기압에서 하는 작업 등 대통령령으로 정하는 작업에 종사하는 근로자에게는 1일 6시간, 1주 34시간을 초과하여 근로하게 해서는 아니 된다.

참고 산업안전보건법 제139조 【유해·위험작업에 대한 근로시간 제한 등】

3. 산업현장에서 재해 발생 시 조치 순서로 옳은 것은?

① 긴급처리 → 재해조사 → 원인분석 → 대책수립
② 긴급처리 → 원인분석 → 대책수립 → 재해조사
③ 재해조사 → 원인분석 → 대책수립 → 긴급처리
④ 재해조사 → 대책수립 → 원인분석 → 긴급처리

산업재해 발생 시 조치 순서
긴급처리 → 재해조사 → 원인분석 → 대책수립 → 실시계획 → 실시 → 평가

4. 산업재해보험적용근로자 1,000명인 플라스틱 제조 사업장에서 작업 중 재해 5건이 발생하였고, 1명이 사망하였을 때 이 사업장의 사망만인율은?

① 2　　② 5
③ 10　　④ 20

$$\text{사망만인율} = \frac{\text{사망재해자수}}{\text{상시근로자수}} \times 10,000 = \frac{1}{1,000} \times 10,000 = 10$$

5. 안전 · 보건 교육계획 수립 시 고려사항 중 틀린 것은?

① 필요한 정보를 수집한다.
② 현장의 의견은 고려하지 않는다.
③ 지도안은 교육대상을 고려하여 작성한다.
④ 법령에 의한 교육에만 그치지 않아야 한다.

안전 · 보건교육계획 수립 시 고려할 사항
1. 필요한 정보를 수집한다.
2. 현장의 의견을 충분히 반영한다.
3. 안전교육시행 체계와 관련을 고려한다.
4. 법 규정에 의한 교육에만 그치지 않는다.

6. 학습지도의 형태 중 몇 사람의 전문가가 주제에 대한 견해를 발표하고 참가자로 하여금 의견을 내거나 질문을 하게 하는 토의방식은?

① 포럼(Forum)
② 심포지엄(Symposium)
③ 버즈세션(Buzz session)
④ 자유토의법(Free discussion method)

해답 01 ④　02 ②　03 ①　04 ③　05 ②　06 ②

①항, 포럼(forum) : 새로운 자료나 교재를 제시하고 거기서의 문제점을 피교육자로 하여금 제기하게 하거나 의견을 여러 가지 방법으로 발표하게 하고 다시 깊이 파고들어 토의를 행하는 방법이다.
③항, 버즈 세션(buzz session) : 6-6회의라고도 하며, 먼저 사회자와 기록계를 선출한 후 나머지 사람은 6명씩의 소집단으로 구분하고, 소집단별로 각각 사회자를 선발하여 6분간씩 자유토의를 행하여 의견을 종합하는 방법이다.
④항, 자유토의법 (Free discussion method) : 비공식집단토의법이라고도 하며 비교적 소수의 멤버가 고정된 토의절차 없이 자유로이 토의하는 방법이다.

7. **산업안전보건법령상 근로자 안전보건교육 대상에 따른 교육시간 기준 중 틀린 것은? (단, 상시작업이며, 일용근로자는 제외한다.)**

① 특별교육 – 16시간 이상
② 채용 시 교육 – 8시간 이상
③ 작업내용 변경 시 교육 – 2시간 이상
④ 사무직 종사 근로자 정기교육 – 매분기 1시간 이상

사무직 종사 근로자 정기교육 : 매분기 3시간 이상

8. **버드(Bird)의 신 도미노이론 5단계에 해당하지 않는 것은?**

① 제어부족(관리) ② 직접원인(징후)
③ 간접원인(평가) ④ 기본원인(기원)

버드의 신 도미노 이론(Frank Bird의 신 Domino 이론)
1단계 : 통제부족(관리, 경영)
2단계 : 기본원인(기원, 원이론)
3단계 : 직접원인(징후)
4단계 : 사고(접촉)
5단계 : 상해(손해, 손실)

9. **재해예방의 4원칙에 해당하지 않는 것은?**

① 예방가능의 원칙
② 손실우연의 원칙
③ 원인연계의 원칙
④ 재해 연쇄성의 원칙

재해 예방의 4원칙
1. 손실 우연의 원칙
재해 손실은 사고 발생 시 사고 대상의 조건에 따라 달라지므로 한 사고의 결과로서 생긴 재해 손실은 우연성에 의하여 결정된다. 따라서 재해 방지의 대상은 우연성에 좌우되는 손실의 방지보다는 사고 발생 자체의 방지가 되어야 한다.
2. 원인 계기(연계)의 원칙
재해 발생은 반드시 원인이 있다. 즉 사고와 손실과의 관계는 우연적이지만 사고와 원인관계는 필연적이다.
3. 예방 가능의 원칙
재해는 원칙적으로 원인만 제거되면 예방이 가능하다.
4. 대책 선정의 원칙
재해 예방을 위한 가능한 안전 대책은 반드시 존재한다.

10. **안전점검을 점검시기에 따라 구분할 때 다음에서 설명하는 안전점검은?**

작업담당자 또는 해당 관리감독자가 맡고 있는 공정의 설비, 기계, 공구 등을 매일 작업 전 또는 작업 중에 일상적으로 실시하는 안전점검

① 정기점검 ② 수시점검
③ 특별점검 ④ 임시점검

점검주기별 안전점검

종 류	내 용
수시점검 (일상점검)	작업 전 · 중 · 후에 실시하는 점검
정기점검	일정기간마다 정기적으로 실시하는 점검
특별점검	• 기계 · 기구 · 설비의 신설시 · 변경내지 고장 수리시 실시 • 천재지변 발생 후 실시 • 안전강조 기간 내에 실시
임시점검	이상 발견시 임시로 실시하는 점검, 정기점검과 정기점검사이에 실시하는 점검

해답 07 ④ 08 ③ 09 ④ 10 ②

11. 타일러(Tyler)의 교육과정 중 학습경험선정의 원리에 해당하는 것은?

① 기회의 원리 ② 계속성의 원리
③ 계열성의 원리 ④ 통합성의 원리

타일러의 학습경험조직의 원리
1. 계속성 : 중요한 교육과정 요소를 시간을 두고 연습하고 개발할 수 있도록 여러 차례에 걸쳐 반복적으로 기회를 주는 것이다.(동일 내용의 반복)
2. 계열성 : 계속성과 관련되지만 학습내용이 단계적으로 깊어지고 높아지도록 조직하는 것을 의미한다.(수준을 높인 동일 내용의 반복)
3. 통합성 : 교육과정의 요소들을 수평적으로 연관시키는 것이다.

12. 주의(Attention)의 특성에 관한 설명 중 틀린 것은?

① 고도의 주의는 장시간 지속하기 어렵다.
② 한 지점에 주의를 집중하면 다른 곳의 주의는 약해진다.
③ 최고의 주의 집중은 의식의 과잉 상태에서 가능하다.
④ 여러 자극을 지각할 때 소수의 현란한 자극에 선택적 주의를 기울이는 경향이 있다.

의식의 과잉상태는 Phase Ⅳ의 단계이며 초긴장상태로 당황하여 판단이 정지되는 상태로 신뢰성이 낮은 단계이다.

13. 산업재해보상보험법령상 보험급여의 종류가 아닌 것은?

① 장례비 ② 간병급여
③ 직업재활급여 ④ 생산손실비용

1. 직접비(보험급여) : 보험회사에서 피해자에게 지급되는 보상금의 총액(휴업급여, 장애 보상비, 유족 보상비, 장의비, 일시 보상비)
2. 간접비 : 직접비를 제외한 모든 비용
(인적손실, 물적손실, 생산손실, 특수손실, 기타손실등)

14. 산업안전보건법령상 그림과 같은 기본 모형이 나타내는 안전·보건표지의 표시사항으로 옳은 것은? (단, L은 안전·보건표지를 인식할 수 있거나 인식해야 할 안전거리를 말한다.)

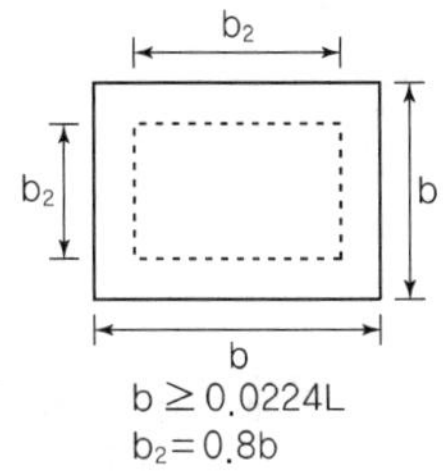

① 금지 ② 경고
③ 지시 ④ 안내

안내표지 기본모형과 규격 비율

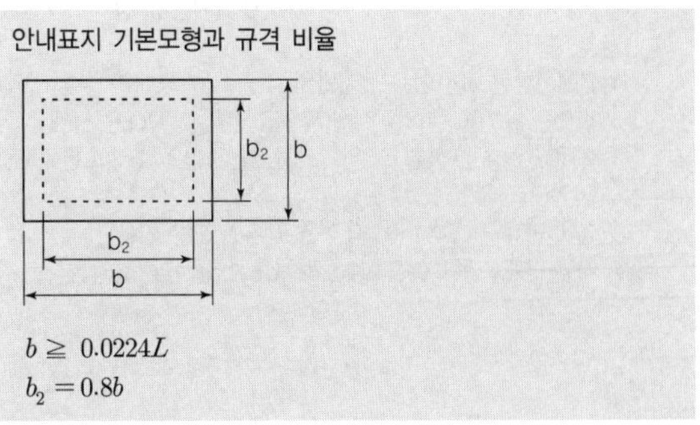

$b \geq 0.0224L$
$b_2 = 0.8b$

15. 기업내의 계층별 교육훈련 중 주로 관리감독자를 교육대상자로 하며 작업을 가르치는 능력, 작업방법을 개선하는 기능 등을 교육 내용으로 하는 기업 내 정형교육은?

① TWI(Training Within Industry)
② ATT(American Telephone Telegram)
③ MTP(Management Training Program)
④ ATP(Administration Training Program)

TWI(training within industry) 교육
교육대상을 주로 제일선 감독자에 두고 있는 것으로 감독자는 다음의 5가지 요건을 구비해야 하며, 직무의 지식, 직책의 지식, 작업을 가르치는 능력, 작업방법을 개선하는 기능, 사람을 다루는 기량 등이 있다.

해답 11 ① 12 ③ 13 ④ 14 ④ 15 ①

16. 사회행동의 기본 형태가 아닌 것은?

① 모방　　② 대립
③ 도피　　④ 협력

사회행동의 기본 형태
1. 대립　2. 도피
3. 협력　4. 융합

17. 위험예지훈련의 문제해결 4라운드에 해당하지 않는 것은?

① 현상파악　　② 본질추구
③ 대책수립　　④ 원인결정

위험예지훈련 4R(라운드) 기법
1. 1R(1단계) – 현상파악 : 사실(위험요인)을 파악하는 단계
2. 2R(2단계) – 본질추구 : 위험요인 중 위험의 포인트를 결정하는 단계(지적확인)
3. 3R(3단계) – 대책수립 : 대책을 세우는 단계
4. 4R(4단계) – 목표설정 : 행동계획(중점 실시항목)을 정하는 단계

18. 바이오리듬(생체리듬)에 관한 설명 중 틀린 것은?

① 안정기(+)와 불안정기(-)의 교차점을 위험일이라 한다.
② 감성적 리듬은 33일을 주기로 반복하며, 주의력, 예감 등과 관련되어 있다.
③ 지성적 리듬은 "I"로 표시하며 사고력과 관련이 있다.
④ 육체적 리듬은 신체적 컨디션의 율동적 발현, 즉 식욕·활동력 등과 밀접한 관계를 갖는다.

감성적 리듬(sensitivity cycle)이란 감성적으로 예민한 기간(14일)과 그렇지 못한 둔한 기간(14일)이 28일을 주기로 반복된다. 감성적 리듬(S)은 신경조직의 모든 기능을 통하여 발현되는 감정, 즉 정서적 희로애락, 주의력, 창조력, 예감 및 통찰력 등을 좌우한다. 색상은 적색으로 표시한다.

19. 운동의 시지각(착각현상) 중 자동운동이 발생하기 쉬운 조건에 해당하지 않는 것은?

① 광점이 작은 것
② 대상이 단순한 것
③ 광의 강도가 큰 것
④ 시야의 다른 부분이 어두운 것

자동운동이 생기기 쉬운 조건
1. 광점이 작은 것
2. 대상이 단순한 것
3. 시야의 다른 부분이 어두운 것
4. 광의 강도가 작은 것

20. 보호구 안전인증 고시상 안전인증 방독마스크의 정화통 종류와 외부 측면의 표시 색이 잘못 연결된 것은?

① 할로겐용 – 회색
② 황화수소용 – 회색
③ 암모니아용 – 회색
④ 시안화수소용 – 회색

정화통 외부 측면의 색

종 류	표시 색
유기화합물용 정화통	갈 색
할로겐용 정화통	회 색
황화수소용 정화통	회 색
시안화수소용 정화통	회 색
아황산용 정화통	노랑색
암모니아용 정화통	녹 색
복합용 및 겸용의 정화통	복합용의 경우 해당가스 모두 표시 (2층 분리) 겸용의 경우 백색과 해당가스 모두 표시 (2층 분리)

해답 16 ① 17 ④ 18 ② 19 ③ 20 ③

제2과목 인간공학 및 시스템안전공학

21. 인간공학적 연구에 사용되는 기준 척도의 요건 중 다음 설명에 해당하는 것은?

> 기준 척도는 측정하고자 하는 변수 외의 다른 변수들의 영향을 받아서는 안된다.

① 신뢰성　　② 적절성
③ 검출성　　④ 무오염성

인간공학 연구기준척도

기준요건	내용
표준화	검사를 위한 조건과 검사 절차의 일관성과 통일성을 표준화한다.
객관성	검사결과를 채점하는 과정에서 채점자의 편견이나 주관성이 배제되어 어떤 사람이 채점하여도 동일한 결과를 얻어야 한다.
규준	검사의 결과를 해석하기 위해서 비교할 수 있는 참조 또는 비교의 틀을 제공하는 것이다.
신뢰성	검사응답의 일관성, 즉 반복성을 말하는 것이다.
타당성	측정하고자하는 것을 실제로 측정하는 것을 타당성이라 한다.
민감도	피실험자 사이에서 볼 수 있는 예상 차이점에 비례하는 단위로 측정해야 하는 것.
검출성	정보를 암호화한 자극은 주어진 상황하의 감지 장치나 사람이 감지할 수 있어야 한다.
적절성	연구방법, 수단의 적합도
변별성	다른 암호표시와 구별되어야 한다.
무오염성	측정하고자 하는 변수 외의 다른 변수들의 영향을 받아서는 안된다.

22. 그림과 같은 시스템에서 부품 A, B, C, D의 신뢰도가 모두 r로 동일할 때 이 시스템의 신뢰도는?

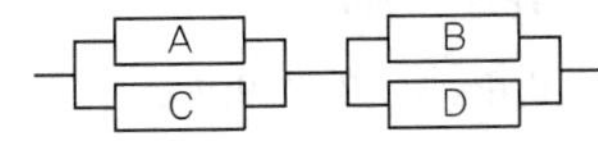

① $r(2-r^2)$　　② $r^2(2-r)^2$
③ $r^2(2-r^2)$　　④ $r^2(2-r)$

이 그림은 병렬과 직렬의 혼합으로 여기서 A,C를 먼저 정리하면 $1-(1-A)(1-C)$가 된다.
여기에 신뢰도 r을 각각 대입하면
$1-(1-r)(1-r)=1-(1-r)^2$ 이다.
이를 정리하면
$1-(1^2-2r+r^2)=1-1+2r-2r^2=2r-r^2=r(2-r)$
이다.
여기에 같은 신뢰도인 B,D가 직렬로 연결되어 있으므로
$r(2-r)\times r(2-r)=r^2(2-r)^2$ 가 된다.

23. 서브시스템 분석에 사용되는 분석방법으로 시스템 수명주기에서 ㉠에 들어갈 위험분석기법은?

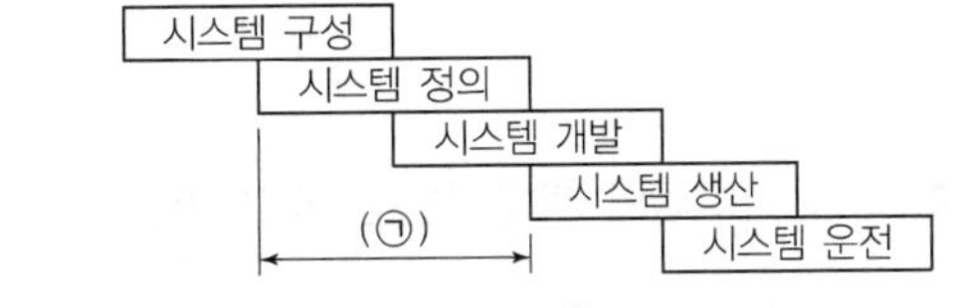

① PHA　　② FHA
③ FTA　　④ ETA

FHA는 결함사고 위험분석으로 시스템을 정의하고 개발하는 단계에서 시스템 생산 전까지의 단계에서 실시되는 기법이다.

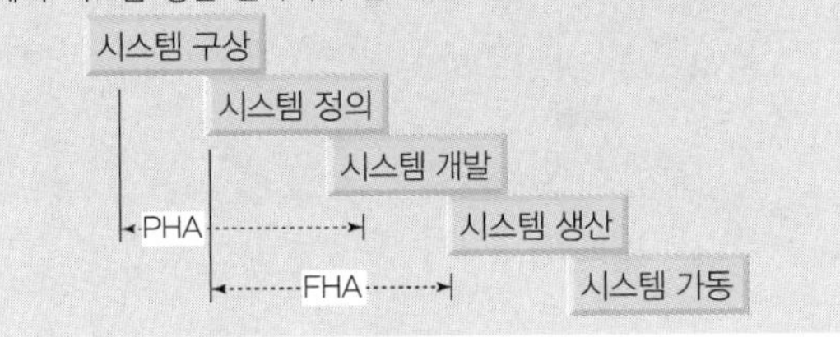

24. 정신적 작업 부하에 관한 생리적 척도에 해당하지 않는 것은?

① 근전도　　② 뇌파도
③ 부정맥 지수　　④ 점멸융합주파수

근전도(EMG : electromyogram)
근육활동의 전위차를 기록한 것으로, 심장근의 근전도를 특히 심전도(ECG : electrocardiogram)라 하며, 신경활동전위차의 기록은 ENG(electroneurogram)라 한다.

해답 21 ④ 22 ② 23 ② 24 ①

25. A사의 안전관리자는 자사 화학 설비의 안전성 평가를 실시하고 있다. 그 중 제2단계인 정성적 평가를 진행하기 위하여 평가 항목을 설계관계 대상과 운전관계 대상으로 분류하였을 때 설계관계 항목이 아닌 것은?

① 건조물　② 공장 내 배치
③ 입지조건　④ 원재료, 중간제품

제2단계 정성적 평가 항목

1. 설계 관계	2. 운전 관계
1. 입지 조건 2. 공장내 배치 3. 건 조 물 4. 소방설비	1. 원재료, 중간제품 2. 공정 3. 수송, 저장 등 4. 공정기기

26. 불(Boole) 대수의 관계식으로 틀린 것은?

① $A+\overline{A}=1$
② $A+AB=A$
③ $A(A+B)=A+B$
④ $A+\overline{A}B=A+B$

$$A\cdot(A+B)=A\cdot(1+B) \\ =A\cdot 1 \\ =A$$

27. 인간공학의 목표와 거리가 가장 먼 것은?

① 사고 감소
② 생산성 증대
③ 안전성 향상
④ 근골격계질환 증가

인간공학의 목표
1. 안전성 향상과 사고방지
2. 생산성 증대
3. 안전성 향상
4. 작업환경의 쾌적성

28. 통화이해도 척도로서 통화 이해도에 영향을 주는 잡음의 영향을 추정하는 지수는?

① 명료도 지수　② 통화 간섭 수준
③ 이해도 점수　④ 통화 공진 수준

통화 간섭 수준이란 통화 이해도(speech intelligibility)에 끼치는 소음의 영향을 추정하는 지수로 주어진 상황에서의 통화 간섭 수준은 500, 1,000, 2,000Hz에 중심을 둔 3옥타브 대의 소음 dB수준의 평균치이다.

29. 예비위험분석(PHA)에서 식별된 사고의 범주가 아닌 것은?

① 중대(critical)
② 한계적(marginal)
③ 파국적(catastrophic)
④ 수용가능(acceptable)

예비위험분석(PHA) 단계에서 식별하는 4가지 범주(category)
1. category(범주) Ⅰ : 파국적(catastrophic)
2. catagory(범주) Ⅱ : 중대(critical)
3. catagory(범주) Ⅲ : 한계적(marginal)
4. catagory(범주) Ⅳ : 무시가능(negligible)

30. 어떤 결함수를 분석하여 minimal cut set을 구한 결과 다음과 같았다. 각 기본사상의 발생확률을 q_i, $i=1, 2, 3$라 할 때, 정상사상의 발생확률함수로 맞는 것은?

[다음]
$k_1=[1,\ 2],\ k_2=[1,\ 3],\ k_3=[2,\ 3]$

① $q_1q_2+q_1q_2-q_2q_3$
② $q_1q_2+q_1q_3-q_2q_3$
③ $q_1q_2+q_1q_3+q_2q_3-q_1q_2q_3$
④ $q_1q_2+q_1q_3+q_2q_3-2q_1q_2q_3$

해답 25 ④　26 ③　27 ④　28 ②　29 ④　30 ④

최소 컷셋이 주어진 경우 정상사상의 발생확률은 병렬로 표시할 수 있다.

$T = 1-(1-K_1)(1-K_2)(1-K_3)$
$= 1-(1-q_1q_2)(1-q_1q_3)(1-q_2q_3)$
$= (1-q_1q_3-q_1q_2+q_1q_2q_3)(1-q_2q_3)$
$= 1-q_2q_3-q_1q_3+q_1q_2q_3-q_1q_2+q_1q_2q_3+q_1q_2q_3-q_1q_2q_3$
$= 1-q_2q_3-q_1q_3-q_1q_2+2(q_1q_2q_3)$
$= 1-1+q_2q_3+q_1q_3+{}_1q_2-2(q_1q_2q_3)$
$= q_2q_3+q_1q_3+q_1q_2-2(q_1q_2q_3)$

31. 반사경 없이 모든 방향으로 빛을 발하는 점광원에서 3m 떨어진 곳의 조도가 300lux라면 2m 떨어진 곳에서 조도(lux)는?

① 375　② 675
③ 875　④ 975

조도 $= \dfrac{광도}{거리^2}$ 이므로

2m의 조도 $= 300$(3m의 조도) $\times \left(\dfrac{3m}{2m}\right)^2$

$= 300 \times \left(\dfrac{3}{2}\right)^2 = 675$

32. 근골격계부담작업의 범위 및 유해요인조사 방법에 관한 고시상 근골격계부담작업에 해당하지 않는 것은?(단, 상시작업을 기준으로 한다.)

① 하루에 10회 이상 25kg 이상의 물체를 드는 작업
② 하루에 총 2시간 이상 쪼그리고 앉거나 무릎을 굽힌 자세에서 이루어지는 작업
③ 하루에 총 2시간 이상 시간당 5회 이상 손 또는 무릎을 사용하여 반복적으로 충격을 가하는 작업
④ 하루에 4시간 이상 집중적으로 자료입력 등을 위해 키보드 또는 마우스를 조작하는 작업

②항, 하루에 총 2시간 이상 시간당 10회 이상 손 또는 무릎을 사용하여 반복적으로 충격을 가하는 작업이 해당된다.

33. 시각적 식별에 영향을 주는 각 요소에 대한 설명 중 틀린 것은?

① 조도는 광원의 세기를 말한다.
② 휘도는 단위 면적당 표면에 반사 또는 방출되는 광량을 말한다.
③ 반사율은 물체의 표면에 도달하는 조도와 광도의 비를 말한다.
④ 광도 대비란 표적의 광도와 배경의 광도의 차이를 배경 광도로 나눈 값을 말한다.

조도는 광원에 의해 단위면적에 투사된 광속의 양으로 장소면의 밝기를 의미한다.

34. 부품 배치의 원칙 중 기능적으로 관련된 부품들을 모아서 배치한다는 원칙은?

① 중요성의 원칙
② 사용 빈도의 원칙
③ 사용 순서의 원칙
④ 기능별 배치의 원칙

부품배치의 4원칙

구 분	내 용
중요성의 원칙	부품을 작동하는 성능이 체계의 목표달성에 긴요한 정도에 따라 우선순위를 설정한다.
사용빈도의 원칙	부품을 사용하는 빈도에 따라 우선순위를 설정한다.
기능별 배치의 원칙	기능적으로 관련된 부품들(표시장치, 조정장치, 등)을 모아서 배치한다.
사용순서의 원칙	사용되는 순서에 따라 장치들을 가까이에 배치한다.

35. HAZOP 분석기법의 장점이 아닌 것은?

① 학습 및 적용이 쉽다.
② 기법 적용에 큰 전문성을 요구하지 않는다.
③ 짧은 시간에 저렴한 비용으로 분석이 가능하다.
④ 다양한 관점을 가진 팀 단위 수행이 가능하다.

HAZOP은 위험성과 운전성을 정해진 규칙과 설계도면에 의해 체계적으로 분석하는 방법으로 기본규칙을 통해 기법의 적용은 간단하지만 평가요소를 모두 포함하기 위해서는 전문인력이 투입되어 시간과 인력의 소모가 많이 발생된다.

해답 31 ② 32 ③ 33 ① 34 ④ 35 ③

36. 태양광이 내리쬐지 않는 옥내의 습구흑구 온도지수(WBGT) 산출 식은?

① 0.6 × 자연습구온도 + 0.3 × 흑구온도
② 0.7 × 자연습구온도 + 0.3 × 흑구온도
③ 0.6 × 자연습구온도 + 0.4 × 흑구온도
④ 0.7 × 자연습구온도 + 0.4 × 흑구온도

습구흑구온도(WBGT : Wet Bulb Globe Temperature) 지수
옥내 또는 옥외(빛이 내리쬐지 않는 장소)

WBGT(℃) = 0.7 × 습구온도(wb) + 0.3 × 흑구온도(GT)

옥외(빛이 내리쬐는 장소)

WBGT(℃) = 0.7 × 습구온도(wb) + 0.2 × 흑구온도(GT) + 0.1 × 건구온도(Db)

37. FTA에서 사용되는 논리게이트 중 입력과 반대되는 현상으로 출력되는 것은?

① 부정 게이트
② 억제 게이트
③ 배타적 OR 게이트
④ 우선적 AND 게이트

부정 gate란 부정 모디화이어라고도 하며 입력현상의 반대인 출력이 된다.

부정 gate

38. 부품고장이 발생하여도 기계가 추후 보수 될 때까지 안전한 기능을 유지할 수 있도록 하는 기능은?

① fail – soft ② fail – active
③ fail – operational ④ fail – passive

fail–operational
차단 및 조정을 통하여 고장시 시정조치를 취할 때까지 안전하게 기능을 유지한다.

39. 양립성의 종류가 아닌 것은?

① 개념의 양립성 ② 감성의 양립성
③ 운동의 양립성 ④ 공간의 양립성

양립성의 종류
1. 공간적 양립성
2. 개념적 양립성
3. 운동 양립성

40. James Reason의 원인적 휴먼에러 종류 중 다음 설명의 휴먼에러 종류는?

> 자동차가 우측 운행하는 한국의 도로에 익숙해진 운전자가 좌측 운행을 해야 하는 일본에서 우측 운행을 하다가 교통사고를 냈다.

① 고의 사고(Violation)
② 숙련 기반 에러(Skill based error)
③ 규칙 기반 착오(Rule based mistake)
④ 지식 기반 착오(Knowledge based mistake)

Rasmussen의 인간오류 분류기법

구분	내용
기능에 기초한 행동 (skill–based behavior)	무의식적인 행동관례와 저장된 행동 양상에 의해 제어되는데, 관례적 상황에서 숙련된 운전자에게 적절하다. 이러한 행동에서의 오류는 주로 실행 오류이다.
규칙에 기초한 행동 (rule–based behavior)	균형적 행동 서브루틴(subroutin)에 관한 저장된 법칙을 적용할 수 있는 친숙한 상황에 적용된다. 이러한 행동에서의 오류는 상황에 대한 현저한 특징의 인식, 올바른 규칙의 기억과 적용에 관한 것이다.
지식에 기초한 행동 (knoledge–based behavior)	목표와 관련하여 작동을 계획해야 하는 특수하고 친숙하지 않은 상황에서 발생하는데, 부적절한 분석이나 의사결정에서 오류가 생긴다.

해답 36 ② 37 ① 38 ③ 39 ② 40 ③

■■■ 제3과목 기계위험방지기술

41. 산업안전보건법령상 사업주가 진동 작업을 하는 근로자에게 충분히 알려야 할 사항과 거리가 가장 먼 것은?

① 인체에 미치는 영향과 증상
② 진동기계·기구 관리방법
③ 보호구 선정과 착용방법
④ 진동재해 시 비상연락체계

> 사업주는 근로자가 진동작업에 종사하는 경우에 다음 각 호의 사항을 근로자에게 충분히 알려야 한다.
> 1. 인체에 미치는 영향과 증상
> 2. 보호구의 선정과 착용방법
> 3. 진동 기계·기구 관리방법
> 4. 진동 장해 예방방법
>
> **참고** 산업안전보건법기준에 관한 규칙 제519조【유해성의 주지】

42. 산업안전보건법령상 크레인에 전용탑승설비를 설치하고 근로자를 달아 올린 상태에서 작업에 종사시킬 경우 근로자의 추락 위험을 방지하기 위하여 실시해야 할 조치 사항으로 적합하지 않은 것은?

① 승차석 외의 탑승 제한
② 안전대나 구명줄의 설치
③ 탑승설비의 하강시 동력하강방법을 사용
④ 탑승설비가 뒤집히거나 떨어지지 않도록 필요한 조치

> 사업주는 크레인을 사용하여 근로자를 운반하거나 근로자를 달아 올린 상태에서 작업에 종사시켜서는 아니 된다. 다만, 크레인에 전용 탑승설비를 설치하고 추락 위험을 방지하기 위하여 다음 각 호의 조치를 한 경우에는 그러하지 아니하다.
> 1. 탑승설비가 뒤집히거나 떨어지지 않도록 필요한 조치를 할 것
> 2. 안전대나 구명줄을 설치하고, 안전난간을 설치할 수 있는 구조인 경우에는 안전난간을 설치할 것
> 3. 탑승설비를 하강시킬 때에는 동력하강방법으로 할 것
>
> **참고** 산업안전보건기준에 관한 규칙 제86조(탑승의 제한)

43. 연삭기에서 숫돌의 바깥지름이 150mm일 경우 평형플랜지 지름은 몇 mm 이상이어야 하는가?

① 30 ② 50
③ 60 ④ 90

> 플랜지의 직경은 숫돌 직경의 1/3 이상 이므로
>
> $150 \times \left(\frac{1}{3}\right) = 50$
>
> **참고** 플랜지(flange) : 연삭숫돌은 보통 플랜지에 의해서 연삭기계에 고정되어지며, 숫돌측에 고정되는 측을 고정측 플랜지, 그 반대편을 이동측 플랜지라고 한다.

44. 플레이너 작업시의 안전대책이 아닌 것은?

① 베드 위에 다른 물건을 올려놓지 않는다.
② 바이트는 되도록 짧게 나오도록 설치한다.
③ 프레임 내의 피트(pit)에는 뚜껑을 설치한다.
④ 칩 브레이커를 사용하여 칩이 길게 되도록 한다.

> 칩 브레이커는 선반에서 칩을 짧게 끊어주는 장치이다.
>
> **참고** 플레이너의 안전작업수칙
> 1. 반드시 스위치를 끄고 일감의 고정작업을 할 것
> 2. 플레임 내의 피트(pit)에는 뚜껑을 설치할 것
> 3. 압판은 수평이 되도록 고정시킬 것
> 4. 압판은 죄는 힘에 의해 휘어지지 않도록 충분히 두꺼운 것을 사용할 것
> 5. 일감의 고정작업은 균일한 힘은 유지할 것
> 6. 바이트는 되도록 짧게 설치할 것
> 7. 테이블 위에는 기계작동 중 절대로 올라가지 않을 것

해답 41 ④ 42 ① 43 ② 44 ④

45. **양중기 과부하방지장치의 일반적인 공통사항에 대한 설명 중 부적합한 것은?**

① 과부하방지장치와 타 방호장치는 기능에 서로 장애를 주지 않도록 부착할 수 있는 구조이어야 한다.
② 방호장치의 기능을 변형 또는 보수할 때 양중기의 기능도 동시에 정지할 수 있는 구조이어야 한다.
③ 과부하방지장치에는 정상동작상태의 녹색램프와 과부하 시 경고 표시를 할 수 있는 붉은색램프와 경보음을 발하는 장치 등을 갖추어야 하며, 양중기 운전자가 확인할 수 있는 위치에 설치해야 한다.
④ 과부하방지장치 작동 시 경보음과 경보램프가 작동되어야 하며 양중기는 작동이 되지 않아야 한다. 다만, 크레인은 과부하 상태 해지를 위하여 권상된 만큼 권하시킬 수 있다.

② 방호장치의 기능은 변형시키지 않아야 한다.

참고 양중기 과부하방지장치의 성능 기준 (일반 공통사항)
1. 과부하방지장치 작동 시 경보음과 경보램프가 작동되어야 하며 양중기는 작동이 되지 않아야 한다. 다만, 크레인은 과부하 상태 해지를 위하여 권상된 만큼 권하시킬 수 있다.
2. 외함은 납봉인 또는 시건할 수 있는 구조이어야 한다.
3. 외함의 전선 접촉부분은 고무 등으로 밀폐되어 물과 먼지 등이 들어가지 않도록 한다.
4. 과부하방지장치와 타 방호장치는 기능에 서로 장애를 주지 않도록 부착할 수 있는 구조이어야 한다.
5. 방호장치의 기능을 제거 또는 정지할 때 양중기의 기능도 동시에 정지할 수 있는 구조이어야 한다.
6. 과부하방지장치는 시험 후 정격하중의 1.1배 권상 시 경보와 함께 권상동작이 정지되고 횡행과 주행동작이 불가능한 구조이어야 한다. 다만, 타워크레인은 정격하중의 1.05배 이내로 한다.
7. 과부하방지장치에는 정상동작상태의 녹색램프와 과부하 시 경고 표시를 할 수 있는 붉은색램프와 경보음을 발하는 장치 등을 갖추어야 하며, 양중기 운전자가 확인할 수 있는 위치에 설치해야 한다.

46. **산업안전보건법령상 프레스 작업시작 전 점검해야 할 사항에 해당하는 것은?**

① 와이어로프가 통하고 있는 곳 및 작업장소의 지반 상태
② 하역장치 및 유압장치 기능
③ 권과방지장치 및 그 밖의 경보장치의 기능
④ 1행정 1정지기구·급정지장치 및 비상정지 장치의 기능

프레스의 작업시작 전 점검사항
1. 클러치 및 브레이크의 기능
2. 크랭크축·플라이휠·슬라이드·연결봉 및 연결 나사의 풀림 여부
3. 1행정 1정지기구·급정지장치 및 비상정지장치의 기능
4. 슬라이드 또는 칼날에 의한 위험방지 기구의 기능
5. 프레스의 금형 및 고정볼트 상태
6. 방호장치의 기능
7. 전단기(剪斷機)의 칼날 및 테이블의 상태

참고 산업안전보건기준에 관한 규칙 별표3【작업시작 전 점검사항】

47. **방호장치를 분류할 때는 크게 위험장소에 대한 방호장치와 위험원에 대한 방호장치로 구분할 수 있는데, 다음 중 위험장소에 대한 방호장치가 아닌 것은?**

① 격리형 방호장치
② 접근거부형 방호장치
③ 접근반응형 방호장치
④ 포집형 방호장치

포집형 방호장치
위험원에 대한 방호장치로 목재가공 작업에서 재료가 튀어오르는 것을 방지하기 위한 반발예방장치나 연삭숫돌이 파괴되어 비산될 때 회전방향으로 튀어나오는 비산물질이 덮개를 치면서 회전방향으로 밀려나게 되고, 이 때 덮개가 따라 움직이면서 파괴된 숫돌조각들을 포집하는 장치이다.

참고 방호장치의 분류

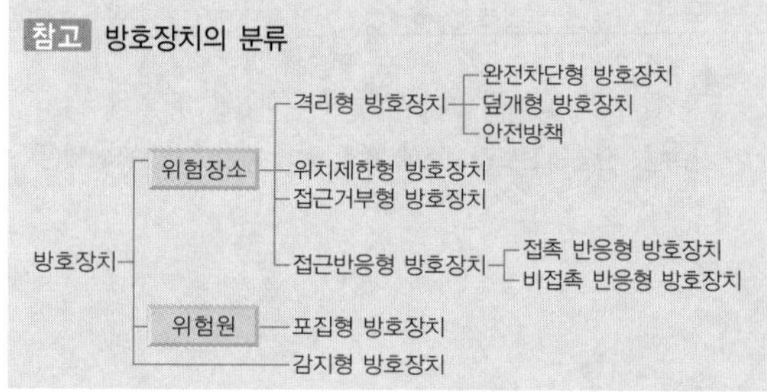

해답 45 ② 46 ④ 47 ④

48. 산업안전보건법령상 목재가공용 기계에 사용되는 방호장치의 연결이 옳지 않은 것은?

① 둥근톱기계 : 톱날접촉예방장치
② 띠톱기계 : 날접촉예방장치
③ 모떼기기계 : 날접촉예방장치
④ 동력식 수동대패기계 : 반발예방장치

동력식 수동대패기계의 방호장치 : 날접촉 예방장치

49. 다음 중 금속 등의 도체에 교류를 통한 코일을 접근시켰을 때, 결함이 존재하면 코일에 유기되는 전압이나 전류가 변하는 것을 이용한 검사방법은?

① 자분탐상검사 ② 초음파탐상검사
③ 와류탐상검사 ④ 침투형광탐상검사

와류탐상시험(ET : Eddy current Test)
금속 등 도체에 교류를 통한 코일을 근접시킬 때 결함이 존재하면 코일에 유기되는 전압이나 전류가 변화되는 것을 이용한다. 시험에서 얻은 신호는 와전류의 분포, 강도, 전기장의 분포 등과 관계가 있어 결함을 검출하는 방법에 사용된다. 종류로는 수동식과 자동식이 있다.

50. 산업안전보건법령상에서 정한 양중기의 종류에 해당하지 않는 것은?

① 크레인[호이스트(hoist)를 포함한다]
② 도르래
③ 곤돌라
④ 승강기

양중기의 종류
1. 크레인[호이스트(hoist)를 포함한다]
2. 이동식 크레인
3. 리프트(이삿짐운반용 리프트의 경우에는 적재하중이 0.1톤 이상인 것으로 한정한다)
4. 곤돌라
5. 승강기

참고 산업안전보건기준에 관한 규칙 제132조 【양중기】

51. 롤러의 급정지를 위한 방호장치를 설치하고자 한다. 앞면 롤러 직경이 36cm이고, 분당회전속도가 50rpm이라면 급정지거리는 약 얼마 이내이어야 하는가? (단, 무부하동작에 해당한다.)

① 45cm ② 50cm
③ 55cm ④ 60cm

1. 표면속도
$$(V)=\frac{\pi DN}{1,000}=\frac{\pi\times360\times50}{1,000}=56.55[mm/min]$$
30 m/min 이상이므로 $\frac{1}{2.5}$ 이내에서 급정지 되어야 한다.
2. 급정지거리 $=\pi d\times\frac{1}{2.5}=(\pi\times360)\times\frac{1}{2.5}$
$=452.39[mm]\div10=45.24[cm]$

52. 다음 중 금형 설치·해체작업의 일반적인 안전사항으로 틀린 것은?

① 고정볼트는 고정 후 가능하면 나사산이 3~4개 정도 짧게 남겨 슬라이드 면과의 사이에 협착이 발생하지 않도록 해야 한다.
② 금형 고정용 브래킷(물림판)을 고정시킬 때 고정용 브래킷은 수평이 되게 하고, 고정볼트는 수직이 되게 고정하여야 한다.
③ 금형을 설치하는 프레스의 T홈 안길이는 설치 볼트 직경 이하로 한다.
④ 금형의 설치용구는 프레스의 구조에 적합한 형태로 한다.

금형 설치, 해체작업의 안전
1. 금형의 설치용구는 프레스의 구조에 적합한 형태로 한다.
2. 금형을 설치하는 프레스의 T홈 안길이는 설치 볼트 직경의 2배 이상으로 한다.
3. 고정볼트는 고정 후 가능하면 나사산이 3~4개 정도 짧게 남겨 슬라이드 면과의 사이에 협착이 발생하지 않도록 해야 한다.
4. 금형 고정용 브래킷(물림판)을 고정시킬 때 고정용 브래킷은 수평이 되게 하고 고정볼트는 수직이 되게 고정하여야한다.
5. 부적합한 프레스에 금형을 설치하는 것을 방지하기 위하여 금형에 부품번호, 상형중량, 총중량, 다이하이트, 제품소재(재질) 등을 기록하여야 한다.

해답 48 ④ 49 ③ 50 ② 51 ① 52 ③

53. 산업안전보건법령상 보일러에 설치하는 압력방출장치에 대하여 검사 후 봉인에 사용되는 재료로 가장 적합한 것은?

① 납　　② 주석
③ 구리　　④ 알루미늄

압력방출장치는 매년 1회 이상 「국가표준기본법」 제14조제3항에 따라 지식경제부장관의 지정을 받은 국가교정업무 전담기관에서 교정을 받은 압력계를 이용하여 설정압력에서 압력방출장치가 적정하게 작동하는지를 검사한 후 납으로 봉인하여 사용하여야 한다.

참고 산업안전보건기준에 관한 규칙 제116조 【압력방출장치】

54. 슬라이드가 내려옴에 따라 손을 쳐내는 박대가 좌우로 왕복하면서 위험점으로부터 손을 보호하여 주는 프레스의 안전장치는?

① 수인식 방호장치
② 양손조작식 방호장치
③ 손쳐내기식 방호장치
④ 게이트 가드식 방호장치

손쳐내기식(push away, sweep guard) 방호장치
슬라이드에 레버나 링크(link) 혹은 캠으로 연결된 손쳐내기식 봉에 의해 슬라이드의 하강에 앞서 위험한계에 있는 손을 쳐내는 방식이다.

55. 산업안전보건법령에 따라 사업주는 근로자가 안전하게 통행할 수 있도록 통로에 일마 이상의 채광 또는 조명시설을 하여야 하는가?

① 50럭스　　② 75럭스
③ 90럭스　　① 100럭스

사업주는 근로자가 안전하게 통행할 수 있도록 통로에 75럭스 이상의 채광 또는 조명시설을 하여야 한다.

참고 산업안전보건기준에 관한 규칙 제21조 【통로의 조명】

56. 산업안전보건법령상 다음 중 보일러의 방호장치와 가장 거리가 먼 것은?

① 언로드밸브
② 압력방출장치
③ 압력제한스위치
④ 고저수위 조절장치

언로드밸브는 공기압축기의 안전장치이다.
참고 보일러의 폭발사고 예방을 위하여 압력방출장치, 압력제한 스위치, 고저수위 조절장치 등의 기능이 정상적으로 작동될 수 있도록 유지·관리하여야 한다.

57. 다음 중 롤러기 급정지장치의 종류가 아닌 것은?

① 어깨조작식　　② 손조작식
③ 복부조작식　　④ 무릎조작식

급정지 장치의 종류

급정지 장치 조작부의 종류	설치 위치	비고
손조작식	밑면에서 1.8m 이내	설치 위치: 급정지 장치의 조작부의 중심점을 기준
복부 조작식	밑면에서 0.8m 이상 1.1m 이내	
무릎 조작식	밑면에서 0.4m 이상 0.6m 이내	

58. 산업안전보건법령에 따라 레버풀러(lever puller) 또는 체인블록(chain block)을 사용하는 경우 훅의 입구(hook mouth) 간격이 제조자가 제공하는 제품사양서 기준으로 몇 % 이상 벌어진 것은 폐기하여야 하는가?

① 3　　② 5
③ 7　　④ 10

레버풀러(lever puller) 또는 체인블록(chain block)을 사용하는 경우 훅의 입구(hook mouth) 간격이 제조자가 제공하는 제품사양서 기준으로 10퍼센트 이상 벌어진 것은 폐기할 것

해답 53 ① 54 ③ 55 ② 56 ① 57 ① 58 ④

59. 컨베이어(conveyor) 역전방지장치의 형식을 기계식과 전기식으로 구분할 때 기계식에 해당하지 않는 것은?

① 라쳇식 ② 밴드식
③ 슬러스트식 ④ 롤러식

컨베이어의 사용 중 불시의 정전, 전압강하 등으로 인한 발생되는 사고를 예방하기 위하여 컨베이어에 역전방지장치를 설치하여야 하며,
1. 전기식으로는 전기 브레이크, 슬러스트식 브레이크 등이 있다.
2. 기계식으로는 라쳇식, 롤러식, 밴드식 등이 있다.

60. 다음 중 연삭숫돌의 3요소가 아닌 것은?

① 결합제 ② 입자
③ 저항 ④ 기공

연삭숫돌의 3요소
1. 입자
2. 결합제
3. 기공

■■■ 제4과목 전기위험방지기술

61. 다음 ( ) 안의 알맞은 내용을 나타낸 것은?

> 폭발성 가스의 폭발등급 측정에 사용되는 표준용기는 내용적이 (㉮)cm^3, 반구상의 플렌지 접합면의 안길이 (㉯)mm의 구상용기의 틈새를 통과시켜 화염일주 한계를 측정하는 장치이다.

① ㉮ 600 ㉯ 0.4 ② ㉮ 1,800 ㉯ 0.6
③ ㉮ 4,500 ㉯ 8 ④ ㉮ 8,000 ㉯ 25

폭발성 가스의 폭발등급 측정에 사용되는 표준용기는 내용적이 8,000cm^3, 반구상의 플렌지 접합면의 안길이 25mm의 구상용기의 틈새를 통과시켜 화염일주 한계를 측정하는 장치이다.

62. 다음 차단기는 개폐기구가 절연물의 용기 내에 일체로 조립한 것으로 과부하 및 단락 사고 시에 자동적으로 전로를 차단하는 장치는?

① OS ② VCB
③ MCCB ④ ACB

MCCB(배선용차단기)
퓨즈를 사용하지 않는 배선용 차단기로 과부하 및 단락 시에 차단을 주목적으로 한다.

63. 한국전기설비규정에 따라 보호등전위본딩 도체로서 주접지단자에 접속하기 위한 등전위본딩 도체(구리도체)의 단면적은 몇 mm^2 이상이어야 하는가? (단, 등전위본딩 도체는 설비 내에 있는 가장 큰 보호접지 도체 단면적의 $\frac{1}{2}$ 이상의 단면적을 가지고 있다.)

① 2.5 ② 6
③ 16 ④ 50

주접지단자에 접속하기 위한 등전위본딩 도체는 설비 내에 있는 가장 큰 보호접지도체 단면적의 1/2 이상의 단면적을 가져야 하고 다음의 단면적 이상이어야 한다.
1. 구리도체 $6mm^2$
2. 알루미늄 도체 $16mm^2$
3. 강철 도체 $50mm^2$

참고 한국전기설비규정 143【감전보호용 등전위본딩】

64. 저압전로의 절연성능 시험에서 전로의 사용전압이 380V인 경우 전로의 전선 상호간 및 전로와 대지 사이의 절연저항은 최소 몇 $M\Omega$ 이상이어야 하는가?

① 0.1 ② 0.3
③ 0.5 ④ 1

해답 59 ③ 60 ③ 61 ④ 62 ③ 63 ② 64 ④

전기사용 장소의 사용전압이 저압인 전로의 전선 상호간 및 전로와 대지 사이의 절연저항은 개폐기 또는 과전류차단기로 구분할 수 있는 전로마다 다음 표에서 정한 값 이상이어야 한다.

전로의 사용전압 V	DC시험전압 V	절연저항 MΩ
SELV 및 PELV	250	0.5
FELV, 500V 이하	500	1.0
500V 초과	1,000	1.0

[주] 특별저압(extra low voltage : 2차 전압이 AC 50V, DC 120V 이하)으로 SELV(비접지회로 구성) 및 PELV(접지회로 구성)은 1차와 2차가 전기적으로 절연된 회로, FELV는 1차와 2차가 전기적으로 절연되지 않은 회로

참고 전기설비기술기준 제52조【저압전로의 절연성능】

65. 전격의 위험을 결정하는 주된 인자로 가장 거리가 먼 것은?

① 통전전류 ② 통전시간
③ 통전경로 ④ 접촉전압

통전전압의 크기는 2차적 위험요소이다.

1차적 감전위험요소	2차적 감전위험요소
① 통전전류의 크기 ② 전원의 종류 ③ 통전경로 ④ 통전시간	① 인체의 조건(저항) ② 전압 ③ 계절 ④ 주파수

66. 교류 아크용접기의 허용사용률(%)은? (단, 정격사용률은 10%, 2차 정격전류는 500A, 교류 아크용접기의 사용전류는 250A이다.)

① 30 ② 40
③ 50 ④ 60

$$\text{허용사용률} = \frac{(\text{정격2차전류})^2}{(\text{실제용접작업})^2} \times \text{정격사용률}$$

$$= \frac{(500)^2}{(250)^2} \times 10 = 40$$

67. 내압방폭구조의 필요충분조건에 대한 사항으로 틀린 것은?

① 폭발화염이 외부로 유출되지 않을 것
② 습기침투에 대한 보호를 충분히 할 것
③ 내부에서 폭발한 경우 그 압력에 견딜 것
④ 외함의 표면온도가 외부의 폭발성가스를 점화하지 않을 것

내압방폭구조의 기본적 성능에 관한 사항
1. 내부에서 폭발할 경우 그 압력에 견딜 것
2. 폭발화염이 외부로 유출되지 않을 것
3. 외함 표면온도가 주위의 가연성 가스에 점화하지 않을 것
4. 폭발 후에는 협격을 통해서 고온의 가스를 서서히 방출시킴으로써 냉각되는 구조로 될 것

68. 다음 중 전동기를 운전하고자 할 때 개폐기의 조작순서로 옳은 것은?

① 메인 스위치 → 분전반 스위치 → 전동기용 개폐기
② 분전반 스위치 → 메인 스위치 → 전동기용 개폐기
③ 전동기용 개폐기 → 분전반 스위치 → 메인 스위치
④ 분전반 스위치 → 전동기용 스위치 → 메인 스위치

전동기 운전 시 개폐기의 조작순서로는 메인 스위치 → 분전반 스위치 → 전동기용 개폐기 순이다.

69. 다음 빈칸에 들어갈 내용으로 알맞은 것은?

> "교류 특고압 가공전선로에서 발생하는 극저주파 전자계는 지표상 1m에서 전계가 (ⓐ), 자계가 (ⓑ)가 되도록 시설하는 등 상시 정전유도 및 전자유도 작용에 의하여 사람에게 위험을 줄 우려가 없도록 시설하여야 한다."

① ⓐ 0.35kV/m 이하 ⓑ 0.833μT 이하
② ⓐ 3.5kV/m 이하 ⓑ 8.33μT 이하
③ ⓐ 3.5kV/m 이하 ⓑ 83.3μT 이하
④ ⓐ 35kV/m 이하 ⓑ 833μT 이하

해답 65 ④ 66 ② 67 ② 68 ① 69 ③

교류 특고압 가공전선로에서 발생하는 극저주파 전자계는 지표상 1m에서 전계가 3.5kV/m 이하, 자계가 83.3μT 이하가 되도록 시설하고, 직류 특고압 가공전선로에서 발생하는 직류전계는 지표면에서 25kV/m 이하, 직류자계는 지표상 1m에서 400,000 μT 이하가 되도록 시설하는 등 상시 정전유도(靜電誘導) 및 전자유도(電磁誘導) 작용에 의하여 사람에게 위험을 줄 우려가 없도록 시설하여야 한다. 다만, 논밭, 산림 그 밖에 사람의 왕래가 적은 곳에서 사람에 위험을 줄 우려가 없도록 시설하는 경우에는 그러하지 아니하다.

참고 전기설비기술기준 제17조 【유도장해 방지】

70. 감전사고를 방지하기 위한 방법으로 틀린 것은?

① 전기기기 및 설비의 위험부에 위험표지
② 전기설비에 대한 누전차단기 설치
③ 전기기기에 대한 정격표시
④ 무자격자는 전기기계 및 기구에 전기적인 접촉 금지

③항, 전기기기에 대한 위험표시를 하여야 한다.

71. 외부피뢰시스템에서 접지극은 지표면에서 몇 m 이상 깊이로 매설하여야 하는가? (단, 동결심도는 고려하지 않는 경우이다.)

① 0.5 ② 0.75
③ 1 ④ 1.25

외부피뢰시스템의 접지극 설치
1. 지표면에서 0.75m 이상 깊이로 매설 하여야 한다. 다만, 필요시는 해당 지역의 동결심도를 고려한 깊이로 할 수 있다.
2. 대지가 암반지역으로 대지저항이 높거나 건축물·구조물이 전자통신시스템을 많이 사용하는 시설의 경우에는 환상도체접지극 또는 기초접지극으로 한다.
3. 접지극 재료는 대지에 환경오염 및 부식의 문제가 없어야 한다.
4. 철근콘크리트 기초 내부의 상호 접속된 철근 또는 금속제 지하구조물 등 자연적 구성부재는 접지극으로 사용할 수 있다.

72. 정전기의 재해방지 대책이 아닌 것은?

① 부도체에는 도전성을 향상 또는 제전기를 설치 운영한다.
② 접촉 및 분리를 일으키는 기계적 작용으로 인한 정전기 발생을 적게 하기 위해서는 가능한 접촉 면적을 크게 하여야 한다.
③ 저항률이 $10^{10}\Omega\cdot$cm 미만의 도전성 위험물의 배관유속은 7m/s 이하로 한다.
④ 생산공정에 별다른 문제가 없다면, 습도를 70(%) 정도 유지하는 것도 무방하다.

②항, 접촉 면적이 클수록 정전기의 발생량은 더욱 커지게 된다.

73. 어떤 부도체에서 정전용량이 10pF이고, 전압이 5kV 일 때 전하량(C)은?

① 9×10^{-12} ② 6×10^{-10}
③ 5×10^{-8} ④ 2×10^{-6}

$Q=CV$에서 $(10\times10^{-12})\times5000=5\times10^{-8}$

74. KS C IEC 60079-0에 따른 방폭에 대한 설명으로 틀린 것은?

① 기호 "X"는 방폭기기의 특정사용조건을 나타내는데 사용되는 인증번호의 접미사이다.
② 인화하한(LFL)과 인화상한(UFL) 사이의 범위가 클수록 폭발성 가스 분위기 형성 가능성이 크다.
③ 기기그룹에 따라 폭발성가스를 분류할 때 ⅡA의 대표 가스로 에틸렌이 있다.
④ 연면거리는 두 도전부 사이의 고체 절연물 표면을 따른 최단거리를 말한다.

폭발성 가스 분위기 (그룹 Ⅱ의 대표가스)
ⅡA : 프로판
ⅡB : 에틸렌
ⅡC : 수소 및 아세틸렌

참고 한국산업표준 KS C IEC 60079-0

해답 70 ③ 71 ② 72 ② 73 ③ 74 ③

75. **다음 중 활선근접 작업시의 안전조치로 적절하지 않은 것은?**

① 근로자가 절연용 방호구의 설치·해체작업을 하는 경우에는 절연용 보호구를 착용하거나 활선작업용 기구 및 장치를 사용하도록 하여야 한다.
② 저압인 경우에는 해당 전기작업자가 절연용 보호구를 착용하되, 충전전로에 접촉할 우려가 없는 경우에는 절연용 방호구를 설치하지 아니할 수 있다.
③ 유자격자가 아닌 근로자가 근로자의 몸 또는 긴 도전성 물체가 방호되지 않은 충전전로에서 대지전압이 50kV 이하인 경우에는 400cm 이내로 접근할 수 없도록 하여야 한다.
④ 고압 및 특별고압의 전로에서 전기작업을 하는 근로자에게 활선작업용 기구 및 장치를 사용하여야 한다.

유자격자가 아닌 근로자가 충전전로 인근의 높은 곳에서 작업할 때에 근로자의 몸 또는 긴 도전성 물체가 방호되지 않은 충전전로에서 대지전압이 50킬로볼트 이하인 경우에는 300센티미터 이내로, 대지전압이 50킬로볼트를 넘는 경우에는 10킬로볼트당 10센티미터씩 더한 거리 이내로 각각 접근할 수 없도록 할 것

참고 산업안전보건기준에 관한 규칙 제321조【충전전로에서의 전기작업】

76. **밸브 저항형 피뢰기의 구성요소로 옳은 것은?**

① 직렬갭, 특성요소
② 병렬갭, 특성요소
③ 직렬갭, 충격요소
④ 병렬갭, 충격요소

피뢰기의 구성요소

구분	내용
직렬갭	이상전압 발생시 전압을 대지로 방전하고 속류를 차단
특성요소	뇌해의 방전 시 전위상승을 억제하여 절연파괴를 방지한다.

77. **정전기 제거 방법으로 가장 거리가 먼 것은?**

① 작업장 바닥을 도전처리한다.
② 설비의 도체 부분은 접지시킨다.
③ 작업자는 대전방지화를 신는다.
④ 작업장을 항온으로 유지한다.

정전기의 제거
① 확실한 방법으로 접지한다.
② 도전성재료를 사용한다.
③ 가습한다.(상대습도 70% 이상)
④ 제전장치를 사용한다.
⑤ 정전기 발생방지 도장을 한다.

78. **인체의 전기저항을 0.5kΩ이라고 하면 심실 세동을 일으키는 위험한계 에너지는 몇 J인가? (단, 심실세동전류값 $I=\frac{165}{\sqrt{T}}$mA의 Dalziel의 식을 이용하며, 통전시간은 1초로 한다.)**

① 13.6 ② 12.6
③ 11.6 ④ 10.6

줄의 법칙(Joule's law)에서 $w=I^2RT$
여기서, w: 위험한계에너지[J]
I : 심실세동전류 값[mA]
R : 전기저항[Ω]
T : 통전시간[초]이다.

$$w=(\frac{165}{\sqrt{1}}\times10^{-3})^2\times500\times1=13.6$$

참고 0.5kΩ≒500[Ω]

79. **다음 중 전기설비기술기준에 따른 전압의 구분으로 틀린 것은?**

① 저압 : 직류 1kV 이하
② 고압 : 교류 1kV를 초과, 7kV 이하
③ 특고압 : 직류 7kV 초과
④ 특고압 : 교류 7kV 초과

전압의 구분

구분	교류	직류
저압	1[kV] 이하	1.5[kV] 이하
고압	1[kV] 초과 7[kV] 이하	1.5[kV] 초과 7[kV] 이하
특별고압	7[kV] 초과	

해답 75 ③ 76 ① 77 ④ 78 ① 79 ①

80. 가스 그룹 ⅡB 지역에 설치된 내압방폭구조 "d" 장비의 플랜지 개구부에서 장애물까지의 최소 거리(mm)는?

① 10　　② 20
③ 30　　④ 40

방폭기기를 설치할 때에는 내압방폭구조의 플랜지 접합부와 방폭기기의 부품이 아닌 고체 장애물(예: 강재, 벽, 기후 보호물(weather guard), 장착용 브래킷, 배관 또는 기타 전기기기)과의 거리가 표에 규정된 값 미만이 되지 아니하도록 한다.

[표] 내압방폭구조 플랜지 접합부와 장애물 간 최소 이격거리

가스그룹	최소이격거리(mm)
ⅡA	10
ⅡB	30
ⅡC	40

■■■ 제5과목 화학설비위험방지기술

81. 다음 설명이 의미하는 것은?

> 온도, 압력 등 제어상태가 규정의 조건을 벗어나는 것에 의해 반응속도가 지수함수적으로 증대되고, 반응용기 내의 온도, 압력이 급격히 이상 상승되어 규정 조건을 벗어나고, 반응이 과격화되는 현상

① 비등　　② 과열·과압
③ 폭발　　④ 반응폭주

반응폭주현상이란 온도, 압력 등 제어상태가 규정의 조건을 벗어나는 것에 의해 반응 속도가 지수 함수적으로 증대되고, 반응 용기내의 온도, 압력이 급격히 이상 상승되어 규정 조건을 벗어나고, 반응이 과격화되는 현상이다.

참고
1. 비등이란 액체가 표면과 내부로부터 모두 기포가 발생하면서 기체로 변하는 현상이다. 즉, 액체의 표면과 내부에서 기화가 일어나는 현상을 말한다.
2. 과열·과압이란 액체를 빠르게 가열하면 끓는점보다 온도가 높아진 상태에서도 끓지 않을 때가 있는데, 이것을 과열이라 하고, 압력이 급격히 팽창을 하는 경우가 과압이다.
3. 폭발이란 물체가 급격히 또한 현저하게 그 용적을 팽창(증가)하는 반응이다.

82. 다음 중 전기화재의 종류에 해당하는 것은?

① A급　　② B급
③ C급　　④ D급

화재의 등급					
구분	A급 화재 (백색) 일반 화재	B급 화재 (황색) 유류 화재	C급 화재 (청색) 전기 화재	D급 화재 (금속 화재)	K급 화재 (주방 화재)
소화 효과	냉각	질식	질식, 냉각	질식	질식,각

83. 다음 중 폭발범위에 관한 설명으로 틀린 것은?

① 상한값과 하한값이 존재한다.
② 온도에는 비례하지만 압력과는 무관하다.
③ 가연성 가스의 종류에 따라 각각 다른 값을 갖는다.
④ 공기와 혼합된 가연성 가스의 체적 농도로 나타낸다.

②항, 온도에는 비례하나, 압력이 높아질수록 범위도 넓어진다.

참고 폭발한계에 영향을 주는 요인
1. 온도 : 폭발하한이 100℃ 증가 시 25℃에서의 값의 8% 감소하고, 폭발 상한은 8%씩 증가
2. 압력 : 가스압력이 높아질수록 폭발범위는 넓어진다.
3. 산소 : 산소의 농도가 증가하면 폭발범위도 상승한다.

84. 다음 [표]와 같은 혼합가스의 폭발범위(vol%)로 옳은 것은?

종류	용적비율 (vol%)	폭발하한계 (vol%)	폭발상한계 (vol%)
CH_4	70	5	15
C_2H_6	15	3	12.5
C_3H_8	5	2.1	9.5
C_4H_{10}	10	1.9	8.5

① 3.75~13.21　　② 4.33~13.21
③ 4.33~15.22　　④ 3.75~15.22

해답 80 ③　81 ④　82 ③　83 ②　84 ①

1. 하한계 $= \dfrac{100}{\dfrac{70}{5}+\dfrac{15}{3}+\dfrac{5}{2.1}+\dfrac{10}{1.9}} = 3.75$

2. 상한계 $= \dfrac{100}{\dfrac{70}{15}+\dfrac{15}{12.5}+\dfrac{5}{9.5}+\dfrac{10}{8.5}} = 13.21$

85. 위험물을 저장 · 취급하는 화학설비 및 그 부속설비를 설치할 때 '단위공정시설 및 설비로부터 다른 단위공정시설 및 설비의 사이' 의 안전거리는 설비의 바깥 면으로부터 몇 m 이상이 되어야 하는가?

① 5 ② 10
③ 15 ④ 20

화학설비 및 부속설비의 안전거리

구분	안전거리
1. 단위공정시설 및 설비로부터 다른 단위공정시설 및 설비의 사이	설비의 바깥 면으로부터 10미터 이상
2. 플레어스택으로부터 단위공정시설 및 설비, 위험물질 저장탱크 또는 위험물질 하역설비의 사이	플레어스택으로부터 반경 20미터 이상. 다만, 단위공정시설 등이 불연재로 시공된 지붕 아래에 설치된 경우에는 그러하지 아니하다.
3. 위험물질 저장탱크로부터 단위공정시설 및 설비, 보일러 또는 가열로의 사이	저장탱크의 바깥 면으로부터 20미터 이상. 다만, 저장탱크의 방호벽, 원격조종 화설비 또는 살수설비를 설치한 경우에는 그러하지 아니하다.
4. 사무실·연구실·실험실·정비실 또는 식당으로부터 단위공정시설 및 설비, 위험물질 저장탱크, 위험물질 하역설비, 보일러 또는 가열로의 사이	사무실 등의 바깥 면으로부터 20미터 이상. 다만, 난방용 보일러인 경우 또는 사무실 등의 벽을 방호구조로 설치한 경우에는 그러하지 아니하다.

참고 산업안전보건기준에 관한 규칙 별표 8【안전거리】

86. 열교환기의 열교환 능률을 향상시키기 위한 방법으로 거리가 먼 것은?

① 유체의 유속을 적절하게 조절한다.
② 유체의 흐르는 방향을 병류로 한다.
③ 열교환기 입구와 출구의 온도차를 크게 한다.
④ 열전도율이 좋은 재료를 사용한다.

열교환기의 열 교환 능률을 향상시키는 방법
1. 유체의 유속을 적절히 한다.
2. 유체의 흐름을 향류형으로 한다.
3. 열교환기의 입구와 출구의 온도차를 크게 한다.
4. 열전도율이 높은 재료를 사용한다.
5. 절연면적을 크게 한다.
6. 유체의 이동길이를 짧게 한다.

87. 다음 중 인화성 물질이 아닌 것은?

① 디에틸에테르 ② 아세톤
③ 에틸알코올 ④ 과염소산칼륨

④항, 과염소산칼륨은 산화성 물질이다.

88. 산업안전보건법령상 위험물질의 종류에서 "폭발성 물질 및 유기과산화물" 에 해당하는 것은?

① 리튬 ② 아조화합물
③ 아세틸렌 ④ 셀룰로이드류

①항 리튬 – 물반응성 및 인화성고체 물질
②항, 아조화합물 – 폭발성물질 및 유기과산화물
③항, 아세틸렌 – 가연성 가스
④항, 셀룰로이드류 – 물반응성 및 인화성고체 물질

89. 건축물 공사에 사용되고 있으나, 불에 타는 성질이 있어서 화재 시 유독한 시안화수소 가스가 발생되는 물질은?

① 염화비닐 ② 염화에틸렌
③ 메타크릴산메틸 ④ 우레탄

폴리우레탄은 유기단열재로 연소시 독성이 강한 시안화수소(HCN)를 발생시킨다.

해답 85 ② 86 ② 87 ④ 88 ② 89 ④

90. 반응기를 설계할 때 고려하여야 할 요인으로 가장 거리가 먼 것은?

① 부식성 ② 상의 형태
③ 온도 범위 ④ 중간생성물의 유무

반응기를 설계할 때 고려하여야 할 요인
① 상(Phase)의 형태(고체, 액체, 기체)
② 온도범위
③ 운전압력
④ 부식성
⑤ 체류시간 및 공간속도
⑥ 열전달
⑦ 온도조절
⑧ 조작방법

91. 에틸알코올 1몰이 완전 연소 시 생성되는 CO_2와 H_2O의 몰수로 옳은 것은?

① CO_2 : 1, H_2O : 4 ② CO_2 : 2, H_2O : 3
③ CO_2 : 3, H_2O : 2 ④ CO_2 : 4, H_2O : 1

$C_2H_5OH + 3O_2 \rightarrow 2CO_2 + 3H_2O$이므로
이산화탄소(CO_2) : 2, 물(H_2O) : 3이 된다.

92. 산업안전보건법령상 각 물질이 해당하는 위험물질의 종류를 옳게 연결한 것은?

① 아세트산(농도 90%) – 부식성 산류
② 아세톤(농도 90%) – 부식성 염기류
③ 이황화탄소 – 인화성 가스
④ 수산화칼륨 – 인화성 가스

②항, 아세톤 : 인화성 액체
③항, 이황화탄소 : 인화성 액체
④항, 수산화칼륨 : 농도 40% 이상인 경우 부식성 염기류

참고 부식성물질의 종류

분류		물질의 종류
부식성 산류	① 농도 20% 이상	염산, 황산, 질산, 기타 이와 동등 이상의 부식성을 지니는 물질
	② 농도 60% 이상	인산, 아세트산, 불산, 기타 이와 동등 이상의 부식성을 가지는 물질
부식성 염기류		농도 40% 이상

93. 물과의 반응으로 유독한 포스핀가스를 발생하는 것은?

① HCl ② NaCl
③ Ca_3P_2 ④ $Al(OH)^3$

$Ca_3P_2 + 6H_2O \rightarrow 3Ca(OH)_2$ (수산화칼륨) $+ 2PH_3$(포스핀)

94. 분진폭발의 요인을 물리적 인자와 화학적 인자로 분류할 때 화학적 인자에 해당하는 것은?

① 연소열 ② 입도분포
③ 열전도율 ④ 입자의 형상

분진폭발에서 연소열은 화학적 성질과 조성에 따라 결정된다.

참고 분진폭발의 주요 영향인자
1. 분진입도 및 분포
2. 입자의 형상과 표면상태
3. 분진의 부유
4. 분진의 화학적 성질과 조성
5. 수분

95. 메탄올에 관한 설명으로 틀린 것은?

① 무색투명한 액체이다.
② 비중은 1보다 크고, 증기는 공기보다 가볍다.
③ 금속나트륨과 반응하여 수소를 발생한다.
④ 물에 잘 녹는다.

메탄올(메틸알코올, CH_3OH)은 비중이 약 0.8로 1보다 작고 증기 비중은 1.1로 공기보다 무겁다.

해답 90 ④ 91 ② 92 ① 93 ③ 94 ① 95 ②

96. 다음 중 자연발화가 쉽게 일어나는 조건으로 틀린 것은?

① 주위온도가 높을수록
② 열 축적이 클수록
③ 적당량의 수분이 존재할 때
④ 표면적이 작을수록

자연발화의 조건
1. 표면적이 넓을 것
2. 발열량이 클 것
3. 물질의 열전도율이 작을 것
4. 주변온도가 높을 것
5. 습도가 높을 것

97. 다음 중 인화점이 가장 낮은 것은?

① 벤젠 ② 메탄올
③ 이황화탄소 ④ 경유

가연성 물질 인화점
• 벤젠 : −11℃
• 메탄올 : 11℃
• 이황화탄소 : −30℃
• 경유 : 40~85℃

98. 자연발화성을 가진 물질이 자연발화를 일으키는 원인으로 거리가 먼 것은?

① 분해열 ② 증발열
③ 산화열 ④ 중합열

자연발열을 일으키는 요인
• 산화열에 의한 발열(석탄, 건성유, 기름걸레, 기름찌꺼기 등)
• 분해열에 의한 발열(셀룰로이드, 니트로셀룰로스(질화면) 등)
• 흡착열에 의한 발열(석탄분, 활성탄, 목탄분, 환원 니켈 등)
• 미생물 발효에 의한 발열(건초, 퇴비, 볏짚 등)
• 중합에 의한 발열(아크릴로 니트릴 등)

99. 비점이 낮은 가연성 액체 저장탱크 주위에 화재가 발생했을 때 저장탱크 내부의 비등현상으로 인한 압력 상승으로 탱크가 파열되어 그 내용물이 증발, 팽창하면서 발생되는 폭발현상은?

① Back Draft ② BLEVE
③ Flash Over ④ UVCE

비등액 팽창증기 폭발(BLEVE)
다량의 물질이 방출될 수 있는 특별한 형태의 재해이다. 비점이나 인화점이 낮은 액체가 들어 있는 용기 주위에 화재 등으로 인하여 가열되면, 내부의 비등현상으로 인한 압력 상승으로 용기의 벽면이 파열되면서 그 내용물이 폭발적으로 증발, 팽창하면서 폭발을 일으키는 현상

100. 사업주는 산업안전보건법령에서 정한 설비에 대해서는 과압에 따른 폭발을 방지하기 위하여 안전밸브 등을 설치하여야 한다. 다음 중 이에 해당하는 설비가 아닌 것은?

① 원심펌프
② 정변위 압축기
③ 정변위 펌프(토출축에 차단밸브가 설치된 것만 해당한다)
④ 배관(2개 이상의 밸브에 의하여 차단되어 대기온도에서 액체의 열팽창에 의하여 파열될 우려가 있는 것으로 한정한다)

사업주는 다음 각 호의 어느 하나에 해당하는 설비에 대해서는 과압에 따른 폭발을 방지하기 위하여 폭발 방지 성능과 규격을 갖춘 안전밸브 또는 파열판(이하 "안전밸브등"이라 한다)을 설치하여야 한다. 다만, 안전밸브등에 상응하는 방호장치를 설치한 경우에는 그러하지 아니하다.
1. 압력용기(안지름이 150밀리미터 이하인 압력용기는 제외하며, 압력 용기 중 관형 열교환기의 경우에는 관의 파열로 인하여 상승한 압력이 압력용기의 최고사용압력을 초과할 우려가 있는 경우만 해당한다)
2. 정변위 압축기
3. 정변위 펌프(토출축에 차단밸브가 설치된 것만 해당한다)
4. 배관(2개 이상의 밸브에 의하여 차단되어 대기온도에서 액체의 열팽창에 의하여 파열될 우려가 있는 것으로 한정한다)
5. 그 밖의 화학설비 및 그 부속설비로서 해당 설비의 최고사용압력을 초과할 우려가 있는 것

참고 산업안전보건기준에 관한 규칙 제261조【안전밸브 등의 설치】

해답 96 ④ 97 ③ 98 ② 99 ② 100 ①

■■■ 제6과목 건설안전기술

101. 유해 · 위험방지계획서 제출 시 첨부서류로 옳지 않은 것은?

① 공사현장의 주변 현황 및 주변과의 관계를 나타내는 도면
② 공사개요서
③ 전체공정표
④ 작업인부의 배치를 나타내는 도면 및 서류

> 유해 · 위험방지 계획서 제출 시 첨부서류
> 1. 공사 개요서
> 2. 공사현장의 주변 현황 및 주변과의 관계를 나타내는 도면(매설물 현황을 포함한다)
> 3. 건설물, 사용 기계설비 등의 배치를 나타내는 도면
> 4. 전체 공정표
> 5. 산업안전보건관리비 사용계획
> 6. 안전관리 조직표
> 7. 재해 발생 위험 시 연락 및 대피방법

102. 거푸집 해체작업 시 유의사항으로 옳지 않은 것은?

① 일반적으로 수평부재의 거푸집은 연직부재의 거푸집보다 빨리 떼어낸다.
② 해체된 거푸집이나 각목 등에 박혀있는 못 또는 날카로운 돌출물은 즉시 제거하여야 한다.
③ 상하 동시 작업은 원칙적으로 금지하여 부득이한 경우에는 긴밀히 연락을 위하며 작업을 하여야 한다.
④ 거푸집 해체작업장 주위에는 관계자를 제외하고는 출입을 금지시켜야 한다.

> 일반적으로 연직부재를 먼저 해체하고 수평부재를 해체한다.
>
> **참고** 해체순서 : 외벽 → 내벽 → 바닥 → 작은보 → 큰 보 → 내력벽 → 기둥

103. 사다리식 통로 등을 설치하는 경우 통로 구조로서 옳지 않은 것은?

① 발판의 간격은 일정하게 한다.
② 발판과 벽과의 사이는 15cm 이상의 간격을 유지한다.
③ 사다리의 상단은 걸쳐놓은 지점으로부터 60cm 이상 올라가도록 한다.
④ 폭은 40cm 이상으로 한다.

> 사다리식 통로의 폭은 30cm 이상으로 한다.
>
> **참고** 산업안전보건기준에 관한 규칙 제24조【사다리식 통로 등의 구조】
> 1. 견고한 구조로 할 것
> 2. 심한 손상·부식 등이 없는 재료를 사용할 것
> 3. 발판의 간격은 일정하게 할 것
> 4. 발판과 벽과의 사이는 15센티미터 이상의 간격을 유지할 것
> 5. 폭은 30센티미터 이상으로 할 것
> 6. 사다리가 넘어지거나 미끄러지는 것을 방지하기 위한 조치를 할 것
> 7. 사다리의 상단은 걸쳐놓은 지점으로부터 60센티미터 이상 올라가도록 할 것
> 8. 사다리식 통로의 길이가 10미터 이상인 경우에는 5미터 이내마다 계단참을 설치할 것
> 9. 사다리식 통로의 기울기는 75도 이하로 할 것. 다만, 고정식 사다리식 통로의 기울기는 90도 이하로 하고, 그 높이가 7미터 이상인 경우에는 바닥으로부터 높이가 2.5미터 되는 지점부터 등받이울을 설치할 것
> 10. 접이식 사다리 기둥은 사용 시 접혀지거나 펼쳐지지 않도록 철물 등을 사용하여 견고하게 조치할 것

104. 추락 재해방지 설비 중 근로자의 추락재해를 방지할 수 있는 설비로 작업발판 설치가 곤란한 경우에 필요한 설비는?

① 경사로　　② 추락방호망
③ 고정사다리　　④ 달비계

> 작업발판을 설치하기 곤란한 경우 추락방호망을 설치해야 한다. 다만, 추락방호망을 설치하기 곤란한 경우에는 근로자에게 안전대를 착용하도록 하는 등 추락위험을 방지하기 위해 필요한 조치를 해야 한다.
>
> **참고** 산업안전보건기준에 관한 규칙 제42조【추락의 방지】

해답 101 ④ 102 ① 103 ④ 104 ②

105. 콘크리트 타설작업을 하는 경우에 준수해야할 사항으로 옳지 않은 것은?

① 당일의 작업을 시작하기 전에 해당 작업에 관한 거푸집동바리 등의 변형·변위 및 지반의 침하 유무 등을 점검하고 이상이 있으면 보수한다.
② 작업 중에는 거푸집동바리 등의 변형 · 변위 및 침하 유무 등을 감시할 수 있는 감시자를 배치하여 이상이 있으면 작업을 빠른 시간 내 우선 완료하고 근로자를 대피시킨다.
③ 콘크리트 타설작업 시 거푸집붕괴의 위험이 발생할 우려가 있으면 충분한 보강조치를 한다.
④ 콘크리트를 타설하는 경우에는 편심이 발생하지 않도록 골고루 분산하여 타설한다.

작업 중에는 거푸집동바리 등의 변형·변위 및 침하 유무 등을 감시할 수 있는 감시자를 배치하여 이상이 있으면 작업을 중지하고 근로자를 대피시킬 것

참고 산업안전보건기준에 관한 규칙 제334조 【콘크리트 타설작업】

106. 작업장 출입구 설치 시 준수해야 할 사항으로 옳지 않은 것은?

① 출입구의 위치 · 수 및 크기가 작업장의 용도와 특성에 맞도록 한다.
② 출입구에 문을 설치하는 경우에는 근로자가 쉽게 열고 닫을 수 있도록 한다.
③ 주된 목적이 하역운반기계용인 출입구에는 보행자용 출입구를 따로 설치하지 않는다.
④ 계단이 출입구와 바로 연결된 경우에는 작업자의 안전한 통행을 위하여 그 사이에 1.2m 이상 거리를 두거나 안내표지 또는 비상벨 등을 설치한다.

사업주는 작업장에 출입구(비상구는 제외한다. 이하 같다)를 설치하는 경우 다음 각 호의 사항을 준수하여야 한다.
1. 출입구의 위치, 수 및 크기가 작업장의 용도와 특성에 맞도록 할 것
2. 출입구에 문을 설치하는 경우에는 근로자가 쉽게 열고 닫을 수 있도록 할 것
3. 주된 목적이 하역운반기계용인 출입구에는 인접하여 보행자용 출입구를 따로 설치할 것
4. 하역운반기계의 통로와 인접하여 있는 출입구에서 접촉에 의하여 근로자에게 위험을 미칠 우려가 있는 경우에는 비상등 · 비상벨 등 경보장치를 할 것
5. 계단이 출입구와 바로 연결된 경우에는 작업자의 안전한 통행을 위하여 그 사이에 1.2미터 이상 거리를 두거나 안내표지 또는 비상벨 등을 설치할 것. 다만, 출입구에 문을 설치하지 아니한 경우에는 그러하지 아니하다.

참고 산업안전보건기준에 관한 규칙 제11조 【작업장의 출입구】

107. 건설작업장에서 근로자가 상시 작업하는 장소의 작업면 조도기준으로 옳지 않은 것은? (단, 갱내 작업장과 감광재료를 취급하는 작업장의 경우는 제외)

① 초정밀작업 : 600럭스(lux) 이상
② 정밀작업 : 300럭스(lux) 이상
③ 보통작업 : 150럭스(lux) 이상
④ 초정밀, 정밀, 보통작업을 제외한 기타 작업 : 75럭스(lux) 이상

작업별 조도기준
• 초정밀작업 : 750Lux 이상
• 정밀작업 : 300Lux 이상
• 일반작업 : 150Lux 이상
• 기타작업 : 75Lux 이상

참고 산업안전보건기준에 관한 규칙 제8조 【조도】

해답 105 ② 106 ③ 107 ①

108. 건설업 산업안전보건관리비 계상 및 사용 기준에 따른 안전관리비의 개인보호구 및 안전장구 구입비 항목에서 안전관리비로 사용이 가능한 경우는?

① 안전·보건관리자가 선임되지 않은 현장에서 안전·보건업무를 담당하는 현장관계자용 무전기, 카메라, 컴퓨터, 프린터 등 업무용 기기
② 혹한·혹서에 장기간 노출로 인해 건강장해를 일으킬 우려가 있는 경우 특정 근로자에게 지급되는 기능성 보호 장구
③ 근로자에게 일률적으로 지급하는 보냉·보온장구
④ 감리원이나 외부에서 방문하는 인사에게 지급하는 보호구

안전관리비의 항목별 사용 불가내역

3. 개인보호구 및 안전장구 구입비 등
근로자 재해나 건강장해 예방 목적이 아닌 근로자 식별, 복리·후생적 근무여건 개선·향상, 사기 진작, 원활한 공사수행을 목적으로 하는 장구의 구입·수리·관리 등에 소요되는 비용 • 안전·보건관리자가 선임되지 않은 현장에서 안전·보건업무를 담당하는 현장관계자용 무전기, 카메라, 컴퓨터, 프린터 등 업무용 기기 • 근로자 보호 목적으로 보기 어려운 피복, 장구, 용품 등 – 작업복, 방한복, 면장갑, 코팅장갑 등 – 근로자에게 일률적으로 지급하는 보냉·보온장구(핫팩, 장갑, 아이스조끼, 아이스팩 등을 말한다) 구입비 ※ 다만, 혹한·혹서에 장기간 노출로 인해 건강장해는 일으킬 우려가 있는 경우 특정 근로자에게 지급하는 기능성 보호 장구는 사용 가능함 – 감리원이나 외부에서 방문하는 인사에게 지급하는 보호구

109. 옥외에 설치되어 있는 주행크레인에 대하여 이탈방지장치를 작동시키는 등 그 이탈을 방지하기 위한 조치를 하여야 하는 순간풍속에 대한 기준으로 옳은 것은?

① 순간풍속이 초당 10m를 초과하는 바람이 불어올 우려가 있는 경우
② 순간풍속이 초당 20m를 초과하는 바람이 불어올 우려가 있는 경우
③ 순간풍속이 초당 30m를 초과하는 바람이 불어올 우려가 있는 경우
④ 순간풍속이 초당 40m를 초과하는 바람이 불어올 우려가 있는 경우

사업주는 순간풍속이 매초당 30m를 초과하는 바람이 불어올 우려가 있는 때에는 옥외에 설치되어 있는 주행크레인에 대하여 이탈방지장치를 작동시키는 등 그 이탈을 방지하기 위한 조치를 하여야 한다.

참고 산업안전보건기준에 관한 규칙 제140조 【폭풍에 의한 이탈 방지】

110. 지반 등의 굴착작업 시 연암의 굴착면 기울기로 옳은 것은?

① 1 : 0.3 ② 1 : 0.5
③ 1 : 0.8 ④ 1 : 1.0

굴착면 기울기기준

구분	지반의 종류	기울기
보통흙	습지	1 : 1 ~ 1 : 1.5
	건지	1 : 0.5 ~ 1 : 1
암 반	풍화암	1 : 1.0
	연암	1 : 1.0
	경암	1 : 0.5

참고 산업안전보건기준에 관한 규칙 별표 11 【굴착면의 기울기 기준】

111. 철골작업 시 철골부재에서 근로자가 수직방향으로 이동하는 경우에 설치하여야 하는 고정된 승강로의 최대 답단 간격은 얼마 이내인가?

① 20cm ② 25cm
③ 30cm ④ 40cm

사업주는 근로자가 수직방향으로 이동하는 철골부재(鐵骨部材)에는 답단(踏段) 간격이 30센티미터 이내인 고정된 승강로를 설치하여야 하며, 수평방향 철골과 수직방향 철골이 연결되는 부분에는 연결작업을 위하여 작업발판 등을 설치하여야 한다.

참고 산업안전보건기준에 관한 규칙 제381조 【승강로의 설치】

해답 108 ② 109 ③ 110 ④ 111 ③

112. 흙막이벽의 근입깊이를 깊게하고, 전면의 굴착부분을 남겨두어 흙의 중량으로 대항하게 하거나, 굴착예정부분의 일부를 미리 굴착하여 기초콘크리트를 타설하는 등의 대책과 가장 관계 깊은 것은?

① 파이핑현상이 있을 때
② 히빙현상이 있을 때
③ 지하수위가 높을 때
④ 굴착깊이가 깊을 때

히빙현상은 토류판의 앞과 뒤의 지압차로 굴착저면이 부풀어 오르는 현상으로 지압차를 줄이기 위해 토류판의 뒷면을 굴착하여 압력을 줄이거나 굴착저면에 흙을 쌓아 상대적인 힘을 늘리거나, 토류판을 깊게 박아서 영향을 줄이는 방법 등의 대책이 있다.

113. 재해사고를 방지하기 위하여 크레인에 설치된 방호장치로 옳지 않은 것은?

① 공기정화장치 ② 비상정지장치
③ 제동장치 ④ 권과방지장치

크레인의 방호장치
과부하방지장치, 권과방지장치(捲過防止裝置), 비상정지장치 및 제동장치, 그 밖의 방호장치

114. 가설구조물의 문제점으로 옳지 않은 것은?

① 도괴재해의 가능성이 크다.
② 추락재해 가능성이 크다.
③ 부재의 결합이 간단하나 연결부가 견고하다.
④ 구조물이라는 통상의 개념이 확고하지 않으며 조립의 정밀도가 낮다.

가설구조물은 부재의 결합이 간단하고 연결부가 강도가 약해질 수 있어 도괴의 가능성이 높다.

115. 강관틀비계를 조립하여 사용하는 경우 준수해야할 기준으로 옳지 않은 것은?

① 수직방향으로 6m, 수평방향으로 8m 이내마다 벽이음을 할 것
② 높이가 20m를 초과하거나 중량물의 적재를 수반하는 작업을 할 경우에는 주틀 간의 간격을 2.4m 이하로 할 것
③ 길이가 띠장 방향으로 4m 이하이고 높이가 10m를 초과하는 경우에는 10m 이내마다 띠장 방향으로 버팀기둥을 설치할 것
④ 주틀 간에 교차 가새를 설치하고 최상층 및 5층 이내마다 수평재를 설치할 것

사업주는 강관틀 비계를 조립하여 사용하는 경우 다음 각 호의 사항을 준수하여야 한다.
1. 비계기둥의 밑둥에는 밑받침 철물을 사용하여야 하며 밑받침에 고저차(高低差)가 있는 경우에는 조절형 밑받침철물을 사용하여 각각의 강관틀비계가 항상 수평 및 수직을 유지하도록 할 것
2. <u>높이가 20미터를 초과하거나 중량물의 적재를 수반하는 작업을 할 경우에는 주틀 간의 간격을 1.8미터 이하로 할 것</u>
3. 주틀 간에 교차 가새를 설치하고 최상층 및 5층 이내마다 수평재를 설치할 것
4. 수직방향으로 6미터, 수평방향으로 8미터 이내마다 벽이음을 할 것
5. 길이가 띠장 방향으로 4미터 이하이고 높이가 10미터를 초과하는 경우에는 10미터 이내마다 띠장 방향으로 버팀기둥을 설치할 것

참고 산업안전보건기준에 관한 규칙 제62조【강관틀비계】

116. 비계의 높이가 2m 이상인 작업장소에 작업발판을 설치할 경우 준수하여야 할 기준으로 옳지 않은 것은?

① 작업발판의 폭은 30cm 이상으로 한다.
② 발판재료간의 틈은 3cm 이하로 한다.
③ 추락의 위험성이 있는 장소에는 안전난간을 설치한다.
④ 발판재료는 뒤집히거나 떨어지지 않도록 2개 이상의 지지물에 연결하거나 고정시킨다.

해답 112 ② 113 ① 114 ③ 115 ② 116 ①

비계(달비계·달대비계 및 말비계를 제외한다)의 높이가 2m 이상인 작업장소에서의 작업발판을 설치하여야 할 사항

1. 발판재료는 작업 시의 하중을 견딜 수 있도록 견고한 것으로 할 것
2. 작업발판의 폭은 40cm 이상(외줄비계의 경우에는 노동부장관이 별도로 정하는 기준에 따른다)으로 하고, 발판재료간의 틈은 3cm 이하로 할 것
3. 추락의 위험성이 있는 장소에는 안전난간을 설치할 것(작업의 성질상 안전난간을 설치하는 것이 곤란한 때 및 작업의 필요상 임시로 안전난간을 해체함에 있어서 안전방망을 치거나 근로자로 하여금 안전대를 사용하도록 하는 등 추락에 의한 위험방지조치를 한 때에는 그러하지 아니하다)
4. 작업발판의 지지물은 하중에 의하여 파괴될 우려가 없는 것을 사용할 것
5. 작업발판재료는 뒤집히거나 떨어지지 아니하도록 2 이상의 지지물에 연결하거나 고정시킬 것
6. 작업발판을 작업에 따라 이동시킬 때에는 위험방지에 필요한 조치를 할 것

참고 산업안전보건기준에 관한 규칙 제56조 【작업발판의 구조】

117. 사면지반 개량공법으로 옳지 않은 것은?

① 전기 화학적 공법
② 석회 안정처리 공법
③ 이온 교환 공법
④ 옹벽 공법

사면지반 개량공법

구분	공법
사면보호공법	1. 식생공법 2. 피복공법 3. 뿜칠공법 4. 붙임공법
사면보강공법	1. 성토공법 2. 옹벽공법 3. 보강토공법 4. 말뚝공법 5. 앵커공법
사면개량공법	1. 주입공법 2. 이온교환공법 3. 전기화학적 공법 4. 석회안정공법 5. 소결공법

118. 법면 붕괴에 의한 재해 예방조치로서 옳은 것은?

① 지표수와 지하수의 침투를 방지한다.
② 법면의 경사를 증가한다.
③ 절토 및 성토높이를 증가한다.
④ 토질의 상태에 관계없이 구배조건을 일정하게 한다.

②항, 법면의 경사를 낮춰야 한다.
③항, 절토 및 성토높이를 낮춰야 한다.
④항, 토질의 구성에 맞는 구배조건을 갖추어야 한다.

119. 취급 · 운반의 원칙으로 옳지 않은 것은?

① 운반 작업을 집중하여 시킬 것
② 생산을 최고로 하는 운반을 생각할 것
③ 곡선 운반을 할 것
④ 연속 운반을 할 것

취급·운반 5원칙

1. 직선운반을 할 것
2. 연속운반을 할 것
3. 운반 작업을 집중화시킬 것
4. 생산을 최고로 하는 운반을 생각할 것
5. 최대한 시간과 경비를 절약할 수 있는 운반방법을 고려할 것

참고 취급·운반의 3원칙

1. 운반거리를 단축시킬 것
2. 운반을 기계화 할 것
3. 손이 닿지 않는 운반방식으로 할 것

120. 가설통로의 설치기준으로 옳지 않은 것은?

① 경사가 15° 를 초과하는 때에는 미끄러지지 않는 구조로 한다.
② 건설공사에 사용하는 높이 8m 이상인 비계다리에는 7m 이내마다 계단참을 설치한다.
③ 수직갱에 가설된 통로의 길이가 15m 이상일 경우에는 15m 이내 마다 계단참을 설치한다.
④ 추락의 위험이 있는 장소에는 안전난간을 설치한다.

수직갱에 가설된 통로의 길이가 15미터 이상인 때에는 10미터 이내마다 계단참을 설치할 것

참고 산업안전보건기준에 관한 규칙 제23조 【가설통로의 구조】

해답 117 ④ 118 ① 119 ③ 120 ③

2022 과년도 출제문제

제1과목 안전관리론

1. 매슬로우(Maslow)의 인간의 욕구단계 중 5번째 단계에 속하는 것은?

① 안전욕구
② 존경의 욕구
③ 사회적 욕구
④ 자아실현의 욕구

Maslow의 욕구단계이론
1. 1단계 : 생리적 욕구 – 기아, 갈증, 호흡, 배설, 성욕 등 인간의 가장 기본적인 욕구(종족 보존)
2. 2단계 : 안전욕구 – 안전을 구하려는 욕구(기술적 능력)
3. 3단계 : 사회적 욕구 – 애정, 소속에 대한 욕구(애정적, 친화적 욕구)
4. 4단계 : 인정을 받으려는 욕구 – 자기 존경의 욕구로 자존심, 명예, 성취, 지위에 대한 욕구(포괄적 능력, 승인의 욕구)
5. 5단계 : 자아실현의 욕구 – 잠재적인 능력을 실현하고자 하는 욕구(종합적 능력, 성취욕구)

2. A사업장의 현황이 다음과 같을 때 이 사업장의 강도율은?

- 근로자수 : 500명
- 연근로시간수 : 2,400시간
- 신체장해등급
  - 2급 : 3급
  - 10급 : 5명
- 의사 진단에 의한 휴업일수 : 1,500일

① 0.22　　② 2.22
③ 22.28　　④ 222.88

1. 근로손실일수
① 신체장해등급 2급 : 7,500일
② 신체장해등급 10급 : 600일
2. 강도율 $= \dfrac{\text{근로 손실일수}}{\text{연평균 근로자 총 시간수}} \times 10^3$

$$= \frac{(7{,}500\times3)+(600\times5)+\left(1{,}500\times\dfrac{300}{365}\right)}{500\times2{,}400}\times10^3$$

$= 22.277$

3. 보호구 자율안전확인 고시상 자율안전확인 보호구에 표시하여야 하는 사항을 모두 고른 것은?

ㄱ. 모델명
ㄴ. 제조번호
ㄷ. 사용 기한
ㄹ. 자율안전확인 번호

① ㄱ, ㄴ, ㄷ
② ㄱ, ㄴ, ㄹ
③ ㄱ, ㄷ, ㄹ
④ ㄴ, ㄷ, ㄹ

자율안전확인 제품에 표시하여야 하는 사항
1. 형식 또는 모델명
2. 규격 또는 등급 등
3. 제조자명
4. 제조번호 및 제조년월
5. 자율확인번호

4. 학습지도의 형태 중 참가자에게 일정한 역할을 주어 실제적으로 연기를 시켜봄으로써 자기의 역할을 보다 확실히 인식시키는 방법은?

① 포럼(Forum)
② 심포지엄(Symposium)
③ 롤 플레잉(Role playing)
④ 사례연구법(Case study method)

역할 연기(Role playing)
1. 참가자에게 일정한 역할을 주어 실제적으로 연기를 시켜봄으로써 자기의 역할을 보다 확실히 인식하도록 체험하는 교육방법이다.
2. 인간관계 등에 관한 사례를 몇 명의 피훈련자가 나머지 피훈련자들 앞에서 실제의 행동으로 연기하고, 사회자가 청중들에게 그 연기 내용을 비평·토론하도록 한 후 결론적인 설명을 하는 교육훈련 방법으로서 역할연기 방법은 주로 대인관계, 즉 인간관계 훈련에 이용된다.

해답 01 ④　02 ③　03 ②　04 ③

5. 보호구 안전인증 고시상 전로 또는 평로 등의 작업 시 사용하는 방열두건의 차광도 번호는?

① #2 ~ #3
② #3 ~ #5
③ #6 ~ #8
④ #9 ~ #11

방열두건의 사용구분

차광도 번호	사용구분
#2 ~ #3	고로강판가열로, 조괴(造塊) 등의 작업
#3 ~ #5	전로 또는 평로 등의 작업
#6 ~ #8	전기로의 작업

6. 산업재해의 분석 및 평가를 위하여 재해발생 건수 등의 추이에 대해 한계선을 설정하여 목표 관리를 수행하는 재해통계 분석기법은?

① 관리도
② 안전 T점수
③ 파레토도
④ 특성 요인도

관리도
재해 발생 건수 등의 추이를 파악하여 목표 관리를 행하는데 필요한 월별 재해 발생수를 그래프(graph)화 하여 관리선을 설정 관리하는 방법이다. 관리선은 상방 관리한계(UCL : upper control limit), 중심선(Pn), 하방관리선(LCL : low control limit)으로 표시한다.

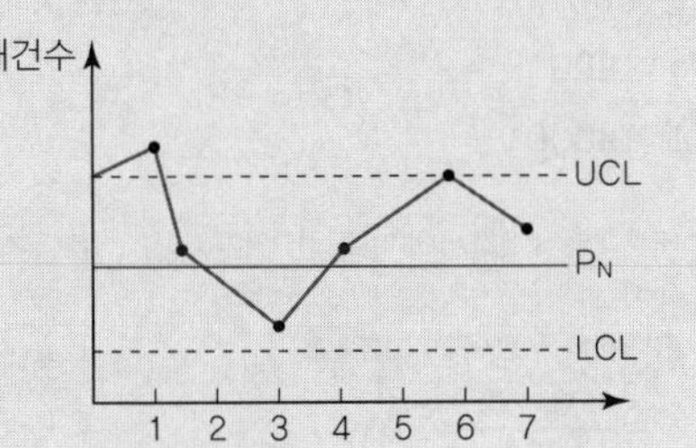

7. 산업안전보건법령상 안전보건관리규정 작성 시 포함되어야 하는 사항을 모두 고른 것은? (단, 그 밖에 안전 및 보건에 관한 사항은 제외한다.)

ㄱ. 안전보건교육에 관한 사항
ㄴ. 재해사례 연구 · 토의결과에 관한 사항
ㄷ. 사고 조사 및 대책 수립에 관한 사항
ㄹ. 작업장의 안전 및 보건 관리에 관한 사항
ㅁ. 안전 및 보건에 관한 관리조직과 그 직무에 관한 사항

① ㄱ, ㄴ, ㄷ, ㄹ
② ㄱ, ㄴ, ㄹ, ㅁ
③ ㄱ, ㄷ, ㄹ, ㅁ
④ ㄴ, ㄷ, ㄹ, ㅁ

안전보건관리규정의 포함사항
1. 안전 및 보건에 관한 관리조직과 그 직무에 관한 사항
2. 안전보건교육에 관한 사항
3. 작업장의 안전 및 보건 관리에 관한 사항
4. 사고 조사 및 대책 수립에 관한 사항
5. 그 밖에 안전 및 보건에 관한 사항

참고 산업안전보건법 제25조【안전보건관리규정의 작성】

8. 억측판단이 발생하는 배경으로 볼 수 없는 것은?

① 정보가 불확실할 때
② 타인의 의견에 동조할 때
③ 희망적인 관측이 있을 때
④ 과거에 성공한 경험이 있을 때

억측판단
자기 멋대로 주관적(主觀的) 판단이나 희망적(希望的)인 관찰에 근거를 두고 다분히 이래도 될 것이라는 것을 확인하지 않고 행동으로 옮기는 판단이다.

참고 억측판단이 발생하는 배경
1. 정보가 불확실할 때
2. 희망적인 관측이 있을 때
3. 과거의 경험한 선입관이 있을 때

해답 05 ② 06 ① 07 ③ 08 ②

9. 하인리히의 사고예방원리 5단계 중 교육 및 훈련의 개선, 인사조정, 안전관리규정 및 수칙의 개선 등을 행하는 단계는?

① 사실의 발견 ② 분석 평가
③ 시정방법의 선정 ④ 시정책의 적용

하인리히의 사고예방대책 기본원리 5단계

제1단계	제2단계	제3단계
안전 조직	사실의 발견	분석 · 평가
1. 경영층의 참여 2. 안전관리자의 임명 3. 안전의 라인(line) 및 참모조직 4. 안전활동 방침 및 계획수립 5. 조직을 통한 안전활동	1. 사고 및 활동 기록의 검토 2. 작업분석 3. 안전점검 4. 사고조사 5. 각종 안전회의 및 토의회 6. 종업원의 건의 및 여론조사	1. 사고보고서 및 현장조사 2. 사고기록 3. 인적 물적조건 4. 작업공정 5. 교육 및 훈련 관계 6. 안전수칙 및 기타

제4단계	제5단계
시정방법의 선정	시정책의 적용
1. 기술의 개선 2. 인사조정 3. 교육 및 훈련 개선 4. 안전기술의 개선 5. 규정 및 수칙의 개선 6. 이행의 감독 체제 강화	1. 교육 2. 기술 3. 독려 4. 목표설정 실시 5. 재평가 6. 시정(후속 조치)

10. 재해예방의 4원칙에 대한 설명으로 틀린 것은?

① 재해발생은 반드시 원인이 있다.
② 손실과 사고와의 관계는 필연적이다.
③ 재해는 원인을 제거하면 예방이 가능하다.
④ 재해를 예방하기 위한 대책은 반드시 존재한다.

재해 예방의 4원칙

1. 손실 우연의 원칙
   재해 손실은 사고 발생 시 사고 대상의 조건에 따라 달라지므로 한 사고의 결과로서 생긴 재해 손실은 우연성에 의하여 결정된다. 따라서 재해 방지의 대상은 우연성에 좌우되는 손실의 방지보다는 사고 발생 자체의 방지가 되어야 한다.
2. 원인 계기(연계)의 원칙
   재해 발생은 반드시 원인이 있다. 즉 사고와 손실과의 관계는 우연적이지만 사고와 원인관계는 필연적이다.
3. 예방 가능의 원칙
   재해는 원칙적으로 원인만 제거되면 예방이 가능하다.
4. 대책 선정의 원칙
   재해 예방을 위한 가능한 안전 대책은 반드시 존재한다.

11. 산업안전보건법령상 안전보건진단을 받아 안전보건개선계획의 수립 및 명령을 할 수 있는 대상이 아닌 것은?

① 유해인자의 노출기준을 초과한 사업장
② 산업재해율이 같은 업종 평균 산업재해율의 2배 이상인 사업장
③ 사업주가 필요한 안전조치 또는 보건조치를 이행하지 아니하여 중대재해가 발생한 사업장
④ 상시근로자 1천명 이상인 사업장에서 직업성 질병자가 연간 2명 이상 발생한 사업장

안전보건진단을 받아 안전보건개선계획을 수립할 대상

1. 산업재해율이 같은 업종 평균 산업재해율의 2배 이상인 사업장
2. 법 제49조제1항제2호에 해당하는 사업장
3. 직업성 질병자가 연간 2명 이상(상시근로자 1천명 이상 사업장의 경우 3명 이상) 발생한 사업장
4. 그 밖에 작업환경 불량, 화재 · 폭발 또는 누출 사고 등으로 사업장 주변까지 피해가 확산된 사업장으로서 고용노동부령으로 정하는 사업장

참고 산업안전보건법 시행령 제49조【안전보건진단을 받아 안전보건개선계획을 수립할 대상】

12. 버드(Bird)의 재해분포에 따르면 20건의 경상(물적, 인적상해)사고가 발생했을 때 무상해 · 무사고(위험순간) 고장 발생 건수는?

① 200
② 600
③ 1200
④ 12000

버드(Frank Bird)의 1(중상) : 10(경상) : 30(무상해사고) : 600(아차사고) 원칙

$10 : 600 = 20 : x$ 이므로

$$x = \frac{600 \times 20}{10} = 1,200$$

해답 09 ③ 10 ② 11 ④ 12 ③

13. 산업안전보건법령상 거푸집 동바리의 조립 또는 해체작업 시 특별교육 내용이 아닌 것은? (단, 그 밖에 안전 · 보건관리에 필요한 사항은 제외한다.)

① 비계의 조립순서 및 방법에 관한 사항
② 조립 해체 시의 사고 예방에 관한 사항
③ 동바리의 조립방법 및 작업 절차에 관한 사항
④ 조립재료의 취급방법 및 설치기준에 관한 사항

거푸집 동바리의 조립 또는 해체작업 시 특별교육 내용
1. 동바리의 조립방법 및 작업 절차에 관한 사항
2. 조립재료의 취급방법 및 설치기준에 관한 사항
3. 조립 해체 시의 사고 예방에 관한 사항
4. 보호구 착용 및 점검에 관한 사항
5. 그 밖에 안전 · 보건관리에 필요한 사항

참고 산업안전보건법 시행규칙 별표 5【안전보건교육 교육대상별 교육내용】

14. 산업안전보건법령상 다음의 안전보건표지 중 기본모형이 다른 것은?

① 위험장소 경고
② 레이저 광선 경고
③ 방사성 물질 경고
④ 부식성 물질 경고

위험장소 경고	레이저 광선 경고	방사성 물질 경고	부식성 물질경고

15. 학습정도(Level of learning)의 4단계를 순서대로 나열한 것은?

① 인지 → 이해 → 지각 → 적용
② 인지 → 지각 → 이해 → 적용
③ 지각 → 이해 → 인지 → 적용
④ 지각 → 인지 → 이해 → 적용

학습정도(Level of learning)의 4단계
1단계 : 인지(to aguaint) : ~을 인지하여야 한다.
2단계 : 지각(to know) : ~을 알아야 한다.
3단계 : 이해(to understand) : ~을 이해하여야 한다.
4단계 : 적용(to apply) : ~을 ~에 적용할 줄 알아야 한다.

16. 기업 내 정형교육 중 TWI(Training Within Industry)의 교육내용이 아닌 것은?

① Job Method Training
② Job Relation Training
③ Job Instruction Training
④ Job Standardization Training

TWI의 교육내용
1. JIT(job instruction training) : 작업을 가르치는 법(작업지도기법)
2. JMT(job method training) : 작업의 개선 방법(작업개선기법)
3. JRT(job relation training) : 사람을 다루는 법(인간관계 관리기법)
4. JST(job safety training) : 작업안전 지도 기법

17. 레빈(Lewin)의 법칙 $B=f(P \cdot E)$ 중 B가 의미하는 것은?

① 행동
② 경험
③ 환경
④ 인간관계

Lewin. K의 법칙
1. Lewin은 인간의 행동(B)은 그 사람이 가진 자질 즉, 개체(P)와 심리학적 환경(E)과의 상호 함수관계에 있다고 하였다.

$$\therefore B=f(P \cdot E)$$

여기서,
B: behavior(인간의 행동)
f : function(함수관계)
P: person(개체 : 연령, 경험, 심신상태, 성격, 지능 등)
E: environment(심리적 환경 : 인간관계, 작업환경 등)

해답 13 ① 14 ④ 15 ② 16 ④ 17 ①

18. 재해원인을 직접원인과 간접원인으로 분류할 때 직접원인에 해당하는 것은?

① 물적원인
② 교육적 원인
③ 정신적 원인
④ 관리적 원인

물적원인(불안전한 상태)과 인적원인(불안전한 행동)은 직접원인에 해당한다.

19. 산업안전보건법령상 안전관리자의 업무가 아닌 것은? (단, 그 밖에 고용노동부장관이 정하는 사항은 제외한다.)

① 업무 수행 내용의 기록
② 산업재해에 관한 통계의 유지 · 관리 · 분석을 위한 보좌 및 지도 · 조언
③ 안전교육계획의 수립 및 안전교육 실시에 관한 보좌 및 지도 · 조언
④ 작업장 내에서 사용되는 전체 환기장치 및 국소 배기장치 등에 관한 설비의 점검

④항은 보건관리자의 업무에 해당한다.

안전관리자의 업무

1. 산업안전보건위원회 또는 안전 및 보건에 관한 노사협의체에서 심의 · 의결한 업무와 해당 사업장의 안전보건관리규정 및 취업규칙에서 정한 업무
2. 위험성평가에 관한 보좌 및 지도 · 조언
3. 안전인증대상기계등과 자율안전확인대상기계등 구입 시 적격품의 선정에 관한 보좌 및 지도 · 조언
4. 해당 사업장 안전교육계획의 수립 및 안전교육 실시에 관한 보좌 및 지도 · 조언
5. 사업장 순회점검, 지도 및 조치 건의
6. 산업재해 발생의 원인 조사 · 분석 및 재발 방지를 위한 기술적 보좌 및 지도 · 조언
7. 산업재해에 관한 통계의 유지 · 관리 · 분석을 위한 보좌 및 지도 · 조언
8. 법 또는 법에 따른 명령으로 정한 안전에 관한 사항의 이행에 관한 보좌 및 지도 · 조언
9. 업무 수행 내용의 기록 · 유지
10. 그 밖에 안전에 관한 사항으로서 고용노동부장관이 정하는 사항

참고 산업안전보건법 시행령 제18조【안전관리자의 업무 등】

20. 헤드십(headship)의 특성에 관한 설명으로 틀린 것은?

① 지휘형태는 권위주의적이다.
② 상사의 권한 근거는 비공식적이다.
③ 상사와 부하의 관계는 지배적이다.
④ 상사와 부하의 사회적 간격은 넓다.

헤드십에서 상사의 권한 근거는 공식적 규정에 근거한다.

개인과 상황변수	헤드십	리더십
권한행사	임명된 헤드	선출된 리더
권한부여	위에서 임명	밑으로 부터 동의
권한근거	법적 또는 공식적	개인적
권한귀속	공식화된 규정에 의함	집단목표에 기여한 공로
상관과 부하의 관계	지배적	개인적인 영향
책임귀속	상사	상사와 부하
부하와의 사회적 간격	넓음	좁음
지휘형태	권위적	민주적

■■■ 제2과목 인간공학 및 시스템안전공학

21. 위험분석 기법 중 시스템 수명주기 관점에서 적용 시점이 가장 빠른 것은?

① PHA
② FHA
③ OHA
④ SHA

PHA분석이란 대부분 시스템안전 프로그램에 있어서 최초단계의 분석으로 시스템 내의 위험한 요소가 얼마나 위험한 상태에 있는가를 정성적 · 귀납적으로 평가하는 것이다.

참고 시스템 수명주기의 PHA

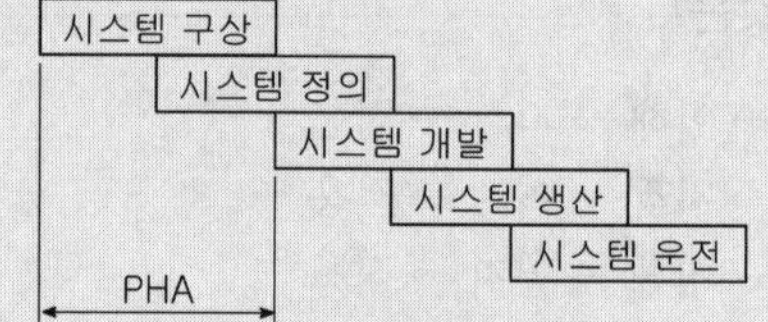

해답 18 ① 19 ④ 20 ② 21 ①

22. **상황해석을 잘못하거나 목표를 잘못 설정하여 발생하는 인간의 오류 유형은?**

① 실수(Slip)
② 착오(Mistake)
③ 위반(Violation)
④ 건망증(Lapse)

> ① 실수(Slip) : 상황이나 목표의 해석은 정확하나 의도와는 다른 행동을 한 경우
> ② 착오(Mistake) : 주관적 인식(主觀的 認識)과 객관적 실재(客觀的 實在)가 일치하지 않는 것
> ③ 위반(Violation) : 법, 규칙 등을 범하는 것이다.
> ④ 건망증(Lapse) : 기억장애의 하나로 잘 기억하지 못하거나 잊어버리는 정도

23. **A작업의 평균에너지소비량이 다음과 같을 때, 60분간의 총 작업시간 내에 포함되어야 하는 휴식시간(분)은?**

- 휴식중 에너지소비량 : 1.5kcal/min
- A작업 시 평균 에너지소비량 : 6kcal/min
- 기초대사를 포함한 작업에 대한 평균 에너지소비량 상한 : 5kcal/min

① 10.3
② 11.3
③ 12.3
④ 13.3

> Murell의 휴식시간 산출
> $$R(\text{min}) = \frac{T(W-S)}{W-1.5} = \frac{60\times(6-5)}{6-1.5} = 13.3\ \text{min}$$
> R : 필요한 휴식시간(min)
> T : 총 작업시간(min)
> W : 작업 중 평균에너지 소비량(kcal/min)
> S : 권장 평균에너지 소비량
> 휴식 중 에너지 소비량 : 1.5kcal/min

24. **시스템의 수명곡선(욕조곡선)에 있어서 디버깅(Debugging)에 관한 설명으로 옳은 것은?**

① 초기 고장의 결함을 찾아 고장률을 안정시키는 과정이다.
② 우발 고장의 결함을 찾아 고장률을 안정시키는 과정이다.
③ 마모 고장의 결함을 찾아 고장률을 안정시키는 과정이다.
④ 기계 결함을 발견하기 위해 동작시험을 하는 기간이다.

> 초기고장은 결함을 찾아내 고장률을 안정시키는 기간이라 하여 디버깅(debugging) 기간이라고도 한다.

25. **밝은 곳에서 어두운 곳으로 갈 때 망막에 시홍이 형성되는 생리적 과정인 암조응이 발생하는데 완전 암조응(Dark adaptation)이 발생하는데 소요되는 시간은?**

① 약 3~5분
② 약 10~15분
③ 약 30~40분
④ 약 60~90분

> 완전암조응의 경우 걸리는 시간은 30~40분, 역조응에 걸리는 시간은 1~2분 정도이다.

26. **인간공학에 대한 설명으로 틀린 것은?**

① 인간 - 기계 시스템의 안정성, 편리성, 효율성을 높인다.
② 인간을 작업과 기계에 맞추는 설계 철학이 바탕이 된다.
③ 인간이 사용하는 물건, 설비, 환경의 설계에 적용된다.
④ 인간의 생리적, 심리적인 면에서의 특성이나 한계점을 고려한다.

> 인간공학은 기계와 그 기계조작 및 환경조건을 인간의 특성, 능력과 한계에 잘 조화하도록 설계하기 위한 수단을 연구하는 학문분야이다.

해답 22 ② 23 ④ 24 ① 25 ③ 26 ②

27. HAZOP 기법에서 사용하는 가이드워드와 그 의미가 잘못 연결된 것은?

① Part of : 성질상의 감소
② As well as : 성질상의 증가
③ Other than : 기타 환경적인 요인
④ More/Less : 정량적인 증가 또는 감소

> ③항, Other than : 완전한 대체(통상 운전과 다르게 되는 상태)

28. 그림과 같은 FT도에 대한 최소 컷셋(minimal cut sets)으로 옳은 것은? (단, Fussell의 알고리즘을 따른다.)

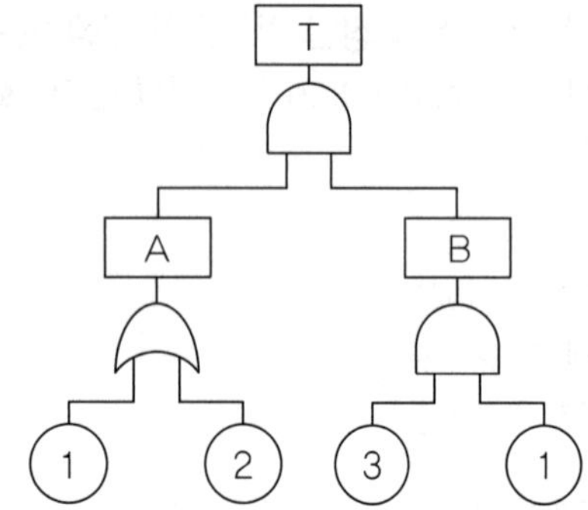

① {1, 2}
② {1, 3}
③ {2, 3}
④ {1, 2, 3}

> $T \rightarrow [A, B] \rightarrow \begin{bmatrix} ①, B \\ ②, B \end{bmatrix} \rightarrow \begin{bmatrix} ①, ③, ① \\ ②, ③, ① \end{bmatrix}$
> 미니멀 컷셋 [①, ③]

29. 경계 및 경보신호의 설계지침으로 틀린 것은?

① 주의를 환기시키기 위하여 변조된 신호를 사용한다.
② 배경소음의 진동수와 다른 진동수의 신호를 사용한다.
③ 귀는 중음역에 민감하므로 500~3,000Hz 의 진동수를 사용한다.
④ 300m 이상의 장거리용으로는 1,000Hz 를 초과하는 진동수를 사용한다.

> 고음은 멀리가지 못하므로 300m 이상의 장거리용으로는 1,000Hz 이하의 진동수를 사용한다.

30. FTA(Fault Tree Analysis)에서 사용되는 사상기호 중 통상의 기업이나 기계의 상태에서 재해의 발생 원인이 되는 요소가 있는 것을 나타내는 것은?

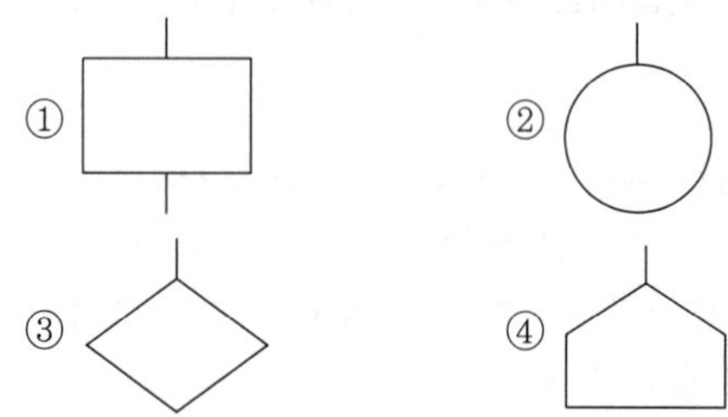

명칭	기호	해설
통상 사상 (家形事像)		통상의 작업이나 기계의 상태에 재해의 발생 원인이 되는 요소가 있는 것을 나타낸다.

31. 불(Bool) 대수의 정리를 나타낸 관계식 중 틀린 것은?

① $A \cdot 0 = 0$
② $A + 1 = 1$
③ $A \cdot \overline{A} = 1$
④ $A(A+B) = A$

> ③항, $A \cdot \overline{A} = 0$

해답 27 ③ 28 ② 29 ④ 30 ④ 31 ③

32. 근골격계질환 작업분석 및 평가 방법인 OWAS의 평가요소를 모두 고른 것은?

ㄱ. 상지	ㄴ. 무게(하중)
ㄷ. 하지	ㄹ. 허리

① ㄱ, ㄴ
② ㄱ, ㄷ, ㄹ
③ ㄴ, ㄷ, ㄹ
④ ㄱ, ㄴ, ㄷ, ㄹ

OWAS의 평가요소
1. 허리
2. 상지
3. 하지
4. 무게

33. 다음 중 좌식작업이 가장 적합한 작업은?

① 정밀 조립 작업
② 4.5kg 이상의 중량물을 다루는 작업
③ 작업장이 서로 떨어져 있으며 작업장 간 이동이 잦은 작업
④ 작업자의 정면에서 매우 높거나 낮은 곳으로 손을 자주 뻗어야 하는 작업

②, ③, ④항과 같이 상체와 하체를 모두 사용해야 하는 작업에서는 입식작업이 적절하다.

34. n개의 요소를 가진 병렬 시스템에 있어 요소의 수명(MTTF)이 지수 분포를 따를 경우, 이 시스템의 수명으로 옳은 것은?

① $MTTF \times n$
② $MTTF \times \frac{1}{n}$
③ $MTTF \times \left(1 + \frac{1}{2} + \cdots + \frac{1}{n}\right)$
④ $MTTF \times \left(1 \times \frac{1}{2} \times \cdots \times \frac{1}{n}\right)$

• 직렬계

$$계의\ 수명 = \frac{MTTF}{n}$$

• 병렬계

$$계의\ 수명 = MTTF\left(1 + \frac{1}{2} + \cdots + \frac{1}{n}\right)$$

여기서, $MTTF$: 평균고장시간
n : 직렬 및 병렬계의 구성요소

35. 인간-기계 시스템에 관한 설명으로 틀린 것은?

① 자동 시스템에서는 인간요소를 고려하여야 한다.
② 자동차 운전이나 전기 드릴 작업은 반자동 시스템의 예시이다.
③ 자동 시스템에서 인간은 감시, 정비유지, 프로그램 등의 작업을 담당한다.
④ 수동 시스템에서 기계는 동력원을 제공하고 인간의 통제 하에서 제품을 생산한다.

수동시스템에서는 동력을 인간이 제공하고 작업도 인간이 하는 방식이다.

36. 양식 양립성의 예시로 가장 적절한 것은?

① 자동차 설계 시 고도계 높낮이 표시
② 방사능 사업장에 방사능 폐기물 표시
③ 청각적 자극 제시와 이에 대한 음성 응답
④ 자동차 설계 시 제어장치와 표시장치의 배열

양식 양립성이란 직무에 알맞은 자극과 응답이 양식의 존재에 대한 양립성이다.
예를 들면 음성과업에 대해서는 청각적 자극 제시와 이에 대한 음성응답 등을 들 수 있다.

해답 32 ④ 33 ① 34 ③ 35 ④ 36 ③

37. 다음에서 설명하는 용어는?

> 유해·위험요인을 파악하고 해당 유해·위험요인에 의한 부상 또는 질병의 발생 가능성(빈도)과 중대성(강도)을 추정·결정하고 감소대책을 수립하여 실행하는 일련의 과정을 말한다.

① 위험성 결정
② 위험성 평가
③ 위험빈도 추정
④ 유해·위험요인 파악

"위험성평가"란 유해·위험요인을 파악하고 해당 유해·위험요인에 의한 부상 또는 질병의 발생 가능성(빈도)과 중대성(강도)을 추정·결정하고 감소대책을 수립하여 실행하는 일련의 과정을 말한다.

참고 사업장 위험성평가에 관한 지침 제3조【정의】

38. 태양광선이 내리쬐는 옥외장소의 자연습구온도 20℃, 흑구온도 18℃, 건구온도 30℃ 일 때 습구흑구온도지수(WBGT)는?

① 20.6℃ ② 22.5℃
③ 25.0℃ ④ 28.5℃

옥외(빛이 내리 쬐는 장소)
WBGT(℃) = 0.7×습구온도(wb)+0.2×흑구온도(GT)
+0.1×건구온도(Db)
= (0.7×20)+(0.2×18)+(0.1×30)
= 20.6

39. FTA(Fault Tree Analysis)에 관한 설명으로 옳은 것은?

① 정성적 분석만 가능하다.
② 복잡하고 대형화된 시스템의 신뢰성 분석 및 안정성 분석에 이용되는 기법이다.
③ FT에 동일한 사건이 중복되어 나타나는 경우 상향식(Bottom-up)으로 정상 사건 T의 발생 확률을 계산할 수 있다.
④ 기초사건과 생략사건의 확률 값이 주어지게 되더라도 정상 사건의 최종적인 발생확률을 계산할 수 없다.

FTA는 신뢰성이 아니라 정상사상(頂上事像)인 재해원인을 분석하는 것으로 재해현상과 재해원인의 상호관련을 정확하게 해석하여 안전 대책을 검토할 수 있다. 또한 정량적 해석이 가능 하므로 정량적 예측을 할 수도 있다.

40. 1 sone에 관한 설명으로 ( )에 알맞은 수치는?

> 1 sone : (ㄱ)Hz, (ㄴ)dB의 음압수준을 가진 순음의 크기

① ㄱ : 1,000, ㄴ : 1
② ㄱ : 4,000, ㄴ : 1
③ ㄱ : 1,000, ㄴ : 40
④ ㄱ : 4,000, ㄴ : 40

1,000Hz = 40dB = 40phon = 1sone과 동일한 음이다.

■■■ 제3과목 기계위험방지기술

41. 다음 중 와이어 로프의 구성요소가 아닌 것은?

① 클립
② 소선
③ 스트랜드
④ 심강

①항, 클립은 와이어로프를 결속하기 위한 부속이다.

참고 와이어로프의 구성요소

해답 37 ② 38 ① 39 ② 40 ③ 41 ①

42. 산업안전보건법령상 산업용 로봇에 의한 작업 시 안전조치 사항으로 적절하지 않은 것은?

① 로봇의 운전으로 인해 근로자가 로봇에 부딪칠 위험이 있을 때에는 높이 1.8m 이상의 울타리를 설치하여야 한다.
② 작업을 하고 있는 동안 로봇의 기동스위치등은 작업에 종사하고 있는 근로자가 아닌 사람이 그 스위치 등을 조작할 수 없도록 필요한 조치를 한다.
③ 로봇의 조작방법 및 순서, 작업 중의 매니퓰레이터의 속도 등에 관한 지침에 따라 작업을 하여야 한다.
④ 작업에 종사하는 근로자가 이상을 발견하면, 관리감독자에게 우선 보고하고, 지시가 나올 때 까지 작업을 진행한다.

사업주는 산업용 로봇의 작동범위에서 해당 로봇에 대하여 교시(教示) 등의 작업을 하는 경우에는 해당 로봇의 예기치 못한 작동 또는 오(誤)조작에 의한 위험을 방지하기 위하여 다음 각 호의 조치를 하여야 한다.

1. 다음 각 목의 사항에 관한 지침을 정하고 그 지침에 따라 작업을 시킬 것
   가. 로봇의 조작방법 및 순서
   나. 작업 중의 매니퓰레이터의 속도
   다. 2명 이상의 근로자에게 작업을 시킬 경우의 신호방법
   라. 이상을 발견한 경우의 조치
   마. 이상을 발견하여 로봇의 운전을 정지시킨 후 이를 재가동시킬 경우의 조치
   바. 그 밖에 로봇의 예기치 못한 작동 또는 오조작에 의한 위험을 방지하기 위하여 필요한 조치
2. <u>작업에 종사하고 있는 근로자 또는 그 근로자를 감시하는 사람은 이상을 발견하면 즉시 로봇의 운전을 정지시키기 위한 조치를 할 것</u>
3. 작업을 하고 있는 동안 로봇의 기동스위치 등에 작업 중이라는 표시를 하는 등 작업에 종사하고 있는 근로자가 아닌 사람이 그 스위치 등을 조작할 수 없도록 필요한 조치를 할 것

참고 산업안전보건기준에 관한 규칙 제222조【교시 등】

43. 밀링 작업 시 안전수칙으로 옳지 않은 것은?

① 테이블 위에 공구나 기타 물건 등을 올려놓지 않는다.
② 제품 치수를 측정할 때는 절삭 공구의 회전을 정지한다.
③ 강력 절삭을 할 때는 일감을 바이스에 짧게 물린다.
④ 상·하, 좌·우 이송장치의 핸들은 사용 후 풀어 둔다.

③항, 일감은 바이스에 깊게 물려 작업 시 움직이지 않도록 해야 한다.

참고 작업안전수칙

1. 밀링 커터에 작업복의 소매나 작업모가 말려 들어가지 않도록 할 것
2. 칩은 기계를 정지시킨 다음에 브러시로 제거할 것
3. 일감, 커터 및 부속장치 등을 제거할 때 시동레버를 건드리지 않도록 할 것
4. 상하 이송장치의 핸들은 사용 후, 반드시 빼 둘 것
5. 일감 또는 부속장치 등을 설치하거나 제거시킬 때, 또는 일감을 측정할 때에는 반드시 정지시킨 다음에 측정할 것
6. 커터를 교환할 때는 반드시 테이블 위에 목재를 받쳐 놓을 것
7. 커터는 될 수 있는 한 컬럼에 가깝게 설치할 것
8. 테이블이나 아암 위에 공구나 커터 등을 올려놓지 않고 공구대 위에 놓을 것
9. 가공 중에는 손으로 가공면을 점검하지 말 것
10. <u>강력절삭을 할 때는 일감을 바이스에 깊게 물릴 것</u>
11. 면장갑을 끼지 말 것
12. 밀링작업에서 생기는 칩은 가늘고 예리하며 부상을 입히기 쉬우므로 보안경을 착용할 것

44. 다음 중 지게차의 작업 상태별 안정도에 관한 설명으로 틀린 것은? (단, V는 최고속도(km/h)이다.)

① 기준 부하상태에서 하역작업 시의 전후 안정도는 20% 이내이다.
② 기준 부하상태에서 하역작업 시의 좌우 안정도는 6% 이내이다.
③ 기준 무부하상태에서 주행 시의 전후 안정도는 18% 이내이다.
④ 기준 무부하상태에서 주행 시의 좌우 안정도는 (15 + 1.1V)% 이내이다.

지게차의 안정도 기준

1. <u>하역 작업 시의 전후 안정도 4%(5톤 이상의 것은 3.5%)</u>
2. 주행 시의 전후 안정도 18%
3. 하역 작업 시의 좌우 안정도 6%
4. 주행 시의 좌우 안정도(15+1.1V)%, V는 최고 속도(시속 km)

해답 42 ④ 43 ③ 44 ①

45. 산업안전보건법령상 보일러의 안전한 가동을 위하여 보일러 규격에 맞는 압력방출장치가 2개 이상 설치된 경우에 최고사용압력 이하에서 1개가 작동되고, 다른 압력방출장치는 최고사용압력의 몇 배 이하에서 작동되도록 부착하여야 하는가?

① 1.03배　② 1.05배
③ 1.2배　④ 1.5배

보일러의 압력방출장치
사업주는 보일러의 안전한 가동을 위하여 보일러 규격에 적합한 압력방출장치를 1개 또는 2개 이상 설치하고 최고사용압력(설계압력 또는 최고허용압력을 말한다. 이하 같다) 이하에서 작동되도록 하여야 한다. 다만, 압력방출장치가 2개 이상 설치된 경우에는 최고사용압력 이하에서 1개가 작동되고, 다른 압력방출장치는 최고사용압력 1.05배 이하에서 작동되도록 부착하여야 한다.
참고 산업안전보건기준에 관한 규칙 제116조 【압력방출장치】

46. 금형의 설치, 해체, 운반 시 안전사항에 관한 설명으로 틀린 것은?

① 운반을 위하여 관통 아이볼트가 사용될 때는 구멍 틈새가 최소화되도록 한다.
② 금형을 설치하는 프레스의 T홈 안길이는 설치 볼트 지름의 1/2 이하로 한다.
③ 고정볼트는 고정 후 가능하면 나사산을 3~4개 정도 짧게 남겨 설치 또는 해체 시 슬라이드 면과의 사이에 협착이 발생하지 않도록 해야 한다.
④ 운반 시 상부금형과 하부금형이 닿을 위험이 있을 때는 고정 패드를 이용한 스트랩, 금속재질이나 우레탄 고무의 블록 등을 사용한다.

금형 설치, 해체작업의 안전
1. 금형의 설치용구는 프레스의 구조에 적합한 형태로 한다.
2. 금형을 설치하는 프레스의 T홈 안길이는 설치 볼트 직경의 2배 이상으로 한다.
3. 고정볼트는 고정 후 가능하면 나사산이 3~4개 정도 짧게 남겨 슬라이드 면과의 사이에 협착이 발생하지 않도록 해야 한다.
4. 금형 고정용 브래킷(물림판)을 고정시킬 때 고정용 브래킷은 수평이 되게 하고 고정볼트는 수직이 되게 고정하여야한다.
5. 부적합한 프레스에 금형을 설치하는 것을 방지하기 위하여 금형에 부품번호, 상형중량, 총중량, 다이하이트, 제품소재(재질) 등을 기록하여야한다.
참고 프레스 금형작업의 안전에 관한 기술지침

47. 선반에서 절삭 가공 시 발생하는 칩을 짧게 끊어지도록 공구에 설치되어 있는 방호장치의 일종인 칩 제거 기구를 무엇이라 하는가?

① 칩 브레이커
② 칩 받침
③ 칩 쉴드
④ 칩 커터

칩브레이커(chip breaker)란 선반 작업 시 발생하는 칩을 짧게 끊어내는 장치로 칩이 신체에 접촉하는 것을 방지하며 칩을 처리하기도 쉽다.

48. 다음 중 산업안전보건법령상 안전인증대상 방호장치에 해당하지 않는 것은?

① 연삭기 덮개
② 압력용기 압력방출용 파열판
③ 압력용기 압력방출용 안전밸브
④ 방폭구조(防爆構造) 전기기계 · 기구 및 부품

안전인증과 자율안전확인 대상 방호장치

안전인증 대상	자율안전확인 대상
가. 프레스 및 전단기 방호장치 나. 양중기용(揚重機用) 과부하 방지장치 다. 보일러 압력방출용 안전밸브 라. 압력용기 압력방출용 안전밸브 마. 압력용기 압력방출용 파열판 바. 절연용 방호구 및 활선작업용(活線作業用) 기구 사. 방폭구조(防爆構造) 전기기계 · 기구 및 부품 아. 추락 · 낙하 및 붕괴 등의 위험 방지 및 보호에 필요한 가설기자재로서 고용노동부장관이 정하여 고시하는 것 자. 충돌 · 협착 등의 위험 방지에 필요한 산업용 로봇 방호장치로서 고용노동부장관이 정하여 고시하는 것	가. 아세틸렌 용접장치용 또는 가스집합 용접장치용 안전기 나. 교류 아크용접기용 자동전격방지기 다. 롤러기 급정지장치 라. 연삭기 덮개 마. 목재 가공용 둥근톱 반발 예방장치와 날 접촉 예방장치 바. 동력식 수동대패용 칼날 접촉 방지장치 사. 추락 · 낙하 및 붕괴 등의 위험 방지 및 보호에 필요한 가설기자재로서 고용노동부장관이 정하여 고시하는 것

해답 45 ② 46 ② 47 ① 48 ①

49. 인장강도가 250N/mm^{2}인 강판에서 안전율이 4라면 이 강판의 허용응력(N/mm^2)은 얼마인가?

① 42.5
② 62.5
③ 82.5
④ 102.5

안전율 $= \dfrac{\text{인장강도}}{\text{허용응력}}$ 이므로

허용응력 $= \dfrac{\text{인장강도}}{\text{안전율}} = \dfrac{250}{4} = 62.5$

50. 산업안전보건법령상 강렬한 소음작업에서 데시벨에 따른 노출시간으로 적합하지 않은 것은?

① 100데시벨 이상의 소음이 1일 2시간 이상 발생하는 작업
② 110데시벨 이상의 소음이 1일 30분 이상 발생하는 작업
③ 115데시벨 이상의 소음이 1일 15분 이상 발생하는 작업
④ 120데시벨 이상의 소음이 1일 7분 이상 발생하는 작업

강렬한 소음작업

참고 산업안전보건기준에 관한 규칙 제512조 【정의】

1일 노출시간(h)	소음강도[dB(A)]
8	90
4	95
2	100
1	105
1/2	110
1/4	115

51. 방호장치 안전인증 고시에 따라 프레스 및 전단기에 사용되는 광전자식 방호장치의 일반구조에 대한 설명으로 가장 적절하지 않은 것은?

① 정상동작표시램프는 녹색, 위험표시램프는 붉은색으로 하며, 근로자가 쉽게 볼 수 있는 곳에 설치해야 한다.
② 슬라이드 하강 중 정전 또는 방호장치의 이상 시에 정지할 수 있는 구조이어야 한다.
③ 방호장치는 릴레이, 리미트 스위치 등의 전기부품의 고장, 전원전압의 변동 및 정전에 의해 슬라이드가 불시에 동작하지 않아야 하며, 사용전원전압의 ±(100분의10)의 변동에 대하여 정상으로 작동되어야 한다.
④ 방호장치의 감지기능은 규정한 검출영역 전체에 걸쳐 유효하여야 한다. (다만, 블랭킹 기능이 있는 경우 그렇지 않다.)

방호장치는 릴레이, 리미트 스위치 등의 전기부품의 고장, 전원전압의 변동 및 정전에 의해 슬라이드가 불시에 동작하지 않아야 하며, 사용전원전압의 ±(100분의 20)의 변동에 대하여 정상으로 작동되어야 한다.

52. 산업안전보건법령상 연삭기 작업 시 작업자가 안심하고 작업을 할 수 있는 상태는?

① 탁상용 연삭기에서 숫돌과 작업 받침대의 간격이 5mm이다.
② 덮개 재료의 인장강도는 224MPa이다.
③ 숫돌 교체 후 2분 정도 시험운전을 실시하여 해당 기계의 이상 여부를 확인하였다.
④ 작업 시작 전 1분 정도 시험운전을 실시하여 해당 기계의 이상 여부를 확인하였다.

①항, 탁상용 연삭기의 덮개에는 워크레스트 및 조정편을 구비하여야 하며, 워크레스트는 연삭숫돌과의 간격을 3밀리미터 이하로 조정할 수 있는 구조이어야 한다.
②항, 덮개 재료는 인장강도 274.5메가파스칼(MPa) 이상이고 신장도가 14퍼센트 이상이어야 한다.
③항, 숫돌 교체 후 3분 정도 시운전을 실시하여 당해 기계의 이상 여부를 확인 하여야 한다.
④항, 작업 시작 전 1분 정도 시운전을 실시하여 당해 기계의 이상 여부를 확인하여야 한다.

해답 49 ② 50 ④ 51 ③ 52 ④

53. 보기와 같은 기계요소가 단독으로 발생시키는 위험점은?

> 보기 : 밀링커터, 둥근톱날

① 협착점 ② 끼임점
③ 절단점 ④ 물림점

절단점(Cutting point)
회전하는 운동부분 자체의 위험이나 운동하는 기계부분 자체의 위험점

54. 다음 중 크레인의 방호장치로 가장 거리가 먼 것은?

① 권과방지장치
② 과부하방지장치
③ 비상정지장치
④ 자동보수장치

크레인의 방호장치로는 권과방지장치, 비상정지장치, 제동장치, 과부하방지장치가 있다.

55. 산업안전보건법령상 프레스기를 사용하여 작업을 할 때 작업시작 전 점검사항으로 틀린 것은?

① 클러치 및 브레이크의 기능
② 압력방출장치의 기능
③ 크랭크축 · 플라이휠 · 슬라이드 · 연결봉 및 연결 나사의 풀림 유무
④ 프레스의 금형 및 고정 볼트의 상태

프레스의 작업시작 전 점검사항
1. 클러치 및 브레이크의 기능
2. 크랭크축·플라이휠·슬라이드·연결봉 및 연결 나사의 풀림 여부
3. 1행정 1정지기구·급정지장치 및 비상정지장치의 기능
4. 슬라이드 또는 칼날에 의한 위험방지 기구의 기능
5. 프레스의 금형 및 고정볼트 상태
6. 방호장치의 기능
7. 전단기(剪斷機)의 칼날 및 테이블의 상태

참고 산업안전보건기준에 관한 규칙 별표3 【작업시작 전 점검사항】

56. 설비보전은 예방보전과 사후보전으로 대별된다. 다음 중 예방보전의 종류가 아닌 것은?

① 시간계획보전
② 개량보전
③ 상태기준보전
④ 적응보전

개량보전(Concentration Maintenance(CM))이란 설비의 신뢰성, 보전성, 안전성 등의 향상을 목적으로 현재 존재하고 있는 설비의 나쁜 곳을 계획적, 적극적으로 체질 개선(재질이나 형상 등)을 해서 열화·고장을 감소시키며, 보전이 불필요한 설비를 목표로 하는 보전방법이다.

57. 천장크레인에 중량 3kN의 화물을 2줄로 매달았을 때 매달기용 와이어(sling wire)에 걸리는 장력은 약 몇 kN인가? (단, 매달기용 와이어(sling wire) 2줄 사이의 각도는 55°이다.)

① 1.3 ② 1.7
③ 2.0 ④ 2.3

$$장력 = \frac{\frac{w}{2}}{\cos\left(\frac{\theta}{2}\right)} = \frac{\frac{3}{2}}{\cos\left(\frac{55°}{2}\right)} = 1.7[\text{kN}]$$

58. 다음 중 롤러의 급정지 성능으로 적합하지 않은 것은?

① 앞면 롤러 표면 원주속도가 25m/min, 앞면 롤러의 원주가 5m 일 때 급정지거리 1.6m 이내
② 앞면 롤러 표면 원주속도가 35m/min, 앞면 롤러의 원주가 7m 일 때 급정지거리 2.8m 이내
③ 앞면 롤러 표면 원주속도가 30m/min, 앞면 롤러의 원주가 6m 일 때 급정지거리 2.6m 이내
④ 앞면 롤러 표면 원주 속도가 20m/min, 앞면 롤러의 원주가 8m 일 때 급정지거리 2.6m 이내

앞면 롤러의 표면속도(m/min)	급정지 거리
30 미만	앞면 롤러 원주의 1/3
30 이상	앞면 롤러 원주의 1/2.5

①항, 5 × 1/3 = 1.67 이내이므로 적합
②항, 7 × 1/2.5 = 2.8 이내이므로 적합
③항, 6 × 1/2.5 = 2.4 이내이므로 부적합
④항, 8 × 1/3 = 2.67 이내이므로 적합

해답 53 ③ 54 ④ 55 ② 56 ② 57 ② 58 ③

59. 조작자의 신체부위가 위험한계 밖에 위치하도록 기계의 조작 장치를 위험구역에서 일정거리 이상 떨어지게 하는 방호장치는?

① 덮개형 방호장치
② 차단형 방호장치
③ 위치제한형 방호장치
④ 접근반응형 방호장치

위치제한형 방호장치
작업자의 신체부위가 위험한계 밖에 있도록 기계의 조작장치를 위험한 작업점에서 안전거리이상 떨어지게 하거나 조작장치를 양손으로 동시 조작하게 함으로써 위험한계에 접근하는 것을 제한하는 것(양수조작식 방호장치등)

60. 산업안전보건법령상 아세틸렌 용접장치의 아세틸렌 발생기실을 설치하는 경우 준수하여야 하는 사항으로 옳은 것은?

① 벽은 가연성 재료로 하고 철근 콘크리트 또는 그 밖에 이와 동등하거나 그 이상의 강도를 가진 구조로 할 것
② 바닥면적의 16분의 1 이상의 단면적을 가진 배기통을 옥상으로 돌출시키고 그 개구부를 창이나 출입구로부터 1.5미터 이상 떨어지도록 할 것
③ 출입구의 문은 불연성 재료로 하고 두께 1.0 밀리미터 이하의 철판이나 그 밖에 그 이상의 강도를 가진 구조로 할 것
④ 발생기실을 옥외에 설치한 경우에는 그 개구부를 다른 건축물로부터 1.0미터 이내 떨어지도록 할 것

①항, 벽은 불연성의 재료로 하고 철근콘크리트 기타 이와 동등 이상의 강도를 가진 구조로 할 것
③항, 출입구의 문은 불연성 재료로 하고 두께 1.5밀리미터 이상의 철판 기타 이와 동등 이상의 강도를 가진 구조로 할 것
④항, 발생기실을 옥외에 설치한 경우에는 그 개구부를 다른 건축물로부터 1.5미터 이상 떨어지도록 하여야 한다.

■■■ 제4과목 전기위험방지기술

61. 대지에서 용접작업을 하고 있는 작업자가 용접봉에 접촉한 경우 통전전류는? (단, 용접기의 출력 측 무부하전압 : 90V, 접촉저항(손, 용접봉 등 포함) : 10kΩ, 인체의 내부저항 : 1kΩ, 발과 대지의 접촉저항 : 20kΩ 이다.)

① 약 0.19 mA　　② 약 0.29 mA
③ 약 1.96 mA　　④ 약 2.90 mA

$$I[A]=\frac{E}{R_1+R_2+R_3}=\frac{90}{10+1+20}=2.90$$

I : 인체의 통전전류[A]
E : 용접기의 출력측 무부하전압[V]
R_1 : 손, 호올드 용접봉 등의 접촉저항[Ω]
R_2 : 인체의 내부저항[Ω]
R_3 : 발과 대지의 접촉저항[Ω]

62. KS C IEC 60079-10-2에 따라 공기 중에 분진운의 형태로 폭발성 분진 분위기가 지속적으로 또는 장기간 또는 빈번히 존재하는 장소는?

① 0종 장소　　② 1종 장소
③ 20종 장소　　④ 21종 장소

폭발위험장소의 분류

분류		적요	예
분진폭발위험장소	20종 장소	분진운 형태의 가연성 분진이 폭발농도를 형성할 정도로 충분한 양이 정상작동 중에 연속적으로 또는 자주 존재하거나, 제어할 수 없을 정도의 양 및 두께의 분진층이 형성될 수 있는 장소	호퍼·분진저장소·집진장치·필터 등의 내부
	21종 장소	20종 장소 외의 장소로서, 분진운 형태의 가연성 분진이 폭발농도를 형성할 정도의 충분한 양이 정상작동 중에 존재할 수 있는 장소	집진장치·백필터·배기구 등의 주위, 이송밸트 샘플링 지역 등
	22종 장소	21종 장소 외의 장소로서, 가연성 분진운 형태가 드물게 발생 또는 단기간 존재할 우려가 있거나, 이상작동 상태하에서 가연성 분진층이 형성될 수 있는 장소	21종 장소에서 예방조치가 취하여진 지역, 환기설비 등과 같은 안전장치 배출구 주위 등

해답 59 ③ 60 ② 61 ④ 62 ③

63. 설비의 이상현상에 나타나는 아크(Arc)의 종류가 아닌 것은?

① 단락에 의한 아크
② 지락에 의한 아크
③ 차단기에서의 아크
④ 전선저항에 의한 아크

설비에서 발생하는 아크의 종류
- 교류아크용접기의 아크
- 단락에 의한 아크
- 지락에 의한 아크
- 섬락의 아크
- 전선절단에 의한 아크
- 차단기에 있어서의 아크

64. 정전기 재해방지에 관한 설명 중 틀린 것은?

① 이황화탄소의 수송 과정에서 배관 내의 유속을 2.5m/s 이상으로 한다.
② 포장 과정에서 용기를 도전성 재료에 접지한다.
③ 인쇄 과정에서 도포량을 소량으로 하고 접지한다.
④ 작업장의 습도를 높여 전하가 제거되기 쉽게 한다.

에텔, 이황화탄소 등과 같이 유동대전이 심하고 폭발 위험성이 높은 것은 배관 내 유속을 1m/s 이하로 할 것

65. 한국전기설비규정에 따라 사람이 쉽게 접촉할 우려가 있는 곳에 금속제 외함을 가지는 저압의 기계기구가 시설되어 있다. 이 기계기구의 사용전압이 몇 V를 초과할 때 전기를 공급하는 전로에 누전차단기를 시설해야하는가? (단, 누전차단기를 시설하지 않아도 되는 조건은 제외한다.)

① 30V ② 40V
③ 50V ④ 60V

금속제 외함을 가지는 사용전압이 50V를 초과하는 저압의 기계기구로서 사람이 쉽게 접촉할 우려가 있는 곳에 시설하는 것에 전기를 공급하는 전로에는 누전차단기를 시설하여야 한다.

66. 다음 중 방폭설비의 보호등급(IP)에 대한 설명으로 옳은 것은?

① 제1 특성 숫자가 "1"인 경우 지름 50mm 이상의 외부 분진에 대한 보호
② 제1 특성 숫자가 "2"인 경우 지름 10mm 이상의 외부 분진에 대한 보호
③ 제2 특성 숫자가 "1"인 경우 지름 50mm 이상의 외부 분진에 대한 보호
④ 제2 특성 숫자가 "2"인 경우 지름 10mm 이상의 외부 분진에 대한 보호

보호등급(IP) 구분(분진)

제1 특성 숫자	설명
0	무방호
1	지름 50mm의 고체, 손등의 침입에 대한 보호
2	지름 12.5mm의 고체, 손가락 등의 침입에 대한 보호
3	공구, 강선 등 지름 2.5mm 이상의 외부 침입물이 들어가지 않는 것
4	강선 등 지름 1mm 이상의 외부 침입물이 들어가지 않는 것
5	분진 등이 외부에서 침입에 따른 유해한 영향이 없는 것
6	분진 등이 외부에서 들어가지 않는 것

67. 정전기 발생에 영향을 주는 요인에 대한 설명으로 틀린 것은?

① 물체의 분리속도가 빠를수록 발생량은 적어진다
② 접촉면적이 크고 접촉압력이 높을수록 발생량이 많아진다.
③ 물체 표면이 수분이나 기름으로 오염되면 산화 및 부식에 의해 발생량이 많아진다.
④ 정전기의 발생은 처음 접촉, 분리할 때가 최대로 되고 접촉, 분리가 반복됨에 따라 발생량은 감소한다.

물체의 분리속도가 빠를수록 발생량은 많아진다.

해답 63 ④ 64 ① 65 ③ 66 ① 67 ①

68. 전기기기, 설비 및 전선로 등의 충전 유무 등을 확인하기 위한 장비는?

① 위상검출기
② 디스콘 스위치
③ COS
④ 저압 및 고압용 검전기

> 검전기는 전류, 전하(電荷), 전위(電位)의 유무를 검사하는 측정기를 총칭한다. 검전기는 네온관의 방전에 의해서 전압의 유무를 검출하며 저압용, 고압용 및 특별고압용이 있다.

69. 피뢰기로서 갖추어야 할 성능 중 틀린 것은?

① 충격 방전 개시전압이 낮을 것
② 뇌전류 방전 능력이 클 것
③ 제한전압이 높을 것
④ 속류 차단을 확실하게 할 수 있을 것

> 피뢰기가 갖추어야 할 성능
> 1. 반복동작이 가능할 것
> 2. 구조가 견고하며 특성이 변화하지 않을 것
> 3. 점검, 보수가 간단할 것
> 4. 충격방전 개시전압과 제한전압이 낮을 것
> 5. 뇌 전류의 방전능력이 크고, 속류의 차단이 확실하게 될 것

70. 접지저항 저감 방법으로 틀린 것은?

① 접지극의 병렬 접지를 실시한다.
② 접지극의 매설 깊이를 증가시킨다.
③ 접지극의 크기를 최대한 작게 한다.
④ 접지극 주변의 토양을 개량하여 대지 저항률을 떨어뜨린다.

> 접지저항값은 접지전극과 대지와의 접촉상태에 따라 그 저항치가 결정된다. 접지전극과 대지와의 접촉면적이 클수록 접지저항이 저감된다.

71. 교류 아크용접기의 사용에서 무부하 전압이 80V, 아크 전압 25V, 아크 전류 300A 일 경우 효율은 약 몇 %인가? (단, 내부손실은 4kW이다.)

① 65.2
② 70.5
③ 75.3
④ 80.6

> 1. 아크출력(kW) = 아크전압×전류
> $= 25[V] \times 300[A] = 7,500[VA] = 7.5[kVA]$
> 2. 효율 $= \frac{\text{아크출력}}{\text{소비전력}} \times 100 = \frac{7.5}{7.5+4} \times 100 = 65.22$

72. 아크방전의 전압전류 특성으로 가장 옳은 것은?

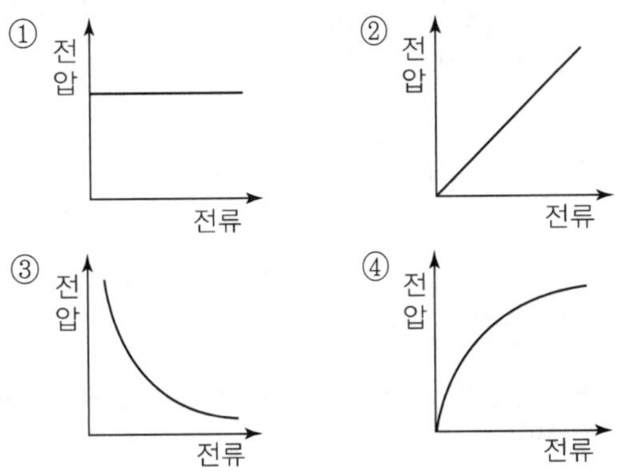

> 전류가 증가할 때 동시에 전압은 급격히 떨어지게 되면서 아크 방전이 발생한다.

73. 다음 중 기기보호등급(EPL)에 해당하지 않는 것은?

① EPL Ga
② EPL Ma
③ EPL Dc
④ EPL Mc

> 기기보호등급 분류
> Ga 또는 Da : '매우 높은' 보호수준
> Gb 또는 Db : '높은' 보호수준
> Gc 또는 Gc : '일반' 보호수준

해답 68 ④ 69 ③ 70 ③ 71 ① 72 ③ 73 ④

74. 다음 중 산업안전보건기준에 관한 규칙에 따라 누전차단기를 설치하지 않아도 되는 곳은?

① 철판·철골 위 등 도전성이 높은 장소에서 사용하는 이동형 전기기계·기구
② 대지전압이 220V인 휴대형 전기기계·기구
③ 임시배선의 전로가 설치되는 장소에서 사용하는 이동형 전기기계·기구
④ 절연대 위에서 사용하는 전기기계·기구

감전방지용 누전차단기 설치장소
1. 대지전압이 150볼트를 초과하는 이동형 또는 휴대형 전기기계·기구
2. 물 등 도전성이 높은 액체가 있는 습윤장소에서 사용하는 저압용 전기기계·기구
3. 철판·철골 위 등 도전성이 높은 장소에서 사용하는 이동형 또는 휴대형 전기기계·기구
4. 임시배선의 전로가 설치되는 장소에서 사용하는 이동형 또는 휴대형 전기기계·기구

누전차단기를 설치하지 않아도 되는 경우
1. 「전기용품안전관리법」에 따른 이중절연구조 또는 이와 동등 이상으로 보호되는 전기기계·기구
2. 절연대 위 등과 같이 감전위험이 없는 장소에서 사용하는 전기기계·기구
3. 비접지방식의 전로

참고 산업안전보건기준에 관한 규칙 제304조【누전차단기에 의한 감전방지】

75. 다음 설명이 나타내는 현상은?

> 전압이 인가된 이극 도체간의 고체 절연물 표면에 이물질이 부착되면 미소방전이 일어난다. 이 미소방전이 반복되면서 절연물 표면에 도전성 통로가 형성되는 현상이다.

① 흑연화현상　② 트래킹현상
③ 반단선현상　④ 절연이동현상

트래킹(tracking)현상
절연열화의 한 현상으로 도체 간의 절연체 표면에 이물질에 의한 미소방전이 지속되고 탄화도전로가 형성되어 절연이 파괴되는 현상이다.

76. 다음 중 방폭구조의 종류가 아닌 것은?

① 본질안전 방폭구조
② 고압 방폭구조
③ 압력 방폭구조
④ 내압 방폭구조

전기설비의 방폭구조의 종류(표시방법)

1. 내압방폭구조(d)	2. 압력방폭구조(p)
3. 충전방폭구조(q)	4. 유입방폭구조(o)
5. 안전증방폭구조(e)	6. 본질안전방폭구조(ia, ib)
7. 몰드방폭구조(m)	8. 비점화방폭구조(n)

77. 심실세동 전류 $I=\frac{165}{\sqrt{t}}(mA)$라면 심실세동 시 인체에 직접 받는 전기 에너지(cal)는 약 얼마인가? (단, t는 통전시간으로 1초이며, 인체의 저항은 500Ω으로 한다.)

① 0.52　② 1.35
③ 2.14　④ 3.27

$$W=I^2RT=\left(\frac{165}{\sqrt{T}}\times10^{-3}\right)^2\times500\times T=13.6[J]$$
$$=13.6[J]\times0.24=3.264[cal]$$

78. 산업안전보건기준에 관한 규칙에 따른 전기기계·기구의 설치 시 고려할 사항으로 거리가 먼 것은?

① 전기기계·기구의 충분한 전기적 용량 및 기계적 강도
② 전기기계·기구의 안전효율을 높이기 위한 시간 가동율
③ 습기·분진 등 사용장소의 주위 환경
④ 전기적·기계적 방호수단의 적정성

위험방지를 위한 전기기계·기구의 설치 시 고려할 사항
1. 전기기계·기구의 충분한 전기적 용량 및 기계적 강도
2. 습기·분진 등 사용장소의 주위 환경
3. 전기적·기계적 방호수단의 적정성

참고 산업안전보건기준에 관한 규칙 제303조【전기 기계·기구의 적정설치 등】

해답 74 ④　75 ②　76 ②　77 ④　78 ②

79. 정전작업 시 조치사항으로 틀린 것은?

① 작업 전 전기설비의 잔류 전하를 확실히 방전한다
② 개로된 전로의 충전여부를 검전기구에 의하여 확인한다.
③ 개폐기에 잠금장치를 하고 통전금지에 관한 표지판은 제거한다.
④ 예비 동력원의 역송전에 의한 감전의 위험을 방지하기 위해 단락접지 기구를 사용하여 단락 접지를 한다.

통전금지에 관한 표지판 제거는 작업을 마친 후 조치사항이다.
참고 산업안전보건기준에 관한 규칙 제319조 【정전전로에서의 전기작업】

80. 정전기로 인한 화재 폭발의 위험이 가장 높은 것은?

① 드라이클리닝설비
② 농작물 건조기
③ 가습기
④ 전동기

정전기로 인한 화재 폭발 등 방지 설비
1. 위험물을 탱크로리·탱크차 및 드럼 등에 주입하는 설비
2. 탱크로리·탱크차 및 드럼 등 위험물저장설비
3. 인화성 액체를 함유하는 도료 및 접착제 등을 제조·저장·취급 또는 도포(塗布)하는 설비
4. 위험물 건조설비 또는 그 부속설비
5. 인화성 고체를 저장하거나 취급하는 설비
6. 드라이클리닝설비, 염색가공설비 또는 모피류 등을 씻는 설비 등 인화성유기용제를 사용하는 설비
7. 유압, 압축공기 또는 고전위정전기 등을 이용하여 인화성 액체나 인화성 고체를 분무하거나 이송하는 설비
8. 고압가스를 이송하거나 저장·취급하는 설비
9. 화약류 제조설비
10. 발파공에 장전된 화약류를 점화시키는 경우에 사용하는 발파기

제5과목 화학설비위험방지기술

81. 산업안전보건법에서 정한 위험물질을 기준량 이상 제조하거나 취급하는 화학설비로서 내부의 이상상태를 조기에 파악하기 위하여 필요한 온도계 · 유량계 · 압력계 등의 계측장치를 설치하여야 하는 대상이 아닌 것은?

① 가열로 또는 가열기
② 증류 · 정류 · 증발 · 추출 등 분리를 하는 장치
③ 반응폭주 등 이상 화학반응에 의하여 위험물질이 발생할 우려가 있는 설비
④ 흡열반응이 일어나는 반응장치

사업주는 위험물을 기준량 이상으로 제조하거나 취급하는 다음 각 호의 어느 하나에 해당하는 화학설비(이하 "특수화학설비"라 한다)를 설치하는 경우에는 내부의 이상 상태를 조기에 파악하기 위하여 필요한 온도계 · 유량계 · 압력계 등의 계측장치를 설치하여야 한다.
1. 발열반응이 일어나는 반응장치
2. 증류 · 정류 · 증발 · 추출 등 분리를 하는 장치
3. 가열시켜 주는 물질의 온도가 가열되는 위험물질의 분해온도 또는 발화점보다 높은 상태에서 운전되는 설비
4. 반응폭주 등 이상 화학반응에 의하여 위험물질이 발생할 우려가 있는 설비
5. 온도가 섭씨 350도 이상이거나 게이지 압력이 980킬로파스칼 이상인 상태에서 운전되는 설비
6. 가열로 또는 가열기

참고 산업안전보건기준에 관한 규칙 제273조 【계측장치 등의 설치】

82. 다음 중 퍼지(purge)의 종류에 해당하지 않는 것은?

① 압력퍼지
② 진공퍼지
③ 스위프퍼지
④ 가열퍼지

가연성 혼합가스의 폭발을 방지하기 위한 불활성화(inerting)의 종류로는 스위프 퍼지, 압력 퍼지, 진공 퍼지, 사이폰 퍼지가 있다.

해답 79 ③ 80 ① 81 ④ 82 ④

83. 폭발한계와 완전 연소 조성 관계인 Jones식을 이용하여 부탄(C_4H_{10})의 폭발하한계를 구하면 몇 vol%인가?

① 1.4　　② 1.7
③ 2.0　　④ 2.3

1. $C_4H_{10} + 6.5O_2 = 4CO_2 + 5H_2O$ 에서
$C_{st} = \dfrac{100}{1+\left(\dfrac{6.5}{0.21}\right)} = 3.13$이 된다.
2. 폭발 하한값 $= 0.55 \times C_{st} = 0.55 \times 3.13 = 1.72\% v/v$

84. 가스를 분류할 때 독성가스에 해당하지 않는 것은?

① 황화수소
② 시안화수소
③ 이산화탄소
④ 산화에틸렌

이산화탄소(CO_2)가스는 상온에서 무색 기체로 조연성 가스에 해당된다.

85. 다음 중 폭발 방호 대책과 가장 거리가 먼 것은?

① 불활성화
② 억제
③ 방산
④ 봉쇄

폭발의 방호 대책
1. 폭발 봉쇄(Containment)
2. 폭발 억제(Explosin Suppersion)
3. 폭발 방산(Explosion Venting)

86. 질화면(Nitrocellulose)은 저장 · 취급 중에는 에틸알코올 등으로 습면상태를 유지해야 한다. 그 이유를 옳게 설명한 것은?

① 질화면은 건조 상태에서는 자연적으로 분해하면서 발화할 위험이 있기 때문이다.
② 질화면은 알코올과 반응하여 안정한 물질을 만들기 때문이다.
③ 질화면은 건조 상태에서 공기 중의 산소와 환원반응을 하기 때문이다.
④ 질화면은 건조 상태에서 유독한 중합물을 형성하기 때문이다.

질화면은 니트로셀룰로스가 주원료로 직사광선이나 산에서 자연발화한다. 물에 녹지않으므로 물이나 알코올로 습면하여 저장 · 취급한다.

87. 분진폭발의 특징으로 옳은 것은?

① 연소속도가 가스폭발보다 크다.
② 완전연소로 가스중독의 위험이 작다.
③ 화염의 파급속도보다 압력의 파급속도가 빠르다.
④ 가스폭발보다 연소시간은 짧고 발생에너지는 작다.

분진폭발의 특징
1. 연소속도나 폭발압력은 가스폭발에 비교하여 작지만 발생에너지가 크다.
2. 연소하면서 비산하므로 2차, 3차 폭발로 파급되면서 피해가 커진다.(입자의 크기, 부유성이 폭발에 영향을 미친다.)
3. 불완전 연소를 일으키기 쉽기 때문에 연소후의 가스에 CO가스가 다량으로 존재하므로 가스중독의 위험이 있다.

88. 크롬에 대한 설명으로 옳은 것은?

① 은백색 광택이 있는 금속이다.
② 중독 시 미나마타병이 발병한다.
③ 비중이 물보다 작은 값을 나타낸다.
④ 3가 크롬이 인체에 가장 유해하다.

크롬(Cr)
1. 크롬은 2가, 3가, 6가로 분류한다. 2가는 매우 불안정하고, 3가는 안정하며, 6가는 비용해성으로 산화제, 색소로서 산업현장에 사용된다. 3가는 피부흡수가 어려우나 6가는 쉽게 피부를 통과하여 더욱 해롭다.
2. 피부와 점막에 자극 증상을 일으켜 궤양을 형성하며 비중격천공증(코 내부 물렁뼈에 구멍이 생기는 병), 암을 발생시킨다.

해답 83 ② 84 ③ 85 ① 86 ① 87 ③ 88 ①

89. 사업주는 인화성 액체 및 인화성 가스를 저장 취급하는 화학설비에서 증기나 가스를 대기로 방출하는 경우에는 외부로부터의 화염을 방지하기 위하여 화염방지기를 설치하여야 한다. 다음 중 화염방지기의 설치 위치로 옳은 것은?

① 설비의 상단
② 설비의 하단
③ 설비의 측면
④ 설비의 조작부

사업주는 인화성 액체 및 인화성 가스를 저장 취급하는 화학설비에서 증기나 가스를 대기로 방출하는 경우에는 외부로부터의 화염을 방지하기 위하여 화염방지기를 그 설비 상단에 설치하여야 한다.

참고 산업안전보건기준에 관한 규칙 제269조 【화염방지기의 설치 등】

90. 열교환탱크 외부를 두께 0.2m의 단열재(열전도율 k=0.037kcal/m · h · ℃)로 보온하였더니 단열재 내면은 40℃, 외면은 20℃이었다. 면적 $1m^2$ 당 1시간에 손실되는 열량(kcal)은?

① 0.0037
② 0.037
③ 1.37
④ 3.7

$$\text{손실열량} = \frac{K \cdot A \cdot \Delta T}{L}$$
$$= \frac{0.037\text{kcal/m}\cdot\text{h}\cdot℃ \times 1\text{m}^2 \times (40-20)℃}{0.2\text{m}}$$
$$= 3.7\text{kcal/h}$$

여기서, k : 열전도율(kcal/m · h · ℃)
A : 면적(㎡)
ΔT : 온도차(℃)
L : 두께(m)

91. 산업안전보건법령상 다음 인화성 가스의 정의에서 ( ) 안에 알맞은 값은?

> "인화성 가스"란 인화한계 농도의 최저한도가 (㉠)% 이하 또는 최고한도와 최저한도의 차가 (㉡)% 이상인 것으로서 표준압력(101.3 kPa), 20℃에서 가스 상태인 물질을 말한다.

① ㉠ 13, ㉡ 12
② ㉠ 13, ㉡ 15
③ ㉠ 12, ㉡ 13
④ ㉠ 12, ㉡ 15

인화성 가스
인화한계 농도의 최저한도가 13퍼센트 이하 또는 최고한도와 최저한도의 차가 12퍼센트 이상인 것으로서 표준압력(101.3kPa)하의 20℃에서 가스 상태인 물질을 말한다.

92. 액체 표면에서 발생한 증기농도가 공기 중에서 연소하한농도가 될 수 있는 가장 낮은 액체온도를 무엇이라 하는가?

① 인화점
② 비등점
③ 연소점
④ 발화온도

인화점이란 액체 표면에서 발생한 증기농도가 공기 중에서 연소하한농도가 될 수 있는 가장 낮은 액체온도를 말한다.

93. 위험물의 저장방법으로 적절하지 않은 것은?

① 탄화칼슘은 물 속에 저장한다.
② 벤젠은 산화성 물질과 격리시킨다.
③ 금속나트륨은 석유 속에 저장한다.
④ 질산은 갈색병에 넣어 냉암소에 보관한다.

탄화칼슘은 물과 반응하여 수산화칼슘과 아세틸렌을 발생시킨다.
$CaC_2 + 2H_2O \rightarrow Ca(OH)_2 + C_2H_2$

해답 89 ① 90 ④ 91 ① 92 ① 93 ①

94. 다음 중 열교환기의 보수에 있어 일상점검항목과 정기적 개방점검항목으로 구분할 때 일상점검항목으로 거리가 먼 것은?

① 도장의 노후상황
② 부착물에 의한 오염의 상황
③ 보온재, 보냉재의 파손여부
④ 기초볼트의 체결정도

열교환기의 점검

일상점검 항목	개방점검 항목
1) 도장부 결함 및 벗겨짐 2) 보온재 및 보냉재 상태 3) 기초부 및 기초 고정부 상태 4) 배관 등과의 접속부 상태	1) 내부 부식의 형태 및 정도 2) 내부 관의 부식 및 누설 유무 3) 용접부 상태 4) 라이닝, 코팅, 개스킷 손상 여부 5) 부착물에 의한 오염의 상황

95. 다음 중 반응기의 구조 방식에 의한 분류에 해당하는 것은?

① 탑형 반응기
② 연속식 반응기
③ 반회분식 반응기
④ 회분식 균일상반응기

구조방식에 의한 반응기의 종류

구조방식	조작방식
1. 교반조형 반응기 2. 관형 반응기 3. 탑형 반응기 4. 유동층형 반응	1. 회분식 2. 반회분식 3. 연속식

96. 다음 중 공기 중 최소 발화에너지 값이 가장 작은 물질은?

① 에틸렌 ② 아세트알데히드
③ 메탄 ④ 에탄

최소 발화에너지(단위:mJ)
① 에틸렌 : 0.07
② 아세트알데히드 : 0.36
③ 메탄 : 0.28
④ 에탄 : 0.24

97. 다음 [표]의 가스(A~D)를 위험도가 큰 것부터 작은 순으로 나열한 것은?

	폭발하한값	폭발상한값
A	4.0 vol%	75.0 vol%
B	3.0 vol%	80.0 vol%
C	1.25 vol%	44.0 vol%
D	2.5 vol%	81.0 vol%

① D – B – C – A
② D – B – A – C
③ C – D – A – B
④ C – D – B – A

위험도(H)= $\frac{U-L}{L}$ (L : 폭발하한치, U : 폭발상한치)

A= $\frac{75-4.0}{4.0}=17.75$

B= $\frac{80-3.0}{3.0}=25.7$

C= $\frac{44-1.25}{1.25}=34.2$

D= $\frac{81-2.5}{2.5}=31.4$

따라서 위험도가 큰 순서는 C – D – B – A 이다.

98. 알루미늄분이 고온의 물과 반응하였을 때 생성되는 가스는?

① 이산화탄소
② 수소
③ 메탄
④ 에탄

알루미늄과 물의 반응식 : $2Al+6H_2O \rightarrow 2Al(OH)_3+3H_2$
알루미늄은 물반응성 물질고 물과 반응시 수산화알루미늄과 수소가 발생된다.

해답 94 ② 95 ① 96 ① 97 ④ 98 ②

99. 메탄, 에탄, 프로판의 폭발하한계가 각각 5 vol%, 3 vol%, 2.1 vol%일 때 다음 중 폭발하한계가 가장 낮은 것은? (단, Le Chatelier의 법칙을 이용한다.)

① 메탄 20 vol%, 에탄 30 vol%, 프로판 50 vol%의 혼합가스
② 메탄 30 vol%, 에탄 30 vol%, 프로판 40 vol%의 혼합가스
③ 메탄 40 vol%, 에탄 30 vol%, 프로판 30 vol%의 혼합가스
④ 메탄 50 vol%, 에탄 30 vol%, 프로판 20 vol%의 혼합가스

①항, $L=\dfrac{100}{\dfrac{20}{5}+\dfrac{30}{3}+\dfrac{50}{2.1}}=2.64$

②항, $L=\dfrac{100}{\dfrac{30}{5}+\dfrac{30}{3}+\dfrac{40}{2.1}}=2.85$

③항, $L=\dfrac{100}{\dfrac{40}{5}+\dfrac{30}{3}+\dfrac{30}{2.1}}=3.10$

④항, $L=\dfrac{100}{\dfrac{50}{5}+\dfrac{30}{3}+\dfrac{20}{2.1}}=3.39$

100. 고압가스 용기 파열사고의 주요 원인 중 하나는 용기의 내압력(耐壓力, capacity to resist pressure)부족이다. 다음 중 내압력 부족의 원인으로 거리가 먼 것은?

① 용기 내벽의 부식
② 강재의 피로
③ 과잉 충전
④ 용접 불량

용기의 내압력(耐壓力) 부족 원인으로 내벽의 부식, 강재의 피로, 용접불량 등이 있다.

참고

1. 고압가스용기의 파열사고의 주요원인
   (1) 용기의 내압력(耐壓力)부족
   (2) 용기 내압(內壓)의 이상 상승
   (3) 용기 내에서의 폭발성 혼합가스의 발화
2. 용기의 분출 또는 누설사고의 원인
   (1) 용기밸브의 용기에서의 이탈
   (2) 용기 밸브에서의 가스의 누설
   (3) 안전밸브의 작동
   (4) 용기에 부속된 압력계의 파열

제6과목 건설안전기술

101. 건설현장에 거푸집동바리 설치 시 준수사항으로 옳지 않은 것은?

① 파이프서포트 높이가 4.5m를 초과하는 경우에는 높이 2m 이내마다 2개 방향으로 수평 연결재를 설치한다.
② 동바리의 침하 방지를 위해 깔목의 사용, 콘크리트 타설, 말뚝박기 등을 실시한다.
③ 강재와 강재의 접속부는 볼트 또는 클램프 등 전용 철물을 사용한다.
④ 강관틀 동바리는 강관틀과 강관틀 사이에 교차가새를 설치한다.

높이가 3.5미터를 초과할 때에는 높이 2미터 이내마다 수평연결재를 2개 방향으로 만들고 수평연결재의 변위를 방지할 것

참고 산업안전보건기준에 관한 규칙 제332조 【거푸집동바리 등의 안전조치】

102. 고소작업대를 설치 및 이동하는 경우에 준수하여야 할 사항을 옳지 않은 것은?

① 와이어로프 또는 체인의 안전율은 3 이상일 것
② 붐의 최대 지면경사각을 초과 운전하여 전도되지 않도록 할 것
③ 고소작업대를 이동하는 경우 작업대를 가장 낮게 내릴 것
④ 작업대에 끼임·충돌 등 재해를 예방하기 위한 가드 또는 과상승방지장치를 설치할 것

작업대를 와이어로프 또는 체인으로 올리거나 내릴 경우에는 와이어로프 또는 체인이 끊어져 작업대가 떨어지지 아니하는 구조여야 하며, 와이어로프 또는 체인의 안전율은 5 이상일 것

참고 산업안전보건기준에 관한 규칙 제186조 【고소작업대 설치 등의 조치】

해답 99 ① 100 ③ 101 ① 102 ①

103. 건설공사의 유해위험방지계획서 제출 기준일로 옳은 것은?

① 당해공사 착공 1개월 전까지
② 당해공사 착공 15일 전까지
③ 당해공사 착공 전날까지
④ 당해공사 착공 15일 후까지

사업주가 유해위험방지계획서를 제출할 때에는 해당 공사의 착공 전날까지 공단에 2부를 제출해야 한다.

참고 산업안전보건법 시행규칙 제42조 【제출서류 등】

104. 철골건립준비를 할 때 준수하여야 할 사항으로 옳지 않은 것은?

① 지상 작업장에서 건립준비 및 기계기구를 배치할 경우에는 낙하물의 위험이 없는 평탄한 장소를 선정하여 정비하여야 한다.
② 건립작업에 다소 지장이 있다하더라도 수목은 제거하거나 이설하여서는 안된다.
③ 사용전에 기계기구에 대한 정비 및 보수를 철저히 실시하여야 한다.
④ 기계에 부착된 앵카 등 고정장치와 기초구조 등을 확인하여야 한다.

철골건립준비를 할 때 준수하여야 할 사항
1. 지상 작업장에서 건립준비 및 기계기구를 배치할 경우에는 낙하물의 위험이 없는 평탄한 장소를 선정하여 정비하고 경사지에서는 작업대나 임시발판 등을 설치하는 등 안전하게 한 후 작업하여야 한다.
2. 건립작업에 지장이 되는 수목은 제거하거나 이설하여야 한다.
3. 인근에 건축물 또는 고압선 등이 있는 경우에는 이에 대한 방호조치 및 안전조치를 하여야 한다.
4. 사용전에 기계기구에 대한 정비 및 보수를 철저히 실시하여야 한다.
5. 기계가 계획대로 배치되어 있는가, 윈치는 작업구역을 확인할 수 있는 곳에 위치하였는가, 기계에 부착된 앵카 등 고정장치와 기초구조 등을 확인하여야 한다.

105. 가설공사 표준안전 작업지침에 따른 통로발판을 설치하여 사용함에 있어 준수사항으로 옳지 않은 것은?

① 추락의 위험이 있는 곳에는 안전난간이나 철책을 설치하여야 한다.
② 작업발판의 최대폭은 1.6m 이내이어야 한다.
③ 비계발판의 구조에 따라 최대 적재하중을 정하고 이를 초과하지 않도록 하여야 한다.
④ 발판을 겹쳐 이음하는 경우 장선 위에서 이음을 하고 겹침길이는 10cm 이상으로 하여야 한다.

사업주는 통로발판을 설치하여 사용함에 있어서 다음 각 호의 사항을 준수하여야 한다.
1. 근로자가 작업 및 이동하기에 충분한 넓이가 확보되어야 한다.
2. 추락의 위험이 있는 곳에는 안전난간이나 철책을 설치하여야 한다.
3. 발판을 겹쳐 이음하는 경우 장선 위에서 이음을 하고 겹침길이는 20센티미터 이상으로 하여야 한다.
4. 발판 1개에 대한 지지물은 2개 이상이어야 한다.
5. 작업발판의 최대폭은 1.6미터 이내이어야 한다.
6. 작업발판 위에는 돌출된 못, 옹이, 철선 등이 없어야 한다.
7. 비계발판의 구조에 따라 최대 적재하중을 정하고 이를 초과하지 않도록 하여야 한다.

참고 가설공사 표준안전 작업지침 제15조 【통로발판】

106. 항타기 또는 항발기의 사용 시 준수사항으로 옳지 않은 것은?

① 증기나 공기를 차단하는 장치를 작업관리자가 쉽게 조작할 수 있는 위치에 설치한다.
② 해머의 운동에 의하여 증기호스 또는 공기호스와 해머의 접속부가 파손되거나 벗겨지는 것을 방지하기 위하여 그 접속부가 아닌 부위를 선정하여 증기호스 또는 공기호스를 해머에 고정시킨다.
③ 항타기나 항발기의 권상장치의 드럼에 권상용 와이어로프가 꼬인 경우에는 와이어로프에 하중을 걸어서는 안된다.
④ 항타기나 항발기의 권상장치에 하중을 건 상태로 정지하여 두는 경우에는 쐐기장치 또는 역회전방지용 브레이크를 사용하여 제동하는 등 확실하게 정지시켜 두어야 한다.

해답 103 ③ 104 ② 105 ④ 106 ①

사업주는 증기나 압축공기를 동력원으로 하는 항타기나 항발기를 사용하는 경우에는 다음 각 호의 사항을 준수하여야 한다.
1. 해머의 운동에 의하여 증기호스 또는 공기호스와 해머의 접속부가 파손되거나 벗겨지는 것을 방지하기 위하여 그 접속부가 아닌 부위를 선정하여 증기호스 또는 공기호스를 해머에 고정시킬 것
2. 증기나 공기를 차단하는 장치를 해머의 운전자가 쉽게 조작할 수 있는 위치에 설치할 것

② 사업주는 항타기나 항발기의 권상장치의 드럼에 권상용 와이어로프가 꼬인 경우에는 와이어로프에 하중을 걸어서는 아니 된다.
③ 사업주는 항타기나 항발기의 권상장치에 하중을 건 상태로 정지하여 두는 경우에는 쐐기장치 또는 역회전방지용 브레이크를 사용하여 제동하는 등 확실하게 정지시켜 두어야 한다.

참고 산업안전보건기준에 관한 규칙 제217조 【사용 시의 조치 등】

107. 건설업 중 유해위험방지계획서 제출 대상 사업장으로 옳지 않은 것은?

① 지상높이가 31m 이상인 건축물 또는 인공구조물, 연면적 30,000m^2 이상인 건축물 또는 연면적 5,000m^2 이상의 문화 및 집회시설의 건설공사
② 연면적 3,000m^2 이상의 냉동·냉장창고시설의 설비공사 및 단열공사
③ 깊이 10m 이상인 굴착공사
④ 최대 지간길이가 50m 이상인 다리의 건설공사

위험방지계획서를 제출해야 될 건설공사
1. 지상높이가 31미터 이상인 건축물 또는 인공구조물, 연면적 3만 제곱미터 이상인 건축물 또는 연면적 5천 제곱미터 이상의 문화 및 집회시설(전시장 및 동물원·식물원은 제외한다), 판매시설, 운수시설(고속철도의 역사 및 집배송시설은 제외한다), 종교시설, 의료시설 중 종합병원, 숙박시설 중 관광숙박시설, 지하도상가 또는 냉동·냉장창고시설의 건설·개조 또는 해체
2. 연면적 5천제곱미터 이상의 냉동·냉장창고시설의 설비공사 및 단열공사
3. 최대지간길이가 50m 이상인 교량건설 등 공사
4. 터널건설 등의 공사
5. 다목적댐·발전용댐 및 저수용량 2천만 톤 이상의 용수전용댐·지방상수도 전용댐 건설 등의 공사
6. 깊이 10미터 이상인 굴착공사

참고 산업안전보건법 시행령 제42조 【유해위험방지계획서의 작성·제출 등】

108. 건설작업용 타워크레인의 안전장치로 옳지 않은 것은?

① 권과 방지장치
② 과부하 방지장치
③ 비상정지 장치
④ 호이스트 스위치

양중기에 과부하방지장치, 권과방지장치(捲過防止裝置), 비상정지장치 및 제동장치, 그 밖의 방호장치[(승강기의 파이널 리미트 스위치(final limit switch), 조속기(調速機), 출입문 인터 록(inter lock) 등을 말한다]가 정상적으로 작동될 수 있도록 미리 조정해 두어야 한다.

참고 산업안전보건기준에 관한 규칙 제134조 【방호장치의 조정】

109. 이동식 비계를 조립하여 작업을 하는 경우의 준수기준으로 옳지 않은 것은?

① 비계의 최상부에서 작업을 할 때에는 안전난간을 설치하여야 한다.
② 작업발판의 최대적재하중은 400kg을 초과하지 않도록 한다.
③ 승강용 사다리는 견고하게 설치하여야 한다.
④ 작업발판은 항상 수평을 유지하고 작업발판 위에서 안전난간을 딛고 작업을 하거나 받침대 또는 사다리를 사용하여 작업하지 않도록 한다.

작업발판의 최대적재하중은 250킬로그램을 초과하지 않도록 할 것

참고 산업안전보건기준에 관한 규칙 제68조 【이동식비계】

110. 토사붕괴원인으로 옳지 않은 것은?

① 경사 및 기울기 증가
② 성토높이의 증가
③ 건설기계 등 하중작용
④ 토사중량의 감소

해답 107 ② 108 ④ 109 ② 110 ④

토석붕괴의 원인
1. 토석이 붕괴되는 외적 원인은 다음 각호와 같으므로 굴착 작업 시에 적절한 조치를 취하여야 한다.
(1) 사면, 법면의 경사 및 기울기의 증가
(2) 절토 및 성토 높이의 증가
(3) 공사에 의한 진동 및 반복 하중의 증가
(4) 지표수 및 지하수의 침투에 의한 토사 중량의 증가
(5) 지진, 차량, 구조물의 하중작용
(6) 토사 및 암석의 혼합층 두께
2. 토석이 붕괴되는 내적 원인은 다음 각호와 같으므로 굴착작업 시에 적절한 조치를 취하여야 한다.
(1) 절토 사면의 토질·암질
(2) 성토 사면의 토질구성 및 분포
(3) 토석의 강도 저하

111. 건설용 리프트의 붕괴 등을 방지하기 위해 받침의 수를 증가 시키는 등 안전조치를 하여야 하는 순간풍속 기준은?

① 초당 15미터 초과
② 초당 25미터 초과
③ 초당 35미터 초과
④ 초당 45미터 초과

사업주는 순간풍속이 초당 35미터를 초과하는 바람이 불어올 우려가 있는 경우 건설작업용 리프트(지하에 설치되어 있는 것은 제외한다)에 대하여 받침의 수를 증가시키는 등 그 붕괴 등을 방지하기 위한 조치를 하여야 한다.

참고 산업안전보건기준에 관한 규칙 제154조 【붕괴 등의 방지】

112. 토사붕괴에 따른 재해를 방지하기 위한 흙막이 지보공 부재로 옳지 않은 것은?

① 흙막이 판　　② 말뚝
③ 턴버클　　④ 띠장

턴 버클
두 점 사이에 연결된 강삭(鋼索) 등을 죄는 데 사용하는 죔기구의 하나로서 좌우에 나사막대가 있고 나사부가 너트로 연결되어 있다.

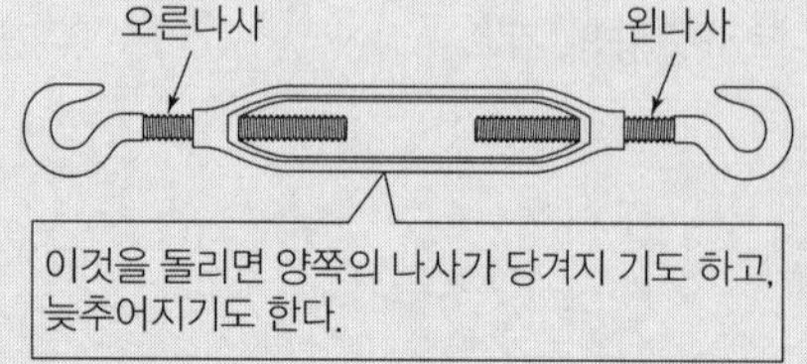
오른나사
왼나사
이것을 돌리면 양쪽의 나사가 당겨지기도 하고, 늦추어지기도 한다.

113. 가설구조물의 특징으로 옳지 않은 것은?

① 연결재가 적은 구조로 되기 쉽다.
② 부재 결합이 간략하여 불안전 결합이다.
③ 구조물이라는 개념이 확고하여 조립의 정밀도가 높다.
④ 사용부재는 과소단면이거나 결함재가 되기 쉽다.

가설구조물은 임시 구조물이라는 개념이 있어 조립 시 정밀도가 떨어진다.

114. 사다리식 통로 등의 구조에 대한 설치기준으로 옳지 않은 것은?

① 발판의 간격은 일정하게 할 것
② 발판과 벽과의 사이는 15cm 이상의 간격을 유지할 것
③ 사다리식 통로의 길이가 10cm 이상인 때에는 7m 이내마다 계단참을 설치할 것
④ 사다리의 상단은 걸쳐놓은 지점으로부터 60cm 이상 올라가도록 할 것

사다리식 통로의 길이가 10미터 이상인 경우에는 5미터 이내마다 계단참을 설치할 것

참고 산업안전보건기준에 관한 규칙 제24조 【사다리식 통로 등의 구조】

115. 가설통로를 설치하는 경우 준수해야할 기준으로 옳지 않은 것은?

① 경사는 30° 이하로 할 것
② 경사가 25°를 초과하는 경우에는 미끄러지지 아니하는 구조로 할 것
③ 건설공사에 사용하는 높이 8m 이상인 바계다리에는 7m 이내마다 계단참을 설치할 것
④ 수직갱에 가설된 통로의 길이가 15m 이상인 때에는 10m 이내마다 계단참을 설치할 것

경사가 15°를 초과하는 경우에는 미끄러지지 아니하는 구조로 할 것

참고 산업안전보건기준에 관한 규칙 제23조 【가설통로의 구조】

해답 111 ③　112 ③　113 ③　114 ③　115 ②

116. 터널공사에서 발파작업 시 안전대책으로 옳지 않은 것은?

① 발파전 도화선 연결상태, 저항치 조사 등의 목적으로 도통시험 실시 및 발파기의 작동상태에 대한 사전점검 실시
② 모든 동력선은 발원점으로부터 최소한 15m 이상 후방으로 옮길 것
③ 지질, 암의 절리 등에 따라 화약량에 대한 검토 및 시방기준과 대비하여 안전조치 실시
④ 발파용 점화회선은 타동력선 및 조명회선과 한곳으로 통합하여 관리

발파용 점화회선은 타동력선 및 조명회선으로부터 분리되어야 한다.

117. 건설업 산업안전보건관리 계상 및 사용기준은 산업재해보상 보험법의 적용을 받는 공사 중 총 공사금액이 얼마 이상인 공사에 적용하는가? (단, 전기공사업법, 정보통신공사업법에 의한 공사는 제외)

① 4천만원 ② 3천만원
③ 2천만원 ④ 1천만원

설업 산업안전보건관리비는 총공사금액 2천만원 이상인 공사에 적용한다. 다만, 다음 각 호의 어느 하나에 해당되는 공사 중 단가계약에 의하여 행하는 공사에 대하여는 총계약금액을 기준으로 적용한다.
1. 「전기공사업법」 제2조에 따른 전기공사로서 저압·고압 또는 특별고압 작업으로 이루어지는 공사
2. 「정보통신공사업법」 제2조에 따른 정보통신공사

참고 건설업 산업안전보건관리비 계상 및 사용기준 제3조 【적용범위】

118. 건설업의 공사금액이 850억 원일 경우 산업안전보건법령에 따른 안전관리자의 수로 옳은 것은? (단, 전체 공사기간을 100으로 할 때 공사 전·후 15에 해당하는 경우는 고려하지 않는다.)

① 1명 이상 ② 2명 이상
③ 3명 이상 ④ 4명 이상

안전관리자의 선임
공사금액 800억원 이상 1,500억원 미만 : 2명 이상. 다만, 전체 공사기간을 100으로 할 때 공사 시작에서 15에 해당하는 기간과 공사 종료 전의 15에 해당하는 기간 동안은 1명 이상으로 한다.

참고 산업안전보건법 시행령 별표 3 【안전관리자를 두어야 하는 사업의 종류, 사업장의 상시근로자 수, 안전관리자의 수 및 선임방법】

119. 거푸집 동바리의 침하를 방지하기 위한 직접적인 조치로 옳지 않은 것은?

① 수평연결재 사용
② 깔목의 사용
③ 콘크리트의 타설
④ 말뚝박기

깔목의 사용, 콘크리트 타설, 말뚝박기 등 동바리의 침하를 방지하기 위한 조치를 할 것

참고 산업안전보건기준에 관한 규칙 제332조 【거푸집동바리등의 안전조치】

120. 달비계에서 사용하는 와이어로프의 사용금지 기준으로 옳지 않은 것은?

① 이음매가 있는 것
② 열과 전기 충격에 의해 손상된 것
③ 지름의 감소가 공칭지름의 7%를 초과하는 것
④ 와이어로프의 한 꼬임에서 끊어진 소선의 수가 7% 이상인 것

와이어로프 등의 사용금지
1. 이음매가 있는 것
2. 와이어로프의 한 꼬임[스트랜드(strand)를 의미한다. 이하 같다]에서 끊어진 소선[素線, 필러(pillar)선을 제외한다]의 수가 10퍼센트 이상인 것
3. 지름의 감소가 공칭지름의 7퍼센트를 초과하는 것
4. 꼬인 것
5. 심하게 변형 또는 부식된 것

참고 산업안전보건기준에 관한 규칙 제166조 【이음매가 있는 와이어로프 등의 사용 금지】

해답 116 ④ 117 ③ 118 ② 119 ① 120 ④

2022 과년도 출제문제(CBT 복원문제)

2022년 7월 2일 시행

※ 본 기출문제는 수험자의 기억을 바탕으로 하여 복원한 문제이므로 실제 문제와 다를 수 있음을 미리 알려드립니다.

■■■ 제1과목 안전관리론

1. 무재해 운동의 3원칙에 해당되지 않는 것은?

① 무의 원칙 ② 참가의 원칙
③ 대책선정의 원칙 ④ 선취의 원칙

무재해 운동의 3원칙
1. 무의 원칙
2. 참가의 원칙
3. 선취의 원칙

2. 헤드십(head-ship)의 특성이 아닌 것은?

① 지휘형태는 권위주의적이다.
② 구성원과의 사회적 간격은 넓다.
③ 권한행사는 임명된 헤드이다.
④ 상관과 부하와의 관계는 개인적인 영향이다.

개인과 상황변수	헤드십	리더십
권한행사	임명된 헤드	선출된 리더
권한부여	위에서 임명	밑으로 부터 동의
권한근거	법적 또는 공식적	개인적
권한귀속	공식화된 규정에 의함	집단목표에 기여한 공로
상관과 부하의 관계	지배적	개인적인 영향
책임귀속	상사	상사와 부하
부하와의 사회적 간격	넓음	좁음
지휘형태	권위적	민주적

3. 방진마스크의 선정기준으로 적합하지 않은 것은?

① 배기저항이 낮을 것
② 흡기저항이 낮을 것
③ 사용적이 클 것
④ 시야가 넓을 것

방진 마스크의 선정기준
1. 분진 포집효율(여과효율)이 좋을 것
2. 흡·배기 저항이 낮을 것
3. 사용적(유효공간)이 적을 것
4. 중량이 가벼울 것
5. 시야가 넓을 것
6. 안면 밀착성이 좋을 것
7. 피부 접촉 부위의 고무질이 좋을 것

4. 안전보건관리조직의 형태 중 라인-스탭(Line-Staff) 형 조직에 관한 설명으로 틀린 것은?

① 조직원 전원을 자율적으로 안전 활동에 참여시킬 수 있다.
② 라인의 관리, 감독자에게도 안전에 관한 책임과 권한이 부여된다.
③ 중규모 사업장 (100 이상 ~ 500명 미만)에 적합하다.
④ 안전 활동과 생산업무가 유리될 우려가 없기 때문에 균형을 유지할 수 있어 이상적인 조직형태이다.

라인-스탭형 조직은 대규모 사업장 (1,000명 이상)에 적합하다

5. 하인리히 사고예방대책의 기본원리 5단계로 옳은 것은?

① 조직 → 사실의 발견 → 분석 → 시정방법의 선정 → 시정책의 적용
② 조직 → 분석 → 사실의 발견 → 시정방법의 선정 → 시정책의 적용
③ 사실의 발견 → 조직 → 분석 → 시정방법의 선정 → 시정책의 적용
④ 사실의 발견 → 분석 → 조직 → 시정방법의 선정 → 시정책의 적용

해답 01 ③ 02 ④ 03 ③ 04 ③ 05 ①

하인리히의 사고예방대책 기본원리 5단계

제1단계	제2단계	제3단계
안전 조직	사실의 발견	분석 · 평가
1. 경영층의 참여 2. 안전관리자의 임명 3. 안전의 라인(line) 및 참모조직 4. 안전활동 방침 및 계획수립 5. 조직을 통한 안전활동	1. 사고 및 활동 기록의 검토 2. 작업분석 3. 안전점검 4. 사고조사 5. 각종 안전회의 및 토의회 6. 종업원의 건의 및 여론조사	1. 사고보고서 및 현장조사 2. 사고기록 3. 인적 물적조건 4. 작업공정 5. 교육 및 훈련 관계 6. 안전수칙 및 기타

제4단계	제5단계
시정방법의 선정	시정책의 적용
1. 기술의 개선 2. 인사조정 3. 교육 및 훈련 개선 4. 안전기술의 개선 5. 규정 및 수칙의 개선 6. 이행의 감독 체제 강화	1. 교육 2. 기술 3. 독려 4. 목표설정 실시 5. 재평가 6. 시정(후속 조치)

6. 인간의 의식 수준을 5단계로 구분할 때 의식이 몽롱한 상태의 단계는?

① Phase Ⅰ ② Phase Ⅱ
③ Phase Ⅲ ④ Phase Ⅳ

의식 레벨의 단계분류

단계	의식의 상태	주의 작용	생리적 상태	신뢰성
0	무의식, 실신	없음	수면, 뇌발작	0
Ⅰ	정상 이하, 의식 몽롱함	부주의	피로, 단조, 졸음, 술취함	0.99 이하
Ⅱ	정상, 이완상태	수동적 마음이 안쪽으로 향함	안정기거, 휴식시 정례작업시	0.99~0.99999 이하
Ⅲ	정상, 상쾌한 상태	능동적 앞으로 향하는 의시야도 넓다.	적극 활동시	0.999999 이상
Ⅳ	의식과잉 (초긴장, 과긴장상태)	일점 집중, 판단 정지	긴급 방위반응, 당황해서 panic	0.9 이하

7. 경보기가 울려도 기차가 오기까지 아직 시간이 있다고 판단하여 건널목을 건너다가 사고를 당했다. 다음 중 이 재해자의 행동성향으로 옳은 것은?

① 착오 · 착각 ② 무의식행동
③ 억측판단 ④ 지름길반응

억측판단
1. 자기 멋대로 주관적(主觀的) 판단이나 희망적(希望的)인 관찰에 근거를 두고 다분히 이래도 될 것이라는 것을 확인하지 않고 행동으로 옮기는 판단이다.
2. 안전행동에 의한 안전확인 사항
   (1) 작업정보는 정확하게 전달되고 또 정확하게 입수한다.
   (2) 과거 경험에 사로잡혀서 선입감을 가지고 판단하지 않는다.
   (3) 자신의 사정에 좋도록 희망적인 관측을 하지 않는다.
   (4) 항상 올바른 작업을 하도록 노력한다.

8. 하인리히(Heinrich)의 재해구성비율에서 58건의 경상이 발생했을 때 무상해사고는 몇 건이 발생하겠는가?

① 58건 ② 116건
③ 600건 ④ 900건

$29 : 300 = x : 300,\ x = \frac{300 \times 58}{29} = 600$

9. 산업재해의 기본원인 중 "작업정보, 작업방법 및 작업환경" 등이 분류되는 항목은?

① Man ② Machine
③ Media ④ Management

재해(인간과오)의 기본원인 4M
1. Man : 본인 이외의 사람
2. Machine : 장치나 기기 등의 물적 요인
3. Media : 인간과 기계를 잇는 매체란 뜻으로 작업의 방법이나 순서, 작업정보의 상태나 환경과의 관계를 말한다.
4. Management : 안전법규의 준수방법, 단속, 점검관리 외에 지휘감독, 교육훈련 등이 속한다.

해답 06 ① 07 ③ 08 ③ 09 ③

10. 교육심리학의 기본이론 중 학습지도의 원리에 속하지 않는 것은?

① 직관의 원리 ② 개별화의 원리
③ 사회화의 원리 ④ 계속성의 원리

학습지도의 원리
1. 자기활동의 원리(자발성의 원리)
학습자 자신이 스스로 자발적으로 학습에 참여 하는데 중점을 둔 원리이다.
2. 개별화의 원리
학습자가 지니고 있는 각자의 요구와 능력 등에 알맞은 학습활동의 기회를 마련해 주어야 한다는 원리이다
3. 사회화의 원리
학습내용을 현실 사회의 사상과 문제를 기반으로 하여 학교에서 경험한 것과 사회에서 경험한 것을 교류시키고 공동학습을 통해서 협력적이고 우호적인 학습을 진행하는 원리이다.
4. 통합의 원리
학습을 총합적인 전체로서 지도하자는 원리로, 동시학습(comcomitant learining)원리와 같다.
5. 직관의 원리
구체적인 사물을 직접 제시하거나 경험시킴으로써 큰 효과를 볼 수 있다는 원리이다.

11. 크레인, 리프트 및 곤돌라는 사업장에 설치가 끝난 날부터 몇 년 이내에 최초의 안전검사를 실시해야 하는가? (단, 이동식 크레인, 이삿짐운반용 리프트는 제외한다.)

① 1년 ② 2년
③ 3년 ④ 4년

크레인, 리프트 및 곤돌라는 사업장에 설치가 끝난 날부터 3년 이내에 최초 안전검사를 실시하되, 그 이후부터 2년마다 실시한다.

12. 다음 중 맥그리거(McGregor)의 Y이론과 관계가 없는 것은?

① 직무확장
② 인간관계 관리방식
③ 권위주의적 리더십
④ 책임과 창조력

McGregor의 X, Y 이론

X 이 론	Y 이 론
1. 인간 불신감	1. 상호 신뢰감
2. 성악설	2. 성선설
3. 인간은 원래 게으르고 태만하여 남의 지배 받기를 즐긴다.	3. 인간은 부지런하고 근면, 적극적이며, 자주적이다.
4. 물질 욕구(저차적 욕구)	4. 정신 욕구(고차적 욕구)
5. 명령 통제에 의한 관리	5. 목표통합과 자기 통제에 의한 자율관리
6. 저개발국 형	6. 선진국 형

13. 산업 재해의 분석 및 평가를 위하여 재해발생 건수 등의 추이에 대해 한계선을 설정하여 목표 관리를 수행하는 재해통계 분석기법은?

① 폴리건(polygon)
② 관리도(control chart)
③ 파레토도(pareto diagram)
④ 특성요인도(cause & effect diagram)

관리도
재해 발생 건수 등의 추이를 파악하여 목표 관리를 행하는데 필요한 월별 재해 발생수를 그래프(graph)화 하여 관리선을 설정 관리하는 방법이다. 관리선은 상방 관리한계(UCL : upper control limit), 중심선(Pn), 하방관리선(LCL : low control limit)으로 표시한다.

14. 다음 중 안전인증대상 안전모의 성능기준 항목이 아닌 것은?

① 내열성 ② 턱끈풀림
③ 내관통성 ④ 충격흡수성

안전인증대상 안전모의 성능기준 항목으로는 내관통성, 충격흡수성, 내전압성, 내수성, 난연성, 턱끈풀림시험이 있고, 자율안전인증시험으로는 내관통성(AB), 충격흡수성, 난연성, 턱끈풀림시험이 있다.

해답 10 ④ 11 ③ 12 ③ 13 ② 14 ①

15. 다음 중 산업안전보건법에 따라 환기가 극히 불량한 좁은 밀폐된 장소에서 용접작업을 하는 근로자를 대상으로 한 특별안전·보건교육내용에 해당하지 않는 것은? (단, 일반적인 안전·보건에 필요한 사항은 제외한다.)

① 환기설비에 관한 사항
② 질식 시 응급조치에 관한 사항
③ 작업순서, 안전작업방법 및 수칙에 관한 사항
④ 폭발 한계점, 발화점, 및 인화점 등에 관한 사항

밀폐된 장소에서 하는 용접작업 또는 습한 장소에서 하는 전기용접 작업시 특별교육 내용
• 작업순서, 안전작업방법 및 수칙에 관한 사항
• 환기설비에 관한 사항
• 전격 방지 및 보호구 착용에 관한 사항
• 질식 시 응급조치에 관한 사항
• 작업환경 점검에 관한 사항
• 그 밖에 안전·보건관리에 필요한 사항

참고 산업안전보건법 시행규칙 별표 8의 2 【교육대상별 교육내용】

16. 타일러(Tyler)의 교육과정 중 학습경험선정의 원리에 해당하는 것은?

① 기회의 원리 ② 계속성의 원리
③ 계열성의 원리 ④ 통합성의 원리

타일러의 학습경험조직의 원리
1. 계속성 : 중요한 교육과정 요소를 시간을 두고 연습하고 개발할 수 있도록 여러 차례에 걸쳐 반복적으로 기회를 주는 것이다.(동일 내용의 반복)
2. 계열성 : 계속성과 관련되지만 학습내용이 단계적으로 깊어지고 높아지도록 조직하는 것을 의미한다.(수준을 높인 동일 내용의 반복)
3. 통합성 : 교육과정의 요소들을 수평적으로 연관시키는 것이다.

17. 집단에서의 인간관계 메커니즘(Mechanism)과 가장 거리가 먼 것은?

① 동일화, 일체화
② 커뮤니케이션, 공감
③ 모방, 암시
④ 분열, 강박

인간관계 메커니즘(mechanism)

구분	내용
동일화 (identification)	다른 사람의 행동 양식이나 태도를 투입시키거나, 다른 사람 가운데서 자기와 비슷한 것을 발견하는 것
투사 (投射 : projection)	자기 속의 억압된 것을 다른 사람의 것으로 생각하는 것을 투사(또는 투출)
커뮤니케이션 (communication)	갖가지 행동 양식이나 기호를 매개로 하여 어떤 사람으로부터 다른 사람에게 전달되는 과정
모방 (imitation)	남의 행동이나 판단을 표본으로 하여 그것과 같거나 또는 그것에 가까운 행동 또는 판단을 취하려는 것
암시 (suggestion)	다른 사람으로부터의 판단이나 행동을 무비판적으로 논리적, 사실적 근거 없이 받아들이는 것

18. 안전교육 중 같은 것을 반복하여 개인의 시행착오에 의해서만 점차 그 사람에게 형성되는 것은?

① 안전기술의 교육 ② 안전지식의 교육
③ 안전기능의 교육 ④ 안전태도의 교육

안전기능 교육
안전교육 중 제2단계로 시행되며 안전작업기능, 표준작업기능 및 기계·기구의 위험요소에 대한 이해, 작업에 대한 전반적인 사항 습득을 하는 교육으로 개인이 스스로 행하고 반복적 시행착오에 의해 형성된다.

19. 산업안전보건법상 안전·보건표지의 종류 중 관계자외 출입금지표지에 해당하는 것은?

① 안전모 착용
② 석면취급 및 해체·제거
③ 폭발성물질 경고
④ 방사성물질 경고

산업안전보건법상 안전·보건표지의 종류 중 관계자외 출입금지표지의 종류
1. 제조/사용/보관 중
2. 석면 취급/해체 중
3. 발암물질 취급 중

해답 15 ④ 16 ① 17 ④ 18 ③ 19 ②

20. 다음 중 안전교육의 기본방향으로 가장 적합하지 않은 것은?

① 안전작업을 위한 교육
② 사고사례중심의 안전교육
③ 생산활동 개선을 위한 교육
④ 안전의식 향상을 위한 교육

> **안전교육의 기본방향**
> 1. 안전작업을 위한 교육
> 2. 사고사례중심의 안전교육
> 3. 안전의식 향상을 위한 교육

■■■ 제2과목 인간공학 및 시스템안전공학

21. 인간의 위치 동작에 있어 눈으로 보지 않고 손을 수평면상에서 움직이는 경우 짧은 거리는 지나치고, 긴 거리는 못 미치는 경향이 있는데 이를 무엇이라고 하는가?

① 사정효과(Range effect)
② 간격효과(Distance effect)
③ 손동작효과(Hand action effect)
④ 반응효과(Reaction effect)

> **사정효과(Range effect)란**
> 눈으로 보지 않고 손을 수평면상에서 움직이는 경우에 짧은 거리는 지나치고 긴 거리는 못 미치는 경향을 말하며 조작자가 작은 오차에는 과잉반응, 큰 오차에는 과소 반응을 하는 것이다.

22. 8시간 근무를 기준으로 남성 작업자 A의 대사량을 측정한 결과, 산소소비량이 1.3L/min으로 측정되었다. Murrell 방법으로 계산 시, 8시간의 총 근로시간에 포함되어야 할 휴식시간은?

① 124분
② 134분
③ 144분
④ 154분

> ① 분당에너지 소비량 : 1.3L/min × 5 kcal/L = 6.5 kcal/min
> ② Murell의 휴식시간 산출
>
> $$R(\text{min}) = \frac{T(W-S)}{W-1.5} = \frac{480\times(6.5-5)}{6.5-1.5} = 144\text{min}$$
>
> R : 필요한 휴식시간(min)
> T : 총 작업시간(min)
> W : 작업 중 평균에너지 소비량(kcal/min)
> S : 권장 평균에너지 소비량 : 5kcal/min
> 휴식 중 에너지 소비량 : 1.5kcal/min

23. 다음 FT도에서 시스템에 고장이 발생할 확률은 약 얼마인가?(단, X_1과 X_2의 발생확률은 각각 0.05, 0.03이다.)

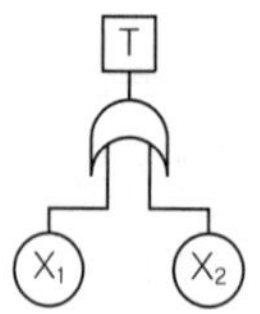

① 0.0015　　② 0.0785
③ 0.9215　　④ 0.9985

> $$T = 1-(1-X_1)(1-X_2)$$
> $$= 1-(1-0.05)(1-0.03) = 0.0785$$

24. 시각 장치와 비교하여 청각 장치 사용이 유리한 경우는?

① 메시지가 길 때
② 메시지가 복잡할 때
③ 정보 전달 장소가 너무 소란할 때
④ 메시지에 대한 즉각적인 반응이 필요할 때

표시장치의 선택

청각장치의 사용	시각장치의 사용
1. 전언이 간단하고 짧다. 2. 전언이 후에 재참조 되지 않는다. 3. 전언이 시간적인 사상(event)을 다룬다. 4. 전언이 즉각적인 행동을 요구한다. 5. 수신자의 시각계통이 과부하 상태일 때 6. 수신 장소가 너무 밝거나 암조응 유지가 필요할 때 7. 직무상 수신자가 자주 움직이는 경우	1. 전언이 복잡하고 길다. 2. 전언이 후에 재참조 된다. 3. 전언이 공간적인 위치를 다룬다. 4. 전언이 즉각적인 행동을 요구하지 않는다. 5. 수신자의 청각계통이 과부하 상태일 때 6. 수신장소가 너무 시끄러울 때 7. 직무상 수신자가 한 곳에 머무르는 경우

해답 20 ③ 21 ① 22 ③ 23 ② 24 ④

25. 인체측정 자료를 장비, 설비 등의 설계에 적용하기 위한 응용원칙에 해당하지 않는 것은?

① 조절식 설계
② 극단치를 이용한 설계
③ 구조적 치수 기준의 설계
④ 평균치를 기준으로 한 설계

인체계측 자료의 응용원칙

종 류	내 용
최대치수와 최소치수	최대 치수 또는 최소치수를 기준으로 하여 설계
조절범위 (조절식)	체격이 다른 여러 사람에 맞도록 만드는 것 (보통 집단 특성치의 5%치~95%치까지의 90% 조절범위를 대상)
평균치를 기준으로 한 설계	최대치수나 최소치수, 조절식으로 하기가 곤란할 때 평균치를 기준으로 하여 설계

26. 인간의 에러 중 불필요한 작업 또는 절차를 수행함으로써 기인한 에러를 무엇이라 하는가?

① Omission error
② Sequential error
③ Extraneous error
④ Commission error

인간 실수의 독립행동에 의한 분류

분류	내용
부작위 오류(不作爲 誤謬, error of omission)	어떤 일에 태만(怠慢)에 관한 것
작위 오류(作爲 誤謬, commission)	잘못된 행위의 실행에 관한 것
순서 오류(順序 誤謬, sequence error)	잘못된 순서로 어떤 과업을 실행하거나 과업에 들어갔을 때 생기는 것
시간 오류(時間 誤謬, timing error)	할당된 시간 안에 동작을 실행하지 못하거나 너무 빠르거나 또는 너무 느리게 실행했을 때 생기는 것
불필요한 오류 (Extraneous Error)	불필요한 작업을 수행함으로 인하여 발생한 오류이다.

27. 조종-반응비(Control-Response Ratio, C/R비)에 대한 설명 중 틀린 것은?

① 조종장치와 표시장치의 이동 거리 비율을 의미한다.
② C/R비가 클수록 조종장치는 민감하다.
③ 최적 C/R비는 조정시간과 이동시간의 교점이다.
④ 이동시간과 조정시간을 감안하여 최적 C/R비를 구할 수 있다.

②항, C/D비(Control-Display ratio)가 크다는 것은 미세한 조종은 쉽지만 수행시간은 상대적으로 길다는 것을 의미하므로 둔감하다.

참고 통제표시비(Control Display Ratio)
통제표시비(C/D비)란 통제기기(조종장치)와 표시장치의 이동비율을 나타낸 것으로 통제기기의 움직이는 거리(또는 회전수)와 표시장치상의 지침, 활자(滑子) 등과 같은 이동요소의 움직이는 거리(또는 각도)의 비를 통제표시비라 한다.

$$\frac{C}{D}=\frac{X}{Y}$$

X: 통제기기의 변위량, Y: 표시장치의 변위량

28. 인간-기계시스템의 설계를 6단계로 구분할 때 다음 중 첫 번째 단계에서 시행하는 것은?

① 기본설계
② 시스템의 정의
③ 인터페이스 설계
④ 시스템의 목표와 성능명세 결정

인간-기계시스템의 설계
1. 제1단계 : 시스템의 목표와 성능명세 결정
2. 제2단계 : 시스템의 정의
3. 제3단계 : 기본설계
4. 제4단계 : 인터페이스 설계
5. 제5단계 : 촉진물 설계
6. 제6단계 : 시험 및 평가

해답 25 ③ 26 ③ 27 ② 28 ④

29. HAZOP 기법에서 사용하는 가이드워드와 그 의미가 잘못 연결된 것은?

① Other than: 기타 환경적인 요인
② No/Not: 디자인 의도의 완전한 부정
③ Reverse: 디자인 의도의 논리적 반대
④ More/Less: 정량적인 증가 또는 감소

> Other than : 완전한 대체(통상 운전과 다르게 되는 상태)

30. 반사경 없이 모든 방향으로 빛을 발하는 점광원에서 5m 떨어진 곳의 조도가 120lux 라면 2m 떨어진 곳의 조도는?

① 150lux ② 192.2lux
③ 750lux ④ 3,000lux

> $조도 = \frac{광도}{거리^2}$ 이므로
> $120 \times \left(\frac{5}{2}\right)^2 = 750$

31. 다음 중 의자 설계의 일반원리로 옳지 않은 것은?

① 추간판의 압력을 줄인다.
② 등근육의 정적 부하를 줄인다.
③ 쉽게 조절할 수 있도록 한다.
④ 고정된 자세로 장시간 유지되도록 한다.

> 의자설계의 일반적인 원칙
> • 요부 전만을 유지한다.
> • 디스크가 받는 압력을 줄인다.
> • 등근육의 정적 부하를 줄인다.
> • 자세고정을 줄인다.
> • 조정이 용이해야 한다.

32. 다음 중 직무의 내용이 시간에 따라 전개되지 않고 명확한 시작과 끝을 가지고 미리 잘 정의되어 있는 경우 인간 신뢰도의 기본 단위를 나타내는 것은?

① bit1 ② HEP
③ $\alpha(t)$ ④ $\lambda(t)$

> 인간 신뢰도의 기본 단위는 HEP로 나타낸다.
> $인간\ 과오의\ 확률(HEP) = \frac{과오의\ 수}{과오발생의\ 전체\ 기회수}$

33. 양립성(compatibility)에 대한 설명 중 틀린 것은?

① 개념양립성, 운동양립성, 공간양립성 등이 있다.
② 인간의 기대에 맞는 자극과 반응의 관계를 의미한다.
③ 양립성의 효과가 크면 클수록, 코딩의 시간이나 반응의 시간은 길어진다.
④ 양립성이란 제어장치와 표시장치의 연관성이 인간의 예상과 어느 정도 일치하는 것을 의미한다.

> 양립성(compatibility)이란 정보입력 및 처리와 관련한 양립성은 인간의 기대와 모순되지 않는 자극들간의, 반응들 간의 또는 자극반응 조합의 관계를 말하는 것으로 양립성의 효과가 클수록 코딩의 시간이나 반응의 시간이 짧아져 효율적으로 작동한다.

34. 다음 중 모든 시스템 안전 프로그램에서의 최초단계 해석으로 시스템내의 위험요소가 어떤 위험 상태에 있는가를 정성적으로 평가하는 분석 방법은?

① PHA ② FHA
③ FMEA ④ FTA

> PHA분석이란 대부분 시스템안전 프로그램에 있어서 최초단계의 분석으로 시스템 내의 위험한 요소가 얼마나 위험한 상태에 있는가를 정성적 · 귀납적으로 평가하는 것이다.

해답 29 ① 30 ③ 31 ④ 32 ② 33 ③ 34 ①

35. 어떤 소리가 1,000Hz, 60dB인 음과 같은 높이임에도 4배 더 크게 들린다면, 이 소리의 음압수준은 얼마인가?

① 70dB ② 80dB
③ 90dB ④ 100dB

① 기준음의 sone치 $=2^{\frac{(60-40)}{10}}=4$
② 기준음의 4배 : $4\times4=16$sone이므로
③ 4배의 sone치 : $16=2^{\frac{(\chi-40)}{10}}$ 으로 정리할 수 있다.
따라서 $x=80$

36. 일반적으로 위험(Risk)은 3가지 기본요소로 표현되며 3요소(Triplets)로 정의된다. 3요소에 해당되지 않는 것은?

① 사고 시나리오(S_i)
② 사고 발생 확률(P_i)
③ 시스템 불이용도(Q_i)
④ 파급효과 또는 손실(X_i)

risk, 사고시나리오 = 사고 발생 확률 × 파급효과 또는 손실

37. 서브시스템, 구성요소, 기능 등의 잠재적 고장형태에 따른 시스템의 위험을 파악하는 위험분석 기법으로 옳은 것은?

① ETA(Event Tree Analysis)
② HEA(Human Error Analysis)
③ PHA(Preliminary Hazard Analysis)
④ FMEA(Failure Mode and Effect Analysis)

FMEA(고장의 형과 영향 분석 : failue modes and effects analysis)의 특징
① 시스템에 영향을 미치는 전체요소의 고장을 형별로 분석하여 그 영향을 검토
② 각 요소의 1형식 고장이 시스템의 1영향에 대응하는 방식
③ 시스템 내의 위험 상태 요소에 대해 정성적 · 귀납적으로 평가

38. FTA 도표에 사용되는 기호 중 "통상 사상"을 나타내는 기호는?

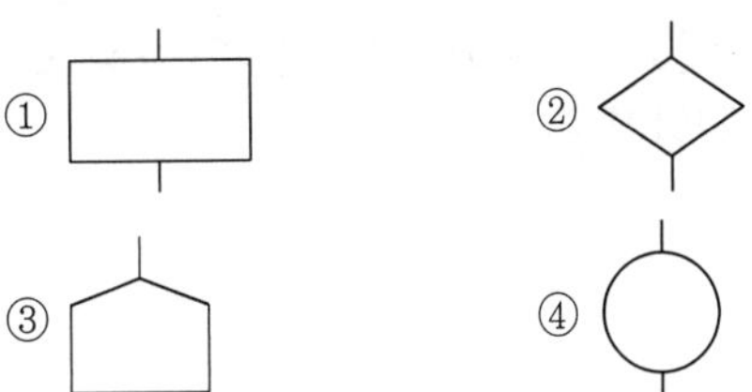

①항 – 결함사상
②항 – 이하 생략사상
④항 – 기본사상

39. 평균고장시간이 4×10^8 시간인 요소 4개가 직렬체계를 이루고 있을 때 이 체계의 수명은 몇 시간인가?

① 1×10^8 ② 4×10^8
③ 8×10^8 ④ 16×10^8

계의 수명 $=\frac{MTTF}{n}$ 이므로, $\frac{4\times10^8}{4}=1\times10^8$

40. FTA에 의한 재해사례연구순서 중 2단계에 해당하는 것은?

① FT도의 작성
② 톱 사상의 선정
③ 개선계획의 작성
④ 사상의 재해원인을 규명

FTA에 의한 재해사례 연구순서 4단계
1. 1단계 : TOP 사상의 선정
2. 2단계 : 사상의 재해 원인 규명
3. 3단계 : FT도 작성
4. 4단계 : 개선 계획의 작성

해답 35 ② 36 ③ 37 ④ 38 ③ 39 ① 40 ④

■■■ 제3과목 기계위험방지기술

41. 산업안전보건법에 따라 사업주는 근로자가 안전하게 통행할 수 있도록 통로에 얼마 이상의 채광 또는 조명시설을 하여야 하는가?

① 50럭스
② 75럭스
③ 90럭스
④ 100럭스

사업주는 근로자가 안전하게 통행할 수 있도록 통로에 75럭스 이상의 채광 또는 조명시설을 하여야 한다.
참고 산업안전보건기준에 관한 규칙 제21조 【통로의 조명】

42. 롤러의 가드 설치방법에서 안전한 작업공간에서 사고를 일으키는 공감함정(trap)을 막기 위해 신체부위와 최소 틈새가 바르게 짝지어진 것은?

① 다리 : 500mm
② 발 : 300mm
③ 손목 : 200mm
④ 손가락 : 25mm

trapping space
작업자가 작업중 트랩공간에 신체의 각 부분이 들어가 상해를 입을 수 있는 공간으로서 신체의 각부와 트랩사이에 최소틈새가 유지되어야 사고를 예방할 수 있다.

신체부위	몸	다리	발
최소틈새	500mm	180mm	120mm
트랩			
신체부위	팔	손목	손가락
최소틈새	120mm	100mm	25mm
트랩			

43. 연삭기에서 숫돌의 바깥지름이 180mm일 경우 평형플랜지 지름은 몇 mm 이상이어야 하는가?

① 30　② 50
③ 60　④ 90

플랜지(flange)의 직경은 숫돌 직경의 1/3 이상인 것이 적당하며, 고정측과 이동측의 직경은 같아야 한다.
플렌치의 지름= $\frac{180}{3}=60(\mathrm{mm})$

44. 산업안전보건법령상 프레스 등을 사용하여 작업을 할 때에 작업시작 전 점검 사항으로 가장 거리가 먼 것은?

① 압력방출장치의 기능
② 클러치 및 브레이크의 기능
③ 프레스의 금형 및 고정볼트 상태
④ 1행정 1정지기구·급정지장치 및 비상정지장치의 기능

프레스의 작업시작 전 점검사항
1. 클러치 및 브레이크의 기능
2. 크랭크축·플라이휠·슬라이드·연결봉 및 연결 나사의 풀림 여부
3. 1행정 1정지기구·급정지장치 및 비상정지장치의 기능
4. 슬라이드 또는 칼날에 의한 위험방지 기구의 기능
5. 프레스의 금형 및 고정볼트 상태
6. 방호장치의 기능
7. 전단기(剪斷機)의 칼날 및 테이블의 상태

참고 산업안전보건기준에 관한 규칙 별표3 【작업시작 전 점검사항】

45. 산업안전보건법령상 양중기에 해당하지 않는 것은?

① 곤돌라
② 이동식 크레인
③ 적재하중 0.05톤의 이삿짐운반용 리프트
④ 화물용 엘리베이터

양중기의 종류
1. 크레인[호이스트(hoist)를 포함한다]
2. 이동식 크레인
3. 리프트(이삿짐운반용 리프트의 경우에는 적재하중이 0.1톤 이상인 것으로 한정한다)
4. 곤돌라
5. 승강기

참고 산업안전보건기준에 관한 규칙 제132조 【양중기】

해답 41 ② 42 ④ 43 ③ 44 ① 45 ③

46. 롤러기의 앞면 롤의 지름이 300mm, 분당회전수가 30회일 경우 허용되는 급정지장치의 급정지거리는 약 얼마인가?

① 9.42mm　　② 28.27mm
③ 10mm　　④ 314.16mm

속도 $V = \frac{\pi DN}{1000} = \frac{\pi \times 300 \times 30}{1000} = 28.27$이다.

속도가 30m/min 이하로 $\frac{1}{3}$ 이내에 급정지 되어야 하므로,

$\pi \times 300 \times \left(\frac{1}{3}\right) = 314.16$ mm가 된다.

47. 프레스 작업 시 양수조작 시 방호장치에서 양쪽 누름 버튼간의 내측 최단거리는 몇 mm 이상이어야 하나?

① 300mm 이상　　② 300mm 미만
③ 250mm 이상　　④ 250mm 미만

양수조작식 방호장치에서 양쪽 누름버튼간의 내측 최단거리는 300mm(30cm) 이상으로 하여야 한다.

48. 다음 중 기계설비에서 반대로 회전하는 두 개의 회전체가 맞닿는 사이에 발생하는 위험점을 무엇이라 하는가?

① 협착점　　② 물림점
③ 접선물림점　　④ 회전말림점

물림점(Nip point)
회전하는 두 개의 회전체에는 물려 들어가는 위험성이 존재하는 점
예 롤러기

49. 다음 중 산업안전보건법상 컨베이어에 설치하는 방호장치가 아닌 것은?

① 비상정지장치　　② 역주행방지장치
③ 잠금장치　　④ 건널다리

컨베이어에 설치하는 방호장치
1. 비상정지장치
2. 역회전(역주행)방지장치
3. 건널다리
4. 이탈방지장치
5. 낙하물에 의한 위험 방지장치

50. 선반작업 시 발생되는 칩(chip)으로 인한 재해를 예방하기 위하여 칩을 짧게 끊어지게 하는 것은?

① 방진구　　② 브레이크
③ 칩 브레이커　　④ 덮개

칩브레이커(chip breaker)란 선반 작업 시 발생하는 칩을 짧게 끊어내는 장치로 칩의 신체의 접촉을 방지하며 칩을 처리하기도 쉽다.

51. 프레스기의 SPM(stroke per minute)이 200이고, 클러치의 맞물림 개소수가 6인 경우 양수기동식 방호장치의 안전거리는?

① 120mm　　② 200mm
③ 320mm　　④ 400mm

$$Tm = \left(\frac{1}{\text{클러치 물림개소수}} + \frac{1}{2}\right) \times \frac{60,000}{\text{매분행정수}}$$

$$\therefore Dm = 1.6\left\{\left(\frac{1}{6} + \frac{1}{2}\right) \times \frac{60,000}{200}\right\} = 320[\text{mm}]$$

해답 46 ④ 47 ① 48 ② 49 ③ 50 ③ 51 ③

52. 다음 중 산업안전보건법상 아세틸렌 가스용접장치에 관한 기준으로 틀린 것은?

① 전용의 발생기실을 설치한 경우에는 그 개구부를 다른 건축물로부터 1.5m 이상 떨어지도록 하여야 한다.
② 아세틸렌 용접장치를 사용하여 금속의 용접·용단 또는 가열작업을 하는 경우에는 게이지 압력이 127kpa을 초과하는 압력의 아세틸렌을 발생시켜 사용해서는 아니 된다.
③ 전용의 발생기실을 설치하는 경우 벽은 불연성 재료로 하고 철근콘크리트 또는 그 밖에 이와 동등하거나 그 이상의 강도를 가진 구조로 할 것
④ 전용의 발생기실은 건물의 최상층에 위치하여야 하며, 화기를 사용하는 설비로부터 1m를 초과하는 장소에 설치하여야 한다.

1. 전용의 발생기실은 건물의 최상층에 위치하여야 하며, 화기를 사용하는 설비로부터 3m를 초과하는 장소에 설치하여야 한다.
2. 발생기실을 옥외에 설치한 경우에는 그 개구부를 다른 건축물로부터 1.5미터 이상 떨어지도록 하여야 한다.

참고 산업안전보건기준에 관한 규칙 제286조【발생기실의 설치 장소 등】

53. 다음 중 수평거리 20m, 높이가 5m인 경우 지게차의 안정도는 얼마인가?

① 20% ② 25%
③ 30 ④ 35%

안정도 $= \frac{5}{20} \times 100(\%) = 25$

54. 산업안전보건법령상 보일러 수위가 이상현상으로 인해 위험수위로 변하면 작업자가 쉽게 감지할 수 있도록 경보등, 경보음을 발하고 자동적으로 급수 또는 단수되어 수위를 조절하는 방호장치는?

① 압력방출장치
② 고저수위 조절장치
③ 압력제한 스위치
④ 과부하방지장치

사업주는 고저수위(高低水位) 조절장치의 동작 상태를 작업자가 쉽게 감시하도록 하기 위하여 고저수위지점을 알리는 경보등·경보음장치 등을 설치하여야 하며, 자동으로 급수되거나 단수되도록 설치하여야 한다.

참고 산업안전보건기준에 관한 규칙 제118조【고저수위 조절장치】

55. 회전 중인 연삭숫돌이 근로자에게 위험을 미칠 우려가 있을 시 덮개를 설치하여야할 연삭숫돌의 최소 지름은?

① 지름이 5cm 이상인 것
② 지름이 10cm 이상인 것
③ 지름이 15cm 이상인 것
④ 지름이 20cm 이상인 것

회전중인 연삭숫돌(직경이 5센티미터 이상인 것에 한한다)이 근로자에게 위험을 미칠 우려가 있는 때에는 해당 부위에 덮개를 설치하여야 한다.

참고 산업안전보건기준에 관한 규칙 제122조【연삭숫돌의 덮개 등】

해답 52 ④ 53 ② 54 ② 55 ①

56. 양중기에서 화물의 하중을 직접 지지하는 와이어로프의 안전율(계수)은 얼마 이상으로 하는가?

① 3　② 5
③ 7　④ 9

사업주는 양중기의 와이어로프 등 달기구의 안전계수(달기구 절단하중의 값을 그 달기구에 걸리는 하중의 최대값으로 나눈 값을 말한다)가 다음 각 호의 구분에 따른 기준에 맞지 아니한 경우에는 이를 사용해서는 아니 된다.
1. 근로자가 탑승하는 운반구를 지지하는 달기와이어로프 또는 달기체인의 경우 : 10 이상
2. 화물의 하중을 직접 지지하는 달기와이어로프 또는 달기체인의 경우 : 5 이상
3. 훅, 샤클, 클램프, 리프팅 빔의 경우 : 3 이상
4. 그 밖의 경우 : 4 이상

참고 산업안전보건기준에 관한 규칙 제163조 【와이어로프 등 달기구의 안전계수】

57. 인장강도가 250N/mm^{2}인 강판의 안전율이 4라면 이 강판의 허용응력(N/mm^2)은 얼마인가?

① 42.5　② 62.5
③ 82.5　④ 102.5

$\text{안전율} = \dfrac{\text{인장강도}}{\text{허용응력}}$ 이므로

$\text{허용응력} = \dfrac{\text{인장강도}}{\text{안전율}} = \dfrac{250}{4} = 62.5$

58. 아세틸렌 용접장치를 사용하여 금속의 용접 · 용단 또는 가열작업을 하는 경우 아세틸렌을 발생시키는 게이지 압력은 최대 몇 kPa 이하이어야 하는가?

① 17　② 88
③ 127　④ 210

아세틸렌 용접장치를 사용하여 금속의 용접·용단 또는 가열작업을 하는 경우에는 게이지 압력이 127[kPa]을 초과하는 압력의 아세틸렌을 발생시켜 사용해서는 아니 된다.

참고 산업안전보건기준에 관한 규칙 제285조 【압력의 제한】

59. 원동기, 풀리, 기어 등 근로자에게 위험을 미칠 우려가 있는 부위에 설치하는 위험방지 장치가 아닌 것은?

① 덮개
② 슬리브
③ 건널다리
④ 램

1. 사업주는 기계의 원동기·회전축·기어·풀리·플라이휠·벨트 및 체인 등 근로자에게 위험을 미칠 우려가 있는 부위에는 덮개·울·슬리브 및 건널다리 등을 설치하여야 한다.
2. 사업주는 회전축·기어·풀리 및 플라이휠 등에 부속하는 키·핀 등의 기계요소는 묻힘형으로 하거나 해당 부위에 덮개를 설치하여야 한다.)
3. 사업주는 벨트의 이음부분에는 돌출된 고정구를 사용하여서는 아니된다.
4. 사업주는 건널다리에는 안전난간 및 미끄러지지 아니하는 구조의 발판을 설치하여야 한다.

참고 산업안전보건기준에 관한 규칙 제87조 【원동기·회전축등의 위험방지】

60. 휴대용 연삭기의 안전커버의 덮개 노출각도는 최대 몇 도 이내로 하여야 하는가?

① 60°　② 90°
③ 125°　④ 180°

1. 탁상용 연삭기의 덮개
   (1) 덮개의 최대노출각도 : 90° 이내(원주의 1/4이내)
   (2) 숫돌의 주축에서 수평면 위로 이루는 원주 각도 : 50° 이내
   (3) 수평면 이하에서 연삭할 경우의 노출각도 : 125° 까지 증가
   (4) 숫돌의 상부사용을 목적으로 할 경우의 노출각도 : 60° 이내
2. 원통연삭기, 만능연삭기의 덮개의 노출각도 : 180° 이내
3. 휴대용 연삭기, 스윙(swing) 연삭기의 덮개의 노출각도 : 180° 이내
4. 평면연삭기, 절단연삭기의 덮개의 노출각도 : 150° 이내
   숫돌의 주축에서 수평면 밑으로 이루는 덮개의 각도 : 15° 이상

해답 56 ② 57 ② 58 ③ 59 ④ 60 ④

■■■ 제4과목 전기위험방지기술

61. 정전기 발생에 영향을 주는 요인으로 가장 적절하지 않은 것은?

① 분리속도 ② 접촉면적 및 압력
③ 물체의 질량 ④ 물체의 표면상태

정전기의 발생요인
1. 물질의 특성
2. 물질의 분리속도
3. 물질의 표면상태
4. 물체의 분리력
5. 접촉면적 및 압력

62. 방폭전기설비의 용기내부에서 폭발성가스 또는 증기가 폭발하였을 때 용기가 그 압력에 견디고 접합면이나 개구부를 통해서 외부의 폭발성 가스나 증기에 인화되지 않도록 한 방폭구조는?

① 내압 방폭구조
② 압력 방폭구조
③ 유입 방폭구조
④ 본질안전 방폭구조

내압방폭구조
전폐구조로 용기내부에서 폭발성 가스 또는 증기가 폭발하였을 때 용기가 그 압력에 견디며, 또한 접합면, 개구부 등을 통해서 외부의 폭발성 가스에 인화될 우려가 없도록 한 구조를 말한다.

63. 접지 목적에 따른 분류에서 병원설비의 의료용 전기전자(M · E)기기와 모든 금속부분 또는 도전 바닥에도 접지하여 전위를 동일하게 하기 위한 접지를 무엇이라 하는가?

① 계통접지
② 등전위 접지
③ 노이즈방지용 접지
④ 정전기 장해방지 이용 접지

참고 접지 목적에 따른 종류

접지의 종류	접지의 목적
계통 접지	고압전로와 저압전로가 혼촉되었을 때의 감전이나 화재방지
기기 접지	누전되고 있는 기기에 접촉 시의감전방지
지락 검출용 접지	누전차단기의 동작을 확실히 할 것
정전기 접지	정전기의 축적에 의한 폭발 재해 방지
피뢰용 접지	낙뢰로부터 전기기기의 손상방지
등전위 접지	병원에 있어서의 의료기기 사용 시 안전

64. KS C IEC 60079-6에 따른 유입방폭구조 "o" 방폭장치의 최소 IP등급은?

① IP44 ② IP54
③ IP55 ④ IP66

유입방폭구조 기기의 보호등급은 최소 IP 66에 적합해야 한다. 압력완화장치 배출구의 보호등급은 최소 IP 23에 적합할 것

참고 방호장치 안전인증 고시 별표10 【유입방폭구조인 전기기기의 성능기준】

65. 고장전류와 같은 대전류를 차단할 수 있는 것은?

① 차단기(CB)
② 유입 개폐기(OS)
③ 단로기(DS)
④ 선로 개폐기(LS)

고장전류와 같은 대전류를 차단할 수 있는 것은 차단기(CB)이다. 차단기(CB, circuit breaker)는 정상적인 부하 전류를 개폐하거나 기기 계통에서 발생한 고장전류를 차단하여 고장개소를 제거할 목적으로 사용된다.

해답 61 ③ 62 ① 63 ② 64 ④ 65 ①

66. 전선의 절연 피복이 손상되어 동선이 서로 직접 접촉한 경우를 무엇이라 하는가?

① 절연 ② 누전
③ 접지 ④ 단락

단락(합선)
① 전기회로나 전기기기의 절연체가 전기적 또는 기계적 원인으로 열화 또는 파괴되어 Spark로 인한 발화
② 단락순간의 전류 : 1,000 ~ 1,500[A]
③ 발화의 형태
- 단락점에서 발생한 스파크가 주위의 인화성 또는 물질에 연소
- 단락 순간 가열된 전선이 주위의 인화성 물질 또는 가연성 물체에 접촉의 경우
- 단락점 이외의 전선 피복이 연소된 경우

67. 교류 아크 용접기의 자동전격장치는 전격의 위험을 방지하기 위하여 아크 발생이 중단된 후 약 1초 이내에 출력측 무부하 전압을 자동적으로 몇 [V] 이하로 저하시켜야 하는가?

① 85 ② 70
③ 50 ④ 25

교류 아크 용접기의 자동전격방지기의 성능은 아크발생을 정지시킬 때 주접점이 개로될 때까지의 시간(지동시간)은 1초 이내이고, 2차 무부하 전압은 25[V] 이하이어야 한다.

68. 다음 중 방폭전기기기의 구조별 표시방법으로 틀린 것은?

① 내압방폭구조 : p
② 본질안전방폭구조 : ia, ib
③ 유입방폭구조 : o
④ 안전증방폭구조 : e

전기설비의 방폭구조의 종류(표시방법)

1. 내압방폭구조(d)	2. 압력방폭구조(p)
3. 충전방폭구조(q)	4. 유입방폭구조(o)
5. 안전증방폭구조(e)	6. 본질안전방폭구조(ia, ib)
7. 몰드방폭구조(m)	8. 비점화방폭구조(n)

69. Dalziel에 의하여 동물실험을 통해 얻어진 전류값을 인체에 적용했을 때 심실세동을 일으키는 전기에너지(J)는? (단, 인체 전기 저항은 500Ω으로 보며, 흐르는 전류 $I=\frac{165}{\sqrt{T}}\text{mA}$로 한다.)

① 9.8 ② 13.6
③ 19.6 ④ 27

$$W=I^2RT=\left(\frac{165}{\sqrt{T}}\times10^{-3}\right)^2\times500\times1=13.6[\text{J}]$$

70. 누전차단기의 시설방법 중 옳지 않은 것은?

① 시설장소는 배전반 또는 분전반 내에 설치한다.
② 정격전류용량은 해당 전로의 부하전류 값 이상이어야 한다.
③ 정격감도전류는 정상의 사용상태에서 불필요하게 동작하지 않도록 한다.
④ 인체감전보호형은 0.05초 이내에 동작하는 고감도 고속형이어야 한다.

물기 있는 장소 이외의 장소에 시설하는 저압용의 개별 기계기구에 전기를 공급하는 전로에 「전기용품 및 생활용품 안전관리법」의 적용을 받는 인체감전보호용 누전차단기(정격감도전류가 30mA 이하, 동작시간이 0.03초 이하의 전류동작형에 한한다)를 시설하는 경우가 해당된다.

참고 한국전기설비규정 1장 【공통사항】

71. 50kW, 60Hz 3상 유도전동기가 380V 전원에 접속된 경우 흐르는 전류는 약 몇 A인가? (단, 역률은 80%이다.)

① 82.24 ② 94.96
③ 116.30 ④ 164.47

$P=\sqrt{3}\,VI\theta$이므로

$$I=\frac{P}{\sqrt{3}\times V\times\theta}=\frac{50\times1{,}000}{\sqrt{3}\times380\times0.8}=94.96$$

해답 66 ④ 67 ④ 68 ① 69 ② 70 ④ 71 ②

72. 저압전로의 절연성능 시험에서 전로의 사용전압이 380V인 경우 전로의 전선 상호간 및 전로와 대지 사이의 절연저항은 최소 몇 MΩ 이상이어야 하는가?

① 0.1　　② 0.3
③ 0.5　　④ 1

전기사용 장소의 사용전압이 저압인 전로의 전선 상호간 및 전로와 대지 사이의 절연저항은 개폐기 또는 과전류차단기로 구분할 수 있는 전로마다 다음 표에서 정한 값 이상이어야 한다.

전로의 사용전압 V	DC시험전압 V	절연저항 MΩ
SELV 및 PELV	250	0.5
FELV, 500V 이하	500	1.0
500V 초과	1,000	1.0

[주] 특별저압(extra low voltage : 2차 전압이 AC 50V, DC 120V 이하)으로 SELV(비접지회로 구성) 및 PELV(접지회로 구성)은 1차와 2차가 전기적으로 절연된 회로, FELV는 1차와 2차가 전기적으로 절연되지 않은 회로

참고 전기설비기술기준 제52조【저압전로의 절연성능】

73. 정전작업 시 작업 중의 조치사항으로 옳지 않은 것은?

① 작업지휘자에 의한 지휘
② 개폐기 투입
③ 단락접지 수시확인
④ 근접활선에 대한 방호상태 관리

개폐기 투입은 정전작업 후 조치사항이다.

74. 다음 중 인체통전으로 인한 전격(electric shock)의 정도의 결정에 있어 가장 거리가 먼 것은?

① 전압의 크기　　② 통전시간
③ 전류의 크기　　④ 신체 통전 경로

1차적 감전위험요소	2차적 감전위험요소
1. 통전전류의 크기 2. 전원의 종류 3. 통전경로 4. 통전시간	1. 인체의 조건(저항) 2. 전압 3. 계절

75. 누전차단기의 설치가 필요한 것은?

① 이중절연 구조의 전기기계 · 기구
② 비접지식 전로의 전기기계 · 기구
③ 절연대 위에서 사용하는 전기기계 · 기구
④ 도전성이 높은 장소의 전기기계 · 기구

누전차단기를 설치하지 않아도 되는 경우
1. 「전기용품안전관리법」에 따른 이중절연구조 또는 이와 동등 이상으로 보호되는 전기기계 · 기구
2. 절연대 위 등과 같이 감전위험이 없는 장소에서 사용하는 전기기계 · 기구
3. 비접지방식의 전로

참고 산업안전보건기준에 관한 규칙 제304조【누전차단기에 의한 감전방지】

76. 정격사용률이 30%, 정격2차전류가 300A인 교류아크 용접기를 200A로 사용하는 경우의 허용사용률(%)은?

① 13.3　　② 67.5
③ 110.3　　④ 157.5

$$\text{허용사용률} = \frac{(\text{정격2차전류})^2}{(\text{실제사용률})^2} \times \text{정격사용률}$$
$$= \frac{(300)^2}{(200)^2} \times 30 = 67.5$$

77. 고압 및 특고압 전로에 시설하는 피뢰기의 설치장소로 잘못된 곳은?

① 가공전선로와 지중전선로가 접속되는 곳
② 발전소, 변전소의 가공전선 인입구 및 인출구
③ 고압 가공전선로에 접속하는 배전용 변압기의 저압측
④ 고압 가공전선로로부터 공급을 받는 수용장소의 인입구

해답 72 ④　73 ②　74 ①　75 ④　76 ②　77 ③

전로에 시설된 전기설비는 뇌전압에 의한 손상을 방지할 수 있도록 그 전로 중 다음 각 호에 열거하는 곳 또는 이에 근접하는 곳에는 피뢰기를 시설하고 그 밖에 적절한 조치를 하여야 한다. 다만, 뇌전압에 의한 손상의 우려가 없는 경우에는 그러하지 아니하다.

1. 발전소·변전소 또는 이에 준하는 장소의 가공전선 인입구 및 인출구
2. 가공전선로(25kV 이하의 중성점 다중접지식 특고압 가공전선로를 제외한다)에 접속하는 배전용 변압기의 고압측 및 특고압측
3. 고압 또는 특고압의 가공전선로로부터 공급을 받는 수용 장소의 인입구
4. 가공전선로와 지중전선로가 접속되는 곳

참고 전기설비기술기준 제34조【고압 및 특고압 전로의 피뢰기 시설】

78. 정전용량 C = 20[uF], 방전 시 전압 V = 2[kV]일 때 정전에너지[J]는 얼마인가?

① 40 ② 80
③ 400 ④ 800

$$E=\frac{1}{2}CV^2=\frac{1}{2}\times 20\times 10^{-6}\times 2{,}000^2=40$$

79. 방폭전기기기의 등급에서 위험장소의 등급분류에 해당되지 않는 것은?

① 3종 장소
② 2종 장소
③ 1종 장소
④ 0종 장소

방폭전기기기의 등급에서 위험장소의 등급분류로 0종, 1종, 2종으로 분류한다.

80. 가연성 가스가 있는 곳에 저압 옥내전기설비를 금속관 공사에 의해 시설하고자 한다. 관 상호 간 또는 관과 전기기계기구와는 몇 턱 이상 나사조임으로 접속하여야 하는가?

① 2턱 ② 3턱
③ 4턱 ④ 5턱

금속관배선에 의하는 때에는 관 상호 간 및 관과 박스 기타 부속품·풀 박스 또는 전기기계기구와는 5턱 이상 나사 조임으로 접속하는 방법 기타 또는 이와 동등 이상의 효력이 있는 방법에 의하여 견고하게 접속할 것

■■■ 제5과목 화학설비위험방지기술

81. 헥산 1vol%, 메탄 2vol%, 에틸렌 2vol%, 공기 95vol%로 된 혼합가스의 폭발하한계 값(vol%)은 약 얼마인가? (단, 헥산, 메탄, 에틸렌의 폭발하한계 값은 각각 1.1, 5.0, 2.7vol%이다.)

① 2.44 ② 12.89
③ 21.78 ④ 48.78

혼합가스의 폭발하한계

$$\frac{100}{L}=\frac{V_1}{L_1}+\frac{V_2}{L_2}\cdots+\frac{V_n}{L_n}$$

$$L=\frac{100-95}{\frac{1}{1.1}+\frac{2}{5}+\frac{2}{2.7}}=2.439$$

82. 다음 중 폭발 또는 화재가 발생할 우려가 있는 건조설비의 구조로 적절하지 않은 것은?

① 건조설비의 외면은 불연성 재료로 만들 것
② 위험물 건조설비의 열원으로 직화를 사용하지 말 것
③ 위험물 건조설비의 측면이나 바닥은 견고한 구조로 할 것
④ 위험물 건조설비는 상부를 무거운 재료로 만들고 폭발구를 설치할 것

해답 78 ① 79 ① 80 ④ 81 ① 82 ④

1. 건조설비의 외면은 불연성 재료로 만들 것
2. 건조설비(유기 과산화물을 가열 건조하는 것을 제외한다)의 내면과 내부의 선반이나 틀은 불연성 재료로 만들 것
3. 위험물 건조설비의 측벽이나 바닥은 견고한 구조로 할 것
4. <u>위험물건조설비는 그 상부를 가벼운 재료로 만들고 주위상황을 고려하여 폭발구를 설치할 것</u>
5. 위험물건조설비는 건조할 때에 발생하는 가스, 증기 또는 분진을 안전한 장소로 배출시킬 수 있는 구조로 할 것
6. 액체 연료 또는 가연성가스를 열원의 연료로서 사용하는 건조설비는 점화할 때에 폭발 또는 화재를 예방하기 위하여 연소실이나 기타 점화하는 부분을 환기시킬 수 있는 구조로 할 것
7. 건조설비의 내부는 청소가 쉬운 구조로 할 것
8. 건조설비의 감시창, 출입구 및 배기구등과 같은 개구부는 발화 시에 불이 다른 곳으로 번지지 아니하는 위치에 설치하고 필요한 때에는 즉시 밀폐할 수 있는 구조로 할 것
9. 건조설비는 내부의 온도가 국부적으로 상승되지 아니하는 구조로 설치할 것
10. 위험물건조설비의 열원으로 직화를 사용하지 말 것
11. 위험물건조설비외의 건조설비의 열원으로서 직화를 사용하는 때에는 불꽃 등에 의한 화재를 예방하기 위하여 덮개를 설치하거나 격벽을 설치할 것

참고 산업안전보건기준에 관한 규칙 제281조 【건조설비의 구조등】

83. 다음 중 인화성 가스가 아닌 것은?

① 부탄 ② 메탄
③ 수소 ④ 산소

산소는 조연성 가스에 해당한다.

참고 인화성 가스의 종류

1. 수소 2. 아세틸렌
3. 에틸렌 4. 메탄
5. 에탄 6. 프로판
7. 부탄

84. 수분을 함유하는 에탄올에서 순수한 에탄올을 얻기 위해 벤젠과 같은 물질은 첨가하여 수분을 제거하는 증류방법은?

① 공비증류 ② 추출증류
③ 가압증류 ④ 감압증류

공비증류
물질의 비점(끓는점)의 차이가 큰 혼합물을 분리하기 위한 방법으로 에탄올과 물처럼 상호용해하는 물질에서 수분을 제거하는 데 많이 사용된다.

85. 다음 중 물과의 반응성이 가장 큰 물질은?

① 니트로글리세린
② 이황화탄소
③ 금속나트륨
④ 석유

나트륨등은 물과 접촉하여 수소를 발생시킨다.
$2Na + 2H_2O \rightarrow 2NaOH + H_2$

86. 다음 중 연소 및 폭발에 관한 용어의 설명으로 틀린 것은?

① 폭굉 : 폭발충격파가 미반응 매질 속으로 음속보다 큰 속도로 이동하는 폭발
② 연소점 : 액체 위에 증기가 일단 점화된 후 연소를 계속할 수 있는 최고온도
③ 발화온도 : 가연성 혼합물이 주위로부터 충분한 에너지를 받아 스스로 점화할 수 있는 최저온도
④ 인화점 : 액체의 경우 액체 표면에서 발생한 증기농도가 공기 중에서 연소 하한농도가 될 수 있는 가장 낮은 액체온도

연소점
1. 인화점보다 10℃ 높으며 연소를 5초 이상 지속할 수 있는 온도
2. 인화성 액체가 공기 중에서 열을 받아 점화원의 존재 하에 지속적인 연소를 일으킬 수 있는 최저온도
3. 가연성액체가 개방된 용기에서 증기를 계속 발생하며 연소가 지속될 수 있는 최저온도

87. 공정안전보고서 중 공정안전자료에 포함하여야 할 세부내용에 해당하는 것은?

① 비상조치계획에 따른 교육계획
② 안전운전지침서
③ 각종 건물 · 설비의 배치도
④ 도급업체 안전관리계획

해답 83 ④ 84 ① 85 ③ 86 ② 87 ③

공정안전자료의 세부내용
1. 취급 · 저장하고 있거나 취급 · 저장하려는 유해 · 위험물질의 종류 및 수량
2. 유해 · 위험물질에 대한 물질안전보건자료
3. 유해 · 위험설비의 목록 및 사양
4. 유해 · 위험설비의 운전방법을 알 수 있는 공정도면
5. 각종 건물 · 설비의 배치도
6. 폭발위험장소 구분도 및 전기단선도
7. 위험설비의 안전설계 · 제작 및 설치 관련 지침서

참고 산업안전보건법 시행규칙 제50조【공정안전보고서의 세부내용 등】

88. 프로판(C_3H_8)의 연소하한계가 2.2vol%일 때 연소를 위한 최소산소농도(MOC)는 몇 vol%인가?

① 5.0　② 7.0
③ 9.0　④ 11.0

1. $MOC = 폭발하한계(LFL) \times \left(\frac{산소몰수}{연료몰수}\right)$
$= 2.2 \times \left(\frac{5}{1}\right) = 11[vol]$
2. 프로판의 연소반응식
$= C_3H_8 + 5O_2 \rightarrow 3CO_2 + 4H_2O$

89. 대기압에서 물의 엔탈피가 1kcal/kg이었던 것이 가압하여 1.45kcal/kg을 나타내었다면 flash율은 얼마인가? (단, 물의 기화열은 540cal/g이라고 가정한다.)

① 0.00083　② 0.0083
③ 0.0015　④ 0.015

lash율 : 엔탈피 변화에 따른 액체의 기화율

$flash율 = \frac{변화전\ 엔탈피 - 변화된\ 엔탈피}{기화열}$
$= \frac{1.45-1}{540} = 0.00083$

90. 다음 중 산업안전보건법령상 위험물질의 종류에 있어 인화성 가스에 해당하지 않는 것은?

① 수소　② 부탄
③ 에틸렌　④ 과산화수소

④항, 과산화수소는 산화성 고체에 해당한다.

참고 산화성 액체 및 산화성 고체 종류
① 차아염소산 및 그 염류
② 아염소산 및 그 염류
③ 염소산 및 그 염류
④ 과염소산 및 그 염류
⑤ 브롬산 및 그 염류
⑥ 요오드산 및 그 염류
⑦ 과산화수소 및 무기 과산화물
⑧ 질산 및 그 염류
⑨ 과망간산 및 그 염류
⑩ 중크롬산 및 그 염류

91. 산업안전보건법상 부식성 물질 중 부식성 염기류는 농도가 몇 % 이상인 수산화나트륨·수산화칼륨 기타 이와 동등 이상의 부식성을 가지는 염기류를 말하는가?

① 20　② 40
③ 50　④ 60

1. 부식성 산류
(1) 농도가 20% 이상인 염산, 황산, 질산, 그 밖의 이와 동등 이상의 부식성을 지니는 물질
(2) 농도가 60% 이상인 인산, 아세트산, 불산, 그 밖의 이와 동등 이상의 부식성을 가지는 물
2. 부식성 염기류 : 농도가 40% 이상인 수산화나트륨, 수산화칼륨, 이와 동등 이상의 부식성을 가지는 염기류

92. 다음 중 노출기준(TWA, ppm) 값이 가장 작은 물질은?

① 염소　② 암모니아
③ 에탄올　④ 메탄올

①항, 염소 : 1ppm
②항, 암모니아 : 25ppm
③항, 에탄올 : 1,000ppm
④항, 메탄올 : 200ppm

해답 88 ④ 89 ① 90 ④ 91 ② 92 ①

93. 비점이 낮은 액체 저장탱크 주위에 화재가 발생했을 때 저장탱크 내부의 비등 현상으로 인한 압력 상승으로 탱크가 파열되어 그 내용물이 증발, 팽창하면서 발생되는 폭발현상은?

① Back Draft　　② BLEVE
③ Flash Over　　④ UVCE

비등액 팽창증기 폭발(BLEVE)
다량의 물질이 방출될 수 있는 특별한 형태의 재해이다. 비점이나 인화점이 낮은 액체가 들어 있는 용기 주위에 화재 등으로 인하여 가열되면, 내부의 비등현상으로 인한 압력 상승으로 용기의 벽면이 파열되면서 그 내용물이 폭발적으로 증발, 팽창하면서 폭발을 일으키는 현상

94. 분진폭발의 특징에 관한 설명으로 옳은 것은?

① 가스폭발보다 발생에너지가 작다.
② 폭발압력과 연소속도는 가스폭발보다 크다.
③ 입자의 크기, 부유성 등이 분진폭발에 영향을 준다.
④ 불완전연소로 인한 가스중독의 위험성은 작다.

분진폭발의 특징
1. 연소속도나 폭발압력은 가스폭발에 비교하여 작지만 발생에너지가 크다.
2. 연소하면서 비산하므로 2차, 3차 폭발로 파급되면서 피해가 커진다.(입자의 크기, 부유성이 폭발에 영향을 미친다.)
3. 불완전 연소를 일으키기 쉽기 때문에 연소후의 가스에 CO가스가 다량으로 존재하므로 가스중독의 위험이 있다.

95. 산업안전보건법상 다음 내용에 해당하는 폭발위험장소는?

> 20종 장소 외의 장소로서, 분진운 형태의 가연성 분진이 폭발농도를 형성할 정도의 충분한 양이 정상작 동 중에 존재할 수 있는 장소

① 21종 장소　　② 22종 장소
③ 0종 장소　　④ 1종 장소

분진폭발위험 장소의 분류

분 류		내 용	예
분진 폭발 위험 장소	20종 장소	분진운 형태의 가연성 분진이 폭발농도를 형성할 정도로 충분한 양이 정상작동 중에 연속적으로 또는 자주 존재하거나, 제어할 수 없을 정도의 양 및 두께의 분진층이 형성될 수 있는 장소	호퍼·분진저장소 집진장치·필터 등의 내부
	21종 장소	20종 장소 외의 장소로서, 분진운 형태의 가연성 분진이 폭발농도를 형성할 정도의 충분한 양이 정상작동 중에 존재할 수 있는 장소	집진장치·백필터·배기구 등의 주위, 이송밸트 샘플링 지역 등
	22종 장소	21종 장소 외의 장소로서, 가연성 분진운 형태가 드물게 발생 또는 단기간 존재할 우려가 있거나, 이상작동 상태하에서 가연성 분진층이 형성될 수 있는 장소	21종 장소에서 예방조치가 취하 여진 지역, 환기 설비 등과 같은 안전장치 배출구 주위 등

96. 위험물을 저장·취급하는 화학설비 및 그 부속설비를 설치할 때 '단위공정시설 및 설비로부터 다른 단위공정시설 및 설비의 사이'의 안전거리는 설비의 외면으로부터 몇 m 이상이 되어야 하는가?

① 5　　② 10m
③ 15m　　④ 20m

'단위공정시설 및 설비로부터 다른 단위공정시설 및 설비의 사이'의 안전거리는 설비의 외면으로부터 몇 10m 이상

참고 산업안전보건기준에 관한 별표 8 【안전거리】

97. 산업안전보건법령상 특수화학설비를 설치할 때 내부의 이상상태를 조기에 파악하기 위하여 필요한 계측장치를 설치하여야 한다. 이러한 계측장치로 거리가 먼 것은?

① 압력계　　② 유량계
③ 온도계　　④ 비중계

특수화학설비를 설치하는 경우에는 내부의 이상 상태를 조기에 파악하기 위하여 필요한 온도계·유량계·압력계 등의 계측장치를 설치하여야 한다.

참고 산업안전보건기준에 관한 규칙 제273조 【계측장치 등의 설치】

해답 93 ② 94 ③ 95 ① 96 ② 97 ④

98. 사업주는 산업안전보건법령에서 정한 설비에 대해서는 과압에 따른 폭발을 방지하기 위하여 안전밸브 등을 설치하여야 한다. 다음 중 이에 해당하는 설비가 아닌 것은?

① 원심펌프
② 정변위압축기
③ 정변위 펌프(토출측에 차단밸브가 설치된 것만 해당한다.)
④ 배관(2개 이상의 밸브에 의하여 차단되어 대기온도에서 액체의 열팽창에 의하여 파열될 우려가 있는 것으로 한정한다.)

사업주는 다음 각 호의 어느 하나에 해당하는 설비에 대해서는 과압에 따른 폭발을 방지하기 위하여 폭발 방지 성능과 규격을 갖춘 안전밸브 또는 파열판(이하 "안전밸브등"이라 한다)을 설치하여야 한다. 다만, 안전밸브등에 상응하는 방호장치를 설치한 경우에는 그러하지 아니하다.

1. 압력용기(안지름이 150밀리미터 이하인 압력용기는 제외하며, 압력 용기 중 관형 열교환기의 경우에는 관의 파열로 인하여 상승한 압력이 압력용기의 최고사용압력을 초과할 우려가 있는 경우만 해당한다)
2. 정변위 압축기
3. 정변위 펌프(토출축에 차단밸브가 설치된 것만 해당한다)
4. 배관(2개 이상의 밸브에 의하여 차단되어 대기온도에서 액체의 열팽창에 의하여 파열될 우려가 있는 것으로 한정한다)
5. 그 밖의 화학설비 및 그 부속설비로서 해당 설비의 최고사용압력을 초과할 우려가 있는 것

참고 산업안전보건기준에 관한 규칙 제261조 【안전밸브 등의 설치】

99. 다음 중 화재감지기에 있어 열감지 방식이 아닌 것은?

① 정온식 ② 차동식
③ 보상식 ④ 광전식

광전식은 연기 감지기로 화재에 의해 생긴 연기입자가 빛의 흡수에 따라 산란을 일으키는 것을 이용하여 검출하는 방식이다.

참고 열 감지기
1. 정온식 감지기
2. 차동식 감지기
3. 보상식 감지기

100. 가연성 가스의 폭발범위에 관한 설명으로 틀린 것은?

① 압력 증가에 따라 폭발범위는 넓어진다.
② 불활성가스를 주입하면 폭발범위는 넓어진다.
③ 온도의 상승과 함께 폭발범위는 넓어진다.
④ 산소 중에서 폭발범위는 공기 중에서 보다 넓어진다.

폭발한계에 영향을 주는 요인
1. 온도 : 폭발하한이 100℃ 증가 시 25℃에서의 값의 8% 감소하고, 폭발 상한은 8%씩 증가
2. 압력 : 가스압력이 높아질수록 폭발범위는 넓어진다.
3. 산소 : 산소의 농도가 증가하면 폭발범위도 상승한다.

■■■ 제6과목 건설안전기술

101. 산업안전보건법령에 따른 양중기의 종류에 해당하지 않는 것은?

① 곤돌라 ② 리프트
③ 클램쉘 ④ 크레인

양중기란 다음 각 호의 기계를 말한다.
1. 크레인[호이스트(hoist)를 포함한다]
2. 이동식 크레인
3. 리프트(이삿짐운반용 리프트의 경우에는 적재하중이 0.1톤 이상인 것으로 한정한다)
4. 곤돌라
5. 승강기

참고 산업안전보건기준에 관한 규칙 제132조 【양중기】

102. 안전대의 종류는 사용구분에 따라 벨트식과 안전그네식으로 구분되는데 이 중 안전그네식에만 적용하는 것으로 나열한 것은?

① 1개 걸이용, U자 걸이용
② 1개 걸이용, 추락방지대
③ U자 걸이용, 안전블록
④ 추락방지대, 안전블록

해답 98 ① 99 ④ 100 ② 101 ③ 102 ④

안전대의 종류 및 사용구분

종류	사용 구분
벨트식	1개 걸이용
	U자 걸이용
안전그네식	추락방지대
	안전블록

103. 건설업 산업안전보건 관리비 중 계상비용에 해당되지 않는 것은?

① 외부비계, 작업발판 등의 가설구조물 설치 소요비
② 근로자 건강관리비
③ 건설재해예방 기술지도비
④ 개인보호구 및 안전장구 구입비

안전시설비로 사용할 수 없는 항목과 사용가능한 항목
1. 사용불가능 항목 : 안전발판, 안전통로, 안전계단 등과 같이 명칭에 관계없이 공사 수행에 필요한 가시설물
2. 사용가능한 항목 : 비계·통로·계단에 추가 설치하는 추락방지용 안전난간, 사다리 전도방지장치, 틀비계에 별도로 설치하는 안전난간·사다리, 통로의 낙하물방호선반 등은 사용 가능함

104. 달비계(곤돌라의 달비계는 제외)의 최대적재하중을 정할 때 사용하는 안전계수의 기준으로 옳은 것은?

① 달기체인의 안전계수는 10 이상
② 달기강대와 달비계의 하부 및 상부지점의 안전계수는 목재의 경우 2.5 이상
③ 달기와이어로프의 안전계수는 5 이상
④ 달기강선의 안전계수는 10 이상

달비계(곤돌라의 달비계를 제외한다)의 최대 적재하중의 안전계수
1. 달기와이어로프 및 달기강선의 안전계수는 10이상
2. 달기체인 및 달기훅의 안전계수는 5이상
3. 달기강대와 달비계의 하부 및 상부지점의 안전계수는 강재의 경우 2.5이상, 목재의 경우 5이상

참고 산업안전보건기준에 관한 규칙 제55조 【작업발판의 최대적재하중】

105. 안전난간의 구조 및 설치요건으로 옳지 않은 것은?

① 상부난간대·중간난간대·발끝막이판 및 난간기둥으로 구성할 것
② 발끝막이판은 바닥면 등으로부터 10cm 이상의 높이를 유지할 것
③ 난간대는 지름 1.5cm 이상의 금속제 파이프나 그 이상의 강도를 가진 재료일 것
④ 안전난간은 임의의 점에서 임의의 방향으로 움직이는 100kg 이상의 하중에 견딜 수 있는 튼튼한 구조일 것

안전난간의 구조
1. 상부난간대·중간난간대·발끝막이판 및 난간기둥으로 구성할 것(중간난간대·발끝막이판 및 난간기둥은 이와 비슷한 구조 및 성능을 가진 것으로 대체할 수 있다)
2. 상부난간대는 바닥면·발판 또는 경사로의 표면(이하 "바닥면 등"이라 한다)으로부터 90센티미터 이상 120센티미터 이하에 설치하고, 중간난간대는 상부난간대와 바닥면등의 중간에 설치할 것
3. 발끝막이판은 바닥면등으로부터 10센티미터 이상의 높이를 유지할 것(물체가 떨어지거나 날아올 위험이 없거나 그 위험을 방지할 수 있는 망을 설치하는 등 필요한 예방조치를 한 장소를 제외한다)
4. 난간기둥은 상부난간대와 중간난간대를 견고하게 떠받칠 수 있도록 적정간격을 유지할 것
5. 상부난간대와 중간난간대는 난간길이 전체에 걸쳐 바닥면등과 평행을 유지할 것
6. 난간대는 지름 2.7센티미터 이상의 금속제파이프나 그 이상의 강도를 가진 재료일 것
7. 안전난간은 임의의 점에서 임의의 방향으로 움직이는 100킬로그램 이상의 하중에 견딜 수 있는 튼튼한 구조일 것

참고 산업안전보건기준에 관한 규칙 제13조 【안전난간의 구조 및 설치요건】

106. 흙막이 가시설 공사 중 발생할 수 있는 보일링(Boiling) 현상에 관한 설명으로 옳지 않은 것은?

① 이 현상이 발생하면 흙막이 벽의 지지력이 상실된다.
② 지하수위가 높은 지반을 굴착할 때 주로 발생한다.
③ 흙막이벽의 근입장 깊이가 부족할 경우 발생한다.
④ 연약한 점토지반에서 굴착면의 융기로 발생한다.

보일링 현상은 점토지반이 아닌 사질토지반의 이상 현상이다.

해답 103 ① 104 ④ 105 ③ 106 ④

107. 콘크리트 타설시 거푸집 측압에 대한 설명으로 옳지 않은 것은?

① 기온이 높을수록 측압은 크다.
② 타설속도가 클수록 측압은 크다.
③ 슬럼프가 클수록 측압은 크다.
④ 다짐이 과할수록 측압은 크다.

거푸집 측압이 커지는 조건
1. 기온이 낮을수록(대기중의 습도가 낮을수록) 크다.
2. 치어 붓기 속도가 클수록 크다.
3. 묽은 콘크리트 일수록 크다.
4. 콘크리트의 비중이 클수록 크다.
5. 콘크리트의 다지기가 강할수록 크다.
6. 철근양이 작을수록 크다.
7. 거푸집의 수밀성이 높을수록 크다.
8. 거푸집의 수평단면이 클수록(벽 두께가 클수록) 크다.
9. 거푸집의 강성이 클수록 크다.
10. 거푸집의 표면이 매끄러울수록 크다.

108. 잠함 또는 우물통의 내부에서 굴착작업을 할 때의 준수사항으로 옳지 않은 것은?

① 굴착깊이가 10m를 초과하는 때에는 당해작업장소와 외부와의 연락을 위한 통신설비 등을 설치한다.
② 산소결핍의 우려가 있는 때에는 산소의 농도를 측정하는 자를 지명하여 측정하도록 한다.
③ 근로자가 안전하게 승강하기 위한 설비를 설치한다.
④ 측정결과 산소의 결핍이 인정될 때에는 송기를 위한 설비를 설치하여 필요한 양의 공기를 송급하여야 한다.

1. 사업주는 잠함·우물통·수직갱 기타 이와 유사한 건설물 또는 설비(이하 "잠함등"이라 한다)의 내부에서 굴착작업을 하는 때에는 다음 각호의 사항을 준수하여야 한다.
   (1) 산소결핍의 우려가 있는 때에는 산소의 농도를 측정하는 자를 지명하여 측정하도록 할 것
   (2) 근로자가 안전하게 승강하기 위한 설비를 설치할 것
   (3) 굴착깊이가 20미터를 초과하는 때에는 당해작업장소와 외부와의 연락을 위한 통신설비등을 설치할 것
2. 사업주는 제1항 제(1)호의 측정결과 산소의 결핍이 인정되거나 굴착깊이가 20미터를 초과하는 때에는 송기를 위한 설비를 설치하여 필요한 양의 공기를 송급하여야 한다.

참고 산업안전보건기준에 관한 규칙 제377조 【잠함 등 내부에서의 작업】

109. 작업장 출입구 설치 시 준수해야 할 사항으로 옳지 않은 것은?

① 출입구의 위치 · 수 및 크기가 작업장의 용도와 특성에 맞도록 한다.
② 출입구에 문을 설치하는 경우에는 근로자가 쉽게 열고 닫을 수 있도록 한다.
③ 주된 목적이 하역운반기계용인 출입구에는 보행자용 출입구를 따로 설치하지 않는다.
④ 계단이 출입구와 바로 연결된 경우에는 작업자의 안전한 통행을 위하여 그 사이에 1.2m 이상 거리를 두거나 안내표지 또는 비상벨 등을 설치한다.

사업주는 작업장에 출입구(비상구는 제외한다. 이하 같다)를 설치하는 경우 다음 각 호의 사항을 준수하여야 한다.
1. 출입구의 위치, 수 및 크기가 작업장의 용도와 특성에 맞도록 할 것
2. 출입구에 문을 설치하는 경우에는 근로자가 쉽게 열고 닫을 수 있도록 할 것
3. 주된 목적이 하역운반기계용인 출입구에는 인접하여 보행자용 출입구를 따로 설치할 것
4. 하역운반기계의 통로와 인접하여 있는 출입구에서 접촉에 의하여 근로자에게 위험을 미칠 우려가 있는 경우에는 비상등·비상벨 등 경보장치를 할 것
5. 계단이 출입구와 바로 연결된 경우에는 작업자의 안전한 통행을 위하여 그 사이에 1.2미터 이상 거리를 두거나 안내표지 또는 비상벨 등을 설치할 것. 다만, 출입구에 문을 설치하지 아니한 경우에는 그러하지 아니하다.

참고 산업안전보건기준에 관한 규칙 제11조 【작업장의 출입구】

110. 강관비계를 사용하여 비계를 구성하는 경우 준수해야할 기준으로 옳지 않은 것은?

① 비계기둥의 간격은 띠장 방향에서는 1.85m 이하, 장선(長線) 방향에서는 1.5m 이하로 할 것
② 띠장 간격은 2.0m 이하로 할 것
③ 비계기둥의 제일 윗부분으로부터 31m 되는 지점 밑부분의 비계기둥은 2개의 강관으로 묶어 세울 것
④ 비계기둥 간의 적재하중은 600kg을 초과하지 않도록 할 것

해답 107 ① 108 ① 109 ③ 110 ④

강관비계의 구조

1. 비계기둥의 간격은 띠장 방향에서는 1.85미터 이하, 장선(長線) 방향에서는 1.5미터 이하로 할 것. 다만, 선박 및 보트 건조작업의 경우 안전성에 대한 구조검토를 실시하고 조립도를 작성하면 띠장 방향 및 장선 방향으로 각각 2.7미터 이하로 할 수 있다.
2. 띠장 간격은 2.0미터 이하로 할 것. 다만, 작업의 성질상 이를 준수하기가 곤란하여 쌍기둥틀 등에 의하여 해당 부분을 보강한 경우에는 그러하지 아니하다.
3. 비계기둥의 제일 윗부분으로부터 31미터되는 지점 밑부분의 비계기둥은 2개의 강관으로 묶어 세울 것. 다만, 브라켓(bracket, 까치발) 등으로 보강하여 2개의 강관으로 묶을 경우 이상의 강도가 유지되는 경우에는 그러하지 아니하다.
4. 비계기둥 간의 적재하중은 400킬로그램을 초과하지 않도록 할 것

참고 산업안전보건기준에 관한 규칙 제60조 【강관비계의 구조】

111. 다음은 산업안전보건법령에 따른 시스템 비계의 구조에 관한 사항이다. (　) 안에 들어갈 내용으로 옳은 것은?

> 비계 밑단의 수직재와 받침철물은 밀착되도록 설치하고, 수직재와 받침철물의 연결부의 겹침길이는 받침철물 전체길이의 (　) 이상이 되도록 할 것

① 2분의 1　② 3분의 1
③ 4분의 1　④ 5분의 1

비계 밑단의 수직재와 받침철물은 밀착되도록 설치하고, 수직재와 받침철물의 연결부의 겹침길이는 받침철물 전체길이의 3분의 1 이상이 되도록 할 것

참고 산업안전보건기준에 관한 규칙 제69조 【시스템 비계의 구조】

112. 추락방지용 방망 중 그물코의 크기가 5cm인 매듭방망 신품의 인장강도는 최소 몇 kg 이상이어야 하는가?

① 60　② 110
③ 150　④ 200

방망사의 신품에 대한 인장강도

그물코의 크기 (단위 cm)	방망의 종류(단위 : kg)	
	매듭없는 방망	매듭있는 방망
10	240	200
5		110

113. 공정율이 65%인 건설현장의 경우 공사 진척에 따른 산업안전보건관리비의 최소 사용기준은 얼마 이상인가?

① 60%　② 50%
③ 40%　④ 70%

공사진척에 따른 안전관리비 사용기준

공정율	50퍼센트 이상 70퍼센트 미만	70퍼센트 이상 90퍼센트 미만	90퍼센트 이상
사용기준	50퍼센트 이상	70퍼센트 이상	90퍼센트 이상

114. 말비계를 조립하여 사용하는 경우에 지주부재와 수평면의 기울기는 최대 몇 도 이하로 하여야 하는가?

① 30°　② 45°
③ 60°　④ 75°

말비계 조립 시 지주부재와 수평면의 기울기를 75도 이하로 하고, 지주부재와 지주부재 사이를 고정시키는 보조부재를 설치할 것

참고 산업안전보건기준에 관한 규칙 제67조 【말비계】

115. 산업안전보건법령에 따른 작업발판 일체형 거푸집에 해당되지 않는 것은?

① 갱 폼(Gang Form)
② 슬립 폼(Slip Form)
③ 유로 폼(Euro Form)
④ 클라이밍 폼(Climbing Form)

해답 111 ② 112 ② 113 ② 114 ④ 115 ③

"작업발판 일체형 거푸집"이란 거푸집의 설치·해체, 철근 조립, 콘크리트 타설, 콘크리트 면처리 작업 등을 위하여 거푸집을 작업발판과 일체로 제작하여 사용하는 거푸집으로서 다음 각 호의 거푸집을 말한다.
1. 갱 폼(gang form)
2. 슬립 폼(slip form)
3. 클라이밍 폼(climbing form)
4. 터널 라이닝 폼(tunnel lining form)
5. 그밖에 거푸집과 작업발판이 일체로 제작된 거푸집 등

참고 산업안전보건기준에 관한 규칙 제337조 【작업발판 일체형 거푸집의 안전조치】

차량계 하역운반기계에 단위화물의 무게가 100킬로그램 이상인 화물을 싣는 작업 또는 내리는 작업을 하는 때에는 당해 작업의 지휘자를 지정하여 준수하여야 할 사항
1. 작업순서 및 그 순서마다의 작업방법을 정하고 작업을 지휘할 것
2. 기구 및 공구를 점검하고 불량품을 제거할 것
3. 당해 작업을 행하는 장소에 관계근로자외의 자의 출입을 금지시킬 것
4. 로프를 풀거나 덮개를 벗기는 작업을 행하는 때에는 적재함의 화물이 낙하할 위험이 없음을 확인한 후에 당해 작업을 하도록 할 것

참고 산업안전보건기준에 관한 규칙 제177조 【싣거나 내리는 작업】

116. **콘크리트 타설 시 안전수칙으로 옳지 않은 것은?**

① 타설순서는 계획에 의하여 실시하여야 한다.
② 진동기는 최대한 많이 사용하여야 한다.
③ 콘크리트를 치는 도중에는 거푸집, 지보공 등의 이상유무를 확인하여야 한다.
④ 손수레로 콘크리트를 운반할 때에는 손수레를 타설하는 위치까지 천천히 운반하여 거푸집에 충격을 주지 아니하도록 타설하여야 한다.

전동기는 적절히 사용되어야 하며, 지나친 진동은 거푸집도괴의 원인이 될 수 있으므로 각별히 주의하여야 한다.

117. **산업안전보건법상 차량계 하역운반기계 등에 단위화물의 무게가 100kg 이상인 화물을 싣는 작업 또는 내리는 작업을 하는 경우에 해당 작업 지휘자가 준수하여야 할 사항으로 틀린 것은?**

① 로프 풀기 작업 또는 덮개 벗기기 작업은 적재함의 화물이 떨어질 위험이 없음을 확인한 후에 하도록 할 것
② 기구와 공구를 점검하고 불량품을 제거할 것
③ 대피방법을 미리 교육하는 일
④ 작업순서 및 그 순서마다의 작업방법을 정하고 작업을 지휘할 것

118. **흙의 투수계수에 영향을 주는 인자에 대한 내용으로 옳지 않은 것은?**

① 공극비 : 공극비가 클수록 투수계수는 작다.
② 포화도 : 포화도가 클수록 투수계수도 크다.
③ 유체의 점성계수 : 점성계수가 클수록 투수계수는 작다.
④ 유체의 밀도 : 유체의 밀도가 클수록 투수계수는 크다.

공극비란 전체 부피에 대한 입자 사이의 빈 공간의 부피이므로, 공극비가 클수록 투수계수는 크다.

119. **굴착공사에 있어서 비탈면붕괴를 방지하기 위하여 실시하는 대책으로 옳지 않은 것은?**

① 지표수의 침투를 막기 위해 표면배수공을 한다.
② 지하수위를 내리기 위해 수평배수공을 설치한다.
③ 비탈면 하단을 성토한다.
④ 비탈면 상부에 토사를 적재한다.

비탈면 상부에 토사를 적재하면 무게하중으로 인한 붕괴현상이 발생된다.

참고 비탈면붕괴를 방지하기 위한 대책
1. 지표수의 침투를 막기 위해 표면배수공을 한다.
2. 지하수위를 내리기 위해 수평배수공을 설치한다.
3. 비탈면하단을 성토한다.

해답 116 ② 117 ③ 118 ① 119 ④

120. 터널작업에 있어서 자동경보장치가 설치된 경우에 이 자동경보장치에 대하여 당일의 작업시작 전 점검하여야 할 사항이 아닌 것은?

① 계기의 이상 유무
② 검지부의 이상 유무
③ 경보장치의 작동 상태
④ 환기 또는 조명시설의 이상 유무

자동경보장치에 대하여 당일의 작업시작 전 아래 각호의 사항을 점검하고 이상을 발견한 때에는 즉시 보수하여야 한다.
1. 계기의 이상유무
2. 검지부의 이상유무
3. 경보장치의 작동상태

참고 산업안전보건기준에 관한 규칙 제350조【인화성 가스의 농도측정 등】

해답 120 ④

저자 프로필

저자 **지 준 석** 공학박사
대림대학교 보건안전과 교수

저자 **조 태 연** 공학박사
대림대학교 보건안전과 교수

산업안전기사 5주완성 ❸

定價 35,000원

발행인 지준석 · 조태연
발행인 이 종 권

2020年 1月 20日 초 판 발 행
2021年 2月 24日 2차개정발행
2022年 1月 10日 3차개정발행
2023年 1月 27日 4차개정발행

發行處 **(주) 한솔아카데미**

(우)06775 서울시 서초구 마방로10길 25 트윈타워 A동 2002호
TEL : (02)575-6144/5 FAX : (02)529-1130
〈1998. 2. 19 登錄 第16-1608號〉

※ 본 교재의 내용 중에서 오타, 오류 등은 발견되는 대로 한솔아카데미 인터넷 홈페이지를 통해 공지하여 드리며 보다 완벽한 교재를 위해 끊임없이 최선의 노력을 다하겠습니다.

※ 파본은 구입하신 서점에서 교환해 드립니다.

www.inup.co.kr / www.bestbook.co.kr

ISBN 979-11-6654-230-5 13500

한솔아카데미 발행도서

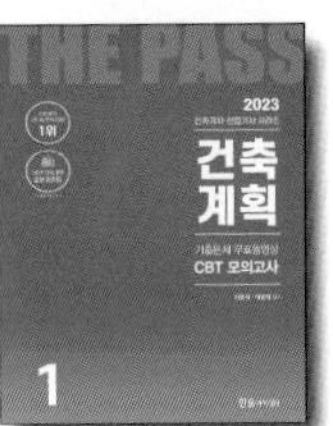

건축기사시리즈
①건축계획
이종석, 이병억 공저
536쪽 | 25,000원

건축기사시리즈
②건축시공
김형중, 한규대, 이명철, 홍태화 공저
678쪽 | 25,000원

건축기사시리즈
③건축구조
안광호, 홍태화, 고길용 공저
796쪽 | 26,000원

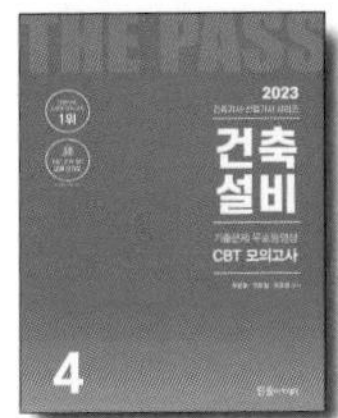

건축기사시리즈
④건축설비
오병칠, 권영철, 오호영 공저
564쪽 | 25,000원

건축기사시리즈
⑤건축법규
현정기, 조영호, 김광수, 한웅규 공저
622쪽 | 26,000원

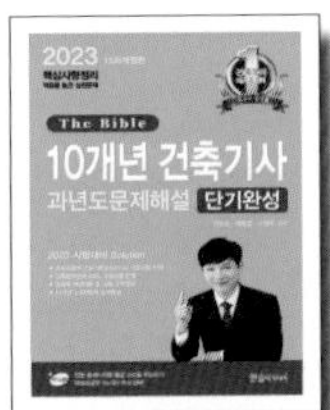

건축기사 필기 10개년
핵심 과년도문제해설
안광호, 백종엽, 이병억 공저
1,030쪽 | 43,000원

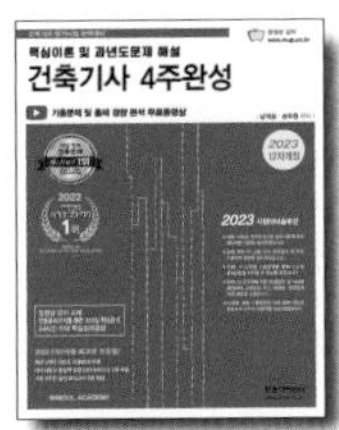

건축기사 4주완성
남재호, 송우용 공저
1,412쪽 | 45,000원

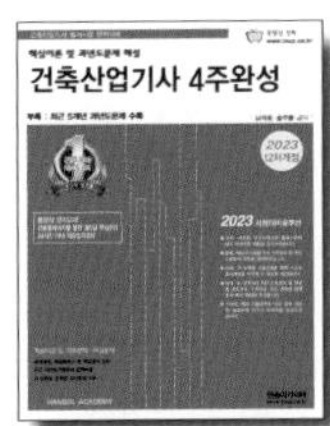

건축산업기사 4주완성
남재호, 송우용 공저
1,136쪽 | 42,000원

10개년핵심 건축산업기사
과년도문제해설
한솔아카데미 수험연구회
968쪽 | 38,000원

실내건축기사 4주완성
남재호 저
1,284쪽 | 38,000원

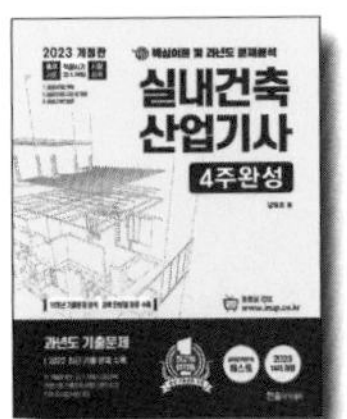

실내건축산업기사
4주완성
남재호 저
1,020쪽 | 30,000원

건축설비기사 4주완성
남재호 저
1,144쪽 | 42,000원

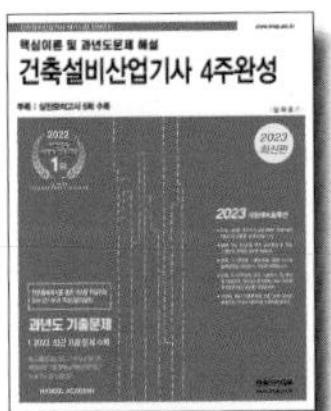

건축설비산업기사
4주완성
남재호 저
770쪽 | 36,000원

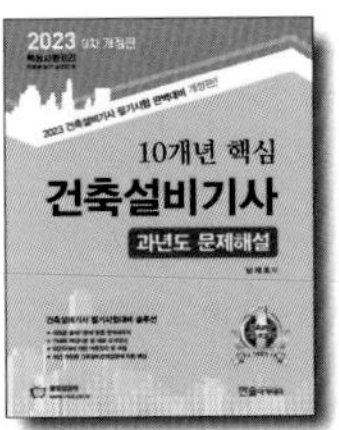

10개년 핵심
건축설비기사 과년도
남재호 저
1,086쪽 | 38,000원

건축기사 실기
한규대, 김형중, 염창열, 안광호, 이병억 공저
1,686쪽 | 49,000원

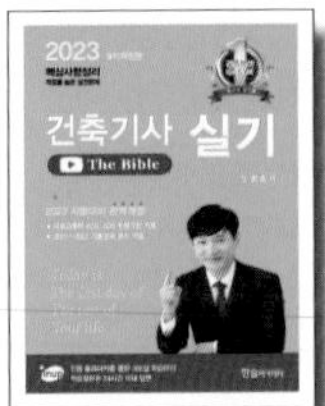

건축기사 실기
(The Bible)
안광호 저
784쪽 | 35,000원

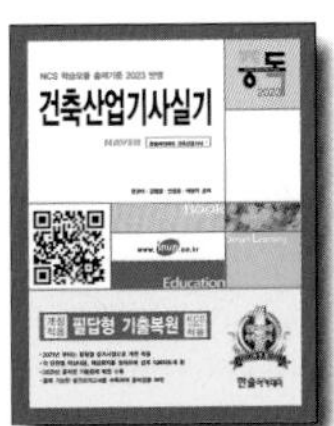

건축산업기사 실기
한규대, 김형중, 안광호, 이병억 공저
696쪽 | 32,000원

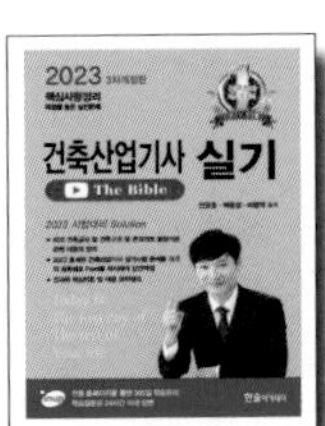

건축산업기사 실기
(The Bible)
안광호, 백종엽, 이병억 공저
280쪽 | 26,000원

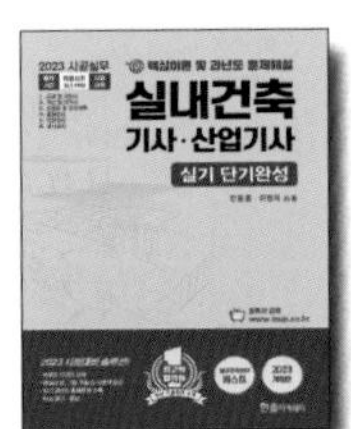

시공실무
실내건축(산업)기사 실기
안동훈, 이병억 공저
422쪽 | 30,000원

건축사 과년도출제문제
1교시 대지계획
한솔아카데미 건축사수험연구회
346쪽 | 30,000원

Hansol Academy

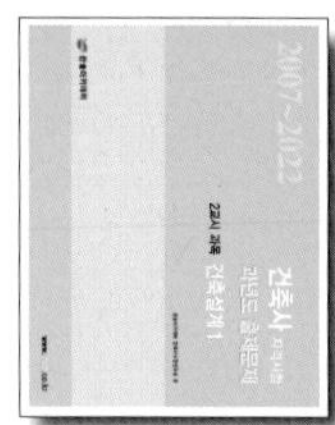

건축사 과년도출제문제
2교시 건축설계1
한솔아카데미 건축사수험연구회
192쪽 | 30,000원

건축사 과년도출제문제
3교시 건축설계2
한솔아카데미 건축사수험연구회
436쪽 | 30,000원

건축물에너지평가사
①건물 에너지 관계법규
건축물에너지평가사 수험연구회
818쪽 | 27,000원

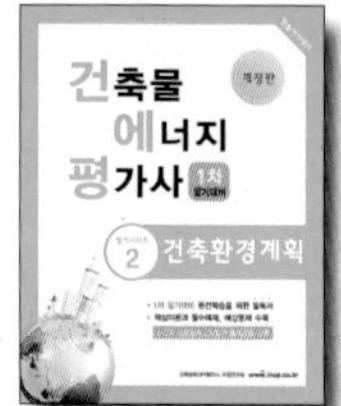

건축물에너지평가사
②건축환경계획
건축물에너지평가사 수험연구회
456쪽 | 23,000원

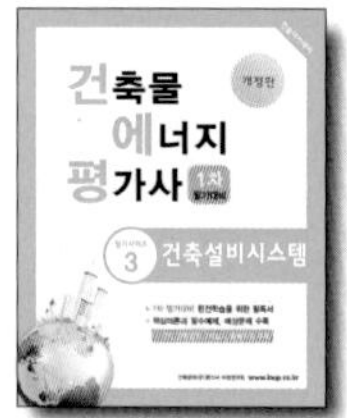

건축물에너지평가사
③건축설비시스템
건축물에너지평가사 수험연구회
682쪽 | 26,000원

건축물에너지평가사
④건물 에너지효율설계 · 평가
건축물에너지평가사 수험연구회
756쪽 | 27,000원

건축물에너지평가사
2차실기(상)
건축물에너지평가사 수험연구회
940쪽 | 40,000원

건축물에너지평가사
2차실기(하)
건축물에너지평가사 수험연구회
905쪽 | 40,000원

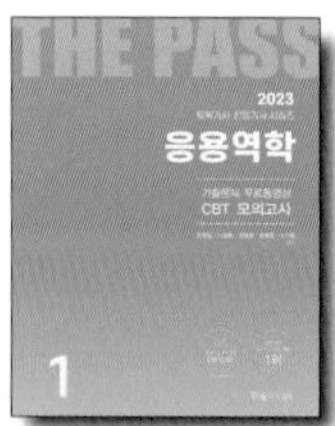

토목기사시리즈
①응용역학
염창열, 김창원, 안광호, 정용욱,
이지훈 공저
804쪽 | 24,000원

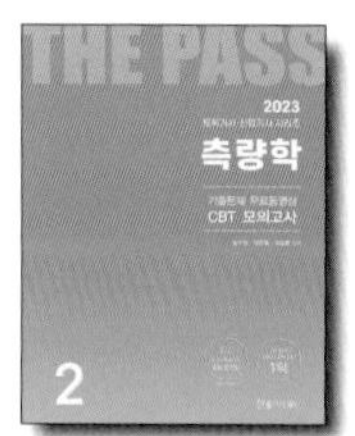

토목기사시리즈
②측량학
남수영, 정경동, 고길용 공저
452쪽 | 24,000원

토목기사시리즈
③수리학 및 수문학
심기오, 노재식, 한웅규 공저
450쪽 | 24,000원

토목기사시리즈
④철근콘크리트 및 강구조
정경동, 정용욱, 고길용, 김지우
공저
464쪽 | 24,000원

토목기사시리즈
⑤토질 및 기초
안성중, 박광진, 김창원, 홍성협
공저
640쪽 | 24,000원

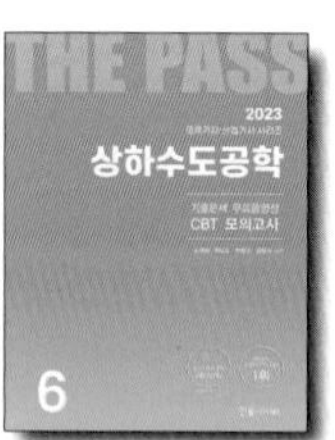

토목기사시리즈
⑥상하수도공학
노재식, 이상도, 한웅규, 정용욱
공저
544쪽 | 24,000원

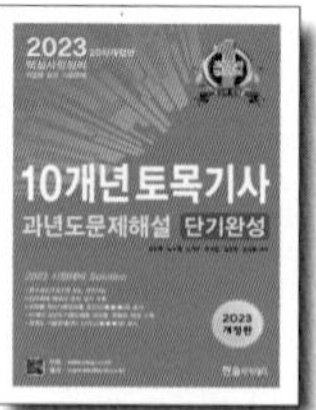

10개년 핵심 토목기사
과년도문제해설
김창원 외 5인 공저
1,076쪽 | 45,000원

토목기사 4주완성
핵심 및 과년도문제해설
이상도, 정경동, 고길용, 안광호,
한웅규, 홍성협 공저
1,054쪽 | 39,000원

토목산업기사 4주완성
7개년 과년도문제해설
이상도, 정경동, 고길용, 안광호,
한웅규, 홍성협 공저
752쪽 | 37,000원

토목기사 실기
김태선, 박광진, 홍성협, 김창원,
김상욱, 이상도 공저
1,496쪽 | 48,000원

토목기사 실기
12개년 과년도문제해설
김태선, 이상도, 한웅규, 홍성협,
김상욱, 김지우 공저
708쪽 | 33,000원

콘크리트기사 · 산업기사
4주완성(필기)
정용욱, 고길용, 전지현, 김지우
공저
976쪽 | 36,000원